Theoretische Grundlagen der zerstörungsfreien Materialprüfung mit Ultraschall

von
Karl-Jörg Langenberg,
René Marklein und
Klaus Mayer

Oldenbourg Verlag München

Bibliografische Information der Deutschen Nationalbibliothek

Die Deutsche Nationalbibliothek verzeichnet diese Publikation in der Deutschen Nationalbibliografie; detaillierte bibliografische Daten sind im Internet über <http://dnb.d-nb.de> abrufbar.

Rosenheimer Straße 145, D-81671 München
Telefon: (089) 45051-0
oldenbourg.de

Lektorat: Angelika Sperlich
Herstellung: Anna Grosser
Coverentwurf: Kochan & Partner, München
Gedruckt auf säure- und chlorfreiem Papier
Gesamtherstellung: Druckhaus „Thomas Müntzer“ GmbH, Bad Langensalza

ISBN 978-3-486-58881-1

Geleitwort

Theoretische Grundlagen der zerstörungsfreien Materialprüfung mit Ultraschall

Karl-Jörg Langenberg

Ren Marklein

Klaus Mayer

Die Prüfung mit Ultraschall hat sich seit den ersten Anwendungen durch Sergej J. Sokolow 1929 neben der Röntgentechnik zur wichtigsten zerstörungsfreien Prüfung entwickelt, diese in vielen Bereichen sogar wesentlich übertroffen. Obwohl die Physik der Entstehung und der Ausbreitung von Ultraschall in Festkörpern, die durch die Newton Cauchy Gleichungen beschrieben werden, im letzten Jahrhundert nicht wesentlich ergänzt oder revidiert werden musste, haben sich dennoch die darauf basierenden mathematischen Methoden zur Beschreibung des Ultraschalls erheblich erweitert. Ermöglicht wurde dies vor allem durch die Verfügbarkeit schneller und leistungsfähiger Rechner. Bildgebende Algorithmen und der Einsatz von simulierten berechneten Ausbreitungswegen transversaler, longitudinaler oder Rayleighwellen und von Modentransfers erlaubten nun auch die Anwendung der Ultraschalltechnik in komplexen Geometrien und in Materialien mit anisotropen und/oder stark schallschwächenden Eigenschaften, z.B. Austenite und Faserverbundwerkstoffe. Die Modellierung der Ausbreitung des Ultraschalls erfordert, bedingt durch ihre Komplexität, mathematische Näherungsverfahren, deren Kenntnis unabdingbar ist für das Verständnis der Grenzen und Möglichkeiten dieser Methoden.

Den Autoren Langenberg, Marklein und Mayer ist es gelungen, die komplexen Zusammenhänge physikalisch/mathematisch umfassend darzustellen und in einem logischen Kontext miteinander zu verbinden. Ein Flussdiagramm, das den Inhalt beschreibt, hilft, die Verbindungen zwischen den Kapiteln herzustellen. Besonders hervorzuheben ist, dass dem Leser, der zweifellos einen ingenieur- bzw. naturwissenschaftlichen Hintergrund haben sollte, die mathematischen Grundlagen in moderner Schreibweise verständlich und für die späteren Berechnungen in diesem Werk vollständig dargeboten werden.

Die Deutsche Gesellschaft für zerstörungsfreie Prüfung e.V. bemüht sich seit vielen Jahren um eine wissenschaftlich technische Aufarbeitung der theoretischen Grundlagen bei der Materialprüfung mit Ultraschall. Sie gratuliert dem Oldenbourg-Verlag, dass es ihm gelungen ist, dieses einzigartige Lehrbuch herausgeben zu können. Es wird zweifellos **das** Nachschlagewerk über die theoretischen Grundlagen und ein Muss für das Studium der Ultraschalltechnik sein.

Dr. rer. nat. Rainer Link

Vorwort

Das von Karl-Jörg Langenberg und seinen Mitautoren René Marklein und Klaus Mayer vorgelegte Buch über die theoretischen Grundlagen der zerstörungsfreien Werkstoffprüfung mit Ultraschall ist im Bereich der akademischen Lehre sicher hervorragend geeignet, Studierende in ein spezielles Gebiet der Forschung, ingenieurmäßigen Entwicklung und Lehre einzuführen, es aber dennoch nur als ein weiteres unter vielen Lehrbüchern zu besprechen, würde einerseits den Intentionen der Autoren und andererseits dem Wert des Ergebnisses nicht gerecht werden.

Dieses Werk ist eben nicht allein ein — wenn auch hervorragend gelungenes — Lehrbuch, nein, es ist die Kompilation und geschlossene Darstellung eines signifikanten Teils des bisherigen wissenschaftlichen Lebenswerkes von Karl-Jörg Langenberg unter Beteiligung seiner langjährigen Mitarbeiter René Marklein und Klaus Mayer.

Der Verfasser der vorliegenden Rezension hatte das große Glück, von Anfang an das Wirken von Karl-Jörg Langenberg auf dem Gebiet der zerstörungsfreien Prüfung ortsnah zu verfolgen; dies begann bereits 1979 im Rahmen einer Kooperation zwischen dem Lehrstuhl für Theoretische Elektrotechnik an der Universität des Saarlandes, dem Karl-Jörg Langenberg als Assistenzprofessor zugeordnet war, und dem Fraunhofer-Institut für zerstörungsfreie Prüfverfahren unter der damaligen Leitung von Paul Höller.

In der zerstörungsfreien Werkstoffprüfung war unter dem Gesichtspunkt der bruchmechanischen Bewertung von Werkstoffunregelmäßigkeiten (Werkstofffehler) in sicherheitsrelevanten Komponenten und Anlagen die Forderung nach abbildenden Methoden aktuell geworden. Aus der Abbildung sollten — möglichst geometriegenau — Daten, wie z.B. Risslänge und -tiefe, extrahiert werden, die als Eingangsgrößen für eine — damals rein deterministische — Lebensdauerabschätzung dienen sollten. Als abbildende Techniken kamen unter Nutzung von Ultraschallwellen die Verwendung der Mehrwinkel-Impuls-Echo-Technik und die Tandemtechnik zum technischen Einsatz, die aber nur begrenzte Möglichkeiten einer geometrischen Abbildung besaßen. In den USA, wo die Kerntechnik schon länger als in Deutschland neuere Entwicklungen zur zerstörungsfreien Prüfung stimulierte, gab es theoretische Ansätze, die Ultraschallreflexion, -streuung und -beugung an realen Werkstoffungänzen modellhaft durch die entsprechende Wechselwirkung des Ultraschalls an kanonischen Geometrien, wie etwa Kugel, Ellipsioide, etc. zu beschreiben, für die analytische Lösungen zugänglich waren. Die Geometriedaten der Modellfehler sollten die bruchmechanische Bewertung ermöglichen.

Die kritische Analyse dieser Strategie führte sehr schnell zur Erkenntnis, dass diese Art der Abbildung allenfalls eingeschränkt auf bestimmte, wenige Typen von Ungänzen, die bei der Fertigung von Komponenten entstehen können, anwendbar war und insbesondere Werkstofffehlerarten, wie z.B. interkristalline Risskorrosion oder Ermüdungsrissbildung, die im Betrieb induziert werden können, nicht zuverlässig beschreiben konnten.

Es gab ab 1976 erste Ansätze mit abtastenden (scannenden) Verfahren auf der Basis von Ultraschall, ähnlich der optischen Holographie, Hologramme von Werkstoffungänzen zu erzeugen. Apparativ — die Geräte kamen aus den USA — wurde tatsächlich ein optisches Hologramm generiert und in einem Film zwischengespeichert. Frequenzbereiche zwischen 1 MHz und 10 MHz waren zugänglich. Die in den Hologrammen verschlüsselte Information über den untersuchten Volumenbereich wurde optisch ausgelesen und das Bild der Werkstofffehler aus verschiedenen Tiefenlagen nacheinander auf einen Monitor ausgegeben. Das Prinzip beruhte auf der Methode der Sampling Holographie mit optischer Rekonstruktion; ähnliche Umwege über die optische Speicherung ging man zu dieser Zeit auch in der Gefechtsfeldaufklärung vom Flugzeug aus nach der Side-Looking-Radar-Technik oder bei der medizinischen Röntgen-CT oder auch beim NMR-Imaging, wobei hier die Filme als Speichermedium allerdings von einer energieschwachen Röntgenröhre belichtet wurden. Durch die nähere Beschäftigung mit dieser Aufgabe und den Abbildungsfehlern der Rekonstruktion wurde offenbar, wie weit man noch entfernt davon war, belastbare geometrische Abbildungsdaten zu generieren. Es wurde aber ebenso erkannt, wie wenig die theoretischen Grundlagen — auch abgesichert durch sorgfältige Experimente — aufgearbeitet waren.

Nach Analyse dieser Ausgangslage reifte im IZFP der Entschluss, diesen Nachholbedarf zu befriedigen und eine Arbeitsgruppe Theoretische Grundlagen zu etablieren. Karl-Jörg Langenberg übernahm dieselbe 1980 als Privatdozent und leitete sie bis Ende des Jahres 1982; nach seiner Berufung als Universitätsprofessor in den Fachbereich Elektrotechnik für das Fachgebiet Theoretische Elektrotechnik wechselte er an die Universität Kassel. Damit verließ zwar die Person die Fraunhofergesellschaft, sie blieb dem IZFP und seinen Forschungszielen jedoch weiter durch einen Kooperationvertrag verbunden, ja, mehr noch, diese Forschungsziele stellten für Karl-Jörg Langenberg und seine Mitarbeiter, Studenten und Doktoranden ein Programm dar, das gewissenhaft und zuverlässig über die Jahre hinweg abgearbeitet wurde. Ein großes, weit ausgedehntes Feld wurde bestellt und die Beschreibung der Früchte dieser Arbeit findet sich in dem vorgelegten Buch.

Das genannte Programm lässt sich mit wenigen Sätzen charakterisieren:

- Entwickele mathematisch numerische Werkzeuge, welche die Ultraschallausbreitung in realen technischen Werkstoffen berechenbar und damit physikalisch verstehbar machen;
- ermögliche mit diesen Werkzeugen die optimale Planung und Vorbereitung von Prüfaufgaben der Praxis;
- leite aus dem erzeugten Verständnis Algorithmen zur Rekonstruktion von Fehlergeometrien her, die auf Daten der Ultraschallprüfung zurückgreifen.

Folgt man der in Kapitel 1 beschriebenen Darstellung des Inhaltes des vorgelegten Werks, dann ist das Flussdiagramm von Abbildung 1 die didaktisch elegante Methode, den Gesamtzusammenhang mathematisch komplizierter Entwicklungen und ihrer Ergebnisse im Überblick zu diskutieren. Aus diesem Grunde muss dies hier im Detail nicht wiederholt werden.

Das vorgeschlagene Programm, Werkzeuge zu erarbeiten und dem Praktiker zur Nutzung in die Hand zu geben, die es erlauben, auf einem Arbeitsrechner die Ergebnisse einer modellhaften Vorwärtsrechnung mit den Ergebnissen einer Rekonstruktion aus Prüfdaten zu vergleichen und durch iterative Anpassung im Sinne einer Computer-Aided-Inspection zu verbessern und einem Optimum zuzuführen, konnte für die Praxis zuverlässig umgesetzt werden. Dies betrifft nicht nur die Behandlung homogener Medien, sondern durch Arbeiten gerade in den letzten Jahren auch die Behandlung elastisch anisotroper und inhomogener Medien. Durch das Gesamtwerk der Autoren hat die Interpretation der Ergebnisse der zerstörungsfreien Ultraschallprüfung erheblich an Qualität und Güte bei der quantitativen Bewertung gewonnen, was sich für uns alle — insbesondere in sicherheitsrelevanten Anwendungen — mit einem Gewinn an Sicherheit, Vertrauen in die Technik und damit an Lebensqualität auszahlt.

Dr. rer. nat. Dr.-Ing E.h. Gerd Dobmann, Fraunhofer-IZFP
Saabrücken, Dezember 2008

Inhaltsverzeichnis

1 Inhalt

1.1 Einleitung

Die zerstörungsfreie Prüfung mit Ultraschall (US-zfP) beruht auf der Erzeugung, Ausbreitung und Beugung elastischer Wellen in Festkörpern; weder vom physikalischen Verständnis noch von der mathematischen Formulierung her ist diese Thematik besonders einfach. Der Grund liegt insbesondere auch darin, dass elastische Wellen (im isotropen Material) in zwei „Moden", nämlich als Druck- und Scherwellen (Long- und Transwellen) unterschiedlicher Geschwindigkeit auftreten. Dadurch wird die Interpretation von Ultraschallsignalen sehr erschwert, sie ist häufig allein auf der Grundlage „gesunden Menschenverstandes" gar nicht möglich; man benötigt die Hifsmittel der mathematisch-numerischen Modellierung elastischer Wellenausbreitung. Damit lassen sich sodann heuristisch eingeführte Begriffe wie „Ultraschallstrahl" oder „Reflektor" präzisieren.

Die zfP spricht z.B. vom Schalldruck, der in einem A-Bild dargestellt ist; gemeint ist damit die skalare Feldgröße „Druck" $p(\underline{\mathbf{R}}, t)$ an einem bestimmten Messpunkt, den wir durch seinen Ortsvektor $\underline{\mathbf{R}}$ kennzeichnen, als Funktion der Zeit t. Der Druck ist eine skalare Größe, da er durch Angabe *einer* (dimensionsbehafteten) Zahl festgelegt ist. Die physikalisch grundlegende Feldgröße *elastischer Wellen* ist jedoch die vektorielle Teilchenverschiebung $\underline{\mathbf{u}}(\underline{\mathbf{R}}, t)$ mit im Allgemeinen *drei* skalaren Komponenten; diese wiederum definiert den (symmetrischen) Deformationstensor $\underline{\underline{\mathbf{S}}}(\underline{\mathbf{R}}, t)$ mit neun skalaren Komponenten, der über das Hooke'sche Gesetz als Materialgleichung mit dem ebenfalls symmetrischen Spannungstensor $\underline{\underline{\mathbf{T}}}(\underline{\mathbf{R}}, t)$ verknüpft ist. Dies macht deutlich, dass die Physik elastischer Wellen durch eine Theorie orts- und zeitabhängiger Skalar-, Vektor- und Tensorfelder zu beschreiben ist. Wir wollen im Folgenden versuchen, diese Theorie zu skizzieren und anhand von Beispielen plausibel zu machen. Es soll dafür durchaus die jeweils notwendige Mathematik benutzt werden, wir versuchen aber, die Bedeutung einzelner Formalismen anschaulich zu erklären.

Wir definieren zunächst ortsabhängige Skalar-, Vektor- und Tensorfelder und deren algebraische Verknüpfungen; sodann sprechen wir über räumliche und zeitliche Veränderungen derartiger Felder, insbesondere über Gradienten, Quell- und Wirbeldichten. Der Zeit t steht als „konjugierte Variable" die (Kreis-)Frequenz ω gegenüber, quantifiziert wird der Frequenzgehalt eines Impulssignals durch die Fourier-Transformation. Zur Beschreibung eines Ultraschallstrahls ist jedoch auch die Fourier-Transformierte bezüglich *räumlicher* (kartesischer) Koordinaten von Nutzen. Elastische (Ultraschall-)Wellen werden von „Prüfköpfen" erzeugt: Den Zusammenhang zwischen dem Schallfeld und seinen Quellen vermitteln Green'sche Funktionen, die nichts anderes als die Wellenfelder von idealisierten punktförmigen Quellen darstellen. Zur mathematischen Beschreibung ist deshalb die Definition einer solchen Punktquelle erforderlich, und dies gelingt mit der (Dirac'schen) Deltafunktion, die jedoch keine *Funktion* im „klassischen Sinn", sondern eine *Distribution* ist, sodass wir diese Begriffsbildung näher erläutern müssen und werden.

Mit diesem mathematischen Rüstzeug wenden wir uns der Untersuchung der vier fundamentalen zfP-relevanten Probleme zu: Ausbreitung elastischer Wellen in isotropen und anisotropen Materialien — idealisiert als ebene Wellen und Punktquellen-Elementarwellen —, Abstrahlung von Volumen- und Flächenquellen, Streuung an Materialinhomogenitäten und Abbildung derartiger Inhomogenitäten, sprich: Materialfehlern.

Wir beschreiben im Folgenden das Flussdiagramm in Abb. 1.2.1, das quasi den roten Faden dieser Ausarbeitung darstellt.

1.2 Inhalt als Flussdiagramm

Grundlage der linearen Elastodynamik, und damit elastischer Wellen, ist zum einen die Newton-Cauchy'sche Bewegungsgleichung — sie verknüpft die zeitliche Änderung der Impulsdichte mit der Quelldichte des Spannungstensors und äußeren (vorgegebenen) Kraftdichten — und zum anderen die Deformationsratengleichung als Definition der zeitlichen Ableitung des Deformationstensors durch den symmetrischen Anteil der Gradientendyade der Teilchengeschwindigkeit; vorgegebene Quelle in dieser Gleichung ist die injizierte Deformationsrate. An Materialsprungstellen, z.B. dem unstetigen Übergang zwischen Basismaterial und Ungänze, reduzieren sich diese Gleichungen auf Übergangsbedingungen für die Komponenten der Teilchengeschwindigkeit und des Traktionsvektors als Projektion des Spannungstensors auf den Normalenvektor der Sprungfläche. Da in beiden Gleichungen jeweils unterschiedliche Feldgrößen vorkommen, können sie *so* noch nicht kombiniert und gemeinsam gelöst werden: Es bedarf einer Aussage über die Materialeigenschaften — Verknüpfungen der Feldgrößen in Form von Materialgleichungen —, die *nicht* unmittelbar aus den Grundgleichungen *folgen*, sondern aufgrund der physikalischen Eigenschaften der Materialien *postuliert* werden müssen. *Mit* derartigen Materialgleichungen ergeben sich die „eigentlichen" elastodynamischen Grundgleichungen als gekoppeltes System partieller Differentialgleichungen erster Ordnung. Die Materialgleichungen dürfen dabei physikalische Grundprinzipien, z.B. den Energiesatz elastodynamischer Felder, nicht verletzen, und dies hat gewisse Symmetrien der involvierten Materialtensoren zur Folge, in der *linearen* nichtdissipativen Materialgleichung „Cauchy-Hooke'sches Gesetz" eine charakteristische Symmetrie des Steifigkeitstensors vierter Stufe. Die so entstandenen elastodynamischen Grundgleichungen gilt es nun entsprechend den Fragestellungen der US-zfP zu lösen; je mehr sich die Fragestellung an einer komplexen Realität orientiert — z.B.: Fehlerabbildung in einer Mischschweißnaht —, umso unwahrscheinlicher ist es, dass man eine Lösung „mit Papier und Bleistift", d.h. mit *analytischen* Methoden, finden wird. Es sind *numerische* Methoden gefragt. Diese können einerseits *nach* analytischer Vorarbeit greifen, sie können andererseits aber auch direkt den elastodynamischen Grundgleichungen angepasst werden. Ein von uns entwickeltes Verfahren der zweiten Kategorie ist die *Elastodynamic Finite Integration Technique* — der EFIT-Code —, der außer den Grundgleichungen, den vorgegebenen Quellen, der vorgegebenen Materialstruktur und den Übergangsbedingungen nichts benötigt. Wir werden in der vorliegenden Ausarbeitung häufig Ergebnisse diskutieren, die mit dem EFIT-Code gewonnen wurden, wir werden das Verfahren hier aber nicht weiter beschreiben, da es an anderer Stelle hinreichend dokumentiert ist (Fellinger, 1991; Fellinger et al., 1995; Marklein, 1997; Langenberg et al., 2002; Marklein, 2002; Bihn, 1998).

Die formale Struktur der Grundgleichungen der linearen Elastodynamik ist identisch mit derjenigen der Grundgleichungen der linearen Akustik — Newton-Gleichung, Dilatationsratengleichung — und derjenigen der Maxwell-Gleichungen als Grundgleichungen des Elektromagnetismus; abgesehen natürlich von der physikalischen Bedeutung der Feldgrößen sind allein die Ortsdifferentiationen unterschiedlich, wobei sich die Maxwell-Gleichungen dadurch auszeichnen, dass jeweils in *beiden* Gleichungen der Rotationsoperator auftritt. Aufgrund dieser Ähnlichkeit weisen auch die Lösungen Ähnlichkeiten auf, und deshalb erscheint es uns zweckmäßig, der vorliegenden Ausarbeitung Abschnitte über die Grundlösungen der Akustik und des Elektromagnetismus hinzuzufügen: ebene Wellen, Green'sche Funktionen, Huygens'sches Prinzip. Das ist natürlich auch für zfP-Anwendungen „an sich" von Interesse. Darüber hinaus dienen uns akustische, d.h. *skalare* Felder, häufig dazu, den roten Faden in den mitunter durch Vektor- und Tensorrech-

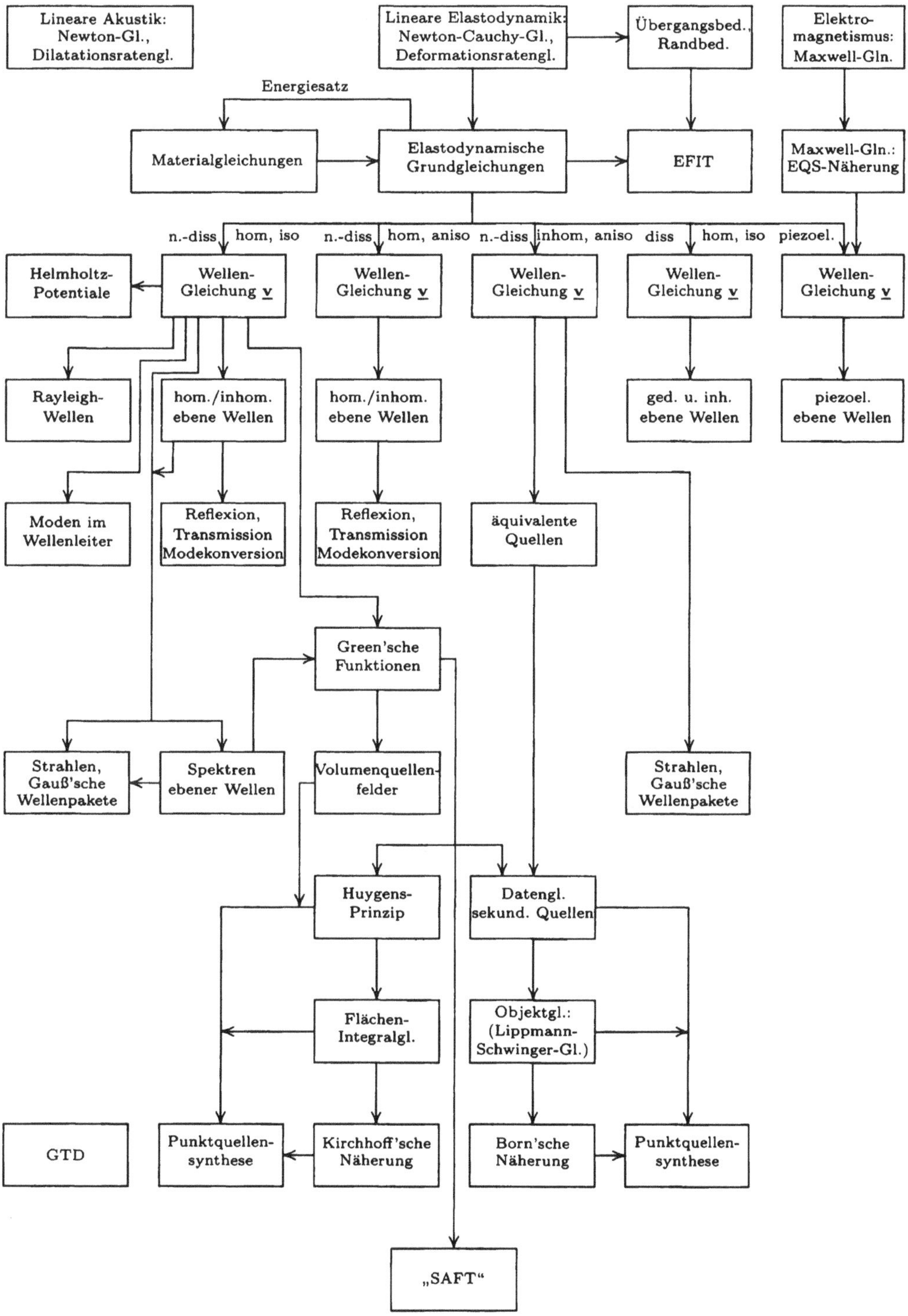

Abb. 1.2.1: Inhalt als Flussdiagramm

nung etwas verschleierten Gedankengängen der Elastodynamik aufzufinden. Schlussendlich *ist* die Elastodynamik im Zweidimensionalen für horizontal polarisierte Scherwellen streng skalar.

Das gekoppelte System partieller Differentialgleichungen 1. Ordnung der elastodynamischen Grundgleichungen für die Teilchengeschwindigkeit und den Spannungstensor kann für die unterschiedlichsten Materialien in je *eine* partielle Differentialgleichung zweiter Ordnung für die Teilchengeschwindigkeit bzw. den Spannungstensor *allein* entkoppelt werden: Es entstehen Wellengleichungen, von denen diejenige für die Teilchengeschwindigkeit $\underline{\mathbf{v}}(\underline{\mathbf{R}}, t)$ in der Regel Grundlage weiterer Überlegungen ist. Am einfachsten wird sie für lineare nichtdissipative homogene isotrope Materialien. In diesem Fall kann man durch Einführung der Helmholtz-Potentiale eine weitere Entkopplung in Druck- und Scherwellen vornehmen. Dieser „einfachen" Wellengleichung für $\underline{\mathbf{v}}(\underline{\mathbf{R}}, t)$ stellen wir diejenigen für lineare nichtdissipative inhomogene und/oder anisotrope Materialien gegenüber und diskutieren des Weiteren das Vorhandensein von Dissipation. Falls Materialien den piezoelektrischen Effekt zeigen, sind die elastodynamischen Grundgleichungen mit den Maxwell'schen Gleichungen gekoppelt, man gelangt zu einer „piezoelektrischen Wellengleichung" für die elastischen Wellen, wenn man die Maxwell'schen Gleichungen in der elektroquasistatischen Näherung benutzt. Hierzu finden sich Details bei Marklein (1997).

Die $\underline{\mathbf{v}}(\underline{\mathbf{R}}, t)$-Wellengleichung für lineare nichtdissipative homogene isotrope Materialien liefert uns in Form ihrer Grundlösungen — ebene Wellen, Green'sche Funktionen als Elementarwellen von Punktquellen — die Basis der US-zfP-Terminologie: Long- und Transwellen, Ultraschallstrahlen, Punktquellensynthese. Zum einen sind *ebene Wellen* fundamental für das Verständnis der Ausbreitung elastischer Wellen im Allgemeinen und zum anderen stellen sie Bausteine zur mathematischen Beschreibung realistischer Schallfelder dar. Ebene Wellen ergeben sich als einfachste Lösungen der *homogenen* Wellengleichung, d.h. der Wellengleichung ohne vorgegebene Quellen, die man mit dem *Ansatz* „Welle mit *ebener* Phasenfläche" als Eigenwertproblem schreibt: Ihre Phasengeschwindigkeiten sind die Eigenwerte und ihre Polarisationsvektoren sind die Eigenvektoren. Im isotropen Material fallen zwei der drei Eigenwerte zusammen, sie beschreiben *sekundäre* ebene Wellen, während der verbleibende Eigenwert *primäre* ebene Wellen beschreibt, die deswegen so benannt sind, weil sie wegen der größeren Phasengeschwindigkeit stets zuerst an einem Beobachtungspunkt ankommen. Die Polarisation *ebener* primärer Wellen ist longitudinal und diejenige *ebener* sekundärer Wellen ist transversal, und zwar wegen der beiden zusammenfallenden Eigenwerte *beliebig* transversal zur Ausbreitungsrichtung. Die US-zfP-Terminologie „Long- und Transwellen" kann also für *ebene* Wellen synonym zu „primär/sekundär" benutzt werden. Allgemeiner, weil auch für Schallfelder von piezoelektrischen Prüfkopfen gültig, ist die Bezeichnung „Druck- und Scherwellen", denn im homogenen isotropen Material sind primäre Wellen stets Druck- und sekundäre Wellen stets Scherwellen. Im *nichtdissipativen* homogenen isotropen Material fallen die Phasen- und Amplitudenflächen ebener Wellen entweder zusammen, es sind homogene ebene Wellen, oder sie stehen senkrecht aufeinander, es sind inhomogene ebene Wellen. Letztere begegnen uns bei der Reflexion ebener Wellen an ebenen Grenz- oder Trennflächen elastischer Halbräume, es sind quergedämpfte Oberflächenwellen.

Die Reflexion, Modekonversion und Transmission ebener elastischer Wellen — seien es Druckwellen oder Scherwellen in horizontaler oder vertikaler Polarisation — an der ebenen Grenz- oder Trennfläche von nichtdissipativen homogenen isotropen Halbräumen ist für die US-zfP eine wichtige kanonische, weil analytisch lösbare Aufgabenstellung, deren Lösung wir ausgiebig diskutieren werden; sie ist zudem ein Beispiel für die Entkopplung der beiden Scherwellenpolarisationen bei streng zweidimensionalen Problemen. Bei dieser Gelegenheit werden wir auch den Begriff des Schalldrucks kritisch beleuchten: Er kann für ebene Wellen zwar über den Spannungstensor definiert werden, er stellt aber keine Feldgröße dar, die an Materialsprungstellen Übergangs- oder Randbedingungen erfüllt.

Die amplitudenmäßig „fein abgestimmte" Überlagerung quergedämpfter Druck- und Scherwellen an der spannungsfreien Grenzfläche eines elastischen Halbraums führt zur Rayleigh-Welle als spezieller Lösung der homogenen Wellengleichung.

Hinsichtlich der modalen Ausbreitung elastischer Wellen in Wellenleitern, seien es horizontal polarisierte Scherwellen oder Lambwellen, verweisen wir auf die Literatur (Rose, 1999).

Ebene Wellen mit ihren unendlich ausgedehnten Phasen- und Amplitudenflächen haben eine unendlich große elastodynamische Energie, sie sind also physikalisch nicht realistisch. Nichtsdestoweniger kann man sie in einem räumlichen Spektrum ebener Wellen zur Modellierung realistischer Schallfelder verwenden. Dies gilt insbesondere dann, wenn man die Green'schen Funktionen als von Punktquellen ausgehende elastische Elementarwellen nicht analytisch kennt, was beispielsweise bereits für den nichtdissipativen homogenen isotropen Halbraum mit ebener spannnungsfreier Oberfläche der Fall ist: Man kennt nur deren spektrale Zerlegung nach ebenen elastischen Wellen, kann auf diese aber die Methode der Stationären Phase anwenden, um im Fernfeld die für Schallfelder piezoelektrischer Prüfköpfe so wichtigen Miller-Pursey-Faktoren zu berechnen.

Mit dem räumlichen Spektrum ebener Wellen gelangt man durch Einführung der paraxialen Näherung zu einer mathematischen Darstellung zeitharmonischer Gauß'scher Strahlen, den — zunächst skalaren — Ultraschall*strahlen*. Die Verallgemeinerung auf gepulste Gauß'sche Strahlen oder Gauß'sche Wellenpakete erweist sich auf dieser Schiene aber problematisch: Man startet besser von einer parabolisch approximierten Wellengleichung, löst diese aber exakt. Entsprechende Strahllösungen findet man auch für die Wellengleichungen (schwach) *inhomogener* isotroper und sogar anisotroper Materialien, sie treten in derartigen Materialien an die Stelle der nicht mehr existenten ebenen Wellen, sind zwar mathematisch komplexer aber gleichzeitig physikalisch realistischer!

Bis dato waren noch keine Quellen elastischer Wellen ins Spiel gekommen, dies geschieht unter dem Stichwort „Green'sche Funktionen". Bevor wir jedoch darauf eingehen, seien die Varianten von Wellengleichungen für Materialien mit weitergehenden Eigenschaften angesprochen. Für nichtdissipative homogene *anisotrope* Materialien lässt die zugrunde liegende homogene Wellengleichung ebenfalls ebene Wellen als Lösungen zu, wobei zunächst die Entartung der für isotrope Materialien zusammenfallenden Scherwelleneigenwerte aufgehoben ist: Es existieren *drei* voneinander unabhängige Wellenmoden mit jeweils unterschiedlichen Phasengeschwindigkeiten. Deren Polarisationen sind auch nicht mehr „long" oder „trans", sondern nur noch *quasi*-longitudinal bzw. *quasi*-transversal, wobei die Polarisationsvektoren ein orthogonales Dreibein bilden, das nunmehr allerdings zwingend vorgegeben ist, d.h. auch die quasi-transversalen Polarisationen sind durch die Anisotropie festgelegt. Ebenso wie die longitudinale und transversale Polarisation geht auch die physikalische Eigenschaft von Druck- und Scherwellen verloren: quasi-longitudinale ebene Wellen sind nur noch quasi-Druckwellen — bei schwacher Ansiotropie gehen sie in longitudinale Druckwellen über — und quasi-transversale ebene Wellen sind nur noch quasi-Scherwellen, die bei schwacher Anisotropie in transversale Scherwellen übergehen. Die für die US-zfP wichtigsten Konsequenzen der Anisotropie sind allerdings die folgenden: Die Phasengeschwindigkeiten der drei Wellenmoden hängen von der Ausbreitungsrichtung der Phase ab, und die Richtung der Energieausbreitung — gegeben durch den elastodynamischen Poynting-Vektor und beschrieben durch den Vektor der Energiegeschwindigkeit — fällt nicht mehr mit der Richtung der Phasenausbreitung zusammen, d.h. die Energiegeschwindigkeit steht nicht mehr senkrecht auf den Phasenflächen. Ein für isotropen — ferritischen — Stahl dimensionierter 45°-Scherwellen-Prüfkopf erzeugt in austenitischem Stahl einen Ultraschallstrahl in völlig anderer Richtung! Für einen Ultraschall*impuls* ist deshalb stets Betrag und Richtung der Energiegeschwindigkeit als Ausbreitungsgeschwindigkeit zu verwenden. Im Detail besprechen wir die obigen Ergebnisse nur für den einfachsten Fall der Anisotropie, die sich durch eine Vorzugsrichtung auszeichnet, senkrecht zu der das Material nach wie vor isotrop ist: Man spricht von einer derart eingeschränkten Isotropie als transversaler Isotropie. Für diesen Fall, der z.B. näherungsweise für austenitischen Stahl und kohlefaserverstärkten Kunststoff realisiert ist, diskutieren wir auch die Reflexion, Modekonversion und Transmission an der ebenen Trennfläche zwischen einem isotropen und einem transversal-isotropen Halbraum. Die Selektion physikalisch möglicher Wellenmoden erfolgt dabei stets mit dem Energiegeschwindigkeitsdiagramm (nicht mit dem *Slowness*-Diagramm wie im isotropen Fall); auch die Querdämpfung inhomogener Wellen ist bezüglich der Richtung der Energiegeschwindigkeit definiert.

Die Wellengleichung für nichtdissipative *inhomogene* Materialien, seien sie isotrop oder anisotrop, ist insofern komplizierter als sich die räumlichen Differentiationen — Nabla-Operationen — auch auf die Materialparameter erstrecken, im isotropen Material auf die Lamé'schen Parameter, im anisotropen Material auf den Steifigkeitstensor. Der Ansatz ebener elastischer Wellen funktioniert deshalb nicht mehr! Man versucht es mit einer Verallgemeinerung und setzt *lokal* ebene Wellen mit nichtlinear ortsabhängiger Phase und ortsabhängiger Amplitude an. Damit man nicht sogleich mit dem Vektor- und Tensorformalismus elastischer Wellen konfrontiert wird, ist es zweckmäßig, zunächst skalare akustische Wellen mit einem entsprechenden Ansatz in Materialien zu untersuchen, in denen die Schallgeschwindigkeit örtlich variiert; falls das Material über einer Wellenlänge nur langsam veränderlich ist, findet man eine Differentialgleichung für die Phase — die Eikonalgleichung — und eine Differentialgleichung, in der die Phase und die Amplitude gekoppelt sind, die Transportgleichung. Die Lösungen der Eikonalgleichung sind die — nicht ebenen — Flächen konstanter Phase, senkrecht darauf steht der Phasenvektor, der damit eine Strahltrajektorie definiert, die im Englischen als *ray* bezeichnet wird, im Unterschied zum (Gauß'schen) Strahl, dem *beam*. Da wir im Deutschen nur das Wort „Strahl“ kennen, benutzen wir Ray und Beam zur Unterscheidung. Interessanterweise gelangt man durch eine Taylorentwicklung der Phase zu einem Beam, der sich im inhomogenen Material entlang des Rays, der Strahltrajektorie, ausbreitet. Nunmehr ist man gerüstet, Rays und Beams elastischer Wellen zu untersuchen. Man findet Parallelen zu den ebenen Wellen in homogenen Materialien: In inhomogen-isotropen Materialien können sich unabhängig voneinander longitudinale und transversale Beams entlang primärer und sekundärer (Phasen-)Rays ausbreiten, in inhomogen-anisotropen Materialien sind die Polarisationen wieder mit dem Zusatz „quasi“ zu versehen, und die Ausbreitung erfolgt entlang den Strahltrajektorien für die Energie. Die entsprechenden Impulslösungen sind sodann (Gauß'sche) Wellenpakete in derartigen Materialien.

Die in der Wellengleichung für nichtdissipative inhomogene (an)isotrope Materialien zusätzlich auftretenden Differentiationen der Materialparameter kann man insbesondere dann quasi zum Verschwinden bringen, wenn die Inhomogenität des Materials auf „Ungänzen“, d.h. auf endliche Volumina, konzentriert ist: Man fasst alle derartigen Terme auf der rechten Seite der Wellengleichung, auf der gewöhnlich sowieso die *vorgegebenen* (primären) Quellen stehen, zusammen und definiert damit sekundäre Quellen, die der Wirkung der Ungänze äquivalent sind und damit auch als äquivalente Quellen bezeichnet werden. Man kann sodann ihre (Streu-)Strahlung formal genauso wie die Strahlung vorgegebener Quellen berechnen. *Formal* ist diese Lösung deswegen, weil die äquivalenten Quellen von ihrem eigenen Strahlungsfeld abhängen, man kennt sie also zunächst gar nicht explizit und muss sie deshalb als Lösungen von Integralgleichungen erst bestimmen.

Die Berücksichtigung elastodynamischer Dissipation gelingt über den „Entwurf“ entsprechender Materialgleichungen. Dabei dürfen keine physikalischen Grundprinzipien verletzt werden; das Kausalitätsprinzip hat unmittelbar die Frequenzabhängigkeit der Materialparameter und damit die Dispersion von Impulswellen zur Folge. Phasen- und Amplitudenflächen zeitharmonischer ebener Wellen in homogenen dissipativen Materialien können, entsprechend einer Dämpfung in Ausbreitungsrichtung, zusammenfallen, oder sie können einen beliebigen Winkel miteinander bilden, der aber nicht 90° sein darf. Derartige inhomogene ebene Wellen werden in dissipativen Halbräumen durch Einfall ebener Wellen unter beliebigem Winkel angeregt: Die Dämpfung erfolgt stets senkrecht zur Grenzfläche und nicht in Ausbreitungsrichtung!

Bisher haben wir nur über idealisierte Grundlösungen *homogener* Wellengleichungen gesprochen, kamen dabei mit den Ultraschallstrahlen der mathematischen Beschreibung von Sendeschallfeldern aber schon recht nahe. Ultraschall muss jedoch erzeugt werden, es ist also nunmehr ein mathematischer Zusammenhang zwischen vorgegebenen Quellen — Kraftdichten und Deformationsraten — und deren elastodynamischem Strahlungsfeld gefragt (Wir berücksichtigen stets *beide* Quellen, weil dies für das elastodynamische Huygens'sche Prinzip von grundlegender Bedeutung ist.). Wieder sind es idealisierte Grundlösungen *inhomogener* Wellengleichungen, die uns weiterhelfen: Man gibt *Punkt*quellen vor, berechnet deren Strahlungsfeld als sogenannte Green'sche Funktionen (der Wellengleichungen) und benutzt diese sodann aufgrund der Linearität der elastodynamischen Grundgleichungen in einer Punktquellensynthese räumlich verteilter Quellen, d.h. man „zerlegt“ eine ausgedehnte Quelle in Punktquellen und superponiert deren Strahlungsfelder. Green'sche Funktionen sind nichts anderes als elastodynamische Elementarwellen, die von punktförmigen Kraftdichten und Deformationsraten ausgehen; da man Ungänzen, wie bereits erwähnt, durch sekundäre oder äquivalente Quellen beschreiben kann, wird auch deren Streufeld als Punktquellensynthese darstellbar sein, d.h. Green'sche Funktionen stellen letztendlich die mathematischen Bausteine zur Lösung zweier fundamentaler Probleme der US-zfP dar: des Strahlungs- und des Streuproblems; dies unterstreicht deren eminente Bedeutung. Wir gehen deshalb auf die Berechnung Green'scher Funktionen detalliert ein.

Da die elastodynamischen Wellengleichungen vektorielle Differentialoperatoren enthalten, die, auf die Teilchengeschwindigkeit oder -verschiebung angewandt, gerade die vorgegebenen Quellen liefern, wird es nicht ganz einfach sein, diese Operatoren zu invertieren, um die Teilchengeschwindigkeit oder -verschiebung explizit durch die Quellen darzustellen. Man spaltet deshalb das Problem auf: in die Invertierung der Differentiationen und die Invertierung der vektoriellen Operatoren. Letztere entfallen für die Druck-Wellengleichung skalarer akustischer Wellen, also wird es zweckmäßig sein, zunächst deren (skalare) Green'sche Funktion zu berechnen und als Elementarwelle zu diskutieren. Wir tun dieses sowohl für zeitharmonische als auch für gepulste Punktquellen, und zwar sowohl in drei als auch in zwei Raumdimensionen, da eine konkrete US-Prüfsituation oft vereinfacht zweidimensional modelliert werden kann. Mit diesem Rüstzeug und der daraus resultierenden skalaren Punktquellensynthese akustischer Wellenfelder können wir uns sodann der Elastodynamik zuwenden: Es stellt sich heraus, dass die soeben gefundene skalare Green'sche Funktion auch in diesem Fall eine zentrale Rolle spielt, es kommen zum einen schlicht und einfach die noch nicht berücksichtigten invertierten Vektoroperationen ins Spiel und zum anderen ist der Tatsache Rechnung zu tragen, dass von Punktquellen (in homogenen isotropen Materialien) primäre Druck- und sekundäre Scherwellen ausgehen, man also *zwei* skalare Green'sche Funktionen für die entsprechenden Elementarwellen unterschiedlicher Geschwindigkeit benötigt. Ergebnis sind tensorielle Green'sche Funktionen, und zwar tatsächlich in der Mehrzahl, denn die vektoriellen Operationen müssen ja berücksichtigen, ob wir beispielsweise die Teilchenverschiebung einer punktförmigen Kraft oder einer punktförmigen Deformationsrate berechnen wollen. Im ersten Fall benötigt man einen Green'schen Tensor zweiter Stufe und im zweiten Fall einen Green'schen Tensor dritter Stufe; beide bestehen aber stets aus einem Druck- und einem Scherterm. Die unterschiedlichen tensoriellen Operationen an der primären und an der sekundären skalaren Green'schen Funktion bestimmen die richtungsabhängigen Amplituden der entsprechenden, im homogenen isotropen Material im Übrigen kugelförmigen, Elementarwellen, im Fernfeld also ihre Punktrichtwirkungen. Es sei explizit darauf hingewiesen, dass Druck-Elementarwellen nur im *Fernfeld* longitudinal und Scher-Elementarwellen nur im *Fernfeld* transversal sind. Falls man nicht nur die Teilchengeschwindigkeit oder die Teilchenverschiebung als Punktquellensynthese vorgegebener Quellen, sondern auch den Spannungstensor entsprechend berechnen will, tritt zum einen wieder der Green'sche Tensor dritter Stufe — er repräsentiert die Spannungselementarwelle einer Kraftdichte —, zum anderen aber auch noch ein Green'scher Tensor vierter Stufe auf, der die Spannungselementarwelle einer Deformationsrate darstellt. Mit der Kenntnis der mathematischen Struktur elastodynamischer Elementarwellen in Form Green'scher Funktionen können wir nun die Punktquellensynthese vorgegebener Volumenquellen, d.h. in nichtdissipative homogen-isotrope Materialien unendlicher Ausdehnung eingebrachte Kraft- oder Deformationsratenquellen, als Volumenintegral über die Quellen multipliziert mit den „passenden" Green'schen Funktionen, formulieren. Wir untersuchen ganz allgemein deren Fernfeldapproximation in zwei und drei Raumdimensionen und definieren elastodynamische Richtdiagramme. Spezialfälle von Volumenquellen sind flächenhafte Quellen, die, sofern sie im elastischen Vollraum angesiedelt sind, eine Vorstufe des Aperturstrahlers der US-zfP darstellen; wir diskutieren deshalb insbesondere derartige Beispiele, und zwar, wie fast stets in dieser Ausarbeitung, auch für Impulsabstrahlung.

Green'sche Funktionen stellen physikalische Wellenfelder dar, die in dem Halbraum, der die Punktquelle *nicht* enthält, einer *homogenen* Wellengleichung genügen. Derartige Wellenfelder konnten wir räumlich spektral nach ebenen Wellen zerlegen, folglich existieren auch spektrale Zerlegungen von kugelförmigen Elementarwellen nach ebenen Wellen, oder, mathematisch ausgedrückt, Darstellungen Green'scher Funktionen durch zweidimensionale inverse Fourier-Integrale (Weyl'sche Integraldarstellungen). Diese werden uns für die Berechnung von Schallfeldern in elastischen Halbräumen mit ebenen spannungsfreien Grenzflächen äußerst nützlich sein.

In der Tat sind es ja nicht Volumen- oder Flächenquellen im unendlich ausgedehnten Material, die in der US-zfP eine Rolle spielen, sondern es sind Aperturstrahler auf den Oberflächen von Bauteilen, die in der Regel als spannungsfrei angesehen werden können. Das Schallfeld eines dort angesiedelten Aperturstrahlers muss dann aber auch die Randbedingung der Spannungsfreiheit erfüllen, und mit unserer bisherigen Punktquellensynthese geht das nicht, da wir darin ja Green'sche Funktionen des *unendlichen* Raums verwenden; es müssen Green'sche Funktionen gefunden werden, die mit dieser Randbedingung verträglich sind! Für skalare akustische Wellen ist die Lösung vergleichsweise einfach, da die entsprechenden Green'schen Funktionen — sofern die in Rede stehend Fläche eine *ebene* Fläche ist — durch Spiegelung einer Punktquelle an der Fläche berechnet werden können. Aufgrund der Modekonversion gilt jedoch für elastische Wellen das Spiegelungsprinzip nicht, und deswegen findet man auch keinen *expliziten* analytischen Ausdrücke für die relevanten Green'schen Tensoren: Man findet nur Integraldarstellungen vom Weyl'schen Typ! Mit der Methode der Stationären Phase kann man diese Integraldarstellungen im *Fernfeld* aber in explizite Ausdrücke „verwandeln", man erhält die Punktrichtwirkungen von Miller und Pursey, mit denen sich sodann eine approximative Punktquellensynthese begründen lässt, die man auch zur Berechnung des Nahfeldes von Aperturstrahlern auf spannungsfreien Grenzflächen verwenden kann. Damit ist eine wesentliche Grundaufgabe der US-zfP gelöst. Es verbleibt die Berechnung der *Streu*felder von Ungänzen, wofür sich die mathematische Formulierung des Huygens'schen Prinzips als grundlegend erweist; auch hierin spielen Elementarwellen, also Green'sche Funktionen, die entscheidende Rolle.

Interessanterweise kann man ein Strahlungsfeld auch berechnen, wenn man nicht dessen *Quellen*, sondern das *Feld selbst* auf einer beliebigen, die Quellen einschließenden Fläche kennt. Christiaan Huygens fomulierte dies als „Huygens'sches Prinzip" im 17. Jahrhundert: Von jedem Punkt einer solchen Fläche gehen Elementarwellen — Kugelwellen — aus, die mit der jeweiligen dort zu findenen Feldamplitude gewichtet sind; das Feld *außerhalb* der geschlossenen Fläche ist sodann die Einhüllende all dieser Eelementarwellen. Zusätzlich fordert Huygens, dass sich die Elementarwellen im Inneren der Fläche zu einem Nullfeld überlagern. Da Elementarwellen Green'sche Funktionen sind, muss es eine wellengleichungsbasierte Theorie des Huygens'schen

Prinzips geben! Zweckmäßigerweise formuliert man diese Theorie zunächst wieder für skalare akustische Felder, indem man der zweiten Green'schen Formel physikalisches Leben einhaucht: Man findet *außerhalb* der geschlosssenen Fläche, die die Quellen im Inneren enthält, das Feld als Integral über die Fläche, wobei das Huygens'sche Prinzip dahingehend zu erweitern ist, dass nicht nur über isotrope Kugelwellen, sondern auch über Dipolwellen — Kugelwellen mit einer Dipolrichtcharakteristik — zu summieren ist. Erstere werden (im skalaren akustischen Fall) mit der Normalenableitung des Drucks und letztere mit dem Druck selbst gewichtet. In der Tat liefert dieses Integral im Inneren der Fläche ein Nullfeld, so wie es von Huygens heuristisch gefordert wurde. Zunächst ist das Huygens'sche Prinzip ein Äquivalenzprinzip: Die Flächenintegration über Feldgrößen ist äquivalent zur Quellenintegration. Seine eigentliche Bedeutung bekommt es aber zur Berechnung von Streufeldern; wenn die „Huygens-Fläche" einen Streukörper einschließt, auf dem das Feld gewisse Randbedingungen — dessen Oberfläche sei etwa schallweich oder schallhart — erfüllen muss, kontrahiert man die Huygens-Fläche auf die Streukörperoberfläche und setzt die Randbedingungen explizit ein, womit entweder der Druck oder die Normalenableitung im Integral verschwindet. Die verbleibende Größe kann sodann als äquivalente (sekundäre) Quelle des Streufeldes angesehen werden. Genauso wie die äquivalenten Volumenquellen ist diese äquivalente Flächenquelle aber vom Feld selbst abhängig, sie muss erst berechnet werden. Dazu erfüllt man mit der Huygens'schen Integral*darstellung* die Randbedingung erneut und findet eine Integral*gleichung* für die äquivalente Quelle. Nach deren Lösung kann man das Feld mit dem Huygens-Integral überall außerhalb des Streukörpers berechnen. Die mit dem Huygens'schen Prinzip gewonnene Flächenintegralgleichung und deren Lösung ist deshalb die Vorstufe einer Punktquellensynthese von Streufeldern, die auf der Oberfläche von Streukörpern Randbedingungen erfüllen.

Nunmehr zahlt es sich aus, dass wir in dieser Ausarbeitung konsequent *beide* Quellen elastodynamischer Felder — Kräfte und Deformationsraten — berücksichtigt haben, denn ebendiese treten nun in einer elastodynamischen Version des Huygens-Integrals als feldabhängige äquivalente Flächenquellen auf, die mit den zugehörigen Green'schen Tensoren gewichtet sind, d.h. diese Tensoren sind gleichzeitig die Huygens'schen Elementarwellen der Elastodynamik. Wenn wir in der US-zfP am Streuverhalten von Rissen interessiert sind, können wir deren Oberfläche oft modellhaft als spannungsfrei betrachten, d.h. die äquivalente Quelle „Flächenkraftdichte" verschwindet, es verbleibt die Flächendeformationsrate als Quelle der mit dem Green'schen Tensor dritter Stufe korrespondierenden Elementarwelle. Zu deren Berechnung dienen sodann Flächenintegralgleichungen. Man beachte: Das Strahlungsfeld eines piezoelektrischen Prüfkopfs modellieren wir durch *Vorgabe* der primären Quelle „Flächen*kraftdichte*" auf einer spannungsfreien Fläche, das Streufeld einer Ungänze mit spannungsfreier Oberfläche wird Huygens-konform durch die *Berechnung* der sekundären Quelle „Flächen*deformationsrate*" modelliert, zu den beiden Feldern gehören also ganz andere Elementarwellen; in Strahlungsfeldern ist es der Green'sche Tensor zweiter Stufe, in Streufeldern der Green'sche Tensor dritter Stufe!

Beispielhaft formulieren wir die Flächenintegralgleichung für die Streuung an einem zweidimensionalen Rissmodell und präsentieren Ergebnisse einer numerischen Lösung.

Zur Reduzierung des numerischen Aufwandes der Berechnung von Streufeldern beliebiger Streukörpergeometrien (mit spannungsfreien Oberflächen) diskutieren wir eine in der US-zfP sehr oft angewandte Näherungsmethode zur Berechnung der äquivalenten Quellen, nämlich die aus der Theorie elektromagnetischer Felder stammende Kirchhoff-Näherung. Man approximiert die Streukörperoberfläche durch ebene Flächen*patches* und verwendet als sekundäre Quelle die sich aus der Reflexion und Modekonversion ebener Wellen an ebenen Grenzflächen ergebende Deformationsrate. Auf der Grundlage ebendieser Kirchhoff-Näherung formulieren wir das Standard-Systemmodell der US-zfP: Sende-Prüfkopf, Streuer, Empfangs-Prüfkopf.

Falls die Ungänze kein Riss oder keine Pore, sondern ein Einschluss ist, muss dieser durch einen

— eventuell inhomogen-anisotropen — penetrablen Streukörper modelliert werden. In unserem Flussdiagramm hatten wir derartige Streuer bereits durch äquivalente *Volumen*quellen beschrieben, die jedoch, ebenso wie die Huygens'schen Flächenquellen, feldabhängig sind. Nichtsdestoweniger kann man sie in ein Volumenquellenintegral einsetzen, man erhält eine Datengleichung analog zum Huygens-Integral. Wie dort müssen nun die äquivalenten Quellen berechnet werden; man schreibt dazu das Volumenquellenintegral für Aufpunkte innerhalb des Streukörpers, dies resultiert in einer Objektgleichung, die als Lippmann-Schwinger-Integralgleichung — eine *Volumen*integralgleichung — die Flächenintegralgleichungen spannungsfreier Streukörper ergänzt. Grundsätzlich muss diese ebenfalls numerisch gelöst werden; es bietet sich aber auch hier eine Approximation, die Born'sche Näherung an: Man ersetzt das zunächst unbekannte Feld innerhalb des Streukörpers durch das bekannte einfallende Feld, was für schwache Streuer sicher zulässig ist. Auch für penetrable Streukörper, die in homogene isotrope Materialien eingebettet sind, resultiert eine Punktquellensynthese zur Berechnung der Streufelder.

Für einige kanonische Streukörpergeometrien (mit spannungsfreier Oberfläche) — Zylinder und Kugel — kann man die *numerische* Lösung einer Flächenintegralgleichung umgehen, indem man die Wellengleichungen direkt in dem jeweiligen „passenden" Koordinatensystem mittels Entwicklung nach Eigenfunktionen — Zylinder- und Kugelfunktionen — analytisch löst. Wir werden diese Rechnungen durchführen und beispielhaft Ergebnisse diskutieren. Derartige analytische Lösungen für kanonische Probleme — dazu gehört auch die Streuung an der Kante — kann man benutzen, um das Streufeld eines in ein Ensemble charakteristischer Streuzentren aufgelösten Streukörpers durch Superposition der Streuzentrenbeiträge zu berechnen; dies ist vor allem im Hochfrequenzfall häufig möglich, die zugehörige Methode heißt in ihrer Grundversion GTD für *Geometric Theory of Diffraction*. Wir verweisen dazu aber auf die Literatur (Achenbach et al., 1982).

Es verbleibt die Diskussion des *eigentlichen* Problems der US-zfP: der Abbildung von Materialfehlern. Unter dem Akronym SAFT für *Synthetic Aperture Focusing Technique* hat sich eine auf heuristischen Argumenten beruhende Lösung etabliert, die jedoch im Rahmen einer inversen Streutheorie auf festen mathematischen Boden gestellt werden kann und dabei gleichzeitig effektive algorithmische Varianten — FT-SAFT für *Fourier Transform Synthetic Aperture Focusing Technique* — liefert. Wieder sind Green'sche Funktionen die Grundlage!

Man kann sagen: Ebene Wellen und Green'sche Funktionen stellen die theoretische Grundlage der US-zfP dar.

2 Mathematische Grundlagen

2.1 Skalar-, Vektor- und Tensorfelder

2.1.1 Ortsvektor

Um einen Punkt im Raum, beispielsweise auf der Oberfläche eines Bauteils, zu charakterisieren, benötigen wir Koordinaten; am einfachsten sind die kartesischen Koordinaten „Länge, Breite, Höhe", die wir mit x, y, z oder mit x_1, x_2, x_3 (x_i, $i = 1, 2, 3$) bezeichnen. Abbildung 2.1.1 zeigt ein (rechtshändiges[1]) kartesisches Koordinatensystem mit den speziellen Koordinaten x_0, y_0, z_0

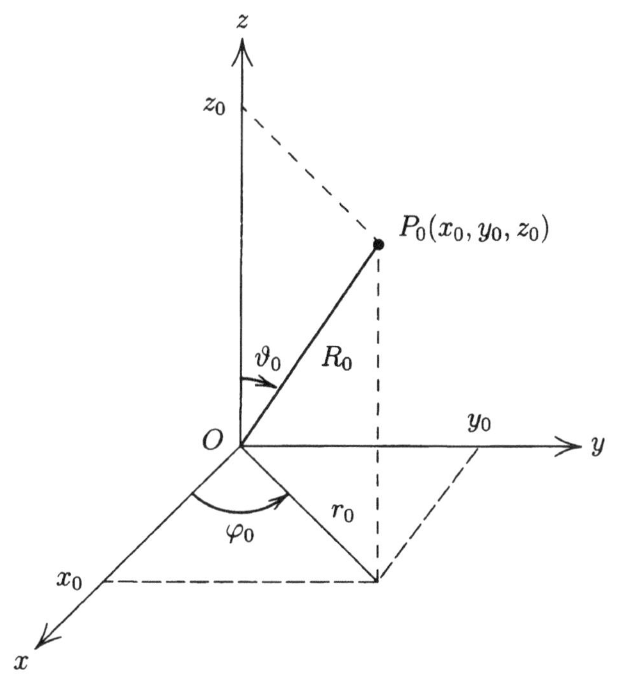

Abb. 2.1.1: *Kartesische Koordinaten; Zylinder- und Kugelkoordinaten*

eines Raumpunktes $P_0(x_0, y_0, z_0)$. Die Lage dieses Punktes ist bekannt, wenn die drei Zahlen x_0, y_0 und z_0 bekannt sind. Voraussetzung ist die Kenntnis des beliebig, aber fest gewählten Koordinatenursprungs O und die ebenfalls beliebige, aber fest gewählte Orientierung der Koordinatenachsen. Abbildung 2.1.1 zeigt ferner, dass P_0 auch durch Angabe der Zylinderkoordinaten r_0, φ_0, z_0 oder der Kugelkoordinaten $R_0, \vartheta_0, \varphi_0$ charakterisiert werden kann. Es ist sofort ersichtlich, dass die folgenden Koordinatentransformationsformeln gelten:

$$x_0 = r_0 \cos \varphi_0 \quad ,$$

[1]Heinrich Hertz schreibt (1890): Wir nehmen an, dass das benutzte Coordinatensystem der x, y, z von solcher Beschaffenheit ist, dass, wenn die Richtung der positiven x nach vorn, die der positiven z nach oben geht, alsdann die y von links nach rechts hin wachsen.

$$y_0 = r_0 \sin\varphi_0 \quad , \tag{2.1.1}$$
$$z_0 = z_0 \quad ;$$

$$x_0 = R_0 \sin\vartheta_0 \cos\varphi_0 \quad ,$$
$$y_0 = R_0 \sin\vartheta_0 \sin\varphi_0 \quad , \tag{2.1.2}$$
$$z_0 = R_0 \cos\vartheta_0 \quad .$$

Bei gegebenem Koordinatenursprung O — siehe Abb. 2.1.2 — können wir die Lage von P_0 auch

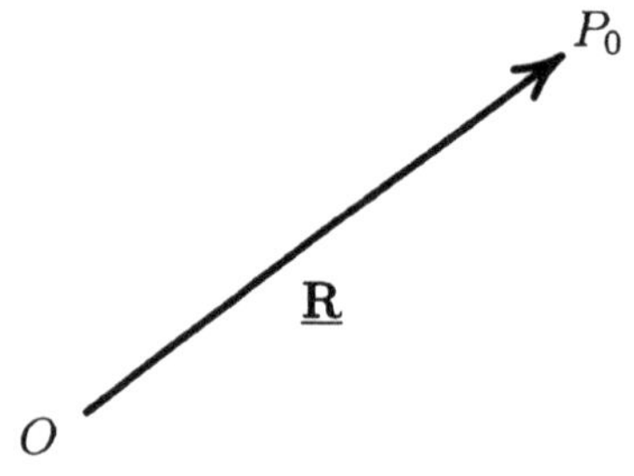

Abb. 2.1.2: *Ortsvektor* $\underline{\mathbf{R}}$

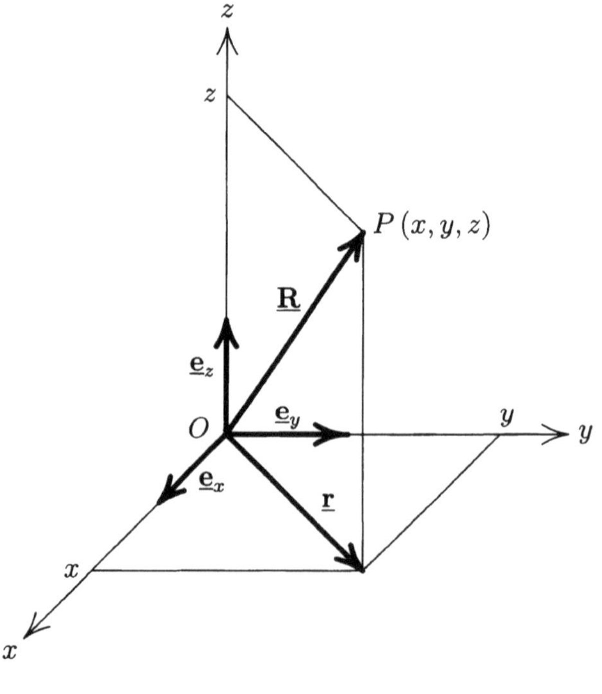

Abb. 2.1.3: *Ortsvektor* $\underline{\mathbf{R}}$ *im kartesischen Koordinatensystem*

durch die Richtung und die Länge des sogenannten Ortsvektors $\underline{\mathbf{R}}$ beschreiben[2]. Anhand einer

[2]Vektoren werden zum Unterschied zu skalaren Größen durch einmal unterstrichene fette Buchstaben gekennzeichnet; damit ergibt sich die Möglichkeit, Tensoren zweiter und höherer Stufe durch eine entsprechende Anzahl von Strichen unter ebenfalls fetten Buchstaben zu beschreiben, also etwa $\underline{\underline{\mathbf{S}}}$ für den Deformationstensor zweiter Stufe und $\underline{\underline{\underline{\underline{\mathbf{c}}}}}$ für den Steifigkeitstensor vierter Stufe.

Zeichnung ist dies unmittelbar anschaulich, es stellt sich aber die Frage, wie $\underline{\mathbf{R}}$ mathematisch darzustellen ist. Wir betrachten dazu Abb. 2.1.3, wo wir zunächst die Richtung kartesischer Koordinatenachsen durch drei jeweils zueinander senkrecht stehende Einheitsvektoren[3] $\underline{\mathbf{e}}_x, \underline{\mathbf{e}}_y, \underline{\mathbf{e}}_z$ angegeben haben; ein Einheitsvektor hat per definitionem die Länge 1. Man nennt das System dieser drei Vektoren ein orthonormiertes Dreibein. Zeichnen wir nun den Ortsvektor $\underline{\mathbf{R}}$ zum Punkt $P(x, y, z)$ mit den Koordinaten x, y, z, so wird sofort ersichtlich, dass die Projektionen von $\underline{\mathbf{R}}$ auf die jeweiligen Koordinatenachsen gleich den Koordinaten des Punktes sind: Die (skalaren) Komponenten des Ortsvektors sind die *Koordinaten* des Punktes, den er bezeichnet. Nunmehr bilden wir die drei Vektoren $x\underline{\mathbf{e}}_x$, $y\underline{\mathbf{e}}_y$ und $z\underline{\mathbf{e}}_z$; sie haben die Richtung des orthonormierten Dreibeins, sind also ebenfalls orthogonal, aber nicht mehr (auf 1) normiert, da ihre Länge jeweils x, y und z ist[4]. Definieren wir nun die Addition zweier Vektoren $\underline{\mathbf{R}}_1$ und $\underline{\mathbf{R}}_2$ wie in Abb. 2.1.4, so ergibt sich der in Abb. 2.1.3 eingezeichnete Vektor $\underline{\mathbf{r}}$ offenbar als

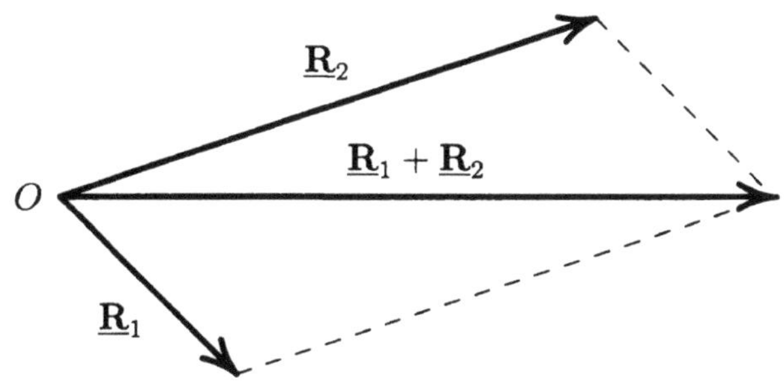

***Abb. 2.1.4:** Addition zweier Vektoren*

$$\underline{\mathbf{r}} = x\underline{\mathbf{e}}_x + y\underline{\mathbf{e}}_y \tag{2.1.3}$$

sowie der Ortsvektor $\underline{\mathbf{R}}$ als

$$\begin{aligned} \underline{\mathbf{R}} &= \underline{\mathbf{r}} + z\underline{\mathbf{e}}_z \\ &= x\underline{\mathbf{e}}_x + y\underline{\mathbf{e}}_y + z\underline{\mathbf{e}}_z \quad ; \end{aligned} \tag{2.1.4}$$

x, y, z sind die skalaren Komponenten und $x\underline{\mathbf{e}}_x, y\underline{\mathbf{e}}_y, z\underline{\mathbf{e}}_z$ die vektoriellen Komponenten von $\underline{\mathbf{R}}$. Wenn wir im Folgenden „Komponenten" sagen, meinen wir immer die skalaren Komponenten. Nach dem Satz von Pythagoras erhalten wir die Länge r — den Betrag $r = |\underline{\mathbf{r}}|$ — des Vektors $\underline{\mathbf{r}}$ gemäß

$$r = \sqrt{x^2 + y^2} \tag{2.1.5}$$

und die Länge R — den Betrag $R = |\underline{\mathbf{R}}|$ — des Ortsvektors $\underline{\mathbf{R}}$ gemäß

$$\begin{aligned} R &= \sqrt{r^2 + z^2} \\ &= \sqrt{x^2 + y^2 + z^2} \quad . \end{aligned} \tag{2.1.6}$$

Die Länge — den Betrag — eines Vektors bezeichnen wir stets durch denselben, nicht fett gedruckten Buchstaben. Der Betrag $|\underline{\mathbf{R}}|$ des Ortsvektors von P ist offenbar gleich der radialen Kugelkoordinate R von P.

In der Theorie elastischer Wellen muss häufig zwischen *zwei* Ortsvektoren $\underline{\mathbf{R}}$ und $\underline{\mathbf{R}}'$ unterschieden werden (Abbildung 2.1.5); $\underline{\mathbf{R}}'$, der Ortsvektor zum Quellpunkt Q (auch $\underline{\mathbf{R}}_Q$ genannt),

[3] Außer einigen „Standardeinheitsvektoren" (z.B.: $\underline{\mathbf{e}}_x, \underline{\mathbf{e}}_y, \underline{\mathbf{e}}_z, \underline{\mathbf{n}}$) charakterisieren wir einen solchen durch ein „Hütchen", also z.B. $\hat{\underline{\mathbf{R}}} = \underline{\mathbf{R}}/R$.

[4] Wir haben implizit vorausgesetzt, dass x, y, z größer als null sind; falls beispielsweise $x < 0$ wäre, ergäbe sich die Länge von $x\underline{\mathbf{e}}_x$ zu $|x|$.

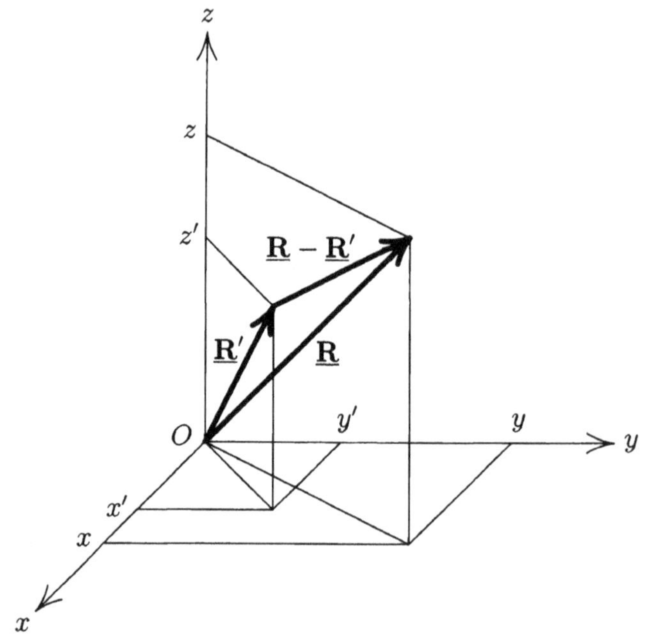

Abb. 2.1.5: Abstand zwischen Aufpunkt $\underline{\mathbf{R}}$ *und Quellpunkt* $\underline{\mathbf{R}}'$

variiert in einem Quellvolumen, in dem die die elastischen Wellen erzeugenden Kräfte und Deformationen von null verschieden sind, und $\underline{\mathbf{R}}$, der Ortsvektor zum Aufpunkt P (auch $\underline{\mathbf{R}}_P$ genannt) ist derjenige Punkt, an dem die jeweilige elastische Welle gerade „beobachtet" wird. In homogen-isotropen Materialien hängt die den Zusammenhang zwischen Quelldichte am Ort $\underline{\mathbf{R}}'$ und Wellenteilchenverschiebung am Ort $\underline{\mathbf{R}}$ vermittelnde Green'sche Funktion nur vom Betrag des Abstandes zwischen $\underline{\mathbf{R}}$ und $\underline{\mathbf{R}}'$ ab. Ordnen wir gemäß

$$\underline{\mathbf{R}}' = x'\underline{\mathbf{e}}_x + y'\underline{\mathbf{e}}_y + z'\underline{\mathbf{e}}_z \tag{2.1.7}$$

$\underline{\mathbf{R}}'$ die Koordinaten x', y', z' des Quellpunkts als Komponenten zu, so erhalten wir

$$\underline{\mathbf{R}} - \underline{\mathbf{R}}' = (x - x')\underline{\mathbf{e}}_x + (y - y')\underline{\mathbf{e}}_y + (z - z')\underline{\mathbf{e}}_z \tag{2.1.8}$$

und folglich durch Anwendung des Satzes von Pythagoras

$$|\underline{\mathbf{R}} - \underline{\mathbf{R}}'| = \sqrt{(x - x')^2 + (y - y')^2 + (z - z')^2} \tag{2.1.9}$$

in Analogie zu (2.1.6).

2.1.2 Skalar- und Vektorfelder

In Abb. 2.1.6 ist ein Messpunkt $P_M(\underline{\mathbf{R}}) = P_M(x, y, z)$ auf der Oberfläche eines Bauteils durch seinen Ortsvektor $\underline{\mathbf{R}}$ bezeichnet; Abb. 2.1.7 skizziert ein A-Bild, beipielsweise den am Punkt P_M gemessenen Schalldruck[5] $p(\underline{\mathbf{R}}, t)$ als Funktion der Zeit t. Wir bezeichnen $p(\underline{\mathbf{R}}, t)$ als skalare Feldgröße und wissen mit (2.1.4), dass diese eine Funktion der drei Ortskoordinaten x, y, z und eine Funktion der Zeit, also eine Funktion von *vier* Variablen ist; wir schreiben deshalb ausführlich $p(x, y, z, t)$ und betrachten $p(\underline{\mathbf{R}}, t)$ als Abkürzung.

[5] Wir werden in Abschnitt 9.1.1 sehen, dass es in einem Festkörper mit $\mu \neq 0$ (λ, μ: Lamé'sche Konstanten) nur für *ebene Wellen* zulässig ist, von einem Schall*druck* zu reden; folglich kann man ihn strenggenommen nicht messen.

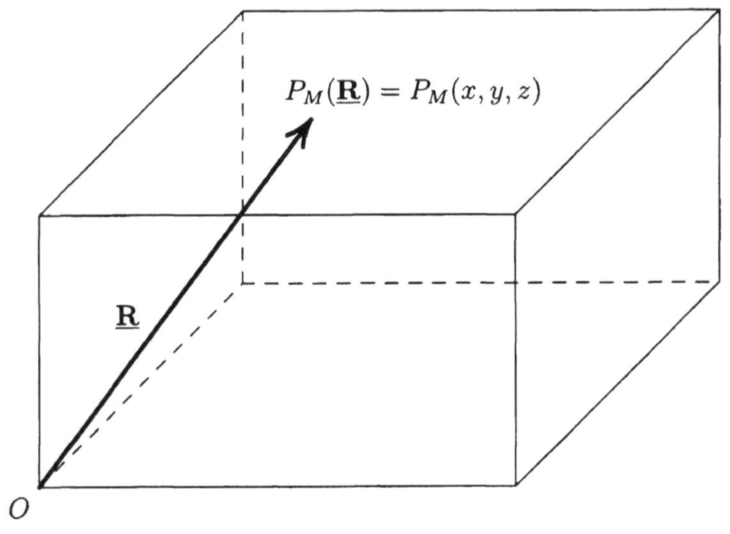

Abb. 2.1.6: *Messpunkt auf einer Bauteiloberfläche*

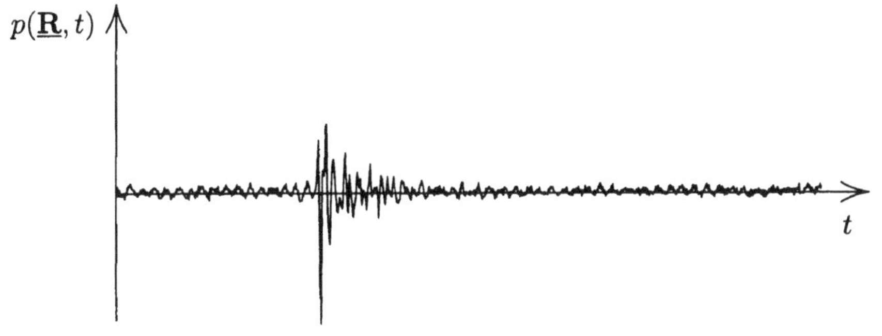

Abb. 2.1.7: *Gemessenes A-Bild eines Schalldrucks*

Primär ist eine elastische Welle in einem Festkörper mit Verschiebungen infinitesimal kleiner Volumenelemente verbunden, man spricht von der Teilchenverschiebung $\underline{\mathbf{u}}(\underline{\mathbf{R}}, t)$ am Ort $\underline{\mathbf{R}}$ zur Zeit t, die naturgemäß eine vektorielle Feldgröße ist, da die Volumenelemente nach Betrag und Richtung verschoben sind. Anhand von Abb. 2.1.8 illustrieren wir eine derartige Teilchenverschiebung. Zur Definition der (skalaren) kartesischen Komponenten u_x, u_y, u_z von $\underline{\mathbf{u}}$ zeichnen wir ein parallelverschobenes (gestricheltes) Koordinatensystem mit Ursprung am Endpunkt des Ortsvektors $\underline{\mathbf{R}}$ und projizieren $\underline{\mathbf{u}}$ auf dessen Koordinatenachsen. Analog zu (2.1.4) erhalten wir sodann die (kartesische) Komponentendarstellung der Teilchenverschiebung:

$$\begin{aligned}\underline{\mathbf{u}}(\underline{\mathbf{R}}, t) &= \underline{\mathbf{u}}(x, y, z, t) \\ &= u_x(\underline{\mathbf{R}}, t)\, \underline{\mathbf{e}}_x + u_y(\underline{\mathbf{R}}, t)\, \underline{\mathbf{e}}_y + u_z(\underline{\mathbf{R}}, t)\, \underline{\mathbf{e}}_z \\ &= u_x(x, y, z, t)\, \underline{\mathbf{e}}_x + u_y(x, y, z, t)\, \underline{\mathbf{e}}_y + u_z(x, y, z, t)\, \underline{\mathbf{e}}_z \quad . \end{aligned} \tag{2.1.10}$$

Wir halten fest: Jede (kartesische) Komponente des Vektors der Teilchenverschiebung hängt von jeder (kartesischen) Koordinate ab. Diese Eigenschaft vektorieller Feldgrößen erfordert die Definition bestimmter Differentialoperatoren — Gradient, Divergenz, Rotation — zur Berechnung physikalisch bedeutungsvoller räumlicher Änderungen der Feldgrößen (Abschnitt 2.2).

Den Betrag $u(\underline{\mathbf{R}}, t)$ von $\underline{\mathbf{u}}(\underline{\mathbf{R}}, t)$ erhalten wir analog zu (2.1.6):

$$u(\underline{\mathbf{R}}, t) = \sqrt{u_x^2(\underline{\mathbf{R}}, t) + u_y^2(\underline{\mathbf{R}}, t) + u_z^2(\underline{\mathbf{R}}, t)} \quad . \tag{2.1.11}$$

2.1.3 Produkte von Vektoren

Wir unterscheiden drei verschiedene Produkte von Vektoren, die wir nach ihrem jeweiligen Ergebnis benennen:

- Skalarprodukt,
- Vektorprodukt,
- dyadisches Produkt.

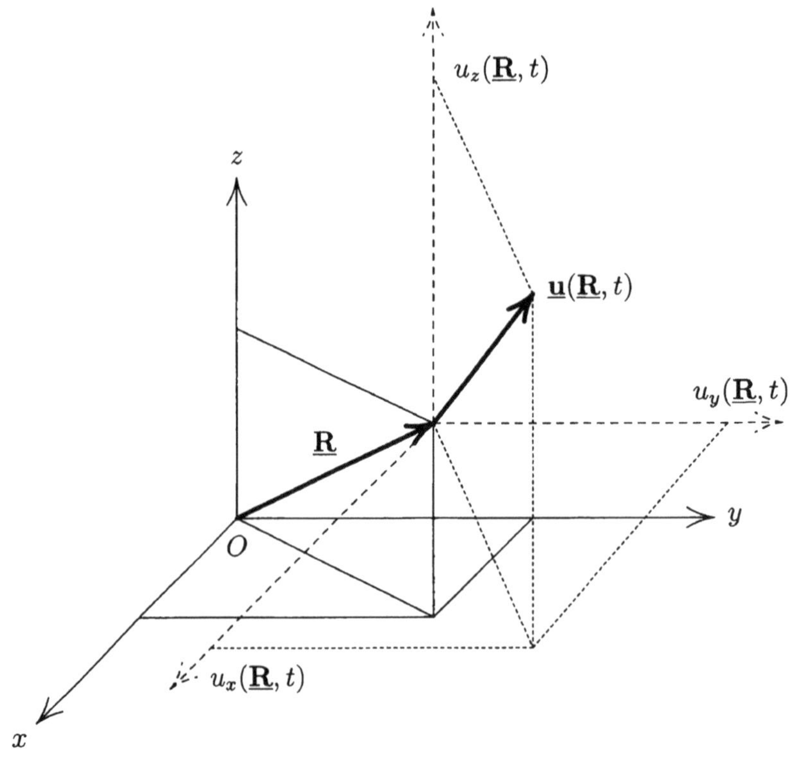

Abb. 2.1.8: *Vektor der Teilchenverschiebung*

Skalarprodukt

Das durch einen Punkt bezeichnete Skalarprodukt $\underline{\mathbf{A}} \cdot \underline{\mathbf{B}}$ zweier Vektoren $\underline{\mathbf{A}}$ und $\underline{\mathbf{B}}$ lässt sich anschaulich sehr schön interpretieren. Abbildung 2.1.9 zeigt einen Vektor $\underline{\mathbf{A}}$, der auf einen Einheitsvektor $\underline{\hat{\mathbf{e}}}$ projiziert wird, das Ergebnis ist

$$\underline{\mathbf{A}} \cdot \underline{\hat{\mathbf{e}}} = A \cos\phi \quad , \tag{2.1.12}$$

wenn ϕ den Winkel zwischen $\underline{\mathbf{A}}$ und $\underline{\hat{\mathbf{e}}}$ bezeichnet. Ersetzen wir $\underline{\hat{\mathbf{e}}}$ durch einen Vektor $\underline{\mathbf{B}}$ mit dem Betrag B, so definiert in Verallgemeinerung von (2.1.12)

$$\begin{aligned} \underline{\mathbf{A}} \cdot \underline{\mathbf{B}} &= \underline{\mathbf{B}} \cdot \underline{\mathbf{A}} \\ &= AB\cos\phi \end{aligned} \tag{2.1.13}$$

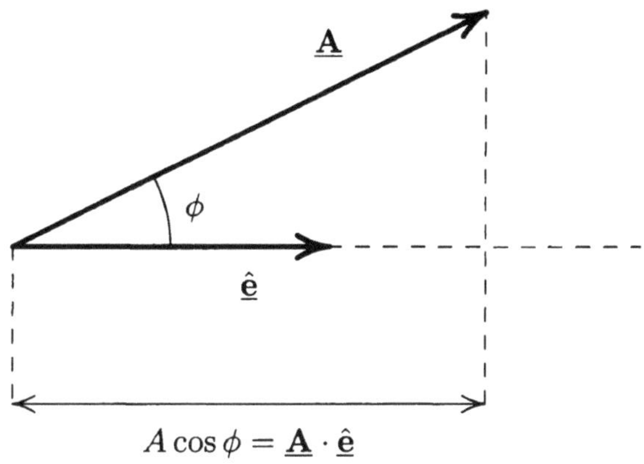

Abb. 2.1.9: Illustration des Skalarprodukts

das (kommutative) Skalarprodukt $\underline{\mathbf{A}} \cdot \underline{\mathbf{B}}$.

Offensichtlich ist $\underline{\mathbf{A}} \cdot \underline{\mathbf{B}} = 0$, wenn $\underline{\mathbf{A}}$ und $\underline{\mathbf{B}}$ senkrecht aufeinander stehen; infolgedessen charakterisiert man die Orthogonalität zweier Vektoren durch den Wert null ihres Skalarprodukts.

Für das orthonormierte Dreibein der kartesischen Koordinaten ergibt sich also:

$$\begin{aligned} \underline{\mathbf{e}}_x \cdot \underline{\mathbf{e}}_y &= 0 \ , \\ \underline{\mathbf{e}}_x \cdot \underline{\mathbf{e}}_z &= 0 \ , \\ \underline{\mathbf{e}}_y \cdot \underline{\mathbf{e}}_z &= 0 \ ; \end{aligned} \tag{2.1.14}$$

$$\begin{aligned} \underline{\mathbf{e}}_x \cdot \underline{\mathbf{e}}_x &= 1 \ , \\ \underline{\mathbf{e}}_y \cdot \underline{\mathbf{e}}_y &= 1 \ , \\ \underline{\mathbf{e}}_z \cdot \underline{\mathbf{e}}_z &= 1 \ . \end{aligned} \tag{2.1.15}$$

Wenn wir die kartesischen Koordinaten in der durchnummerierten Form x_i, $i = 1, 2, 3$, mit dem Dreibein $\underline{\mathbf{e}}_{x_i}$, $i = 1, 2, 3$, schreiben, können wir unter Verwendung des Kronecker-Symbols

$$\delta_{ij} = \begin{cases} 1 & \text{für } i = j \\ 0 & \text{für } i \neq j \end{cases} \tag{2.1.16}$$

die sechs Gleichungen (2.1.14) und (2.1.15) als eine einzige Gleichung schreiben:

$$\underline{\mathbf{e}}_{x_i} \cdot \underline{\mathbf{e}}_{x_j} = \delta_{ij} \text{ für } i, j = 1, 2, 3 \ . \tag{2.1.17}$$

Wir können das Skalarprodukt dazu verwenden, die Komponenten eines Vektors $\underline{\mathbf{A}}$ z.B. in kartesischen Koordinaten zu berechnen; mit (2.1.12) folgt ja definitionsgemäß

$$\begin{aligned} A_x &= \underline{\mathbf{A}} \cdot \underline{\mathbf{e}}_x \ , \\ A_y &= \underline{\mathbf{A}} \cdot \underline{\mathbf{e}}_y \ , \\ A_z &= \underline{\mathbf{A}} \cdot \underline{\mathbf{e}}_z \ . \end{aligned} \tag{2.1.18}$$

Wir berechnen nun

$$\underline{\mathbf{A}} \cdot \underline{\mathbf{B}} = (A_x \underline{\mathbf{e}}_x + A_y \underline{\mathbf{e}}_y + A_z \underline{\mathbf{e}}_z) \cdot (B_x \underline{\mathbf{e}}_x + B_y \underline{\mathbf{e}}_y + B_z \underline{\mathbf{e}}_z) \tag{2.1.19}$$

mit der (kartesischen) Komponentendarstellung von $\underline{\mathbf{A}}$ und $\underline{\mathbf{B}}$ und finden formal durch Ausmultiplizieren und Verwendung von (2.1.17) bei Beachtung der Kommutativität des Skalarproduktes

$$\underline{\mathbf{A}} \cdot \underline{\mathbf{B}} = A_x B_x + A_y B_y + A_z B_z \ . \tag{2.1.20}$$

Damit haben wir eine Möglichkeit, den Wert des Skalarproduktes anzugeben, wenn die kartesischen *Komponenten* der beteiligten Vektoren bekannt sind. Ebenso folgt für den Winkel zwischen zwei Vektoren, deren Beträge ungleich null sind:

$$\begin{aligned}\cos\phi &= \frac{\underline{\mathbf{A}}\cdot\underline{\mathbf{B}}}{AB}\\ &= \frac{A_xB_x + A_yB_y + A_zB_z}{\sqrt{A_x^2+A_y^2+A_z^2}\sqrt{B_x^2+B_y^2+B_z^2}} \quad .\end{aligned} \tag{2.1.21}$$

Die Wurzel aus dem Skalarprodukt $\underline{\mathbf{A}}\cdot\underline{\mathbf{A}}$ liefert offensichtlich den Betrag von $\underline{\mathbf{A}}$:

$$\begin{aligned}A &= \sqrt{\underline{\mathbf{A}}\cdot\underline{\mathbf{A}}}\\ &= \sqrt{A_x^2+A_y^2+A_z^2} \quad ;\end{aligned} \tag{2.1.22}$$

ferner ergibt

$$\begin{aligned}\hat{\underline{\mathbf{A}}} &= \frac{\underline{\mathbf{A}}}{A}\\ &= \frac{\underline{\mathbf{A}}}{\sqrt{\underline{\mathbf{A}}\cdot\underline{\mathbf{A}}}}\\ &= \frac{A_x}{A}\,\underline{\mathbf{e}}_x + \frac{A_y}{A}\,\underline{\mathbf{e}}_y + \frac{A_z}{A}\,\underline{\mathbf{e}}_z\end{aligned} \tag{2.1.23}$$

den $\underline{\mathbf{A}}$ zugeordneten Einheitsvektor $\hat{\underline{\mathbf{A}}}$. Angewendet auf den Ortsvektor liefert (2.1.23):

$$\hat{\underline{\mathbf{R}}} = \frac{x}{\sqrt{x^2+y^2+z^2}}\,\underline{\mathbf{e}}_x + \frac{y}{\sqrt{x^2+y^2+z^2}}\,\underline{\mathbf{e}}_y + \frac{z}{\sqrt{x^2+y^2+z^2}}\,\underline{\mathbf{e}}_z \quad . \tag{2.1.24}$$

Wir zitieren noch zwei weitere — abkürzende — Schreibweisen für das Skalarprodukt. Mit (2.1.18) in durchnummerierter Form, also

$$A_{x_i} = \underline{\mathbf{A}}\cdot\underline{\mathbf{e}}_{x_i} \text{ für } i = 1,2,3 \tag{2.1.25}$$

und entsprechend für $\underline{\mathbf{B}}$ ergibt sich anstelle von (2.1.19):

$$\underline{\mathbf{A}}\cdot\underline{\mathbf{B}} = \sum_{i=1}^{3} A_{x_i}B_{x_i} \quad . \tag{2.1.26}$$

Wenn die x_i — wie hier — vereinbarungsgemäß kartesische Koordinaten sind, kann man gemäß $A_{x_i} \Longrightarrow A_i$, $B_{x_i} \Longrightarrow B_i$ (2.1.26) auch *noch* kürzer schreiben:

$$\underline{\mathbf{A}}\cdot\underline{\mathbf{B}} = \sum_{i=1}^{3} A_iB_i \quad . \tag{2.1.27}$$

Die (Einstein'sche) Summenkonvention kürzt weiter ab und lässt in (2.1.27) auch noch das Summenzeichen weg:

$$\underline{\mathbf{A}}\cdot\underline{\mathbf{B}} = A_iB_i \quad . \tag{2.1.28}$$

Man liest (2.1.28) so: Wenn auf der einen Seite einer Gleichung ein Index — hier i — mindestens zweimal vorkommt und auf der anderen Seite gar nicht, so ist darüber von $i = 1$ bis $i = 3$ zu summieren — zu kontrahieren, wie man auch sagt[6]; wenn der Index auf der anderen

[6] Ein Punktprodukt (Skalarprodukt) $\underline{\mathbf{A}}\cdot\underline{\mathbf{B}}$ ist deshalb die Kontraktion bezüglich der Indizes der skalaren Komponenten der unmittelbar benachbart zum Punkt stehenden Vektoren.

Seite ebenfalls auftritt, wird darüber nicht summiert. Diese Summenkonvention wird in der Literatur über Elastodynamik ausgiebig verwendet (z.B.: Achenbach, 1973; de Hoop 1995); wir bevorzugen dennoch im Allgemeinen statt (2.1.28) die koordinatenfreie Darstellung $\underline{\mathbf{A}} \cdot \underline{\mathbf{B}}$, da sie für analytische Herleitungen übersichtlicher ist; will man jedoch konkrete Zahlen als Ergebnisse eines physikalischen Problems angeben, *muss* man zu Koordinaten übergehen.

Wir betrachten nun erneut ein Bauteil wie in Abb. 2.1.6 und stellen uns vor, dass ein punktförmiger piezoelektrischer „Prüfkopf" am Messpunkt $P_M(\underline{\mathbf{R}})$ dort ausschließlich die Komponente des Teilchenverschiebungsvektors $\underline{\mathbf{u}}(\underline{\mathbf{R}}, t)$ senkrecht zur Oberfläche misst (Abbildung 2.1.10). Zur

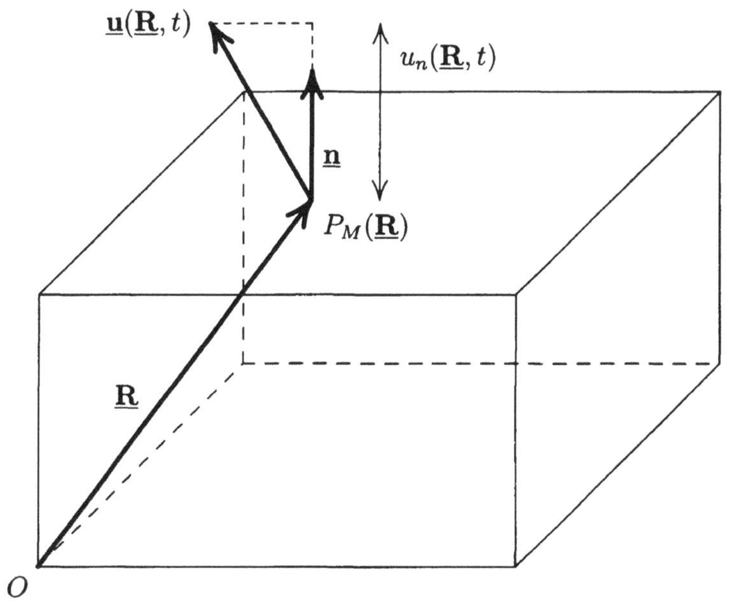

Abb. 2.1.10: *Normalkomponente der Teilchenverschiebung*

mathematischen Berechnung dieser „Normalkomponente" $u_n(\underline{\mathbf{R}}, t)$ definieren wir einen Einheitsvektor $\underline{\mathbf{n}}$, der in jedem Punkt der Bauteiloberfläche senkrecht auf ihr steht[7]. Per definitionem ist dann

$$u_n(\underline{\mathbf{R}}, t) = \underline{\mathbf{u}}(\underline{\mathbf{R}}, t) \cdot \underline{\mathbf{n}} = \underline{\mathbf{n}} \cdot \underline{\mathbf{u}}(\underline{\mathbf{R}}, t) \quad . \tag{2.1.29}$$

Da es in der Tat schwierig ist, *gleichzeitig* die *Tangential*komponenten von $\underline{\mathbf{u}}(\underline{\mathbf{R}}, t)$ zu messen, ist $u_n(\underline{\mathbf{R}}, t)$ für alle Punkte $\underline{\mathbf{R}}$ auf einer Messfläche S_M und alle Zeitpunkte t die in der Ultraschall-zfP im Allgemeinen maximal verfügbare Information. Wir werden im Zusammenhang mit den abbildenden Verfahren sehen, was man damit maximal anfangen kann.

Vektorprodukt

Zur Definition des Vektorprodukts $\underline{\mathbf{A}} \times \underline{\mathbf{B}}$ — sprich: $\underline{\mathbf{A}}$ Kreuz $\underline{\mathbf{B}}$ — verweisen wir auf Abb. 2.1.11. Die beiden Vektoren $\underline{\mathbf{A}}$ and $\underline{\mathbf{B}}$ spannen ein Parallelogramm mit der Fläche

$$F = AB \sin \phi \tag{2.1.30}$$

[7]Da dieser Einheitsvektor häufig in immer derselben Bedeutung verwendet wird, lassen wir das Hütchen zur Charakterisierung der Einfachheit halber weg. Zur *Berechnung* von $\underline{\mathbf{n}}$ muss die zugehörige Fläche in irgendeiner Form mathematisch „parametrisiert" sein.

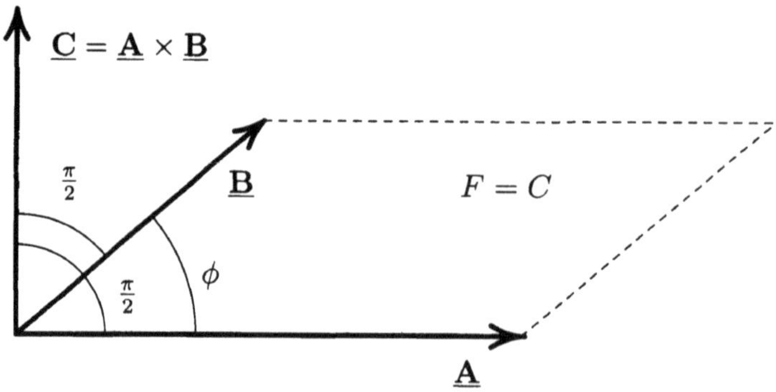

Abb. 2.1.11: Zur Definition des Vektorprodukts

auf; der Vektor $\underline{\mathbf{C}}$, der als Länge die Zahl F hat und (rechtshändig[8]) senkrecht auf der Parallelogrammfläche steht, heißt Vektorprodukt

$$\underline{\mathbf{C}} = \underline{\mathbf{A}} \times \underline{\mathbf{B}} \; . \tag{2.1.31}$$

Wegen der die Definition (2.1.31) implizierenden Rechtshändigkeit ist das Vektorprodukt *nicht* kommutativ; es gilt vielmehr[9]:

$$\underline{\mathbf{B}} \times \underline{\mathbf{A}} = -\underline{\mathbf{A}} \times \underline{\mathbf{B}} \; . \tag{2.1.32}$$

Zwei Vektoren sind offensichtlich genau dann parallel oder antiparallel, wenn ihr Vektorprodukt gleich null ist. Folglich gilt:

$$\begin{aligned} \underline{\mathbf{e}}_x \times \underline{\mathbf{e}}_x &= \underline{\mathbf{0}} \; , \\ \underline{\mathbf{e}}_y \times \underline{\mathbf{e}}_y &= \underline{\mathbf{0}} \; , \\ \underline{\mathbf{e}}_z \times \underline{\mathbf{e}}_z &= \underline{\mathbf{0}} \; . \end{aligned} \tag{2.1.33}$$

Mit $\underline{\mathbf{0}}$ bezeichnen wir den Nullvektor, also einen Vektor mit skalaren kartesischen Komponenten, die allesamt gleich null sind. Ebenso wie (2.1.33) verifiziert man sofort:

$$\begin{aligned} \underline{\mathbf{e}}_y \times \underline{\mathbf{e}}_z &= \underline{\mathbf{e}}_x \; , \\ \underline{\mathbf{e}}_x \times \underline{\mathbf{e}}_y &= \underline{\mathbf{e}}_z \; , \\ \underline{\mathbf{e}}_z \times \underline{\mathbf{e}}_x &= \underline{\mathbf{e}}_y \; . \end{aligned} \tag{2.1.34}$$

Mit der Komponentendarstellung von $\underline{\mathbf{A}}$ und $\underline{\mathbf{B}}$ folgt durch formales Ausmultiplizieren unter Verwendung von (2.1.33) und (2.1.34)

$$\begin{aligned} \underline{\mathbf{C}} &= (A_x\,\underline{\mathbf{e}}_x + A_y\,\underline{\mathbf{e}}_y + A_z\,\underline{\mathbf{e}}_z) \times (B_x\,\underline{\mathbf{e}}_x + B_y\,\underline{\mathbf{e}}_y + B_z\,\underline{\mathbf{e}}_z) \\ &= (A_yB_z - A_zB_y)\,\underline{\mathbf{e}}_x + (A_zB_x - A_xB_z)\,\underline{\mathbf{e}}_y + (A_xB_y - A_yB_x)\,\underline{\mathbf{e}}_z \end{aligned} \tag{2.1.35}$$

für die Komponenten von $\underline{\mathbf{C}}$.

Da das Vektorprodukt zweier Vektoren stets senkrecht auf beiden Vektoren steht, gilt

$$\begin{aligned} \underline{\mathbf{A}} \cdot (\underline{\mathbf{A}} \times \underline{\mathbf{B}}) &= 0 \; , \\ \underline{\mathbf{B}} \cdot (\underline{\mathbf{A}} \times \underline{\mathbf{B}}) &= 0 \; . \end{aligned} \tag{2.1.36}$$

[8]Durch das Senkrechtstehen von $\underline{\mathbf{C}}$ auf der Parallelogrammfläche ist zunächst nur der Pfeilschaft von $\underline{\mathbf{C}}$ festgelegt. Hinsichtlich der Spitze hat man die Wahl „nach oben“ oder „nach unten“. Man entscheidet sich willkürlich für „nach oben“ und präzisiert dies durch die Rechte-Hand-Regel: Wenn für das Vektorprodukt $\underline{\mathbf{A}} \times \underline{\mathbf{B}}$ die gekrümmten Finger der rechten Hand von $\underline{\mathbf{A}}$ nach $\underline{\mathbf{B}}$ zeigen, soll $\underline{\mathbf{C}} = \underline{\mathbf{A}} \times \underline{\mathbf{B}}$ in Richtung des Daumens der rechten Hand zeigen. Wegen dieser Wahlmöglichkeit spricht man vom Vektorprodukt auch als einem axialen Vektor oder einem Pseudovektor.

[9]Man vergleiche Fußnote 8.

Das sogenannte Spatprodukt

$$\underline{\mathbf{A}} \cdot (\underline{\mathbf{B}} \times \underline{\mathbf{C}}) = \underline{\mathbf{C}} \cdot (\underline{\mathbf{A}} \times \underline{\mathbf{B}}) = \underline{\mathbf{B}} \cdot (\underline{\mathbf{C}} \times \underline{\mathbf{A}}) \tag{2.1.37}$$

gibt das Volumen des von $\underline{\mathbf{A}}, \underline{\mathbf{B}}, \underline{\mathbf{C}}$ aufgespannten Parallelepipeds an.

Ferner definiert

$$\underline{\mathbf{n}} \times \underline{\mathbf{u}}(\underline{\mathbf{R}}, t) = \underline{\mathbf{u}}_{\tan}(\underline{\mathbf{R}}, t) \tag{2.1.38}$$

einen Tangentialvektor der Teilchenverschiebung — ihre Tangential„komponente" — zur Oberfläche, die durch den Normalenvektor $\underline{\mathbf{n}}$ beschrieben wird. Mit beispielsweise elektromagnetischen Ultraschallwandlern oder Laservibrometern können auch diese Komponenten gemessen werden. Man beachte: Die (vektorielle) Tangentialkomponente $\underline{\mathbf{u}}_{\tan}(\underline{\mathbf{R}}, t)$ steht senkrecht auf $\underline{\mathbf{n}}$ *und* $\underline{\mathbf{u}}(\underline{\mathbf{R}}, t)$, sie liegt also nicht in der durch $\underline{\mathbf{n}}$ und $\underline{\mathbf{u}}(\underline{\mathbf{R}}, t)$ aufgespannten Ebene, wie es für die vektorielle Tangentialkomponente $\underline{\mathbf{u}}_t(\underline{\mathbf{R}}, t)$ (Gleichung (2.1.97); Abb. 2.1.12) der Fall ist.

Dyadisches Produkt

Wir definieren nun ein dyadisches Produkt zweier Vektoren; hier ergibt sich die anschauliche Interpretation erst *nach* der Definition, sodass wir zunächst formal vorgehen und einfach zwei Vektoren ohne Punkt oder Kreuz nebeneinander schreiben und ihre kartesische Komponentendarstellung benutzen:

$$\underline{\mathbf{A}}\,\underline{\mathbf{B}} = (A_x\,\underline{\mathbf{e}}_x + A_y\,\underline{\mathbf{e}}_y + A_z\,\underline{\mathbf{e}}_z)(B_x\,\underline{\mathbf{e}}_x + B_y\,\underline{\mathbf{e}}_y + B_z\,\underline{\mathbf{e}}_z) \quad . \tag{2.1.39}$$

Ausmultiplikation ergibt die entsprechenden dyadischen Produkte der Einheitsvektoren:

$$\begin{aligned}
\underline{\mathbf{A}}\,\underline{\mathbf{B}} = {} & A_x B_x\,\underline{\mathbf{e}}_x\underline{\mathbf{e}}_x + A_x B_y\,\underline{\mathbf{e}}_x\underline{\mathbf{e}}_y + A_x B_z\,\underline{\mathbf{e}}_x\underline{\mathbf{e}}_z + \\
& + A_y B_x\,\underline{\mathbf{e}}_y\underline{\mathbf{e}}_x + A_y B_y\,\underline{\mathbf{e}}_y\underline{\mathbf{e}}_y + A_y B_z\,\underline{\mathbf{e}}_y\underline{\mathbf{e}}_z + \\
& + A_z B_x\,\underline{\mathbf{e}}_z\underline{\mathbf{e}}_x + A_z B_y\,\underline{\mathbf{e}}_z\underline{\mathbf{e}}_y + A_z B_z\,\underline{\mathbf{e}}_z\underline{\mathbf{e}}_z & \quad (2.1.40)\\
= {} & \sum_{i=1}^{3}\sum_{j=1}^{3} A_{x_i} B_{x_j}\,\underline{\mathbf{e}}_{x_i}\underline{\mathbf{e}}_{x_j} & \quad (2.1.41)\\
= {} & A_{x_i} B_{x_j}\,\underline{\mathbf{e}}_{x_i}\underline{\mathbf{e}}_{x_j} \quad \text{(Summenkonvention)} \quad . & \quad (2.1.42)
\end{aligned}$$

Summenkonvention heißt: Über die auf der rechten Seite doppelt vorkommenden Indizes i und j wird jeweils von 1 bis 3 summiert.

Den Vektor mit der Komponentendarstellung

$$\underline{\mathbf{A}} = A_x\,\underline{\mathbf{e}}_x + A_y\,\underline{\mathbf{e}}_y + A_z\,\underline{\mathbf{e}}_z \tag{2.1.43}$$

können wir auch als Ein-Spaltenmatrix („Spaltenvektor")

$$\underline{\mathbf{A}} = \begin{pmatrix} A_x \\ A_y \\ A_z \end{pmatrix} \tag{2.1.44}$$

oder als Ein-Zeilenmatrix („Zeilenvektor")

$$\underline{\mathbf{A}}^{\mathrm{T}} = \begin{pmatrix} A_x & A_y & A_z \end{pmatrix} \tag{2.1.45}$$

als Transponierung — daher der obere Index T — der Ein-Spaltenmatrix anschreiben[10]. Die Einheitsvektoren in (2.1.43) geben dabei an, an welchem „Platz" in dem jeweiligen Matrixschema

[10]Wir müssen nur wissen, in welchem Koordinatensystem die Komponenten gegeben sind.

die skalare Komponente steht. Ebenso können wir für das dyadische Produkt (2.1.40) — die *Dyade* $\underline{\mathbf{A}}\,\underline{\mathbf{B}}$ — das Schema

$$\underline{\mathbf{A}}\,\underline{\mathbf{B}} = \begin{pmatrix} A_x B_x & A_x B_y & A_x B_z \\ A_y B_x & A_y B_y & A_y B_z \\ A_z B_x & A_z B_y & A_z B_z \end{pmatrix} \tag{2.1.46}$$

einer 3×3-Matrix wählen. Offensichtlich geben die dyadischen Produkte $\underline{\mathbf{e}}_{x_i}\underline{\mathbf{e}}_{x_j}$, $i, j = 1, 2, 3$, den Platz in der Matrix an, an den das Element $A_{x_i}B_{x_j}$ zu schreiben ist, wenn wir den ersten Index als Zeilenindex und den zweiten Index als Spaltenindex vereinbaren. Wir halten fest: In diesem Sinne hat eine Dyade neun skalare Komponenten, im Gegensatz zu den drei skalaren Komponenten eines Vektors; allerdings sind im vorliegenden Fall die neun Komponenten durch die sechs Vektorkomponenten der am dyadischen Produkt beteiligten Vektoren zu berechnen. Man entnimmt der Berechnungsvorschrift der Komponenten, dass das dyadische Produkt nicht kommutativ ist, d.h. es gilt

$$\underline{\mathbf{A}}\,\underline{\mathbf{B}} \neq \underline{\mathbf{B}}\,\underline{\mathbf{A}} \ . \tag{2.1.47}$$

Anschauliche Bedeutung bekommt ein dyadisches Produkt, wenn es per Punktprodukt (Kontraktion) von links oder von rechts auf einen Vektor angewendet wird. Wir versuchen also, die Operation

$$\underline{\mathbf{A}}\,\underline{\mathbf{B}} \cdot \underline{\mathbf{C}} \tag{2.1.48}$$

oder

$$\underline{\mathbf{C}} \cdot \underline{\mathbf{A}}\,\underline{\mathbf{B}} \tag{2.1.49}$$

sinnvoll zu interpretieren, wozu wir zunächst $\underline{\mathbf{A}}\,\underline{\mathbf{B}} \cdot \underline{\mathbf{C}}$ komponentenweise schreiben

$$\underline{\mathbf{A}}\,\underline{\mathbf{B}} \cdot \underline{\mathbf{C}} = \sum_{i=1}^{3}\sum_{j=1}^{3} A_{x_i}B_{x_j}\,\underline{\mathbf{e}}_{x_i}\underline{\mathbf{e}}_{x_j} \cdot \sum_{k=1}^{3} C_{x_k}\,\underline{\mathbf{e}}_{x_k} \tag{2.1.50}$$

und zum Ausrechnen (2.1.17) verwenden:

$$\begin{aligned}
\underline{\mathbf{A}}\,\underline{\mathbf{B}} \cdot \underline{\mathbf{C}} &= \sum_{i=1}^{3}\sum_{j=1}^{3}\sum_{k=1}^{3} A_{x_i}B_{x_j}C_{x_k}\,\underline{\mathbf{e}}_{x_i}\underline{\mathbf{e}}_{x_j}\,\underbrace{\underline{\mathbf{e}}_{x_j} \cdot \underline{\mathbf{e}}_{x_k}}_{=\,\delta_{jk}} \\
&= \sum_{i=1}^{3}\sum_{k=1}^{3} A_{x_i}B_{x_k}C_{x_k}\,\underline{\mathbf{e}}_{x_i} \\
&\Uparrow \\
&\quad \text{wegen } \delta_{jk} \text{ bleibt von der } j\text{-Summe} \\
&\quad \text{nur der Term } j = k \text{ übrig} \\
&= \underbrace{\sum_{i=1}^{3} A_{x_i}\,\underline{\mathbf{e}}_{x_i}}_{=\,\underline{\mathbf{A}}}\;\underbrace{\sum_{k=1}^{3} B_{x_k}C_{x_k}}_{=\,\underline{\mathbf{B}} \cdot \underline{\mathbf{C}}} \\
&= \underline{\mathbf{A}}(\underline{\mathbf{B}} \cdot \underline{\mathbf{C}}) \\
&= (\underline{\mathbf{B}} \cdot \underline{\mathbf{C}})\underline{\mathbf{A}} \ .
\end{aligned} \tag{2.1.51}$$

Die linksseitige Kontraktion eines dyadischen Produkts mit einem Vektor ist also als Kontraktion der Indizes der benachbart stehenden Vektoren — hier: $\underline{\mathbf{B}}$ und $\underline{\mathbf{C}}$ — aufzufassen; es ergibt sich das Skalarprodukt $\underline{\mathbf{B}} \cdot \underline{\mathbf{C}}$ als *skalarer* Faktor des verbleibenden Vektors $\underline{\mathbf{A}}$, des Linksfaktors des dyadischen Produkts.

Völlig analog berechnen wir

$$\underline{\mathbf{C}} \cdot \underline{\mathbf{A}}\,\underline{\mathbf{B}} = (\underline{\mathbf{C}} \cdot \underline{\mathbf{A}})\underline{\mathbf{B}} \quad , \tag{2.1.52}$$

und offensichtlich gilt:

$$\underline{\mathbf{A}}\,\underline{\mathbf{B}} \cdot \underline{\mathbf{C}} \neq \underline{\mathbf{C}} \cdot \underline{\mathbf{A}}\,\underline{\mathbf{B}} \quad . \tag{2.1.53}$$

Der dyadische *Operator* $\underline{\mathbf{A}}\,\underline{\mathbf{B}}$ dreht also gemäß $\underline{\mathbf{A}}\,\underline{\mathbf{B}} \cdot \underline{\mathbf{C}}$ den Vektor $\underline{\mathbf{C}}$ in die Richtung des Vektors $\underline{\mathbf{A}}$ und gemäß $\underline{\mathbf{C}} \cdot \underline{\mathbf{A}}\,\underline{\mathbf{B}}$ den Vektor $\underline{\mathbf{C}}$ in die Richtung des Vektors $\underline{\mathbf{B}}$.

Handelsübliche Winkelprüfköpfe erzeugen durch senkrecht auf Oberflächen ausgeübte Kräfte Transversalwellen unter verschiedenen möglichen Winkeln: Die mit diesen Wellen verknüpfte Teilchenverschiebung hat also als Vektor ganz unterschiedliche Richtungen, die *nicht* mit der Normalenrichtung zur Oberfläche zusammenfallen. Folglich muss die „Transformation" Kraft $\Longrightarrow$ Welle mathematisch durch einen dyadischen Operator vermittelt werden; im Falle punktförmiger Kräfte spricht man von der Green'schen Dyade. Deren explizite mathematische Struktur wird benötigt, wenn beispielsweise Schallfelder piezoelektrischer Prüfköpfe modelliert werden sollen.

Benutzen wir die Matrizendarstellungen (2.1.46) und (2.1.44) von $\underline{\mathbf{A}}\,\underline{\mathbf{B}}$ und $\underline{\mathbf{C}}$, so ergibt sich $\underline{\mathbf{A}}\,\underline{\mathbf{B}} \cdot \underline{\mathbf{C}}$ als Ein-Spaltenmatrix aufgrund einer Matrizenmultiplikation:

$$\begin{aligned}\begin{pmatrix} A_xB_x & A_xB_y & A_xB_z \\ A_yB_x & A_yB_y & A_yB_z \\ A_zB_x & A_zB_y & A_zB_z \end{pmatrix}\begin{pmatrix} C_x \\ C_y \\ C_z \end{pmatrix} &= \begin{pmatrix} (B_xC_x + B_yC_y + B_zC_z)A_x \\ (B_xC_x + B_yC_y + B_zC_z)A_y \\ (B_xC_x + B_yC_y + B_zC_z)A_z \end{pmatrix} \\ &= (B_xC_x + B_yC_y + B_zC_z)\begin{pmatrix} A_x \\ A_y \\ A_z \end{pmatrix}\end{aligned} \tag{2.1.54}$$

Ganz analog finden wir $\underline{\mathbf{C}} \cdot \underline{\mathbf{A}}\,\underline{\mathbf{B}}$ als Ein-Zeilenmatrix:

$$\begin{aligned}(C_x, C_y, C_z)\begin{pmatrix} A_xB_x & A_xB_y & A_xB_z \\ A_yB_x & A_yB_y & A_yB_z \\ A_zB_x & A_zB_y & A_zB_z \end{pmatrix} &= \\ (C_xA_x + C_yA_y + C_zA_z)\begin{pmatrix} B_x & B_y & B_z \end{pmatrix}&\end{aligned} \tag{2.1.55}$$

Das konkrete Ausrechnen von $\underline{\mathbf{A}}\,\underline{\mathbf{B}} \cdot \underline{\mathbf{C}}$ (oder von $\underline{\mathbf{C}} \cdot \underline{\mathbf{A}}\,\underline{\mathbf{B}}$) wird wohl am übersichtlichsten, wenn man die Summenkonvention verwendet:

$$\begin{aligned}\underline{\mathbf{A}}\,\underline{\mathbf{B}} \cdot \underline{\mathbf{C}} &= A_iB_j\,\underline{\mathbf{e}}_{x_i}\underline{\mathbf{e}}_{x_j} \cdot C_k\,\underline{\mathbf{e}}_{x_k} \\ &= A_iB_jC_k\,\underline{\mathbf{e}}_{x_i}\,\underbrace{\underline{\mathbf{e}}_{x_j} \cdot \underline{\mathbf{e}}_{x_k}}_{=\delta_{jk}} \\ &= A_i\,\underline{\mathbf{e}}_{x_i}\,B_kC_k \quad .\end{aligned} \tag{2.1.56}$$

Man sieht sehr schön: Durch das Punktprodukt werden benachbarte Indizes kontrahiert, d.h. ein Index (hier: j) „verschwindet".

Es ist offensichtlich, dass mit (2.1.51) auch

$$\underline{\mathbf{A}}\,\underline{\mathbf{B}} \times \underline{\mathbf{C}} \tag{2.1.57}$$

und

$$\underline{\mathbf{C}} \times \underline{\mathbf{A}}\,\underline{\mathbf{B}} \tag{2.1.58}$$

einen Sinn bekommen: $\underline{\mathbf{A}}\,\underline{\mathbf{B}} \times \underline{\mathbf{C}}$ ist das dyadische (!) Produkt des Vektors $\underline{\mathbf{A}}$ mit dem (axialen) Vektor $\underline{\mathbf{B}} \times \underline{\mathbf{C}}$, und $\underline{\mathbf{C}} \times \underline{\mathbf{A}}\,\underline{\mathbf{B}}$ ist die Dyade $\underline{\mathbf{D}}\,\underline{\mathbf{B}}$ mit $\underline{\mathbf{D}} = \underline{\mathbf{C}} \times \underline{\mathbf{A}}$.

Lineare Unabhängigkeit

Drei Vektoren $\underline{\mathbf{A}}_1, \underline{\mathbf{A}}_2, \underline{\mathbf{A}}_3$ sind linear unabhängig, wenn

$$\alpha_1\,\underline{\mathbf{A}}_1 + \alpha_2\,\underline{\mathbf{A}}_2 + \alpha_3\,\underline{\mathbf{A}}_3 = \underline{\mathbf{0}} \tag{2.1.59}$$

nur für $\alpha_1 = \alpha_2 = \alpha_3 = 0$ gilt. Lineare Abhängigkeit heißt also, dass die drei Vektoren ein Dreieck aufspannen.

Komplexe Vektoren

Das Frequenzspektrum[11] $\underline{\mathbf{u}}(\underline{\mathbf{R}},\omega)$ der zeitabhängigen Teilchenverschiebung $\underline{\mathbf{u}}(\underline{\mathbf{R}},t)$ ist offensichtlich ein Vektorfeld

$$\underline{\mathbf{u}}(\underline{\mathbf{R}},\omega) = u_x(\underline{\mathbf{R}},\omega)\,\underline{\mathbf{e}}_x + u_y(\underline{\mathbf{R}},\omega)\,\underline{\mathbf{e}}_y + u_z(\underline{\mathbf{R}},\omega)\,\underline{\mathbf{e}}_z \quad , \tag{2.1.60}$$

dessen Komponenten jeweils Frequenzspektren der Komponenten von $\underline{\mathbf{u}}(\underline{\mathbf{R}},t)$ (Gleichung (2.1.10)) sind. Frequenzspektren sind aber im Allgemeinen komplexwertige Funktionen der (reellen) Variablen ω (Abschnitt 2.3), und dies hat Konsequenzen hinsichtlich algebraischer Operationen wie beispielsweise der Betragsbildung von $\underline{\mathbf{u}}(\underline{\mathbf{R}},\omega)$. Berechnen wir nämlich

$$\underline{\mathbf{u}}(\underline{\mathbf{R}},\omega)\cdot\underline{\mathbf{u}}(\underline{\mathbf{R}},\omega) = u_x^2(\underline{\mathbf{R}},\omega) + u_y^2(\underline{\mathbf{R}},\omega) + u_z^2(\underline{\mathbf{R}},\omega) \quad , \tag{2.1.61}$$

dann sind die Summanden von (2.1.61) gemäß

$$u_{x_i}^2(\underline{\mathbf{R}},\omega) = u_{x_iR}^2(\underline{\mathbf{R}},\omega) - u_{x_iI}^2(\underline{\mathbf{R}},\omega) + 2\mathrm{j}u_{x_iR}(\underline{\mathbf{R}},\omega)u_{x_iI}(\underline{\mathbf{R}},\omega) \quad , \quad i=1,2,3 \quad , \tag{2.1.62}$$

komplexe Zahlen, wobei

$$u_{x_iR}(\underline{\mathbf{R}},\omega) = \Re\{u_{x_i}(\underline{\mathbf{R}},\omega)\} \quad , \quad i=1,2,3 \quad , \tag{2.1.63}$$

der Real- und

$$u_{x_iI}(\underline{\mathbf{R}},\omega) = \Im\{u_{x_i}(\underline{\mathbf{R}},\omega)\} \quad , \quad i=1,2,3 \quad , \tag{2.1.64}$$

der Imaginärteil von $u_{x_i}(\underline{\mathbf{R}},\omega)$ ist. Damit hat (2.1.61) nicht mehr die Bedeutung des Quadrats einer „Länge" des komplexen Vektors $\underline{\mathbf{u}}(\underline{\mathbf{R}},\omega)$. Bilden wir jedoch das sogenannte Hermite'sche Skalarprodukt

$$\underline{\mathbf{u}}(\underline{\mathbf{R}},\omega)\cdot\underline{\mathbf{u}}^*(\underline{\mathbf{R}},\omega) = |u_x(\underline{\mathbf{R}},\omega)|^2 + |u_y(\underline{\mathbf{R}},\omega)|^2 + |u_z(\underline{\mathbf{R}},\omega)|^2 \quad , \tag{2.1.65}$$

wobei $\underline{\mathbf{u}}^*(\underline{\mathbf{R}},\omega)$ die bezüglich $\underline{\mathbf{u}}(\underline{\mathbf{R}},\omega)$ konjugiert komplexen Komponenten besitzt, dann sind die in (2.1.64) auftretenden Beträge

$$|u_{x_i}(\underline{\mathbf{R}},\omega)| = \sqrt{\Re\{u_{x_i}(\underline{\mathbf{R}},\omega)\}^2 + \Im\{u_{x_i}(\underline{\mathbf{R}},\omega)\}^2} \quad , \quad i=1,2,3 \quad , \tag{2.1.66}$$

der komplexen Zahlen $u_{x_i}(\underline{\mathbf{R}},\omega)$ naturgemäß reell.

In Verallgemeinerung von (2.1.22) definiert man deshalb die positiv reelle Länge eines komplexen Vektors $\underline{\mathbf{C}}$ gemäß

$$|\underline{\mathbf{C}}| = \sqrt{\underline{\mathbf{C}}\cdot\underline{\mathbf{C}}^*} \tag{2.1.67}$$

[11] Wir benutzen im Falle physikalischer Größen denselben Funktionsbuchstaben $\underline{\mathbf{u}}$ sowohl für die (ortsabhängige) Zeitfunktion $\underline{\mathbf{u}}(\underline{\mathbf{R}},t)$ als auch für das (ortsabhängige) Spektrum $\underline{\mathbf{u}}(\underline{\mathbf{R}},\omega)$ und unterscheiden beide durch explizite Angabe der Variablen t bzw. ω; oft findet man auch Bezeichnungen wie $\hat{\mathbf{u}}$, $\bar{\mathbf{u}}$, $\ddot{\mathbf{u}}$, $\underline{\mathbf{U}}$ für das Spektrum. Wir beachten, dass die physikalische Dimension von $\underline{\mathbf{u}}(\underline{\mathbf{R}},\omega)$ gleich der physikalischen Dimension von $\underline{\mathbf{u}}(\underline{\mathbf{R}},t)$ mal der Dimension „Zeit" ist.

2.1.4 Tensorfelder

Tensorkomponenten

Im Vergleich zu einem Vektor $\underline{\mathbf{A}}$ mit den einfach indizierten Komponenten A_{x_i} hat eine Dyade $\underline{\mathbf{A}}\,\underline{\mathbf{B}}$ die doppelt indizierten Komponenten $A_{x_i}B_{x_j}$; wir vereinbaren deshalb die Schreibweise

$$\underline{\underline{\mathbf{D}}} = \underline{\mathbf{A}}\,\underline{\mathbf{B}} \tag{2.1.68}$$

mit zwei Unterstrichen für $\underline{\underline{\mathbf{D}}}$. Anstelle $\underline{\underline{\mathbf{D}}}$ speziell durch die doppelt indizierten Matrixelemente $D_{x_ix_j} = A_{x_i}B_{x_j}$ als *dyadisches* Produkt A_{x_i} und B_{x_j} gemäß (2.1.40) darzustellen, können wir verallgemeinern:

$$\underline{\underline{\mathbf{D}}} = \begin{pmatrix} D_{xx} & D_{xy} & D_{xz} \\ D_{yx} & D_{yy} & D_{yz} \\ D_{zx} & D_{zy} & D_{zz} \end{pmatrix} \quad ; \tag{2.1.69}$$

wir sehen die Matrixelemente $D_{xx}, D_{xy}, D_{xz}, \ldots$, also die $D_{x_ix_j}$, $i, j = 1, 2, 3$, nunmehr als — nicht weiter reduzierbare — Komponenten des *Tensors zweiter Stufe*[12]

$$\begin{aligned} \underline{\underline{\mathbf{D}}} &= \sum_{i=1}^{3}\sum_{j=1}^{3} D_{x_ix_j}\,\underline{\mathbf{e}}_{x_i}\underline{\mathbf{e}}_{x_j} \\ &= D_{x_ix_j}\,\underline{\mathbf{e}}_{x_i}\underline{\mathbf{e}}_{x_j} \text{ (Summenkonvention)} \\ &= D_{ij}\,\underline{\mathbf{e}}_{x_i}\underline{\mathbf{e}}_{x_j} \text{ (Summenkonvention)} \end{aligned} \tag{2.1.70}$$

an.

Kontraktion von Tensoren mit Vektoren

Wir wollen ein bisschen rechnen, z.B. soll die linksseitige Kontraktion des Vektors $\underline{\mathbf{C}}$ mit dem Tensor $\underline{\underline{\mathbf{D}}}$, also

$$\underline{\mathbf{C}} \cdot \underline{\underline{\mathbf{D}}} = \underline{\mathbf{E}} \quad , \tag{2.1.71}$$

ausgerechnet werden, d.h. wir suchen die Komponenten des resultierenden Vektors $\underline{\mathbf{E}}$. Mit den Komponenten C_{x_k} von $\underline{\mathbf{C}}$ und den Komponenten $D_{x_ix_j}$ von $\underline{\underline{\mathbf{D}}}$ ergibt sich:

$$\begin{aligned} \underline{\mathbf{C}} \cdot \underline{\underline{\mathbf{D}}} &= \sum_{k=1}^{3} C_{x_k}\,\underline{\mathbf{e}}_{x_k} \cdot \sum_{i=1}^{3}\sum_{j=1}^{3} D_{x_ix_j}\,\underline{\mathbf{e}}_{x_i}\underline{\mathbf{e}}_{x_j} \\ &= \sum_{k=1}^{3}\sum_{i=1}^{3}\sum_{j=1}^{3} C_{x_k} D_{x_ix_j}\,\underbrace{\underline{\mathbf{e}}_{x_k} \cdot \underline{\mathbf{e}}_{x_i}}_{=\,\delta_{ki}}\,\underline{\mathbf{e}}_{x_j} \\ &= \sum_{j=1}^{3}\left(\sum_{i=1}^{3} C_{x_i} D_{x_ix_j}\right)\underline{\mathbf{e}}_{x_j} \\ &= C_i D_{ij}\,\underline{\mathbf{e}}_{x_j} \text{ (Summenkonvention)} \quad . \end{aligned} \tag{2.1.72}$$

In der Schreibweise der Summenkonvention hat $\underline{\mathbf{E}}$ also die Komponenten[13]

$$E_j = C_i D_{ij} \quad ; \tag{2.1.73}$$

[12] Ein Tensor zweiter Stufe kann durch die Matrix seiner (skalaren) Komponenten dargestellt werden, aber eine Matrix muss nicht unbedingt ein Tensor sein: Tensorkomponenten müssen sich, ebenso wie Vektorkomponenten, beim Wechsel des Koordinatensystems in einer vorgeschriebenen Art und Weise transformieren (z.B.: Morse und Feshbach, 1953; Chen, 1983)!

[13] Auf der rechten Seite von (2.1.73) wird über i summiert, nicht aber über j, da j auf beiden Seiten vorkommt: j zählt die Komponenten von $\underline{\mathbf{E}}$, d.h. (2.1.73) sind ($j = 1, 2, 3$)-Gleichungen.

der Punkt in $\underline{C} \cdot \underline{\underline{D}}$ kontrahiert benachbart stehende Indizes, also den Index von $\underline{C}$ mit dem ersten Index von $\underline{\underline{D}}$. Analog berechnen wir — diesmal ausschließlich mit Summenkonvention —

$$\begin{aligned}\underline{\underline{\mathbf{D}}} \cdot \underline{\mathbf{C}} &= D_{ij}\, \underline{\mathbf{e}}_{x_i} \underline{\mathbf{e}}_{x_j} \cdot C_k\, \underline{\mathbf{e}}_{x_k} \\ &= D_{ij} C_k\, \underline{\mathbf{e}}_{x_i} \underbrace{\underline{\mathbf{e}}_{x_j} \cdot \underline{\mathbf{e}}_{x_k}}_{=\delta_{jk}} \\ &= D_{ik} C_k\, \underline{\mathbf{e}}_{x_i} \quad ;\end{aligned} \tag{2.1.74}$$

der Punkt in $\underline{\underline{\mathbf{D}}} \cdot \underline{\mathbf{C}}$ kontrahiert wieder benachbart stehende Indizes, diesmal aber den zweiten Index von $\underline{\underline{\mathbf{D}}}$ mit dem Index von $\underline{\mathbf{C}}$. Das Produkt $\underline{\underline{\mathbf{D}}} \cdot \underline{\mathbf{C}}$ hat also $\sum_{k=1}^{3} D_{ik} C_k$ als i-te Komponente. Wir folgern, dass im Allgemeinen

$$\underline{\underline{\mathbf{D}}} \cdot \underline{\mathbf{C}} \neq \underline{\mathbf{C}} \cdot \underline{\underline{\mathbf{D}}} \tag{2.1.75}$$

gilt. In (2.1.75) gilt *dann* das Gleichheitszeichen, wenn die Kontraktionen von rechts und von links, also über den ersten und den zweiten Index von $\underline{\underline{\mathbf{D}}}$ gleich sind; dies impliziert

$$D_{ik} = D_{ki} \quad , \tag{2.1.76}$$

denn dann gilt (mit Summenkonvention geschrieben)

$$D_{ik} C_k = D_{ki} C_k = C_k D_{ki} \quad . \tag{2.1.77}$$

Symmetrische Tensoren

Ein Tensor, dessen Komponenten die Eigenschaft (2.1.76) haben, ist symmetrisch: In der Matrixdarstellung geht durch Spiegelung der Komponenten an der Hauptdiagonalen — Vertauschung von Zeilen und Spalten, d.h. Vertauschung der Indizes — die Matrix in sich selbst über. Drückt man die Spiegelung durch einen oberen Index T für „Transponierung" aus, so gilt

$$\underline{\underline{\mathbf{D}}} = \underline{\underline{\mathbf{D}}}^{\mathrm{T}} \tag{2.1.78}$$

für einen symmetrischen Tensor $\underline{\underline{\mathbf{D}}}$. Spiegelung an der Hauptdiagonalen der Tensormatrix heißt aber, in der Komponentendarstellung

$$\underline{\underline{\mathbf{D}}} = D_{ij}\, \underline{\mathbf{e}}_{x_i} \underline{\mathbf{e}}_{x_j} \ \text{(Summenkonvention)} \tag{2.1.79}$$

gemäß

$$\underline{\underline{\mathbf{D}}}^{21} = D_{ij}\, \underline{\mathbf{e}}_{x_j} \underline{\mathbf{e}}_{x_i} \ \text{(Summenkonvention)} \tag{2.1.80}$$

die Plätze zu vertauschen: Der ehemals zweite Vektor $\underline{\mathbf{e}}_{x_j}$ im dyadischen Produkt $\underline{\mathbf{e}}_{x_i} \underline{\mathbf{e}}_{x_j}$ steht jetzt an erster Stelle und umgekehrt, symbolisiert durch $\underline{\underline{\mathbf{D}}}^{21}$. Wenn wir nun in (2.1.80) umbenennen: $i \Longrightarrow j$, $j \Longrightarrow i$, ergibt sich

$$\begin{aligned}\underline{\underline{\mathbf{D}}}^{21} &= D_{ji}\, \underline{\mathbf{e}}_{x_i} \underline{\mathbf{e}}_{x_j} \ \text{(Summenkonvention)} \\ &= \underline{\underline{\mathbf{D}}}^{\mathrm{T}} \quad ,\end{aligned} \tag{2.1.81}$$

d.h. an den ehemaligen Plätzen $\underline{\mathbf{e}}_{x_i} \underline{\mathbf{e}}_{x_j}$ im Komponentenschema (2.1.79) stehen nun die gespiegelten Matrixelemente D_{ji}. Symmetrie eines Tensors impliziert deshalb ebenso

$$\underline{\underline{\mathbf{D}}} = \underline{\underline{\mathbf{D}}}^{21} \quad . \tag{2.1.82}$$

Dieses Plätzevertauschen findet insbesondere bei Tensoren höherer Stufe Anwendung, wenn die Transponierung keinen Sinn ergibt.

Offensichtlich können wir die Kontraktionen $\underline{\underline{\mathbf{D}}}\cdot\underline{\mathbf{C}}$ und $\underline{\mathbf{C}}\cdot\underline{\underline{\mathbf{D}}}$ vertauschen, wenn wir gleichzeitig $\underline{\underline{\mathbf{D}}}$ transponieren:

$$\underline{\underline{\mathbf{D}}}\cdot\underline{\mathbf{C}} = \underline{\mathbf{C}}\cdot\underline{\underline{\mathbf{D}}}^{\mathrm{T}} = \underline{\mathbf{C}}\cdot\underline{\underline{\mathbf{D}}}^{21} \quad . \tag{2.1.83}$$

Für einen symmetrischen Tensor gilt folglich:

$$\underline{\underline{\mathbf{D}}}\cdot\underline{\mathbf{C}} = \underline{\mathbf{C}}\cdot\underline{\underline{\mathbf{D}}} \quad . \tag{2.1.84}$$

Ein symmetrischer Tensor lässt sich aus einem beliebigen Tensor $\underline{\underline{\mathbf{D}}}$ erzeugen, indem man

$$\underline{\underline{\mathbf{D}}}_{\mathrm{s}} = \frac{1}{2}(\underline{\underline{\mathbf{D}}} + \underline{\underline{\mathbf{D}}}^{21}) \tag{2.1.85}$$

bildet; $\underline{\underline{\mathbf{D}}}_{\mathrm{s}}$ ist der symmetrische „Anteil" von $\underline{\underline{\mathbf{D}}}$. Da $(\underline{\underline{\mathbf{D}}}^{21})^{21} = \underline{\underline{\mathbf{D}}}$ — zweimalige Spiegelung an der Hauptdiagonalen! —, ist die Symmetrie von $\underline{\underline{\mathbf{D}}}_{\mathrm{s}}$ offensichtlich. Der Faktor 1/2 wird verständlich, wenn man annimmt, dass $\underline{\underline{\mathbf{D}}}$ bereits symmetrisch *ist*.

Antisymmetrische Tensoren

Den *anti*symmetrischen Anteil $\underline{\underline{\mathbf{D}}}_{\mathrm{a}}$ von $\underline{\underline{\mathbf{D}}}$ mit der Eigenschaft

$$\underline{\underline{\mathbf{D}}}^{21}_{\mathrm{a}} = -\underline{\underline{\mathbf{D}}}_{\mathrm{a}} \tag{2.1.86}$$

erhalten wir gemäß

$$\underline{\underline{\mathbf{D}}}_{\mathrm{a}} = \frac{1}{2}(\underline{\underline{\mathbf{D}}} - \underline{\underline{\mathbf{D}}}^{21}) \quad . \tag{2.1.87}$$

Man beachte: Die Forderung (2.1.86) impliziert, dass die Hauptdiagonalelemente von $\underline{\underline{\mathbf{D}}}_{\mathrm{a}}$ alle gleich null sind.

Man definiert die kartesischen Komponenten des Rotationsvektors $\langle\underline{\underline{\mathbf{D}}}\rangle$ eines Tensors zweiter Stufe gemäß

$$\langle\underline{\underline{\mathbf{D}}}\rangle = D_{ij}\,\underline{\mathbf{e}}_{x_i} \times \underline{\mathbf{e}}_{x_j} \text{ (Summenkonvention)} \quad , \tag{2.1.88}$$

womit die Anwendung auf ein dyadisches Produkt

$$\begin{aligned} \langle\underline{\mathbf{A}}\,\underline{\mathbf{B}}\rangle &= A_i B_j\,\underline{\mathbf{e}}_{x_i} \times \underline{\mathbf{e}}_{x_j} \text{ (Summenkonvention)} \\ &= \underline{\mathbf{A}} \times \underline{\mathbf{B}} \end{aligned} \tag{2.1.89}$$

die Namensgebung erklärt. Durch Ausrechnen der kartesischen Komponenten zeigt man, dass die Konstruktion — $\underline{\underline{\mathbf{I}}}$ ist der Einheitstensor: siehe unten —

$$\frac{1}{2}\,\langle\underline{\underline{\mathbf{D}}}^{21}\rangle \times \underline{\underline{\mathbf{I}}} = \underline{\underline{\mathbf{D}}}_{\mathrm{a}} \tag{2.1.90}$$

stets den antisymmetrischen Anteil $\underline{\underline{\mathbf{D}}}_{\mathrm{a}}$ von $\underline{\underline{\mathbf{D}}}$ liefert. In der Tat ist (2.1.90) die allgemeinste Darstellung eines antisymmetrischen Tensors. Angewandt auf ein dyadisches Produkt $\underline{\mathbf{A}}\,\underline{\mathbf{B}}$ ergibt sich

$$\begin{aligned} \frac{1}{2}\,\langle\underline{\mathbf{A}}\,\underline{\mathbf{B}}\rangle \times \underline{\underline{\mathbf{I}}} &= \underline{\mathbf{A}}\,\underline{\mathbf{B}}_{\mathrm{a}} \\ &= \frac{1}{2}\,(\underline{\mathbf{B}} \times \underline{\mathbf{A}}) \times \underline{\underline{\mathbf{I}}} \quad , \end{aligned} \tag{2.1.91}$$

d.h. dessen antisymmetrischer Anteil ist genau *dann* gleich dem Nulltensor, wenn $\underline{\mathbf{A}}$ und $\underline{\mathbf{B}}$ parallel sind.

Tensorfelder

Symmetrischer Deformationstensor $\underline{\underline{\mathbf{S}}}(\underline{\mathbf{R}}, t)$ und symmetrischer Spannungstensor $\underline{\underline{\mathbf{T}}}(\underline{\mathbf{R}}, t)$ stellen in der zfP wichtige Tensorfelder dar, denn räumliche und zeitliche Änderungen der Teilchenverschiebung beschreiben den orts- und zeitabhängigen Deformationszustand eines Festkörpers und dort, wo Spannungen „entspringen", resultieren Beschleunigungen von Volumenelementen, also zweite zeitliche Ableitungen von Teilchenverschiebungen und damit Wellen.

Einheitstensor zweiter Stufe

Der Einheitsmatrix als „Eins-Element" der Matrizenrechnung korrespondiert der Einheitstensor zweiter Stufe ($\underline{\underline{\mathbf{I}}}$dentitätstensor):

$$\begin{aligned}\underline{\underline{\mathbf{I}}} &= \sum_{i=1}^{3}\sum_{j=1}^{3} \delta_{ij}\, \underline{\mathbf{e}}_{x_i}\underline{\mathbf{e}}_{x_j} \\ &= \delta_{ij}\, \underline{\mathbf{e}}_{x_i}\underline{\mathbf{e}}_{x_j} \text{ (Summenkonvention)} \\ &= \underline{\mathbf{e}}_{x_i}\underline{\mathbf{e}}_{x_i} \text{ (Summenkonvention)} \\ &= \underline{\mathbf{e}}_x\underline{\mathbf{e}}_x + \underline{\mathbf{e}}_y\underline{\mathbf{e}}_y + \underline{\mathbf{e}}_z\underline{\mathbf{e}}_z \quad ; \end{aligned} \tag{2.1.92}$$

offenbar sind in der Matrixanordnung der Komponenten von $\underline{\underline{\mathbf{I}}}$ nur die Hauptdiagonalelemente von null verschieden und allesamt gleich 1:

$$\underline{\underline{\mathbf{I}}} = \begin{pmatrix} 1 & 0 & 0 \\ 0 & 1 & 0 \\ 0 & 0 & 1 \end{pmatrix} \tag{2.1.93}$$

In Kreiszylinder- bzw. Kugelkoordinaten gilt entsprechend

$$\underline{\underline{\mathbf{I}}} = \underline{\mathbf{e}}_r\, \underline{\mathbf{e}}_r + \underline{\mathbf{e}}_\varphi\, \underline{\mathbf{e}}_\varphi + \underline{\mathbf{e}}_z\, \underline{\mathbf{e}}_z \quad , \tag{2.1.94}$$

$$\underline{\underline{\mathbf{I}}} = \underline{\mathbf{e}}_R\, \underline{\mathbf{e}}_R + \underline{\mathbf{e}}_\vartheta\, \underline{\mathbf{e}}_\vartheta + \underline{\mathbf{e}}_\varphi\, \underline{\mathbf{e}}_\varphi \quad . \tag{2.1.95}$$

Der symmetrische Einheitstensor hat die Eigenschaft

$$\underline{\underline{\mathbf{I}}} \cdot \underline{\mathbf{A}} = \underline{\mathbf{A}} \cdot \underline{\underline{\mathbf{I}}} = \underline{\mathbf{A}} \quad . \tag{2.1.96}$$

Vektorkomponenten tangential zu einer Fläche

Es sei $\underline{\mathbf{n}}$ die Normale auf einer Fläche im Punkt $\underline{\mathbf{R}}$; dann ist

$$\underline{\mathbf{u}}_t(\underline{\mathbf{R}}, t) = (\underline{\underline{\mathbf{I}}} - \underline{\mathbf{n}}\, \underline{\mathbf{n}}) \cdot \underline{\mathbf{u}}(\underline{\mathbf{R}}, t) \tag{2.1.97}$$

offenbar eine zur Fläche tangentiale vektorielle Komponente von $\underline{\mathbf{u}}(\underline{\mathbf{R}}, t)$ (Abbildung 2.1.12), denn

$$\begin{aligned}\underline{\mathbf{n}} \cdot \underline{\mathbf{u}}_t(\underline{\mathbf{R}}, t) &= \underline{\mathbf{n}} \cdot (\underline{\underline{\mathbf{I}}} - \underline{\mathbf{n}}\, \underline{\mathbf{n}}) \cdot \underline{\mathbf{u}}(\underline{\mathbf{R}}, t) \\ &= (\underline{\mathbf{n}} - \underline{\mathbf{n}} \cdot \underline{\mathbf{n}}\, \underline{\mathbf{n}}) \cdot \underline{\mathbf{u}}(\underline{\mathbf{R}}, t) \\ &= 0 \quad . \end{aligned} \tag{2.1.98}$$

Mit der anhand von (2.1.38) definierten vektoriellen Tangentialkomponente $\underline{\mathbf{u}}_{tan}(\underline{\mathbf{R}}, t)$ ist $\underline{\mathbf{u}}_t(\underline{\mathbf{R}}, t)$ folgendermaßen verknüpft (Abbildung 2.1.12):

$$\underline{\mathbf{u}}_t(\underline{\mathbf{R}}, t) = -\underline{\mathbf{n}} \times \underline{\mathbf{u}}_{tan}(\underline{\mathbf{R}}, t) \quad , \tag{2.1.99}$$

$$\begin{aligned}\underline{\mathbf{u}}_{tan}(\underline{\mathbf{R}}, t) &= \underline{\mathbf{n}} \times \underline{\mathbf{u}}_t(\underline{\mathbf{R}}, t) \\ &= \underline{\mathbf{n}} \times \underline{\mathbf{u}}(\underline{\mathbf{R}}, t) \quad . \end{aligned} \tag{2.1.100}$$

Die vektorielle Tangentialkomponente $\underline{\mathbf{u}}_t(\underline{\mathbf{R}}, t)$ liegt *in* der durch $\underline{\mathbf{n}}$ und $\underline{\mathbf{u}}(\underline{\mathbf{R}}, t)$ aufgespannten Ebene, während $\underline{\mathbf{u}}_{tan}(\underline{\mathbf{R}}, t)$ senkrecht darauf steht.

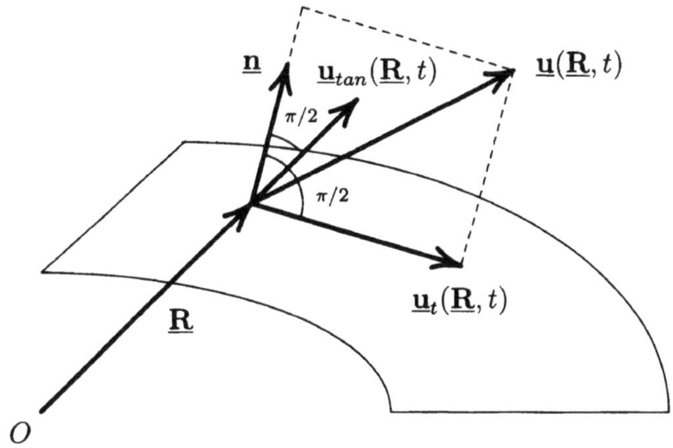

Abb. 2.1.12: Vektorkomponenten tangential zu einer Fläche

Kontraktion von Tensoren mit Tensoren

Natürlich lassen sich auch Kontraktionen der benachbart stehenden Indizes zweier Tensoren (zweiter und höherer Stufe) durchführen; beispielsweise liefert

$$\begin{aligned} \underline{\underline{\mathbf{D}}} \cdot \underline{\underline{\mathbf{C}}} &= \underline{\mathbf{e}}_{x_i} D_{ij} C_{jk}\, \underline{\mathbf{e}}_{x_k} \quad \text{(Summenkonvention)} \\ &= D_{ij} C_{jk}\, \underline{\mathbf{e}}_{x_i} \underline{\mathbf{e}}_{x_k} \quad \text{(Summenkonvention)} \end{aligned} \tag{2.1.101}$$

erneut einen Tensor zweiter Stufe mit den $(x_i x_k)$-Komponenten $\sum_{j=1}^{3} D_{ij} C_{jk}$: Man kontrahiert den zweiten Index von $\underline{\underline{\mathbf{D}}}$ mit dem ersten Index von $\underline{\underline{\mathbf{C}}}$, und der Ergebnistensor hat als ersten Index den ersten Index von $\underline{\underline{\mathbf{D}}}$ und als zweiten Index den zweiten Index von $\underline{\underline{\mathbf{C}}}$. Berechnet man hingegen $\underline{\underline{\mathbf{C}}}^{21} \cdot \underline{\underline{\mathbf{D}}}^{21}$, so wird zwar ebenfalls der erste Index von $\underline{\underline{\mathbf{C}}}$ mit dem zweiten Index von $\underline{\underline{\mathbf{D}}}$ kontrahiert, der Ergebnistensor hat aber als ersten Index den zweiten Index von $\underline{\underline{\mathbf{C}}}$ und als zweiten Index den ersten Index von $\underline{\underline{\mathbf{D}}}$. Folglich gilt:

$$(\underline{\underline{\mathbf{C}}}^{21} \cdot \underline{\underline{\mathbf{D}}}^{21})^{21} = \underline{\underline{\mathbf{D}}} \cdot \underline{\underline{\mathbf{C}}} \tag{2.1.102}$$

oder

$$(\underline{\underline{\mathbf{D}}} \cdot \underline{\underline{\mathbf{C}}})^{21} = \underline{\underline{\mathbf{C}}}^{21} \cdot \underline{\underline{\mathbf{D}}}^{21} \quad . \tag{2.1.103}$$

Doppelkontraktion von Tensoren mit Tensoren

Doppelkontraktionen werden nacheinander an benachbarten Indizes ausgeführt[14]:

$$\begin{aligned} \underline{\underline{\mathbf{D}}} : \underline{\underline{\mathbf{C}}} &= D_{ij} C_{jk}\, \underline{\mathbf{e}}_{x_i} \cdot \underline{\mathbf{e}}_{x_k} \quad \text{(Summenkonvention)} \\ &= D_{ij} C_{ji} \quad \text{(Summenkonvention)} \quad , \end{aligned} \tag{2.1.104}$$

d.h. nach der Kontraktion (2.1.101) (oberer Punkt von :) werden die dann benachbarten Indizes i und k auch noch kontrahiert (unterer Punkt von :). Das Ergebnis der Doppelkontraktion zweier Tensoren zweiter Stufe ist ein Skalar, und zwar das „doppelte Skalarprodukt" zwischen

[14]Eine andere Definition, die von Auld (1973) benutzt wird, lautet:

$$\begin{aligned} \underline{\underline{\mathbf{D}}} : \underline{\underline{\mathbf{C}}} &= D_{ij} D_{kl}\, \underline{\mathbf{e}}_{x_i} \underline{\mathbf{e}}_{x_j} : \underline{\mathbf{e}}_{x_k} \underline{\mathbf{e}}_{x_l} \\ &= D_{ij} C_{kl}\, (\underline{\mathbf{e}}_{x_i} \cdot \underline{\mathbf{e}}_{x_k})(\underline{\mathbf{e}}_{x_j} \cdot \underline{\mathbf{e}}_{x_l}) \\ &= D_{ij} C_{ij} \quad . \end{aligned}$$

dem zweiten Index von $\underline{\underline{\mathbf{D}}}$ und dem ersten Index von $\underline{\underline{\mathbf{C}}}$ sowie dem ersten Index von $\underline{\underline{\mathbf{D}}}$ und dem zweiten Index von $\underline{\underline{\mathbf{C}}}$. Infolgedessen doppelkontrahiert $\underline{\underline{\mathbf{D}}} : \underline{\underline{\mathbf{I}}}$ bzw. $\underline{\underline{\mathbf{I}}} : \underline{\underline{\mathbf{D}}}$ zu

$$\underline{\underline{\mathbf{D}}} : \underline{\underline{\mathbf{I}}} = \underline{\underline{\mathbf{I}}} : \underline{\underline{\mathbf{D}}} = D_{xx} + D_{yy} + D_{zz} \quad ; \tag{2.1.105}$$

man nennt die Summe der Hauptdiagonalelemente der Matrixdarstellung von $\underline{\underline{\mathbf{D}}}$ die Spur des Tensors $\underline{\underline{\mathbf{D}}}$:

$$\underline{\underline{\mathbf{D}}} : \underline{\underline{\mathbf{I}}} = \operatorname{spur} \underline{\underline{\mathbf{D}}} \quad . \tag{2.1.106}$$

Mit dem Skalarprodukt $\underline{\mathbf{A}} \cdot \underline{\mathbf{A}}$ definieren wir den Betrag — die Länge — eines Vektors und diese ist ganz anschaulich unabhängig vom gewählten Koordinatensystem (die Komponenten von $\underline{\mathbf{A}}$ sind es nicht!); ebenso ist die Spur eines Tensors koordinatenunabhängig.

„Einheits"tensoren vierter Stufe

Die elastischen Eigenschaften von Materialien müssen durch Materialgleichungen beschrieben werden; diese folgen allerdings *nicht* aus den elastodynamischen Grundgleichungen, sondern sie müssen aufgrund von experimentellen Gegebenheiten und physikalischen Überlegungen postuliert werden. Eine der wichtigsten Materialgleichungen ist das Hooke'sche Gesetz, das den Deformationszustand eines Festkörpers mit seinem Spannungszustand *linear* verknüpft; dazu ist ein Tensor vierter Stufe notwendig, der entweder als Nachgiebigkeits- oder als Steifigkeitstensor eingeführt wird (Abschnitt 4.2). Soll dieser Tensor *isotrope* Materialien beschreiben, müssen seine Komponenten per definitionem unabhängig vom Koordinatensystem sein[15]. Der allgemeine isotrope Tensor vierter Stufe lautet:

$$\underline{\underline{\underline{\underline{\mathbf{I}}}}} = \alpha_1 \underline{\underline{\underline{\underline{\mathbf{I}}}}}^{\delta} + \alpha_2 \underline{\underline{\underline{\underline{\mathbf{I}}}}}^{+} + \alpha_3 \underline{\underline{\underline{\underline{\mathbf{I}}}}}^{-} \quad , \tag{2.1.107}$$

wobei

$$\begin{aligned}
\underline{\underline{\underline{\underline{\mathbf{I}}}}}^{\delta} &= \underline{\underline{\mathbf{I}}}\,\underline{\underline{\mathbf{I}}} \\
&= \delta_{ij}\delta_{kl}\, \underline{\mathbf{e}}_{x_i}\underline{\mathbf{e}}_{x_j}\underline{\mathbf{e}}_{x_k}\underline{\mathbf{e}}_{x_l} \qquad \text{(Summenkonvention)} \\
&= \underline{\mathbf{e}}_{x_i}\underline{\mathbf{e}}_{x_i}\underline{\mathbf{e}}_{x_k}\underline{\mathbf{e}}_{x_k} \qquad \text{(Summenkonvention)} \quad , && (2.1.108) \\
\underline{\underline{\underline{\underline{\mathbf{I}}}}}^{+} &= \frac{1}{2}(\underline{\underline{\mathbf{I}}}\,\underline{\underline{\mathbf{I}}}^{1342} + \underline{\underline{\mathbf{I}}}\,\underline{\underline{\mathbf{I}}}^{1324}) \quad , && (2.1.109) \\
\underline{\underline{\underline{\underline{\mathbf{I}}}}}^{-} &= \frac{1}{2}(\underline{\underline{\mathbf{I}}}\,\underline{\underline{\mathbf{I}}}^{1342} - \underline{\underline{\mathbf{I}}}\,\underline{\underline{\mathbf{I}}}^{1324}) \quad ; && (2.1.110) \\
\underline{\underline{\mathbf{I}}}\,\underline{\underline{\mathbf{I}}}^{1342} &= \delta_{ij}\delta_{kl}(\underline{\mathbf{e}}_{x_i}\underline{\mathbf{e}}_{x_j}\underline{\mathbf{e}}_{x_k}\underline{\mathbf{e}}_{x_l})^{1342} \qquad \text{(Summenkonvention)} \\
&= \delta_{ij}\delta_{kl}\, \underline{\mathbf{e}}_{x_i}\underline{\mathbf{e}}_{x_k}\underline{\mathbf{e}}_{x_l}\underline{\mathbf{e}}_{x_j} \qquad \text{(Summenkonvention)} \\
&= \underline{\mathbf{e}}_{x_i}\underline{\mathbf{e}}_{x_j}\underline{\mathbf{e}}_{x_j}\underline{\mathbf{e}}_{x_i} \qquad \text{(Summenkonvention)} \quad , && (2.1.111) \\
\underline{\underline{\mathbf{I}}}\,\underline{\underline{\mathbf{I}}}^{1324} &= \delta_{ij}\delta_{kl}(\underline{\mathbf{e}}_{x_i}\underline{\mathbf{e}}_{x_j}\underline{\mathbf{e}}_{x_k}\underline{\mathbf{e}}_{x_l})^{1324} \qquad \text{(Summenkonvention)} \\
&= \delta_{ij}\delta_{kl}\, \underline{\mathbf{e}}_{x_i}\underline{\mathbf{e}}_{x_k}\underline{\mathbf{e}}_{x_j}\underline{\mathbf{e}}_{x_l} \qquad \text{(Summenkonvention)} \\
&= \underline{\mathbf{e}}_{x_i}\underline{\mathbf{e}}_{x_j}\underline{\mathbf{e}}_{x_i}\underline{\mathbf{e}}_{x_j} \qquad \text{(Summenkonvention)} \quad ; && (2.1.112)
\end{aligned}$$

die α_i, $i = 1, 2, 3$, sind beliebige Konstanten. Die Tensoren $\underline{\underline{\mathbf{I}}}\,\underline{\underline{\mathbf{I}}}^{1342}$, $\underline{\underline{\mathbf{I}}}\,\underline{\underline{\mathbf{I}}}^{1324}$, $\underline{\underline{\underline{\underline{\mathbf{I}}}}}^{\delta}$, $\underline{\underline{\underline{\underline{\mathbf{I}}}}}^{+}$, $\underline{\underline{\underline{\underline{\mathbf{I}}}}}^{-}$ haben die folgenden Eigenschaften:

$$\underline{\underline{\mathbf{I}}}\,\underline{\underline{\mathbf{I}}}^{1342} : \underline{\underline{\mathbf{D}}} = \underline{\underline{\mathbf{D}}} : \underline{\underline{\mathbf{I}}}\,\underline{\underline{\mathbf{I}}}^{1342} = \underline{\underline{\mathbf{D}}} \quad , \tag{2.1.113}$$

[15] Die elektromagnetischen Eigenschaften von Materialien können unter Umständen durch Permittivitäts- und Permeabilitätsensoren *zweiter* Stufe beschrieben werden; Isotropie ist *dann* gegeben, wenn diese Materialtensoren proportional zum Einheitstensor $\underline{\underline{\mathbf{I}}}$ sind, denn $\underline{\underline{\mathbf{I}}}$ hat in *jedem* Koordinatensystem die Darstellung (2.1.92) als Summe der dyadischen Produkte der orthonormalen Dreibeinvektoren mit sich selbst (Chen, 1983; Gleichungen (2.1.94), (2.1.95)).

$$\underline{\underline{\mathbf{I}}}\,\underline{\underline{\mathbf{I}}}^{1324} : \underline{\underline{\mathbf{D}}} = \underline{\underline{\mathbf{D}}} : \underline{\underline{\mathbf{I}}}\,\underline{\underline{\mathbf{I}}}^{1324} = \underline{\underline{\mathbf{D}}}^{21} \quad , \tag{2.1.114}$$

$$\underline{\underline{\underline{\underline{\mathbf{I}}}}}^{\delta} : \underline{\underline{\mathbf{D}}} = \underline{\underline{\mathbf{D}}} : \underline{\underline{\underline{\underline{\mathbf{I}}}}}^{\delta} = \underline{\underline{\mathbf{I}}}\,\mathrm{spur}\,\underline{\underline{\mathbf{D}}} \quad , \tag{2.1.115}$$

$$\underline{\underline{\underline{\underline{\mathbf{I}}}}}^{+} : \underline{\underline{\mathbf{D}}} = \underline{\underline{\mathbf{D}}} : \underline{\underline{\underline{\underline{\mathbf{I}}}}}^{+} = \underline{\underline{\mathbf{D}}}_{\mathrm{s}} \quad , \tag{2.1.116}$$

$$\underline{\underline{\underline{\underline{\mathbf{I}}}}}^{-} : \underline{\underline{\mathbf{D}}} = \underline{\underline{\mathbf{D}}} : \underline{\underline{\underline{\underline{\mathbf{I}}}}}^{-} = \underline{\underline{\mathbf{D}}}_{\mathrm{a}} \quad . \tag{2.1.117}$$

Inverse, Adjungierte und Determinante eines Tensors zweiter Stufe

Der elastodynamische Green'sche Tensor zweiter Stufe dreht, wie bereits erwähnt, die Richtung einer punktförmigen Kraft(dichte) am Quellpunkt $\underline{\mathbf{R}}'$ in die Richtung der Teilchenverschiebung am Aufpunkt $\underline{\mathbf{R}}$. Um aus der Teilchenverschiebung die Kraft(dichte) zu berechnen, muss — nebst dem Wellenausbreitungsvorgang vom Quellpunkt zum Aufpunkt — der Green'sche Tensor „invertiert" werden: Wir stehen vor dem eigentlichen und grundlegenden Problem der zfP, wenn wir diese Überlegungen auf die „inverse Beugung" elastischer (Ultraschall-)Wellen an Materialinhomogenitäten verallgemeinern wollen (und werden: Abschnitt 16).

Der zum Tensor (zweiter Stufe) $\underline{\underline{\mathbf{D}}}$ inverse Tensor (zweiter Stufe) $\underline{\underline{\mathbf{D}}}^{-1}$ hat, falls er existiert, die Eigenschaft

$$\underline{\underline{\mathbf{D}}} \cdot \underline{\underline{\mathbf{D}}}^{-1} = \underline{\underline{\mathbf{D}}}^{-1} \cdot \underline{\underline{\mathbf{D}}} = \underline{\underline{\mathbf{I}}} \quad . \tag{2.1.118}$$

Damit lässt sich die Beziehung

$$\underline{\underline{\mathbf{D}}} \cdot \underline{\mathbf{A}} = \underline{\mathbf{B}} \tag{2.1.119}$$

gemäß

$$\underline{\mathbf{A}} = \underline{\underline{\mathbf{D}}}^{-1} \cdot \underline{\mathbf{B}} \tag{2.1.120}$$

invertieren. Für $\underline{\underline{\mathbf{D}}}^{-1}$ findet man die Berechnungsvorschrift (Chen, 1983)

$$\underline{\underline{\mathbf{D}}}^{-1} = \frac{\mathrm{adj}\,\underline{\underline{\mathbf{D}}}}{\det \underline{\underline{\mathbf{D}}}} \quad , \tag{2.1.121}$$

worin $\mathrm{adj}\,\underline{\underline{\mathbf{D}}}$ der zu $\underline{\underline{\mathbf{D}}}$ adjungierte Tensor ist, dessen Matrixdarstellung folgendermaßen lautet[16]:

$$\mathrm{adj}\,\underline{\underline{\mathbf{D}}} = \begin{pmatrix} D_{yy}D_{zz} - D_{yz}D_{zy} & D_{zy}D_{xz} - D_{zz}D_{xy} & D_{xy}D_{yz} - D_{xz}D_{yy} \\ D_{zx}D_{yz} - D_{yx}D_{zz} & D_{xx}D_{zz} - D_{xz}D_{zx} & D_{xz}D_{yx} - D_{xx}D_{yz} \\ D_{yx}D_{zy} - D_{zx}D_{yy} & D_{xy}D_{zx} - D_{xx}D_{zy} & D_{xx}D_{yy} - D_{xy}D_{yx} \end{pmatrix} \quad ; \tag{2.1.122}$$

mit

$$\begin{aligned} \det \underline{\underline{\mathbf{D}}} = {} & D_{xx}D_{yy}D_{zz} + D_{xy}D_{yz}D_{zx} + D_{yx}D_{zy}D_{xz} - \\ & - D_{xz}D_{yy}D_{zx} - D_{xy}D_{yx}D_{zz} - D_{xx}D_{zy}D_{yz} \end{aligned} \tag{2.1.123}$$

bezeichnen und berechnen wir die Determinante von $\underline{\underline{\mathbf{D}}}$. Offenbar ist die Invertierbarkeit eines Tensors notwendigerweise an die Voraussetzung $\det \underline{\underline{\mathbf{D}}} \neq 0$ geknüpft; falls dies nicht gegeben ist, spricht man von einem singulären Tensor.

Bei Chen (1983) finden sich zahlreiche Formeln zur Berechnung der Determinanten und Adjungierten von Tensoren vorgegebener algebraischer Struktur; im Anhang „Formelsammlung" zitieren wir diese und weitere Identitäten.

[16]Die koordinatenfreie Darstellung des adjungierten Tensors und die Darstellung seiner Komponenten mit Summenkonvention benutzt den Permutationstensor dritter Stufe von Levi-Cività (Chen, 1983; de Hoop, 1995), auf den wir aber in dieser Ausarbeitung verzichten können.

Komplexe Tensoren

Ein Tensor $\underline{\underline{\mathbf{D}}}$ ist komplex, wenn seine skalaren Komponenten komplexe Zahlen sind; dies ist z.B. im Allgemeinen für das Fourier-Spektrum $\underline{\underline{\mathbf{T}}}(\underline{\mathbf{R}}, \omega)$ des Spannungstensors $\underline{\underline{\mathbf{T}}}(\underline{\mathbf{R}}, t)$ der Fall. Wenn gleichzeitig zur Transponierung auch noch zu den konjugiert komplexen Komponenten übergegangen wird, spricht man vom Hermite-konjugierten Tensor $\underline{\underline{\mathbf{D}}}^+$:

$$\begin{aligned} \underline{\underline{\mathbf{D}}}^+ &= D_{ij}^* \, \underline{\mathbf{e}}_{x_j} \underline{\mathbf{e}}_{x_i} \quad \text{(Summenkonvention)} \\ &= D_{ji}^* \, \underline{\mathbf{e}}_{x_i} \underline{\mathbf{e}}_{x_j} \quad \text{(Summenkonvention)} \quad . \end{aligned} \tag{2.1.124}$$

Ein komplexer Tensor heißt Hermite'sch, falls[17]

$$\underline{\underline{\mathbf{D}}}^+ = \underline{\underline{\mathbf{D}}} \quad . \tag{2.1.125}$$

In Analogie zu (2.1.67) definiert man den „Betrag“ eines komplexen Tensors (zweiter Stufe):

$$|\underline{\underline{\mathbf{D}}}| = \sqrt{\underline{\underline{\mathbf{D}}} : \underline{\underline{\mathbf{D}}}^+} \tag{2.1.126}$$

Damit ergibt sich

$$\hat{\underline{\underline{\mathbf{D}}}} = \frac{\underline{\underline{\mathbf{D}}}}{|\underline{\underline{\mathbf{D}}}|} \tag{2.1.127}$$

als „Einheits“tensor mit dem Betrag 1.

Eigenwertprobleme

Die (Phasen-)Geschwindigkeiten ebener elastischer Wellen ergeben sich in isotropen und anisotropen Materialien als Eigenwerte eines Eigenwertproblems, das letztlich aus der zeitlich und räumlich Fourier-transformierten Wellengleichung entsteht; die longitudinale Polarisation primärer ebener Druck- und die transversale Polarisation sekundärer ebener Scherwellen in isotropen Materialien ist sodann Konsequenz der Orientierung der Eigenvektoren des Eigenwertproblems.

Unter den Eigenwerten α eines Tensors $\underline{\underline{\mathbf{D}}}$ zweiter Stufe[18] versteht man diejenigen Faktoren, mit denen ein Vektor $\underline{\mathbf{A}}$ multipliziert wird, wenn die Drehung $\underline{\underline{\mathbf{D}}} \cdot \underline{\mathbf{A}}$ „ausnahmsweise“ nur in einer (eventuell komplexen) Längenänderung von $\underline{\mathbf{A}}$ resultiert: Man formuliert das Eigenwertproblem

$$\underline{\underline{\mathbf{D}}} \cdot \underline{\mathbf{A}} = \alpha \underline{\mathbf{A}} \tag{2.1.128}$$

und meint mit „ausnahmsweise“, dass dies natürlich nur für bestimmte Vektoren $\underline{\mathbf{A}}$ — die Eigenvektoren —, die den jeweiligen Eigenwerten zugeordnet sind, der Fall ist. Eigenwerte und Eigenvektoren sind die Lösungen des Eigenwertproblems (2.1.128).

Schreibt man (2.1.128) in der Form

$$(\underline{\underline{\mathbf{D}}} - \alpha \underline{\underline{\mathbf{I}}}) \cdot \underline{\mathbf{A}} = \underline{\mathbf{0}} \quad , \tag{2.1.129}$$

so müssen die Komponenten eventuell existierender Eigenvektoren Lösungen des homogenen Gleichungssystems

$$\begin{aligned} (D_{xx} - \alpha) A_x + D_{xy} A_y + D_{xz} A_z &= 0 \quad , \\ D_{yx} A_x + (D_{yy} - \alpha) A_y + D_{yz} A_z &= 0 \quad , \\ D_{zx} A_x + D_{zy} A_y + (D_{zz} - \alpha) A_z &= 0 \end{aligned} \tag{2.1.130}$$

[17] Die Hauptdiagonalelemente sind reell, die Nebendiagonalelemente konjugiert komplex.

[18] Eigenwertprobleme werden auch für $n \times n$-Matrizen mit $n > 3$ formuliert.

mit der Koeffizientenmatrix $\underline{\underline{\mathbf{D}}}-\alpha\underline{\underline{\mathbf{I}}}$ sein. Homogene Gleichungssysteme haben aber nur *dann* eine nichttriviale — von null verschiedene — Lösung, wenn die Determinante der Koeffizientenmatrix verschwindet. Wir fordern also

$$\det(\underline{\underline{\mathbf{D}}} - \alpha\underline{\underline{\mathbf{I}}}) = 0 \quad . \tag{2.1.131}$$

Mit (2.1.123) findet man als explizite Darstellung von (2.1.131) offenbar ein Polynom dritten Grades für die möglicherweise existierenden Eigenwerte; von Chen (1983) wird eine Kurzform desselben angegeben:

$$\alpha^3 - \alpha^2 \operatorname{spur} \underline{\underline{\mathbf{D}}} + \alpha \operatorname{spur} \operatorname{adj} \underline{\underline{\mathbf{D}}} - \det \underline{\underline{\mathbf{D}}} = 0 \quad . \tag{2.1.132}$$

Dieses sogenannte (für $\underline{\underline{\mathbf{D}}}$) charakteristische Polynom hat (für reelle Komponenten von $\underline{\underline{\mathbf{D}}}$)

- entweder drei nicht notwendigerweise verschiedene reelle Nullstellen[19]
- oder eine reelle und zwei zueinander konjugiert komplexe Nullstellen.

Für reell-symmetrische (und komplex-Hermite'sche) Tensoren existiert nur die erste der beiden Alternativen: Deren Eigenwerte sind stets reell! Wenn der Tensor darüber hinaus positiv-definit ist, sind die Eigenwerte sogar positiv. Der Tensor $\underline{\underline{\mathbf{D}}}$ hat die Eigenschaft der positiven Definitheit, wenn die quadratische Form $\underline{\mathbf{R}} \cdot \underline{\underline{\mathbf{D}}} \cdot \underline{\mathbf{R}}$ für $R > 0$ größer als null und nur für $R = 0$ gleich null ist.

Um eine allgemeine Aussage über den zum jeweiligen Eigenwert α_i, $i = 1, 2, 3$, gehörenden Eigenvektor $\underline{\mathbf{A}}_i$, $i = 1, 2, 3$, machen zu können, benötigt man Ergebnisse über die Struktur der Adjungierten von Tensoren, deren Determinante verschwindet. Wir zitieren Chen (1983): Für $\det(\underline{\underline{\mathbf{D}}} - \alpha_i \underline{\underline{\mathbf{I}}}) = 0$ ist *entweder* $\underline{\underline{\mathbf{D}}} - \alpha_i \underline{\underline{\mathbf{I}}}$ *oder* $\operatorname{adj}(\underline{\underline{\mathbf{D}}} - \alpha_i \underline{\underline{\mathbf{I}}})$ dyadisches Produkt zweier Vektoren, d.h. ein sogenannter *linearer* Tensor; im ersten Fall ist $\operatorname{adj}(\underline{\underline{\mathbf{D}}} - \alpha_i \underline{\underline{\mathbf{I}}})$ der Nulltensor. Falls $\underline{\underline{\mathbf{D}}} - \alpha_i \underline{\underline{\mathbf{I}}}$ eine Dyade ist, ist jeder Vektor senkrecht zum Rechtsfaktor dieser Dyade Eigenvektor zum Eigenwert α_i von $\underline{\underline{\mathbf{D}}}$, und falls $\operatorname{adj}(\underline{\underline{\mathbf{D}}} - \alpha_i \underline{\underline{\mathbf{I}}})$ eine Dyade (und nicht der Nulltensor) ist, ist der Eigenvektor zum Eigenwert α_i proportional zum Linksfaktor dieser Dyade.

Für reell-symmetrische Tensoren $\underline{\underline{\mathbf{D}}}$ sind die Eigenvektoren reell und, falls sie zu verschiedenen (reellen) Eigenwerten gehören, orthogonal zueinander. Genau *dies* werden wir antreffen, wenn wir die Phasengeschwindigkeiten und Polarisationen ebener Wellen in *anisotropen* Materialien berechnen (Abschnitt 8.3): Der Wellentensor ist reell-symmetrisch, die Eigenwerte — die Phasengeschwindigkeiten — sind reell und voneinander verschieden, die Eigenvektoren — die Polarisationen — sind reell und orthogonal zueinander. Für *isotrope* Materialien (Abschnitt 8.1) tritt eine sogenannte Entartung auf: Zwei Eigenwerte sind gleich, weshalb *jeder* Vektor, der zum Eigenvektor des dritten Eigenwerts orthogonal ist, Eigenvektor zu den identischen Eigenwerten ist. In der Sprache der zfP: Die Polarisationsrichtung transversaler Wellen ist relativ zur Polarisation der Longitudinalwelle beliebig.

2.2 Vektor- und Tensoranalysis

Wenn sich elastische Wellen ausbreiten, ändern sich vektorielle Feldgrößen — z.B. $\underline{\mathbf{u}}(\underline{\mathbf{R}}, t)$ — und tensorielle Feldgrößen — z.B. $\underline{\underline{\mathbf{S}}}(\underline{\mathbf{R}}, t)$, $\underline{\underline{\mathbf{T}}}(\underline{\mathbf{R}}, t)$ — in Raum und Zeit. Welche Möglichkeiten haben wir, diese Veränderungen mathematisch zu beschreiben, um die physikalischen Gesetze in Gleichungen zu „gießen"? Glücklicherweise sind wir nicht mehr in der Situation Isaac Newtons, der sich die notwendige Mathematik selbst erst „erfinden" musste, wir können auf Vektor- und Tensoranalysis zurückgreifen.

[19]Der Eigenwert $\alpha = 0$ existiert nur für $\det \underline{\underline{\mathbf{D}}} = 0$, d.h. die Nichtinvertierbarkeit eines Tensors (einer Matrix) ist auch an einem verschwindenden Eigenwert erkennbar.

2.2.1 Nabla-Operator: Gradientendyade, Gradient, Divergenz, Rotation

Gradientendyade

Die Änderung einer skalaren Funktion $f(x)$ mit der Koordinate x beschreiben wir durch die Ableitung[20]

$$\begin{aligned} f'(x) &= \lim_{\Delta x \to 0} \frac{f(x+\Delta x) - f(x)}{\Delta x} \\ &\stackrel{\text{def}}{=} \frac{\mathrm{d}f(x)}{\mathrm{d}x} \quad . \end{aligned} \tag{2.2.1}$$

Die *vektorielle Feld*größe $\underline{\mathbf{u}}(\underline{\mathbf{R}}, t)$ hat aber *drei* skalare Komponenten, die jeweils von *drei* Koordinaten abhängen (Gleichung (2.1.10)); wir können also insgesamt neun sogenannte partielle Ableitungen nach den kartesischen Ortskoordinaten bilden:

$$\begin{array}{ccc} \frac{\partial u_x(x,y,z,t)}{\partial x}, & \frac{\partial u_y(x,y,z,t)}{\partial x}, & \frac{\partial u_z(x,y,z,t)}{\partial x}; \\ \frac{\partial u_x(x,y,z,t)}{\partial y}, & \frac{\partial u_y(x,y,z,t)}{\partial y}, & \frac{\partial u_z(x,y,z,t)}{\partial y}; \\ \frac{\partial u_x(x,y,z,t)}{\partial z}, & \frac{\partial u_y(x,y,z,t)}{\partial z}, & \frac{\partial u_z(x,y,z,t)}{\partial z}. \end{array} \tag{2.2.2}$$

Hinzu kommen *drei* partielle Ableitungen der Komponenten nach der Zeit:

$$\frac{\partial u_x(x,y,z,t)}{\partial t}, \quad \frac{\partial u_y(x,y,z,t)}{\partial t}, \quad \frac{\partial u_z(x,y,z,t)}{\partial t} \quad . \tag{2.2.3}$$

Die drei zeitlichen Ableitungen können wir zu einem Vektor — dem Vektor $\underline{\mathbf{v}}(\underline{\mathbf{R}}, t)$ der Teilchengeschwindigkeit —

$$\frac{\partial \underline{\mathbf{u}}(\underline{\mathbf{R}},t)}{\partial t} \stackrel{\text{def}}{=} \frac{\partial u_x(\underline{\mathbf{R}},t)}{\partial t}\underline{\mathbf{e}}_x + \frac{\partial u_y(\underline{\mathbf{R}},t)}{\partial t}\underline{\mathbf{e}}_y + \frac{\partial u_z(\underline{\mathbf{R}},t)}{\partial t}\underline{\mathbf{e}}_z \tag{2.2.4}$$

$$= \underline{\mathbf{v}}(\underline{\mathbf{R}}, t) \tag{2.2.5}$$

und die neun räumlichen Ableitungen zu einem Tensor zweiter Stufe

$$\nabla \underline{\mathbf{u}}(\underline{\mathbf{R}}, t) \stackrel{\text{def}}{=} \begin{pmatrix} \frac{\partial u_x(\underline{\mathbf{R}},t)}{\partial x} & \frac{\partial u_y(\underline{\mathbf{R}},t)}{\partial x} & \frac{\partial u_z(\underline{\mathbf{R}},t)}{\partial x} \\ \frac{\partial u_x(\underline{\mathbf{R}},t)}{\partial y} & \frac{\partial u_y(\underline{\mathbf{R}},t)}{\partial y} & \frac{\partial u_z(\underline{\mathbf{R}},t)}{\partial y} \\ \frac{\partial u_x(\underline{\mathbf{R}},t)}{\partial z} & \frac{\partial u_y(\underline{\mathbf{R}},t)}{\partial z} & \frac{\partial u_z(\underline{\mathbf{R}},t)}{\partial z} \end{pmatrix} \tag{2.2.6}$$

zusammenfassen, für den wir mit (2.2.6) die Matrixdarstellung angeben. Vergleichen wir diese Matrixdarstellung mit derjenigen des dyadischen Produkts (Gleichung (2.1.46)), so drängt sich die Interpretation von $\nabla \underline{\mathbf{u}}(\underline{\mathbf{R}}, t)$ als dyadisches Produkt des vektoriellen Differential*operators*[21]

$$\nabla = \underline{\mathbf{e}}_x \frac{\partial}{\partial x} + \underline{\mathbf{e}}_y \frac{\partial}{\partial y} + \underline{\mathbf{e}}_z \frac{\partial}{\partial z} \tag{2.2.7}$$

[20] Hinsichtlich der mathematischen Voraussetzungen für die Existenz dieser Ableitung verweisen wir auf die Literatur (z.B.: Burg et al., 1990).

[21] Wir schreiben die Differentialoperatorkomponenten bewusst *hinter* die Vektoren des orthonormierten Dreibeins, da dies in anderen als kartesischen Koordinaten zwingend geschehen muss; formal ergibt sich damit beispielsweise die $(x_i x_j)$-Komponente von $\nabla \underline{\mathbf{u}}(\underline{\mathbf{R}}, t)$ zu

$$\underline{\mathbf{e}}_{x_i} \frac{\partial}{\partial x_i} \left(u_{x_j} \underline{\mathbf{e}}_{x_j} \right) = \underline{\mathbf{e}}_{x_i} \frac{\partial u_{x_j}}{\partial x_i} \underline{\mathbf{e}}_{x_j} = \frac{\partial u_{x_j}}{\partial x_i} \underline{\mathbf{e}}_{x_i} \underline{\mathbf{e}}_{x_j} \quad ,$$

wobei das erste Gleichheitszeichen *deswegen* gilt, weil die Vektoren des kartesischen orthonormierten Dreibeins unabhängig von den Koordinaten sind. In anderen als kartesischen Koordinaten müssen dagegen die *vektoriellen* Komponenten von $\underline{\mathbf{u}}$, also auch die jeweiligen j-Einheitsvektoren nach der i-ten Koordinate mitdifferenziert werden (Abschnitt 2.2.4).

mit dem Vektor $\underline{\mathbf{u}}(\underline{\mathbf{R}},t)$ auf; man bezeichnet $\boldsymbol{\nabla}$ als Nabla-Operator[22], und $\boldsymbol{\nabla}\underline{\mathbf{u}}(\underline{\mathbf{R}},t)$ heißt Gradientendyade von $\underline{\mathbf{u}}(\underline{\mathbf{R}},t)$, und wir können den Begriff „Gradient" sofort plausibel machen, wenn wir $\boldsymbol{\nabla}$ „versuchsweise" auf eine skalare Feldgröße, z.B. den akustischen Druck $p(\underline{\mathbf{R}},t)$, anwenden.

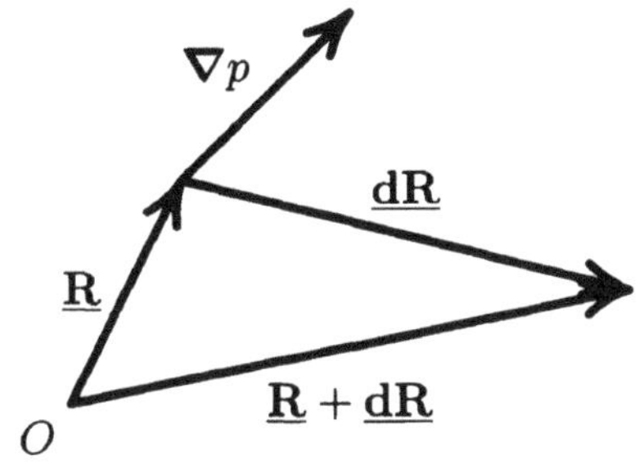

Abb. 2.2.1: Zur Definition des Gradienten

Gradient

Formal erhalten wir durch Anwendung von Nabla auf $p(\underline{\mathbf{R}},t)$:

$$\boldsymbol{\nabla}p(\underline{\mathbf{R}},t) = \underline{\mathbf{e}}_x\frac{\partial p(\underline{\mathbf{R}},t)}{\partial x} + \underline{\mathbf{e}}_y\frac{\partial p(\underline{\mathbf{R}},t)}{\partial y} + \underline{\mathbf{e}}_z\frac{\partial p(\underline{\mathbf{R}},t)}{\partial z} \quad , \tag{2.2.8}$$

also einen Vektor. Dieser Vektor ist offenbar in jedem Raumpunkt $\underline{\mathbf{R}}$ (und zu jedem Zeitpunkt t) aus den Komponenten von $p(\underline{\mathbf{R}},t)$ berechenbar, er hat einen Betrag und eine Richtung, wie wir dies in Abb. 2.2.1 skizziert haben. Begeben wir uns nun zu einem benachbarten Raumpunkt $\underline{\mathbf{R}}+\underline{\mathbf{dR}}$, der von $\underline{\mathbf{R}}$ um ein differentielles „Vektorchen" $\underline{\mathbf{dR}}$ entfernt ist; dann wird sich in aller Regel die Feldgröße p um den differentiellen Wert

$$\mathrm{d}p = p(\underline{\mathbf{R}}+\underline{\mathbf{dR}},t) - p(\underline{\mathbf{R}},t) \tag{2.2.9}$$

geändert haben. Diese Änderung $\mathrm{d}p$ berechnen wir als totales Differential — Summe der Produkte der Änderungen von p in den jeweiligen Koordinatenrichtungen mit den differentiellen Koordinatenänderungen —

$$\mathrm{d}p = \frac{\partial p(\underline{\mathbf{R}},t)}{\partial x}\,\mathrm{d}x + \frac{\partial p(\underline{\mathbf{R}},t)}{\partial y}\,\mathrm{d}y + \frac{\partial p(\underline{\mathbf{R}},t)}{\partial z}\,\mathrm{d}z \quad , \tag{2.2.10}$$

welches sich mit den Komponenten $\mathrm{d}x, \mathrm{d}y, \mathrm{d}z$ von $\underline{\mathbf{dR}}$ gemäß

$$\mathrm{d}p = \boldsymbol{\nabla}p(\underline{\mathbf{R}},t)\cdot\underline{\mathbf{dR}} \tag{2.2.11}$$

schreiben lässt. Kombination von (2.2.11) mit (2.2.9) ergibt:

$$p(\underline{\mathbf{R}}+\underline{\mathbf{dR}},t) = p(\underline{\mathbf{R}},t) + \boldsymbol{\nabla}p(\underline{\mathbf{R}},t)\cdot\underline{\mathbf{dR}} \quad . \tag{2.2.12}$$

Nunmehr wählen wir zwei spezielle Richtungen $\underline{\mathbf{dR}}$:

- $\underline{\mathbf{dR}}$ senkrecht zum Vektor $\boldsymbol{\nabla}p(\underline{\mathbf{R}},t)$: Das Skalarprodukt $\boldsymbol{\nabla}p(\underline{\mathbf{R}},t)\cdot\underline{\mathbf{dR}}$ ist gleich null, d.h. die Änderung von $p(\underline{\mathbf{R}},t)$ ist senkrecht zu $\boldsymbol{\nabla}p(\underline{\mathbf{R}},t)$ gleich null!

[22]Man legt die Form eines phönizischen Saiteninstruments dieses Namens zugrunde; im Englischen sagt man allerdings *del-operator*. Da Nabla kein *Vektor* im eigentlichen Sinne ist, bekommt $\boldsymbol{\nabla}$ auch keinen Unterstrich.

- $\underline{\mathbf{dR}}$ parallel zum Vektor $\nabla p(\underline{\mathbf{R}}, t)$: Das Skalarprodukt $\nabla p(\underline{\mathbf{R}}, t) \cdot \underline{\mathbf{dR}}$ wird maximal, d.h. die Änderung von $p(\underline{\mathbf{R}}, t)$ in Richtung von $\nabla p(\underline{\mathbf{R}}, t)$ ist maximal!

Wir folgern: Der Vektor $\nabla p(\underline{\mathbf{R}}, t)$ zeigt in jedem Raumpunkt in *diejenige* Richtung, in der sich die Feldgröße $p(\underline{\mathbf{R}}, t)$ am stärksten ändert, man nennt ihn deshalb den Gradienten von $p(\underline{\mathbf{R}}, t)$ und schreibt mitunter

$$\nabla p(\underline{\mathbf{R}}, t) = \operatorname{grad} p(\underline{\mathbf{R}}, t) \quad . \tag{2.2.13}$$

Es sei S_g eine — real existierende oder mathematisch fiktive — geschlossene Fläche mit der äußeren Normalen $\underline{\mathbf{n}}$; projiziert man den in einem Punkt dieser Fläche berechneten Gradienten $\nabla p(\underline{\mathbf{R}}, t)$ in die Richtung der Normalen, so erhält man die sogenannte Normalenableitung

$$\underline{\mathbf{n}} \cdot \nabla p(\underline{\mathbf{R}}, t) \stackrel{\text{def}}{=} \frac{\partial p(\underline{\mathbf{R}}, t)}{\partial n} \quad , \quad \underline{\mathbf{R}} \in S_g \quad , \tag{2.2.14}$$

des skalaren Feldes $p(\underline{\mathbf{R}}, t)$. Die Normalenableitung spielt eine wichtige Rolle im Huygens'schen Prinzip skalarer Felder (Abschnitt 15.1.2), ist doch ihre Kenntnis auf der gesamten Fläche S_g zusammen mit der Kenntnis von $p(\underline{\mathbf{R}}, t)$ auf S_g hinreichend für die Kenntnis von $p(\underline{\mathbf{R}}, t)$ innerhalb oder außerhalb von S_g, je nachdem ob die Quellen des Feldes $p(\underline{\mathbf{R}}, t)$ außerhalb oder innerhalb von S_g liegen.

Offensichtlich stehen im Matrixschema (2.2.6) der Gradientendyade eines Vektorfeldes gerade die Gradienten der skalaren Komponenten des Feldes als Spaltenvektoren:

$$\nabla \underline{\mathbf{u}}(\underline{\mathbf{R}}, t) = \Big(\nabla u_x(\underline{\mathbf{R}}, t) \ \nabla u_y(\underline{\mathbf{R}}, t) \ \nabla u_z(\underline{\mathbf{R}}, t) \Big) \quad , \tag{2.2.15}$$

sodass wir mit $\nabla \underline{\mathbf{u}}(\underline{\mathbf{R}}, t)$ eine Dyade „in der Hand“ haben, die an jedem Raumpunkt und zu jedem Zeitpunkt die vollständige Information über die Änderung des Vektorfeldes $\underline{\mathbf{u}}(\underline{\mathbf{R}}, t)$ enthält. In der Tat definiert man den Deformationstensor $\underline{\underline{\mathbf{S}}}(\underline{\mathbf{R}}, t)$ als symmetrischen Anteil der Gradientendyade $\nabla \underline{\mathbf{u}}(\underline{\mathbf{R}}, t)$ (Abschnitt 3.1).

Divergenz

Die Gradienten der skalaren Komponenten von $\underline{\mathbf{u}}(\underline{\mathbf{R}}, t)$ entstehen durch entsprechende Zusammenfassung der Komponenten der Gradientendyade $\nabla \underline{\mathbf{u}}(\underline{\mathbf{R}}, t)$. Es gibt zwei weitere Möglichkeiten, die Komponenten von $\nabla \underline{\mathbf{u}}(\underline{\mathbf{R}}, t)$ *so* zu kombinieren, dass die resultierenden Ausdrücke etwas über die physikalische Struktur des Vektorfeldes $\underline{\mathbf{u}}(\underline{\mathbf{R}}, t)$ aussagen. Die erste Möglichkeit führt uns zur Divergenz (Quelldichte) des Vektorfeldes.

Wir bilden die Spur der Gradientendyade, summieren also über die Hauptdiagonalelemente gemäß

$$\operatorname{spur} \nabla \underline{\mathbf{u}}(\underline{\mathbf{R}}, t) = \frac{\partial u_x(\underline{\mathbf{R}}, t)}{\partial x} + \frac{\partial u_y(\underline{\mathbf{R}}, t)}{\partial y} + \frac{\partial u_z(\underline{\mathbf{R}}, t)}{\partial z} \tag{2.2.16}$$

und stellen fest, dass wir diese formal als Kontraktion des Nabla-Operators mit $\underline{\mathbf{u}}(\underline{\mathbf{R}}, t)$ schreiben können:

$$\nabla \cdot \underline{\mathbf{u}}(\underline{\mathbf{R}}, t) = \frac{\partial u_x(\underline{\mathbf{R}}, t)}{\partial x} + \frac{\partial u_y(\underline{\mathbf{R}}, t)}{\partial y} + \frac{\partial u_z(\underline{\mathbf{R}}, t)}{\partial z} \quad . \tag{2.2.17}$$

Man nennt

$$\nabla \cdot \underline{\mathbf{u}}(\underline{\mathbf{R}}, t) = \operatorname{div} \underline{\mathbf{u}}(\underline{\mathbf{R}}, t) \tag{2.2.18}$$

Divergenz des Vektorfeldes; den Grund dafür wollen wir plausibel machen.

In Abb. 2.2.2 haben wir eine geschlossene Fläche S_g skizziert, die das Volumen V einschließt; der Vektor $\underline{\mathbf{R}}$ gebe etwa die Lage des Schwerpunkts dieses Volumens an. Die äußere Normale von

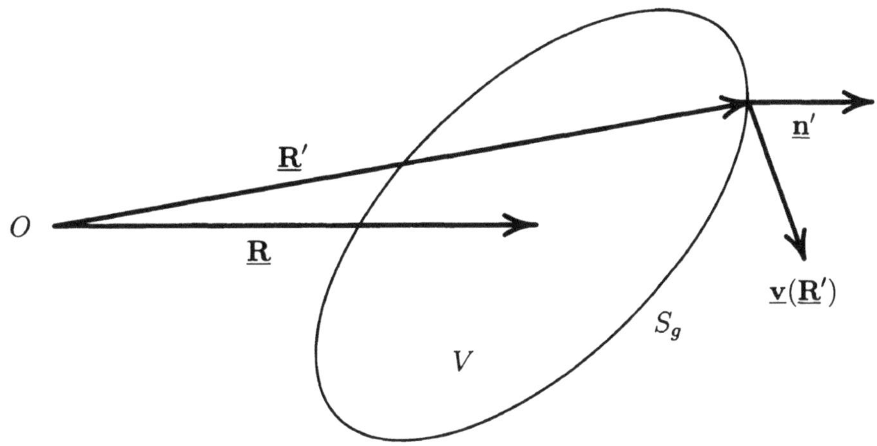

Abb. 2.2.2: *Zur Definition der Divergenz eines Vektorfeldes*

S_g im Punkt $\underline{\mathbf{R}}'$ sei $\underline{\mathbf{n}}'$. Wir betrachten ein (stationäres) Vektorfeld $\underline{\mathbf{v}}$, dem wir die anschauliche Bedeutung der Strömungsgeschwindigkeit einer inkompressiblen Flüssigkeit geben wollen; im Punkt $\underline{\mathbf{R}}'$ auf S_g habe $\underline{\mathbf{v}}(\underline{\mathbf{R}}')$ die skizzierte Richtung, d.h. die Strömung hat eine Komponente parallel und eine Komponente senkrecht zur Oberfläche. Offenbar ist die senkrechte Komponente[23] — die Normalkomponente $\underline{\mathbf{n}}' \cdot \underline{\mathbf{v}}(\underline{\mathbf{R}}')$ — ein Maß für den lokalen Fluss durch die Oberfläche, sodass wir durch Summation — Integration — des lokalen Flusses über S_g den Gesamtfluss — man sagt: *den Fluss* — des Vektorfeldes durch S_g erhalten[24]:

$$\text{Fluss von } \underline{\mathbf{v}} \text{ durch } S_g = \iint_{S_g} \underline{\mathbf{n}}' \cdot \underline{\mathbf{v}}(\underline{\mathbf{R}}')\, \mathrm{d}S' \quad ; \tag{2.2.19}$$

hierbei ist $\mathrm{d}S'$ das differentielle Flächenelement auf S_g im Punkt $\underline{\mathbf{R}}'$. Dieser Fluss von $\underline{\mathbf{v}}$ durch S_g ist eine Zahl, sie kann positiv, negativ oder gleich null sein: Falls sie positiv ist, verlässt offenbar Flüssigkeit das Volumen V und da es sich um eine stationäre Strömung einer inkompressiblen Flüssigkeit handeln soll, geht dies nur, wenn innerhalb von S_g eine (Netto-)Quelle mit derselben Ergiebigkeit wie der Fluss ist. Entsprechend ist ein negativer Fluss gleichbedeutend mit einem (Netto-)Abfluss (einer Senke) innerhalb von S_g, und ein verschwindender Fluss heißt, dass es weder Quellen noch Senken in V gibt bzw. Quellen und Senken halten sich die Waage, es strömt genauso viel Flüssigkeit hinein wie heraus.

Mit dem *Fluss* definieren wir eine *globale* Eigenschaft eines Vektorfeldes, mit der *Divergenz* definieren wir eine entsprechende *lokale* Eigenschaft. Lokal würde die Definition des Flusses, wenn wir eine Folge von Volumina betrachten, die sich etwa auf den Punkt $\underline{\mathbf{R}}$ zusammenziehen; im Grenzübergang eines beliebig kleinen Volumens würde das Flussintegral (2.2.19) aber gegen null gehen, weil die Integrationsfläche beliebig klein wird. Bilden wir jedoch einen auf das jeweilige Volumen bezogenen normierten Fluss — eine Fluss*dichte* —, so entsteht im Grenzübergang ein unbestimmter Ausdruck „Null durch Null", der einen endlichen Wert haben *kann*, und wenn er einen endlichen positiven oder negativen Wert *hat*, definiert er die positive oder negative Quelldichte — die Divergenz — des Vektorfeldes am Ort $\underline{\mathbf{R}}$:

$$\operatorname{div} \underline{\mathbf{v}}(\underline{\mathbf{R}}) = \lim_{V \to 0} \frac{1}{V} \iint_{S_g} \underline{\mathbf{n}}' \cdot \underline{\mathbf{v}}(\underline{\mathbf{R}}')\, \mathrm{d}S' \tag{2.2.20}$$

[23]Mit den parallelen Komponenten befassen wir uns sogleich bei der Veranschaulichung der Rotation.

[24]Hinsichtlich der konkreten Berechnung eines solchen Flächenintegrals verweisen wir auf die Literatur (z.B.: Burg et al., 1990; Langenberg, 2005

Mit *dieser* Berechnung der Divergenz verbinden wir zwar hinreichend Anschauung, sie ist aber einigermaßen umständlich: Wir sollten die Divergenz aus der Kenntnis der Komponenten von $\underline{\mathbf{v}}$ berechnen können! Dazu wertet man die Folge der Integrale für ein quaderförmiges, in ein kartesisches Koordinatensystem „passendes" Volumen aus und berechnet den Grenzübergang unter Verwendung des Mittelwertsatzes der Integralrechnung (Burg et al., 1990): Man findet

$$\begin{aligned} \operatorname{div} \underline{\mathbf{v}}(\underline{\mathbf{R}}) &= \frac{\partial v_x(\underline{\mathbf{R}})}{\partial x} + \frac{\partial v_y(\underline{\mathbf{R}})}{\partial y} + \frac{\partial v_z(\underline{\mathbf{R}})}{\partial z} \\ &= \nabla \cdot \underline{\mathbf{v}}(\underline{\mathbf{R}}) \ . \end{aligned} \tag{2.2.21}$$

Die „Verallgemeinerung" auf zeitabhängige Vektorfelder steht in Gleichung (2.2.17).

Die mathematische Ausführung der physikalisch bedeutsamen Divergenzbildung als Kontraktion des Nabla-Operators mit einem Vektor[25] lässt sofort Verallgemeinerungen zu: die Divergenzbildung eines Tensors gemäß

$$\begin{aligned} \nabla \cdot \underline{\underline{\mathbf{T}}}(\underline{\mathbf{R}}, t) &\stackrel{\text{def}}{=} \operatorname{div} \underline{\underline{\mathbf{T}}}(\underline{\mathbf{R}}, t) \\ &= \frac{\partial T_{x_i x_j}(\underline{\mathbf{R}}, t)}{\partial x_i} \underline{\mathbf{e}}_{x_j} \ \text{(Summenkonvention)} \\ &= \left(\frac{\partial T_{xx}(\underline{\mathbf{R}}, t)}{\partial x} + \frac{\partial T_{yx}(\underline{\mathbf{R}}, t)}{\partial y} + \frac{\partial T_{zx}(\underline{\mathbf{R}}, t)}{\partial z} \right) \underline{\mathbf{e}}_x + \\ &\quad + \left(\frac{\partial T_{xy}(\underline{\mathbf{R}}, t)}{\partial x} + \frac{\partial T_{yy}(\underline{\mathbf{R}}, t)}{\partial y} + \frac{\partial T_{zy}(\underline{\mathbf{R}}, t)}{\partial z} \right) \underline{\mathbf{e}}_y + \\ &\quad + \left(\frac{\partial T_{xz}(\underline{\mathbf{R}}, t)}{\partial x} + \frac{\partial T_{yz}(\underline{\mathbf{R}}, t)}{\partial y} + \frac{\partial T_{zz}(\underline{\mathbf{R}}, t)}{\partial z} \right) \underline{\mathbf{e}}_z \ . \end{aligned} \tag{2.2.22}$$

Falls es sich bei $\underline{\underline{\mathbf{T}}}(\underline{\mathbf{R}}, t)$ um den Spannungstensor handelt, ist $\operatorname{div} \underline{\underline{\mathbf{T}}}(\underline{\mathbf{R}}, t)$ im Sinne von Cauchy eine den Spannungen in einem Festkörper inhärente Kraftdichte, die nach Newton Ursache für Teilchenbeschleunigungen ist: Wir haben die Newton-Cauchy'sche Grundgleichung der Elastodynamik formuliert!

Rotation

Offensichtlich ist es nach der Kontraktionsanwendung des Nabla-Operators nur noch ein kleiner Schritt zur $\times$-Anwendung gemäß

$$\begin{aligned} \nabla \times \underline{\mathbf{u}}(\underline{\mathbf{R}}, t) &= \left(\frac{\partial u_z(\underline{\mathbf{R}}, t)}{\partial y} - \frac{\partial u_y(\underline{\mathbf{R}}, t)}{\partial z} \right) \underline{\mathbf{e}}_x + \\ &\quad + \left(\frac{\partial u_x(\underline{\mathbf{R}}, t)}{\partial z} - \frac{\partial u_z(\underline{\mathbf{R}}, t)}{\partial x} \right) \underline{\mathbf{e}}_y + \\ &\quad + \left(\frac{\partial u_y(\underline{\mathbf{R}}, t)}{\partial x} - \frac{\partial u_x(\underline{\mathbf{R}}, t)}{\partial y} \right) \underline{\mathbf{e}}_z \ . \end{aligned} \tag{2.2.23}$$

Zunächst halten wir fest, dass wir damit eine weitere Möglichkeit „entdeckt" haben, die Elemente der Gradientendyade $\nabla \underline{\mathbf{u}}(\underline{\mathbf{R}}, t)$ zusammenzufassen: Die unmittelbar unterhalb der Hauptdiagonalen stehenden Elemente werden von den spiegelbildlich unmittelbar darüber stehenden subtrahiert und zur z- bzw. x-Komponente eines Vektors erklärt, und die Subtraktion des oberen rechten Eckelements vom unteren linken Eckelement liefert die noch fehlende y-Komponente dieses sogenannten Rotationsvektors der Gradientendyade (man vergleiche (2.1.89)):

$$\langle \nabla \underline{\mathbf{u}}(\underline{\mathbf{R}}, t) \rangle = \nabla \times \underline{\mathbf{u}}(\underline{\mathbf{R}}, t) \ . \tag{2.2.24}$$

[25] Diese Kontraktion ist natürlich nicht kommutativ wie ein Skalarprodukt, da $\underline{\mathbf{u}}(\underline{\mathbf{R}}, t) \cdot \nabla$ keinen Sinn macht.

Der Rotationsvektor $\langle \nabla \underline{\mathbf{u}}(\underline{\mathbf{R}}, t) \rangle$ heißt aber nicht nur so, er hat auch die physikalische Bedeutung[26] einer „Rotation" oder Wirbeldichte von $\underline{\mathbf{u}}(\underline{\mathbf{R}}, t)$. Wir erinnern an Abb. 2.2.2: Zur Illustration der Quelldichte $\operatorname{div} \underline{\mathbf{v}}(\underline{\mathbf{R}})$ einer stationären inkompressiblen Flüssigkeit hatten wir die Normalkomponenten von $\underline{\mathbf{v}}(\underline{\mathbf{R}})$ als Flussintegral aufsummiert; nunmehr summieren — integrieren — wir die Tangentialkomponenten gemäß (2.1.38) als „Wirbel"integral:

$$\text{Wirbel von } \underline{\mathbf{v}} \text{ auf } S_g = \iint_{S_g} \underline{\mathbf{n}}' \times \underline{\mathbf{v}}(\underline{\mathbf{R}}')\, \mathrm{d}S' \tag{2.2.25}$$

Durch Normierung auf das Volumen V und Durchführung des Grenzübergangs $V \longrightarrow 0$ kommen wir ganz anschaulich zu einer lokalen Wirbeldichte von $\underline{\mathbf{v}}(\underline{\mathbf{R}})$:

$$\operatorname{rot} \underline{\mathbf{v}}(\underline{\mathbf{R}}) = \lim_{V \to 0} \frac{1}{V} \iint_{S_g} \underline{\mathbf{n}}' \times \underline{\mathbf{v}}(\underline{\mathbf{R}}')\, \mathrm{d}S' \tag{2.2.26}$$

Ausrechnen des Integrals und des Grenzübergangs in kartesischen Koordinaten für ein Quadervolumen liefert tatsächlich (Burg et al., 1990)

$$\operatorname{rot} \underline{\mathbf{v}}(\underline{\mathbf{R}}) = \nabla \times \underline{\mathbf{v}}(\underline{\mathbf{R}}) \quad , \tag{2.2.27}$$

also (2.2.23) gemäß

$$\nabla \times \underline{\mathbf{u}}(\underline{\mathbf{R}}, t) = \operatorname{rot} \underline{\mathbf{u}}(\underline{\mathbf{R}}, t) \quad , \tag{2.2.28}$$

wenn wir wieder auf ein orts- und zeitabhängiges Vektorfeld „verallgemeinern". Da wir mit den Tangentialkomponenten im Integral (2.2.26) *Vektoren* aufsummieren, ist natürlich auch $\operatorname{rot} \underline{\mathbf{v}}(\underline{\mathbf{R}})$ ein Vektor; man kann ihn sich wie den Drehimpuls eines kleinen ebenen $\underline{\mathbf{v}}$-Wirbels vorstellen, der ja bekanntermaßen senkrecht auf der Wirbelfläche steht[27].

2.2.2 Anwendung des Nabla-Operators auf Produkte von Feldgrößen; Kettenregeln; Delta-Operator

Anwendung des Nabla-Operators auf Produkte von Feldgrößen

Es gibt zahllose Möglichkeiten, Produkte von Feldgrößen zu bilden, und, je nach dem Typ des Ergebnisses — Skalar, Vektor, Tensor —, kann auf solche Produkte der Nabla-Operator als Gradient, Divergenz oder Rotation angewendet werden. Ausgerechnete häufig benötigte Beispiele finden sich oft in den Formelsammlungen einschlägiger Monographien; sehr umfangreich ist die Zusammenstellung im Anhang.

Ein paar Beispiele, die wir in *dieser* Ausarbeitung unter anderem zur Herleitung der Lösung „ebene Welle" der elastodynamischen Grundgleichungen sowie zur Herleitung des Huygens-Prinzips und des Energiesatzes benötigen, seien explizit diskutiert.

Einfachstes Produkt ist das Produkt zweier skalarer Feldgrößen $\Phi(\underline{\mathbf{R}}, t)$ und $\Psi(\underline{\mathbf{R}}, t)$; wir bilden den Gradienten dieses Produkts[28]:

$$\nabla(\Phi\Psi) = \Psi\nabla\Phi + \Phi\nabla\Psi \quad . \tag{2.2.29}$$

---

[26] Mit

$$\nabla \underline{\mathbf{u}}_{\mathrm{a}} = -\frac{1}{2}(\nabla \times \underline{\mathbf{u}}) \times \underline{\underline{\mathbf{I}}}$$

können wir gemäß (2.1.91) den antisymmetrischen Anteil $\nabla \underline{\mathbf{u}}_{\mathrm{a}}$ der Gradientendyade $\nabla \underline{\mathbf{u}}$ ausrechnen.

[27] Besonders anschaulich wird dies durch das Ampère'sche Gesetz, das eine Aussage über die Magnetfelder $\underline{\mathbf{H}}(\underline{\mathbf{R}})$ stationärer elektrischer Stromdichten $\underline{\mathbf{J}}(\underline{\mathbf{R}})$ macht:

$$\operatorname{rot} \underline{\mathbf{H}}(\underline{\mathbf{R}}) = \underline{\mathbf{J}}(\underline{\mathbf{R}}) \quad ;$$

ein unendlich langer, von einem Gleichstrom durchflossener gerader Draht ist danach von kreisförmigen Magnetfeldlinien umgeben: Die Wirbeldichte $\operatorname{rot} \underline{\mathbf{H}}(\underline{\mathbf{R}})$ des Magnetfeldes hat die Richtung der Stromdichte $\underline{\mathbf{J}}(\underline{\mathbf{R}})$.

[28] Der Übersichtlichkeit halber lassen wir die Argumente weg.

Man beweist diese Formel, indem man die Produktregel der Differentialrechnung auf die in $\boldsymbol{\nabla}$ enthaltenen partiellen Differentiationen anwendet und danach zu $\boldsymbol{\nabla}$-Operationen bündelt.

Wir fassen Ψ in (2.2.29) als i-te skalare Komponente eines Vektors $\underline{\mathbf{A}}$ auf, bilden

$$\boldsymbol{\nabla}(\Phi\Psi_i) = \Psi_i \boldsymbol{\nabla}\Phi + \Phi\boldsymbol{\nabla}\Psi_i \quad , \quad i = 1,2,3 \quad , \tag{2.2.30}$$

und setzen die drei Vektorgleichungen zur Dyade

$$\boldsymbol{\nabla}(\Phi\underline{\mathbf{A}}) = (\underline{\mathbf{A}}\boldsymbol{\nabla}\Phi)^{21} + \Phi\boldsymbol{\nabla}\underline{\mathbf{A}} \tag{2.2.31}$$

zusammen, wobei zu beachten ist, dass der erste Index stets der Index von $\boldsymbol{\nabla}$ ist.

Wieder ersetzen wir Ψ in (2.2.29) durch einen Vektor $\underline{\mathbf{A}}$ und berechnen diesmal die Divergenz unter Verwendung der Summenkonvention:

$$\begin{aligned}
\boldsymbol{\nabla}\cdot(\Phi\underline{\mathbf{A}}) &= \underline{\mathbf{e}}_{x_i}\cdot\frac{\partial}{\partial x_i}(\Phi A_{x_j}\,\underline{\mathbf{e}}_{x_j}) \\
&= \underbrace{\underline{\mathbf{e}}_{x_i}\cdot\underline{\mathbf{e}}_{x_j}}_{=\,\delta_{ij}}\left(\frac{\partial\Phi}{\partial x_i}A_{x_j} + \Phi\frac{\partial A_{x_j}}{\partial x_i}\right) \\
&= \frac{\partial\Phi}{\partial x_i}A_{x_i} + \Phi\frac{\partial A_{x_i}}{\partial x_i} \\
&= (\boldsymbol{\nabla}\Phi)\cdot\underline{\mathbf{A}} + \Phi\boldsymbol{\nabla}\cdot\underline{\mathbf{A}} \quad .
\end{aligned} \tag{2.2.32}$$

Ohne Summenkonvention kommt man natürlich genauso zum Ziel, man hat nur mehr zu schreiben. Bis zur vorletzten Zeile ist übrigens eine Rechnung der Art (2.2.32) im Allgemeinen ziemlich trivial, etwas Gedankenarbeit macht mitunter die Zusammenfassung zu Nabla-Operationen in der letzten Zeile.

Die Rotation des Produktes $\Phi\underline{\mathbf{A}}$ entnehmen wir der Formelsammlung[29]:

$$\boldsymbol{\nabla}\times(\Phi\underline{\mathbf{A}}) = \Phi\boldsymbol{\nabla}\times\underline{\mathbf{A}} - \underline{\mathbf{A}}\times\boldsymbol{\nabla}\Phi \quad . \tag{2.2.33}$$

Wir machen weiter mit dem Gradienten des skalaren Produkts zweier Vektoren:

$$\begin{aligned}
\boldsymbol{\nabla}(\underline{\mathbf{A}}\cdot\underline{\mathbf{B}}) &= \underline{\mathbf{e}}_{x_i}\frac{\partial}{\partial x_i}(A_{x_j}B_{x_j}) \\
&= \underline{\mathbf{e}}_{x_i}\left(\frac{\partial A_{x_j}}{\partial x_i}B_{x_j} + A_{x_j}\frac{\partial B_{x_j}}{\partial x_i}\right) \\
&= \underline{\mathbf{e}}_{x_i}\frac{\partial A_{x_j}}{\partial x_i}B_{x_j} + \underline{\mathbf{e}}_{x_i}\frac{\partial B_{x_j}}{\partial x_i}A_{x_j} \\
&= (\boldsymbol{\nabla}\underline{\mathbf{A}})\cdot\underline{\mathbf{B}} + (\boldsymbol{\nabla}\underline{\mathbf{B}})\cdot\underline{\mathbf{A}} \quad ;
\end{aligned} \tag{2.2.34}$$

offensichtlich treten die Gradientendyaden der beteiligten Vektoren auf. Beim Hinschreiben der letzten Zeile von (2.2.34) muss man beispielsweise aufpassen, dass man die Kontraktionen mit den richtigen Indizes der Gradientendyaden ausführt: In $\boldsymbol{\nabla}(\underline{\mathbf{A}}\cdot\underline{\mathbf{B}})$ ist der Vektorindex der Index von $\boldsymbol{\nabla}$, und das muss im ausgerechneten Ergebnis auch so sein.

Die Divergenz des dyadischen Produkts zweier Vektoren berechnet sich wie folgt:

$$\boldsymbol{\nabla}\cdot(\underline{\mathbf{A}}\,\underline{\mathbf{B}}) = \underline{\mathbf{e}}_{x_i}\cdot\frac{\partial}{\partial x_i}(A_{x_j}B_{x_k}\,\underline{\mathbf{e}}_{x_j}\underline{\mathbf{e}}_{x_k})$$

[29] Hier müssten wir „umständlich“ rechnen, weil wir auf die Darstellung des Vektorprodukts durch Kontraktionen unter Verwendung des Levi-Cività-Tensors verzichtet haben.

$$\begin{aligned}
&= \underbrace{\underline{\mathbf{e}}_{x_i} \cdot \underline{\mathbf{e}}_{x_j}}_{=\delta_{ij}} \underline{\mathbf{e}}_{x_k} \left(\frac{\partial A_{x_j}}{\partial x_i} B_{x_k} + A_{x_j} \frac{\partial B_{x_k}}{\partial x_i} \right) \\
&= \underline{\mathbf{e}}_{x_k} \left(\frac{\partial A_{x_i}}{\partial x_i} B_{x_k} + A_{x_i} \frac{\partial B_{x_k}}{\partial x_i} \right) \\
&= \frac{\partial A_{x_i}}{\partial x_i} B_{x_k} \underline{\mathbf{e}}_{x_k} + A_{x_i} \frac{\partial B_{x_k}}{\partial x_i} \underline{\mathbf{e}}_{x_k} \\
&= (\boldsymbol{\nabla} \cdot \underline{\mathbf{A}}) \underline{\mathbf{B}} + \underline{\mathbf{A}} \cdot \boldsymbol{\nabla} \underline{\mathbf{B}} \quad . \qquad (2.2.35)
\end{aligned}$$

Noch ein letztes Beispiel: Der Vektor $\underline{\mathbf{S}}(\underline{\mathbf{R}}, t)$ der elastodynamischen Energiestromdichte — das elastodynamische Pendant zum elektromagnetischen Poynting-Vektor (Abschnitt 4.3) — wird gemäß $\underline{\mathbf{S}}(\underline{\mathbf{R}}, t) = -\underline{\mathbf{v}}(\underline{\mathbf{R}}, t) \cdot \underline{\underline{\mathbf{T}}}(\underline{\mathbf{R}}, t)$ definiert; seine (positive oder negative) lokale Quelldichte — seine Divergenz — muss nach dem Energiesatz gleichbedeutend sein mit der lokalen Zu- oder Abnahme elastodynamischer Energiedichte. Wir berechnen also vorsorglich:

$$\begin{aligned}
\boldsymbol{\nabla} \cdot (\underline{\mathbf{A}} \cdot \underline{\underline{\mathbf{D}}}) &= \underline{\mathbf{e}}_{x_i} \cdot \frac{\partial}{\partial x_i} (A_{x_j} D_{x_j x_k} \underline{\mathbf{e}}_{x_k}) \\
&= \underbrace{\underline{\mathbf{e}}_{x_i} \cdot \underline{\mathbf{e}}_{x_k}}_{=\delta_{ik}} \left(\frac{\partial A_{x_i}}{\partial x_i} D_{x_j x_k} + A_{x_j} \frac{\partial D_{x_j x_k}}{\partial x_i} \right) \\
&= \frac{\partial A_{x_j}}{\partial x_k} D_{x_j x_k} + A_{x_j} \frac{\partial D_{x_j x_k}}{\partial x_k} \\
&= (\boldsymbol{\nabla} \underline{\mathbf{A}}) : \underline{\underline{\mathbf{D}}} + \underline{\mathbf{A}} \cdot \boldsymbol{\nabla} \cdot \underline{\underline{\mathbf{D}}}^{21} \quad . \qquad (2.2.36)
\end{aligned}$$

Kettenregeln für Gradient, Divergenz und Rotation

Die mathematische Darstellung der zeitharmonischen ebenen Welle enthält die Funktion

$$\mathrm{e}^{\mathrm{j}k \hat{\underline{\mathbf{k}}} \cdot \underline{\mathbf{R}}} \quad , \qquad (2.2.37)$$

wobei $k > 0$ eine Konstante und $\hat{\underline{\mathbf{k}}}$ ein Einheitsvektor ist. Aus der zeitharmonischen skalaren Green'schen Funktion

$$\frac{\mathrm{e}^{\mathrm{j}k|\underline{\mathbf{R}} - \underline{\mathbf{R}}'|}}{4\pi |\underline{\mathbf{R}} - \underline{\mathbf{R}}'|} \qquad (2.2.38)$$

leitet sich (unter anderem) die bereits erwähnte dyadische Green'sche Funktion der Elastodynamik ab. Beide Beispiele sind Funktionen — Exponentialfunktion e^{ϕ_1}, Hyperbelfunktion $1/\phi_2$ —, deren Argumente ϕ_1, ϕ_2 Funktionen des Ortsvektors sind. Zur Gradientenbildung von (2.2.37) und (2.2.38) muss man deshalb eine „innere Ableitung" bilden; das Pendant der Differentialrechnung ist die Kettenregel, und wir schreiben hier die Kettenregeln für Gradient, Divergenz und Rotation auf:

$$\boldsymbol{\nabla} \Phi[\phi(\underline{\mathbf{R}})] = \frac{\partial \Phi(\phi)}{\partial \phi} \boldsymbol{\nabla} \phi(\underline{\mathbf{R}}) \quad ; \qquad (2.2.39)$$

$$\boldsymbol{\nabla} \cdot \underline{\mathbf{A}}[\phi(\underline{\mathbf{R}})] = \frac{\partial \underline{\mathbf{A}}(\phi)}{\partial \phi} \cdot \boldsymbol{\nabla} \phi(\underline{\mathbf{R}}) \quad ; \qquad (2.2.40)$$

$$\boldsymbol{\nabla} \times \underline{\mathbf{A}}[\phi(\underline{\mathbf{R}})] = -\frac{\partial \underline{\mathbf{A}}(\phi)}{\partial \phi} \times \boldsymbol{\nabla} \phi(\underline{\mathbf{R}}) \quad ; \qquad (2.2.41)$$

$$\boldsymbol{\nabla} \underline{\mathbf{A}}[\phi(\underline{\mathbf{R}})] = \left[\frac{\partial \underline{\mathbf{A}}(\phi)}{\partial \phi} \boldsymbol{\nabla} \phi(\underline{\mathbf{R}}) \right]^{21} \qquad (2.2.42)$$

Mit der Abkürzung $\phi(\underline{\mathbf{R}}) = \mathrm{j}k\,\hat{\underline{\mathbf{k}}}\cdot\underline{\mathbf{R}}$ berechnen wir nun unter Verwendung der Summenkonvention:

$$\begin{aligned}
\nabla \mathrm{e}^{\mathrm{j}k\hat{\underline{\mathbf{k}}}\cdot\underline{\mathbf{R}}} &= \nabla \mathrm{e}^{\phi(\underline{\mathbf{R}})} \\
&= \mathrm{e}^{\phi(\underline{\mathbf{R}})}\nabla\phi(\underline{\mathbf{R}}) \\
&= \mathrm{e}^{\mathrm{j}k\hat{\underline{\mathbf{k}}}\cdot\underline{\mathbf{R}}}\,\mathrm{j}k\,\nabla(\hat{\underline{\mathbf{k}}}\cdot\underline{\mathbf{R}}) \\
&= \mathrm{e}^{\mathrm{j}k\hat{\underline{\mathbf{k}}}\cdot\underline{\mathbf{R}}}\,\mathrm{j}k\,\underline{\mathbf{e}}_{x_i}\frac{\partial}{\partial x_i}(\hat{k}_{x_j}x_j) \\
&= \mathrm{e}^{\mathrm{j}k\hat{\underline{\mathbf{k}}}\cdot\underline{\mathbf{R}}}\,\mathrm{j}k\,\hat{k}_{x_j}\underline{\mathbf{e}}_{x_i}\underbrace{\frac{\partial x_j}{\partial x_i}}_{=\delta_{ij}} \\
&= \mathrm{e}^{\mathrm{j}k\hat{\underline{\mathbf{k}}}\cdot\underline{\mathbf{R}}}\,\mathrm{j}k\,\hat{k}_{x_i}\underline{\mathbf{e}}_{x_i} \\
&= \mathrm{j}k\,\hat{\underline{\mathbf{k}}}\,\mathrm{e}^{\mathrm{j}k\hat{\underline{\mathbf{k}}}\cdot\underline{\mathbf{R}}} \quad .
\end{aligned} \tag{2.2.43}$$

Um den Gradienten der skalaren Green'schen Funktion (2.2.38) auszurechnen, benutzen wir zunächst die Gradienten-Produktregel (2.2.29) gemäß

$$\nabla\frac{\mathrm{e}^{\mathrm{j}k|\underline{\mathbf{R}}-\underline{\mathbf{R}}'|}}{4\pi|\underline{\mathbf{R}}-\underline{\mathbf{R}}'|} = \frac{1}{4\pi|\underline{\mathbf{R}}-\underline{\mathbf{R}}'|}\nabla\mathrm{e}^{\mathrm{j}k|\underline{\mathbf{R}}-\underline{\mathbf{R}}'|} + \mathrm{e}^{\mathrm{j}k|\underline{\mathbf{R}}-\underline{\mathbf{R}}'|}\,\nabla\frac{1}{4\pi|\underline{\mathbf{R}}-\underline{\mathbf{R}}'|} \quad , \tag{2.2.44}$$

kürzen $\phi(\underline{\mathbf{R}}) = |\underline{\mathbf{R}}-\underline{\mathbf{R}}'|$ ab und finden mit der Gradienten-Kettenregel:

$$\begin{aligned}
\nabla\frac{\mathrm{e}^{\mathrm{j}k|\underline{\mathbf{R}}-\underline{\mathbf{R}}'|}}{4\pi|\underline{\mathbf{R}}-\underline{\mathbf{R}}'|} &= \frac{1}{4\pi\phi(\underline{\mathbf{R}})}\nabla\mathrm{e}^{\mathrm{j}k\phi(\underline{\mathbf{R}})} + \mathrm{e}^{\mathrm{j}k\phi(\underline{\mathbf{R}})}\,\nabla\frac{1}{4\pi\phi(\underline{\mathbf{R}})} \\
&= \frac{\mathrm{j}k}{4\pi\phi(\underline{\mathbf{R}})}\,\mathrm{e}^{\mathrm{j}k\phi(\underline{\mathbf{R}})}\,\nabla\phi(\underline{\mathbf{R}}) - \mathrm{e}^{\mathrm{j}k\phi(\underline{\mathbf{R}})}\frac{1}{4\pi\phi^2(\underline{\mathbf{R}})}\nabla\phi(\underline{\mathbf{R}}) \\
&= \mathrm{j}k\,\frac{\underline{\mathbf{R}}-\underline{\mathbf{R}}'}{4\pi|\underline{\mathbf{R}}-\underline{\mathbf{R}}'|^2}\,\mathrm{e}^{\mathrm{j}k|\underline{\mathbf{R}}-\underline{\mathbf{R}}'|} - \frac{\underline{\mathbf{R}}-\underline{\mathbf{R}}'}{4\pi|\underline{\mathbf{R}}-\underline{\mathbf{R}}'|^3}\,\mathrm{e}^{\mathrm{j}k|\underline{\mathbf{R}}-\underline{\mathbf{R}}'|} \\
&= \frac{\underline{\mathbf{R}}-\underline{\mathbf{R}}'}{|\underline{\mathbf{R}}-\underline{\mathbf{R}}'|}\,\frac{\mathrm{e}^{\mathrm{j}k|\underline{\mathbf{R}}-\underline{\mathbf{R}}'|}}{4\pi|\underline{\mathbf{R}}-\underline{\mathbf{R}}'|}\left(\mathrm{j}k - \frac{1}{|\underline{\mathbf{R}}-\underline{\mathbf{R}}'|}\right) \quad ,
\end{aligned} \tag{2.2.45}$$

da

$$\begin{aligned}
\nabla\phi(\underline{\mathbf{R}}) &= \nabla|\underline{\mathbf{R}}-\underline{\mathbf{R}}'| \\
&= \frac{\underline{\mathbf{R}}-\underline{\mathbf{R}}'}{|\underline{\mathbf{R}}-\underline{\mathbf{R}}'|} \quad ,
\end{aligned} \tag{2.2.46}$$

wie man in kartesischen Koordinaten unter Verwendung von (2.1.9) leicht ausrechnet[30]. Auf zwei Fakten sei hingewiesen:

- Der Gradient des Betrages des Quellpunkt-Aufpunkt-Abstands $|\underline{\mathbf{R}}-\underline{\mathbf{R}}'|$ ist der Einheitsvektor in $(\underline{\mathbf{R}}-\underline{\mathbf{R}}')$-Richtung.
- Der Gradient der skalaren Green'schen Funktion — die elastodynamische Green'sche Dyade entsteht durch *zweifache* Gradientenbildung aus der skalaren Green'schen Funktion! —

[30] Man beachte: Wegen der Verwendung von Gradienten-Produkt- und -Kettenregel benötigen wir *Koordinaten* nur zum Ausrechnen von $\nabla|\underline{\mathbf{R}}-\underline{\mathbf{R}}'|$.

reproduziert die Green'sche Funktion *selbst*, und er enthält einen zusätzlichen Term proportional zum reziproken Quellpunkt-Aufpunkt-Abstand: Ist dieser Abstand sehr groß (was immer das im Moment genau heißen mag), wird man diesen Term vernachlässigen können. Zur Berechnung des *Fernfeldes* von Prüfköpfen ist diese Vereinfachung von unschätzbarer Bedeutung.

Delta-Operator

Wir nehmen den Gradienten $\nabla p(\underline{\mathbf{R}}, t)$ eines skalaren Feldes her und bilden von diesem Vektor die Divergenz:

$$\begin{aligned}\nabla \cdot \nabla p(\underline{\mathbf{R}}, t) &= \frac{\partial}{\partial x}\left(\frac{\partial p(\underline{\mathbf{R}}, t)}{\partial x}\right) + \frac{\partial}{\partial y}\left(\frac{\partial p(\underline{\mathbf{R}}, t)}{\partial y}\right) + \frac{\partial}{\partial z}\left(\frac{\partial p(\underline{\mathbf{R}}, t)}{\partial z}\right) \\ &= \frac{\partial^2 p(\underline{\mathbf{R}}, t)}{\partial x^2} + \frac{\partial^2 p(\underline{\mathbf{R}}, t)}{\partial y^2} + \frac{\partial^2 p(\underline{\mathbf{R}}, t)}{\partial z^2} \\ &\stackrel{\text{def}}{=} \Delta p(\underline{\mathbf{R}}, t) \ . \end{aligned} \tag{2.2.47}$$

Es entsteht ein skalarer Differentialoperator Δ, der die zweiten partiellen Ableitungen nach x, y, z enthält:

$$\Delta = \frac{\partial^2}{\partial x^2} + \frac{\partial^2}{\partial y^2} + \frac{\partial^2}{\partial z^2} \ ; \tag{2.2.48}$$

man nennt ihn Delta- oder Laplace-Operator. In Verbindung mit der zweiten *zeitlichen* Ableitung von $p(\underline{\mathbf{R}}, t)$ gemäß

$$\Delta p(\underline{\mathbf{R}}, t) - \frac{1}{c^2}\frac{\partial^2 p(\underline{\mathbf{R}}, t)}{\partial t^2} = 0 \tag{2.2.49}$$

ist er wichtiger Bestandteil jeder *Wellengleichung*, hier: einer skalaren Wellengleichung für den akustischen Druck $p(\underline{\mathbf{R}}, t)$, die mit der Konstanten c die (Phasen-)Geschwindigkeit akustischer Wellen enthält.

Elastische Wellen sind jedoch, im Gegensatz zur Akustik, *Vektor*wellen der Teilchenverschiebung $\underline{\mathbf{u}}(\underline{\mathbf{R}}, t)$; wir „versuchen" deshalb die Anwendung des Delta-Operators auf ein vektorielles Feld gemäß

$$\Delta \underline{\mathbf{u}}(\underline{\mathbf{R}}, t) = \underline{\mathbf{e}}_x\, \Delta u_x(\underline{\mathbf{R}}, t) + \underline{\mathbf{e}}_y\, \Delta u_y(\underline{\mathbf{R}}, t) + \underline{\mathbf{e}}_z\, \Delta u_z(\underline{\mathbf{R}}, t) \tag{2.2.50}$$

und halten fest, dass dabei ein *Vektor* $\Delta \underline{\mathbf{u}}(\underline{\mathbf{R}}, t) = \nabla \cdot \nabla \underline{\mathbf{u}}(\underline{\mathbf{R}}, t)$ — die Divergenz der Gradiendyade von $\underline{\mathbf{u}}(\underline{\mathbf{R}}, t)$ — entsteht, dessen drei (kartesische) Komponenten

$$\underline{\mathbf{e}}_x \cdot \Delta \underline{\mathbf{u}}(\underline{\mathbf{R}}, t) = \Delta u_x(\underline{\mathbf{R}}, t) \ , \tag{2.2.51}$$

$$\underline{\mathbf{e}}_x \cdot \Delta \underline{\mathbf{u}}(\underline{\mathbf{R}}, t) = \Delta u_y(\underline{\mathbf{R}}, t) \ , \tag{2.2.52}$$

$$\underline{\mathbf{e}}_z \cdot \Delta \underline{\mathbf{u}}(\underline{\mathbf{R}}, t) = \Delta u_z(\underline{\mathbf{R}}, t) \tag{2.2.53}$$

jeweils Anwendungen des Delta-Operators auf skalare Feldgrößen sind. Wir betonen, dass die Komponentendarstellung (2.2.51)–(2.2.53) *nur* in kartesischen Koordinaten richtig ist (Abschnitt 2.2.4)!

Neben der Tatsache, dass $\underline{\mathbf{u}}(\underline{\mathbf{R}}, t)$ einer vektoriellen Wellengleichung genügt, werden wir feststellen (Abschnitt 7), dass diese auch noch einen weiteren Term $\nabla\nabla \cdot \underline{\mathbf{u}}(\underline{\mathbf{R}}, t)$ (Gradient der Divergenz von $\underline{\mathbf{u}}(\underline{\mathbf{R}}, t)$) mit zweiten Ortsableitungen enthält[31]. Wir berechnen dessen Komponenten:

$$\nabla\nabla \cdot \underline{\mathbf{u}}(\underline{\mathbf{R}}, t) = \underline{\mathbf{e}}_x \left(\frac{\partial^2 u_x(\underline{\mathbf{R}}, t)}{\partial x^2} + \frac{\partial^2 u_y(\underline{\mathbf{R}}, t)}{\partial x \partial y} + \frac{\partial^2 u_z(\underline{\mathbf{R}}, t)}{\partial x \partial z}\right) +$$

[31] Im Gegensatz zur skalaren Akustik erwarten wir ja Longitudinal- *und* Transversalwellen.

$$+\underline{\mathbf{e}}_y\left(\frac{\partial^2 u_x(\underline{\mathbf{R}},t)}{\partial y\partial x}+\frac{\partial^2 u_y(\underline{\mathbf{R}},t)}{\partial y^2}+\frac{\partial^2 u_z(\underline{\mathbf{R}},t)}{\partial y\partial z}\right)+$$
$$+\underline{\mathbf{e}}_z\left(\frac{\partial^2 u_x(\underline{\mathbf{R}},t)}{\partial z\partial x}+\frac{\partial^2 u_y(\underline{\mathbf{R}},t)}{\partial z\partial y}+\frac{\partial^2 u_z(\underline{\mathbf{R}},t)}{\partial z^2}\right) \tag{2.2.54}$$

Die beiden Differentialoperatoren $\nabla\nabla\cdot\underline{\mathbf{u}}(\underline{\mathbf{R}},t)$ und $\nabla\cdot\nabla\underline{\mathbf{u}}(\underline{\mathbf{R}},t)=\Delta\underline{\mathbf{u}}(\underline{\mathbf{R}},t)$ lassen sich zu *einem* vektoriellen Differentialoperator zusammenfassen:

$$\nabla\nabla\cdot\underline{\mathbf{u}}(\underline{\mathbf{R}},t)-\nabla\cdot\nabla\underline{\mathbf{u}}(\underline{\mathbf{R}},t)=\nabla\times\nabla\times\underline{\mathbf{u}}(\underline{\mathbf{R}},t)\quad . \tag{2.2.55}$$

Zwei Identitäten der Mehrfachanwendung des Nabla-Operators sind von großer Bedeutung[32]: Die Rotation eines Gradientenfeldes ist *stets* gleich dem Nullvektor, und die Divergenz eines Wirbelfeldes ist *stets* gleich null. Wir schreiben dies als Formeln:

$$\nabla\times(\nabla\Phi)\equiv\underline{\mathbf{0}}\quad , \tag{2.2.56}$$
$$\nabla\cdot(\nabla\times\underline{\mathbf{A}})\equiv 0\quad . \tag{2.2.57}$$

Wohlgemerkt, diese beiden Formeln gelten für *jedes* skalare Feld $\Phi(\underline{\mathbf{R}},t)$ und *jedes* Vektorfeld $\underline{\mathbf{A}}(\underline{\mathbf{R}},t)$.

2.2.3 Integralsätze von Gauß; Integralformeln von Green

Integralsatz von Gauß

Mit (2.2.20) haben wir eine *lokale* Quelldichte eines Vektorfeldes mit dem Grenzwert eines normierten Flussintegrals definiert. Für ein kleines, aber noch endlich großes Volumen V können wir (2.2.20) gemäß

$$V\,\mathrm{div}\,\underline{\mathbf{v}}(\underline{\mathbf{R}})\simeq\iint_{S_g}\underline{\mathbf{n}}'\cdot\underline{\mathbf{v}}(\underline{\mathbf{R}}')\,\mathrm{d}S' \tag{2.2.58}$$

schreiben: Der Fluss von $\underline{\mathbf{v}}$ durch S_g ist proportional zu einer in V gemittelten Quelldichte multipliziert mit dem Volumen. Es ist zumindest anschaulich klar, wenn auch kein Beweis des Gauß'schen Integralsatzes, dass für ein *beliebiges* Volumen V der Fluss durch dessen Oberfläche S_g gleich der Nettoquelldichte von $\underline{\mathbf{v}}$ in V, also den aufsummierten positiven und negativen „Divergenzen“ von $\underline{\mathbf{v}}$, entspricht:

$$\iiint_V \mathrm{div}\,\underline{\mathbf{v}}(\underline{\mathbf{R}})\,\mathrm{d}V=\iint_{S_g}\underline{\mathbf{n}}\cdot\underline{\mathbf{v}}(\underline{\mathbf{R}})\,\mathrm{d}S\quad ; \tag{2.2.59}$$

die Unterscheidung der Integrationsvariablen im Oberflächenintegral und im Volumenintegral ist nicht mehr nötig, da der Integrationstyp angibt, wo die Integrationsvariable $\underline{\mathbf{R}}$ jeweils variiert. Gleichung (2.2.59) ist *der* Gauß'sche Integralsatz, der in dieser Form für jedes Vektorfeld $\underline{\mathbf{v}}(\underline{\mathbf{R}})$ gilt, das die mathematisch zu präzisierenden Voraussetzungen erfüllt (Burg et al., 1990).

Integralsätze von Gauß

Schreibt man (2.2.59) in der Form

$$\iiint_V \nabla\cdot\underline{\mathbf{v}}(\underline{\mathbf{R}})\,\mathrm{d}V=\iint_{S_g}\underline{\mathbf{n}}\cdot\underline{\mathbf{v}}(\underline{\mathbf{R}})\,\mathrm{d}S\quad , \tag{2.2.60}$$

so wird der formale Charakter der Gleichung deutlich: Man ersetze in einem Volumenintegral die Operation $\nabla\cdot$ durch $\underline{\mathbf{n}}\cdot$ in einem Oberflächenintegral. *So* formuliert, werden die folgenden

[32] Die physikalischen Begriffe „Druck-“ und „Scherwellen“ werden damit plausibel (Abschnitt 7.2).

Varianten des Gauß'schen Integralsatzes — Gauß'sche Integral*sätze* — plausibel:

$$\iiint_V \nabla\Phi(\underline{\mathbf{R}})\,\mathrm{d}V = \iint_{S_g} \underline{\mathbf{n}}\,\Phi(\underline{\mathbf{R}})\,\mathrm{d}S \quad ; \tag{2.2.61}$$

$$\iiint_V \nabla\underline{\mathbf{v}}(\underline{\mathbf{R}})\,\mathrm{d}V = \iint_{S_g} \underline{\mathbf{n}}\,\underline{\mathbf{v}}(\underline{\mathbf{R}})\,\mathrm{d}S \quad ; \tag{2.2.62}$$

$$\iiint_V \nabla\times\underline{\mathbf{v}}(\underline{\mathbf{R}})\,\mathrm{d}V = \iint_{S_g} \underline{\mathbf{n}}\times\underline{\mathbf{v}}(\underline{\mathbf{R}})\,\mathrm{d}S \quad ; \tag{2.2.63}$$

$$\iiint_V \nabla\cdot\underline{\underline{\mathbf{D}}}(\underline{\mathbf{R}})\,\mathrm{d}V = \iint_{S_g} \underline{\mathbf{n}}\cdot\underline{\underline{\mathbf{D}}}(\underline{\mathbf{R}})\,\mathrm{d}S \quad . \tag{2.2.64}$$

Den Integralsatz (2.2.63) hatten wir im Übrigen zur Wirbelintegraldefinition der Rotation benutzt[33], und Satz (2.2.61) dient einem ähnlichen Zweck für den Gradienten. Die Integralsätze (2.2.62) und (2.2.64) benötigt man beispielsweise zur Transformation der Differentialform der elastodynamischen Grundgleichungen in eine Integralform und damit zur Begründung der Elastodynamischen Finiten Integrationstechnik (Fellinger, 1991; Marklein, 1997).

Integralsatz von Stokes

Dem Integralsatz von Gauß steht der Integralsatz von Stokes (in einem ähnlichen Sinne: die Integral*sätze* von Stokes) zur Seite:

$$\int_{C_g} \underline{\mathbf{v}}(\underline{\mathbf{R}})\cdot\underline{\mathbf{dR}} = \iint_S \underline{\mathbf{n}}\cdot\operatorname{rot}\underline{\mathbf{v}}(\underline{\mathbf{R}})\,\mathrm{d}S \quad . \tag{2.2.65}$$

Hierin ist $\underline{\mathbf{dR}}$ das vektorielle Linienelement tangential zum geschlossenen Integrationsweg C_g, d.h. das Linienintegral summiert die zum Integrationsweg tangentialen Komponenten des Vektorfeldes $\underline{\mathbf{v}}$. Wenn ein solches Integral ungleich null ist, hat das Vektorfeld offenbar Wirbel, und in der Tat sagt der Stokes'sche Satz, dass sich genau das Flächenintegral der Wirbeldichte von $\underline{\mathbf{v}}$ ergibt, wobei S die von C_g eingespannte „Membran“fläche ist (sie kann beliebig deformiert sein). Das Ampèr'sche Gesetz (Fußnote 27) ist ein physikalisch anschauliches Beispiel für den Stokes'schen Satz, und tatsächlich benötigt man ihn insbesondere in der Theorie elektromagnetischer Felder.

Green'sche Integralformeln

Den Gauß'schen Integralsatz (2.2.60) nimmt man her, um sowohl die erste als auch die zweite skalare Green'sche Formel herzuleiten; die zweite Green'sche Formel wird uns in Abschnitt 15.1.2 dazu dienen, das Huygens'sche Prinzip (skalarer Felder) mathematisch zu präzisieren. Dieses ist damit kein *Prinzip* mehr, sondern eine Konsequenz der Wellengleichung.

Wir setzen in (2.2.60) speziell:

$$\underline{\mathbf{v}}(\underline{\mathbf{R}}) = \Phi(\underline{\mathbf{R}})\nabla\Psi(\underline{\mathbf{R}}) \quad ; \tag{2.2.66}$$

hierin sind $\Phi(\underline{\mathbf{R}})$ und $\Psi(\underline{\mathbf{R}})$ beliebige skalare Funktionen. Wir verwenden (2.2.32) und berechnen

$$\begin{aligned}\nabla\cdot\underline{\mathbf{v}}(\underline{\mathbf{R}}) &= \nabla\cdot[\Phi(\underline{\mathbf{R}})\nabla\Psi(\underline{\mathbf{R}})]\\ &= \nabla\Phi(\underline{\mathbf{R}})\cdot\nabla\Psi(\underline{\mathbf{R}}) + \Phi(\underline{\mathbf{R}})\,\Delta\Psi(\underline{\mathbf{R}}) \quad .\end{aligned} \tag{2.2.67}$$

In (2.2.60) eingesetzt, ergibt sich die erste skalare Green'sche Formel:

$$\iiint_V [\Phi(\underline{\mathbf{R}})\,\Delta\Psi(\underline{\mathbf{R}}) + \nabla\Phi(\underline{\mathbf{R}})\cdot\nabla\Psi(\underline{\mathbf{R}})]\,\mathrm{d}V = \iint_{S_g} \Phi(\underline{\mathbf{R}})\frac{\partial\Psi(\underline{\mathbf{R}})}{\partial n}\,\mathrm{d}S \quad ; \tag{2.2.68}$$

Wir haben (2.2.14) für $\underline{\mathbf{n}}\cdot\nabla\Psi(\underline{\mathbf{R}})$ verwendet.

[33] Oder anders herum: Die Wirbelintegraldefinition der Rotation führt zur anschaulichen Begründung des Integralsatzes (2.2.63).

Zur zweiten skalaren Green'schen Formel kommen wir, wenn wir die obige Vorgehensweise auf

$$\underline{\mathbf{v}}(\underline{\mathbf{R}}) = \Psi(\underline{\mathbf{R}})\nabla\Phi(\underline{\mathbf{R}}) \tag{2.2.69}$$

anwenden und das Ergebnis von (2.2.68) subtrahieren:

$$\iiint_V [\Phi(\underline{\mathbf{R}})\,\Delta\Psi(\underline{\mathbf{R}}) - \Psi(\underline{\mathbf{R}})\,\Delta\Phi(\underline{\mathbf{R}})]\,\mathrm{d}V = \iint_{S_g} \left[\Phi(\underline{\mathbf{R}})\frac{\partial\Psi(\underline{\mathbf{R}})}{\partial n} - \Psi(\underline{\mathbf{R}})\frac{\partial\Phi(\underline{\mathbf{R}})}{\partial n}\right] \mathrm{d}S \ . \tag{2.2.70}$$

Wir brauchen nun nur noch die Felder Φ und Ψ mit „physikalischem Leben" zu erfüllen und (2.2.70) wellentheoretisch zu interpretieren, um das Huygens'sche Prinzip in exakter mathematischer Formulierung zu erhalten: Der sowohl in der skalaren Wellengleichung (2.2.49) als auch in der zweiten Green'schen Formel auftretende Δ-Operator deutet ja darauf hin.

2.2.4 Zylinder- und Kugelkoordinaten

Phasenflächen von Wellen, die von einer punktförmigen Quelle ausgehen, sind in isotropen Materialien kugelförmig; die Amplitude ist im Allgemeinen richtungsabhängig. Infolgedessen „passt" die mathematische Beschreibung dieser Wellenfronten — ein Prüfkopfschallfeld entsteht durch Superposition (Punktquellensynthese) von Kugelwellen! — nicht in das bisher ausschließlich benutzte kartesische Koordinatensystem: Die Verwendung von Kugelkoordinaten ist angesagt! Aber auch Zylinderkoordinaten, z.B. zur mathematischen Beschreibung des Bauteils „Rohr", sind mitunter sehr nützlich. Wir wollen deshalb kurz auf die wesentlichen Unterschiede dieser „orthogonalen krummlinigen" Koordinaten im Vergleich zu den „orthogonalen geradlinigen" kartesischen Koordinaten eingehen.

(Kreis-)Zylinderkoordinaten r, φ, z sind nichts anderes als Polarkoordinaten r, φ in der xy-Ebene kombiniert mit der kartesischen Koordinate z. Kartesische Koordinaten hatten wir „aufgespannt" durch ein Dreibein orthogonaler Einheitsvektoren $\underline{\mathbf{e}}_x, \underline{\mathbf{e}}_y, \underline{\mathbf{e}}_z$; da sich (skalare) Vektorkomponenten durch Projektion (Skalarprodukte) eines Vektors auf die (mit den) Vektoren des orthogonalen Dreibeins ergeben, wird die Definition eines entsprechenden orthonormierten Dreibeins für die Zylinderkoordinaten wichtig sein. Wir beziehen uns auf Abb. 2.2.3: Der Einfachheit halber zeichnen wir nur die xy-Ebene — zur Zylinderkoordinate z gehört sicher der Einheitsvektor $\underline{\mathbf{e}}_z$ — und charakterisieren einen Punkt • in dieser Ebene durch die radiale Koordinate r und die Winkelkoordinate φ, gezählt von der x-Achse; natürlich ist $0 \leq r < \infty$ und $0 \leq \varphi \leq 2\pi$. Zwischen r, φ und x, y gelten folglich die Koordinatentransformationsformeln (2.1.1):

$$x = r\cos\varphi \ , \tag{2.2.71}$$

$$y = r\sin\varphi \ . \tag{2.2.72}$$

Die kartesischen x- und y-Koordinaten werden durch $\underline{\mathbf{e}}_x$ und $\underline{\mathbf{e}}_y$ aufgespannt, und da die zugehörigen x- und y-Koordinatenlinien geradlinig sind, haben die beiden Einheitsvektoren $\underline{\mathbf{e}}_x$ und $\underline{\mathbf{e}}_y$ stets dieselbe Richtung, also auch im Punkt mit den Koordinaten r, φ: $\underline{\mathbf{e}}_x$ und $\underline{\mathbf{e}}_y$ geben in jedem Punkt der xy-Ebene an, in welcher Richtung sich die zugehörige Koordinate ändert. Einheitsvektoren $\underline{\mathbf{e}}_r$ und $\underline{\mathbf{e}}_\varphi$ der Zylinder(polar)koordinaten r und φ sollen ebenfalls in *die* Richtungen zeigen, in denen sich jeweils die zugehörige Koordinate ändert, die andere aber nicht. Also zeigt $\underline{\mathbf{e}}_r$ in radiale Richtung und $\underline{\mathbf{e}}_\varphi$ in die Richtung tangential zu einem Kreis mit dem Radius r, und zwar in Richtung zunehmender φ-Koordinate. Wir sagten: Ein Vektor ist durch Länge und Richtung charakterisiert, beide Parameter sind berechenbar durch Angabe der kartesischen Komponenten des Vektors; dies gilt auch für die Einheitsvektoren $\underline{\mathbf{e}}_r$ und $\underline{\mathbf{e}}_\varphi$. Wir

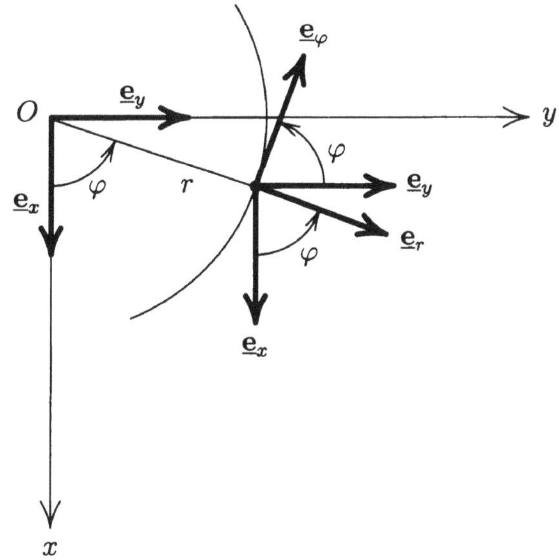

***Abb. 2.2.3:** Orthogonale Einheitsvektoren der Zylinder(polar)koordinaten*

erhalten deren kartesische Komponenten also durch Projektion auf die Einheitsvektoren $\underline{\mathbf{e}}_x$ und $\underline{\mathbf{e}}_y$:

$$\underline{\mathbf{e}}_r = (\underline{\mathbf{e}}_r \cdot \underline{\mathbf{e}}_x)\,\underline{\mathbf{e}}_x + (\underline{\mathbf{e}}_r \cdot \underline{\mathbf{e}}_y)\,\underline{\mathbf{e}}_y \quad , \tag{2.2.73}$$

$$\underline{\mathbf{e}}_\varphi = (\underline{\mathbf{e}}_\varphi \cdot \underline{\mathbf{e}}_x)\,\underline{\mathbf{e}}_x + (\underline{\mathbf{e}}_\varphi \cdot \underline{\mathbf{e}}_y)\,\underline{\mathbf{e}}_y \quad . \tag{2.2.74}$$

Aus Abb. 2.2.3 können wir diese Projektionen sofort ablesen[34]:

$$\underline{\mathbf{e}}_r = \cos\varphi\,\underline{\mathbf{e}}_x + \sin\varphi\,\underline{\mathbf{e}}_y \quad , \tag{2.2.75}$$

$$\underline{\mathbf{e}}_\varphi = -\sin\varphi\,\underline{\mathbf{e}}_x + \cos\varphi\,\underline{\mathbf{e}}_y \quad , \tag{2.2.76}$$

wenn wir per definitionem voraussetzen, dass $\underline{\mathbf{e}}_r$ und $\underline{\mathbf{e}}_\varphi$ Einheitsvektoren *sind*; mit (2.1.23) überprüfen wir aber sofort, dass dem tatsächlich so ist. Die Berechnung von

$$\underline{\mathbf{e}}_r \cdot \underline{\mathbf{e}}_\varphi = 0 \tag{2.2.77}$$

bestätigt uns die Orthogonalität von $\underline{\mathbf{e}}_r$ und $\underline{\mathbf{e}}_\varphi$; $\underline{\mathbf{e}}_z$ steht trivialerweise senkrecht auf beiden. Offensichtlich haben wir mit $\underline{\mathbf{e}}_r, \underline{\mathbf{e}}_\varphi, \underline{\mathbf{e}}_z$ das rechtshändig orientierte orthonormierte Dreibein der Zylinderkoordinaten gefunden! Als wesentlichen Unterschied zum Dreibein der kartesischen Koordinaten erkennen wir die Ortsabhängigkeit des Zylinderkoordinatendreibeins, in diesem Fall die Abhängigkeit von φ.

Mit $\underline{\mathbf{e}}_r, \underline{\mathbf{e}}_\varphi, \underline{\mathbf{e}}_z$ können wir nun Komponenten A_r, A_φ, A_z eines Vektors $\underline{\mathbf{A}}$ in Zylinderkoordinaten definieren:

$$\underline{\mathbf{A}} = A_r\,\underline{\mathbf{e}}_r + A_\varphi\,\underline{\mathbf{e}}_\varphi + A_z\,\underline{\mathbf{e}}_z \quad , \tag{2.2.78}$$

wobei

$$A_r = \underline{\mathbf{A}} \cdot \underline{\mathbf{e}}_r \quad ,$$

$$A_\varphi = \underline{\mathbf{A}} \cdot \underline{\mathbf{e}}_\varphi \quad , \tag{2.2.79}$$

$$A_z = \underline{\mathbf{A}} \cdot \underline{\mathbf{e}}_z \quad . \tag{2.2.80}$$

[34]Natürlich kann man die Darstellungen (2.2.75) und (2.2.76) auch ganz formal — ohne die Abbildung 2.2.3 — aus den Koordinatentransformationsformeln (2.2.71), (2.2.72) ausrechnen (Langenberg, 2005).

Mit $\underline{\mathbf{A}} = A_x\,\underline{\mathbf{e}}_x + A_y\,\underline{\mathbf{e}}_y + A_z\,\underline{\mathbf{e}}_z$ und (2.2.75), (2.2.76) ergeben sich unmittelbar Gleichungen zur Transformation der Komponenten A_x, A_y, A_z in die Komponenten A_r, A_φ, A_z:

$$\begin{aligned} A_r &= A_x \cos\varphi + A_y \sin\varphi \quad , \\ A_\varphi &= -A_x \sin\varphi + A_y \cos\varphi \quad , \\ A_z &= A_z \quad , \end{aligned} \tag{2.2.81}$$

und die Matrixform dieses Gleichungssystems

$$\begin{pmatrix} A_r \\ A_\varphi \\ A_z \end{pmatrix} = \begin{pmatrix} \cos\varphi & \sin\varphi & 0 \\ -\sin\varphi & \cos\varphi & 0 \\ 0 & 0 & 1 \end{pmatrix} \begin{pmatrix} A_x \\ A_y \\ A_z \end{pmatrix} \tag{2.2.82}$$

enthüllt sofort, wie man zu einer Transformation der Komponenten A_r, A_φ, A_z in die Komponenten A_x, A_y, A_z kommt: Man invertiere die Koeffizientenmatrix. Da diese Matrix die Eigenschaft der Orthogonalität hat, ist ihre Inverse gleich der Transponierten:

$$\begin{pmatrix} \cos\varphi & \sin\varphi & 0 \\ -\sin\varphi & \cos\varphi & 0 \\ 0 & 0 & 1 \end{pmatrix}^{-1} = \begin{pmatrix} \cos\varphi & \sin\varphi & 0 \\ -\sin\varphi & \cos\varphi & 0 \\ 0 & 0 & 1 \end{pmatrix}^{\mathrm{T}} = \begin{pmatrix} \cos\varphi & -\sin\varphi & 0 \\ \sin\varphi & \cos\varphi & 0 \\ 0 & 0 & 1 \end{pmatrix} \tag{2.2.83}$$

Mithilfe dieser Matrix zeigt man ebenfalls sofort, dass das Skalarprodukt zweier Vektoren $\underline{\mathbf{A}}$ und $\underline{\mathbf{B}}$ unabhängig vom Koordinatensystem stets denselben Wert hat:

$$A_r B_r + A_\varphi B_\varphi + A_z B_z = A_x B_x + A_y B_y + A_z B_z \quad . \tag{2.2.84}$$

Da die elastodynamischen Energiedichten als Skalarprodukt zweier Vektoren bzw. als Doppelkontraktion zweier Tensoren zweiter Stufe definiert sind (Abschnitt 4.3), ist deren Unabhängigkeit vom Koordinatensystem gewährleistet. Hier fällt das Stichwort: *Tensoren* in anderen als kartesischen Koordinaten. Man definiert beispielsweise die $r\varphi$-Komponente eines Tensors zweiter Stufe $\underline{\underline{\mathbf{D}}}$ durch[35]:

$$\begin{aligned} D_{r\varphi} &= \underline{\mathbf{e}}_r \cdot \underline{\underline{\mathbf{D}}} \cdot \underline{\mathbf{e}}_\varphi \\ &= \underline{\underline{\mathbf{D}}} : \underline{\mathbf{e}}_\varphi \underline{\mathbf{e}}_r \quad ; \end{aligned} \tag{2.2.85}$$

dies hat schließlich die nachstehende, (2.2.82) entsprechende Transformationsgleichung zur Folge:

$$\begin{pmatrix} D_{rr} & D_{r\varphi} & D_{rz} \\ D_{\varphi r} & D_{\varphi\varphi} & D_{\varphi z} \\ D_{zr} & D_{z\varphi} & D_{zz} \end{pmatrix} = \tag{2.2.86}$$

$$\begin{pmatrix} \cos\varphi & \sin\varphi & 0 \\ -\sin\varphi & \cos\varphi & 0 \\ 0 & 0 & 1 \end{pmatrix} \begin{pmatrix} D_{xx} & D_{xy} & D_{xz} \\ D_{yx} & D_{yy} & D_{yz} \\ D_{zx} & D_{zy} & D_{zz} \end{pmatrix} \begin{pmatrix} \cos\varphi & -\sin\varphi & 0 \\ \sin\varphi & \cos\varphi & 0 \\ 0 & 0 & 1 \end{pmatrix}$$

Mit der Summenkonventionsdarstellung von (2.2.86) zeigt man in der Tat sehr schnell, dass auch die Doppelkontraktion zweier Tensoren zweiter Stufe unabhängig vom Koordinatensystem ist (die Doppelkontraktion ist ja, ebenso wie das Skalarprodukt, „nur“ eine Zahl).

[35] Wenn wir die Zylinderkoordinaten r, φ, z mit ξ_i, $i = 1, 2, 3$, durchnummerieren, ergeben sich alle Tensorkomponenten gemäß

$$D_{\xi_i \xi_j} = \underline{\mathbf{e}}_{\xi_i} \cdot \underline{\underline{\mathbf{D}}} \cdot \underline{\mathbf{e}}_{\xi_j} \quad , \quad i, j = 1, 2, 3 \quad ;$$

zur abkürzenden Schreibweise $D_{\xi_i \xi_j} = D_{ij}$ gehört nun die Vereinbarung, um welche Koordinaten es sich handeln soll.

Im Prinzip haben wir nun alle Fakten bereitgestellt, um die Konsequenzen eines Koordinatensystemwechsels auf die Analysis von skalaren, vektoriellen und tensoriellen Feldern zu untersuchen. Wesentliches Handwerkszeug dieser Analysis ist der Nabla-Operator, dessen Komponenten unter der Annahme, dass x, y, z (kartesische) *Koordinaten* mit der Einheit m (Meter) sind, gemäß (2.2.7) eine physikalische Dimension, nämlich die Einheit m^{-1} besitzen. Im Falle der Zylinderkoordinaten haben auch $\partial/\partial r$ und — natürlich — $\partial/\partial z$ diese Einheit, nicht jedoch $\partial/\partial\varphi$. Wir müssen deshalb die differentielle Änderung entlang der φ-Koordinatenlinie mit der Einheit m versehen, indem wir $\partial\varphi$ durch die differentielle Bogenlängenänderung $\partial s = r\partial\varphi$ auf einem Kreis mit dem Radius r ersetzen. Für den Nabla-Operator ergibt sich damit in Zylinderkoordinaten die folgende Form:

$$\nabla = \underline{\mathbf{e}}_r \frac{\partial}{\partial r} + \underline{\mathbf{e}}_\varphi \frac{1}{r}\frac{\partial}{\partial \varphi} + \underline{\mathbf{e}}_z \frac{\partial}{\partial z} \quad . \tag{2.2.87}$$

In der Tat erhält man diese etwas heuristisch begründete Komponentendarstellung auch dann, wenn man mathematisch konsequent mit den sogenannten Maßstabsfaktoren der „orthogonal krummlinigen“ Zylinderkoordinaten arbeitet[36]. Mit (2.2.87) und (2.2.78) wird nun aber endgültig deutlich, worauf in der Analysis mit anderen als kartesischen Koordinaten unbedingt geachtet werden muss; bilden wir beispielsweise die Divergenz eines Vektorfeldes $\underline{\mathbf{A}}(\underline{\mathbf{R}}) = \underline{\mathbf{A}}(r,\varphi,z)$ in Zylinderkoordinaten, so ist gemäß (2.2.18) zu berechnen — wir deuten explizit an, dass die Einheitsvektoren $\underline{\mathbf{e}}_r(\varphi), \underline{\mathbf{e}}_\varphi(\varphi)$ von φ abhängen und deshalb mitdifferenziert werden müssen —:

$$\begin{aligned}
\nabla \cdot \underline{\mathbf{A}}(\underline{\mathbf{R}}) &= \left(\underline{\mathbf{e}}_r \frac{\partial}{\partial r} + \underline{\mathbf{e}}_\varphi \frac{1}{r}\frac{\partial}{\partial \varphi} + \underline{\mathbf{e}}_z \frac{\partial}{\partial z}\right) \cdot \\
&\quad \Big[A_r(r,\varphi,z)\,\underline{\mathbf{e}}_r(\varphi) + A_\varphi(r,\varphi,z)\,\underline{\mathbf{e}}_\varphi(\varphi) + A_z(r,\varphi,z)\,\underline{\mathbf{e}}_z\Big] \\
&= \frac{\partial A_r(r,\varphi,z)}{\partial r} + \underline{\mathbf{e}}_\varphi \cdot \frac{1}{r}\frac{\partial}{\partial\varphi}\Big[A_r(r,\varphi,z)\,\underline{\mathbf{e}}_r(\varphi)\Big] + \\
&\quad + \underline{\mathbf{e}}_\varphi \cdot \frac{1}{r}\frac{\partial}{\partial\varphi}\Big[A_\varphi(r,\varphi,z)\,\underline{\mathbf{e}}_\varphi(\varphi)\Big] + \frac{\partial A_z(r,\varphi,z)}{\partial z} \\
&= \frac{\partial A_r(r,\varphi,z)}{\partial r} + \frac{A_r(r,\varphi,z)}{r}\,\underline{\mathbf{e}}_\varphi \cdot \underbrace{\frac{\partial \underline{\mathbf{e}}_r(\varphi)}{\partial\varphi}}_{=\underline{\mathbf{e}}_\varphi} + \frac{1}{r}\frac{\partial A_\varphi(r,\varphi,z)}{\partial\varphi} + \\
&\quad + \frac{A_\varphi(r,\varphi,z)}{r}\,\underline{\mathbf{e}}_\varphi \cdot \underbrace{\frac{\partial \underline{\mathbf{e}}_\varphi(\varphi)}{\partial\varphi}}_{=-\underline{\mathbf{e}}_r} + \frac{\partial A_z(r,\varphi,z)}{\partial z} \\
&= \frac{\partial A_r(r,\varphi,z)}{\partial r} + \frac{A_r(r,\varphi,z)}{r} + \frac{1}{r}\frac{\partial A_\varphi(r,\varphi,z)}{\partial\varphi} + \frac{\partial A_z(r,\varphi,z)}{\partial z} \\
&= \frac{1}{r}\frac{\partial r A_r(r,\varphi,z)}{\partial r} + \frac{1}{r}\frac{\partial A_\varphi(r,\varphi,z)}{\partial\varphi} + \frac{\partial A_z(r,\varphi,z)}{\partial z} \quad .
\end{aligned} \tag{2.2.88}$$

Oft liest man, dass damit der „Divergenz-∇-Operator“ die Zylinderkoordinatendarstellung

$$\nabla = \underline{\mathbf{e}}_r \frac{1}{r}\frac{\partial}{\partial r} r + \underline{\mathbf{e}}_\varphi \frac{1}{r}\frac{\partial}{\partial \varphi} + \underline{\mathbf{e}}_z \frac{\partial}{\partial z} \tag{2.2.89}$$

[36]Für die Zylinderkoordinaten lauten die Maßstabsfaktoren:

$$\begin{aligned} h_r &= 1 \quad , \\ h_\varphi &= r \quad , \\ h_z &= 1 \quad . \end{aligned}$$

habe; dies ist aber nur *dann* richtig, wenn vereinbarungsgemäß (2.2.89) nur auf die *skalaren* Komponenten A_r, A_φ, A_z angewendet wird. In diesem Sinne stimmt es auch, wenn man sagt, der „Gradient-$\boldsymbol{\nabla}$-Operator“ habe eine andere Darstellung als (2.2.89), und für den „Rotations-$\boldsymbol{\nabla}$-Operator“ gäbe es in anderen als kartesischen Koordinaten gar keine Komponentendarstellung. Wenn man dagegen konsequent bei (2.2.87) bleibt und *stets* die Differentiation der *vektoriellen* Komponenten — man vergleiche (2.2.78) — vereinbart, erhält man auch für

$$\boldsymbol{\nabla} \times \underline{\mathbf{A}}(\underline{\mathbf{R}}) = \left(\underline{\mathbf{e}}_r \frac{\partial}{\partial r} + \underline{\mathbf{e}}_\varphi \frac{1}{r}\frac{\partial}{\partial \varphi} + \underline{\mathbf{e}}_z \frac{\partial}{\partial z}\right) \times \left[A_r(r,\varphi,z)\,\underline{\mathbf{e}}_r(\varphi) + A_\varphi(r,\varphi,z)\,\underline{\mathbf{e}}_\varphi(\varphi) + A_z(r,\varphi,z)\,\underline{\mathbf{e}}_z\right] \tag{2.2.90}$$

sowie für alle anderen $\boldsymbol{\nabla}$-Anwendungen die richtigen Ergebnisse. Zur Auflistung dieser Formeln verweisen wir auf die Formelsammlung.

Kugelkoordinaten

Wie gesagt, nur in Kugelkoordinaten haben Ultraschallstrahlungsfelder übersichtliche und physikalisch anschaulich zu interpretierende Eigenschaften. Am einfacheren Beispiel der Zylinderkoor-

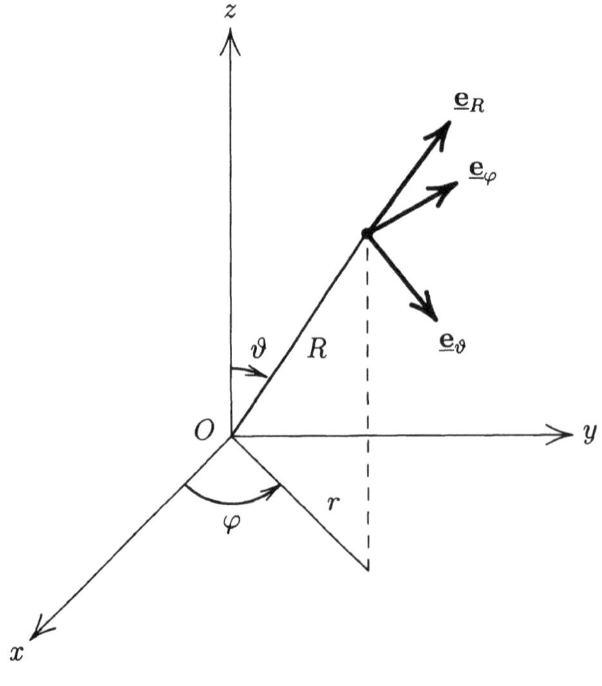

***Abb. 2.2.4:** Orthonormiertes Dreibein der Kugelkoordinaten R, ϑ, φ*

dinaten haben wir erkannt, dass es prinzipiell ausreicht, die Koordinatentransformationsformeln und, bereits daraus abgeleitet, die kartesische Komponentendarstellung des orthonormierten Dreibeins zu kennen. Die Koordinatentransformationsformeln entnehmen wir Abb. 2.2.4: Die Polarkoordinate r in der xy-Ebene hängt mit dem Betrag des Ortsvektors, der Kugelkoordinate R, über

$$r = R \sin\vartheta \tag{2.2.91}$$

zusammen, worin ϑ die Kugelkoordinate „Polarwinkel" ist; in Verbindung mit (2.2.71), (2.2.72) und einem erneuten Blick auf Abb. 2.2.4 erhalten wir deshalb:

$$\begin{aligned} x &= R\sin\vartheta\cos\varphi \quad , \\ y &= R\sin\vartheta\sin\varphi \quad , \\ z &= R\cos\vartheta \quad ; \end{aligned} \tag{2.2.92}$$

im Kugelkoordinatensystem heißt φ Azimutwinkel. Die Orientierung des in der Reihenfolge $\underline{\mathbf{e}}_R, \underline{\mathbf{e}}_\vartheta, \underline{\mathbf{e}}_\varphi$ rechtshändigen orthonormierten Dreibeins entnehmen wir ebenfalls Abb. 2.2.4, geradeso wie die Projektionen in den kartesischen Komponentendarstellungen:

$$\begin{aligned} \underline{\mathbf{e}}_R &= (\underline{\mathbf{e}}_R\cdot\underline{\mathbf{e}}_x)\,\underline{\mathbf{e}}_x + (\underline{\mathbf{e}}_R\cdot\underline{\mathbf{e}}_y)\,\underline{\mathbf{e}}_y + (\underline{\mathbf{e}}_R\cdot\underline{\mathbf{e}}_z)\,\underline{\mathbf{e}}_z \\ &= \sin\vartheta\cos\varphi\,\underline{\mathbf{e}}_x + \sin\vartheta\sin\varphi\,\underline{\mathbf{e}}_y + \cos\vartheta\,\underline{\mathbf{e}}_z \quad , \\ \underline{\mathbf{e}}_\vartheta &= (\underline{\mathbf{e}}_\vartheta\cdot\underline{\mathbf{e}}_x)\,\underline{\mathbf{e}}_x + (\underline{\mathbf{e}}_\vartheta\cdot\underline{\mathbf{e}}_y)\,\underline{\mathbf{e}}_y + (\underline{\mathbf{e}}_\vartheta\cdot\underline{\mathbf{e}}_z)\,\underline{\mathbf{e}}_z \\ &= \cos\vartheta\cos\varphi\,\underline{\mathbf{e}}_x + \cos\vartheta\sin\varphi\,\underline{\mathbf{e}}_y - \sin\vartheta\,\underline{\mathbf{e}}_z \quad , \\ \underline{\mathbf{e}}_\varphi &= (\underline{\mathbf{e}}_\varphi\cdot\underline{\mathbf{e}}_x)\,\underline{\mathbf{e}}_x + (\underline{\mathbf{e}}_\varphi\cdot\underline{\mathbf{e}}_y)\,\underline{\mathbf{e}}_y + (\underline{\mathbf{e}}_\varphi\cdot\underline{\mathbf{e}}_z)\,\underline{\mathbf{e}}_z \\ &= -\sin\varphi\,\underline{\mathbf{e}}_x + \cos\varphi\,\underline{\mathbf{e}}_y \quad . \end{aligned} \tag{2.2.93}$$

Es sei explizit darauf hingewiesen, dass

$$\underline{\mathbf{e}}_R = \hat{\underline{\mathbf{R}}} \tag{2.2.94}$$

ist, d.h. der Ortsvektor $\underline{\mathbf{R}}$ besitzt die Kugelkoordinatendarstellung

$$\underline{\mathbf{R}} = R\sin\vartheta\cos\varphi\,\underline{\mathbf{e}}_x + R\sin\vartheta\sin\varphi\,\underline{\mathbf{e}}_y + R\cos\vartheta\,\underline{\mathbf{e}}_z \tag{2.2.95}$$

im kartesischen orthonormierten Dreibein.

Das Gleichungssystem (2.2.93) definiert wieder die Transformationsmatrix für Vektor- und Tensorkomponenten, also z.B. für die Transformation der kartesischen Komponenten A_x, A_y, A_z eines Vektors $\underline{\mathbf{A}}$ in seine Kugelkoordinatenkomponenten

$$\underline{\mathbf{A}} = A_R\,\underline{\mathbf{e}}_R + A_\vartheta\,\underline{\mathbf{e}}_\vartheta + A_\varphi\,\underline{\mathbf{e}}_\varphi \tag{2.2.96}$$

gemäß:

$$\begin{pmatrix} A_R \\ A_\vartheta \\ A_\varphi \end{pmatrix} = \begin{pmatrix} \sin\vartheta\cos\varphi & \sin\vartheta\sin\varphi & \cos\vartheta \\ \cos\vartheta\cos\varphi & \cos\vartheta\sin\varphi & -\sin\vartheta \\ -\sin\varphi & \cos\varphi & 0 \end{pmatrix} \begin{pmatrix} A_x \\ A_y \\ A_z \end{pmatrix} \tag{2.2.97}$$

Wieder ist die Inverse der Transformationsmatrix gleich der Transponierten, sodass die Inversion von (2.2.97) sowie die (2.2.86) entsprechende Transformationsformel für die Tensorkomponenten sofort hinzuschreiben ist.

Mit derselben Argumentation wie im Paragraphen über Zylinderkoordinaten erschließen wir die Nabla-Operator-Darstellung in Kugelkoordinaten[37]:

$$\boldsymbol{\nabla} = \underline{\mathbf{e}}_R\frac{\partial}{\partial R} + \underline{\mathbf{e}}_\vartheta\frac{1}{R}\frac{\partial}{\partial\vartheta} + \underline{\mathbf{e}}_\varphi\frac{1}{R\sin\vartheta}\frac{\partial}{\partial\varphi} \tag{2.2.98}$$

mit der sodann einfache und mehrfache Gradienten, Divergenzen und Rotationen ausgeführt werden können; die einschlägigen Formeln entnehmen wir an gegebener Stelle der Formelsammlung.

[37]Die Maßstabsfaktoren der Kugelkoordinaten lauten:

$$\begin{aligned} h_R &= 1 \quad , \\ h_\vartheta &= R \quad , \\ h_\varphi &= R\sin\vartheta \quad . \end{aligned}$$

2.3 Zeitliche und räumliche Spektralanalyse mittels Fourier-Transformation

Als sogenannter Kern der Fourier-Transformation

$$\begin{aligned} F(\omega) &= \mathcal{F}\{f(t)\} \\ &= \int_{-\infty}^{\infty} f(t)\,\mathrm{e}^{\mathrm{j}\omega t}\,\mathrm{d}t \end{aligned} \tag{2.3.1}$$

einer Zeitfunktion $f(t)$ in ein Spektrum $F(\omega)$ tritt eine Exponentialfunktion $\mathrm{e}^{\mathrm{j}\omega t}$ mit imaginärem Argument auf[38], d.h. das Spektrum ist im Allgemeinen komplex; deswegen sei der Abhandlung über die Fourier-Transformation ein kurzer Abriss über komplexe Zahlen vorangestellt.

2.3.1 Komplexe Zahlen und komplexwertige Funktionen einer komplexen Variablen

Die Gleichung

$$x^2 + 1 = 0 \tag{2.3.2}$$

hat für reelle Zahlen x keine Lösung; man *definiert* deshalb die Lösungen[39]

$$x_{1/2} = \pm \mathrm{j} = \sqrt{-1} \tag{2.3.3}$$

mit der imaginären Einheit[40] j. Nunmehr benutzt man j als Baustein komplexer Zahlen

$$z = x + \mathrm{j}y \quad , \tag{2.3.4}$$

denen man mit der reellen Zahl x einen Realteil

$$\Re z = x \tag{2.3.5}$$

und mit der reellen Zahl y einen Imaginärteil

$$\Im z = y \tag{2.3.6}$$

zuweist; der Imaginärteil gibt an, wieviele imaginäre Einheiten j als „imaginärer Teil“ von z vorliegen sollen. Mit (2.3.4) hat eine komplexe Zahl zwei „Komponenten“ in einem xy-„Koordinatensystem“, das man als Gauß'sche Zahlenebene bezeichnet, in welche man sodann einen Zeiger einzeichnet (Abbildung 2.3.1), der unter dem Phasenwinkel φ vom Nullpunkt zum Punkt z der komplexen Zahl zeigt. Die komplexe Zahl

$$z^* = x - \mathrm{j}y \tag{2.3.7}$$

heißt „konjugiert komplex“ zu z, ihr Phasenwinkel ist $-\varphi$ bzw. $2\pi - \varphi$. Addition und Subtraktion zweier komplexer Zahlen $z_1 = x_1 + \mathrm{j}y_1$, $z_2 = x_2 + \mathrm{j}y_2$ ist trivialerweise gemäß

$$z_1 \pm z_2 = x_1 \pm x_2 + \mathrm{j}(y_1 \pm y_2) \tag{2.3.8}$$

---

[38] In der Kommunikationstechnik wird die Fourier-Transformation oft mit dem konjugiert komplexen Kern $\mathrm{e}^{-\mathrm{j}\omega t}$ angesetzt; in der Theorie akustischer, elastischer und elektromagnetischer Wellen erweist sich jedoch der obige Ansatz als zweckmäßig, da sodann die zeitharmonische Green'sche Funktion (2.2.38) mit dem positiven Vorzeichen im Exponenten auftritt. Für *reell*wertige Zeitfunktionen sind natürlich die wellentheoretischen und kommunikationstechnischen Spektren konjugiert komplex zueinander. Achtsamkeit ist geboten, wenn Abbildungsgesetze benutzt werden, die explizit die imaginäre Einheit enthalten.

[39] Sobald man die n-te Wurzel aus einer komplexen Zahl mathematisch sauber definiert hat, stellt man fest, dass die Quadratwurzel $\sqrt{-1}$ stets *zwei* Werte hat, nämlich +j und −j, die beide Lösung der Gleichung (2.3.2) sind.

[40] Wir verwenden die in den Ingenieurwissenschaften, vor allem in der Elektrotechnik, übliche Bezeichnung j und nicht die in der Physik bevorzugte Notation i; um die imaginäre Einheit j vom Zählindex j abzuheben, schreiben wir sie als *roman character*.

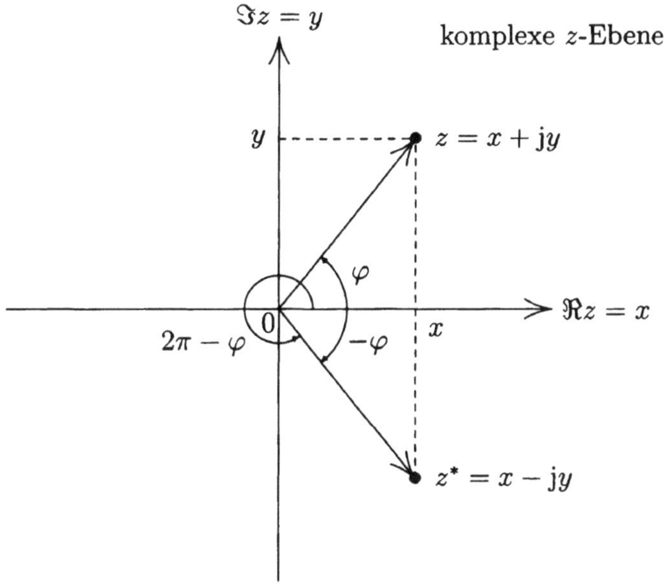

Abb. 2.3.1: *Komplexe Zahl z und konjugiert komplexe Zahl z* in der Gauß'schen Zahlenebene mit der reellen Achse $\Re z$ und der imaginären Achse $\Im z$*

definiert. Ihre Multiplikation rechnet man mit $j^2 = -1$ leicht aus:

$$z_1 z_2 = x_1 x_2 - y_1 y_2 + j(x_1 y_2 + x_2 y_1) \quad ; \tag{2.3.9}$$

als Spezialfälle erhält man

$$z^2 = x^2 - y^2 + 2jxy \tag{2.3.10}$$

sowie

$$zz^* = x^2 + y^2 \quad . \tag{2.3.11}$$

Das Produkt zz^* ist offensichtlich reell; Abb. 2.3.1 enthüllt, dass der Betrag $|z|$ von z gemäß

$$|z| = \sqrt{zz^*} \tag{2.3.12}$$

gerade die Länge des Zeigers ist. Also können $|z|$ und φ als „Polarkoordinaten" von z dienen, sodass man die alternative Darstellung[41]

$$z = |z| \cos\varphi + j\,|z| \sin\varphi \tag{2.3.13}$$

angeben kann. Die Betragsbildung gemäß (2.3.12) benutzt man auch, um die Division zweier komplexer Zahlen auf Bekanntes zurückzuführen:

$$\begin{aligned} \frac{z_1}{z_2} &= \frac{z_1 z_2^*}{z_2 z_2^*} \\ &= \frac{x_1 x_2 + y_1 y_2 + j(y_1 x_2 - x_1 y_2)}{x_2^2 + y_2^2} \quad . \end{aligned} \tag{2.3.14}$$

[41] Offensichtlich ist $\tan\varphi = y/x$, sodass man mit der Umkehrfunktion des Tangens den Winkel φ aus Real- und Imaginärteil berechnen kann; allerdings ist der Arcustangens mehrdeutig, weswegen man Fallunterscheidungen bezüglich des Vorzeichens von x durchführen muss:

$$\varphi = \begin{cases} HW \arctan y/x & \text{für } x > 0 \\ HW \arctan y/x + \pi & \text{für } x < 0 \end{cases}$$

„HW" steht für „Hauptwert"; für diesen gilt $-\pi/2 < \varphi < \pi/2$.

Mit (2.3.10) sind natürlich alle Potenzen z^n definiert, sodass unmittelbar ein komplexwertiges Polynom

$$P(z) = a_0 + a_1 z + a_2 z^2 + a_3 z^3 + \ldots + a_n z^n \tag{2.3.15}$$

(mit eventuell komplexen Koeffizienten) als Funktion einer komplexen Variablen angeschrieben werden kann. Der nächste Schritt in Richtung einer „komplexen Analysis" — der sogenannten Funktionentheorie — ist die Potenzreihe:

$$f(z) = \sum_{n=0}^{\infty} a_n z^n \quad ; \tag{2.3.16}$$

hier stellt sich natürlich sofort die Frage nach *denjenigen* Werten von z, für die die Reihe konvergiert. Diese Frage wird in der Funktionentheorie auf sehr allgemeine Art und Weise beantwortet[42] (Behnke und Sommer, 1965), wir wollen hier jedoch darauf nicht eingehen. Stattdessen diskutieren wir am Beispiel der Exponential-, der Sinus- und der Cosinusfunktion , wie man von deren reellen Potenzreihenentwicklungen ausgehend ein komplexes Pendant erhält: Man ersetzt die reelle Variable x durch die komplexe Variable z! Also:

$$\mathrm{e}^x = \sum_{n=0}^{\infty} \frac{x^n}{n!} \Longrightarrow \mathrm{e}^z = \sum_{n=0}^{\infty} \frac{z^n}{n!} \quad , \tag{2.3.17}$$

$$\sin x = \sum_{n=0}^{\infty} (-1)^n \frac{x^{2n+1}}{(2n+1)!} \Longrightarrow \sin z = \sum_{n=0}^{\infty} (-1)^n \frac{z^{2n+1}}{(2n+1)!} \quad , \tag{2.3.18}$$

$$\cos x = \sum_{n=0}^{\infty} (-1)^n \frac{x^{2n}}{(2n)!} \Longrightarrow \cos z = \sum_{n=0}^{\infty} (-1)^n \frac{z^{2n}}{(2n)!} \quad ; \tag{2.3.19}$$

alle diese Potenzreihen konvergieren in der offenen z-Ebene, d.h. für alle z außer[43] $z = \infty$. Aus diesen Potenzreihen erschließt man sofort die folgenden Relationen:

$$\mathrm{e}^{\pm \mathrm{j} z} = \cos z \pm \mathrm{j} \sin z \tag{2.3.20}$$

$$\cos z = \frac{\mathrm{e}^{\mathrm{j}z} + \mathrm{e}^{-\mathrm{j}z}}{2} \quad , \tag{2.3.21}$$

$$\sin z = \frac{\mathrm{e}^{\mathrm{j}z} - \mathrm{e}^{-\mathrm{j}z}}{2\mathrm{j}} \quad , \tag{2.3.22}$$

$$\cos \mathrm{j}z = \frac{\mathrm{e}^{z} + \mathrm{e}^{-z}}{2} \stackrel{\text{def}}{=} \cosh z \quad , \tag{2.3.23}$$

$$\frac{1}{\mathrm{j}} \sin \mathrm{j}z = \frac{\mathrm{e}^{z} - \mathrm{e}^{-z}}{2} \stackrel{\text{def}}{=} \sinh z \quad . \tag{2.3.24}$$

Alle aus dem Reellen bekannten Formeln — Additionstheoreme, Ableitungen usw. — kann man ins Komplexe übernehmen, unter anderem gelten deshalb die folgenden Aufspaltungen von $\sin z$ und $\cos z$ in Real- und Imaginärteil:

$$\begin{aligned} \sin z &= \sin(x + \mathrm{j}y) \\ &= \sin x \cosh y + \mathrm{j} \cos x \sinh y \quad , \end{aligned} \tag{2.3.25}$$

$$\begin{aligned} \cos z &= \cos(x + \mathrm{j}y) \\ &= \cos x \cosh y - \mathrm{j} \sin x \sinh y \quad ; \end{aligned} \tag{2.3.26}$$

Für die Reflexion ebener elastischer Wellen an der ebenen Trennfläche zwischen zwei Materialien können kritische Einfallswinkel existieren, für die der Sinus des Transmissionswinkels der

[42] Die Potenzreihe (2.3.16) konvergiert in der z-Ebene im größten Kreis um $z = 0$, in dem die Funktion, die sie darstellt, keine Singularität hat.

[43] In der Funktionentheorie gibt es tatsächlich *den einen* Punkt ∞.

Longitudinal- bzw. der Transversalwelle größer als 1 wird, was durch die Fortsetzung dieses Winkels in eine komplexe Ebene und Benutzung der obigen Formeln gelingt.

Im Komplexen ist die Exponentialfunktion auf der imaginären Achse 2π-periodisch:

$$e^{z+j2\pi k} = e^z \quad , \quad k = 0, \pm 1, \pm 2, \ldots \tag{2.3.27}$$

Ferner folgt aus (2.3.23), (2.3.24):

$$e^{\pm z} = \cos jz \mp j \sin jz \quad , \tag{2.3.28}$$

also

$$e^{\pm j\varphi} = \cos\varphi \pm j\sin\varphi \quad , \tag{2.3.29}$$

womit wir schließlich unter Beachtung von (2.3.13) die Darstellung

$$z = |z|\, e^{j\varphi} \tag{2.3.30}$$

einer komplexen Zahl nach Betrag $|z|$ und Argument (Phase) $\arg z = \varphi$ erhalten. Die Bildung der ganzzahligen n-ten Potenz

$$z^n = |z|^n\, e^{jn\varphi} \tag{2.3.31}$$

ist dann besonders einfach, ebenso die Multiplikation und Division:

$$z_1 z_2 = |z_1||z_2|\, e^{j(\varphi_1+\varphi_2)} \quad , \tag{2.3.32}$$

$$\frac{z_1}{z_2} = \frac{|z_1|}{|z_2|}\, e^{j(\varphi_1-\varphi_2)} \quad . \tag{2.3.33}$$

Neben ganzzahligen Potenzen können wir mit (2.3.30) natürlich auch n-te Wurzeln

$$\sqrt[n]{z} = \sqrt[n]{|z|}\, e^{j\frac{\varphi}{n}} \tag{2.3.34}$$

bilden, wobei allerdings zu beachten ist, dass die 2π-Periodizität der Exponentialfunktion zu Mehrdeutigkeiten führt, was wir am Beispiel der Quadratwurzel erläutern wollen. Sicher ist

$$\sqrt{z} = \sqrt{|z|}\, e^{j\frac{\varphi}{2}} \tag{2.3.35}$$

die Quadratwurzel aus der komplexen Zahl z, da das Quadrat von (2.3.35) wieder z ergibt; $\sqrt{z}$ gemäß (2.3.35) ist eine komplexe Zahl mit dem Argument $0 \le \arg\sqrt{z} \le \pi$, weil dieses Argument durch Halbierung des Phasenwinkels $0 \le \varphi \le 2\pi$ von z entsteht. Die Halbierung transformiert aber auch das Periodizitätsintervall $2\pi \le \varphi + 2\pi \le 4\pi$ der Exponentialfunktion $e^{j\varphi}$ in das „Grundintervall" von 0 bis 2π, nämlich in den Teil $\pi \le \arg\sqrt{z} \le 2\pi$. Mit anderen Worten: Neben (2.3.35) ist auch

$$\begin{aligned}\sqrt{z} &= \sqrt{|z|}\, e^{j\frac{\varphi}{2}+j\pi} \\ &= -\sqrt{|z|}\, e^{j\frac{\varphi}{2}}\end{aligned} \tag{2.3.36}$$

Quadratwurzel von z. Beide Quadratwurzeln — (2.3.35) und (2.3.36) — können wir „unter einem Hut"

$$\sqrt{z} = \sqrt{|z|}\, e^{j\frac{\varphi}{2}+j\pi k} \quad , \quad k = 0, 1 \quad , \tag{2.3.37}$$

zusammenfassen. Für $k = 0$ erhalten wir (2.3.35) und für $k = 1$ (2.3.36). Abbildung 2.3.2 illustriert die Zweideutigkeit[44] der Quadratwurzel aus z. Entsprechend ist die n-te Wurzel aus z

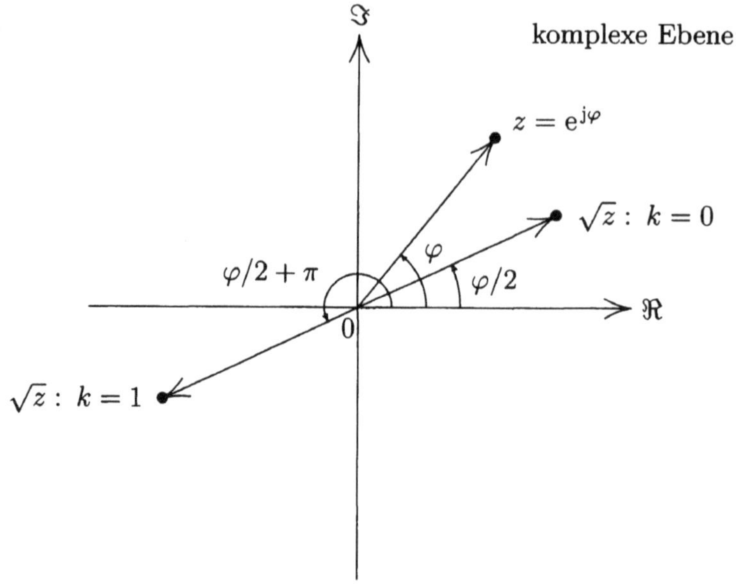

Abb. 2.3.2: *Mehrdeutigkeit der Quadratwurzel im Komplexen*

n-deutig; im Reellen wird dies nicht „sichtbar“, da die Exponentialfunktion nur auf der imaginären Achse periodisch ist.

Elastische Wellen erfahren in dissipativen Materialien eine Dämpfung in Ausbreitungsrichtung, die durch den Imaginärteil der komplexen Wellenzahl k charakterisiert wird; mit den Materialparametern verknüpft ist aber das *Quadrat* $z = k^2$ der Wellenzahl, sodass bei vorgegebenem Real- und Imaginärteil von $z = x + jy$ der Real- und Imaginärteil von $\sqrt{z} = k$ als Funktion von $x = \Re k^2$ und $y = \Im k^2$ gefragt ist. Man findet:

$$\Re k = \pm\sqrt{\frac{1}{2}\left(\sqrt{x^2+y^2}+x\right)} \;, \tag{2.3.38}$$

$$\Im k = \pm\sqrt{\frac{1}{2}\left(\sqrt{x^2+y^2}-x\right)} \;, \tag{2.3.39}$$

wobei die Vorzeichen aufgrund von physikalischen Argumenten — *Dämpfung* in *Ausbreitungsrichtung* — ausgewählt werden müssen.

2.3.2 Zeitliche Spektralanalyse

Das Fourier-Integral (2.3.1) existiert sicher nicht für beliebige Zeitfunktionen $f(t)$; hinreichend ist jedoch die Bedingung der absoluten Integrierbarkeit von $f(t)$. Dennoch folgt daraus nicht, dass auch das Spektrum $F(\omega)$ absolut integrierbar ist, sodass das Fourier-Umkehrintegral

$$\begin{aligned} f(t) &= \mathcal{F}^{-1}\{F(\omega)\} \\ &= \frac{1}{2\pi}\int_{-\infty}^{\infty} F(\omega)\, e^{-j\omega t}\, d\omega \end{aligned} \tag{2.3.40}$$

[44]Eine *halbe* $\sqrt{z}$-Ebene hat als „Wertevorrat“ bereits eine *ganze* z-Ebene, sodass die *ganze* $\sqrt{z}$-Ebene auf *zwei* z-Ebenen zurückgreifen muss, und dies ist zweideutig. *Eindeutig* wird die Quadratwurzel, wenn genau festgelegt wird, wie die beiden z-Ebenen als sogenannte Riemann'sche Fläche miteinander verknüpft sind.

nicht unbedingt existieren muss. *Wenn* jedoch zu einer Zeitfunktion $f(t)$ (aus dem sogenannten Urbildraum) die Fourier-Transformierte $F(\omega)$ (aus dem sogenannten Bildraum) existiert und diese durch Inversion gemäß (2.3.40) die Zeitfunktion wieder darstellt — die mathematischen Voraussetzungen findet man bei Doetsch (1967) bzw. in der Kurzfassung von Langenberg (2005) —, spricht man von einer Korrespondenz und schreibt

$$f(t) \circ\!\!-\!\!\bullet\, F(\omega) \quad . \tag{2.3.41}$$

Ein Wort zur Bedeutung negativer Frequenzen: Für *reelle* Zeitfunktionen $f(t)$ — und Komponenten physikalischer Wellenfeldgrößen *sind* reell — gilt

$$F(-\omega) = F^*(\omega) \quad , \tag{2.3.42}$$

d.h. die negativen Frequenzen enthalten keine neue spektrale Information. Die Messung (oder Berechnung) eines Spektrums für positive Frequenzen führt nach der Ergänzung gemäß (2.3.42) und anschließender inverser Fourier-Transformation auf eine reelle Zeitfunktion.

Die allgemeinen Eigenschaften von Spektren diskutiert man am besten anhand von Beispielen.

Beispiele

1. Rechteckimpuls $q_T(t)$:

Die Fourier-Transformierte des ursprungssymmetrischen Rechteckimpulses der Dauer $2T$ (Abbildung 2.3.3)

$$q_T(t) = \begin{cases} 1 & \text{für } |t| < T \\ 0 & \text{für } |t| > T \end{cases} \tag{2.3.43}$$

berechnet man durch elementare Integration zu (Abbildung 2.3.3)

$$\mathcal{F}\{q_T(t)\} = \frac{2\sin T\omega}{\omega} \quad . \tag{2.3.44}$$

Man erkennt:

- Eine Zeitfunktion endlicher Dauer hat ein unendlich breitbandiges Spektrum; dies ist stets richtig und gilt ebenso umgekehrt (Spektren endlicher Bandbreite gehören zu Zeitfunktionen unendlicher Dauer).
- Die sogenannte Spaltfunktion (2.3.44) hat Nullstellen bei $\omega = \pm n\pi/T$, $n = 1, 2, 3, \ldots$. Definieren wir deshalb eine Bandbreite B (der „Hauptkeule") etwa durch $B = 2\pi/T$, so wird B größer, wenn T kleiner wird und umgekehrt: Kurze Impulse sind breitbandig, lange Impulse schmalbandig, man spricht von der Unschärferelation.
- Die Spaltfunktion (2.3.44) ist *nicht* absolut integrierbar; man muss deshalb das Inversionsintegral als Cauchy'schen Hauptwert definieren, und das Ergebnis ist *nicht* (2.3.43), sondern ein Rechteckimpuls, der für $t = \pm T$ den Wert $1/2$ besitzt, während (2.3.43) dort gar nicht definiert ist.

2. RC$N(t)$-Impuls:

Zur Veranschaulichung und für Simulationszwecke wählen wir in der vorliegenden Ausarbeitung sehr oft einen „Normimpuls", den wir als RC$N(t)$-Impuls bezeichnen; hierbei steht RC für *raised cosine* und N für die Anzahl der Schwingungen der Dauer T_0, die der Träger(kreis)frequenz ω_0 gemäß $T_0 = 2\pi/\omega_0$ entsprechen:

$$\mathrm{RC}N(t) = \begin{cases} \underbrace{\left(1 + \cos\frac{\omega_0}{N}t\right)\cos\omega_0 t}_{= eN(t)} & \text{für } -N\frac{\pi}{\omega_0} \le t \le N\frac{\pi}{\omega_0} \\ 0 & \text{sonst} \end{cases} \tag{2.3.45}$$

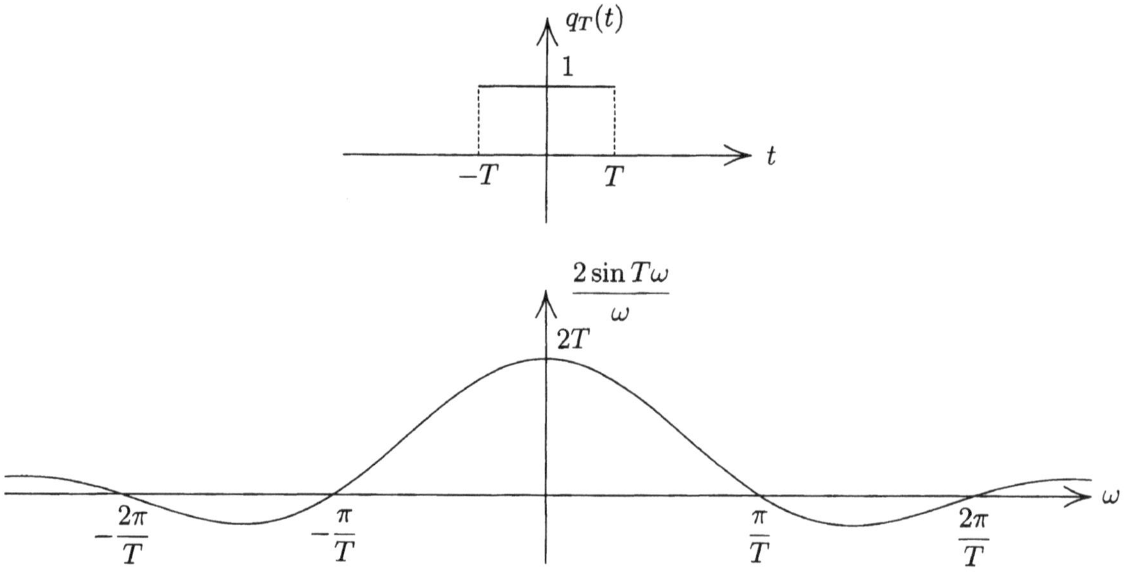

Abb. 2.3.3: Ursprungssymmetrischer Rechteckimpuls und Spektrum

Die Gesamtdauer von $\mathrm{RC}N(t)$ ist folglich NT_0, die Amplitude der ω_0-Oszillationen ist gemäß einem „angehobenen Cosinus" (*raised cosine*), der Einhüllenden $eN(t)$, moduliert. Abbildung 2.3.4 illustriert einen $\mathrm{RC}2(t)$- und einen $\mathrm{RC}4(t)$-Impuls samt den Beträgen ihrer Spektren (wir verwenden für Spektren oft den gleichen Funktionsbuchstaben, geben aber stets das Argument an)

$$\mathrm{RC}N(\omega) = (-1)^{N+1} \sin\left(N\frac{\pi}{\omega_0}\omega\right) \left[\frac{\omega}{\omega^2 - \left(\frac{N+1}{N}\right)^2 \omega_0^2} - \frac{2\omega}{\omega^2 - \omega_0^2} + \frac{\omega}{\omega^2 - \left(\frac{N-1}{N}\right)^2 \omega_0^2}\right] , \tag{2.3.46}$$

die wir durch elementare Auswertung des Fourier-Integrals unter Beachtung von (2.3.21) und $\mathrm{e}^{\pm \mathrm{j}N\pi} = (-1)^N$ berechnen. Offensichtlich haben die Spektrenbeträge ihr Maximum bei $\omega = \omega_0$; je mehr Schwingungen der $\mathrm{RC}N(t)$-Impuls bei gleichem T_0 enthält, desto schmalbandiger ist sein Spektrum (Unschärferelation!).

3. Ursprungssymmetrische Exponentialfunktion:
Im Zusammenhang mit der Reflexion ebener SV-Impulswellen an einer spannungsfreien ebenen Grenzfläche eines Halbraums benötigen wir die inverse Fourier-Transformation von $\mathrm{e}^{-\alpha z|\omega|}$ für $\alpha > 0$, $z > 0$ (Abschnitt 9.1.2); wir berechnen

$$\begin{aligned} \mathcal{F}^{-1}\{\mathrm{e}^{-\alpha z|\omega|}\} &= \frac{1}{2\pi}\int_{-\infty}^{\infty} \mathrm{e}^{-\alpha z \mathrm{sign}(\omega)\omega}\, \mathrm{e}^{-\mathrm{j}\omega t}\, \mathrm{d}\omega \\ &= \frac{1}{2\pi}\int_{-\infty}^{0} \mathrm{e}^{\alpha z\omega - \mathrm{j}\omega t}\, \mathrm{d}\omega + \frac{1}{2\pi}\int_{0}^{\infty} \mathrm{e}^{-\alpha z\omega - \mathrm{j}\omega t}\, \mathrm{d}\omega \\ &= \frac{1}{\pi}\frac{\alpha z}{\alpha^2 z^2 + t^2} \ . \end{aligned} \tag{2.3.47}$$

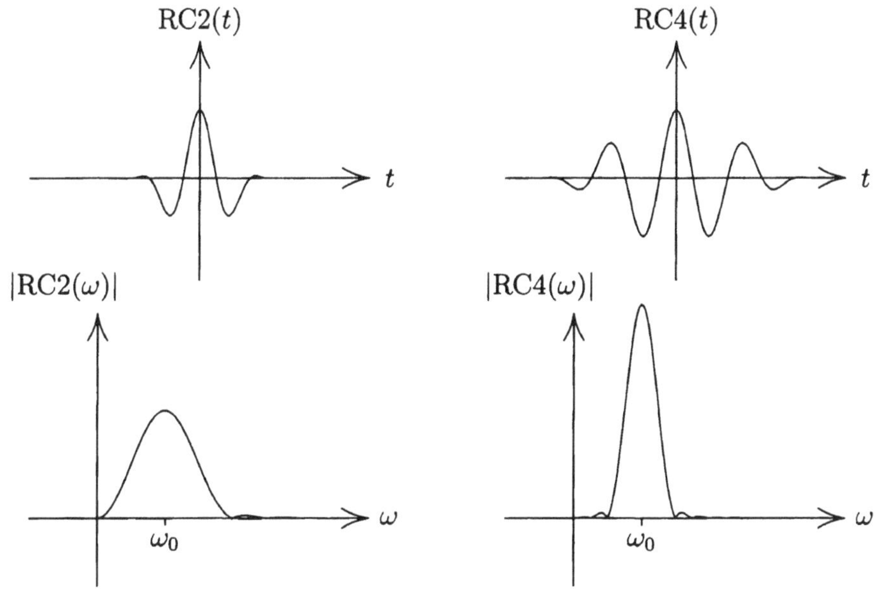

***Abb. 2.3.4:** RC2(t)- und RC4(t)-Impulse samt den Beträgen ihrer Spektren für $\omega > 0$ (für $\omega < 0$ sind die Spektren symmetrisch zu ergänzen)*

Also gilt

$$\frac{1}{\pi} \frac{\alpha z}{\alpha^2 z^2 + t^2} \circ\!\!-\!\!\bullet \; \mathrm{e}^{-\alpha z|\omega|} \quad . \tag{2.3.48}$$

In Abschnitt 9.1.2 ist übrigens auch der Grenzübergang $z \longrightarrow 0$ von Interesse:

$$\lim_{z \to 0} \frac{1}{\pi} \frac{\alpha z}{\alpha^2 z^2 + t^2} = \delta(t) \quad . \tag{2.3.49}$$

4. Gauß-Impuls:
Wir zitieren die Korrespondenz

$$\mathrm{e}^{-\alpha t^2} \circ\!\!-\!\!\bullet \; \sqrt{\frac{\pi}{\alpha}}\, \mathrm{e}^{-\frac{\omega^2}{4\alpha}} \tag{2.3.50}$$

als Beispiel dafür, dass Zeitfunktion und Spektrum vom selben Typ — einer Gaußfunktion — sein können. Wieder illustriert diese Korrespondenz die Unschärferelation.

Hinsichtlich weiterer Korrespondenzen verweisen wir auf Tabellen (Doetsch, 1967; Erdélyi, 1954). Manchmal tut übrigens die Relation

$$F(t) \circ\!\!-\!\!\bullet \; 2\pi f(-\omega) \tag{2.3.51}$$

gute Dienste; sie ergibt sich aus der Symmetrie von Fourier- und inverser Fourier-Transformation und bedeutet: Man fasse ein vorliegendes Spektrum $F(\omega)$ einer Zeitfunktion $f(t)$ selber als Zeitfunktion auf, und dann ist deren Fourier-Transformierte die ursprüngliche Zeitfunktion mit dem Argument $-\omega$ (mal 2π).

Standardfunktionen in der Feldtheorie — z.B. die Einheitssprungfunktion $u(t)$, die Vorzeichenfunktion $\mathrm{sign}(t) = 2u(t) - 1$, die komplexe Exponentialfunktion $\mathrm{e}^{\pm \mathrm{j}\omega_0 t}$, die Hyperbelfunktion

t^{-1} — sind nicht absolut integrierbar, Fourier-Transformierte sind deshalb erst im Raum der (temperierten) Distributionen definierbar (Doetsch, 1967). Wir greifen vor (Abschnitt 2.4.3):

$$\mathcal{F}\{u(t)\} = \pi\delta(\omega) + \mathrm{j}\,\mathrm{PV}\frac{1}{\omega} \ , \tag{2.3.52}$$

$$\mathcal{F}\{\mathrm{sign}(t)\} = 2\mathrm{j}\,\mathrm{PV}\frac{1}{\omega} \ , \tag{2.3.53}$$

$$\mathcal{F}\{\mathrm{e}^{\pm \mathrm{j}\omega_0 t}\} = 2\pi\delta(\omega \pm \omega_0) \ , \tag{2.3.54}$$

$$\mathcal{F}\{\cos\omega_0 t\} = \pi[\delta(\omega - \omega_0) + \delta(\omega + \omega_0)] \ , \tag{2.3.55}$$

$$\mathcal{F}\{\sin\omega_0 t\} = \mathrm{j}\pi[\delta(\omega - \omega_0) - \delta(\omega + \omega_0)] \ , \tag{2.3.56}$$

$$\mathcal{F}\{\pi\delta(t) - \mathrm{j}\mathrm{PV}\frac{1}{t}\} = 2\pi u(\omega) \ , \tag{2.3.57}$$

$$\mathcal{F}\{\mathrm{PV}\frac{1}{t}\} = \mathrm{j}\pi\,\mathrm{sign}(\omega) \ ; \tag{2.3.58}$$

hierin ist $\delta(\omega)$ die Delta-„Funktion“ (Delta-Distribution), und PV bedeutet, dass das Fourier-Inversionsintegral von ω^{-1} (oder das Fourier-Integral von t^{-1}) im Sinne des Cauchy'schen Hauptwerts (PV für *principal value*) zu berechnen ist.

Für unsere Anwendungen von entscheidender Bedeutung sind die Abbildungsgesetze der Fourier-Transformation.

2.3.3 Abbildungsgesetze der Fourier-Transformation

Gewisse Operationen an Zeitfunktionen — z.B. zeitliche Verschiebung, Differentiation, Faltung — haben ein, meist einfacheres, Pendant im Spektralbereich. Wir zitieren im Folgenden diese als Abbildungsgesetze bezeichneten Relationen.

Ähnlichkeitssatz

Es sei $F(\omega)$ die Fourier-Transformierte von $f(t)$; dann ist $F(\omega/a)/|a|$ die Fourier-Transformierte von $f(at)$, wobei $a \neq 0$ ein reeller Parameter ist. Wir schreiben:

$$f(at) \circ\!\!-\!\!\bullet \frac{1}{|a|} F\left(\frac{\omega}{a}\right) \tag{2.3.59}$$

Wenn wir folglich bei der Bemaßung einer Zeitachse statt der Einheit s die Einheit μs verwenden, müssen wir die Bemaßung der Frequenzachse von Hz in MHz ändern: a ist gleich 10^{-6}.

Verschiebungssatz

Die Verschiebung einer Zeitfunktion um $\pm t_0$ auf der t-Achse hat die Modulation des Spektrums mit $\mathrm{e}^{\mp \mathrm{j}t_0\omega}$ zur Folge:

$$f(t \pm t_0) \circ\!\!-\!\!\bullet \mathrm{e}^{\mp \mathrm{j}t_0\omega} F(\omega) \ . \tag{2.3.60}$$

Man beachte: Ehemals reelle Spektren (z.B. Gleichung (2.3.44)) werden dadurch auf jeden Fall komplex, d.h. der im Nullpunkt beginnende Rechteckimpuls $q_T(t - T)$ hat das *komplexe* Spektrum $2\mathrm{e}^{\mathrm{j}T\omega} \sin T\omega/\omega$.

Modulationssatz

Die Symmetrie zwischen Fourier-Transformation und inverser Fourier-Transformation beschert in der Regel symmetrische Abbildungsgesetze, d.h. die Modulation der Zeitfunktion bewirkt eine spektrale Verschiebung um die Modulationsfrequenz:

$$f(t)\,\mathrm{e}^{\pm \mathrm{j}\omega_0 t} \circ\!\!-\!\!\bullet F(\omega \pm \omega_0) \ . \tag{2.3.61}$$

Differentiationssatz

Die Grundgleichungen jedweden Wellenvorgangs sind partielle Differentialgleichungen in Raum und Zeit, d.h. sie enthalten räumliche und zeitliche Differentiationen der Feldgrößen. Im Falle der Linearität dieser Grundgleichungen lassen sich zunächst zeitliche Ableitungen sehr vorteilhaft eliminieren, indem mit der Fourier-Transformation zu Spektren der Feldgrößen übergegangen wird und dabei der Differentiationssatz angewendet wird. Unter gewissen Voraussetzungen gilt nämlich (die Zeitfunktion und sämtliche Ableitungen müssen für $t \longrightarrow \pm\infty$ verschwinden (Doetsch, 1967):

$$f^{(n)}(t) \circ\!\!-\!\!\bullet (-\mathrm{j}\omega)^n F(\omega) \quad , \quad n = 1, 2, 3, \ldots \tag{2.3.62}$$

Integrationssatz

Für $n = 1$ lautet die „Inversion“ von (2.3.62):

$$\int_{-\infty}^{t} f(\tau)\,\mathrm{d}\tau \circ\!\!-\!\!\bullet \frac{F(\omega)}{(-\mathrm{j}\omega)} \quad , \tag{2.3.63}$$

wobei allerdings die Voraussetzung $F(0) = 0$, d.h. die Mittelwertfreiheit von $f(t)$, zu beachten ist (Doetsch, 1967).

Faltungssatz

Das Faltungsintegral

$$\begin{aligned} f(t) &= g(t) * h(t) \\ &= h(t) * g(t) \\ &= \int_{-\infty}^{\infty} h(t-\tau) g(\tau)\,\mathrm{d}\tau \end{aligned} \tag{2.3.64}$$

zweier Zeitfunktionen $g(t)$ und $h(t)$ wird durch die Fourier-Transformation in das Produkt der Spektren $G(\omega)$ und $H(\omega)$ abgebildet:

$$g(t) * h(t) \circ\!\!-\!\!\bullet G(\omega) H(\omega) \quad . \tag{2.3.65}$$

Faltungssatz im Spektralbereich

Der zu (2.3.65) symmetrische Faltungssatz im Spektralbereich lautet:

$$g(t)h(t) \circ\!\!-\!\!\bullet \frac{1}{2\pi} G(\omega) * H(\omega) \quad , \tag{2.3.66}$$

wobei

$$\begin{aligned} G(\omega) * H(\omega) &= H(\omega) * G(\omega) \\ &= \int_{-\infty}^{\infty} H(\omega - \omega') G(\omega')\,\mathrm{d}\omega' \end{aligned} \tag{2.3.67}$$

2.3.4 Hilbert-Transformation und analytisches Signal

Die Hilbert-Transformation (Doetsch, 1967; mit umgekehrten Vorzeichen: Hahn, 1997)

$$\begin{aligned} f(t) &= \mathcal{H}\{g(\tau)\} \\ &= -\frac{1}{\pi} \mathrm{PV} \int_{-\infty}^{\infty} \frac{g(\tau)}{t-\tau}\,\mathrm{d}\tau \end{aligned} \tag{2.3.68}$$

ist eine Integraltransformation mit einem Faltungskern, wobei das Inversionsintegral

$$\begin{aligned} g(\tau) &= \mathcal{H}^{-1}\{f(t)\} \\ &= \frac{1}{\pi}\,\mathrm{PV}\int_{-\infty}^{\infty}\frac{f(t)}{\tau - t}\,\mathrm{d}t \end{aligned} \tag{2.3.69}$$

bis auf das Vorzeichen genauso aussieht; PV steht wieder für *principal value*, also für den Cauchy'schen Hauptwert. Im Umfeld der Fourier-Transformation spielt die Hilbert-Transformation eine wichtige Rolle.

Der Faltungskern der Hilbert-Transformation hat in Verbindung mit dem Faltungssatz (2.3.65) der Fourier-Transformation und der Korrespondenz (2.3.58)

$$\begin{aligned} \mathcal{F}\{f(t)\} &= F(\omega) \\ &= \mathcal{F}\{\mathcal{H}\{g(\tau)\}\} \\ &= -\frac{1}{\pi}\mathcal{F}\{\mathrm{PV}\frac{1}{t} * g(t)\} \\ &= -\frac{1}{\pi}\mathcal{F}\{\mathrm{PV}\frac{1}{t}\}G(\omega) \\ &= -\mathrm{j}\,\mathrm{sign}(\omega)G(\omega) \end{aligned} \tag{2.3.70}$$

zur Folge. Für die Fourier-Spektren zweier Hilbert-Transformierter stellt sich die Hilbert-Transformation als Filter mit dem Frequenzgang $-\mathrm{j}\,\mathrm{sign}(\omega)$ dar, d.h. $G(\omega)$ wird für positive Frequenzen mit $-\mathrm{j}$ und für negative Frequenzen mit j multipliziert. Die Beziehung (2.3.70) lässt sich zur analytischen und numerischen Berechnung eines Hilbert-Transformationspaares benutzen:

$$f(t) = \mathcal{F}^{-1}\{-\mathrm{j}\,\mathrm{sign}(\omega)\mathcal{F}\{g(t)\}\} \ . \tag{2.3.71}$$

Mit (2.3.70) und den Korrespondenzen (2.3.55), (2.3.56) zeigt man unmittelbar

$$\mathcal{H}\{\sin\omega_0\tau\} = \cos\omega_0 t \ , \tag{2.3.72}$$

$$\mathcal{H}\{\cos\omega_0\tau\} = -\sin\omega_0 t \ , \tag{2.3.73}$$

also

$$\mathrm{e}^{-\mathrm{j}\omega_0 t} = \cos\omega_0 t + \mathrm{j}\,\mathcal{H}\{\cos\omega_0\tau\} \ . \tag{2.3.74}$$

Falls $a(t) \geq 0$ als Amplitudenmodulation $a(t)\cos\omega_0 t$ einer reellen Trägerschwingung mit der (Kreis-)Frequenz ω_0 mit bandbegrenztem Spektrum $A(\omega) \equiv 0$ für $|\omega| > \omega_{\max} < \omega_0$ definiert wird[45], zeigt man sogar

$$\mathcal{H}\{a(\tau)\ \sin\omega_0\tau\} = a(t)\ \cos\omega_0 t \ , \tag{2.3.75}$$

$$\mathcal{H}\{a(\tau)\ \cos\omega_0\tau\} = -a(t)\ \sin\omega_0 t \tag{2.3.76}$$

und folglich

$$a(t)\,\mathrm{e}^{-\mathrm{j}\omega_0 t} = a(t)\ \cos\omega_0 t + \mathrm{j}\,\mathcal{H}\{a(\tau)\ \cos\omega_0\tau\} \ . \tag{2.3.77}$$

Aus der amplitudenmodulierten reellen Trägerschwingung wird durch imaginäre Ergänzung mit ihrer Hilbert-Transformierten eine amplitudenmodulierte komplexe Trägerschwingung, aus der sich die Modulation — die Einhüllende — mittels Betragsbildung errechnen lässt.

Falls $a(t)$ *nicht* bandbegrenzt ist, treten bei der Hilbert-Transformation von beispielsweise $a(t)\sin\omega_0 t$ „Korrekturterme"

$$\mathcal{H}\{a(\tau)\sin\omega_0\tau\} = a(t)\cos\omega_0 t - \mathcal{F}^{-1}\{A(\omega-\omega_0)u(-\omega)\} - \mathcal{F}^{-1}\{A(\omega+\omega_0)u(\omega)\} \tag{2.3.78}$$

[45] Obwohl der RC$N(t)$-Impuls von endlicher Dauer ist, kann man die Voraussetzung für $a(t)$ näherungsweise für $eN(t)$ als erfüllt ansehen.

auf, die die dann nicht verschwindenden spektralen Anteile von $A(\omega-\omega_0)$ für negative Frequenzen und von $A(\omega+\omega_0)$ für positive Frequenzen berücksichtigen.

Man verallgemeinert (2.3.77) in Form des sogenannten analytischen Signals (Gabor, 1946)

$$f_+(t) = f(t) + \mathrm{j}\,\mathcal{H}\{f(\tau)\} \tag{2.3.79}$$

und definiert mit $|f_+(t)|$ die Einhüllende von $f(t)$. Bei der Signalverarbeitung mit abbildenden Verfahren greift man darauf gerne zurück (Langenberg et al., 1993).

Wir hatten bereits erwähnt, dass reelle Zeitfunktionen Spektren haben, die für negative Frequenzen keine neue Information enthalten; wie, wenn man diese Information ganz entfernte? Wir betrachten also Spektren $F(\omega)$, die aufgrund der Identität

$$F(\omega) = F(\omega)u(\omega) \tag{2.3.80}$$

für $\omega < 0$ gleich null sind. Die formale Fourier-Inversion von (2.3.80) unter Verwendung des Faltungssatzes liefert

$$f(t) = f(t) * \mathcal{F}^{-1}\{u(\omega)\} \quad , \tag{2.3.81}$$

und mit (2.3.57) sowie (2.4.17) ergibt sich

$$f(t) = \frac{1}{2}\,f(t) - \frac{\mathrm{j}}{2\pi}\,f(t) * \mathrm{PV}\frac{1}{t} \quad , \tag{2.3.82}$$

woraus

$$f(t) = -\mathrm{j}\frac{1}{\pi}\,\mathrm{PV}\int_{-\infty}^{\infty}\frac{f(\tau)}{t-\tau}\,\mathrm{d}\tau \tag{2.3.83}$$

als Hilbert-Transformationsbeziehung folgt. In (2.3.83) kann $f(t)$ nicht reell sein, sodass wir nach Real- und Imaginärteil aufspalten:

$$\Re\{f(t)\} = \frac{1}{\pi}\,\mathrm{PV}\int_{-\infty}^{\infty}\frac{\Im\{f(\tau)\}}{t-\tau}\,\mathrm{d}\tau \quad , \tag{2.3.84}$$

$$\Im\{f(t)\} = -\frac{1}{\pi}\,\mathrm{PV}\int_{-\infty}^{\infty}\frac{\Re\{f(\tau)\}}{t-\tau}\,\mathrm{d}\tau \quad . \tag{2.3.85}$$

Also gilt

$$f(t) = \Re\{f(t)\} + \mathrm{j}\,\mathcal{H}\{\Re\{f(\tau)\}\} \tag{2.3.86}$$

oder

$$f_+(t) \stackrel{\mathrm{def}}{=} f(t) + \mathrm{j}\mathcal{H}\{f(t)\} \tag{2.3.87}$$

mit $f(t)$ als reeller Zeitfunktion. Zeitfunktionen, deren Spektren für $\omega < 0$ gleich null sind, sind also komplex, jedoch ist der Imaginärteil nicht unabhängig vom Realteil, er ist dessen Hilbert-Transformierte: $f_+(t)$ gemäß (2.3.87) ist ein analytisches Signal, das Spektrum $\mathcal{F}\{f_+(t)\}$ beschränkt sich auf positive Frequenzen: daher der Index an $f_+(t)$.

Wie hängt das Spektrum von $f_+(t)$ mit $F(\omega)$, dem Spektrum von $f(t)$ zusammen? Wir berechnen

$$\begin{aligned}
\mathcal{F}\{f_+(t)\} &= \mathcal{F}\{f(t)\} + \mathrm{j}\mathcal{F}\{-\frac{1}{\pi}\int_{-\infty}^{\infty}\frac{f(\tau)}{t-\tau}\,\mathrm{d}\tau\} \\
&= \mathcal{F}\{f(t)\} + \mathrm{j}\mathcal{F}\{-\frac{1}{\pi}\,f(t) * \mathrm{PV}\frac{1}{t}\} \\
&\stackrel{(2.3.58)}{=} F(\omega) + F(\omega)\mathrm{sign}\,(\omega) \\
&= \begin{cases} 2F(\omega) & \text{für } \omega > 0 \\ 0 & \text{für } \omega < 0 \ . \end{cases}
\end{aligned} \tag{2.3.88}$$

Also ergibt sich die analytische inverse Fourier-Transformation

$$\begin{aligned} f_+(t) &= \frac{1}{\pi}\int_0^\infty F(\omega)\,\mathrm{e}^{-\mathrm{j}\omega t}\,\mathrm{d}\omega \\ &= \mathcal{F}_+^{-1}\{F(\omega)\} \quad . \end{aligned} \tag{2.3.89}$$

Der „Verzicht“ auf negative Frequenzen in (2.3.89) erlaubt es sogar, $f_+(t)$ für komplexe Zeiten mit negativem Imaginärteil zu definieren, denn das Integral (2.3.89) ist in einer unteren komplexen t-Halbebene eine analytische Funktion von t, daher der Begriff *analytisches* Signal. Im Grenzfall reeller t-Werte hat $f_+(t)$ sodann die Darstellung (2.3.87). Beispielsweise lässt (2.3.89) die Definition von $f_+(t-\mathrm{j}\gamma)$ mit $\gamma > 0$ gemäß

$$f_+(t-\mathrm{j}\gamma) = \frac{1}{\pi}\int_0^\infty F(\omega)\mathrm{e}^{-\gamma\omega}\mathrm{e}^{-\mathrm{j}\omega t}\,\mathrm{d}\omega \tag{2.3.90}$$

$$\begin{aligned} &= \Re\{\frac{1}{\pi}\int_0^\infty F(\omega)\mathrm{e}^{-\gamma\omega}\mathrm{e}^{-\mathrm{j}\omega t}\,\mathrm{d}\omega\} + \mathrm{j}\Im\{\frac{1}{\pi}\int_0^\infty F(\omega)\mathrm{e}^{-\gamma\omega}\mathrm{e}^{-\mathrm{j}\omega t}\,\mathrm{d}\omega\} \\ &\stackrel{\text{def}}{=} f_\gamma(t) + \mathrm{j}\mathcal{H}\{f_\gamma(\tau)\} \end{aligned} \tag{2.3.91}$$

mit der reellen Zeitfunktion $f_\gamma(t)$ zu, denn die Fourier-Inversion eines Spektrums $F(\omega)\mathrm{e}^{-\gamma\omega}$ *ohne* negative Frequenzen definiert ein analytisches Signal, in diesem Fall also die Aufspaltung von $f_+(t-\mathrm{j}\gamma)$ in Real- und Imaginärteil. Verwenden wir als analytisches Signal $f_+(t) = \mathrm{e}^{-\mathrm{j}\omega_0 t}$ mit $\omega_0 > 0$, so folgt $F(\omega) = \pi\delta(\omega-\omega_0)$ und damit

$$\begin{aligned} f_+(t-\mathrm{j}\gamma) &= \int_0^\infty \delta(\omega-\omega_0)\mathrm{e}^{-\gamma\omega}\mathrm{e}^{-\mathrm{j}\omega t}\,\mathrm{d}\omega \\ &= \mathrm{e}^{-\gamma\omega_0}\mathrm{e}^{-\mathrm{j}\omega_0 t} \quad , \end{aligned} \tag{2.3.92}$$

$$f_\gamma(t) = \mathrm{e}^{-\gamma\omega_0}\cos\omega_0 t \quad , \tag{2.3.93}$$

$$\mathcal{H}\{f_\gamma(\tau)\} = -\mathrm{e}^{-\gamma\omega_0}\sin\omega_0 t \quad , \tag{2.3.94}$$

ein Ergebnis, das wir für *diesen* Fall auch schlicht durch Einsetzen gefunden hätten. Aber, und das werden wir im Zusammenhang mit gepulsten Ultraschallstrahlen (Abschnitt 12.2) benötigen, (2.3.90) gilt eben für beliebige $F(\omega)$.

Die Symmetrie zwischen Fourier-Transformation und inverser Fourier-Transformation lässt uns vermuten, dass kausale Zeitfunktionen, d.h. Zeitfunktionen, die für $t < 0$ gleich null sind, Spektren haben, deren Real- und Imaginärteil gegenseitige Hilbert-Transformierte sind. In der Tat finden wir durch Fourier-Transformation der „Kausalitätsbedingung“

$$f(t) = f(t)u(t) \quad , \tag{2.3.95}$$

Anwendung des Faltungssatzes im Spektralbereich, Benutzung der Korrespondenz (2.3.52) sowie der Faltungsbeziehung (2.4.17) sofort

$$\Re\{F(\omega)\} = -\frac{1}{\pi}\,\mathrm{PV}\int_{-\infty}^\infty \frac{\Im\{F(\omega')\}}{\omega-\omega'}\,\mathrm{d}\omega' \quad , \tag{2.3.96}$$

$$\Im\{F(\omega)\} = \frac{1}{\pi}\,\mathrm{PV}\int_{-\infty}^\infty \frac{\Re\{F(\omega')\}}{\omega-\omega'}\,\mathrm{d}\omega' \tag{2.3.97}$$

Hinsichtlich der mathematischen Voraussetzungen, unter denen die Beziehungen (2.3.84), (2.3.85) bzw. (2.3.96), (2.3.97) gelten, verweisen wir wieder auf Doetsch (1967); im Wesentlichen ist die zeitliche bzw. spektrale Kausalität durch die quadratische Integrierbarkeit (endliche Energie) der Zeitfunktion bzw. des Spektrums zu ergänzen.

Falls $F(\omega)$ das komplexwertige Spektrum eines Materialparameters in einer linearen Materialgleichung ist, heißen die Beziehungen (2.3.96), (2.3.97) Kramers-Kronig-Relationen (Langenberg, 2005). Als Konsequenz sind Phasengeschwindigkeit und Dämpfung einer Welle nicht unabhängig voneinander und: Materialien *ohne* Verluste kann es strenggenommen gar nicht geben.

In der Theorie der Wellenausbreitung treffen wir öfter auf (komplexwertige) Spektren $F(\omega)$ mit $F(-\omega) = F^*(\omega)$, die gemäß $F(\omega)\mathrm{e}^{\mathrm{j}\varphi}$ mit einem offensichtlich frequenzunabhängigen Faktor multipliziert sind (Abschnitt 9.1.2). Wenn zu $F(\omega)\mathrm{e}^{\mathrm{j}\varphi}$ aber eine reelle Zeitfunktion gehören soll, ist gemäß $F(\omega)\mathrm{e}^{\mathrm{j}\varphi\,\mathrm{sign}(\omega)}$ für negative Frequenzen fortzusetzen, und man findet dann

$$\mathcal{F}^{-1}\{\mathrm{e}^{\mathrm{j}\varphi\,\mathrm{sign}(\omega)}\,F(\omega)\} = \cos\varphi\, f(t) - \sin\varphi\,\mathcal{H}\{f(\tau)\} \quad ; \tag{2.3.98}$$

die resultierende reelle Zeitfunktion enthält sodann ebenfalls die Hilbert-Transformierte von $f(t) = \mathcal{F}^{-1}\{F(\omega)\}$.

2.3.5 Räumliche Spektralanalyse

Die Bezeichnung der Fourier-Variablen ist natürlich beliebig, sodass die Schreibweise

$$F(K_x) = \int_{-\infty}^{\infty} f(x)\,\mathrm{e}^{-\mathrm{j}K_x x}\,\mathrm{d}x \quad , \tag{2.3.99}$$

$$f(x) = \frac{1}{2\pi}\int_{-\infty}^{\infty} F(K_x)\,\mathrm{e}^{\mathrm{j}K_x x}\,\mathrm{d}K_x \tag{2.3.100}$$

ebenfalls „erlaubt" ist. Die Verwendung von x als Urbildraumvariabler deutet in der Tat auf eine kartesische Ortskoordinate hin, sodass (2.3.99) als *räumliches* Spektrum der ortsabhängigen Funktion $f(x)$ zu interpretieren ist; K_x hat sodann die Dimension einer reziproken Länge, also die Einheit m^{-1}. Man beachte: Wir haben gleichzeitig — auch *diese* Beliebigkeit ausnutzend — das Vorzeichen im Kern von Fourier- und inverser Fourier-Transformation gegenüber (2.3.1) und (2.3.40) geändert; dies hat gute Gründe, auf die wir hier jedoch nicht eingehen wollen. Es sei aber darauf hingewiesen, dass die Verwendung der konjugiert komplexen Kerne Konsequenzen für die Abbildungsgesetze der räumlichen Fourier-Transformation hat: In (2.3.60), (2.3.61) und (2.3.62) ist j durch $-$j zu ersetzen.

Ortsfunktionen sind in der Wellenfeldtheorie Funktionen von *drei* kartesischen Koordinaten; wir können deshalb $\phi(x, y, z)$ nacheinander bezüglich x, y und z räumlich Fourier-transformieren, wobei wir die Fourier-Variablen mit K_x, K_y und K_z bezeichnen:

$$\Phi(K_x, K_y, K_z) = \int_{-\infty}^{\infty}\left[\int_{-\infty}^{\infty}\left[\int_{-\infty}^{\infty}\phi(x,y,z)\,\mathrm{e}^{-\mathrm{j}K_x x}\,\mathrm{d}x\right]\mathrm{e}^{-\mathrm{j}K_y y}\,\mathrm{d}y\right]\mathrm{e}^{-\mathrm{j}K_z z}\,\mathrm{d}z \quad , \tag{2.3.101}$$

$$\phi(x,y,z) = \frac{1}{2\pi}\int_{-\infty}^{\infty}\left[\frac{1}{2\pi}\int_{-\infty}^{\infty}\left[\frac{1}{2\pi}\int_{-\infty}^{\infty}\Phi(K_x,K_y,K_z)\,\mathrm{e}^{\mathrm{j}K_x x}\,\mathrm{d}K_x\right]\mathrm{e}^{\mathrm{j}K_y y}\,\mathrm{d}K_y\right]\mathrm{e}^{\mathrm{j}K_z z}\,\mathrm{d}K_z \quad . \tag{2.3.102}$$

Wenn wir wie üblich x, y, z zum Ortsvektor

$$\underline{\mathbf{R}} = x\underline{\mathbf{e}}_x + y\underline{\mathbf{e}}_y + z\underline{\mathbf{e}}_z \tag{2.3.103}$$

zusammenfassen, können wir dasselbe für die Fourier-Variablen K_x, K_y, K_z tun:

$$\underline{\mathbf{K}} = K_x\underline{\mathbf{e}}_x + K_y\underline{\mathbf{e}}_y + K_z\underline{\mathbf{e}}_z \quad ; \tag{2.3.104}$$

damit schreiben sich (2.3.101) und (2.3.102) abkürzend

$$\Phi(\underline{\mathbf{K}}) = \mathcal{F}_{3\mathrm{D}}\{\phi(\underline{\mathbf{R}})\}$$

$$= \int_{-\infty}^{\infty}\int_{-\infty}^{\infty}\int_{-\infty}^{\infty} \phi(\underline{\mathbf{R}})\, \mathrm{e}^{-\mathrm{j}\underline{\mathbf{K}}\cdot\underline{\mathbf{R}}}\, \mathrm{d}^3\underline{\mathbf{R}} \quad , \tag{2.3.105}$$

$$\phi(\underline{\mathbf{R}}) = \mathcal{F}_{3\mathrm{D}}^{-1}\{\Phi(\underline{\mathbf{K}})\}$$
$$= \frac{1}{(2\pi)^3}\int_{-\infty}^{\infty}\int_{-\infty}^{\infty}\int_{-\infty}^{\infty} \Phi(\underline{\mathbf{K}})\, \mathrm{e}^{\mathrm{j}\underline{\mathbf{K}}\cdot\underline{\mathbf{R}}}\, \mathrm{d}^3\underline{\mathbf{K}} \tag{2.3.106}$$

als dreidimensionale räumliche Fourier- und inverse Fourier-Transformation mit den vektoriellen Variablen $\underline{\mathbf{R}}$ und $\underline{\mathbf{K}}$; der Bildraum der räumlichen Fourier-Transformation wird deshalb $\underline{\mathbf{K}}$-Raum genannt.

Bei Bracewell (1978) finden sich einige Korrespondenzen zu (2.3.105) und (2.3.106); insbesondere ist die dreidimensionale Fourier-Transformierte des „Balls" $u(a - R)$ vom Radius R durch die dreidimensionale Verallgemeinerung der Spaltfunktion gegeben:

$$\mathcal{F}_{3\mathrm{D}}\{u(a-R)\} = 4\pi\,\frac{\sin aK - aK\cos aK}{K^3} \quad . \tag{2.3.107}$$

Im Distributionssinne gilt ferner

$$\mathcal{F}_{3\mathrm{D}}\{\mathrm{e}^{\pm\mathrm{j}\underline{\mathbf{k}}\cdot\underline{\mathbf{R}}}\} = (2\pi)^3\delta(\underline{\mathbf{K}} \mp \underline{\mathbf{k}}) \tag{2.3.108}$$

als Verallgemeinerung von (2.3.54). Wenn wir antizipieren, dass $\mathrm{e}^{\mathrm{j}\underline{\mathbf{k}}\cdot\underline{\mathbf{R}}}$ (zusammen mit der Zeitfunktion $\mathrm{e}^{-\mathrm{j}\omega_0 t}$) eine sich in $\underline{\mathbf{k}}$-Richtung ausbreitende zeitharmonische ebene Welle darstellt (Abschnitt 8.1.2), wissen wir mit (2.3.108), dass deren räumliches Spektrum durch eine δ-Singularität bei $\underline{\mathbf{K}} = \underline{\mathbf{k}}$ im $\underline{\mathbf{K}}$-Raum gegeben ist: Der zeitharmonischen Schwingung $\mathrm{e}^{-\mathrm{j}\omega_0 t}$ ist gemäß (2.3.54) *eine* Spektral*linie* bei der Schwingungskreisfrequenz $\omega = \omega_0$ zugeordnet, der raumharmonischen Schwingung $\mathrm{e}^{\mathrm{j}\underline{\mathbf{k}}\cdot\underline{\mathbf{R}}}$ ist gemäß (2.3.108) ein δ-punktförmiges Spektrum bei der (vektoriellen) Raumfrequenz $\underline{\mathbf{K}} = \underline{\mathbf{k}}$ zugeordnet, d.h. der Fourier-Vektor $\underline{\mathbf{K}}$ zeigt in Richtung des Phasenausbreitungsvektors $\underline{\mathbf{k}}$ der ebenen Welle und hat dessen Länge $k = \omega/c$. Variieren wir deshalb bei fester Frequenz die Ausbreitungsrichtung, variiert $\underline{\mathbf{K}}$ auf der sogenannten Ewald-Kugel $K = k$.

Wir zitieren im Folgenden die dreidimensionalen Versionen der für uns relevanten Abbildungsgesetze.

Verschiebungssatz

$$\phi(\underline{\mathbf{R}} \pm \underline{\mathbf{R}}') \stackrel{3\mathrm{D}}{\circ\!\!-\!\!\bullet} \Phi(\underline{\mathbf{K}})\, \mathrm{e}^{\pm\mathrm{j}\underline{\mathbf{K}}\cdot\underline{\mathbf{R}}'} \tag{2.3.109}$$

Modulationssatz

$$\phi(\underline{\mathbf{R}})\, \mathrm{e}^{\pm\mathrm{j}\underline{\mathbf{k}}\cdot\underline{\mathbf{R}}} \stackrel{3\mathrm{D}}{\circ\!\!-\!\!\bullet} \Phi(\underline{\mathbf{K}} \mp \underline{\mathbf{k}}) \quad . \tag{2.3.110}$$

Differentiationssatz

$$\nabla\phi(\underline{\mathbf{R}}) \stackrel{3\mathrm{D}}{\circ\!\!-\!\!\bullet} \mathrm{j}\underline{\mathbf{K}}\Phi(\underline{\mathbf{K}}) \quad . \tag{2.3.111}$$

Faltungssatz

$$\phi(\underline{\mathbf{R}}) *** \psi(\underline{\mathbf{R}}) \stackrel{3\mathrm{D}}{\circ\!\!-\!\!\bullet} \Phi(\underline{\mathbf{K}})\Psi(\underline{\mathbf{K}}) \quad , \tag{2.3.112}$$

wobei

$$\begin{aligned}\phi(\underline{\mathbf{R}}) *** \psi(\underline{\mathbf{R}}) &= \int_{-\infty}^{\infty}\int_{-\infty}^{\infty}\int_{-\infty}^{\infty} \phi(\underline{\mathbf{R}} - \underline{\mathbf{R}}')\psi(\underline{\mathbf{R}}')\,\mathrm{d}^3\underline{\mathbf{R}}' \\ &= \int_{-\infty}^{\infty}\int_{-\infty}^{\infty}\int_{-\infty}^{\infty} \phi(x - x', y - y', z - z')\psi(x', y', z')\,\mathrm{d}x'\mathrm{d}y'\mathrm{d}z' \qquad (2.3.113)\end{aligned}$$

Wellenfeldgrößen sind oft vektorielle oder tensorielle Feldgrößen; deren dreidimensionale Fourier-Transformation, etwa

$$\underline{\mathbf{V}}(\underline{\mathbf{K}}) = \int_{-\infty}^{\infty}\int_{-\infty}^{\infty}\int_{-\infty}^{\infty} \underline{\mathbf{v}}(\underline{\mathbf{R}})\,\mathrm{e}^{-\mathrm{j}\underline{\mathbf{K}}\cdot\underline{\mathbf{R}}}\,\mathrm{d}^3\underline{\mathbf{R}} \ , \qquad (2.3.114)$$

ist sodann kartesisch-komponentenweise zu verstehen.

2.4 Delta-Funktion

2.4.1 Delta-Funktion als Distribution

Es war der Wunsch des Physikers Paul Dirac, eine Funktion $\delta(x)$ zur Verfügung zu haben, die bis auf die Stelle $x = 0$ überall gleich null ist, für $x = 0$ aber „so stark unendlich“ ist, dass sie aus dem Integral

$$\int_{-\infty}^{\infty} \delta(x)\phi(x)\,\mathrm{d}x = \phi(0) \qquad (2.4.1)$$

den Wert von $\phi(x)$ „heraussiebt“. Man nennt (2.4.1) Siebeigenschaft der Delta-Funktion (Dirac-Funktion, Dirac-Impuls). Es zeigt sich aber sehr schnell, dass es eine *Funktion* mit der Eigenschaft (2.4.1) gar nicht geben kann, sodass man entweder — streng mathematisch — einen Raum von Distributionen definiert, dem dann auch δ angehört, in dem ein „Funktional“ wie (2.4.1) Sinn macht (Doetsch, 1967), oder man versteht (2.4.1) — ingenieurwissenschaftlich anschaulich — symbolisch gemäß

$$\int_{-\infty}^{\infty} \delta(x)\phi(x)\,\mathrm{d}x \stackrel{\mathrm{s}}{=} \phi(0) \qquad (2.4.2)$$

und versucht, mit (2.4.2) Rechenregeln — Algebra und Analysis — für eine δ-„Funktion“ zu begründen (Dudley, 1994; Langenberg, 2005). Wenn man die so gefundenen Eigenschaften von δ mit der mathematischen Theorie der Distributionen in Übereinstimmung bringen kann, ist gegen (2.4.2) nichts einzuwenden. Wir sprechen dann — symbolisch — von der Delta-*Funktion*, obwohl wir die Delta-*Distribution* meinen.

Schon mit (2.4.1), aber erst recht mit (2.4.2), ist klar, dass wir der Delta-Funktion für $x = 0$ keinen Funktionswert zuweisen können. Ähnlich ist dies in der Analysis für Funktionen, die an Sprungstellen-Unstetigkeiten nicht differenzierbar sind, die Ableitung hat dort keinen Funktionswert. Wir betrachten als Beispiel die Einheitssprungfunktion $u(x)$ (Abbildung 2.4.1); für $x \neq 0$ gilt $u'(x) = 0$, und für $x = 0$ ist $u(x)$ nicht differenzierbar, d.h. $u'(x)$ hat für $x = 0$ keinen Funktionswert (Abbildung 2.4.1). Die Regel der partiellen Integration

$$\int_a^b f'(x)g(x)\,\mathrm{d}x = f(x)g(x)\Big|_a^b - \int_a^b f(x)g'(x)\,\mathrm{d}x \qquad (2.4.3)$$

sagt uns aber, dass wir, insbesondere bei verschwindendem ausintegrierten Bestandteil $f(x)g(x)|_a^b$ die Diferentiation von $f(x)$ auf $g(x)$ „hinüberwälzen“ können; Vorteil: Eine Operation, die an $f(x)$ nicht erlaubt ist, kann an $g(x)$ durchaus erlaubt sein. Wir konkretisieren diesen Gedanken für die Einheitssprungfunktion, indem wir zunächst „Testfunktionen“ $g(x) \Longrightarrow \phi(x)$ *so*

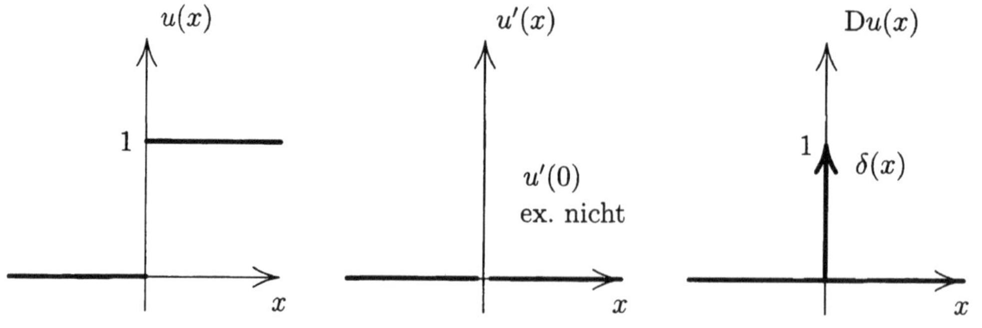

Abb. 2.4.1: *Einheitssprungfunktion, Ableitung und Derivierte*

wählen, dass der ausintegrierte Bestandteil, insbesondere für unendliche Integrationsgrenzen, wegen $\phi(\pm\infty) = 0$ stets verschwindet; die resultierende Beziehung

$$\int_{-\infty}^{\infty} u'(x)\phi(x) \overset{\mathrm{s}}{=} -\int_{-\infty}^{\infty} u(x)\phi'(x)\,\mathrm{d}x \tag{2.4.4}$$

kann natürlich nur in dem oben erwähnten symbolischen Sinne gelten, da — man kann es drehen und wenden, wie man will — die *linke* Seite von (2.4.4) nicht existiert. Allerdings kann man ihr nunmehr durch die *rechte* Seite den Sinn

$$\int_{-\infty}^{\infty} u'(x)\phi(x)\,\mathrm{d}x \overset{\mathrm{s}}{=} \phi(0) \tag{2.4.5}$$

geben, da

$$\begin{aligned} -\int_{-\infty}^{\infty} u(x)\phi'(x)\,\mathrm{d}x &= -\int_{0}^{\infty} \phi'(x)\,\mathrm{d}x \\ &= -\phi(x)\Big|_0^{\infty} \\ &= \phi(0) \quad . \end{aligned} \tag{2.4.6}$$

Diesen neuen Sinn bringt man durch die Schreibweise

$$\int_{-\infty}^{\infty} \mathrm{D}u(x)\,\phi(x)\,\mathrm{d}x \overset{\mathrm{s}}{=} \phi(0) \tag{2.4.7}$$

der Derivierten $\mathrm{D}u(x)$ von $u(x)$ zum Ausdruck. Die Derivierte von $u(x)$ ist *nicht* die Ableitung von $u(x)$, sondern deren symbolische (distributionstheoretische) Verallgemeinerung. Da $\phi(x)$ eine *beliebige* Testfunktion (aus dem wohldefinierten Raum der Testfunktionen) ist, enthüllt der Vergleich von (2.4.7) mit (2.4.2), dass offensichtlich

$$\delta(x) = \mathrm{D}u(x) \tag{2.4.8}$$

gilt. Die symbolische Darstellung von (2.4.8) findet sich ebenfalls in Abb. 2.4.1: $\delta(x)$ als Pfeil mit, im Sinne von (2.4.2), der Einheits„amplitude“.

2.4.2 Rechenregeln für die Delta-Funktion

Rechenregeln für $\delta(x)$ (und andere Distributionen) findet man immer nach dem obigen Schema: Hinüberwälzen einer noch nicht definierten Operation auf die Testfunktion. Rein anschaulich

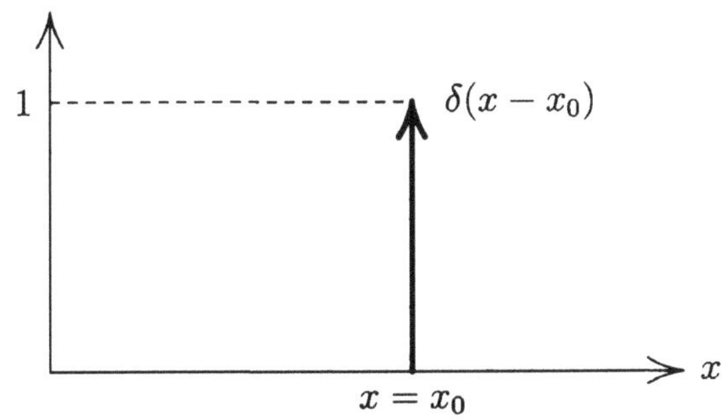

Abb. 2.4.2: *Illustration der δ-Funktion*

stellt $\delta(x-x_0)$ einen „Einheitspfeil" bei $x = x_0$ dar (Abbildung 2.4.2); in symbolischer Rechnung finden wir:

$$\int_{-\infty}^{\infty} \delta(x-x_0)\phi(x)\,\mathrm{d}x \stackrel{\mathrm{s}}{=} \int_{-\infty}^{\infty} \delta(x)\phi(x+x_0)\,\mathrm{d}x \\ \stackrel{\mathrm{s}}{=} \phi(x_0) \quad . \tag{2.4.9}$$

Genauso zeigt man, dass $\alpha\delta(x)$ einen δ-Pfeil mit α-„Amplitude" gemäß

$$\int_{-\infty}^{\infty} \alpha\delta(x)\phi(x)\,\mathrm{d}x \stackrel{\mathrm{s}}{=} \alpha\phi(0) \tag{2.4.10}$$

darstellt. Ebenso findet man für reelles $a \neq 0$

$$\delta(ax) = \frac{1}{|a|}\,\delta(x) \quad , \tag{2.4.11}$$

wobei dies bedeutet, dass $\delta(ax)$ bei dimensionsloser Variabler x die reziproke Einheit des eventuell dimensionsbehafteten Parameters a hat, mit anderen Worten, $\delta(t)$ hat die Einheit s^{-1}, wenn t die Zeit ist, und $\delta(x)$ hat die Einheit m^{-1}, wenn x Ortskoordinate ist. Außerdem impliziert (2.4.11)

$$\delta(-x) = \delta(x) \quad . \tag{2.4.12}$$

Die $\delta(x-x_0)$-Distribution kann zur Abtastung einer Funktion $\alpha(x)$ verwendet werden:

$$\int_{-\infty}^{\infty} \alpha(x)\delta(x-x_0)\phi(x)\,\mathrm{d}x \stackrel{\mathrm{s}}{=} \int_{-\infty}^{\infty} \delta(x-x_0)\alpha(x)\phi(x)\,\mathrm{d}x \\ \stackrel{\mathrm{s}}{=} \alpha(x_0)\phi(x_0) \\ \stackrel{\mathrm{s}}{=} \alpha(x_0)\int_{-\infty}^{\infty} \delta(x-x_0)\phi(x)\,\mathrm{d}x \\ \stackrel{\mathrm{s}}{=} \int_{-\infty}^{\infty} \alpha(x_0)\delta(x-x_0)\phi(x)\,\mathrm{d}x \quad ; \tag{2.4.13}$$

folglich gilt[46]

$$\alpha(x)\delta(x-x_0) = \alpha(x_0)\delta(x-x_0) \quad . \tag{2.4.14}$$

Daraus folgt

$$(x-x_0)\,\delta(x-x_0) = 0 \quad . \tag{2.4.15}$$

[46] *Nicht* richtig ist: $\alpha(x)\delta(x-x_0) = \alpha(x_0)$.

Auch die δ-Distribution lässt sich derivieren:

$$\int_{-\infty}^{\infty} \mathrm{D}\delta(x)\phi(x)\,\mathrm{d}x \stackrel{\mathrm{s}}{=} -\phi'(0) \quad . \tag{2.4.16}$$

Wir schreiben der Einfachheit halber $\mathrm{D}\delta(x) = \delta'(x)$.

Selbst die Faltung von $\delta(x)$ mit einer Funktion $\alpha(x)$ ist mit der Siebeigenschaft symbolisch berechenbar[47]:

$$\begin{aligned}\delta(x) * \alpha(x) &\stackrel{\mathrm{s}}{=} \int_{-\infty}^{\infty} \delta(x - x')\alpha(x')\,\mathrm{d}x' \\ &= \alpha(x) \quad ;\end{aligned} \tag{2.4.17}$$

ferner gilt

$$\alpha(x) * \delta(x - x_0) = \alpha(x - x_0) \quad . \tag{2.4.18}$$

Kühn werden wir nun, wenn wir in (2.4.17) $\alpha(x) = \delta(x - x_0)$ setzen und behaupten, dass

$$\delta(x) * \delta(x - x_0) = \delta(x - x_0) \quad , \tag{2.4.19}$$

ja sogar

$$\delta(x - x_1) * \delta(x - x_2) = \delta(x - x_1 - x_2) \tag{2.4.20}$$

gilt. Tatsächlich kann man die obigen Beziehungen distributionstheoretisch beweisen (Doetsch, 1967).

2.4.3 Delta-Funktion und Fourier-Transformation

Ebenso wie (2.4.17) können wir die Fourier-Transformierte der δ-Funktion mit der Siebeigenschaft plausibel machen (zur Fourier-Transformation von Distributionen konsultiere man Doetsch (1967)):

$$\int_{-\infty}^{\infty} \delta(t - t_0)\,\mathrm{e}^{\mathrm{j}\omega t}\,\mathrm{d}t \stackrel{\mathrm{s}}{=} \mathrm{e}^{\mathrm{j}t_0\omega} \quad ; \tag{2.4.21}$$

daraus folgt:

$$\delta(t) \quad \circ\!\!-\!\!\bullet \quad 1 \quad , \tag{2.4.22}$$

$$\delta(t \pm t_0) \quad \circ\!\!-\!\!\bullet \quad \mathrm{e}^{\mp\mathrm{j}t_0\omega} \tag{2.4.23}$$

Wenn wir andererseits $2\pi\delta(\omega \pm \omega_0)$ invers Fourier-transformieren, finden wir:

$$\frac{1}{2\pi}\int_{-\infty}^{\infty} 2\pi\delta(\omega \pm \omega_0)\,\mathrm{e}^{-\mathrm{j}\omega t}\,\mathrm{d}\omega \stackrel{\mathrm{s}}{=} \mathrm{e}^{\pm\mathrm{j}\omega_0 t} \quad ; \tag{2.4.24}$$

folglich sollte im distributionstheoretischen Sinne

$$\mathrm{e}^{\pm\mathrm{j}\omega_0 t} \quad \circ\!\!-\!\!\bullet \quad 2\pi\delta(\omega \pm \omega_0) \tag{2.4.25}$$

gelten. Mit den Euler'schen Formeln (2.3.21), (2.3.22) folgen daraus die Korrespondenzen (2.3.55), (2.3.56) sowie

$$1 \quad \circ\!\!-\!\!\bullet \quad 2\pi\delta(\omega) \quad . \tag{2.4.26}$$

Ebenso wie (2.4.25) und (2.4.26) können die Fourier-Transformierten von $u(t)$ und $\mathrm{sign}(t)$ nur im symbolischen bzw. distributionstheoretischen Sinne existieren. Um sie zu finden, berechnen wir

[47]Da $\alpha(x)$ nicht unbedingt eine der Testfunktionen sein muss, sind wir bereits vom „Pfad der Distributionen“ abgewichen (man schaue bei Doetsch (1967) zwecks einer korrekten Rechnung nach).

zunächst $\mathcal{F}\{t^{-1}\}$, müssen dieses Integral aber wegen der Singularität von t^{-1} als Cauchy'schen Hauptwert berechnen:

$$\begin{aligned}
\mathcal{F}\{\frac{1}{t}\} &\stackrel{\text{def}}{=} \mathcal{F}\{\mathrm{PV}\frac{1}{t}\} \\
&= \mathrm{PV}\int_{-\infty}^{\infty} \frac{1}{t}\,\mathrm{e}^{\mathrm{j}\omega t}\,\mathrm{d}t \\
&\stackrel{\text{def}}{=} \lim_{\epsilon\to 0}\left(\int_{\epsilon}^{\infty} \frac{1}{t}\,\mathrm{e}^{\mathrm{j}\omega t}\,\mathrm{d}t + \int_{-\infty}^{-\epsilon} \frac{1}{t}\,\mathrm{e}^{\mathrm{j}\omega t}\,\mathrm{d}t\right) \\
&= \lim_{\epsilon\to 0}\int_{\epsilon}^{\infty} \frac{1}{t}\left(\mathrm{e}^{\mathrm{j}\omega t} - \mathrm{e}^{-\mathrm{j}\omega t}\right)\mathrm{d}t \\
&= 2\mathrm{j}\lim_{\epsilon\to 0}\int_{\epsilon}^{\infty} \frac{\sin\omega t}{t}\,\mathrm{d}t \\
&= 2\mathrm{j}\int_{0}^{\infty} \frac{\sin\omega t}{t}\,\mathrm{d}t \\
&= 2\mathrm{j}\begin{cases} \dfrac{\pi}{2} & \text{für } \omega > 0 \\ -\dfrac{\pi}{2} & \text{für } \omega < 0 \end{cases} \\
&= \mathrm{j}\pi\,\mathrm{sign}(\omega) \quad .
\end{aligned} \tag{2.4.27}$$

Das vorletzte Gleichheitszeichen von (2.4.27) gilt aufgrund der Definition des Integralsinus'. Mit $\mathrm{sign}(\omega) = 2u(\omega) - 1$ folgt aus (2.4.27)

$$\mathcal{F}\{\frac{1}{2}\,\delta(t) - \frac{\mathrm{j}}{2\pi}\,\mathrm{PV}\frac{1}{t}\} = u(\omega) \quad , \tag{2.4.28}$$

Mit der Symmetriebeziehung (2.3.51) folgt aus (2.4.27) ferner:

$$\mathrm{sign}(t) \;\circ\!\!-\!\!\bullet\; 2\mathrm{j}\,\mathrm{PV}\frac{1}{\omega} \tag{2.4.29}$$

$$u(t) \;\circ\!\!-\!\!\bullet\; \pi\delta(\omega) + \mathrm{j}\,\mathrm{PV}\frac{1}{\omega} \quad . \tag{2.4.30}$$

2.4.4 Delta-Funktion im Dreidimensionalen

Wenn die Variable in $\delta(x)$ eine kartesische Ortskoordinate ist, steht sofort die Erweiterung auf $\delta(y)$ und $\delta(z)$ zur Definition einer räumlichen Punkt„quelle“ mit der dreidimensionalen Siebeigenschaft

$$\int_{-\infty}^{\infty}\int_{-\infty}^{\infty}\int_{-\infty}^{\infty} \delta(x)\delta(y)\delta(z)\phi(x,y,z)\,\mathrm{d}x\mathrm{d}y\mathrm{d}z \stackrel{\mathrm{s}}{=} \phi(0,0,0) \tag{2.4.31}$$

ins Haus. Wohlgemerkt: Da jedes Integral in (2.4.31) symbolisch (distributionstheoretisch: als Funktional) aufzufassen ist, ist $\delta(x)\delta(y)\delta(z)$ auch nur ein symbolisches Produkt von δ-Funktionen. Wir führen mit $\delta(\underline{\mathbf{R}}) = \delta(x)\delta(y)\delta(z)$ die abkürzende Schreibweise

$$\int_{-\infty}^{\infty}\int_{-\infty}^{\infty}\int_{-\infty}^{\infty} \delta(\underline{\mathbf{R}})\phi(\underline{\mathbf{R}})\,\mathrm{d}^3\underline{\mathbf{R}} \stackrel{\mathrm{s}}{=} \phi(\underline{\mathbf{0}}) \tag{2.4.32}$$

ein und erweitern sie auf

$$\int_{-\infty}^{\infty}\int_{-\infty}^{\infty}\int_{-\infty}^{\infty} \delta(\underline{\mathbf{R}} - \underline{\mathbf{R}}')\phi(\underline{\mathbf{R}})\,\mathrm{d}^3\underline{\mathbf{R}} \stackrel{\mathrm{s}}{=} \phi(\underline{\mathbf{R}}') \quad . \tag{2.4.33}$$

Wichtig für die Siebeigenschaft (2.4.33) ist, dass $\underline{\mathbf{R}}'$ im Integrationsbereich liegt; bei unendlichen Integrationsgrenzen ist dies stets der Fall, nicht jedoch, wenn nur über einen endlichen Bereich V des $\mathbb{R}^3$ integriert wird:

$$\iiint_V \delta(\underline{\mathbf{R}} - \underline{\mathbf{R}}')\phi(\underline{\mathbf{R}})\, \mathrm{d}^3\underline{\mathbf{R}}' \stackrel{s}{=} \begin{cases} \phi(\underline{\mathbf{R}}') & \text{für } \underline{\mathbf{R}}' \in V \\ 0 & \text{für } \underline{\mathbf{R}}' \notin V \end{cases} \tag{2.4.34}$$

Letztlich ist das Auslöschungstheorem der Helmholtz'schen Integralformulierung des Huygens'schen Prinzips eine Konsequenz von (2.4.34) (Abschnitt 15.1.2).

Mit (2.4.33) macht man auch sehr schnell die Korrespondenzen

$$\delta(\underline{\mathbf{R}}) \overset{3\mathrm{D}}{\circ\!\!-\!\!\bullet} 1 \ , \tag{2.4.35}$$

$$\delta(\underline{\mathbf{R}} \pm \underline{\mathbf{R}}') \overset{3\mathrm{D}}{\circ\!\!-\!\!\bullet} \mathrm{e}^{\pm \mathrm{j}\underline{\mathbf{K}}\cdot\underline{\mathbf{R}}'} \ , \tag{2.4.36}$$

$$\mathrm{e}^{\pm \mathrm{j}\underline{\mathbf{k}}\cdot\underline{\mathbf{R}}} \overset{3\mathrm{D}}{\circ\!\!-\!\!\bullet} (2\pi)^3\delta(\underline{\mathbf{K}} \mp \underline{\mathbf{k}}) \tag{2.4.37}$$

der dreidimensionalen Fourier-Transformation plausibel.

Hinsichtlich der Darstellung von $\delta(\underline{\mathbf{R}})$ in anderen als kartesischen Koordinaten verweisen wir auf Langenberg (2005).

2.4.5 Singuläre Funktion einer Fläche

Die singuläre Funktion $\gamma(\underline{\mathbf{R}})$ einer geschlossenen Fläche S hat die mehrdimensionale Siebeigenschaft, ein Volumenintegral auf ein Flächenintegral zu reduzieren (Bleistein, 1984; Bamler, 1989):

$$\int_{-\infty}^{\infty}\int_{-\infty}^{\infty}\int_{-\infty}^{\infty} \gamma(\underline{\mathbf{R}})\phi(\underline{\mathbf{R}})\, \mathrm{d}V = \iint_S \phi(\underline{\mathbf{R}})\, \mathrm{d}S \ . \tag{2.4.38}$$

Wie machen wir dies plausibel und wie definieren wir $\gamma(\underline{\mathbf{R}})$? Wir erinnern daran, dass die Derivierte der Einheitssprungfunktion dieselbe Siebeigenschaft wie die δ-Funktion hat (Gleichung (2.4.8)). Als Beispiel einer geschlossenen Fläche betrachten wir zunächst die Oberfläche einer Kugel vom Radius a; das Innere der Kugel wird durch ihre charakteristische Funktion

$$u(a - R) = \begin{cases} 1 & \text{für } R < a \\ 0 & \text{für } R > a \end{cases} \tag{2.4.39}$$

beschrieben, deren Abhängigkeit von der radialen Koordinate R in Abb. 2.4.3 dargestellt ist. Offenbar liefert

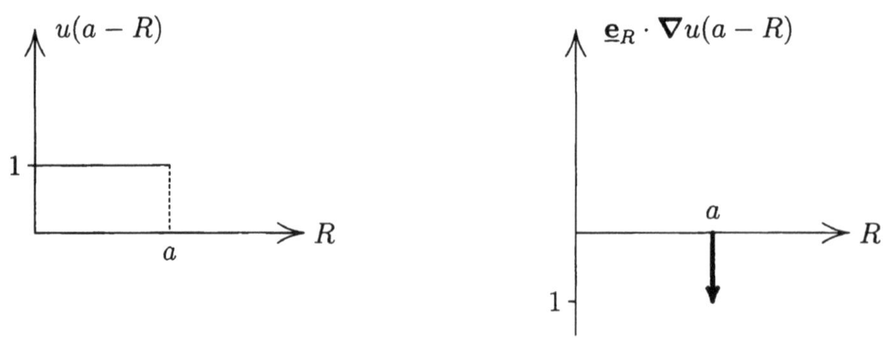

Abb. 2.4.3: *Zur Illustration der singulären Funktion einer Kugelfläche*

$$\underline{\mathbf{e}}_R \cdot \boldsymbol{\nabla} u(a-R) = -\delta(a-R) \tag{2.4.40}$$

eine δ-Funktion, die auf der ganzen Kugeloberfläche singulär ist; diese singuläre Funktion $\gamma_a(\underline{\mathbf{R}}) = \delta(a-R)$ der Kugel hat die gewünschte Eigenschaft

$$\int_0^{2\pi}\int_0^{\pi}\int_0^{R} \delta(a-R)\phi(R,\vartheta,\varphi)\underbrace{R^2\sin\vartheta\,\mathrm{d}R\mathrm{d}\vartheta\mathrm{d}\varphi}_{=\,\mathrm{d}V} = \int_0^{2\pi}\int_0^{\pi} \phi(a,\vartheta,\varphi)\underbrace{a^2\sin\vartheta\,\mathrm{d}\vartheta\mathrm{d}\varphi}_{=\,\mathrm{d}S} \tag{2.4.41}$$

gemäß (2.4.38).

Man verallgemeinert nun folgendermaßen: Zunächst definiert man mit

$$\Gamma(\underline{\mathbf{R}}) = \begin{cases} 1 & \text{für } \underline{\mathbf{R}} \in V \\ 0 & \text{für } \underline{\mathbf{R}} \notin Vc \end{cases} \tag{2.4.42}$$

die charakteristische Funktion eines Volumens V mit der Oberfläche S und der äußeren Normalen $\underline{\mathbf{n}}$; sodann bildet man als Verallgemeinerung von (2.4.40)

$$\gamma(\underline{\mathbf{R}}) = -\underline{\mathbf{n}} \cdot \boldsymbol{\nabla}\Gamma(\underline{\mathbf{R}}) \tag{2.4.43}$$

die singuläre Funktion von S; sie hat in der Tat die Siebeigenschaft (2.4.38). Mit

$$\underline{\boldsymbol{\gamma}}(\underline{\mathbf{R}}) = -\boldsymbol{\nabla}\Gamma(\underline{\mathbf{R}}) \tag{2.4.44}$$

bezeichnet man die vektorielle singuläre Funktion von S.

3 Elastodynamische Grundgleichungen

Die Maxwell'schen Gleichungen des Elektromagnetismus können nicht im feldtheoretischen Sinne hergeleitet oder bewiesen werden; sie stellen den genialen Entwurf einer Theorie dar, die natürlich experimentelle Beobachtungen widerspruchsfrei beschreiben muss, und man stellt sie deshalb axiomatisch an die Spitze, um Konsequenzen daraus zu ziehen, die sodann experimentell überprüft werden können[1]. In einem ähnlichen Sinne stellen wir die von uns als elastodynamische Grundgleichungen bezeichneten Gleichungen (3.1.1) und (3.1.2) — Newton-Cauchy'sche Bewegungsgleichung und Deformationsratengleichung — axiomatisch an die Spitze, geben aber im darauf folgenden Abschnitt eine physikalische Begründung, denn, anders als die Maxwell'schen Gleichungen, sind sie aus den physikalischen Gesetzen der Mechanik unter der Kontinuumshypothese, der geometrischen Linearisierung kleiner Teilchenauslenkungen und der Vernachlässigung von Produkten von Feldgrößen, d.h. in *linearer* Approximation, herleitbar.

3.1 Newton-Cauchy'sche Bewegungsgleichung und Deformationsratengleichung im Zeit- und im Frequenzbereich

Wir schreiben die elastodynamischen Grundgleichungen in der Form:

$$\frac{\partial \underline{\mathbf{j}}(\underline{\mathbf{R}}, t)}{\partial t} = \nabla \cdot \underline{\underline{\mathbf{T}}}(\underline{\mathbf{R}}, t) + \underline{\mathbf{f}}(\underline{\mathbf{R}}, t) \quad , \tag{3.1.1}$$

$$\frac{\partial \underline{\underline{\mathbf{S}}}(\underline{\mathbf{R}}, t)}{\partial t} = \frac{1}{2}\left\{\nabla \underline{\mathbf{v}}(\underline{\mathbf{R}}, t) + [\nabla \underline{\mathbf{v}}(\underline{\mathbf{R}}, t)]^{21}\right\} + \underline{\underline{\mathbf{h}}}(\underline{\mathbf{R}}, t) \quad . \tag{3.1.2}$$

Die durch sie linear verknüpften elastodynamischen Feldgrößen sind die folgenden:

- Impulsdichtevektor $\underline{\mathbf{j}}(\underline{\mathbf{R}}, t)$,
- symmetrischer Spannungstensor $\underline{\underline{\mathbf{T}}}(\underline{\mathbf{R}}, t)$ zweiter Stufe,
- symmetrischer Deformationstensor $\underline{\underline{\mathbf{S}}}(\underline{\mathbf{R}}, t)$ zweiter Stufe,
- Teilchengeschwindigkeitsvektor $\underline{\mathbf{v}}(\underline{\mathbf{R}}, t)$;

unter dem

- Kraftdichtevektor $\underline{\mathbf{f}}(\underline{\mathbf{R}}, t)$ und dem
- symmetrischen Tensor zweiter Stufe $\underline{\underline{\mathbf{h}}}(\underline{\mathbf{R}}, t)$ der injizierten Deformationsrate

verstehen wir eingeprägte (vorgegebene[2]) Volumenquellen, die wir als physikalische Ursache des elastodynamischen Feldes bzw. als mathematische Inhomogenitäten der Grundgleichungen ansehen.

[1] Klassisches Beispiel ist das Experiment von Heinrich Hertz zur Erzeugung elektromagnetischer Wellen, die von der Maxwell'schen Theorie unmittelbar vorhergesagt werden.

[2] Wenn $\underline{\mathbf{f}}(\underline{\mathbf{R}}, t)$ beispielsweise die von einem EMUS erzeugte Lorentzkraftdichte ist, ist sie nicht *wirklich* vorgegeben, sondern sie muss aufgrund der Maxwell'schen Gleichungen erst berechnet werden; „vorgegeben" heißt dann, dass wir diesen Schritt als bereits durchgeführt ansehen.

Zur Lösung von (3.1.1) und (3.1.2) bedarf es einer mathematisch-physikalischen Verknüpfung der Feldgrößen, die als Materialgleichungen (Abschnitt 4) ebenfalls festkörperphysikalisch begründbar sind. Ähnlich müssen übrigens die Maxwell'schen Gleichungen (sofern man nicht im Vakuum „arbeitet") durch (elektromagnetische) Materialgleichungen ergänzt werden.

Mit der Definition von Fourier-Spektren der Feld- und Quellgrößen gemäß

$$\underline{\mathbf{j}}(\underline{\mathbf{R}},\omega) = \int_{-\infty}^{\infty} \underline{\mathbf{j}}(\underline{\mathbf{R}},t)\, \mathrm{e}^{\mathrm{j}\omega t}\, \mathrm{d}t \ , \tag{3.1.3}$$

$$\underline{\underline{\mathbf{T}}}(\underline{\mathbf{R}},\omega) = \int_{-\infty}^{\infty} \underline{\underline{\mathbf{T}}}(\underline{\mathbf{R}},t)\, \mathrm{e}^{\mathrm{j}\omega t}\, \mathrm{d}t \ , \tag{3.1.4}$$

$$\underline{\underline{\mathbf{S}}}(\underline{\mathbf{R}},\omega) = \int_{-\infty}^{\infty} \underline{\underline{\mathbf{S}}}(\underline{\mathbf{R}},t)\, \mathrm{e}^{\mathrm{j}\omega t}\, \mathrm{d}t \ , \tag{3.1.5}$$

$$\underline{\mathbf{v}}(\underline{\mathbf{R}},\omega) = \int_{-\infty}^{\infty} \underline{\mathbf{v}}(\underline{\mathbf{R}},t)\, \mathrm{e}^{\mathrm{j}\omega t}\, \mathrm{d}t \ , \tag{3.1.6}$$

$$\underline{\mathbf{f}}(\underline{\mathbf{R}},\omega) = \int_{-\infty}^{\infty} \underline{\mathbf{f}}(\underline{\mathbf{R}},t)\, \mathrm{e}^{\mathrm{j}\omega t}\, \mathrm{d}t \ , \tag{3.1.7}$$

$$\underline{\underline{\mathbf{h}}}(\underline{\mathbf{R}},\omega) = \int_{-\infty}^{\infty} \underline{\underline{\mathbf{h}}}(\underline{\mathbf{R}},t)\, \mathrm{e}^{\mathrm{j}\omega t}\, \mathrm{d}t \tag{3.1.8}$$

gehen wir zu den elastodynamischen Grundgleichungen

$$-\mathrm{j}\omega\, \underline{\mathbf{j}}(\underline{\mathbf{R}},\omega) = \nabla \cdot \underline{\underline{\mathbf{T}}}(\underline{\mathbf{R}},\omega) + \underline{\mathbf{f}}(\underline{\mathbf{R}},\omega) \ , \tag{3.1.9}$$

$$-\mathrm{j}\omega\, \underline{\underline{\mathbf{S}}}(\underline{\mathbf{R}},\omega) = \frac{1}{2}\left\{\nabla\underline{\mathbf{v}}(\underline{\mathbf{R}},\omega) + [\nabla\underline{\mathbf{v}}(\underline{\mathbf{R}},\omega)]^{21}\right\} + \underline{\underline{\mathbf{h}}}(\underline{\mathbf{R}},\omega) \tag{3.1.10}$$

im Frequenzbereich über. Man beachte: Die spektralen Größen enthalten gegenüber den Zeitbereichsgrößen den Faktor Sekunde in der Einheit; wir behalten dennoch die physikalische Nomenklatur der Zeitbereichsgrößen bei; anstatt umständlich beispielsweise von der Fourier-transformierten injizierten Deformationsrate $\underline{\underline{\mathbf{h}}}(\underline{\mathbf{R}},\omega)$ zu sprechen, bleiben wir bei der Bezeichnung injizierte Deformationsrate für $\underline{\underline{\mathbf{h}}}(\underline{\mathbf{R}},\omega)$.

Mit den Lösungen von (3.1.9) und (3.1.10) für $\omega \geq 0$ und der Fortsetzungsbedingung (2.3.42) für negative Frequenzen gelangen wir über die inversen Fourier-Integrale

$$\underline{\mathbf{j}}(\underline{\mathbf{R}},t) = \frac{1}{2\pi}\int_{-\infty}^{\infty} \underline{\mathbf{j}}(\underline{\mathbf{R}},\omega)\, \mathrm{e}^{-\mathrm{j}\omega t}\, \mathrm{d}t \ , \tag{3.1.11}$$

$$\underline{\underline{\mathbf{T}}}(\underline{\mathbf{R}},t) = \frac{1}{2\pi}\int_{-\infty}^{\infty} \underline{\underline{\mathbf{T}}}(\underline{\mathbf{R}},\omega)\, \mathrm{e}^{-\mathrm{j}\omega t}\, \mathrm{d}t \ , \tag{3.1.12}$$

$$\underline{\underline{\mathbf{S}}}(\underline{\mathbf{R}},t) = \frac{1}{2\pi}\int_{-\infty}^{\infty} \underline{\underline{\mathbf{S}}}(\underline{\mathbf{R}},\omega)\, \mathrm{e}^{-\mathrm{j}\omega t}\, \mathrm{d}t \ , \tag{3.1.13}$$

$$\underline{\mathbf{v}}(\underline{\mathbf{R}},t) = \frac{1}{2\pi}\int_{-\infty}^{\infty} \underline{\mathbf{v}}(\underline{\mathbf{R}},\omega)\, \mathrm{e}^{-\mathrm{j}\omega t}\, \mathrm{d}t \ , \tag{3.1.14}$$

$$\underline{\mathbf{f}}(\underline{\mathbf{R}},t) = \frac{1}{2\pi}\int_{-\infty}^{\infty} \underline{\mathbf{f}}(\underline{\mathbf{R}},\omega)\, \mathrm{e}^{-\mathrm{j}\omega t}\, \mathrm{d}t \ , \tag{3.1.15}$$

$$\underline{\underline{\mathbf{h}}}(\underline{\mathbf{R}},t) = \frac{1}{2\pi}\int_{-\infty}^{\infty} \underline{\underline{\mathbf{h}}}(\underline{\mathbf{R}},\omega)\, \mathrm{e}^{-\mathrm{j}\omega t}\, \mathrm{d}t \tag{3.1.16}$$

wieder zu den reellen Feldgrößen im Zeitbereich als Lösung von (3.1.1) und (3.1.2). Da dies so ist, können wir uns wahlweise im Raum der Spektren oder im Raum der Zeitfunktionen „aufhalten", wovon wir in dieser Ausarbeitung reichlich Gebrauch machen werden; grob gesagt: Es rechnet sich oft einfacher im Frequenzbereich, und oft sind die Ergebnisse im Zeitbereich anschaulicher.

Alternativ zur Fourier-Transformation von (3.1.1) und (3.1.2) können wir den *Ansatz* reell-zeitharmonischer Felder der Kreisfrequenz $\omega_0 > 0$ machen, also etwa stellvertretend für die Impulsdichte:

$$\underline{\mathbf{j}}(\underline{\mathbf{R}}, t) \Longrightarrow \underline{\mathbf{j}}(\underline{\mathbf{R}}, t, \omega_0) = \Re\left\{\underline{\mathbf{j}}(\underline{\mathbf{R}}, \omega_0)\, \mathrm{e}^{-\mathrm{j}\omega_0 t}\right\} \tag{3.1.17}$$

Hierin wird $\underline{\mathbf{j}}(\underline{\mathbf{R}}, \omega_0)$, der Nomenklatur der Elektrotechnik folgend, als (komplexwertiger) Phasor bezeichnet. Dies ergibt die elastodynamischen Grundgleichungen

$$-\mathrm{j}\omega_0 \underline{\mathbf{j}}(\underline{\mathbf{R}}, \omega_0) = \boldsymbol{\nabla} \cdot \underline{\underline{\mathbf{T}}}(\underline{\mathbf{R}}, \omega_0) + \underline{\mathbf{f}}(\underline{\mathbf{R}}, \omega_0) \ , \tag{3.1.18}$$

$$-\mathrm{j}\omega_0\, \underline{\underline{\mathbf{S}}}(\underline{\mathbf{R}}, \omega_0) = \frac{1}{2}\left\{\boldsymbol{\nabla}\underline{\mathbf{v}}(\underline{\mathbf{R}}, \omega_0) + [\boldsymbol{\nabla}\underline{\mathbf{v}}(\underline{\mathbf{R}}, \omega_0]^{21}\right\} + \underline{\underline{\mathbf{h}}}(\underline{\mathbf{R}}, \omega_0) \tag{3.1.19}$$

für die Phasoren. Wenn wir allerdings aus dem Fourier-Spektrum $\underline{\mathbf{j}}(\underline{\mathbf{R}}, \omega)$ zwei Spektrallinien bei $\omega = \pm\omega_0$, $\omega_0 > 0$, auswählen und gemäß

$$\begin{aligned}\underline{\mathbf{j}}(\underline{\mathbf{R}}, \omega, \omega_0) &\stackrel{\text{def}}{=} \pi\underline{\mathbf{j}}(\underline{\mathbf{R}}, \omega)\delta(\omega - \omega_0) + \pi\underline{\mathbf{j}}^*(\underline{\mathbf{R}}, \omega)\delta(\omega + \omega_0) \\ &= \pi\underline{\mathbf{j}}(\underline{\mathbf{R}}, \omega_0)\delta(\omega - \omega_0) + \pi\underline{\mathbf{j}}^*(\underline{\mathbf{R}}, \omega_0)\delta(\omega + \omega_0)\end{aligned} \tag{3.1.20}$$

kombinieren, so liefert die Fourier-Inversion mit der Korrespondenz (2.3.54) offensichtlich die reell-zeitharmonische Feldgröße:

$$\begin{aligned}\mathcal{F}^{-1}\left\{\underline{\mathbf{j}}(\underline{\mathbf{R}}, \omega, \omega_0)\right\} &= \frac{1}{2}\underline{\mathbf{j}}(\underline{\mathbf{R}}, \omega_0)\, \mathrm{e}^{-\mathrm{j}\omega_0 t} + \frac{1}{2}\underline{\mathbf{j}}^*(\underline{\mathbf{R}}, \omega_0)\, \mathrm{e}^{\mathrm{j}\omega_0 t} \\ &= \Re\left\{\underline{\mathbf{j}}(\underline{\mathbf{R}}, \omega_0)\, \mathrm{e}^{-\mathrm{j}\omega_0 t}\right\} \\ &= \underline{\mathbf{j}}(\underline{\mathbf{R}}, t, \omega_0) \ ;\end{aligned} \tag{3.1.21}$$

ω_0-Phasoren und konjugiert komplexe ω_0-Phasoren (multipliziert mit π) sind also nichts anderes als die Amplituden von Spektrallinien reell-zeitharmonischer Feldgrößen bei $\omega = \pm\omega_0$, und als solche stellen sie eine diskrete „Auswahl" aus dem kontinuierlichen Fourier-Spektrum dar.

3.2 Physikalische Begründung

3.2.1 Massenerhaltung

Zur physikalischen Begründung der elastodynamischen Grundgleichungen (3.1.1) und (3.1.2) geben wir im Wesentlichen den Gedankengang A. T. de Hoops (1995) wieder, benutzen aber nicht die Indexschreibweise mit Summenkonvention sondern die koordinatenfreie Formulierung, die unserer Meinung nach übersichtlicher ist.

De Hoop geht von der Kontinuumshypothese aus, dass sich die Teilchenverteilung am Ort $\underline{\mathbf{R}}$ zur Zeit t — $\underline{\mathbf{R}}$ ist der Ortsvektor in einem festen Bezugssystem — durch eine (stückweise) *stetige* Teilchen*dichte* $n(\underline{\mathbf{R}}, t)$ beschreiben lässt, die als Teilchenanzahl $N_\epsilon(\underline{\mathbf{R}}, t)$ pro (kleinem) Referenzvolumen $V_\epsilon(\underline{\mathbf{R}})$ definiert ist. Die makroskopische (Teilchen-)Driftgeschwindigkeit $\underline{\mathbf{v}}(\underline{\mathbf{R}}, t)$ führt er nun als arithmetischen Mittelwert der vektoriellen Geschwindigkeiten einzelner Teilchen in $V_\epsilon(\underline{\mathbf{R}})$ ein, wobei sich chaotische (thermische) Anteile herausmitteln. Die Berechnung der zeitlichen Änderung der Gesamtzahl $N(t)$ von Teilchen in einem Volumen $V(t)$ auf der Grundlage von

$$N(t) = \iiint_{V(t)} n(\underline{\mathbf{R}}, t)\, \mathrm{d}V \tag{3.2.1}$$

führt sofort auf das Erhaltungsgesetz

$$\iiint_{V(t)} \frac{\partial n(\underline{\mathbf{R}}, t)}{\partial t}\, \mathrm{d}V + \iint_{S(t)} n(\underline{\mathbf{R}}, t)\, \underline{\mathbf{v}}(\underline{\mathbf{R}}, t) \cdot \underline{\mathbf{dS}} = 0 \tag{3.2.2}$$

für den Teilchenfluss $n(\underline{\mathbf{R}},t)\underline{\mathbf{v}}(\underline{\mathbf{R}},t)$, sofern weder Teilchen erzeugt noch vernichtet werden[3]; hierin ist $S(t)$ die Oberfläche[4] von $V(t)$ und $\underline{\mathbf{dS}}$ deren vektorielles Flächenelement. Offensichtlich ist $n(\underline{\mathbf{R}},t)\underline{\mathbf{v}}(\underline{\mathbf{R}},t)\cdot\underline{\mathbf{dS}}\,\Delta t$ die (mittlere) Anzahl von Teilchen, die im Zeitintervall Δt durch dS hindurchtreten und damit die Teilchendichte in $V(t)$ ändern. Da (3.2.2) für jedes Volumen $V(t)$ gelten muss, folgt durch Anwendung des Gauß'schen Satzes die Kontinuitätsgleichung

$$\frac{\partial n(\underline{\mathbf{R}},t)}{\partial t}+\boldsymbol{\nabla}\cdot[n(\underline{\mathbf{R}},t)\,\underline{\mathbf{v}}(\underline{\mathbf{R}},t)]=0 \tag{3.2.3}$$

des Teilchenflusses.

In der Elastodynamik interessieren uns vor allem die materiellen Eigenschaften der Teilchen[5], sodass de Hoop nun die (Volumen-)Massendichte $\rho(\underline{\mathbf{R}},t)$ als volumenbezogenen Mittelwert der Einzelmassen der Teilchen (einer herausgegriffenen Teilchensorte) definiert. Falls die Einzelmassen (dieser Sorte) alle gleich m sind, folgt

$$\rho(\underline{\mathbf{R}},t)=m\,n(\underline{\mathbf{R}},t) \tag{3.2.4}$$

für die Massendichte und

$$\underline{\mathbf{j}}(\underline{\mathbf{R}},t)=\rho(\underline{\mathbf{R}},t)\underline{\mathbf{v}}(\underline{\mathbf{R}},t) \tag{3.2.5}$$

für die Massenflussdichte (Impulsdichte des linearen Impulses: Driftimpuls als arithmetisches Mittel der Teilchenimpulse mal Teilchendichte), die als makroskopische Größe durch arithmetische Mittelung der mikroskopischen vektoriellen Teilchen*impulse* entsteht. Gegebenenfalls ist zur Ermittlung der Gesamtmassendichte und der Gesamtmassenflussdichte über die verschiedenen Teilchensorten zu summieren.

Aus der Teilchenerhaltung (3.2.2) folgt damit sofort die Massenerhaltung

$$\iiint_{V(t)}\frac{\partial\rho(\underline{\mathbf{R}},t)}{\partial t}\,\mathrm{d}V+\iint_{S(t)}\underline{\mathbf{j}}(\underline{\mathbf{R}},t)\cdot\underline{\mathbf{dS}}=0\quad, \tag{3.2.6}$$

und aus der Kontinuitätsgleichung (3.2.3) für den Teilchenfluss folgt die Kontinuitätsgleichung des Massenflusses (der betrachteten Teilchensorte):

$$\frac{\partial\rho(\underline{\mathbf{R}},t)}{\partial t}+\boldsymbol{\nabla}\cdot\underline{\mathbf{j}}(\underline{\mathbf{R}},t)=0\quad. \tag{3.2.7}$$

Wenn $\Psi(\underline{\mathbf{R}},t)$ irgendeine Funktion ist, die einem Teilchen „angeheftet" ist, berechnet de Hoop unter der Voraussetzung verschwindender Teilchenerzeugung und -vernichtung die totale zeitliche Änderung von $\Psi(\underline{\mathbf{R}},t)$ in $V(t)$ zu[6]:

$$\frac{\mathrm{d}}{\mathrm{d}t}\iiint_{V(t)}\Psi(\underline{\mathbf{R}},t)\,\mathrm{d}V=\iiint_{V(t)}\frac{\partial\Psi(\underline{\mathbf{R}},t)}{\partial t}\,\mathrm{d}V+\iint_{S(t)}\Psi(\underline{\mathbf{R}},t)\underline{\mathbf{v}}(\underline{\mathbf{R}},t)\cdot\underline{\mathbf{dS}}\quad. \tag{3.2.8}$$

Gleichung (3.2.8), die man unter Verwendung des Gauß'schen Satzes noch in

$$\frac{\mathrm{d}}{\mathrm{d}t}\iiint_{V(t)}\Psi(\underline{\mathbf{R}},t)\,\mathrm{d}V=\iiint_{V(t)}\left\{\frac{\partial\Psi(\underline{\mathbf{R}},t)}{\partial t}+\boldsymbol{\nabla}\cdot[\underline{\mathbf{v}}(\underline{\mathbf{R}},t)\Psi(\underline{\mathbf{R}},t)]\right\}\mathrm{d}V \tag{3.2.9}$$

[3]Ansonsten steht auf der rechten Seite von (3.2.2) nicht null, sondern die Differenz von Erzeugungs- und Vernichtungsraten (de Hoop, 1995).

[4]Zur Zeitabhängigkeit von $V(t)$ und $S(t)$ ist folgendes anzumerken: Im Zeitintervall Δt ändert sich $S(t)$ in $S(t+\Delta t)$ und zwar entsprechend $\underline{\mathbf{v}}(\underline{\mathbf{R}},t)\Delta t$, worin $\underline{\mathbf{v}}(\underline{\mathbf{R}},t)$ die vektorielle Driftgeschwindigkeit $\underline{\mathbf{v}}(\underline{\mathbf{R}},t)$ der Teilchendichte eines jeden Oberflächenpunktes von $S(t)$ ist. Wenn keine Teilchen erzeugt oder vernichtet werden, bedeutet „Teilchenerhaltung", dass die zeitliche Änderung der Gesamtteilchenzahl in diesem zeitabhängigen Volumen $V(t)$ gleich null ist. Das Erhaltungsgesetz (3.2.2) drückt diesen Sachverhalt in Worten folgendermaßen aus: Wenn sich im Volumen $V(t)$ zum festen Zeitpunkt t die Teilchendichte $n(\underline{\mathbf{R}},t)$ ändert, muss dies durch den Teilchenfluss $n(\underline{\mathbf{R}},t)\underline{\mathbf{v}}(\underline{\mathbf{R}},t)$ normal zu $S(t)$ kompensiert werden.

[5]Im Elektromagnetismus sind es die elektrischen und magnetischen Eigenschaften.

[6]Man beachte: Gemäß Fußnote 4 ist $V(t)$ ein ganz speziell zeitabhängiges Volumen, dessen zeitliche Änderung auf der linken Seite von (3.2.8) mitdifferenziert werden muss; wie, das sagt die rechte Seite von (3.2.8).

umrechnen kann, heißt Reynolds'sches Transporttheorem. Führt man gemäß

$$\frac{\mathrm{d}}{\mathrm{d}t}\iiint_{V(t)} \Psi(\underline{\mathbf{R}},t)\,\mathrm{d}V = \iiint_{V(t)} \frac{\delta\Psi(\underline{\mathbf{R}},t)}{\delta t}\,\mathrm{d}V \tag{3.2.10}$$

einen Operator $\delta/\delta t$ ein (de Hoop schreibt $\dot{\Psi}(\underline{\mathbf{R}},t)$), so impliziert (3.2.9) die Definition

$$\frac{\delta\Psi(\underline{\mathbf{R}},t)}{\delta t} = \frac{\partial\Psi(\underline{\mathbf{R}},t)}{\partial t} + \boldsymbol{\nabla}\cdot[\underline{\mathbf{v}}(\underline{\mathbf{R}},t)\Psi(\underline{\mathbf{R}},t)] \quad . \tag{3.2.11}$$

3.2.2 Konvektive zeitliche Differentiation

Es sei nunmehr $\Psi(\underline{\mathbf{R}},t)$ irgendeine einer bestimmten Teilchensorte zugeordnete (skalare) makroskopische physikalische Größe (z.B.: Masse, Dichte, kartesische Impuls- oder Drehimpulskomponenten, kinetische Energie); die zeitliche Änderung von Gesamt-$\Psi(\underline{\mathbf{R}},t)$ aller in $V(t)$ enthaltenen Teilchen ergibt sich aus dem Reynolds'schen Transporttheorem (3.2.8) bei expliziter Einarbeitung des Teilchenerhaltungssatzes zu:

$$\begin{aligned}\frac{\mathrm{d}}{\mathrm{d}t}\iiint_{V(t)} n(\underline{\mathbf{R}},t)\Psi(\underline{\mathbf{R}},t)\,\mathrm{d}V =& \iiint_{V(t)} \frac{\partial}{\partial t}[n(\underline{\mathbf{R}},t)\Psi(\underline{\mathbf{R}},t)]\,\mathrm{d}V + \\ &+ \iint_{S(t)} n(\underline{\mathbf{R}},t)\Psi(\underline{\mathbf{R}},t)\underline{\mathbf{v}}(\underline{\mathbf{R}},t)\cdot\underline{\mathbf{dS}} \quad .\end{aligned} \tag{3.2.12}$$

Anwendung des Gauß'schen Satzes, Ausführung der zeitlichen und räumlichen Ableitungen und Berücksichtigung der Teilchenkontinuitätsgleichung (3.2.3) führt auf

$$\frac{\mathrm{d}}{\mathrm{d}t}\iiint_{V(t)} n(\underline{\mathbf{R}},t)\Psi(\underline{\mathbf{R}},t)\,\mathrm{d}V = \iiint_{V(t)} n(\underline{\mathbf{R}},t)\,\frac{\mathrm{D}\Psi(\underline{\mathbf{R}},t)}{\mathrm{D}t}\,\mathrm{d}V \quad , \tag{3.2.13}$$

wobei der Ableitungsoperator $\mathrm{D}/\mathrm{D}t$ abkürzend für

$$\frac{\mathrm{D}}{\mathrm{D}t} = \frac{\partial}{\partial t} + \underline{\mathbf{v}}(\underline{\mathbf{R}},t)\cdot\boldsymbol{\nabla} \tag{3.2.14}$$

steht. Mit $\underline{\mathbf{dR}} = \underline{\mathbf{v}}(\underline{\mathbf{R}},t)\mathrm{d}t$ und der abgebrochenen Taylorentwicklung

$$\begin{aligned}\Psi(\underline{\mathbf{R}}+\underline{\mathbf{dR}},t+\mathrm{d}t) &\simeq \Psi(\underline{\mathbf{R}},t) + \left[\frac{\partial\Psi(\underline{\mathbf{R}},t)}{\partial t} + \underline{\mathbf{v}}(\underline{\mathbf{R}},t)\cdot\boldsymbol{\nabla}\Psi(\underline{\mathbf{R}},t)\right]\mathrm{d}t \\ &\simeq \Psi(\underline{\mathbf{R}},t) + \frac{\mathrm{D}\Psi(\underline{\mathbf{R}},t)}{\mathrm{D}t}\,\mathrm{d}t\end{aligned} \tag{3.2.15}$$

in Raum und Zeit sieht man sofort, dass $\mathrm{D}/\mathrm{D}t$ die Bedeutung einer konvektiven Zeitableitung hat: Dies ist die zeitliche Änderung für einen Beobachter, der sich mit der Driftgeschwindigkeit mitbewegt.

Wir wenden die Berechnungsvorschrift (3.2.13) nacheinander auf verschiedene Realisierungen von $\Psi(\underline{\mathbf{R}},t)$ an.

Teilchenmasse: $\Psi(\underline{\mathbf{R}},t) = m$
Da $\mathrm{D}m/\mathrm{D}t \equiv 0$, folgt

$$\frac{\mathrm{d}}{\mathrm{d}t}\iiint_{V(t)} n(\underline{\mathbf{R}},t)\,m\,\mathrm{d}V = \frac{\mathrm{d}}{\mathrm{d}t}\iiint_{V(t)} \rho(\underline{\mathbf{R}},t)\,\mathrm{d}V = 0 \quad , \tag{3.2.16}$$

und dies ist nichts anderes als die Massenerhaltung (3.2.6) in anderer Schreibweise[7].

[7]Die linke Seite von (3.2.16) berechnet mit (3.2.4) und (3.2.1) die zeitliche Änderung der Gesamtmasse in dem zeitveränderlichen Volumen $V(t)$; gemäß Fußnote 4 bewegt sich dieses aber gerade mit dem Massenfluss auf $S(t)$, sodass, eben aufgrund der Massenerhaltung, die zeitliche Änderung der Gesamtmasse in dem zeitveränderlichen Volumen gleich null sein muss.

Kartesische Komponente des Teilchenimpulses: $\Psi(\underline{\mathbf{R}},t) = m\,\underline{\mathbf{v}}(\underline{\mathbf{R}},t)\cdot\underline{\mathbf{e}}_{x_i}$

$$\frac{\mathrm{d}}{\mathrm{d}t}\iiint_{V(t)} n(\underline{\mathbf{R}},t)\,m\,\underline{\mathbf{v}}(\underline{\mathbf{R}},t)\cdot\underline{\mathbf{e}}_{x_i}\,\mathrm{d}V = \iiint_{V(t)} n(\underline{\mathbf{R}},t)\,m\,\frac{\mathrm{D}\underline{\mathbf{v}}(\underline{\mathbf{R}},t)\cdot\underline{\mathbf{e}}_{x_i}}{\mathrm{D}t}\,\mathrm{d}V \quad ; \tag{3.2.17}$$

alle drei Komponenten zum Impulsvektor zusammengesetzt, ergibt die Berechnungsvorschrift der zeitlichen Änderung des Gesamtimpulses des Volumens $V(t)$:

$$\frac{\mathrm{d}}{\mathrm{d}t}\iiint_{V(t)} \rho(\underline{\mathbf{R}},t)\,\underline{\mathbf{v}}(\underline{\mathbf{R}},t)\,\mathrm{d}V = \iiint_{V(t)} \rho(\underline{\mathbf{R}},t)\,\frac{\mathrm{D}\underline{\mathbf{v}}(\underline{\mathbf{R}},t)}{\mathrm{D}t}\,\mathrm{d}V \tag{3.2.18}$$

Kartesische Komponente des Teilchendrehimpulses: $\Psi(\underline{\mathbf{R}},t) = m\,\underline{\mathbf{R}}\times\underline{\mathbf{v}}(\underline{\mathbf{R}},t)\cdot\underline{\mathbf{e}}_{x_i}$
Wir schreiben sofort die vektorielle Zusammensetzung der Komponenten an:

$$\frac{\mathrm{d}}{\mathrm{d}t}\iiint_{V(t)} \rho(\underline{\mathbf{R}},t)\underline{\mathbf{R}}\times\underline{\mathbf{v}}(\underline{\mathbf{R}},t)\,\mathrm{d}V = \iiint_{V(t)} \rho(\underline{\mathbf{R}},t)\frac{\mathrm{D}[\underline{\mathbf{R}}\times\underline{\mathbf{v}}(\underline{\mathbf{R}},t)]}{\mathrm{D}t}\,\mathrm{d}V \tag{3.2.19}$$

Da

$$\frac{\mathrm{D}[\underline{\mathbf{R}}\times\underline{\mathbf{v}}(\underline{\mathbf{R}},t)]}{\mathrm{D}t} = \frac{\partial[\underline{\mathbf{R}}\times\underline{\mathbf{v}}(\underline{\mathbf{R}},t)]}{\partial t} + \underline{\mathbf{v}}(\underline{\mathbf{R}},t)\cdot\nabla[\underline{\mathbf{R}}\times\underline{\mathbf{v}}(\underline{\mathbf{R}},t)] \quad , \tag{3.2.20}$$

müssen wir

$$\frac{\partial\underline{\mathbf{R}}\times\underline{\mathbf{v}}(\underline{\mathbf{R}},t)}{\partial t} = \underbrace{\frac{\partial\underline{\mathbf{R}}}{\partial t}}_{=\underline{\mathbf{0}}}\times\underline{\mathbf{v}}(\underline{\mathbf{R}},t) + \underline{\mathbf{R}}\times\frac{\partial\underline{\mathbf{v}}(\underline{\mathbf{R}},t)}{\partial t} \tag{3.2.21}$$

und[8]

$$\begin{aligned}\nabla[\underline{\mathbf{R}}\times\underline{\mathbf{v}}(\underline{\mathbf{R}},t)] &= (\nabla\underline{\mathbf{R}})\times\underline{\mathbf{v}}(\underline{\mathbf{R}},t) - [\nabla\underline{\mathbf{v}}(\underline{\mathbf{R}},t)]\times\underline{\mathbf{R}}\\ &= \underline{\underline{\mathbf{I}}}\times\underline{\mathbf{v}}(\underline{\mathbf{R}},t) - [\nabla\underline{\mathbf{v}}(\underline{\mathbf{R}},t)]\times\underline{\mathbf{R}}\end{aligned} \tag{3.2.22}$$

beziehungsweise

$$\begin{aligned}\underline{\mathbf{v}}(\underline{\mathbf{R}},t)\cdot\nabla[\underline{\mathbf{R}}\times\underline{\mathbf{v}}(\underline{\mathbf{R}},t)] &= \underline{\mathbf{v}}(\underline{\mathbf{R}},t)\cdot[\underline{\underline{\mathbf{I}}}\times\underline{\mathbf{v}}(\underline{\mathbf{R}},t)] - \underline{\mathbf{v}}(\underline{\mathbf{R}},t)\cdot[\nabla\underline{\mathbf{v}}(\underline{\mathbf{R}},t)]\times\underline{\mathbf{R}}\\ &= \underbrace{\underline{\mathbf{v}}(\underline{\mathbf{R}},t)\times\underline{\mathbf{v}}(\underline{\mathbf{R}},t)}_{=\underline{\mathbf{0}}} + \underline{\mathbf{R}}\times[\underline{\mathbf{v}}(\underline{\mathbf{R}},t)\cdot\nabla]\underline{\mathbf{v}}(\underline{\mathbf{R}},t)\end{aligned} \tag{3.2.23}$$

berechnen. Man beachte, dass sich das $(\times\underline{\mathbf{R}})$-Vektorprodukt in (3.2.22) auf den Rechtsfaktor $\underline{\mathbf{v}}(\underline{\mathbf{R}},t)$ der Gradientendyade $\nabla\underline{\mathbf{v}}(\underline{\mathbf{R}},t)$ bezieht, und dass man in (3.2.23) *deswegen* $\underline{\mathbf{R}}\times$ schreiben darf (und dabei das Vorzeichen umdrehen muss), weil nun der erste Index von $\nabla\underline{\mathbf{v}}(\underline{\mathbf{R}},t)$ durch das $[\underline{\mathbf{v}}(\underline{\mathbf{R}},t)\cdot]$-Skalarprodukt „verbraucht" ist und sich damit $\underline{\mathbf{R}}\times$ nur noch auf $\underline{\mathbf{v}}(\underline{\mathbf{R}},t)$ in $\nabla\underline{\mathbf{v}}(\underline{\mathbf{R}},t)$ beziehen *kann*. Infolgedessen finden wir

$$\begin{aligned}\frac{\mathrm{D}[\underline{\mathbf{R}}\times\underline{\mathbf{v}}(\underline{\mathbf{R}},t)]}{\mathrm{D}t} &= \underline{\mathbf{R}}\times\frac{\partial\underline{\mathbf{v}}(\underline{\mathbf{R}},t)}{\partial t} + \underline{\mathbf{R}}\times[\underline{\mathbf{v}}(\underline{\mathbf{R}},t)\cdot\nabla]\underline{\mathbf{v}}(\underline{\mathbf{R}},t)\\ &= \underline{\mathbf{R}}\times\frac{\mathrm{D}\underline{\mathbf{v}}(\underline{\mathbf{R}},t)}{\mathrm{D}t} \quad ,\end{aligned} \tag{3.2.24}$$

womit sich

$$\frac{\mathrm{d}}{\mathrm{d}t}\iiint_{V(t)} \rho(\underline{\mathbf{R}},t)\,\underline{\mathbf{R}}\times\underline{\mathbf{v}}(\underline{\mathbf{R}},t)\,\mathrm{d}V = \iiint_{V(t)} \rho(\underline{\mathbf{R}},t)\,\underline{\mathbf{R}}\times\frac{\mathrm{D}\underline{\mathbf{v}}(\underline{\mathbf{R}},t)}{\mathrm{D}t}\,\mathrm{d}V \tag{3.2.25}$$

als zeitliche Änderung des in $V(t)$ enthaltenen Gesamtdrehimpulses ergibt.

[8]Derartige Produktregeln sind z.B. in der Formelsammlung im Anhang zusammengestellt; man beweist sie durch Ausrechnen in kartesischen Koordinaten, wobei es sich empfiehlt, die Summenkonvention anzu- und den Levi-Cività-Tensor zu verwenden.

3.2.3 Impulserhaltung: Newton-Cauchy'sche Bewegungsgleichung

Nach Newton gilt „Kraft gleich Masse mal Beschleunigung", also ist die zeitliche Änderung des Gesamtimpulses aller Teilchen in $V(t)$ gleich der Summe aller auf die Teilchen wirkenden

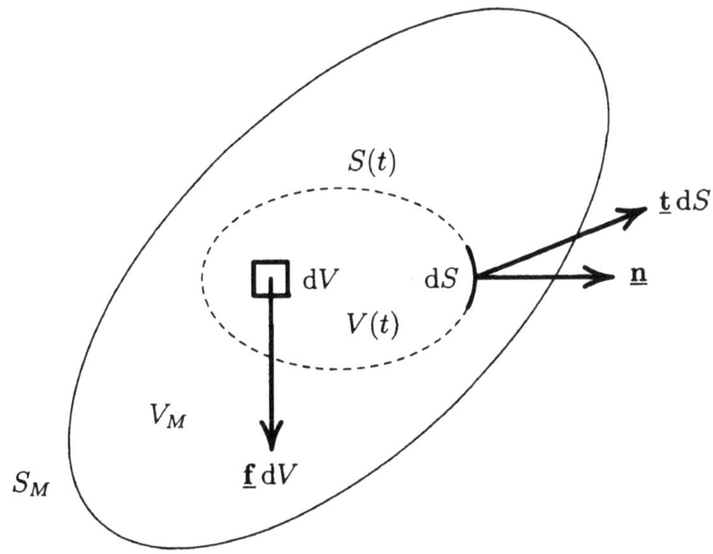

Abb. 3.2.1: *Zur Begründung der Newton-Cauchy'schen Bewegungsgleichung*

Kräfte. In Abb. 3.2.1 ist ein Festkörpervolumen V_M mit der Oberfläche S_M — ein „Bauteil" — skizziert, von dem wir ein Teilvolumen $V(t)$ mit der Oberfläche $S(t)$ herausgreifen. Auf $S(t)$ wirken Kontaktkräfte des umgebenden Materials, auf $\mathrm{d}S$ etwa die Flächenkraft $\mathrm{d}\underline{\mathbf{F}}_S$; gemäß

$$\underline{\mathbf{t}} = \frac{\mathrm{d}\underline{\mathbf{F}}_S}{\mathrm{d}S} \tag{3.2.26}$$

definiert man den Traktionsvektor $\underline{\mathbf{t}}$ als Flächenkraft*dichte* (Dimension: Kraft/Fläche) für $\mathrm{d}S \longrightarrow 0$. Gleichzeitig können auf Volumenelemente $\mathrm{d}V$ Volumenkräfte $\mathrm{d}\underline{\mathbf{F}}_V$ wirken, denen wir für $\mathrm{d}V \longrightarrow 0$ Volumenkraftdichten (Dimension: Kraft/Volumen)

$$\underline{\mathbf{f}} = \frac{\mathrm{d}\underline{\mathbf{F}}_V}{\mathrm{d}V} \tag{3.2.27}$$

zuordnen.

Charakteristisch für einen Festkörper ist die *kollektive* Bewegung *aller* Teilchen*sorten* mit *derselben* Driftgeschwindigkeit; deshalb verstehen wir nunmehr unter dem Gesamtimpuls von $V(t)$, wie er in der linken Seite des Newton'schen Gesetzes

$$\frac{\mathrm{d}}{\mathrm{d}t}\iiint_{V(t)} \rho(\underline{\mathbf{R}},t)\,\underline{\mathbf{v}}(\underline{\mathbf{R}},t)\,\mathrm{d}V = \iint_{S(t)} \underline{\mathbf{t}}(\underline{\mathbf{R}},t)\,\mathrm{d}S + \iiint_{V(t)} \underline{\mathbf{f}}(\underline{\mathbf{R}},t)\,\mathrm{d}V \tag{3.2.28}$$

auftritt, die Summe der Einzelimpulse jeder Teilchensorte; rechts steht die Summe aller Kräfte. Mit (3.2.18) erhalten wir schließlich die Version

$$\iiint_{V(t)} \rho(\underline{\mathbf{R}},t)\,\frac{\mathrm{D}\underline{\mathbf{v}}(\underline{\mathbf{R}},t)}{\mathrm{D}t}\,\mathrm{d}V = \iint_{S(t)} \underline{\mathbf{t}}(\underline{\mathbf{R}},t)\,\mathrm{d}S + \iiint_{V(t)} \underline{\mathbf{f}}(\underline{\mathbf{R}},t)\,\mathrm{d}V \tag{3.2.29}$$

des Impulserhaltungssatzes. Um, wie bei Teilchen- und Masserhaltung ((3.2.2) $\Longrightarrow$ (3.2.3), (3.2.6) $\Longrightarrow$ (3.2.7)), auf einen allen Integralen gemeinsamen Integranden schließen zu können, muss die von der Orientierung von $\mathrm{d}S$ abhängende Traktion $\underline{\mathbf{t}}(\underline{\mathbf{R}}, t)$ mit der (äußeren) Normalen $\underline{\mathbf{n}}$, die diese Orientierung angibt, verknüpft werden; man postuliert die lineare (Cauchy'sche) Beziehung

$$\underline{\mathbf{t}}(\underline{\mathbf{R}}, t) = \underline{\mathbf{n}} \cdot \underline{\underline{\mathbf{T}}}(\underline{\mathbf{R}}, t) \tag{3.2.30}$$

über einen Tensor zweiter Stufe $\underline{\underline{\mathbf{T}}}(\underline{\mathbf{R}}, t)$ — den Spannungstensor — und erhält nach Anwendung des Gauß'schen Satzes die Integralform der Newton-Cauchy'schen Bewegungsgleichung

$$\iiint_{V(t)} \rho(\underline{\mathbf{R}}, t) \frac{\mathrm{D}\underline{\mathbf{v}}(\underline{\mathbf{R}}, t)}{\mathrm{D}t} \,\mathrm{d}V = \iiint_{V(t)} \nabla \cdot \underline{\underline{\mathbf{T}}}(\underline{\mathbf{R}}, t) \,\mathrm{d}V + \iiint_{V(t)} \underline{\mathbf{f}}(\underline{\mathbf{R}}, t) \,\mathrm{d}V \tag{3.2.31}$$

beziehungsweise deren Differentialform

$$\rho(\underline{\mathbf{R}}, t) \frac{\mathrm{D}\underline{\mathbf{v}}(\underline{\mathbf{R}}, t)}{\mathrm{D}t} = \nabla \cdot \underline{\underline{\mathbf{T}}}(\underline{\mathbf{R}}, t) + \underline{\mathbf{f}}(\underline{\mathbf{R}}, t) \quad , \tag{3.2.32}$$

da (3.2.32) für jedes beliebige Volumen $V(t)$ gelten muss.

Im Allgemeinen und insbesondere in der US-zfP werden die Volumenkräfte $\underline{\mathbf{f}}(\underline{\mathbf{R}}, t)$ als äußere — eingeprägte — Kräfte aufgefasst, die vom elastodynamischen Spannungs- und Bewegungsfeld unabhängig sind und demzufolge in der Newton-Cauchy'schen Bewegungsgleichung eine Inhomogenität darstellen.

Die Schreibweise

$$\frac{\mathrm{d}}{\mathrm{d}t} \iiint_{V(t)} \underline{\mathbf{j}}(\underline{\mathbf{R}}, t) \,\mathrm{d}V \tag{3.2.33}$$

für die zeitliche Änderung des linearen Gesamtimpulses eines Volumens $V(t)$ im Newton'schen Gesetz

$$\frac{\mathrm{d}}{\mathrm{d}t} \iiint_{V(t)} \underline{\mathbf{j}}(\underline{\mathbf{R}}, t) \,\mathrm{d}V = \iint_{S(t)} \underline{\mathbf{t}}(\underline{\mathbf{R}}, t) \,\mathrm{d}S + \iiint_{V(t)} \underline{\mathbf{f}}(\underline{\mathbf{R}}, t) \,\mathrm{d}V \tag{3.2.34}$$

führt insofern auf die Verallgemeinerung

$$\frac{\mathrm{d}}{\mathrm{d}t} \iiint_{V(t)} \underline{\mathbf{j}}(\underline{\mathbf{R}}, t) \,\mathrm{d}V = \iiint_{V(t)} \left[\nabla \cdot \underline{\underline{\mathbf{T}}}(\underline{\mathbf{R}}, t) + \underline{\mathbf{f}}(\underline{\mathbf{R}}, t)\right] \mathrm{d}V \tag{3.2.35}$$

der Newton-Cauchy'schen Bewegungsgleichung (3.2.31), da es, z.B. in der Geophysik, Anwendungen gibt, für die die Reduktion von $\underline{\mathbf{j}}(\underline{\mathbf{R}}, t)$ auf die Massenflussdichte gemäß (3.2.5) nicht adäquat zur Beschreibung makroskopischer physikalischer Phänomene ist.

Mit (3.2.10) und (3.2.11) lautet (3.2.35) in Differentialform

$$\frac{\delta \underline{\mathbf{j}}(\underline{\mathbf{R}}, t)}{\delta t} = \nabla \cdot \underline{\underline{\mathbf{T}}}(\underline{\mathbf{R}}, t) + \underline{\mathbf{f}}(\underline{\mathbf{R}}, t) \tag{3.2.36}$$

in Verallgemeinerung von (3.2.32).

3.2.4 Drehimpulserhaltung: Symmetrie des Spannungstensors

Das Drehmoment $\underline{\mathbf{N}}$ einer Kraft $\underline{\mathbf{F}}$ ist durch

$$\underline{\mathbf{N}} = \underline{\mathbf{R}} \times \underline{\mathbf{F}} \tag{3.2.37}$$

gegeben; infolgedessen schreibt sich die Drehimpulserhaltung für die Gesamtzahl aller Teilchen (über alle Teilchensorten summiert) in $V(t)$ mit (3.2.25) gemäß

$$\begin{aligned}\frac{\mathrm{d}}{\mathrm{d}t}\iiint_{V(t)} \rho(\underline{\mathbf{R}},t)\,\underline{\mathbf{R}}\times\underline{\mathbf{v}}(\underline{\mathbf{R}},t)\,\mathrm{d}V &= \iint_{S(t)} \underline{\mathbf{R}}\times\underline{\mathbf{t}}(\underline{\mathbf{R}},t)\,\mathrm{d}S + \\ &+ \iiint_{V(t)} \underline{\mathbf{R}}\times\underline{\mathbf{f}}(\underline{\mathbf{R}},t)\,\mathrm{d}V \\ &= \iiint_{V(t)} \rho(\underline{\mathbf{R}},t)\,\frac{\mathrm{D}[\underline{\mathbf{R}}\times\underline{\mathbf{v}}(\underline{\mathbf{R}},t)]}{\mathrm{D}t}\,\mathrm{d}V\end{aligned} \tag{3.2.38}$$

Für die folgende Rechnung — sie wird dadurch etwas übersichtlicher — vertauschen wir die Reihenfolge der Vektoren in allen Vektorprodukten von (3.2.38), wobei sich das jeweils entstehende Minuszeichen heraushebt. Im Flächenintegral von (3.2.38) ersetzen wir $\underline{\mathbf{t}}(\underline{\mathbf{R}},t)$ durch (3.2.30) und müssen sodann, nach Anwendung des Gauß'schen Satzes, $\boldsymbol{\nabla}\cdot[\underline{\underline{\mathbf{T}}}(\underline{\mathbf{R}},t)\times\underline{\mathbf{R}}]$ berechnen[9]:

$$\begin{aligned}\boldsymbol{\nabla}\cdot[\underline{\underline{\mathbf{T}}}(\underline{\mathbf{R}},t)\times\underline{\mathbf{R}}] &= [\boldsymbol{\nabla}\cdot\underline{\underline{\mathbf{T}}}(\underline{\mathbf{R}},t)]\times\underline{\mathbf{R}} + \underline{\underline{\mathbf{T}}}^{21}(\underline{\mathbf{R}},t)\,\dot{\times}\,\boldsymbol{\nabla}\underline{\mathbf{R}} \\ &= [\boldsymbol{\nabla}\cdot\underline{\underline{\mathbf{T}}}(\underline{\mathbf{R}},t)]\times\underline{\mathbf{R}} + \underline{\underline{\mathbf{T}}}^{21}(\underline{\mathbf{R}},t)\,\dot{\times}\,\underline{\underline{\mathbf{I}}} \\ &= [\boldsymbol{\nabla}\cdot\underline{\underline{\mathbf{T}}}(\underline{\mathbf{R}},t)]\times\underline{\mathbf{R}} + \langle\,\underline{\underline{\mathbf{T}}}^{21}(\underline{\mathbf{R}},t)\,\rangle \\ &= [\boldsymbol{\nabla}\cdot\underline{\underline{\mathbf{T}}}(\underline{\mathbf{R}},t)]\times\underline{\mathbf{R}} - \langle\underline{\underline{\mathbf{T}}}(\underline{\mathbf{R}},t)\rangle\ .\end{aligned} \tag{3.2.39}$$

Damit wird aus (3.2.38):

$$\begin{aligned}\iiint_{V(t)} \rho(\underline{\mathbf{R}},t)\,\frac{\mathrm{D}\underline{\mathbf{v}}(\underline{\mathbf{R}},t)}{\mathrm{D}t}\times\underline{\mathbf{R}}\,\mathrm{d}V &= \iiint_{V(t)} [\boldsymbol{\nabla}\cdot\underline{\underline{\mathbf{T}}}(\underline{\mathbf{R}},t)+\underline{\mathbf{f}}(\underline{\mathbf{R}},t)]\times\underline{\mathbf{R}}\,\mathrm{d}V - \\ &- \iiint_{V(t)} \langle\underline{\underline{\mathbf{T}}}(\underline{\mathbf{R}},t)\rangle\,\mathrm{d}V\ ,\end{aligned} \tag{3.2.40}$$

und unter Beachtung des Impulserhaltungssatzes (3.2.29) ergibt sich schließlich

$$\langle\underline{\underline{\mathbf{T}}}(\underline{\mathbf{R}},t)\rangle \equiv \underline{\mathbf{0}} \tag{3.2.41}$$

als Konsequenz des Drehimpulserhaltungssatzes.

Gemäß (2.1.85) und (2.1.87) zerlegt man $\underline{\underline{\mathbf{T}}}$ in einen symmetrischen und einen antisymmetrischen Anteil

$$\begin{aligned}\underline{\underline{\mathbf{T}}} &= \underline{\underline{\mathbf{T}}}_{\mathrm{s}} + \underline{\underline{\mathbf{T}}}_{\mathrm{a}} \\ &= \frac{1}{2}\left(\underline{\underline{\mathbf{T}}}+\underline{\underline{\mathbf{T}}}^{21}\right) + \frac{1}{2}\left(\underline{\underline{\mathbf{T}}}-\underline{\underline{\mathbf{T}}}^{21}\right)\ ;\end{aligned} \tag{3.2.42}$$

[9] Unter $\underline{\underline{\mathbf{A}}}\,\dot{\times}\,\underline{\underline{\mathbf{B}}}$ verstehen wir (in der Schreibweise der Summenkonvention)

$$\begin{aligned}\underline{\underline{\mathbf{A}}}\,\dot{\times}\,\underline{\underline{\mathbf{B}}} &= A_{ij}B_{kl}\,(\underline{\mathbf{e}}_{x_i}\times\underline{\mathbf{e}}_{x_l})\,\underline{\mathbf{e}}_{x_j}\cdot\underline{\mathbf{e}}_{x_k} \\ &= A_{ik}B_{kl}\,\underline{\mathbf{e}}_{x_i}\times\underline{\mathbf{e}}_{x_l}\ ,\end{aligned}$$

also sozusagen das „Vektorprodukt" des ersten Indexes von $\underline{\underline{\mathbf{A}}}$ mit dem zweiten von $\underline{\underline{\mathbf{B}}}$ nach Kontraktion des zweiten Indexes von $\underline{\underline{\mathbf{A}}}$ mit dem ersten von $\underline{\underline{\mathbf{B}}}$. Mit $\underline{\underline{\mathbf{B}}}=\underline{\underline{\mathbf{I}}}$ folgt

$$\begin{aligned}\underline{\underline{\mathbf{A}}}\,\dot{\times}\,\underline{\underline{\mathbf{I}}} &= A_{il}\,\underline{\mathbf{e}}_{x_i}\times\underline{\mathbf{e}}_{x_l} \\ &= \langle\,\underline{\underline{\mathbf{A}}}\,\rangle\ ;\end{aligned}$$

$\langle\,\underline{\underline{\mathbf{A}}}\,\rangle$ ist der sogenannte Rotationsvektor des Tensors zweiter Stufe $\underline{\underline{\mathbf{A}}}$ (Gleichung (2.1.88)). Es gilt:

$$\langle\underline{\underline{\mathbf{A}}}^{21}\rangle = \underline{\underline{\mathbf{A}}}^{21}\,\dot{\times}\,\underline{\underline{\mathbf{I}}} = A_{li}\,\underline{\mathbf{e}}_{x_i}\times\underline{\mathbf{e}}_{x_l} = -A_{li}\,\underline{\mathbf{e}}_{x_l}\times\underline{\mathbf{e}}_{x_i} = -\langle\underline{\underline{\mathbf{A}}}\rangle\ .$$

mit Fußnote 9 folgt

$$\langle \underline{\underline{\mathbf{T}}} \rangle = \langle \underline{\underline{\mathbf{T}}}_{\mathrm{a}} \rangle \quad , \tag{3.2.43}$$

da $\langle \underline{\underline{\mathbf{T}}}_{\mathrm{s}} \rangle \equiv \underline{\mathbf{0}}$; der Rotationsvektor eines antisymmetrischen Tensors $\underline{\underline{\mathbf{T}}}_{\mathrm{a}}$ ist aber nur dann identisch null, wenn $\underline{\underline{\mathbf{T}}}_{\mathrm{a}}$ der Nulltensor $\underline{\underline{\mathbf{0}}}$ ist: Also muss $\underline{\underline{\mathbf{T}}}$ symmetrisch sein!

Sofern im Drehimpulserhaltungssatz (3.2.38) äußere — eingeprägte — Volumendrehmomente ursächlich berücksichtigt werden müssen, ist die Symmetrie von $\underline{\underline{\mathbf{T}}}$ in entsprechendem Maße gebrochen (Auld, 1973); dies ist z.B. der Fall in elektrisch oder magnetisch vorpolarisierten Materialien (Ferroelektrika oder Ferromagnetika) in äußeren elektrischen oder magnetischen Feldern (Langenberg, 2005). Im Rahmen der linearen Elastodynamik sind derartige Effekte aber vernachlässigbar, sodass man die Symmetrie des Spannungstensors näherungsweise beibehält.

Mit der Verallgemeinerung (3.2.35) der Newton-Cauchy'schen Bewegungsgleichung ist die soeben erschlossene Symmetrie von $\underline{\underline{\mathbf{T}}}$ nicht unmittelbar offensichtlich, sodass sie von de Hoop in (3.2.35) gemäß

$$\frac{\mathrm{d}}{\mathrm{d}t} \iiint_{V(t)} \underline{\mathbf{j}}(\underline{\mathbf{R}}, t)\, \mathrm{d}V = \iiint_{V(t)} \left\{ \frac{1}{2} \boldsymbol{\nabla} \cdot \left[\underline{\underline{\mathbf{T}}}(\underline{\mathbf{R}}, t) + \underline{\underline{\mathbf{T}}}^{21}(\underline{\mathbf{R}}, t) \right] + \underline{\mathbf{f}}(\underline{\mathbf{R}}, t) \right\} \mathrm{d}V \tag{3.2.44}$$

„sichtbar" gemacht wird.

Im (symmetrischen) Spannungstensor heißen die Hauptdiagonalelemente $T_{x_i x_i}$ Normalspannungen und die Nebendiagonalelemente $T_{x_i x_j}$, $i \neq j$, Scherspannungen.

3.2.5 Deformationsratengleichung

Wir berechnen mit dem Konzept der Driftgeschwindigkeit die relative Lageänderung zweier Massen„punkte" im Zeitintervall Δt; dies wird uns auf den Begriff der (linearen) Deformationsrate eines Festkörpers führen. In Abb. 3.2.2 sind die beiden Punkte mit P_R und P_Q bezeichnet; im

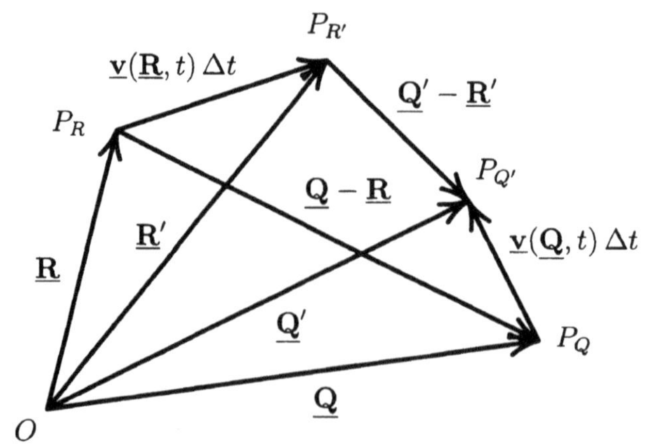

***Abb. 3.2.2:** Relative Lageänderung zweier Massen„punkte" P_R und P_Q im Zeitintervall Δt*

Zeitintervall Δt bewegen sie sich mit den jeweiligen Driftgeschwindigkeiten $\underline{\mathbf{v}}(\underline{\mathbf{R}}, t)$ und $\underline{\mathbf{v}}(\underline{\mathbf{Q}}, t)$ nach $P_{R'}$ bzw. $P_{Q'}$, sodass die neuen Ortsvektoren $\underline{\mathbf{R}}'$ und $\underline{\mathbf{Q}}'$ zum Zeitpunkt $t + \Delta t$ mit den alten Ortsvektoren $\underline{\mathbf{R}}$ und $\underline{\mathbf{Q}}$ zum Zeitpunkt t gemäß

$$\underline{\mathbf{R}}' \simeq \underline{\mathbf{R}} + \underline{\mathbf{v}}(\underline{\mathbf{R}}, t)\, \Delta t \quad , \tag{3.2.45}$$

$$\underline{\mathbf{Q}}' \simeq \underline{\mathbf{Q}} + \underline{\mathbf{v}}(\underline{\mathbf{Q}}, t)\, \Delta t \tag{3.2.46}$$

verknüpft sind; der Fehler, den man mit diesen abgebrochenen Taylorentwicklungen macht, geht mit $\Delta t \longrightarrow 0$ gegen null. Andererseits können wir $\underline{\mathbf{v}}(\underline{\mathbf{Q}},t)$ aus $\underline{\mathbf{v}}(\underline{\mathbf{R}},t)$ für kleine Beträge $|\underline{\mathbf{Q}}-\underline{\mathbf{R}}|$ gemäß

$$\underline{\mathbf{v}}(\underline{\mathbf{Q}},t) \simeq \underline{\mathbf{v}}(\underline{\mathbf{R}},t) + (\underline{\mathbf{Q}}-\underline{\mathbf{R}}) \cdot \boldsymbol{\nabla}\underline{\mathbf{v}}(\underline{\mathbf{R}},t) \tag{3.2.47}$$

berechnen; der nächste Term der Taylorentwicklung (3.2.47) wäre quadratisch in $|\underline{\mathbf{Q}}-\underline{\mathbf{R}}|$. Die Geschwindigkeit der relativen Änderung des Punkteabstandes $\underline{\mathbf{Q}}-\underline{\mathbf{R}}$ — die „Deformationsrate" — ist deshalb in *linearer* Näherung durch

$$\begin{aligned}\lim_{\Delta t\to 0}\frac{(\underline{\mathbf{Q}}'-\underline{\mathbf{R}}')-(\underline{\mathbf{Q}}-\underline{\mathbf{R}})}{\Delta t} &= \underline{\mathbf{v}}(\underline{\mathbf{Q}},t)-\underline{\mathbf{v}}(\underline{\mathbf{R}},t)\\ &= (\underline{\mathbf{Q}}-\underline{\mathbf{R}})\cdot\boldsymbol{\nabla}\underline{\mathbf{v}}(\underline{\mathbf{R}},t)\end{aligned} \tag{3.2.48}$$

gegeben. Eine den beiden Punkten gemeinsame Translationsgeschwindigkeit des gesamten Festkörpers fällt in dieser Definition heraus. In der linearen Näherung (3.2.48) ist die „Deformationsrate" — wir benutzen Anführungszeichen, weil wir die „eigentliche" Deformationsrate auch noch ohne die Rotationsgeschwindigkeit des Festkörpers definieren[10] — offensichtlich durch die Gradientendyade der Driftgeschwindigkeit $\boldsymbol{\nabla}\underline{\mathbf{v}}(\underline{\mathbf{R}},t)$ vollständig spezifiziert. Im Folgenden wollen wir zeigen, dass $\boldsymbol{\nabla}\underline{\mathbf{v}}(\underline{\mathbf{R}},t)$ tatsächlich auch die (Festkörper-)Rotation von P_R um O enthält, und wie wir diesen Rotationsanteil „abziehen" können.

Die Bahngeschwindigkeit $\underline{\mathbf{w}}(\underline{\mathbf{R}},t)$ des Punktes P_R bei Rotation um O mit räumlich konstanter Winkelgeschwindigkeit $\underline{\boldsymbol{\Omega}}(t)$ ist durch

$$\underline{\mathbf{w}}(\underline{\mathbf{R}},t) = \underline{\boldsymbol{\Omega}}(t)\times\underline{\mathbf{R}} \tag{3.2.49}$$

gegeben; im vorliegenden Zusammenhang interessiert es uns, wie sich $\underline{\mathbf{w}}(\underline{\mathbf{R}},t)$ gegebenenfalls aus $\boldsymbol{\nabla}\underline{\mathbf{w}}(\underline{\mathbf{R}},t)$ berechnen lässt. Dazu bilden wir[11]

$$\begin{aligned}\boldsymbol{\nabla}\times\underline{\mathbf{w}}(\underline{\mathbf{R}},t) &= \boldsymbol{\nabla}\times[\underline{\boldsymbol{\Omega}}(t)\times\underline{\mathbf{R}}]\\ &= -\underline{\boldsymbol{\Omega}}(t)\cdot\boldsymbol{\nabla}\underline{\mathbf{R}} + (\boldsymbol{\nabla}\cdot\underline{\mathbf{R}})\underline{\boldsymbol{\Omega}}(t)\\ &= -\underline{\boldsymbol{\Omega}}(t)+3\underline{\boldsymbol{\Omega}}(t)\\ &= 2\underline{\boldsymbol{\Omega}}(t)\end{aligned} \tag{3.2.50}$$

und setzen dies in (3.2.49) ein:

$$\begin{aligned}\underline{\mathbf{w}}(\underline{\mathbf{R}},t) &= \frac{1}{2}[\boldsymbol{\nabla}\times\underline{\mathbf{w}}(\underline{\mathbf{R}},t)]\times\underline{\mathbf{R}}\\ &= \frac{1}{2}\{[\underline{\mathbf{w}}(\underline{\mathbf{R}},t)\boldsymbol{\nabla}]\cdot\underline{\mathbf{R}} - [\boldsymbol{\nabla}\underline{\mathbf{w}}(\underline{\mathbf{R}},t)]\cdot\underline{\mathbf{R}}\}\\ &= \frac{1}{2}\underline{\mathbf{R}}\cdot\{\boldsymbol{\nabla}\underline{\mathbf{w}}(\underline{\mathbf{R}},t) - [\boldsymbol{\nabla}\underline{\mathbf{w}}(\underline{\mathbf{R}},t)]^{21}\}\\ &= \underline{\mathbf{R}}\cdot[\boldsymbol{\nabla}\underline{\mathbf{w}}(\underline{\mathbf{R}},t)]_{\mathrm{a}}\ ;\end{aligned} \tag{3.2.51}$$

es folgt: Der *antisymmetrische* Anteil von $\boldsymbol{\nabla}\underline{\mathbf{w}}(\underline{\mathbf{R}},t)$ ist, nach einer (3.2.48) entsprechenden Projektion, für die Rotations(bahn)geschwindigkeit verantwortlich, die keine lokale Deformation

[10] Auf Fußball bezogen: Wir sind weder am *Drive* noch am *Effet*, sondern an der *Deformation* des getretenen Balles interessiert.

[11] Die unmittelbare Berechnung

$$\begin{aligned}\boldsymbol{\nabla}\underline{\mathbf{w}}(\underline{\mathbf{R}},t) &= \boldsymbol{\nabla}[\underline{\boldsymbol{\Omega}}(t)\times\underline{\mathbf{R}}]\\ &= -(\boldsymbol{\nabla}\underline{\mathbf{R}})\times\underline{\boldsymbol{\Omega}}(t)\\ &= -\underline{\underline{\mathbf{I}}}\times\underline{\boldsymbol{\Omega}}(t)\\ &= -\underline{\boldsymbol{\Omega}}(t)\times\underline{\underline{\mathbf{I}}}\end{aligned}$$

liefert mit $\underline{\boldsymbol{\Omega}}(t)\times\underline{\underline{\mathbf{I}}}$ die allgemeine Darstellung eines antisymmetrischen Tensors, wobei sich $\underline{\boldsymbol{\Omega}}$ gemäß $\underline{\boldsymbol{\Omega}} = -\frac{1}{2}\langle\boldsymbol{\nabla}\underline{\mathbf{w}}^{21}\rangle = \frac{1}{2}\langle\boldsymbol{\nabla}\underline{\mathbf{w}}\rangle$ berechnen lässt. Dies ist dasselbe Ergebnis wie (3.2.50).

zur Folge hat. Deshalb definiert man den symmetrischen Anteil $[\nabla \underline{\mathbf{v}}(\underline{\mathbf{R}},t)]_s = \frac{1}{2}\{\nabla \underline{\mathbf{v}}(\underline{\mathbf{R}},t) + [\nabla \underline{\mathbf{v}}(\underline{\mathbf{R}},t)]^{21}\}$ als Deformationsratentensor (zweiter Stufe)

$$\underline{\underline{\mathbf{D}}}(\underline{\mathbf{R}},t) = \frac{1}{2}\left\{\nabla \underline{\mathbf{v}}(\underline{\mathbf{R}},t) + [\nabla \underline{\mathbf{v}}(\underline{\mathbf{R}},t)]^{21}\right\} \tag{3.2.52}$$

In der Newton-Cauchy'schen Bewegungsgleichung ist die rechte Seite $\nabla \cdot \underline{\underline{\mathbf{T}}}(\underline{\mathbf{R}},t) + \underline{\mathbf{f}}(\underline{\mathbf{R}},t)$ *Ursache* der zeitlichen Änderung $\delta/\delta t$ der Impulsdichte $\underline{\mathbf{j}}(\underline{\mathbf{R}},t)$; *hier* ist die Deformations*rate* $\underline{\underline{\mathbf{D}}}(\underline{\mathbf{R}},t)$ Ursache der zeitlichen Änderung $\delta/\delta t$ der dadurch definierten *Deformation* $\underline{\underline{\mathbf{S}}}(\underline{\mathbf{R}},t)$, die damit ebenfalls ein symmetrischer Tensor zweiter Stufe ist. Diese Deformation ist ursächlich durch Spannungen induziert; daneben können wir jedoch noch einen Quellterm[12] $-\underline{\underline{\mathbf{h}}}(\underline{\mathbf{R}},t)$ als von außen eingeprägten — symmetrischen — Deformationsratentensor berücksichtigen, sodass sich schließlich

$$\frac{\delta \underline{\underline{\mathbf{S}}}(\underline{\mathbf{R}},t)}{\delta t} = \frac{1}{2}\left\{\nabla \underline{\mathbf{v}}(\underline{\mathbf{R}},t) + [\nabla \underline{\mathbf{v}}(\underline{\mathbf{R}},t)]^{21}\right\} + \underline{\underline{\mathbf{h}}}(\underline{\mathbf{R}},t) \tag{3.2.53}$$

als Deformationsratengleichung ergibt. Unter Verwendung des $\underline{\underline{\underline{\underline{\mathbf{I}}}}}^+$-Tensors vierter Stufe gemäß (2.1.109) können wir (3.2.53) in abgekürzter Form schreiben:

$$\frac{\delta \underline{\underline{\mathbf{S}}}(\underline{\mathbf{R}},t)}{\delta t} = \underline{\underline{\underline{\underline{\mathbf{I}}}}}^+ : \nabla \underline{\mathbf{v}}(\underline{\mathbf{R}},t) + \underline{\underline{\mathbf{h}}}(\underline{\mathbf{R}},t) \quad . \tag{3.2.54}$$

3.2.6 Newton-Cauchy'sche Bewegungsgleichung und Deformationsratengleichung der *linearen* Elastodynamik

Die Kontinuumshypothese und der Teilchenerhaltungssatz führten uns zum Reynolds'schen Tranporttheorem (3.2.9); dessen Verwendung im Newton'schen Erhaltungssatz des linearen Impulses ergab nach Einführung des Spannungstensors anstelle von Traktionen die Newton-Cauchy'sche Bewegungsgleichung (3.2.35). Eine entsprechende Formulierung des Drehimpulserhaltungssatzes zusammen mit der Materialgleichung (3.2.5) lieferte die Symmetrie des Spannungstensors. Zur physikalischen Begründung der Deformationsratengleichung (3.2.53) bedurfte es der *geometrischen* Linearisierung der Deformationsrate (3.2.48) und der Elimination der Festkörperrotation mit der Konsequenz der Symmetrie des Deformationsratentensors. Schreiben wir die elastodynamischen Gleichungen (3.2.35) und (3.2.53) unter expliziter Verwendung des Operators (3.2.11) gemäß

$$\frac{\partial \underline{\mathbf{j}}(\underline{\mathbf{R}},t)}{\partial t} + \nabla \cdot [\underline{\mathbf{v}}(\underline{\mathbf{R}},t)\underline{\mathbf{j}}(\underline{\mathbf{R}},t)] = \nabla \cdot \underline{\underline{\mathbf{T}}}(\underline{\mathbf{R}},t) + \underline{\mathbf{f}}(\underline{\mathbf{R}},t) \quad , \tag{3.2.55}$$

$$\frac{\partial \underline{\underline{\mathbf{S}}}(\underline{\mathbf{R}},t)}{\partial t} + \nabla \cdot [\underline{\mathbf{v}}(\underline{\mathbf{R}},t)\underline{\underline{\mathbf{S}}}(\underline{\mathbf{R}},t)] = \frac{1}{2}\left\{\nabla \underline{\mathbf{v}}(\underline{\mathbf{R}},t) + [\nabla \underline{\mathbf{v}}(\underline{\mathbf{R}},t)]^{21}\right\} + \underline{\underline{\mathbf{h}}}(\underline{\mathbf{R}},t) \quad , \tag{3.2.56}$$

so erkennt man sehr schön, dass diese Gleichungen in den elastodynamischen *Feldgrößen* nichtlinear sind. In der US-zfP sind die Amplituden der zeitveränderlichen Feldgrößen im Allgemeinen jedoch so klein, dass man die entsprechenden Terme vernachlässigen kann. Ergebnis dieser Approximation sind die *linearen* Gleichungen

$$\frac{\partial \underline{\mathbf{j}}(\underline{\mathbf{R}},t)}{\partial t} = \nabla \cdot \underline{\underline{\mathbf{T}}}(\underline{\mathbf{R}},t) + \underline{\mathbf{f}}(\underline{\mathbf{R}},t) \quad , \tag{3.2.57}$$

$$\frac{\partial \underline{\underline{\mathbf{S}}}(\underline{\mathbf{R}},t)}{\partial t} = \frac{1}{2}\left\{\nabla \underline{\mathbf{v}}(\underline{\mathbf{R}},t) + [\nabla \underline{\mathbf{v}}(\underline{\mathbf{R}},t)]^{21}\right\} + \underline{\underline{\mathbf{h}}}(\underline{\mathbf{R}},t) \quad , \tag{3.2.58}$$

[12] Wir wählen im Gegensatz zu de Hoop aus formalen Gründen $-\underline{\underline{\mathbf{h}}}(\underline{\mathbf{R}},t)$ als Quellterm, damit, in Analogie zu den Maxwell'schen Gleichungen in der Schreibweise (6.1.1) und (6.1.2), die beiden Quellterme $\underline{\mathbf{f}}$ und $\underline{\underline{\mathbf{h}}}$ auf den rechten Seiten mit demselben Vorzeichen auftreten.

der Elastodynamik, die wir als elastodynamische Grundgleichungen (3.1.1) und (3.1.2) dieser Ausarbeitung zugrunde legen. In einem weiteren Schritt gilt es nun, diese Gleichungen miteinander zu verknüpfen: das Stichwort heißt „Materialgleichungen" (Abschnitt 4).

3.3 Übergangs- und Randbedingungen

3.3.1 Homogene und inhomogene Übergangsbedingungen an einer Sprungstelle elastischer Materialeigenschaften

Selbst *ohne* Kenntnis der genauen Eigenschaften elastischer Materialien sind wir bereits in der Lage zu spezifizieren, welche Bedingungen elastodynamische Felder an der *Sprungstelle* elastischer Materialeigenschaften erfüllen müssen: Diese Bedingungen folgen unmittelbar aus den elastodynamischen Grundgleichungen (3.1.1) und (3.1.2).

Wir beziehen uns auf die Skizze in Abb. 3.3.1: Das homogene oder inhomogene, isotrope oder

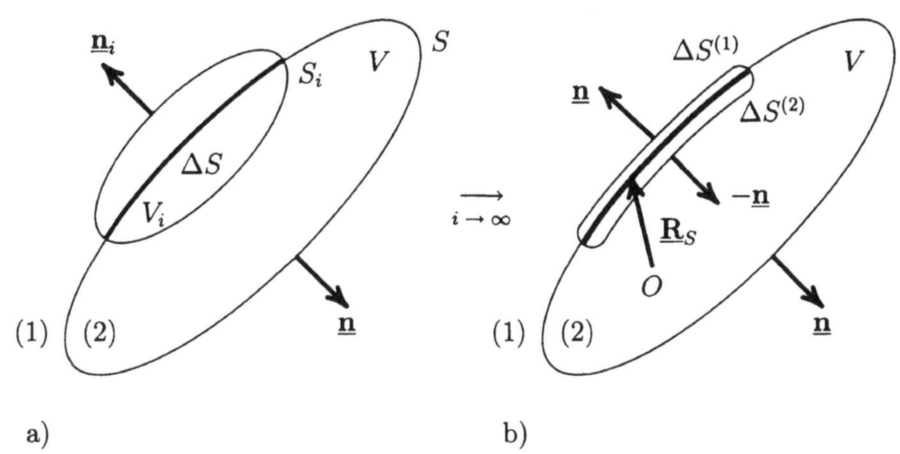

Abb. 3.3.1: *Zur Herleitung der Übergangsbedingungen*

anisotrope, dissipative oder nichtdissipative Material (1) enthalte einen „Einschluss" V mit den Materialeigenschaften (2), die ebenso willkürlich sein können wie die des Materials (1), allein auf der Oberfläche S des Einschlusses sollen sich die Materialeigenschaften unstetig — sprunghaft — ändern; mit $\underline{\mathbf{n}}$ bezeichnen wir die äußere Normale[13] auf S. Nunmehr wählen wir ein „sehr kleines" Stück ΔS von S aus — es sei so klein, dass es als eben angesehen werden kann — und hüllen es in ein Volumen V_i mit der Oberfläche S_i und der äußeren Normalen $\underline{\mathbf{n}}_i$ ein; V_i enthält also sowohl Material (1) als auch Material (2) (Abbildung 3.3.1a). Wir untersuchen im Folgenden die Volumenintegrale

$$\iiint_{V_i} \frac{\partial \underline{\mathbf{j}}(\underline{\mathbf{R}},t)}{\partial t}\,\mathrm{d}V = \iiint_{V_i} \nabla \cdot \underline{\underline{\mathbf{T}}}(\underline{\mathbf{R}},t)\,\mathrm{d}V + \iiint_{V_i} \underline{\mathbf{f}}(\underline{\mathbf{R}},t)\,\mathrm{d}V \quad , \tag{3.3.1}$$

$$\iiint_{V_i} \frac{\partial \underline{\underline{\mathbf{S}}}(\underline{\mathbf{R}},t)}{\partial t}\,\mathrm{d}V = \frac{1}{2}\iiint_{V_i} \left\{\nabla \underline{\mathbf{v}}(\underline{\mathbf{R}},t) + [\nabla \underline{\mathbf{v}}(\underline{\mathbf{R}},t)]^{21}\right\}\mathrm{d}V + \iiint_{V_i} \underline{\underline{\mathbf{h}}}(\underline{\mathbf{R}},t)\,\mathrm{d}V$$

[13] Wir setzen voraus, dass S höchstens „abgerundete" Kanten und Ecken hat, so dass eine Normale überall existiert. Des Weiteren nehmen wir an, dass die Teilchenbewegungen auf S so klein sind, dass S als zeitunabhängig angenommen werden kann.

(3.3.2)

der elastodynamischen Grundgleichungen (3.1.1) und (3.1.2), wobei wir, entsprechend dem Übergang von Abb. 3.3.1a nach Abb. 3.3.1b, den Grenzübergang $i \longrightarrow \infty$ einer Folge von Volumina V_i im Auge haben; dieser Grenzübergang soll so beschaffen sein, dass sich die Volumina mehr und mehr wie eine sehr flache Dose dem Flächenstück ΔS von beiden Seiten her anschmiegen, sodass eine äußere „Schmiegungsfläche“ $\Delta S^{(1)}$ und eine innere „Schmiegungsfläche“ $\Delta S^{(2)}$ entsteht, deren jeweils (äußere) Normalen aus $\underline{\mathbf{n}}_i$ für $i \longrightarrow \infty$ entstehen und durch $\underline{\mathbf{n}}$ und $-\underline{\mathbf{n}}$ gegeben sind. Wenden wir nunmehr auf die jeweils ersten Integrale auf den rechten Seiten von (3.3.1) und (3.3.2) Gauß'sche Sätze an, so ist der Grenzübergang $i \longrightarrow \infty$ an den Gleichungen

$$\iiint_{V_i} \frac{\partial \underline{\mathbf{j}}(\underline{\mathbf{R}},t)}{\partial t}\,\mathrm{d}V = \iint_{S_i} \underline{\mathbf{n}}_i \cdot \underline{\underline{\mathbf{T}}}(\underline{\mathbf{R}},t)\,\mathrm{d}S + \iiint_{V_i} \underline{\mathbf{f}}(\underline{\mathbf{R}},t)\,\mathrm{d}V \quad , \tag{3.3.3}$$

$$\iiint_{V_i} \frac{\partial \underline{\underline{\mathbf{S}}}(\underline{\mathbf{R}},t)}{\partial t}\,\mathrm{d}V = \frac{1}{2}\iint_{S_i} [\underline{\mathbf{n}}_i\underline{\mathbf{v}}(\underline{\mathbf{R}},t) + \underline{\mathbf{v}}(\underline{\mathbf{R}},t)\underline{\mathbf{n}}_i]\,\mathrm{d}S + \iiint_{V_i} \underline{\underline{\mathbf{h}}}(\underline{\mathbf{R}},t)\,\mathrm{d}V \tag{3.3.4}$$

zu vollziehen.

Betrachten wir zunächst die Volumenintegrale elastodynamischer Felder auf der linken Seite: Wenn die Felder sich „physikalisch vernünftig“ verhalten, d.h. mathematisch singularitätenfrei sind, geht mit dem Integrations*volumen* das sich darüber erstreckende *Integral* gegen null[14].

Die Flächenintegrale in (3.3.3), (3.3.4) gehen für $i \longrightarrow \infty$ in Integrale über $\Delta S^{(1)}$ und $\Delta S^{(2)}$ über, wobei die Normale $-\underline{\mathbf{n}}$ auf $\Delta S^{(2)}$ für das negative Vorzeichen sorgt:

$$\lim_{i\to\infty}\iint_{S_i} \underline{\mathbf{n}}_i \cdot \underline{\underline{\mathbf{T}}}(\underline{\mathbf{R}},t)\,\mathrm{d}S = \iint_{\Delta S^{(1)}} \underline{\mathbf{n}} \cdot \underline{\underline{\mathbf{T}}}(\underline{\mathbf{R}},t)\,\mathrm{d}S - \iint_{\Delta S^{(2)}} \underline{\mathbf{n}} \cdot \underline{\underline{\mathbf{T}}}(\underline{\mathbf{R}},t)\,\mathrm{d}S \quad , \tag{3.3.5}$$

$$\begin{aligned}\lim_{i\to\infty}\frac{1}{2}\iint_{S_i} [\underline{\mathbf{n}}_i\underline{\mathbf{v}}(\underline{\mathbf{R}},t)+\underline{\mathbf{v}}(\underline{\mathbf{R}},t)\underline{\mathbf{n}}_i]\,\mathrm{d}S = \\ \frac{1}{2}\iint_{\Delta S^{(1)}} [\underline{\mathbf{n}}\,\underline{\mathbf{v}}(\underline{\mathbf{R}},t) + \underline{\mathbf{v}}(\underline{\mathbf{R}},t)\underline{\mathbf{n}}]\,\mathrm{d}S - \\ -\frac{1}{2}\iint_{\Delta S^{(2)}} [\underline{\mathbf{n}}\,\underline{\mathbf{v}}(\underline{\mathbf{R}},t) + \underline{\mathbf{v}}(\underline{\mathbf{R}},t)\underline{\mathbf{n}}]\,\mathrm{d}S \quad .\end{aligned} \tag{3.3.6}$$

Nach dem Mittelwertsatz der Integralrechnung (Burg et al., 1990) finden wir auf ΔS stets einen Ortsvektor $\underline{\mathbf{R}}_S$ — er liegt aufgrund der „Anschmiegung“ von $\Delta S^{(1)}$ und $\Delta S^{(2)}$ an ΔS ebenso auf $\Delta S^{(1)}$ und $\Delta S^{(2)}$ —, für den

$$\iint_{\Delta S^{(j)}} \underline{\mathbf{n}} \cdot \underline{\underline{\mathbf{T}}}(\underline{\mathbf{R}},t)\,\mathrm{d}S = \underline{\mathbf{n}} \cdot \underline{\underline{\mathbf{T}}}^{(j)}(\underline{\mathbf{R}}_S,t)\Delta S \quad , \tag{3.3.7}$$

$$\frac{1}{2}\iint_{\Delta S^{(j)}} [\underline{\mathbf{n}}\,\underline{\mathbf{v}}(\underline{\mathbf{R}},t) + \underline{\mathbf{v}}(\underline{\mathbf{R}},t)\underline{\mathbf{n}}]\,\mathrm{d}S = \frac{1}{2}\left[\underline{\mathbf{n}}\,\underline{\mathbf{v}}^{(j)}(\underline{\mathbf{R}}_S,t) + \underline{\mathbf{v}}^{(j)}(\underline{\mathbf{R}}_S,t)\underline{\mathbf{n}}\right]\Delta S \quad , \quad j = 1,2 \quad ; \tag{3.3.8}$$

mit $\underline{\underline{\mathbf{T}}}^{(j)}(\underline{\mathbf{R}}_S,t)$, $\underline{\mathbf{v}}^{(j)}(\underline{\mathbf{R}}_S,t)$ bezeichnen wir die Grenzwerte der Feldgrößen $\underline{\underline{\mathbf{T}}}(\underline{\mathbf{R}},t)$, $\underline{\mathbf{v}}(\underline{\mathbf{R}},t)$, wenn $\underline{\mathbf{R}}$ in dem Material (j) gegen $\underline{\mathbf{R}}_S$ strebt.

Es verbleibt die Untersuchung der V_i-Volumenintegrale über die eingeprägten Quellen $\underline{\mathbf{f}}(\underline{\mathbf{R}},t)$, $\underline{\underline{\mathbf{h}}}(\underline{\mathbf{R}},t)$: Wir unterscheiden im Folgenden zwei Fälle.

[14]In einem „Nullvolumen“ gibt es nichts zum Aufsummieren, d.h. zu integrieren.

Homogene Übergangsbedingungen: Stetigkeit des Traktionsvektors und des Flächendeformationsratentensors bzw. des Teilchenverschiebungsvektors

Die vorgegebenen Quellfunktionen $\underline{\mathbf{f}}(\underline{\mathbf{R}},t)$, $\underline{\underline{\mathbf{h}}}(\underline{\mathbf{R}},t)$ sollen für singularitätenfreie *Volumen*quellen stehen; dann liefern sie für $i \longrightarrow \infty$ ebenfalls keinen Beitrag zum Grenzwert der Gleichungen (3.3.1), (3.3.2), und die elastodynamischen Grundgleichungen (3.3.3), (3.3.4) reduzieren sich damit wegen (3.3.5), (3.3.6), (3.3.7) und (3.3.8) auf die *homogenen* Übergangsbedingungen

$$\underline{\mathbf{n}} \cdot \underline{\underline{\mathbf{T}}}^{(1)}(\underline{\mathbf{R}}_S,t) - \underline{\mathbf{n}} \cdot \underline{\underline{\mathbf{T}}}^{(2)}(\underline{\mathbf{R}}_S,t) = \underline{\mathbf{0}} \quad , \quad \underline{\mathbf{R}}_S \in S \quad , \tag{3.3.9}$$

$$\underline{\mathbf{n}}\,\underline{\mathbf{v}}^{(1)}(\underline{\mathbf{R}}_S,t) + \underline{\mathbf{v}}^{(1)}(\underline{\mathbf{R}}_S,t)\underline{\mathbf{n}} - \underline{\mathbf{n}}\,\underline{\mathbf{v}}^{(2)}(\underline{\mathbf{R}}_S,t) - \underline{\mathbf{v}}^{(2)}(\underline{\mathbf{R}}_S,t)\underline{\mathbf{n}} = \underline{\underline{\mathbf{0}}} \quad , \quad \underline{\mathbf{R}}_S \in S \quad ; \tag{3.3.10}$$

durch das zwar kleine, aber endlich große Flächenstück ΔS konnten wir dividieren, und damit ergibt sich eine Unabhängigkeit der resultierenden Gleichungen von der beliebig gewählten Teilfläche ΔS von S, sodass $\underline{\mathbf{R}}_S$ in (3.3.9), (3.3.10) schließlich ein Ortsvektor zu einem *beliebigen* Punkt auf S sein darf. Die *homogenen* Übergangsbedingungen (3.3.9) und (3.3.10) fordern also die *Stetigkeit* des Traktionsvektors $\underline{\mathbf{n}} \cdot \underline{\underline{\mathbf{T}}}(\underline{\mathbf{R}},t)$ als Flächentraktionsdichte und des Tensors $\underline{\mathbf{n}}\,\underline{\mathbf{v}}(\underline{\mathbf{R}},t) + \underline{\mathbf{v}}(\underline{\mathbf{R}},t)\underline{\mathbf{n}}$ als Flächendeformationsrate beim Wechsel von $\underline{\mathbf{R}}$ von der einen Seite von S im Material (1) auf die andere Seite von S im Material (2), und zwar *auch dann*, wenn sich auf S die Materialeigenschaften sprunghaft ändern. Über das Verhalten anderer Vektor- und Tensorkomponenten sagen die elastodynamischen Grundgleichungen nichts aus.

Die homogene Übergangsbedingung (3.3.10) lässt sich noch vereinfachen. Dazu schreiben wir (3.3.10) abkürzend

$$\underline{\mathbf{n}}\,\underline{\mathbf{v}} + \underline{\mathbf{v}}\,\underline{\mathbf{n}} = \text{stetig} \tag{3.3.11}$$

und bilden von dieser Tensorgleichung nacheinander Projektionen in Richtung der Normalen von S und tangential zu S. Also:

$$\begin{aligned} \underline{\mathbf{n}} \cdot (\underline{\mathbf{n}}\,\underline{\mathbf{v}} + \underline{\mathbf{v}}\,\underline{\mathbf{n}}) &= \underline{\mathbf{v}} + \underline{\mathbf{v}} \cdot \underline{\mathbf{n}}\,\underline{\mathbf{n}} \\ &= \underline{\mathbf{v}}_t + 2\underline{\mathbf{v}} \cdot \underline{\mathbf{n}}\,\underline{\mathbf{n}} = \text{stetig} \quad ; \end{aligned} \tag{3.3.12}$$

hier haben wir $\underline{\mathbf{v}}$ durch die Vektorsumme $\underline{\mathbf{v}} = \underline{\mathbf{v}}_t + \underline{\mathbf{v}}_n$ des Tangentialvektors

$$\underline{\mathbf{v}}_t = (\underline{\underline{\mathbf{I}}} - \underline{\mathbf{n}}\,\underline{\mathbf{n}}) \cdot \underline{\mathbf{v}}$$

und des Normalvektors

$$\underline{\mathbf{v}}_n = \underline{\mathbf{v}} \cdot \underline{\mathbf{n}}\,\underline{\mathbf{n}}$$

ersetzt. Als nächstes:

$$(\underline{\underline{\mathbf{I}}} - \underline{\mathbf{n}}\,\underline{\mathbf{n}}) \cdot (\underline{\mathbf{n}}\,\underline{\mathbf{v}} + \underline{\mathbf{v}}\,\underline{\mathbf{n}}) = \underbrace{(\underline{\mathbf{v}} - \underline{\mathbf{v}} \cdot \underline{\mathbf{n}}\,\underline{\mathbf{n}})}_{=\,\underline{\mathbf{v}}_t}\,\underline{\mathbf{n}} = \text{stetig} \quad ; \tag{3.3.13}$$

diese Projektion fordert die Stetigkeit von $\underline{\mathbf{v}}_t$, in Verbindung mit (3.3.12) ist deshalb die Stetigkeit von $\underline{\mathbf{v}}_n$ zu fordern. Beides zusammen resultiert in der homogenen Übergangsbedingung

$$\underline{\mathbf{v}}^{(1)}(\underline{\mathbf{R}}_S,t) - \underline{\mathbf{v}}^{(2)}(\underline{\mathbf{R}}_S,t) = \underline{\mathbf{0}} \quad , \quad \underline{\mathbf{R}}_S \in S \quad , \tag{3.3.14}$$

der Stetigkeit des Teilchengeschwindigkeitsvektors. Um daraus auf die Stetigkeit des Teilchen*verschiebungs*vektors zu schließen, bedarf es einer kleinen Zusatzbetrachtung (de Hoop, 1995): Die Übergangsbedingung (3.3.14) ist wegen des Zusammenhangs

$$\underline{\mathbf{v}}(\underline{\mathbf{R}},t) = \frac{\partial \underline{\mathbf{u}}(\underline{\mathbf{R}},t)}{\partial t} \tag{3.3.15}$$

zwischen Teilchengeschwindigkeit und Teilchenverschiebung äquivalent zu

$$\frac{\partial \underline{\mathbf{u}}^{(1)}(\underline{\mathbf{R}}_S,\tau)}{\partial\tau} = \frac{\partial \underline{\mathbf{u}}^{(2)}(\underline{\mathbf{R}}_S,\tau)}{\partial\tau} \quad , \tag{3.3.16}$$

also ergibt sich durch zeitliche Integration

$$\begin{aligned}\int_0^t \frac{\partial \underline{\mathbf{u}}^{(1)}(\underline{\mathbf{R}}_S,\tau)}{\partial\tau}\,\mathrm{d}\tau &= \underline{\mathbf{u}}^{(1)}(\underline{\mathbf{R}}_S,t) + \underline{\mathbf{u}}^{(1)}(\underline{\mathbf{R}}_S,0)\\ &= \underline{\mathbf{u}}^{(2)}(\underline{\mathbf{R}}_S,t) + \underline{\mathbf{u}}^{(2)}(\underline{\mathbf{R}}_S,0) \quad .\end{aligned} \tag{3.3.17}$$

Wir gehen sinnvollerweise davon aus, dass elastodynamische Felder zu einem bestimmten Zeitpunkt „angeschaltet“ wurden und davor identisch null waren; also legen wir den Zeitnullpunkt so weit in die Vergangenheit, dass $\underline{\mathbf{u}}^{(1)}(\underline{\mathbf{R}}_S,0) = \underline{\mathbf{u}}^{(2)}(\underline{\mathbf{R}}_S,0) \equiv \underline{\mathbf{0}}$ ist, d.h. wir betrachten *kausale* Felder. Gemäß (3.3.17) gilt sodann für *diese* elastodynamischen Felder die Stetigkeit des Teilchenverschiebungsvektors:

$$\underline{\mathbf{u}}^{(1)}(\underline{\mathbf{R}}_S,t) - \underline{\mathbf{u}}^{(2)}(\underline{\mathbf{R}}_S,t) = \underline{\mathbf{0}} \quad , \quad \underline{\mathbf{R}}_S \in S \quad . \tag{3.3.18}$$

Die homogenen Übergangsbedingungen (3.3.9) und (3.3.18) gelten natürlich ebenso für die Fourierspektren[15]:

$$\underline{\mathbf{n}}\cdot\underline{\underline{\mathbf{T}}}^{(1)}(\underline{\mathbf{R}}_S,\omega) - \underline{\mathbf{n}}\cdot\underline{\underline{\mathbf{T}}}^{(2)}(\underline{\mathbf{R}}_S,\omega) = \underline{\mathbf{0}} \quad , \quad \underline{\mathbf{R}}_S \in S \quad , \tag{3.3.19}$$

$$\underline{\mathbf{u}}^{(1)}(\underline{\mathbf{R}}_S,\omega) - \underline{\mathbf{u}}^{(2)}(\underline{\mathbf{R}}_S,\omega) = \underline{\mathbf{0}} \quad , \quad \underline{\mathbf{R}}_S \in S \quad . \tag{3.3.20}$$

Inhomogene Übergangsbedingungen: Definition von Flächenquelldichten

Als angekündigten zweiten Fall setzen wir neben singularitätenfreien eingeprägten *Volumen*quelldichten die Existenz von auf S eingeprägten *Flächen*quellen voraus. In mathematischer Darstellung sind Flächenquell*dichten* die „Amplituden“ von auf S δ-singulären Volumenquelldichten[16] gemäß — wir benutzen die singuläre Funktion $\gamma_S(\underline{\mathbf{R}})$ der Fläche S —

$$\underline{\mathbf{f}}_S(\underline{\mathbf{R}},t) = \underline{\mathbf{t}}(\underline{\mathbf{R}},t)\gamma_S(\underline{\mathbf{R}}) \quad , \tag{3.3.21}$$

$$\underline{\underline{\mathbf{h}}}_S(\underline{\mathbf{R}},t) = \underline{\underline{\mathbf{g}}}(\underline{\mathbf{R}},t)\gamma_S(\underline{\mathbf{R}}) \quad , \tag{3.3.22}$$

denn genau *dann* bleibt bei der V_i-Volumenintegration von $\underline{\mathbf{f}}_S$ und $\underline{\underline{\mathbf{h}}}_S$ „etwas übrig“:

$$\begin{aligned}\iiint_{V_i} \underline{\mathbf{f}}_S(\underline{\mathbf{R}},t)\,\mathrm{d}V &= \iiint_{V_i} \underline{\mathbf{t}}(\underline{\mathbf{R}},t)\gamma_S(\underline{\mathbf{R}})\,\mathrm{d}V\\ &= \iint_{\Delta S} \underline{\mathbf{t}}(\underline{\mathbf{R}},t)\,\mathrm{d}S\\ &= \underline{\mathbf{t}}(\underline{\mathbf{R}}_S,t)\Delta S \quad ;\end{aligned} \tag{3.3.23}$$

[15] Es sieht „zunächst“ so aus, als ob (3.3.20) aus der Fourier-transformierten Gleichung (3.3.14) *ohne* weitere Voraussetzungen folgt; (3.3.14) führt jedoch auf die Fourier-transformierte Gleichung

$$\omega\left[\underline{\mathbf{u}}^{(1)}(\underline{\mathbf{R}}_S,\omega) - \underline{\mathbf{u}}^{(2)}(\underline{\mathbf{R}}_S,\omega)\right] = \underline{\mathbf{0}} \quad ,$$

und daraus kann man nur

$$\underline{\mathbf{u}}^{(1)}(\underline{\mathbf{R}}_S,\omega) - \underline{\mathbf{u}}^{(2)}(\underline{\mathbf{R}}_S,\omega) = \underline{\mathbf{u}}_0(\underline{\mathbf{R}}_S)\delta(\omega)$$

mit beliebigem Vektor $\underline{\mathbf{u}}_0(\underline{\mathbf{R}}_S)$ erschließen, da $\omega\delta(\omega) = 0$. Der Vergleich mit (3.3.17) enthüllt, dass $\underline{\mathbf{u}}_0(\underline{\mathbf{R}}_S) = \underline{\mathbf{u}}^{(1)}(\underline{\mathbf{R}}_S,0) - \underline{\mathbf{u}}^{(2)}(\underline{\mathbf{R}}_S,0)$, sodass erst die Forderung kausaler Felder im Zeitbereich auf $\underline{\mathbf{u}}_0(\underline{\mathbf{R}}_S) \equiv \underline{\mathbf{0}}$ führt.

[16] Die Dimension (der Komponenten) von $\underline{\mathbf{t}}$ ist demzufolge Kraft/Fläche und die Dimension (der Komponenten) von $\underline{\underline{\mathbf{g}}}$ Länge/Sekunde, denn die Dimension von γ_S ist Länge^{-1}.

das letzte Gleichheitszeichen impliziert wieder die Anwendung des Mittelwertsatzes der Integralrechnung. Gleichermaßen ergibt sich

$$\iiint_{V_i} \underline{\underline{\mathbf{h}}}_S(\underline{\mathbf{R}}, t)\, \mathrm{d}V = \underline{\underline{\mathbf{g}}}(\underline{\mathbf{R}}_S, t)\Delta S \quad . \tag{3.3.24}$$

Mit (3.3.23) und (3.3.24) sowie (3.3.25)–(3.3.28) folgen deshalb *inhomogene* Übergangsbedingungen

$$\underline{\mathbf{n}} \cdot \underline{\underline{\mathbf{T}}}^{(1)}(\underline{\mathbf{R}}_S, t) - \underline{\mathbf{n}} \cdot \underline{\underline{\mathbf{T}}}^{(2)}(\underline{\mathbf{R}}_S, t) = -\underline{\mathbf{t}}(\underline{\mathbf{R}}_S, t) \quad , \quad \underline{\mathbf{R}}_S \in S \quad , \tag{3.3.25}$$

$$\frac{1}{2}\left[\underline{\mathbf{n}}\,\underline{\mathbf{v}}^{(1)}(\underline{\mathbf{R}}_S, t) + \underline{\mathbf{v}}^{(1)}(\underline{\mathbf{R}}_S, t)\underline{\mathbf{n}} - \underline{\mathbf{n}}\,\underline{\mathbf{v}}^{(2)}(\underline{\mathbf{R}}_S, t) - \underline{\mathbf{v}}^{(2)}(\underline{\mathbf{R}}_S, t)\underline{\mathbf{n}}\right] = -\underline{\underline{\mathbf{g}}}(\underline{\mathbf{R}}_S, t) \quad , \quad \underline{\mathbf{R}}_S \in S \quad , \tag{3.3.26}$$

für den Traktionsvektor und den Tensor der Flächendeformationsrate, sofern Flächenquellen auf S (wie auch immer) *eingeprägt* sind. Derartige eingeprägte Quellen haben also eine *Unstetigkeit* der entsprechenden Feldgrößen zur Folge.

Man kann die inhomogenen Übergangsbedingungen (3.3.25) und (3.3.26) aber auch von links nach rechts lesen: Sollten auf einer Fläche S (warum auch immer) der Vektor $\underline{\mathbf{n}}\cdot\underline{\underline{\mathbf{T}}}(\underline{\mathbf{R}}, t)$ und der Tensor $\underline{\mathbf{n}}\,\underline{\mathbf{v}}(\underline{\mathbf{R}}, t) + \underline{\mathbf{v}}(\underline{\mathbf{R}}, t)\underline{\mathbf{n}}$ unstetig sein, so *definiert* eine derartige Unstetigkeit Flächenquelldichten. Diese Lesart wird uns bei der heuristischen Begründung des Huygens'schen Prinzips der Elastodynamik enorm von Nutzen sein (Abschnitt 15.1.3).

Die spektralen Versionen von (3.3.25), (3.3.26) lauten natürlich:

$$\underline{\mathbf{n}} \cdot \underline{\underline{\mathbf{T}}}^{(1)}(\underline{\mathbf{R}}_S, \omega) - \underline{\mathbf{n}} \cdot \underline{\underline{\mathbf{T}}}^{(2)}(\underline{\mathbf{R}}_S, \omega) = -\underline{\mathbf{t}}(\underline{\mathbf{R}}_S, \omega) \quad , \quad \underline{\mathbf{R}}_S \in S \quad , \tag{3.3.27}$$

$$\frac{1}{2}\left[\underline{\mathbf{n}}\,\underline{\mathbf{v}}^{(1)}(\underline{\mathbf{R}}_S, \omega) + \underline{\mathbf{v}}^{(1)}(\underline{\mathbf{R}}_S, \omega)\underline{\mathbf{n}} - \underline{\mathbf{n}}\,\underline{\mathbf{v}}^{(2)}(\underline{\mathbf{R}}_S, \omega) - \underline{\mathbf{v}}^{(2)}(\underline{\mathbf{R}}_S, \omega)\underline{\mathbf{n}}\right] = -\underline{\underline{\mathbf{g}}}(\underline{\mathbf{R}}_S, \omega) \quad , \quad \underline{\mathbf{R}}_S \in S \quad ; \tag{3.3.28}$$

für das Fourier-Spektrum des Flächendeformationstensors $(\underline{\mathbf{n}}\,\underline{\mathbf{u}}+\underline{\mathbf{u}}\,\underline{\mathbf{n}})/2$ erhalten wir aus (3.3.27):

$$\frac{1}{2}\left[\underline{\mathbf{n}}\,\underline{\mathbf{u}}^{(1)}(\underline{\mathbf{R}}_S, \omega) + \underline{\mathbf{u}}^{(1)}(\underline{\mathbf{R}}_S, \omega)\underline{\mathbf{n}} - \underline{\mathbf{n}}\,\underline{\mathbf{u}}^{(2)}(\underline{\mathbf{R}}_S, \omega) - \underline{\mathbf{u}}^{(2)}(\underline{\mathbf{R}}_S, \omega)\underline{\mathbf{n}}\right] = -\frac{\mathrm{j}}{\omega}\,\underline{\underline{\mathbf{g}}}(\underline{\mathbf{R}}_S, \omega) \quad , \quad \underline{\mathbf{R}}_S \in S \quad , \tag{3.3.29}$$

Die „Einfachversion“ (3.3.20) gibt es im Fall der inhomogenen Übergangsbedingung nicht mehr.

3.3.2 Randbedingungen an einer unendlichen Sprungstelle elastischer Materialien

Hinsichtlich seiner elastischen Eigenschaften ist das Vakuum unendlich nachgiebig; es erlaubt daher keine Ausbreitung elastischer Wellen. Dasselbe gilt für die Idealisierung eines Materials mit unendlich großer Dichte. Man übernimmt die Terminologie der Akustik und spricht von ideal schallweichen und ideal schallharten Materialien. Besteht unser Einschluss V aus einem derartigen Material, sind grundsätzlich $\underline{\mathbf{v}}^{(2)}(\underline{\mathbf{R}}, t)$ und $\underline{\underline{\mathbf{T}}}^{(2)}(\underline{\mathbf{R}}, t)$ in V identisch null zu setzen. Das ideal schallweiche Material erzwingt sodann auf seiner Oberfläche die Randbedingung der Spannungsfreiheit — genauer: der Traktionsfreiheit —

$$\underline{\mathbf{n}} \cdot \underline{\underline{\mathbf{T}}}(\underline{\mathbf{R}}_S, t) = \underline{\mathbf{0}} \quad , \quad \underline{\mathbf{R}}_S \in S \quad , \tag{3.3.30}$$

$$\frac{1}{2}\left[\underline{\mathbf{n}}\,\underline{\mathbf{v}}(\underline{\mathbf{R}}_S, t) + \underline{\mathbf{v}}(\underline{\mathbf{R}}_S, t)\underline{\mathbf{n}}\right] = -\underline{\underline{\mathbf{g}}}(\underline{\mathbf{R}}_S, t) \quad , \quad \underline{\mathbf{R}}_S \in S \quad , \tag{3.3.31}$$

denn die unendlich nachgiebige Oberfläche erlaubt zwar Deformationen (Flächendeformationsraten), unterstützt jedoch keine Traktionen (Flächenkraftdichten). Komplementär dazu ist auf der Oberfläche eines ideal schallharten Materials die Randbedingung der (Flächen-)Deformations(raten)freiheit[17]:

$$\underline{\mathbf{n}} \cdot \underline{\underline{\mathbf{T}}}(\underline{\mathbf{R}}_S, t) = -\underline{\mathbf{t}}(\underline{\mathbf{R}}_S, t) \quad , \quad \underline{\mathbf{R}}_S \in S \quad , \tag{3.3.32}$$

$$\underline{\mathbf{v}}(\underline{\mathbf{R}}_S, t) = \underline{\mathbf{0}} \quad , \quad \underline{\mathbf{R}}_S \in S \quad . \tag{3.3.33}$$

In Abb. 3.3.2 sind die beiden idealen Randbedingungen einander gegenübergestellt. Es ist klar,

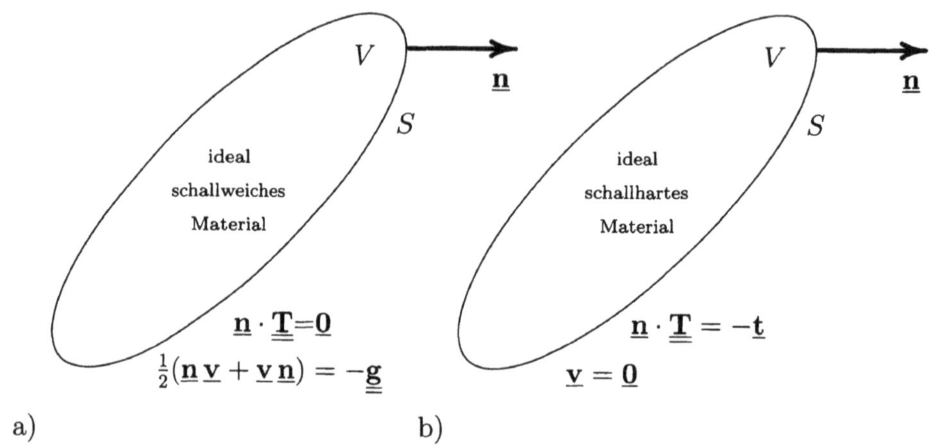

***Abb. 3.3.2:** Randbedingungen auf der Oberfläche ideal schallweicher (a) und ideal schallharter (b) Materialien*

dass die Randbedingung der Spannungsfreiheit für die zfP besonders wichtig ist, simuliert sie doch die Oberfläche von Bauteilen (im Vakuum) sowie — näherungsweise — luftgefüllte Poren und, bei „unendlich flachem“ Volumen V, ideale Risse.

Offensichtlich bestehen die hier diskutierten Randbedingungen aus je einer homogenen und einer inhomogenen Randbedingung. Eine durchaus nicht formale Frage ist, ob jeweils *beide* Randbedingungen homogen sein dürfen, d.h. ob wir $\underline{\underline{\mathbf{g}}}(\underline{\mathbf{R}}_S, t)$ in (3.3.31) bzw. $\underline{\mathbf{t}}(\underline{\mathbf{R}}_S, t)$ in (3.3.32) beliebig vorgeben, also auch gleich null setzen dürfen. Die Antwort ist: nein! Eine spannungsfreie Fläche *muss* deformiert sein, und eine deformationsfreie Fläche *muss* Spannungen aufweisen, *sofern das Material außerhalb von V mit elastischen Wellen „erfüllt“ ist*, denn über die Erzwingung der Randbedingung „induzieren“ die Wellen die Flächenquellen. Anders ausgedrückt: Ausschließlich *homogene* Randbedingungen kann es nur für elastodynamische Felder geben, *die im ganzen unendlichen Raum gleich null sind.* Dies ist eine unmittelbare Konsequenz des Huygens'schen Prinzips elastischer Wellen (Abschnitt 15.1.3) als mathematischer Lösung der elastodynamischen Grundgleichungen.

3.3.3 Homogene und inhomogene Übergangsbedingungen an der Trennfläche elastischer und fluider Materialien

In der US-zfP wird häufig in Tauchtechnik gearbeitet, d.h. es grenzt ein Material mit elastischen Eigenschaften an eine Flüssigkeit. Wie sind die Übergangsbedingungen (3.3.9), (3.3.18)

[17]Für $\underline{\underline{\mathbf{g}}}(\underline{\mathbf{R}}_S, t) \equiv \underline{\underline{\mathbf{0}}}$ ist die Summe der dyadischen Produkte $\underline{\mathbf{n}}\,\underline{\mathbf{v}}$ und $\underline{\mathbf{v}}\,\underline{\mathbf{n}}$ genau dann gleich null, wenn $\underline{\mathbf{v}}$ gleich null ist.

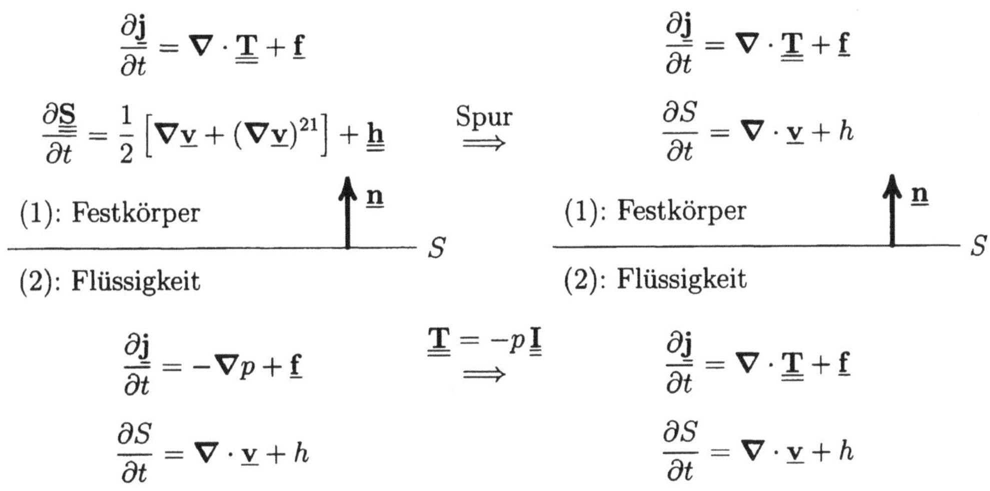

Abb. 3.3.3: *Zur Herleitung der Übergangsbedingungen an der Trennfläche elastischer und fluider Materialien*

bzw. (3.3.25), (3.3.26) in diesem Fall zu modifizieren? In Abb. 3.3.3 sind auf der linken Seite die jeweils relevanten Grundgleichungen für das Festkörpermaterial (1) und das fluide Material (2) eingetragen (Gleichungen (3.1.1), (3.1.2) bzw. (5.1.1), (5.1.2)). Die „Inkompatibilität“ zwischen beiden Gleichungssystemen beseitigen wir dadurch, dass wir für die Flüssigkeit formal einen Spannungstensor $\underline{\underline{\mathbf{T}}}(\underline{\mathbf{R}}, t) = -p(\underline{\mathbf{R}}, t)\,\underline{\underline{\mathbf{I}}}$ einführen und indem wir von der tensoriellen Deformationsratengleichung des Festkörpers die Spur bilden und $S(\underline{\mathbf{R}}, t) = \mathrm{spur}\,\underline{\underline{\mathbf{S}}}(\underline{\mathbf{R}}, t)$ sowie $h(\underline{\mathbf{R}}, t) = \mathrm{spur}\,\underline{\underline{\mathbf{h}}}(\underline{\mathbf{R}}, t)$ definieren, denn offensichtlich sagt die entsprechende Gleichung in der Flüssigkeit nur etwas über die kubische Dilatation[18] $S(\underline{\mathbf{R}}, t)$ aus. Damit sind wir beim rechten Teil von Abb. 3.3.3 angekommen und können nunmehr so wie in Abb. 3.3.1 verfahren. Es ergeben sich unmittelbar die folgenden inhomogenen Übergangsbedingungen (man vgl. auch Schmerr (1998)):

$$\underline{\mathbf{n}} \cdot \underline{\underline{\mathbf{T}}}^{(1)}(\underline{\mathbf{R}}_S, t) + p^{(2)}(\underline{\mathbf{R}}_S, t)\underline{\mathbf{n}} = -\underline{\mathbf{t}}(\underline{\mathbf{R}}_S, t) \quad , \quad \underline{\mathbf{R}}_S \in S \quad , \tag{3.3.34}$$

$$\underline{\mathbf{n}} \cdot \underline{\mathbf{v}}^{(1)}(\underline{\mathbf{R}}_S, t) - \underline{\mathbf{n}} \cdot \underline{\mathbf{v}}^{(2)}(\underline{\mathbf{R}}_S, t) = -h(\underline{\mathbf{R}}_S, t) \quad , \quad \underline{\mathbf{R}}_S \in S \quad , \tag{3.3.35}$$

da $\underline{\mathbf{n}} \cdot \underline{\underline{\mathbf{T}}}^{(2)}(\underline{\mathbf{R}}_S, t) = -p^{(2)}(\underline{\mathbf{R}}_S, t)\underline{\mathbf{n}} \cdot \underline{\underline{\mathbf{I}}} = -p^{(2)}(\underline{\mathbf{R}}_S, t)$; $\underline{\mathbf{t}}(\underline{\mathbf{R}}_S, t)$ und $h(\underline{\mathbf{R}}_S, t)$ sind eingeprägte Traktionen und Flächendilatationsraten. Die Vektorgleichung (3.3.34) spaltet man zweckmäßigerweise in Normal- und Tangentialkomponenten relativ zu S auf:

$$\underline{\mathbf{n}} \cdot \left[\underline{\mathbf{n}} \cdot \underline{\underline{\mathbf{T}}}^{(1)}(\underline{\mathbf{R}}_S, t)\right] + p^{(2)}(\underline{\mathbf{R}}_S, t) = -\underline{\mathbf{n}} \cdot \underline{\mathbf{t}}(\underline{\mathbf{R}}_S, t) \quad , \quad \underline{\mathbf{R}}_S \in S \quad , \tag{3.3.36}$$

$$(\underline{\underline{\mathbf{I}}} - \underline{\mathbf{n}}\,\underline{\mathbf{n}}) \cdot \left[\underline{\mathbf{n}} \cdot \underline{\underline{\mathbf{T}}}^{(1)}(\underline{\mathbf{R}}_S, t)\right] = -\underline{\mathbf{t}}_t(\underline{\mathbf{R}}_S, t) \quad , \quad \underline{\mathbf{R}}_S \in S \quad , \tag{3.3.37}$$

wobei $\underline{\mathbf{t}}_t = (\underline{\underline{\mathbf{I}}} - \underline{\mathbf{n}}\,\underline{\mathbf{n}}) \cdot \underline{\mathbf{t}}$ der Tangentialanteil der eingeprägten Traktion ist.

Falls keine Flächenquellen in der Trennfläche eingeprägt sind, erhalten wir die homogenen Übergangsbedingungen

$$\underline{\mathbf{n}} \cdot \left[\underline{\mathbf{n}} \cdot \underline{\underline{\mathbf{T}}}^{(1)}(\underline{\mathbf{R}}_S, t)\right] + p^{(2)}(\underline{\mathbf{R}}_S, t) = 0 \quad , \quad \underline{\mathbf{R}}_S \in S \quad , \tag{3.3.38}$$

$$(\underline{\underline{\mathbf{I}}} - \underline{\mathbf{n}}\,\underline{\mathbf{n}}) \cdot \left[\underline{\mathbf{n}} \cdot \underline{\underline{\mathbf{T}}}^{(1)}(\underline{\mathbf{R}}_S, t)\right] = \underline{\mathbf{0}} \quad , \quad \underline{\mathbf{R}}_S \in S \quad , \tag{3.3.39}$$

$$\underline{\mathbf{n}} \cdot \underline{\mathbf{u}}^{(1)}(\underline{\mathbf{R}}_S, t) - \underline{\mathbf{n}} \cdot \underline{\mathbf{u}}^{(2)}(\underline{\mathbf{R}}_S, t) = 0 \quad , \quad \underline{\mathbf{R}}_S \in S \quad , \tag{3.3.40}$$

[18] Als (isotrope) *Dilatation* definiert man $\frac{1}{3}\,\underline{\underline{\mathbf{I}}}\,\mathrm{spur}\,\underline{\underline{\mathbf{S}}}(\underline{\mathbf{R}}, t)$ (de Hoop, 1995).

wobei wir wie von (3.3.14) nach (3.3.18) wieder zum Teilchenverschiebungsvektor übergegangen sind. Die Bedingungsgleichungen (3.3.38)–(3.3.40) zerfallen in der Tat in zwei homogene *Übergangs*bedingungen für die Normalkomponenten der Vektoren $\underline{\mathbf{u}}(\underline{\mathbf{R}}_S, t)$ und $\underline{\mathbf{n}} \cdot \underline{\underline{\mathbf{T}}}(\underline{\mathbf{R}}_S, t)$ und eine *Rand*bedingung für die vektorielle Tangentialkomponente von $\underline{\mathbf{n}} \cdot \underline{\underline{\mathbf{T}}}(\underline{\mathbf{R}}_S, t)$.

Die zeitharmonische Version von (3.3.38)–(3.3.40) sieht natürlich formal ganz genauso aus.

3.3.4 Homogene und inhomogene Übergangsbedingungen an der Trennfläche zweier elastischer Materialien mit Flüssigkeitskopplung

Gemäß (3.3.39) werden Scherkräfte an der Oberfläche eines elastischen Materials nicht in die darin angrenzende Flüssigkeit übertragen; deswegen sollten Übergangsbedingungen für flüssigkeitsgekoppelte elastische Materialien dieser Tatsache Rechnung tragen. Abbildung 3.3.4 illustriert

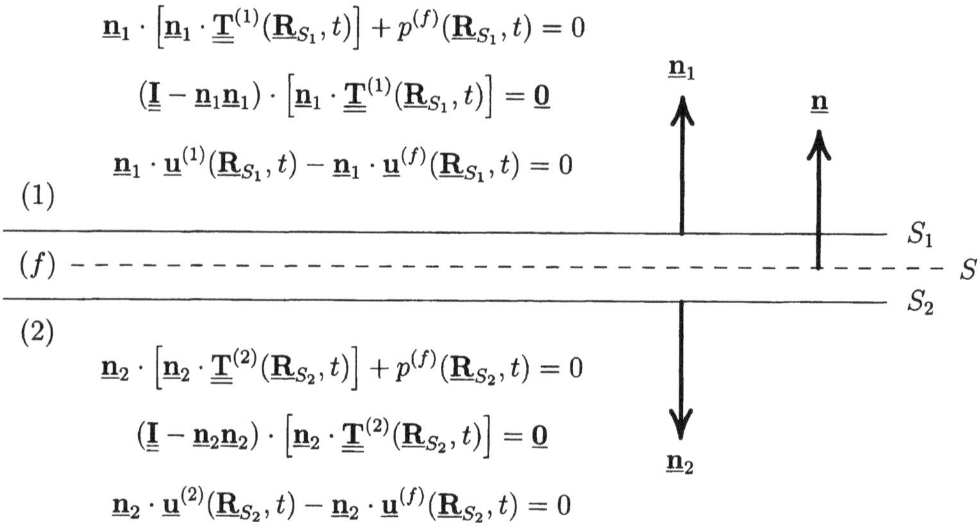

Abb. 3.3.4: *Zur Herleitung der (homogenen) Übergangsbedingungen an der Trennfläche zweier elastischer Materialien mit Flüssigkeitskopplung*

eine derartige Kopplung über die Flüssigkeitsschicht (f): Für beide Trennflächen S_1 und S_2 postulieren wir homogene Übergangsbedingungen (3.3.38)–(3.3.40), wobei $\underline{\mathbf{R}}_{S_1} \in S_1$ und $\underline{\mathbf{R}}_{S_2} \in S_2$. Für eine sehr dünne Flüssigkeitsschicht gilt $\underline{\mathbf{R}}_{S_1} \simeq \underline{\mathbf{R}}_S$, $\underline{\mathbf{R}}_{S_2} \simeq \underline{\mathbf{R}}_S$, $\underline{\mathbf{n}}_1 = \underline{\mathbf{n}}$, $\underline{\mathbf{n}}_2 = -\underline{\mathbf{n}}$, sodass sich aus den beiden Übergangsbedingungssystemen durch Elimination von $p^{(f)}(\underline{\mathbf{R}}_S, t)$ und $\underline{\mathbf{n}} \cdot \underline{\mathbf{u}}^{(f)}(\underline{\mathbf{R}}_S, t)$ ein einziges ergibt:

$$\underline{\mathbf{n}} \cdot \left[\underline{\mathbf{n}} \cdot \underline{\underline{\mathbf{T}}}^{(1)}(\underline{\mathbf{R}}_S, t)\right] - \underline{\mathbf{n}} \cdot \left[\underline{\mathbf{n}} \cdot \underline{\underline{\mathbf{T}}}^{(2)}(\underline{\mathbf{R}}_S, t)\right] = 0 \quad , \quad \underline{\mathbf{R}}_S \in S \quad , \tag{3.3.41}$$

$$\underline{\mathbf{n}} \cdot \underline{\mathbf{u}}^{(1)}(\underline{\mathbf{R}}_S, t) - \underline{\mathbf{n}} \cdot \underline{\mathbf{u}}^{(2)}(\underline{\mathbf{R}}_S, t) = 0 \quad , \quad \underline{\mathbf{R}}_S \in S \quad , \tag{3.3.42}$$

$$(\underline{\underline{\mathbf{I}}} - \underline{\mathbf{n}}\,\underline{\mathbf{n}}) \cdot \left[\underline{\mathbf{n}} \cdot \underline{\underline{\mathbf{T}}}^{(1)}(\underline{\mathbf{R}}_S, t)\right] = \underline{\mathbf{0}} \quad , \quad \underline{\mathbf{R}}_S \in S \quad , \tag{3.3.43}$$

$$(\underline{\underline{\mathbf{I}}} - \underline{\mathbf{n}}\,\underline{\mathbf{n}}) \cdot \left[\underline{\mathbf{n}} \cdot \underline{\underline{\mathbf{T}}}^{(2)}(\underline{\mathbf{R}}_S, t)\right] = \underline{\mathbf{0}} \quad , \quad \underline{\mathbf{R}}_S \in S \quad . \tag{3.3.44}$$

Die Normalkomponente des Traktionsvektors $\underline{\mathbf{t}} = \underline{\mathbf{n}} \cdot \underline{\underline{\mathbf{T}}}$ wird stetig übertragen, ebenso die Normalkomponente der Teilchenverschiebung $\underline{\mathbf{u}}$, während die Scherkomponenten des Traktionsvektors zwar ebenfalls stetig sind, jedoch einen Nulldurchgang aufweisen. Die Unabhängigkeit der Gleichungen (3.3.43) und (3.3.44) kommt insbesondere *dann* deutlich zum Ausdruck, wenn, etwa im Material (1), tangentiale Flächenkraftdichten entsprechend (3.3.37) eingeprägt sind: Sie werden nicht in das Material (2) übertragen. Die inhomogene Variante von (3.3.41)–(3.3.44) lautet deshalb sinnvollerweise:

$$\underline{\mathbf{n}} \cdot \left[\underline{\mathbf{n}} \cdot \underline{\underline{\mathbf{T}}}^{(1)}(\underline{\mathbf{R}}_S, t)\right] - \underline{\mathbf{n}} \cdot \left[\underline{\mathbf{n}} \cdot \underline{\underline{\mathbf{T}}}^{(2)}(\underline{\mathbf{R}}_S, t)\right] = -\underline{\mathbf{n}} \cdot \underline{\mathbf{t}}(\underline{\mathbf{R}}_S, t) \ , \ \underline{\mathbf{R}}_S \in S \ , \tag{3.3.45}$$

$$\underline{\mathbf{n}} \cdot \underline{\mathbf{u}}^{(1)}(\underline{\mathbf{R}}_S, t) - \underline{\mathbf{n}} \cdot \underline{\mathbf{u}}^{(2)}(\underline{\mathbf{R}}_S, t) = -h(\underline{\mathbf{R}}_S, t) \ , \ \underline{\mathbf{R}}_S \in S \ , \tag{3.3.46}$$

$$(\underline{\underline{\mathbf{I}}} - \underline{\mathbf{n}}\,\underline{\mathbf{n}}) \cdot \left[\underline{\mathbf{n}} \cdot \underline{\underline{\mathbf{T}}}^{(1)}(\underline{\mathbf{R}}_S, t)\right] = \underline{\mathbf{0}} \ , \ \underline{\mathbf{R}}_S \in S \ , \tag{3.3.47}$$

$$(\underline{\underline{\mathbf{I}}} - \underline{\mathbf{n}}\,\underline{\mathbf{n}}) \cdot \left[\underline{\mathbf{n}} \cdot \underline{\underline{\mathbf{T}}}^{(2)}(\underline{\mathbf{R}}_S, t)\right] = \underline{\mathbf{0}} \ , \ \underline{\mathbf{R}}_S \in S \ , \tag{3.3.48}$$

wobei $\underline{\mathbf{n}} \cdot \underline{\mathbf{t}}$ und h *Differenzen* von auf S_1 bzw. auf S_2 vorgegebenen Flächenquelldichten sein können.

Mitunter werden die hier diskutierten Übergangsbedingungen „einfach hingeschrieben"; wir legen aber Wert darauf zu zeigen, dass sie nicht nur aus den elastodynamischen Grundgleichungen hergeleitet werden *können* sondern hergeleitet werden *müssen*.

4 Materialgleichungen; elastodynamische Grundgleichungen; elastodynamischer Energiesatz

4.1 Materialgleichungen

Die elastodynamischen Grundgleichungen, ob linear oder nicht, machen Aussagen über zeitliche und räumliche Änderungen von Feldgrößen (Gleichung (3.2.36), Gleichung (3.2.54)):

$$\frac{\delta \underline{\mathbf{j}}(\underline{\mathbf{R}}, t)}{\delta t} = \boldsymbol{\nabla} \cdot \underline{\underline{\mathbf{T}}}(\underline{\mathbf{R}}, t) + \underline{\mathbf{f}}(\underline{\mathbf{R}}, t) \quad , \tag{4.1.1}$$

$$\frac{\delta \underline{\underline{\mathbf{S}}}(\underline{\mathbf{R}}, t)}{\delta t} = \underline{\underline{\underline{\underline{\mathbf{I}}}}}^{+} : \boldsymbol{\nabla} \underline{\mathbf{v}}(\underline{\mathbf{R}}, t) + \underline{\underline{\mathbf{h}}}(\underline{\mathbf{R}}, t) \quad . \tag{4.1.2}$$

Offensichtlich kommen in der Newton-Cauchy'schen Bewegungsgleichung (4.1.1) andere Feldgrößen als in der Deformationsratengleichung (4.1.2) vor, sodass — in allgemeinster Form — Verknüpfungsoperatoren $\underline{\mathrm{j}}$, $\underline{\underline{\mathrm{S}}}$ gemäß

$$\frac{\delta \underline{\mathbf{j}}(\underline{\mathbf{R}}, t)}{\delta t} = \underline{\mathrm{j}} \left[\underline{\mathbf{v}}(\underline{\mathbf{R}}, t), \underline{\underline{\mathbf{T}}}(\underline{\mathbf{R}}, t) \right] \quad , \tag{4.1.3}$$

$$\frac{\delta \underline{\underline{\mathbf{S}}}(\underline{\mathbf{R}}, t)}{\delta t} = \underline{\underline{\mathrm{S}}} \left[\underline{\mathbf{v}}(\underline{\mathbf{R}}, t), \underline{\underline{\mathbf{T}}}(\underline{\mathbf{R}}, t) \right] \quad , \tag{4.1.4}$$

sogenannte Materialgleichungen, gefragt sind (de Hoop, 1995). Diese sind festkörperphysikalisch zu begründen, sie folgen insbesondere *nicht* aus den oben formulierten Grundgleichungen. Die Modellbildung des Festkörpers wird man natürlich den Kriterien „Realitätsnähe“ und „Einfachheit“ unterwerfen. Letzterer „opfert“ man in der Regel die Abhängigkeit der Operatoren $\underline{\mathrm{j}}$ und $\underline{\underline{\mathrm{S}}}$ von jeweils *beiden* Feldgrößen. Man nähert:

$$\frac{\delta \underline{\mathbf{j}}(\underline{\mathbf{R}}, t)}{\delta t} = \underline{\mathrm{j}} \left[\underline{\mathbf{v}}(\underline{\mathbf{R}}, t) \right] \quad , \tag{4.1.5}$$

$$\frac{\delta \underline{\underline{\mathbf{S}}}(\underline{\mathbf{R}}, t)}{\delta t} = \underline{\underline{\mathrm{S}}} \left[\underline{\underline{\mathbf{T}}}(\underline{\mathbf{R}}, t) \right] \tag{4.1.6}$$

Sodann spezifiziert man in Anlehnung an (3.2.18)

$$\frac{\delta \underline{\mathbf{j}}(\underline{\mathbf{R}}, t)}{\delta t} = \underline{\underline{\rho}}(\underline{\mathbf{R}}) \cdot \frac{\mathrm{D} \underline{\mathbf{v}}(\underline{\mathbf{R}}, t)}{\mathrm{D} t} \quad , \tag{4.1.7}$$

$$\frac{\delta \underline{\underline{\mathbf{S}}}(\underline{\mathbf{R}}, t)}{\delta t} = \underline{\underline{\underline{\underline{\mathbf{s}}}}}(\underline{\mathbf{R}}) : \frac{\mathrm{D} \underline{\underline{\mathbf{T}}}(\underline{\mathbf{R}}, t)}{\mathrm{D} t} \tag{4.1.8}$$

und linearisiert gemäß $\delta/\delta t \Longrightarrow \partial/\partial t$, $\mathrm{D}/\mathrm{D}t \Longrightarrow \partial/\partial t$

$$\frac{\partial \underline{\mathbf{j}}(\underline{\mathbf{R}}, t)}{\partial t} = \underline{\underline{\rho}}(\underline{\mathbf{R}}) \cdot \frac{\partial \underline{\mathbf{v}}(\underline{\mathbf{R}}, t)}{\partial t} \quad , \tag{4.1.9}$$

$$\frac{\partial \underline{\underline{\mathbf{S}}}(\underline{\mathbf{R}}, t)}{\partial t} = \underline{\underline{\underline{\underline{\mathbf{s}}}}}(\underline{\mathbf{R}}) : \frac{\partial \underline{\underline{\mathbf{T}}}(\underline{\mathbf{R}}, t)}{\partial t} \tag{4.1.10}$$

mit der Konsequenz

$$\underline{\mathbf{j}}(\underline{\mathbf{R}},t) = \underline{\underline{\boldsymbol{\rho}}}(\underline{\mathbf{R}}) \cdot \underline{\mathbf{v}}(\underline{\mathbf{R}},t) \quad , \tag{4.1.11}$$

$$\underline{\underline{\mathbf{S}}}(\underline{\mathbf{R}},t) = \underline{\underline{\underline{\underline{\mathbf{s}}}}}(\underline{\mathbf{R}}) : \underline{\underline{\mathbf{T}}}(\underline{\mathbf{R}},t) \quad . \tag{4.1.12}$$

Die Materialgleichungen (4.1.7), (4.1.8) sowie die *linearen* Materialgleichungen (4.1.11), (4.1.12) definieren den Massendichtetensor zweiter Stufe $\underline{\underline{\boldsymbol{\rho}}}(\underline{\mathbf{R}})$ und den Nachgiebigkeitstensor vierter Stufe $\underline{\underline{\underline{\underline{\mathbf{s}}}}}(\underline{\mathbf{R}})$. Beide Tensoren charakterisieren ein zeitinvariantes augenblicklich reagierendes inhomogenes lokal reagierendes anisotropes Material: zeitinvariant, weil sie selbst nicht von der Zeit abhängen, und augenblicklich reagierend, weil $\underline{\mathbf{j}}(\underline{\mathbf{R}},t)$ bzw. $\underline{\underline{\mathbf{S}}}(\underline{\mathbf{R}},t)$ zum Zeitpunkt t nur von $\underline{\mathbf{v}}(\underline{\mathbf{R}},t)$ und $\underline{\underline{\mathbf{T}}}(\underline{\mathbf{R}},t)$ zum *selben* Zeitpunkt abhängen. In eben diesem Sinne ist das Material (4.1.11), (4.1.12) ortsvariant (inhomogen) und lokal reagierend: inhomogen, weil $\underline{\underline{\boldsymbol{\rho}}}(\underline{\mathbf{R}})$ und $\underline{\underline{\underline{\underline{\mathbf{s}}}}}(\underline{\mathbf{R}})$ vom Ortsvektor $\underline{\mathbf{R}}$ abhängen und lokal reagierend, weil $\underline{\mathbf{j}}(\underline{\mathbf{R}},t)$ bzw. $\underline{\underline{\mathbf{S}}}(\underline{\mathbf{R}},t)$ am Ort $\underline{\mathbf{R}}$ nur von $\underline{\mathbf{v}}(\underline{\mathbf{R}},t)$ bzw. $\underline{\underline{\mathbf{T}}}(\underline{\mathbf{R}},t)$ am *selben* Ort abhängen. Anisotrop ist das Material, weil die Änderung nur einer (kartesischen) Komponente von $\underline{\mathbf{v}}$ bzw. $\underline{\underline{\mathbf{T}}}$ die Änderung aller Komponenten von $\underline{\mathbf{j}}$ bzw. $\underline{\underline{\mathbf{S}}}$ zur Folge hat, d.h. die relative Orientierung von z.B. $\underline{\mathbf{v}}$ und $\underline{\mathbf{j}}$ ist abhängig von der Richtung von $\underline{\mathbf{v}}$: Das Material hat eine makroskopische innere Struktur.

Wichtige Spezialisierungen von (4.1.11), (4.1.12) sind Homogenität und Isotropie (Abschnitt 4.2.2) des Materials. Ebenfalls wichtige Verallgemeinerungen sind nicht augenblicklich reagierende Materialien zur mathematischen Beschreibung physikalischer Dissipation (Abschnitt 4.4).

4.2 Lineare nichtdissipative Materialien: Cauchy-Hooke'sches Gesetz

4.2.1 Anisotrope Materialien; Voigt-Notation; transversal-isotrope Materialien

Anisotrope Materialien: Symmetrien des Nachgiebigkeitstensors

Obwohl es in der Geophysik gute Gründe gibt, einen Massendichte*tensor* einzuführen (de Hoop, 1995), wollen wir in der weiteren Ausarbeitung der Wellenausbreitung davon absehen und die Massendichte $\rho(\underline{\mathbf{R}})$ als skalare Größe ansetzen:

$$\underline{\mathbf{j}}(\underline{\mathbf{R}},t) = \rho(\underline{\mathbf{R}})\underline{\mathbf{v}}(\underline{\mathbf{R}},t) \quad . \tag{4.2.1}$$

Das *eigentliche* Hooke'sche Gesetz ist die lineare Beziehung zwischen der Dehnung einer Feder und dem angehängten Gewicht. *Hier* wollen wir jede *lineare* Beziehung zwischen Spannungs*tensor* und Deformations*tensor* (oder umgekehrt) als „Hooke'sches Gesetz" (Cauchy-Hooke'sches Gesetz) bezeichnen:

$$\underline{\underline{\mathbf{S}}}(\underline{\mathbf{R}},t) = \underline{\underline{\underline{\underline{\mathbf{s}}}}}(\underline{\mathbf{R}}) : \underline{\underline{\mathbf{T}}}(\underline{\mathbf{R}},t) \quad . \tag{4.2.2}$$

Die Materialgleichungen (4.2.1) und (4.2.2) stehen für ein lineares zeitinvariantes augenblicklich reagierendes inhomogen-anisotropes lokal reagierendes Material. Da $\underline{\underline{\mathbf{T}}}(\underline{\mathbf{R}},t)$ symmetrisch ist, muss $\underline{\underline{\underline{\underline{\mathbf{s}}}}}(\underline{\mathbf{R}})$ symmetrisch bezüglich der letzten beiden Indizes sein, und da $\underline{\underline{\mathbf{S}}}(\underline{\mathbf{R}},t)$ symmetrisch ist, muss $\underline{\underline{\underline{\underline{\mathbf{s}}}}}(\underline{\mathbf{R}})$ symmetrisch bezüglich der ersten beiden Indizes sein:

$$\underline{\underline{\underline{\underline{\mathbf{s}}}}}^{1234} = \underline{\underline{\underline{\underline{\mathbf{s}}}}}^{1243} = \underline{\underline{\underline{\underline{\mathbf{s}}}}}^{2143} = \underline{\underline{\underline{\underline{\mathbf{s}}}}}^{2134} \quad ; \tag{4.2.3}$$

in Indexschreibweise lautet (4.2.3)

$$s_{ijkl} = s_{ijlk} = s_{jilk} = s_{jikl} \quad . \tag{4.2.4}$$

In Abschnitt 4.3.1 werden wir sehen, dass der elastodynamische Energiesatz für augenblicklich reagierende (nichtdissipative) Materialien auch noch die Symmetrie

$$\underline{\underline{\underline{\underline{\mathbf{s}}}}}^{1234} = \underline{\underline{\underline{\underline{\mathbf{s}}}}}^{3412} \iff s_{ijkl} = s_{klij} \tag{4.2.5}$$

erzwingt.

Steifigkeitstensor

Oft benutzt man statt des Nachgiebigkeitstensors den Steifigkeitstensor $\underline{\underline{\underline{\underline{\mathbf{c}}}}}(\underline{\mathbf{R}})$, der durch die Inversion von (4.2.2) definiert ist:

$$\underline{\underline{\mathbf{T}}}(\underline{\mathbf{R}}, t) = \underline{\underline{\underline{\underline{\mathbf{c}}}}}(\underline{\mathbf{R}}) : \underline{\underline{\mathbf{S}}}(\underline{\mathbf{R}}, t) \quad ; \tag{4.2.6}$$

wegen (2.1.116) und der Symmetrie von $\underline{\underline{\mathbf{S}}}$ bzw. $\underline{\underline{\mathbf{T}}}$ muss

$$\underline{\underline{\underline{\underline{\mathbf{c}}}}}(\underline{\mathbf{R}}) : \underline{\underline{\underline{\underline{\mathbf{s}}}}}(\underline{\mathbf{R}}) = \underline{\underline{\underline{\underline{\mathbf{s}}}}}(\underline{\mathbf{R}}) : \underline{\underline{\underline{\underline{\mathbf{c}}}}}(\underline{\mathbf{R}}) = \underline{\underline{\underline{\underline{\mathbf{I}}}}}^{+} \tag{4.2.7}$$

gelten. Natürlich besitzt $\underline{\underline{\underline{\underline{\mathbf{c}}}}}$ dieselben Symmetrien wie $\underline{\underline{\underline{\underline{\mathbf{s}}}}}$.

Voigt-Notation

Ein Tensor vierter Stufe hat 81 Komponenten, dargestellt durch eine 3×3-Matrix, deren neun Elemente jeweils 3×3-Matrizen sind. Die Symmetrie von $\underline{\underline{\underline{\underline{\mathbf{s}}}}}$ bzw. $\underline{\underline{\underline{\underline{\mathbf{c}}}}}$ bezüglich der ersten beiden Indizes reduziert die Anzahl unabhängiger Komponenten auf 54, die zusätzliche Symmetrie bezüglich der letzten beiden Indizes auf 36. Wegen der Symmetrie (4.2.5) verbleiben schließlich nur noch 21 unabhängige Komponenten. Diese lassen sich — beispielsweise für den Steifigkeitstensor — gemäß

$$\underline{\underline{\boldsymbol{C}}} = \begin{pmatrix} c_{11} & c_{12} & c_{13} & c_{14} & c_{15} & c_{16} \\ c_{12} & c_{22} & c_{23} & c_{24} & c_{25} & c_{26} \\ c_{13} & c_{23} & c_{33} & c_{34} & c_{35} & c_{36} \\ c_{14} & c_{24} & c_{34} & c_{44} & c_{45} & c_{46} \\ c_{15} & c_{25} & c_{35} & c_{45} & c_{55} & c_{56} \\ c_{16} & c_{26} & c_{36} & c_{46} & c_{56} & c_{66} \end{pmatrix} \tag{4.2.8}$$

in einer symmetrischen 6×6-Matrix anordnen[1]. Man spricht von der Voigt-Notation des Steifigkeitstensors (Nachgiebigkeitstensors). Es ist jedoch zu beachten, dass $\underline{\underline{\boldsymbol{C}}}$ eine *Matrix* und kein *Tensor* ist! Die Symmetrie von $\underline{\underline{\mathbf{S}}}$ und $\underline{\underline{\mathbf{T}}}$ belässt beiden Tensoren sechs unabhängige Komponenten, die man gemäß

$$\begin{pmatrix} T_{xx} & T_{xy} & T_{xz} \\ T_{xy} & T_{yy} & T_{yz} \\ T_{xz} & T_{yz} & T_{zz} \end{pmatrix} \Longrightarrow \begin{pmatrix} T_1 & T_6 & T_5 \\ T_6 & T_2 & T_4 \\ T_5 & T_4 & T_3 \end{pmatrix} \Longrightarrow \begin{pmatrix} T_1 \\ T_2 \\ T_3 \\ T_4 \\ T_5 \\ T_6 \end{pmatrix} = \underline{\boldsymbol{T}} \tag{4.2.9}$$

$$\begin{pmatrix} S_{xx} & S_{xy} & S_{xz} \\ S_{xy} & S_{yy} & S_{yz} \\ S_{xz} & S_{yz} & S_{zz} \end{pmatrix} \Longrightarrow \begin{pmatrix} S_1 & \frac{1}{2}S_6 & \frac{1}{2}S_5 \\ \frac{1}{2}S_6 & S_2 & \frac{1}{2}S_4 \\ \frac{1}{2}S_5 & \frac{1}{2}S_4 & S_3 \end{pmatrix} \Longrightarrow \begin{pmatrix} S_1 \\ S_2 \\ S_3 \\ S_4 \\ S_5 \\ S_6 \end{pmatrix} = \underline{\boldsymbol{S}} \tag{4.2.10}$$

[1]Die explizite Transformation der c_{ijkl}, $i, j, k, l = 1, 2, 3$, in die $C_{\alpha\beta}$, $\alpha, \beta = 1, \ldots, 6$, findet sich bei Helbig (1994).

durchnummerieren und zu 6×1-Matrizen (Spalten„vektoren") zusammenfassen kann. Das Hooke'sche Gesetz lautet dann[2]

$$\begin{pmatrix} T_1 \\ T_2 \\ T_3 \\ T_4 \\ T_5 \\ T_6 \end{pmatrix} = \begin{pmatrix} c_{11} & c_{12} & c_{13} & c_{14} & c_{15} & c_{16} \\ c_{12} & c_{22} & c_{23} & c_{24} & c_{25} & c_{26} \\ c_{13} & c_{23} & c_{33} & c_{34} & c_{35} & c_{36} \\ c_{14} & c_{24} & c_{34} & c_{44} & c_{45} & c_{46} \\ c_{15} & c_{25} & c_{35} & c_{45} & c_{55} & c_{56} \\ c_{16} & c_{26} & c_{36} & c_{46} & c_{56} & c_{66} \end{pmatrix} \begin{pmatrix} S_1 \\ S_2 \\ S_3 \\ S_4 \\ S_5 \\ S_6 \end{pmatrix} \quad \begin{array}{c} \underline{\boldsymbol{T}}(\underline{\mathbf{R}}, t) = \underline{\underline{\boldsymbol{C}}}(\underline{\mathbf{R}})\underline{\boldsymbol{S}}(\underline{\mathbf{R}}, t) \ , \\ \Longleftrightarrow \ T_\alpha(\underline{\mathbf{R}}, t) = C_{\alpha\beta}(\underline{\mathbf{R}}) S_\beta(\underline{\mathbf{R}}, t) \ , \\ \alpha, \beta = 1, \ldots, 6 \ . \end{array} \tag{4.2.11}$$

Wir bevorzugen jedoch in dieser Ausarbeitung die tensorielle Form (4.2.6) bzw. (4.2.2), da sie sich durch Projektion auf das orthonormierte Dreibein eines Koordinatensystems unmittelbar in Koordinaten schreiben lässt.

Als Referenzen für Steifigkeitsanisotropie seien Auld (1973), Ben-Menahem und Singh (1981), Royer und Dieulesaint (2000) sowie Helbig (1994) genannt.

Transversal-isotrope Materialien

Entsprechend den Kristallsymmetrien von Festkörpern lassen sich verschiedene, im Komplexitätsgrad zunehmende Modelle der Anisotropie formulieren. Das einfachste[3], auf hexagonale Kristalle zutreffende Modell ist das der transversalen Isotropie senkrecht zu einer Vorzugsrichtung $\underline{\hat{\mathbf{a}}}$, wobei fünf elastische Konstanten $\lambda_\perp, \lambda_\|, \mu_\perp, \mu_\|, \nu$ (statt der 21 im Allgemeinen Fall) involviert sind (Spies, 1992; Spies, 1994):

$$\begin{aligned} \underline{\underline{\underline{\underline{\mathbf{c}}}}}^{\text{triso}}(\underline{\mathbf{R}}) = \; & \lambda_\perp \underline{\underline{\underline{\underline{\mathbf{I}}}}}^\delta + 2\mu_\perp \underline{\underline{\underline{\underline{\mathbf{I}}}}}^+ + \\ & + [\lambda_\perp + 2\mu_\perp + \lambda_\| + 2\mu_\| - 2(\nu + 2\mu_\|)] \underline{\hat{\mathbf{a}}}\,\underline{\hat{\mathbf{a}}}\,\underline{\hat{\mathbf{a}}}\,\underline{\hat{\mathbf{a}}} + \\ & + (\nu - \lambda_\perp)(\underline{\underline{\mathbf{I}}}\,\underline{\hat{\mathbf{a}}}\,\underline{\hat{\mathbf{a}}} + \underline{\hat{\mathbf{a}}}\,\underline{\hat{\mathbf{a}}}\,\underline{\underline{\mathbf{I}}}) + \\ & + (\mu_\| - \mu_\perp)(\underline{\underline{\mathbf{I}}}\,\underline{\hat{\mathbf{a}}}\,\underline{\hat{\mathbf{a}}}^{1324} + \underline{\hat{\mathbf{a}}}\,\underline{\hat{\mathbf{a}}}\,\underline{\underline{\mathbf{I}}}^{1324} + \underline{\underline{\mathbf{I}}}\,\underline{\hat{\mathbf{a}}}\,\underline{\hat{\mathbf{a}}}^{1342} + \underline{\hat{\mathbf{a}}}\,\underline{\hat{\mathbf{a}}}\,\underline{\underline{\mathbf{I}}}^{1342}) \ . \end{aligned} \tag{4.2.12}$$

Die Inhomogenität von $\underline{\underline{\underline{\underline{\mathbf{c}}}}}^{\text{triso}}(\underline{\mathbf{R}})$ kann dabei sowohl in den elastischen Konstanten $\lambda_\perp(\underline{\mathbf{R}})$, $\mu_\perp(\underline{\mathbf{R}})$, $\lambda_\|(\underline{\mathbf{R}})$, $\mu_\|(\underline{\mathbf{R}})$, $\nu(\underline{\mathbf{R}})$ als auch in der Ortsabhängigkeit der Vorzugsrichtung $\underline{\hat{\mathbf{a}}}(\underline{\mathbf{R}})$ „stecken". Ein Beispiel für orts*unabhängige* Konstanten und orts*abhängige* Vorzugsrichtung ist der gekrümmte Stengelkristall einer austenitischen Schweißnaht (Langenberg et al., 2000); im Übrigen benötigt man dafür nur vier unabhängige Konstanten, da $\nu = \lambda_\perp - \mu_\perp + \mu_\|$ gelten muss (Neumann et al., 1995). Für $\underline{\hat{\mathbf{a}}} = \underline{\mathbf{e}}_x$ — damit entfällt natürlich die Ortsabhängigkeit der Vorzugsrichtung — lautet der Steifigkeitstensor (4.2.12) in Voigt-Notation:

$$\underline{\underline{\boldsymbol{C}}}^{\text{triso}}(\underline{\mathbf{R}}) = \begin{pmatrix} \lambda_\|(\underline{\mathbf{R}}) + 2\mu_\|(\underline{\mathbf{R}}) & \nu(\underline{\mathbf{R}}) & \nu(\underline{\mathbf{R}}) & 0 & 0 & 0 \\ \nu(\underline{\mathbf{R}}) & \lambda_\perp(\underline{\mathbf{R}}) + 2\mu_\perp(\underline{\mathbf{R}}) & \lambda_\perp(\underline{\mathbf{R}}) & 0 & 0 & 0 \\ \nu(\underline{\mathbf{R}}) & \lambda_\perp(\underline{\mathbf{R}}) & \lambda_\perp(\underline{\mathbf{R}}) + 2\mu_\perp(\underline{\mathbf{R}}) & 0 & 0 & 0 \\ 0 & 0 & 0 & \mu_\perp(\underline{\mathbf{R}}) & 0 & 0 \\ 0 & 0 & 0 & 0 & \mu_\|(\underline{\mathbf{R}}) & 0 \\ 0 & 0 & 0 & 0 & 0 & \mu_\|(\underline{\mathbf{R}}) \end{pmatrix} ; \tag{4.2.13}$$

[2]Man erweitert die Summenkonvention dahingehend, dass über doppelt vorkommende griechische Indizes von 1 bis 6 summiert wird.

[3]Noch einfacher ist ein hypothetisches uniaxiales Modell (Lindell und Kiselev, 2000):

$$\underline{\underline{\underline{\underline{\mathbf{c}}}}}^{\text{uni}} = \alpha \underline{\underline{\underline{\underline{\mathbf{I}}}}}^\delta + \beta \underline{\underline{\underline{\underline{\mathbf{I}}}}}^+ + \gamma \underline{\hat{\mathbf{a}}}\,\underline{\hat{\mathbf{a}}}\,\underline{\hat{\mathbf{a}}}\,\underline{\hat{\mathbf{a}}} \ .$$

natürlich ist die Zuordnung der Lamé-Parameter zu den Voigt-Parametern koordinatenabhängig, denn für — beispielsweise — $\hat{\underline{\mathbf{a}}} = \underline{\mathbf{e}}_z$ erhält man

$$\underline{\underline{\mathcal{C}}}^{\text{triso}}(\underline{\mathbf{R}}) = \begin{pmatrix} \lambda_\perp(\underline{\mathbf{R}}) + 2\mu_\perp(\underline{\mathbf{R}}) & \lambda_\perp(\underline{\mathbf{R}}) & \nu(\underline{\mathbf{R}}) & 0 & 0 & 0 \\ \lambda_\perp(\underline{\mathbf{R}}) & \lambda_\perp(\underline{\mathbf{R}}) + 2\mu_\perp(\underline{\mathbf{R}}) & \nu(\underline{\mathbf{R}}) & 0 & 0 & 0 \\ \nu(\underline{\mathbf{R}}) & \nu\underline{\mathbf{R}}) & \lambda_\parallel(\underline{\mathbf{R}}) + 2\mu_\parallel(\underline{\mathbf{R}}) & 0 & 0 & 0 \\ 0 & 0 & 0 & \mu_\parallel(\underline{\mathbf{R}}) & 0 & 0 \\ 0 & 0 & 0 & 0 & \mu_\parallel(\underline{\mathbf{R}}) & 0 \\ 0 & 0 & 0 & 0 & 0 & \mu_\perp(\underline{\mathbf{R}}) \end{pmatrix} ; \tag{4.2.14}$$

Weitere koordinatenfreie Darstellungen von Steifigkeitstensoren für die höheren Anisotropiegrade anderer Kristallklassen (kubisch, orthorhombisch, tetragonal) samt ihren Voigt-Notationen findet man bei Marklein (1997).

4.2.2 Isotrope Materialien

Für isotrope Materialien muss der Steifigkeitstensor definitionsgemäß eine Darstellung besitzen, die keine makroskopischen Strukturparameter des Materials enthält; ferner muss seine Doppelkontraktion mit dem symmetrischen Deformationstensor den symmetrischen Spannungstensor liefern. Dies wird in allgemeiner Form mit dem Tensor $\underline{\underline{\underline{\underline{\mathbf{I}}}}}$ vierter Stufe gemäß (2.1.107) mit $\alpha_3 = 0$ erreicht; üblicherweise schreibt man

$$\begin{aligned} \underline{\underline{\underline{\underline{\mathbf{c}}}}}^{\text{iso}}(\underline{\mathbf{R}}) &= \lambda(\underline{\mathbf{R}})\,\underline{\underline{\underline{\underline{\mathbf{I}}}}}^\delta + 2\mu(\underline{\mathbf{R}})\,\underline{\underline{\underline{\underline{\mathbf{I}}}}}^+ \\ &= \lambda(\underline{\mathbf{R}})\,\underline{\underline{\mathbf{I}}}\,\underline{\underline{\mathbf{I}}} + \mu(\underline{\mathbf{R}})(\underline{\underline{\mathbf{I}}}\,\underline{\underline{\mathbf{I}}}^{1342} + \underline{\underline{\mathbf{I}}}\,\underline{\underline{\mathbf{I}}}^{1324}) \end{aligned} \tag{4.2.15}$$

mit den Lamé'schen Konstanten $\lambda(\underline{\mathbf{R}})$ und $\mu(\underline{\mathbf{R}})$. Offenbar lautet dann das Hooke'sche Gesetz:

$$\begin{aligned} \underline{\underline{\mathbf{T}}}(\underline{\mathbf{R}}, t) &= \underline{\underline{\underline{\underline{\mathbf{c}}}}}^{\text{iso}}(\underline{\mathbf{R}}) : \underline{\underline{\mathbf{S}}}(\underline{\mathbf{R}}, t) \\ &= \lambda(\underline{\mathbf{R}})\,\underline{\underline{\mathbf{I}}}\,\text{spur}\,\underline{\underline{\mathbf{S}}}(\underline{\mathbf{R}}, t) + 2\mu(\underline{\mathbf{R}})\underline{\underline{\mathbf{S}}}(\underline{\mathbf{R}}, t) \quad . \end{aligned} \tag{4.2.16}$$

Der Nachgiebigkeitstensor $\underline{\underline{\underline{\underline{\mathbf{s}}}}}^{\text{iso}}(\underline{\mathbf{R}})$ hat eine zu (4.2.15) analoge Struktur:

$$\underline{\underline{\underline{\underline{\mathbf{s}}}}}^{\text{iso}}(\underline{\mathbf{R}}) = \Lambda(\underline{\mathbf{R}})\underline{\underline{\underline{\underline{\mathbf{I}}}}}^\delta + 2M(\underline{\mathbf{R}})\underline{\underline{\underline{\underline{\mathbf{I}}}}}^+ \quad , \tag{4.2.17}$$

wobei[4] (de Hoop, 1995)

$$\Lambda(\underline{\mathbf{R}}) = -\frac{\lambda(\underline{\mathbf{R}})}{2\mu(\underline{\mathbf{R}})[3\lambda(\underline{\mathbf{R}}) + 2\mu(\underline{\mathbf{R}})]} \quad , \tag{4.2.18}$$

$$M(\underline{\mathbf{R}}) = \frac{1}{4\mu(\underline{\mathbf{R}})} \quad . \tag{4.2.19}$$

[4]Diese Formeln sind reziprok:

$$\lambda(\underline{\mathbf{R}}) = -\frac{\Lambda(\underline{\mathbf{R}})}{2M(\underline{\mathbf{R}})[3\Lambda(\underline{\mathbf{R}}) + 2M(\underline{\mathbf{R}})]} \quad ,$$

$$\mu(\underline{\mathbf{R}}) = \frac{1}{4M(\underline{\mathbf{R}})} \quad .$$

Der Steifigkeits*tensor* (4.2.15) schreibt sich folgendermaßen als Voigt-*Matrix*:

$$\underline{\underline{C}}^{\text{iso}}(\underline{\mathbf{R}}) = \begin{pmatrix} \lambda(\underline{\mathbf{R}})+2\mu(\underline{\mathbf{R}}) & \lambda(\underline{\mathbf{R}}) & \lambda(\underline{\mathbf{R}}) & 0 & 0 & 0 \\ \lambda(\underline{\mathbf{R}}) & \lambda(\underline{\mathbf{R}})+2\mu(\underline{\mathbf{R}}) & \lambda(\underline{\mathbf{R}}) & 0 & 0 & 0 \\ \lambda(\underline{\mathbf{R}}) & \lambda(\underline{\mathbf{R}}) & \lambda(\underline{\mathbf{R}})+2\mu(\underline{\mathbf{R}}) & 0 & 0 & 0 \\ 0 & 0 & 0 & \mu(\underline{\mathbf{R}}) & 0 & 0 \\ 0 & 0 & 0 & 0 & \mu(\underline{\mathbf{R}}) & 0 \\ 0 & 0 & 0 & 0 & 0 & \mu(\underline{\mathbf{R}}) \end{pmatrix} \tag{4.2.20}$$

4.2.3 Elastodynamische Grundgleichungen

Mit den Materialgleichungen (4.1.11) und (4.1.12) lauten die elastodynamischen Grundgleichungen:

$$\underline{\underline{\rho}}(\underline{\mathbf{R}}) \cdot \frac{\partial \underline{\mathbf{v}}(\underline{\mathbf{R}},t)}{\partial t} = \nabla \cdot \underline{\underline{\mathbf{T}}}(\underline{\mathbf{R}},t) + \underline{\mathbf{f}}(\underline{\mathbf{R}},t) \quad , \tag{4.2.21}$$

$$\underline{\underline{\underline{\underline{\mathbf{s}}}}}(\underline{\mathbf{R}}) : \frac{\partial \underline{\underline{\mathbf{T}}}(\underline{\mathbf{R}},t)}{\partial t} = \frac{1}{2}\left\{\nabla \underline{\mathbf{v}}(\underline{\mathbf{R}},t) + [\nabla \underline{\mathbf{v}}(\underline{\mathbf{R}},t)]^{21}\right\} + \underline{\underline{\mathbf{h}}}(\underline{\mathbf{R}},t) \quad . \tag{4.2.22}$$

Sie beschreiben die Ausbreitung elastischer Wellen in linearen zeitinvarianten augenblicklich und lokal reagierenden inhomogen-anisotropen nichtdissipativen Materialien.

4.3 Elastodynamischer Energiesatz im Zeit- und Frequenzbereich für nichtdissipative Materialien

4.3.1 Elastodynamischer Poynting-Vektor im Zeitbereich

In der Elasto*statik* definiert man mit gutem Grund (Ben-Menahem und Singh, 1981)

$$w(\underline{\mathbf{R}}) = \frac{1}{2}\underline{\underline{\mathbf{S}}}(\underline{\mathbf{R}}) : \underline{\underline{\mathbf{T}}}(\underline{\mathbf{R}}) \tag{4.3.1}$$

als elastische potentielle Deformationsenergiedichte, die in dem statischen Deformations-Spannungsfeld $\underline{\underline{\mathbf{S}}}(\underline{\mathbf{R}}), \underline{\underline{\mathbf{T}}}(\underline{\mathbf{R}})$ *lokal* enthalten ist. Bei der Verallgemeinerung auf die Elasto*dynamik* wird man zunächst „versuchsweise“ die Gleichung (4.3.1) für zeitabhängige Deformationen und Spannungen $\underline{\underline{\mathbf{S}}}(\underline{\mathbf{R}},t), \underline{\underline{\mathbf{T}}}(\underline{\mathbf{R}},t)$ hinschreiben; zusätzlich muss man natürlich die kinetische Energie(dichte) der zeitveränderlich bewegten Material„teilchen“ berücksichtigen, sodass sich als Ansatz für die elastodynamische Energiedichte schließlich der Hamilton'sche Ausdruck

$$w_{\text{el}}(\underline{\mathbf{R}},t) = \frac{1}{2}\underline{\mathbf{j}}(\underline{\mathbf{R}},t) \cdot \underline{\mathbf{v}}(\underline{\mathbf{R}},t) + \frac{1}{2}\underline{\underline{\mathbf{S}}}(\underline{\mathbf{R}},t) : \underline{\underline{\mathbf{T}}}(\underline{\mathbf{R}},t) \tag{4.3.2}$$

ergibt (Ben-Menahem und Singh, 1981).

Ein Energie(erhaltungs)satz ist eine Bilanzgleichung für die Energiedichte: Wenn diese sich lokal zeitlich ändert, wird entweder Energie transportiert oder erzeugt/vernichtet. Also untersuchen wir die zeitliche Ableitung von (4.3.2)

$$\begin{aligned} \frac{\partial w_{\text{el}}(\underline{\mathbf{R}},t)}{\partial t} &= \frac{1}{2}\frac{\partial \underline{\mathbf{j}}(\underline{\mathbf{R}},t)}{\partial t} \cdot \underline{\mathbf{v}}(\underline{\mathbf{R}},t) + \frac{1}{2}\underline{\mathbf{j}}(\underline{\mathbf{R}},t) \cdot \frac{\partial \underline{\mathbf{v}}(\underline{\mathbf{R}},t)}{\partial t} + \\ &\quad + \frac{1}{2}\frac{\partial \underline{\underline{\mathbf{S}}}(\underline{\mathbf{R}},t)}{\partial t} : \underline{\underline{\mathbf{T}}}(\underline{\mathbf{R}},t) + \frac{1}{2}\underline{\underline{\mathbf{S}}}(\underline{\mathbf{R}},t) : \frac{\partial \underline{\underline{\mathbf{T}}}(\underline{\mathbf{R}},t)}{\partial t} \quad . \end{aligned} \tag{4.3.3}$$

Nunmehr sollten wir die elastodynamischen Grundgleichungen ins Spiel bringen, um der Elasto*dynamik*, d.h. der zeitlich-*räumlichen* Änderung der Felder tatsächlich Rechnung zu tragen;

schließlich wollen wir den zeitlich-räumlichen Energie*transport* charakterisieren. Über $\partial\underline{\mathbf{j}}/\partial t$ und $\partial\underline{\underline{\mathbf{S}}}/\partial t$ machen die (linearisierten) elastodynamischen Grundgleichungen in der Tat unmittelbar eine Aussage, über $\partial\underline{\mathbf{v}}/\partial t$ und $\partial\underline{\underline{\mathbf{T}}}/\partial t$ jedoch nur, wenn wir Materialgleichungen hinzunehmen. Wir postulieren mit

$$\underline{\mathbf{j}}(\underline{\mathbf{R}},t) = \rho(\underline{\mathbf{R}})\underline{\mathbf{v}}(\underline{\mathbf{R}},t) \quad , \tag{4.3.4}$$

$$\underline{\underline{\mathbf{S}}}(\underline{\mathbf{R}},t) = \underline{\underline{\underline{\underline{\mathbf{s}}}}}(\underline{\mathbf{R}}) : \underline{\underline{\mathbf{T}}}(\underline{\mathbf{R}},t) \tag{4.3.5}$$

ein lineares zeitinvariantes augenblicklich reagierendes (nichtdissipatives und damit nichtdispersives) und lokal reagierendes inhomogen-anisotropes Material und erhalten anstelle von (4.3.2)

$$\begin{aligned} w_{\mathrm{el}}(\underline{\mathbf{R}},t) &= \frac{1}{2}\,\rho(\underline{\mathbf{R}})\underline{\mathbf{v}}(\underline{\mathbf{R}},t)\cdot\underline{\mathbf{v}}(\underline{\mathbf{R}},t) + \frac{1}{2}\,\underline{\underline{\underline{\underline{\mathbf{s}}}}}(\underline{\mathbf{R}}) : \underline{\underline{\mathbf{T}}}(\underline{\mathbf{R}},t) : \underline{\underline{\mathbf{T}}}(\underline{\mathbf{R}},t) \\ &= \frac{1}{2}\,\rho(\underline{\mathbf{R}})|\underline{\mathbf{v}}(\underline{\mathbf{R}},t)|^2 + \frac{1}{2}\,\underline{\underline{\underline{\underline{\mathbf{s}}}}}(\underline{\mathbf{R}}) : \underline{\underline{\mathbf{T}}}(\underline{\mathbf{R}},t) : \underline{\underline{\mathbf{T}}}(\underline{\mathbf{R}},t) \end{aligned} \tag{4.3.6}$$

und folglich anstelle von (4.3.3):

$$\begin{aligned} \frac{\partial w_{\mathrm{el}}(\underline{\mathbf{R}},t)}{\partial t} = \rho(\underline{\mathbf{R}})\,\frac{\partial\underline{\mathbf{v}}(\underline{\mathbf{R}},t)}{\partial t}\cdot\underline{\mathbf{v}}(\underline{\mathbf{R}},t) &+ \frac{1}{2}\,\underline{\underline{\underline{\underline{\mathbf{s}}}}}(\underline{\mathbf{R}}) : \frac{\partial\underline{\underline{\mathbf{T}}}(\underline{\mathbf{R}},t)}{\partial t} : \underline{\underline{\mathbf{T}}}(\underline{\mathbf{R}},t) + \\ &+ \frac{1}{2}\,\underline{\underline{\underline{\underline{\mathbf{s}}}}}(\underline{\mathbf{R}}) : \underline{\underline{\mathbf{T}}}(\underline{\mathbf{R}},t) : \frac{\partial\underline{\underline{\mathbf{T}}}(\underline{\mathbf{R}},t)}{\partial t} \quad , \end{aligned} \tag{4.3.7}$$

wobei wir die ersten beiden Terme von (4.3.3) sofort zu einem zusammenfassen konnten. Die beiden letzten Terme können wir jedoch nur *dann* zusammenfassen, wenn die Vertauschung

$$\underline{\underline{\underline{\underline{\mathbf{s}}}}}(\underline{\mathbf{R}}) : \frac{\partial\underline{\underline{\mathbf{T}}}(\underline{\mathbf{R}},t)}{\partial t} : \underline{\underline{\mathbf{T}}}(\underline{\mathbf{R}},t) = \underline{\underline{\underline{\underline{\mathbf{s}}}}}(\underline{\mathbf{R}}) : \underline{\underline{\mathbf{T}}}(\underline{\mathbf{R}},t) : \frac{\partial\underline{\underline{\mathbf{T}}}(\underline{\mathbf{R}},t)}{\partial t} \tag{4.3.8}$$

erlaubt ist, und diese setzt die Symmetrie

$$\underline{\underline{\underline{\underline{\mathbf{s}}}}}^{1234} = \underline{\underline{\underline{\underline{\mathbf{s}}}}}^{3412} \quad \Longleftrightarrow \quad s_{ijkl} = s_{klij} \tag{4.3.9}$$

des Nachgiebigkeitstensors voraus. *Mit* der Symmetrie (4.3.9) lautet (4.3.7):

$$\frac{\partial w_{\mathrm{el}}(\underline{\mathbf{R}},t)}{\partial t} = \rho(\underline{\mathbf{R}})\,\frac{\partial\underline{\mathbf{v}}(\underline{\mathbf{R}},t)}{\partial t}\cdot\underline{\mathbf{v}}(\underline{\mathbf{R}},t) + \underline{\underline{\underline{\underline{\mathbf{s}}}}}(\underline{\mathbf{R}}) : \frac{\partial\underline{\underline{\mathbf{T}}}(\underline{\mathbf{R}},t)}{\partial t} : \underline{\underline{\mathbf{T}}}(\underline{\mathbf{R}},t) \quad . \tag{4.3.10}$$

Schlussendliches Einsetzen der elastodynamischen Grundgleichungen (4.2.21) und (4.2.22) führt uns nun auf — wir nutzen die Symmetrie von $\underline{\underline{\mathbf{T}}}(\underline{\mathbf{R}},t)$ aus —

$$\begin{aligned} \frac{\partial w_{\mathrm{el}}(\underline{\mathbf{R}},t)}{\partial t} &= \nabla\cdot\underline{\underline{\mathbf{T}}}(\underline{\mathbf{R}},t)\cdot\underline{\mathbf{v}}(\underline{\mathbf{R}},t) + \nabla\underline{\mathbf{v}}(\underline{\mathbf{R}},t) : \underline{\underline{\mathbf{T}}}(\underline{\mathbf{R}},t) + \\ &\qquad + \underline{\mathbf{f}}(\underline{\mathbf{R}},t)\cdot\underline{\mathbf{v}}(\underline{\mathbf{R}},t) + \underline{\underline{\mathbf{h}}}(\underline{\mathbf{R}},t) : \underline{\underline{\mathbf{T}}}(\underline{\mathbf{R}},t) \quad . \end{aligned} \tag{4.3.11}$$

Die beiden letzten Terme auf der rechten Seite obiger Gleichung identifizieren wir als zeitliche Energiedichteänderung

$$\frac{\partial w_Q(\underline{\mathbf{R}},t)}{\partial t} = \underline{\mathbf{f}}(\underline{\mathbf{R}},t)\cdot\underline{\mathbf{v}}(\underline{\mathbf{R}},t) + \underline{\underline{\mathbf{h}}}(\underline{\mathbf{R}},t) : \underline{\underline{\mathbf{T}}}(\underline{\mathbf{R}},t) \quad , \tag{4.3.12}$$

die lokal von eingeprägten Kraftdichten $\underline{\mathbf{f}}$ und Deformationsraten $\underline{\underline{\mathbf{h}}}$ in das Spannungs-Bewegungsfeld $\underline{\underline{\mathbf{T}}}(\underline{\mathbf{R}},t), \underline{\mathbf{v}}(\underline{\mathbf{R}},t)$ „injiziert" wird; damit müssen die beiden ersten Terme auf der rechten

Seite von Gleichung (4.3.11) die Bedeutung weg/zuströmender Energiedichte haben, und um dies offensichtlich werden zu lassen, fassen wir sie als Divergenz eines Vektors[5]

$$\underline{\mathbf{S}}(\underline{\mathbf{R}}, t) = -\underline{\mathbf{v}}(\underline{\mathbf{R}}, t) \cdot \underline{\underline{\mathbf{T}}}(\underline{\mathbf{R}}, t) \tag{4.3.13}$$

gemäß

$$-\nabla \cdot \underline{\mathbf{S}}(\underline{\mathbf{R}}, t) = \nabla \underline{\mathbf{v}}(\underline{\mathbf{R}}, t) : \underline{\underline{\mathbf{T}}}(\underline{\mathbf{R}}, t) + \nabla \cdot \underline{\underline{\mathbf{T}}}(\underline{\mathbf{R}}, t) \cdot \underline{\mathbf{v}}(\underline{\mathbf{R}}, t) \tag{4.3.14}$$

unter Ausnutzung der Symmetrie von $\underline{\underline{\mathbf{T}}}$ zusammen. Es ergibt sich der elastodynamische Energiesatz

$$\frac{\partial w_{\mathrm{el}}(\underline{\mathbf{R}}, t)}{\partial t} = -\nabla \cdot \underline{\mathbf{S}}(\underline{\mathbf{R}}, t) + \frac{\partial w_Q(\underline{\mathbf{R}}, t)}{\partial t} \tag{4.3.15}$$

für nichtdissipative Materialien. Das Minuszeichen in (4.3.13) ist folgendermaßen begründet: Wenn der Vektor $\underline{\mathbf{S}}(\underline{\mathbf{R}}, t)$ die physikalische Bedeutung einer „Energiestromdichte", d.h. einer Energie pro Zeit pro Fläche bzw. einer Leistungsflächendichte haben soll, entspricht einer lokal *positiven* Divergenz von $\underline{\mathbf{S}}(\underline{\mathbf{R}}, t)$ eine Wegströmung von Energie, d.h. $\partial w_{\mathrm{el}}(\underline{\mathbf{R}}, t)/\partial t$ muss — bei verschwindender Energiezuführung $\partial w_Q(\underline{\mathbf{R}}, t)/\partial t \equiv 0$ — *negativ* sein; entsprechend hat eine lokal negative Divergenz von $\underline{\mathbf{S}}(\underline{\mathbf{R}}, t)$ für $\partial w_Q(\underline{\mathbf{R}}, t)/\partial t \equiv 0$ die Zunahme der lokalen Energiedichte zur Folge. Der Vektor $\underline{\mathbf{S}}(\underline{\mathbf{R}}, t)$ ist das elastodynamische Analogon zum Poynting-Vektor elektromagnetischer Wellen und wird deshalb mitunter elastodynamischer Poynting-Vektor genannt.

Die obige Herleitung des Energiesatzes geht von einer physikalisch plausiblen Definition der elastodynamischen Energiedichte unter Verwendung der elastodynamischen Grundgleichungen zusammen mit speziell gewählten Materialgleichungen aus und hat die ebenfalls physikalisch sinnvolle Definition des elastodynamischen Poynting-Vektors $\underline{\mathbf{S}}(\underline{\mathbf{R}}, t)$ gemäß (4.3.13) *zur Folge*; $\underline{\mathbf{S}}(\underline{\mathbf{R}}, t)$ ist damit aber nicht eindeutig definiert, denn man könnte die Rotation eines beliebigen Vektors hinzufügen, ohne den Energiesatz zu verändern. Allerdings hat sich die Definition (4.3.13) von $\underline{\mathbf{S}}(\underline{\mathbf{R}}, t)$ bisher immer bewährt.

Wenn wir umgekehrt wie oben vorgehen, wird die Symmetrieforderung (4.3.9) für den Nachgiebigkeitstensor *zwingend*, damit die elastodynamische Energiedichte konsistent formuliert werden kann: Wir bilden mit (4.3.14) die negative Divergenz des als Energiestromdichte postulierten elastodynamischen Poynting-Vektors $\underline{\mathbf{S}}(\underline{\mathbf{R}}, t)$, schreiben $\nabla \underline{\mathbf{v}} : \underline{\underline{\mathbf{T}}}$ aufgrund der Symmetrie von $\underline{\underline{\mathbf{T}}}$ als $\frac{1}{2}[\nabla \underline{\mathbf{v}} + (\nabla \underline{\mathbf{v}})^{21}] : \underline{\underline{\mathbf{T}}}$ und setzen die elastodynamischen Grundgleichungen in der Form (3.1.1), (3.1.2), d.h. noch ohne die Spezifikation von Materialgleichungen, ein:

$$\begin{aligned} -\nabla \cdot \underline{\mathbf{S}}(\underline{\mathbf{R}}, t) = {} & \underbrace{\frac{\partial \underline{\underline{\mathbf{S}}}(\underline{\mathbf{R}}, t)}{\partial t} : \underline{\underline{\mathbf{T}}}(\underline{\mathbf{R}}, t) + \frac{\partial \underline{\mathbf{j}}(\underline{\mathbf{R}}, t)}{\partial t} \cdot \underline{\mathbf{v}}(\underline{\mathbf{R}}, t)}_{\stackrel{!}{=} \frac{\partial w_{\mathrm{el}}(\underline{\mathbf{R}}, t)}{\partial t}} - \\ & \underbrace{-\underline{\underline{\mathbf{h}}}(\underline{\mathbf{R}}, t) : \underline{\underline{\mathbf{T}}}(\underline{\mathbf{R}}, t) - \underline{\mathbf{f}}(\underline{\mathbf{R}}, t) \cdot \underline{\mathbf{v}}(\underline{\mathbf{R}}, t)}_{= -\frac{\partial w_Q(\underline{\mathbf{R}}, t)}{\partial t}} \end{aligned} \tag{4.3.16}$$

Damit *definiert* $-\nabla \cdot \underline{\mathbf{S}}(\underline{\mathbf{R}}, t)$ in einem Energieerhaltungssatz die *zeitliche Änderung* der elastodynamischen Energiedichte, nicht jedoch — wie (4.3.2) — die Energiedichte *selbst*. Um Konsistenz mit Gleichung (4.3.3), die aus Gleichung (4.3.2) folgt, herzustellen, ergibt sich unter der Voraussetzung der *speziellen* Materialgleichungen (4.3.4), (4.3.5) besagte Konsistenz erst mit

[5] Es gilt:

$$\nabla \cdot (\underline{\mathbf{v}} \cdot \underline{\underline{\mathbf{T}}}) = \nabla \underline{\mathbf{v}} : \underline{\underline{\mathbf{T}}} + \nabla \cdot \underline{\underline{\mathbf{T}}}^{21} \cdot \underline{\mathbf{v}} \ .$$

der Symmetrieforderung (4.3.9). Wir betonen: Der elastodynamische Energiesatz im Zeitbereich *erzwingt* die Symmetrie $\underline{\underline{\underline{\underline{\mathbf{s}}}}}(\underline{\mathbf{R}})^{1234} = \underline{\underline{\underline{\underline{\mathbf{s}}}}}(\underline{\mathbf{R}})^{3412}$ des Nachgiebigkeitstensors bzw. die entsprechende Symmetrie $\underline{\underline{\underline{\underline{\mathbf{c}}}}}(\underline{\mathbf{R}})^{1234} = \underline{\underline{\underline{\underline{\mathbf{c}}}}}(\underline{\mathbf{R}})^{3412}$ des Steifigkeitstensors *nichtdissipativer* (zeitinvarianter augenblicklich reagierender) Materialien. Für *dissipative* Materialien muss (4.3.2) in der Tat modifiziert werden.

4.3.2 Komplexer elastodynamischer Poynting-Vektor im Frequenzbereich

Da der elastodynamische Poynting-Vektor im Zeitbereich als Produkt von (reellen) Zeitfunktionen definiert ist, ergibt sich im Frequenzbereich ein Faltungsintegral (eigentlich sind es drei Faltungsintegrale für die drei Komponenten von $\underline{\mathbf{S}}$):

$$\underline{\mathbf{S}}(\underline{\mathbf{R}}, \omega) = -\frac{1}{2\pi}\int_{-\infty}^{\infty} \underline{\mathbf{v}}(\underline{\mathbf{R}}, \omega') \cdot \underline{\underline{\mathbf{T}}}(\underline{\mathbf{R}}, \omega - \omega')\, \mathrm{d}\omega' \tag{4.3.17}$$

Mit der Kenntnis, dass reell-zeit*harmonische* Zeitfunktionen δ-Funktionen als Spektral*linien* haben, und dass sodann die obige Faltung von δ-Funktionen wieder δ-Funktionen ergibt, erwarten wir, dass der Poynting-Vektor zeitharmonischer Felder als Fourier-Inverse dieses δ-Spektrums ebenfalls zeitharmonisch ist, wobei der resultierende Phasor proportional zum *Produkt* der Phasoren von $\underline{\mathbf{v}}(\underline{\mathbf{R}}, t)$ und $\underline{\underline{\mathbf{T}}}(\underline{\mathbf{R}}, t)$ sein wird.

Wir setzen also (man vergleiche (3.1.17))

$$\underline{\mathbf{v}}(\underline{\mathbf{R}}, t, \omega_0) = \Re\left\{\underline{\mathbf{v}}(\underline{\mathbf{R}}, \omega_0)\, \mathrm{e}^{-\mathrm{j}\omega_0 t}\right\} \quad , \tag{4.3.18}$$

$$\underline{\underline{\mathbf{T}}}(\underline{\mathbf{R}}, t, \omega_0) = \Re\left\{\underline{\underline{\mathbf{T}}}(\underline{\mathbf{R}}, \omega_0)\, \mathrm{e}^{-\mathrm{j}\omega_0 t}\right\} \tag{4.3.19}$$

an und berechnen die Spektren

$$\underline{\mathbf{v}}(\underline{\mathbf{R}}, \omega, \omega_0) = \pi\, \underline{\mathbf{v}}(\underline{\mathbf{R}}, \omega_0)\delta(\omega - \omega_0) + \pi\, \underline{\mathbf{v}}^*(\underline{\mathbf{R}}, \omega_0)\delta(\omega + \omega_0) \quad , \tag{4.3.20}$$

$$\underline{\underline{\mathbf{T}}}(\underline{\mathbf{R}}, \omega, \omega_0) = \pi\, \underline{\underline{\mathbf{T}}}(\underline{\mathbf{R}}, \omega_0)\delta(\omega - \omega_0) + \pi\, \underline{\underline{\mathbf{T}}}^*(\underline{\mathbf{R}}, \omega_0)\delta(\omega + \omega_0) \quad . \tag{4.3.21}$$

Mit (2.4.20) berechnen wir gemäß (4.3.17):

$$\begin{aligned}
\underline{\mathbf{S}}(\underline{\mathbf{R}}, \omega, \omega_0) &= -\frac{1}{2\pi}\int_{-\infty}^{\infty} \underline{\mathbf{v}}(\underline{\mathbf{R}}, \omega', \omega_0) \cdot \underline{\underline{\mathbf{T}}}(\underline{\mathbf{R}}, \omega - \omega', \omega_0)\, \mathrm{d}\omega' \\
&= -\frac{\pi}{2}\, \underline{\mathbf{v}}(\underline{\mathbf{R}}, \omega_0) \cdot \underline{\underline{\mathbf{T}}}(\underline{\mathbf{R}}, \omega_0)\, \underbrace{\delta(\omega - \omega_0) * \delta(\omega - \omega_0)}_{= \delta(\omega - 2\omega_0)} - \\
&\quad -\frac{\pi}{2}\, \underline{\mathbf{v}}(\underline{\mathbf{R}}, \omega_0) \cdot \underline{\underline{\mathbf{T}}}^*(\underline{\mathbf{R}}, \omega_0)\, \underbrace{\delta(\omega - \omega_0) * \delta(\omega + \omega_0)}_{= \delta(\omega)} - \\
&\quad -\frac{\pi}{2}\, \underline{\mathbf{v}}^*(\underline{\mathbf{R}}, \omega_0) \cdot \underline{\underline{\mathbf{T}}}(\underline{\mathbf{R}}, \omega_0)\, \underbrace{\delta(\omega + \omega_0) * \delta(\omega - \omega_0)}_{= \delta(\omega)} - \\
&\quad -\frac{\pi}{2}\, \underline{\mathbf{v}}^*(\underline{\mathbf{R}}, \omega_0) \cdot \underline{\underline{\mathbf{T}}}^*(\underline{\mathbf{R}}, \omega_0)\, \underbrace{\delta(\omega + \omega_0) * \delta(\omega + \omega_0)}_{= \delta(\omega + 2\omega_0)}
\end{aligned} \tag{4.3.22}$$

und erhalten tatsächlich drei Spektrallinien bei $\omega = 0, \pm 2\omega_0$. Dementsprechend lautet der zeitharmonische Poynting-Vektor zeitharmonischer Felder:

$$\underline{\mathbf{S}}(\underline{\mathbf{R}}, t, \omega_0) = \Re\left\{-\frac{1}{2}\, \underline{\mathbf{v}}(\underline{\mathbf{R}}, \omega_0) \cdot \underline{\underline{\mathbf{T}}}^*(\underline{\mathbf{R}}, \omega_0)\right\} + \Re\left\{-\frac{1}{2}\, \underline{\mathbf{v}}(\underline{\mathbf{R}}, \omega_0) \cdot \underline{\underline{\mathbf{T}}}(\underline{\mathbf{R}}, \omega_0)\, \mathrm{e}^{-2\mathrm{j}\omega_0 t}\right\} \tag{4.3.23}$$

Im Falle zeitlicher Mittelung

$$\frac{1}{T_0}\int_0^{T_0} \underline{\mathbf{S}}(\underline{\mathbf{R}}, t, \omega_0)\,\mathrm{d}t = \Re\left\{-\frac{1}{2}\,\underline{\mathbf{v}}(\underline{\mathbf{R}}, \omega_0) \cdot \underline{\underline{\mathbf{T}}}^*(\underline{\mathbf{R}}, \omega_0)\right\} \tag{4.3.24}$$

verschwindet der mit $2\omega_0$ oszillierende Term in (4.3.23), da

$$\int_0^{T_0} \mathrm{e}^{-2\mathrm{j}\omega_0 t}\,\mathrm{d}t = 0 \quad , \tag{4.3.25}$$

und es verbleibt nur der Gleich„spannungs"term. Das Ergebnis der zeitlichen Mittelung ist der Realteil des Phasors

$$\underline{\mathbf{S}}_{\mathrm{K}}(\underline{\mathbf{R}}, \omega_0) = -\frac{1}{2}\,\underline{\mathbf{v}}(\underline{\mathbf{R}}, \omega_0) \cdot \underline{\underline{\mathbf{T}}}^*(\underline{\mathbf{R}}, \omega_0) \tag{4.3.26}$$

als Produkt von Phasoren, welches offensichtlich in Verallgemeinerung auf beliebige $\omega_0 \Longrightarrow \omega$ als „spektrale Variante" von (4.3.13) angesehen werden kann[6], wenn man die Phasoren gemäß (3.1.20) als spektrale Amplituden auffasst. Man nennt

$$\underline{\mathbf{S}}_{\mathrm{K}}(\underline{\mathbf{R}}, \omega) = -\frac{1}{2}\,\underline{\mathbf{v}}(\underline{\mathbf{R}}, \omega) \cdot \underline{\underline{\mathbf{T}}}^*(\underline{\mathbf{R}}, \omega) \tag{4.3.27}$$

komplexen elastodynamischen Poynting-Vektor und weiß mit (4.3.24), dass sein Realteil die zeitlich gemittelte Energiestromdichte reell-zeitharmonischer Felder angibt.

Zur Formulierung eines Energiesatzes für zeitliche Mittelwerte reell-zeitharmonischer Felder ist zunächst analog zu (4.3.23) die entsprechende zeitharmonische Energiedichte

$$\begin{aligned} w_{\mathrm{el}}(\underline{\mathbf{R}}, t, \omega_0) = \Re&\left\{\frac{1}{4}\,\underline{\mathbf{j}}(\underline{\mathbf{R}}, \omega_0) \cdot \underline{\mathbf{v}}^*(\underline{\mathbf{R}}, \omega_0) + \frac{1}{4}\,\underline{\underline{\mathbf{S}}}(\underline{\mathbf{R}}, \omega_0) : \underline{\underline{\mathbf{T}}}^*(\underline{\mathbf{R}}, \omega_0)\right\} + \\ &+ \Re\left\{\left[\frac{1}{4}\,\underline{\mathbf{j}}(\underline{\mathbf{R}}, \omega_0) \cdot \underline{\mathbf{v}}(\underline{\mathbf{R}}, \omega_0) + \frac{1}{4}\,\underline{\underline{\mathbf{S}}}(\underline{\mathbf{R}}, \omega_0) : \underline{\underline{\mathbf{T}}}(\underline{\mathbf{R}}, \omega_0)\right] \mathrm{e}^{-2\mathrm{j}\omega_0 t}\right\} \end{aligned} \tag{4.3.28}$$

zeitharmonischer Felder auf der Grundlage von (4.3.2) zu definieren. Bilden wir mit (4.3.28) die zeitliche Ableitung und sodann den zeitlichen Mittelwert

$$\frac{1}{T_0}\int_0^{T_0} \frac{\partial w_{\mathrm{el}}(\underline{\mathbf{R}}, t, \omega_0)}{\partial t}\,\mathrm{d}t \equiv 0 \quad , \tag{4.3.29}$$

so ist dieser *stets* — offenbar unabhängig von einer zu postulierenden Materialgleichung! — gleich null. Für verschwindende Phasoren der Volumenkraftdichte $\underline{\mathbf{f}}(\underline{\mathbf{R}}, \omega_0)$ und der Deformationsrate $\underline{\underline{\mathbf{h}}}(\underline{\mathbf{R}}, \omega_0)$ folgt deshalb für zeitharmonische Felder durch zeitliche Mittelung des Energiesatzes (4.3.15):

$$\boldsymbol{\nabla} \cdot \Re\left\{\underline{\mathbf{S}}_{\mathrm{K}}(\underline{\mathbf{R}}, \omega_0)\right\} = 0 \quad . \tag{4.3.30}$$

Dies verwundert: Das Material könnte ja dissipativ sein, und dies *müsste* eine lokal *negative* Divergenz der zeitlich gemittelten Energiestromdichte zur Folge haben! Allerdings ist das Ergebnis (4.3.30) unbedingt plausibel für *nicht*dissipative Materialien, wie sie durch die Materialgleichungen (4.3.4) und (4.3.5) beschrieben werden. Es folgt: Für dissipative Materialien kann die Definition (4.3.28) — ebenso wie (4.3.2) — noch nicht der Weisheit letzter Schluss sein.

[6] In der Elektrotechnik bringt man mitunter den Faktor 1/2 „zum Verschwinden", indem man Effektivwerte der Phasoren, z.B.

$$\underline{\mathbf{v}}_{\mathrm{eff}}(\underline{\mathbf{R}}, \omega_0) = \frac{\underline{\mathbf{v}}(\underline{\mathbf{R}}, \omega_0)}{\sqrt{2}}$$

definiert. Im Übrigen: Wäre man von $\underline{\mathbf{S}}(\underline{\mathbf{R}}, t) = -\underline{\underline{\mathbf{T}}}(\underline{\mathbf{R}}, t) \cdot \underline{\mathbf{v}}(\underline{\mathbf{R}}, t)$ ausgegangen, hätte man nun $\underline{\mathbf{S}}_{\mathrm{K}}(\underline{\mathbf{R}}, \omega_0) = -\underline{\underline{\mathbf{T}}}(\underline{\mathbf{R}}, \omega_0) \cdot \underline{\mathbf{v}}^*(\underline{\mathbf{R}}, \omega_0)/2$, also den konjugiert komplexen Ausdruck, erhalten; allerdings bleibt der physikalisch bedeutsame *Real*teil von $\underline{\mathbf{S}}_{\mathrm{K}}(\underline{\mathbf{R}}, \omega_0)$ dabei unverändert.

Wie zuvor — im Zeitbereich — auch schon, gehen wir deshalb von (4.3.16) aus und bilden zeitliche Mittelwerte für zeitharmonische Felder:

$$\begin{aligned}-\nabla\cdot\Re\left\{\underline{\mathbf{S}}_{\mathrm{K}}(\underline{\mathbf{R}},\omega_0)\right\} = \Re\left\{-\frac{\mathrm{j}\omega_0}{2}\,\underline{\underline{\mathbf{S}}}(\underline{\mathbf{R}},\omega_0):\underline{\underline{\mathbf{T}}}^*(\underline{\mathbf{R}},\omega_0)-\frac{\mathrm{j}\omega_0}{2}\,\underline{\mathbf{j}}(\underline{\mathbf{R}},\omega_0)\cdot\underline{\mathbf{v}}^*(\underline{\mathbf{R}},\omega_0)\right\}-\\ -\Re\left\{\frac{1}{2}\,\underline{\underline{\mathbf{h}}}(\underline{\mathbf{R}},\omega_0):\underline{\underline{\mathbf{T}}}^*(\underline{\mathbf{R}},\omega_0)+\frac{1}{2}\,\underline{\mathbf{f}}(\underline{\mathbf{R}},\omega_0)\cdot\underline{\mathbf{v}}^*(\underline{\mathbf{R}},\omega_0)\right\}\quad,\end{aligned} \tag{4.3.31}$$

wobei wir den Phasor beispielsweise von $\partial\underline{\underline{\mathbf{S}}}(\underline{\mathbf{R}},t,\omega_0)/\partial t$ gemäß

$$\frac{\partial\underline{\underline{\mathbf{S}}}(\underline{\mathbf{R}},t,\omega_0)}{\partial t}=\Re\left\{-\mathrm{j}\omega_0\,\underline{\underline{\mathbf{S}}}(\underline{\mathbf{R}},\omega_0)\,\mathrm{e}^{-\mathrm{j}\omega_0 t}\right\} \tag{4.3.32}$$

berechnen; der Vollständigkeit halber berücksichtigen wir auch eingeprägte Kraftdichten und Deformationsraten. Aber auch für $\underline{\mathbf{f}}=\underline{\mathbf{0}}$, $\underline{\underline{\mathbf{h}}}=\underline{\underline{\mathbf{0}}}$ *kann* in Gleichung (4.3.31) rechtsseitig „etwas übrig bleiben“. Für die Materialgleichungen

$$\underline{\mathbf{j}}(\underline{\mathbf{R}},\omega_0)=\rho(\underline{\mathbf{R}})\underline{\mathbf{v}}(\underline{\mathbf{R}},\omega_0)\quad, \tag{4.3.33}$$

$$\underline{\underline{\mathbf{S}}}(\underline{\mathbf{R}},\omega_0)=\underline{\underline{\underline{\underline{\mathbf{s}}}}}(\underline{\mathbf{R}}):\underline{\underline{\mathbf{T}}}(\underline{\mathbf{R}},\omega_0) \tag{4.3.34}$$

eines bei der Frequenz ω_0 *nicht*dissipativen Materials sollte sich allerdings — wie in Gleichung (4.3.30) —

$$\Re\left\{-\frac{\mathrm{j}\omega_0}{2}\,\underline{\underline{\underline{\underline{\mathbf{s}}}}}(\underline{\mathbf{R}}):\underline{\underline{\mathbf{T}}}(\underline{\mathbf{R}},\omega_0):\underline{\underline{\mathbf{T}}}^*(\underline{\mathbf{R}},\omega_0)-\frac{\mathrm{j}\omega_0}{2}\,\rho(\underline{\mathbf{R}})\underline{\mathbf{v}}(\underline{\mathbf{R}},\omega_0)\cdot\underline{\mathbf{v}}^*(\underline{\mathbf{R}},\omega_0)\right\}=0 \tag{4.3.35}$$

ergeben. Da $\underline{\mathbf{v}}(\underline{\mathbf{R}},\omega_0)\cdot\underline{\mathbf{v}}^*(\underline{\mathbf{R}},\omega_0)=|\underline{\mathbf{v}}(\underline{\mathbf{R}},\omega_0)|^2$ stets reell ist, muss nur der erste Term überprüft werden. Da für den Realteil einer komplexen Zahl z

$$\Re z=\frac{1}{2}(z+z^*) \tag{4.3.36}$$

geschrieben werden kann, sollte

$$-\frac{\mathrm{j}\omega_0}{4}\,\underline{\underline{\underline{\underline{\mathbf{s}}}}}(\underline{\mathbf{R}}):\underline{\underline{\mathbf{T}}}(\underline{\mathbf{R}},\omega_0):\underline{\underline{\mathbf{T}}}^*(\underline{\mathbf{R}},\omega_0)+\frac{\mathrm{j}\omega_0}{4}\,\underline{\underline{\underline{\underline{\mathbf{s}}}}}(\underline{\mathbf{R}}):\underline{\underline{\mathbf{T}}}^*(\underline{\mathbf{R}},\omega_0):\underline{\underline{\mathbf{T}}}(\underline{\mathbf{R}},\omega_0)=0 \tag{4.3.37}$$

gelten, und dies *gilt* in der Tat, wenn $\underline{\underline{\underline{\underline{\mathbf{s}}}}}(\underline{\mathbf{R}})$ die Symmetrie

$$\underline{\underline{\underline{\underline{\mathbf{s}}}}}(\underline{\mathbf{R}})^{1234}=\underline{\underline{\underline{\underline{\mathbf{s}}}}}(\underline{\mathbf{R}})^{3412} \tag{4.3.38}$$

aufweist.

Unter der Voraussetzung (4.3.38) ergibt sich im zeitlichen Mittel der elastodynamische Energiesatz reell-zeitharmonischer Felder für nichtdissipative Materialien:

$$\nabla\cdot\Re\left\{\underline{\mathbf{S}}_{\mathrm{K}}(\underline{\mathbf{R}},\omega_0)\right\}=\Re\left\{\frac{1}{2}\,\underline{\mathbf{f}}(\underline{\mathbf{R}},\omega_0)\cdot\underline{\mathbf{v}}^*(\underline{\mathbf{R}},\omega_0)+\frac{1}{2}\,\underline{\underline{\mathbf{h}}}(\underline{\mathbf{R}},\omega_0):\underline{\underline{\mathbf{T}}}^*(\underline{\mathbf{R}},\omega_0)\right\} \tag{4.3.39}$$

Für die zeitlich gemittelte Energiedichte

$$\frac{1}{T_0}\int_0^{T_0}w_{\mathrm{el}}(\underline{\mathbf{R}},t,\omega_0)\,\mathrm{d}t=\langle w_{\mathrm{el}}(\underline{\mathbf{R}},t,\omega_0)\rangle \tag{4.3.40}$$

reell-zeitharmonischer Felder gilt sodann

$$\begin{aligned} \langle w_{\rm el}(\underline{\mathbf{R}},t,\omega_0)\rangle &= \frac{\rho(\underline{\mathbf{R}})}{4}\,|\underline{\mathbf{v}}(\underline{\mathbf{R}},\omega_0)|^2 + \frac{1}{4}\,\underline{\underline{\underline{\underline{\mathbf{s}}}}}(\underline{\mathbf{R}}) : \underline{\underline{\mathbf{T}}}(\underline{\mathbf{R}},\omega_0) : \underline{\underline{\mathbf{T}}}^*(\underline{\mathbf{R}},\omega_0)o \\ &= \frac{\rho(\underline{\mathbf{R}})}{4}\,|\underline{\mathbf{v}}(\underline{\mathbf{R}},\omega_0)|^2 + \frac{1}{4}\,\underline{\underline{\mathbf{S}}}(\underline{\mathbf{R}},\omega_0) : \underline{\underline{\underline{\underline{\mathbf{c}}}}}(\underline{\mathbf{R}}) : \underline{\underline{\mathbf{S}}}^*(\underline{\mathbf{R}},\omega_0) \quad , \end{aligned} \tag{4.3.41}$$

denn unter der Voraussetzung (4.3.38) ist $\underline{\underline{\underline{\underline{\mathbf{s}}}}}(\underline{\mathbf{R}}) : \underline{\underline{\mathbf{T}}}(\underline{\mathbf{R}},\omega_0) : \underline{\underline{\mathbf{T}}}^*(\underline{\mathbf{R}},\omega_0)$ und damit $\underline{\underline{\mathbf{S}}}(\underline{\mathbf{R}},\omega_0) : \underline{\underline{\underline{\underline{\mathbf{c}}}}}(\underline{\mathbf{R}}) : \underline{\underline{\mathbf{S}}}^*(\underline{\mathbf{R}},\omega_0)$ stets reell.

Ersetzt man Phasoren durch spektrale Amplituden, so gilt (4.3.39) für die Fourierspektren:

$$\nabla\cdot\Re\left\{\underline{\mathbf{S}}_{\rm K}(\underline{\mathbf{R}},\omega)\right\} = \Re\left\{\frac{1}{2}\,\underline{\mathbf{f}}(\underline{\mathbf{R}},\omega)\cdot\underline{\mathbf{v}}^*(\underline{\mathbf{R}},\omega) + \frac{1}{2}\,\underline{\underline{\mathbf{h}}}(\underline{\mathbf{R}},\omega) : \underline{\underline{\mathbf{T}}}^*(\underline{\mathbf{R}},\omega)\right\} \quad , \tag{4.3.42}$$

4.4 Lineare dissipative Materialien

In der Literatur werden verschiedene Modelle elastodynamischer Dissipation diskutiert (z.B.: Auld, 1973; Ben-Menahem und Singh, 1981; de Hoop, 1995). Wir wollen hier nicht auf deren physikalische Begründung zu sprechen kommen, sondern es sollen insbesondere die Konsequenzen jedweder Dissipation für die Ausbreitung elastischer Wellen diskutiert werden.

4.4.1 Maxwell-Modell

Maxwell-Modell

In völliger formaler Analogie zu Leitfähigkeitsverlusten des Energieinhalts elektromagnetischer Felder — beispielsweise formuliert durch das lineare Ohm'sche Gesetz: $\underline{\mathbf{J}}_l(\underline{\mathbf{R}},t) = \underline{\underline{\boldsymbol{\sigma}}}_{\rm e}(\underline{\mathbf{R}})\cdot\underline{\mathbf{E}}(\underline{\mathbf{R}},t)$ — postuliert man entsprechende Verluste elastodynamischer Energiedichte durch die zusätzlichen linearen Maxwell-Terme $\underline{\underline{\mathbf{K}}}(\underline{\mathbf{R}})\cdot\underline{\mathbf{v}}(\underline{\mathbf{R}},t)$ und $\underline{\underline{\underline{\underline{\boldsymbol{\Gamma}}}}}(\underline{\mathbf{R}}) : \underline{\underline{\mathbf{T}}}(\underline{\mathbf{R}},t)$ in den Materialgleichungen (4.1.9), (4.1.10) (Ben-Menahem und Singh, 1981; de Hoop, 1995):

$$\frac{\partial\underline{\mathbf{j}}(\underline{\mathbf{R}},t)}{\partial t} = \underline{\underline{\rho}}(\underline{\mathbf{R}})\cdot\frac{\partial\underline{\mathbf{v}}(\underline{\mathbf{R}},t)}{\partial t} + \underline{\underline{\mathbf{K}}}(\underline{\mathbf{R}})\cdot\underline{\mathbf{v}}(\underline{\mathbf{R}},t) \quad , \tag{4.4.1}$$

$$\frac{\partial\underline{\underline{\mathbf{S}}}(\underline{\mathbf{R}},t)}{\partial t} = \underline{\underline{\underline{\underline{\mathbf{s}}}}}(\underline{\mathbf{R}}) : \frac{\partial\underline{\underline{\mathbf{T}}}(\underline{\mathbf{R}},t)}{\partial t} + \underline{\underline{\underline{\underline{\boldsymbol{\Gamma}}}}}(\underline{\mathbf{R}}) : \underline{\underline{\mathbf{T}}}(\underline{\mathbf{R}},t) \quad . \tag{4.4.2}$$

Hierin ist $\underline{\underline{\mathbf{K}}}(\underline{\mathbf{R}})$ der tensorielle Koeffizient (zweiter Stufe) einer Reibungskraft und $\underline{\underline{\underline{\underline{\boldsymbol{\Gamma}}}}}(\underline{\mathbf{R}})$ der tensorielle Koeffizient (vierter Stufe) einer inversen Viskosität („Nicht-Zähigkeit“: *inviscidness*), der per definitionem die Symmetrien $\underline{\underline{\underline{\underline{\boldsymbol{\Gamma}}}}}^{1234} = \underline{\underline{\underline{\underline{\boldsymbol{\Gamma}}}}}^{1243} = \underline{\underline{\underline{\underline{\boldsymbol{\Gamma}}}}}^{2143} = \underline{\underline{\underline{\underline{\boldsymbol{\Gamma}}}}}^{2134}$ erfüllen muss; an $\underline{\underline{\mathbf{K}}}$ müssen keine Symmetrieforderungen gestellt werden.

Elastodynamische Grundgleichungen; Dämpfung und Dispersion ebener Wellen

Mit den Materialgleichungen (4.4.1), (4.4.2) lauten die elastodynamischen Grundgleichungen:

$$\underline{\underline{\rho}}(\underline{\mathbf{R}})\cdot\frac{\partial\underline{\mathbf{v}}(\underline{\mathbf{R}},t)}{\partial t} = \nabla\cdot\underline{\underline{\mathbf{T}}}(\underline{\mathbf{R}},t) - \underline{\underline{\mathbf{K}}}(\underline{\mathbf{R}})\cdot\underline{\mathbf{v}}(\underline{\mathbf{R}},t) + \underline{\mathbf{f}}(\underline{\mathbf{R}},t) \quad , \tag{4.4.3}$$

$$\underline{\underline{\underline{\underline{\mathbf{s}}}}}(\underline{\mathbf{R}}) : \frac{\partial\underline{\underline{\mathbf{T}}}(\underline{\mathbf{R}},t)}{\partial t} = \underline{\underline{\underline{\underline{\mathbf{I}}}}}^+ : \nabla\underline{\mathbf{v}}(\underline{\mathbf{R}},t) - \underline{\underline{\underline{\underline{\boldsymbol{\Gamma}}}}}(\underline{\mathbf{R}}) : \underline{\underline{\mathbf{T}}}(\underline{\mathbf{R}},t) + \underline{\underline{\mathbf{h}}}(\underline{\mathbf{R}},t) \quad , \tag{4.4.4}$$

wobei deutlich wird, dass $\underline{\underline{\mathbf{K}}}\cdot\underline{\mathbf{v}}$ in der Tat ein feldinduzierter Kraftdichteterm ist, der wegen des negativen Vorzeichens der äußeren „antreibenden“ Kraftdichte entgegenwirkt, also „bremst“. Ebenso ist $\underline{\underline{\underline{\underline{\boldsymbol{\Gamma}}}}} : \underline{\underline{\mathbf{T}}}$ der äußeren Deformationsrate entgegengerichtet.

Die erneute zeitliche Ableitung von (4.4.3) und nachfolgendes Einsetzen von (4.4.4) liefert die um Dissipationsterme erweiterte Gleichung (7.1.3):

$$\nabla \cdot \underline{\underline{\underline{\underline{c}}}}(\underline{\mathbf{R}}) : \nabla \underline{\mathbf{v}}(\underline{\mathbf{R}}, t) - \underline{\underline{\boldsymbol{\rho}}}(\underline{\mathbf{R}}) \cdot \frac{\partial^2 \underline{\mathbf{v}}(\underline{\mathbf{R}}, t)}{\partial t^2} - \underline{\underline{\mathbf{K}}}(\underline{\mathbf{R}}) \cdot \frac{\partial \underline{\mathbf{v}}(\underline{\mathbf{R}}, t)}{\partial t} - \nabla \cdot \underline{\underline{\underline{\underline{c}}}}(\underline{\mathbf{R}}) : \underline{\underline{\underline{\underline{\boldsymbol{\Gamma}}}}}(\underline{\mathbf{R}}) : \underline{\underline{\mathbf{T}}}(\underline{\mathbf{R}}, t) = - \frac{\partial \underline{\mathbf{f}}(\underline{\mathbf{R}}, t)}{\partial t} - \nabla \cdot \underline{\underline{\underline{\underline{c}}}}(\underline{\mathbf{R}}) : \underline{\underline{\mathbf{h}}}(\underline{\mathbf{R}}, t) \quad . \tag{4.4.5}$$

Um zu überblicken, welche Konsequenzen die Dissipationsterme für die Ausbreitung ebener Wellen haben, betrachten wir die homogene Gleichung (4.4.5) und setzen der Einfachheit halber den $\underline{\underline{\underline{\underline{\boldsymbol{\Gamma}}}}}$-Term gleich null:

$$\nabla \cdot \underline{\underline{\underline{\underline{c}}}}(\underline{\mathbf{R}}) : \nabla \underline{\mathbf{v}}(\underline{\mathbf{R}}, t) - \underline{\underline{\boldsymbol{\rho}}}(\underline{\mathbf{R}}) \cdot \frac{\partial^2 \underline{\mathbf{v}}(\underline{\mathbf{R}}, t)}{\partial t^2} - \underline{\underline{\mathbf{K}}}(\underline{\mathbf{R}}) \cdot \frac{\partial \underline{\mathbf{v}}(\underline{\mathbf{R}}, t)}{\partial t} = \underline{\mathbf{0}} \quad ; \tag{4.4.6}$$

nach der Fourier-Transformation bezüglich t können wir $\underline{\underline{\boldsymbol{\rho}}}(\underline{\mathbf{R}})$ und $\underline{\underline{\mathbf{K}}}(\underline{\mathbf{R}})$ zu einem *komplexen* (frequenzabhängigen) Materialtensor $\underline{\underline{\boldsymbol{\rho}}}_c(\underline{\mathbf{R}})$ zusammenfassen:

$$\nabla \cdot \underline{\underline{\underline{\underline{c}}}}(\underline{\mathbf{R}}) : \nabla \underline{\mathbf{v}}(\underline{\mathbf{R}}, \omega) + \omega^2 \underbrace{\Big[\underline{\underline{\boldsymbol{\rho}}}(\underline{\mathbf{R}}) + \mathrm{j} \frac{\underline{\underline{\mathbf{K}}}(\underline{\mathbf{R}})}{\omega} \Big]}_{= \underline{\underline{\boldsymbol{\rho}}}_c(\underline{\mathbf{R}})} \cdot \underline{\mathbf{v}}(\underline{\mathbf{R}}, \omega) = \underline{\mathbf{0}} \quad . \tag{4.4.7}$$

Wir spezialisieren auf ein homogen-isotropes dissipatives Material gemäß[7]

$$\underline{\underline{\underline{\underline{c}}}}(\underline{\mathbf{R}}) = \lambda \, \underline{\underline{\underline{\underline{\mathbf{I}}}}}^{\delta} + 2\mu \, \underline{\underline{\underline{\underline{\mathbf{I}}}}}^{+} \quad , \tag{4.4.8}$$

$$\begin{aligned} \underline{\underline{\boldsymbol{\rho}}}_c(\underline{\mathbf{R}}) &= \left(\rho + \mathrm{j} \frac{K}{\omega} \right) \underline{\underline{\mathbf{I}}} \\ &= \rho_c \, \underline{\underline{\mathbf{I}}} \end{aligned} \tag{4.4.9}$$

und wählen, wie in Abschnitt 8.1, die z-Achse als Ausbreitungsrichtung einer ebenen Welle mit $\partial/\partial x \equiv \partial/\partial y \equiv 0$; Komponentenbildung von (4.4.7) ergibt

$$(\lambda + 2\mu) \frac{\mathrm{d}^2 v_z(z, \omega)}{\mathrm{d}z^2} + \omega^2 \rho_c v_z(z, \omega) = 0 \quad , \tag{4.4.10}$$

$$\mu \frac{\mathrm{d}^2 v_{x,y}(z, \omega)}{\mathrm{d}z^2} + \omega^2 \rho_c v_{x,y}(z, \omega) = 0 \tag{4.4.11}$$

als Verallgemeinerung von (8.1.9) und (8.1.35) auf dissipative Materialien. Die Definition komplexer Wellenzahlen

$$\begin{aligned} k_{\mathrm{Pc}}(\omega) &= \omega \sqrt{\frac{\rho_c}{\lambda + 2\mu}} \\ &= \Re k_{\mathrm{Pc}}(\omega) + \mathrm{j} \Im k_{\mathrm{Pc}}(\omega) \quad , \end{aligned} \tag{4.4.12}$$

$$\begin{aligned} k_{\mathrm{Sc}}(\omega) &= \omega \sqrt{\frac{\rho_c}{\mu}} \\ &= \Re k_{\mathrm{Sc}}(\omega) + \mathrm{j} \Im k_{\mathrm{Sc}}(\omega) \end{aligned} \tag{4.4.13}$$

[7] In (4.4.9) ist K *nicht* der Betrag des Fourier-Vektors $\underline{\mathbf{K}}$, sondern der skalare Reibungskoeffizient gemäß $\underline{\underline{\mathbf{K}}} = K \, \underline{\underline{\mathbf{I}}}$.

enthüllt, dass ebene ω_0-zeitharmonische Primär- und Sekundärwellen (man vergleiche (8.1.24) und (8.1.45))

$$v_z(z,t) = v_z(\omega_0)\, \mathrm{e}^{\mathrm{j}z\Re k_{\mathrm{Pc}}(\omega_0)} \mathrm{e}^{-z\Im k_{\mathrm{Pc}}(\omega_0)} \mathrm{e}^{-\mathrm{j}\omega_0 t} \quad , \tag{4.4.14}$$

$$v_{x,y}(z,t) = v_{x,y}(\omega_0)\, \mathrm{e}^{\mathrm{j}z\Re k_{\mathrm{Sc}}(\omega_0)} \mathrm{e}^{-z\Im k_{\mathrm{Sc}}(\omega_0)} \mathrm{e}^{-\mathrm{j}\omega_0 t} \quad , \tag{4.4.15}$$

die sich beispielsweise in $+z$-Richtung ausbreiten, nunmehr in Ausbreitungsrichtung für $z > 0$ entsprechend den Imaginärteilen der komplexen Wellenzahlen exponentiell gedämpft sind (falls man das richtige — positive! — Vorzeichen der Imaginärteile gewählt hat). Physikalische *Ursache* der Dämpfung ist der Reibungskoeffizient K in ρ_c, er vermittelt Dissipation.

Nebst der *Dissipation* vermittelt K auch *Dispersion*, da die komplexen Wellenzahlen nicht mehr nur proportional zur Frequenz sind wie im verlustlosen Fall; die Phasengeschwindigkeiten

$$c_{\mathrm{P,S}}(\omega_0) = \frac{\omega_0}{\Re k_{\mathrm{P,Sc}}(\omega_0)} \tag{4.4.16}$$

werden in dissipativen Materialien frequenzabhängig! Infolgedessen erfährt ein Impuls, der sich in einem dissipativen Material ausbreitet, eine mit z zunehmende Verzerrung[8]. Apropos Impulsausbreitung: Zur inversen Fourier-Transformation in den Zeitbereich fassen wir frequenzabhängige Funktionen, also auch $\rho_c(\omega)$, als komplexe Spektren auf; deren Zeitfunktionen sind aber nur dann physikalisch realistisch, wenn sie kausal sind und endliche Energie besitzen. Laut Abschnitt 2.3.4 hat dies aber zur Voraussetzung, dass $\Re\rho_c(\omega)$ und $\Im\rho_c(\omega)$ Kramers-Kronig-Relationen genügen, also gegenseitige Hilbert-Transformierte sind. Dies ist aber für das Maxwell-Modell (4.4.9) nicht der Fall (Langenberg, 2005), sodass es sicher nur in eingeschränkten Frequenzbereichen brauchbar ist.

4.4.2 Elastodynamischer Energiesatz: Dissipationsenergie

Elastodynamischer Energiesatz im Zeitbereich

Elastodynamische Dissipation muss sich in einem elastodynamischen Energiesatz äußern. Wir greifen auf (4.3.16) zurück und setzen die Maxwell-Materialgleichungen (4.4.1), (4.4.2) ein (wir nutzen sogleich die Symmetrie (4.2.3) von $\underline{\underline{\underline{\underline{\mathbf{s}}}}}$ und $\underline{\underline{\underline{\underline{\mathbf{\Gamma}}}}}$ aus):

$$\begin{aligned}
-\nabla\cdot\underline{\mathbf{S}}(\underline{\mathbf{R}},t) = {} & \underbrace{\underline{\underline{\mathbf{T}}}(\underline{\mathbf{R}},t) : \underline{\underline{\underline{\underline{\mathbf{s}}}}}(\underline{\mathbf{R}}) : \frac{\partial\underline{\underline{\mathbf{T}}}(\underline{\mathbf{R}},t)}{\partial t} + \underline{\mathbf{v}}(\underline{\mathbf{R}},t)\cdot\underline{\underline{\boldsymbol{\rho}}}(\underline{\mathbf{R}})\cdot\frac{\partial\underline{\mathbf{v}}(\underline{\mathbf{R}},t)}{\partial t}}_{=\frac{\partial w_{\mathrm{el}}(\underline{\mathbf{R}},t)}{\partial t}} + \\
& \underbrace{+\underline{\underline{\mathbf{T}}}(\underline{\mathbf{R}},t) : \underline{\underline{\underline{\underline{\mathbf{\Gamma}}}}}(\underline{\mathbf{R}}) : \underline{\underline{\mathbf{T}}}(\underline{\mathbf{R}},t) + \underline{\mathbf{v}}(\underline{\mathbf{R}},t)\cdot\underline{\underline{\mathbf{K}}}\cdot\underline{\mathbf{v}}(\underline{\mathbf{R}},t)}_{=\frac{\partial w_{\mathrm{d}}(\underline{\mathbf{R}},t)}{\partial t}} - \\
& \underbrace{-\underline{\underline{\mathbf{h}}}(\underline{\mathbf{R}},t) : \underline{\underline{\mathbf{T}}}(\underline{\mathbf{R}},t) - \underline{\mathbf{f}}(\underline{\mathbf{R}},t)\cdot\underline{\mathbf{v}}(\underline{\mathbf{R}},t)}_{=-\frac{\partial w_Q(\underline{\mathbf{R}},t)}{\partial t}} \quad .
\end{aligned} \tag{4.4.17}$$

Die erste Unterklammer in (4.4.17) definiert die zeitliche Änderung der (nichtdissipativen) elastodynamischen (Augenblicks-)Energiedichte[9], die zweite Unterklammer offensichtlich die zeit-

[8] Das numerische Beispiel für elektromagnetische Maxwell-Dispersion in (Langenberg, 2005) ist *quantitativ* auf den vorliegenden elastodynamsichen Fall übertragbar.

[9], die im Falle der Symmetrie von $\underline{\underline{\boldsymbol{\rho}}}$ und der Symmetrie (4.3.9) von $\underline{\underline{\underline{\underline{\mathbf{s}}}}}$ durch zeitliche Ableitung der (nichtdissipativen) elastodynamischen (Augenblicks-)Energiedichte *selbst* (Gleichung (4.3.6)) berechnet werden kann.

liche Änderung der elastodynamischen Dissipationsenergiedichte. Fassen wir gemäß

$$\frac{\partial w(\underline{\mathbf{R}}, t)}{\partial t} = \frac{\partial w_{\text{el}}(\underline{\mathbf{R}}, t)}{\partial t} + \frac{\partial w_{\text{d}}(\underline{\mathbf{R}}, t)}{\partial t} \tag{4.4.18}$$

zur zeitlichen Änderung der Gesamtenergiedichte zusammen, so nimmt der Energiesatz die prägnante Form

$$\frac{\partial w_Q(\underline{\mathbf{R}}, t)}{\partial t} - \nabla \cdot \underline{\mathbf{S}}(\underline{\mathbf{R}}, t) = \frac{\partial w(\underline{\mathbf{R}}, t)}{\partial t} \tag{4.4.19}$$

an: Die Summe aus lokal zuströmender Energiedichte und zeitlicher Änderung von außen eingebrachter Energiedichte dient der lokalen Vermehrung der Gesamtenergiedichte, nämlich einmal der Vermehrung von kinetischer und Deformationsenergiedichte und zum zweiten zur Deckung der Verluste durch Dissipation. Als *Dissipations*term muss $\partial w_{\text{d}}(\underline{\mathbf{R}}, t)/\partial t \geq 0$ sein; dies hat die Forderung nach nicht-negativer Definitheit der Tensoren $\underline{\underline{\mathbf{K}}}$ und $\underline{\underline{\underline{\underline{\mathbf{\Gamma}}}}}$ zur Folge (*nicht* der Symmetrien $\underline{\underline{\mathbf{K}}} = \underline{\underline{\mathbf{K}}}^{21}$ und $\underline{\underline{\underline{\underline{\mathbf{\Gamma}}}}}^{1234} = \underline{\underline{\underline{\underline{\mathbf{\Gamma}}}}}^{3412}$, wie von Auld (1973) behauptet).

Aus (4.4.18) folgt mit (4.4.17) für kausale Felder durch zeitliche Integration unter der Voraussetzung der Symmetrien $\underline{\underline{\boldsymbol{\rho}}} = \underline{\underline{\boldsymbol{\rho}}}^{21}$, $\underline{\underline{\underline{\underline{\mathbf{s}}}}}^{1234} = \underline{\underline{\underline{\underline{\mathbf{s}}}}}^{3412}$:

$$\begin{aligned} w(\underline{\mathbf{R}}, t) = {} & \frac{1}{2}\, \underline{\mathbf{v}}(\underline{\mathbf{R}}, t) \cdot \underline{\underline{\boldsymbol{\rho}}}(\underline{\mathbf{R}}) \cdot \underline{\mathbf{v}}(\underline{\mathbf{R}}, t) + \frac{1}{2}\, \underline{\underline{\mathbf{T}}}(\underline{\mathbf{R}}, t) : \underline{\underline{\underline{\underline{\mathbf{s}}}}}(\underline{\mathbf{R}}) : \underline{\underline{\mathbf{T}}}(\underline{\mathbf{R}}, t) + \\ & + \int_0^t \left[\underline{\underline{\mathbf{T}}}(\underline{\mathbf{R}}, \tau) : \underline{\underline{\underline{\underline{\mathbf{\Gamma}}}}}(\underline{\mathbf{R}}) : \underline{\underline{\mathbf{T}}}(\underline{\mathbf{R}}, \tau) + \underline{\mathbf{v}}(\underline{\mathbf{R}}, \tau) \cdot \underline{\underline{\mathbf{K}}}(\underline{\mathbf{R}}) \cdot \underline{\mathbf{v}}(\underline{\mathbf{R}}, \tau) \right] d\tau \ . \end{aligned} \tag{4.4.20}$$

d.h. die elastodynamische Energiedichte (4.3.6) als Augenblicksenergiedichte nichtdissipativer Materialien muss für *dissipative* Materialien um die Dissipationsenergiedichte ergänzt werden; die Definition (4.4.20) ersetzt die Definition (4.3.2) für konkret vorliegende Materialgleichungen *dissipativer* Materialien. Damit hebt sich auch der mit (4.3.29) formulierte Widerspruch auf, wenn wir (4.4.20) für reell-zeitharmonische Felder hinschreiben und sodann zeitlich mitteln.

Elastodynamischer Energiesatz im Frequenzbereich

Für reell-zeitharmonische Felder ergibt die zeitliche Mittelung des Poynting'schen Satzes (4.4.17) (man vergleiche (4.3.31))

$$\begin{aligned} -\nabla \cdot \Re\{\underline{\mathbf{S}}_{\text{K}}(\underline{\mathbf{R}}, \omega_0)\} = {} & \Re\left\{ -\frac{\mathrm{j}\omega_0}{2}\, \underline{\underline{\mathbf{T}}}(\underline{\mathbf{R}}, \omega_0) : \underline{\underline{\underline{\underline{\mathbf{s}}}}}(\underline{\mathbf{R}}) : \underline{\underline{\mathbf{T}}}^*(\underline{\mathbf{R}}, \omega_0) - \frac{\mathrm{j}\omega_0}{2}\, \underline{\mathbf{v}}(\underline{\mathbf{R}}, \omega_0) \cdot \underline{\underline{\boldsymbol{\rho}}}(\underline{\mathbf{R}}) \cdot \underline{\mathbf{v}}^*(\underline{\mathbf{R}}, \omega_0) \right\} + \\ & + \Re\left\{ \frac{1}{2}\, \underline{\underline{\mathbf{T}}}(\underline{\mathbf{R}}, \omega_0) : \underline{\underline{\underline{\underline{\mathbf{\Gamma}}}}}(\underline{\mathbf{R}}) : \underline{\underline{\mathbf{T}}}^*(\underline{\mathbf{R}}, \omega_0) + \frac{1}{2}\, \underline{\mathbf{v}}(\underline{\mathbf{R}}, \omega_0) \cdot \underline{\underline{\mathbf{K}}}(\underline{\mathbf{R}}) \cdot \underline{\mathbf{v}}^*(\underline{\mathbf{R}}, \omega_0) \right\} - \\ & - \Re\left\{ \frac{1}{2}\, \underline{\underline{\mathbf{h}}}(\underline{\mathbf{R}}, \omega_0) : \underline{\underline{\mathbf{T}}}^*(\underline{\mathbf{R}}, \omega_0) + \frac{1}{2}\, \underline{\mathbf{f}}(\underline{\mathbf{R}}, \omega_0) \cdot \underline{\mathbf{v}}^*(\underline{\mathbf{R}}, \omega_0) \right\} \end{aligned} \tag{4.4.21}$$

für die Phasoren bzw. die Fourier-Spektren der Felder. Aufgrund der Symmetrien $\underline{\underline{\boldsymbol{\rho}}} = \underline{\underline{\boldsymbol{\rho}}}^{21}$, $\underline{\underline{\underline{\underline{\mathbf{s}}}}}^{1234} = \underline{\underline{\underline{\underline{\mathbf{s}}}}}^{3412}$ ist der erste Term auf der rechten Seite von (4.4.21) gleich null, sodass als elastodynamischer Energiesatz im Frequenzbereich

$$\begin{aligned} & \frac{1}{2}\, \Re\left\{ \underline{\underline{\mathbf{h}}}(\underline{\mathbf{R}}, \omega) : \underline{\underline{\mathbf{T}}}^*(\underline{\mathbf{R}}, \omega) + \underline{\mathbf{f}}(\underline{\mathbf{R}}, \omega) \cdot \underline{\mathbf{v}}^*(\underline{\mathbf{R}}, \omega) \right\} - \nabla \cdot \Re\{\underline{\mathbf{S}}_{\text{K}}(\underline{\mathbf{R}}, \omega)\} = \\ & \frac{1}{2}\, \Re\left\{ \underline{\underline{\mathbf{T}}}(\underline{\mathbf{R}}, \omega) : \underline{\underline{\underline{\underline{\mathbf{\Gamma}}}}}(\underline{\mathbf{R}}) : \underline{\underline{\mathbf{T}}}^*(\underline{\mathbf{R}}, \omega) + \underline{\mathbf{v}}(\underline{\mathbf{R}}, \omega) \cdot \underline{\underline{\mathbf{K}}}(\underline{\mathbf{R}}) \cdot \underline{\mathbf{v}}^*(\underline{\mathbf{R}}, \omega) \right\} \end{aligned} \tag{4.4.22}$$

folgt. Offensichtlich wird durch

$$\left\langle \frac{\partial w(\underline{\mathbf{R}}, t, \omega_0)}{\partial t} \right\rangle = \left\langle \frac{\partial w_{\text{d}}(\underline{\mathbf{R}}, t, \omega_0)}{\partial t} \right\rangle \tag{4.4.23}$$

der Widerspruch (4.3.29) aufgehoben.

4.4.3 Rayleigh- und Kelvin-Voigt-Modell

Das (lineare) Rayleigh-Modell postuliert dissipative Materialgleichungen

$$\underline{\mathbf{j}}(\underline{\mathbf{R}},t) = \underline{\underline{\rho}}(\underline{\mathbf{R}}) \cdot \underline{\mathbf{v}}(\underline{\mathbf{R}},t) + \underline{\underline{\mathbf{K}}}(\underline{\mathbf{R}}) \cdot \underline{\mathbf{u}}(\underline{\mathbf{R}},t) \quad , \tag{4.4.24}$$

$$\underline{\underline{\mathbf{T}}}(\underline{\mathbf{R}},t) = \underline{\underline{\underline{\underline{\mathbf{c}}}}}(\underline{\mathbf{R}}) : \underline{\underline{\mathbf{S}}}(\underline{\mathbf{R}},t) + \underline{\underline{\underline{\underline{\eta}}}}(\underline{\mathbf{R}}) : \frac{\partial \underline{\underline{\mathbf{S}}}(\underline{\mathbf{R}},t)}{\partial t} \quad , \tag{4.4.25}$$

worin $\underline{\underline{\mathbf{K}}}(\underline{\mathbf{R}})$, wie im Maxwell-Modell, ein Reibungskoeffiziententensor und $\underline{\underline{\underline{\underline{\eta}}}}(\underline{\mathbf{R}})$ ein Viskositätstensor ist, der, weil $\underline{\underline{\mathbf{S}}}$ und $\underline{\underline{\mathbf{T}}}$ symmetrisch sind, die Symmetrieeigenschaften $\underline{\underline{\underline{\underline{\eta}}}}^{1234} = \underline{\underline{\underline{\underline{\eta}}}}^{1243} = \underline{\underline{\underline{\underline{\eta}}}}^{2143} = \underline{\underline{\underline{\underline{\eta}}}}^{2134}$ besitzt. Wenn man (4.4.25) auf die „normale" Form

$$\underline{\underline{\mathbf{S}}}(\underline{\mathbf{R}},t) = \underline{\underline{\underline{\underline{\mathbf{s}}}}}(\underline{\mathbf{R}}) : \underline{\underline{\mathbf{T}}}(\underline{\mathbf{R}},t) - \underline{\underline{\underline{\underline{\tau}}}}(\underline{\mathbf{R}}) : \frac{\partial \underline{\underline{\mathbf{S}}}(\underline{\mathbf{R}},t)}{\partial t} \tag{4.4.26}$$

einer Materialgleichung bringt, entsteht der Relaxationstensor (seine Elemente haben die Dimension einer Zeit)

$$\underline{\underline{\underline{\underline{\tau}}}}(\underline{\mathbf{R}}) = \underline{\underline{\underline{\underline{\mathbf{s}}}}}(\underline{\mathbf{R}}) : \underline{\underline{\underline{\underline{\eta}}}}(\underline{\mathbf{R}}) \tag{4.4.27}$$

mit den Symmetrien $\underline{\underline{\underline{\underline{\tau}}}}^{1234} = \underline{\underline{\underline{\underline{\tau}}}}^{1243} = \underline{\underline{\underline{\underline{\tau}}}}^{2143} = \underline{\underline{\underline{\underline{\tau}}}}^{2134}$, weswegen (4.4.26) als Kelvin-Voigt-*Relaxations*modell bezeichnet wird (Ben-Menahem und Singh, 1981).

Mit der Definitionsgleichung $\partial \underline{\underline{\mathbf{S}}}(\underline{\mathbf{R}},t)/\partial t = \underline{\underline{\underline{\underline{\mathbf{I}}}}}^{+} : \nabla \underline{\mathbf{v}}(\underline{\mathbf{R}},t)$ für die Deformationsrate ergeben sich die elastodynamischen Grundgleichungen

$$\underline{\underline{\rho}}(\underline{\mathbf{R}}) \cdot \frac{\partial \underline{\mathbf{v}}(\underline{\mathbf{R}},t)}{\partial t} = \nabla \cdot \underline{\underline{\mathbf{T}}}(\underline{\mathbf{R}},t) - \underline{\underline{\mathbf{K}}}(\underline{\mathbf{R}}) \cdot \underline{\mathbf{v}}(\underline{\mathbf{R}},t) + \underline{\mathbf{f}}(\underline{\mathbf{R}},t) \quad , \tag{4.4.28}$$

$$\underline{\underline{\underline{\underline{\mathbf{s}}}}}(\underline{\mathbf{R}}) : \frac{\partial \underline{\underline{\mathbf{T}}}(\underline{\mathbf{R}},t)}{\partial t} = \underline{\underline{\underline{\underline{\mathbf{I}}}}}^{+} : \nabla \underline{\mathbf{v}}(\underline{\mathbf{R}},t) + \underline{\underline{\underline{\underline{\tau}}}}(\underline{\mathbf{R}}) : \nabla \frac{\partial \underline{\mathbf{v}}(\underline{\mathbf{R}},t)}{\partial t} + \underline{\underline{\mathbf{h}}}(\underline{\mathbf{R}},t) \tag{4.4.29}$$

für die Rayleigh-dissipativen Materialien (4.4.24), (4.4.26). Einsetzen der Materialgleichungen in (4.3.16) definiert in Analogie zu (4.4.17) die zeitliche Änderung der Dissipationsenergiedichte

$$\frac{\partial w_{\mathrm{d}}(\underline{\mathbf{R}},t)}{\partial t} = -\underline{\underline{\mathbf{T}}}(\underline{\mathbf{R}},t) : \underline{\underline{\underline{\underline{\tau}}}}(\underline{\mathbf{R}}) : \nabla \frac{\partial \underline{\mathbf{v}}(\underline{\mathbf{R}},t)}{\partial t} + \underline{\mathbf{v}}(\underline{\mathbf{R}},t) \cdot \underline{\underline{\mathbf{K}}}(\underline{\mathbf{R}}) \cdot \underline{\mathbf{v}}(\underline{\mathbf{R}},t) \quad . \tag{4.4.30}$$

Ineinandereinsetzen der Grundgleichungen erzeugt die Differentialgleichung

$$\nabla \cdot \underline{\underline{\underline{\underline{\mathbf{c}}}}}(\underline{\mathbf{R}}) : \nabla \underline{\mathbf{v}}(\underline{\mathbf{R}},t) + \nabla \cdot \underline{\underline{\underline{\underline{\eta}}}}(\underline{\mathbf{R}}) : \nabla \frac{\partial \underline{\mathbf{v}}(\underline{\mathbf{R}},t)}{\partial t} - \underline{\underline{\mathbf{K}}}(\underline{\mathbf{R}}) \cdot \frac{\partial \underline{\mathbf{v}}(\underline{\mathbf{R}},t)}{\partial t} - \underline{\underline{\rho}}(\underline{\mathbf{R}}) \cdot \frac{\partial^2 \underline{\mathbf{v}}(\underline{\mathbf{R}},t)}{\partial t^2} =$$
$$-\frac{\partial \underline{\mathbf{f}}(\underline{\mathbf{R}},t)}{\partial t} - \nabla \cdot \underline{\underline{\underline{\underline{\mathbf{c}}}}}(\underline{\mathbf{R}}) : \underline{\underline{\mathbf{h}}}(\underline{\mathbf{R}},t) \tag{4.4.31}$$

für die Teilchengeschwindigkeit, die aufgrund der speziellen Kelvin-Voigt-Relaxation gegenüber (4.4.5) den formalen Vorteil hat, von $\underline{\underline{\mathbf{T}}}(\underline{\mathbf{R}},t)$ entkoppelt zu sein. Fourier-Transformation bezüglich t

$$\nabla \cdot \left[\underline{\underline{\underline{\underline{\mathbf{c}}}}}(\underline{\mathbf{R}}) - \mathrm{j}\omega \underline{\underline{\underline{\underline{\eta}}}}(\underline{\mathbf{R}}) \right] : \nabla \underline{\mathbf{v}}(\underline{\mathbf{R}},\omega) + \omega^2 \left[\underline{\underline{\rho}}(\underline{\mathbf{R}}) + \mathrm{j} \frac{\underline{\underline{\mathbf{K}}}(\underline{\mathbf{R}})}{\omega} \right] \cdot \underline{\mathbf{v}}(\underline{\mathbf{R}},\omega) =$$
$$\mathrm{j}\omega \underline{\mathbf{f}}(\underline{\mathbf{R}},\omega) - \nabla \cdot \underline{\underline{\underline{\underline{\mathbf{c}}}}}(\underline{\mathbf{R}}) : \underline{\underline{\mathbf{h}}}(\underline{\mathbf{R}},\omega) \tag{4.4.32}$$

lässt erneut erkennen, dass die Dissipationsterme komplexe frequenzabhängige Materialparameter zur Folge haben. Konsequenz: Elastische Wellen in Rayleigh-dissipativen Materialien erfahren Dämpfung und sind dispersiv. Für homogen-isotrope Kelvin-Voigt-Dissipation ($\underline{\underline{\mathbf{K}}} = \underline{\underline{\mathbf{0}}}$) ist dies von Marklein (1997) für ebene Wellen bis ins Detail ausgearbeitet worden.

4.4.4 Relaxationsmodelle

Von Boltzmann wurden bereits Relaxationsmodelle

$$\frac{\partial \underline{\mathbf{j}}(\underline{\mathbf{R}},t)}{\partial t} = \underline{\underline{\rho}}(\underline{\mathbf{R}}) \cdot \frac{\partial \underline{\mathbf{v}}(\underline{\mathbf{R}},t)}{\partial t} + \int_0^t \underline{\underline{\mu}}(\underline{\mathbf{R}},t-\tau) \cdot \frac{\partial \underline{\mathbf{v}}(\underline{\mathbf{R}},\tau)}{\partial \tau}\,\mathrm{d}\tau \ , \tag{4.4.33}$$

$$\frac{\partial \underline{\underline{\mathbf{S}}}(\underline{\mathbf{R}},t)}{\partial t} = \underline{\underline{\underline{\underline{\mathbf{s}}}}}(\underline{\mathbf{R}}) : \frac{\partial \underline{\underline{\mathbf{T}}}(\underline{\mathbf{R}},t)}{\partial t} + \int_0^t \underline{\underline{\underline{\underline{\chi}}}}(\underline{\mathbf{R}},t-\tau) : \frac{\partial \underline{\underline{\mathbf{T}}}(\underline{\mathbf{R}},\tau)}{\partial \tau}\,\mathrm{d}\tau \tag{4.4.34}$$

als Dissipationsterme in linearen Materialgleichungen vorgeschlagen (Ben-Menahem und Singh, 1981; de Hoop, 1995); hierin ist $\underline{\underline{\mu}}(\underline{\mathbf{R}},t)$ der tensorielle Trägheits- und $\underline{\underline{\underline{\underline{\chi}}}}(\underline{\mathbf{R}},t)$ der tensorielle Nachgiebigkeitskern im jeweiligen Faltungsintegral; für $\underline{\underline{\underline{\underline{\chi}}}}$ gelten die üblichen Symmetrien der Vertauschbarkeit der beiden ersten und der beiden letzten Indizes. Man beachte: Wenn wir sinnvollerweise die Kausalität von Feldern und Relaxationskernen voraussetzen, sind die Grenzen der Faltungsintegrale 0 und t, d.h. über die Faltungsintegrale sind $\partial \underline{\mathbf{j}}(\underline{\mathbf{R}},t)/\partial t$ und $\partial \underline{\underline{\mathbf{S}}}(\underline{\mathbf{R}},t)/\partial t$ zum Zeitpunkt t auch von der Vergangenheit der Felder, aber *nur* von der Vergangenheit der Felder (und nicht — akausal — von der Zukunft), abhängig. Im Gegensatz zu den Augenblickstermen stehen die Relaxationsterme in (4.4.33) und (4.4.34) für ein *nicht* augenblicklich reagierendes Material, das aber nach wie vor *zeitinvariant* ist, da die Relaxationskerne Funktionen von $t-\tau$ und nicht von „t Komma τ" sind. Einsetzen von (4.4.33) und (4.4.34) in (4.3.16) identifiziert die Nicht-Augenblicksreaktion als Dissipation, woraus die nicht-negative Definitheit der Tensoren $\underline{\underline{\mu}}$ und $\underline{\underline{\underline{\underline{\chi}}}}$ folgt.

Für kausale Relaxationskerne $\underline{\underline{\mu}}(\underline{\mathbf{R}},t)$, $\underline{\underline{\underline{\underline{\chi}}}}(\underline{\mathbf{R}},t)$ endlicher Energie gilt (Abschnitt 2.3.4), dass ihre Frequenzspektren $\underline{\underline{\mu}}(\underline{\mathbf{R}},\omega)$, $\underline{\underline{\underline{\underline{\chi}}}}(\underline{\mathbf{R}},\omega)$ komplex sein *müssen*, ja, Real- und Imaginärteile der Tensorkomponenten müssen sogar gegenseitige Hilbert-Transformierte sein, es müssen Kramers-Kronig-Relationen gelten. Infolgedessen „landet" man mit den Relaxationsmodellen im Frequenzbereich wieder bei komplexen (und frequenzabhängigen) Materialparametern zur Beschreibung von Dissipation (und Dispersion), die diesmal aber, im Gegensatz zu den Maxwell- und Rayleigh-Kelvin-Voigt-Modellen, physikalisch konsistent sind.

Ausgehend von physikalischen Grundprinzipien — z.B. Kausalität, endliche Energie — zeigen Karlsson und Kristensson (1992) für den elektromagnetischen Fall, dass Relaxationsmodelle den allgemeinsten Fall linearer dissipativer Materialgleichungen darstellen, und sie leiten daraus die Eigenschaften der involvierten tensoriellen Materialfunktionen her.

4.5 Piezoelektrizität und Magnetostriktion

4.5.1 Piezoelektrizität

Piezoelektrischer Effekt

Eine recht ausführliche Darstellung elastisch-elektromagnetischer (piezoelektrischer) Wellen in piezoelektrischen Materialien zusammen mit zahlreichen Literaturzitaten findet sich bei Marklein (1997), sodass wir uns hier vergleichsweise kurz fassen können.

Ein Kristall zeigt den direkten piezoelektrischen Effekt, wenn man durch äußere mechanische Spannungen und den daraus resultierenden Deformationen elektrische Raumladungsdichten erzeugen kann. Voraussetzung dafür ist, dass der Kristall kein Symmetriezentrum besitzt (Abbildung 4.5.1); er ist deshalb stets anisotrop.

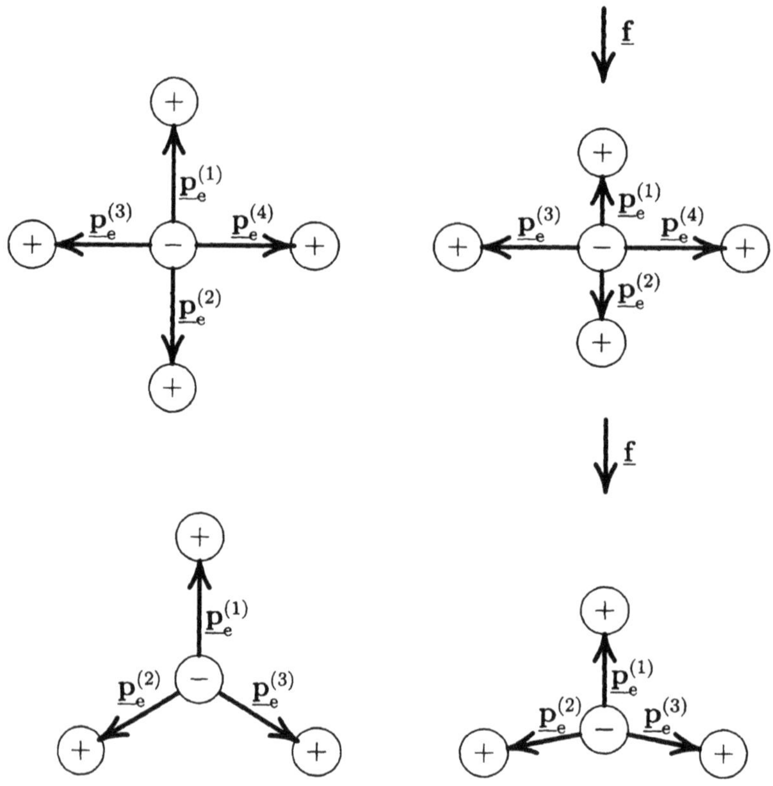

Abb. 4.5.1: Kristallmodelle mit (oben) und ohne (unten) Symmetriezentrum; mit *Symmetriezentrum ist die Summe aller elektrischen Dipolmomente* $\underline{\mathbf{p}}_e^{(i)}$ *mit und ohne mechanische Spannungen stets gleich null,* ohne *Symmetriezentrum kann durch mechanische Spannungen ein resultierendes Dipolmoment erzeugt werden*

Konsequenterweise wird die Erzeugung mechanischer Spannungen und damit verbundener Deformationen durch elektrische Kräfte, also elektrische Feldstärken, als inverser piezoelektrischer Effekt bezeichnet.

Piezoelektrische Grund- und Materialgleichungen

Der piezoelektrische Effekt verknüpft mechanische und elektrische Größen, sodass die piezoelektrischen Grundgleichungen eine Kombination aus den elastodynamischen Grundgleichungen (3.1.1) und (3.1.2) und den Maxwell'schen Gleichungen (6.1.1)–(6.1.4) sein müssen; da wir uns wie stets auf zeit*abhängige* Phänomene konzentrieren, müssen es zunächst die vollständigen Maxwell'schen Gleichungen sein, wobei wir allerdings magnetische Quellgrößen von vornherein gleich null setzen:

$$\frac{\partial \underline{\mathbf{j}}(\underline{\mathbf{R}}, t)}{\partial t} = \nabla \cdot \underline{\underline{\mathbf{T}}}(\underline{\mathbf{R}}, t) + \underline{\mathbf{f}}(\underline{\mathbf{R}}, t) \quad , \tag{4.5.1}$$

$$\frac{\partial \underline{\underline{\mathbf{S}}}(\underline{\mathbf{R}}, t)}{\partial t} = \underline{\underline{\underline{\underline{\mathbf{I}}}}}^{+} : \nabla \underline{\mathbf{v}}(\underline{\mathbf{R}}, t) + \underline{\underline{\mathbf{h}}}(\underline{\mathbf{R}}, t) \quad , \tag{4.5.2}$$

$$\frac{\partial \underline{\mathbf{D}}(\underline{\mathbf{R}}, t)}{\partial t} = \nabla \times \underline{\mathbf{H}}(\underline{\mathbf{R}}, t) - \underline{\mathbf{J}}_e(\underline{\mathbf{R}}, t) \quad , \tag{4.5.3}$$

$$\frac{\partial \underline{\mathbf{B}}(\underline{\mathbf{R}},t)}{\partial t} = -\nabla \times \underline{\mathbf{E}}(\underline{\mathbf{R}},t) \quad , \tag{4.5.4}$$

$$\nabla \cdot \underline{\mathbf{D}}(\underline{\mathbf{R}},t) = \varrho_{\mathrm{e}}(\underline{\mathbf{R}},t) \quad , \tag{4.5.5}$$

$$\nabla \cdot \underline{\mathbf{B}}(\underline{\mathbf{R}},t) = 0 \quad . \tag{4.5.6}$$

Wie üblich ist ein System von Grundgleichungen durch Materialgleichungen zu ergänzen, wobei im Falle der Piezoelektrizität eine Kopplung zwischen elastischen und elektromagnetischen Wellen auftritt: Man spricht von piezoelektrischen Wellen.

Zur physikalischen Begründung piezoelektrischer Materialgleichungen sei kurz auf den physikalischen Hintergrund der Materialgleichung $\underline{\mathbf{D}}(\underline{\mathbf{R}},t) = \epsilon_0 \underline{\underline{\boldsymbol{\epsilon}}}_r(\underline{\mathbf{R}}) \cdot \underline{\mathbf{E}}(\underline{\mathbf{R}},t)$ (Gleichung (6.3.1)) eingegangen; sie ist Ausdruck der elektrischen Polarisierbarkeit der Materie durch elektrische Coulomb-Kräfte (Gleichung (6.1.16)). Ergebnis dieser mikroskopischen Polarisierbarkeit, d.h. der gegenseitigen Verschiebung von (positiven) Ionen und Elektronen oder der Orientierung von bereits vorhandenen statistisch verteilten elektrischen Dipolmomenten, ist der makroskopische Polarisationsvektor $\underline{\mathbf{P}}_{\mathrm{e}}(\underline{\mathbf{R}},t)$, dessen negative Quellen die durch die Coulomb-Kräfte erzeugten Polarisationsraumladungsdichten sind:

$$\nabla \cdot \underline{\mathbf{P}}_{\mathrm{e}}(\underline{\mathbf{R}},t) = -\varrho_{\mathrm{Pol}}(\underline{\mathbf{R}},t) \quad . \tag{4.5.7}$$

Im Vakuum sind elektrische Feldstärke $\underline{\mathbf{E}}(\underline{\mathbf{R}},t)$ und elektrische Flussdichte $\underline{\mathbf{D}}(\underline{\mathbf{R}},t)$ allein Ausdruck unterschiedlicher Auffassungen zur Beschreibung der Anwesenheit elektrischer Ladungen (Sommerfeld, 1964); sie sind deshalb über die dimensionsbehaftete elektrische Feldkonstante des Vakuums ϵ_0 miteinander verknüpft (Gleichung (6.1.10)). In einem elektrisch polarisierbaren Material hingegen definiert man

$$\underline{\mathbf{D}}(\underline{\mathbf{R}},t) = \epsilon_0 \underline{\mathbf{E}}(\underline{\mathbf{R}},t) + \underline{\mathbf{P}}_{\mathrm{e}}(\underline{\mathbf{R}},t) \quad ; \tag{4.5.8}$$

mit dem *linearen* Ansatz

$$\underline{\mathbf{P}}_{\mathrm{e}}(\underline{\mathbf{R}},t) = \epsilon_0 \underline{\underline{\boldsymbol{\chi}}}_{\mathrm{e}}(\underline{\mathbf{R}}) \cdot \underline{\mathbf{E}}(\underline{\mathbf{R}},t) \tag{4.5.9}$$

eines zeitinvarianten augenblicklich und lokal elektrisch polarisierbaren inhomogen-anisotropen Materials ergibt sich der Permittivitätstensor $\underline{\underline{\boldsymbol{\epsilon}}}_r(\underline{\mathbf{R}})$ gemäß

$$\underline{\underline{\boldsymbol{\epsilon}}}_r(\underline{\mathbf{R}}) = \underline{\underline{\mathbf{I}}} + \underline{\underline{\boldsymbol{\chi}}}_{\mathrm{e}}(\underline{\mathbf{R}}) \tag{4.5.10}$$

aus dem Tensor der elektrischen Suszeptibilität $\underline{\underline{\boldsymbol{\chi}}}_{\mathrm{e}}(\underline{\mathbf{R}})$.

Entsprechend dem direkten piezoelektrischen Effekt können durch äußere Deformationen (Spannungen) zusätzlich elektrische Raumladungsdichten $\varrho_{\mathrm{Pi}}(\underline{\mathbf{R}},t)$ erzeugt werden, die die negativen Quellen des piezoelektrischen Polarisationsvektors sind:

$$\nabla \cdot \underline{\mathbf{P}}_{\mathrm{Pi}}(\underline{\mathbf{R}},t) = -\varrho_{\mathrm{Pi}}(\underline{\mathbf{R}},t) \quad . \tag{4.5.11}$$

Mit dem wiederum linearen Ansatz

$$\underline{\mathbf{P}}_{\mathrm{Pi}}(\underline{\mathbf{R}},t) = \underline{\underline{\underline{\mathbf{e}}}}(\underline{\mathbf{R}}) : \underline{\underline{\mathbf{S}}}(\underline{\mathbf{R}},t) \tag{4.5.12}$$

eines zeitinvarianten augenblicklich und lokal *piezo*elektrisch polarisierbaren inhomogen-anisotropen Materials ergibt sich die Materialgleichung des direkten piezoelektrischen Effekts:

$$\underline{\mathbf{D}}(\underline{\mathbf{R}},t) = \epsilon_0 \underline{\underline{\boldsymbol{\epsilon}}}_r^{\mathbf{S}}(\underline{\mathbf{R}}) \cdot \underline{\mathbf{E}}(\underline{\mathbf{R}},t) + \underline{\underline{\underline{\mathbf{e}}}}(\underline{\mathbf{R}}) : \underline{\underline{\mathbf{S}}}(\underline{\mathbf{R}},t) \quad . \tag{4.5.13}$$

Hierin ist $\underline{\underline{\underline{\mathbf{e}}}}(\underline{\mathbf{R}})$ der (adiabatische) piezoelektrische Spannungstensor dritter Stufe, der wegen der Symmetrie von $\underline{\underline{\mathbf{S}}}$ die Symmetrieeigenschaft

$$\underline{\underline{\underline{\mathbf{e}}}}(\underline{\mathbf{R}}) = \underline{\underline{\underline{\mathbf{e}}}}^{132}(\underline{\mathbf{R}}) \tag{4.5.14}$$

besitzt; der erste Index von $\underline{\underline{\underline{\mathbf{e}}}}(\underline{\mathbf{R}})$ ist sozusagen der „elektrische Index". Der Permittivitätstensor $\underline{\underline{\epsilon}}_r^{\underline{\underline{\mathbf{S}}}}(\underline{\mathbf{R}})$ in (4.5.13) bekommt den oberen Index $\underline{\underline{\mathbf{S}}}$: Er wird bei konstantem Deformationstensor (und konstanter Entropie: adiabatisch) gemessen. Alternativ zu (4.5.13) kann man auch die äußeren Spannungen als Ursache des direkten piezoelektrischen Effekts auffassen:

$$\underline{\mathbf{D}}(\underline{\mathbf{R}},t) = \epsilon_0 \underline{\underline{\epsilon}}_r^{\underline{\underline{\mathbf{T}}}}(\underline{\mathbf{R}}) \cdot \underline{\mathbf{E}}(\underline{\mathbf{R}},t) + \underline{\underline{\underline{\mathbf{d}}}}(\underline{\mathbf{R}}) : \underline{\underline{\mathbf{T}}}(\underline{\mathbf{R}},t) \quad , \tag{4.5.15}$$

worin $\underline{\underline{\underline{\mathbf{d}}}}(\underline{\mathbf{R}})$ der (adiabatische) piezoelektrische Dehnungstensor mit der Symmetrie

$$\underline{\underline{\underline{\mathbf{d}}}}(\underline{\mathbf{R}}) = \underline{\underline{\underline{\mathbf{d}}}}^{132}(\underline{\mathbf{R}}) \tag{4.5.16}$$

ist; $\underline{\underline{\epsilon}}_r^{\underline{\underline{\mathbf{T}}}}(\underline{\mathbf{R}})$ ist für konstanten Spannungstensor (und konstante Entropie) zu messen.

Postulieren wir das Hooke'sche Gesetz (4.2.2) zwischen $\underline{\underline{\mathbf{T}}}$ und $\underline{\underline{\mathbf{S}}}$ für verschwindende elektrische Feldstärke, so gilt natürlich:

$$\underline{\underline{\underline{\mathbf{d}}}}(\underline{\mathbf{R}}) = \underline{\underline{\underline{\mathbf{e}}}}(\underline{\mathbf{R}}) : \underline{\underline{\underline{\underline{\mathbf{s}}}}}^{\mathbf{E}}(\underline{\mathbf{R}}) \tag{4.5.17}$$

beziehungsweise

$$\underline{\underline{\underline{\mathbf{e}}}}(\underline{\mathbf{R}}) = \underline{\underline{\underline{\mathbf{d}}}}(\underline{\mathbf{R}}) : \underline{\underline{\underline{\underline{\mathbf{c}}}}}^{\mathbf{E}}(\underline{\mathbf{R}}) \quad . \tag{4.5.18}$$

Die Forderung nach konstanter elektrischer Feldstärke zur Messung des Nachgiebigkeitstensors $\underline{\underline{\underline{\underline{\mathbf{s}}}}}^{\mathbf{E}}(\underline{\mathbf{R}})$ ist sodann Konsequenz des „piezoelektrisch erweiterten" Hooke'schen Gesetzes

$$\underline{\underline{\mathbf{S}}}(\underline{\mathbf{R}},t) = \underline{\underline{\underline{\underline{\mathbf{s}}}}}^{\mathbf{E}}(\underline{\mathbf{R}}) : \underline{\underline{\mathbf{T}}}(\underline{\mathbf{R}},t) + \underline{\underline{\underline{\mathbf{d}}}}^{231}(\underline{\mathbf{R}}) \cdot \underline{\mathbf{E}}(\underline{\mathbf{R}},t) \tag{4.5.19}$$

als Formulierung des inversen piezoelektrischen Effekts, wobei ebenfalls der piezolektrische Dehnungstensor auftritt; allerdings ist der „elektrische Index" von $\underline{\underline{\underline{\mathbf{d}}}}$ mit $\underline{\mathbf{E}}$ zu kontrahieren. Das „Spannungstensor-Pendant" zu (4.5.19) lautet:

$$\underline{\underline{\mathbf{T}}}(\underline{\mathbf{R}},t) = \underline{\underline{\underline{\underline{\mathbf{c}}}}}^{\mathbf{E}}(\underline{\mathbf{R}}) : \underline{\underline{\mathbf{S}}}(\underline{\mathbf{R}},t) - \underline{\underline{\underline{\mathbf{e}}}}^{231}(\underline{\mathbf{R}}) \cdot \underline{\mathbf{E}}(\underline{\mathbf{R}},t) \quad , \tag{4.5.20}$$

wobei das Minuszeichen plausibel wird, wenn man (4.5.20) in (4.5.19) einsetzt, (4.5.17) und die Symmetrien von $\underline{\underline{\underline{\mathbf{e}}}}$, $\underline{\underline{\underline{\underline{\mathbf{s}}}}}^{\mathbf{E}}$ und $\underline{\underline{\underline{\underline{\mathbf{c}}}}}^{\mathbf{E}}$ sowie (4.2.7) verwendet.

Mit der Materialgleichung (4.5.19) des inversen und der Materialgleichung (4.5.13) des direkten piezoelektrischen Effekts sowie

$$\underline{\mathbf{j}}(\underline{\mathbf{R}},t) = \rho(\underline{\mathbf{R}})\underline{\mathbf{v}}(\underline{\mathbf{R}},t) \quad , \tag{4.5.21}$$

$$\underline{\mathbf{B}}(\underline{\mathbf{R}},t) = \mu_0 \underline{\mathbf{H}}(\underline{\mathbf{R}},t) \tag{4.5.22}$$

lauten die piezoelektrischen Grundgleichungen:

$$\rho(\underline{\mathbf{R}}) \frac{\partial \underline{\mathbf{v}}(\underline{\mathbf{R}},t)}{\partial t} = \nabla \cdot \underline{\underline{\mathbf{T}}}(\underline{\mathbf{R}},t) + \underline{\mathbf{f}}(\underline{\mathbf{R}},t) \quad , \tag{4.5.23}$$

$$\underline{\underline{\underline{\underline{\mathbf{s}}}}}^{\mathbf{E}}(\underline{\mathbf{R}}) : \frac{\partial \underline{\underline{\mathbf{T}}}(\underline{\mathbf{R}},t)}{\partial t} = \underline{\underline{\underline{\underline{\mathbf{I}}}}}^{+} : \nabla \underline{\mathbf{v}}(\underline{\mathbf{R}},t) - \underline{\underline{\underline{\mathbf{d}}}}^{231}(\underline{\mathbf{R}}) \cdot \frac{\partial \underline{\mathbf{E}}(\underline{\mathbf{R}},t)}{\partial t} + \underline{\underline{\mathbf{h}}}(\underline{\mathbf{R}},t) \quad , \tag{4.5.24}$$

$$\epsilon_0 \underline{\underline{\epsilon}}_r^{\underline{\underline{\mathbf{S}}}}(\underline{\mathbf{R}}) \cdot \frac{\partial \underline{\mathbf{E}}(\underline{\mathbf{R}},t)}{\partial t} = \nabla \times \underline{\mathbf{H}}(\underline{\mathbf{R}},t) - \underline{\underline{\underline{\mathbf{e}}}}(\underline{\mathbf{R}}) : \frac{\partial \underline{\underline{\mathbf{S}}}(\underline{\mathbf{R}},t)}{\partial t} - \underline{\mathbf{J}}_{\mathrm{e}}(\underline{\mathbf{R}},t) \quad , \tag{4.5.25}$$

$$\mu_0 \frac{\partial \underline{\mathbf{H}}(\underline{\mathbf{R}},t)}{\partial t} = -\nabla \times \underline{\mathbf{E}}(\underline{\mathbf{R}},t) \quad , \tag{4.5.26}$$

$$\epsilon_0 \nabla \cdot \left[\underline{\underline{\epsilon}}_r^{\underline{\underline{\mathbf{S}}}}(\underline{\mathbf{R}}) \cdot \underline{\mathbf{E}}(\underline{\mathbf{R}},t)\right] = -\nabla \left[\underline{\underline{\underline{\mathbf{e}}}}(\underline{\mathbf{R}}) : \underline{\underline{\mathbf{S}}}(\underline{\mathbf{R}},t)\right] + \varrho_{\mathrm{e}}(\underline{\mathbf{R}},t) \quad . \tag{4.5.27}$$

$$\nabla \cdot \underline{\mathbf{H}}(\underline{\mathbf{R}},t) = 0 \quad . \tag{4.5.28}$$

Dies ist offensichtlich ein elastodynamisch-elektromagnetisch gekoppeltes System von Grundgleichungen.

Homogene piezoelektrische Wellengleichungen

Den Kopplungsterm $\underline{\underline{\underline{\mathbf{d}}}}^{231}(\underline{\mathbf{R}}) \cdot \partial\underline{\mathbf{E}}(\underline{\mathbf{R}}, t)/\partial t$ in (4.5.24) können wir als elektromagnetisch induzierte negative Deformationsratenquelle auffassen; genauso ist $\underline{\underline{\underline{\mathbf{e}}}}(\underline{\mathbf{R}}) \cdot \partial\underline{\underline{\mathbf{S}}}(\underline{\mathbf{R}}, t)/\partial t$ eine elastodynamisch induzierte elektrische Stromdichte, deren Divergenz in der Tat entsprechend einer Kontinuitätsgleichung gleich der negativen zeitlichen Ableitung der in (4.5.27) auftretenden elastodynamisch induzierten elektrischen Raumladungsdichte ist.

Zur Definition piezoelektrischer ebener Wellen betrachten wir ein homogen-anisotropes piezoelektrisches Material; mit der soeben zitierten physikalischen Interpretation der Kopplungsterme in (4.5.24) und (4.5.25) können wir unmittelbar auf (7.1.15) und (6.4.3) verweisen, um die folgenden homogenen Wellengleichungen anzuschreiben:

$$\nabla \cdot \underline{\underline{\underline{\underline{\mathbf{c}}}}}^{\mathbf{E}} : \nabla\underline{\mathbf{v}}(\underline{\mathbf{R}}, t) - \rho \frac{\partial^2 \underline{\mathbf{v}}(\underline{\mathbf{R}}, t)}{\partial t^2} = \nabla \cdot \underline{\underline{\underline{\mathbf{e}}}}^{231} \cdot \frac{\partial \underline{\mathbf{E}}(\underline{\mathbf{R}}, t)}{\partial t} , \tag{4.5.29}$$

$$-\nabla \times \nabla \times \underline{\mathbf{E}}(\underline{\mathbf{R}}, t) - \epsilon_0\mu_0 \underline{\underline{\epsilon}}_r^{\mathbf{S}} \cdot \frac{\partial^2 \underline{\mathbf{E}}(\underline{\mathbf{R}}, t)}{\partial t^2} = \mu_0 \underline{\underline{\underline{\mathbf{e}}}} : \underline{\underline{\underline{\underline{\mathbf{I}}}}}^{+} : \nabla \frac{\partial \underline{\mathbf{v}}(\underline{\mathbf{R}}, t)}{\partial t} ; \tag{4.5.30}$$

wir haben $\underline{\underline{\underline{\mathbf{e}}}}^{231} = \underline{\underline{\underline{\underline{\mathbf{c}}}}}^{\mathbf{E}} : \underline{\underline{\underline{\mathbf{d}}}}^{231}$ benutzt, wozu (4.5.18) und die Symmetrien von $\underline{\underline{\underline{\mathbf{e}}}}$, $\underline{\underline{\underline{\mathbf{d}}}}$ und $\underline{\underline{\underline{\underline{\mathbf{c}}}}}^{\mathbf{E}}$ benötigt werden. Das System gekoppelter Wellengleichungen (4.5.29) und (4.5.30) gilt es nun zu lösen.

Elektroquasistatische Approximation der piezoelektrischen Wellengleichungen

Bei derselben Frequenz haben (monochromatische) elastische und elektromagnetische Wellen sehr unterschiedliche Wellenlängen, da die Phasengeschwindigkeiten um Größenordnungen unterschiedlich sind. Die Abmessungen piezoelektrischer Bauteile (piezoelektrische Prüfköpfe) sind jedoch den elastischen Wellen angepasst, sodass sie im Allgemeinen sehr viel kleiner als die Wellenlänge elektromagnetischer Wellen sind; aus diesem Grunden löst man (4.5.29) und (4.5.30) vorteilhaft mit der elektroquasistatischen (EQS) Approximation der Vernachlässigung der zeitlichen Ableitung des Vektorpotentials in der Potentialdarstellung (6.6.3) der elektrischen Feldstärke, d.h. man postuliert elektroquasistatisch

$$\underline{\mathbf{E}}(\underline{\mathbf{R}}, t) = -\nabla\Phi(\underline{\mathbf{R}}, t) . \tag{4.5.31}$$

Aus der quellenfreien Divergenzgleichung (4.5.27) folgt deshalb unmittelbar durch zeitliche Ableitung:

$$\epsilon_0 \nabla \cdot \underline{\underline{\epsilon}}_r^{\mathbf{S}} \cdot \nabla \frac{\partial \Phi(\underline{\mathbf{R}}, t)}{\partial t} = \nabla \cdot \underline{\underline{\underline{\mathbf{e}}}} : \underline{\underline{\underline{\underline{\mathbf{I}}}}}^{+} : \nabla\underline{\mathbf{v}}(\underline{\mathbf{R}}, t) ; \tag{4.5.32}$$

im Rahmen der elektroquasistatischen Approximation ist diese Gleichung äquivalent zu (4.5.30), wenn man deren Divergenz bildet und eine zeitliche Integration (kausaler Felder) ausführt. Man beachte: Gleichung (4.5.32) ist die Poisson-Gleichung der Elektro*statik* (Blume, 1991) für die zeitliche Ableitung eines zeit*abhängigen* skalaren Potentials.

Gleichung (4.5.29) in der elektroquasistatischen Näherung

$$\nabla \cdot \underline{\underline{\underline{\underline{\mathbf{c}}}}}^{\mathbf{E}} : \nabla\underline{\mathbf{v}}(\underline{\mathbf{R}}, t) - \rho \frac{\partial^2 \underline{\mathbf{v}}(\underline{\mathbf{R}}, t)}{\partial t^2} = -\nabla \cdot \underline{\underline{\underline{\mathbf{e}}}}^{231} \cdot \nabla \frac{\partial \Phi(\underline{\mathbf{R}}, t)}{\partial t} \tag{4.5.33}$$

stellt zusammen mit (4.5.32) das elektro-elastisch gekoppelte System von Differentialgleichungen EQS-genäherter piezoelektrischer Wellen dar. Wie üblich führt die Fourier-Transformation bezüglich der Zeit auf die entsprechenden zeitharmonischen Gleichungen

$$\nabla \cdot \underline{\underline{\underline{\underline{\mathbf{c}}}}}^{\mathbf{E}} : \nabla\underline{\mathbf{v}}(\underline{\mathbf{R}}, \omega) + \rho\omega^2 \underline{\mathbf{v}}(\underline{\mathbf{R}}, \omega) = \mathrm{j}\omega \nabla \cdot \underline{\underline{\underline{\mathbf{e}}}}^{231} \cdot \nabla\Phi(\underline{\mathbf{R}}, \omega) , \tag{4.5.34}$$

$$-\mathrm{j}\omega\epsilon_0 \nabla \cdot \underline{\underline{\epsilon}}_r^{\mathbf{S}} \cdot \nabla\Phi(\underline{\mathbf{R}}, \omega) = \nabla \cdot \underline{\underline{\underline{\mathbf{e}}}} : \underline{\underline{\underline{\underline{\mathbf{I}}}}}^{+} : \nabla\underline{\mathbf{v}}(\underline{\mathbf{R}}, \omega) . \tag{4.5.35}$$

Piezoelektrische ebene Wellen: piezoelektrisch versteifter Steifigkeitstensor

Zur Herleitung ebener elastischer Wellen legen wir in Abschnitt 8 die Teilchenverschiebung zugrunde; für diese lauten die Gleichungen (4.5.34) und (4.5.35):

$$\nabla \cdot \underline{\underline{\underline{\underline{c}}}}^{E} : \nabla \underline{u}(\underline{R}, \omega) + \rho\omega^2 \underline{u}(\underline{R}, \omega) = -\nabla \cdot \underline{\underline{\underline{e}}}^{231} \cdot \nabla \Phi(\underline{R}, \omega) \quad , \tag{4.5.36}$$

$$\epsilon_0 \nabla \cdot \underline{\underline{\epsilon}}_r^{S} \cdot \nabla \Phi(\underline{R}, \omega) = \nabla \cdot \underline{\underline{\underline{e}}} : \underline{\underline{\underline{\underline{I}}}}^{+} : \nabla \underline{u}(\underline{R}, \omega) \quad . \tag{4.5.37}$$

Der Lösungsansatz homogener ebener Wellen (Abschnitte 8.1.2 und 8.3)

$$\underline{u}(\underline{R}, \omega) \Longrightarrow \underline{u}(\underline{R}, \omega, \hat{\underline{k}}) = \underline{u}(\omega, \hat{\underline{k}})\, e^{\pm j \frac{\hat{\underline{k}} \cdot \underline{R}}{c(\hat{\underline{k}})} \omega} \tag{4.5.38}$$

für das Frequenzspektrum der elastodynamischen Teilchenverschiebung mit der (Phasen-)Ausbreitungsrichtung $\hat{\underline{k}}$ und der Phasengeschwindigkeit $c(\hat{\underline{k}})$ überführt (4.5.36) und (4.5.37) in

$$\left[\frac{1}{c^2(\hat{\underline{k}})} \hat{\underline{k}} \cdot \underline{\underline{\underline{\underline{c}}}}^{E} \cdot \hat{\underline{k}} - \rho \underline{\underline{I}}\right] \cdot \omega^2 \underline{u}(\underline{R}, \omega, \hat{\underline{k}}) = \nabla \cdot \underline{\underline{\underline{e}}}^{231} \cdot \nabla \Phi(\underline{R}, \omega) \tag{4.5.39}$$

$$\epsilon_0 \nabla \cdot \underline{\underline{\epsilon}}_r^{S} \cdot \nabla \Phi(\underline{R}, \omega) = \frac{\omega^2}{c^2(\hat{\underline{k}})} \hat{\underline{k}} \cdot \underline{\underline{\underline{e}}} : \underline{\underline{\underline{\underline{I}}}}^{+} : \hat{\underline{k}}\, \underline{u}(\underline{R}, \omega, \hat{\underline{k}}) \quad . \tag{4.5.40}$$

Mittels dreidimensionaler räumlicher Fourier-Transformation erhalten wir

$$\epsilon_0 \underline{K} \cdot \underline{\underline{\epsilon}}_r^{S} \cdot \underline{K}\, \Phi(\underline{R}, \omega) = \frac{\omega^2}{c^2(\hat{\underline{k}})} \hat{\underline{k}} \cdot \underline{\underline{\underline{e}}} : \underline{\underline{\underline{\underline{I}}}}^{+} : \hat{\underline{k}}\, \underline{u}(\omega, \hat{\underline{k}})(2\pi)^3 \delta \left[\underline{K} \mp \frac{\omega}{c(\hat{\underline{k}})} \hat{\underline{k}}\right] \tag{4.5.41}$$

aus (4.5.40); die Fourier-Inversion ergibt

$$\Phi(\underline{R}, \omega) = \frac{1}{c^2(\hat{\underline{k}})} \hat{\underline{k}} \cdot \underline{\underline{\underline{e}}} : \underline{\underline{\underline{\underline{I}}}}^{+} : \hat{\underline{k}}\, \underline{u}(\omega, \hat{\underline{k}}) \int_{-\infty}^{\infty} \int_{-\infty}^{\infty} \int_{-\infty}^{\infty} \delta \left[\underline{K} \mp \frac{\omega}{c(\hat{\underline{k}})} \hat{\underline{k}}\right] \frac{e^{j\underline{K} \cdot \underline{R}}}{\epsilon_0 \frac{1}{\omega} \underline{K} \cdot \underline{\underline{\epsilon}}_r^{S} \cdot \frac{1}{\omega} \underline{K}}\, d^3\underline{K} \quad . \tag{4.5.42}$$

Wir haben den Faktor ω^2 in (4.5.41) bewusst auf die $\underline{K}$-Faktoren des Integrationsnenners in (4.5.42) aufgeteilt, um anzudeuten, dass es nunmehr mit der Anwendung der Siebeigenschaft der δ-Distribution auch für $\omega = 0$ kein Problem gibt[10]:

$$\Phi(\underline{R}, \omega) \Longrightarrow \Phi(\underline{R}, \omega, \hat{\underline{k}}) = \underbrace{\frac{\hat{\underline{k}} \cdot \underline{\underline{\underline{e}}} : \underline{\underline{\underline{\underline{I}}}} : \hat{\underline{k}}\, \underline{u}(\omega, \hat{\underline{k}})}{\epsilon_0 \hat{\underline{k}} \cdot \underline{\underline{\epsilon}}_r^{S} \cdot \hat{\underline{k}}}}_{\stackrel{\text{def}}{=} \Phi(\omega, \hat{\underline{k}})} e^{\pm j \frac{\hat{\underline{k}} \cdot \underline{R}}{c(\hat{\underline{k}})} \omega} \quad , \tag{4.5.43}$$

d.h. das skalare elektrische Potential verhält sich ebenso wie eine ebene Welle mit *derselben* Phasengeschwindigkeit wie die elastische Welle (4.5.38): Es ist ein von der elastischen Welle über den piezoelektrischen Effekt *erzwungenes* Potential. Mit der Symmetrie (4.5.14) von $\underline{\underline{\underline{e}}}$ lässt sich $\Phi(\underline{R}, \omega, \hat{\underline{k}})$ auch noch wie folgt schreiben:

$$\Phi(\underline{R}, \omega, \hat{\underline{k}}) = \frac{\hat{\underline{k}} \cdot \underline{\underline{\underline{e}}} \cdot \hat{\underline{k}}}{\epsilon_0 \hat{\underline{k}} \cdot \underline{\underline{\epsilon}}_r^{S} \cdot \hat{\underline{k}}} \cdot \underline{u}(\underline{R}, \omega, \hat{\underline{k}}) \quad . \tag{4.5.44}$$

[10]Da $\underline{\underline{\epsilon}}_r^{S}$ wegen des Ausdrucks (6.3.7) der elektromagnetischen Augenblicksenergiedichte positiv-definit sein muss, folgt, dass $\underline{K} \cdot \underline{\underline{\epsilon}}_r^{S} \cdot \underline{K}$ stets größer als null und nur für $K = 0$ gleich null ist; $K = 0$ entspricht aber $\omega = 0$.

Daraus ergibt sich die mit dem Potential verknüpfte elektrische Feldstärke durch negative Gradientenbildung

$$\underline{\mathbf{E}}(\underline{\mathbf{R}},\omega,\hat{\underline{\mathbf{k}}}) = \mp \mathrm{j}\,\frac{\omega}{c(\hat{\underline{\mathbf{k}}})}\,\hat{\underline{\mathbf{k}}}\,\frac{\hat{\underline{\mathbf{k}}}\cdot\underline{\underline{\underline{\mathbf{e}}}}\cdot\hat{\underline{\mathbf{k}}}}{\epsilon_0\hat{\underline{\mathbf{k}}}\cdot\underline{\underline{\epsilon}}_r^{\mathbf{S}}\cdot\hat{\underline{\mathbf{k}}}}\cdot\underline{\mathbf{u}}(\underline{\mathbf{R}},\omega,\hat{\underline{\mathbf{k}}}) \tag{4.5.45}$$

als *longitudinale* erzwungene Feldstärke; sie existiert ohne den „elastischen Begleiter" nicht.

Zur Berechnung der Phasengeschwindigkeit $c(\hat{\underline{\mathbf{k}}})$ und der Polarisation $\hat{\underline{\mathbf{u}}}(\hat{\underline{\mathbf{k}}})$ der piezoelektrischen Welle gemäß der auch in den Abschnitten 8.1.2 und 8.3 postulierten Faktorisierung $\underline{\mathbf{u}}(\omega,\hat{\underline{\mathbf{k}}}) = u(\omega)\hat{\underline{\mathbf{u}}}(\hat{\underline{\mathbf{k}}})$ dient uns (4.5.39) mit (4.5.44); wir erhalten in Analogie zu (8.1.61) und (8.3.4):

$$\left[\frac{1}{\rho}\hat{\underline{\mathbf{k}}}\cdot\underline{\underline{\underline{\underline{\mathbf{c}}}}}^{\mathbf{E}}\cdot\hat{\underline{\mathbf{k}}} - c^2(\hat{\underline{\mathbf{k}}})\,\underline{\underline{\mathbf{I}}}\right]\cdot\underline{\mathbf{u}}(\underline{\mathbf{R}},\omega,\hat{\underline{\mathbf{k}}}) = -\frac{1}{\rho}\hat{\underline{\mathbf{k}}}\cdot\frac{\underline{\underline{\underline{\mathbf{e}}}}^{231}\cdot\hat{\underline{\mathbf{k}}}\hat{\underline{\mathbf{k}}}\cdot\underline{\underline{\underline{\mathbf{e}}}}}{\epsilon_0\hat{\underline{\mathbf{k}}}\cdot\underline{\underline{\epsilon}}_r^{\mathbf{S}}\cdot\hat{\underline{\mathbf{k}}}}\cdot\hat{\underline{\mathbf{k}}}\cdot\underline{\mathbf{u}}(\underline{\mathbf{R}},\omega,\hat{\underline{\mathbf{k}}})\ , \tag{4.5.46}$$

und dies ist wie üblich das Eigenwertproblem

$$\underline{\underline{\mathbf{D}}}^{\text{piezo}}(\hat{\underline{\mathbf{k}}})\cdot\hat{\underline{\mathbf{u}}}(\hat{\underline{\mathbf{k}}}) = c^2(\hat{\underline{\mathbf{k}}})\,\hat{\underline{\mathbf{u}}}(\hat{\underline{\mathbf{k}}}) \tag{4.5.47}$$

für den reell-symmetrischen Tensor

$$\underline{\underline{\mathbf{D}}}^{\text{piezo}}(\hat{\underline{\mathbf{k}}}) = \frac{1}{\rho}\hat{\underline{\mathbf{k}}}\cdot\left(\underline{\underline{\underline{\underline{\mathbf{c}}}}}^{\mathbf{E}} + \frac{\underline{\underline{\underline{\mathbf{e}}}}^{231}\cdot\hat{\underline{\mathbf{k}}}\hat{\underline{\mathbf{k}}}\cdot\underline{\underline{\underline{\mathbf{e}}}}}{\epsilon_0\hat{\underline{\mathbf{k}}}\cdot\underline{\underline{\epsilon}}_r^{\mathbf{S}}\cdot\hat{\underline{\mathbf{k}}}}\right)\cdot\hat{\underline{\mathbf{k}}} \tag{4.5.48}$$

mit den reellen Eigenwerten $c^2(\hat{\underline{\mathbf{k}}})$ und den reellen Eigenvektoren $\hat{\underline{\mathbf{u}}}(\hat{\underline{\mathbf{k}}})$. In (4.5.48) steht mit

$$\underline{\underline{\underline{\underline{\mathbf{c}}}}}^{\text{piezo}} = \underline{\underline{\underline{\underline{\mathbf{c}}}}}^{\mathbf{E}} + \frac{\underline{\underline{\underline{\mathbf{e}}}}^{231}\cdot\hat{\underline{\mathbf{k}}}\hat{\underline{\mathbf{k}}}\cdot\underline{\underline{\underline{\mathbf{e}}}}}{\epsilon_0\hat{\underline{\mathbf{k}}}\cdot\underline{\underline{\epsilon}}_r^{\mathbf{S}}\cdot\hat{\underline{\mathbf{k}}}} \tag{4.5.49}$$

der piezoelektrisch versteifte Steifigkeitstensor.

Für Piezokristalle mit transversaler Isotropie der Vorzugsrichtung $\hat{\underline{\mathbf{a}}}$, d.h. für den Steifigkeitstensor (4.2.12), den Permittivitätstensor (Gleichung (6.3.3))

$$\underline{\underline{\epsilon}}_r^{\mathrm{e}} = \epsilon_{\perp}^{\mathbf{S}}\,\underline{\underline{\mathbf{I}}} + (\epsilon_{\parallel}^{\mathbf{S}} - \epsilon_{\perp}^{\mathbf{S}})\,\hat{\underline{\mathbf{a}}}\,\hat{\underline{\mathbf{a}}} \tag{4.5.50}$$

und den piezoelektrischen Kopplungstensor

$$\underline{\underline{\underline{\mathbf{e}}}} = \eta_1\hat{\underline{\mathbf{a}}}\,\underline{\underline{\mathbf{I}}} + \eta_2(\underline{\underline{\mathbf{I}}}\,\hat{\underline{\mathbf{a}}} + \underline{\underline{\mathbf{I}}}\,\hat{\underline{\mathbf{a}}}^{132}) + \eta_3\hat{\underline{\mathbf{a}}}\,\hat{\underline{\mathbf{a}}}\,\hat{\underline{\mathbf{a}}} \tag{4.5.51}$$

sind die Phasen- und Energiegeschwindigkeitsdiagramme von Marklein (1997) ausgerechnet worden. Da der resultierende Wellentensor $\underline{\underline{\mathbf{W}}}^{\text{piezo}}(\hat{\underline{\mathbf{k}}}, c^2)$ dieselbe mathematische Struktur wie im transversal-isotropen Fall *ohne* Piezoelektrizität aufweist (Gleichung (8.3.47)), bleibt es bei den (orthogonalen) Polarisationen SH, qP und qSV (Abschnitt 8.3).

4.5.2 Magnetostriktion

Die Magnetisierung eines Ferromagneten kann zu Dehnungen des Kristalls führen und umgekehrt, man spricht von *linearer Magnetostriktion* — ähnlich wie die Elektrostriktion ist die eigentliche Magnetostriktion ein nichtlinearer Effekt — oder von *Piezomagnetismus* (Landau et al., 1984; Auld, 1973). In Analogie zu (4.5.13) und (4.5.20) postuliert man piezomagnetische Materialgleichungen (Wilbrand, 1989; IEEE Committee, 1973):

$$\underline{\mathbf{B}}(\underline{\mathbf{R}},t) = \mu_0\underline{\underline{\mu}}_r^{\mathbf{S}}(\underline{\mathbf{R}})\cdot\underline{\mathbf{H}}(\underline{\mathbf{R}},t) + \underline{\underline{\underline{\mathbf{m}}}}(\underline{\mathbf{R}}) : \mathbf{S}(\underline{\mathbf{R}},t)\ , \tag{4.5.52}$$

$$\mathbf{T}(\underline{\mathbf{R}},t) = \underline{\underline{\underline{\underline{\mathbf{c}}}}}^{\mathbf{H}}(\underline{\mathbf{R}}) : \mathbf{S}(\underline{\mathbf{R}},t) - \underline{\underline{\underline{\mathbf{m}}}}^{231}(\underline{\mathbf{R}})\cdot\underline{\mathbf{H}}(\underline{\mathbf{R}},t)\ . \tag{4.5.53}$$

Der Term $-\boldsymbol{\nabla} \cdot [\underline{\underline{\mathbf{m}}}^{231}(\underline{\mathbf{R}}) \cdot \underline{\mathbf{H}}(\underline{\mathbf{R}}, t)]$ ist sodann eine magnetfeldabhängige magnetostriktive Volumenkraftdichte, die in der elastodynamischen Grundgleichung elastischer Wellen als zusätzliche Inhomogenität auftritt: Durch die magnetoelastische Kopplung der Magnetostriktion lassen sich im Ferromagneten elastische Wellen erzeugen. Dies findet Anwendung zur Konstruktion sogenannter elektromagnetischer Ultraschallwandler (EMUS) (Wilbrand, 1989), wobei sich allerdings die Wirkungen von Lorentz-Kräften überlagern, die in *nicht*ferromagnetischen Materialien *allein* zur berührungslosen elektromagnetischen Ultraschallerzeugung genutzt werden.

5 Akustik

Bevor wir aus den durch Materialgleichungen verknüpften elastodynamischen Grundgleichungen Konsequenzen für die Ausbreitung elastischer Wellen ziehen, seien die Grundgleichungen der Akustik und des Elektromagnetismus (Abschnitt 6), ergänzt durch ebene Wellen, Quellenfeld- und Streufelddarstellungen, zitiert. Auf der einen Seite „denkt" die US-zfP gerne in Begriffen der (skalaren) Akustik und auf der anderen Seite sind Kopplungsmechanismen zwischen elastischen und elektromagnetischen Phänomenen — elektromagnetisch-akustische Prüfköpfe, piezolelektrische Prüfköpfe, Laseranregung von Ultraschall — von fundamentaler Bedeutung für die US-zfP. Hinzu kommt, dass neuerdings auch Mikrowellenverfahren zunehmend an Bedeutung gewinnen — z.B. die Anwendung des Bodenradars für die Betonprüfung (Krieger et al., 1998; Mayer et al., 2003)) —, sodass eine Gegenüberstellung der theoretischen Grundlagen elektromagnetischer und elastischer Wellen durchaus sinnvoll ist. Allerdings, wie bereits erwähnt, werden wir hier nur zitieren (und eventuell plausibel machen) und nicht herleiten.

5.1 Grundgleichungen der Akustik

Auf der Grundlage der mechanisch-physikalischen Eigenschaften von Flüssigkeiten und Gasen werden unter bestimmten Voraussetzungen die Grundgleichungen der Akustik („Akustodynamik") hergeleitet (Morse und Ingard, 1968; de Hoop, 1995):

$$\frac{\partial \underline{\mathbf{j}}(\underline{\mathbf{R}},t)}{\partial t} = -\nabla p(\underline{\mathbf{R}},t) + \underline{\mathbf{f}}(\underline{\mathbf{R}},t) \quad , \tag{5.1.1}$$

$$\frac{\partial S(\underline{\mathbf{R}},t)}{\partial t} = \nabla \cdot \underline{\mathbf{v}}(\underline{\mathbf{R}},t) + h(\underline{\mathbf{R}},t) \quad . \tag{5.1.2}$$

Formal entstehen diese Gleichungen aus (3.1.1) und (3.1.2), wenn man den Spannungstensor $\underline{\underline{\mathbf{T}}}(\underline{\mathbf{R}},t)$ gemäß

$$\underline{\underline{\mathbf{T}}}(\underline{\mathbf{R}},t) \Longrightarrow \underline{\underline{\mathbf{P}}}(\underline{\mathbf{R}},t) = -p(\underline{\mathbf{R}},t)\,\underline{\underline{\mathbf{I}}} \tag{5.1.3}$$

durch den isotropen Drucktensor ersetzt[1] und gemäß

$$\underline{\underline{\mathbf{S}}}(\underline{\mathbf{R}},t) \Longrightarrow S(\underline{\mathbf{R}},t) = \operatorname{spur} \underline{\underline{\mathbf{S}}}(\underline{\mathbf{R}},t) \quad , \tag{5.1.4}$$

$$\underline{\underline{\mathbf{h}}}(\underline{\mathbf{R}},t) \Longrightarrow h(\underline{\mathbf{R}},t) = \operatorname{spur} \underline{\underline{\mathbf{h}}}(\underline{\mathbf{R}},t) \tag{5.1.5}$$

durch Spurbildung von (3.1.2) die skalare kubische Dilatation $S(\underline{\mathbf{R}},t)$ und die skalare injizierte Dilatationsrate $h(\underline{\mathbf{R}},t)$ ins Spiel bringt.

Divergenzbildung des akustischen Poynting-Vektors (der akustischen Energiestromdichte)

$$\underline{\mathbf{S}}(\underline{\mathbf{R}},t) = \underline{\mathbf{v}}(\underline{\mathbf{R}},t)p(\underline{\mathbf{R}},t) \tag{5.1.6}$$

[1] Man zerlegt $\underline{\underline{\mathbf{T}}}$ gemäß

$$\begin{aligned} \underline{\underline{\mathbf{T}}} &= \frac{1}{3}\underline{\underline{\mathbf{I}}} \operatorname{spur} \underline{\underline{\mathbf{T}}} + \left(\underline{\underline{\mathbf{T}}} - \frac{1}{3}\underline{\underline{\mathbf{I}}} \operatorname{spur} \underline{\underline{\mathbf{T}}}\right) \\ &= \sigma \underline{\underline{\mathbf{I}}} + \left(\underline{\underline{\mathbf{T}}} - \frac{1}{3}\underline{\underline{\mathbf{I}}} \operatorname{spur} \underline{\underline{\mathbf{T}}}\right) \end{aligned}$$

in den isotropen Spannungstensor $\sigma \underline{\underline{\mathbf{I}}}$ und den deviatorischen Spannungstensor und vernachlässigt letzteren; sodann setzt man $p = -\sigma$.

und Einsetzen der akustischen Grundgleichungen (5.1.1), (5.1.2) ergibt den akustischen Energiesatz

$$\frac{\partial w_{\text{ak}}(\underline{\mathbf{R}},t)}{\partial t} = -\boldsymbol{\nabla}\cdot\underline{\mathbf{S}}(\underline{\mathbf{R}},t) + \frac{\partial w_Q(\underline{\mathbf{R}},t)}{\partial t} \quad , \tag{5.1.7}$$

worin die zeitliche Ableitung der akustischen Energiedichte

$$\frac{\partial w_{\text{ak}}(\underline{\mathbf{R}},t)}{\partial t} = \frac{\partial \underline{\mathbf{j}}(\underline{\mathbf{R}},t)}{\partial t}\cdot\underline{\mathbf{v}}(\underline{\mathbf{R}},t) - \frac{\partial S(\underline{\mathbf{R}},t)}{\partial t}p(\underline{\mathbf{R}},t) \tag{5.1.8}$$

für die Materialgleichungen (5.3.1), (5.3.2) linearer nichtdissipativer akustischer „Materialien" mit der zeitlichen Ableitung der akustischen Energiedichte

$$w_{\text{ak}}(\underline{\mathbf{R}},t) = \frac{1}{2}\underline{\mathbf{j}}(\underline{\mathbf{R}},t)\cdot\underline{\mathbf{v}}(\underline{\mathbf{R}},t) - \frac{1}{2}p(\underline{\mathbf{R}},t)S(\underline{\mathbf{R}},t) \tag{5.1.9}$$

übereinstimmt; hinsichtlich dissipativer Materialien verweisen wir auf den elastodynamischen Fall in Abschnitt 4.4 sowie auf Marklein (1997). Der Term

$$\frac{\partial w_Q(\underline{\mathbf{R}},t)}{\partial t} = \underline{\mathbf{f}}(\underline{\mathbf{R}},t)\cdot\underline{\mathbf{v}}(\underline{\mathbf{R}},t) - h(\underline{\mathbf{R}},t)p(\underline{\mathbf{R}},t) \tag{5.1.10}$$

in (5.1.7) bezeichnet die zeitliche Änderung der von außen injizierten Energiedichte.

5.2 Übergangs- und Randbedingungen

Aus den Grundgleichungen (5.1.1), (5.1.2) folgen sofort die inhomogenen Übergangsbedingungen

$$\underline{\mathbf{n}}\,[p^{(1)}(\underline{\mathbf{R}}_S,t) - p^{(2)}(\underline{\mathbf{R}}_S,t)] = \underline{\mathbf{t}}(\underline{\mathbf{R}}_S,t) \quad , \quad \underline{\mathbf{R}}_S \in S \quad , \tag{5.2.1}$$

$$\underline{\mathbf{n}}\cdot[\underline{\mathbf{v}}^{(1)}(\underline{\mathbf{R}}_S,t) - \underline{\mathbf{v}}^{(2)}(\underline{\mathbf{R}}_S,t)] = -g(\underline{\mathbf{R}}_S,t) \quad , \quad \underline{\mathbf{R}}_S \in S \quad , \tag{5.2.2}$$

in der Trennfläche $\underline{\mathbf{R}} = \underline{\mathbf{R}}_S \in S$ zweier Materialien, die einen unstetigen Sprung akustischer Materialeigenschaften darstellt; $\underline{\mathbf{t}}(\underline{\mathbf{R}}_S,t)$ und $g(\underline{\mathbf{R}}_S,t)$ sind eingeprägte Flächenkraftdichten und eingeprägte Flächendilatationsraten. Für verschwindende eingeprägte Flächenquellen ergeben sich die homogenen Übergangsbedingungen

$$p^{(1)}(\underline{\mathbf{R}}_S,t) - p^{(2)}(\underline{\mathbf{R}}_S,t) = 0 \quad , \quad \underline{\mathbf{R}}_S \in S \quad , \tag{5.2.3}$$

$$\underline{\mathbf{n}}\cdot[\underline{\mathbf{v}}^{(1)}(\underline{\mathbf{R}}_S,t) - \underline{\mathbf{v}}^{(2)}(\underline{\mathbf{R}}_S,t)] = 0 \quad , \quad \underline{\mathbf{R}}_S \in S \quad , \tag{5.2.4}$$

der Stetigkeit des Drucks und der Normalkomponente der Teilchengeschwindigkeit. Mit der an den Gleichungen (3.3.16), (3.3.17) aufgehängten Argumentation erschließt man aus (5.2.4) die Stetigkeit der Normalkomponente der Teilchenverschiebung

$$\underline{\mathbf{n}}\cdot[\underline{\mathbf{u}}^{(1)}(\underline{\mathbf{R}}_S,t) - \underline{\mathbf{u}}^{(2)}(\underline{\mathbf{R}}_S,t)] = 0 \quad , \quad \underline{\mathbf{R}}_S \in S \quad . \tag{5.2.5}$$

Falls das Material (2) die Ausbreitung akustischer Wellen nicht zulässt, reduzieren sich (5.2.1) und (5.2.2) auf die schallweiche (Dirichletsche) Randbedingung

$$p(\underline{\mathbf{R}}_S,t) = 0 \quad , \quad \underline{\mathbf{R}}_S \in S \quad , \tag{5.2.6}$$

mit der Konsequenz der *Definition* einer induzierten Flächendilatationsrate gemäß

$$\underline{\mathbf{n}}\cdot\underline{\mathbf{v}}(\underline{\mathbf{R}}_S,t) = -g(\underline{\mathbf{R}}_S,t) \quad , \quad \underline{\mathbf{R}}_S \in S \quad , \tag{5.2.7}$$

sowie auf die schallharte Randbedingung

$$\underline{\mathbf{n}} \cdot \underline{\mathbf{v}}(\underline{\mathbf{R}}_S, t) = 0 \quad , \quad \underline{\mathbf{R}}_S \in S \quad , \tag{5.2.8}$$

mit der Konsequenz der *Definition* einer induzierten Flächenkraftdichte

$$\underline{\mathbf{n}}\, p(\underline{\mathbf{R}}_S, t) = \underline{\mathbf{t}}(\underline{\mathbf{R}}_S, t) \quad , \quad \underline{\mathbf{R}}_S \in S \quad , \tag{5.2.9}$$

beziehungsweise

$$p(\underline{\mathbf{R}}_S, t) = \underline{\mathbf{n}} \cdot \underline{\mathbf{t}}(\underline{\mathbf{R}}_S, t) \quad , \quad \underline{\mathbf{R}}_S \in S \quad . \tag{5.2.10}$$

Durch Differentiation von (5.2.8) nach der Zeit und Verwendung der homogenen Gleichung (5.2.6) (*verschwindende* eingeprägte Flächenkraftdichten) schreibt sich (5.2.8) als Neumann'sche Randbedingung für den Druck:

$$\underline{\mathbf{n}} \cdot \nabla p(\underline{\mathbf{R}}, t)\Big|_{\underline{\mathbf{R}}=\underline{\mathbf{R}}_S} = 0 \quad , \quad \underline{\mathbf{R}}_S \in S \quad . \tag{5.2.11}$$

5.3 Wellen- und Schwingungsgleichungen

Mit den Materialgleichungen[2]

$$\begin{aligned} \underline{\mathbf{j}}(\underline{\mathbf{R}}, t) &= \rho(\underline{\mathbf{R}})\underline{\mathbf{v}}(\underline{\mathbf{R}}, t) \quad , & (5.3.1)\\ S(\underline{\mathbf{R}}, t) &= -\kappa(\underline{\mathbf{R}})p(\underline{\mathbf{R}}, t) & (5.3.2) \end{aligned}$$

linearer inhomogener nichtdissipativer akustischer „Materialien“ — $\kappa(\underline{\mathbf{R}})$ ist die (adiabatische) Kompressibilität — erhalten wir die akustischen Pendants zu (4.2.21) und (4.2.22):

$$\begin{aligned} \rho(\underline{\mathbf{R}})\, \frac{\partial \underline{\mathbf{v}}(\underline{\mathbf{R}}, t)}{\partial t} &= -\nabla p(\underline{\mathbf{R}}, t) + \underline{\mathbf{f}}(\underline{\mathbf{R}}, t) \quad , & (5.3.3)\\ -\kappa(\underline{\mathbf{R}})\, \frac{\partial p(\underline{\mathbf{R}}, t)}{\partial t} &= \nabla \cdot \underline{\mathbf{v}}(\underline{\mathbf{R}}, t) + h(\underline{\mathbf{R}}, t) \quad ; & (5.3.4) \end{aligned}$$

durch gegenseitiges Ineinandereinsetzen ergibt sich:

$$\nabla \cdot \left[\frac{1}{\rho(\underline{\mathbf{R}})}\, \nabla p(\underline{\mathbf{R}}, t)\right] - \kappa(\underline{\mathbf{R}})\, \frac{\partial^2 p(\underline{\mathbf{R}}, t)}{\partial t^2} = \nabla \cdot \left[\frac{1}{\rho(\underline{\mathbf{R}})}\, \underline{\mathbf{f}}(\underline{\mathbf{R}}, t)\right] + \frac{\partial h(\underline{\mathbf{R}}, t)}{\partial t} \tag{5.3.5}$$

beziehungsweise durch Ausdifferenzieren

$$\begin{aligned} \Delta p(\underline{\mathbf{R}}, t) - \rho(\underline{\mathbf{R}})\kappa(\underline{\mathbf{R}})\, \frac{\partial^2 p(\underline{\mathbf{R}}, t)}{\partial t^2} - [\nabla \ln \rho(\underline{\mathbf{R}})] \cdot \nabla p(\underline{\mathbf{R}}, t) = \\ - [\nabla \ln \rho(\underline{\mathbf{R}})] \cdot \underline{\mathbf{f}}(\underline{\mathbf{R}}, t) + \nabla \cdot \underline{\mathbf{f}}(\underline{\mathbf{R}}, t) + \rho(\underline{\mathbf{R}})\, \frac{\partial h(\underline{\mathbf{R}}, t)}{\partial t} \end{aligned} \tag{5.3.6}$$

oder gar erneuter Verwendung von (5.3.3)

$$\begin{aligned} \Delta p(\underline{\mathbf{R}}, t) - \rho(\underline{\mathbf{R}})\kappa(\underline{\mathbf{R}})\, \frac{\partial^2 p(\underline{\mathbf{R}}, t)}{\partial t^2} + \frac{\partial \underline{\mathbf{v}}(\underline{\mathbf{R}}, t)}{\partial t} \cdot \nabla \rho(\underline{\mathbf{R}}) = \\ \nabla \cdot \underline{\mathbf{f}}(\underline{\mathbf{R}}, t) + \rho(\underline{\mathbf{R}})\, \frac{\partial h(\underline{\mathbf{R}}, t)}{\partial t} \end{aligned} \tag{5.3.7}$$

[2] *Formal* entsteht (5.3.2) aus dem Hooke'schen Gesetz $\underline{\underline{\mathbf{S}}}(\underline{\mathbf{R}}, t) = \underline{\underline{\underline{\underline{\mathbf{s}}}}}(\underline{\mathbf{R}}) : \underline{\underline{\mathbf{T}}}(\underline{\mathbf{R}}, t)$ durch Spurbildung — $\operatorname{spur} \underline{\underline{\mathbf{S}}} = \underline{\underline{\mathbf{I}}} : \underline{\underline{\mathbf{S}}}$ — und Vernachlässigung des deviatorischen Spannungstensoranteils; die Kompressibilität $\kappa(\underline{\mathbf{R}})$ ergibt sich dann gemäß

$$\kappa(\underline{\mathbf{R}}) = \underline{\underline{\mathbf{I}}} : \underline{\underline{\underline{\underline{\mathbf{s}}}}}(\underline{\mathbf{R}}) : \underline{\underline{\mathbf{I}}}$$

aus dem Nachgiebigkeitstensor $\underline{\underline{\underline{\underline{\mathbf{s}}}}}(\underline{\mathbf{R}})$. Das Minuszeichen in (5.3.2) hat also nichts mit der Kompressibilität, sondern mit der Relation „Spannung-Druck“ zu tun.

sowie[3]

$$\nabla\left[\frac{1}{\kappa(\underline{\mathbf{R}})}\nabla\cdot\underline{\mathbf{v}}(\underline{\mathbf{R}},t)\right]-\rho(\underline{\mathbf{R}})\frac{\partial^2\underline{\mathbf{v}}(\underline{\mathbf{R}},t)}{\partial t^2}=-\frac{\partial\underline{\mathbf{f}}(\underline{\mathbf{R}},t)}{\partial t}-\nabla\left[\frac{1}{\kappa(\underline{\mathbf{R}})}h(\underline{\mathbf{R}},t)\right] \tag{5.3.8}$$

beziehungsweise durch Ausdifferenzieren

$$\nabla\nabla\cdot\underline{\mathbf{v}}(\underline{\mathbf{R}},t)-\rho(\underline{\mathbf{R}})\kappa(\underline{\mathbf{R}})\frac{\partial^2\underline{\mathbf{v}}(\underline{\mathbf{R}},t)}{\partial t^2}-[\nabla\ln\kappa(\underline{\mathbf{R}})]\,\nabla\cdot\underline{\mathbf{v}}(\underline{\mathbf{R}},t)=$$
$$[\nabla\ln\kappa(\underline{\mathbf{R}})]\,h(\underline{\mathbf{R}},t)-\nabla h(\underline{\mathbf{R}},t)-\kappa(\underline{\mathbf{R}})\frac{\partial\underline{\mathbf{f}}(\underline{\mathbf{R}},t)}{\partial t} \tag{5.3.9}$$

oder gar erneuter Verwendung von (5.3.4)

$$\nabla\nabla\cdot\underline{\mathbf{v}}(\underline{\mathbf{R}},t)-\rho(\underline{\mathbf{R}})\kappa(\underline{\mathbf{R}})\frac{\partial^2\underline{\mathbf{v}}(\underline{\mathbf{R}},t)}{\partial t^2}+\frac{\partial p(\underline{\mathbf{R}},t)}{\partial t}\nabla\kappa(\underline{\mathbf{R}})=$$
$$-\nabla h(\underline{\mathbf{R}},t)-\kappa(\underline{\mathbf{R}})\frac{\partial\underline{\mathbf{f}}(\underline{\mathbf{R}},t)}{\partial t}\ . \tag{5.3.10}$$

Die Differentialoperatoren in (5.3.6) bzw. (5.3.7) für $p(\underline{\mathbf{R}},t)$ und (5.3.9) bzw. (5.3.10) für $\underline{\mathbf{v}}(\underline{\mathbf{R}},t)$ enthalten „Extraterme" in $\nabla\rho(\underline{\mathbf{R}})$ oder $\nabla\ln\rho(\underline{\mathbf{R}})$ bzw. $\nabla\kappa(\underline{\mathbf{R}})$ oder $\nabla\ln\kappa(\underline{\mathbf{R}})$ (die Operatoren in (5.3.7) und (5.3.10) sind noch nicht einmal entkoppelt), die bei der Lösung der Differentialgleichungen erheblich „stören". Zur Begründung geeigenter Näherungen (Born'sche Näherung) fasst man sie deshalb gerne in der Form äquivalenter Quellen als zusätzliche Inhomogenitäten auf (Abschnitt 5.6).

Für *homogene* Materialien entkoppeln die Differentialgleichungen (5.3.7) und (5.3.10) sofort:

$$\Delta p(\underline{\mathbf{R}},t)-\kappa\rho\frac{\partial^2 p(\underline{\mathbf{R}},t)}{\partial t^2}=\nabla\cdot\underline{\mathbf{f}}(\underline{\mathbf{R}},t)+\rho\frac{\partial h(\underline{\mathbf{R}},t)}{\partial t}\ , \tag{5.3.11}$$

$$\nabla\nabla\cdot\underline{\mathbf{v}}(\underline{\mathbf{R}},t)-\kappa\rho\frac{\partial^2\underline{\mathbf{v}}(\underline{\mathbf{R}},t)}{\partial t^2}=-\nabla h(\underline{\mathbf{R}},t)-\kappa\frac{\partial\underline{\mathbf{f}}(\underline{\mathbf{R}},t)}{\partial t}\ . \tag{5.3.12}$$

Mit (2.2.55) ergibt sich alternativ zu (5.3.12):

$$\Delta\underline{\mathbf{v}}(\underline{\mathbf{R}},t)+\nabla\times\nabla\times\underline{\mathbf{v}}(\underline{\mathbf{R}},t)-\kappa\rho\frac{\partial^2\underline{\mathbf{v}}(\underline{\mathbf{R}},t)}{\partial t^2}=-\nabla h(\underline{\mathbf{R}},t)-\kappa\frac{\partial\underline{\mathbf{f}}(\underline{\mathbf{R}},t)}{\partial t}\ . \tag{5.3.13}$$

Aus der Grundgleichung (5.3.7) folgt durch Rotationsbildung die sogenannte Kompatibilitätsbedingung[4]

$$\nabla\times\frac{\partial\underline{\mathbf{v}}(\underline{\mathbf{R}},t)}{\partial t}=\frac{1}{\rho}\nabla\times\underline{\mathbf{f}}(\underline{\mathbf{R}},t)\ , \tag{5.3.14}$$

und damit lässt sich der doppelte Rotationsterm in (5.3.13) der rechten Seite als Inhomogenität zuschlagen:

$$\Delta\underline{\mathbf{v}}(\underline{\mathbf{R}},t)-\kappa\rho\frac{\partial^2\underline{\mathbf{v}}(\underline{\mathbf{R}},t)}{\partial t^2}=-\nabla h(\underline{\mathbf{R}},t)-\kappa\frac{\partial\underline{\mathbf{f}}(\underline{\mathbf{R}},t)}{\partial t}-\frac{1}{\rho}\nabla\times\int_0^t\underline{\mathbf{f}}(\underline{\mathbf{R}},\tau)\,\mathrm{d}\tau\ . \tag{5.3.15}$$

---

[3]Die Gleichung (5.3.8) entsteht natürlich ebenfalls durch Spezialisierung von (7.1.3) auf

$$\underline{\underline{\underline{\mathbf{c}}}}(\underline{\mathbf{R}})=\kappa^{-1}(\underline{\mathbf{R}})\underline{\underline{\mathbf{I}}}\,\underline{\underline{\mathbf{I}}}$$

und

$$\underline{\underline{\mathbf{h}}}(\underline{\mathbf{R}},t)=\frac{1}{3}h(\underline{\mathbf{R}},t)\underline{\underline{\mathbf{I}}}\ .$$

[4]Für (kausale) Lösungen der *homogenen* Wellengleichung gilt folglich $\nabla\times\underline{\mathbf{v}}(\underline{\mathbf{R}},t)=\underline{\mathbf{0}}$; als Konsequenz sind ebene akustische Wellen longitudinal polarisiert.

Die Differentialgleichungen (5.3.11) für den Druck und (5.3.15) für den Teilchengeschwindigkeitsvektor entpuppen sich damit als d'Alembert'sche Wellengleichungen, oder, in der Fourier-transformierten Form

$$\Delta p(\underline{\mathbf{R}}, \omega) + \omega^2 \kappa\rho\, p(\underline{\mathbf{R}}, \omega) = \nabla \cdot \underline{\mathbf{f}}(\underline{\mathbf{R}}, \omega) - \mathrm{j}\omega\rho\, h(\underline{\mathbf{R}}, \omega) \quad , \tag{5.3.16}$$

$$\Delta \underline{\mathbf{v}}(\underline{\mathbf{R}}, \omega) + \omega^2 \kappa\rho\, \underline{\mathbf{v}}(\underline{\mathbf{R}}, \omega) = -\nabla h(\underline{\mathbf{R}}, \omega) - \frac{1}{\mathrm{j}\omega\rho}\left[\omega^2 \kappa\rho\, \underline{\mathbf{f}}(\underline{\mathbf{R}}, \omega) - \nabla \times \underline{\mathbf{f}}(\underline{\mathbf{R}}, \omega)\right] \tag{5.3.17}$$

als Helmholtz'sche Schwingungsgleichungen (reduzierte Wellengleichungen). Neben (5.3.17) stellen wir als Alternative die Fourier-transformierte Differentialgleichung (5.3.12):

$$\nabla\nabla \cdot \underline{\mathbf{v}}(\underline{\mathbf{R}}, \omega) + \omega^2 \kappa\rho\, \underline{\mathbf{v}}(\underline{\mathbf{R}}, \omega) = -\nabla h(\underline{\mathbf{R}}, \omega) + \mathrm{j}\kappa\omega \underline{\mathbf{f}}(\underline{\mathbf{R}}, \omega) \quad . \tag{5.3.18}$$

5.4 Ebene longitudinale Druckwellen als Lösungen der homogenen akustischen Wellengleichungen in homogenen Materialien

Die homogenen akustischen Helmholtz-Gleichungen lauten:

$$\Delta p(\underline{\mathbf{R}}, \omega) + k^2 p(\underline{\mathbf{R}}, \omega) = 0 \quad , \tag{5.4.1}$$

$$\Delta \underline{\mathbf{v}}(\underline{\mathbf{R}}, \omega) + k^2 \underline{\mathbf{v}}(\underline{\mathbf{R}}, \omega) = \underline{\mathbf{0}} \quad , \tag{5.4.2}$$

wobei abkürzend die Wellenzahl k definiert wurde:

$$k = \omega\sqrt{\kappa\rho} \quad . \tag{5.4.3}$$

Eine spezielle Lösung von (5.4.1) lautet:

$$p(\underline{\mathbf{R}}, \omega) = p(\omega)\, \mathrm{e}^{\pm \mathrm{j}\underline{\mathbf{k}} \cdot \underline{\mathbf{R}}} \quad , \tag{5.4.4}$$

sofern der Wellenzahlvektor$\underline{\mathbf{k}}$ die Dispersionsrelation

$$\underline{\mathbf{k}} \cdot \underline{\mathbf{k}} = k^2 = \omega^2 \kappa\rho \tag{5.4.5}$$

bzw. der *Slowness*-Vektor $\underline{\mathbf{s}} = \underline{\mathbf{k}}/\omega$ die Dispersionsrelation

$$\underline{\mathbf{s}} \cdot \underline{\mathbf{s}} = \kappa\rho \tag{5.4.6}$$

erfüllt. Wählen wir speziell

$$\underline{\mathbf{k}} = k\hat{\underline{\mathbf{k}}} \tag{5.4.7}$$

mit beliebig reellem Einheitsvektor $\hat{\underline{\mathbf{k}}}$, dem Phasenausbreitungsvektor, so liefert die Fourier-Inversion von (5.4.4)

$$p(\underline{\mathbf{R}}, t) = p\left(t \mp \frac{\hat{\underline{\mathbf{k}}} \cdot \underline{\mathbf{R}}}{c}\right) \tag{5.4.8}$$

mit

$$p(t) = \mathcal{F}^{-1}\{p(\omega)\} \tag{5.4.9}$$

eine *homogene*[5] reellwertige ebene Druckwelle, sofern wir die zunächst beliebig wählbare spektrale Amplitude $p(\omega)$ gemäß

$$p(-\omega) = p^*(\omega) \tag{5.4.10}$$

[5] Die Flächen konstanter Phase und konstanter Amplitude fallen zusammen und sind orthogonal zur Phasenausbreitungsrichtung $\hat{\underline{\mathbf{k}}}$.

einschränken; mit

$$c = \frac{1}{\sqrt{\kappa\rho}} \tag{5.4.11}$$

wurde die Phasengeschwindigkeit dieser Welle bezeichnet[6]. Das (±)-Vorzeichen in der Phase von (5.4.4) bzw. das (∓)-Vorzeichen in der Phase von (5.4.8) bestimmt die Ausbreitungsrichtung: Das negative (positive) Vorzeichen in (5.4.8) steht für Ausbreitung in positive (negative) $\hat{\underline{\mathbf{k}}}$-Richtung; aufgrund des von uns gewählten Vorzeichens im Kern der Fourier-Transformation steht deshalb das positive (negative) Vorzeichen in (5.4.4) für Ausbreitung in positive (negative) $\hat{\underline{\mathbf{k}}}$-Richtung.

Einsetzen von (5.4.4) in die Fourier-transformierte Grundgleichung (5.3.3) liefert die zur Druckwelle gehörende vektorielle Teilchengeschwindigkeit

$$\underline{\mathbf{v}}(\underline{\mathbf{R}}, \omega) = \underbrace{\pm \frac{1}{Z} p(\omega)}_{= v(\omega)} \, \mathrm{e}^{\pm \mathrm{j}k \hat{\underline{\mathbf{k}}} \cdot \underline{\mathbf{R}}} \, \hat{\underline{\mathbf{k}}} \tag{5.4.12}$$

als spezielle Lösung von (5.4.2), wobei wir mit

$$Z = \rho c \tag{5.4.13}$$

die akustische Impedanz — den Wellenwiderstand — des ρc-Materials bezeichnen. Offensichtlich ist die Druckwelle in der Teilchengeschwindigkeit longitudinal polarisiert. Durch Kontraktion mit $\hat{\underline{\mathbf{k}}}$ erhalten wir aus (5.4.12) die Beziehung

$$p(\underline{\mathbf{R}}, \omega) = \pm Z \, \underline{\mathbf{v}}(\underline{\mathbf{R}}, \omega) \cdot \hat{\underline{\mathbf{k}}} \tag{5.4.14}$$

zwischen Fourier-transformiertem Druck und Fourier-transformierter skalarer Teilchenschnelle $\underline{\mathbf{v}}(\underline{\mathbf{R}}, \omega) \cdot \hat{\underline{\mathbf{k}}}$ einer *ebenen Welle*. Gehen wir zur Fourier-transformierten Teilchen*verschiebung* (Gleichung (3.3.15)) gemäß $\underline{\mathbf{v}}(\underline{\mathbf{R}}, \omega) = -\mathrm{j}\omega \, \underline{\mathbf{u}}(\underline{\mathbf{R}}, \omega)$ über, so lautet (5.4.14):

$$\begin{aligned} p(\underline{\mathbf{R}}, \omega) &= \mp \mathrm{j}\omega Z \, \underline{\mathbf{u}}(\underline{\mathbf{R}}, \omega) \cdot \hat{\underline{\mathbf{k}}} \;, \\ &= \mp \mathrm{j}\omega Z \, u(\omega) \, \mathrm{e}^{\pm \mathrm{j}k \hat{\underline{\mathbf{k}}} \cdot \underline{\mathbf{R}}} \;, \end{aligned} \tag{5.4.15}$$

wobei $-\mathrm{j}\omega u(\omega) = v(\omega) = p(\omega)/Z$. Gleichung (5.4.15) ist — bis auf den Faktor $\mp\mathrm{j}$ — die von J. und H. Krautkrämer (1986) zitierte skalare Druck-Teilchenauslenkungs-Relation. Dieser Faktor ist aber wichtig, wenn wir zu *reellen* Feldgrößen im Orts-Zeit-Bereich übergehen:

$$\underline{\mathbf{v}}(\underline{\mathbf{R}}, t) = \pm \frac{1}{Z} p \left(t \mp \frac{\hat{\underline{\mathbf{k}}} \cdot \underline{\mathbf{R}}}{c} \right) \hat{\underline{\mathbf{k}}} \;, \tag{5.4.16}$$

$$p(\underline{\mathbf{R}}, t) = \pm Z \, \underline{\mathbf{v}}(\underline{\mathbf{R}}, t) \cdot \hat{\underline{\mathbf{k}}} \;, \tag{5.4.17}$$

$$p(\underline{\mathbf{R}}, t) = \pm Z \, \frac{\partial \underline{\mathbf{u}}(\underline{\mathbf{R}}, t)}{\partial t} \cdot \hat{\underline{\mathbf{k}}} \;. \tag{5.4.18}$$

Eine (5.4.14) analoge Beziehung gilt auch für das Fernfeld akustischer Quellenfelder (Abschnitt 13.1.4).

[6]Die Details der Herleitung und der Interpretation finden sich in den Abschnitten 8.1.1 und 8.1.2.

5.5 Akustische Quellenfelder in homogenen Materialien: Punktquellensynthese mit Green'schen Funktionen

5.5.1 Green'sche Funktionen für Druckquellenfelder

Zur Lösung der inhomogenen — skalaren — Helmholtz-Gleichung (5.3.16) im homogenen unendlich ausgedehnten $\kappa\rho$-Material beschränkt man sich zunächst auf eine (Einheits-)Punktquelle am beliebigen Ort $\underline{\mathbf{R}}'$, dem sogenannten Quellpunkt, d.h. man betrachtet die Helmholtz-Gleichung

$$\Delta G(\underline{\mathbf{R}}, \underline{\mathbf{R}}', \omega) + k^2 G(\underline{\mathbf{R}}, \underline{\mathbf{R}}', \omega) = -\delta(\underline{\mathbf{R}} - \underline{\mathbf{R}}') \tag{5.5.1}$$

für das Fourier-Spektrum der dreidimensionalen skalaren Green'schen Funktion $G(\underline{\mathbf{R}}, \underline{\mathbf{R}}', \omega)$ des homogenen Vollraums. Die δ-Funktion (δ-Distribution) repräsentiert das mathematische Modell der Punktquelle, das Minuszeichen ist Konvention. Die für uns relevante Lösung von (5.5.1) ist die zeitharmonische *auslaufende* Kugelwelle (Abschnitt 13.1; Langenberg, 2005; Becker, 1974; de Hoop, 1995; King und Harrison, 1969; DeSanto, 1992)

$$\begin{aligned} G(\underline{\mathbf{R}}, \underline{\mathbf{R}}', \omega) &= G(\underline{\mathbf{R}} - \underline{\mathbf{R}}', \omega) \\ &= \frac{e^{jk|\underline{\mathbf{R}} - \underline{\mathbf{R}}'|}}{4\pi|\underline{\mathbf{R}} - \underline{\mathbf{R}}'|} \quad . \end{aligned} \tag{5.5.2}$$

Mit (5.5.2) ist die Lösung von (5.3.16) sofort hingeschrieben[7]:

$$p(\underline{\mathbf{R}}, \omega) = \int_{-\infty}^{\infty}\int_{-\infty}^{\infty}\int_{-\infty}^{\infty} [-\nabla' \cdot \underline{\mathbf{f}}(\underline{\mathbf{R}}', \omega) + j\omega\rho\, h(\underline{\mathbf{R}}', \omega)]\, G(\underline{\mathbf{R}} - \underline{\mathbf{R}}', \omega)\, d^3\underline{\mathbf{R}}' \quad , \tag{5.5.3}$$

denn die Anwendung des $(\Delta + k^2)$-Operators auf $p(\underline{\mathbf{R}}, \omega)$ bezüglich $\underline{\mathbf{R}}$ kann unter das Integral gezogen werden, wirkt dort aber nur auf die Variable $\underline{\mathbf{R}}$ in der Green'schen Funktion, und mit (5.5.1) und der Siebeigenschaft der Delta-Distribution ergibt sich tatsächlich (5.3.16). In physikalischer Interpretation (Abschnitt 13.1) ist diese mathematische Darstellung des Druckquellenfeldes eine $[-\nabla' \cdot \underline{\mathbf{f}}(\underline{\mathbf{R}}', \omega) + j\omega\rho\, h(\underline{\mathbf{R}}', \omega)]$-gewichtete Synthese von $\underline{\mathbf{R}}'$-Punktquellen[8]: Von jedem Quellpunkt $\underline{\mathbf{R}}'$ geht eine $[-\nabla' \cdot \underline{\mathbf{f}}(\underline{\mathbf{R}}', \omega) + j\omega\rho\, h(\underline{\mathbf{R}}', \omega)]$-gewichtete zeitharmonische Elementar-Kugelwelle aus, deren Amplituden und Phasen für jeden Aufpunkt $\underline{\mathbf{R}}$ überlagert werden. Die Laufzeit $t(\underline{\mathbf{R}}, \underline{\mathbf{R}}') = |\underline{\mathbf{R}} - \underline{\mathbf{R}}'|/c$ der Elementarkugelwellen vom Quellpunkt $\underline{\mathbf{R}}$ zum Aufpunkt $\underline{\mathbf{R}}'$ ist dabei nur abhängig vom *Betrag* des gegenseitigen Abstandes.

Da in der Regel das Quellvolumen V_Q endlich groß ist — die Quellen sind außerhalb von V_Q gleich null —, kann in (5.5.3) über ein endliches Volumen V integriert werden, das V_Q ganz im Innern enthält[9] ($V \supset V_Q$):

$$p(\underline{\mathbf{R}}, \omega) = \iiint_{V \supset V_Q} [-\nabla' \cdot \underline{\mathbf{f}}(\underline{\mathbf{R}}', \omega) + j\omega\rho\, h(\underline{\mathbf{R}}', \omega)]\, G(\underline{\mathbf{R}} - \underline{\mathbf{R}}', \omega)\, d^3\underline{\mathbf{R}}' \tag{5.5.4}$$

---

[7] In *kartesischen* Koordinaten ist dies ein dreidimensionales Faltungsintegral.

[8] Die Methode, Quellenfelder mit Green'schen Funktionen zu berechnen, *ist* eine Punktquellensynthese.

[9] Eine distributionstheoretische Alternative zu dieser Vorgehensweise ist die folgende: Mit der charakteristischen Funktion $\Gamma_Q(\underline{\mathbf{R}})$ von V_Q begrenzen wir $\underline{\mathbf{f}}(\underline{\mathbf{R}}', \omega) \Longrightarrow \underline{\mathbf{f}}(\underline{\mathbf{R}}', \omega)\Gamma_Q(\underline{\mathbf{R}}')$ explizit auf V_Q, müssen nun aber distributionstheoretisch gemäß

$$\nabla' \cdot \underline{\mathbf{f}}(\underline{\mathbf{R}}', \omega) \Longrightarrow [\nabla' \cdot \underline{\mathbf{f}}(\underline{\mathbf{R}}', \omega)]\Gamma_Q(\underline{\mathbf{R}}') - \underline{\mathbf{n}}'_Q \cdot \underline{\mathbf{f}}(\underline{\mathbf{R}}', \omega)\gamma_Q(\underline{\mathbf{R}}')$$

differenzieren, wobei die singuläre Funktion $\gamma_Q(\underline{\mathbf{R}})$ der Oberfläche S_Q von V_Q entsteht. Die Integration über den unendlichen Raum ergibt folglich

$$\begin{aligned} &\int_{-\infty}^{\infty}\int_{-\infty}^{\infty}\int_{-\infty}^{\infty} [-\nabla' \cdot \underline{\mathbf{f}}(\underline{\mathbf{R}}', \omega)]\, G(\underline{\mathbf{R}} - \underline{\mathbf{R}}', \omega)\, d^3\underline{\mathbf{R}}' \Longrightarrow \\ &\iiint_{V_Q} [-\nabla' \cdot \underline{\mathbf{f}}(\underline{\mathbf{R}}', \omega)]\, G(\underline{\mathbf{R}} - \underline{\mathbf{R}}', \omega)\, d^3\underline{\mathbf{R}}' + \iint_{S_Q} \underline{\mathbf{n}}'_Q \cdot \underline{\mathbf{f}}(\underline{\mathbf{R}}', \omega)\, G(\underline{\mathbf{R}} - \underline{\mathbf{R}}', \omega)\, dS' \quad ; \end{aligned}$$

Gleichung (5.5.5) und die Anwendung des Gauß'schen Satzes auf V_Q liefern schließlich wieder den entsprechenden Term in (5.5.6).

Mit

$$\nabla' \cdot [\underline{\mathbf{f}}(\underline{\mathbf{R}}',\omega)G(\underline{\mathbf{R}}-\underline{\mathbf{R}}',\omega)] = [\nabla' \cdot \underline{\mathbf{f}}(\underline{\mathbf{R}}',\omega)]G(\underline{\mathbf{R}}-\underline{\mathbf{R}}',\omega) + \underline{\mathbf{f}}(\underline{\mathbf{R}}',\omega) \cdot \nabla' G(\underline{\mathbf{R}}-\underline{\mathbf{R}}',\omega) \quad (5.5.5)$$

können wir $[\nabla' \cdot \underline{\mathbf{f}}]G$ durch $\underline{\mathbf{f}} \cdot \nabla' G$ ausdrücken. Das Integral über $\nabla' \cdot [\underline{\mathbf{f}}G]$ formen wir mit dem Gauß'schen Satz in ein Flächenintegral über die Oberfläche S von V um, wobei $\underline{\mathbf{n}}' \cdot [\underline{\mathbf{f}}G] = [\underline{\mathbf{n}}' \cdot \underline{\mathbf{f}}]G$ entsteht; voraussetzungsgemäß ist aber $\underline{\mathbf{f}} \equiv \underline{\mathbf{0}}$ auf S (deshalb auch die Normalkomponenten von $\underline{\mathbf{f}}$), sodass dieses Integral verschwindet. Die verbleibenden Volumenintegrale über V können wir ebenso gut nur über V_Q erstrecken:

$$p(\underline{\mathbf{R}},\omega) = \iiint_{V_Q} [\mathrm{j}\omega\rho\, h(\underline{\mathbf{R}}',\omega)G(\underline{\mathbf{R}}-\underline{\mathbf{R}}',\omega) + \underline{\mathbf{f}}(\underline{\mathbf{R}}',\omega) \cdot \nabla' G(\underline{\mathbf{R}}-\underline{\mathbf{R}}',\omega)]\, \mathrm{d}^3\underline{\mathbf{R}}' \ . \quad (5.5.6)$$

In dieser Integraldarstellung des Druckquellenfeldes treten die Quellen $h(\underline{\mathbf{R}}',\omega)$ und $\underline{\mathbf{f}}(\underline{\mathbf{R}}',\omega)$ *explizit* auf: Man sagt (de Hoop, 1995): Zur Inhomogenität $h(\underline{\mathbf{R}}',\omega)$ der Druckratengleichung (5.3.4) gehört die skalare Green'sche Funktion $G^{ph}(\underline{\mathbf{R}}-\underline{\mathbf{R}}',\omega) = \mathrm{j}\omega\rho G(\underline{\mathbf{R}}-\underline{\mathbf{R}}',\omega)$, und zur Inhomogenität $\underline{\mathbf{f}}(\underline{\mathbf{R}}',\omega)$ der Bewegungsgleichung (5.3.3) gehört die vektorielle Green'sche Funktion $\underline{\mathbf{G}}^{pf}(\underline{\mathbf{R}}-\underline{\mathbf{R}}',\omega) = \nabla' G(\underline{\mathbf{R}}-\underline{\mathbf{R}}',\omega) = -\nabla G(\underline{\mathbf{R}}-\underline{\mathbf{R}}',\omega)$ (man vergleiche Abb. 5.5.1). Die *so* definierte Punktquellensynthese überlagert Kugelwellen $G(\underline{\mathbf{R}}-\underline{\mathbf{R}}',\omega)$ mit richtungs*unabhängiger* Amplitude und Phase und Kugelwellen $\nabla' G(\underline{\mathbf{R}}-\underline{\mathbf{R}}',\omega)$ mit richtungs*abhängiger* Amplitude und Phase, sogenannte Dipolwellen (Langenberg, 2005).

Die Integraldarstellung (5.5.6) gilt übrigens für *alle* Aufpunkte, sowohl außerhalb als auch innerhalb von V_Q: Für $\underline{\mathbf{R}} \in V_Q$ entsteht ein *konvergentes* uneigentliches Integral (Martensen, 1968).

5.5.2 Green'sche Funktionen für Teilchengeschwindigkeitsquellenfelder

Natürlich kann man auch für jede kartesische Komponente der vektoriellen Helmholtz-Gleichung (5.3.17) der Teilchengeschwindigkeit eine Lösung der Struktur (5.5.3) unter Verwendung der skalaren Green'schen Funktion $G(\underline{\mathbf{R}}-\underline{\mathbf{R}}',\omega)$ anschreiben. Um zu einer (5.5.6) äquivalenten Darstellung zu kommen, empfiehlt es sich aber, unmittelbar einen Green'schen Tensor zweiter Stufe der vektoriellen Gleichung (5.3.18) gemäß

$$\nabla\nabla \cdot \underline{\underline{\mathbf{G}}}_v(\underline{\mathbf{R}},\underline{\mathbf{R}}',\omega) + k^2 \underline{\underline{\mathbf{G}}}_v(\underline{\mathbf{R}},\underline{\mathbf{R}}',\omega) = -\underline{\underline{\mathbf{I}}}\,\delta(\underline{\mathbf{R}}-\underline{\mathbf{R}}') \quad (5.5.7)$$

zu definieren. Wie üblich (Abschnitt 13.1) ist es am zweckmäßigsten, die Lösung von (5.5.7) mittels dreidimensionaler räumlicher Fourier-Transformation zu berechnen; man erhält sofort

$$(\underline{\mathbf{K}}\,\underline{\mathbf{K}} - k^2\,\underline{\underline{\mathbf{I}}}) \cdot \tilde{\underline{\underline{\mathbf{G}}}}_v(\underline{\mathbf{K}},\underline{\mathbf{R}}',\omega) = \underline{\underline{\mathbf{I}}}\,\mathrm{e}^{-\mathrm{j}\underline{\mathbf{K}}\cdot\underline{\mathbf{R}}'} \ , \quad (5.5.8)$$

und die Anwendung zweier Chen-Formeln zur Berechnung von $\det(\underline{\mathbf{K}}\,\underline{\mathbf{K}} - k^2\,\underline{\underline{\mathbf{I}}})$ und $\operatorname{adj}(\underline{\mathbf{K}}\,\underline{\mathbf{K}} - k^2\,\underline{\underline{\mathbf{I}}})$ (Chen, 1983; Anhang „Formelsammlung") ergibt sodann

$$\tilde{\underline{\underline{\mathbf{G}}}}_v(\underline{\mathbf{K}},\underline{\mathbf{R}}',\omega) = -\frac{1}{k^2}\left(\underline{\underline{\mathbf{I}}} - \frac{\underline{\mathbf{K}}\,\underline{\mathbf{K}}}{K^2 - k^2}\right)\mathrm{e}^{-\mathrm{j}\underline{\mathbf{K}}\cdot\underline{\mathbf{R}}'} \quad (5.5.9)$$

Die Fourier-Inversion mit zweimaliger Anwendung des Differentiationsatzes (2.3.111) liefert (man vergleiche de Hoop (1995))

$$\begin{aligned}\underline{\underline{\mathbf{G}}}_v(\underline{\mathbf{R}},\underline{\mathbf{R}}',\omega) &= \underline{\underline{\mathbf{G}}}_v(\underline{\mathbf{R}}-\underline{\mathbf{R}}',\omega)\\ &= -\frac{1}{k^2}\underline{\underline{\mathbf{I}}}\,\delta(\underline{\mathbf{R}}-\underline{\mathbf{R}}') - \frac{1}{k^2}\nabla\nabla\frac{\mathrm{e}^{\mathrm{j}k|\underline{\mathbf{R}}-\underline{\mathbf{R}}'|}}{4\pi|\underline{\mathbf{R}}-\underline{\mathbf{R}}'|} && (5.5.10)\\ &= -\frac{1}{k^2}\underline{\underline{\mathbf{I}}}\,\delta(\underline{\mathbf{R}}-\underline{\mathbf{R}}') - \frac{1}{k^2}\nabla'\nabla'\frac{\mathrm{e}^{\mathrm{j}k|\underline{\mathbf{R}}-\underline{\mathbf{R}}'|}}{4\pi|\underline{\mathbf{R}}-\underline{\mathbf{R}}'|} \ . && (5.5.11)\end{aligned}$$

Zur mathematischen Struktur von (5.5.10) bedarf es zweier wichtiger Hinweise:

- Für $\underline{\mathbf{R}} \neq \underline{\mathbf{R}}'$ ist der „merkwürdige" δ-Distributionsterm[10] irrelevant, und die $\nabla\nabla$-Differentiation an der für $\underline{\mathbf{R}} \neq \underline{\mathbf{R}}'$ *nicht* singulären skalaren Green'schen Funktion lässt sich problemlos ausführen (wir wählen der Einfachheit halber $\underline{\mathbf{R}}' = \underline{\mathbf{0}}$):

$$\underline{\underline{\mathbf{G}}}_v^{(0)}(\underline{\mathbf{R}}, \omega) \stackrel{\text{def}}{=} -\frac{1}{k^2} \nabla\nabla \frac{\mathrm{e}^{\mathrm{j}kR}}{4\pi R} \ , \quad R \neq 0$$
$$= \left[\hat{\underline{\mathbf{R}}}\hat{\underline{\mathbf{R}}} - \frac{\mathrm{j}}{kR}(\underline{\underline{\mathbf{I}}} - 3\hat{\underline{\mathbf{R}}}\hat{\underline{\mathbf{R}}}) + \frac{1}{k^2R^2}(\underline{\underline{\mathbf{I}}} - 3\hat{\underline{\mathbf{R}}}\hat{\underline{\mathbf{R}}})\right] \frac{\mathrm{e}^{\mathrm{j}kR}}{4\pi R} \ . \tag{5.5.12}$$

- In der resultierenden[11] Quellenfelddarstellung

$$\underline{\mathbf{v}}(\underline{\mathbf{R}}, \omega) = \iiint_{V \supset V_Q} \underline{\underline{\mathbf{G}}}_v(\underline{\mathbf{R}} - \underline{\mathbf{R}}', \omega) \cdot [\nabla' h(\underline{\mathbf{R}}', \omega) - \mathrm{j}\omega\kappa\, \underline{\mathbf{f}}(\underline{\mathbf{R}}', \omega)]\, \mathrm{d}^3\underline{\mathbf{R}}'$$
$$= \iiint_{V \supset V_Q} [\nabla' h(\underline{\mathbf{R}}', \omega) - \mathrm{j}\omega\kappa\, \underline{\mathbf{f}}(\underline{\mathbf{R}}', \omega)] \cdot \underline{\underline{\mathbf{G}}}_v(\underline{\mathbf{R}} - \underline{\mathbf{R}}', \omega)\, \mathrm{d}^3\underline{\mathbf{R}}' \tag{5.5.13}$$

der Teilchengeschwindigkeit können wir grundsätzlich Aufpunkte *außerhalb* und *innerhalb* des endlichen Quellvolumens wählen. Für Aufpunkte außerhalb trifft der vorstehende Spiegelpunkt zu, für Aufpunkte innerhalb ist nun zum einen der δ-Term in (5.5.10) relevant, und zum anderen macht die $\nabla\nabla$-Differentiation der dann für $\underline{\mathbf{R}}' = \underline{\mathbf{R}}$ *singulären* skalaren Green'schen Funktion Probleme: Man weiß ja z.B. aufgrund der Gleichung (5.5.1), dass eine zweifache ∇-Differentiation der singulären skalaren Green'schen Funktion grundsätzlich distributionstheoretisch aufzufassen ist, sie kann auf δ-Terme führen. Ferner ist der letzte Term in (5.5.12) offensichtlich $\sim R^{-3}$, und das Integral (5.5.13) über einen derartig (hyper)singulären Term konvergiert nicht im gewöhnlichen Sinne (Martensen, 1968), unter gewissen Voraussetzungen[12] (Langenberg, 2005) jedoch im Sinne eines Cauchy'schen Hauptwertes (PV für *principal value*). Eine genaue Untersuchung[13] dieser „Singularitätenproblematik" führt auf

$$\underline{\underline{\mathbf{G}}}_v(\underline{\mathbf{R}} - \underline{\mathbf{R}}', \omega) = -\frac{1}{k^2} \underline{\underline{\mathbf{I}}}\, \delta(\underline{\mathbf{R}} - \underline{\mathbf{R}}') +$$
$$+ \mathrm{PV}\, \underline{\underline{\mathbf{G}}}_v^{(0)}(\underline{\mathbf{R}} - \underline{\mathbf{R}}', \omega) + \frac{1}{3k^2} \underline{\underline{\mathbf{I}}}\, \delta(\underline{\mathbf{R}} - \underline{\mathbf{R}}')$$
$$= -\frac{2}{3k^2} \underline{\underline{\mathbf{I}}}\, \delta(\underline{\mathbf{R}} - \underline{\mathbf{R}}') + \mathrm{PV}\, \underline{\underline{\mathbf{G}}}_v^{(0)}(\underline{\mathbf{R}} - \underline{\mathbf{R}}', \omega) \ . \tag{5.5.14}$$

Um (5.5.13) auf eine (5.5.6) vergleichbare Form zu bringen, benutzt man am besten wieder die dreidimensionale Fourier-Transformation — es ist $\tilde{\underline{\underline{\mathbf{G}}}}_v(\underline{\mathbf{K}}, \omega) = \tilde{\underline{\underline{\mathbf{G}}}}_v(\underline{\mathbf{K}}, \underline{\mathbf{R}}' = \underline{\mathbf{0}}, \omega)$ —:

$$\tilde{\underline{\mathbf{v}}}(\underline{\mathbf{K}}, \omega) = \underbrace{\mathrm{j}\underline{\mathbf{K}}\, \tilde{h}(\underline{\mathbf{K}}, \omega) \cdot \tilde{\underline{\underline{\mathbf{G}}}}_v(\underline{\mathbf{K}}, \omega)}_{= \tilde{h}(\underline{\mathbf{K}}, \omega) \frac{\mathrm{j}\underline{\mathbf{K}}}{K^2 - k^2}} - \mathrm{j}\omega\kappa\, \tilde{\underline{\mathbf{f}}}(\underline{\mathbf{K}}, \omega) \cdot \tilde{\underline{\underline{\mathbf{G}}}}_v(\underline{\mathbf{K}}, \omega) \ . \tag{5.5.15}$$

[10] Wir begründen seine Notwendigkeit im letzten Paragraphen dieses Unterabschnitts.

[11] Man wende den Differentialoperator (5.3.12) auf die erste Zeile von (5.5.13) an, ziehe ihn unter das Integral — er wirkt nur auf $\underline{\mathbf{R}}$ — und verwende (5.5.7). Da $\underline{\underline{\mathbf{G}}}_v$ symmetrisch ist, kann man die Faktoren im Integranden vertauschen.

[12] Das (kleine) „Ausschlussvolumen" um den Singularitätspunkt $\underline{\mathbf{R}}' = \underline{\mathbf{R}} \in V_Q$ muss kugelförmig sein. Falls es das nicht ist, bedarf es der Neudefinition des Hauptwertes (van Bladel, 1991). Dies ist *dann* besonders wichtig, wenn (5.5.13) über eine „Voxelierung" des Quellvolumens numerisch ausgerechnet werden soll, da die genaue Geometrie der Voxel von Bedeutung ist.

[13] Van Bladel machte 1961 bei der Untersuchung der dyadischen Green'schen Funktion elektromagnetischer Wellen wohl zum ersten Mal auf diese Problematik aufmerksam und gab eine heuristische Lösung an (van Bladel, 1961). Inzwischen ist das Ergebnis mehrfach mathematisch abgesichert, einen Überblick gibt Langenberg (2005).

Es folgt[14]:

$$\underline{\mathbf{v}}(\underline{\mathbf{R}},\omega) = \tag{5.5.16}$$
$$\iiint_{V_Q} \left[-\mathrm{j}\omega\kappa\,\underline{\mathbf{f}}(\underline{\mathbf{R}}',\omega)\cdot\underline{\underline{\mathbf{G}}}_v(\underline{\mathbf{R}}-\underline{\mathbf{R}}',\omega) - h(\underline{\mathbf{R}}',\omega)\boldsymbol{\nabla}'G(\underline{\mathbf{R}}-\underline{\mathbf{R}}',\omega)\right]\,\mathrm{d}^3\underline{\mathbf{R}}' \quad .$$

In dieser Integraldarstellung des Teilchengeschwindigkeitsfeldes treten wieder die Quellen $\underline{\mathbf{f}}(\underline{\mathbf{R}}',\omega)$ und $h(\underline{\mathbf{R}}',\omega)$ explizit auf. Man sagt (de Hoop, 1995): Zur Inhomogenität $\underline{\mathbf{f}}(\underline{\mathbf{R}}',\omega)$ der Bewegungsgleichung (5.3.3) gehört die dyadische Green'sche Funktion $\underline{\underline{\mathbf{G}}}^{vf}(\underline{\mathbf{R}}-\underline{\mathbf{R}}',\omega) = -\mathrm{j}\omega\kappa\,\underline{\underline{\mathbf{G}}}_v(\underline{\mathbf{R}}-\underline{\mathbf{R}}',\omega)$, und zur Inhomogenität $h(\underline{\mathbf{R}}',\omega)$ der Druckgleichung (5.3.4) gehört die vektorielle Green'sche Funktion $\underline{\mathbf{G}}^{vh}(\underline{\mathbf{R}}-\underline{\mathbf{R}}',\omega) = -\boldsymbol{\nabla}'G(\underline{\mathbf{R}}-\underline{\mathbf{R}}',\omega) = \boldsymbol{\nabla}G(\underline{\mathbf{R}}-\underline{\mathbf{R}}',\omega) = -\underline{\mathbf{G}}^{pf}(\underline{\mathbf{R}}-\underline{\mathbf{R}}',\omega)$. In Abb. 5.5.1 ist die Zuordnung Green'scher Funktionen zu den jeweiligen Quelldichten illustriert.

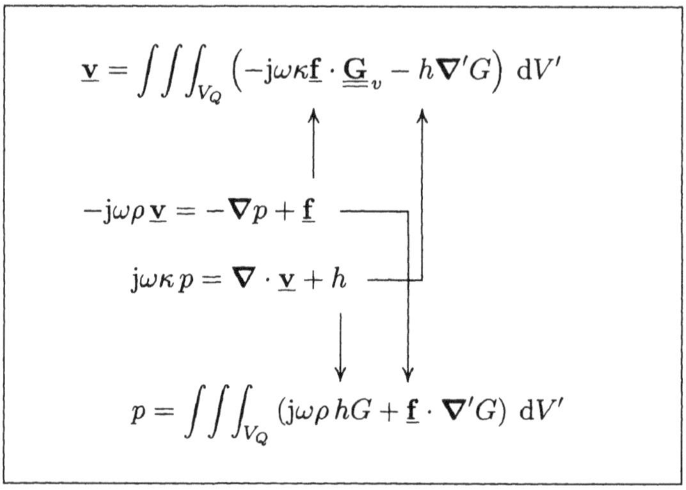

Abb. 5.5.1: *Zuordnung Green'scher Funktionen homogen-isotroper akustischer Materialien zu den Quelldichten* $\underline{\mathbf{f}}$ *und* h

Für Aufpunkte außerhalb des Quellvolumens V_Q kann man natürlich auch die zeitharmonische Version

$$\underline{\mathbf{v}}(\underline{\mathbf{R}},\omega) = \frac{1}{\mathrm{j}\omega\rho}\,\boldsymbol{\nabla}p(\underline{\mathbf{R}},\omega) \tag{5.5.17}$$

von (5.3.3) verwenden, um $\underline{\mathbf{v}}(\underline{\mathbf{R}},\omega)$ durch Gradientenbildung von (5.5.6) zu berechnen: Für $\underline{\mathbf{R}} \neq \underline{\mathbf{R}}'$ kann man den Gradienten ohne Konvergenzprobleme unter das Integral ziehen und in $-\boldsymbol{\nabla}'$ „verwandeln". Es ergibt sich (5.5.16).

Green'sche Funktionen lassen sich gleichermaßen für inhomogene $\rho(\underline{\mathbf{R}})\kappa(\underline{\mathbf{R}})$-Materialien definieren; allerdings gibt es nur in Sonderfällen analytische Ausdrücke: Ein typisches Beispiel ist das eindimensional geschichtete Material (Chew, 1990). Aus diesem Grunde ist die praktische Berechnung von Quellenfeldern mit der Punktquellensynthese in der Regel auf *homogene* $\rho\kappa$*-*Materialien beschränkt.

[14]Das Minuszeichen in $-h\boldsymbol{\nabla}'G$ rührt daher, dass die Anwendung des Differentiations- und Faltungssatzes der dreidimensionalen Fourier-Transformation auf den Unterklammerterm in (5.5.15) zunächst $\boldsymbol{\nabla}[h(\underline{\mathbf{R}},\omega) * G(\underline{\mathbf{R}},\omega)]$ liefert.

5.5.3 Begründung des Distributionsterms im akustischen Green'schen Tensor zweiter Stufe

Mit Fußnote 10 hatten wir angekündigt, für den δ-Term in (5.5.10) eine Begründung zu geben. Für $\underline{\mathbf{R}} \in V_Q$ muss

$$\underline{\mathbf{v}}(\underline{\mathbf{R}}, \omega) = \frac{1}{\mathrm{j}\omega\rho} \nabla p(\underline{\mathbf{R}}, \omega) - \frac{1}{\mathrm{j}\omega\rho} \underline{\mathbf{f}}(\underline{\mathbf{R}}, \omega) \tag{5.5.18}$$

gelten. Mit der auch für $\underline{\mathbf{R}} \in V_Q$ gültigen Quellenfelddarstellung (5.5.6) des Drucks ergibt sich für $\underline{\mathbf{v}}(\underline{\mathbf{R}}, \omega)$ gemäß (5.5.18):

$$\begin{aligned} &\underline{\mathbf{v}}(\underline{\mathbf{R}}, \omega) = \\ &\frac{1}{\mathrm{j}\omega\rho} \nabla \iiint_{V_Q} [\nabla' G(\underline{\mathbf{R}} - \underline{\mathbf{R}}', \omega) \cdot \underline{\mathbf{f}}(\underline{\mathbf{R}}', \omega) + \mathrm{j}\omega\rho h(\underline{\mathbf{R}}', \omega) G(\underline{\mathbf{R}} - \underline{\mathbf{R}}', \omega)] \, \mathrm{d}^3\underline{\mathbf{R}}' - \\ &\qquad - \frac{1}{\mathrm{j}\omega\rho} \underline{\mathbf{f}}(\underline{\mathbf{R}}, \omega) \quad . \end{aligned} \tag{5.5.19}$$

Wohl wissend, dass wir die Konvergenz des V_Q-Integrals über den resultierenden $\nabla'\nabla' G$-Term genauer untersuchen müssen, ziehen wir $\nabla \Longrightarrow -\nabla'$ unter das Integral:

$$\begin{aligned} &\underline{\mathbf{v}}(\underline{\mathbf{R}}, \omega) = \\ &\frac{1}{\mathrm{j}\omega\rho} \iiint_{V_Q} [-\nabla'\nabla' G(\underline{\mathbf{R}} - \underline{\mathbf{R}}', \omega) \cdot \underline{\mathbf{f}}(\underline{\mathbf{R}}', \omega) - \mathrm{j}\omega\rho h(\underline{\mathbf{R}}', \omega) \nabla' G(\underline{\mathbf{R}} - \underline{\mathbf{R}}', \omega)] \, \mathrm{d}^3\underline{\mathbf{R}}' - \\ &\qquad - \frac{1}{\mathrm{j}\omega\rho} \underline{\mathbf{f}}(\underline{\mathbf{R}}, \omega) \quad . \end{aligned} \tag{5.5.20}$$

Unter Beachtung von

$$\iiint_{V_Q} \delta(\underline{\mathbf{R}} - \underline{\mathbf{R}}') \, \underline{\underline{\mathbf{I}}} \cdot \underline{\mathbf{f}}(\underline{\mathbf{R}}', \omega) \, \mathrm{d}^3\underline{\mathbf{R}}' = \underline{\mathbf{f}}(\underline{\mathbf{R}}, \omega) \tag{5.5.21}$$

für $\underline{\mathbf{R}} \in V_Q$ können wir den isolierten $\underline{\mathbf{f}}$-Term in (5.5.20) gemäß

$$\begin{aligned} \underline{\mathbf{v}}(\underline{\mathbf{R}}, \omega) = \frac{1}{\mathrm{j}\omega\rho} \iiint_{V_Q} \Big\{ \underbrace{[-\nabla'\nabla' G(\underline{\mathbf{R}} - \underline{\mathbf{R}}', \omega) - \delta(\underline{\mathbf{R}} - \underline{\mathbf{R}}') \, \underline{\underline{\mathbf{I}}}]}_{= k^2 \underline{\underline{\mathbf{G}}}_v(\underline{\mathbf{R}} - \underline{\mathbf{R}}', \omega)} \cdot \underline{\mathbf{f}}(\underline{\mathbf{R}}', \omega) - \\ - \mathrm{j}\omega\rho \, h(\underline{\mathbf{R}}', \omega) \nabla' G(\underline{\mathbf{R}} - \underline{\mathbf{R}}', \omega) \Big\} \, \mathrm{d}^3\underline{\mathbf{R}}' \end{aligned} \tag{5.5.22}$$

einem Green'schen Tensor zweiter Stufe zuschlagen, der sich im Vergleich mit (5.5.16) als $k^2 \underline{\underline{\mathbf{G}}}_v(\underline{\mathbf{R}} - \underline{\mathbf{R}}', \omega)$ entpuppt.

Warum enthalten die Green'schen Funktionen in (5.5.6) keinen zusätzlichen δ-Term? Für $\underline{\mathbf{R}} \in V_Q$ gilt doch analog zu (5.5.18)

$$p(\underline{\mathbf{R}}, \omega) = \frac{1}{\mathrm{j}\omega\kappa} \nabla \cdot \underline{\mathbf{v}}(\underline{\mathbf{R}}, \omega) + \frac{1}{\mathrm{j}\omega\kappa} h(\underline{\mathbf{R}}, \omega) \quad . \tag{5.5.23}$$

Wenn wir hier (5.5.16) einsetzen, lautet das Pendant zu (5.5.20):

$$\begin{aligned} &p(\underline{\mathbf{R}}, \omega) = \\ &\iiint_{V_Q} \left[\nabla' \cdot \underline{\underline{\mathbf{G}}}_v(\underline{\mathbf{R}} - \underline{\mathbf{R}}', \omega) \cdot \underline{\mathbf{f}}(\underline{\mathbf{R}}', \omega) + \frac{1}{\mathrm{j}\omega\kappa} h(\underline{\mathbf{R}}', \omega) \Delta' G(\underline{\mathbf{R}} - \underline{\mathbf{R}}', \omega) \right] \mathrm{d}^3\underline{\mathbf{R}}' + \end{aligned}$$

$$+\frac{1}{\mathrm{j}\omega\kappa}h(\underline{\mathbf{R}},\omega) \ . \qquad (5.5.24)$$

Mit (5.5.1) sieht man, dass sich für $\underline{\mathbf{R}} \in V_Q$ der h-Term außerhalb des Integrals weghebt, ihm muss nicht durch einen „extra“ δ-Term Rechnung getragen werden; ferner berechnet man mit (5.5.10) ebenfalls unter Verwendung von (5.5.1), dass $\nabla' \cdot \underline{\underline{\mathbf{G}}}_v = \nabla' G$ gilt, sodass schließlich aus (5.5.24) die für $\underline{\mathbf{R}} \in V_Q$ gültige Darstellung (5.5.6) entsteht.

5.6 Huygens'sches Prinzip für akustische Streufelder in homogenen Materialien

5.6.1 Huygens'sches Prinzip

Bei Anwesenheit eines Streukörpers mit dem Volumen V_c und der Oberfläche S_c — wir brauchen dessen Materialeigenschaften zunächst gar nicht zu spezifizieren — ist das Quellenfeld, das wir

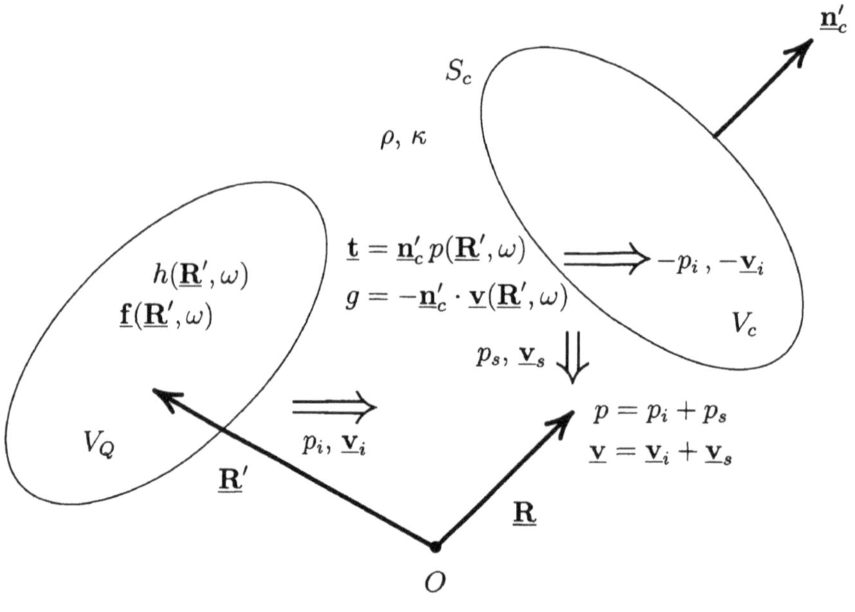

Abb. 5.6.1: *Akustisches Streuproblem: Flächenquellen des Huygens-Prinzips*

nun als einfallendes Feld $p_i(\underline{\mathbf{R}},\omega)$, $\underline{\mathbf{v}}_i(\underline{\mathbf{R}},\omega)$ bezeichnen, durch ein Streufeld $p_s(\underline{\mathbf{R}},\omega)$, $\underline{\mathbf{v}}_s(\underline{\mathbf{R}},\omega)$ zu ergänzen: Das einfallende Feld „weiß“ von dem Streukörper nichts und kann demzufolge auf S_c auch nicht die notwendigen Rand- oder Übergangsbedingungen erfüllen; diese Bedingungen erzwingen deshalb die Existenz des Streufeldes gerade *so*, dass sie vom Gesamtfeld $p(\underline{\mathbf{R}},\omega)$, $\underline{\mathbf{v}}(\underline{\mathbf{R}},\omega)$ als Überlagerung von einfallendem und gestreutem Feld erfüllt werden[15] (Abbildung 5.6.1). Das Huygens'sche *Prinzip* postuliert nun eine Punktquellensynthese des Streufeldes mittels Elementarkugelwellen, die mit den Feldwerten auf S_c gewichtet sind, überlagern sich im *Äußeren* von V_c zum Streufeld und kompensieren im *Inneren* von V_c das einfallende Feld, sodass das Gesamtfeld dort zum Nullfeld wird (*extinction theorem*). Die exakte mathematische

[15] Voraussetzungsgemäß gelten die Quellen des einfallenden Feldes als *eingeprägte* Quellen, auf die das Streufeld nicht rückwirkt: V_Q ist *kein* Streukörper für das Streufeld. Dies ist natürlich eine Idealisierung.

Herleitung für skalare Wellenfelder (z.B.: Langenberg, 2005; Abschnitt 15.1.2) offenbart[16], dass neben den Kugelwellen mit richtungsunabhängiger Amplitude und Phase auch noch Dipolwellen zu berücksichtigen sind und präzisiert in Form des Helmholtz-Integrals die Feldwichtung der Kugel- und Dipolwellen (*representation theorem*) . *Hier* wollen wir eine zwar zwingende, aber heuristische Begründung angeben, die von J. Larmor (1903) für *elektromagnetische* Wellen vorgeschlagen wurde: Aufgrund des Auslöschungstheorems gehen wir von einem feldfreien Volumen V_c aus; dann *definieren* die Übergangsbedingungen (5.2.1) und (5.2.2) feldabhängige Flächenquellen

$$\underline{\mathbf{t}}(\underline{\mathbf{R}}',t) = \underline{\mathbf{n}}_c' p(\underline{\mathbf{R}}',t) \quad , \tag{5.6.1}$$

$$g(\underline{\mathbf{R}}',t) = -\underline{\mathbf{n}}_c' \cdot \underline{\mathbf{v}}(\underline{\mathbf{R}}',t) \tag{5.6.2}$$

für $\underline{\mathbf{R}}' \in S_c$, wobei $\underline{\mathbf{n}}_c'$ die äußere Normale im Quellpunkt auf S_c ist. Genau *diese* Flächenquellen sind die Quellen des Streufeldes (Abbildung 5.6.1)! Man nennt sie deshalb äquivalente oder auch sekundäre Quellen. Also verwenden wir die Quellenfelddarstellung (5.5.6) in der Reduktion[17] auf S_c und setzen die zeitharmonischen Flächenquellen (5.6.1) und (5.6.2) ein:

$$p_s(\underline{\mathbf{R}},\omega) = \iint_{S_c} [-\mathrm{j}\omega\rho \underline{\mathbf{n}}_c' \cdot \underline{\mathbf{v}}(\underline{\mathbf{R}}',\omega) G(\underline{\mathbf{R}}-\underline{\mathbf{R}}',\omega) + p(\underline{\mathbf{R}}',\omega)\underline{\mathbf{n}}_c' \cdot \nabla' G(\underline{\mathbf{R}}-\underline{\mathbf{R}}',\omega)] \, \mathrm{d}S' \quad . \tag{5.6.3}$$

Mit (5.5.17) können wir den ersten Term in (5.6.3) durch die Normalenableitung des Drucks darstellen:

$$p_s(\underline{\mathbf{R}},\omega) = \iint_{S_c} [p(\underline{\mathbf{R}}',\omega)\nabla' G(\underline{\mathbf{R}}-\underline{\mathbf{R}}',\omega) - G(\underline{\mathbf{R}}-\underline{\mathbf{R}}',\omega)\nabla' p(\underline{\mathbf{R}}',\omega)] \cdot \underline{\mathbf{n}}_c' \, \mathrm{d}S' \quad ; \tag{5.6.4}$$

dies ist die exakte Fassung des Huygens'schen Prinzips, nämlich das Helmholtz-Integral als Punktquellensynthese des Streufeldes[18]. Man beachte: Das Helmholtz-Integral (5.6.4) — ergo die Integraldarstellung (5.6.3) — liefert tatsächlich das Auslöschungstheorem $p(\underline{\mathbf{R}},\omega) = p_i(\underline{\mathbf{R}},\omega) + p_s(\underline{\mathbf{R}},\omega) = 0$ für $\underline{\mathbf{R}} \in V_c$, also $p_s(\underline{\mathbf{R}},\omega) = -p_i(\underline{\mathbf{R}},\omega)$ für $\underline{\mathbf{R}} \in V_c$; deshalb macht diese Punktquellensynthese nur im Äußeren von V_c Sinn.

Da wir zunächst in (5.6.4) bzw. (5.6.3) Aufpunkte auf S_c wegen der Singularität der Green'schen Funktion ausschließen, gibt es keine mathematischen Probleme, wenn wir (5.5.17) auf (5.6.3) anwenden, um die Formulierung der Punktquellensynthese für das gestreute Teilchengeschwindigkeitsfeld zu erhalten:

$$\begin{aligned} \underline{\mathbf{v}}_s(\underline{\mathbf{R}},\omega) &= \iint_{S_c} \Bigg[\underline{\mathbf{n}}_c' \cdot \underline{\mathbf{v}}(\underline{\mathbf{R}}',\omega) \nabla' G(\underline{\mathbf{R}}-\underline{\mathbf{R}}',\omega) - \\ &\qquad - \frac{1}{\mathrm{j}\omega\rho} p(\underline{\mathbf{R}}',\omega) \underline{\mathbf{n}}_c' \cdot \nabla'\nabla' G(\underline{\mathbf{R}}-\underline{\mathbf{R}}',\omega) \Bigg] \, \mathrm{d}S' \\ &= \iint_{S_c} [\underline{\mathbf{n}}_c' \cdot \underline{\mathbf{v}}(\underline{\mathbf{R}}',\omega) \nabla' G(\underline{\mathbf{R}}-\underline{\mathbf{R}}',\omega) - \\ &\qquad - \mathrm{j}\omega\kappa\, p(\underline{\mathbf{R}}',\omega) \underline{\mathbf{n}}_c' \cdot \underline{\underline{\mathbf{G}}}_v(\underline{\mathbf{R}}-\underline{\mathbf{R}}',\omega)] \, \mathrm{d}S' \end{aligned} \tag{5.6.5}$$

Dasselbe Resultat ergibt sich natürlich, wenn wir (5.6.1) und (5.6.2) in (5.5.16) verwenden.

5.6.2 Akustische Streufelder schallweicher und schallharter Körper; Kirchhoff-Näherung

Die Punktquellensynthese des Streufeldes ist zwar physikalisch sehr anschaulich, für konkret vorliegende Streukörper nutzt sie uns jedoch noch nichts: Unter dem Integral stehen zwei *unbekannte*

[16] Das Huygens-Prinzip wird damit eine mathematische Konsequenz der Helmholtz'schen Schwingungsgleichung.

[17] Wir definieren Volumenquellen, indem wir die Flächenquellen (5.6.1), (5.6.2) mit der singulären Funktion $\gamma_c(\underline{\mathbf{R}})$ von S_c multiplizieren, womit das *Volumen*integral der Quellenfelddarstellung ein Flächenintegral wird (Abschnitt 2.4.5).

[18] Man erkennt die rechte Seite der zweiten Green'schen Formel (2.2.70) wieder, mit der die Darstellung (5.6.4) hergeleitet wird.

Größen, nämlich die Randwerte $\underline{\mathbf{n}}'_c \cdot \underline{\mathbf{v}}(\underline{\mathbf{R}}', \omega)$, $p(\underline{\mathbf{R}}', \omega)$ bzw. $\underline{\mathbf{n}}'_c \cdot \nabla' p(\underline{\mathbf{R}}', \omega)$, $p(\underline{\mathbf{R}}', \omega)$ des *Gesamt*feldes, dessen Streufeldanteil wir ja erst mittels (5.6.3) oder (5.6.4) berechnen wollen. Wie geht man deshalb zur Berechnung der Randwerte vor? Man führt *mit* den Integraldarstellungen den Grenzübergang $\underline{\mathbf{R}} \longrightarrow S_c$ aus! Dies muss allerdings wegen der Singularität der Green'schen Funktion „sehr vorsichtig" geschehen; es zeigt sich, dass der Term mit $\nabla' G(\underline{\mathbf{R}} - \underline{\mathbf{R}}', \omega)$ in der Tat Probleme macht, die aber lösbar sind. Man erhält z.B. mit (5.6.4) (Colton und Kress, 1983; Langenberg, 2005):

$$\begin{aligned} p_s(\underline{\mathbf{R}}, \omega) &= \frac{1}{2} p(\underline{\mathbf{R}}, \omega) + \\ &+ \iint_{S_c} [p(\underline{\mathbf{R}}', \omega) \nabla' G(\underline{\mathbf{R}} - \underline{\mathbf{R}}', \omega) - G(\underline{\mathbf{R}} - \underline{\mathbf{R}}', \omega) \nabla' p(\underline{\mathbf{R}}', \omega)] \cdot \underline{\mathbf{n}}'_c \, \mathrm{d}S' \quad , \\ &\qquad \underline{\mathbf{R}} \in S_c \quad . \end{aligned} \tag{5.6.6}$$

Ersetzt man auf der linken Seite p_s durch $p - p_i$, findet man

$$\begin{aligned} \frac{1}{2} p(\underline{\mathbf{R}}, \omega) &= p_i(\underline{\mathbf{R}}, \omega) + \\ &+ \iint_{S_c} [p(\underline{\mathbf{R}}', \omega) \nabla' G(\underline{\mathbf{R}} - \underline{\mathbf{R}}', \omega) - G(\underline{\mathbf{R}} - \underline{\mathbf{R}}', \omega) \nabla' p(\underline{\mathbf{R}}', \omega)] \cdot \underline{\mathbf{n}}'_c \, \mathrm{d}S' \quad , \\ &\qquad \underline{\mathbf{R}} \in S_c \quad , \end{aligned} \tag{5.6.7}$$

als Integralgleichungsbeziehung zwischen den beiden unbekannten Größen; dies erhellt, dass beide nicht unabhängig voneinander sind, die Vorgabe einer der beiden macht die andere berechenbar. Sinnvolle, wenn auch idealisierte Vorgaben kommen nun durch die tatsächliche physikalische Natur des Streukörpers ins Spiel: Man kann V_c nicht nur „Huygens-feldfrei", sondern physikalisch feldfrei halten, indem man die Randbedingung entweder ideal schallweicher oder ideal schallharter Streukörper vorgibt.

Die Dirichlet-Randbedingung (5.2.6) charakterisiert den schallweichen Streukörper; in (5.6.7) eingesetzt, ergibt sich die Integralgleichung erster Art (die gesuchte Größe steht nur unter dem Integral)

$$\iint_{S_c} G(\underline{\mathbf{R}} - \underline{\mathbf{R}}', \omega) \nabla' p(\underline{\mathbf{R}}', \omega) \cdot \underline{\mathbf{n}}'_c \, \mathrm{d}S' = p_i(\underline{\mathbf{R}}, \omega) \quad , \quad \underline{\mathbf{R}} \in S_c \quad , \tag{5.6.8}$$

für die Normalenableitung $\underline{\mathbf{n}}'_c \cdot \nabla' p(\underline{\mathbf{R}}', \omega)$ des Drucks bzw. für die gewichtete Normalkomponente $\mathrm{j}\omega\rho \underline{\mathbf{n}}'_c \cdot \underline{\mathbf{v}}(\underline{\mathbf{R}}', \omega)$ der Teilchengeschwindigkeit. Damit ist die Flächendeformation gemäß (5.2.7) grundsätzlich berechenbar.

Die Neumann-Randbedingung (5.2.8) charakterisiert den schallharten Streukörper; in (5.6.7) eingesetzt, ergibt sich die Integralgleichung zweiter Art (die gesuchte Größe steht auch außerhalb des Integrals)

$$\frac{1}{2} p(\underline{\mathbf{R}}, \omega) - \iint_{S_c} p(\underline{\mathbf{R}}', \omega) \underline{\mathbf{n}}'_c \cdot \nabla' G(\underline{\mathbf{R}} - \underline{\mathbf{R}}', \omega) \, \mathrm{d}S' = p_i(\underline{\mathbf{R}}, \omega) \quad , \quad \underline{\mathbf{R}} \in S_c \quad , \tag{5.6.9}$$

für den Druck auf S_c.

Nur für wenige Streukörpergeometrien lassen sich die Integralgleichungen (5.6.8) und (5.6.9) analytisch lösen (Bowman et al., 1987); in der Regel ist man auf numerische Methoden angewiesen, die als Momentenmethoden vor allem zur Simulation elektromagnetischer Felder entwickelt wurden (Harrington, 1968; Wilton, 2002); neuerdings baut man auch auf schnelle Mulipolmethoden (Chew et al., 2002; Michielssen et al., 2002).

Die Integralgleichung zweiter Art ist jedoch einer sehr anschaulichen physikalischen Interpretation — und damit einer einleuchtenden Näherung — zugänglich: Von jedem Punkt $\underline{\mathbf{R}}'$ der Fläche

S_c gehen elementare Dipolwellen aus, die an jedem Aufpunkt $\underline{\mathbf{R}}$ auf S_c „registriert" werden, d.h. das Integral in (5.6.9) repräsentiert die Strahlungswechselwirkung der Oberflächenpunkte des Streukörpers. Falls es physikalische Argumente gibt, die Strahlungswechselwirkung zu vernachlässigen, ist eine Näherungslösung von (5.6.9) durch

$$p(\underline{\mathbf{R}}, \omega) \simeq 2p_i(\underline{\mathbf{R}}, \omega) \quad , \quad \underline{\mathbf{R}} \in S_c \quad , \tag{5.6.10}$$

gegeben. Dies ist die Kirchhoff'sche Näherung der Physikalischen Optik[19] (PO: Abschnitt 15.2.3). Gibt es Flächen S_c, für die (5.6.10) exakt ist? Ja, *ebene* Flächen: Da $\nabla' G(\underline{\mathbf{R}} - \underline{\mathbf{R}}', \omega) \sim \underline{\mathbf{R}} - \underline{\mathbf{R}}'$ ein Vektor *in* der ebenen Fläche ist, steht $\underline{\mathbf{n}}_c'$ stets senkrecht darauf, das Skalarprodukt $\underline{\mathbf{n}}_c' \cdot \nabla' G(\underline{\mathbf{R}} - \underline{\mathbf{R}}', \omega)$ ist identisch null. Daraus folgt anschaulich: Die Kirchhoff-Näherung wird eine brauchbare Näherung sein, wenn die Oberfläche des Streukörpers im Vergleich zur Wellenlänge nur schwach gekrümmt ist; die Kirchhoff-Näherung ist eine Hochfrequenznäherung! Konvexe Streukörper mit geschlossener Oberfläche weisen deshalb, ebenso wie der unendlich große ebene gelochte Schirm, für den die Kirchhoff-Näherung „erfunden" wurde, eine „beleuchtete" Seite und eine „Schattenseite" auf, und man ergänzt (5.6.10) durch die Forderung: $p(\underline{\mathbf{R}}, \omega) = 0$ auf der Schattenseite von S_c. Setzt man diese Kirchhoff-Näherung in die Integraldarstellung (5.6.3) ein, erhält man eine „Punktquellensynthese in PO-Näherung" für das Streufeld, die unmittelbar ausgewertet werden kann, denn das einfallende Feld wird ja als bekannt vorausgesetzt. In der Verallgemeinerung auf die *Elasto*dynamik liegt damit eine *der* Simulationsmethoden der US-zfP vor (Abschnitt 15.5). Da dies so ist, wollen wir mit den Abbildungen 5.6.2 und 5.6.3 einen Vergleich exakter und Kirchhoff-Streufelder diskutieren, um für einen zfP-relevanten Fall auf die wesentlichen Unterschiede hinzuweisen.

Wir wählen der Einfachheit halber ein zweidimensionales Problem; Streu„körper" sei ein ebener „Riss" der Breite $2a$ mit Neumann'scher Randbedingung, das einfallende Feld sei eine ebene Impulswelle. Man kann einen derartigen zweidimensionalen Streifen als Grenzfall eines Zylinders mit elliptischem Querschnitt ansehen. Die Eigenfunktionen der elliptischen Zylinderkoordinaten sind die Mathieufunktionen (Schäfke, 1967); die Koeffizienten einer Reihenentwicklung von $p(\underline{\mathbf{R}}, \omega)$, $\underline{\mathbf{R}} \in S_c$, nach Mathieufunktionen lassen sich mit der Integralgleichung (5.6.9) exakt berechnen, wobei die resultierende Streufelddarstellung gemäß (5.6.3) *dann* besonders einfach wird, wenn man für die Normalenableitung der (zweidimensionalen) Green'schen Funktion die Fernfeldnäherung für $R \gg a$ und $R \gg \lambda$ — λ gleich Wellenlänge — einsetzt (Abschnitt 13.1.3). Geht man für jede Frequenz im Spektrum des einfallenden Impulses $p_i(t)$ genauso vor, so lässt sich durch Fourier-Inversion von (5.6.3) das *Impuls*streufeld berechnen. In den beiden Abbildungen ist für $p_i(t)$ jeweils ein RC2(t)-Impuls gewählt (Abbildung 2.3.4), aufgetragen ist das bezüglich des Koordinatenursprungs (in der Mitte des Streifens) retardierte Impulsstreu(fern)feld $p_s(\underline{\mathbf{R}}, t - R/c)$ für verschiedene Richtungen $\hat{\underline{\mathbf{R}}}$ als Funktion der Zeit. Typische *Features* dieses Streufeldes sind die folgenden:

- In Richtung spiegelnder „Reflexion" wird nur ein einzelner Streuimpuls beobachtet;
- in Rückstreurichtung (beispielsweise) erkennt man sehr schön die beiden Rissspitzenimpulse mit entgegengesetzter Phase und *ungleicher* Amplitude;
- vor allem zwischen Spiegel- und Rückstreurichtung erkennt man kleine Impuls„nachläufer": Sie sind auf die Strahlungswechselwirkung der Rissspitzen (sogenannte Resonanzen) zurückzuführen.

[19]Obwohl Licht eine elektromagnetische Vektorwelle ist, genügt häufig eine skalare Betrachtung. Das Helmholtz-Integral beschreibt sodann die Lichtbeugung *physikalisch* als Welle, womit sich die Physikalische Optik gegenüber der geometrischen Optik abgrenzt. Heute steht der Begriff „PO" explizit für die Approximation (5.6.10) skalarer Wellenfelder.

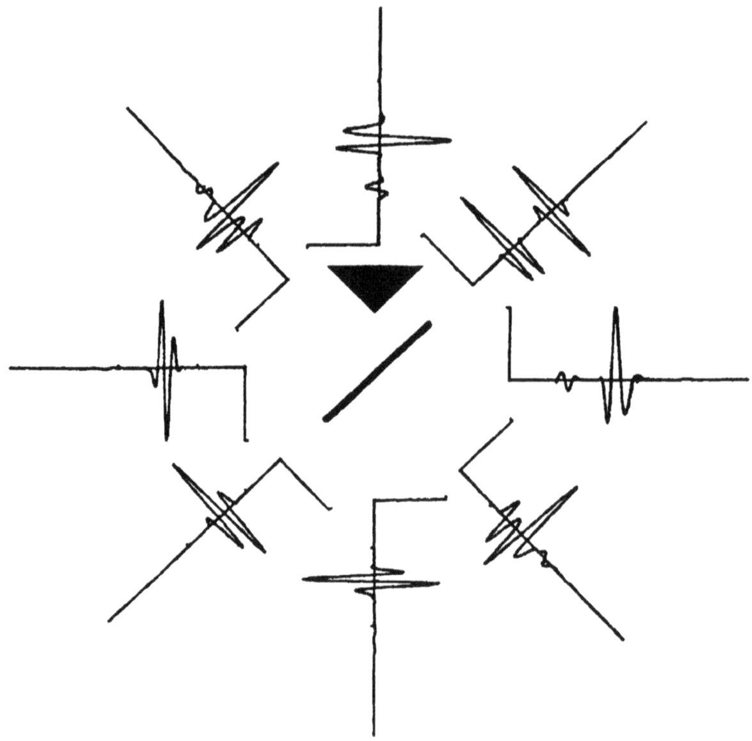

Abb. 5.6.2: Akustische Streu(fern)feldimpulse in verschiedenen Richtungen eines schallharten, von einer ebenen Welle unter 45° angestrahlten zweidimensionalen Streifens: exakte Berechnung

Die mit der Kirchhoff-Näherung gewonnenen — die Auswertung des Integrals (5.6.3) ist elementar — und in Abbildung 5.6.3 dargestellten Ergebnisse unterschieden sich wesentlich in zwei Punkten:

- Die Rissspitzen haben *stets* gleiche Amplituden und
- die Strahlungswechselwirkungsimpulse fehlen (Kirchhoff-definitionsgemäß).

Hingegen wird der spiegelnd reflektierte Impuls exakt geliefert. Zeitharmonisch gesprochen heißt das: Fernfeld*haupt*keulen eines Streufeldes werden mit der Kirchhoff-Näherung zufriedenstellend berechnet, *Neben*keulen i.a. nicht. Diese pauschale Aussage zur Genauigkeit der Kirchhoff-Näherung trifft stets zu.

Mit der Punktquellendarstellung (5.6.5) für die Teilchengeschwindigkeit lässt sich übrigens für das Dirichlet-Problem die Integralgleichung zweiter Art

$$\frac{1}{2}\underline{\underline{\mathbf{n}}}_c \cdot \underline{\mathbf{v}}(\underline{\mathbf{R}}, \omega) + \int\!\!\int_{S_c} \underline{\underline{\mathbf{n}}}'_c \cdot \underline{\mathbf{v}}(\underline{\mathbf{R}}', \omega)\underline{\underline{\mathbf{n}}}_c \cdot \nabla G(\underline{\mathbf{R}} - \underline{\mathbf{R}}', \omega)\,\mathrm{d}S' \;,\; \underline{\mathbf{R}} \in S_c = \underline{\underline{\mathbf{n}}}_c \cdot \underline{\mathbf{v}}_i(\underline{\mathbf{R}}, \omega) \;, \quad (5.6.11)$$

angeben, die damit in genau der gleichen Art und Weise wie für das Neumann-Problem die Begründung der Kirchhoff-Näherung für schallweiche Streukörper zulässt.

Für das Neumann-Problem liefert (5.6.5) die Integralgleichung erster Art:

$$-\mathrm{j}\omega\rho\,\underline{\underline{\mathbf{n}}}_c \cdot \underline{\mathbf{v}}_i(\underline{\mathbf{R}}, \omega) = \mathrm{PV}_\epsilon \int\!\!\int_{S_c} p(\underline{\mathbf{R}}', \omega)\underline{\underline{\mathbf{n}}}_c\underline{\underline{\mathbf{n}}}'_c : \nabla'\nabla G(\underline{\mathbf{R}} - \underline{\mathbf{R}}', \omega)\,\mathrm{d}S' \;,\; \underline{\mathbf{R}} \in S_c \;; \quad (5.6.12)$$

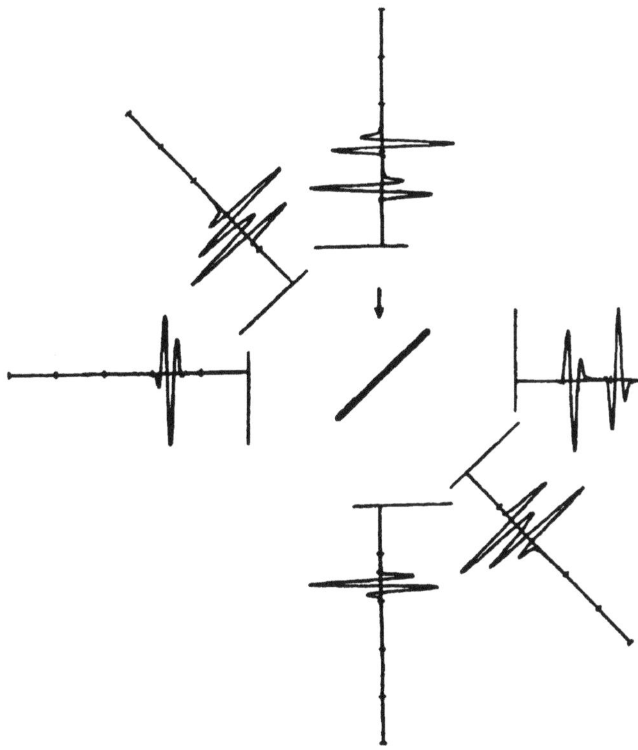

Abb. 5.6.3: *Akustische Streu(fern)feldimpulse in verschiedenen Richtungen eines schallharten, von einer ebenen Welle unter 45° angestrahlten zweidimensionalen Streifens: Kirchhoff-Näherung*

hierin deutet der speziell zu definierende Hauptwert PV_ϵ (Langenberg, 2005) an, dass man sich wegen der doppelten Normalenableitung der singulären Green'schen Funktion in der Tat einige Gedanken machen muss.

5.6.3 Akustische Streufelder penetrabler Streukörper; Born'sche Näherung

Spezifiziert man den Streukörper als penetrabel für akustische Wellen, so kann die Materialfüllung von V_c prinzipiell homogen oder inhomogen sein. Im ersten Fall ist im Inneren nunmehr die homogene Schwingungsgleichung (5.4.1) mit den entsprechenden Materialparametern zu lösen und vermittels der Übergangsbedingungen an die Lösung im Äußeren anzupassen. Zweckmäßigerweise wählt man für diese Lösung ebenfalls eine Helmholtz-Integraldarstellung[20] mit der Green'schen Funktion des homogenen Innenraummaterials (sie unterscheidet sich in der Wellenzahl von der Außenraum-Greenfunktion); das Auslöschungstheorem für *diese* Darstellung sagt übrigens, dass sie *außen* ein Nullfeld liefert. Wegen der Übergangsbedingungen (5.2.3) *und* (5.2.4) benötigen wir aber nunmehr sowohl außen als auch innen die entsprechenden Integraldarstellungen (5.6.5) als Lösung von (5.4.2). Mit den Grenzübergängen $\underline{\mathbf{R}} \underset{\mathrm{va}}{\longrightarrow} S_c$ („von außen") in den Integraldarstellungen des Außenfeldes und $\underline{\mathbf{R}} \underset{\mathrm{vi}}{\longrightarrow} S_c$ („von innen") in den Integraldarstellungen des Innenfeldes erhält man sodann ein gekoppeltes System zweier Integralgleichungen für die gesuchten Huygens'schen Flächenquellen (z.B.: Langenberg, 2005).

[20] Wegen des Auslöschungstheorems „stört" die Integraldarstellung des Außenraumfeldes im Inneren nicht.

Eine alternative Vorgehensweise lässt sich sowohl auf homogene als auch auf inhomogene[21] Materialfüllungen von V_c anwenden, man benötigt dazu nur die Kenntnis der Green'schen Funktion des homogenen Außenraummaterials. Grundlage ist die in Abb. 7.1.2 (für den elastischen Fall) skizzierte Einbettung eines inhomogenen $\rho^{(i)}(\underline{\mathbf{R}})\kappa^{(i)}(\underline{\mathbf{R}})$-Volumens ins homogene $\rho\kappa$-Einbettungsmaterial. Mit der charakteristischen Funktion $\Gamma_c(\underline{\mathbf{R}})$ von V_c bilden wir Rho- und Kappa-Kontrastfunktionen

$$\chi_\rho(\underline{\mathbf{R}}) = \frac{1}{\rho}\left[\rho^{(i)}(\underline{\mathbf{R}}) - \rho\right]\Gamma_c(\underline{\mathbf{R}}) \quad , \tag{5.6.13}$$

$$\chi_\kappa(\underline{\mathbf{R}}) = \frac{1}{\kappa}\left[\kappa^{(i)}(\underline{\mathbf{R}}) - \kappa\right]\Gamma_c(\underline{\mathbf{R}}) \quad , \tag{5.6.14}$$

die damit außerhalb von V_c gleich null sind. In den allgemeinen Differentialgleichungen (5.3.5) und (5.3.8) für $p(\underline{\mathbf{R}},\omega)$ und $\underline{\mathbf{v}}(\underline{\mathbf{R}},\omega)$ des inhomogenen $\rho(\underline{\mathbf{R}})\kappa(\underline{\mathbf{R}})$-Materials brauchen wir nun nur noch

$$\rho(\underline{\mathbf{R}}) = \rho\left[1 + \chi_\rho(\underline{\mathbf{R}})\right] = \begin{cases} \rho & \text{für } \underline{\mathbf{R}} \notin V_c \\ \rho^{(i)}(\underline{\mathbf{R}}) & \text{für } \underline{\mathbf{R}} \in V_c \end{cases} \quad , \tag{5.6.15}$$

$$\kappa(\underline{\mathbf{R}}) = \kappa\left[1 + \chi_\kappa(\underline{\mathbf{R}})\right] = \begin{cases} \kappa & \text{für } \underline{\mathbf{R}} \notin V_c \\ \kappa^{(i)}(\underline{\mathbf{R}}) & \text{für } \underline{\mathbf{R}} \in V_c \end{cases} \tag{5.6.16}$$

zu setzen und die resultierenden Terme in (5.3.5) und (5.3.8) *so* zu sortieren[22], dass auf der linken Seite der Differentialgleichungen nur noch die Differentialoperatoren (5.3.11) und (5.3.12) des homogenen Einbettungsmaterials stehen:

$$\begin{aligned} \Delta p(\underline{\mathbf{R}},t) - \kappa\rho\,\frac{\partial^2 p(\underline{\mathbf{R}},t)}{\partial t^2} &= \nabla\cdot\left[\underline{\mathbf{f}}(\underline{\mathbf{R}},t) + \underline{\mathbf{f}}_\rho(\underline{\mathbf{R}},t)\right] + \\ &\quad + \rho\,\frac{\partial}{\partial t}\left[h(\underline{\mathbf{R}},t) + h_\kappa(\underline{\mathbf{R}},t)\right] \quad , \end{aligned} \tag{5.6.17}$$

$$\begin{aligned} \nabla\nabla\cdot\underline{\mathbf{v}}(\underline{\mathbf{R}},t) - \kappa\rho\,\frac{\partial^2 \underline{\mathbf{v}}(\underline{\mathbf{R}},t)}{\partial t^2} &= -\nabla\left[h(\underline{\mathbf{R}},t) + h_\kappa(\underline{\mathbf{R}},t)\right] - \\ &\quad - \kappa\,\frac{\partial}{\partial t}\left[\underline{\mathbf{f}}(\underline{\mathbf{R}},t) + \underline{\mathbf{f}}_\rho(\underline{\mathbf{R}},t)\right] \end{aligned} \tag{5.6.18}$$

Die Terme

$$\underline{\mathbf{f}}_\rho(\underline{\mathbf{R}},t) = \Gamma_c(\underline{\mathbf{R}})\left[\rho - \rho^{(i)}(\underline{\mathbf{R}})\right]\frac{\partial\underline{\mathbf{v}}(\underline{\mathbf{R}},t)}{\partial t} \quad , \tag{5.6.19}$$

$$h_\kappa(\underline{\mathbf{R}},t) = -\Gamma_c(\underline{\mathbf{R}})\left[\kappa - \kappa^{(i)}(\underline{\mathbf{R}})\right]\frac{\partial p(\underline{\mathbf{R}},t)}{\partial t} \tag{5.6.20}$$

entstehen dabei als äquivalente, den Streukörper repräsentierende sekundäre *Volumen*quellen. Man beachte: Sie sind wie die Huygens'schen *Flächen*quellen feldabhängig, und zwar ebenfalls vom *Gesamt*feld. Dies wird sofort deutlich, wenn wir die rechten Seiten von (5.6.17), (5.6.18) streng formal als Inhomogenitäten auffassen und, nach der Fourier-Transformation bezüglich t, analog zur Herleitung von (5.5.6) und (5.5.16) die Methode der Punktquellensynthese mit den Green'schen Funktionen des homogenen $\rho\kappa$-Materials zur Lösung verwenden:

$$p(\underline{\mathbf{R}},\omega) = \tag{5.6.21}$$

$$\iiint_{V_Q}\left[\mathrm{j}\omega\rho h(\underline{\mathbf{R}}',\omega)G(\underline{\mathbf{R}}-\underline{\mathbf{R}}',\omega) + \underline{\mathbf{f}}(\underline{\mathbf{R}}',\omega)\cdot\nabla' G(\underline{\mathbf{R}}-\underline{\mathbf{R}}',\omega)\right]\mathrm{d}^3\underline{\mathbf{R}}' +$$

[21] Wenn man die Green'schen Funktionen kennt, funktioniert auch die vorstehende Methode.

[22] Hinweis: Man setze zunächst Kontrastfunktionsdarstellungen gemäß (5.6.15) und (5.6.16) für $1/\rho(\underline{\mathbf{R}})$ und $1/\kappa(\underline{\mathbf{R}})$ an und mache dies „später" wieder rückgängig.

$$+\iiint_{V_c}\left[\mathrm{j}\omega\rho h_\kappa(\underline{\mathbf{R}}',\omega)G(\underline{\mathbf{R}}-\underline{\mathbf{R}}',\omega)+\underline{\mathbf{f}}_\rho(\underline{\mathbf{R}}',\omega)\cdot\nabla' G(\underline{\mathbf{R}}-\underline{\mathbf{R}}',\omega)\right]\mathrm{d}^3\underline{\mathbf{R}}' \quad ,$$

$$\underline{\mathbf{v}}(\underline{\mathbf{R}},\omega)= \tag{5.6.22}$$

$$\iiint_{V_Q}\left[-\mathrm{j}\omega\kappa\underline{\mathbf{f}}(\underline{\mathbf{R}}',\omega)\cdot\underline{\underline{\mathbf{G}}}_v(\underline{\mathbf{R}}-\underline{\mathbf{R}}',\omega)-h(\underline{\mathbf{R}}',\omega)\nabla' G(\underline{\mathbf{R}}-\underline{\mathbf{R}}',\omega)\right]\mathrm{d}^3\underline{\mathbf{R}}'+$$

$$+\iiint_{V_c}\left[-\mathrm{j}\omega\kappa\underline{\mathbf{f}}_\rho(\underline{\mathbf{R}}',\omega)\cdot\underline{\underline{\mathbf{G}}}_v(\underline{\mathbf{R}}-\underline{\mathbf{R}}',\omega)-h_\kappa(\underline{\mathbf{R}}',\omega)\nabla' G(\underline{\mathbf{R}}-\underline{\mathbf{R}}',\omega)\right]\mathrm{d}^3\underline{\mathbf{R}}'$$

Es entstehen jeweils *zwei* Volumenintegrale, einmal über $V_Q \not\subset V_c$ mit den wahren Quellen — sie sind ja nur in V_Q ungleich null — und einmal über V_c mit den sekundären Quellen — sie sind ja nur in $V_c \not\subset V_Q$ ungleich null. Offensichtlich repräsentieren die Integraldarstellungen (5.6.21) und (5.6.22) eine Aufspaltung des Gesamtfeldes $p(\underline{\mathbf{R}},\omega)$, $\underline{\mathbf{v}}(\underline{\mathbf{R}},\omega)$ in einfallendes Feld

$$p_i(\underline{\mathbf{R}},\omega)= \tag{5.6.23}$$

$$\iiint_{V_Q}\left[\mathrm{j}\omega\rho h(\underline{\mathbf{R}}',\omega)G(\underline{\mathbf{R}}-\underline{\mathbf{R}}',\omega)+\underline{\mathbf{f}}(\underline{\mathbf{R}}',\omega)\cdot\nabla' G(\underline{\mathbf{R}}-\underline{\mathbf{R}}',\omega)\right]\mathrm{d}^3\underline{\mathbf{R}}' \quad ,$$

$$\underline{\mathbf{v}}_i(\underline{\mathbf{R}},\omega)= \tag{5.6.24}$$

$$\iiint_{V_Q}\left[-\mathrm{j}\omega\kappa\underline{\mathbf{f}}(\underline{\mathbf{R}}',\omega)\cdot\underline{\underline{\mathbf{G}}}_v(\underline{\mathbf{R}}-\underline{\mathbf{R}}',\omega)-h(\underline{\mathbf{R}}',\omega)\nabla' G(\underline{\mathbf{R}}-\underline{\mathbf{R}}',\omega)\right]\mathrm{d}^3\underline{\mathbf{R}}'$$

und Streufeld

$$p_s(\underline{\mathbf{R}},\omega)= \tag{5.6.25}$$

$$\iiint_{V_c}\left[\mathrm{j}\omega\rho h_\kappa(\underline{\mathbf{R}}',\omega)G(\underline{\mathbf{R}}-\underline{\mathbf{R}}',\omega)+\underline{\mathbf{f}}_\rho(\underline{\mathbf{R}}',\omega)\cdot\nabla' G(\underline{\mathbf{R}}-\underline{\mathbf{R}}',\omega)\right]\mathrm{d}^3\underline{\mathbf{R}}' \quad ,$$

$$\underline{\mathbf{v}}_s(\underline{\mathbf{R}},\omega)= \tag{5.6.26}$$

$$\iiint_{V_c}\left[-\mathrm{j}\omega\kappa\underline{\mathbf{f}}_\rho(\underline{\mathbf{R}}',\omega)\cdot\underline{\underline{\mathbf{G}}}_v(\underline{\mathbf{R}}-\underline{\mathbf{R}}',\omega)-h_\kappa(\underline{\mathbf{R}}',\omega)\nabla' G(\underline{\mathbf{R}}-\underline{\mathbf{R}}',\omega)\right]\mathrm{d}^3\underline{\mathbf{R}}' \quad .$$

Eben darum hängen die sekundären Quellen (5.6.19) und (5.6.20), wie sie in die Streufeldintegrale (5.6.25), (5.6.26) eingehen, vom *Gesamt*feld $p(\underline{\mathbf{R}},\omega)$, $\underline{\mathbf{v}}(\underline{\mathbf{R}},\omega)$ ab, d.h. die Volumenpunktquellensynthese des Streufeldes eines penetrablen Streukörpers nützt uns zunächst zur konkreten Berechnung desselben genauso wenig wie die Huygens'sche Flächenpunktquellensynthese (5.6.3), (5.6.5) des Streufeldes eines ideal schallharten oder schallweichen Streukörpers. Aber ebenso wie dort läuft die Berechnung des Gesamtfeldes in V_c auf die Lösung von Integralgleichungen hinaus. *Hier* kann dieses System sogenannter Lippmann-Schwinger-Integralgleichungen sofort hingeschrieben werden, denn wir brauchen ja nur zu realisieren, dass (5.6.21) im *ganzen* Raum, also auch innerhalb von V_c gilt:

$$p(\underline{\mathbf{R}},\omega)=p_i(\underline{\mathbf{R}},\omega)+ \tag{5.6.27}$$

$$+\iiint_{V_c}\left[\mathrm{j}\omega\rho h_\kappa(\underline{\mathbf{R}}',\omega)G(\underline{\mathbf{R}}-\underline{\mathbf{R}}',\omega)+\underline{\mathbf{f}}_\rho(\underline{\mathbf{R}}',\omega)\cdot\nabla' G(\underline{\mathbf{R}}-\underline{\mathbf{R}}',\omega)\right]\mathrm{d}^3\underline{\mathbf{R}}' \quad ,$$

$$\underline{\mathbf{R}}\in V_c \quad .$$

Lediglich mit (5.6.22) ist wegen der bereits diskutierten Singularität von $\underline{\underline{\mathbf{G}}}_v$ etwas Vorsicht geboten; Gleichung (5.5.14) teilt uns jedoch das explizite Quellpunktsverhalten von $\underline{\underline{\mathbf{G}}}_v(\underline{\mathbf{R}} - \underline{\mathbf{R}}', \omega)$ für $\underline{\mathbf{R}} = \underline{\mathbf{R}}' \in V_c$ mit, sodass wir dies bei der Auswertung der Integralgleichung

$$\begin{aligned} \underline{\mathbf{v}}(\underline{\mathbf{R}}, \omega) &= \underline{\mathbf{v}}_i(\underline{\mathbf{R}}, \omega) + \\ &+ \iiint_{V_c} \left[-\mathrm{j}\omega\kappa \underline{\mathbf{f}}_\rho(\underline{\mathbf{R}}', \omega) \cdot \underline{\underline{\mathbf{G}}}_v(\underline{\mathbf{R}} - \underline{\mathbf{R}}', \omega) - h_\kappa(\underline{\mathbf{R}}', \omega) \nabla' G(\underline{\mathbf{R}} - \underline{\mathbf{R}}', \omega) \right] \mathrm{d}^3\underline{\mathbf{R}}' \quad , \\ & \qquad \underline{\mathbf{R}} \in V_c \quad , \end{aligned} \tag{5.6.28}$$

einfach nur „im Hinterkopf" behalten müssen. Man beachte: Man erhält *zwei* gekoppelte Integralgleichungen, sofern *sowohl* in der Dichte *als auch* in der Kompressibilität ein nicht verschwindender Kontrast des Streukörpers bezüglich des Einbettungsmaterials vorliegt. Ferner: Ein alleiniger Kontrast in der Dichte führt auf *eine* vektorielle Integralgleichung — die Lippmann-Schwinger-Integralgleichung (5.6.28) —, während ein alleiniger Kontrast in der Kompressibilität die *eine* skalare Lippmann-Schwinger-Gleichung (5.6.27) liefert.

Ebenso wie bei der Flächenintegralgleichung (5.6.9) sind die beiden Volumenintegrale in (5.6.27) und (5.6.28) für die Strahlungswechselwirkung innerhalb des Streukörpers verantwortlich; ist diese nur schwach, wird man

$$p(\underline{\mathbf{R}}, \omega) \simeq p_i(\underline{\mathbf{R}}, \omega) \quad , \tag{5.6.29}$$

$$\underline{\mathbf{v}}(\underline{\mathbf{R}}, \omega) \simeq \underline{\mathbf{v}}_i(\underline{\mathbf{R}}, \omega) \tag{5.6.30}$$

für $\underline{\mathbf{R}} \in V_c$ approximieren und in (5.6.25), (5.6.26) einsetzen. Man spricht von der Born'schen Näherung. Zur Gültigkeit der Born'schen Näherung kann man nur pauschal sagen: Sie ist eine Niederfrequenznäherung für schwachen Kontrast (Chew, 1990).

Die eigentliche Konsequenz der Born'schen Näherung (und auch der Kirchhoff-Näherung) wollen wir anhand von (5.6.27) für verschwindenden Dichtekontrast erläutern; die skalare Lippmann-Schwinger-Gleichung lautet dann explizit:

$$p(\underline{\mathbf{R}}, \omega) = p_i(\underline{\mathbf{R}}, \omega) + k^2 \iiint_{V_c} \chi_\kappa(\underline{\mathbf{R}}') p(\underline{\mathbf{R}}', \omega) G(\underline{\mathbf{R}} - \underline{\mathbf{R}}', \omega) \, \mathrm{d}^3\underline{\mathbf{R}}' \quad , \quad \underline{\mathbf{R}} \in V_c \quad . \tag{5.6.31}$$

Diese Integralgleichung kann man sehr schön abkürzend

$$(\mathcal{I} - \mathcal{V}_c)\{p\}(\underline{\mathbf{R}}, \omega) = p_i(\underline{\mathbf{R}}, \omega) \tag{5.6.32}$$

schreiben, wenn man einen Volumenstreuoperator

$$\mathcal{V}_c\{p\}(\underline{\mathbf{R}}, \omega) = k^2 \iiint_{V_c} \chi_\kappa(\underline{\mathbf{R}}') p(\underline{\mathbf{R}}', \omega) G(\underline{\mathbf{R}} - \underline{\mathbf{R}}', \omega) \, \mathrm{d}^3\underline{\mathbf{R}}' \quad , \quad \underline{\mathbf{R}} \in V_c \quad , \tag{5.6.33}$$

und den Identitätsoperator $\mathcal{I}$ mit $\mathcal{I}\{p\}(\underline{\mathbf{R}}, \omega) = p(\underline{\mathbf{R}}, \omega)$ definiert. Die formale Lösung von (5.6.32) erhält man durch Inversion des Operators $\mathcal{I} - \mathcal{V}_c$ gemäß

$$p(\underline{\mathbf{R}}, \omega) = (\mathcal{I} - \mathcal{V}_c)^{-1}\{p_i\}(\underline{\mathbf{R}}, \omega) \quad , \quad \underline{\mathbf{R}} \in V_c \quad . \tag{5.6.34}$$

Nunmehr sieht man explizit, dass der in $\mathcal{V}_c$ enthaltene Kontrast χ_κ *nichtlinear* in das innere Gesamtfeld und damit in das äußere Streufeld eingeht[23]: *Das* ist die eigentliche Schwierigkeit bei der Lösung eines Streuproblems, obwohl ja die Grundgleichungen *selbst* linear sind. Was tut nun die Born'sche Näherung? Sie *linearisiert* das Streuproblem penetrabler Streukörper, da sie $\mathcal{V}_c$ in (5.6.34) einfach streicht!

[23]Wenn wir an der Geometrie oder an den Materialeigenschaften von V_c additiv etwas ändern, ändert sich das Feld *nicht* additiv.

Ebenso ist übrigens der Effekt der Kirchhoff-Näherung eine Linearsierung der Streuung an schallweichen oder schallharten Streukörpern. Und damit nicht genug: Auch das an sich ebenfalls nichtlineare *inverse* Streuproblem, d.h. das Problem der Abbildung von Streukörpern bei Kenntnis des (gemessenen) Streufeldes wird durch die Kirchhoff- bzw. die Born-Näherung linearisiert, weswegen das Abbildungsverfahren SAFT (*Synthetic Aperture Focusing Technique*) unter anderem ebendiese Linearisierung impliziert (Langenberg, 1987; Langenberg et al., 1993a; Langenberg et al., 1999a; Langenberg, 2002a). Nicht zuletzt deswegen sind Kirchhoff- und Born-Näherung so beliebt, denn *nichtlineare* Inversion macht erhebliche Mühe (z.B.: van den Berg, 1999; Belkebir und Saillard, 2001).

Die Linearisierungen nach Born und Kirchhoff, obwohl physikalisch anschaulich, sind physikalisch unsinnig: Die Born'sche Näherung bricht den Energieerhaltungssatz und die Kirchhoff'sche Näherung das Reziprozitätstheorem (Langenberg, 2002a).

6 Elektromagnetismus

6.1 Maxwell'sche Gleichungen; Poynting'scher Satz; Lorentzkraft

6.1.1 Maxwell'sche Gleichungen

Grundlage des (makroskopischen) Elektromagnetismus sind die Maxwell'schen Gleichungen

$$\frac{\partial \underline{\mathbf{D}}(\underline{\mathbf{R}}, t)}{\partial t} = \nabla \times \underline{\mathbf{H}}(\underline{\mathbf{R}}, t) - \underline{\mathbf{J}}_{\mathrm{e}}(\underline{\mathbf{R}}, t) \quad , \tag{6.1.1}$$

$$\frac{\partial \underline{\mathbf{B}}(\underline{\mathbf{R}}, t)}{\partial t} = -\nabla \times \underline{\mathbf{E}}(\underline{\mathbf{R}}, t) - \underline{\mathbf{J}}_{\mathrm{m}}(\underline{\mathbf{R}}, t) \quad , \tag{6.1.2}$$

$$\nabla \cdot \underline{\mathbf{D}}(\underline{\mathbf{R}}, t) = \varrho_{\mathrm{e}}(\underline{\mathbf{R}}, t) \quad , \tag{6.1.3}$$

$$\nabla \cdot \underline{\mathbf{B}}(\underline{\mathbf{R}}, t) = \varrho_{\mathrm{m}}(\underline{\mathbf{R}}, t) \tag{6.1.4}$$

für die Feldgrößen

- elektrische Feldstärke $\underline{\mathbf{E}}(\underline{\mathbf{R}}, t)$,
- magnetische Feldstärke $\underline{\mathbf{H}}(\underline{\mathbf{R}}, t)$,
- elektrische Flussdichte $\underline{\mathbf{D}}(\underline{\mathbf{R}}, t)$,
- magnetische Flussdichte $\underline{\mathbf{B}}(\underline{\mathbf{R}}, t)$

und die Quellgrößen

- elektrische Stromdichte $\underline{\mathbf{J}}_{\mathrm{e}}(\underline{\mathbf{R}}, t)$,
- magnetische Stromdichte $\underline{\mathbf{J}}_{\mathrm{m}}(\underline{\mathbf{R}}, t)$,
- elektrische Raumladungsdichte $\varrho_{\mathrm{e}}(\underline{\mathbf{R}}, t)$,
- magnetische Raumladungsdichte $\varrho_{\mathrm{m}}(\underline{\mathbf{R}}, t)$.

Wirklich physikalische Bedeutung hat nur die elektrische Stromdichte $\underline{\mathbf{J}}_{\mathrm{e}}(\underline{\mathbf{R}}, t)$, die als „Transport elektrischer Ladung" definiert ist; heften wir nämlich einer Teilchen(sorten)dichte $n(\underline{\mathbf{R}}, t)$ statt Masse gemäß (3.2.4) elektrische Ladung q an, entsteht die elektrische Raumladungsdichte

$$\varrho_{\mathrm{e}}(\underline{\mathbf{R}}, t) = q\, n(\underline{\mathbf{R}}, t) \quad , \tag{6.1.5}$$

und $\underline{\mathbf{J}}_{\mathrm{e}}(\underline{\mathbf{R}}, t)$ ist in Analogie zur mechanischen Impulsdichte (Gleichung (3.2.5)) als deren Transportgröße

$$\underline{\mathbf{J}}_{\mathrm{e}}(\underline{\mathbf{R}}, t) = \varrho_{\mathrm{e}}(\underline{\mathbf{R}}, t)\underline{\mathbf{v}}(\underline{\mathbf{R}}, t) \tag{6.1.6}$$

definiert. Entsprechend hat die Massenerhaltung (3.2.7) die Ladungserhaltung

$$\nabla \cdot \underline{\mathbf{J}}_{\mathrm{e}}(\underline{\mathbf{R}}, t) + \frac{\partial \varrho_{\mathrm{e}}(\underline{\mathbf{R}}, t)}{\partial t} = 0 \tag{6.1.7}$$

als Kontinuitätsgleichung zur Folge (de Hoop, 1995). *Wenn* es magnetische Ladungen physikalisch tatsächlich gäbe, würde man die magnetische Stromdichte

$$\underline{\mathbf{J}}_{\mathrm{m}}(\underline{\mathbf{R}}, t) = \varrho_{\mathrm{m}}(\underline{\mathbf{R}}, t)\underline{\mathbf{v}}(\underline{\mathbf{R}}, t) \tag{6.1.8}$$

entsprechend (6.1.6) definieren und erhielte die Kontinuitätsgleichung

$$\boldsymbol{\nabla} \cdot \underline{\mathbf{J}}_{\mathrm{m}}(\underline{\mathbf{R}}, t) + \frac{\partial \varrho_{\mathrm{m}}(\underline{\mathbf{R}}, t)}{\partial t} = 0 \ . \tag{6.1.9}$$

Tatsächlich sind jedoch magnetische Ladungs- und Stromdichten nur „Hilfsgrößen“, die zunächst aus Symmetriegründen in den Maxwell'schen Gleichungen stehen. Es stellt sich allerdings heraus, dass gewisse *elektrisch*-physikalische Phänomene — atomare *elektrische* Kreisströme stellen magnetische Momente dar, deren zeitliche Ableitung einer *magnetischen* Stromdichte entspricht — *magnetisch* gedeutet werden können; ferner definiert der Sprung der Tangentialkomponenten des elektrischen Feldes auf einer beliebigen geschlossenen Fläche eine magnetische Flächenstromdichte, die im elektromagnetischen Huygens-Prinzip eine wichtige Rolle spielt (Langenberg, 2005).

Die Divergenzbeziehungen (6.1.3), (6.1.4) werden als Kompatibilitätsbedingungen bezeichnet, da sie für kausale Felder mit (6.1.7) und (6.1.9) aus den „eigentlichen“ Maxwell-Gleichungen (6.1.1) und (6.1.2) folgen (de Hoop, 1995), von jedem physikalischen Maxwell-Feld aber explizit erfüllt werden müssen.

6.1.2 Maxwell'sche Gleichungen im Vakuum

Im Gegensatz zu akustischen und elastischen Wellen breiten sich elektromagnetische Wellen auch im Vakuum aus. Dort sind die Feldstärken und Flussgrössen über die „Materialgleichungen des Vakuums“

$$\underline{\mathbf{D}}(\underline{\mathbf{R}}, t) = \epsilon_0 \underline{\mathbf{E}}(\underline{\mathbf{R}}, t) \ , \tag{6.1.10}$$

$$\underline{\mathbf{B}}(\underline{\mathbf{R}}, t) = \mu_0 \underline{\mathbf{H}}(\underline{\mathbf{R}}, t) \tag{6.1.11}$$

miteienander verknüpft, worin die magnetische Feldkonstante $\mu_0 = 4\pi \cdot 10^{-7}$ H/m und die elektrische Feldkonstante ϵ_0 auftreten; letztere ist über die *Festlegung* der Lichtgeschwindigkeit $c_0 = 299792458$ m/s gemäß $\epsilon_0 = 1/(\mu_0 c_0^2) \simeq 8.8541878 \cdot 10^{-12}$ F/m gegeben. Die Maxwell'schen Gleichungen lauten dann

$$\epsilon_0 \frac{\partial \underline{\mathbf{E}}(\underline{\mathbf{R}}, t)}{\partial t} = \boldsymbol{\nabla} \times \underline{\mathbf{H}}(\underline{\mathbf{R}}, t) \ , \tag{6.1.12}$$

$$\mu_0 \frac{\partial \underline{\mathbf{H}}(\underline{\mathbf{R}}, t)}{\partial t} = -\boldsymbol{\nabla} \times \underline{\mathbf{E}}(\underline{\mathbf{R}}, t) \ , \tag{6.1.13}$$

$$\boldsymbol{\nabla} \cdot \underline{\mathbf{E}}(\underline{\mathbf{R}}, t) = 0 \ , \tag{6.1.14}$$

$$\boldsymbol{\nabla} \cdot \underline{\mathbf{H}}(\underline{\mathbf{R}}, t) = 0 \ , \tag{6.1.15}$$

worin die Feldstärken $\underline{\mathbf{E}}(\underline{\mathbf{R}}, t)$, $\underline{\mathbf{H}}(\underline{\mathbf{R}}, t)$ (für einen relativ zum $\underline{\mathbf{R}}$-Koordinatensystem ruhenden Beobachter) als Kräfte auf eine „winzig kleine“, das Feld nicht störende Probeladung q, die sich mit der Geschwindigkeit $\underline{\mathbf{v}}(\underline{\mathbf{R}}, t)$ bewegt, definiert sind. Die Gesamtkraft ist die Summe aus der von $\underline{\mathbf{E}}$ ausgeübten Coulomb-Kraft und der von $\underline{\mathbf{H}}$ ausgeübten Lorentz-Kraft (Abschnitt 6.1.4):

$$\underline{\mathbf{F}}(\underline{\mathbf{R}}, t) = q\underline{\mathbf{E}}(\underline{\mathbf{R}}, t) + q\mu_0 \underline{\mathbf{v}}(\underline{\mathbf{R}}, t) \times \underline{\mathbf{H}}(\underline{\mathbf{R}}, t) \ . \tag{6.1.16}$$

Natürlich müssen elektromagnetische Felder von Quellen erzeugt werden; infolgedessen siedelt man diese als *eingeprägte* (feldunabhängige) Ladungs- und Stromdichten in einem räumlich begrenzten Quellvolumen V_Q an und fügt sie den Vakuum-Maxwell-Gleichungen (6.1.12)–(6.1.15) hinzu:

$$\epsilon_0 \frac{\partial \underline{\mathbf{E}}(\underline{\mathbf{R}}, t)}{\partial t} = \nabla \times \underline{\mathbf{H}}(\underline{\mathbf{R}}, t) - \underline{\mathbf{J}}_{\mathrm{e}}(\underline{\mathbf{R}}, t) \quad , \tag{6.1.17}$$

$$\mu_0 \frac{\partial \underline{\mathbf{H}}(\underline{\mathbf{R}}, t)}{\partial t} = -\nabla \times \underline{\mathbf{E}}(\underline{\mathbf{R}}, t) - \underline{\mathbf{J}}_{\mathrm{m}}(\underline{\mathbf{R}}, t) \quad , \tag{6.1.18}$$

$$\nabla \cdot \underline{\mathbf{E}}(\underline{\mathbf{R}}, t) = \frac{1}{\epsilon_0} \varrho_{\mathrm{e}}(\underline{\mathbf{R}}, t) \quad , \tag{6.1.19}$$

$$\nabla \cdot \underline{\mathbf{H}}(\underline{\mathbf{R}}, t) = \frac{1}{\mu_0} \varrho_{\mathrm{m}}(\underline{\mathbf{R}}, t) \quad . \tag{6.1.20}$$

Im Nicht-Vakuum ist das Quellvolumen in Materie eingebettet, und wir müssen auf die Maxwell'schen Gleichungen (6.1.1)–(6.1.4) zurückgreifen, in denen der Zusammenhang zwischen $\underline{\mathbf{D}}$ und $\underline{\mathbf{E}}$ bzw. $\underline{\mathbf{B}}$ und $\underline{\mathbf{H}}$ durch Materialgleichungen spezifiziert werden muss.

6.1.3 Poynting'scher Satz

Man definiert den Vektor der elektromagnetischen Energiestromdichte (Energie pro Zeit pro Fläche), den Poynting'schen Vektor, gemäß

$$\underline{\mathbf{S}}(\underline{\mathbf{R}}, t) = \underline{\mathbf{E}}(\underline{\mathbf{R}}, t) \times \underline{\mathbf{H}}(\underline{\mathbf{R}}, t) \quad . \tag{6.1.21}$$

Durch Divergenzbildung und Einsetzen der Maxwell'schen Gleichungen (6.1.1)–(6.1.4) ensteht der Poynting'sche Energiesatz

$$\underbrace{-\underline{\mathbf{H}}(\underline{\mathbf{R}}, t) \cdot \underline{\mathbf{J}}_{\mathrm{m}}(\underline{\mathbf{R}}, t) - \underline{\mathbf{E}}(\underline{\mathbf{R}}, t) \cdot \underline{\mathbf{J}}_{\mathrm{e}}(\underline{\mathbf{R}}, t)}_{= \frac{\partial w_Q(\underline{\mathbf{R}}, t)}{\partial t}} - \nabla \cdot \underline{\mathbf{S}}(\underline{\mathbf{R}}, t) = \underbrace{\underline{\mathbf{H}}(\underline{\mathbf{R}}, t) \cdot \frac{\partial \underline{\mathbf{B}}(\underline{\mathbf{R}}, t)}{\partial t} + \underline{\mathbf{E}}(\underline{\mathbf{R}}, t) \cdot \frac{\partial \underline{\mathbf{D}}(\underline{\mathbf{R}}, t)}{\partial t}}_{= \frac{\partial w_{\mathrm{em}}(\underline{\mathbf{R}}, t)}{\partial t}} \quad , \tag{6.1.22}$$

worin $\partial w_{\mathrm{em}}(\underline{\mathbf{R}}, t)/\partial t$ die zeitliche Änderung der elektromagnetischen Energiedichte definiert, die man im Vakuum (und für lineare nichtdissipative Materialien mit symmetrischen $\underline{\underline{\boldsymbol{\epsilon}}}_r$- und $\underline{\underline{\boldsymbol{\mu}}}_r$-Tensoren: Abschnitt 6.3) auch erhält, wenn man die aus der Elektro-Magneto-Statik übernommene Energiedichte

$$w_{\mathrm{em}}(\underline{\mathbf{R}}, t) = \frac{1}{2} \underline{\mathbf{E}}(\underline{\mathbf{R}}, t) \cdot \underline{\mathbf{D}}(\underline{\mathbf{R}}, t) + \frac{1}{2} \underline{\mathbf{H}}(\underline{\mathbf{R}}, t) \cdot \underline{\mathbf{B}}(\underline{\mathbf{R}}, t) \tag{6.1.23}$$

zeitlich differenziert. In (6.1.23) bezeichnet $\partial w_Q(\underline{\mathbf{R}}, t)/\partial t$ die zeitliche Änderung der von außen zugeführten Energiedichte; damit diese positiv ist, müssen die eingeprägten Stromdichten den Feldern entgegen gerichtet sein.

Für reell-zeitharmonische Felder und nach zeitlicher Mittelung definiert

$$\underline{\mathbf{S}}_{\mathrm{K}}(\underline{\mathbf{R}}, \omega) = \frac{1}{2} \underline{\mathbf{E}}(\underline{\mathbf{R}}, \omega) \times \underline{\mathbf{H}}^*(\underline{\mathbf{R}}, \omega) \tag{6.1.24}$$

den komplexen Poynting-Vektor und der Energiesatz (6.1.22) nimmt für lineare nichtdissipative Materialien mit symmetrischen $\underline{\underline{\boldsymbol{\epsilon}}}_r$- und $\underline{\underline{\boldsymbol{\mu}}}_r$-Tensoren die Form

$$\nabla \cdot \Re\{\underline{\mathbf{S}}_{\mathrm{K}}(\underline{\mathbf{R}}, \omega)\} = -\frac{1}{2} \Re\{\underline{\mathbf{E}}(\underline{\mathbf{R}}, \omega) \cdot \underline{\mathbf{J}}_{\mathrm{e}}^*(\underline{\mathbf{R}}, \omega) + \underline{\mathbf{H}}(\underline{\mathbf{R}}, \omega) \cdot \underline{\mathbf{J}}_{\mathrm{m}}^*(\underline{\mathbf{R}}, \omega)\} \tag{6.1.25}$$

an.

6.1.4 Lorentzkraft

Elektromagnetische Felder üben Kräfte auf Ladungen und Ströme (bewegte Ladungen) aus; aufgrund dieser Tatsache wurden sie schließlich entdeckt (der elektrische aufgeladene Bernstein der „Alten Griechen“ gab der Elektrizität den Namen). *Kräfte* treten in einer Bilanzgleichung des Impulses auf: Gleichung (3.2.57) ist eine der Grundgleichungen der Elastodynamik. Um ein elektromagnetisches Pendant zu (3.2.57) zu finden, muss zunächst eine elektromagnetische Impulsdichte *so* definiert werden, dass ihre zeitliche Ableitung unter Verwendung der Maxwell-Gleichungen auf eine (3.2.57) entsprechende Bilanzgleichung führt und damit einen elektromagnetischen Spannungstensor und eine elektromagnetische Kraftdichte definiert. Man verifiziert sofort, dass ein Produkt aus $\underline{\mathbf{D}}(\underline{\mathbf{R}}, t)$ und $\underline{\mathbf{B}}(\underline{\mathbf{R}}, t)$ die physikalische Dimension einer Impulsdichte besitzt, ein *Vektor*produkt $\underline{\mathbf{D}}(\underline{\mathbf{R}}, t) \times \underline{\mathbf{B}}(\underline{\mathbf{R}}, t)$ folglich formal einen Impulsdichtevektor definiert. Untersucht man dessen zeitliche Ableitung im *Vakuum*, so erhält man unter Verwendung der Maxwell-Gleichungen — wir betrachten ausschließlich *elektrische* Ladungen und *elektrische* Ströme — unmittelbar:

$$\epsilon_0\mu_0\frac{\partial}{\partial t}[\underline{\mathbf{E}}(\underline{\mathbf{R}}, t) \times \underline{\mathbf{H}}(\underline{\mathbf{R}}, t)] = -\mu_0\underline{\mathbf{H}}(\underline{\mathbf{R}}, t) \times [\boldsymbol{\nabla} \times \underline{\mathbf{H}}(\underline{\mathbf{R}}, t)] - \epsilon_0\underline{\mathbf{E}}(\underline{\mathbf{R}}, t) \times [\boldsymbol{\nabla} \times \underline{\mathbf{E}}(\underline{\mathbf{R}}, t)] - \\ -\mu_0\underline{\mathbf{J}}_{\mathrm{e}}(\underline{\mathbf{R}}, t) \quad . \tag{6.1.26}$$

Nun muss man versuchen, in Analogie zu (3.2.57) auf der rechten Seite von (6.1.26) die Divergenz eines Tensors zweiter Stufe mittels geeigneter Umformungen zu erzeugen; dies gelingt, wenn man den elektromagnetischen Vakuum-Spannungstensor (den Maxwell'schen Spannungstensor)

$$\underline{\underline{\mathbf{T}}}_{\mathrm{em}}(\underline{\mathbf{R}}, t) = \epsilon_0\underline{\mathbf{E}}(\underline{\mathbf{R}}, t)\underline{\mathbf{E}}(\underline{\mathbf{R}}, t) + \mu_0\underline{\mathbf{H}}(\underline{\mathbf{R}}, t)\underline{\mathbf{H}}(\underline{\mathbf{R}}, t) - \left[\frac{\epsilon_0}{2}|\underline{\mathbf{E}}(\underline{\mathbf{R}}, t)|^2 + \frac{\mu_0}{2}|\underline{\mathbf{H}}(\underline{\mathbf{R}}, t)|^2\right]\underline{\underline{\mathbf{I}}} \tag{6.1.27}$$

einführt (Langenberg, 2005). Das Ergebnis ist der elektromagnetische Impulssatz (im Vakuum)

$$\epsilon_0\mu_0\frac{\partial}{\partial t}[\underline{\mathbf{E}}(\underline{\mathbf{R}}, t) \times \underline{\mathbf{H}}(\underline{\mathbf{R}}, t)] = \boldsymbol{\nabla} \cdot \underline{\underline{\mathbf{T}}}_{\mathrm{em}}(\underline{\mathbf{R}}, t) - \underline{\mathbf{f}}_{\mathrm{em}}(\underline{\mathbf{R}}, t) \tag{6.1.28}$$

mit der Kraftdichte

$$\underline{\mathbf{f}}_{\mathrm{em}}(\underline{\mathbf{R}}, t) = \rho_{\mathrm{e}}(\underline{\mathbf{R}}, t)\underline{\mathbf{E}}(\underline{\mathbf{R}}, t) + \mu_0\underline{\mathbf{J}}_{\mathrm{e}}(\underline{\mathbf{R}}, t) \times \underline{\mathbf{H}}(\underline{\mathbf{R}}, t) \quad . \tag{6.1.29}$$

In (6.1.29) ist der erste Term die Coulomb-Kraftdichte und der zweite Term die Lorentz-Kraftdichte. Letztere ist wesentliche Grundlage der Wirkungsweise elektromagnetisch-akustischer Prüfköpfe (EMATs).

In elektrisch und/oder magnetisch polarisierbaren Materialien ist eine eindeutige Aufspaltung der rechten Seite von (6.1.28) in $\boldsymbol{\nabla} \cdot \underline{\underline{\mathbf{T}}}_{\mathrm{em}}$ und $\underline{\mathbf{f}}_{\mathrm{em}}$ nicht möglich: Die Maxwell-Gleichungen definieren nur die Summe beider Terme. Mit einer gewissen Willkür gelangt man aber nach wie vor zu expliziten Ausdrücken für $\underline{\underline{\mathbf{T}}}_{\mathrm{em}}$ und $\underline{\mathbf{f}}_{\mathrm{em}}$ (Jackson, 1975).

6.2 Übergangs- und Randbedingungen

Aus den Maxwell'schen Gleichungen (6.1.1), (6.1.2) folgen unmittelbar die inhomogenen Übergangsbedingungen

$$\underline{\mathbf{n}} \times [\underline{\mathbf{H}}^{(1)}(\underline{\mathbf{R}}_S, t) - \underline{\mathbf{H}}^{(2)}(\underline{\mathbf{R}}_S, t)] = \underline{\mathbf{K}}_{\mathrm{e}}(\underline{\mathbf{R}}_S, t) \quad , \tag{6.2.1}$$

$$\underline{\mathbf{n}} \times [\underline{\mathbf{E}}^{(1)}(\underline{\mathbf{R}}_S, t) - \underline{\mathbf{E}}^{(2)}(\underline{\mathbf{R}}_S, t)] = -\underline{\mathbf{K}}_{\mathrm{m}}(\underline{\mathbf{R}}_S, t) \tag{6.2.2}$$

in der Trennfläche $\underline{\mathbf{R}} = \underline{\mathbf{R}}_S \in S$ zweier Materialien, die einen unstetigen Sprung elektromagnetischer Materialeigenschaften darstellt; $\underline{\mathbf{K}}_\mathrm{e}(\underline{\mathbf{R}}_S, t)$ und $\underline{\mathbf{K}}_\mathrm{m}(\underline{\mathbf{R}}_S, t)$ sind elektrische und magnetische Flächenstromdichten, die gemäß

$$\nabla_S \cdot \underline{\mathbf{K}}_{\mathrm{e,m}}(\underline{\mathbf{R}}_S, t) + \frac{\partial \eta_{\mathrm{e,m}}(\underline{\mathbf{R}}_S, t)}{\partial t} = 0 \tag{6.2.3}$$

über die Flächendivergenz ∇_S mit der zeitlichen Änderung von Flächenladungsdichten $\eta_{\mathrm{e,m}}(\underline{\mathbf{R}}_S, t)$ verknüpft sind (sofern die durch S getrennten Materialien nicht leitfähig sind: Langenberg, 2005; ansonsten können die Flächenladungen auch noch als Volumenströme abfließen). Ebendiese Flächenladungsdichten treten sodann in den „Kompatibilitäts-Übergangsbedingungen“

$$\underline{\mathbf{n}} \cdot [\underline{\mathbf{D}}^{(1)}(\underline{\mathbf{R}}_S, t) - \underline{\mathbf{D}}^{(2)}(\underline{\mathbf{R}}_S, t)] = \eta_\mathrm{e}(\underline{\mathbf{R}}_S, t) \quad , \tag{6.2.4}$$

$$\underline{\mathbf{n}} \cdot [\underline{\mathbf{B}}^{(1)}(\underline{\mathbf{R}}_S, t) - \underline{\mathbf{B}}^{(2)}(\underline{\mathbf{R}}_S, t)] = \eta_\mathrm{m}(\underline{\mathbf{R}}_S, t) \tag{6.2.5}$$

auf, die aus den Kompatibilitätsgleichungen (6.1.3), (6.1.4) folgen. Falls *keine* Flächenströme eingeprägt sind, ergeben sich die *homogenen* Übergangsbedingungen

$$\underline{\mathbf{n}} \times [\underline{\mathbf{H}}^{(1)}(\underline{\mathbf{R}}_S, t) - \underline{\mathbf{H}}^{(2)}(\underline{\mathbf{R}}_S, t)] = \underline{\mathbf{0}} \quad , \tag{6.2.6}$$

$$\underline{\mathbf{n}} \times [\underline{\mathbf{E}}^{(1)}(\underline{\mathbf{R}}_S, t) - \underline{\mathbf{E}}^{(2)}(\underline{\mathbf{R}}_S, t)] = \underline{\mathbf{0}} \quad , \tag{6.2.7}$$

$$\underline{\mathbf{n}} \cdot [\underline{\mathbf{D}}^{(1)}(\underline{\mathbf{R}}_S, t) - \underline{\mathbf{D}}^{(2)}(\underline{\mathbf{R}}_S, t)] = 0 \quad , \tag{6.2.8}$$

$$\underline{\mathbf{n}} \cdot [\underline{\mathbf{B}}^{(1)}(\underline{\mathbf{R}}_S, t) - \underline{\mathbf{B}}^{(2)}(\underline{\mathbf{R}}_S, t)] = 0 \tag{6.2.9}$$

der Stetigkeit der Tangentialkomponenten von $\underline{\mathbf{E}}$ und $\underline{\mathbf{H}}$ sowie — als Kompabitibilität — der Normalkomponenten von $\underline{\mathbf{D}}$ und $\underline{\mathbf{B}}$. Zur Aufrechterhaltung von *Unstetigkeiten* dieser Feldkomponenten sind also Flächenströme und -ladungen unabdingbar. Postuliert man deshalb gemäß der Forderung des Huygens'schen Prinzips ein feldfreies „Material“ (2), so *definieren* die Tangentialkomponenten von $\underline{\mathbf{E}}$ und $\underline{\mathbf{H}}$ und die Normalkomponenten von $\underline{\mathbf{D}}$ und $\underline{\mathbf{B}}$ im Material (1) — wir können den Index weglassen — Flächenstrom- und -ladungsdichten:

$$\underline{\mathbf{n}} \times \underline{\mathbf{H}}(\underline{\mathbf{R}}_S, t) = \underline{\mathbf{K}}_\mathrm{e}(\underline{\mathbf{R}}_S, t) \quad , \tag{6.2.10}$$

$$\underline{\mathbf{n}} \times \underline{\mathbf{E}}(\underline{\mathbf{R}}_S, t) = -\underline{\mathbf{K}}_\mathrm{m}(\underline{\mathbf{R}}_S, t) \quad , \tag{6.2.11}$$

$$\underline{\mathbf{n}} \cdot \underline{\mathbf{D}}(\underline{\mathbf{R}}_S, t) = \eta_\mathrm{e}(\underline{\mathbf{R}}_S, t) \quad , \tag{6.2.12}$$

$$\underline{\mathbf{n}} \cdot \underline{\mathbf{B}}(\underline{\mathbf{R}}_S, t) = \eta_\mathrm{m}(\underline{\mathbf{R}}_S, t) \quad , \tag{6.2.13}$$

die genau *diese* Unstetigkeit aufrechterhalten; die Normale zeigt dabei weg vom Nullfeld. Idealisierte *Realisierungen* feldfreier Materialien sind Materialien unendlicher elektrischer bzw. unendlicher magnetischer Leitfähigkeit; erstere erlauben nur elektrische Strom- und Ladungsdichten auf ihrer Oberfläche. letztere nur magnetische Strom- und Ladungsdichten, sodass sich für unendlich elektrisch leitfähige Flächen S die homogenen *Rand*bedingungen

$$\underline{\mathbf{n}} \times \underline{\mathbf{E}}(\underline{\mathbf{R}}_S, t) = \underline{\mathbf{0}} \quad , \tag{6.2.14}$$

$$\underline{\mathbf{n}} \cdot \underline{\mathbf{B}}(\underline{\mathbf{R}}_S, t) = 0 \tag{6.2.15}$$

ergeben, die gemäß

$$\underline{\mathbf{n}} \times \underline{\mathbf{H}}(\underline{\mathbf{R}}_S, t) = \underline{\mathbf{K}}_\mathrm{e}(\underline{\mathbf{R}}_S, t) \quad , \tag{6.2.16}$$

$$\underline{\mathbf{n}} \cdot \underline{\mathbf{D}}(\underline{\mathbf{R}}_S, t) = \eta_\mathrm{e}(\underline{\mathbf{R}}_S, t) \tag{6.2.17}$$

ebendiese Flächenströme und Flächenladungen definieren. Entsprechend sind unendlich magnetisch leitfähige Flächen durch die Randbedingungen

$$\underline{\mathbf{n}} \times \underline{\mathbf{H}}(\underline{\mathbf{R}}_S, t) = \underline{\mathbf{0}} \quad , \tag{6.2.18}$$

$$\underline{\mathbf{n}} \cdot \underline{\mathbf{D}}(\underline{\mathbf{R}}_S, t) = 0 \tag{6.2.19}$$

charakterisiert, die gemäß

$$\underline{\mathbf{n}} \times \underline{\mathbf{E}}(\underline{\mathbf{R}}_S, t) = -\underline{\mathbf{K}}_{\mathrm{m}}(\underline{\mathbf{R}}_S, t) \quad , \tag{6.2.20}$$

$$\underline{\mathbf{n}} \cdot \underline{\mathbf{B}}(\underline{\mathbf{R}}_S, t) = \eta_{\mathrm{m}}(\underline{\mathbf{R}}_S, t) \tag{6.2.21}$$

magnetische Flächenströme und magnetische Flächenladungen definieren.

6.3 Materialgleichungen: Permittivität, Permeabilität; Dissipation: Suszeptibilitätskerne, Leitfähigkeit

6.3.1 Permittivität, Permeabilität

Mit

$$\underline{\mathbf{D}}(\underline{\mathbf{R}}, t) = \epsilon_0 \underline{\underline{\boldsymbol{\epsilon}}}_r(\underline{\mathbf{R}}) \cdot \underline{\mathbf{E}}(\underline{\mathbf{R}}, t) \quad , \tag{6.3.1}$$

$$\underline{\mathbf{B}}(\underline{\mathbf{R}}, t) = \mu_0 \underline{\underline{\boldsymbol{\mu}}}_r(\underline{\mathbf{R}}) \cdot \underline{\mathbf{H}}(\underline{\mathbf{R}}, t) \tag{6.3.2}$$

postulieren wir elektromagnetische Materialgleichungen eines linearen zeitinvarianten augenblicklich reagierenden (nichtdissipativen) lokal reagierenden inhomogen-anisotropen Materials, wodurch der (dimensionslose) Permittivitätstensor zweiter Stufe $\underline{\underline{\boldsymbol{\epsilon}}}_r(\underline{\mathbf{R}})$ und der (dimensionslose) Permeabilitätstensor zweiter Stufe $\underline{\underline{\boldsymbol{\mu}}}_r(\underline{\mathbf{R}})$ definiert werden. Verallgemeinerungen — $\underline{\mathbf{D}}$ hängt auch noch von $\underline{\mathbf{B}}$ und $\underline{\mathbf{B}}$ von $\underline{\mathbf{E}}$ ab — definieren bianisotrope Materialien (Karlsson und Kristensson, 1992). Isotrope Materialien sind durch zwei Zahlen, die Permittivitätszahl $\epsilon_r(\underline{\mathbf{R}})$ (Dielektrizitätszahl) des und die Permeabilitätszahl $\mu_r(\underline{\mathbf{R}})$ beschreibbar, wobei $\underline{\underline{\boldsymbol{\epsilon}}}_r(\underline{\mathbf{R}}) = \epsilon_r(\underline{\mathbf{R}})\,\underline{\underline{\mathbf{I}}}$, $\underline{\underline{\boldsymbol{\mu}}}_r(\underline{\mathbf{R}}) = \mu_r(\underline{\mathbf{R}})\,\underline{\underline{\mathbf{I}}}$. Die zeitliche Ableitung der elektromagnetischen Energiedichte (6.1.23) ist mit den Materialgleichungen nur *dann* konsistent mit der im Poynting'schen Satz (6.1.22) auftretenden zeitlichen Ableitung, wenn $\underline{\underline{\boldsymbol{\epsilon}}}_r(\underline{\mathbf{R}})$ und $\underline{\underline{\boldsymbol{\mu}}}_r(\underline{\mathbf{R}})$ symmetrische Tensoren sind.

Hinsichtlich der Permittivitätsanisotropie unterscheidet man uniaxiale Materialien gemäß

$$\underline{\underline{\boldsymbol{\epsilon}}}_r = \epsilon_\perp \underline{\underline{\mathbf{I}}} + (\epsilon_\| - \epsilon_\perp)\, \underline{\hat{\mathbf{c}}}\,\underline{\hat{\mathbf{c}}} \tag{6.3.3}$$

sowie biaxiale Materialien gemäß (Chen, 1983)

$$\underline{\underline{\boldsymbol{\epsilon}}}_r = \alpha \underline{\underline{\mathbf{I}}} + \beta(\underline{\hat{\mathbf{n}}}\,\underline{\hat{\mathbf{m}}} + \underline{\hat{\mathbf{m}}}\,\underline{\hat{\mathbf{n}}}) \quad . \tag{6.3.4}$$

Für entsprechend *inhomogen*-anisotrope Materialien sind die Permittivitäten $\epsilon_\perp, \epsilon_\|, \alpha, \beta$ sowie die Vorzugsrichtungen $\underline{\hat{\mathbf{c}}}$ bzw. $\underline{\hat{\mathbf{n}}}$ und $\underline{\hat{\mathbf{m}}}$ ortsabhängig anzusetzen.

6.3.2 Suszeptibilitätskerne

Dissipation wird in linearen Materialgleichungen durch Suszeptibilitätskerne $\underline{\underline{\boldsymbol{\chi}}}_{\mathrm{e,m}}(\underline{\mathbf{R}}, t)$ in Relaxationstermen berücksichtigt (Karlsson und Kristensson, 1992):

$$\underline{\mathbf{D}}(\underline{\mathbf{R}}, t) = \epsilon_0 \underline{\underline{\boldsymbol{\epsilon}}}_r(\underline{\mathbf{R}}) \cdot \underline{\mathbf{E}}(\underline{\mathbf{R}}, t) + \epsilon_0 \int_0^t \underline{\underline{\boldsymbol{\chi}}}_{\mathrm{e}}(\underline{\mathbf{R}}, t-\tau) \cdot \underline{\mathbf{E}}(\underline{\mathbf{R}}, \tau)\, \mathrm{d}\tau \quad , \tag{6.3.5}$$

$$\underline{\mathbf{B}}(\underline{\mathbf{R}}, t) = \mu_0 \underline{\underline{\boldsymbol{\mu}}}_r(\underline{\mathbf{R}}) \cdot \underline{\mathbf{H}}(\underline{\mathbf{R}}, t) + \mu_0 \int_0^t \underline{\underline{\boldsymbol{\chi}}}_{\mathrm{m}}(\underline{\mathbf{R}}, t-\tau) \cdot \underline{\mathbf{H}}(\underline{\mathbf{R}}, \tau)\, \mathrm{d}\tau \quad . \tag{6.3.6}$$

Für kausale Felder und Kerne erstrecken sich die Faltungsintegrale von 0 bis t; das durch (6.3.5), (6.3.6) beschriebene dissipative Material ist nach wie vor zeitinvariant, da die Suszeptibilitätskerne nur von $t - \tau$ abhängen. Einfache Modelle für Suszeptibilitätskerne sind mit den Namen Lorentz und Debye verbunden (Langenberg, 2005).

Die Augenblicksreaktionsterme in (6.3.5), (6.3.6) gehen in die elektromagnetische (Augenblicks-)Energiedichte

$$w_{\mathrm{em}}(\underline{\mathbf{R}}, t) = \frac{\epsilon_0}{2}\underline{\mathbf{E}}(\underline{\mathbf{R}}, t) \cdot \underline{\underline{\boldsymbol{\epsilon}}}_r(\underline{\mathbf{R}}) \cdot \underline{\mathbf{E}}(\underline{\mathbf{R}}, t) + \frac{\mu_0}{2}\underline{\mathbf{H}}(\underline{\mathbf{R}}, t) \cdot \underline{\underline{\boldsymbol{\mu}}}_r(\underline{\mathbf{R}}) \cdot \underline{\mathbf{H}}(\underline{\mathbf{R}}, t) \tag{6.3.7}$$

ein, während die Relaxationsterme die zeitliche Änderung der Dissipationsenergiedichte

$$\frac{\partial w_{\mathrm{d}}(\underline{\mathbf{R}}, t)}{\partial t} = \tag{6.3.8}$$

$$\epsilon_0\underline{\mathbf{E}}(\underline{\mathbf{R}}, t) \cdot \frac{\partial}{\partial t}\int_0^t \underline{\underline{\boldsymbol{\chi}}}_{\mathrm{e}}(\underline{\mathbf{R}}, t-\tau) \cdot \underline{\mathbf{E}}(\underline{\mathbf{R}}, \tau)\,\mathrm{d}\tau + \mu_0\underline{\mathbf{H}}(\underline{\mathbf{R}}, t) \cdot \frac{\partial}{\partial t}\int_0^t \underline{\underline{\boldsymbol{\chi}}}_{\mathrm{m}}(\underline{\mathbf{R}}, t-\tau) \cdot \underline{\mathbf{H}}(\underline{\mathbf{R}}, \tau)\,\mathrm{d}\tau$$

definieren; deswegen müssen $\underline{\underline{\boldsymbol{\chi}}}_{\mathrm{e,m}}$ nicht-negativ definit (nicht jedoch symmetrisch) sein. Der Poynting'sche Energiesatz lautet sodann:

$$\frac{\partial w_Q(\underline{\mathbf{R}}, t)}{\partial t} - \boldsymbol{\nabla} \cdot \underline{\mathbf{S}}(\underline{\mathbf{R}}, t) = \frac{\partial w_{\mathrm{em}}(\underline{\mathbf{R}}, t)}{\partial t} + \frac{\partial w_{\mathrm{d}}(\underline{\mathbf{R}}, t)}{\partial t} \quad , \tag{6.3.9}$$

worin $w_{\mathrm{em}}(\underline{\mathbf{R}}, t) + w_{\mathrm{d}}(\underline{\mathbf{R}}, t)$ nunmehr die elektromagnetische Enegiedichte in dissipativen Materialien ist; $w_{\mathrm{d}}(\underline{\mathbf{R}}, t)$ entsteht durch kausale Zeitintegration von (6.3.8).

Für reell-zeitharmonische Felder folgt nach zeitlicher Mittelung

$$\begin{aligned}
&-\frac{1}{2}\Re\{\underline{\mathbf{H}}(\underline{\mathbf{R}}, \omega) \cdot \underline{\mathbf{J}}_{\mathrm{m}}^*(\underline{\mathbf{R}}, \omega) + \underline{\mathbf{E}}(\underline{\mathbf{R}}, \omega) \cdot \underline{\mathbf{J}}_{\mathrm{e}}^*(\underline{\mathbf{R}}, \omega)\} - \boldsymbol{\nabla} \cdot \underline{\mathbf{S}}_{\mathrm{K}}(\underline{\mathbf{R}}, \omega) = \\
&\frac{\epsilon_0}{2}\Re\{\underline{\mathbf{E}}(\underline{\mathbf{R}}, \omega) \cdot [-\mathrm{j}\omega\underline{\underline{\boldsymbol{\chi}}}_{\mathrm{e}}(\underline{\mathbf{R}}, \omega) \cdot \underline{\mathbf{E}}(\underline{\mathbf{R}}, \omega)]^*\} + \frac{\mu_0}{2}\Re\{\underline{\mathbf{H}}(\underline{\mathbf{R}}, \omega) \cdot [-\mathrm{j}\omega\underline{\underline{\boldsymbol{\chi}}}_{\mathrm{m}}(\underline{\mathbf{R}}, \omega) \cdot \underline{\mathbf{H}}(\underline{\mathbf{R}}, \omega)]^*\} \\
&= \frac{\omega\epsilon_0}{2}\Re\{\mathrm{j}\,\underline{\underline{\boldsymbol{\chi}}}_{\mathrm{e}}^*(\underline{\mathbf{R}}, \omega) : \underline{\mathbf{E}}(\underline{\mathbf{R}}, \omega)\underline{\mathbf{E}}^*(\underline{\mathbf{R}}, \omega)\} + \frac{\omega\mu_0}{2}\Re\{\mathrm{j}\,\underline{\underline{\boldsymbol{\chi}}}_{\mathrm{m}}^*(\underline{\mathbf{R}}, \omega) : \underline{\mathbf{H}}(\underline{\mathbf{R}}, \omega)\underline{\mathbf{H}}^*(\underline{\mathbf{R}}, \omega)\} \\
&= \frac{\omega\epsilon_0}{4}\Big\{\underline{\mathbf{E}}(\underline{\mathbf{R}}, \omega) \cdot \Im\{\underline{\underline{\boldsymbol{\chi}}}_{\mathrm{e}}(\underline{\mathbf{R}}, \omega)\} \cdot \underline{\mathbf{E}}^*(\underline{\mathbf{R}}, \omega) + \underline{\mathbf{E}}^*(\underline{\mathbf{R}}, \omega) \cdot \Im\{\underline{\underline{\boldsymbol{\chi}}}_{\mathrm{e}}(\underline{\mathbf{R}}, \omega)\} \cdot \underline{\mathbf{E}}(\underline{\mathbf{R}}, \omega) + \\
&\quad +\mathrm{j}[\underline{\mathbf{E}}(\underline{\mathbf{R}}, \omega) \cdot \Re\{\underline{\underline{\boldsymbol{\chi}}}_{\mathrm{e}}(\underline{\mathbf{R}}, \omega)\} \cdot \underline{\mathbf{E}}^*(\underline{\mathbf{R}}, \omega) - \underline{\mathbf{E}}^*(\underline{\mathbf{R}}, \omega) \cdot \Re\{\underline{\underline{\boldsymbol{\chi}}}_{\mathrm{e}}(\underline{\mathbf{R}}, \omega)\} \cdot \underline{\mathbf{E}}(\underline{\mathbf{R}}, \omega)\Big\} + \\
&\quad +\frac{\omega\mu_0}{4}\Big\{\underline{\mathbf{H}}(\underline{\mathbf{R}}, \omega) \cdot \Im\{\underline{\underline{\boldsymbol{\chi}}}_{\mathrm{m}}(\underline{\mathbf{R}}, \omega)\} \cdot \underline{\mathbf{H}}^*(\underline{\mathbf{R}}, \omega) + \underline{\mathbf{H}}^*(\underline{\mathbf{R}}, \omega) \cdot \Im\{\underline{\underline{\boldsymbol{\chi}}}_{\mathrm{m}}(\underline{\mathbf{R}}, \omega)\} \cdot \underline{\mathbf{H}}(\underline{\mathbf{R}}, \omega) + \\
&\quad +\mathrm{j}[\underline{\mathbf{H}}(\underline{\mathbf{R}}, \omega) \cdot \Re\{\underline{\underline{\boldsymbol{\chi}}}_{\mathrm{m}}(\underline{\mathbf{R}}, \omega)\} \cdot \underline{\mathbf{H}}^*(\underline{\mathbf{R}}, \omega) - \underline{\mathbf{H}}^*(\underline{\mathbf{R}}, \omega) \cdot \Re\{\underline{\underline{\boldsymbol{\chi}}}_{\mathrm{m}}(\underline{\mathbf{R}}, \omega)\} \cdot \underline{\mathbf{H}}(\underline{\mathbf{R}}, \omega)\Big\}
\end{aligned} \tag{6.3.10}$$

Man beachte: Die rechte Seite von (6.3.10) ist keine Aufspaltung nach Real- und Imaginärteil, sie *ist* reell. Mit (6.3.10) wird deutlich, dass Real- und Imaginärteile der Suszeptibilitätskernspektren, die im Übrigen gegenseitige Hilbert-Transformierte sein müssen, für Dissipation „zuständig" sind. Für isotrope Kerne — $\underline{\underline{\boldsymbol{\chi}}}_{\mathrm{e,m}}(\underline{\mathbf{R}}, t) = \chi_{\mathrm{e,m}}(\underline{\mathbf{R}}, t)\,\underline{\underline{\mathbf{I}}}$ — folgt

$$\begin{aligned}
&-\frac{1}{2}\Re\{\underline{\mathbf{H}}(\underline{\mathbf{R}}, \omega) \cdot \underline{\mathbf{J}}_{\mathrm{m}}^*(\underline{\mathbf{R}}, \omega) + \underline{\mathbf{E}}(\underline{\mathbf{R}}, \omega) \cdot \underline{\mathbf{J}}_{\mathrm{e}}^*(\underline{\mathbf{R}}, \omega)\} - \boldsymbol{\nabla} \cdot \underline{\mathbf{S}}_{\mathrm{K}}(\underline{\mathbf{R}}, \omega) = \\
&\frac{\omega\epsilon_0}{2}\Im\{\chi_{\mathrm{e}}(\underline{\mathbf{R}}, \omega)\}|\underline{\mathbf{E}}(\underline{\mathbf{R}}, \omega)|^2 + \frac{\omega\mu_0}{2}\Im\{\chi_{\mathrm{m}}(\underline{\mathbf{R}}, \omega)\}|\underline{\mathbf{H}}(\underline{\mathbf{R}}, \omega)|^2 \quad ;
\end{aligned} \tag{6.3.11}$$

ebenso gilt

$$\begin{aligned}
&-\frac{1}{2}\Re\{\underline{\mathbf{H}}(\underline{\mathbf{R}}, \omega) \cdot \underline{\mathbf{J}}_{\mathrm{m}}^*(\underline{\mathbf{R}}, \omega) + \underline{\mathbf{E}}(\underline{\mathbf{R}}, \omega) \cdot \underline{\mathbf{J}}_{\mathrm{e}}^*(\underline{\mathbf{R}}, \omega)\} - \boldsymbol{\nabla} \cdot \underline{\mathbf{S}}_{\mathrm{K}}(\underline{\mathbf{R}}, \omega) = \\
&\frac{\omega\epsilon_0}{2}\Im\{\underline{\underline{\boldsymbol{\chi}}}_{\mathrm{e}}(\underline{\mathbf{R}}, \omega)\} : \underline{\mathbf{E}}^*(\underline{\mathbf{R}}, \omega)\underline{\mathbf{E}}(\underline{\mathbf{R}}, \omega) + \frac{\omega\mu_0}{2}\Im\{\underline{\underline{\boldsymbol{\chi}}}_{\mathrm{m}}(\underline{\mathbf{R}}, \omega)\} : \underline{\mathbf{H}}^*(\underline{\mathbf{R}}, \omega)\underline{\mathbf{H}}(\underline{\mathbf{R}}, \omega) \quad ;
\end{aligned} \tag{6.3.12}$$

für die symmetrischen Kerne eines reziproken Materials — $\underline{\underline{\boldsymbol{\chi}}}_{\mathrm{e,m}}(\underline{\mathbf{R}}, t) = \underline{\underline{\boldsymbol{\chi}}}_{\mathrm{e,m}}^{21}(\underline{\mathbf{R}}, t)$. In beiden Fällen stehen allein die Suszeptibilitätskerne für Dissipation.

6.3.3 Leitfähigkeit

Bekanntermaßen entspricht die (endliche) elektrische Leitfähigkeit eines Materials einem Ohm'schen Widerstand, der elektromagnetische Energie in thermische Energie umwandelt. Im Allgemeinen trägt man diesen Verlusten durch einen Leitungsstrom-Term

$$\underline{\mathbf{J}}_\mathrm{e}(\underline{\mathbf{R}},t) \Longrightarrow \underline{\mathbf{J}}_\mathrm{e}(\underline{\mathbf{R}},t) + \underline{\mathbf{J}}_l(\underline{\mathbf{R}},t) \tag{6.3.13}$$

Rechnung, der die in der Maxwell'schen Gleichung (6.1.1) stehende elektrische Stromdichte ergänzt. Das Ohm'sche Gesetz

$$\underline{\mathbf{J}}_l(\underline{\mathbf{R}},t) = \underline{\underline{\boldsymbol{\sigma}}}_\mathrm{e}(\underline{\mathbf{R}}) \cdot \underline{\mathbf{E}}(\underline{\mathbf{R}},t) \tag{6.3.14}$$

mit dem reellwertigen Tensor zweiter Stufe der elektrischen Leitfähigkeit $\underline{\underline{\boldsymbol{\sigma}}}_\mathrm{e}(\underline{\mathbf{R}})$ postuliert eine lineare Augenblicksreaktion zwischen elektrischer Feldstärke und Leitungsstromdichte. Zum selben Ergebnis — ergänzt um den reellwertigen Tensor zweiter Stufe der magnetischen Leitfähigkeit $\underline{\underline{\boldsymbol{\sigma}}}_\mathrm{m}(\underline{\mathbf{R}})$ — kommt man mit den Materialgleichungen

$$\frac{\partial \underline{\mathbf{D}}(\underline{\mathbf{R}},t)}{\partial t} = \epsilon_0 \underline{\underline{\boldsymbol{\epsilon}}}_r(\underline{\mathbf{R}}) \cdot \frac{\partial \underline{\mathbf{E}}(\underline{\mathbf{R}},t)}{\partial t} + \underline{\underline{\boldsymbol{\sigma}}}_\mathrm{e}(\underline{\mathbf{R}}) \cdot \underline{\mathbf{E}}(\underline{\mathbf{R}},t) \ , \tag{6.3.15}$$

$$\frac{\partial \underline{\mathbf{B}}(\underline{\mathbf{R}},t)}{\partial t} = \mu_0 \underline{\underline{\boldsymbol{\mu}}}_r(\underline{\mathbf{R}}) \cdot \frac{\partial \underline{\mathbf{H}}(\underline{\mathbf{R}},t)}{\partial t} + \underline{\underline{\boldsymbol{\sigma}}}_\mathrm{m}(\underline{\mathbf{R}}) \cdot \underline{\mathbf{H}}(\underline{\mathbf{R}},t) \tag{6.3.16}$$

des Maxwell-Modells elektrisch-magnetischer Leitfähigkeit (man vergleiche das Maxwell-Modell (4.4.1), (4.4.2) elastodynamischer Dissipation). Die zeitliche Änderung elektromagnetischer Energiedichte

$$\frac{\partial w(\underline{\mathbf{R}},t)}{\partial t} = \underline{\mathbf{E}}(\underline{\mathbf{R}},t) \cdot \frac{\partial \underline{\mathbf{D}}(\underline{\mathbf{R}},t)}{\partial t} + \underline{\mathbf{H}}(\underline{\mathbf{R}},t) \cdot \frac{\partial \underline{\mathbf{B}}(\underline{\mathbf{R}},t)}{\partial t} \tag{6.3.17}$$

enthält sodann den Term $\partial w_{\mathrm{e,m}}(\underline{\mathbf{R}},t)/\partial t$, wie er sich aus (6.3.7) ergibt sowie den Term der zeitlichen Änderung der Dissipationsenergiedichte:

$$\begin{aligned} \frac{\partial w(\underline{\mathbf{R}},t)}{\partial t} &= \underbrace{\frac{\epsilon_0}{2} \underline{\underline{\boldsymbol{\epsilon}}}_r(\underline{\mathbf{R}}) : \frac{\partial}{\partial t}[\underline{\mathbf{E}}(\underline{\mathbf{R}},t)\underline{\mathbf{E}}(\underline{\mathbf{R}},t)] + \frac{\mu_0}{2} \underline{\underline{\boldsymbol{\mu}}}_r(\underline{\mathbf{R}}) : \frac{\partial}{\partial t}[\underline{\mathbf{H}}(\underline{\mathbf{R}},t)\underline{\mathbf{H}}(\underline{\mathbf{R}},t)]}_{=\frac{\partial w_\mathrm{em}(\underline{\mathbf{R}},t)}{\partial t}} + \\ &\quad \underbrace{+ \underline{\underline{\boldsymbol{\sigma}}}_\mathrm{e}(\underline{\mathbf{R}}) : \underline{\mathbf{E}}(\underline{\mathbf{R}},t)\underline{\mathbf{E}}(\underline{\mathbf{R}},t) + \underline{\underline{\boldsymbol{\sigma}}}_\mathrm{m}(\underline{\mathbf{R}}) : \underline{\mathbf{H}}(\underline{\mathbf{R}},t)\underline{\mathbf{H}}(\underline{\mathbf{R}},t)}_{=\frac{\partial w_\mathrm{d}(\underline{\mathbf{R}},t)}{\partial t}} \ . \end{aligned} \tag{6.3.18}$$

Die Leitfähigkeitstensoren müssen deshalb nicht-negativ definit sein.

Schreibt man (6.3.15) und (6.3.16) für die Fourier-Spektren der Felder

$$\underline{\mathbf{D}}(\underline{\mathbf{R}},\omega) = \epsilon_0 \Bigg[\underbrace{\underline{\underline{\boldsymbol{\epsilon}}}_r(\underline{\mathbf{R}}) + \mathrm{j}\,\frac{\underline{\underline{\boldsymbol{\sigma}}}_\mathrm{e}(\omega)}{\epsilon_0 \omega}}_{=\underline{\underline{\boldsymbol{\epsilon}}}_c(\underline{\mathbf{R}})} \Bigg] \cdot \underline{\mathbf{E}}(\underline{\mathbf{R}},\omega) \ , \tag{6.3.19}$$

$$\underline{\mathbf{B}}(\underline{\mathbf{R}},\omega) = \mu_0 \Bigg[\underbrace{\underline{\underline{\boldsymbol{\mu}}}_r(\underline{\mathbf{R}}) + \mathrm{j}\,\frac{\underline{\underline{\boldsymbol{\sigma}}}_\mathrm{m}(\omega)}{\mu_0 \omega}}_{=\underline{\underline{\boldsymbol{\mu}}}_c(\underline{\mathbf{R}})} \Bigg] \cdot \underline{\mathbf{H}}(\underline{\mathbf{R}},\omega) \ , \tag{6.3.20}$$

so definieren $\underline{\underline{\boldsymbol{\epsilon}}}_c(\underline{\mathbf{R}})$, $\underline{\underline{\boldsymbol{\mu}}}_c(\underline{\mathbf{R}})$ komplexe Materialtensoren mit frequenzabhängigen Imaginärteilen; Konsequenz ist Wellen*dämpfung* und *-dispersion* in leitfähigen Materialien. Man beachte: Real-

und Imaginärteile von (6.3.19), (6.3.20) stehen nicht in Hilbert-Transformationsbeziehungen zueinander, und zwar auch dann nicht, wenn man $\underline{\underline{\boldsymbol{\epsilon}}}_r(\underline{\mathbf{R}}), \underline{\underline{\boldsymbol{\mu}}}_r(\underline{\mathbf{R}})$ sowie $\underline{\underline{\boldsymbol{\sigma}}}_{\mathrm{e,m}}(\underline{\mathbf{R}})$ Hilbert-transformationsgemäß komplex und frequenzabhängig definiert (Langenberg, 2005). Das Maxwell-Modell der Leitfähigkeit ist deshalb strenggenommen unphysikalisch, es führt auch zu Unstimmigkeiten hinsichtlich der Dispersion elektromagnetischer Impulse (Langenberg, 2005).

Für reell-zeitharmonische Felder und nach zeitlicher Mittelung lautet der Poynting'sche Energiesatz unter Verwendung von (6.3.18):

$$\begin{aligned}
&-\frac{1}{2}\Re\{\underline{\mathbf{E}}(\underline{\mathbf{R}},\omega)\cdot\underline{\mathbf{J}}_{\mathrm{e}}^*(\underline{\mathbf{R}},\omega)+\underline{\mathbf{H}}(\underline{\mathbf{R}},\omega)\cdot\underline{\mathbf{J}}_{\mathrm{m}}^*(\underline{\mathbf{R}},\omega)\}-\boldsymbol{\nabla}\cdot\underline{\mathbf{S}}_{\mathrm{K}}(\underline{\mathbf{R}},\omega)=\\
&\frac{1}{2}\Re\{\underline{\underline{\boldsymbol{\sigma}}}_{\mathrm{e}}(\underline{\mathbf{R}}):\underline{\mathbf{E}}^*(\underline{\mathbf{R}},\omega)\underline{\mathbf{E}}(\underline{\mathbf{R}},\omega)+\underline{\underline{\boldsymbol{\sigma}}}_{\mathrm{m}}(\underline{\mathbf{R}}):\underline{\mathbf{H}}^*(\underline{\mathbf{R}},\omega)\underline{\mathbf{H}}(\underline{\mathbf{R}},\omega)\}
\end{aligned} \tag{6.3.21}$$

bzw. für skalare Leitfähigkeiten $\underline{\underline{\boldsymbol{\sigma}}}_{\mathrm{e,m}}(\underline{\mathbf{R}})=\sigma_{\mathrm{e,m}}(\underline{\mathbf{R}})\,\underline{\underline{\mathbf{I}}}$

$$\begin{aligned}
&-\frac{1}{2}\Re\{\underline{\mathbf{E}}(\underline{\mathbf{R}},\omega)\cdot\underline{\mathbf{J}}_{\mathrm{e}}^*(\underline{\mathbf{R}},\omega)+\underline{\mathbf{H}}(\underline{\mathbf{R}},\omega)\cdot\underline{\mathbf{J}}_{\mathrm{m}}^*(\underline{\mathbf{R}},\omega)\}-\boldsymbol{\nabla}\cdot\underline{\mathbf{S}}_{\mathrm{K}}(\underline{\mathbf{R}},\omega)=\\
&\frac{1}{2}\sigma_{\mathrm{e}}(\underline{\mathbf{R}})|\underline{\mathbf{E}}(\underline{\mathbf{R}},\omega)|^2+\frac{1}{2}\sigma_{\mathrm{m}}(\underline{\mathbf{R}})|\underline{\mathbf{H}}(\underline{\mathbf{R}},\omega)|^2 \quad .
\end{aligned} \tag{6.3.22}$$

6.4 Wellen- und Schwingungsgleichungen

6.4.1 Wellengleichungen

Aus den Maxwell'schen Gleichungen

$$\epsilon_0\underline{\underline{\boldsymbol{\epsilon}}}_r(\underline{\mathbf{R}})\cdot\frac{\partial\underline{\mathbf{E}}(\underline{\mathbf{R}},t)}{\partial t}=\boldsymbol{\nabla}\times\underline{\mathbf{H}}(\underline{\mathbf{R}},t)-\underline{\mathbf{J}}_{\mathrm{e}}(\underline{\mathbf{R}},t)\quad, \tag{6.4.1}$$

$$\mu_0\underline{\underline{\boldsymbol{\mu}}}_r(\underline{\mathbf{R}})\cdot\frac{\partial\underline{\mathbf{H}}(\underline{\mathbf{R}},t)}{\partial t}=-\boldsymbol{\nabla}\times\underline{\mathbf{E}}(\underline{\mathbf{R}},t)-\underline{\mathbf{J}}_{\mathrm{m}}(\underline{\mathbf{R}},t) \tag{6.4.2}$$

für lineare zeitinvariante augenblicklich reagierende (nichtdissipative) lokal reagierende inhomogen-anisotrope Materialien folgen durch gegenseitiges Ineinandereinsetzen die vektoriellen Wellengleichungen

$$\begin{aligned}
&-\boldsymbol{\nabla}\times\left[\underline{\underline{\boldsymbol{\mu}}}_r^{-1}(\underline{\mathbf{R}})\cdot\boldsymbol{\nabla}\times\underline{\mathbf{E}}(\underline{\mathbf{R}},t)\right]-\epsilon_0\mu_0\underline{\underline{\boldsymbol{\epsilon}}}_r(\underline{\mathbf{R}})\cdot\frac{\partial^2\underline{\mathbf{E}}(\underline{\mathbf{R}},t)}{\partial t^2}=\\
&\qquad\mu_0\frac{\partial\underline{\mathbf{J}}_{\mathrm{e}}(\underline{\mathbf{R}},t)}{\partial t}+\boldsymbol{\nabla}\times\left[\underline{\underline{\boldsymbol{\mu}}}_r^{-1}(\underline{\mathbf{R}})\cdot\underline{\mathbf{J}}_{\mathrm{m}}(\underline{\mathbf{R}},t)\right]\quad,
\end{aligned} \tag{6.4.3}$$

$$\begin{aligned}
&-\boldsymbol{\nabla}\times\left[\underline{\underline{\boldsymbol{\epsilon}}}_r^{-1}(\underline{\mathbf{R}})\cdot\boldsymbol{\nabla}\times\underline{\mathbf{H}}(\underline{\mathbf{R}},t)\right]-\epsilon_0\mu_0\underline{\underline{\boldsymbol{\mu}}}_r(\underline{\mathbf{R}})\cdot\frac{\partial^2\underline{\mathbf{H}}(\underline{\mathbf{R}},t)}{\partial t^2}=\\
&\qquad\epsilon_0\frac{\partial\underline{\mathbf{J}}_{\mathrm{m}}(\underline{\mathbf{R}},t)}{\partial t}-\boldsymbol{\nabla}\times\left[\underline{\underline{\boldsymbol{\epsilon}}}_r^{-1}(\underline{\mathbf{R}})\cdot\underline{\mathbf{J}}_{\mathrm{e}}(\underline{\mathbf{R}},t)\right]
\end{aligned} \tag{6.4.4}$$

für die Feldstärken: Die Maxwell'schen Gleichungen sind damit physikalisch entkoppelt, wozu allerdings Materialgleichungen unabdingbar sind.

Für inhomogen-anisotrope Materialien kommt man mit (6.4.3), (6.4.4) kaum weiter, sodass wir im Folgenden „einfache" homogen-isotrope Materialien mit ϵ_r und μ_r voraussetzen:

$$\boldsymbol{\nabla}\times\boldsymbol{\nabla}\times\underline{\mathbf{E}}(\underline{\mathbf{R}},t)+\frac{1}{c^2}\frac{\partial^2\underline{\mathbf{E}}(\underline{\mathbf{R}},t)}{\partial t^2}=-\mu_0\mu_r\frac{\partial\underline{\mathbf{J}}_{\mathrm{e}}(\underline{\mathbf{R}},t)}{\partial t}-\boldsymbol{\nabla}\times\underline{\mathbf{J}}_{\mathrm{m}}(\underline{\mathbf{R}},t)\quad, \tag{6.4.5}$$

$$\boldsymbol{\nabla}\times\boldsymbol{\nabla}\times\underline{\mathbf{H}}(\underline{\mathbf{R}},t)+\frac{1}{c^2}\frac{\partial^2\underline{\mathbf{H}}(\underline{\mathbf{R}},t)}{\partial t^2}=-\epsilon_0\epsilon_r\frac{\partial\underline{\mathbf{J}}_{\mathrm{m}}(\underline{\mathbf{R}},t)}{\partial t}+\boldsymbol{\nabla}\times\underline{\mathbf{J}}_{\mathrm{e}}(\underline{\mathbf{R}},t)\quad, \tag{6.4.6}$$

wobei mit

$$c = \frac{1}{\sqrt{\epsilon_0\epsilon_r\mu_0\mu_r}} \tag{6.4.7}$$

die (Phasen-)Ausbreitungsgeschwindigkeit elektromagnetischer Wellen im $\epsilon_r\mu_r$-Material bezeichnet ist. Die doppelte Rotation kann man gemäß $\nabla\times\nabla\times = \nabla\nabla\cdot -\Delta$ in den Delta-Operator und die Divergenz der Feldstärken umwandeln; benutzt man sodann die Kompatibilitätsbedingungen (6.1.3), (6.1.4) für $\epsilon_r\mu_r$-Materialien, verwandeln sich (6.4.5), (6.4.6) in vektorielle d'Alembert'sche Wellengleichungen:

$$\Delta\underline{\mathbf{E}}(\underline{\mathbf{R}},t) - \frac{1}{c^2}\frac{\partial^2\underline{\mathbf{E}}(\underline{\mathbf{R}},t)}{\partial t^2} = \mu_0\mu_r\frac{\partial\underline{\mathbf{J}}_\mathrm{e}(\underline{\mathbf{R}},t)}{\partial t} + \nabla\times\underline{\mathbf{J}}_\mathrm{m}(\underline{\mathbf{R}},t) + \frac{1}{\epsilon_0\epsilon_r}\nabla\varrho_\mathrm{e}(\underline{\mathbf{R}},t) \;, \tag{6.4.8}$$

$$\Delta\underline{\mathbf{H}}(\underline{\mathbf{R}},t) - \frac{1}{c^2}\frac{\partial^2\underline{\mathbf{H}}(\underline{\mathbf{R}},t)}{\partial t^2} = \epsilon_0\epsilon_r\frac{\partial\underline{\mathbf{J}}_\mathrm{m}(\underline{\mathbf{R}},t)}{\partial t} - \nabla\times\underline{\mathbf{J}}_\mathrm{e}(\underline{\mathbf{R}},t) + \frac{1}{\mu_0\mu_r}\nabla\varrho_\mathrm{m}(\underline{\mathbf{R}},t) \;. \tag{6.4.9}$$

Man beachte die symmetrische Struktur der beiden Gleichungen; dies ist eine Konsequenz der Symmetrie der Maxwell-Gleichungen — es tritt als räumliche Ableitung beide Male der Rotationsoperator auf — und ist weder in der Akustik (Gleichungen (5.3.11), (5.3.12)) noch in der Elastodynamik (Gleichungen (7.1.21), (13.2.138)) der Fall.

Für elektrisch homogen-isotrop leitfähige Materialien (wir setzen $\sigma_\mathrm{m} = 0$) liefert das Maxwell-Modell (6.3.15) zusätzlich jeweils einen Term mit der ersten zeitlichen Ableitung der Feldstärken, also beispielsweise für (6.4.8), (6.4.9):

$$\Delta\underline{\mathbf{E}}(\underline{\mathbf{R}},t) - \frac{1}{c^2}\frac{\partial^2\underline{\mathbf{E}}(\underline{\mathbf{R}},t)}{\partial t^2} - \mu_0\mu_r\sigma_\mathrm{e}\frac{\partial\underline{\mathbf{E}}(\underline{\mathbf{R}},t)}{\partial t} = \mu_0\mu_r\frac{\partial\underline{\mathbf{J}}_\mathrm{e}(\underline{\mathbf{R}},t)}{\partial t} + \nabla\times\underline{\mathbf{J}}_\mathrm{m}(\underline{\mathbf{R}},t) + \frac{1}{\epsilon_0\epsilon_r}\nabla\varrho_\mathrm{e}(\underline{\mathbf{R}},t) \;, \tag{6.4.10}$$

$$\Delta\underline{\mathbf{H}}(\underline{\mathbf{R}},t) - \frac{1}{c^2}\frac{\partial^2\underline{\mathbf{H}}(\underline{\mathbf{R}},t)}{\partial t^2} - \mu_0\mu_r\sigma_\mathrm{e}\frac{\partial\underline{\mathbf{H}}(\underline{\mathbf{R}},t)}{\partial t} = \epsilon_0\epsilon_r\frac{\partial\underline{\mathbf{J}}_\mathrm{m}(\underline{\mathbf{R}},t)}{\partial t} - \nabla\times\underline{\mathbf{J}}_\mathrm{e}(\underline{\mathbf{R}},t) + \frac{1}{\mu_0\mu_r}\nabla\varrho_\mathrm{m}(\underline{\mathbf{R}},t) \;. \tag{6.4.11}$$

6.4.2 Schwingungsgleichungen

Mittels Fourier-Transformation bezüglich t ergeben sich aus (6.4.8), (6.4.9) die vektoriellen Helmholtz'schen Schwingungsgleichungen

$$\Delta\underline{\mathbf{E}}(\underline{\mathbf{R}},\omega) + k^2\underline{\mathbf{E}}(\underline{\mathbf{R}},\omega) = -\mathrm{j}\omega\mu_0\mu_r\underline{\mathbf{J}}_\mathrm{e}(\underline{\mathbf{R}},\omega) + \nabla\times\underline{\mathbf{J}}_\mathrm{m}(\underline{\mathbf{R}},\omega) + \frac{1}{\epsilon_0\epsilon_r}\nabla\varrho_\mathrm{e}(\underline{\mathbf{R}},\omega) \;, \tag{6.4.12}$$

$$\Delta\underline{\mathbf{H}}(\underline{\mathbf{R}},\omega) + k^2\underline{\mathbf{H}}(\underline{\mathbf{R}},\omega) = -\mathrm{j}\omega\epsilon_0\epsilon_r\underline{\mathbf{J}}_\mathrm{m}(\underline{\mathbf{R}},\omega) - \nabla\times\underline{\mathbf{J}}_\mathrm{e}(\underline{\mathbf{R}},\omega) + \frac{1}{\mu_0\mu_r}\nabla\varrho_\mathrm{m}(\underline{\mathbf{R}},\omega) \;, \tag{6.4.13}$$

wobei

$$k = \frac{\omega}{c} = \omega\sqrt{\epsilon_0\epsilon_r\mu_0\mu_r} \tag{6.4.14}$$

die frequenzproportionale Wellenzahl ist.

Als homogene Gleichung

$$\nabla\times\nabla\times\underline{\mathbf{E}}(\underline{\mathbf{R}},\omega) - k^2\underline{\mathbf{E}}(\underline{\mathbf{R}},\omega) = \underline{\mathbf{0}} \tag{6.4.15}$$

ist die Fourier-transformierte Fassung von (6.4.5) vorteilhafter als

$$\Delta\underline{\mathbf{E}}(\underline{\mathbf{R}},\omega) + k^2\underline{\mathbf{E}}(\underline{\mathbf{R}},\omega) = \underline{\mathbf{0}} \;, \tag{6.4.16}$$

da die Lösungen von (6.4.15) per definitionem divergenzfrei sind ($\operatorname{div}\operatorname{rot} \equiv 0$), während diese im quellenfreien Raum physikalisch notwendige Divergenzfreiheit für die Lösungen von (6.4.16) zusätzlich gefordert werden muss. Im Übrigen: Als Konsequenz der Divergenzfreiheit sind ebene elektromagnetische Wellen transversal polarisiert.

Als inhomogene Gleichung ist (6.4.5) ebenfalls vorteilhafter, da allein die Stromdichten auftreten; darüber hinaus entsteht durch die Entwicklung der doppelten Rotation[1]

$$\left[(\Delta + k^2)\underline{\underline{\mathbf{I}}} - \nabla\nabla\right] \cdot \underline{\mathbf{E}}(\underline{\mathbf{R}}, \omega) = -\mathrm{j}\omega\mu_0\mu_r\underline{\mathbf{J}}_\mathrm{e}(\underline{\mathbf{R}}, \omega) + \nabla \times \underline{\mathbf{J}}_\mathrm{m}(\underline{\mathbf{R}}, \omega) \tag{6.4.17}$$

ein dyadischer Differentialoperator, den es zur Berechnung von Quellenfeldern mit der Methode der Green'schen Funktion zu invertieren gilt.

Im Falle von Dissipation aufgrund von homogen-isotroper elektrischer Leitfähigkeit ist in den Schwingungsgleichungen (6.4.12) und (6.4.17) das Quadrat der reellen Wellenzahl $k^2 = \omega^2\epsilon_0\epsilon_r\mu_0\mu_r$ durch das Quadrat der komplexen Wellenzahl

$$k_c^2(\omega) = \omega^2\epsilon_0\epsilon_r\mu_0\mu_r + \mathrm{j}\omega\mu_0\mu_r\sigma_\mathrm{e} \tag{6.4.18}$$

zu ersetzen. Damit ist weder $\Re k_c(\omega)$ noch $\Im k_c(\omega)$ frequenzproportional, sodass Dissipation nicht nur Wellen*dämpfung* aufgrund von $\Im k_c(\omega) \neq 0$, sondern auch Wellen*dispersion* zur Folge hat. Für den durch $\sigma_\mathrm{e}/\omega \gg \epsilon_0\epsilon_r$ definierten Grenzfall sehr großer Leitfähigkeit bei vergleichsweise niedrigen Frequenzen, kann man den Realteil von $k_c^2(\omega)$ vernachlässigen, wodurch Wirbelstromfelder definiert werden; die Differentialgleichung (6.4.10) — es fehlt der Term mit der zweiten zeitlichen Ableitung — ist dann keine *Wellen*gleichung mehr, sondern eine *Diffusions*gleichung. Man muss deshalb mit der Übertragung von Begriffen der Wellenausbreitung — z.B.: Fernfeld — auf Wirbelstromfelder sehr vorsichtig sein.

6.5 Ebene transversale elektromagnetische Wellen als Lösungen der homogenen elektromagnetischen Wellengleichungen in homogen-isotropen Materialien

6.5.1 Nichtdissipative Materialien

Die Lösungen der homogenen vektoriellen Helmholtz-Gleichung

$$\Delta\underline{\mathbf{E}}(\underline{\mathbf{R}}, \omega) + k^2\underline{\mathbf{E}}(\underline{\mathbf{R}}, \omega) = \underline{\mathbf{0}} \tag{6.5.1}$$

müssen die Kompatibilitätsbedingung $\nabla \cdot \underline{\mathbf{E}}(\underline{\mathbf{R}}, \omega) = 0$ erfüllen; für die spezielle Lösung „ebene Welle“

$$\underline{\mathbf{E}}(\underline{\mathbf{R}}, \omega) = \underline{\mathbf{E}}(\omega)\,\mathrm{e}^{\pm\mathrm{j}\underline{\mathbf{k}}\cdot\underline{\mathbf{R}}} \tag{6.5.2}$$

muss deshalb die Dispersionsrelation

$$\underline{\mathbf{k}} \cdot \underline{\mathbf{k}} = \omega^2\epsilon_0\epsilon_r\mu_0\mu_r \tag{6.5.3}$$

für den Wellenzahlvektor und die Orthogonalitätsbedingung

$$\underline{\mathbf{E}}(\omega) \cdot \underline{\mathbf{k}} = 0 \tag{6.5.4}$$

für die vektorielle Amplitude $\underline{\mathbf{E}}(\omega)$ erfüllt sein. Wir befriedigen (6.5.3) beispielsweise[2] durch

$$\underline{\mathbf{k}} = k\hat{\underline{\mathbf{k}}} \ . \tag{6.5.5}$$

[1] Man belässt den Divergenzterm auf der linken Seite.

[2] Auch der komplexe Vektor $\underline{\mathbf{k}} = \Re\underline{\mathbf{k}} + \mathrm{j}\Im\underline{\mathbf{k}}$ befriedigt (6.5.3), falls

$$\Re\underline{\mathbf{k}} \cdot \Im\underline{\mathbf{k}} = 0 \ ,$$
$$(\Re\underline{\mathbf{k}})^2 - (\Im\underline{\mathbf{k}})^2 = k^2 \ .$$

Dies sind genau die Bedingungen für evaneszente ebene Wellen in nichtdissipativen Materialien (Abbildung 9.1.7).

Gemäß (6.5.4) darf $\underline{\mathbf{E}}(\omega)$ keine Komponenten in $\hat{\underline{\mathbf{k}}}$-Richtung haben; mit der Wahl zweier orthogonaler Einheitsvektoren $\hat{\underline{\mathbf{h}}}$ und $\hat{\underline{\mathbf{v}}}$, die senkrecht auf $\hat{\underline{\mathbf{k}}}$ stehen und in der Reihenfolge $\hat{\underline{\mathbf{h}}}, \hat{\underline{\mathbf{v}}}, \hat{\underline{\mathbf{k}}}$ mit der Ausbreitungsrichtung $+\hat{\underline{\mathbf{k}}}$ ein rechtshändiges orthogonales Dreibein bilden, kann

$$\underline{\mathbf{E}}(\omega) = E_h(\omega)\hat{\underline{\mathbf{h}}} + E_v(\omega)\hat{\underline{\mathbf{v}}} \tag{6.5.6}$$

als zweikomponentiger sogenannter Jones-Vektor angesetzt werden, wobei $E_h(\omega) = |E_h(\omega)|\mathrm{e}^{\mathrm{j}\phi_h(\omega)}$, $E_v(\omega) = |E_v(\omega)|\mathrm{e}^{\mathrm{j}\phi_v(\omega)}$ zwei beliebige komplexe Vektorkomponenten in der *Polarisationsbasis* $\hat{\underline{\mathbf{h}}}, \hat{\underline{\mathbf{v}}}$ sind.

Aus der zeitharmonischen Maxwell-Gleichung (6.1.1) ergibt sich das zu (6.5.2) gehörende Magnetfeld:

$$\begin{aligned}\underline{\mathbf{H}}(\underline{\mathbf{R}},\omega) &= \frac{1}{\mathrm{j}\omega\mu_0\mu_r}\,\nabla\times\underline{\mathbf{E}}(\underline{\mathbf{R}},\omega)\\ &= \pm\frac{1}{Z}\,\underbrace{\hat{\underline{\mathbf{k}}}\times\underline{\mathbf{E}}(\omega)}_{=\underline{\mathbf{H}}(\omega)}\,\mathrm{e}^{\pm\mathrm{j}k\hat{\underline{\mathbf{k}}}\cdot\underline{\mathbf{R}}}\quad,\end{aligned} \tag{6.5.7}$$

worin

$$Z = \sqrt{\frac{\mu_0\mu_r}{\epsilon_0\epsilon_r}} \tag{6.5.8}$$

der Wellenwiderstand des $\epsilon_r\mu_r$-Materials ist. Die vektorielle Amplitude des Magnetfeldes

$$\begin{aligned}\underline{\mathbf{H}}(\omega) &= \hat{\underline{\mathbf{k}}}\times\underline{\mathbf{E}}(\omega)\\ &= -E_v(\omega)\hat{\underline{\mathbf{h}}} + E_h(\omega)\hat{\underline{\mathbf{v}}}\end{aligned} \tag{6.5.9}$$

steht senkrecht auf $\hat{\underline{\mathbf{k}}}$ und wegen $\underline{\mathbf{H}}(\omega)\cdot\underline{\mathbf{E}}(\omega) = 0$ senkrecht auf $\underline{\mathbf{E}}(\omega)$: Eine ebene elektromagnetische Welle im $\epsilon_r\mu_r$-Material ist transversal elektromagnetisch polarisiert. Der Energietransport erfolgt in $\pm\hat{\underline{\mathbf{k}}}$-Richtung, da der komplexe Poynting-Vektor durch

$$\underline{\mathbf{S}}_{\mathrm{K}}(\underline{\mathbf{R}},\omega) = \pm\frac{|E_h(\omega)|^2 + |E_v(\omega)|^2}{2Z}\,\hat{\underline{\mathbf{k}}} \tag{6.5.10}$$

gegeben ist.

In der Schreibweise

$$\underline{\mathbf{E}}(\underline{\mathbf{R}},\omega) = E_h(\omega)\,\mathrm{e}^{\mathrm{j}k\hat{\underline{\mathbf{k}}}\cdot\underline{\mathbf{R}}}\left[\hat{\underline{\mathbf{h}}} + \frac{E_v(\omega)}{E_h(\omega)}\,\hat{\underline{\mathbf{v}}}\right] \tag{6.5.11}$$

von (6.5.2) mit (6.5.6) definiert

$$\begin{aligned}A(\omega) &= \frac{E_v(\omega)}{E_h(\omega)}\\ &= |A(\omega)|\,\mathrm{e}^{\mathrm{j}\Delta\phi(\omega)}\end{aligned} \tag{6.5.12}$$

die komplexe Polarisationszahl, worin $\Delta\phi(\omega) = \phi_v(\omega) - \phi_h(\omega)$ die Phasendifferenz der beiden orthogonalen Feldstärkekomponenten ist. Für $A = 0$ liegt offenbar linear $\hat{\text{h}}$orizontale Polarisationund für[3] $A = \infty$ ($E_h(\omega) = 0$) linear $\hat{\underline{\text{v}}}$ertikale Polarisation vor. Für $A = \mathrm{j}$ ($|A| = 0$; $\Delta\phi = \pi/2$) bewegt sich die Spitze des reell-zeitharmonischen $\underline{\mathbf{E}}$-Feldvektors

$$\begin{aligned}\underline{\mathbf{E}}(\underline{\mathbf{R}},t) &= \Re\left\{E_h(\omega)\,\mathrm{e}^{\mathrm{j}k\hat{\underline{\mathbf{k}}}\cdot\underline{\mathbf{R}}}\,\mathrm{e}^{-\mathrm{j}\omega t}(\hat{\underline{\mathbf{h}}} + \mathrm{j}\hat{\underline{\mathbf{v}}})\right\}\\ &= |E_h|[\cos(\omega t - k\hat{\underline{\mathbf{k}}}\cdot\underline{\mathbf{R}} - \phi_h)\hat{\underline{\mathbf{h}}} + \underbrace{\cos(\omega t - k\hat{\underline{\mathbf{k}}}\cdot\underline{\mathbf{R}} - \phi_h - \frac{\pi}{2})}_{=\sin(\omega t - k\hat{\underline{\mathbf{k}}}\cdot\underline{\mathbf{R}} - \phi_h)}\,\hat{\underline{\mathbf{v}}}]\end{aligned} \tag{6.5.13}$$

[3] In der komplexen A-Ebene gibt es *einen* Punkt ∞ (Behnke und Sommer, 1965).

in einer festen Ebene $\hat{\underline{\mathbf{k}}} \cdot \underline{\mathbf{R}} = \zeta = \text{const}$ senkrecht zur Ausbreitungsrichtung, z.B. in der Ebene $\zeta = 0$, als Funktion der Zeit auf einem Kreis mit der Winkelgeschwindigkeit ωt und der Anfangsphase $-\phi_h$: Man spricht (in der Elektrotechnik!) von *rechts*zirkularer Polarisation, da die Bewegung in Richtung der gekrümmten Finger der rechten Hand verläuft, wenn der Daumen in Ausbreitungsrichtung $\hat{\underline{\mathbf{k}}}$ zeigt (Abbildung 6.5.1). Schaut man der Welle hinterher, bewegt

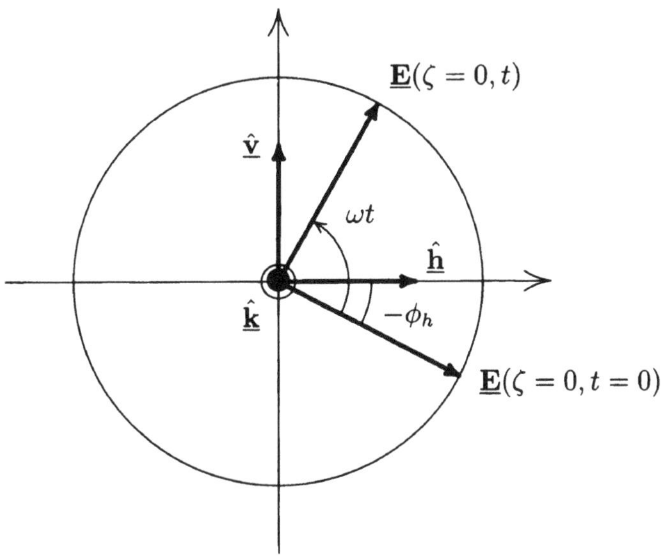

***Abb. 6.5.1:** Rechtszirkulare Polarisation*

sich $\underline{\mathbf{E}}(\zeta = 0, t)$ in Richtung des Uhrzeigers, also heißt rechtszirkulare Polarisation auch CW-Polarisation (*clockwise*) Auf diese Weise definiert jeder Wert der Polarisationszahl $A(\omega)$ in einer komplexen Zahlenebene eine bestimmte Polarisation — im allgemeinen Fall rechts- oder linkselliptische Polarisation mit beliebiger Ellipsenorientierung relativ zur $\hat{\underline{\mathbf{h}}}\,\hat{\underline{\mathbf{v}}}$-Basis —, man spricht vom Polarisationsdiagramm (Langenberg, 2005). Die Polarisationsänderung bei Reflexion, Beugung oder Streuung einer elektromagnetischen Welle äußert sich in der Änderung der Polarisationszahl, also in der Transformation des Jones-Vektors der einfallenden (ebenen) Welle in den Jones-Vektor der gestreuten Welle[4]; diese Transformation wird durch 2×2-Matrizen, die Jones- und Sinclair-Matrizen, vermittelt, wobei der Unterschied lediglich in der Wahl der Polarisationsbasen für einfallende und gestreute Welle liegt. Diese Matrizen enthalten die gesamte Information über den Streuer, ihre algebraische Analyse ist also ein exzellentes Werkzeug der zerstörungsfreien Prüfung mit Mikrowellen (Cloude, 2002).

Die Polarisation elektromagnetischer Wellen ist zunächst ein Konzept für (reell-)zeitharmonische ebene Wellen. Für beliebige Zeitabhängigkeit erlaubt die Fourier-Inversion von (6.5.2) mit (6.5.6) gemäß — es sei $E_{h,v}(-\omega) = E^*_{h,v}(\omega)$ —

$$\underline{\mathbf{E}}(\underline{\mathbf{R}}, t) = E_h\left(t \mp \frac{\hat{\underline{\mathbf{k}}} \cdot \underline{\mathbf{R}}}{c}\right)\hat{\underline{\mathbf{h}}} + E_v\left(t \mp \frac{\hat{\underline{\mathbf{k}}} \cdot \underline{\mathbf{R}}}{c}\right)\hat{\underline{\mathbf{v}}} \tag{6.5.14}$$

nur *dann* eine einfache Interpretation, wenn $E_h(t) = E_v(t)$ gesetzt wird, also *lineare* Polarisation vorliegt. Wenn dies nicht der Fall ist, geht man zu zeitlichen Mittelwerten über (Langenberg, 2005).

[4]Im Fernfeld eines Streuers ist die Streuwelle *lokal* eine ebene Welle.

6.5.2 Dissipative Materialien

Wir setzen ein elektrisch homogen-isotrop leitfähiges $\epsilon_r\mu_r$-Material mit der Leitfähigkeit σ_e voraus. Mit (6.4.18) lautet dann die Dispersionsrelation entsprechend (6.5.3)

$$\begin{aligned} \underline{\mathbf{k}} \cdot \underline{\mathbf{k}} &= k_c^2(\omega) \\ &= \omega^2 \epsilon_0 \epsilon_r \mu_0 \mu_r + \mathrm{j}\omega\mu_0\mu_r\sigma_e \ , \end{aligned} \tag{6.5.15}$$

d.h. der Wellenzahlvektor ist komplex, er *kann*[5] gemäß

$$\underline{\mathbf{k}} = k_c(\omega)\hat{\underline{\mathbf{k}}} \tag{6.5.16}$$

gewählt werden. Berechnung der komplexen Wurzel ergibt (Gleichungen (2.3.38), (2.3.39))

$$\Re k_c(\omega) = k\sqrt{\frac{1}{2}\left[1 + \sqrt{1 + \left(\frac{\sigma_e}{\omega\epsilon_0\epsilon_r}\right)}\right]} \ , \tag{6.5.17}$$

$$\Im k_c(\omega) = k\sqrt{\frac{1}{2}\left[-1 + \sqrt{1 + \left(\frac{\sigma_e}{\omega\epsilon_0\epsilon_r}\right)}\right]} \ , \tag{6.5.18}$$

wobei mit *dieser* Vorzeichenfestlegung die ebene Welle (6.5.2) gemäß — es ist $\hat{\underline{\mathbf{k}}} \cdot \underline{\mathbf{R}} = \zeta$ —

$$\underline{\mathbf{E}}(\zeta, \omega) = \underline{\mathbf{E}}(\omega) \mathrm{e}^{\mathrm{j}\zeta\Re k_c(\omega)} \mathrm{e}^{-\zeta\Im k_c(\omega)} \tag{6.5.19}$$

bei Ausbreitung in $+\zeta$-Richtung im Halbraum $\zeta > 0$ exponentiell gedämpft ist. Da (6.5.17) und (6.5.18) nicht mehr, wie im nichtdissipativen Material, frequenzproportional sind, erfährt die (6.5.19) korrespondierende Impulswelle Dispersion (ein numerisches Beispiel findet sich in (Langenberg, 2005)). Diese muss bei Laufzeitberechnungen (z.B. elektromagnetischer Wellen in feuchtem Mauerwerk) berücksichtigt werden.

6.6 Elektromagnetische Quellenfelder in homogen-isotropen Materialien; tensorielle elektrische und magnetische Green-Funktionen

Die Differentialgleichung (6.4.17) mit ihrem dyadischen Differentialoperator lässt unmittelbar erkennen, dass die Definition einer (zeitharmonischen) Green'schen Dyade durch die Differentialgleichung

$$\left[(\Delta + k^2)\underline{\underline{\mathbf{I}}} - \nabla\nabla\right] \cdot \underline{\underline{\mathbf{G}}}_e(\underline{\mathbf{R}}, \underline{\mathbf{R}}', \omega) = -\underline{\underline{\mathbf{I}}}\,\delta(\underline{\mathbf{R}} - \underline{\mathbf{R}}') \tag{6.6.1}$$

sinnvoll ist; wir bezeichnen sie als *elektrische* Green'sche Dyade $\underline{\underline{\mathbf{G}}}_e(\underline{\mathbf{R}}, \underline{\mathbf{R}}', \omega)$, da sie schließlich zwischen *elektrischer* Stromdichte und elektrischer Feldstärke in Form einer Punktquellensynthese vermitteln soll. Mit derselben Argumentation wie in Abschnitt 13.1.1 schließen wir, dass $\underline{\underline{\mathbf{G}}}_e(\underline{\mathbf{R}}, \underline{\mathbf{R}}', \omega) = \underline{\underline{\mathbf{G}}}_e(\underline{\mathbf{R}} - \underline{\mathbf{R}}', \omega)$ gilt. Bevor wir diesen Gedanken einer Green'schen Dyade weiter ausarbeiten und im elektromagnetischen Huygens-Prinzip erfolgreich nutzen, sei aber die in der Theorie elektromagnetischer Quellenfelder — in der Antennentheorie — gängige Vorgehensweise über die elektromagnetischen Potentiale zitiert.

[5]Die allgemeine Lösung von (6.5.15) lautet: $\underline{\mathbf{k}} = \Re\underline{\mathbf{k}} + \mathrm{j}\Im\underline{\mathbf{k}}$ mit

$$\begin{aligned} (\Re\underline{\mathbf{k}})^2 - (\Im\underline{\mathbf{k}})^2 &= \omega^2\epsilon_0\epsilon_r\mu_0\mu_r \ , \\ \Re\underline{\mathbf{k}} \cdot \Im\underline{\mathbf{k}} &= \frac{1}{2}\omega\mu_0\mu_r\sigma_e \ , \end{aligned}$$

worin im Gegensatz zu Fußnote 2 $\Re\underline{\mathbf{k}} \cdot \Im\underline{\mathbf{k}} \neq 0$ sein muss; dieser Fall tritt für die transmittierte Welle ein, wenn eine ebene elektromagnetische Welle auf ein leitfähiges Material trifft: Die Ausbreitungsrichtung der Phase gehorcht dem Snellius'schen Brechungsgesetz für $\Re\underline{\mathbf{k}}$, und $\Im\underline{\mathbf{k}}$ ist stets senkrecht zur Oberfläche ausgerichtet (Langenberg, 2005). Für $\Re\underline{\mathbf{k}}$ parallel zu $\Im\underline{\mathbf{k}}$ ergibt sich der obige Fall.

6.6.1 Elektrisches skalares Potential und magnetisches Vektorpotential

Wir beschränken uns auf elektrische Strom- und Ladungsdichten, die ausschließlich im Quellvolumen V_Q ungleich null sein sollen, und „lösen" die resultierende Maxwell'sche Kompatibilitätsgleichung (6.1.4) der Divergenzfreiheit von $\underline{\underline{\mathbf{B}}}(\underline{\mathbf{R}}, t)$ durch den Ansatz

$$\underline{\underline{\mathbf{B}}}(\underline{\mathbf{R}}, t) = \nabla \times \underline{\mathbf{A}}(\underline{\mathbf{R}}, t) \tag{6.6.2}$$

eines magnetischen Vektorpotentials $\underline{\mathbf{A}}(\underline{\mathbf{R}}, t)$. Die Maxwell'sche Gleichung (6.1.2) schlägt sodann für die Darstellung der elektrischen Feldstärke

$$\underline{\mathbf{E}}(\underline{\mathbf{R}}, t) = -\nabla\Phi(\underline{\mathbf{R}}, t) - \frac{\partial \underline{\mathbf{A}}(\underline{\mathbf{R}}, t)}{\partial t} \tag{6.6.3}$$

die Einführung eines skalaren elektrischen Potentials $\Phi(\underline{\mathbf{R}}, t)$ vor, wobei das Minuszeichen von $\nabla\Phi$ aus der Spannungsdefinition der Elektrostatik übernommen wird. Die verbleibenden Gleichungen (6.1.1) und (6.1.3) liefern schließlich für $\epsilon_r\mu_r$-Materialien d'Alembert'sche Wellengleichungen

$$\Delta\Phi(\underline{\mathbf{R}}, t) - \frac{1}{c^2}\frac{\partial^2\Phi(\underline{\mathbf{R}}, t)}{\partial t^2} = -\frac{1}{\epsilon_0\epsilon_r}\varrho_e(\underline{\mathbf{R}}, t) \quad , \tag{6.6.4}$$

$$\Delta\underline{\mathbf{A}}(\underline{\mathbf{R}}, t) - \frac{1}{c^2}\frac{\partial^2\underline{\mathbf{A}}(\underline{\mathbf{R}}, t)}{\partial t^2} = -\mu_0\mu_r\underline{\mathbf{J}}_e(\underline{\mathbf{R}}, t) \quad , \tag{6.6.5}$$

falls die Potentiale über die sogenannte Lorentz-Konvention

$$\nabla \cdot \underline{\mathbf{A}}(\underline{\mathbf{R}}, t) + \frac{1}{c^2}\frac{\partial\Phi(\underline{\mathbf{R}}, t)}{\partial t} = 0 \tag{6.6.6}$$

verknüpft werden; mit einer Eichtransformation der Potentiale ist dies aber immer möglich (Langenberg, 2005). Die Gleichungen (6.6.4) und (6.6.5) enthüllen, dass die elektrischen Strom- und Ladungsdichten unmittelbar als Quellen der Potentiale auftreten, und: Wir haben die beiden vektoriellen Wellengleichungen (6.4.8), (6.4.9) für die Feldstärken auf *eine vektorielle* Wellengleichung und *eine skalare* Wellengleichung reduziert. Die Lösung

$$\Phi(\underline{\mathbf{R}}, t) = \frac{1}{4\pi\epsilon_0\epsilon_r}\iiint_{V_Q} \frac{\varrho_e\left(\underline{\mathbf{R}}', t - \frac{|\underline{\mathbf{R}}-\underline{\mathbf{R}}'|}{c}\right)}{|\underline{\mathbf{R}} - \underline{\mathbf{R}}'|}\, \mathrm{d}^3\underline{\mathbf{R}}' \tag{6.6.7}$$

von (6.6.4) (Gleichung (13.1.59)) finden wir mit der skalaren Green'schen Funktion im Zeitbereich (Gleichung (13.1.25)). Zur Lösung von (6.6.5) schreiben wir die drei skalaren kartesischen Komponenten dieser Gleichung hin, lösen jede einzelne mit der skalaren Green'schen Funktion und setzen die drei Lösungen hinterher zu einem Vektor zusammen[6]:

$$\underline{\mathbf{A}}(\underline{\mathbf{R}}, t) = \frac{\mu_0\mu_r}{4\pi}\iiint_{V_Q} \frac{\underline{\mathbf{J}}_e\left(\underline{\mathbf{R}}', t - \frac{|\underline{\mathbf{R}}-\underline{\mathbf{R}}'|}{c}\right)}{|\underline{\mathbf{R}} - \underline{\mathbf{R}}'|}\, \mathrm{d}^3\underline{\mathbf{R}}' \quad . \tag{6.6.8}$$

Die Lösungen (6.6.7) und (6.6.8) werden als retardierte Potentiale bezeichnet. Ihre Fourier-Spektren

$$\Phi(\underline{\mathbf{R}}, \omega) = \frac{1}{4\pi\epsilon_0\epsilon_r}\iiint_{V_Q} \varrho_e(\underline{\mathbf{R}}', \omega)\frac{e^{jk|\underline{\mathbf{R}}-\underline{\mathbf{R}}'|}}{|\underline{\mathbf{R}} - \underline{\mathbf{R}}'|}\, \mathrm{d}^3\underline{\mathbf{R}}' \quad , \tag{6.6.9}$$

$$\underline{\mathbf{A}}(\underline{\mathbf{R}}, \omega) = \frac{\mu_0\mu_r}{4\pi}\iiint_{V_Q} \underline{\mathbf{J}}_e(\underline{\mathbf{R}}', \omega)\frac{e^{jk|\underline{\mathbf{R}}-\underline{\mathbf{R}}'|}}{|\underline{\mathbf{R}} - \underline{\mathbf{R}}'|}\, \mathrm{d}^3\underline{\mathbf{R}}' \tag{6.6.10}$$

[6] Das ortsunabhängige kartesische Dreibein kann aus dem Volumenintegral heraus oder in das Volumenintegral hinein gezogen werden.

bilden die Grundlage zur Berechnung der Fourier-Spektren der Felder:

$$\underline{\mathbf{B}}(\underline{\mathbf{R}},\omega) = \nabla \times \underline{\mathbf{A}}(\underline{\mathbf{R}},\omega) \quad , \tag{6.6.11}$$

$$\underline{\mathbf{E}}(\underline{\mathbf{R}},\omega) = -\nabla\Phi(\underline{\mathbf{R}},\omega) + \mathrm{j}\omega\underline{\mathbf{A}}(\underline{\mathbf{R}},\omega) \quad ; \tag{6.6.12}$$

zu (6.6.12) gibt es die Alternative[7] „Maxwell-Gleichung (6.1.1)“:

$$\begin{aligned}\underline{\mathbf{E}}(\underline{\mathbf{R}},\omega) &= \frac{\mathrm{j}}{\omega\epsilon_0\epsilon_r\mu_0\mu_r}\left[\nabla \times \underline{\mathbf{B}}(\underline{\mathbf{R}},\omega) - \mu_0\mu_r\underline{\mathbf{J}}_\mathrm{e}(\underline{\mathbf{R}},\omega)\right] \\ &= \frac{\mathrm{j}\omega}{k^2}\underbrace{\left[\nabla \times \nabla \times \underline{\mathbf{A}}(\underline{\mathbf{R}},\omega) - \mu_0\mu_r\underline{\mathbf{J}}_\mathrm{e}(\underline{\mathbf{R}},\omega)\right]}_{\substack{= \nabla\nabla\cdot\underline{\mathbf{A}} - \Delta\underline{\mathbf{A}} - \mu_0\mu_r\underline{\mathbf{J}}_\mathrm{e}(\underline{\mathbf{R}},\omega) \\ = \nabla\nabla\cdot\underline{\mathbf{A}} + k^2\underline{\mathbf{A}}}} \\ &= \mathrm{j}\omega\left(\underline{\underline{\mathbf{I}}} + \frac{1}{k^2}\nabla\nabla\right)\cdot\underline{\mathbf{A}}(\underline{\mathbf{R}},\omega) \quad .\end{aligned} \tag{6.6.13}$$

Aufgrund der Lorentz-Konvention kommt man also mit dem Vektorpotential alleine aus.

6.6.2 Elektrischer Green'scher Tensor zweiter Stufe

Mit (6.6.10) ergibt (6.6.13) die Quellenfelddarstellung:

$$\begin{aligned}\underline{\mathbf{E}}(\underline{\mathbf{R}},\omega) &= \mathrm{j}\omega\mu_0\mu_r\left(\underline{\underline{\mathbf{I}}} + \frac{1}{k^2}\nabla\nabla\right)\cdot\iiint_{V_Q}\underline{\mathbf{J}}_\mathrm{e}(\underline{\mathbf{R}}',\omega)\frac{\mathrm{e}^{\mathrm{j}k|\underline{\mathbf{R}}-\underline{\mathbf{R}}'|}}{4\pi|\underline{\mathbf{R}}-\underline{\mathbf{R}}'|}\,\mathrm{d}^3\underline{\mathbf{R}}' \\ &= \mathrm{j}\omega\mu_0\mu_r\iiint_{V_Q}\underline{\mathbf{J}}_\mathrm{e}(\underline{\mathbf{R}}',\omega)\cdot\left(\underline{\underline{\mathbf{I}}} + \frac{1}{k^2}\nabla\nabla\right)\frac{\mathrm{e}^{\mathrm{j}k|\underline{\mathbf{R}}-\underline{\mathbf{R}}'|}}{4\pi|\underline{\mathbf{R}}-\underline{\mathbf{R}}'|}\,\mathrm{d}^3\underline{\mathbf{R}}' \\ &= \mathrm{j}\omega\mu_0\mu_r\iiint_{V_Q}\underline{\mathbf{J}}_\mathrm{e}(\underline{\mathbf{R}}',\omega)\cdot\underline{\underline{\mathbf{G}}}_\mathrm{e}(\underline{\mathbf{R}}-\underline{\mathbf{R}}',\omega)\,\mathrm{d}^3\underline{\mathbf{R}}' \quad ,\end{aligned} \tag{6.6.14}$$

wobei

$$\begin{aligned}\underline{\underline{\mathbf{G}}}_\mathrm{e}(\underline{\mathbf{R}}-\underline{\mathbf{R}}',\omega) &= \left(\underline{\underline{\mathbf{I}}} + \frac{1}{k^2}\nabla\nabla\right)\frac{\mathrm{e}^{\mathrm{j}k|\underline{\mathbf{R}}-\underline{\mathbf{R}}'|}}{4\pi|\underline{\mathbf{R}}-\underline{\mathbf{R}}'|} \\ &= \left(\underline{\underline{\mathbf{I}}} + \frac{1}{k^2}\nabla'\nabla'\right)\frac{\mathrm{e}^{\mathrm{j}k|\underline{\mathbf{R}}-\underline{\mathbf{R}}'|}}{4\pi|\underline{\mathbf{R}}-\underline{\mathbf{R}}'|}\end{aligned} \tag{6.6.15}$$

der symmetrische[8] elektrische Tensor zweiter Stufe, die elektrische dyadische Green'sche Funktion, ist, denn für $\underline{\mathbf{R}} \notin V_Q$ ist die Differentiation unter dem Integral völlig unproblematisch; $\underline{\underline{\mathbf{G}}}_\mathrm{e}(\underline{\mathbf{R}}-\underline{\mathbf{R}}',\omega)$ ist eine dyadische *Green'sche* Funktion, da sie zeitharmonische elektromagnetische (Kugel-)Elementarwellen beschreibt, die vom Quellpunkt $\underline{\mathbf{R}}' \in V_Q$ ausgehen und deren $\underline{\mathbf{J}}_\mathrm{e}(\underline{\mathbf{R}}',\omega)$-gewichtete (Punktquellen-)Synthese gemäß (6.6.14) die elektrische Feldstärke der $\underline{\mathbf{J}}_\mathrm{e}$-Quelle ergibt. Tatsächlich ist die Feldstärke

$$\begin{aligned}\underline{\mathbf{E}}^{\mathrm{PQ_e}}(\underline{\mathbf{R}},\omega) &= \mathrm{j}\omega\mu_0\mu_r\underline{\underline{\mathbf{G}}}_\mathrm{e}(\underline{\mathbf{R}},\omega)\cdot\underline{\hat{\mathbf{j}}}_\mathrm{e} \\ &= \mathrm{j}\omega\mu_0\mu_r\underline{\hat{\mathbf{j}}}_\mathrm{e}\cdot\underline{\underline{\mathbf{G}}}_\mathrm{e}(\underline{\mathbf{R}},\omega)\end{aligned} \tag{6.6.16}$$

einer $\underline{\mathbf{J}}_\mathrm{e}$-(Einheits-)Punktquelle

$$\underline{\mathbf{J}}_\mathrm{e}(\underline{\mathbf{R}},\omega) = \underline{\hat{\mathbf{j}}}_\mathrm{e}\delta(\underline{\mathbf{R}}) \tag{6.6.17}$$

[7] Man kann auch in (6.6.12) den Gradienten der zeitharmonischen Version der Lorentz-Konvention (6.6.6) einsetzen.

[8] Wegen der Symmetrie des Differentialoperators kann man in (6.6.14) die Kontraktion mit $\underline{\mathbf{J}}_\mathrm{e}$ entweder bezüglich des ersten oder des zweiten Indexes machen.

im Koordinatenursprung gerade die mit $\mathrm{j}\omega\mu_0\mu_r$ multiplizierte und mit $\underline{\hat{\mathbf{j}}}_\mathrm{e}$ kontrahierte Green'sche Dyade.

Die physikalische Bedeutung des elektrischen Green'schen Tensors zweiter Stufe muss sich mathematisch in einer Differentialgleichung für $\underline{\underline{\mathbf{G}}}_\mathrm{e}(\underline{\mathbf{R}} - \underline{\mathbf{R}}', \omega)$ widerspiegeln; offensichtlich ist (6.6.1) ebendiese Differentialgleichung, da die Anwendung des dadurch definierten Differentialoperators auf (6.6.14) sofort enthüllt, dass (6.6.14) Lösung der Differentialgleichung (6.4.17) für $\underline{\mathbf{J}}_\mathrm{m} \equiv \underline{\mathbf{0}}$ ist. Mittels dreidimensionaler räumlicher Fourier-Transformation zeigt man (man vergleiche Abschnitt 13.2.1), dass die Green'sche Dyade (6.6.15) in der Tat Lösung der Differentialgleichung (6.6.1) ist. Insofern beschreibt (6.6.15) auch das korrekte Quellpunktsverhalten von $\underline{\underline{\mathbf{G}}}_\mathrm{e}$; allerdings ist bei der expliziten Ausführung der $\nabla\nabla$-Differentiation an der für $\underline{\mathbf{R}} = \underline{\mathbf{R}}'$ singulären skalaren Green'schen Funktion Vorsicht geboten. Wie bereits in Abschnitt 5.5 erwähnt, erhält man (van Bladel, 1961; van Bladel, 1991; Chew, 1990; Langenberg, 2005)

$$\underline{\underline{\mathbf{G}}}_\mathrm{e}(\underline{\mathbf{R}} - \underline{\mathbf{R}}', \omega) = \mathrm{PV}\, \underline{\underline{\mathbf{G}}}_\mathrm{e}^{(0)}(\underline{\mathbf{R}} - \underline{\mathbf{R}}', \omega) - \frac{1}{3k^2}\underline{\underline{\mathbf{I}}}\,\delta(\underline{\mathbf{R}} - \underline{\mathbf{R}}') \tag{6.6.18}$$

mit

$$\underline{\underline{\mathbf{G}}}_\mathrm{e}^{(0)}(\underline{\mathbf{R}}, \omega) = \left[\underline{\underline{\mathbf{I}}} - \hat{\underline{\mathbf{R}}}\hat{\underline{\mathbf{R}}} + \frac{\mathrm{j}}{kR}(\underline{\underline{\mathbf{I}}} - 3\hat{\underline{\mathbf{R}}}\hat{\underline{\mathbf{R}}}) - \frac{1}{k^2R^2}(\underline{\underline{\mathbf{I}}} - 3\hat{\underline{\mathbf{R}}}\hat{\underline{\mathbf{R}}})\right]\frac{\mathrm{e}^{\mathrm{j}kR}}{4\pi R} \quad . \tag{6.6.19}$$

Hierin ist PV ein wohldefinierter Cauchy'scher Hauptwert zur Auswertung des Integrals (6.6.14), der auch noch — und insbesondere — für den R^{-3}-Term in (6.6.19) existiert. Für $\underline{\mathbf{R}} \neq \underline{\mathbf{R}}'$ gilt natürlich

$$\underline{\underline{\mathbf{G}}}_\mathrm{e}(\underline{\mathbf{R}} - \underline{\mathbf{R}}', \omega) = \underline{\underline{\mathbf{G}}}_\mathrm{e}^{(0)}(\underline{\mathbf{R}} - \underline{\mathbf{R}}', \omega) \quad . \tag{6.6.20}$$

6.6.3 Fernfeldnäherung

Mit der „Substitution" $\nabla \Longrightarrow \mathrm{j}k\hat{\underline{\mathbf{R}}}$ (Gleichung (13.1.47)) entsteht aus (6.6.15), und damit aus (6.6.14), die Fernfeldnäherung

$$\underline{\mathbf{E}}^\mathrm{fern}(\underline{\mathbf{R}}, \omega) = \frac{\mathrm{e}^{\mathrm{j}kR}}{R}\,\underline{\mathbf{H}}_E^\mathrm{e}(\hat{\underline{\mathbf{R}}}, \omega) \tag{6.6.21}$$

mit der vektoriellen Richtcharakteristik

$$\underline{\mathbf{H}}_E^\mathrm{e}(\hat{\underline{\mathbf{R}}}, \omega) = \mathrm{j}\omega\frac{\mu_0\mu_r}{4\pi}(\underline{\underline{\mathbf{I}}} - \hat{\underline{\mathbf{R}}}\hat{\underline{\mathbf{R}}}) \cdot \iiint_{V_Q} \underline{\mathbf{J}}_\mathrm{e}(\underline{\mathbf{R}}', \omega)\mathrm{e}^{-\mathrm{j}k\hat{\underline{\mathbf{R}}}\cdot\underline{\mathbf{R}}'}\,\mathrm{d}^3\underline{\mathbf{R}}' \tag{6.6.22}$$

der elektrischen Feldstärke. Offensichtlich gilt

$$\underline{\mathbf{E}}^\mathrm{fern}(\underline{\mathbf{R}}, \omega) \cdot \hat{\underline{\mathbf{R}}} = 0 \quad , \tag{6.6.23}$$

d.h. elektromagnetische Wellen sind im Fernfeld einer *beliebigen* Stromverteilung transversal zur Ausbreitungsrichtung $\hat{\underline{\mathbf{R}}}$ polarisiert, denn für die sich (6.1.2) ergebende Fernfeldmagnetfeldstärke

$$\underline{\mathbf{H}}^\mathrm{fern}(\underline{\mathbf{R}}, \omega) = \frac{\mathrm{e}^{\mathrm{j}kR}}{R}\,\underline{\mathbf{H}}_H^\mathrm{e}(\hat{\underline{\mathbf{R}}}, \omega) \tag{6.6.24}$$

mit

$$\underline{\mathbf{H}}_H^\mathrm{e}(\underline{\mathbf{R}}, \omega) = \frac{\mathrm{j}k}{4\pi}\,\hat{\underline{\mathbf{R}}} \times \iiint_{V_Q} \underline{\mathbf{J}}_\mathrm{e}(\underline{\mathbf{R}}', \omega)\mathrm{e}^{-\mathrm{j}k\hat{\underline{\mathbf{R}}}\cdot\underline{\mathbf{R}}'}\,\mathrm{d}^3\underline{\mathbf{R}}' \tag{6.6.25}$$

gilt ebenfalls die Orthogonalität

$$\underline{\mathbf{H}}^\mathrm{fern}(\underline{\mathbf{R}}, \omega) \cdot \hat{\underline{\mathbf{R}}} = 0 \quad ; \tag{6.6.26}$$

darüber hinaus liefert die Umformung $(\underline{\underline{\mathbf{I}}}-\hat{\underline{\mathbf{R}}}\hat{\underline{\mathbf{R}}})\cdot\underline{\mathbf{J}}_\mathrm{e} = (\hat{\underline{\mathbf{R}}}\times\underline{\mathbf{J}}_\mathrm{e})\times\hat{\underline{\mathbf{R}}}$ auch noch die Orthogonalität

$$\underline{\mathbf{E}}^\mathrm{fern}(\underline{\mathbf{R}},\omega) = Z\underline{\mathbf{H}}^\mathrm{fern}(\underline{\mathbf{R}},\omega)\times\hat{\underline{\mathbf{R}}} \quad , \tag{6.6.27}$$

d.h. $\hat{\underline{\mathbf{R}}}, \underline{\mathbf{E}}^\mathrm{fern}$ und $\underline{\mathbf{H}}^\mathrm{fern}$ bilden ein rechtshändig orientiertes orthogonales Dreibein: Das elektromagnetische Fernfeld einer beliebigen elektrischen Stromverteilung verhält sich *lokal* wie eine ebene Welle. Wir werden im nächsten Abschnitt sehen, dass dies auch für die Quellenfelder magnetischer Stromdichten gilt; dann *müssen* aber auch Streufelder, die als Quellen induzierte Stromdichten besitzen, diese Eigenschaft haben. Folglich lassen sich für einfallende Felder und Streufelder Polarisationsbasen definieren, in denen der Wechsel des Polarisationszustandes beim Streuvorgang durch Streumatrizen — Jones- bzw. Sinclair-Matrizen — beschrieben werden kann (Ulaby und Elachi, 1990; Langenberg, 2005).

6.6.4 Hertz'scher Dipol

In der Antennentheorie hat die Punktquelle (6.6.17) aus historischen Gründen einen Namen: Hertz'scher Dipol. Dessen elektrisches Feld (6.6.16) weist wegen (6.6.19) Nah-, Übergangs- und Fernfeld auf. Letzteres hat die Struktur

$$\underline{\mathbf{E}}^{\mathrm{PQ_e,fern}}(\underline{\mathbf{R}},\omega) = \mathrm{j}\omega\frac{\mu_0\mu_r}{4\pi}\frac{\mathrm{e}^{\mathrm{j}kR}}{R}(\underline{\underline{\mathbf{I}}}-\hat{\underline{\mathbf{R}}}\hat{\underline{\mathbf{R}}})\cdot\hat{\underline{\mathbf{j}}}_\mathrm{e} \quad ; \tag{6.6.28}$$

mit der Wahl $\hat{\underline{\mathbf{j}}}_\mathrm{e} = \underline{\mathbf{e}}_z$ ist $E_\vartheta^{\mathrm{PQ_e,fern}}(\underline{\mathbf{R}},\omega)$ die einzige von null verschiedene Feldstärkekomponente mit der Proportionalität zu $\sin\vartheta$, d.h. der Hertz'sche Dipol strahlt nicht in Richtung seiner Achse.

6.6.5 Magnetischer Green'scher Tensor zweiter Stufe

In der Schwingungsgleichung (6.4.17) für die elektrische Feldstärke steht auf der rechten Seite nicht nur die elektrische Stromdichte, sondern auch noch die Rotation der magnetischen Stromdichte. Setzen wir alternativ zum vorigen Paragraphen $\underline{\mathbf{J}}_\mathrm{m}\equiv\underline{\mathbf{0}}$, so lautet die Lösung von (6.4.17)

$$\underline{\mathbf{E}}(\underline{\mathbf{R}},\omega) = -\iiint_{V_Q}[\nabla'\times\underline{\mathbf{J}}_\mathrm{m}(\underline{\mathbf{R}}',\omega)]\cdot\underline{\underline{\mathbf{G}}}_\mathrm{e}(\underline{\mathbf{R}}-\underline{\mathbf{R}}',\omega)\,\mathrm{d}^3\underline{\mathbf{R}}' \quad , \tag{6.6.29}$$

wenn wir die elektrische Green'sche Dyade verwenden. Mit der Identität

$$(\nabla'\times\underline{\mathbf{J}}_\mathrm{m})\cdot\underline{\underline{\mathbf{G}}}_\mathrm{e} = \nabla'\cdot(\underline{\mathbf{J}}_\mathrm{m}\times\underline{\underline{\mathbf{G}}}_\mathrm{e}) + \underline{\mathbf{J}}_\mathrm{m}\cdot(\nabla'\times\underline{\underline{\mathbf{G}}}_\mathrm{e}) \tag{6.6.30}$$

und derselben Argumentation wie in Abschnitt 5.5 können wir den Rotationsoperator in (6.6.29) auf $\underline{\underline{\mathbf{G}}}_\mathrm{e}$ hinüberwälzen:

$$\underline{\mathbf{E}}(\underline{\mathbf{R}},\omega) = -\iiint_{V_Q}\underline{\mathbf{J}}_\mathrm{m}(\underline{\mathbf{R}}',\omega)\cdot\nabla'\times\underline{\underline{\mathbf{G}}}_\mathrm{e}(\underline{\mathbf{R}}-\underline{\mathbf{R}}',\omega)\,\mathrm{d}^3\underline{\mathbf{R}}' \quad , \tag{6.6.31}$$

wodurch der magnetische Green'sche Tensor zweiter Stufe

$$\begin{aligned}\underline{\underline{\mathbf{G}}}_\mathrm{m}(\underline{\mathbf{R}}-\underline{\mathbf{R}}',\omega) &= -\nabla'\times\underline{\underline{\mathbf{G}}}_\mathrm{e}(\underline{\mathbf{R}}-\underline{\mathbf{R}}',\omega)\\ &= \nabla\times\underline{\underline{\mathbf{G}}}_\mathrm{e}(\underline{\mathbf{R}}-\underline{\mathbf{R}}',\omega)\\ &= \nabla\times[G(\underline{\mathbf{R}}-\underline{\mathbf{R}}',\omega)\,\underline{\underline{\mathbf{I}}}]\\ &= \nabla G(\underline{\mathbf{R}}-\underline{\mathbf{R}}',\omega)\times\underline{\underline{\mathbf{I}}}\\ &= -\nabla' G(\underline{\mathbf{R}}-\underline{\mathbf{R}}',\omega)\times\underline{\underline{\mathbf{I}}}\end{aligned} \tag{6.6.32}$$

mit den Eigenschaften

$$\underline{\underline{\mathbf{G}}}^{21}_{\mathrm{m}}(\underline{\mathbf{R}} - \underline{\mathbf{R}}', \omega) = -\underline{\underline{\mathbf{G}}}_{\mathrm{m}}(\underline{\mathbf{R}} - \underline{\mathbf{R}}', \omega) \quad , \tag{6.6.33}$$

$$\underline{\underline{\mathbf{G}}}_{\mathrm{m}}(\underline{\mathbf{R}} - \underline{\mathbf{R}}', \omega) = -\underline{\underline{\mathbf{G}}}_{\mathrm{m}}(\underline{\mathbf{R}}' - \underline{\mathbf{R}}, \omega) \tag{6.6.34}$$

entsteht. Die Superposition von (6.6.14) und (6.6.31) ergibt schließlich die Lösung von (6.4.17) für $\underline{\mathbf{J}}_{\mathrm{e}} \neq \underline{\mathbf{0}}$ *und* $\underline{\mathbf{J}}_{\mathrm{m}} \neq \underline{\mathbf{0}}$:

$$\underline{\mathbf{E}}(\underline{\mathbf{R}}, \omega) = \iiint_{V_Q} \left[\mathrm{j}\omega\mu_0\mu_r \underline{\mathbf{J}}_{\mathrm{e}}(\underline{\mathbf{R}}', \omega) \cdot \underline{\underline{\mathbf{G}}}_{\mathrm{e}}(\underline{\mathbf{R}} - \underline{\mathbf{R}}', \omega) + \underline{\mathbf{J}}_{\mathrm{m}}(\underline{\mathbf{R}}', \omega) \cdot \underline{\underline{\mathbf{G}}}_{\mathrm{m}}(\underline{\mathbf{R}} - \underline{\mathbf{R}}', \omega) \right] \mathrm{d}^3\underline{\mathbf{R}}' \tag{6.6.35}$$

Damit können wir die Lösung der Fourier-transformierten Wellengleichung (6.4.9) für die magnetische Feldstärke auch sofort hinschreiben:

$$\underline{\mathbf{H}}(\underline{\mathbf{R}}, \omega) = \iiint_{V_Q} \left[\mathrm{j}\omega\epsilon_0\epsilon_r \underline{\mathbf{J}}_{\mathrm{m}}(\underline{\mathbf{R}}', \omega) \cdot \underline{\underline{\mathbf{G}}}_{\mathrm{e}}(\underline{\mathbf{R}} - \underline{\mathbf{R}}', \omega) - \underline{\mathbf{J}}_{\mathrm{e}}(\underline{\mathbf{R}}', \omega) \cdot \underline{\underline{\mathbf{G}}}_{\mathrm{m}}(\underline{\mathbf{R}} - \underline{\mathbf{R}}', \omega) \right] \mathrm{d}^3\underline{\mathbf{R}}' \tag{6.6.36}$$

Im Gegensatz zur Akustik und zur Elastodynamik benötigt der Elektromagnetismus nur *zwei* Green'sche Tensoren (Funktionen); dies ist eine Konsequenz der Symmetrie der Maxwell'schen Gleichungen (6.1.1) und (6.1.2). Abbildung 6.6.1 gibt diesen Sachverhalt graphisch wieder.

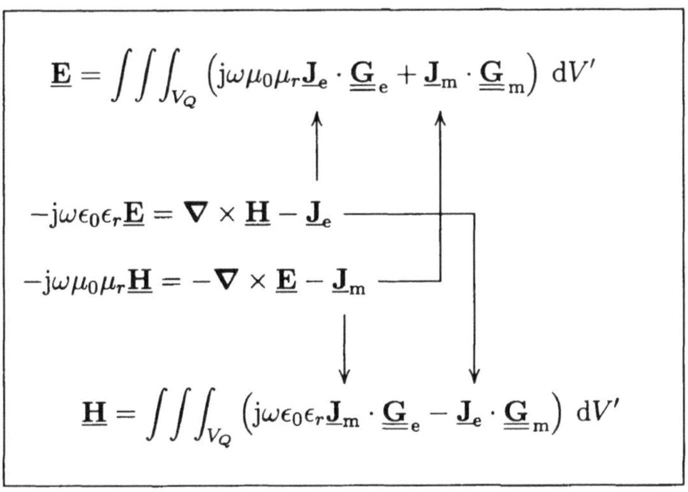

Abb. 6.6.1: *Zuordnung Green'scher Funktionen homogen-isotroper elektromagnetischer Materialien zu den Quelldichten* $\underline{\mathbf{J}}_{\mathrm{e}}$ *und* $\underline{\mathbf{J}}_{\mathrm{m}}$

6.7 Elektromagnetische Streufelder; elektromagnetische Fassung des Huygens'schen Prinzips

6.7.1 Elektromagnetische Fassung des Huygens'schen Prinzips

Die mathematische Formulierung des Huygens'schen Prinzips umfasst das *representation theorem* — die Darstellung eines Wellenfeldes auf der einen Seite einer (mathematisch fiktiven) geschlossenen Fläche S_g durch die Randwerte ebendieses Feldes auf S_g — und das *extinction theorem* — die Auslöschung des Wellenfeldes auf der jeweils anderen Seite der Fläche (Abschnitt 5.6 und Abschnitt 15.1.2): Die Darstellung des Feldes *außerhalb* S_g erzwingt ein Nullfeld *innerhalb* S_g und umgekehrt.

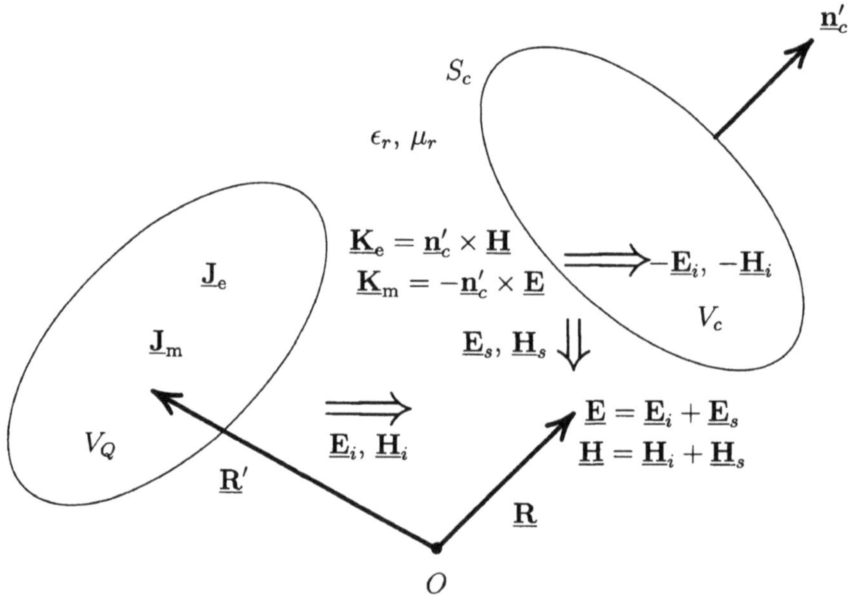

Abb. 6.7.1: *Elektromagnetisches Streuproblem: Flächenströme des Huygens-Prinzips*

Von J. Larmor (1903) stammt der Gedanke, die Randwerte des Wellenfeldes durch die Übergangsbedingungen (6.2.1), (6.2.2) zu *definieren.* Es sei beispielsweise das Innere von S_g, beschrieben durch den Index (2), feldfrei, dann definieren

$$\underline{\mathbf{n}} \times \underline{\mathbf{H}}(\underline{\mathbf{R}}_S, t) = \underline{\mathbf{K}}_e(\underline{\mathbf{R}}_S, t) \quad , \quad \underline{\mathbf{R}}_S \in S_g \quad , \tag{6.7.1}$$

$$\underline{\mathbf{n}} \times \underline{\mathbf{E}}(\underline{\mathbf{R}}_S, t) = -\underline{\mathbf{K}}_m(\underline{\mathbf{R}}_S, t) \quad , \quad \underline{\mathbf{R}}_S \in S_g \quad , \tag{6.7.2}$$

Flächenstromdichten genau *so*, dass sie den Unstetigkeitssprung vom inneren Nullfeld zum äußeren $\underline{\mathbf{E}}(\underline{\mathbf{R}}, t), \underline{\mathbf{H}}(\underline{\mathbf{R}}, t)$-Feld aufrecht erhalten; vereinbarungsgemäß zeigt die Normale von (2) nach (1), also ins Äußere von S_g und damit weg vom Nullfeld. Nunmehr sei S_g die physikalisch tatsächlich vorhandene Oberfläche S_c eines in ein $\epsilon_r\mu_r$-Material eingebetteten Streukörpers, der vom einfallenden Feld $\underline{\mathbf{E}}_i, \underline{\mathbf{H}}_i$ einer Quellverteilung „beleuchtet" wird; damit werden $\underline{\mathbf{K}}_e$ und $\underline{\mathbf{K}}_m$ zu Quellen des Streufeldes $\underline{\mathbf{E}}_s, \underline{\mathbf{H}}_s$, das sich außerhalb von S_c dem einfallenden Feld zum Gesamtfeld $\underline{\mathbf{E}} = \underline{\mathbf{E}}_i + \underline{\mathbf{E}}_s$, $\underline{\mathbf{H}} = \underline{\mathbf{H}}_i + \underline{\mathbf{H}}_s$ überlagert und das innerhalb von S_c das einfallende Feld kompensiert, weshalb das Gesamtfeld dort zum Nullfeld wird (Abbildung 6.7.1). Wir können deshalb die Quellenfelddarstellungen (6.6.35) und (6.6.36) zur Grundlage der Berechnung des zeitharmonischen Streufeldes $\underline{\mathbf{E}}_s(\underline{\mathbf{R}}, \omega), \underline{\mathbf{H}}_s(\underline{\mathbf{R}}, \omega)$ machen, wenn wir dort Volumenstromdichten

$$\underline{\mathbf{J}}_{e,m}(\underline{\mathbf{R}}', \omega) = \underline{\mathbf{K}}_{e,m}(\underline{\mathbf{R}}', \omega)\, \gamma_c(\underline{\mathbf{R}}') \quad , \quad \underline{\mathbf{R}}' \in S_c \quad , \tag{6.7.3}$$

einsetzen, die aufgrund der Siebeigenschaft (2.4.38) der singulären Funktion $\gamma_c(\underline{\mathbf{R}}')$ von S_c die Volumenintegrale (6.6.34) und (6.6.36) auf Flächenintegrale

$$\begin{aligned}\underline{\mathbf{E}}_s(\underline{\mathbf{R}}, \omega) &= \int\!\!\int_{S_c} \left[\mathrm{j}\omega\mu_0\mu_r \underline{\mathbf{K}}_e(\underline{\mathbf{R}}', \omega) \cdot \underline{\underline{\mathbf{G}}}_e(\underline{\mathbf{R}} - \underline{\mathbf{R}}', \omega) + \underline{\mathbf{K}}_m(\underline{\mathbf{R}}', \omega) \cdot \underline{\underline{\mathbf{G}}}_m(\underline{\mathbf{R}} - \underline{\mathbf{R}}', \omega) \right] \mathrm{d}S' \\ &= \int\!\!\int_{S_c} \left[\mathrm{j}\omega\mu_0\mu_r \underline{\mathbf{n}}_c' \times \underline{\mathbf{H}}(\underline{\mathbf{R}}', \omega) \cdot \underline{\underline{\mathbf{G}}}_e(\underline{\mathbf{R}} - \underline{\mathbf{R}}', \omega) - \right.\end{aligned} \tag{6.7.4}$$

$$-\underline{\mathbf{n}}_c' \times \underline{\mathbf{E}}(\underline{\mathbf{R}}',\omega) \cdot \underline{\underline{\mathbf{G}}}_{\mathrm{m}}(\underline{\mathbf{R}} - \underline{\mathbf{R}}',\omega)\Big]\, \mathrm{d}S' \;,$$

$$\begin{aligned} \underline{\mathbf{H}}_s(\underline{\mathbf{R}},\omega) &= \iint_{S_c} \Big[\mathrm{j}\omega\epsilon_0\epsilon_r \underline{\mathbf{K}}_{\mathrm{m}}(\underline{\mathbf{R}}',\omega) \cdot \underline{\underline{\mathbf{G}}}_{\mathrm{e}}(\underline{\mathbf{R}} - \underline{\mathbf{R}}',\omega) - \underline{\mathbf{K}}_{\mathrm{e}}(\underline{\mathbf{R}}',\omega) \cdot \underline{\underline{\mathbf{G}}}_{\mathrm{m}}(\underline{\mathbf{R}} - \underline{\mathbf{R}}',\omega)\Big]\, \mathrm{d}S' \\ &= -\iint_{S_c} \Big[\mathrm{j}\omega\epsilon_0\epsilon_r \underline{\mathbf{n}}_c' \times \underline{\mathbf{E}}(\underline{\mathbf{R}}',\omega) \cdot \underline{\underline{\mathbf{G}}}_{\mathrm{e}}(\underline{\mathbf{R}} - \underline{\mathbf{R}}',\omega) + \\ &\quad + \underline{\mathbf{n}}_c' \times \underline{\mathbf{H}}(\underline{\mathbf{R}}',\omega) \cdot \underline{\underline{\mathbf{G}}}_{\mathrm{m}}(\underline{\mathbf{R}} - \underline{\mathbf{R}}',\omega)\Big]\, \mathrm{d}S' \end{aligned} \tag{6.7.5}$$

reduzieren. Wir haben die mathematische Formulierung des Huygens'schen Prinzips elektromagnetischer Wellen gefunden! Die spezielle mathematische Version (6.7.4), (6.7.5) kommt „ganz natürlich" als Punktquellensynthese mit Green'schen Tensoren und elektrischen und magnetischen Flächenstromdichten (Wir benötigen deshalb von Anfang an *beide* Stromdichten!), weshalb die Wellenfeldrandwerte in (6.7.5), (6.7.6) nur *Tangential*komponenten der Feldstärken sein *können*. Die analytische Herleitung von (6.7.5), (6.7.6) stammt von W. Franz (Langenberg, 2005), sodass man von der Franz-Larmor-Version spricht. Diese ist zwar physikalisch zwingend, hat jedoch wegen der Hypersingularität von $\underline{\underline{\mathbf{G}}}_{\mathrm{e}}$ Probleme mit einer Numerik; deshalb bringt man Umformungen ins Spiel — Stratton-Chu-Version —, die nur noch die skalare Green'sche Funktion enthalten (Langenberg, 2005).

Übrigens: Im Sinne eines Äquivalenzprinzips sind die Flächenstromdichten $\underline{\mathbf{K}}_{\mathrm{e}}$ und $\underline{\mathbf{K}}_{\mathrm{m}}$, auch wenn sie auf einer mathematisch fiktiven Fläche „fließen", *äquivalent* zum physikalisch vorhandenen Streukörper; man könnte ihn „wegnehmen", ohne dem Streufeld etwas anzumerken.

6.7.2 Elektromagnetische Streufelder ideal elektrisch leitender Streukörper: EFIE und MFIE

Die Streufeldintegrale (6.7.4)–(6.7.6) sind insofern nur eine *formale* Lösung des elektromagnetischen Streuproblems als sie *unbekannte* Quellen enthalten: $\underline{\mathbf{n}}_c' \times \underline{\mathbf{E}}$ und $\underline{\mathbf{n}}_c' \times \underline{\mathbf{H}}$ sind ja Tangentialkomponenten des *Gesamt*feldes[9], die auch die Tangentialkomponenten des Streufeldes enthalten, das wir ja gerade erst berechnen wollen. Wie im skalaren akustischen Fall (Abschnitt 5.6) formuliert man deshalb Integralgleichungen, indem man mit dem Aufpunkt $\underline{\mathbf{R}}$ den Grenzübergang $\underline{\mathbf{R}} \longrightarrow S_c$ in den sich aus (6.7.4)–(6.7.6) ergebenden Tangentialkomponenten vollzieht. Lässt man wegen der Hypersingularität von $\underline{\underline{\mathbf{G}}}_{\mathrm{e}}$ genügend Vorsicht walten — es ist ein spezieller PV_ε-Hauptwert zu definieren (Langenberg, 2005) —, so erhält man für $\underline{\mathbf{R}}' \in S_c$

$$\begin{aligned} -\frac{1}{2}\underline{\mathbf{K}}_{\mathrm{m}}(\underline{\mathbf{R}},\omega) &= \underline{\mathbf{n}}_c \times \underline{\mathbf{E}}_i(\underline{\mathbf{R}},\omega) + \\ &+ \mathrm{PV}_\varepsilon \underline{\mathbf{n}}_c \times \iint_{S_c} \Big[\mathrm{j}\omega\mu_0\mu_r \underline{\mathbf{K}}_{\mathrm{e}}(\underline{\mathbf{R}}',\omega) \cdot \underline{\underline{\mathbf{G}}}_{\mathrm{e}}(\underline{\mathbf{R}} - \underline{\mathbf{R}}',\omega) + \underline{\mathbf{K}}_{\mathrm{m}}(\underline{\mathbf{R}}',\omega) \cdot \underline{\underline{\mathbf{G}}}_{\mathrm{m}}(\underline{\mathbf{R}} - \underline{\mathbf{R}}',\omega)\Big]\, \mathrm{d}S' \;, \end{aligned} \tag{6.7.6}$$

aus (6.7.4) beziehungsweise

$$\begin{aligned} \frac{1}{2}\underline{\mathbf{K}}_{\mathrm{e}}(\underline{\mathbf{R}},\omega) &= \underline{\mathbf{n}}_c \times \underline{\mathbf{H}}_i(\underline{\mathbf{R}},\omega) + \\ &+ \mathrm{PV}_\varepsilon \underline{\mathbf{n}}_c \times \iint_{S_c} \Big[\mathrm{j}\omega\epsilon_0\epsilon_r \underline{\mathbf{K}}_{\mathrm{m}}(\underline{\mathbf{R}}',\omega) \cdot \underline{\underline{\mathbf{G}}}_{\mathrm{e}}(\underline{\mathbf{R}} - \underline{\mathbf{R}}',\omega) - \underline{\mathbf{K}}_{\mathrm{e}}(\underline{\mathbf{R}}',\omega) \cdot \underline{\underline{\mathbf{G}}}_{\mathrm{m}}(\underline{\mathbf{R}} - \underline{\mathbf{R}}',\omega)\Big]\, \mathrm{d}S' \end{aligned} \tag{6.7.7}$$

aus (6.7.5). Beide Integralgleichungsbeziehungen (6.7.6) und (6.7.7) enthüllen, dass $\underline{\mathbf{K}}_{\mathrm{e}}$ und $\underline{\mathbf{K}}_{\mathrm{m}}$ nicht unabhängig voneinander sind . Konzentrieren wir uns deshalb auf den für die Praxis

[9]Der Unstetigkeitssprung vom Nullfeld zum $\underline{\mathbf{E}}, \underline{\mathbf{H}}$-Feld wurde ja für das Gesamtfeld postuliert.

wichtigen Fall — obwohl eine Idealisierung — eines ideal elektrisch leitenden Streukörpers, so ist $\underline{\mathbf{K}}_{\mathrm{m}} \equiv \underline{\mathbf{0}}$; damit reduziert sich (6.7.6) auf die *Electric Field Integral Equation* (1. Art: EFIE)

$$\mathrm{j}\omega\mu_0\mu_r \mathrm{PV}_\varepsilon \underline{\mathbf{n}}_c \times \iint_{S_c} \underline{\mathbf{K}}_{\mathrm{e}}(\underline{\mathbf{R}}',\omega)\cdot\underline{\underline{\mathbf{G}}}_{\mathrm{e}}(\underline{\mathbf{R}}-\underline{\mathbf{R}}',\omega)\,\mathrm{d}S' = -\underline{\mathbf{n}}_c \times \underline{\mathbf{E}}_i(\underline{\mathbf{R}},\omega)\ ,\quad \underline{\mathbf{R}}\in S_c\ , \tag{6.7.8}$$

und (6.7.7) auf die *Magnetic Field Integral Equation* (2. Art: MFIE)

$$\frac{1}{2}\underline{\mathbf{K}}_{\mathrm{e}}(\underline{\mathbf{R}},\omega) + \underline{\mathbf{n}}_c \times \iint_{S_c} \underline{\mathbf{K}}_{\mathrm{e}}(\underline{\mathbf{R}}',\omega)\cdot\underline{\underline{\mathbf{G}}}_{\mathrm{m}}(\underline{\mathbf{R}}-\underline{\mathbf{R}}',\omega)\,\mathrm{d}S' = \underline{\mathbf{n}}_c \times \underline{\mathbf{H}}_i(\underline{\mathbf{R}},\omega)\ ,\quad \underline{\mathbf{R}}\in S_c\ , \tag{6.7.9}$$

jeweils für die gesuchte elektrische Flächenstromdichte $\underline{\mathbf{K}}_{\mathrm{e}}$. In (6.7.9) kann man wegen der fehlenden elektrischen dyadischen Green'schen Funktion auf die PV_ε-Auswertung verzichten.

Nur für wenige Geometrien — darunter die ideal elektrisch leitende Kugel — lassen sich die Integralgleichungen (6.7.8) bzw. (6.7.9) analytisch lösen, wobei selbst im Fall der Kugel diese Lösung eine unendliche Summe über Kugelfunktionen ist (Stratton, 1941; Bowman et al., 1987), deren numerische Auswertung keineswegs trivial ist. Für eine auf eine ideal elektrisch leitende Kugel vom Radius a im Vakuum einfallende linear polarisierte ebene Welle

$$\underline{\mathbf{E}}_i(\underline{\mathbf{R}},\omega) = F(\omega)\,\mathrm{e}^{\mathrm{j}k_0\hat{\underline{\mathbf{k}}}_i\cdot\underline{\mathbf{R}}}\,\hat{\underline{\mathbf{E}}}_0 \tag{6.7.10}$$

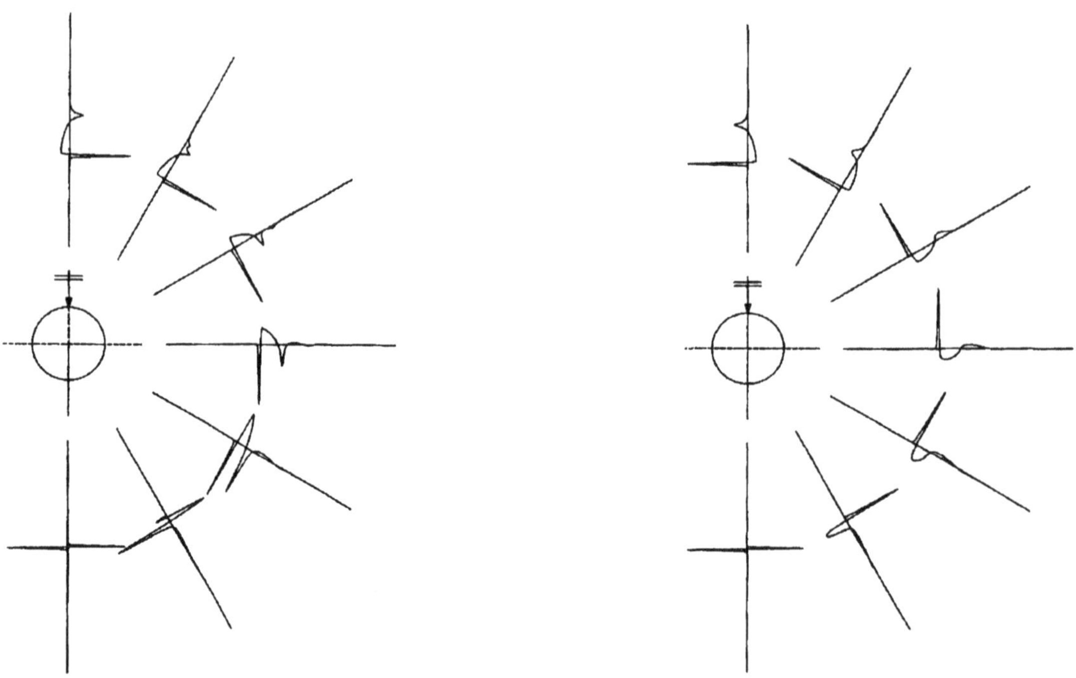

***Abb. 6.7.2:** ϑ-Komponente des elektrischen Streufernfeldes im Zeitbereich für verschiedene ϑ und $\varphi = 0$ (links); φ-Komponente des elektrischen Streufernfeldes im Zeitbereich für verschiedene ϑ und $\varphi = \pi/2$ (rechts)*

mit einem Gauß-förmigen Spektrum

$$F(\omega) = \sqrt{\frac{\pi}{\alpha}}\,\mathrm{e}^{-\frac{\omega^2}{4\alpha}} \tag{6.7.11}$$

sind für $\hat{\underline{\mathbf{k}}}_i = -\underline{\mathbf{e}}_z$, $\hat{\underline{\mathbf{E}}}_0 = \underline{\mathbf{e}}_x$ und $\alpha = 177.85\, c_0^2/a^2$ die ϑ- und φ-Fernfeldkomponenten des elektrischen Gaußimpuls-Streufeldes für verschiedene Werte von ϑ als Funktion der Zeit in Abb. 6.7.2 dargestellt. Für Winkel ϑ in der Umgebung der Rückstreuung erkennt man sehr schön den (in der ϑ-Komponente mit umgekehrtem Vorzeichen) spiegelnd reflektierten Gaußimpuls, gefolgt von den Streubeiträgen der Umgebung des Spiegelpunktes; die danach folgenden Impulse sind den um die Kugel herumlaufenden Stromimpulsen zugeordnet, sie heißen (Franz'sche) Kriechwellen[10] (Hönl et al., 1961).

Falls keine analytische Lösung für die EFIE und MFIE zur Hand ist, muss man auf numerische Methoden zurückgreifen: die klassische Momentenmethode (Harrington, 1968; Poggio und Miller, 1987; Wilton, 2002) oder die modernen schnellen Multipolmethoden (Chew et al., 2002; Michielssen et al., 2002).

6.7.3 Kirchhoff-Näherung

Wie für den skalaren akustischen Fall (Abschnitt 5.6) ist die Kirchhoff-Näherung der Physikalischen Optik (man beachte Fußnote 19) auch für die Streuung elektromagnetischer Wellen eine unter Umständen (hochfrequente Felder; konvexe Streukörper) brauchbare Näherungsmethode. Die Integralgleichung (6.7.9) suggeriert sofort, das Strahlungswechselwirkungsintegral zu vernachlässigen — für ebene Flächen S_c ist es exakt gleich null — und

$$\underline{\mathbf{K}}_{\mathrm{e}}^{\mathrm{PO}}(\underline{\mathbf{R}}, \omega) = 2\underline{\mathbf{n}}_c \times \underline{\mathbf{H}}_i(\underline{\mathbf{R}}, \omega) \tag{6.7.12}$$

als PO-genäherte Flächenstromdichte für $\underline{\mathbf{R}}$ auf der beleuchteten Seite von S_c zu verwenden; für $\underline{\mathbf{R}}$ auf der Schattenseite setzt man $\underline{\mathbf{K}}_{\mathrm{e}}^{\mathrm{PO}}(\underline{\mathbf{R}}, \omega) \equiv \underline{\mathbf{0}}$. Vor allem in der Theorie der inversen Streuung elektromagnetischer Wellen spielt die Kirchhoff-Näherung eine entscheidende Rolle zur Linearisierung des Problems (Langenberg et al., 1994; Langenberg et al., 1999b).

Berechnet man die Gaußimpuls-Streufernfelder einer ideal elektrisch leitenden Kugel in Kirchhoff-Näherung, so stellt man fest, dass diese Näherung, abgesehen von kleineren Unterschieden in der Umgebung der spiegelnden Reflexion, vor allen Dingen *keine* Kriechwellen liefert.

6.7.4 Elektromagnetische Streufelder penetrabler Streukörper: Lippmann-Schwinger-Integralgleichungen

Auch die Streuung elektromagnetischer Wellen an einem penetrablen Streukörper lässt sich, in Analogie zur Akustik (Abschnitt 5.6), mittels der Definition äquivalenter *Volumen*quellen formal lösen (Langenberg, 2005). Wir betrachten einen inhomogen-anisotropen $\underline{\underline{\boldsymbol{\epsilon}}}_r^{(i)}(\underline{\mathbf{R}})\underline{\underline{\boldsymbol{\mu}}}_r^{(i)}(\underline{\mathbf{R}})$-Streukörper des Volumens V_c in einem $\epsilon_r\mu_r$-Einbettungsmaterial, in dem auch das Quellvolumen V_Q mit $\underline{\mathbf{J}}_{\mathrm{e,m}}(\underline{\mathbf{R}}, \omega) \neq \underline{\mathbf{0}}$ liegt. In Analogie zu (5.6.13) und (5.6.14) definieren wir Kontrasttensoren[11]

$$\underline{\underline{\boldsymbol{\chi}}}_{\mathrm{e}}(\underline{\mathbf{R}}) = \frac{1}{\epsilon_r}\left[\underline{\underline{\boldsymbol{\epsilon}}}_r^{(i)}(\underline{\mathbf{R}}) - \epsilon_r\,\underline{\underline{\mathbf{I}}}\right]\Gamma_c(\underline{\mathbf{R}}) \quad , \tag{6.7.13}$$

$$\underline{\underline{\boldsymbol{\chi}}}_{\mathrm{m}}(\underline{\mathbf{R}}) = \frac{1}{\mu_r}\left[\underline{\underline{\boldsymbol{\mu}}}_r^{(i)}(\underline{\mathbf{R}}) - \mu_r\,\underline{\underline{\mathbf{I}}}\right]\Gamma_c(\underline{\mathbf{R}}) \quad , \tag{6.7.14}$$

die aufgrund der charakteristischen Funktion $\Gamma_c(\underline{\mathbf{R}})$ von V_c außerhalb von V_c gleich dem Nulltensor sind. In den Differentialgleichungen (6.4.3) und (6.4.4) für $\underline{\mathbf{E}}(\underline{\mathbf{R}}, t)$ und $\underline{\mathbf{H}}(\underline{\mathbf{R}}, t)$ des

[10] Damit ist dieser Begriff besetzt, und man sollte ihn nicht ein zweites Mal — siehe *Kriechwellen*prüfkopf — für ein anderes physikalisches Phänomen verwenden.

[11] Die $\underline{\underline{\boldsymbol{\chi}}}_{\mathrm{e,m}}(\underline{\mathbf{R}})$-Tensoren sind die Suszeptibilitätstensoren eines $\underline{\underline{\boldsymbol{\epsilon}}}_r^{(i)}(\underline{\mathbf{R}})\underline{\underline{\boldsymbol{\mu}}}_r^{(i)}(\underline{\mathbf{R}})/\epsilon_r\mu_r$-Materials.

inhomogen-anisotropen $\underline{\underline{\boldsymbol{\epsilon}}}_r(\underline{\mathbf{R}})\underline{\underline{\boldsymbol{\mu}}}_r(\underline{\mathbf{R}})$-Materials setzen wir nun[12]

$$\underline{\underline{\boldsymbol{\epsilon}}}_r(\underline{\mathbf{R}}) = \epsilon_r\left[\underline{\underline{\mathbf{I}}} + \underline{\underline{\boldsymbol{\chi}}}_{\mathrm{e}}(\underline{\mathbf{R}})\right] = \begin{cases} \epsilon_r & \text{für } \underline{\mathbf{R}} \notin V_c \\ \underline{\underline{\boldsymbol{\epsilon}}}_r^{(i)}(\underline{\mathbf{R}}) & \text{für } \underline{\mathbf{R}} \in V_c \end{cases}, \tag{6.7.15}$$

$$\underline{\underline{\boldsymbol{\mu}}}_r(\underline{\mathbf{R}}) = \mu_r\left[\underline{\underline{\mathbf{I}}} + \underline{\underline{\boldsymbol{\chi}}}_{\mathrm{m}}(\underline{\mathbf{R}})\right] = \begin{cases} \mu_r & \text{für } \underline{\mathbf{R}} \notin V_c \\ \underline{\underline{\boldsymbol{\mu}}}_r^{(i)}(\underline{\mathbf{R}}) & \text{für } \underline{\mathbf{R}} \in V_c \end{cases} \tag{6.7.16}$$

ein und sortieren *so*, dass auf der linken Seite der resultierenden Differentialgleichungen nur noch die Differentialoperatoren (6.4.5) und (6.4.6) des homogen-isotropen Einbettungsmaterials stehen:

$$\begin{aligned} \nabla \times \nabla \times \underline{\mathbf{E}}(\underline{\mathbf{R}}, t) + \frac{1}{c^2}\frac{\partial^2 \underline{\mathbf{E}}(\underline{\mathbf{R}}, t)}{\partial t^2} &= -\mu_0\mu_r\frac{\partial}{\partial t}\left[\underline{\mathbf{J}}_{\mathrm{e}}(\underline{\mathbf{R}}, t) + \underline{\mathbf{J}}_{\mathrm{ec}}(\underline{\mathbf{R}}, t)\right] - \\ &\quad -\nabla \times \left[\underline{\mathbf{J}}_{\mathrm{m}}(\underline{\mathbf{R}}, t) + \underline{\mathbf{J}}_{\mathrm{mc}}(\underline{\mathbf{R}}, t)\right] , \end{aligned} \tag{6.7.17}$$

$$\begin{aligned} \nabla \times \nabla \times \underline{\mathbf{H}}(\underline{\mathbf{R}}, t) + \frac{1}{c^2}\frac{\partial^2 \underline{\mathbf{H}}(\underline{\mathbf{R}}, t)}{\partial t^2} &= -\epsilon_0\epsilon_r\frac{\partial}{\partial t}\left[\underline{\mathbf{J}}_{\mathrm{m}}(\underline{\mathbf{R}}, t) + \underline{\mathbf{J}}_{\mathrm{mc}}(\underline{\mathbf{R}}, t)\right] + \\ &\quad +\nabla \times \left[\underline{\mathbf{J}}_{\mathrm{e}}(\underline{\mathbf{R}}, t) + \underline{\mathbf{J}}_{\mathrm{ec}}(\underline{\mathbf{R}}, t)\right] ; \end{aligned} \tag{6.7.18}$$

die Terme

$$\begin{aligned} \underline{\mathbf{J}}_{\mathrm{ec}}(\underline{\mathbf{R}}, t) &= -\epsilon_0\epsilon_r\Gamma_c(\underline{\mathbf{R}})\left[\underline{\underline{\mathbf{I}}} - \frac{\underline{\underline{\boldsymbol{\epsilon}}}_r^{(i)}(\underline{\mathbf{R}})}{\epsilon_r}\right] \cdot \frac{\partial \underline{\mathbf{E}}(\underline{\mathbf{R}}, t)}{\partial t} \\ &= \epsilon_0\epsilon_r\underline{\underline{\boldsymbol{\chi}}}_{\mathrm{e}}(\underline{\mathbf{R}}) \cdot \frac{\partial \underline{\mathbf{E}}(\underline{\mathbf{R}}, t)}{\partial t} , \end{aligned} \tag{6.7.19}$$

$$\begin{aligned} \underline{\mathbf{J}}_{\mathrm{mc}}(\underline{\mathbf{R}}, t) &= -\mu_0\mu_r\Gamma_c(\underline{\mathbf{R}})\left[\underline{\underline{\mathbf{I}}} - \frac{\underline{\underline{\boldsymbol{\mu}}}_r^{(i)}(\underline{\mathbf{R}})}{\mu_r}\right] \cdot \frac{\partial \underline{\mathbf{H}}(\underline{\mathbf{R}}, t)}{\partial t} \\ &= \mu_0\mu_r\underline{\underline{\boldsymbol{\chi}}}_{\mathrm{m}}(\underline{\mathbf{R}}) \cdot \frac{\partial \underline{\mathbf{H}}(\underline{\mathbf{R}}, t)}{\partial t} \end{aligned} \tag{6.7.20}$$

entstehen dabei als äquivalente, den Streukörper repräsentierende sekundäre *Volumen*quellen. Sie sind ebenso wie die Huygens'schen *Flächen*quellen vom Gesamtfeld abhängig. Nach der Fourier-Transformation der Differentialgleichungen (6.7.17) und (6.7.18) bezüglich der Zeit finden wir mit den Green'schen Tensoren $\underline{\underline{\mathbf{G}}}_{\mathrm{e}}$ und $\underline{\underline{\mathbf{G}}}_{\mathrm{m}}$ des homogen-isotropen Einbettungsmaterials die Integraldarstellungen

$$\begin{aligned} \underline{\mathbf{E}}_i(\underline{\mathbf{R}}, \omega) = \mathrm{j}\omega\mu_0\mu_r &\iiint_{V_Q} \underline{\mathbf{J}}_{\mathrm{e}}(\underline{\mathbf{R}}', \omega) \cdot \underline{\underline{\mathbf{G}}}_{\mathrm{e}}(\underline{\mathbf{R}} - \underline{\mathbf{R}}', \omega)\, \mathrm{d}^3\underline{\mathbf{R}}' + \\ &+ \iiint_{V_Q} \underline{\mathbf{J}}_{\mathrm{m}}(\underline{\mathbf{R}}', \omega) \cdot \underline{\underline{\mathbf{G}}}_{\mathrm{m}}(\underline{\mathbf{R}} - \underline{\mathbf{R}}', \omega)\, \mathrm{d}^3\underline{\mathbf{R}}' , \end{aligned} \tag{6.7.21}$$

[12] Es ist zweckmäßig, auch die inversen Materialtensoren

$$\begin{aligned} \underline{\underline{\boldsymbol{\epsilon}}}_r^{-1}(\underline{\mathbf{R}}) &= \frac{1}{\epsilon_r}\left[\underline{\underline{\mathbf{I}}} + \underline{\underline{\boldsymbol{\imath}}}_{\mathrm{e}}(\underline{\mathbf{R}})\right] , \\ \underline{\underline{\boldsymbol{\mu}}}_r^{-1}(\underline{\mathbf{R}}) &= \frac{1}{\mu_r}\left[\underline{\underline{\mathbf{I}}} + \underline{\underline{\boldsymbol{\imath}}}_{\mathrm{m}}(\underline{\mathbf{R}})\right] \end{aligned}$$

durch „inverse“ Kontrastfunktionen (Kontrastfunktionen der inversen Materialtensoren)

$$\begin{aligned} \underline{\underline{\boldsymbol{\imath}}}_{\mathrm{e}}(\underline{\mathbf{R}}) &= \epsilon_r\left[\underline{\underline{\boldsymbol{\epsilon}}}_r^{-1}(\underline{\mathbf{R}}) - \frac{1}{\epsilon_r}\underline{\underline{\mathbf{I}}}\right] , \\ \underline{\underline{\boldsymbol{\imath}}}_{\mathrm{m}}(\underline{\mathbf{R}}) &= \mu_r\left[\underline{\underline{\boldsymbol{\mu}}}_r^{-1}(\underline{\mathbf{R}}) - \frac{1}{\mu_r}\underline{\underline{\mathbf{I}}}\right] \end{aligned}$$

darzustellen.

$$\begin{aligned}\underline{\mathbf{H}}_i(\underline{\mathbf{R}},\omega) &= \mathrm{j}\omega\epsilon_0\epsilon_r \iiint_{V_Q} \underline{\mathbf{J}}_\mathrm{m}(\underline{\mathbf{R}}',\omega)\cdot\underline{\underline{\mathbf{G}}}_\mathrm{e}(\underline{\mathbf{R}}-\underline{\mathbf{R}}',\omega)\,\mathrm{d}^3\underline{\mathbf{R}}' - \\ &\quad - \iiint_{V_Q} \underline{\mathbf{J}}_\mathrm{e}(\underline{\mathbf{R}}',\omega)\cdot\underline{\underline{\mathbf{G}}}_\mathrm{m}(\underline{\mathbf{R}}-\underline{\mathbf{R}}',\omega)\,\mathrm{d}^3\underline{\mathbf{R}}' \ , \\ &\quad \underline{\mathbf{R}}\in\mathbb{R}^3 \ ,\end{aligned} \tag{6.7.22}$$

für das einfallende Feld (Gleichungen (6.6.35)-(6.6.36)). Dabei ist zu beachten, dass für $\underline{\mathbf{R}} \in V_Q$ dem Distributionsanteil in $\underline{\underline{\mathbf{G}}}_\mathrm{e}$ Rechnung getragen und ein geeigneter Hauptwert des Integrals definiert werden muss; mit Gleichung (6.6.18) ist für das $\epsilon_r\mu_r$-Medium beides bekannt.

In völliger Analogie erhalten wir für $\underline{\mathbf{R}} \in \mathbb{R}^3$ das elektromagnetische Streufeld

$$\begin{aligned}\underline{\mathbf{E}}_s(\underline{\mathbf{R}},\omega) &= \mathrm{j}\omega\mu_0\mu_r \iiint_{V_c} \underline{\mathbf{J}}_\mathrm{ec}(\underline{\mathbf{R}}',\omega)\cdot\underline{\underline{\mathbf{G}}}_\mathrm{e}(\underline{\mathbf{R}}-\underline{\mathbf{R}}',\omega)\,\mathrm{d}^3\underline{\mathbf{R}}' + \\ &\quad + \iiint_{V_c} \underline{\mathbf{J}}_\mathrm{mc}(\underline{\mathbf{R}}',\omega)\cdot\underline{\underline{\mathbf{G}}}_\mathrm{m}(\underline{\mathbf{R}}-\underline{\mathbf{R}}',\omega)\,\mathrm{d}^3\underline{\mathbf{R}}' \ ,\end{aligned} \tag{6.7.23}$$

$$\begin{aligned}\underline{\mathbf{H}}_s(\underline{\mathbf{R}},\omega) &= \mathrm{j}\omega\epsilon_0\epsilon_r \iiint_{V_c} \underline{\mathbf{J}}_\mathrm{mc}(\underline{\mathbf{R}}',\omega)\cdot\underline{\underline{\mathbf{G}}}_\mathrm{e}(\underline{\mathbf{R}}-\underline{\mathbf{R}}',\omega)\,\mathrm{d}^3\underline{\mathbf{R}}' - \\ &\quad - \iiint_{V_c} \underline{\mathbf{J}}_\mathrm{ec}(\underline{\mathbf{R}}',\omega)\cdot\underline{\underline{\mathbf{G}}}_\mathrm{m}(\underline{\mathbf{R}}-\underline{\mathbf{R}}',\omega)\,\mathrm{d}^3\underline{\mathbf{R}}' \ ;\end{aligned} \tag{6.7.24}$$

diesmal kommt die Hypersingularität von $\underline{\underline{\mathbf{G}}}_\mathrm{e}$ für $\underline{\mathbf{R}} \in V_c$ ins Spiel.

Mit dieser formalen Lösung ist auch sofort klar, wie man das vorliegende Streuproblem auf ein inhomogen-anisotropes Einbettungsmedium verallgemeinern kann: Man verwende in (6.7.21), (6.7.22) und (6.7.23), (6.7.24) die Green'schen Tensoren des entsprechenden Materials (de Hoop, 1995)!

Für den Fall verschwindenden Permeabilitätskontrastes wollen wir noch — analog zum skalaren Fall in Abschnitt 5.6 — die Integralgleichung vom Lippmann-Schwinger-Typ für das elektrische Gesamtfeld *innerhalb* V_c aufschreiben (*object equation*[13]), indem wir in (6.7.23) auf beiden Seiten $\underline{\mathbf{E}}_i(\underline{\mathbf{R}},\omega)$ addieren:

$$\begin{aligned}\underline{\mathbf{E}}(\underline{\mathbf{R}},\omega) &= \underline{\mathbf{E}}_i(\underline{\mathbf{R}},\omega) + k^2 \iiint_{V_c} [\underline{\underline{\boldsymbol{\chi}}}_\mathrm{e}(\underline{\mathbf{R}}',\omega)\cdot\underline{\mathbf{E}}(\underline{\mathbf{R}}',\omega)]\cdot\underline{\underline{\mathbf{G}}}_\mathrm{e}(\underline{\mathbf{R}}-\underline{\mathbf{R}}',\omega)\,\mathrm{d}^3\underline{\mathbf{R}}' \\ &\quad \text{für } \underline{\mathbf{R}}\in V_c \ .\end{aligned} \tag{6.7.25}$$

In Analogie zu (5.6.34) können wir (6.7.25) formal nach dem Streufeld auflösen:

$$\underline{\mathbf{E}}_s(\underline{\mathbf{R}},\omega) = (\underline{\underline{\mathcal{I}}} - \underline{\underline{\mathcal{V}}}_c)^{-1}\cdot\underline{\underline{\mathcal{V}}}_c\{\underline{\mathbf{E}}_i\}(\underline{\mathbf{R}},\omega) \ , \quad \underline{\mathbf{R}}\in V_c \ , \tag{6.7.26}$$

wenn wir den tensoriellen Integraloperator $\underline{\underline{\mathcal{V}}}_c$ gemäß

$$\underline{\underline{\mathcal{V}}}_c\{\underline{\mathbf{E}}\}(\underline{\mathbf{R}},\omega) = k^2 \iiint_{V_c} \underline{\underline{\mathbf{G}}}_\mathrm{e}(\underline{\mathbf{R}}-\underline{\mathbf{R}}',\omega)\cdot\underline{\underline{\boldsymbol{\chi}}}_\mathrm{e}(\underline{\mathbf{R}}',\omega)\cdot\underline{\mathbf{E}}(\underline{\mathbf{R}}',\omega)\,\mathrm{d}^3\underline{\mathbf{R}}' \ , \quad \underline{\mathbf{R}}\in V_c \ , \tag{6.7.27}$$

definieren, dessen Anwendung auf einen Vektor wieder einen Vektor liefert. Setzen wir $\underline{\mathbf{E}}_i(\underline{\mathbf{R}},\omega)$ beispielsweise als ebene Welle mit der Amplitude (dem Jones-Vektor) $\underline{\mathbf{E}}_{0i}(\hat{\underline{\mathbf{k}}}_i,\omega)$ an — es ist dann $\underline{\mathbf{E}}_i(\underline{\mathbf{R}},\omega,\hat{\underline{\mathbf{k}}}_i) = \underline{\mathbf{E}}_{0i}(\hat{\underline{\mathbf{k}}}_i,\omega)\,\mathrm{e}^{\mathrm{j}k\hat{\underline{\mathbf{k}}}_i\cdot\underline{\mathbf{R}}}$ —, so zeigt (6.7.26) gemäß

$$\begin{aligned}\underline{\mathbf{E}}_s(\underline{\mathbf{R}},\omega,\hat{\underline{\mathbf{k}}}_i) &= (\underline{\underline{\mathcal{I}}} - \underline{\underline{\mathcal{V}}}_c)^{-1}\cdot\underline{\underline{\mathcal{V}}}_c\{\mathrm{e}^{\mathrm{j}k\hat{\underline{\mathbf{k}}}_i\cdot\underline{\mathbf{R}}'}\}(\underline{\mathbf{R}},\omega)\cdot\underline{\mathbf{E}}_{0i}(\hat{\underline{\mathbf{k}}}_i,\omega) \\ &\stackrel{\text{def}}{=} \underline{\underline{\boldsymbol{\Sigma}}}_c(\underline{\mathbf{R}},\omega,\hat{\underline{\mathbf{k}}}_i)\cdot\underline{\mathbf{E}}_{0i}(\hat{\underline{\mathbf{k}}}_i,\omega) \ , \quad \underline{\mathbf{R}}\in V_c \ ,\end{aligned} \tag{6.7.28}$$

[13]Man beachte: In der *object equation* ist $\underline{\mathbf{R}}, \underline{\mathbf{R}}' \in V_c$, d.h. die beiden Variablen des Integraloperators variieren im selben Bereich.

dass $\underline{\mathbf{E}}_s$ linear von ebendiesem Amplitudenfaktor abhängt: Dies ist natürlich eine Konsequenz der Linearität der Maxwell'schen Gleichungen!

Gegenüber dem skalaren Fall ist die Numerik zur Lösung von (6.7.25) mit der unangenehmen Hypersingularität der Green'schen Dyade für $\underline{\mathbf{R}} = \underline{\mathbf{R}}'$ konfrontiert, sodass man besondere Vorsichtsmaßnahmen ergreifen muss. Diskretisiert man das Volumen V_c beispielsweise mittels kugelförmiger Zellen (*voxel*), kann man (6.6.18) verwenden, und dies ergibt explizit:

$$\left[\underline{\underline{\mathbf{I}}} + \frac{1}{3}\underline{\underline{\chi}}_{\mathrm{e}}(\underline{\mathbf{R}},\omega)\right] \cdot \underline{\mathbf{E}}(\underline{\mathbf{R}},\omega) = \underline{\mathbf{E}}_i(\underline{\mathbf{R}},\omega) + \\ + k^2\,\mathrm{PV}\iiint_{V_c} [\underline{\underline{\chi}}_{\mathrm{e}}(\underline{\mathbf{R}}',\omega)\cdot\underline{\mathbf{E}}(\underline{\mathbf{R}}',\omega)]\cdot\underline{\underline{\mathbf{G}}}_{\mathrm{e}}^{(0)}(\underline{\mathbf{R}}-\underline{\mathbf{R}}',\omega)\,\mathrm{d}^3\underline{\mathbf{R}}' \text{ für } \underline{\mathbf{R}}\in V_c \quad . \tag{6.7.29}$$

Für kubische Zellen sieht die resultierende Integralgleichung genauso aus wie (6.7.29), jedoch ist der Integral„hauptwert" als Pseudofunktion zu verstehen (Langenberg und Fellinger, 1995); für andere Voxelgeometrien sieht auch der Distributionsanteil in $\underline{\underline{\mathbf{G}}}_{\mathrm{e}}$ anders aus (van Bladel, 1991; Chew, 1990).

Hat man schließlich $\underline{\mathbf{E}}(\underline{\mathbf{R}},\omega)$ für $\underline{\mathbf{R}} \in V_c$ bestimmt, lässt sich mithilfe von (6.7.23) für $\underline{\mathbf{R}} \in \mathbb{R}^3\backslash\overline{V}_c$, der dann sogenannten *data equation*[14], das Streufeld außerhalb des Streukörpers vergleichsweise leicht berechnen: Das Streuproblem ist gelöst!

Falls Permittivitäts- *und* Permeabilitätskontrast ungleich null sind, muss man ein gekoppeltes System von Lippmann-Schwinger-Gleichungen unter Verwendung von (6.7.21), (6.7.23) *und* (6.7.22), (6.7.24) aufstellen und lösen.

Die Lippmann-Schwinger-Integralgleichungen haben den Vorteil, dass man selbst für beliebige inhomogen-anisotrope Streukörper mit den bekannten Green'schen Tensoren des homogen-isotropen Einbettungsmaterials auskommt; sie haben den Nachteil, *Volumen*integralgleichungen mit hohem Diskretisierungsaufwand zu sein. Falls der Streukörper ebenfalls aus homogen-isotropem Material besteht, schlägt man deshalb einen anderen Weg ein: Man formuliert die zu (6.7.6), (6.7.7) korrespondierenden Flächenstromintegralgleichungen des Inneren von V_c, indem man in den entsprechenden Franz-Larmor-Integralgleichungen des elektromagnetischen Huygens-Prinzips den Grenzübergang $\underline{\mathbf{R}} \longrightarrow S_c$ von *innen* her durchführt; in diesen Integralen stehen die Green'schen Tensoren des homogen-isotropen Streukörpermaterials, die sich ja in der Wellenzahl von denen des Außenraums unterscheiden. Die Übergangsbedingungen fordern die Stetigkeit der Flächenstromdichten für das äußere und innere Streufeld, und so entsteht ein gekoppeltes System zweier *Flächen*integralgleichungen (Langenberg, 2005).

6.7.5 Born'sche Näherung

Für im Vergleich zum Streukörper große Wellenlängen und geringen Kontrast sind die Volumenstromdichten

$$\underline{\mathbf{J}}_{\mathrm{ec}}^{\mathrm{Born}}(\underline{\mathbf{R}},\omega) = -\mathrm{j}\omega\epsilon_0\epsilon_r\underline{\underline{\chi}}_{\mathrm{e}}(\underline{\mathbf{R}})\cdot\underline{\mathbf{E}}_i(\underline{\mathbf{R}},\omega) \quad , \tag{6.7.30}$$

$$\underline{\mathbf{J}}_{\mathrm{mc}}^{\mathrm{Born}}(\underline{\mathbf{R}},\omega) = -\mathrm{j}\omega\mu_0\mu_r\underline{\underline{\chi}}_{\mathrm{m}}(\underline{\mathbf{R}})\cdot\underline{\mathbf{H}}_i(\underline{\mathbf{R}},\omega) \tag{6.7.31}$$

eine brauchbare Näherung. Mit den Integralen (6.7.23), (6.7.24) kann sodann das Streufeld eines derartigen Streukörpers in Born'scher Näherung unmittelbar berechnet werden.

[14]Man beachte: In der *data equation* ist $\underline{\mathbf{R}}' \in V_c$ und $\underline{\mathbf{R}} \in \mathbb{R}^3\backslash\overline{V}_c$, d.h. die beiden Variablen des Integraloperators variieren in unterschiedlichen Bereichen.

6.7.6 Streutensor

In der Fernerkundung (*remote sensing*) mit elektromagnetischen Wellen interessiert man sich insbesondere für die Polarisation der Streuwelle in Abhängigkeit von der Polarisation der einfallenden Welle (Ulaby und Elachi, 1990; Cloude, 2002). Mit der Streufelddarstellung (6.7.23), der Darstellung (6.7.19) einer — beispielsweise — äquivalenten *elektrischen* Stromdichte sowie dem Ergebnis (6.7.28) zeigt man unmittelbar, dass sich für die vektorielle Amplitude $\underline{\mathbf{E}}_{0s}(\hat{\underline{\mathbf{R}}}, \omega, \hat{\underline{\mathbf{k}}}_i)$ des Streufeldes die *lineare* Abhängigkeit

$$\underline{\mathbf{E}}_s^{\text{fern}}(\underline{\mathbf{R}}, \omega, \hat{\underline{\mathbf{k}}}_i) = \frac{\mathrm{e}^{\mathrm{j}kR}}{R} \underbrace{\underline{\underline{\mathbf{\Sigma}}}(\hat{\underline{\mathbf{R}}}, \omega, \hat{\underline{\mathbf{k}}}_i) \cdot \underline{\mathbf{E}}_{0i}(\hat{\underline{\mathbf{k}}}_i, \omega)}_{= \underline{\mathbf{E}}_{0s}(\hat{\underline{\mathbf{R}}}, \omega, \hat{\underline{\mathbf{k}}}_i)} \tag{6.7.32}$$

vom Jones-Vektor der einfallenden (ebenen) Welle ergibt, worin der Streutensor

$$\underline{\underline{\mathbf{\Sigma}}}(\hat{\underline{\mathbf{R}}}, \omega, \hat{\underline{\mathbf{k}}}_i) = \frac{k^2}{4\pi} (\underline{\underline{\mathbf{I}}} - \hat{\underline{\mathbf{R}}}\,\hat{\underline{\mathbf{R}}}) \cdot \iiint_{V_c} \underline{\underline{\chi}}_{\mathrm{e}}(\underline{\mathbf{R}}') \cdot \left[\underline{\underline{\mathbf{\Sigma}}}_c(\underline{\mathbf{R}}', \omega, \hat{\underline{\mathbf{k}}}_i)\, \mathrm{e}^{-\mathrm{j}k\hat{\underline{\mathbf{k}}}_i \cdot \underline{\mathbf{R}}'} + \underline{\underline{\mathbf{I}}}\right] \mathrm{e}^{-\mathrm{j}k(\hat{\underline{\mathbf{R}}} - \hat{\underline{\mathbf{k}}}_i) \cdot \underline{\mathbf{R}}'}\, \mathrm{d}^3\underline{\mathbf{R}}' \tag{6.7.33}$$

die gesamte Information über den Streukörper enthält. Der Streutensor ist tatsächlich ein Tensor zweiter Stufe mit 9 Komponenten in einem definierten Koordinatensystem, der sich jedoch auf eine 2×2-Streu*matrix* herunterdividieren lässt, wenn man beachtet, dass $\underline{\mathbf{E}}_{0i}(\hat{\underline{\mathbf{k}}}_i, \omega)$ bezüglich $\hat{\underline{\mathbf{k}}}_i$ und $\underline{\mathbf{E}}_{0s}(\hat{\underline{\mathbf{R}}}, \omega, \hat{\underline{\mathbf{k}}}_i)$ bezüglich $\hat{\underline{\mathbf{R}}}$ orthogonal ist, dass also die Jones-Vektoren sowohl der einfallenden als auch der fernen Streuwelle durch jeweils nur *zwei* Komponenten in einer geeigneten Polarisationsbasis gegeben sind. In Abhängigkeit der Polarisationsbasis entstehen so die 2×2-Jones- und Sinclair-Streumatrizen (Langenberg, 2005), deren Messung und Auswertung Gegenstand des *Remote Sensing* ist. Die grundsätzliche Erweiterung auf die Elastodynamik wird in Abschnitt 15.4.1 angedacht.

6.8 Zweidimensionaler Elektromagnetismus: TM- und TE-Entkopplung

Zur mathematischen Beschreibung akustischer Wellen steht der Druck als *skalare* Feldgröße zur Verfügung, und zwar sowohl in zwei als auch in drei Raumdimensionen. Für den dreidimensionalen Elektromagnetismus und die dreidimensionale Elastodynamik ist eine derartige Vereinfachung im Allgemeinen nicht gegeben, jedoch ist für den *zweidimensionalen* Elektromagnetismus unter Umständen eine Aufspaltung in skalare, voneinander unabhängige Teilfelder möglich[15], die mathematisch völlig äquivalent zur zweidimensionalen skalaren Akustik sind. In der Elastodynamik entfällt selbst dieses: Nur zweidimensionale SH-Wellen sind der skalaren Akustik vergleichbar.

6.8.1 TM-Feld

Wir postulieren Zweidimensionalität für die Maxwell'schen Gleichungen mit $\partial/\partial y \equiv 0$ und behaupten:
Nullsetzen der Feld- und Stromkomponenten gemäß

$$\begin{aligned} H_y(x, z, t) &= 0 \quad , \\ E_x(x, z, t) = E_z(x, z, t) &= 0 \quad ; \end{aligned} \tag{6.8.1}$$

[15] Der Satz von Bromwich (Langenberg, 2002a) definiert Materialinhomogenitäten in bestimmten Koordinatensystemen, für die im *Drei*dimensionalen ebenfalls eine Aufspaltung in zwei skalare TM- bzw. TE-Teilfelder möglich ist.

$$J_{\mathrm{m}y}(x,z,t) = 0 \quad ,$$
$$J_{\mathrm{e}x}(x,z,t) = J_{\mathrm{e}z}(x,z,t) = 0 \tag{6.8.2}$$

ergibt unter der Voraussetzung $\epsilon_r(x,z)$, $\mu_r = \text{const}$ ein konsistentes Gleichungssystem für die verbleibenden Feldkomponenten $H_x(x,z,t) \neq 0$, $H_z(x,z,t) \neq 0$ und $E_y(x,z,t) \neq 0$ bei Anregung durch die Stromkomponenten $J_{\mathrm{m}x}(x,z,t) \neq 0$, $J_{\mathrm{m}z}(x,z,t) \neq 0$ sowie $J_{\mathrm{e}y}(x,z,t) \neq 0$, wobei $E_y(x,z,t)$ als skalares Potential gewählt werden kann, aus dem $H_x(x,z,t)$, $H_z(x,z,t)$ bei Vorgabe der Stromkomponenten und der Inhomogenität der Permittivität $\epsilon_r(x,z)$ berechnet werden können. Dieses Feld ist transversalmagnetisch zur Zweidimensionalitätsachse y, denn das Magnetfeld hat in dieser Richtung keine Komponente; Abb. 6.8.1a illustriert die Komponenten des TM-Feldes.

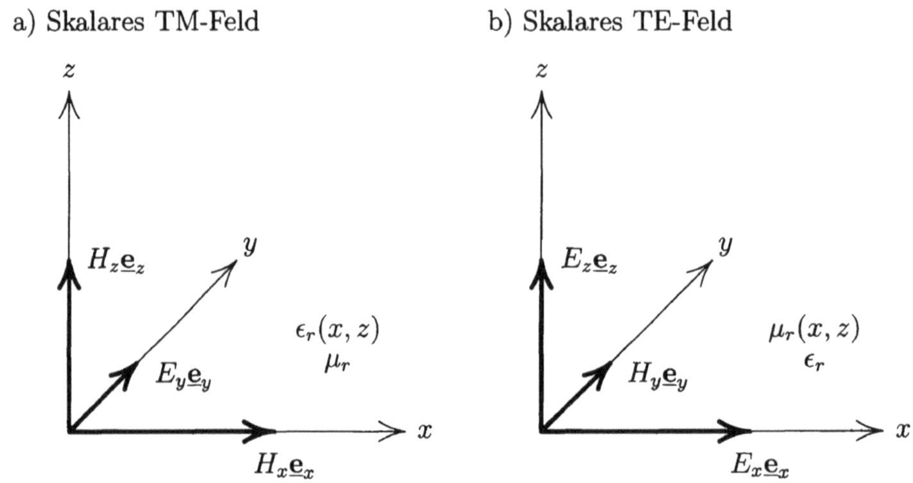

Abb. 6.8.1: *Zweidimensionale elektromagnetische TM- und TE-Felder:* $\partial/\partial y \equiv 0$

Zum Beweis schreiben wir die Maxwell'schen Gleichungen (6.1.1) und (6.1.2) unter den obigen Voraussetzungen hin:

$$\frac{\partial D_y(x,z,t)}{\partial t} = \frac{\partial H_x(x,z,t)}{\partial z} - \frac{\partial H_z(x,z,t)}{\partial x} - J_{\mathrm{e}y}(x,z,t) \quad , \tag{6.8.3}$$
$$\frac{\partial B_x(x,z,t)}{\partial t} = \frac{\partial E_y(x,z,t)}{\partial z} - J_{\mathrm{m}x}(x,z,t) \quad , \tag{6.8.4}$$
$$\frac{\partial B_z(x,z,t)}{\partial t} = -\frac{\partial E_y(x,z,t)}{\partial x} - J_{\mathrm{m}z}(x,z,t) \quad . \tag{6.8.5}$$

Differentiation von (6.8.4) nach z und (6.8.5) nach x, Subtraktion der sich ergebenden Gleichungen und Einsetzen von (6.8.3) unter Berücksichtigung der Materialgleichungen

$$B_{x,z}(x,z,t) = \mu_0\mu_r H_{x,z}(x,z,t) \quad , \tag{6.8.6}$$
$$D_y(x,z,t) = \epsilon_0\epsilon_r(x,z)E_y(x,z,\omega) \tag{6.8.7}$$

resultiert für $E_y(x,z,t)$ in einer Wellengleichung:

$$\Delta_{xz}E_y(x,z,t) - \epsilon_0\epsilon_r(x,z)\mu_0\mu_r\frac{\partial^2 E_y(x,z,t)}{\partial t^2} = \mu_0\mu_r\frac{\partial J_{\mathrm{e}y}(x,z,t)}{\partial t} - \underline{\mathbf{e}}_y\cdot\boldsymbol{\nabla}_{xz}\times\underline{\mathbf{J}}_{\mathrm{m}}(x,z,t) \ . \tag{6.8.8}$$

Damit ist die Behauptung bewiesen.

Falls übrigens das Material inhomogen bezüglich der Permeabilität sein sollte — ganz egal, ob die Permittivität homogen oder inhomogen ist —, tritt auf der rechten Seite von (6.8.8) noch ein Term $\nabla \ln \mu_r(x,z) \cdot \nabla E_y(x,z,t)$ auf.

Wenn die inhomogene Permittivität auf zweidimensionalen „Oberflächen", also auf Kurven in der xz-Ebene, Sprungstellen hat, müssen dort die Übergangsbedingungen (6.2.1), (6.2.2) erfüllt sein. Ohne eingeprägte Flächenstromdichten folgt aus (6.2.1) sofort, dass E_y stetig sein muss. Des Weiteren folgt aus (6.2.2) die Stetigkeit der Normalenableitung $\underline{\mathbf{n}} \cdot \nabla_{xz} E_y$ des skalaren „Potentials" E_y; man verwendet dazu die Gleichungen (6.8.3), (6.8.4) in der allein von null verschiedenen y-Komponente von (6.2.2). Der zweidimensionale elektromagnetische TM-Fall entspricht damit der (zweidimensionalen) skalaren Akustik, wenn die Dichte konstant und die Kompressibilität unstetig ist. Falls die Kurven Streukörper mit idealer elektrischer Leitfähikeit beranden, muss die elektrische Tangentialkomonente E_y als skalares „Potential" gleich null sein, und $\underline{\mathbf{n}} \times \underline{\mathbf{H}}$ definiert sodann die in y-Richtung induzierte elektrische Flächenstromdichte. In diesem Fall entspricht das zweidimensionale elektromagnetische TM-Streuproblem einem skalaren Dirichlet-Problem.

6.8.2 TE-Feld

Wie in Abb. 6.8.1b skizziert, führen die allein von null verschiedenen Komponenten $H_y \neq 0$, $E_x, E_z \neq 0$ auf ein transversalelektrisches, ein TE-Feld. Unter den Voraussetzungen $\mu_r(x,z)$, $\epsilon_r = \text{const}$ sowie $J_{\text{m}y} \neq 0$, $J_{\text{e}x}, J_{\text{e}z} \neq 0$ erhält man diesmal eine skalare Wellengleichung für das „Potential" $H_y(x,z,t)$:

$$\Delta_{xz} H_y(x,z,t) - \epsilon_0 \epsilon_r \mu_0 \mu_r(x,z) \frac{\partial^2 H_y(x,z,t)}{\partial t^2} = \epsilon_0 \epsilon_r \frac{\partial J_{\text{m}y}(x,z,t)}{\partial t} - \underline{\mathbf{e}}_y \cdot \nabla_{xz} \times \underline{\mathbf{J}}_{\text{e}}(x,z,t) \ . \quad (6.8.9)$$

Wieder ist man bei zusätzlicher oder alternativer Inhomogenität des „komplementären" Materialparameters, also der Permittivität, mit einem zusätzlichen Term $\nabla \ln \epsilon_r(x,z) \cdot \nabla H_y(x,z,t)$ konfrontiert; man bleibt dann besser bei einer vektoriellen Wellengleichung für die elektrische Feldstärke.

Potenzielle Übergangsbedingungen fordern die Stetigkeit von H_y und die Stetigkeit der Normalenableitung von H_y; für ideale elektrische Leitfähigkeit übersetzt sich $\underline{\mathbf{n}} \times \underline{\mathbf{E}} = \underline{\mathbf{0}}$ diesmal in eine Neumann'sche Randbedingung für H_y, und $\underline{\mathbf{n}} \times \underline{\mathbf{H}}$ definiert sodann die induzierten $K_{\text{e}x,z}$-Flächenstromdichtekomponenten. Im TM-Fall fließen also ausschließlich axiale Ströme und im TE-Fall ausschließlich Ströme in Umfangsrichtung.

7 Vektorielle Wellengleichungen

Die elastodynamischen Grundgleichungen (4.2.21) und (4.2.22) stellen *nach* der Einführung von Materialgleichungen linearer zeitinvarianter augenblicklich reagierender inhomogen-anisotroper Materialien, die wir in diesem Abschnitt stets zugrunde legen, ein in den Feldgrößen $\underline{\mathbf{v}}(\underline{\mathbf{R}}, t)$ und $\underline{\underline{\mathbf{T}}}(\underline{\mathbf{R}}, t)$ *gekoppeltes* System partieller Differentialgleichungen erster Ordnung dar. Zur Aufhebung dieser Kopplung, d.h. zur *Ent*kopplung, setzt man beide Gleichungen ineinander ein: Ergebnis sind partielle Differentialgleichungen zweiter Ordnung entweder für $\underline{\mathbf{v}}(\underline{\mathbf{R}}, t)$ oder für $\underline{\underline{\mathbf{T}}}(\underline{\mathbf{R}}, t)$. Da diese Gleichungen Wellen als Lösungen zulassen, nennen wir sie ganz allgemein „Wellengleichungen"; allerdings sind sie — auch in homogen-isotropen Materialien — mathematisch von komplizierterer Struktur als die „einfache" d'Alembert'sche Wellengleichung (5.3.11), sodass man in der Literatur mitunter auch von Navier'schen Wellengleichungen spricht. Eine weitere Möglichkeit zur Entkopplung, allerdings nur für *homogen-isotrope* Materialien, zitieren wir mit der Helmholtz-Zerlegung eines Vektors durch Potentiale.

7.1 Wellengleichungen für anisotrope und isotrope nichtdissipative Materialien

Wir wollen den Schritt des Ineinandereinsetzens der elastodynamischen Grundgleichungen (4.2.21) und (4.2.22) nacheinander für inhomogen-anisotrope, homogen-anisotrope und homogen-isotrope Materialien durchführen. Damit wird uns zunächst die allgemeine mathematische Struktur der Wellengleichung bewußt, und wir haben sodann zwei für die US-zfP sehr wichtige Spezialfälle homogener Materialien zur Verfügung.

7.1.1 Inhomogen-anisotrope Materialien

Von der Newton-Cauchy'schen Bewegungsgleichung (4.2.21) bilden wir die zeitliche Ableitung

$$\rho(\underline{\mathbf{R}}) \frac{\partial^2 \underline{\mathbf{v}}(\underline{\mathbf{R}}, t)}{\partial t^2} = \nabla \cdot \frac{\partial \underline{\underline{\mathbf{T}}}(\underline{\mathbf{R}}, t)}{\partial t} + \frac{\partial \underline{\mathbf{f}}(\underline{\mathbf{R}}, t)}{\partial t} \tag{7.1.1}$$

und setzen die Deformationsratengleichung (4.2.22) in der Form

$$\frac{\partial \underline{\underline{\mathbf{T}}}(\underline{\mathbf{R}}, t)}{\partial t} = \underline{\underline{\underline{\underline{\mathbf{c}}}}}(\underline{\mathbf{R}}) : \nabla \underline{\mathbf{v}}(\underline{\mathbf{R}}, t) + \underline{\underline{\underline{\underline{\mathbf{c}}}}} : \underline{\underline{\mathbf{h}}}(\underline{\mathbf{R}}, t) \tag{7.1.2}$$

ein; die Symmetrie des Steifigkeitstensors bezüglich der beiden letzten Indizes erlaubt es uns, die Doppelkontraktion von $\underline{\underline{\underline{\underline{\mathbf{c}}}}}$ mit $\frac{1}{2}(\nabla \underline{\mathbf{v}} + \nabla \underline{\mathbf{v}}^{21})$ zu $\underline{\underline{\underline{\underline{\mathbf{c}}}}} : \nabla \underline{\mathbf{v}}$ zusammenzuziehen. Ergebnis ist die Navier-Gleichung[1]

$$\nabla \cdot \left[\underline{\underline{\underline{\underline{\mathbf{c}}}}}(\underline{\mathbf{R}}) : \nabla \underline{\mathbf{v}}(\underline{\mathbf{R}}, t) \right] - \rho(\underline{\mathbf{R}}) \frac{\partial^2 \underline{\mathbf{v}}(\underline{\mathbf{R}}, t)}{\partial t^2} = - \frac{\partial \underline{\mathbf{f}}(\underline{\mathbf{R}}, t)}{\partial t} - \nabla \cdot \left[\underline{\underline{\underline{\underline{\mathbf{c}}}}}(\underline{\mathbf{R}}) : \underline{\underline{\mathbf{h}}}(\underline{\mathbf{R}}, t) \right] \tag{7.1.3}$$

[1]In der Elastodynamik interessieren wir uns primär für die Teilchengeschwindigkeit oder Teilchenverschiebung als Feldgröße, wohingegen unser Interesse in der Akustik dem Druck gilt. Diesem würde hier der Spannungstensor korrespondieren, sodass wir als elastodynamisches Pendant zu (5.3.5) die Differentialgleichung

$$\underline{\underline{\underline{\underline{\mathbf{I}}}}}^+ : \nabla \left[\frac{1}{\rho(\underline{\mathbf{R}})} \nabla \cdot \underline{\underline{\mathbf{T}}}(\underline{\mathbf{R}}, t) \right] - \underline{\underline{\underline{\underline{\mathbf{s}}}}}(\underline{\mathbf{R}}) : \frac{\partial^2 \underline{\underline{\mathbf{T}}}(\underline{\mathbf{R}}, t)}{\partial t^2} = - \underline{\underline{\underline{\underline{\mathbf{I}}}}}^+ : \nabla \left[\frac{1}{\rho(\underline{\mathbf{R}})} \underline{\mathbf{f}}(\underline{\mathbf{R}}, t) \right] - \frac{\partial \underline{\underline{\mathbf{h}}}(\underline{\mathbf{R}}, t)}{\partial t}$$

erhalten würden; wir haben der Einfachheit halber den Symmetrisierungstensor $\underline{\underline{\underline{\underline{\mathbf{I}}}}}^+$ gemäß (2.1.109) benutzt.

für $\underline{\mathbf{v}}(\underline{\mathbf{R}}, t)$ (das akustische Pendant ist Gleichung (5.3.8)). Man beachte: Für in das inhomogen-anisotrope $\rho(\underline{\mathbf{R}})\underline{\underline{\underline{\underline{\mathbf{c}}}}}(\underline{\mathbf{R}})$-Material eingebettete, auf das Volumen V_Q begrenzte Quellen $\underline{\mathbf{f}}(\underline{\mathbf{R}}, t)$, $\underline{\underline{\mathbf{h}}}(\underline{\mathbf{R}}, t)$ (Abbildung 7.1.1) geht die $\underline{\underline{\underline{\underline{\mathbf{c}}}}}(\underline{\mathbf{R}})$-Inhomogenität des Materials (innerhalb V_Q) in die Inhomogenität der Differentialgleichung ein. In der Regel — und typischerweise in der US-zfP

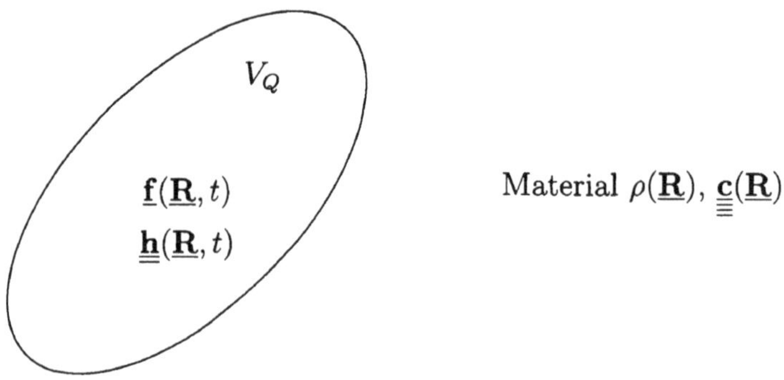

Abb. 7.1.1: *Quellvolumen V_Q elastischer Wellen im inhomogen-anisotropen Material*

— treffen wir aber auf die Situation, die in Abb. 7.1.2 skizziert ist: Das inhomogen-anisotrope

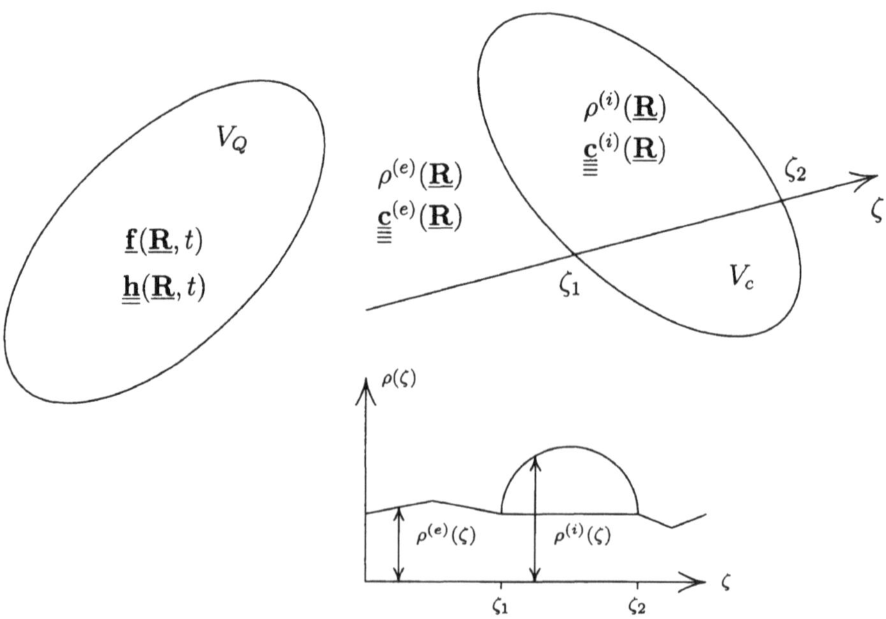

Abb. 7.1.2: *Quellvolumen V_Q elastischer Wellen im inhomogen-anisotropen Material*

Einbettungsmaterial mit den Materialparametern $\rho^{(e)}(\underline{\mathbf{R}})$, $\underline{\underline{\underline{\underline{\mathbf{c}}}}}^{(e)}(\underline{\mathbf{R}})$ enthält ein „Kontrastvolumen" V_c mit den Materialparametern $\rho^{(i)}(\underline{\mathbf{R}})$, $\underline{\underline{\underline{\underline{\mathbf{c}}}}}^{(i)}(\underline{\mathbf{R}})$, wobei sich V_Q und V_c nicht überlappen sollen; damit stellt V_c die Ungänze oder den Defekt der US-zfP dar, der von den Quellen in V_Q

angestrahlt wird. Wir wollen zeigen, wie man den Defekt durch einen Trick in einem zusätzlichen Inhomogenitätsterm der Differentialgleichung (7.1.3) „verstecken" kann (Snieder, 2002). Wir definieren zunächst den (dimensionslosen) Kontrast des Defektes

$$\chi_\rho(\underline{\mathbf{R}}) = \frac{1}{\rho^{(e)}(\underline{\mathbf{R}})} \left[\rho^{(i)}(\underline{\mathbf{R}}) - \rho^{(e)}(\underline{\mathbf{R}})\right] \Gamma_c(\underline{\mathbf{R}}) \tag{7.1.4}$$

in der Dichte und den (dimensionslosen) Kontrast

$$\underline{\underline{\underline{\underline{\chi}}}}_{\mathbf{c}}(\underline{\mathbf{R}}) = \underline{\underline{\underline{\underline{\mathbf{s}}}}}^{(e)}(\underline{\mathbf{R}}) : \left[\underline{\underline{\underline{\underline{\mathbf{c}}}}}^{(i)}(\underline{\mathbf{R}}) - \underline{\underline{\underline{\underline{\mathbf{c}}}}}^{(e)}(\underline{\mathbf{R}})\right] \Gamma_c(\underline{\mathbf{R}}) \tag{7.1.5}$$

im Steifigkeitstensor, wobei $\underline{\underline{\underline{\underline{\mathbf{s}}}}}^{(e)}(\underline{\mathbf{R}})$ mit

$$\begin{aligned}\underline{\underline{\underline{\underline{\mathbf{s}}}}}^{(e)}(\underline{\mathbf{R}}) : \underline{\underline{\underline{\underline{\mathbf{c}}}}}^{(e)}(\underline{\mathbf{R}}) &= \underline{\underline{\underline{\underline{\mathbf{c}}}}}^{(e)}(\underline{\mathbf{R}}) : \underline{\underline{\underline{\underline{\mathbf{s}}}}}^{(e)}(\underline{\mathbf{R}}) \\ &= \underline{\underline{\underline{\underline{\mathbf{I}}}}}^{+}\end{aligned} \tag{7.1.6}$$

der Nachgiebigkeitstensor des Einbettungsmaterials ist; aufgrund der charakteristischen Funktion $\Gamma_c(\underline{\mathbf{R}})$ sind $\chi_\rho(\underline{\mathbf{R}})$ und $\underline{\underline{\underline{\underline{\chi}}}}_{\mathbf{c}}(\underline{\mathbf{R}})$ tatsächlich außerhalb von V_c gleich null. Die Materialinhomogenitäten in (7.1.3) können wir nun gemäß

$$\rho(\underline{\mathbf{R}}) = \rho^{(e)}(\underline{\mathbf{R}})\left[1 + \chi_\rho(\underline{\mathbf{R}})\right] = \begin{cases} \rho^{(e)}(\underline{\mathbf{R}}) & \text{für } \underline{\mathbf{R}} \notin V_c \\ \rho^{(i)}(\underline{\mathbf{R}}) & \text{für } \underline{\mathbf{R}} \in V_c \end{cases} , \tag{7.1.7}$$

$$\underline{\underline{\underline{\underline{\mathbf{c}}}}}(\underline{\mathbf{R}}) = \underline{\underline{\underline{\underline{\mathbf{c}}}}}^{(e)}(\underline{\mathbf{R}}) : \left[\underline{\underline{\underline{\underline{\mathbf{I}}}}}^{+} + \underline{\underline{\underline{\underline{\chi}}}}_{\mathbf{c}}(\underline{\mathbf{R}})\right] = \begin{cases} \underline{\underline{\underline{\underline{\mathbf{c}}}}}^{(e)}(\underline{\mathbf{R}}) & \text{für } \underline{\mathbf{R}} \notin V_c \\ \underline{\underline{\underline{\underline{\mathbf{c}}}}}^{(i)}(\underline{\mathbf{R}}) & \text{für } \underline{\mathbf{R}} \in V_c \end{cases} \tag{7.1.8}$$

schreiben; wir haben $\rho(\underline{\mathbf{R}})$ in Abb. 7.1.2 anhand eines Schnittes durch V_c entlang der Koordinate ζ skizziert.

Setzen wir (7.1.7), (7.1.8) in (7.1.3) ein, so ergibt sich nach Sortierung einzelner Terme:

$$\begin{aligned}\nabla \cdot \left[\underline{\underline{\underline{\underline{\mathbf{c}}}}}^{(e)}(\underline{\mathbf{R}}) : \nabla \underline{\mathbf{v}}(\underline{\mathbf{R}}, t)\right] - \rho^{(e)}(\underline{\mathbf{R}}) \frac{\partial^2 \underline{\mathbf{v}}(\underline{\mathbf{R}}, t)}{\partial t^2} &= \\ -\frac{\partial \underline{\mathbf{f}}(\underline{\mathbf{R}}, t)}{\partial t} - \nabla \cdot \left[\underline{\underline{\underline{\underline{\mathbf{c}}}}}^{(e)}(\underline{\mathbf{R}}) : \underline{\underline{\mathbf{h}}}(\underline{\mathbf{R}}, t)\right] + \rho^{(e)}(\underline{\mathbf{R}})\chi_\rho(\underline{\mathbf{R}}) \frac{\partial^2 \underline{\mathbf{v}}(\underline{\mathbf{R}}, t)}{\partial t^2} - \\ - \nabla \cdot \left[\underline{\underline{\underline{\underline{\mathbf{c}}}}}^{(e)}(\underline{\mathbf{R}}) : \underline{\underline{\underline{\underline{\chi}}}}_{\mathbf{c}}(\underline{\mathbf{R}}) : \nabla \underline{\mathbf{v}}(\underline{\mathbf{R}}, t)\right] \quad ;\end{aligned} \tag{7.1.9}$$

im Term $\nabla \cdot \left[\underline{\underline{\underline{\underline{\mathbf{c}}}}}(\underline{\mathbf{R}}) : \underline{\underline{\mathbf{h}}}\right]$ können wir $\underline{\underline{\underline{\underline{\mathbf{c}}}}}(\underline{\mathbf{R}})$ durch $\underline{\underline{\underline{\underline{\mathbf{c}}}}}^{(e)}(\underline{\mathbf{R}})$ ersetzen, weil V_Q mit $\underline{\underline{\mathbf{h}}} \neq \underline{\underline{\mathbf{0}}}$ vereinbarungsgemäß im Einbettungsmaterial außerhalb von V_c liegt. In der Schreibweise (7.1.9) sieht es so aus, als ob für $\underline{\mathbf{v}}(\underline{\mathbf{R}}, t)$ eine Navier-Gleichung des inhomogen-anisotropen Einbettungsmaterials mit einer „erweiterten", das V_c-Kontrastvolumen repräsentierenden Inhomogenität vorliegt. Dies ist natürlich nicht wirklich so, da diese „erweiterte Inhomogenität" ja die gesuchte Feldgröße *selbst* enthält; nichtsdestoweniger ist die Form (7.1.9) zur approximativen Lösung von Beugungsproblemen (Stichwort: Born'sche Näherung; Abschnitt 15.3.2) von Vorteil, sodass man konsequenterweise noch weiter geht und die beiden Terme $\rho^{(e)}\chi_\rho \partial^2 \underline{\mathbf{v}}/\partial t^2$ bzw. $\nabla \cdot \left[\underline{\underline{\underline{\underline{\mathbf{c}}}}}^{(e)} : \underline{\underline{\underline{\underline{\chi}}}}_{\mathbf{c}} : \nabla \underline{\mathbf{v}}\right]$

explizit durch (äquivalente) Quellen $\underline{\mathbf{f}}_\rho$ bzw. $\underline{\underline{\mathbf{h}}}_c$ ausdrückt, wobei

$$\begin{aligned}
\underline{\mathbf{f}}_\rho(\underline{\mathbf{R}}, t) &= -\rho^{(e)}(\underline{\mathbf{R}})\chi_\rho(\underline{\mathbf{R}}) \frac{\partial \underline{\mathbf{v}}(\underline{\mathbf{R}}, t)}{\partial t} \\
&= \Gamma_c(\underline{\mathbf{R}}) \left[\rho^{(e)}(\underline{\mathbf{R}}) - \rho^{(i)}(\underline{\mathbf{R}})\right] \frac{\partial \underline{\mathbf{v}}(\underline{\mathbf{R}}, t)}{\partial t} \quad , \qquad (7.1.10) \\
\underline{\underline{\mathbf{h}}}_{\mathbf{c}}(\underline{\mathbf{R}}, t) &= \underline{\underline{\underline{\underline{\chi}}}}_{\mathbf{c}}(\underline{\mathbf{R}}) : \nabla \underline{\mathbf{v}}(\underline{\mathbf{R}}, t) \\
&= \underline{\underline{\underline{\underline{\chi}}}}_{\mathbf{c}}(\underline{\mathbf{R}}) : \underline{\underline{\underline{\underline{\mathbf{s}}}}}^{(i)}(\underline{\mathbf{R}}) : \frac{\partial \underline{\underline{\mathbf{T}}}(\underline{\mathbf{R}}, t)}{\partial t} \\
&= \Gamma_c(\underline{\mathbf{R}}) \left[\underline{\underline{\underline{\underline{\mathbf{s}}}}}^{(e)}(\underline{\mathbf{R}}) - \underline{\underline{\underline{\underline{\mathbf{s}}}}}^{(i)}(\underline{\mathbf{R}})\right] : \frac{\partial \underline{\underline{\mathbf{T}}}(\underline{\mathbf{R}}, t)}{\partial t} \quad , \qquad (7.1.11)
\end{aligned}$$

denn dann lautet (7.1.9):

$$\begin{aligned}
\nabla \cdot \left[\underline{\underline{\underline{\underline{\mathbf{c}}}}}^{(e)}(\underline{\mathbf{R}}) : \nabla \underline{\mathbf{v}}(\underline{\mathbf{R}}, t)\right] - \rho^{(e)}(\underline{\mathbf{R}}) \frac{\partial^2 \underline{\mathbf{v}}(\underline{\mathbf{R}}, t)}{\partial t^2} &= -\frac{\partial}{\partial t}\left[\underline{\mathbf{f}}(\underline{\mathbf{R}}, t) + \underline{\mathbf{f}}_\rho(\underline{\mathbf{R}}, t)\right] - \\
&\quad -\nabla \cdot \left\{\underline{\underline{\underline{\underline{\mathbf{c}}}}}^{(e)}(\underline{\mathbf{R}}) : \left[\underline{\underline{\mathbf{h}}}(\underline{\mathbf{R}}, t) + \underline{\underline{\mathbf{h}}}_{\mathbf{c}}(\underline{\mathbf{R}}, t)\right]\right\} \qquad (7.1.12)
\end{aligned}$$

Um die letzte Zeile von (7.1.11) zu finden, muss man die Symmetrie des Materialanisotropietensors und die im Kontrastvolumen V_c homogene Newton-Cauchy-Gleichung (4.2.21) verwenden[2].

In der Navier-Gleichung (7.1.12) ist das Kontrastvolumen V_c den Quellen $\underline{\mathbf{f}}_\rho(\underline{\mathbf{R}}, t)$, $\underline{\underline{\mathbf{h}}}_{\mathbf{c}}(\underline{\mathbf{R}}, t)$ *äquivalent*, weswegen man von äquivalenten Quellen spricht. Sie heißen auch *sekundäre* (oder induzierte) Quellen, da sie vom *einfallenden* Feld $\underline{\mathbf{v}}_i(\underline{\mathbf{R}}, t)$ mit den Quellen $\underline{\mathbf{f}}(\underline{\mathbf{R}}, t)$, $\underline{\underline{\mathbf{h}}}(\underline{\mathbf{R}}, t)$ in Überlagerung mit ihrem eigenen *Streu*feld $\underline{\mathbf{v}}_s(\underline{\mathbf{R}}, t)$ zum Gesamtfeld $\underline{\mathbf{v}}(\underline{\mathbf{R}}, t) = \underline{\mathbf{v}}_i(\underline{\mathbf{R}}, t) + \underline{\mathbf{v}}_s(\underline{\mathbf{R}}, t)$ in V_c sozusagen „in Rückkopplung" erzeugt werden. Diese Abhängigkeit der äquivalenten Quellen vom *Gesamt*feld kann man einerseits dazu ausnutzen, um eine Volumen-Integralgleichung zu ihrer Berechnung zu formulieren (Abschnitt 15.3.1), und andererseits legt es die lineare Überlagerung von einfallendem und gestreutem Feld nahe, das Streufeld in V_c zu vernachlässigen: Dies ist die sogenannte Born'sche Näherung (Abschnitt 15.3.2; Akustik: Abschnitt 5.6).

Die Navier-Gleichung (7.1.12) gilt im ganzen Raum ($\underline{\mathbf{R}} \in \mathbb{R}^3$). Wir können sie allerdings auf $\underline{\mathbf{R}} \notin V_c$ und $\underline{\mathbf{R}} \in V_c$ spezialisieren, indem wir berücksichtigen, dass die äquivalenten Quellen auf V_c beschränkt sind[3]:

$$\nabla \cdot \left[\underline{\underline{\underline{\underline{\mathbf{c}}}}}^{(e)}(\underline{\mathbf{R}}) : \nabla \underline{\mathbf{v}}(\underline{\mathbf{R}}, t)\right] - \rho^{(e)}(\underline{\mathbf{R}}) \frac{\partial^2 \underline{\mathbf{v}}(\underline{\mathbf{R}}, t)}{\partial t^2} = -\frac{\partial \underline{\mathbf{f}}(\underline{\mathbf{R}}, t)}{\partial t} - \nabla \cdot \left[\underline{\underline{\underline{\underline{\mathbf{c}}}}}^{(e)}(\underline{\mathbf{R}}) : \underline{\underline{\mathbf{h}}}(\underline{\mathbf{R}}, t)\right] \quad \text{für } \underline{\mathbf{R}} \notin V_c \quad ; \qquad (7.1.13)$$

innerhalb von V_c gilt natürlich die homogene Gleichung (7.1.3) mit den Materialparametern von V_c:

$$\nabla \cdot \left[\underline{\underline{\underline{\underline{\mathbf{c}}}}}^{(i)}(\underline{\mathbf{R}}) : \underline{\mathbf{v}}(\underline{\mathbf{R}}, t)\right] - \rho^{(i)}(\underline{\mathbf{R}}) \frac{\partial^2 \underline{\mathbf{v}}(\underline{\mathbf{R}}, t)}{\partial t^2} = \underline{\mathbf{0}} \text{ für } \underline{\mathbf{R}} \in V_c \quad . \qquad (7.1.14)$$

Es soll bereits an dieser Stelle nicht unerwähnt bleiben, dass sich auch die Beugung/Streuung an einem Hohlraum im Einbettungsmaterial — unser bisheriges Kontrastvolumen war ja ein „Einschluss" — auf äquivalente (Oberflächen-)Quellen zurückführen lässt (Abschnitt 15.1.3).

[2]Das akustische Pendant zu (7.1.12) (für ein homogenes Einbettungsmaterial) ist Gleichung (5.6.18) mit (5.6.13) und (5.6.14).

[3]Man sagt: Sie haben einen kompakten Träger.

7.1.2 Homogen-anisotrope Materialien

Die Spezialisierung der Wellengleichung (7.1.3) auf homogen-anisotrope Materialien $\rho(\underline{\mathbf{R}}) = \rho$, $\underline{\underline{\underline{\underline{\mathbf{c}}}}}(\underline{\mathbf{R}}) = \underline{\underline{\underline{\underline{\mathbf{c}}}}}$ ist natürlich sofort hingeschrieben:

$$\nabla \cdot \underline{\underline{\underline{\underline{\mathbf{c}}}}} : \nabla \underline{\mathbf{v}}(\underline{\mathbf{R}}, t) - \rho \frac{\partial^2 \underline{\mathbf{v}}(\underline{\mathbf{R}}, t)}{\partial t^2} = -\frac{\partial \underline{\mathbf{f}}(\underline{\mathbf{R}}, t)}{\partial t} - \nabla \cdot \underline{\underline{\underline{\underline{\mathbf{c}}}}} : \underline{\underline{\mathbf{h}}}(\underline{\mathbf{R}}, t) \quad . \tag{7.1.15}$$

Man beachte: Um den $\underline{\mathbf{R}}$-unabhängigen $\underline{\underline{\underline{\underline{\mathbf{c}}}}}$-Tensor vor den Divergenzoperator zu ziehen, bedarf es einer Elementvertauschung; es ergibt sich

$$\underline{\underline{\underline{\underline{\mathbf{c}}}}}^{2341} : \nabla\nabla \underline{\mathbf{v}}(\underline{\mathbf{R}}, t) - \rho \frac{\partial^2 \underline{\mathbf{v}}(\underline{\mathbf{R}}, t)}{\partial t^2} = -\frac{\partial \underline{\mathbf{f}}(\underline{\mathbf{R}}, t)}{\partial t} - \underline{\underline{\underline{\underline{\mathbf{c}}}}}^{2341} : \nabla \underline{\underline{\mathbf{h}}}(\underline{\mathbf{R}}, t) \quad . \tag{7.1.16}$$

Die Spezialisierung von (7.1.12) auf ein homogen-anisotropes Einbettungsmaterial für inhomogen-anisotrope Kontrastvolumina lautet entsprechend:

$$\begin{aligned} \nabla \cdot \underline{\underline{\underline{\underline{\mathbf{c}}}}} : \nabla \underline{\mathbf{v}}(\underline{\mathbf{R}}, t) - \rho \frac{\partial^2 \underline{\mathbf{v}}(\underline{\mathbf{R}}, t)}{\partial t^2} &= -\frac{\partial}{\partial t} \left[\underline{\mathbf{f}}(\underline{\mathbf{R}}, t) + \underline{\mathbf{f}}_\rho(\underline{\mathbf{R}}, t)\right] - \\ &\quad - \nabla \cdot \underline{\underline{\underline{\underline{\mathbf{c}}}}} : \left[\underline{\underline{\mathbf{h}}}(\underline{\mathbf{R}}, t) + \underline{\underline{\mathbf{h}}}_{\mathbf{c}}(\underline{\mathbf{R}}, t)\right] \quad , \end{aligned} \tag{7.1.17}$$

wobei in $\underline{\mathbf{f}}_\rho$ $\rho^{(e)} \Longrightarrow \rho$ und in $\underline{\underline{\mathbf{h}}}_{\mathbf{c}}$ $\underline{\underline{\underline{\underline{\mathbf{c}}}}}^{(e)} \Longrightarrow \underline{\underline{\underline{\underline{\mathbf{c}}}}}$ ersetzt werden muss.

7.1.3 Homogen-isotrope Materialien

Für ein homogen-isotropes Material müssen wir dessen Steifigkeitstensor

$$\underline{\underline{\underline{\underline{\mathbf{c}}}}} = \lambda \underline{\underline{\underline{\underline{\mathbf{I}}}}}^\delta + 2\mu \underline{\underline{\underline{\underline{\mathbf{I}}}}}^+ \tag{7.1.18}$$

mit den Lamé-Konstanten λ und μ in (7.1.15) einsetzen und dabei (2.1.115) und (2.1.116) beachten:

$$\begin{aligned} \lambda \nabla \cdot \underline{\underline{\mathbf{I}}} \underbrace{\operatorname{spur}[\nabla \underline{\mathbf{v}}(\underline{\mathbf{R}}, t)]}_{= \nabla \cdot \underline{\mathbf{v}}(\underline{\mathbf{R}}, t)} + \underbrace{2\mu \nabla \cdot [\nabla \underline{\mathbf{v}}(\underline{\mathbf{R}}, t)]_s}_{= \mu[\nabla \cdot \nabla \underline{\mathbf{v}}(\underline{\mathbf{R}}, t) + \nabla\nabla \cdot \underline{\mathbf{v}}(\underline{\mathbf{R}}, t)]} - \rho \frac{\partial^2 \underline{\mathbf{v}}(\underline{\mathbf{R}}, t)}{\partial t^2} &= \\ -\frac{\partial \underline{\mathbf{f}}(\underline{\mathbf{R}}, t)}{\partial t} - \lambda \nabla [\operatorname{spur} \underline{\underline{\mathbf{h}}}(\underline{\mathbf{R}}, t)] - 2\mu \nabla \cdot \underline{\underline{\mathbf{h}}}(\underline{\mathbf{R}}, t) \quad , \end{aligned} \tag{7.1.19}$$

wobei im $\underline{\underline{\mathbf{h}}}$-Inhomogenitätsterm die Symmetrie von $\underline{\underline{\mathbf{h}}}$ ausgenutzt wurde. In „Reinschrift“ lautet (7.1.19) schließlich:

$$\begin{aligned} \mu \Delta \underline{\mathbf{v}}(\underline{\mathbf{R}}, t) + (\lambda + \mu) \nabla\nabla \cdot \underline{\mathbf{v}}(\underline{\mathbf{R}}, t) - \rho \frac{\partial^2 \underline{\mathbf{v}}(\underline{\mathbf{R}}, t)}{\partial t^2} &= -\frac{\partial \underline{\mathbf{f}}(\underline{\mathbf{R}}, t)}{\partial t} - \\ - \lambda \nabla [\operatorname{spur} \underline{\underline{\mathbf{h}}}(\underline{\mathbf{R}}, t)] - 2\mu \nabla \cdot \underline{\underline{\mathbf{h}}}(\underline{\mathbf{R}}, t) \quad , \end{aligned} \tag{7.1.20}$$

und eine Variante davon entsteht, wenn wir den Δ-Operator gemäß (2.2.55) durch $\nabla \times \nabla \times$ und $\nabla\nabla \cdot$ ausdrücken[4]:

$$(\lambda + 2\mu) \nabla\nabla \cdot \underline{\mathbf{v}}(\underline{\mathbf{R}}, t) - \mu \nabla \times \nabla \times \underline{\mathbf{v}}(\underline{\mathbf{R}}, t) - \rho \frac{\partial^2 \underline{\mathbf{v}}(\underline{\mathbf{R}}, t)}{\partial t^2} = -\frac{\partial \underline{\mathbf{f}}(\underline{\mathbf{R}}, t)}{\partial t} -$$

[4] Der *homogenen* Gleichung in dieser Schreibweise entnimmt man sofort, dass deren Lösungen — z.B. ebene Wellen — sowohl longitudinal als auch transversal polarisiert sein sein können, wobei die Geschwindigkeiten verschieden sind. Man bilde beispielsweise die Divergenz; dann verschwindet der doppelte Rotationsoperator, und es verbleibt nur der Differentialoperator für akustische longitudinale Druckwellen mit $\rho/(\lambda + 2\mu)$ als inversem Quadrat der Druckwellengeschwindigkeit. Bildet man hingegen die Rotation, so verschwindet der erste Term, und ρ/μ stellt sich als inverses Quadrat der Geschwindigkeit transversaler Wellen heraus: Der verbleibende Differentialoperator entspricht demjenigen transversaler elektromagnetischer Wellen.

$$- \lambda \nabla [\mathrm{spur}\, \underline{\underline{\mathbf{h}}}(\underline{\mathbf{R}}, t)] - 2\mu \nabla \cdot \underline{\underline{\mathbf{h}}}(\underline{\mathbf{R}}, t) \quad . \tag{7.1.21}$$

In der Schreibweise (7.1.21) erkennt man sehr schön den Druckwellenterm $(\lambda+2\mu)\nabla\nabla\cdot\underline{\mathbf{v}}$ sowie den Scherwellenterm $\mu\nabla \times \nabla \times \underline{\mathbf{v}}$ (Abschnitt 8.1.2).

Im homogen-isotropen Material außerhalb des Quellvolumens lautet (7.1.2) übrigens speziell:

$$\frac{\partial \underline{\underline{\mathbf{T}}}(\underline{\mathbf{R}}, t)}{\partial t} = \lambda \underline{\underline{\mathbf{I}}}\, \nabla \cdot \underline{\mathbf{v}}(\underline{\mathbf{R}}, t) + \mu \left\{ \nabla \underline{\mathbf{v}}(\underline{\mathbf{R}}, t) + [\nabla \underline{\mathbf{v}}(\underline{\mathbf{R}}, t)]^{21} \right\} \quad ; \tag{7.1.22}$$

für kausale Felder (Abschnitt 3.3) führt die Zeitintegration auf

$$\underline{\underline{\mathbf{T}}}(\underline{\mathbf{R}}, t) = \lambda \underline{\underline{\mathbf{I}}}\, \nabla \cdot \underline{\mathbf{u}}(\underline{\mathbf{R}}, t) + \mu \left\{ \nabla \underline{\mathbf{u}}(\underline{\mathbf{R}}, t) + [\nabla \underline{\mathbf{u}}(\underline{\mathbf{R}}, t)]^{21} \right\} \quad , \tag{7.1.23}$$

worin $\underline{\mathbf{u}}(\underline{\mathbf{R}}, t)$ gemäß (3.3.15) die Teilchenverschiebung ist. Falls $\underline{\underline{\mathbf{h}}}$ der Nulltensor ist, schreibt man (7.1.20) und (7.1.21) ebenfalls oft in der Teilchen*verschiebung* anstatt in der Teilchen*geschwindigkeit*:

$$\mu \Delta \underline{\mathbf{u}}(\underline{\mathbf{R}}, t) + (\lambda + \mu) \nabla\nabla \cdot \underline{\mathbf{u}}(\underline{\mathbf{R}}, t) - \rho \frac{\partial^2 \underline{\mathbf{u}}(\underline{\mathbf{R}}, t)}{\partial t^2} = -\underline{\mathbf{f}}(\underline{\mathbf{R}}, t) \quad , \tag{7.1.24}$$

$$(\lambda + 2\mu) \nabla\nabla \cdot \underline{\mathbf{u}}(\underline{\mathbf{R}}, t) - \mu \nabla \times \nabla \times \underline{\mathbf{u}}(\underline{\mathbf{R}}, t) - \rho \frac{\partial^2 \underline{\mathbf{u}}(\underline{\mathbf{R}}, t)}{\partial t^2} = -\underline{\mathbf{f}}(\underline{\mathbf{R}}, t) \quad . \tag{7.1.25}$$

7.1.4 Inhomogen-isotrope Materialien

Für inhomogen-isotrope Materialien ist der isotrope Steifigkeitstensor (7.1.18)

$$\underline{\underline{\underline{\underline{\mathbf{c}}}}}(\underline{\mathbf{R}}) = \lambda(\underline{\mathbf{R}})\, \underline{\underline{\underline{\underline{\mathbf{I}}}}}^{\delta} + 2\mu(\underline{\mathbf{R}})\, \underline{\underline{\underline{\underline{\mathbf{I}}}}}^{+} \tag{7.1.26}$$

und die Massendichte $\rho(\underline{\mathbf{R}})$ ortsabhängig; bei der Berechnung von $\nabla \cdot \left[\underline{\underline{\underline{\underline{\mathbf{c}}}}}(\underline{\mathbf{R}}) : \nabla \underline{\mathbf{v}}(\underline{\mathbf{R}}, t)\right]$ in (7.1.3) treten deshalb zusätzlich zu den Termen $\mu(\underline{\mathbf{R}})\, \Delta \underline{\mathbf{v}}(\underline{\mathbf{R}}, t)$ und $[\lambda(\underline{\mathbf{R}}) + \mu(\underline{\mathbf{R}})]\ \nabla\nabla \cdot \underline{\mathbf{v}}(\underline{\mathbf{R}}, t)$ weitere auf, die von der Differentiation von $\underline{\underline{\underline{\underline{\mathbf{c}}}}}(\underline{\mathbf{R}})$ herrühren (der Übersichtlichkeit halber unterlassen wir die Ausführung dieser Differentiation auf der rechten Seite):

$$\begin{aligned} &[\lambda(\underline{\mathbf{R}}) + \mu(\underline{\mathbf{R}})]\, \nabla\nabla \cdot \underline{\mathbf{v}}(\underline{\mathbf{R}}, t) + \mu(\underline{\mathbf{R}}) \Delta \underline{\mathbf{v}}(\underline{\mathbf{R}}, t) - \rho(\underline{\mathbf{R}}) \frac{\partial^2 \underline{\mathbf{v}}(\underline{\mathbf{R}}, t)}{\partial t^2} + \\ &+ [\nabla \lambda(\underline{\mathbf{R}})]\, [\nabla \cdot \underline{\mathbf{v}}(\underline{\mathbf{R}}, t)] + [\nabla \mu(\underline{\mathbf{R}})] \cdot [\nabla \underline{\mathbf{v}}(\underline{\mathbf{R}}, t)] + [\nabla \underline{\mathbf{v}}(\underline{\mathbf{R}}, t)] \cdot [\nabla \mu(\underline{\mathbf{R}})] = \\ &\qquad - \frac{\partial \underline{\mathbf{f}}(\underline{\mathbf{R}}, t)}{\partial t} - \nabla \cdot \underline{\underline{\underline{\underline{\mathbf{c}}}}}(\underline{\mathbf{R}}) : \underline{\underline{\mathbf{h}}}(\underline{\mathbf{R}}, t) \quad . \end{aligned} \tag{7.1.27}$$

Diese Differentialgleichung dient zur Berechnung der Strahlausbreitung in inhomogen-isotropen Materialien (Abschnitt 12.3.2).

7.2 Helmholtz-Zerlegung für homogen-isotrope Materialien: Druck- und Scherwellen

Die Helmholtz-Zerlegung eines Vektorfeldes, beispielsweise der Teilchenverschiebung $\underline{\mathbf{u}}(\underline{\mathbf{R}}, t)$, in ein skalares Potential $\Phi(\underline{\mathbf{R}}, t)$ und ein Vektorpotential $\underline{\mathbf{\Psi}}(\underline{\mathbf{R}}, t)$ gemäß

$$\underline{\mathbf{u}}(\underline{\mathbf{R}}, t) = \nabla \Phi(\underline{\mathbf{R}}, t) + \nabla \times \underline{\mathbf{\Psi}}(\underline{\mathbf{R}}, t) \tag{7.2.1}$$

mit der Eichung[5]

$$\nabla \cdot \underline{\Psi}(\underline{\mathbf{R}}, t) = 0 \tag{7.2.2}$$

ist stets möglich, da man Φ und $\underline{\Psi}$ aus $\underline{\mathbf{u}}$ berechnen kann (Achenbach, 1973; Achenbach et al., 1982). Offenbar ist (7.2.1) die Zerlegung von $\underline{\mathbf{u}}(\underline{\mathbf{R}}, t)$ in einen divergenzfreien Scheranteil $\nabla \times \underline{\Psi}(\underline{\mathbf{R}}, t)$ und einen rotationsfreien Druckanteil $\nabla\Phi(\underline{\mathbf{R}}, t)$. Gehen wir zur Helmholtz-Zerlegung der Teilchengeschwindigkeit

$$\underline{\mathbf{v}}(\underline{\mathbf{R}}, t) = \nabla \frac{\partial \Phi(\underline{\mathbf{R}}, t)}{\partial t} + \nabla \times \frac{\partial \underline{\Psi}(\underline{\mathbf{R}}, t)}{\partial t} \tag{7.2.3}$$

über, so wird offensichtlich, dass die Navier-Gleichung (7.1.21) für homogen-isotrope Materialien aufgrund der darin auftretenden Divergenz und Rotation in voneinander unabhängige Gleichungen für die Potentiale entkoppelt. Durch Einsetzen von (7.2.1) in (7.1.21) ergibt sich nämlich unmittelbar

$$\begin{aligned} &\nabla \frac{\partial}{\partial t}\left[(\lambda + 2\mu)\Delta\Phi(\underline{\mathbf{R}}, t) - \rho \frac{\partial^2 \Phi(\underline{\mathbf{R}}, t)}{\partial t^2}\right] + \\ &+\nabla \times \frac{\partial}{\partial t}\Bigg[\underbrace{-\mu\nabla \times \nabla \times \underline{\Psi}(\underline{\mathbf{R}}, t)}_{\stackrel{(7.2.2)}{=} \mu\Delta\underline{\Psi}(\underline{\mathbf{R}}, t)} - \rho \frac{\partial^2 \underline{\Psi}(\underline{\mathbf{R}}, t)}{\partial t^2}\Bigg] \end{aligned} \tag{7.2.4}$$

für die linke Seite von (7.1.21). Wenn wir nun die Inhomogenität auf der rechten Seite von (7.1.21) gleichermaßen in einen (rotationsfreien) Gradienten- und einen (divergenzfreien) Rotationsterm aufspalten, lassen sich jeweils die rotationsfreien und die divergenzfreien Terme als Helmholtz-Zerlegungen der linken und rechten Seite von (7.1.21) gleichsetzen. Dem Kraftdichtevektor $\underline{\mathbf{f}}(\underline{\mathbf{R}}, t)$ ordnen wir sofort gemäß

$$\underline{\mathbf{f}}(\underline{\mathbf{R}}, t) = (\lambda + 2\mu)\nabla\Phi_f(\underline{\mathbf{R}}, t) + \mu\nabla \times \underline{\Psi}_f(\underline{\mathbf{R}}, t) \quad , \quad \nabla \cdot \underline{\Psi}_f(\underline{\mathbf{R}}, t) = 0 \quad , \tag{7.2.5}$$

Helmholtz-Potentiale $(\lambda{+}2\mu)\Phi_f(\underline{\mathbf{R}}, t)$ und $\mu\underline{\Psi}_f(\underline{\mathbf{R}}, t)$ zu. Für den symmetrischen Tensor der injizierten Deformationsrate $\underline{\underline{\mathbf{h}}}(\underline{\mathbf{R}}, t)$ machen wir für jeden festgehaltenen Wert des zweiten Indexes eine (7.2.5) entsprechende Helmholtz-Zerlegung und setzen die drei Gleichungen anschließend zu einer Tensorgleichung (zweiter Stufe) zusammen, müssen dabei aber die Symmetrie erzwingen:

$$\begin{aligned} \underline{\underline{\mathbf{h}}}(\underline{\mathbf{R}}, t) = &\frac{1}{2}\left\{\nabla\underline{\Theta}_h(\underline{\mathbf{R}}, t) + [\nabla\underline{\Theta}_h(\underline{\mathbf{R}}, t)]^{21}\right\} + \\ &+ \frac{1}{2}\left\{\nabla \times \underline{\underline{\Xi}}_h(\underline{\mathbf{R}}, t) + [\nabla \times \underline{\underline{\Xi}}_h(\underline{\mathbf{R}}, t)]^{21}\right\} \quad , \end{aligned} \tag{7.2.6}$$

wobei

$$\nabla \cdot \underline{\underline{\Xi}}(\underline{\mathbf{R}}, t) = \underline{\mathbf{0}} \tag{7.2.7}$$

als Eichung gefordert wird. Für die (7.2.4) ergänzende rechte Seite müssen wir nun

$$\begin{aligned} &\lambda\nabla\, \mathrm{spur}\, \underline{\underline{\mathbf{h}}}(\underline{\mathbf{R}}, t) + 2\mu\nabla \cdot \underline{\underline{\mathbf{h}}}(\underline{\mathbf{R}}, t) = \\ &\lambda\nabla\nabla \cdot \underline{\Theta}_h(\underline{\mathbf{R}}, t) + \mu\nabla \cdot \nabla\underline{\Theta}_h(\underline{\mathbf{R}}, t) + \mu\nabla\nabla \cdot \underline{\Theta}_h(\underline{\mathbf{R}}, t) + \\ &+ \lambda\nabla\, \mathrm{spur}\, [\nabla \times \underline{\underline{\Xi}}(\underline{\mathbf{R}}, t)] + \frac{1}{2}\mu\nabla \times \nabla \cdot \underline{\underline{\Xi}}^{21}(\underline{\mathbf{R}}, t) \end{aligned}$$

[5]Ein Vektor — hier: $\underline{\Psi}$ — ist erst *dann* eindeutig festgelegt, wenn über Rotation *und* Divergenz verfügt ist.

ausrechnen; spalten wir auch noch $\nabla \cdot \nabla \underline{\Theta}_h$ in $\nabla\nabla \cdot \underline{\Theta}_h - \nabla \times \nabla \times \underline{\Theta}_h$ auf, so ergibt die Gleichsetzung der jeweils divergenz- bzw. rotationsfreien Terme von (7.2.4) mit den entsprechenden Termen der Inhomogenität schließlich die beiden entkoppelten Gleichungen für $\Phi(\underline{\mathbf{R}}, t)$ und $\underline{\Psi}(\underline{\mathbf{R}}, t)$:

$$\Delta\Phi(\underline{\mathbf{R}}, t) - \frac{\rho}{\lambda + 2\mu} \frac{\partial^2 \Phi(\underline{\mathbf{R}}, t)}{\partial t^2} = -\Phi_f(\underline{\mathbf{R}}, t) - \nabla \cdot \underline{\Theta}_h(\underline{\mathbf{R}}, t) - \tag{7.2.8}$$

$$- \frac{\lambda}{\lambda + 2\mu} \operatorname{spur} \left[\nabla \times \int_0^t \underline{\underline{\Xi}}_h(\underline{\mathbf{R}}, \tau) \, \mathrm{d}\tau \right] ,$$

$$\Delta\underline{\Psi}(\underline{\mathbf{R}}, t) - \frac{\rho}{\mu} \frac{\partial^2 \underline{\Psi}(\underline{\mathbf{R}}, t)}{\partial t^2} = -\underline{\Psi}_f(\underline{\mathbf{R}}, t) + \nabla \times \int_0^t \underline{\Theta}_h(\underline{\mathbf{R}}, \tau) \, \mathrm{d}\tau -$$

$$- \frac{1}{2} \nabla \cdot \int_0^t \underline{\underline{\Xi}}_h^{21}(\underline{\mathbf{R}}, \tau) \, \mathrm{d}\tau \ . \tag{7.2.9}$$

Da sich die Inhomogenitäten der Differentialgleichungen für die Potentiale vergleichsweise kompliziert aus den „wahren" physikalischen Quellen $\underline{\mathbf{f}}(\underline{\mathbf{R}}, t)$ und $\underline{\underline{\mathbf{h}}}(\underline{\mathbf{R}}, t)$ ableiten, benutzt man im Allgemeinen nur die homogenen Versionen von (7.2.8) und (7.2.9) (z.B.: Abschnitt 8.1.2; Schmerr, 1998), hat *dann* aber im Gegensatz zur homogenen Navier-Gleichung (7.1.21) d'Alembert'sche Wellengleichungen vorliegen, von denen *eine* sogar eine skalare Gleichung ist. Gleichzeitig stellt die *mathematische* Entkopplung in zwei d'Alembert-Gleichungen eine *physikalische* Entkopplung in Druck- und Scherwellen dar, sodass man zumindest für Druckwellen eine „Skalarisierung" erreicht hat. Durch die Druck-Scherwellen-Kopplung aufgrund von Rand- und Übergangsbedingungen wird dies allerdings wieder zunichte gemacht, sodass man besser gleich bei der Navier-Gleichung bleibt, und zwar insbesondere auch deswegen, weil einem in inhomogenen und/oder anisotropen Materialien sowieso nichts anderes übrig bleibt. Selbst *ebene* Wellen entkoppeln in unendlich ausgedehnten homogenen anisotropen Materialien nicht mehr in Druck- und Scherwellen, sie sind auch nicht mehr longitudinal oder transversal polarisiert (Abschnitt 8.3.1). In inhomogenen isotropen Materialien gibt es eine entsprechende Aufspaltung in longitudinale Druck- und transversale Scherwellen auch nur dann, wenn die Materialeigenschaften im Rahmen einer Hochfrequenznäherung langsam veränderlich sind (Červený, 2001; Abschnitt 12.3).

7.3 Entkopplung skalarer SH-Wellen für inhomogen-isotrope zweidimensionale Materialien

Es gibt eine Möglichkeit der völligen Skalarisierung der Ausbreitung elastischer Wellen — genauer: elastischer *Scher*wellen —: Man postuliere nur *eine* von null verschiedene kartesische Komponente von $\underline{\mathbf{v}}(\underline{\mathbf{R}}, t)$ und verlange Unabhängigkeit der Wellenausbreitung von ebendieser kartesischen Koordinate, d.h. man beschränke sich auf ein *zweidimensionales* Problem mit z.B. $\partial/\partial y \equiv 0$ für $\underline{\mathbf{v}}(\underline{\mathbf{R}}, t) = v_y(x, z, t)\underline{\mathbf{e}}_y$. Dieses zweidimensionale SH-Wellenausbreitungsproblem ist mathematisch völlig äquivalent zum zweidimensionalen elektromagnetischen TE-Problem.

Wir legen ein inhomogen-isotropes Material, also die Navier-Gleichung (7.1.13) mit

$$\underline{\underline{\underline{\underline{\mathbf{c}}}}}^{(e)}(\underline{\mathbf{R}}) = \lambda(\underline{\mathbf{R}}) \, \underline{\underline{\underline{\underline{\mathbf{I}}}}}^{\delta} + 2\mu(\underline{\mathbf{R}}) \, \underline{\underline{\underline{\underline{\mathbf{I}}}}}^{+} \tag{7.3.1}$$

für $\underline{\mathbf{R}} \in \mathbb{R}^3$, zugrunde. Unter den Voraussetzungen

$$\frac{\partial}{\partial y} \equiv 0 \ , \tag{7.3.2}$$

$$\underline{\mathbf{v}}(\underline{\mathbf{R}}, t) = v_y(x, z, t)\underline{\mathbf{e}}_y \tag{7.3.3}$$

reduziert sich deren linke Seite auf die alleinige y-Komponente — es ist $\nabla\cdot\underline{\mathbf{v}}\equiv 0$ und $\nabla\mu\cdot\underline{\mathbf{v}}\equiv 0$ —

$$\mu(x,z)\left(\frac{\partial^2 v_y(x,z,t)}{\partial x^2}+\frac{\partial^2 v_y(x,z,t)}{\partial z^2}\right)+\nabla\mu(x,z)\cdot\nabla v_y(x,z,t)-\rho(x,z)\,\frac{\partial^2 v_y(x,z,t)}{\partial t^2}\quad . \tag{7.3.4}$$

Damit auch die rechte Seite nur eine y-Komponente liefert, müssen wir

$$\underline{\mathbf{f}}(\underline{\mathbf{R}},t)=f_y(x,z,t)\underline{\mathbf{e}}_y\quad , \tag{7.3.5}$$
$$\underline{\mathbf{e}}_x\cdot\nabla[\lambda(x,z)\,\mathrm{spur}\,\underline{\underline{\mathbf{h}}}(x,z,t)]=0\quad , \tag{7.3.6}$$
$$\underline{\mathbf{e}}_z\cdot\nabla[\lambda(x,z)\,\mathrm{spur}\,\underline{\underline{\mathbf{h}}}(x,z,t)]=0\quad , \tag{7.3.7}$$
$$\nabla\cdot[\mu(x,z)\underline{\underline{\mathbf{h}}}(x,z,t)]\cdot\underline{\mathbf{e}}_x=0\quad , \tag{7.3.8}$$
$$\nabla\cdot[\mu(x,z)\underline{\underline{\mathbf{h}}}(x,z,t)]\cdot\underline{\mathbf{e}}_z=0 \tag{7.3.9}$$

fordern. Unter der Voraussetzung (7.3.2) ergibt sich sodann

$$\mu(x,z)\Delta v_y(x,z,t)+\nabla\mu(x,z)\cdot\nabla v_y(x,z,t)-\rho(x,z)\,\frac{\partial^2 v_y(x,z,t)}{\partial t^2}=$$
$$-\frac{\partial f_y(x,z,t)}{\partial t}-2\frac{\partial}{\partial x}[\mu(x,z)h_{xy}(x,z,t)]-2\frac{\partial}{\partial z}[\mu(x,z)h_{zy}(x,z,t)] \tag{7.3.10}$$

als zweidimensionale skalare Wellengleichung für Scherwellen, deren Polarisation parallel zur „Unabhängigkeitsachse“ y ist. Im homogen-isotropen Material reduziert sich (7.3.10) auf die d'Alembert'sche Wellengleichung

$$\Delta v_y(x,z,t)-\frac{\rho}{\mu}\frac{\partial^2 v_y(x,z,t)}{\partial t^2}=-\frac{1}{\mu}\frac{\partial f_y(x,z,t)}{\partial t}-2\frac{\partial h_{xy}(x,z,t)}{\partial x}-2\frac{\partial h_{zy}(x,z,t)}{\partial z}\quad . \tag{7.3.11}$$

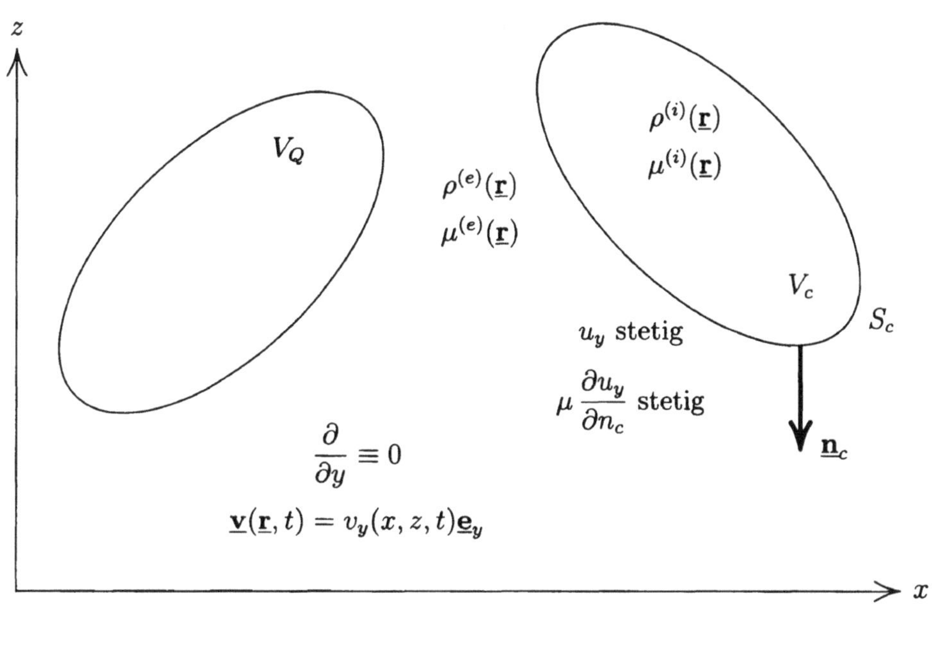

Abb. 7.3.1: *Zweidimensionales skalares SH-Wellen-Streuproblem ($\underline{\mathbf{r}}=x\underline{\mathbf{e}}_x+z\underline{\mathbf{e}}_z$)*

Auch in Gegenwartvon (zweidimensionalen[6]) Einschluss- oder Defekt„volumina“ V_c (Ober„fläche“ S_c mit äußerer Normalen $\underline{\mathbf{n}}_c$: Abb. 7.3.1) mit Materialparametern $\rho^{(i)}(\underline{\mathbf{r}}), \mu^{(i)}(\underline{\mathbf{r}})$ eines inhomogen-isotropen Materials, die ins $\rho^{(e)}(\underline{\mathbf{r}})\mu^{(e)}(\underline{\mathbf{r}})$-Material eingebettet sind, bleibt uns die skalare Zweidimensionalität erhalten. Spannungstensor und Teilchenverschiebung müssen nämlich die Übergangsbedingungen (3.3.9) und (3.3.18) erfüllen; mit (7.1.23) berechnen wir im vorliegenden zweidimensionalen Fall den Spannungstensor gemäß

$$\underline{\underline{\mathbf{T}}}(x,z,t) = \mu(x,z)[\nabla u_y(x,z,t)\underline{\mathbf{e}}_y + \underline{\mathbf{e}}_y \nabla u_y(x,z,t)] \quad , \tag{7.3.12}$$

sodass sich (3.3.9) wegen $\underline{\mathbf{n}}_c \cdot \underline{\mathbf{e}}_y = 0$ auf

$$\underline{\mathbf{n}}_c \cdot \underline{\underline{\mathbf{T}}}^{(e)}(\underline{\mathbf{r}}_S,t) - \underline{\mathbf{n}}_c \cdot \underline{\underline{\mathbf{T}}}^{(i)}(\underline{\mathbf{r}}_S,t) = \tag{7.3.13}$$

$$\mu^{(e)}(\underline{\mathbf{r}}_S)\underline{\mathbf{n}}_c \cdot \nabla u_y^{(e)}(\underline{\mathbf{r}},t)|_{\underline{\mathbf{r}}=\underline{\mathbf{r}}_S}\underline{\mathbf{e}}_y - \mu^{(i)}(\underline{\mathbf{r}}_S)\underline{\mathbf{n}}_c \cdot \nabla u_y^{(i)}(\underline{\mathbf{r}},t)|_{\underline{\mathbf{r}}=\underline{\mathbf{r}}_S}\underline{\mathbf{e}}_y = \underline{\mathbf{0}} \quad , \quad \underline{\mathbf{r}}_S \in S_c \quad ,$$

reduziert, wobei

$$\underline{\mathbf{r}} = x\underline{\mathbf{e}}_x + z\underline{\mathbf{e}}_z \quad . \tag{7.3.14}$$

Die Übergangsbedingungsgleichung (7.3.13) hat nur eine y-Komponente, nämlich — wir verweisen auf die Schreibweise (2.2.14) der Normalenableitung —

$$\mu^{(e)}(\underline{\mathbf{r}}_S)\left.\frac{\partial u_y^{(e)}(\underline{\mathbf{r}},t)}{\partial n_c}\right|_{\underline{\mathbf{r}}=\underline{\mathbf{r}}_S} = \mu^{(i)}(\underline{\mathbf{r}}_S)\left.\frac{\partial u_y^{(i)}(\underline{\mathbf{r}},t)}{\partial n_c}\right|_{\underline{\mathbf{r}}=\underline{\mathbf{r}}_S} \quad , \quad \underline{\mathbf{r}}_S \in S_c \quad , \tag{7.3.15}$$

sodass sich schließlich die (homogenen) Übergangsbedingungen als Stetigkeitsforderungen der Teilchenverschiebungskomponente gemäß (Gleichung (3.3.18))

$$u_y^{(e)}(\underline{\mathbf{r}}_S,t) = u_y^{(i)}(\underline{\mathbf{r}}_S,t) \quad , \quad \underline{\mathbf{r}}_S \in S_c \quad , \tag{7.3.16}$$

und deren mit μ multiplizierter Normalenableitung gemäß (7.3.14) darstellen.

Für ideal schallweiche „Einschlüsse“ entartet (7.3.15) zur Neumann'schen *Randbedingung*

$$\left.\frac{\partial u_y(\underline{\mathbf{r}},t)}{\partial n_c}\right|_{\underline{\mathbf{r}}=\underline{\mathbf{r}}_S} = 0 \quad , \quad \underline{\mathbf{r}}_S \in S_c \quad , \tag{7.3.17}$$

und für ideal schallharte „Einschlüsse“ entartet (7.3.16) zur Dirichlet'schen Randbedingung

$$u_y(\underline{\mathbf{r}}_S,t) = 0 \quad , \quad \underline{\mathbf{r}}_S \in S_c \quad , \tag{7.3.18}$$

für die Teilchenverschiebungskomponente. Die Streuung elastischer Scherwellen, die parallel zur Unabhängigkeitsachse eines zweidimensionalen schallweichen „Streukörpers“ — eines zweidimensionalen (Vakuum-)Hohl„raums“ mit spannungsfreier Randbedingung — polarisiert sind (SH-Wellen für *shear-horizontal*), ist folglich ein skalares *Neumann'sches* Randwertproblem[7]. Man beachte: Die entsprechende Streuung einer *Druck*welle in der Akustik ist ein skalares *Dirichlet*-Problem (für den Druck). Ferner: Die zweidimensionale P-SV-Wellen-Streuung mit senkrecht zur Unabhängigkeitsachse orientierten Polarisationsvektoren ist *kein* skalares Problem.

[6] Zweidimensionale „Volumina“ sind Bereiche des $\mathbb{R}^2$, deren „Oberfläche“ Kurven im $\mathbb{R}^2$ sind. Statt den mathematischen Bezeichnungen Ω und $\partial\Omega$ für Bereiche und deren Ränder bleiben wir bei den anschaulicheren Bezeichnungen V und S.

[7] Es entspricht damit dem zweidimensionalen elektromagnetischen TE-Problem (Langenberg, 2005).

7.4 Schwingungsgleichungen für nichtdissipative und dissipative Materialien

Mittels Fourier-Transformation bezüglich der Zeit geht eine reellwertige orts- und zeitabhängige Feldgröße — beispielsweise $\underline{\mathbf{v}}(\underline{\mathbf{R}}, t)$ — in das komplexwertige orts- und (kreis-)frequenzabhängige Fourierspektrum $\underline{\mathbf{v}}(\underline{\mathbf{R}}, \omega)$ mit der Eigenschaft $\underline{\mathbf{v}}(\underline{\mathbf{R}}, -\omega) = \underline{\mathbf{v}}^*(\underline{\mathbf{R}}, \omega)$ über. Der Differentiationssatz der Fourier-Transformation (2.3.62) „macht“ aus jeder zeitlichen Ableitung der Feldgröße $\underline{\mathbf{v}}(\underline{\mathbf{R}}, t)$ eine Multiplikation des Spektrums mit $-\mathrm{j}\omega$:

$$\frac{\partial}{\partial t}\underline{\mathbf{v}}(\underline{\mathbf{R}}, t) \quad \circ\!\!-\!\!\bullet \quad -\mathrm{j}\omega\, \underline{\mathbf{v}}(\underline{\mathbf{R}}, \omega) \ , \tag{7.4.1}$$

$$\frac{\partial^2}{\partial t^2}\underline{\mathbf{v}}(\underline{\mathbf{R}}, t) \quad \circ\!\!-\!\!\bullet \quad -\omega^2\, \underline{\mathbf{v}}(\underline{\mathbf{R}}, \omega) \ , \tag{7.4.2}$$

sodass der d'Alembert-Operator einer skalaren Wellengleichung (zum Beispiel: Gleichung (5.3.11))

$$\Delta - \frac{1}{c^2}\frac{\partial^2}{\partial t^2} \tag{7.4.3}$$

in den Helmholtz-Operator

$$\Delta + k^2 \text{ mit } k = \frac{\omega}{c} \tag{7.4.4}$$

einer skalaren Schwingungsgleichung übergeht; man spricht auch von einer reduzierten Wellengleichung. *Schwingungs*gleichung heißt sie deswegen, weil gemäß Gleichung (3.1.21) das Fourier-Spektrum für eine feste (Kreis-)Frequenz ω_0 dem Phasor der reell-zeitharmonischen Feldgröße $\underline{\mathbf{v}}(\underline{\mathbf{R}}, t, \omega_0)$ zugeordnet werden kann, die demzufolge an jedem Raumpunkt mit der unterschiedlichen Amplitude $\underline{\mathbf{v}}(\underline{\mathbf{R}}, \omega_0)$, aber der stets gleichen (Kreis-)Frequenz ω_0 *schwingt*.

7.4.1 Schwingungsgleichungen für nichtdissipative Materialien

Wegen (7.4.1) und (7.4.2) können für sämtliche in Abschnitt 7.1 hergeleiteten Wellengleichungen sofort die korrespondierenden Schwingungsgleichungen angegeben werden; da dies nahezu trivial ist, wollen wir auf das explizite Hinschreiben verzichten, jeweils an geeigneter Stelle aber davon Gebrauch machen. Man beachte jedoch: Diese „elementare“ Fourier-Transformation der Wellengleichungen ist an die Voraussetzung augenblicklich reagierender Materialien geknüpft, d.h. in den entsprechenden Schwingungsgleichungen treten (zunächst) nur frequenz*unabhängige* Materialparameter auf. Natürlich bleibt es uns unbenommen, in einer ω_0-Schwingungsgleichung *die*jenigen Materialparameter einzusetzen, die für $\omega = \omega_0$ gerade vorliegen; damit haben wir aber grundsätzlich Materialgleichungen *dissipativer*, und damit *nicht* augenblicklich reagierender Materialien zugrunde gelegt. Dies ist Thema des folgenden Abschnitts.

7.4.2 Schwingungsgleichungen für dissipative Materialien

Für dissipative (lineare) Materialien legen wir die physikalisch konsistenten Relaxationsmodelle (4.4.33), (4.4.34) der Dissipation zugrunde, worin die Relaxationskerne $\underline{\underline{\boldsymbol{\mu}}}(\underline{\mathbf{R}}, t)$ und $\underline{\underline{\underline{\boldsymbol{\chi}}}}(\underline{\mathbf{R}}, t)$ voraussetzungsgemäß, weil physikalisch zwingend, kausale quadratintegrable Zeitfunktionen sein sollen. Konsequenz ist: Die Felder sind kausal und besitzen endliche Energie (Karlsson und Kristensson, 1992). Eine weitere Konsequenz: Die Real- und Imaginärteile der notwendigerweise komplexwertigen Fourierspektren $\underline{\underline{\boldsymbol{\mu}}}(\underline{\mathbf{R}}, \omega)$ und $\underline{\underline{\underline{\boldsymbol{\chi}}}}(\underline{\mathbf{R}}, \omega)$ (sämtliche Komponenten dieser Tensoren) sind gegenseitige Hilbert-Transformierte, sie sind also nicht unabhängig voneinander vorgebbar (Abschnitt 2.3.4).

Einsetzen der Materialgleichungen (4.4.33), (4.4.34) in die elastodynamischen Grundgleichungen (3.1.1), (3.1.2) führt auf das Gleichungssystem[8]

$$\underline{\underline{\rho}}(\underline{\mathbf{R}}) \cdot \frac{\partial \underline{\mathbf{v}}(\underline{\mathbf{R}}, t)}{\partial t} + \int_0^t \underline{\underline{\mu}}(\underline{\mathbf{R}}, t-\tau) \cdot \frac{\partial \underline{\mathbf{v}}(\underline{\mathbf{R}}, \tau)}{\partial \tau} \, \mathrm{d}\tau = \boldsymbol{\nabla} \cdot \underline{\underline{\mathbf{T}}}(\underline{\mathbf{R}}, t) + \underline{\mathbf{f}}(\underline{\mathbf{R}}, t) \ , \tag{7.4.5}$$

$$\underline{\underline{\underline{\underline{\mathbf{s}}}}}(\underline{\mathbf{R}}) : \frac{\partial \underline{\underline{\mathbf{T}}}(\underline{\mathbf{R}}, t)}{\partial t} + \int_0^t \underline{\underline{\underline{\underline{\boldsymbol{\chi}}}}}(\underline{\mathbf{R}}, t-\tau) : \frac{\partial \underline{\underline{\mathbf{T}}}(\underline{\mathbf{R}}, \tau)}{\partial \tau} \, \mathrm{d}\tau = \underline{\underline{\underline{\underline{\mathbf{I}}}}}^+ : \boldsymbol{\nabla} \underline{\mathbf{v}}(\underline{\mathbf{R}}, t) + \underline{\underline{\mathbf{h}}}(\underline{\mathbf{R}}, t) \ , \tag{7.4.6}$$

und dessen Fourier-Transformation ergibt

$$-\mathrm{j}\omega \left[\underline{\underline{\rho}}(\underline{\mathbf{R}}) + \underline{\underline{\mu}}(\underline{\mathbf{R}}, \omega)\right] \cdot \underline{\mathbf{v}}(\underline{\mathbf{R}}, \omega) = \boldsymbol{\nabla} \cdot \underline{\underline{\mathbf{T}}}(\underline{\mathbf{R}}, \omega) + \underline{\mathbf{f}}(\underline{\mathbf{R}}, \omega) \ , \tag{7.4.7}$$

$$-\mathrm{j}\omega \left[\underline{\underline{\underline{\underline{\mathbf{s}}}}}(\underline{\mathbf{R}}) + \underline{\underline{\underline{\underline{\boldsymbol{\chi}}}}}(\underline{\mathbf{R}}, \omega)\right] : \underline{\underline{\mathbf{T}}}(\underline{\mathbf{R}}, \omega) = \underline{\underline{\underline{\underline{\mathbf{I}}}}}^+ : \boldsymbol{\nabla} \underline{\mathbf{v}}(\underline{\mathbf{R}}, \omega) + \underline{\underline{\mathbf{h}}}(\underline{\mathbf{R}}, \omega) \tag{7.4.8}$$

aufgrund des Faltungssatzes (2.3.65). Elimination von $\underline{\underline{\mathbf{T}}}(\underline{\mathbf{R}}, \omega)$ liefert die Schwingungsgleichung

$$\boldsymbol{\nabla} \cdot \underline{\underline{\underline{\underline{\mathbf{c}}}}}_c(\underline{\mathbf{R}}, \omega) : \boldsymbol{\nabla} \underline{\mathbf{v}}(\underline{\mathbf{R}}, \omega) + \omega^2 \underline{\underline{\rho}}_c(\underline{\mathbf{R}}, \omega) \cdot \underline{\mathbf{v}}(\underline{\mathbf{R}}, \omega) = \mathrm{j}\omega \underline{\mathbf{f}}(\underline{\mathbf{R}}, \omega) - \underline{\underline{\underline{\underline{\mathbf{c}}}}}_c(\underline{\mathbf{R}}, \omega) : \underline{\underline{\mathbf{h}}}(\underline{\mathbf{R}}, \omega) \ , \tag{7.4.9}$$

wobei

$$\underline{\underline{\underline{\underline{\mathbf{s}}}}}_c(\underline{\mathbf{R}}, \omega) = \underline{\underline{\underline{\underline{\mathbf{s}}}}}(\underline{\mathbf{R}}) + \underline{\underline{\underline{\underline{\boldsymbol{\chi}}}}}(\underline{\mathbf{R}}, \omega) \ , \tag{7.4.10}$$

$$\underline{\underline{\underline{\underline{\mathbf{c}}}}}_c(\underline{\mathbf{R}}, \omega) = \underline{\underline{\underline{\underline{\mathbf{s}}}}}_c^{-1}(\underline{\mathbf{R}}, \omega) \ , \tag{7.4.11}$$

$$\underline{\underline{\rho}}_c(\underline{\mathbf{R}}, \omega) = \underline{\underline{\rho}}(\underline{\mathbf{R}}) + \underline{\underline{\mu}}(\underline{\mathbf{R}}, \omega) \tag{7.4.12}$$

komplexwertige frequenzabhängige Materialtensoren sind, die an die Stelle reellwertiger augenblicklich reagierender und damit nichtdissipativer Materialien treten: Die Schwingungsgleichung (7.4.9) ist das Pendant zu (7.1.3) für relaxationsdissipative Materialien. Falls uns das Maxwell-Modell (4.4.1), (4.4.2) der Dissipation genügt, entsteht die entsprechende Schwingungsgleichung durch Fourier-Transformation von (4.4.5), und falls das Rayleigh-Kelvin-Voigt-Modell brauchbar ist, finden wir die zugehörige Schwingungsgleichung unter der Nummer (4.4.32). Es sei aber noch einmal betont, dass allein die Relaxationsmodelle (4.4.33), (4.4.34) physikalisch stimmig sind, alle anderen Modelle können nur eine eingeschränkte Gültigkeit haben.

[8] Wir verwenden der kürzeren Schreibweise wegen den Symmetrisierungsoperator

$$\underline{\underline{\underline{\underline{\mathbf{I}}}}}^+ : \boldsymbol{\nabla}\underline{\mathbf{v}} = \frac{1}{2}\left[\boldsymbol{\nabla}\underline{\mathbf{v}} + (\boldsymbol{\nabla}\underline{\mathbf{v}})^{21}\right]$$

8 Ebene elastische Wellen in homogenen Materialien

8.1 Homogene ebene Wellen in isotropen nichtdissipativen Materialien

Ebene Wellen ergeben sich als ganz spezielle Lösungen homogener Wellengleichungen[1] für homogene Materialien, d.h. im isotropen nichtdissipativen Fall fragen wir nach Lösungen der homogenen Gleichung (7.1.20):

$$\mu\,\Delta\underline{\mathbf{v}}(\underline{\mathbf{R}},t) + (\lambda+\mu)\boldsymbol{\nabla}\boldsymbol{\nabla}\cdot\underline{\mathbf{v}}(\underline{\mathbf{R}},t) - \rho\,\frac{\partial^2\underline{\mathbf{v}}(\underline{\mathbf{R}},t)}{\partial t^2} = \underline{\mathbf{0}} \quad ; \tag{8.1.1}$$

diese Gleichung können wir natürlich durch einmalige zeitliche Integration genauso gut in der Teilchenverschiebung schreiben (Gleichung (7.1.24)):

$$\mu\,\Delta\underline{\mathbf{u}}(\underline{\mathbf{R}},t) + (\lambda+\mu)\boldsymbol{\nabla}\boldsymbol{\nabla}\cdot\underline{\mathbf{u}}(\underline{\mathbf{R}},t) - \rho\,\frac{\partial^2\underline{\mathbf{u}}(\underline{\mathbf{R}},t)}{\partial t^2} = \underline{\mathbf{0}} \quad , \tag{8.1.2}$$

8.1.1 Ebene Wellen im Eindimensionalen: Primäre Longitudinal- und sekundäre Transversalwellen

„Eindimensional" heißt: alle Feldgrößen sollen nur von einer (kartesischen) Koordinate abhängen. Wir wählen die z-Koordinate, postulieren also Unabhängigkeit von x und y durch Nullsetzen aller Ableitungen nach x und y:

$$\frac{\partial}{\partial x} \equiv 0 \quad , \quad \frac{\partial}{\partial y} \equiv 0 \quad . \tag{8.1.3}$$

Mit (2.2.50) und (2.2.48) bzw. (2.2.54) liefern die Forderungen (8.1.3):

$$\mu\frac{\partial^2\underline{\mathbf{u}}(z,t)}{\partial z^2} + (\lambda+\mu)\frac{\partial^2 u_z(z,t)}{\partial z^2}\,\underline{\mathbf{e}}_z - \rho\frac{\partial\underline{\mathbf{u}}(z,t)}{\partial t^2} = \underline{\mathbf{0}} \quad . \tag{8.1.4}$$

Von dieser eindimensionalen Vektorwellengleichung bilden wir die drei kartesischen Komponenten:

$$\mu\frac{\partial^2 u_x(z,t)}{\partial z^2} - \rho\frac{\partial^2 u_x(z,t)}{\partial t^2} = 0 \quad , \tag{8.1.5}$$

$$\mu\frac{\partial^2 u_y(z,t)}{\partial z^2} - \rho\frac{\partial^2 u_y(z,t)}{\partial t^2} = 0 \quad , \tag{8.1.6}$$

$$(\lambda+2\mu)\frac{\partial^2 u_z(z,t)}{\partial z^2} - \rho\frac{\partial^2 u_z(z,t)}{\partial t^2} = 0 \quad . \tag{8.1.7}$$

Wir halten fest: Es entstehen drei voneinander unabhängige (entkoppelte) Gleichungen der stets gleichen mathematischen Struktur für jeweils eine der Komponenten von $\underline{\mathbf{u}}(z,t)$, die wir deshalb auch unabhängig voneinander lösen können. Beispielsweise können wir von vornherein für jeweils *zwei* Gleichungen triviale Lösungen, also etwa $u_x(z,t) = u_y(z,t) \equiv 0$ oder $u_x(z,t) = u_z(z,t) \equiv 0$ oder $u_y(z,t) = u_z(z,t) \equiv 0$ ansetzen.

[1] Gauß'sche Wellenpakete oder Spektren ebener Wellen sind beispielsweise andere spezielle Lösungen der homogenen Wellengleichung (Abschnitt 12).

Primäre longitudinale Impulswellen

Wir wählen für (8.1.5) und (8.1.6) triviale Lösungen und untersuchen die bezüglich t Fouriertransformierte Gleichung (8.1.7), also die (8.1.7) entsprechende Schwingungsgleichung:

$$(\lambda + 2\mu)\frac{\partial^2 u_z(z,\omega)}{\partial z^2} + \omega^2 \rho u_z(z,\omega) = 0 \ . \tag{8.1.8}$$

Da nur noch *eine* Differentialgleichungsvariable im Spiel ist, können wir (8.1.8) auch als gewöhnliche Differentialgleichung zweiter Ordnung

$$(\lambda + 2\mu)\frac{\mathrm{d}^2 u_z(z,\omega)}{\mathrm{d}z^2} + \omega^2 \rho u_z(z,\omega) = 0 \tag{8.1.9}$$

mit konstanten Koeffizienten schreiben, die, wenn wir sie in der Form

$$\frac{\mathrm{d}^2 u_z(z,\omega)}{\mathrm{d}z^2} + k_{\mathrm{P}}^2 u_z(z,\omega) = 0 \tag{8.1.10}$$

mit den Abkürzungen

$$\begin{aligned} k_{\mathrm{P}} &= \omega\sqrt{\frac{\rho}{\lambda + 2\mu}} \\ &= \frac{\omega}{c_{\mathrm{P}}} \end{aligned} \tag{8.1.11}$$

anschreiben, sicher $\sin k_{\mathrm{P}}z$ und/oder $\cos k_{\mathrm{P}}z$ als Lösungen hat. Mit (2.3.29) fassen wir beide Möglichkeiten zu den komplexen Lösungen

$$u_z(z,\omega) = u(\omega)\,\mathrm{e}^{\pm \mathrm{j}k_{\mathrm{P}}z} \tag{8.1.12}$$

zusammen[2], wobei, wegen der Homogenität der Differentialgleichung (8.1.10), $u(\omega)$ als frei wählbare Amplitude auftritt, die aber von dem in k_{P} „versteckten" Differentialgleichungsparameter ω abhängen kann; wir fassen deshalb $u(\omega)$ als Funktion von ω, d.h. als eventuell komplexes Spektrum der dann ebenfalls frei wählbaren Zeitfunktion $u(t)$ auf, wobei

$$u(t) \circ\!\!-\!\!\bullet\, u(\omega) \ . \tag{8.1.13}$$

Man beachte: $u(t)$ hat die Einheit m und $u(\omega)$ die Einheit m s.

Zur Beantwortung der Frage, welches der beiden Vorzeichen im Exponenten der Exponentialfunktion (8.1.12) gewählt werden kann oder muss, transformieren wir die Lösungen (8.1.12) in den Zeitbereich, indem wir den Verschiebungssatz (2.3.60) der Fourier-Transformation anwenden:

$$\begin{aligned} u_z(z,t) &= \mathcal{F}^{-1}\{u_z(z,\omega)\} \\ &= \mathcal{F}^{-1}\{u(\omega)\,\mathrm{e}^{\pm \mathrm{j}k_{\mathrm{P}}z}\} \\ &= \mathcal{F}^{-1}\{u(\omega)\,\mathrm{e}^{\pm \mathrm{j}\frac{z}{c_{\mathrm{P}}}\omega}\} \\ &= u\left(t \mp \frac{z}{c_{\mathrm{P}}}\right) \end{aligned} \tag{8.1.14}$$

Gleichung (8.1.14) stellt die Lösung „ebene Welle" der Wellengleichung (8.1.7) dar; warum ist dies eine *Welle*? Wir untersuchen zunächst das obere der beiden möglichen Vorzeichen gemäß

$$u_z(z,t) = u\left(t - \frac{z}{c_{\mathrm{P}}}\right) \tag{8.1.15}$$

[2] Auf die physikalische Bedeutung der Sinus- und Cosinus-Lösungen kommen wir noch zu sprechen.

und wählen einen bestimmten Ort, z.B. $z = 0$ aus: Ein Beobachter der ebenen Welle „misst“ dort die Zeitfunktion — den Impuls — $u_z(0,t) = u(t)$ (Abbildung 8.1.1b; $u(t)$ ist ein RC2(t)-Impuls, den wir auf der t-Achse um seine halbe Dauer nach rechts verschoben haben: Abschnitt 2.3.2). Ein Beobachter am Ort $z_0 > 0$ misst mit $u_z(z_0,t) = u(t - z_0/c_P)$ den gleichen Impuls, jedoch verzögert um die Zeit $t = z_0/c_P$ (Abbildung 8.1.1a): Der Impuls — die Impuls*welle* — hat sich in der Zeit z_0/c_P mit der Geschwindigkeit c_P in Richtung positiver z-Werte ausgebreitet. Am Ort $z = -z_0$, $z_0 > 0$, hat der dortige Beobachter den Impuls bereits zur Zeit $t = -z_0/c_P$ gemessen (Abbildung 8.1.1c), d.h. die eindimensionale ebene Welle (8.1.15) hat die z-Achse als Ausbreitungsrichtung, sie kommt aus dem negativ Unendlichen und breitet sich in Richtung positiver z ins positiv Unendliche aus. Entsprechend breitet sich die eindimensionale ebene Welle

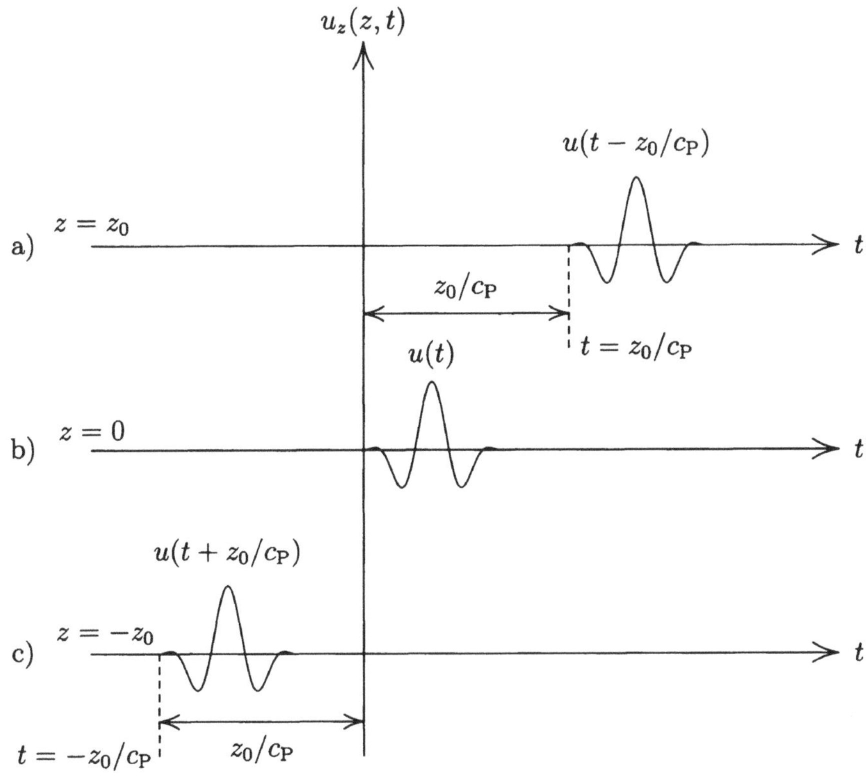

***Abb. 8.1.1:** Ausbreitung einer eindimensionalen Impulswelle mit der Geschwindigkeit c_P: Zeitabhängigkeit für verschiedene Orte*

$$u_z(z,t) = u\left(t + \frac{z}{c_P}\right) \tag{8.1.16}$$

mit der Geschwindigkeit c_P in negative z-Richtung aus. *Beide* Vorzeichen in (8.1.14) sind also *physikalisch* sinnvoll — *mathematisch* möglich sind sie sicher[3] —, denn sie charakterisieren die Ausbreitungsrichtung.

Da $u_z(z,t)$ eine Funktion von *zwei* Variablen ist, können wir alternativ zu Abb. 8.1.1 — dort ist die Abhängigkeit von t für feste Werte von z diskutiert — auch die Abhängigkeit von z für feste Werte von t darstellen (Abbildung 8.1.2). Zum Zeitpunkt $t = 0$ (Abbildung 8.1.2b) ist die Wellenamplitudenverteilung durch $u(-z/c_P)$, d.h. durch den am Nullpunkt gespiegelten

[3]Bei der Herleitung der Green'schen Funktion werden wir sehen, dass mathematisch mögliche Vorzeichen nicht unbedingt physikalisch sinnvoll sein müssen (Abschnitt 13.1).

Zeitimpuls $u(t)$ mit umnormiertem Argument gegeben: Wenn der Zeitimpuls $u(t)$ die Dauer T (in Sekunden) besitzt, dann ist der „Ortsimpuls" Tc_P Meter lang[4]. Für den hier gewählten

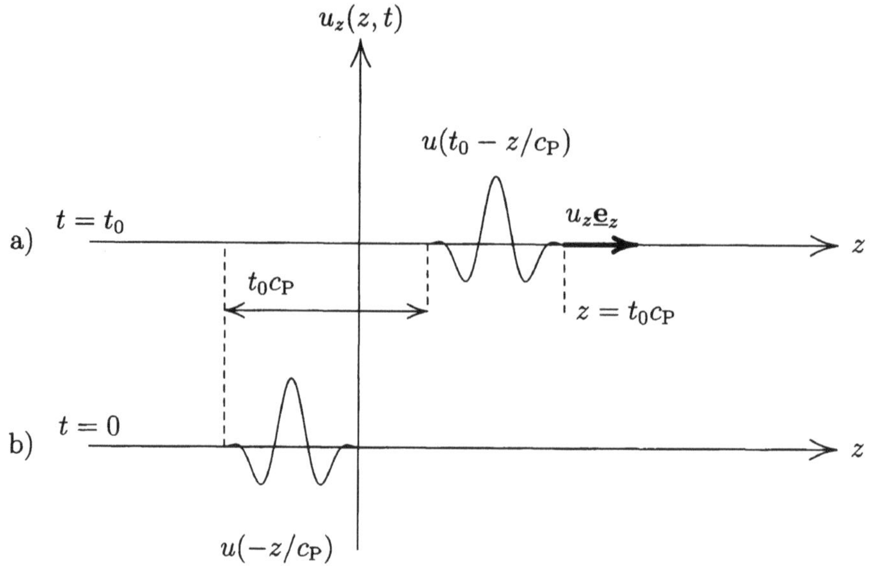

Abb. 8.1.2: *Ausbreitung einer eindimensionalen Impulswelle mit der Geschwindigkeit c_P: Ortsabhängigkeit für verschiedene Zeiten*

symmetrischen Zeitimpuls „sieht" man also genau denselben Impuls auch im Ortsbereich, wo er sich — man vergleiche Abb. 8.1.2a — in der Zeit t_0 vom Ort $z = 0$ zum Ort $z = t_0c_P$ ausbreitet. In der *Orts*darstellung können wir natürlich auch den Teilchenverschiebungsvektor $u_z\underline{\mathbf{e}}_z$ skizzieren.

Die sogenannten Phasen

$$\phi(z,t) = t \mp \frac{z}{c_P} \tag{8.1.17}$$

der ebenen ($\mp$)-Wellen sind konstant auf allen Ebenen senkrecht zur Ausbreitungskoordinate: Man spricht deshalb von *ebenen* Wellen. Gleichzeitig sind auch die Amplituden konstant auf allen Ebenen senkrecht zur Ausbreitungskoordinate, d.h. die Flächen konstanter Phase fallen mit den Flächen konstanter Amplitude zusammen: Es sind *homogene* ebene Wellen. Die Geschwindigkeit

$$c_P = \sqrt{\frac{\lambda + 2\mu}{\rho}} \tag{8.1.18}$$

der eindimensionalen homogenen ebenen Wellen ist offenbar die Geschwindigkeit, mit der sich deren Phase ausbreitet, man spricht deshalb von der Phasengeschwindigkeit[5]. Betrachten wir nämlich zwei z-Werte z_1, z_2 und zwei Zeitpunkte t_1, t_2, für die die zugehörigen Phasen gleich sein sollen, so erhalten wir

$$\begin{aligned} \phi(z_1,t_1) - \phi(z_2,t_2) &= 0 \\ &= t_1 - t_2 \mp \frac{z_1 - z_2}{c_P} \end{aligned} \tag{8.1.19}$$

[4]Ein Longitunalwellenimpuls in Stahl der Dauer $1\,\mu s$ ist folglich $5900\,\mu m$ lang. In den Abbildungen 8.1.1 und 8.1.2 haben wir die Zeit- und Ortsimpulse jedoch geometrisch gleich lang gezeichnet; dahinter steckt entweder die Normierung der Geschwindigkeit auf 1 oder, wem das zu „brutal" erscheint, eine dimensionslose Achsenbemaßung: t in Abb. 8.1.1 kann z.B. auf die Impulsdauer T und z in Abb. 8.1.2 auf die Impulslänge Tc_P normiert sein. Damit sind Lauf*zeiten* geometrisch gleich Lauf*strecken*.

[5]In Abschnitt 8.1.2 definieren wir die Geschwindigkeit der Energieausbreitung, und in Abschnitt 8.3 stellen wir fest, dass sich diese von der Phasengeschwindigkeit in Betrag und Richtung unterscheiden kann.

oder

$$\Delta t = \pm\frac{\Delta z}{c_{\mathrm{P}}} \quad ; \tag{8.1.20}$$

gehen wir zu differentiellen Zeit- und Ortsintervallen über, so folgt

$$\frac{\mathrm{d}z}{\mathrm{d}t} = \pm c_{\mathrm{P}} \tag{8.1.21}$$

als Ortsänderung der konstanten Phasen mit der Zeit, d.h. als Phasengeschwindigkeit.

Die Teilchenverschiebung der eindimensionalen Welle (8.1.15) hat nur eine z-Komponente, sie zeigt in Ausbreitungsrichtung (Abbildung 8.1.2), d.h. wir haben eine *longitudinale* (homogene ebene) Welle mit der Phasengeschwindigkeit c_{P} vorliegen.

Bei der Lösung der Wellengleichungen (8.1.5) und (8.1.6) im nächsten Paragraphen werden wir feststellen, dass die dann auftretende Phasengeschwindigkeit stets kleiner als (8.1.18) ist, sodass die hier diskutierte Welle stets zuerst an einem bestimmten Beobachtungspunkt ankommt, es ist die *primäre* Welle; daher erklärt sich — zunächst — der Index P, den wir der Phasengeschwindigkeit (8.1.18) anheften. In Abschnitt 8.1.2 werden wir sodann sehen, dass P auch für *pressure* stehen kann, d.h. die *primäre* Welle ist aus physikalischer Sicht eine *Druck*welle. Eine streng *longitudinale* Welle ist die primäre oder Druckwelle aber nur dann, wenn sie tatsächlich eine *homogene ebene* Welle ist; deshalb verwenden wir nicht die sonst (z.B.: Kutzner, 1983; J. und H. Krautkrämer, 1986) übliche Bezeichnung c_{L} (bzw. c_{T} für die sekundäre oder Scherwelle, die als *homogene ebene* Welle transversal polarisiert ist).

Wir haben implizit angenommen (Abbildungen 8.1.1 und 8.1.2), dass die beliebig wählbare[6] Zeitfunktion $u(t)$ ein Impuls endlicher Dauer ist; das *muss* aber keineswegs so sein, sodass wir auch eine zeitharmonische Funktion unendlicher Dauer wie $\sin\omega_0 t$ oder $\cos\omega_0 t$, $-\infty < t < \infty$, nehmen können.

Zeitharmonische Longitudinalwellen

Wir wählen zunächst die *komplexe* zeitharmonische Funktion[7]

$$u(t,\omega_0) = f(\omega_0)\,\mathrm{e}^{-\mathrm{j}\omega_0 t} \tag{8.1.22}$$

als komplexe Kombination von $\cos\omega_0 t$ und $\sin\omega_0 t$ mit der Kreisfrequenz $\omega_0 = 2\pi f_0$ — die Frequenz f_0 hat die Einheit Hz, die Kreisfrequenz die Einheit s^{-1}— und der möglicherweise ebenfalls komplexwertigen Amplitude $f(\omega_0)$. Zu (8.1.22) gehört als Spektrum eine einzige Spektral*linie* bei ebendieser Kreisfrequenz mit der Amplitude $2\pi f(\omega_0)$:

$$u(\omega,\omega_0) = 2\pi f(\omega_0)\,\delta(\omega-\omega_0) \quad . \tag{8.1.23}$$

Unsere zeitharmonischen eindimensionalen homogenen ebenen Longitudinalwellen werden sodann durch

$$\begin{aligned} u_z(z,t,\omega_0) &= f(\omega_0)\,\mathrm{e}^{-\mathrm{j}\omega_0\left(t\mp\frac{z}{c_{\mathrm{P}}}\right)} \\ &= f(\omega_0)\,\mathrm{e}^{\pm\mathrm{j}k_{\mathrm{P}}z}\mathrm{e}^{-\mathrm{j}\omega_0 t} \end{aligned} \tag{8.1.24}$$

beschrieben, worin nunmehr in den *Zeit*funktionen $u_z(z,t,\omega_0)$ die zu ω_0 gehörende sogenannte Wellenzahl

$$k_{\mathrm{P}} = \frac{\omega_0}{c_{\mathrm{P}}} \tag{8.1.25}$$

[6]Wenn sie *nicht* beliebig wählbar wäre, gäbe es keine Ultraschall-zfP.

[7]Das Vorzeichen im Exponenten ist dem Vorzeichen des Kerns der inversen Fourier-Transformation (2.3.40) angepasst. Mit dem Ansatz

$$u(t,\omega_0) = f(\omega_0)\,\mathrm{e}^{\mathrm{j}\omega_0 t}$$

muss man in allen in dieser Ausarbeitung hergeleiteten komplexwertigen Formeln zum konjugiert Komplexen übergehen.

der primären Welle auftritt: Mit (8.1.11) definierten wir sie als Abkürzung in den *Spektren* (8.1.12). Die komplexe Exponentialfunktion $\mathrm{e}^{\mathrm{j}\varphi}$ ist bezüglich φ 2π-periodisch, die Zeitfunktion $\mathrm{e}^{-\mathrm{j}\omega_0 t}$ also bezüglich $\omega_0 t$ 2π-periodisch; wir nennen das zeitliche Periodizitätsintervall

$$T_0 = \frac{2\pi}{\omega_0} \tag{8.1.26}$$

Periodendauer der zeitharmonischen Wellen. Entsprechend ist die Ortsfunktion $\mathrm{e}^{\pm \mathrm{j}k_\mathrm{P}z}$ in $k_\mathrm{P}z$ 2π-periodisch; wir nennen das räumliche Periodizitätsintervall

$$\lambda_\mathrm{P} = \frac{2\pi}{k_\mathrm{P}} \tag{8.1.27}$$

Wellenlänge der zeitharmonischen ebenen Longitudinalwellen. Zeitharmonische ebene Longitudinalwellen sind in Raum *und* Zeit periodisch, wobei wegen (8.1.25) die beiden Periodizitätsintervalle nicht unabhängig voneinander sind:

$$\begin{aligned} \lambda_\mathrm{P} &= c_\mathrm{P} T_0 \\ &= \frac{c_\mathrm{P}}{f_0} \quad . \end{aligned} \tag{8.1.28}$$

Diese fundamentale Beziehung zwischen Frequenz, Wellenlänge und Phasengeschwindigkeit ist eine unmittelbare Konsequenz der Wellengleichung; in der Form

$$\omega = c_\mathrm{P} k_\mathrm{P} \tag{8.1.29}$$

heißt sie — aus hier nicht unbedingt ersichtlichen Gründen — Dispersionsrelation[8] des als Ausbreitungsmedium dienenden Materials. Wir kommen darauf aber noch mehrfach zurück.

Es sei explizit darauf hingewiesen, dass der Begriff „Wellenlänge" ursächlich mit *zeitharmonischen* Wellen verknüpft ist. Bei *Impulsen* muss man sich deshalb auf eine bestimmte spektrale Komponente, z.B. auf die Trägerfrequenz des RC$N(t)$-Impulses (2.3.45), festlegen.

Mitunter schreibt man die zeitharmonischen ebenen Wellen (8.1.24) mit unterdrückter Zeitabhängigkeit:

$$\begin{aligned} u_z(z,\omega_0) &\stackrel{\mathrm{def}}{=} u_z(z,t,\omega_0)\,\mathrm{e}^{\mathrm{j}\omega_0 t} \\ &= f(\omega_0)\,\mathrm{e}^{\pm \mathrm{j}k_\mathrm{P}z} \quad . \end{aligned} \tag{8.1.30}$$

In (8.1.24) ist sofort ersichtlich, dass die Vorzeichenkombination $+\mathrm{j}k_\mathrm{P}z$ mit $-\mathrm{j}\omega_0 t$ eine sich in positive z-Richtung ausbreitende und die Vorzeichenkombination $-\mathrm{j}k_\mathrm{P}z$ mit $-\mathrm{j}\omega_0 t$ eine sich in negative z-Richtung ausbreitende zeitharmonische Welle liefert. Um anhand von (8.1.30) die Ausbreitungsrichtung zu erkennen, muss man hingegen *wissen*, welche Zeitabhängigkeit gewählt wurde; es hätte ja auch $\mathrm{e}^{+\mathrm{j}\omega_0 t}$ sein können, und dann vertauschen sich die die Ausbreitungsrichtung festlegenden Vorzeichen: Die Welle $\mathrm{e}^{-\mathrm{j}k_\mathrm{P}z}\,\mathrm{e}^{\mathrm{j}\omega t}$ breitet sich nämlich in positive z-Richtung und die Welle $\mathrm{e}^{\mathrm{j}k_\mathrm{P}z}\,\mathrm{e}^{\mathrm{j}\omega t}$ in negative z-Richtung aus.

Zeitharmonische Wellen sind natürlich Idealisierungen, aber das sind *ebene* Wellen auch schon: Sie „benötigen" ja den ganzen unendlichen Raum. Nichtsdestotrotz sind beide Begriffsbildungen äußerst nützlich zur Konstruktion von weniger idealisierten Wellenfeldern, z.B. den Schallfeldern von Prüfköpfen. Man braucht ja nur von der einen Spektral*linie* zu einem zeitlichen Fourier-*Spektrum* und von der *einen* Ausbreitungsrichtung zu einem räumlichen „*Spektrum*" von Richtungen überzugehen!

[8]Die Dispersionsrelation (8.1.29) des homogenen isotropen nichtdissipativen Materials ist eine *lineare* Beziehung zwischen Frequenz und Wellenzahl; ein Material mit *dieser* Dispersionsrelation hat gerade *keine* Dispersion eines sich ausbreitenden Wellen*impulses* zur Folge (Abbildungen 8.1.1 und 8.1.2).

Wen es stört, dass die zeitharmonischen ebenen Longitudinalwellen (8.1.24) komplexwertig sind — in der zfP mit Ultraschall ist doch alles reell! —, der gehe von der *einen* Spektrallinie bei $\omega = \omega_0$ — Gleichung (8.1.23) — zu *zwei* Spektrallinien bei $\omega_0 = \omega_0$ und $\omega = -\omega_0$ über, die sodann jeweils die halbe Amplitude bekommen (Gleichung (3.1.20)):

$$u(\omega) = \pi[f(\omega_0)\,\delta(\omega - \omega_0) + f^*(\omega_0)\,\delta(\omega + \omega_0)] \quad . \tag{8.1.31}$$

Wenn, wie angenommen, die Amplitude bei $\omega = -\omega_0$, auch noch konjugiert komplex zur Amplitude bei $\omega = \omega_0$ ist, erhalten wir

$$u(t, \omega_0) = \Re\{f(\omega_0)\,\mathrm{e}^{-\mathrm{j}\omega_0 t}\} \tag{8.1.32}$$

durch inverse Fourier-Transformation von (8.1.31) und folglich

$$u_z(z, t, \omega_0) = \Re\{f(\omega_0)\,\mathrm{e}^{\pm\mathrm{j}k_\mathrm{P} z}\mathrm{e}^{-\mathrm{j}\omega_0 t}\} \quad . \tag{8.1.33}$$

Man nennt $f(\omega_0)\,\mathrm{e}^{\pm\mathrm{j}\frac{\omega_0}{c_\mathrm{P}}z}$ Phasor der zeitharmonischen Welle (8.1.33) (Abschnitt 3.2.6).

Noch ein Wort zu den $\sin k_\mathrm{P} z$- und/oder $\cos k_\mathrm{P} z$-Lösungen von (8.1.10): Wir erhalten sie aus (8.1.12), wenn wir hin- und rücklaufende zeitharmonische Wellen gleicher oder entgegengesetzt gleicher Amplitude gemäß

$$\begin{aligned} u_z(z,t) &= f(\omega_0)\left(\mathrm{e}^{\mathrm{j}k_\mathrm{P} z} \pm \mathrm{e}^{-\mathrm{j}k_\mathrm{P} z}\right)\mathrm{e}^{-\mathrm{j}\omega_0 t} \\ &= f(\omega_0)\,\mathrm{e}^{-\mathrm{j}\omega_0 t}\begin{cases} 2\cos k_\mathrm{P} z & \text{für das positive Vorzeichen} \\ 2\mathrm{j}\sin k_\mathrm{P} z & \text{für das negative Vorzeichen} \end{cases} \end{aligned} \tag{8.1.34}$$

überlagern. Es handelt sich offensichtlich um stehende „Wellen“, die an einem festen Ort z mit der jeweiligen Sinus- oder Cosinusamplitude im Takt der Kreisfrequenz ω_0 oszillieren, d.h. es handelt sich um zeitabhängige elastische Schwingungen, ähnlich den Schwingungen einer Geigensaite. Aus solchen Schwingungen können wir im Übrigen die Moden in einem elastischen Wellenleiter zusammensetzen (Rose, 1999).

Sekundäre transversale Impulswellen

Wir wenden uns nun den verbleibenden Differentialgleichungen (8.1.5), (8.1.6) zu, können uns dabei aber kürzer fassen, da wir die wesentlichen Fakten über Wellen bereits kennengelernt haben. Wir selektieren (8.1.5), indem wir willkürlich $u_y(z,t) \equiv 0$ setzen. Wieder gehen wir mit einer Fourier-Transformation bezüglich der Zeit t zur Schwingungsgleichung für das Frequenzspektrum über:

$$\mu\frac{\partial^2 u_x(z,\omega)}{\partial z^2} + \omega^2 \rho u_x(z,\omega) = 0 \quad . \tag{8.1.35}$$

Mit der Einführung der Sekundärwellenzahl und der Sekundärwellengeschwindigkeit — der Index S steht aus physikalischer Sicht auch für *shear*: Scherwelle (Abschnitt 8.1.2) —

$$\begin{aligned} k_\mathrm{S} &= \omega\sqrt{\frac{\rho}{\mu}} \\ &= \frac{\omega}{c_\mathrm{S}} \end{aligned} \tag{8.1.36}$$

finden wir entsprechend (8.1.12) die Lösungen

$$u_x(z,\omega) = u(\omega)\,\mathrm{e}^{\pm\mathrm{j}k_\mathrm{S} z} \tag{8.1.37}$$

von

$$\frac{\mathrm{d}^2 u_x(z,\omega)}{\mathrm{d}z^2} + k_\mathrm{S}^2 u_x(z,\omega) = 0 \quad . \tag{8.1.38}$$

Die inverse Fourier-Transformation von (8.1.37) führt uns auf die eindimensionalen sekundären ebenen Impulswellen

$$u_x(z,t) = u\left(t \mp \frac{z}{c_S}\right) \quad , \tag{8.1.39}$$

die sich je nach Vorzeichen mit der Phasengeschwindigkeit c_S in $\pm z$-Richtung ausbreiten. In der Tat sind (8.1.38) *sekundäre* Wellen, da mit

$$c_S = \sqrt{\frac{\mu}{\rho}} \tag{8.1.40}$$

stets $c_S < c_P$ gilt. Die Zeitdarstellung der sekundären Impulswelle

$$u_x(z,t) = u\left(t - \frac{z}{c_S}\right) \tag{8.1.41}$$

für verschiedene Orte sieht prinzipiell genauso aus wie diejenige der primären Welle in Abb. 8.1.1, es ist dort lediglich c_P durch c_S zu ersetzen. In einer zu Abb. 8.1.1 maßstabsgerechten Darstellung muss allerdings die Laufzeit z_0/c_S der sekundären Welle zum Ort z_0 größer als die Laufzeit z_0/c_P der primären Welle zum gleichen Ort z_0 gewählt werden. Aus diesem Grunde laufen primäre und sekundäre Wellen mit zunehmender Zeit auseinander, eine Tatsache, die wir in Abb. 8.1.3 skizziert haben; man beachte: Beiden Wellen wurde derselbe Impuls $u(t)$ „aufgeprägt", was natürlich nicht notwendigerweise der Fall sein muss. In der Ultraschall-zfP nutzt man dieses Auseinanderlaufen zur Separation von primären und sekundären Wellen, indem man im Empfangsgerät Zeitfenster setzt.

Natürlich trifft die Skizze in Abb. 8.1.3 gleichermaßen auf $u_y(z,t)$ zu, denn als Lösungen von (8.1.6) erhalten wir

$$u_y(z,t) = u\left(t \mp \frac{z}{c_S}\right) \tag{8.1.42}$$

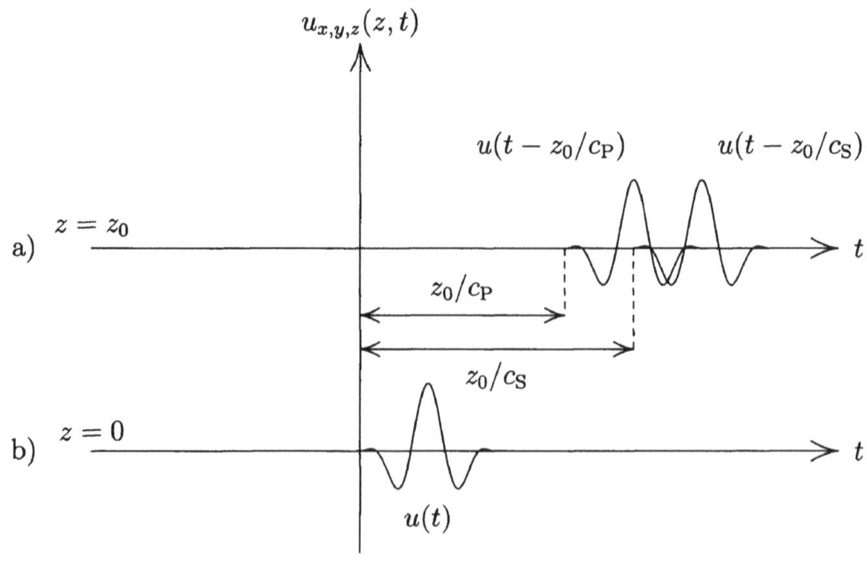

Abb. 8.1.3: *Ausbreitung eindimensionaler P- und S-Impulswellen*

Die mit Abb. 8.1.2 vergleichbare Ortsdarstellung der sekundären Impulswelle zeigen wir in Abb. 8.1.4; zwei Dinge fallen auf:

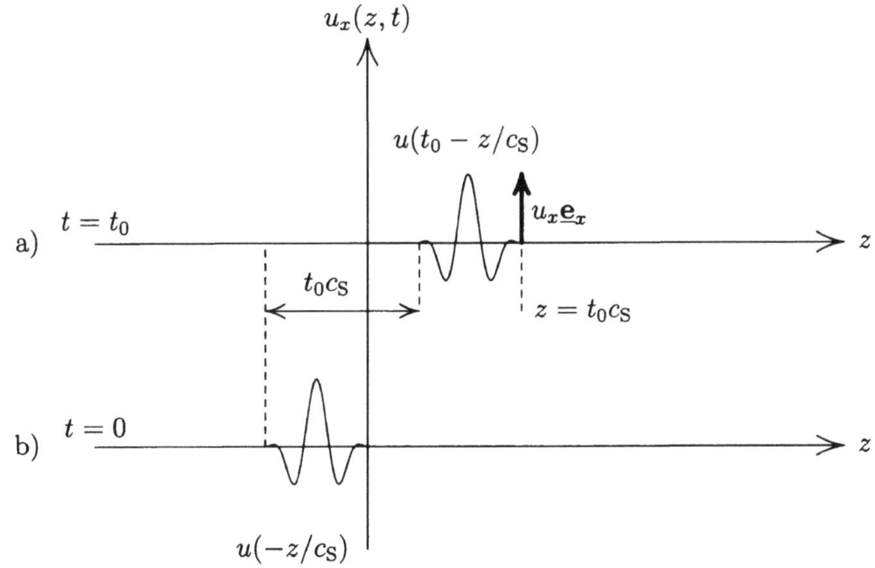

***Abb. 8.1.4:** Ortsdarstellung der Ausbreitung einer eindimensionalen S-Impulswelle mit der Geschwindigkeit c_S*

- Der für $t = 0$ gespiegelte Impuls $u(-z/c_S)$ weist eine andere Normierung der z-Koordinate auf; da $c_P < c_S$, erscheint er gegenüber $u(-z/c_P)$ gestaucht[9]; wegen der (8.1.28) korrespondierenden Beziehung $\lambda_S = c_S/f_0$ ist die zur Trägerfrequenz des RC2(t)-Impulses gehörende Wellenlänge λ_S kleiner als λ_P.
- Im selben Zeitraum t_0, den wir Abb. 8.1.2 zugrunde legten, hat die sekundäre Impulswelle erst den Ort $z = t_0 c_S < t_0 c_P$ erreicht, sie trifft als *sekundäre* Impulswelle an diesem Beobachtungspunkt ein.

Der Teilchenverschiebungsvektor der sekundären Wellen (8.1.39) hat nur eine x-Komponente und ist folglich *senkrecht* zur Ausbreitungsrichtung gerichtet: Es liegen *transversale* (homogene ebene) Wellen vor. In Abbildung 8.1.4 ist dies durch einen Vektorpfeil angedeutet.

Die Skizzen 8.1.2 und 8.1.4 werden noch etwas intuitiver, wenn man die eindimensionalen homogenen ebenen P- und S-Impulswellen in einem zweidimensionalen xz-Raum (oder yz-Raum) — einer zweidimensionalen xz-Ebene (oder yz-Ebene) — im Wortsinne (wie in einem Film) „laufen lässt"; dazu stellt man die Wellenamplituden $u(t_i - z/c_{P,S})$, $i = 1, 2, 3, \ldots, I$, farb- oder grauwertcodiert inklusive kleiner Pfeilchen, die die Richtung longitudinaler oder transversaler Polarisation angeben, in einer xz-Ebene für eine dichte Folge von Zeitpunkten t_i, $i = 1, 2, 3, \ldots, I$, dar. In Abb. 8.1.5 sind zwei Zeitpunkte $t = t_1$ und $t = t_2 > t_1$ herausgegriffen: *Wellenfronten* von ebenen P- und S-Impulswellen werden auf diese Weise sehr anschaulich; insbesondere erkennt man auch sehr schön, dass die Flächen konstanter Phase und konstanter Amplitude senkrecht auf der Ausbreitungsrichtung stehen, dass es sich also um *homogene* ebene Impulswellen handelt.

Es sei auch noch besonders betont, dass ebene P- und S-Wellen im unendlich ausgedehnten homogenen Material völlig unabhängig voneinander sind. Die sogenannte Modekonversion P $\Longrightarrow$ S und S $\Longrightarrow$ P tritt erst in inhomogenen Materialien, also beispielsweise an der ebenen

[9]Man beachte Fußnote 4: Wir hatten die *Primärwellengeschwindigkeit* c_P auf 1 normiert; dies korrespondiert der normierten Achsenbemaßung z/Tc_P in Abb. 8.1.4.

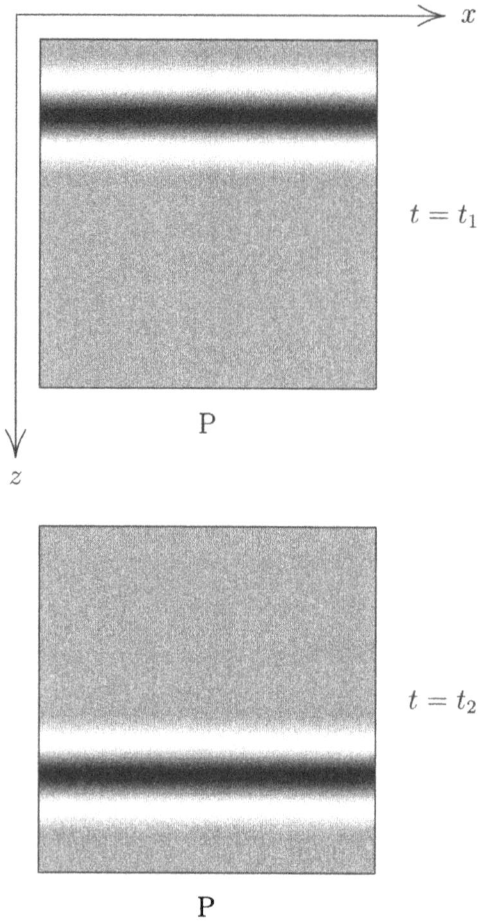

Abb. 8.1.5: *Ebene P- und S-Wellenfronten: Zweidimensionale Ortsdarstellung — Fenster zum unendlichen Raum — eindimensionaler homogener ebener P- und S-Impulswellen für zwei Zeitpunkte t_1 und $t_2 > t_1$ (RC2-Impulse)*

Trennfläche zwischen zwei unendlich ausgedehnten Halbräumen — und auch dann nur bei nichtsenkrechtem Einfall —, auf.

Ebenso wie die transversalen sekundären Wellen (8.1.39) sind die sekundären Wellen (8.1.42) transversal, sie haben nur eine y-Komponente. Sollten *beide* Komponenten $u_x(z,t)$ und $u_y(z,t)$ ungleich null sein, können wir sie — gleiche Impulsstruktur $u(t)$ vorausgesetzt[10] — mit unterschiedlichen Amplituden u_x und u_y zum Transversalvektor

$$\begin{aligned}\underline{\mathbf{u}}_{\mathrm{S}}(z,t) &= u\left(t \mp \frac{z}{c_{\mathrm{S}}}\right)(u_x\underline{\mathbf{e}}_x + u_y\underline{\mathbf{e}}_y)\\ &= u\left(t \mp \frac{z}{c_{\mathrm{S}}}\right)\underline{\mathbf{u}}_{\mathrm{S}} \end{aligned} \tag{8.1.43}$$

überlagern. Ohne Beschränkung der Allgemeinheit lässt sich $\underline{\mathbf{u}}_{\mathrm{S}}$ als Einheitsvektor $\underline{\hat{\mathbf{u}}}_{\mathrm{S}}$ normieren (wir „verstecken" den Betrag von $\underline{\mathbf{u}}_{\mathrm{S}}$ in $u(t)$):

$$\underline{\mathbf{u}}_{\mathrm{S}}(z,t) = u\left(t \mp \frac{z}{c_{\mathrm{S}}}\right)\underline{\hat{\mathbf{u}}}_{\mathrm{S}} \quad , \tag{8.1.44}$$

[10] Auf den allgemeineren Fall ungleicher Impulsstruktur gehen wir im Zusammenhang mit den zeitharmonischen Wellen ein.

wobei $\underline{\hat{\mathbf{u}}}_S \cdot \underline{\mathbf{e}}_z = 0$; man spricht von in Richtung $\underline{\hat{\mathbf{u}}}_S$ *linear polarisierten* Transversalwellen. Da es im homogenen unendlich ausgedehnten Material (das wir im Augenblick betrachten) keine Vorzugsrichtung gibt, lässt sich ein kartesischen Koordinatensystem stets *so* anordnen, dass die z-Achse in Ausbreitungsrichtung und — beispielsweise — die x-Achse in $\underline{\hat{\mathbf{u}}}_S$-Richtung zeigt. Sollte es Vorzugsrichtungen oder -ebenen geben, ist dies nicht mehr möglich; man muss sodann die Ausbreitungsrichtung ebener Wellen im Dreidimensionalen festlegen (Abschnitt 8.1.2), wobei die lineare transversale Polarisation in zwei wohl unterscheidbare transversale Wellen (z.B. SH und SV) zerfällt.

Zeitharmonische Transversalwellen

Genauso wie im Paragraphen über zeitharmonische Longitudinalwellen können wir Transversalwellen zeitharmonisch mit der Kreisfrequenz ω_0 „anregen". Anstelle von (8.1.24) erhalten wir sodann

$$u_{x,y}(z,t,\omega_0) = f(\omega_0)\,\mathrm{e}^{\pm\mathrm{j}k_S z}\mathrm{e}^{-\mathrm{j}\omega_0 t} \tag{8.1.45}$$

mit der Sekundärwellenzahl

$$k_S = \frac{\omega}{c_S} \tag{8.1.46}$$

und mit der Sekundärwellenlänge

$$\lambda_S = \frac{c_S}{f_0} \quad . \tag{8.1.47}$$

Die Wellenlängen zeitharmonischer ebener P- und S-Wellen derselben Frequenz verhalten sich also wie die entsprechenden Phasengeschwindigkeiten.

Überlagern wir x- und y-Komponenten zeitharmonischer ebener transversaler S-Wellen, die sich in $+z$-Richtung ausbreiten, gemäß

$$\begin{aligned} \underline{\mathbf{u}}_S(z,t,\omega_0) &= \mathrm{e}^{\mathrm{j}k_S z-\mathrm{j}\omega_0 t}\left[u_x(\omega_0)\,\underline{\mathbf{e}}_x + u_y(\omega_0)\,\underline{\mathbf{e}}_y\right] \\ &= \mathrm{e}^{\mathrm{j}k_S z-\mathrm{j}\omega_0 t}\underline{\mathbf{u}}_S(\omega_0) \quad , \end{aligned} \tag{8.1.48}$$

so ist die Wahl *gleicher* Amplituden der beiden Komponenten keineswegs zwingend: Wir können $u_x(\omega_0)$ und $u_y(\omega_0)$ für jede Kreisfrequenz[11] ω_0 unterschiedlich komplexwertig wählen. Das sodann im Allgemeinen komplexe Verhältnis

$$A(\omega_0) = \frac{u_y(\omega_0)}{u_x(\omega_0)} \tag{8.1.49}$$

heißt in der Theorie elektromagnetischer Wellen Polarisationszahl. Der Zeiger von $A(\omega_0)$ in einer komplexen A-Ebene gibt eindeutig an, welche Kurve die Spitze des Vektors $\underline{\mathbf{u}}_S(z_0,t,\omega_0)$ in der xy-Ebene für einen festen Ort z_0 als Funktion der Zeit beschreibt. Beispielsweise bedeutet $A(\omega_0) = \mathrm{j}$ rechtszirkulare Polarisation (RC: *right-circular*) der zeitharmonischen ebenen Welle: Wenn man für die sich in $+z$-Richtung ausbreitende Welle den Daumen der rechten Hand in Ausbreitungsrichtung zeigen lässt, bewegt sich die Spitze von $\underline{\mathbf{u}}_S(z_0,t,\omega_0)$ auf einem Kreis in Richtung der gekrümmten Finger der rechten Hand und damit im Uhrzeigersinn (CW: *clockwise*), wenn man der Welle hinterherschaut; beim Hinterherschauen ist also RC dasselbe wie CW und LC (*left-circular*) dasselbe wie CCW (*counter-clockwise*)[12]. Müsste man nämlich bei

[11] Deswegen ist das Konzept der Wellenpolarisation zunächst nur auf zweitharmonische Wellen anwendbar. Für Impulse muss man auf zeitliche Mittelungen zurückgreifen (Langenberg, 2005).

[12] Man beachte: Dies ist die Definition der Elektrotechnik; in der Physik/Optik-Literatur (z.B.: Born und Wolf, 1975) hält man den Daumen *entgegen* der Ausbreitungsrichtung. Zur Beschreibung des Drehsinns der elektrotechnisch rechtszirkular-CW-polarisierten Welle benötigt man dann die linke Hand — dieselbe Welle ist also optisch-LC polarisiert —, und beim *Entgegenschauen* entspricht dies wieder CCW. Außerdem ist die Zuordnung des Polarisationszustandes zum Punkt $A(\omega_0)$ in der komplexen Ebene abhängig von der gewählten Zeitfunktion $\mathrm{e}^{-\mathrm{j}\omega_0 t}$ oder $\mathrm{e}^{\mathrm{j}\omega_0 t}$: Für $\mathrm{e}^{\mathrm{j}\omega_0 t}$ entspricht $A(\omega_0) = \mathrm{j}$ (elektrotechnisch) *links*zirkularer Polarisation.

gleicher Daumenorientierung die linke Hand zu Hilfe nehmen, um beim Hinterherschauen den Drehsinn *entgegen* dem Uhrzeigerrichtung zu beschreiben, wäre die Welle linkszirkular polarisiert. Mangels geeigneter Prüfköpfe zur Erzeugung beliebig elliptisch polarisierter elastischer Transversalwellen sind entsprechende Begriffsbildungen in der Ultraschall-zfP noch wenig verbreitet. In der Theorie elektromagnetischer Wellen gründet jedoch ein wesentlicher Teil der Kommunikations- und Radartechnik auf dem Konzept der Polarisation (Cloude, 2002; Langenberg, 2005).

8.1.2 Ebene Wellen im Dreidimensionalen: Primäre longitudinale Druck- und sekundäre transversale Scherwellen

Mathematische Darstellung homogener ebener Wellen im Dreidimensionalen

Wie bereits erwähnt: Im homogen-isotropen (unendlich ausgedehnten) Material — im elastischen Vollraum — reicht uns die vorstehende Erörterung *eindimensionaler* ebener Wellen, da wir ein kartesisches Koordinatensystem stets *so* drehen können, dass — beispielsweise — die z-Achse in Ausbreitungsrichtung zeigt. Bereits für das einfachste inhomogene Material, den einseitig unendlich ausgedehnten homogen-isotropen elastischen Halbraum, definiert dessen ebene Grenzfläche eine „Vorzugsebene“, deren Einbettung in eine Koordinatenfläche eines kartesischen Koordinatensystems für die Berechnung der Reflexion und Modekonversion elastischer Wellen zwar nicht zwingend notwendig, aber äußerst zweckmäßig ist. Würden wir dafür die xy-Ebene wählen, stünde uns die z-Achse als eindimensionale Ausbreitungsrichtung zur Verfügung, wir müssten uns damit jedoch auf senkrechten Einfall auf die Grenzfläche beschränken, Winkelprüfköpfe „kämen nicht vor“. Folglich benötigen wir die mathematische Darstellung ebener Wellen, die sich in einem festen kartesischen Koordinatensystem in irgendeiner, beispielsweise durch den Einheitsvektor $\hat{\underline{\mathbf{k}}}$ vorgegebenen Richtung „dreidimensional“ ausbreiten. In Abb. 8.1.6 ist diese Situation skizziert: In Richtung $\hat{\underline{\mathbf{k}}}$ definieren wir eine Koordinatenlinie ζ, entlang derer

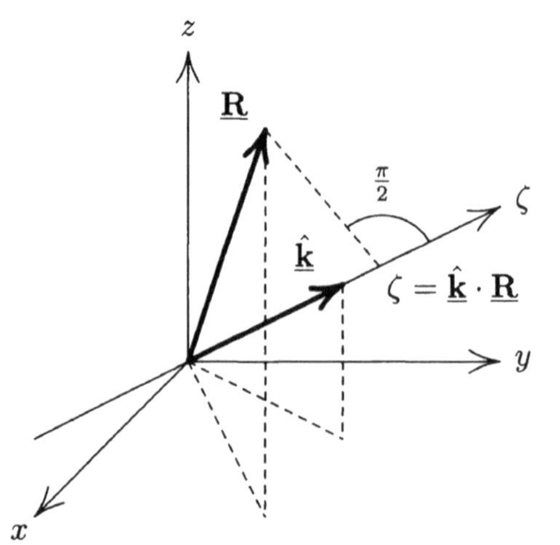

Abb. 8.1.6: *Ausbreitungskoordinate ζ einer eindimensionalen ebenen Welle im dreidimensionalen xyz-Raum*

sich ebene Wellen eindimensional im dreidimensionalen xyz-Raum ausbreiten sollen. Wir postulieren also ebene elastische Impulswellen mit der Phasengeschwindigkeit c und der linearen

— longitudinalen oder transversalen — Polarisation $\underline{\hat{\mathbf{u}}}$ gemäß

$$\underline{\mathbf{u}}(\zeta, t) = u\left(t \mp \frac{\zeta}{c}\right)\underline{\hat{\mathbf{u}}} \quad . \tag{8.1.50}$$

Wir wissen, dass die Phasen und Amplituden *homogener* ebener Wellen per definitionem in Ebenen senkrecht zur Ausbreitungsrichtung konstant sind. Wir müssen also als geometrischen Ort *derjenigen* Ortsvektoren $\underline{\mathbf{R}}$, für die

$$\begin{aligned} \phi(\zeta, t) &= \phi[\zeta(\underline{\mathbf{R}}), t] \\ &= t \mp \frac{\zeta(\underline{\mathbf{R}})}{c} \end{aligned} \tag{8.1.51}$$

für feste Zeitpunkte konstant ist, Ebenen senkrecht zu $\underline{\hat{\mathbf{k}}}$ finden. Die Abbildungen 8.1.6 und 2.1.9 veranschaulichen, dass derartige Ebenen durch $\underline{\hat{\mathbf{k}}} \cdot \underline{\mathbf{R}} = \zeta(\underline{\mathbf{R}}) = \text{const}$ beschrieben werden[13], sodass die mathematische Darstellung homogener ebener elastischer Impulswellen im dreidimensionalen $\underline{\mathbf{R}}$-Raum lautet — wir nehmen den Ausbreitungsvektor $\underline{\hat{\mathbf{k}}}$ in die Argumentliste der Teilchenverschiebung auf —

$$\underline{\mathbf{u}}(\underline{\mathbf{R}}, t, \underline{\hat{\mathbf{k}}}) = u\left(t \mp \frac{\underline{\hat{\mathbf{k}}} \cdot \underline{\mathbf{R}}}{c}\right)\underline{\hat{\mathbf{u}}} \quad . \tag{8.1.52}$$

Wir wissen natürlich ebenfalls, dass nunmehr zwischen den Phasengeschwindigkeiten $c = c_\mathrm{P}$ und $c = c_\mathrm{S}$ primärer und sekundärer Wellen mit longitudinaler ($\underline{\hat{\mathbf{u}}} = \underline{\hat{\mathbf{u}}}_\mathrm{P} \parallel \underline{\hat{\mathbf{k}}}$) und transversaler ($\underline{\hat{\mathbf{u}}} = \underline{\hat{\mathbf{u}}}_\mathrm{S} \perp \underline{\hat{\mathbf{k}}}$) Polarisation zu unterscheiden sein wird. Aber genau *dies* wollen wir auf formal-mathematischem Weg herausfinden, da uns bei der Diskussion der Wellenausbreitung in homogen-*anisotropen* Materialien gar keine andere Möglichkeit bleibt. Es ist deshalb durchaus nützlich, das hier vorliegende Problem der Ausbreitung ebener elastischer Wellen im homogen-*isotropen* Material, dessen Lösung wir prinzipiell schon kennen, ebenfalls als sogenanntes Eigenwertproblem zu formulieren und zu lösen.

Phasengeschwindigkeiten und Polarisationen ebener Wellen im Dreidimensionalen: Lösung eines Eigenwertproblems

Phasengeschwindigkeiten und Polarisationen ebener elastischer Wellen ergaben sich „zwangsweise" aus den bezüglich der kartesischen Komponenten von $\underline{\mathbf{u}}(\underline{\mathbf{R}}, t)$ entkoppelten Wellengleichungen (8.1.5)–(8.1.7). Diese Entkopplung war eine Konsequenz der Voraussetzung $\partial/\partial y \equiv 0$, die wir hier *nicht* machen können, sodass wir mit der vektoriellen Wellengleichung (8.1.2) arbeiten müssen. Die Fourier-Transformation bezüglich der Zeit führt uns zur homogenen vektoriellen Schwingungsgleichung

$$\mu\,\Delta\underline{\mathbf{u}}(\underline{\mathbf{R}}, \omega) + (\lambda + \mu)\boldsymbol{\nabla}\boldsymbol{\nabla} \cdot \underline{\mathbf{u}}(\underline{\mathbf{R}}, \omega) + \omega^2 \rho\, \underline{\mathbf{u}}(\underline{\mathbf{R}}, \omega) = \underline{\mathbf{0}} \tag{8.1.53}$$

für das Frequenzspektrum $\underline{\mathbf{u}}(\underline{\mathbf{R}}, \omega)$ der Teilchenverschiebung. Zur Lösung dieser Differentialgleichung machen wir nun den *Ansatz* homogener[14] ebener Wellen

$$\underline{\mathbf{u}}(\underline{\mathbf{R}}, \omega) = \underline{\mathbf{u}}(\underline{\mathbf{R}}, \omega, \underline{\hat{\mathbf{k}}}) = \underline{\mathbf{u}}(\omega, \underline{\hat{\mathbf{k}}})\, \mathrm{e}^{\pm \mathrm{j} \frac{\underline{\hat{\mathbf{k}}} \cdot \underline{\mathbf{R}}}{c(\underline{\hat{\mathbf{k}}})} \omega} \quad , \tag{8.1.54}$$

indem wir (8.1.51) Fourier-transformieren und darüber hinaus prinzipiell zulassen, dass der Polarisationsvektor $\underline{\hat{\mathbf{u}}}(\underline{\hat{\mathbf{k}}})$ der vektoriellen Amplitude

$$\underline{\mathbf{u}}(\omega, \underline{\hat{\mathbf{k}}}) = \underline{\hat{\mathbf{u}}}(\underline{\hat{\mathbf{k}}}) u(\omega) \tag{8.1.55}$$

[13] Für $\underline{\hat{\mathbf{k}}} = \underline{\mathbf{e}}_z$ erhalten wir wie zuvor $\zeta = z$, d.h. Ebenen senkrecht zur z-Achse.

[14] Das ist *deswegen* ein Ansatz *homogener* ebener Wellen, weil $\underline{\hat{\mathbf{k}}}$ reell vorausgesetzt wird (Abschnitt 8.2).

und die Phasengeschwindigkeit $c(\hat{\underline{\mathbf{k}}})$ von dem Parameter „Ausbreitungsrichtung $\hat{\underline{\mathbf{k}}}$“ abhängen[15]. Wenn wir nun $\underline{\mathbf{u}}(\underline{\mathbf{R}}, \omega)$ gemäß (8.1.54) in (8.1.53) einsetzen, muss $\Delta\underline{\mathbf{u}}(\underline{\mathbf{R}}, \omega, \hat{\underline{\mathbf{k}}}) = \nabla\cdot\nabla\underline{\mathbf{u}}(\underline{\mathbf{R}}, \omega, \hat{\underline{\mathbf{k}}})$ und $\nabla\nabla\cdot\underline{\mathbf{u}}(\underline{\mathbf{R}}, \omega, \hat{\underline{\mathbf{k}}})$ berechnet werden; wir verwenden dazu die in Abschnitt 2.2.2 angegebenen Produkt- und Kettenregeln sowie das Ergebnis (2.2.43) der Berechnung[16] von $\nabla[\mathrm{j}k\hat{\underline{\mathbf{k}}}\cdot\underline{\mathbf{R}}]$:

$$
\begin{aligned}
\nabla\underline{\mathbf{u}}(\underline{\mathbf{R}}, \omega, \hat{\underline{\mathbf{k}}}) &\overset{(2.2.42)}{=} \underbrace{\nabla\left[\pm\mathrm{j}\frac{\omega}{c(\hat{\underline{\mathbf{k}}})}\hat{\underline{\mathbf{k}}}\cdot\underline{\mathbf{R}}\right]}_{\overset{(2.2.43)}{=}\pm\mathrm{j}\frac{\omega}{c(\hat{\underline{\mathbf{k}}})}\hat{\underline{\mathbf{k}}}} \underline{\mathbf{u}}(\underline{\mathbf{R}}, \omega, \hat{\underline{\mathbf{k}}}) \\
&= \pm\mathrm{j}\frac{\omega}{c(\hat{\underline{\mathbf{k}}})}\hat{\underline{\mathbf{k}}}\,\underline{\mathbf{u}}(\underline{\mathbf{R}}, \omega, \hat{\underline{\mathbf{k}}}) \quad , \qquad (8.1.56)\\
\nabla\cdot\nabla\underline{\mathbf{u}}(\underline{\mathbf{R}}, \omega, \hat{\underline{\mathbf{k}}}) &\overset{(2.2.35)}{=} \pm\mathrm{j}\frac{\omega}{c(\hat{\underline{\mathbf{k}}})}\hat{\underline{\mathbf{k}}}\cdot\nabla\underline{\mathbf{u}}(\underline{\mathbf{R}}, \omega, \hat{\underline{\mathbf{k}}}) \\
&= -\frac{\omega^2}{c^2(\hat{\underline{\mathbf{k}}})}\underline{\mathbf{u}}(\underline{\mathbf{R}}, \omega, \hat{\underline{\mathbf{k}}}) \quad ; \qquad (8.1.57)\\
\nabla\cdot\underline{\mathbf{u}}(\underline{\mathbf{R}}, \omega, \hat{\underline{\mathbf{k}}}) &\overset{(2.2.40)}{=} \underline{\mathbf{u}}(\underline{\mathbf{R}}, \omega, \hat{\underline{\mathbf{k}}})\cdot\nabla\left[\pm\mathrm{j}\frac{\omega}{c(\hat{\underline{\mathbf{k}}})}\hat{\underline{\mathbf{k}}}\cdot\underline{\mathbf{R}}\right] \\
&= \pm\mathrm{j}\frac{\omega}{c(\hat{\underline{\mathbf{k}}})}\underline{\mathbf{u}}(\underline{\mathbf{R}}, \omega, \hat{\underline{\mathbf{k}}})\cdot\hat{\underline{\mathbf{k}}} \quad , \qquad (8.1.58)\\
\nabla\nabla\cdot\underline{\mathbf{u}}(\underline{\mathbf{R}}, \omega, \hat{\underline{\mathbf{k}}}) &\overset{(2.2.34)}{=} \pm\mathrm{j}\frac{\omega}{c(\hat{\underline{\mathbf{k}}})}\nabla\underline{\mathbf{u}}(\underline{\mathbf{R}}, \omega, \hat{\underline{\mathbf{k}}})\cdot\hat{\underline{\mathbf{k}}} \\
&= -\frac{\omega^2}{c^2(\hat{\underline{\mathbf{k}}})}\hat{\underline{\mathbf{k}}}\hat{\underline{\mathbf{k}}}\cdot\underline{\mathbf{u}}(\underline{\mathbf{R}}, \omega, \hat{\underline{\mathbf{k}}}) \quad . \qquad (8.1.59)
\end{aligned}
$$

Es folgt:

$$
-\frac{\omega^2}{c^2(\hat{\underline{\mathbf{k}}})}\mu\,\underline{\mathbf{u}}(\underline{\mathbf{R}}, \omega, \hat{\underline{\mathbf{k}}}) - \frac{\omega^2}{c^2(\hat{\underline{\mathbf{k}}})}(\lambda+\mu)\,\hat{\underline{\mathbf{k}}}\hat{\underline{\mathbf{k}}}\cdot\underline{\mathbf{u}}(\underline{\mathbf{R}}, \omega, \hat{\underline{\mathbf{k}}}) + \omega^2\rho\,\underline{\mathbf{u}}(\underline{\mathbf{R}}, \omega, \hat{\underline{\mathbf{k}}}) = \underline{\mathbf{0}} \quad ; \qquad (8.1.60)
$$

wir multiplizieren mit $c^2(\hat{\underline{\mathbf{k}}})$, dividieren durch ρ und klammern unter Beachtung von (2.1.96) $-\omega^2\underline{\mathbf{u}}(\underline{\mathbf{R}}, \omega, \hat{\underline{\mathbf{k}}})$ aus:

$$
\left[\frac{\mu}{\rho}\underline{\underline{\mathbf{I}}} + \frac{\lambda+\mu}{\rho}\hat{\underline{\mathbf{k}}}\hat{\underline{\mathbf{k}}} - c^2(\hat{\underline{\mathbf{k}}})\,\underline{\underline{\mathbf{I}}}\right]\cdot\omega^2\underline{\mathbf{u}}(\underline{\mathbf{R}}, \omega, \hat{\underline{\mathbf{k}}}) = \underline{\mathbf{0}} \quad . \qquad (8.1.61)
$$

Die Exponentialfunktion $\mathrm{e}^{\pm\mathrm{j}\frac{\omega}{c(\hat{\underline{\mathbf{k}}})}\hat{\underline{\mathbf{k}}}\cdot\underline{\mathbf{R}}}$ in $\underline{\mathbf{u}}(\underline{\mathbf{R}}, \omega, \hat{\underline{\mathbf{k}}})$ ist stets ungleich null; $-\omega^2 u(\omega)$ ist im Zeitbereich nichts anderes als die zweite Ableitung des *beliebigen* Impulses $u(t)$, sodass sich (8.1.61) schließlich als Eigenwertproblem (Gleichung (2.1.128))

$$
\left(\frac{\mu}{\rho}\underline{\underline{\mathbf{I}}} + \frac{\lambda+\mu}{\rho}\hat{\underline{\mathbf{k}}}\hat{\underline{\mathbf{k}}}\right)\cdot\hat{\underline{\mathbf{u}}}(\hat{\underline{\mathbf{k}}}) = c^2(\hat{\underline{\mathbf{k}}})\hat{\underline{\mathbf{u}}}(\hat{\underline{\mathbf{k}}}) \qquad (8.1.62)
$$

[15] Grundsätzlich könnte auch noch das Impulsspektrum $u(\omega)$ von $\hat{\underline{\mathbf{k}}}$ abhängen; wir kommen aber, wie wir sehen werden, selbst im anisotropen Fall *ohne* diese Annahme aus. Erst das Konzept des *räumlichen Spektrums* ebener Wellen beruht wesentlich darauf.

Für ebene Wellen in elastischen *Halb*räumen werden wir jedoch gezwungen sein, eine Abhängigkeit der Amplitude von der Ausbreitungsrichtung zuzulassen, die sich aber ebenfalls wieder faktorisieren lässt:

$$
\begin{aligned}
\underline{\mathbf{u}}(\omega, \hat{\underline{\mathbf{k}}}) &= u(\omega, \hat{\underline{\mathbf{k}}})\hat{\underline{\mathbf{u}}}(\hat{\underline{\mathbf{k}}}) \\
&= u(\omega)u(\hat{\underline{\mathbf{k}}})\hat{\underline{\mathbf{u}}}(\hat{\underline{\mathbf{k}}}) \quad ,
\end{aligned}
$$

wobei $u(\hat{\underline{\mathbf{k}}})$ Reflexions-, Transmissions- oder Modekonversionsfaktor sein wird (Abschnitt 9).

[16] Man beachte: Wenn wir (2.2.43) voraussetzen, benötigen wir zur Berechnung der $(\nabla\cdot\nabla)$- und $(\nabla\nabla\cdot)$-Differentiationen *keine* Koordinaten.

des reell-symmetrischen Tensors

$$\underline{\underline{\mathbf{D}}}(\hat{\underline{\mathbf{k}}}) = \frac{\mu}{\rho}\underline{\underline{\mathbf{I}}} + \frac{\lambda+\mu}{\rho}\hat{\underline{\mathbf{k}}}\,\hat{\underline{\mathbf{k}}} \tag{8.1.63}$$

schreiben lässt. Eigenwerte von $\underline{\underline{\mathbf{D}}}(\hat{\underline{\mathbf{k}}})$ sind die Quadrate von Phasengeschwindigkeiten $c^2(\hat{\underline{\mathbf{k}}})$ und Eigenvektoren die Polarisationsvektoren $\hat{\underline{\mathbf{u}}}(\hat{\underline{\mathbf{k}}})$; da $\underline{\underline{\mathbf{D}}}(\hat{\underline{\mathbf{k}}})$ durch die vorgegebenen Materialeigenschaften und den Ansatz ebener Wellen festgelegt ist, gilt dies konsequenterweise für die möglichen Phasengeschwindigkeiten samt den zugehörigen Polarisationen.

Wir erwähnten in Abschnitt 2.1.4, dass die Eigenwerte reell-symmetrischer Tensoren stets reell sind; also sind die Quadrate von Phasengeschwindigkeiten reell. Der Tensor $\underline{\underline{\mathbf{D}}}(\hat{\underline{\mathbf{k}}})$ ist aber darüber hinaus positiv-definit, denn

$$\underline{\mathbf{R}} \cdot \underline{\underline{\mathbf{D}}}(\hat{\underline{\mathbf{k}}}) \cdot \underline{\mathbf{R}} = \frac{\mu}{\rho}R^2 + \frac{\lambda+\mu}{\rho}(\hat{\underline{\mathbf{k}}} \cdot \underline{\mathbf{R}})^2 \tag{8.1.64}$$

ist für $R > 0$ stets größer als null und gleich null nur für $R = 0$. Deswegen sind seine Eigenwerte — die Quadrate der Phasengeschwindigkeiten — größer als null, d.h. die Phasengeschwindigkeiten *selbst* sind, wie es sein muss, positiv-reell. Wir werden dies sogleich explizit sehen.

Zur Berechnung der Eigenwerte $c^2(\hat{\underline{\mathbf{k}}})$ ist die Determinante des homogenen Gleichungssystems

$$\left[\frac{\mu}{\rho}\underline{\underline{\mathbf{I}}} + \frac{\lambda+\mu}{\rho}\hat{\underline{\mathbf{k}}}\,\hat{\underline{\mathbf{k}}} - c^2(\hat{\underline{\mathbf{k}}})\,\underline{\underline{\mathbf{I}}}\right] \cdot \hat{\underline{\mathbf{u}}}(\hat{\underline{\mathbf{k}}}) = \underline{\mathbf{0}} \tag{8.1.65}$$

gleich null zu setzen (Gleichung (2.1.131)). Dazu schreiben wir (8.1.65) in der Standardform von Chen (1983)

$$\underbrace{\left[\frac{\mu-\rho c^2(\hat{\underline{\mathbf{k}}})}{\lambda+\mu}\underline{\underline{\mathbf{I}}} + \hat{\underline{\mathbf{k}}}\,\hat{\underline{\mathbf{k}}}\right]}_{=\,\underline{\underline{\mathbf{W}}}(\hat{\underline{\mathbf{k}}},c^2)} \cdot \hat{\underline{\mathbf{u}}}(\hat{\underline{\mathbf{k}}}) = \underline{\mathbf{0}} \tag{8.1.66}$$

mit dem Wellentensor $\underline{\underline{\mathbf{W}}}(\hat{\underline{\mathbf{k}}}, c^2)$ und benutzen eine der Chen'schen Identitäten:

$$\det(\beta\,\underline{\underline{\mathbf{I}}} + \underline{\mathbf{C}}\,\underline{\mathbf{D}}) = \beta^2(\beta + \underline{\mathbf{C}} \cdot \underline{\mathbf{D}}) \quad . \tag{8.1.67}$$

Es folgt:

$$\det \underline{\underline{\mathbf{W}}}(\hat{\underline{\mathbf{k}}}, c^2) = \left[\frac{\mu-\rho c^2(\hat{\underline{\mathbf{k}}})}{\lambda+\mu}\right]^2 \left[\frac{\mu-\rho c^2(\hat{\underline{\mathbf{k}}})}{\lambda+\mu} + \hat{\underline{\mathbf{k}}} \cdot \hat{\underline{\mathbf{k}}}\right] \quad , \tag{8.1.68}$$

und diese Determinante ist sicher *dann* gleich null, wenn *entweder*

$$\left[\frac{\mu-\rho c^2(\hat{\underline{\mathbf{k}}})}{\lambda+\mu}\right]^2 = 0 \tag{8.1.69}$$

oder

$$\frac{\mu-\rho c^2(\hat{\underline{\mathbf{k}}})}{\lambda+\mu} + 1 = 0 \tag{8.1.70}$$

gilt. Das Polynom dritten Grades (8.1.68) in $c^2(\hat{\underline{\mathbf{k}}})$ faktorisiert in ein Polynom zweiten und ein Polynom ersten Grades in $c^2(\hat{\underline{\mathbf{k}}})$; die Koeffizienten beider Polynome hängen *nicht* von $\hat{\underline{\mathbf{k}}}$ ab, also sind auch die Eigenwerte $c^2(\hat{\underline{\mathbf{k}}})$ *keine* Funktion von $\hat{\underline{\mathbf{k}}}$. Das Material ist tatsächlich *isotrop*, da die Phasengeschwindigkeiten c ebener Wellen nicht von der Ausbreitungsrichtung abhängen, oder umgekehrt, $\underline{\hat{\mathbf{k}}}$-unabhängige Phasengeschwindigkeiten *definieren* das Material als isotrop. Dies ist eine Konsequenz des Steifigkeitstensors (7.1.18).

Die quadratische Gleichung (8.1.69) besitzt zwei gleiche Lösungen

$$c^2 = \frac{\mu}{\rho} \quad , \tag{8.1.71}$$

und die lineare Gleichung (8.1.70) hat die Lösung

$$c^2 = \frac{\lambda + 2\mu}{\rho} \quad . \tag{8.1.72}$$

Sowohl der zweifache Eigenwert (8.1.71) als auch der einfache Eigenwert (8.1.72) ist reell und größer als null, eine Folge der reellen Symmetrie und der positiven Definitheit des Tensors (8.1.63). Aus den Eigenwerten ergeben sich die Phasengeschwindigkeiten

$$c_{\mathrm{S}} = \sqrt{\frac{\mu}{\rho}} \tag{8.1.73}$$

sekundärer und

$$c_{\mathrm{P}} = \sqrt{\frac{\lambda + 2\mu}{\rho}} \tag{8.1.74}$$

primärer Wellen. Wenn man es also genau nimmt, sind es zuallererst die *Phasen*geschwindigkeiten, die ebene elastische Wellen charakterisieren[17]; die transversale Polarisation sekundärer und die longitudinale Polarisation primärer homogener Wellen ergibt sich erst im nächsten Schritt der Lösung des Eigenwertproblems, wenn wir die Eigenvektoren ausrechnen. Die Tatsache, dass aus physikalischer Sicht (im isotropen Material) sekundäre Wellen Scherwellen und primäre Wellen Druckwellen sind, folgt dagegen (auch für nicht ebene Wellen) aus der Helmholtz-Zerlegung des Teilchengeschwindigkeitsvektors[18].

In Abschnitt 2.1.4 behaupteten wir, dass die Eigenvektoren reell-symmetrischer Tensoren orthogonal zueinander sind, wenn sie zu verschiedenen Eigenwerten gehören. Die beiden Eigenvektoren zum zweifachen Eigenwert c_{S}^2 müssen deshalb orthogonal zum Eigenvektor sein, der zum Eigenwert c_{P}^2 gehört: Wir erwarten, dass die Polarisationsvektoren primärer und sekundärer ebener Wellen senkrecht aufeinanderstehen; dass darüber hinaus primäre ebene Wellen longitudinal und sekundäre ebene Wellen transversal polarisiert sind, wollen wir nun explizit nachweisen. Dazu berechnen wir ganz einfach $\underline{\underline{\mathbf{W}}}(\underline{\hat{\mathbf{k}}}, c_{\mathrm{P}}^2)$ und $\underline{\underline{\mathbf{W}}}(\underline{\hat{\mathbf{k}}}, c_{\mathrm{S}}^2)$ und sehen nach, für welche Vektoren $\underline{\hat{\mathbf{u}}}(\underline{\hat{\mathbf{k}}})$ Gleichung (8.1.66) erfüllt ist.

Wir finden

$$\underline{\underline{\mathbf{W}}}(\underline{\hat{\mathbf{k}}}, c_{\mathrm{P}}^2) = -\underline{\underline{\mathbf{I}}} + \underline{\hat{\mathbf{k}}}\,\underline{\hat{\mathbf{k}}} \quad ; \tag{8.1.75}$$

also ist jeder Vektor $\underline{\hat{\mathbf{u}}}_{\mathrm{P}}(\underline{\hat{\mathbf{k}}})$ Eigenvektor zum (einfachen) c_{P}^2-Eigenwert, für den

$$(\underline{\underline{\mathbf{I}}} - \underline{\hat{\mathbf{k}}}\,\underline{\hat{\mathbf{k}}}) \cdot \underline{\hat{\mathbf{u}}}_{\mathrm{P}}(\underline{\hat{\mathbf{k}}}) = \underline{\mathbf{0}} \tag{8.1.76}$$

beziehungsweise

$$\begin{aligned} \underline{\hat{\mathbf{u}}}_{\mathrm{P}}(\underline{\hat{\mathbf{k}}}) &= \underline{\hat{\mathbf{k}}}\,\underline{\hat{\mathbf{k}}} \cdot \underline{\hat{\mathbf{u}}}_{\mathrm{P}}(\underline{\hat{\mathbf{k}}}) \\ &= [\underline{\hat{\mathbf{k}}} \cdot \underline{\hat{\mathbf{u}}}_{\mathrm{P}}(\underline{\hat{\mathbf{k}}})]\,\underline{\hat{\mathbf{k}}} \end{aligned} \tag{8.1.77}$$

[17] Dies ist insbesondere in inhomogenen und/oder anisotropen Materialien der Fall, da selbst *ebene* Wellen in derartigen Materialien im Allgemeinen keine longitudinalen Druck- bzw. transversalen Scherwellen sind (Abschnitt 8.3.1; Abschnitt 12.3)

[18] Sie folgt ebenso aus der Divergenz- bzw. Rotationsbildung der Teilchenverschiebungsvektoren (8.1.82)–(8.1.85).

gilt. Es folgt: In Abhängigkeit des Vorzeichens von $\underline{\hat{\mathbf{k}}} \cdot \underline{\hat{\mathbf{u}}}_{\mathrm{P}}(\underline{\hat{\mathbf{k}}})$ hat $\underline{\hat{\mathbf{u}}}_{\mathrm{P}}(\underline{\hat{\mathbf{k}}})$ die Richtung $\pm\underline{\hat{\mathbf{k}}}$ — die P-Wellen sind longitudinal polarisiert!—, dann ist aber per definitionem $\underline{\hat{\mathbf{k}}} \cdot \underline{\hat{\mathbf{u}}}_{\mathrm{P}}(\underline{\hat{\mathbf{k}}}) = \pm 1$ und[19]

$$\underline{\hat{\mathbf{u}}}_{\mathrm{P}}(\underline{\hat{\mathbf{k}}}) = \pm\underline{\hat{\mathbf{k}}} \quad . \tag{8.1.78}$$

Gemäß (2.1.97) ist $(\underline{\underline{\mathbf{I}}} - \underline{\hat{\mathbf{k}}}\,\underline{\hat{\mathbf{k}}}) \cdot \underline{\hat{\mathbf{u}}}_{\mathrm{P}}(\underline{\hat{\mathbf{k}}})$ die vektorielle Komponente $\underline{\hat{\mathbf{u}}}_{\mathrm{P}t}(\underline{\hat{\mathbf{k}}})$ von $\underline{\hat{\mathbf{u}}}_{\mathrm{P}}(\underline{\hat{\mathbf{k}}})$ senkrecht zu $\underline{\hat{\mathbf{k}}}$; wenn diese gleich null sein soll, muss $\underline{\hat{\mathbf{u}}}_{\mathrm{P}}(\underline{\hat{\mathbf{k}}})$ in Richtung $\pm\underline{\hat{\mathbf{k}}}$ zeigen, d.h. $\underline{\hat{\mathbf{u}}}_{\mathrm{P}}(\underline{\hat{\mathbf{k}}})$ ist bis auf das Vorzeichen eindeutig festgelegt: Da ebene Wellen Lösungen der *homogenen* Wellengleichung sind, können wir das Vorzeichen willkürlich *so* festlegen, dass $\underline{\hat{\mathbf{u}}}_{\mathrm{P}}(\underline{\hat{\mathbf{k}}})$ stets *in* Ausbreitungsrichtung zeigt, also in $(+\underline{\hat{\mathbf{k}}})$-Richtung bei Ausbreitung in $(+\underline{\hat{\mathbf{k}}})$-Richtung (Abbildung 8.1.2) und in $(-\underline{\hat{\mathbf{k}}})$-Richtung bei Ausbreitung in $(-\underline{\hat{\mathbf{k}}})$-Richtung.

Nun berechnen wir

$$\underline{\underline{\mathbf{W}}}(\underline{\hat{\mathbf{k}}}, c_{\mathrm{S}}^2) = \underline{\hat{\mathbf{k}}}\,\underline{\hat{\mathbf{k}}} \quad ; \tag{8.1.79}$$

also ist jeder Vektor $\underline{\hat{\mathbf{u}}}_{\mathrm{S}}(\underline{\hat{\mathbf{k}}})$ Eigenvektor zum (zweifachen) c_{S}^2-Eigenwert, für den

$$\underline{\hat{\mathbf{k}}}\,\underline{\hat{\mathbf{k}}} \cdot \underline{\hat{\mathbf{u}}}_{\mathrm{S}}(\underline{\hat{\mathbf{k}}}) = \underline{\mathbf{0}} \tag{8.1.80}$$

beziehungsweise

$$\underline{\hat{\mathbf{k}}} \cdot \underline{\hat{\mathbf{u}}}_{\mathrm{S}}(\underline{\hat{\mathbf{k}}}) = 0 \tag{8.1.81}$$

gilt. Dies ist der Fall für *jeden* Vektor senkrecht zu $\underline{\hat{\mathbf{k}}}$, d.h. die nicht normierten Eigenvektoren $\underline{\mathbf{u}}_{\mathrm{S}}(\underline{\hat{\mathbf{k}}})$ liegen beliebig in einer Ebene senkrecht zu $\underline{\hat{\mathbf{k}}}$, wobei die Beliebigkeit eine Folge der Zweifachheit des Eigenwerts c_{S}^2 ist. Wählen wir irgendeinen Einheitsvektor $\underline{\hat{\mathbf{u}}}_{\mathrm{S}1}(\underline{\hat{\mathbf{k}}})$ mit $\underline{\hat{\mathbf{u}}}_{\mathrm{S}1}(\underline{\hat{\mathbf{k}}})\cdot\underline{\hat{\mathbf{k}}} = 0$ in dieser Ebene als (normierten) Eigenvektor aus, dann ist $\underline{\hat{\mathbf{u}}}_{\mathrm{S}2}(\underline{\hat{\mathbf{k}}}) = \pm\underline{\hat{\mathbf{k}}}\times\underline{\hat{\mathbf{u}}}_{\mathrm{S}1}(\underline{\hat{\mathbf{k}}})$ mit $\underline{\hat{\mathbf{u}}}_{\mathrm{S}2}(\underline{\hat{\mathbf{k}}})\cdot\underline{\hat{\mathbf{k}}} = 0$ ein weiterer, zu $\underline{\hat{\mathbf{u}}}_{\mathrm{S}1}(\underline{\hat{\mathbf{k}}})$ orthogonaler (normierter) Eigenvektor; zusammen mit $\underline{\hat{\mathbf{u}}}_{\mathrm{P}}(\underline{\hat{\mathbf{k}}})$ liegt sodann ein orthonormiertes Dreibein $\underline{\hat{\mathbf{u}}}_{\mathrm{P}}(\underline{\hat{\mathbf{k}}}), \underline{\hat{\mathbf{u}}}_{\mathrm{S}1}(\underline{\hat{\mathbf{k}}}), \underline{\hat{\mathbf{u}}}_{\mathrm{S}2}(\underline{\hat{\mathbf{k}}})$ von Eigenvektoren bzw. Polarisationen vor, und mit der bereits für $\underline{\hat{\mathbf{u}}}_{\mathrm{P}}(\underline{\hat{\mathbf{k}}})$ praktizierten Vorzeichenwahl für $\underline{\hat{\mathbf{u}}}_{\mathrm{S}2}(\underline{\hat{\mathbf{k}}})$ ist dieses Dreibein ein Rechtssystem. Man beachte: Ein solches Dreibein besteht aus *linear unabhängigen* Vektoren (Gleichung (2.1.59)), d.h. die beiden transversal polarisierten sekundären Wellen und die longitudinal polarisierte primäre Welle sind jeweils *unabhängig* voneinander.

Mit der Lösung des vorstehenden Eigenwertproblems haben wir im Ansatz (8.1.54) homogener ebener elastischer Wellen die Phasengeschwindigkeiten und die Polarisationen festgelegt:

$$\underline{\mathbf{u}}_{\mathrm{P}}(\underline{\mathbf{R}}, \omega, \underline{\hat{\mathbf{k}}}) = \pm u_{\mathrm{P}}(\omega)\,\mathrm{e}^{\pm \mathrm{j}k_{\mathrm{P}}\underline{\hat{\mathbf{k}}}\cdot\underline{\mathbf{R}}}\,\underline{\hat{\mathbf{k}}} \quad , \tag{8.1.82}$$

$$\underline{\mathbf{u}}_{\mathrm{S}1}(\underline{\mathbf{R}}, \omega, \underline{\hat{\mathbf{k}}}) = \pm u_{\mathrm{S}1}(\omega)\,\mathrm{e}^{\pm \mathrm{j}k_{\mathrm{S}}\underline{\hat{\mathbf{k}}}\cdot\underline{\mathbf{R}}}\,\underline{\hat{\mathbf{u}}}_{\mathrm{S}1}(\underline{\hat{\mathbf{k}}}) \quad \text{mit} \quad \underline{\hat{\mathbf{u}}}_{\mathrm{S}1}(\underline{\hat{\mathbf{k}}}) \cdot \underline{\hat{\mathbf{k}}} = 0 \quad , \tag{8.1.83}$$

$$\underline{\mathbf{u}}_{\mathrm{S}2}(\underline{\mathbf{R}}, \omega, \underline{\hat{\mathbf{k}}}) = \pm u_{\mathrm{S}2}(\omega) \tag{8.1.84}$$

$$, \mathrm{e}^{\pm \mathrm{j}k_{\mathrm{S}}\underline{\hat{\mathbf{k}}}\cdot\underline{\mathbf{R}}}\,\underline{\hat{\mathbf{k}}} \times \underline{\hat{\mathbf{u}}}_{\mathrm{S}1}(\underline{\hat{\mathbf{k}}}) \quad ; \tag{8.1.85}$$

für die Schreibweise dieser Fourier-Spektren haben wir wieder auf die Wellenzahlen

$$k_{\mathrm{P,S}} = \frac{\omega}{c_{\mathrm{P,S}}} \tag{8.1.86}$$

zurückgegriffen, und aufgrund der Unabhängigkeit der drei Wellen*moden* (8.1.82)–(8.1.85) können wir die Amplitudenspektren natürlich verschieden wählen. Im Zeitbereich ergibt sich nun:

$$\underline{\mathbf{u}}_{\mathrm{P}}(\underline{\mathbf{R}}, t, \underline{\hat{\mathbf{k}}}) = \pm u_{\mathrm{P}}\left(t \mp \frac{\underline{\hat{\mathbf{k}}}\cdot\underline{\mathbf{R}}}{c_{\mathrm{P}}}\right)\underline{\hat{\mathbf{k}}} \quad , \tag{8.1.87}$$

[19] Übrigens: Im Gegensatz zu den Eigen*werten* sind die Eigen*vektoren* abhängig von $\underline{\hat{\mathbf{k}}}$; Abbildung 8.1.8 vermittelt dies anschaulich.

$$\underline{\mathbf{u}}_{S1}(\underline{\mathbf{R}}, t, \hat{\underline{\mathbf{k}}}) = \pm u_{S1}\left(t \mp \frac{\hat{\underline{\mathbf{k}}} \cdot \underline{\mathbf{R}}}{c_S}\right) \hat{\underline{\mathbf{u}}}_{S1}(\hat{\underline{\mathbf{k}}}) \quad \text{mit} \quad \hat{\underline{\mathbf{u}}}_{S1}(\hat{\underline{\mathbf{k}}}) \cdot \hat{\underline{\mathbf{k}}} = 0 \quad , \tag{8.1.88}$$

$$\underline{\mathbf{u}}_{S2}(\underline{\mathbf{R}}, t, \hat{\underline{\mathbf{k}}}) = \pm u_{S2}\left(t \mp \frac{\hat{\underline{\mathbf{k}}} \cdot \underline{\mathbf{R}}}{c_S}\right) \hat{\underline{\mathbf{k}}} \times \hat{\underline{\mathbf{u}}}_{S1}(\hat{\underline{\mathbf{k}}}) \quad . \tag{8.1.89}$$

Nebst den Amplitudenspektren könnten wir auch noch die Ausbreitungsrichtungen der P,S_1,S_2-Wellen unterschiedlich wählen, da die Wellenmoden im elastischen Vollraum unabhängig voneinander sind.

In Abb. 8.1.7

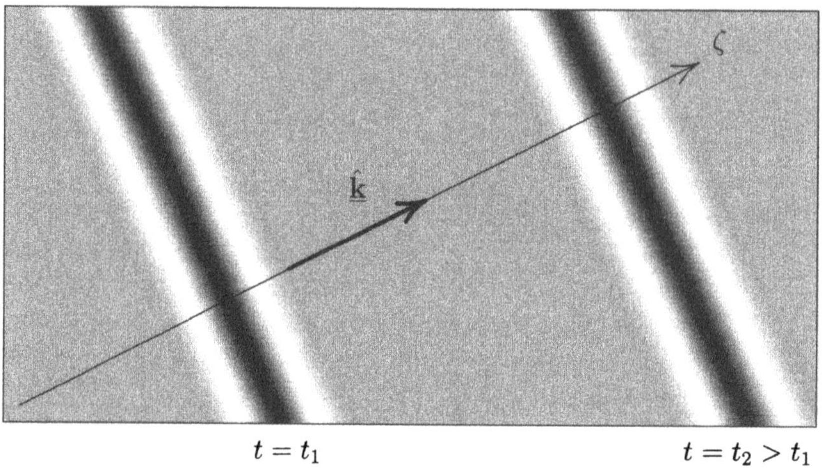

Abb. 8.1.7: *Zweidimensionale Ortsdarstellung der Impulswellenfronten einer sich in* $(+\hat{\underline{\mathbf{k}}})$*-Richtung ausbreitenden ebenen elastischen P-Welle für zwei verschiedene Zeitpunkte* $t = t_1$ *und* $t = t_2 > t_1$*; man beachte:* $\hat{\underline{\mathbf{k}}}$ *steht senkrecht auf den Wellenfronten*

ist die Ausbreitung eines P-RC2(t)-Impulses in einer Abb. 8.1.5 vergleichbaren Art und Weise illustriert.

Die koordinatenfreien Darstellungen (8.1.82)–(8.1.85) bzw. (8.1.87)–(8.1.89) ebener elastischer Wellen können wir — sehr oft *müssen* wir es! — in ein z.B. kartesisches Koordinatensystem einbetten. In Abb. 8.1.8a haben die Vektoren $\hat{\underline{\mathbf{k}}}, \hat{\underline{\mathbf{u}}}_{S1}(\hat{\underline{\mathbf{k}}}), \hat{\underline{\mathbf{u}}}_{S2}(\hat{\underline{\mathbf{k}}}) = \hat{\underline{\mathbf{k}}} \times \hat{\underline{\mathbf{u}}}_{S1}(\hat{\underline{\mathbf{k}}})$ beispielsweise die Komponenten (2.2.93) des orthonormierten Dreibeins der Kugelkoordinaten zum Polarwinkel ϑ_k und zum Azimutwinkel φ_k (man vergleiche Abb. 2.2.4):

$$\hat{\underline{\mathbf{k}}} = \sin\vartheta_k \cos\varphi_k \, \underline{\mathbf{e}}_x + \sin\vartheta_k \sin\varphi_k \, \underline{\mathbf{e}}_y + \cos\vartheta_k \, \underline{\mathbf{e}}_z \quad , \tag{8.1.90}$$

$$\hat{\underline{\mathbf{u}}}_{S1}(\hat{\underline{\mathbf{k}}}) = \cos\vartheta_k \cos\varphi_k \, \underline{\mathbf{e}}_x + \cos\vartheta_k \sin\varphi_k \, \underline{\mathbf{e}}_y - \sin\vartheta_k \, \underline{\mathbf{e}}_z \quad , \tag{8.1.91}$$

$$\hat{\underline{\mathbf{u}}}_{S2}(\hat{\underline{\mathbf{k}}}) = -\sin\varphi_k \, \underline{\mathbf{e}}_x + \cos\varphi_k \, \underline{\mathbf{e}}_y \quad . \tag{8.1.92}$$

Das Skalarprodukt $\hat{\underline{\mathbf{k}}} \cdot \underline{\mathbf{R}}$ ergibt sich sodann zu

$$\hat{\underline{\mathbf{k}}} \cdot \underline{\mathbf{R}} = \sin\vartheta_k \cos\varphi_k \, x + \sin\vartheta_k \sin\varphi_k \, y + \cos\vartheta_k \, z \quad . \tag{8.1.93}$$

Wählen wir speziell $\varphi_k = 0$, d.h. beschränken wir die Ausbreitungsrichtung $\hat{\underline{\mathbf{k}}}$ auf Vektoren in der xz-Ebene (Abbildung 8.1.8b), so folgt:

$$\hat{\underline{\mathbf{k}}} = \sin\vartheta_k \, \underline{\mathbf{e}}_x + \cos\vartheta_k \, \underline{\mathbf{e}}_z \quad , \tag{8.1.94}$$

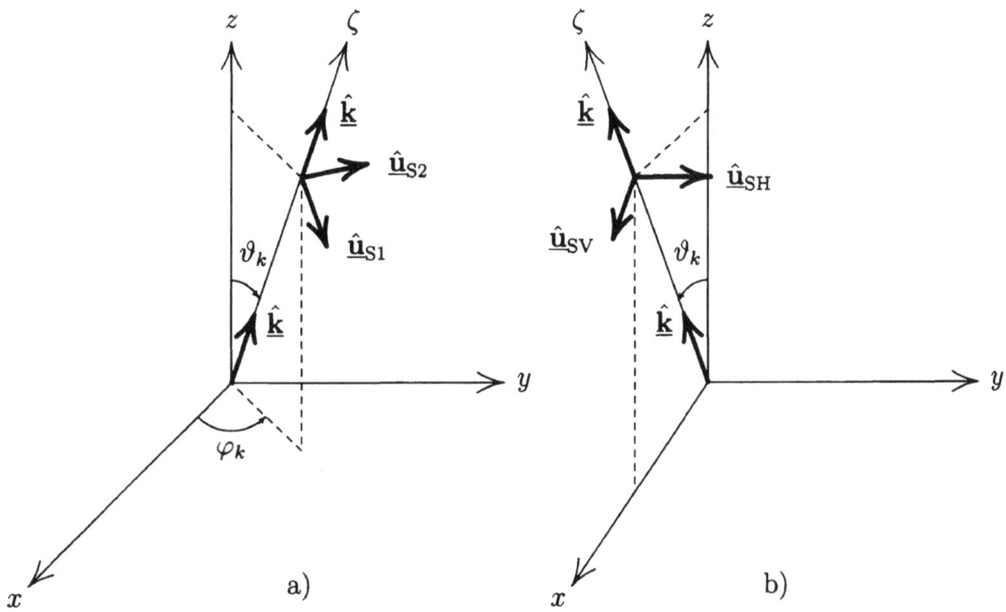

Abb. 8.1.8: *Orthogonale Polarisation sekundärer Wellen: SH- und SV-Wellen*

$$\begin{aligned}
\hat{\underline{\mathbf{u}}}_{\mathrm{S1}}(\hat{\underline{\mathbf{k}}}) &= \cos\vartheta_k\, \underline{\mathbf{e}}_x - \sin\vartheta_k\, \underline{\mathbf{e}}_z \\
&\stackrel{\text{def}}{=} \hat{\underline{\mathbf{u}}}_{\mathrm{SV}}(\hat{\underline{\mathbf{k}}}) \quad , \qquad (8.1.95)\\
\hat{\underline{\mathbf{u}}}_{\mathrm{S2}}(\hat{\underline{\mathbf{k}}}) &= \underline{\mathbf{e}}_y \\
&\stackrel{\text{def}}{=} \hat{\underline{\mathbf{u}}}_{\mathrm{SH}}(\hat{\underline{\mathbf{k}}}) \quad ; \qquad (8.1.96)\\
\hat{\underline{\mathbf{k}}} \cdot \underline{\mathbf{R}} &= \sin\vartheta_k\, x + \cos\vartheta_k\, z \quad . \qquad (8.1.97)
\end{aligned}$$

Sollte die xy-Ebene eine Referenzebene sein — Trennfläche zwischen zwei Materialien, Bauteiloberfläche —, so wird $\hat{\underline{\mathbf{u}}}_{\mathrm{S2}}(\hat{\underline{\mathbf{k}}}) = \hat{\underline{\mathbf{u}}}_{\mathrm{SH}}(\hat{\underline{\mathbf{k}}}) = \underline{\mathbf{e}}_y$ zur *horizontalen* Polarisation der transversalen Sekundärwelle, d.h. zur SH-Welle, und $\hat{\underline{\mathbf{u}}}_{\mathrm{S1}}(\hat{\underline{\mathbf{k}}}) = \hat{\underline{\mathbf{u}}}_{\mathrm{SV}}(\hat{\underline{\mathbf{k}}})$ zur Polarisation der SV-Welle, welche im Allgemeinen eine von null verschiedene *vertikale* Komponente bezüglich der xy-Ebene hat; die Bezeichnungen[20] SH und SV beziehen sich also stets auf eine Referenzebene (beziehungsweise auf die Unabhängigkeitsachse eines zweidimensionalen Problems; Abschnitt 7.3)! Für $\hat{\underline{\mathbf{k}}} = \underline{\mathbf{e}}_z$ (Abbildungen 8.1.2 und 8.1.4) wird natürlich $\hat{\underline{\mathbf{u}}}_{\mathrm{SV}} = \underline{\mathbf{e}}_x$, und mit $\hat{\underline{\mathbf{u}}}_{\mathrm{SH}} = \underline{\mathbf{e}}_y$ sind sodann beide transversalen Wellenmoden horizontal und damit physikalisch ununterscheidbar.

Mit (8.1.75), (8.1.76) bzw. (8.1.79), (8.1.80) haben wir die Polarisationsvektoren ebener elastischer Wellen durch „Hinschauen" gefunden; in Abschnitt 2.1.4 hatten wir jedoch eine formale Vorgehensweise zitiert, die auf der Kenntnis der Adjungierten des Wellentensors $\operatorname{adj} \underline{\underline{\mathbf{W}}}(\hat{\underline{\mathbf{k}}}, c^2)$ beruht. Mit der Chen-Formel (Chen, 1983)

$$\operatorname{adj}(\beta\, \underline{\underline{\mathbf{I}}} + \underline{\mathbf{C}}\,\underline{\mathbf{D}}) = \beta\,[(\beta + \underline{\mathbf{C}} \cdot \underline{\mathbf{D}})\,\underline{\underline{\mathbf{I}}} - \underline{\mathbf{C}}\,\underline{\mathbf{D}}] \qquad (8.1.98)$$

[20] Abbildung 8.1.8a vermittelt sofort, dass $\hat{\underline{\mathbf{u}}}_{\mathrm{S2}}$ und $\hat{\underline{\mathbf{u}}}_{\mathrm{S1}}$ natürlich ebenfalls SH und SV bezüglich der xy-Ebene sind; dennoch steht Abbildung 8.1.8b für die „eigentliche" SH- und SV-Definition, nämlich, im Fall SH, für die Orientierung parallel zu einer Unabhängigkeitsachse — hier: y — eines zweidimensionalen Problems. Ferner: Wenn die xz-Ebene zu einer *Einfallsebene* deklariert wird (Abschnitt 9), ist SH eine zur Einfallsebene senkrechte und SV eine zur Einfallsebene parallele Polarisation.

berechnen wir

$$\mathrm{adj}\,\underline{\underline{\mathbf{W}}}(\hat{\underline{\mathbf{k}}}, c^2) = \frac{\mu - \rho c^2}{\lambda + \mu}\left(\frac{\lambda + 2\mu - \rho c^2}{\lambda + \mu}\,\underline{\underline{\mathbf{I}}} - \hat{\underline{\mathbf{k}}}\,\hat{\underline{\mathbf{k}}}\right) \tag{8.1.99}$$

und folglich

$$\mathrm{adj}\,\underline{\underline{\mathbf{W}}}(\hat{\underline{\mathbf{k}}}, c_{\mathrm{P}}^2) = \hat{\underline{\mathbf{k}}}\,\hat{\underline{\mathbf{k}}} \quad , \tag{8.1.100}$$

$$\mathrm{adj}\,\underline{\underline{\mathbf{W}}}(\hat{\underline{\mathbf{k}}}, c_{\mathrm{S}}^2) = \underline{\underline{\mathbf{0}}} \quad ; \tag{8.1.101}$$

$\underline{\underline{\mathbf{0}}}$ ist der Nulltensor. Mit (8.1.75) und (8.1.79) halten wir also fest: Ein Tensor zweiter Stufe (hier: $\underline{\underline{\mathbf{W}}}$), dessen Determinante identisch null ist, ist entweder, wie man sagt (Chen, 1983), planar (grob gesagt: er besteht aus zwei Termen: Gleichung (8.1.75)), dann ist der adjungierte Tensor (8.1.100) linear (dyadisches Produkt zweier Vektoren, eine Dyade), oder der Tensor ist linear (Gleichung (8.1.79)), dann ist der adjungierte Tensor der Nulltensor. Im ersten Fall ist der Spaltenvektor (Linksvektor) des *adjungierten* Tensors (hier: $\hat{\underline{\mathbf{k}}}$) Eigenvektor, im zweiten Fall ist *jeder* Vektor *senkrecht* zum Zeilenvektor (Rechtsvektor) des Tensors *selbst* (hier: $\hat{\underline{\mathbf{k}}}$) Eigenvektor. Der Fall, dass der Tensor linear und der adjungierte Tensor der Nulltensor ist, ist typisch für einen zweifachen Eigenwert. Diese sogenannte Entartung — die beiden zugehörigen Eigenvektoren sind zwar orthogonal zum dritten Eigenvektor, ansonsten aber beliebig — ist charakteristisch für isotrope Materialien, in anisotropen Materialien wird sie aufgehoben.

Primäre longitudinale Druck- und sekundäre transversale Scherwellen

Die longitudinale Polarisation primärer homogener ebener Wellen und die transversale Polarisation sekundärer homogener ebener Wellen in *isotropen* Materialien ergibt sich ebenso — und tatsächlich etwas weniger formal als im vorigen Paragraphen — mithilfe der Helmholtz-Zerlegung (Abschnitt 7.2); damit wird auch offensichtlich, dass primäre Wellen Druck- und sekundäre Wellen Scherwellen sind: Die Buchstaben P und S stehen dann für *pressure* und *shear*. Es sei aber noch einmal betont: In *anisotropen* Materialien führt diese Vorgehensweise nicht zum Ziel, sodass man in diesem Fall auch nur mit ebenen *quasi*-Druck- und ebenen *quasi*-Scherwellen rechnen kann.

Die Helmholtz-Zerlegung (7.2.1) des Vektors der Teilchenverschiebung lieferte mit der Eichung (7.2.2) in homogen-isotropen Materialien die entkoppelten d'Alembert'schen Wellengleichungen (7.2.8), (7.2.9) für das skalare Potential $\Phi(\underline{\mathbf{R}}, t)$ und das vektorielle Potential $\underline{\mathbf{\Psi}}(\underline{\mathbf{R}}, t)$, deren homogene und bezüglich t Fourier-transformierte Versionen

$$\Delta\Phi(\underline{\mathbf{R}}, \omega) + \omega^2 \frac{\rho}{\lambda + 2\mu}\,\Phi(\underline{\mathbf{R}}, \omega) = 0 \quad , \tag{8.1.102}$$

$$\Delta\underline{\mathbf{\Psi}}(\underline{\mathbf{R}}, \omega) + \omega^2 \frac{\rho}{\mu}\,\underline{\mathbf{\Psi}}(\underline{\mathbf{R}}, \omega) = \underline{\mathbf{0}} \tag{8.1.103}$$

wir hier untersuchen. Mit den (8.1.54) entsprechenden Ansätzen

$$\Phi(\underline{\mathbf{R}}, \omega, \hat{\underline{\mathbf{k}}}) = \Phi(\omega, \hat{\underline{\mathbf{k}}})\,\mathrm{e}^{\pm \mathrm{j}\frac{\hat{\underline{\mathbf{k}}}\cdot\underline{\mathbf{R}}}{c(\hat{\underline{\mathbf{k}}})}\omega} \quad , \tag{8.1.104}$$

$$\underline{\mathbf{\Psi}}(\underline{\mathbf{R}}, \omega, \hat{\underline{\mathbf{k}}}) = \underline{\mathbf{\Psi}}(\omega, \hat{\underline{\mathbf{k}}})\,\mathrm{e}^{\pm \mathrm{j}\frac{\hat{\underline{\mathbf{k}}}\cdot\underline{\mathbf{R}}}{c(\hat{\underline{\mathbf{k}}})}\omega} \tag{8.1.105}$$

ebener Wellen erhalten wir

$$-\frac{\omega^2}{c^2(\hat{\underline{\mathbf{k}}})}\,\Phi(\underline{\mathbf{R}}, \omega, \hat{\underline{\mathbf{k}}}) + \omega^2 \frac{\rho}{\lambda + 2\mu}\,\Phi(\underline{\mathbf{R}}, \omega, \hat{\underline{\mathbf{k}}}) = 0 \quad , \tag{8.1.106}$$

$$-\frac{\omega^2}{c^2(\hat{\underline{\mathbf{k}}})}\,\underline{\mathbf{\Psi}}(\underline{\mathbf{R}}, \omega, \hat{\underline{\mathbf{k}}}) + \omega^2 \frac{\rho}{\mu}\,\underline{\mathbf{\Psi}}(\underline{\mathbf{R}}, \omega, \hat{\underline{\mathbf{k}}}) = \underline{\mathbf{0}} \quad , \tag{8.1.107}$$

wenn wir (2.2.43), (2.2.40), (2.2.42) und (2.2.35) verwenden[21]. Da die Exponentialfunktionen in (8.1.104), (8.1.105) stets von null verschieden sind, sind die Gleichungen (8.1.106), (8.1.107) äquivalent zu

$$\left(\frac{1}{c^2(\hat{\underline{\mathbf{k}}})} - \frac{\rho}{\lambda + 2\mu}\right) \omega^2 \Phi(\omega, \hat{\underline{\mathbf{k}}}) = 0 \ , \tag{8.1.108}$$

$$\left(\frac{1}{c^2(\hat{\underline{\mathbf{k}}})} - \frac{\rho}{\mu}\right) \omega^2 \underline{\mathbf{\Psi}}(\omega, \hat{\underline{\mathbf{k}}}) = \underline{\mathbf{0}} \ . \tag{8.1.109}$$

Da $\Phi(\omega, \hat{\underline{\mathbf{k}}})$ und $\underline{\mathbf{\Psi}}(\omega, \hat{\underline{\mathbf{k}}})$ *beliebige* Amplituden sind, folgt, dass die Klammern in (8.1.108) und (8.1.109) gleich null sein müssen[22], also nimmt $c(\hat{\underline{\mathbf{k}}})$ die Werte

$$c_{\mathrm{P}} = \sqrt{\frac{\lambda + 2\mu}{\rho}} \ , \tag{8.1.110}$$

$$c_{\mathrm{S}} = \sqrt{\frac{\mu}{\rho}} \tag{8.1.111}$$

an. Wie üblich haben wir die beiden möglichen „Klammerlösungen" für die Phasengeschwindigkeiten durch die Indizes P und S gekennzeichnet, und natürlich sind beide im *isotropen* Material *keine* Funktionen von $\hat{\underline{\mathbf{k}}}$. Anstelle von $\omega/c_{\mathrm{P,S}}$ schreiben wir in (8.1.104), (8.1.105) wieder die Wellenzahlen $k_{\mathrm{P,S}}$.

Das Potential $\Phi(\underline{\mathbf{R}}, \omega)$ ist eine skalare Feldgröße, nach dessen „Polarisation" brauchen wir deshalb nicht zu fragen. Anders für das vektorielle Potential $\underline{\mathbf{\Psi}}(\underline{\mathbf{R}}, \omega, \hat{\underline{\mathbf{k}}})$: Kenner der Theorie elektromagnetischer Wellen wissen, dass die Divergenzbedingung (7.2.2) die Transversalität von $\underline{\mathbf{\Psi}}(\omega, \hat{\underline{\mathbf{k}}})$ impliziert. Wir berechnen

$$\begin{aligned} \nabla \cdot \left[\underline{\mathbf{\Psi}}(\omega, \hat{\underline{\mathbf{k}}})\, \mathrm{e}^{\pm \mathrm{j} k_{\mathrm{S}} \hat{\underline{\mathbf{k}}} \cdot \underline{\mathbf{R}}}\right] &= \underline{\mathbf{\Psi}}(\omega, \hat{\underline{\mathbf{k}}})\, \mathrm{e}^{\pm \mathrm{j} k_{\mathrm{S}} \hat{\underline{\mathbf{k}}} \cdot \underline{\mathbf{R}}} \cdot [\pm \mathrm{j} k_{\mathrm{S}} \hat{\underline{\mathbf{k}}}] \\ &= \pm \mathrm{j} k_{\mathrm{S}}\, \mathrm{e}^{\pm \mathrm{j} k_{\mathrm{S}} \hat{\underline{\mathbf{k}}} \cdot \underline{\mathbf{R}}}\, \underline{\mathbf{\Psi}}(\omega, \hat{\underline{\mathbf{k}}}) \cdot \hat{\underline{\mathbf{k}}} \ ; \end{aligned} \tag{8.1.112}$$

gemäß (7.2.2) soll das Ergebnis dieser Rechnung stets gleich null sein, und wegen der von null verschiedenen Exponentialfunktion muss deshalb

$$\hat{\underline{\mathbf{k}}} \cdot \underline{\mathbf{\Psi}}(\omega, \hat{\underline{\mathbf{k}}}) = 0 \tag{8.1.113}$$

(für $\omega > 0$) gelten, d.h. $\underline{\mathbf{\Psi}}(\omega, \hat{\underline{\mathbf{k}}})$ muss transversal zur Ausbreitungsrichtung sein. Dies ist die Konsequenz der — willkürlichen[23] — Eichung (7.2.2) für das Vektorpotential sekundärer Wellen.

Mit (7.2.1) ergibt sich nun — wir benutzen (2.2.40), (2.2.41), (2.2.43) —

$$\begin{aligned} \underline{\mathbf{u}}(\underline{\mathbf{R}}, \omega, \hat{\underline{\mathbf{k}}}) &= \nabla \Phi(\underline{\mathbf{R}}, \omega, \hat{\underline{\mathbf{k}}}) + \nabla \times \underline{\mathbf{\Psi}}(\underline{\mathbf{R}}, \omega, \hat{\underline{\mathbf{k}}}) \\ &= \nabla \left[\Phi(\omega, \hat{\underline{\mathbf{k}}})\, \mathrm{e}^{\pm \mathrm{j} k_{\mathrm{P}} \hat{\underline{\mathbf{k}}} \cdot \underline{\mathbf{R}}}\right] + \nabla \times \left[\underline{\mathbf{\Psi}}(\omega, \hat{\underline{\mathbf{k}}})\, \mathrm{e}^{\pm \mathrm{j} k_{\mathrm{S}} \hat{\underline{\mathbf{k}}} \cdot \underline{\mathbf{R}}}\right] \\ &= \pm \mathrm{j} k_{\mathrm{P}} \Phi(\omega, \hat{\underline{\mathbf{k}}})\, \mathrm{e}^{\pm \mathrm{j} k_{\mathrm{P}} \hat{\underline{\mathbf{k}}} \cdot \underline{\mathbf{R}}}\, \hat{\underline{\mathbf{k}}} \pm \mathrm{j} k_{\mathrm{S}}\, \mathrm{e}^{\pm \mathrm{j} k_{\mathrm{S}} \hat{\underline{\mathbf{k}}} \cdot \underline{\mathbf{R}}}\, \hat{\underline{\mathbf{k}}} \times \underline{\mathbf{\Psi}}(\omega, \hat{\underline{\mathbf{k}}}) \ . \end{aligned} \tag{8.1.114}$$

Man erkennt sofort: Der Primäranteil der Teilchenverschiebung ebener elastischer Wellen ist longitudinal und der Sekundäranteil transversal polarisiert (unabhängig von der willkürlichen

[21] Wir berechnen damit $\Delta \left[\underline{\mathbf{\Psi}}(\omega, \hat{\underline{\mathbf{k}}})\, \mathrm{e}^{\pm \mathrm{j} \frac{\hat{\underline{\mathbf{k}}} \cdot \underline{\mathbf{R}}}{c(\hat{\underline{\mathbf{k}}})} \omega}\right]$ koordinatenfrei, also ohne viel Schreibarbeit!

[22] Selbstredend interessiert uns vor allem der Fall $\omega \neq 0$.

[23] Für elektromagnetische ebene Wellen ist die Divergenzfreiheit der elektrischen Flussdichte ein durch die Maxwell'schen Gleichungen formuliertes physikalisches *Gesetz*.

Eichung!). Darüber hinaus weiß man nun aufgrund der Gleichungen (2.2.56), (2.2.57) sofort, dass der Primäranteil rotationsfrei und der Sekundäranteil divergenzfrei ist (explizit ausrechnen kann man dies mit (8.1.114) natürlich auch: Fußnote 18). Wählen wir nun speziell (man vergleiche Fußnote 15 und Gleichung (8.1.55))

$$\Phi(\omega, \hat{\underline{\mathbf{k}}}) = \Phi(\omega) \quad , \tag{8.1.115}$$

$$\underline{\mathbf{\Psi}}(\omega, \hat{\underline{\mathbf{k}}}) = \hat{\underline{\mathbf{\Psi}}}(\hat{\underline{\mathbf{k}}})\Psi(\omega) \quad , \tag{8.1.116}$$

so liefert der Vergleich mit (8.1.82), (8.1.83) die folgenden Beziehungen zwischen den Impulsspektren $\Phi(\omega)$, $\Psi(\omega)$ der Potentiale und den Impulsspektren $u_{\mathrm{P}}(\omega)$, $u_{\mathrm{S}}(\omega)$ der Teilchenverschiebungen:

$$u_{\mathrm{P}}(\omega) = \mathrm{j}k_{\mathrm{P}}\Phi(\omega) \quad , \tag{8.1.117}$$

$$u_{\mathrm{S}}(\omega) = \mathrm{j}k_{\mathrm{S}}\Psi(\omega) \quad ; \tag{8.1.118}$$

für die Zeitfunktionen *selbst* bedeutet dies:

$$u_{\mathrm{P}}(t) = -\frac{1}{c_{\mathrm{P}}}\frac{\mathrm{d}\Phi(t)}{\mathrm{d}t} \quad , \tag{8.1.119}$$

$$u_{\mathrm{S}}(t) = -\frac{1}{c_{\mathrm{S}}}\frac{\mathrm{d}\Psi(t)}{\mathrm{d}t} \quad . \tag{8.1.120}$$

Hinsichtlich des Zusammenhangs zwischen den Polarisationsvektoren $\hat{\underline{\mathbf{u}}}_{\mathrm{S1}}(\hat{\underline{\mathbf{k}}})$, $\hat{\underline{\mathbf{u}}}_{\mathrm{S2}}(\hat{\underline{\mathbf{k}}})$ und $\hat{\underline{\mathbf{\Psi}}}(\hat{\underline{\mathbf{k}}})$ haben wir die Wahl: Wir können $\hat{\underline{\mathbf{\Psi}}}(\hat{\underline{\mathbf{k}}})$ entweder gemäß $\hat{\underline{\mathbf{\Psi}}}(\hat{\underline{\mathbf{k}}}) = \hat{\underline{\mathbf{u}}}_{\mathrm{S1}}(\hat{\underline{\mathbf{k}}})$ „SV-orientiert“ oder gemäß $\hat{\underline{\mathbf{\Psi}}}(\hat{\underline{\mathbf{k}}}) = \hat{\underline{\mathbf{u}}}_{\mathrm{S2}}(\hat{\underline{\mathbf{k}}})$ „SH-orientiert“ ansetzen; im ersten Fall ist $\hat{\underline{\mathbf{u}}}_{\mathrm{S2}}(\hat{\underline{\mathbf{k}}}) = \hat{\underline{\mathbf{k}}} \times \hat{\underline{\mathbf{\Psi}}}(\hat{\underline{\mathbf{k}}})$ und im zweiten Fall ist $\hat{\underline{\mathbf{u}}}_{\mathrm{S1}}(\hat{\underline{\mathbf{k}}}) = \hat{\underline{\mathbf{\Psi}}}(\hat{\underline{\mathbf{k}}}) \times \hat{\underline{\mathbf{k}}}$. In (kartesischen) Koordinaten heißt dies (man vergleiche Abb. 8.1.8): Mit $\hat{\underline{\mathbf{k}}}$ in der xz-Ebene liefert $\hat{\underline{\mathbf{\Psi}}} = \hat{\Psi}_x\underline{\mathbf{e}}_x + \hat{\Psi}_z\underline{\mathbf{e}}_z$ eine SH-Welle mit $\hat{\underline{\mathbf{u}}}_{\mathrm{SH}} = \hat{\underline{\mathbf{k}}} \times \hat{\underline{\mathbf{\Psi}}} = \underline{\mathbf{e}}_y$, und $\hat{\underline{\mathbf{\Psi}}} = \underline{\mathbf{e}}_y$ ergibt eine SV-Welle mit $\hat{\underline{\mathbf{u}}}_{\mathrm{SV}} = \hat{\underline{\mathbf{\Psi}}} \times \hat{\underline{\mathbf{k}}} = \hat{u}_{\mathrm{SV}x}\underline{\mathbf{e}}_x + \hat{u}_{\mathrm{SV}z}\underline{\mathbf{e}}_z$.

Schalldruck ebener elastischer Wellen

Ganz allgemein gibt es die Feldgröße „Schalldruck“ im Sinne der Akustik (Abschnitt 5) dann und nur dann, wenn der Spannungstensor gleich dem isotropen Drucktensor ist:

$$\underline{\underline{\mathbf{T}}}(\underline{\mathbf{R}}, t) = \underline{\underline{\mathbf{P}}}(\underline{\mathbf{R}}, t) = -p(\underline{\mathbf{R}}, t)\,\underline{\underline{\mathbf{I}}} \quad . \tag{8.1.121}$$

Mit (7.1.23), dem Spannungstensor für homogen-isotrope elastische Materialien, berechnen wir unter Verwendung von (8.1.58) und (8.1.56) für *ebene* Wellen:

$$\underline{\underline{\mathbf{T}}}_{\mathrm{P}}(\underline{\mathbf{R}}, \omega, \hat{\underline{\mathbf{k}}}) = \mathrm{j}k_{\mathrm{P}}\, u_{\mathrm{P}}(\omega)\, \mathrm{e}^{\mathrm{j}k_{\mathrm{P}}\hat{\underline{\mathbf{k}}}\cdot\underline{\mathbf{R}}}\, (\lambda\, \underline{\underline{\mathbf{I}}} + 2\mu\, \hat{\underline{\mathbf{k}}}\,\hat{\underline{\mathbf{k}}}) \quad , \tag{8.1.122}$$

$$\underline{\underline{\mathbf{T}}}_{\mathrm{S}}(\underline{\mathbf{R}}, \omega, \hat{\underline{\mathbf{k}}}) = \mathrm{j}k_{\mathrm{S}}\mu\, u_{\mathrm{S}}(\omega)\, \mathrm{e}^{\mathrm{j}k_{\mathrm{S}}\hat{\underline{\mathbf{k}}}\cdot\underline{\mathbf{R}}}\, [\hat{\underline{\mathbf{k}}}\, \hat{\underline{\mathbf{u}}}_{\mathrm{S}}(\hat{\underline{\mathbf{k}}}) + \hat{\underline{\mathbf{u}}}_{\mathrm{S}}(\hat{\underline{\mathbf{k}}})\, \hat{\underline{\mathbf{k}}}] \quad . \tag{8.1.123}$$

Wegen der Divergenzfreiheit der Scherwelle fehlt in $\underline{\underline{\mathbf{T}}}_{\mathrm{S}}(\underline{\mathbf{R}}, \omega, \hat{\underline{\mathbf{k}}})$ der λ-Term. Offenbar sind die beiden Tensoren (8.1.122), (8.1.123) *nicht* proportional zum Einheitstensor[24], sodass es $p(\underline{\mathbf{R}}, t)$ bzw. $p(\underline{\mathbf{R}}, \omega)$ im Sinne von (8.1.121) in elastischen Materialien nicht gibt. Dennoch lässt sich in Analogie zu (5.4.15) für *ebene elastische* Wellen ein skalarer Schalldruck aus dem Spannungstensor ableiten, indem man (8.1.122) und (8.1.123) zunächst auf die Ausbreitungsrichtung $\hat{\underline{\mathbf{k}}}$ und sodann auf die jeweilige Polarisation $\hat{\underline{\mathbf{k}}}$ bzw. $\hat{\underline{\mathbf{u}}}_{\mathrm{S}}(\hat{\underline{\mathbf{k}}})$ der ebenen elastischen Welle projiziert[25]:

$$p_{\mathrm{P}}(\underline{\mathbf{R}}, \omega, \hat{\underline{\mathbf{k}}}) \stackrel{\mathrm{def}}{=} -\underline{\underline{\mathbf{T}}}_{\mathrm{P}}(\underline{\mathbf{R}}, \omega, \hat{\underline{\mathbf{k}}}) : \hat{\underline{\mathbf{k}}}\,\hat{\underline{\mathbf{k}}} = -\mathrm{j}\omega Z_{\mathrm{P}}\, \underbrace{u_{\mathrm{P}}(\omega)\, \mathrm{e}^{\mathrm{j}k_{\mathrm{P}}\hat{\underline{\mathbf{k}}}\cdot\underline{\mathbf{R}}}}_{= u_{\mathrm{P}}(\underline{\mathbf{R}}, \omega, \hat{\underline{\mathbf{k}}})}$$

[24] Es sei denn, es ist $\mu = 0$, aber dann liegt ja genau der Fall „Akustik“ vor.

[25] Offensichtlich wird dies übrigens nur, wenn man die Spannungstensoren gemäß (8.1.122), (8.1.123) koordinatenfrei schreibt!

$$= p_{\mathrm{P}}(\omega)\,\mathrm{e}^{\mathrm{j}k_{\mathrm{P}}\hat{\underline{\mathbf{k}}}\cdot\underline{\mathbf{R}}} \quad , \tag{8.1.124}$$

$$p_{\mathrm{S}}(\underline{\mathbf{R}},\omega,\hat{\underline{\mathbf{k}}}) \stackrel{\text{def}}{=} -\underline{\underline{\mathbf{T}}}_{\mathrm{S}}(\underline{\mathbf{R}},\omega,\hat{\underline{\mathbf{k}}}) : \hat{\underline{\mathbf{k}}}\,\hat{\underline{\mathbf{u}}}_{\mathrm{S}}(\hat{\underline{\mathbf{k}}}) = -\mathrm{j}\omega Z_{\mathrm{S}} \underbrace{u_{\mathrm{S}}(\omega)\,\mathrm{e}^{\mathrm{j}k_{\mathrm{S}}\hat{\underline{\mathbf{k}}}\cdot\underline{\mathbf{R}}}}_{=\,u_{\mathrm{S}}(\underline{\mathbf{R}},\omega,\hat{\underline{\mathbf{k}}})}$$

$$= p_{\mathrm{S}}(\omega)\,\mathrm{e}^{\mathrm{j}k_{\mathrm{S}}\hat{\underline{\mathbf{k}}}\cdot\underline{\mathbf{R}}} \quad ; \tag{8.1.125}$$

hierin sind

$$Z_{\mathrm{P,S}} = \rho c_{\mathrm{P,S}} \tag{8.1.126}$$

gemäß (5.4.13) akustische Impedanzen bzw. Wellenwiderstände. Unter $u_{\mathrm{P}}(\underline{\mathbf{R}},\omega,\hat{\underline{\mathbf{k}}})$ und $u_{\mathrm{S}}(\underline{\mathbf{R}},\omega,\hat{\underline{\mathbf{k}}})$ verstehen wir skalare Teilchenauslenkungen, die demzufolge proportional zum jeweiligen Schalldruck sind. Man beachte: Bei J. und H. Krautkrämer (1986) fehlt der Faktor $-\mathrm{j}$; er ist jedoch wichtig, wenn man (8.1.124) und (8.1.125) in den Zeitbereich transformiert:

$$p_{\mathrm{P}}(\underline{\mathbf{R}},t,\hat{\underline{\mathbf{k}}}) = Z_{\mathrm{P}}\,\frac{\partial u_{\mathrm{P}}(\underline{\mathbf{R}},t,\hat{\underline{\mathbf{k}}})}{\partial t} \quad , \tag{8.1.127}$$

$$p_{\mathrm{S}}(\underline{\mathbf{R}},t,\hat{\underline{\mathbf{k}}}) = Z_{\mathrm{S}}\,\frac{\partial u_{\mathrm{S}}(\underline{\mathbf{R}},t,\hat{\underline{\mathbf{k}}})}{\partial t} \quad . \tag{8.1.128}$$

Natürlich kann man Teilchenauslenkungs-Druck-Relationen der Art (5.4.15) gemäß (8.1.124), (8.1.125) „einfach hinschreiben“, eine Bedeutung als physikalische Feldgröße bekommt der so hingeschriebene Druck aber erst durch die entsprechend definierten Doppelkontraktionen des Spannungstensors, wenn man die auszuführenden Projektionen einzeln interpretiert (Abbildung 8.1.9). Für die ebene P-Welle ergibt die Projektion von $\underline{\underline{\mathbf{T}}}_{\mathrm{P}}$ auf die *Ausbreitungsrichtung* $\hat{\underline{\mathbf{k}}}$

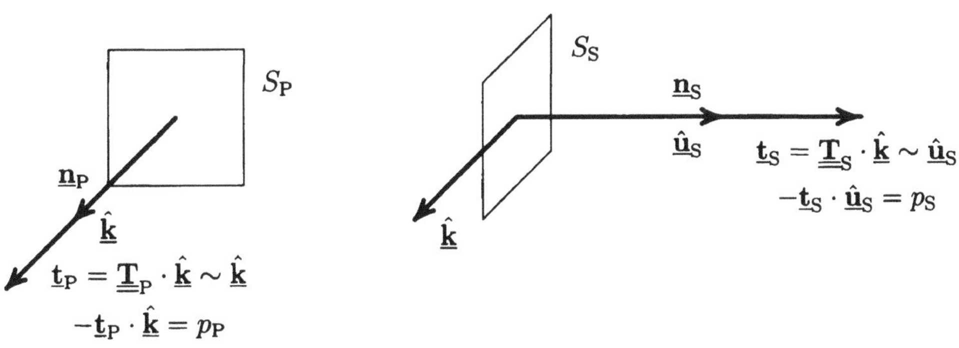

Abb. 8.1.9: *Schalldruck ebener P- und S-Wellen*

einen (Traktions-)Vektor $\underline{\mathbf{t}}_{\mathrm{P}} \sim \hat{\underline{\mathbf{k}}}$ mit der Dimension einer Kraftdichte = Kraft/Fläche, der die Richtung des *Polarisationsvektors* $\hat{\underline{\mathbf{k}}}$ hat; definiert man nun eine Einheitsfläche S_{P} mit der in die Polarisationsrichtung $\hat{\underline{\mathbf{k}}}$ zeigenden Normalen $\underline{\mathbf{n}}_{\mathrm{P}} = \hat{\underline{\mathbf{k}}}$, so wird $-\underline{\mathbf{t}}_{\mathrm{P}}\cdot\underline{\mathbf{n}}_{\mathrm{P}} = -\underline{\mathbf{t}}_{\mathrm{P}}\cdot\hat{\underline{\mathbf{k}}} = -\underline{\underline{\mathbf{T}}}_{\mathrm{P}} : \hat{\underline{\mathbf{k}}}\,\hat{\underline{\mathbf{k}}} = p_{\mathrm{P}}$ tatsächlich der P-Schalldruck p_{P} auf S_{P} (Gleichung (8.1.124)). Für die ebene S-Welle ist der rechte Teil von Abb. 8.1.9 zuständig: Die Projektion von $\underline{\underline{\mathbf{T}}}_{\mathrm{S}}$ auf die Ausbreitungsrichtung $\hat{\underline{\mathbf{k}}}$ liefert den in Polarisationsrichtung $\hat{\underline{\mathbf{u}}}_{\mathrm{S}}$ zeigenden Kraftdichtevektor $\underline{\mathbf{t}}_{\mathrm{S}} \sim \hat{\underline{\mathbf{u}}}_{\mathrm{S}}$; die Projektion von $\underline{\mathbf{t}}_{\mathrm{S}}$ auf die Normale $\underline{\mathbf{n}}_{\mathrm{S}} = \hat{\underline{\mathbf{u}}}_{\mathrm{S}}$ einer Einheitsfläche S_{S} ergibt gemäß $-\underline{\mathbf{t}}_{\mathrm{S}}\cdot\underline{\mathbf{n}}_{\mathrm{S}} = -\underline{\mathbf{t}}_{\mathrm{S}}\cdot\hat{\underline{\mathbf{u}}}_{\mathrm{S}} = -\underline{\underline{\mathbf{T}}}_{\mathrm{S}} : \hat{\underline{\mathbf{k}}}\,\hat{\underline{\mathbf{u}}}_{\mathrm{S}} = p_{\mathrm{S}}$ (Gleichung (8.1.125)). Man beachte: Die Polarisationsdrehung $\hat{\underline{\mathbf{u}}}_{\mathrm{S}} \Longrightarrow -\hat{\underline{\mathbf{u}}}_{\mathrm{S}}$ ergibt *denselben* Ausdruck (8.1.125).

Energiegeschwindigkeiten homogener ebener elastischer Wellen

Wir wollen nachsehen, ob und in welchem Ausmaß homogene ebene elastische Wellen Energie transportieren[26]. Gemäß Abschnitt 4.3 müssen wir dazu den elastodynamischen Poynting-Vektor ausrechnen; zweckmäßigerweise legen wir zeitharmonische ebene elastische Wellen der Kreisfrequenz ω_0 zugrunde, berechnen also zeitliche Mittelwerte der Energiestromdichte in Form des Realteils des komplexen elastodynamischen Poynting-Vektors

$$\begin{aligned}\underline{\mathbf{S}}_\mathrm{K}(\underline{\mathbf{R}},\omega_0) &= -\frac{1}{2}\,\underline{\mathbf{v}}(\underline{\mathbf{R}},\omega_0)\cdot\underline{\underline{\mathbf{T}}}^*(\underline{\mathbf{R}},\omega_0)\\ &= \mathrm{j}\frac{\omega_0}{2}\,\underline{\mathbf{u}}(\underline{\mathbf{R}},\omega_0)\cdot\underline{\underline{\mathbf{T}}}^*(\underline{\mathbf{R}},\omega_0)\end{aligned} \tag{8.1.129}$$

unter Verwendung der komplexwertigen Phasoren zeitharmonischer homogener ebener P- und S-Wellen (Gleichungen (8.1.82) bzw. (8.1.83), (8.1.85))

$$\underline{\mathbf{u}}_\mathrm{P}(\underline{\mathbf{R}},\omega_0,\hat{\underline{\mathbf{k}}}) = u_\mathrm{P}(\omega_0)\,\mathrm{e}^{\mathrm{j}\frac{\hat{\underline{\mathbf{k}}}\cdot\underline{\mathbf{R}}}{c_\mathrm{P}}\omega_0}\,\hat{\underline{\mathbf{k}}}\quad, \tag{8.1.130}$$

$$\underline{\mathbf{u}}_\mathrm{S}(\underline{\mathbf{R}},\omega_0,\hat{\underline{\mathbf{k}}}) = u_\mathrm{S}(\omega_0)\,\mathrm{e}^{\mathrm{j}\frac{\hat{\underline{\mathbf{k}}}\cdot\underline{\mathbf{R}}}{c_\mathrm{S}}\omega_0}\,\hat{\underline{\mathbf{u}}}_\mathrm{S}(\hat{\underline{\mathbf{k}}})\quad,\quad \hat{\underline{\mathbf{u}}}_\mathrm{S}(\hat{\underline{\mathbf{k}}})\cdot\hat{\underline{\mathbf{k}}} = 0\quad. \tag{8.1.131}$$

Mit (8.1.122), (8.1.123) folgt unmittelbar[27]:

$$\begin{aligned}\underline{\mathbf{S}}_\mathrm{KP}(\underline{\mathbf{R}},\omega_0,\hat{\underline{\mathbf{k}}}) &= \frac{\omega_0^2\rho}{2}\,c_\mathrm{P}|u_\mathrm{P}(\omega_0)|^2\,\hat{\underline{\mathbf{k}}}\\ &= \frac{|p_\mathrm{P}(\omega_0)|^2}{2Z_\mathrm{P}}\,\hat{\underline{\mathbf{k}}}\quad,\end{aligned} \tag{8.1.132}$$

$$\begin{aligned}\underline{\mathbf{S}}_\mathrm{KS}(\underline{\mathbf{R}},\omega_0,\hat{\underline{\mathbf{k}}}) &= \frac{\omega_0^2\rho}{2}\,c_\mathrm{S}|u_\mathrm{S}(\omega_0)|^2\,\hat{\underline{\mathbf{k}}}\\ &= \frac{|p_\mathrm{S}(\omega_0)|^2}{2Z_\mathrm{S}}\,\hat{\underline{\mathbf{k}}}\quad.\end{aligned} \tag{8.1.133}$$

Beide Poynting-Vektoren *sind* reell.

Ergebnis unseres „Nachschauens“ ist: Homogene ebene elastische Wellen in isotropen Materialien transportieren für $\omega_0 > 0$ Energie in Richtung $\hat{\underline{\mathbf{k}}}$, d.h. die Ausbreitungsrichtung der *Phase* ist identisch mit der Ausbreitungsrichtung der *Energie*. Das ist eine Entartung des isotropen Materials, denn im anisotropen Material trifft dies im Allgemeinen nicht zu.

Dimensionsmäßig steht der Poynting-Vektor für eine Energie pro Zeit pro Fläche; dividieren wir deshalb durch eine Energie pro Volumen — eine Energiedichte —, so ergibt sich die Dimension einer Geschwindigkeit. Sinnvollerweise wählen wir als Energiedichte die in einer zeitharmonischen elastischen Welle im zeitlichen Mittel gespeicherte Energiedichte (Abschnitt 4.3):

$$\langle w(\underline{\mathbf{R}},t,\omega_0)\rangle = \frac{\rho}{4}\,\underline{\mathbf{v}}(\underline{\mathbf{R}},\omega_0)\cdot\underline{\mathbf{v}}^*(\underline{\mathbf{R}},\omega_0) + \frac{1}{4}\,\underline{\underline{\mathbf{S}}}(\underline{\mathbf{R}},\omega_0):\underline{\underline{\underline{\underline{\mathbf{c}}}}}:\underline{\underline{\mathbf{S}}}^*(\underline{\mathbf{R}},\omega_0) \tag{8.1.134}$$

$$= \frac{\omega_0^2\rho}{4}\,\underline{\mathbf{u}}(\underline{\mathbf{R}},\omega_0)\cdot\underline{\mathbf{u}}^*(\underline{\mathbf{R}},\omega_0) + \frac{1}{4}\,\underline{\underline{\mathbf{S}}}(\underline{\mathbf{R}},\omega_0):\underline{\underline{\underline{\underline{\mathbf{c}}}}}:\underline{\underline{\mathbf{S}}}^*(\underline{\mathbf{R}},\omega_0)\quad. \tag{8.1.135}$$

Mit der Definition (3.1.2) des Deformationstensors für quellenfreie Materialien ergibt sich für die Teilchenverschiebungen (8.1.130) und (8.1.131)

$$\underline{\underline{\mathbf{S}}}_\mathrm{P}(\underline{\mathbf{R}},\omega_0,\hat{\underline{\mathbf{k}}}) = \mathrm{j}k_\mathrm{P}\,u_\mathrm{P}(\omega_0)\,\mathrm{e}^{\mathrm{j}k_\mathrm{P}\hat{\underline{\mathbf{k}}}\cdot\underline{\mathbf{R}}}\,\hat{\underline{\mathbf{k}}}\,\hat{\underline{\mathbf{k}}}\quad, \tag{8.1.136}$$

$$\underline{\underline{\mathbf{S}}}_\mathrm{S}(\underline{\mathbf{R}},\omega_0,\hat{\underline{\mathbf{k}}}) = \frac{1}{2}\,\mathrm{j}k_\mathrm{S}\,u_\mathrm{S}(\omega_0)\,\mathrm{e}^{\mathrm{j}k_\mathrm{S}\hat{\underline{\mathbf{k}}}\cdot\underline{\mathbf{R}}}\,[\hat{\underline{\mathbf{k}}}\,\hat{\underline{\mathbf{u}}}_\mathrm{S}(\hat{\underline{\mathbf{k}}}) + \hat{\underline{\mathbf{u}}}_\mathrm{S}(\hat{\underline{\mathbf{k}}})\,\hat{\underline{\mathbf{k}}}] \tag{8.1.137}$$

[26] Den Energietransport und die Energiedichte *inhomogener* ebener Wellen, bei denen Phasen- und Amplitudenflächen senkrecht aufeinanderstehen, $\hat{\underline{\mathbf{k}}}$ demzufolge komplex ist, berechnen wir in Abschnitt 8.2; deren physikalische Realisierung „erleben“ wir in Abschnitt 9.1.2.

[27] Für zeitharmonische *inhomogene* ebene Wellen (in nichtdissipativen Materialien) ergeben sich andere Ausdrücke: Abschnitt 8.2.

und folglich für das vorliegende homogen-isotrope nichtdissipative Material[28]

$$\langle w_{\rm P}(\underline{\mathbf{R}}, t, \omega_0, \hat{\underline{\mathbf{k}}})\rangle = \frac{\omega_0^2 \rho}{2} |u_{\rm P}(\omega_0)|^2 \quad , \tag{8.1.138}$$

$$\langle w_{\rm S}(\underline{\mathbf{R}}, t, \omega_0, \hat{\underline{\mathbf{k}}})\rangle = \frac{\omega_0^2 \rho}{2} |u_{\rm S}(\omega_0)|^2 \quad . \tag{8.1.139}$$

Man beachte: Die Energie*dichten* homogener ebener Wellen sind ortsunabhängig, d.h. gleichmäßig über den unendlichen Raum verteilt, sodass die *Gesamt*energie derartiger Wellen unendlich ist; sie sind deshalb physikalisch nicht realisierbar.

Mit

$$\underline{\mathbf{c}}_{\rm EP}(\hat{\underline{\mathbf{k}}}) \stackrel{\rm def}{=} \frac{\Re\{\underline{\mathbf{S}}_{\rm KP}(\underline{\mathbf{R}}, \omega_0, \hat{\underline{\mathbf{k}}})\}}{\langle w_{\rm P}(\underline{\mathbf{R}}, t, \omega_0, \hat{\underline{\mathbf{k}}})\rangle} \quad , \tag{8.1.140}$$

$$\underline{\mathbf{c}}_{\rm ES}(\hat{\underline{\mathbf{k}}}) \stackrel{\rm def}{=} \frac{\Re\{\underline{\mathbf{S}}_{\rm KS}(\underline{\mathbf{R}}, \omega_0, \hat{\underline{\mathbf{k}}})\}}{\langle w_{\rm S}(\underline{\mathbf{R}}, t, \omega_0, \hat{\underline{\mathbf{k}}})\rangle} \tag{8.1.141}$$

definieren wir nun Energiegeschwindigkeitsvektoren und berechnen sie für homogene ebene elastische Wellen in homogenen isotropen nichtdissipativen Materialien wie folgt:

$$\underline{\mathbf{c}}_{\rm EP}(\hat{\underline{\mathbf{k}}}) = c_{\rm P}\, \hat{\underline{\mathbf{k}}} \quad , \tag{8.1.142}$$

$$\underline{\mathbf{c}}_{\rm ES}(\hat{\underline{\mathbf{k}}}) = c_{\rm S}\, \hat{\underline{\mathbf{k}}} \quad . \tag{8.1.143}$$

Diese Energiegeschwindigkeitsvektoren haben die Richtung des Ausbreitungsvektors der Phase, und sie sind betragsmäßig gleich den Phasengeschwindigkeiten. Mit der Definition von *Phasen*geschwindigkeits*vektoren* (homogener ebener Wellen in nichtdissipativen Materialien)

$$\underline{\mathbf{c}}_{\rm P,S}(\hat{\underline{\mathbf{k}}}) \stackrel{\rm def}{=} c_{\rm P,S}\, \hat{\underline{\mathbf{k}}} \tag{8.1.144}$$

folgt also

$$\underline{\mathbf{c}}_{\rm EP,S}(\hat{\underline{\mathbf{k}}}) = \underline{\mathbf{c}}_{\rm P,S}(\hat{\underline{\mathbf{k}}}) \quad . \tag{8.1.145}$$

Aufgrund der Isotropie des Materials sind Flächen konstanter Phasengeschwindigkeitsvektoren Kugelflächen mit den Radien $c_{\rm P}$ bzw. $c_{\rm S}$. Ebenso sind die Flächen konstanter sogenannter *Slowness*-Vektoren

$$\begin{aligned} \underline{\mathbf{s}}_{\rm P,S}(\hat{\underline{\mathbf{k}}}) &= \frac{1}{c_{\rm P,S}}\, \hat{\underline{\mathbf{k}}} \\ &= s_{\rm P,S}\, \hat{\underline{\mathbf{k}}} \end{aligned} \tag{8.1.146}$$

Kugelflächen mit den Radien $s_{\rm P,S} = 1/c_{\rm P,S}$; in Abb. 8.1.10a sind Schnitte durch die *Slowness*-Flächen und *Slowness*-Vektoren $\underline{\mathbf{s}}_{\rm P}(\hat{\underline{\mathbf{k}}}_{\rm P})$, $\underline{\mathbf{s}}_{\rm S}(\hat{\underline{\mathbf{k}}}_{\rm S})$ für zwei vorgegebene Phasenvektoren $\hat{\underline{\mathbf{k}}}_{\rm P}$, $\hat{\underline{\mathbf{k}}}_{\rm S}$ gezeichnet; mit (8.1.142), (8.1.143) wissen wir, dass die zu den Richtungen $\hat{\underline{\mathbf{k}}}_{\rm P}$, $\hat{\underline{\mathbf{k}}}_{\rm S}$ gehörenden Energiegeschwindigkeitsvektoren in den Punkten $\underline{\mathbf{s}}_{\rm P}(\hat{\underline{\mathbf{k}}}_{\rm P})$, $\underline{\mathbf{s}}_{\rm S}(\hat{\underline{\mathbf{k}}}_{\rm S})$ senkrecht auf den *Slowness*-Flächen stehen. Andererseits: Wenn wir „Strahlrichtungen" durch Einheitsvektoren $\hat{\underline{\mathbf{l}}}_{\rm P}, \hat{\underline{\mathbf{l}}}_{\rm S}$ der Energieausbreitung vorgeben, sind die entstehenden Flächen konstanter Energiegeschwindigkeit Kugelflächen mit den Radien $c_{\rm EP}(\hat{\underline{\mathbf{l}}}_{\rm P}) = c_{\rm P}$, $c_{\rm ES}(\hat{\underline{\mathbf{l}}}_{\rm S}) = c_{\rm S}$, und wegen (8.1.146) und (8.1.145) wissen wir, dass die zu den Richtungen $\hat{\underline{\mathbf{l}}}_{\rm P}, \hat{\underline{\mathbf{l}}}_{\rm S}$ gehörenden *Slowness*-Vektoren in den Punkten $\underline{\mathbf{c}}_{\rm EP}(\hat{\underline{\mathbf{l}}}_{\rm P})$, $\underline{\mathbf{c}}_{\rm ES}(\hat{\underline{\mathbf{l}}}_{\rm S})$ senkrecht auf den Energiegeschwindigkeitsflächen stehen (Abbildung 8.1.10b). Dass wir diese Trivialitäten des isotropen Materials in einer gesonderten Abbildung dargestellt haben, hat seinen Grund: Im anisotropen Material finden wir i.a. *keine* Kugelflächen mehr, aber das oben diskutierte „Senkrechtstehen" bleibt erhalten.

[28] Fußnote 27 gilt sinngemäß.

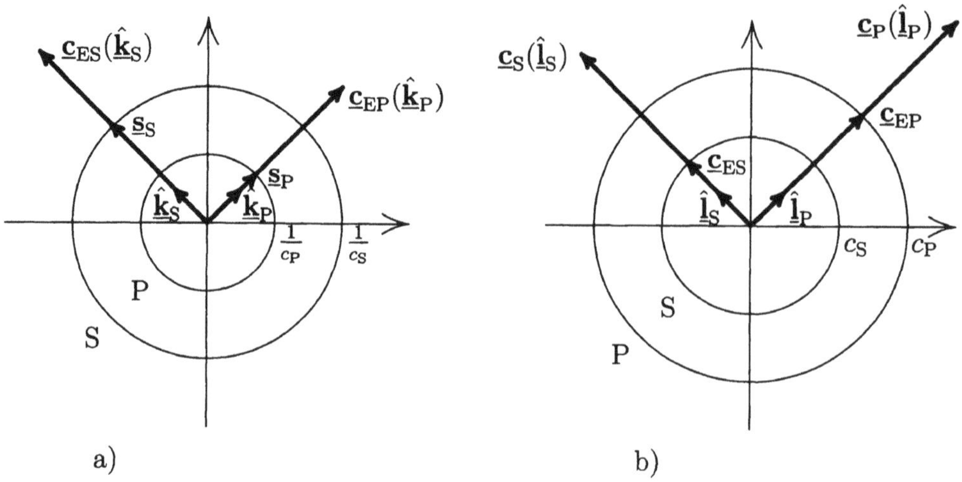

Abb. 8.1.10: Schnitte durch Slowness- *und Energiegeschwindigkeitsflächen des isotropen Materials*

8.2 Inhomogene ebene Wellen in isotropen nichtdissipativen Materialien

Komplexe Wellenzahlvektoren

Wir verallgemeinern den Ansatz (8.1.54) für die Fourier-Spektren ebener Wellen auf komplexe Wellenzahlvektoren $\underline{\mathbf{k}}$ (in Abschnitt 9.3.1 wiederholen wir die folgende Argumentation für komplexe *Slowness*-Vektoren in kartesischen Koordinaten):

$$\underline{\mathbf{u}}(\underline{\mathbf{R}}, \omega, \underline{\mathbf{k}}) = u(\omega)\, \mathrm{e}^{\pm \mathrm{j}\underline{\mathbf{k}}\cdot\underline{\mathbf{R}}}\, \underline{\hat{\mathbf{u}}}(\underline{\mathbf{k}}) \quad . \tag{8.2.1}$$

Damit erhalten wir anstelle des Wellentensors (8.1.66):

$$\underline{\underline{\mathbf{W}}}(\underline{\mathbf{k}}, \omega) = \frac{\mu}{\rho}\, \underline{\mathbf{k}} \cdot \underline{\mathbf{k}}\, \underline{\underline{\mathbf{I}}} + \frac{\lambda + \mu}{\rho}\, \underline{\mathbf{k}}\, \underline{\mathbf{k}} - \omega^2\, \underline{\underline{\mathbf{I}}} \quad . \tag{8.2.2}$$

Durch Nullsetzen der Determinante

$$\det \underline{\underline{\mathbf{W}}}(\underline{\mathbf{k}}, \omega) = \left(\frac{\mu \underline{\mathbf{k}} \cdot \underline{\mathbf{k}} - \rho\omega^2}{\lambda + \mu} \right)^2 \left(\frac{\mu \underline{\mathbf{k}} \cdot \underline{\mathbf{k}} - \rho\omega^2}{\lambda + \mu} + \underline{\mathbf{k}} \cdot \underline{\mathbf{k}} \right) \tag{8.2.3}$$

ergeben sich die *Dispersionsrelationen*

$$\underline{\mathbf{k}} \cdot \underline{\mathbf{k}} = \frac{\rho}{\mu}\, \omega^2 = \frac{\omega^2}{c_{\mathrm{S}}^2} = k_{\mathrm{S}}^2 \quad , \tag{8.2.4}$$

$$\underline{\mathbf{k}} \cdot \underline{\mathbf{k}} = \frac{\rho}{\lambda + 2\mu}\, \omega^2 = \frac{\omega^2}{c_{\mathrm{P}}^2} = k_{\mathrm{P}}^2 \quad , \tag{8.2.5}$$

worunter man die Abhängigkeit des Wellenzahlvektors $\underline{\mathbf{k}}(\omega)$ von der Frequenz (und den Materialparametern) bzw. die Abhängigkeit der Frequenz $\omega(\underline{\mathbf{k}})$ vom Wellenzahlvektor versteht. „Linksseitig“ ist die Struktur *dieser* Dispersionsrelationen eine Konsequenz der *Isotropie* des Materials und „rechtsseitig“ eine Konsequenz von dessen *Verlustlosigkeit* (verschwindender Dissipation), denn k_{P} und k_{S} sind (hier) reell. Die *Homogenität* des Materials wird bereits durch die

Gleichung (8.2.1) der ebenen Welle widergespiegelt[29]. Wenn wir (8.2.4), (8.2.5) mit dem Ansatz

$$\underline{\mathbf{k}}_{\mathrm{P,S}} = k_{\mathrm{P,S}}\hat{\underline{\mathbf{k}}} \tag{8.2.6}$$

„lösen“, erhalten wir *homogene* ebene P- und S-Wellen, deren Flächen konstanter Phase und Amplitude parallel zueinander sind; wir haben sie im vorstehenden Abschnitt diskutiert.

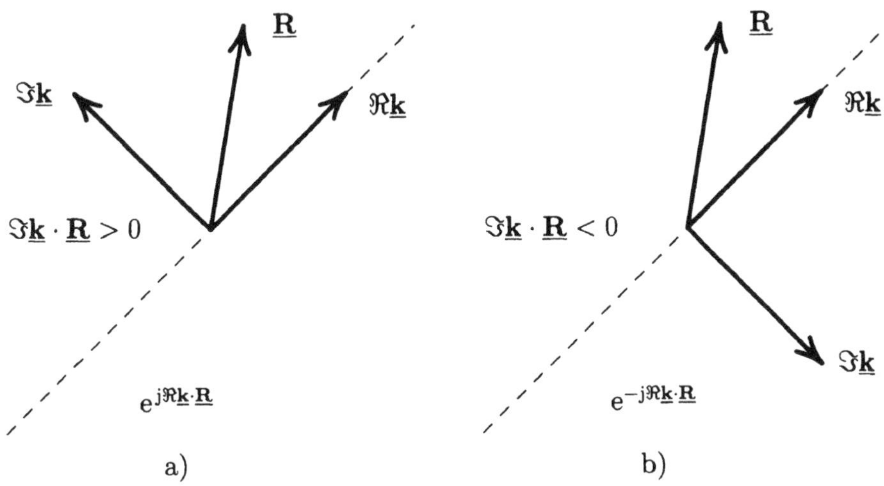

Abb. 8.2.1: *Quergedämpfte inhomogene ebene Wellen (im elastischen Vollraum)*

Wir brauchen die Dispersionsrelationen (8.2.4) oder (8.2.5) aber nicht durch den Ansatz (8.2.6) zu befriedigen, sondern wir können durchaus *komplexe Wellenzahlvektoren*

$$\underline{\mathbf{k}} = \Re\underline{\mathbf{k}} + \mathrm{j}\Im\underline{\mathbf{k}} \tag{8.2.7}$$

zulassen, wenn wir nur

$$\Re\underline{\mathbf{k}} \cdot \Im\underline{\mathbf{k}} = 0 \tag{8.2.8}$$

fordern. Diese Nebenbedingung stellt sicher, dass

$$\underline{\mathbf{k}} \cdot \underline{\mathbf{k}} = |\Re\underline{\mathbf{k}}|^2 - |\Im\underline{\mathbf{k}}|^2 + 2\mathrm{j}\underbrace{\Re\underline{\mathbf{k}} \cdot \Im\underline{\mathbf{k}}}_{=0} \tag{8.2.9}$$

reell ist, wie es die Dispersionsrelationen *nichtdissipativer* (isotroper) Materialien fordert: Im nichtdissipativen Materiel *müssen* $\Re\underline{\mathbf{k}}$ und $\Im\underline{\mathbf{k}}$ senkrecht aufeinander stehen, falls $\Im\underline{\mathbf{k}} \neq \underline{\mathbf{0}}$ erlaubt wird. Tatsächlich „erzeugt“ der Ansatz (8.2.7) gemäß

$$\underline{\mathbf{u}}(\underline{\mathbf{R}}, \omega, \underline{\mathbf{k}}) = u(\omega)\,\mathrm{e}^{\pm\mathrm{j}\Re\underline{\mathbf{k}}\cdot\underline{\mathbf{R}}}\,\mathrm{e}^{\mp\Im\underline{\mathbf{k}}\cdot\underline{\mathbf{R}}}\,\hat{\underline{\mathbf{u}}}(\underline{\mathbf{k}}) \tag{8.2.10}$$

mit (8.2.7) eine bezüglich des Phasenausbreitungsvektors $\Re\underline{\mathbf{k}}$ *quergedämpfte inhomogene* ebene Welle, wenn wir, je nach Ausbreitungsrichtung, den Dämpfungsvektor $\Im\underline{\mathbf{k}}$ in den „richtigen“ Halbraum zeigen lassen. Abbildung 8.2.1 illustriert dieses: Für Ausbreitung in $(+\Re\underline{\mathbf{k}})$-Richtung (Abbildung 8.2.1a) ist $\mathrm{e}^{-\Im\underline{\mathbf{k}}\cdot\underline{\mathbf{R}}}$ eine exponentielle *Dämpfung* für *denjenigen* Halbraum, in den auch $\Im\underline{\mathbf{k}}$ zeigt, denn dann ist $\Im\underline{\mathbf{k}} \cdot \underline{\mathbf{R}} > 0$; für Ausbreitung in $(-\Re\underline{\mathbf{k}})$-Richtung (Abbildung 8.2.1b) ist $\mathrm{e}^{\Im\underline{\mathbf{k}}\cdot\underline{\mathbf{R}}}$ hingegen eine exponentielle Dämpfung für *denjenigen* Halbraum, in den $\Im\underline{\mathbf{k}}$ *nicht* zeigt, denn dann ist $\Im\underline{\mathbf{k}} \cdot \underline{\mathbf{R}} < 0$. Der komplexe Wellenzahlvektor $\underline{\mathbf{k}}$ hat als Realteil den Phasenausbreitungsvektor $\Re\underline{\mathbf{k}}$ und als Imaginärteil den (Amplituden-)Dämpfungsvektor $\Im\underline{\mathbf{k}}$,

[29] Die Verallgemeinerung auf inhomogene Materialien in Form von Eikonalgleichungen diskutieren wir in Abschnitt 12.3.

dessen Richtung entsprechend einer *Dämpfung* festgelegt werden muss. Derartige inhomogene ebene Wellen in nichtdissipativen Materialien werden uns zum ersten Mal bei der Diskussion der Totalreflexion ebener SV-Wellen an der ebenen Grenzfläche eines elastischen Halbraums begegnen (Abschnitt 9.1.2).

Komplexe Polarisationsvektoren

Primäre ebene Wellen in isotropen Materialien sind als Druckwellen rotationsfrei, und sekundäre ebene Wellen sind als Scherwellen divergenzfrei; wir bestimmen deshalb die Polarisations(einheits)vektoren $\underline{\hat{\mathbf{u}}}_{P,S}(\underline{\mathbf{k}})$ über die Forderungen:

$$\underline{\mathbf{k}}_P \times \underline{\hat{\mathbf{u}}}_P(\underline{\mathbf{k}}_P) = \underline{\mathbf{0}} \quad , \tag{8.2.11}$$

$$\underline{\mathbf{k}}_S \cdot \underline{\hat{\mathbf{u}}}_S(\underline{\mathbf{k}}_S) = 0 \quad . \tag{8.2.12}$$

Offensichtlich wird (8.2.11) durch

$$\underline{\hat{\mathbf{u}}}_P(\underline{\mathbf{k}}_P) \sim \underline{\mathbf{k}}_P \tag{8.2.13}$$

befriedigt, da auch für komplexe Wellenzahlvektoren $\underline{\mathbf{k}}_P = \Re\underline{\mathbf{k}}_P + \mathrm{j}\Im\underline{\mathbf{k}}_P$ stets $\underline{\mathbf{k}}_P \times \underline{\mathbf{k}}_P \equiv \underline{\mathbf{0}}$ gilt. Mit (8.2.13) ist $\underline{\hat{\mathbf{u}}}_P(\underline{\mathbf{k}}_P)$ ebenfalls komplex, sodass wir den P-Polarisations*einheits*vektor $\underline{\hat{\mathbf{u}}}_P(\underline{\mathbf{k}}_P)$ im Hermite'schen Sinne durch

$$\underline{\hat{\mathbf{u}}}_P(\underline{\mathbf{k}}_P) = \frac{\underline{\mathbf{k}}_P}{\sqrt{\underline{\mathbf{k}}_P \cdot \underline{\mathbf{k}}_P^*}} \tag{8.2.14}$$

definieren, denn dann gilt $\underline{\hat{\mathbf{u}}}_P(\underline{\mathbf{k}}_P) \cdot \underline{\hat{\mathbf{u}}}_P^*(\underline{\mathbf{k}}_P) = 1$. Mit (8.2.7) und (8.2.14) ergibt sich das in

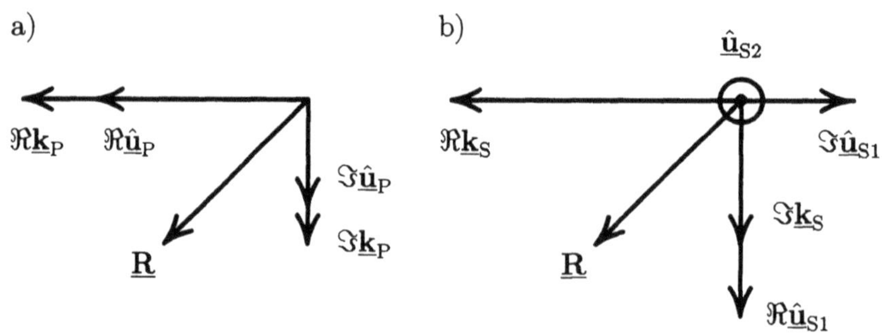

***Abb. 8.2.2:** a) Polarisation einer inhomogenen ebenen Druckwelle im nichtdissipativen Material; b) S1/S2-Polarisation inhomogener ebener Scherwellen im nichtdissipativen Material*

Abb. 8.2.2a skizzierte Bild der Polarisation einer inhomogenen Druckwelle im nichtdissipativen Material. Bei Ausbreitung in positiver $\Re\underline{\mathbf{k}}$-Richtung ergibt sich die exponentielle Querdämpfung für den durch $\underline{\mathbf{R}}$ angedeuteten Halbraum.

Die Forderung (8.2.12) ist für jeden komplexen Vektor $\underline{\hat{\mathbf{u}}}_S(\underline{\mathbf{k}}_S)$ erfüllt, für den

$$\Re\underline{\mathbf{k}}_S \cdot \Re\underline{\hat{\mathbf{u}}}_S(\underline{\mathbf{k}}_S) - \Im\underline{\mathbf{k}}_S \cdot \Im\underline{\hat{\mathbf{u}}}_S(\underline{\mathbf{k}}_S) = 0 \quad , \tag{8.2.15}$$

$$\Im\underline{\mathbf{k}}_S \cdot \Re\underline{\hat{\mathbf{u}}}_S(\underline{\mathbf{k}}_S) + \Re\underline{\mathbf{k}}_S \cdot \Im\underline{\hat{\mathbf{u}}}_S(\underline{\mathbf{k}}_S) = 0 \tag{8.2.16}$$

gilt, mit (8.2.12) wird also für komplexe Vektoren $\underline{\mathbf{k}}_S$, $\underline{\hat{\mathbf{u}}}_S(\underline{\mathbf{k}}_S)$ kein Senkrechtstehen im geometrischen Sinn vermittelt. Wie im vorstehenden Abschnitt im Falle reeller Wellenzahlvektoren wählen wir $\underline{\hat{\mathbf{u}}}_{S2}$ reell, also $\Im\underline{\hat{\mathbf{u}}}_{S2} = \underline{\mathbf{0}}$, sodass gemäß

$$\Re\underline{\mathbf{k}}_S \cdot \underline{\hat{\mathbf{u}}}_{S2} \stackrel{(8.2.15)}{=} 0 \quad , \tag{8.2.17}$$

$$\Im\underline{\mathbf{k}}_S \cdot \underline{\hat{\mathbf{u}}}_{S2} \stackrel{(8.2.16)}{=} 0 \tag{8.2.18}$$

$\underline{\hat{\mathbf{u}}}_{S2}$ unabhängig von $\underline{\mathbf{k}}_S$ stets senkrecht auf der von $\Re\underline{\mathbf{k}}_S$ und $\Im\underline{\mathbf{k}}_S$ aufgespannten Ebene steht. In Anlehnung an Abb. 8.1.8a definieren wir nun

$$\begin{aligned}\underline{\hat{\mathbf{u}}}_{S1}(\underline{\mathbf{k}}_S) &= \frac{\underline{\hat{\mathbf{u}}}_{S2} \times \underline{\mathbf{k}}_S}{\sqrt{(\underline{\hat{\mathbf{u}}}_{S2} \times \underline{\mathbf{k}}_S) \cdot (\underline{\hat{\mathbf{u}}}_{S2}^* \times \underline{\mathbf{k}}_S^*)}} \\ &= \frac{\underline{\hat{\mathbf{u}}}_{S2} \times \underline{\mathbf{k}}_S}{\sqrt{\underline{\mathbf{k}}_S \cdot \underline{\mathbf{k}}_S^*}} \quad , \end{aligned} \tag{8.2.19}$$

wobei sich wegen $\underline{\hat{\mathbf{u}}}_{S2} \cdot \underline{\mathbf{k}}_S = 0$, $\underline{\hat{\mathbf{u}}}_{S2} \cdot \underline{\mathbf{k}}_S^* = 0$, $\underline{\hat{\mathbf{u}}}_{S2} \cdot \underline{\hat{\mathbf{u}}}_{S2} = 1$ dieselbe Normierung wie für $\underline{\hat{\mathbf{u}}}_P(\underline{\mathbf{k}}_P)$ ergibt. Die Definition (8.2.19) sichert

$$\underline{\hat{\mathbf{u}}}_{S1}(\underline{\mathbf{k}}_S) \cdot \underline{\mathbf{k}}_S = 0 \quad , \tag{8.2.20}$$

$$\underline{\hat{\mathbf{u}}}_{S1}(\underline{\mathbf{k}}_S) \cdot \underline{\hat{\mathbf{u}}}_{S2} = 0 \quad ; \tag{8.2.21}$$

sie ist wegen[30]

$$\Re\underline{\hat{\mathbf{u}}}_{S1}(\underline{\mathbf{k}}_S) = \frac{\underline{\hat{\mathbf{u}}}_{S2} \times \Re\underline{\mathbf{k}}_S}{\sqrt{\underline{\mathbf{k}}_S \cdot \underline{\mathbf{k}}_S^*}} \quad , \tag{8.2.22}$$

$$\Im\underline{\hat{\mathbf{u}}}_{S1}(\underline{\mathbf{k}}_S) = \frac{\underline{\hat{\mathbf{u}}}_{S2} \times \Im\underline{\mathbf{k}}_S}{\sqrt{\underline{\mathbf{k}}_S \cdot \underline{\mathbf{k}}_S^*}} \tag{8.2.23}$$

eine spezielle Lösung von (8.2.15); die Beziehungen (8.2.22) und (8.2.23) ergeben dann zusammen mit (8.2.8) und (8.2.16) die in Abb. 8.2.2b skizzierten Verhältnisse.

Natürlich können wir auch, entsprechend Abb. 8.1.8b, in einem kartesischen Koordinatensystem $\underline{\mathbf{k}}_{P,S} \cdot \underline{\mathbf{e}}_y = 0$ postulieren; dann folgt

$$\underline{\hat{\mathbf{u}}}_P(\underline{\mathbf{k}}_P) \cdot \underline{\mathbf{e}}_y = 0 \quad , \tag{8.2.24}$$

$$\underline{\hat{\mathbf{u}}}_{S2} \Longrightarrow \underline{\hat{\mathbf{u}}}_{SH} = \underline{\mathbf{e}}_y \quad , \tag{8.2.25}$$

$$\underline{\hat{\mathbf{u}}}_{S1}(\underline{\mathbf{k}}_S) \Longrightarrow \underline{\hat{\mathbf{u}}}_{SV}(\underline{\mathbf{k}}_S) = \frac{\underline{\mathbf{e}}_y \times \underline{\mathbf{k}}_S}{\sqrt{\underline{\mathbf{k}}_S \cdot \underline{\mathbf{k}}_S^*}} \quad . \tag{8.2.26}$$

Phasengeschwindigkeiten

Entsprechend (8.1.54), dem Ansatz *homogener* ebener Wellen, definiert

$$c_{P,S}(\underline{\mathbf{k}}_{P,S}) = \frac{\omega}{|\Re\underline{\mathbf{k}}_{P,S}|} \tag{8.2.27}$$

im Ansatz (8.2.10) *inhomogener* ebener Wellen deren Phasengeschwindigkeit, da wir die Phase gemäß

$$\Re\underline{\mathbf{k}}_{P,S} \cdot \underline{\mathbf{R}} = \frac{|\Re\underline{\mathbf{k}}_{P,S}|}{\omega} \widehat{\Re\underline{\mathbf{k}}}_{P,S} \cdot \underline{\mathbf{R}}\,\omega \tag{8.2.28}$$

schreiben können. Als *vektorielle* Phasengeschwindigkeit entsprechend (8.1.145) ergibt sich folglich

$$\underline{\mathbf{c}}_{P,S}(\underline{\mathbf{k}}_{P,S}) = \frac{\omega}{|\Re\underline{\mathbf{k}}_{P,S}|} \widehat{\Re\underline{\mathbf{k}}}_{P,S} \quad . \tag{8.2.29}$$

[30]Man beachte: $\Re\underline{\hat{\mathbf{u}}}_{S1}, \Re\underline{\hat{\mathbf{u}}}_{S2}, \Re\underline{\mathbf{k}}_S$ bilden stets unser „gewohntes" rechtshändiges orthogonales Dreibein der Scherwellenpolarisationen; $\Im\underline{\hat{\mathbf{u}}}_{S1}$ ist jedoch an den Imaginärteilvektor $\Im\underline{\mathbf{k}}_S$ gekoppelt, welcher bei Ausbreitung in $(+\Re\underline{\mathbf{k}}_S)$-Richtung in den „Querdämpfungshalbraum" zeigen muss.

Wegen $\underline{\mathbf{k}}_{\mathrm{P,S}} + \underline{\mathbf{k}}^*_{\mathrm{P,S}} = 2\Re\underline{\mathbf{k}}_{\mathrm{P,S}}$ können wir $c_{\mathrm{P,S}}(\underline{\mathbf{k}}_{\mathrm{P,S}})$ explizit in Abhängigkeit der komplexen Vektoren $\underline{\mathbf{k}}_{\mathrm{P,S}}$ schreiben:

$$c_{\mathrm{P,S}}(\underline{\mathbf{k}}_{\mathrm{P,S}}) = \frac{2}{\sqrt{\underline{\mathbf{k}}_{\mathrm{P,S}} \cdot \underline{\mathbf{k}}_{\mathrm{P,S}} + \underline{\mathbf{k}}^*_{\mathrm{P,S}} \cdot \underline{\mathbf{k}}^*_{\mathrm{P,S}} + 2\underline{\mathbf{k}}_{\mathrm{P,S}} \cdot \underline{\mathbf{k}}^*_{\mathrm{P,S}}}}\,\omega \quad . \tag{8.2.30}$$

Aufgrund der Dispersionsrelationen (8.2.4), (8.2.5) nichtdissipativer Materialien folgt $\underline{\mathbf{k}}_{\mathrm{P,S}} \cdot \underline{\mathbf{k}}_{\mathrm{P,S}} = k^2_{\mathrm{P,S}}$ und $\underline{\mathbf{k}}^*_{\mathrm{P,S}} \cdot \underline{\mathbf{k}}^*_{\mathrm{P,S}} = k^2_{\mathrm{P,S}}$, also

$$c_{\mathrm{P,S}}(\underline{\mathbf{k}}_{\mathrm{P,S}}) = \sqrt{\frac{2}{k^2_{\mathrm{P,S}} + \underline{\mathbf{k}}_{\mathrm{P,S}} \cdot \underline{\mathbf{k}}^*_{\mathrm{P,S}}}}\,\omega \quad . \tag{8.2.31}$$

Über $\underline{\mathbf{k}}_{\mathrm{P}} \cdot \underline{\mathbf{k}}^*_{\mathrm{P}}$ können wir nur für *homogene* ebene Wellen weitere Aussagen machen (Abschnitt 8.1.2 und Abschnitt 8.4.1). Mit

$$\hat{\underline{\mathbf{k}}}_{\mathrm{P,S}} = \frac{\underline{\mathbf{k}}_{\mathrm{P,S}}}{k_{\mathrm{P,S}}} \tag{8.2.32}$$

definieren wir allerdings im vorliegendenn Fall nichtdissipativer Materialien komplexe Einheitsvektoren $\hat{\underline{\mathbf{k}}}_{\mathrm{P,S}}$ im nicht-Hermite'schen Sinne[31], denn die Dispersionsrelationen lauten dann

$$\hat{\underline{\mathbf{k}}}_{\mathrm{P,S}} \cdot \hat{\underline{\mathbf{k}}}_{\mathrm{P,S}} = 1 \quad . \tag{8.2.33}$$

Damit ergibt sich schließlich

$$c_{\mathrm{P,S}}(\hat{\underline{\mathbf{k}}}_{\mathrm{P,S}}) = \sqrt{\frac{2}{1 + \hat{\underline{\mathbf{k}}}_{\mathrm{P,S}} \cdot \hat{\underline{\mathbf{k}}}^*_{\mathrm{P,S}}}}\,c_{\mathrm{P,S}} \quad . \tag{8.2.34}$$

Die Phasengeschwindigkeiten homogener und inhomogener ebener Wellen unterscheiden sich! In Abschnitt 9.1.2 werden wir $c_{\mathrm{P}}(\hat{\underline{\mathbf{k}}}_{\mathrm{P}})$ für einen konkret vorliegenden Wellenzahlvektor $\underline{\mathbf{k}}_{\mathrm{P}}$ angeben. Da $\hat{\underline{\mathbf{k}}}_{\mathrm{P,S}} \cdot \hat{\underline{\mathbf{k}}}_{\mathrm{P,S}} = |\Re\hat{\underline{\mathbf{k}}}_{\mathrm{P,S}}|^2 - |\Im\hat{\underline{\mathbf{k}}}_{\mathrm{P,S}}|^2 = 1$, folgt $|\Re\hat{\underline{\mathbf{k}}}_{P,S}| \geq 1$, und wegen $\hat{\underline{\mathbf{k}}}_{\mathrm{P,S}} \cdot \hat{\underline{\mathbf{k}}}^*_{\mathrm{P,S}} = |\Re\hat{\underline{\mathbf{k}}}_{\mathrm{P,S}}|^2 + |\Im\hat{\underline{\mathbf{k}}}_{\mathrm{P,S}}|^2$ ist deshalb $\hat{\underline{\mathbf{k}}}_{\mathrm{P,S}} \cdot \hat{\underline{\mathbf{k}}}^*_{\mathrm{P,S}} \geq 1$ (Fußnote 31) mit dem Resultat $c_{\mathrm{P,S}}(\hat{\underline{\mathbf{k}}}_{\mathrm{P,S}}) \leq c_{\mathrm{P,S}}$.

Energiegeschwindigkeiten für komplexe Druck- und Scherwellenzahlvektoren

Zur Berechnung von Energiegeschwindigkeiten inhomogener ebener Wellen müssen wir zunächst den komplexen Poynting-Vektor und die zeitlich gemittelte Energiedichte zeitharmonischer Wellen der Kreisfrequenz ω_0 für *komplexe* Wellenzahlvektoren ausrechnen.

Wir greifen auf (8.1.129) zurück:

$$\Re\underline{\mathbf{S}}_{\mathrm{K}}(\underline{\mathbf{R}}, \omega_0, \underline{\mathbf{k}}) = \mathrm{j}\,\frac{\omega_0}{4}\left[\underline{\mathbf{u}}(\underline{\mathbf{R}}, \omega_0, \underline{\mathbf{k}}) \cdot \underline{\underline{\mathbf{T}}}^*(\underline{\mathbf{R}}, \omega_0, \underline{\mathbf{k}}) + \underline{\mathbf{u}}^*(\underline{\mathbf{R}}, \omega_0, \underline{\mathbf{k}}) \cdot \underline{\underline{\mathbf{T}}}(\underline{\mathbf{R}}, \omega_0, \underline{\mathbf{k}})\right] \quad ; \tag{8.2.35}$$

mit

$$\begin{aligned}\underline{\underline{\mathbf{T}}}(\underline{\mathbf{R}}, \omega_0, \underline{\mathbf{k}}) &= \underline{\underline{\underline{\underline{\mathbf{c}}}}} : \underline{\underline{\mathbf{S}}}(\underline{\mathbf{R}}, \omega_0, \underline{\mathbf{k}}) \\ &= \frac{\mathrm{j}}{2}\,\underline{\underline{\underline{\underline{\mathbf{c}}}}} : [\underline{\mathbf{k}}\,\underline{\mathbf{u}}(\underline{\mathbf{R}}, \omega_0, \underline{\mathbf{k}}) + \underline{\mathbf{u}}(\underline{\mathbf{R}}, \omega_0, \underline{\mathbf{k}})\underline{\mathbf{k}}]\end{aligned} \tag{8.2.36}$$

liefert der Ansatz (8.2.1) mit (8.2.7) für isotrope Materialien

$$\begin{aligned}\Re\underline{\mathbf{S}}_{\mathrm{K}}(\underline{\mathbf{R}}, \omega_0, \underline{\mathbf{k}}) = \frac{\omega_0}{4}\,|u(\omega_0)|^2 \mathrm{e}^{-2\Im\underline{\mathbf{k}}\cdot\underline{\mathbf{R}}}\,\{&\lambda\,[\underline{\mathbf{k}}^* \cdot \underline{\hat{\mathbf{u}}}^*(\underline{\mathbf{k}})\underline{\hat{\mathbf{u}}}(\underline{\mathbf{k}}) + \underline{\mathbf{k}} \cdot \underline{\hat{\mathbf{u}}}(\underline{\mathbf{k}})\underline{\hat{\mathbf{u}}}^*(\underline{\mathbf{k}})] + \\ &+ \mu(\underline{\mathbf{k}} + \underline{\mathbf{k}}^*) + \mu\,[\underline{\mathbf{k}}^* \cdot \underline{\hat{\mathbf{u}}}(\underline{\mathbf{k}})\underline{\hat{\mathbf{u}}}^*(\underline{\mathbf{k}}) + \underline{\mathbf{k}} \cdot \underline{\hat{\mathbf{u}}}^*(\underline{\mathbf{k}})\underline{\hat{\mathbf{u}}}(\underline{\mathbf{k}})]\}\end{aligned} \quad ; \tag{8.2.37}$$

[31] Mit (8.2.33) gilt: $\hat{\underline{\mathbf{k}}}_{\mathrm{P,S}} \cdot \hat{\underline{\mathbf{k}}}^*_{\mathrm{P,S}} \geq 1$, und das Gleichheitszeichen gilt nur für $\Im\hat{\underline{\mathbf{k}}}_{\mathrm{P,S}} = \underline{\mathbf{0}}$.

Wir haben dabei $\underline{\hat{\mathbf{u}}}(\underline{\mathbf{k}}) \cdot \underline{\hat{\mathbf{u}}}^*(\underline{\mathbf{k}}) = 1$ berücksichtigt.

Mit (8.1.135) erhalten wir analog für die zeitlich gemittelte Energiedichte:

$$\begin{aligned}\langle w(\underline{\mathbf{R}}, t, \omega_0, \underline{\mathbf{k}})\rangle &= \frac{1}{4}\,|u(\omega_0)|^2 \mathrm{e}^{-2\Im\underline{\mathbf{k}}\cdot\underline{\mathbf{R}}} \Big[\varrho\omega_0^2 + \\ &\quad + \lambda\underline{\hat{\mathbf{u}}}(\underline{\mathbf{k}})\underline{\hat{\mathbf{u}}}^*(\underline{\mathbf{k}}) : \underline{\mathbf{k}}^*\underline{\mathbf{k}} + \mu\underline{\mathbf{k}}\cdot\underline{\mathbf{k}}^* + \mu\underline{\hat{\mathbf{u}}}^*(\underline{\mathbf{k}})\underline{\hat{\mathbf{u}}}(\underline{\mathbf{k}}) : \underline{\mathbf{k}}^*\underline{\mathbf{k}}\Big] \quad . \end{aligned} \tag{8.2.38}$$

Offensichtlich liegt im Falle komplexer Wellenzahlvektoren, sei es für inhomogene ebene Wellen in nichtdissipativen oder für homogene/inhomogene ebene Wellen in dissipativen Materialien, nicht mehr die Gleichheit von (zeitlich gemittelter) potentieller und kinetischer Energiedichte vor[32].

Die Spezialisierung von (8.2.37) und (8.2.38) auf Druckwellen ergibt sich durch Einsetzen von (8.2.14):

$$\Re\underline{\mathbf{S}}_{\mathrm{KP}}(\underline{\mathbf{R}}, \omega_0, \underline{\mathbf{k}}_{\mathrm{P}}) = \frac{\omega_0}{4}\,|u(\omega_0)|^2 \mathrm{e}^{-2\Im\underline{\mathbf{k}}_{\mathrm{P}}\cdot\underline{\mathbf{R}}}\, \frac{\lambda\left(\underline{\mathbf{k}}_{\mathrm{P}}^*\cdot\underline{\mathbf{k}}_{\mathrm{P}}^*\underline{\mathbf{k}}_{\mathrm{P}} + \underline{\mathbf{k}}_{\mathrm{P}}\cdot\underline{\mathbf{k}}_{\mathrm{P}}\underline{\mathbf{k}}_{\mathrm{P}}^*\right) + 2\mu\underline{\mathbf{k}}_{\mathrm{P}}\cdot\underline{\mathbf{k}}_{\mathrm{P}}^*\left(\underline{\mathbf{k}}_{\mathrm{P}} + \underline{\mathbf{k}}_{\mathrm{P}}^*\right)}{\underline{\mathbf{k}}_{\mathrm{P}}\cdot\underline{\mathbf{k}}_{\mathrm{P}}^*} \quad , \tag{8.2.39}$$

$$\langle w_{\mathrm{P}}(\underline{\mathbf{R}}, t, \omega_0, \underline{\mathbf{k}}_{\mathrm{P}})\rangle = \frac{1}{4}\,|u(\omega_0)|^2 \mathrm{e}^{-2\Im\underline{\mathbf{k}}_{\mathrm{P}}\cdot\underline{\mathbf{R}}}\, \frac{\lambda\left(k_{\mathrm{P}}^2\underline{\mathbf{k}}_{\mathrm{P}}\cdot\underline{\mathbf{k}}_{\mathrm{P}}^* + \underline{\mathbf{k}}_{\mathrm{P}}\underline{\mathbf{k}}_{\mathrm{P}}^* : \underline{\mathbf{k}}_{\mathrm{P}}^*\underline{\mathbf{k}}_{\mathrm{P}}\right) + 2\mu\underline{\mathbf{k}}_{\mathrm{P}}\cdot\underline{\mathbf{k}}_{\mathrm{P}}^*\left(k_{\mathrm{P}}^2 + \underline{\mathbf{k}}_{\mathrm{P}}\cdot\underline{\mathbf{k}}_{\mathrm{P}}^*\right)}{\underline{\mathbf{k}}_{\mathrm{P}}\cdot\underline{\mathbf{k}}_{\mathrm{P}}^*} \quad . \tag{8.2.40}$$

Bis zu dieser Stelle haben wir noch keine Dispersionsrelationen benutzt; für inhomogene ebene Druckwellen in nichtdissipativen Materialien suchen wir jedoch *komplexe* Wellenzahlvektoren $\underline{\mathbf{k}}_{\mathrm{P}}$, deren Skalarprodukt mit sich selbst *reell* ist, also gilt $\underline{\mathbf{k}}_{\mathrm{P}}\cdot\underline{\mathbf{k}}_{\mathrm{P}} = k_{\mathrm{P}}^2$ sowie $\underline{\mathbf{k}}_{\mathrm{P}}^*\cdot\underline{\mathbf{k}}_{\mathrm{P}}^* = k_{\mathrm{P}}^2$. In Ergänzung zu (8.1.132) und (8.1.138) erhalten wir deshalb

$$\Re\underline{\mathbf{S}}_{\mathrm{KP}}(\underline{\mathbf{R}}, \omega_0, \hat{\underline{\mathbf{k}}}_{\mathrm{P}}) = \frac{\omega_0^2}{2c_{\mathrm{P}}}|u(\omega_0)|^2 \mathrm{e}^{-2k_{\mathrm{P}}\Im\hat{\underline{\mathbf{k}}}_{\mathrm{P}}\cdot\underline{\mathbf{R}}}\, \frac{\lambda + 2\mu\hat{\underline{\mathbf{k}}}_{\mathrm{P}}\cdot\hat{\underline{\mathbf{k}}}_{\mathrm{P}}^*}{\hat{\underline{\mathbf{k}}}_{\mathrm{P}}\cdot\hat{\underline{\mathbf{k}}}_{\mathrm{P}}^*}\,\Re\hat{\underline{\mathbf{k}}}_{\mathrm{P}} \quad , \tag{8.2.41}$$

$$\langle w_{\mathrm{P}}(\underline{\mathbf{R}}, t, \omega_0, \hat{\underline{\mathbf{k}}}_{\mathrm{P}})\rangle = \frac{\omega_0^2}{4c_{\mathrm{P}}^2}|u(\omega_0)|^2 \mathrm{e}^{-2k_{\mathrm{P}}\Im\hat{\underline{\mathbf{k}}}_{\mathrm{P}}\cdot\underline{\mathbf{R}}}\, \frac{\lambda + 2\mu\hat{\underline{\mathbf{k}}}_{\mathrm{P}}\cdot\hat{\underline{\mathbf{k}}}_{\mathrm{P}}^*}{\hat{\underline{\mathbf{k}}}_{\mathrm{P}}\cdot\hat{\underline{\mathbf{k}}}_{\mathrm{P}}^*}\left(1 + \hat{\underline{\mathbf{k}}}_{\mathrm{P}}\cdot\hat{\underline{\mathbf{k}}}_{\mathrm{P}}^*\right) \tag{8.2.42}$$

und folglich

$$\underline{\mathbf{c}}_{\mathrm{EP}}(\hat{\underline{\mathbf{k}}}_{\mathrm{P}}) = \frac{2c_{\mathrm{P}}}{1 + \hat{\underline{\mathbf{k}}}_{\mathrm{P}}\cdot\hat{\underline{\mathbf{k}}}_{\mathrm{P}}^*}\,\Re\hat{\underline{\mathbf{k}}}_{\mathrm{P}} \quad ; \tag{8.2.43}$$

die Energieströmung erfolgt also senkrecht zu den Phasenflächen, wie es auch für homogene ebene Wellen der Fall ist. Aber nicht nur die Richtungen von Phasen- und Energiegeschwindigkeit sind gleich, die Beträge der Geschwindigkeiten sind es ebenso; durch Betragsbildung von (8.2.43) finden wir nämlich mit (8.2.27), (8.2.32) und (8.2.31): $|\underline{\mathbf{c}}_{\mathrm{EP}}(\hat{\underline{\mathbf{k}}}_{\mathrm{P}})| = c_{\mathrm{P}}(\hat{\underline{\mathbf{k}}}_{\mathrm{P}})$.

Wegen des Auftretens komplexer und konjugiert komplexer Einheitsvektoren in (8.2.37) und (8.2.38) können wir davon ausgehen, dass sich für Scherwellen unterschiedliche Ausdrücke für die S2/SH- und die S1/SV-Polarisation ergeben. Sowohl für reellwertigen $\underline{\hat{\mathbf{u}}}_{\mathrm{S2}}$- als auch für komplexwertigen $\underline{\hat{\mathbf{u}}}_{\mathrm{S1}}(\underline{\mathbf{k}}_{\mathrm{S}})$-Vektor ist $\underline{\mathbf{k}}_{\mathrm{S}}\cdot\underline{\hat{\mathbf{u}}}_{\mathrm{S2/S1}} = 0$ und $\underline{\mathbf{k}}_{\mathrm{S}}^*\cdot\underline{\hat{\mathbf{u}}}_{\mathrm{S2/S1}}^* = 0$; für $\underline{\hat{\mathbf{u}}}_{\mathrm{S2}}$ gilt aber zudem $\underline{\mathbf{k}}_{\mathrm{S}}^*\cdot\underline{\hat{\mathbf{u}}}_{\mathrm{S2}} = 0$, sodass sich (8.2.37) und (8.2.38) auf

$$\Re\underline{\mathbf{S}}_{\mathrm{KS2}}(\underline{\mathbf{R}}, \omega_0, \underline{\mathbf{k}}_{\mathrm{S}}) = \frac{\omega_0}{2}\,\mu\,|u(\omega_0)|^2 \mathrm{e}^{-2\Im\underline{\mathbf{k}}_{\mathrm{S}}\cdot\underline{\mathbf{R}}}\,\Re\underline{\mathbf{k}}_{\mathrm{S}} \quad , \tag{8.2.44}$$

$$\begin{aligned}\langle w_{\mathrm{S2}}(\underline{\mathbf{R}}, t, \omega_0, \underline{\mathbf{k}}_{\mathrm{S}})\rangle &= \frac{1}{4}\,|u(\omega_0)|^2 \mathrm{e}^{-2\Im\underline{\mathbf{k}}_{\mathrm{S}}\cdot\underline{\mathbf{R}}}\left(\varrho\omega_0^2 + \mu\underline{\mathbf{k}}_{\mathrm{S}}\cdot\underline{\mathbf{k}}_{\mathrm{S}}^*\right) \\ &= \frac{1}{4}\,\mu\,|u(\omega_0)|^2 \mathrm{e}^{-2\Im\underline{\mathbf{k}}_{\mathrm{S}}\cdot\underline{\mathbf{R}}}\left(k_{\mathrm{S}}^2 + \underline{\mathbf{k}}_{\mathrm{S}}\cdot\underline{\mathbf{k}}_{\mathrm{S}}^*\right)\end{aligned} \tag{8.2.45}$$

[32]Für elektromagnetische Wellen gilt dies gleichermaßen (Chen, 1983).

reduzieren. Mit der (8.2.32) analogen Definition

$$\hat{\underline{\mathbf{k}}}_S = \frac{\underline{\mathbf{k}}_S}{k_S} \tag{8.2.46}$$

folgt weiter:

$$\Re \underline{\mathbf{S}}_{KS2}(\underline{\mathbf{R}}, \omega_0, \underline{\mathbf{k}}_S) = \frac{\varrho\omega_0^2}{2} c_S \, |u(\omega_0)|^2 \mathrm{e}^{-2k_S \Im \hat{\underline{\mathbf{k}}}_S \underline{\mathbf{R}}} \, \Re \hat{\underline{\mathbf{k}}}_S \quad , \tag{8.2.47}$$

$$\langle w_{S2}(\underline{\mathbf{R}}, t, \omega_0, \underline{\mathbf{k}}_S)\rangle = \frac{\varrho\omega_0^2}{4} \, |u(\omega_0)|^2 \mathrm{e}^{-2k_S \Im \hat{\underline{\mathbf{k}}}_S \cdot \underline{\mathbf{R}}} \left(1 + \hat{\underline{\mathbf{k}}}_S \cdot \hat{\underline{\mathbf{k}}}_S^*\right) \tag{8.2.48}$$

Es ergibt sich

$$\underline{\mathbf{c}}_{ES2}(\hat{\underline{\mathbf{k}}}_S) = \frac{2c_S}{1 + \hat{\underline{\mathbf{k}}}_S \cdot \hat{\underline{\mathbf{k}}}_S^*} \Re \hat{\underline{\mathbf{k}}}_S \tag{8.2.49}$$

mit — siehe oben — $|\underline{\mathbf{c}}_{ES2}(\hat{\underline{\mathbf{k}}}_S)| = c_{S2}(\hat{\underline{\mathbf{k}}}_S)$ als Energiegeschwindigkeit. Die Ausdrücke (8.2.44), (8.2.45) bzw. (8.2.47), (8.2.48) sowie (8.2.49) gelten für jeden reellen S2-Polarisationsvektor, also auch für $\hat{\underline{\mathbf{u}}}_{S2} = \hat{\underline{\mathbf{u}}}_{SH} = \underline{\mathbf{e}}_y$.

Mit der Identität

$$\begin{aligned}(\underline{\mathbf{A}} \times \underline{\mathbf{B}})(\underline{\mathbf{C}} \times \underline{\mathbf{D}}) = {} & (\underline{\mathbf{A}} \times \underline{\mathbf{B}}) \cdot (\underline{\mathbf{C}} \times \underline{\mathbf{D}}) \, \underline{\underline{\mathbf{I}}} + (\underline{\mathbf{A}} \cdot \underline{\mathbf{D}}) \underline{\mathbf{C}} \, \underline{\mathbf{B}} + (\underline{\mathbf{B}} \cdot \underline{\mathbf{C}}) \underline{\mathbf{D}} \, \underline{\mathbf{A}} - \\ & -(\underline{\mathbf{A}} \cdot \underline{\mathbf{C}}) \underline{\mathbf{D}} \, \underline{\mathbf{B}} - (\underline{\mathbf{B}} \cdot \underline{\mathbf{D}}) \underline{\mathbf{C}} \, \underline{\mathbf{A}}\end{aligned} \tag{8.2.50}$$

errechnen wir

$$\Re \underline{\mathbf{S}}_{KS1}(\underline{\mathbf{R}}, \omega_0, \underline{\mathbf{k}}_S) = \frac{1}{4} \mu \, |u(\omega_0)|^2 \mathrm{e}^{-2\Im \underline{\mathbf{k}}_S \cdot \underline{\mathbf{R}}} \, \frac{2\underline{\mathbf{k}}_S \cdot \underline{\mathbf{k}}_S^* \, (\underline{\mathbf{k}}_S + \underline{\mathbf{k}}_S^*) - (\underline{\mathbf{k}}_S^* \cdot \underline{\mathbf{k}}_S^* \underline{\mathbf{k}}_S + \underline{\mathbf{k}}_S \cdot \underline{\mathbf{k}}_S \underline{\mathbf{k}}_S^*)}{\underline{\mathbf{k}}_S \cdot \underline{\mathbf{k}}_S^*} \quad , \tag{8.2.51}$$

$$\langle w_{S1}(\underline{\mathbf{R}}, t, \omega_0, \underline{\mathbf{k}}_S)\rangle = \frac{1}{4} \mu \, |u(\omega_0)|^2 \mathrm{e}^{-\Im \underline{\mathbf{k}}_S \cdot \underline{\mathbf{R}}} \, \frac{\underline{\mathbf{k}}_S \cdot \underline{\mathbf{k}}_S^* \, (k_S^2 + \underline{\mathbf{k}}_S \cdot \underline{\mathbf{k}}_S^*) + (\underline{\mathbf{k}}_S \cdot \underline{\mathbf{k}}_S^*)^2 - \underline{\mathbf{k}}_S \underline{\mathbf{k}}_S^* : \underline{\mathbf{k}}_S^* \underline{\mathbf{k}}_S}{\underline{\mathbf{k}}_S \cdot \underline{\mathbf{k}}_S^*} \tag{8.2.52}$$

für die S1-Polarisation. Mit der Dispersionsrelation nichtdissipativer Materialien und der Definition (8.2.46) folgt weiter:

$$\Re \underline{\mathbf{S}}_{KS1}(\underline{\mathbf{R}}, \omega_0, \underline{\mathbf{k}}_S) = \frac{\varrho\omega_0^2}{2} c_S \, |u(\omega_0)|^2 \mathrm{e}^{-2k_S \Im \hat{\underline{\mathbf{k}}}_S \cdot \underline{\mathbf{R}}} \, \frac{2\hat{\underline{\mathbf{k}}}_S \cdot \hat{\underline{\mathbf{k}}}_S^* - 1}{\hat{\underline{\mathbf{k}}}_S \cdot \hat{\underline{\mathbf{k}}}_S^*} \Re \hat{\underline{\mathbf{k}}}_S \quad , \tag{8.2.53}$$

$$\langle w_{S1}(\underline{\mathbf{R}}, t, \omega_0, \underline{\mathbf{k}}_S)\rangle = \frac{\varrho\omega_0^2}{4} \, |u(\omega_0)|^2 \mathrm{e}^{-2k_S \Im \hat{\underline{\mathbf{k}}}_S \cdot \underline{\mathbf{R}}} \, \frac{\left(1 + \hat{\underline{\mathbf{k}}}_S \cdot \hat{\underline{\mathbf{k}}}_S^*\right)\left(2\hat{\underline{\mathbf{k}}}_S \cdot \hat{\underline{\mathbf{k}}}_S^* - 1\right)}{\hat{\underline{\mathbf{k}}}_S \cdot \hat{\underline{\mathbf{k}}}_S^*} \quad . \tag{8.2.54}$$

Energie- und Energiestromdichte unterscheiden sich also für reell- und komplexwertige S-Polarisationsvektoren. Im Ausdruck

$$\underline{\mathbf{c}}_{ES1}(\hat{\underline{\mathbf{k}}}_S) = \frac{2c_S}{1 + \hat{\underline{\mathbf{k}}}_S \cdot \hat{\underline{\mathbf{k}}}_S^*} \Re \hat{\underline{\mathbf{k}}}_S \tag{8.2.55}$$

für die Energiegeschwindigkeit heben sich diese Unterschiede aber weg; es gilt natürlich $|\underline{\mathbf{c}}_{ES1}(\hat{\underline{\mathbf{k}}}_S)| = c_{S1}(\hat{\underline{\mathbf{k}}}_S)$.

Die Spezialisierung $\hat{\underline{\mathbf{u}}}_{S1} = \hat{\underline{\mathbf{u}}}_{SV}$ mit $\hat{\underline{\mathbf{u}}}_{SV} \cdot \underline{\mathbf{e}}_y = 0$ ändert auch hier an den Ergebnissen nichts.

8.3 Ebene Wellen in anisotropen nichtdissipativen Materialien

Wir behandeln in diesem Abschnitt zunächst den wichtigen Fall *homogener* ebener Wellen; auf *inhomogene* ebene Wellen (in nichtdissipativen) Materialien gehen wir im Zusammenhang mit ihrem physikalischen Auftreten bei der Reflexion/Transmission an der ebenen Trennfläche zwischen isotropen und anisotropen (transversal-isotropen) Halbräumen ein (Abschnitt 9.3).

8.3.1 Ebene Wellen in anisotropen Materialien

Wellentensor

Für die spektrale Teilchenverschiebung $\underline{\mathbf{u}}(\underline{\mathbf{R}}, \omega)$ lautet die Fourier-transformierte homogene Wellengleichung (7.1.15) für homogen-anisotrope Materialien wie folgt:

$$\nabla \cdot \underline{\underline{\underline{\underline{\mathbf{c}}}}} : \nabla \underline{\mathbf{u}}(\underline{\mathbf{R}}, \omega) + \rho\omega^2 \underline{\mathbf{u}}(\underline{\mathbf{R}}, \omega) = \underline{\mathbf{0}} \ . \tag{8.3.1}$$

Analog zu (8.1.54) machen wir zur Lösung den *Ansatz* homogener ebener Wellen

$$\underline{\mathbf{u}}(\underline{\mathbf{R}}, \omega) \Longrightarrow \underline{\mathbf{u}}(\underline{\mathbf{R}}, \omega, \hat{\underline{\mathbf{k}}}) = \underline{\mathbf{u}}(\omega, \hat{\underline{\mathbf{k}}})\, \mathrm{e}^{\pm \mathrm{j} \frac{\hat{\underline{\mathbf{k}}} \cdot \underline{\mathbf{R}}}{c(\hat{\underline{\mathbf{k}}})} \omega} \ , \tag{8.3.2}$$

wobei $\hat{\underline{\mathbf{k}}}$ der (reelle) Einheitsvektor der (Phasen-)Ausbreitungsrichtung ist, von dem, wie wir sehen werden, die Phasengeschwindigkeit $c(\hat{\underline{\mathbf{k}}})$ explizit abhängen wird. Auch der Polarisationsvektor $\underline{\mathbf{u}}(\omega, \hat{\underline{\mathbf{k}}})$ hängt wesentlich von $\hat{\underline{\mathbf{k}}}$ ab; wir faktorisieren wie in (8.1.55)

$$\underline{\mathbf{u}}(\omega, \hat{\underline{\mathbf{k}}}) = \hat{\underline{\mathbf{u}}}(\hat{\underline{\mathbf{k}}}) u(\omega) \ . \tag{8.3.3}$$

Mit dem Ansatz (8.3.2) ergibt sich aus (8.3.1) das Pendant zu (8.1.61) für homogen-anisotrope Materialien:

$$\left[\frac{1}{\rho} \hat{\underline{\mathbf{k}}} \cdot \underline{\underline{\underline{\underline{\mathbf{c}}}}} \cdot \hat{\underline{\mathbf{k}}} - c^2(\hat{\underline{\mathbf{k}}}) \underline{\underline{\mathbf{I}}}\right] \cdot \omega^2 \underline{\mathbf{u}}(\underline{\mathbf{R}}, \omega, \hat{\underline{\mathbf{k}}}) = \underline{\mathbf{0}} \ . \tag{8.3.4}$$

Infolgedessen stellt sich die Berechnung der Phasengeschwindigkeit und der Polarisation homogener ebener Wellen in homogen-anisotropen Materialien als Eigenwertproblem

$$\underline{\underline{\mathbf{D}}}^{\mathrm{aniso}}(\hat{\underline{\mathbf{k}}}) \cdot \hat{\underline{\mathbf{u}}}(\hat{\underline{\mathbf{k}}}) = c^2(\hat{\underline{\mathbf{k}}}) \hat{\underline{\mathbf{u}}}(\hat{\underline{\mathbf{k}}}) \tag{8.3.5}$$

heraus, wobei

$$\underline{\underline{\mathbf{D}}}^{\mathrm{aniso}}(\hat{\underline{\mathbf{k}}}) = \frac{1}{\rho} \hat{\underline{\mathbf{k}}} \cdot \underline{\underline{\underline{\underline{\mathbf{c}}}}} \cdot \hat{\underline{\mathbf{k}}} \tag{8.3.6}$$

wegen der Symmetrien (4.2.3), (4.2.5) der reell-symmetrische Kelvin-Christoffel-Tensor ist.

Damit die Phasengeschwindigkeit $c(\hat{\underline{\mathbf{k}}})$ reell ist, müssen die Eigenwerte $c^2(\hat{\underline{\mathbf{k}}})$ positiv sein; das sind sie genau dann, wenn $\underline{\underline{\mathbf{D}}}^{\mathrm{aniso}}(\hat{\underline{\mathbf{k}}})$ positiv-definit ist. Dazu muss $\underline{\mathbf{R}} \cdot \underline{\underline{\mathbf{D}}}^{\mathrm{aniso}}(\hat{\underline{\mathbf{k}}}) \cdot \underline{\mathbf{R}}$ stets größer als null und gleich null nur dann sein, wenn $\underline{\mathbf{R}} = \underline{\mathbf{0}}$ ist. Diese Forderung überträgt sich wegen der Definition (8.3.6) von $\underline{\underline{\mathbf{D}}}^{\mathrm{aniso}}(\hat{\underline{\mathbf{k}}})$ auf den Steifigkeitstensor: $\underline{\mathbf{R}}\hat{\underline{\mathbf{k}}} : \underline{\underline{\underline{\underline{\mathbf{c}}}}} : \hat{\underline{\mathbf{k}}}\underline{\mathbf{R}} = \underline{\mathbf{R}}\hat{\underline{\mathbf{k}}} : \underline{\underline{\underline{\underline{\mathbf{c}}}}} : \underline{\mathbf{R}}\hat{\underline{\mathbf{k}}}$ muss stets größer als null und gleich null nur dann sein, wenn $\underline{\mathbf{R}} = \underline{\mathbf{0}}$, also $\underline{\mathbf{R}}\hat{\underline{\mathbf{k}}} = \underline{\underline{\mathbf{0}}}$ ist. Da gemäß (4.3.2) $\frac{1}{2}\, \underline{\underline{\mathbf{S}}}(\underline{\mathbf{R}}, t) : \underline{\underline{\underline{\underline{\mathbf{c}}}}} : \underline{\underline{\mathbf{S}}}(\underline{\mathbf{R}}, t)$ die Bedeutung der elastodynamischen potentiellen Deformationsenergiedichte für *beliebige* zeitabhängige Felder hat, ist diese Forderung gewährleistet. Für homogen-isotrope Materialien haben wir mit (8.1.64) die Eigenschaft der positiven Definitheit von $\underline{\underline{\mathbf{D}}}(\hat{\underline{\mathbf{k}}})$ explizit bestätigt.

Zur *Berechnung* der Eigenwerte $c^2(\hat{\underline{\mathbf{k}}})$ muss die Determinante des Wellentensors

$$\underline{\underline{\mathbf{W}}}^{\mathrm{aniso}}(\hat{\underline{\mathbf{k}}}, c^2) = \hat{\underline{\mathbf{k}}} \cdot \underline{\underline{\underline{\underline{\mathbf{c}}}}} \cdot \hat{\underline{\mathbf{k}}} - \rho\, c^2(\hat{\underline{\mathbf{k}}}) \underline{\underline{\mathbf{I}}} \tag{8.3.7}$$

gleich null gesetzt werden, da die Eigenvektoren $\underline{\hat{\mathbf{u}}}(\hat{\underline{\mathbf{k}}})$ Lösungen des *homogenen* Gleichungssystems (der Kelvin-Christoffel-Gleichung)

$$\left[\underline{\underline{\mathbf{D}}}^{\mathrm{aniso}}(\hat{\underline{\mathbf{k}}}) - c^2(\hat{\underline{\mathbf{k}}})\,\underline{\underline{\mathbf{I}}}\right]\cdot\underline{\hat{\mathbf{u}}}(\hat{\underline{\mathbf{k}}}) = \underline{\mathbf{0}} \iff \underbrace{\left[\hat{\underline{\mathbf{k}}}\cdot\underline{\underline{\underline{\underline{\mathbf{c}}}}}\cdot\hat{\underline{\mathbf{k}}} - \rho\, c^2(\hat{\underline{\mathbf{k}}})\,\underline{\underline{\mathbf{I}}}\right]}_{=\,\underline{\underline{\mathbf{W}}}^{\mathrm{aniso}}(\hat{\underline{\mathbf{k}}},c^2)}\cdot\underline{\hat{\mathbf{u}}}(\hat{\underline{\mathbf{k}}}) = \underline{\mathbf{0}} \tag{8.3.8}$$

sein müssen. Zur Berechnung der Eigenvektoren muss die Adjungierte von $\underline{\underline{\mathbf{W}}}^{\mathrm{aniso}}(\hat{\underline{\mathbf{k}}},c^2)$ ausgerechnet werden; sowohl zur Berechnung der Determinante als auch zur Berechnung der Adjungierten ist die Anisotropie durch die konkrete Angabe von $\underline{\underline{\underline{\underline{\mathbf{c}}}}}$ zu spezifizieren. Dennoch gibt es auch im allgemeinen $\underline{\underline{\underline{\underline{\mathbf{c}}}}}$-Fall einige Gemeinsamkeiten, die wir im Folgenden diskutieren werden (Auld, 1973; Helbig, 1994; Royer und Dieulesaint, 2000; Snieder, 2002).

Energiegeschwindigkeiten

Mit (8.1.140) bzw. (8.1.141) hatten wir Energiegeschwindigkeitsvektoren ebener elastischer Wellenmoden definiert; wir zitieren:

$$\underline{\mathbf{c}}_{\mathrm{E}}(\hat{\underline{\mathbf{k}}}) = \frac{\Re\{\underline{\mathbf{S}}_{\mathrm{K}}(\underline{\mathbf{R}},\omega,\hat{\underline{\mathbf{k}}})\}}{\langle w_{\mathrm{el}}(\underline{\mathbf{R}},t,\hat{\underline{\mathbf{k}}})\rangle} \quad . \tag{8.3.9}$$

Hierin ist $\Re\{\underline{\mathbf{S}}_{\mathrm{K}}(\underline{\mathbf{R}},\omega,\hat{\underline{\mathbf{k}}})\}$ der Realteil des komplexen elastodynamischen Poynting-Vektors und $\langle w_{\mathrm{el}}(\underline{\mathbf{R}},t,\hat{\underline{\mathbf{k}}})\rangle$ die zeitlich gemittelte elastodynamische Energiedichte zeitharmonischer ebener Wellen der Kreisfrequenz ω, also gemäß (8.1.129) bzw. (8.1.135):

$$\underline{\mathbf{S}}_{\mathrm{K}}(\underline{\mathbf{R}},\omega,\hat{\underline{\mathbf{k}}}) = \frac{\mathrm{j}\omega}{2}\,\underline{\mathbf{u}}(\underline{\mathbf{R}},\omega,\hat{\underline{\mathbf{k}}})\cdot\underline{\underline{\mathbf{T}}}^*(\underline{\mathbf{R}},\omega,\hat{\underline{\mathbf{k}}}) \quad , \tag{8.3.10}$$

$$\langle w_{\mathrm{el}}(\underline{\mathbf{R}},t,\hat{\underline{\mathbf{k}}})\rangle = \frac{\rho\omega^2}{4}\,\underline{\mathbf{u}}(\underline{\mathbf{R}},\omega,\hat{\underline{\mathbf{k}}})\cdot\underline{\mathbf{u}}^*(\underline{\mathbf{R}},\omega,\hat{\underline{\mathbf{k}}}) + \frac{1}{4}\,\underline{\underline{\mathbf{S}}}(\underline{\mathbf{R}},\omega,\hat{\underline{\mathbf{k}}}):\underline{\underline{\underline{\underline{\mathbf{c}}}}}:\underline{\underline{\mathbf{S}}}^*(\underline{\mathbf{R}},\omega,\hat{\underline{\mathbf{k}}}) \quad . \tag{8.3.11}$$

Der Ansatz (8.3.2) homogener ebener Wellen mit (8.3.3) führt auf

$$\underline{\underline{\mathbf{S}}}(\underline{\mathbf{R}},\omega,\hat{\underline{\mathbf{k}}}) = \frac{\mathrm{j}\omega}{c(\hat{\underline{\mathbf{k}}})}\,u(\omega)\,\mathrm{e}^{\mathrm{j}\frac{\omega}{c(\hat{\underline{\mathbf{k}}})}\hat{\underline{\mathbf{k}}}\cdot\underline{\mathbf{R}}}\,\frac{1}{2}\left[\hat{\underline{\mathbf{k}}}\,\underline{\hat{\mathbf{u}}}(\hat{\underline{\mathbf{k}}}) + \underline{\hat{\mathbf{u}}}(\hat{\underline{\mathbf{k}}})\hat{\underline{\mathbf{k}}}\right] \quad , \tag{8.3.12}$$

und folglich ergibt sich aufgrund der $\underline{\underline{\underline{\underline{\mathbf{c}}}}}$-Symmetrien:

$$\begin{aligned}\underline{\mathbf{S}}_{\mathrm{K}}(\underline{\mathbf{R}},\omega,\hat{\underline{\mathbf{k}}}) &= \frac{\omega^2}{2c(\hat{\underline{\mathbf{k}}})}\,|u(\omega)|^2\,\underline{\hat{\mathbf{u}}}(\hat{\underline{\mathbf{k}}})\cdot\underline{\underline{\underline{\underline{\mathbf{c}}}}}:\hat{\underline{\mathbf{k}}}\,\underline{\hat{\mathbf{u}}}(\hat{\underline{\mathbf{k}}})\\ &= \frac{\omega^2}{2c(\hat{\underline{\mathbf{k}}})}\,|u(\omega)|^2\,\underline{\underline{\underline{\underline{\mathbf{c}}}}}\,\vdots\,\hat{\underline{\mathbf{k}}}\,\underline{\hat{\mathbf{u}}}(\hat{\underline{\mathbf{k}}})\underline{\hat{\mathbf{u}}}(\hat{\underline{\mathbf{k}}}) \quad ,\end{aligned} \tag{8.3.13}$$

$$\langle w_{\mathrm{el}}(\underline{\mathbf{R}},t,\hat{\underline{\mathbf{k}}})\rangle = \frac{\rho\omega^2}{4}\,|u(\omega)|^2 + \frac{\omega^2}{4c^2(\hat{\underline{\mathbf{k}}})}\,|u(\omega)|^2\,\underline{\hat{\mathbf{u}}}(\hat{\underline{\mathbf{k}}})\hat{\underline{\mathbf{k}}}:\underline{\underline{\underline{\underline{\mathbf{c}}}}}:\hat{\underline{\mathbf{k}}}\,\underline{\hat{\mathbf{u}}}(\hat{\underline{\mathbf{k}}}) \quad . \tag{8.3.14}$$

Die zweimalige Kontraktion von (8.3.5) mit $\underline{\hat{\mathbf{u}}}(\hat{\underline{\mathbf{k}}})$ führt unter Beachtung von (8.3.6) auf

$$\underline{\hat{\mathbf{u}}}(\hat{\underline{\mathbf{k}}})\hat{\underline{\mathbf{k}}}:\underline{\underline{\underline{\underline{\mathbf{c}}}}}:\hat{\underline{\mathbf{k}}}\,\underline{\hat{\mathbf{u}}}(\hat{\underline{\mathbf{k}}}) = \rho c^2(\hat{\underline{\mathbf{k}}}) \quad , \tag{8.3.15}$$

sodass sich der Ausdruck (8.3.14) vereinfacht:

$$\langle w_{\mathrm{el}}(\underline{\mathbf{R}},t,\hat{\underline{\mathbf{k}}})\rangle = \frac{\rho\omega^2}{2}\,|u(\omega)|^2 \quad . \tag{8.3.16}$$

Für homogene ebene Wellen ist die zeitlich gemittelte kinetische Energiedichte gleich der zeitlich gemittelten Deformationsenergiedichte[33] (Royer und Dieulesaint, 2000). Konsequenz ist die Berechnungsvorschrift[34]

$$\underline{\mathbf{c}}_{\mathrm{E}}(\hat{\underline{\mathbf{k}}}) = \frac{1}{\rho c(\hat{\underline{\mathbf{k}}})} \underline{\underline{\underline{\underline{\mathbf{c}}}}} \vdots \hat{\underline{\mathbf{k}}}\, \hat{\underline{\mathbf{u}}}(\hat{\underline{\mathbf{k}}}) \hat{\underline{\mathbf{u}}}(\hat{\underline{\mathbf{k}}}) \tag{8.3.17}$$

für die Energiegeschwindigkeitsvektoren einzelner Wellenmoden, falls deren jeweilige Polarisationsvektoren bekannt sind.

Die Kombination von (8.3.17) und (8.3.15) liefert das Resultat

$$\underline{\mathbf{c}}_{\mathrm{E}}(\hat{\underline{\mathbf{k}}}) \cdot \hat{\underline{\mathbf{k}}} = c(\hat{\underline{\mathbf{k}}}) \quad , \tag{8.3.18}$$

d.h. der Betrag eines Energiegeschwindigkeitsvektors ist stets größer oder gleich der Phasengeschwindigkeit des betrachteten Wellenmodes: $c_{\mathrm{E}}(\hat{\underline{\mathbf{k}}}) \geq c(\hat{\underline{\mathbf{k}}})$. Das Gleichheitszeichen gilt genau dann, wenn Energie- und Phasengeschwindigkeitsvektor $\underline{\mathbf{c}}(\hat{\underline{\mathbf{k}}}) = c(\hat{\underline{\mathbf{k}}})\hat{\underline{\mathbf{k}}}$ gleiche Richtung haben, wie es im isotropen Material gemäß (8.1.145) stets der Fall, im anisotropen Material aber nur ausnahmsweise der Fall ist.

Definiert man gemäß

$$\underline{\mathbf{l}}(\hat{\underline{\mathbf{k}}}) = \frac{\underline{\mathbf{c}}_{\mathrm{E}}(\hat{\underline{\mathbf{k}}})}{\omega} \tag{8.3.19}$$

einen Strahlvektor — der Ultraschall*strahl* zeigt in Richtung der Energieströmung! —, so ergibt dessen Kontraktion mit dem Phasenvektor

$$\underline{\mathbf{k}} = \frac{\omega}{c(\hat{\underline{\mathbf{k}}})} \hat{\underline{\mathbf{k}}} \tag{8.3.20}$$

die Beziehung

$$\underline{\mathbf{l}}(\hat{\underline{\mathbf{k}}}) \cdot \underline{\mathbf{k}} = 1 \quad . \tag{8.3.21}$$

Die Abhängigkeit der Phasengeschwindigkeit von $\hat{\underline{\mathbf{k}}}$ ist Ursache dafür, dass der Strahlvektor $\underline{\mathbf{l}}(\hat{\underline{\mathbf{k}}})$ *nicht* in Richtung $\hat{\underline{\mathbf{k}}}$ zeigt; bilden wir nämlich den $\nabla_{\hat{\underline{\mathbf{k}}}}$-Gradienten der Eigenwertgleichung[35] (8.3.8) — es ist $\nabla_{\hat{\underline{\mathbf{k}}}}\hat{\underline{\mathbf{k}}} = \underline{\underline{\mathbf{I}}}$ und $\nabla_{\hat{\underline{\mathbf{k}}}}(\hat{\underline{\mathbf{k}}} \cdot \underline{\underline{\underline{\underline{\mathbf{c}}}}} \cdot \hat{\underline{\mathbf{k}}}) = 2\, \underline{\underline{\underline{\underline{\mathbf{c}}}}} \cdot \hat{\underline{\mathbf{k}}}$ —

$$\begin{aligned}
\nabla_{\hat{\underline{\mathbf{k}}}} \left\{ \left[\hat{\underline{\mathbf{k}}} \cdot \underline{\underline{\underline{\underline{\mathbf{c}}}}} \cdot \hat{\underline{\mathbf{k}}} - \rho c^2(\hat{\underline{\mathbf{k}}})\, \underline{\underline{\mathbf{I}}} \right] \cdot \hat{\underline{\mathbf{u}}}(\hat{\underline{\mathbf{k}}}) \right\} &= \left\{ \nabla_{\hat{\underline{\mathbf{k}}}} \left[\hat{\underline{\mathbf{k}}} \cdot \underline{\underline{\underline{\underline{\mathbf{c}}}}} \cdot \hat{\underline{\mathbf{k}}} - \rho c^2(\hat{\underline{\mathbf{k}}})\, \underline{\underline{\mathbf{I}}} \right] \right\} \cdot \hat{\underline{\mathbf{u}}}(\hat{\underline{\mathbf{k}}}) + \\
&\quad + \left[\nabla_{\hat{\underline{\mathbf{k}}}} \hat{\underline{\mathbf{u}}}(\hat{\underline{\mathbf{k}}}) \right] \cdot \left[\hat{\underline{\mathbf{k}}} \cdot \underline{\underline{\underline{\underline{\mathbf{c}}}}} \cdot \hat{\underline{\mathbf{k}}} - \rho c^2(\hat{\underline{\mathbf{k}}})\, \underline{\underline{\mathbf{I}}} \right]^{21} \\
&= 2 \left[\underline{\underline{\underline{\underline{\mathbf{c}}}}} \cdot \hat{\underline{\mathbf{k}}} - \rho c(\hat{\underline{\mathbf{k}}})\, \nabla_{\hat{\underline{\mathbf{k}}}} c(\hat{\underline{\mathbf{k}}})\, \underline{\underline{\mathbf{I}}} \right] \cdot \hat{\underline{\mathbf{u}}}(\hat{\underline{\mathbf{k}}}) + \\
&\quad + \left[\nabla_{\hat{\underline{\mathbf{k}}}} \hat{\underline{\mathbf{u}}}(\hat{\underline{\mathbf{k}}}) \right] \cdot \left[\hat{\underline{\mathbf{k}}} \cdot \underline{\underline{\underline{\underline{\mathbf{c}}}}} \cdot \hat{\underline{\mathbf{k}}} - \rho c^2(\hat{\underline{\mathbf{k}}})\, \underline{\underline{\mathbf{I}}} \right] \\
&= \underline{\mathbf{0}} \quad ,
\end{aligned} \tag{8.3.22}$$

so folgt nach Kontraktion mit $\hat{\underline{\mathbf{u}}}(\hat{\underline{\mathbf{k}}})$ von rechts und erneuter Benutzung der Eigenwertgleichung (8.3.8)

$$\underline{\underline{\underline{\underline{\mathbf{c}}}}} \vdots \hat{\underline{\mathbf{k}}}\, \hat{\underline{\mathbf{u}}}(\hat{\underline{\mathbf{k}}}) \hat{\underline{\mathbf{u}}}(\hat{\underline{\mathbf{k}}}) = \rho c(\hat{\underline{\mathbf{k}}})\, \nabla_{\hat{\underline{\mathbf{k}}}} c(\hat{\underline{\mathbf{k}}}) \quad , \tag{8.3.23}$$

[33] Für inhomogene ebene Wellen (übrigens auch für inhomogene elektromagnetische Wellen: Chen, 1983), sei es in nichtdissipativen oder dissipativen Materialien, gilt dies nicht mehr (man vergleiche Gleichung (9.1.156) bzw. (9.1.159) für isotrope nichtdissipative sowie (9.3.43) bzw. (9.3.44) für anisotrope nichtdissipative Materialien und Abschnitt 8.4) für isotrope dissipative Materialien).

[34] Für energetisch quergedämpfte ebene Wellen ergibt sich (9.3.44).

[35] Dies macht nur Sinn, wenn $\nabla_{\hat{\underline{\mathbf{k}}}} c(\hat{\underline{\mathbf{k}}}) \neq \underline{\mathbf{0}}$, $c(\hat{\underline{\mathbf{k}}})$ also tatsächlich eine Funktion von $\hat{\underline{\mathbf{k}}}$ ist. Außerdem: Das Ergebnis der Rechnung von Royer und Dieulesaint (2000) ist zwar richtig, sie ist aber nicht vollständig; die Autoren ignorieren die Abhängigkeit des Polarisationsvektors $\hat{\underline{\mathbf{u}}}(\hat{\underline{\mathbf{k}}})$ von $\hat{\underline{\mathbf{k}}}$.

und dies hat wegen (8.3.17)

$$\underline{\mathbf{c}}_{\mathrm{E}}(\hat{\underline{\mathbf{k}}}) = \nabla_{\hat{\underline{\mathbf{k}}}} c(\hat{\underline{\mathbf{k}}}) \tag{8.3.24}$$

als Konsequenz. Ergebnis: Da wir den isotropen Fall mit $c(\hat{\underline{\mathbf{k}}}) = c$, also $\underline{\mathbf{c}}_{\mathrm{E}} = c\hat{\underline{\mathbf{k}}}$ (Gleichung (8.1.145)), ausgeschlossen haben, hat $\underline{\mathbf{c}}_{\mathrm{E}}(\hat{\underline{\mathbf{k}}})$ *nicht* die Richtung von $\hat{\underline{\mathbf{k}}}$. Es gibt jedoch eine einfache geometrische Art und Weise, diese Richtung ausfindig zu machen. Dazu bilden wir den $\nabla_{\hat{\underline{\mathbf{k}}}}$-Gradienten des *Slowness*-Vektors

$$\begin{aligned}\underline{\mathbf{s}}(\hat{\underline{\mathbf{k}}}) &= s(\hat{\underline{\mathbf{k}}})\hat{\underline{\mathbf{k}}} \\ &= \frac{1}{c(\hat{\underline{\mathbf{k}}})}\hat{\underline{\mathbf{k}}}\end{aligned} \tag{8.3.25}$$

gemäß

$$\nabla_{\hat{\underline{\mathbf{k}}}} \underline{\mathbf{s}}(\hat{\underline{\mathbf{k}}}) = -\frac{1}{c^2(\hat{\underline{\mathbf{k}}})} \nabla_{\hat{\underline{\mathbf{k}}}} c(\hat{\underline{\mathbf{k}}})\, \hat{\underline{\mathbf{k}}} + \frac{1}{c(\hat{\underline{\mathbf{k}}})} \underline{\underline{\mathbf{I}}} \tag{8.3.26}$$

und finden mit (8.3.24) und (8.3.18)

$$\nabla_{\hat{\underline{\mathbf{k}}}} \underline{\mathbf{s}}(\hat{\underline{\mathbf{k}}}) \cdot \underline{\mathbf{c}}_{\mathrm{E}}(\hat{\underline{\mathbf{k}}}) = \underline{\mathbf{0}} \quad . \tag{8.3.27}$$

Andererseits ist der differentielle *Slowness*-Vektor

$$\underline{\mathbf{ds}}(\hat{\underline{\mathbf{k}}}) = \underline{\mathbf{d}\hat{\mathbf{k}}} \cdot \nabla_{\hat{\underline{\mathbf{k}}}} \underline{\mathbf{s}}(\hat{\underline{\mathbf{k}}}) \tag{8.3.28}$$

gemäß Abb. 8.3.1 tangential zur *Slowness*-Fläche $\underline{\mathbf{s}}(\hat{\underline{\mathbf{k}}})$, sodass (8.3.27)

$$\underline{\mathbf{ds}}(\hat{\underline{\mathbf{k}}}) \cdot \underline{\mathbf{c}}_{\mathrm{E}}(\hat{\underline{\mathbf{k}}}) = 0 \tag{8.3.29}$$

impliziert: Der Energiegeschwindigkeitsvektor $\underline{\mathbf{c}}_{\mathrm{E}}(\hat{\underline{\mathbf{k}}})$ steht in jedem durch $\hat{\underline{\mathbf{k}}}$ bezeichneten Punkt der *Slowness*-Fläche *senkrecht* auf dieser. Für die Ultraschall-zfP ist dieses Ergebnis von eminenter Bedeutung, *strahlt* doch ein aufgrund seiner *Phasen*belegung für isotropen Stahl dimensionierter Winkelprüfkopf in anisotropen (austenitischen) Stahl unter einem möglicherweise ganz anderen Winkel. Um dies plausibel zu machen, muss man allerdings die endliche Apertur des Prüfkopfs ins Spiel bringen, denn für die unendlich ausgedehnten Wellenfronten ebener Wellen wird die unterschiedliche Richtung von $\hat{\underline{\mathbf{k}}}$ und $\underline{\mathbf{l}}(\hat{\underline{\mathbf{k}}})$ nicht sichtbar: Abbildung 8.3.2a zeigt Wellenfronten ebener Wellen für zwei verschiedene Zeitpunkte t_1 und $t_2 > t_1$; sie sind orthogonal zum Phasenausbreitungsvektor $\hat{\underline{\mathbf{k}}}$ und damit zum Phasengeschwindigkeitsvektor $\underline{\mathbf{c}}(\hat{\underline{\mathbf{k}}}) = c(\hat{\underline{\mathbf{k}}})\hat{\underline{\mathbf{k}}}$. Die Amplitude einer (homogenen) ebenen Welle ist per definitionem auf ihrer Wellenfront konstant, sodass sich die von $\hat{\underline{\mathbf{k}}}$ abweichende Richtung des Energiegeschwindigkeitsvektors $\underline{\mathbf{c}}_{\mathrm{E}}(\hat{\underline{\mathbf{k}}})$ lediglich in einer konstanten Drift der aus dem Unendlichen kommenden und entlang der Wellenfront ins Unendliche strebenden Energie äußert. Gehen wir jedoch zu räumlich (und zeitlich) begrenzten Wellenpaketen über (Abbildung 8.3.2b), wird diese Energiedrift unmittelbar sichtbar. Die Ausbreitungsrichtung eines ebenen (Impuls-)Wellenpakets manifestiert sich folglich durch die Energiegeschwindigkeit, d.h. die formale Fourier-Inversion von (8.3.2) macht physikalisch keinen Sinn, wir müssen stattdessen

$$\underline{\mathbf{u}}(\underline{\mathbf{R}}, t, \hat{\underline{\mathbf{l}}}) = u\left(t \pm \frac{\hat{\underline{\mathbf{l}}} \cdot \underline{\mathbf{R}}}{c_{\mathrm{E}}(\hat{\underline{\mathbf{l}}})}\right) \hat{\underline{\mathbf{u}}}(\hat{\underline{\mathbf{l}}}) \tag{8.3.30}$$

schreiben.

Man bezeichnet den Winkel zwischen $\underline{\mathbf{c}}_{\mathrm{E}}(\hat{\underline{\mathbf{k}}})$ — oder $\hat{\underline{\mathbf{l}}}(\hat{\underline{\mathbf{k}}})$ — und $\hat{\underline{\mathbf{k}}}$ als *skewing*-Winkel.

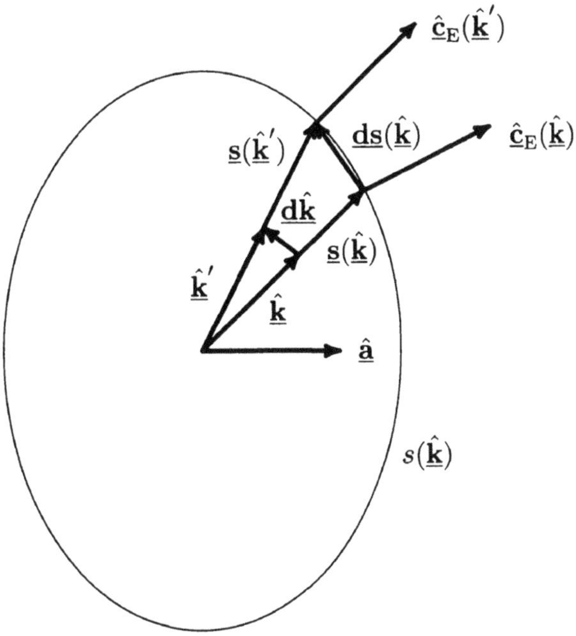

***Abb. 8.3.1:** Orientierung des (Einheits-)Vektors der Energiegeschwindigkeit relativ zur* Slowness-*Fläche* $s(\hat{\underline{\mathbf{k}}})$.

Übrigens: Der Phasenausbreitungsvektor $\hat{\underline{\mathbf{k}}}$, der zu einem vorgegebenen Strahlvektor $\underline{\mathbf{l}}(\hat{\underline{\mathbf{k}}})$ gehört, steht ebenfalls senkrecht auf der von den Endpunkten der Strahlvektoren gebildeten sogenannten Wellenfläche. Dazu bilden wir den $\nabla_{\hat{\underline{\mathbf{l}}}}$-Gradienten von $\underline{\mathbf{c}}_{\mathrm{E}}(\hat{\underline{\mathbf{l}}})$, d.h. des Energiegeschwindigkeitsvektors bezüglich der Strahlrichtung $\hat{\underline{\mathbf{l}}}$, die zu einer vorgegebenen Phasenausbreitungsrichtung $\hat{\underline{\mathbf{k}}}$ gehört. Wegen (8.3.19) und (8.3.21) gilt

$$\underline{\mathbf{c}}_{\mathrm{E}}(\hat{\underline{\mathbf{l}}}) \cdot \underline{\mathbf{k}} = \omega \tag{8.3.31}$$

und folglich

$$\nabla_{\hat{\underline{\mathbf{l}}}}\, \underline{\mathbf{c}}_{\mathrm{E}}(\hat{\underline{\mathbf{l}}}) \cdot \hat{\underline{\mathbf{k}}} = \underline{\mathbf{0}} \quad . \tag{8.3.32}$$

Andererseits ist der differentielle Vektor

$$\underline{\mathbf{dc}}_{\mathrm{E}}(\hat{\underline{\mathbf{l}}}) = \underline{\mathbf{d}\hat{\mathbf{l}}} \cdot \nabla_{\hat{\underline{\mathbf{l}}}}\, \underline{\mathbf{c}}_{\mathrm{E}}(\hat{\underline{\mathbf{l}}}) \tag{8.3.33}$$

tangential zur Wellenfläche, sodass mit (8.3.32)

$$\underline{\mathbf{dc}}_{\mathrm{E}}(\hat{\underline{\mathbf{l}}}) \cdot \hat{\underline{\mathbf{k}}} = 0 \tag{8.3.34}$$

folgt.

Gruppengeschwindigkeiten

Für homogene ebene Wellen in nichtdissipativen Materialien gibt es noch eine weitere Berechnungsformel — neben (8.3.17) und (8.3.24) — für die Energiegeschwindigkeit, die sie mit der unter gewissen Annahmen definierbaren Gruppengeschwindigkeit verknüpft. Dazu bringen wir gemäß

$$\left[\underline{\mathbf{k}} \cdot \underline{\underline{\underline{\underline{\mathbf{c}}}}} \cdot \underline{\mathbf{k}} - \rho\omega^2(\underline{\mathbf{k}})\,\underline{\underline{\mathbf{I}}}\right] \cdot \hat{\underline{\mathbf{u}}}(\underline{\mathbf{k}}) = \underline{\mathbf{0}} \tag{8.3.35}$$

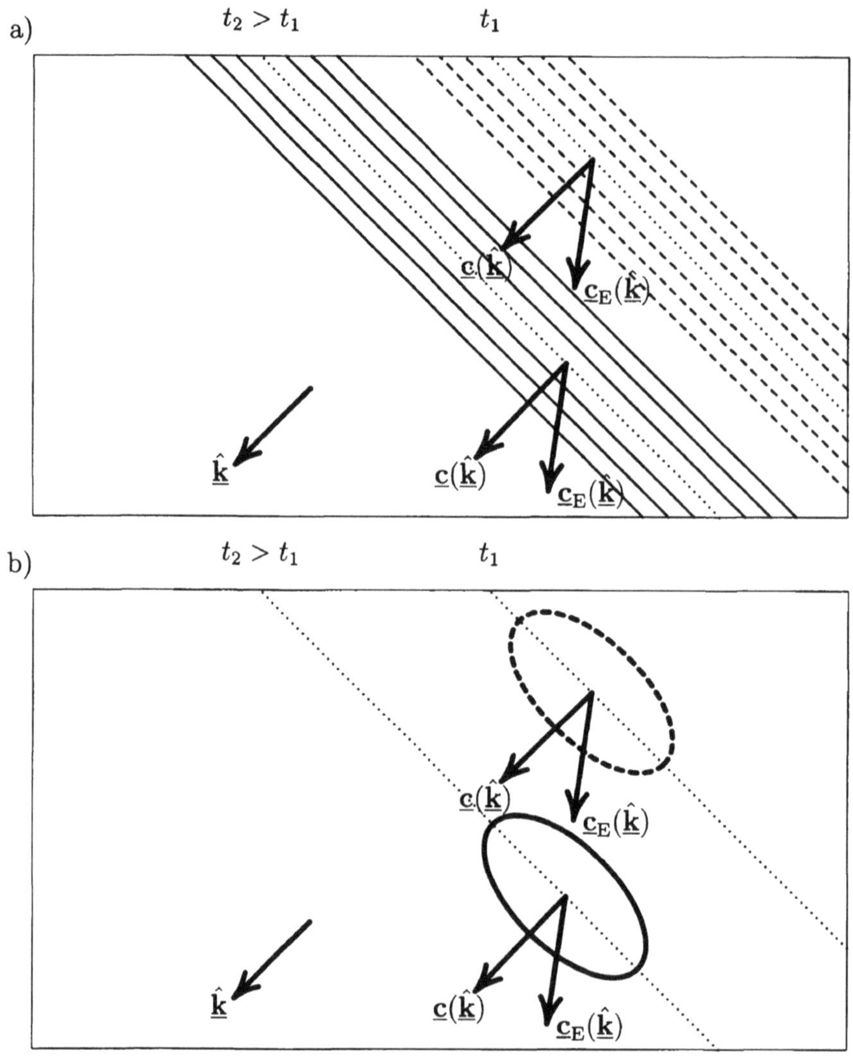

Abb. 8.3.2: *Konsequenz der unterschiedlichen Richtung von Phasen- und Energiegeschwindigkeitsvektor*

den Phasenvektor (8.3.20) in die Eigenwertgleichung (8.3.8) ein und definieren $\omega^2(\underline{\mathbf{k}})$ als Eigenwert. Die Bildung des $\boldsymbol{\nabla}_{\underline{\mathbf{k}}}$-Gradienten von (8.3.35) führt in Analogie zu (8.3.22) auf

$$\left[\underline{\underline{\underline{\underline{\mathbf{c}}}}} \cdot \underline{\mathbf{k}} - \rho\,\omega(\underline{\mathbf{k}})\boldsymbol{\nabla}_{\underline{\mathbf{k}}}\omega(\underline{\mathbf{k}})\,\underline{\underline{\mathbf{I}}}\right] : \hat{\underline{\mathbf{u}}}(\underline{\mathbf{k}})\hat{\underline{\mathbf{u}}}(\underline{\mathbf{k}}) = \underline{\mathbf{0}} \quad , \tag{8.3.36}$$

sodass sich mit (8.3.17) und (8.3.20)

$$\begin{aligned} \underline{\mathbf{c}}_{\mathrm{E}}(\underline{\mathbf{k}}) &= \boldsymbol{\nabla}_{\underline{\mathbf{k}}}\omega(\underline{\mathbf{k}}) \\ &\stackrel{\text{def}}{=} \frac{\partial\omega(\underline{\mathbf{k}})}{\partial\underline{\mathbf{k}}} \end{aligned} \tag{8.3.37}$$

ergibt.

Unter gewissen Voraussetzungen ist $\boldsymbol{\nabla}_{\underline{\mathbf{k}}}\omega(\underline{\mathbf{k}})$ der Gruppengeschwindigkeitsvektor $\underline{\mathbf{c}}_{\mathrm{gr}}(\underline{\mathbf{k}})$ eines Wellenpakets. Letzteres synthetisieren wir durch Integration eines vorgegebenen $\underline{\mathbf{k}}$-Spektrums

$\underline{\mathbf{u}}(\underline{\mathbf{k}}) = \underline{\mathbf{u}}(\omega, \hat{\underline{\mathbf{k}}})$ ebener Wellen mit dem Volumenelement $\mathrm{d}^3\underline{\mathbf{k}} = k^2 \mathrm{d}^2\hat{\underline{\mathbf{k}}}\,\mathrm{d}k$ des $\underline{\mathbf{k}}$-Raums gemäß

$$\begin{aligned}\underline{\mathbf{u}}(\underline{\mathbf{R}}, t) &= \frac{1}{(2\pi)^3} \int_0^\infty \iint_{S^2} \underline{\mathbf{u}}(\underline{\mathbf{k}})\, \mathrm{e}^{\mathrm{j}\underline{\mathbf{k}}\cdot\underline{\mathbf{R}} - \mathrm{j}\omega(\underline{\mathbf{k}})t}\, k^2 \mathrm{d}^2\hat{\underline{\mathbf{k}}}\,\mathrm{d}k \\ &= \frac{1}{(2\pi)^3} \int_{-\infty}^\infty \int_{-\infty}^\infty \int_{-\infty}^\infty \underline{\mathbf{u}}(\underline{\mathbf{k}})\, \mathrm{e}^{\mathrm{j}\underline{\mathbf{k}}\cdot\underline{\mathbf{R}} - \mathrm{j}\omega(\underline{\mathbf{k}})t}\, \mathrm{d}^3\underline{\mathbf{k}} \quad ,\end{aligned} \tag{8.3.38}$$

wobei wir annehmen, dass $\underline{\mathbf{u}}(\underline{\mathbf{k}})$ um den spektralen „Schwerpunkt“ $\underline{\mathbf{k}}_0 = \hat{\underline{\mathbf{k}}}_0 \omega_0 / c(\hat{\underline{\mathbf{k}}}_0)$ konzentriert ist; S^2 ist die Einheitskugel, auf der die Richtungen $\hat{\underline{\mathbf{k}}}$ lokalisiert sind. Falls $\omega(\underline{\mathbf{k}})$ in dem durch $\underline{\mathbf{u}}(\underline{\mathbf{k}})$ okkupierten Volumen langsam veränderlich ist — dies ist im Wesentlichen die genannte Voraussetzung —, können wir eine Taylorreihenentwicklung nach dem linearen Term abbrechen:

$$\omega(\underline{\mathbf{k}}) = \omega(\underline{\mathbf{k}}_0) + (\underline{\mathbf{k}} - \underline{\mathbf{k}}_0) \cdot \nabla_{\underline{\mathbf{k}}} \omega(\underline{\mathbf{k}})\Big|_{\underline{\mathbf{k}}=\underline{\mathbf{k}}_0} \tag{8.3.39}$$

Mit der Abkürzung

$$\underline{\mathbf{c}}_{\mathrm{gr}}(\underline{\mathbf{k}}_0) = \nabla_{\underline{\mathbf{k}}} \omega(\underline{\mathbf{k}})\Big|_{\underline{\mathbf{k}}=\underline{\mathbf{k}}_0} \tag{8.3.40}$$

definieren wir offensichtlich einen Geschwindigkeitsvektor, der nach Einsetzen von (8.3.39) in (8.3.38) die Retardierung der Einhüllenden $\underline{\mathbf{A}}_{\underline{\mathbf{k}}_0}(\underline{\mathbf{R}})$ des Wellenpakets bestimmt:

$$\underline{\mathbf{u}}(\underline{\mathbf{R}}, t) \simeq \underline{\mathbf{A}}_{\underline{\mathbf{k}}_0}\left[\underline{\mathbf{R}} - \underline{\mathbf{c}}_{\mathrm{gr}}(\underline{\mathbf{k}}_0)t\right] \mathrm{e}^{\mathrm{j}\underline{\mathbf{k}}_0\cdot\underline{\mathbf{R}} - \mathrm{j}\omega(\underline{\mathbf{k}}_0)t} \quad , \tag{8.3.41}$$

wobei

$$\underline{\mathbf{A}}_{\underline{\mathbf{k}}_0}\left[\underline{\mathbf{R}} - \underline{\mathbf{c}}_{\mathrm{gr}}(\underline{\mathbf{k}}_0)t\right] = \frac{1}{(2\pi)^3} \int_{-\infty}^\infty \int_{-\infty}^\infty \int_{-\infty}^\infty \underline{\mathbf{u}}(\underline{\mathbf{k}})\, \mathrm{e}^{\mathrm{j}(\underline{\mathbf{k}} - \underline{\mathbf{k}}_0)\cdot[\underline{\mathbf{R}} - \underline{\mathbf{c}}_{\mathrm{gr}}(\underline{\mathbf{k}}_0)t]}\, \mathrm{d}^3\underline{\mathbf{k}} \quad . \tag{8.3.42}$$

Der Geschwindigkeitsvektor der Phase des Wellenpakets ist also durch

$$\underline{\mathbf{c}}(\underline{\mathbf{k}}_0) = \omega(\underline{\mathbf{k}}_0)\, \underline{\mathbf{k}}_0 \tag{8.3.43}$$

und der *Gruppen*geschwindigkeitsvektor durch (8.3.40) gegeben. Anhand von Abb. 8.3.2 wird deutlich, welches die Konsequenz der unterschiedlichen Richtungen von $\underline{\mathbf{c}}(\underline{\mathbf{k}}_0)$ und $\underline{\mathbf{c}}_{\mathrm{gr}}(\underline{\mathbf{k}}_0)$ auf die Ausbreitung eines Wellenpakets ist. Die dort skizzierten Wellenpakete entstehen durch Impulsabstrahlung eines Prüfkopfs, dessen Strahlungsfeld entsteht — mathematisch — durch Punktquellensynthese; also vermittelt uns physikalische Intuition, dass das Impulsstrahlungsfeld einer *Punkt*quelle die Richtungsabhängigkeit des Gruppen(Energie)geschwindigkeitsvektors (einer ebenen Welle) in Form von Zeitbereichswellenfronten (*wave surfaces*) sichtbar werden lässt[36] (Helbig, 1994; Snieder, 2002; Langenberg et al., 2002b). Die EFIT-Simulation der Abb. 8.3.14 bestätigt dies für transversal-isotrope Materialien.

Schalldruck ebener Wellen

Die Gleichung (8.1.125) definiert auch im anisotropen Material den Schalldruck eines ebenen Wellenmodes:

$$p(\underline{\mathbf{R}}, \omega, \hat{\underline{\mathbf{k}}}) = -\underline{\underline{\mathbf{T}}}(\underline{\mathbf{R}}, \omega, \hat{\underline{\mathbf{k}}}) : \hat{\underline{\mathbf{k}}}\, \hat{\underline{\mathbf{u}}}(\hat{\underline{\mathbf{k}}}) \quad ; \tag{8.3.44}$$

mit

$$\underline{\underline{\mathbf{T}}}(\underline{\mathbf{R}}, \omega, \hat{\underline{\mathbf{k}}}) = \frac{\mathrm{j}\omega}{c(\hat{\underline{\mathbf{k}}})}\, u(\omega)\, \mathrm{e}^{\mathrm{j}k\hat{\underline{\mathbf{k}}}\cdot\underline{\mathbf{R}}}\, \underline{\underline{\underline{\underline{\mathbf{c}}}}} : \hat{\underline{\mathbf{k}}}\, \hat{\underline{\mathbf{u}}}(\hat{\underline{\mathbf{k}}}) \quad , \tag{8.3.45}$$

[36] Das folgende Zitat (Born und Wolf, 1975) ist deshalb nur für *ebene* Wellen relevant: *It may be noted that the ray velocity, being derived from the Poynting vector shares with it a certain degree of arbitrariness. It is nevertheless a useful concept although, like the phase velocity, it has no directly verifiable physical significance.*

den $\underline{\underline{\underline{\mathbf{c}}}}$-Symmetrien und Gleichung (8.3.15) ergibt sich nämlich

$$\begin{aligned} p(\underline{\mathbf{R}}, \omega, \hat{\underline{\mathbf{k}}}) &= -\mathrm{j}\omega u(\omega)\, \mathrm{e}^{\mathrm{j}k\hat{\underline{\mathbf{k}}}\cdot\underline{\mathbf{R}}} \frac{1}{c(\hat{\underline{\mathbf{k}}})} \underbrace{\hat{\underline{\mathbf{k}}}\, \hat{\underline{\mathbf{u}}}(\hat{\underline{\mathbf{k}}}) : \underline{\underline{\underline{\mathbf{c}}}} : \hat{\underline{\mathbf{k}}}\, \hat{\underline{\mathbf{u}}}(\hat{\underline{\mathbf{k}}})}_{= \rho c^2(\hat{\underline{\mathbf{k}}})} \\ &= -\mathrm{j}\omega \underbrace{\rho\, c(\hat{\underline{\mathbf{k}}})}_{= Z(\hat{\underline{\mathbf{k}}})} u(\omega)\, \mathrm{e}^{\mathrm{j}k\hat{\underline{\mathbf{k}}}\cdot\underline{\mathbf{R}}} \quad . \end{aligned} \tag{8.3.46}$$

8.3.2 Ebene Wellen in transversal-isotropen Materialien

Wellentensor

Wir spezifizieren $\underline{\underline{\underline{\mathbf{c}}}}$ gemäß (4.2.12), betrachten also ein Material mit transversaler Isotropie, wobei die Vorzugsrichtung durch $\hat{\underline{\mathbf{a}}}$ gegeben ist, d.h. in Ebenen senkrecht zu $\hat{\underline{\mathbf{a}}}$ ist das Material isotrop. Für den entsprechenden Wellentensor erhalten wir durch Ausrechnen:

$$\underline{\underline{\mathbf{W}}}^{\mathrm{triso}}(\hat{\underline{\mathbf{k}}}, c^2) = \gamma_1 \underline{\underline{\mathbf{I}}} + \gamma_2 \hat{\underline{\mathbf{k}}}\,\hat{\underline{\mathbf{k}}} + \gamma_3 \hat{\underline{\mathbf{a}}}\,\hat{\underline{\mathbf{a}}} + \gamma_4 (\hat{\underline{\mathbf{k}}}\,\hat{\underline{\mathbf{a}}} + \hat{\underline{\mathbf{a}}}\,\hat{\underline{\mathbf{k}}}) \quad , \tag{8.3.47}$$

wobei

$$\gamma_1 = \mu_\perp + (\mu_\| - \mu_\perp)(\hat{\underline{\mathbf{k}}} \cdot \hat{\underline{\mathbf{a}}})^2 - \rho c^2(\hat{\underline{\mathbf{k}}}) \quad , \tag{8.3.48}$$

$$\gamma_2 = \lambda_\perp + \mu_\perp \quad , \tag{8.3.49}$$

$$\gamma_3 = (\lambda_\perp + 2\mu_\perp + \lambda_\| - 2\mu_\| - 2\nu)(\hat{\underline{\mathbf{k}}} \cdot \hat{\underline{\mathbf{a}}})^2 + \mu_\| - \mu_\perp \quad , \tag{8.3.50}$$

$$\gamma_4 = (\mu_\| - \mu_\perp + \nu - \lambda_\perp)\hat{\underline{\mathbf{k}}} \cdot \hat{\underline{\mathbf{a}}} \quad . \tag{8.3.51}$$

Phasengeschwindigkeiten

Zur Berechnung der Eigenwerte $c^2(\hat{\underline{\mathbf{k}}})$ von $\underline{\underline{\mathbf{D}}}^{\mathrm{triso}}(\hat{\underline{\mathbf{k}}})$ schreiben wir den Wellentensor in der Form

$$\underline{\underline{\mathbf{W}}}^{\mathrm{triso}}(\hat{\underline{\mathbf{k}}}, c^2) = \gamma_1 \underline{\underline{\mathbf{I}}} + \hat{\underline{\mathbf{k}}}\,(\gamma_2 \hat{\underline{\mathbf{k}}} + \gamma_4 \hat{\underline{\mathbf{a}}}) + \hat{\underline{\mathbf{a}}}\,(\gamma_3 \hat{\underline{\mathbf{a}}} + \gamma_4 \hat{\underline{\mathbf{k}}}) \quad , \tag{8.3.52}$$

damit wir die Chen-Formel (Chen, 1983)

$$\det(\alpha\, \underline{\underline{\mathbf{I}}} + \underline{\mathbf{A}}_1 \underline{\mathbf{C}}_1 + \underline{\mathbf{A}}_2 \underline{\mathbf{C}}_2) = \alpha \left[\alpha^2 + \alpha(\underline{\mathbf{A}}_1 \cdot \underline{\mathbf{C}}_1 + \underline{\mathbf{A}}_2 \cdot \underline{\mathbf{C}}_2) + (\underline{\mathbf{C}}_1 \times \underline{\mathbf{C}}_2) \cdot (\underline{\mathbf{A}}_1 \times \underline{\mathbf{A}}_2)\right] \tag{8.3.53}$$

zur Determinantenberechnung verwenden können:

$$\det \underline{\underline{\mathbf{W}}}^{\mathrm{triso}}(\hat{\underline{\mathbf{k}}}, c^2) = \gamma_1 \left\{\gamma_1^2 + \gamma_1(\gamma_2 + \gamma_3 + 2\gamma_4 \hat{\underline{\mathbf{k}}} \cdot \hat{\underline{\mathbf{a}}}) + (\gamma_2\gamma_3 - \gamma_4^2)\left[1 - (\hat{\underline{\mathbf{k}}} \cdot \hat{\underline{\mathbf{a}}})^2\right]\right\} \tag{8.3.54}$$

Man beachte, dass $c^2(\hat{\underline{\mathbf{k}}})$ in γ_1 versteckt ist, sodass wir durch Nullsetzen von (8.3.54) den ersten Eigenwert aus

$$\gamma_1 = 0 \tag{8.3.55}$$

zu

$$c_{\mathrm{SH}}^2(\hat{\underline{\mathbf{k}}}) = \frac{\mu_\perp + (\mu_\| - \mu_\perp)(\hat{\underline{\mathbf{k}}} \cdot \hat{\underline{\mathbf{a}}})^2}{\rho} \tag{8.3.56}$$

erhalten. Die Orientierung des zugehörigen Eigenvektors vorwegnehmend, haben wir den Index SH angeheftet. Wir halten fest: Die Phasengeschwindigkeit $c_{\mathrm{SH}}(\hat{\underline{\mathbf{k}}})$ hängt für $\mu_\| \neq \mu_\perp$ tatsächlich explizit von der Phasenausbreitungsrichtung $\hat{\underline{\mathbf{k}}}$ ab, d.h. es liegt ein *anisotropes* Material vor!

Allerdings liegt zu $\underline{\hat{\mathbf{a}}}$ transversale *Isotropie* vor, sodass wir für $\underline{\hat{\mathbf{k}}} \cdot \underline{\hat{\mathbf{a}}} = 0$ den $\underline{\hat{\mathbf{k}}}$-unabhängigen (isotropen) Wert

$$c_{\text{SH}}^2(\underline{\hat{\mathbf{k}}} \perp \underline{\hat{\mathbf{a}}}) = \frac{\mu_\perp}{\rho} \tag{8.3.57}$$

erhalten; damit wird auch die Bezeichnung des Lamé'schen Parameters $\mu_\perp$ erhellt. Konsequenz der transversalen Isotropie ist ferner, dass das Phasengeschwindigkeitsdiagramm $c_{\text{SH}}(\underline{\hat{\mathbf{k}}})$ einer festen $\underline{\hat{\mathbf{k}}}\,\underline{\hat{\mathbf{a}}}$-Ebene rotationssymmetrisch um $\underline{\hat{\mathbf{a}}}$ ist.

Den zweiten und dritten Eigenwert von $\underline{\underline{\mathbf{D}}}^{\text{triso}}(\underline{\hat{\mathbf{k}}})$ erhalten wir durch Nullsetzen der geschweiften Klammer von (8.3.54) aus den Lösungen[37]

$$\gamma_1 = -\frac{1}{2}\,(\gamma_2 + \gamma_3 + 2\gamma_4\,\underline{\hat{\mathbf{k}}} \cdot \underline{\hat{\mathbf{a}}}) \mp \frac{1}{2}\sqrt{(\gamma_2 + \gamma_3 + 2\gamma_4\,\underline{\hat{\mathbf{k}}} \cdot \underline{\hat{\mathbf{a}}})^2 - 4(\gamma_2\gamma_3 - \gamma_4^2)[1 - (\underline{\hat{\mathbf{k}}} \cdot \underline{\hat{\mathbf{a}}})^2]} \tag{8.3.58}$$

der in γ_1 quadratischen Gleichung

$$\gamma_1^2 + \gamma_1(\gamma_2 + \gamma_3 + 2\gamma_4\,\underline{\hat{\mathbf{k}}} \cdot \underline{\hat{\mathbf{a}}}) + (\gamma_2\gamma_3 - \gamma_4^2)[1 - (\underline{\hat{\mathbf{k}}} \cdot \underline{\hat{\mathbf{a}}})^2] = 0 \tag{8.3.59}$$

unter Beachtung der Abkürzung γ_1 und Gleichung (8.3.56) zu:

$$c_{\text{qP,qSV}}^2(\underline{\hat{\mathbf{k}}}) = c_{\text{SH}}^2(\underline{\hat{\mathbf{k}}}) - \frac{\gamma_1^{\text{qP,qSV}}}{\rho} \tag{8.3.60}$$

$$= c_{\text{SH}}^2(\underline{\hat{\mathbf{k}}}) + \frac{\frac{1}{2}\,(\gamma_2 + \gamma_3 + 2\gamma_4\,\underline{\hat{\mathbf{k}}} \cdot \underline{\hat{\mathbf{a}}})}{\rho} \pm \\ \pm \frac{\frac{1}{2}\sqrt{(\gamma_2 + \gamma_3 + 2\gamma_4\,\underline{\hat{\mathbf{k}}} \cdot \underline{\hat{\mathbf{a}}})^2 - 4(\gamma_2\gamma_3 - \gamma_4^2)[1 - (\underline{\hat{\mathbf{k}}} \cdot \underline{\hat{\mathbf{a}}})^2]}}{\rho} \; . \tag{8.3.61}$$

Als Konsequenz der transversalen Isotropie sind die Diagramme der Phasengeschwindigkeiten $c_{\text{qP,qSV}}(\underline{\hat{\mathbf{k}}})$ einer festen $\underline{\hat{\mathbf{k}}}\,\underline{\hat{\mathbf{a}}}$-Ebene rotationssymmetrisch um $\underline{\hat{\mathbf{a}}}$. Die Indizes stehen für quasi-P und quasi-SV, was uns aber erst *dann* verständlich wird, wenn wir die zugehörigen Eigenvektoren, d.h. die Polarisationsvektoren, berechnen. Die Zuordnung qP $\Longrightarrow +\sqrt{\ }$ und qSV $\Longrightarrow -\sqrt{\ }$ in (8.3.61) wird uns aber sofort deutlich, wenn wir erneut die $\underline{\hat{\mathbf{k}}}$-Spezialisierung auf die Isotropieebene untersuchen: Für $\underline{\hat{\mathbf{k}}} \cdot \underline{\hat{\mathbf{a}}} = 0$ ergibt sich

$$c_{\text{qP}}^2(\underline{\hat{\mathbf{k}}} \perp \underline{\hat{\mathbf{a}}}) = \frac{\lambda_\perp + 2\mu_\perp}{\rho} \quad \text{für } +\sqrt{\ } \; , \tag{8.3.62}$$

$$c_{\text{qSV}}^2(\underline{\hat{\mathbf{k}}} \perp \underline{\hat{\mathbf{a}}}) = \frac{\mu_\parallel}{\rho} \quad \text{für } -\sqrt{\ } \; , \tag{8.3.63}$$

d.h. wir finden für $+\sqrt{\ }$ tatsächlich die Primärwellengeschwindigkeit für die $\perp$-Lamé-Parameter und für $-\sqrt{\ }$ die Sekundärwellengeschwindigkeit für die $\parallel$-Lamé-Parameter. Mit Abb. 8.3.3 antizipieren wir die zugehörige Orientierung der Eigen-, also der Polarisationsvektoren; da für $\underline{\hat{\mathbf{k}}} \cdot \underline{\hat{\mathbf{a}}} = 0$ alle Eigenwerte verschieden sind, *müssen* die Eigenvektoren ein orthogonales Dreibein bilden, das aber offensichtlich nichts „quasi“artiges hat: Abgesehen von der Tatsache, dass die beiden Sekundärwellenpolarisationsvektoren wegen der unterschiedlichen Eigenwerte

[37]Das Minuszeichen vor der Wurzel führt nach Auswertung von (8.3.78) zu den in den Abbildungen 8.3.6 und 8.3.7 eingezeichneten qP-Polarisationsvektoren; das positive Vorzeichen ergibt mit (8.3.78) zwar eine qSV-Polarisation senkrecht zur SH- und qP-Polarisation, jedoch entgegengesetzt zu den in den genannten Abbildungen eingezeichneten qSV-Polarisationsvektoren. Mit der Wahl von (8.3.70) für die SH-Polarisation würde dies aber kein rechtshändiges orthonormiertes Dreibein $\underline{\hat{\mathbf{u}}}_{\text{qP}}, \underline{\hat{\mathbf{u}}}_{\text{qSV}}, \underline{\hat{\mathbf{u}}}_{\text{SH}}$ liefern, sodass wir die Auswertung von (8.3.78) mit einem negativen Vorzeichen versehen.

senkrecht aufeinander stehen *müssen*, finden wir die üblichen Polarisationsvektoren einer (homogenen) ebenen Welle in einem isotropen Material (man vergleiche Abb. 8.1.8), allerdings mit der Besonderheit, dass wir das Zweibein $\underline{\hat{\mathbf{u}}}_{\mathrm{SH}}$, $\underline{\hat{\mathbf{u}}}_{\mathrm{qSV}}$ nicht, wie im isotropen Fall, um die Ausbreitungsrichtung $\underline{\hat{\mathbf{k}}}$ drehen können, $\underline{\hat{\mathbf{u}}}_{\mathrm{qSV}}$ *muss* in $\underline{\hat{\mathbf{a}}}$-Richtung zeigen. Eine beliebig vorgegebene ($\underline{\hat{\mathbf{u}}}_{\mathrm{S}}\perp\underline{\hat{\mathbf{k}}}$)-Polarisation spaltet demnach in die zwei orthogonalen $\underline{\hat{\mathbf{u}}}_{\mathrm{SH}}$- und $\underline{\hat{\mathbf{u}}}_{\mathrm{qSV}}$-Polarisationen auf, die sich mit unterschiedlichen Geschwindigkeiten ausbreiten; nach Durchlaufen einer endlichen Strecke resultiert daraus eine Phasendifferenz, die ursprünglich linear polarisierte Scherwelle ist nunmehr elliptisch polarisiert[38].

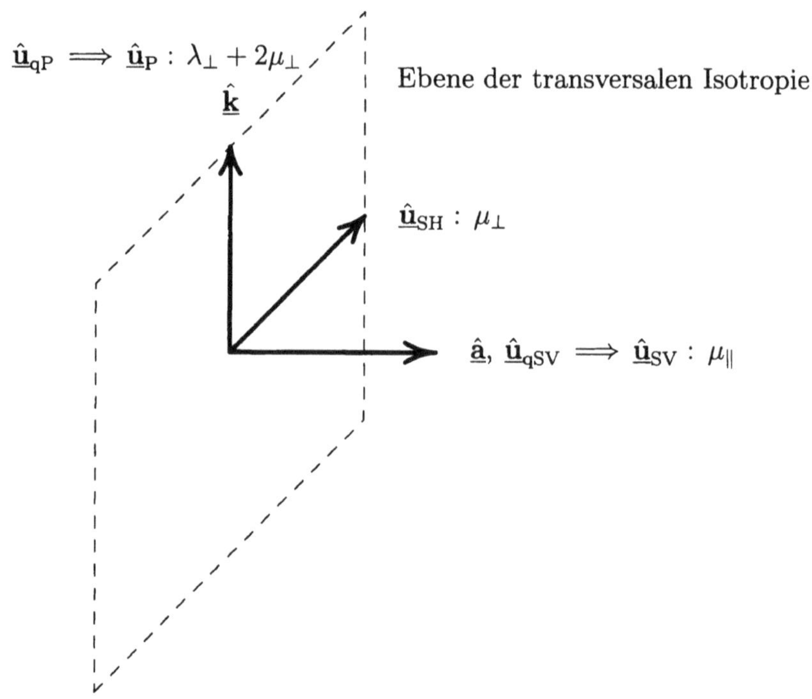

Abb. 8.3.3: *Polarisationsvektoren und Phasengeschwindigkeiten der Wellenmoden für Phasenausbreitung in der Ebene transversaler Isotropie senkrecht zur Vorzugsrichtung*

Phasenausbreitung entlang der Vorzugsrichtung, also $\underline{\hat{\mathbf{k}}}\cdot\underline{\hat{\mathbf{a}}} = 1$, führt ebenfalls auf einen einfachen Spezialfall; wir finden

$$c^2_{\mathrm{SH}}(\underline{\hat{\mathbf{k}}} \parallel \underline{\hat{\mathbf{a}}}) = \frac{\mu_\parallel}{\rho} \;, \tag{8.3.64}$$

$$c^2_{\mathrm{qP}}(\underline{\hat{\mathbf{k}}} \parallel \underline{\hat{\mathbf{a}}}) = \frac{\lambda_\parallel + 2\mu_\parallel}{\rho} \;, \tag{8.3.65}$$

$$c^2_{\mathrm{qSV}}(\underline{\hat{\mathbf{k}}} \parallel \underline{\hat{\mathbf{a}}}) = \frac{\mu_\parallel}{\rho} \;. \tag{8.3.66}$$

Die zugehörigen Polarisationsvektoren zeigt Abb. 8.3.4; da in diesem Fall nur $\|$-Lamé-Parameter involviert sind und außerdem die Eigenwerte (8.3.64) und (8.3.66) gleich sind, liegt eine „ganz normale" (homogene) ebene Welle vor (Abbildung 8.1.8): Die beiden Scherwellenpolarisationen *kann* man orthogonal zueinander wählen, *muss* man aber nicht, denn jeder Vektor senkrecht zu

[38]Derselbe Effekt tritt beispielsweise bei der Ausbreitung elektromagnetischer Wellen in einem biaxialen Material entlang einer Hauptachse auf; er wird in der Spannungsoptik genutzt (Born und Wolf, 1975; Wolf, 1976).

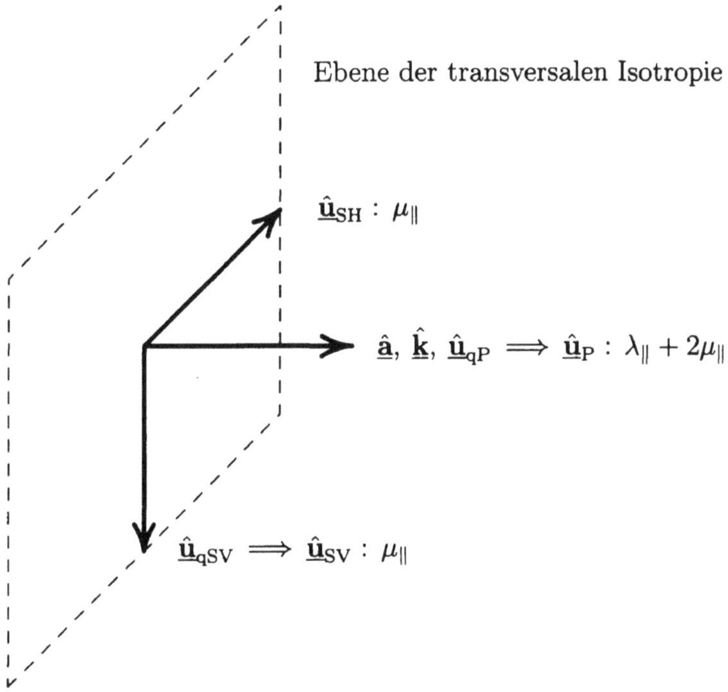

Abb. 8.3.4: Polarisationsvektoren und Phasengeschwindigkeiten der Wellenmoden für Phasenausbreitung senkrecht zur Ebene transversaler Isotropie parallel zur Vorzugsrichtung

$\hat{\underline{\mathbf{k}}}$ bzw. $\hat{\underline{\mathbf{a}}}$ ist Eigenvektor zum Eigenwert $\mu_\|/\rho$; dieses Mal kann man das $(\hat{\underline{\mathbf{u}}}_{SH}, \hat{\underline{\mathbf{u}}}_{qSV})$-Zweibein auch um die $\hat{\underline{\mathbf{a}}}$-Achse drehen.

Polarisationsvektoren

Für den Eigenwert $c_{SH}^2(\hat{\underline{\mathbf{k}}})$ ist $\gamma_1 = 0$ (Gleichung (8.3.55)), und deshalb sieht man sofort, dass $\underline{\underline{\mathbf{W}}}^{\text{triso}}(\hat{\underline{\mathbf{k}}}, c_{SH}^2)$ gemäß (8.3.52) ein planarer Tensor (Summe zweier dyadischer Produkte) ist. Als Konsequenz muss $\operatorname{adj}\underline{\underline{\mathbf{W}}}^{\text{triso}}(\hat{\underline{\mathbf{k}}}, c_{SH}^2)$ ein linearer Tensor (ein einziges dyadisches Produkt) sein (Chen, 1983). Mit der Chen-Formel

$$\begin{aligned}&\operatorname{adj}(\alpha\,\underline{\underline{\mathbf{I}}} + \underline{\mathbf{A}}_1\underline{\mathbf{C}}_1 + \underline{\mathbf{A}}_2\underline{\mathbf{C}}_2) = \\ &\quad\alpha[(\alpha + \underline{\mathbf{A}}_1\cdot\underline{\mathbf{C}}_1 + \underline{\mathbf{A}}_2\cdot\underline{\mathbf{C}}_2)\underline{\underline{\mathbf{I}}} - \underline{\mathbf{A}}_1\underline{\mathbf{C}}_1 - \underline{\mathbf{A}}_2\underline{\mathbf{C}}_2] + (\underline{\mathbf{C}}_1\times\underline{\mathbf{C}}_2)(\underline{\mathbf{A}}_1\times\underline{\mathbf{A}}_2)\end{aligned} \tag{8.3.67}$$

berechnen wir

$$\begin{aligned}\operatorname{adj}\underline{\underline{\mathbf{W}}}^{\text{triso}}(\hat{\underline{\mathbf{k}}}, c^2) = \gamma_1\Big[&(\gamma_1+\gamma_2+\gamma_3+2\gamma_4\,\hat{\underline{\mathbf{k}}}\cdot\hat{\underline{\mathbf{a}}})\,\underline{\underline{\mathbf{I}}} - \gamma_2\,\hat{\underline{\mathbf{k}}}\,\hat{\underline{\mathbf{k}}} - \gamma_3\,\hat{\underline{\mathbf{a}}}\,\hat{\underline{\mathbf{a}}} - \gamma_4(\hat{\underline{\mathbf{a}}}\,\hat{\underline{\mathbf{k}}} + \hat{\underline{\mathbf{k}}}\,\hat{\underline{\mathbf{a}}})\Big] + \\ &+(\gamma_2\gamma_3 - \gamma_4^2)(\hat{\underline{\mathbf{k}}}\times\hat{\underline{\mathbf{a}}})(\hat{\underline{\mathbf{k}}}\times\hat{\underline{\mathbf{a}}})\quad,\end{aligned} \tag{8.3.68}$$

und offensichtlich ist

$$\operatorname{adj}\underline{\underline{\mathbf{W}}}^{\text{triso}}(\hat{\underline{\mathbf{k}}}, c_{SH}^2) = (\gamma_2\gamma_3 - \gamma_4^2)(\hat{\underline{\mathbf{k}}}\times\hat{\underline{\mathbf{a}}})(\hat{\underline{\mathbf{k}}}\times\hat{\underline{\mathbf{a}}}) \tag{8.3.69}$$

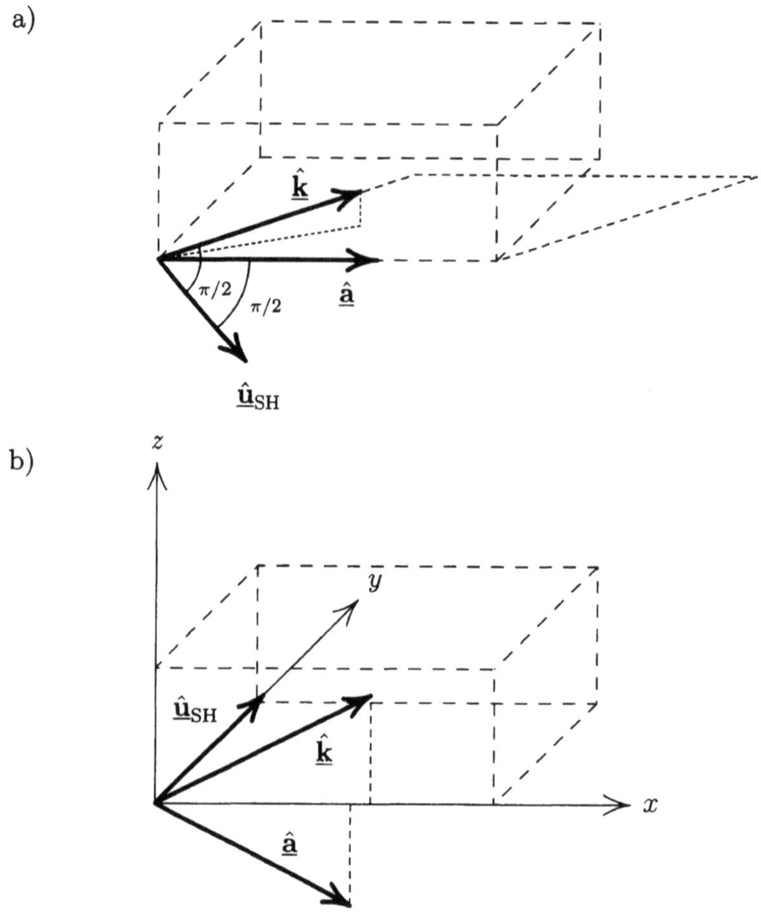

Abb. 8.3.5: *Orientierung der SH-Polarisation im transversal-isotropen Material ohne (a) und mit (b) Referenzebene*

linear! Konsequenz: Der Eigenvektor $\hat{\underline{\mathbf{u}}}_{\mathrm{SH}}(\hat{\underline{\mathbf{k}}})$ ist proportional zum Linksvektor $\hat{\underline{\mathbf{k}}} \times \hat{\underline{\mathbf{a}}}$ des dyadischen Produkts (8.3.69), d.h. durch Normierung auf $|\hat{\underline{\mathbf{k}}} \times \hat{\underline{\mathbf{a}}}|$ ergibt sich[39]

$$\hat{\underline{\mathbf{u}}}_{\mathrm{SH}}(\hat{\underline{\mathbf{k}}}) = \frac{\hat{\underline{\mathbf{k}}} \times \hat{\underline{\mathbf{a}}}}{\sqrt{1 - (\hat{\underline{\mathbf{k}}} \cdot \hat{\underline{\mathbf{a}}})^2}} \quad . \tag{8.3.70}$$

Dieser die SH-Polarisationsrichtung angebende Eigenvektor steht senkrecht auf der von $\hat{\underline{\mathbf{k}}}$ und $\hat{\underline{\mathbf{a}}}$ aufgespannten Ebene (Abbildung 8.3.5); dies erklärt *nicht* die Bezeichnung SH für *shear-horizontal.* Die Bezeichnung wird wie üblich erst dann sinnvoll, wenn eine Referenzebene, z.B. die xy-Ebene als ebene Bauteiloberfläche, vorliegt, und $\hat{\underline{\mathbf{k}}}$ und $\hat{\underline{\mathbf{a}}}$ eine Ebene senkrecht dazu aufspannen (Abbildung 8.3.5b); dann ist $\hat{\underline{\mathbf{u}}}_{\mathrm{SH}}$ (übrigens unabhängig von $\hat{\underline{\mathbf{k}}}$) horizontal zu dieser Ebene. Im Übrigen definiert $\hat{\underline{\mathbf{u}}}_{\mathrm{SH}}$ eine „echte“ Scherwelle, denn sie ist divergenzfrei.

Der Sonderfall $\hat{\underline{\mathbf{k}}} \perp \hat{\underline{\mathbf{a}}}$ ist in (8.3.69) und (8.3.70) enthalten, der Sonderfall $\hat{\underline{\mathbf{k}}} \parallel \hat{\underline{\mathbf{a}}}$ jedoch nicht, denn dann ist $\operatorname{adj} \underline{\underline{\mathbf{W}}}(\hat{\underline{\mathbf{k}}} \parallel \hat{\underline{\mathbf{a}}}, c_{\mathrm{SH}}^2)$ der Nulltensor. Also muss $\underline{\underline{\mathbf{W}}}(\hat{\underline{\mathbf{k}}} \parallel \hat{\underline{\mathbf{a}}}, c_{\mathrm{SH}}^2)$ linear sein:

$$\underline{\underline{\mathbf{W}}}^{\mathrm{triso}}(\hat{\underline{\mathbf{k}}} \parallel \hat{\underline{\mathbf{a}}}, c_{\mathrm{SH}}^2) = (\gamma_2 + \gamma_3 + 2\gamma_4)\, \hat{\underline{\mathbf{a}}}\, \hat{\underline{\mathbf{a}}} \quad . \tag{8.3.71}$$

[39] Natürlich können wir auch $-\hat{\underline{\mathbf{k}}} \times \hat{\underline{\mathbf{a}}} = \hat{\underline{\mathbf{a}}} \times \hat{\underline{\mathbf{k}}}$ wählen (Spies, 1992), wir bleiben aber bei der Konvention von Abb. 8.1.8.

Damit ist der Eigenvektor proportional zu jedem Vektor senkrecht zum Rechtsfaktor $\underline{\hat{\mathbf{a}}}$ der Dyade (8.3.71), genau so wie wir es in Abb. 8.3.4 beispielhaft gezeichnet haben.

Mit der Kenntnis *aller* Eigenwerte und *eines* Eigenvektors sowie der Tatsache der reellen Symmetrie von $\underline{\underline{\mathbf{D}}}^{\text{triso}}(\underline{\hat{\mathbf{k}}})$ vor Augen, schließen wir, dass die beiden restlichen Eigenvektoren $\underline{\hat{\mathbf{u}}}_{\text{qP}}(\underline{\hat{\mathbf{k}}})$ und $\underline{\hat{\mathbf{u}}}_{\text{qSV}}(\underline{\hat{\mathbf{k}}})$ in der von $\underline{\hat{\mathbf{k}}}$ und $\underline{\hat{\mathbf{a}}}$ aufgespannten Ebene liegen, weil sie senkrecht zu $\underline{\hat{\mathbf{u}}}_{\text{SH}}(\underline{\hat{\mathbf{k}}})$ sein müssen; außerdem müssen sie zueinander orthogonal sein. Wir machen deshalb den *Ansatz*[40]

$$\underline{\hat{\mathbf{u}}}_{\text{qP,qSV}}(\underline{\hat{\mathbf{k}}}) \sim \alpha_{\text{qP,qSV}}\,\underline{\hat{\mathbf{k}}} + \beta_{\text{qP,qSV}}\,\underline{\hat{\mathbf{a}}} \tag{8.3.72}$$

und bestimmen $\beta_{\text{qP,qSV}}/\alpha_{\text{qP,qSV}}$ aus der Gleichung

$$\underline{\underline{\mathbf{W}}}^{\text{triso}}(\underline{\hat{\mathbf{k}}}, c^2_{\text{qP,qSV}}) \cdot (\alpha_{\text{qP,qSV}}\,\underline{\hat{\mathbf{k}}} + \beta_{\text{qP,qSV}}\,\underline{\hat{\mathbf{a}}}) \equiv \underline{\mathbf{0}} \tag{8.3.73}$$

des Eigenwertproblems. Mit (8.3.52) liefert (8.3.73)

$$\begin{aligned}&\Big[\alpha_{\text{qP,qSV}}(\gamma_1^{\text{qP,qSV}} + \gamma_2 + \gamma_4\,\underline{\hat{\mathbf{k}}}\cdot\underline{\hat{\mathbf{a}}}) + \beta_{\text{qP,qSV}}(\gamma_2\,\underline{\hat{\mathbf{k}}}\cdot\underline{\hat{\mathbf{a}}} + \gamma_4)\Big]\,\underline{\hat{\mathbf{k}}} + \\ &+ \Big[\alpha_{\text{qP,qSV}}(\gamma_3\,\underline{\hat{\mathbf{k}}}\cdot\underline{\hat{\mathbf{a}}} + \gamma_4) + \beta_{\text{qP,qSV}}(\gamma_1^{\text{qP,qSV}} + \gamma_3 + \gamma_4\,\underline{\hat{\mathbf{k}}}\cdot\underline{\hat{\mathbf{a}}})\Big]\,\underline{\hat{\mathbf{a}}} = \underline{\mathbf{0}}\ ;\end{aligned} \tag{8.3.74}$$

Wir haben die beiden Lösungen von (8.3.59) gemäß (8.3.58) als $\gamma_1^{\text{qP,qSV}}$ geschrieben. Da $\underline{\hat{\mathbf{k}}}$ und $\underline{\hat{\mathbf{a}}}$ als linear unabhängig gelten können — den Sonderfall $\underline{\hat{\mathbf{k}}} \parallel \underline{\hat{\mathbf{a}}}$ betrachten wir getrennt —, müssen die eckigen Klammern in (8.3.74) jede für sich gleich null sein; daraus resultiert das homogene Gleichungssystem

$$\alpha_{\text{qP,qSV}}(\gamma_1^{\text{qP,qSV}} + \gamma_2 + \gamma_4\,\underline{\hat{\mathbf{k}}}\cdot\underline{\hat{\mathbf{a}}}) + \beta_{\text{qP,qSV}}(\gamma_2\,\underline{\hat{\mathbf{k}}}\cdot\underline{\hat{\mathbf{a}}} + \gamma_4) = 0\ , \tag{8.3.75}$$

$$\alpha_{\text{qP,qSV}}(\gamma_3\,\underline{\hat{\mathbf{k}}}\cdot\underline{\hat{\mathbf{a}}} + \gamma_4) + \beta_{\text{qP,qSV}}(\gamma_1^{\text{qP,qSV}} + \gamma_3 + \gamma_4\,\underline{\hat{\mathbf{k}}}\cdot\underline{\hat{\mathbf{a}}}) = 0 \tag{8.3.76}$$

für die Komponenten der Eigenwerte im $\underline{\hat{\mathbf{k}}}\,\underline{\hat{\mathbf{a}}}$-„Koordinatensystem". Dieses Gleichungssystem hat eine nichttriviale Lösung, da seine Koeffizientendeterminante gleich $\det\underline{\underline{\mathbf{W}}}^{\text{triso}}(\underline{\hat{\mathbf{k}}}, c^2_{\text{qP,qSV}})$ und damit gleich null ist. Wir finden

$$\begin{aligned}\frac{\beta_{\text{qP,qSV}}}{\alpha_{\text{qP,qSV}}} &\stackrel{\text{def}}{=} \gamma_{\text{qP,qSV}} \\ &= -\frac{\gamma_1^{\text{qP,qSV}} + \gamma_2 + \gamma_4\,\underline{\hat{\mathbf{k}}}\cdot\underline{\hat{\mathbf{a}}}}{\gamma_4 + \gamma_2\,\underline{\hat{\mathbf{k}}}\cdot\underline{\hat{\mathbf{a}}}} \\ &= -\frac{\rho\,c^2_{\text{SH}} - \rho\,c^2_{\text{qP,qSV}} + \gamma_2 + \gamma_4\,\underline{\hat{\mathbf{k}}}\cdot\underline{\hat{\mathbf{a}}}}{(\nu + \mu_\parallel)\underline{\hat{\mathbf{k}}}\cdot\underline{\hat{\mathbf{a}}}}\ ;\end{aligned} \tag{8.3.77}$$

nach Einsetzen von $\gamma_1^{\text{qP,qSV}}$ bzw. $c_{\text{SH,qP,qSV}}$ und Normierung folgt[41]

$$\begin{aligned}\underline{\hat{\mathbf{u}}}_{\text{qP,qSV}}(\underline{\hat{\mathbf{k}}}) &= \frac{\underline{\hat{\mathbf{k}}} + \gamma_{\text{qP,qSV}}\underline{\hat{\mathbf{a}}}}{U_{\text{qP,qSV}}} \\ &= \frac{\underline{\hat{\mathbf{k}}} - \frac{\frac{1}{2}(\gamma_2-\gamma_3)\mp\frac{1}{2}\sqrt{(\gamma_2+\gamma_3+2\gamma_4\,\underline{\hat{\mathbf{k}}}\cdot\underline{\hat{\mathbf{a}}})^2 - 4(\gamma_2\gamma_3-\gamma_4^2)[1-(\underline{\hat{\mathbf{k}}}\cdot\underline{\hat{\mathbf{a}}})^2]}}{\gamma_4+\gamma_2\,\underline{\hat{\mathbf{k}}}\cdot\underline{\hat{\mathbf{a}}}}\,\underline{\hat{\mathbf{a}}}}{U_{\text{qP,qSV}}}\ ,\end{aligned} \tag{8.3.78}$$

[40] Die formalen Wege über die Adjungierte von $\underline{\underline{\mathbf{W}}}$ bzw. über die von Chen (1983) angegebenen Formeln für (elektromagnetisch) biaxiale Materialien sind ungleich unübersichtlicher.

[41] Das Ergebnis sieht erheblich einfacher aus als das von Spies (1992) angegebene und publizierte (1994).

wobei

$$\begin{aligned} U_{\mathrm{qP,qSV}} &= |\hat{\underline{\mathbf{k}}} + \gamma_{\mathrm{qP,qSV}} \hat{\underline{\mathbf{a}}}| \\ &= \sqrt{1 + \gamma_{\mathrm{qP,qSV}}^2 + 2\gamma_{\mathrm{qP,qSV}} \hat{\underline{\mathbf{k}}} \cdot \hat{\underline{\mathbf{a}}}} \ . \end{aligned} \tag{8.3.79}$$

Anhand einer kleinen Rechnung überprüft man, dass tatsächlich

$$\hat{\underline{\mathbf{u}}}_{\mathrm{qP}}(\hat{\underline{\mathbf{k}}}) \cdot \hat{\underline{\mathbf{u}}}_{\mathrm{qSV}}(\hat{\underline{\mathbf{k}}}) = 0 \tag{8.3.80}$$

gilt.

Für den Spezialfall $\hat{\underline{\mathbf{k}}} \cdot \hat{\underline{\mathbf{a}}} = 0$ wird $\gamma_4 = 0$, sodass (8.3.78) nicht unmittelbar brauchbar ist. Wir formen deshalb $\operatorname{adj} \underline{\underline{\mathbf{W}}}^{\mathrm{triso}}(\hat{\underline{\mathbf{k}}}, c^2)$ wie folgt um:

$$\begin{aligned} \operatorname{adj} \underline{\underline{\mathbf{W}}}^{\mathrm{triso}}(\hat{\underline{\mathbf{k}}}, c^2) = &\underbrace{\left\{\gamma_1(\gamma_1 + \gamma_2 + \gamma_3 + 2\gamma_4 \hat{\underline{\mathbf{k}}} \cdot \hat{\underline{\mathbf{a}}}) + (\gamma_2\gamma_3 - \gamma_4^2)[1 - (\hat{\underline{\mathbf{k}}} \cdot \hat{\underline{\mathbf{a}}})^2]\right\}}_{= 0 \text{ für } \gamma_1 = \gamma_1^{\mathrm{qP,qSV}}} \underline{\underline{\mathbf{I}}} - \\ &-(\gamma_1\gamma_2 + \gamma_2\gamma_3 - \gamma_4^2)\, \hat{\underline{\mathbf{k}}}\hat{\underline{\mathbf{k}}} - (\gamma_1\gamma_3 + \gamma_2\gamma_3 - \gamma_4^2)\, \hat{\underline{\mathbf{a}}}\hat{\underline{\mathbf{a}}} - \\ &- \left[\gamma_1\gamma_4 - (\gamma_2\gamma_3 - \gamma_4^2)\hat{\underline{\mathbf{k}}} \cdot \hat{\underline{\mathbf{a}}}\right] (\hat{\underline{\mathbf{k}}}\hat{\underline{\mathbf{a}}} + \hat{\underline{\mathbf{a}}}\hat{\underline{\mathbf{k}}}) \ ; \end{aligned} \tag{8.3.81}$$

es ergibt sich

$$\operatorname{adj} \underline{\underline{\mathbf{W}}}^{\mathrm{triso}}(\hat{\underline{\mathbf{k}}} \perp \hat{\underline{\mathbf{a}}}, c_{\mathrm{qP}}^2) = \gamma_2(\gamma_2 - \gamma_3)\, \hat{\underline{\mathbf{k}}}\hat{\underline{\mathbf{k}}} \tag{8.3.82}$$

beziehungsweise

$$\operatorname{adj} \underline{\underline{\mathbf{W}}}^{\mathrm{triso}}(\hat{\underline{\mathbf{k}}} \perp \hat{\underline{\mathbf{a}}}, c_{\mathrm{qSV}}^2) = \gamma_3(\gamma_3 - \gamma_2)\, \hat{\underline{\mathbf{a}}}\hat{\underline{\mathbf{a}}} \ . \tag{8.3.83}$$

Infolgedessen ist $\hat{\underline{\mathbf{u}}}_{\mathrm{qP}}(\hat{\underline{\mathbf{k}}} \perp \hat{\underline{\mathbf{a}}})$ parallel zu $\hat{\underline{\mathbf{k}}}$ und $\hat{\underline{\mathbf{u}}}_{\mathrm{qSV}}(\hat{\underline{\mathbf{k}}} \perp \hat{\underline{\mathbf{a}}})$ parallel zu $\hat{\underline{\mathbf{a}}}$, genau so wie in Abb. 8.3.3 eingezeichnet.

Für $\hat{\underline{\mathbf{k}}} \parallel \hat{\underline{\mathbf{a}}}$ sind $\hat{\underline{\mathbf{k}}}$ und $\hat{\underline{\mathbf{a}}}$ nicht linear unabhängig, sodass die Herleitung von (8.3.77) nicht greift. Berechnen wir aber $\operatorname{adj} \underline{\underline{\mathbf{W}}}^{\mathrm{triso}}(\hat{\underline{\mathbf{k}}} \parallel \hat{\underline{\mathbf{a}}}, c_{\mathrm{SH,qSV}}^2)$, so ergibt sich der Nulltensor; also ist

$$\underline{\underline{\mathbf{W}}}^{\mathrm{triso}}(\hat{\underline{\mathbf{k}}} \parallel \hat{\underline{\mathbf{a}}}, c_{\mathrm{SH,qSV}}^2) = (\gamma_2 + \gamma_3 + 2\gamma_4)\, \hat{\underline{\mathbf{a}}}\hat{\underline{\mathbf{a}}} \tag{8.3.84}$$

linear und $\hat{\underline{\mathbf{u}}}_{\mathrm{SH,qSV}}(\hat{\underline{\mathbf{k}}} \parallel \hat{\underline{\mathbf{a}}})$ jeweils senkrecht zum Rechtsfaktor $\hat{\underline{\mathbf{a}}}$: Wir *wählen* $\hat{\underline{\mathbf{u}}}_{\mathrm{SH}}$ und $\hat{\underline{\mathbf{u}}}_{\mathrm{qSV}}$ *orthogonal* zueinander. Damit liegt dieselbe Situation wie bei einer „ganz normalen" ebenen Welle im isotropen Material vor, da die beiden Eigenwerte $c_{\mathrm{SH}}^2(\hat{\underline{\mathbf{k}}} \parallel \hat{\underline{\mathbf{a}}})$ und $c_{\mathrm{qSV}}^2(\hat{\underline{\mathbf{k}}} \parallel \hat{\underline{\mathbf{a}}})$ gleich sind. Natürlich passt auch $\hat{\underline{\mathbf{u}}}_{\mathrm{qP}}(\hat{\underline{\mathbf{k}}} \parallel \hat{\underline{\mathbf{a}}})$ in dieses Bild der ganz normalen ebenen Welle, da man sofort $\operatorname{adj} \underline{\underline{\mathbf{W}}}^{\mathrm{triso}}(\hat{\underline{\mathbf{k}}} \parallel \hat{\underline{\mathbf{a}}}, c_{\mathrm{qP}}^2) \sim \hat{\underline{\mathbf{a}}}\hat{\underline{\mathbf{a}}}$ realisiert, sodass $\hat{\underline{\mathbf{u}}}_{\mathrm{qP}}(\hat{\underline{\mathbf{k}}} \parallel \hat{\underline{\mathbf{a}}})$ parallel zum Linksfaktor $\hat{\underline{\mathbf{a}}}$ ist. Mit Abb. 8.3.4 haben wir diesen Sachverhalt vorweggenommen.

In den Abbildungen 8.3.6 und 8.3.7 haben wir die $\hat{\underline{\mathbf{k}}}$-Abhängigkeit der Phasengeschwindigkeiten $c_{\mathrm{SH}}(\hat{\underline{\mathbf{k}}})$, $c_{\mathrm{qSV}}(\hat{\underline{\mathbf{k}}})$, $c_{\mathrm{qP}}(\hat{\underline{\mathbf{k}}})$ für zwei typische Materialien mit transversaler Isotropie dargestellt: kohlefaserverstärkten Kunststoff und Austenit 308; $\hat{\underline{\mathbf{a}}}$ ist dabei durch die Richtung der Kohlefasern bzw. durch die Richtung der Stengelkristalle gegeben. Die Geschwindigkeitsdiagramme sind in der durch $\hat{\underline{\mathbf{k}}}$ und $\hat{\underline{\mathbf{a}}}$ aufgespannten Ebene dargestellt, sie sind sodann rotationssymmetrisch bezüglich der $\hat{\underline{\mathbf{a}}}$-Richtung[42]. Da in der Regel $c_{\mathrm{qP}}(\hat{\underline{\mathbf{k}}}) > c_{\mathrm{SH,qSV}}(\hat{\underline{\mathbf{k}}})$ gilt[43], bezieht sich der Zusatz *quasi*-P und *quasi*-SV offensichtlich *nicht* auf die Charakterisierung der Wellenmoden nach

[42] Spies (1992) diskutiert auch die Abhängigkeit von $\hat{\underline{\mathbf{a}}}$, wenn die Diagramme in einer festen Ebene (der Einfallsebene) senkrecht zu einer Referenzebene dargestellt sind; wenn $\underline{\mathbf{n}}$ die Normale auf der Referenzebene ist, wird die Einfallsebene durch $\hat{\underline{\mathbf{k}}}$ und $\underline{\mathbf{n}}$ aufgespannt.

[43] Es gibt Ausnahmen (Royer und Dieulesaint, 2000): TeO_2.

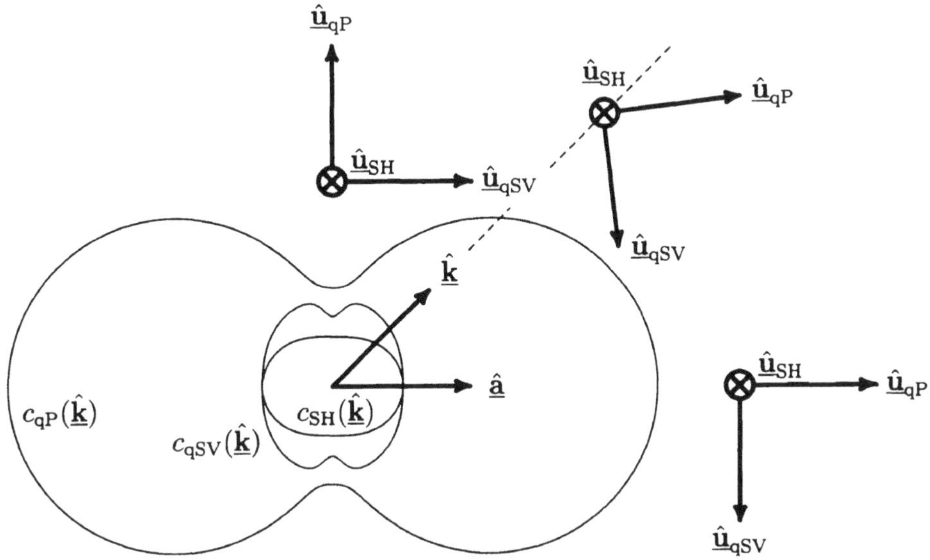

Abb. 8.3.6: *Phasengeschwindigkeiten $c_{SH}(\hat{\underline{\mathbf{k}}})$, $c_{qSV}(\hat{\underline{\mathbf{k}}})$ und $c_{qP}(\hat{\underline{\mathbf{k}}})$ und Polarisationsvektoren für kohlefaserverstärkten Kunststoff: $\lambda_\perp + 2\mu_\perp = 13.5$, $\mu_\perp = 3.4$, $\lambda_\parallel + 2\mu_\parallel = 145.8$, $\mu_\parallel = 6.8$, $\nu = 10.2$ [GPa]; $\rho = 1.6$ g/cm^3*

Primär- und Sekundärwellen — unterschieden nach Geschwindigkeiten —, sondern auf die *Polarisation* (und auf die Nicht-Rotations- bzw. Nicht-Divergenzfreiheit); Abbildung 8.3.6 entnimmt man beispielhaft, dass die Longitudinalabweichung des qP-Modes bzw. die Transversalabweichung des qSV-Modes erheblich sein kann, d.h. die Primärwelle ist quasi-longitudinal und die sekundäre SV-Welle quasi-transversal polarisiert, während der Polarisationsvektor des SH-Modes immer senkrecht auf der $\hat{\underline{\mathbf{k}}}\,\hat{\underline{\mathbf{a}}}$-Ebene, und damit auf der Ausbreitungsrichtung, steht. Aus diesem Grunde ist die qP-Welle auch nur eine *quasi*-Druckwelle, da ihre Rotation nicht verschwindet, und die qSV-Welle ist nur eine *quasi*-Scherwelle, da ihre Divergenz nicht verschwindet: Im anisotropen Material gibt es keine Helmholtz-Zerlegung (7.2.1) der Teilchenverschiebung. In Abb. 8.3.8 haben wir die Longitudinalabweichung des qP-Polarisationsvektors für die beiden Materialien als Funktion von $\hat{\underline{\mathbf{k}}}\cdot\hat{\underline{\mathbf{a}}} = \cos\alpha_{\hat{\underline{\mathbf{k}}}\hat{\underline{\mathbf{a}}}}$, d.h. als Funktion des Phasenausbreitungswinkels relativ zu $\hat{\underline{\mathbf{a}}}$ dargestellt[44]: Offensichtlich ist für Austenit 308 die Longitudinalabweichung des qP-Modes und damit auch die Transversalabweichung des qSV-Modes nur gering.

Zur Herleitung der Reflexions-, Brechungs- und Modekonversionsgesetze ebener Wellen dient die Phasenanpassung in einer (ebenen) Trennfläche zweier Materialien, und zur geometrischen Konstruktion der jeweiligen Phasenausbreitungsrichtungen benutzt man die *Slowness*-Diagramme (Abschnitt 9). Aus diesem Grunde haben wir mit Abb. 8.3.9 auch noch die den Abbildungen 8.3.6 und 8.3.7 korrespondierenden *Slowness*-Diagramme gezeichnet. Wie wir in Abschnitt 8.3.1 gesehen haben, sind die Flächen konstanter *Slowness* $s(\hat{\underline{\mathbf{k}}}) = 1/c(\hat{\underline{\mathbf{k}}})$ für anisotrope Materialien noch aus einem weiteren Grund von Bedeutung: Der Energiegeschwindigkeitsvektor $\underline{\mathbf{c}}_E(\hat{\underline{\mathbf{k}}})$ steht stets senkrecht auf der jeweiligen *Slowness*-Fläche, d.h. mit der Kenntnis des *Slowness*-Diagramms $s(\hat{\underline{\mathbf{k}}})$ kann man sofort die Strahlrichtung $\hat{\underline{\mathbf{l}}}(\hat{\underline{\mathbf{k}}})$ konstruieren, die ja nur im isotropen Fall mit der Phasenausbreitungsrichtung $\hat{\underline{\mathbf{k}}}$ zusammenfällt (Abschnitt 8.1.2).

[44]Berechnet man auch noch das Vorzeichen von $(\hat{\underline{\mathbf{k}}} \times \hat{\underline{\mathbf{u}}}_{SH}) \cdot \hat{\underline{\mathbf{u}}}_{qP}$, so erhält man tatsächlich die in Abb. 8.3.6 eingezeichnete Orientierung von $\hat{\underline{\mathbf{u}}}_{qP}$ „zwischen $\hat{\underline{\mathbf{k}}}$ und $\hat{\underline{\mathbf{a}}}$“.

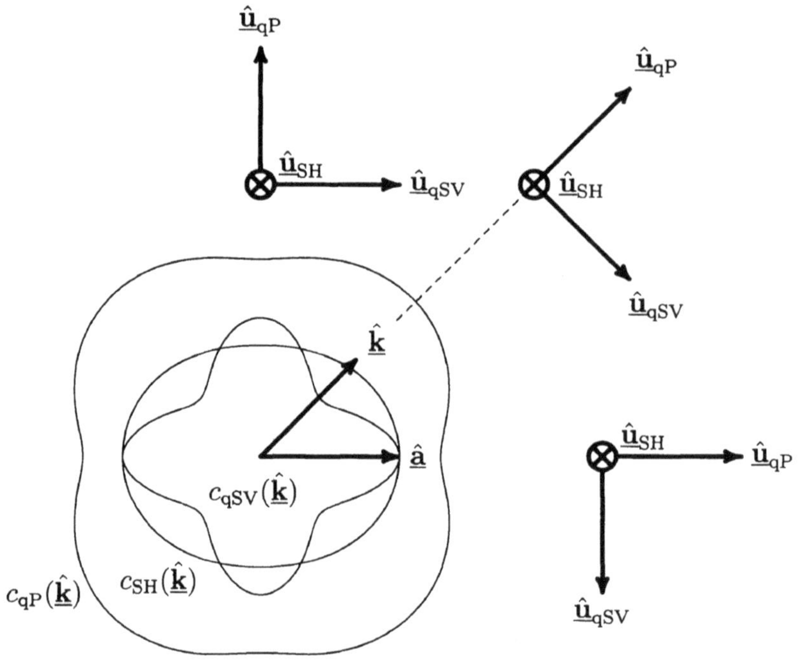

Abb. 8.3.7: *Phasengeschwindigkeiten $c_{\mathrm{qSV}}(\hat{\underline{\mathbf{k}}})$, $c_{\mathrm{SH}}(\hat{\underline{\mathbf{k}}})$ und $c_{\mathrm{qP}}(\hat{\underline{\mathbf{k}}})$ und Polarisationsvektoren für Austenit 308: $\lambda_\perp + 2\mu_\perp = 262.75$, $\mu_\perp = 82.25$, $\lambda_\| + 2\mu_\| = 216$, $\mu_\| = 129$, $\nu = 145$ [GPa]; $\rho = 8$ g/cm^3*

Wie wir weiter unten noch sehen werden, führen die konkaven Einbuchtungen der qSV-*Slowness*-Diagramme in Abb. 8.3.9 zu mehrdeutigen Phasenausbreitungsvektoren in Richtung bestimmter Strahlvektoren.

Energiegeschwindigkeiten

Da uns die Phasengeschwindigkeiten und Polarisationsvektoren für das transversal-isotrope Material explizit vorliegen, benutzen wir zur Berechnung der Energiegeschwindigkeiten die Gleichung[45] (8.3.17). Mit (4.2.12) gemäß

$$\begin{aligned}\underline{\underline{\underline{\underline{\mathbf{c}}}}}^{\mathrm{triso}} = {} & \lambda_\perp \underline{\underline{\underline{\underline{\mathbf{I}}}}}^{\delta} + 2\mu_\perp \underline{\underline{\underline{\underline{\mathbf{I}}}}}^{+} + \\ & + \alpha_1 \hat{\underline{\mathbf{a}}}\hat{\underline{\mathbf{a}}}\hat{\underline{\mathbf{a}}}\hat{\underline{\mathbf{a}}} + \alpha_2(\underline{\underline{\mathbf{I}}}\hat{\underline{\mathbf{a}}}\hat{\underline{\mathbf{a}}} + \hat{\underline{\mathbf{a}}}\hat{\underline{\mathbf{a}}}\underline{\underline{\mathbf{I}}}) + \\ & + \alpha_3(\underline{\underline{\mathbf{I}}}\hat{\underline{\mathbf{a}}}\hat{\underline{\mathbf{a}}} + \hat{\underline{\mathbf{a}}}\hat{\underline{\mathbf{a}}}\underline{\underline{\mathbf{I}}})^{1324} + \alpha_3(\underline{\underline{\mathbf{I}}}\hat{\underline{\mathbf{a}}}\hat{\underline{\mathbf{a}}} + \hat{\underline{\mathbf{a}}}\hat{\underline{\mathbf{a}}}\underline{\underline{\mathbf{I}}})^{1342} \quad , \end{aligned} \tag{8.3.85}$$

wobei

$$\alpha_1 = \lambda_\perp + 2\mu_\perp + \lambda_\| + 2\mu_\| - 2(\nu + 2\mu_\|) \quad , \tag{8.3.86}$$

$$\alpha_2 = \nu - \lambda_\perp \quad , \tag{8.3.87}$$

$$\alpha_3 = \mu_\| - \mu_\perp \quad , \tag{8.3.88}$$

[45]Die Gleichung (8.3.37) wird von Spies (1992,1994) verwendet; sie führt aber auf erheblich kompliziertere Ausdrücke.

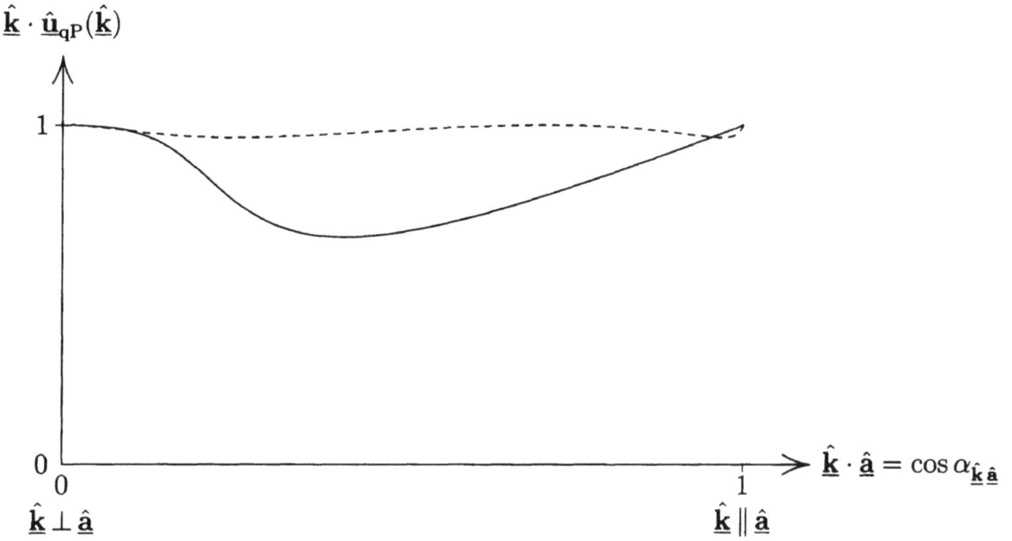

Abb. 8.3.8: *Longitudinalabweichung des qP-Polarisationsvektors für kohlefaserverstärkten Kunststoff (—) bzw. Austenit 308 (- - -)*

berechnen wir sofort[46]

$$\begin{aligned}\underline{\underline{\underline{\underline{\mathbf{c}}}}}^{\mathrm{triso}} : \hat{\underline{\mathbf{k}}}\,\hat{\underline{\mathbf{u}}} = {} & \lambda_\perp \hat{\underline{\mathbf{k}}} \cdot \hat{\underline{\mathbf{u}}}\,\underline{\underline{\mathbf{I}}} + \mu_\perp(\hat{\underline{\mathbf{k}}}\,\hat{\underline{\mathbf{u}}} + \hat{\underline{\mathbf{u}}}\,\hat{\underline{\mathbf{k}}}) + \\ & + \alpha_1 \hat{\underline{\mathbf{k}}} \cdot \hat{\underline{\mathbf{a}}}\,\hat{\underline{\mathbf{a}}} \cdot \hat{\underline{\mathbf{u}}}\,\hat{\underline{\mathbf{a}}}\,\hat{\underline{\mathbf{a}}} + \alpha_2(\hat{\underline{\mathbf{k}}} \cdot \hat{\underline{\mathbf{a}}}\,\hat{\underline{\mathbf{a}}} \cdot \hat{\underline{\mathbf{u}}}\,\underline{\underline{\mathbf{I}}} + \hat{\underline{\mathbf{k}}} \cdot \hat{\underline{\mathbf{u}}}\,\hat{\underline{\mathbf{a}}}\,\hat{\underline{\mathbf{a}}}) + \\ & + \alpha_3(\hat{\underline{\mathbf{k}}} \cdot \hat{\underline{\mathbf{a}}}\,\hat{\underline{\mathbf{u}}}\,\hat{\underline{\mathbf{a}}} + \hat{\underline{\mathbf{u}}} \cdot \hat{\underline{\mathbf{a}}}\,\hat{\underline{\mathbf{a}}}\,\hat{\underline{\mathbf{k}}} + \hat{\underline{\mathbf{u}}} \cdot \hat{\underline{\mathbf{a}}}\,\hat{\underline{\mathbf{k}}}\,\hat{\underline{\mathbf{a}}} + \hat{\underline{\mathbf{k}}} \cdot \hat{\underline{\mathbf{a}}}\,\hat{\underline{\mathbf{a}}}\,\hat{\underline{\mathbf{u}}})\end{aligned} \tag{8.3.89}$$

und daraus

$$\begin{aligned}\underline{\mathbf{c}}_{\mathrm{E}}(\hat{\underline{\mathbf{k}}}) = {} & \frac{1}{\rho\, c(\hat{\underline{\mathbf{k}}})} \Big[\lambda_\perp \hat{\underline{\mathbf{k}}} \cdot \hat{\underline{\mathbf{u}}}\,\hat{\underline{\mathbf{u}}} + \mu_\perp \hat{\underline{\mathbf{k}}} + \mu_\perp \hat{\underline{\mathbf{k}}} \cdot \hat{\underline{\mathbf{u}}}\,\hat{\underline{\mathbf{u}}} + \\ & + \alpha_1 \hat{\underline{\mathbf{k}}} \cdot \hat{\underline{\mathbf{a}}}(\hat{\underline{\mathbf{u}}} \cdot \hat{\underline{\mathbf{a}}})^2 \hat{\underline{\mathbf{a}}} + \alpha_2(\hat{\underline{\mathbf{k}}} \cdot \hat{\underline{\mathbf{a}}}\,\hat{\underline{\mathbf{a}}} \cdot \hat{\underline{\mathbf{u}}}\,\hat{\underline{\mathbf{u}}} + \hat{\underline{\mathbf{k}}} \cdot \hat{\underline{\mathbf{u}}}\,\hat{\underline{\mathbf{u}}} \cdot \hat{\underline{\mathbf{a}}}\,\hat{\underline{\mathbf{a}}}) + \\ & + \alpha_3(\hat{\underline{\mathbf{k}}} \cdot \hat{\underline{\mathbf{a}}}\,\hat{\underline{\mathbf{a}}} \cdot \hat{\underline{\mathbf{u}}}\,\hat{\underline{\mathbf{u}}} + \hat{\underline{\mathbf{a}}} \cdot \hat{\underline{\mathbf{u}}}\,\hat{\underline{\mathbf{u}}} \cdot \hat{\underline{\mathbf{k}}}\,\hat{\underline{\mathbf{a}}} + \hat{\underline{\mathbf{u}}} \cdot \hat{\underline{\mathbf{a}}}\,\hat{\underline{\mathbf{a}}} \cdot \hat{\underline{\mathbf{u}}}\,\hat{\underline{\mathbf{k}}} + \hat{\underline{\mathbf{k}}} \cdot \hat{\underline{\mathbf{a}}}\,\hat{\underline{\mathbf{a}}})\Big] \ .\end{aligned} \tag{8.3.90}$$

Mit $\hat{\underline{\mathbf{k}}} \cdot \hat{\underline{\mathbf{u}}}_{\mathrm{SH}}(\hat{\underline{\mathbf{k}}}) = 0$ und $\hat{\underline{\mathbf{u}}}_{\mathrm{SH}}(\hat{\underline{\mathbf{k}}}) \cdot \hat{\underline{\mathbf{a}}} = 0$ ergibt sich $\underline{\mathbf{c}}_{\mathrm{ESH}}(\hat{\underline{\mathbf{k}}})$ sofort zu:

$$\underline{\mathbf{c}}_{\mathrm{ESH}}(\hat{\underline{\mathbf{k}}}) = \frac{\mu_\perp \hat{\underline{\mathbf{k}}} + (\mu_\parallel - \mu_\perp)\hat{\underline{\mathbf{k}}} \cdot \hat{\underline{\mathbf{a}}}\,\hat{\underline{\mathbf{a}}}}{\rho\, c_{\mathrm{SH}}(\hat{\underline{\mathbf{k}}})} \ . \tag{8.3.91}$$

Abgesehen von den Spezialfällen

$$\underline{\mathbf{c}}_{\mathrm{ESH}}(\hat{\underline{\mathbf{k}}} \perp \hat{\underline{\mathbf{a}}}) = c_{\mathrm{SH}}(\hat{\underline{\mathbf{k}}} \perp \hat{\underline{\mathbf{a}}})\,\hat{\underline{\mathbf{k}}} \ , \tag{8.3.92}$$

$$\underline{\mathbf{c}}_{\mathrm{ESH}}(\hat{\underline{\mathbf{k}}} \parallel \hat{\underline{\mathbf{a}}}) = c_{\mathrm{SH}}(\hat{\underline{\mathbf{k}}} \parallel \hat{\underline{\mathbf{a}}})\,\hat{\underline{\mathbf{k}}} \tag{8.3.93}$$

[46] Beispielsweise gilt:

$$\begin{aligned}\hat{\underline{\mathbf{a}}}\,\hat{\underline{\mathbf{a}}}\,\underline{\underline{\mathbf{I}}}^{1342} : \hat{\underline{\mathbf{k}}}\,\hat{\underline{\mathbf{u}}} &= \hat{a}_i \hat{a}_j \delta_{kl} \underline{\mathbf{e}}_{x_i} \underline{\mathbf{e}}_{x_k} \underline{\mathbf{e}}_{x_l} \underline{\mathbf{e}}_{x_j} : \hat{k}_n \hat{u}_m \underline{\mathbf{e}}_{x_n} \underline{\mathbf{e}}_{x_m} \\ &= \hat{a}_i \hat{a}_j \delta_{kl} \delta_{jn} \delta_{lm} \hat{k}_n \hat{u}_m \underline{\mathbf{e}}_{x_i} \underline{\mathbf{e}}_{x_k} \\ &= \hat{a}_i \hat{a}_n \hat{k}_n \hat{u}_m \underline{\mathbf{e}}_{x_i} \underline{\mathbf{e}}_{x_m} \\ &= (\hat{\underline{\mathbf{k}}} \cdot \hat{\underline{\mathbf{a}}})\hat{\underline{\mathbf{a}}}\,\hat{\underline{\mathbf{u}}} \ .\end{aligned}$$

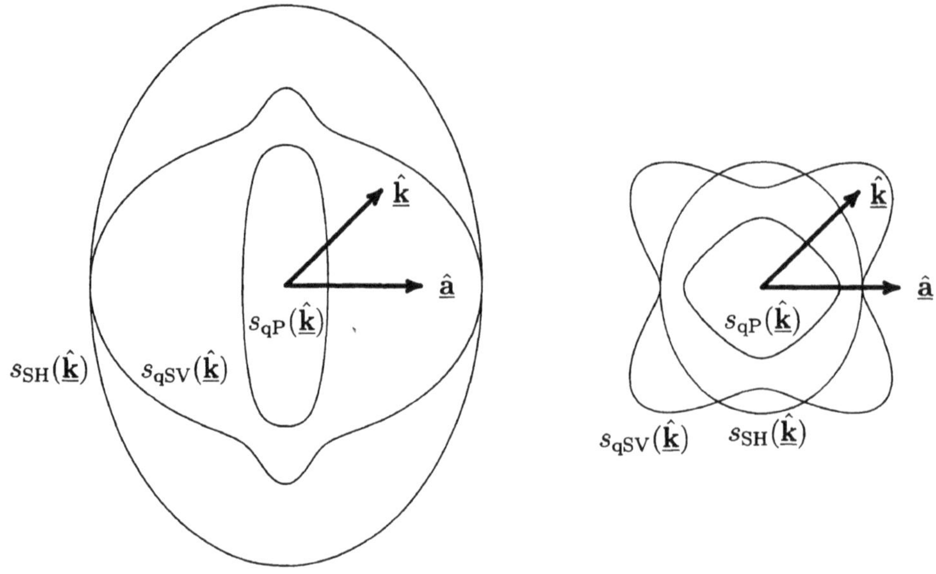

Abb. 8.3.9: Slownesses $s_{\mathrm{SH}}(\hat{\underline{\mathbf{k}}})$, $s_{\mathrm{qSV}}(\hat{\underline{\mathbf{k}}})$ *und* $s_{\mathrm{qP}}(\hat{\underline{\mathbf{k}}})$ *für kohlefaserverstärkten Kunststoff (links) und Austenit 308 (rechts)*

hat der Energiegeschwindigkeitsvektor $\underline{\mathbf{c}}_{\mathrm{ESH}}(\hat{\underline{\mathbf{k}}})$ für $\mu_\parallel \neq \mu_\perp$ in der Tat *nicht* die Richtung des Phasengeschwindigkeitsvektors. Für $\mu_\parallel = \mu_\perp$ — beispielsweise für das SH-Phasengeschwindigkeitsdiagramm der Abb. 8.3.7 — ist die Ausbreitung des SH-Wellenmodes isotrop.

Zur expliziten — numerischen — Berechnung von $\underline{\mathbf{c}}_{\mathrm{EqP,qSV}}(\hat{\underline{\mathbf{k}}})$ ist es zweckmäßig, die entsprechenden Polarisationsvektoren

$$\hat{\underline{\mathbf{u}}}_{\mathrm{qP,qSV}}(\hat{\underline{\mathbf{k}}}) = \frac{\hat{\underline{\mathbf{k}}} + \gamma_{\mathrm{qP,qSV}}\hat{\underline{\mathbf{a}}}}{U_{\mathrm{qP,qSV}}} \tag{8.3.94}$$

so einzusetzen, dass eine $\hat{\underline{\mathbf{k}}}\,\hat{\underline{\mathbf{a}}}$-Komponentenzerlegung der Geschwindigkeitsvektoren entsteht:

$$\begin{aligned}\rho\, c_{\mathrm{qP,qSV}}(\hat{\underline{\mathbf{k}}})\underline{\mathbf{c}}_{\mathrm{EqP,qSV}}(\hat{\underline{\mathbf{k}}}) = \Big\{ & \mu_\perp + \alpha_3 \hat{\underline{\mathbf{u}}}_{\mathrm{qP,qSV}} \cdot \hat{\underline{\mathbf{a}}}\,\hat{\underline{\mathbf{a}}} \cdot \hat{\underline{\mathbf{u}}}_{\mathrm{qP,qSV}} + \\ & + \frac{1}{U_{\mathrm{qP,qSV}}}\Big[(\lambda_\perp + \mu_\perp)\hat{\underline{\mathbf{k}}} \cdot \hat{\underline{\mathbf{u}}}_{\mathrm{qP,qSV}} + (\alpha_2 + \alpha_3)\hat{\underline{\mathbf{k}}} \cdot \hat{\underline{\mathbf{a}}}\,\hat{\underline{\mathbf{a}}} \cdot \hat{\underline{\mathbf{u}}}_{\mathrm{qP,qSV}}\Big]\Big\}\hat{\underline{\mathbf{k}}} + \\ & + \Big\{(\alpha_1 \hat{\underline{\mathbf{k}}} \cdot \hat{\underline{\mathbf{a}}}\,\hat{\underline{\mathbf{a}}} \cdot \hat{\underline{\mathbf{u}}}_{\mathrm{qP,qSV}} + \alpha_2 \hat{\underline{\mathbf{k}}} \cdot \hat{\underline{\mathbf{u}}}_{\mathrm{qP,qSV}})\hat{\underline{\mathbf{u}}}_{\mathrm{qP,qSV}} \cdot \hat{\underline{\mathbf{a}}} + \\ & + \alpha_3(\hat{\underline{\mathbf{k}}} \cdot \hat{\underline{\mathbf{a}}} + \hat{\underline{\mathbf{k}}} \cdot \hat{\underline{\mathbf{u}}}_{\mathrm{qP,qSV}}\hat{\underline{\mathbf{u}}}_{\mathrm{qP,qSV}} \cdot \hat{\underline{\mathbf{a}}}) + \\ & \frac{\gamma_{\mathrm{qP,qSV}}}{U_{\mathrm{qP,qSV}}}\Big[(\lambda_\perp + \mu_\perp)\hat{\underline{\mathbf{k}}} \cdot \hat{\underline{\mathbf{u}}}_{\mathrm{qP,qSV}} + (\alpha_2 + \alpha_3)\hat{\underline{\mathbf{k}}} \cdot \hat{\underline{\mathbf{a}}}\,\hat{\underline{\mathbf{a}}} \cdot \hat{\underline{\mathbf{u}}}_{\mathrm{qP,qSV}}\Big]\Big\}\hat{\underline{\mathbf{a}}} \ .\end{aligned} \tag{8.3.95}$$

Mit Abb. 8.3.1 erschließen wir aus den *Slowness*-Diagrammen der Abb. 8.3.9 sofort, dass alle Energiegeschwindigkeitsvektoren $\underline{\mathbf{c}}_{\mathrm{ESH,qP,qSV}}(\hat{\underline{\mathbf{k}}})$ für $\hat{\underline{\mathbf{k}}} \perp \hat{\underline{\mathbf{a}}}$ und $\hat{\underline{\mathbf{k}}} \parallel \hat{\underline{\mathbf{a}}}$ die Richtung von $\hat{\underline{\mathbf{k}}}$ haben; tatsächlich gilt aber als Vervollständigung von (8.3.92), (8.3.93) sogar:

$$\underline{\mathbf{c}}_{\mathrm{EqP,qSV}}(\hat{\underline{\mathbf{k}}} \perp \hat{\underline{\mathbf{a}}}) = c_{\mathrm{qP,qSV}}(\hat{\underline{\mathbf{k}}} \perp \hat{\underline{\mathbf{a}}})\,\hat{\underline{\mathbf{k}}} \ , \tag{8.3.96}$$

$$\underline{\mathbf{c}}_{\mathrm{EqP,qSV}}(\hat{\underline{\mathbf{k}}} \parallel \hat{\underline{\mathbf{a}}}) = c_{\mathrm{qP,qSV}}(\hat{\underline{\mathbf{k}}} \parallel \hat{\underline{\mathbf{a}}})\,\hat{\underline{\mathbf{k}}} \ . \tag{8.3.97}$$

Zur numerischen Auswertung von (8.3.91) bzw. (8.3.95), d.h. zur Darstellung von Energiegeschwindigkeitsdiagrammen, gibt man $\hat{\underline{\mathbf{k}}}$-Vektoren vor und trägt $|\underline{\mathbf{c}}_{\text{ESH,qSV,qP}}(\hat{\underline{\mathbf{k}}})| = c_{\text{ESH,qSV,qP}}(\hat{\underline{\mathbf{k}}})$ in Richtung der Einheitsvektoren $\hat{\underline{\mathbf{c}}}_{\text{ESH,qSV,qP}}(\hat{\underline{\mathbf{k}}})$, d.h. in Richtung der Strahl(einheits)vektoren $\hat{\underline{\mathbf{l}}}(\hat{\underline{\mathbf{k}}})$ auf, wobei die Funktionen $\hat{\underline{\mathbf{l}}}(\hat{\underline{\mathbf{k}}})$ für die drei Wellenmoden im Allgemeinen nichtlinear sind. Für unser Modell des kohlefaserverstärkten Kunststoffs ergeben sich so die Diagramme der Abb. 8.3.10 und für unser Modell Austenit 308 diejenigen der Abb. 8.3.11. Auffallend sind

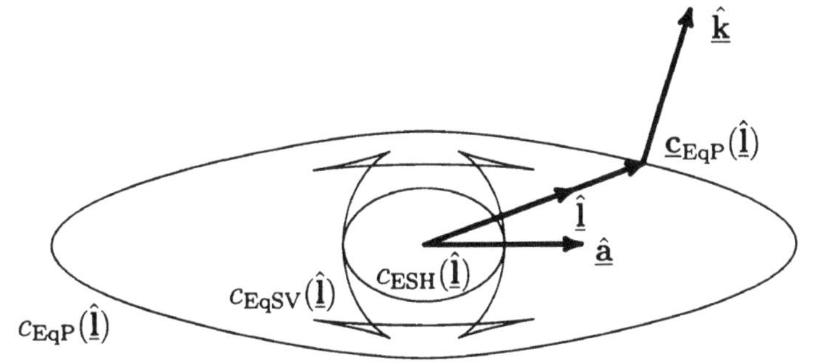

Abb. 8.3.10: *Energiegeschwindigkeiten* $c_{\text{ESH}}(\hat{\underline{\mathbf{k}}})$, $c_{\text{EqSV}}(\hat{\underline{\mathbf{k}}})$ *und* $c_{\text{EqP}}(\hat{\underline{\mathbf{k}}})$ *kohlefaserverstärkten Kunststoff:* $\lambda_\perp + 2\mu_\perp = 13.5$, $\mu_\perp = 3.4$, $\lambda_\parallel + 2\mu_\parallel = 145.8$, $\mu_\parallel = 6.8$, $\nu = 10.2$ *[GPa];* $\rho = 1.6$ g/cm^3

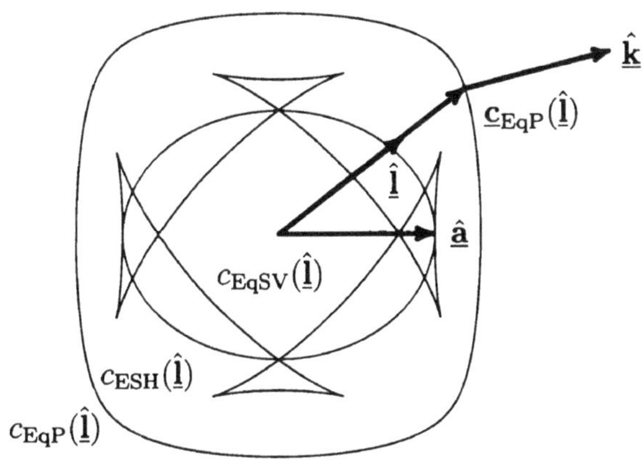

Abb. 8.3.11: *Energiegeschwindigkeiten* $c_{\text{ESH}}(\hat{\underline{\mathbf{k}}})$, $c_{\text{EqSV}}(\hat{\underline{\mathbf{k}}})$ *und* $c_{\text{EqP}}(\hat{\underline{\mathbf{k}}})$ *für Austenit 308:* $\lambda_\perp + 2\mu_\perp = 262.75$, $\mu_\perp = 82.25$, $\lambda_\parallel + 2\mu_\parallel = 216$, $\mu_\parallel = 129$, $\nu = 145$ *[GPa];* $\rho = 8$ g/cm^3

insbesondere die „Schwalbenschwänze" (*cusps*) der qSV-Diagramme, deren Ursache Mehrdeutigkeiten der zugehörigen $\hat{\underline{\mathbf{k}}}(\hat{\underline{\mathbf{l}}})$-Funktion sind. Bevor wir dies anhand der Abb. 8.3.13 diskutieren, sei zunächst der einfachere (und nicht mehrdeutige) Fall eines qP-Diagramms betrachtet (Abbildung 8.3.12). Wir wissen ja aus Abschnitt 8.3.1 (Gleichung (8.3.29)), dass für einen vorgegebenen Strahlvektor $\hat{\underline{\mathbf{l}}}(\hat{\underline{\mathbf{k}}})$ der Phasenausbreitungsvektor $\hat{\underline{\mathbf{k}}}$ stets senkrecht auf der Oberfläche des Energiegeschwindigkeitsdiagramms — der Wellenfläche — steht. Dies ist in Abb. 8.3.12 für mehrere Strahlvektoren am Beispiel des qP-Diagramms von Austenit 308 illustriert. Wir bezeichnen den Winkel zwischen $\hat{\underline{\mathbf{l}}}$ und $\hat{\underline{\mathbf{a}}}$ mit $\alpha_{\hat{\mathbf{l}}\hat{\mathbf{a}}}$, und offensichtlich nimmt dieser Winkel als

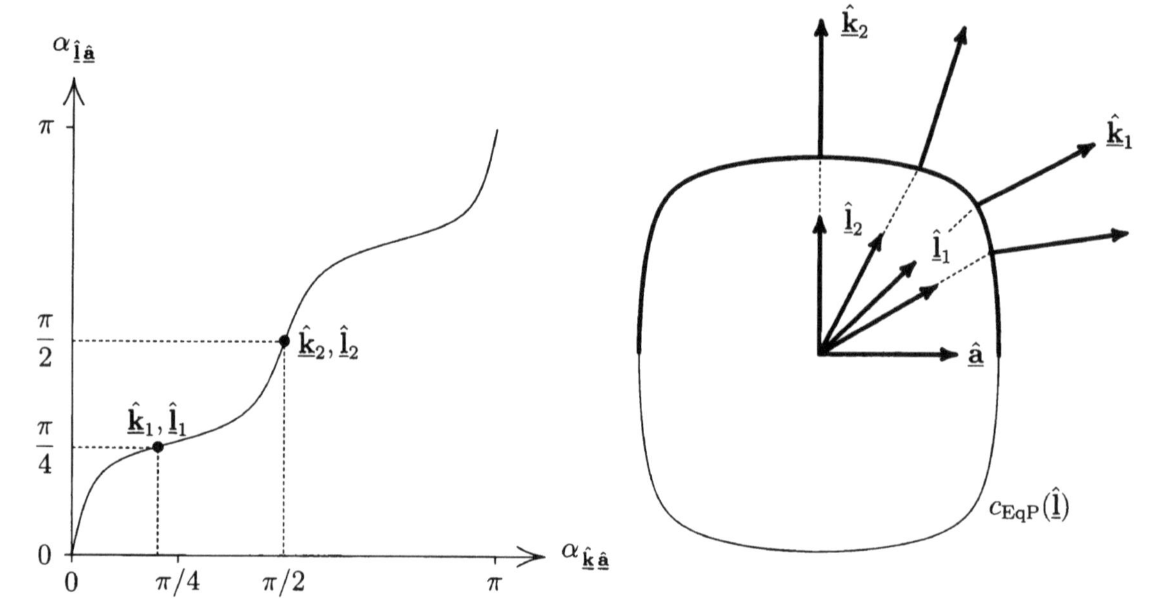

Abb. 8.3.12: *Illustration der nichtlinearen Beziehung zwischen Phasenausbreitungsvektor $\underline{\hat{\mathbf{k}}}$ und Strahlvektor $\underline{\hat{\mathbf{l}}}$ am Beispiel des qP-Energiegeschwindigkeitsdiagramms von Austenit 308*

Funktion von $\alpha_{\underline{\hat{\mathbf{k}}}\underline{\hat{\mathbf{a}}}}$, dem Winkel zwischen $\underline{\hat{\mathbf{k}}}$ und $\underline{\hat{\mathbf{a}}}$, zwar nichtlinear, aber monoton zu (linker Teil der Abb. 8.3.12). Die Zuordnung charakteristischer Punkte auf dieser Kurve zu den zugehörigen $\underline{\hat{\mathbf{l}}}, \underline{\hat{\mathbf{k}}}$-Richtungen des Geschwindigkeitsdiagramms gelingt unmittelbar: $\alpha_{\underline{\hat{\mathbf{l}}}_1\underline{\hat{\mathbf{a}}}} = \pi/4$ hat $\alpha_{\underline{\hat{\mathbf{k}}}_1\underline{\hat{\mathbf{a}}}} = \pi/4$, und $\alpha_{\underline{\hat{\mathbf{l}}}_2\underline{\hat{\mathbf{a}}}} = \pi/2$ hat $\alpha_{\underline{\hat{\mathbf{k}}}_2\underline{\hat{\mathbf{a}}}} = \pi/2$ zur Folge; ausgehend von $\alpha_{\underline{\hat{\mathbf{l}}}\underline{\hat{\mathbf{a}}}} = 0$ nimmt $\alpha_{\underline{\hat{\mathbf{k}}}\underline{\hat{\mathbf{a}}}}$ zunächst langsam und sodann schneller zu, bis die Richtung $\alpha_{\underline{\hat{\mathbf{l}}}_1\underline{\hat{\mathbf{a}}}} = \alpha_{\underline{\hat{\mathbf{k}}}_1\underline{\hat{\mathbf{a}}}} = \pi/4$ für *beide* Vektoren erreicht ist, danach, für $\pi/4 < \alpha_{\underline{\hat{\mathbf{l}}}\underline{\hat{\mathbf{a}}}} < \pi/2$, beobachten wir das umgekehrte Verhalten, und für $\pi/2 < \alpha_{\underline{\hat{\mathbf{l}}}\underline{\hat{\mathbf{a}}}} < \pi$ „geht alles von vorne los“. Der fett gedruckte Teil des Energiegeschwindigkeitsdiagramms entspricht dem Intervall $0 \leq \alpha_{\underline{\hat{\mathbf{k}}}\underline{\hat{\mathbf{a}}}} \leq \pi$.

Mit Abb. 8.3.13 wenden wir uns nun den genannten Schwalbenschwänzen des qSV-Energiegeschwindigkeitsdiagramms von Austenit 308 zu. Zunächst einmal enthüllt die $\alpha_{\underline{\hat{\mathbf{l}}}\underline{\hat{\mathbf{a}}}}(\alpha_{\underline{\hat{\mathbf{k}}}\underline{\hat{\mathbf{a}}}})$-Kurve im linken Teil der Abbildung, dass sie ebenfalls nichtlinear, darüber hinaus aber auch *nicht* monoton ist: Zu einem bestimmten $\underline{\hat{\mathbf{l}}}$-Wert — hier beispielsweise: $\underline{\hat{\mathbf{l}}}_3$ — können maximal drei $\underline{\hat{\mathbf{k}}}$-Werte — hier: $\underline{\hat{\mathbf{k}}}_3, \underline{\hat{\mathbf{k}}}_4, \underline{\hat{\mathbf{k}}}_5$ — gehören. Wieder diskutieren wir, wie sich das $(0 \leq \alpha_{\underline{\hat{\mathbf{k}}}\underline{\hat{\mathbf{a}}}} \leq \pi)$-Intervall in ein entsprechendes $\alpha_{\underline{\hat{\mathbf{l}}}\underline{\hat{\mathbf{a}}}}$-Intervall abbildet: Offensichtlich — man erkennt das sofort am Geschwindigkeitsdiagramm — gehört $\alpha_{\underline{\hat{\mathbf{k}}}\underline{\hat{\mathbf{a}}}} = 0$ zu $\alpha_{\underline{\hat{\mathbf{l}}}\underline{\hat{\mathbf{a}}}} = 0$. Von diesem Nullpunkt ausgehend nimmt aber $\alpha_{\underline{\hat{\mathbf{k}}}\underline{\hat{\mathbf{a}}}}$ nur *dann* zu, wenn $\alpha_{\underline{\hat{\mathbf{l}}}\underline{\hat{\mathbf{a}}}}$ zunächst negativ wird, bis die untere Spitze des fett gedruckten Teils des rechten Schwalbenschwanzes erreicht ist; danach nimmt $\alpha_{\underline{\hat{\mathbf{k}}}\underline{\hat{\mathbf{a}}}}$ weiter zu, während $\alpha_{\underline{\hat{\mathbf{l}}}\underline{\hat{\mathbf{a}}}}$ auf eine zweite Nullstelle zusteuert. Zum Wert $\alpha_{\underline{\hat{\mathbf{l}}}\underline{\hat{\mathbf{a}}}} = \pi/4$ gehört — wie beim qP-Diagramm — der Wert $\alpha_{\underline{\hat{\mathbf{k}}}\underline{\hat{\mathbf{a}}}} = \pi/4$. Im Folgenden durchläuft $\alpha_{\underline{\hat{\mathbf{l}}}\underline{\hat{\mathbf{a}}}}$ schließlich den vollständigen oberen Schwalbenschwanz, der sich in der $\alpha_{\underline{\hat{\mathbf{l}}}\underline{\hat{\mathbf{a}}}}(\alpha_{\underline{\hat{\mathbf{k}}}\underline{\hat{\mathbf{a}}}})$-Kurve als Aufeinanderfolge eines lokalen Maximums und eines lokalen Minimums manifestiert. Zur $\underline{\hat{\mathbf{l}}}_3$-Richtung — $\alpha_{\underline{\hat{\mathbf{l}}}_3\underline{\hat{\mathbf{a}}}} = \pi/2$ — gehört zunächst eine $\underline{\hat{\mathbf{k}}}_3$-Richtung mit $\pi/2 < \alpha_{\underline{\hat{\mathbf{k}}}_3\underline{\hat{\mathbf{a}}}} \gtrsim \pi/4$, die linke Schwalbenschwanzspitze korrespondiert dem darauf folgenden Maximum der $\alpha_{\underline{\hat{\mathbf{l}}}\underline{\hat{\mathbf{a}}}}(\alpha_{\underline{\hat{\mathbf{k}}}\underline{\hat{\mathbf{a}}}})$-Kurve, und schliesslich findet sich für $\alpha_{\underline{\hat{\mathbf{l}}}_3\underline{\hat{\mathbf{a}}}} = \pi/2$ der Wert $\alpha_{\underline{\hat{\mathbf{k}}}_4\underline{\hat{\mathbf{a}}}} = \pi/2$. Das sich anschließende Minimum entspricht der rechten Spitze

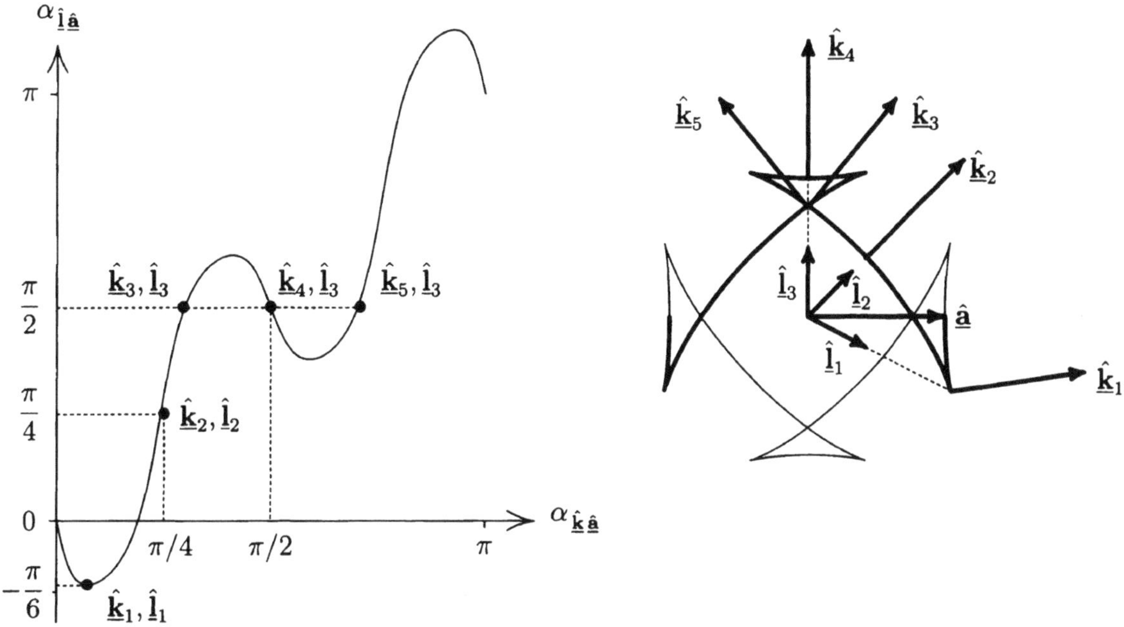

Abb. 8.3.13: *Illustration der nichtlinearen Beziehung zwischen Phasenausbreitungsvektor $\hat{\underline{k}}$ und Strahlvektor $\hat{\underline{l}}$ am Beispiel des qSV-Energiegeschwindigkeitsdiagramms von Austenit 308 (aus Gründen der Übersichtlichkeit sind die $\hat{\underline{l}}$-(Einheits-)Vektoren nur halb so lang wie die $\hat{\underline{k}}$-(Einheits-)Vektoren)*

des oberen Schwalbenschwanzes, und der darauffolgende Doppelpunkt des Geschwindigkeitsdiagramms (Doppel*punkt* in der $\hat{\underline{k}}\,\hat{\underline{a}}$-*Ebene*) gehört nunmehr zum Phasenausbreitungsvektor $\hat{\underline{k}}_5$: Zu der *einen* Strahlrichtung $\hat{\underline{l}}_3$ mit $\alpha_{\hat{\underline{l}}_3\hat{\underline{a}}} = \pi/2$ gehören *drei* verschieden orientierte Phasenflächen, wobei sich zwei mit derselben Energiegeschwindigkeit und eine mit einer größeren Energiegeschwindigkeit ausbreiten, d.h. $\hat{\underline{k}}$ steht nicht mehr senkrecht auf den Wellenfronten wie in Abb. 8.1.7. In Abb. 8.3.14 wird dies besonders deutlich: Hier sind EFIT-RC2(t)-Wellenfronten für zwei verschiedene Zeitpunkte berechnet, die als qP- und qSV-Wellenfronten von einer Linienkraftdichtequelle in Austenit 308 ausgehen. In Abschnitt 8.3.1 sprachen wir bereits davon, dass Zeitbereichswellenfronten von Punkt- oder Linienquellen („Green'sche Funktionen“) mit den Energiegeschwindigkeitsdiagrammen ebener Wellen übereinstimmen müssen; die den Wellenfronten unterlegten Geschwindigkeitsdiagramme veranschaulichen dies, und man sieht sehr schön. dass in Richtung der Strahlvektoren zu den *cusp*-Doppelpunkten tatsächlich jeweils drei Phasenflächen existieren. Diese breiten sich aber eben nicht in Richtung der *drei* Phasenvektoren, sondern in Richtung des *einen* Strahlvektors aus (Gleichung (8.3.30)). *Zwei* davon haben auch noch unterschiedliche Energiegeschwindigkeiten, was beispielsweise bei der Interpretation seismischer Bohrlochsignale zu Verwirrung führt (Wang et al., 2002).

8.4 Ebene Wellen in isotropen dissipativen Materialien

Homogen-isotrope dissipative Materialien beschreiben wir im Frequenzbereich durch die Materialgleichungen

$$\underline{\underline{\boldsymbol{\mu}}}(\underline{\mathbf{R}}, \omega) = \varepsilon_c(\omega)\underline{\underline{\mathbf{I}}} \ , \tag{8.4.1}$$

$$\begin{aligned} \underline{\underline{\boldsymbol{\rho}}}_c(\underline{\mathbf{R}}, \omega) &= [\rho + \varepsilon_c(\omega)]\, \underline{\underline{\mathbf{I}}} \\ &= \rho_c(\omega)\, \underline{\underline{\mathbf{I}}} \ , \end{aligned} \tag{8.4.2}$$

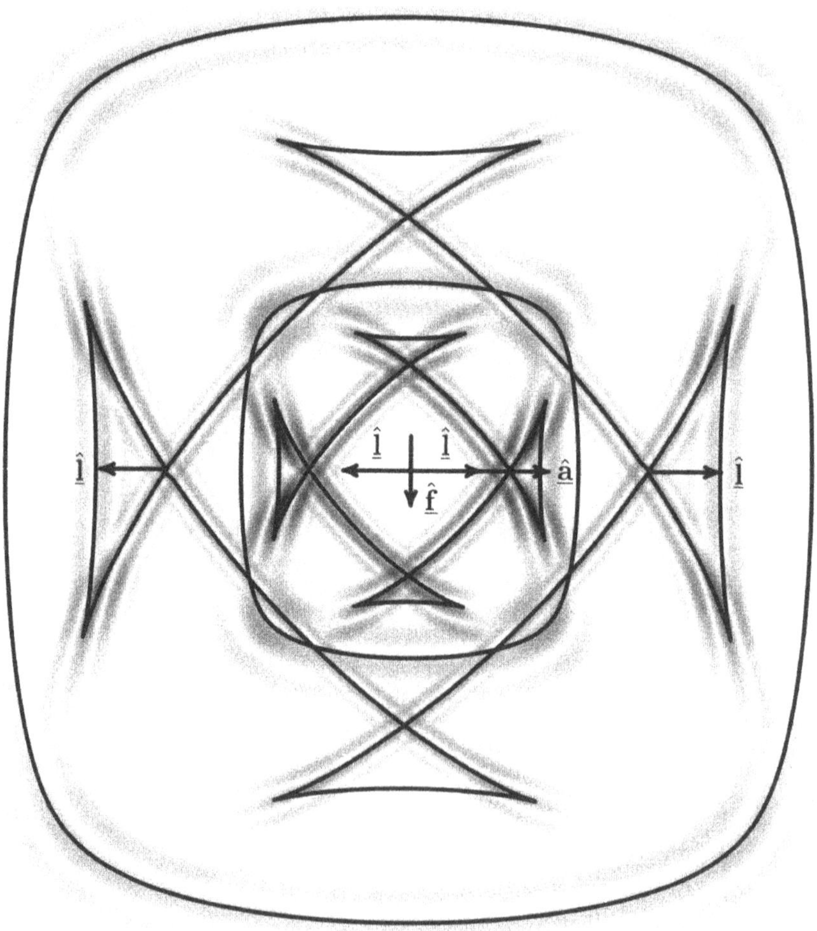

Abb. 8.3.14: *2D-EFIT-qP/qSV-RC2(t)-Wellenfronten einer Linienkraftdichte* $\hat{\underline{\mathbf{f}}}$ *in Austenit 308 für zwei verschiedene Zeitpunkte*

$$\underline{\underline{\underline{\mathbf{c}}}}_c(\underline{\mathbf{R}}, \omega) = \lambda_c(\omega)\, \underline{\underline{\underline{\mathbf{I}}}}^\delta + 2\mu_c(\omega)\, \underline{\underline{\underline{\mathbf{I}}}}^+ \quad , \tag{8.4.3}$$

wobei $\varepsilon_c(\omega), \lambda_c(\omega)$ und $\mu_c(\omega)$ komplexwertige Funktionen der Kreisfrequenz sind, deren Real- und Imaginärteile als Kramers-Kronig-Relationen über Hilbert-Transformierte miteinander verknüpft sein müssen. Als homogene Schwingungsgleichung ergibt sich folglich

$$\mu_c(\omega)\Delta\underline{\mathbf{u}}(\underline{\mathbf{R}}, \omega) + [\lambda_c(\omega) + \mu_c(\omega)]\nabla\nabla \cdot \underline{\mathbf{u}}(\underline{\mathbf{R}}, \omega) + \omega^2 \rho_c(\omega)\underline{\mathbf{u}}(\underline{\mathbf{R}}, \omega) = \underline{\mathbf{0}} \tag{8.4.4}$$

für den Vektor der Teilchenverschiebung anstelle von (8.1.53). Man beachte: Der einzige Unterschied gegenüber (8.1.53) sind frequenz*abhängige* Materialparameter.

Mit dem Ansatz ebener Wellen

$$\underline{\mathbf{u}}(\underline{\mathbf{R}}, \omega, \underline{\mathbf{k}}) = u(\omega)\, \mathrm{e}^{\mathrm{j}\underline{\mathbf{k}}\cdot\underline{\mathbf{R}}}\, \underline{\hat{\mathbf{u}}}(\underline{\mathbf{k}}) \tag{8.4.5}$$

ergeben sich aus (man vergleiche (8.2.2) für nichtdissipative Materialien)

$$\underline{\underline{\mathbf{W}}}(\underline{\mathbf{k}}, \omega) = [\mu_c(\omega)\, \underline{\mathbf{k}} \cdot \underline{\mathbf{k}} - \omega^2 \rho_c(\omega)]\, \underline{\underline{\mathbf{I}}} + [\lambda_c(\omega) + \mu_c(\omega)]\, \underline{\mathbf{k}}\,\underline{\mathbf{k}} \tag{8.4.6}$$

und der Forderung $\det\underline{\underline{\mathbf{W}}}(\underline{\mathbf{k}}, \omega) = 0$ unmittelbar Dispersionsgleichungen

$$\underline{\mathbf{k}}_\mathrm{P} \cdot \underline{\mathbf{k}}_\mathrm{P} = \omega^2 \frac{\rho_c(\omega)}{\lambda_c(\omega) + 2\mu_c(\omega)} \stackrel{\text{def}}{=} k_{\mathrm{P}c}^2(\omega) \quad , \tag{8.4.7}$$

$$\underline{\mathbf{k}}_\mathrm{S} \cdot \underline{\mathbf{k}}_\mathrm{S} = \omega^2 \frac{\rho_c(\omega)}{\mu_c(\omega)} \stackrel{\text{def}}{=} k_{\mathrm{S}c}^2(\omega) \tag{8.4.8}$$

für P- und S-*Slowness*-Vektoren, die diesmal wegen der frequenzabhängigen rechten Seiten tatsächlich *Dispersions*gleichungen sind. Das zweite Gleichheitszeichen in (8.4.7) und (8.4.8) definiert jeweils komplexwertige nichtlinear-frequenzabhängige[47] Wellenzahlen $k_{\mathrm{P,S}c}(\omega)$. Offensichtlich sind deshalb die möglichen Lösungen $\underline{\mathbf{k}}_\mathrm{P,S}$ der Dispersionsgleichungen ebenfalls (vektoriell) komplexwertig:

$$\underline{\mathbf{k}}_\mathrm{P,S} = \Re\underline{\mathbf{k}}_\mathrm{P,S} + \mathrm{j}\Im\underline{\mathbf{k}}_\mathrm{P,S} \quad . \tag{8.4.9}$$

Die P,S-Indizierung suggeriert bereits, dass wir ebene Druck- und Scherwellen als Lösung der Schwingungsgleichung (8.4.4) suchen (und erwarten). Wir bestimmen deshalb die Polarisationsvektoren erneut — ebenso wie in Abschnitt 8.2 — aus den Forderungen

$$\nabla \times \underline{\mathbf{u}}_\mathrm{P}(\underline{\mathbf{R}}, \omega, \underline{\mathbf{k}}_\mathrm{P}) = \underline{\mathbf{0}} \quad , \tag{8.4.10}$$

$$\nabla \cdot \underline{\mathbf{u}}_\mathrm{S}(\underline{\mathbf{R}}, \omega, \underline{\mathbf{k}}_\mathrm{S}) = 0 \tag{8.4.11}$$

beziehungsweise

$$\underline{\mathbf{k}}_\mathrm{P} \times \underline{\hat{\mathbf{u}}}_\mathrm{P}(\underline{\mathbf{k}}_\mathrm{P}) = \underline{\mathbf{0}} \quad , \tag{8.4.12}$$

$$\underline{\mathbf{k}}_\mathrm{S} \cdot \underline{\hat{\mathbf{u}}}_\mathrm{S}(\underline{\mathbf{k}}_\mathrm{S}) = 0 \quad ; \tag{8.4.13}$$

zusammen mit der Hermite'schen Normierungsbedingung

$$\underline{\hat{\mathbf{u}}}_\mathrm{P,S} \cdot \underline{\hat{\mathbf{u}}}_\mathrm{P,S}^* = 1 \tag{8.4.14}$$

erhalten wir wie in Abschnitt 8.2 Polarisations(einheits)vektoren

$$\underline{\hat{\mathbf{u}}}_\mathrm{P}(\underline{\mathbf{k}}_\mathrm{P}) = \frac{\underline{\mathbf{k}}_\mathrm{P}}{\sqrt{\underline{\mathbf{k}}_\mathrm{P} \cdot \underline{\mathbf{k}}_\mathrm{P}^*}} \quad , \tag{8.4.15}$$

[47]Mit $k_{\mathrm{P,S}c}(\omega)$ soll angedeutet werden, dass die Wellenzahlen dissipativer Materialien nicht einfach nur proportional zur Kreisfrequenz sind.

$$\underline{\hat{\mathbf{u}}}_{S1}(\underline{\mathbf{k}}_S) = \frac{\underline{\hat{\mathbf{u}}}_{S2} \times \underline{\mathbf{k}}_S}{\sqrt{\underline{\mathbf{k}}_S \cdot \underline{\mathbf{k}}_S^*}} , \tag{8.4.16}$$

wenn wir $\underline{\hat{\mathbf{u}}}_{S2}$ reell mit $\underline{\hat{\mathbf{u}}}_{S2} \cdot \underline{\mathbf{k}}_S = 0$ ansetzen.

Nach Einbettung in ein kartesisches Koordinatensystem kann in Anlehnung an Abb. 8.1.8 $\underline{\hat{\mathbf{u}}}_{S2} = \underline{\hat{\mathbf{u}}}_{SH} = \underline{\mathbf{e}}_y$ und $\underline{\hat{\mathbf{u}}}_{S1} = \underline{\hat{\mathbf{u}}}_{SV}$ mit $\underline{\hat{\mathbf{u}}}_{SV} \cdot \underline{\mathbf{e}}_y = 0$ gewählt werden.

8.4.1 Homogene ebene Wellen

Die Dispersionsgleichungen (8.4.7) und (8.4.8) dissipativer Materialien lassen — ebenso wie in nichtdissipativen Materialien — als Lösungen homogene und inhomogene ebene P,S-Wellen zu.

Im Ansatz (8.4.9) der komplexen Wellenzahlvektoren identifizieren wir gemäß

$$\underline{\mathbf{u}}_{P,S1/2}(\underline{\mathbf{R}}, \omega, \underline{\mathbf{k}}_{P,S}) = u(\omega)\, e^{j\Re\underline{\mathbf{k}}_{P,S}\cdot\underline{\mathbf{R}}}\, e^{-\Im\underline{\mathbf{k}}_{P,S}\cdot\underline{\mathbf{R}}}\, \underline{\hat{\mathbf{u}}}_{P,S1/2}(\underline{\mathbf{k}}_{P,S}) \tag{8.4.17}$$

den Realteil $\Re\underline{\mathbf{k}}_{P,S}$ als Phasen(ausbreitungs)vektor und den Imaginärteil $\Im\underline{\mathbf{k}}_{P,S}$ als Dämpfungsvektor. In *nicht*dissipativen (isotropen) Materialien gibt es für $\Im\underline{\mathbf{k}}_{P,S}$ genau zwei Möglichkeiten: entweder gleich dem Nullvektor — entsprechend homogenen ebenen Wellen — oder senkrecht auf $\Re\underline{\mathbf{k}}_{P,S}$ — entsprechend inhomogenen ebenen Wellen — mit der in Abb. 8.2.1 angegebenen Orientierung (Ausbreitung in $+\Re\underline{\mathbf{k}}_{P,S}$-Richtung ergibt eine *Dämpfung* nur im Halbraum $\Im\underline{\mathbf{k}}_{P,S}\cdot\underline{\mathbf{R}} > 0$). Die resultierenden ebenen Wellen sind entweder *un*- oder (bezüglich der Phasenausbreitungsrichtung) *quer*gedämpft. Genau *diese* beiden Fälle sind in dissipativen Materialien ausgeschlossen! Setzen wir nämlich (8.4.9) in die Dispersionsgleichungen ein, so ergibt die Aufspaltung in Real- und Imaginärteil:

$$\Re\underline{\mathbf{k}}_{P,S} \cdot \Re\underline{\mathbf{k}}_{P,S} - \Im\underline{\mathbf{k}}_{P,S} \cdot \Im\underline{\mathbf{k}}_{P,S} = \Re k_{P,S}^2(\omega) , \tag{8.4.18}$$

$$\Re\underline{\mathbf{k}}_{P,S} \cdot \Im\underline{\mathbf{k}}_{P,S} = \frac{1}{2}\,\Im k_{P,S}^2(\omega) , \tag{8.4.19}$$

und wegen (8.4.19) kann für $\Im k_{P,S}^2(\omega) \neq 0$ der Imaginärteil $\Im\underline{\mathbf{k}}_{P,S}$ weder null sein noch kann er senkrecht auf $\Re\underline{\mathbf{k}}_{P,S}$ stehen. Es verbleiben die beiden Alternativen: $\Im\underline{\mathbf{k}}_{P,S}$ parallel zu $\Re\underline{\mathbf{k}}_{P,S}$ — dies entspricht homogenen, in Ausbreitungsrichtung gedämpften ebenen Wellen, da sodann Phasen- und Amplitudenflächen zusammenfallen — oder beliebiger *nicht*-orthogonaler Orientierung relativ zu $\Re\underline{\mathbf{k}}_{P,S}$ — dies entspricht inhomogenen ebenen Wellen, deren Phasen- und Amplitudenflächen weder parallel noch senkrecht zueinander sind. Der Winkel $0 \leq \sphericalangle(\Re\underline{\mathbf{k}}_{P,S}, \Im\underline{\mathbf{k}}_{P,S}) < \pi/2$ ist ein durch die elastodynamischen Grundgleichungen nicht festgelegter frei wählbarer Parameter.

Homogene, in Ausbreitungsrichtung $\underline{\mathbf{e}}_\zeta$ für $\zeta > 0$ gedämpfte ebene Wellen ergeben sich als Lösungen

$$\underline{\mathbf{k}}_{P,S} = k_{P,Sc}(\omega)\,\underline{\mathbf{e}}_\zeta \tag{8.4.20}$$

der Dispersionsgleichungen, woraus

$$\Re\underline{\mathbf{k}}_{P,S} = \Re k_{P,Sc}(\omega)\,\underline{\mathbf{e}}_\zeta , \tag{8.4.21}$$

$$\Im\underline{\mathbf{k}}_{P,S} = \Im k_{P,Sc}(\omega)\,\underline{\mathbf{e}}_\zeta \tag{8.4.22}$$

folgt (man vergleiche Abschnitt 4.4.1). Um diese Phasen- und Dämpfungsvektoren explizit angeben zu können, müssen wir bei vorgegebenem Real- und Imaginärteil von $k_{P,Sc}^2(\omega) = \Re k_{P,Sc}^2(\omega) + j\Im k_{P,Sc}^2(\omega)$ den Real- und Imaginärteil von $k_{P,Sc}(\omega) = \Re k_{P,Sc}(\omega) + j\Im k_{P,Sc}(\omega)$ ausrechnen; wir erhalten (Gleichungen (2.3.38), (2.3.39) mit der hier adäquaten Vorzeichenwahl):

$$\Re k_{P,Sc}(\omega) = \frac{1}{\sqrt{2}}\sqrt{\Re k_{P,Sc}^2(\omega) + \sqrt{\left[\Re k_{P,Sc}^2(\omega)\right]^2 + \left[\Im k_{P,Sc}^2(\omega)\right]^2}}$$

$$= \frac{1}{\sqrt{2}}\sqrt{|k^2_{\mathrm{P,Sc}}(\omega)| + \Re k^2_{\mathrm{P,Sc}}(\omega)} \quad , \tag{8.4.23}$$

$$\Im k_{\mathrm{P,Sc}}(\omega) = \frac{1}{\sqrt{2}}\sqrt{-\Re k^2_{\mathrm{P,Sc}}(\omega) + \sqrt{\left[\Re k^2_{\mathrm{P,Sc}}(\omega)\right]^2 + \left[\Im k^2_{\mathrm{P,Sc}}(\omega)\right]^2}}$$
$$= \frac{1}{\sqrt{2}}\sqrt{|k^2_{\mathrm{P,Sc}}(\omega)| - \Re k^2_{\mathrm{P,Sc}}(\omega)} \quad , \tag{8.4.24}$$

als Lösung des Gleichungssystems

$$[\Re k_{\mathrm{P,Sc}}(\omega)]^2 - [\Im k_{\mathrm{P,Sc}}(\omega)]^2 = \Re k^2_{\mathrm{P,Sc}}(\omega) \quad , \tag{8.4.25}$$

$$\Re k_{\mathrm{P,Sc}}(\omega)\Im k_{\mathrm{P,Sc}}(\omega) = \frac{1}{2}\Im k^2_{\mathrm{P,Sc}}(\omega) \quad , \tag{8.4.26}$$

welches aus der Real-Imaginärteilaufspaltung von

$$k^2_{\mathrm{P,Sc}}(\omega) = \Re k^2_{\mathrm{P,Sc}}(\omega) + \mathrm{j}\Im k^2_{\mathrm{P,Sc}}(\omega)$$
$$= [\Re k_{\mathrm{P,Sc}}(\omega) + \mathrm{j}\Im k_{\mathrm{P,Sc}}(\omega)]^2 \tag{8.4.27}$$

folgt (Gleichungen (8.4.7), (8.4.8) mit (8.4.20)). Infolgedessen ergibt sich

$$c_{\mathrm{P,S}}(\omega) = \frac{\omega}{\Re k_{\mathrm{P,Sc}}(\omega)} \tag{8.4.28}$$

als frequenzabhängige Phasengeschwindigkeit homogener dispersiver P- und S-Wellen in homogen-isotropen dissipativen Materialien. Diesen Ausdruck erhalten wir natürlich auch durch Spezialisierung der allgemeinen Formel (8.2.30).

Die Energiegeschwindigkeiten homogener ebener Wellen in dissipativen Materialien finden wir sofort durch Einsetzen von (8.4.20) in (8.2.39), (8.2.40), (8.2.44), (8.2.45), (8.2.51), (8.2.52) und nachfolgende Division:

$$\Re\underline{\mathbf{S}}_{\mathrm{KP,S1/S2}}(\underline{\mathbf{R}}, \omega, \underline{\mathbf{k}}_{\mathrm{P,S}}) = \frac{\varrho\omega}{2}\, c^2_{\mathrm{P,S}}\, |u(\omega)|^2 \mathrm{e}^{-2\Im k_{\mathrm{P,Sc}}(\omega)\underline{\mathbf{e}}_\zeta\cdot\underline{\mathbf{R}}}\, \Re k_{\mathrm{P,Sc}}(\omega)\, \underline{\mathbf{e}}_\zeta \quad , \tag{8.4.29}$$

$$\langle w_{\mathrm{P,S1/2}}(\underline{\mathbf{R}}, t, \omega, \underline{\mathbf{k}}_{\mathrm{P,S}}\rangle = \frac{\varrho}{4}\, c^2_{\mathrm{P,S}}\, |u(\omega)|^2 \mathrm{e}^{-2\Im k_{\mathrm{P,Sc}}(\omega)\underline{\mathbf{e}}_\zeta\cdot\underline{\mathbf{R}}} \left[k^2_{\mathrm{P,S}} + |k_{\mathrm{P,Sc}}(\omega)|^2\right] \quad , \tag{8.4.30}$$

$$\underline{\mathbf{c}}_{\mathrm{EP,S1/2}}(\omega) = \frac{2\omega\Re k_{\mathrm{P,Sc}}(\omega)}{k^2_{\mathrm{P,S}} + |k_{\mathrm{P,Sc}}(\omega)|^2}\,\underline{\mathbf{e}}_\zeta$$
$$\stackrel{(8.4.23)}{=} c_{\mathrm{P,S}}(\omega)\,\frac{\Re k^2_{\mathrm{P,Sc}}(\omega) + |k_{\mathrm{P,Sc}}(\omega)|^2}{k^2_{\mathrm{P,S}} + |k_{\mathrm{P,Sc}}(\omega)|^2}\,\underline{\mathbf{e}}_\zeta \quad . \tag{8.4.31}$$

Vier Bemerkungen sind angebracht:

- In (8.4.29), (8.4.30) sind wir von der beliebigen, aber festen Kreisfrequenz ω_0 zeitharmonischer Feldgrößen zur Kreisfrequenzvariablen ω von Fourierspektren übergegangen.
- Die Formeln (8.4.29), (8.4.30) entstehen durch Spezialisierung der allgemeinen Ausdrücke (8.2.37), (8.2.38) auf P,S1/2-Polarisationen und Dispersionsrelationen dissipativer Materialien, sie enthalten aber mit ϱ, λ und μ als isotrope Spezialisierung des $\underline{\underline{\underline{\underline{\mathbf{c}}}}}$-Tensors in (8.2.36), d.h. des $\underline{\underline{\underline{\underline{\mathbf{c}}}}}$-Tensors *ohne* Verluste die (frequenzunabhängigen) Materialparameter der *Augenblicksreaktion* des Materials gemäß (4.4.33), (4.4.34) bzw. (7.4.10)–(7.4.12); dieser Augenblicksreaktion, also den Materialkonstanten[48] ϱ, λ, μ, sind die Wellenzahlen $k_{\mathrm{P,S}}$ bzw. die Geschwindigkeiten $c_{\mathrm{P,S}}$ zugeordnet.

[48]Man beachte: Im Allgemeinen gilt: $\varrho, \lambda, \mu \neq \Re\varrho_c, \Re\lambda_c, \Re\mu_c$.

- Mit den komplexen frequenzabhängigen Wellenzahlen $k_{\mathrm{P,Sc}}(\omega)$ gemäß (8.4.7), (8.4.8) definiert man die frequenzabhängige Phasengeschwindigkeit (8.4.28); unter gewissen Voraussetzungen (Langenberg, 2005) lässt sich aber auch eine frequenzabhängige Gruppengeschwindigkeit ebener Impulswellen
$$c_{\mathrm{grP,S}}(\omega) = \frac{1}{\frac{\mathrm{d}k_{\mathrm{P,Sc}}(\omega)}{\mathrm{d}\omega}} \tag{8.4.32}$$
definieren. Diese ist jedoch *nicht* gleich dem Betrag der Energiegeschwindigkeit (8.4.31). Die Gleichheit von Energie- und Gruppengeschwindigkeit hatten wir ja in Abschnitt 8.3.1 für anisotrope *nicht*dissipative Materialien gezeigt.

  Apropos Impulswellen: So einfach sich auch homogene ebene Wellen in dissipativen Materialien im Frequenzbereich darstellen mögen, im Zeitbereich wird es kompliziert; um auf der Grundlage von (8.4.17) einen Ultraschall*impuls* auszurechnen, muss eine inverse Fourier-Transformation ausgeführt werden:
$$\underline{\mathbf{u}}_{\mathrm{P,S1/2}}(\underline{\mathbf{R}}, t, \underline{\mathbf{k}}_{\mathrm{P,S}}) = \mathcal{F}^{-1}\{u(\omega)\mathrm{e}^{\mathrm{j}\Re k_{\mathrm{P,Sc}}(\omega)\underline{\mathbf{e}}_\zeta\cdot\underline{\mathbf{R}}}\,\mathrm{e}^{-\Im k_{\mathrm{P,Sc}}(\omega)\underline{\mathbf{e}}_\zeta\cdot\underline{\mathbf{R}}}\,\underline{\hat{\mathbf{u}}}_{\mathrm{P,S1/2}}(\underline{\mathbf{k}}_{\mathrm{P,S}})\}\ , \tag{8.4.33}$$
und dies ist wegen der im Allgemeinen nichtlinearen Frequenzabhängkeit von $k_{\mathrm{P,Sc}}(\omega)$ kaum analytisch möglich; eine näherungsweise Auswertung führt auf das Konzept der oben genannten Gruppengeschwindigkeit: Die Einhüllende eines bandbegrenzten Impulses breitet sich unverzerrt aus, während die Phase „durch ihn hindurch läuft“. *Eine* fundamentale Aussage gilt es aber stets zu beachten: Ein kausaler Impuls bleibt bei der Ausbreitung im dissipativen Material stets kausal, selbst eventuelle „Vorläufer“ treffen nicht eher am Aufpunkt ein als es *diejenige* Phasengeschwindigkeit erlaubt, die den Materialkonstanten ϱ und $\underline{\underline{\underline{\underline{\mathbf{c}}}}}$ der Augenblicksreaktion des Materials zugeordnet sind (Sommerfeld, 1914; Brillouin, 1914; Kristensson et al., 2000).

- Für das spezielle Maxwell-Modell der Dissipation (nur ϱ_c ist komplex: Gleichung (4.4.9)) mit $\Re k_{\mathrm{P,Sc}}(\omega) = k_{\mathrm{P,S}}$ gilt $|\underline{\mathbf{c}}_{\mathrm{EP,S1/2}}(\omega)| = c_{\mathrm{P,S}}(\omega)$.

Die Phasenausbreitungs-, Dämpfungs- und Polarisationsvektoren homogener ebener Wellen sind in Abb. 8.4.1a,b skizziert.

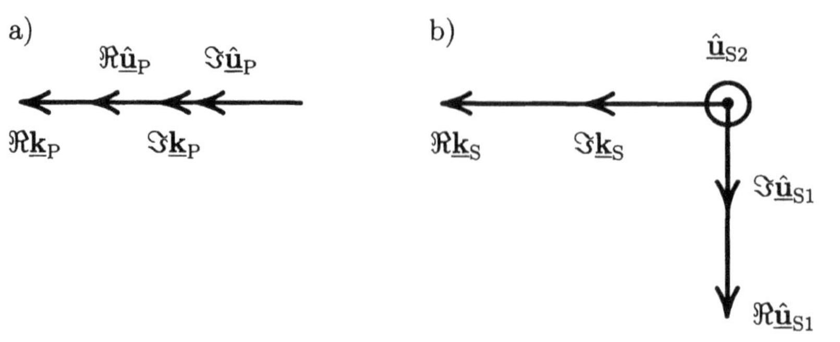

Abb. 8.4.1: *a) Polarisation einer homogenen ebenen Druckwelle im dissipativen Material; b) S1/S2-Polarisation homogener ebener Scherwellen im dissipativen Material*

8.4.2 Inhomogene ebene Wellen

Die nach Real- und Imaginärteil aufgespaltenen Dispersionsgleichungen (8.4.18), (8.4.19) dissipativer Materialien lassen als Lösungen sowohl homogene als auch inhomogene ebene Wellen zu. Erstere sind durch die Parallelität von $\Re\underline{\mathbf{k}}_{P,S}$ und $\Im\underline{\mathbf{k}}_{P,S}$ charakterisiert, letztere enthalten einen frei wählbaren Parameter, nämlich den Winkel $\langle(\Re\underline{\mathbf{k}}_{P,S}, \Im\underline{\mathbf{k}}_{P,S})$ zwischen Phasen- und Dämpfungsvektor mit $0 < \langle(\Re\underline{\mathbf{k}}_{P,S}, \Im\underline{\mathbf{k}}_{P,S}) < \pi/2$. Aufgrund von (8.2.17), (8.2.18) und (8.2.22), (8.2.23) ergibt sich deshalb die graphische Darstellung von Phasen-, Dämpfungs- und Polarisationsvektoren in Abb. 8.4.2a,b. Man beachte: Der Spezialfall homogener ebener Wellen in

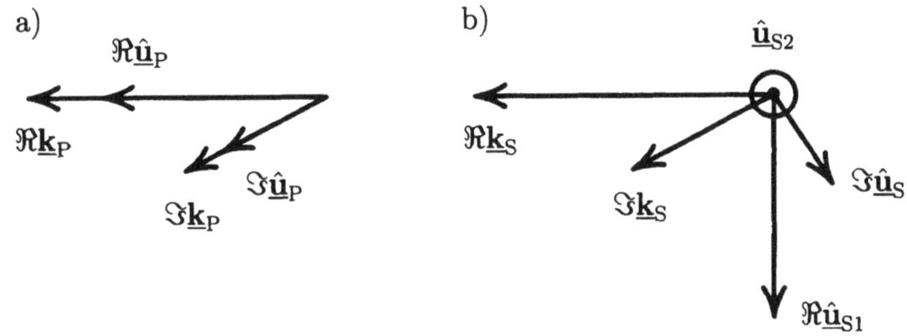

***Abb. 8.4.2:** a) Polarisation einer inhomogenen ebenen Druckwelle im dissipativen Material; b) S1/S2-Polarisation inhomogener ebener Scherwellen im dissipativen Material*

dissipativen Materialien (Abbildung 8.4.1a,b) ist in Abb. 8.4.2a,b enthalten, nicht jedoch der Fall der Abb. 8.2.2, denn die Orthogonalität von $\Re\underline{\mathbf{k}}_{P,S}$ und $\Im\underline{\mathbf{k}}_{P,S}$ ist nur in nichtdissipativen Materialien möglich.

In dissipativen Materialien lässt sich nur für homogene ebene Wellen eine Aussage über $\underline{\mathbf{k}}_{P,S}\cdot\underline{\mathbf{k}}^*_{P,S}$ machen, für inhomogene Wellen müssen wir diesen Term in den Ausdrücken (8.2.39), (8.2.47), (8.2.51) für den Realteil des komplexen Poynting-Vektors und in den Ausdrücken (8.2.40), (8.2.48), (8.2.52) für die zeitlich gemittelte elastodynamische Energiedichte im Allgemeinen stehen lassen; allein $\underline{\mathbf{k}}_{P,S}\cdot\underline{\mathbf{k}}_{P,S}$ können wir durch $k^2_{P,Sc}$ und $\underline{\mathbf{k}}^*_{P,S}\cdot\underline{\mathbf{k}}^*_{P,S}$ durch $k^{*2}_{P,Sc}$ ersetzen. Der jeweilige Quotient ($\omega_0 \Longrightarrow \omega$)

$$\underline{\mathbf{c}}_{EP}(\underline{\mathbf{k}}_P) = \frac{\lambda\,[k^{*2}_{Pc}(\omega)\underline{\mathbf{k}}_P + k^2_{Pc}(\omega)\underline{\mathbf{k}}^*_P] + 2\mu\underline{\mathbf{k}}_P\cdot\underline{\mathbf{k}}^*_P\,(\underline{\mathbf{k}}_P + \underline{\mathbf{k}}^*_P)}{\lambda\,[k^2_P\underline{\mathbf{k}}_P\cdot\underline{\mathbf{k}}^*_P + |k^2_{Pc}(\omega)|^2] + 2\mu\underline{\mathbf{k}}_P\cdot\underline{\mathbf{k}}^*_P\,(k^2_P + \underline{\mathbf{k}}_P\cdot\underline{\mathbf{k}}^*_P)}\,\omega\ , \tag{8.4.34}$$

$$\underline{\mathbf{c}}_{ES2}(\underline{\mathbf{k}}_S) = \frac{2\Re\underline{\mathbf{k}}_S}{k^2_S + \underline{\mathbf{k}}_S\cdot\underline{\mathbf{k}}^*_S}\,\omega\ , \tag{8.4.35}$$

$$\underline{\mathbf{c}}_{ES1}(\underline{\mathbf{k}}_S) = \frac{2\underline{\mathbf{k}}_S\cdot\underline{\mathbf{k}}^*_S\,(\underline{\mathbf{k}}_S + \underline{\mathbf{k}}^*_S) - [k^{*2}_{Sc}(\omega)\underline{\mathbf{k}}_S + k^2_{Sc}(\omega)\underline{\mathbf{k}}^*_S]}{\underline{\mathbf{k}}_S\cdot\underline{\mathbf{k}}^*_S\,(k^2_S + \underline{\mathbf{k}}_S\cdot\underline{\mathbf{k}}^*_S) + (\underline{\mathbf{k}}_S\cdot\underline{\mathbf{k}}^*_S)^2 - |k^2_{Pc}(\omega)|^2}\,\omega \tag{8.4.36}$$

ergibt deshalb die Energiegeschwindigkeit von P-, S1(SH)- und S2(SV)-Wellen. In allen bisherigen Fällen komplexer Phasenvektoren fanden wir stets strukturell gleiche Ausdrücke für die Energiegeschwindigkeiten von P-, S1- und S2-Wellenmoden, im allgemeinen Fall inhomogener Wellen in dissipativen Materialien ist dies offenbar nicht mehr so. Lediglich die Phasengeschwindigkeiten gemäß (8.2.30)

$$c_{P,S1/2}(\underline{\mathbf{k}}_{P,S}) = \sqrt{\frac{2}{\Re k^2_{P,Sc} + \underline{\mathbf{k}}_{P,S}\cdot\underline{\mathbf{k}}^*_{P,S}}}\,\omega \tag{8.4.37}$$

sind strukturell gleich. Man beachte: $\underline{\mathbf{c}}_{EP}(\underline{\mathbf{k}}_P)$ und $\underline{\mathbf{c}}_{ES1}(\underline{\mathbf{k}}_S)$ haben nicht die Richtung von $\Re\underline{\mathbf{k}}_P$ bzw. $\Re\underline{\mathbf{k}}_S$, d.h. die Energie strömt nicht senkrecht zu den Phasenflächen.

In *nicht*dissipativen Materialien existieren inhomogene ebene Wellen als mathematische Lösungen einer homogenen Schwingungsgleichung grundsätzlich im unendlich ausgedehnten elastischen Vollraum, physikalische „Realisierung" erfahren sie aber erst an der Grenzfläche eines

Halbraums (Abschnitt 9.2.1). Aus diesem Grunde wollen wir die inhomogenen ebenen Wellen in dissipativen Materialien ebenfalls bezüglich einer Referenzfläche, und zwar der ebenen ($xy-$)Trennfläche eines homogen-isotropen nichtdissipativen Halbraums ($z > 0$) und eines homogen-isotropen dissipativen Halbraums ($z < 0$) diskutieren. Der Einfachheit halber betrachten wir den unimodalen Fall einer aus dem nichtdissipativen Halbraum unter dem Winkel $\vartheta_{i\mathrm{S}}$ einfallenden SH-Welle (Abbildung 9.2.1 mit $\lambda^{(2)} \Longrightarrow \lambda_c^{(2)}(\omega)$, $\mu^{(2)} \Longrightarrow \mu_c^{(2)}(\omega)$, $\rho^{(2)} \Longrightarrow \rho_c^{(2)}(\omega)$); der erwähnte frei wählbare Parameter — der Winkel zwischen $\Re\underline{\mathbf{k}}_\mathrm{S}$ und $\Im\underline{\mathbf{k}}_\mathrm{S}$ — wird damit durch den Einfallswinkel festgelegt. Die Phasenanpassung für die Phasenvektoren (Gleichung (9.1.19))

$$\begin{aligned} \underline{\underline{\mathbf{n}}} \times \underline{\mathbf{k}}_{i\mathrm{S}} &= \underline{\underline{\mathbf{n}}} \times \underline{\mathbf{k}}_{t\mathrm{S}} \\ &= \underline{\underline{\mathbf{n}}} \times \Re\underline{\mathbf{k}}_{t\mathrm{S}} + \mathrm{j}\,\underline{\underline{\mathbf{n}}} \times \Im\underline{\mathbf{k}}_{t\mathrm{S}} \end{aligned} \tag{8.4.38}$$

mit $\underline{\underline{\mathbf{n}}} = \underline{\mathbf{e}}_z$ fordert nach Aufspaltung in Real- und Imaginärteil

$$\underline{\underline{\mathbf{n}}} \times \Re\underline{\mathbf{k}}_{t\mathrm{S}} = \underline{\underline{\mathbf{n}}} \times \underline{\mathbf{k}}_{i\mathrm{S}} \quad , \tag{8.4.39}$$

$$\underline{\underline{\mathbf{n}}} \times \Im\underline{\mathbf{k}}_{t\mathrm{S}} = \underline{\mathbf{0}} \quad . \tag{8.4.40}$$

Offensichtlich muss $\Im\underline{\mathbf{k}}_{t\mathrm{S}}$ senkrecht zur Trennfläche und damit parallel zur z-Achse orientiert sein; man beachte: Für *jede* durch $\Re\underline{\mathbf{k}}_{t\mathrm{S}}$ gegebene Phasenausbreitungsrichtung erfolgt die Dämpfung stets *senkrecht* zur Trennfläche, d.h. im Allgemeinen (außer bei senkrechtem Einfall) ist die transmittierte SH-Welle tatsächlich eine inhomogene ebene Welle. Zur expliziten Berechnung dieser allein von null verschiedenen z-Komponente von $\Im\underline{\mathbf{k}}_{t\mathrm{S}}$ sowie der noch offenen z-Komponente von $\Re\underline{\mathbf{k}}_{t\mathrm{S}}$ — die Phasenanpassung (8.4.40) legt ja nur die x-Komponente fest — dient die nach Real- und Imaginärteil separierte Dispersionsgleichung, also die Gleichungen (8.4.18) und (8.4.19). Mit

$$\underline{\mathbf{k}}_{t\mathrm{S}} = k_{t\mathrm{S}x}\underline{\mathbf{e}}_x + k_{t\mathrm{S}z}\underline{\mathbf{e}}_z \tag{8.4.41}$$

und

$$k_{t\mathrm{S}x} = -k_\mathrm{S}^{(1)} \sin\vartheta_{i\mathrm{S}} \quad , \tag{8.4.42}$$

$$k_{t\mathrm{S}z} = \Re k_{t\mathrm{S}z} + \mathrm{j}\,\Im k_{t\mathrm{S}z} \quad , \tag{8.4.43}$$

also

$$\Re\underline{\mathbf{k}}_{t\mathrm{S}} = k_{t\mathrm{S}x}\underline{\mathbf{e}}_x + \Re k_{t\mathrm{S}z}\underline{\mathbf{e}}_z \quad , \tag{8.4.44}$$

$$\Im\underline{\mathbf{k}}_{t\mathrm{S}} = \Im k_{t\mathrm{S}z}\underline{\mathbf{e}}_z \quad , \tag{8.4.45}$$

folgt

$$k_{t\mathrm{S}x}^2 + (\Re k_{t\mathrm{S}z})^2 - (\Im k_{t\mathrm{S}z})^2 = \Re k_{\mathrm{S}c}^{(2)^2}(\omega) \quad , \tag{8.4.46}$$

$$\Re k_{t\mathrm{S}z}\Im k_{t\mathrm{S}z} = \frac{1}{2}\Im k_{\mathrm{S}c}^{(2)^2}(\omega) \quad ; \tag{8.4.47}$$

wenn wir (8.4.46) in der Form

$$(\Re k_{t\mathrm{S}z})^2 - (\Im k_{t\mathrm{S}z})^2 = \Re k_{\mathrm{S}c}^{(2)^2}(\omega) - k_\mathrm{S}^{(1)^2} \sin^2\vartheta_{i\mathrm{S}} \tag{8.4.48}$$

schreiben, wird offensichtlich, dass (8.4.48) und (8.4.47) zu (8.4.25) und (8.4.26) analoge Gleichungen sind, deren Lösung wir mit (8.4.23), (8.4.24) und etwas Nachdenken über die richtigen Vorzeichen sofort angeben können:

$$\Re k_{t\mathrm{S}z}(\omega) = -\frac{1}{\sqrt{2}}\sqrt{\Re k_{\mathrm{S}c}^{(2)^2}(\omega) - k_\mathrm{S}^{(1)^2}\sin^2\vartheta_{i\mathrm{S}} + \sqrt{\left[\Re k_{\mathrm{S}c}^{(2)^2}(\omega) - k_\mathrm{S}^{(1)^2}\sin^2\vartheta_{i\mathrm{S}}\right]^2 + \left[\Im k_{\mathrm{S}c}^{(2)^2}(\omega)\right]^2}} \quad ,$$

$$(8.4.49)$$

$$\Im k_{tSz}(\omega) = -\frac{1}{\sqrt{2}}\sqrt{-\Re k_{Sc}^{(2)^2}(\omega) + k_S^{(1)^2}\sin^2\vartheta_{iS} + \sqrt{\left[\Re k_{Sc}^{(2)^2}(\omega) - k_S^{(1)^2}\sin^2\vartheta_{iS}\right]^2 + \left[\Im k_{Sc}^{(2)^2}(\omega)\right]^2}} \tag{8.4.50}$$

Damit wird noch einmal explizit deutlich, dass Phasen- und Dämpfungsvektor im dissipativen Material vom Frequenzverlauf der Dissipation abhängen. Die Phasengeschwindigkeit der transmittierten Welle berechnen wir gemäß (8.2.27) mit (8.4.44):

$$\begin{aligned} c_{tS}(\omega) &= \frac{\omega}{\sqrt{k_{tSx}^2 + (\Re k_{tSz})^2}} \\ &= \sqrt{\frac{2}{\Re k_{Sc}^{(2)^2}(\omega) + k_S^{(1)^2}\sin^2\vartheta_{iS} + \sqrt{\left[\Re k_{Sc}^{(2)^2}(\omega) - k_S^{(1)^2}\sin^2\vartheta_{iS}\right]^2 + \left[\Im k_{Sc}^{(2)^2}(\omega)\right]^2}}}\,\omega \ ; \end{aligned} \tag{8.4.51}$$

sie hängt also über $k_{Sc}^{(2)}(\omega)$ ebenso wie $c_S(\omega)$ gemäß (8.4.28) nichtlinear von der Frequenz ab, weswegen ein dissipatives Material stets dispersiv ist. Des Weiteren hängt die Phasengeschwindigkeit von der Ausbreitungsrichtung ab: Der dissipative Halbraum ist scheinbar anisotrop (Langenberg, 2005). Dies gilt gleichermaßen für die Energiegeschwindigkeit, denn mit (8.4.49), (8.4.50) erhalten wir

$$\underline{\mathbf{k}}_{tS} \cdot \underline{\mathbf{k}}_{tS}^* = k_S^{(1)^2}\sin^2\vartheta_{iS} + \sqrt{\left[\Re k_{Sc}^{(2)^2}(\omega) - k_S^{(1)^2}\sin^2\vartheta_{iS}\right]^2 + \left[\Im k_{Sc}^{(2)^2}(\omega)\right]^2} \ , \tag{8.4.52}$$

einen Ausdruck, den wir in (8.4.35) mit $k_S = k_S^{(2)}$ einsetzen können, wobei $k_S^{(2)}$ wie üblich die Wellenzahl zur Augenblicksreaktion des dissipativen Halbraummaterials ist.

Für den Sonderfall senkrechten Einfalls (und *nur* in diesem Fall) reduziert sich die im Allgemeinen inhomogene transmittierte Welle auf eine in *Ausbreitungsrichtung* $-\underline{\mathbf{e}}_z$ gedämpfte homogene ebene Welle.

Die obigen Überlegungen und Ergebnisse sind natürlich unmittelbar auf inhomogene SV- und P-Wellen in dissipativen Materialien übertragbar. Zur Berechnung der Energiegeschwindigkeiten sind sodann die Formeln (8.4.34) bzw. (8.4.36) zu verwenden.

9 Reflexion, Transmission und Modekonversion ebener elastischer Wellen an ebenen Trennflächen zwischen homogenen nichtdissipativen Materialien

9.1 Spannungsfreie ebene Grenzfläche eines homogen-isotropen nichtdissipativen elastischen Halbraums

Wir untersuchen die Reflexion und (eventuelle) Modekonversion ebener elastischer Wellen zunächst für die ebene Grenzfläche eines homogen-isotropen nichtdissipativen elastischen Halbraums, wobei das „Material" des komplementären Halbraums Vakuum sei. Da das Vakuum mit der Massendichte null keine elastischen Wellen zulässt, ist dieser komplementäre Halbraum feldfrei, sodass gemäß Abschnitt 3.3 das Feld im elastischen Halbraum die (homogene[1]) Randbedingung

$$\underline{\underline{\mathbf{T}}}(\underline{\mathbf{R}}, t) \cdot \underline{\mathbf{n}} = \underline{\mathbf{0}} \quad , \quad \underline{\mathbf{R}} \in S \quad , \tag{9.1.1}$$

erfüllen muss: Die Grenzfläche S mit der Normalen $\underline{\mathbf{n}}$ ist spannungsfrei (traktionsfrei). Dieses Standardproblem der Ausbreitung elastischer Wellen ist in der Literatur hinreichend oft abgehandelt (z.B.: Achenbach, 1973; Auld, 1973; Ben-Menahem und Singh, 1981; Harker, 1988; Langenberg, 1983), und auch die Ultraschall-zfP ist damit wohlvertraut (J. und H. Krautkramer, 1986; Kutzner, 1983; Schmerr, 1998). Wir diskutieren es *dennoch*: erstens der Vollständigkeit halber und zweitens einer (fast[2]) koordinatenfreien Rechnung zuliebe, die das Ganze wesentlich kürzer und übersichtlicher macht. Außerdem wollen wir das Ergebnis durch die Reflexion und Modekonversion von *Impuls*wellen darstellen, denn die Ultraschall-zfP *ist* ja in der Regel eine Impulsprüfung; wenn überhaupt, findet man in der Literatur nur eine Illustration für zeitharmonische Wellen.

9.1.1 Einfallende primäre longitudinale Druckwelle

Reflektierte primäre longitudinale P- und modekonvertierte sekundäre transversale SV-Wellen

Die Grenzfläche des Halbraums stellt eine physikalisch existierende Referenzebene dar, die wir zweckmäßigerweise mit einer Koordinatenfläche eines kartesischen Koordinatensystems identifizieren: Wir wählen die xy-Ebene und zählen positive z in Richtung $\underline{\mathbf{n}}$, wobei $\underline{\mathbf{n}}$ die äußere Normale auf dem Vakuumhalbraum ist (Abbildung 9.1.1). Wir haben die Möglichkeit, das Koordinatensystem so lange um die z-Achse zu drehen, bis der vorgegebene Phasenausbreitungsvektor $\hat{\underline{\mathbf{k}}}_{i\mathrm{P}}$ der auf die Grenzfläche einfallenden P-Welle in der xz-Ebene liegt; die von $\underline{\mathbf{e}}_z = \underline{\mathbf{n}}$ und $\hat{\underline{\mathbf{k}}}_{i\mathrm{P}}$ aufgespannte Einfallsebene ist sodann mit der xz-Ebene identisch. Entsprechend Abb. 8.1.8 ist ϑ_{ik} der Polarwinkel von $\hat{\underline{\mathbf{k}}}_{i\mathrm{P}}$ — $\varphi_{ik} = \pi$ ist der Azimutwinkel —, als Einfallswinkel bezeichnen wir jedoch den von der z-Achse gezählten Winkel $\vartheta_{i\mathrm{P}}$ mit

$$\vartheta_{i\mathrm{P}} = \pi - \vartheta_{ik} \quad . \tag{9.1.2}$$

[1]Von in der Grenzfläche eingeprägten Traktionen sehen wir ab.

[2] *Völlig* koordinatenfrei wird die entsprechende Fresnel'sche Reflexion elektromagnetischer Wellen von Chen (1983) abgehandelt.

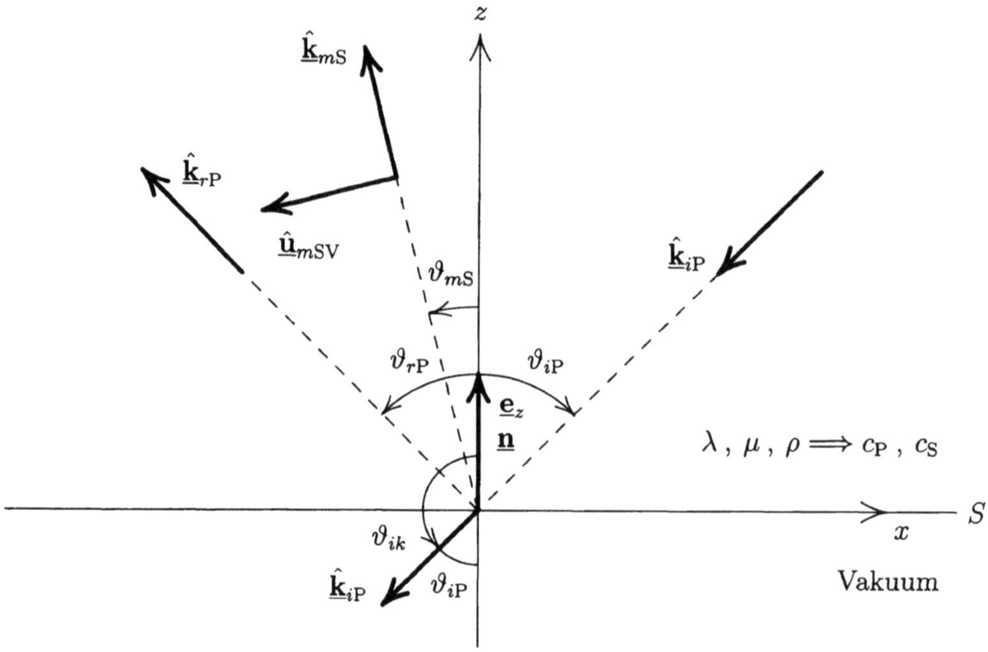

Abb. 9.1.1: *Reflexion und Modekonversion einer P-Welle an der Grenzfläche S eines homogen-isotropen nichtdissipativen elastischen Halbraums mit den Materialparametern λ, μ, ρ (die y-Achse zeigt nach hinten)*

Für $\pi/2 \leq \vartheta_{ik} \leq \pi$ gilt $\pi/2 \geq \vartheta_{iP} \geq 0$. Gemäß (8.1.90) hat $\hat{\underline{\mathbf{k}}}_{iP}$ sodann die Komponentendarstellung

$$\begin{aligned}\hat{\underline{\mathbf{k}}}_{iP} &= -\sin\vartheta_{ik}\,\underline{\mathbf{e}}_x + \cos\vartheta_{ik}\,\underline{\mathbf{e}}_z\\ &= -\sin\vartheta_{iP}\,\underline{\mathbf{e}}_x - \cos\vartheta_{iP}\,\underline{\mathbf{e}}_z \quad ,\end{aligned} \tag{9.1.3}$$

was wir auch sofort aus Abb. 9.1.1 ablesen können.

Die einfallende ebene longitudinale P-Welle setzen wir gemäß Gleichung (8.1.87) als Impulswelle

$$\underline{\mathbf{u}}_{iP}(\underline{\mathbf{R}}, t, \hat{\underline{\mathbf{k}}}_{iP}) = u_{iP}\left(t - \frac{\hat{\underline{\mathbf{k}}}_{iP}\cdot\underline{\mathbf{R}}}{c_P}\right)\hat{\underline{\mathbf{k}}}_{iP} \tag{9.1.4}$$

an, gehen aber sogleich zum Fourier-Spektrum

$$\underline{\mathbf{u}}_{iP}(\underline{\mathbf{R}}, \omega, \hat{\underline{\mathbf{k}}}_{iP}) = u_{iP}(\omega)\,\mathrm{e}^{\mathrm{j}k_P\hat{\underline{\mathbf{k}}}_{iP}\cdot\underline{\mathbf{R}}}\,\hat{\underline{\mathbf{k}}}_{iP} \tag{9.1.5}$$

über. Gleichung (8.1.122) lehrt uns sofort, dass wir mit (9.1.5) *allein* die Randbedingung (9.1.1) nicht erfüllen können: Die *physikalisch vorliegende* Randbedingung *erzwingt* die Existenz reflektierter P- *und*, wie wir sehen werden, modekonvertierter SV-Wellen, deren Amplituden von der Ausbreitungsrichtung abhängen (man vergleiche Fußnote 15). Wir setzen beide Wellen wie folgt an:

$$\underline{\mathbf{u}}_{rP}(\underline{\mathbf{R}}, \omega, \hat{\underline{\mathbf{k}}}_{rP}) = u_{rP}(\omega, \hat{\underline{\mathbf{k}}}_{rP})\,\mathrm{e}^{\mathrm{j}k_P\hat{\underline{\mathbf{k}}}_{rP}\cdot\underline{\mathbf{R}}}\,\hat{\underline{\mathbf{k}}}_{rP} \quad , \tag{9.1.6}$$

$$\begin{aligned}\underline{\mathbf{u}}_{mSV}(\underline{\mathbf{R}}, \omega, \hat{\underline{\mathbf{k}}}_{mS}) &= u_{mS}(\omega, \hat{\underline{\mathbf{k}}}_{mS})\,\mathrm{e}^{\mathrm{j}k_S\hat{\underline{\mathbf{k}}}_{mS}\cdot\underline{\mathbf{R}}}\,\hat{\underline{\mathbf{u}}}_{mSV}(\hat{\underline{\mathbf{k}}}_{mS}) \quad ,\\ \hat{\underline{\mathbf{u}}}_{mSV}(\hat{\underline{\mathbf{k}}}_{mS})\cdot\hat{\underline{\mathbf{k}}}_{mS} &= 0 \quad ,\end{aligned} \tag{9.1.7}$$

wobei wir mit $\hat{\underline{\mathbf{k}}}_{rP}\cdot\underline{\mathbf{e}}_y = \hat{\underline{\mathbf{k}}}_{mS}\cdot\underline{\mathbf{e}}_y = 0$ die Ausbreitungsvektoren dieser Wellen ebenfalls in die xz-Ebene legen (wir werden sehen, dass dies so sein *muss*). Mit

$$\hat{\underline{\mathbf{u}}}_{mSV}(\hat{\underline{\mathbf{k}}}_{mS}) = \hat{\underline{\mathbf{k}}}_{mS}\times\underline{\mathbf{e}}_y \tag{9.1.8}$$

ist sodann die Polarisation der Scherwelle (9.1.7) in der Tat die einer der Konvention von Abb. 8.1.8b folgenden SV-Welle, SV bezüglich der Grenzfläche; $\underline{\hat{\mathbf{u}}}_{m\mathrm{SV}}(\hat{\underline{\mathbf{k}}}_{m\mathrm{S}})$ liegt ebenfalls *in* der Einfallsebene. Unter Verwendung von (8.1.90), (8.1.91) berechnen wir die folgenden Komponenten:

$$\hat{\underline{\mathbf{k}}}_{r\mathrm{P}} = -\sin\vartheta_{r\mathrm{P}}\,\underline{\mathbf{e}}_x + \cos\vartheta_{r\mathrm{P}}\,\underline{\mathbf{e}}_z \quad , \tag{9.1.9}$$

$$\hat{\underline{\mathbf{k}}}_{m\mathrm{S}} = -\sin\vartheta_{m\mathrm{S}}\,\underline{\mathbf{e}}_x + \cos\vartheta_{m\mathrm{S}}\,\underline{\mathbf{e}}_z \quad , \tag{9.1.10}$$

$$\underline{\hat{\mathbf{u}}}_{m\mathrm{SV}}(\hat{\underline{\mathbf{k}}}_{m\mathrm{S}}) = -\cos\vartheta_{m\mathrm{S}}\,\underline{\mathbf{e}}_x - \sin\vartheta_{m\mathrm{S}}\,\underline{\mathbf{e}}_z \quad . \tag{9.1.11}$$

Reflexions- und Modekonversionsgesetz

Mit (9.1.5)–(9.1.7) und (8.1.122), (8.1.123) müssen wir nun versuchen, die Randbedingung

$$\begin{aligned}\underline{\underline{\mathbf{T}}}(\underline{\mathbf{R}}_S,\omega)\cdot\underline{\mathbf{e}}_z &= \left[\underline{\underline{\mathbf{T}}}_{i\mathrm{P}}(\underline{\mathbf{R}}_S,\omega,\hat{\underline{\mathbf{k}}}_{i\mathrm{P}}) + \underline{\underline{\mathbf{T}}}_{r\mathrm{P}}(\underline{\mathbf{R}}_S,\omega,\hat{\underline{\mathbf{k}}}_{r\mathrm{P}}) + \underline{\underline{\mathbf{T}}}_{m\mathrm{SV}}(\underline{\mathbf{R}}_S,\omega,\hat{\underline{\mathbf{k}}}_{m\mathrm{S}})\right]\cdot\underline{\mathbf{e}}_z\\ &= \underline{\mathbf{0}}\end{aligned} \tag{9.1.12}$$

für *jeden* beliebig in der xy-Ebene liegenden Ortsvektor $\underline{\mathbf{R}}_S = x\underline{\mathbf{e}}_x + y\underline{\mathbf{e}}_y$ zu erfüllen. „Versuchen“ heißt: Die Komponenten der Vektorgleichung (9.1.12) müssen zur Bestimmung der Unbekannten $\hat{\underline{\mathbf{k}}}_{r\mathrm{P}}, \hat{\underline{\mathbf{k}}}_{m\mathrm{S}}, u_{r\mathrm{P}}(\omega), u_{m\mathrm{S}}(\omega)$ ausreichen; wenn nicht, wäre der Ansatz (9.1.6), (9.1.7) gescheitert. Da

$$\underline{\underline{\mathbf{T}}}_{i\mathrm{P}}(\underline{\mathbf{R}},\omega,\hat{\underline{\mathbf{k}}}_{i\mathrm{P}}) = \mathrm{j}k_\mathrm{P}\,u_{i\mathrm{P}}(\omega)\,\mathrm{e}^{\mathrm{j}k_\mathrm{P}\hat{\underline{\mathbf{k}}}_{i\mathrm{P}}\cdot\underline{\mathbf{R}}}\,(\lambda\,\underline{\underline{\mathbf{I}}} + 2\mu\,\hat{\underline{\mathbf{k}}}_{i\mathrm{P}}\,\hat{\underline{\mathbf{k}}}_{i\mathrm{P}}) \quad , \tag{9.1.13}$$

$$\underline{\underline{\mathbf{T}}}_{r\mathrm{P}}(\underline{\mathbf{R}},\omega,\hat{\underline{\mathbf{k}}}_{r\mathrm{P}}) = \mathrm{j}k_\mathrm{P}\,u_{r\mathrm{P}}(\omega,\hat{\underline{\mathbf{k}}}_{r\mathrm{P}})\,\mathrm{e}^{\mathrm{j}k_\mathrm{P}\hat{\underline{\mathbf{k}}}_{r\mathrm{P}}\cdot\underline{\mathbf{R}}}\,(\lambda\,\underline{\underline{\mathbf{I}}} + 2\mu\,\hat{\underline{\mathbf{k}}}_{r\mathrm{P}}\,\hat{\underline{\mathbf{k}}}_{r\mathrm{P}}) \quad , \tag{9.1.14}$$

$$\underline{\underline{\mathbf{T}}}_{m\mathrm{SV}}(\underline{\mathbf{R}},\omega,\hat{\underline{\mathbf{k}}}_{m\mathrm{S}}) = \mathrm{j}k_\mathrm{S}\mu\,u_{m\mathrm{S}}(\omega,\hat{\underline{\mathbf{k}}}_{m\mathrm{S}})\,\mathrm{e}^{\mathrm{j}k_\mathrm{S}\hat{\underline{\mathbf{k}}}_{m\mathrm{S}}\cdot\underline{\mathbf{R}}}\,[\hat{\underline{\mathbf{k}}}_{m\mathrm{S}}\,\underline{\hat{\mathbf{u}}}_{m\mathrm{SV}}(\hat{\underline{\mathbf{k}}}_{m\mathrm{S}}) + \underline{\hat{\mathbf{u}}}_{m\mathrm{SV}}(\hat{\underline{\mathbf{k}}}_{m\mathrm{S}})\,\hat{\underline{\mathbf{k}}}_{m\mathrm{S}}] \quad , \tag{9.1.15}$$

sehen wir sofort, dass (9.1.12) *keine* y-Komponente hat: Eine eventuell in (9.1.12) mitberücksichtigte modekonvertierte SH-Welle mit $\underline{\hat{\mathbf{u}}}_{m\mathrm{SH}} = -\underline{\mathbf{e}}_y$ würde deshalb bei der Bildung der verbleibenden x- und z-Komponenten von (9.1.12) völlig herausfallen; sie wird offenbar in unserem Ansatz nicht benötigt, sie ist von den P-SV-Wellen entkoppelt (Abschnitt 7.3). Wenn wir nun (9.1.13)–(9.1.15) in (9.1.12) einsetzen, muss die resultierende Vektorgleichung für *alle* Punkte $\underline{\mathbf{R}}_S$ erfüllt sein, und dies geht nur, wenn die Argumente der Exponentialfunktionen in (9.1.13)–(9.1.15) für $\underline{\mathbf{R}} = \underline{\mathbf{R}}_S$ gleich sind[3]:

$$k_\mathrm{P}\,\hat{\underline{\mathbf{k}}}_{i\mathrm{P}}\cdot\underline{\mathbf{R}}_S = k_\mathrm{P}\,\hat{\underline{\mathbf{k}}}_{r\mathrm{P}}\cdot\underline{\mathbf{R}}_S = k_\mathrm{S}\,\hat{\underline{\mathbf{k}}}_{m\mathrm{S}}\cdot\underline{\mathbf{R}}_S \quad . \tag{9.1.16}$$

Ein beliebiger Punkt $\underline{\mathbf{R}}_S \in S$ lässt sich gemäß

$$\underline{\mathbf{R}}_S = \underline{\mathbf{n}}\times\underline{\mathbf{R}} \tag{9.1.17}$$

durch einen beliebigen Ortsvektor $\underline{\mathbf{R}} \in \mathbb{R}^3$ darstellen; deshalb können wir (9.1.16) gemäß

$$k_\mathrm{P}(\hat{\underline{\mathbf{k}}}_{i\mathrm{P}}\times\underline{\mathbf{n}})\cdot\underline{\mathbf{R}} = k_\mathrm{P}(\hat{\underline{\mathbf{k}}}_{r\mathrm{P}}\times\underline{\mathbf{n}})\cdot\underline{\mathbf{R}} = k_\mathrm{S}(\hat{\underline{\mathbf{k}}}_{m\mathrm{S}}\times\underline{\mathbf{n}})\cdot\underline{\mathbf{R}} \tag{9.1.18}$$

schreiben, und da $\underline{\mathbf{R}}$ ein völlig *beliebiger* Vektor ist, müssen nicht nur die $(\hat{\underline{\mathbf{k}}}\times\underline{\mathbf{n}})$-Projektionen in (9.1.18), sondern die $(\hat{\underline{\mathbf{k}}}\times\underline{\mathbf{n}})$-Vektoren *selbst* gleich sein:

$$k_\mathrm{P}\,\hat{\underline{\mathbf{k}}}_{i\mathrm{P}}\times\underline{\mathbf{n}} = k_\mathrm{P}\,\hat{\underline{\mathbf{k}}}_{r\mathrm{P}}\times\underline{\mathbf{n}} = k_\mathrm{S}\,\hat{\underline{\mathbf{k}}}_{m\mathrm{S}}\times\underline{\mathbf{n}} \quad . \tag{9.1.19}$$

[3]Exponentialfunktionen mit unterschiedlichen Argumenten x_1, x_2, x_3 sind linear unabhängig; eine Gleichung

$$\alpha_1\,\mathrm{e}^{x_1} + \alpha_2\,\mathrm{e}^{x_2} + \alpha_3\,\mathrm{e}^{x_3} = 0$$

hätte also $\alpha_1 = \alpha_2 = \alpha_3 = 0$ zur Folge.

Da nach Voraussetzung $\hat{\underline{\mathbf{k}}}_{i\mathrm{P}}$, wie in Abb. 9.1.1 skizziert, *in* der Einfallsebene liegt, gilt $\hat{\underline{\mathbf{k}}}_{i\mathrm{P}} \times \underline{\mathbf{n}} \sim \underline{\mathbf{e}}_y$; Gleichung (9.1.19) sagt, dass dies sodann auch für $\hat{\underline{\mathbf{k}}}_{r\mathrm{P}}$ und $\hat{\underline{\mathbf{k}}}_{m\mathrm{S}}$ gelten muss, sodass in der Tat sowohl $\hat{\underline{\mathbf{k}}}_{r\mathrm{P}}$ als auch $\hat{\underline{\mathbf{k}}}_{m\mathrm{S}}$ *in* der Einfallsebene liegen, so wie dies ebenso in Abb. 9.1.1 skizziert ist[4]. Berücksichtigen wir die Komponentendarstellungen (9.1.3), (9.1.9), (9.1.10), so verbleibt von den Vektorgleichungen (9.1.19) nur noch die y-Komponente, und das zweifache Gleichheitszeichen führt auf die beiden Gleichungen

$$\sin\vartheta_{r\mathrm{P}} = \sin\vartheta_{i\mathrm{P}} \quad , \tag{9.1.20}$$

$$k_\mathrm{S}\sin\vartheta_{m\mathrm{S}} = k_\mathrm{P}\sin\vartheta_{i\mathrm{P}} \quad . \tag{9.1.21}$$

Das Reflexionsgesetz (9.1.20) liefert die Gleichheit

$$\vartheta_{r\mathrm{P}} = \vartheta_{i\mathrm{P}} \tag{9.1.22}$$

von Reflexions- und Einfallswinkel, und das Modekonversionsgesetz (9.1.21) erlaubt die Berechnung der Ausbreitungsrichtung der modekonvertierten SV-Welle bei vorgegebenem Einfallswinkel und vorgegebenem Wellenzahl- bzw. Phasengeschwindigkeitsverhältnis. Man beachte: Da $k_\mathrm{P} < k_\mathrm{S}$, ist stets $\sin\vartheta_{m\mathrm{S}} < \sin\vartheta_{i\mathrm{P}} < 1$ und damit $\vartheta_{m\mathrm{S}} < \vartheta_{i\mathrm{P}}$. Reflexionsgesetz und Modekonversionsgesetz folgen also aus der Randbedingung allein aufgrund der Forderung nach Phasenanpassung.

Reflexions- und Modekonversionsfaktoren der vektoriellen Teilchenverschiebung

Von Gleichung (9.1.12) bilden wir nun mit (9.1.13)–(9.1.15) z- und x-Komponenten:

$$\begin{aligned} &k_\mathrm{P}\, u_{i\mathrm{P}}(\omega)[\lambda + 2\mu(\hat{\underline{\mathbf{k}}}_{i\mathrm{P}}\cdot\underline{\mathbf{e}}_z)^2] + k_\mathrm{P}\, u_{r\mathrm{P}}(\omega,\hat{\underline{\mathbf{k}}}_{r\mathrm{P}})[\lambda + 2\mu(\hat{\underline{\mathbf{k}}}_{r\mathrm{P}}\cdot\underline{\mathbf{e}}_z)^2] + \\ &\quad + 2k_\mathrm{S}\mu\, u_{m\mathrm{S}}(\omega,\hat{\underline{\mathbf{k}}}_{m\mathrm{S}})(\hat{\underline{\mathbf{k}}}_{m\mathrm{S}}\cdot\underline{\mathbf{e}}_z)(\hat{\underline{\mathbf{k}}}_{m\mathrm{S}}\cdot\underline{\mathbf{e}}_x) = 0 \quad , \end{aligned} \tag{9.1.23}$$

$$\begin{aligned} &2k_\mathrm{P}\, u_{i\mathrm{P}}(\omega)(\hat{\underline{\mathbf{k}}}_{i\mathrm{P}}\cdot\underline{\mathbf{e}}_x)(\hat{\underline{\mathbf{k}}}_{i\mathrm{P}}\cdot\underline{\mathbf{e}}_z) + 2k_\mathrm{P}\, u_{r\mathrm{P}}(\omega,\hat{\underline{\mathbf{k}}}_{r\mathrm{P}})(\hat{\underline{\mathbf{k}}}_{r\mathrm{P}}\cdot\underline{\mathbf{e}}_x)(\hat{\underline{\mathbf{k}}}_{r\mathrm{P}}\cdot\underline{\mathbf{e}}_z) + \\ &\quad + k_\mathrm{S}\, u_{m\mathrm{S}}(\omega,\hat{\underline{\mathbf{k}}}_{m\mathrm{S}})[(\hat{\underline{\mathbf{k}}}_{m\mathrm{S}}\cdot\underline{\mathbf{e}}_x)^2 - (\hat{\underline{\mathbf{k}}}_{m\mathrm{S}}\cdot\underline{\mathbf{e}}_z)^2] = 0 \quad , \end{aligned} \tag{9.1.24}$$

wobei wir aufgrund von (9.1.8)

$$\hat{\underline{\mathbf{u}}}_{m\mathrm{SV}}(\hat{\underline{\mathbf{k}}}_{m\mathrm{S}})\cdot\underline{\mathbf{e}}_z = \hat{\underline{\mathbf{k}}}_{m\mathrm{S}}\cdot\underline{\mathbf{e}}_x \quad , \tag{9.1.25}$$

$$\hat{\underline{\mathbf{u}}}_{m\mathrm{SV}}(\hat{\underline{\mathbf{k}}}_{m\mathrm{S}})\cdot\underline{\mathbf{e}}_x = -\hat{\underline{\mathbf{k}}}_{m\mathrm{S}}\cdot\underline{\mathbf{e}}_z \tag{9.1.26}$$

beachtet haben. Mit (9.1.23) und (9.1.24) liegen zwei Gleichungen[5] für die beiden noch unbekannten Amplituden $u_{r\mathrm{P}}(\omega,\hat{\underline{\mathbf{k}}}_{r\mathrm{P}})$ und $u_{m\mathrm{S}}(\omega,\hat{\underline{\mathbf{k}}}_{m\mathrm{S}})$ vor. Wir definieren nun Reflexions- und Modekonversionsfaktoren — wir werden sehen, dass beide vom Einfallswinkel, nicht aber von der Frequenz abhängen —

$$R_\mathrm{P}(\vartheta_{i\mathrm{P}}) = \frac{u_{r\mathrm{P}}(\omega,\hat{\underline{\mathbf{k}}}_{r\mathrm{P}})}{u_{i\mathrm{P}}(\omega)} \quad , \tag{9.1.27}$$

$$M_\mathrm{S}(\vartheta_{i\mathrm{P}}) = \frac{u_{m\mathrm{S}}(\omega,\hat{\underline{\mathbf{k}}}_{m\mathrm{S}})}{u_{i\mathrm{P}}(\omega)} \tag{9.1.28}$$

und führen (erst) *jetzt* über (9.1.3), (9.1.9), (9.1.10) Winkel ein; wir berücksichtigen (9.1.20) und (9.1.21) und formen um:

$$\lambda + 2\mu\cos^2\vartheta_{i\mathrm{P}} = (\lambda + 2\mu)(\cos^2\vartheta_{m\mathrm{S}} - \sin^2\vartheta_{m\mathrm{S}}) \quad , \tag{9.1.29}$$

[4] Das vorliegende Randwertproblem elastischer Wellen ist deshalb ein *zweidimensionales* Problem: Es gilt $\partial/\partial y \equiv 0$.

[5] Wenn wir *ohne* den Ansatz modekonvertierter Wellen arbeiten, d.h. $u_{m\mathrm{S}}(\omega,\hat{\underline{\mathbf{k}}}_{m\mathrm{S}})$ gleich null setzen würden, könnten nicht *beide* Gleichungen für $u_{r\mathrm{P}}(\omega,\hat{\underline{\mathbf{k}}}_{r\mathrm{P}})$ gelten, denn sie würden sich widersprechen.

um schließlich das folgende Gleichungssystem zu erhalten:

$$R_{\mathrm{P}}(\vartheta_{i\mathrm{P}}) - \frac{\mu}{\lambda+2\mu}\frac{k_{\mathrm{S}}}{k_{\mathrm{P}}}\frac{2\cos\vartheta_{m\mathrm{S}}\sin\vartheta_{m\mathrm{S}}}{\cos^2\vartheta_{m\mathrm{S}}-\sin^2\vartheta_{m\mathrm{S}}} M_{\mathrm{S}}(\vartheta_{i\mathrm{P}}) = -1 \quad , \tag{9.1.30}$$

$$-R_{\mathrm{P}}(\vartheta_{i\mathrm{P}}) - \frac{k_{\mathrm{S}}}{k_{\mathrm{P}}}\frac{\cos^2\vartheta_{m\mathrm{S}}-\sin^2\vartheta_{m\mathrm{S}}}{2\sin\vartheta_{i\mathrm{P}}\cos\vartheta_{i\mathrm{P}}} M_{\mathrm{S}}(\vartheta_{i\mathrm{P}}) = -1 \quad . \tag{9.1.31}$$

Dessen Lösung ergibt sich unmittelbar zu:

$$R_{\mathrm{P}}(\vartheta_{i\mathrm{P}}) = \frac{\sin 2\vartheta_{i\mathrm{P}}\sin 2\vartheta_{m\mathrm{S}} - \kappa^2\cos^2 2\vartheta_{m\mathrm{S}}}{\sin 2\vartheta_{i\mathrm{P}}\sin 2\vartheta_{m\mathrm{S}} + \kappa^2\cos^2 2\vartheta_{m\mathrm{S}}} \quad , \tag{9.1.32}$$

$$M_{\mathrm{S}}(\vartheta_{i\mathrm{P}}) = \kappa\,\frac{2\sin 2\vartheta_{i\mathrm{P}}\cos 2\vartheta_{m\mathrm{S}}}{\sin 2\vartheta_{i\mathrm{P}}\sin 2\vartheta_{m\mathrm{S}} + \kappa^2\cos^2 2\vartheta_{m\mathrm{S}}} \quad , \tag{9.1.33}$$

wobei wir trigonometrische Formeln für die doppelten Winkel und die übliche Abkürzung

$$\kappa = \frac{k_{\mathrm{S}}}{k_{\mathrm{P}}} = \frac{c_{\mathrm{P}}}{c_{\mathrm{S}}} > 1 \tag{9.1.34}$$

verwendet haben. Falls man in der Literatur $M_{\mathrm{S}}(\vartheta_{i\mathrm{P}})$ mit anderem Vorzeichen findet (z.B.: Schmerr, 1998; Ben-Menahem und Singh, 1981; Langenberg, 1983), liegt dies an der entgegengesetzt gewählten Richtung von $\underline{\hat{\mathbf{u}}}_{m\mathrm{SV}}(\hat{\underline{\mathbf{k}}}_{m\mathrm{S}})$. Mitunter (J. und H. Krautkramer, 1986; Schmerr, 1998; Harker, 1988) werden Reflexions- und Modekonversionsfaktoren für die Helmholtz-Potentiale und nicht für die Teilchenverschiebung angegeben; wegen (8.1.114) fehlt sodann in (9.1.33) der Faktor $\kappa = c_{\mathrm{P}}/c_{\mathrm{S}}$.

Und noch etwas: $R_{\mathrm{P}}(\vartheta_{i\mathrm{P}})$ und $M_{\mathrm{S}}(\vartheta_{i\mathrm{P}})$ sind Amplitudenfaktoren der *vektoriellen* Teilchenverschiebungen (9.1.6) und (9.1.7), d.h. es gilt nunmehr explizit

$$\underline{\mathbf{u}}_{r\mathrm{P}}(\underline{\mathbf{R}},\omega,\hat{\underline{\mathbf{k}}}_{r\mathrm{P}}) = R_{\mathrm{P}}(\vartheta_{i\mathrm{P}})\,u_{i\mathrm{P}}(\omega)\,\mathrm{e}^{\mathrm{j}k_{\mathrm{P}}\hat{\underline{\mathbf{k}}}_{r\mathrm{P}}\cdot\underline{\mathbf{R}}}\,\hat{\underline{\mathbf{k}}}_{r\mathrm{P}} \quad , \tag{9.1.35}$$

$$\underline{\mathbf{u}}_{m\mathrm{SV}}(\underline{\mathbf{R}},\omega,\hat{\underline{\mathbf{k}}}_{m\mathrm{S}}) = M_{\mathrm{S}}(\vartheta_{i\mathrm{P}})\,u_{i\mathrm{P}}(\omega)\,\mathrm{e}^{\mathrm{j}k_{\mathrm{S}}\hat{\underline{\mathbf{k}}}_{m\mathrm{S}}\cdot\underline{\mathbf{R}}}\,\hat{\underline{\mathbf{k}}}_{m\mathrm{S}}\times\underline{\mathbf{e}}_y \tag{9.1.36}$$

zusammen mit (9.1.5). Gehen wir deshalb zu (skalaren) kartesischen Komponenten über, so treten zusätzlich Winkelfunktionen auf (und die $\vartheta_{i\mathrm{P}}$-Abhängigkeit wird so richtig „sichtbar"):

$$u_{i\mathrm{P}x}(x,z,\omega,\vartheta_{i\mathrm{P}}) = -\sin\vartheta_{i\mathrm{P}}\,u_{i\mathrm{P}}(\omega)\,\mathrm{e}^{-\mathrm{j}k_{\mathrm{P}}(\sin\vartheta_{i\mathrm{P}}\,x+\cos\vartheta_{i\mathrm{P}}\,z)} \quad , \tag{9.1.37}$$

$$u_{i\mathrm{P}z}(x,z,\omega,\vartheta_{i\mathrm{P}}) = -\cos\vartheta_{i\mathrm{P}}\,u_{i\mathrm{P}}(\omega)\,\mathrm{e}^{-\mathrm{j}k_{\mathrm{P}}(\sin\vartheta_{i\mathrm{P}}\,x+\cos\vartheta_{i\mathrm{P}}\,z)} \quad ; \tag{9.1.38}$$

$$u_{r\mathrm{P}x}(x,z,\omega,\vartheta_{i\mathrm{P}}) = -\sin\vartheta_{i\mathrm{P}}\,R_{\mathrm{P}}(\vartheta_{i\mathrm{P}})\,u_{i\mathrm{P}}(\omega)\,\mathrm{e}^{-\mathrm{j}k_{\mathrm{P}}(\sin\vartheta_{i\mathrm{P}}\,x-\cos\vartheta_{i\mathrm{P}}\,z)} \quad , \tag{9.1.39}$$

$$u_{r\mathrm{P}z}(x,z,\omega,\vartheta_{i\mathrm{P}}) = \cos\vartheta_{i\mathrm{P}}\,R_{\mathrm{P}}(\vartheta_{i\mathrm{P}})\,u_{i\mathrm{P}}(\omega)\,\mathrm{e}^{-\mathrm{j}k_{\mathrm{P}}(\sin\vartheta_{i\mathrm{P}}\,x-\cos\vartheta_{i\mathrm{P}}\,z)} \quad ; \tag{9.1.40}$$

$$u_{m\mathrm{S}x}(x,z,\omega,\vartheta_{i\mathrm{P}}) = -\frac{1}{\kappa}\sqrt{\kappa^2-\sin^2\vartheta_{i\mathrm{P}}}\,M_{\mathrm{S}}(\vartheta_{i\mathrm{P}})\,u_{i\mathrm{P}}(\omega)\,\mathrm{e}^{-\mathrm{j}k_{\mathrm{P}}(\sin\vartheta_{i\mathrm{P}}\,x-\sqrt{\kappa^2-\sin^2\vartheta_{i\mathrm{P}}}\,z)} \quad , \tag{9.1.41}$$

$$u_{m\mathrm{S}z}(x,z,\omega,\vartheta_{i\mathrm{P}}) = -\frac{1}{\kappa}\sin\vartheta_{i\mathrm{P}}\,M_{\mathrm{S}}(\vartheta_{i\mathrm{P}})\,u_{i\mathrm{P}}(\omega)\,\mathrm{e}^{-\mathrm{j}k_{\mathrm{P}}(\sin\vartheta_{i\mathrm{P}}\,x-\sqrt{\kappa^2-\sin^2\vartheta_{i\mathrm{P}}}\,z)} \quad . \tag{9.1.42}$$

Für senkrechten Einfall — $\vartheta_{i\mathrm{P}} = 0$: $R_{\mathrm{P}}(0) = -1, M_{\mathrm{S}}(0) = 0$ — verbleiben *nur* die beiden $u_{i\mathrm{P}z}$- und $u_{r\mathrm{P}z}$-Komponenten

$$u_{i\mathrm{P}z}(x,z,\omega,0) = -u_{i\mathrm{P}}(\omega)\,\mathrm{e}^{-\mathrm{j}k_{\mathrm{P}}z} \quad , \tag{9.1.43}$$

$$u_{r\mathrm{P}z}(x,z,\omega,0) = -u_{i\mathrm{P}}(\omega)\,\mathrm{e}^{\mathrm{j}k_{\mathrm{P}}z} \quad , \tag{9.1.44}$$

und deren Verhältnis für $z = 0$

$$\frac{u_{r\mathrm{P}z}(x,0,\omega,0)}{u_{i\mathrm{P}z}(x,0,\omega,0)} = 1 \tag{9.1.45}$$

ist +1: Die Teilchenverschiebung der einfallenden Welle hat in $(+\hat{\underline{\mathbf{k}}}_{iP} = -\underline{\mathbf{e}}_z)$-Ausbreitungsrichtung eine positive $u_{iP}(\omega)$-Amplitude, und die Teilchenverschiebung der reflektierten Welle hat *wegen* $R_P(0) = -1$ in $(+\hat{\underline{\mathbf{k}}}_{rP} = \underline{\mathbf{e}}_z)$-Ausbreitungsrichtung eine negative $u_{iP}(\omega)$-Amplitude. Die jeweiligen Vektorkomponenten haben jedoch das gleiche Vorzeichen.

Die mit den Teilchenverschiebungen (9.1.4), (9.1.35), (9.1.36) verknüpften Spannungstensoren (9.1.13)–(9.1.15) haben die folgenden kartesischen Komponenten:

$$
\begin{aligned}
\underline{\underline{\mathbf{T}}}_{iP}(x,z,\omega,\vartheta_{iP}) &= \mathrm{j}k_P u_{iP}(\omega)\,\mathrm{e}^{-\mathrm{j}k_P(\sin\vartheta_{iP}\,x+\cos\vartheta_{iP}\,z)}\times\\
&\quad\times\Big\{\lambda\,\underline{\underline{\mathbf{I}}}+\mu[2\sin^2\vartheta_{iP}\,\underline{\mathbf{e}}_x\underline{\mathbf{e}}_x+\sin 2\vartheta_{iP}\,(\underline{\mathbf{e}}_x\underline{\mathbf{e}}_z+\underline{\mathbf{e}}_z\underline{\mathbf{e}}_x)+\\
&\qquad+2\cos^2\vartheta_{iP}\,\underline{\mathbf{e}}_z\underline{\mathbf{e}}_z]\Big\}\quad; \qquad (9.1.46)\\
\underline{\underline{\mathbf{T}}}_{rP}(x,z,\omega,\vartheta_{iP}) &= \mathrm{j}k_P\,R_P(\vartheta_{iP})\,u_{iP}(\omega)\,\mathrm{e}^{-\mathrm{j}k_P(\sin\vartheta_{iP}\,x-\cos\vartheta_{iP}\,z)}\times\\
&\quad\times\Big\{\lambda\,\underline{\underline{\mathbf{I}}}+\mu[2\sin^2\vartheta_{iP}\,\underline{\mathbf{e}}_x\underline{\mathbf{e}}_x-\sin 2\vartheta_{iP}\,(\underline{\mathbf{e}}_x\underline{\mathbf{e}}_z+\underline{\mathbf{e}}_z\underline{\mathbf{e}}_x)+\\
&\qquad+2\cos^2\vartheta_{iP}\,\underline{\mathbf{e}}_z\underline{\mathbf{e}}_z]\Big\}\quad; \qquad (9.1.47)\\
\underline{\underline{\mathbf{T}}}_{mSV}(x,z,\omega,\vartheta_{iP}) &= \mathrm{j}\frac{k_P}{\kappa}\,M_S(\vartheta_{iP})\,u_{iP}(\omega)\,\mathrm{e}^{-\mathrm{j}k_P(\sin\vartheta_{iP}\,x-\sqrt{\kappa^2-\sin^2\vartheta_{iP}}\,z)}\times\\
&\quad\times\Big[2\mu\sin\vartheta_{iP}\sqrt{\kappa^2-\sin^2\vartheta_{iP}}\,\underline{\mathbf{e}}_x\underline{\mathbf{e}}_x-\\
&\qquad-(\lambda+2\mu\cos^2\vartheta_{iP})(\underline{\mathbf{e}}_x\underline{\mathbf{e}}_z+\underline{\mathbf{e}}_z\underline{\mathbf{e}}_x)-\\
&\qquad-2\mu\sin\vartheta_{iP}\sqrt{\kappa^2-\sin^2\vartheta_{iP}}\,\underline{\mathbf{e}}_z\underline{\mathbf{e}}_z\Big]\quad. \qquad (9.1.48)
\end{aligned}
$$

Tatsächlich gilt stets $\underline{\underline{\mathbf{T}}}(x,z,\omega,\vartheta_{iP}) \not\sim \underline{\underline{\mathbf{I}}}$.

Für den Spezialfall $\vartheta_{iP} = 0$ realisiert man:

$$
\begin{aligned}
\underline{\underline{\mathbf{T}}}_{iP}(x,z,\omega,0) &= \mathrm{j}k_P u_{iP}(\omega)\,\mathrm{e}^{-\mathrm{j}k_P z}\,(\lambda\,\underline{\underline{\mathbf{I}}}+2\mu\,\underline{\mathbf{e}}_z\underline{\mathbf{e}}_z)\quad; &(9.1.49)\\
\underline{\underline{\mathbf{T}}}_{rP}(x,z,\omega,0) &= -\mathrm{j}k_P u_{iP}(\omega)\,\mathrm{e}^{\mathrm{j}k_P z}\,(\lambda\,\underline{\underline{\mathbf{I}}}+2\mu\,\underline{\mathbf{e}}_z\underline{\mathbf{e}}_z)\quad; &(9.1.50)\\
\underline{\underline{\mathbf{T}}}_{mSV}(x,z,\omega,0) &= \underline{\underline{\mathbf{0}}}\quad. &(9.1.51)
\end{aligned}
$$

Für $\mu \neq 0$ lässt sich also noch nicht einmal für senkrechten Einfall ein isotroper Drucktensor — und damit ein skalarer Druck — definieren, denn die Matrizendarstellungen beider Tensoren (9.1.49) und (9.1.50) sind zwar proportional zur Diagonalmatrix

$$
\begin{pmatrix}
\lambda & 0 & 0\\
0 & \lambda & 0\\
0 & 0 & \lambda+2\mu
\end{pmatrix}\quad,
$$

nicht jedoch zur Einheitsmatrix. Mit (8.1.124) und (8.1.125) haben wir jedoch mittels zweier Doppelkontraktionen des Spannungstensors ebenen Druck- und Scherwellen jeweils einen skalaren Schalldruck als physikalisch sinnvolle Größe zugeordnet; *hier* ergibt sich deshalb:

$$
\begin{aligned}
p_{iP}(\underline{\mathbf{R}},\omega,\vartheta_{iP}) &= -\underline{\underline{\mathbf{T}}}_{iP}(\underline{\mathbf{R}},\omega,\hat{\underline{\mathbf{k}}}_{iP}) : \hat{\underline{\mathbf{k}}}_{iP}\hat{\underline{\mathbf{k}}}_{iP}\\
&= -\mathrm{j}\omega Z_P\,u_{iP}(\omega)\,\mathrm{e}^{\mathrm{j}k_P\hat{\underline{\mathbf{k}}}_{iP}\cdot\underline{\mathbf{R}}}\quad, &(9.1.52)\\
p_{rP}(\underline{\mathbf{R}},\omega,\vartheta_{iP}) &= -\underline{\underline{\mathbf{T}}}_{rP}(\underline{\mathbf{R}},\omega,\hat{\underline{\mathbf{k}}}_{rP}) : \hat{\underline{\mathbf{k}}}_{rP}\hat{\underline{\mathbf{k}}}_{rP}\\
&= -\mathrm{j}\omega Z_P\,R_P(\vartheta_{iP})\,u_{iP}(\omega)\,\mathrm{e}^{\mathrm{j}k_P\hat{\underline{\mathbf{k}}}_{rP}\cdot\underline{\mathbf{R}}}\quad, &(9.1.53)\\
p_{mSV}(\underline{\mathbf{R}},\omega,\vartheta_{iP}) &= -\underline{\underline{\mathbf{T}}}_{mSV}(\underline{\mathbf{R}},\omega,\hat{\underline{\mathbf{k}}}_{mS}) : \hat{\underline{\mathbf{k}}}_{mS}(\hat{\underline{\mathbf{k}}}_{mS}\times\underline{\mathbf{e}}_y)\\
&= -\mathrm{j}\omega Z_S\,M_S(\vartheta_{iP})\,u_{iP}(\omega)\,\mathrm{e}^{\mathrm{j}k_S\hat{\underline{\mathbf{k}}}_{mS}\cdot\underline{\mathbf{R}}}
\end{aligned}
$$

$$= -j\omega Z_P \underbrace{\frac{Z_S M_S(\vartheta_{iP})}{Z_P}}_{= M_{pS}(\vartheta_{iP})} u_{iP}(\omega)\, e^{jk_S \hat{\underline{\mathbf{k}}}_{mS}\cdot\underline{\mathbf{R}}} \quad , \tag{9.1.54}$$

womit $R_P(\vartheta_{iP})$ bzw. $M_{pS}(\vartheta_{iP})$ zu Reflexions- bzw. Modekonversionsfaktoren des so definierten skalaren Schalldrucks werden. Man beachte aber: Dieser skalare Schalldruck genügt nicht etwa der Randbedingung einer „druckfreien" Grenzfläche für $\underline{\mathbf{R}} = \underline{\mathbf{R}}_S$, denn es gilt: $p_{iP}(\underline{\mathbf{R}}_S, \omega, \vartheta_{iP}) + p_{rP}(\underline{\mathbf{R}}_S, \omega, \vartheta_{iP}) + p_{mSV}(\underline{\mathbf{R}}_S, \omega, \vartheta_{iP}) \neq 0$; zur Illustration dient Abb. 8.1.9: Es werden in vorstehender Gleichung ja „Druckflächen" parallel und senkrecht zur Grenzfläche miteinander verknüpft. Nur für *senkrechten* Einfall, der in der US-zfP *nicht* der Regelfall ist, gilt $p_{iP}(\underline{\mathbf{R}}_S, \omega, 0) + p_{rP}(\underline{\mathbf{R}}_S, \omega, 0) = 0$, und dies ist eine unmittelbare Konsequenz der Stetigkeit der T_{zz}-Spannungstensorkomponenten (für senkrechten Einfall); zur Illustration dient Abb. 8.1.9a: Die senkrecht einfallende Druckwelle „drückt" in entgegengesetzte Richtung auf die Grenzfläche wie die senkrecht reflektierte Druckwelle, und „Scher-Druckflächen" kommen nicht vor.

Offensichtlich hängen beide Faktoren $R_P(\vartheta_{iP})$, $M_S(\vartheta_{iP})$ vom Einfallswinkel, *nicht* jedoch von der Frequenz ab. Dies bedeutet, dass sowohl reflektierter als auch modekonvertierter Impuls dasselbe Impulsspektrum wie der einfallende Impuls besitzen, eine Konsequenz des als nichtdissipativ vorausgesetzten Halbraums. Mit (9.1.4) und den invers Fourier-transformierten Darstellungen (9.1.35), (9.1.36) erhalten wir deshalb die Impulswellen

$$\underline{\mathbf{u}}_{iP}(\underline{\mathbf{R}}, t, \hat{\underline{\mathbf{k}}}_{iP}) = u_{iP}\left(t - \frac{\hat{\underline{\mathbf{k}}}_{iP}\cdot\underline{\mathbf{R}}}{c_P}\right)\hat{\underline{\mathbf{k}}}_{iP} \quad , \tag{9.1.55}$$

$$\underline{\mathbf{u}}_{rP}(\underline{\mathbf{R}}, t, \hat{\underline{\mathbf{k}}}_{rP}) = R_P(\vartheta_{iP})\, u_{iP}\left(t - \frac{\hat{\underline{\mathbf{k}}}_{rP}\cdot\underline{\mathbf{R}}}{c_P}\right)\hat{\underline{\mathbf{k}}}_{rP} \quad , \tag{9.1.56}$$

$$\underline{\mathbf{u}}_{mSV}(\underline{\mathbf{R}}, t, \hat{\underline{\mathbf{k}}}_{mS}) = M_S(\vartheta_{iP})\, u_{iP}\left(t - \frac{\hat{\underline{\mathbf{k}}}_{mS}\cdot\underline{\mathbf{R}}}{c_P}\right)\hat{\underline{\mathbf{k}}}_{mS}\times\underline{\mathbf{e}}_y \quad . \tag{9.1.57}$$

Die Überlagerung von (9.1.55)–(9.1.57) ergibt die Gesamtteilchenverschiebung $\underline{\mathbf{u}}^P(x, z, t, \vartheta_{iP})$ für P-Wellen-Einfall für $z \geq 0$, und insbesondere ergibt sich für $z = 0$:

$$\underline{\mathbf{u}}^P(x, 0, t, \vartheta_{iP}) = u_{iP}\left(t + \frac{\sin\vartheta_{iP}}{c_P}x\right)\left[\hat{\underline{\mathbf{k}}}_{iP} + R_P(\vartheta_{iP})\,\hat{\underline{\mathbf{k}}}_{rP} + M_S(\vartheta_{iP})\,\hat{\underline{\mathbf{k}}}_{mS}\times\underline{\mathbf{e}}_y\right] \quad . \tag{9.1.58}$$

Im Gegensatz zur Randbedingung $\underline{\underline{\mathbf{T}}}^P(x, 0, t, \vartheta_{iP})\cdot\underline{\mathbf{e}}_z = \underline{\mathbf{0}}$ des Gesamtspannungstensors, von der wir ja ausgegangen waren, ist also die Teilchenverschiebung *selbst* in der Grenzfläche ungleich null: Gemäß Abschnitt 3.3 (Gleichung (3.3.31)) definiert sie einen induzierten Grenzflächendeformationsratentensor[6]

$$\begin{aligned}\underline{\underline{\mathbf{g}}}^P(x, t, \vartheta_{iP}) = -\frac{1}{2}\frac{\mathrm{d}}{\mathrm{d}t}u_{iP}\left(t + \frac{\sin\vartheta_{iP}}{c_P}x\right)&\left[\underline{\mathbf{e}}_z\hat{\underline{\mathbf{k}}}_{iP} + \hat{\underline{\mathbf{k}}}_{iP}\underline{\mathbf{e}}_z + \right.\\ &\left. + R_P(\vartheta_{iP})(\underline{\mathbf{e}}_z\hat{\underline{\mathbf{k}}}_{rP} + \hat{\underline{\mathbf{k}}}_{rP}\underline{\mathbf{e}}_z) + M_S(\vartheta_{iP})(\underline{\mathbf{e}}_z\hat{\underline{\mathbf{u}}}_{mSV} + \hat{\underline{\mathbf{u}}}_{mSV}\underline{\mathbf{e}}_z)\right]\end{aligned} \tag{9.1.59}$$

für P-Wellen-Einfall, der, wie wir in Abschnitt 15.1.3 sehen werden, im Huygens'schen Prinzip der Elastodynamik die Rolle einer in der xy-Ebene lokalisierten äquivalenten Quelle der Teilchenverschiebung spielt, d.h. die physikalisch reale Grenzfläche kann durch „Huygens-Integration" von (9.1.59) ersetzt werden (Abschnitt 15.1 und Abschnitt 15.2), $\underline{\underline{\mathbf{g}}}^P(x, t, \hat{\underline{\mathbf{k}}}_{iP})$ *ist* die Quelle der reflektierten und modekonvertierten Impulse (9.1.56) und (9.1.57). In der Tat ist ja

$$u_{iP}\left(t + \frac{\sin\vartheta_{iP}}{c_P}x\right)$$

[6] Er kann, wie in Abschnitt 3.3 behauptet, nur *dann* gleich null gesetzt werden, wenn das einfallende Feld verschwindet.

ein Grenzflächenimpuls, der mit der Grenzflächen(phasen)geschwindigkeit

$$c_{iPS}(\vartheta_{iP}) = \frac{c_P}{\sin \vartheta_{iP}} \tag{9.1.60}$$

in negativer x-Richtung läuft. Für $\pi/2 \geq \vartheta_{iP} > 0$ gilt $c_P \leq c_{iPS}(\vartheta_{iP}) < \infty$. In einer Abb. 8.1.7 entsprechenden Wellenfrontendarstellung der Überlagerung von (9.1.55)–(9.1.57) erkennt man insbesondere im Film sehr schön, wie der Grenzflächenimpuls die Wellenfronten von einfallendem, reflektiertem und modekonvertiertem Impuls „mit sich zieht", und dass dies nur geht, wenn die Grenzflächengeschwindigkeiten $c_{iPS}, c_{rPS}, c_{mSS}$ aller drei Impulse gleich sind; genau dies ist aber die Konsequenz der Phasenanpassung, die im Reflexionsgesetz (9.1.20) und im Modekonversionsgesetz (9.1.21) zum Ausdruck kommt. Als „Minimaldarstellung" eines Films zeigt Abb. 9.1.2 die Wellenfronten für vier verschiedene Zeitpunkte, wobei der Betrag des Vektors der Teilchenverschiebung dargestellt ist, d.h. eventuelle unterschiedliche Impulsvorzeichen werden nicht sichtbar.

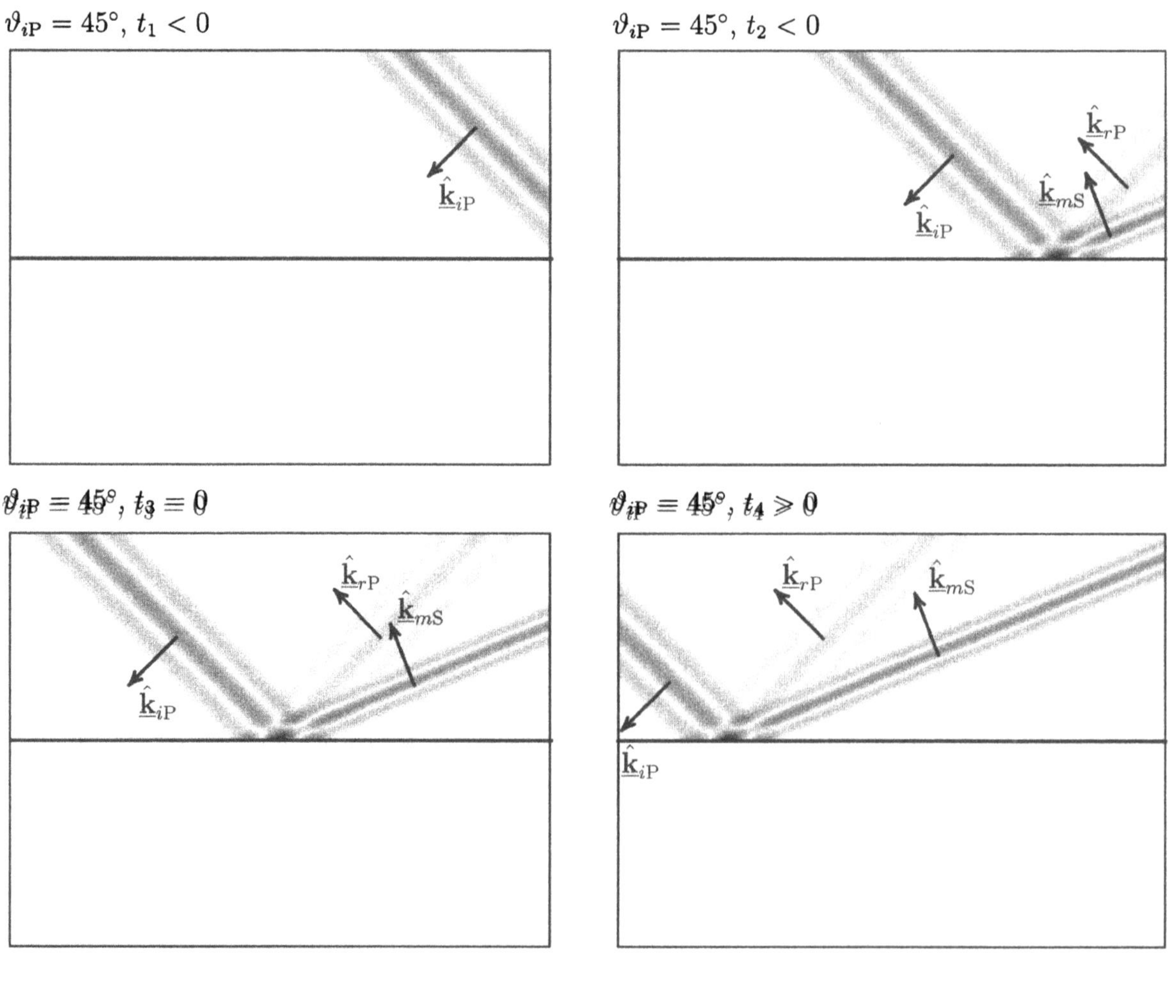

Abb. 9.1.2: *Wellenfrontendarstellung einfallender, reflektierter und modekonvertierter RC2(t)-Impulse für eine spannungsfreie Grenzfläche des Materials Stahl mit $c_P = 5900$ m/s, $c_S = 3200$ m/s; $\kappa = 1.84$*

Der Vollständigkeit halber: Die Fourier-Transformierten von (9.1.58) und (9.1.59) sind natürlich durch

$$\underline{\mathbf{u}}^{\mathrm{P}}(x,0,\omega,\vartheta_{i\mathrm{P}}) = u_{i\mathrm{P}}(\omega)\,\mathrm{e}^{-\mathrm{j}k_{\mathrm{P}}\sin\vartheta_{i\mathrm{P}}\,x}\,[\hat{\underline{\mathbf{k}}}_{i\mathrm{P}} + R_{\mathrm{P}}(\vartheta_{i\mathrm{P}})\,\hat{\underline{\mathbf{k}}}_{r\mathrm{P}} + M_{\mathrm{S}}(\vartheta_{i\mathrm{P}})\,\hat{\underline{\mathbf{k}}}_{m\mathrm{S}} \times \underline{\mathbf{e}}_y] \quad , \tag{9.1.61}$$

$$\begin{aligned} \underline{\underline{\mathbf{g}}}^{\mathrm{P}}(x,\omega,\vartheta_{i\mathrm{P}}) = \frac{\mathrm{j}\omega}{2}\,u_{i\mathrm{P}}(\omega)\,\mathrm{e}^{-\mathrm{j}k_{\mathrm{P}}\sin\vartheta_{i\mathrm{P}}\,x}\,[&\underline{\mathbf{e}}_z\hat{\underline{\mathbf{k}}}_{i\mathrm{P}} + \hat{\underline{\mathbf{k}}}_{i\mathrm{P}}\underline{\mathbf{e}}_z + \\ &+R_{\mathrm{P}}(\vartheta_{i\mathrm{P}})(\underline{\mathbf{e}}_z\hat{\underline{\mathbf{k}}}_{r\mathrm{P}} + \hat{\underline{\mathbf{k}}}_{r\mathrm{P}}\underline{\mathbf{e}}_z) + M_{\mathrm{S}}(\vartheta_{i\mathrm{P}})(\underline{\mathbf{e}}_z\hat{\underline{\mathbf{u}}}_{m\mathrm{SV}} + \hat{\underline{\mathbf{u}}}_{m\mathrm{SV}}\underline{\mathbf{e}}_z)] \end{aligned} \tag{9.1.62}$$

gegeben, und (9.1.62) ist im Sinne einer äquivalenten Quelle in das zeitharmonische elastische Huygens-Integral einzusetzen.

Dispersionsrelationen und Slowness-*Diagramme*

Wir wollen den Begriff der *Slowness*-Fläche oder des *Slowness*-Diagramms, den wir bereits in Abb. 8.1.10 benutzten, noch etwas präzisieren und sodann zur geometrischen Konstruktion des Modekonversionswinkels bei vorgegebenem Einfallswinkel ausnutzen.

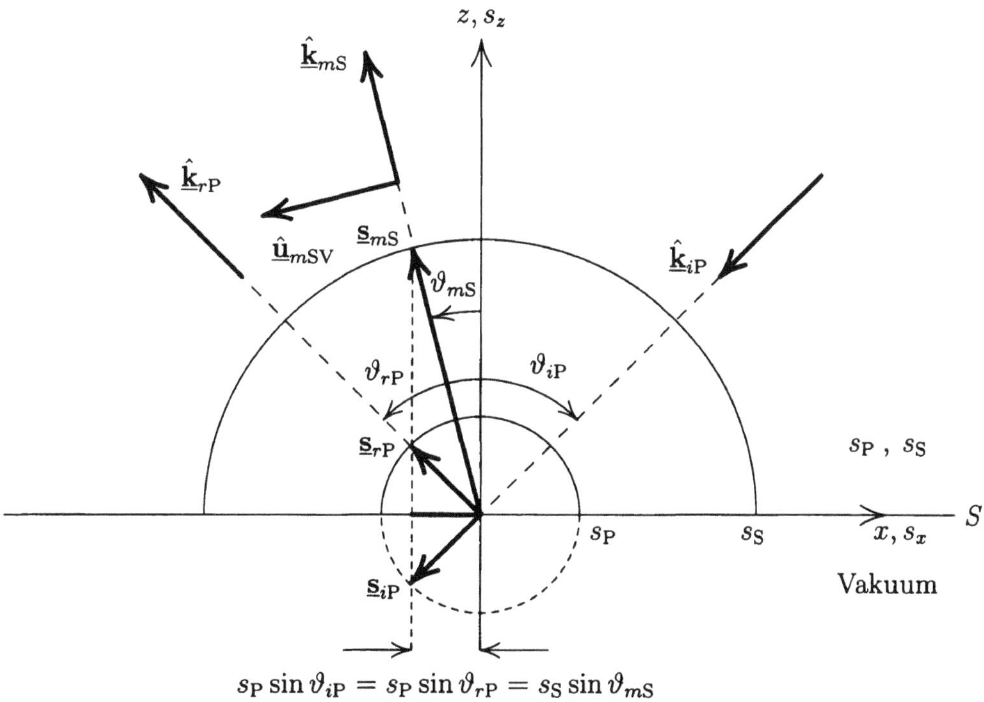

Abb. 9.1.3: Slowness-*Diagramme für die Reflexion und Modekonversion einer P-Welle an einer spannungsfreien Grenzfläche*

Mit der Definition des *Slowness*-Vektors

$$\underline{\mathbf{s}} = \frac{\underline{\mathbf{k}}}{\omega} \quad , \tag{9.1.63}$$

der die Dimension einer reziproken Geschwindigkeit hat — daher der Name —, schreiben sich die Dispersionsrelationen (8.2.4), (8.2.5) für P- und S-Wellen im isotropen nichtdissipativen Material:

$$\underline{\mathbf{s}}_{\mathrm{P,S}} \cdot \underline{\mathbf{s}}_{\mathrm{P,S}} = \frac{1}{c_{\mathrm{P,S}}^2} = s_{\mathrm{P,S}}^2 \quad , \tag{9.1.64}$$

die wir in Anlehnung an (8.2.6) durch

$$\underline{\mathbf{s}}_{P,S} = s_{P,S}\hat{\underline{\mathbf{k}}} \tag{9.1.65}$$

befriedigen.

Für das vorliegende Problem der Reflexion und Modekonversion einer auf eine ebene Grenzfläche einfallenden P-Welle laut Abb. 9.1.1 können wir deshalb die folgenden *Slowness*-Vektoren

$$\underline{\mathbf{s}}_{iP} = s_P\hat{\underline{\mathbf{k}}}_{iP} \quad , \tag{9.1.66}$$
$$\underline{\mathbf{s}}_{rP} = s_P\hat{\underline{\mathbf{k}}}_{rP} \quad , \tag{9.1.67}$$
$$\underline{\mathbf{s}}_{mS} = s_S\hat{\underline{\mathbf{k}}}_{mS} \tag{9.1.68}$$

einführen. Die zugehörigen Dispersionsrelationen

$$\underline{\mathbf{s}}_{iP}\cdot\underline{\mathbf{s}}_{iP} = |\underline{\mathbf{s}}_{iP}|^2 = s_{iPx}^2 + s_{iPz}^2 = s_P^2 \quad , \tag{9.1.69}$$
$$\underline{\mathbf{s}}_{rP}\cdot\underline{\mathbf{s}}_{rP} = |\underline{\mathbf{s}}_{rP}|^2 = s_{rPx}^2 + s_{rPz}^2 = s_P^2 \quad , \tag{9.1.70}$$
$$\underline{\mathbf{s}}_{mS}\cdot\underline{\mathbf{s}}_{mS} = |\underline{\mathbf{s}}_{mS}|^2 = s_{mSx}^2 + s_{mSz}^2 = s_S^2 \tag{9.1.71}$$

gemäß (9.1.64) werden in der Tat durch (9.1.66)–(9.1.68) identisch erfüllt. In einem $s_x s_z$-Koordinatensystem (Abbildung 9.1.3) stellen die rechten Gleichungen von (9.1.69)–(9.1.71) Kreisgleichungen dar, d.h. die Endpunkte der *Slowness*-Vektoren $\underline{\mathbf{s}}_{iP}, \underline{\mathbf{s}}_{rP}$ liegen auf einem Kreis mit dem Radius s_P, und der Endpunkt des *Slowness*-Vektors $\underline{\mathbf{s}}_{mS}$ liegt auf einem Kreis mit dem Radius s_S: Abb. 9.1.3 zeigt diese Slowness-*Diagramme*[7] für den relevanten Halbraum $z \geq 0$. Aufgrund der Phasenanpassung in der Grenzfläche gemäß (9.1.16) müssen die x-Kompoenten der *Slowness*-Vektoren gleich sein:

$$\begin{aligned} &\underline{\mathbf{s}}_{iP}\cdot\underline{\mathbf{e}}_x = \underline{\mathbf{s}}_{rP}\cdot\underline{\mathbf{e}}_x = \underline{\mathbf{s}}_{mS}\cdot\underline{\mathbf{e}}_x \\ \Longrightarrow\ &s_P\sin\vartheta_{iP} = s_P\sin\vartheta_{rP} = s_S\sin\vartheta_{mS} \quad , \end{aligned} \tag{9.1.72}$$

d.h. wir „finden" Reflexions- und Modekonversionsgesetz in „*Slowness*-Schreibweise". Mit den x-Komponenten sind über die Kreisgleichungen (9.1.69)–(9.1.71) aber auch die z-Komponenten festgelegt — die Endpunkte der *Slowness*-Vektoren liegen auf ihren jeweiligen *Slowness*-Kreisen —, sodass die in Abb. 9.1.3 skizzierte geometrische Konstruktion der *Slowness*-Vektoren — und damit der Phasenausbreitungsvektoren $\hat{\underline{\mathbf{k}}}_{rP}, \hat{\underline{\mathbf{k}}}_{mS}$ — zwingend ist: Die Projektionen von $\underline{\mathbf{s}}_{iP}, \underline{\mathbf{s}}_{rP}, \underline{\mathbf{s}}_{mS}$ auf die x-Achse sind betragsmäßig gleich dem fett eingezeichneten Geradenstück.

Wellenfronten reflektierter P- und modekonvertierter SV-Wellen

Die Ausdrücke (9.1.32) und (9.1.33) für Reflexions- und Modekonversionsfaktor diskutiert man in Abhängigkeit vom Einfallswinkel und vom Phasengeschwindigkeitsverhältnis; es treten ja weder die Lamé'schen Konstanten noch tritt die Dichte explizit auf. Für $\kappa = 1.84$ — $c_P = 5900$ m/s, $c_S = 3200$ m/s: Stahl — ist die Winkelabhängigkeit von R_P und M_S in Abb. 9.1.4 dargestellt. Da wir in den folgenden Abschnitten auf komplexwertige Reflexions- und Transmissionsfaktoren stoßen werden, wird im Allgemeinen $|R_P(\vartheta_{iP})|$, $|M_S(\vartheta_{iP})|$ dargestellt. Den Formeln (9.1.32) und (9.1.33) entnimmt man jedoch sofort $M_S(\vartheta_{iP}) \geq 0$, $0 \leq \vartheta_{iP} \leq \pi/2$, sowie $R_P(0) = -1$, $R_P(\pi/2) = -1$, d.h. an den Endpunkten des Einfallswinkelintervalls ist der Reflexionsfaktor negativ. Für den in Abb. 9.1.4 gewählten κ-Wert ist dies im ganzen Intervall der Fall, für kleinere κ-Werte kann $R_P(\vartheta_{iP})$, $0 < \vartheta_{iP} < \pi/2$, aber auch positiv werden, sodass zwei Nullstellen auftreten müssen.

[7] Für beliebige Einfallsrichtungen im festgehaltenen kartesischen Koordinatensystem, für die $\hat{\underline{\mathbf{k}}}_{iP}\cdot\underline{\mathbf{e}}_y$ nicht unbedingt gleich null sein muss, ergäben sich Kugelflächen als dreidimensionale *Slowness*-Diagramme.

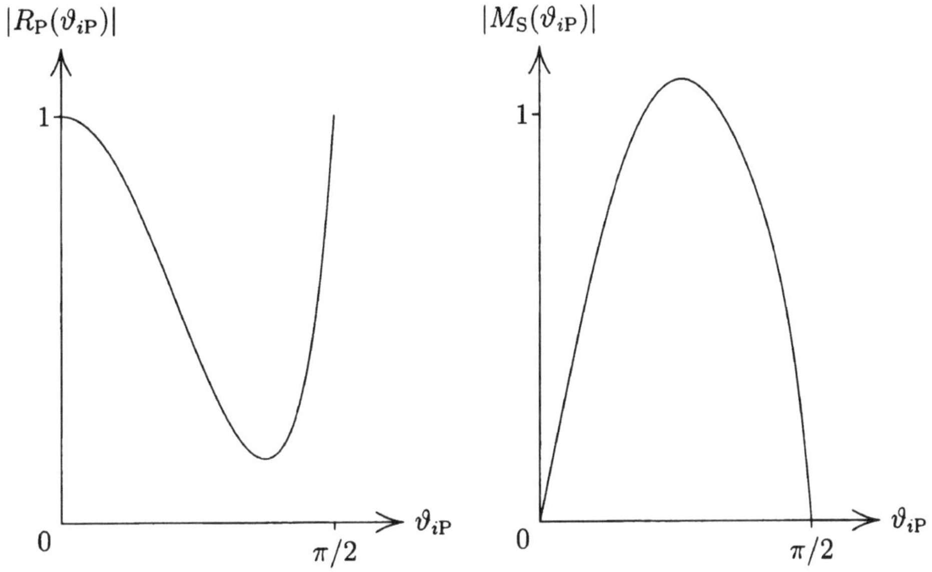

***Abb. 9.1.4:** Betrag des Reflexions- und Betrag des Modekonversionsfaktors für P-Wellen-Einfall als Funktion des Einfallswinkels (Stahl: $c_P = 5900$ m/s, $c_S = 3200$ m/s; $\kappa = 1.84$)*

Die winkelabhängigen Beträge von Reflexions- und Modekonversionsfaktoren werden natürlich auch in den Amplituden von Impulswellenfronten sichtbar; Abb. 9.1.2 zeigt dafür bereits ein Beispiel. *Hier*, d.h. in Abb. 9.1.5, seien nun entsprechende Wellenfronten für verschiedene Einfallswinkel dargestellt, wobei, wie in Abb. 9.1.2, die Graustufen den Betrag des Vektors der Teilchenverschiebung wiedergeben, sodass sich keine Impulsvorzeichen erkennen lassen. Für senkrechten Einfall können darüber aber unmittelbar Aussagen genmacht werden: Der senkrecht einfallenden P-Welle (Abbildung 9.1.5a) prägen wir als Zeitfunktion $u_{iP}(t)$ einen RC2(t)-Impuls auf, sodass sich mit (9.1.4) für senkrechten Einfall ergibt:

$$\underline{\mathbf{u}}_{iP}(\underline{\mathbf{R}}, t, \vartheta_{iP} = 0) = \mathrm{RC2}\left(t + \frac{z}{c}\right) \hat{\underline{\mathbf{k}}}_{iP} \quad . \tag{9.1.73}$$

Nach der Reflexion — Abbildung 9.1.5b — ist die für $z > 0$ einzig existierende *reflektierte* Wellenfront — es ist $R_P(0) = -1$ — durch

$$\underline{\mathbf{u}}_{rP}(\underline{\mathbf{R}}, t, \vartheta_{iP} = 0) = -\mathrm{RC2}\left(t - \frac{z}{c}\right) \hat{\underline{\mathbf{k}}}_{rP} \tag{9.1.74}$$

gegeben; diese Wellenfront hat bezüglich der Ausbreitungsrichtung $\hat{\underline{\mathbf{k}}}_{rP}$ eine *negativ*-longitudinale Komponente, eine Konsequenz von $R_P(0) = -1$. Betrachten wir hingegen statt der longitudinalen Komponenten der Teilchenverschiebung deren *Vektor*komponenten im xz-Koordinatensystem, so gilt wegen $\hat{\underline{\mathbf{k}}}_{iP} = -\underline{\mathbf{e}}_z$ und $\hat{\underline{\mathbf{k}}}_{rP} = \underline{\mathbf{e}}_z$:

$$\underline{\mathbf{u}}_{iP}(\underline{\mathbf{R}}, t, \vartheta_{iP} = 0) = -\mathrm{RC2}\left(t + \frac{z}{c}\right) \underline{\mathbf{e}}_z \quad , \tag{9.1.75}$$

$$\underline{\mathbf{u}}_{rP}(\underline{\mathbf{R}}, t, \vartheta_{iP} = 0) = -\mathrm{RC2}\left(t - \frac{z}{c}\right) \underline{\mathbf{e}}_z \quad , \tag{9.1.76}$$

d.h. diese Komponenten haben das gleiche Vorzeichen (man vergleiche (9.1.45)).

In den Teilbildern Abb. 9.1.5c-f sind schließlich für den festen Zeitpunkt $t = 0$ Wellenfronten einfallender, reflektierter und modekonvertierter Wellen für verschiedene Einfallswinkel 0 <

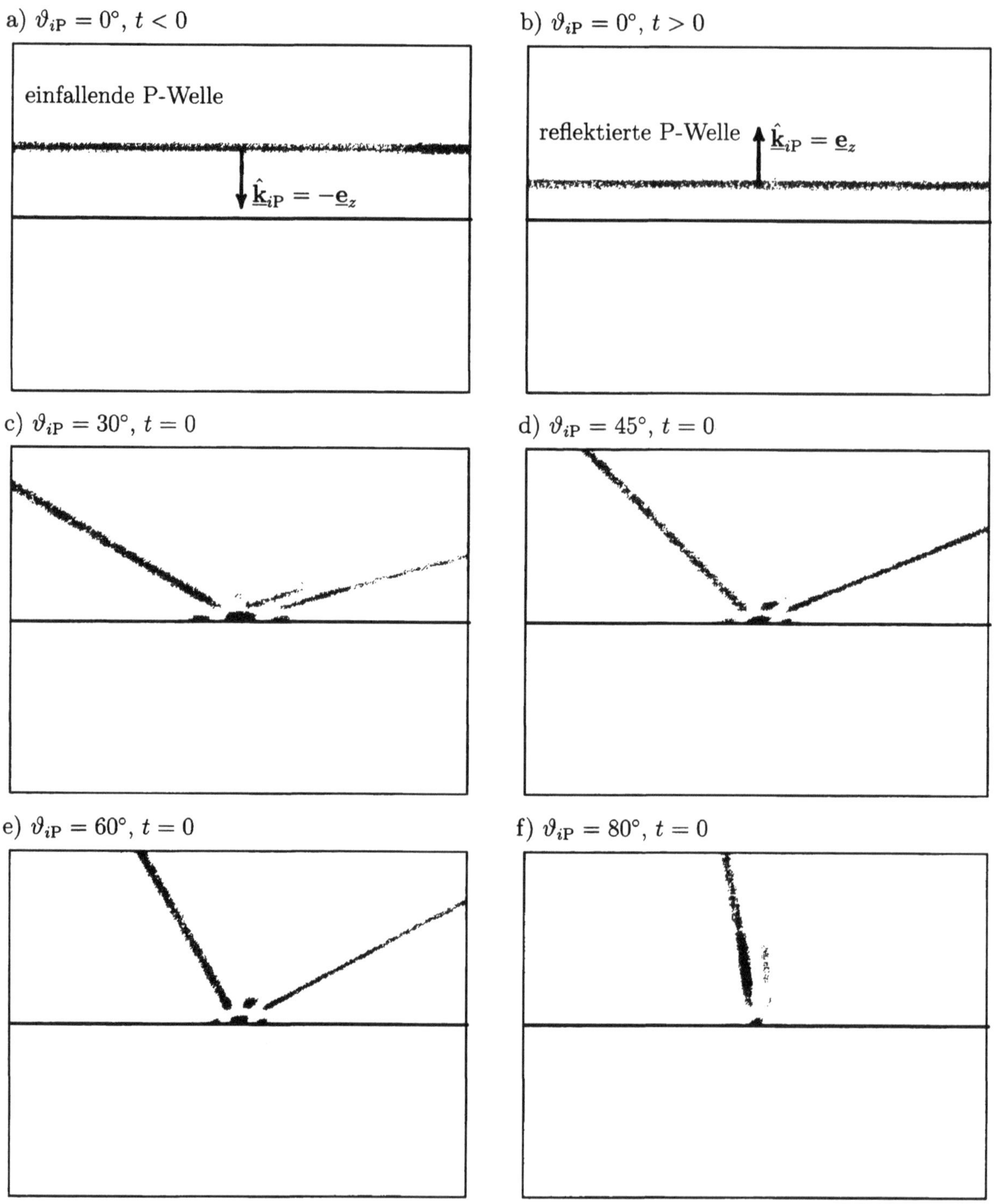

Abb. 9.1.5: *Wellenfronten einfallender und reflektierter P- sowie modekonvertierter SV-Wellen für verschiedene Einfallswinkel (Material: Stahl mit* $c_P = 5900$ *m/s,* $c_S = 3200$ *m/s;* $\kappa = 1.84$*)*

$\vartheta_{i\text{P}} < \pi/2$ dargestellt (Gleichungen (9.1.55)–(9.1.57)). In den Graustufen für die Amplituden spiegeln sich die jeweiligen Werte von $R_\text{P}(\vartheta_{i\text{P}})$, $M_\text{S}(\vartheta_{i\text{P}})$ gemäß (9.1.32) und (9.1.33) bzw. deren graphische Darstellung in Abb. 9.1.4 wider.

9.1.2 Einfallende sekundäre transversal-vertikale Scherwelle

Mit dem mathematischen Formalismus der Berechnung von Reflexion und Modekonversion einer auf eine spannungsfreie ebene Grenzfläche einfallenden ebenen SV-Welle können wir uns einerseits etwas kürzer fassen, da wir die wesentliche Vorgehensweise bereits erläutert haben, andererseits müssen wir das neu auftretende Phänomen der Totalreflexion für Einfallswinkel jenseits des kritischen Winkels diskutieren: Die Phasenanpassung realisieren wir sodann durch Definition eines komplexen Modekonversions„winkels“, wodurch der Wellenzahlvektor der modekonvertierten P-Welle zu einem komplexen Vektor und die P-Welle selbst zu einer *inhomogenen* ebenen Welle wird, die sich zwar entlang der Grenzfläche ausbreitet, senkrecht dazu für $z > 0$ aber exponentiell gedämpft ist; das Ausmaß der Dämpfung wird durch den Imaginärteil des Modekonversions„winkels“ bestimmt, der sich damit physikalisch als Dämpfungskonstante manifestiert.

Reflektierte sekundäre transversale SV-Wellen und modekonvertierte primäre longitudinale P-Wellen unterhalb des kritischen Winkels

Zur Illustration von Ausbreitungsrichtungen, Reflexions- und Modekonversionswinkeln, die wir im vorigen Abschnitt durch *zwei* Abbildungen — Abbildung 9.1.1 und Abbildung 9.1.3 — veranschaulichten, zeichnen wir nun nur noch die *Slowness*-Diagramme der *einen* Abb. 9.1.6, weisen aber bereits darauf hin, dass diese Abbildung nur für Einfallswinkel unterhalb des kritischen Winkels zuständig ist; für größere Einfallswinkel ist Abb. 8.2.1 zu konsultieren. Auf die Definition und Berechnung des kritischen Winkels kommen wir bei der Phasenanpassung sogleich zu sprechen.

Abbildung 9.1.6 entnehmen wir sofort die Komponentendarstellungen der hier beteiligten Phasenausbreitungsvektoren:

$$\hat{\underline{\mathbf{k}}}_{i\text{S}} = -\sin\vartheta_{i\text{S}}\,\underline{\mathbf{e}}_x - \cos\vartheta_{i\text{S}}\,\underline{\mathbf{e}}_z \quad , \tag{9.1.77}$$

$$\hat{\underline{\mathbf{k}}}_{r\text{S}} = -\sin\vartheta_{r\text{S}}\,\underline{\mathbf{e}}_x + \cos\vartheta_{r\text{S}}\,\underline{\mathbf{e}}_z \quad , \tag{9.1.78}$$

$$\hat{\underline{\mathbf{k}}}_{m\text{P}} = -\sin\vartheta_{m\text{P}}\,\underline{\mathbf{e}}_x + \cos\vartheta_{m\text{P}}\,\underline{\mathbf{e}}_z \quad . \tag{9.1.79}$$

Mit

$$\hat{\underline{\mathbf{u}}}_{i\text{SV}}(\hat{\underline{\mathbf{k}}}_{i\text{S}}) = \hat{\underline{\mathbf{k}}}_{i\text{S}} \times \underline{\mathbf{e}}_y \quad , \tag{9.1.80}$$

$$\hat{\underline{\mathbf{u}}}_{r\text{SV}}(\hat{\underline{\mathbf{k}}}_{r\text{S}}) = \hat{\underline{\mathbf{k}}}_{r\text{S}} \times \underline{\mathbf{e}}_y \tag{9.1.81}$$

definieren wir die Polarisationsvektoren der einfallenden und reflektierten SV-Wellen in üblicher Art und Weise. Die Fourier-Spektren der für das Gesamtteilchenverschiebungsfeld für $z \geq 0$ aufgrund der Randbedingung (9.1.1) benötigten Partialwellen haben deshalb das folgende Aussehen:

$$\underline{\mathbf{u}}_{i\text{SV}}(\underline{\mathbf{R}},\omega,\hat{\underline{\mathbf{k}}}_{i\text{S}}) = u_{i\text{S}}(\omega)\,\mathrm{e}^{\mathrm{j}k_\text{S}\hat{\underline{\mathbf{k}}}_{i\text{S}}\cdot\underline{\mathbf{R}}}\,\hat{\underline{\mathbf{u}}}_{i\text{SV}}(\hat{\underline{\mathbf{k}}}_{i\text{S}}) \quad , \tag{9.1.82}$$

$$\underline{\mathbf{u}}_{r\text{SV}}(\underline{\mathbf{R}},\omega,\hat{\underline{\mathbf{k}}}_{r\text{S}}) = R_\text{SV}(\vartheta_{i\text{S}})\,u_{i\text{S}}(\omega)\,\mathrm{e}^{\mathrm{j}k_\text{S}\hat{\underline{\mathbf{k}}}_{r\text{S}}\cdot\underline{\mathbf{R}}}\,\hat{\underline{\mathbf{u}}}_{r\text{SV}}(\hat{\underline{\mathbf{k}}}_{r\text{S}}) \quad , \tag{9.1.83}$$

$$\underline{\mathbf{u}}_{m\text{P}}(\underline{\mathbf{R}},\omega,\hat{\underline{\mathbf{k}}}_{m\text{P}}) = M_\text{P}(\vartheta_{i\text{S}})\,u_{i\text{S}}(\omega)\,\mathrm{e}^{\mathrm{j}k_\text{P}\hat{\underline{\mathbf{k}}}_{m\text{P}}\cdot\underline{\mathbf{R}}}\,\hat{\underline{\mathbf{k}}}_{m\text{P}} \quad , \tag{9.1.84}$$

wobei wir in Kenntnis des vorigen Unterabschnitts sofort den Reflexionsfaktor $R_\text{SV}(\vartheta_{i\text{S}})$ und den Modekonversionsfaktor $M_\text{P}(\vartheta_{i\text{S}})$ eingeführt haben.

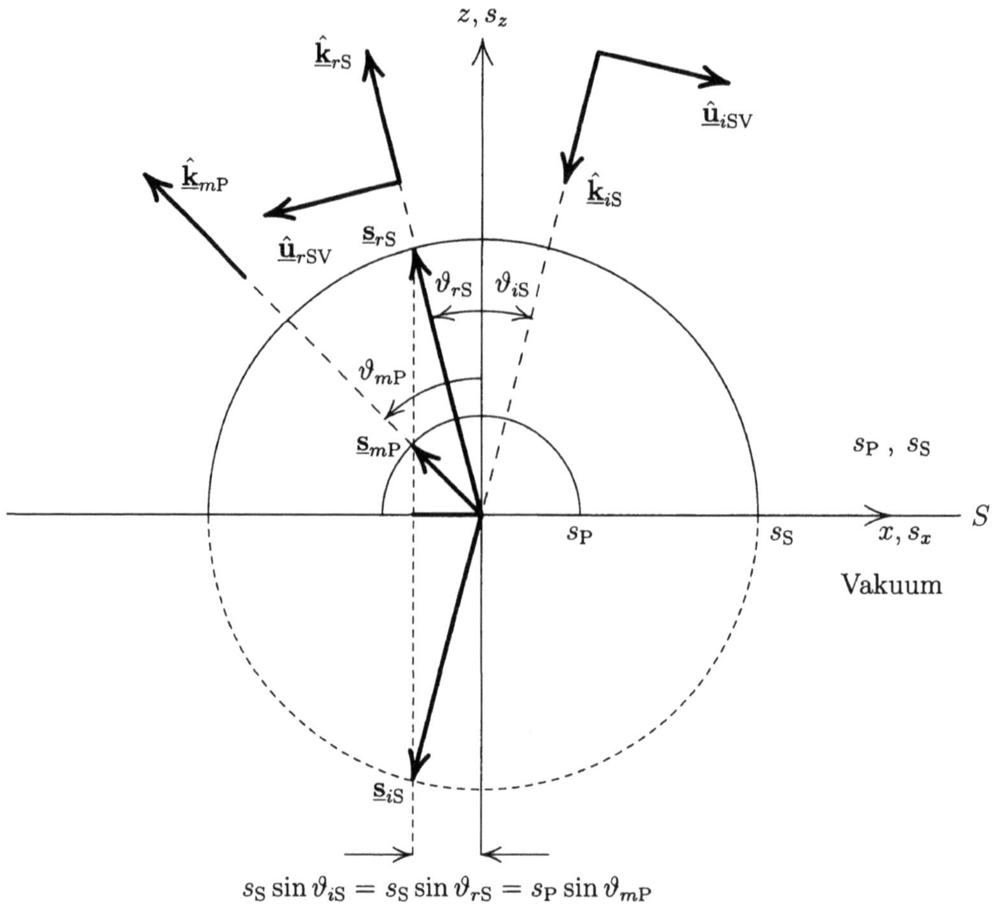

Abb. 9.1.6: Slowness-*Diagramme für die Reflexion und Modekonversion einer SV-Welle an einer spannungsfreien Grenzfläche für Einfallswinkel unterhalb des kritischen Winkels*

Reflexions- und Modekonversionsgesetz: Kritischer Winkel

Die Randbedingung (9.1.1) für eine spannungsfreie Grenzfläche lautet hier explizit:

$$\underline{\underline{\mathbf{T}}}(\underline{\mathbf{R}}_S, \omega) \cdot \underline{\mathbf{e}}_z = \left[\underline{\underline{\mathbf{T}}}_{iSV}(\underline{\mathbf{R}}_S, \omega, \hat{\underline{\mathbf{k}}}_{iS}) + \underline{\underline{\mathbf{T}}}_{rSV}(\underline{\mathbf{R}}_S, \omega, \hat{\underline{\mathbf{k}}}_{rS}) + \underline{\underline{\mathbf{T}}}_{mP}(\underline{\mathbf{R}}_S, \omega, \hat{\underline{\mathbf{k}}}_{mP})\right] \cdot \underline{\mathbf{e}}_z = \underline{\mathbf{0}} \ , \tag{9.1.85}$$

wobei in Analogie zu (9.1.13)–(9.1.15)

$$\underline{\underline{\mathbf{T}}}_{iSV}(\underline{\mathbf{R}}, \omega, \hat{\underline{\mathbf{k}}}_{iS}) = \mathrm{j} k_S \mu\, u_{iS}(\omega)\, \mathrm{e}^{\mathrm{j}k_S \hat{\underline{\mathbf{k}}}_{iS} \cdot \underline{\mathbf{R}}} \left[\hat{\underline{\mathbf{k}}}_{iS}\, \hat{\underline{\mathbf{u}}}_{iSV}(\hat{\underline{\mathbf{k}}}_{iS}) + \hat{\underline{\mathbf{u}}}_{iSV}(\hat{\underline{\mathbf{k}}}_{iS})\, \hat{\underline{\mathbf{k}}}_{iS}\right] \ , \tag{9.1.86}$$

$$\underline{\underline{\mathbf{T}}}_{rSV}(\underline{\mathbf{R}}, \omega, \hat{\underline{\mathbf{k}}}_{rS}) = \mathrm{j} k_S \mu\, R_{SV}(\vartheta_{iS})\, u_{iS}(\omega)\, \mathrm{e}^{\mathrm{j}k_S \hat{\underline{\mathbf{k}}}_{rS} \cdot \underline{\mathbf{R}}} \left[\hat{\underline{\mathbf{k}}}_{rS}\, \hat{\underline{\mathbf{u}}}_{rSV}(\hat{\underline{\mathbf{k}}}_{rS}) + \hat{\underline{\mathbf{u}}}_{rSV}(\hat{\underline{\mathbf{k}}}_{rS})\, \hat{\underline{\mathbf{k}}}_{rS}\right] \ , \tag{9.1.87}$$

$$\underline{\underline{\mathbf{T}}}_{mP}(\underline{\mathbf{R}}, \omega, \hat{\underline{\mathbf{k}}}_{mP}) = \mathrm{j} k_P\, M_P(\vartheta_{iS})\, u_{iS}(\omega)\, \mathrm{e}^{\mathrm{j}k_P \hat{\underline{\mathbf{k}}}_{mP} \cdot \underline{\mathbf{R}}} \left(\lambda\, \underline{\underline{\mathbf{I}}} + 2\mu\, \hat{\underline{\mathbf{k}}}_{mP}\, \hat{\underline{\mathbf{k}}}_{mP}\right) \tag{9.1.88}$$

gilt. Wieder ist sofort offensichtlich, dass eine eventuell im Ansatz (9.1.82)–(9.1.84) berücksichtigte SH-Welle bei der Komponentenbildung von (9.1.85) isoliert steht; sie ist vom zweidimensionalen P,SV-Reflexionsproblem *stets* abgekoppelt (Abschnitt 7.3).

Mit den Spannungstensoren (9.1.86)–(9.1.88) ebener Wellen erzwingt die Randbedingung (9.1.85) die Phasenanpassung

$$k_S\,\hat{\underline{\mathbf{k}}}_{iS}\cdot\underline{\mathbf{R}}_S = k_S\,\hat{\underline{\mathbf{k}}}_{rS}\cdot\underline{\mathbf{R}}_S = k_P\,\hat{\underline{\mathbf{k}}}_{mP}\cdot\underline{\mathbf{R}}_S \quad , \tag{9.1.89}$$

die für *alle* Grenzflächenpunkte $\underline{\mathbf{R}}_S = x\underline{\mathbf{e}}_x + y\underline{\mathbf{e}}_y$ gelten muss. Mit (9.1.77)-(9.1.79) ergibt sich erneut das Reflexionsgesetz

$$\vartheta_{rS} = \vartheta_{iS} \tag{9.1.90}$$

sowie das Modekonversionsgesetz

$$\sin\vartheta_{mP} = \frac{k_S}{k_P}\sin\vartheta_{iS} \quad . \tag{9.1.91}$$

Gegenüber dem P-Einfall — Gleichung (9.1.21) — hat sich nun zur Berechnung des Modekonversionswinkels ϑ_{mP} der Faktor vor dem Sinus des Einfallswinkels herumgedreht: Da $k_S/k_P = \kappa > 1$, folgt, dass in Abhängigkeit vom Einfallswinkel ϑ_{iS} der Sinus des Modekonversionswinkels ϑ_{mP} irgendwann größer als 1 werden sollte; dies ist offensichtlich „kritisch“ für einen Sinus, sodass man als Konsequenz von $\sin\vartheta_{mP} = 1$

$$\vartheta_{cmP} = \arcsin\frac{k_P}{k_S} \tag{9.1.92}$$

als kritischen (Einfalls-)Winkel für die Modekonversion einer einfallenden SV-Welle in eine P-Welle bezeichnet. Für $\vartheta_{iS} > \vartheta_{cmP}$ tritt sodann das Phänomen des „kritischen Sinus“ auf.

Für Einfallswinkel *unterhalb* des kritischen Winkels haben wir natürlich kein Problem, in Abb. 9.1.6 die Phasenausbreitungsrichtungen anhand der Geometrie von *Slowness*-Diagrammen zu konstruieren; auch die $\hat{\underline{\mathbf{u}}}_{iSV}, \hat{\underline{\mathbf{u}}}_{rSV}$-Polarisationen lassen sich ohne Schwierigkeiten einzeichnen[8].

Nun stehen wir allerdings vor der Frage: Wie „erzeugen“ wir einen Sinus größer als 1, da doch Einfallswinkel *oberhalb* des kritischen Winkels physikalisch durchaus zulässig sind? Die Antwort gibt die Funktionentheorie (Analysis der komplexwertigen Funktionen einer komplexen Variablen): Ähnlich wie die Gleichung $x^2 + 1 = 0$ erst für komplexe Zahlen lösbar ist, kann ein Sinus mit komplexem Argument gemäß (2.3.25) wegen des dann auftretenden hyperbolischen Cosinus durchaus einen Realteil haben, der *größer* ist als 1; wir müssen für den „Winkel“ ϑ_{mP} in $\sin\vartheta_{mP}$ eben komplexe Werte zulassen[9]. *Definiert* werden diese komplexen Werte durch die Phasenanpassung (9.1.91); deswegen soll $\sin\vartheta_{mP}$ zwar größer als 1, aber *reell* sein, sodass der Imaginärteil von (2.3.25) verschwinden muss, und dies erreichen wir dadurch, dass wir den komplexen „Winkel“ ϑ_{mP} mit dem festen Realteil $\pi/2$ versehen:

$$\vartheta_{mP} = \frac{\pi}{2} + \mathrm{j}\,\Im\vartheta_{mP} \quad . \tag{9.1.93}$$

Hinsichtlich des Vorzeichens von $\Im\vartheta_{mP}$ treffen wir weiter unten eine Entscheidung. Zur Begründung von (9.1.93) kann man sogar anschaulich argumentieren: Da gemäß (9.1.91) ϑ_{mP} stets größer als ϑ_{iS} ist, erreicht der Modekonversionswinkel irgendwann den Wert $\pi/2$ *bevor* $\vartheta_{iS} = \pi/2$ ist; größer kann der *Winkel* ϑ_{mP} auch bei weiter vergrößertem Einfallswinkel nicht werden, sodass ϑ_{mP} bei gleich bleibendem Realteil $\Re\vartheta_{mP} = \pi/2$ ins Komplexe „ausweicht“; die physikalische Bedeutung des Imaginärteils ist sodann zu klären. Mit (9.1.93), (2.3.25) und (9.1.91) folgt also für $\vartheta_{iS} > \vartheta_{cmP}$

$$\sin\vartheta_{mP} = \cosh\Im\vartheta_{mP} = \frac{k_S}{k_P}\sin\vartheta_{iS} > 1 \quad . \tag{9.1.94}$$

Zu klären ist natürlich ebenso, welche Konsequenzen dieser komplexe Modekonversions„winkel“ für die Feldstruktur von $\underline{\mathbf{u}}_{mP}(\underline{\mathbf{R}},\omega,\hat{\underline{\mathbf{k}}}_{mP})$ hat: Über $\hat{\underline{\mathbf{k}}}_{mP}$ gemäß (9.1.79) kommen darin $\sin\vartheta_{mP}$

[8] Man beachte: *Beide* Polarisationsvektoren zeigen definitionsgemäß in Richtung zunehmender Polarwinkel; dies hat Konsequenzen für das Vorzeichen des Reflexionsfaktors.

[9] Natürlich ist ein komplexer „Winkel“ ϑ_{mP} in einem *Slowness*-Diagramm nicht mehr als *Winkel* identifizierbar.

und $\cos\vartheta_{mP}$ vor; $\sin\vartheta_{mP}$ ist aber aufgrund der Phasenanpassung wie üblich durch $\kappa\sin\vartheta_{iS}$ zu ersetzen, sodass wir uns nur noch mit $\cos\vartheta_{mP} = \cos(\pi/2 + \mathrm{j}\,\Im\vartheta_{mP})$ beschäftigen müssen. Laut (2.3.26) ergibt sich

$$\cos\vartheta_{mP} = -\mathrm{j}\sinh\Im\vartheta_{mP} \quad , \tag{9.1.95}$$

d.h. der Cosinus des komplexen Modekonversionswinkels (9.1.93) ist rein imaginär! Setzen wir (9.1.94) und (9.1.95) in (9.1.79) ein, stellen wir fest, dass wir einen komplexen Wellenzahl(einheits)vektor

$$\hat{\underline{\mathbf{k}}}_{mP} = -\cosh\Im\vartheta_{mP}\,\underline{\mathbf{e}}_x - \mathrm{j}\sinh\Im\vartheta_{mP}\,\underline{\mathbf{e}}_z \tag{9.1.96}$$

erhalten; dessen Hermite'sches Skalarprodukt $\hat{\underline{\mathbf{k}}}_{mP}\cdot\hat{\underline{\mathbf{k}}}^*_{mP}$ ist zwar ungleich[10] 1, dessen „normales" Skalarprodukt $\hat{\underline{\mathbf{k}}}_{mP}\cdot\hat{\underline{\mathbf{k}}}_{mP}$ jedoch als Konsequenz der Dispersionsgleichung nach wie vor gleich 1, sodass wir die Charakterisierung als Einheitsvektor beibehalten. In (9.1.84) eingesetzt, ergibt sich

$$\underline{\mathbf{u}}_{mP}(\underline{\mathbf{R}},\omega,\hat{\underline{\mathbf{k}}}_{mP}) = M_P(\vartheta_{iS})\,u_{iS}(\omega)\,\mathrm{e}^{-\mathrm{j}k_P\cosh\Im\vartheta_{mP}\,x}\,\mathrm{e}^{k_P\sinh\Im\vartheta_{mP}\,z}\,\hat{\underline{\mathbf{k}}}_{mP} \quad . \tag{9.1.97}$$

Zunächst: Die für $\vartheta_{iS} < \vartheta_{cmP}$ komplexe Exponentialfunktion $\mathrm{e}^{\mathrm{j}k_P\hat{\underline{\mathbf{k}}}_{mP}\cdot\underline{\mathbf{R}}}$ spaltet für $\vartheta_{iS} > \vartheta_{cmP}$ in eine ebenfalls komplexe Exponentialfunktion $\mathrm{e}^{-\mathrm{j}k_P\cosh\Im\vartheta_{mP}\,x}$ und eine reelle Exponentialfunktion $\mathrm{e}^{k_P\sinh\Im\vartheta_{mP}\,z}$ auf; letztere sollte für $z \longrightarrow \infty$ nicht unendlich werden, sondern abklingen, sodass wir unbedingt

$$\Im\vartheta_{mP} \leq 0 \tag{9.1.98}$$

wählen müssen. Und weiter: Mit dieser Festlegung bekommt $\Im\vartheta_{mP}$ tatsächlich eine physikalische Bedeutung, denn $\sinh\Im\vartheta_{mP}$ ist offenbar eine (negative) Dämpfungskonstante! Mit (9.1.97) liegt eine sich in $(-x)$-Richtung ausbreitende *inhomogene* ebene Welle vor (Abschnitt 8.2): Die Flächen konstanter Phase sind Ebenen senkrecht zur x-Achse, die Flächen konstanter Amplitude jedoch Flächen senkrecht zur z-Achse, beide Flächenscharen stehen senkrecht aufeinander. Man spricht deswegen auch von einer quergedämpften oder evaneszenten inhomogenen ebenen Welle.

In (9.1.97) tritt der Imaginärteil des Modekonversions„winkels" noch explizit auf; mithilfe von (9.1.94) ist jedoch $k_P\cosh\Im\vartheta_{mP}$ durch $k_S\sin\vartheta_{iS}$ ersetzbar, und für $\sinh\Im\vartheta_{mP}$ gelingt dies aufgrund der Beziehung

$$\cosh^2\Im\vartheta_{mP} - \sinh^2\Im\vartheta_{mP} = 1 \quad , \tag{9.1.99}$$

wobei wir bei der Auflösung nach $\sinh\Im\vartheta_{mP}$ lediglich darauf achten müssen, dass $\Im\vartheta_{mP} \leq 0$ und damit $\sinh\Im\vartheta_{mP} \leq 0$ ist:

$$\sinh\Im\vartheta_{mP} = -\sqrt{\kappa^2\sin^2\vartheta_{iS} - 1} \quad . \tag{9.1.100}$$

Wir erhalten nun:

$$\begin{aligned}\underline{\mathbf{u}}_{mP}(\underline{\mathbf{R}},\omega,\vartheta_{iS}) = {}& -M_P(\vartheta_{iS})\,u_{iS}(\omega)\,\mathrm{e}^{-\mathrm{j}k_S\sin\vartheta_{iS}\,x}\,\mathrm{e}^{-\sqrt{k_S^2\sin^2\vartheta_{iS}-k_P^2}\,z}\times\\ &\times\left(\kappa\sin\vartheta_{iS}\,\underline{\mathbf{e}}_x - \mathrm{j}\sqrt{\kappa^2\sin^2\vartheta_{iS}-1}\,\underline{\mathbf{e}}_z\right)\end{aligned} \tag{9.1.101}$$

In dieser Darstellung der modekonvertierten Welle, die a) eine Lösung der homogenen Wellengleichung ist, und b) zusammen mit $\underline{\mathbf{u}}_{iP}$ und $\underline{\mathbf{u}}_{rP}$ die physikalisch geforderte Randbedingung erfüllt, ist von einem komplexen „Winkel" keine Spur mehr vorhanden: Es treten einzig und allein die vorgegebenen Größen c_P, c_S und ϑ_{iS} auf.

[10] Wir berechnen

$$\hat{\underline{\mathbf{k}}}_{mP}\cdot\hat{\underline{\mathbf{k}}}^*_{mP} = \cosh^2\Im\vartheta_{mP} + \sinh^2\Im\vartheta_{mP} \neq 1$$

und

$$\hat{\underline{\mathbf{k}}}_{mP}\cdot\hat{\underline{\mathbf{k}}}_{mP} = \cosh^2\Im\vartheta_{mP} - \sinh^2\Im\vartheta_{mP} = 1 \quad .$$

Die Diskussion der Tatsache, dass die Komponenten von $\underline{\mathbf{u}}_{m\mathrm{P}}(\underline{\mathbf{R}}, \omega, \vartheta_{i\mathrm{S}})$ nunmehr unterschiedlich komplexwertig sind, verschieben wir solange, bis wir $M_\mathrm{P}(\vartheta_{i\mathrm{S}})$ (und $R_\mathrm{SV}(\vartheta_{i\mathrm{S}})$) ausgerechnet haben. Eine Illustration findet sich in Abb. 8.2.2.

Dispersionsrelationen und Slowness-*Diagramme; quergedämpfte inhomogene ebene Wellen*
Die Dispersionsrelationen für die hier beteiligten *Slowness*-Vektoren sind für *alle* Einfallswinkel $0 \leq \vartheta_{i\mathrm{S}} \leq \pi/2$ völlig analog zu (9.1.69)–(9.1.71), da diese Relationen auf (8.2.4) und (8.2.5) als Konsequenz der Wellengleichung fußen:

$$\underline{\mathbf{s}}_{i\mathrm{S}} \cdot \underline{\mathbf{s}}_{i\mathrm{S}} = |\underline{\mathbf{s}}_{i\mathrm{S}}|^2 = s_{i\mathrm{S}x}^2 + s_{i\mathrm{S}z}^2 = s_\mathrm{S}^2 \quad , \tag{9.1.102}$$

$$\underline{\mathbf{s}}_{r\mathrm{S}} \cdot \underline{\mathbf{s}}_{r\mathrm{S}} = |\underline{\mathbf{s}}_{r\mathrm{S}}|^2 = s_{r\mathrm{S}x}^2 + s_{r\mathrm{S}z}^2 = s_\mathrm{S}^2 \quad , \tag{9.1.103}$$

$$\underline{\mathbf{s}}_{m\mathrm{P}} \cdot \underline{\mathbf{s}}_{m\mathrm{P}} = |\underline{\mathbf{s}}_{m\mathrm{P}}|^2 = s_{m\mathrm{P}x}^2 + s_{m\mathrm{P}z}^2 = s_\mathrm{P}^2 \quad . \tag{9.1.104}$$

Für Einfallswinkel unterhalb des kritischen Winkels — $\vartheta_{i\mathrm{S}} < \vartheta_{cm\mathrm{P}}$ — sind die Phasenausbreitungsvektoren $\hat{\underline{\mathbf{k}}}_{i\mathrm{S}}, \hat{\underline{\mathbf{k}}}_{r\mathrm{S}}, \hat{\underline{\mathbf{k}}}_{m\mathrm{P}}$ — Gleichungen (9.1.77)–(9.1.79) — reell, sodass dies aufgrund von (9.1.65) auch für die *Slowness*-Vektoren

$$\underline{\mathbf{s}}_{i\mathrm{S}} = s_\mathrm{S}\hat{\underline{\mathbf{k}}}_{i\mathrm{S}} \quad , \tag{9.1.105}$$

$$\underline{\mathbf{s}}_{r\mathrm{S}} = s_\mathrm{S}\hat{\underline{\mathbf{k}}}_{r\mathrm{S}} \quad , \tag{9.1.106}$$

$$\underline{\mathbf{s}}_{m\mathrm{P}} = s_\mathrm{P}\hat{\underline{\mathbf{k}}}_{m\mathrm{P}} \tag{9.1.107}$$

gilt. Deren x-Komponenten müssen aufgrund der Phasenanpassung

$$\begin{aligned} &\underline{\mathbf{s}}_{i\mathrm{S}} \cdot \underline{\mathbf{e}}_x = \underline{\mathbf{s}}_{r\mathrm{S}} \cdot \underline{\mathbf{e}}_x = \underline{\mathbf{s}}_{m\mathrm{P}} \cdot \underline{\mathbf{e}}_x \\ \Longrightarrow\ & s_\mathrm{S} \sin\vartheta_{i\mathrm{S}} = s_\mathrm{S} \sin\vartheta_{r\mathrm{S}} = s_\mathrm{P} \sin\vartheta_{m\mathrm{P}} \end{aligned} \tag{9.1.108}$$

gleich sein, sodass sich Abb. 9.1.6 in völliger Analogie zu Abb. 9.1.3 als Konstruktionsvorschrift für die Phasenausbreitungsvektoren ergibt.

Für $\vartheta_{i\mathrm{S}} > \vartheta_{cm\mathrm{P}}$ haben wir mit

$$\begin{aligned} \underline{\mathbf{k}}_{m\mathrm{P}} &= -k_\mathrm{P} \cosh \Im\vartheta_{m\mathrm{P}}\, \underline{\mathbf{e}}_x - \mathrm{j}\, k_\mathrm{P} \sinh \Im\vartheta_{m\mathrm{P}}\, \underline{\mathbf{e}}_z \\ &= \underbrace{-k_\mathrm{S} \sin\vartheta_{i\mathrm{S}}\, \underline{\mathbf{e}}_x}_{=\Re\underline{\mathbf{k}}_{m\mathrm{P}}} + \mathrm{j} \underbrace{\sqrt{k_\mathrm{S}^2 \sin^2\vartheta_{i\mathrm{S}} - k_\mathrm{P}^2}\, \underline{\mathbf{e}}_z}_{=\Im\underline{\mathbf{k}}_{m\mathrm{P}}} \end{aligned} \tag{9.1.109}$$

genau den Fall (8.2.7) einer komplexwertigen Lösung der Dispersionsrelation $\underline{\mathbf{k}} \cdot \underline{\mathbf{k}} = k_\mathrm{P}^2$ vorliegen, wobei

$$\Re\underline{\mathbf{k}}_{m\mathrm{P}} = -k_\mathrm{S} \sin\vartheta_{i\mathrm{S}}\, \underline{\mathbf{e}}_x \tag{9.1.110}$$

der *Phasenausbreitungs*vektor und

$$\Im\underline{\mathbf{k}}_{m\mathrm{P}} = \sqrt{k_\mathrm{S}^2 \sin^2\vartheta_{i\mathrm{S}} - k_\mathrm{P}^2}\, \underline{\mathbf{e}}_z \tag{9.1.111}$$

der *Amplitudendämpfungs*vektor einer quergedämpften inhomogenen ebenen Welle ist. Mit (9.1.84) erfolgt die (Phasen-)Ausbreitung in $(+\Re\underline{\mathbf{k}}_{m\mathrm{P}})$-Richtung, also in $(-x)$-Richtung, und „passend" dazu (Abbildung 8.2.1) zeigt $\Im\underline{\mathbf{k}}_{m\mathrm{P}}$ in den Halbraum $z \geq 0$, in dem die inhomogene Welle *quer*gedämpft ist. Gemäß (8.2.32) gehört zu (9.1.109) der Einheitsvektor

$$\hat{\underline{\mathbf{k}}}_{m\mathrm{P}} = \frac{\underline{\mathbf{k}}_{m\mathrm{P}}}{k_\mathrm{P}} \quad , \tag{9.1.112}$$

und entsprechend

$$\underline{\mathbf{s}}_{m\mathrm{P}} = \underbrace{-s_\mathrm{S} \sin\vartheta_{i\mathrm{S}}\, \underline{\mathbf{e}}_x}_{=\Re\underline{\mathbf{s}}_{m\mathrm{P}}} + \mathrm{j} \underbrace{\sqrt{s_\mathrm{S}^2 \sin^2\vartheta_{i\mathrm{S}} - s_\mathrm{P}^2}\, \underline{\mathbf{e}}_z}_{=\Im\underline{\mathbf{s}}_{m\mathrm{P}}} \tag{9.1.113}$$

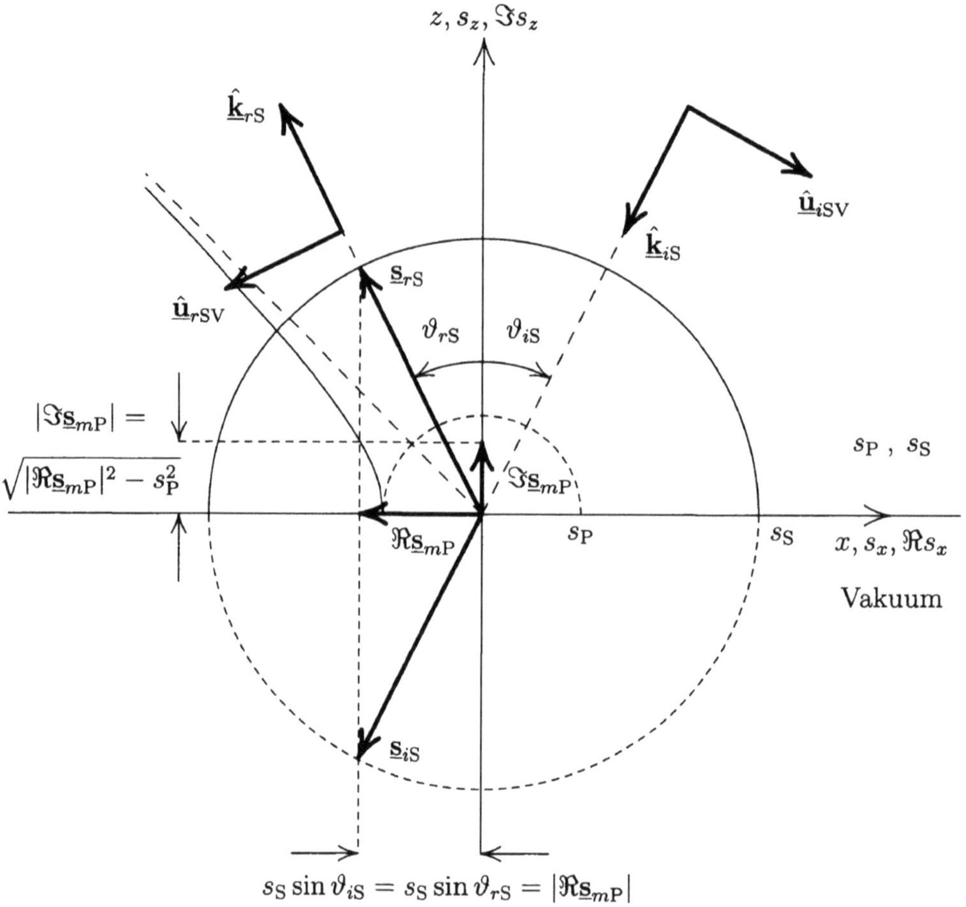

Abb. 9.1.7: Slowness-*Diagramm für die Reflexion und Modekonversion einer SV-Welle an einer spannungsfreien Grenzfläche für Einfallswinkel oberhalb des kritischen Winkels*

zerfällt der (9.1.109) zugeordnete *Slowness*-Vektor in den „eigentlichen" *Slowness*-Vektor $\Re\underline{\mathbf{s}}_{m\mathrm{P}}$, der die (Phasen-)Ausbreitungsrichtung angibt und den *Slowness*-Dämpfungsvektor $\Im\underline{\mathbf{s}}_{m\mathrm{P}}$; $\Re\underline{\mathbf{s}}_{m\mathrm{P}}$ hat nur eine x-Komponente

$$\Re s_{m\mathrm{P}x} = -s_\mathrm{S} \sin\vartheta_{i\mathrm{S}} \tag{9.1.114}$$

und $\Im\underline{\mathbf{k}}_{m\mathrm{P}}$ nur eine z-Komponente

$$\Im s_{m\mathrm{P}z} = \sqrt{s_\mathrm{S}^2 \sin^2\vartheta_{i\mathrm{S}} - s_\mathrm{P}^2} \quad , \tag{9.1.115}$$

und beide sind aufgrund der *Slowness*-Dispersionsrelation

$$\begin{aligned} \underline{\mathbf{s}}_{m\mathrm{P}} \cdot \underline{\mathbf{s}}_{m\mathrm{P}} &= |\Re\underline{\mathbf{s}}_{m\mathrm{P}}|^2 - |\Im\underline{\mathbf{s}}_{m\mathrm{P}}|^2 = s_\mathrm{P}^2 \\ &= (\Re s_{m\mathrm{P}x})^2 - (\Im s_{m\mathrm{P}z})^2 = s_\mathrm{P}^2 \end{aligned} \tag{9.1.116}$$

in einem $\Re s_x \Im s_z$-Koordinatensystem durch die Hyperbelgleichung (9.1.116) miteinander verknüpft. Abbildung 9.1.7 zeigt $\Re\underline{\mathbf{s}}_{m\mathrm{P}}$ und $\Im\underline{\mathbf{s}}_{m\mathrm{P}}$ sowie die Hyperbelkonstruktion der Dämpfungskonstanten $\Im s_{m\mathrm{P}z}$ über die Phasenanpassung.

Man beachte: Mit (9.1.97) haben wir den Polarisationsvektor $\hat{\underline{\mathbf{u}}}_{m\mathrm{P}} = \hat{\underline{\mathbf{k}}}_{m\mathrm{P}}$ entgegen der Definition (8.2.14) *nicht* als Hermite'schen Einheitsvektor gewählt, worauf bei der Verwendung der allgemeinen Ausdrücke (8.2.41), (8.2.42) für den Realteil des komplexen Poynting-Vektors und für die zeitlich gemittelte Energiedichte geachtet werden muss. Im Ausdruck (8.2.43) für die Energiegeschwindigkeit fällt die Hermite'sche Normierung allerdings heraus.

Reflexions- und Modekonversionsfaktoren der vektoriellen Teilchenverschiebung; Hilbert-transformierte Wellenfronten oberhalb des kritischen Winkels

Wir setzen die Spannungstensoren (9.1.86)–(9.1.88) in die Randbedingung (9.1.85) ein und bilden unter Beachtung von (9.1.80), (9.1.81) z- und x-Komponenten:

$$2k_S\mu\,(\hat{\underline{\mathbf{k}}}_{iS}\cdot\underline{\mathbf{e}}_z)(\hat{\underline{\mathbf{k}}}_{iS}\cdot\underline{\mathbf{e}}_x) + 2k_S\mu\,R_{SV}(\vartheta_{iS})(\hat{\underline{\mathbf{k}}}_{rS}\cdot\underline{\mathbf{e}}_z)(\hat{\underline{\mathbf{k}}}_{rS}\cdot\underline{\mathbf{e}}_x)+ \\ +k_P M_P(\vartheta_{iS})[\lambda + 2\mu(\hat{\underline{\mathbf{k}}}_{mP}\cdot\underline{\mathbf{e}}_z)^2] = 0 \quad , \tag{9.1.117}$$

$$k_S[(\hat{\underline{\mathbf{k}}}_{iS}\cdot\underline{\mathbf{e}}_x)^2 - (\hat{\underline{\mathbf{k}}}_{iS}\cdot\underline{\mathbf{e}}_z)^2] + k_S\,R_{SV}(\vartheta_{iS})[(\hat{\underline{\mathbf{k}}}_{rS}\cdot\underline{\mathbf{e}}_x)^2 - (\hat{\underline{\mathbf{k}}}_{rS}\cdot\underline{\mathbf{e}}_z)^2] + \\ +2k_P\,M_P(\vartheta_{iS})(\hat{\underline{\mathbf{k}}}_{mP}\cdot\underline{\mathbf{e}}_x)(\hat{\underline{\mathbf{k}}}_{mP}\cdot\underline{\mathbf{e}}_z) = 0 \quad ; \tag{9.1.118}$$

Einführung von Winkeln und die Umformung

$$\lambda + 2\mu\cos^2\vartheta_{mP} = (\lambda + 2\mu)(\cos^2\vartheta_{iS} - \sin^2\vartheta_{iS}) \tag{9.1.119}$$

ergibt als Lösung dieses Gleichungssystems

$$R_{SV}(\vartheta_{iS}) = \frac{\sin 2\vartheta_{iS}\sin 2\vartheta_{mP} - \kappa^2\cos^2 2\vartheta_{iS}}{\sin 2\vartheta_{iS}\sin 2\vartheta_{mP} + \kappa^2\cos^2 2\vartheta_{iS}} \quad , \tag{9.1.120}$$

$$M_P(\vartheta_{iS}) = -\kappa\,\frac{\sin 4\vartheta_{iS}}{\sin 2\vartheta_{iS}\sin 2\vartheta_{mP} + \kappa^2\cos^2 2\vartheta_{iS}} \quad . \tag{9.1.121}$$

Wieder ist festzuhalten: Aufgrund der willkürlichen Wählbarkeit der SV-Polarisationsrichtungen kann man sowohl $R_{SV}(\vartheta_{iS})$ als auch $M_P(\vartheta_{iS})$ in der Literatur mit anderem Vorzeichen finden (Auld, 1973; Langenberg, 1983; Ben-Menahem und Singh, 1981). Und ebenso: Falls skalares und vektorielles Potential als „Feldgrößen" der Rechnung zugrunde gelegt werden, tritt in (9.1.121) ein Faktor κ^2 auf (J. und H. Krautkramer, 1986; Schmerr, 1998; Harker, 1988). Und weiter: $R_{SV}(\vartheta_{iS})$ und $M_P(\vartheta_{iS})$ sind Amplitudenfaktoren der *vektoriellen* Teilchenverschiebungen gemäß (9.1.83) und (9.1.84); wenn wir zu Komponenten übergehen, treten wie in (9.1.37)–(9.1.42) zusätzlich Winkelfunktionen als Faktoren auf. Für senkrechten Einfall — $\vartheta_{iS} = 0 : R_{SV}(0) = -1$, $M_P(0) = 0$ — verbleiben allein die u_{iSVx}- und u_{rSVx}-Komponenten und deren Verhältnis ist wieder $+1$, als Konsequenz von $R_{SV}(0) = -1$.

In Analogie zu (9.1.46)–(9.1.48) berechnen wir die kartesischen Spannungstensorkomponenten:

$$\underline{\underline{\mathbf{T}}}_{iSV}(x,z,\omega,\vartheta_{iS}) = \mathrm{j}k_S\mu\,u_{iS}(\omega)\,\mathrm{e}^{-k_S(\sin\vartheta_{iS}\,x+\cos\vartheta_{iS}\,z)}\,\times \\ \times\Big[-\sin 2\vartheta_{iS}\,\underline{\mathbf{e}}_x\underline{\mathbf{e}}_x - \cos 2\vartheta_{iS}(\underline{\mathbf{e}}_x\underline{\mathbf{e}}_z + \underline{\mathbf{e}}_z\underline{\mathbf{e}}_x) + \\ + \sin 2\vartheta_{iS}\,\underline{\mathbf{e}}_z\underline{\mathbf{e}}_z\Big] \quad ; \tag{9.1.122}$$

$$\underline{\underline{\mathbf{T}}}_{rSV}(x,z,\omega,\vartheta_{iS}) = \mathrm{j}k_S\mu\,R_{SV}(\vartheta_{iS})\,u_{iS}(\omega)\,\mathrm{e}^{-k_S(\sin\vartheta_{iS}\,x-\cos\vartheta_{iS}\,z)}\,\times \\ \times\Big[\sin 2\vartheta_{iS}\,\underline{\mathbf{e}}_x\underline{\mathbf{e}}_x - \cos 2\vartheta_{iS}(\underline{\mathbf{e}}_x\underline{\mathbf{e}}_z + \underline{\mathbf{e}}_z\underline{\mathbf{e}}_x) - \\ - \sin 2\vartheta_{iS}\,\underline{\mathbf{e}}_z\underline{\mathbf{e}}_z\Big] \quad ; \tag{9.1.123}$$

$$\underline{\underline{\mathbf{T}}}_{mP}(x,z,\omega,\vartheta_{iS}\le\vartheta_{cmP}) = \mathrm{j}k_P\,M_P(\vartheta_{iS})\,u_{iS}(\omega)\,\mathrm{e}^{-\mathrm{j}k_S(\sin\vartheta_{iS}\,x-\sqrt{\kappa^{-2}-\sin^2\vartheta_{iS}}\,z)}\,\times \\ \times\Big[\lambda\,\underline{\underline{\mathbf{I}}} + 2\mu\kappa^2\sin^2\vartheta_{iS}\,\underline{\mathbf{e}}_x\underline{\mathbf{e}}_x - \\ - 2\mu\kappa\sin\vartheta_{iS}\sqrt{1-\kappa^2\sin\vartheta_{iS}}\,(\underline{\mathbf{e}}_x\underline{\mathbf{e}}_z + \underline{\mathbf{e}}_z\underline{\mathbf{e}}_x) + \\ + 2\mu(1-\kappa^2\sin^2\vartheta_{iS})\,\underline{\mathbf{e}}_z\underline{\mathbf{e}}_z\Big] \quad . \tag{9.1.124}$$

Mit den koordinatenfreien Darstellungen (9.1.86)–(9.1.88) der P- und SV-Wellen-Spannungstensoren definieren wir wieder den Schalldruck des jeweiligen *ebenen* Wellenmodes (man vergleiche (9.1.52)–(9.1.54)):

$$\begin{aligned} p_{i\mathrm{SV}}(\underline{\mathbf{R}},\omega,\vartheta_{i\mathrm{S}}) &= -\underline{\underline{\mathbf{T}}}_{i\mathrm{SV}}(\underline{\mathbf{R}},\omega,\hat{\underline{\mathbf{k}}}_{i\mathrm{S}}):\hat{\underline{\mathbf{k}}}_{i\mathrm{S}}\hat{\underline{\mathbf{u}}}_{i\mathrm{SV}}(\hat{\underline{\mathbf{k}}}_{i\mathrm{S}})\\ &= -\mathrm{j}\omega Z_\mathrm{S}\, u_{i\mathrm{S}}(\omega)\,\mathrm{e}^{\mathrm{j}k_\mathrm{S}\hat{\underline{\mathbf{k}}}_{i\mathrm{S}}\cdot\underline{\mathbf{R}}} \quad, \qquad (9.1.125)\\ p_{r\mathrm{SV}}(\underline{\mathbf{R}},\omega,\vartheta_{i\mathrm{S}}) &= -\underline{\underline{\mathbf{T}}}_{r\mathrm{SV}}(\underline{\mathbf{R}},\omega,\hat{\underline{\mathbf{k}}}_{r\mathrm{S}}):\hat{\underline{\mathbf{k}}}_{r\mathrm{S}}\hat{\underline{\mathbf{u}}}_{r\mathrm{SV}}(\hat{\underline{\mathbf{k}}}_{r\mathrm{S}})\\ &= -\mathrm{j}\omega Z_\mathrm{S}\, R_\mathrm{SV}(\vartheta_{i\mathrm{S}})\, u_{i\mathrm{S}}(\omega)\,\mathrm{e}^{\mathrm{j}k_\mathrm{S}\hat{\underline{\mathbf{k}}}_{r\mathrm{S}}\cdot\underline{\mathbf{R}}} \quad, \qquad (9.1.126)\\ p_{m\mathrm{P}}(\underline{\mathbf{R}},\omega,\vartheta_{i\mathrm{S}}) &= -\underline{\underline{\mathbf{T}}}_{m\mathrm{P}}(\underline{\mathbf{R}},\omega,\hat{\underline{\mathbf{k}}}_{m\mathrm{P}}):\hat{\underline{\mathbf{k}}}_{m\mathrm{P}}\hat{\underline{\mathbf{k}}}_{m\mathrm{P}}\\ &= -\mathrm{j}\omega Z_\mathrm{P}\, M_\mathrm{P}(\vartheta_{i\mathrm{S}})\, u_{i\mathrm{S}}(\omega)\,\mathrm{e}^{\mathrm{j}k_\mathrm{P}\hat{\underline{\mathbf{k}}}_{m\mathrm{P}}\cdot\underline{\mathbf{R}}}\\ &= -\mathrm{j}\omega Z_\mathrm{S}\,\underbrace{\frac{Z_\mathrm{P}M_\mathrm{P}(\vartheta_{i\mathrm{S}})}{Z_\mathrm{S}}}_{=M_{p\mathrm{P}}(\vartheta_{i\mathrm{S}})}\, u_{i\mathrm{S}}(\omega)\,\mathrm{e}^{\mathrm{j}k_\mathrm{P}\hat{\underline{\mathbf{k}}}_{m\mathrm{P}}\cdot\underline{\mathbf{R}}} \quad. \qquad (9.1.127) \end{aligned}$$

Erneut ist festzuhalten: Außer für $\vartheta_{i\mathrm{S}} = 0$ genügt der Schalldruck in der Grenzfläche $\underline{\mathbf{R}} = \underline{\mathbf{R}}_S$ keiner Dirichlet'schen Randbedingung; dies wird durch Abb. 8.1.9 anschaulich.

Bevor wir nun, die Frequenzunabhängigkeit von $R_\mathrm{SV}(\vartheta_{i\mathrm{S}})$ und $M_\mathrm{P}(\vartheta_{i\mathrm{S}})$ ausnutzend, Impulswellendarstellungen für die Teilchenverschiebungen angeben, ist zu klären, wie wir für $\vartheta_{i\mathrm{S}} > \vartheta_{cm\mathrm{P}}$ mit den dann komplexen Reflexions- und Modekonversionsfaktoren „fertig werden“, denn die Impulswellen sollen ja vereinbarungsgemäß reell sein. Zunächst untersuchen wir also $R_\mathrm{SV}(\vartheta_{i\mathrm{S}})$ und $M_\mathrm{P}(\vartheta_{i\mathrm{S}})$ für Einfallswinkel oberhalb des kritischen Winkels. Es gilt:

$$\begin{aligned} \sin 2\vartheta_{m\mathrm{P}} &= 2\sin\vartheta_{m\mathrm{P}}\cos\vartheta_{m\mathrm{P}}\\ &= \begin{cases} 2\kappa\sin\vartheta_{i\mathrm{S}}\sqrt{1-\kappa^2\sin^2\vartheta_{i\mathrm{S}}} & \text{für } 0 \le \vartheta_{i\mathrm{S}} \le \vartheta_{cm\mathrm{P}}\\ 2\mathrm{j}\kappa\sin\vartheta_{i\mathrm{S}}\sqrt{\kappa^2\sin^2\vartheta_{i\mathrm{S}}-1} & \text{für } \vartheta_{cm\mathrm{P}} < \vartheta_{i\mathrm{S}} \le \pi/2 \quad. \end{cases} \qquad (9.1.128) \end{aligned}$$

Damit stellt sich heraus, dass $R_\mathrm{SV}(\vartheta_{i\mathrm{S}})$ für $\vartheta_{i\mathrm{S}} > \vartheta_{cm\mathrm{P}}$ der Quotient aus zwei zueinander konjugiert komplexen Zahlen ist[11]; deshalb gilt in diesem Fall

$$\begin{aligned} R_\mathrm{SV}(\vartheta_{i\mathrm{S}}) &= \exp\left(-2\mathrm{j}\arctan\frac{2\sin 2\vartheta_{i\mathrm{S}}\sin\vartheta_{i\mathrm{S}}\sqrt{\kappa^2\sin^2\vartheta_{i\mathrm{S}}-1}}{\kappa\cos^2 2\vartheta_{i\mathrm{S}}}+\mathrm{j}\pi\right)\\ &= \mathrm{e}^{\mathrm{j}\phi_{R_\mathrm{SV}}(\vartheta_{i\mathrm{S}})} \qquad (9.1.129) \end{aligned}$$

mit $|R_\mathrm{SV}(\vartheta_{i\mathrm{S}})| = 1$.

Eine reelle Impulswelle $\underline{\mathbf{u}}_{r\mathrm{SV}}(\underline{\mathbf{R}},t,\hat{\underline{\mathbf{k}}}_{r\mathrm{S}})$ ergibt sich also als Fourier-Inversion von (9.1.83), wenn $\underline{\mathbf{u}}_{r\mathrm{SV}}(\underline{\mathbf{R}},-\omega,\hat{\underline{\mathbf{k}}}_{r\mathrm{S}}) = \underline{\mathbf{u}}^*_{r\mathrm{SV}}(\underline{\mathbf{R}},\omega,\hat{\underline{\mathbf{k}}}_{r\mathrm{S}})$ gilt; für $u_{i\mathrm{S}}(\omega)$ ist dies nach Voraussetzung der Fall, für $\mathrm{e}^{\mathrm{j}k_\mathrm{S}\hat{\underline{\mathbf{k}}}_{r\mathrm{S}}\cdot\underline{\mathbf{R}}}$ gilt dies wegen $k_\mathrm{S} = \omega/c_\mathrm{P}$; allein $R_\mathrm{SV}(\vartheta_{i\mathrm{S}})$ muss für negative Frequenzen entsprechend

$$R_\mathrm{SV}(\vartheta_{i\mathrm{S}},\omega) \stackrel{\mathrm{def}}{=} \mathrm{e}^{\mathrm{j}\,\mathrm{sign}(\omega)\,\phi_{R_\mathrm{SV}}(\vartheta_{i\mathrm{S}})} \qquad (9.1.130)$$

[11], also etwa $R_\mathrm{SV}(\vartheta_{i\mathrm{S}}) = -z^*/z$ mit

$$\begin{aligned} z &= \kappa^2\cos^2 2\vartheta_{i\mathrm{S}} + 2\mathrm{j}\kappa\sin 2\vartheta_{i\mathrm{S}}\sin\vartheta_{i\mathrm{S}}\sqrt{\kappa^2\sin^2\vartheta_{i\mathrm{S}}-1}\\ &= x+\mathrm{j}y \ ; \end{aligned}$$

dann folgt $R_\mathrm{SV}(\vartheta_{i\mathrm{S}}) = -\mathrm{e}^{-2\mathrm{j}\varphi} = \mathrm{e}^{-2\mathrm{j}\varphi+\mathrm{j}\pi}$ mit $\varphi = \mathrm{HW}\arctan y/x$ (man vergleiche Fußnote 41) und demzufolge $\phi_{R_\mathrm{SV}}(\vartheta_{i\mathrm{S}}) = -2\varphi+\pi$.

fortgesetzt werden[12], wodurch der Reflexionsfaktor tatsächlich frequenz*abhängig* wird. Nunmehr können wir (2.3.98) zur Durchführung der inversen Fourier-Transformation von (9.1.83) anwenden. Bevor wir dies aber explizit tun, werfen wir einen Blick auf $\underline{\mathbf{u}}_{m\mathrm{P}}(\underline{\mathbf{R}}, \omega, \hat{\underline{\mathbf{k}}}_{m\mathrm{P}})$, ob wir die Fourier-Inversion dieser Partialwelle für $\vartheta_{i\mathrm{S}} > \vartheta_{cm\mathrm{P}}$ genauso durchführen können. Sicher ist in diesem Fall $M_\mathrm{P}(\vartheta_{i\mathrm{S}})$ ebenfalls komplex, sodass wir analog zu (9.1.130) verfahren werden:

$$\begin{aligned} M_\mathrm{P}(\vartheta_{i\mathrm{S}}) &= -\frac{\sin 4\vartheta_{i\mathrm{S}}}{2\mathrm{j}\sin 2\vartheta_{i\mathrm{S}}\sin\vartheta_{i\mathrm{S}}\sqrt{\kappa^2\sin^2\vartheta_{i\mathrm{S}}-1}+\kappa\cos^2 2\vartheta_{i\mathrm{S}}} \\ &= |M_\mathrm{P}(\vartheta_{i\mathrm{S}})|\,\mathrm{e}^{\mathrm{j}\,\mathrm{sign}(\omega)\,\phi_{M_\mathrm{P}}(\vartheta_{i\mathrm{S}})} \quad ; \end{aligned} \tag{9.1.131}$$

der einzige Unterschied zu (9.1.130) ist, dass $|M_\mathrm{P}(\vartheta_{i\mathrm{S}})| \neq 1$ ist[13]. Viel wesentlicher ist aber, dass $\underline{\mathbf{u}}_{m\mathrm{P}}(\underline{\mathbf{R}}, \omega, \hat{\underline{\mathbf{k}}}_{m\mathrm{P}})$ im Gegensatz zu $\underline{\mathbf{u}}_{r\mathrm{SV}}(\underline{\mathbf{R}}, \omega, \hat{\underline{\mathbf{k}}}_{r\mathrm{S}})$ für $\vartheta_{i\mathrm{S}} > \vartheta_{cm\mathrm{P}}$ zum einen *unterschiedlich* komplexwertige Komponenten hat und zusätzlich den Dämpfungsfaktor

$$\mathrm{e}^{-\sqrt{k_\mathrm{S}^2\sin^2\vartheta_{i\mathrm{S}}-k_\mathrm{P}^2}\,z}$$

enthält. Die Fourier-Inversion müssen wir also getrennt nach Komponenten und unter Berücksichtigung des frequenzabhängigen Faktors

$$\mathrm{e}^{-\frac{|\omega|}{c_\mathrm{P}}\sqrt{\kappa^2\sin^2\vartheta_{i\mathrm{S}}-1}\,z} \tag{9.1.132}$$

vornehmen. Bevor wir dies für ein *beliebiges* Impulsspektrum $u_{i\mathrm{S}}(\omega)$ tun, seien zunächst gemäß (8.1.31) zwei „konjugiert komplexe Spektral*linien*“ bei den Kreisfrequenzen $\pm\omega_0$ gewählt, sodass wir die reell-ω_0-zeitharmonische Teilchenverschiebung

$$\begin{aligned} \underline{\mathbf{u}}_{m\mathrm{P}}(x,z,t,\omega_0,\vartheta_{i\mathrm{S}}) = \Re\Big\{ &-M_\mathrm{P}(\vartheta_{i\mathrm{S}})\,u_{i\mathrm{S}}(\omega_0)\left(\kappa\sin\vartheta_{i\mathrm{S}}\,\underline{\mathbf{e}}_x - \mathrm{j}\sqrt{\kappa^2\sin^2\vartheta_{i\mathrm{S}}-1}\,\underline{\mathbf{e}}_z\right)\times \\ &\times\mathrm{e}^{-\mathrm{j}k_\mathrm{S}\sin\vartheta_{i\mathrm{S}}\,x}\,\mathrm{e}^{-\sqrt{k_\mathrm{S}^2\sin^2\vartheta_{i\mathrm{S}}-k_\mathrm{P}^2}\,z}\,\mathrm{e}^{-\mathrm{j}\omega_0 t}\Big\} \end{aligned} \tag{9.1.133}$$

erhalten. Wir fragen uns, auf welcher Kurve sich $\underline{\mathbf{u}}_{m\mathrm{P}}(x,z,t,\omega_0,\vartheta_{i\mathrm{S}})$ als Funktion der Zeit für einen festen Ort, beispielsweise $x=0, z=0$, bewegt; für *reellen* Phasenausbreitungsvektor $\hat{\underline{\mathbf{k}}}_{m\mathrm{P}}$ ($\vartheta_{i\mathrm{S}} \leq \vartheta_{cm\mathrm{P}}$) oszilliert $\underline{\mathbf{u}}_{m\mathrm{P}}(0,0,t,\omega_0,\vartheta_{i\mathrm{S}})$, entsprechend longitudinaler Polarisation, entlang einem Geradenstück, welches in Richtung $\hat{\underline{\mathbf{k}}}_{m\mathrm{P}}$ orientiert ist. Mit der Abkürzung

$$\begin{aligned} u_{0m\mathrm{P}}(\vartheta_{i\mathrm{S}},\omega_0) &= -M_\mathrm{P}(\vartheta_{i\mathrm{S}})\,u_{i\mathrm{S}}(\omega_0) \\ &= |u_{0m\mathrm{P}}(\vartheta_{i\mathrm{S}},\omega_0)|\,\mathrm{e}^{\mathrm{j}\phi_{0m\mathrm{P}}(\vartheta_{i\mathrm{S}},\omega_0)} \quad , \end{aligned} \tag{9.1.134}$$

wobei $\phi_{0m\mathrm{P}}(\vartheta_{i\mathrm{S}},\omega_0) = \pi + \phi_{M_\mathrm{P}}(\vartheta_{i\mathrm{S}}) + \phi_{u_{i\mathrm{S}}}(\omega_0)$ und $|u_{0m\mathrm{P}}(\vartheta_{i\mathrm{S}},\omega_0)| = |M_\mathrm{P}(\vartheta_{i\mathrm{S}})\,u_{i\mathrm{S}}(\omega_0)|$, können wir (9.1.133) für $x=0, z=0$ folgendermaßen schreiben:

$$\begin{aligned} \underline{\mathbf{u}}_{m\mathrm{P}}(0,0,t,\omega_0,\vartheta_{i\mathrm{S}}) = |u_{0m\mathrm{P}}|\,\Big[&\kappa\sin\vartheta_{i\mathrm{S}}\cos(\omega_0 t-\phi_{0m\mathrm{P}})\,\underline{\mathbf{e}}_x - \\ &-\sqrt{\kappa^2\sin^2\vartheta_{i\mathrm{S}}-1}\,\sin(\omega_0 t-\phi_{0m\mathrm{P}})\,\underline{\mathbf{e}}_z\Big] \quad . \end{aligned} \tag{9.1.135}$$

Nunmehr wird offenbar, dass sich die Spitze des Vektors

$$\begin{aligned} &\frac{\underline{\mathbf{u}}_{m\mathrm{P}}(0,0,t,\omega_0,\vartheta_{i\mathrm{S}})}{|u_{0m\mathrm{P}}|} = \\ &\kappa\sin\vartheta_{i\mathrm{S}}\cos(\omega_0 t-\phi_{0m\mathrm{P}})\,\underline{\mathbf{e}}_x - \sqrt{\kappa^2\sin^2\vartheta_{i\mathrm{S}}-1}\,\sin(\omega_0 t-\phi_{0m\mathrm{P}})\,\underline{\mathbf{e}}_z \end{aligned} \tag{9.1.136}$$

[12] Dies ist L. W. Schmerr (1998) auch schon aufgefallen.

[13] Wir erklären die Tatsache, dass der Modekonversionsfaktor ungleich null ist, obwohl der Reflexionsfaktor betragsmäßig gleich eins ist, unter dem Stichwort „Totalreflexion“.

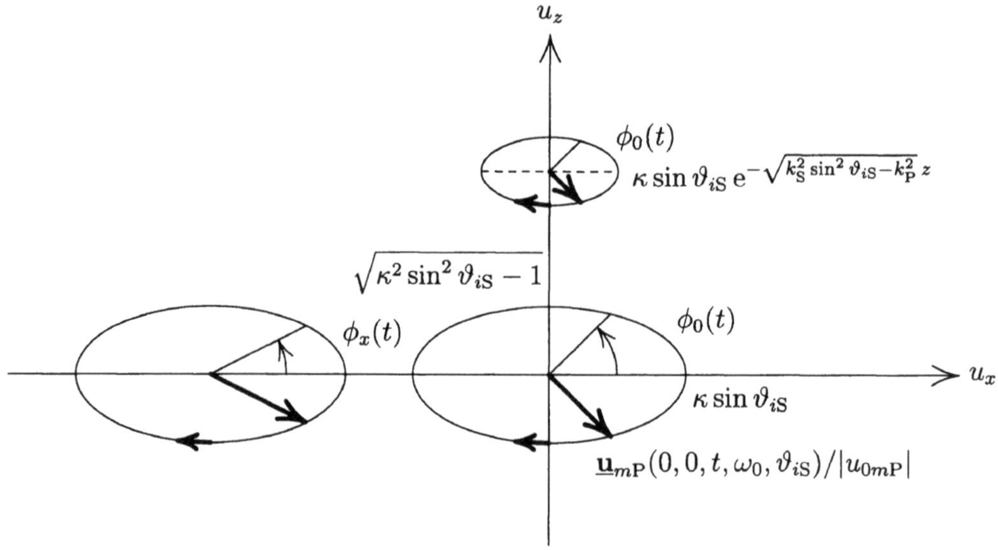

Abb. 9.1.8: *Ellipse als Ortskurve des reell-zeitharmonischen Teilchenverschiebungsvektors der modekonvertierten P-Welle für $\vartheta_{iS} > \vartheta_{cmP}$: mit zunehmendem Winkel $\phi_0(t) = \omega_0 t - \phi_{0mP}$ dreht sich $\underline{\mathbf{u}}_{mP}$ im Uhrzeigersinn*

in der xz-Ebene mit zunehmendem Phasenwinkel

$$\phi_0(t) = \omega_0 t - \phi_{0mP} \tag{9.1.137}$$

auf einer kanonischen[14] Ellipse mit der großen Halbachse $\kappa \sin \vartheta_{iS}$ und der kleinen Halbachse $\sqrt{\kappa^2 \sin^2 \vartheta_{iS} - 1}$ im Uhrzeigersinn bewegt (Abbildung 9.1.8), denn (9.1.136) ist nichts anderes als die Parameterdarstellung einer solchen Ellipse. Für $x \neq 0$ — beispielsweise $x < 0$ — und $z = 0$ ändert sich allein die Anfangsphase für $t = 0$, denn der Phasenwinkel ist dann durch $\phi_x(t) = \omega_0 t - \phi_{0mP} + k_S \sin \vartheta_{iS}\, x$ gegeben (Abbildung 9.1.8); für $z > 0$ werden beide Halbachsen gleichmäßig exponentiell kleiner (Abbildung 9.1.8).

An dieser Stelle kehren wir zur Fourier-Inversion von (9.1.82)–(9.1.84) für beliebige Impulsspektren $u_{iS}(\omega)$ zurück, wobei wir mit (9.1.130), (9.1.131), (9.1.132) auch den Fall $\vartheta_{iS} > \vartheta_{cmP}$ berücksichtigen können; die sodann (für eine positiv-reelle x-Komponente) (−j)-imaginäre z-Komponente von $\underline{\mathbf{u}}_{mP}(\underline{\mathbf{R}}, \omega, \vartheta_{iS})$ (Gleichung (9.1.101)) formen wir in eine gegenüber der x-Komponente zusätzliche $e^{-j\pi/2}$-Phase der z-Komponente um, die wir der Phase in (9.1.131) „zuschlagen". Mit dieser Vereinbarung verwenden wir für $\vartheta_{iS} > \vartheta_{cmP}$ die Beziehung (2.3.98) und erhalten in Ergänzung von (9.1.55)–(9.1.57):

$$\underline{\mathbf{u}}_{iSV}(\underline{\mathbf{R}}, t, \vartheta_{iS}) = u_{iS}\left(t - \frac{\hat{\underline{\mathbf{k}}}_{iS} \cdot \underline{\mathbf{R}}}{c_S}\right) \hat{\underline{\mathbf{k}}}_{iS} \times \underline{\mathbf{e}}_y \quad , \quad 0 \leq \vartheta_{iS} \leq \pi/2 \quad , \tag{9.1.138}$$

[14]Die Halbachsen der *kanonischen* Ellipse zeigen in Richtung der Koordinatenachsen, d.h. die Ellipse ist im xz-Koordinatensystem nicht gedreht.

$$\underline{\mathbf{u}}_{r\mathrm{SV}}(\underline{\mathbf{R}},t,\vartheta_{i\mathrm{S}}) = \begin{cases} R_{\mathrm{SV}}(\vartheta_{i\mathrm{S}})\, u_{i\mathrm{S}}\left(t-\dfrac{\hat{\underline{\mathbf{k}}}_{r\mathrm{S}}\cdot\underline{\mathbf{R}}}{c_{\mathrm{S}}}\right)\hat{\underline{\mathbf{k}}}_{r\mathrm{S}}\times\underline{\mathbf{e}}_y \ , \quad 0\le\vartheta_{i\mathrm{S}}\le\vartheta_{cm\mathrm{P}} \\ \left[\cos\phi_{R_{\mathrm{SV}}}(\vartheta_{i\mathrm{S}})\, u_{i\mathrm{S}}\left(t-\dfrac{\hat{\underline{\mathbf{k}}}_{r\mathrm{S}}\cdot\underline{\mathbf{R}}}{c_{\mathrm{S}}}\right)-\right. \\ \left.-\sin\phi_{R_{\mathrm{SV}}}(\vartheta_{i\mathrm{S}})\,\mathcal{H}\left\{u_{i\mathrm{S}}\left(\tau-\dfrac{\hat{\underline{\mathbf{k}}}_{r\mathrm{S}}\cdot\underline{\mathbf{R}}}{c_{\mathrm{S}}}\right)\right\}\right]\hat{\underline{\mathbf{k}}}_{r\mathrm{S}}\times\underline{\mathbf{e}}_y \ , \\ \qquad\qquad \vartheta_{cm\mathrm{P}}<\vartheta_{i\mathrm{S}}\le\pi/2 \ , \end{cases} \tag{9.1.139}$$

$$\underline{\mathbf{u}}_{m\mathrm{P}}(\underline{\mathbf{R}},t,\vartheta_{i\mathrm{S}}) = \begin{cases} M_{\mathrm{P}}(\vartheta_{i\mathrm{S}})\, u_{i\mathrm{S}}\left(t-\dfrac{\hat{\underline{\mathbf{k}}}_{m\mathrm{P}}\cdot\underline{\mathbf{R}}}{c_{\mathrm{P}}}\right)\hat{\underline{\mathbf{k}}}_{m\mathrm{P}} \ , \quad 0\le\vartheta_{i\mathrm{S}}\le\vartheta_{cm\mathrm{P}} \\ -|M_{\mathrm{P}}(\vartheta_{i\mathrm{S}})|\,\alpha(z,t,\vartheta_{i\mathrm{S}})* \\ *\left\{\kappa\sin\vartheta_{i\mathrm{S}}\left[\cos\phi_{M_{\mathrm{P}}}(\vartheta_{i\mathrm{S}})\, u_{i\mathrm{S}}\left(t+\dfrac{\sin\vartheta_{i\mathrm{S}}\,x}{c_{\mathrm{S}}}\right)-\right.\right. \\ \qquad \left.-\sin\phi_{M_{\mathrm{P}}}(\vartheta_{i\mathrm{S}})\mathcal{H}\left\{u_{i\mathrm{S}}\left(\tau+\dfrac{\sin\vartheta_{i\mathrm{S}}\,x}{c_{\mathrm{S}}}\right)\right\}\right]\underline{\mathbf{e}}_x+ \\ +\sqrt{\kappa^2\sin^2\vartheta_{i\mathrm{S}}-1}\left[\sin\phi_{M_{\mathrm{P}}}(\vartheta_{i\mathrm{S}})\, u_{i\mathrm{S}}\left(t+\dfrac{\sin\vartheta_{i\mathrm{S}}\,x}{c_{\mathrm{S}}}\right)+\right. \\ \qquad \left.\left.+\cos\phi_{M_{\mathrm{P}}}(\vartheta_{i\mathrm{S}})\mathcal{H}\left\{u_{i\mathrm{S}}\left(\tau+\dfrac{\sin\vartheta_{i\mathrm{S}}\,x}{c_{\mathrm{S}}}\right)\right\}\right]\underline{\mathbf{e}}_z\right\} \ , \\ \qquad\qquad \vartheta_{cm\mathrm{P}}<\vartheta_{i\mathrm{S}}\le\pi/2 \ , \end{cases} \tag{9.1.140}$$

wobei

$$\begin{aligned} \alpha(z,t,\vartheta_{i\mathrm{S}}) &= \mathcal{F}^{-1}\left\{\mathrm{e}^{-\frac{|\omega|}{c_{\mathrm{P}}}\sqrt{\kappa^2\sin^2\vartheta_{i\mathrm{S}}-1}\,z}\right\} \\ &\overset{(2.3.48)}{=} \frac{c_{\mathrm{P}}}{\pi}\frac{\sqrt{\kappa^2\sin^2\vartheta_{i\mathrm{S}}-1}\,z}{(\kappa^2\sin^2\vartheta_{i\mathrm{S}}-1)\,z^2+c_{\mathrm{P}}^2t^2} \end{aligned} \tag{9.1.141}$$

die inverse Fourier-Transformierte der Dämpfungsfunktion ist, mit der in (9.1.140) der Impuls $u_{i\mathrm{S}}(t)$ und dessen Hilbert-Transformierte zu falten ist. Da deren Maximalamplitude gemäß

$$\alpha(z,0,\vartheta_{i\mathrm{S}}) = \frac{c_{\mathrm{P}}}{\pi}\frac{1}{\sqrt{\kappa^2\sin^2\vartheta_{i\mathrm{S}}-1}\,z} \tag{9.1.142}$$

proportional zu z^{-1} ist, folgt, dass auch diese *Faltung* die Quer*dämpfung* von $\underline{\mathbf{u}}_{m\mathrm{P}}(\underline{\mathbf{R}},t,\vartheta_{i\mathrm{S}})$ für $z>0$ sicherstellt. Eine Konsequenz der Faltung ist sodann die z-abhängige Dispersion des $u_{i\mathrm{S}}(t)$-Impulses (Abbildung 9.1.11). Eine einigermaßen anschauliche Interpretation von (9.1.140) gelingt für $\vartheta_{i\mathrm{S}}>\vartheta_{cm\mathrm{P}}$, wenn wir wie im zeitharmonischen Fall (9.1.135) $x=0, z=0$ setzen, als Impuls $u_{i\mathrm{S}}(t)$ einen RC$N(t)$-Impuls wählen und (2.3.76) beachten[15]:

$$\begin{aligned} \underline{\mathbf{u}}_{m\mathrm{P}}^{\mathrm{RC}N}(0,0,t,\vartheta_{i\mathrm{S}}>\vartheta_{cm\mathrm{P}}) \simeq -|M_{\mathrm{P}}(\vartheta_{i\mathrm{S}})|\, eN(t)\Big[&\kappa\sin\vartheta_{i\mathrm{S}}\cos(\omega_0 t-\phi_{M_{\mathrm{P}}})\,\underline{\mathbf{e}}_x - \\ &-\sqrt{\kappa^2\sin^2\vartheta_{i\mathrm{S}}-1}\sin(\omega_0 t-\phi_{M_{\mathrm{P}}})\,\underline{\mathbf{e}}_z\Big] \ ; \end{aligned} \tag{9.1.143}$$

[15] Für die Zeitbereichsdämpfungsfunktion $\alpha(z,t,\vartheta_{i\mathrm{S}})$ gilt:

$$\lim_{z\to 0}\alpha(z,t,\vartheta_{i\mathrm{S}}) = \delta(t) \ ,$$

sodass für $z=0$ die Faltung entfällt.

die Ähnlichkeit mit (9.1.136) und damit zu Abb. 9.1.8 ist unübersehbar[16]: Die Spitze des Vektors $\underline{\mathbf{u}}_{m\mathrm{P}}^{\mathrm{RC}N}(0,0,t,\vartheta_{i\mathrm{S}})$ bewegt sich als Funktion der Zeit auf derselben Ellipse wie im zeitharmonischen Fall, allein die Halbachsen der Ellipse verändern sich im Takt der RC$N(t)$-Einhüllenden $eN(t)$.

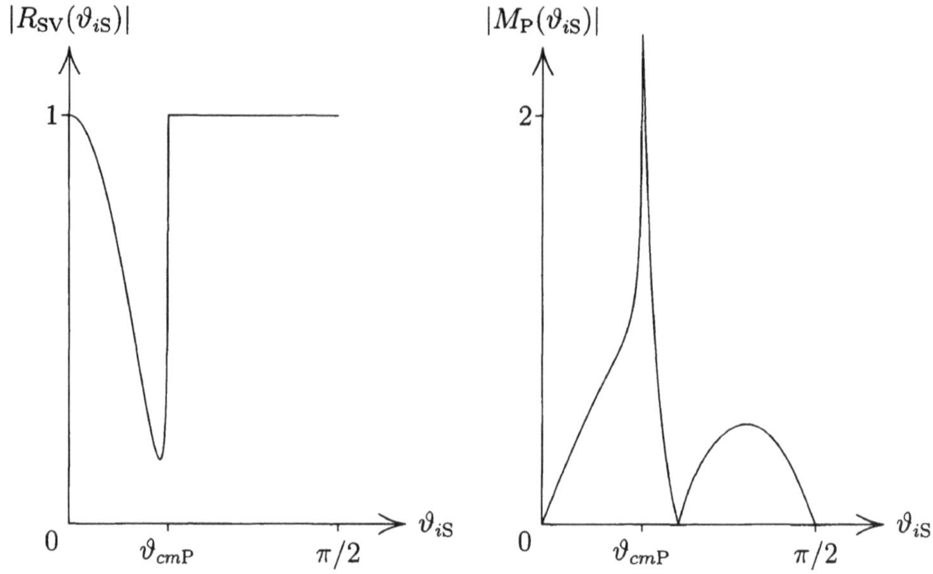

Abb. 9.1.9: *Betrag des Reflexions- und Betrag des Modekonversionsfaktors für SV-Wellen-Einfall als Funktion des Einfallswinkels (Material: Stahl mit $c_{\mathrm{P}} = 5900$ m/s, $c_{\mathrm{S}} = 3200$ m/s; $\kappa = 1.84$)*

Mit (9.1.59) hatten wir auf der Grundlage von (9.1.58) für den P-Wellen-Einfall einen Grenzflächendeformationsratentensor im Zeitbereich angegeben, der als Quelldichte des reflektierten Gesamtfeldes angesehen werden kann; aufgrund der Komplexität der Ausdrücke (9.1.138)–(9.1.140) geben wir *hier* nur das Fourier-Spektrum des entsprechenden Tensors für den SV-Wellen-Einfall an, eine Gleichung, die (9.1.62) korrespondiert:

$$\begin{aligned}\underline{\underline{\mathbf{g}}}^{\mathrm{SV}}(x,\omega,\vartheta_{i\mathrm{S}}) = \frac{\mathrm{j}\omega}{2}\, u_{i\mathrm{S}}(\omega)\, \mathrm{e}^{-\mathrm{j}k_{\mathrm{S}}\sin\vartheta_{i\mathrm{S}}\, x}\, \Big[&\underline{\mathbf{e}}_z\hat{\underline{\mathbf{k}}}_{i\mathrm{S}} \times \underline{\mathbf{e}}_y + \hat{\underline{\mathbf{k}}}_{i\mathrm{S}} \times \underline{\mathbf{e}}_y\underline{\mathbf{e}}_z + \\ &+ R_{\mathrm{SV}}(\vartheta_{i\mathrm{S}})(\underline{\mathbf{e}}_z\hat{\underline{\mathbf{k}}}_{r\mathrm{S}} \times \underline{\mathbf{e}}_y + \hat{\underline{\mathbf{k}}}_{r\mathrm{S}} \times \underline{\mathbf{e}}_y\underline{\mathbf{e}}_z) + \\ &+ M_{\mathrm{P}}(\vartheta_{i\mathrm{S}})(\underline{\mathbf{e}}_z\hat{\underline{\mathbf{k}}}_{m\mathrm{P}} + \hat{\underline{\mathbf{k}}}_{m\mathrm{P}}\underline{\mathbf{e}}_z)\Big] \quad ; \qquad (9.1.144)\end{aligned}$$

man beachte: (9.1.144) gilt für $0 \le \vartheta_{i\mathrm{S}} \le \pi/2$, also auch für $\vartheta_{i\mathrm{S}} > \vartheta_{cm\mathrm{P}}$! Wenn man diese Quelldichte allerdings tatsächlich in ein Huygens-Integral über die xy-Fläche einsetzt, „verschwindet" die Richtcharakteristik des modekonvertierten P-„Strahls" für $\vartheta_{i\mathrm{S}} > \vartheta_{c\mathrm{P}}$ (Abschnitt 15.5).

Wellenfronten reflektierter SV- und modekonvertierter P-Wellen

Wie in Abb. 9.1.4 diskutieren wir Reflexions- und Modekonversionsfaktor (9.1.120) bzw. (9.1.121) für festes κ als Funktion des Einfallswinkels. Da beide Faktoren für $\vartheta_{i\mathrm{S}} > \vartheta_{cm\mathrm{P}}$ komplex sind, macht nur die Darstellung der Beträge (und gegebenenfalls der Phasenwinkel) Sinn. Für $\kappa = 1.84$ (Stahl) ist die Winkelabhängigkeit von $|R_{\mathrm{SV}}(\vartheta_{i\mathrm{S}})|$ und $|M_{\mathrm{P}}(\vartheta_{i\mathrm{S}})|$ in Abb. 9.1.9 skizziert; offensichtlich ist $|R_{\mathrm{SV}}(\vartheta_{i\mathrm{S}} > \vartheta_{cm\mathrm{P}})| = 1$, und der Formel (9.1.120) entnehmen wir $R_{\mathrm{SV}}(0) = -1$, $R_{\mathrm{SV}}(\vartheta_{m\mathrm{P}}) = -1$, $|R_{\mathrm{SV}}(\pi/2)| = 1$ mit $\phi_{R_{\mathrm{SV}}}(\pi/2) = \pi$.

[16] In (9.1.136) wandle man den in $\phi_{0m\mathrm{P}}$ enthaltenen Winkel π in ein negatives Vorzeichen um; der ebenfalls in $\phi_{0m\mathrm{P}}$ enthaltene Phasenwinkel $\phi_{u_{i\mathrm{S}}}$ steckt *hier* in der Einhüllenden $eN(t)$ des RC$N(t)$-Impulses.

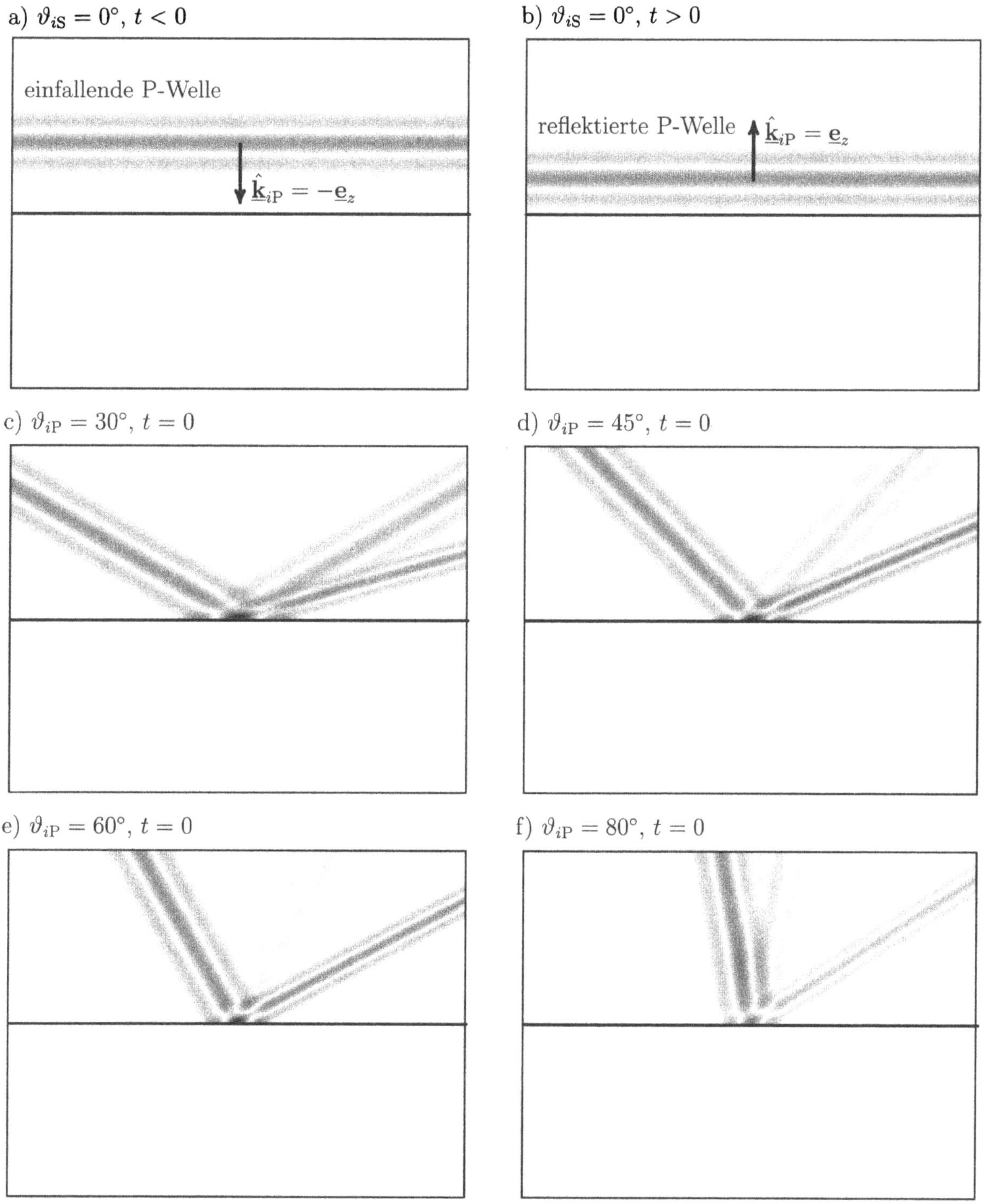

Abb. 9.1.10: *Wellenfronten einfallender und reflektierter SV- sowie modekonvertierter P-Wellen (Material: Stahl mit $c_P = 5900$ m/s, $c_S = 3200$ m/s; $\kappa = 1.84$)*

In Abb. 9.1.10a und Abb. 9.1.10b zeigen wir — genauso wie in Abb. 9.1.5a/b — für senkrechten Einfall Wellenfronten einfallender und reflektierter Wellen für zwei verschiedene Zeitpunkte, d.h. es ist wie dort der Betrag der vektoriellen Teilchenverschiebung dargestellt. Der einfallenden SV-

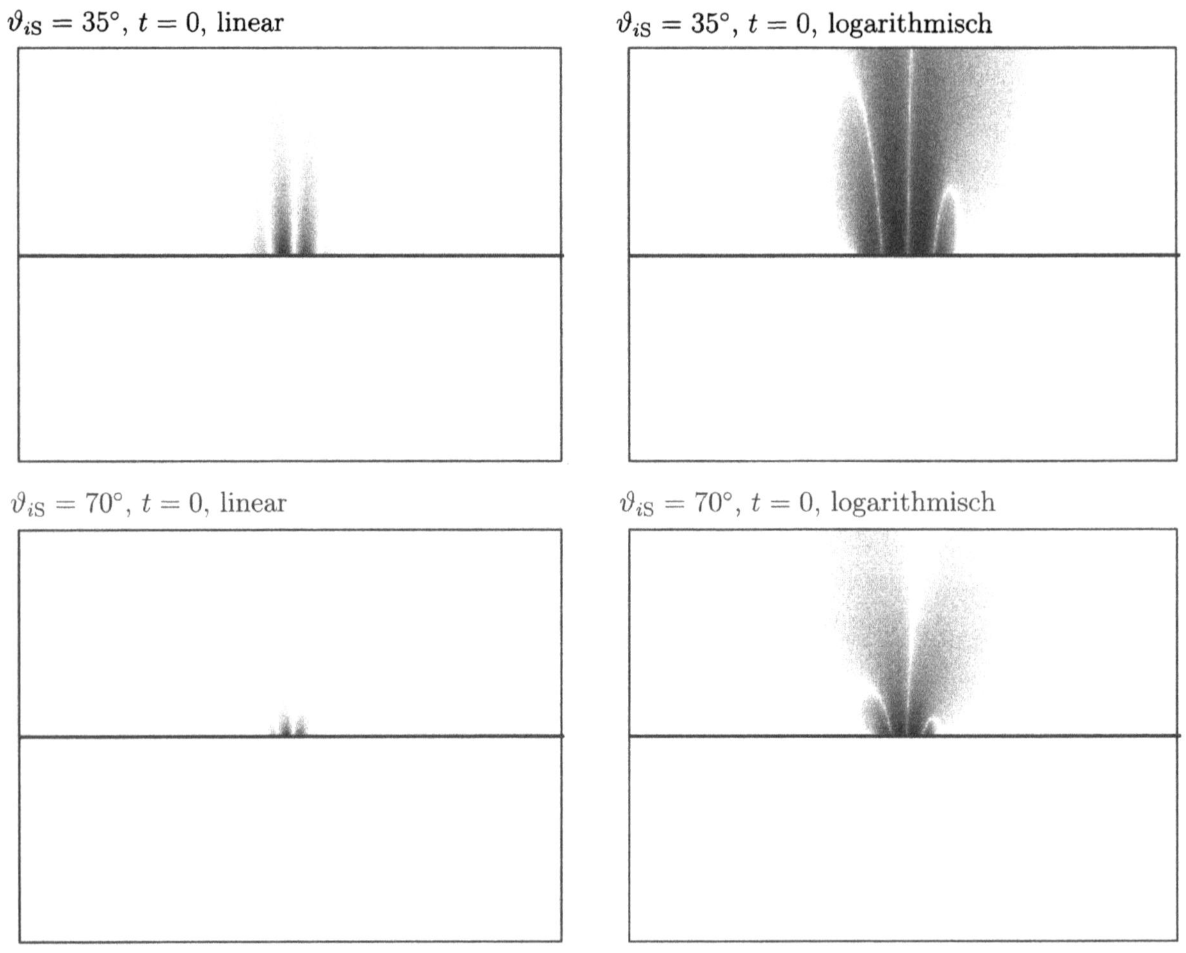

Abb. 9.1.11: *Wellenfront der quergedämpften modekonvertierten P-Welle (Material: Stahl mit $c_P = 5900$ m/s, $c_S = 3200$ m/s; $\kappa = 1.84$)*

Welle prägen wir als Zeitfunktion wieder einen RC2(t)-Impuls auf — man beachte die kleinere Wellenlänge der Scherwelle —, sodass sich mit (9.1.138) für senkrechten Einfall ergibt:

$$\underline{\mathbf{u}}_{iSV}(\underline{\mathbf{R}}, t, \vartheta_{iS} = 0) = \mathrm{RC2}\left(t + \frac{z}{c_S}\right) \underline{\mathbf{e}}_x \quad . \tag{9.1.145}$$

Nach der Reflexion — Abbildung 9.1.10b — ist die für $z > 0$ einzig existierende *reflektierte* Wellenfront — es ist $R_{SV}(0) = -1$ und $\hat{\underline{\mathbf{u}}}_{rSV}(\vartheta_{iS} = 0) = -\underline{\mathbf{e}}_x$ (Abbildung 9.1.7) —

$$\underline{\mathbf{u}}_{rSV}(\underline{\mathbf{R}}, t, \vartheta_{iS} = 0) = \mathrm{RC2}\left(t - \frac{z}{c_S}\right) \underline{\mathbf{e}}_x \tag{9.1.146}$$

dargestellt; offensichtlich erhalten wir einen RC2-Impuls mit *demselben* Vorzeichen wie (9.1.145): Der negative Reflexionsfaktor „dreht“ die negative x-Komponente von $\hat{\underline{\mathbf{u}}}_{rSV}(\vartheta_{iS} = 0)$ in die positive x-Richtung.

In den weiteren Teilbildern von Abb. 9.1.10 sind schließlich Wellenfronten einfallender, reflektierter und modekonvertierter Wellen für $\vartheta_{iS} > 0$ zum festen Zeitpunkt $t = 0$ dargestellt (Gleichungen (9.1.138)–(9.1.140)). Interessant ist vor allem Abb. 9.1.10e: Hier ist ϑ_{iS} „ein ganz kleines bisschen" größer als der kritische Winkel ϑ_{cmP} für die modekonvertierte P-Welle, und tatsächlich erkennt man die Querdämpfung dieser Wellenfront. Wenn man sie alleine darstellt (Abbildung 9.1.11), sieht man sehr schön die durch die Faltung in (9.1.140) verursachte z-abhängige Dispersion; die Unsymmetrie bezüglich $x = 0$ resultiert aus der Überlagerung des symmetrischen RC2(t)-Impulses mit seiner antisymmetrischen Hilbert-Transformierten. Abbildung 9.1.10f vermittelt anschaulich den Tatbestand der sogleich zu diskutierenden Totalreflexion, wobei die Phasenverschiebung in der reflektierten SV-Welle durch die Überlagerung mit dem Hilbert-transformierten RC2(t)-Impuls (Gleichung (9.1.139)) entsteht.

Falls man in Abb. 9.1.10c-f die Zeit t „laufen lässt", bewegen sich alle Wellenfronten gemeinsam mit der konstanten (Spur-)Geschwindigkeit $c_S/\sin\vartheta_{iS}$ (Gleichungen (9.1.138)–(9.1.140)) des Grenzflächenphasenzentrums der Wellenfronten von rechts nach links (in negativer x-Richtung) durch ihre jeweiligen Beobachtungsfenster (man vergleiche Abb. 9.1.2). Für $\vartheta_{iS} = \vartheta_{cmP}$ wird diese Spurgeschwindigkeit wegen (9.1.92) gerade gleich c_P: Die unter dem Winkel ϑ_{cmP} reflektierte SV-Wellenfront wird damit zur „Kopfwelle" (Abschnitt 14.2) eines sich mit dieser Geschwindigkeit in der Grenzfläche bewegenden Phasenzentrums.

Energiebilanz für Reflexion und Modekonversion: Totalreflexion

Die beiden Diagramme in Abb. 9.1.9 sind in zwei Punkten auffällig:

- Obwohl der Betrag des Reflexionsfaktors $R_{SV}(\vartheta_{iS})$ der einfallenden SV-Welle für $\vartheta_{iS} > \vartheta_{cmP}$ gleich 1 ist, ist der Amplitudenfaktor $M_P(\vartheta_{iS})$ für die modekonvertierte P-Welle keineswegs 0;
- der auf die Amplitude der einfallenden Welle *normierte* Amplitudenfaktor der modekonvertierten P-Welle kann *größer* als 1 sein.

Beide Aussagen stehen aber keineswegs im Widerspruch zu einer Energiebilanz, denn diese muss ja für die *Energiestromdichte* und nicht für die *Amplituden* gelten. Berechnen wir also den komplexen elastodynamischen Poynting-Vektor! Für die einfallende SV- und für die reflektierte SV-Welle können wir auf (8.1.133) zurückgreifen:

$$\underline{\mathbf{S}}_{\mathrm{K}i\mathrm{SV}}(\underline{\mathbf{R}}, \omega_0, \hat{\underline{\mathbf{k}}}_{i\mathrm{S}}) = \frac{\omega_0^2 \rho}{2} c_\mathrm{S} |u_{i\mathrm{S}}(\omega_0)|^2 \, \hat{\underline{\mathbf{k}}}_{i\mathrm{S}} \quad , \tag{9.1.147}$$

$$\underline{\mathbf{S}}_{\mathrm{K}r\mathrm{SV}}(\underline{\mathbf{R}}, \omega_0, \hat{\underline{\mathbf{k}}}_{r\mathrm{S}}) = \frac{\omega_0^2 \rho}{2} c_\mathrm{S} |R_\mathrm{SV}(\vartheta_{i\mathrm{S}})|^2 |u_{i\mathrm{S}}(\omega_0)|^2 \, \hat{\underline{\mathbf{k}}}_{r\mathrm{S}} \quad . \tag{9.1.148}$$

Beide Poynting-Vektoren sind *reell*, stehen also unmittelbar für die im zeitlichen Mittel durch die Einheitsfläche transportierte Energie.

Bei der entsprechenden Berechnung für die modekonvertierte P-Welle müssen wir jedoch zulassen, dass der Wellenzahleinheitsvektor $\hat{\underline{\mathbf{k}}}_{m\mathrm{P}}$ eventuell komplex wird. In Verallgemeinerung von (8.1.132) erhalten wir[17]

$$\begin{aligned} \underline{\mathbf{S}}_{\mathrm{K}m\mathrm{P}}(\underline{\mathbf{R}}, \omega_0, \hat{\underline{\mathbf{k}}}_{m\mathrm{P}}) = \frac{\omega_0}{2} k_\mathrm{P} |M_\mathrm{P}(\vartheta_{i\mathrm{S}})|^2 |u_{i\mathrm{S}}(\omega_0)|^2 \, \mathrm{e}^{-2k_\mathrm{P} \Im \hat{\underline{\mathbf{k}}}_{m\mathrm{P}} \cdot \underline{\mathbf{R}}} \times \\ \times \left(\lambda \hat{\underline{\mathbf{k}}}_{m\mathrm{P}} + 2\mu \hat{\underline{\mathbf{k}}}_{m\mathrm{P}} \cdot \hat{\underline{\mathbf{k}}}^*_{m\mathrm{P}} \hat{\underline{\mathbf{k}}}^*_{m\mathrm{P}} \right) \quad , \end{aligned} \tag{9.1.149}$$

[17]Wir können direkt auf (8.2.41) zurückgreifen, müssen aber beachten, dass wir in Abschnitt 8.2 $\hat{\underline{\mathbf{u}}}_{m\mathrm{P}}$ gemäß (8.2.14) definiert haben; für *diese* Definition ergibt sich ein Modekonversionsfaktor $M'_\mathrm{P} = M_\mathrm{P} \sqrt{\hat{\underline{\mathbf{k}}}_{m\mathrm{P}} \cdot \hat{\underline{\mathbf{k}}}^*_{m\mathrm{P}}}$, der in (8.2.41) einzusetzen ist: Ergebnis ist (9.1.149).

woraus sich für $\Im\underline{\hat{\mathbf{k}}}_{m\mathrm{P}} = \underline{\mathbf{0}}$, also für $\vartheta_{i\mathrm{S}} \leq \vartheta_{cm\mathrm{P}}$, natürlich wieder der Ausdruck (8.1.132) für eine *homogene* ebene Welle ergibt. Obwohl $\underline{\hat{\mathbf{k}}}_{m\mathrm{P}} \cdot \underline{\hat{\mathbf{k}}}_{m\mathrm{P}}^*$ stets reell ist, ist $\underline{\mathbf{S}}_{\mathrm{K}m\mathrm{P}}$ wegen des expliziten Auftretens des eventuell komplexwertigen Wellenzahleinheitsvektors ebenfalls eventuell komplex; wir berechnen den Realteil

$$\Re\left\{\underline{\mathbf{S}}_{\mathrm{K}m\mathrm{P}}(\underline{\mathbf{R}}, \omega_0, \underline{\hat{\mathbf{k}}}_{m\mathrm{P}})\right\} = \frac{\omega_0^2}{2c_\mathrm{P}} |M_\mathrm{P}(\vartheta_{i\mathrm{S}})|^2 |u_{i\mathrm{S}}(\omega_0)|^2 \,\mathrm{e}^{-2k_\mathrm{P}\Im\underline{\hat{\mathbf{k}}}_{m\mathrm{P}}\cdot\underline{\mathbf{R}}} \times \\ \times \left(\lambda + 2\mu\underline{\hat{\mathbf{k}}}_{m\mathrm{P}} \cdot \underline{\hat{\mathbf{k}}}_{m\mathrm{P}}^*\right) \Re\underline{\hat{\mathbf{k}}}_{m\mathrm{P}}^* \quad . \tag{9.1.150}$$

Die „Grenzflächenenergiebilanz“ sieht nun *so* aus:

- Die Summe der Realteile der *Normal*komponenten der drei beteiligten Poynting-Vektoren bezüglich der Grenzfläche muss in der Grenzfläche gleich null sein, sonst gäbe es dort einen (positiven oder negativen) Energie„stau“:

$$\underline{\mathbf{n}} \cdot \Re\left\{\underline{\mathbf{S}}_{\mathrm{K}i\mathrm{SV}}(x, 0, \omega_0, \underline{\hat{\mathbf{k}}}_{i\mathrm{S}})\right\} + \\ + \underline{\mathbf{n}} \cdot \Re\left\{\underline{\mathbf{S}}_{\mathrm{K}r\mathrm{SV}}(x, 0, \omega_0, \underline{\hat{\mathbf{k}}}_{r\mathrm{S}})\right\} + \underline{\mathbf{n}} \cdot \Re\left\{\underline{\mathbf{S}}_{\mathrm{K}m\mathrm{P}}(x, 0, \omega_0, \underline{\hat{\mathbf{k}}}_{m\mathrm{P}})\right\} = 0 \quad . \tag{9.1.151}$$

  Diese Bilanzgleichung ist nichts anderes als der Energiesatz (4.3.30) für nichtdissipative Materialien, spezialisiert auf die Grenzfläche (mit der in Abschnitt 3.3 benutzten Methode zur Herleitung von Übergangs- und Randbedingungen).

- Die Realteile der *Tangential*komponenten der drei beteiligten Poynting-Vektoren bezüglich der Grenzfläche können in der Grenzfläche beliebig sein, denn aufgrund der unendlichen Gesamtenergie ebener Wellen ist diese Energiestromdichte nicht bilanzierbar. Mit anderen Worten: Der Energiesatz (4.3.30) gibt für die Tangentialkomponenten in der Grenzfläche „nichts her“.

Mit (9.1.147), (9.1.148) und (9.1.150) berechnen wir (9.1.151) für $\vartheta_{i\mathrm{S}} \leq \vartheta_{cm\mathrm{P}}$ zu — es ist $\underline{\mathbf{n}} = \underline{\mathbf{e}}_z$ —

$$\cos\vartheta_{i\mathrm{S}} - \cos\vartheta_{i\mathrm{S}} |R_\mathrm{SV}(\vartheta_{i\mathrm{S}})|^2 - \kappa |M_\mathrm{P}(\vartheta_{i\mathrm{S}})|^2 \sqrt{1 - \kappa^2 \sin^2\vartheta_{i\mathrm{S}}} = 0 \quad ; \tag{9.1.152}$$

daraus folgt der Ausdruck

$$|M_\mathrm{P}(\vartheta_{i\mathrm{S}})|^2 = \frac{\cos\vartheta_{i\mathrm{S}}[1 - |R_\mathrm{SV}(\vartheta_{i\mathrm{S}})|^2]}{\kappa\sqrt{1 - \kappa^2 \sin^2\vartheta_{i\mathrm{S}}}} \quad , \tag{9.1.153}$$

der es offenbar erlaubt, dass $|M_\mathrm{P}(\vartheta_{i\mathrm{S}} \leq \vartheta_{cm\mathrm{P}})|^2$ Werte größer als 1 annimmt. Dies ist also *kein* Widerspruch zum Energiesatz.

Für $\vartheta_{i\mathrm{S}} > \vartheta_{cm\mathrm{P}}$ gilt $\underline{\mathbf{e}}_z \cdot \Re\{\underline{\mathbf{S}}_{\mathrm{K}m\mathrm{P}}(\underline{\mathbf{R}}, \omega_0, \underline{\hat{\mathbf{k}}}_{m\mathrm{P}})\} = 0$ wegen $\underline{\mathbf{e}}_z \cdot \Re\underline{\hat{\mathbf{k}}}_{m\mathrm{P}} = 0$, d.h. (9.1.151) besagt sodann, dass die quergedämpfte Welle am Energieaustausch in der Grenzfläche *nicht* beteiligt ist, sodass sich in der Tat

$$|R_\mathrm{SV}(\vartheta_{i\mathrm{S}} > \vartheta_{cm\mathrm{P}})|^2 = 1 \tag{9.1.154}$$

aus (9.1.151) ergibt, und zwar unabhängig von M_P. Man spricht deshalb von der Totalreflexion der einfallenden SV-Welle.

Mit (9.1.150) berechnen wir die von null verschiedene Komponente von $\Re\{\underline{\mathbf{S}}_{\mathrm{K}m\mathrm{P}}\}$ zu

$$\Re\left\{\underline{\mathbf{S}}_{\mathrm{K}m\mathrm{P}}(\underline{\mathbf{R}}, \omega_0, \underline{\hat{\mathbf{k}}}_{m\mathrm{P}})\right\} = -\frac{\omega_0^2}{2c_\mathrm{S}} |M_\mathrm{P}(\vartheta_{i\mathrm{S}})|^2 |u_{i\mathrm{S}}(\omega_0)|^2 \,\mathrm{e}^{-2k_\mathrm{P}\Im\underline{\hat{\mathbf{k}}}_{m\mathrm{P}}\cdot\underline{\mathbf{R}}} \times \\ \times [\lambda + 2\mu(2\kappa^2 \sin^2\vartheta_{i\mathrm{S}} - 1)] \sin\vartheta_{i\mathrm{S}}\,\underline{\mathbf{e}}_x \tag{9.1.155}$$

und halten fest, dass die sich in $(-x)$-Richtung ausbreitende inhomogene — quergedämpfte — ebene Welle Energie in Ausbreitungsrichtung transportiert, wobei die Energiestromdichte in z-Richtung exponentiell abklingt. Wo diese Energie herkommt, da doch die quergedämpfte Welle energetisch gar nicht an die einfallende SV-Welle „ankoppelt", ist mit dem Modell ebener Wellen aufgrund ihrer unendlichen Gesamtenergie nicht zu klären, man muss zu Strahlen übergehen.

Der Vollständigkeit halber berechnen wir auch noch die zeitlich gemittelte Energiedichte zeitharmonischer inhomogener (quergedämpfter) ebener Wellen. In Verallgemeinerung von (8.1.138) ergibt sich nach ein paar Zeilen Rechnung (Fußnote 17 gilt sinngemäß, wenn wir (8.2.42) verwenden):

$$\begin{aligned}\langle w_{mP}(\underline{\mathbf{R}}, t, \hat{\underline{\mathbf{k}}}_{mP})\rangle &= \frac{\omega_0^2}{4}\frac{1}{c_P^2}\,|M_P(\vartheta_{iS})|^2|u_{iS}(\omega_0)|^2\,\mathrm{e}^{-2k_P\Im\hat{\underline{\mathbf{k}}}_{mP}\cdot\underline{\mathbf{R}}}\times\\ &\quad\times(1+\hat{\underline{\mathbf{k}}}_{mP}\cdot\hat{\underline{\mathbf{k}}}^*_{mP})(\lambda+2\mu\hat{\underline{\mathbf{k}}}_{mP}\cdot\hat{\underline{\mathbf{k}}}^*_{mP}) \quad ; \qquad (9.1.156)\end{aligned}$$

für $\vartheta_{iS} \le \vartheta_{cmP}$, also $\Im\hat{\underline{\mathbf{k}}}_{mP} = \underline{\mathbf{0}}$, korrespondiert dies dem Ausdruck (8.1.138) für die *homogene* ebene Welle.

Mit (8.2.27) und (9.1.109) berechnen wir die Phasengeschwindigkeit der quergedämpften Welle zu (man vergleiche auch Gleichung (9.1.140)):

$$\begin{aligned}c_{mP}(\vartheta_{iS}) &= \frac{\omega_0}{|\Re\underline{\mathbf{k}}_{mP}|} \qquad (9.1.157)\\ &= \frac{c_S}{\sin\vartheta_{iS}} \quad , \quad \vartheta_{iS} > \vartheta_{cmP} \quad . \qquad (9.1.158)\end{aligned}$$

Mit (8.2.43) und (9.1.109) berechnen wir die Energiegeschwindigkeit der quergedämpften Welle zu:

$$\begin{aligned}\underline{\mathbf{c}}_{EmP}(\vartheta_{iS} > \vartheta_{cmP}) &= \frac{2c_P}{1+\hat{\underline{\mathbf{k}}}_{mP}\cdot\hat{\underline{\mathbf{k}}}^*_{mP}}\,\Re\hat{\underline{\mathbf{k}}}_{mP} \qquad (9.1.159)\\ &= -\frac{c_S}{\sin\vartheta_{iS}}\,\underline{\mathbf{e}}_x\\ &= -c_{mP}(\vartheta_{iS})\,\underline{\mathbf{e}}_x \quad . \qquad (9.1.160)\end{aligned}$$

Die Beträge von Phasen- und Energiegeschwindigkeit der quergedämpften Welle sind offenbar gleich, und es gilt

$$c_P > |\underline{\mathbf{c}}_{EmP}(\vartheta_{iS} > \vartheta_{cmP})| \ge c_S \quad , \qquad (9.1.161)$$

denn für $\vartheta_{iS} > \vartheta_{cmP}$ ist $\sin\vartheta_{iS} > c_S/c_P$.

9.1.3 Einfallende sekundäre transversal-horizontale Scherwelle

Der einfachste Fall der Scherwellenreflexion an einer spannungsfreien Grenzfläche steht noch aus: die SH-Wellen-Reflexion. Anstelle von (9.1.82) setzen wir also

$$\underline{\mathbf{u}}_{iSH}(\underline{\mathbf{R}}, \omega, \hat{\underline{\mathbf{k}}}_{iS}) = -u_{iS}(\omega)\,\mathrm{e}^{\mathrm{j}k_S\hat{\underline{\mathbf{k}}}_{iS}\cdot\underline{\mathbf{R}}}\,\underline{\mathbf{e}}_y \qquad (9.1.162)$$

an, wobei $\hat{\underline{\mathbf{k}}}_{iS}$ durch (9.1.77) gegeben ist. Die Teilchenverschiebung (9.1.162) führt im homogen-isotropen nichtdissipativen Material auf den Spannungstensor

$$\underline{\underline{\mathbf{T}}}_{iSH}(\underline{\mathbf{R}}, \omega, \hat{\underline{\mathbf{k}}}_{iS}) = -\mathrm{j}k_S\mu\,u_{iS}(\omega)\,\mathrm{e}^{\mathrm{j}k_S\hat{\underline{\mathbf{k}}}_{iS}\cdot\underline{\mathbf{R}}}\left(\hat{\underline{\mathbf{k}}}_{iS}\underline{\mathbf{e}}_y + \underline{\mathbf{e}}_y\hat{\underline{\mathbf{k}}}_{iS}\right) \qquad (9.1.163)$$

Konsequenz ist, dass die Projektion

$$\underline{\underline{\mathbf{T}}}_{iSH}(\underline{\mathbf{R}}, \omega, \hat{\underline{\mathbf{k}}}_{iS})\cdot\underline{\mathbf{e}}_z = -\mathrm{j}k_S\mu\,u_{iS}(\omega)\,\mathrm{e}^{\mathrm{j}k_S\hat{\underline{\mathbf{k}}}_{iS}\cdot\underline{\mathbf{R}}}\,\hat{\underline{\mathbf{k}}}_{iS}\cdot\underline{\mathbf{e}}_z\,\underline{\mathbf{e}}_y \quad , \qquad (9.1.164)$$

die in der Bedingungsgleichung für die Spannungsfreiheit der Grenzfläche auftritt, nur eine y-Komponente besitzt. Da die entsprechenden Projektionen für P- und SV-Wellen — Gleichung (9.1.12) bzw. Gleichung (9.1.85) — nur x- bzw. z-Komponenten haben, ist die SH-Wellen-Reflexion offenbar von der P-SV-Wellen-Reflexion entkoppelt, und wir werden vermutlich mit dem alleinigen Ansatz einer reflektierten SH-Welle

$$\underline{\mathbf{u}}_{r\mathrm{SH}}(\underline{\mathbf{R}}, \omega, \hat{\underline{\mathbf{k}}}_{r\mathrm{S}}) = -R_{\mathrm{SH}}(\vartheta_{i\mathrm{S}}) u_{i\mathrm{S}}(\omega)\, \mathrm{e}^{\mathrm{j}k_{\mathrm{S}}\hat{\underline{\mathbf{k}}}_{r\mathrm{S}}\cdot\underline{\mathbf{R}}}\, \underline{\mathbf{e}}_y \tag{9.1.165}$$

auskommen, wobei $\hat{\underline{\mathbf{k}}}_{r\mathrm{S}}$ durch (9.1.78) gegeben ist. Mit deren Spannungstensor

$$\underline{\underline{\mathbf{T}}}_{r\mathrm{SH}}(\underline{\mathbf{R}}, \omega, \hat{\underline{\mathbf{k}}}_{r\mathrm{S}}) \cdot \underline{\mathbf{e}}_z = -\mathrm{j}k_{\mathrm{S}}\mu R_{\mathrm{SH}}(\vartheta_{i\mathrm{S}}) u_{i\mathrm{S}}(\omega)\, \mathrm{e}^{\mathrm{j}k_{\mathrm{S}}\hat{\underline{\mathbf{k}}}_{r\mathrm{S}}\cdot\underline{\mathbf{R}}} \left(\hat{\underline{\mathbf{k}}}_{r\mathrm{S}}\underline{\mathbf{e}}_y + \underline{\mathbf{e}}_y\hat{\underline{\mathbf{k}}}_{r\mathrm{S}}\right) \tag{9.1.166}$$

erfüllen wir sodann in Überlagerung mit (9.1.163) die Grenzflächenbedingung

$$\left[\underline{\underline{\mathbf{T}}}_{i\mathrm{SH}}(\underline{\mathbf{R}}_S, \omega, \hat{\underline{\mathbf{k}}}_{r\mathrm{S}}) + \underline{\underline{\mathbf{T}}}_{r\mathrm{SH}}(\underline{\mathbf{R}}_S, \omega, \hat{\underline{\mathbf{k}}}_{r\mathrm{S}})\right] \cdot \underline{\mathbf{e}}_z = \underline{\mathbf{0}} \quad ; \tag{9.1.167}$$

daraus folgt

$$-u_{i\mathrm{S}}(\omega)\, \mathrm{e}^{-\mathrm{j}k_{\mathrm{S}} \sin\vartheta_{i\mathrm{S}}\, x} \cos\vartheta_{i\mathrm{S}} + R_{\mathrm{SH}}(\vartheta_{i\mathrm{S}}) u_{i\mathrm{S}}(\omega)\, \mathrm{e}^{-\mathrm{j}k_{\mathrm{S}} \sin\vartheta_{r\mathrm{S}}\, x} \cos\vartheta_{r\mathrm{S}} = 0 \quad . \tag{9.1.168}$$

Wir erhalten aufgrund von Phasenanpassung sofort das Reflexionsgesetz

$$\vartheta_{r\mathrm{S}} = \vartheta_{i\mathrm{S}} \tag{9.1.169}$$

sowie danach

$$R_{\mathrm{SH}}(\vartheta_{i\mathrm{S}}) = R_{\mathrm{SH}} = 1 \quad . \tag{9.1.170}$$

SH-Wellen werden an einer spannungsfreien Grenzfläche unabhängig vom Einfallswinkel total reflektiert!

Für senkrechten Einfall $\vartheta_{i\mathrm{S}} = 0$ ist die SH-Polarisation von der SV-Polarisation physikalisch nicht unterscheidbar; wie erklärt sich deshalb das unterschiedliche Vorzeichen der Reflexionsfaktoren $R_{\mathrm{SV}}(0) = -1$ und $R_{\mathrm{SH}} = 1$? Es erklärt sich durch den *Ansatz* der Polarisationsrichtungen einfallender und reflektierter SV- bzw. SH-Wellen: Für senkrechten Einfall sind die jeweiligen SV-Polarisationen entgegengesetzt (Abbildung 9.1.7), die SH-Polarisationen sind jedoch stets (nicht nur für senkrechten Einfall) gleichgerichtet (Abbildung 9.2.1). Dies hat Konsequenzen für den Schalldruck: Bei *dieser* („zufälligen“) Vorzeichenwahl der Polarisation genügt $p_{i\mathrm{SV}}(\underline{\mathbf{R}}_S, \omega, 0) + p_{r\mathrm{SV}}(\underline{\mathbf{R}}_S, \omega, 0)$ einer Dirichlet-Randbedingung, $p_{i\mathrm{SH}}(\underline{\mathbf{R}}_S, \omega, 0) + p_{r\mathrm{SH}}(\underline{\mathbf{R}}_S, \omega, 0)$ jedoch nicht. Eine „Reparatur“ ist leicht möglich: Man ändere die SH-Polarisationsrichtungen entsprechend! Dies erhellt: Die relativen Polarisationsorientierungen sind über den zugehörigen Reflexionsfaktor physikalisch festgelegt, die Schalldruck„orientierungen“ jedoch nicht.

Mit (9.1.170) geben wir der Vollständigkeit halber auch noch die kartesischen Spannungstensorkomponenten des einfallenden und reflektierten Feldes explizit an:

$$\begin{aligned}\underline{\underline{\mathbf{T}}}_{i\mathrm{SH}}(x, z, \omega, \vartheta_{i\mathrm{S}}) &= \mathrm{j}k_{\mathrm{S}}\mu\, u_{i\mathrm{S}}(\omega)\, \mathrm{e}^{-\mathrm{j}k_{\mathrm{S}}(\sin\vartheta_{i\mathrm{S}}\, x + \mathrm{j}\cos\vartheta_{i\mathrm{S}}\, z)} \times \\ &\quad \times \left[\sin\vartheta_{i\mathrm{S}}(\underline{\mathbf{e}}_x\underline{\mathbf{e}}_y + \underline{\mathbf{e}}_y\underline{\mathbf{e}}_x) + \cos\vartheta_{i\mathrm{S}}(\underline{\mathbf{e}}_y\underline{\mathbf{e}}_z + \underline{\mathbf{e}}_z\underline{\mathbf{e}}_y)\right] \quad ,\end{aligned} \tag{9.1.171}$$

$$\begin{aligned}\underline{\underline{\mathbf{T}}}_{r\mathrm{SH}}(x, z, \omega, \vartheta_{i\mathrm{S}}) &= \mathrm{j}k_{\mathrm{S}}\mu\, u_{i\mathrm{S}}(\omega)\, \mathrm{e}^{-\mathrm{j}k_{\mathrm{S}}(\sin\vartheta_{i\mathrm{S}}\, x - \mathrm{j}\cos\vartheta_{i\mathrm{S}}\, z)} \times \\ &\quad \times \left[\sin\vartheta_{i\mathrm{S}}(\underline{\mathbf{e}}_x\underline{\mathbf{e}}_y + \underline{\mathbf{e}}_y\underline{\mathbf{e}}_x) - \cos\vartheta_{i\mathrm{S}}(\underline{\mathbf{e}}_y\underline{\mathbf{e}}_z + \underline{\mathbf{e}}_z\underline{\mathbf{e}}_y)\right] \quad ;\end{aligned} \tag{9.1.172}$$

des Weiteren lauten die Schalldruckgleichungen der ebenen SH-Wellen:

$$\begin{aligned}p_{i\mathrm{SH}}(\underline{\mathbf{R}}, \omega, \vartheta_{i\mathrm{S}}) &= \underline{\underline{\mathbf{T}}}_{i\mathrm{SH}}(\underline{\mathbf{R}}, \omega, \hat{\underline{\mathbf{k}}}_{i\mathrm{S}}) : \hat{\underline{\mathbf{k}}}_{i\mathrm{S}}\underline{\mathbf{e}}_y \\ &= -\mathrm{j}\omega Z_{\mathrm{S}}\, u_{i\mathrm{S}}(\omega)\, \mathrm{e}^{\mathrm{j}k_{\mathrm{S}}\hat{\underline{\mathbf{k}}}_{i\mathrm{S}}\cdot\underline{\mathbf{R}}} \quad ,\end{aligned} \tag{9.1.173}$$

$$\begin{aligned}p_{r\mathrm{SH}}(\underline{\mathbf{R}}, \omega, \vartheta_{i\mathrm{S}}) &= \underline{\underline{\mathbf{T}}}_{r\mathrm{SH}}(\underline{\mathbf{R}}, \omega, \hat{\underline{\mathbf{k}}}_{r\mathrm{S}}) : \hat{\underline{\mathbf{k}}}_{r\mathrm{S}}\underline{\mathbf{e}}_y \\ &= -\mathrm{j}\omega Z_{\mathrm{S}}\, u_{i\mathrm{S}}(\omega)\, \mathrm{e}^{\mathrm{j}k_{\mathrm{S}}\hat{\underline{\mathbf{k}}}_{r\mathrm{S}}\cdot\underline{\mathbf{R}}} \quad .\end{aligned} \tag{9.1.174}$$

Wegen $R_{\mathrm{SH}} = 1$ ist im vorliegenden Fall der Grenzflächendeformationsratentensor als äquivalente Quelle des reflektierten Feldes proportional zum einfallenden Feld selbst:

$$\begin{aligned}\underline{\underline{\mathbf{g}}}^{\mathrm{SH}}(x,\omega,\vartheta_{i\mathrm{S}}) &= \mathrm{j}\omega\left[\underline{\mathbf{e}}_z\underline{\hat{\mathbf{u}}}_{i\mathrm{SH}}(x,0,\omega,\vartheta_{i\mathrm{S}}) + \underline{\hat{\mathbf{u}}}_{i\mathrm{SH}}(x,0,\omega,\vartheta_{i\mathrm{S}})\underline{\mathbf{e}}_z\right] \\ &= -\mathrm{j}\omega\, u_{i\mathrm{S}}(\omega)\,\mathrm{e}^{-\mathrm{j}k_{\mathrm{S}}\sin\vartheta_{i\mathrm{S}}\,x}(\underline{\mathbf{e}}_z\underline{\mathbf{e}}_y + \underline{\mathbf{e}}_y\underline{\mathbf{e}}_z) \quad . \end{aligned} \tag{9.1.175}$$

Folgendes sei zum Schluss für diesen speziellen Fall noch einmal festgehalten (allgemein hatten wir darüber bereits in Abschnitt 7.3 gesprochen):

- Da sowohl die Feldgröße $\underline{\mathbf{u}}_{\mathrm{SH}}$ als auch die Bedingungsgleichung der Spannungsfreiheit jeweils nur eine y-Komponente besitzen, und da ferner $\partial/\partial y \equiv 0$ ist, handelt es sich bei der SH-Wellen-Reflexion um ein *zweidimensionales skalares* Randwertproblem für die skalare Feldgröße $\underline{\mathbf{u}}_{\mathrm{SH}} \cdot \underline{\mathbf{e}}_y$.
- Die Randbedingung (9.1.168) entspricht einer (homogenen) *Neumann'schen* Randbedingung (Gleichung (5.2.11))

$$\begin{aligned}\underline{\mathbf{n}} \cdot \boldsymbol{\nabla}\left[\underline{\mathbf{u}}_{\mathrm{SH}}(\underline{\mathbf{R}},\omega,\hat{\underline{\mathbf{k}}}_{\mathrm{S}}) \cdot \underline{\mathbf{e}}_y\right]_{\underline{\mathbf{R}}=\underline{\mathbf{R}}_S} &= \left.\frac{\partial \underline{\mathbf{u}}_{\mathrm{SH}}(\underline{\mathbf{R}},\omega,\hat{\underline{\mathbf{k}}}_{\mathrm{S}}) \cdot \underline{\mathbf{e}}_y}{\partial z}\right|_{z=0} \\ &= 0 \end{aligned} \tag{9.1.176}$$

für eben*diese* skalare Feldgröße. Dies verwundert, ist doch das entsprechende Randwertproblem der skalaren *Akustik* — die schallweiche Randbedingung für eine Grenzfläche zum Vakuum — ein *Dirichlet*-Randwertproblem; es ist jedoch ein Dirichlet-Problem für den skalaren *Druck* $p(\underline{\mathbf{R}},\omega)$, dem hier der *isotrope* Spannungstensor $\underline{\underline{\mathbf{T}}}(\underline{\mathbf{R}},\omega) = -p(\underline{\mathbf{R}},\omega)\underline{\underline{\mathbf{I}}}$ korrespondieren würde; gemäß (9.1.171), (9.1.172) lässt sich dieser aber nicht definieren. *Definieren* lässt sich zwar der Schalldruck (9.1.173), (9.1.174) der ebenen SH-Wellen, er erfüllt jedoch für die hier zugrunde gelegten Polarisationsorientierungen[18] *keine* Dirichlet'sche Randbedingung: Das zweidimensionale skalare SH-Wellen-Randwertproblem *ist* ein skalares Neumann-Problem (Abschnitt 7.3).

9.2 Ebene Trennfläche zweier homogen-isotroper nichtdissipativer elastischer Halbräume

Dieses Standardproblem elastischer Wellen ist für die US-zfP besonders bedeutsam, da sich die physikalisch wesentlichen und zfP-relevanten Wellenfronten im Schallfeld piezoelektrischer Prüfköpfe — Senkrecht-, Winkel-, „Kriechwellen"-Prüfköpfe — aufgrund der Dispersionsrelation homogener und inhomogener ebener Wellen durch Phasenanpassung in der Grenzfläche sehr anschaulich erklären lassen.

Wir diskutieren zunächst den Fall einer festen „geschweißten" Verbindung der beiden Halbräume und danach deren Flüssigkeitskopplung; als Spezialfall ergibt sich die Kombination „elastischer Halbraum - Flüssigkeitshalbraum".

Obwohl es sich bei den vorliegenden *Vollräumen* um ein *inhomogenes* — genauer: stückweise-homogenes — Material handelt, kommen wir interessanterweise mit der Lösung „ebene Welle" der Wellengleichung für *homogene* (isotrope nichtdissipative) Materialien aus (man vergleiche das Flussdiagramm 1.2.1). Der Grund dafür ist: Die ebene Welle ist eine sogenannte Separationslösung der genannten Wellengleichung in kartesischen Koordinaten (Langenberg, 2005),

[18] Der *Schall*druck ebener Wellen hat mit der skalaren Feldgröße „Druck" nichts zu tun.

und die ebene Trennfläche „passt“ in ein derartiges Koordinatensystem. Dies ist verallgemeinerbar: Immer wenn die Materialsprungstelle(n) stückweise homogener Materialien mit solchen Koordinatenflächen zusammenfällt(fallen), in deren Koordinatensystem die Wellengleichung für *homogene* Materialien separierbar ist, kommen wir mit eben*dieser* Wellengleichung aus. Leider sind es nur drei Koordinatensysteme: kartesische Koordinaten, Zylinder- und Kugelkoordinaten. Diese sogenannten kanonischen Streuprobleme behandeln wir in den Abschnitten 15.4.2 und 15.4.4.

9.2.1 Einfallende SH-Welle

Die Reflexion *und* Transmission ebener elastischer Wellen an der ebenen Trennfläche zweier homogen-isotroper nichtdissipativer elastischer Halbräume untersuchen wir zunächst für den einfachsten einfallenden Wellentyp: die SH-Welle $\hat{\underline{\mathbf{u}}}_{iSH}(\underline{\mathbf{R}}, t, \hat{\underline{\mathbf{k}}}_{iS})$; in Abschnitt 9.1.3 wurde ja offenbar, dass deren Randbedingungsgleichung von der entsprechenden P-SV-Gleichung entkoppelt ist, und dies ändert sich auch nicht, wenn wir anstelle der Randbedingung *Übergangs*bedingungen zugrunde legen, es bleibt bei einem *zweidimensionalen skalaren* Problem (Abschnitt 7.3).

Reflexion und Transmission von SH-Wellen
Zunächst zur Geometrie (Abbildung 9.2.1): In Verallgemeinerung von Abbildung 9.1.1 erset-

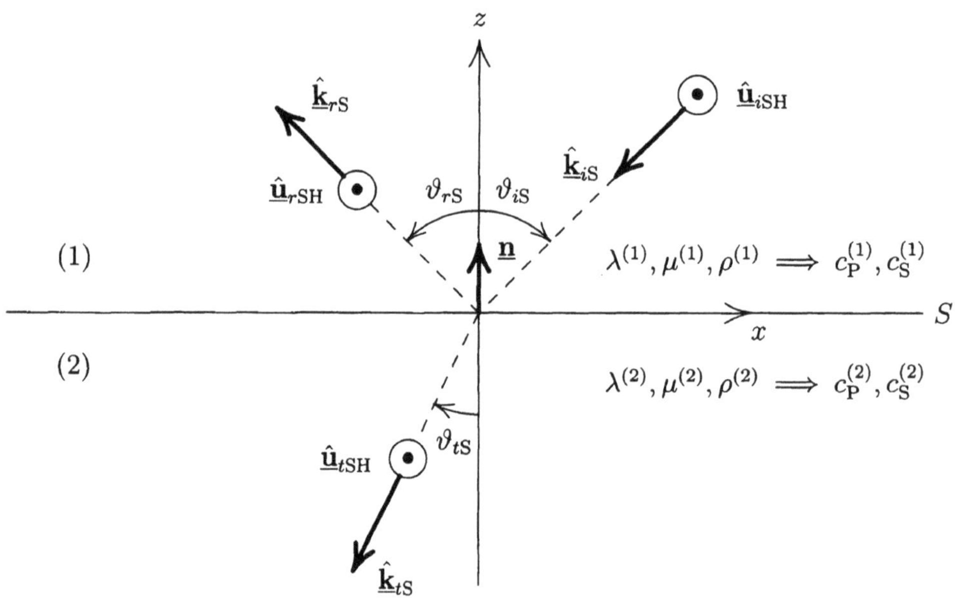

Abb. 9.2.1: *Reflexion und Transmission einer SH-Welle an der Trennfläche zweier homogen-isotroper nichtdissipativer elastischer Halbräume mit den Materialparametern $\lambda^{(1,2)}, \mu^{(1,2)}, \rho^{(1,2)}$ (die y-Achse zeigt nach hinten)*

zen wir nun den Halbraum $z < 0$ durch einen elastischen Halbraum mit den Materialparametern $\lambda^{(2)}, \mu^{(2)}, \rho^{(2)}$ und unterscheiden diese von den Materialparametern $\lambda^{(1)}, \mu^{(1)}, \rho^{(1)}$ des darüberliegenden Halbraums $z > 0$ durch einen entsprechenden Index; dasselbe gilt für die Wellen(phasen)geschwindigkeiten $c_P^{(1,2)}, c_S^{(1,2)}$ und die *Slownesses* $s_P^{(1,2)}, s_S^{(1,2)}$.

Als einfallende sekundäre Welle setzen wir eine ebene Welle mit transversal-horizontaler Polarisation an, welche wir auch den sekundären reflektierten und transmittierten Wellen aufprägen:

$$\underline{\mathbf{u}}_{iSH}(\underline{\mathbf{R}}, t, \hat{\underline{\mathbf{k}}}_{iS}) = -u_{iS}\left(t - \frac{\hat{\underline{\mathbf{k}}}_{iS} \cdot \underline{\mathbf{R}}}{c_S^{(1)}}\right)\underline{\mathbf{e}}_y \quad , \quad z \geq 0 \quad , \tag{9.2.1}$$

$$\underline{\mathbf{u}}_{r\mathrm{SH}}(\underline{\mathbf{R}}, t, \hat{\underline{\mathbf{k}}}_{r\mathrm{S}}) = -R_{\mathrm{SH}}(\vartheta_{i\mathrm{S}})\, u_{i\mathrm{S}} \left(t - \frac{\hat{\underline{\mathbf{k}}}_{r\mathrm{S}} \cdot \underline{\mathbf{R}}}{c_{\mathrm{S}}^{(1)}} \right) \underline{\mathbf{e}}_y \ , \quad z \geq 0 \ , \tag{9.2.2}$$

$$\underline{\mathbf{u}}_{t\mathrm{SH}}(\underline{\mathbf{R}}, t, \hat{\underline{\mathbf{k}}}_{t\mathrm{S}}) = -T_{\mathrm{SH}}(\vartheta_{i\mathrm{S}})\, u_{i\mathrm{S}} \left(t - \frac{\hat{\underline{\mathbf{k}}}_{t\mathrm{S}} \cdot \underline{\mathbf{R}}}{c_{\mathrm{S}}^{(2)}} \right) \underline{\mathbf{e}}_y \ , \quad z \leq 0 \ . \tag{9.2.3}$$

Die Amplituden von $\underline{\mathbf{u}}_{r\mathrm{SH}}$ und $\underline{\mathbf{u}}_{t\mathrm{SH}}$ definieren Einfallswinkel-abhängige Reflexions- und Transmissionsfaktoren $R_{\mathrm{SH}}(\vartheta_{i\mathrm{S}})$ und $T_{\mathrm{SH}}(\vartheta_{i\mathrm{S}})$. Die Komponenten der Phasenausbreitungsvektoren entnehmen wir Abb. 9.2.1:

$$\hat{\underline{\mathbf{k}}}_{i\mathrm{S}} = -\sin\vartheta_{i\mathrm{S}}\, \underline{\mathbf{e}}_x - \cos\vartheta_{i\mathrm{S}}\, \underline{\mathbf{e}}_z \ , \tag{9.2.4}$$

$$\hat{\underline{\mathbf{k}}}_{r\mathrm{S}} = -\sin\vartheta_{r\mathrm{S}}\, \underline{\mathbf{e}}_x + \cos\vartheta_{r\mathrm{S}}\, \underline{\mathbf{e}}_z \ , \tag{9.2.5}$$

$$\hat{\underline{\mathbf{k}}}_{t\mathrm{S}} = -\sin\vartheta_{t\mathrm{S}}\, \underline{\mathbf{e}}_x - \cos\vartheta_{t\mathrm{S}}\, \underline{\mathbf{e}}_z \ , \tag{9.2.6}$$

wobei bereits anzumerken ist, dass der Transmissionswinkel $\vartheta_{t\mathrm{S}}$ je nach dem Verhältnis der Scherwellengeschwindigkeiten $c_{\mathrm{S}}^{(1)}/c_{\mathrm{S}}^{(2)}$ größer oder kleiner als $\vartheta_{i\mathrm{S}}$ sein kann; wenn er größer als $\vartheta_{i\mathrm{S}}$ ist, existiert ein kritischer Einfallswinkel $\vartheta_{ct\mathrm{S}}$, und $\vartheta_{t\mathrm{S}}$ wird sodann komplex. Hinsichtlich der SH-Polarisation orientieren wir uns an Abb. 8.1.8, sodass $\hat{\underline{\mathbf{u}}}_{\mathrm{SH}} = -\underline{\mathbf{e}}_y$ zu wählen ist; in Abb. 9.2.1 deuten wir dies dadurch an, dass wir auf die Spitze des Polarisationsvektors blicken.

Für die Spannungstensoren — wir gehen wieder zu Fourier-Spektren über —

$$\underline{\underline{\mathbf{T}}}_{i\mathrm{SH}}(\underline{\mathbf{R}}, \omega, \hat{\underline{\mathbf{k}}}_{i\mathrm{S}}) = -\mathrm{j}k_{\mathrm{S}}^{(1)} \mu^{(1)}\, u_{i\mathrm{S}}(\omega)\, \mathrm{e}^{\mathrm{j}k_{\mathrm{S}}^{(1)} \hat{\underline{\mathbf{k}}}_{i\mathrm{S}} \cdot \underline{\mathbf{R}}} \left(\hat{\underline{\mathbf{k}}}_{i\mathrm{S}} \underline{\mathbf{e}}_y + \underline{\mathbf{e}}_y \hat{\underline{\mathbf{k}}}_{i\mathrm{S}} \right) \ , \tag{9.2.7}$$

$$\underline{\underline{\mathbf{T}}}_{r\mathrm{SH}}(\underline{\mathbf{R}}, \omega, \hat{\underline{\mathbf{k}}}_{r\mathrm{S}}) = -\mathrm{j}k_{\mathrm{S}}^{(1)} \mu^{(1)} R_{\mathrm{SH}}(\vartheta_{i\mathrm{S}})\, u_{i\mathrm{S}}(\omega)\, \mathrm{e}^{\mathrm{j}k_{\mathrm{S}}^{(1)} \hat{\underline{\mathbf{k}}}_{r\mathrm{S}} \cdot \underline{\mathbf{R}}} \left(\hat{\underline{\mathbf{k}}}_{r\mathrm{S}} \underline{\mathbf{e}}_y + \underline{\mathbf{e}}_y \hat{\underline{\mathbf{k}}}_{r\mathrm{S}} \right) \ , \tag{9.2.8}$$

$$\underline{\underline{\mathbf{T}}}_{t\mathrm{SH}}(\underline{\mathbf{R}}, \omega, \hat{\underline{\mathbf{k}}}_{t\mathrm{S}}) = -\mathrm{j}k_{\mathrm{S}}^{(2)} \mu^{(2)} T_{\mathrm{SH}}(\vartheta_{i\mathrm{S}})\, u_{i\mathrm{S}}(\omega)\, \mathrm{e}^{\mathrm{j}k_{\mathrm{S}}^{(2)} \hat{\underline{\mathbf{k}}}_{t\mathrm{S}} \cdot \underline{\mathbf{R}}} \left(\hat{\underline{\mathbf{k}}}_{t\mathrm{S}} \underline{\mathbf{e}}_y + \underline{\mathbf{e}}_y \hat{\underline{\mathbf{k}}}_{t\mathrm{S}} \right) \tag{9.2.9}$$

gilt nunmehr anstelle der Randbedingung (9.1.167) die Übergangsbedingung (Gleichung (3.3.19))

$$\left[\underline{\underline{\mathbf{T}}}_{i\mathrm{SH}}(\underline{\mathbf{R}}_S, \omega, \hat{\underline{\mathbf{k}}}_{i\mathrm{S}}) + \underline{\underline{\mathbf{T}}}_{r\mathrm{SH}}(\underline{\mathbf{R}}_S, \omega, \hat{\underline{\mathbf{k}}}_{r\mathrm{S}}) \right] \cdot \underline{\mathbf{e}}_z = \underline{\underline{\mathbf{T}}}_{t\mathrm{SH}}(\underline{\mathbf{R}}_S, \omega, \hat{\underline{\mathbf{k}}}_{t\mathrm{S}}) \cdot \underline{\mathbf{e}}_z \ , \tag{9.2.10}$$

wobei $\underline{\mathbf{R}}_S \in S$. Da (9.2.10) nur eine y-Komponente hat, steht uns damit nur *eine* Gleichung zur Bestimmung der *beiden* Faktoren R_{SH} und T_{SH} zur Verfügung. Eine *zweite* Gleichung entsteht jedoch aus der Stetigkeitsforderung des Teilchenverschiebungsvektors $\underline{\mathbf{R}}_S$, die wir ebenfalls für die Fourier-Spektren hinschreiben (Übergangsbedingung (3.3.20)):

$$\underline{\mathbf{u}}_{i\mathrm{SH}}(\underline{\mathbf{R}}_S, \omega, \hat{\underline{\mathbf{k}}}_{i\mathrm{S}}) + \underline{\mathbf{u}}_{r\mathrm{SH}}(\underline{\mathbf{R}}_S, \omega, \hat{\underline{\mathbf{k}}}_{r\mathrm{S}}) = \underline{\mathbf{u}}_{t\mathrm{SH}}(\underline{\mathbf{R}}_S, \omega, \hat{\underline{\mathbf{k}}}_{t\mathrm{S}}) \ . \tag{9.2.11}$$

Auch diese Vektorgleichung hat nur eine y-Komponente, sodass schließlich in der Tat zwei Gleichungen für zwei Unbekannte vorliegen, sobald wir $\underline{\mathbf{R}}_S$ aus (9.2.10) und (9.2.11) eliminiert haben.

Reflexions- und Brechungsgesetz: Kritischer Winkel

Erster Schritt ist, wie gesagt, die Elimination des beliebigen Trennflächenortsvektors $\underline{\mathbf{R}}_S$ aus den Gleichungen (9.2.10) und (9.2.11) durch die Phasenanpassung

$$k_{\mathrm{S}}^{(1)} \hat{\underline{\mathbf{k}}}_{i\mathrm{S}} \cdot \underline{\mathbf{R}}_S = k_{\mathrm{S}}^{(1)} \hat{\underline{\mathbf{k}}}_{r\mathrm{S}} \cdot \underline{\mathbf{R}}_S = k_{\mathrm{S}}^{(2)} \hat{\underline{\mathbf{k}}}_{t\mathrm{S}} \cdot \underline{\mathbf{R}}_S \ , \tag{9.2.12}$$

die zum einen — in Analogie zum Übergang von (9.1.16) nach (9.1.19) — koplanare Vektoren $\hat{\underline{\mathbf{k}}}_{i\mathrm{S}}, \hat{\underline{\mathbf{k}}}_{r\mathrm{S}}, \hat{\underline{\mathbf{k}}}_{t\mathrm{S}}$ erzwingt, und zwar *so*, wie sie in Abb. 9.2.1 eingezeichnet sind; zum anderen beinhaltet Gleichung (9.2.12) das Reflexionsgesetz

$$\vartheta_{r\mathrm{S}} = \vartheta_{i\mathrm{S}} \tag{9.2.13}$$

und das Brechungsgesetz

$$\sin \vartheta_{tS} = \frac{k_S^{(1)}}{k_S^{(2)}} \sin \vartheta_{iS} \quad . \tag{9.2.14}$$

Letzteres erlaubt es wieder, in Verbindung mit den Dispersionsrelationen

$$\underline{\mathbf{s}}_{iS} \cdot \underline{\mathbf{s}}_{iS} = s_S^{(1)^2} \quad , \tag{9.2.15}$$

$$\underline{\mathbf{s}}_{rS} \cdot \underline{\mathbf{s}}_{rS} = s_S^{(1)^2} \quad , \tag{9.2.16}$$

$$\underline{\mathbf{s}}_{tS} \cdot \underline{\mathbf{s}}_{tS} = s_S^{(2)^2} \tag{9.2.17}$$

für die *Slowness*-Vektoren

$$\underline{\mathbf{s}}_{iS} = s_S^{(1)} \hat{\underline{\mathbf{k}}}_{iS} \quad , \tag{9.2.18}$$

$$\underline{\mathbf{s}}_{rS} = s_S^{(1)} \hat{\underline{\mathbf{k}}}_{rS} \quad , \tag{9.2.19}$$

$$\underline{\mathbf{s}}_{tS} = s_S^{(2)} \hat{\underline{\mathbf{k}}}_{tS} \quad , \tag{9.2.20}$$

den Transmissionswinkel ϑ_{tS} mithilfe eines *Slowness*-Diagramms geometrisch zu konstruieren; Abbildung 9.2.2 illustriert diese Konstruktion für $c_S^{(1)} \geq c_S^{(2)}$, wofür sich offensichtlich stets $\vartheta_{tS} \leq \vartheta_{iS}$ ergibt.

Falls $c_S^{(1)} < c_S^{(2)}$ ist, definiert das Brechungsgesetz (9.2.14) für $\sin \vartheta_{tS} = 1$ den kritischen Einfallswinkel

$$\vartheta_{iS} = \vartheta_{ctS} = \arcsin \frac{s_S^{(2)}}{s_S^{(1)}} \quad . \tag{9.2.21}$$

Im *Slowness*-Diagramm ist sodann zu unterscheiden, ob $\vartheta_{iS} \leq \vartheta_{ctS}$ oder $\vartheta_{iS} > \vartheta_{ctS}$ ist: Abbildung 9.2.3a skizziert ein Beispiel für $\vartheta_{iS} < \vartheta_{ctS}$; abgesehen von der Tatsache, dass nunmehr $\vartheta_{tS} > \vartheta_{iS}$, sind keine weiteren Besonderheiten festzuhalten. *Besonderheiten*, die aber über das uns bereits Bekannte (Abschnitt 9.1.2) nicht hinausgehen, ergeben sich erst für Einfallswinkel oberhalb des kritischen Winkels ϑ_{ctS}: Der Transmissionswinkel ϑ_{tS} ist sodann gemäß

$$\vartheta_{tS} = \frac{\pi}{2} + \mathrm{j}\Im\vartheta_{tS} \tag{9.2.22}$$

komplex anzusetzen, denn dies eröffnet die Möglichkeit, den Sinus von ϑ_{tS} größer als 1 werden zu lassen, da mit (9.2.22)

$$\sin \vartheta_{tS} = \cosh \Im\vartheta_{tS} = \frac{k_S^{(1)}}{k_S^{(2)}} \sin \vartheta_{iS} \tag{9.2.23}$$

gilt. Als Konsequenz wird der Phasenausbreitungsvektor (9.2.6) zum komplexen Wellenzahl(einheits)vektor

$$\begin{aligned} \hat{\underline{\mathbf{k}}}_{tS} &= -\sin \vartheta_{tS}\, \underline{\mathbf{e}}_x - \cos \vartheta_{tS}\, \underline{\mathbf{e}}_z \\ &= -\cosh \Im\vartheta_{tS}\, \underline{\mathbf{e}}_x + \mathrm{j} \sinh \Im\vartheta_{tS}\, \underline{\mathbf{e}}_z \quad , \end{aligned} \tag{9.2.24}$$

wobei sich $\sinh \Im\vartheta_{tS}$ aufgrund von (9.1.99) über

$$\sinh \Im\vartheta_{tS} = -\sqrt{\frac{k_S^{(1)^2}}{k_S^{(2)^2}} \sin^2 \vartheta_{iS} - 1} \tag{9.2.25}$$

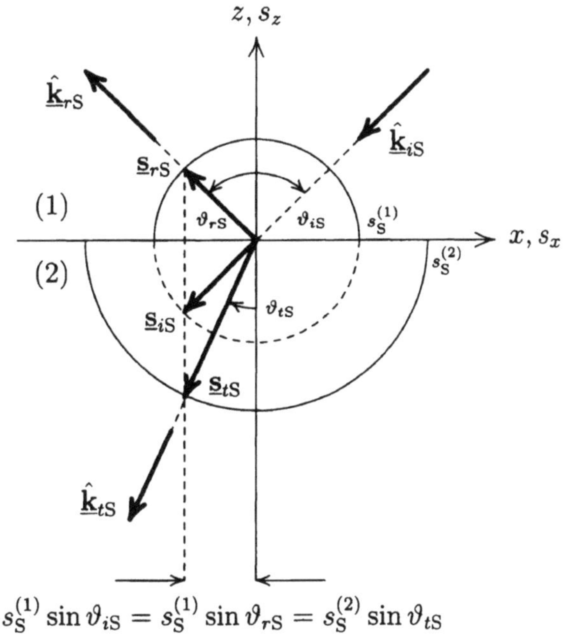

Abb. 9.2.2: Slowness-*Diagramm für die Reflexion und Transmission einer SH-Welle an der Trennfläche zweier homogen-isotroper nichtdissipativer elastischer Halbräume:* $c_S^{(1)} > c_S^{(2)}$

berechnen lässt. Wie in (9.1.100) wird das negative Vorzeichen in (9.2.25) gebraucht — $\Im\vartheta_{tS}$ in (9.2.22) muss deshalb negativ sein —, damit das Fourier-Spektrum der transmittierten Welle

$$\underline{\mathbf{u}}_{tSH}(\underline{\mathbf{R}}, \omega, \vartheta_{iS}) = -T_{SH}(\vartheta_{iS})u_{iS}(\omega)\, e^{-jk_S^{(1)} \sin\vartheta_{iS}\, x}\, e^{\sqrt{k_S^{(1)^2} \sin^2\vartheta_{iS} - k_S^{(2)^2}}\, z}\, \underline{\mathbf{e}}_y \tag{9.2.26}$$

für $\vartheta_{iS} > \vartheta_{ctS}$ im Halbraum $z < 0$ exponentiell *abklingt*; die Welle ist dann *quergedämpft*, denn der Imaginärteil des komplexen Wellenzahlvektors

$$\begin{aligned} \underline{\mathbf{k}}_{tS} &= k_S^{(2)} \hat{\underline{\mathbf{k}}}_{tS} \\ &= \underbrace{-k_S^{(1)} \sin\vartheta_{iS}\, \underline{\mathbf{e}}_x}_{= \Re\underline{\mathbf{k}}_{tS}} + \mathrm{j} \underbrace{\left(-\sqrt{k_S^{(1)^2} \sin^2\vartheta_{iS} - k_S^{(2)^2}}\right) \underline{\mathbf{e}}_z}_{= \Im\underline{\mathbf{k}}_{tS}} \end{aligned} \tag{9.2.27}$$

zeigt bei Ausbreitung der Welle in $(+\Re\underline{\mathbf{k}}_{tS} \sim -\underline{\mathbf{e}}_x)$-Richtung in $(-\underline{\mathbf{e}}_z)$-Richtung, also senkrecht in *den* Halbraum, für den wir exponentielle Dämpfung fordern (Abbildung 8.2.1a). Die Dispersionsrelation (9.2.17) für den komplexen *Slowness*-Vektor (Abbildung 9.2.3b)

$$\begin{aligned} \underline{\mathbf{s}}_{tS} &= -s_S^{(1)} \sin\vartheta_{iS}\, \underline{\mathbf{e}}_x - \mathrm{j}\sqrt{s_S^{(1)^2} \sin^2\vartheta_{iS} - s_S^{(2)^2}}\, \underline{\mathbf{e}}_z \\ &= \Re\underline{\mathbf{s}}_{tS} + \mathrm{j}\Im\underline{\mathbf{s}}_{tS} \end{aligned} \tag{9.2.28}$$

liefert in einem $\Re s_x \Im s_z$-Koordinatensystem die Hyperbelgleichung

$$(\Re s_{tSx})^2 - (\Im s_{tSz})^2 = s_S^{(2)^2} \quad , \tag{9.2.29}$$

sodass wir $\Im s_{tSz}$, wie in Abb. 9.2.3b skizziert, über die Phasenanpassung konstruieren können.

Man beachte: Für den SV-Wellen-Einfall auf eine spannungsfreie Grenzfläche existiert *stets* ein kritischer Winkel, *hier* gibt es ihn nur, wenn das Scherwellengeschwindigkeitsverhältnis der beiden Halbräume dies zulässt.

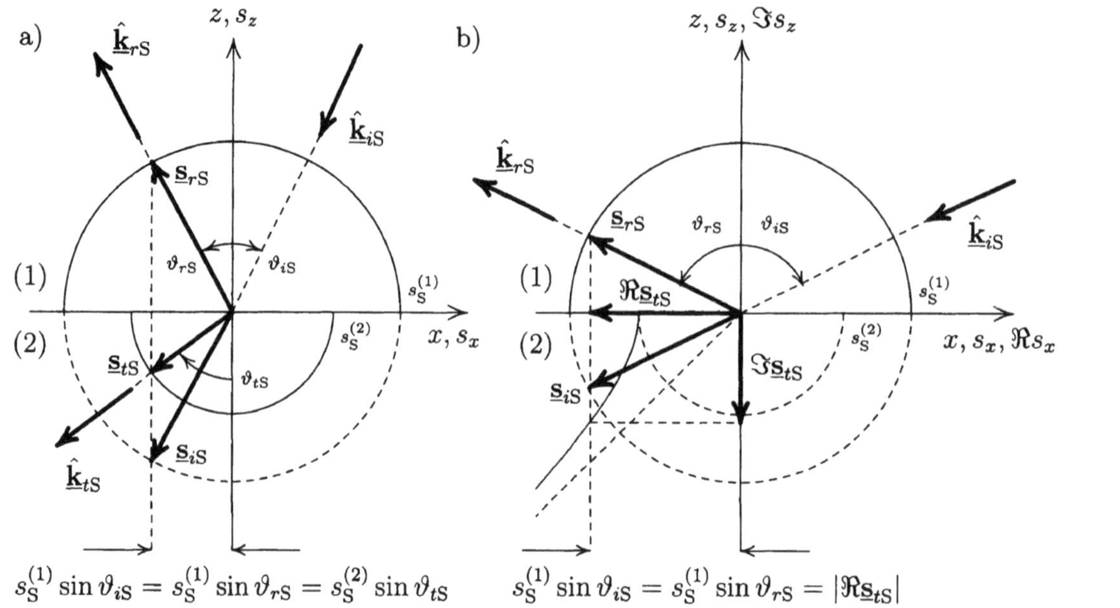

Abb. 9.2.3: Slowness-*Diagramme für die Reflexion und Transmission einer SH-Welle an der Trennfläche zweier homogen-isotroper nichtdissipativer elastischer Halbräume:* $c_S^{(1)} < c_S^{(2)}$; *a)* $\vartheta_{iS} \leq \vartheta_{ctS}$ *b)* $\vartheta_{iS} > \vartheta_{ctS}$

Reflexions- und Transmissionsfaktoren der vektoriellen Teilchenverschiebung; Hilbert-transformierte Wellenfronten oberhalb des kritischen Winkels

Mit (9.2.1)–(9.2.3) und (9.2.7)–(9.2.9) erhalten wir nach kurzer Rechnung aus den Übergangsbedingungen (9.2.10) und (9.2.11):

$$R_{SH}(\vartheta_{iS}) = \frac{Z_S^{(1)} \cos \vartheta_{iS} - Z_S^{(2)} \cos \vartheta_{tS}}{Z_S^{(1)} \cos \vartheta_{iS} + Z_S^{(2)} \cos \vartheta_{tS}} \quad , \tag{9.2.30}$$

$$T_{SH}(\vartheta_{iS}) = \frac{2 Z_S^{(1)} \cos \vartheta_{iS}}{Z_S^{(1)} \cos \vartheta_{iS} + Z_S^{(2)} \cos \vartheta_{tS}} \quad , \tag{9.2.31}$$

wobei

$$Z_S^{(j)} = \sqrt{\rho^{(j)} \mu^{(j)}} \quad , \tag{9.2.32}$$

$$= \rho^{(j)} c_S^{(j)} \quad , \quad j = 1, 2 \quad , \tag{9.2.33}$$

wie üblich akustische (Scherwellen-)Impedanzen (Wellenwiderstände für Scherwellen) der beiden beteiligten Materialien definieren. Als Spezialfall für $\vartheta_{iS} = 0$ ergeben sich die Gleichungen

$$R_{SH}(0) = -\frac{Z_S^{(2)} - Z_S^{(1)}}{Z_S^{(2)} + Z_S^{(1)}} \quad , \tag{9.2.34}$$

$$T_{SH}(0) = \frac{2 Z_S^{(1)}}{Z_S^{(2)} + Z_S^{(1)}} \quad , \tag{9.2.35}$$

die man in der Regel auswendig weiß, um „mal schnell" die Reflexion und Transmission „in der Nähe" des senkrechten Einfalls abzuschätzen. Erneut ist festzuhalten: Die sich ergebenden Zahlenwerte beziehen sich auf die vektorielle *Teilchenverschiebung* (hier natürlich auf deren einzige von null verschiedene Komponente).

Wir geben wie üblich die kartesischen Komponenten der Spannungstensoren an; dazu übernehmen wir (9.1.171) und (9.1.172) in entsprechender (1)-Indizierung

$$\underline{\underline{\mathbf{T}}}_{i\mathrm{SH}}(x,z,\omega,\vartheta_{i\mathrm{S}}) = \mathrm{j}\omega Z_\mathrm{S}^{(1)}\, u_{i\mathrm{S}}(\omega)\, \mathrm{e}^{-\mathrm{j}k_\mathrm{S}^{(1)}(\sin\vartheta_{i\mathrm{S}}\, x + \cos\vartheta_{i\mathrm{S}}\, z)} \times \\ \times \left[\sin\vartheta_{i\mathrm{S}}(\underline{\mathbf{e}}_x\underline{\mathbf{e}}_y + \underline{\mathbf{e}}_y\underline{\mathbf{e}}_x) + \cos\vartheta_{i\mathrm{S}}(\underline{\mathbf{e}}_y\underline{\mathbf{e}}_z + \underline{\mathbf{e}}_z\underline{\mathbf{e}}_y)\right] \quad , \tag{9.2.36}$$

$$\underline{\underline{\mathbf{T}}}_{r\mathrm{SH}}(x,z,\omega,\vartheta_{i\mathrm{S}}) = \mathrm{j}\omega Z_\mathrm{S}^{(1)}\, R_\mathrm{SH}(\vartheta_{i\mathrm{S}})\, u_{i\mathrm{S}}(\omega)\, \mathrm{e}^{-\mathrm{j}k_\mathrm{S}^{(1)}(\sin\vartheta_{i\mathrm{S}}\, x - \cos\vartheta_{i\mathrm{S}}\, z)} \times \\ \times \left[\sin\vartheta_{i\mathrm{S}}(\underline{\mathbf{e}}_x\underline{\mathbf{e}}_y + \underline{\mathbf{e}}_y\underline{\mathbf{e}}_x) - \cos\vartheta_{i\mathrm{S}}(\underline{\mathbf{e}}_y\underline{\mathbf{e}}_z + \underline{\mathbf{e}}_z\underline{\mathbf{e}}_y)\right] \tag{9.2.37}$$

und fügen $\underline{\underline{\mathbf{T}}}_{t\mathrm{SH}}(x,z,\omega,\vartheta_{i\mathrm{S}})$ hinzu:

$$\underline{\underline{\mathbf{T}}}_{t\mathrm{SH}}(x,z,\omega,\vartheta_{i\mathrm{S}}) = \mathrm{j}\omega Z_\mathrm{S}^{(2)}\, T_\mathrm{SH}(\vartheta_{i\mathrm{S}})\, u_{i\mathrm{S}}(\omega)\, \mathrm{e}^{-\mathrm{j}(k_\mathrm{S}^{(1)}\sin\vartheta_{i\mathrm{S}}\, x + k_\mathrm{S}^{(2)}\cos\vartheta_{t\mathrm{S}}\, z)} \times \\ \times \left[\sin\vartheta_{t\mathrm{S}}(\underline{\mathbf{e}}_x\underline{\mathbf{e}}_y + \underline{\mathbf{e}}_y\underline{\mathbf{e}}_x) + \cos\vartheta_{t\mathrm{S}}(\underline{\mathbf{e}}_y\underline{\mathbf{e}}_z + \underline{\mathbf{e}}_z\underline{\mathbf{e}}_y)\right] \quad . \tag{9.2.38}$$

Die Schalldruckgleichungen ebener Wellen lauten hier:

$$p_{i\mathrm{SH}}(\underline{\mathbf{R}},\omega,\vartheta_{i\mathrm{S}}) = \underline{\underline{\mathbf{T}}}_{i\mathrm{SH}}(\underline{\mathbf{R}},\omega,\hat{\underline{\mathbf{k}}}_{i\mathrm{S}}) : \hat{\underline{\mathbf{k}}}_{i\mathrm{S}}\underline{\mathbf{e}}_y \\ = -\mathrm{j}\omega Z_\mathrm{S}^{(1)}\, u_{i\mathrm{S}}(\omega)\, \mathrm{e}^{\mathrm{j}k_\mathrm{S}^{(1)}\hat{\underline{\mathbf{k}}}_{i\mathrm{S}}\cdot\underline{\mathbf{R}}} \quad , \tag{9.2.39}$$

$$p_{r\mathrm{SH}}(\underline{\mathbf{R}},\omega,\vartheta_{i\mathrm{S}}) = \underline{\underline{\mathbf{T}}}_{r\mathrm{SH}}(\underline{\mathbf{R}},\omega,\hat{\underline{\mathbf{k}}}_{r\mathrm{S}}) : \hat{\underline{\mathbf{k}}}_{r\mathrm{S}}\underline{\mathbf{e}}_y \\ = -\mathrm{j}\omega Z_\mathrm{S}^{(1)}\, R_\mathrm{SH}(\vartheta_{i\mathrm{S}})\, u_{i\mathrm{S}}(\omega)\, \mathrm{e}^{\mathrm{j}k_\mathrm{S}^{(1)}\hat{\underline{\mathbf{k}}}_{r\mathrm{S}}\cdot\underline{\mathbf{R}}} \quad , \tag{9.2.40}$$

$$p_{t\mathrm{SH}}(\underline{\mathbf{R}},\omega,\vartheta_{i\mathrm{S}}) = \underline{\underline{\mathbf{T}}}_{t\mathrm{SH}}(\underline{\mathbf{R}},\omega,\hat{\underline{\mathbf{k}}}_{t\mathrm{S}}) : \hat{\underline{\mathbf{k}}}_{t\mathrm{S}}\underline{\mathbf{e}}_y \\ = -\mathrm{j}\omega Z_\mathrm{S}^{(2)}\, T_\mathrm{SH}(\vartheta_{i\mathrm{S}})\, u_{i\mathrm{S}}(\omega)\, \mathrm{e}^{\mathrm{j}k_\mathrm{S}^{(1)}\hat{\underline{\mathbf{k}}}_{t\mathrm{S}}\cdot\underline{\mathbf{R}}} \quad ; \tag{9.2.41}$$

offensichtlich ist $R_\mathrm{SH}(\vartheta_{i\mathrm{S}})$ auch der Reflexionsfaktor für den Schalldruck, als Transmissionsfaktor ergibt sich jedoch

$$T_{p\mathrm{SH}}(\vartheta_{i\mathrm{S}}) = \frac{Z_\mathrm{S}^{(2)}}{Z_\mathrm{S}^{(1)}}\, T_\mathrm{SH}(\vartheta_{i\mathrm{S}}) \\ = \frac{2Z_\mathrm{S}^{(2)}\cos\vartheta_{i\mathrm{S}}}{Z_\mathrm{S}^{(1)}\cos\vartheta_{i\mathrm{S}} + Z_\mathrm{S}^{(2)}\cos\vartheta_{t\mathrm{S}}} \quad , \tag{9.2.42}$$

da

$$p_{t\mathrm{SH}}(\underline{\mathbf{R}},\omega,\vartheta_{i\mathrm{S}}) = -\mathrm{j}\omega Z_\mathrm{S}^{(1)}\, T_{p\mathrm{SH}}(\vartheta_{i\mathrm{S}})\, u_{i\mathrm{S}}(\omega)\, \mathrm{e}^{\mathrm{j}k_\mathrm{S}^{(2)}\hat{\underline{\mathbf{k}}}_{t\mathrm{S}}\cdot\underline{\mathbf{R}}} \tag{9.2.43}$$

nur mit der Definition (9.2.42) denselben Vorfaktor wie $p_{i\mathrm{SH}}$ bekommt. Man muss deshalb bei der Angabe von Zahlenwerten deutlich machen, welche physikalische Größen bei der Definition des Transmissionsfaktors aufeinander bezogen sind. Ferner: Die resultierende Unstetigkeit des Schalldrucks selbst für $\vartheta_{i\mathrm{S}} = 0$ — für $\vartheta_{i\mathrm{S}} \neq 0$ ist er immer unstetig — ist wieder eine Konsequenz der hier gewählten SH-Polarisationsrichtungen von einfallender, reflektierter und transmittierter Welle.

Für $\vartheta_{i\mathrm{S}} \leq \pi/2$ — falls es keinen kritischen Winkel gibt — bzw. für $\vartheta_{i\mathrm{S}} \leq \vartheta_{c t\mathrm{S}}$ — falls es einen kritischen Winkel gibt — sind die SH-Impulswellenfronten durch (9.2.1)–(9.2.3) gegeben. Falls jedoch ein kritischer Winkel existiert und $\vartheta_{i\mathrm{S}} > \vartheta_{c t\mathrm{S}}$ gewählt wurde, ist bei der Fourier-Inversion der Frequenzspektren von reflektierter und transmittierter SH-Welle der Tatsache Rechnung zu tragen, dass $R_\mathrm{SH}(\vartheta_{i\mathrm{S}})$ und $T_\mathrm{SH}(\vartheta_{i\mathrm{S}})$ aufgrund von (9.2.22) komplex werden, und zwar speziell gemäß

$$R_\mathrm{SH}(\vartheta_{i\mathrm{S}} > \vartheta_{c t\mathrm{S}}) = \mathrm{e}^{\mathrm{j}\,\mathrm{sign}(\omega)\phi_{R_\mathrm{SH}}(\vartheta_{i\mathrm{S}})} \quad , \tag{9.2.44}$$

$$T_\mathrm{SH}(\vartheta_{i\mathrm{S}} > \vartheta_{c t\mathrm{S}}) = |T_\mathrm{SH}(\vartheta_{i\mathrm{S}})|\, \mathrm{e}^{\mathrm{j}\,\mathrm{sign}(\omega)\phi_{T_\mathrm{SH}}(\vartheta_{i\mathrm{S}})} \quad , \tag{9.2.45}$$

wobei die sign(ω)-Funktionen eingefügt werden müssen, damit die Impulswellenfronten für reellwertige Impulsfunktionen $u_{i\mathrm{S}}(t)$ reell sind; es ergibt sich demnach für $c_{\mathrm{S}}^{(2)} > c_{\mathrm{S}}^{(1)}$

$$\begin{aligned} \underline{\mathbf{u}}_{r\mathrm{SH}}(\underline{\mathbf{R}}, t, \vartheta_{i\mathrm{S}}) = & -\Bigg[\cos\phi_{R_{\mathrm{SH}}}(\vartheta_{i\mathrm{S}})\, u_{i\mathrm{S}}\left(t - \frac{\hat{\underline{\mathbf{k}}}_{r\mathrm{S}}\cdot\underline{\mathbf{R}}}{c_{\mathrm{S}}^{(1)}}\right) - \\ & - \sin\phi_{R_{\mathrm{SH}}}(\vartheta_{i\mathrm{S}})\mathcal{H}\left\{u_{i\mathrm{S}}\left(\tau - \frac{\hat{\underline{\mathbf{k}}}_{r\mathrm{S}}\cdot\underline{\mathbf{R}}}{c_{\mathrm{S}}^{(1)}}\right)\right\}\Bigg]\underline{\mathbf{e}}_y \ , \\ & \vartheta_{ct\mathrm{S}} < \vartheta_{i\mathrm{S}} \le \pi/2 \ , \end{aligned} \tag{9.2.46}$$

$$\begin{aligned} \underline{\mathbf{u}}_{t\mathrm{SH}}(\underline{\mathbf{R}}, t, \vartheta_{i\mathrm{S}}) = & -|T_{\mathrm{SH}}(\vartheta_{i\mathrm{S}})|\alpha^{(2)}(z,t,\vartheta_{i\mathrm{S}}) * \Bigg[\cos\phi_{T_{\mathrm{SH}}}(\vartheta_{i\mathrm{S}})\, u_{i\mathrm{S}}\left(t + \frac{\sin\vartheta_{i\mathrm{S}} x}{c_{\mathrm{S}}^{(1)}}\right) - \\ & - \sin\phi_{T_{\mathrm{SH}}}(\vartheta_{i\mathrm{S}})\mathcal{H}\left\{u_{i\mathrm{S}}\left(\tau + \frac{\sin\vartheta_{i\mathrm{S}} x}{c_{\mathrm{S}}^{(1)}}\right)\right\}\Bigg]\underline{\mathbf{e}}_y \ , \\ & \vartheta_{ct\mathrm{S}} < \vartheta_{i\mathrm{S}} \le \pi/2 \ . \end{aligned} \tag{9.2.47}$$

Die Querdämpfung ist eine Konsequenz der Faltung mit (Gleichung (9.1.141))

$$\begin{aligned} \alpha^{(2)}(z,t,\vartheta_{i\mathrm{S}}) &= \mathcal{F}^{-1}\left\{\mathrm{e}^{-\frac{|\omega|}{c_{\mathrm{S}}^{(2)}}\sqrt{\kappa_{\mathrm{S}}^2\sin^2\vartheta_{i\mathrm{S}}-1}|z|}\right\} \\ &= \frac{c_{\mathrm{S}}^{(2)}}{\pi}\frac{\sqrt{\kappa_{\mathrm{S}}^2\sin^2\vartheta_{i\mathrm{S}}-1}|z|}{\left(\kappa_{\mathrm{S}}^2\sin^2\vartheta_{i\mathrm{S}}-1\right)z^2 + c_{\mathrm{S}}^{(2)^2}t^2} \ , \end{aligned} \tag{9.2.48}$$

wobei

$$\kappa_{\mathrm{S}} = \frac{c_{\mathrm{S}}^{(2)}}{c_{\mathrm{S}}^{(1)}} > 1 \ . \tag{9.2.49}$$

Wellenfronten reflektierter und transmittierter SH-Wellen

Wie bisher stellen wir nun Wellenfronten reflektierter und transmittierter SH-Wellen als Amplitudenverteilung im Raum für feste Zeitpunkte dar. Als aufgeprägte *Zeit*funktion wählen wir wieder einen RC2(t)-Impuls, der sich sodann gemäß Abb. 8.1.4 auch im Raum manifestiert. Abbildung 9.2.4a zeigt zunächst die einfallende Wellenfront für senkrechten Einfall und $t = t_1 < 0$; der RC2-Impuls tritt als positive Komponente in der $(-\underline{\mathbf{e}}_y)$-SH-Polarisation in Erscheinung:

$$\underline{\mathbf{u}}_{i\mathrm{SH}}(\underline{\mathbf{R}}, t, \vartheta_{i\mathrm{S}} = 0) = -\mathrm{RC2}\left(t + \frac{z}{c_{\mathrm{S}}^{(1)}}\right)\underline{\mathbf{e}}_y \ . \tag{9.2.50}$$

Der reflektierte Impuls (Abbildung 9.2.4b)

$$\begin{aligned} \underline{\mathbf{u}}_{r\mathrm{SH}}(\underline{\mathbf{R}}, t, \vartheta_{i\mathrm{S}} = 0) &= -R_{\mathrm{SH}}(0)\,\mathrm{RC2}\left(t - \frac{z}{c_{\mathrm{S}}^{(1)}}\right)\underline{\mathbf{e}}_y \\ &= \frac{Z_{\mathrm{S}}^{(2)} - Z_{\mathrm{S}}^{(1)}}{Z_{\mathrm{S}}^{(2)} + Z_{\mathrm{S}}^{(1)}}\,\mathrm{RC2}\left(t - \frac{z}{c_{\mathrm{S}}^{(1)}}\right)\underline{\mathbf{e}}_y \end{aligned} \tag{9.2.51}$$

hat für $Z_{\mathrm{S}}^{(2)} < Z_{\mathrm{S}}^{(1)}$ (hier: Stahl(1)-Plexiglas(2)) in der $(-\underline{\mathbf{e}}_y)$-SH-Polarisation dasselbe RC2-Vorzeichen; dasselbe gilt für den transmittierten Impuls, der sich jedoch wegen $c_{\mathrm{S}}^{(2)} < c_{\mathrm{S}}^{(1)}$ durch eine kleinere Wellenlänge auszeichnet. Da in Abb. 9.2.4 skalare Komponenten der Teilchenverschiebungsvektoren dargestellt sind, wird das Vorzeichen des RC2(t)-Impulses auch sichtbar. Die

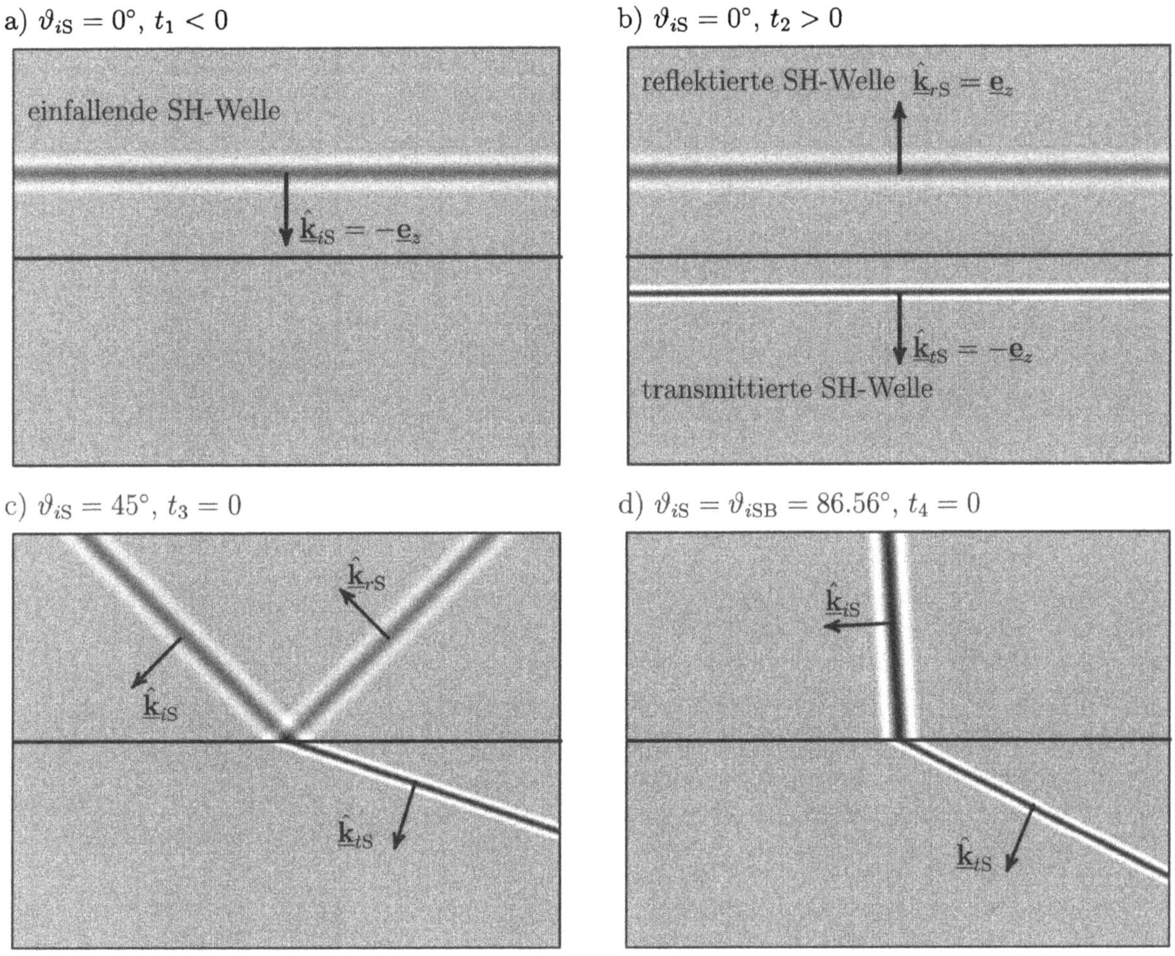

***Abb. 9.2.4:** Wellenfronten einfallender, reflektierter und transmittierter SH-Wellen (Materialien: Stahl(1)-Plexiglas(2): man vergleiche die gestrichelten Graphen in Abb. 9.2.5)*

Abbildungen 9.2.4c,d setzen schließlich für $\vartheta_{iS} > 0$ die Information von Abb. 9.2.5 (gestrichelte Graphen) — z.B. die Nullstelle[19] des Reflexionsfaktors für $\vartheta_{iS} = \vartheta_{iSB}$ — in Grauwertstufen um.

Vertauschung der Materialien — Plexiglas(1)-Stahl(2) — bewirkt zunächst wegen $Z_S^{(2)} > Z_S^{(1)}$ eine Vorzeichenumkehr des reflektierten Impulses (Abbildung 9.2.6b) und eine Wellenlängenvergrößerung des transmittierten Impulses. In Abb. 9.2.6c ist die Reflexion und Transmission für $\vartheta_{iS} < \vartheta_{ctS}$ dargestellt: Der Reflexionsfaktor ist immer noch reell-negativ. Die Nullstelle des Reflexionsfaktors „kurz“ vor dem kritischen Winkel definiert wieder einen Brewster-Winkel (Fußnote 19), und „kurz“ danach und ein „wenig“ unter dem kritischen Winkel wird der Reflexionsfaktor reell-positiv und strebt gegen $+1$ (Abbildung 9.2.6d: Die transmittierte Welle ist „gerade noch nicht“ quergedämpft.). Für $\vartheta_{iS} > \vartheta_{tS}$ geht $\phi_{R_{\text{SH}}}$ „sehr schnell“ gegen $-\pi$ — der Betrag von R_{SH} ist gleich 1 —, sodass in Abb. 9.2.6e der reflektierte Impuls wieder mit negativem Vorzeichen erscheint; die transmittierte Welle ist aufgrund der Querdämpfung nicht mehr sichtbar.

[19] Man beachte: Für die elastodynamische SH-Reflexion und -Transmission gibt es wie im elektromagnetischen Fall für die zur Einfallsebene parallele Polarisation des elektrischen Feldes (TM-Fall bei gleicher Permeabilität der beiden Materialien) einen Brewster-Winkel, für den der Reflexionsfaktor gleich null ist; dieser ist stets kleiner als der kritische Winkel.

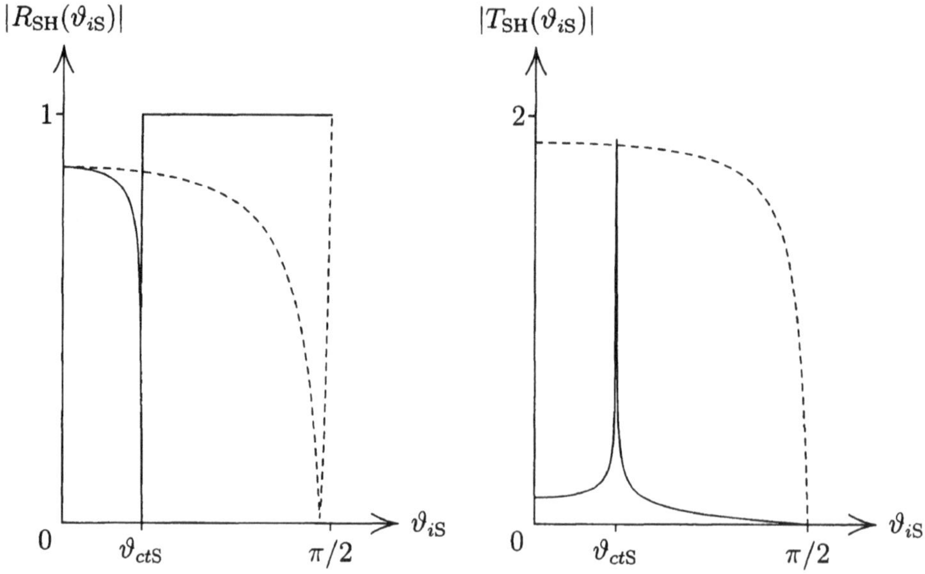

Abb. 9.2.5: *$|R_{\mathrm{SH}}|$ und $|T_{\mathrm{SH}}|$ ohne (Stahl(1)-Plexiglas(2): - - -) und mit (Plexiglas(1)-Stahl(2): —) kritischem Winkel (Stahl: $c_{\mathrm{S}} = 3200$ m/s, $\rho = 7.7 \cdot 10^3$ kg/m³; Plexiglas: $c_{\mathrm{S}} = 1430$ m/s, $\rho = 1.18 \cdot 10^3$ kg/m³)*

Energiebilanz für Reflexion und Transmission: Totalreflexion

Wie beim SV-Wellen-Einfall auf eine spannungsfreie Grenzfläche untersuchen wir hier die Energiebilanz auch und insbesondere, wenn bei Existenz eines kritischen Winkels $\vartheta_{i\mathrm{S}} > \vartheta_{ct\mathrm{S}}$ gewählt wird. Der Energiesatz (4.3.30) für nichtdissipative Materialien fordert die Stetigkeit der Normalkomponente des Realteils des komplexen Poynting-Vektors für $z = 0$:

$$\begin{aligned} \underline{\mathbf{n}} \cdot \Re\left\{\underline{\mathbf{S}}_{\mathrm{K}i\mathrm{SH}}(x,0,\omega_0,\hat{\underline{\mathbf{k}}}_{i\mathrm{S}})\right\} + \underline{\mathbf{n}} \cdot \Re\left\{\underline{\mathbf{S}}_{\mathrm{K}r\mathrm{SH}}(x,0,\omega_0,\hat{\underline{\mathbf{k}}}_{r\mathrm{S}})\right\} \\ = \underline{\mathbf{n}} \cdot \Re\left\{\underline{\mathbf{S}}_{\mathrm{K}t\mathrm{SH}}(x,0,\omega_0,\hat{\underline{\mathbf{k}}}_{t\mathrm{S}})\right\} \quad ; \end{aligned} \tag{9.2.52}$$

hinsichtlich $\Re\underline{\mathbf{S}}_{\mathrm{K}i\mathrm{SH}}$ und $\Re\underline{\mathbf{S}}_{\mathrm{K}r\mathrm{SH}}$ können wir auf (8.1.133) zurückgreifen:

$$\Re\left\{\underline{\mathbf{S}}_{\mathrm{K}i\mathrm{SH}}(\underline{\mathbf{R}},\omega_0,\hat{\underline{\mathbf{k}}}_{i\mathrm{S}})\right\} = \frac{\omega_0^2\rho^{(1)}}{2}\, c_{\mathrm{S}}^{(1)}|u_{i\mathrm{S}}(\omega_0)|^2\,\hat{\underline{\mathbf{k}}}_{i\mathrm{S}} \quad , \tag{9.2.53}$$

$$\Re\left\{\underline{\mathbf{S}}_{\mathrm{K}r\mathrm{SH}}(\underline{\mathbf{R}},\omega_0,\hat{\underline{\mathbf{k}}}_{r\mathrm{S}})\right\} = \frac{\omega_0^2\rho^{(1)}}{2}\, c_{\mathrm{S}}^{(1)}|R_{\mathrm{SH}}(\vartheta_{i\mathrm{S}})|^2|u_{i\mathrm{S}}(\omega_0)|^2\,\hat{\underline{\mathbf{k}}}_{r\mathrm{S}} \quad , \tag{9.2.54}$$

und $\Re\underline{\mathbf{S}}_{\mathrm{K}t\mathrm{SH}}$ entnehmen wir (8.2.44):

$$\Re\left\{\underline{\mathbf{S}}_{\mathrm{K}t\mathrm{SH}}(\underline{\mathbf{R}},\omega_0,\hat{\underline{\mathbf{k}}}_{t\mathrm{S}})\right\} = \frac{\omega_0^2\rho^{(2)}}{2}\, c_{\mathrm{S}}^{(2)}|T_{\mathrm{SH}}(\vartheta_{i\mathrm{S}})|^2|u_{i\mathrm{S}}(\omega_0)|^2\,\mathrm{e}^{-2k_{\mathrm{S}}^{(2)}\Im\hat{\underline{\mathbf{k}}}_{t\mathrm{S}}\cdot\underline{\mathbf{R}}}\,\Re\hat{\underline{\mathbf{k}}}_{t\mathrm{S}} \quad . \tag{9.2.55}$$

Die einzige von null verschiedene Komponente von $\Re\underline{\mathbf{S}}_{\mathrm{K}t\mathrm{SH}}$ für $\vartheta_{i\mathrm{S}} > \vartheta_{ct\mathrm{S}}$ lautet deshalb:

$$\Re\left\{\underline{\mathbf{S}}_{\mathrm{K}t\mathrm{SH}}(\underline{\mathbf{R}},\omega_0,\hat{\underline{\mathbf{k}}}_{t\mathrm{S}})\right\} = -\frac{\omega_0^2}{2}\frac{\mu^{(2)}}{c_{\mathrm{S}}^{(1)}}|T_{\mathrm{SH}}(\vartheta_{i\mathrm{S}})|^2|u_{i\mathrm{S}}(\omega_0)|^2\,\mathrm{e}^{-2k_{\mathrm{S}}^{(2)}\Im\hat{\underline{\mathbf{k}}}_{t\mathrm{S}}\cdot\underline{\mathbf{R}}}\,\sin\vartheta_{i\mathrm{S}}\,\underline{\mathbf{e}}_x \quad , \tag{9.2.56}$$

sodass $\Re\underline{\mathbf{S}}_{\mathrm{K}t\mathrm{SH}}$ in diesem Fall in der Bilanzgleichung (9.2.52) nicht auftaucht; die verbleibenden Terme in (9.2.52) liefern sodann die Bedingung $|R_{\mathrm{SH}}(\vartheta_{i\mathrm{S}} > \vartheta_{ct\mathrm{S}})| = 1$ für Totalreflexion.

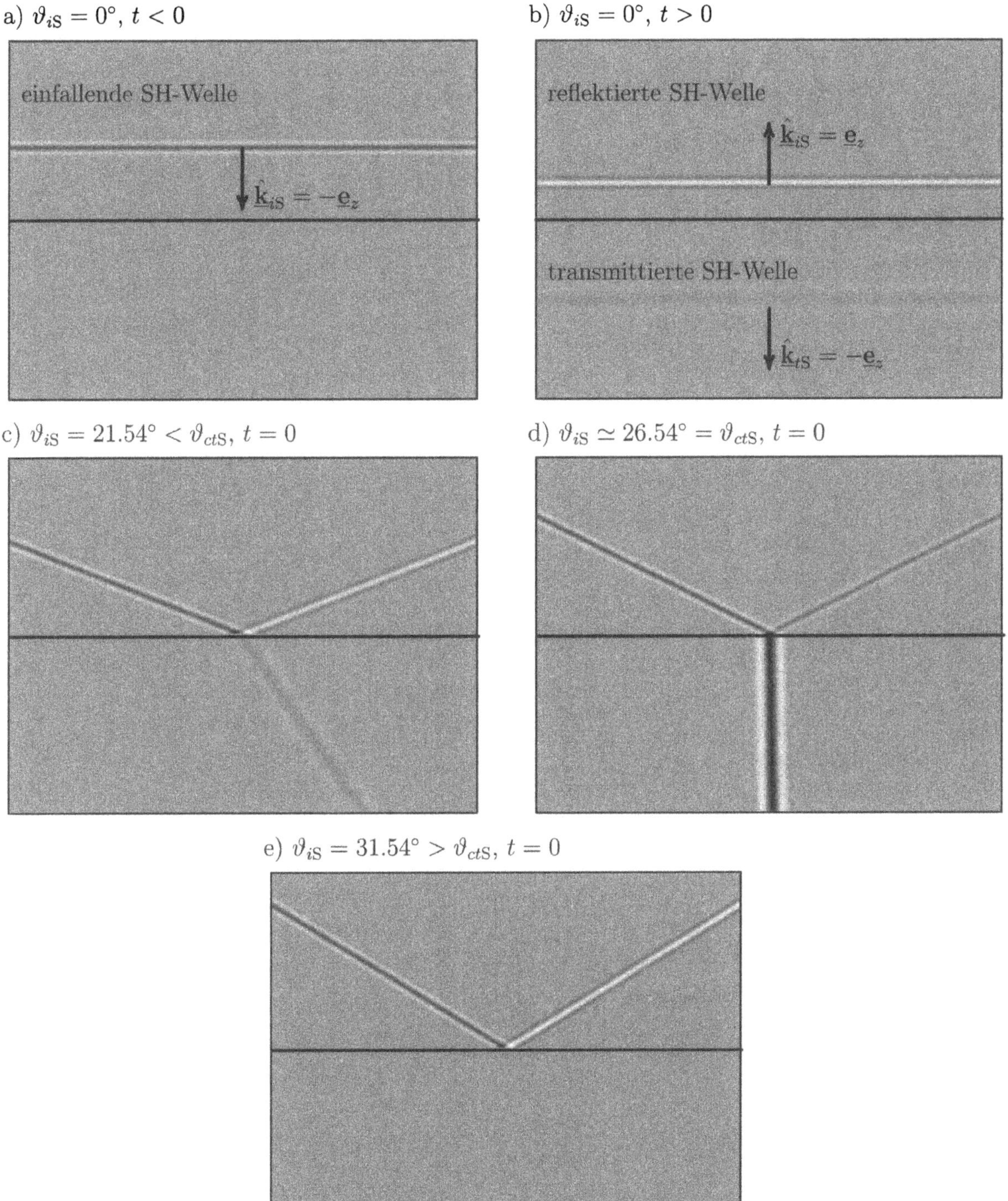

Abb. 9.2.6: *Wellenfronten einfallender, reflektierter und transmittierter SH-Wellen (Materialien: Plexiglas(1)-Stahl(2): man vergleiche die durchgezogenen Graphen in Abb. 9.2.5)*

Im Falle der Existenz eines kritischen Winkels und $\vartheta_{iS} > \vartheta_{ctS}$ greifen wir auf (8.2.45) zur Berechnung der zeitlich gemittelten Energiedichte des transmittierten Feldes zurück:

$$\langle w_{tSH}(\underline{\mathbf{R}}, t, \hat{\underline{\mathbf{k}}}_{tS})\rangle = \frac{\omega_0^2}{4}\rho^{(2)}|T_{SH}(\vartheta_{iS})|^2|u_{iS}(\omega_0)|^2\,\mathrm{e}^{-2k_S^{(2)}\Im\hat{\underline{\mathbf{k}}}_{tS}\cdot\underline{\mathbf{R}}}(1+\hat{\underline{\mathbf{k}}}_{tS}\cdot\hat{\underline{\mathbf{k}}}_{tS}^*) \quad . \tag{9.2.57}$$

Gemäß (9.1.157) ergibt sich die Phasengeschwindigkeit der quergedämpften transmittierten Welle zu

$$c_{tSH}(\vartheta_{iS}) = \frac{c_S^{(1)}}{\sin\vartheta_{iS}} \quad , \quad \vartheta_{iS} > \vartheta_{ctS} \quad , \tag{9.2.58}$$

und für deren Energiegeschwindigkeitsvektor erhalten wir mit (9.1.160)

$$\underline{\mathbf{c}}_{EtSH}(\vartheta_{iS}) = -\frac{c_S^{(1)}}{\sin\vartheta_{iS}}\,\underline{\mathbf{e}}_x \quad , \quad \vartheta_{iS} > \vartheta_{ctS} \quad . \tag{9.2.59}$$

Es folgt

$$c_S^{(2)} > |\underline{\mathbf{c}}_{EtSH}(\vartheta_{iS})| > c_S^{(1)} \tag{9.2.60}$$

9.2.2 Einfallende P- bzw. SV-Welle

Einfallende P- bzw. SV-Welle: Slowness-*Diagramme und kritische Winkel*

Wenn *zwei* (homogen-isotrope nichtdissipative) elastische Materialien im Spiel sind, werden die zugehörigen *Slowness*-Diagramme für P- oder SV-Wellen-Einfall durch *vier Slownesses* $s_P^{(1)}, s_S^{(1)}, s_P^{(2)}, s_S^{(2)}$ bestimmt, und es hängt vom einfallenden Wellentyp und der *Slowness*-Verhältnisse ab, ob und wieviele kritische Winkel auftreten. In den beiden Abbildungen 9.2.7 und 9.2.8 sind alle theoretisch denkbaren Möglichkeiten zusammengestellt[20]. Für P-Wellen-Einfall müssen wir mit reflektierten und transmittierten P-Wellen ($\underline{\mathbf{s}}_{rP} \Longrightarrow \hat{\underline{\mathbf{k}}}_{rP}$, $\underline{\mathbf{s}}_{tP} \Longrightarrow \hat{\underline{\mathbf{k}}}_{tP}$) sowie mit modekonvertierten SV- Wellen in Reflexion ($\underline{\mathbf{s}}_{m_rS} \Longrightarrow \hat{\underline{\mathbf{k}}}_{m_rS}$) und Transmission ($\underline{\mathbf{s}}_{m_tS} \Longrightarrow \hat{\underline{\mathbf{k}}}_{m_tS}$) rechnen; für SV-Wellen-Einfall gibt es reflektierte und transmittierte SV-Wellen ($\underline{\mathbf{s}}_{rS} \Longrightarrow \hat{\underline{\mathbf{k}}}_{rS}$, $\underline{\mathbf{s}}_{tS} \Longrightarrow \hat{\underline{\mathbf{k}}}_{tS}$) sowie modekonvertierte P-Wellen in Reflexion ($\underline{\mathbf{s}}_{m_rP} \Longrightarrow \hat{\underline{\mathbf{k}}}_{m_rP}$) und Transmission ($\underline{\mathbf{s}}_{m_tP} \Longrightarrow \hat{\underline{\mathbf{k}}}_{m_tP}$). Die jeweils möglichen kritischen Winkel unterscheiden wir durch entsprechende Indizes, wobei ϑ_{cm_rP} für SV-Wellen-Einfall *stets* existiert, während die Existenz von $\vartheta_{ctP}, \vartheta_{cm_tS}, \vartheta_{cm_tP}, \vartheta_{ctS}$ vom Verhältnis der (Phasen-)Geschwindigkeiten *beider* Materialien abhängt. Für P-Wellen-Einfall gibt es maximal 2 kritische Winkel $\vartheta_{ctP}, \vartheta_{cm_tS}$ und für SV-Wellen-Einfall gibt es maximal 3 kritische Winkel $\vartheta_{ctS}, \vartheta_{cm_rP}, \vartheta_{cm_tP}$. Die Anzahl der möglichen kritischen Winkel lässt sich aus den Abbildungen 9.2.7 und 9.2.8 sofort ablesen: Wir haben die *Slowness*-Diagramme für den jeweils einfallenden Wellentyp fett gezeichnet, sodass es unmittelbar auffällt, wenn *innerhalb* dieser „fetten" Diagramme weitere *Slowness*-Diagramme liegen; deren Anzahl ist gleich der Anzahl der kritischen Winkel. Im Übrigen: In Abb. 9.2.7 haben wir nur die Diagramme Pa) und SVa) mit allen Einzelheiten versehen, während Pb), SVb), Pc) und SVc) der Übersichtlichkeit halber nur rudimentär ausgeführt sind. Dasselbe gilt für alle Diagramme in Abb. 9.2.8.

Einfallende P-Welle: Gleichungssystem für Reflexions-, Transmissions- und Modekonversionsfaktoren

Mit folgenden Partialwellenansätzen müssen wir im vorliegenden Fall die Übergangsbedingungen (3.3.20) und (3.3.19) befriedigen:

$$\underline{\mathbf{u}}_{iP}(\underline{\mathbf{R}}, \omega, \hat{\underline{\mathbf{k}}}_{iP}) = u_{iP}(\omega)\,\mathrm{e}^{jk_P^{(1)}\hat{\underline{\mathbf{k}}}_{iP}\cdot\underline{\mathbf{R}}}\,\hat{\underline{\mathbf{k}}}_{iP} \quad , \tag{9.2.61}$$

[20] Allein schon mit den von J. und H. Krautkramer (1986) tabellierten Materialien lassen sich grundsätzlich alle Möglichkeiten realisieren; Pa) trifft auf den Fall (1)=Stahl, (2)=Plexiglas und Pa') auf die Vertauschung (1)=Plexiglas und (2)=Stahl zu.

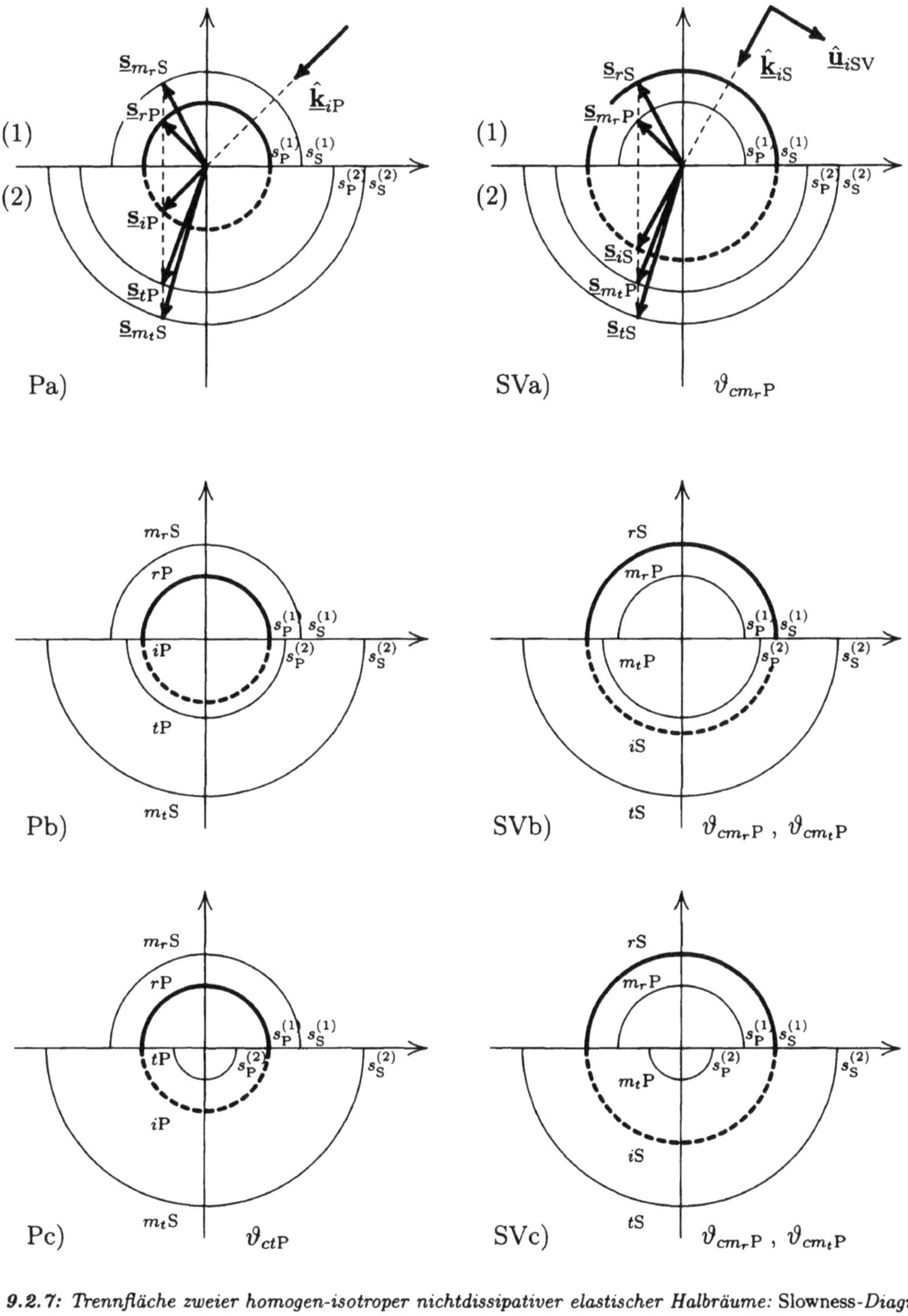

Abb. 9.2.7: *Trennfläche zweier homogen-isotroper nichtdissipativer elastischer Halbräume:* Slowness-*Diagramme für die Reflexion, Transmission und Modekonversion einfallender P- (links) bzw. einfallender SV-Wellen (rechts)*

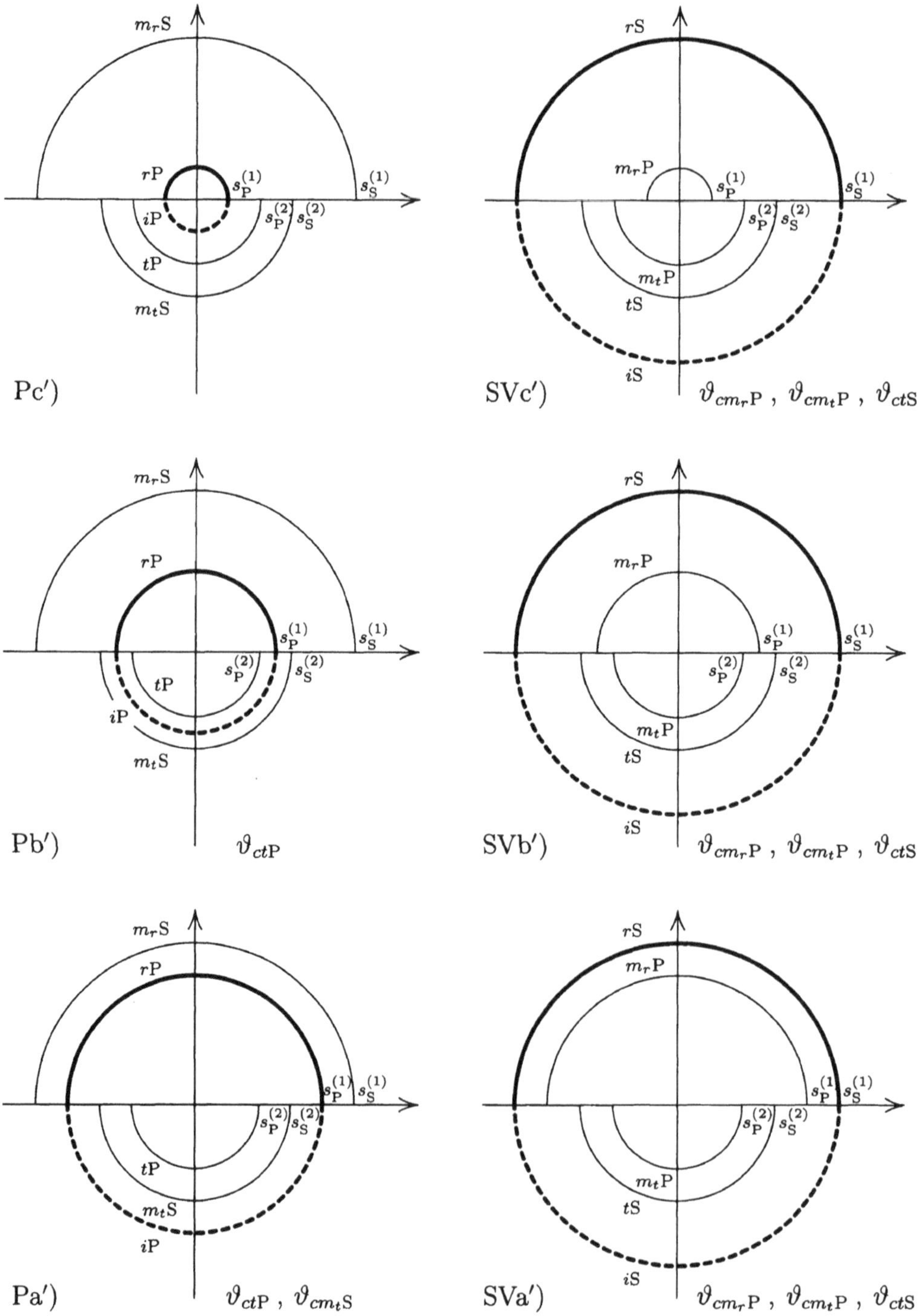

Abb. 9.2.8: *Fortsetzung von Abb. 9.2.7*

$$\underline{\mathbf{u}}_{r\mathrm{P}}(\underline{\mathbf{R}},\omega,\hat{\underline{\mathbf{k}}}_{r\mathrm{P}}) = R_{\mathrm{P}}(\vartheta_{i\mathrm{P}})\, u_{i\mathrm{P}}(\omega)\, \mathrm{e}^{\mathrm{j}k_{\mathrm{P}}^{(1)}\hat{\underline{\mathbf{k}}}_{r\mathrm{P}}\cdot\underline{\mathbf{R}}}\, \hat{\underline{\mathbf{k}}}_{r\mathrm{P}} \quad , \tag{9.2.62}$$

$$\underline{\mathbf{u}}_{m_r\mathrm{SV}}(\underline{\mathbf{R}},\omega,\hat{\underline{\mathbf{k}}}_{m_r\mathrm{S}}) = M_{r\mathrm{S}}(\vartheta_{i\mathrm{P}})\, u_{i\mathrm{P}}(\omega)\, \mathrm{e}^{\mathrm{j}k_{\mathrm{S}}^{(1)}\hat{\underline{\mathbf{k}}}_{m_r\mathrm{S}}\cdot\underline{\mathbf{R}}}\, \hat{\underline{\mathbf{k}}}_{m_r\mathrm{S}} \times \underline{\mathbf{e}}_y \tag{9.2.63}$$

für $z \geq 0$ und

$$\underline{\mathbf{u}}_{t\mathrm{P}}(\underline{\mathbf{R}},\omega,\hat{\underline{\mathbf{k}}}_{t\mathrm{P}}) = T_{\mathrm{P}}(\vartheta_{i\mathrm{P}})\, u_{i\mathrm{P}}(\omega)\, \mathrm{e}^{\mathrm{j}k_{\mathrm{P}}^{(2)}\hat{\underline{\mathbf{k}}}_{t\mathrm{P}}\cdot\underline{\mathbf{R}}}\, \hat{\underline{\mathbf{k}}}_{t\mathrm{P}} \quad , \tag{9.2.64}$$

$$\underline{\mathbf{u}}_{m_t\mathrm{SV}}(\underline{\mathbf{R}},\omega,\hat{\underline{\mathbf{k}}}_{m_t\mathrm{S}}) = M_{t\mathrm{S}}(\vartheta_{i\mathrm{P}})\, u_{i\mathrm{P}}(\omega)\, \mathrm{e}^{\mathrm{j}k_{\mathrm{S}}^{(2)}\hat{\underline{\mathbf{k}}}_{m_t\mathrm{S}}\cdot\underline{\mathbf{R}}}\, \hat{\underline{\mathbf{k}}}_{m_t\mathrm{S}} \times \underline{\mathbf{e}}_y \tag{9.2.65}$$

für $z \leq 0$, wobei

$$\hat{\underline{\mathbf{k}}}_{i\mathrm{P}} = -\sin\vartheta_{i\mathrm{P}}\,\underline{\mathbf{e}}_x - \cos\vartheta_{i\mathrm{P}}\,\underline{\mathbf{e}}_z \quad , \tag{9.2.66}$$

$$\hat{\underline{\mathbf{k}}}_{r\mathrm{P}} = -\sin\vartheta_{r\mathrm{P}}\,\underline{\mathbf{e}}_x + \cos\vartheta_{r\mathrm{P}}\,\underline{\mathbf{e}}_z \quad , \tag{9.2.67}$$

$$\hat{\underline{\mathbf{k}}}_{m_r\mathrm{S}} = -\sin\vartheta_{m_r\mathrm{S}}\,\underline{\mathbf{e}}_x + \cos\vartheta_{m_r\mathrm{S}}\,\underline{\mathbf{e}}_z \quad , \tag{9.2.68}$$

$$\hat{\underline{\mathbf{k}}}_{t\mathrm{P}} = -\sin\vartheta_{t\mathrm{P}}\,\underline{\mathbf{e}}_x - \cos\vartheta_{t\mathrm{P}}\,\underline{\mathbf{e}}_z \quad , \tag{9.2.69}$$

$$\hat{\underline{\mathbf{k}}}_{m_t\mathrm{S}} = -\sin\vartheta_{m_t\mathrm{S}}\,\underline{\mathbf{e}}_x - \cos\vartheta_{m_t\mathrm{S}}\,\underline{\mathbf{e}}_z \quad . \tag{9.2.70}$$

Die Winkel $\vartheta_{t\mathrm{P}}$ und $\vartheta_{m_t\mathrm{S}}$ müssen eventuell komplex mit $\pi/2$-Realteil, ihre Cosinusse deshalb eventuell rein imaginär angesetzt werden; damit $\underline{\mathbf{u}}_{t\mathrm{P}}$ und $\underline{\mathbf{u}}_{m_t\mathrm{SV}}$ in diesem Fall im Halbraum $z < 0$ zu quer*gedämpften* Wellen werden, müssen die Cosinus-Imaginärteile positiv sein.

Die Forderung nach Phasenanpassung führt auf

$$k_{\mathrm{P}}^{(1)}\sin\vartheta_{i\mathrm{P}} = k_{\mathrm{P}}^{(1)}\sin\vartheta_{r\mathrm{P}} = k_{\mathrm{S}}^{(1)}\sin\vartheta_{m_r\mathrm{S}} = k_{\mathrm{P}}^{(2)}\sin\vartheta_{t\mathrm{P}} = k_{\mathrm{S}}^{(2)}\sin\vartheta_{m_t\mathrm{S}} \quad , \tag{9.2.71}$$

woraus sich das Reflexionsgesetz

$$\vartheta_{r\mathrm{P}} = \vartheta_{i\mathrm{P}} \quad , \tag{9.2.72}$$

das Modekonversionsgesetz in Reflexion

$$\sin\vartheta_{m_r\mathrm{S}} = \underbrace{\frac{k_{\mathrm{P}}^{(1)}}{k_{\mathrm{S}}^{(1)}}}_{<1}\sin\vartheta_{i\mathrm{P}} \quad , \tag{9.2.73}$$

das Transmissionsgesetz

$$\sin\vartheta_{t\mathrm{P}} = \underbrace{\frac{k_{\mathrm{P}}^{(1)}}{k_{\mathrm{P}}^{(2)}}}_{><1}\sin\vartheta_{i\mathrm{P}} \tag{9.2.74}$$

sowie das Modekonversionsgesetz in Transmission

$$\sin\vartheta_{m_t\mathrm{S}} = \underbrace{\frac{k_{\mathrm{P}}^{(1)}}{k_{\mathrm{S}}^{(2)}}}_{><1}\sin\vartheta_{i\mathrm{P}} \tag{9.2.75}$$

ergibt. Die geometrische Konstruktion der Winkel $\vartheta_{r\mathrm{P}}, \vartheta_{m_r\mathrm{S}}, \vartheta_{t\mathrm{P}}, \vartheta_{m_t\mathrm{S}}$ ist in Abb. 9.2.7 Pa explizit ausgeführt und in den weiteren P-Teilbildern der Abbildungen 9.2.7 und 9.2.8 offensichtlich. Die Gleichungen (9.2.74) und (9.2.75) lassen erkennen, dass es, wie bereits erwähnt, maximal zwei kritische Winkel geben kann.

Die Partialwellen (9.2.61)–(9.2.65) definieren Reflexions- und Transmissionsfaktoren $R_{\mathrm{P}}(\vartheta_{i\mathrm{P}})$, $T_{\mathrm{P}}(\vartheta_{i\mathrm{P}})$ und Modekonversionsfaktoren $M_{r\mathrm{S}}(\vartheta_{i\mathrm{P}}), M_{t\mathrm{S}}(\vartheta_{i\mathrm{P}})$ in Reflexion und Transmission. Zu deren Bestimmung benötigen wir vier Gleichungen, die offensichtlich durch die Übergangsbedingungen (3.3.20) und (3.3.19) bereitgestellt werden müssen. Die Übergangsbedingung (3.3.20) für den Teilchenverschiebungsvektor hat mit (9.2.61)–(9.2.65) und (9.2.66)–(9.2.70) eine x- und eine z-Komponente:

$$\begin{aligned} -\sin\vartheta_{iP} - R_P(\vartheta_{iP})\sin\vartheta_{iP} - M_{rS}(\vartheta_{iP})\cos\vartheta_{m_rS} = \\ -T_P(\vartheta_{iP})\sin\vartheta_{tP} + M_{tS}(\vartheta_{iP})\cos\vartheta_{m_tS} \quad , \end{aligned} \tag{9.2.76}$$

$$\begin{aligned} -\cos\vartheta_{iP} + R_P(\vartheta_{iP})\cos\vartheta_{iP} - M_{rS}(\vartheta_{iP})\sin\vartheta_{m_rS} = \\ -T_P(\vartheta_{iP})\cos\vartheta_{tP} - M_{tS}(\vartheta_{iP})\sin\vartheta_{m_tS} \quad . \end{aligned} \tag{9.2.77}$$

Mit (8.1.122), (8.1.123), (9.1.8) und (9.2.61)–(9.2.70) berechnen wir gemäß (3.3.19) die $\underline{\mathbf{e}}_z$-Projektionen der Spannungstensoren[21]

$$\begin{aligned} &\underline{\underline{\mathbf{T}}}_{iP}(\underline{\mathbf{R}},\omega,\vartheta_{iP})\cdot\underline{\mathbf{e}}_z = \\ &\quad \mathrm{j}k_P^{(1)}u_{iP}(\omega)\,\mathrm{e}^{\mathrm{j}k_P^{(1)}\hat{\underline{\mathbf{k}}}_{iP}\cdot\underline{\mathbf{R}}}\,(\lambda^{(1)}\underline{\mathbf{e}}_z - 2\mu^{(1)}\hat{\underline{\mathbf{k}}}_{iP}\cos\vartheta_{iP}) \quad , \end{aligned} \tag{9.2.78}$$

$$\begin{aligned} &\underline{\underline{\mathbf{T}}}_{rP}(\underline{\mathbf{R}},\omega,\vartheta_{iP})\cdot\underline{\mathbf{e}}_z = \\ &\quad \mathrm{j}k_P^{(1)}R_P(\vartheta_{iP})u_{iP}(\omega)\,\mathrm{e}^{\mathrm{j}k_P^{(1)}\hat{\underline{\mathbf{k}}}_{rP}\cdot\underline{\mathbf{R}}}\,(\lambda^{(1)}\underline{\mathbf{e}}_z + 2\mu^{(1)}\hat{\underline{\mathbf{k}}}_{rP}\cos\vartheta_{iP}) \quad , \end{aligned} \tag{9.2.79}$$

$$\begin{aligned} &\underline{\underline{\mathbf{T}}}_{m_rSV}(\underline{\mathbf{R}},\omega,\vartheta_{iP})\cdot\underline{\mathbf{e}}_z = \\ &\mathrm{j}k_S^{(1)}\mu^{(1)}M_{rS}(\vartheta_{iP})u_{iP}(\omega)\,\mathrm{e}^{\mathrm{j}k_S^{(2)}\hat{\underline{\mathbf{k}}}_{m_rS}\cdot\underline{\mathbf{R}}}(-\hat{\underline{\mathbf{k}}}_{m_rS}\sin\vartheta_{m_rS} + \hat{\underline{\mathbf{u}}}_{m_rSV}\cos\vartheta_{m_rS}) \quad , \end{aligned} \tag{9.2.80}$$

$$\begin{aligned} &\underline{\underline{\mathbf{T}}}_{tP}(\underline{\mathbf{R}},\omega,\vartheta_{iP})\cdot\underline{\mathbf{e}}_z = \\ &\quad \mathrm{j}k_P^{(2)}T_P(\vartheta_{iP})u_{iP}(\omega)\,\mathrm{e}^{\mathrm{j}k_P^{(2)}\hat{\underline{\mathbf{k}}}_{tP}\cdot\underline{\mathbf{R}}}\,(\lambda^{(2)}\underline{\mathbf{e}}_z - 2\mu^{(2)}\hat{\underline{\mathbf{k}}}_{tP}\cos\vartheta_{tP}) \quad , \end{aligned} \tag{9.2.81}$$

$$\begin{aligned} &\underline{\underline{\mathbf{T}}}_{m_tSV}(\underline{\mathbf{R}},\omega,\vartheta_{iP})\cdot\underline{\mathbf{e}}_z = \\ &\mathrm{j}k_S^{(2)}\mu^{(2)}M_{tS}(\vartheta_{iP})u_{iP}(\omega)\,\mathrm{e}^{\mathrm{j}k_S^{(2)}\hat{\underline{\mathbf{k}}}_{m_tS}\cdot\underline{\mathbf{R}}}(-\hat{\underline{\mathbf{k}}}_{m_tS}\sin\vartheta_{m_tS} - \hat{\underline{\mathbf{u}}}_{m_tSV}\cos\vartheta_{m_tS}) \end{aligned} \tag{9.2.82}$$

und stellen fest, dass auch (9.2.78)–(9.2.82) jeweils eine x- und eine z-Komponente besitzen, sodass (3.3.19) explizit lautet:

$$\begin{aligned} k_P^{(1)}\mu^{(1)}\sin 2\vartheta_{iP} - k_P^{(1)}\mu^{(1)}R_P(\vartheta_{iP})\sin 2\vartheta_{iP} - k_S^{(1)}\mu^{(1)}M_{rS}(\vartheta_{iP})\cos 2\vartheta_{m_rS} = \\ k_P^{(2)}\mu^{(2)}T_P(\vartheta_{iP})\sin 2\vartheta_{tP} - k_S^{(2)}\mu^{(2)}M_{tS}(\vartheta_{iP})\cos 2\vartheta_{m_tS} \quad , \end{aligned} \tag{9.2.83}$$

$$\begin{aligned} k_P^{(1)}(\lambda^{(1)} + 2\mu^{(1)})\cos 2\vartheta_{m_rS} + k_P^{(1)}(\lambda^{(1)} + 2\mu^{(1)})R_P(\vartheta_{iP})\cos 2\vartheta_{m_rS} - \\ -k_S^{(1)}\mu^{(1)}M_{rS}(\vartheta_{iP})\sin 2\vartheta_{m_rS} = \\ k_P^{(2)}(\lambda^{(2)} + 2\mu^{(2)})T_P(\vartheta_{iP})\cos 2\vartheta_{m_tS} + k_S^{(2)}\mu^{(2)}M_{tS}(\vartheta_{iP})\sin 2\vartheta_{m_tS} \quad ; \end{aligned} \tag{9.2.84}$$

wir haben die Umformungen

$$\lambda^{(1)} + 2\mu^{(1)}\cos^2\vartheta_{iP} = (\lambda^{(1)} + 2\mu^{(1)})\cos 2\vartheta_{m_rS} \quad , \tag{9.2.85}$$
$$\lambda^{(2)} + 2\mu^{(2)}\cos^2\vartheta_{tP} = (\lambda^{(2)} + 2\mu^{(2)})\cos 2\vartheta_{m_tS} \tag{9.2.86}$$

[21] Die Polarisationsvektoren $\hat{\underline{\mathbf{u}}}_{mr,tSV}$ sind stets Einheitsvektoren im Sinne von $\hat{\underline{\mathbf{u}}}_{mr,tSV}\cdot\hat{\underline{\mathbf{u}}}_{mr,tSV} = 1$.

benutzt. Schließlich ergibt sich das folgende Gleichungssystem

$$\underline{\underline{\boldsymbol{K}}}_{\mathrm{P}}(\vartheta_{i\mathrm{P}})\,\underline{\boldsymbol{f}}_{\mathrm{P}}(\vartheta_{i\mathrm{P}}) = \underline{\boldsymbol{i}}_{\mathrm{P}}(\vartheta_{i\mathrm{P}}) \tag{9.2.87}$$

für die vierkomponentige Lösungs(spalten)matrix (den vierkomponentigen Spaltenvektor)

$$\underline{\boldsymbol{f}}_{\mathrm{P}}(\vartheta_{i\mathrm{P}}) = \begin{pmatrix} R_{\mathrm{P}}(\vartheta_{i\mathrm{P}}) \\ M_{r\mathrm{S}}(\vartheta_{i\mathrm{P}}) \\ T_{\mathrm{P}}(\vartheta_{i\mathrm{P}}) \\ M_{t\mathrm{S}}(\vartheta_{i\mathrm{P}}) \end{pmatrix} \tag{9.2.88}$$

bei vorgegebener Inhomogenitätsmatrix (vorgegebenem Inhomogenitätsspaltenvektor)

$$\underline{\boldsymbol{i}}_{\mathrm{P}}(\vartheta_{i\mathrm{P}}) = \begin{pmatrix} \sin\vartheta_{i\mathrm{P}} \\ \cos\vartheta_{i\mathrm{P}} \\ \sin 2\vartheta_{i\mathrm{P}} \\ \cos 2\vartheta_{m_r\mathrm{S}} \end{pmatrix} \tag{9.2.89}$$

und vorgegebener (4×4)-Koeffizientenmatrix

$$\underline{\underline{\boldsymbol{K}}}_{\mathrm{P}}(\vartheta_{i\mathrm{P}}) = \begin{pmatrix} -\sin\vartheta_{i\mathrm{P}} & -\cos\vartheta_{m_r\mathrm{S}} & \sin\vartheta_{t\mathrm{P}} & -\cos\vartheta_{m_t\mathrm{S}} \\ \cos\vartheta_{i\mathrm{P}} & -\sin\vartheta_{m_r\mathrm{S}} & \cos\vartheta_{t\mathrm{P}} & \sin\vartheta_{m_t\mathrm{S}} \\ \sin 2\vartheta_{i\mathrm{P}} & \kappa^{(1)}\cos 2\vartheta_{m_r\mathrm{S}} & \frac{\kappa^{(1)}}{\kappa^{(2)}}\frac{Z_{\mathrm{S}}^{(2)}}{Z_{\mathrm{S}}^{(1)}}\sin 2\vartheta_{t\mathrm{P}} & -\kappa^{(1)}\frac{Z_{\mathrm{S}}^{(2)}}{Z_{\mathrm{S}}^{(1)}}\cos 2\vartheta_{m_t\mathrm{S}} \\ -\cos 2\vartheta_{m_r\mathrm{S}} & \frac{1}{\kappa^{(1)}}\sin 2\vartheta_{m_r\mathrm{S}} & \frac{Z_{\mathrm{P}}^{(2)}}{Z_{\mathrm{P}}^{(1)}}\cos 2\vartheta_{m_t\mathrm{S}} & \frac{Z_{\mathrm{S}}^{(2)}}{Z_{\mathrm{P}}^{(1)}}\sin 2\vartheta_{m_t\mathrm{S}} \end{pmatrix} \tag{9.2.90}$$

mit den Abkürzungen

$$\kappa^{(j)} = \frac{c_{\mathrm{P}}^{(j)}}{c_{\mathrm{S}}^{(j)}} \quad , \quad j = 1,2 \quad , \tag{9.2.91}$$

für die Geschwindigkeitsverhältnisse und

$$Z_{\mathrm{P,S}}^{(j)} = \rho^{(j)} c_{\mathrm{P,S}}^{(j)} \quad , \quad j = 1,2 \quad , \tag{9.2.92}$$

für die akustischen Impedanzen.

Obwohl sich die Matrix (9.2.90) natürlich analytisch invertieren lässt, sind die resultierenden Ausdrücke derartig unübersichtlich — auch wenn man die von Schmerr (1998) zitierte Ewing-Methode anwendet —, dass diese Vorgehensweise wenig Sinn macht. Am zweckmäßigsten gewinnt man Zahlenwerte für $\underline{\boldsymbol{f}}_{\mathrm{P}}(\vartheta_{i\mathrm{P}})$ durch *numerische* Lösung des Gleichungssystems (9.2.87). *Wenn* man aber auf Schmerr (1998) zurückgreift, ist zu beachten, dass die dortigen Faktoren den *Potentialen* als Amplituden zugeordnet sind. Von Ben-Menahem und Singh (1981), Achenbach (1973) und Auld (1973) wird die Matrix (9.2.90) jedoch ebenfalls für die Amplituden der Teilchenverschiebung angegeben, wobei allerdings bezüglich der Vorzeichen stets auf die Polarisationsrichtung der SV-Wellen geachtet werden muss.

Für *senkrechten* Einfall — $\vartheta_{i\mathrm{P}} = 0$ — erhält man jedoch einen einfachen Spezialfall: Das (4×4)-Gleichungssystem (9.2.87) zerfällt in zwei (2×2)-Gleichungssysteme, von denen dasjenige für $M_{r\mathrm{S}}(0)$ und $M_{t\mathrm{S}}(0)$ nur die triviale Lösung hat, während sich für die P-Reflexions- und Transmissionsfaktoren ergibt:

$$R_{\mathrm{P}}(0) = \frac{Z_{\mathrm{P}}^{(2)} - Z_{\mathrm{P}}^{(1)}}{Z_{\mathrm{P}}^{(2)} + Z_{\mathrm{P}}^{(1)}} \quad , \tag{9.2.93}$$

$$T_{\mathrm{P}}(0) = \frac{2Z_{\mathrm{P}}^{(1)}}{Z_{\mathrm{P}}^{(2)} + Z_{\mathrm{P}}^{(1)}} \quad . \tag{9.2.94}$$

Die Schalldruckgleichungen für beliebigen Einfallswinkel

$$p_{i\mathrm{P}}(\underline{\mathbf{R}},\omega,\vartheta_{i\mathrm{P}}) = -\mathrm{j}\omega Z_{\mathrm{P}}^{(1)}\, u_{i\mathrm{P}}(\omega)\,\mathrm{e}^{\mathrm{j}k_{\mathrm{P}}^{(1)}\hat{\underline{\mathbf{k}}}_{i\mathrm{P}}\cdot\underline{\mathbf{R}}} \quad , \tag{9.2.95}$$

$$p_{r\mathrm{P}}(\underline{\mathbf{R}},\omega,\vartheta_{i\mathrm{P}}) = -\mathrm{j}\omega Z_{\mathrm{P}}^{(1)}\, R_{\mathrm{P}}(\vartheta_{i\mathrm{P}})\, u_{i\mathrm{P}}(\omega)\,\mathrm{e}^{\mathrm{j}k_{\mathrm{P}}^{(1)}\hat{\underline{\mathbf{k}}}_{r\mathrm{P}}\cdot\underline{\mathbf{R}}} \quad , \tag{9.2.96}$$

$$p_{m_r\mathrm{SV}}(\underline{\mathbf{R}},\omega,\vartheta_{i\mathrm{P}}) = -\mathrm{j}\omega Z_{\mathrm{S}}^{(1)}\, M_{r\mathrm{S}}(\vartheta_{i\mathrm{P}})\, u_{i\mathrm{P}}(\omega)\,\mathrm{e}^{\mathrm{j}k_{\mathrm{S}}^{(1)}\hat{\underline{\mathbf{k}}}_{m_r\mathrm{S}}\cdot\underline{\mathbf{R}}} \quad , \tag{9.2.97}$$

$$p_{t\mathrm{P}}(\underline{\mathbf{R}},\omega,\vartheta_{i\mathrm{P}}) = -\mathrm{j}\omega Z_{\mathrm{P}}^{(2)}\, T_{\mathrm{P}}(\vartheta_{i\mathrm{P}})\, u_{i\mathrm{P}}(\omega)\,\mathrm{e}^{\mathrm{j}k_{\mathrm{P}}^{(2)}\hat{\underline{\mathbf{k}}}_{t\mathrm{P}}\cdot\underline{\mathbf{R}}} \quad , \tag{9.2.98}$$

$$p_{m_t\mathrm{SV}}(\underline{\mathbf{R}},\omega,\vartheta_{i\mathrm{P}}) = -\mathrm{j}\omega Z_{\mathrm{S}}^{(2)}\, M_{t\mathrm{S}}(\vartheta_{i\mathrm{P}})\, u_{i\mathrm{P}}(\omega)\,\mathrm{e}^{\mathrm{j}k_{\mathrm{S}}^{(2)}\hat{\underline{\mathbf{k}}}_{t\mathrm{S}}\cdot\underline{\mathbf{R}}} \tag{9.2.99}$$

reduzieren sich deshalb für senkrechten Einfall auf:

$$p_{i\mathrm{P}}(\underline{\mathbf{R}},\omega,0) = -\mathrm{j}\omega Z_{\mathrm{P}}^{(1)}\, u_{i\mathrm{P}}(\omega)\,\mathrm{e}^{-\mathrm{j}k_{\mathrm{P}}^{(1)}\cos\vartheta_{i\mathrm{P}}\, z} \quad , \tag{9.2.100}$$

$$p_{r\mathrm{P}}(\underline{\mathbf{R}},\omega,0) = -\mathrm{j}\omega Z_{\mathrm{P}}^{(1)}\, R_{\mathrm{P}}(0)\, u_{i\mathrm{P}}(\omega)\,\mathrm{e}^{\mathrm{j}k_{\mathrm{P}}^{(1)}\cos\vartheta_{i\mathrm{P}}\, z} \quad , \tag{9.2.101}$$

$$p_{t\mathrm{P}}(\underline{\mathbf{R}},\omega,0) = -\mathrm{j}\omega Z_{\mathrm{P}}^{(1)}\, T_{pt\mathrm{P}}(0)\, u_{i\mathrm{P}}(\omega)\,\mathrm{e}^{-\mathrm{j}k_{\mathrm{P}}^{(2)}\cos\vartheta_{t\mathrm{P}}\, z} \quad , \tag{9.2.102}$$

wobei $T_{pt\mathrm{P}}(0)$ gemäß

$$T_{pt\mathrm{P}}(0) = \frac{2Z_{\mathrm{P}}^{(2)}}{Z_{\mathrm{P}}^{(2)} + Z_{\mathrm{P}}^{(1)}} \tag{9.2.103}$$

strukturell mit (9.2.42) übereinstimmt. Die Polarisationsrichtungen von einfallender, reflektierter und transmittierter P-Welle sind dabei offensichtlich *so* gewählt, dass das resultierende Vorzeichen des Reflexionsfaktors der vektoriellen Teilchenverschiebung auch die Stetigkeit des Schalldrucks für $\vartheta_{i\mathrm{P}} = 0$ gemäß (9.2.100)–(9.2.102) nach sich zieht.

Wellenfronten für den P-Wellen-Einfall

Abbildung 9.2.10 zeigt Wellenfronten einfallender, reflektierter und transmittierter P-Wellen sowie Wellenfronten modekonvertiert-reflektierter und modekonvertiert-transmittierter SV-Wellen für den Fall der Existenz zweier kritischer Winkel (Abbildung 9.2.8Pa′); die Darstellung ist logarithmisch, wodurch die „Nebenkeulen" des RC2(t)-Impulses relativ zur „Hauptkeule" angehoben werden.

Einfallende SV-Welle: Gleichungssystem für Reflexions-, Transmissions- und Modekonversionsfaktoren

Wir setzen die folgenden ebenen Wellen

$$\underline{\mathbf{u}}_{i\mathrm{SV}}(\underline{\mathbf{R}},\omega,\hat{\underline{\mathbf{k}}}_{i\mathrm{S}}) = u_{i\mathrm{S}}(\omega)\,\mathrm{e}^{\mathrm{j}k_{\mathrm{S}}^{(1)}\hat{\underline{\mathbf{k}}}_{i\mathrm{S}}\cdot\underline{\mathbf{R}}}\,\hat{\underline{\mathbf{k}}}_{i\mathrm{S}}\times\underline{\mathbf{e}}_y \quad , \tag{9.2.104}$$

$$\underline{\mathbf{u}}_{r\mathrm{SV}}(\underline{\mathbf{R}},\omega,\hat{\underline{\mathbf{k}}}_{r\mathrm{S}}) = R_{\mathrm{SV}}(\vartheta_{i\mathrm{S}})\, u_{i\mathrm{S}}(\omega)\,\mathrm{e}^{\mathrm{j}k_{\mathrm{S}}^{(1)}\hat{\underline{\mathbf{k}}}_{r\mathrm{S}}\cdot\underline{\mathbf{R}}}\,\hat{\underline{\mathbf{k}}}_{r\mathrm{S}}\times\underline{\mathbf{e}}_y \quad , \tag{9.2.105}$$

$$\underline{\mathbf{u}}_{m_r\mathrm{P}}(\underline{\mathbf{R}},\omega,\hat{\underline{\mathbf{k}}}_{m_r\mathrm{P}}) = M_{r\mathrm{P}}(\vartheta_{i\mathrm{S}})\, u_{i\mathrm{S}}(\omega)\,\mathrm{e}^{\mathrm{j}k_{\mathrm{S}}^{(1)}\hat{\underline{\mathbf{k}}}_{m_r\mathrm{P}}\cdot\underline{\mathbf{R}}}\,\hat{\underline{\mathbf{k}}}_{m_r\mathrm{P}} \tag{9.2.106}$$

für $z \geq 0$ und

$$\underline{\mathbf{u}}_{t\mathrm{SV}}(\underline{\mathbf{R}},\omega,\hat{\underline{\mathbf{k}}}_{t\mathrm{S}}) = T_{\mathrm{SV}}(\vartheta_{i\mathrm{S}})\, u_{i\mathrm{S}}(\omega)\,\mathrm{e}^{\mathrm{j}k_{\mathrm{S}}^{(2)}\hat{\underline{\mathbf{k}}}_{t\mathrm{S}}\cdot\underline{\mathbf{R}}}\,\hat{\underline{\mathbf{k}}}_{t\mathrm{S}}\times\underline{\mathbf{e}}_y \quad , \tag{9.2.107}$$

$$\underline{\mathbf{u}}_{m_t\mathrm{P}}(\underline{\mathbf{R}},\omega,\hat{\underline{\mathbf{k}}}_{m_t\mathrm{P}}) = M_{t\mathrm{P}}(\vartheta_{i\mathrm{S}})\, u_{i\mathrm{S}}(\omega)\,\mathrm{e}^{\mathrm{j}k_{\mathrm{S}}^{(2)}\hat{\underline{\mathbf{k}}}_{m_t\mathrm{P}}\cdot\underline{\mathbf{R}}}\,\hat{\underline{\mathbf{k}}}_{m_t\mathrm{P}} \tag{9.2.108}$$

für $z \leq 0$ an; die zugehörigen Phasenausbreitungsvektoren lauten

$$\hat{\underline{\mathbf{k}}}_{i\mathrm{S}} = -\sin\vartheta_{i\mathrm{S}}\,\underline{\mathbf{e}}_x - \cos\vartheta_{i\mathrm{S}}\,\underline{\mathbf{e}}_z \quad , \tag{9.2.109}$$

$$\hat{\underline{\mathbf{k}}}_{r\mathrm{S}} = -\sin\vartheta_{r\mathrm{S}}\,\underline{\mathbf{e}}_x + \cos\vartheta_{r\mathrm{S}}\,\underline{\mathbf{e}}_z \quad , \tag{9.2.110}$$

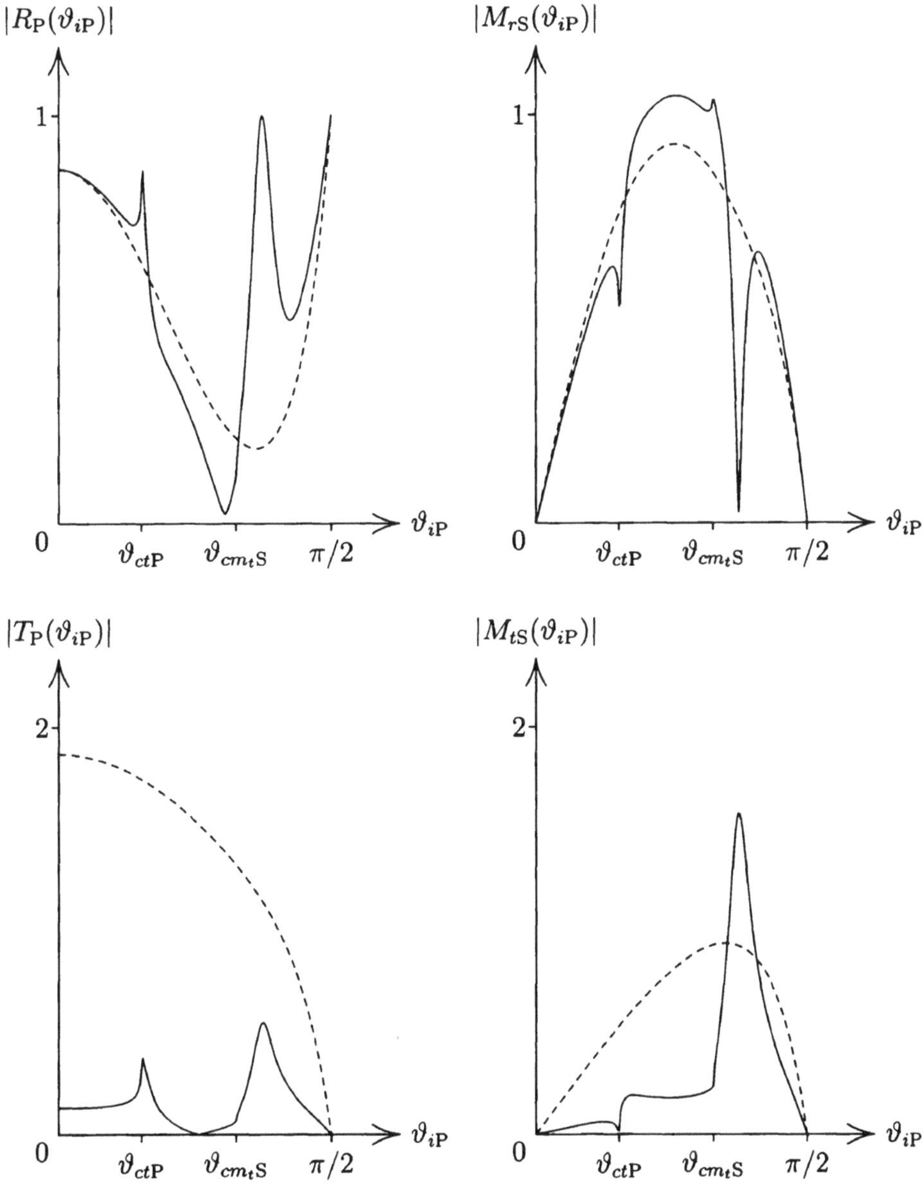

Abb. 9.2.9: *Beträge der Reflexions-, Transmissions- und Modekonversionsfaktoren für P-Wellen-Einfall als Funktion des Einfallswinkels: Stahl(1)-Plexiglas(2): - - -; Plexiglas(1)-Stahl(2): — (Stahl:* $c_P = 5900$ *m/s,* $c_S = 3200$ *m/s,* $\rho = 7.7 \cdot 10^3$ *kg/m*^{3}*; Plexiglas:* $c_P = 2730$ *m/s,* $c_S = 1430$ *m/s,* $\rho = 1.18 \cdot 10^3$ *kg/m*^{3}*)*

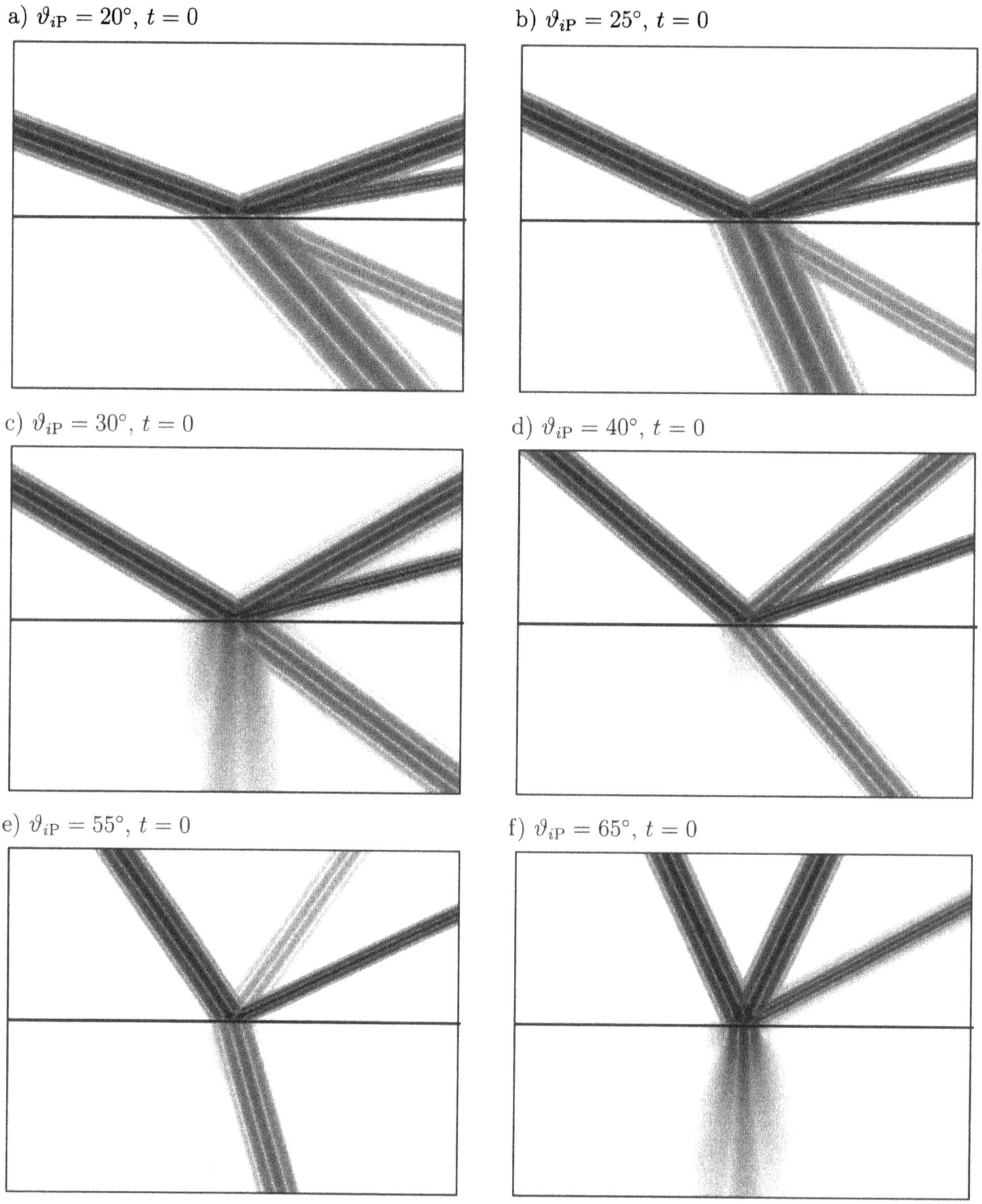

Abb. 9.2.10: *Wellenfronten für den P-Wellen-Einfall: Plexiglas(1)-Stahl(2) (Betrag des vektoriellen Teilchenverschiebungsvektors in logarithmischer Darstellung)*

$$\underline{\hat{\mathbf{k}}}_{m_r\mathrm{P}} = -\sin\vartheta_{m_r\mathrm{P}}\,\underline{\mathbf{e}}_x + \cos\vartheta_{m_r\mathrm{P}}\,\underline{\mathbf{e}}_z \quad , \tag{9.2.111}$$

$$\underline{\hat{\mathbf{k}}}_{t\mathrm{S}} = -\sin\vartheta_{t\mathrm{S}}\,\underline{\mathbf{e}}_x - \cos\vartheta_{t\mathrm{S}}\,\underline{\mathbf{e}}_z \quad , \tag{9.2.112}$$

$$\underline{\hat{\mathbf{k}}}_{m_t\mathrm{P}} = -\sin\vartheta_{m_t\mathrm{P}}\,\underline{\mathbf{e}}_x - \cos\vartheta_{m_t\mathrm{P}}\,\underline{\mathbf{e}}_z \quad . \tag{9.2.113}$$

Die Winkel $\vartheta_{m_r\mathrm{P}}$, $\vartheta_{t\mathrm{S}}$ und $\vartheta_{m_t\mathrm{P}}$ müssen eventuell komplex mit $\pi/2$-Realteil, ihre Cosinusse deshalb eventuell rein imaginär angesetzt werden; damit stets quer*gedämpfte* Wellen resultieren, müssen die Cosinus-Imaginärteile positiv sein.

Die Forderung nach Phasenanpassung führt auf

$$k_\mathrm{S}^{(1)}\sin\vartheta_{i\mathrm{S}} = k_\mathrm{S}^{(1)}\sin\vartheta_{r\mathrm{S}} = k_\mathrm{P}^{(1)}\sin\vartheta_{m_r\mathrm{P}} = k_\mathrm{S}^{(2)}\sin\vartheta_{t\mathrm{S}} = k_\mathrm{P}^{(2)}\sin\vartheta_{m_t\mathrm{P}} \quad , \tag{9.2.114}$$

woraus sich das Reflexionsgesetz

$$\vartheta_{r\mathrm{S}} = \vartheta_{i\mathrm{S}} \quad , \tag{9.2.115}$$

das Modekonversionsgesetz in Reflexion

$$\sin\vartheta_{m_r\mathrm{P}} = \underbrace{\frac{k_\mathrm{S}^{(1)}}{k_\mathrm{P}^{(1)}}}_{>1}\sin\vartheta_{i\mathrm{S}} \quad , \tag{9.2.116}$$

das Transmissionsgesetz

$$\sin\vartheta_{t\mathrm{S}} = \underbrace{\frac{k_\mathrm{S}^{(1)}}{k_\mathrm{S}^{(2)}}}_{><1}\sin\vartheta_{i\mathrm{S}} \tag{9.2.117}$$

sowie das Modekonversionsgesetz in Transmission

$$\sin\vartheta_{m_t\mathrm{P}} = \underbrace{\frac{k_\mathrm{S}^{(1)}}{k_\mathrm{P}^{(2)}}}_{><1}\sin\vartheta_{i\mathrm{S}} \tag{9.2.118}$$

ergibt. Die geometrische Konstruktion der Winkel $\vartheta_{r\mathrm{S}}, \vartheta_{m_r\mathrm{P}}, \vartheta_{t\mathrm{S}}, \vartheta_{m_t\mathrm{P}}$ ist in Abb. 9.2.7 SVa explizit ausgeführt und in den weiteren SV-Teilbildern der Abbildungen 9.2.7 und 9.2.8 offensichtlich. Die Gleichungen (9.2.116), (9.2.117) und (9.2.118) lassen erkennen, dass es, wie bereits erwähnt, *einen* kritischen Winkel geben *muss* und maximal *drei* kritische Winkel geben *kann*. In letzterem Fall erfährt sodann die einfallende SV-Welle Totalreflexion.

Die Partialwellen (9.2.104)–(9.2.108) definieren Reflexions- und Transmissionsfaktoren $R_\mathrm{SV}(\vartheta_{i\mathrm{S}})$, $T_\mathrm{SV}(\vartheta_{i\mathrm{S}})$ und Modekonversionsfaktoren $M_{r\mathrm{P}}(\vartheta_{i\mathrm{S}}), M_{t\mathrm{P}}(\vartheta_{i\mathrm{S}})$ in Reflexion und Transmission. Zu deren Bestimmung benötigen wir wieder vier Gleichungen, es fehlen uns also noch die mit (9.2.104)–(9.2.108) verknüpften Spannungstensorprojektionen auf die Flächennormale $\underline{\mathbf{n}} = \underline{\mathbf{e}}_z$:

$$\underline{\underline{\mathbf{T}}}_{i\mathrm{SV}}(\underline{\mathbf{R}},\omega,\vartheta_{i\mathrm{S}})\cdot\underline{\mathbf{e}}_z = -\mathrm{j}k_\mathrm{S}^{(1)}\mu^{(1)}u_{i\mathrm{S}}(\omega)\,\mathrm{e}^{\mathrm{j}k_\mathrm{S}^{(1)}\underline{\hat{\mathbf{k}}}_{i\mathrm{S}}\cdot\underline{\mathbf{R}}}\,(\underline{\hat{\mathbf{k}}}_{i\mathrm{S}}\sin\vartheta_{i\mathrm{S}} + \underline{\hat{\mathbf{u}}}_{i\mathrm{SV}}\cos\vartheta_{i\mathrm{S}}) \quad , \tag{9.2.119}$$

$$\underline{\underline{\mathbf{T}}}_{r\mathrm{SV}}(\underline{\mathbf{R}},\omega,\vartheta_{i\mathrm{S}})\cdot\underline{\mathbf{e}}_z = \mathrm{j}k_\mathrm{S}^{(1)}\mu^{(1)}R_\mathrm{SV}(\vartheta_{i\mathrm{S}})u_{i\mathrm{S}}(\omega)\,\mathrm{e}^{\mathrm{j}k_\mathrm{S}^{(1)}\underline{\hat{\mathbf{k}}}_{r\mathrm{S}}\cdot\underline{\mathbf{R}}}\,(-\underline{\hat{\mathbf{k}}}_{r\mathrm{S}}\sin\vartheta_{i\mathrm{S}} + \underline{\hat{\mathbf{u}}}_{r\mathrm{SV}}\cos\vartheta_{i\mathrm{S}}) \quad , \tag{9.2.120}$$

$$\underline{\underline{\mathbf{T}}}_{m_r\mathrm{P}}(\underline{\mathbf{R}},\omega,\vartheta_{i\mathrm{S}})\cdot\underline{\mathbf{e}}_z = \mathrm{j}k_\mathrm{P}^{(1)}M_{r\mathrm{P}}(\vartheta_{i\mathrm{S}})u_{i\mathrm{S}}(\omega)\,\mathrm{e}^{\mathrm{j}k_\mathrm{P}^{(1)}\underline{\hat{\mathbf{k}}}_{m_r\mathrm{P}}\cdot\underline{\mathbf{R}}}\,(\lambda^{(1)}\underline{\mathbf{e}}_z + 2\mu^{(1)}\underline{\hat{\mathbf{k}}}_{m_r\mathrm{P}}\cos\vartheta_{m_r\mathrm{P}}) \quad , \tag{9.2.121}$$

$$\underline{\underline{\mathbf{T}}}_{tSV}(\underline{\mathbf{R}}, \omega, \vartheta_{iS}) \cdot \underline{\mathbf{e}}_z =$$
$$\mathrm{j}k_\mathrm{S}^{(2)} \mu^{(2)} T_\mathrm{SV}(\vartheta_{iS}) u_{iS}(\omega)\, \mathrm{e}^{\mathrm{j}k_\mathrm{S}^{(2)} \hat{\underline{\mathbf{k}}}_{tS} \cdot \underline{\mathbf{R}}} \left(-\hat{\underline{\mathbf{k}}}_{tS} \sin\vartheta_{tS} - \hat{\underline{\mathbf{u}}}_{tSV} \cos\vartheta_{tS}\right) \quad , \tag{9.2.122}$$

$$\underline{\underline{\mathbf{T}}}_{m_t\mathrm{P}}(\underline{\mathbf{R}}, \omega, \vartheta_{iS}) \cdot \underline{\mathbf{e}}_z =$$
$$\mathrm{j}k_\mathrm{P}^{(2)} M_{t\mathrm{P}}(\vartheta_{iS}) u_{iS}(\omega)\, \mathrm{e}^{\mathrm{j}k_\mathrm{P}^{(2)} \hat{\underline{\mathbf{k}}}_{m_t\mathrm{P}} \cdot \underline{\mathbf{R}}} \left(\lambda^{(2)} \underline{\mathbf{e}}_z - 2\mu^{(2)} \hat{\underline{\mathbf{k}}}_{m_t\mathrm{P}} \cos\vartheta_{m_t\mathrm{P}}\right) \quad . \tag{9.2.123}$$

Mit den Übergangsbedingungen (3.3.20) und (3.3.19) ergibt sich schließlich das Gleichungssystem

$$\underline{\underline{\boldsymbol{K}}}_\mathrm{SV}(\vartheta_{iS})\, \underline{\boldsymbol{f}}_\mathrm{SV}(\vartheta_{iS}) = \underline{\boldsymbol{i}}_\mathrm{SV}(\vartheta_{iS}) \tag{9.2.124}$$

für die vierkomponentige Lösungs(spalten)matrix

$$\underline{\boldsymbol{f}}_\mathrm{SV}(\vartheta_{iS}) = \begin{pmatrix} R_\mathrm{SV}(\vartheta_{iS}) \\ M_{r\mathrm{P}}(\vartheta_{iS}) \\ T_\mathrm{SV}(\vartheta_{iS}) \\ M_{t\mathrm{P}}(\vartheta_{iS}) \end{pmatrix} \tag{9.2.125}$$

bei vorgegebener Inhomogenitätsmatrix

$$\underline{\boldsymbol{i}}_\mathrm{SV}(\vartheta_{iS}) = \begin{pmatrix} \cos\vartheta_{iS} \\ \sin\vartheta_{iS} \\ \cos 2\vartheta_{iS} \\ \sin 2\vartheta_{iS} \end{pmatrix} \tag{9.2.126}$$

und vorgegebener (4×4)-Koeffizientenmatrix

$$\underline{\underline{\boldsymbol{K}}}_\mathrm{SV}(\vartheta_{iS}) = \begin{pmatrix} \cos\vartheta_{iS} & \sin\vartheta_{m_r\mathrm{P}} & \cos\vartheta_{tS} & -\sin\vartheta_{m_t\mathrm{P}} \\ -\sin\vartheta_{iS} & \cos\vartheta_{m_r\mathrm{P}} & \sin\vartheta_{tS} & \cos\vartheta_{m_t\mathrm{P}} \\ -\cos 2\vartheta_{iS} & -\frac{1}{\kappa^{(1)}} \sin 2\vartheta_{m_r\mathrm{P}} & \frac{Z_\mathrm{S}^{(2)}}{Z_\mathrm{S}^{(1)}} \cos 2\vartheta_{tS} & -\frac{1}{\kappa^{(2)}} \frac{Z_\mathrm{S}^{(2)}}{Z_\mathrm{S}^{(1)}} \sin 2\vartheta_{m_t\mathrm{P}} \\ \sin 2\vartheta_{iS} & -\kappa^{(1)} \cos 2\vartheta_{iS} & \frac{Z_\mathrm{S}^{(2)}}{Z_\mathrm{S}^{(1)}} \sin 2\vartheta_{tS} & \frac{Z_\mathrm{P}^{(2)}}{Z_\mathrm{S}^{(1)}} \cos 2\vartheta_{tS} \end{pmatrix} \tag{9.2.127}$$

Wie zuvor gilt: Das Gleichungssystem (9.2.124) löst man am besten numerisch! Falls jedoch der Einfallswinkel gleich null ist, erhält man sofort $M_{r\mathrm{P}}(0) = M_{t\mathrm{P}}(0) = 0$ und

$$R_\mathrm{SV}(0) = \frac{Z_\mathrm{S}^{(2)} - Z_\mathrm{S}^{(1)}}{Z_\mathrm{S}^{(2)} + Z_\mathrm{S}^{(1)}} \quad , \tag{9.2.128}$$

$$T_\mathrm{SV}(0) = \frac{2 Z_\mathrm{S}^{(1)}}{Z_\mathrm{S}^{(2)} + Z_\mathrm{S}^{(1)}} \quad . \tag{9.2.129}$$

Für senkrechten Einfall ist natürlich die SV-Polarisation nicht von der SH-Polarisation zu unterscheiden; das dennoch unterschiedliche Vorzeichen von $R_\mathrm{SV}(0)$ und $R_\mathrm{SH}(0)$ (Gleichung (9.2.34)) erklärt sich aus dem unterschiedlichen Richtungsansatz der einfallenden und reflektierten Polarisationen in den beiden Fällen. Dies ist auch der Grund, warum der Schalldruck *hier*, im Gegensatz zum SH-Fall, für $\vartheta_{iS} = 0$ stetig ist. Im Grenzfall $\rho^{(2)} \longrightarrow 0$, also $Z_\mathrm{S}^{(2)} \longrightarrow 0$, korrespondiert diese Bemerkung natürlich derjenigen, die wir im Zusammenhang mit der SH- und SV-Reflexion an der Grenzfläche zum Vakuum machten.

Natürlich lässt sich auch der Inhalt der Abb. 9.2.11 anhand von Wellenfronten sichtbar machen; besonders intuitiv wird dies, wenn man eine Animation in Abhängigkeit vom Einfallswinkel erzeugt.

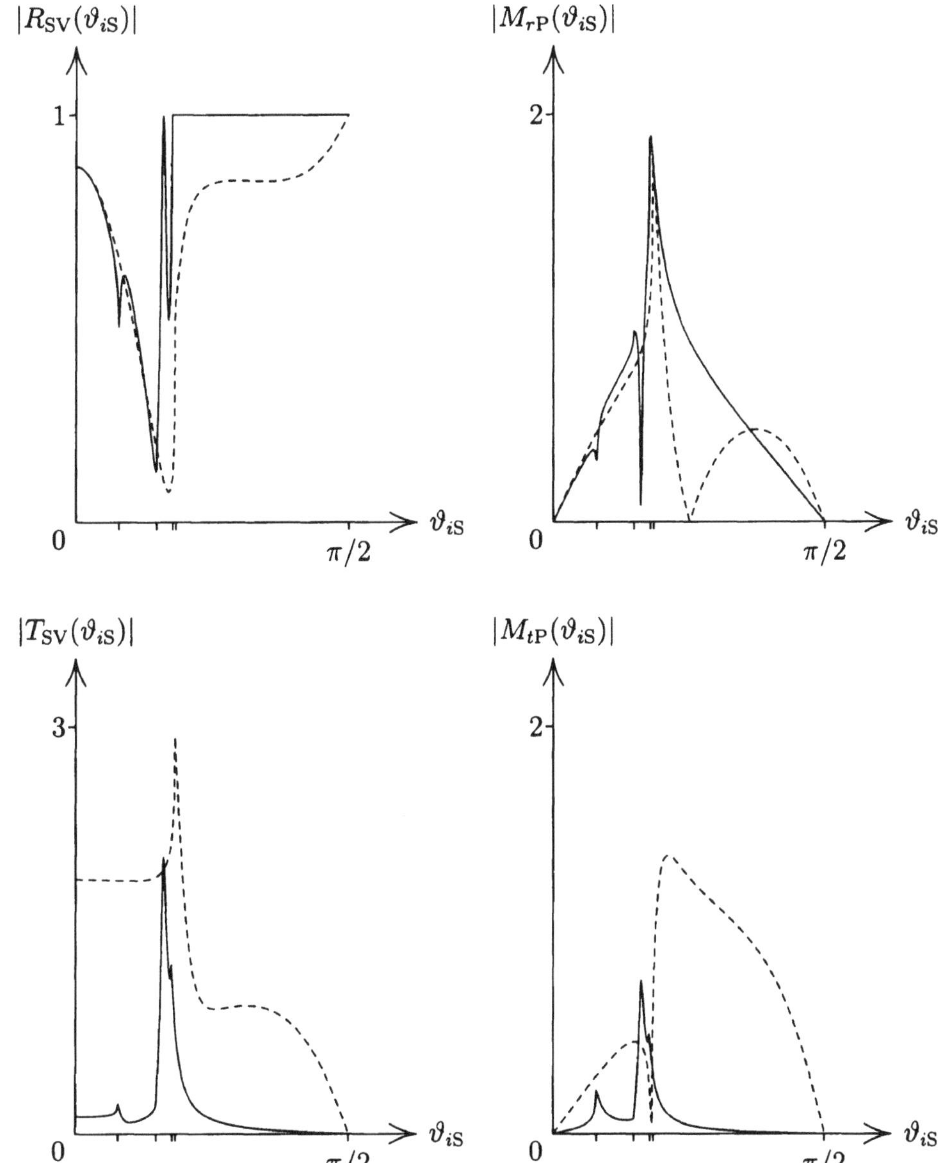

***Abb. 9.2.11:** Beträge der Reflexions-, Transmissions- und Modekonversionsfaktoren für SV-Wellen-Einfall als Funktion des Einfallswinkels: Stahl(1)-Plexiglas(2): - - -; Plexiglas(1)-Stahl(2): — (Stahl: $c_P = 5900$ m/s, $c_S = 3200$ m/s, $\rho = 7.7 \cdot 10^3$ kg/m^3; Plexiglas: $c_P = 2730$ m/s, $c_S = 1430$ m/s, $\rho = 1.18 \cdot 10^3$ kg/m^3); die Markierungen an den Abszissen kennzeichnen die kritischen Winkel in der Reihenfolge: ϑ_{cm_tP}, ϑ_{ctS}, ϑ_{cm_rP} für — , ϑ_{cm_rP} für - - -*

9.3 Ebene Trennfläche eines homogen-isotropen nichtdissipativen und eines homogen-transversal-isotropen nichtdissipativen Halbraums

Wir werden diesen ausgewählten Spezialfall der ebenen Trennfläche zweier homogen-anisotroper nichtdissipativer Halbräume nicht annähernd so detailliert wie die „Fresnel'sche Reflexion“ an der Trennfläche *isotroper* Halbräume untersuchen; der Grund ist vor allem die Komplexität mit der Konsequenz im Allgemeinen nicht verfügbarer analytischer Ausdrücke. Stattdessen werden wir einige Besonderheiten betonen, die im isotropen Fall nicht auftreten.

- Inhomogene ebene Wellen, bei denen Real- und Imaginärteil des Phasenausbreitungsvektors trotz nicht vorhandener Dissipation nicht senkrecht aufeinanderstehen: Dies ist eine Verallgemeinerung (Aufhebung der isotropen Entartung) der evaneszenten (bezüglich der *Phasen*ausbreitung *quer*gedämpften) inhomogenen ebenen Wellen, wie sie an der Grenzfläche eines isotropen nichtdissipativen und an der Trennfläche zweier isotroper nichtdissipativer Halbräume auftreten. *Quer*dämpfung muss nämlich grundsätzlich bezüglich der Richtung der Energieausbreitung verstanden werden (Langenberg und Marklein, 2005), und nur wenn Phasen- und Energieausbreitung die gleiche Richtung haben, bedeutet Querdämpfung auch *Quer*dämpfung bezüglich der Phasenflächen.
- Gleichzeitige Anregung *zweier* ebener qSV-Wellen mit unterschiedlichen Phasen- und Energiegeschwindigkeiten: Dazu werden wir ein konkretes Beispiel der US-Prüfung austenitischer Schweißnähte diskutieren (Langenberg und Marklein, 2005).

9.3.1 Inhomogene ebene elastische Wellen in isotropen Materialien

Als Einstieg wollen wir noch einmal (man vergleiche Abschnitt 8.2) explizit nachweisen, dass es in *isotropen* nichtdissipativen Materialien *ausschließlich* inhomogene ebene Wellen geben kann, die bezüglich der Phasenausbreitung (*und* der Energieausbreitung) *quer*gedämpft sind. Die physikalisch-anschauliche und mathematisch-geometrische Methode zum Verständnis der „Fresnel'schen Reflexion“ ebener Wellen sind *Slowness*-Diagramme; deshalb schreiben wir den Wellentensor (8.2.2) isotroper Materialien für *Slowness*-Vektoren $\underline{\mathbf{s}}$ anstelle von Phasenvektoren $\underline{\mathbf{k}}$ wie in Abschnitt 8.2:

$$\underline{\underline{\mathbf{W}}}(\underline{\mathbf{s}}) = \mu\, \underline{\mathbf{s}} \cdot \underline{\mathbf{s}}\, \underline{\underline{\mathbf{I}}} + (\lambda + \mu)\, \underline{\mathbf{s}}\, \underline{\mathbf{s}} - \rho\, \underline{\underline{\mathbf{I}}} \quad ; \tag{9.3.1}$$

mit $\underline{\mathbf{s}} = s\,\hat{\underline{\mathbf{s}}}$ — s ist im isotropen Material per definitionem unabhängig von $\hat{\underline{\mathbf{s}}}$ — und *reell*wertigem Einheitsvektor $\hat{\underline{\mathbf{s}}} = \hat{\underline{\mathbf{k}}}$ erhalten wir mit (9.3.1) die (8.1.61) entsprechende Eigenwertgleichung

$$\left[\mu\, \underline{\underline{\mathbf{I}}} + (\lambda + \mu)\, \hat{\underline{\mathbf{s}}}\, \hat{\underline{\mathbf{s}}} - \frac{\rho}{s^2}\, \underline{\underline{\mathbf{I}}}\right] \cdot \hat{\underline{\mathbf{u}}}(\underline{\mathbf{s}}) = \underline{\mathbf{0}} \tag{9.3.2}$$

für den reellen Eigenwert ρ/s^2. Determinantenbildung gemäß

$$\det \underline{\underline{\mathbf{W}}}(\hat{\underline{\mathbf{s}}}, s^2) = \left(\mu - \frac{\rho}{s^2}\right)^2 \left[\mu - \frac{\rho}{s^2} + (\lambda + \mu)\, \hat{\underline{\mathbf{s}}} \cdot \hat{\underline{\mathbf{s}}}\right] \tag{9.3.3}$$

liefert zum einen

$$\underline{\mathbf{s}} \cdot \underline{\mathbf{s}} = s_{\mathrm{S}}^2 = \frac{\rho}{\mu} \tag{9.3.4}$$

und zum anderen

$$\underline{\mathbf{s}} \cdot \underline{\mathbf{s}} = s_{\mathrm{P}}^2 = \frac{\rho}{\lambda + 2\mu} \quad , \tag{9.3.5}$$

sodass für die *reellen* Komponenten s_x, s_z von

$$\underline{\mathbf{s}} = s_x \underline{\mathbf{e}}_x + s_z \underline{\mathbf{e}}_z \tag{9.3.6}$$

entweder

$$s_{Px}^2 + s_{Pz}^2 = s_P^2 \tag{9.3.7}$$

oder

$$s_{Sx}^2 + s_{Sz}^2 = s_S^2 \tag{9.3.8}$$

folgt. Für beispielsweise per Phasenanpassung vorgegebene $s_{P,Sx}$-Komponenten ergeben sich deshalb die zugehörigen $s_{P,Sz}$-Komponenten als Lösungen

$$s_{P,Sz} = \pm\sqrt{s_{P,S}^2 - s_{P,Sx}^2} \tag{9.3.9}$$

der quadratischen Gleichungen (9.3.7), (9.3.8). Man beachte: Für $s_{P,Sx} < s_{P,S}$ ergeben sich *zwei reelle* Lösungen $s_{P,Sz}$, die jeweils *homogene* ebene Wellen beschreiben; die Auswahl einer der beiden Nullstellen ist an die physikalische Forderung geknüpft, dass sich die zugehörige homogene ebene Welle „sinnvoll" ausbreitet, also beispielsweise für reflektierte/transmittierte Wellen weg von der Grenz- respektive Trennfläche.

Wie wir in Abschnitt 9.1.2 bei der Modekonversion SV$\Longrightarrow$P zum ersten Mal feststellten, kann die vorgegebene x-Komponente des *Slowness*-Vektors aber zu groß sein, um eine reelle z-Komponente zu ergeben; Ergebnis sind rein imaginäre $s_{P,Sz}$-Komponenten

$$s_{P,Sz} = \pm \mathrm{j}\sqrt{s_{P,Sx}^2 - s_{P,S}^2} \quad , \tag{9.3.10}$$

die inhomogene *quer*gedämpfte ebene Wellen beschreiben. Die Vorzeichenauswahl erfolgt wieder mit physikalischen Argumenten, hier: Die inhomogene ebene Welle muss im betrachteten z-Halbraum exponentiell abklingen (Abschnitt 9.1.2). Es folgt: Eine Lösung des Eigenwertproblems ebener elastischer Wellen in *isotropen* nichtdissipativen Materialien ist sowohl für reellen *Slowness*-Vektor (9.3.6) als auch für komplexen *Slowness*-Vektor

$$\underline{\mathbf{s}} = \Re\underline{\mathbf{s}} + \mathrm{j}\Im\underline{\mathbf{s}} \tag{9.3.11}$$

mit

$$\Re\underline{\mathbf{s}} = s_{P,Sx}\underline{\mathbf{e}}_x \quad , \tag{9.3.12}$$

$$\Im\underline{\mathbf{s}} = \pm\sqrt{s_{P,Sx}^2 - s_{P,S}^2}\,\underline{\mathbf{e}}_z \tag{9.3.13}$$

möglich, die Lösungen $s_{P,Sz}$ der quadratischen Gleichungen (mit reellen Koeffizienten) (9.3.7), (9.3.8) sind entweder reell oder konjugiert komplex rein imaginär; der Realteilvektor (9.3.12) und der Imaginärteilvektor (9.3.13) des *Slowness*-Vektors stehen senkrecht aufeinander. Wir stellen uns die Frage, ob es auch komplexe Lösungen der Eigenwertgleichungen (9.3.4), (9.3.5) geben könnte, für die $\Re\underline{\mathbf{s}}$ und $\Im\underline{\mathbf{s}}$ nicht senkrecht aufeinanderstehen. In diesem Fall wäre $s_z = s_{Rz} + \mathrm{j}s_{Iz}$ mit Realteil und, als Lösung einer quadratischen Gleichung mit reellen Koeffizienten, mit konjugiert komplexen Imaginärteilen anzusetzen; als Konsequenz ergäbe sich die Darstellung $\Re\underline{\mathbf{s}} = s_x\underline{\mathbf{e}}_x + s_{Rz}\underline{\mathbf{e}}_z$ und $\Im\underline{\mathbf{s}} = s_{Iz}\underline{\mathbf{e}}_z$ des *Slowness*-Vektors mit *nicht* senkrecht aufeinanderstehenden Real- und Imaginärteilvektoren, d.h. die resultierende inhomogene ebene Welle wäre bezüglich der Phasenausbreitungsrichtung $\widehat{\Re\underline{\mathbf{s}}}$ nicht *quer*gedämpft. Wir werden sogleich sehen — und haben dies in Abschnitt 8.2 bereits gezeigt —, dass dies in isotropen nichtdissipativen Materialien *nicht* möglich ist.

Wir berechnen die Determinante von (9.3.1) gemäß

$$\det \underline{\underline{\mathbf{W}}}(\underline{\mathbf{s}}) = (\mu\,\underline{\mathbf{s}}\cdot\underline{\mathbf{s}} - \rho)^2[(\lambda + 2\mu)\,\underline{\mathbf{s}}\cdot\underline{\mathbf{s}} - \rho] \tag{9.3.14}$$

mit postulieren zur Erfüllung der Gleichung

$$\det \underline{\underline{\mathbf{W}}}(\underline{\mathbf{s}}) = 0 \tag{9.3.15}$$

komplexe *Slowness*-Vektoren gemäß (9.3.11); da beide Faktoren in (9.3.14) strukturell gleich sind, beschränken wir uns auf den ersten:

$$\mu(\Re\underline{\mathbf{s}} + \mathrm{j}\Im\underline{\mathbf{s}}) \cdot (\Re\underline{\mathbf{s}} + \mathrm{j}\Im\underline{\mathbf{s}}) - \rho = 0 \quad , \tag{9.3.16}$$

also

$$\Re\underline{\mathbf{s}} \cdot \Re\underline{\mathbf{s}} - \Im\underline{\mathbf{s}} \cdot \Im\underline{\mathbf{s}} + 2\mathrm{j}\Re\underline{\mathbf{s}} \cdot \Im\underline{\mathbf{s}} = s_\mathrm{S}^2 \quad . \tag{9.3.17}$$

Da das Material voraussetzungsgemäß nichtdissipativ ist, ist s_S reell, sodass die Aufspaltung von (9.3.16) nach Real- und Imaginärteil

$$\Re\underline{\mathbf{s}} \cdot \Re\underline{\mathbf{s}} - \Im\underline{\mathbf{s}} \cdot \Im\underline{\mathbf{s}} = s_\mathrm{S}^2 \quad , \tag{9.3.18}$$

$$\Re\underline{\mathbf{s}} \cdot \Im\underline{\mathbf{s}} = 0 \tag{9.3.19}$$

ergibt: $\Im\underline{\mathbf{s}}$ ($\Re\underline{\mathbf{s}}$) *muss* in isotropen nichtdissipativen Materialien senkrecht auf $\Re\underline{\mathbf{s}}$ ($\Im\underline{\mathbf{s}}$) stehen (Abbildung 8.2.1), inhomogene ebene Wellen *müssen* in diesen Materialien bezüglich der Phasenausbreitungsrichtung und damit auch bezüglich der mit ihr zusammenfallenden Energieausbreitungsrichtung *quer*gedämpft sein, und genau das liegt mit den Gleichungen (9.3.12), (9.3.13) auch vor: Wenn $\Re\underline{\mathbf{s}} = s_x\underline{\mathbf{e}}_x$ vorgegeben wird, darf $\Im\underline{\mathbf{s}}$ nur eine z-Komponente haben.

9.3.2 Inhomogene ebene SH-Wellen in transversal-isotropen Materialien

Wir werden am vergleichsweise einfachen Beispiel ebener SH-Wellen zeigen, dass die Forderung (9.3.19) auf die Entartung isotroper nichtdissipativer Materialien hinsichtlich der gleichen Richtung von Phasen- und Energiegeschwindigkeit zurückzuführen ist; im anisotropen nichtdissipativen Material sind inhomogene ebene Wellen zwar ebenfalls *quer*gedämpft, die Querdämpfung bezieht sich aber auf die Richtung der Energiegeschwindigkeit (Červený, 2001), sodass der Phasenausbreitungsvektor $\Re\underline{\mathbf{s}}$ keineswegs senkrecht auf dem Dämpfungsvektor $\Im\underline{\mathbf{s}}$ stehen muss. Für SH-Wellen in transversal-isotropen nichtdissipativen Materialien stehen einfache analytische Ausdrücke für $\det \underline{\underline{\mathbf{W}}}^{\mathrm{triso}}(\underline{\mathbf{s}})$ und $\underline{\mathbf{c}}_{\mathrm{ESH}}(\hat{\underline{\mathbf{s}}})$ zur Verfügung, sodass die vorstehende Behauptung unmittelbar verifiziert und veranschaulicht werden kann; ein allgemeiner koordinaten*freier* Beweis für beliebige Wellenmoden und beliebig anisotrope Materialien findet sich bei Langenberg und Marklein (2005).

Auf der Grundlage von

$$\underline{\underline{\mathbf{W}}}^{\mathrm{triso}}(\underline{\mathbf{s}}) = \beta_1 \underline{\underline{\mathbf{I}}} + \beta_2 \underline{\mathbf{s}}\,\underline{\mathbf{s}} + \beta_3 \hat{\underline{\mathbf{a}}}\,\hat{\underline{\mathbf{a}}} + \beta_4 (\underline{\mathbf{s}}\,\hat{\underline{\mathbf{a}}} + \hat{\underline{\mathbf{a}}}\,\underline{\mathbf{s}}) \tag{9.3.20}$$

mit — die α's sind durch (8.3.86)–(8.3.88) definiert —

$$\beta_1 = \mu_\perp \underline{\mathbf{s}} \cdot \underline{\mathbf{s}} + \alpha_3(\underline{\mathbf{s}} \cdot \hat{\underline{\mathbf{a}}})^2 - \rho \quad , \tag{9.3.21}$$

$$\beta_2 = \lambda_\perp + \mu_\perp \quad , \tag{9.3.22}$$

$$\beta_3 = \alpha_1(\underline{\mathbf{s}} \cdot \hat{\underline{\mathbf{a}}})^2 + \alpha_3 \underline{\mathbf{s}} \cdot \underline{\mathbf{s}} \quad , \tag{9.3.23}$$

$$\beta_4 = (\alpha_2 + \alpha_3)\, \underline{\mathbf{s}} \cdot \hat{\underline{\mathbf{a}}} \tag{9.3.24}$$

berechnen wir in Analogie zu (8.3.54)

$$\det \underline{\underline{\mathbf{W}}}^{\mathrm{triso}}(\underline{\mathbf{s}}) = \beta_1 \left[\beta_1^2 + \beta_1(\beta_3 + \beta_2 \underline{\mathbf{s}} \cdot \underline{\mathbf{s}} + 2\beta_4 \underline{\mathbf{s}} \cdot \hat{\underline{\mathbf{a}}}) + (\beta_2\beta_3 - \beta_4^2)(\underline{\underline{\mathbf{I}}} - \hat{\underline{\mathbf{a}}}\,\hat{\underline{\mathbf{a}}}) : \underline{\mathbf{s}}\,\underline{\mathbf{s}}\right] \tag{9.3.25}$$

Wie gesagt, wir beschränken uns auf den SH-Fall und untersuchen die Gleichung $\beta_1 = 0$ für den Ansatz

$$\underline{\mathbf{s}} = \Re\underline{\mathbf{s}} + \mathrm{j}\Im\underline{\mathbf{s}} \tag{9.3.26}$$

gemäß

$$\mu_\perp(\Re\underline{\mathbf{s}}\cdot\Re\underline{\mathbf{s}}-\Im\underline{\mathbf{s}}\cdot\Im\underline{\mathbf{s}}+2\mathrm{j}\,\Re\underline{\mathbf{s}}\cdot\Im\underline{\mathbf{s}})+\alpha_3\left[(\Re\underline{\mathbf{s}}\cdot\hat{\underline{\mathbf{a}}})^2-(\Im\underline{\mathbf{s}}\cdot\hat{\underline{\mathbf{a}}})^2+2\mathrm{j}(\Re\underline{\mathbf{s}}\cdot\hat{\underline{\mathbf{a}}})(\Im\underline{\mathbf{s}}\cdot\hat{\underline{\mathbf{a}}})\right]-\rho=0 \quad (9.3.27)$$

nach deren Aufspaltung in Real- und Imaginärteil:

$$\mu_\perp(\Re\underline{\mathbf{s}}\cdot\Re\underline{\mathbf{s}}-\Im\underline{\mathbf{s}}\cdot\Im\underline{\mathbf{s}})+(\mu_\parallel-\mu_\perp)\left[(\Re\underline{\mathbf{s}}\cdot\hat{\underline{\mathbf{a}}})^2-(\Im\underline{\mathbf{s}}\cdot\hat{\underline{\mathbf{a}}})^2\right]-\rho=0 \quad , \quad (9.3.28)$$

$$\mu_\perp\,\Re\underline{\mathbf{s}}\cdot\Im\underline{\mathbf{s}}+(\mu_\parallel-\mu_\perp)(\Re\underline{\mathbf{s}}\cdot\hat{\underline{\mathbf{a}}})(\Im\underline{\mathbf{s}}\cdot\hat{\underline{\mathbf{a}}})=0 \quad . \quad (9.3.29)$$

Zunächst: Der Isotropiefall $\mu_\parallel=\mu_\perp$ führt uns wieder auf (9.3.18) und (9.3.19); dasselbe gilt für die Phasenausbreitung in der Isotropieebene gemäß $\Re\underline{\mathbf{s}}\cdot\hat{\underline{\mathbf{a}}}=0$.

Die — im Augenblick noch fiktive — Grenz- bzw. Trennfläche zweier elastischer Halbräume identifizieren wir wie gewöhnlich mit der xy-Ebene eines kartesischen Koordinatensystems. Als $\underline{\mathbf{e}}_z\underline{\mathbf{s}}$-Einfallsebene bietet sich sodann die xz-Ebene an; wir beschränken uns im Folgenden auf $\hat{\underline{\mathbf{a}}}$-Richtungen, die *in* der Einfallsebene liegen. Generell ergäbe sich bei dieser Definition der xz-Ebene die Komponentendarstellung $\underline{\mathbf{s}}=(s_{\mathrm{R}x}+\mathrm{j}s_{\mathrm{I}x})\underline{\mathbf{e}}_x+(s_{\mathrm{R}z}+\mathrm{j}s_{\mathrm{I}z})\underline{\mathbf{e}}_z$ des komplexen *Slowness*-Vektors entsprechend der Real- und Imaginärteilaufspaltung $\Re\underline{\mathbf{s}}=s_{\mathrm{R}x}\underline{\mathbf{e}}_x+s_{\mathrm{R}z}\underline{\mathbf{e}}_z$, $\Im\underline{\mathbf{s}}=s_{\mathrm{I}x}\underline{\mathbf{e}}_x+s_{\mathrm{I}z}\underline{\mathbf{e}}_z$. Über die Phasenanpassung in der xy-Ebene wird aber die x-Komponente des *Slowness*-Vektors *reell* vorgegeben, sodass die Komponentenzerlegung des *Slowness*-Vektors nur

$$\begin{aligned}\underline{\mathbf{s}}&=s_x\underline{\mathbf{e}}_x+s_z\underline{\mathbf{e}}_z\\&=s_{\mathrm{R}x}\underline{\mathbf{e}}_x+(s_{\mathrm{R}z}+\mathrm{j}s_{\mathrm{I}z})\underline{\mathbf{e}}_z &(9.3.30)\\&=\underbrace{(s_{\mathrm{R}x}\underline{\mathbf{e}}_x+s_{\mathrm{R}z}\underline{\mathbf{e}}_z)}_{=\Re\underline{\mathbf{s}}}+\mathrm{j}\underbrace{s_{\mathrm{I}z}\underline{\mathbf{e}}_z}_{=\Im\underline{\mathbf{s}}} &(9.3.31)\end{aligned}$$

lauten kann, d.h. $\Im\underline{\mathbf{s}}$ kann nur eine z-Komponente haben. Das bedeutet aber nicht „Querdämpfung bezüglich der Phasenausbreitung", denn $\Re\underline{\mathbf{s}}$ kann ja, sofern dies mit dem Imaginärteil (9.3.29) der SH-Eigenwertgleichung verträglich ist, sowohl eine x- als auch eine z-Komponente besitzen. Genau so wie (9.3.19) eine geometrische Interpretation zulässt (Abbildung 8.2.1), können wir (9.3.29) zur geometrischen Konstruktion von $\Re\underline{\mathbf{s}}$ verwenden. Dazu schreiben wir (9.3.29) gemäß

$$\Re\underline{\mathbf{s}}\cdot\left[\mu_\perp(\underline{\underline{\mathbf{I}}}-\hat{\underline{\mathbf{a}}}\,\hat{\underline{\mathbf{a}}})+\mu_\parallel\,\hat{\underline{\mathbf{a}}}\,\hat{\underline{\mathbf{a}}}\right]\cdot\Im\underline{\mathbf{s}}=0 \quad (9.3.32)$$

und setzen $\Im\underline{\mathbf{s}}=s_{\mathrm{I}z}\underline{\mathbf{e}}_z\neq\underline{\mathbf{0}}$ ein:

$$\Re\underline{\mathbf{s}}\cdot\left[\mu_\perp(\underline{\underline{\mathbf{I}}}-\hat{\underline{\mathbf{a}}}\,\hat{\underline{\mathbf{a}}})+\mu_\parallel\,\hat{\underline{\mathbf{a}}}\,\hat{\underline{\mathbf{a}}}\right]\cdot\underline{\mathbf{e}}_z=0 \quad . \quad (9.3.33)$$

Zunächst: Für $\hat{\underline{\mathbf{a}}}=\underline{\mathbf{e}}_x$ folgt $\Re\underline{\mathbf{s}}\cdot\underline{\mathbf{e}}_z=0$, d.h. für eine derartige Orientierung der Vorzugsrichtung erhalten wir, wie im isotropen Fall, bezüglich der *Phasen*ausbreitung *quer*gedämpfte inhomogene SH-Wellen. Abbildung 9.3.1 setzt Gleichung (9.3.33) nunmehr anschaulich um: Bezüglich der vorgegebenen, in der Einfalls-xz-Ebene liegenden Vorzugsrichtung $\hat{\underline{\mathbf{a}}}$ bilden wir den Projektionsvektor $\mu_\parallel\,\hat{\underline{\mathbf{a}}}\,\hat{\underline{\mathbf{a}}}\cdot\underline{\mathbf{e}}_z$ von $\underline{\mathbf{e}}_z$ in Richtung von $\hat{\underline{\mathbf{a}}}$ und den Projektionsvektor $\mu_\perp(\underline{\underline{\mathbf{I}}}-\hat{\underline{\mathbf{a}}}\,\hat{\underline{\mathbf{a}}})\cdot\underline{\mathbf{e}}_z$ senkrecht zu $\hat{\underline{\mathbf{a}}}$; gemäß (9.3.33) steht $\Re\underline{\mathbf{s}}$ senkrecht auf der Summe dieser beiden Projektionsvektoren, wobei die (reelle) vektorielle $s_{\mathrm{R}x}\underline{\mathbf{e}}_x$-Komponente von $\Re\underline{\mathbf{s}}$ definitionsgemäß vorgegeben ist: Der Imaginärteil (9.3.29) der SH-Eigenwertgleichung für ein bestimmtes transversal-isotropes Material erlaubt für $\hat{\underline{\mathbf{a}}}\neq\underline{\mathbf{e}}_x$ (*Slowness*-)Phasenvektoren $\Re\underline{\mathbf{s}}$, die bezüglich des Dämpfungsvektors eine *beliebige*, aber materialspezifisch feste Orientierung haben. Dies entspricht bei vorgegebenem reellem s_x offenbar den möglichen komplexen Lösungen s_z der quadratischen Eigenwertgleichung

$$\mu_\perp(s_x^2+s_z^2)+(\mu_\parallel-\mu_\perp)(s_x\hat{a}_x+s_z\hat{a}_z)^2-\rho=0 \quad (9.3.34)$$

mit, wegen der reellen Koeffizienten, konjugiert komplexen Imaginärteilen entsprechend (9.3.30). Die ausschließliche *Quer*dämpfung inhomogener ebener Wellen im bisherigen Sinne, nämlich

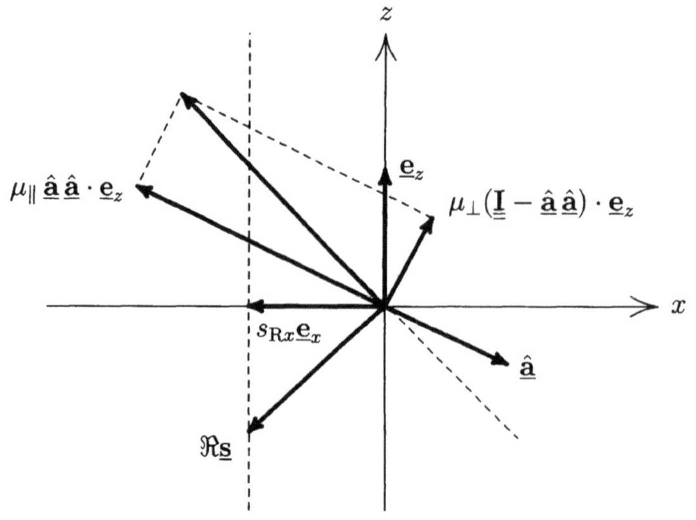

Abb. 9.3.1: *Geometrische Konstruktion des Realteil-*Slowness-*Vektors für den SH-Wellenmode im transversal-isotropen nichtdissipativen Material mit* $\mu_\parallel > \mu_\perp$

bezüglich des Phasen- oder *Slowness*-Vektors, ist also tatsächlich eine Entartung des isotropen Materials; wir werden sehen, dass sich im allgemeinen Fall eine Querdämpfung auf die Energiegeschwindigkeit beziehen muss.

Wir berechnen mit (9.3.29) gemäß

$$(s_{\mathrm{R}x}\underline{\mathbf{e}}_x + s_{\mathrm{R}z}\underline{\mathbf{e}}_z) \cdot \left[\mu_\perp \,(\underline{\underline{\mathbf{I}}} - \hat{\underline{\mathbf{a}}}\,\hat{\underline{\mathbf{a}}}) \cdot \underline{\mathbf{e}}_z + \mu_\parallel \,\hat{\underline{\mathbf{a}}}\,\hat{\underline{\mathbf{a}}} \cdot \underline{\mathbf{e}}_z\right] = 0 \tag{9.3.35}$$

das Verhältnis der z- zur x-Komponente von $\Re\underline{\mathbf{s}}$:

$$s_{\mathrm{R}z} = \underbrace{-\frac{(\mu_\parallel - \mu_\perp)\underline{\mathbf{e}}_x \cdot \hat{\underline{\mathbf{a}}}\,\hat{\underline{\mathbf{a}}} \cdot \underline{\mathbf{e}}_z}{\rho c_{\mathrm{SH}}^2(\underline{\mathbf{e}}_z)}}_{=\,\sigma_{\mathrm{R}}} \, s_{\mathrm{R}x} \quad ; \tag{9.3.36}$$

wir halten fest, dass σ_{R} materialspezifisch konstant ist, die Richtung von $\Re\underline{\mathbf{s}}$ bleibt mit zunehmendem $s_{\mathrm{R}x}$ gleich (genauso wie im isotropen Fall). Übrigens: Für $\mu_\parallel > \mu_\perp$, $\hat{\underline{\mathbf{a}}} \cdot \underline{\mathbf{e}}_z < 0$, $\hat{\underline{\mathbf{a}}} \cdot \underline{\mathbf{e}}_x > 0$ und $s_{\mathrm{R}x} < 0$, also für die Parameter der Abb. 9.3.1, ist $s_{\mathrm{R}z} < 0$, genau so wie es der Abbildung entspricht. Entsprechend wird $s_{\mathrm{R}z} > 0$, wenn $\mu_\parallel$ bei unveränderter Vorgabe von $\hat{\underline{\mathbf{a}}}$ und $s_{\mathrm{R}x}$ kleiner als $\mu_\perp$ gewählt wird; $\Re\underline{\mathbf{s}}$ zeigt dann in den Halbraum $z > 0$.

Mit (9.3.36) finden wir $s_{\mathrm{I}z}$ aus (9.3.27):

$$s_{\mathrm{I}z} = \pm \frac{s_{\mathrm{SH}}(\underline{\mathbf{e}}_z)}{s_{\mathrm{SH}}(\widehat{\Re\underline{\mathbf{s}}})} \sqrt{1 + \sigma_{\mathrm{R}}^2} \sqrt{s_{\mathrm{R}x}^2 - \frac{s_{\mathrm{SH}}^2(\widehat{\Re\underline{\mathbf{s}}})}{1 + \sigma_{\mathrm{R}}^2}} \quad ; \tag{9.3.37}$$

die Konfiguration von Abb. 9.3.1 erfordert die Auswahl des negativen Vorzeichens. Durch explizites Einsetzen von $\widehat{\Re\underline{\mathbf{s}}}$ gemäß (9.3.64) nimmt (9.3.37) die Form (9.3.95) an.

Die inhomogene ebene SH-Welle

$$\underline{\mathbf{u}}(\underline{\mathbf{R}}, \omega, \underline{\mathbf{s}}) = -u(\omega)\, \mathrm{e}^{\mathrm{j}\omega\Re\underline{\mathbf{s}}\cdot\underline{\mathbf{R}}}\, \mathrm{e}^{\pm\omega\Im\underline{\mathbf{s}}\cdot\underline{\mathbf{R}}}\, \underline{\mathbf{e}}_y \tag{9.3.38}$$

ist mit $\Im \underline{\mathbf{s}} = s_{\mathrm{I}z}\underline{\mathbf{e}}_z$ und $\Re \underline{\mathbf{s}} = s_{\mathrm{R}x}\underline{\mathbf{e}}_x + s_{\mathrm{R}z}\underline{\mathbf{e}}_z$, wobei $s_{\mathrm{R}z} = \sigma_{\mathrm{R}} s_{\mathrm{R}x}$, tatsächlich *quer*gedämpft bezüglich der *Energie*geschwindigkeitsrichtung, sofern man für $s_{\mathrm{I}z}$ das physikalisch sinnvolle Vorzeichen gewählt hat. Wir berechnen nämlich in Verallgemeinerung von (8.4.35) für transversal-isotrope Materialien

$$\begin{aligned} \underline{\mathbf{c}}_{\mathrm{ESH}}(\underline{\mathbf{s}}) &= \frac{2\left[\mu_\perp \Re\underline{\mathbf{s}} + (\mu_\parallel - \mu_\perp)\Re\underline{\mathbf{s}}\cdot\hat{\underline{\mathbf{a}}}\,\hat{\underline{\mathbf{a}}}\right]}{\rho + \mu_\perp \underline{\mathbf{s}}\cdot\underline{\mathbf{s}}^* + (\mu_\parallel - \mu_\perp)\underline{\mathbf{s}}\,\underline{\mathbf{s}}^* : \hat{\underline{\mathbf{a}}}\,\hat{\underline{\mathbf{a}}}} \\ &= \frac{2\Re\underline{\mathbf{s}}\cdot\left[\mu_\perp(\underline{\underline{\mathbf{I}}} - \hat{\underline{\mathbf{a}}}\,\hat{\underline{\mathbf{a}}}) + \mu_\parallel\,\hat{\underline{\mathbf{a}}}\,\hat{\underline{\mathbf{a}}}\right]}{\rho + \mu_\perp \underline{\mathbf{s}}\cdot\underline{\mathbf{s}}^* + (\mu_\parallel - \mu_\perp)\underline{\mathbf{s}}\,\underline{\mathbf{s}}^* : \hat{\underline{\mathbf{a}}}\,\hat{\underline{\mathbf{a}}}} \ , \end{aligned} \tag{9.3.39}$$

da sich im Falle komplexer *Slowness*-Vektoren mit

$$\underline{\mathbf{u}}(\underline{\mathbf{R}}, \omega, \underline{\mathbf{s}}) = u(\omega)\,\mathrm{e}^{\mathrm{j}\omega\underline{\mathbf{s}}\cdot\underline{\mathbf{R}}}\,\hat{\underline{\mathbf{u}}}(\underline{\mathbf{s}}) \tag{9.3.40}$$

und

$$\hat{\underline{\mathbf{u}}}(\underline{\mathbf{s}})\cdot\hat{\underline{\mathbf{u}}}^*(\underline{\mathbf{s}}) = 1 \tag{9.3.41}$$

in anisotroper Verallgemeinerung von (8.2.37) und (8.2.38) ergibt[22]:

$$\underline{\mathbf{S}}_{\mathrm{K}}(\underline{\mathbf{R}}, \omega, \underline{\mathbf{s}}) = -\frac{\omega^2}{2}\,|u(\omega)|^2\,\mathrm{e}^{-2\omega\Im\underline{\mathbf{s}}\cdot\underline{\mathbf{R}}}\,\hat{\underline{\mathbf{u}}}(\underline{\mathbf{s}})\cdot\underline{\underline{\underline{\underline{\mathbf{c}}}}} : \underline{\mathbf{s}}^*\hat{\underline{\mathbf{u}}}^*(\underline{\mathbf{s}}) \ , \tag{9.3.42}$$

$$\langle w(\underline{\mathbf{R}}, t, \underline{\mathbf{s}})\rangle = \frac{\omega^2\rho}{4}\,|u(\omega)|^2\,\mathrm{e}^{-2\omega\Im\underline{\mathbf{s}}\cdot\underline{\mathbf{R}}} + \frac{\omega^2}{4}\,|u(\omega)|^2\,\mathrm{e}^{-2\omega\Im\underline{\mathbf{s}}\cdot\underline{\mathbf{R}}}\,\underline{\mathbf{s}}\,\hat{\underline{\mathbf{u}}}(\underline{\mathbf{s}}) : \underline{\underline{\underline{\underline{\mathbf{c}}}}} : \underline{\mathbf{s}}^*\hat{\underline{\mathbf{u}}}^*(\underline{\mathbf{s}}) \ ; \tag{9.3.43}$$

daraus folgt

$$\underline{\mathbf{c}}_{\mathrm{E}}(\underline{\mathbf{s}}) = \frac{2\Re\left\{\underline{\underline{\underline{\underline{\mathbf{c}}}}} \,\vdots\, \underline{\mathbf{s}}^*\hat{\underline{\mathbf{u}}}^*(\underline{\mathbf{s}})\hat{\underline{\mathbf{u}}}(\underline{\mathbf{s}})\right\}}{\rho + \underline{\mathbf{s}}\,\hat{\underline{\mathbf{u}}}(\underline{\mathbf{s}}) : \underline{\underline{\underline{\underline{\mathbf{c}}}}} : \underline{\mathbf{s}}^*\hat{\underline{\mathbf{u}}}^*(\underline{\mathbf{s}})} \ . \tag{9.3.44}$$

Mit (4.2.12) und unter Beachtung von $\underline{\mathbf{s}}^*\cdot\hat{\underline{\mathbf{u}}}_{\mathrm{SH}} = 0$, $\hat{\underline{\mathbf{a}}}\cdot\hat{\underline{\mathbf{u}}}_{\mathrm{SH}} = 0$, $\hat{\underline{\mathbf{u}}}_{\mathrm{SH}}\cdot\hat{\underline{\mathbf{u}}}_{\mathrm{SH}}^* = 1$ (Fußnote 27) findet man

$$\underline{\underline{\underline{\underline{\mathbf{c}}}}}^{\mathrm{triso}} \,\vdots\, \underline{\mathbf{s}}^*\hat{\underline{\mathbf{u}}}_{\mathrm{SH}}^*\hat{\underline{\mathbf{u}}}_{\mathrm{SH}} = \underline{\mathbf{s}}^*\cdot\left[\mu_\perp\underline{\underline{\mathbf{I}}} + (\mu_\parallel - \mu_\perp)\hat{\underline{\mathbf{a}}}\,\hat{\underline{\mathbf{a}}}\right] \tag{9.3.45}$$

bzw. (9.3.39) und wegen (9.3.35) gilt offensichtlich

$$\underline{\mathbf{c}}_{\mathrm{ESH}}(\underline{\mathbf{s}})\cdot\underline{\mathbf{e}}_z = 0 \ . \tag{9.3.46}$$

Diese Tatsache ist für das *isotrope* nichtdissipative Material nicht auffällig, da Phasen- und Energiegeschwindigkeitsvektor gleiche Richtung haben.

9.3.3 Reflexion und Transmission ebener SH-Wellen an der ebenen Trennfläche zwischen homogen-isotropen und homogen-transversal-isotropen nichtdissipativen Materialien

Wir hatten bereits mehrfach davon Gebrauch gemacht, dass wir uns die x-Komponente eines reellen oder komplexen *Slowness*-Vektors durch die Phasenanpassung an Grenz- oder Trennflächen elastischer Halbräume vorgegeben denken. Infolgedessen sollten wir uns die Aussagen des vorigen Unterabschnitts anhand von *Slowness*-Diagrammen veranschaulichen können. Wir

[22]Der zweite Term in (9.3.43) lässt sich nicht mehr über die Kelvin-Christoffel-Gleichung

$$(\underline{\mathbf{s}}\cdot\underline{\underline{\underline{\underline{\mathbf{c}}}}}\cdot\underline{\mathbf{s}} - \rho\underline{\underline{\mathbf{I}}})\cdot\hat{\underline{\mathbf{u}}}(\underline{\mathbf{s}}) = \underline{\mathbf{0}}$$

umformen, weswegen für *inhomogene* ebene Wellen, genau wie im isotropen nichtdissipativen Material, die zeitlich gemittelte kinetische Energiedichte nicht mehr gleich der zeitlich gemittelten potentiellen Energiedichte ist.

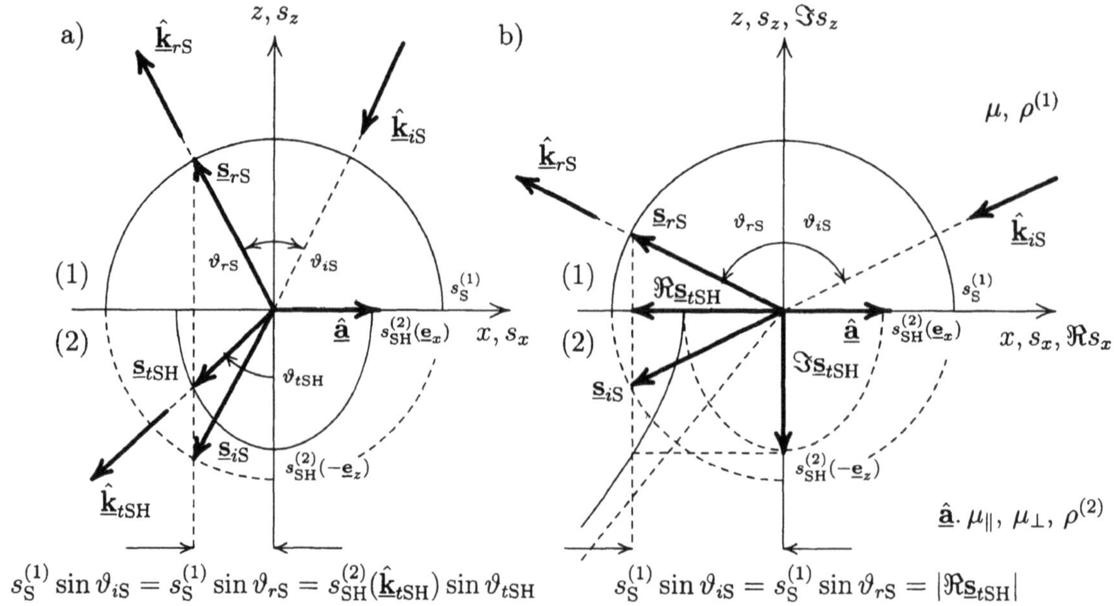

Abb. 9.3.2: Slowness-*Diagramme für die Reflexion und Transmission einer SH-Welle an der Trennfläche eines homogen-isotropen nichtdissipativen und eines homogen-transversal-isotropen nichtdissipativen elastischen Halbraums:* $\hat{\underline{\mathbf{a}}} = \underline{\mathbf{e}}_x$, $\mu_\parallel > \mu_\perp$, $c_{\mathrm{S}}^{(1)} < c_{\mathrm{SH}}^{(2)}(\underline{\mathbf{e}}_x)$*; a)* $\vartheta_{i\mathrm{S}} \leq \vartheta_{ct\mathrm{SH}}$ *b)* $\vartheta_{i\mathrm{S}} > \vartheta_{ct\mathrm{SH}}$

beschränken uns zunächst auf den einfachsten Fall einer Trennfläche zwischen einem homogen-isotropen nichtdissipativen ($z > 0 : \mu, \rho^{(1)}$) und einem homogen-transversal-isotropen nichtdissipativen Halbraum ($z < 0 : \hat{\underline{\mathbf{a}}}, \mu_\parallel, \mu_\perp, \rho^{(2)}$) für SH-Wellen-Einfall aus dem isotropen Halbraum. Die Annahme „$\hat{\underline{\mathbf{a}}}$ liegt in der Einfallsebene" macht $-\underline{\mathbf{e}}_y$ zum Polarisationsvektor der SH-Wellen in beiden Halbräumen, sodass uns physikalische Intuition vermittelt, dass keine Modekonversion in qP- und/oder qSV-Wellen stattfindet: Genau in *diesem* Fall sind SH- von qP- und qSV-Wellen entkoppelt.

Vorzugsrichtung $\hat{\underline{\mathbf{a}}}$ *in der Trennfläche*

Mit den Abbildungen 9.3.2a,b übertragen wir die Abbildungen 9.2.3a,b auf den oben definierten Fall: Für den transversal-isotropen Halbraum $z < 0$ haben wir das SH-*Slowness*-Diagramm für kohlefaserverstärkten Kunststoff der Abb. 8.3.9 mit $\hat{\underline{\mathbf{a}}} = \underline{\mathbf{e}}_x$ zugrundegelegt. Da wir gleich den interessanteren Fall $s^{(1)} > s^{(2)}(\underline{\mathbf{e}}_x)$ mit der Konsequenz der Existenz des kritischen Winkels $\vartheta_{ct\mathrm{SH}}$ ausgesucht haben, unterscheiden wir $\vartheta_{i\mathrm{S}} \leq \vartheta_{ct\mathrm{SH}}$ (Abbildung 9.3.2a) und $\vartheta_{i\mathrm{S}} > \vartheta_{ct\mathrm{SH}}$ (Abbildung 9.3.2b).

Wir beginnen mit dem Fall $\vartheta_{i\mathrm{S}} \leq \vartheta_{t\mathrm{SH}}$. Die Phasenanpassung einfallender, reflektierter und transmittierter ebener SH-Wellen (man vergleiche (9.2.1)–(9.2.3))

$$\underline{\mathbf{u}}_{i\mathrm{S}}(\underline{\mathbf{R}}, \omega, \hat{\underline{\mathbf{k}}}_{i\mathrm{S}}) = -u_{i\mathrm{S}}(\omega)\, \mathrm{e}^{\mathrm{j}\omega s_{\mathrm{S}}^{(1)} \hat{\underline{\mathbf{k}}}_{i\mathrm{S}} \cdot \underline{\mathbf{R}}}\, \underline{\mathbf{e}}_y \quad , \quad z \geq 0 \tag{9.3.47}$$

$$\underline{\mathbf{u}}_{r\mathrm{S}}(\underline{\mathbf{R}}, \omega, \hat{\underline{\mathbf{k}}}_{r\mathrm{S}}) = -R_{\mathrm{SH}}^{\mathrm{triso}}(\vartheta_{i\mathrm{S}})\, u_{i\mathrm{S}}(\omega)\, \mathrm{e}^{\mathrm{j}\omega s_{\mathrm{S}}^{(1)} \hat{\underline{\mathbf{k}}}_{r\mathrm{S}} \cdot \underline{\mathbf{R}}}\, \underline{\mathbf{e}}_y \quad , \quad z \geq 0 \tag{9.3.48}$$

$$\underline{\mathbf{u}}_{t\mathrm{SH}}(\underline{\mathbf{R}}, \omega, \hat{\underline{\mathbf{k}}}_{t\mathrm{SH}}) = -T_{\mathrm{SH}}^{\mathrm{triso}}(\vartheta_{i\mathrm{S}})\, u_{i\mathrm{S}}(\omega)\, \mathrm{e}^{\mathrm{j}\omega s_{\mathrm{SH}}^{(2)}(\hat{\underline{\mathbf{k}}}_{t\mathrm{SH}}) \hat{\underline{\mathbf{k}}}_{t\mathrm{SH}} \cdot \underline{\mathbf{R}}}\, \underline{\mathbf{e}}_y \quad , \quad z \leq 0 \tag{9.3.49}$$

für alle x, y in der Trennfläche $z = 0$ ergibt über die Gleichungskette

$$s_{\mathrm{S}}^{(1)} \sin\vartheta_{i\mathrm{S}} = s_{\mathrm{S}}^{(1)} \sin\vartheta_{r\mathrm{S}} = s_{\mathrm{SH}}^{(2)}(\hat{\underline{\mathbf{k}}}_{t\mathrm{S}}) \sin\vartheta_{t\mathrm{SH}} \tag{9.3.50}$$

das Reflexions- und das Brechungsgesetz

$$\vartheta_{r\mathrm{S}} = \vartheta_{i\mathrm{S}} \quad , \tag{9.3.51}$$

$$s_{\mathrm{SH}}^{(2)}(\hat{\underline{\mathbf{k}}}_{t\mathrm{SH}}) \sin\vartheta_{t\mathrm{SH}} = s_{\mathrm{S}}^{(1)} \sin\vartheta_{i\mathrm{S}} \quad . \tag{9.3.52}$$

Man beachte: Zunächst ist das Brechungsgesetz (9.3.52) eine implizite Gleichung für den Transmissionswinkel, da über

$$\hat{\underline{\mathbf{k}}}_{t\mathrm{SH}} = -\sin\vartheta_{t\mathrm{SH}}\, \underline{\mathbf{e}}_x - \cos\vartheta_{t\mathrm{SH}}\, \underline{\mathbf{e}}_z \tag{9.3.53}$$

die *Slowness* $s_{\mathrm{SH}}^{(2)}(\hat{\underline{\mathbf{k}}}_{t\mathrm{SH}})$ ebenfalls von $\vartheta_{t\mathrm{SH}}$ abhängt; man muss unter Benutzung der Eigenwertgleichung die explizite Abhängigkeit von $\vartheta_{i\mathrm{S}}$ „sichtbar“ machen, was zwar oft — für den SH-Wellenmode auch für $\hat{\underline{\mathbf{a}}} \neq \underline{\mathbf{e}}_x$ und für qP- und qSV-Wellenmoden zumindest für $\hat{\underline{\mathbf{a}}} \cdot \underline{\mathbf{e}}_z = 0$ — gelingt, denn es sind in diesen Fällen immer nur quadratische Gleichungen zu lösen, jedoch kann die Schreibarbeit erheblich sein. Hier, für den SH-Fall, werden wir die Vorgehensweise eingehend erläutern.

Abbildung 9.3.2a verrät uns, dass für $s_{\mathrm{S}}^{(1)} > s_{\mathrm{SH}}^{(2)}(-\underline{\mathbf{e}}_x)$ ein kritischer Winkel $\vartheta_{ct\mathrm{SH}}$ existiert; falls $\vartheta_{i\mathrm{S}} = \vartheta_{ct\mathrm{SH}}$, ist offensichtlich $\vartheta_{t\mathrm{SH}} = \pi/2$ und deshalb $\hat{\underline{\mathbf{k}}}_{t\mathrm{SH}} = -\underline{\mathbf{e}}_x$; also ergibt sich

$$\begin{aligned} \sin\vartheta_{ct\mathrm{SH}} &= \frac{s_{\mathrm{SH}}^{(2)}(-\underline{\mathbf{e}}_x)}{s_{\mathrm{S}}^{(1)}} \\ &= \frac{s_{\mathrm{SH}}^{(2)}(\hat{\underline{\mathbf{a}}})}{s_{\mathrm{S}}^{(1)}} \\ &= \sqrt{\frac{\rho^{(2)}\,\mu}{\rho^{(1)}\,\mu_{\|}}} \quad . \end{aligned} \tag{9.3.54}$$

Für $\vartheta_{i\mathrm{S}} < \vartheta_{ct\mathrm{SH}}$ hat die SH-Eigenwertgleichung

$$\mu_{\perp}\, s^2 + (\mu_{\|} - \mu_{\perp})\,(\underline{\mathbf{s}} \cdot \hat{\underline{\mathbf{a}}})^2 - \rho^{(2)} = 0 \tag{9.3.55}$$

mit reellem *Slowness*-Vektor

$$\underline{\mathbf{s}} \Longrightarrow \underline{\mathbf{s}}_{t\mathrm{SH}} = s_{t\mathrm{SH}x}\, \underline{\mathbf{e}}_x + s_{t\mathrm{SH}z}\, \underline{\mathbf{e}}_z \tag{9.3.56}$$

bei Vorgabe von

$$s_{t\mathrm{SH}x} = s_{\mathrm{S}}^{(1)} \sin\vartheta_{i\mathrm{S}} \tag{9.3.57}$$

zwei *reelle* Nullstellen $s_{t\mathrm{SH}z}$, die man wegen $\underline{\mathbf{s}}_{t\mathrm{SH}} \cdot \hat{\underline{\mathbf{a}}} = s_{t\mathrm{SH}x}$ — es ist $\hat{\underline{\mathbf{a}}} = \underline{\mathbf{e}}_x$ — und $s_{t\mathrm{SH}x}^2 + s_{t\mathrm{SH}z}^2 = s_{\mathrm{SH}}^{(2)^2}$ unmittelbar aus der SH-Eigenwertgleichung (9.3.55) findet[23]:

$$s_{t\mathrm{SH}z} = \pm\sqrt{\frac{\mu_{\|}}{\mu_{\perp}}}\sqrt{\frac{\rho^{(2)}}{\mu_{\|}} - s_{\mathrm{S}}^{(1)^2} \sin^2\vartheta_{i\mathrm{S}}} \quad . \tag{9.3.58}$$

Die Auswahl der „richtigen“ z-Komponente des *Slowness*-Vektors erfolgt mit physikalischen Argumenten: Für transmittierte Wellen im Halbraum $z < 0$ ist allein das negative Vorzeichen brauchbar. Wir bräuchten aber nur die beiden Halbräume samt Welleneinfall zu vertauschen, und schon wäre das andere Vorzeichen relevant. Mit den beiden Komponenten (9.3.57), (9.3.58) — oder, im Falle $\hat{\underline{\mathbf{a}}} = \underline{\mathbf{e}}_x$, direkt mit (9.3.55) und (9.3.57) — ist $s_{\mathrm{SH}}^{(2)}(\hat{\underline{\mathbf{k}}}_{t\mathrm{SH}})$ gemäß

$$s_{\mathrm{SH}}^{(2)}(\hat{\underline{\mathbf{k}}}_{t\mathrm{SH}}) = \sqrt{\frac{\rho^{(2)} - (\mu_{\|} - \mu_{\perp})\, s_{\mathrm{S}}^{(1)^2} \sin^2\vartheta_{i\mathrm{S}}}{\mu_{\perp}}} \tag{9.3.59}$$

[23]Für $\hat{\underline{\mathbf{a}}} = \underline{\mathbf{e}}_x$ oder, allgemeiner, $\hat{\underline{\mathbf{a}}}$ in der xy-Ebene, findet man s_z stets, d.h. auch für qP- und qSV-Wellenmoden, in dieser explizit-einfachen Form (Spies, 1994), da in den qP- und qSV-Eigenwertgleichungen ebenfalls nur $\underline{\mathbf{s}} \cdot \hat{\underline{\mathbf{a}}}$ vorkommt (man vergleiche (9.3.25)); man muss allerdings bereits eine quadratische Gleichung in s^2 lösen.

und damit

$$\sin\vartheta_{t\mathrm{SH}} = s_{\mathrm{S}}^{(1)} \sin\vartheta_{i\mathrm{S}} \sqrt{\frac{\mu_\perp}{\rho^{(2)} - (\mu_\parallel - \mu_\perp) s_{\mathrm{S}}^{(1)^2} \sin^2\vartheta_{i\mathrm{S}}}} \tag{9.3.60}$$

aus dem Brechungsgesetz als Funktion des Einfallswinkels berechenbar.

Für $\vartheta_{i\mathrm{S}} > \vartheta_{t\mathrm{SH}}$ erwarten wir transmittierte inhomogene ebene Wellen, also Lösungen der SH-Eigenwertgleichung (9.3.55) mit

$$\Re \underline{\mathbf{s}}_{t\mathrm{SH}} = s_{\mathrm{R}t\mathrm{SH}x}\, \underline{\mathbf{e}}_x + s_{\mathrm{R}t\mathrm{SH}z}\, \underline{\mathbf{e}}_z \ , \tag{9.3.61}$$

$$\Im \underline{\mathbf{s}}_{t\mathrm{SH}} = s_{\mathrm{I}t\mathrm{SH}z}\, \underline{\mathbf{e}}_z \ , \tag{9.3.62}$$

wobei gemäß (9.3.33) für $\underline{\hat{\mathbf{a}}} = \underline{\mathbf{e}}_x$ sofort $s_{\mathrm{R}t\mathrm{SH}z} = 0$ ($\sigma_{\mathrm{R}} = 0$ in (9.3.36)) folgt; mit (9.3.57) ergibt sich deshalb

$$\begin{aligned} s_{\mathrm{I}t\mathrm{SH}z} &= \pm \frac{s_{\mathrm{SH}}^{(2)}(\underline{\mathbf{e}}_z)}{s_{\mathrm{SH}}^{(2)}(-\underline{\mathbf{e}}_x)} \sqrt{s_{\mathrm{R}t\mathrm{SH}x}^2 - s_{\mathrm{SH}}^{(2)^2}(-\underline{\mathbf{e}}_x)} \\ &= \pm \sqrt{\frac{\mu_\parallel}{\mu_\perp}} \sqrt{s_{\mathrm{S}}^{(1)^2} \sin^2\vartheta_{i\mathrm{S}} - \frac{\rho^{(2)}}{\mu_\parallel}} \end{aligned} \tag{9.3.63}$$

aus Gleichung (9.3.37). Dies ist genau wie in Abb. 9.2.3 als Funktion von $s_{\mathrm{S}}^{(1)} \sin\vartheta_{i\mathrm{S}}$ eine Hyperbel, allerdings mit einer durch das Verhältnis $\sqrt{\mu_\parallel/\mu_\perp}$ gegebenen Asymptote (Abbildung 9.3.2b); es versteht sich, dass für den Halbraum $z < 0$ (und die Zeitabhängigkeit $\mathrm{e}^{-\mathrm{j}\omega t}$) das negative Vorzeichen relevant ist.

Vorzugsrichtung $\underline{\hat{\mathbf{a}}}$ geneigt zur Trennfläche

Mit den Abbildungen 9.3.3 und 9.3.4 wenden wir uns dem Fall einer bezüglich der Trennfläche geneigten Vorzugsrichtung des transversal-isotropen Halbraums zu. Wir werden sehen, dass es trotz der „harmlosen" Elliptizität des SH-*Slowness*-Diagramms eine reiche Auswahl von Möglichkeiten gibt. Es sei aber weiterhin $\underline{\hat{\mathbf{a}}} \cdot \underline{\mathbf{e}}_y = 0$, sodass die SH-Wellenmoden von den qP- und qSV-Wellenmoden entkoppelt sind.

Anhand von Abb. 9.3.3 — auf die zugehörigen Formeln kommen wir im nächsten Paragraphen zu sprechen — diskutieren wir zunächst die Orientierung von $\underline{\hat{\mathbf{a}}}$ „nach unten", d.h. es sei $\underline{\hat{\mathbf{a}}} \cdot \underline{\mathbf{e}}_z < 0$, $0 < \underline{\hat{\mathbf{a}}} \cdot \underline{\mathbf{e}}_x < 1$. Dies bewirkt eine Drehung des *Slowness*-Diagramms relativ zur Trennfläche mit der Konsequenz einer Unsymmetrie bezüglich des Welleneinfalls von „links" oder von „rechts"; mit Abb. 9.3.3 bleiben wir zunächst bei einer *negativen* x-Komponente von $\underline{\mathbf{s}}_{i\mathrm{S}}$, ebenso wie in Abb. 9.3.2. Die in Abb. 9.3.3a gestrichelt eingezeichneten Phasenanpassungslinien teilen das SH-*Slowness*-Diagramm für $s_x \leq 0$ in drei Bereiche: den Bereich I, in dem es *eine* reelle Nullstelle $s_z < 0$ der SH-Eigenwertgleichung gibt, den (in diesem Fall sehr schmalen) Bereich II, in dem es *zwei* reelle Nullstellen $s_z < 0$ gibt und den Bereich III, in dem es zwei konjugiert komplexe s_z-Nullstellen gibt. Mit den Abbildungen 9.3.3b,c greifen wir Einfallswinkel heraus, für die $s_{i\mathrm{S}x}$ in den Bereich I fällt: Offensichtlich gibt es jeweils *einen* Schnittpunkt der zugehörigen Phasenanpassungslinien mit dem *Slowness*-Diagramm im unteren Halbraum, sodass in beiden Fällen der *Slowness*-Vektor $\underline{\mathbf{s}}_{t\mathrm{SH}}$ der transmittierten SH-Welle eine negative z-Komponente besitzt, d.h. die Phasenausbreitung erfolgt, wie wir es bisher gewohnt sind, weg von der Trennfläche. Dies ist aber *nicht* das mathematische Kriterium für eine physikalisch sinnvolle Lösung $s_{t\mathrm{SH}z}$ der Eigenwertgleichung: Es kommt nämlich darauf an, ob sich die *Energie* von der Trennfläche wegbewegt, d.h. ob der Energiegeschwindigkeitsvektor $\underline{\mathbf{c}}_{\mathrm{E}t\mathrm{SH}}(\underline{\hat{\mathbf{s}}}_{t\mathrm{SH}})$ eine negative z-Komponente hat; das ist beide Male der Fall — der Energiegeschwindigkeitsvektor steht ja senkrecht auf der *Slowness*-Fläche! —, dennoch passiert Erstaunliches: Obwohl die aus

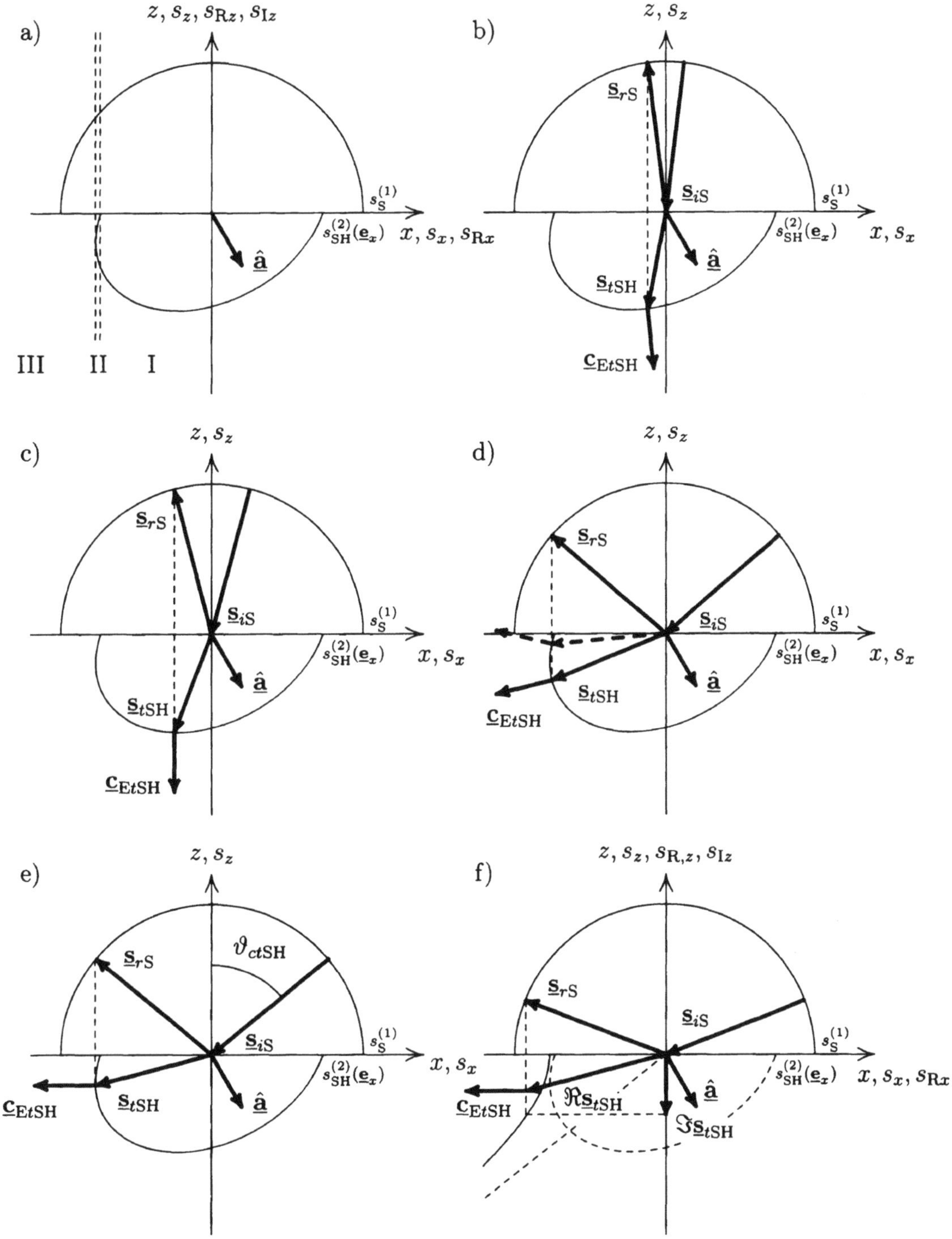

Abb. 9.3.3: Slowness-*Diagramme für die Reflexion und Transmission einer SH-Welle an der Trennfläche eines homogen-isotropen nichtdissipativen und eines homogen-transversal-isotropen nichtdissipativen elastischen Halbraums:* $0 < \underline{\hat{\mathbf{a}}} \cdot \underline{\mathbf{e}}_x < 1$, $\underline{\hat{\mathbf{a}}} \cdot \underline{\mathbf{e}}_z < 0$, $\mu_\parallel > \mu_\perp$, $c_S^{(1)} < c_{SH}^{(2)}(-\underline{\mathbf{e}}_x)$

dem isotropen Halbraum einfallende SH-Welle schräg auf die Trennfläche auftrifft, kann sich die Energie im transversal-isotropen Halbraum senkrecht nach unten (Abbildung 9.3.3c) oder sogar „rückwärts" (Abbildung 9.3.3b) ausbreiten. Der Fehlinterpretation von US-Anzeigen ist deshalb Tür und Tor geöffnet, wenn man der eventuellen Anisotropie eines Materials nicht Rechnung trägt. Physikalisch verständlich ist ein derartiges Verhalten aber durchaus: Senkrechter Einfall führt beispielsweise zu einem „Abknicken" der Energieausbreitung in Richtung $\underline{\hat{\mathbf{a}}}$, denn für $\mu_{\|} > \mu_{\perp}$ liegt in der „schrägen" $\underline{\hat{\mathbf{a}}}$-Richtung die größte Energiegeschwindigkeit vor (Abbildung 8.3.10), die senkrecht einfallende Welle „sieht" davon eine Komponente senkrecht zur Trennfläche und „nimmt dieses Angebot wahr".

Mit Abb. 9.3.3d wenden wir uns einem Beispiel aus dem Bereich II zu: Eine entsprechend gewählte s_{iSx}-Komponente hat offenbar zwei verschieden negativ-reelle s_{tSHz}-Lösungen der Eigenwertgleichung (9.3.34) zur Folge, von denen aber die betragsmäßig kleinere aus physikalischem Grund ausscheidet: Für einen derartigen *Slowness*-Vektor hat die Energiegeschwindigkeit eine *positive* z-Komponente; erst physikalische Argumentation macht die mathematisch-mehrdeutige Wellenausbreitung eindeutig[24] ! Mit betragsmäßig zunehmender s_{iSx}-Komponente streben nun die beiden möglichen *Slowness*-Vektoren aus dem Bereich II einem einzigen zu, für den die Energiegeschwindigkeit nur eine (negative) x-Komponente hat, d.h. die Energie strömt parallel zur Trennfläche (Abbildung 9.3.3e). Der zugehörige Einfallswinkel ist der kritische Winkel ϑ_{ctSH}, und wir erwarten, dass für Einfallswinkel größer als ϑ_{ctSH} aufgrund der dann konjugiert komplexen s_{tSHz}-Nullstellen der SH-Eigenwertgleichung eine Querdämpfung dieser Energieströmung auftritt (Quer*dämpfung*, falls wir das passende Vorzeichen des Imaginärteils auswählen). In der Tat konstruieren wir in Abb. 9.3.3f für s_{iSx} aus dem Bereich III mit dem negativen Ast der Hyperbel (9.3.37) den Imaginärteil $\Im\underline{\mathbf{s}}_{tSH} = s_{ItSHz}\,\underline{\mathbf{e}}_z$ des *Slowness*-Vektors als (Energie-)Dämpfungsvektor; für den Realteilvektor erhalten wir mit (9.3.36)

$$\Re\underline{\mathbf{s}}_{tSH} = -s_{\mathrm{S}}^{(1)} \sin\vartheta_{i\mathrm{S}}(\underline{\mathbf{e}}_x + \sigma_{\mathrm{R}}\,\underline{\mathbf{e}}_z) \quad , \tag{9.3.64}$$

und dessen Richtung ist gegenüber dem „kritischen *Slowness*-Vektor" der Abbildung 9.3.3e gleich geblieben; dies gilt wegen (9.3.46) auch für die Energiegeschwindigkeit.

Wir diskutieren nun anhand von Abb. 9.3.4 die Orientierung der Vorzugsrichtung $\underline{\hat{\mathbf{a}}}$ „nach oben", d.h. wir setzen $\underline{\hat{\mathbf{a}}} \cdot \underline{\mathbf{e}}_z > 0$ sowie weiterhin $0 < \underline{\hat{\mathbf{a}}} \cdot \underline{\mathbf{e}}_x < 1$ voraus. Die Drehung des *Slowness*-Diagramms erfolgt deshalb in die gegenüber Abb. 9.3.3 entgegengesetzte Richtung, und „vorsichtshalber" haben wir das gesamte 360°-Diagramm eingezeichnet; dieselben Phasenanpassungslinien wie in Abb. 9.3.3a definieren auch hier die Bereiche I, II und III für charakteristisch unterschiedliche Werte von $-s_{\mathrm{S}}^{(1)} \sin\vartheta_{i\mathrm{S}}$. Die den Abbildungen 9.3.3b-d korrespondierenden Teilbilder der Abb. 9.3.4 haben wir weggelassen, da wir uns die entsprechenden Ergebnisse leicht vorstellen können: Beispielsweise führt der senkrechte Einfall nunmehr zu einer *negativen* x-Komponente der Energiegeschwindigkeit der transmittierten SH-Welle, und dasselbe gilt für alle Einfallswinkel $\vartheta_{i\mathrm{S}} > 0$, für die $-s_{\mathrm{S}}^{(1)} \sin\vartheta_{i\mathrm{S}}$ im Bereich I liegt. Wenn wir mit der Trennflächenphase der einfallenden Welle in den Bereich II gelangen, erhalten wir erneut zwei reelle s_z-Lösungen der Eigenwertgleichung, die aber, im Gegensatz zum Bereich I, *beide* auf dem (gestrichelt gezeichneten) *Slowness*-Diagramm für $z > 0$ liegen; Abbildung 9.3.4a macht dies anschaulich. Es hat also zunächst den Anschein, als ob beide Lösungen für transmittierte Wellen irrelevant seien, da die zugehörigen *Slowness*-Vektoren weg von der Trennfläche zeigen; dies betrifft aber die *Phasen*ausbreitung, die *Energie*ausbreitung ist für die betragsmäßig kleinere der beiden Lösungen tatsächlich in den unteren Halbraum $z < 0$ gerichtet, sodass diese Lösung physikalisch sinnvoll einer transmittierten Welle entspricht. An den Rand des Bereichs III gelangen wir nun durch die Konvergenz der beiden eben genannten Lösungen, bis sie schließlich

[24]Die „verkehrte" Richtung der Energiegeschwindigkeit ist deshalb auch der eigentliche Grund, warum die ($s_z > 0$)-Lösungen im Bereich I ausscheiden.

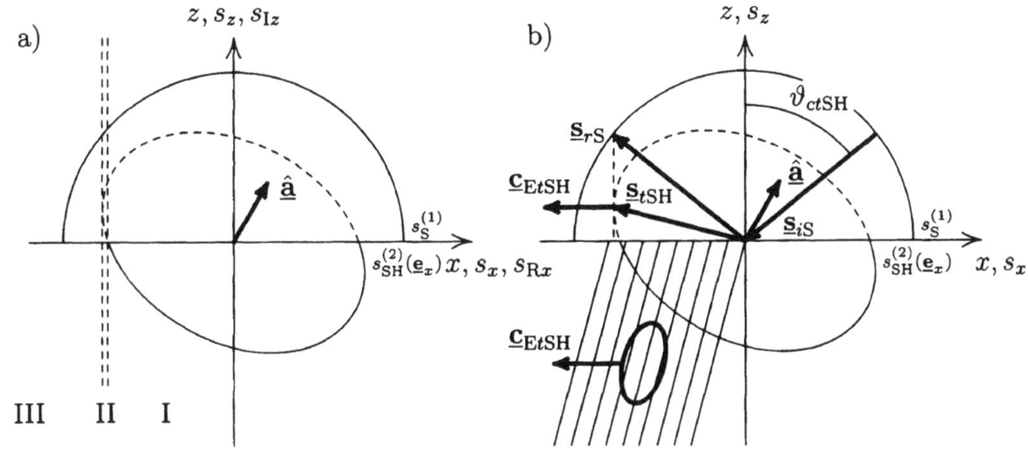

Abb. 9.3.4: Slowness-*Diagramme für die Reflexion und Transmission einer SH-Welle an der Trennfläche eines homogen-isotropen nichtdissipativen und eines homogen-transversal-isotropen nichtdissipativen elastischen Halbraums:* $0 < \underline{\hat{\mathbf{a}}} \cdot \underline{\mathbf{e}}_x < 1$, $\underline{\hat{\mathbf{a}}} \cdot \underline{\mathbf{e}}_z > 0$, $\mu_\parallel > \mu_\perp$, $c_S^{(1)} < c_{SH}^{(2)}(-\underline{\mathbf{e}}_x)$

zusammenfallen; der resultierende *Slowness*-Vektor zeigt zwar ebenfalls in den Halbraum $z > 0$, der Energiegeschwindigkeitsvektor ist jedoch parallel zur Trennfläche gerichtet, sodass wir den Übergang zu den energetisch quergedämpften transmittierten Wellen des Bereichs III vorliegen haben (Abbildung 9.3.4b). Dieser Wellentyp ist für den vorliegenden Fall in Abb. 9.3.4b als Wellenpaket skizziert (man vergleiche Abb. 8.3.2 und Gleichung (8.3.30)): Die Vorstellung einer transmittierten Welle, deren Phasenausbreitung in den oberen Halbraum und deren Energieausbreitung in den unteren Halbraum oder parallel zur Trennfläche gerichtet ist, macht uns dann gar keine Probleme mehr.

Reflexions- und Transmissionsfaktoren

Wir schreiben den Deformationstensor (8.3.12) einer ebenen elastischen Welle, indem wir den *Slowness*-Vektor explizit „sichtbar" machen:

$$\underline{\underline{\mathbf{S}}}(\underline{\mathbf{R}}, \omega, \underline{\mathbf{s}}) = \mathrm{j}\omega\, u(\omega)\, \mathrm{e}^{\mathrm{j}\omega \underline{\mathbf{s}}(\hat{\underline{\mathbf{k}}})\cdot\underline{\mathbf{R}}}\, \frac{1}{2} \left[\underline{\mathbf{s}}(\hat{\underline{\mathbf{k}}})\, \hat{\underline{\mathbf{u}}}(\hat{\underline{\mathbf{k}}}) + \hat{\underline{\mathbf{u}}}(\hat{\underline{\mathbf{k}}})\, \underline{\mathbf{s}}(\hat{\underline{\mathbf{k}}})\right] \quad ; \tag{9.3.65}$$

hierin ist der Phasenausbreitungs(einheits)vektor $\hat{\underline{\mathbf{k}}}$ gemäß

$$\hat{\underline{\mathbf{k}}} = \widehat{\Re \underline{\mathbf{s}}} \tag{9.3.66}$$

durch den Einheitsvektor $\widehat{\Re \underline{\mathbf{s}}}$ des Realteilvektors $\Re \underline{\mathbf{s}}$ des möglicherweise auch komplexwertigen *Slowness*-Vektors $\underline{\mathbf{s}}$ gegeben. Für den SH-Wellenmode ist $\hat{\underline{\mathbf{u}}}(\hat{\underline{\mathbf{k}}}) = -\underline{\mathbf{e}}_y$, weshalb (8.3.89) unmittelbar

$$\begin{aligned}
\underline{\underline{\mathbf{T}}}_{\mathrm{SH}}(\underline{\mathbf{R}}, \omega, \underline{\mathbf{s}}) &= \underline{\underline{\underline{\underline{\mathbf{c}}}}}^{\mathrm{triso}} : \underline{\underline{\mathbf{S}}}_{\mathrm{SH}}(\underline{\mathbf{R}}, \omega, \underline{\mathbf{s}}) \\
&= -\mathrm{j}\omega\, u(\omega)\, \mathrm{e}^{\mathrm{j}\omega \underline{\mathbf{s}}(\hat{\underline{\mathbf{k}}})\cdot\underline{\mathbf{R}}}\, \underline{\underline{\underline{\underline{\mathbf{c}}}}}^{\mathrm{triso}} : \underline{\mathbf{s}}(\hat{\underline{\mathbf{k}}})\, \underline{\mathbf{e}}_y \\
&= -\mathrm{j}\omega\, u(\omega)\, \mathrm{e}^{\mathrm{j}\omega \underline{\mathbf{s}}(\hat{\underline{\mathbf{k}}})\cdot\underline{\mathbf{R}}} \left\{\mu_\perp \left[\underline{\mathbf{s}}(\hat{\underline{\mathbf{k}}})\, \underline{\mathbf{e}}_y + \underline{\mathbf{e}}_y\, \underline{\mathbf{s}}(\hat{\underline{\mathbf{k}}})\right] + (\mu_\parallel - \mu_\perp)\, \underline{\mathbf{s}}(\hat{\underline{\mathbf{k}}}) \cdot \hat{\underline{\mathbf{a}}}\, (\underline{\mathbf{e}}_y\, \hat{\underline{\mathbf{a}}} + \hat{\underline{\mathbf{a}}}\, \underline{\mathbf{e}}_y)\right\}
\end{aligned} \tag{9.3.67}$$

für den Spannungstensor einer ebenen SH-Welle im transversal-isotropen Material liefert. Den Teilchenverschiebungen (9.3.47)–(9.3.49), die wir gemäß

$$\underline{\mathbf{u}}_{i\mathrm{SH}}(\underline{\mathbf{R}},\omega,\underline{\mathbf{s}}_{i\mathrm{S}}) = -u_{i\mathrm{S}}(\omega)\,\mathrm{e}^{\mathrm{j}\omega\underline{\mathbf{s}}_{i\mathrm{S}}(\hat{\underline{\mathbf{k}}}_{i\mathrm{S}})\cdot\underline{\mathbf{R}}}\,\underline{\mathbf{e}}_y \quad , \quad z \geq 0 \tag{9.3.68}$$

$$\underline{\mathbf{u}}_{r\mathrm{SH}}(\underline{\mathbf{R}},\omega,\underline{\mathbf{s}}_{r\mathrm{S}}) = -R_{\mathrm{SH}}^{\mathrm{triso}}(\vartheta_{i\mathrm{S}})\,u_{i\mathrm{S}}(\omega)\,\mathrm{e}^{\mathrm{j}\omega\underline{\mathbf{s}}_{r\mathrm{S}}(\hat{\underline{\mathbf{k}}}_{r\mathrm{S}})\cdot\underline{\mathbf{R}}}\,\underline{\mathbf{e}}_y \quad , \quad z \geq 0 \tag{9.3.69}$$

$$\underline{\mathbf{u}}_{t\mathrm{SH}}(\underline{\mathbf{R}},\omega,\underline{\mathbf{s}}_{t\mathrm{SH}}) = -T_{\mathrm{SH}}^{\mathrm{triso}}(\vartheta_{i\mathrm{S}})\,u_{i\mathrm{S}}(\omega)\,\mathrm{e}^{\mathrm{j}\omega\underline{\mathbf{s}}_{t\mathrm{SH}}(\hat{\underline{\mathbf{k}}}_{t\mathrm{SH}})\cdot\underline{\mathbf{R}}}\,\underline{\mathbf{e}}_y \quad , \quad z \leq 0 \tag{9.3.70}$$

für beliebig reell- oder komplexwertige *Slowness*-Vektoren schreiben, korrespondieren deshalb die Spannungstensoren

$$\underline{\underline{\mathbf{T}}}_{i\mathrm{SH}}(\underline{\mathbf{R}},\omega,\underline{\mathbf{s}}_{i\mathrm{S}}) = -\mathrm{j}\omega\mu\,u_{i\mathrm{S}}(\omega)\,\mathrm{e}^{\mathrm{j}\omega\underline{\mathbf{s}}_{i\mathrm{S}}(\hat{\underline{\mathbf{k}}}_{i\mathrm{S}})\cdot\underline{\mathbf{R}}}\left[\underline{\mathbf{s}}_{i\mathrm{S}}(\hat{\underline{\mathbf{k}}}_{i\mathrm{S}})\,\underline{\mathbf{e}}_y + \underline{\mathbf{e}}_y\,\underline{\mathbf{s}}_{i\mathrm{S}}(\hat{\underline{\mathbf{k}}}_{i\mathrm{S}})\right] \quad , \tag{9.3.71}$$

$$\underline{\underline{\mathbf{T}}}_{r\mathrm{SH}}(\underline{\mathbf{R}},\omega,\underline{\mathbf{s}}_{r\mathrm{S}}) = -\mathrm{j}\omega\mu\,R_{\mathrm{SH}}^{\mathrm{triso}}(\vartheta_{i\mathrm{S}})\,u_{i\mathrm{S}}(\omega)\,\mathrm{e}^{\mathrm{j}\omega\underline{\mathbf{s}}_{r\mathrm{S}}(\hat{\underline{\mathbf{k}}}_{r\mathrm{S}})\cdot\underline{\mathbf{R}}}\left[\underline{\mathbf{s}}_{r\mathrm{S}}(\hat{\underline{\mathbf{k}}}_{r\mathrm{S}})\,\underline{\mathbf{e}}_y + \underline{\mathbf{e}}_y\,\underline{\mathbf{s}}_{r\mathrm{S}}(\hat{\underline{\mathbf{k}}}_{r\mathrm{S}})\right] \quad , \tag{9.3.72}$$

$$\begin{aligned}\underline{\underline{\mathbf{T}}}_{t\mathrm{SH}}(\underline{\mathbf{R}},\omega,\underline{\mathbf{s}}_{t\mathrm{SH}}) = &-\mathrm{j}\omega\,T_{\mathrm{SH}}^{\mathrm{triso}}(\vartheta_{i\mathrm{S}})\,u_{i\mathrm{S}}(\omega)\,\mathrm{e}^{\mathrm{j}\omega\underline{\mathbf{s}}_{t\mathrm{SH}}(\hat{\underline{\mathbf{k}}}_{t\mathrm{SH}})\cdot\underline{\mathbf{R}}}\Big\{\mu_\perp\left[\underline{\mathbf{s}}_{t\mathrm{SH}}(\hat{\underline{\mathbf{k}}}_{t\mathrm{SH}})\,\underline{\mathbf{e}}_y + \underline{\mathbf{e}}_y\,\underline{\mathbf{s}}_{t\mathrm{SH}}(\hat{\underline{\mathbf{k}}}_{t\mathrm{SH}})\right] + \\ &+ (\mu_\parallel - \mu_\perp)\,\underline{\mathbf{s}}_{t\mathrm{SH}}(\hat{\underline{\mathbf{k}}}_{t\mathrm{SH}})\cdot\hat{\underline{\mathbf{a}}}\,(\underline{\mathbf{e}}_y\,\hat{\underline{\mathbf{a}}} + \hat{\underline{\mathbf{a}}}\,\underline{\mathbf{e}}_y)\Big\}\end{aligned} \tag{9.3.73}$$

Zur Erfüllung der Übergangsbedingungen

$$\underline{\mathbf{u}}_{i\mathrm{SH}}(x,y,z=0,\omega,\underline{\mathbf{s}}_{i\mathrm{S}}) + \underline{\mathbf{u}}_{r\mathrm{SH}}(x,y,z=0,\omega,\underline{\mathbf{s}}_{r\mathrm{S}}) = \underline{\mathbf{u}}_{t\mathrm{SH}}(x,y,z=0,\omega,\underline{\mathbf{s}}_{t\mathrm{SH}}) \quad , \tag{9.3.74}$$

$$\underline{\underline{\mathbf{T}}}_{i\mathrm{SH}}(x,y,z=0,\omega,\underline{\mathbf{s}}_{i\mathrm{S}})\cdot\underline{\mathbf{e}}_z + \underline{\underline{\mathbf{T}}}_{r\mathrm{SH}}(x,y,z=0,\omega,\underline{\mathbf{s}}_{r\mathrm{S}})\cdot\underline{\mathbf{e}}_z = \underline{\underline{\mathbf{T}}}_{t\mathrm{SH}}(x,y,z=0,\omega,\underline{\mathbf{s}}_{t\mathrm{SH}})\cdot\underline{\mathbf{e}}_z \tag{9.3.75}$$

für alle x und y müssen zunächst gemäß

$$\underline{\mathbf{s}}_{i\mathrm{S}}\cdot\underline{\mathbf{e}}_x = \underline{\mathbf{s}}_{r\mathrm{S}}\cdot\underline{\mathbf{e}}_x = \underline{\mathbf{s}}_{t\mathrm{SH}}\cdot\underline{\mathbf{e}}_x \tag{9.3.76}$$

die Phasen aller beteiligten Wellenmoden in der Trennfläche aneinander angepasst werden, wodurch die x-Komponenten der *Slowness*-Vektoren festgelegt sind:

$$s_{r\mathrm{S}x} = s_{t\mathrm{SH}x} = s_{i\mathrm{S}x} = -s^{(1)}\sin\vartheta_{i\mathrm{S}} \quad . \tag{9.3.77}$$

Zur Berechnung der noch offenen z-Komponenten benutzen wir die Dispersionsgleichungen (Eigenwertgleichungen) der entsprechenden Wellenmoden:

$$\underline{\mathbf{s}}_{i\mathrm{S}}\cdot\underline{\mathbf{s}}_{i\mathrm{S}} = \frac{\rho^{(1)}}{\mu} = s_{\mathrm{S}}^{(1)^2} \quad , \tag{9.3.78}$$

$$\underline{\mathbf{s}}_{r\mathrm{S}}\cdot\underline{\mathbf{s}}_{r\mathrm{S}} = \frac{\rho^{(1)}}{\mu} = s_{\mathrm{S}}^{(1)^2} \quad , \tag{9.3.79}$$

$$\underline{\mathbf{s}}_{t\mathrm{SH}}\cdot\underline{\mathbf{s}}_{t\mathrm{SH}} + \frac{\mu_\parallel - \mu_\perp}{\mu_\perp}\,(\underline{\mathbf{s}}_{t\mathrm{SH}}\cdot\hat{\underline{\mathbf{a}}})^2 = \frac{\rho^{(2)}}{\mu_\perp} \quad ; \tag{9.3.80}$$

man erkennt sehr schön die „Störung“ der Isotropie des Halbraums $z < 0$ aufgrund des $(\mu_\parallel - \mu_\perp)/\mu_\perp$-Anisotropie-Verhältnisses. Mit

$$s_{i,r\mathrm{S}}^2 = s_{i,r\mathrm{S}x}^2 + s_{i,r\mathrm{S}z}^2 \tag{9.3.81}$$

und (9.3.77) folgt

$$\begin{aligned}s_{i\mathrm{S}z} &= \pm\sqrt{s_{\mathrm{S}}^{(1)^2} - s_{i\mathrm{S}x}^2} \\ &= \pm s_{\mathrm{S}}^{(1)}\cos\vartheta_{i\mathrm{S}} \quad ;\end{aligned} \tag{9.3.82}$$

$$\begin{aligned}s_{r\mathrm{S}z} &= \pm\sqrt{s_{\mathrm{S}}^{(1)^2} - s_{r\mathrm{S}x}^2} \\ &= \pm s_{\mathrm{S}}^{(1)}\cos\vartheta_{i\mathrm{S}}\end{aligned} \tag{9.3.83}$$

aus (9.3.78) bzw. (9.3.79), d.h. die in $s_{i,r\mathrm{S}z}$ quadratischen Eigenwertgleichungen (9.3.78), (9.3.79) haben mit der Phasenanpassung (9.3.77) für die x-Komponenten jeweils zwei *reelle* Lösungen für die z-Komponenten der *Slowness*-Vektoren, von denen wir entsprechend der *Vorgabe* der Phasenausbreitungsrichtungen $\hat{\underline{\mathbf{k}}}_{i\mathrm{S}}$ und $\hat{\underline{\mathbf{k}}}_{r\mathrm{S}}$ die physikalisch passenden auswählen:

$$s_{i\mathrm{S}z} = -s_{\mathrm{S}}^{(1)} \cos\vartheta_{i\mathrm{S}} \quad , \tag{9.3.84}$$

$$s_{r\mathrm{S}z} = s_{\mathrm{S}}^{(1)} \cos\vartheta_{i\mathrm{S}} \quad . \tag{9.3.85}$$

Das *Reflexionsgesetz* äußert sich deshalb als Gleichheit der x- und der entgegengesetzten Gleichheit der z-Komponenten von $\underline{\mathbf{s}}_{i\mathrm{S}}$ bzw. $\underline{\mathbf{s}}_{r\mathrm{S}}$, es ist eine Konsequenz von Phasenanpassung *und* Eigenwertgleichungen. Dasselbe gilt natürlich sinngemäß für das Brechungsgesetz zwischen isotropem und transversal-isotropem Halbraum, und wir können den obigen Formalismus ganz analog verwenden — deswegen haben wir ihn noch einmal detailliert vorgeführt —, um zu dem entsprechenden Ergebnis zu kommen.

Mit

$$\underline{\mathbf{s}}_{t\mathrm{SH}} = s_{t\mathrm{SH}x}\,\underline{\mathbf{e}}_x + s_{t\mathrm{SH}z}\,\underline{\mathbf{e}}_z \quad , \tag{9.3.86}$$

also[25]

$$\underline{\mathbf{s}}_{t\mathrm{SH}} \cdot \underline{\mathbf{s}}_{t\mathrm{SH}} = s_{t\mathrm{SH}}^2 = s_{t\mathrm{SH}x}^2 + s_{t\mathrm{SH}z}^2 \quad , \tag{9.3.87}$$

ist die Eigenwertgleichung (9.3.80) zusammen mit der durch Phasenanpassung (9.3.77) vorgegebenen x-Komponente von $\underline{\mathbf{s}}_{t\mathrm{SH}}$ eine quadratische Gleichung für die z-Komponente:

$$\mu_\perp\,(s_{t\mathrm{SH}x}^2 + s_{t\mathrm{SH}z}^2) + (\mu_\parallel - \mu_\perp)\,(s_{t\mathrm{SH}x}\hat{a}_x + s_{t\mathrm{SH}z}\hat{a}_z)^2 = \rho^{(2)} \quad , \tag{9.3.88}$$

deren Lösung wir nach kurzer Rechnung gemäß

$$s_{t\mathrm{SH}z} = \sigma_{\mathrm{R}}\, s_{t\mathrm{SH}x} \pm s_{\mathrm{SH}}^2(\underline{\mathbf{e}}_z)\sqrt{\frac{\mu_\perp}{\rho^{(2)}}}\sqrt{\frac{\mu_\parallel}{\rho^{(2)}}}\sqrt{\frac{\rho^{(2)^2}}{\mu_\perp\mu_\parallel s_{\mathrm{SH}}^2(\underline{\mathbf{e}}_z)} - s_{t\mathrm{SH}x}^2} \tag{9.3.89}$$

unter Verwendung von (Gleichung (9.3.36))

$$\sigma_{\mathrm{R}} = -\frac{(\mu_\parallel - \mu_\perp)\underline{\mathbf{e}}_x \cdot \hat{\underline{\mathbf{a}}}\,\hat{\underline{\mathbf{a}}} \cdot \underline{\mathbf{e}}_z}{\rho^{(2)} c_{\mathrm{SH}}^2(\underline{\mathbf{e}}_z)} \tag{9.3.90}$$

schreiben. Für $\hat{\underline{\mathbf{a}}} \cdot \underline{\mathbf{e}}_z = 0$ reduziert sich (9.3.89) auf (9.3.58).

Wir haben mit (9.3.89) für

$$\sin\vartheta_{i\mathrm{S}} \le \frac{\rho^{(2)}}{s_{\mathrm{S}}^{(1)} s_{\mathrm{SH}}^{(2)}(\underline{\mathbf{e}}_z)\sqrt{\mu_\perp\mu_\parallel}} \tag{9.3.91}$$

zwei reelle $s_{t\mathrm{SH}z}$-Nullstellen der SH-Eigenwertgleichung gefunden, die offensichtlich die Bereiche I und II von Abb. 9.3.3a definieren, und zwar den Bereich I, falls eine Nullstelle größer und eine kleiner als null ist, und den Bereich II, falls beide Nullstellen negativ sind. In *allen* Fällen ist die Auswahl der physikalisch sinnvollen Nullstelle über die Richtung der zugehörigen Energiegeschwindigkeit zu treffen, und zwar nicht nur für den Bereich II (Abbildung 9.3.3d), sondern strenggenommen auch für den Bereich I; anhand von Abb. 9.3.4 haben wir ja ein Beispiel dafür kennengelernt, dass die Richtung der Phasenausbreitung durchaus zur positiven $s_{t\mathrm{SH}z}$-Nullstelle gehören kann, wenn die zugehörige Energiegeschwindigkeit physikalisch möglich ist. Mit dem

[25] Man beachte: $s_{t\mathrm{SH}}^2$ ist der möglicherweise komplexwertige nicht-Hermite'sche Betrag des *Slowness*-Vektors $\underline{\mathbf{s}}_{t\mathrm{SH}}$ und nicht das Quadrat der *Slowness* $s_{\mathrm{SH}}^{(2)}$.

eben genannten Beispiel und dem Beispiel der Abb. 9.3.3e illustrieren wir den Fall *einer* (doppelten) reellen Nullstelle, die gemäß (9.3.89) durch das Gleichheitszeichen in (9.3.90) gegeben ist. Dieses Gleichheitszeichen definiert deshalb den kritischen Winkel ϑ_{ctSH} gemäß

$$\sin\vartheta_{ctSH} = \frac{\rho^{(2)}}{s_S^{(1)} s_{SH}^{(2)}(\underline{\mathbf{e}}_z)\sqrt{\mu_\perp \mu_\parallel}} \quad ; \tag{9.3.92}$$

für $\vartheta_{iS} \leq \vartheta_{ctSH}$ erhalten wir mit

$$\begin{aligned} \tan\vartheta_{tSH} &= \frac{s_{tSHx}}{s_{tSHz}} \\ &= -\frac{s_S^{(1)}\sin\vartheta_{iS}}{s_{tSHz}} \end{aligned} \tag{9.3.93}$$

den (reellen) Transmissionswinkel für den *Phasen*ausbreitungsvektor, aber erst die zugehörige Richtung des Energiegeschwindigkeitsvektors sagt uns, was im transversal-isotropen Halbraum tatsächlich passiert.

Für $\vartheta_{iS} > \vartheta_{ctSH}$ ergeben sich aus (9.3.89) zwei konjugiert *komplexe* Nullstellen; deren Realteile bilden sodann zusammen mit s_{tSHx} den Realteilvektor

$$\Re\underline{\mathbf{s}}_{tSH} = -s_S^{(1)}\sin\vartheta_{iS}(\underline{\mathbf{e}}_x + \sigma_R\,\underline{\mathbf{e}}_z) \tag{9.3.94}$$

und deren Imaginärteile den Imaginärteilvektor

$$\Im\underline{\mathbf{s}}_{tSH} = \pm s_{SH}^2(\underline{\mathbf{e}}_z)\sqrt{\frac{\mu_\perp}{\rho^{(2)}}}\sqrt{\frac{\mu_\parallel}{\rho^{(2)}}}\sqrt{s_S^{(1)^2}\sin^2\vartheta_{iS} - \frac{\rho^{(2)^2}}{\mu_\perp\mu_\parallel s_{SH}^2(\underline{\mathbf{e}}_z)}}\;\underline{\mathbf{e}}_z \tag{9.3.95}$$

des Transmissions-*Slowness*-Vektors (Gleichung (9.3.64) sowie Gleichung (9.3.37), die man mit (9.3.94) unter Verwendung der Eigenwertgleichung in der Tat auf die Form (9.3.95) bringen kann). Falls der Halbraum $z < 0$ isotrop oder transversal-isotrop mit $\underline{\hat{\mathbf{a}}} \cdot \underline{\mathbf{e}}_z = 0$ ist, wird der (Phasen-)Transmissionswinkel ϑ_{tSH} für $\vartheta_{iS} > \vartheta_{ctSH}$ komplex, der Realteil $\Re\vartheta_{tSH} = \pi/2$ gibt dann sowohl die Richtung der Phasen- als auch die Richtung der Energieausbreitung an (Abbildung 9.3.2b). Falls jedoch $\underline{\hat{\mathbf{a}}} \cdot \underline{\mathbf{e}}_z \neq 0$ für den transversal-isotropen Halbraum gilt, ist es völlig unzweckmäßig, die Phasen- und Energieausbreitung der transmittierten Welle für $\vartheta_{iS} > \vartheta_{ctSH}$ durch einen komplexen Winkel zu beschreiben; allerdings ergibt sich die Richtung des Phasenausbreitungsvektors sodann unabhängig vom Einfallswinkel aus (9.3.94) zu

$$\tan\vartheta_{tSH} = \frac{1}{\sigma_R} \quad , \tag{9.3.96}$$

und man weiß ja, dass der zugehörige Energiegeschwindigkeitsvektor parallel zur Trennfläche gerichtet ist. Die Querdämpfung dieser Energieströmung offenbart sich im — physikalisch sinnvoll ausgewählten — Imaginärteil der *komplex*wertigen — und nicht rein imaginären — s_{tSHz}-Nullstelle der Eigenwertgleichung.

Die Vektorgleichungen (9.3.74) und (9.3.75) der Übergangsbedingungen sind tatsächlich skalare Gleichungen, da sie nur aus y-Komponenten bestehen; man berechnet deshalb unmittelbar

$$R_{SH}^{\text{triso}}(\vartheta_{iS}) = \frac{\mu\, s_S^{(1)}\cos\vartheta_{iS} + \left[\mu_\perp\,\underline{\mathbf{s}}_{tSH}\cdot\underline{\mathbf{e}}_z + (\mu_\parallel - \mu_\perp)\,\underline{\mathbf{s}}_{tSH}\cdot\underline{\hat{\mathbf{a}}}\,\underline{\hat{\mathbf{a}}}\cdot\underline{\mathbf{e}}_z\right]}{\mu\, s_S^{(1)}\cos\vartheta_{iS} - \left[\mu_\perp\,\underline{\mathbf{s}}_{tSH}\cdot\underline{\mathbf{e}}_z + (\mu_\parallel - \mu_\perp)\,\underline{\mathbf{s}}_{tSH}\cdot\underline{\hat{\mathbf{a}}}\,\underline{\hat{\mathbf{a}}}\cdot\underline{\mathbf{e}}_z\right]} \quad , \tag{9.3.97}$$

$$T_{SH}^{\text{triso}}(\vartheta_{iS}) = \frac{2\mu\, s_S^{(1)}\cos\vartheta_{iS}}{\mu\, s_S^{(1)}\cos\vartheta_{iS} - \left[\mu_\perp\,\underline{\mathbf{s}}_{tSH}\cdot\underline{\mathbf{e}}_z + (\mu_\parallel - \mu_\perp)\,\underline{\mathbf{s}}_{tSH}\cdot\underline{\hat{\mathbf{a}}}\,\underline{\hat{\mathbf{a}}}\cdot\underline{\mathbf{e}}_z\right]} \quad . \tag{9.3.98}$$

Für den Spezialfall $\underline{\hat{\mathbf{a}}} \cdot \underline{\mathbf{e}}_z = 0$ und $\vartheta_{iS} \leq \vartheta_{ctSH}$ reduzieren sich diese beiden Formeln auf

$$R_{\mathrm{SH}}^{\mathrm{triso}}(\vartheta_{iS} = \frac{\mu\, s_{\mathrm{S}}^{(1)} \cos\vartheta_{iS} - \mu_{\perp}\, s_{\mathrm{SH}}^{(2)}(\vartheta_{t\mathrm{SH}}) \cos\vartheta_{t\mathrm{SH}}}{\mu\, s_{\mathrm{S}}^{(1)} \cos\vartheta_{iS} + \mu_{\perp}\, s_{\mathrm{SH}}^{(2)}(\vartheta_{t\mathrm{SH}}) \cos\vartheta_{t\mathrm{SH}}}\,, \tag{9.3.99}$$

$$T_{\mathrm{SH}}^{\mathrm{triso}}(\vartheta_{iS} = \frac{2\mu\, s_{\mathrm{S}}^{(1)} \cos\vartheta_{tS}}{\mu\, s_{\mathrm{S}}^{(1)} \cos\vartheta_{iS} + \mu_{\perp}\, s_{\mathrm{SH}}^{(2)}(\vartheta_{t\mathrm{SH}}) \cos\vartheta_{t\mathrm{SH}}}\,, \tag{9.3.100}$$

und für $\vartheta_{iS} > \vartheta_{ctSH}$ ergibt sich

$$R_{\mathrm{SH}}^{\mathrm{triso}}(\vartheta_{iS}) = \frac{\mu\, s_{\mathrm{S}}^{(1)} \cos\vartheta_{iS} + \mathrm{j}\mu_{\perp}\, s_{\mathrm{It SH}z}}{\mu\, s_{\mathrm{S}}^{(1)} \cos\vartheta_{iS} - \mathrm{j}\mu_{\perp}\, s_{\mathrm{It SH}z}}\,, \tag{9.3.101}$$

$$T_{\mathrm{SH}}^{\mathrm{triso}}(\vartheta_{iS}) = \frac{2\mu\, s_{\mathrm{S}}^{(1)} \cos\vartheta_{iS}}{\mu\, s_{\mathrm{S}}^{(1)} \cos\vartheta_{iS} - \mathrm{j}\mu_{\perp}\, s_{\mathrm{It SH}z}}\,, \tag{9.3.102}$$

wobei $s_{\mathrm{It SH}z}$ durch (9.3.63) mit dem negativen Vorzeichen gegeben ist. Mit (9.3.99), (9.3.100) ist man „sehr nahe“ an (9.2.30), (9.2.31); ferner: Da in (9.3.101) Zähler und Nenner konjugiert komplex zueinander sind, beobachten wir für $\vartheta_{iS} > \vartheta_{ctSH}$ im Falle $\underline{\hat{\mathbf{a}}} \cdot \underline{\mathbf{e}}_z = 0$ Totalreflexion. Im allgemeineren Fall $\underline{\hat{\mathbf{a}}} \cdot \underline{\mathbf{e}}_z \neq 0$ (Gleichungen (9.3.97), (9.3.98)) gibt es jedoch *keine* Totalreflexion, da $s_{t\mathrm{SH}z}$ *nicht* rein imaginär ist.

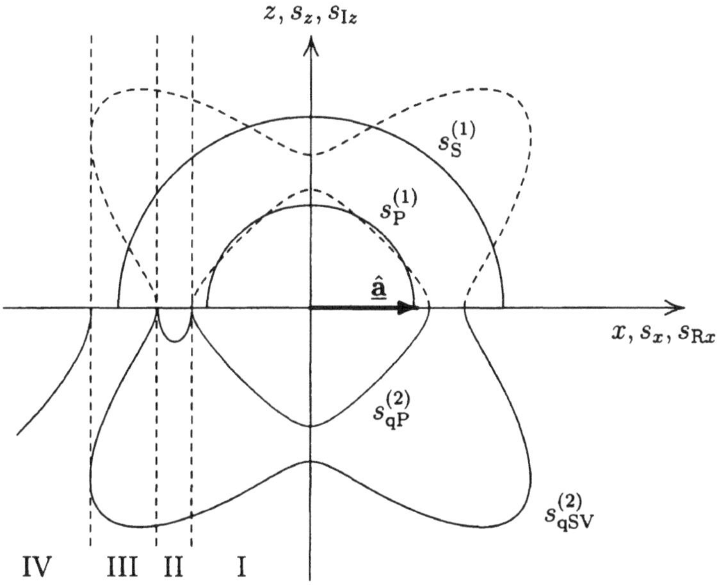

Abb. 9.3.5: Slowness-*Diagramme für die Reflexion, Transmission und Modekonversion einer SV-Welle an der Trennfläche eines homogen-isotropen nichtdissipativen (Stahl) und eines homogen-transversal-isotropen nichtdissipativen Halbraums (Austenit):* $\underline{\hat{\mathbf{a}}} \cdot \underline{\mathbf{e}}_z = 0$

9.3.4 Reflexion, Transmission und Modekonversion einer ebenen SV-Welle an der ebenen Trennfläche zwischen homogen-isotropen und homogen-transversal-isotropen nichtdissipativen Materialien

Den Fall der Reflexion, Transmission und Modekonversion von P/SV-qP/qSV-Wellenmoden an der Trennfläche eines isotropen und eines transversal-isotropen Halbraums werden wir exemplarisch am Beispiel einer aus einem Stahl-Halbraum auf einen Austenit-308-Halbraum einfallenden ebenen SV-Welle diskutieren. Nebst der praktischen Bedeutung für die US-zfP von austenitischen Schweißnähten ist auch dieser Fall wieder gut für einige grundlegende neue Erkenntnisse.

Vorzugsrichtung $\hat{\underline{\mathbf{a}}}$ in der Trennfläche

Wir beginnen mit der Voraussetzung $\hat{\underline{\mathbf{a}}} \cdot \underline{\mathbf{e}}_z = 0$ und wenden uns den *Slowness*-Diagrammen der Abb. 9.3.5 zu: Für $z > 0$ sind die in der xz-Ebene kreisförmigen (kugelförmigen im Dreidimensionalen) *Slowness*-Diagramme für isotropen Stahl eingezeichnet; wir wissen aber bereits (Abbildung 9.3.3b), dass für das transversal-isotrope Material (Austenit 308) im Halbraum $z < 0$ durchaus auch die *Slowness*-Diagramme für $z > 0$ eine Rolle spielen können, sodass wir die entsprechenden Diagramme der Abb. 8.3.9 für $z > 0$ gestrichelt fortgesetzt haben. Zunächst: Das P-Diagramm für Stahl unterscheidet sich nicht wesentlich vom qP-Diagramm für Austenit 308, während das qSV-Diagramm für Austenit 308 deutlich vom Stahl-S-Diagramm verschieden ist. Da wir $\hat{\underline{\mathbf{a}}}$ parallel zur Einfallsebene voraussetzen, sind SH-Wellenmoden von P/SV-qP/qSV-Wellenmoden entkoppelt. Entsprechend diesen *Slowness*-Diagrammen erwarten wir bei Einfall einer SV-Welle aus dem Halbraum $z > 0$ eine reflektierte SV-Welle (Reflexionsgesetz!) und eine reflektiert-modekonvertierte P-Welle samt einem kritischen Winkel für ebendiese (Abbildung 9.2.7 SVa). Viel interessanter ist aber das Geschehen im Halbraum $z < 0$: Für „kleine“, den Bereich I charakterisierende Einfallswinkel ϑ_{iS}, wird eine transmittierte qSV- und eine transmittiert-modekonvertierte qP-Welle entsprechend den beiden (reellen) physikalisch sinnvollen $s_{tqP,qSVz}$-Nullstellen der qP/qSV-*Slowness*-Eigenwertgleichung (Nullsetzen der eckigen Klammer in (9.3.25)) angeregt; zu letzterer gehört ein kritischer Winkel $\vartheta_{cm_tqP} > \vartheta_{cm_rP}$, d.h. für $\vartheta_{iS} > \vartheta_{cm_tqP}$ gelangen wir in den Bereich II von Abb. 9.3.5: Die transmittiert-modekonvertierte qP-Welle wird inhomogen, sie ist hinsichtlich Phase *und* Energie quergedämpft, da Phasen- und Energiegeschwindigkeitsvektor in (negative) x-Richtung zeigen, wobei sich der Betrag der Querdämpfung aus den beiden im Bereich II rein imaginären s_{tqPz}-Nullstellen (unterschiedlichen Vorzeichens) ergibt; der Imaginärteil der negativ imaginären Nullstelle variiert mit zunehmendem ϑ_{iS} auf der für den Bereich II eingezeichneten quasi-elliptischen Kurve, die *deswegen* keine Hyperbel ist, weil es ja zwei weitere reelle s_{tqSVz}-Nullstellen (unterschiedlichen Vorzeichens) gibt, von denen die negative zur (energetisch) ausbreitungsfähigen transmittierten qSV-Welle gehört. Der Bereich III der Abb. 9.3.5 ist dadurch charakterisiert, dass es definitiv vier reelle s_{tqSVz}-Nullstellen mit paarweise unterschiedlichem Vorzeichen gibt, die vormaligen rein imaginären s_{tqPz}-Nullstellen können nicht mehr existieren, die inhomogene qP-Welle „verschwindet“ jenseits eines kritischen Winkels $\vartheta_{cm_tqP_{\text{inh}}}$, der als Einfallswinkel den Beginn des Bereiches III definiert. Konsequenz ist, dass es für $\vartheta_{iS} > \vartheta_{cm_tqP_{\text{inh}}}$ gar keine transmittierte quasi-Druckwelle mehr gibt, es treten *zwei* energetisch ausbreitungsfähige qSV-Wellen qSV_1 und qSV_2 unterschiedlicher Phasen- und Energiegeschwindigkeit auf, von denen qSV_1 zur betragsmäßig größeren negativen und qSV_2 zur betragsmäßig kleineren s_{tqSVz}-Nullstelle gehört. Für die konkreten *Slowness*-Diagramme der Abb. 9.3.5 gilt $s_S^{(1)} < \max_{\hat{\underline{\mathbf{k}}}} s_{qSVx}(\hat{\underline{\mathbf{k}}})$, sodass der Bereich IV nicht mehr erreicht wird; dessen Grenze ist dadurch gekennzeichnet, dass sich die beiden negativen und die beiden positiven s_{tqSVz}-Nullstellen zu jeweils einer (doppelten) Nullstelle vereinigen, deren zugehörige Energiegeschwindigkeiten parallel zur Trennfläche gerichtet sind. Dadurch werden kritische Winkel $\vartheta_{ctqSV_1} = \vartheta_{cm_tqSV_2} = \vartheta_{ctqSV}$ definiert; für $\vartheta_{iS} > \vartheta_{ctqSV}$ tritt energetische Querdämpfung der beiden $\text{qSV}_{1,2}$-Wellen aufgrund komplexwertiger s_{tqSVz}-Nullstellen auf, wobei der Betrag der jeweiligen Querdämpfung nunmehr über eine *Slowness*-Hyperbel zu ermitteln ist, auf der der Imaginärteil der — physikalisch sinnvollen — Nullstelle variiert. Man beachte: Obwohl die Energiegeschwindigkeit *beider* Wellen für $\vartheta_{iS} > \vartheta_{ctqSV}$ dieselbe Richtung hat, ist deren Phasengeschwindigkeit unterschiedlich gerichtet, sie sind also als energetisch quergedämpfte Wellen durchaus unterscheidbar.

Vorzugsrichtung $\hat{\underline{\mathbf{a}}}$ geneigt zur Trennfläche

Wie für den SH-Fall (Abbildung 9.3.4) wollen wir nun auch die *Slowness*-Diagramme der Abb.

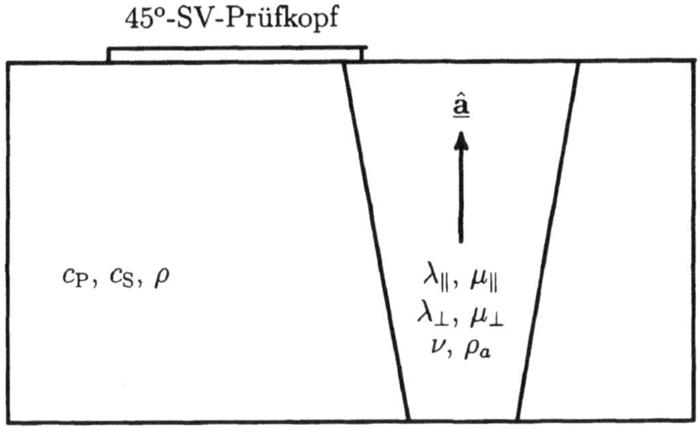

Abb. 9.3.6: *Modell eines Testkörpers aus ferritischem Stahl mit einer Schweißnaht aus austenitischem Stahl:* $c_P = 5900$ *m/s,* $c_S = 3200$ *m/s,* $\rho = 7.7 \cdot 10^3$ *kg/m³;* $\lambda_\parallel + 2\mu_\parallel = 216$, $\lambda_\perp + 2\mu_\perp = 262.75$, $\mu_\perp = 82.5$, $\mu_\parallel = 129$, $\nu = 145$ *[GPa],* $\rho_a = 7.7999 \cdot 10^3$ *kg/m³ (Austenit 308)*

9.3.5 durch Neigung von $\underline{\hat{\mathbf{a}}}$ gegenüber der Trennfläche drehen; wir beschränken uns dabei auf die SV/qSV-Diagramme (Abbildung 9.3.7), da wir auf einen konkreten Anwendungsfall zusteuern: Abbildung 9.3.6 zeigt das Modell eines Stahltestkörpers mit einer austenitischen Schweißnaht, für den umfangreiche Parametervariationen in EFIT-Simulationen durchgeführt wurden (Hannemann, 2001); da auch Vergleiche mit Messungen vorliegen (Langenberg et al., 2000), wurden die Materialkonstanten von Austenit 308SS90 gewählt, die von denen des Austenit 308 (Abbildung 9.3.5) geringfügig abweichen, sodass auch die zugehörigen *Slowness*-Diagramme entsprechend unterschiedlich sind. Diese Schweißnaht soll mit einem (für ferritischen Stahl dimensionierten) 45°-SV-Prüfkopf, wie in Abb. 9.3.6 angegeben, untersucht werden; da die Schweißnahtflanke im konkreten Fall einen Winkel von 10° relativ zur Oberfläche des Testkörpers bildet, fällt demzufolge die SV-Welle unter einem Einfallswinkel von 55° auf die Trennfläche Stahl-Austenit ein, und gegenüber der Trennfläche bildet $\underline{\hat{\mathbf{a}}}$ ebenfalls einen Winkel von 10°. Es liegt also die Konfiguration der Abb. 9.3.7 mit der dort eingezeichneten Richtung von $\underline{\mathbf{s}}_{i\mathrm{SV}}$ zugrunde. Abbildung 9.3.5 entnehmen wir, dass für ebendiese Richtung von $\underline{\mathbf{s}}_{i\mathrm{SV}}$ die reflektiert-modekonvertierte P-Welle quergedämpft ist, und die transmittiert-modekonvertierte qP-Welle auch als quergedämpfte Welle gar nicht mehr existiert; wir sind also bezüglich transmittierter Wellen tatsächlich nur noch mit dem qSV-Diagramm konfrontiert. Die Phasenanpassungslinie zur reflektierten SV-Welle (im Abstand $\underline{\mathbf{s}}_{r\mathrm{SV}} \cdot \underline{\mathbf{e}}_x$ parallel zur z-Achse) ergibt vier Schnittpunkte mit dem qSV-Diagramm, von denen $\underline{\mathbf{s}}_{tq\mathrm{SV}_1}$ und $\underline{\mathbf{s}}_{tq\mathrm{SV}_2}$ Energiegeschwindigkeitsrichtungen zur Folge haben, die in den austenitischen Halbraum zeigen: Durch die einfallende SV-Welle werden zwei transmittierte qSV-Wellen mit unterschiedlichen Richtungen und Beträgen von Phasen- und Energiegeschwindigkeiten erzeugt. Das Koordinatensystem der Abb. 9.3.7 orientieren wir nun in Abb. 9.3.8 *so*, dass die x, s_x-Achse mit der Schweißnahtflanke zusammenfällt; damit sollten wir eine Interpretationsgrundlage für eine (zweidimensionale) EFIT-Simulation des in Abb. 9.3.6 skizzierten Prüfproblems haben, was anhand der Wellenfrontenbilder der Abb. 9.3.9 bestätigt wird.

Zunächst: Mit Abb. 9.3.7 wissen wir etwas über die Reflexion, Transmission und Modekonversion *ebener Wellen*, das Prüfproblem der Abb. 9.3.6 ist jedoch bezüglich des einfallenden Feldes ein Quellenfeldproblem eines endlich großen Prüfkopfes auf einer spannungsfreien Fläche (Abschnitt 14), und aufgrund der Anwesenheit der Schweißnaht ist für *dieses* einfallende Feld ein Streuproblem zu lösen (Abschnitt 15.1.3). Der formale Lösungsweg mittels Punktquellensynthese benutzt Green'sche Funktionen und keine ebene Wellen. Allerdings können wir Green'sche Funktionen als räumliche Spektren ebener Wellen darstellen (Abschnitt 14.2.3), sodass wir un-

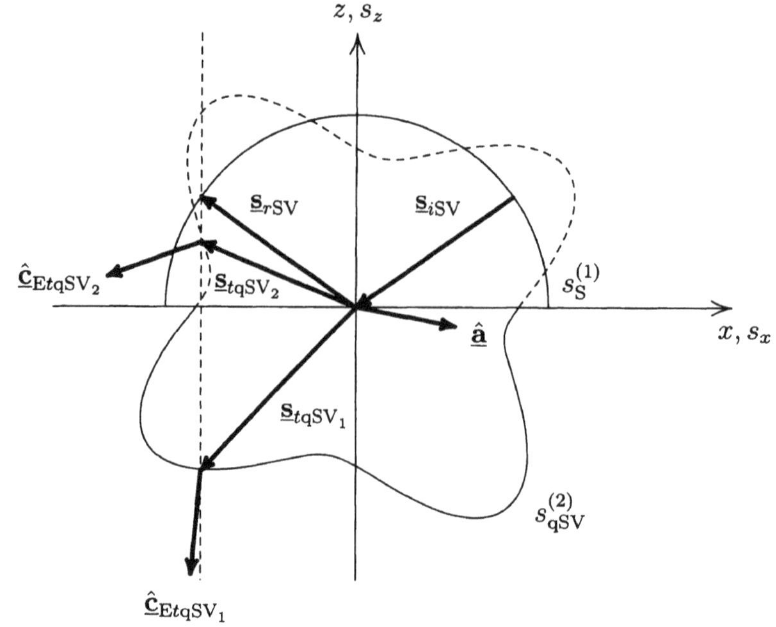

Abb. 9.3.7: Slowness-*Diagramm-Konstruktion zweier transmittierter qSV-Wellen an der Trennfläche eines homogen-isotropen nichtdissipativen (Stahl-) und eines homogen-transversal-isotropen nichtdissipativen (Austenit-)Halbraums*

serem gewünschten Stichwort verbal schon wieder näher kommen. Zudem bestätigt uns die Nahfeldauswertung entsprechender Integraldarstellungen (Abschnitt 11.1), dass das Quellenfeld eines Prüfkopfs durchaus „Anteile ebener Wellen“ enthält, die wir als Wellenpakete im Sinne von Abb. 8.3.2 verstehen können; darüber hinaus wird diese Vorstellung durch EFIT-Simulationen gestützt (Abbildung 14.4.7). Wir können also in Umkehrung dieser Argumentation EFIT-Simulationen des Prüfkopfproblems der Abb. 9.3.6 durchaus mithilfe der *Slowness*-Diagramme ebener Wellen entsprechend der Abb. 9.3.8 interpretieren: Mit Abb. 9.3.9 tun wir es. Es sind dort die Wellenfronten einer 2D-EFIT-Simulation für drei verschiedene Zeitpunkte dargestellt; diese Simulationen lehnen sich eng an Messungen[26] an (Langenberg et al., 2000), weshalb die Prüfkopfapertur nicht mit einer Rechteckfunktion, sondern mit einer gemessenen Verteilung amplitudenbelegt ist: Aus diesem Grund „entspringt“ das Wellenpaket des einfallenden SV-RC5(t)-Impulses nicht mittig zur Apertur; jedenfalls breitet es sich aber unter 45° in Richtung $\hat{\underline{\mathbf{s}}}_{i\mathrm{SV}}$ relativ zur Oberflächennormalen aus. Beim Auftreffen auf die Schweißnaht entsteht ein reflektiertes SV-RC5(t)-Wellenpaket, das sich in Richtung $\hat{\underline{\mathbf{s}}}_{r\mathrm{SV}}$ ausbreitet. Die beiden transmittierten Wellenpakete stimmen in ihren Phasenausbreitungsrichtungen — den Normalen auf den Phasenflächen — mit den Richtungen $\hat{\underline{\mathbf{s}}}_{t\mathrm{qSV}_1}$ und $\hat{\underline{\mathbf{s}}}_{t\mathrm{qSV}_2}$ der Abb. 9.3.8 überein. Die dazu gehörigen unterschiedlichen Richtungen der Energiegeschwindigkeiten $\hat{\underline{\mathbf{c}}}_{\mathrm{E}t\mathrm{qSV}_{1,2}}$ machen sich im letzten Wellenfrontenbild der Abb. 9.3.9 dadurch bemerkbar, dass die Wellenpakete in die entsprechenden Richtungen unter Beibehaltung der Phasenflächenorientierungen entsprechend Abb. 8.3.2 abdriften.

Reflexions- und Transmissionsfaktoren

So „schöne“ analytische Ausdrücke (9.3.97) und (9.3.98) für Reflexions- und Transmissionsfaktoren wie für den SH-Fall können wir für den qP/qSV-Fall nicht mehr angeben, wir können aber die Vorgehensweise systematisieren:

- Zunächst müssen 360°-*Slowness*-Diagramme für die Materialparameter $\hat{\underline{\mathbf{a}}}$, $\lambda_\parallel$, $\mu_\parallel$, $\lambda_\perp$, $\mu_\perp$, ν,

[26] Diese Messungen wurden von B. Köhler vom Fraunhofer IZFP, Institutsteil Dresden, durchgeführt.

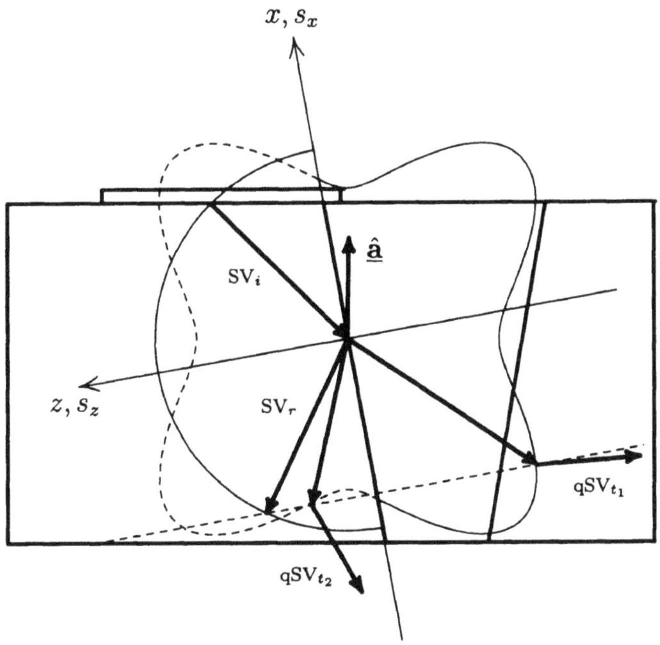

Abb. 9.3.8: Anregung zweier qSV-Wellen in einer austenitischen Schweißnaht durch einen 45°-SV-Prüfkopf

ρ des transversal-isotropen Halbraums ausgerechnet werden; deren graphische Darstellung veranschaulicht zusammen mit den Diagrammen des isotropen Halbraums, welche Wellenmoden in Abhängigkeit vom Einfallswinkel grundsätzlich auftreten können: rP, m_rSV, sowie tqP, m_tqSV bzw. m_tqSV$_{1,2}$ für P-Einfall und rSV, m_rP sowie m_tqP, tqSV bzw. tqSV$_{1,2}$ für SV-Einfall.

- Der vorgegebene Einfallswinkel definiert per $\underline{\mathbf{s}}_{i\mathrm{P,SV}} \cdot \underline{\mathbf{e}}_x$ die Phasenanpassungslinie, also die (reellen) x-Komponenten aller anderen auftretenden *Slowness*-Vektoren, und er legt damit fest, welche der genannten Wellenmoden evaneszent sind, d.h. ob und für welche Wellenmoden die z-Komponente des zugehörigen *Slowness*-Vektors komplex ist.

- Für die vorgegebene reelle x-Komponente von $\underline{\mathbf{s}}$ müssen zur Ermittlung der transmittierten Wellenmoden die vier Lösungen des Polynoms vierten Grades

$$\beta_1^2(\underline{\mathbf{s}}) + \beta_1(\underline{\mathbf{s}})\,[\beta_2\underline{\mathbf{s}} \cdot \underline{\mathbf{s}} + \beta_3(\underline{\mathbf{s}}) + 2\beta_4(\underline{\mathbf{s}})\underline{\mathbf{s}} \cdot \underline{\hat{\mathbf{a}}}] + \left[\beta_2\beta_3(\underline{\mathbf{s}}) - \beta_4^2(\underline{\mathbf{s}})\right](\underline{\underline{\mathbf{I}}} - \underline{\hat{\mathbf{a}}}\,\underline{\hat{\mathbf{a}}}) : \underline{\mathbf{s}}\,\underline{\mathbf{s}} = 0 \quad (9.3.103)$$

für die z-Komponente von $\underline{\mathbf{s}}$ (für $\underline{\hat{\mathbf{a}}} \cdot \underline{\mathbf{e}}_z \neq 0$) im Allgemeinen numerisch gefunden werden, wobei $\beta_1(\underline{\mathbf{s}})$, β_2, $\beta_3(\underline{\mathbf{s}})$, $\beta_4(\underline{\mathbf{s}})$ durch (9.3.21)–(9.3.24) gegeben sind. Anhand der *Slowness*-Diagramme können die reellen und/oder komplexwertigen Nullstellen bestimmten Wellenmoden zugeordnet werden.

- Welche der zu den vier s_z-Nullstellen gehörenden Wellenmoden tatsächlich physikalisch sinnvolle transmittierte Wellenmoden sind, muss anhand der Richtung der Energiegeschwindigkeit geprüft werden. Um Gleichung (9.3.44) benutzen zu können, benötigt man die Polarisationsvektoren als Hermite'sche Einheitsvektoren; auch für komplexe *Slowness*-

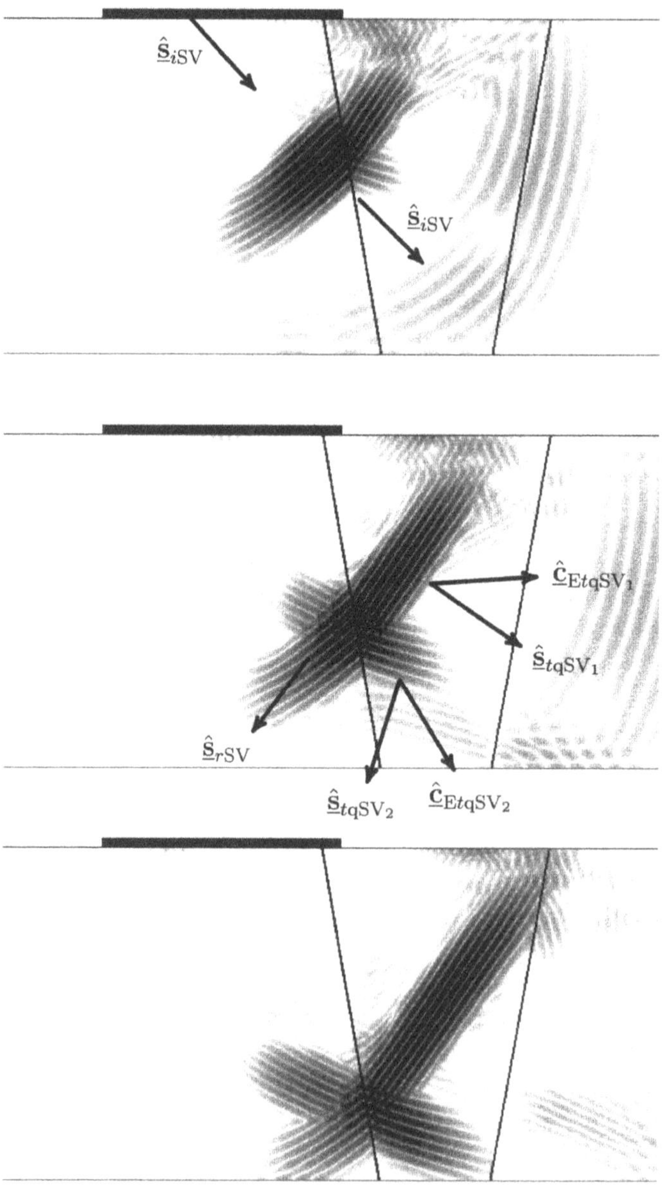

Abb. 9.3.9: *2D-EFIT-Simulation der US-Prüfung einer austenitischen Schweißnaht (es werden zwei transmittierte qSV-Wellen erzeugt)*

Vektoren erfolgt deren Berechnung entsprechend Abschnitt 8.3.2, und man erhält explizit[27]:

$$\underline{\hat{\mathbf{u}}}(\underline{\mathbf{s}}) = \frac{\underline{\mathbf{s}} + \gamma(\underline{\mathbf{s}})\hat{\mathbf{a}}}{\sqrt{\underline{\mathbf{s}} \cdot \underline{\mathbf{s}}^* + \gamma(\underline{\mathbf{s}})\underline{\mathbf{s}}^* \cdot \hat{\mathbf{a}} + \gamma^*(\underline{\mathbf{s}})\underline{\mathbf{s}} \cdot \hat{\mathbf{a}} + |\gamma(\underline{\mathbf{s}})|^2}} \quad , \tag{9.3.104}$$

wobei

$$\gamma(\underline{\mathbf{s}}) = -\frac{\beta_1(\underline{\mathbf{s}}) + \beta_2\underline{\mathbf{s}} \cdot \underline{\mathbf{s}} + \beta_4(\underline{\mathbf{s}})\underline{\mathbf{s}} \cdot \hat{\mathbf{a}}}{\beta_4(\underline{\mathbf{s}}) + \beta_2\underline{\mathbf{s}} \cdot \hat{\mathbf{a}}} \quad . \tag{9.3.105}$$

- Nunmehr kann die Energiegeschwindigkeit gemäß (9.3.44) für jeden reellen oder komplexen *Slowness*-Vektor berechnet werden; das Auswahlkriterium für physikalisch sinnvolle *Slowness*-Vektoren $\underline{\mathbf{s}}_{t\mathrm{M}}$ und damit für diejenigen transmittierten Wellenmoden mit den Indizes tM, die tatsächlich auftreten und in den Übergangsbedingungen berücksichtigt werden müssen, ist die Bedingung $\underline{\mathbf{c}}_{\mathrm{E}}(\underline{\mathbf{s}}_{t\mathrm{M}}) \cdot \underline{\mathbf{e}}_z \leq 0$ (und *nicht* $\Re\underline{\mathbf{s}}_{t\mathrm{M}} \leq 0$).
- Aus den Übergangsbedingungen

$$\underline{\mathbf{u}}_{i\mathrm{P,SV}}(\underline{\mathbf{R}}, \omega, \underline{\mathbf{s}}_{i\mathrm{P,S}}) + \underline{\mathbf{u}}_{r\mathrm{P,SV}}(\underline{\mathbf{R}}, \omega, \underline{\mathbf{s}}_{r\mathrm{P,S}}) + \underline{\mathbf{u}}_{m_r\mathrm{SV,P}}(\underline{\mathbf{R}}, \omega, \underline{\mathbf{s}}_{m_r\mathrm{S,P}}) = \sum_{t\mathrm{M}} \underline{\mathbf{u}}_{t\mathrm{M}}(\underline{\mathbf{R}}, \omega, \underline{\mathbf{s}}_{t\mathrm{M}}) \quad , \tag{9.3.106}$$

$$\underline{\mathbf{e}}_z \cdot \underline{\underline{\mathbf{T}}}_{i\mathrm{P,SV}}(\underline{\mathbf{R}}, \omega, \underline{\mathbf{s}}_{i\mathrm{P,S}}) + \underline{\mathbf{e}}_z \cdot \underline{\underline{\mathbf{T}}}_{r\mathrm{P,SV}}(\underline{\mathbf{R}}, \omega, \underline{\mathbf{s}}_{r\mathrm{P,S}}) + \underline{\mathbf{e}}_z \cdot \underline{\underline{\mathbf{T}}}_{m_r\mathrm{SV,P}}(\underline{\mathbf{R}}, \omega, \underline{\mathbf{s}}_{m_r\mathrm{S,P}}) = \sum_{t\mathrm{M}} \underline{\mathbf{e}}_z \cdot \underline{\underline{\mathbf{T}}}_{t\mathrm{M}}(\underline{\mathbf{R}}, \omega, \underline{\mathbf{s}}_{t\mathrm{M}}) \tag{9.3.107}$$

  für $z = 0$ ergeben sich sodann Reflexions-, Transmissions- und Modekonversionsfaktoren. Natürlich müssen in (9.3.106), (9.3.107) auch eventuell evaneszente Wellenmoden berücksichtigt werden.

Die Verallgemeinerung dieser Vorgehensweise auf beliebig anisotrope Halbräume wird unter anderem von Marklein (1997) diskutiert; dort finden sich auch numerische Beispiele. Es sei darauf hingewiesen, dass die einschlägigen Arbeiten von Marklein die hier gewählte und im Wesentlichen von Fellinger (1991) in die Elastodynamik eingeführte (weitgehend) koordinatenfreie Schreibweise konsequent fortsetzen, die, sofern man sich erst einmal daran „gewöhnt" hat, wesentlich übersichtlicher als die Indexschreibweise der Standardliteratur ist (Auld, 1973; Helbig, 1994; Nayfeh, 1995; de Hoop, 1995; Royer und Dieulesaint, 2000).

[27] Für komplexe *Slowness*-Vektoren lautet der SH-Polarisationseinheitsvektor in Verallgemeinerung von (8.3.70) übrigens:

$$\underline{\hat{\mathbf{u}}}_{\mathrm{SH}}(\underline{\mathbf{s}}) = \frac{\underline{\mathbf{s}} \times \hat{\mathbf{a}}}{\sqrt{\underline{\mathbf{s}} \cdot \underline{\mathbf{s}}^* - \underline{\mathbf{s}}\underline{\mathbf{s}}^* : \hat{\mathbf{a}}\hat{\mathbf{a}}}} \quad ,$$

denn dann gilt $\underline{\hat{\mathbf{u}}}_{\mathrm{SH}}(\underline{\mathbf{s}}) \cdot \underline{\hat{\mathbf{u}}}^*_{\mathrm{SH}}(\underline{\mathbf{s}}) = 1$.

10 Rayleigh'sche Oberflächenwellen

10.1 Ebene Grenzflächen

Für die in der (Fourier-transformierten) Wellengleichung isotroper nichtdissipativer Materialien enthaltenen Lösungen „inhomogene ebene Wellen" (Abschnitt 8.2) fanden wir physikalische Realisierungen bei der Reflexion und Transmission ebener Wellen an der ebenen *Trenn*fläche zwischen solchen Materialien oder an deren ebener *Grenz*fläche (im Falle elektromagnetischer Wellen spricht man von der Fresnel'schen Reflexion): Die Existenz von bis zu drei kritischen Winkeln hat eine ebensolche Anzahl quergedämpfter (evaneszenter) ebener Wellen zur Folge (Abschnitt 9.1.2, Abschnitt 9.2.1, Abschnitt 9.2.2). Für die ebenen Wellen auf *einer* Seite einer Trennfläche gibt es maximal *zwei* kritische Winkel (Abbildung 9.2.8 SVc'-SVa'), einen für eine Druck- und einen für eine Scherwelle, wobei die Amplituden der resultierenden evaneszenten Wellen über komplexe Transmissionsfaktoren festgelegt sind. An einer spannungsfreien Grenzfläche gibt es hingegen nur *eine* evaneszente Druckwelle, deren Amplitude ebenfalls durch einen komplexen Modekonversionsfaktor festgelegt ist. Die zu den Rayleigh'schen Oberflächenwellen führende Frage lautet nun: Kann an einer spannungsfreien ebenen Grenzfläche eines isotropen nichtdissipativen Materials die Überlagerung *zweier* evaneszenter ebener Wellen, und zwar einer inhomogenen Druck- sowie einer inhomogenen Scherwelle als Lösung der homogenen Wellengleichung existieren? Genau wie im Falle der Trennfläche sollten beide inhomogenen Wellen die gleiche Phasengeschwindigkeit entlang der Trennfläche aufweisen, wobei sich allerdings — ebenso wie dort — die Querdämpfungskonstanten unterscheiden können. *Eines* wissen wir aber bereits: Weder durch den Einfall einer ebenen Druck- noch einer ebenen Scherwelle kann eine solche „freie" Oberflächenwelle angeregt werden!

Wir machen also den folgenden Ansatz für eine zeitharmonische inhomogene ebene Welle:

$$\underline{\mathbf{u}}(\underline{\mathbf{R}}, \omega, \underline{\mathbf{k}}) = u_P(\omega)\, e^{j\underline{\mathbf{k}}_P \cdot \underline{\mathbf{R}}}\, \underline{\hat{\mathbf{u}}}_P(\underline{\mathbf{k}}_P) + u_S(\omega)\, e^{j\underline{\mathbf{k}}_S \cdot \underline{\mathbf{R}}}\, \underline{\hat{\mathbf{u}}}_{SV}(\underline{\mathbf{k}}_S) \quad , \tag{10.1.1}$$

wobei das Amplitudenverhältnis $u_P(\omega)/u_S(\omega)$ aus der Randbedingung der Spannungsfreiheit bestimmt werden muss. Da eine horizontal polarisierte Scherwelle sowohl von vertikal polarisierten Scherwellen als auch von Druckwellen entkoppelt ist, setzen wir sinnvollerweise die Scher-Teilwelle in (10.1.1) als SV-Welle an. Man beachte: Die Überlagerung dieser Teilwellen, d.h. die resultierende Rayleigh-Welle, ist also weder eine Druck- noch eine Scherwelle, denn (10.1.1) ist weder divergenz- noch rotationsfrei. Die Inhomogenität beider Teilwellen kommt in den komplexen Phasenvektoren

$$\underline{\mathbf{k}}_{P,S} = \Re\underline{\mathbf{k}} + j\Im\underline{\mathbf{k}}_{P,S} \tag{10.1.2}$$

zum Ausdruck, wobei wegen der Verlustlosigkeit des Materials

$$\Re\underline{\mathbf{k}} \cdot \Im\underline{\mathbf{k}}_{P,S} = 0 \quad , \tag{10.1.3}$$

also die Orthogonalität der Phasenausbreitungsrichtung und der Richtung der Querdämpfung gegeben sein muss (Gleichung (8.2.8)). Voraussetzungsgemäß sollen sich die Phasen der beiden Teilwellen von (10.1.1) in gleicher Richtung und mit gleichem Betrag (mit gleicher Phasengeschwindigkeit) ausbreiten, weswegen $\underline{\mathbf{k}}_P$ und $\underline{\mathbf{k}}_S$ den gleichen Realteilvektor $\Re\underline{\mathbf{k}}$ haben sollen. Aufgrund der Dispersionsrelationen für das isotrope nichtdissipative Material

$$\underline{\mathbf{k}}_{P,S} \cdot \underline{\mathbf{k}}_{P,S} = k_{P,S}^2 \tag{10.1.4}$$

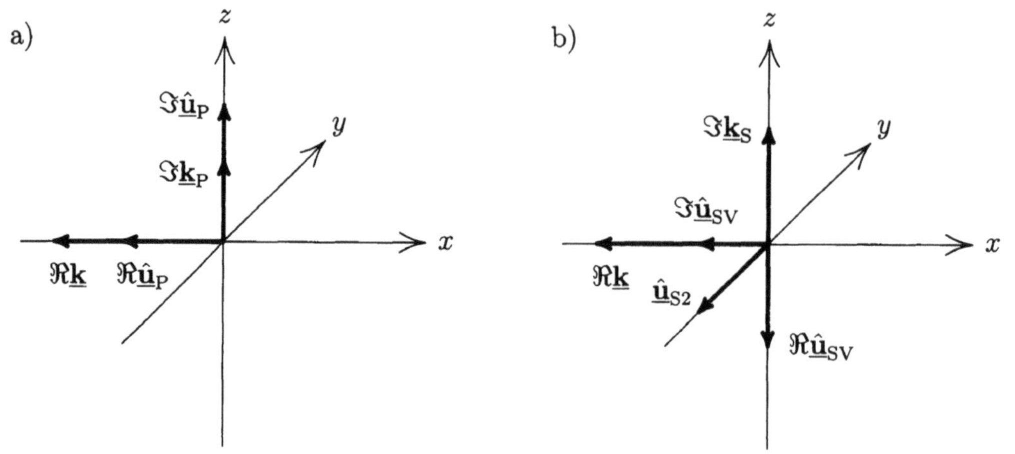

Abb. 10.1.1: *Komplexe Polarisationsvektoren der a) Druck- und b) Scheranteile einer Rayleigh'schen Oberflächenwelle*

folgt

$$
\begin{aligned}
|\Im\underline{\mathbf{k}}_{P,S}|^2 &= |\Re\underline{\mathbf{k}}|^2 - k_{P,S}^2 \\
&= k_R^2 - k_{P,S}^2
\end{aligned}
\tag{10.1.5}
$$

unter der Voraussetzung (10.1.3) für die Beträge der Imaginärteilvektoren; wir haben die Wellenzahl $|\Re\underline{\mathbf{k}}|$ der gesuchten Oberflächenwelle mit k_R — R für „Rayleigh" — abgekürzt. Damit $|\Im\underline{\mathbf{k}}_{P,S}|$ reell ist, muss $k_R > k_{P,S}$ gelten, d.h. die Phasengeschwindigkeit der Rayleigh-Welle wird kleiner als Druck- und Scherwellengeschwindigkeit sein.

Ebenfalls voraussetzungsgemäß soll es sich bei der P-Teilwelle von (10.1.1) um eine (rotationsfreie) *inhomogene Druck*- und bei der SV-Teilwelle um eine (divergenzfreie) *inhomogene Scher*welle handeln. Demzufolge treffen die Gleichungen (8.2.14), (8.2.19) für die Orientierung der Real- und Imaginärteilvektoren der komplexen Polarisationsvektoren $\underline{\hat{\mathbf{u}}}_{P,SV}(\underline{\mathbf{k}}_{P,S})$ mit $\underline{\hat{\mathbf{u}}}_{SV} = \underline{\hat{\mathbf{u}}}_{S1}$ zu:

$$
\underline{\hat{\mathbf{u}}}_P(\underline{\mathbf{k}}_P) = \frac{\underline{\mathbf{k}}_P}{\sqrt{\underline{\mathbf{k}}_P \cdot \underline{\mathbf{k}}_P^*}} \quad , \tag{10.1.6}
$$

$$
\underline{\hat{\mathbf{u}}}_{SV}(\underline{\mathbf{k}}_S) = \frac{\underline{\hat{\mathbf{u}}}_{S2} \times \underline{\mathbf{k}}_S}{\sqrt{\underline{\mathbf{k}}_S \cdot \underline{\mathbf{k}}_S^*}} \quad ; \tag{10.1.7}
$$

hierin ist $\underline{\hat{\mathbf{u}}}_{S2}$ ein reell-wertiger Einheitsvektor mit $\underline{\hat{\mathbf{u}}}_{S2} \cdot \underline{\mathbf{n}} = 0$ und $\underline{\hat{\mathbf{u}}}_{S2} \cdot \Re\underline{\mathbf{k}} = 0$, wobei $\underline{\mathbf{n}}$ die Normale auf die Grenzfläche bezeichnet. Obwohl, wie wir bereits festgestellt haben, eine Rayleigh-Welle von einer auf die spannungsfreie Grenzfläche einfallenden ebenen Welle nicht angeregt werden kann, bleiben wir bei der „reflexionsorientierten" Wahl eines kartesischen Koordinatensystems und legen den Phasenausbreitungsvektor $\Re\underline{\mathbf{k}}$ sowie den Einheitsvektor $\underline{\hat{\mathbf{u}}}_{S2}$ wie folgt fest (Abbildungen 9.1.1, 9.1.7):

$$
\Re\underline{\mathbf{k}} = -k_R\,\underline{\mathbf{e}}_x \tag{10.1.8}
$$

$$
\underline{\hat{\mathbf{u}}}_{S2} = -\underline{\mathbf{e}}_y \quad ; \tag{10.1.9}
$$

(10.1.10)

da die Abklingvektoren $\Im\underline{\mathbf{k}}_{P,S}$ in den Materialhalbraum $z > 0$ zeigen müssen, ist

$$
\Im\underline{\mathbf{k}}_{P,S} = \gamma_{P,S}\underline{\mathbf{e}}_z \tag{10.1.11}
$$

mit

$$\gamma_{P,S} = \sqrt{k_R^2 - k_{P,S}^2} > 0 \tag{10.1.12}$$

festzulegen. Mit (10.1.6) und (10.1.7) ergeben sich dann die in Abb. 10.1.1 skizzierten Polarisationsvektoren (man beachte Abb. 8.2.2 unter Berücksichtigung von Fußnote 30). Der Teilchenverschiebungsvektor der potenziellen Rayleigh-Welle lautet damit explizit:

$$\underline{\mathbf{u}}_R(\underline{\mathbf{R}}, \omega, -k_R\underline{\mathbf{e}}_x) = \underbrace{u_P(\omega)\,\mathrm{e}^{-\gamma_P z}\,\frac{-k_R\underline{\mathbf{e}}_x + \mathrm{j}\gamma_P\underline{\mathbf{e}}_z}{\sqrt{2k_R^2 - k_P^2}}\,\mathrm{e}^{-\mathrm{j}k_R x}}_{=\,\underline{\mathbf{u}}_P(x,z,\omega,-k_R\underline{\mathbf{e}}_x)} \underbrace{-u_S(\omega)\,\mathrm{e}^{-\gamma_S z}\,\frac{\mathrm{j}\gamma_S\underline{\mathbf{e}}_x + k_R\underline{\mathbf{e}}_z}{\sqrt{2k_R^2 - k_S^2}}\,\mathrm{e}^{-\mathrm{j}k_R x}}_{=\,\underline{\mathbf{u}}_{SV}(x,z,\omega,-k_R\underline{\mathbf{e}}_x)} \quad , \tag{10.1.13}$$

wobei uns zur Bestimmung der Phasengeschwindigkeit $c_R = \omega/k_R$ und des Amplitudenverhältnisses $u_P(\omega)/u_S(\omega)$ die Randbedingung der Spannungsfreiheit $\underline{\mathbf{e}}_z \cdot \underline{\underline{\mathbf{T}}}_R(\underline{\mathbf{R}}_S, \omega, -k_R\underline{\mathbf{e}}_x) = \underline{\mathbf{0}}$, $\underline{\mathbf{R}}_S \cdot \underline{\mathbf{e}}_z = 0$, zur Verfügung steht. Mit (8.1.122), (8.1.123) finden wir

$$\begin{aligned}\underline{\mathbf{e}}_z \cdot \underline{\underline{\mathbf{T}}}_R(\underline{\mathbf{R}}_S, \omega, -k_R\underline{\mathbf{e}}_x) \cdot \underline{\mathbf{e}}_z = \mathrm{j}\lambda\,[\underline{\mathbf{k}}_P \cdot \underline{\mathbf{u}}_P(x,0,\omega,-k_R\underline{\mathbf{e}}_x) + \underline{\mathbf{k}}_S \cdot \underline{\mathbf{u}}_{SV}(x,0,\omega,-k_R\underline{\mathbf{e}}_x)] +&\\ +2\mathrm{j}\mu\,[\underline{\mathbf{k}}_P \cdot \underline{\mathbf{e}}_z\underline{\mathbf{u}}_P(x,0,\omega,-k_R\underline{\mathbf{e}}_x) \cdot \underline{\mathbf{e}}_z + \underline{\mathbf{k}}_S \cdot \underline{\mathbf{e}}_z\underline{\mathbf{u}}_{SV}(x,0,\omega,-k_R\underline{\mathbf{e}}_x) \cdot \underline{\mathbf{e}}_z]&\end{aligned} \tag{10.1.14}$$

für die Normalkomponente $\underline{\mathbf{e}}_z \cdot \underline{\underline{\mathbf{T}}}_R(\underline{\mathbf{R}}_S, \omega, -k_R\underline{\mathbf{e}}_x) \cdot \underline{\mathbf{e}}_z$ und

$$\begin{aligned}&\underline{\mathbf{e}}_z \cdot \underline{\underline{\mathbf{T}}}_R(\underline{\mathbf{R}}_S, \omega, -k_R\underline{\mathbf{e}}_x) \times \underline{\mathbf{e}}_z = \\ &\quad \mathrm{j}\mu\,[\underline{\mathbf{k}}_P \cdot \underline{\mathbf{e}}_z\underline{\mathbf{u}}_P(x,0,\omega,-k_R\underline{\mathbf{e}}_x) \times \underline{\mathbf{e}}_z + \underline{\mathbf{u}}_P(x,0,\omega,-k_R\underline{\mathbf{e}}_x) \cdot \underline{\mathbf{e}}_z\underline{\mathbf{k}}_P \times \underline{\mathbf{e}}_z + \\ &\quad + \underline{\mathbf{k}}_S \cdot \underline{\mathbf{e}}_z\underline{\mathbf{u}}_{SV}(x,0,\omega,-k_R\underline{\mathbf{e}}_x) \times \underline{\mathbf{e}}_z + \underline{\mathbf{u}}_{SV}(x,0,\omega,-k_R\underline{\mathbf{e}}_x) \cdot \underline{\mathbf{e}}_z\underline{\mathbf{k}}_S \times \underline{\mathbf{e}}_z]\end{aligned} \tag{10.1.15}$$

für die Tangential„komponente“ $\underline{\mathbf{e}}_z \cdot \underline{\underline{\mathbf{T}}}_R(\underline{\mathbf{R}}_S, \omega, -k_R\underline{\mathbf{e}}_x) \times \underline{\mathbf{e}}_z$. Da die Phasenanpassung durch den $\underline{\mathbf{u}}_P$ und $\underline{\mathbf{u}}_{SV}$ gemeinsamen Faktor $\mathrm{e}^{-\mathrm{j}k_R x}$ bereits gewährleistet ist, führt das Nullsetzen von (10.1.14) und (10.1.15) auf ein homogenes Gleichungssystem[1] für die Amplituden $u_P(\omega)$ und $u_S(\omega)$; dieses hat nur dann eine nichttriviale Lösung, wenn seine Koeffizientendeterminante verschwindet, woraus nach einiger Rechnung eine Bestimmungsgleichung für die Rayleigh-Wellenzahl k_R bzw. für die Rayleigh-*Slowness* $s_R = 1/c_R = k_R/\omega$ resultiert:

$$\left(2s_R^2 - s_S^2\right)^2 - 4s_R^2\sqrt{s_R^2 - s_S^2}\sqrt{s_R^2 - s_P^2} = 0 \quad . \tag{10.1.16}$$

Diese Gleichung hat tatsächlich eine reelle Lösung $s_R > s_{P,S}$ — dies wird von Achenbach (1973) mit funktionentheoretischen Methoden gezeigt —, und man findet sie explizit durch Anwendung der Cardani'schen Formeln (Vinh und Ogden, 2004).

Unter Verwendung der Rayleigh-Gleichung ergibt sich beispielsweise aus (10.1.15) sofort das — im Übrigen frequenzunabhängige — Amplitudenverhältnis

$$\frac{u_P(\omega)}{u_S(\omega)} = \frac{1}{2\mathrm{j}k_R\gamma_P}\sqrt{2k_R^2 - k_S^2}\sqrt{2k_R^2 - k_P^2} \tag{10.1.17}$$

und damit

$$u_{Rx}(x,z,\omega,-k_R\underline{\mathbf{e}}_x) = \frac{\mathrm{j}\gamma_S}{\sqrt{2k_R^2 - k_S^2}}\,u_S(\omega)\left(\frac{2k_R^2 - k_S^2}{2\gamma_P\gamma_S}\,\mathrm{e}^{-\gamma_P z} - \mathrm{e}^{-\gamma_S z}\right)\mathrm{e}^{-\mathrm{j}k_R x} \quad , \tag{10.1.18}$$

$$u_{Rz}(x,z,\omega,-k_R\underline{\mathbf{e}}_x) = \frac{k_R}{\sqrt{2k_R^2 - k_S^2}}\,u_S(\omega)\left(\frac{2k_R^2 - k_S^2}{2k_R^2}\,\mathrm{e}^{-\gamma_P z} - \mathrm{e}^{-\gamma_S z}\right)\mathrm{e}^{-\mathrm{j}k_R z} \tag{10.1.19}$$

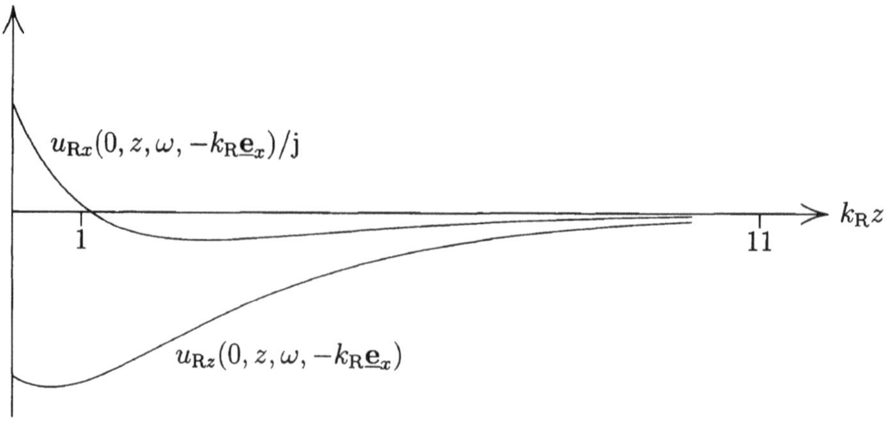

Abb. 10.1.2: *Teilchenverschiebungskomponenten einer Rayleigh'schen Oberflächenwelle ($c_P = 5900$ m/s, $c_S = 3200$ m/s, $c_R = 2963$ m/s)*

für die x- und z-Komponenten der Teilchenverschiebung der Rayleigh-Welle. Beide Komponenten sind in Abb. 10.1.2 für Stahl als Funktion von z dargestellt. Da u_{Rx} aufgrund des j-Faktors rein imaginär ist und die Beträge Komponenten unterschiedlich groß sind, ist die Rayleigh-Welle in der xz-Ebene elliptisch polarisiert (*nicht* in einer Ebene senkrecht zur Ausbreitungsrichtung); ein analoges Verhalten hatten wir auch für die „Fresnel'schen" evaneszenten Wellen festgestellt (z.B.: Abbildung 9.1.8).

10.2 Schwach gekrümmte Grenzflächen

Für schwach gekrümmte spannungsfreie Grenzflächen lässt sich die Existenz Rayleigh'scher Oberflächenwellen mit derselben Phasengeschwindigkeit c_R wie für ebene Grenzflächen mit dem Formalismus des vorstehenden Abschnitts leicht nachweisen. Wir legen der Einfachheit halber eine kreiszylindrische Fläche mit Radius $a \gg \lambda_{P,S}$ zugrunde (Abbildung 10.2.1) und führen das orthogonale Dreibein $\underline{\mathbf{e}}_\rho, \underline{\mathbf{e}}_s, \underline{\mathbf{e}}_z$ sogenannter Dupin-Koordinaten (orthogonale krummlinige Flächenkoordinaten kombiniert mit der Normalen) ein: ρ ist die radiale Variable, gezählt von der Grenzfläche bei $\rho = 0$ in das (nichtdissipative homogen-isotrope) $c_{P,S}$- Material hinein, s ist eine Bogenlängenvariable, und $\underline{\mathbf{e}}_z$ kennzeichnet die Zylinderachse.

Eine Rayleigh-Welle suchen (und finden) wir wieder durch Überlagerung inhomogener P- und SV-Wellen mit Wellenzahlvektoren

$$\underline{\mathbf{k}}_{P,S} = k_R\underline{\mathbf{e}}_s + \mathrm{j}\gamma_{P,S}\underline{\mathbf{e}}_\rho \quad , \tag{10.2.1}$$

die natürlich die notwendige Nebenbedingung

$$\Re\underline{\mathbf{k}}_{P,S} \cdot \Im\underline{\mathbf{k}}_{P,S} = 0 \tag{10.2.2}$$

erfüllen. Die der Gleichung (10.1.4) entsprechende Dispersionsrelation müssen wir aus der Schwingungsgleichung im Dupin-Koordinatensystem finden. Dazu greifen wir auf zweidimensionale Helmholtz-Potentiale $\Phi(\rho, s, \omega, k_R)$ und $\underline{\mathbf{\Psi}}(\rho, s, \omega, k_R) = \Psi(\rho, s, \omega, k_R)\underline{\mathbf{e}}_z$ mit

$$\Delta\Phi(\rho, s, \omega, k_R) + k_P^2\Phi(\rho, s, \omega, k_R) = 0 \quad , \tag{10.2.3}$$

$$\Delta\Psi(\rho, s, \omega, k_R) + k_S^2\Psi(\rho, s, \omega, k_R) = 0 \tag{10.2.4}$$

[1] Es fehlt ja die Anregung durch eine einfallende Welle.

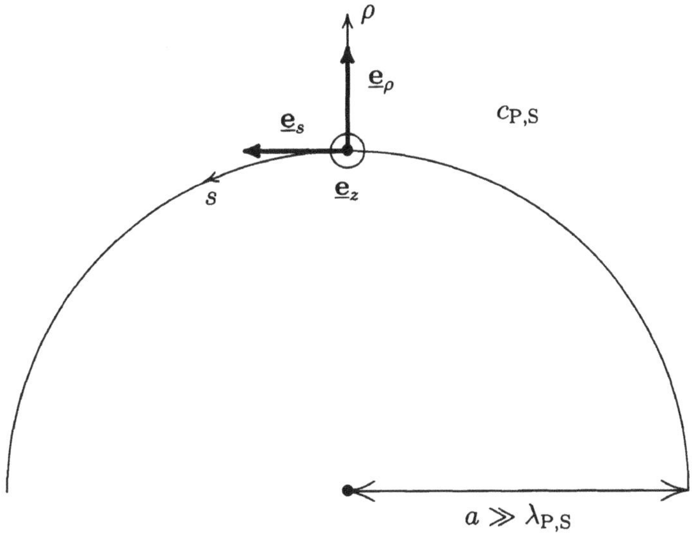

Abb. 10.2.1: *Dupin-Koordinaten* $\underline{\mathbf{e}}_\rho, \underline{\mathbf{e}}_s, \underline{\mathbf{e}}_z$ *einer Kreiszylinderfläche*

zurück und übernehmen den Δ-Operator gemäß

$$\Delta = \frac{\partial^2}{\partial \rho^2} + \frac{1}{\rho + a}\frac{\partial}{\partial \rho} + \frac{a^2}{(\rho + a)^2}\frac{\partial^2}{\partial s^2} \tag{10.2.5}$$

von den Zylinderkoordinaten: Es ist ja $s = a\varphi$ und $\rho = r - a$. Mit dem Ansatz

$$\Phi(\rho, s, \omega, k_\mathrm{R}) = \Phi_0(\omega)\, \mathrm{e}^{\mathrm{j}k_\mathrm{R}s - \gamma_\mathrm{P}\rho} \quad , \tag{10.2.6}$$

$$\Psi(\rho, s, \omega, k_\mathrm{R}) = \Psi_0(\omega)\, \mathrm{e}^{\mathrm{j}k_\mathrm{R}s - \gamma_\mathrm{S}\rho} \tag{10.2.7}$$

für entlang der Grenzfläche laufende lokal ebene inhomogene P- und SV-Wellen entsprechend den Wellenzahlvektoren (10.2.1) finden wir sofort

$$\gamma_\mathrm{P,S}^2 - \frac{1}{\rho + a}\gamma_\mathrm{P,S} - \frac{a^2}{(\rho + a)^2}k_\mathrm{R}^2 + k_\mathrm{P,S}^2 = 0 \quad . \tag{10.2.8}$$

Der Ansatz (10.2.6) bzw. (10.2.7) wäre also nur *dann* Lösung von (10.2.3) bzw. (10.2.4), wenn die Rayleigh-Wellenzahl k_R ρ-abhängig wäre — logisch: je größer ρ ist, desto schneller muss die Welle sein, damit sie nicht zurückbleibt —; dann müsste aber $k_\mathrm{R}(\rho)$ beim Einsetzen in die Differentialgleichungen bereits mitdifferenziert werden. Also beschränken wir uns auf $\rho \simeq 0$ — die resultierende Rayleigh-Welle soll eine *Oberflächen*welle sein — und erhalten

$$\gamma_\mathrm{P,S}^2 - \frac{1}{a}\gamma_\mathrm{P,S} - k_\mathrm{R}^2 + k_\mathrm{P,S}^2 = 0 \quad . \tag{10.2.9}$$

Abbildung 10.1.2 entnehmen wir des Weiteren, dass $\gamma_\mathrm{P,S} \simeq 1/\lambda_\mathrm{P,S}$, d.h. $\gamma_\mathrm{P,S}^2 - \gamma_\mathrm{P,S}/a$ ist näherungsweise durch $(1 - \lambda_\mathrm{P,S}/a)/\lambda_\mathrm{P,S}^2$ gegeben, worin wir für $a \gg \lambda_\mathrm{P,S}$ den Term $\lambda_\mathrm{P,S}/a$ vernachlässigen. Also finden wir für schwach gekrümmte Grenzflächen dieselbe Dispersionsgleichung

$$k_\mathrm{R}^2 = k_\mathrm{P,S}^2 + \gamma_\mathrm{P,S}^2 \tag{10.2.10}$$

wie für ebene Grenzflächen. Wenn wir nach den Differentiationen $\nabla\Phi$ und $\nabla \times \underline{\Psi}$ mit

$$\nabla = \underline{\mathbf{e}}_\rho \frac{\partial}{\partial \rho} + \frac{a}{\rho + a}\underline{\mathbf{e}}_s \frac{\partial}{\partial s} \tag{10.2.11}$$

wieder $\rho \simeq 0$ setzen, erhalten wir

$$\underline{\mathbf{u}}_{\mathrm{R}}(\rho, s, \omega, k_{\mathrm{R}}) = u_{\mathrm{P}}(\omega)\,\mathrm{e}^{\mathrm{j}k_{\mathrm{R}}s-\gamma_{\mathrm{P}}\rho}\,\hat{\underline{\mathbf{u}}}_{\mathrm{P}} + u_{\mathrm{S}}(\omega)\,\mathrm{e}^{\mathrm{j}k_{\mathrm{R}}s-\gamma_{\mathrm{S}}\rho}\,\hat{\underline{\mathbf{u}}}_{\mathrm{SV}} \quad , \tag{10.2.12}$$

worin $\hat{\underline{\mathbf{u}}}_{\mathrm{P}}$ und $\hat{\underline{\mathbf{u}}}_{\mathrm{SV}}$ durch

$$\hat{\underline{\mathbf{u}}}_{\mathrm{P}} = \frac{\mathrm{j}\gamma_{\mathrm{P}}\underline{\mathbf{e}}_{\rho} + k_{\mathrm{R}}\underline{\mathbf{e}}_{s}}{\sqrt{2k_{\mathrm{R}}^2 - k_{\mathrm{P}}^2}} \quad , \tag{10.2.13}$$

$$\hat{\underline{\mathbf{u}}}_{\mathrm{SV}} = \frac{-k_{\mathrm{R}}\underline{\mathbf{e}}_{\rho} + \mathrm{j}\gamma_{\mathrm{S}}\underline{\mathbf{e}}_{s}}{\sqrt{2k_{\mathrm{R}}^2 - k_{\mathrm{S}}^2}} \tag{10.2.14}$$

gegeben sind. Der Vergleich mit (10.1.13) zeigt, dass wir im $\underline{\mathbf{e}}_{\rho}\underline{\mathbf{e}}_{s}$-Koordinatensystem der schwach gekrümmten Grenzfläche einen Ausdruck für $\underline{\mathbf{u}}_{\mathrm{R}}$ erhalten, der genauso strukturiert ist wie derjenige für die ebene Grenzfläche. Wenn wir nun noch nach der Berechnung der Komponenten des Spannungstensors

$$\underline{\underline{\mathbf{T}}}_{\mathrm{R}} = \lambda\,\underline{\underline{\mathbf{I}}}\,\nabla\cdot\underline{\mathbf{u}}_{\mathrm{R}} + \mu\left[\nabla\underline{\mathbf{u}}_{\mathrm{R}} + (\nabla\underline{\mathbf{u}}_{\mathrm{R}})^{21}\right] \tag{10.2.15}$$

erneut $\rho \simeq 0$ setzen und — ebenso wie in der Dispersionsgleichung — Terme der Größenordnung[2] $\gamma_{\mathrm{P,S}}/a$ bzw. k_{R}/a gegenüber quadratischen oder Produkttermen von k_{R} und $\gamma_{\mathrm{P,S}}$ vernachlässigen[3], liefert die Randbedingung $\underline{\mathbf{e}}_{\rho}\cdot\underline{\underline{\mathbf{T}}}_{\mathrm{R}} = \underline{\mathbf{0}}$ für $\rho = 0$ in den Komponenten $\underline{\mathbf{e}}_{\rho}\cdot\underline{\underline{\mathbf{T}}}_{\mathrm{R}}\cdot\underline{\mathbf{e}}_{\rho}$ und $\underline{\mathbf{e}}_{\rho}\cdot\underline{\underline{\mathbf{T}}}_{\mathrm{R}}\cdot\underline{\mathbf{e}}_{s}$ ein homogenes Gleichungssystem, dessen Determinante durch Nullsetzen wieder auf die Rayleigh-Gleichung (10.1.16) und die Teilchenverschiebungskomponenten (10.1.18) und (10.1.19) führt.

[2] Diese Terme entstehen durch Divergenz- bzw. Gradientenbildung von $\hat{\underline{\mathbf{u}}}_{\mathrm{P,SV}}$ im $\underline{\mathbf{e}}_{\rho}\underline{\mathbf{e}}_{s}$-Koordinatensystem.

[3] Nur unter dieser Voraussetzung entspricht der erste Term von (10.2.12) im Übrigen einer *Druck*- und der zweite einer *Scher*welle.

11 Räumliches Spektrum ebener Wellen

Aufgrund ihrer unendlichen Energie sind ebene Wellen für die Anwendung in der US-zfP nicht unmittelbar geeignet. Als Lösungen homogener Wellengleichungen kann man sie aber bezüglich der frei wählbaren Ausbreitungsrichtung mit jeweils unterschiedlichen Amplituden aufsummieren bzw. aufintegrieren: Man erhält ein räumliches „Spektrum" ebener Wellen, das im Wortsinne ein *räumliches Spektrum* ist, da die Ausbreitungsrichtungen der einzelnen ebenen Wellen durch den zum Ortsvektor $\underline{\mathbf{R}}$ konjugierten Fourier-Vektor $\underline{\mathbf{K}}$ gegeben sind! Prüfkopfschallfelder und Gauß'sche Strahlen lassen sich damit bestens beschreiben (Abschnitt 14; Abschnitt 12). Formal findet man das räumliche Spektrum ebener Wellen durch Fourier-Transformation der Schwingungsgleichungen bezüglich zweier kartesischer Koordinaten; das resultierende zweidimensionale Fourier-Umkehrintegral gilt es dann entsprechend zu interpretieren. Um diese Interpretation nicht mit unnötigem algebraischen Ballast zu befrachten, werden wir zunächst skalare akustische Wellenspektren untersuchen.

11.1 Räumliches Spektrum akustischer ebener Wellen

11.1.1 Räumliches Spektrum ebener Wellen

Wir gehen von der homogenen akustischen Helmholtz-Gleichung (5.4.1)

$$\Delta p(x, y, z, \omega) + k^2 p(x, y, z, \omega) = 0 \tag{11.1.1}$$

für das Frequenzspektrum des akustischen Drucks $p(x, y, z, \omega)$ in kartesischen Koordinaten aus und Fourier-transformieren sie bezüglich x und y:

$$\frac{\partial^2}{\partial z^2}\hat{p}(K_x, K_y, z, \omega) + (k^2 - K_x^2 - K_y^2)\hat{p}(K_x, K_y, z, \omega) = 0 \quad . \tag{11.1.2}$$

Als Lösung dieser eindimensionalen Differentialgleichung können wir sofort eine sich in $+z$-Richtung ausbreitende ebene Welle

$$\hat{p}(K_x, K_y, z, \omega) = \hat{p}_0(K_x, K_y, \omega)\, \mathrm{e}^{\mathrm{j}K_z(K_x, K_y, \omega)z} \tag{11.1.3}$$

mit der Wellenzahl

$$K_z(K_x, K_y, \omega) = \sqrt{k^2 - K_x^2 - K_y^2} \tag{11.1.4}$$

und der beliebig vorgebbaren Amplitude $\hat{p}_0(K_x, K_y, \omega)$ für $z = 0$ hinschreiben. Das zweidimensionale inverse Fourier-Integral

$$p(x, y, z, \omega) = \frac{1}{(2\pi)^2} \int_{-\infty}^{\infty} \int_{-\infty}^{\infty} \hat{p}_0(K_x, K_y, \omega) \mathrm{e}^{\mathrm{j}K_z(K_x, K_y, \omega)z} \mathrm{e}^{\mathrm{j}K_x x + \mathrm{j}K_y y}\, \mathrm{d}K_x \mathrm{d}K_y \tag{11.1.5}$$

kann man unmittelbar als Superposition ebener Wellen gemäß

$$p(x, y, z, \omega) = \frac{1}{(2\pi)^2} \int_{-\infty}^{\infty} \int_{-\infty}^{\infty} \hat{p}_0(K_x, K_y, \omega)\, \mathrm{e}^{\mathrm{j}\underline{\mathbf{K}} \cdot \underline{\mathbf{R}}}\, \mathrm{d}K_x \mathrm{d}K_y \tag{11.1.6}$$

schreiben, wenn man mit

$$\begin{aligned}\underline{\mathbf{K}} &= K_x\underline{\mathbf{e}}_x + K_y\underline{\mathbf{e}}_y + K_z\underline{\mathbf{e}}_z \\ &= K_x\underline{\mathbf{e}}_x + K_y\underline{\mathbf{e}}_y + \sqrt{k^2 - K_x^2 - K_y^2}\,\underline{\mathbf{e}}_z\end{aligned} \tag{11.1.7}$$

einen Phasenvektor definiert, der der Dispersionsrelation

$$\underline{\mathbf{K}} \cdot \underline{\mathbf{K}} = k^2 \tag{11.1.8}$$

genügt. Da $-\infty < K_x < \infty$, $-\infty < K_y < \infty$, kann $\underline{\mathbf{K}}$ wegen

$$K_z = \begin{cases} \sqrt{k^2 - K_x^2 - K_y^2} & \text{für } K_x^2 + K_y^2 \le k^2 \\ \pm\mathrm{j}\sqrt{K_x^2 + K_y^2 - k^2} & \text{für } K_x^2 + K_y^2 > k^2 \end{cases} \tag{11.1.9}$$

für $K_x^2 + K_y^2 > k^2$ zu einem komplexen Vektor

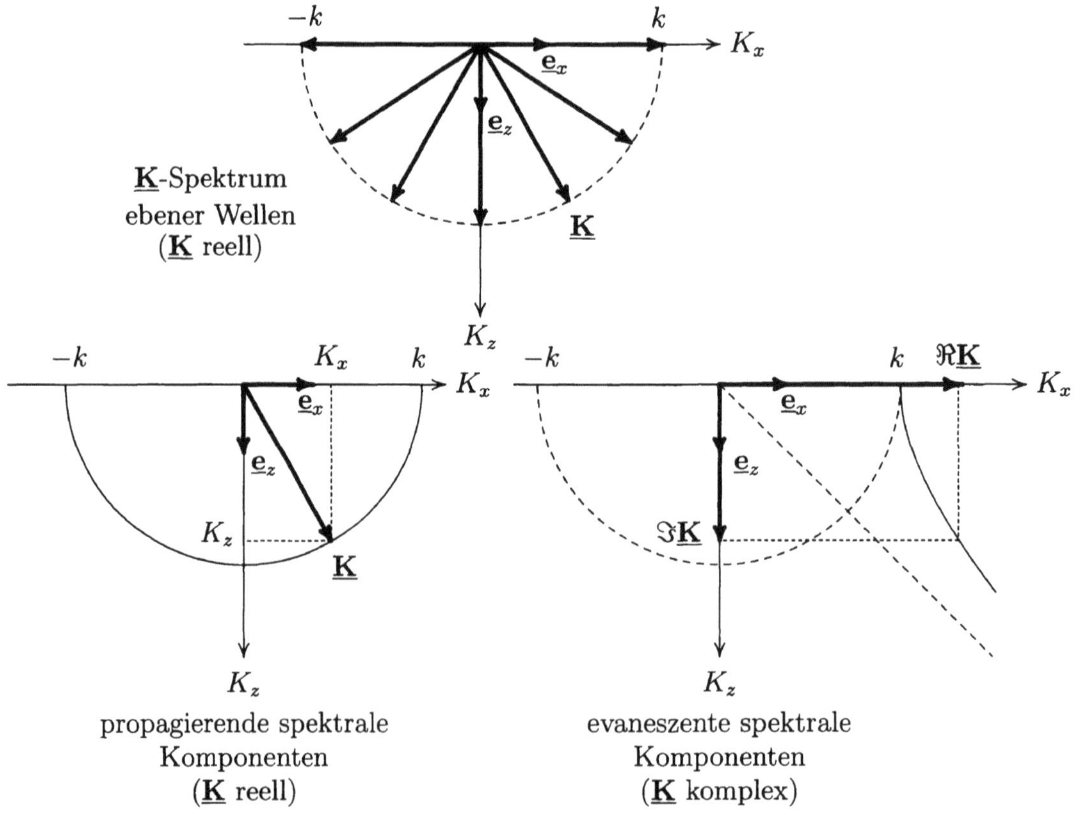

Abb. 11.1.1: *Räumliches Spektrum ebener Wellen*

$$\underline{\mathbf{K}} = \Re\underline{\mathbf{K}} + \mathrm{j}\Im\underline{\mathbf{K}} \tag{11.1.10}$$

werden, für dessen Imaginärteilvektor

$$\Im\underline{\mathbf{K}} = \sqrt{K_x^2 + K_y^2 - k^2}\,\underline{\mathbf{e}}_z \tag{11.1.11}$$

wir das positive Vorzeichen wählen müssen, damit

$$\mathrm{e}^{\mathrm{j}\Re\underline{\mathbf{K}}\cdot\underline{\mathbf{R}} - \Im\underline{\mathbf{K}}\cdot\underline{\mathbf{R}}} \tag{11.1.12}$$

im Halbraum $z > 0$ eine exponentielle *Dämpfung* darstellt (Abbildung 8.2.1). Die Dispersionsrelation (11.1.8) erlaubt es uns, K_z gemäß

$$K_x^2 + K_y^2 + K_z^2 = k^2 \tag{11.1.13}$$

für K_x, K_y-Werte innerhalb der Kreisfläche $K_x^2 + K_y^2 \leq k^2$ — es resultieren propagierende spektrale Komponenten des räumlichen Spektrums (11.1.6) ebener Wellen — und K_z gemäß

$$K_x^2 + K_y^2 - K_z^2 = k^2 \tag{11.1.14}$$

für K_x, K_y-Werte außerhalb der Kreisfläche $K_x^2 + K_y^2 \leq k^2$ — es resultieren evaneszente spektrale Komponenten — zu berechnen. Abbildung 11.1.1 illustriert diesen Sachverhalt für $K_y = 0$, wir sind ihm in Abschnitt 9 für eine *einzelne* ebene Welle mit dem Phasenvektor $\underline{\mathbf{k}}$ hinlänglich oft begegnet. *Hier* wird, darüber hinaus gehend, über alle Phasenvektoren $\underline{\mathbf{K}}$ gemäß (11.1.7) summiert, wobei jeder räumlich spektralen Komponente, d.h. jeder einzelnen propagierenden oder evaneszenten ebenen Welle die beliebig vorgebbare Amplitude $\hat{p}_0(K_x, K_y, \omega)$ zugeordnet ist. Gemäß (11.1.5) ist diese Amplitude die zweidimensionale Fourier-Transformierte der Druckverteilung $p(x, y, z = 0, \omega) = p_0(x, y, \omega)$ in der xy-Ebene für $z = 0$:

$$\hat{p}_0(K_x, K_y, \omega) = \int_{-\infty}^{\infty} \int_{-\infty}^{\infty} p_0(x, y, \omega)\, \mathrm{e}^{-\mathrm{j}K_x x - \mathrm{j}K_y y}\, \mathrm{d}x\mathrm{d}y \quad . \tag{11.1.15}$$

Man kann also (11.1.6) letztlich *so* interpretieren, dass eine in der xy-Ebene vorgegebene Feldverteilung durch ein räumliches Spektrum ebener Wellen in den Halbraum $z > 0$ „transportiert" wird; oder: Gleichung (11.1.6) ist das Strahlungsfeld im Halbraum $z > 0$ einer in der xy-Ebene für $z = 0$ vorgegebenen „Aperturverteilung" in der mathematischen Form eines räumlichen Spektrums ebener Wellen. Damit wird klar, wieso diese Darstellung für die Berechnung von Prüfkopfschallfeldern relevant ist; man muss schließlich nur zu einer physikalisch realen Apertur übergehen und diese auf einem physikalisch realen Halbraum mit ebener Grenzfläche plazieren (Abschnitt 14). Man beachte: Obwohl der Beitrag der evaneszenten spektralen Komponenten für $z > 0$ „geringfügig" erscheint, ist er für die *Vollständigkeit* des Spektrums unbedingt notwendig (Tygel und Hubral, 1987).

Übrigens: Für den Halbraum $z < 0$ wird (11.1.6) tauglich, wenn man für die propagierenden Spektralanteile $\underline{\mathbf{K}}$ mit negativer z-Komponente und für die die evaneszenten spektralen Komponenten $\Im\underline{\mathbf{K}}$ mit negativer z-Komponente ansetzt, d.h. man wählt in (11.1.3) die negative z-Richtung als Ausbreitungsrichtung und passt die Querdämpfung physikalisch sinnvoll an.

11.1.2 Propagator als Raumfilter

Insbesondere die Rolle der evaneszenten Wellen wird in einer anderen Interpretation der Integraldarstellung (11.1.5), nämlich in der Interpretation des Propagators

$$\hat{P}(K_x, K_y, z, \omega) = \mathrm{e}^{\mathrm{j}z\sqrt{k^2 - K_x^2 - K_y^2}} \tag{11.1.16}$$

als Raumfilter, besonders deutlich. Gleichzeitig impliziert diese Interpretation eine bequeme numerische Berechnung von Schallfeldern.

Bezüglich der Fourier-Variablen K_x und K_y stellt der Propagator $\hat{P}(K_x, K_y, z, \omega)$ ein raumvariantes und frequenzabhängiges Filter der Fourier-transformierten Ausgangsfeldverteilung, also $\hat{p}_0(K_x, K_y, \omega)$, dar. Den Einfluss der Filterparameter z und ω diskutieren wir anhand von Abb. 11.1.2, in der deutlich zum Ausdruck kommt, dass

$$|\hat{P}(K_x, K_y, z, \omega)| = \begin{cases} 1 & \text{für } k \geq \sqrt{K_x^2 + K_y^2} \\ \mathrm{e}^{-z\sqrt{K_x^2 + K_y^2 - k^2}} & \text{für } k < \sqrt{K_x^2 + K_y^2} \end{cases} \tag{11.1.17}$$

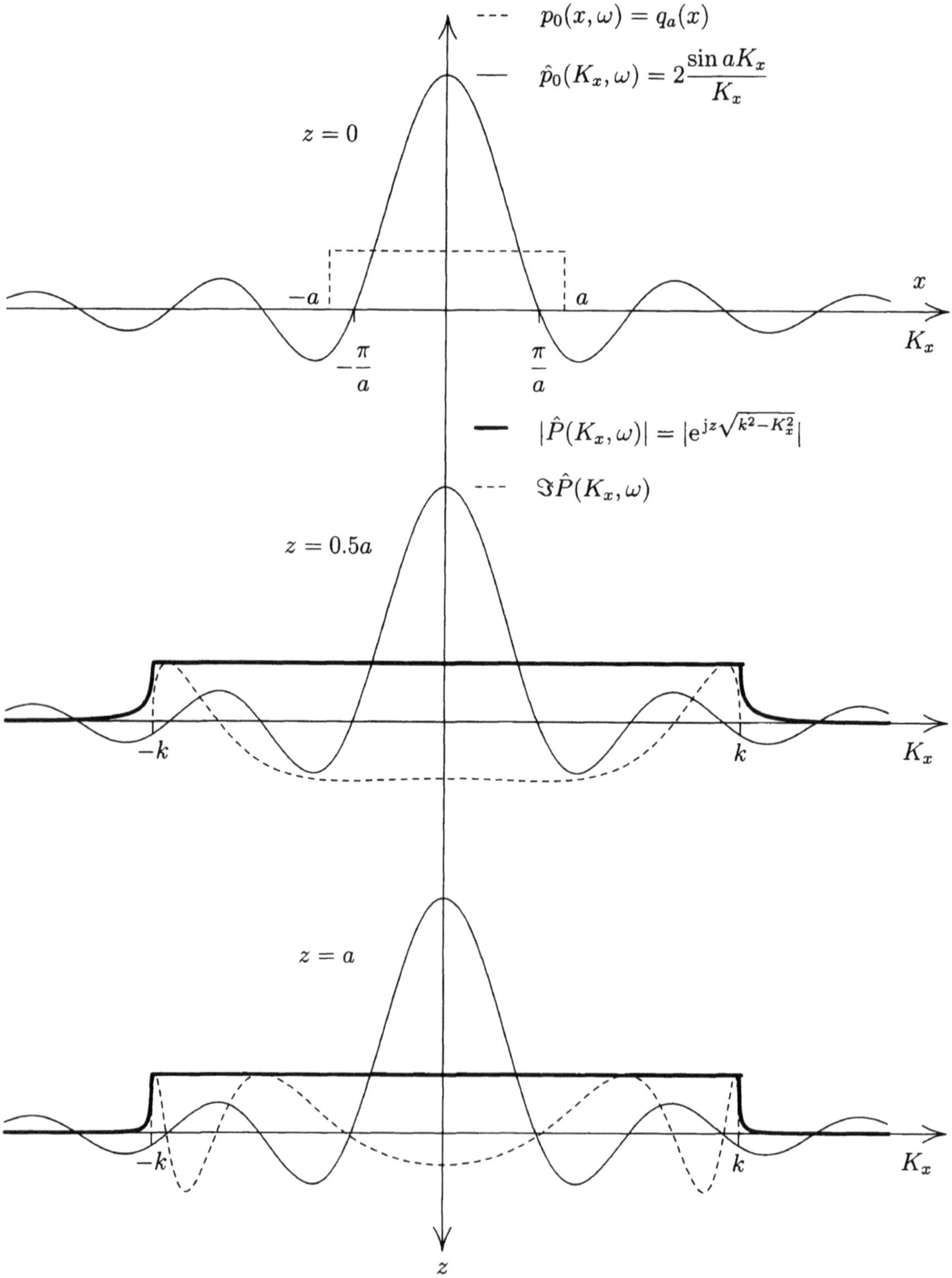

***Abb. 11.1.2:** Interpretation des räumlichen Spektrums ebener Wellen als Raumfilter ($ka = 10$)*

die in $\hat{p}_0(K_x, K_y, \omega)$ enthaltenen Raumfrequenzen für $k < \sqrt{K_x^2 + K_y^2}$ und große z exponentiell unterdrückt.

Zur vereinfachten zeichnerischen Darstellung dieses Sachverhalts in Abb. 11.1.2 wählen wir ein zweidimensionales Problem, setzen also $p_0(x, y, \omega) = p_0(x, \omega)$ entsprechend einer Unabhängigkeit von y mit der Konsequenz $\hat{p}_0(K_x, K_y, \omega) = \hat{p}_0(K_x, \omega)\delta(K_y)$. Als „Aperturverteilung" für $z = 0$ diene uns beispielhaft die Rechteckfunktion $p_0(x, \omega) = q_a(x)$, die in Abb. 11.1.2 zusammen mit ihrem räumlichen Spektrum $\hat{p}_0(K_x, \omega) = 2 \sin aK_x / K_x$ zunächst dargestellt ist; die halbe „Aperturbreite" a finden wir in den Nullstellen der Spaltfunktion wieder, deren erste bei $K_x = \pm\pi/a$ liegen. Aufgrund von (11.1.17) wird der Durchlassbereich des Raumfilters (11.1.16) für $z > 0$ im Wesentlichen durch die Wellenzahl k bestimmt: Die Bandgrenzen des räumlichen Tiefpassfilters liegen bei $K_x = \pm k$. Aufgrund des konkret gewählten Beispiels $ka = 10$ gilt $3\pi/a < ka < 4\pi/a$, sodass eine entsprechende Anzahl von Oszillationen der Spaltfunktion „durchgelassen" wird; man sieht sehr schön, dass bereits für $z = 0.5a$ die exponentielle Dämpfung des Raumfilters jenseits $K_x = \pm k$ signifikant ist, und für $z = a$ kann man schon fast von einem idealen Tiefpassfilter sprechen. In der Interpretation gemäß der spektralen Überlagerung ebener Wellen bedeutet dies natürlich, dass die evaneszenten ebenen Wellen bereits entsprechend abgeklungen sind. In Abb. 11.1.3 ist das Ergebnis der Raumfilterung der Spaltfunktion für $ka = 10$ und $ka = \pi$ als Funktion von kz als dreidimensionale Graphik dargestellt; es ist offensichtlich, dass es das „Zusammenspiel" von „Aperturbreite" und Filterbandbreite ist, welches die Struktur von $\hat{p}(K_x, z, \omega)$ als Funktion von z bestimmt. Über die inverse Fourier-Transformation bezüglich K_x wird damit natürlich auch die Struktur von $p(x, z, \omega)$ bestimmt: In Abb. 11.1.4 ist der Betrag von $p(x, z, \omega)$ als Funktion von x und z für die beiden Fälle $ka = 10$ und $ka = \pi$ dargestellt. Für $ka = 10$ erkennt man deutlich einen sehr strukturierten Nah- und Übergangsbereich, der schließlich — für $x = 0$ — in den $1/\sqrt{z}$-Abfall der Amplitude im Fernfeld übergeht (*Wurzel* aus z deswegen, weil die Abbildungen 11.1.3 und 11.1.4 ein zweidimensionales Problem darstellen). Für $ka = \pi$ sieht der Betrag des Fernfeldes parallel zur x-Achse so aus wie eine Spaltfunktion, also wie die Fourier-Transformierte der ursprünglichen „Aperturverteilung" für $z = 0$; wir werden dies anhand der Auswertung von (11.1.5) mit der Methode der Stationären Phase weiter unten tatsächlich nachweisen, und zu deren Veranschaulichung ist in Abb. 11.1.2 neben dem Betrag des Propagators auch noch dessen Imaginärteil (gestrichelt) eingezeichnet: Offensichtlich weist dieser mit zunehmendem z ein immer stärkeres oszillatorisches Verhalten an den Bandgrenzen auf, während er in der Umgebung von $K_x = 0$ *stationär* bleibt. Für $ka = \pi$ lehrt uns Abb. 11.1.4 — die gesamte Ausdehnung $2a$ der Ausgangsrechteckverteilung ist gerade mal eine Wellenlänge groß —, dass das Fernfeld im Prinzip nichts anderes als die Green'sche Funktion einer Quasi-Punkt-(hier: Linien-)Quelle ist (Abschnitt 13.4.1; Abschnitt 14.1.2).

11.1.3 Näherungsauswertung mit der Methode der Stationären Phase

Eindimensionale Fourier-Umkehrintegrale

Wir erwähnten, dass das räumliche Spektrum ebener Wellen sehr zweckmäßig für die mathematische Darstellung von Prüfkopfschallfeldern ist. Ein Prüfkopf hat aber eine endliche laterale Ausdehnung, d.h. wir würden in diesem Fall voraussetzen, dass $p_0(x, y, \omega)$ einen kompakten Träger hat, also beispielsweise außerhalb des Rechtecks $q_a(x)q_b(y)$ gleich null ist. Dann können wir aber einen Feldaufpunkt $\underline{\mathbf{R}}$ mit $R \gg a, b$ und gleichzeitig $kR \gg 1$ wählen, womit die Voraussetzungen für eine Fernfeldnäherung gegeben sind (man vergleiche Abschnitt 13.1.3). Abbildung 11.1.4 (oben) suggeriert, dass bei einer derartigen Näherungsauswertung des inversen Fourier-Integrals (11.1.5) so etwas wie die Fourier-Transformierte der „Aperturverteilung" entstehen wird. Man begründet die Näherung der Methode der Stationären Phase mit dem für $kz \gg 1$ stark oszillatorischen Verhalten des Propagators an den Bandgrenzen, während dieser für K_x, K_y in der Nähe des Ursprungs vergleichsweise „stationär" bleibt. In Abb. 11.1.2

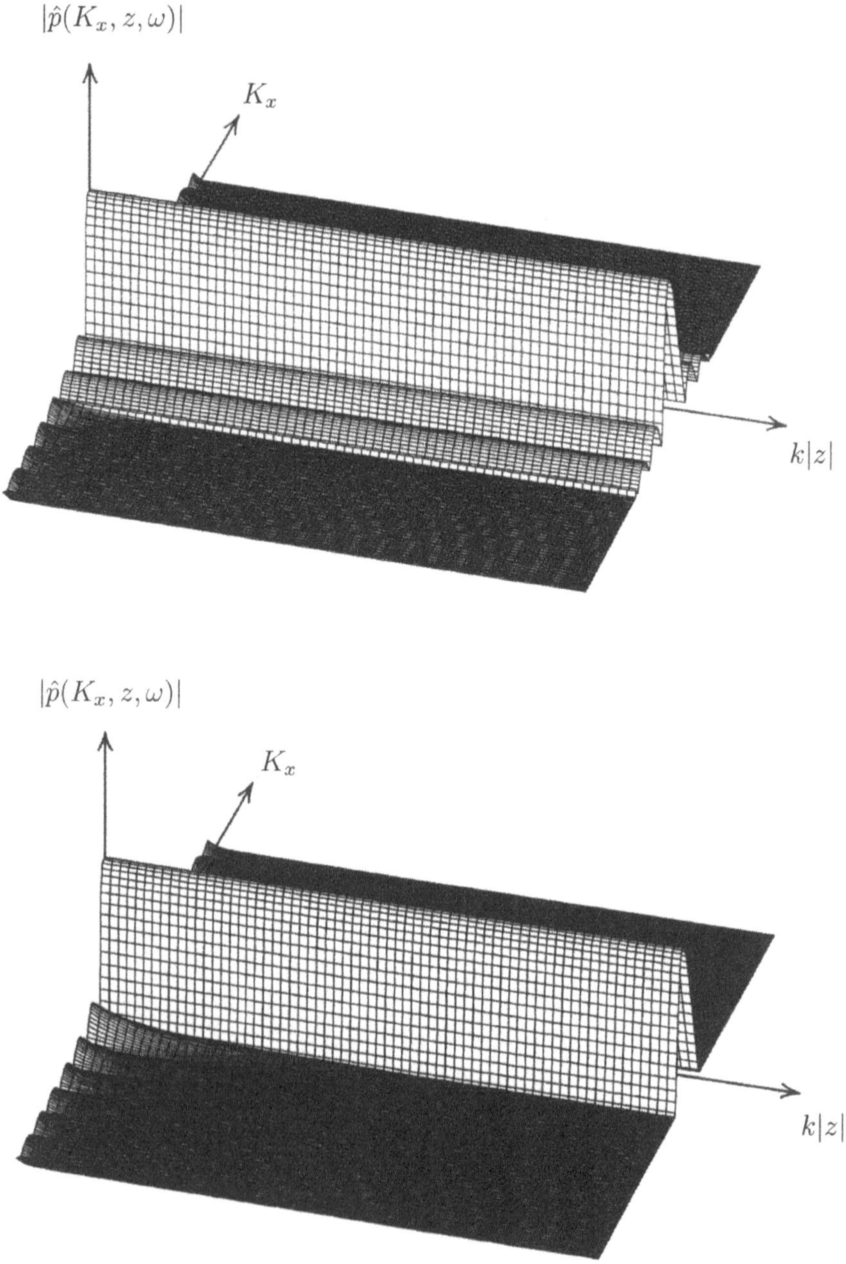

Abb. 11.1.3: *Räumliches Spektrum des streifenförmigen „Aperturstrahlers"; $0 \leq k|z| \leq 10ka$; oben: $ka = 10$, unten: $ka = \pi$*

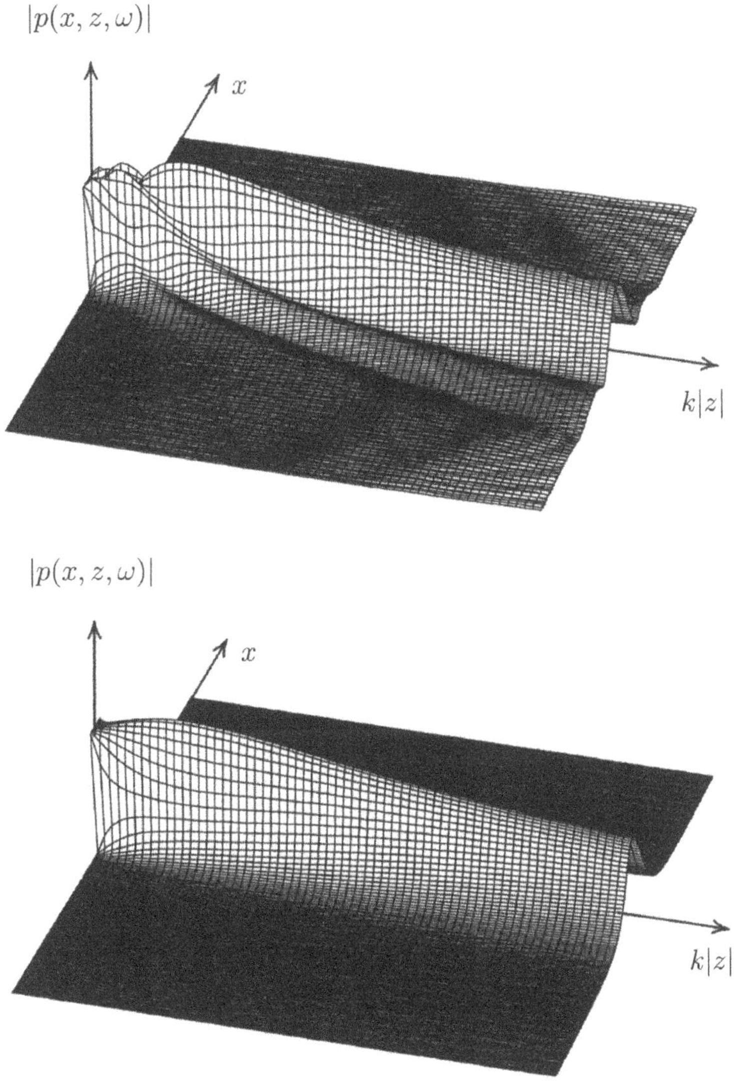

Abb. 11.1.4: *Zeitharmonisches Strahlungsfeld des streifenförmigen „Aperturstrahlers"*; $0 \leq k|z| \leq 10ka$; *oben:* $ka = 10$, *unten:* $ka = \pi$

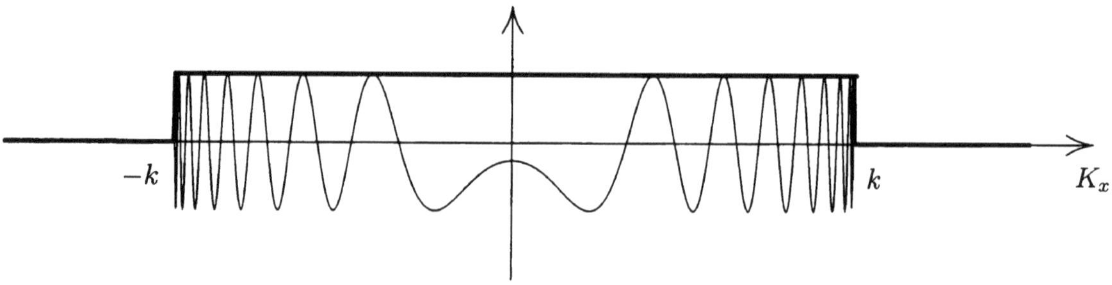

Abb. 11.1.5: Betrag (fett) und Imaginärteil des Propagators für $kz = 50$ ($z = 5a$)

deutet sich dies für kleine kz bereits an, Abb. 11.1.5 überzeugt für $kz = 50$; gleichzeitig wird anhand dieser Abbildung auch deutlich, dass die evaneszenten Wellen längst abgeklungen sind und kaum noch einen Beitrag leisten. Infolgedessen vernachlässigen wir in (11.1.5) — genauer: in der zweidimensionalen Version von (11.1.5), d.h. im eindimensionalen Fourier-Umkehrintegral

$$p(x,z,\omega) = \frac{1}{2\pi}\int_{-\infty}^{\infty} \hat{p}_0(K_x,\omega)\,\mathrm{e}^{\mathrm{j}K_x x + \mathrm{j}K_z z}\,\mathrm{d}K_x \tag{11.1.18}$$

— ebendiese spektrale Komponenten:

$$p(x,z,\omega) \simeq \frac{1}{2\pi}\int_{-k}^{k} \hat{p}_0(K_x,\omega)\,\mathrm{e}^{\mathrm{j}K_x x + \mathrm{j}K_z z}\,\mathrm{d}K_x \quad . \tag{11.1.19}$$

Im Intervall $-k \le K_x \le k$ ist K_z reell. Im Fernfeld spielt vor allem die Beobachtungs*richtung* eine Rolle, sodass wir in der xz-Ebene Polarkoordinaten

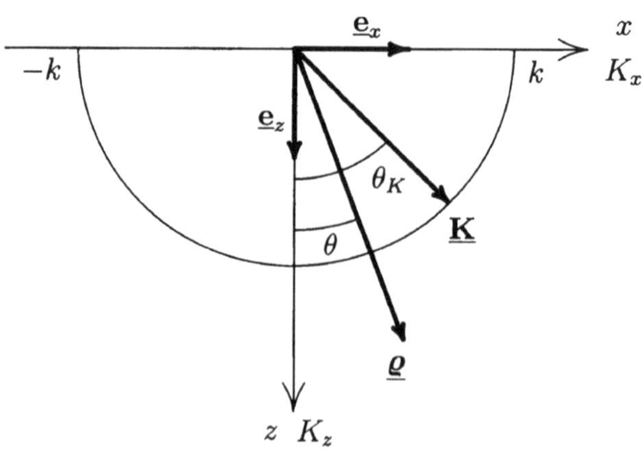

Abb. 11.1.6: Polarkoordinaten im Orts- und Spektralraum

$$x = \rho \sin\theta \quad , \tag{11.1.20}$$

$$z = \rho\cos\theta \tag{11.1.21}$$

einführen (Abbildung 11.1.6: $\underline{\boldsymbol{\varrho}} = \rho\sin\theta\underline{\mathbf{e}}_x + \rho\cos\theta\underline{\mathbf{e}}_z$). Unser kartesisches $\underline{\mathbf{e}}_x\underline{\mathbf{e}}_z$-Zweibein legen wir auch dem kartesischen $\underline{\mathbf{K}}$-Raum-Koordinatensystem zugrunde (Abbildung 11.1.6), setzen also

$$K_x = k \sin\theta_K \quad , \tag{11.1.22}$$

$$K_z = k \cos\theta_K \quad . \tag{11.1.23}$$

Das Integral (11.1.19) schreibt sich danach:

$$p(x,z,\omega) \simeq \frac{k}{2\pi}\int_{-\pi/2}^{\pi/2} \hat{p}_0(K_x,\omega)\,\mathrm{e}^{\mathrm{j}k\rho\cos(\theta-\theta_K)}\cos\theta_K\,\mathrm{d}\theta_K \quad . \tag{11.1.24}$$

Für $k\rho \gg 1$ kommen die wesentlichen Beiträge zum Integral aus der Umgebung des Punktes stationärer Phase, für den

$$\frac{\mathrm{d}}{\mathrm{d}\theta_K}\cos(\theta-\theta_K) = \sin(\theta-\theta_K) \tag{11.1.25}$$

gleich null sein soll: Es folgt $\theta_K = \theta$, d.h. die Phase ist für eine räumlich spektrale Komponente *dann* stationär, wenn wir in genau *dieser* Richtung beobachten, oder, anders ausgedrückt, *diejenige* ebene Welle im räumlichen Spektrum, die sich genau in Beobachtungsrichtung ausbreitet, liefert dort den Hauptbeitrag. Wir brechen deshalb die Taylor-Reihe

$$\cos(\theta-\theta_K) = 1 - \frac{1}{2}(\theta-\theta_K)^2 \tag{11.1.26}$$

nach dem quadratischen Term ab und berechnen

$$p^{\text{fern}}(\rho,\theta,\omega) = \frac{k}{2\pi}\cos\theta\,\mathrm{e}^{\mathrm{j}k\rho}\hat{p}_0(k\sin\theta,\omega)\underbrace{\int_{-\pi/2}^{\pi/2}\mathrm{e}^{-\mathrm{j}\frac{k\rho}{2}(\theta-\theta_K)^2}\mathrm{d}\theta_K}_{=\int_{\theta-\pi/2}^{\theta+\pi/2}\mathrm{e}^{-\mathrm{j}\frac{k\rho}{2}\theta_K^2}\,\mathrm{d}\theta_K} \tag{11.1.27}$$

Nun erscheint es wünschenswert, das Integral in (11.1.27) mit unendlichen Integrationsgrenzen „zu versehen“, damit wir auf die Korrespondenz (2.3.50) zurückgreifen können; im Prinzip scheint das näherungsweise machbar zu sein, da sich wegen des für $k\rho \gg 1$ stark oszillierenden Integranden die Beiträge für $\theta_K \longrightarrow \pm\infty$ sowieso wegheben, allerdings konvergiert das Integral nicht im Sinne der klassischen Analysis. Deshalb „schmuggeln“ wir einen konvergenzerzeugenden Faktor ein, indem wir

$$\begin{aligned}\lim_{\alpha'\to 0}\int_{-\infty}^{\infty}\mathrm{e}^{-\frac{1}{4\alpha}\omega^2}\mathrm{e}^{-\mathrm{j}\omega t}\,\mathrm{d}\omega\Big|_{t=0} &= \lim_{\alpha'\to 0} 2\pi\sqrt{\frac{\alpha}{\pi}}\\ &= 2\pi\sqrt{\frac{-\mathrm{j}}{\pi\alpha''}}\end{aligned} \tag{11.1.28}$$

mit komplexem $1/\alpha = \alpha' + \mathrm{j}\alpha''$ berechnen. Anwendung auf (11.1.27) ergibt

$$p^{\text{fern}}(\rho,\theta,\omega) = k\cos\theta\,\hat{p}_0(k\sin\theta,\omega)\,\frac{\mathrm{e}^{\mathrm{j}k\rho-\mathrm{j}\frac{\pi}{4}}}{\sqrt{2\pi k\rho}} \quad . \tag{11.1.29}$$

In der Tat „sieht“ man also entsprechend Abb. 11.1.4 (oben) im Fernfeld die Fourier-Transformierte der „Aperturverteilung“. Der Term $\mathrm{e}^{\mathrm{j}k\rho}/\sqrt{\rho}$ repräsentiert eine Zylinderwelle, der in Richtung θ eine Amplitude proportional zu $\cos\theta\,\hat{p}_0(k\sin\theta,\omega)$ aufgeprägt wird. Auf die entsprechende Darstellung von Quellenfeldern mittels der Green'schen Funktion gehen wir in den Abschnitten 13.1.4 und 14.1.2 ein.

Zweidimensionale Fourier-Umkehrintegrale

Von Schmerr (1998) wird die Rechnung zur Auswertung zweidimensionaler Fourier-Umkehrintegrale

$$p(x,y,z,\omega) = \frac{1}{(2\pi)^2} \int_{-\infty}^{\infty} \int_{-\infty}^{\infty} \hat{p}_0(K_x,K_y,\omega)\, \mathrm{e}^{\mathrm{j}z\sqrt{k^2-K_x^2-K_y^2}} \mathrm{e}^{\mathrm{j}K_x x+\mathrm{j}K_y y}\, \mathrm{d}K_x \mathrm{d}K_y \qquad (11.1.30)$$

mit der Methode der Stationären Phase explizit durchgeführt[1]; man führt im Ortsraum Kugelkoordinaten ein und wertet das resultierende Integral

$$p(R,\vartheta,\varphi,\omega) = \frac{1}{(2\pi)^2} \int_{-\infty}^{\infty} \int_{-\infty}^{\infty} \hat{p}_0(K_x,K_y,\omega)\, \mathrm{e}^{\mathrm{j}R\cos\vartheta\sqrt{k^2-K_x^2-K_y^2}+\mathrm{j}K_x R\sin\vartheta\cos\varphi+\mathrm{j}K_y R\sin\vartheta\sin\varphi} \mathrm{d}K_x \mathrm{d}K_y \qquad (11.1.31)$$

für $kR \gg 1$ asymptotisch aus. Wir zitieren des Ergebnis:

$$p^{\mathrm{fern}}(R,\vartheta,\varphi,\omega) = -\frac{\mathrm{j}}{2\pi}\, k\, \hat{p}_0(k\sin\vartheta\cos\varphi, k\sin\vartheta\sin\varphi,\omega)\, \cos\vartheta\, \frac{\mathrm{e}^{\mathrm{j}kR}}{R} \quad . \qquad (11.1.32)$$

11.2 Räumliches Spektrum elastischer ebener Wellen

Zum räumlichen Spektrum *elastischer* ebener Wellen gelangen wir unmittelbar, wenn wir die Helmholtz-Zerlegung (7.2.1) der Teilchenverschiebung verwenden; die homogene skalare Helmholtz-Gleichung für $\Phi(x,y,z,\omega)$ lösen wir analog zu (11.1.6):

$$\Phi(x,y,z,\omega) = \frac{1}{(2\pi)^2} \int_{-\infty}^{\infty} \int_{-\infty}^{\infty} \hat{\Phi}_0(K_x,K_y,\omega)\, \mathrm{e}^{\mathrm{j}\underline{\mathbf{K}}_{\mathrm{P}}\cdot\underline{\mathbf{R}}}\, \mathrm{d}K_x \mathrm{d}K_y \quad , \qquad (11.2.1)$$

wobei

$$\underline{\mathbf{K}}_{\mathrm{P}} = K_x \underline{\mathbf{e}}_x + K_y \underline{\mathbf{e}}_y + \underbrace{\sqrt{k_{\mathrm{P}}^2 - K_x^2 - K_y^2}}_{= K_{\mathrm{P}z}} \underline{\mathbf{e}}_z \quad ; \qquad (11.2.2)$$

in kartesischen Koordinaten finden wir die Lösung der homogenen vektoriellen Helmholtz-Gleichung für $\underline{\mathbf{\Psi}}(x,y,z,\omega)$ komponentenweise wie (11.2.1):

$$\underline{\mathbf{\Psi}}(x,y,z,\omega) = \frac{1}{(2\pi)^2} \int_{-\infty}^{\infty} \int_{-\infty}^{\infty} \hat{\underline{\mathbf{\Psi}}}_0(K_x,K_y,\omega)\, \mathrm{e}^{\mathrm{j}\underline{\mathbf{K}}_{\mathrm{S}}\cdot\underline{\mathbf{R}}}\, \mathrm{d}K_x \mathrm{d}K_y \quad , \qquad (11.2.3)$$

wobei

$$\underline{\mathbf{K}}_{\mathrm{S}} = K_x \underline{\mathbf{e}}_x + K_y \underline{\mathbf{e}}_y + \underbrace{\sqrt{k_{\mathrm{S}}^2 - K_x^2 - K_y^2}}_{= K_{\mathrm{S}z}} \underline{\mathbf{e}}_z \quad . \qquad (11.2.4)$$

Das räumliche Spektrum $\hat{\Phi}_0(K_x,K_y,\omega)$ ist die zweidimensionale Fourier-Transformierte der beliebig vorgebbaren „Aperturverteilung" $\Phi_0(x,y,\omega) = \Phi(x,y,z=0,\omega)$ des Druckwellenspektrums; das räumliche Scherwellenspektrum (11.2.3) muss allerdings der Nebenbedingung $\nabla\cdot\underline{\mathbf{\Psi}}(x,y,z,\omega) = 0$ (Gleichung (7.2.2)) genügen, und dies überträgt sich für $z=0$ im Spektralbereich auf (das Hütchen charakterisiert also keinen Einheitsvektor)

$$\underline{\mathbf{K}}_{\mathrm{S}} \cdot \hat{\underline{\mathbf{\Psi}}}_0(K_x,K_y,\omega) = 0 \quad , \qquad (11.2.5)$$

d.h. nur zwei (kartesische) Komponenten von $\underline{\mathbf{\Psi}}_0(x,y,\omega) = \underline{\mathbf{\Psi}}(x,y,z=0,\omega)$ sind beliebig vorgebbar. Die Ausführung der Differentiationen (7.2.1) an (11.2.1) und (11.2.3) liefert uns

[1] Allerdings fehlt in der letzten Zeile seiner Gleichung (E.21) ein Minuszeichen.

schließlich das räumliche Spektrum ebener elastischer Druck- und Scherwellen:

$$\underline{\mathbf{u}}(x,y,z,\omega) = \frac{1}{(2\pi)^2}\int_{-\infty}^{\infty}\int_{-\infty}^{\infty}\left[\mathrm{j}\underline{\mathbf{K}}_{\mathrm{P}}\hat{\Phi}_0(K_x,K_y,\omega)\,\mathrm{e}^{\mathrm{j}\underline{\mathbf{K}}_{\mathrm{P}}\cdot\underline{\mathbf{R}}} + \mathrm{j}\underline{\mathbf{K}}_{\mathrm{S}} \times \underline{\mathbf{\Psi}}_0(K_x,K_y,\omega)\,\mathrm{e}^{\mathrm{j}\underline{\mathbf{K}}_{\mathrm{S}}\cdot\underline{\mathbf{R}}}\right]\mathrm{d}K_x\mathrm{d}K_y. \tag{11.2.6}$$

In Abschnitt 14.2.2 werden wir die Darstellung (11.2.6) zur Berechnung des Strahlungsfeldes einer vorgegebenen streifenförmigen Normal- und Tangentialkraftdichte auf der Oberfläche eines spannungsfreien Halbraums verwenden. Bei der Fernfeldauswertung mittels der Methode der Stationären Phase ergeben sich sodann die Punktrichtwirkungen nach Miller-Pursey (Miller und Pursey, 1954).

12 Ultraschallstrahlen und Wellenpakete

In der US-zfP-Umgangssprache wird anstatt des Begriffs „Ultraschallwelle“ sehr oft der Begriff „Ultraschallstrahl“ gebraucht; zur korrekten physikalisch-mathematischen Definition ist es von Nachteil, dass das Deutsche nur den Begriff „Strahl“ kennt, während man im Englischen zwischen „*beam*“ und „*ray*“ unterscheiden *kann* und *muss*, wenn man „Strahlen“ als (Näherungs-)Lösungen der zeitharmonischen homogenen Wellengleichung(en) einführt: Rays stellen im Prinzip nichts anderes als die Verallgemeinerung zeitharmonischer ebener Wellen auf zeitharmonische *lokal* ebene Wellen in inhomogenen Materialien dar — es sind geometrische Trajektorien einer Wellennormalen —, während zeitharmonische Beams paraxiale Lösungen der homogenen Schwingungsgleichung(en) sind, die sich entlang den Rays ausbreiten und dabei ihre funktionale, z.B. Gauß'sche, Struktur beibehalten; als Wellenpakete (*wave packets* oder *pulsed beams*) stellen sie die entsprechenden Impulslösungen im Zeitbereich und damit physikalisch „sichtbare“ Lösungen dar. Beams haben eine ganze Reihe konzeptioneller, mathematischer und praktischer Vorteile gegenüber Rays.

12.1 Gauß'sche Strahlen als paraxiale Näherung eines Spektrums ebener Wellen

In *homogenen* isotropen Materialien bietet das räumliche Spektrum ebener Wellen als Lösung der homogenen Helmholtzgleichung (Abschnitt 11.1)

$$\Delta p(x, y, z, \omega) + k^2 p(x, y, z, \omega) = 0 \tag{12.1.1}$$

einen einfachen Zugang zu skalar-akustischen *Gaussian Beams*, wobei die paraxiale Näherung in der *Lösung* durchgeführt wird. Einen anderen Zugang bietet die sofortige parabolische Approximation der hyperbolischen Wellengleichung und deren *exakte* Lösung; wir kommen weiter unten darauf zurück. Eine zweidimensionale Fourier-Transformation von (12.1.1) bezüglich x und y führt auf

$$\frac{\partial^2}{\partial z^2}\hat{p}(K_x, K_y, z, \omega) + (k^2 - K_x^2 - K_y^2)\hat{p}(K_x, K_y, z, \omega) = 0 \ ; \tag{12.1.2}$$

die Lösung

$$\hat{p}(K_x, K_y, z, \omega) = \hat{p}_0(K_x, K_y, \omega)\, \mathrm{e}^{\mathrm{j}K_z z} \tag{12.1.3}$$

mit

$$K_z = \sqrt{k^2 - K_x^2 - K_y^2} \tag{12.1.4}$$

und beliebig vorgebener Amplitude $\hat{p}_0(K_x, K_y, \omega)$ ist eine sich in positive z-Richtung mit der Wellenzahl K_z ausbreitende ebene Welle (Abschnitt 11.1). Die zweidimensionale inverse Fourier-Transformation von (12.1.3) gemäß

$$p(x, y, z, \omega) = \frac{1}{(2\pi)^2}\int_{-\infty}^{\infty}\int_{-\infty}^{\infty} \hat{p}_0(K_x, K_y, \omega)\, \mathrm{e}^{\mathrm{j}K_z z}\, \mathrm{e}^{\mathrm{j}K_x x + \mathrm{j}K_y y}\, \mathrm{d}K_x \mathrm{d}K_y \tag{12.1.5}$$

entlarvt diese Integraldarstellung als Lösung „räumliches Spektrum ebener Wellen“ von (12.1.1), die sich von der Fourier-transformierten[1] „Aperturverteilung“ $\mathcal{F}_{xy}\{p(x,y,0,\omega)\} = \hat{p}_0(K_x, K_y, \omega)$ in der Ebene $z = 0$ mit den Phasenvektoren $\underline{\mathbf{K}} = K_x\underline{\mathbf{e}}_x + K_y\underline{\mathbf{e}}_y + K_z\underline{\mathbf{e}}_z$ in den Halbraum $z > 0$ ausbreiten (Abbildung 11.1.1). Zur paraxialen Näherung von (12.1.5) kommen wir nun, indem wir voraussetzen, dass die maximale geometrische Ausdehnung der „Apertur“ $p(x,y,0,\omega)$ — wir bezeichnen sie mit $2a$ — groß gegenüber der Wellenlänge ist, dass also die Hochfrequenznäherung $ka \gg 1$ gilt; aufgrund der Unschärferelation der Fourier-Transformation genügen deshalb die zu den „Aperturvariablen“ x und y konjugierten Fourier-Variablen K_x und K_y der Einschränkung $k \gg \sqrt{K_x^2 + K_y^2}$, d.h. es wird nur über diejenigen propagierenden spektralen Komponenten summiert, deren K_z sich wenig von k unterscheidet, deren $\underline{\mathbf{K}}$-Vektor also nahezu in $\underline{\mathbf{e}}_z$-Richtung zeigt, demzufolge *paraxial* ist (Abbildung 11.1.1). Es bietet sich deshalb die Näherung

$$K_z \simeq k - \frac{K_x^2 + K_y^2}{2k} \tag{12.1.6}$$

an, die

$$p^{\mathrm{pax}}(x,y,z,\omega) = \frac{1}{(2\pi)^2}\,\mathrm{e}^{\mathrm{j}kz} \int_{-\infty}^{\infty}\int_{-\infty}^{\infty} \hat{p}_0(K_x, K_y, \omega)\,\mathrm{e}^{-\mathrm{j}\frac{z}{2k}(K_x^2+K_y^2)}\,\mathrm{e}^{\mathrm{j}K_x x + \mathrm{j}K_y y}\,\mathrm{d}K_x \mathrm{d}K_y \tag{12.1.7}$$

zur Folge hat; wir belassen es bei den unendlichen Integrationsgrenzen, da ja die Vorgabe von $\hat{p}_0(K_x, K_y, \omega)$ für eine entsprechende Begrenzung des Integrationsintervalls sorgt. Damit man (12.1.7) weiter analytisch auswerten kann, muss nun $\hat{p}_0(K_x, K_y, \omega)$ und damit $p^{\mathrm{pax}}(x,y,0,\omega)$ explizit angegeben werden: Es bietet sich das Gauß-förmige Fourierspektrum

$$\hat{p}_0(K_x, K_y, \omega) = p_0(\omega)\,\frac{\pi}{\alpha}\,\mathrm{e}^{-\frac{1}{4\alpha(\omega)}(K_x^2+K_y^2)} \tag{12.1.8}$$

an, denn genau dann stellt (12.1.7) ein zweifaches Fourier-Umkehrintegral einer zweidimensionalen Gaußfunktion dar, deren Urbild wir mit (2.3.50) kennen[2]. Zu (12.1.8) gehört die Gauß-förmige „Aperturverteilung“

$$p^{\mathrm{pax}}(x,y,0,\omega) = p_0(x,y,\omega) = p_0(\omega)\,\mathrm{e}^{-\alpha(\omega)(x^2+y^2)} \quad , \tag{12.1.9}$$

worin $\alpha(\omega)$ ein frequenzabhängiger „Spielparameter“ ist; wir sprechen deshalb von zeitharmonischen Gauß'schen Strahlen (Ishimaru, 1991; Heyman, 1994; Heyman und Felsen, 2001).

Aufgrund der Rotationssymmetrie in der xy-Ebene[3] können wir die Gaußverteilung (12.1.9) auch gemäß

$$p_0(x,y,\omega) = p_0(\omega)\,\mathrm{e}^{-\alpha(\omega)r^2} \tag{12.1.10}$$

schreiben. Setzen wir $\alpha(\omega)$ als komplexwertigen Parameter

$$\alpha(\omega) = \alpha' + \mathrm{j}\omega\alpha'' \quad , \quad \alpha' > 0 \quad , \tag{12.1.11}$$

an, dann gehört zu (12.1.10) die Zeitfunktion

$$p_0(x,y,t) = \mathrm{e}^{-\alpha' r^2}\,p_0(t + \alpha'' r^2) \quad ; \tag{12.1.12}$$

Mit α' kontrollieren wir also die geometrische Ausdehnung der „Apertur“ und mit α'' eine r-abhängige, gegenüber $t = 0$ verfrühte Aussendung des $p_0(t)$-Impulses. Diese wollen wir nun *so*

[1] Wir setzen „Apertur“ in Anführungsstriche, um anzudeuten, dass es sich nicht wirklich um eine beliebig vorgegebene Feldverteilung innerhalb einer Apertur, sondern letztlich um das Querschnittsprofil eines Gauß'schen Spektrums ebener Wellen in der xy-Ebene handelt.

[2] Da es sich um eine zweidimensionale Transformation handelt, tritt der Faktor $\sqrt{\pi/\alpha}$ zweimal auf.

[3] Die Rotationssymmetrie charakterisiert *diesen* Gauß'schen Strahl als stigmatisch; *astigmatische* Gauß'sche Strahlen lernen wir im nächsten Abschnitt kennen.

einstellen, dass jeder Impuls $p_0(t + \alpha'' r^2)$ *gleichzeitig* am axialen Aufpunkt $\underline{\mathbf{R}} = R_\mathrm{f}\underline{\mathbf{e}}_z$ — dem Fokuspunkt $z = R_\mathrm{f}$ — ankommt; dazu muss der Laufzeitunterschied $\sqrt{R_\mathrm{f}^2 + r^2}/c - R_\mathrm{f}/c$ für „Apertur"punkte $r \neq 0$ gegenüber $r = 0$ durch α'' kompensiert werden. Für $r \ll R_\mathrm{f}$ können wir diesen Laufzeitunterschied gemäß

$$\frac{\sqrt{R_\mathrm{f}^2 - r^2}}{c} - \frac{R_\mathrm{f}}{c} \simeq \frac{1}{2cR_\mathrm{f}} r^2 \tag{12.1.13}$$

annähern, sodass sich

$$\alpha'' = \frac{1}{2cR_\mathrm{f}} \tag{12.1.14}$$

ergibt. Mit $\alpha' = 1/a^2 \ll k^2$ stellen wir sicher, dass die Ausdehnung der „Apertur" voraussetzungsgemäß etwa $2a$ mit $ka \gg 1$ ist, sodass schließlich

$$\alpha(\omega) = \frac{1}{a^2} + \mathrm{j}\frac{1}{2R_\mathrm{f}} k \tag{12.1.15}$$

folgt. Mit $R_\mathrm{f} \gg a$ erfüllen wir die zur Gültigkeit von (12.1.13) notwendige Forderung; aufgrund der paraxialen Näherung ist der Realteil von $\alpha(\omega)$ über die Forderung $ka \gg 1$ tatsächlich ebenfalls frequenzabhängig.

Mit (12.1.15) kann nunmehr

$$p^{\mathrm{pax}}(x, y, z, \omega) = p_0(\omega) \frac{\pi}{\alpha(\omega)} \mathrm{e}^{\mathrm{j}kz} \frac{1}{(2\pi)^2} \int_{-\infty}^{\infty} \int_{-\infty}^{\infty} \mathrm{e}^{-\left(\frac{1}{4\alpha(\omega)} + \mathrm{j}\frac{z}{2k}\right)(K_x^2 + K_y^2)} \mathrm{e}^{\mathrm{j}K_x x + \mathrm{j}K_y y} \, \mathrm{d}K_x \mathrm{d}K_y \tag{12.1.16}$$

als zweidimensionales inverses Fourier-Integral berechnet werden; wir finden

$$p^{\mathrm{pax}}(x, y, z, \omega) = p_0(\omega) \frac{\beta(z, \omega)}{\beta(0, \omega)} \mathrm{e}^{-\beta(z,\omega) r^2} \mathrm{e}^{\mathrm{j}kz} \tag{12.1.17}$$

mit

$$\beta(z, \omega) = \frac{\alpha(\omega)}{1 + \mathrm{j}\frac{2\alpha(\omega)}{k} z} \quad . \tag{12.1.18}$$

Gleichung (12.1.17) ist die (Näherungs-)Lösung „paraxialer Gauß'scher Strahl" der homogenen Helmholtzgleichung (12.1.1).

Mit der Aufspaltung von $\beta(z, \omega)$ nach Real- und Imaginärteil

$$\Re\beta(z, \omega) = \frac{1}{a^2} \frac{1}{\left(1 - \frac{z}{R_\mathrm{f}}\right)^2 + \frac{z^2}{R_\mathrm{f}^2} \frac{1}{\gamma_\mathrm{f}^2(\omega)}} \quad , \tag{12.1.19}$$

$$\Im\beta(z, \omega) = \frac{\gamma_\mathrm{f}(\omega)}{a^2} \frac{1 - \frac{z}{R_\mathrm{f}} \left(1 + \frac{1}{\gamma_\mathrm{f}^2(\omega)}\right)}{\left(1 - \frac{z}{R_\mathrm{f}}\right)^2 + \frac{z^2}{R_\mathrm{f}^2} \frac{1}{\gamma_\mathrm{f}^2(\omega)}} \tag{12.1.20}$$

mit

$$\gamma_\mathrm{f}(\omega) = \frac{ka^2}{2R_\mathrm{f}} \tag{12.1.21}$$

erkennt man gemäß

$$p^{\mathrm{pax}}(x, y, z, \omega) = p_0(\omega) \frac{\beta(z, \omega)}{\beta(0, \omega)} \mathrm{e}^{-\Re\beta(z,\omega) r^2} \mathrm{e}^{\mathrm{j}kz - \mathrm{j}\Im\beta(z,\omega) r^2} \quad , \tag{12.1.22}$$

dass $\Re\beta(z,\omega)$ die z-abhängige Strahlgeometrie, nämlich das exponentielle Abklingen in r-Richtung für festes z, bestimmt; wir definieren denjenigen r-Wert, für den die Amplitude $p_0(\omega)\beta(z,\omega)/\beta(0,\omega)$ für $r=0$ um den Faktor e^{-1} abgenommen hat, als halbe Strahlbreite $w(z,\omega)$:

$$w(z,\omega)=\frac{1}{\sqrt{\Re\beta(z,\omega)}} \quad , \tag{12.1.23}$$

also

$$\frac{w(z,\omega)}{a}=\sqrt{\left(1-\frac{z}{R_\mathrm{f}}\right)^2+\frac{z^2}{R_\mathrm{f}^2}\frac{1}{\gamma_\mathrm{f}^2(\omega)}} \quad . \tag{12.1.24}$$

Für $z=0$ wird $w(0,\omega)=a$, d.h. wir finden in der xy-Ebene die vorgegebene (kreisförmige) „Aperturverteilung“ wieder. Gemäß (12.1.22) definiert $\Im\beta(z,\omega)$ die z-abhängige Abweichung der Phasenflächen

$$kz-\Im\beta(z,\omega)r^2=\mathrm{const} \tag{12.1.25}$$

eines Gauß'schen Strahls gegenüber einer sich in z-Richtung ausbreitenden ebenen Welle. Abbildung 12.1.1 illustriert das Taillenprofil $w(z,\omega)/a$ eines Gauß'schen Strahls als Funktion der

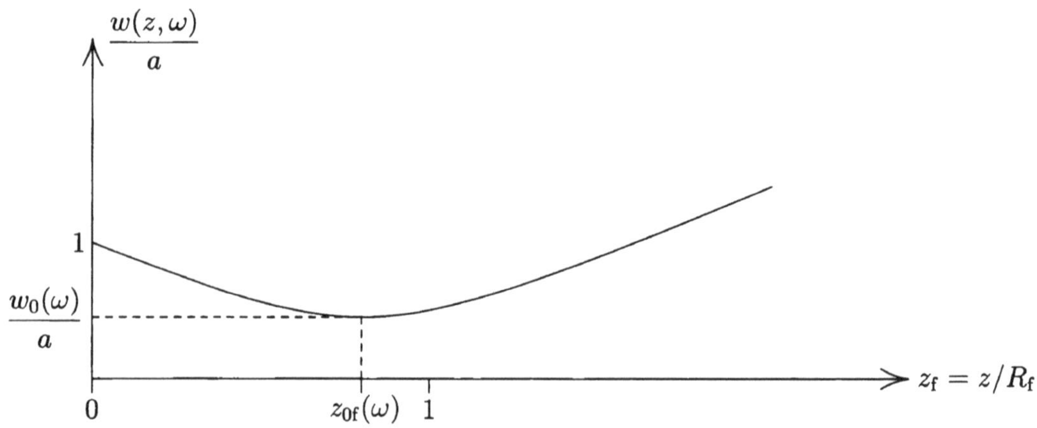

Abb. 12.1.1: *Taillenprofil eines Gauß'schen Strahls für* $\gamma_\mathrm{f}=2$

normierten Achsenkoordinate $z_\mathrm{f}=z/R_\mathrm{f}$. Bei

$$\frac{z_0(\omega)}{R_\mathrm{f}}=z_{0\mathrm{f}}(\omega)=\frac{\gamma_\mathrm{f}^2(\omega)}{1+\gamma_\mathrm{f}^2(\omega)}<1 \tag{12.1.26}$$

finden wir ein Minimum von $w(z,\omega)$, dessen Wert

$$\begin{aligned}\frac{w_0(\omega)}{a}&=\frac{1}{\sqrt{1+\gamma_\mathrm{f}^2(\omega)}}\\&=\frac{\sqrt{z_{0\mathrm{f}}(\omega)}}{\gamma_\mathrm{f}(\omega)}\end{aligned} \tag{12.1.27}$$

uns die halbe Taillenbreite angibt; übrigens: Nur für $\gamma_\mathrm{f}\gg 1$ gilt $z_0\simeq R_\mathrm{f}$ für die Lage des Minimums. Für $z\longrightarrow\infty$ finden wir

$$\frac{w(z,\omega)}{a}\xrightarrow{z\to\infty}\frac{\sqrt{1+\gamma_\mathrm{f}^2(\omega)}}{\gamma_\mathrm{f}(\omega)}z_\mathrm{f}$$

$$= \frac{z_f}{\sqrt{z_{0f}(\omega)}} \;, \tag{12.1.28}$$

d.h. der Gauß'sche Strahl divergiert linear mit z. Sowohl die Lage der Taille als auch deren Breite sowie die Divergenz werden als Funktion der normierten Achse allein von dem frequenzabhängigen dimensionslosen „Spielparameter“ $\gamma_f(\omega)$ bestimmt. Für $\gamma_f \gg 1$ ergibt sich ein deutlich taillierter Gauß'scher Strahl (*waisted Gaussian Beam*), $\gamma_f = 1$ liefert den *collimated Gaussian Beam* und $\gamma_f \ll 1$ hat eine starke Divergenz zur Folge (*diverging Gaussian Beam*[4]).

Die Phasenflächen einer sich in z-Richtung ausbreitenden *ebenen* Welle sind durch Ebenen senkrecht zur z-Achse gegeben, die Phasenflächen (12.1.25) eines Gauß'schen Strahls sind nur in der Nähe der Achse $r \simeq 0$ *lokal* eben; Abb. 12.1.2 illustriert ihre Krümmung in der xz-Ebene für verschiedene Werte der Konstanten auf der rechten Seite von (12.1.25): Offensichtlich wechselt das Vorzeichen des Krümmungsradius, wenn man die Taillenebene $z = z_0$ passiert.

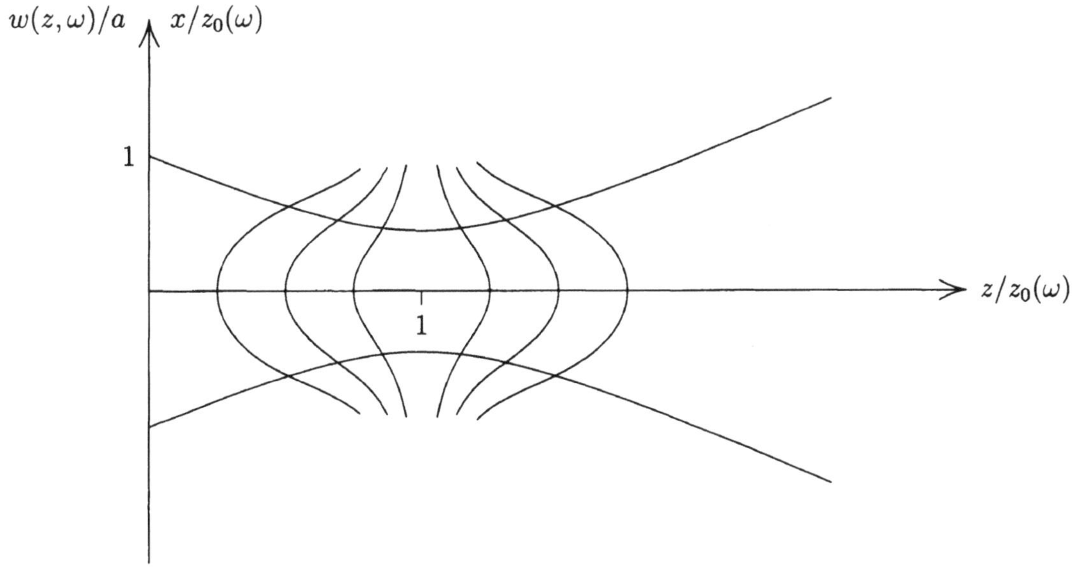

Abb. 12.1.2: *Phasenflächen eines Gauß'schen Strahls für* $\gamma_f = 2$

Anstelle den Gauß'schen Strahl durch $\gamma_f(\omega)$ als Funktion einer R_f-normierten Achse zu parametrisieren, bietet sich vor allem die Parametrisierung durch $z_0(\omega)$ an (Siegman, 1986; Heyman und Felsen, 2001):

$$\Re\beta(z,\omega) = \frac{k}{2} \frac{z_R(\omega)}{[z - z_0(\omega)]^2 + z_R^2(\omega)} \;, \tag{12.1.29}$$

$$\Im\beta(z,\omega) = -\frac{k}{2} \frac{z - z_0(\omega)}{[z - z_0(\omega)]^2 + z_R^2(\omega)} \;; \tag{12.1.30}$$

dabei entsteht sofort ein weiterer Parameter

$$z_R(\omega) = \frac{z_0(\omega)}{\gamma_f(\omega)} \tag{12.1.31}$$

[4]Die Taille des Strahls liegt nunmehr wegen der starken Divergenz $\sim z_f/\gamma_f$ nahe bei $z_f = 0$; man bezeichnet diesen Strahl eben wegen der starken Divergenz — etwas irreführend — als *narrow-waisted Gaussian Beam* (Galdi et al., 2001; Galdi et al., 2003)

mit der Dimension einer Länge, der als Rayleigh-Entfernung bezeichnet wird: Wegen

$$w(z_0 + z_\mathrm{R}) = \sqrt{2}\, w_0(\omega) \tag{12.1.32}$$

bleibt der Strahl innerhalb der Rayleigh-Entfernung kollimiert. Fügt man Real- und Imaginärteil in der $z_0 z_\mathrm{R}$-Parametrisierung zur komplexen Funktion $\beta(z,\omega)$ zusammen, so erkennt man, dass $\beta(z,\omega)$ nunmehr die einfache Darstellung

$$\beta(z,\omega) = \frac{k}{2}\,\frac{1}{z_\mathrm{R}(\omega) + \mathrm{j}[z - z_0(\omega)]} \tag{12.1.33}$$

besitzt. Der bei dieser Umformung entstehende Faktor k legt es nahe, (12.1.17) folgendermaßen zu schreiben:

$$\begin{aligned} p^\mathrm{pax}(x,y,z,\omega) &= p_0(\omega)\,\frac{\beta(z,\omega)}{\beta(0,\omega)}\,\mathrm{e}^{\mathrm{j}k\left[z + \mathrm{j}\,\frac{1}{k}\,\beta(z,\omega) r^2\right]} \\ &= p_0(\omega)\,\frac{q(0,\omega)}{q(z,\omega)}\,\mathrm{e}^{\mathrm{j}k\left[z + \frac{1}{2}\,\frac{r^2}{q(z,\omega)}\right]} \quad , \end{aligned} \tag{12.1.34}$$

wobei

$$\begin{aligned} q(z,\omega) &= -\mathrm{j}\,\frac{k}{2}\,\frac{1}{\beta(z,\omega)} \\ &= z - z_0(\omega) - \mathrm{j} z_\mathrm{R}(\omega) \quad . \end{aligned} \tag{12.1.35}$$

Mit (12.1.29) und (12.1.30) gilt natürlich

$$\Re\frac{1}{q(z,\omega)} = \frac{z - z_0(\omega)}{[z - z_0(\omega)]^2 + z_\mathrm{R}^2(\omega)} \quad , \tag{12.1.36}$$

$$\Im\frac{1}{q(z,\omega)} = \frac{z_\mathrm{R}(\omega)}{[z - z_0(\omega)]^2 + z_\mathrm{R}^2(\omega)} \quad . \tag{12.1.37}$$

Wie wir im nächsten Abschnitt sehen werden, ist (12.1.34) mit (12.1.35) die natürliche Parametrisierung eines Gauß'schen Strahls, wenn wir ihn als exakte Lösung einer parabolisch genäherten Wellengleichung herleiten. Für die halbe Strahlbreite erhalten wir übrigens in *dieser* Parametrisierung

$$w(z,\omega) = \sqrt{\frac{2}{k z_\mathrm{R}(\omega)}}\sqrt{[z - z_0(\omega)]^2 + z_\mathrm{R}^2(\omega)} \tag{12.1.38}$$

mit

$$w_0(\omega) = \sqrt{\frac{2 z_\mathrm{R}(\omega)}{k}} \quad . \tag{12.1.39}$$

Wegen (12.1.39) ergibt sich

$$z_\mathrm{R}(\omega) = \frac{\pi w_0^2(\omega)}{\lambda} \quad , \tag{12.1.40}$$

d.h. z_R ist so etwas wie die Nahfeldlänge der „Taillenapertur“, womit erneut die obige Bedeutung einer Kollimationslänge ersichtlich wird.

Um zu Wellenpaketen, d.h. gepulsten Strahlen (*pulsed beams*), die in Raum *und* Zeit lokalisiert sind, zu gelangen, muss man nunmehr

$$p^\mathrm{pax}(x,y,z,t) = \mathcal{F}_\omega^{-1}\{p^\mathrm{pax}(x,y,z,\omega)\} \tag{12.1.41}$$

berechnen; die Frequenzabhängigkeit von $\beta(z,\omega)$ bzw. von $q(z,\omega)$ bietet jedoch kaum eine Chance, die Fourier-Inversion analytisch auszuführen. Frequenz*un*abhängigkeit der Strahlparameter zu postulieren, führt aber auch nicht weit: In der physikalischen $R_f\gamma_f$-Parametrisierung müsste dann wegen (12.1.21) $R_f \sim \omega$ sein, und demnach wäre $\beta(z,\omega)$ nach wie vor frequenz*abhängig*; in der mathematischen $z_0 z_R$-Parametrisierung hat die Frequenzunabhängigkeit dieser Parameter zwar die Frequenzunabhängigkeit von $q(z,\omega)$ zur Folge, jedoch entsteht mit (12.1.37) sodann ein Term

$$\mathrm{e}^{-\frac{\omega}{2c}\Im\frac{1}{q(z)}r^2}, \tag{12.1.42}$$

dessen Fourier-Inversion nicht konvergiert. Zur „Konvergenzerzeugung" muss man die negativen Frequenzen „weglassen": Die resultierenden Impulse *ohne* negative Frequenzen sind analytische Signale (Abschnitt 2.3.4), und genau *damit* kann man weiterarbeiten (Heyman, 1994); wir werden dies im folgenden Abschnitt nachvollziehen.

12.2 Gepulste Strahlen als exakte Lösungen der parabolisch approximierten Wellengleichung

Die zu (12.1.1) gehörende Wellengleichung lautet:

$$\Delta p(x,y,z,t) - \frac{1}{c^2}\frac{\partial^2}{\partial t^2}p(x,y,z,t) = 0 \ . \tag{12.2.1}$$

Der Phasenterm $\mathrm{e}^{\mathrm{j}kz}$ in (12.1.34) regt uns dazu an, $p(x,y,z,t)$ gemäß der Substitution

$$\tau = t - \frac{z}{c} \tag{12.2.2}$$

in einem mitbewegten Koordinatensystem auszudrücken:

$$p(x,y,z,t) = P(x,y,z,\tau) \ . \tag{12.2.3}$$

Die Übertragung der z-und t-Differentiationen in (12.2.1) auf $P(x,y,z,\tau)$ ergibt

$$\frac{\partial^2}{\partial z^2}p(x,y,z,t) - \frac{1}{c^2}\frac{\partial^2}{\partial t^2}p(x,y,z,t) = \frac{\partial}{\partial z}\left[\frac{\partial}{\partial z}P(x,y,z,\tau) - \frac{2}{c}\frac{\partial}{\partial\tau}P(x,y,z,\tau)\right] \ , \tag{12.2.4}$$

weil $\partial\tau(t,z)/\partial z = -1/c$ und $\partial\tau(t,z)/\partial t = 1$. Die Beschränkung auf hochfrequente Gauß'sche Strahlen erlaubt die Näherung

$$\left|\frac{\partial}{\partial z}P(x,y,z,\tau)\right| \ll \left|\frac{1}{c}\frac{\partial}{\partial\tau}P(x,y,z,\tau)\right| \tag{12.2.5}$$

und führt uns auf die „Wellenpaket-Gleichung"

$$\frac{\partial^2}{\partial x^2}P(x,y,z,\tau) + \frac{\partial^2}{\partial y^2}P(x,y,z,\tau) - \frac{2}{c}\frac{\partial^2}{\partial z\partial\tau}P(x,y,z,\tau) = 0 \ . \tag{12.2.6}$$

Die Schlussbemerkungen des vorigen Abschnitts legen es nahe, Lösungen dieser Gleichung in der Form analytischer Signale

$$P_+(x,y,z,\tau) = P(x,y,z,\tau) + \mathrm{j}\mathcal{H}_{\tau'}\{P(x,y,z,\tau')\} \tag{12.2.7}$$

anzugeben, deren Imaginärteil für reelles τ die Hilbert-Transformierte der reellen Funktion $P(x,y,z,\tau)$ ist. Insbesondere suchen wir Lösungen mit der speziellen xyz-Struktur eines astigmatischen Gauß'schen Strahls

$$P_+(x,y,z,\tau) = A(z)f_+\left(\tau - \frac{1}{2}\underline{\boldsymbol{r}}^{\mathrm{T}}\underline{\underline{\boldsymbol{B}}}(z)\underline{\boldsymbol{r}}\right) \ , \tag{12.2.8}$$

worin $\underline{\underline{\boldsymbol{B}}}(z)$ eine komplex-symmetrische 2×2-Matrix

$$\underline{\underline{\boldsymbol{B}}}(z) = \begin{pmatrix} B_{xx}(z) & B_{xy}(z) \\ B_{xy}(z) & B_{yy}(z) \end{pmatrix} \tag{12.2.9}$$

mit positiv-definiter Imaginärteilmatrix, $\underline{\boldsymbol{r}}$ die dem Ortsvektor $\underline{\mathbf{r}}$ in der xy-Ebene entsprechende 2×1-Matrix

$$\underline{\boldsymbol{r}} = \begin{pmatrix} x \\ y \end{pmatrix} \tag{12.2.10}$$

und $f_+(t)$ ein hochfrequentes analytisches Signal ist. Der Term

$$\underline{\boldsymbol{r}}^{\mathrm{T}} \underline{\underline{\boldsymbol{B}}}(z) \underline{\boldsymbol{r}} = B_{xx}(z)x^2 + 2B_{xy}(z)xy + B_{yy}(z)y^2 \tag{12.2.11}$$

ist eine quadratische Form, wobei die positive Definitheit $\underline{\boldsymbol{r}}^{\mathrm{T}} \Im \underline{\underline{\boldsymbol{B}}}(z) \underline{\boldsymbol{r}} > 0$ der Imaginärteilmatrix sicherstellt, dass der Gauß'sche Strahl quer zur z-Achse exponentiell abnimmt (man vergleiche Gleichung (2.3.90)). Im Lösungsansatz (12.2.8) müssen $\underline{\underline{\boldsymbol{B}}}(z)$ und $A(z)$ nunmehr durch Einsetzen in die Differentialgleichung (12.2.6) berechnet werden. Man erhält:

$$A(z)\underline{\boldsymbol{r}}^{\mathrm{T}} \left[c\underline{\underline{\boldsymbol{B}}}(z)\underline{\underline{\boldsymbol{B}}}(z) + \frac{\mathrm{d}\underline{\underline{\boldsymbol{B}}}(z)}{\mathrm{d}z} \right] \underline{\boldsymbol{r}} \, \frac{\mathrm{d}^2 f_+(t)}{\mathrm{d}t^2} - c\left[A(z)\,\mathrm{spur}\,\underline{\underline{\boldsymbol{B}}}(z) + \frac{2}{c}\frac{\mathrm{d}A(z)}{\mathrm{d}z} \right] \frac{\mathrm{d}f_+(t)}{\mathrm{d}t} = 0 \quad . \tag{12.2.12}$$

Diese Gleichung soll für jeden beliebigen Impuls $f_+(t)$ gelten, also müssen die Faktoren[5] vor dessen Ableitungen getrennt null sein:

$$c\underline{\underline{\boldsymbol{B}}}(z)\underline{\underline{\boldsymbol{B}}}(z) + \frac{\mathrm{d}\underline{\underline{\boldsymbol{B}}}(z)}{\mathrm{d}z} = \underline{\underline{\boldsymbol{O}}} \quad , \tag{12.2.13}$$

$$A(z)\,\mathrm{spur}\,\underline{\underline{\boldsymbol{B}}}(z) + \frac{2}{c}\frac{\mathrm{d}A(z)}{\mathrm{d}z} = 0 \quad ; \tag{12.2.14}$$

$\underline{\underline{\boldsymbol{O}}}$ ist die 2×2-Nullmatrix. Der Wechsel von $\beta(z,\omega)$ nach $q(z,\omega)$ gemäß (12.1.35) legt es nahe, auch hier die Inverse von $\underline{\underline{\boldsymbol{B}}}(z)$ einzuführen:

$$\underline{\underline{\boldsymbol{B}}}(z) = \underline{\underline{\boldsymbol{Q}}}^{-1}(z) \quad . \tag{12.2.15}$$

Mit

$$\begin{aligned} \frac{\mathrm{d}\underline{\underline{\boldsymbol{B}}}(z)}{\mathrm{d}z} &= -\left[\underline{\underline{\boldsymbol{Q}}}(z)\underline{\underline{\boldsymbol{Q}}}(z)\right]^{-1} \frac{\mathrm{d}\underline{\underline{\boldsymbol{Q}}}(z)}{\mathrm{d}z} \\ &= -\underline{\underline{\boldsymbol{Q}}}^{-1}(z)\underline{\underline{\boldsymbol{Q}}}^{-1}(z)\frac{\mathrm{d}\underline{\underline{\boldsymbol{Q}}}(z)}{\mathrm{d}z} \end{aligned} \tag{12.2.16}$$

erhalten wir

$$\left[c\underline{\underline{\boldsymbol{I}}} - \frac{\mathrm{d}\underline{\underline{\boldsymbol{Q}}}(z)}{\mathrm{d}z} \right] \underline{\underline{\boldsymbol{Q}}}^{-1}(z)\underline{\underline{\boldsymbol{Q}}}^{-1}(z) = \underline{\underline{\boldsymbol{O}}} \tag{12.2.17}$$

anstelle von (12.2.13), woraus

$$\frac{\mathrm{d}\underline{\underline{\boldsymbol{Q}}}(z)}{\mathrm{d}z} = c\underline{\underline{\boldsymbol{I}}} \tag{12.2.18}$$

und schließlich

$$\underline{\underline{\boldsymbol{Q}}}(z) = \underline{\underline{\boldsymbol{Q}}}(0) + cz\,\underline{\underline{\boldsymbol{I}}} \tag{12.2.19}$$

[5]Die Gültigkeit von (12.2.13) setzt übrigens die Symmetrie von $\underline{\underline{\boldsymbol{B}}}(z)$ voraus.

folgt; $\underline{\underline{\boldsymbol{I}}}$ ist die 2×2-Einheitsmatrix. Die Nähe zu (12.1.35) ist unverkennbar!

Die Lösung von (12.2.14) lässt sich sofort angeben:

$$A(z) = A_0\, \mathrm{e}^{-\frac{c}{2}\int \mathrm{spur}\,\underline{\underline{\boldsymbol{B}}}(z)\,\mathrm{d}z} \quad ; \tag{12.2.20}$$

es wäre wünschenswert, zumindest das Integral im Exponenten von (12.2.20) ausrechnen zu können; tatsächlich gelingt noch mehr! Wir schreiben

$$c\,\underline{\underline{\boldsymbol{B}}}(z) = c\,\underline{\underline{\boldsymbol{I}}}\,\underline{\underline{\boldsymbol{B}}}(z) = \frac{\mathrm{d}\underline{\underline{\boldsymbol{Q}}}(z)}{\mathrm{d}z}\underline{\underline{\boldsymbol{Q}}}^{-1}(z) \quad . \tag{12.2.21}$$

Die explizite Berechnung der Spur im letzten Term in (12.2.21) zeitigt wunderbarerweise die folgende Identität für jede 2×2-Matrix[6] $\underline{\underline{\boldsymbol{Q}}}(z)$:

$$\mathrm{spur}\left[\frac{\mathrm{d}\underline{\underline{\boldsymbol{Q}}}(z)}{\mathrm{d}z}\underline{\underline{\boldsymbol{Q}}}^{-1}(z)\right] = \frac{\mathrm{d}}{\mathrm{d}z}\ln\det\underline{\underline{\boldsymbol{Q}}}(z) \quad . \tag{12.2.22}$$

Mit $A_0 = \sqrt{\det\underline{\underline{\boldsymbol{Q}}}(0)}$ folgt deshalb

$$A(z) = \sqrt{\frac{\det\underline{\underline{\boldsymbol{Q}}}(0)}{\det\underline{\underline{\boldsymbol{Q}}}(z)}} \tag{12.2.23}$$

und damit

$$P_+(x,y,z,\tau) = \sqrt{\frac{\det\underline{\underline{\boldsymbol{Q}}}(0)}{\det\underline{\underline{\boldsymbol{Q}}}(z)}}\, f_+\left[\tau - \frac{1}{2}\underline{\boldsymbol{r}}^{\mathrm{T}}\underline{\underline{\boldsymbol{Q}}}^{-1}(z)\underline{\boldsymbol{r}}\right] \tag{12.2.24}$$

als *exakte* Lösung der näherungsweise gültigen Wellenpaket-Gleichung (12.2.6). Als Gleichung eines komplexwertigen gepulsten Strahls erhalten wir folglich

$$p_+(x,y,z,t) = \sqrt{\frac{\det\underline{\underline{\boldsymbol{Q}}}(0)}{\det\underline{\underline{\boldsymbol{Q}}}(z)}}\, f_+\left[t - \frac{z}{c} - \frac{1}{2}\underline{\boldsymbol{r}}^{\mathrm{T}}\underline{\underline{\boldsymbol{Q}}}^{-1}(z)\underline{\mathbf{r}}\right] \tag{12.2.25}$$

Rotationssymmetrisch in der xy-Ebene wird dieser Strahl, wenn wir $\underline{\underline{\boldsymbol{Q}}}(0)$ gemäß

$$\underline{\underline{\boldsymbol{Q}}}(0) = cq(0)\,\underline{\underline{\boldsymbol{I}}} \tag{12.2.26}$$

proportional zur Einheitsmatrix ansetzen. Dann folgt

$$\underline{\underline{\boldsymbol{Q}}}(z) = c\underbrace{[q(0)+z)]}_{=\,q(z)}\underline{\underline{\boldsymbol{I}}} \quad , \tag{12.2.27}$$

also

$$\underline{\underline{\boldsymbol{Q}}}^{-1}(z) = \frac{1}{cq(z)}\underline{\underline{\boldsymbol{I}}} \quad . \tag{12.2.28}$$

Wir brauchen nun nur noch

$$\det\underline{\underline{\boldsymbol{Q}}}(z) = c^2q^2(z) \tag{12.2.29}$$

[6] Man kann diese Identität sogar für *jede* rechteckige Matrix beweisen, wobei man am zweckmäßigsten von einer Eigenwertzerlegung der Matrix ausgeht (Shlivinski, 2004).

zu berechnen, $q(0) = -z_0 - \mathrm{j}z_\mathrm{R}$ (Gleichung (12.1.35)) zu wählen, um mit dem analytischen Signal

$$f_+(t) = p_0(\omega)\mathrm{e}^{-\mathrm{j}\omega t} \tag{12.2.30}$$

den stigmatischen zeitharmonischen Gauß'schen Strahl mit frequenzunabhängigen Parametern z_0 und z_R wiederzufinden. Die paraxial genäherte Lösung der Helmholtz-Gleichung ist also eine exakte Lösung der Wellenpaket-Gleichung als parabolischer Näherung der exakten Wellengleichung. Andererseits sind wir nun auch in der Lage, im Falle frequenzunabhängiger Parameter z_0 und z_R in der Darstellung (12.1.34) des zeitharmonischen Gauß'schen Strahls mit einer $\mathcal{F}_+^{-1}$-Fourier-Inversion (Gleichung (2.3.89)) einen gepulsten Strahl

$$p_+(x,y,z,t) = \frac{q(0)}{q(z)}\, f_+\left[t - \frac{z}{c} - \frac{1}{2c}\frac{r^2}{q(z)}\right] \tag{12.2.31}$$

zu erzeugen, wenn wir $p_0(t) \Longrightarrow f_+(t)$ als analytisches Signal ansetzen; man kann also durchaus von einem gepulsten *Gauß'schen* Strahl sprechen, obwohl in (12.2.31) gar keine Gaußfunktion vorkommt. Mit der Wahl eines analytischen Signals endlicher Dauer ist somit der gepulste Gauß'sche Strahl in Raum *und* Zeit lokalisiert.

Offensichtlich hat die Wahl von (12.2.26) einen für alle z und für alle Zeiten rotationssymmetrischen gepulsten Strahl zur Folge. Mit der naheliegenden Verallgemeinerung

$$\underline{\underline{\boldsymbol{Q}}}(0) = c\begin{pmatrix} q_1(0) & 0 \\ 0 & q_2(0)\end{pmatrix} \tag{12.2.32}$$

mit $q_{1,2}(0) = -z_{01,2} - \mathrm{j}z_{\mathrm{R}1,2}$ kann man in der $(z=0)$-Ebene eine kanonisch-elliptische „Aperturverteilung" — die Hauptachsen der Ellipse fallen mit den Koordinatenachsen zusammen — erzeugen, die ebenfalls für alle z und alle Zeiten als Strahlquerschnitt erhalten bleibt. Mit einer vollbesetzten (symmetrischen) $\underline{\underline{\boldsymbol{Q}}}(0)$-Matrix kann man schließlich astigmatische Wellenpakete erzeugen, für die die Hauptachsen der Wellenfronten (Phasenflächen) und der Amplitudenverteilung senkrecht zur Ausbreitungsrichtung z-abhängig nicht zusammenfallen (Heyman, 1994).

Zu *reellen* gepulsten (stigmatischen) Strahlen kommen wir, wenn wir

$$\begin{aligned} p_+(r,z,t) &= \frac{q(0)}{q(z)}\, f_+\left[t - \frac{z}{c} - \frac{1}{2c}\frac{r^2}{q(z)}\right] \\ &= a(z)\, f_+\left[t - \overline{\tau}(r,z) - \mathrm{j}\gamma(r,z)\right] \end{aligned} \tag{12.2.33}$$

mit

$$a(z) = \frac{q(0)}{q(z)} \ , \tag{12.2.34}$$

$$\overline{\tau}(r,z) = \frac{r^2}{2c}\Re\frac{1}{q(z)} \ , \tag{12.2.35}$$

$$\gamma(r,z) = \frac{r^2}{2c}\Im\frac{1}{q(z)} \tag{12.2.36}$$

nach Real- und Imaginärteil aufspalten. Dazu dient uns (2.3.91):

$$f_+[t - \overline{\tau}(r,z) - \mathrm{j}\gamma(r,z)] = f_\gamma[t - \overline{\tau}(r,z)] + \mathrm{j}\mathcal{H}\{f_\gamma(\tau)\}_{t-\overline{\tau}(r,z)} \ , \tag{12.2.37}$$

wobei

$$f_\gamma(t) = \Re\{\frac{1}{\pi}\int_0^\infty F(\omega)\mathrm{e}^{-\gamma(r,z)\omega}\mathrm{e}^{-\mathrm{j}\omega t}\,\mathrm{d}\omega\} \ , \tag{12.2.38}$$

$$\mathcal{H}\{f_\gamma(t)\} = \Im\{\frac{1}{\pi}\int_0^\infty F(\omega)\mathrm{e}^{-\gamma(r,z)\omega}\mathrm{e}^{-\mathrm{j}\omega t}\,\mathrm{d}\omega\} \ . \tag{12.2.39}$$

Über den Integranden von (12.2.38), (12.2.39) ist die Querdämpfung $\gamma(r,z)$ des Strahls übrigens mit dem Spektrum $F(\omega)$ des vorgegebenen reellwertigen Impulses $f(t) = \mathcal{F}^{-1}\{F(\omega)\}$ verknüpft, was letztlich die frequenzabhängige Strahlbreite gemäß (12.1.38) auch bei frequenzunabhängigen Strahlparametern widerspiegelt.

Wir erhalten schließlich

$$\Re p_+(r,z,t) = f_\gamma[t - \overline{\tau}(r,z)]\Re a(z) - \mathcal{H}\{f_\gamma(\tau)\}_{t-\overline{\tau}(r,z)}\Im a(z) \quad , \tag{12.2.40}$$

$$\Im p_+(r,z,t) = f_\gamma[t - \overline{\tau}(r,z)]\Im a(z) + \mathcal{H}\{f_\gamma(\tau)\}_{t-\overline{\tau}(r,z)}\Re a(z) \quad , \tag{12.2.41}$$

wobei

$$\Re a(z) = \frac{z_0(z_0 - z) + z_{\mathrm{R}}^2}{(z - z_0)^2 + z_{\mathrm{R}}^2} \quad , \tag{12.2.42}$$

$$\Im a(z) = -\frac{z_{\mathrm{R}} z}{(z - z_0)^2 + z_{\mathrm{R}}^2} \quad . \tag{12.2.43}$$

Nunmehr kann man beispielsweise $f(t)$ als RC$N(t)$-Impuls wählen und $F(\omega) = \mathrm{RC}N(\omega)$ gemäß (2.3.46) in (12.2.38), (12.2.39) einsetzen: Man erhält RC$N(t)$-Wellenpakete (12.2.40), (12.2.41), die sich durch Raum und Zeit als lokalisierte Impulse verfolgen lassen. Die Balance zwischen $\Re a(z)$ und $\Im a(z)$ bestimmt dabei, ob wir den RC$N(t)$-Impuls *selbst* oder dessen Hilbert-Transformierte „sehen". Abbildung 12.2.1 zeigt zu Abb. 12.1.2 hinsichtlich der gewählten Parameter passende Zeitschnappschüsse entsprechend der numerischen Auswertung[7] von (12.2.40) für einen RC2(t)-Impuls mit $k_0 z_0 = 18$. Man erkennt sehr schön, wie der gepulste Strahl als RC2-Impuls beginnt, beim Passieren des Fokuspunktes in dessen Hilbert-Transformierte übergeht (man wende Formel (2.3.76) an) und sich schließlich als negativer RC2-Impuls ausbreitet: Der gepulste Gauß'sche Strahl ändert beim Durchgang durch den Fokuspunkt sein Vorzeichen, wobei dieses spezielle dissipative Verhalten durch eine Hilbert-Transformation vermittelt wird.

Interessanterweise hat die k-Ausklammerung im Exponenten der Exponentialfunktion in (12.1.34) auch zur Folge, dass sich die „Apertur"verteilungen von $p^{\mathrm{pax}}(r,z,t)$ gemäß (12.1.41) und von $p_+(r,z,t)$ gemäß (12.2.33) für $z = 0$ in ihrer Impulsstruktur unterscheiden:

$$p^{\mathrm{pax}}(r,0,t) \overset{(12.1.12)}{=} \mathrm{e}^{-\frac{r^2}{a^2}}\, p_0\left(t + \frac{r^2}{2cR_{\mathrm{f}}}\right) \quad ; \tag{12.2.44}$$

$$p_+(r,0,t) = f_\gamma\left[t - \overline{\tau}(r,0)\right] \quad , \tag{12.2.45}$$

wobei

$$\overline{\tau}(r,0) = -\frac{r^2}{2c}\frac{z_0}{z_0^2 + z_{\mathrm{R}}^2} = -\frac{r^2}{2cR_{\mathrm{f}}} \quad , \tag{12.2.46}$$

$$f_\gamma(t) = \Re\{\frac{1}{\pi}\int_0^\infty F(\omega)\,\mathrm{e}^{-\gamma(r,0)\omega}\mathrm{e}^{-\mathrm{j}\omega t}\,\mathrm{d}\omega\} \quad , \tag{12.2.47}$$

$$\gamma(r,0) = \frac{r^2}{2c}\frac{z_{\mathrm{R}}}{z_0^2 + z_{\mathrm{R}}^2} \quad . \tag{12.2.48}$$

Die Impulsstruktur von $f_\gamma(t)$ ist r-abhängig! Wenn man natürlich in $\gamma(r,0)$ gemäß (12.2.48) z_{R} und z_0 durch γ_{f} und R_{f} ausdrückt und γ_{f} explizit einsetzt, folgt $\gamma(r,0) = r^2/(\omega a^2)$, womit die Dämpfungsexponentialfunktion aus dem Integral (12.2.47) heraus kann.

[7] Diese Auswertung ist nicht ganz trivial und beruht nicht einfach auf der Programmierung von Gleichung (12.2.40): Wir bedanken uns dafür bei A. Shlivinski.

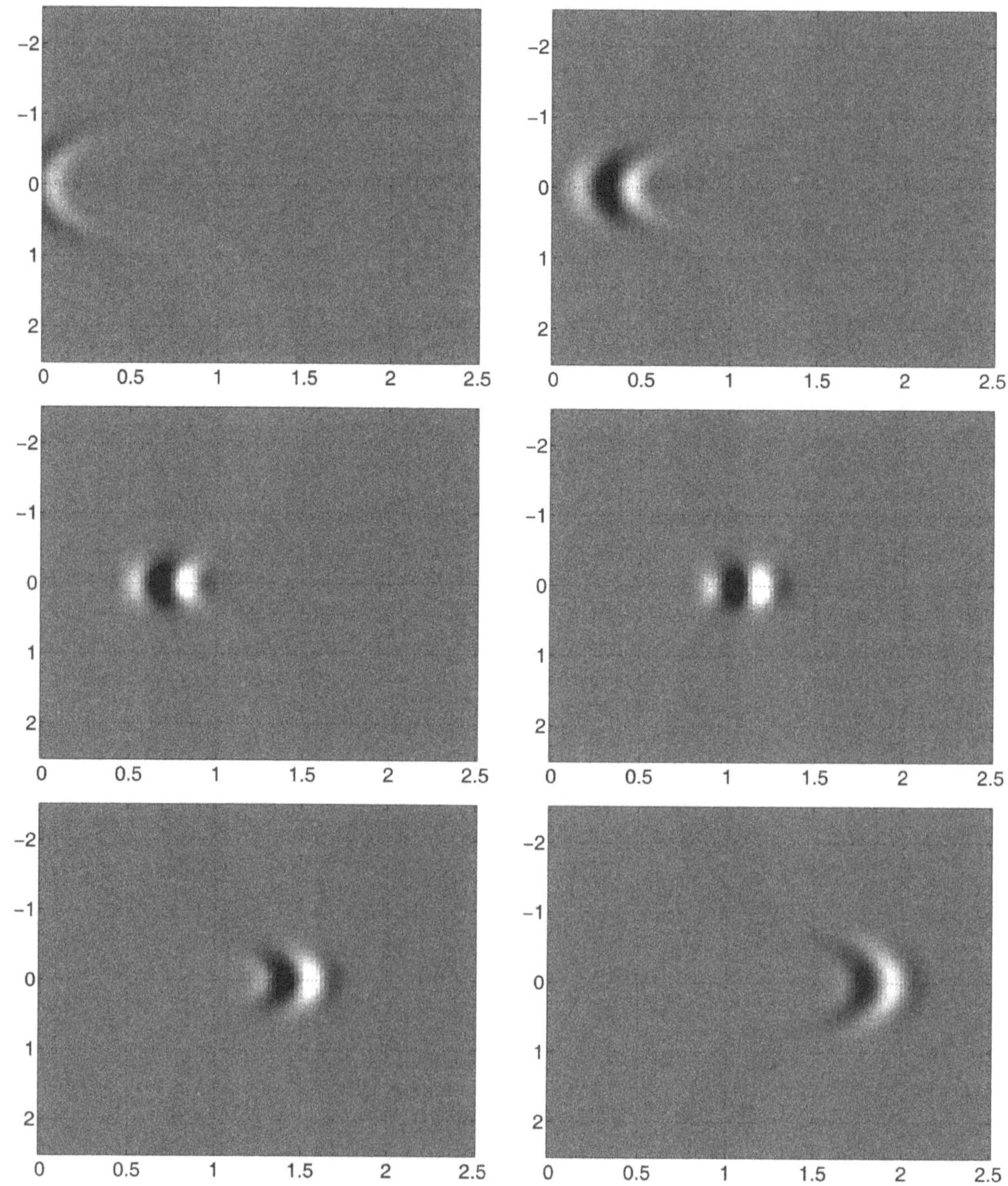

Abb. 12.2.1: Zeitschnappschüsse eines RC2-gepulsten Gauß'schen Strahls (schwarz: maximal positive Werte; weiß: maximal negative Werte)

12.3 Gepulste Strahlen als Näherungslösungen von Eikonal- und Transportgleichungen

Rays sind Lösungen von Eikonal- und Transportgleichungen, die sich als Hochfrequenznäherung aus der Wellengleichung ergeben, wobei dieses nur für inhomogene Materialien wirklich Sinn macht, denn im homogenen Material ist ein Ray zunächst nichts anderes als der *Slowness*-Vektor einer ebenen Welle. Nichtsdestoweniger eröffnet dies einen weiteren Zugang zu Gauß'schen — und allgemein gepulsten — Strahlen, wenn man die Eikonalgleichung — auch im homogenen Material — näherungsweise durch eine abgebrochene Taylor-Reihe löst: Ergebnis ist im Frequenzbereich ein Gauß'scher Strahl (Beam) und im Zeitbereich ein Wellenpaket (gepulster „Gauß'scher" Strahl), wie wir es mit (12.2.25) vorliegen haben. Da sich, wie erwähnt, Rays in der Form des Ray Tracing vor allem in inhomogenen Materialien als nützlich erweisen, ist nunmehr eine Möglichkeit der Verallgemeinerung gegeben: Man identifiziere den *Ray*-Strahl im inhomogenen Material als Achse eines (Gauß'schen) *Beam*-Strahls!

Wir werden diesen dritten Zugang zu Gauß'schen und gepulsten Strahlen wieder an der skalaren akustischen Wellengleichung für *homogene* Materialien verdeutlichen, nachdem wir zunächst die einschlägigen Ray-Eikonal- und Transportgleichungen definiert haben; für inhomogene Materialien verweisen wir auf die Literatur. Sodann gehen wir auf die Definition von P- und S-Rays im elastisch inhomogen-isotropen und -anisotropen Material ein; bezüglich der Verallgemeinerung auf P- und S-Beams in derartigen Materialien verweisen wir erneut auf die Literatur, und dies gilt ebenso für die Herleitung Gauß'scher Strahlen über komplexe Quellpunktskoordinaten.

12.3.1 Eikonal- und Transportgleichungen akustischer Strahlen

Wir suchen Ray-Lösungen der homogenen akustischen Wellengleichung

$$\Delta p(\underline{\mathbf{R}}, t) - \frac{1}{c^2(\underline{\mathbf{R}})} \frac{\partial^2 p(\underline{\mathbf{R}}, t)}{\partial t^2} = 0 \tag{12.3.1}$$

in inhomogenen Materialien, wobei wir gemäß (5.3.6) zunächst ortsabhängige Kompressibilität $\kappa(\underline{\mathbf{R}})$, aber konstante Dichte implizieren. Der zeitharmonische Ansatz

$$p(\underline{\mathbf{R}}, t) = P(\underline{\mathbf{R}})\, \mathrm{e}^{\mathrm{j}\omega_0 T(\underline{\mathbf{R}})} \mathrm{e}^{-\mathrm{j}\omega_0 t} \tag{12.3.2}$$

mit gegenüber der Wellenlänge langsam veränderlichen Funktionen $\kappa(\underline{\mathbf{R}})$, $P(\underline{\mathbf{R}})$ und $T(\underline{\mathbf{R}})$ entpuppt sich für *konstante* Phasengeschwindigkeit $c(\underline{\mathbf{R}}) = c$ mit $T(\underline{\mathbf{R}}) = \hat{\underline{\mathbf{k}}} \cdot \underline{\mathbf{R}}/c$ als ebene Welle; infolgedessen interpretieren wir (12.3.2) als *lokal* ebene Welle und benötigen nun vor allem deren $\underline{\mathbf{R}}$-abhängige Ausbreitungsrichtung. Einsetzen von (12.3.2) in (12.3.1) ergibt Terme mit ω_0^2- und ω_0^1-Faktoren, die für große ω_0 von überwiegender Bedeutung sind. Getrenntes Nullsetzen resultiert in der Eikonalgleichung

$$\nabla T(\underline{\mathbf{R}}) \cdot \nabla T(\underline{\mathbf{R}}) = \frac{1}{c^2(\underline{\mathbf{R}})} \tag{12.3.3}$$

sowie in der Transportgleichung

$$2\nabla P(\underline{\mathbf{R}}) \cdot \nabla T(\underline{\mathbf{R}}) + P(\underline{\mathbf{R}}) \Delta T(\underline{\mathbf{R}}) = 0 \ . \tag{12.3.4}$$

Der ω_0^0-Term $\Delta P(\underline{\mathbf{R}}) = 0$ wird demgegenüber vernachlässigt (man hätte sonst drei Gleichungen für zwei Unbekannte); hinsichtlich seiner „Einarbeitung" zitiert Červený (2001) Möglichkeiten.

Mit der Phase $T(\underline{\mathbf{R}}) = \hat{\underline{\mathbf{k}}} \cdot \underline{\mathbf{R}}/c$ einer ebenen Welle im homogenen Material ergibt sich $\nabla T(\underline{\mathbf{R}}) = \hat{\underline{\mathbf{k}}}/c$, und folglich lautet die zugehörige Eikonalgleichung $\nabla T(\underline{\mathbf{R}}) \cdot \nabla T(\underline{\mathbf{R}}) = \hat{\underline{\mathbf{k}}} \cdot \hat{\underline{\mathbf{k}}}/c^2 = 1/c^2$

oder $\underline{\mathbf{s}} \cdot \underline{\mathbf{s}} = 1/c^2$, wenn $\underline{\mathbf{s}} = \hat{\underline{\mathbf{k}}}/c$ den *Slowness*-Vektor bezeichnet. Definieren wir also auch im inhomogenen Material einen ortsabhängigen *Slowness*-Vektor gemäß

$$\underline{\mathbf{s}}(\underline{\mathbf{R}}) = \nabla T(\underline{\mathbf{R}}) \quad , \tag{12.3.5}$$

so stellt sich die Eikonalgleichung

$$\underline{\mathbf{s}}(\underline{\mathbf{R}}) \cdot \underline{\mathbf{s}}(\underline{\mathbf{R}}) = \frac{1}{c^2(\underline{\mathbf{R}})} = \rho\kappa(\underline{\mathbf{R}}) \tag{12.3.6}$$

als Verallgemeinerung der Dispersionsgleichung (5.4.6) für das $\kappa(\underline{\mathbf{R}})$-inhomogene Material dar; der Einheitsvektor $\hat{\underline{\mathbf{s}}}(\underline{\mathbf{R}})$ definiert demzufolge eine Strahl*trajektorie*, einen *Ray*-Strahl. Sobald man diese Trajektorie als sogenannte Charakteristik der Eikonalgleichung berechnet hat, kann man ihr eine Strahlkoordinate s als Kurvenparameter zuordnen und

$$\nabla T(\underline{\mathbf{R}}) \cdot \hat{\underline{\mathbf{s}}}(\underline{\mathbf{R}}) \stackrel{\text{def}}{=} \frac{\partial T(\underline{\mathbf{R}})}{\partial s} \tag{12.3.7}$$

als Änderung der Wellen(phasen)frontlaufzeit entlang dem Strahl definieren. Mit (12.3.5) und (12.3.6) folgt sodann

$$T(\underline{\mathbf{R}}) = \int_{L(\underline{\mathbf{R}}_0,\underline{\mathbf{R}})} \frac{1}{c(s)}\, \mathrm{d}s \tag{12.3.8}$$

als Laufzeit der Wellenfront vom Anfangspunkt $\underline{\mathbf{R}}_0$ bis zum betrachteten Punkt $\underline{\mathbf{R}}$. Zur Be-

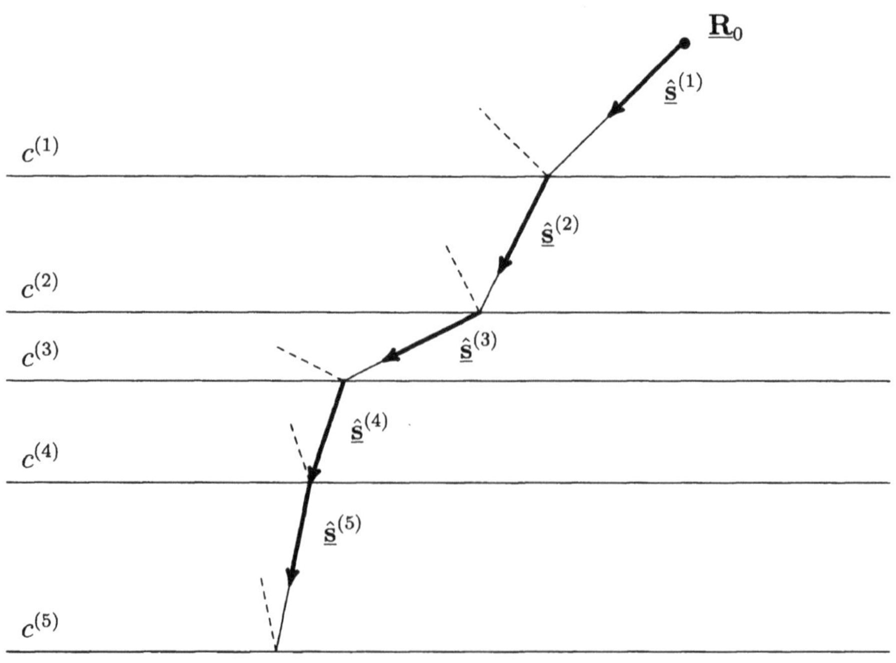

***Abb. 12.3.1:** Strahltrajektorie im eindimensional geschichteten inhomogenen Material (Ray Tracing)*

rechnung von Charakteristiken — und auch zur Lösung der Transportgleichungen gibt es eine Hand voll Möglichkeiten, die von Červený (2001) eingehend diskutiert werden. Anhand von Abb. 12.3.1 illustrieren wir eine zeichnerische „Lösung" für ein eindimensional geschichtetes inhomogenes Material unter Ausnutzung des Brechungsgesetzes. Der vom Punkt $\underline{\mathbf{R}}_0$ ausgehende

Ray folgt einer stückweise geradlinigen Trajektorie, und man erkennt sehr schön, warum das Material für eine solche Strahlenlösung der Wellengleichung (im Bereich einiger Wellenlängen) nur schwach veränderlich sein darf: Interne (Mehrfach-)Reflexionen werden nämlich, ähnlich wie bei der Born'schen Näherung für das Streufeld eines penetrablen Streukörpers (Abschnitt 5.6.3), vernachlässigt!

Von Červený (2001) wird auch gezeigt, dass eine inhomogene Dichte $\rho(\underline{\mathbf{R}})$ die Strahlgleichungen nicht verkompliziert: Die Eikonalgleichung bleibt unverändert, und ebenso die Transportgleichung, wenn man dort $P(\underline{\mathbf{R}})$ durch $\tilde{P}(\underline{\mathbf{R}}) = P(\underline{\mathbf{R}})/\sqrt{\rho(\underline{\mathbf{R}})}$ ersetzt.

Ebenso ist der Übergang zu gepulsten Rays *straightforward*:

$$p(\underline{\mathbf{R}}, t) = P(\underline{\mathbf{R}}) f_+ [t - T(\underline{\mathbf{R}})] \quad ; \tag{12.3.9}$$

hierin ist $f_+(t)$ wieder ein analytisches Signal.

Die formale Ähnlichkeit von (12.3.9) mit (12.2.25) legt es nahe, zumindest für ein *homogenes* Material den Ray zum Beam zu „machen“, indem man prüft, ob

$$T(\underline{\mathbf{R}}) = \frac{z}{c} + \frac{1}{2} \underline{\mathbf{r}}^{\mathrm{T}} \underline{\underline{\boldsymbol{Q}}}^{-1}(z) \underline{\mathbf{r}} \quad , \tag{12.3.10}$$

$$P(\underline{\mathbf{R}}) = \sqrt{\frac{\det \underline{\underline{\boldsymbol{Q}}}(0)}{\det \underline{\underline{\boldsymbol{Q}}}(z)}} \tag{12.3.11}$$

Lösungen der Eikonal- und Transportgleichungen mit $c(\underline{\mathbf{R}}) = c$ sind; $\hat{\underline{\mathbf{s}}} = \underline{\mathbf{e}}_z$, d.h. die z-Achse, wäre dann als Strahltrajektorie die Achse des Beams. Wenn man die Gleichung (12.3.10) etwas genauer anschaut, realisiert man, dass es sich offenbar um eine nach dem quadratischen Term abgebrochene Taylor-Entwicklung

$$T(\underline{\mathbf{r}}, z) = T(\underline{\mathbf{r}}, z)\Big|_{\underline{\mathbf{r}}=\underline{\mathbf{0}}} + \boldsymbol{\nabla}_{\underline{\mathbf{r}}} T(\underline{\mathbf{r}}, z)\Big|_{\underline{\mathbf{r}}=\underline{\mathbf{0}}} \cdot \underline{\mathbf{r}} + \frac{1}{2} \boldsymbol{\nabla}_{\underline{\mathbf{r}}} \boldsymbol{\nabla}_{\underline{\mathbf{r}}} T(\underline{\mathbf{r}}, z)\Big|_{\underline{\mathbf{r}}=\underline{\mathbf{0}}} : \underline{\mathbf{r}}\,\underline{\mathbf{r}} \tag{12.3.12}$$

bezüglich der Koordinaten senkrecht zur Ray-Achse — hier $\underline{\mathbf{r}}$ bzw. x und y — handelt, wenn man $T(\underline{\mathbf{r}}, z)\Big|_{\underline{\mathbf{r}}=\underline{\mathbf{0}}} = z/c$ setzt und

$$\boldsymbol{\nabla}_{\underline{\mathbf{r}}} T(\underline{\mathbf{r}}, z)\Big|_{\underline{\mathbf{r}}=\underline{\mathbf{0}}} \cdot \underline{\mathbf{r}} = \left[\underline{\mathbf{s}}(\underline{\mathbf{r}}, z) - \frac{\partial s_z(\underline{\mathbf{r}}, z)}{\partial z} \underline{\mathbf{e}}_z\right]_{\underline{\mathbf{r}}=\underline{\mathbf{0}}} \cdot \underline{\mathbf{r}} = \underline{\mathbf{s}}(\underline{\mathbf{r}} = \underline{\mathbf{0}}, z) \cdot \underline{\mathbf{r}} = \frac{1}{c} \underline{\mathbf{e}}_z \cdot \underline{\mathbf{r}} = 0 \tag{12.3.13}$$

beachtet. Man kann nun entweder (12.3.12) in die Eikonalgleichung einsetzen, um (12.3.10) mit (12.2.19) und sodann (12.3.11) als Lösung der Transportgleichung zu finden, oder man kann direkt überprüfen, ob (12.3.10) und (12.3.11) Lösungen der Eikonal- und Transportgleichungen unter Beachtung von (12.2.13) und (12.2.14) sind; unter Verwendung der paraxialen Näherung erhält man in beiden Fällen das richtige Ergebnis, nämlich: Der Ansatz (12.3.2) führt im *homogenen* Material mit der Taylor-Entwicklung (12.3.12) der Phase unter Verwendung von Eikonal- und Transportgleichungen auf einen Gauß'schen oder gepulsten Beam mit (12.3.10) und (12.3.11) als paraxialer Näherungslösung der Wellengleichung. Dass der gepulste Beam im homogenen Material Näherungslösung der Wellengleichung (oder exakte Lösung der Wellenpaketgleichung) ist, wissen wir ja schon, warum also erneut auf anderem Wege darauf hinweisen? Weil man die obige Vorgehensweise unmittelbar auf (schwach) inhomogene Materialien erweitern kann (Červený, 2001; Popov, 1982 ; Klimeš, 1989; Popov, 2004)! Man erhält sodann Gauß'sche oder gepulste Beams in inhomogenen Materialien, die die Ray-Trajektorien als Beam-Achse haben. Interessanterweise erhält man dieses Ergebnis auch als exakte Lösung einer näherungsweise gültigen Wellenpaketgleichung für inhomogene Materialien, also auf dem in Abschnitt 12.2 diskutierten Weg (Červený et al., 1982; Heyman, 1994).

Der konzeptionelle Vorteil von Beams gegenüber Rays liegt darin, dass sie wegen det $\underline{\underline{\boldsymbol{Q}}}(l) \neq 0$ — l sei die Koordinate entlang der Ray-Trajektorie — an Brennpunkten und Kaustiken keine Singularitäten haben. Des Weiteren: Man kann eine real vorgegebene Aperturverteilung mathematisch quantitativ in „Aperturverteilungen“ von Beams aufspalten und sodann die Beams entlang Rays in definierte Richtungen „losschicken“ (Superposition Gauß'scher oder gepulster Strahlen), um damit akustische Strahlungsfelder in inhomogenen Materialien zu berechnen (Maciel und Felsen, 1990; Shlivinski et al., 2004; Shlivinski et al., 2005). Beam-Strahlen lassen sich formal auch herleiten, wenn man in der Green'schen Funktion für Quellenfelder den Quellpunkt komplexwertig wählt (Heyman, 2002); wir wollen darauf aber nicht weiter eingehen, obwohl dieser Formalismus auch schon erfolgreich auf die Berechnung von Prüfkopf-Schallfeldern angewendet wurde (Zeroug et al., 1996).

12.3.2 Eikonal- und Transportgleichungen elastischer Strahlen

Inhomogen-isotrope Materialien

Wir haben bisher nur von akustischen (skalaren) Ultraschallstrahlen gesprochen, in der US-zfP braucht man aber elastische „Long- und Trans-Strahlen“. Um entsprechende Rays zu definieren, benötigen wir also die zugehörigen Eikonal- und Transportgleichungen. Ausgangspunkt ist die homogene Navier-Gleichung (7.1.27) — wir schreiben sie in der Teilchenverschiebung —

$$\begin{aligned}[]
[\lambda(\underline{\mathbf{R}}) + \mu(\underline{\mathbf{R}})]\, \boldsymbol{\nabla}\boldsymbol{\nabla} \cdot \underline{\mathbf{u}}(\underline{\mathbf{R}}, t) + \mu(\underline{\mathbf{R}})\Delta\underline{\mathbf{u}}(\underline{\mathbf{R}}, t) - \rho(\underline{\mathbf{R}})\, \frac{\partial^2 \underline{\mathbf{u}}(\underline{\mathbf{R}}, t)}{\partial t^2} &+ \\
+ [\boldsymbol{\nabla}\lambda(\underline{\mathbf{R}})]\, [\boldsymbol{\nabla} \cdot \underline{\mathbf{u}}(\underline{\mathbf{R}}, t)] + [\boldsymbol{\nabla}\mu(\underline{\mathbf{R}})] \cdot [\boldsymbol{\nabla}\underline{\mathbf{u}}(\underline{\mathbf{R}}, t)] + [\boldsymbol{\nabla}\underline{\mathbf{u}}(\underline{\mathbf{R}}, t)] \cdot [\boldsymbol{\nabla}\mu(\underline{\mathbf{R}})] &= \underline{\mathbf{0}} \ , \qquad (12.3.14)
\end{aligned}$$

die wir näherungsweise mit dem zeitharmonischen Ray-Ansatz

$$\underline{\mathbf{u}}(\underline{\mathbf{R}}, t) = \underline{\mathbf{U}}(\underline{\mathbf{R}})\, \mathrm{e}^{\mathrm{j}\omega_0 T(\underline{\mathbf{R}})}\, \mathrm{e}^{-\mathrm{j}\omega_0 t} \qquad (12.3.15)$$

lösen. Nullsetzen des nach einiger Rechnung resultierenden in ω_0 quadratischen Terms ergibt:

$$\left[\frac{\lambda(\underline{\mathbf{R}}) + \mu(\underline{\mathbf{R}})}{\rho(\underline{\mathbf{R}})}\, \boldsymbol{\nabla}T(\underline{\mathbf{R}})\boldsymbol{\nabla}T(\underline{\mathbf{R}}) + \frac{\mu(\underline{\mathbf{R}})}{\rho(\underline{\mathbf{R}})}\, \boldsymbol{\nabla}T(\underline{\mathbf{R}}) \cdot \boldsymbol{\nabla}T(\underline{\mathbf{R}})\, \underline{\underline{\mathbf{I}}} - \underline{\underline{\mathbf{I}}}\right] \cdot \underline{\mathbf{U}}(\underline{\mathbf{R}}) = \underline{\mathbf{0}} \ ; \qquad (12.3.16)$$

mit der Definition des *Slowness*-Vektors gemäß (12.3.5) finden wir dazu die alternative Form

$$\left[\frac{\mu(\underline{\mathbf{R}})\underline{\mathbf{s}}(\underline{\mathbf{R}}) \cdot \underline{\mathbf{s}}(\underline{\mathbf{R}}) - \rho(\underline{\mathbf{R}})}{\rho(\underline{\mathbf{R}})}\, \underline{\underline{\mathbf{I}}} + \frac{\lambda(\underline{\mathbf{R}}) + \mu(\underline{\mathbf{R}})}{\rho(\underline{\mathbf{R}})}\, \underline{\mathbf{s}}(\underline{\mathbf{R}})\underline{\mathbf{s}}(\underline{\mathbf{R}})\right] \cdot \underline{\mathbf{U}}(\underline{\mathbf{R}}) = \underline{\mathbf{0}} \ . \qquad (12.3.17)$$

Mit

$$\underline{\mathbf{s}}(\underline{\mathbf{R}}) = \underline{\hat{\mathbf{s}}}(\underline{\mathbf{R}})/c(\underline{\mathbf{R}}) \qquad (12.3.18)$$

ist diese Bedingung strukturell identisch mit dem Eigenwertproblem (8.1.62) ebener Wellen in homogenen Materialien. Durch Nullsetzen der Determinante des in den eckigen Klammern stehenden Wellentensors $\underline{\underline{\mathbf{W}}}[\underline{\mathbf{s}}(\underline{\mathbf{R}})]$ finden wir mit (8.1.67) sofort die Dispersionsgleichungen

$$\begin{aligned}
\underline{\mathbf{s}}_{\mathrm{S}}(\underline{\mathbf{R}}) \cdot \underline{\mathbf{s}}_{\mathrm{S}}(\underline{\mathbf{R}}) &= \frac{\rho(\underline{\mathbf{R}})}{\mu(\underline{\mathbf{R}})} \\
&= \frac{1}{c_{\mathrm{S}}^2(\underline{\mathbf{R}})} \ , \qquad (12.3.19) \\
\underline{\mathbf{s}}_{\mathrm{P}}(\underline{\mathbf{R}}) \cdot \underline{\mathbf{s}}_{\mathrm{P}}(\underline{\mathbf{R}}) &= \frac{\rho(\underline{\mathbf{R}})}{\lambda(\underline{\mathbf{R}}) + 2\mu(\underline{\mathbf{R}})} \\
&= \frac{1}{c_{\mathrm{P}}^2(\underline{\mathbf{R}})} \qquad (12.3.20)
\end{aligned}$$

und folglich die Eikonalgleichung

$$\nabla T_P(\underline{\mathbf{R}}) \cdot \nabla T_P(\underline{\mathbf{R}}) = \frac{1}{c_P^2(\underline{\mathbf{R}})} \tag{12.3.21}$$

für einen P-Ray sowie die Eikonalgleichung

$$\nabla T_S(\underline{\mathbf{R}}) \cdot \nabla T_S(\underline{\mathbf{R}}) = \frac{1}{c_S^2(\underline{\mathbf{R}})} \tag{12.3.22}$$

für einen S-Ray, wobei hier allerdings „P" nur noch für „primär" und „S" nur noch für „sekundär" steht, denn eine Entkopplung in Druck(P*ressure*)- und Scher(S*hear*)-Wellen ist in inhomogenen Materialien nicht mehr möglich[8].

Hinsichtlich der Polarisationen der P- und S-Rays argumentieren wir genauso wie im Fall ebener Wellen in homogenen Materialien (Abschnitt 8.1.2). Wir berechnen

$$\underline{\underline{\mathbf{W}}}[\underline{\mathbf{s}}_P(\underline{\mathbf{R}})] = \frac{\lambda(\underline{\mathbf{R}}) + \mu(\underline{\mathbf{R}})}{\rho(\underline{\mathbf{R}})} \left[\underline{\mathbf{s}}_P(\underline{\mathbf{R}})\underline{\mathbf{s}}_P(\underline{\mathbf{R}}) - \frac{1}{c_P^2(\underline{\mathbf{R}})}\underline{\underline{\mathbf{I}}}\right] \tag{12.3.23}$$

und folgern

$$\underline{\mathbf{s}}_P(\underline{\mathbf{R}})\underline{\mathbf{s}}_P(\underline{\mathbf{R}}) \cdot \underline{\mathbf{U}}_P(\underline{\mathbf{R}}) = \frac{1}{c_P^2(\underline{\mathbf{R}})} \underline{\mathbf{U}}_P(\underline{\mathbf{R}}) \tag{12.3.24}$$

aus der Eigenwertgleichung $\underline{\underline{\mathbf{W}}}[\underline{\mathbf{s}}_P(\underline{\mathbf{R}})] \cdot \underline{\mathbf{U}}_P(\underline{\mathbf{R}}) \equiv \underline{\mathbf{0}}$. Gleichung (12.3.24) sagt uns, dass der Amplitudenvektor $\underline{\mathbf{U}}_P(\underline{\mathbf{R}})$ des P-Rays die Richtung des *Slowness*-Vektors $\underline{\mathbf{s}}_P(\underline{\mathbf{R}})$ hat, er steht also senkrecht auf der Phasenfront $T_P(\underline{\mathbf{R}}) = \text{const}$: Der P-Ray ist bezüglich der Strahltrajektorie — genauso wie eine ebene P-Welle — longitudinal polarisiert. Dies ist eine Konsequenz der Hochfrequenznäherung, da das Eigenwertproblem (12.3.17) allein aus dem Nullsetzen des *quadratischen* ω_0-Terms folgt. Aus (12.3.24) ergibt sich die Darstellung

$$\begin{aligned} \underline{\mathbf{U}}_P(\underline{\mathbf{R}}) &= c_P(\underline{\mathbf{R}}) \underbrace{c_P(\underline{\mathbf{R}})\underline{\mathbf{s}}_P(\underline{\mathbf{R}}) \cdot \underline{\mathbf{U}}_P(\underline{\mathbf{R}})}_{\stackrel{\text{def}}{=} U_P(\underline{\mathbf{R}})} \underline{\mathbf{s}}_P(\underline{\mathbf{R}}) \\ &= U_P(\underline{\mathbf{R}})\hat{\underline{\mathbf{s}}}_P(\underline{\mathbf{R}}) \quad . \end{aligned} \tag{12.3.25}$$

Es gilt $\underline{\mathbf{U}}_P(\underline{\mathbf{R}}) \cdot \underline{\mathbf{U}}_P^*(\underline{\mathbf{R}}) = |U_P(\underline{\mathbf{R}})|^2$, wobei $|U_P(\underline{\mathbf{R}})|$ der Betrag der komplexwertigen skalaren Amplitude $U_P(\underline{\mathbf{R}})$ ist.

Mit

$$\underline{\underline{\mathbf{W}}}[\underline{\mathbf{s}}_S(\underline{\mathbf{R}})] = \frac{\lambda(\underline{\mathbf{R}}) + \mu(\underline{\mathbf{R}})}{\rho(\underline{\mathbf{R}})} \underline{\mathbf{s}}_S(\underline{\mathbf{R}})\underline{\mathbf{s}}_S(\underline{\mathbf{R}}) \tag{12.3.26}$$

finden wir die Bedingung

$$\underline{\mathbf{s}}_S(\underline{\mathbf{R}})\underline{\mathbf{s}}_S(\underline{\mathbf{R}}) \cdot \underline{\mathbf{U}}_S(\underline{\mathbf{R}}) = \underline{\mathbf{0}} \tag{12.3.27}$$

aus der Eigenwertgleichung $\underline{\underline{\mathbf{W}}}[\underline{\mathbf{s}}_S(\underline{\mathbf{R}})] \cdot \underline{\mathbf{U}}_S(\underline{\mathbf{R}}) = \underline{\mathbf{0}}$ für den Polarisationsvektor des S-Rays. Daraus folgt

$$\underline{\mathbf{s}}_S(\underline{\mathbf{R}}) \cdot \underline{\mathbf{U}}_S(\underline{\mathbf{R}}) = 0 \quad , \tag{12.3.28}$$

d.h. der S-Ray-Polarisationsvektor steht senkrecht auf der zugehörigen Strahltrajektorie, der S-Ray ist bezüglich der Strahltrajektorie transversal polarisiert. Wir führen deshalb zwei orthogonale Einheitsvektoren $\underline{\mathbf{e}}_{S1}(\underline{\mathbf{R}})$ und $\underline{\mathbf{e}}_{S2}(\underline{\mathbf{R}})$ tangential zur Phasenfront $T_S(\underline{\mathbf{R}}) = \text{const}$ ein, für

[8]Die Divergenz bzw. die Rotation von (12.3.15) enthält ja $\nabla \cdot \underline{\mathbf{U}}(\underline{\mathbf{R}})$ bzw. $\nabla \times \underline{\mathbf{U}}(\underline{\mathbf{R}})$, und beide Ausdrücke sind im Allgemeinen nicht gleich null.

die folglich neben $\underline{\mathbf{e}}_{S1}(\underline{\mathbf{R}}) \cdot \underline{\mathbf{e}}_{S2}(\underline{\mathbf{R}}) = 0$ gilt: $\underline{\mathbf{e}}_{S1,S2}(\underline{\mathbf{R}}) \cdot \hat{\underline{\mathbf{s}}}_S(\underline{\mathbf{R}}) = 0$; diese beiden Vektoren benutzen wir als Polarisationsbasis für den S-Ray:

$$\begin{aligned}\underline{\mathbf{U}}_S(\underline{\mathbf{R}}) &= U_{S1}(\underline{\mathbf{R}})\underline{\mathbf{e}}_{S1}(\underline{\mathbf{R}}) + U_{S2}(\underline{\mathbf{R}})\underline{\mathbf{e}}_{S2}(\underline{\mathbf{R}}) \\ &= \underline{\mathbf{U}}_{S1}(\underline{\mathbf{R}}) + \underline{\mathbf{U}}_{S2}(\underline{\mathbf{R}}) \quad , \end{aligned} \tag{12.3.29}$$

wobei $U_{S1,S2}(\underline{\mathbf{R}})$ komplexwertige skalare Amplitudenfaktoren sind; es gilt $\underline{\mathbf{U}}_S(\underline{\mathbf{R}}) \cdot \underline{\mathbf{U}}_S^*(\underline{\mathbf{R}}) = |U_{S1}(\underline{\mathbf{R}})|^2 + |U_{S2}(\underline{\mathbf{R}})|^2$. Wie im Falle der ebenen Wellen (Abbildung 8.1.8) sollen $\underline{\mathbf{s}}_S(\underline{\mathbf{R}})$, $\underline{\mathbf{U}}_{S1}(\underline{\mathbf{R}})$

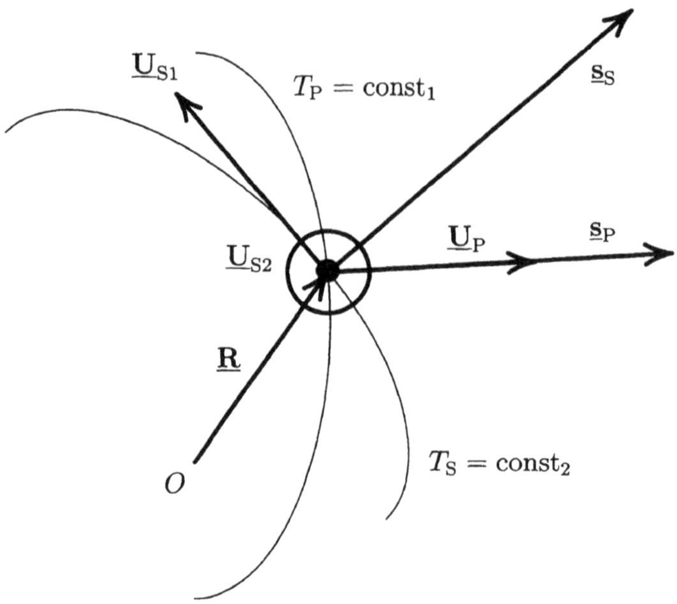

***Abb. 12.3.2:** Polarisationen von P- und S-Rays*

und $\underline{\mathbf{U}}_{S2}(\underline{\mathbf{R}})$ ein (lokales) Rechtssystem bilden, weshalb wir in Abb. 12.3.2 auf die Spitze des Vektors $\underline{\mathbf{U}}_{S2}(\underline{\mathbf{R}})$ schauen. Wegen der unterschiedlichen und ortsabhängigen Phasengeschwindigkeiten $c_P(\underline{\mathbf{R}})$ und $c_S(\underline{\mathbf{R}})$ sind die Phasenfronten $T_P(\underline{\mathbf{R}}) = \text{const}$ und $T_S(\underline{\mathbf{R}}) = \text{const}$ nicht eben, und sie fallen zum gleichen Zeitpunkt nicht zusammmen; deshalb sind sie in Abb. 12.3.2 zu zwei unterschiedlichen Zeitpunkten skizziert. Per definitionem stehen die durch $\underline{\mathbf{s}}_P(\underline{\mathbf{R}})$ und $\underline{\mathbf{s}}_S(\underline{\mathbf{R}})$ definierten Strahltrajektorien im Punkt $\underline{\mathbf{R}}$ senkrecht auf den jeweiligen Phasenfronten, sie haben also im Allgemeinen nicht die gleiche Richtung. Wie oben ausgerechnet, steht der Polarisationsvektor $\underline{\mathbf{U}}_P(\underline{\mathbf{R}})$ ebenfalls senkrecht auf der Phasenfront $T_P(\underline{\mathbf{R}}) = \text{const}$, während die Polarisationsvektoren $\underline{\mathbf{U}}_{S1,S2}(\underline{\mathbf{R}})$ tangential zu $T_S(\underline{\mathbf{R}}) = \text{const}$ orientiert sind[9].

Um P- und S-Rays vollständig zu beschreiben, müssen wir auch die (12.3.4) entsprechende Transportgleichung für beide Strahlen kennen. Zur Herleitung dient uns der in ω_0 lineare resultierende Term — wir nennen ihn $\underline{\mathbf{F}}(\underline{\mathbf{R}})$ —, nachdem wir (12.3.15) in (12.3.14) eingesetzt haben. Wir finden:

$$\underline{\mathbf{F}}(\underline{\mathbf{R}}) = [\lambda(\underline{\mathbf{R}}) + \mu(\underline{\mathbf{R}})][\nabla\nabla T(\underline{\mathbf{R}}) \cdot \underline{\mathbf{U}}(\underline{\mathbf{R}}) + \nabla T(\underline{\mathbf{R}})\nabla \cdot \underline{\mathbf{U}}(\underline{\mathbf{R}}) + \nabla\underline{\mathbf{U}}(\underline{\mathbf{R}}) \cdot \nabla T(\underline{\mathbf{R}})] +$$

[9]Die drei Polarisationsvektoren $\underline{\mathbf{U}}_P(\underline{\mathbf{R}})$, $\underline{\mathbf{U}}_{S1,S2}(\underline{\mathbf{R}})$ stehen i.a. nicht senkrecht aufeinander, obwohl der Wellentensor reell-symmetrisch ist und demzufolge reell-*orthogonale* Eigenvektoren haben müsste! Für ebene Wellen in homogenen Materialien, seien sie isotrop oder anisotrop, enthält der Wellentensor den Parameter $\hat{\underline{\mathbf{k}}}$ als Phaseneinheitsvektor; er *kann* für P,S1,S2- bzw. qP,qS1,qS2-Wellenmoden gleich gewählt werden, dann ist es ein und derselbe reell-symmetrische Tensor für alle Wellenmoden, er hat demzufolge reell-orthogonale Eigenvektoren, also reell-orthogonale Polarisationsvektoren bezüglich der Richtung $\hat{\underline{\mathbf{k}}}$. Für Rays in inhomogenen Materialien ist hingegen der Wellentensor eine *Funktion* der Phasenfronten $T_{P,S1,S2}(\underline{\mathbf{R}}) = \text{const}$, die Lösungen $\underline{\mathbf{s}}_{P,S1,S2}(\underline{\mathbf{R}}) = \nabla T_{P,S1,S2}(\underline{\mathbf{R}})$ der jeweiligen Eikonalgleichungen legen die Richtungen $\hat{\underline{\mathbf{s}}}_{P,S1,S2}(\underline{\mathbf{R}})$ fest, sodass der Wellentensor für jeden Wellenmode ein anderer ist.

$$+\mu(\underline{\mathbf{R}})[2\nabla T(\underline{\mathbf{R}})\cdot\nabla\underline{\mathbf{U}}(\underline{\mathbf{R}})+\Delta T(\underline{\mathbf{R}})\underline{\mathbf{U}}(\underline{\mathbf{R}})]+$$
$$+[\nabla\lambda(\underline{\mathbf{R}})\nabla T(\underline{\mathbf{R}})\cdot\underline{\mathbf{U}}(\underline{\mathbf{R}})+\nabla T(\underline{\mathbf{R}})\nabla\mu(\underline{\mathbf{R}})\cdot\underline{\mathbf{U}}(\underline{\mathbf{R}})+\nabla\mu(\underline{\mathbf{R}})\cdot\nabla T(\underline{\mathbf{R}})\underline{\mathbf{U}}(\underline{\mathbf{R}}) \quad ; \tag{12.3.30}$$

die ∇-Differentiationen beziehen sich immer nur auf den unmittelbar benachbarten Term. Nunmehr muss man für $T(\underline{\mathbf{R}})$ bzw. $\underline{\mathbf{U}}(\underline{\mathbf{R}})$ entweder den P- oder den S-Ray einsetzen; wir beginnen mit dem P-Ray, führen also die einschlägigen Differentiationen an $\underline{\mathbf{U}}_\mathrm{P}(\underline{\mathbf{R}}) = U_\mathrm{P}(\underline{\mathbf{R}})c_\mathrm{P}(\underline{\mathbf{R}})\underline{\mathbf{s}}_\mathrm{P}(\underline{\mathbf{R}})$ mit $\underline{\mathbf{s}}_\mathrm{P}(\underline{\mathbf{R}}) = \nabla T_\mathrm{P}(\underline{\mathbf{R}})$ aus; dabei enstehen in der Gradientendyade $\nabla\underline{\mathbf{U}}_\mathrm{P}(\underline{\mathbf{R}})$ Terme mit $\nabla T_\mathrm{P}(\underline{\mathbf{R}})$, sodass es sinnvoll erscheint, die Vektorgleichung $\underline{\mathbf{F}}_\mathrm{P}(\underline{\mathbf{R}}) = \underline{\mathbf{0}}$ in der Projektion auf die P-Trajektorie $\underline{\mathbf{s}}_\mathrm{P}(\underline{\mathbf{R}}) = \nabla T_\mathrm{P}(\underline{\mathbf{R}})$ zu untersuchen (Červený, 2001), denn dann kann man mehrfach die Eikonalgleichung (12.3.21) verwenden. Wir erhalten nach einiger Rechnung[10]

$$\underline{\mathbf{F}}_\mathrm{P}(\underline{\mathbf{R}})\cdot\nabla T_\mathrm{P}(\underline{\mathbf{R}}) = \tag{12.3.31}$$
$$\nabla T_\mathrm{P}(\underline{\mathbf{R}})\cdot\left\{2c_\mathrm{P}^2(\underline{\mathbf{R}})\rho(\underline{\mathbf{R}})\nabla U_\mathrm{P}(\underline{\mathbf{R}})+U_\mathrm{P}(\underline{\mathbf{R}})\nabla\left[c_\mathrm{P}^2(\underline{\mathbf{R}})\rho(\underline{\mathbf{R}})\right]\right\}+c_\mathrm{P}^2(\underline{\mathbf{R}})\rho(\underline{\mathbf{R}})U_\mathrm{P}(\underline{\mathbf{R}})\Delta T_\mathrm{P}(\underline{\mathbf{R}}) \quad ,$$

woraus sich mit der Substitution $\tilde{U}_\mathrm{P}(\underline{\mathbf{R}}) = \sqrt{c_\mathrm{P}^2(\underline{\mathbf{R}})\rho(\underline{\mathbf{R}})}U_\mathrm{P}(\underline{\mathbf{R}})$ die Transportgleichung in der Form

$$2\nabla\tilde{U}_\mathrm{P}(\underline{\mathbf{R}})\cdot\nabla T_\mathrm{P}(\underline{\mathbf{R}})+\tilde{U}_\mathrm{P}(\underline{\mathbf{R}})\Delta T_\mathrm{P}(\underline{\mathbf{R}}) = 0 \tag{12.3.32}$$

ergibt; sie stimmt strukturell mit der Transportgleichung (12.3.4) für akustische Wellen überein.

Für den S-Ray bietet sich die Berechnung der Projektionen von $\underline{\mathbf{F}}_\mathrm{S}(\underline{\mathbf{R}})$ auf die Polarisationsvektoren gemäß $\underline{\mathbf{F}}_\mathrm{S}(\underline{\mathbf{R}})\cdot\underline{\mathbf{e}}_\alpha(\underline{\mathbf{R}})$ mit $\alpha = \mathrm{S1},\mathrm{S2}$ an[11], da sodann aufgrund der Orthogonalität $\nabla T_\mathrm{S}(\underline{\mathbf{R}})\cdot\underline{\mathbf{e}}_\alpha = 0$ sofort drei Terme zum Verschwinden gebracht werden:

$$\underline{\mathbf{F}}_\mathrm{S}(\underline{\mathbf{R}})\cdot\underline{\mathbf{e}}_\alpha(\underline{\mathbf{R}}) = [\lambda(\underline{\mathbf{R}})+\mu(\underline{\mathbf{R}})][\underline{\mathbf{e}}_\alpha(\underline{\mathbf{R}})\cdot\nabla\nabla T_\mathrm{S}(\underline{\mathbf{R}})\cdot\underline{\mathbf{U}}_\mathrm{S}(\underline{\mathbf{R}})+\underline{\mathbf{e}}_\alpha(\underline{\mathbf{R}})\cdot\nabla\underline{\mathbf{U}}_\mathrm{S}(\underline{\mathbf{R}})\cdot\nabla T_\mathrm{S}(\underline{\mathbf{R}})]+$$
$$+\mu(\underline{\mathbf{R}})[2\nabla T_\mathrm{S}(\underline{\mathbf{R}})\cdot\nabla\underline{\mathbf{U}}_\mathrm{S}(\underline{\mathbf{R}})\cdot\underline{\mathbf{e}}_\alpha(\underline{\mathbf{R}})+\Delta T_\mathrm{S}(\underline{\mathbf{R}})\underline{\mathbf{U}}_\mathrm{S}(\underline{\mathbf{R}})\cdot\underline{\mathbf{e}}_\alpha(\underline{\mathbf{R}})]+$$
$$+\nabla\mu(\underline{\mathbf{R}})\cdot\nabla T_\mathrm{S}(\underline{\mathbf{R}})\underline{\mathbf{U}}_\mathrm{S}(\underline{\mathbf{R}})\cdot\underline{\mathbf{e}}_\alpha(\underline{\mathbf{R}}) \quad ; \tag{12.3.33}$$

wegen $\nabla[\nabla T_\mathrm{S}(\underline{\mathbf{R}})\cdot\underline{\mathbf{e}}_\alpha(\underline{\mathbf{R}})] = 0 = \nabla\nabla T_\mathrm{S}(\underline{\mathbf{R}})\cdot\underline{\mathbf{e}}_\alpha(\underline{\mathbf{R}})+\nabla\underline{\mathbf{e}}_\alpha(\underline{\mathbf{R}})\cdot\nabla T_\mathrm{S}(\underline{\mathbf{R}})$ heben sich die Terme in dem $[\lambda(\underline{\mathbf{R}})+\mu(\underline{\mathbf{R}})]$-Faktor weg, sobald man $\underline{\mathbf{U}}_\mathrm{S}(\underline{\mathbf{R}})$ gemäß (12.3.29) und daraus resultierend $\nabla\underline{\mathbf{U}}_\mathrm{S}(\underline{\mathbf{R}})$ eingesetzt hat. Es verbleibt also

$$\underline{\mathbf{F}}_\mathrm{S}(\underline{\mathbf{R}})\cdot\underline{\mathbf{e}}_\alpha(\underline{\mathbf{R}}) =$$
$$\mu(\underline{\mathbf{R}})\{2\nabla T_\mathrm{S}(\underline{\mathbf{R}})\cdot\nabla U_\alpha(\underline{\mathbf{R}})+2\nabla T_\mathrm{S}(\underline{\mathbf{R}})\cdot[U_\mathrm{S1}(\underline{\mathbf{R}})\nabla\underline{\mathbf{e}}_\mathrm{S1}(\underline{\mathbf{R}})+U_\mathrm{S2}(\underline{\mathbf{R}})\cdot\nabla\underline{\mathbf{e}}_\mathrm{S2}(\underline{\mathbf{R}})]\cdot\underline{\mathbf{e}}_\alpha(\underline{\mathbf{R}})+$$
$$+U_\alpha(\underline{\mathbf{R}})\Delta T_\mathrm{S}(\underline{\mathbf{R}})\}+$$
$$+U_\alpha(\underline{\mathbf{R}})\nabla\mu(\underline{\mathbf{R}})\cdot\nabla T_\mathrm{S}(\underline{\mathbf{R}}) \tag{12.3.34}$$

und schließlich — wir schreiben (12.3.34) getrennt für $\alpha = \mathrm{S1}$ und $\alpha = \mathrm{S2}$ —

$$2\nabla\tilde{U}_\mathrm{S1}(\underline{\mathbf{R}})\cdot\nabla T_\mathrm{S}(\underline{\mathbf{R}})+\tilde{U}_\mathrm{S1}(\underline{\mathbf{R}})\Delta T_\mathrm{S}(\underline{\mathbf{R}})+2\tilde{U}_\mathrm{S2}(\underline{\mathbf{R}})\nabla T_\mathrm{S}(\underline{\mathbf{R}})\cdot\nabla\underline{\mathbf{e}}_\mathrm{S2}(\underline{\mathbf{R}})\cdot\underline{\mathbf{e}}_\mathrm{S1}(\underline{\mathbf{R}}) = 0 \quad , \tag{12.3.35}$$
$$2\nabla\tilde{U}_\mathrm{S2}(\underline{\mathbf{R}})\cdot\nabla T_\mathrm{S}(\underline{\mathbf{R}})+\tilde{U}_\mathrm{S2}(\underline{\mathbf{R}})\Delta T_\mathrm{S}(\underline{\mathbf{R}})+2\tilde{U}_\mathrm{S1}(\underline{\mathbf{R}})\nabla T_\mathrm{S}(\underline{\mathbf{R}})\cdot\nabla\underline{\mathbf{e}}_\mathrm{S1}(\underline{\mathbf{R}})\cdot\underline{\mathbf{e}}_\mathrm{S2}(\underline{\mathbf{R}}) = 0 \quad , \tag{12.3.36}$$

wenn man wieder $\tilde{U}_\alpha(\underline{\mathbf{R}}) = \sqrt{c_\mathrm{S}^2(\underline{\mathbf{R}})\rho(\underline{\mathbf{R}})}U_\alpha(\underline{\mathbf{R}})$ setzt und beachtet, dass $\nabla[\underline{\mathbf{e}}_\alpha(\underline{\mathbf{R}})\cdot\underline{\mathbf{e}}_\alpha(\underline{\mathbf{R}})] = 0 = 2\nabla\underline{\mathbf{e}}_\alpha(\underline{\mathbf{R}})\cdot\underline{\mathbf{e}}_\alpha(\underline{\mathbf{R}})$ gilt. Die Transportgleichungen für die beiden Polarisationen des S-Rays sind also bei beliebiger Wahl der Polarisationsbasis $\underline{\mathbf{e}}_\alpha(\underline{\mathbf{R}})$, $\alpha = \mathrm{S1},\mathrm{S2}$, gekoppelt, die Polarisationen

[10] Aus $\nabla T\cdot\nabla\nabla T\cdot\underline{\mathbf{U}}$ entsteht ein Term $\nabla T\cdot\nabla\nabla T\cdot\nabla T$, den man mit der Formel $\nabla(\underline{\mathbf{A}}\cdot\underline{\mathbf{B}}) = (\nabla\underline{\mathbf{A}})\cdot\underline{\mathbf{B}}+(\nabla\underline{\mathbf{B}})\cdot\underline{\mathbf{A}}$ in die Form $\frac{1}{2}\nabla(\nabla T\cdot\nabla T)\cdot\nabla T$ bringt, sodass man wieder die Eikonalgleichung anwenden kann.

[11] Im Falle des P-Rays haben wir ja auch nichts anderes gemacht.

sind nicht — wie für ebene Wellen in homogenen Materialien — a priori unabhängig voneinander. Legt man sich jedoch auf eine Basis fest, für die

$$\nabla T_S(\underline{\mathbf{R}}) \cdot \nabla \underline{\mathbf{e}}_\alpha(\underline{\mathbf{R}}) = \beta_\alpha(\underline{\mathbf{R}}) \nabla T_S(\underline{\mathbf{R}}) \qquad (12.3.37)$$

mit Normierungskonstanten $\beta_\alpha(\underline{\mathbf{R}})$ gilt, entfällt die Kopplung; Červený (2001) diskutiert Algorithmen zur konkreten Berechnung einer derartigen Basis.

Genauso wie im Fall akustischer Rays kann man nunmehr auch die elastischen Rays zu Beams „machen", indem man entsprechende Taylorentwicklungen von $T_{P,S}(\underline{\mathbf{R}})$ in die Eikonalgleichungen einsetzt (Červený, 2001; Norris, 1988); von Spies (1994) ist dieser Formalismus zur Berechnung von Prüfkopfschallfeldern in homogenen Materialien angewendet worden.

Inhomogen-anisotrope Materialien

Der Formalismus zur Definition und Berechnung von P- und S-Rays in inhomogen-isotropen Materialien legt es nahe, im Falle inhomogen-anisotroper Materialien genauso vorzugehen, denn der Ansatz (12.3.15) führt nach Einsetzen in die homogene Navier-Gleichung (7.1.3) durch Nullsetzen des ω_0^2-Faktors sofort auf

$$\left[\nabla T(\underline{\mathbf{R}}) \cdot \underline{\underline{\underline{\mathbf{c}}}}(\underline{\mathbf{R}}) \cdot \nabla T(\underline{\mathbf{R}}) - \rho(\underline{\mathbf{R}}) \underline{\underline{\mathbf{I}}}\right] \cdot \underline{\mathbf{U}}(\underline{\mathbf{R}}) = \underline{\mathbf{0}} \ . \qquad (12.3.38)$$

Die Determinante des Wellentensors in den eckigen Klammern muss wie üblich verschwinden:

$$\det \left[\nabla T(\underline{\mathbf{R}}) \cdot \underline{\underline{\underline{\mathbf{c}}}}(\underline{\mathbf{R}}) \cdot \nabla T(\underline{\mathbf{R}}) - \rho(\underline{\mathbf{R}}) \underline{\underline{\mathbf{I}}}\right] = 0 \ , \qquad (12.3.39)$$

damit es für $\underline{\mathbf{U}}(\underline{\mathbf{R}})$ nichttriviale Lösungen gibt; wegen $\underline{\mathbf{s}}(\underline{\mathbf{R}}) = \nabla T(\underline{\mathbf{R}})$ ergibt sich das bekannte Eigenwertproblem aus Abschnitt 8.3, d.h. die dortige Dispersionsgleichung wird hier zur Eikonalgleichung mit den Lösungen $\underline{\mathbf{s}}_{qP}(\underline{\mathbf{R}})$, $\underline{\mathbf{s}}_{qS1}(\underline{\mathbf{R}})$ und $\underline{\mathbf{s}}_{qS2}(\underline{\mathbf{R}})$ für qP-, qS1- und qS2-*Slowness*-Vektoren, deren Beträge gleich den zugehörigen Phasengeschwindigkeiten sind und die auf den Phasenfronten $T_{qP,qS1,qS2}(\underline{\mathbf{R}}) = \text{const}$ senkrecht stehen.

Transportgleichungen resultieren aus dem Nullsetzen des ω_0-Faktors:

$$\nabla T(\underline{\mathbf{R}}) \cdot \underline{\underline{\underline{\mathbf{c}}}}(\underline{\mathbf{R}}) : \nabla \underline{\mathbf{U}}(\underline{\mathbf{R}}) + \nabla \cdot \left[\underline{\underline{\underline{\mathbf{c}}}}(\underline{\mathbf{R}}) : \nabla T(\underline{\mathbf{R}}) \underline{\mathbf{U}}(\underline{\mathbf{R}})\right] = \underline{\mathbf{0}} \ . \qquad (12.3.40)$$

Im zweiten Term bezieht sich die Divergenzbildung auf *alle* Faktoren in der eckigen Klammer; wir führen dies aber nicht explizit aus, da wir weiter unten den Energiegeschwindigkeitsvektor gemäß (8.3.17) ins Spiel bringen wollen, warum, wird schon etwas deutlicher, wenn wir in (12.3.40) den *Slowness*-Vektor und die Darstellung

$$\underline{\mathbf{U}}(\underline{\mathbf{R}}) = U(\underline{\mathbf{R}}) \hat{\underline{\mathbf{u}}}(\underline{\mathbf{R}}) \qquad (12.3.41)$$

einsetzen und die resultierende Vektorgleichung mit $\hat{\underline{\mathbf{u}}}(\underline{\mathbf{R}})$ kontrahieren, d.h. auf den Polarisationseinheitsvektor projizieren (das haben wir für den isotropen Fall ja auch schon gemacht):

$$\begin{aligned} &\hat{\underline{\mathbf{u}}}(\underline{\mathbf{R}}) \underline{\mathbf{s}}(\underline{\mathbf{R}}) : \underline{\underline{\underline{\mathbf{c}}}}(\underline{\mathbf{R}}) : \nabla U(\underline{\mathbf{R}}) \hat{\underline{\mathbf{u}}}(\underline{\mathbf{R}}) + \hat{\underline{\mathbf{u}}}(\underline{\mathbf{R}}) \underline{\mathbf{s}}(\underline{\mathbf{R}}) : \underline{\underline{\underline{\mathbf{c}}}}(\underline{\mathbf{R}}) : \nabla \hat{\underline{\mathbf{u}}}(\underline{\mathbf{R}}) U(\underline{\mathbf{R}}) + \\ &\qquad + \hat{\underline{\mathbf{u}}}(\underline{\mathbf{R}}) \nabla : \left[\underline{\underline{\underline{\mathbf{c}}}}(\underline{\mathbf{R}}) : \underline{\mathbf{s}}(\underline{\mathbf{R}}) \hat{\underline{\mathbf{u}}}(\underline{\mathbf{R}}) U(\underline{\mathbf{R}})\right] = 0 \ ; \end{aligned} \qquad (12.3.42)$$

außerdem haben wir den $\nabla \underline{\mathbf{U}}(\underline{\mathbf{R}})$-Term in (12.3.40) mit (12.3.41) berechnet. Nunmehr wäre es, dem oben genannten Ziel zuliebe, schön, wenn $\hat{\underline{\mathbf{u}}}(\underline{\mathbf{R}})$ im letzten Term von (12.3.42) innerhalb der eckigen Klammer stünde. Also bilden wir „versuchsweise"

$$\begin{aligned} &\nabla \cdot \left[U(\underline{\mathbf{R}}) \underline{\underline{\underline{\mathbf{c}}}}(\underline{\mathbf{R}}) \cdot \underline{\mathbf{s}}(\underline{\mathbf{R}}) \cdot \hat{\underline{\mathbf{u}}}(\underline{\mathbf{R}}) \cdot \hat{\underline{\mathbf{u}}}(\underline{\mathbf{R}})\right] = \\ &\quad \nabla \cdot \left[U(\underline{\mathbf{R}}) \underline{\underline{\underline{\mathbf{c}}}}(\underline{\mathbf{R}}) \cdot \underline{\mathbf{s}}(\underline{\mathbf{R}}) \cdot \hat{\underline{\mathbf{u}}}(\underline{\mathbf{R}})\right] \cdot \hat{\underline{\mathbf{u}}}(\underline{\mathbf{R}}) + \left[U(\underline{\mathbf{R}}) \underline{\underline{\underline{\mathbf{c}}}}(\underline{\mathbf{R}}) \cdot \underline{\mathbf{s}}(\underline{\mathbf{R}}) \cdot \hat{\underline{\mathbf{u}}}(\underline{\mathbf{R}})\right] : \nabla \hat{\underline{\mathbf{u}}}(\underline{\mathbf{R}}) \ , \end{aligned} \qquad (12.3.43)$$

wobei im zweiten Term auf der rechten Seite die Symmetrie von $\underline{\underline{\underline{\underline{\mathbf{c}}}}}(\underline{\mathbf{R}})$ bezüglich der ersten beiden Indizes ausgenutzt wurde. Der erste Term auf der rechten Seite stimmt mit dem dritten in (12.3.42) überein, kann diesen also ersetzen; wegen der Symmetrie $c_{ijkl}(\underline{\mathbf{R}}) = c_{klij}(\underline{\mathbf{R}})$ kompensiert sodann der zweite Term auf der rechten Seite von (12.3.43) den zweiten Term in (12.3.42), und es verbleibt

$$\hat{\underline{\mathbf{u}}}(\underline{\mathbf{R}})\underline{\mathbf{s}}(\underline{\mathbf{R}}) : \underline{\underline{\underline{\underline{\mathbf{c}}}}}(\underline{\mathbf{R}}) : \nabla U(\underline{\mathbf{R}})\hat{\underline{\mathbf{u}}}(\underline{\mathbf{R}}) + \nabla \cdot \left[U(\underline{\mathbf{R}})\underline{\underline{\underline{\underline{\mathbf{c}}}}}(\underline{\mathbf{R}}) \cdot \underline{\mathbf{s}}(\underline{\mathbf{R}}) \cdot \hat{\underline{\mathbf{u}}}(\underline{\mathbf{R}}) \cdot \hat{\underline{\mathbf{u}}}(\underline{\mathbf{R}})\right] = 0 \ . \tag{12.3.44}$$

Durch erneute Ausnutzung der $\underline{\underline{\underline{\underline{\mathbf{c}}}}}(\underline{\mathbf{R}})$-Symmetrien können wir (8.3.17) verwenden und erhalten

$$\rho(\underline{\mathbf{R}})\underline{\mathbf{c}}_{\mathrm{E}}(\underline{\mathbf{R}}) \cdot \nabla U(\underline{\mathbf{R}}) + \nabla \cdot [\rho(\underline{\mathbf{R}})\underline{\mathbf{c}}_{\mathrm{E}}(\underline{\mathbf{R}})U(\underline{\mathbf{R}})] = 0 \tag{12.3.45}$$

beziehungsweise

$$2\rho(\underline{\mathbf{R}})\underline{\mathbf{c}}_{\mathrm{E}}(\underline{\mathbf{R}}) \cdot \nabla U(\underline{\mathbf{R}}) + \nabla \cdot [\rho(\underline{\mathbf{R}})\underline{\mathbf{c}}_{\mathrm{E}}(\underline{\mathbf{R}})]\, U(\underline{\mathbf{R}}) = 0 \ . \tag{12.3.46}$$

Die Definition von $\tilde{U}(\underline{\mathbf{R}}) = \sqrt{\rho(\underline{\mathbf{R}})}U(\underline{\mathbf{R}})$ liefert uns die endgültige Form

$$2\underline{\mathbf{c}}_{\mathrm{E}}(\underline{\mathbf{R}}) \cdot \nabla \tilde{U}(\underline{\mathbf{R}}) + \tilde{U}(\underline{\mathbf{R}})\nabla \cdot \underline{\mathbf{c}}_{\mathrm{E}}(\underline{\mathbf{R}}) = 0 \tag{12.3.47}$$

der Transportgleichung. Für den isotropen Fall reduziert sich diese auf die Transportgleichung (12.3.32) für P-Rays und (12.3.35) bzw. (12.3.36) für S-Rays unter der Nebenbedingung (12.3.37). Mit der Definition des Strahlvektors gemäß (8.3.19) erhalten wir

$$2\underline{\mathbf{l}}(\underline{\mathbf{R}}) \cdot \nabla \tilde{U}(\underline{\mathbf{R}}) + \tilde{U}(\underline{\mathbf{R}})\nabla \cdot \underline{\mathbf{l}}(\underline{\mathbf{R}}) = 0 \tag{12.3.48}$$

und damit wird besonders deutlich, dass der (Energie-)Transport in Richtung des Strahlvektors, also des Energiegeschwindigkeitsvektors, erfolgt, der im Falle anisotroper Materialien an die Stelle des *Slowness*-Vektors zur Berechnung der Strahltrajektorie(n) tritt.

Für ebene Wellen in homogenen Materialien hatten wir die Beziehung (8.3.20) zwischen Strahlvektor und Phasenvektor unter Benutzung der Eigenwertgleichung (8.3.5) und der Formel (8.3.17) für die Energiegeschwindigkeit hergeleitet; in inhomogenen Materialien gilt die entsprechende Eigenwertgleichung (12.3.38) zwar nur in der Ray-Hochfrequenznäherung, es folgt aber weiterhin

$$\underline{\mathbf{c}}_{\mathrm{E}}(\underline{\mathbf{R}}) \cdot \underline{\mathbf{s}}(\underline{\mathbf{R}}) = 1 \ . \tag{12.3.49}$$

Anstelle der mit der Phasengeschwindigkeit berechneten Strahllaufzeit (12.3.8) folgt deshalb

$$T(\underline{\mathbf{R}}) = \int_{L(\underline{\mathbf{R}}_0,\underline{\mathbf{R}})} \frac{1}{c_{\mathrm{E}}(l)}\, \mathrm{d}l \tag{12.3.50}$$

aus der entsprechend

$$\hat{\underline{\mathbf{l}}}(\underline{\mathbf{R}}) \cdot \nabla T(\underline{\mathbf{R}}) = \frac{1}{c_{\mathrm{E}}(\underline{\mathbf{R}})} \tag{12.3.51}$$

umgeschriebenen Gleichung (12.3.49). Typische zfP-relevante Ray Tracing Ergebnisse wurden beispielsweise von Ogilvy (1986) und Harker et al. (1990) publiziert; darüber hinaus lässt sich die Laufzeitgleichung (12.3.51) zur Formulierung und Implementierung eines fehlerabbildenden Ultraschallverfahrens für inhomogen-anisotrope Schweißnähte verwenden (InASAFT für *Inhomogeneous Anisotropic Synthetic Aperture Focusing Technique*: Shlivinski et al., 2004b).

Die hier zitierte Theorie der Ray-Trajektorien in anisotropen Materialien kann wieder auf gepulste und Gauß'sche Strahlen erweitert werden, die sich entlang der Ray-Strahlvektortrajektorien ausbreiten (Červený, 2001; Norris, 1987); Spies (2000a) verwendet diesen Formalismus zur Berechnung von Schallfeldern in inhomogen-ansiotropen Materialien.

13 Punktquellen im homogen-isotropen Vollraum; elastodynamische Quellenfelder

13.1 Skalare Green'sche Funktion des homogenen unendlichen Raumes

In Abschnitt 5.5 hatten wir von der skalaren Green'schen Funktion $G(\underline{\mathbf{R}}, \underline{\mathbf{R}}', \omega)$ des homogenen unendlichen Raumes zur Darstellung akustischer Quellen- und in Abschnitt 5.6 zur Darstellung akustischer Streufelder im Sinne einer Punktquellensynthese bereits Gebrauch gemacht. Dort stellte es sich heraus, dass es zweckmäßig ist, durch Gradientenbildung — $\nabla G(\underline{\mathbf{R}}, \underline{\mathbf{R}}', \omega)$, $\nabla\nabla G(\underline{\mathbf{R}}, \underline{\mathbf{R}}', \omega)$ — weitere Green'sche Funktionen zu definieren, da sie in den Integraldarstellungen akustischer Felder explizit auftreten. Im Elektromagnetismus spielten die Konstruktionen $(\underline{\underline{\mathbf{I}}} + k^{-2}\nabla\nabla)G(\underline{\mathbf{R}}, \underline{\mathbf{R}}', \omega)$ und $\nabla G(\underline{\mathbf{R}}, \underline{\mathbf{R}}', \omega) \times \underline{\underline{\mathbf{I}}}$ *die* fundamentale Rolle, und wir werden in Abschnitt 13.2.3 sehen, dass die Elastodynamik ähnliche sowie darüber hinaus gehende Ableitungen erzwingt. Trotz der *mathematischen* Komplexität der Differentialgleichungen Green'scher Funktionen und deren Lösung ist die *physikalische* Vorstellung von Green'schen Funktionen als Elementarwellen und ihrer Superposition in der Punktquellensynthese von Wellenfeldern sehr intuitiv, sodass wir hier noch einmal mit $G(\underline{\mathbf{R}}, \underline{\mathbf{R}}', \omega)$ von vorne anfangen, um einige Aspekte klarzustellen, die wir in Abschnitt 5.5 erst einmal übergangen haben.

13.1.1 Zeitharmonische Green'sche Funktion

Die Differentialgleichung (Gleichung (5.5.1))

$$\Delta G(\underline{\mathbf{R}}, \underline{\mathbf{R}}', \omega) + k^2 G(\underline{\mathbf{R}}, \underline{\mathbf{R}}', \omega) = -\delta(\underline{\mathbf{R}} - \underline{\mathbf{R}}') \tag{13.1.1}$$

hatten wir als Definitionsgleichung der dreidimensionalen skalaren Green'schen Funktion des homogenen unendlichen Raumes der (zunächst rellen) Wellenzahl k angeschrieben. Die Wellenzahl kann hier stellvertretend für die Akustik — $k = \omega\sqrt{\rho\kappa}$ —, den Elektromagnetismus im $\epsilon_r\mu_r$-Material — $k = \omega\sqrt{\epsilon_0\epsilon_r\mu_0\mu_r}$ — oder für die Wellenzahlen elastischer Druck- oder Scherwellen stehen: $k = k_{\mathrm{P}} = \omega\sqrt{\rho/(\lambda + 2\mu)}$; $k = k_{\mathrm{S}} = \omega\sqrt{\rho/\mu}$; wir schreiben in jedem Fall $k = \omega/c$. Die Inhomogenität von (13.1.1) ist gemäß der Eigenschaft

$$\iiint_V \delta(\underline{\mathbf{R}} - \underline{\mathbf{R}}')\, \mathrm{d}^3\underline{\mathbf{R}}' = \begin{cases} 1 & \text{für } \underline{\mathbf{R}} \in V \\ 0 & \text{für } \underline{\mathbf{R}} \notin V \end{cases} \tag{13.1.2}$$

der δ-Distribution eine *Einheits*punktquelle am Ort $\underline{\mathbf{R}}'$. Eben *wegen* dieser Distributionsinhomogenität muss man (13.1.1) mathematisch streng genommen im Distributionssinne auffassen. Deswegen sehen die „anschaulichen" Versuche, (13.1.1) zu lösen, auch immer ein bisschen nach „Stückwerk" aus. Allerdings ergibt sich als Ergebnis eine Funktionsdistribution, sodass es legitim erscheint, auf dem „distributionstheoretisch verstärkten Boden" der Analysis zu bleiben.

Wir werden im Folgenden zwei Vorschläge zur Lösung von (13.1.1) machen: einen eher anschaulichen und einen formalen, der insbesondere auch für vektorielle und tensorielle Green'sche Funktionen gangbar ist.

Lösung der Differentialgleichung für die skalare Green'sche Funktion: Physikalische Argumentation

Die Green'sche Funktion $G(\underline{\mathbf{R}}, \underline{\mathbf{R}}', \omega)$ soll ja definitionsgemäß eine zeitharmonische Elementarwelle sein, die von der Punktquelle am Ort $\underline{\mathbf{R}}'$ ausgeht. Der umgebende homogene unendliche Raum wird die Ausbreitung dieser Elementarwelle nicht stören, sodass wir aus Symmetriegründen davon ausgehen dürfen, dass die Phasen- und Amplitudenflächen dieser Elementarwelle *Kugel*flächen mit Mittelpunkt $\underline{\mathbf{R}}'$ sind (Abbildung 13.1.1). Für beliebigen Aufpunkt $\underline{\mathbf{R}}$ soll die

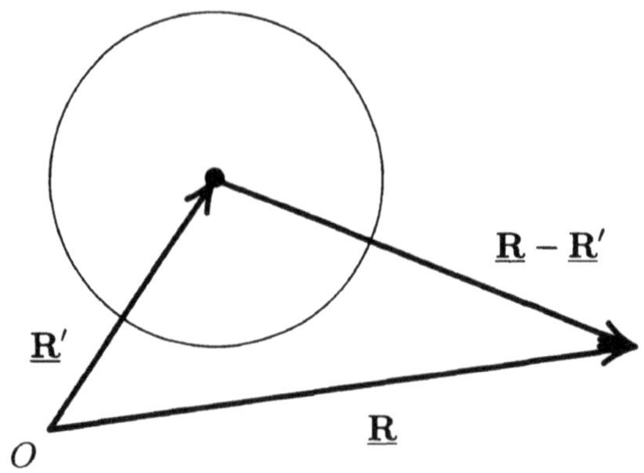

Abb. 13.1.1: *Phasen- und Amplitudenfläche einer zeitharmonischen elementaren Kugelwelle, die vom Quellpunkt* $\underline{\mathbf{R}}'$ *ausgeht*

Ausbreitung der elementaren Kugelwelle mit der Wellenzahl k in Richtung $\underline{\mathbf{R}} - \underline{\mathbf{R}}'$, d.h. bzgl. $\underline{\mathbf{R}} - \underline{\mathbf{R}}'$ *auslaufend*, erfolgen. Mit der Zeitabhängigkeit $\mathrm{e}^{-\mathrm{j}\omega t}$ ergibt sich deshalb

$$G(\underline{\mathbf{R}}, \underline{\mathbf{R}}', \omega) \sim \mathrm{e}^{-\mathrm{j}k|\underline{\mathbf{R}}-\underline{\mathbf{R}}'|} \quad . \tag{13.1.3}$$

Mit zunehmendem Abstand $|\underline{\mathbf{R}} - \underline{\mathbf{R}}'|$ wächst die Kugel*fläche* $\sim |\underline{\mathbf{R}} - \underline{\mathbf{R}}'|^2$; sinnvollerweise wird man fordern, dass die mit der Elementarwelle transportierte Leistungsdichte $\sim |\underline{\mathbf{R}} - \underline{\mathbf{R}}|^{-2}$ abnimmt, damit die abgestrahlte Gesamtleistung konstant ist. Also ist (13.1.3) gemäß[1]

$$G(\underline{\mathbf{R}}, \underline{\mathbf{R}}', \omega) \sim \frac{\mathrm{e}^{\mathrm{j}k|\underline{\mathbf{R}}-\underline{\mathbf{R}}'|}}{|\underline{\mathbf{R}} - \underline{\mathbf{R}}'|} \tag{13.1.4}$$

zu präzisieren. Jetzt zeigt man ganz schnell durch Differenzieren (am besten für $\underline{\mathbf{R}}' = \underline{\mathbf{0}}$ und in Kugelkoordinaten), dass (13.1.4) für $\underline{\mathbf{R}} \neq \underline{\mathbf{R}}'$ tatsächlich eine Lösung der *homogenen* Gleichung (13.1.1) ist! Es kommt nun nur noch darauf an, in (13.1.4) einen Faktor einzufügen, der das korrekte Quellpunktsverhalten der Green'schen Funktion für $\underline{\mathbf{R}} = \underline{\mathbf{R}}'$ liefert.

Lösung der Differentialgleichung für die skalare Green'sche Funktion: der $1/4\pi$*-Faktor*

Anstatt von der argumentativ gefundenen Funktion (13.1.4) nachzuweisen, dass sie Lösung der Differentialgleichung (13.1.1) ist, kann man sie auch rechnerisch finden. Wir wählen der Einfachheit halber $\underline{\mathbf{R}}' = \underline{\mathbf{0}}$ und schreiben (13.1.1) in Kugelkoordinaten R, ϑ, φ, nutzen aber

[1] *Langsamer* als $1/R$ macht physikalisch keinen Sinn, denn dann würde die Gesamtleistung mit zunehmender Entfernung zunehmen. Andererseits besagt ein berühmtes Lemma von F. Rellich (Colton und Kress, 1983), dass eine Lösung der inhomogenen Helmholtz-Gleichung, die *schneller* als $1/R$ gegen null geht, gleich der Nulllösung ist.

gleich die Forderung nach Kugelsymmetrie, d.h. nach ϑ- und φ-Unabhängigkeit:

$$\underbrace{\frac{1}{R^2}\frac{\partial}{\partial R}\left[R^2\frac{\partial G(R,\omega)}{\partial R}\right]}_{=\frac{\partial^2 G(R,\omega)}{\partial R^2}+\frac{2}{R}\frac{\partial G(R,\omega)}{\partial R}} + k^2 G(R,\omega) = -\delta(\underline{\mathbf{R}}) \quad , \tag{13.1.5}$$

wobei $G(R,\omega)$ die rotationssymmetrische Green'sche Funktion mit Quellpunkt $\underline{\mathbf{R}}' = \underline{\mathbf{0}}$ ist. Die *homogene* Gleichung (13.1.5) — $\underline{\mathbf{R}} \neq \underline{\mathbf{0}}$ — nimmt mit der Substitution $G(R,\omega) = U(R,\omega)/R$ die Form

$$\frac{\mathrm{d}^2 U(R,\omega)}{\mathrm{d}R^2} + k^2 U(R,\omega) = 0 \tag{13.1.6}$$

an, deren Lösung „in positive R-Richtung laufende zeitharmonische Welle" durch

$$U(R,\omega) = U(\omega)\,\mathrm{e}^{\mathrm{j}kR} \tag{13.1.7}$$

gegeben ist. Daraus folgt

$$G(R,\omega) = U(\omega)\,\frac{\mathrm{e}^{\mathrm{j}kR}}{R} \quad . \tag{13.1.8}$$

Der Amplitudenfaktor kann *nicht* willkürlich sein, da (13.1.8) ja die Lösung der *inhomogenen* Gleichung (13.1.1) werden soll. Um ihn zu bestimmen, kommt man um distributionstheoretische Argumente nicht herum. Ausgehend von (13.1.2) integriert man (13.1.5) über ein den Nullpunkt enthaltendes Kugelvolumen V_K mit Radius R_0 und Oberfläche S_K, beachtet, dass der erste Term in (13.1.5) aus $\Delta = \nabla \cdot \nabla$ entstanden ist und wendet den Gauß'schen Satz[2] an — $\hat{\underline{\mathbf{R}}}$ ist gleich der äußeren Normalen auf S_K —

$$\iint_{S_K} \underbrace{\hat{\underline{\mathbf{R}}} \cdot \nabla G(R,\omega)\Big|_{R=R_0}}_{=\left.\frac{\partial G(R,\omega)}{\partial R}\right|_{R=R_0}} \mathrm{d}S + k^2 \iiint_{V_K} G(R,\omega)\,\mathrm{d}V = -1 \quad . \tag{13.1.9}$$

Die rechte Seite dieser Gleichung ist R_0-unabhängig, also muss es auch die linke sein; wir untersuchen sie deshalb für $R_0 \longrightarrow 0$. Im Volumenintegral ist $\mathrm{d}V = R^2 \sin\vartheta \mathrm{d}R\mathrm{d}\vartheta\mathrm{d}\varphi$, sodass sofort offensichtlich ist, dass es für $R_0 \longrightarrow 0$ gegen null geht, wenn man (13.1.8) einsetzt. Mit $\mathrm{d}S = R_0^2 \sin\vartheta\mathrm{d}\vartheta\mathrm{d}\varphi$ erhält man für den entsprechenden Grenzübergang des Flächenintegrals

$$\begin{aligned}
\lim_{R_0\to 0} \int_0^{2\pi}\int_0^{\pi} \left.\frac{\partial G(R,\omega)}{\partial R}\right|_{R=R_0} & R_0^2 \sin\vartheta\,\mathrm{d}\vartheta\mathrm{d}\varphi = \\
& \lim_{R_0\to 0}\left[\underbrace{R_0^2 \left.\frac{\partial G(R,\omega)}{\partial R}\right|_{R=R_0}}_{=U(\omega)\,\mathrm{e}^{\mathrm{j}kR_0}(\mathrm{j}kR_0-1)} \underbrace{\int_0^{2\pi}\int_0^{\pi}\sin\vartheta\,\mathrm{d}\vartheta\mathrm{d}\varphi}_{=4\pi}\right] \\
& = -4\pi U(\omega) \quad ;
\end{aligned} \tag{13.1.10}$$

es folgt $U(\omega) = 1/4\pi$ und damit[3]

$$\begin{aligned}
G(\underline{\mathbf{R}},\underline{\mathbf{R}}',\omega) &= G(\underline{\mathbf{R}}-\underline{\mathbf{R}}',\omega) \\
&= \frac{\mathrm{e}^{\mathrm{j}k|\underline{\mathbf{R}}-\underline{\mathbf{R}}'|}}{4\pi|\underline{\mathbf{R}}-\underline{\mathbf{R}}'|} \quad .
\end{aligned} \tag{13.1.11}$$

[2]Mathematisch ist das nicht ganz „sauber", da $G(R,\omega)$ in V_K nicht stetig differenzierbar ist; man müsste den Gauß'schen Satz distributionstheoretisch mit ∇ als Gradientenderivierung und mit geeigneten Testfunktionen anwenden.

[3]In der Physikliteratur steht der Faktor 4π oft vor der δ-Funktion in der Differentialgleichung (13.1.1); er fehlt dann natürlich im Nenner von (13.1.11). Allerdings liegt in dieser Normierung keine *Einheits*quelle vor.

Mit dieser Herleitung der Green'schen Funktion der skalaren Helmholtz-Gleichung (5.3.11) können wir aus ingenieurwissenschaftlicher Sicht ganz zufrieden sein. Zur Herleitung der Green'schen Funktion von (5.3.12) — definiert durch (5.5.7) und gegeben durch (5.5.10) — mussten wir aber bereits das Hilfsmittel der dreidimensionalen räumlichen Fourier-Transformation einsetzen, wozu die Kenntnis der inversen Transformation von $1/(K^2 - k^2)$ erforderlich ist. Dazu seien hier ein paar Bemerkungen gemacht.

Lösung der Differentialgleichung für die skalare Green'sche Funktion: dreidimensionale räumliche Fourier-Transformation

Es sei definitionsgemäß

$$\tilde{G}(\underline{\mathbf{K}}, \underline{\mathbf{R}}', \omega) = \int_{-\infty}^{\infty}\int_{-\infty}^{\infty}\int_{-\infty}^{\infty} G(\underline{\mathbf{R}}, \underline{\mathbf{R}}', \omega)\, \mathrm{e}^{-\mathrm{j}\underline{\mathbf{K}}\cdot\underline{\mathbf{R}}}\, \mathrm{d}^3\underline{\mathbf{R}} \tag{13.1.12}$$

die dreidimensionale räumliche Fourier-Transformierte von $G(\underline{\mathbf{R}}, \underline{\mathbf{R}}', \omega)$ bezüglich $\underline{\mathbf{R}}$; wegen des zweifachen Ortsvektorarguments von $G(\underline{\mathbf{R}}, \underline{\mathbf{R}}', \omega)$ kennzeichnen wir die dreidimensionale Fourier-Transformierte bezüglich $\underline{\mathbf{R}}$ durch eine Tilde. Damit liefert die Transformation von (13.1.1)

$$(\mathrm{j}\underline{\mathbf{K}}) \cdot (\mathrm{j}\underline{\mathbf{K}})\, \tilde{G}(\underline{\mathbf{K}}, \underline{\mathbf{R}}', \omega) + k^2 \tilde{G}(\underline{\mathbf{K}}, \underline{\mathbf{R}}', \omega) = -\mathrm{e}^{-\mathrm{j}\underline{\mathbf{K}}\cdot\underline{\mathbf{R}}'} \quad ; \tag{13.1.13}$$

wir haben wegen $\Delta = \nabla \cdot \nabla$ zweimal den Differentiationssatz (2.3.62) und den Verschiebungssatz (2.3.109) sowie (2.4.35) angewandt. Mit $\underline{\mathbf{K}} \cdot \underline{\mathbf{K}} = K^2$ folgt

$$\tilde{G}(\underline{\mathbf{K}}, \underline{\mathbf{R}}', \omega) = \frac{1}{K^2 - k^2}\, \mathrm{e}^{-\mathrm{j}\underline{\mathbf{K}}\cdot\underline{\mathbf{R}}'} \tag{13.1.14}$$

sowie als Inversionsintegral

$$G(\underline{\mathbf{R}}, \underline{\mathbf{R}}', \omega) = \frac{1}{(2\pi)^3} \int_{-\infty}^{\infty}\int_{-\infty}^{\infty}\int_{-\infty}^{\infty} \frac{1}{K^2 - k^2}\, \mathrm{e}^{\mathrm{j}\underline{\mathbf{K}}\cdot(\underline{\mathbf{R}}-\underline{\mathbf{R}}')}\, \mathrm{d}^3\underline{\mathbf{K}} \quad . \tag{13.1.15}$$

Offensichtlich ist $G(\underline{\mathbf{R}}, \underline{\mathbf{R}}', \omega)$ nur eine Funktion von $\underline{\mathbf{R}} - \underline{\mathbf{R}}'$, die wir $G(\underline{\mathbf{R}} - \underline{\mathbf{R}}', \omega)$ nennen, wobei

$$G(\underline{\mathbf{R}}, \omega) = \frac{1}{(2\pi)^3} \int_{-\infty}^{\infty}\int_{-\infty}^{\infty}\int_{-\infty}^{\infty} \frac{1}{K^2 - k^2}\, \mathrm{e}^{\mathrm{j}\underline{\mathbf{K}}\cdot\underline{\mathbf{R}}}\, \mathrm{d}^3\underline{\mathbf{K}} \tag{13.1.16}$$

nunmehr zu berechnen ist. Dazu orientiert man zunächst das $K_xK_yK_z$-Koordinatensystem am fest gewählten Aufpunkt $\underline{\mathbf{R}}$ (Abbildung 13.1.2). Mit $\underline{\mathbf{K}} \cdot \underline{\mathbf{R}} = KR\cos\vartheta_K$ schreibt sich (13.1.16) in $\underline{\mathbf{K}}$-Raum-Kugelkoordinaten gemäß

$$G(\underline{\mathbf{R}}, \omega) = \frac{1}{(2\pi)^3} \int_0^{2\pi}\int_0^{\pi}\int_0^{\infty} \frac{K^2}{K^2 - k^2}\, \mathrm{e}^{\mathrm{j}KR\cos\vartheta_K} \sin\vartheta_K\, \mathrm{d}K \mathrm{d}\vartheta_K \mathrm{d}\varphi_K \quad , \tag{13.1.17}$$

wobei die φ_K-Integration sofort 2π liefert. Mit der Substitution $\cos\vartheta_K = \eta$, elementarer Ausführung der η-Integration und Zusammenführung der beiden entstehenden Integrale ergibt sich:

$$G(\underline{\mathbf{R}}, \omega) = \frac{1}{\mathrm{j}R} \frac{1}{(2\pi)^2} \int_{-\infty}^{\infty} \frac{K}{K^2 - k^2}\, \mathrm{e}^{\mathrm{j}KR}\, \mathrm{d}K \quad . \tag{13.1.18}$$

Nunmehr gilt es, der Singularität des Integranden auf der sogenannten Ewald-Kugel $K = k$ „gerecht zu werden"; dabei scheiden sich die Geister, ob man funktionentheoretisch (Langenberg, 2005; Becker, 1974; de Hoop, 1995; King und Harrison, 1969) oder distributionstheoretisch (DeSanto, 1992) weiter macht. Funktionentheoretisch möchte man natürlich den Residuensatz anwenden; dazu muss man in einer komplexen K-Ebene den $(-\infty, \infty)$-Integrationsweg geeignet

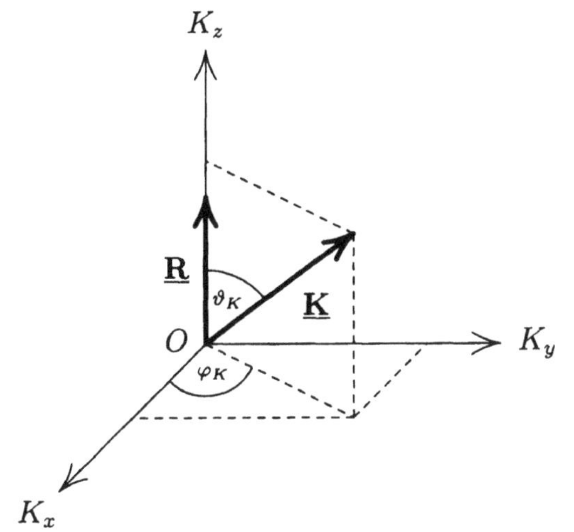

Abb. 13.1.2: *$\underline{\mathbf{K}}$-Raum-Koordinatensystem kartesischer Koordinaten K_x, K_y, K_z und Kugelkoordinaten $K, \vartheta_K, \varphi_K$*

schließen, und dies tut man *so*, dass physikalisch eine *auslaufende* Kugelwelle entsteht. Die mathematisch ebenfalls mögliche Lösung von (13.1.1) als *einlaufende* Kugelwelle scheidet aufgrund dieser „Ausstrahlungsbedingung" aus. Man erhält *deshalb* eindeutig

$$\begin{aligned} G(\underline{\mathbf{R}}, \omega) &= G(R, \omega) \\ &= \frac{\mathrm{e}^{\mathrm{j}kR}}{4\pi R} \end{aligned} \tag{13.1.19}$$

als Green'sche Funktion. Distributionstheoretisch rechnet man nach einer Partialbruchzerlegung des $K/(K^2 - k^2)$-Integranden die entstehenden Fourier-Integrale[4] einfach aus: Man erhält unmittelbar — aber unphysikalisch — $G(R, \omega) = \cos kR/4\pi R$ als *stehende* Welle. Um daraus eine physikalisch sinnvolle auslaufende Welle zu machen, muss (13.1.14) durch eine geeignete Lösung der *homogenen* Gleichung[5] (13.1.1) ergänzt werden, und als geeignet erweist sich[6] (offenbar) $\mathrm{j}\sin kR/4\pi R$, denn dann ergibt sich wieder (13.1.19).

Man sieht also — und das ist der Grund, weshalb wir hier etwas detaillierter darauf eingegangen sind —, dass dieser physikalisch so überaus anschauliche Begriff einer auslaufenden zeitharmonischen (elementaren) Kugelwelle mathematisch durchaus nicht so einfach „zu haben" ist. Wenn man aber (13.1.11) als Lösung von (13.1.1) erst einmal „akzeptiert" hat, sind der Anschauung keine Grenzen gesetzt; dies wird insbesondere deutlich, wenn wir Green'sche Funktionen, ebenso wie ebene Wellen, im Zeitbereich interpretieren.

Simulationen und Modellrechnungen der US-zfP werden der Einfachheit halber häufig zweidimensional durchgeführt. Damit ändert sich die skalare Green'sche Funktion ganz wesentlich, sodass wir das entsprechende Ergebnis zunächst ebenfalls als *zeitharmonische* Zylinderwelle angeben wollen.

---

[4] Man benötigt die Korrespondenz (2.4.29).

[5] Die Funktion $\sin kR/R$ ist für $R = 0$ *nicht* singulär; sie genügt deshalb der homogenen Helmholtz-Gleichung.

[6] Man muss gemäß

$$\tilde{G}(\underline{\mathbf{K}}, \omega) = \frac{1}{K^2 - k^2} + \mathrm{j}\Im\{\tilde{G}(\underline{\mathbf{K}}, \omega)\}$$

durch einen Imaginärteil

$$\Im\{\tilde{G}(\underline{\mathbf{K}}, \omega)\} = \frac{\pi}{2k}\,\delta(K - |k|)$$

ergänzen, dessen Inversion gerade $\sin kR/4\pi R$ liefert.

Zweidimensionale zeitharmonische Green'sche Funktion

Wir postulieren mit $\partial/\partial y \equiv 0$ Zweidimensionalität und führen in der xz-Ebene Polarkoordinaten r, θ ein (θ von der z-Achse gezählt; $\underline{\mathbf{e}}_r, \underline{\mathbf{e}}_\theta, \underline{\mathbf{e}}_y$ bilden sodann ein rechtsorientiertes Dreibein). Wegen der zu erwartenden Rotationssymmetrie der Green'schen Funktion $G(\underline{\mathbf{r}}, \omega) = G(r, \omega)$ lautet das zweidimensionale Pendant zu (13.1.5):

$$\underbrace{\frac{1}{r}\frac{\partial}{\partial r}\left[r\,\frac{\partial G(r,\omega)}{\partial r}\right]}_{=\frac{\partial^2 G(r,\omega)}{\partial r^2}+\frac{1}{r}\frac{\partial G(r,\omega)}{\partial r}} + k^2 G(r,\omega) = -\delta(\underline{\mathbf{r}}) \quad . \tag{13.1.20}$$

Der Unterschied zu (13.1.5) scheint marginal — $1/r$ statt $2/R$ als variablenabhängige Koeffizientenfunktion —, hat jedoch erhebliche Konsequenzen: Die *homogene* Differentialgleichung (13.1.20) definiert die Zylinderfunktionen[7] $\mathrm{J}_0(kr)$, $\mathrm{N}_0(kr)$, $\mathrm{H}_0^{(1)}(kr)$, $\mathrm{H}_0^{(2)}(kr)$ (Besselfunktion, Neumannfunktion, Hankelfunktionen erster und zweiter Art jeweils nullter Ordnung) als Lösungen. Welche der vier ist die Richtige? Mit (13.1.7) hatten wir sofort diejenige Lösung ausgewählt, die bezüglich R eine zeitharmonische auslaufende Welle darstellt. *Hier* wäre deshalb $G(r, \omega) \sim \mathrm{e}^{\mathrm{j}kr}$ angesagt; als Amplitudenabnahme mit zunehmendem r ist sicher $1/\sqrt{r}$ sinnvoll, da die Phasenflächen von $\mathrm{e}^{\mathrm{j}kr}$ Kreise sind, deren Umfang proportional zu r zunimmt, sodass die mit

$$G(r,\omega) \sim \frac{\mathrm{e}^{\mathrm{j}kr}}{\sqrt{r}} \tag{13.1.21}$$

verknüpfte Leistungsdichte als quadratische Größe tatsächlich genauso schnell abnimmt, wie die „Fläche" zunimmt, womit die Gesamtleistung unabhängig von r konstant bleibt. Die von der Einheitslinienquelle abgestrahlte Leistung wird ins Unendliche transportiert, also *ausgestrahlt.* Die Lösungsstruktur (13.1.21) hilft uns nun bei der Auswahl der richtigen Zylinderfunktion, denn nur $\mathrm{H}_0^{(1)}(kr)$ hat für *große* kr ebendieses Verhalten[8] (Abramowitz und Stegun, 1965):

$$\mathrm{H}_0^{(1)}(kr) \simeq \mathrm{e}^{-\mathrm{j}\frac{\pi}{4}}\sqrt{\frac{2}{\pi}}\,\frac{\mathrm{e}^{\mathrm{j}kr}}{\sqrt{kr}} \text{ für } kr \gg 1 \quad . \tag{13.1.22}$$

Den richtigen Amplitudenfaktor finden wir analog zu (13.1.9), (13.1.10) (Langenberg, 2005), sodass die zweidimensionale skalare Green'sche Funktion schließlich

$$G(\underline{\mathbf{r}} - \underline{\mathbf{r}}', \omega) = \frac{\mathrm{j}}{4}\,\mathrm{H}_0^{(1)}(k|\underline{\mathbf{r}} - \underline{\mathbf{r}}'|) \tag{13.1.23}$$

lautet, wenn wir den Quellpunkt wieder vom Ursprung nach $\underline{\mathbf{r}}'$ „verlegen".

Im Zusammenhang mit der Punktquellensynthese von Quellen- und Streufeldern ist es nützlich zu wissen, dass die Integration der dreidimensionalen Green'schen Funktion entlang der Unabhängigkeitsachse des zweidimensionalen Problems auf die zweidimensionale Green'sche Funktion führt; die Hankelfunktion $\mathrm{H}_0^{(1)}(kr)$ hat nämlich die Integraldarstellung (Abramowitz und Stegun, 1965)

$$\frac{\mathrm{j}}{4}\,\mathrm{H}_0^{(1)}(kr) = \int_{-\infty}^{\infty} \frac{\mathrm{e}^{\mathrm{j}k\sqrt{r^2+y^2}}}{4\pi\sqrt{r^2+y^2}}\,\mathrm{d}y \quad . \tag{13.1.24}$$

[7] Vergleichbar den Lösungen $\sin kz$, $\cos kz$, $\mathrm{e}^{\mathrm{j}kz}$, $\mathrm{e}^{-\mathrm{j}kz}$ von

$$\frac{\partial^2 \phi(z,\omega)}{\partial z^2} + k^2 \phi(z,\omega) = 0 \quad ,$$

die wir zusammen mit der Zeitabhängigkeit $\mathrm{e}^{-\mathrm{j}\omega t}$ in Abschnitt 8 als zeitharmonische *ebene* Wellen identifizierten.

[8] Diese Auswahl ist mit der Zeitabhängigkeit $\mathrm{e}^{-\mathrm{j}\omega t}$ verknüpft; $\mathrm{e}^{\mathrm{j}\omega t}$ hätte die Wahl von $\mathrm{H}_0^{(2)}(kr)$ zur Folge.

13.1.2 Green'sche Funktion im Zeitbereich

Offensichtlich sind die zwei- und dreidimensionalen Green'schen Funktionen (13.1.23) und (13.1.11) über $k = \omega/c$ Funktionen der Kreisfrequenz ω; wir können sie deshalb als Fourier-Spektren von Zeitbereichs-Greenfunktionen $G(\underline{\mathbf{r}} - \underline{\mathbf{r}}', t)$ bzw. $G(\underline{\mathbf{R}} - \underline{\mathbf{R}}', t)$ auffassen.

Dreidimensionale Green'sche Funktion im Zeitbereich

Mit (2.4.22) und dem Verschiebungssatz (2.3.60) ist $G(\underline{\mathbf{R}} - \underline{\mathbf{R}}', t)$ schnell gefunden:

$$G(\underline{\mathbf{R}} - \underline{\mathbf{R}}', t) = \frac{1}{4\pi|\underline{\mathbf{R}} - \underline{\mathbf{R}}'|}\,\delta\left(t - \frac{|\underline{\mathbf{R}} - \underline{\mathbf{R}}'|}{c}\right) \tag{13.1.25}$$

Die (13.1.25) definierende Differentialgleichung findet man durch Fourier-Inversion von (13.1.1):

$$\Delta G(\underline{\mathbf{R}} - \underline{\mathbf{R}}', t) - \frac{1}{c^2}\frac{\partial^2 G(\underline{\mathbf{R}} - \underline{\mathbf{R}}', t)}{\partial t^2} = -\delta(\underline{\mathbf{R}} - \underline{\mathbf{R}}')\,\delta(t) \quad . \tag{13.1.26}$$

Offensichtlich ist die rechte Seite von (13.1.26) nunmehr eine Einheits*impuls*punktquelle, die am Quellpunkt $\underline{\mathbf{R}}'$ zur Zeit $t = 0$ „kurz aufblitzt". Ihr „Feld" ist gemäß (13.1.25) eine elementare Impulskugelwelle, deren Zeitabhängigkeit exakt die der Quelle ist: Die Ausbreitung der Elementarwellen im dreidimensionalen Raum (gefüllt mit homogenem nichtdissipativem Material) erfolgt dispersionsfrei!

Man verallgemeinert (13.1.26) und (13.1.25) noch ein wenig, indem man den Einschaltzeitpunkt der Impulsquelle vom Nullpunkt zum Zeitpunkt $t = t'$ verlegt:

$$\Delta G(\underline{\mathbf{R}} - \underline{\mathbf{R}}', t, t') - \frac{1}{c^2}\frac{\partial^2 G(\underline{\mathbf{R}} - \underline{\mathbf{R}}', t, t')}{\partial t^2} = -\delta(\underline{\mathbf{R}} - \underline{\mathbf{R}}')\,\delta(t - t') \quad ; \tag{13.1.27}$$

die Fourier-Transformation bezüglich t führt sodann auf

$$\Delta G(\underline{\mathbf{R}} - \underline{\mathbf{R}}', \omega, t') + k^2 G(\underline{\mathbf{R}} - \underline{\mathbf{R}}', \omega, t') = -\delta(\underline{\mathbf{R}} - \underline{\mathbf{R}}')\,\mathrm{e}^{\mathrm{j}t'\omega} \quad , \tag{13.1.28}$$

sodass offenbar

$$G(\underline{\mathbf{R}} - \underline{\mathbf{R}}', \omega, t') = G(\underline{\mathbf{R}} - \underline{\mathbf{R}}', \omega)\,\mathrm{e}^{\mathrm{j}t'\omega} \tag{13.1.29}$$

gilt. Zusammen mit (13.1.25) ergibt deshalb die Fourier-Inversion von (13.1.29):

$$\begin{aligned} G(\underline{\mathbf{R}} - \underline{\mathbf{R}}', t, t') &= \frac{1}{4\pi|\underline{\mathbf{R}} - \underline{\mathbf{R}}'|}\,\delta\left(t - t' - \frac{|\underline{\mathbf{R}} - \underline{\mathbf{R}}'|}{c}\right) \\ &= G(\underline{\mathbf{R}} - \underline{\mathbf{R}}', t - t') \quad . \end{aligned} \tag{13.1.30}$$

In Abb. 13.1.3 ist die Green'sche Funktion (13.1.30) als elementare δ-Impuls-Kugelwelle interpretiert: Der ebenen Welle vergleichbar können wir entweder an fest gewählten Raumpunkten A-Bilder darstellen (man vergleiche Abb. 8.1.1) oder für fest gewählte Zeitpunkte die räumliche Amplitudenverteilung darstellen (man vergleiche Abb. 8.1.5); in Abb. 13.1.3 haben wir beide Darstellungen kombiniert. Die beiden Kreise skizzieren δ-Impulswellenfronten zu zwei festen Zeitpunkten t_1 und t_2 mit $t_2 > t_1$, d.h. sie verbinden diejenigen Punkte $\underline{\mathbf{R}}$, für die

$$t_1 - t' - \frac{|\underline{\mathbf{R}} - \underline{\mathbf{R}}'|}{c} = 0 \tag{13.1.31}$$

beziehungsweise

$$t_2 - t' - \frac{|\underline{\mathbf{R}} - \underline{\mathbf{R}}'|}{c} = 0 \quad . \tag{13.1.32}$$

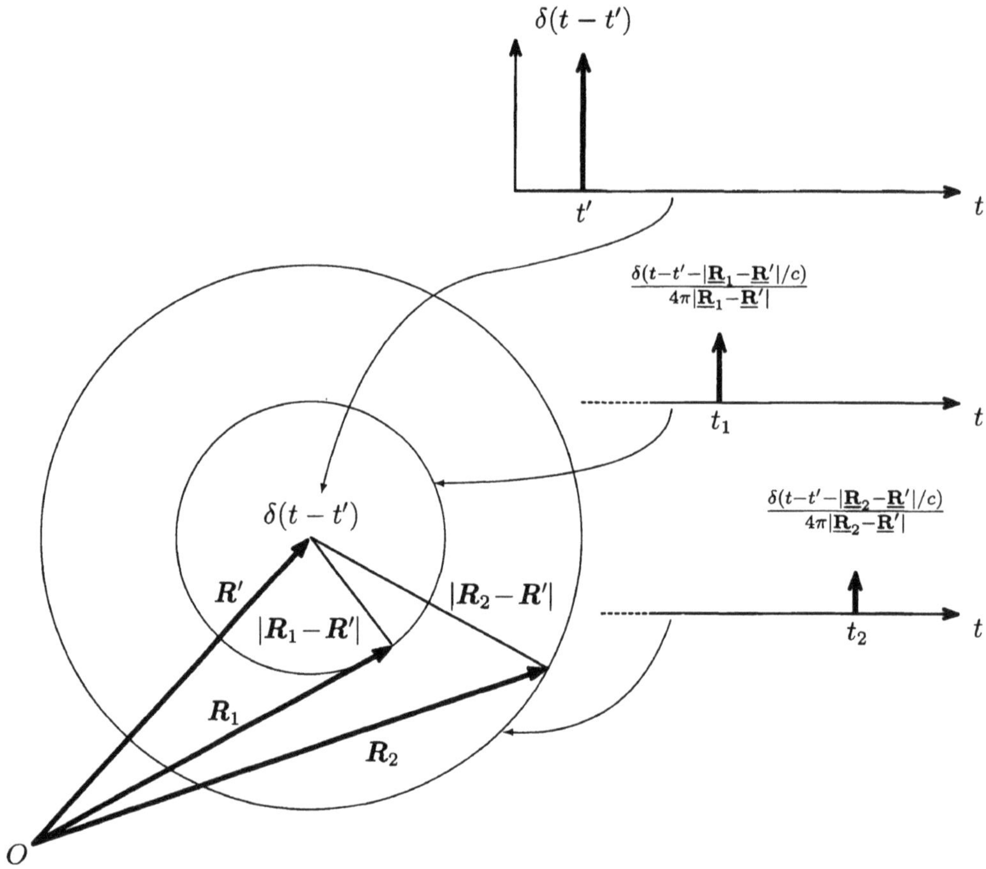

Abb. 13.1.3: δ-Impulswellenfronten der Green'schen Funktion $G(\underline{\mathbf{R}} - \underline{\mathbf{R}}', t - t')$ für zwei verschiedene Zeitpunkte und A-Bilder für zwei verschiedene Orte

Für zwei ausgewählte Punkte $\underline{\mathbf{R}}_1$ und $\underline{\mathbf{R}}_2$ sind jeweils A-Bilder gezeichnet; die Punkte liegen auf den jeweiligen Wellenfronten, sodass zu den Zeitpunkten t_1 bzw. t_2 gerade ein δ-Impuls — wie in Abb. 2.4.2 durch einen Pfeil symbolisiert — im A-Bild erscheint, wobei aufgrund des $|\underline{\mathbf{R}} - \underline{\mathbf{R}}'|^{-1}$-Faktors in (13.1.30) die „Amplitude" des δ-Impulses entsprechend abnimmt.

Für Green'sche Funktionen ist die δ-Impuls-Zeitabhängigkeit definitionsgemäß zwingend vorgeschrieben, für ebene Wellen jedoch nicht, sodass wir dort (Abschnitt 8) aus „zfP-relevanten Gründen" sogleich RC2(t)-Impulse gewählt haben. Das können wir *hier* natürlich auch; wir definieren dazu eine RC2(ω)-bandbegrenzte[9] „Green'sche Funktion" $G^{\mathrm{RC2}}(\underline{\mathbf{R}} - \underline{\mathbf{R}}', \omega)$ gemäß

$$\Delta G^{\mathrm{RC2}}(\underline{\mathbf{R}} - \underline{\mathbf{R}}', \omega) + k^2 G^{\mathrm{RC2}}(\underline{\mathbf{R}} - \underline{\mathbf{R}}', \omega) = -\delta(\underline{\mathbf{R}} - \underline{\mathbf{R}}')\,\mathrm{RC2}(\omega) \quad , \qquad (13.1.33)$$

die wir durch Vergleich von (13.1.33) mit (13.1.1) sofort angeben können:

$$G^{\mathrm{RC2}}(\underline{\mathbf{R}} - \underline{\mathbf{R}}', \omega) = \mathrm{RC2}(\omega)\, \frac{\mathrm{e}^{\mathrm{j}k|\underline{\mathbf{R}} - \underline{\mathbf{R}}'|}}{4\pi|\underline{\mathbf{R}} - \underline{\mathbf{R}}'|} \quad . \qquad (13.1.34)$$

[9] Das Spektrum (13.1.29) der Green'schen Funktion (13.1.30) hat für $-\infty < \omega < \infty$ stets denselben Betrag.

Durch Fourier-Inversion ergibt sich im Zeitbereich:

$$G^{\mathrm{RC2}}(\underline{\mathbf{R}} - \underline{\mathbf{R}}', t) = \frac{1}{4\pi|\underline{\mathbf{R}} - \underline{\mathbf{R}}'|} \, \mathrm{RC2}\left(t - \frac{|\underline{\mathbf{R}} - \underline{\mathbf{R}}'|}{c}\right) \tag{13.1.35}$$

In Abb. 13.1.4 ist (13.1.35) ebenfalls durch drei Wellenfronten (wie üblich in grauwertcodierter Amplitude) und durch drei A-Bilder für verschiedene Entfernungen vom Quellpunkt illustriert. Die Abbildung dieser bandbegrenzten Elementarkugelwelle erklärt sich wohl von selbst: Es ist

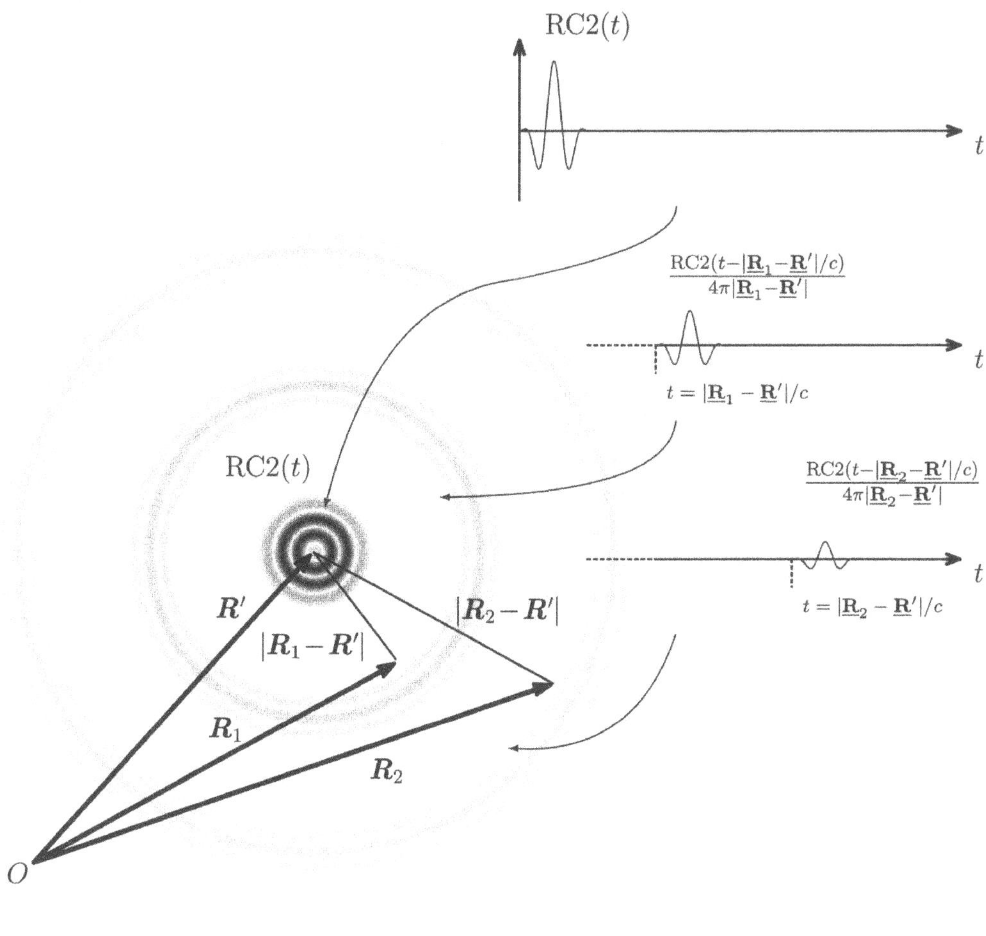

Abb. 13.1.4: *RC2(t)-Impulswellenfronten der bandbegrenzten „Green'schen Funktion" $G^{\mathrm{RC2}}(\underline{\mathbf{R}} - \underline{\mathbf{R}}', t)$ für drei verschiedene Zeitpunkte und A-Bilder für drei verschiedene Orte (wie in Abb. 8.1.1 ist der RC2(t)-Impuls aus Abb. 2.3.4 um eine halbe Breite nach rechts verschoben, damit er für $t < 0$ gleich null (kausal) ist)*

jedoch darauf hinzuweisen, dass der RC2-Impuls in den *räumlichen* Wellenfronten genauso wie in Abb. 8.1.2 räumlich gespiegelt auftritt, was hier aber wegen dessen Nullpunktssymmetrie nicht auffällt. Damit manifestiert sich ein zeitlich *kausaler* Einschaltimpuls $f(t)$ — $f(t) \equiv 0$ für $t < 0$ — als räumlich kausale Wellenfront: *Vor* einer kausalen Wellenfront ist das Wellenfeld identisch null.

Zweidimensionale Green'sche Funktion im Zeitbereich

Um die zweidimensionale Green'sche Funktion im Zeitbereich zu finden, müssen wir (13.1.23) einer inversen Fourier-Transformation unterwerfen; dazu kommen uns Integraldarstellungen der

Hankelfunktion zu Hilfe (Abramowitz und Stegun, 1965). Wir finden

$$G(\underline{\mathbf{r}} - \underline{\mathbf{r}}', t) = \frac{c}{2\pi} \frac{1}{\sqrt{c^2 t^2 - |\underline{\mathbf{r}} - \underline{\mathbf{r}}'|^2}} \, u(ct - |\underline{\mathbf{r}} - \underline{\mathbf{r}}'|) \quad , \tag{13.1.36}$$

wobei $u(ct-|\underline{\mathbf{r}}-\underline{\mathbf{r}}'|)$ als Einheitssprungfunktion die Kausalität von $G(\underline{\mathbf{r}}-\underline{\mathbf{r}}', t)$, d.h. $G(\underline{\mathbf{r}}-\underline{\mathbf{r}}', t) \equiv 0$ für $t < |\underline{\mathbf{r}} - \underline{\mathbf{r}}'|/c$, sichert. Zwei typische A-Bilder von (13.1.36) sind in Abb. 13.1.5 für zwei verschiedene Aufpunkte $\underline{\mathbf{r}}_1$ und $\underline{\mathbf{r}}_2$ mit $|\underline{\mathbf{r}}_2 - \underline{\mathbf{r}}'| > |\underline{\mathbf{r}}_1 - \underline{\mathbf{r}}'|$ dargestellt. Zwei Tatsachen sind sofort

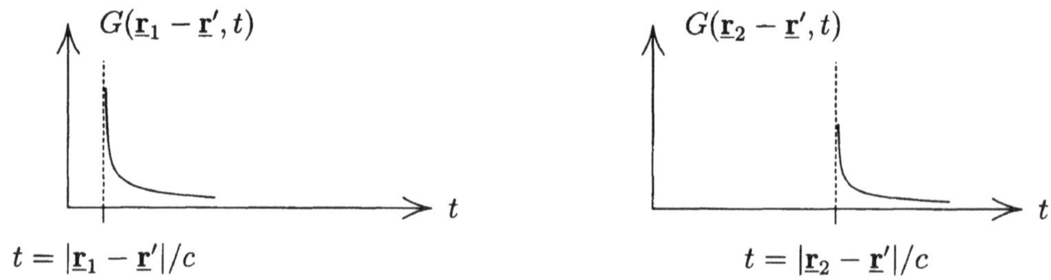

Abb. 13.1.5: *Zweidimensionale Green'sche Funktion als Funktion der Zeit für zwei verschiedene Aufpunkte $\underline{\mathbf{r}}_1$ und $\underline{\mathbf{r}}_2$ mit $|\underline{\mathbf{r}}_2 - \underline{\mathbf{r}}'| > |\underline{\mathbf{r}}_1 - \underline{\mathbf{r}}'|$*

auffällig:

- Obwohl die Linienquelle einen δ-Impuls abstrahlt, ist der Zeitverlauf des abgestrahlten Feldes *nicht* δ-förmig[10].
- Die Wurzelsingularität für $t = |\underline{\mathbf{r}} - \underline{\mathbf{r}}'|/c$ ist für jede Entfernung von der Linienquelle dieselbe; die Amplitudenabnahme „steckt“ in der mit größer werdender Entfernung immer kleiner werdenden Fläche unter der Wurzelfunktion.

Um die Amplitudenabnahme mit größerer Entfernung sichtbar zu machen, berechnen wir in Analogie zu (13.1.33)

$$G^{\mathrm{RC2}}(\underline{\mathbf{r}} - \underline{\mathbf{r}}', \omega) = \mathrm{RC2}(\omega) \, \frac{\mathrm{j}}{4} \, \mathrm{H}_0^{(1)} \left(\frac{|\underline{\mathbf{r}} - \underline{\mathbf{r}}'|}{c} \, \omega \right) \quad ; \tag{13.1.37}$$

folglich ist

$$G^{\mathrm{RC2}}(\underline{\mathbf{r}} - \underline{\mathbf{r}}', t) = \mathrm{RC2}(t) * \frac{c}{2\pi} \frac{1}{\sqrt{c^2 t^2 - |\underline{\mathbf{r}} - \underline{\mathbf{r}}'|^2}} \, u(ct - |\underline{\mathbf{r}} - \underline{\mathbf{r}}'|) \tag{13.1.38}$$

als Faltungsintegral auszuwerten. Die kleiner werdende Fläche unter der Wurzelfunktion führt sodann zur Amplitudenabnahme *und* zur Dispersion des RC2(t)-Impulses (Abbildung 13.1.6). Wir brauchen ja nur die Asymptotik (13.1.22) der Hankelfunktion in (13.1.37) einzusetzen, um eine $1/\sqrt{\omega}$-Multiplikation des RC2(ω)-Spektrums zu registrieren:

$$G^{\mathrm{RC2}}(\underline{\mathbf{r}} - \underline{\mathbf{r}}', \omega) \simeq \frac{1}{4} \, \mathrm{e}^{\mathrm{j}\frac{\pi}{4}} \sqrt{\frac{2c}{\pi}} \, \frac{\mathrm{RC2}(\omega)}{\sqrt{\omega}} \, \frac{\mathrm{e}^{\mathrm{j}k|\underline{\mathbf{r}} - \underline{\mathbf{r}}'|}}{\sqrt{|\underline{\mathbf{r}} - \underline{\mathbf{r}}'|}} \quad , \tag{13.1.39}$$

[10] Man erhält dieses Ergebnis auch, wenn man alle Punktquellen entlang der Linienquelle mit der dreidimensionalen Green'schen Funktion superponiert (Langenberg, 2005): Für einen bestimmten Aufpunkt kommen die Beiträge weiter entfernt liegender Punktquellen immer später und mit immer geringerer Amplitude an.

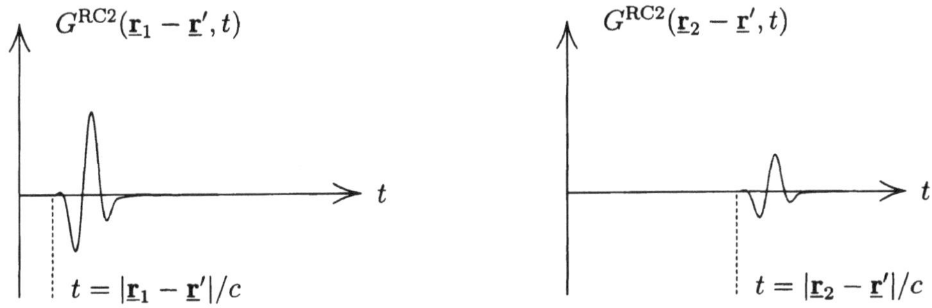

***Abb. 13.1.6:** Zweidimensionale bandbegrenzte „Green'sche Funktion" als Funktion der Zeit für zwei verschiedene Aufpunkte $\underline{\mathbf{r}}_1$ und $\underline{\mathbf{r}}_2$ mit $|\underline{\mathbf{r}}_2 - \underline{\mathbf{r}}'| > |\underline{\mathbf{r}}_1 - \underline{\mathbf{r}}'|$*

wobei die Bedingung $kr \gg 1$ für alle im RC2(ω)-Spektrum enthaltenen Frequenzen gelten muss.

Diese Unterschiede in den zwei- und dreidimensionalen Zeitbereichs-Greenfunktionen kommen natürlich bei einschlägigen Schallfeldsimulationen zum Tragen und behindern den *quantitativen* Vergleich zweidimensionaler Simulationen mit Messungen, die ja stets dreidimensional sind.

13.1.3 Fernfeldnäherung der Green'schen Funktion

Falls nur *ein* Quellpunkt vorhanden ist, wird man zweckmäßigerweise den Koordinatenursprung dorthin legen; im Allgemeinen — und insbesondere in der US-zfP — handelt es sich aber um ausgedehnte Quellen, sodass eine Superposition der Beiträge „vieler" (kontinuierlich verteilter) Punktquellen notwendig wird. Man wird in diesem Fall den Koordinatenursprung „in die Nähe" des Quellvolumens oder „mitten hinein" legen. Kommt noch hinzu, dass die Aufpunktsentfernung R groß gegenüber der maximalen Lineardimension des Quellvolumens (und groß gegenüber der Wellenlänge) ist, kann man die sogenannte Fernfeldnäherung einführen, die die Feldberechnung erheblich vereinfacht.

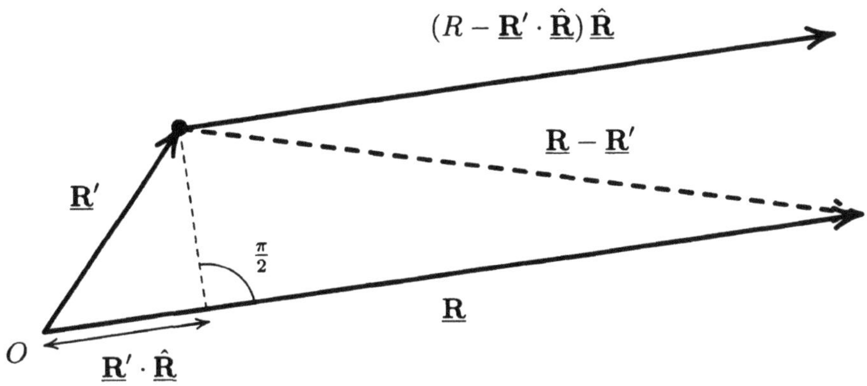

***Abb. 13.1.7:** Geometrie der Fernfeldnäherung*

Abbildung 13.1.7 unterstützt die folgende Argumentation: Wenn $R \gg R'$ (für alle $\underline{\mathbf{R}}'$ innerhalb eines potenziellen Quellvolumens) gilt, ist $\underline{\mathbf{R}} - \underline{\mathbf{R}}'$ „nahezu" parallel zu $\underline{\mathbf{R}}$, sodass

$$|\underline{\mathbf{R}} - \underline{\mathbf{R}}'| \simeq R - \underline{\mathbf{R}}' \cdot \hat{\underline{\mathbf{R}}} \tag{13.1.40}$$

genähert werden kann. In der Green'schen Funktion (13.1.11) kommt $|\underline{\mathbf{R}} - \underline{\mathbf{R}}'|$ aber zweimal vor; wegen der größeren „Empfindlichkeit" der Phase gegenüber Näherungen wird man in der Exponentialfunktion (13.1.40), in der Amplitude jedoch $|\underline{\mathbf{R}} - \underline{\mathbf{R}}'|^{-1} \simeq R^{-1}$ einsetzen. Dies resultiert in der Fernfeldnäherung

$$G^{\text{fern}}(\underline{\mathbf{R}}, \underline{\mathbf{R}}', \omega) = \frac{\mathrm{e}^{\mathrm{j}kR}}{4\pi R} \, \mathrm{e}^{-\mathrm{j}k\underline{\mathbf{R}}' \cdot \hat{\underline{\mathbf{R}}}} \tag{13.1.41}$$

der Green'schen Funktion. Die genaue Rechnung und Abschätzung enthüllt (Langenberg, 2005), dass diese Näherung für $R \gg R'$ und $kR \gg 1$ brauchbar ist.

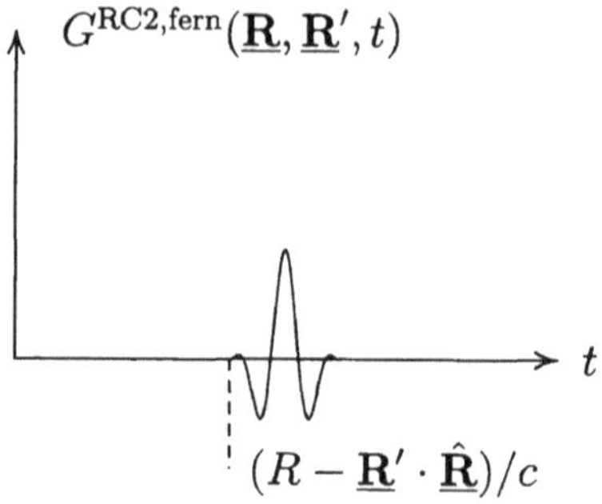

Abb. 13.1.8: *A-Bild der RC2(ω)-bandbegrenzten „Green'schen Funktion" im Fernfeld*

Die fernfeldgenäherte Green'sche Funktion (13.1.41) hat eine charakteristische Struktur: Sie besteht aus einer Elementarkugelwelle, die anstatt vom tatsächlichen Quellpunkt $\underline{\mathbf{R}}'$ vom *Koordinatenursprung* ausgeht[11], deswegen jedoch richtungsabhängig durch Multiplikation mit der Phasenrichtcharakteristik

$$H(\hat{\underline{\mathbf{R}}}, \underline{\mathbf{R}}', \omega) = \mathrm{e}^{-\mathrm{j}k\underline{\mathbf{R}}' \cdot \hat{\underline{\mathbf{R}}}} \tag{13.1.42}$$

phasenkorrigiert werden muss.

Um im Zeitbereich ein Fernfeld-A-Bild der Green'schen Funktion anzugeben, müssen wir etwas vorsichtig sein, denn (13.1.41) gilt ja nur für $kR \gg 1$; eine „schlichte" Fourier-Inversion ist deshalb nicht erlaubt, da $\delta(t)$ *alle* Frequenzen mit derselben Amplitude enthält (das Spektrum $\mathcal{F}\{\delta(t)\} = 1$ steht ja als Faktor in (13.1.11)). Glücklicherweise steht uns aber die bandbegrenzte „Green'sche Funktion" (13.1.34) zur Verfügung: Für die in RC2(ω) enthaltenen Kreisfrequenzen können wir sicher pauschal $R \gg c/\omega$ fordern, sodass sich

$$G^{\text{RC2,fern}}(\underline{\mathbf{R}}, \underline{\mathbf{R}}', t) = \frac{1}{4\pi R} \, \text{RC2}\left(t - \frac{R}{c} + \frac{\underline{\mathbf{R}}' \cdot \hat{\underline{\mathbf{R}}}}{c}\right) \tag{13.1.43}$$

aufgrund der Faltung der Fourier-Inversion von (13.1.41) mit RC2(t) ergibt. Abbildung 13.1.8 zeigt ein entsprechendes A-Bild. Offensichtlich äußert sich die Phasenkorrektur in einer Laufzeitkorrektur der Koordinatenursprungsquelle.

Die Fernfeldnäherung ist ganz besonders nützlich, um Green'schen Funktionen $\nabla' G(\underline{\mathbf{R}} - \underline{\mathbf{R}}', \omega)$, $\nabla'\nabla' G(\underline{\mathbf{R}} - \underline{\mathbf{R}}', \omega)$, die wir in Abschnitt 5.5 für akustische Quellenfelder benötigten, eine vergleichsweise einfache mathematische Skruktur zu geben. Gemäß (2.2.45) hat $\nabla' G(\underline{\mathbf{R}} - \underline{\mathbf{R}}', \omega)$ stets die Richtung von $|\underline{\mathbf{R}} - \underline{\mathbf{R}}'|$, besitzt also bezüglich des Koordinatenursprungs im Allgemeinen *drei* Kugelkoordinatenkomponenten. Wir können nun entweder in (2.2.45) den Term mit

[11] In einer Punktquellensynthese ist dieser Term allen Punktquellen gemeinsam, er bleibt deshalb bei der Synthese „außen vor" (außerhalb des Quellvolumenintegrals).

$|\underline{\mathbf{R}}-\underline{\mathbf{R}}'|^{-2}$ gegenüber dem $|\underline{\mathbf{R}}-\underline{\mathbf{R}}'|^{-1}$-Term vernachlässigen und $\nabla|\underline{\mathbf{R}}-\underline{\mathbf{R}}'| \simeq \hat{\underline{\mathbf{R}}}$ approximieren oder gleich

$$\nabla' G^{\text{fern}}(\underline{\mathbf{R}}, \underline{\mathbf{R}}', \omega) = -\mathrm{j}k\hat{\underline{\mathbf{R}}}\,\frac{\mathrm{e}^{\mathrm{j}kR}}{4\pi R}\,\mathrm{e}^{-\mathrm{j}k\underline{\mathbf{R}}'\cdot\hat{\underline{\mathbf{R}}}} \tag{13.1.44}$$

berechnen. Wegen $\nabla G(\underline{\mathbf{R}}-\underline{\mathbf{R}}', \omega) = -\nabla' G(\underline{\mathbf{R}}-\underline{\mathbf{R}}', \omega)$ folgt

$$\nabla G^{\text{fern}}(\underline{\mathbf{R}}, \underline{\mathbf{R}}', \omega) = \mathrm{j}k\hat{\underline{\mathbf{R}}}\,\frac{\mathrm{e}^{\mathrm{j}kR}}{4\pi R}\,\mathrm{e}^{-\mathrm{j}k\underline{\mathbf{R}}'\cdot\hat{\underline{\mathbf{R}}}} \quad . \tag{13.1.45}$$

Wir schließen: Im Fernfeld können ∇'- bzw. ∇-Differentialoperationen an der Green'schen Funktion durch algebraische $(-\mathrm{j}k\hat{\underline{\mathbf{R}}})$- bzw. $(\mathrm{j}k\hat{\underline{\mathbf{R}}})$-Multiplikationen approximiert werden:

$$\nabla' \overset{\text{fern}}{\Longrightarrow} -\mathrm{j}k\hat{\underline{\mathbf{R}}} \quad , \tag{13.1.46}$$

$$\nabla \overset{\text{fern}}{\Longrightarrow} \mathrm{j}k\hat{\underline{\mathbf{R}}} \quad . \tag{13.1.47}$$

Damit hat $\nabla' G^{\text{fern}}(\underline{\mathbf{R}}, \underline{\mathbf{R}}', \omega)$ in Kugelkoordinaten nur noch *eine* $\underline{\mathbf{e}}_R$-Komponente!

Die Nabla-Operation erzeugt gleichzeitig einen Faktor ω, sodass im Zeitbereich nach — zum Beispiel — RC2(ω)-Bandbegrenzung

$$\nabla' G^{\text{RC2,fern}}(\underline{\mathbf{R}}, \underline{\mathbf{R}}', t) = \frac{1}{c}\,\frac{\partial G^{\text{RC2,fern}}(\underline{\mathbf{R}}, \underline{\mathbf{R}}', t)}{\partial t}\,\hat{\underline{\mathbf{R}}} \tag{13.1.48}$$

gilt; gegenüber dem A-Bild in Abb. 13.1.8 tritt damit (im Dreidimensionalen) ein differenzierter RC2(t)-Impuls auf!

Mithilfe von (13.1.46) bzw. (13.1.47) können wir die Fernfeldnäherung der akustischen Green'schen Dyade (Gleichung (5.5.10) bzw. (5.5.11) für $\underline{\mathbf{R}} \neq \underline{\mathbf{R}}'$)

$$\begin{aligned}\underline{\underline{\mathbf{G}}}_v(\underline{\mathbf{R}}-\underline{\mathbf{R}}', \omega) &= -\frac{1}{k^2}\,\nabla'\nabla' G(\underline{\mathbf{R}}-\underline{\mathbf{R}}', \omega)\\ &= -\frac{1}{k^2}\,\nabla\nabla G(\underline{\mathbf{R}}-\underline{\mathbf{R}}', \omega)\end{aligned} \tag{13.1.49}$$

sofort angeben:

$$\underline{\underline{\mathbf{G}}}_v^{\text{fern}}(\underline{\mathbf{R}}, \underline{\mathbf{R}}', \omega) = \frac{\mathrm{e}^{\mathrm{j}kR}}{4\pi R}\,\mathrm{e}^{-\mathrm{j}k\underline{\mathbf{R}}'\cdot\hat{\underline{\mathbf{R}}}}\,\hat{\underline{\mathbf{R}}}\,\hat{\underline{\mathbf{R}}} \quad ; \tag{13.1.50}$$

nach Bandbegrenzung mit RC2(ω) ergibt sich im Zeitbereich

$$\underline{\underline{\mathbf{G}}}_v^{\text{RC2,fern}}(\underline{\mathbf{R}}, \underline{\mathbf{R}}', t) = \frac{1}{4\pi R}\,\mathrm{RC2}\left(t - \frac{R}{c} + \frac{\underline{\mathbf{R}}'\cdot\hat{\underline{\mathbf{R}}}}{c}\right)\hat{\underline{\mathbf{R}}}\,\hat{\underline{\mathbf{R}}} \quad , \tag{13.1.51}$$

also ebenfalls ein RC2(t)-Impuls. Die einzelnen Komponenten von (13.1.51) weisen unterschiedlich richtungsabhängig gewichtete Amplituden auf.

Die Fernfeldnäherung der zweidimensionalen Green'schen Funktion (13.1.23) erhalten wir mit (13.1.22) und der vorstehenden Argumentation zu:

$$G^{\text{fern}}(\underline{\mathbf{r}}, \underline{\mathbf{r}}', \omega) = \frac{1}{4}\,\mathrm{e}^{\mathrm{j}\frac{\pi}{4}}\sqrt{\frac{2}{\pi}}\,\frac{\mathrm{e}^{\mathrm{j}kr}}{\sqrt{kr}}\,\mathrm{e}^{-\mathrm{j}k\underline{\mathbf{r}}'\cdot\hat{\underline{\mathbf{r}}}} \quad , \quad kr \gg 1\,,\; r \gg r' \tag{13.1.52}$$

Wie zuvor ist die Transformation in den Zeitbereich nur sinnvoll für eine bandbegrenzte „Green'sche Funktion". Analog zu (13.1.37) bzw. (13.1.38) multiplizieren wir etwa mit einem RC2(ω)-

Spektrum und benutzen sodann die Korrespondenz[12] (Doetsch, 1967)

$$\frac{1}{\sqrt{t}}\,u(t) \circ\!\!-\!\!\bullet \sqrt{\pi}\frac{1}{\sqrt{|\omega|}}\,\mathrm{e}^{\mathrm{j}\frac{\pi}{4}\,\mathrm{sign}(\omega)} \tag{13.1.53}$$

sowie den Faltungs- und Verschiebungssatz:

$$G^{\mathrm{RC2,fern}}(\underline{\mathbf{r}},\underline{\mathbf{r}}',t) = \frac{c}{2\sqrt{2}\pi}\frac{1}{\sqrt{r}}\,\mathrm{RC2}(t) * \frac{1}{\sqrt{ct-r+\underline{\mathbf{r}}'\cdot\hat{\underline{\mathbf{r}}}}}\,u(ct-r+\underline{\mathbf{r}}'\cdot\hat{\underline{\mathbf{r}}}) \ . \tag{13.1.54}$$

Da nunmehr die Wurzelfunktion bei der Verschiebung auf der t-Achse im Gegensatz zu (13.1.38) keine Flächenänderung mehr erfährt, erkennen wir im Fernfeld eine gleichbleibende Dispersion des RC2(t)-Impulses (wegen der Faltung) und die erwartete $1/\sqrt{r}$-Abhängigkeit.

13.1.4 Punktquellensynthese skalarer Quellenfelder mit der skalaren Green'schen Funktion

Die Elastodynamik im dreidimensionalen homogen-isotropen Material kennt mit der Differentialgleichung (Gleichung (7.2.8))

$$\Delta\Phi(\underline{\mathbf{R}},t) - \frac{1}{c_\mathrm{P}^2}\frac{\partial^2\Phi(\underline{\mathbf{R}},t)}{\partial t^2} = -q(\underline{\mathbf{R}},t) \tag{13.1.55}$$

tatsächlich *eine* skalare Gleichung für das skalare Helmholtz-Potential $\Phi(\underline{\mathbf{R}},t)$; der Einfachheit halber haben wir die rechte Seite von (7.2.8) mit $q(\underline{\mathbf{R}},t)$ abgekürzt, wobei $q(\underline{\mathbf{R}},t) \neq 0$ nur für $\underline{\mathbf{R}} \in V_Q$.

Obwohl wir bereits in Abschnitt 5.5 die Punktquellensynthese akustischer (skalarer) Wellenfelder ansprachen, wollen wir hier noch einmal explizit die Nützlichkeit der skalaren Green'schen Funktion zur Lösung der skalaren Gleichung (13.1.55) demonstrieren. Wir behaupten nämlich: Wenn die Lösung von (13.1.55) für eine Punktquelle am Ort $\underline{\mathbf{R}}'$, die zum Zeitpunkt t' einen δ-Impuls aussendet, also die skalare Green'sche Funktion $G(\underline{\mathbf{R}}-\underline{\mathbf{R}}',t-t')$ des dreidimensionalen homogen-isotropen Materials bekannt ist, erhält man die Lösung von (13.1.55) für *beliebige* Quellen $q(\underline{\mathbf{R}},t)$, indem man die durch $G(\underline{\mathbf{R}}-\underline{\mathbf{R}}',t-t')$ gegebenen elementaren Kugelwellen $q(\underline{\mathbf{R}}',t')$-gewichtet für alle Quellpunkte $\underline{\mathbf{R}}' \in V_Q$ und alle Einschaltzeitpunkte $-\infty < t' < \infty$ superponiert, d.h. es soll

$$\Phi(\underline{\mathbf{R}},t) = \iiint_{V_Q}\int_{-\infty}^{\infty} q(\underline{\mathbf{R}}',t')G(\underline{\mathbf{R}}-\underline{\mathbf{R}}',t-t')\,\mathrm{d}t'\mathrm{d}^3\underline{\mathbf{R}}' \tag{13.1.56}$$

gelten. Zum Nachweis setzen wir (13.1.56) in (13.1.55) ein:

$$\left(\Delta - \frac{1}{c_\mathrm{P}^2}\frac{\partial^2}{\partial t^2}\right)\Phi(\underline{\mathbf{R}},t) = \iiint_{V_Q}\int_{-\infty}^{\infty} q(\underline{\mathbf{R}}',t')\underbrace{\left(\Delta - \frac{1}{c_\mathrm{P}^2}\frac{\partial^2}{\partial t^2}\right)G(\underline{\mathbf{R}}-\underline{\mathbf{R}}',t-t')}_{\stackrel{\mathrm{def}}{=}\,-\delta(\underline{\mathbf{R}}-\underline{\mathbf{R}}')\,\delta(t-t')}\,\mathrm{d}t'\mathrm{d}^3\underline{\mathbf{R}}' \ , \tag{13.1.57}$$

[12] Wir müssen das ($\omega > 0$)-Spektrum (13.1.52) für $\omega < 0$ konjugiert komplex fortsetzen! Alternativ zur Benutzung von (13.1.53) kann man in (13.1.36)

$$\frac{1}{\sqrt{c^2t^2-|\underline{\mathbf{r}}-\underline{\mathbf{r}}'|^2}} = \frac{1}{\sqrt{ct-|\underline{\mathbf{r}}-\underline{\mathbf{r}}'|}}\underbrace{\frac{1}{\sqrt{ct+|\underline{\mathbf{r}}-\underline{\mathbf{r}}'|}}}_{\simeq\frac{1}{\sqrt{2}}}$$

nähern.

wobei wir den Differentialoperator, der ja auf $\underline{\mathbf{R}}$ und t wirkt, an $G(\underline{\mathbf{R}}-\underline{\mathbf{R}}',t-t')$ „heranziehen" konnten. Aufgrund der Siebeigenschaft der δ-Funktionen folgt schließlich

$$\left(\Delta - \frac{1}{c_\mathrm{P}^2}\frac{\partial^2}{\partial t^2}\right)\Phi(\underline{\mathbf{R}},t) = \begin{cases} -q(\underline{\mathbf{R}},t) & \text{für } \underline{\mathbf{R}} \in V_Q \\ 0 & \text{für } \underline{\mathbf{R}} \notin V_Q \end{cases} , \tag{13.1.58}$$

d.h. (13.1.56) *ist* Lösung von (13.1.55). Im Integral (13.1.56) der Punktquellensynthese tritt die Green'sche Funktion aus mathematischer Sicht als Kern eines — in kartesischen Koordinaten — 4-dimensionalen Faltungsintegrals auf[13]. Mit der expliziten Darstellung (13.1.29) der Green'schen Funktion ($c \Longrightarrow c_\mathrm{P}$) können wir aufgrund von (2.4.18) das t'-Integral sofort ausrechnen:

$$\Phi(\underline{\mathbf{R}},t) = \frac{1}{4\pi}\iiint_{V_Q} \frac{q\left(\underline{\mathbf{R}}',t-\frac{|\underline{\mathbf{R}}-\underline{\mathbf{R}}'|}{c_\mathrm{P}}\right)}{|\underline{\mathbf{R}}-\underline{\mathbf{R}}'|}\,\mathrm{d}^3\underline{\mathbf{R}}' , \tag{13.1.59}$$

wobei das verbleibende Volumenintegral nunmehr *kein* (dreidimensionales) Faltungsintegral mehr ist. Die Darstellung (13.1.59) eines skalaren Potentials wird als retardiertes Potential bezeichnet: Zum Potential am Aufpunkt $\underline{\mathbf{R}}$ zum Zeitpunkt t tragen alle *diejenigen* Punktquellen mit ihrer jeweiligen Quellpunktsamplitude am Ort $\underline{\mathbf{R}}' \in V_Q$ zu einer Zeit t' bei, die gegenüber der aktuellen Beobachtungszeit genau *so* weit in der Vergangenheit liegt, wie es der Laufzeit der zugehörigen Kugelwellen vom Quellpunkt $\underline{\mathbf{R}}'$ zum Aufpunkt $\underline{\mathbf{R}}$ entspricht. Die Fourier-Transformierte von (13.1.59) gemäß

$$\Phi(\underline{\mathbf{R}},\omega) = \frac{1}{4\pi}\iiint_{V_Q} q(\underline{\mathbf{R}}',\omega)\,\frac{\mathrm{e}^{\mathrm{j}k_\mathrm{P}|\underline{\mathbf{R}}-\underline{\mathbf{R}}'|}}{|\underline{\mathbf{R}}-\underline{\mathbf{R}}'|}\,\mathrm{d}^3\underline{\mathbf{R}}' \tag{13.1.60}$$

stellt sich als Überlagerung *zeitharmonischer* Kugelwellen dar[14]: Die zeitliche Retardierung der Kugelwellen steckt nunmehr in ihrer Phase.

Man beachte: Auch für den oft vorliegenden Fall sogenannter synchroner Quellen

$$q(\underline{\mathbf{R}},t) = f(t)q(\underline{\mathbf{R}}) \circ\!\!-\!\!\bullet\; q(\underline{\mathbf{R}},\omega) = F(\omega)q(\underline{\mathbf{R}}) , \tag{13.1.61}$$

deren „einzelne Punktquellen" alle mit derselben Zeitabhängigkeit $f(t)$ strahlen, hat $\Phi(\underline{\mathbf{R}},t)$ i.a. *nicht* den Zeitverlauf $f(t)$, denn im zugehörigen Spektrum

$$\Phi(\underline{\mathbf{R}},\omega) = F(\omega)\underbrace{\frac{1}{4\pi}\iiint_{V_Q} q(\underline{\mathbf{R}}')\,\frac{\mathrm{e}^{\mathrm{j}k_\mathrm{P}|\underline{\mathbf{R}}-\underline{\mathbf{R}}'|}}{|\underline{\mathbf{R}}-\underline{\mathbf{R}}'|}\,\mathrm{d}^3\underline{\mathbf{R}}'}_{=\,\phi(\underline{\mathbf{R}},\omega)} \tag{13.1.62}$$

wird $F(\omega)$ mit der *frequenzabhängigen* Funktion $\phi(\underline{\mathbf{R}},\omega)$ gewichtet, $f(t)$ daher mit $\phi(\underline{\mathbf{R}},t)$ gefaltet.

Im Fernfeld nimmt (13.1.60) eine besonders einfache Form an (man vergleiche Fußnote 11):

$$\Phi^\mathrm{fern}(\underline{\mathbf{R}},\omega) = \frac{\mathrm{e}^{\mathrm{j}k_\mathrm{P}R}}{R}\underbrace{\frac{1}{4\pi}\iiint_{V_Q} q(\underline{\mathbf{R}}',\omega)\,\mathrm{e}^{-\mathrm{j}k_\mathrm{P}\hat{\underline{\mathbf{R}}}\cdot\underline{\mathbf{R}}'}\,\mathrm{d}^3\underline{\mathbf{R}}'}_{=\,H^q(\hat{\underline{\mathbf{R}}},\omega)} \tag{13.1.63}$$

Eine vom Koordinaten*ursprung* ausgehende Kugelwelle wird richtungs- und frequenzabhängig mit der der Quelle zugeordneten Richtcharakteristik $H^q(\hat{\underline{\mathbf{R}}},\omega)$ gewichtet, wobei $H^q(\hat{\underline{\mathbf{R}}},\omega)$ i.a.

[13]In der Theorie linearer zeitinvarianter Systeme kennt man die Impulsantwort des Systems als Reaktion auf einen am Eingang angelegten $\delta(t)$-Impuls. Ein beliebiges Eingangssignal hat sodann als Ausgangssignal die Faltung mit der Impulsantwort zur Folge. Die Green'sche Funktion ist nichts anderes als die „Impulsantwort" in Zeit *und* Raum.

[14]In kartesischen Koordinaten ist dies erneut ein dreidimensionales Faltungsintegral.

eine Amplituden- *und* Phasenwichtung vermittelt. Man beachte: Auch im Fernfeld führt die Annahme einer synchronen $f(t)$-Quelle nicht zur $f(t)$-Abhängigkeit von $\Phi^{\text{fern}}(\underline{\mathbf{R}}, t)$.

Wir nehmen uns als skalare Größe noch einmal die Punktquellenüberlagerung des akustischen Drucks gemäß (Gleichung (5.5.6))

$$p(\underline{\mathbf{R}}, \omega) = \iiint_{V_Q} [\mathrm{j}\omega\rho\, h(\underline{\mathbf{R}}', \omega) G(\underline{\mathbf{R}} - \underline{\mathbf{R}}', \omega) + \underline{\mathbf{f}}(\underline{\mathbf{R}}', \omega) \cdot \nabla' G(\underline{\mathbf{R}} - \underline{\mathbf{R}}', \omega)]\, \mathrm{d}^3\underline{\mathbf{R}}' \qquad (13.1.64)$$

vor, um die Fernfeldnäherung *beider* Terme anzuschreiben:

$$\begin{aligned} p^{\text{fern}}(\underline{\mathbf{R}}, \omega) &= \frac{\mathrm{e}^{\mathrm{j}kR}}{R} \mathrm{j}\omega \frac{Z}{4\pi c} \iiint_{V_Q} h(\underline{\mathbf{R}}', \omega)\, \mathrm{e}^{-\mathrm{j}k\hat{\underline{\mathbf{R}}}\cdot\underline{\mathbf{R}}'}\, \mathrm{d}^3\underline{\mathbf{R}}' - \\ &\quad - \frac{\mathrm{e}^{\mathrm{j}kR}}{R} \mathrm{j}\omega \frac{1}{4\pi c} \iiint_{V_Q} \hat{\underline{\mathbf{R}}} \cdot \underline{\mathbf{f}}(\underline{\mathbf{R}}', \omega)\, \mathrm{e}^{-\mathrm{j}k\hat{\underline{\mathbf{R}}}\cdot\underline{\mathbf{R}}'}\, \mathrm{d}^3\underline{\mathbf{R}}' \\ &= \frac{\mathrm{e}^{\mathrm{j}kR}}{R} \left[H^h(\hat{\underline{\mathbf{R}}}, \omega) + H^f(\hat{\underline{\mathbf{R}}}, \omega)\right] \end{aligned} \qquad (13.1.65)$$

Zur Bildung der Richtcharakteristik $H^h(\hat{\underline{\mathbf{R}}}, \omega)$ werden die relativen Fernfeldphasen elementarer Kugelwellen mit richtungsunabhängiger Amplitude überlagert, während in $H^f(\hat{\underline{\mathbf{R}}}, \omega)$ eine zusätzliche Amplitudenwichtung aufgrund der Richtungs*abhängigkeit* der Kugelwellenamplituden eingeht: Ursache ist die ∇'-Operation an der Green'schen Funktion. Falls — beispielsweise — $\underline{\mathbf{f}}$ eine punktförmige z-gerichtete Kraftdichte im Koordinatenursprung gemäß

$$\underline{\mathbf{f}}(\underline{\mathbf{R}}, \omega) = F(\omega)\, \delta(\underline{\mathbf{R}})\, \underline{\mathbf{e}}_z \qquad (13.1.66)$$

ist, folgt $H^f(\hat{\underline{\mathbf{R}}}, \omega) \sim \hat{\underline{\mathbf{R}}} \cdot \underline{\mathbf{e}}_z = \cos\vartheta$: Die zugehörige elementare Kugelwelle ist eine Dipolwelle (Langenberg, 2005).

Durch spezielle Wahl der Richtung von $\underline{\mathbf{f}}(\underline{\mathbf{R}}, \omega)$ gemäß

$$\begin{aligned} \underline{\mathbf{f}}(\underline{\mathbf{R}}, \omega) &= f(\underline{\mathbf{R}}, \omega)\, \underline{\mathbf{e}}_R \\ &= f(\underline{\mathbf{R}}, \omega)\, \hat{\underline{\mathbf{R}}} \end{aligned} \qquad (13.1.67)$$

(sogenannte atmende Kugel) können wir Dipolwellen aus dem akustischen Strahlungsfeld eliminieren.

Die Punktquellensynthese (13.1.64) des akustischen Drucks regt uns zu einer weiteren Veranschaulichung der Green'schen Funktion an. Wir setzen $\underline{\mathbf{f}}(\underline{\mathbf{R}}, \omega) \equiv \underline{\mathbf{0}}$ und $h(\underline{\mathbf{R}}, \omega) = \delta(\underline{\mathbf{R}})$, postulieren also eine punktförmige injizierte Dilatationsraten(einheits)quelle im Koordinatenursprung und finden mit (13.1.64) deren Druckstrahlungsfeld

$$p^{\mathrm{PQ}_h}(\underline{\mathbf{R}}, \omega) = \mathrm{j}\omega\rho\, G(R, \omega) \quad . \qquad (13.1.68)$$

Die mit $\mathrm{j}\omega\rho$ multiplizierte skalare Green'sche Funktion *ist* das zeitharmonische Druckstrahlungsfeld einer (skalaren) Punktquelle (die h-Einheitsquelle hat einen dimensionsbehafteten „Einheitsfaktor"). Im Zeitbereich läuft diese Multiplikation auf eine Differentiation hinaus:

$$p^{\mathrm{PQ}_h}(\underline{\mathbf{R}}, t) = -\rho \frac{\partial G(R, t)}{\partial t} \quad , \qquad (13.1.69)$$

d.h. eine $\delta(t)$-h-Quelle liefert eine $\delta'(t)$-Druckwellenfront. Wenn wir stattdessen $h(\underline{\mathbf{R}}, \omega) \equiv 0$ und $\underline{\mathbf{f}}(\underline{\mathbf{R}}, \omega) = \delta(\underline{\mathbf{R}})\hat{\underline{\mathbf{f}}}$, also eine punktförmige (Einheits-)Kraftdichtequelle mit vorgegebener beliebiger Richtung $\hat{\underline{\mathbf{f}}}$ wählen, können wir auch (auf $\hat{\underline{\mathbf{f}}}$ projizierte) Dipolwellen in der Druckwelle „beobachten“:

$$p^{\mathrm{PQ}_f}(\underline{\mathbf{R}},\omega) = -\hat{\underline{\mathbf{f}}} \cdot \nabla G(R,\omega) \quad . \tag{13.1.70}$$

Im Fernfeld läuft die Gradientenbildung natürlich wieder auf eine Differentiation im Zeitbereich hinaus.

Noch ein Hinweis: Wenn wir in der zeitharmonischen akustischen Grundgleichung

$$\mathrm{j}\omega\rho\,\underline{\mathbf{v}}(\underline{\mathbf{R}},\omega) = \nabla p(\underline{\mathbf{R}},\omega) \tag{13.1.71}$$

die Fernfeldnäherung

$$\underline{\mathbf{v}}^{\mathrm{fern}}(\underline{\mathbf{R}},\omega) = \frac{1}{Z}\, p^{\mathrm{fern}}(\underline{\mathbf{R}},\omega)\, \hat{\underline{\mathbf{R}}} \tag{13.1.72}$$

einführen, ergibt sich der für ebene Wellen gültige Ausdruck (5.4.14) in analoger Form für akustische Quellenfernfelder:

$$\begin{aligned} \underline{\mathbf{v}}^{\mathrm{fern}}(\underline{\mathbf{R}},\omega) \cdot \hat{\underline{\mathbf{R}}} &= \frac{1}{Z}\, p^{\mathrm{fern}}(\underline{\mathbf{R}},\omega) \\ &= \frac{1}{Z}[H^h(\hat{\underline{\mathbf{R}}},\omega) + H^f(\hat{\underline{\mathbf{R}}},\omega)]\, \frac{\mathrm{e}^{\mathrm{j}kR}}{R} \quad . \end{aligned} \tag{13.1.73}$$

13.2 Green'sche Tensoren der Elastodynamik im homogen-isotropen unendlichen Raum

13.2.1 Green'scher Tensor zweiter Stufe

In der Akustik ergeben sich aus den akustischen Grundgleichungen des homogenen unendlichen (nichtdissipativen) Raumes die Differentialgleichungen (5.3.11) und (5.3.12) für die Feldgrößen $p(\underline{\mathbf{R}}, t)$ und $\underline{\mathbf{v}}(\underline{\mathbf{R}}, t)$. Nach Fourier-Transformation bezüglich t hatten wir deren Lösungen mittels Punktquellensynthese gemäß (5.5.6) und (5.5.16) angegeben, worin Green'sche Funktionen die Rolle zu überlagernder zeitharmonischer elementarer Kugelwellen spielten. *Alle* notwendigen Green'schen Funktionen ließen sich auf ∇-Differentiationen der skalaren Green'schen Funktion $G(\underline{\mathbf{R}} - \underline{\mathbf{R}}', \omega)$ zurückführen. Dies ist auch in der Elastodynamik (und im Elektromagnetismus) der Fall.

Wir beschränken uns auf homogen-isotrope Materialien, da sich nur dann explizite mathematische Formeln für Green'sche Funktionen (Tensoren) angeben lassen, setzen also

$$\underline{\underline{\underline{\underline{\mathbf{c}}}}} = \lambda\, \underline{\underline{\underline{\underline{\mathbf{I}}}}}^{\delta} + 2\mu\, \underline{\underline{\underline{\underline{\mathbf{I}}}}}^{+} \tag{13.2.1}$$

beziehungsweise

$$\underline{\underline{\underline{\underline{\mathbf{s}}}}} = \Lambda\, \underline{\underline{\underline{\underline{\mathbf{I}}}}}^{\delta} + 2M\, \underline{\underline{\underline{\underline{\mathbf{I}}}}}^{+} \tag{13.2.2}$$

voraus, wobei Λ und M über (4.2.18), (4.2.19) mit λ und μ verknüpft sind. Grundlage der Berechnung elastodynamischer Quellenfelder sind sodann die sich aus den entsprechenden Grundgleichungen (4.2.21), (4.2.22) ergebenden Differentialgleichungen für die Feldgrößen $\underline{\underline{\mathbf{T}}}(\underline{\mathbf{R}}, t)$ und $\underline{\mathbf{v}}(\underline{\mathbf{R}}, t)$:

$$\underline{\underline{\underline{\underline{\mathbf{I}}}}}^{+} : \nabla\left[\nabla \cdot \underline{\underline{\mathbf{T}}}(\underline{\mathbf{R}}, t)\right] - \rho\, \underline{\underline{\underline{\underline{\mathbf{s}}}}} : \frac{\partial^2 \underline{\underline{\mathbf{T}}}(\underline{\mathbf{R}}, t)}{\partial t^2} = -\underline{\underline{\underline{\underline{\mathbf{I}}}}}^{+} : \nabla \underline{\mathbf{f}}(\underline{\mathbf{R}}, t) - \rho\, \frac{\partial \underline{\underline{\mathbf{h}}}(\underline{\mathbf{R}}, t)}{\partial t} \quad , \tag{13.2.3}$$

$$\mu\, \Delta \underline{\mathbf{v}}(\underline{\mathbf{R}}, t) + (\lambda + \mu)\, \nabla\nabla \cdot \underline{\mathbf{v}}(\underline{\mathbf{R}}, t) - \rho\, \frac{\partial^2 \underline{\mathbf{v}}(\underline{\mathbf{R}}, t)}{\partial t^2} = -\frac{\partial \underline{\mathbf{f}}(\underline{\mathbf{R}}, t)}{\partial t} - \nabla \cdot \underline{\underline{\underline{\underline{\mathbf{c}}}}} : \underline{\underline{\mathbf{h}}}(\underline{\mathbf{R}}, t) \quad . \tag{13.2.4}$$

Die Differentialgleichung für $\underline{\mathbf{v}}(\underline{\mathbf{R}}, t)$ hatten wir mit (7.1.20) bereits angegeben, wir lassen hier jedoch der Einfachheit halber auf der rechten Seite $\underline{\underline{\underline{\underline{\mathbf{c}}}}}$ stehen, obwohl wir (13.2.1) zugrunde legen. Die Differentialgleichung für $\underline{\underline{\mathbf{T}}}(\underline{\mathbf{R}}, t)$ ergibt sich ebenfalls durch Ineinandereinsetzen der elastodynamischen Grundgleichungen, wobei die Verwendung des Symmetrisierungstensors $\underline{\underline{\underline{\underline{\mathbf{I}}}}}^+$ sehr nützlich für eine abkürzende Schreibweise ist; wir lassen trotz der Spezifikation (13.2.2) den Nachgiebigkeitstensor $\underline{\underline{\underline{\underline{\mathbf{s}}}}}$ explizit stehen.

Von de Hoop (1995) wird die Theorie Green'scher Funktionen für *beide* Feldgrößen $\underline{\mathbf{v}}(\underline{\mathbf{R}}, t)$ und $\underline{\underline{\mathbf{T}}}(\underline{\mathbf{R}}, t)$ simultan ausgeführt, indem er mit den elastodynamischen Grundgleichungen ein Reziprozitätstheorem begründet; wir gehen hier jedoch von der Navier-Gleichung (13.2.4) für $\underline{\mathbf{v}}(\underline{\mathbf{R}}, t)$ aus und berechnen $\underline{\underline{\mathbf{T}}}(\underline{\mathbf{R}}, t)$ aus deren Lösung über die Deformationsratengleichung, wie wir das für ebene Wellen auch schon getan haben. Gleichung (13.2.4) unterscheidet sich von der entsprechenden akustischen Gleichung (5.3.12) im Wesentlichen durch den zusätzlichen $\Delta\underline{\mathbf{v}}(\underline{\mathbf{R}}, t)$-Term. Der Spezialisierung (8.1.5)–(8.1.7) auf die homogene eindimensionale Form entnehmen wir, dass dieser Term für die zusätzlich auftretenden sekundären Scherwellen steht. Wir werden also von der entsprechenden Green'schen Funktion zur Gleichung (13.2.4) erwarten, dass sie Druck- *und* Scher-Elementarwellen repräsentiert.

Nach der Fourier-Transformation von (13.2.4) bezüglich t gemäß

$$(\mu\,\Delta + \rho\omega^2)\underline{\mathbf{v}}(\underline{\mathbf{R}}, \omega) + (\lambda + \mu)\boldsymbol{\nabla}\boldsymbol{\nabla} \cdot \underline{\mathbf{v}}(\underline{\mathbf{R}}, \omega) = -\underline{\mathbf{Q}}(\underline{\mathbf{R}}, \omega) \quad , \tag{13.2.5}$$

wobei

$$\underline{\mathbf{Q}}(\underline{\mathbf{R}}, \omega) = -\mathrm{j}\omega\,\underline{\mathbf{f}}(\underline{\mathbf{R}}, \omega) + \boldsymbol{\nabla} \cdot \underline{\underline{\underline{\underline{\mathbf{c}}}}} : \underline{\underline{\mathbf{h}}}(\underline{\mathbf{R}}, \omega) \quad , \tag{13.2.6}$$

definieren wir durch

$$\Big[(\mu\,\Delta + \rho\omega^2)\,\underline{\underline{\mathbf{I}}} + (\lambda + \mu)\,\boldsymbol{\nabla}\boldsymbol{\nabla}\Big] \cdot \underline{\underline{\mathbf{G}}}(\underline{\mathbf{R}}, \underline{\mathbf{R}}', \omega) = -\delta(\underline{\mathbf{R}} - \underline{\mathbf{R}}')\,\underline{\underline{\mathbf{I}}} \tag{13.2.7}$$

einen zeitharmonischen Green'schen Tensor $\underline{\underline{\mathbf{G}}}(\underline{\mathbf{R}}, \underline{\mathbf{R}}', \omega)$ (zweiter Stufe). Zur Berechnung von $\underline{\underline{\mathbf{G}}}(\underline{\mathbf{R}}, \underline{\mathbf{R}}', \omega)$ muss der dyadische Differentialoperator $(\mu\,\Delta + \rho\omega^2)\,\underline{\underline{\mathbf{I}}} + (\lambda + \mu)\boldsymbol{\nabla}\boldsymbol{\nabla}$ zum einen als *dyadischer* Operator und zum andern als *Differential*operator invertiert werden. Wir verwenden dazu den formalen Weg der Anwendung einer dreidimensionalen Fourier-Transformation bezüglich $\underline{\mathbf{R}}$ (man vergleiche (13.1.12)):

$$\underline{\underline{\tilde{\mathbf{G}}}}(\underline{\mathbf{K}}, \underline{\mathbf{R}}', \omega) = \int_{-\infty}^{\infty}\int_{-\infty}^{\infty}\int_{-\infty}^{\infty} \underline{\underline{\mathbf{G}}}(\underline{\mathbf{R}}, \underline{\mathbf{R}}', \omega)\,\mathrm{e}^{-\mathrm{j}\underline{\mathbf{K}}\cdot\underline{\mathbf{R}}}\,\mathrm{d}^3\underline{\mathbf{R}}' \quad . \tag{13.2.8}$$

Damit wird aus der *Differential*gleichung (13.2.7) die *algebraische* Gleichung

$$\underbrace{\left(\frac{\mu K^2 - \rho\omega^2}{\lambda + \mu}\,\underline{\underline{\mathbf{I}}} + \underline{\mathbf{K}}\,\underline{\mathbf{K}}\right)}_{=\,\underline{\underline{\tilde{\mathbf{W}}}}(\underline{\mathbf{K}})} \cdot \underline{\underline{\tilde{\mathbf{G}}}}(\underline{\mathbf{K}}, \underline{\mathbf{R}}', \omega) = \frac{1}{\lambda + \mu}\,\mathrm{e}^{-\mathrm{j}\underline{\mathbf{R}}'\cdot\underline{\mathbf{K}}}\,\underline{\underline{\mathbf{I}}} \quad , \tag{13.2.9}$$

für die wir nun die Inversion des Wellentensors $\underline{\underline{\tilde{\mathbf{W}}}}(\underline{\mathbf{K}})$ mit algebraischen Methoden gemäß der Vorschrift

$$\underline{\underline{\tilde{\mathbf{W}}}}^{-1}(\underline{\mathbf{K}}) = \frac{\operatorname{adj}\underline{\underline{\tilde{\mathbf{W}}}}(\underline{\mathbf{K}})}{\det\underline{\underline{\tilde{\mathbf{W}}}}(\underline{\mathbf{K}})} \tag{13.2.10}$$

durchführen können. Für $\underline{\mathbf{K}} \Longrightarrow \omega\hat{\underline{\mathbf{k}}}/c$ kennen wir mit Gleichung (8.1.66) den Wellentensor bereits: Mit (8.1.67) hatten wir seine Determinante berechnet und zur Bestimmung der Phasengeschwindigkeiten $c = c_\mathrm{P}$, $c = c_\mathrm{S}$ gleich null gesetzt. *Hier* ist $|\underline{\mathbf{K}}| = K$ der Betrag des

Fourier-Vektors $\underline{\mathbf{K}}$ mit $0 \leq K < \infty$, sodass wir zumindest für $K \neq \omega/c_\mathrm{P}$ und $K \neq \omega/c_\mathrm{S}$ erwarten können, dass $\det \underline{\underline{\tilde{\mathbf{W}}}}(\underline{\mathbf{K}}) \neq 0$ ist. Wir berechnen analog zu (8.1.68)

$$\det \underline{\underline{\tilde{\mathbf{W}}}}(\underline{\mathbf{K}}) = \left(\frac{\mu K^2 - \rho\omega^2}{\lambda + \mu} \right)^2 \left[\frac{(\lambda + 2\mu)K^2 - \rho\omega^2}{\lambda + \mu} \right] \tag{13.2.11}$$

und stellen fest, dass $\det \underline{\underline{\tilde{\mathbf{W}}}}(K = \omega/c_{\mathrm{P,S}}, \hat{\underline{\mathbf{K}}})$ tatsächlich gleich null, sonst aber ungleich null ist. Mit der Chen-Formel (Chen, 1983)

$$\operatorname{adj}(\beta \underline{\underline{\mathbf{I}}} + \underline{\mathbf{C}}\,\underline{\mathbf{D}}) = \beta[(\beta + \underline{\mathbf{C}} \cdot \underline{\mathbf{D}})\underline{\underline{\mathbf{I}}} - \underline{\mathbf{C}}\,\underline{\mathbf{D}}] \tag{13.2.12}$$

berechnen wir die Adjungierte von $\underline{\underline{\tilde{\mathbf{W}}}}(\underline{\mathbf{K}})$ zu:

$$\operatorname{adj} \underline{\underline{\tilde{\mathbf{W}}}}(\underline{\mathbf{K}}) = \frac{\mu K^2 - \rho\omega^2}{\lambda + \mu} \left\{ \left[\frac{(\lambda + 2\mu)K^2 - \rho\omega^2}{\lambda + \mu} \right] \underline{\underline{\mathbf{I}}} - \underline{\mathbf{K}}\,\underline{\mathbf{K}} \right\} \quad ; \tag{13.2.13}$$

folglich ergibt sich für die Inverse

$$\begin{aligned} \underline{\underline{\tilde{\mathbf{W}}}}^{-1}(\underline{\mathbf{K}}) &= \frac{\lambda + \mu}{\mu K^2 - \rho\omega^2} \left[\underline{\underline{\mathbf{I}}} - \frac{\lambda + \mu}{(\lambda + 2\mu)K^2 - \rho\omega^2} \underline{\mathbf{K}}\,\underline{\mathbf{K}} \right] \\ &= \frac{\lambda + \mu}{\mu} \left[\frac{1}{K^2 - k_\mathrm{S}^2} \underline{\underline{\mathbf{I}}} - \frac{\lambda + \mu}{\lambda + 2\mu} \frac{1}{(K^2 - k_\mathrm{S}^2)(K^2 - k_\mathrm{P}^2)} \underline{\mathbf{K}}\,\underline{\mathbf{K}} \right] \quad ; \end{aligned} \tag{13.2.14}$$

erwartungsgemäß ist $\underline{\underline{\tilde{\mathbf{W}}}}^{-1}(\underline{\mathbf{K}})$ und damit $\underline{\underline{\tilde{\mathbf{G}}}}(\underline{\mathbf{K}}, \underline{\mathbf{R}}', \omega)$ auf den beiden sogenannten Ewald-Kugeln $K = k_\mathrm{P}$ und $K = k_\mathrm{S}$ im $\underline{\mathbf{K}}$-Raum singulär; aber eine derartige Singularität kennen wir ja bereits vom Fourier-Spektrum (13.1.14) der skalaren Green'schen Funktion! Eben *wegen* dieser Parallele erscheint es sinnvoll, den zweiten Term in der eckigen Klammer von (13.2.14) durch die Partialbruchzerlegung

$$\frac{\lambda + \mu}{\lambda + 2\mu} \frac{1}{(K^2 - k_\mathrm{S}^2)(K^2 - k_\mathrm{P}^2)} = \frac{1}{k_\mathrm{S}^2} \left(\frac{1}{K^2 - k_\mathrm{P}^2} - \frac{1}{K^2 - k_\mathrm{S}^2} \right) \tag{13.2.15}$$

in die beiden Terme $1/(K^2 - k_\mathrm{P}^2)$ und $1/(K^2 - k_\mathrm{S}^2)$ zu separieren. Es folgt

$$\begin{aligned} \underline{\underline{\tilde{\mathbf{G}}}}(\underline{\mathbf{K}}, \underline{\mathbf{R}}', \omega) &= \frac{1}{\lambda + \mu} \mathrm{e}^{-\mathrm{j}\underline{\mathbf{R}}' \cdot \underline{\mathbf{K}}} \underline{\underline{\tilde{\mathbf{W}}}}^{-1}(\underline{\mathbf{K}}) \cdot \underline{\underline{\mathbf{I}}} \\ &= \frac{1}{\mu} \left[\left(\underline{\underline{\mathbf{I}}} - \frac{1}{k_\mathrm{S}^2} \underline{\mathbf{K}}\,\underline{\mathbf{K}} \right) \frac{1}{K^2 - k_\mathrm{S}^2} + \frac{1}{k_\mathrm{S}^2} \frac{1}{K^2 - k_\mathrm{P}^2} \underline{\mathbf{K}}\,\underline{\mathbf{K}} \right] \mathrm{e}^{-\mathrm{j}\underline{\mathbf{R}}' \cdot \underline{\mathbf{K}}} \quad . \end{aligned} \tag{13.2.16}$$

Am Fourier-Umkehrintegral erkennen wir in Analogie zu (13.1.15), dass

$$\underline{\underline{\mathbf{G}}}(\underline{\mathbf{R}}, \underline{\mathbf{R}}', \omega) = \underline{\underline{\mathbf{G}}}(\underline{\mathbf{R}} - \underline{\mathbf{R}}', \omega) \tag{13.2.17}$$

gilt. Ferner ist $\underline{\underline{\tilde{\mathbf{G}}}}(\underline{\mathbf{K}}, \underline{\mathbf{R}}', \omega)$ und damit $\underline{\underline{\mathbf{G}}}(\underline{\mathbf{R}} - \underline{\mathbf{R}}', \omega)$ ein *symmetrischer* Tensor zweiter Stufe. Wir finden:

$$\begin{aligned} \underline{\underline{\mathbf{G}}}(\underline{\mathbf{R}} - \underline{\mathbf{R}}', \omega) &= \frac{1}{\mu} \left[\left(\underline{\underline{\mathbf{I}}} + \frac{1}{k_\mathrm{S}^2} \nabla'\nabla' \right) \frac{\mathrm{e}^{\mathrm{j}k_\mathrm{S}|\underline{\mathbf{R}} - \underline{\mathbf{R}}'|}}{4\pi|\underline{\mathbf{R}} - \underline{\mathbf{R}}'|} - \frac{1}{k_\mathrm{S}^2} \nabla'\nabla' \frac{\mathrm{e}^{\mathrm{j}k_\mathrm{P}|\underline{\mathbf{R}} - \underline{\mathbf{R}}'|}}{4\pi|\underline{\mathbf{R}} - \underline{\mathbf{R}}'|} \right] \\ &= \frac{1}{\mu} \left[\left(\underline{\underline{\mathbf{I}}} + \frac{1}{k_\mathrm{S}^2} \nabla\nabla \right) \frac{\mathrm{e}^{\mathrm{j}k_\mathrm{S}|\underline{\mathbf{R}} - \underline{\mathbf{R}}'|}}{4\pi|\underline{\mathbf{R}} - \underline{\mathbf{R}}'|} - \frac{1}{k_\mathrm{S}^2} \nabla\nabla \frac{\mathrm{e}^{\mathrm{j}k_\mathrm{P}|\underline{\mathbf{R}} - \underline{\mathbf{R}}'|}}{4\pi|\underline{\mathbf{R}} - \underline{\mathbf{R}}'|} \right] \end{aligned}$$

$$
\begin{aligned}
&= \frac{1}{\mu}\left[\left(\underline{\underline{\mathbf{I}}} + \frac{1}{k_\mathrm{S}^2}\nabla\nabla\right) G_\mathrm{S}(\underline{\mathbf{R}} - \underline{\mathbf{R}}', \omega) - \frac{1}{k_\mathrm{S}^2}\nabla\nabla G_\mathrm{P}(\underline{\mathbf{R}} - \underline{\mathbf{R}}', \omega)\right] \\
&= \frac{1}{\mu}\left\{\underline{\underline{\mathbf{I}}}\, G_\mathrm{S}(\underline{\mathbf{R}} - \underline{\mathbf{R}}', \omega) + \frac{1}{k_\mathrm{S}^2}\nabla\nabla\left[G_\mathrm{S}(\underline{\mathbf{R}} - \underline{\mathbf{R}}', \omega) - G_\mathrm{P}(\underline{\mathbf{R}} - \underline{\mathbf{R}}', \omega)\right]\right\} \quad ,
\end{aligned}
\tag{13.2.18}
$$

wobei

$$
G_\mathrm{P,S}(\underline{\mathbf{R}} - \underline{\mathbf{R}}', \omega) = \frac{\mathrm{e}^{\mathrm{j}k_\mathrm{P,S}|\underline{\mathbf{R}} - \underline{\mathbf{R}}'|}}{4\pi|\underline{\mathbf{R}} - \underline{\mathbf{R}}'|} \quad . \tag{13.2.19}
$$

Eine weitere Anmerkung zur mathematischen Struktur: Wir wir bereits mit (5.5.14) augenfällig machten, beinhaltet die $\nabla\nabla$-Operation an der skalaren Green'schen Funktion für $\underline{\mathbf{R}} = \underline{\mathbf{R}}'$ einen Distributionsanteil, der im Übrigen auch in der Elasto*statik* im Grenzfall $k_\mathrm{S,P} \longrightarrow 0$ präsent ist, denn er rührt ja nicht von der Exponentialfunktion, sondern vom $1/|\underline{\mathbf{R}} - \underline{\mathbf{R}}'|$-Term her. Dieses Verhalten hat in (13.2.18) aber *jeder* der beiden $\nabla\nabla$-Terme; wegen des unterschiedlichen Vorzeichens heben sich die Distributionsanteile weg. Auch die für $\underline{\mathbf{R}} \in V_Q$ in (5.5.14) notwendige Hauptwertbildung erübrigt ich damit, sodass wir in (13.2.18) die Differentiationen „beruhigt" ausführen und darüber integrieren dürfen. Nur wenn wir die beiden Terme getrennt auswerten, ist Vorsicht geboten[15].

Aus physikalischer Sicht erfüllen die beiden Terme

$$
\underline{\underline{\mathbf{G}}}_\mathrm{P}(\underline{\mathbf{R}}, \omega) = -\frac{1}{k_\mathrm{P}^2}\nabla\nabla\frac{\mathrm{e}^{\mathrm{j}k_\mathrm{P}R}}{4\pi R} \quad , \tag{13.2.20}
$$

$$
\underline{\underline{\mathbf{G}}}_\mathrm{S}(\underline{\mathbf{R}}, \omega) = \left(\underline{\underline{\mathbf{I}}} + \frac{1}{k_\mathrm{S}^2}\nabla\nabla\right)\frac{\mathrm{e}^{\mathrm{j}k_\mathrm{S}R}}{4\pi R} \quad , \tag{13.2.21}
$$

aus denen sich $\underline{\underline{\mathbf{G}}}(\underline{\mathbf{R}}, \omega)$ gemäß

$$
\underline{\underline{\mathbf{G}}}(\underline{\mathbf{R}}, \omega) = \frac{1}{\lambda + 2\mu}\underline{\underline{\mathbf{G}}}_\mathrm{P}(\underline{\mathbf{R}}, \omega) + \frac{1}{\mu}\underline{\underline{\mathbf{G}}}_\mathrm{S}(\underline{\mathbf{R}}, \omega) \tag{13.2.22}
$$

zusammensetzt, genau unsere Erwartungen: $\underline{\underline{\mathbf{G}}}_\mathrm{P}(\underline{\mathbf{R}}, \omega)$ repräsentiert Primär- und $\underline{\underline{\mathbf{G}}}_\mathrm{S}(\underline{\mathbf{R}}, \omega)$ Sekundärwellen. Man zeigt sofort, dass für $\underline{\mathbf{R}} \neq \underline{\mathbf{0}}$

$$
\nabla \times \underline{\underline{\mathbf{G}}}_\mathrm{P}(\underline{\mathbf{R}}, \omega) = \underline{\underline{\mathbf{0}}} \quad , \tag{13.2.23}
$$

$$
\nabla \cdot \underline{\underline{\mathbf{G}}}_\mathrm{S}(\underline{\mathbf{R}}, \omega) = \underline{\mathbf{0}} \tag{13.2.24}
$$

gilt, d.h. $\underline{\underline{\mathbf{G}}}_\mathrm{P}(\underline{\mathbf{R}}, \omega)$ steht gleichermaßen für Druck- und $\underline{\underline{\mathbf{G}}}_\mathrm{S}(\underline{\mathbf{R}}, \omega)$ für Scherwellen. Insofern ist $\underline{\underline{\mathbf{G}}}_\mathrm{P}(\underline{\mathbf{R}}, \omega)$ für $\underline{\mathbf{R}} \neq \underline{\mathbf{0}}$ mit dem akustischen Tensor[16] $\underline{\underline{\mathbf{G}}}_v(\underline{\mathbf{R}}, \omega)$ gemäß (5.5.10) (außerhalb des Quellpunkts) identisch[17]; aber auch $\underline{\underline{\mathbf{G}}}_\mathrm{S}(\underline{\mathbf{R}}, \omega)$ hat eine Parallele, nämlich den Tensor $\underline{\underline{\mathbf{G}}}_\mathrm{e}(\underline{\mathbf{R}}, \omega)$ des Elektromagnetismus (Abschnitt 6.6): Eine elektrische Stromdichte strahlt Elementarwellen (in der elektrischen Feldstärke) derselben mathematischen und physikalischen Struktur ab wie eine elastodynamische Kraftdichte (in der Teilchengeschwindigkeit), sofern man sich allein auf die sekundären Scherwellen konzentriert. *Einschließlich* der Druckwellen stellt sich die ($\underline{\mathbf{f}} \Longrightarrow \underline{\mathbf{v}}$)-Elastodynamik strukturell als „Überlagerung" der ($\underline{\mathbf{f}} \Longrightarrow \underline{\mathbf{v}}$)-Akustik und des ($\underline{\mathbf{J}}_\mathrm{e} \Longrightarrow \underline{\mathbf{E}}$)-Elektromagnetismus dar!

[15] Hinsichtlich einer getrennten Auswertung beachte man auch Fußnote 22.

[16] Man beachte, dass der Grenzübergang $\mu \longrightarrow 0$ in der ersten Zeile von (13.2.14) vollzogen werden muss.

[17] Deswegen gelten alle folgenden Diskussionsbemerkungen auch für *akustische* Druckwellen.

Für $\underline{\mathbf{R}} \neq \underline{\mathbf{0}}$ macht auch die Ausführung der $\nabla\nabla$-Differentiation in den getrennt stehenden Termen (13.2.20) und (13.2.21) kein Problem:

$$\underline{\underline{\mathbf{G}}}_{\mathrm{P}}(\underline{\mathbf{R}}, \omega) = \left[\hat{\underline{\mathbf{R}}}\,\hat{\underline{\mathbf{R}}} - \frac{\mathrm{j}}{k_{\mathrm{P}}R}\,(\underline{\underline{\mathbf{I}}} - 3\hat{\underline{\mathbf{R}}}\,\hat{\underline{\mathbf{R}}}) + \frac{1}{k_{\mathrm{P}}^2 R^2}\,(\underline{\underline{\mathbf{I}}} - 3\hat{\underline{\mathbf{R}}}\,\hat{\underline{\mathbf{R}}})\right] \frac{\mathrm{e}^{\mathrm{j}k_{\mathrm{P}}R}}{4\pi R} \;, \tag{13.2.25}$$

$$\underline{\underline{\mathbf{G}}}_{\mathrm{S}}(\underline{\mathbf{R}}, \omega) = \left[\underline{\underline{\mathbf{I}}} - \hat{\underline{\mathbf{R}}}\,\hat{\underline{\mathbf{R}}} + \frac{\mathrm{j}}{k_{\mathrm{S}}R}\,(\underline{\underline{\mathbf{I}}} - 3\hat{\underline{\mathbf{R}}}\,\hat{\underline{\mathbf{R}}}) - \frac{1}{k_{\mathrm{S}}^2 R^2}\,(\underline{\underline{\mathbf{I}}} - 3\hat{\underline{\mathbf{R}}}\,\hat{\underline{\mathbf{R}}})\right] \frac{\mathrm{e}^{\mathrm{j}k_{\mathrm{S}}R}}{4\pi R} \;. \tag{13.2.26}$$

Folgendes fällt auf:

- Auch wenn der Quellpunkt im Koordinatenursprung liegt, besitzen elementare elastodynamische Druck- und Scherwellen richtungs*abhängige* Amplituden, die Funktion von R *und* $\hat{\underline{\mathbf{R}}}$ sind.

- Die Amplituden elementarer elastodynamischer Druck- und Scherwellen enthalten jeweils Terme mit charakteristischer R-Abhängigkeit: $1/R$, $1/R^2$ und $1/R^3$. Offensichtlich sind

$$\begin{aligned}\underline{\underline{\mathbf{G}}}_{\mathrm{P}}^{\mathrm{fern}}(\underline{\mathbf{R}}, \omega) &= \frac{\mathrm{e}^{\mathrm{j}k_{\mathrm{P}}R}}{4\pi R}\,\hat{\underline{\mathbf{R}}}\,\hat{\underline{\mathbf{R}}} \\ &= \frac{\mathrm{e}^{\mathrm{j}k_{\mathrm{P}}R}}{R}\,\underline{\underline{\mathbf{g}}}_{\mathrm{P}}(\hat{\underline{\mathbf{R}}}) \;,\end{aligned} \tag{13.2.27}$$

$$\begin{aligned}\underline{\underline{\mathbf{G}}}_{\mathrm{S}}^{\mathrm{fern}}(\underline{\mathbf{R}}, \omega) &= \frac{\mathrm{e}^{\mathrm{j}k_{\mathrm{S}}R}}{4\pi R}\,(\underline{\underline{\mathbf{I}}} - \hat{\underline{\mathbf{R}}}\,\hat{\underline{\mathbf{R}}}) \\ &= \frac{\mathrm{e}^{\mathrm{j}k_{\mathrm{S}}R}}{R}\,\underline{\underline{\mathbf{g}}}_{\mathrm{S}}(\hat{\underline{\mathbf{R}}})\end{aligned} \tag{13.2.28}$$

die Fernfeldterme mit den (frequenzunabhängigen) tensoriellen Richtcharakteristiken

$$\underline{\underline{\mathbf{g}}}_{\mathrm{P}}(\hat{\underline{\mathbf{R}}}) = \frac{1}{4\pi}\,\hat{\underline{\mathbf{R}}}\,\hat{\underline{\mathbf{R}}} \;, \tag{13.2.29}$$

$$\underline{\underline{\mathbf{g}}}_{\mathrm{S}}(\hat{\underline{\mathbf{R}}}) = \frac{1}{4\pi}\,(\underline{\underline{\mathbf{I}}} - \hat{\underline{\mathbf{R}}}\,\hat{\underline{\mathbf{R}}}) \;. \tag{13.2.30}$$

Entsprechend stehen die $1/R^3$-Terme für das Nahfeld und die $1/R^2$-Terme für ein Übergangsfeld.

- Nahfeld, Übergangsfeld und Fernfeld sind unterschiedlich frequenzabhängig; erst im Fernfeld manifestiert sich der $\delta(t)$-Impuls der Quelle in (13.2.7) als $\delta(t)$-$\underline{\underline{\mathbf{G}}}_{\mathrm{P,S}}$-Elementarwellenfront.

- Bezüglich einer Kugel (im Fernfeld) hat

$$\underline{\underline{\mathbf{G}}}_{\mathrm{P}}^{\mathrm{fern}}(\underline{\mathbf{R}}, \omega) = \frac{\mathrm{e}^{\mathrm{j}k_{\mathrm{P}}R}}{4\pi R}\,\underline{\mathbf{e}}_R\,\underline{\mathbf{e}}_R \tag{13.2.31}$$

nur eine radiale (Tensor-)Komponente und

$$\underline{\underline{\mathbf{G}}}_{\mathrm{S}}^{\mathrm{fern}}(\underline{\mathbf{R}}, \omega) = \frac{\mathrm{e}^{\mathrm{j}k_{\mathrm{S}}R}}{4\pi R}\,(\underline{\mathbf{e}}_\vartheta\,\underline{\mathbf{e}}_\vartheta + \underline{\mathbf{e}}_\varphi\,\underline{\mathbf{e}}_\varphi) \tag{13.2.32}$$

nur tangentiale (Tensor-)Komponenten, da (in Kugelkoordinaten) $\underline{\underline{\mathbf{I}}} = \underline{\mathbf{e}}_R\,\underline{\mathbf{e}}_R + \underline{\mathbf{e}}_\vartheta\,\underline{\mathbf{e}}_\vartheta + \underline{\mathbf{e}}_\varphi\,\underline{\mathbf{e}}_\varphi$ gilt.

Die Diskussion von $\underline{\underline{\mathbf{G}}}(\underline{\mathbf{R}} - \underline{\mathbf{R}}', \omega)$ bzw. $\underline{\underline{\mathbf{G}}}(\underline{\mathbf{R}} - \underline{\mathbf{R}}', t)$ im Sinne von Abschnitt 13.1.2 für die skalare Green'sche Funktion gestaltet sich wegen des tensoriellen Charakters von $\underline{\underline{\mathbf{G}}}$ und wegen der unterschiedlichen Frequenzabhängigkeit von Nah-, Übergangs- und Fernfeld etwas umständlicher. Wir orientieren uns deshalb an (13.1.68)–(13.1.70) und gehen sofort zur physikalischen Feldgröße, in diesem Fall zur Teilchenverschiebung über. Zuvor geben wir noch die Tensorkomponenten von $\underline{\underline{\mathbf{G}}}_{\mathrm{P}}(\underline{\mathbf{R}}, \omega)$ und $\underline{\underline{\mathbf{G}}}_{\mathrm{S}}(\underline{\mathbf{R}}, \omega)$ in Kugelkoordinaten an:

$$\underline{\underline{\mathbf{G}}}_{\mathrm{P}}(\underline{\mathbf{R}}, \omega) : \underline{\mathbf{e}}_R \underline{\mathbf{e}}_R = \left(1 + \mathrm{j}\,\frac{2}{k_{\mathrm{P}} R} - \frac{2}{k_{\mathrm{P}}^2 R^2}\right) \frac{\mathrm{e}^{\mathrm{j} k_{\mathrm{P}} R}}{4\pi R} , \tag{13.2.33}$$

$$\underline{\underline{\mathbf{G}}}_{\mathrm{P}}(\underline{\mathbf{R}}, \omega) : \underline{\mathbf{e}}_\vartheta \underline{\mathbf{e}}_\vartheta = \left(- \mathrm{j}\,\frac{1}{k_{\mathrm{P}} R} + \frac{1}{k_{\mathrm{P}}^2 R^2}\right) \frac{\mathrm{e}^{\mathrm{j} k_{\mathrm{P}} R}}{4\pi R} , \tag{13.2.34}$$

$$\underline{\underline{\mathbf{G}}}_{\mathrm{P}}(\underline{\mathbf{R}}, \omega) : \underline{\mathbf{e}}_\varphi \underline{\mathbf{e}}_\varphi = \left(- \mathrm{j}\,\frac{1}{k_{\mathrm{P}} R} + \frac{1}{k_{\mathrm{P}}^2 R^2}\right) \frac{\mathrm{e}^{\mathrm{j} k_{\mathrm{P}} R}}{4\pi R} ; \tag{13.2.35}$$

$$\underline{\underline{\mathbf{G}}}_{\mathrm{S}}(\underline{\mathbf{R}}, \omega) : \underline{\mathbf{e}}_R \underline{\mathbf{e}}_R = \left(- \mathrm{j}\,\frac{2}{k_{\mathrm{S}} R} + \frac{2}{k_{\mathrm{S}}^2 R^2}\right) \frac{\mathrm{e}^{\mathrm{j} k_{\mathrm{S}} R}}{4\pi R} , \tag{13.2.36}$$

$$\underline{\underline{\mathbf{G}}}_{\mathrm{S}}(\underline{\mathbf{R}}, \omega) : \underline{\mathbf{e}}_\vartheta \underline{\mathbf{e}}_\vartheta = \left(1 + \mathrm{j}\,\frac{1}{k_{\mathrm{S}} R} - \frac{1}{k_{\mathrm{S}}^2 R^2}\right) \frac{\mathrm{e}^{\mathrm{j} k_{\mathrm{S}} R}}{4\pi R} , \tag{13.2.37}$$

$$\underline{\underline{\mathbf{G}}}_{\mathrm{S}}(\underline{\mathbf{R}}, \omega) : \underline{\mathbf{e}}_\varphi \underline{\mathbf{e}}_\varphi = \left(1 + \mathrm{j}\,\frac{1}{k_{\mathrm{S}} R} - \frac{1}{k_{\mathrm{S}}^2 R^2}\right) \frac{\mathrm{e}^{\mathrm{j} k_{\mathrm{S}} R}}{4\pi R} . \tag{13.2.38}$$

In Kugelkoordinaten hat $\underline{\underline{\mathbf{G}}}(\underline{\mathbf{R}}, \omega)$ also Diagonalform, und offensichtlich findet man die Fernfeldnäherung (13.2.31), (13.2.32) anhand der Einsen in den Klammern von (13.2.33), (13.2.37) und (13.2.38) wieder.

13.2.2 Teilchenverschiebung einer punktförmigen Kraftdichtequelle; Punktrichtwirkungen

Analog zu (13.1.56) stellen wir die Behauptung auf, dass

$$\underline{\mathbf{v}}(\underline{\mathbf{R}}, \omega) = \iiint_{V_Q} \underline{\underline{\mathbf{G}}}(\underline{\mathbf{R}} - \underline{\mathbf{R}}', \omega) \cdot \underline{\mathbf{Q}}(\underline{\mathbf{R}}', \omega)\, \mathrm{d}^3\underline{\mathbf{R}}' \tag{13.2.39}$$

Lösung der Differentialgleichung (13.2.5) ist, wenn $\underline{\underline{\mathbf{G}}}(\underline{\mathbf{R}} - \underline{\mathbf{R}}', \omega)$ der Gleichung (13.2.7) genügt. Zum Beweis setze man (13.2.39) in (13.2.5) ein, benutze (13.2.7) und argumentiere mit der Siebeigenschaft der δ-Funktion. Gleichung (13.2.39) ist die Punktquellensynthese eines zeitharmonischen elastodynamischen Teilchengeschwindigkeitsfeldes, das von der in V_Q von null verschiedenen Quelldichte $\underline{\mathbf{Q}}(\underline{\mathbf{R}}, \omega)$ abgestrahlt wird: Die *tensoriellen* Elementarwellen setzen sich aus Druck- und Scherwellen mit kugelförmigen Amplituden- und Phasenflächen zusammen. Zur „Beobachtung" der Elementarwellen gehen wir wie für ebene Wellen zur Teilchenverschiebung[18] über und setzen zunächst $\underline{\underline{\mathbf{h}}}(\underline{\mathbf{R}}, \omega) \equiv \underline{\underline{\mathbf{0}}}$:

$$\begin{aligned} \underline{\mathbf{u}}(\underline{\mathbf{R}}, \omega) &= \iiint_{V_Q} \underline{\underline{\mathbf{G}}}(\underline{\mathbf{R}} - \underline{\mathbf{R}}', \omega) \cdot \underline{\mathbf{f}}(\underline{\mathbf{R}}', \omega)\, \mathrm{d}^3\underline{\mathbf{R}}' \\ &= \iiint_{V_Q} \underline{\mathbf{f}}(\underline{\mathbf{R}}', \omega) \cdot \underline{\underline{\mathbf{G}}}^{21}(\underline{\mathbf{R}} - \underline{\mathbf{R}}', \omega)\, \mathrm{d}^3\underline{\mathbf{R}}' \end{aligned} \tag{13.2.40}$$

[18] De Hoop (1995) bezeichnet den Green'schen Tensor $-\mathrm{j}\omega\underline{\underline{\mathbf{G}}}$ mit $\underline{\underline{\mathbf{G}}}^{vf}$:

$$\underline{\mathbf{v}}(\underline{\mathbf{R}}, \omega) = \iiint_{V_Q} \underline{\underline{\mathbf{G}}}^{vf}(\underline{\mathbf{R}} - \underline{\mathbf{R}}', \omega) \cdot \underline{\mathbf{f}}(\underline{\mathbf{R}}', \omega)\, \mathrm{d}^3\underline{\mathbf{R}}' .$$

$$= \iiint_{V_Q} \underline{\mathbf{f}}(\underline{\mathbf{R}}', \omega) \cdot \underline{\underline{\mathbf{G}}}(\underline{\mathbf{R}} - \underline{\mathbf{R}}', \omega)\, \mathrm{d}^3\underline{\mathbf{R}}' \quad ; \tag{13.2.41}$$

wir haben die Symmetrie von $\underline{\underline{\mathbf{G}}}(\underline{\mathbf{R}}-\underline{\mathbf{R}}', \omega)$ ausgenutzt. Das vektorielle Teilchenverschiebungsfeld einer *punktförmigen* (Einheits-)Kraftdichte[19]

$$\underline{\mathbf{f}}(\underline{\mathbf{R}}, \omega) = \delta(\underline{\mathbf{R}})\, \hat{\underline{\mathbf{f}}} \tag{13.2.42}$$

im Koordinatenursprung *ist* die tensorielle Green'sche Funktion projiziert auf die Richtung $\hat{\underline{\mathbf{f}}}$ der Kraftdichte (man vergleiche (13.1.70))

$$\begin{aligned} \underline{\mathbf{u}}^{\mathrm{PQ}_f}(\underline{\mathbf{R}}, \omega) &= \underline{\underline{\mathbf{G}}}(\underline{\mathbf{R}}, \omega) \cdot \hat{\underline{\mathbf{f}}} && (13.2.43)\\ &= \hat{\underline{\mathbf{f}}} \cdot \underline{\underline{\mathbf{G}}}(\underline{\mathbf{R}}, \omega) \ . && (13.2.44) \end{aligned}$$

Damit wird auch deutlich, was der Tensorcharakter der Elementarwellen bedeutet: Der Vektor der Kraftdichte $\hat{\underline{\mathbf{f}}}$ wird in den Vektor der Teilchenverschiebung *gedreht*, beide haben *nicht* die gleiche Richtung. Den Vektor (13.2.43) können wir nun in seine Kugelkoordinatenkomponenten aufspalten:

$$\begin{aligned} u_{R,\vartheta,\varphi}^{\mathrm{PQ}_f}(\underline{\mathbf{R}}, \omega) &= \underline{\mathbf{u}}^{\mathrm{PQ}_f}(\underline{\mathbf{R}}, \omega) \cdot \underline{\mathbf{e}}_{R,\vartheta,\varphi} \\ &= \underline{\underline{\mathbf{G}}}(\underline{\mathbf{R}}, \omega) : \hat{\underline{\mathbf{f}}}\, \underline{\mathbf{e}}_{R,\vartheta,\varphi} \quad ; && (13.2.45) \end{aligned}$$

mit (13.2.33)–(13.2.38) finden wir

$$u_R^{\mathrm{PQ}_f}(\underline{\mathbf{R}}, \omega) = \left[\frac{1}{\lambda + 2\mu} \left(1 + \mathrm{j}\, \frac{2}{k_\mathrm{P} R} - \frac{2}{k_\mathrm{P}^2 R^2} \right) \frac{\mathrm{e}^{\mathrm{j}k_\mathrm{P} R}}{4\pi R} + \frac{1}{\mu} \left(-\mathrm{j}\, \frac{2}{k_\mathrm{S} R} + \frac{2}{k_\mathrm{S}^2 R^2} \right) \frac{\mathrm{e}^{\mathrm{j}k_\mathrm{S} R}}{4\pi R} \right] \hat{\underline{\mathbf{f}}} \cdot \underline{\mathbf{e}}_R \ , \tag{13.2.46}$$

$$u_\vartheta^{\mathrm{PQ}_f}(\underline{\mathbf{R}}, \omega) = \left[\frac{1}{\lambda + 2\mu} \left(-\mathrm{j}\, \frac{1}{k_\mathrm{P} R} + \frac{1}{k_\mathrm{P}^2 R^2} \right) \frac{\mathrm{e}^{\mathrm{j}k_\mathrm{P} R}}{4\pi R} + \frac{1}{\mu} \left(1 + \mathrm{j}\, \frac{1}{k_\mathrm{S} R} - \frac{1}{k_\mathrm{S}^2 R^2} \right) \frac{\mathrm{e}^{\mathrm{j}k_\mathrm{S} R}}{4\pi R} \right] \hat{\underline{\mathbf{f}}} \cdot \underline{\mathbf{e}}_\vartheta \ , \tag{13.2.47}$$

$$u_\varphi^{\mathrm{PQ}_f}(\underline{\mathbf{R}}, \omega) = \left[\frac{1}{\lambda + 2\mu} \left(-\mathrm{j}\, \frac{1}{k_\mathrm{P} R} + \frac{1}{k_\mathrm{P}^2 R^2} \right) \frac{\mathrm{e}^{\mathrm{j}k_\mathrm{P} R}}{4\pi R} + \frac{1}{\mu} \left(1 + \mathrm{j}\, \frac{1}{k_\mathrm{S} R} - \frac{1}{k_\mathrm{S}^2 R^2} \right) \frac{\mathrm{e}^{\mathrm{j}k_\mathrm{S} R}}{4\pi R} \right] \hat{\underline{\mathbf{f}}} \cdot \underline{\mathbf{e}}_\varphi \ . \tag{13.2.48}$$

Zunächst ist festzuhalten: *Jede* elastodynamische (Kraftdichte-)Punktquelle strahlt Druck- *und* Scherwellen ab. Ferner: Im Allgemeinen ist die primäre Druckwelle *keine* Longitudinalwelle und die sekundäre Scherwelle *keine* Transversalwelle, da *beide* in *jeder* Komponente vorkommen. Die in der US-zfP selbstverständliche Terminologie „Long- und Transwellen" trifft streng nur auf ebene Wellen zu; sowohl Druck- als auch Scher-Elementarwellen haben jeweils sowohl longitudinale $\underline{\mathbf{e}}_R$- als auch transversale $\underline{\mathbf{e}}_\vartheta, \underline{\mathbf{e}}_\varphi$-Teilchenverschiebungskomponenten[20].

Allein in der Fernfeld*näherung*

$$u_R^{\mathrm{PQ}_f,\mathrm{fern}}(\underline{\mathbf{R}}, \omega) = \frac{1}{\lambda + 2\mu} \frac{\mathrm{e}^{\mathrm{j}k_\mathrm{P} R}}{4\pi R}\, \hat{\underline{\mathbf{f}}} \cdot \underline{\mathbf{e}}_R \ , \tag{13.2.49}$$

$$u_\vartheta^{\mathrm{PQ}_f,\mathrm{fern}}(\underline{\mathbf{R}}, \omega) = \frac{1}{\mu} \frac{\mathrm{e}^{\mathrm{j}k_\mathrm{S} R}}{4\pi R}\, \hat{\underline{\mathbf{f}}} \cdot \underline{\mathbf{e}}_\vartheta \ , \tag{13.2.50}$$

$$u_\varphi^{\mathrm{PQ}_f,\mathrm{fern}}(\underline{\mathbf{R}}, \omega) = \frac{1}{\mu} \frac{\mathrm{e}^{\mathrm{j}k_\mathrm{S} R}}{4\pi R}\, \hat{\underline{\mathbf{f}}} \cdot \underline{\mathbf{e}}_\varphi \tag{13.2.51}$$

[19] Die $\delta(\underline{\mathbf{R}})$-Funktion hat die Einheit m^{-3}, eine dimensionsbehaftete Kraft $f_0 = 1$ die Einheit N.

[20] Man findet deshalb im Nahfeld einer punktförmigen Normalkraft auf der Oberfläche eines Halbraums durchaus Scherwellen auf der akustischen Achse (die Nullstelle der Punktrichtwirkung — Abbildung 14.3.2 — ergibt sich erst im Fernfeld), wovon in der Medizintechnik Gebrauch gemacht werden kann (Fink et al., 2002).

trifft wieder die gewohnte Terminologie zu: Primäre Fernfelddruckwellen sind longitudinal, sekundäre Fernfeldscherwellen sind transversal polarisiert. Anders ausgedrückt: Im Fernfeld treten Primärwellen nur in der R-Komponente und Sekundärwellen nur in den ϑ, φ-Komponenten der Teilchenverschiebung auf. Wählen wir speziell $\hat{\underline{\mathbf{f}}} = \hat{\underline{\mathbf{f}}}(\hat{\underline{\mathbf{R}}}) = \underline{\mathbf{e}}_R$ (sogenanntes atmendes Kügelchen), so treten im Teilchenverschiebungsstrahlungsfeld grundsätzlich keine tangentialen Komponenten auf, und das *Fernfeld* dieser speziellen Punktquelle besteht nur aus der Druckwelle.

Für die US-zfP ist insbesondere die spezielle Wahl $\hat{\underline{\mathbf{f}}} = \underline{\mathbf{e}}_z$ (das einfachste Modell eines piezoelektrischen Prüfkopfes ist nämlich eine punktförmige Normalkraft auf einem elastischen Halbraum mit der Oberfläche parallel zur xy-Ebene) von Bedeutung; damit verschwindet die φ-Komponente der Scherwelle, und die R-Komponente der Druckwelle hat sodann die Richtcharakteristik $\hat{\underline{\mathbf{f}}} \cdot \underline{\mathbf{e}}_R = \cos\vartheta$, d.h. eine Nullstelle *senkrecht* zur Kraftorientierung ($\vartheta = \pi/2$), während die ϑ-Komponente der Scherwelle die Richtcharakteristik $\hat{\underline{\mathbf{f}}} \cdot \underline{\mathbf{e}}_\vartheta = -\sin\vartheta$, d.h. Nullstellen *in* Richtung der Kraftorientierung ($\vartheta = 0$, $\vartheta = \pi$) besitzt. RC2(ω)-bandbegrenzte Zeitbereichswel-

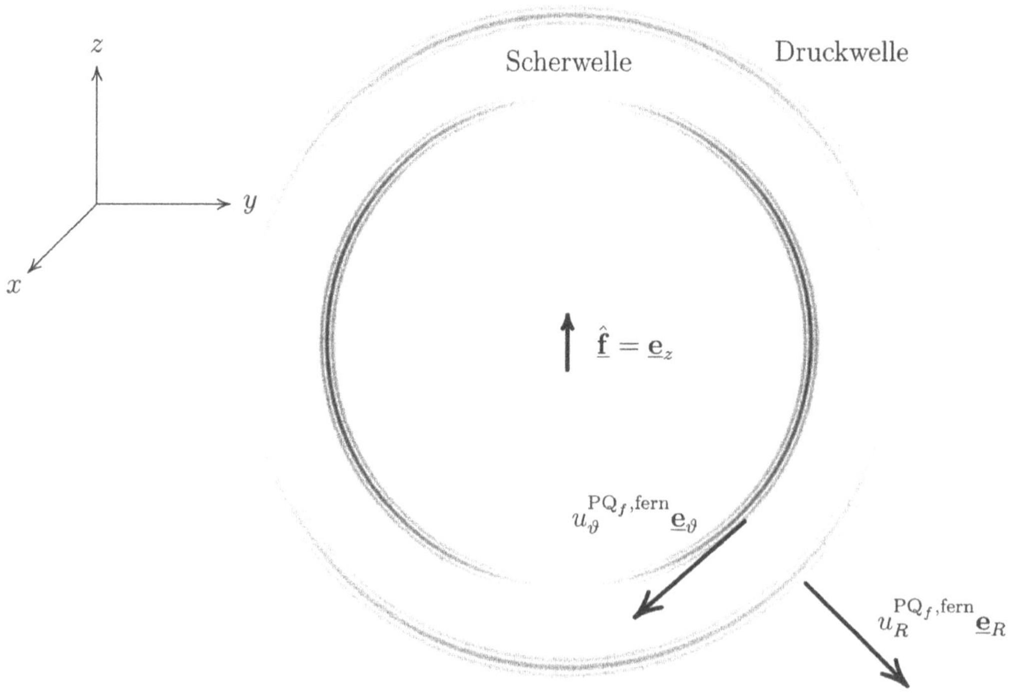

Abb. 13.2.1: *RC2(ω)-bandbegrenzte Fernfeldwellenfronten der Teilchenverschiebung bei vorgegebener Kraftdichte $\hat{\underline{\mathbf{f}}} = \underline{\mathbf{e}}_z$ (gegenüber der Druckwelle weist die Scherwelle grundsätzlich den Amplitudenfaktor $(\lambda + 2\mu)/\mu = \kappa^2$ auf; ein weiterer Faktor κ kommt hinzu, weil zum festen Zeitpunkt t die Wellenfront der Scherwelle erst bis $R = c_S t$ gekommen ist, während die Druckwelle bereits bei $R = c_P t$ ist)*

lenfronten der Teilchenverschiebung im Fernfeld — man multipliziere (13.2.49)–(13.2.51) mit RC2(ω) — sehen deshalb so aus wie in Abb. 13.2.1; man beachte aber: Druck- und Scherwellenfront treten in *unterschiedlichen* Komponenten der Teilchenverschiebung auf. Diese Abbildung überträgt die Wellenfrontendarstellung *ebener* Druck- und Scherwellen in Abb. 8.1.5 auf entsprechende Elementarwellen von Punktquellen; dort wie hier ist die Scherwelle an der kleineren Wellenlänge kenntlich, dort wie hier ist die Teilchenverschiebung dargestellt, und deshalb sind beide Wellenfrontentypen dort wir hier longitudinal bzw. transversal polarisiert, *hier* jedoch ist die Fernfeld*näherung* vorausgesetzt, und es kommt der Punktquellenparameter $\hat{\underline{\mathbf{f}}}$ ins Spiel. Für

— beispielsweise — das atmende Kügelchen $\hat{\underline{\mathbf{f}}} = \hat{\underline{\mathbf{f}}}(\hat{\underline{\mathbf{R}}}) = \underline{\mathbf{e}}_R$ ergibt sich das Wellenfrontenbild von Abb. 13.2.2. Ein Abb. 13.2.1 ergänzendes A-Bild (Abbildung 13.2.3) zeigt noch einmal explizit, dass sich ein RC2(t)-Impuls in der Kraftdichte im *Fernfeld* auch als RC2(t)-Impuls in der Teilchenverschiebung manifestiert, und zwar sowohl im Druckwellenimpuls als auch im Scherwellenimpuls. Für ebene Wellen im unbegrenzten Raum konnten wir die Zeitabhängigkeit von Druck- und Scherwellen unabhängig voneinander vorgeben, für Elementarwellen von Punktquellen ist die Zeitabhängigkeit der Scherwelle über die Zeitabhängigkeit der Quelle an die Zeitabhängigkeit der Druckwelle gekoppelt.

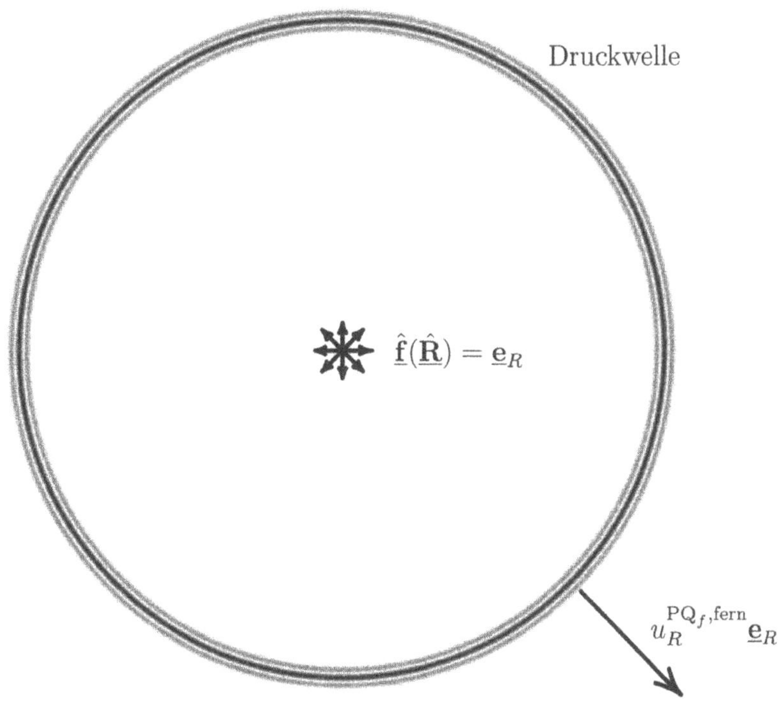

Abb. 13.2.2: *RC2(ω)-bandbegrenzte Fernfeldwellenfronten der Teilchenverschiebung bei vorgegebener Kraftdichte $\hat{\underline{\mathbf{f}}} = \underline{\mathbf{e}}_R$*

Punktrichtwirkungen der Teilchenverschiebung einer Kraftdichtequelle

Wie bereits erwähnt, ist die richtungsabhängige Amplitude der Fernfeldwellenfronten in Abb. 13.2.1 gemäß (13.2.45) und (13.2.27), (13.2.28) durch die (nicht normierten) $\hat{\underline{\mathbf{f}}}$-*Punktrichtwirkungen*

$$\begin{aligned} H_{\mathrm{P}}^{\mathrm{PQ}_f}(\hat{\underline{\mathbf{R}}}) &= \frac{1}{\lambda + 2\mu} \underline{\underline{\mathbf{g}}}_{\mathrm{P}}(\hat{\underline{\mathbf{R}}}) : \hat{\underline{\mathbf{f}}}\, \underline{\mathbf{e}}_R \\ &= \frac{1}{4\pi(\lambda + 2\mu)} \hat{\underline{\mathbf{R}}}\hat{\underline{\mathbf{R}}} : \hat{\underline{\mathbf{f}}}\, \underline{\mathbf{e}}_R \\ &= \frac{1}{4\pi(\lambda + 2\mu)} \hat{\underline{\mathbf{f}}} \cdot \hat{\underline{\mathbf{R}}} \\ &= R\, \mathrm{e}^{-\mathrm{j}k_{\mathrm{P}}R} u_R^{\mathrm{PQ}_f,\mathrm{fern}}(\underline{\mathbf{R}}, \omega) \ , \qquad (13.2.52) \\ H_{\mathrm{S}\vartheta}^{\mathrm{PQ}_f}(\hat{\underline{\mathbf{R}}}) &= \frac{1}{\mu} \underline{\underline{\mathbf{g}}}_{\mathrm{S}}(\hat{\underline{\mathbf{R}}}) : \hat{\underline{\mathbf{f}}}\, \underline{\mathbf{e}}_\vartheta \end{aligned}$$

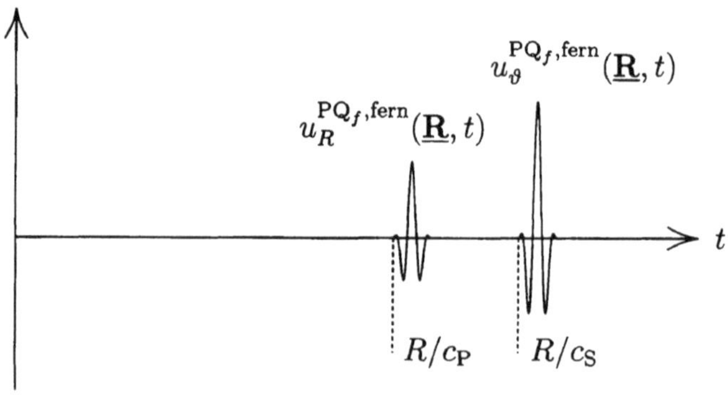

Abb. 13.2.3: *A-Bild zu Abb. 13.2.1 für einen festen Ort* $\underline{\mathbf{R}}$ *(gegenüber der Druckwelle hat die Scherwelle an einem festen Ort eine um den Faktor* $(\lambda + 2\mu)/\mu = \kappa^2$ *größere Amplitude)*

$$
\begin{aligned}
&= \frac{1}{4\pi\mu}\,(\underline{\underline{\mathbf{I}}} - \hat{\underline{\mathbf{R}}}\,\hat{\underline{\mathbf{R}}}) : \hat{\underline{\mathbf{f}}}\,\underline{\mathbf{e}}_\vartheta \\
&= \frac{1}{4\pi\mu}\,\hat{\underline{\mathbf{f}}} \cdot \underline{\mathbf{e}}_\vartheta \\
&= R\,\mathrm{e}^{-\mathrm{j}k_\mathrm{S}R}\,u_\vartheta^{\mathrm{PQ}_f,\mathrm{fern}}(\underline{\mathbf{R}},\omega) \quad , \qquad (13.2.53)
\end{aligned}
$$

$$
\begin{aligned}
H_{\mathrm{S}\varphi}^{\mathrm{PQ}_f}(\hat{\underline{\mathbf{R}}}) &= \frac{1}{\mu}\,\underline{\underline{\mathbf{g}}}_\mathrm{S}(\hat{\underline{\mathbf{R}}}) : \hat{\underline{\mathbf{f}}}\,\underline{\mathbf{e}}_\varphi \\
&= \frac{1}{4\pi\mu}\,(\underline{\underline{\mathbf{I}}} - \hat{\underline{\mathbf{R}}}\,\hat{\underline{\mathbf{R}}}) : \hat{\underline{\mathbf{f}}}\,\underline{\mathbf{e}}_\varphi \\
&= \frac{1}{4\pi\mu}\,\hat{\underline{\mathbf{f}}} \cdot \underline{\mathbf{e}}_\varphi \\
&= R\,\mathrm{e}^{-\mathrm{j}k_\mathrm{S}R}\,u_\varphi^{\mathrm{PQ}_f,\mathrm{fern}}(\underline{\mathbf{R}},\omega) \qquad (13.2.54)
\end{aligned}
$$

gegeben, wobei im Falle der genannten Abbildung $\hat{\underline{\mathbf{f}}} = \underline{\mathbf{e}}_z$ vorausgesetzt ist. Diese Punktrichtwirkungen sind *frequenzunabhängig.* Abbildung 13.2.4 zeigt graphische Darstellungen der Punktrichtwirkungen $|H_\mathrm{P}^{\mathrm{PQ}_f}(\hat{\underline{\mathbf{R}}})|$ und $|H_{\mathrm{S}\vartheta}^{\mathrm{PQ}_f}(\hat{\underline{\mathbf{R}}})|$ (Richtdiagramme) für $\hat{\underline{\mathbf{f}}} = \underline{\mathbf{e}}_z$ und $\hat{\underline{\mathbf{f}}} = \underline{\mathbf{e}}_x$ in der xz-Ebene. Die Teilbilder 13.2.4a und 13.2.4b sind für die Amplitudenwichtung der Wellenfronten in Abb. 13.2.1 zuständig.

Man beachte: Das ($\hat{\underline{\mathbf{f}}} = \underline{\mathbf{e}}_z$)-Richtdiagramm der transversalen Scherwelle entspricht demjenigen eines entsprechend orientierten Hertz'schen Dipols elektromagnetischer Wellen (Abschnitt 6.6). Das muss ja auch so sein, da die Green'schen Tensoren $\underline{\underline{\mathbf{G}}}_\mathrm{e}$ und $\underline{\underline{\mathbf{G}}}_\mathrm{S}$ übereinstimmen und die Kraftdichte in der $\underline{\mathbf{v}}$-Differentialgleichung denselben Stellenwert hat wie die elektrische Stromdichte in der $\underline{\mathbf{E}}$-Differentialgleichung.

Lokal ebene Wellen

Mit (13.2.43) und (13.2.22) sowie (13.2.27) und (13.2.28) können wir übrigens die Fernfeldnäherung (13.2.49)–(13.2.51) koordinatenfrei schreiben:

$$
\begin{aligned}
\underline{\mathbf{u}}_\mathrm{P}^{\mathrm{PQ}_f,\mathrm{fern}}(\underline{\mathbf{R}},\omega) &= \frac{1}{\lambda + 2\mu}\,\frac{\mathrm{e}^{\mathrm{j}k_\mathrm{P}R}}{4\pi R}\,\hat{\underline{\mathbf{R}}}\,\hat{\underline{\mathbf{R}}} \cdot \hat{\underline{\mathbf{f}}} \\
&= u_\mathrm{P}(\hat{\underline{\mathbf{f}}}, \hat{\underline{\mathbf{R}}})\,\frac{\mathrm{e}^{\mathrm{j}k_\mathrm{P}R}}{R}\,\hat{\underline{\mathbf{u}}}_\mathrm{P}(\hat{\underline{\mathbf{f}}}, \hat{\underline{\mathbf{R}}}) \qquad (13.2.55)
\end{aligned}
$$

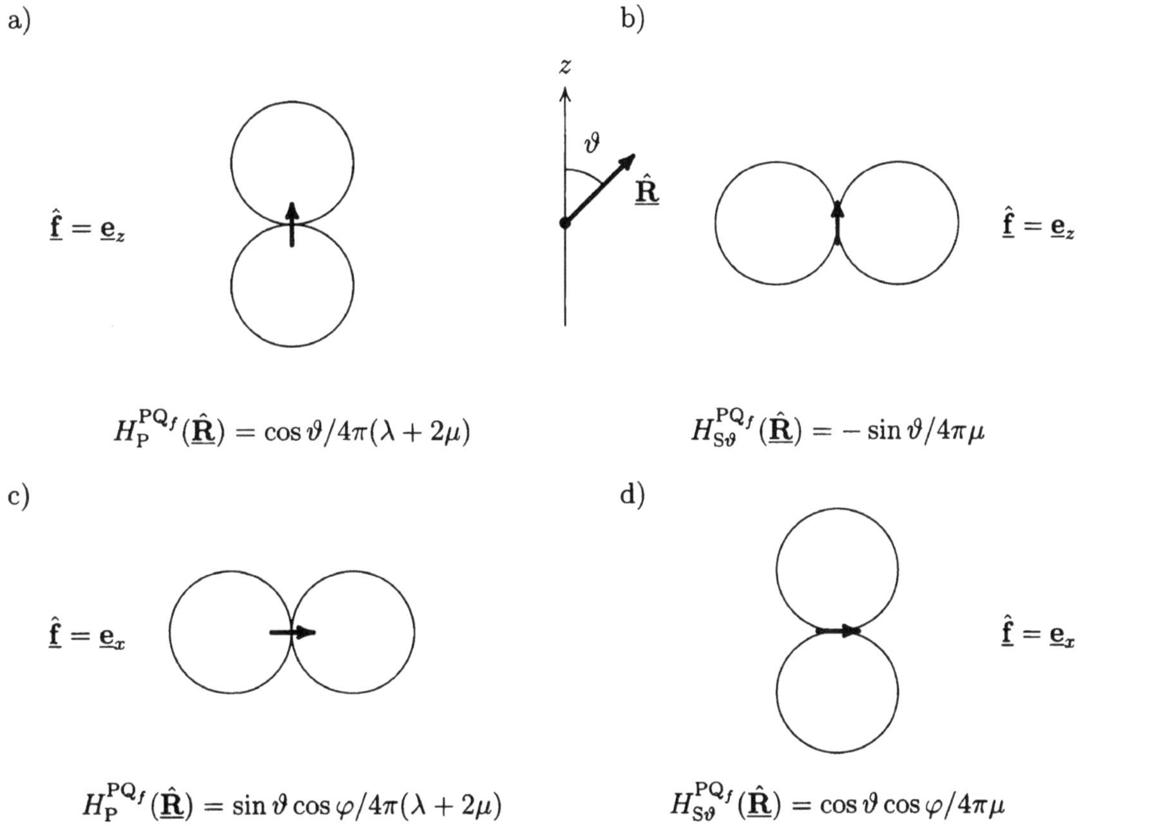

Abb. 13.2.4: *Richtdiagramme der Teilchenverschiebung für punktförmige Kraftdichtequellen (Punktrichtwirkungen für $\underline{\hat{\mathbf{f}}}$): in Richtung $\underline{\hat{\mathbf{R}}}$ ist für $\varphi = 0$, d.h. als Funktion von ϑ, der auf 1 normierte Betrag der Punktrichtwirkungen aufgetragen*

mit

$$\underline{\hat{\mathbf{u}}}_{\rm P}(\underline{\hat{\mathbf{f}}}, \underline{\hat{\mathbf{R}}}) = \underline{\hat{\mathbf{R}}} \quad , \tag{13.2.56}$$

$$u_{\rm P}(\underline{\hat{\mathbf{f}}}, \underline{\hat{\mathbf{R}}}) = \frac{1}{4\pi(\lambda+2\mu)}\, \underline{\hat{\mathbf{R}}} \cdot \underline{\hat{\mathbf{f}}} \tag{13.2.57}$$

sowie

$$\begin{aligned} \underline{\mathbf{u}}_{\rm S}^{{\rm PQ}_f,{\rm fern}}(\underline{\mathbf{R}}, \omega) &= \frac{1}{\mu}\, \frac{{\rm e}^{{\rm j}k_{\rm S}R}}{4\pi R}\, (\underline{\underline{\mathbf{I}}} - \underline{\hat{\mathbf{R}}}\,\underline{\hat{\mathbf{R}}}) \cdot \underline{\hat{\mathbf{f}}} \\ &= u_{\rm S}(\underline{\hat{\mathbf{f}}}, \underline{\hat{\mathbf{R}}})\, \frac{{\rm e}^{{\rm j}k_{\rm S}R}}{R}\, \underline{\hat{\mathbf{u}}}_{\rm S}(\underline{\hat{\mathbf{f}}}, \underline{\hat{\mathbf{R}}}) \end{aligned} \tag{13.2.58}$$

mit

$$\underline{\hat{\mathbf{u}}}_{\rm S}(\underline{\hat{\mathbf{f}}}, \underline{\hat{\mathbf{R}}}) = \frac{(\underline{\underline{\mathbf{I}}} - \underline{\hat{\mathbf{R}}}\,\underline{\hat{\mathbf{R}}}) \cdot \underline{\hat{\mathbf{f}}}}{|(\underline{\underline{\mathbf{I}}} - \underline{\hat{\mathbf{R}}}\,\underline{\hat{\mathbf{R}}}) \cdot \underline{\hat{\mathbf{f}}}|} \quad , \tag{13.2.59}$$

$$u_{\rm S}(\underline{\hat{\mathbf{f}}}, \underline{\hat{\mathbf{R}}}) = \frac{1}{4\pi\mu}\, |(\underline{\underline{\mathbf{I}}} - \underline{\hat{\mathbf{R}}}\,\underline{\hat{\mathbf{R}}}) \cdot \underline{\hat{\mathbf{f}}}| \quad , \tag{13.2.60}$$

wobei die Amplituden(einheits)vektoren $\underline{\hat{\mathbf{u}}}_{\rm P}(\underline{\hat{\mathbf{f}}}, \underline{\hat{\mathbf{R}}})$ und $\underline{\hat{\mathbf{u}}}_{\rm S}(\underline{\hat{\mathbf{f}}}, \underline{\hat{\mathbf{R}}})$ gemäß

$$(\underline{\underline{\mathbf{I}}} - \underline{\hat{\mathbf{R}}}\,\underline{\hat{\mathbf{R}}}) \cdot \underline{\hat{\mathbf{u}}}_{\rm P}(\underline{\hat{\mathbf{f}}}, \underline{\hat{\mathbf{R}}}) = \underline{\mathbf{0}} \quad , \tag{13.2.61}$$

$$\underline{\hat{\mathbf{R}}} \cdot \underline{\hat{\mathbf{u}}}_{\mathrm{S}}(\underline{\hat{\mathbf{f}}}, \underline{\hat{\mathbf{R}}}) = 0 \tag{13.2.62}$$

longitudinal bzw. transversal bezüglich der Ausbreitungsrichtung $\underline{\hat{\mathbf{R}}}$ orientiert sind. Der Vergleich dieser Schreibweise mit (8.1.82)–(8.1.85) macht deutlich, dass sich das Teilchenverschiebungs*fernfeld* einer Punktquelle *lokal* wie eine ebene Welle verhält. Ein wesentlicher Unterschied: Eine eventuelle $F(\omega)$-Bandbegrenzung der Punktquelle gemäß $\underline{\mathbf{f}}(\underline{\mathbf{R}}, \omega) = F(\omega)\delta(\underline{\mathbf{R}})\,\underline{\hat{\mathbf{f}}}$ tritt als Faktor in *beiden* Amplituden $u_{\mathrm{P,S}}(\underline{\hat{\mathbf{f}}}, \underline{\hat{\mathbf{R}}}) \Longrightarrow u_{\mathrm{P,S}}(\underline{\hat{\mathbf{f}}}, \underline{\hat{\mathbf{R}}}, \omega) = F(\omega)u_{\mathrm{P,S}}(\underline{\hat{\mathbf{f}}}, \underline{\hat{\mathbf{R}}})$ auf.

Diese Analogie — Gleichungen (8.1.122) und (8.1.123) — gilt natürlich auch für den Spannungstensor. Wir berechnen mit (13.2.1) (Gleichung (7.1.23))

$$\begin{aligned} \underline{\underline{\mathbf{T}}}(\underline{\mathbf{R}}, \omega) &= \underline{\underline{\underline{\underline{\mathbf{c}}}}} : \nabla \underline{\mathbf{u}}(\underline{\mathbf{R}}, \omega) \\ &= \lambda \underline{\underline{\mathbf{I}}}\, \nabla \cdot \underline{\mathbf{u}}(\underline{\mathbf{R}}, \omega) + \mu \left\{ \nabla \underline{\mathbf{u}}(\underline{\mathbf{R}}, \omega) + [\nabla \underline{\mathbf{u}}(\underline{\mathbf{R}}, \omega)]^{21} \right\} \quad , \end{aligned} \tag{13.2.63}$$

also im Fernfeld der $\underline{\hat{\mathbf{f}}}$-Punktquelle

$$\underline{\underline{\mathbf{T}}}^{\mathrm{PQ}_f,\mathrm{fern}}(\underline{\mathbf{R}}, \omega) = \underline{\underline{\mathbf{T}}}_{\mathrm{P}}^{\mathrm{PQ}_f,\mathrm{fern}}(\underline{\mathbf{R}}, \omega) + \underline{\underline{\mathbf{T}}}_{\mathrm{S}}^{\mathrm{PQ}_f,\mathrm{fern}}(\underline{\mathbf{R}}, \omega) \tag{13.2.64}$$

mit — man beachte (13.2.62) —

$$\underline{\underline{\mathbf{T}}}_{\mathrm{P}}^{\mathrm{PQ}_f,\mathrm{fern}}(\underline{\mathbf{R}}, \omega) = \mathrm{j}k_{\mathrm{P}}\, u_{\mathrm{P}}(\underline{\hat{\mathbf{f}}}, \underline{\hat{\mathbf{R}}})\, \frac{\mathrm{e}^{\mathrm{j}k_{\mathrm{P}}R}}{R}\, (\lambda\, \underline{\underline{\mathbf{I}}} + 2\mu \underline{\hat{\mathbf{R}}}\, \underline{\hat{\mathbf{R}}}) \quad , \tag{13.2.65}$$

$$\underline{\underline{\mathbf{T}}}_{\mathrm{S}}^{\mathrm{PQ}_f,\mathrm{fern}}(\underline{\mathbf{R}}, \omega) = \mathrm{j}k_{\mathrm{S}}\mu\, u_{\mathrm{S}}(\underline{\hat{\mathbf{f}}}, \underline{\hat{\mathbf{R}}})\, \frac{\mathrm{e}^{\mathrm{j}k_{\mathrm{S}}R}}{R}\, [\underline{\hat{\mathbf{R}}}\, \underline{\hat{\mathbf{u}}}_{\mathrm{S}}(\underline{\hat{\mathbf{f}}}, \underline{\hat{\mathbf{R}}}) + \underline{\hat{\mathbf{u}}}_{\mathrm{S}}(\underline{\hat{\mathbf{f}}}, \underline{\hat{\mathbf{R}}})\underline{\hat{\mathbf{R}}}] \quad . \tag{13.2.66}$$

Wir werden in Abschnitt 14 sehen, dass die lokale Analogie sphärischer Wellen mit ebenen Wellen auch noch für das Fernfeld beliebiger endlich großer Quellen gegeben ist.

Die Aufspaltung (13.2.55), (13.2.58) in Druck- und Scher-Elementarwellen gilt mit (13.2.22) und (13.2.43) natürlich für beliebige Entfernungen:

$$\underline{\mathbf{u}}^{\mathrm{PQ}_f}(\underline{\mathbf{R}}, \omega) = \underbrace{\frac{1}{\lambda + 2\mu}\, \underline{\underline{\mathbf{G}}}_{\mathrm{P}}(\underline{\mathbf{R}}, \omega) \cdot \underline{\hat{\mathbf{f}}}}_{= \underline{\mathbf{u}}_{\mathrm{P}}^{\mathrm{PQ}_f}(\underline{\mathbf{R}}, \omega)} + \underbrace{\frac{1}{\mu}\, \underline{\underline{\mathbf{G}}}_{\mathrm{S}}(\underline{\mathbf{R}}, \omega) \cdot \underline{\hat{\mathbf{f}}}}_{= \underline{\mathbf{u}}_{\mathrm{S}}^{\mathrm{PQ}_f}(\underline{\mathbf{R}}, \omega)} \quad , \tag{13.2.67}$$

wobei dies für *beliebige* Entfernungen *keine* Aufspaltung in Longitudinal- und Transversalwellen ist. Für den Spannungstensor folgt deshalb

$$\begin{aligned} \underline{\underline{\mathbf{T}}}^{\mathrm{PQ}_f}(\underline{\mathbf{R}}, \omega) &= \frac{1}{\lambda + 2\mu}\, \underline{\underline{\underline{\underline{\mathbf{c}}}}} : \nabla \underline{\underline{\mathbf{G}}}_{\mathrm{P}}(\underline{\mathbf{R}}, \omega) \cdot \underline{\hat{\mathbf{f}}} + \frac{1}{\mu}\, \underline{\underline{\underline{\underline{\mathbf{c}}}}} : \nabla \underline{\underline{\mathbf{G}}}_{\mathrm{S}}(\underline{\mathbf{R}}, \omega) \cdot \underline{\hat{\mathbf{f}}} \\ &= \underline{\underline{\underline{\boldsymbol{\Sigma}}}}(\underline{\mathbf{R}}, \omega) \cdot \underline{\hat{\mathbf{f}}} \quad , \end{aligned} \tag{13.2.68}$$

worin

$$\begin{aligned} \underline{\underline{\underline{\boldsymbol{\Sigma}}}}(\underline{\mathbf{R}}, \omega) &= \frac{1}{\lambda + 2\mu}\, \underline{\underline{\underline{\underline{\mathbf{c}}}}} : \nabla \underline{\underline{\mathbf{G}}}_{\mathrm{P}}(\underline{\mathbf{R}}, \omega) + \frac{1}{\mu}\, \underline{\underline{\underline{\underline{\mathbf{c}}}}} : \nabla \underline{\underline{\mathbf{G}}}_{\mathrm{S}}(\underline{\mathbf{R}}, \omega) \\ &= \underline{\underline{\underline{\underline{\mathbf{c}}}}} : \nabla \underline{\underline{\mathbf{G}}}(\underline{\mathbf{R}}, \omega) \qquad (13.2.69) \\ &= \left(\lambda \underline{\underline{\mathbf{I}}} \nabla + \mu \nabla\, \underline{\underline{\mathbf{I}}} + \mu \nabla\, \underline{\underline{\mathbf{I}}}^{213} \right) \cdot \underline{\underline{\mathbf{G}}}(\underline{\mathbf{R}}, \omega) \qquad (13.2.70) \end{aligned}$$

offenbar — man vergleiche (13.2.68) mit (13.2.43) — die Rolle eines Green'schen Tensors spielt, der die von einer *Kraftdichte*(punkt)quelle ausgehenden *Spannungs*elementarwellen beschreibt.

Impulsantworten der Teilchenverschiebungskomponenten

Anhand der Abbildungen 13.2.1 und 13.2.3 haben wir bandbegrenzte *Fernfeld*-Wellenfronten und -A-Bilder der Teilchenverschiebung diskutiert, wobei typischerweise verschiedene Komponenten des Teilchenverschiebungsvektors in jeweils *einer* Abbildung dargestellt werden können, da sie zeitlich und räumlich getrennt auftreten, sofern der anregende bandbegrenzte Impuls zeitlich nur kurz genug ist. Im Nah- und Übergangsfeld ist dies unter Umständen nicht mehr gegeben, wir können aber „unendlich breitbandig" mit einem δ-Impuls anregen. Einzige Schwierigkeit: Wir müssen die unterschiedliche Frequenzabhängigkeit der Nah-, Übergangs- und Fernfeldterme bei der Fourier-Inversion von (13.2.46)–(13.2.48) berücksichtigen. Schreiben wir also beispielsweise (13.2.46) mit Blick auf die Frequenzabhängigkeit:

$$u_R^{\mathrm{PQ}_f}(\underline{\mathbf{R}}, \omega) = \frac{\hat{\mathbf{f}} \cdot \underline{\mathbf{e}}_R}{4\pi\rho R} \left[\left(\frac{1}{c_\mathrm{P}^2} + \mathrm{j}\,\frac{2}{c_\mathrm{P} R}\,\frac{1}{\omega} - \frac{2}{R^2}\,\frac{1}{\omega^2} \right) \mathrm{e}^{\mathrm{j}\frac{R}{c_\mathrm{P}}\omega} + \left(-\mathrm{j}\,\frac{2}{c_\mathrm{S}}\,\frac{1}{\omega} + \frac{2}{R^2}\,\frac{1}{\omega^2} \right) \mathrm{e}^{\mathrm{j}\frac{R}{c_\mathrm{S}}\omega} \right] . \quad (13.2.71)$$

Die Fourier-Inversion liefert mit den Korrespondenzen (2.4.29) und[21] (Doetsch, 1967)

$$|t| \circ\!\!-\!\!\bullet\; -\mathrm{pf}\frac{2}{\omega^2} \quad (13.2.72)$$

die Impulsantwort der R-Komponente der Teilchenverschiebung, da wir den Faktor 1 in (13.2.42) als Spektrum einer $\delta(t)$-Anregung auffassen können:

$$\begin{aligned} u_R^{\mathrm{PQ}_f}(\underline{\mathbf{R}}, t) = \frac{\hat{\mathbf{f}} \cdot \underline{\mathbf{e}}_R}{4\pi(\lambda + 2\mu)} \Bigg[& \frac{\delta\left(t - \frac{R}{c_\mathrm{P}}\right)}{R} + c_\mathrm{P}\,\frac{\mathrm{sign}\left(t - \frac{R}{c_\mathrm{P}}\right)}{R^2} + c_\mathrm{P}^2\,\frac{\left|t - \frac{R}{c_\mathrm{P}}\right|}{R^3} - \\ & -\kappa c_\mathrm{P}\,\frac{\mathrm{sign}\left(t - \frac{R}{c_\mathrm{S}}\right)}{R^2} - c_\mathrm{P}^2\,\frac{\left|t - \frac{R}{c_\mathrm{S}}\right|}{R^3} \Bigg] \end{aligned} \quad (13.2.73)$$

Folgendes fällt auf: Für sich genommen sind weder die Primärwellenterme — abgesehen vom δ-Impuls — noch die Sekundärwellenterme kausal, d.h. gleich null für $t < R/c_\mathrm{P}$ bzw. $t < R/c_\mathrm{S}$. In der *Summe*[22] jedoch ergibt sich die physikalisch zwingende Kausalität für $t < R/c_\mathrm{P}$! Die graphische Darstellung von (13.2.73) in der Abb. 13.2.5 zeigt es denn auch. Man erkennt den Fernfeld-δ-Impuls mit R^{-1}-Abhängigkeit und — in der *Impuls*antwort! — für $R/c_\mathrm{P} < t < R/c_\mathrm{S}$ eine (lineare)*Rampen*funktion mit R^{-2}-Amplitudenabhängigkeit, die deshalb im Fernfeld verschwindet. Diese bei $t = R/c_\mathrm{P}$ und $t = R/c_\mathrm{S}$ unstetige Rampenfunktion bewirkt bei bandbegrenzter RC2(ω)-Anregung, also bei Faltung von (13.2.73) mit einem RC2(t)-Impuls, jeweils eine Integration des RC2(t)-Impulses an den beiden Sprungstellen mit einem der Sprunghöhe entsprechenden (einmal positiven und einmal negativen) Amplitudenfaktor; dazwischen liefert die Faltung wegen des sehr langsamen Rampenanstiegs nahezu null. Ergebnis ist also, dass im Nah- und Übergangsfeld der primäre Druckwellen-RC2(t)-Impuls geringfügig durch einen kleinen integrierten RC2(t)-Impuls „verfälscht" wird und dass ein weiterer kleiner integrierter RC2(t)-Impuls mit der Sekundärwellengeschwindigkeit eintrifft (Schleichert et al., 1988; Schleichert, 1989). Die *Sekundär*welle macht sich also auch in der *longitudinalen* R-Komponente der Teilchenverschiebung bemerkbar, sie verschwindet in dieser Komponente jedoch im Fernfeld. Das Pendant — ein *Primär*wellenimpuls in der *transversalen* Komponente — begegnet uns in den ϑ- und φ-Komponenten der Teilchenverschiebung. Wir berechnen beispielsweise:

$$u_\vartheta^{\mathrm{PQ}_f}(\underline{\mathbf{R}}, t) = \frac{\hat{\mathbf{f}} \cdot \underline{\mathbf{e}}_\vartheta}{4\pi(\lambda + 2\mu)} \left[-\frac{c_\mathrm{P}}{2}\,\frac{\mathrm{sign}\left(t - \frac{R}{c_\mathrm{P}}\right)}{R^2} - \frac{c_\mathrm{P}^2}{2}\,\frac{\left|t - \frac{R}{c_\mathrm{P}}\right|}{R^3} + \right.$$

[21] Man muss das Spektrum $1/\omega^2$ im distributionstheoretischen Sinn als Pseudofunktion auffassen.

[22] Für die Druckwelle der Akustik existiert diese „Summenkompensation" nicht; man muss sodann die Kausalität mit einer geeigneten Lösung der *homogenen* Gleichung (13.2.9) erzwingen.

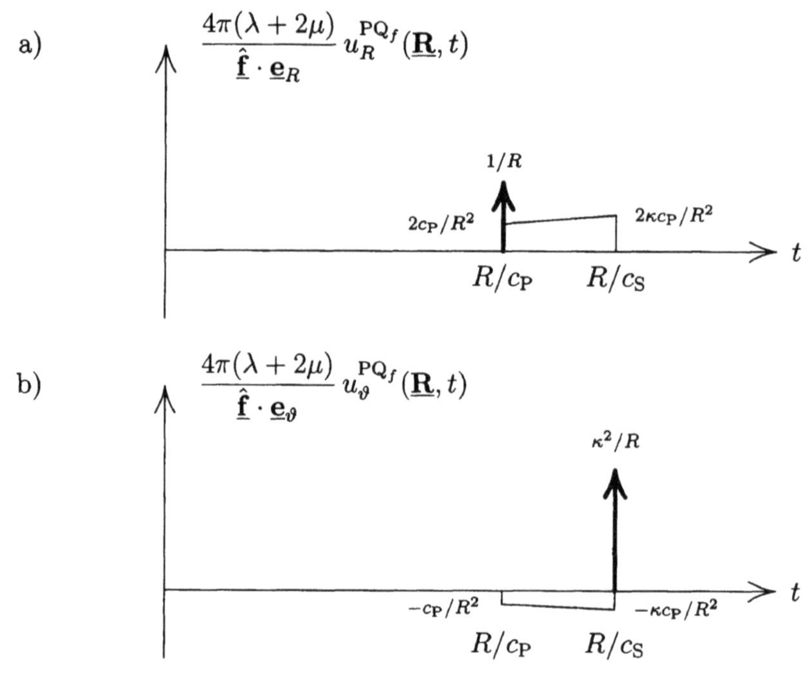

Abb. 13.2.5: *Impulsantwort der Teilchenverschiebung einer punktförmigen Kraftdichtequelle: a) R-Komponente, b) ϑ-Komponente*

$$+\kappa^2 \frac{\delta\left(t-\frac{R}{c_S}\right)}{R} + \kappa\frac{c_P}{2}\frac{\operatorname{sign}\left(t-\frac{R}{c_S}\right)}{R^2} + \frac{c_P^2}{2}\frac{\left|t-\frac{R}{c_S}\right|}{R^3}\Bigg] \tag{13.2.74}$$

Die graphische Darstellung von (13.2.74) findet sich in Abb. 13.2.5b: Gegenüber der R-Komponente fällt auf, dass die Amplitude der Rampenfunktion um den Faktor 0.5 kleiner ist, d.h. der Primärwellenimpuls in der transversalen ϑ-Komponente ist einmal um *diesen* Faktor und noch einmal um den Faktor κ^{-1} kleiner als der Sekundärwellenimpuls in der longitudinalen Komponente.

13.2.3 Green'scher Tensor dritter Stufe

Wir hatten den Green'schen Tensor zweiter Stufe mit punktförmigen *Kraft*dichten $\underline{\mathbf{f}}$ anhand von (13.2.40) bzw. (13.2.41) veranschaulicht, den Tensor $\underline{\underline{\mathbf{h}}}$ der injizierten Deformationsrate hatten wir jedoch zunächst gleich dem Nulltensor gesetzt. Kehren wir also zurück zu (13.2.39) unter Verwendung von (13.2.6)

$$\underline{\mathbf{v}}(\underline{\mathbf{R}},\omega) = \iiint_{V_Q} \underline{\underline{\mathbf{G}}}(\underline{\mathbf{R}}-\underline{\mathbf{R}}',\omega)\cdot\left[-\mathrm{j}\omega\underline{\mathbf{f}}(\underline{\mathbf{R}}',\omega) + \nabla'\cdot\underline{\underline{\underline{\underline{\mathbf{c}}}}}:\underline{\underline{\mathbf{h}}}(\underline{\mathbf{R}}',\omega)\right]\,\mathrm{d}^3\underline{\mathbf{R}}' \tag{13.2.75}$$

und befassen wir uns nun mit dem zweiten Term in (13.2.75). Genauso wie beim Übergang von (5.5.4) nach (5.5.6) wollen wir die Operation $\nabla'\cdot\underline{\underline{\underline{\underline{\mathbf{c}}}}}:$ an $\underline{\underline{\mathbf{h}}}(\underline{\mathbf{R}}',\omega)$ auf $\underline{\underline{\mathbf{G}}}(\underline{\mathbf{R}}-\underline{\mathbf{R}}',\omega)$ „hinüberwälzen“. Dazu benötigen wir das Pendant zu (5.5.5) (Langenberg, 2005):

$$\begin{aligned}\nabla\cdot(\underline{\underline{\mathbf{D}}}\cdot\underline{\underline{\underline{\mathbf{A}}}}) &= (\nabla\cdot\underline{\underline{\mathbf{D}}})\cdot\underline{\underline{\underline{\mathbf{A}}}} + \underline{\underline{\mathbf{D}}}^{21}:\nabla\underline{\underline{\underline{\mathbf{A}}}}\\ &= \underline{\underline{\underline{\mathbf{A}}}}^{21}\cdot(\nabla\cdot\underline{\underline{\mathbf{D}}}) + \underline{\underline{\mathbf{D}}}^{21}:\nabla\underline{\underline{\underline{\mathbf{A}}}}\ .\end{aligned} \tag{13.2.76}$$

Wenn wir $\underline{\underline{\mathbf{A}}}^{21}$ mit $\underline{\underline{\mathbf{G}}}$ und $\underline{\underline{\mathbf{D}}}$ mit $\underline{\underline{\underline{\underline{\mathbf{c}}}}} : \underline{\underline{\mathbf{h}}}$ identifizieren, steht uns tatsächlich die passende Formel zur Verfügung:

$$\begin{aligned}\nabla' \cdot [\underline{\underline{\underline{\underline{\mathbf{c}}}}} : \underline{\underline{\mathbf{h}}}(\underline{\mathbf{R}}', \omega) \cdot \underline{\underline{\mathbf{G}}}^{21}(\underline{\mathbf{R}} - \underline{\mathbf{R}}', \omega)] = \underline{\underline{\mathbf{G}}}(\underline{\mathbf{R}} - \underline{\mathbf{R}}', \omega) \cdot \nabla' \cdot [\underline{\underline{\underline{\underline{\mathbf{c}}}}} : \underline{\underline{\mathbf{h}}}(\underline{\mathbf{R}}', \omega)] + \\ + [\underline{\underline{\underline{\underline{\mathbf{c}}}}} : \underline{\underline{\mathbf{h}}}(\underline{\mathbf{R}}', \omega)]^{21} : \nabla' \underline{\underline{\mathbf{G}}}^{21}(\underline{\mathbf{R}} - \underline{\mathbf{R}}', \omega) \ . \qquad (13.2.77)\end{aligned}$$

Aufgrund der Symmetrien $\underline{\underline{\underline{\underline{\mathbf{c}}}}} = \underline{\underline{\underline{\underline{\mathbf{c}}}}}^{2134} = \underline{\underline{\underline{\underline{\mathbf{c}}}}}^{3421} = \underline{\underline{\underline{\underline{\mathbf{c}}}}}^{3412}$ und $\underline{\underline{\mathbf{h}}} = \underline{\underline{\mathbf{h}}}^{21}$ können wir $(\underline{\underline{\underline{\underline{\mathbf{c}}}}} : \underline{\underline{\mathbf{h}}})^{21} = \underline{\underline{\mathbf{h}}} : \underline{\underline{\underline{\underline{\mathbf{c}}}}}$ umformen; da $\underline{\underline{\mathbf{G}}}(\underline{\mathbf{R}} - \underline{\mathbf{R}}', \omega)$ symmetrisch ist, definiert

$$\begin{aligned}-\underline{\underline{\underline{\underline{\mathbf{c}}}}} : \nabla' \underline{\underline{\mathbf{G}}}^{21}(\underline{\mathbf{R}} - \underline{\mathbf{R}}', \omega) &= -\underline{\underline{\underline{\underline{\mathbf{c}}}}} : \nabla' \underline{\underline{\mathbf{G}}}(\underline{\mathbf{R}} - \underline{\mathbf{R}}', \omega) \\ &= \underline{\underline{\underline{\underline{\mathbf{c}}}}} : \nabla \underline{\underline{\mathbf{G}}}(\underline{\mathbf{R}} - \underline{\mathbf{R}}', \omega) \\ &= \underline{\underline{\underline{\mathbf{\Sigma}}}}(\underline{\mathbf{R}} - \underline{\mathbf{R}}', \omega) \qquad (13.2.78)\end{aligned}$$

offensichtlich einen Tensor dritter Stufe (man vergleiche (13.2.69)), der in

$$\underline{\mathbf{v}}(\underline{\mathbf{R}}, \omega) = \iiint_{V_Q} \left[-\mathrm{j}\omega \underline{\mathbf{f}}(\underline{\mathbf{R}}', \omega) \cdot \underline{\underline{\mathbf{G}}}(\underline{\mathbf{R}} - \underline{\mathbf{R}}', \omega) + \underline{\underline{\mathbf{h}}}(\underline{\mathbf{R}}', \omega) : \underline{\underline{\underline{\mathbf{\Sigma}}}}(\underline{\mathbf{R}} - \underline{\mathbf{R}}', \omega) \right] \mathrm{d}^3\underline{\mathbf{R}}' \qquad (13.2.79)$$

die Rolle eines („rechtsseitigen“) *Green'schen* Tensors[23] dritter Stufe für den injizierten Deformationsratentensor spielt, der aufgrund der Symmetrie von $\underline{\underline{\mathbf{G}}}(\underline{\mathbf{R}} - \underline{\mathbf{R}}', \omega)$ mit dem Tensor dritter Stufe in (13.2.68) übereinstimmt (das Volumenintegral der linken Seite von (13.2.77) verschwindet, was man mit der üblichen Gauß'schen-Satz-Argumentation oder mit Fußnote 9 nachweist). Die ersten beiden Indizes von $\underline{\underline{\underline{\mathbf{\Sigma}}}}$ sind die ersten beiden von $\underline{\underline{\underline{\underline{\mathbf{c}}}}}$, sodass die Symmetrie

$$\underline{\underline{\underline{\mathbf{\Sigma}}}}(\underline{\mathbf{R}} - \underline{\mathbf{R}}', \omega) = \underline{\underline{\underline{\mathbf{\Sigma}}}}^{213}(\underline{\mathbf{R}} - \underline{\mathbf{R}}', \omega) \qquad (13.2.80)$$

gilt; der dritte Index von $\underline{\underline{\underline{\mathbf{\Sigma}}}}$ ist der zweite von $\underline{\underline{\mathbf{G}}}$. Die Integraldarstellung (13.2.79) gilt für $\underline{\mathbf{R}} \in \mathbb{R}^3$, d.h. auch für Aufpunkte innerhalb des Quellvolumens; die Differenz $G_\mathrm{S} - G_\mathrm{P}$ in (13.2.18) sorgt dafür, dass es keine Konvergenzprobleme gibt.

Da wir hier ein homogen-isotropes Material vorausgesetzt haben, können wir (13.2.78) mit (13.2.1) weiter spezialisieren:

$$\underline{\underline{\underline{\mathbf{\Sigma}}}}(\underline{\mathbf{R}} - \underline{\mathbf{R}}', \omega) = -\left\{ \lambda \underline{\underline{\mathbf{I}}} \, \nabla' \cdot \underline{\underline{\mathbf{G}}}(\underline{\mathbf{R}} - \underline{\mathbf{R}}', \omega) + \mu \nabla' \underline{\underline{\mathbf{G}}}(\underline{\mathbf{R}} - \underline{\mathbf{R}}', \omega) + \mu \left[\nabla' \underline{\underline{\mathbf{G}}}(\underline{\mathbf{R}} - \underline{\mathbf{R}}', \omega) \right]^{213} \right\} \qquad (13.2.81)$$

[23] Man kann mit der Umformung

$$\begin{aligned}-(\underline{\underline{\underline{\underline{\mathbf{c}}}}} : \underline{\underline{\mathbf{h}}})^{21} : \nabla' \underline{\underline{\mathbf{G}}}^{21} &= -(\nabla' \underline{\underline{\mathbf{G}}})^{231} : \underline{\underline{\underline{\underline{\mathbf{c}}}}} : \underline{\underline{\mathbf{h}}} \\ &= (\nabla \underline{\underline{\mathbf{G}}})^{231} : \underline{\underline{\underline{\underline{\mathbf{c}}}}} : \underline{\underline{\mathbf{h}}} \\ &= \underbrace{(\nabla \underline{\underline{\mathbf{G}}})^{321} : \underline{\underline{\underline{\underline{\mathbf{c}}}}}}_{=\bar{\underline{\underline{\underline{\mathbf{\Sigma}}}}}} : \underline{\underline{\mathbf{h}}}\end{aligned}$$

auch einen linksseitigen Tensor dritter Stufe $\bar{\underline{\underline{\underline{\mathbf{\Sigma}}}}}$ definieren. Es gilt aufgrund der $\underline{\underline{\underline{\underline{\mathbf{c}}}}}$-Symmetrien tatsächlich $\bar{\underline{\underline{\underline{\mathbf{\Sigma}}}}}^{231} = \underline{\underline{\underline{\mathbf{\Sigma}}}}$, sodass

$$\begin{aligned}\bar{\underline{\underline{\underline{\mathbf{\Sigma}}}}} : \underline{\underline{\mathbf{h}}} &= \underline{\underline{\mathbf{h}}} : \bar{\underline{\underline{\underline{\mathbf{\Sigma}}}}}^{231} \\ &= \underline{\underline{\mathbf{h}}} : \underline{\underline{\underline{\mathbf{\Sigma}}}}\end{aligned}$$

folgt.

beziehungsweise für $\underline{\mathbf{R}}' = \underline{\mathbf{0}}$

$$\underline{\underline{\mathbf{\Sigma}}}(\underline{\mathbf{R}}, \omega) = \lambda \underline{\underline{\mathbf{I}}}\, \nabla \cdot \underline{\underline{\mathbf{G}}}(\underline{\mathbf{R}}, \omega) + \mu \nabla \underline{\underline{\mathbf{G}}}(\underline{\mathbf{R}}, \omega) + \mu \left[\nabla \underline{\underline{\mathbf{G}}}(\underline{\mathbf{R}}, \omega)\right]^{213} \tag{13.2.82}$$

$$= \frac{\lambda}{\lambda + 2\mu} \underline{\underline{\mathbf{I}}}\, \nabla G_{\mathrm{P}}(\underline{\mathbf{R}}, \omega) + \frac{2}{k_{\mathrm{S}}^2} \nabla\nabla\nabla [G_{\mathrm{S}}(\underline{\mathbf{R}}, \omega) - G_{\mathrm{P}}(\underline{\mathbf{R}}, \omega)] + (\nabla \underline{\underline{\mathbf{I}}} + \nabla \underline{\underline{\mathbf{I}}}^{213}) G_{\mathrm{S}}(\underline{\mathbf{R}}, \omega)\,. \tag{13.2.83}$$

Die Darstellung (13.2.83) von $\underline{\underline{\mathbf{\Sigma}}}$ lässt sehr schön erkennen, dass tatsächlich auch in $\underline{\underline{\mathbf{\Sigma}}}$ die *Differenz* $G_{\mathrm{S}} - G_{\mathrm{P}}$ auftritt, weswegen es, wie oben erwähnt, mit (13.2.79) für $\underline{\mathbf{R}} \in V_Q$ keine Probleme gibt.

Aufgrund der Aufspaltung (13.2.22) setzt sich auch $\underline{\underline{\mathbf{\Sigma}}}$ aus je einem primären Druck- und einem sekundären Scher-Elementarwellen-Term zusammen[24]:

$$\underline{\underline{\mathbf{\Sigma}}}(\underline{\mathbf{R}}, \omega) = \frac{1}{\lambda + 2\mu} \underline{\underline{\mathbf{\Sigma}}}_{\mathrm{P}}(\underline{\mathbf{R}}, \omega) + \frac{1}{\mu} \underline{\underline{\mathbf{\Sigma}}}_{\mathrm{S}}(\underline{\mathbf{R}}, \omega) \quad , \tag{13.2.84}$$

wobei für $\underline{\mathbf{R}} \neq \underline{\mathbf{0}}$

$$\underline{\underline{\mathbf{\Sigma}}}_{\mathrm{P}}(\underline{\mathbf{R}}, \omega) = \lambda \underline{\underline{\mathbf{I}}}\, \nabla \cdot \underline{\underline{\mathbf{G}}}_{\mathrm{P}}(\underline{\mathbf{R}}, \omega) + \mu \left\{ \nabla \underline{\underline{\mathbf{G}}}_{\mathrm{P}}(\underline{\mathbf{R}}, \omega) + \left[\nabla \underline{\underline{\mathbf{G}}}_{\mathrm{P}}(\underline{\mathbf{R}}, \omega)\right]^{213} \right\} \quad , \tag{13.2.85}$$

$$\underline{\underline{\mathbf{\Sigma}}}_{\mathrm{S}}(\underline{\mathbf{R}}, \omega) = \mu \left\{ \nabla \underline{\underline{\mathbf{G}}}_{\mathrm{S}}(\underline{\mathbf{R}}, \omega) + \left[\nabla \underline{\underline{\mathbf{G}}}_{\mathrm{S}}(\underline{\mathbf{R}}, \omega)\right]^{213} \right\} \tag{13.2.86}$$

gilt, denn für $\underline{\mathbf{R}} \neq \underline{\mathbf{0}}$ entfällt wegen (13.2.24) der Term $\nabla \cdot \underline{\underline{\mathbf{G}}}_{\mathrm{S}}$. Für $\underline{\mathbf{R}} = \underline{\mathbf{0}}$ verbleibt in (13.2.86) ein Term $\nabla \cdot \underline{\underline{\mathbf{G}}}_{\mathrm{S}} = -\nabla \delta(\underline{\mathbf{R}})/\rho\omega^2$, der sich jedoch *in der Summe* (13.2.84) bzw. (13.2.83) mit einem entsprechenden Term aus $\nabla \cdot \underline{\underline{\mathbf{G}}}_{\mathrm{P}}$ kompensiert.

Um für $\underline{\mathbf{R}} \neq \underline{\mathbf{0}}$ die ausdifferenzierten Darstellungen analog zu (13.2.25) und (13.2.26) zu bekommen, muss man tatsächlich etwas rechnen[25]; das Ergebnis lautet:

$$\begin{aligned}
\underline{\underline{\mathbf{\Sigma}}}_{\mathrm{P}}(\underline{\mathbf{R}}, \omega) = \Big[& \mathrm{j}k_{\mathrm{P}} \left(\lambda \underline{\underline{\mathbf{I}}}\,\hat{\underline{\mathbf{R}}} + 2\mu \hat{\underline{\mathbf{R}}}\,\hat{\underline{\mathbf{R}}}\,\hat{\underline{\mathbf{R}}} \right) + \\
& + \frac{1}{R} \left(-\lambda \underline{\underline{\mathbf{I}}}\,\hat{\underline{\mathbf{R}}} + 2\mu \hat{\underline{\mathbf{R}}}\,\underline{\underline{\mathbf{I}}} + 2\mu \hat{\underline{\mathbf{R}}}\,\underline{\underline{\mathbf{I}}}^{213} + 2\mu \underline{\underline{\mathbf{I}}}\,\hat{\underline{\mathbf{R}}} - 12\mu \hat{\underline{\mathbf{R}}}\,\hat{\underline{\mathbf{R}}}\,\hat{\underline{\mathbf{R}}} \right) + \\
& + \mathrm{j} \frac{6\mu}{k_{\mathrm{P}} R^2} \left(\hat{\underline{\mathbf{R}}}\,\underline{\underline{\mathbf{I}}} + \hat{\underline{\mathbf{R}}}\,\underline{\underline{\mathbf{I}}}^{213} + \underline{\underline{\mathbf{I}}}\,\hat{\underline{\mathbf{R}}} - 5 \hat{\underline{\mathbf{R}}}\,\hat{\underline{\mathbf{R}}}\,\hat{\underline{\mathbf{R}}} \right) - \\
& - \frac{6\mu}{k_{\mathrm{P}}^2 R^3} \left(\hat{\underline{\mathbf{R}}}\,\underline{\underline{\mathbf{I}}} + \hat{\underline{\mathbf{R}}}\,\underline{\underline{\mathbf{I}}}^{213} + \underline{\underline{\mathbf{I}}}\,\hat{\underline{\mathbf{R}}} - 5 \hat{\underline{\mathbf{R}}}\,\hat{\underline{\mathbf{R}}}\,\hat{\underline{\mathbf{R}}} \right) \Big] \frac{\mathrm{e}^{\mathrm{j}k_{\mathrm{P}} R}}{4\pi R} \quad ;
\end{aligned} \tag{13.2.87}$$

$$\begin{aligned}
\underline{\underline{\mathbf{\Sigma}}}_{\mathrm{S}}(\underline{\mathbf{R}}, \omega) = \mu \Big[& \mathrm{j}k_{\mathrm{S}} \left(\hat{\underline{\mathbf{R}}}\,\underline{\underline{\mathbf{I}}} + \hat{\underline{\mathbf{R}}}\,\underline{\underline{\mathbf{I}}}^{213} - 2 \hat{\underline{\mathbf{R}}}\,\hat{\underline{\mathbf{R}}}\,\hat{\underline{\mathbf{R}}} \right) - \\
& - \frac{1}{R} \left(3 \hat{\underline{\mathbf{R}}}\,\underline{\underline{\mathbf{I}}} + 3 \hat{\underline{\mathbf{R}}}\,\underline{\underline{\mathbf{I}}}^{213} + 2 \underline{\underline{\mathbf{I}}}\,\hat{\underline{\mathbf{R}}} - 12 \hat{\underline{\mathbf{R}}}\,\hat{\underline{\mathbf{R}}}\,\hat{\underline{\mathbf{R}}} \right) -
\end{aligned}$$

[24] Um zu zeigen, dass $\underline{\underline{\mathbf{\Sigma}}}_{\mathrm{P}}$ in (13.2.79) tatsächlich einen Druckwellenterm mit $\nabla \times \underline{\mathbf{v}} = \underline{\mathbf{0}}$ und $\underline{\underline{\mathbf{\Sigma}}}_{\mathrm{S}}$ einen Scherwellenterm mit $\nabla \cdot \underline{\mathbf{v}} = 0$ erzeugt, benutze man den linksseitigen $\underline{\underline{\mathbf{\Sigma}}}$-Tensor gemäß Fußnote 23.

[25] Man benötigt die Formeln:

$$\begin{aligned}
\nabla R &= \hat{\underline{\mathbf{R}}} \ , \\
\nabla \hat{\underline{\mathbf{R}}} &= \frac{1}{R} (\underline{\underline{\mathbf{I}}} - \hat{\underline{\mathbf{R}}}\,\hat{\underline{\mathbf{R}}}) \ , \\
\nabla (\Phi \underline{\underline{\mathbf{D}}}) &= (\nabla \Phi) \underline{\underline{\mathbf{D}}} + \Phi \nabla \underline{\underline{\mathbf{D}}} \ , \\
\nabla (\underline{\mathbf{A}}\,\underline{\mathbf{B}}) &= (\nabla \underline{\mathbf{A}}) \underline{\mathbf{B}} + (\underline{\mathbf{A}} \nabla \underline{\mathbf{B}})^{213} \ .
\end{aligned}$$

$$-\mathrm{j}\frac{6}{k_S R^2}\left(\underline{\hat{\mathbf{R}}}\,\underline{\underline{\mathbf{I}}} + \underline{\hat{\mathbf{R}}}\,\underline{\underline{\mathbf{I}}}^{213} + \underline{\underline{\mathbf{I}}}\,\underline{\hat{\mathbf{R}}} - 5\underline{\hat{\mathbf{R}}}\,\underline{\hat{\mathbf{R}}}\,\underline{\hat{\mathbf{R}}}\right) +$$
$$+\frac{6}{k_S^2 R^3}\left(\underline{\hat{\mathbf{R}}}\,\underline{\underline{\mathbf{I}}} + \underline{\hat{\mathbf{R}}}\,\underline{\underline{\mathbf{I}}}^{213} + \underline{\underline{\mathbf{I}}}\,\underline{\hat{\mathbf{R}}} - 5\underline{\hat{\mathbf{R}}}\,\underline{\hat{\mathbf{R}}}\,\underline{\hat{\mathbf{R}}}\right)\Big]\frac{\mathrm{e}^{\mathrm{j}k_S R}}{4\pi R} \quad ; \tag{13.2.88}$$

Die *Fernfeld*näherungen von $\underline{\underline{\boldsymbol{\Sigma}}}_P$ und $\underline{\underline{\boldsymbol{\Sigma}}}_S$ erhalten wir jedoch nicht nur aus (13.2.87) und (13.2.88), sondern unmittelbar aus (13.2.85) und (13.2.86), indem wir (13.1.47) verwenden:

$$\begin{aligned}\underline{\underline{\boldsymbol{\Sigma}}}_P^{\text{fern}}(\underline{\mathbf{R}},\omega) &= \mathrm{j}k_P\,\frac{\mathrm{e}^{\mathrm{j}k_P R}}{4\pi R}\left(\lambda\,\underline{\underline{\mathbf{I}}}\,\underline{\hat{\mathbf{R}}} + 2\mu\underline{\hat{\mathbf{R}}}\,\underline{\hat{\mathbf{R}}}\,\underline{\hat{\mathbf{R}}}\right)\\ &= \mathrm{j}k_P\,\frac{\mathrm{e}^{\mathrm{j}k_P R}}{4\pi R}\,(\lambda\,\underline{\underline{\mathbf{I}}} + 2\mu\underline{\hat{\mathbf{R}}}\,\underline{\hat{\mathbf{R}}})\underline{\hat{\mathbf{R}}}\\ &= -\mathrm{j}\omega\,\frac{\mathrm{e}^{\mathrm{j}k_P R}}{R}\,\underline{\underline{\boldsymbol{\sigma}}}_P(\underline{\hat{\mathbf{R}}}) \quad ,\end{aligned} \tag{13.2.89}$$

$$\begin{aligned}\underline{\underline{\boldsymbol{\Sigma}}}_S^{\text{fern}}(\underline{\mathbf{R}},\omega) &= \mathrm{j}k_S\mu\,\frac{\mathrm{e}^{\mathrm{j}k_S R}}{4\pi R}\left(\underline{\hat{\mathbf{R}}}\,\underline{\underline{\mathbf{I}}} + \underline{\hat{\mathbf{R}}}\,\underline{\underline{\mathbf{I}}}^{213} - 2\underline{\hat{\mathbf{R}}}\,\underline{\hat{\mathbf{R}}}\,\underline{\hat{\mathbf{R}}}\right)\\ &= -\mathrm{j}\omega\,\frac{\mathrm{e}^{\mathrm{j}k_S R}}{R}\,\underline{\underline{\boldsymbol{\sigma}}}_S(\underline{\hat{\mathbf{R}}}) \quad .\end{aligned} \tag{13.2.90}$$

Es gilt:

$$\underline{\underline{\boldsymbol{\Sigma}}}_P^{\text{fern}}(\underline{\mathbf{R}},\omega)\cdot(\underline{\underline{\mathbf{I}}} - \underline{\hat{\mathbf{R}}}\,\underline{\hat{\mathbf{R}}}) = \underline{\underline{\mathbf{0}}} \quad , \tag{13.2.91}$$

$$\underline{\underline{\boldsymbol{\Sigma}}}_S^{\text{fern}}(\underline{\mathbf{R}},\omega)\cdot\underline{\hat{\mathbf{R}}} = \underline{\underline{\mathbf{0}}} \quad . \tag{13.2.92}$$

Die Richtcharakeristiken $\underline{\underline{\boldsymbol{\sigma}}}_P(\underline{\hat{\mathbf{R}}})$ und $\underline{\underline{\boldsymbol{\sigma}}}_S(\underline{\hat{\mathbf{R}}})$ der $\underline{\underline{\boldsymbol{\Sigma}}}_{P,S}$-Tensoren sind durch

$$\underline{\underline{\boldsymbol{\sigma}}}_P(\underline{\hat{\mathbf{R}}}) = -\frac{1}{4\pi c_P}\,(\lambda\,\underline{\underline{\mathbf{I}}} + 2\mu\underline{\hat{\mathbf{R}}}\,\underline{\hat{\mathbf{R}}})\underline{\hat{\mathbf{R}}} \quad , \tag{13.2.93}$$

$$\underline{\underline{\boldsymbol{\sigma}}}_S(\underline{\hat{\mathbf{R}}}) = -\frac{\mu}{4\pi c_S}\,(\underline{\hat{\mathbf{R}}}\,\underline{\underline{\mathbf{I}}} + \underline{\hat{\mathbf{R}}}\,\underline{\underline{\mathbf{I}}}^{213} - 2\underline{\hat{\mathbf{R}}}\,\underline{\hat{\mathbf{R}}}\,\underline{\hat{\mathbf{R}}}) \tag{13.2.94}$$

gegeben; wir definieren sie, ebenso wie die Richtcharakteristiken $\underline{\underline{\mathbf{g}}}_P$, $\underline{\underline{\mathbf{g}}}_S$ der $\underline{\underline{\mathbf{G}}}_{P,S}$-Tensoren, frequenz*unabhängig*.

13.2.4 Teilchenverschiebung einer punktförmigen Deformationsratenquelle; Punktrichtwirkungen

Gemäß (13.2.79) ist der Green'sche Tensor *zweiter* Stufe der Teilchengeschwindigkeit einer Kraftdichtequelle und der Green'sche Tensor *dritter* Stufe der Teilchengeschwindigkeit einer Deformationsratenquelle zuzuordnen. Demzufolge untersuchen wir nun den Fall $\underline{\mathbf{f}} = \underline{\mathbf{0}}$ und $\underline{\underline{\mathbf{h}}} \neq \underline{\underline{\mathbf{0}}}$ etwas genauer:

$$\underline{\mathbf{v}}(\underline{\mathbf{R}},\omega) = \iiint_{V_Q} \underline{\underline{\mathbf{h}}}(\underline{\mathbf{R}}',\omega) : \underline{\underline{\underline{\boldsymbol{\Sigma}}}}(\underline{\mathbf{R}} - \underline{\mathbf{R}}',\omega)\,\mathrm{d}^3\underline{\mathbf{R}}' \quad . \tag{13.2.95}$$

Mit (Gleichung (2.1.127))

$$\hat{\underline{\underline{\mathbf{h}}}} = \frac{\underline{\underline{\mathbf{h}}}}{\sqrt{\underline{\underline{\mathbf{h}}} : \underline{\underline{\mathbf{h}}}^+}} \tag{13.2.96}$$

und

$$\underline{\underline{\mathbf{h}}}(\underline{\mathbf{R}},\omega) = \delta(\underline{\mathbf{R}})\,\hat{\underline{\underline{\mathbf{h}}}} \tag{13.2.97}$$

postulieren wir eine punktförmige Deformationsrateneinheitsquelle im Koordinatenursprung und finden[26]

$$\begin{aligned}\underline{\mathbf{v}}^{\mathrm{PQ}_h}(\underline{\mathbf{R}},\omega) &= \underline{\underline{\hat{\mathbf{h}}}} : \underline{\underline{\underline{\boldsymbol{\Sigma}}}}(\underline{\mathbf{R}},\omega) \\ &= \underline{\underline{\underline{\boldsymbol{\Sigma}}}}^{312}(\underline{\mathbf{R}},\omega) : \underline{\underline{\hat{\mathbf{h}}}} \end{aligned} \tag{13.2.98}$$

als Pendant zu (13.2.43). Nunmehr die Komponenten von $\underline{\mathbf{v}}^{\mathrm{PQ}_h}$ analog zu (13.2.46)–(13.2.48) in Kugelkoordinaten anzugeben, ist uns entschieden zu viel Rechen- und Schreibarbeit; wir gehen deshalb in Analogie zu (13.2.55) und (13.2.58) direkt ins Fernfeld, indem wir (13.2.89) und (13.2.90) benutzen:

$$\begin{aligned}\underline{\mathbf{v}}^{\mathrm{PQ}_h,\mathrm{fern}}(\underline{\mathbf{R}},\omega) &= \underline{\underline{\hat{\mathbf{h}}}} : \left[\frac{1}{\lambda+2\mu}\underline{\underline{\underline{\boldsymbol{\Sigma}}}}_{\mathrm{P}}^{\mathrm{fern}}(\underline{\mathbf{R}},\omega) + \frac{1}{\mu}\underline{\underline{\underline{\boldsymbol{\Sigma}}}}_{\mathrm{S}}^{\mathrm{fern}}(\underline{\mathbf{R}},\omega)\right] \\ &= \underline{\mathbf{v}}_{\mathrm{P}}^{\mathrm{PQ}_h,\mathrm{fern}}(\underline{\mathbf{R}},\omega) + \underline{\mathbf{v}}_{\mathrm{S}}^{\mathrm{PQ}_h,\mathrm{fern}}(\underline{\mathbf{R}},\omega) \quad ,\end{aligned} \tag{13.2.99}$$

wobei

$$\begin{aligned}\underline{\mathbf{v}}_{\mathrm{P}}^{\mathrm{PQ}_h,\mathrm{fern}}(\underline{\mathbf{R}},\omega) &= \mathrm{j}\,\frac{k_{\mathrm{P}}}{\lambda+2\mu}\,\frac{\mathrm{e}^{\mathrm{j}k_{\mathrm{P}}R}}{4\pi R}\,\underline{\underline{\hat{\mathbf{h}}}} : (\lambda\underline{\underline{\mathbf{I}}} + 2\mu\underline{\hat{\mathbf{R}}}\,\underline{\hat{\mathbf{R}}})\underline{\hat{\mathbf{R}}} \\ &= \underline{\mathbf{v}}_{\mathrm{P}}(\underline{\underline{\hat{\mathbf{h}}}},\underline{\hat{\mathbf{R}}})\,\frac{\mathrm{e}^{\mathrm{j}k_{\mathrm{P}}R}}{R}\end{aligned} \tag{13.2.100}$$

mit

$$\begin{aligned}\underline{\mathbf{v}}_{\mathrm{P}}(\underline{\underline{\hat{\mathbf{h}}}},\underline{\hat{\mathbf{R}}}) &= v_{\mathrm{P}}(\underline{\underline{\hat{\mathbf{h}}}},\underline{\hat{\mathbf{R}}})\underline{\hat{\mathbf{R}}} \\ &= \mathrm{j}\,\frac{k_{\mathrm{P}}}{4\pi(\lambda+2\mu)}\,\underline{\underline{\hat{\mathbf{h}}}} : (\lambda\underline{\underline{\mathbf{I}}} + 2\mu\underline{\hat{\mathbf{R}}}\,\underline{\hat{\mathbf{R}}})\underline{\hat{\mathbf{R}}}\end{aligned} \tag{13.2.101}$$

sowie

$$\begin{aligned}\underline{\mathbf{v}}_{\mathrm{S}}^{\mathrm{PQ}_h,\mathrm{fern}}(\underline{\mathbf{R}},\omega) &= 2\mathrm{j}k_{\mathrm{S}}\,\frac{\mathrm{e}^{\mathrm{j}k_{\mathrm{S}}R}}{4\pi R}\,\underline{\underline{\hat{\mathbf{h}}}} : \underline{\hat{\mathbf{R}}}(\underline{\underline{\mathbf{I}}} - \underline{\hat{\mathbf{R}}}\,\underline{\hat{\mathbf{R}}}) \\ &= \underline{\mathbf{v}}_{\mathrm{S}}(\underline{\underline{\hat{\mathbf{h}}}},\underline{\hat{\mathbf{R}}})\,\frac{\mathrm{e}^{\mathrm{j}k_{\mathrm{S}}R}}{R}\end{aligned} \tag{13.2.102}$$

mit

$$\begin{aligned}\underline{\mathbf{v}}_{\mathrm{S}}(\underline{\underline{\hat{\mathbf{h}}}},\underline{\hat{\mathbf{R}}}) &= v_{\mathrm{S}}(\underline{\underline{\hat{\mathbf{h}}}},\underline{\hat{\mathbf{R}}})\underline{\hat{\mathbf{v}}}_{\mathrm{S}}(\underline{\underline{\hat{\mathbf{h}}}},\underline{\hat{\mathbf{R}}}) \\ &= \mathrm{j}\,\frac{k_{\mathrm{S}}}{2\pi}\,\underline{\underline{\hat{\mathbf{h}}}} : \underline{\hat{\mathbf{R}}}(\underline{\underline{\mathbf{I}}} - \underline{\hat{\mathbf{R}}}\,\underline{\hat{\mathbf{R}}}) \quad .\end{aligned} \tag{13.2.103}$$

Mit

$$\begin{aligned}\underline{\mathbf{u}}_{\mathrm{P}}^{\mathrm{PQ}_h,\mathrm{fern}}(\underline{\mathbf{R}},\omega) &= -\frac{1}{4\pi c_{\mathrm{P}}(\lambda+2\mu)}\,\frac{\mathrm{e}^{\mathrm{j}k_{\mathrm{P}}R}}{R}\,\underline{\underline{\hat{\mathbf{h}}}} : (\lambda\underline{\underline{\mathbf{I}}} + 2\mu\underline{\hat{\mathbf{R}}}\,\underline{\hat{\mathbf{R}}})\underline{\hat{\mathbf{R}}} \\ &= u_{\mathrm{P}}(\underline{\underline{\hat{\mathbf{h}}}},\underline{\hat{\mathbf{R}}})\,\frac{\mathrm{e}^{\mathrm{j}k_{\mathrm{P}}R}}{R}\,\underline{\hat{\mathbf{u}}}_{\mathrm{P}}(\underline{\underline{\hat{\mathbf{h}}}},\underline{\hat{\mathbf{R}}}) \quad ;\end{aligned} \tag{13.2.104}$$

$$\begin{aligned}\underline{\mathbf{u}}_{\mathrm{S}}^{\mathrm{PQ}_h,\mathrm{fern}}(\underline{\mathbf{R}},\omega) &= -\frac{1}{2\pi c_{\mathrm{S}}}\,\frac{\mathrm{e}^{\mathrm{j}k_{\mathrm{S}}R}}{R}\,\underline{\underline{\hat{\mathbf{h}}}} : \underline{\hat{\mathbf{R}}}(\underline{\underline{\mathbf{I}}} - \underline{\hat{\mathbf{R}}}\,\underline{\hat{\mathbf{R}}}) \\ &= u_{\mathrm{S}}(\underline{\underline{\hat{\mathbf{h}}}},\underline{\hat{\mathbf{R}}})\,\frac{\mathrm{e}^{\mathrm{j}k_{\mathrm{S}}R}}{R}\,\underline{\hat{\mathbf{u}}}_{\mathrm{S}}(\underline{\underline{\hat{\mathbf{h}}}},\underline{\hat{\mathbf{R}}}) \quad ,\end{aligned} \tag{13.2.105}$$

[26]Wir benutzen immer wieder die Symmetrien $\underline{\underline{\mathbf{h}}} = \underline{\underline{\mathbf{h}}}^{21}$ und $\underline{\underline{\underline{\boldsymbol{\Sigma}}}} = \underline{\underline{\underline{\boldsymbol{\Sigma}}}}^{213}$.

wobei

$$\hat{\underline{\mathbf{u}}}_\mathrm{P}(\hat{\underline{\underline{\mathbf{h}}}}, \hat{\underline{\mathbf{R}}}) = \hat{\underline{\mathbf{R}}} \ , \tag{13.2.106}$$

$$u_\mathrm{P}(\hat{\underline{\underline{\mathbf{h}}}}, \hat{\underline{\mathbf{R}}}) = -\frac{\hat{\underline{\underline{\mathbf{h}}}} : (\lambda \underline{\underline{\mathbf{I}}} + 2\mu \hat{\underline{\mathbf{R}}}\hat{\underline{\mathbf{R}}})}{4\pi c_\mathrm{P}(\lambda + 2\mu)} \ ; \tag{13.2.107}$$

$$\hat{\underline{\mathbf{u}}}_\mathrm{S}(\hat{\underline{\underline{\mathbf{h}}}}, \hat{\underline{\mathbf{R}}}) = \frac{\hat{\underline{\underline{\mathbf{h}}}} : \hat{\underline{\mathbf{R}}}(\underline{\underline{\mathbf{I}}} - \hat{\underline{\mathbf{R}}}\hat{\underline{\mathbf{R}}})}{|\hat{\underline{\underline{\mathbf{h}}}} : \hat{\underline{\mathbf{R}}}(\underline{\underline{\mathbf{I}}} - \hat{\underline{\mathbf{R}}}\hat{\underline{\mathbf{R}}})|} \ , \tag{13.2.108}$$

$$u_\mathrm{S}(\hat{\underline{\underline{\mathbf{h}}}}, \hat{\underline{\mathbf{R}}}) = -\frac{|\hat{\underline{\underline{\mathbf{h}}}} : \hat{\underline{\mathbf{R}}}(\underline{\underline{\mathbf{I}}} - \hat{\underline{\mathbf{R}}}\hat{\underline{\mathbf{R}}})|}{2\pi c_\mathrm{S}} \ , \tag{13.2.109}$$

gehen wir zur Teilchenverschiebung über. Offensichtlich gelten auch für die $\hat{\underline{\underline{\mathbf{h}}}}$-Quelle die Polarisationsgleichungen (13.2.61), (13.2.62); die Spannungstensorgleichungen (13.2.65), (13.2.66) können ebenfalls übernommen werden, wenn dort (13.2.106)–(13.2.109) eingesetzt werden: Auch das Teilchenverschiebungsfernfeld einer punktförmigen Deformationsratenquelle verhält sich *lokal* wie eine *ebene* Welle. Es sei noch darauf hingewiesen, dass sich die Zeitabhängigkeit sowohl der punktförmigen $\underline{\mathbf{f}}$- als auch der punktförmigen $\underline{\underline{\mathbf{h}}}$-*Quelle* im A-Bild des Fernfeldes der *Teilchenverschiebung* reproduziert (man vergleiche die Abbildungen 13.2.1 und 13.2.3).

Anhand von Abb. 13.2.2 hatten wir demonstriert, dass die spezielle Wahl $\hat{\underline{\mathbf{f}}}(\hat{\underline{\mathbf{R}}}) = \hat{\underline{\mathbf{R}}}$ der Kraftdichte die zugehörige Scherwelle im *Fernfeld* „abschaltet"; mit der speziellen Wahl $\hat{\underline{\underline{\mathbf{h}}}} = \underline{\underline{\mathbf{I}}}/\sqrt{3}$ einer Deformationsraten(einheits)quelle können wir die zugehörige Scherwelle völlig, d.h. im Nah- *und* Fernfeld abschalten, da mit (13.2.88) $\underline{\underline{\mathbf{I}}} : \underline{\underline{\underline{\mathbf{\Sigma}}}}_\mathrm{S} \equiv \underline{\underline{\mathbf{0}}}$ gilt. Derartige „Tricks" werden uns bei der physikalischen Interpretation von Nebenechos sehr nützlich sein.

Punktrichtwirkungen der Teilchenverschiebung einer Deformationsratenquelle

In Analogie zu (13.2.52)–(13.2.54) definieren wir mit (13.2.93) und (13.2.94) (nicht normierte) frequenzunabhängige[27] (Fernfeld-)Punktrichtwirkungen der Teilchenverschiebung einer Deformationsratenquelle:

$$\begin{aligned}
H_\mathrm{P}^{\mathrm{PQ}_h}(\hat{\underline{\mathbf{R}}}) &= \frac{1}{\lambda + 2\mu}\,\hat{\underline{\underline{\mathbf{h}}}} : \underline{\underline{\underline{\boldsymbol{\sigma}}}}_\mathrm{P}(\hat{\underline{\mathbf{R}}}) \cdot \underline{\mathbf{e}}_R \\
&= -\frac{1}{4\pi c_\mathrm{P}^2 Z_\mathrm{P}}\,\hat{\underline{\underline{\mathbf{h}}}} : (\lambda \underline{\underline{\mathbf{I}}} + 2\mu \hat{\underline{\mathbf{R}}}\hat{\underline{\mathbf{R}}})\hat{\underline{\mathbf{R}}} \cdot \underline{\mathbf{e}}_R \\
&= -\frac{1}{4\pi c_\mathrm{P}^2 Z_\mathrm{P}}\,\hat{\underline{\underline{\mathbf{h}}}} : (\lambda \underline{\underline{\mathbf{I}}} + 2\mu \hat{\underline{\mathbf{R}}}\hat{\underline{\mathbf{R}}}) \\
&= R\,\mathrm{e}^{-\mathrm{j}k_\mathrm{P}R} u_R^{\mathrm{PQ}_h,\mathrm{fern}}(\underline{\mathbf{R}}, \omega) \ ,
\end{aligned} \tag{13.2.110}$$

$$\begin{aligned}
H_{\mathrm{S}\vartheta}^{\mathrm{PQ}_h}(\hat{\underline{\mathbf{R}}}) &= \frac{1}{\mu}\,\hat{\underline{\underline{\mathbf{h}}}} : \underline{\underline{\underline{\boldsymbol{\sigma}}}}_\mathrm{S}(\hat{\underline{\mathbf{R}}}) \cdot \underline{\mathbf{e}}_\vartheta \\
&= -\frac{1}{4\pi c_\mathrm{S}}\,\hat{\underline{\underline{\mathbf{h}}}} : (\hat{\underline{\mathbf{R}}}\,\underline{\underline{\mathbf{I}}} + \hat{\underline{\mathbf{R}}}\,\underline{\underline{\mathbf{I}}}^{213} - 2\hat{\underline{\mathbf{R}}}\hat{\underline{\mathbf{R}}}\hat{\underline{\mathbf{R}}}) \cdot \underline{\mathbf{e}}_\vartheta \\
&= -\frac{1}{2\pi c_\mathrm{S}}\,\hat{\underline{\underline{\mathbf{h}}}} : \hat{\underline{\mathbf{R}}}(\underline{\underline{\mathbf{I}}} - \hat{\underline{\mathbf{R}}}\hat{\underline{\mathbf{R}}}) \cdot \underline{\mathbf{e}}_\vartheta \\
&= -\frac{1}{4\pi c_\mathrm{S}}\,\hat{\underline{\underline{\mathbf{h}}}} : \left(\hat{\underline{\mathbf{R}}}\,\underline{\mathbf{e}}_\vartheta + \underline{\mathbf{e}}_\vartheta\hat{\underline{\mathbf{R}}}\right) \\
&= R\,\mathrm{e}^{-\mathrm{j}k_\mathrm{S}R} u_\vartheta^{\mathrm{PQ}_h,\mathrm{fern}}(\underline{\mathbf{R}}, \omega) \ ,
\end{aligned} \tag{13.2.111}$$

[27] Deswegen hatten wir $\underline{\underline{\underline{\boldsymbol{\sigma}}}}_\mathrm{P}$ und $\underline{\underline{\underline{\boldsymbol{\sigma}}}}_\mathrm{S}$ gemäß (13.2.89) und (13.2.90) ohne den Faktor $-\mathrm{j}\omega$ definiert.

$$\begin{aligned}
H_{S\varphi}^{PQ_h}(\underline{\hat{\mathbf{R}}}) &= \frac{1}{\mu}\underline{\underline{\hat{\mathbf{h}}}} : \underline{\underline{\boldsymbol{\sigma}}}_S(\underline{\hat{\mathbf{R}}}) \cdot \underline{\mathbf{e}}_\varphi \\
&= -\frac{1}{4\pi c_S}\underline{\underline{\hat{\mathbf{h}}}} : \left(\underline{\hat{\mathbf{R}}}\,\underline{\mathbf{e}}_\varphi + \underline{\mathbf{e}}_\varphi\underline{\hat{\mathbf{R}}}\right) \\
&= R\,\mathrm{e}^{-\mathrm{j}k_S R} u_\varphi^{PQ_h,\mathrm{fern}}(\underline{\mathbf{R}}, \omega) \quad . \qquad (13.2.112)
\end{aligned}$$

Wählen wir nacheinander einzelne Komponenten des $\underline{\underline{\hat{\mathbf{h}}}}$-Tensors aus, ergeben sich beispielsweise die Richtdiagramme von Abb. 13.2.6 (wir beschränken uns auf $h_{xx}, h_{yy}, h_{zz}, h_{xz}$; man beachte: im S-Anteil kompensieren sich die $\underline{\mathbf{e}}_x\underline{\mathbf{e}}_x$-, $\underline{\mathbf{e}}_y\underline{\mathbf{e}}_y$- und $\underline{\mathbf{e}}_z\underline{\mathbf{e}}_z$-Terme), wobei festzuhalten ist, dass — auch ohne die Vorfaktoren — die $H_P^{PQ_h}$-Diagramme in ihrer Struktur materialabhängig sein können. Zusammen mit Abb. 13.2.4 verschafft man sich damit einen schnellen Überblick hinsichtlich der Richtwirkung von Punktquellen; und: Der Formalismus elastodynamischer Green'scher Tensoren reduziert sich letztlich auf Sinus und Cosinus! Mit dieser Erkenntnis wollen wir uns auch noch den nächsten Abschnitt zumuten.

13.2.5 Green'scher Tensor vierter Stufe: Spannungstensor punktförmiger Deformationsratenquellen

Die vier Green'schen Tensoren der Elastodynamik

Warum auch noch ein Tensor vierter Stufe? Mit (13.2.79) liegt doch das elastodynamische Quellenfeld der Teilchengeschwindigkeit für gegebene Kraft- *und* Deformationsratenquellen vor! Mit dem Blick auf das akustische Schema in Abb. 5.5.1 wird klar, was gemeint ist: Mit der Quellenfelddarstellung für p, die die Green'schen Funktionen G und ∇G enthält, ist ebenfalls „alles gesagt"; durch die Gradientenbildung ∇p zur Berechnung von $\underline{\mathbf{v}}$ entsteht jedoch in der resultierenden Quellenfelddarstellung aus ∇G der Green'sche *Tensor* (zweiter Stufe) $\underline{\underline{\mathbf{G}}}_v$! Wenn wir andererseits die Differentialgleichung für $\underline{\mathbf{v}}$ zuerst lösen, kommt $\underline{\underline{\mathbf{G}}}_v$ sofort ins Spiel.

Hier ist die Situation ähnlich: Zur Quellenfelddarstellung von $\underline{\mathbf{v}}$ benötigen wir $\underline{\underline{\mathbf{G}}}$ und $\underline{\underline{\underline{\boldsymbol{\Sigma}}}}$; wenn nun aus $\underline{\mathbf{v}}$ durch die „Hooke'sche Differentiation" $\underline{\underline{\underline{\underline{\mathbf{c}}}}} : \nabla$ der Spannungstensor ausgerechnet wird, entsteht aus $\underline{\underline{\underline{\boldsymbol{\Sigma}}}}$ der Tensor vierter Stufe $\underline{\underline{\underline{\underline{\boldsymbol{\Pi}}}}}$, der sodann durch Doppelkontraktion mit $\underline{\underline{\mathbf{h}}}$ zwischen vorgegebenen Deformationsraten und resultierenden Spannungen vermitttelt. Aus physikalischer Sicht repräsentiert $\underline{\underline{\underline{\underline{\boldsymbol{\Pi}}}}}$ die von $\underline{\underline{\mathbf{h}}}$ ausgehenden (Huygens'schen) Spannungselementarwellen. Im Vorgriff auf die folgende Rechnung zeigen wir in Abb. 13.2.7 das zu Abb. 5.5.1 analoge Schema, und bevor wir diese Rechnung explizit durchführen, fassen wir die formalen Operationen, die uns (13.2.79) bescherten, noch einmal zusammen:

$$\underline{\mathbf{v}} = \iiint_{V_Q} [\; \underbrace{\underline{\underline{\mathbf{G}}} \cdot (-\mathrm{j}\omega\underline{\mathbf{f}})} \; + \; \underbrace{\underline{\underline{\mathbf{G}}} \cdot \nabla' \cdot \underline{\underline{\underline{\underline{\mathbf{c}}}}} : \underline{\underline{\mathbf{h}}}} \;]\,\mathrm{d}V' \quad . \qquad (13.2.113)$$

$$\begin{aligned}
&= -\mathrm{j}\omega\underline{\mathbf{f}} \cdot \underline{\underline{\mathbf{G}}}^{21} && = -(\underline{\underline{\underline{\underline{\mathbf{c}}}}} : \underline{\underline{\mathbf{h}}})^{21} : \nabla'\underline{\underline{\mathbf{G}}}^{21} \\
&\overset{\underline{\underline{\mathbf{G}}}-\text{Symm.}}{=} -\mathrm{j}\omega\underline{\mathbf{f}} \cdot \underline{\underline{\mathbf{G}}} && \overset{\underline{\underline{\underline{\underline{\mathbf{c}}}}},\underline{\underline{\mathbf{h}}}-\text{Symm.}}{=} -\underline{\underline{\mathbf{h}}} : \underline{\underline{\underline{\underline{\mathbf{c}}}}} : \nabla'\underline{\underline{\mathbf{G}}}^{21} \\
& && = \underline{\underline{\mathbf{h}}} : \underline{\underline{\underline{\underline{\mathbf{c}}}}} : \nabla\underline{\underline{\mathbf{G}}}^{21} \\
& && \overset{\underline{\underline{\mathbf{G}}}-\text{Symm.}}{=} \underline{\underline{\mathbf{h}}} : \underline{\underline{\underline{\underline{\mathbf{c}}}}} : \nabla\underline{\underline{\mathbf{G}}} \\
& && \overset{(13.2.69)}{=} \underline{\underline{\mathbf{h}}} : \underline{\underline{\underline{\boldsymbol{\Sigma}}}}
\end{aligned}$$

Auf diese Weise ergeben sich Green'sche Tensoren, die rechts von den Quellen stehen. Genauso

$\underline{\underline{\hat{\mathbf{h}}}} = \underline{\mathbf{e}}_x\underline{\mathbf{e}}_x$

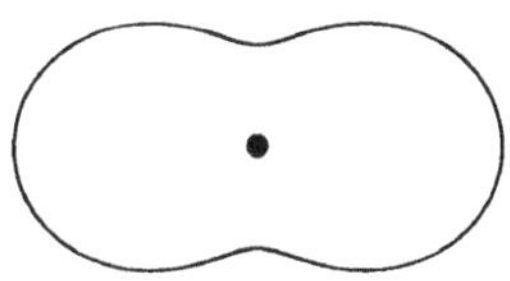

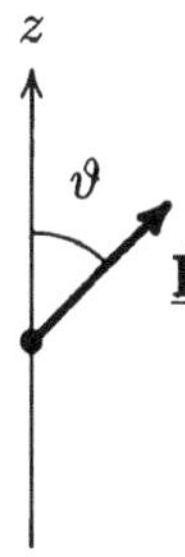

$\underline{\underline{\hat{\mathbf{h}}}} = \underline{\mathbf{e}}_x\underline{\mathbf{e}}_x$

$H_{\mathrm{P}}^{\mathrm{PQ}_h}(\underline{\hat{\mathbf{R}}}) = -(\lambda + 2\mu \sin^2\vartheta \cos^2\varphi)/4\pi c_{\mathrm{P}}^2 Z_{\mathrm{P}}$ $\qquad H_{\mathrm{S}\vartheta}^{\mathrm{PQ}_h}(\underline{\hat{\mathbf{R}}}) = -\sin 2\vartheta \cos^2\varphi/4\pi c_{\mathrm{S}}$

$\underline{\underline{\hat{\mathbf{h}}}} = \underline{\mathbf{e}}_y\underline{\mathbf{e}}_y$

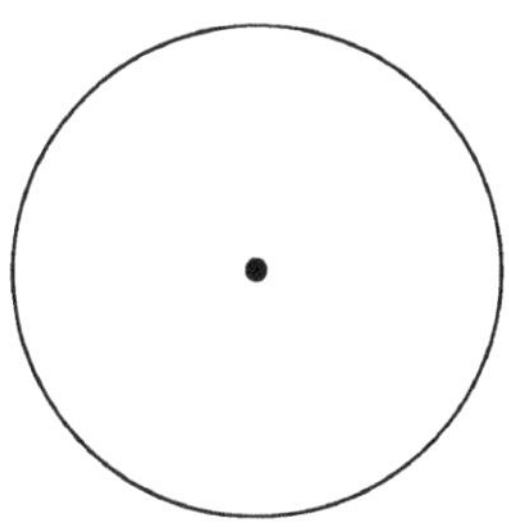

$\underline{\underline{\hat{\mathbf{h}}}} = \underline{\mathbf{e}}_y\underline{\mathbf{e}}_y$

$H_{\mathrm{P}}^{\mathrm{PQ}_h}(\underline{\hat{\mathbf{R}}}) = -(\lambda + 2\mu \sin^2\vartheta \sin^2\varphi)/4\pi c_{\mathrm{P}}^2 Z_{\mathrm{P}}$ $\qquad H_{\mathrm{S}\vartheta}^{\mathrm{PQ}_h}(\underline{\hat{\mathbf{R}}}) = -\sin 2\vartheta \sin^2\varphi/4\pi c_{\mathrm{S}}$

$\underline{\underline{\hat{\mathbf{h}}}} = \underline{\mathbf{e}}_z\underline{\mathbf{e}}_z$

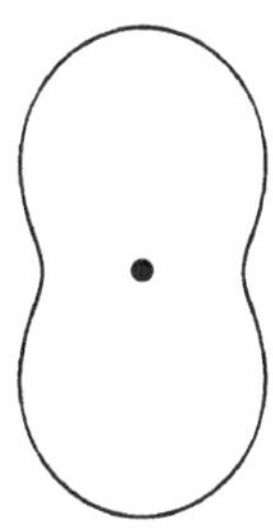

$\underline{\underline{\hat{\mathbf{h}}}} = \underline{\mathbf{e}}_z\underline{\mathbf{e}}_z$

$H_{\mathrm{P}}^{\mathrm{PQ}_h}(\underline{\hat{\mathbf{R}}}) = -(\lambda + 2\mu \cos^2\vartheta)/4\pi c_{\mathrm{P}}^2 Z_{\mathrm{P}}$ $\qquad H_{\mathrm{S}\vartheta}^{\mathrm{PQ}_h}(\underline{\hat{\mathbf{R}}}) = \sin 2\vartheta/4\pi c_{\mathrm{S}}$

$\underline{\underline{\hat{\mathbf{h}}}} = \underline{\mathbf{e}}_x\underline{\mathbf{e}}_z$

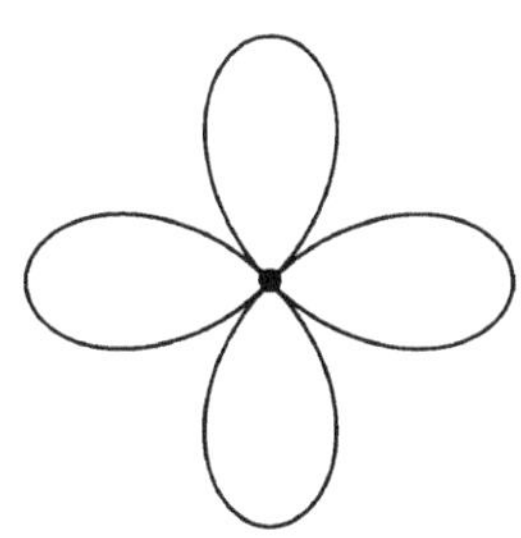

$\underline{\underline{\hat{\mathbf{h}}}} = \underline{\mathbf{e}}_x\underline{\mathbf{e}}_z$

$H_{\mathrm{P}}^{\mathrm{PQ}_h}(\underline{\hat{\mathbf{R}}}) = -c_{\mathrm{S}} Z_{\mathrm{S}} \sin 2\vartheta \cos\varphi/4\pi c_{\mathrm{P}}^2 Z_{\mathrm{P}}$ $\qquad H_{\mathrm{S}\vartheta}^{\mathrm{PQ}_h}(\underline{\hat{\mathbf{R}}}) = -\cos 2\vartheta \cos\varphi/4\pi c_{\mathrm{S}}$

Abb. 13.2.6: *Richtdiagramme der Teilchenverschiebung für punktförmige Deformationsratenquellen (Punktrichtwirkungen für $\underline{\underline{\hat{\mathbf{h}}}}$): in Richtung $\underline{\hat{\mathbf{R}}}$ ist für $\varphi = 0$, d.h. als Funktion von ϑ, der auf 1 normierte Betrag der Punktrichtwirkungen aufgetragen (Material: Stahl mit c_{P}=5900 m/s, c_{S}=3200 m/s, $\rho = 7.7 \cdot 10^3$ kg/m³)*

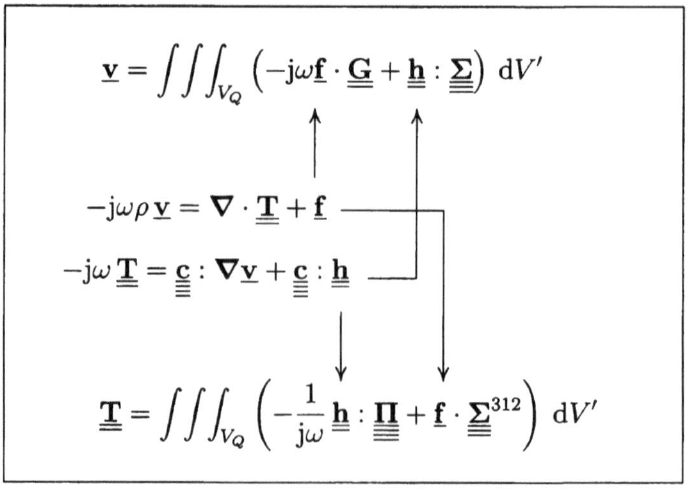

Abb. 13.2.7: *Zuordnung Green'scher Funktionen homogen-isotroper elastischer Materialien zu den Quelldichten $\underline{\mathbf{f}}$ und $\underline{\underline{\mathbf{h}}}$ (es ist $\underline{\underline{\underline{\underline{\mathbf{c}}}}} = \lambda \underline{\underline{\mathbf{I}}}^{\delta} + 2\mu \underline{\underline{\underline{\underline{\mathbf{I}}}}}^{+}$)*

gut können wir „linksseitige" Green'sche Tensoren definieren (man vergleiche Fußnote 23):

$$\underline{\mathbf{v}} = \iiint_{V_Q} \Big[\, \underline{\underline{\mathbf{G}}} \cdot (-\mathrm{j}\omega \underline{\mathbf{f}}) + \underbrace{\underline{\underline{\mathbf{G}}} \cdot \nabla' \cdot \underline{\underline{\underline{\underline{\mathbf{c}}}}} : \underline{\underline{\mathbf{h}}}}_{\begin{aligned} &\overset{\underline{\underline{\underline{\underline{\mathbf{c}}}}},\underline{\underline{\mathbf{h}}}-\text{Symm.}}{=} -(\nabla' \underline{\underline{\mathbf{G}}})^{231} : \underline{\underline{\underline{\underline{\mathbf{c}}}}} : \underline{\underline{\mathbf{h}}} \\ &= (\nabla \underline{\underline{\mathbf{G}}})^{231} : \underline{\underline{\underline{\underline{\mathbf{c}}}}} : \underline{\underline{\mathbf{h}}} \\ &\overset{\text{def}}{=} \bar{\underline{\underline{\underline{\mathbf{\Sigma}}}}} : \underline{\underline{\mathbf{h}}} \\ &= \underline{\underline{\mathbf{h}}} : \bar{\underline{\underline{\underline{\mathbf{\Sigma}}}}}^{231} \\ &\overset{\underline{\underline{\underline{\underline{\mathbf{c}}}}}-\text{Symm.}}{=} \underline{\underline{\mathbf{h}}} : \underline{\underline{\underline{\mathbf{\Sigma}}}} \end{aligned}} \,\Big] \mathrm{d}V' \tag{13.2.114}$$

Spannungselementarwellen einer punktförmigen Deformationsratenquelle
Mit dem Spannungstensor $\underline{\underline{\mathbf{T}}}(\underline{\mathbf{R}}, \omega) = \underline{\underline{\underline{\underline{\mathbf{c}}}}} : \nabla \underline{\mathbf{u}}(\underline{\mathbf{R}}, \omega)$ — wir setzen zunächst „sicherheitshalber" $\underline{\mathbf{R}} \notin V_Q$ voraus — und $-\mathrm{j}\omega \underline{\mathbf{u}}(\underline{\mathbf{R}}, \omega) = \underline{\mathbf{v}}(\underline{\mathbf{R}}, \omega)$ berechnen wir mit dem dritten Gleichheitszeichen der Unterklammer von (13.2.114) sofort:

$$\underline{\underline{\mathbf{T}}}(\underline{\mathbf{R}}, \omega) = \iiint_{V_Q} \Big[\underbrace{\underline{\underline{\underline{\underline{\mathbf{c}}}}} : \nabla \underline{\underline{\mathbf{G}}}(\underline{\mathbf{R}} - \underline{\mathbf{R}}', \omega) \cdot \underline{\mathbf{f}}(\underline{\mathbf{R}}', \omega)}_{\begin{aligned} &= \underline{\underline{\underline{\mathbf{\Sigma}}}}(\underline{\mathbf{R}} - \underline{\mathbf{R}}', \omega) \cdot \underline{\mathbf{f}}(\underline{\mathbf{R}}', \omega) \\ &= \underline{\mathbf{f}}(\underline{\mathbf{R}}', \omega) \cdot \underline{\underline{\underline{\mathbf{\Sigma}}}}^{312}(\underline{\mathbf{R}}', \omega) \end{aligned}} - \frac{1}{\mathrm{j}\omega} \underbrace{\underline{\underline{\underline{\underline{\mathbf{c}}}}} : \nabla \bar{\underline{\underline{\underline{\mathbf{\Sigma}}}}}(\underline{\mathbf{R}} - \underline{\mathbf{R}}', \omega) : \underline{\underline{\mathbf{h}}}(\underline{\mathbf{R}}', \omega)}_{\begin{aligned} &\overset{\text{def}}{=} \bar{\underline{\underline{\underline{\underline{\mathbf{\Pi}}}}}}(\underline{\mathbf{R}} - \underline{\mathbf{R}}', \omega) : \underline{\underline{\mathbf{h}}}(\underline{\mathbf{R}}', \omega) \\ &= \underline{\underline{\mathbf{h}}}(\underline{\mathbf{R}}', \omega) : \bar{\underline{\underline{\underline{\underline{\mathbf{\Pi}}}}}}^{3412}(\underline{\mathbf{R}} - \underline{\mathbf{R}}', \omega) \\ &\overset{\text{def}}{=} \underline{\underline{\mathbf{h}}}(\underline{\mathbf{R}}', \omega) : \underline{\underline{\underline{\underline{\mathbf{\Pi}}}}}(\underline{\mathbf{R}} - \underline{\mathbf{R}}', \omega) \\ &\overset{\underline{\underline{\underline{\underline{\mathbf{c}}}}}-\text{Symm.}}{=} \underline{\underline{\mathbf{h}}}(\underline{\mathbf{R}}', \omega) : [\nabla \underline{\underline{\underline{\mathbf{\Sigma}}}}(\underline{\mathbf{R}} - \underline{\mathbf{R}}', \omega)]^{2314} : \underline{\underline{\underline{\underline{\mathbf{c}}}}} \end{aligned}} \Big] \mathrm{d}^3\underline{\mathbf{R}}' \tag{13.2.115}$$

$$= \iiint_{V_Q} \left[\underline{\underline{\underline{\mathbf{\Sigma}}}}(\underline{\mathbf{R}} - \underline{\mathbf{R}}', \omega) \cdot \underline{\mathbf{f}}(\underline{\mathbf{R}}', \omega) - \frac{1}{\mathrm{j}\omega} \bar{\underline{\underline{\underline{\underline{\mathbf{\Pi}}}}}}(\underline{\mathbf{R}} - \underline{\mathbf{R}}', \omega) : \underline{\underline{\mathbf{h}}}(\underline{\mathbf{R}}', \omega)\right] \mathrm{d}^3\underline{\mathbf{R}}' \tag{13.2.116}$$

$$=\iiint_{V_Q}\left[\underline{\mathbf{f}}(\underline{\mathbf{R}}',\omega)\cdot\underline{\underline{\underline{\mathbf{\Sigma}}}}^{312}(\underline{\mathbf{R}}-\underline{\mathbf{R}}',\omega)-\frac{1}{\mathrm{j}\omega}\underline{\underline{\mathbf{h}}}(\underline{\mathbf{R}}',\omega):\underline{\underline{\underline{\underline{\mathbf{\Pi}}}}}(\underline{\mathbf{R}}-\underline{\mathbf{R}}',\omega)\right]\mathrm{d}^3\underline{\mathbf{R}}' \,. \quad (13.2.117)$$

Das letzte Gleichheitszeichen der Unterklammer des zweiten Terms in (13.2.115) ergibt sich durch Umformung von

$$\begin{aligned}\underline{\underline{\underline{\underline{\mathbf{\Pi}}}}}(\underline{\mathbf{R}},\omega) &= \bar{\underline{\underline{\underline{\underline{\mathbf{\Pi}}}}}}^{3412}(\underline{\mathbf{R}},\omega)\\ &= \left[\underline{\underline{\underline{\underline{\mathbf{c}}}}}:\nabla\bar{\underline{\underline{\underline{\mathbf{\Sigma}}}}}(\underline{\mathbf{R}},\omega)\right]^{3412}\\ &= \left[\underline{\underline{\underline{\underline{\mathbf{c}}}}}:\nabla\underline{\underline{\underline{\mathbf{\Sigma}}}}^{312}(\underline{\mathbf{R}},\omega)\right]^{3412} \quad (13.2.118)\end{aligned}$$

in kartesischen Koordinaten (am schnellsten unter Verwendung der Summenkonvention), indem man die Definition der Indexnotation konsequent ausnutzt (Vertauschung der Einheitsvektoren im vierfachen dyadischen Produkt, *nicht* der Indizes!). Wir finden also

$$\underline{\underline{\underline{\underline{\mathbf{\Pi}}}}}(\underline{\mathbf{R}},\omega)=\left[\nabla\underline{\underline{\underline{\mathbf{\Sigma}}}}(\underline{\mathbf{R}},\omega)\right]^{2314}:\underline{\underline{\underline{\underline{\mathbf{c}}}}}\;,\quad \underline{\mathbf{R}}\neq\underline{\mathbf{0}}\;, \quad (13.2.119)$$

beziehungsweise

$$\underline{\underline{\underline{\underline{\mathbf{\Pi}}}}}(\underline{\mathbf{R}}-\underline{\mathbf{R}}',\omega)=\left[\nabla\underline{\underline{\underline{\mathbf{\Sigma}}}}(\underline{\mathbf{R}}-\underline{\mathbf{R}}',\omega)\right]^{2314}:\underline{\underline{\underline{\underline{\mathbf{c}}}}}\;,\quad \underline{\mathbf{R}}\neq\underline{\mathbf{R}}'\;. \quad (13.2.120)$$

Es lässt sich nachweisen, dass $\underline{\underline{\underline{\underline{\mathbf{\Pi}}}}}$ (im homogenen Material) dieselben Symmetrien wie der $\underline{\underline{\underline{\underline{\mathbf{c}}}}}$-Tensor aufweist (de Hoop, 1995):

$$\begin{aligned}\underline{\underline{\underline{\underline{\mathbf{\Pi}}}}}(\underline{\mathbf{R}},\omega) &= \underline{\underline{\underline{\underline{\mathbf{\Pi}}}}}^{2134}(\underline{\mathbf{R}},\omega)\\ &= \underline{\underline{\underline{\underline{\mathbf{\Pi}}}}}^{1243}(\underline{\mathbf{R}},\omega)\\ &= \underline{\underline{\underline{\underline{\mathbf{\Pi}}}}}^{3412}(\underline{\mathbf{R}},\omega)\;. \quad (13.2.121)\end{aligned}$$

Deshalb gilt

$$\underline{\underline{\underline{\underline{\mathbf{\Pi}}}}}(\underline{\mathbf{R}},\omega)=\bar{\underline{\underline{\underline{\underline{\mathbf{\Pi}}}}}}(\underline{\mathbf{R}},\omega)\;. \quad (13.2.122)$$

Mit den Green'schen Tensoren $\underline{\underline{\underline{\mathbf{\Sigma}}}}$ und $\underline{\underline{\underline{\underline{\mathbf{\Pi}}}}}$ können wir nun die Spannungselementarwellen von punktförmigen $\hat{\underline{\mathbf{f}}}$- und $\hat{\underline{\underline{\mathbf{h}}}}$-Quellen angeben:

$$\underline{\underline{\mathbf{T}}}^{\mathrm{PQ}_{f,h}}(\underline{\mathbf{R}},\omega)=\hat{\underline{\mathbf{f}}}\cdot\underline{\underline{\underline{\mathbf{\Sigma}}}}^{312}(\underline{\mathbf{R}},\omega)+\hat{\underline{\underline{\mathbf{h}}}}:\underline{\underline{\underline{\underline{\mathbf{\Pi}}}}}(\underline{\mathbf{R}},\omega)\;. \quad (13.2.123)$$

Da wir ein homogen-isotropes Material voraussetzen, können wir (7.1.18) in (13.2.119) einsetzen:

$$\underline{\underline{\underline{\underline{\mathbf{\Pi}}}}}(\underline{\mathbf{R}},\omega)=\lambda\nabla\cdot\underline{\underline{\underline{\mathbf{\Sigma}}}}^{312}(\underline{\mathbf{R}},\omega)\,\underline{\underline{\mathbf{I}}}+\mu\left\{\left[\nabla\underline{\underline{\underline{\mathbf{\Sigma}}}}(\underline{\mathbf{R}},\omega)\right]^{2314}+\left[\nabla\underline{\underline{\underline{\mathbf{\Sigma}}}}(\underline{\mathbf{R}},\omega)\right]^{2341}\right\}\;,\quad\underline{\mathbf{R}}\neq\underline{\mathbf{0}}\,. \quad (13.2.124)$$

Wegen (13.2.84) hat dies ebenfalls die Aufspaltung

$$\underline{\underline{\underline{\underline{\mathbf{\Pi}}}}}(\underline{\mathbf{R}},\omega)=\frac{1}{\lambda+2\mu}\underline{\underline{\underline{\underline{\mathbf{\Pi}}}}}_{\mathrm{P}}(\underline{\mathbf{R}},\omega)+\frac{1}{\mu}\underline{\underline{\underline{\underline{\mathbf{\Pi}}}}}_{\mathrm{S}}(\underline{\mathbf{R}},\omega) \quad (13.2.125)$$

mit

$$\underline{\underline{\underline{\underline{\mathbf{\Pi}}}}}_{\mathrm{P}}(\underline{\mathbf{R}},\omega)=\lambda\nabla\cdot\underline{\underline{\underline{\mathbf{\Sigma}}}}_{\mathrm{P}}^{312}\,\underline{\underline{\mathbf{I}}}+\mu\left\{\left[\nabla\underline{\underline{\underline{\mathbf{\Sigma}}}}_{\mathrm{P}}(\underline{\mathbf{R}},\omega)\right]^{2314}+\left[\nabla\underline{\underline{\underline{\mathbf{\Sigma}}}}_{\mathrm{P}}(\underline{\mathbf{R}},\omega)\right]^{2341}\right\}\;, \quad (13.2.126)$$

$$\underline{\underline{\underline{\underline{\mathbf{\Pi}}}}}_{\mathrm{S}}(\underline{\mathbf{R}},\omega)=\mu\left\{\left[\nabla\underline{\underline{\underline{\mathbf{\Sigma}}}}_{\mathrm{S}}(\underline{\mathbf{R}},\omega)\right]^{2314}+\left[\nabla\underline{\underline{\underline{\mathbf{\Sigma}}}}_{\mathrm{S}}(\underline{\mathbf{R}},\omega)\right]^{2341}\right\} \quad (13.2.127)$$

zur Folge; wegen (13.2.86) und $\nabla \cdot \underline{\underline{\mathbf{G}}}_{\mathrm{S}}(\underline{\mathbf{R}}, \omega) \equiv \underline{\mathbf{0}}$ (Gleichung (13.2.24)) gilt:

$$\begin{aligned} \nabla \cdot \left[\nabla \underline{\underline{\mathbf{G}}}_{\mathrm{S}}(\underline{\mathbf{R}}, \omega)\right]^{312} &= \nabla\nabla \cdot \underline{\underline{\mathbf{G}}}_{\mathrm{S}}^{21}(\underline{\mathbf{R}}, \omega) \\ &= \nabla \left[\nabla \cdot \underline{\underline{\mathbf{G}}}_{\mathrm{S}}(\underline{\mathbf{R}}, \omega)\right] \\ &= \underline{\underline{\mathbf{0}}} \ . \end{aligned} \tag{13.2.128}$$

Zur expliziten Darstellung von (13.2.126) und (13.2.127) analog zu (13.2.87) und (13.2.88) muss (für $\underline{\mathbf{R}} \neq \underline{\mathbf{0}}$) die Vierfachgradientendyade der skalaren Green'schen Funktion ausgerechnet werden; dies schenken wir uns und verweisen auf de Hoop (1995). Die Fernfeldnäherung wollen wir jedoch unter Verwendung von (13.2.89) und (13.2.90) angeben:

$$\underline{\underline{\underline{\underline{\mathbf{\Pi}}}}}_{\mathrm{P}}^{\mathrm{fern}}(\underline{\mathbf{R}}, \omega) = -k_{\mathrm{P}}^2 \frac{\mathrm{e}^{\mathrm{j}k_{\mathrm{P}}R}}{4\pi R} (\lambda \underline{\underline{\mathbf{I}}} + 2\mu \underline{\hat{\mathbf{R}}}\,\underline{\hat{\mathbf{R}}})(\lambda \underline{\underline{\mathbf{I}}} + 2\mu \underline{\hat{\mathbf{R}}}\,\underline{\hat{\mathbf{R}}}) \ , \tag{13.2.129}$$

$$\underline{\underline{\underline{\underline{\mathbf{\Pi}}}}}_{\mathrm{S}}^{\mathrm{fern}}(\underline{\mathbf{R}}, \omega) = -k_{\mathrm{S}}^2 \mu^2 \frac{\mathrm{e}^{\mathrm{j}k_{\mathrm{S}}R}}{4\pi R} \left(\underline{\hat{\mathbf{R}}}\,\underline{\hat{\mathbf{R}}}\,\underline{\underline{\mathbf{I}}}^{2314} + \underline{\hat{\mathbf{R}}}\,\underline{\hat{\mathbf{R}}}\,\underline{\underline{\mathbf{I}}}^{2341} + \underline{\hat{\mathbf{R}}}\,\underline{\hat{\mathbf{R}}}\,\underline{\underline{\mathbf{I}}}^{3214} + \underline{\hat{\mathbf{R}}}\,\underline{\hat{\mathbf{R}}}\,\underline{\underline{\mathbf{I}}}^{3241} - 4\underline{\hat{\mathbf{R}}}\,\underline{\hat{\mathbf{R}}}\,\underline{\hat{\mathbf{R}}}\,\underline{\hat{\mathbf{R}}}\right) \tag{13.2.130}$$

Die Symmetrien (13.2.121) sind hier offensichtlich.

Der Distributionsanteil im Green'schen Tensor vierter Stufe

In der $\underline{\underline{\underline{\underline{\mathbf{\Pi}}}}}$-Darstellung (13.2.119) hatten wir $\underline{\mathbf{R}} \neq \underline{\mathbf{0}}$ vorausgesetzt; was ist für $\underline{\mathbf{R}} = \underline{\mathbf{0}}$?

Der Tensor zweiter Stufe $\underline{\underline{\mathbf{G}}}_v(\underline{\mathbf{R}} - \underline{\mathbf{R}}', \omega)$ enthält gemäß (5.5.10) für $\underline{\mathbf{R}} = \underline{\mathbf{R}}'$ einen expliziten Distributionsanteil, den wir durch Lösung der zugehörigen Differentialgleichung (5.5.7) gefunden und dessen Notwendigkeit wir mit (5.5.18)–(5.5.22) begründet hatten. Mit einer analogen Begründung wollen wir den Distributionsanteil in $\underline{\underline{\underline{\underline{\mathbf{\Pi}}}}}(\underline{\mathbf{R}} - \underline{\mathbf{R}}', \omega)$ angeben.

Für $\underline{\mathbf{R}} \in V_Q$ muss

$$\underline{\underline{\mathbf{T}}}(\underline{\mathbf{R}}, \omega) = -\frac{1}{\mathrm{j}\omega} \underline{\underline{\underline{\underline{\mathbf{c}}}}} : \nabla \underline{\mathbf{v}}(\underline{\mathbf{R}}, \omega) - \frac{1}{\mathrm{j}\omega} \underline{\underline{\underline{\underline{\mathbf{c}}}}} : \underline{\underline{\mathbf{h}}}(\underline{\mathbf{R}}, \omega) \tag{13.2.131}$$

gelten. Mit der auch für $\underline{\mathbf{R}} \in V_Q$ gültigen Quellenfelddarstellung (13.2.79) der Teilchengeschwindigkeit ergibt sich für $\underline{\underline{\mathbf{T}}}(\underline{\mathbf{R}}, \omega)$ gemäß (13.2.131):

$$\begin{aligned} \underline{\underline{\mathbf{T}}}(\underline{\mathbf{R}}, \omega) = \underline{\underline{\underline{\underline{\mathbf{c}}}}} : \nabla \iiint_{V_Q} \left[\underline{\underline{\mathbf{G}}}(\underline{\mathbf{R}} - \underline{\mathbf{R}}', \omega) \cdot \underline{\mathbf{f}}(\underline{\mathbf{R}}', \omega) - \frac{1}{\mathrm{j}\omega} \underline{\underline{\underline{\mathbf{\Sigma}}}}(\underline{\mathbf{R}} - \underline{\mathbf{R}}', \omega) : \underline{\underline{\mathbf{h}}}(\underline{\mathbf{R}}', \omega)\right] \mathrm{d}^3\underline{\mathbf{R}}' - \\ - \frac{1}{\mathrm{j}\omega} \underline{\underline{\underline{\underline{\mathbf{c}}}}} : \underline{\underline{\mathbf{h}}}(\underline{\mathbf{R}}, \omega) \ . \end{aligned} \tag{13.2.132}$$

Wohl wissend, dass $\underline{\underline{\mathbf{G}}}(\underline{\mathbf{R}} - \underline{\mathbf{R}}', \omega)$ und deswegen $\underline{\underline{\underline{\mathbf{\Sigma}}}}(\underline{\mathbf{R}} - \underline{\mathbf{R}}', \omega)$ für $\underline{\mathbf{R}} = \underline{\mathbf{R}}'$ keine Hypersingularitäten haben (Gleichungen (13.2.18), (13.2.83)), ziehen wir $\underline{\underline{\underline{\underline{\mathbf{c}}}}} : \nabla$ unter das Integral:

$$\begin{aligned} \underline{\underline{\mathbf{T}}}(\underline{\mathbf{R}}, \omega) = \iiint_{V_Q} \left[\underline{\underline{\underline{\underline{\mathbf{c}}}}} : \nabla \underline{\underline{\mathbf{G}}}(\underline{\mathbf{R}} - \underline{\mathbf{R}}', \omega) \cdot \underline{\mathbf{f}}(\underline{\mathbf{R}}', \omega) - \frac{1}{\mathrm{j}\omega} \underline{\underline{\underline{\underline{\mathbf{c}}}}} : \nabla \underline{\underline{\underline{\mathbf{\Sigma}}}}(\underline{\mathbf{R}} - \underline{\mathbf{R}}', \omega) : \underline{\underline{\mathbf{h}}}(\underline{\mathbf{R}}', \omega)\right] \mathrm{d}^3\underline{\mathbf{R}}' - \\ - \frac{1}{\mathrm{j}\omega} \underline{\underline{\underline{\underline{\mathbf{c}}}}} : \underline{\underline{\mathbf{h}}}(\underline{\mathbf{R}}, \omega) \ . \end{aligned} \tag{13.2.133}$$

Für $\underline{\mathbf{R}} \in V_Q$ können wir den außerhalb des Integrals stehenden $\underline{\underline{\underline{\underline{\mathbf{c}}}}} : \underline{\underline{\mathbf{h}}}$-Term in (13.2.133) gemäß

$$\underline{\underline{\mathbf{T}}}(\underline{\mathbf{R}}, \omega) = \tag{13.2.134}$$

$$\iiint_{V_Q} \Big\{ \underbrace{\underline{\underline{\underline{\underline{\mathbf{c}}}}} : \nabla \underline{\underline{\mathbf{G}}}(\underline{\mathbf{R}} - \underline{\mathbf{R}}', \omega)}_{= \underline{\underline{\underline{\mathbf{\Sigma}}}}(\underline{\mathbf{R}} - \underline{\mathbf{R}}', \omega)} \cdot \underline{\mathbf{f}}(\underline{\mathbf{R}}', \omega) - \frac{1}{\mathrm{j}\omega} \left[\underline{\underline{\underline{\underline{\mathbf{c}}}}} : \nabla \underline{\underline{\underline{\mathbf{\Sigma}}}}(\underline{\mathbf{R}} - \underline{\mathbf{R}}', \omega) + \delta(\underline{\mathbf{R}} - \underline{\mathbf{R}}') \underline{\underline{\underline{\underline{\mathbf{c}}}}}\right] : \underline{\underline{\mathbf{h}}}(\underline{\mathbf{R}}', \omega) \Big\} \, \mathrm{d}^3\underline{\mathbf{R}}'$$

einem Tensor

$$\begin{aligned}\bar{\underline{\underline{\underline{\underline{\Pi}}}}}(\underline{\mathbf{R}} - \underline{\mathbf{R}}', \omega) &= \underline{\underline{\underline{\underline{\Pi}}}}(\underline{\mathbf{R}} - \underline{\mathbf{R}}', \omega) \\ &= \underline{\underline{\underline{\underline{\mathbf{c}}}}} : \nabla \bar{\underline{\underline{\underline{\Sigma}}}}(\underline{\mathbf{R}} - \underline{\mathbf{R}}', \omega) + \underline{\underline{\underline{\underline{\mathbf{c}}}}}\, \delta(\underline{\mathbf{R}} - \underline{\mathbf{R}}') \\ &= \left[\nabla \underline{\underline{\underline{\Sigma}}}(\underline{\mathbf{R}} - \underline{\mathbf{R}}', \omega)\right]^{2314} : \underline{\underline{\underline{\underline{\mathbf{c}}}}} + \underline{\underline{\underline{\underline{\mathbf{c}}}}}\, \delta(\underline{\mathbf{R}} - \underline{\mathbf{R}}')\end{aligned} \tag{13.2.135}$$

zuschlagen, der (13.2.120) ersetzt, wenn $\underline{\mathbf{R}} = \underline{\mathbf{R}}'$ ist.

Wenn wir andererseits — in Analogie zu (5.5.23)-(5.5.24) — von

$$\underline{\mathbf{v}}(\underline{\mathbf{R}}, \omega) = -\frac{1}{\mathrm{j}\omega\rho} \nabla \cdot \underline{\underline{\mathbf{T}}}(\underline{\mathbf{R}}, \omega) - \frac{1}{\mathrm{j}\omega\rho} \underline{\mathbf{f}}(\underline{\mathbf{R}}, \omega) \tag{13.2.136}$$

ausgehen und für $\underline{\mathbf{R}} \in V_Q$ (13.2.116) mit (13.2.135) einsetzen, so kompensiert wegen[28]

$$\nabla \cdot \underline{\underline{\underline{\Sigma}}}(\underline{\mathbf{R}} - \underline{\mathbf{R}}', \omega) + \rho\omega^2 \underline{\underline{\mathbf{G}}}(\underline{\mathbf{R}} - \underline{\mathbf{R}}', \omega) = -\delta(\underline{\mathbf{R}} - \underline{\mathbf{R}}')\, \underline{\underline{\mathbf{I}}} \tag{13.2.137}$$

der δ-Term in (13.2.137) den $\underline{\mathbf{f}}$-Term in (13.2.136); ferner führt $\nabla \cdot \bar{\underline{\underline{\underline{\underline{\Pi}}}}}(\underline{\mathbf{R}} - \underline{\mathbf{R}}', \omega)$ wegen (13.2.135) auf einen Distributionsterm, der durch Einsetzen von $\bar{\underline{\underline{\underline{\Sigma}}}}(\underline{\mathbf{R}} - \underline{\mathbf{R}}', \omega)$ respektive $\underline{\underline{\mathbf{G}}}(\underline{\mathbf{R}} - \underline{\mathbf{R}}', \omega)$ und Beachtung der Differentialgleichung für $\underline{\underline{\mathbf{G}}}(\underline{\mathbf{R}} - \underline{\mathbf{R}}', \omega)$ (Fußnote 28) ebenfalls kompensiert wird. Es entsteht folglich für $\underline{\mathbf{R}} \in V_Q$ aus (13.2.136) mit (13.2.116) und (13.2.135) die für $\underline{\mathbf{R}} \in V_Q$ gültige Darstellung (13.2.79).

Differentialgleichung für den Green'schen Tensor vierter Stufe

Aus den Grundgleichungen der Akustik für homogene Materialien leitet man die Schwingungsgleichungen (5.3.16) und (5.3.18) für die Fourier-transformierten Feldgrößen $p(\underline{\mathbf{R}}, \omega)$ und $\underline{\mathbf{v}}(\underline{\mathbf{R}}, \omega)$ her; mit (5.5.1) und (5.5.7) wird jeder dieser Differentialgleichungen eine Differentialgleichung für Green'sche Funktionen $G(\underline{\mathbf{R}} - \underline{\mathbf{R}}', \omega)$ und $\underline{\underline{\mathbf{G}}}_v(\underline{\mathbf{R}} - \underline{\mathbf{R}}', \omega)$ zugeordnet (man vergleiche auch Abb. 5.5.1). *Hier*, in der Elastodynamik, liegen die Feldgrößen $\underline{\mathbf{v}}(\underline{\mathbf{R}}, \omega)$ und $\underline{\underline{\mathbf{T}}}(\underline{\mathbf{R}}, \omega)$ vor; der Differentialgleichung (13.2.5) für $\underline{\mathbf{v}}(\underline{\mathbf{R}}, \omega)$ wird die Differentialgleichung (13.2.7) für die Green'sche Funktion $\underline{\underline{\mathbf{G}}}(\underline{\mathbf{R}} - \underline{\mathbf{R}}', \omega)$ zugeordnet, und Abb. 13.2.7 vermittelt anschaulich, dass sodann $\bar{\underline{\underline{\underline{\underline{\Pi}}}}}(\underline{\mathbf{R}} - \underline{\mathbf{R}}', \omega)$ bzw. $\underline{\underline{\underline{\underline{\Pi}}}}(\underline{\mathbf{R}} - \underline{\mathbf{R}}', \omega)$ einer Differentialgleichung genügen sollte, die der Fourier-transformierten Gleichung (13.2.3) zugeordnet ist. Wir doppelkontrahieren (13.2.3) mit $\underline{\underline{\underline{\underline{\mathbf{c}}}}}$ entsprechend

$$\underline{\underline{\underline{\underline{\mathbf{c}}}}} : \nabla \left[\nabla \cdot \underline{\underline{\mathbf{T}}}(\underline{\mathbf{R}}, \omega)\right] + \rho\omega^2 \underline{\underline{\mathbf{T}}}(\underline{\mathbf{R}}, \omega) = -\underline{\underline{\underline{\underline{\mathbf{c}}}}} : \nabla \underline{\mathbf{f}}(\underline{\mathbf{R}}, \omega) + \mathrm{j}\omega\rho\, \underline{\underline{\underline{\underline{\mathbf{c}}}}} : \underline{\underline{\mathbf{h}}}(\underline{\mathbf{R}}, \omega) \tag{13.2.138}$$

und behaupten, dass $\underline{\underline{\underline{\underline{\Pi}}}}(\underline{\mathbf{R}} - \underline{\mathbf{R}}', \omega)$ (bzw. $\bar{\underline{\underline{\underline{\underline{\Pi}}}}}(\underline{\mathbf{R}} - \underline{\mathbf{R}}', \omega)$) gemäß (13.2.135) Lösung der Differentialgleichung

$$\underline{\underline{\underline{\underline{\mathbf{c}}}}} : \nabla \left[\nabla \cdot \underline{\underline{\underline{\underline{\Pi}}}}(\underline{\mathbf{R}} - \underline{\mathbf{R}}', \omega)\right] + \rho\omega^2 \underline{\underline{\underline{\underline{\Pi}}}}(\underline{\mathbf{R}} - \underline{\mathbf{R}}', \omega) = \rho\omega^2 \underline{\underline{\underline{\underline{\mathbf{c}}}}}\, \delta(\underline{\mathbf{R}} - \underline{\mathbf{R}}') \tag{13.2.139}$$

ist. Durch Einsetzen und Verwendung der dreidimensionalen Fourier-Transformation ($\nabla \Longrightarrow \mathrm{j}\underline{\mathbf{K}}$) weist man dies verhältnismäßig leicht nach.

[28] Dies ist nichts anderes als die Differentialgleichung (13.2.7), in der man $\underline{\underline{\underline{\underline{\mathbf{c}}}}} = \lambda \underline{\underline{\underline{\underline{\mathbf{I}}}}}^{\delta} + 2\mu \underline{\underline{\underline{\underline{\mathbf{I}}}}}^{+}$ noch nicht eingesetzt hat:

$$\nabla \cdot \underline{\underline{\underline{\underline{\mathbf{c}}}}} : \nabla \underline{\underline{\mathbf{G}}}(\underline{\mathbf{R}} - \underline{\mathbf{R}}', \omega) + \rho\omega^2 \underline{\underline{\mathbf{G}}}(\underline{\mathbf{R}} - \underline{\mathbf{R}}', \omega) = -\delta(\underline{\mathbf{R}} - \underline{\mathbf{R}}')\, \underline{\underline{\mathbf{I}}} \ .$$

13.3 Zwei- und dreidimensionale elastodynamische Quellenfelder

13.3.1 Elastodynamische Punktquellensynthese

Mit den Integraldarstellungen (13.2.79) und (13.2.117) formulieren wir die Punktquellensynthese elastodynamischer Quellenfelder im homogen-isotropen Material:

$$\underline{\mathbf{v}}(\underline{\mathbf{R}},\omega)=\iiint_{V_Q}\left[-\mathrm{j}\omega\underline{\mathbf{f}}(\underline{\mathbf{R}}',\omega)\cdot\underline{\underline{\mathbf{G}}}(\underline{\mathbf{R}}-\underline{\mathbf{R}}',\omega)+\underline{\underline{\mathbf{h}}}(\underline{\mathbf{R}}',\omega):\underline{\underline{\underline{\mathbf{\Sigma}}}}(\underline{\mathbf{R}}-\underline{\mathbf{R}}',\omega)\right]\mathrm{d}^3\underline{\mathbf{R}}' \;, \tag{13.3.1}$$

$$\underline{\underline{\mathbf{T}}}(\underline{\mathbf{R}},\omega)=\iiint_{V_Q}\left[\underline{\mathbf{f}}(\underline{\mathbf{R}}',\omega)\cdot\underline{\underline{\underline{\mathbf{\Sigma}}}}^{312}(\underline{\mathbf{R}}',\omega)-\frac{1}{\mathrm{j}\omega}\underline{\underline{\mathbf{h}}}(\underline{\mathbf{R}}',\omega):\underline{\underline{\underline{\underline{\mathbf{\Pi}}}}}(\underline{\mathbf{R}}-\underline{\mathbf{R}}',\omega)\right]\mathrm{d}^3\underline{\mathbf{R}}' \;. \tag{13.3.2}$$

Die Amplituden- und Phasenverteilungen von Kraftdichtequellen $\underline{\mathbf{f}}(\underline{\mathbf{R}}',\omega)$ und Deformationsratenquellen $\underline{\underline{\mathbf{h}}}(\underline{\mathbf{R}}',\omega)$ innerhalb eines Quellvolumens V_Q wichtet die von jedem Quellpunkt $\underline{\mathbf{R}}'$ ausgehenden elastodynamischen Elementarwellen, wie sie durch die Green'schen Tensoren $\underline{\underline{\mathbf{G}}}(\underline{\mathbf{R}}-\underline{\mathbf{R}}',\omega)$, $\underline{\underline{\underline{\mathbf{\Sigma}}}}(\underline{\mathbf{R}}-\underline{\mathbf{R}}',\omega)$ und $\underline{\underline{\underline{\underline{\mathbf{\Pi}}}}}(\underline{\mathbf{R}}-\underline{\mathbf{R}}',\omega)$ mathematisch beschrieben werden; Teilchengeschwindigkeiten und Spannungen vorgegebener Quellen werden für $\underline{\mathbf{R}}\in\mathbb{R}^3$, d.h. sowohl innerhalb als auch außerhalb von V_Q mit (13.3.1) und (13.3.2) berechenbar.

13.3.2 Fernfeldnäherungen dreidimensionaler elastodynamischer Quellenfelder

Druck- und Scherwellenrichtcharakteristiken von Kraftdichte- und Deformationsratenquellen

Es sei a die maximale Lineardimension von V_Q; dann erhalten wir mit Gleichung (13.2.22) und den Fernfeldnäherungen (13.2.27), (13.2.28), und mit Gleichung (13.2.84) und den Fernfeldnäherungen (13.2.89), (13.2.90) sowie Gleichung (13.2.125) und den Fernfeldnäherungen (13.2.129), (13.2.130) der Green'schen Tensoren für $R\gg a$ und $k_{\mathrm{P,S}}R\gg 1$ die Fernfeldnäherungen der Quellenfelder, die wir jeweils nach Primär- und Sekundäranteilen aufspalten können. Wir diskutieren zunächst die Primäranteile[29]

$$\begin{aligned}\underline{\mathbf{v}}_{\mathrm{P}}^{\mathrm{fern}}(\underline{\mathbf{R}},\omega) &= -\mathrm{j}\omega\frac{1}{\lambda+2\mu}\iiint_{V_Q}\underline{\mathbf{f}}(\underline{\mathbf{R}}',\omega)\cdot\underline{\underline{\mathbf{G}}}_{\mathrm{P}}^{\mathrm{fern}}(\underline{\mathbf{R}},\underline{\mathbf{R}}',\omega)\,\mathrm{d}^3\underline{\mathbf{R}}'+\\ &\quad+\frac{1}{\lambda+2\mu}\iiint_{V_Q}\underline{\underline{\mathbf{h}}}(\underline{\mathbf{R}}',\omega):\underline{\underline{\underline{\mathbf{\Sigma}}}}_{\mathrm{P}}^{\mathrm{fern}}(\underline{\mathbf{R}},\underline{\mathbf{R}}',\omega)\,\mathrm{d}^3\underline{\mathbf{R}}' \;, \end{aligned}\tag{13.3.3}$$

$$\begin{aligned}\underline{\underline{\mathbf{T}}}_{\mathrm{P}}^{\mathrm{fern}}(\underline{\mathbf{R}},\omega) &= \frac{1}{\lambda+2\mu}\iiint_{V_Q}\underline{\mathbf{f}}(\underline{\mathbf{R}}',\omega)\cdot\underline{\underline{\underline{\mathbf{\Sigma}}}}_{\mathrm{P}}^{312\,\mathrm{fern}}(\underline{\mathbf{R}},\underline{\mathbf{R}}',\omega)\,\mathrm{d}^3\underline{\mathbf{R}}'-\\ &\quad-\frac{1}{\mathrm{j}\omega}\frac{1}{\lambda+2\mu}\iiint_{V_Q}\underline{\underline{\mathbf{h}}}(\underline{\mathbf{R}}',\omega):\underline{\underline{\underline{\underline{\mathbf{\Pi}}}}}_{\mathrm{P}}^{\mathrm{fern}}(\underline{\mathbf{R}},\underline{\mathbf{R}}',\omega)\,\mathrm{d}^3\underline{\mathbf{R}}' \end{aligned}\tag{13.3.4}$$

und schreiben (13.3.3) in der Teilchenverschiebung

$$\begin{aligned}\underline{\mathbf{u}}_{\mathrm{P}}^{\mathrm{fern}}(\underline{\mathbf{R}},\omega) &= \frac{\mathrm{e}^{\mathrm{j}k_{\mathrm{P}}R}}{R}\left[\underline{\mathbf{H}}_{\mathrm{P}}^{f}(\hat{\underline{\mathbf{R}}},\omega)+\underline{\mathbf{H}}_{\mathrm{P}}^{h}(\hat{\underline{\mathbf{R}}},\omega)\right]\\ &= \frac{\mathrm{e}^{\mathrm{j}k_{\mathrm{P}}R}}{R}\left[H_{\mathrm{P}}^{f}(\hat{\underline{\mathbf{R}}},\omega)+H_{\mathrm{P}}^{h}(\hat{\underline{\mathbf{R}}},\omega)\right]\hat{\underline{\mathbf{R}}}\end{aligned}\tag{13.3.5}$$

mit den Abkürzungen

$$\underline{\mathbf{H}}_{\mathrm{P}}^{f}(\hat{\underline{\mathbf{R}}},\omega)=\underbrace{\frac{1}{4\pi c_{\mathrm{P}}Z_{\mathrm{P}}}\iiint_{V_Q}\underline{\mathbf{f}}(\underline{\mathbf{R}}',\omega)\cdot\hat{\underline{\mathbf{R}}}\,\mathrm{e}^{-\mathrm{j}k_{\mathrm{P}}\hat{\underline{\mathbf{R}}}\cdot\underline{\mathbf{R}}'}\,\mathrm{d}^3\underline{\mathbf{R}}'}_{=H_{\mathrm{P}}^{f}(\hat{\underline{\mathbf{R}}},\omega)}\,\hat{\underline{\mathbf{R}}} \;, \tag{13.3.6}$$

[29] Wegen der Argumente $\underline{\mathbf{R}}-\underline{\mathbf{R}}'$ der Green'schen Tensoren in (13.3.1) und (13.3.2) und des letztendlichen Einsetzens von (13.1.41) ist in der Fernfeldnäherung „$\underline{\mathbf{R}}$ Komma $\underline{\mathbf{R}}'$" als Argument zu schreiben.

$$\underline{\mathbf{H}}_{\mathrm{P}}^{h}(\hat{\underline{\mathbf{R}}},\omega) = \underbrace{-\frac{1}{4\pi c_{\mathrm{P}}^2 Z_{\mathrm{P}}} \iiint_{V_Q} \underline{\underline{\mathbf{h}}}(\underline{\mathbf{R}}',\omega) : (\lambda \underline{\underline{\mathbf{I}}} + 2\mu \hat{\underline{\mathbf{R}}}\,\hat{\underline{\mathbf{R}}})\, \mathrm{e}^{-\mathrm{j}k_{\mathrm{P}}\hat{\underline{\mathbf{R}}}\cdot\underline{\mathbf{R}}'}\, \mathrm{d}^3\underline{\mathbf{R}}'}_{= H_{\mathrm{P}}^{h}(\hat{\underline{\mathbf{R}}},\omega)}\ \hat{\underline{\mathbf{R}}} \quad . \tag{13.3.7}$$

Die Funktionen $H_{\mathrm{P}}^{f}(\hat{\underline{\mathbf{R}}},\omega)$ und $H_{\mathrm{P}}^{h}(\hat{\underline{\mathbf{R}}},\omega)$ sind skalare Richtcharakteristiken der Quellverteilungen, die das Teilchenverschiebungsquellenfeld der Primärwelle (nicht nur im Fernfeld: Colton und Kress, 1983) vollständig charakterisieren. Mit

$$\underline{\mathbf{H}}_{\mathrm{P}}^{f,h}(\hat{\underline{\mathbf{R}}},\omega) \cdot (\underline{\underline{\mathbf{I}}} - \hat{\underline{\mathbf{R}}}\,\hat{\underline{\mathbf{R}}}) = \underline{\mathbf{0}} \tag{13.3.8}$$

weist sich die Primärwelle als longitudinale Druckwelle aus. Wohlgemerkt: *Longitudinal* polarisiert ist das primäre Teilchenverschiebungsquellenfeld erst im *Fern*feld!

Für den Spannungstensor (13.3.4) erhalten wir die explizite Darstellung

$$\underline{\underline{\mathbf{T}}}_{\mathrm{P}}^{\mathrm{fern}}(\underline{\mathbf{R}},\omega) = \mathrm{j}k_{\mathrm{P}} \left[H_{\mathrm{P}}^{f}(\hat{\underline{\mathbf{R}}},\omega) + H_{\mathrm{P}}^{h}(\hat{\underline{\mathbf{R}}},\omega) \right] \frac{\mathrm{e}^{\mathrm{j}k_{\mathrm{P}}R}}{R} (\lambda \underline{\underline{\mathbf{I}}} + 2\mu \hat{\underline{\mathbf{R}}}\,\hat{\underline{\mathbf{R}}}) \quad . \tag{13.3.9}$$

Der Vergleich von (13.3.5) mit (8.1.82) und (13.3.9) mit (8.1.122) enthüllt, dass sich das primäre *Fern*feld elastodynamischer Quellenfelder *lokal* wie eine entsprechende ebene Welle verhält. Für den Spezialfall *punkt*förmiger $\underline{\mathbf{f}}$- und $\underline{\underline{\mathbf{h}}}$-Quellen hatten wir dies auch schon konstatiert.

Wir vermerken mit Befriedigung: Der notwendigerweise einzuschlagende Weg über den Formalismus Green'scher Funktionen (wir geben zu: ein nicht ganz müheloser Weg) hat uns für das Strahlungsfernfeld elastodynamischer Quellenfelder relativ einfache Ausdrücke beschert, die sowohl „in der Nähe“ ebener Wellen als auch „in der Nähe“ akustischer Quellenfelder (Gleichung (13.1.65)) stehen. Im Unterschied zur rein skalaren h-Quelle des akustischen Drucks in (13.1.65) tritt die $\underline{\mathbf{f}}$-Quelle in der P-Teilchenverschiebung gemäß (13.3.6) mit einer Punktrichtwirkung (man vergleiche Abb. 13.2.4) auf — wie übrigens auch schon die $\underline{\mathbf{f}}$-Quelle des akustischen Drucks in (13.1.65). Die entsprechende Punktrichtwirkung für die $\underline{\underline{\mathbf{h}}}$-Quelle der P-Teilchenverschiebung in (13.3.7) hatten wir im Zusammenhang mit Abb. 13.2.6 diskutiert.

Wir wenden uns nun dem S-Anteil des Quellenfeldes zu; die Pendants zu (13.3.3) und (13.3.4) lauten zunächst:

$$\begin{aligned} \underline{\mathbf{v}}_{\mathrm{S}}^{\mathrm{fern}}(\underline{\mathbf{R}},\omega) &= -\mathrm{j}\omega \frac{1}{\mu} \iiint_{V_Q} \underline{\mathbf{f}}(\underline{\mathbf{R}}',\omega) \cdot \underline{\underline{\mathbf{G}}}_{\mathrm{S}}^{\mathrm{fern}}(\underline{\mathbf{R}},\underline{\mathbf{R}}',\omega)\, \mathrm{d}^3\underline{\mathbf{R}}' + \\ &\quad + \frac{1}{\mu} \iiint_{V_Q} \underline{\underline{\mathbf{h}}}(\underline{\mathbf{R}}',\omega) : \underline{\underline{\underline{\mathbf{\Sigma}}}}_{\mathrm{S}}^{\mathrm{fern}}(\underline{\mathbf{R}},\underline{\mathbf{R}}',\omega)\, \mathrm{d}^3\underline{\mathbf{R}}' \quad , \end{aligned} \tag{13.3.10}$$

$$\begin{aligned} \underline{\underline{\mathbf{T}}}_{\mathrm{S}}^{\mathrm{fern}}(\underline{\mathbf{R}},\omega) &= \frac{1}{\mu} \iiint_{V_Q} \underline{\mathbf{f}}(\underline{\mathbf{R}}',\omega) \cdot \underline{\underline{\underline{\mathbf{\Sigma}}}}_{\mathrm{S}}^{312\,\mathrm{fern}}(\underline{\mathbf{R}},\underline{\mathbf{R}}',\omega)\, \mathrm{d}^3\underline{\mathbf{R}}' - \\ &\quad - \frac{1}{\mathrm{j}\omega} \frac{1}{\mu} \iiint_{V_Q} \underline{\underline{\mathbf{h}}}(\underline{\mathbf{R}}',\omega) : \underline{\underline{\underline{\underline{\mathbf{\Pi}}}}}_{\mathrm{S}}^{\mathrm{fern}}(\underline{\mathbf{R}},\underline{\mathbf{R}}',\omega)\, \mathrm{d}^3\underline{\mathbf{R}}' \end{aligned} \tag{13.3.11}$$

Mit (13.2.28) und (13.2.90) ergibt sich in Analogie zu (13.3.5) für die Teilchenverschiebung:

$$\begin{aligned} \underline{\mathbf{u}}_{\mathrm{S}}^{\mathrm{fern}}(\underline{\mathbf{R}},\omega) &= \frac{\mathrm{e}^{\mathrm{j}k_{\mathrm{S}}R}}{R} \left[\underline{\mathbf{H}}_{\mathrm{S}}^{f}(\hat{\underline{\mathbf{R}}},\omega) + \underline{\mathbf{H}}_{\mathrm{S}}^{h}(\hat{\underline{\mathbf{R}}},\omega) \right] \\ &= \underbrace{\frac{\mathrm{e}^{\mathrm{j}k_{\mathrm{S}}R}}{R} \left[H_{\mathrm{S}\vartheta}^{f}(\hat{\underline{\mathbf{R}}},\omega) + H_{\mathrm{S}\vartheta}^{h}(\hat{\underline{\mathbf{R}}},\omega) \right]}_{= u_{\mathrm{S}\vartheta}^{\mathrm{fern}}(\underline{\mathbf{R}},\omega)} \underline{\mathbf{e}}_{\vartheta} + \underbrace{\frac{\mathrm{e}^{\mathrm{j}k_{\mathrm{S}}R}}{R} \left[H_{\mathrm{S}\varphi}^{f}(\hat{\underline{\mathbf{R}}},\omega) + H_{\mathrm{S}\varphi}^{h}(\hat{\underline{\mathbf{R}}},\omega) \right]}_{= u_{\mathrm{S}\varphi}^{\mathrm{fern}}(\underline{\mathbf{R}},\omega)} \underline{\mathbf{e}}_{\varphi} \end{aligned} \tag{13.3.12}$$

mit den Abkürzungen

$$\begin{aligned}
\underline{\mathbf{H}}_{\mathrm{S}}^{f}(\hat{\underline{\mathbf{R}}},\omega) &= \frac{1}{4\pi c_{\mathrm{S}} Z_{\mathrm{S}}} \iiint_{V_Q} \underline{\mathbf{f}}(\underline{\mathbf{R}}',\omega)\,\mathrm{e}^{-\mathrm{j}k_{\mathrm{S}}\hat{\underline{\mathbf{R}}}\cdot\underline{\mathbf{R}}'}\,\mathrm{d}^3\underline{\mathbf{R}}'\cdot(\underline{\underline{\mathbf{I}}} - \hat{\underline{\mathbf{R}}}\,\hat{\underline{\mathbf{R}}})\\
&= \frac{1}{4\pi c_{\mathrm{S}} Z_{\mathrm{S}}} \iiint_{V_Q} \underline{\mathbf{f}}(\underline{\mathbf{R}}',\omega)\,\mathrm{e}^{-\mathrm{j}k_{\mathrm{S}}\hat{\underline{\mathbf{R}}}\cdot\underline{\mathbf{R}}'}\,\mathrm{d}^3\underline{\mathbf{R}}'\cdot(\underline{\mathbf{e}}_\vartheta\underline{\mathbf{e}}_\vartheta + \underline{\mathbf{e}}_\varphi\underline{\mathbf{e}}_\varphi)\\
&= \underbrace{\frac{1}{4\pi c_{\mathrm{S}} Z_{\mathrm{S}}} \iiint_{V_Q} \underline{\mathbf{f}}(\underline{\mathbf{R}}',\omega)\cdot\underline{\mathbf{e}}_\vartheta\,\mathrm{e}^{-\mathrm{j}k_{\mathrm{S}}\hat{\underline{\mathbf{R}}}\cdot\underline{\mathbf{R}}'}\,\mathrm{d}^3\underline{\mathbf{R}}'}_{=H_{\mathrm{S}\vartheta}^{f}(\hat{\underline{\mathbf{R}}},\omega)}\,\underline{\mathbf{e}}_\vartheta +\\
&\quad + \underbrace{\frac{1}{4\pi c_{\mathrm{S}} Z_{\mathrm{S}}} \iiint_{V_Q} \underline{\mathbf{f}}(\underline{\mathbf{R}}',\omega)\cdot\underline{\mathbf{e}}_\varphi\,\mathrm{e}^{-\mathrm{j}k_{\mathrm{S}}\hat{\underline{\mathbf{R}}}\cdot\underline{\mathbf{R}}'}\,\mathrm{d}^3\underline{\mathbf{R}}'}_{=H_{\mathrm{S}\varphi}^{f}(\hat{\underline{\mathbf{R}}},\omega)}\,\underline{\mathbf{e}}_\varphi\ ,
\end{aligned}\tag{13.3.13}$$

$$\begin{aligned}
\underline{\mathbf{H}}_{\mathrm{S}}^{h}(\hat{\underline{\mathbf{R}}},\omega) &= -\frac{1}{2\pi c_{\mathrm{S}}} \iiint_{V_Q} \underline{\underline{\mathbf{h}}}(\underline{\mathbf{R}}',\omega)\cdot\hat{\underline{\mathbf{R}}}\,\mathrm{e}^{-\mathrm{j}k_{\mathrm{S}}\hat{\underline{\mathbf{R}}}\cdot\underline{\mathbf{R}}'}\,\mathrm{d}^3\underline{\mathbf{R}}'\cdot(\underline{\underline{\mathbf{I}}} - \hat{\underline{\mathbf{R}}}\,\hat{\underline{\mathbf{R}}})\\
&= \underbrace{-\frac{1}{2\pi c_{\mathrm{S}}} \iiint_{V_Q} \underline{\underline{\mathbf{h}}}(\underline{\mathbf{R}}',\omega):\hat{\underline{\mathbf{R}}}\,\underline{\mathbf{e}}_\vartheta\,\mathrm{e}^{-\mathrm{j}k_{\mathrm{S}}\hat{\underline{\mathbf{R}}}\cdot\underline{\mathbf{R}}'}\,\mathrm{d}^3\underline{\mathbf{R}}'}_{=H_{\mathrm{S}\vartheta}^{h}(\hat{\underline{\mathbf{R}}},\omega)}\,\underline{\mathbf{e}}_\vartheta -\\
&\quad \underbrace{-\frac{1}{2\pi c_{\mathrm{S}}} \iiint_{V_Q} \underline{\underline{\mathbf{h}}}(\underline{\mathbf{R}}',\omega):\hat{\underline{\mathbf{R}}}\,\underline{\mathbf{e}}_\varphi\,\mathrm{e}^{-\mathrm{j}k_{\mathrm{S}}\hat{\underline{\mathbf{R}}}\cdot\underline{\mathbf{R}}'}\,\mathrm{d}^3\underline{\mathbf{R}}'}_{=H_{\mathrm{S}\varphi}^{h}(\hat{\underline{\mathbf{R}}},\omega)}\,\underline{\mathbf{e}}_\varphi\ .
\end{aligned}\tag{13.3.14}$$

Erwartungsgemäß treten in den Integralen der skalaren S-Richtcharakteristiken die S-Punktrichtwirkungen (13.2.53) und (13.2.54) der $\underline{\mathbf{f}}$-Quelle und die S-Punktrichtwirkungen (13.2.111) und (13.2.112) der $\underline{\underline{\mathbf{h}}}$-Quelle auf, wobei unbedingt darauf zu achten ist, dass die Einheitsvektoren $\underline{\mathbf{e}}_\vartheta$ und $\underline{\mathbf{e}}_\varphi$ zum orthogonalen Dreibein des *Aufpunktes* $\underline{\mathbf{R}}$ — *nicht* zum Dreibein $\underline{\mathbf{e}}_{R'}, \underline{\mathbf{e}}_{\vartheta'}, \underline{\mathbf{e}}_{\varphi'}$ des Quellpunktes $\underline{\mathbf{R}}'$ — gehören. Skizzen von zugehörigen Richtdiagrammen finden sich in den Abbildungen 13.2.4 und 13.2.6, wenn *kartesische* $\underline{\mathbf{e}}_{x_i}$- bzw. $\underline{\mathbf{e}}_{x_k}\underline{\mathbf{e}}_{x_l}$-Komponenten der punktförmigen Quellen vorgegeben werden; wenn wir die ausgedehnten Quellen $\underline{\mathbf{f}}(\underline{\mathbf{R}}',\omega)$ und $\underline{\underline{\mathbf{h}}}(\underline{\mathbf{R}}',\omega)$ ebenfalls gemäß

$$\underline{\mathbf{f}}(\underline{\mathbf{R}}',\omega) = f_{x_i}(\underline{\mathbf{R}}',\omega)\,\underline{\mathbf{e}}_{x_i}\ , \tag{13.3.15}$$

$$\underline{\underline{\mathbf{h}}}(\underline{\mathbf{R}}',\omega) = h_{x_k x_l}(\underline{\mathbf{R}}',\omega)\,\underline{\mathbf{e}}_{x_k}\underline{\mathbf{e}}_{x_l} \tag{13.3.16}$$

(mit Summenkonvention) kartesisch zerlegen, dann können die Skalarprodukte $\underline{\mathbf{e}}_{x_i}\cdot\underline{\mathbf{e}}_\vartheta, \underline{\mathbf{e}}_{x_i}\cdot\underline{\mathbf{e}}_\varphi, \underline{\mathbf{e}}_{x_k}\underline{\mathbf{e}}_{x_l}:\hat{\underline{\mathbf{R}}}\,\underline{\mathbf{e}}_\vartheta, \underline{\mathbf{e}}_{x_k}\underline{\mathbf{e}}_{x_l}:\hat{\underline{\mathbf{R}}}\,\underline{\mathbf{e}}_\varphi$ $(i,k,l = 1,2,3)$ als Punktrichtwirkungen der kartesischen Komponenten der Quellen aus den Integralen heraus, da sie für jeden Quellpunkt $\underline{\mathbf{R}}'$ gleich sind (das kartesische Dreibein hängt *nicht* vom Ort ab). Man erhält sodann (mit Summenkonvention):

$$H_{\mathrm{S}\vartheta,\varphi}^{f}(\hat{\underline{\mathbf{R}}},\omega) = \frac{1}{4\pi c_{\mathrm{S}} Z_{\mathrm{S}}}\,\underline{\mathbf{e}}_{x_i}\cdot\underline{\mathbf{e}}_{\vartheta,\varphi} \iiint_{V_Q} f_{x_i}(\underline{\mathbf{R}}',\omega)\,\mathrm{e}^{-\mathrm{j}k_{\mathrm{S}}\hat{\underline{\mathbf{R}}}\cdot\underline{\mathbf{R}}'}\,\mathrm{d}^3\underline{\mathbf{R}}'\ , \tag{13.3.17}$$

$$H_{\mathrm{S}\vartheta,\varphi}^{h}(\hat{\underline{\mathbf{R}}},\omega) = -\frac{1}{2\pi c_{\mathrm{S}}}\,\underline{\mathbf{e}}_{x_i}\underline{\mathbf{e}}_{x_j}:\hat{\underline{\mathbf{R}}}\,\underline{\mathbf{e}}_{\vartheta,\varphi} \iiint_{V_Q} h_{x_i x_j}(\underline{\mathbf{R}}',\omega)\,\mathrm{e}^{-\mathrm{j}k_{\mathrm{S}}\hat{\underline{\mathbf{R}}}\cdot\underline{\mathbf{R}}'}\,\mathrm{d}^3\underline{\mathbf{R}}' \tag{13.3.18}$$

und natürlich gleichermaßen

$$H_{\mathrm{P}}^{f}(\hat{\underline{\mathbf{R}}},\omega) = \frac{1}{4\pi c_{\mathrm{P}} Z_{\mathrm{P}}}\,\underline{\mathbf{e}}_{x_i}\cdot\hat{\underline{\mathbf{R}}} \iiint_{V_Q} f_{x_i}(\underline{\mathbf{R}}',\omega)\,\mathrm{e}^{-\mathrm{j}k_{\mathrm{P}}\hat{\underline{\mathbf{R}}}\cdot\underline{\mathbf{R}}'}\,\mathrm{d}^3\underline{\mathbf{R}}'\ , \tag{13.3.19}$$

$$H_{\mathrm{P}}^{h}(\hat{\underline{\mathbf{R}}},\omega) = -\frac{1}{4\pi c_{\mathrm{P}}^2 Z_{\mathrm{P}}}\,\underline{\mathbf{e}}_{x_i}\underline{\mathbf{e}}_{x_j}:(\lambda\underline{\underline{\mathbf{I}}} + 2\mu\hat{\underline{\mathbf{R}}}\,\hat{\underline{\mathbf{R}}}) \iiint_{V_Q} h_{x_i x_j}(\underline{\mathbf{R}}',\omega)\,\mathrm{e}^{-\mathrm{j}k_{\mathrm{P}}\hat{\underline{\mathbf{R}}}\cdot\underline{\mathbf{R}}'}\,\mathrm{d}^3\underline{\mathbf{R}}'\ . \tag{13.3.20}$$

Nunmehr sind die jeweiligen P- und S-Richtcharakteristik*integrale* — bis auf die Wellenzahl! — gleich, und die Punktrichtwirkungen stehen als Faktoren *davor*[30]! Man beachte: $H^f_{\mathrm{S}\vartheta,\varphi}$ und H^f_P bestehen aus einer Summe von drei und $H^h_{\mathrm{S}\vartheta,\varphi}$, H^h_P aus einer Summe von neun Integralen. Jedes dieser Integrale können wir natürlich in *den* Koordinaten auswerten, in denen die Rechnung am einfachsten wird.

Übrigens: Auch im Falle synchroner Quellen $\underline{\mathbf{f}}(\underline{\mathbf{R}}',\omega) = F(\omega)\underline{\mathbf{f}}(\underline{\mathbf{R}}')$, $\underline{\underline{\mathbf{h}}}(\underline{\mathbf{R}}',\omega) = H(\omega)\underline{\underline{\mathbf{h}}}(\underline{\mathbf{R}}')$ sind sämtliche Richtcharakteristiken *frequenzabhängig*, d.h. zur Berechnung des *Impuls*schallfeldes müssen zusätzlich Faltungsintegrale ausgewertet werden. Es ist i.a. nicht korrekt, der für eine bestimmte Beobachtungsrichtung $\hat{\underline{\mathbf{R}}}$ für eine feste (Kreis-)Frequenz ω_0 ausgerechneten Teilchenverschiebung den Impuls $F(t)$ oder $H(t)$ „aufzuprägen“.

Anhand von (13.3.13) und (13.3.14) realisieren wir sofort, dass

$$\underline{\mathbf{H}}^{f,h}_\mathrm{S}(\hat{\underline{\mathbf{R}}},\omega)\cdot\hat{\underline{\mathbf{R}}} = 0 \tag{13.3.21}$$

gilt und folglich Scherwellen beliebiger $\underline{\mathbf{f}}$- und/oder $\underline{\underline{\mathbf{h}}}$-Quellen im Fernfeld transversal bezüglich $\hat{\underline{\mathbf{R}}}$ polarisiert sind. Damit ist dokumentiert, dass sie sich *lokal* wie entsprechende ebene Wellen verhalten. Dies finden wir auch für den zugehörigen Spannungstensor

$$\underline{\underline{\mathbf{T}}}^\mathrm{fern}_\mathrm{S}(\underline{\mathbf{R}},\omega) = \mathrm{j}k_\mathrm{S}\mu\,\frac{\mathrm{e}^{\mathrm{j}k_\mathrm{S}R}}{R}\left\{\hat{\underline{\mathbf{R}}}\left[\underline{\mathbf{H}}^f_\mathrm{S}(\hat{\underline{\mathbf{R}}},\omega)+\underline{\mathbf{H}}^h_\mathrm{S}(\hat{\underline{\mathbf{R}}},\omega)\right] + \left[\underline{\mathbf{H}}^f_\mathrm{S}(\hat{\underline{\mathbf{R}}},\omega)+\underline{\mathbf{H}}^h_\mathrm{S}(\hat{\underline{\mathbf{R}}},\omega)\right]\hat{\underline{\mathbf{R}}}\right\}\,, \tag{13.3.22}$$

wenn wir gemäß

$$\begin{aligned}\underline{\mathbf{f}}\cdot(\hat{\underline{\mathbf{R}}}\,\underline{\underline{\mathbf{I}}}^{312}+\hat{\underline{\mathbf{R}}}\,\underline{\underline{\mathbf{I}}}^{321}-2\hat{\underline{\mathbf{R}}}\,\hat{\underline{\mathbf{R}}}\,\hat{\underline{\mathbf{R}}}) &= \hat{\underline{\mathbf{R}}}\,\underline{\mathbf{f}}+\underline{\mathbf{f}}\,\hat{\underline{\mathbf{R}}}-2\underline{\mathbf{f}}\cdot\hat{\underline{\mathbf{R}}}\,\hat{\underline{\mathbf{R}}}\,\hat{\underline{\mathbf{R}}}\\ &= \hat{\underline{\mathbf{R}}}\,\underline{\mathbf{f}}\cdot(\underline{\underline{\mathbf{I}}}-\hat{\underline{\mathbf{R}}}\,\hat{\underline{\mathbf{R}}})+\underline{\mathbf{f}}\cdot(\underline{\underline{\mathbf{I}}}-\hat{\underline{\mathbf{R}}}\,\hat{\underline{\mathbf{R}}})\hat{\underline{\mathbf{R}}}\end{aligned}$$

und

$$\begin{aligned}&\underline{\underline{\mathbf{h}}}:(\hat{\underline{\mathbf{R}}}\,\hat{\underline{\mathbf{R}}}\,\underline{\underline{\mathbf{I}}}^{2314}+\hat{\underline{\mathbf{R}}}\,\hat{\underline{\mathbf{R}}}\,\underline{\underline{\mathbf{I}}}^{2341}+\hat{\underline{\mathbf{R}}}\,\hat{\underline{\mathbf{R}}}\,\underline{\underline{\mathbf{I}}}^{3214}+\hat{\underline{\mathbf{R}}}\,\hat{\underline{\mathbf{R}}}\,\underline{\underline{\mathbf{I}}}^{3241}-4\hat{\underline{\mathbf{R}}}\,\hat{\underline{\mathbf{R}}}\,\hat{\underline{\mathbf{R}}}\,\hat{\underline{\mathbf{R}}}) =\\ &2(\underbrace{\underline{\underline{\mathbf{h}}}:\hat{\underline{\mathbf{R}}}\,\hat{\underline{\mathbf{R}}}\,\underline{\underline{\mathbf{I}}}^{2314}}_{=\hat{\underline{\mathbf{R}}}\,\underline{\underline{\mathbf{h}}}\,:\,\hat{\underline{\mathbf{R}}}\,\underline{\underline{\mathbf{I}}}}+\underbrace{\underline{\underline{\mathbf{h}}}:\hat{\underline{\mathbf{R}}}\,\hat{\underline{\mathbf{R}}}\,\underline{\underline{\mathbf{I}}}^{2341}}_{=\underline{\underline{\mathbf{h}}}\,:\,\hat{\underline{\mathbf{R}}}\,\underline{\underline{\mathbf{I}}}\,\hat{\underline{\mathbf{R}}}}-2\underline{\underline{\mathbf{h}}}:\hat{\underline{\mathbf{R}}}\,\hat{\underline{\mathbf{R}}}\,\hat{\underline{\mathbf{R}}}\,\hat{\underline{\mathbf{R}}}) =\\ &2[\hat{\underline{\mathbf{R}}}\,\underline{\underline{\mathbf{h}}}:\hat{\underline{\mathbf{R}}}(\underline{\underline{\mathbf{I}}}-\hat{\underline{\mathbf{R}}}\,\hat{\underline{\mathbf{R}}})+\underline{\underline{\mathbf{h}}}:\hat{\underline{\mathbf{R}}}(\underline{\underline{\mathbf{I}}}-\hat{\underline{\mathbf{R}}}\,\hat{\underline{\mathbf{R}}})\hat{\underline{\mathbf{R}}}]\end{aligned}$$

umformen.

Schalldruck elastodynamischer Quellenfernfelder

Die lokale Ähnlichkeit elastodynamischer Quellenfernfelder mit ebenen Wellen legt es nahe, Schalldruckdefinitionen analog zu (8.1.124), (8.1.125) zu formulieren. Mit (13.3.9) ergibt sich der Schalldruck

$$\begin{aligned}p^\mathrm{fern}_\mathrm{P}(\underline{\mathbf{R}},\omega) &= -\underline{\underline{\mathbf{T}}}^\mathrm{fern}_\mathrm{P}(\underline{\mathbf{R}},\omega):\hat{\underline{\mathbf{R}}}\,\hat{\underline{\mathbf{R}}}\\ &= -\mathrm{j}\omega Z_\mathrm{P}\underbrace{\left[H^f_\mathrm{P}(\hat{\underline{\mathbf{R}}},\omega)+H^h_\mathrm{P}(\hat{\underline{\mathbf{R}}},\omega)\right]\frac{\mathrm{e}^{\mathrm{j}k_\mathrm{P}R}}{R}}_{=u^\mathrm{fern}_\mathrm{P}(\underline{\mathbf{R}},\omega)}\end{aligned} \tag{13.3.23}$$

[30]Falls wir aus irgendeinem Grund die vektoriellen $\underline{\mathbf{f}}$- und die tensoriellen $\underline{\underline{\mathbf{h}}}$-Quellen bezüglich eines Dreibeins des Quellpunktes — beispielsweise $\underline{\mathbf{e}}_{R'},\underline{\mathbf{e}}_{\vartheta'},\underline{\mathbf{e}}_{\varphi'}$ — zerlegen wollen oder müssen, dann verbleiben die Skalarprodukte (die Punktrichtwirkungen) $\underline{\mathbf{e}}_{R',\vartheta',\varphi'}\cdot\underline{\mathbf{e}}_{R,\vartheta,\varphi}$, $\underline{\mathbf{e}}_{R',\vartheta',\varphi'}\underline{\mathbf{e}}_{R',\vartheta',\varphi'}:\underline{\mathbf{e}}_{R,\vartheta,\varphi}\underline{\mathbf{e}}_{R,\vartheta,\varphi}$ *unter* den Integralen.

des P-Quellenfeldanteils (im Fernfeld!), und mit (13.3.22) erhalten wir den Schalldruck des S-Quellenfeldanteils (im Fernfeld!):

$$\begin{aligned} p_{\mathrm{S}\vartheta}^{\mathrm{fern}}(\underline{\mathbf{R}},\omega) &= -\underline{\underline{\mathbf{T}}}_{\mathrm{S}}^{\mathrm{fern}}(\underline{\mathbf{R}},\omega) : \underline{\hat{\mathbf{R}}}\,\underline{\mathbf{e}}_{\vartheta} \\ &= \underbrace{-\mathrm{j}\omega Z_{\mathrm{S}} \left[H_{\mathrm{S}\vartheta}^{f}(\underline{\hat{\mathbf{R}}},\omega) + H_{\mathrm{S}\vartheta}^{h}(\underline{\hat{\mathbf{R}}},\omega)\right] \frac{\mathrm{e}^{\mathrm{j}k_{\mathrm{P}}R}}{R}}_{= u_{\mathrm{S}\vartheta}^{\mathrm{fern}}(\underline{\mathbf{R}},\omega)} \, , \end{aligned} \tag{13.3.24}$$

$$\begin{aligned} p_{\mathrm{S}\varphi}^{\mathrm{fern}}(\underline{\mathbf{R}},\omega) &= -\underline{\underline{\mathbf{T}}}_{\mathrm{S}}^{\mathrm{fern}}(\underline{\mathbf{R}},\omega) : \underline{\hat{\mathbf{R}}}\,\underline{\mathbf{e}}_{\varphi} \\ &= \underbrace{-\mathrm{j}\omega Z_{\mathrm{S}} \left[H_{\mathrm{S}\varphi}^{f}(\underline{\hat{\mathbf{R}}},\omega) + H_{\mathrm{S}\varphi}^{h}(\underline{\hat{\mathbf{R}}},\omega)\right] \frac{\mathrm{e}^{\mathrm{j}k_{\mathrm{P}}R}}{R}}_{= u_{\mathrm{S}\varphi}^{\mathrm{fern}}(\underline{\mathbf{R}},\omega)} \end{aligned} \tag{13.3.25}$$

Genau wie bei den ebenen Wellen halten wir fest, dass mit dieser Feldgröße „Schalldruck" kein elastodynamisches Streuproblem gelöst werden kann, da für ihn keine Übergangsbedingungen an der Trennfläche zwischen Streukörper und Einbettungsmaterial gelten. Allerdings kann man in Analogie zu (13.3.23)–(13.3.25) den Schalldruck des *Streu*fernfeldes definieren, nachdem man die Übergangsbedingungen für die Teilchenverschiebung und den Spannungstensor befriedigt hat.

13.3.3 Fernfeldnäherungen zweidimensionaler elastodynamischer Quellenfelder

Wegen des geringeren Rechenaufwandes werden in der US-zfP häufig zweidimensionale Simulationen durchgeführt[31]. In Abschnitt 13.1 hatten wir wir bereits auf Unterschiede, die skalare Green'sche Funktion betreffend, hingewiesen. In diesem Abschnitt wollen wir nachsehen, welche Konsequenzen sich für elastodynamische Quellenfelder ergeben, wenn wir $\partial/\partial y \equiv 0$, also Unabhängigkeit aller Feldgrößen von der y-Koordinate, voraussetzen.

Zweidimensionale elastodynamische $\underline{\mathbf{f}}$*-Quellenfelder*

Zunächst berechnen wir mit (13.1.24):

$$\int_{-\infty}^{\infty} \nabla'\nabla' \frac{\mathrm{e}^{\mathrm{j}k\sqrt{(x-x')^2+(y-y')^2+(z-z')^2}}}{4\pi\sqrt{(x-x')^2+(y-y')^2+(z-z')^2}}\,\mathrm{d}y' =$$

$$\nabla\nabla \underbrace{\int_{-\infty}^{\infty} \frac{\mathrm{e}^{\mathrm{j}k\sqrt{(x-x')^2+(y-y')^2+(z-z')^2}}}{4\pi\sqrt{(x-x')^2+(y-y')^2+(z-z')^2}}\,\mathrm{d}y'}_{= \frac{\mathrm{j}}{4}\mathrm{H}_0^{(1)}\left(k\sqrt{(x-x')^2+(z-z')^2}\right)} =$$

$$\begin{pmatrix} \dfrac{\partial^2}{\partial x^2} & 0 & \dfrac{\partial^2}{\partial x \partial z} \\ 0 & 0 & 0 \\ \dfrac{\partial^2}{\partial z \partial x} & 0 & \dfrac{\partial^2}{\partial z^2} \end{pmatrix} \frac{\mathrm{j}}{4}\mathrm{H}_0^{(1)}\left(k\sqrt{(x-x')^2+(z-z')^2}\right) \tag{13.3.26}$$

[31] Für unsere Beispiele gilt dies in der Regel ebenfalls.

Mit

$$\underline{\mathbf{r}} = x\,\underline{\mathbf{e}}_x + z\,\underline{\mathbf{e}}_z \quad , \tag{13.3.27}$$

$$\underline{\mathbf{r}}' = x'\,\underline{\mathbf{e}}_x + z'\underline{\mathbf{e}}_z \quad , \tag{13.3.28}$$

$$\mathrm{d}^2\underline{\mathbf{r}}' = \mathrm{d}x'\mathrm{d}z' \tag{13.3.29}$$

schreiben wir (13.3.1) zunächst für $\underline{\underline{\mathbf{h}}} \equiv \underline{\mathbf{0}}$ unter der Annahme $\underline{\mathbf{f}}(x', y', z', \omega) = \underline{\mathbf{f}}(x', z', \omega) = \underline{\mathbf{f}}(\underline{\mathbf{r}}', \omega)$ und unter Verwendung von (13.2.18) und (13.3.26):

$$\begin{aligned}\underline{\mathbf{v}}(x, y, z, \omega) &= -\mathrm{j}\omega \iint_{V_Q} \int_{-\infty}^{\infty} \underline{\mathbf{f}}(x', z', \omega) \cdot \underline{\underline{\mathbf{G}}}(x - x', y - y', z - z', \omega)\,\mathrm{d}y'\,\mathrm{d}^2\underline{\mathbf{r}}' \\ &= -\mathrm{j}\omega \iint_{V_Q} \underline{\mathbf{f}}(\underline{\mathbf{r}}', \omega) \cdot \underbrace{\int_{-\infty}^{\infty} \underline{\underline{\mathbf{G}}}(x - x', y - y', z - z', \omega)\,\mathrm{d}y'}_{\displaystyle = \frac{1}{\mu}\left[\left(\underline{\underline{\mathbf{I}}} + \frac{1}{k_S^2}\nabla\nabla\right)\frac{\mathrm{j}}{4}\,\mathrm{H}_0^{(1)}(k_S|\underline{\mathbf{r}} - \underline{\mathbf{r}}'|) - \frac{1}{k_S^2}\nabla\nabla\frac{\mathrm{j}}{4}\,\mathrm{H}_0^{(1)}(k_P|\underline{\mathbf{r}} - \underline{\mathbf{r}}'|)\right]}\,\mathrm{d}^2\underline{\mathbf{r}}' \\ &\stackrel{\mathrm{def}}{=} \underline{\mathbf{v}}(x, z, \omega) \\ &= \underline{\mathbf{v}}(\underline{\mathbf{r}}, \omega) \quad .\end{aligned} \tag{13.3.30}$$

Die Zweidimensionalität der Quellverteilung hat die Zweidimensionalität der Feldgröße zur Folge!

In Abschnitt 7.3 zeigten wir, dass im zweidimensionalen Fall SH- und P-SV-Wellen entkoppelt sind; das muss natürlich auch hier wieder herauskommen. Wir spalten deshalb (13.3.30) in kartesische Komponenten auf:

$$\begin{aligned}v_x(\underline{\mathbf{r}}, \omega) = -\mathrm{j}\omega\,\frac{1}{\mu} \iint_{V_Q} \underline{\mathbf{f}}(\underline{\mathbf{r}}', \omega) \cdot \Bigg[&\left(\underline{\mathbf{e}}_x + \frac{1}{k_S^2}\,\nabla\frac{\partial}{\partial x}\right)\frac{\mathrm{j}}{4}\,\mathrm{H}_0^{(1)}(k_S|\underline{\mathbf{r}} - \underline{\mathbf{r}}'|) - \\ &-\frac{1}{k_S^2}\,\nabla\frac{\partial}{\partial x}\,\frac{\mathrm{j}}{4}\,\mathrm{H}_0^{(1)}(k_P|\underline{\mathbf{r}} - \underline{\mathbf{r}}'|)\Bigg]\,\mathrm{d}^2\underline{\mathbf{r}}' \quad ,\end{aligned} \tag{13.3.31}$$

$$v_y(\underline{\mathbf{r}}, \omega) = -\mathrm{j}\omega\,\frac{1}{\mu} \iint_{V_Q} \underline{\mathbf{f}}(\underline{\mathbf{r}}', \omega) \cdot \underline{\mathbf{e}}_y\,\frac{\mathrm{j}}{4}\,\mathrm{H}_0^{(1)}(k_S|\underline{\mathbf{r}} - \underline{\mathbf{r}}'|)\,\mathrm{d}^2\underline{\mathbf{r}}' \quad , \tag{13.3.32}$$

$$\begin{aligned}v_z(\underline{\mathbf{r}}, \omega) = -\mathrm{j}\omega\,\frac{1}{\mu} \iint_{V_Q} \underline{\mathbf{f}}(\underline{\mathbf{r}}', \omega) \cdot \Bigg[&\left(\underline{\mathbf{e}}_z + \frac{1}{k_S^2}\,\nabla\frac{\partial}{\partial z}\right)\frac{\mathrm{j}}{4}\,\mathrm{H}_0^{(1)}(k_S|\underline{\mathbf{r}} - \underline{\mathbf{r}}'|) - \\ &-\frac{1}{k_S^2}\,\nabla\frac{\partial}{\partial z}\,\frac{\mathrm{j}}{4}\,\mathrm{H}_0^{(1)}(k_P|\underline{\mathbf{r}} - \underline{\mathbf{r}}'|)\Bigg]\,\mathrm{d}^2\underline{\mathbf{r}}' \quad .\end{aligned} \tag{13.3.33}$$

Offensichtlich ist die Kraftdichtekomponente f_y für ein skalares SH-Problem mit nur einer v_y-Komponente „verantwortlich“, während f_x und f_z sowohl P- als auch SV-Wellen abstrahlen, die nur v_x- und v_z-Komponenten besitzen. Letztere fassen wir wieder zu einem PSV-Vektor zusammen:

$$\begin{aligned}\underline{\mathbf{v}}_{\mathrm{PSV}}(\underline{\mathbf{r}}, \omega) &= v_x(\underline{\mathbf{r}}, \omega)\,\underline{\mathbf{e}}_x + v_z(\underline{\mathbf{r}}, \omega)\,\underline{\mathbf{e}}_z \\ &= -\mathrm{j}\omega \iint_{V_Q} \underline{\mathbf{f}}(\underline{\mathbf{r}}', \omega) \cdot \underline{\underline{\mathbf{G}}}_{\mathrm{PSV}}(\underline{\mathbf{r}} - \underline{\mathbf{r}}', \omega)\,\mathrm{d}^2\underline{\mathbf{r}}' \quad ,\end{aligned} \tag{13.3.34}$$

worin

$$\underline{\underline{\mathbf{G}}}_{\mathrm{PSV}}(\underline{\mathbf{r}} - \underline{\mathbf{r}}', \omega) = \frac{1}{\mu}\left[\left(\underline{\underline{\mathbf{I}}} - \underline{\mathbf{e}}_y\underline{\mathbf{e}}_y + \frac{1}{k_S^2}\,\nabla_{\underline{\mathbf{r}}}\nabla_{\underline{\mathbf{r}}}\right)\frac{\mathrm{j}}{4}\,\mathrm{H}_0^{(1)}(k_S|\underline{\mathbf{r}} - \underline{\mathbf{r}}'|) - \frac{1}{k_S^2}\,\nabla_{\underline{\mathbf{r}}}\nabla_{\underline{\mathbf{r}}}\,\frac{\mathrm{j}}{4}\,\mathrm{H}_0^{(1)}(k_P|\underline{\mathbf{r}} - \underline{\mathbf{r}}'|)\right] \tag{13.3.35}$$

mit

$$\nabla_{\underline{\mathbf{r}}} = \underline{\mathbf{e}}_x \frac{\partial}{\partial x} + \underline{\mathbf{e}}_z \frac{\partial}{\partial z} \tag{13.3.36}$$

die Rolle einer zweidimensionalen PSV-Greenfunktion spielt[32]; die Zweidimensionalität erkennen wir am Argument $\underline{\mathbf{r}} - \underline{\mathbf{r}}'$.

In der Schreibweise

$$v_y(\underline{\mathbf{r}}, \omega) = -\mathrm{j}\omega \int\int\int_{V_Q} f_y(\underline{\mathbf{r}}', \omega)\, G_{\mathrm{SH}}(\underline{\mathbf{r}} - \underline{\mathbf{r}}', \omega)\, \mathrm{d}^2\underline{\mathbf{r}}' \tag{13.3.37}$$

mit der zweidimensionalen SH-Greenfunktion

$$G_{\mathrm{SH}}(\underline{\mathbf{r}} - \underline{\mathbf{r}}', \omega) = \frac{1}{\mu} \frac{\mathrm{j}}{4} \mathrm{H}_0^{(1)}(k_{\mathrm{S}} |\underline{\mathbf{r}} - \underline{\mathbf{r}}'|) \tag{13.3.38}$$

lehnt sich (13.3.32) an (13.3.34) an.

Zweidimensionale elastodynamische $\underline{\underline{\mathbf{h}}}$*-Quellenfelder*

Im $\underline{\underline{\mathbf{h}}}$-Tensor mit zweidimensionaler Ortsabhängigkeit treten die h_{yx}-, h_{yy}- und h_{yz}-Komponenten gar nicht als Quelle auf, denn in der zweidimensionalen (Fourier-transformierten) Deformationsratengleichung

$$-\mathrm{j}\omega \underline{\underline{\mathbf{S}}}(\underline{\mathbf{r}}, \omega) = \frac{1}{2} \left\{ \nabla_{\underline{\mathbf{r}}} \underline{\mathbf{v}}(\underline{\mathbf{r}}, \omega) + \left[\nabla_{\underline{\mathbf{r}}} \underline{\mathbf{v}}(\underline{\mathbf{r}}, \omega) \right]^{21} \right\} + \underline{\underline{\mathbf{h}}}(\underline{\mathbf{r}}, \omega) \tag{13.3.39}$$

sind die Komponenten $\nabla_{\underline{\mathbf{r}}} \underline{\mathbf{v}} : \underline{\mathbf{e}}_x \underline{\mathbf{e}}_y$, $\nabla_{\underline{\mathbf{r}}} \underline{\mathbf{v}} : \underline{\mathbf{e}}_y \underline{\mathbf{e}}_y$, $\nabla_{\underline{\mathbf{r}}} \underline{\mathbf{v}} : \underline{\mathbf{e}}_z \underline{\mathbf{e}}_y$ der Gradientendyade $\nabla_{\underline{\mathbf{r}}} \underline{\mathbf{v}}$ — und damit des Deformationsratentensors gemäß der Definition (3.2.52) — wegen $\partial/\partial y \equiv 0$ gleich null. Der injizierte Deformationsratentensor $\underline{\underline{\mathbf{h}}}(\underline{\mathbf{r}}, \omega)$ hat deshalb im Zweidimensionalen die Komponentendarstellung

$$\begin{aligned} \underline{\underline{\mathbf{h}}}(\underline{\mathbf{r}}, \omega) = {} & h_{xx}(\underline{\mathbf{r}}, \omega)\, \underline{\mathbf{e}}_x \underline{\mathbf{e}}_x + h_{xy}(\underline{\mathbf{r}}, \omega)\, \underline{\mathbf{e}}_x \underline{\mathbf{e}}_y + h_{xz}(\underline{\mathbf{r}}, \omega)\, \underline{\mathbf{e}}_x \underline{\mathbf{e}}_z + \\ & + h_{zx}(\underline{\mathbf{r}}, \omega)\, \underline{\mathbf{e}}_z \underline{\mathbf{e}}_x + h_{zy}(\underline{\mathbf{r}}, \omega)\, \underline{\mathbf{e}}_z \underline{\mathbf{e}}_y + h_{zz}(\underline{\mathbf{r}}, \omega)\, \underline{\mathbf{e}}_z \underline{\mathbf{e}}_z \quad . \end{aligned} \tag{13.3.40}$$

Mit

$$\begin{aligned} \underline{\mathbf{v}}(x, y, z, \omega) &= \int\int_{V_Q} \int_{-\infty}^{\infty} \underline{\underline{\mathbf{h}}}(x', z', \omega) : \underline{\underline{\underline{\boldsymbol{\Sigma}}}}(x - x', y - y', z - z', \omega)\, \mathrm{d}y'\, \mathrm{d}^2\underline{\mathbf{r}}' \\ &= \int\int_{V_Q} \underline{\underline{\mathbf{h}}}(\underline{\mathbf{r}}', \omega) : \int_{-\infty}^{\infty} \underline{\underline{\underline{\underline{\mathbf{c}}}}} : \nabla \underline{\underline{\mathbf{G}}}(x - x', y - y', z - z', \omega)\, \mathrm{d}y'\, \mathrm{d}^2\underline{\mathbf{r}}' \\ &= \int\int_{V_Q} \underline{\underline{\mathbf{h}}}(\underline{\mathbf{r}}', \omega) : \underline{\underline{\underline{\underline{\mathbf{c}}}}} : \nabla \underbrace{\int_{-\infty}^{\infty} \underline{\underline{\mathbf{G}}}(x - x', y - y', z - z', \omega)\, \mathrm{d}y'}_{\displaystyle = \frac{1}{\mu} \left[\left(\underline{\underline{\mathbf{I}}} + \frac{1}{k_{\mathrm{S}}^2} \nabla\nabla \right) \frac{\mathrm{j}}{4} \mathrm{H}_0^{(1)}(k_{\mathrm{S}} |\underline{\mathbf{r}} - \underline{\mathbf{r}}'|) - \frac{1}{k_{\mathrm{S}}^2} \nabla\nabla \frac{\mathrm{j}}{4} \mathrm{H}_0^{(1)}(k_{\mathrm{P}} |\underline{\mathbf{r}} - \underline{\mathbf{r}}'|) \right]}\, \mathrm{d}^2\underline{\mathbf{r}}' \\ &\stackrel{\mathrm{def}}{=} \underline{\mathbf{v}}(x, z, \omega) \\ &= \underline{\mathbf{v}}(\underline{\mathbf{r}}, \omega) \quad . \end{aligned} \tag{13.3.41}$$

wenden wir uns nun den zweidimensionalen $\underline{\underline{\mathbf{h}}}$-Quellen (13.3.40) zu.

[32]Man beachte: $\underline{\underline{\mathbf{G}}}_{\mathrm{PSV}}$ ist ein Tensor zweiter Stufe mit neun Komponenten, dessen Matrixschema jedoch — man vergleiche (13.3.26) — fünf Nullen enthält.

Zunächst berechnen wir $v_y(\underline{\mathbf{r}},\omega)$:

$$\begin{aligned}
v_y(\underline{\mathbf{r}},\omega) &= \frac{1}{\mu}\int\int_{V_Q} \underline{\underline{\mathbf{h}}}(\underline{\mathbf{r}}',\omega) : \underline{\underline{\underline{\underline{\mathbf{c}}}}} : \nabla_{\underline{\mathbf{r}}}\left[\underline{\mathbf{e}}_y \frac{\mathrm{j}}{4}\,\mathrm{H}_0^{(1)}(k_\mathrm{S}|\underline{\mathbf{r}}-\underline{\mathbf{r}}'|)\right]\mathrm{d}^2\underline{\mathbf{r}}'\\
&= \frac{1}{\mu}\int\int_{V_Q} \underline{\underline{\mathbf{h}}}(\underline{\mathbf{r}}',\omega) : \mu(\nabla_{\underline{\mathbf{r}}}\,\underline{\mathbf{e}}_y + \underline{\mathbf{e}}_y\nabla_{\underline{\mathbf{r}}})\,\frac{\mathrm{j}}{4}\,\mathrm{H}_0^{(1)}(k_\mathrm{S}|\underline{\mathbf{r}}-\underline{\mathbf{r}}'|)\,\mathrm{d}^2\underline{\mathbf{r}}'\\
&= 2\int\int_{V_Q} \underline{\underline{\mathbf{h}}}(\underline{\mathbf{r}}',\omega) : \underline{\mathbf{e}}_y\nabla_{\underline{\mathbf{r}}}\,\frac{\mathrm{j}}{4}\,\mathrm{H}_0^{(1)}(k_\mathrm{S}|\underline{\mathbf{r}}-\underline{\mathbf{r}}'|)\,\mathrm{d}^2\underline{\mathbf{r}}'\\
&= 2\int\int_{V_Q}\left[h_{xy}(\underline{\mathbf{r}}',\omega)\frac{\partial}{\partial x} + h_{zy}(\underline{\mathbf{r}}',\omega)\frac{\partial}{\partial z}\right]\frac{\mathrm{j}}{4}\,\mathrm{H}_0^{(1)}(k_\mathrm{S}|\underline{\mathbf{r}}-\underline{\mathbf{r}}'|)\,\mathrm{d}^2\underline{\mathbf{r}}' \qquad (13.3.42)
\end{aligned}$$

Offensichtlich haben wir mit (13.3.32) und (13.3.42) die Lösung der Fourier-transformierten zweidimensionalen Differentialgleichung (7.3.11) mit Hilfe der zweidimensionalen skalaren Green'schen Funktion „wiederentdeckt“[33]. In der Tat strahlen die Komponenten $h_{xy}(\underline{\mathbf{r}}',\omega), h_{zy}(\underline{\mathbf{r}}',\omega)$ des zweidimensionalen $\underline{\underline{\mathbf{h}}}$-Tensors nur SH-Wellen ab.

Ein gemäß

$$\underline{\mathbf{h}}^y(\underline{\mathbf{r}},\omega) = h_{xy}(\underline{\mathbf{r}},\omega)\,\underline{\mathbf{e}}_x + h_{zy}(\underline{\mathbf{r}},\omega)\,\underline{\mathbf{e}}_z \qquad (13.3.43)$$

definierter Spaltenvektor von $\underline{\underline{\mathbf{h}}}$ — die h_{yy}-Komponente von $\underline{\underline{\mathbf{h}}}$ ist ja gemäß (13.3.39) „nicht vorhanden“ — erlaubt die abkürzende Schreibweise

$$v_y(\underline{\mathbf{r}},\omega) = \int\int_{V_Q} \underline{\mathbf{h}}^y(\underline{\mathbf{r}}',\omega)\cdot\underline{\mathbf{G}}_\mathrm{SH}(\underline{\mathbf{r}}-\underline{\mathbf{r}}',\omega)\,\mathrm{d}^2\underline{\mathbf{r}}' \qquad (13.3.44)$$

von (13.3.42) mit der vektoriellen SH-Greenfunktion

$$\underline{\mathbf{G}}_\mathrm{SH}(\underline{\mathbf{r}}-\underline{\mathbf{r}}',\omega) = 2\nabla_{\underline{\mathbf{r}}}\,\frac{\mathrm{j}}{4}\,\mathrm{H}_0^{(1)}(k_\mathrm{S}|\underline{\mathbf{r}}-\underline{\mathbf{r}}'|)\quad . \qquad (13.3.45)$$

Mit der Definition des zweidimensionalen Green'schen Tensors dritter Stufe

$$\begin{aligned}
\underline{\underline{\underline{\boldsymbol{\Sigma}}}}_\mathrm{PSV}(\underline{\mathbf{r}},\omega) &= \underline{\underline{\underline{\underline{\mathbf{c}}}}} : \nabla_{\underline{\mathbf{r}}}\,\underline{\underline{\mathbf{G}}}_\mathrm{PSV}(\underline{\mathbf{r}},\omega)\\
&= (\lambda\underline{\underline{\underline{\underline{\mathbf{I}}}}}^\delta + 2\mu\underline{\underline{\underline{\underline{\mathbf{I}}}}}^+) : \nabla_{\underline{\mathbf{r}}}\,\underline{\underline{\mathbf{G}}}_\mathrm{PSV}(\underline{\mathbf{r}},\omega)\\
&= \lambda\underline{\underline{\mathbf{I}}}\,\nabla_{\underline{\mathbf{r}}}\cdot\underline{\underline{\mathbf{G}}}_\mathrm{PSV}(\underline{\mathbf{r}},\omega) + \mu\left[\nabla_{\underline{\mathbf{r}}}\,\underline{\underline{\mathbf{G}}}_\mathrm{PSV}(\underline{\mathbf{r}},\omega) + \nabla_{\underline{\mathbf{r}}}\,\underline{\underline{\mathbf{G}}}^{213}_\mathrm{PSV}(\underline{\mathbf{r}},\omega)\right] \qquad (13.3.46)
\end{aligned}$$

können wir die x- und z-Komponenten von $\underline{\mathbf{v}}(\underline{\mathbf{r}},\omega)$ zum PSV-Vektor

$$\underline{\mathbf{v}}_\mathrm{PSV}(\underline{\mathbf{r}},\omega) = \int\int_{V_Q} \underline{\underline{\mathbf{h}}}(\underline{\mathbf{r}}',\omega) : \underline{\underline{\underline{\boldsymbol{\Sigma}}}}_\mathrm{PSV}(\underline{\mathbf{r}}-\underline{\mathbf{r}}',\omega)\,\mathrm{d}^2\underline{\mathbf{r}}' \qquad (13.3.47)$$

zusammenfassen, in dem die restlichen Komponenten des $\underline{\underline{\mathbf{h}}}$-Tensors (13.3.39) auftreten.

Fernfeldnäherungen zweidimensionaler elastodynamischer Quellenfelder

Die Fernfeldnäherung

$$\begin{aligned}
u_y^\mathrm{fern}(\underline{\mathbf{r}},\omega) &= \int\int_{V_Q} f_y(\underline{\mathbf{r}}',\omega)\,G_\mathrm{SH}^\mathrm{fern}(\underline{\mathbf{r}},\underline{\mathbf{r}}',\omega)\,\mathrm{d}^2\underline{\mathbf{r}}'\\
&= \frac{\mathrm{e}^{\mathrm{j}k_\mathrm{S}r}}{\sqrt{r}}\,H^f_\mathrm{SH}(\hat{\underline{\mathbf{r}}},\omega) \qquad (13.3.48)
\end{aligned}$$

[33] In (13.3.42) wird die Green'sche Funktion, in der Differentialgleichung (7.3.11) werden die h_{xy}, h_{zy}-Quellen differenziert; mit $\partial/\partial x, \partial/\partial z \Longrightarrow -\partial/\partial x', -\partial/\partial z'$ und partieller Integration realisiert man, dass beide Darstellungen identisch sind.

des zweidimensionalen SH-f_y-Quellenfeldes der Teilchenverschiebung mit der Richtcharakteristik

$$H_{\mathrm{SH}}^{f}(\hat{\underline{\mathbf{r}}},\omega) = \frac{1}{\sqrt{\omega}} \frac{\mathrm{e}^{\mathrm{j}\frac{\pi}{4}}}{2Z_{\mathrm{S}}\sqrt{2\pi c_{\mathrm{S}}}} \int\int_{V_Q} f_y(\underline{\mathbf{r}}',\omega)\,\mathrm{e}^{-\mathrm{j}k_{\mathrm{S}}\hat{\underline{\mathbf{r}}}\cdot\underline{\mathbf{r}}'}\,\mathrm{d}^2\underline{\mathbf{r}}' \tag{13.3.49}$$

erhalten wir umittelbar mit (13.1.52). Abgesehen davon, dass es sich bei (13.3.48) um die Fernfeldnäherung einer Zylinderwelle handelt, unterscheidet sich die skalare Richtcharakteristik (13.3.49) von den skalaren Richtcharakteristikkomponenten (13.3.13) insbesondere durch die zusätzliche Frequenzabhängigkeit $1/\sqrt{\omega}$; für die *Impuls*ultraschallprüfung ist dies natürlich von besonderer Bedeutung (man vergleiche die Abbildungen 13.1.4 und 13.1.6).

Die Fernfeldnäherung

$$\begin{aligned}
\underline{\mathbf{u}}_{\mathrm{PSV}}^{\mathrm{fern}}(\underline{\mathbf{r}},\omega) &= \int\int_{V_Q} \underline{\mathbf{f}}(\underline{\mathbf{r}}',\omega)\cdot\underline{\underline{\mathbf{G}}}_{\mathrm{PSV}}^{\mathrm{fern}}(\underline{\mathbf{r}},\underline{\mathbf{r}}',\omega)\,\mathrm{d}^2\underline{\mathbf{r}}' \\
&= \frac{\mathrm{e}^{\mathrm{j}k_{\mathrm{P}}r}}{\sqrt{r}}\,\underline{\mathbf{H}}_{\mathrm{P}}^{f}(\hat{\underline{\mathbf{r}}},\omega) + \frac{\mathrm{e}^{\mathrm{j}k_{\mathrm{S}}r}}{\sqrt{r}}\,\underline{\mathbf{H}}_{\mathrm{SV}}^{f}(\hat{\underline{\mathbf{r}}},\omega)
\end{aligned} \tag{13.3.50}$$

des zweidimensionalen PSV-$\underline{\mathbf{f}}$-Quellenfeldes der Teilchenverschiebung mit den Richtcharakteristiken

$$\underline{\mathbf{H}}_{\mathrm{P}}^{f}(\hat{\underline{\mathbf{r}}},\omega) = \underbrace{\frac{1}{\sqrt{\omega}} \frac{\mathrm{e}^{\mathrm{j}\frac{\pi}{4}}}{2Z_{\mathrm{P}}\sqrt{2\pi c_{\mathrm{P}}}} \int\int_{V_Q} \underline{\mathbf{f}}(\underline{\mathbf{r}}',\omega)\cdot\hat{\underline{\mathbf{r}}}\,\mathrm{e}^{-\mathrm{j}k_{\mathrm{P}}\hat{\underline{\mathbf{r}}}\cdot\underline{\mathbf{r}}'}\,\mathrm{d}^2\underline{\mathbf{r}}'}_{=H_{\mathrm{P}}^{f}(\hat{\underline{\mathbf{r}}},\omega)}\,\hat{\underline{\mathbf{r}}} \quad , \tag{13.3.51}$$

$$\underline{\mathbf{H}}_{\mathrm{SV}}^{f}(\hat{\underline{\mathbf{r}}},\omega) = \underbrace{\frac{1}{\sqrt{\omega}} \frac{\mathrm{e}^{\mathrm{j}\frac{\pi}{4}}}{2Z_{\mathrm{S}}\sqrt{2\pi c_{\mathrm{S}}}} \int\int_{V_Q} \underline{\mathbf{f}}(\underline{\mathbf{r}}',\omega)\cdot\underline{\mathbf{e}}_\theta\,\mathrm{e}^{-\mathrm{j}k_{\mathrm{S}}\hat{\underline{\mathbf{r}}}\cdot\underline{\mathbf{r}}'}\,\mathrm{d}^2\underline{\mathbf{r}}'}_{=H_{\mathrm{SV}}^{f}(\hat{\underline{\mathbf{r}}},\omega)}\,\underline{\mathbf{e}}_\theta \tag{13.3.52}$$

erhalten wir unmittelbar, indem wir mit

$$\nabla_{\underline{\mathbf{r}}} \Longrightarrow \mathrm{j}k_{\mathrm{P,S}}\hat{\underline{\mathbf{r}}} \tag{13.3.53}$$

und

$$\underline{\underline{\mathbf{I}}} = \hat{\underline{\mathbf{r}}}\,\hat{\underline{\mathbf{r}}} + \underline{\mathbf{e}}_\theta\,\underline{\mathbf{e}}_\theta + \underline{\mathbf{e}}_y\underline{\mathbf{e}}_y \tag{13.3.54}$$

sowie (13.1.52)

$$\underline{\underline{\mathbf{G}}}_{\mathrm{PSV}}^{\mathrm{fern}}(\underline{\mathbf{r}},\underline{\mathbf{r}}',\omega) = \frac{1}{\lambda+2\mu}\,\hat{\underline{\mathbf{r}}}\,\hat{\underline{\mathbf{r}}}\,\frac{1}{4}\,\mathrm{e}^{\mathrm{j}\frac{\pi}{4}}\sqrt{\frac{2}{\pi}}\,\frac{\mathrm{e}^{\mathrm{j}k_{\mathrm{P}}r}}{\sqrt{k_{\mathrm{P}}r}}\,\mathrm{e}^{-\mathrm{j}k_{\mathrm{P}}\hat{\underline{\mathbf{r}}}\cdot\underline{\mathbf{r}}'} + \frac{1}{\mu}\,\underline{\mathbf{e}}_\theta\,\underline{\mathbf{e}}_\theta\,\frac{1}{4}\,\mathrm{e}^{\mathrm{j}\frac{\pi}{4}}\sqrt{\frac{2}{\pi}}\,\frac{\mathrm{e}^{\mathrm{j}k_{\mathrm{S}}r}}{\sqrt{k_{\mathrm{S}}r}}\,\mathrm{e}^{-\mathrm{j}k_{\mathrm{S}}\hat{\underline{\mathbf{r}}}\cdot\underline{\mathbf{r}}'} \tag{13.3.55}$$

aus (13.3.35) berechnen. Zum Vergleich: Die entsprechenden dreidimensionalen Richtcharakteristiken sind mit (13.3.6) und (13.3.13) numeriert. Gleichung (13.3.55) ist das zweidimensionale Pendant zu (13.2.22) mit (13.2.27) und (13.2.28).

Die Fernfeldnäherung der Teilchenverschiebung zweidimensionaler $\underline{\underline{\mathbf{h}}}$-Quellen ergibt sich für den SH-Anteil unter Verwendung von (13.3.53) und (13.1.52) aus (13.3.45) unmittelbar zu:

$$u_y^{\mathrm{fern}}(\underline{\mathbf{r}},\omega) = \frac{\mathrm{e}^{\mathrm{j}k_{\mathrm{P}}r}}{\sqrt{r}}\,H_{\mathrm{SH}}^{h}(\hat{\underline{\mathbf{r}}},\omega) \quad , \tag{13.3.56}$$

wobei

$$H_{\mathrm{SH}}^{h}(\hat{\underline{\mathbf{r}}},\omega) = -\frac{1}{\sqrt{\omega}} \frac{\mathrm{e}^{\mathrm{j}\frac{\pi}{4}}}{\sqrt{2\pi c_{\mathrm{S}}}} \int\int_{V_Q} \underline{\mathbf{h}}^{y}(\underline{\mathbf{r}}',\omega)\cdot\hat{\underline{\mathbf{r}}}\,\mathrm{e}^{-\mathrm{j}k_{\mathrm{S}}\hat{\underline{\mathbf{r}}}\cdot\underline{\mathbf{r}}'}\,\mathrm{d}^2\underline{\mathbf{r}}' \tag{13.3.57}$$

Für den PSV-Anteil ist (13.3.47) mit (13.3.46) zugrundezulegen; mit (13.3.53) und (13.3.55) folgt zunächst

$$\underline{\underline{\Sigma}}^{\text{fern}}_{\text{PSV}}(\underline{\hat{\mathbf{r}}},\omega) = \mathrm{j}k_\mathrm{P}\,\frac{1}{\lambda+2\mu}\,\frac{1}{4}\,\mathrm{e}^{\mathrm{j}\frac{\pi}{4}}\sqrt{\frac{2}{\pi}}\,\frac{\mathrm{e}^{\mathrm{j}k_\mathrm{P}r}}{\sqrt{k_\mathrm{P}r}}\,\underbrace{(\lambda\underline{\underline{\mathbf{I}}}^\delta + 2\mu\underline{\underline{\mathbf{I}}}^+):\underline{\hat{\mathbf{r}}}\,\underline{\hat{\mathbf{r}}}\,\underline{\hat{\mathbf{r}}}}_{=(\lambda\underline{\underline{\mathbf{I}}}+2\mu\,\underline{\hat{\mathbf{r}}}\,\underline{\hat{\mathbf{r}}})\underline{\hat{\mathbf{r}}}}$$

$$+\mathrm{j}k_\mathrm{S}\,\frac{1}{\mu}\,\frac{1}{4}\,\mathrm{e}^{\mathrm{j}\frac{\pi}{4}}\sqrt{\frac{2}{\pi}}\,\frac{\mathrm{e}^{\mathrm{j}k_\mathrm{S}r}}{\sqrt{k_\mathrm{S}r}}\,\underbrace{(\lambda\underline{\underline{\mathbf{I}}}^\delta + 2\mu\underline{\underline{\mathbf{I}}}^+):\underline{\hat{\mathbf{r}}}\,\underline{\mathbf{e}}_\theta\,\underline{\mathbf{e}}_\theta}_{=\mu(\underline{\hat{\mathbf{r}}}\,\underline{\mathbf{e}}_\theta+\underline{\mathbf{e}}_\theta\underline{\hat{\mathbf{r}}})\underline{\mathbf{e}}_\theta} \tag{13.3.58}$$

aus (13.3.46) und demzufolge

$$\underline{\mathbf{u}}^{\text{fern}}_{\text{PSV}}(\underline{\mathbf{r}},\omega) = \frac{\mathrm{e}^{\mathrm{j}k_\mathrm{P}r}}{\sqrt{r}}\,\underline{\mathbf{H}}^h_\mathrm{P}(\underline{\hat{\mathbf{r}}},\omega) + \frac{\mathrm{e}^{\mathrm{j}k_\mathrm{S}r}}{\sqrt{r}}\,\underline{\mathbf{H}}^h_{\mathrm{SV}}(\underline{\hat{\mathbf{r}}},\omega) \tag{13.3.59}$$

mit

$$\underline{\mathbf{H}}^h_\mathrm{P}(\underline{\hat{\mathbf{r}}},\omega) = -\frac{1}{\sqrt{\omega}}\,\frac{\mathrm{e}^{\mathrm{j}\frac{\pi}{4}}}{2c_\mathrm{P}Z_\mathrm{P}\sqrt{2\pi c_\mathrm{P}}}\,2\mu\iint_{V_Q}\underline{\underline{\mathbf{h}}}(\underline{\mathbf{r}}',\omega):(\lambda\underline{\underline{\mathbf{I}}}+2\mu\underline{\hat{\mathbf{r}}}\,\underline{\hat{\mathbf{r}}})\,\mathrm{e}^{-\mathrm{j}k_\mathrm{P}\underline{\hat{\mathbf{r}}}\cdot\underline{\mathbf{r}}'}\,\mathrm{d}^2\underline{\mathbf{r}}'\,\underline{\hat{\mathbf{r}}}\quad, \tag{13.3.60}$$

$$\underline{\mathbf{H}}^h_{\mathrm{SV}}(\underline{\hat{\mathbf{r}}},\omega) = -\frac{1}{\sqrt{\omega}}\,\frac{\mathrm{e}^{\mathrm{j}\frac{\pi}{4}}}{\sqrt{2\pi c_\mathrm{S}}}\iint_{V_Q}\underline{\underline{\mathbf{h}}}(\underline{\mathbf{r}}',\omega):\underline{\hat{\mathbf{r}}}\,\underline{\mathbf{e}}_\theta\,\mathrm{e}^{-\mathrm{j}k_\mathrm{S}\underline{\hat{\mathbf{r}}}\cdot\underline{\mathbf{r}}'}\,\mathrm{d}^2\underline{\mathbf{r}}'\,\underline{\mathbf{e}}_\theta\quad. \tag{13.3.61}$$

Die Richtcharakteristik (13.3.60) ergänzt (13.3.51), und (13.3.61) ergänzt (13.3.52).

13.3.4 Beispiele drei- und zweidimensionaler elastodynamischer und akustischer Quellenfernfelder: flächig-rechteckige, flächig-runde und flächig-streifenförmige Kraftdichteverteilungen mit konstanter Amplitude

Flächig-rechteckige Kraftdichteverteilung im elastischen Vollraum

In den Druck- und Scherwellenrichtcharakteristiken (13.3.6) und (13.3.13) des Fernfeldes (13.3.5) der Teilchenverschiebung können wir den Kraftdichtevektor $\underline{\mathbf{f}}(\underline{\mathbf{R}},\omega)$ beliebig vorgeben, um sodann eine anschauliche Vorstellung vom resultierenden Strahlungsfeld zu bekommen. Wir wählen ein Beispiel, das für die US-zfP Vorstufe[34] des Modells eines piezoelektrischen Prüfkopfes mit rechteckiger Strahlerfläche ist:

$$\underline{\mathbf{f}}(\underline{\mathbf{R}},\omega) = F(\omega)q_a(x)q_b(y)\delta(z)\underline{\mathbf{e}}_z\quad. \tag{13.3.62}$$

Hierin sind $q_a(x)$, $q_b(y)$ ursprungssymmetrische Rechteckfunktionen der Breite $2a$ bzw. $2b$ gemäß (2.3.43), d.h. sie beschreiben die Rechteckgeometrie des „Prüfkopfmodells" (13.3.62) und die innerhalb dieser Apertur konstante Kraftdichte; mit $\delta(z)$ in (13.3.62) sichern wir, dass es sich um eine *flächige* Kraftdichte handelt, und mit $\underline{\mathbf{e}}_z$ postulieren wir innerhalb der Rechteckapertur die stets gleiche Richtung der Kraftdichte; $F(\omega)$ steht für das Spektrum des Anregungsimpulses der synchronen Quelle

$$\underline{\mathbf{f}}(\underline{\mathbf{R}},t) = F(t)q_a(x)q_b(y)\delta(z)\underline{\mathbf{e}}_z \tag{13.3.63}$$

gemäß (13.1.61). Im Koordinatensystem der Abb. 13.3.1 — wir zählen z nach unten, in ein fiktives Bauteil hinein — ist (13.3.62) skizziert.

[34]Vorstufe deshalb, weil wir bisher nur Strahlungsfelder von Quellverteilungen im elastischen *Vollraum* ausrechnen können; physikalische Effekte, die davon herrühren, dass der Prüfkopf auf einer spannungsfreien Bauteiloberfläche „sitzt", sind noch nicht enthalten.

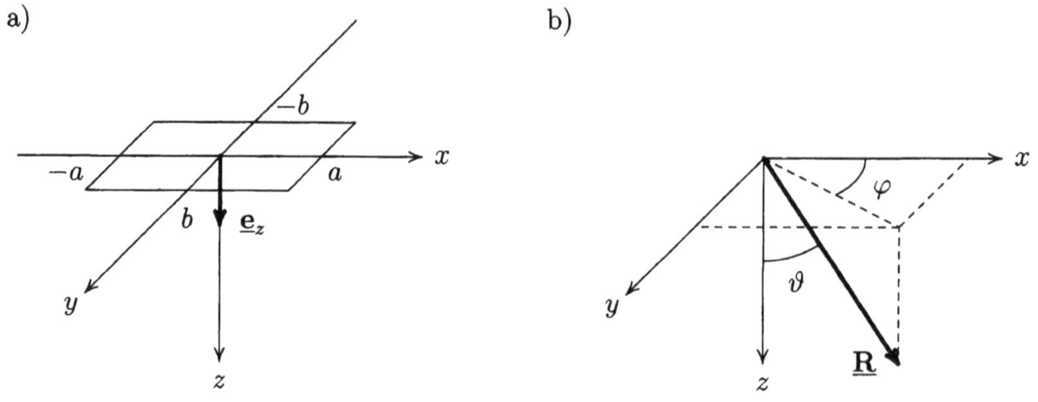

Abb. 13.3.1: Flächig-rechteckige Kraftdichteverteilung (a) und Kugelkoordinaten zur Berechnung des Strahlungsfeldes (b)

Die *Punkt*richtwirkungen der Kraftdichte (13.3.62) hatten wir bereits in Abb. 13.2.4a,b skizziert, *hier* sind die Richtwirkungen der endlichen großen Apertur im elastischen Vollraum gefragt. Wir finden sie als Gleichungen (13.3.6) und (13.3.13), können aber die Punktrichtwirkungen (13.3.19) und (13.3.17) aufgrund der $\underline{\mathbf{R}}'$-unabhängigen Kraftdichteorientierungen sofort vor die Integrale ziehen:

$$H_{\mathrm{P}}^{f_z}(\hat{\underline{\mathbf{R}}},\omega) = \frac{F(\omega)}{4\pi c_{\mathrm{P}} Z_{\mathrm{P}}}\,\underline{\mathbf{e}}_z \cdot \hat{\underline{\mathbf{R}}} \int_{-b}^{b}\int_{-a}^{a} \mathrm{e}^{-\mathrm{j}k_{\mathrm{P}}\hat{\underline{\mathbf{R}}}\cdot\underline{\mathbf{R}}'}\,\mathrm{d}x'\mathrm{d}y' \quad , \tag{13.3.64}$$

$$H_{\mathrm{S}\vartheta,\varphi}^{f_z}(\hat{\underline{\mathbf{R}}},\omega) = \frac{F(\omega)}{4\pi c_{\mathrm{S}} Z_{\mathrm{S}}}\,\underline{\mathbf{e}}_z \cdot \underline{\mathbf{e}}_{\vartheta,\varphi} \int_{-b}^{b}\int_{-a}^{a} \mathrm{e}^{-\mathrm{j}k_{\mathrm{S}}\hat{\underline{\mathbf{R}}}\cdot\underline{\mathbf{R}}'}\,\mathrm{d}x'\mathrm{d}y' \tag{13.3.65}$$

Aufgrund der Siebeigenschaft der $\delta(z)$-Distribution in (13.3.62) ist $\hat{\underline{\mathbf{R}}}\cdot\underline{\mathbf{R}}'$ in (13.3.64) und (13.3.65) durch

$$\begin{aligned}\hat{\underline{\mathbf{R}}}\cdot\underline{\mathbf{R}}' &= \hat{\underline{\mathbf{R}}}\cdot\underline{\mathbf{e}}_x\,x' + \hat{\underline{\mathbf{R}}}\cdot\underline{\mathbf{e}}_y\,y' \\ &= \sin\vartheta\cos\varphi\,x' + \sin\vartheta\sin\varphi\,y'\end{aligned} \tag{13.3.66}$$

gegeben. Die resultierenden Integrale sind elementar auswertbar:

$$H_{\mathrm{P}}^{f_z}(\vartheta,\varphi,\omega) = \frac{abF(\omega)}{\pi c_{\mathrm{P}} Z_{\mathrm{P}}}\cos\vartheta\,\frac{\sin(k_{\mathrm{P}}a\sin\vartheta\cos\varphi)}{k_{\mathrm{P}}a\sin\vartheta\cos\varphi}\,\frac{\sin(k_{\mathrm{P}}b\sin\vartheta\sin\varphi)}{k_{\mathrm{P}}b\sin\vartheta\sin\varphi} \quad , \tag{13.3.67}$$

$$H_{\mathrm{S}\vartheta}^{f_z}(\vartheta,\varphi,\omega) = -\frac{abF(\omega)}{\pi c_{\mathrm{S}} Z_{\mathrm{S}}}\sin\vartheta\,\frac{\sin(k_{\mathrm{S}}a\sin\vartheta\cos\varphi)}{k_{\mathrm{S}}a\sin\vartheta\cos\varphi}\,\frac{\sin(k_{\mathrm{S}}b\sin\vartheta\sin\varphi)}{k_{\mathrm{S}}b\sin\vartheta\sin\varphi} \quad , \tag{13.3.68}$$

$$H_{\mathrm{S}\varphi}^{f_z}(\vartheta,\varphi,\omega) = 0 \quad . \tag{13.3.69}$$

In (Gleichung (13.3.5) bzw. (13.3.12))

$$\underline{\mathbf{u}}_{\mathrm{P}}^{\mathrm{fern}}(R,\vartheta,\varphi,\omega) = \frac{\mathrm{e}^{\mathrm{j}k_{\mathrm{P}}R}}{R}\,H_{\mathrm{P}}^{f_z}(\vartheta,\varphi,\omega)\,\underline{\mathbf{e}}_R + \frac{\mathrm{e}^{\mathrm{j}k_{\mathrm{S}}R}}{R}\,H_{\mathrm{S}\vartheta}^{f_z}(\vartheta,\varphi,\omega)\,\underline{\mathbf{e}}_\vartheta \tag{13.3.70}$$

determinieren die Richtcharakteristiken das Teilchenverschiebungsfernfeld. Wir halten fest: Die Richtcharakteristiken (13.3.67) und (13.3.68) sind Produkte der jeweiligen Punktrichtwirkungen (Abb. 13.2.4a,b) und der Richtwirkung der flächig-rechteckigen Apertur mit konstanter

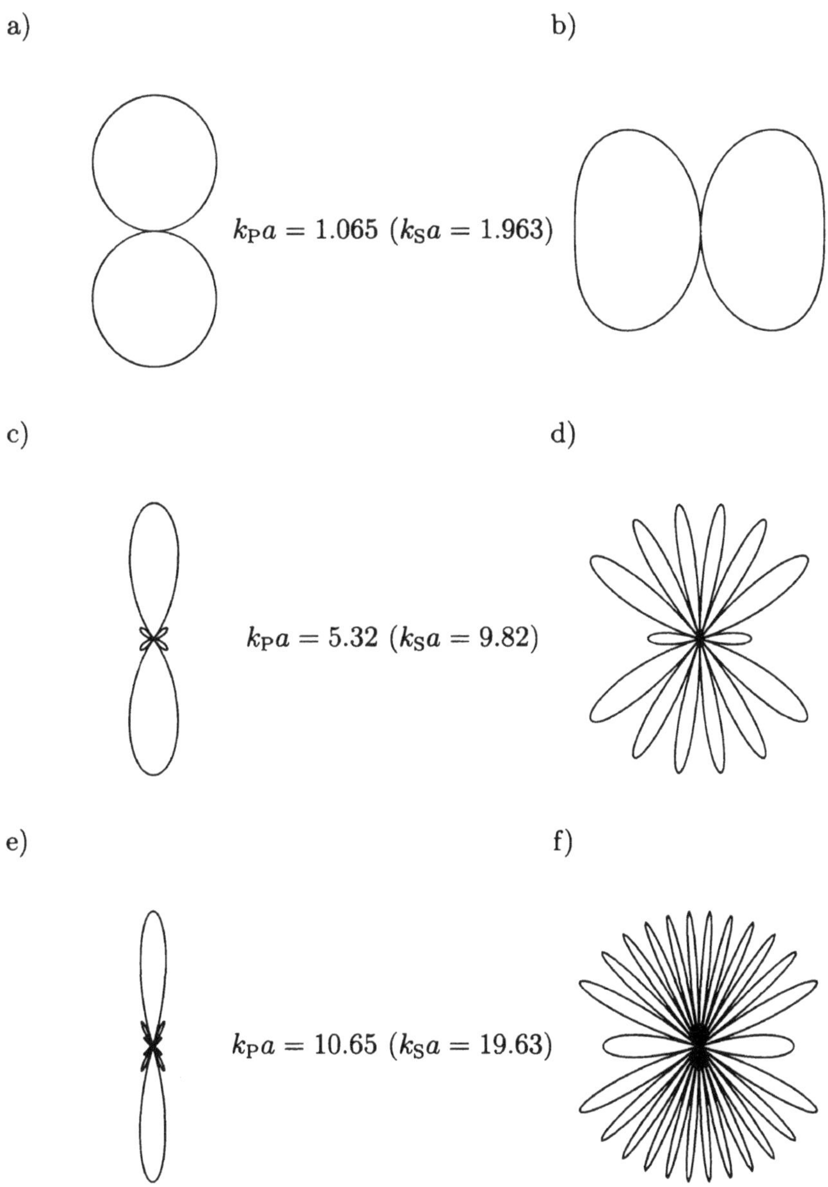

Abb. 13.3.2: *P- und S-Richtdiagramme einer flächig-rechteckigen f_z-Kraftdichteapertur;* $\varphi = 0$ *(Stahl:* $c_P = 5900$ *m/s,* $c_S = 3200$ *m/s,* $\rho = 7.7 \cdot 10^3$ *kg/m*^{3}*)*

Kraftdichtebelegung. Für $\vartheta = 0, \pi$ gilt

$$\left.\frac{\sin(k_{\mathrm{P,S}}a\sin\vartheta\cos\varphi)}{k_{\mathrm{P,S}}a\sin\vartheta\cos\varphi}\,\frac{\sin(k_{\mathrm{P,S}}b\sin\vartheta\sin\varphi)}{k_{\mathrm{P,S}}b\sin\vartheta\sin\varphi}\right|_{\vartheta=0,\pi} = 1 \quad , \tag{13.3.71}$$

sodass $H_{\mathrm{P}}^{f}(\vartheta = 0, \pi, \varphi, \omega)$ aufgrund der Punktrichtwirkung $\cos\vartheta$ maximal ist, $H_{\mathrm{S}\vartheta}^{f}(\vartheta = 0, \pi, \varphi, \omega)$ jedoch aufgrund der Punktrichtwirkung $-\sin\vartheta$ Nullstellen besitzt. Richtdiagramme zu (13.3.67) und (13.3.68) sind in Abb. 13.3.2 für $\varphi = 0$ als Funktion von ϑ im Koordinatensystem der Abb. 13.3.1b skizziert. Das „Elastodynamische" an diesen Diagrammen ist allein die jeweilige Punktrichtwirkung, denn das Aperturdiagramm, das die Geometrie und die Amplitudenverteilung der flächigen Quelle wiedergibt, kommt jedem (rechteckigen) skalaren Aperturstrahler gleichermaßen zu. Für die flächig-rechteckige konstante Aperturverteilung sind die wesentlichen, die Richtdiagramme bestimmenden Parameter $k_{\mathrm{P,S}}a$ und $k_{\mathrm{P,S}}b$, für $\varphi = 0$ also $k_{\mathrm{P,S}}a$. Für $k_{\mathrm{P,S}}a$-Werte in der Größenordnung von 1 (Abbildung 13.3.2a,b) sind wir noch ganz in der Nähe der Punktquelle (Abbildung 13.2.4), die Aperturrichtwirkung macht sich noch wenig bemerkbar. Die in Abb. 13.3.2a,b gewählten $k_{\mathrm{P,S}}a$-Werte ergeben sich für das Material Stahl beispielsweise für eine Apertur der x-Ausdehnung $2a = 2\,\mathrm{mm}$ in Kombination mit der Frequenz $f = 1\,\mathrm{MHz}$ ($\lambda_{\mathrm{P}} = 5.9\,\mathrm{mm}$, $\lambda_{\mathrm{S}} = 3.2\,\mathrm{mm}$). Vergrößern wir die x-Apertur um den Faktor 5 auf $2a = 1\,\mathrm{cm}$, so ergeben sich die Diagramme der Abb. 13.3.2c,d, von denen H_{P}^{f} in der Tat bereits eine deutliche Richtwirkung zeigt, während ebendiese Aperturhauptkeule im $H_{\mathrm{S}\vartheta}^{f}$-Diagramm durch die Punktrichtwirkung $\sin\vartheta$ für $\vartheta = 0$ eine Nullstelle „aufgezwungen" bekommt, wobei durch diese Multiplikation gleichzeitig die Nebenkeulen in der Amplitude angehoben werden. Diese Tendenz — zunehmende Richtwirkung[35] und zunehmende Anzahl der Nebenkeulen im H_{P}^{f}-Diagramm und zunehmende Auffächerung des $H_{\mathrm{S}\vartheta}^{f}$-Diagramms ohne ausgeprägte Hauptkeule — setzt sich mit zunehmendem $k_{\mathrm{P,S}}a$ (Abbildung 13.3.2e,f; $2a = 2\,\mathrm{cm}$) fort.

Wir wollen auch noch das Stichwort „Winkelprüfkopf" (im Vorstufen-Modell) aufgreifen; dazu betrachten wir anstelle von (13.3.63) die *nicht*-synchrone Quelle

$$\underline{\mathbf{f}}(\underline{\mathbf{R}}, t) = F\left(t - \frac{x}{c_{\mathrm{A}}}\right) q_a(x) q_b(y) \delta(z) \underline{\mathbf{e}}_z \quad . \tag{13.3.72}$$

Mit dieser Kraftdichteanregung wird die Aperturlinie $x = 0, -b \leq y \leq b$ wie zuvor mit dem Impuls $F(t)$ beaufschlagt, die Linien $-a \leq x < 0, -b \leq y \leq b$ zwar mit demselben Impuls, jedoch *verfrüht* um x/c_{A} sowie die Linien $0 < x \leq a, -b \leq y \leq b$ *verzögert* um x/c_{A}, worin c_{A} mit der Dimension einer Geschwindigkeit[36] der Parameter für die Steigung dieser *linearen* Verfrühung/Verzögerung ist. Im Frequenzbereich wird aus der nicht-synchronen Quelle (13.3.72) die (linear) phasenbelegte Quelle

$$\underline{\mathbf{f}}(\underline{\mathbf{R}}, \omega) = F(\omega) \mathrm{e}^{\mathrm{j}k_{\mathrm{A}}x} q_a(x) q_b(y) \delta(z) \underline{\mathbf{e}}_z \quad , \tag{13.3.73}$$

worin

$$k_{\mathrm{A}} = \frac{\omega}{c_{\mathrm{A}}} \tag{13.3.74}$$

die Rolle einer Wellenzahl für die Spurgeschwindigkeit c_{A} der Phasenbelegung spielt. Mit (13.3.73) ergeben sich anstelle von (13.3.67) und (13.3.68) die Richtcharakteristiken

$$H_{\mathrm{P}}^{f_z}(\vartheta, \varphi, \omega, k_{\mathrm{A}}) = \frac{abF(\omega)}{\pi c_{\mathrm{P}} Z_{\mathrm{P}}} \cos\vartheta \, \frac{\sin(k_{\mathrm{P}}a\sin\vartheta\cos\varphi - k_{\mathrm{A}}a)}{k_{\mathrm{P}}a\sin\vartheta\cos\varphi - k_{\mathrm{A}}a} \, \frac{\sin(k_{\mathrm{P}}b\sin\vartheta\sin\varphi)}{k_{\mathrm{P}}b\sin\vartheta\sin\varphi} \quad ,$$

[35] Zur quantitativen Beschreibung der Richtwirkung durch den Richtfaktor konsultiere man die einschlägige Antennenliteratur (z.B.: Balanis, 1997; Langenberg, 2005).

[36] Im „real existierenden" piezoelektrischen Winkelprüfkopf ist c_{A} die Spurgeschwindigkeit der vom Piezokristall auf die Materialoberfläche einfallenden P-Welle.

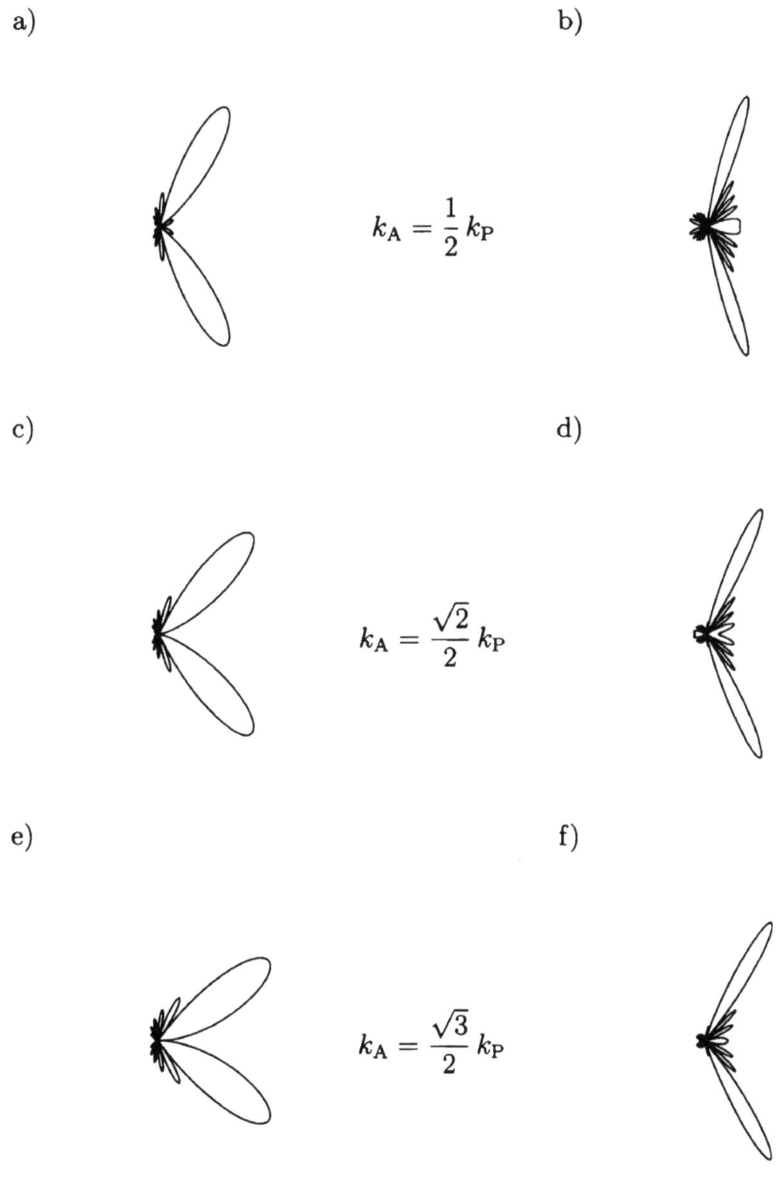

Abb. 13.3.3: *P- und S-Richtdiagramme einer flächig-rechteckigen f_z-Kraftdichteapertur mit linearer x-Phasenbelegung; $\varphi = 0$ (Stahl: $c_P = 5900$ m/s, $c_S = 3200$ m/s, $\rho = 7.7 \cdot 10^3$ kg/m^3; $k_P a = 10.65$, $k_S a = 19.63$)*

(13.3.75)

$$H_{S\vartheta}^{f_z}(\vartheta,\varphi,\omega,k_A) = -\frac{abF(\omega)}{\pi c_S Z_S}\sin\vartheta\,\frac{\sin(k_S a\sin\vartheta\cos\varphi - k_A a)}{k_S a\sin\vartheta\cos\varphi - k_A a}\,\frac{\sin(k_S b\sin\vartheta\sin\varphi)}{k_S b\sin\vartheta\sin\varphi}\ ,$$

(13.3.76)

und deren Diagramme für $k_P a = 10.65$ ($k_S a = 19.63$) in Abb. 13.3.3 illustrieren, dass k_A zum Parameter einer Hauptkeulen*schwenkung* wird, worin der Faktor α in $k_A = \alpha k_P$ gleich dem Sinus des Schwenkwinkels ϑ_{Ps} der P-Hauptkeule ist:

$$\sin\vartheta_{Ps} = \frac{k_A}{k_P} = \alpha\ . \tag{13.3.77}$$

Man erhält dies durch Nullsetzen des Arguments $k_P a\sin\vartheta\cos\varphi - k_A a$ der Spaltfunktion für $\varphi = 0$. Interessanterweise werden mit der Schwenkung der P-Hauptkeule auch die S-Diagramme zu „richtigen" Diagrammen mit einer ausgeprägten Hauptkeule. Durch die Schwenkung wird verhindert, dass die Punktrichtwirkung $\sin\vartheta$ die Aperturhauptkeule „zerstört". Allerdings ist wegen

$$\sin\vartheta_{Ss} = \frac{k_A}{k_S} = \frac{\alpha}{\kappa} \tag{13.3.78}$$

der Schwenkwinkel ϑ_{Ss} kleiner als ϑ_{Ps}.

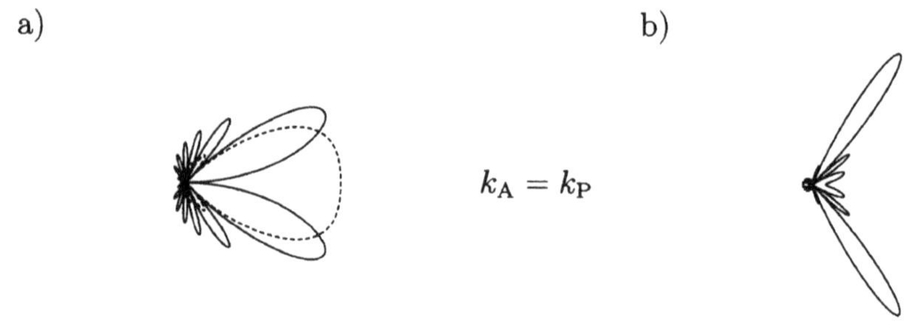

Abb. 13.3.4: *P- und S-Richtdiagramme einer flächig-rechteckigen f_z-Kraftdichteapertur mit linearer x-Phasenbelegung: „Kriechwellenprüfkopf" (gestrichelt: P-Richtdiagramm der Apertur ohne Punktrichtwirkung) ; $\varphi = 0$ (Stahl: $c_P = 5900$ m/s, $c_S = 3200$ m/s, $\rho = 7.7\cdot 10^3$ kg/m^3; $k_P a = 10.65$, $k_S a = 19.63$)*

Ein interessanter Grenzfall der Schwenkung ergibt sich mit $\alpha = 1$, d.h. $\vartheta_{Ps} = \pi/2$: Die P-Hauptkeule der Apertur allein, d.h. *ohne* Punktrichtwirkung (Abbildung 13.3.4), zeigt sodann in der Tat in Richtung 90° — allerdings verbreitert, wie es einem derartigen Endstrahler stets zukommt (Balanis, 1997) —, *mit* Punktrichtwirkung (also *mit* „Elastodynamik") wird jedoch genau in dieser Richtung mit der Nullstelle von $\cos\vartheta$ multpliziert, sodass die Endstrahlerhauptkeule auffächert und folglich die P-Welle tatsächlich unter dem (den) Winkel(n) $\vartheta_{Ps} \simeq 64°$ ($\vartheta_{Ps} \simeq 116°$) abgestrahlt wird; man hat nichts anderes als das Vollraum-Vorstufenmodell eines sogenannten „Kriechwellenprüfkopfs" vorliegen (Erhard, 1982; Langenberg et al., 1990). Die von diesem Prüfkopf abgestrahlte *subsurface longitudinal wave* — die untere Keule in Abb. 13.3.4a — wird, wie Abb. 13.3.4b bestätigt, von einer S-Hauptkeule unter dem Winkel $\vartheta_{Ss} \simeq 33°$ (in Stahl) begleitet. Wir kommen auf eine detailliertere Charakterisierung des Schallfeldes eines solchen Prüfkopfes später zurück. Der Schwenkwinkel der S-Hauptkeule lässt sich natürlich durch weitere Vergrößerung von α ebenfalls vergrößern, solange $\alpha/\kappa < 1$. Das P-Richtdiagramm wird dabei ähnlich rosettenartig wie die S-Diagramme in Abb. 13.3.2, also unbrauchbar.

Impulsabstrahlung der flächig-rechteckigen Kraftdichteapertur

Im Teilchenverschiebungsfernfeld (13.3.70) kommt die Frequenz an zwei Stellen vor: in der Exponentialfunktion und in der Richtcharakteristik. Wenn wir also $H_{\mathrm{P}}^{f_z}(\vartheta,\varphi,t)$ und $H_{\mathrm{S}\vartheta}^{f_z}(\vartheta,\varphi,t)$ per Fourier-Inversion aus $H_{\mathrm{P}}^{f}(\vartheta,\varphi,\omega)$ und $H_{\mathrm{S}\vartheta}^{f}(\vartheta,\varphi,\omega)$ ausrechnen können, ist das Impuls„schall"feld der flächig-rechteckigen Kraftdichteapertur gemäß

$$\underline{\mathbf{u}}_{\mathrm{P}}^{\mathrm{fern}}(R,\vartheta,\varphi,t) = \frac{1}{R}\,H_{\mathrm{P}}^{f_z}\left(\vartheta,\varphi,t-\frac{R}{c_{\mathrm{P}}}\right)\underline{\mathbf{e}}_R + \frac{1}{R}\,H_{\mathrm{S}\vartheta}^{f_z}\left(\vartheta,\varphi,t-\frac{R}{c_{\mathrm{S}}}\right)\underline{\mathbf{e}}_\vartheta \tag{13.3.79}$$

aufgrund des Verschiebungssatzes der Fourier-Transformation berechenbar. Wir beschränken uns wieder auf die xz-Ebene, d.h. $\varphi = 0$, und stellen

$$H_{\mathrm{P}}^{f_z}(\vartheta,\varphi=0,t) = \frac{ab}{\pi c_{\mathrm{P}} Z_{\mathrm{P}}}\cos\vartheta\, F(t) * \mathcal{F}^{-1}\left\{\frac{\sin\left(\frac{a}{c_{\mathrm{P}}}\sin\vartheta\,\omega\right)}{\frac{a}{c_{\mathrm{P}}}\sin\vartheta\,\omega}\right\} \tag{13.3.80}$$

zunächst als Faltungsintegral des Anregungsimpulses $F(t)$ mit der Fourier-Inversen von

$$\frac{\sin\left(\frac{a}{c_{\mathrm{P}}}\sin\vartheta\,\omega\right)}{\frac{a}{c_{\mathrm{P}}}\sin\vartheta\,\omega} = \begin{cases} 1 \text{ für } \vartheta = 0,\pi \\ \dfrac{c_{\mathrm{P}}}{a\sin\vartheta}\,\dfrac{1}{\omega}\,\dfrac{1}{2\mathrm{j}}\left(\mathrm{e}^{\mathrm{j}\frac{a}{c_{\mathrm{P}}}\sin\vartheta\,\omega} - \mathrm{e}^{-\mathrm{j}\frac{a}{c_{\mathrm{P}}}\sin\vartheta\,\omega}\right) \text{ für } 0<\vartheta<\pi \end{cases} \tag{13.3.81}$$

dar, wobei wir offensichtlich die in (13.3.81) vorgenommene Fallunterscheidung machen müssen. Den Faktor $1/\omega$ können wir dem $F(\omega)$-Term zuschlagen und erhalten sodann mit dem Integrationssatz der Fourier-Transformation (Gleichung (2.3.63))

$$\begin{aligned} H_{\mathrm{P}}^{f_z}(\vartheta,\varphi=0,t) &= \begin{cases} \dfrac{ab}{\pi c_{\mathrm{P}} Z_{\mathrm{P}}} F(t) * \delta(t) \text{ für } \vartheta = 0,\pi \\ \dfrac{b}{2\pi Z_{\mathrm{P}}}\,\dfrac{\cos\vartheta}{\sin\vartheta}\,\mathcal{F}^{-1}\left\{\dfrac{F(\omega)}{-\mathrm{j}\omega}\right\} * \left[-\delta\left(t-\dfrac{a}{c_{\mathrm{P}}}\sin\vartheta\right)+\delta\left(t+\dfrac{a}{c_{\mathrm{P}}}\sin\vartheta\right)\right] \\ \qquad \text{für } 0<\vartheta<\pi \end{cases} \\ &= \begin{cases} \dfrac{ab}{\pi c_{\mathrm{P}} Z_{\mathrm{P}}} F(t) \text{ für } \vartheta = 0,\pi \\ \dfrac{b}{2\pi Z_{\mathrm{P}}}\,\dfrac{\cos\vartheta}{\sin\vartheta}\displaystyle\int_{-\infty}^{t}\left[F\left(\tau+\dfrac{a}{c_{\mathrm{P}}}\sin\vartheta\right)-F\left(\tau-\dfrac{a}{c_{\mathrm{P}}}\sin\vartheta\right)\right]\mathrm{d}\tau \\ \qquad \text{für } 0<\vartheta<\pi\ . \end{cases} \end{aligned} \tag{13.3.82}$$

Für eine vorgegebene Entfernung R, für die $R \gg a$ gilt, müssen natürlich alle in $F(\omega)$ enthaltenen Frequenzen die Fernfeldbedingung $k_{\mathrm{P}}R \gg 1$ erfüllen.

Wir halten fest: In Richtung der P-Hauptkeulen für $\vartheta = 0$ und $\vartheta = \pi$ wird der Anregungsimpuls *selbst* abgestrahlt, während in alle anderen Richtungen *zwei* zeitlich gegeneinander versetzte Impulse unterschiedlichen Vorzeichens abgestrahlt werden, die jeweils *Integrale* des Anregungsimpulses sind. Abbildung 13.3.5 illustriert die zeitliche Versetzung der beiden Impulse und identifiziert sie damit als Impulse, die von den Kanten der Apertur ausgehen: Definitionsgemäß sind im Fernfeld die Abstände von allen Quellpunkten zu einem bestimmten Aufpunkt parallel, sodass $R_a = R - a\sin\vartheta$ und $R_{-a} = R + a\sin\vartheta$ gilt; entsprechend unterscheiden sich die Laufzeiten der von den Kanten ausgehenden Impulse um $2a\sin\vartheta/c_{\mathrm{P}}$, und sie *allein* bilden gemäß (13.3.82) das Impulsstrahlungsfernfeld für $0<\vartheta<\pi$. Für $\vartheta = 0,\pi$ hingegen beobachtet man *einen* Impuls, der von der Aperturmitte ausgeht, denn in Verbindung mit (13.3.79) ist dessen Laufzeit durch R/c_{P} gegeben. Natürlich ergibt sich dieser Impuls auch als Grenzfall der Überlagerung der beiden Kantenimpulse für $\vartheta \longrightarrow 0,\pi$; mit anderen Worten, das Impulsfernfeld

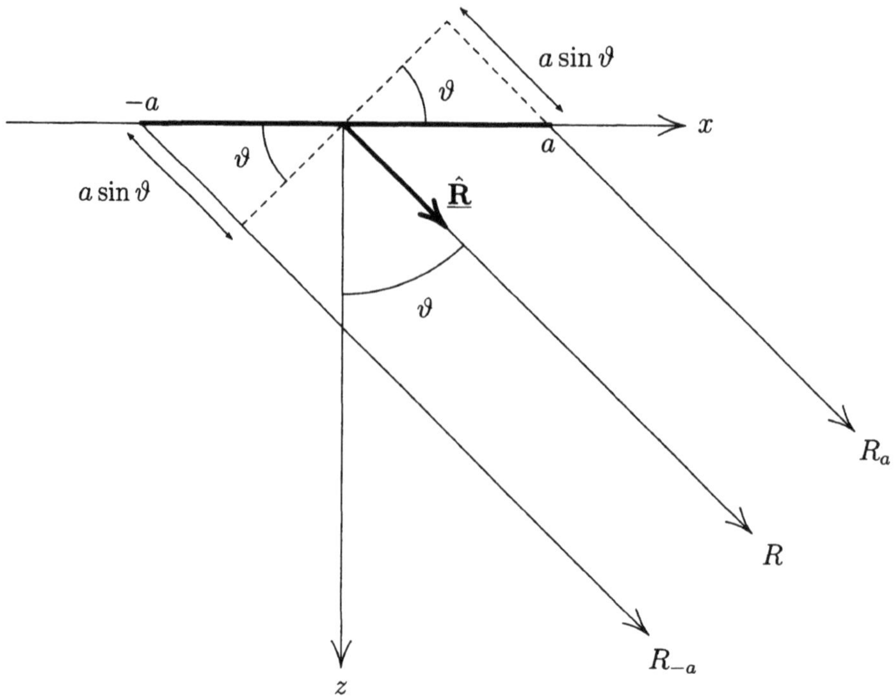

Abb. 13.3.5: Zur Fernfeldimpulsabstrahlung einer flächig-rechteckigen Apertur in der Ebene $\varphi = 0$

in Richtung der (zeitharmonischen) Hauptkeule(n) entsteht durch zeitgleiche Überlagerung der beiden Kantenimpulse. Den *Übergang* vom Nahfeld ins Fernfeld werden wir vor dem Hintergrund der AFIT/EFIT-Modellierung von piezoelektrischen Prüfköpfen diskutieren (Abschnitt 14.1.1; Abschnitt 14.2.1). *Hier* sei auf Abb. 13.3.6 verwiesen, die die erwähnten Fakten des Impulsfernfeldes für eine RC2(t)-Anregung der Apertur darstellt (es ist RC2($\omega = 0$) $= 0$, wie es die Anwendung des Integrationssatzes der Fourier-Transformation fordert), wobei $c_{\mathrm{P}}T < 2a$ vorausgesetzt wurde; für $c_{\mathrm{P}}T > 2a$ sind die beiden Kantenimpulse auch für $\vartheta = \pi/2$ nicht mehr trennbar. Man beachte, dass die Kantenimpulse in Abb. 13.3.6 tatsächlich integrierte RC2(t)-Impulse sind. Die monochromatische Schwenkung der P-Hauptkeule manifestiert sich im Impulsstrahlungsfeld dadurch, dass nun der Einzel-RC2(t)-Impuls unter dem Schwenkwinkel abgestrahlt wird.

Für das S-Impulsstrahlungsfeld gilt das oben Gesagte sinngemäß.

Flächig-runde Kraftdichteverteilung im Vollraum

Anstelle der flächig-rechteckigen Kraftdichteverteilung (Abbildung 13.3.1a) legen wir nun eine flächig-runde Kraftdichteverteilung mit Radius a (und konstanter Amplitude) zugrunde (Abbildung 13.3.7a):

$$\underline{\mathbf{f}}(\underline{\mathbf{R}}, \omega) = F(\omega) u(a - r) \delta(z) \underline{\mathbf{e}}_z \quad ; \tag{13.3.83}$$

$u(a-r)$ ist die Einheitssprungfunktion, die für die kreisförmige Geometrie und die konstante Amplitude der Kraftdichteverteilung „sorgt“. Quellpunktspolarkoordinaten r', φ' in der xy-Ebene ergeben

$$\underline{\mathbf{R}}' = r' \cos \varphi' \, \underline{\mathbf{e}}_x + r' \sin \varphi' \, \underline{\mathbf{e}}_y + z' \, \underline{\mathbf{e}}_z \tag{13.3.84}$$

und damit anstelle von (13.3.64) und (13.3.65):

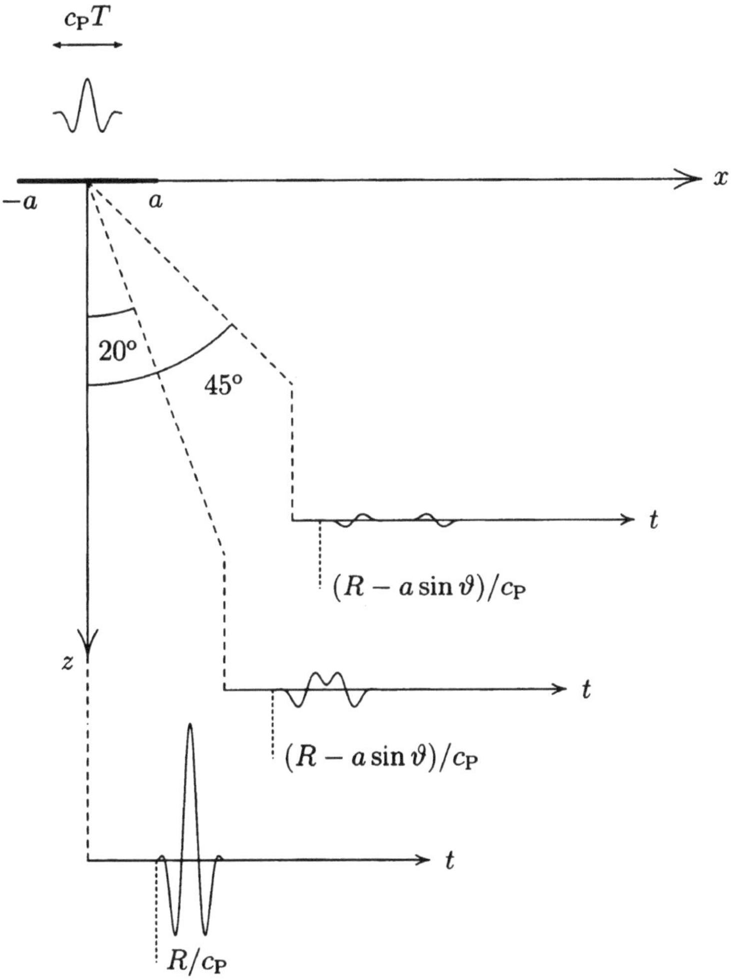

Abb. 13.3.6: P-Fernfeldteilchenverschiebungsimpulse einer flächig-rechteckigen f_z-Kraftdichteapertur für RC2(t)-Anregung; $\varphi = 0$ (Stahl: $c_P = 5900$ m/s, $c_S = 3200$ m/s, $\rho = 7.7 \cdot 10^3$ kg/m^3)

$$H_P^{f_z}(\underline{\hat{\mathbf{R}}}, \omega) = \frac{F(\omega)}{4\pi c_P Z_P} \cos\vartheta \int_0^{2\pi} \int_0^a e^{-jk_P r' \sin\vartheta \cos(\varphi - \varphi')} r' \, dr' d\varphi' \quad , \tag{13.3.85}$$

$$H_{S\vartheta}^{f_z}(\underline{\hat{\mathbf{R}}}, \omega) = -\frac{F(\omega)}{4\pi c_S Z_S} \sin\vartheta \int_0^{2\pi} \int_0^a e^{-jk_S r' \sin\vartheta \cos(\varphi - \varphi')} r' \, dr' d\varphi' \tag{13.3.86}$$

Mit der Rotationssymmetrie der Quelle bezüglich φ begründen wir die Rotationssymmetrie der Richtcharakteristiken, d.h. deren Unabhängigkeit von φ; deshalb können wir in (13.3.85) und (13.3.86) irgendeinen Wert, z.B. $\varphi = 0$, einsetzen, und gleichzeitig vertauschen wir die Integrationsreihenfolge:

$$H_P^{f_z}(\vartheta, \omega) = \frac{F(\omega)}{4\pi c_P Z_P} \cos\vartheta \int_0^a r' \int_0^{2\pi} e^{-jk_P r' \sin\vartheta \cos\varphi'} \, d\varphi' dr' \quad , \tag{13.3.87}$$

$$H_\vartheta^{f_z}(S\vartheta, \omega) = -\frac{F(\omega)}{4\pi c_S Z_S} \sin\vartheta \int_0^a r' \int_0^{2\pi} e^{-jk_S r' \sin\vartheta \cos\varphi'} \, d\varphi' dr' \tag{13.3.88}$$

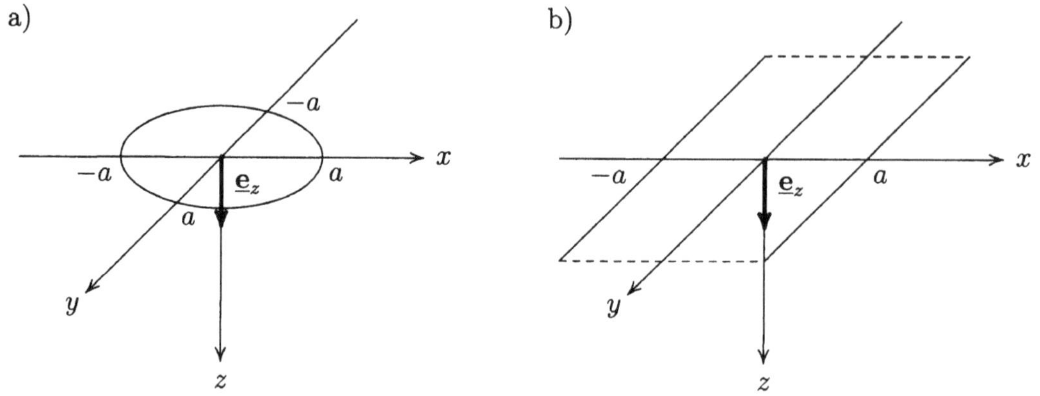

Abb. 13.3.7: Flächig-runde Kraftdichteverteilung (a) und flächig-streifenförmige Kraftdichteverteilung (b)

Zur Auswertung der Aperturintegrale benutzen wir die Integraldarstellung

$$\mathrm{J}_0(\zeta) = \frac{1}{2\pi} \int_0^{2\pi} \mathrm{e}^{\pm \mathrm{j}\zeta \cos\alpha} \, \mathrm{d}\alpha \tag{13.3.89}$$

der Besselfunktion nullter Ordnung (Abramowitz und Stegun, 1965), die Rekursionsformel

$$\mathrm{J}_0(\zeta) = \mathrm{J}_1'(\zeta) + \frac{1}{\zeta} \, \mathrm{J}_1(\zeta) \tag{13.3.90}$$

und partielle Integration:

$$H_{\mathrm{P}}^{f_z}(\vartheta, \omega) = \frac{a^2 F(\omega)}{2c_{\mathrm{P}} Z_{\mathrm{P}}} \cos\vartheta \, \frac{\mathrm{J}_1(k_{\mathrm{P}} a \sin\vartheta)}{k_{\mathrm{P}} a \sin\vartheta} \quad , \tag{13.3.91}$$

$$H_{\mathrm{S}\vartheta}^{f_z}(\vartheta, \omega) = -\frac{a^2 F(\omega)}{2c_{\mathrm{S}} Z_{\mathrm{S}}} \sin\vartheta \, \frac{\mathrm{J}_1(k_{\mathrm{S}} a \sin\vartheta)}{k_{\mathrm{S}} a \sin\vartheta} \quad . \tag{13.3.92}$$

Gegenüber (13.3.67) und (13.3.68) hat sich also allein die Aperturrichtcharakteristik geändert! Für $\vartheta = 0, \pi$ gilt

$$\left. \frac{\mathrm{J}_1(k_{\mathrm{P,S}} a \sin\vartheta)}{k_{\mathrm{P,S}} a \sin\vartheta} \right|_{\vartheta = 0, \pi} = \frac{1}{2} \quad , \tag{13.3.93}$$

sodass wir grundsätzlich Richtdiagramme wie in Abb. 13.3.2 erwarten; allerdings ist die P-Hauptkeule der Rundapertur (etwas) breiter als die P-Hauptkeule der Rechteckapertur (gleicher Lineardimension in der xz-Ebene), da die erste Nullstelle von $\mathrm{J}_1(\zeta)$ bei $\zeta \simeq 3.83$ liegt, während der Sinus in (13.3.67) die erste Nullstelle bereits bei $\pi \simeq 3.14$ hat (Abbildung 13.3.8).

Flächig-streifenförmige Kraftdichteapertur im Vollraum

Mit

$$\underline{\mathbf{f}}(\underline{\mathbf{R}}, \omega) = F(\omega) q_a(x) \delta(z) \underline{\mathbf{e}}_z \tag{13.3.94}$$

beschreiben wir die Kraftdichteverteilung einer flächig-streifenförmigen Quelle mit konstanter Amplitude (Abbildung 13.3.7b). Dies ist im Sinne von Abschnitt 13.3.3 eine zweidimensionale Quellverteilung ($\partial/\partial y \equiv 0$) und folglich können wir sofort (13.3.50) für deren PSV-Strahlungsfeld anwenden:

$$\underline{\mathbf{u}}_{\mathrm{PSV}}^{\mathrm{fern}}(\underline{\mathbf{r}}, \omega) = \frac{\mathrm{e}^{\mathrm{j}k_{\mathrm{P}} r}}{\sqrt{r}} \, \underline{\mathbf{H}}_{\mathrm{P}}^{f_z}(\hat{\underline{\mathbf{r}}}, \omega) + \frac{\mathrm{e}^{\mathrm{j}k_{\mathrm{S}} r}}{\sqrt{r}} \, \underline{\underline{\mathbf{H}}}_{\mathrm{SV}}^{f_z}(\hat{\underline{\mathbf{r}}}, \omega) \quad , \tag{13.3.95}$$

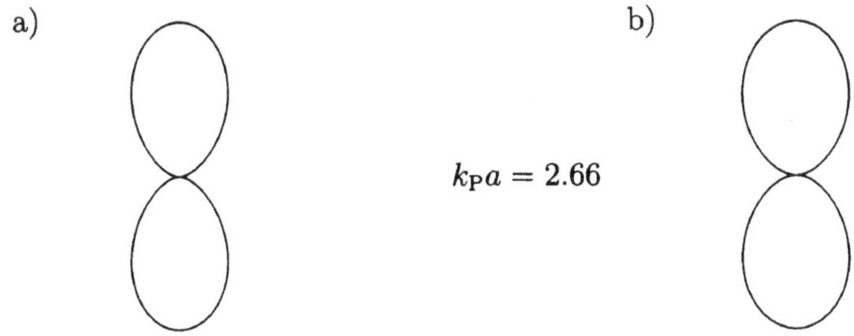

Abb. 13.3.8: *P-Richtdiagramme der Streifen- (a) und der Rundapertur (b) (Stahl: $c_\mathrm{P} = 5900$ m/s, $c_\mathrm{S} = 3200$ m/s, $\rho = 7.7 \cdot 10^3$ kg/m³)*

wobei gemäß (13.3.51) und (13.3.52) gilt:

$$\underline{\mathbf{H}}_\mathrm{P}^{f_z}(\theta,\omega) = \frac{F(\omega)}{\sqrt{\omega}} \frac{\mathrm{e}^{\mathrm{j}\frac{\pi}{4}}}{2Z_\mathrm{P}\sqrt{2\pi c_\mathrm{P}}} \underline{\mathbf{e}}_z \cdot \hat{\underline{\mathbf{r}}} \int_{-a}^{a} \mathrm{e}^{-\mathrm{j}k_\mathrm{P}\hat{\underline{\mathbf{r}}}\cdot\underline{\mathbf{r}}'}\,\mathrm{d}x'\,\hat{\underline{\mathbf{r}}} \;, \tag{13.3.96}$$

$$\underline{\mathbf{H}}_\mathrm{SV}^{f_z}(\theta,\omega) = \frac{F(\omega)}{\sqrt{\omega}} \frac{\mathrm{e}^{\mathrm{j}\frac{\pi}{4}}}{2Z_\mathrm{S}\sqrt{2\pi c_\mathrm{S}}} \underline{\mathbf{e}}_z \cdot \underline{\mathbf{e}}_\theta \int_{-a}^{a} \mathrm{e}^{-\mathrm{j}k_\mathrm{S}\hat{\underline{\mathbf{r}}}\cdot\underline{\mathbf{r}}'}\,\mathrm{d}x'\,\underline{\mathbf{e}}_\theta \;. \tag{13.3.97}$$

Anstelle des in Abschnitt 13.3.3 verwendeten, von der x-Achse gezählten Polarkoordinatenwinkels φ haben wir den entsprechenden von der z-Achse gezählten Winkel θ eingeführt, um Vergleichbarkeit mit der Polarwinkelzählung in Abb. 13.3.1b herzustellen; es ist $\underline{\mathbf{e}}_\theta = -\underline{\mathbf{e}}_\varphi$. Mit

$$\hat{\underline{\mathbf{r}}} = \sin\theta\,\underline{\mathbf{e}}_x + \cos\theta\,\underline{\mathbf{e}}_z \tag{13.3.98}$$

ergibt sich

$$\begin{aligned} \hat{\underline{\mathbf{r}}}\cdot\underline{\mathbf{r}}' &= \sin\theta\,x' \;, \\ \underline{\mathbf{e}}_z\cdot\hat{\underline{\mathbf{r}}} &= \cos\theta \;, \\ \underline{\mathbf{e}}_z\cdot\underline{\mathbf{e}}_\theta &= -\sin\theta \end{aligned} \tag{13.3.99}$$

und folglich

$$\begin{aligned} H_\mathrm{P}^{f_z}(\theta,\omega) &= \frac{F(\omega)}{\sqrt{\omega}} \frac{\mathrm{e}^{\mathrm{j}\frac{\pi}{4}}}{2Z_\mathrm{P}\sqrt{2\pi c_\mathrm{P}}} \cos\theta \int_{-a}^{a} \mathrm{e}^{-\mathrm{j}k_\mathrm{P}\sin\theta x'}\,\mathrm{d}x' \\ &= \frac{F(\omega)}{\sqrt{\omega}} \frac{a\mathrm{e}^{\mathrm{j}\frac{\pi}{4}}}{2Z_\mathrm{P}\sqrt{2\pi c_\mathrm{P}}} \cos\theta\, \frac{2\sin(k_\mathrm{P}a\sin\theta)}{k_\mathrm{P}a\sin\theta} \;, \end{aligned} \tag{13.3.100}$$

$$\begin{aligned} H_\mathrm{SV}^{f_z}(\theta,\omega) &= -\frac{F(\omega)}{\sqrt{\omega}} \frac{\mathrm{e}^{\mathrm{j}\frac{\pi}{4}}}{2Z_\mathrm{S}\sqrt{2\pi c_\mathrm{S}}} \sin\theta \int_{-a}^{a} \mathrm{e}^{-\mathrm{j}k_\mathrm{S}\sin\theta x'}\,\mathrm{d}x' \\ &= -\frac{F(\omega)}{\sqrt{\omega}} \frac{a\mathrm{e}^{\mathrm{j}\frac{\pi}{4}}}{2Z_\mathrm{S}\sqrt{2\pi c_\mathrm{S}}} \sin\theta\, \frac{2\sin(k_\mathrm{S}a\sin\theta)}{k_\mathrm{S}a\sin\theta} \;. \end{aligned} \tag{13.3.101}$$

Der Vergleich mit (13.3.67) und (13.3.68) lehrt uns, dass *normierte* monochromatische Richtdiagramme der Streifenquelle völlig identisch mit den entsprechenden Richtdiagrammen der Rechteckquelle für $\varphi = 0$ sind: Die 2D-Approximation einer 3D-Streifenquelle ist in diesem

Sinne perfekt! *Nicht* perfekt ist sie hinsichtlich des Entfernungsgesetzes und hinsichtlich der Impulsabstrahlung: Gegenüber (13.3.80) tritt eine zusätzliche Faltung aufgrund des Faktors $1/\sqrt{\omega}$ auf, wie wir dies für die Fernfeldnäherung der bandbegrenzten zweidimensionalen (skalaren) Green'schen Funktion (13.1.54) bereits aufgeschrieben haben.

Nicht perfekt ist ebenso die 2D-Approximation einer runden Apertur hinsichtlich Impulssabstrahlung *und* Richtdiagrammen: Die Besselfunktionsrichtdiagramme (13.3.91) und (13.3.92) unterscheiden sich in ihrer Halbwertsbreite von den Spaltfunktionsrichtdiagrammen (13.3.100) und (13.3.101); Abb. 13.3.8 zeigt ein Beispiel für $k_{\mathrm{P}}a = 2.66$, wobei $2a$ einmal die Breite der Streifen- und einmal der Durchmesser der Rundapertur ist.

Akustische Quellenfernfelder flächiger Dilatationsratenverteilungen im Vollraum

Mit unserem Vorstufenmodell eines piezoelektrischen Prüfkopfs können wir buchstäblich „baden gehen“: Wir siedeln die flächige Quellverteilung in einer Flüssigkeit (Wasser) an und erhalten so ein Modell eines Prüfkopfs in Tauchtechnik. Mit den Integraldarstellungen (5.5.6) und (5.5.16) akustischer Quellenfelder können wir sodann deren Strahlungsfeld berechnen. Üblicherweise (Schmerr, 1998) gibt man für den Tauchtechnik-Prüfkopf nicht die Kraftdichte, sondern die Dilatationsrate $h(\underline{\mathbf{R}}, t)$ flächig-rechteckig oder flächig-rund vor. Für das zeitharmonische Fernfeld des Drucks und der Teilchengeschwindigkeit erhalten wir mit (13.1.46):

$$p^{\mathrm{fern}}(\underline{\mathbf{R}}, \omega) = \mathrm{j}\omega\rho \, \frac{\mathrm{e}^{\mathrm{j}kR}}{4\pi R} \iiint_{V_Q} h(\underline{\mathbf{R}}', \omega)\, \mathrm{e}^{-\mathrm{j}k\hat{\underline{\mathbf{R}}}\cdot\underline{\mathbf{R}}'}\, \mathrm{d}^3\underline{\mathbf{R}}' \quad , \tag{13.3.102}$$

$$\underline{\mathbf{v}}^{\mathrm{fern}}(\underline{\mathbf{R}}, \omega) = \mathrm{j}k \, \frac{\mathrm{e}^{\mathrm{j}kR}}{4\pi R} \iiint_{V_Q} h(\underline{\mathbf{R}}', \omega)\, \mathrm{e}^{-\mathrm{j}k\hat{\underline{\mathbf{R}}}\cdot\underline{\mathbf{R}}'}\, \mathrm{d}^3\underline{\mathbf{R}}' \; \hat{\underline{\mathbf{R}}} \quad , \tag{13.3.103}$$

sodass für flächige h-Quellen, beispielsweise die flächig-rechteckige h-Quelle

$$h(\underline{\mathbf{R}}, \omega) = H(\omega) q_a(x) q_b(y) \delta(z) \quad , \tag{13.3.104}$$

die Richtcharakteristikintegrale in (13.3.102) und (13.3.103) genauso elementar ausgerechnet werden können wie zuvor. Der wesentliche Unterschied des h-Modells eines zeitharmonischen Tauchtechnik-Prüfkopfs ist die fehlende elastodynamische Punktrichtwirkung. Für das *Impuls*strahlungsfeld des Drucks ist festzuhalten, dass der Faktor ω dafür sorgt, dass in Hauptstrahlungsrichtung der Anregungsimpuls *differenziert* erscheint, während die Kantenimpulse Replika des Anregungsimpulses sind. Im Zweidimensionalen tritt sodann an die Stelle von ω die Wurzel aus ω, sodass der Anregungsimpuls in Hauptstrahlungsrichtung „nicht ganz“ differenziert wird[37].

Auf zwei Fakten sei noch hingewiesen:

- In der Literatur (z.B.: Schmerr, 1998) wird der Tauchtechnik-Prüfkopf als „*infinitely rigid baffled transducer*“ mit dem sogenannten Rayleigh-Sommerfeld-Integral modelliert. Dies impliziert die Verwendung einer Green'schen Funktion, die auf der unendlich ausgedehnten xy-Ebene, auf der die Quellverteilung (13.3.104) vorgegeben wird, eine Neumann'sche Randbedingung erfüllt. Wir kommen darauf zurück und vermerken hier, dass gegenüber (13.3.102) im Wesentlichen nur ein Faktor 2 auftritt (Abschnitt 14).
- Das *Impuls*schallfeld einer synchronen flächigen h-Quelle lässt sich auch im *Nah*feld analytisch ausrechnen; wir verweisen dazu auf die Literatur (z.B.: Aulenbacher und Langenberg, 1980; Schmerr, 1998).

[37] Die zur Ausführung der Faltung notwendige Fourier-Inversion von $\sqrt{|\omega|}$ findet sich bei Doetsch (1967). Übrigens: Die daraus resultierende Impulsstruktur erkennt man in Abb. 5.6.3, denn dort führt das Huygens-Integral des Streufernfeldes des Drucks ebenfalls — im Zweidimensionalen — auf einen Faktor $\sqrt{\omega}$.

13.4 Elementare Kugelwellen und ebene Wellen

Für die US-zfP ist das Konzept ebener elastischer Wellen zur Abschätzung der Reflexion, Transmission und Modekonversion ebenso von Bedeutung wie das Konzept elementarer elastischer Kugelwellen zur Punktquellensynthese elastodynamischer Quellenfelder. Tatsächlich lassen sich beide Wellentypen mathematisch ineinander umformen: Eine ebene Welle lässt sich durch eine unendliche Summe von (Multipol-)Kugelwellen und eine Kugelwelle durch die Integration ebener Wellen beliebiger Ausbreitungsrichtung darstellen. Damit erhält man anstelle der Punktquellensynthese elastodynamischer Quellenfelder deren (räumlich) spektrale Zerlegung nach ebenen Wellen. Zuallererst ist dies von Bedeutung, wenn die im vorigen Abschnitt diskutierten flächigen „Volumen"quellen nicht im elastischen Vollraum, sondern auf der Oberfläche eines elastischen *Halb*raums angesiedelt sind; dies ist ja das eigentliche Prüfkopfmodellierungsproblem (zumindest in idealisierter Form); deswegen hatten wir ja die Ergebnisse der Abbildungen 13.3.2–13.3.4, 13.3.6 als Ergebnisse eines Vorstufen-Prüfkopfmodells bezeichnet.

13.4.1 Dreidimensionale skalare Green'sche Funktion als Spektrum ebener Wellen: Weyl'sche Integraldarstellung

Wir schreiben die Differentialgleichung (13.1.1) der dreidimensonalen skalaren Green'schen Funktion $G(\underline{\mathbf{R}} - \underline{\mathbf{R}}', \omega)$ in kartesischen Koordinaten:

$$\frac{\partial^2}{\partial x^2} G(x-x', y-y', z-z', \omega) + \frac{\partial^2}{\partial y^2} G(x-x', y-y', z-z', \omega) + \frac{\partial^2}{\partial z^2} G(x-x', y-y', z-z', \omega) +$$

$$+ k^2 G(x-x', y-y', z-z', \omega) = -\delta(x-x')\delta(y-y')\delta(z-z') \quad . \qquad (13.4.1)$$

Anstelle der dreidimensionalen Fourier-Transformation (13.1.12) führen wir nun eine zweidimensionale Fourier-Transformation bezüglich x und y aus (z sollte ja gemäß Abb. 13.3.1 die Koordinate „ins Bauteil" hinein sein, die wir deshalb unangetastet lassen):

$$\hat{G}(K_x, K_y, z, \omega) = \int_{-\infty}^{\infty} \int_{-\infty}^{\infty} G(x, y, z, \omega) \, \mathrm{e}^{-\mathrm{j}K_x x - \mathrm{j}K_y y} \, \mathrm{d}x\mathrm{d}y \quad , \qquad (13.4.2)$$

wobei K_x, K_y die konjugierten Fourier-Variablen zu x und y sind; die transformierten Funktionen kennzeichnen wir zur Abgrenzung von (13.1.12) wie in Abschnitt 11.1 durch ein Hütchen. Mit dem Verschiebungssatz, dem Differentiationssatz und der Siebeigenschaft der δ-Distribution wird aus der *partiellen* Differentialgleichung (13.4.1) die *gewöhnliche* Differentialgleichung

$$-K_x^2 \hat{G}(K_x, K_y, z-z', \omega) - K_y^2 \hat{G}(K_x, K_y, z-z', \omega) + \frac{\mathrm{d}^2}{\mathrm{d}z^2} \hat{G}(K_x, K_y, z-z', \omega) +$$

$$+ k^2 \hat{G}(K_x, K_y, z-z', \omega) = -\delta(z-z') \quad . \qquad (13.4.3)$$

Die Umformung

$$\frac{\mathrm{d}^2}{\mathrm{d}z^2} \hat{G}(K_x, K_y, z-z', \omega) + \underbrace{(k^2 - K_x^2 - K_y^2)}_{\stackrel{\mathrm{def}}{=} K_z^2} \hat{G}(K_x, K_y, z-z', \omega) = -\delta(z-z') \qquad (13.4.4)$$

identifiziert diese Differentialgleichung als Definitionsgleichung der *eindimensionalen* Green'schen Funktion $\hat{G}(K_x, K_y, z-z', \omega)$ bezüglich der Koordinate z. Wenn (13.4.4) eine homogene Gleichung wäre (man vergleiche (11.1.2)), könnten linear unabhängige Lösungen eindimensionale ebene Wellen der Wellenzahl K_z sein, die sich in positive und negative z-Richtung ausbreiten.

Hier werden wir jedoch fordern müssen, dass die Wellen bezüglich z beidseitig vom Quellpunkt z' weg und nicht auf ihn zu laufen. Infolgedessen wäre

$$\hat{G}(K_x, K_y, z - z', \omega) = \hat{G}_0(K_x, K_y, \omega)\, \mathrm{e}^{\mathrm{j}K_z|z-z'|} \tag{13.4.5}$$

eine geeignete Lösung. Genauso wie im dreidimensionalen Fall (Abschnitt 13.1.1) müssen wir nun den Amplitudenfaktor $\hat{G}_0(K_x, K_y, \omega)$ ausrechnen; dies ist im Eindimensionalen besonders einfach, denn wir brauchen (13.4.5) nur in (13.4.4) einzusetzen und im Distributionssinne zu differenzieren[38]:

$$\hat{G}_0(K_x, K_y, \omega) = \frac{\mathrm{j}}{2K_z} \quad . \tag{13.4.6}$$

Folglich ergibt sich für die dreidimensionale skalare Green'sche Funktion mit Quellpunkt $x' = y' = z' = 0$ die Weyl'sche Integraldarstellung als Fourier-Umkehrintegral zu (13.4.2):

$$\begin{aligned} G(x, y, z, \omega) &= \frac{\mathrm{e}^{\mathrm{j}k\sqrt{x^2+y^2+z^2}}}{4\pi\sqrt{x^2+y^2+z^2}} \\ &= \frac{1}{(2\pi)^2} \int_{-\infty}^{\infty} \int_{-\infty}^{\infty} \frac{\mathrm{j}}{2K_z}\, \mathrm{e}^{\mathrm{j}|z|K_z} \mathrm{e}^{\mathrm{j}K_x x + \mathrm{j}K_y y}\, \mathrm{d}K_x \mathrm{d}K_y \\ &= \frac{1}{(2\pi)^2} \frac{\mathrm{j}}{2} \int_{-\infty}^{\infty} \int_{-\infty}^{\infty} \frac{\mathrm{e}^{\mathrm{j}|z|\sqrt{k^2-K_x^2-K_y^2}}}{\sqrt{k^2-K_x^2-K_y^2}}\, \mathrm{e}^{\mathrm{j}K_x x + \mathrm{j}K_y y}\, \mathrm{d}K_x \mathrm{d}K_y \quad . \end{aligned} \tag{13.4.7}$$

Die Interpretation der Weyl'schen Integraldarstellung (13.4.7) als räumliches Spektrum ebener Wellen gelingt vor dem Hintergrund der Überlegungen in Abschnitt 11.1, wenn wir im Halbraum $z > 0$ ($|z| = z$) Gleichung (13.4.7) *so*

$$G(x, y, z, \omega) = \frac{1}{(2\pi)^2} \frac{\mathrm{j}}{2} \int_{-\infty}^{\infty} \int_{-\infty}^{\infty} \frac{1}{K_z}\, \mathrm{e}^{\mathrm{j}\mathbf{K}\cdot\mathbf{R}}\, \mathrm{d}K_x \mathrm{d}K_y \tag{13.4.8}$$

schreiben. Offensichtlich ergibt die „Aperturbelegung" $\hat{p}_0(K_x, K_y, \omega) \Longrightarrow \mathrm{j}/2K_z$ in der xy-Ebene für $z > 0$ gerade das Strahlungsfeld einer Punktquelle in Form einer elementaren Kugelwelle; die Darstellung (13.4.8) ist die räumlich spektrale *Zerlegung* der Green'schen Funktion in ebene Wellen.

Da die Koordinate z in (13.4.7) nur als $|z|$ vorkommt, trifft die obige Diskussion gleichermaßen auf den Halbraum $z < 0$ zu, d.h. Abb. 11.1.1 ist für $z < 0$ symmetrisch zu ergänzen.

Mit

$$\begin{aligned} G(x, z, \omega) &= \frac{\mathrm{j}}{4}\, \mathrm{H}_0^{(1)}\left(k\sqrt{x^2+z^2}\right) \\ &= \frac{1}{2\pi} \frac{\mathrm{j}}{2} \int_{-\infty}^{\infty} \frac{\mathrm{e}^{\mathrm{j}|z|\sqrt{k^2-K_x^2}}}{\sqrt{k^2-K_x^2}}\, \mathrm{e}^{\mathrm{j}K_x x}\, \mathrm{d}K_x \end{aligned} \tag{13.4.9}$$

---

[38] Man schreibe

$$f(z, z') = |z - z'| = (z - z')\,\mathrm{sign}(z - z')$$

und differenziere (deriviere!)

$$\begin{aligned} \frac{\mathrm{d}f(z,z')}{\mathrm{d}z} &= \mathrm{sign}(z - z') + 2(z - z')\delta(z - z') \\ &= \mathrm{sign}(z - z') \quad , \\ \frac{\mathrm{d}^2 f(z,z')}{\mathrm{d}z^2} &= 2\delta(z - z') \quad . \end{aligned}$$

Ferner beachte man $\mathrm{sign}^2(z - z') = 1$ und

$$\mathrm{e}^{\mathrm{j}K_z|z-z'|}\delta(z - z') = \delta(z - z') \quad .$$

können wir sofort die spektrale Zerlegung nach ebenen Wellen der zweidimensionalen skalaren Green'schen Funktion hinschreiben.

Eine vom Koordinatenursprung ausgehende elementare Kugelwelle wird unabhängig von der Entfernung R durch die Green'sche Funktion $\mathrm{e}^{\mathrm{j}kR}/4\pi R$ beschrieben; deshalb liefert auch die Anwendung der Methode der Stationären Phase auf (13.4.7) gemäß (11.1.32) nichts anderes als das:

$$\begin{aligned} G^{\text{fern}}(R,\omega) &= -\frac{\mathrm{j}}{2\pi}\,k\,\frac{\mathrm{j}}{2}\,\frac{1}{\sqrt{k^2 - k^2\sin^2\vartheta\cos^2\varphi - k^2\sin^2\vartheta\sin^2\varphi}}\cos\vartheta\,\frac{\mathrm{e}^{\mathrm{j}kR}}{R} \\ &= \frac{1}{4\pi}\,\frac{\mathrm{e}^{\mathrm{j}kR}}{R} \quad . \end{aligned} \tag{13.4.10}$$

Eine elementare Zylinderwelle wird durch $\mathrm{j}/4\mathrm{H}_0^{(1)}(k\rho)$ beschrieben, wobei die Hankelfunktion ein explizites Fernfeldverhalten aufweist; durch Anwendung der eindimensionalen Methode der Stationären Phase gemäß (11.1.29) auf (13.4.9) erhält man deshalb ebendieses (Gleichung (13.1.23) mit Gleichung (13.1.22)):

$$\begin{aligned} G^{\text{fern}}(\rho,\omega) &= \frac{\mathrm{j}}{2}\,k\cos\theta\,\frac{\mathrm{e}^{\mathrm{j}k\rho-\mathrm{j}\frac{\pi}{4}}}{\sqrt{2\pi k\rho}}\,\frac{1}{\sqrt{k^2 - k^2\sin^2\theta}} \\ &= \frac{\mathrm{j}}{4}\sqrt{\frac{2}{\pi k}}\,\frac{\mathrm{e}^{\mathrm{j}k\rho-\mathrm{j}\frac{\pi}{4}}}{\sqrt{\rho}} \quad . \end{aligned} \tag{13.4.11}$$

13.4.2 Dreidimensionale skalare Green'sche Funktion als Spektrum von Zylinderwellen: Sommerfeld'sche Integraldarstellung

Mit dem formalen Übergang zu Polarkoordinaten

$$\begin{aligned} x &= r\cos\varphi \quad , \\ y &= r\sin\varphi \end{aligned} \tag{13.4.12}$$

in der xy-Ebene sowie Polarkoordinaten

$$\begin{aligned} K_x &= K_r\cos\varphi_K \quad , \\ K_y &= K_r\sin\varphi_K \end{aligned} \tag{13.4.13}$$

in der K_xK_y-Ebene wird aus (13.4.7)

$$G(x,y,z,\omega) = \frac{1}{(2\pi)^2}\,\frac{\mathrm{j}}{2}\int_0^\infty\int_0^{2\pi}\frac{\mathrm{e}^{\mathrm{j}|z|\sqrt{k^2-K_r^2}}}{\sqrt{k^2-K_r^2}}\,\mathrm{e}^{\mathrm{j}K_r r\cos(\varphi-\varphi_K)}K_r\,\mathrm{d}\varphi_K\mathrm{d}K_r \quad . \tag{13.4.14}$$

Die Rotationssymmetrie bezüglich φ und die Integraldarstellung (13.3.89) der Besselfunktion entlarvt (13.4.14) als spektrale Zerlegung der dreidimensionalen Green'schen Funktion nach Zylinderwellen:

$$\begin{aligned} G(x,y,z,\omega) &= \frac{\mathrm{e}^{\mathrm{j}k\sqrt{r^2+z^2}}}{4\pi\sqrt{r^2+z^2}} \\ &= \frac{\mathrm{j}}{4\pi}\int_0^\infty\frac{\mathrm{e}^{\mathrm{j}|z|\sqrt{k^2-K_r^2}}}{\sqrt{k^2-K_r^2}}\,K_r\,\mathrm{J}_0(K_r r)\,\mathrm{d}K_r \quad . \end{aligned} \tag{13.4.15}$$

Wieder ist darauf zu achten, dass die Wurzel im Exponenten für $K_r > k$ das richtige (positive) Vorzeichen bekommt. Die Integraldarstellung (13.4.15) heißt Sommerfeld'sche Integraldarstellung.

Man nennt die Integraltransformation $\mathcal{B}\{\bullet\}$ gemäß

$$\begin{aligned}\Phi(r) &= \frac{1}{2\pi}\,\mathcal{B}\{\overline{\Phi}(K_r)\}\\ &= \frac{1}{2\pi}\int_0^\infty \overline{\Phi}(K_r)\,\mathrm{J}_0(rK_r)\,K_r\,\mathrm{d}K_r\end{aligned} \tag{13.4.16}$$

(inverse) Fourier-Bessel-Transformation. Sie ist symmetrisch bezüglich Hin- und Rücktransformation:

$$\begin{aligned}\overline{\Phi}(K_r) &= 2\pi\,\mathcal{B}\{\Phi(r)\}\\ &= 2\pi\int_0^\infty \Phi(r)\,\mathrm{J}_0(rK_r)\,r\,\mathrm{d}r \quad .\end{aligned} \tag{13.4.17}$$

14 Kraftdichte- und Dilatationsratenquellen auf den Oberflächen homogen-isotroper Halbräume; Schallfelder piezolektrischer Prüfköpfe

14.1 Akustische Halbräume mit schallweichen oder schallharten Oberflächen

14.1.1 AFIT-Wellenfronten des linien- und streifenförmigen fest eingespannten Aperturstrahlers

AFIT — die Akustische Finite Integrationstechnik — ist das Akronym für einen numerischen Code zur Berechnung der Abstrahlung, Ausbreitung und Streuung akustischer Wellen (Marklein, 1997; Wolter, 1995): Die Physik der Ausbreitung akustischer Wellen, mathematisch in den akustischen Grundgleichungen formuliert, wird damit im Wortsinne sichtbar gemacht. Hier sei das Impulsschallfeld eines akustischen Aperturstrahlers auf der schallharten Oberfläche eines Halbraums (*infinitely rigid baffled piston transducer*) mit AFIT berechnet und in der Form von Impulswellenfronten dargestellt (Abbildung 14.1.1). Wir wissen sodann, was uns die entsprechende analytische Rechnung liefern *müsste*, und wir werden sehen, was sie uns liefern *kann*. Abbildung 14.1.1 zeigt oben die Impulswellenfront des Drucks einer linienförmigen Dilatationsratenquelle mit RC2(t)-Zeitabhängigkeit (genauer: der zeitlichen Ableitung einer Dilatationsratenquelle, um den Faktor jω in (14.1.23) zu berücksichtigen), in der Terminologie des nächsten Abschnitts also die RC2(ω)-bandbegrenzte zweidimensionale Green'sche Funktion mit Neumann'scher Randbedingung: $G^{\mathrm{N}}(x, z, t) * \mathrm{RC2}(t)$. Das Ergebnis ist nicht besonders aufregend: Man beobachtet eine (zweidimensionale) halbkreisförmige Wellenfront, die natürlich, kraft Voraussetzung, an der schallharten Oberfläche eine Neumann'sche Randbedingung erfüllt, d.h. die Normalkomponente der Teilchengeschwindigkeit verschwindet dort. Abbildung 14.1.1 zeigt unten die entsprechenden Impulswellenfronten des Drucks einer streifenförmigen Dilatationsratenapertur mit konstanter Amplitude: Gemäß dem skalaren Huygens'schen Prinzip gehen von jedem Punkt der Apertur (halb)kreisförmige Wellenfronten aus, deren Einhüllende zu einer ebenen Druckwellenfront führt, die tangential zu den halbkreisförmigen Wellenfronten der Aperturkanten verläuft, sie hat also dieselbe laterale Ausdehnung wie die Apertur selbst. Man beachte: Mit zunehmender Laufzeit wird der Krümmungsradius der Aperturkantenimpulse immer größer, sie schmiegen sich der Aperturwellenfront immer mehr an; in Abhängigkeit von der Anregungsimpulsdauer sind sie also „irgendwann" von der Aperturwellenfront nicht mehr unterscheidbar, und wir werden weiter unten sehen, dass genau dies den Übergang Nahfeld $\Longrightarrow$ Fernfeld und damit die Nahfeldlänge definiert.

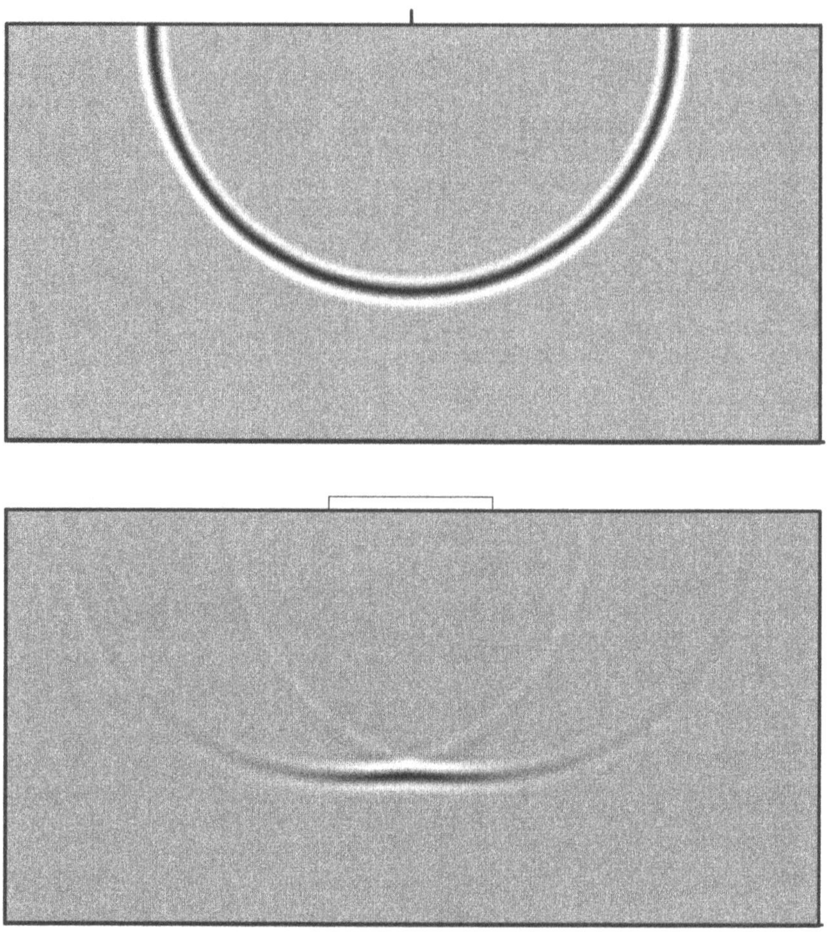

Abb. 14.1.1: AFIT-Wellenfronten des linien- und streifenförmigen fest eingespannten Aperturstrahlers (akustischer Druck bei Vorgabe des Drucks innerhalb der Apertur)

14.1.2 Skalare Halbraum-Green-Funktionen; Rayleigh-Sommerfeld-Integrale; spektrale Zerlegung nach ebenen Wellen (Integraldarstellungen vom Weyl'schen Typ)

Die Theorie akustischer und elastodynamischer Quellenfelder in Abschnitt 13.3 nannten wir ein Vorstufen-Prüfkopfmodell, da die Quellen im unendlichen Vollraum angesiedelt waren. Im Allgemeinen haben wir es aber in der US-zfP mit endlich großen Bauteilen zu tun, die die Quellen im Inneren (Abbildung 14.1.2a) oder auf der Oberfläche innerhalb einer Apertur S_A (Abbildung 14.1.2b) enthalten. Die Oberfläche S_M des Bauteilvolumens V_M ist dann in der Regel auch die Messfläche für Ultraschallsignale und außerhalb V_M ist häufig näherungsweise Vakuum anzunehmen. Die genannten Abbildungen skizzieren zunächst den akustischen Fall, da er die Lösungsprinzipien *ohne* die mathematische Komplexität der Elastodynamik offenbar werden lässt.

Volumenquellen: Skalare Halbraum-Green-Funktionen

Wir beziehen uns auf Abb. 14.1.2a und betrachten der Einfachheit halber ausschließlich Dilata-

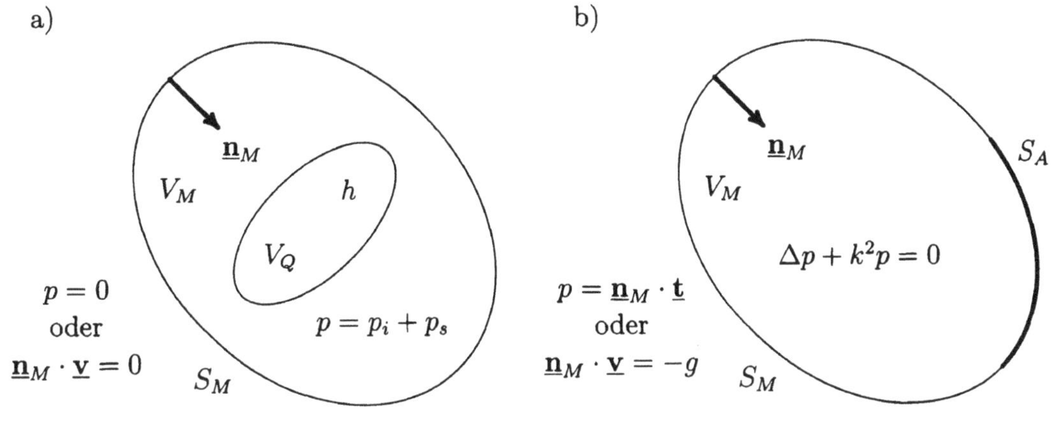

***Abb. 14.1.2:** Volumenquellen im „Bauteil" (a) und Flächenquellen auf der Oberfläche eines „Bauteils": Randbedingungen erfüllende Green'sche Funktionen werden benötigt*

tions-, also h-Quellen, nicht zuletzt deswegen, weil sie in der Regel Grundlage der Modellierung von Tauchtechnikprüfköpfen sind. Im *Voll*raum wäre das Feld dieser Quellverteilung durch

$$p_i(\underline{\mathbf{R}}, \omega) = \iiint_{V_Q} \mathrm{j}\omega\rho\, h(\underline{\mathbf{R}}', \omega) G(\underline{\mathbf{R}} - \underline{\mathbf{R}}', \omega)\, \mathrm{d}^3\underline{\mathbf{R}}' \quad , \quad \underline{\mathbf{R}} \in V_M \quad , \tag{14.1.1}$$

gegeben; für $V_Q \subset V_M$ sollte $p_i(\underline{\mathbf{R}}, \omega)$ für $\underline{\mathbf{R}} \in S_M$ die dort spezifizierten Randbedingungen erfüllen, was dem einfallenden Feld alleine nicht „gelingt", sodass auf S_M sekundäre Quellen gerade *so* induziert werden, dass sie ein Streufeld $p_s(\underline{\mathbf{R}}, \omega)$ abstrahlen, das in der Überlagerung $p(\underline{\mathbf{R}}, \omega) = p_i(\underline{\mathbf{R}}, \omega) + p_s(\underline{\mathbf{R}}, \omega)$ die Randbedingung erfüllt. Gemäß der Helmholtz'schen Formulierung des Huygens'schen Prinzips sind die Feldwerte $p(\underline{\mathbf{R}}, \omega)$, $\nabla p(\underline{\mathbf{R}}, \omega) \cdot \underline{\mathbf{n}}_M$ *selbst* die sekundären Quellen, sodass sich

$$p_s(\underline{\mathbf{R}}, \omega) = \iint_{S_M} [p(\underline{\mathbf{R}}', \omega) \nabla' G(\underline{\mathbf{R}} - \underline{\mathbf{R}}', \omega) - G(\underline{\mathbf{R}} - \underline{\mathbf{R}}', \omega) \nabla' p(\underline{\mathbf{R}}', \omega)] \cdot \underline{\mathbf{n}}'_M\, \mathrm{d}S' \tag{14.1.2}$$

als Darstellung des Streufeldes für $\underline{\mathbf{R}} \in V_M$ ergibt (Abschnitt 5.6 bzw. Abschnitt 15.1.2; man beachte: die Normale $\underline{\mathbf{n}}_M$ zeigt ins Innere von V_M).

Für eine schallweiche Messfläche S_M (Dirichlet-Randbedingung: $p(\underline{\mathbf{R}}', \omega) = 0$ für $\underline{\mathbf{R}}' \in S_M$) reduziert sich (14.1.2) auf

$$p_s^{\mathrm{D}}(\underline{\mathbf{R}}, \omega) = -\iint_{S_M} G(\underline{\mathbf{R}} - \underline{\mathbf{R}}', \omega) \nabla' p(\underline{\mathbf{R}}', \omega) \cdot \underline{\mathbf{n}}'_M\, \mathrm{d}S' \quad , \quad \underline{\mathbf{R}} \in V_M \quad , \tag{14.1.3}$$

und für eine schallharte Messfläche S_M (Neumann-Randbedingung: $\nabla' p(\underline{\mathbf{R}}', \omega) \cdot \underline{\mathbf{n}}'_M = 0$ für $\underline{\mathbf{R}}' \in S_M$) ergibt sich

$$p_s^{\mathrm{N}}(\underline{\mathbf{R}}, \omega) = \iint_{S_M} p(\underline{\mathbf{R}}', \omega) \nabla' G(\underline{\mathbf{R}} - \underline{\mathbf{R}}', \omega) \cdot \underline{\mathbf{n}}'_M\, \mathrm{d}S' \quad , \quad \underline{\mathbf{R}} \in V_M \quad . \tag{14.1.4}$$

Zur Berechnung der jeweiligen sekundären Quellen ergeben sich Integralgleichungen (Abschnitt 15.1.2), die wir in Abschnitt 5.6 schon einmal angesprochen hatten. Nach deren Lösung stellen die Überlagerungen $p^{\mathrm{D}} = p_s^{\mathrm{D}} + p_i$, $p^{\mathrm{N}} = p_s^{\mathrm{N}} + p_i$ die Lösung unseres jeweiligen Problems dar.

Als Variante dieser Vorgehensweise verwendet man in den Integraldarstellungen (14.1.1) und (14.1.2) Green'sche Funktionen $G^{\mathrm{D}}(\underline{\mathbf{R}}', \underline{\mathbf{R}}, \omega)$, $G^{\mathrm{N}}(\underline{\mathbf{R}}', \underline{\mathbf{R}}, \omega)$, die neben der Differentialgleichung

$$\Delta' G^{\mathrm{D,N}}(\underline{\mathbf{R}}', \underline{\mathbf{R}}, \omega) + k^2 G^{\mathrm{D,N}}(\underline{\mathbf{R}}', \underline{\mathbf{R}}, \omega) = -\delta(\underline{\mathbf{R}}' - \underline{\mathbf{R}}) \quad , \quad \underline{\mathbf{R}}', \underline{\mathbf{R}} \in V_M \quad , \tag{14.1.5}$$

die Dirichlet-Randbedingung

$$G^{\mathrm{D}}(\underline{\mathbf{R}}', \underline{\mathbf{R}}, \omega) = 0 \quad , \quad \underline{\mathbf{R}}' \in S_M \quad , \tag{14.1.6}$$

oder die Neumann-Randbedingung

$$\nabla' G^{\mathrm{N}}(\underline{\mathbf{R}}', \underline{\mathbf{R}}, \omega) \cdot \underline{\mathbf{n}}'_M = 0 \quad , \quad \underline{\mathbf{R}}' \in S_M \quad , \tag{14.1.7}$$

selbst erfüllen sollen. Aufgrund eines Reziprozitätstheorem zeigt man im Übrigen (de Hoop, 1995):

$$G^{\mathrm{D,N}}(\underline{\mathbf{R}}', \underline{\mathbf{R}}, \omega) = G^{\mathrm{D,N}}(\underline{\mathbf{R}}, \underline{\mathbf{R}}', \omega) \quad . \tag{14.1.8}$$

Mit (14.1.6) wird das Dirichlet-*Streu*feld (14.1.3) und mit (14.1.7) das Neumann-*Streu*feld (14.1.4) identisch null; die einfallenden Felder

$$\begin{aligned} p_i(\underline{\mathbf{R}}, \omega) &= p^{\mathrm{D,N}}(\underline{\mathbf{R}}, \omega) \\ &= \iiint_{V_Q} \mathrm{j}\omega\rho\, h(\underline{\mathbf{R}}', \omega)\, G^{\mathrm{D,N}}(\underline{\mathbf{R}}', \underline{\mathbf{R}}, \omega)\, \mathrm{d}^3\underline{\mathbf{R}}' \end{aligned} \tag{14.1.9}$$

erfüllen sodann wegen (14.1.8) für $\underline{\mathbf{R}} \in S_M$ die geforderten Randbedingungen[1]. Das Problem ist nur: Wo nehmen wir die Green'schen Funktionen $G^{\mathrm{D,N}}(\underline{\mathbf{R}}', \underline{\mathbf{R}}, \omega)$ her? Schließlich ist deren Berechnung nichts anderes als die Lösung unseres Problems für *punktförmige* h-Quellen. Nun, es gibt Sonderfälle der S_M-Geometrie, für die die Berechnung (skalarer) Green'scher Funktionen überhaupt kein Problem ist, z.B. die ebene Oberfläche eines (akustischen) Halbraumvolumens V_M: Wir spiegeln[2] die Einheitspunktquelle am Ort $\underline{\mathbf{R}}$ an dieser Ebene und bilden

$$\begin{aligned} G^{\mathrm{D}}(\underline{\mathbf{R}}', \underline{\mathbf{R}}, \omega) &= \frac{\mathrm{e}^{\mathrm{j}k\sqrt{(x'-x)^2+(y'-y)^2+(z'-z)^2}}}{4\pi\sqrt{(x'-x)^2+(y'-y)^2+(z'-z)^2}} - \frac{\mathrm{e}^{\mathrm{j}k\sqrt{(x'-x)^2+(y'-y)^2+(z'+z)^2}}}{4\pi\sqrt{(x'-x)^2+(y'-y)^2+(z'+z)^2}} \\ &= G^{\mathrm{D}}(x'-x, y'-y, z', z, \omega) \quad , \end{aligned} \tag{14.1.10}$$

$$\begin{aligned} G^{\mathrm{N}}(\underline{\mathbf{R}}', \underline{\mathbf{R}}, \omega) &= \frac{\mathrm{e}^{\mathrm{j}k\sqrt{(x'-x)^2+(y'-y)^2+(z'-z)^2}}}{4\pi\sqrt{(x'-x)^2+(y'-y)^2+(z'-z)^2}} + \frac{\mathrm{e}^{\mathrm{j}k\sqrt{(x'-x)^2+(y'-y)^2+(z'+z)^2}}}{4\pi\sqrt{(x'-x)^2+(y'-y)^2+(z'+z)^2}} \\ &= G^{\mathrm{N}}(x'-x, y'-y, z', z, \omega) \quad , \end{aligned} \tag{14.1.11}$$

wobei

$$\begin{aligned} \underline{\mathbf{R}}' &= x'\underline{\mathbf{e}}_x + y'\underline{\mathbf{e}}_y + z'\underline{\mathbf{e}}_z \quad , \\ \underline{\mathbf{R}} &= x\,\underline{\mathbf{e}}_x + y\,\underline{\mathbf{e}}_y + z\,\underline{\mathbf{e}}_z \quad . \end{aligned} \tag{14.1.12}$$

Man realisiert sofort, dass G^{D} für $z' = 0$ eine Dirichlet'sche und G^{N} für $z' = 0$ eine Neumann'sche Randbedingung erfüllt.

---

[1]Um zu zeigen, dass $p^{\mathrm{D,N}}(\underline{\mathbf{R}}, \omega)$ gemäß (14.1.9) tatsächlich der inhomogenen Differentialgleichung

$$\Delta p^{\mathrm{D,N}}(\underline{\mathbf{R}}, \omega) + k^2 p^{\mathrm{D,N}}(\underline{\mathbf{R}}, \omega) = -\mathrm{j}\omega\rho\, h(\underline{\mathbf{R}}, \omega)$$

genügt, muss man ebenfalls (14.1.8) verwenden. Zunächst vertauscht man in (14.1.9) $\underline{\mathbf{R}}$ und $\underline{\mathbf{R}}'$ gemäß

$$p^{\mathrm{D,N}}(\underline{\mathbf{R}}', \omega) = \iiint_{V_Q} \mathrm{j}\omega\rho\, h(\underline{\mathbf{R}}, \omega) G^{\mathrm{D,N}}(\underline{\mathbf{R}}, \underline{\mathbf{R}}', \omega)\, \mathrm{d}^3\underline{\mathbf{R}}' \quad ,$$

sodann ersetzt man $G^{\mathrm{D,N}}(\underline{\mathbf{R}}, \underline{\mathbf{R}}', \omega)$ durch $G^{\mathrm{D,N}}(\underline{\mathbf{R}}', \underline{\mathbf{R}}, \omega)$ und zieht den Operator $(\Delta' + k^2)p^{\mathrm{D,N}}(\underline{\mathbf{R}}', \omega)$ an $G^{\mathrm{D,N}}(\underline{\mathbf{R}}', \underline{\mathbf{R}}, \omega)$ heran; mit (14.1.5) ergibt sich $-\mathrm{j}\omega\rho\, h(\underline{\mathbf{R}}', \omega)$.

[2]Dieses Spiegelungsprinzip ergibt sich mathematisch folgendermaßen: Man ergänze die Lösung der *inhomogenen* Gleichung (14.1.5) um eine Lösung der *homogenen* Gleichung, also beispielsweise das Feld einer Punktquelle, die von einem Quellpunkt $\underline{\mathbf{R}}''$ *außerhalb* von V_M herrührt und bestimme $\underline{\mathbf{R}}''$ *so*, dass die jeweilige Randbedingung erfüllt ist (Langenberg, 2005).

Flächenquellen: Rayleigh-Sommerfeld-Integrale

Folgendes ist in der Tat interessant: Wenn wir in (14.1.9) eine *Flächen*dilatationsquelle

$$h(\underline{\mathbf{R}}', \omega) = g(x', y', \omega)\delta(z') \tag{14.1.13}$$

einsetzen, so folgt mit den Green'schen Funktionen des Halbraums sofort:

$$p^{\mathrm{D}}(\underline{\mathbf{R}}, \omega) \equiv 0 \quad , \quad \underline{\mathbf{R}} \in V_M \quad , \tag{14.1.14}$$

$$p^{\mathrm{N}}(\underline{\mathbf{R}}, \omega) = 2 \iint_{S_M} \mathrm{j}\omega\rho\, g(x', y', \omega)\, G(x - x', y - y', z, \omega)\, \mathrm{d}x'\mathrm{d}y' \quad , \quad \underline{\mathbf{R}} \in V_M \quad , \tag{14.1.15}$$

worin $G(x - x', y - y', z - z', \omega)$ die (skalare) Green'sche Funktion des Vollraums ist! Eine Flächen*dilatationsquelle* auf der schall*weichen* ebenen Oberfläche eines Halbraums strahlt gar kein Feld ab (elektrotechnisch gesprochen: die Quelle wird dort, analog zur Stromquelle auf einer ideal elektrisch leitfähigen Fläche, kurzgeschlossen), während eine entsprechende Quelle auf der schallharten ebenen Oberfläche eines Halbraums ein Feld abstrahlt, das gerade doppelt so groß wie das der Quelle im Vollraum ist: Es strahlt die Quelle *und* ihr Spiegelbild!

Wenn wir ein von null verschiedenes Flächenquellenfeld mit Dirichlet'scher Randbedingung erzeugen wollen, müssen wir zur komplementären Quelle, also zur Flächen(normal)kraftdichte, übergehen. Auch dann tritt gegenüber dem Vollraum wieder der Faktor 2 des Halbraums auf:

$$p^{\mathrm{D}}(\underline{\mathbf{R}}, \omega) = 2 \iint_{S_M} f_z(x', y', \omega)\; \underline{\mathbf{n}}'_M \cdot \boldsymbol{\nabla}' G(x - x', y - y', z - z', \omega)\big|_{z'=0}\, \mathrm{d}x'\mathrm{d}y' \quad , \quad \underline{\mathbf{R}} \in V_M \quad , \tag{14.1.16}$$

$$p^{\mathrm{N}}(\underline{\mathbf{R}}, \omega) \equiv 0 \quad , \quad \underline{\mathbf{R}} \in V_M \quad . \tag{14.1.17}$$

Die Integrale (14.1.15) und (14.1.16) werden als Rayleigh-Sommerfeld-Integrale bezeichnet. Insbesondere (14.1.15) ist für praktische Anwendungen von Bedeutung, denn dieses Integral beschreibt den *infinitely rigid baffled transducer*.

Flächenquellen: spektrale Zerlegung nach ebenen Wellen

Obwohl wir oben das Strahlungsfeld der Flächenquelldichten entsprechend Abb. 11.1.1b bereits als Grenzfall erhielten, wollen wir die Rayleigh-Sommerfeld-Integrale noch einmal auf andere Art und Weise herleiten. Der Grund dafür: Wenn die oben diskutierte Methode auf den elastischen Fall angewendet werden soll, stößt man auf ein Problem: Das Spiegelungsprinzip gilt nicht mehr, und folglich kann man die Randbedingungen erfüllenden Green'schen Tensoren nicht einfach aus den skalaren Green'schen Funktionen (14.1.10) und (14.1.11) gewinnen, wie das im Vollraum der Fall ist. Die Randbedingungen erfüllenden Green'schen Tensoren müssen *ausgerechnet* werden, sie ergeben sich als Integraldarstellungen vom Weyl'schen Typ über Spektren ebener Wellen! Deshalb wollen wir *diese* Methode ebenfalls am skalaren akustischen Fall „üben".

Für von null verschiedene *Flächen*quellen genügt der (zeitharmonische) akustische Druck für $\underline{\mathbf{R}} \in V_M$ der *homogenen* Helmholtz-Gleichung

$$\Delta p(\underline{\mathbf{R}}, \omega) + k^2 p(\underline{\mathbf{R}}, \omega) = 0 \quad , \quad \underline{\mathbf{R}} \in V_M \quad , \tag{14.1.18}$$

und der *inhomogenen* Dirichlet-Randbedingung (Gleichung (5.2.10))

$$p(\underline{\mathbf{R}}, \omega) = \underline{\mathbf{n}}_M \cdot \underline{\mathbf{t}}(\underline{\mathbf{R}}, \omega) \text{ für } \underline{\mathbf{R}} \in S_M \tag{14.1.19}$$

oder der *inhomogenen* Neumann-Randbedingung (Gleichung (5.2.7))

$$\underline{\mathbf{n}}_M \cdot \underline{\mathbf{v}}(\underline{\mathbf{R}}, \omega) = -g(\underline{\mathbf{R}}, \omega) \text{ für } \underline{\mathbf{R}} \in S_M \tag{14.1.20}$$

beziehungsweise

$$\underline{\mathbf{n}}_M \cdot \boldsymbol{\nabla} p(\underline{\mathbf{R}}, \omega) = -\mathrm{j}\omega\rho\, g(\underline{\mathbf{R}}, \omega) \text{ für } \underline{\mathbf{R}} \in S_M \quad . \tag{14.1.21}$$

Für eine endlich große Apertur $S_A \subset S_M$, die nicht die gesamte Fläche S_M einnimmt — wie in Abb. 14.1.2b angedeutet —, gilt für die Inhomogenitäten $\underline{\mathbf{n}}_M \cdot \underline{\mathbf{t}}(\underline{\mathbf{R}}, \omega) = 0$, $g(\underline{\mathbf{R}}, \omega) = 0$ für $\underline{\mathbf{R}} \in S_M \backslash S_A$.

Lösung von (14.1.18) für $\underline{\mathbf{R}} \in V_M$ ist das Helmholtz-Integral (14.1.2); verwenden wir darin die Randbedingungen erfüllenden Green'schen Funktionen G^{D} bzw. G^{N} sowie, passend dazu, die inhomogenen Randbedingungen (14.1.19) bzw. (14.1.21), so ergeben sich die expliziten Integraldarstellungen

$$p^{\mathrm{D}}(\underline{\mathbf{R}}, \omega) = \iint_{S_M} \underline{\mathbf{n}}'_M \cdot \underline{\mathbf{t}}(\underline{\mathbf{R}}', \omega) \boldsymbol{\nabla}' G^{\mathrm{D}}(\underline{\mathbf{R}}', \underline{\mathbf{R}}, \omega) \cdot \underline{\mathbf{n}}'_M \, \mathrm{d}S' \quad , \tag{14.1.22}$$

$$p^{\mathrm{N}}(\underline{\mathbf{R}}, \omega) = \iint_{S_M} \mathrm{j}\omega\rho \, g(\underline{\mathbf{R}}', \omega) G^{\mathrm{N}}(\underline{\mathbf{R}}', \underline{\mathbf{R}}, \omega) \, \mathrm{d}S' \tag{14.1.23}$$

Wir stellen erneut — diesmal für beliebige Flächen S_M — fest: Wenn wir die Flächenquelle als Dilatationsrate $g(\underline{\mathbf{R}}, \omega)$, $\underline{\mathbf{R}} \in S_M$, vorgeben, genügt der abgestrahlte Druck einer schall*harten* Randbedingung (g wird auf einer schallweichen Fläche „kurzgeschlossen"). Für *ebene* Flächen S_M — als Oberfläche von Halbräumen — können wir wieder die analytischen Ausdrücke (14.1.10) und (14.1.11) verwenden, womit aus (14.1.22) und (14.1.23) die Rayleigh-Sommerfeld-Integrale (14.1.16) und (14.1.15) werden.

Die Motivation für diesen Paragraphen war jedoch, *ohne* die Formeln (14.1.10) und (14.1.11) auszukommen. Dazu schreiben wir die Lösung von (14.1.18) für ein Halbraum-Volumen V_M ($z > 0$) nicht als Helmholtz-Integral einer Huygens'schen Punktquellensynthese, sondern als Spektrum ebener Wellen, denn gemäß Abschnitt 13.4.1 können wir den Beitrag jeder Punktquelle innerhalb der Apertur S_A für $z \geq 0$ durch ein entsprechendes Spektrum darstellen, dessen frei wählbare Parameter — (14.1.18) ist ja eine *homogene* Gleichung — durch eine der Randbedingungen (14.1.19) oder (14.1.20) zu bestimmen sein werden.

Wie in Abschnitt 11.1 unterwerfen wir die Differentialgleichung (14.1.18) in kartesischen Koordinaten einer zweidimensionalen räumlichen Fourier-Transformation bezüglich x und y:

$$\frac{\mathrm{d}^2}{\mathrm{d}z^2} \hat{p}^{\mathrm{N}}(K_x, K_y, z, \omega) + \underbrace{(k^2 - K_x^2 - K_y^2)}_{\stackrel{\mathrm{def}}{=} K_z} \hat{p}^{\mathrm{N}}(K_x, K_y, z, \omega) = 0 \quad , \tag{14.1.24}$$

wobei der obere Index wie gewöhnlich andeutet, dass $p^{\mathrm{N}}(x, y, z, \omega)$ der inhomogenen *Neumann'schen* Randbedingung (14.1.20) genügen soll; für eine ebene Fläche S_M lautet diese — wir benutzen gleich die Version (14.1.21) —

$$\underline{\mathbf{e}}_z \cdot \boldsymbol{\nabla} p^{\mathrm{N}}(x, y, z, \omega)\big|_{z=0} = -\mathrm{j}\omega\rho \, g(x, y, \omega) \quad , \quad x, y \in S_M \quad . \tag{14.1.25}$$

Als Fourier-Transformierte von (14.1.25) ergibt sich

$$\frac{\mathrm{d}}{\mathrm{d}z} \hat{p}^{\mathrm{N}}(K_x, K_y, z, \omega)\Big|_{z=0} = -\mathrm{j}\omega\rho \, \hat{g}(K_x, K_y, \omega) \quad . \tag{14.1.26}$$

Linear unabhängige Lösungen von (14.1.24) sind die eindimensionalen ebenen Wellen

$$\hat{p}^{\mathrm{N}}(K_x, K_y, z, \omega) = \hat{p}^{+}(K_x, K_y, \omega) \, \mathrm{e}^{\mathrm{j}K_z z} + \hat{p}^{-}(K_x, K_y, \omega) \, \mathrm{e}^{-\mathrm{j}K_z z} \quad , \tag{14.1.27}$$

die sich in positive und negative z-Richtung ausbreiten; die beliebigen, von den Parametern K_x, K_y, ω der Differentialgleichung (14.1.24) abhängigen Amplituden $\hat{p}^{\pm}(K_x, K_y, \omega)$ müssen an die inhomogene Randbedingung (14.1.26) angepasst werden. Da die Flächenquelldichte auf der

Oberfläche des (Ausbreitungs-)Halbraums $z > 0$ „sitzt“, erfordert physikalische Intuition das Nullsetzen von $\hat{p}^-(K_x, K_y, \omega)$. Danach führt uns (14.1.26) auf

$$\hat{p}^+(K_x, K_y, \omega) = -\frac{\omega\rho}{K_z}\,\hat{g}(K_x, K_y, \omega) \quad . \tag{14.1.28}$$

Die Fourier-Inversion von (14.1.27) mit (14.1.28) ergibt sodann:

$$p^{\mathrm{N}}(x, y, z, \omega) = -\omega\rho\,\frac{1}{(2\pi)^2}\int_{-\infty}^{\infty}\int_{-\infty}^{\infty}\hat{g}(K_x, K_y, \omega)\,\frac{\mathrm{e}^{\mathrm{j}K_z z}}{K_z}\,\mathrm{e}^{\mathrm{j}K_x x + \mathrm{j}K_y y}\,\mathrm{d}K_x \mathrm{d}K_y \quad , \tag{14.1.29}$$

also die spektrale Zerlegung nach ebenen Wellen des Schallfeldes eines ebenen Aperturstrahlers, worin die zweidimensionale Fourier-Transformierte der Aperturfunktion $g(x, y, \omega)$ als spektrale Amplitude auftritt. Für $z = 0$ erfüllt $p^{\mathrm{N}}(x, y, z, \omega)$ die Neumann'sche Randbedingung (14.1.25), bei endlicher Apertur S_A also eine schallharte Randbedingung außerhalb S_A: die Dilatationsratenquelle als akustischer Aperturstrahler ist fest eingespannt (*infinitely rigid baffled transducer*). In Abb. 14.1.1 erkennt man dies deutlich. In Abb. 14.1.1 erkennt man dies deutlich: Der Druck verschwindet auf der Einschallfläche nicht.

In Abschnitt 11.1 setzten wir „Aperturverteilung“ in Anführungsstriche, um anzudeuten, dass die in der xy-Ebene vorgegebene Feldverteilung $p_0(x, y, \omega)$ in der Integraldarstellung (11.1.5) als Lösung einer *homogenen* Schwingungsgleichung zwar formal dieselbe Rolle spielt wie $g(x, y, \omega)$ in (13.3.90), jedoch nicht wirklich als physikalisch reale Apertur(funktion) angesehen werden kann: Von einer Quelle ist ja in einer homogenen Gleichung gar keine Rede. Anhand der Beziehung (14.1.28) zwischen $\hat{g}(K_x, K_y, \omega)$ und $\hat{p}^+(K_x, K_y, \omega) \Longrightarrow \hat{p}_0(K_x, K_y, \omega)$ erkennt man auch sofort, dass der Faktor $1/K_z$ bei Vorgabe einer *endlich ausgedehnten* „Aperturverteilung“ $p_0(x, y, \omega)$ gar nicht zu einer physikalisch realen endlichen Apertur $g(x, y, \omega)$ führen kann. Andererseits hat eine endliche Apertur $g(x, y, \omega)$ eine unendlich ausgedehnte Feldverteilung in der xy-Ebene zur Folge — und zwar gerade *so*, dass die zugehörige Normalenableitung die inhomogene Neumann'sche Randbedingung (14.1.26) erfüllt —, was aus physikalischer Sicht auch verständlich ist: Die für $z = +0$, also dicht vor der schallharten Halbraumoberfläche bei $z = 0$, vorgegebene Flächenquelldichte $g(x, y, \omega)$ „beleuchtet“ ebendiese Oberfläche als einfallendes Feld!

Wenn wir in (14.1.29) Faktoren gemäß

$$p^{\mathrm{N}}(x, y, z, \omega) = 2\mathrm{j}\omega\rho\,\frac{1}{(2\pi)^2}\int_{-\infty}^{\infty}\int_{-\infty}^{\infty}\hat{g}(K_x, K_y, \omega)\,\frac{\mathrm{j}}{2K_z}\,\mathrm{e}^{\mathrm{j}K_z z}\mathrm{e}^{\mathrm{j}K_x x + \mathrm{j}K_y y}\,\mathrm{d}K_x \mathrm{d}K_y \tag{14.1.30}$$

„einschmuggeln“, erkennen wir die Fourier-Inversion des Produktes der Spektren $\hat{g}(K_x, K_y, \omega)$ und $\hat{G}(K_x, K_y, z, \omega)$ gemäß (13.4.5) und (13.4.6) für $z \geq 0$, d.h. die Faltung von $g(x, y, \omega)$ mit $G(x, y, z, \omega)$ entsprechend

$$\begin{aligned} p^{\mathrm{N}}(x, y, z, \omega) &= 2\mathrm{j}\omega\rho\int_{-\infty}^{\infty}\int_{-\infty}^{\infty} g(x', y', \omega)\, G(x - x', y - y', z, \omega)\,\mathrm{d}x'\mathrm{d}y' \\ &= \mathrm{j}\,\frac{\omega\rho}{2\pi}\int_{-\infty}^{\infty}\int_{-\infty}^{\infty} g(x', y', \omega)\,\frac{\mathrm{e}^{\mathrm{j}k\sqrt{x-x')^2+(y-y')^2+z^2}}}{\sqrt{(x - x')^2 + (y - y')^2 + z^2}}\,\mathrm{d}x'\mathrm{d}y' \quad , \end{aligned} \tag{14.1.31}$$

womit wir das Rayleigh-Sommerfeld-Integral (14.1.15) durch explizite Lösung eines Halbraum-Randwertproblems wiedergewonnen haben.

Wir können deshalb, falls wir die Green'sche Funktion des Halbraums als Fourier-Inverse explizit kennen, alternativ mit dem Fourier-Integral (14.1.30) oder mit dem Faltungsintegral (14.1.31) arbeiten. Falls wir die Green'sche Funktion *nicht* explizit kennen — dies ist im Elastodynamischen zumindest für die zeitharmonische Green'sche Funktion der Fall —, müssen wir uns mit der spektralen Zerlegung nach ebenen Wellen (SZEW) bescheiden.

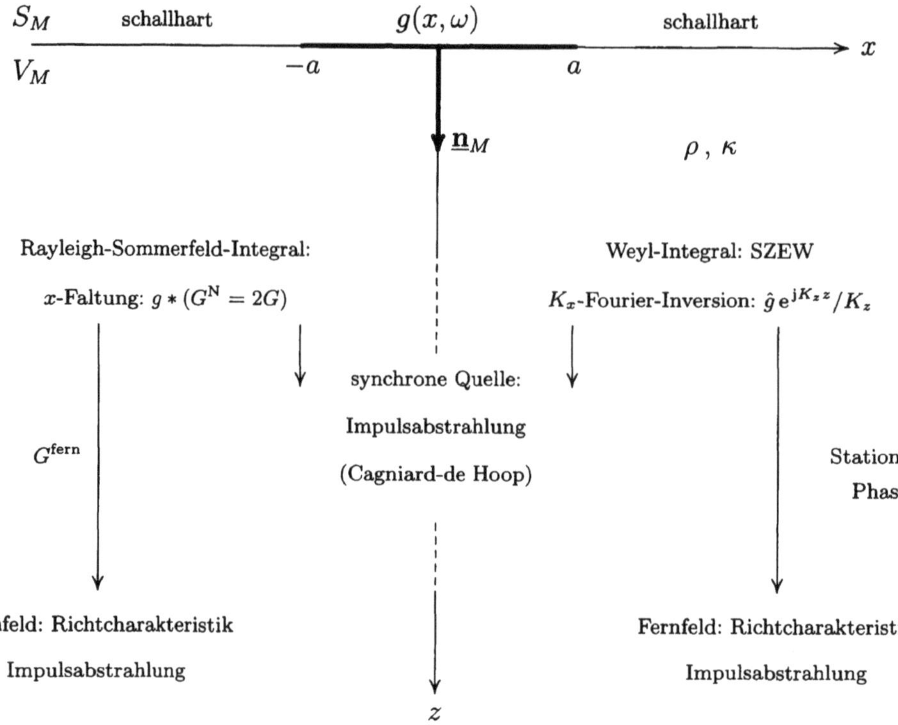

Abb. 14.1.3: *Alternative Berechnungsmöglichkeiten des Schallfeldes eines akustischen Aperturstrahlers: streifenförmige fest eingespannte Apertur*

In Abb. 14.1.3 haben wir die alternativen Berechnungsmöglichkeiten des Schallfeldes eines akustischen Aperturstrahlers für den Fall der Streifenquelle einander gegenüber gestellt, wobei es numerisch nicht ganz einerlei ist, für welche Entfernung z man welches Integral verwendet: Das Weyl-Integral als spektrale Zerlegung nach ebenen Wellen hat sicher Vorteile, wenn man das Schallfeld in Ebenen parallel zur Oberfläche für nicht zu große z (innerhalb der Nahfeldlänge) ausrechnen will; für größere z-Werte erschwert die Oszillation der Exponentialfunktion $e^{jK_z z}$ — des Propagators — die Numerik. Für diese Zwecke der „Parallel-Ebenen-Auswertung" ist das Rayleigh-Sommerfeld-Integral nicht so gut geeignet, da die Green'sche Funktion mit x und y nur vergleichsweise langsam abklingt; die Stärke des Rayleigh-Sommerfeld-Integrals liegt in der unmittelbaren Zugänglichkeit des Fernfeldes, da man, um zur selben Richtcharakteristik zu kommen, auf das Weyl-Integral erst die Methode der Stationären Phase anwenden muss (Abschnitt 11.1.3). *Beide* Integrale führen aber zum selben Ergebnis, wie wir weiter unten zeigen werden, und zwar unabhängig von der Dimensionalität und der Geometrie der Quelle: Es ist in jedem Fall die Fourier-Transformierte der Quellverteilung auszurechnen. Sollten wir am Impulsstrahlungsfeld der Apertur interessiert sein (z.B.: Abbildung 14.1.1), müssten wir die numerische Auswertung der Rayleigh-Sommerfeld- und Weyl-Integrale für jede Kreisfrequenz innerhalb des Spektrums unserer Impulsanregung und sodann eine inverse Fourier-Transformation bezüglich ω durchführen. Für spezielle Geometrien der Quellverteilung — runde, streifen- oder rechteckförmige Apertur mit konstanter Amplitude — und spezielle Impulsanregungen — in der Regel Sprungfunktion, Dirac-Impuls oder dessen „Ableitungen" — kann man jedoch das Impulsstrahlungsfeld für *beliebige* Entfernungen z aus jeder der beiden Integraldarstellungen mittels „trickreicher" Integration analytisch ausrechnen (Cagniard-de Hoop-Methode: Aulenbacher, 1988; Aulenbacher und Langenberg, 1980; analytische Integration: Schmerr, 1998; Royer und Dieulesaint, 2000); für andere Anregungen, etwa RC$N(t)$-Impulse, ist dann noch eine Faltung auszuführen, deren Numerik aber immer „unerfreulicher“ wird, je weiter man ins Fernfeld gerät. Immerhin wird der Übergang Nahfeld $\Longrightarrow$ Fernfeld am Impulsstrahlungsfeld physikalisch besonders anschaulich (Abbildung 14.1.5 und Abbildung 14.1.6).

Die in Abschnitt 11.1.2 vorgestellte Raumfilterinterpretation trifft natürlich auch auf die Feldverteilung $p^{\mathrm{N}}(x,y,z,\omega)$ gemäß (14.1.29), also auf die Interpretation des Strahlungsfeldes eines fest eingespannten akustischen Prüfkopfs zu; einzig der Propagator als räumliches Fourier-Spektrum der Green'schen Funktion wird etwas „unhandlicher“, da er an den Bandgrenzen $K_z = 0$ des räumlichen Tiefpassfilters singulär ist.

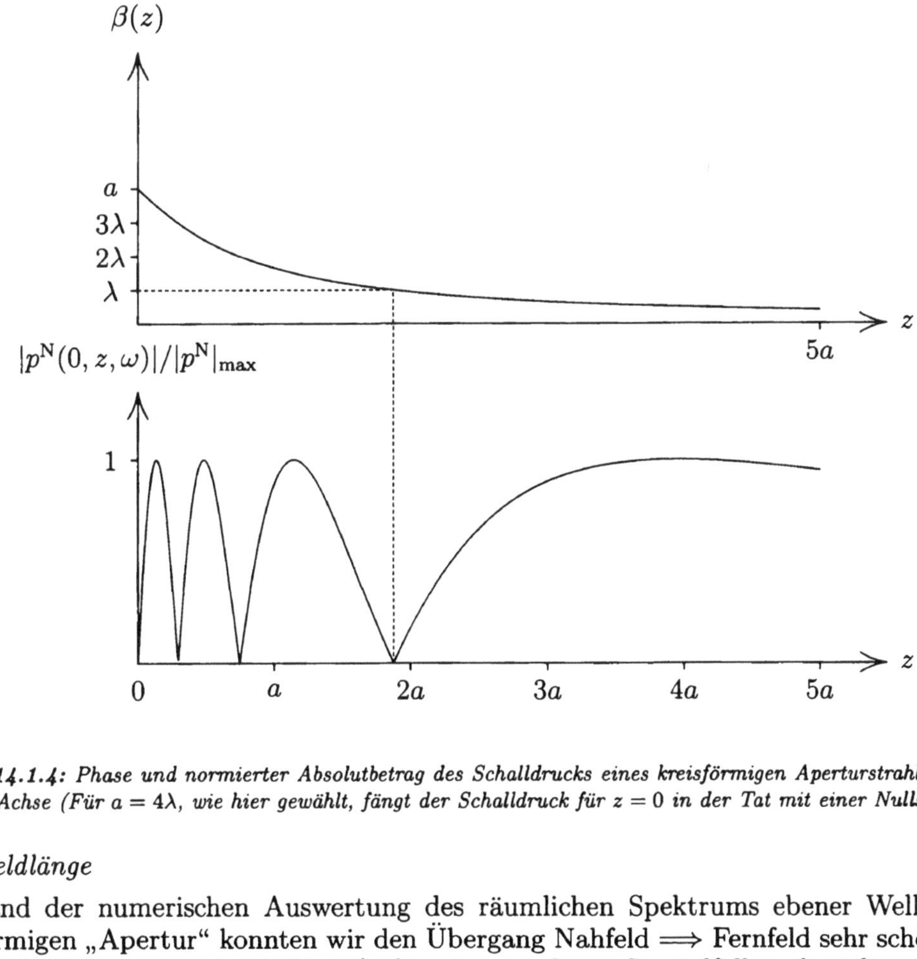

***Abb. 14.1.4:** Phase und normierter Absolutbetrag des Schalldrucks eines kreisförmigen Aperturstrahlers auf der akustischen Achse (Für $a = 4\lambda$, wie hier gewählt, fängt der Schalldruck für $z = 0$ in der Tat mit einer Nullstelle an.*

Nahfeldlänge

Anhand der numerischen Auswertung des räumlichen Spektrums ebener Wellen einer streifenförmigen „Apertur“ konnten wir den Übergang Nahfeld $\Longrightarrow$ Fernfeld sehr schön veranschaulichen (Abbildungen 11.1.3, 11.1.4); für einen anderen Spezialfall — kreisförmige Apertur — lassen sich dazu auch analytische Überlegungen anstellen, wenn man das zuständige Rayleigh-Sommerfeld-Integral auf der akustischen Achse auswertet.

Wir schreiben das Rayleigh-Sommerfeld-Integral (14.1.31) für $g(x',y',\omega) = u(a-r')$ in Zylinderkoordinaten und setzen wegen der Rotationssymmetrie sofort $\varphi = 0$:

$$p^{\mathrm{N}}(r,z,\omega) = 2\mathrm{j}\omega\rho \int_0^{2\pi}\int_0^{\infty} \frac{\mathrm{e}^{\mathrm{j}k\sqrt{r^2+r'^2-2rr'\cos\varphi'+z^2}}}{4\pi\sqrt{r^2+r'^2-2rr'\cos\varphi'+z^2}}\, r'\mathrm{d}r'\mathrm{d}\varphi' \tag{14.1.32}$$

Per definitionem gilt auf der akustischen Achse $r = 0$, sodass wir mit der Substitution $\sqrt{r'^2+z^2} =$

ϱ elementar integrieren können:

$$\begin{aligned} p^{\mathrm{N}}(0,z,\omega) &= \mathrm{j}\omega\rho \int_0^a \frac{\mathrm{e}^{\mathrm{j}k\sqrt{r'^2+z^2}}}{\sqrt{r'^2+z^2}}\, r'\mathrm{d}r' \\ &= \mathrm{j}\omega\rho \int_z^{\sqrt{z^2+a^2}} \mathrm{e}^{\mathrm{j}k\varrho}\,\mathrm{d}\varrho \\ &= Z\left[\mathrm{e}^{\mathrm{j}k\beta(z)} - 1\right]\mathrm{e}^{\mathrm{j}kz} \ , \end{aligned} \tag{14.1.33}$$

wobei

$$\beta(z) = \sqrt{z^2+a^2} - z \ . \tag{14.1.34}$$

Wir beobachten also eine sich in positive z-Richtung ausbreitende eindimensionale amplituden- und phasenmodulierte Welle; durch Betragsbildung finden wir die Amplitudenmodulation

$$|p^{\mathrm{N}}(0,z,\omega)| = 2Z\left|\sin\frac{k\beta(z)}{2}\right| \ , \tag{14.1.35}$$

die gemäß

$$\beta(z) = n\lambda \ , \quad n = 1,2,3,\ldots \ , \tag{14.1.36}$$

n Nullstellen enthält; deren Anzahl ist durch die Forderung $n\lambda < a$ begrenzt, da $\beta_{\max}(z) = \beta(0) = a$ gilt (Abbildung 14.1.4). Physikalische Ursache des oszillatorischen Druckverlaufs auf der akustischen Achse, so wie er in Abb. 14.1.4 dargestellt ist, ist die Interferenz der Aperturwellenfront und der Aperturkantenimpulse (Abbildung 14.1.1); erst wenn sich diese Wellenfronten „so nah gekommen" sind, dass sie sich aufgrund ihrer endlichen Impulsdauer überlagern, beobachten wir das typische Fernfeldverhalten der $1/R$-Druckabhängigkeit ($1/z$ für $r = 0$); für $z \gg a$ können wir nämlich nähern:

$$\begin{aligned} \beta(z) &= z\sqrt{1+\frac{a^2}{z^2}} - z \\ &\simeq z\left(1+\frac{a^2}{2z^2}\right) - z \\ &= \frac{a^2}{2z} \ , \end{aligned} \tag{14.1.37}$$

und daraus folgt[3]

$$|p^{\mathrm{N}}(0,z,\omega)| \simeq \frac{\pi a^2 Z}{\lambda}\frac{1}{z} \ , \tag{14.1.38}$$

wenn wir den Sinus in (14.1.35) durch sein Argument annähern. Wir können auch noch den z-Wert ausrechnen, ab dem dieses Fernfeldverhalten relevant wird; zur Nahfeldlänge N erklären wir nämlich die Lage des letzten Maximums des Schalldrucks. Wir finden den zugehörigen z-Wert durch die Forderung $\beta(z) = \lambda/2$ und berechnen für $a \gg \lambda$

$$N \simeq \frac{a^2}{\lambda} \ . \tag{14.1.39}$$

Auf diese Art und Weise haben wir die Nahfeldlänge monochromatisch begründet, *plausibel* gemacht haben wir sie aber auch schon anhand des Impulsschallfeldes der Abb. 14.1.1. Mit einer entsprechenden Skizze dieses Impulsschallfeldes (Abbildung 14.1.5) kommen wir deshalb

[3] Die übliche Fernfeldnäherung im Rayleigh-Sommerfeld-Integral (14.1.32) mit nachträglicher Spezialisierung auf die akustische Achse liefert natürlich genau dasselbe Ergebnis.

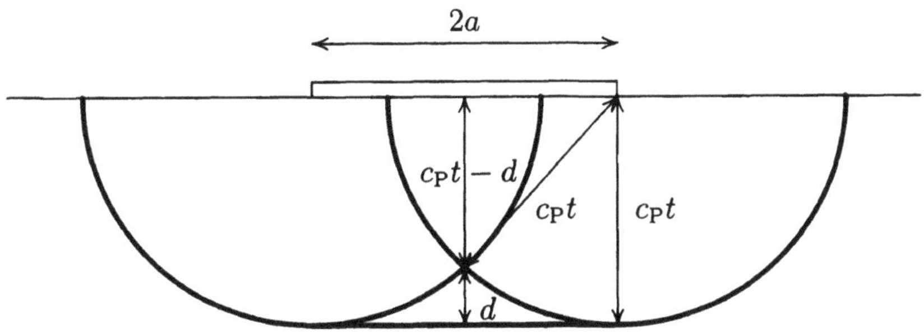

Abb. 14.1.5: Zur Berechnung der Nahfeldlänge aus dem Impulsstrahlungsfeld des akustischen Aperturstrahlers

ebenfalls zu dem Ausdruck (14.1.39). Dazu definieren wir diejenige Laufzeit $c_P t$ der Aperturwellenfront als Nahfeldlänge N, für die der Abstand d vom Kreuzungspunkt der Aperturkantenimpulse auf der akustischen Achse ungefähr gleich der halben Impulsdauer $c_P T$ ist. Die Geometrie der Abb. 14.1.5 sagt uns, dass

$$c_P t - d = \sqrt{c_P^2 t^2 - a^2} \tag{14.1.40}$$

gilt, und daraus folgt gemäß der obigen Definition

$$N - \sqrt{N^2 - a^2} \simeq \frac{c_P T}{2} \tag{14.1.41}$$

bzw. für $N \gg a$:

$$\frac{a^2}{N} \simeq c_P T \quad . \tag{14.1.42}$$

Mit der Definition der Impulswellenlänge $c_P T \simeq \lambda$ ist (14.1.42) identisch mit (14.1.39).

Übrigens: Die Nahfeldlänge eines Impulsschallfeldes ist ursächlich mit der Bandbegrenztheit des Anregungsimpulses verknüft, für einen Dirac-Impuls existiert sie nicht. Um dies zu zeigen, kehren wir zum monochromatischen Achsenschalldruck (14.1.33) der Kreisapertur zurück, der ja wegen (14.1.32) für das Spektrum eines Dirac-Impulses ausgerechnet wurde, und transformieren diesen in den Zeitbereich:

$$p^{\mathrm{N}}(0, z, t) = Z\left[\delta\left(t - \frac{1}{c}\sqrt{z^2 + a^2}\right) - \delta\left(t - \frac{z}{c}\right)\right] \tag{14.1.43}$$

Er besteht offensichtlich aus zwei Dirac-Impulsen mit unterschiedlichem Vorzeichen und z-unabhängiger Amplitude, die der Aperturwellenfront und den überlagerten Kantenimpulsen zuzuordnen sind: Die Laufzeitdifferenz dieser Impulse ist durch $\beta(z)$ gegeben, d.h. sie ist erst im Unendlichen gleich null! Es kommt für $z < \infty$ nicht zu einer Überlagerung und damit zum gewohnten „Ein-Impuls-Fernfeldverhalten" mit $1/R$-Amplitudenabhängigkeit, wie wir es für die Hauptstrahlrichtung einer Apertur im Fernfeld bei *bandbegrenzter* Anregung hergeleitet haben (Gleichung (13.3.82) und Abb. 13.3.6).

In den Abbildungen 14.1.6c und d ist das durch Gleichung (13.3.82) gegebene Fernfeldverhalten bei Bandbegrenzung — die Doppelkreise sollen die endliche Impulsdauer versinnbildlichen — anhand von Wellenfronten schematisch dargestellt; demgegenüber zeigen die Abbildungen 14.1.6a und b ebenso schematisch das exakte Wellenfrontverhalten einschließlich der Aperturwellenfront (numerisch exakte Rechnung: Abbildung 14.1.1c,d): Offensichtlich werden die Unterschiede, entsprechend der Diskussion von Abb. 14.1.5 mit zunehmender Entfernung immer marginaler. Des Weiteren erkennt man, dass entsprechend Gleichung (14.1.42) die Nahfeldlänge mit zunehmender Impulsdauer kleiner wird. Der Grenzfall „unendlich kurzer (Dirac-)Impuls" hat eine unendlich große Nahfeldlänge zur Folge.

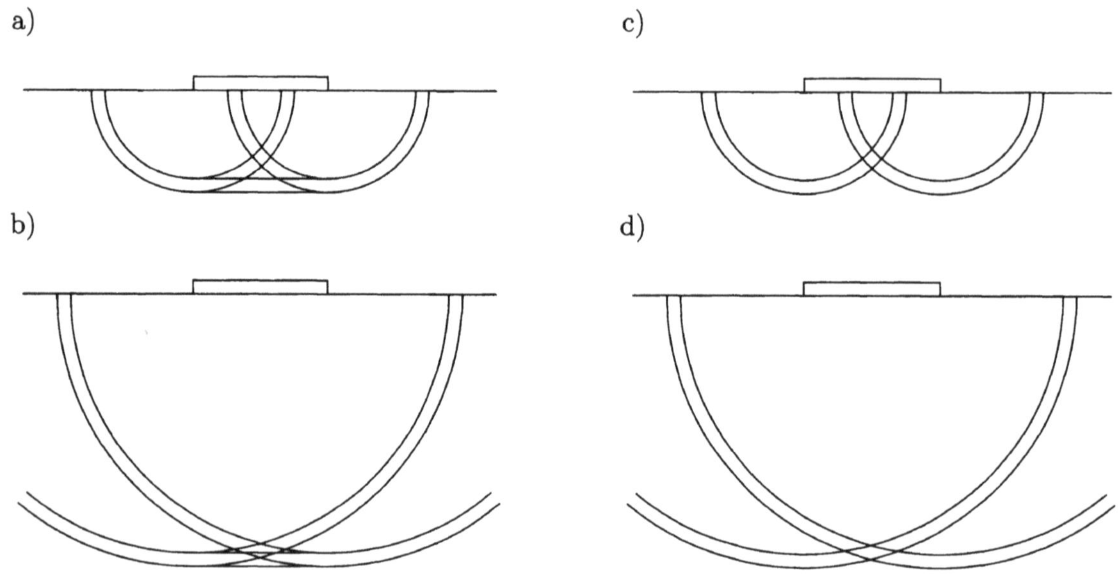

Abb. 14.1.6: *Bandbegrenzte Impulswellenfronten eines streifenförmigen Aperturstrahlers: Übergang vom Nah- zum Fernfeld; a) und b): Nahfeldauswertung; c) und d): Fernfeldauswertung*

Die Bedingung für die Gültigkeit der monochromatischen Fernfeldnäherung hatten wir mit „Entfernung groß gegenüber Apertur" und „Entfernung groß gegenüber Wellenlänge" angegeben. Wir wollen deshalb nachschauen, welche Zahlenwerte von $2a$, R und kR den Wellenfrontenbildern der Abb. 14.1.6 zuzuordnen sind, wenn wir die Wellenzahl k beispielsweise aus der Mittenfrequenz eines RC2(t)-Impulses ermitteln. Die räumliche Ausdehnung der Wellenfronten in Abb. 14.1.6 ergibt $\lambda = 1\,\mathrm{mm}$ (Wellenlänge, nicht Lamé-Konstante!), entsprechend einer Mittenfrequenz von ca. 600 kHz in Stahl. Daraus resultiert $kR \simeq 80$ und $R/2a \simeq 0.7$ für die „Nahfeldbilder" 14.1.6a,c sowie $kR \simeq 230$ und $R/2a \simeq 2$ für die „Fernfeldbilder" 14.1.6b,d. Obwohl also die Bedingung $kR \gg 1$ für *alle* Teilbilder erfüllt ist, sind die Unterschiede zwischen 14.1.6a und 14.1.6c wegen des zu kleinen $R/2a$-Wertes noch erheblich. Aber auch der Wert $R/2a \simeq 2$ für die Teilbilder b und c signalisiert, dass wir noch nicht „wirklich" im Fernfeld sind. Nicht enthalten in dieser „Validierung" der Fernfeldnäherung sind natürlich die tatsächlichen Amplituden.

14.1.3 Fernfeldauswertung von Rayleigh-Sommerfeld- und Weyl-Integralen

Das Fernfeld des fest eingespannten Aperturstrahlers erhalten wir näherungsweise, wenn wir im Rayleigh-Sommerfeld-Integral (14.1.31) die Fernfeldnäherung (13.1.41) der Green'schen Funktion einsetzen:

$$p^{\mathrm{N,fern}}(R,\vartheta,\varphi,\omega) = \frac{\mathrm{e}^{\mathrm{j}kR}}{R} \underbrace{\frac{\mathrm{j}\omega\rho}{2\pi} \int_{-\infty}^{\infty}\int_{-\infty}^{\infty} g(x',y',\omega)\,\mathrm{e}^{-\mathrm{j}k\sin\vartheta\cos\varphi x' - \mathrm{j}k\sin\vartheta\sin\varphi y'}\mathrm{d}x'\mathrm{d}y'}_{= H^g(\vartheta,\varphi,\omega)} \tag{14.1.44}$$

Wegen der schallharten Halbraumoberfläche tritt gegenüber (13.1.65) ein Faktor 2 auf. Die Richtcharakteristik $H^g(\vartheta, \varphi, \omega)$ der Dilatationsratenflächenquelle $g(x, y, \omega)$ entpuppt sich damit sofort proportional zu deren zweidimensionaler räumlicher Fourier-Transformierter für $K_x = k \sin\vartheta \cos\varphi$, $K_y = k \sin\vartheta \sin\varphi$:

$$H^g(\vartheta, \varphi, \omega) = \frac{\mathrm{j}\omega\rho}{2\pi}\, \hat{g}(k \sin\vartheta \cos\varphi, k \sin\vartheta \sin\varphi, \omega) \quad . \tag{14.1.45}$$

Legen wir andererseits die Integraldarstellung (14.1.29) vom Weyl'schen Typ zugrunde und rechnen deren Fernfeldnäherung mit der Methode der Stationären Phase aus (Gleichung (11.1.32)), so erhalten wir (14.1.44) und (14.1.45) erneut.

14.2 Streifenförmige Normal- und Tangentialkraftdichteverteilung auf der spannungsfreien Oberfläche eines elastischen Halbraums: Spektrale Zerlegung nach ebenen Wellen des zweidimensionalen Halbraum-Green-Tensors zweiter Stufe

14.2.1 EFIT-Wellenfonten des linien- und streifenförmigen Aperturstrahlers auf der spannungsfreien Oberfläche eines elastischen Halbraums

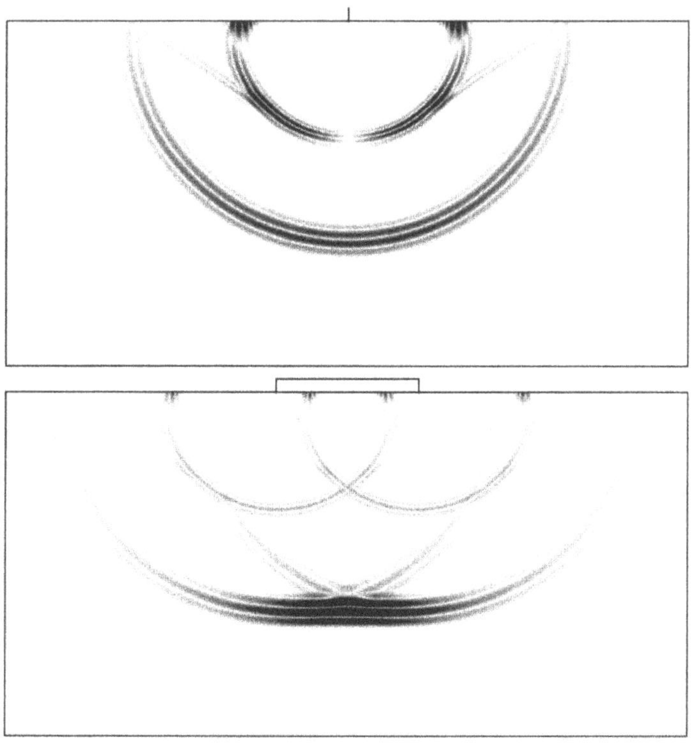

***Abb. 14.2.1:** EFIT-Wellenfronten der Linienquelle und des streifenförmigen Aperturstrahlers auf der spannungsfreien Oberfläche eines elastischen Halbraums (Betrag der Teilchengeschwindigkeit)*

Analog zu Abb. 14.1.1 zeigen wir in Abb. 14.2.1 die entsprechenden EFIT-berechneten Impulswellenfronten für den Fall eines elastischen Halbraums mit spannungsfreier Oberfläche bei

Anregung durch eine Normalkraftdichte mit RC2(t)-Zeitabhängigkeit. Wieder ist — als Output von EFIT, des Pendants zu AFIT für elastische Wellen (Fellinger, 1991; Marklein, 1997; Bihn, 1998) — der Betrag der Teilchengeschwindigkeit dargestellt; infolgedessen verschwindet er nicht auf der Einschallfläche, da diese ja *spannungs*frei ist. Gegenüber der Teilchenverschiebung manifestiert sich die RC2(t)-Vorgabe der Kraftdichte als zeitliche Differentiation in der Teilchengeschwindigkeit.

Das obere Teilbild von Abb. 14.2.1 zeigt die Wellenfronten für den Fall einer linienförmigen Kraftdichte: Man erkennt je eine halbkreisförmige Druck- und Scherwellenfront — letztere mit einer Nullstelle in Normalenrichtung —, die über zwei Kopfwellen miteinander verbunden sind; deren physikalische Ursache ist die Anregung Huygens'scher Scherelementarwellen durch die an der Oberfläche mit $c_{\rm P}$ entlanglaufende Druckwelle, die sich im Zweidimensionalen zu einer ebenen Wellenfront überlagern. Sie bildet mit der Oberfläche den Winkel $\vartheta_{\rm K}$, der sich aus (9.1.21) als Modekonversionswinkel für $\vartheta_{i{\rm P}} = \pi/2$ ergibt. Letztendlich werden die Kopfwellen deswegen „gebraucht", weil für sich genommen weder die Druck- noch die Scherwelle die Randbedingung der Spannungsfreiheit erfüllt. Zwei Rayleigh'sche Oberflächenwellen komplettieren schließlich das Impulsschallfeld einer normalen Linienquelle auf einem spannungsfreien Halbraum.

Im unteren Teilbild von Abb. 14.2.1 ist als Anregung eine Normalkraftdichte gleichmäßig mit konstanter Amplitude innerhalb einer Apertur verteilt (zweidimensionaler streifenförmiger Aperturstrahler auf spannungsfreiem Halbraum). Gemäß dem Huygens'schen Prinzip gehen von jedem Punkt der Apertur zunächst halbkreisförmige Druckwellen aus, die sich zu einer ebenen („geometrisch-optischen") Aperturwellenfront überlagern, der „Hauptkeule" des streifenförmigen „Prüfkopfs". Die von den Kanten der Apertur — sie wirken als Linienquellen — ausgehenden halbkreisförmigen Druckwellen sind ebenfalls zu erkennen. Wegen der Nullstellen der Huygens'schen Scherelementarwellen kommt keine Aperturwellenfront mit Schwellengeschwindigkeit zustande; es verbleiben lediglich die Scherimpulse der Aperturkanten und, *last but not least*, die von diesen Linienquellen ausgehenden Rayleigh-Impulse. Der Vergleich mit Abb. 14.1.1 enthüllt, dass die *dominanten* EFIT-berechneten *elastischen* Wellenfronten durchaus akustisch approximiert werden können.

14.2.2 Streifenförmige Normal- und Tangentialkraftdichteverteilung auf der spannungsfreien Oberfläche eines elastischen Halbraums

Normalkraftdichte

Wir legen wieder Abb. 13.3.7b zugrunde, postulieren jedoch für $z > 0$ einen homogen-isotropen elastischen Halbraum V_M; dessen Oberfläche S_M — die xy-Ebene — sei außerhalb der streifenförmigen Apertur spannungsfrei, innerhalb der Apertur sei eine konstante (synchrone) Flächenkraftdichte unabhängig von y vorgegeben, sodass wir

$$\underline{\mathbf{t}}(x, \omega) = F(\omega) q_a(x) \underline{\mathbf{e}}_z \tag{14.2.1}$$

ansetzen (man vergleiche die Volumenquelle (13.3.94)).

Das akustische Pendant dieses Problems konnten wir alternativ mit der skalaren Green'schen Funktion des Halbraums oder mittels spektraler Zerlegung nach ebenen Wellen als inhomogenes Randwertproblem lösen. *Hier* sind wir gezwungen, den zweiten Weg einzuschlagen, da wir die Green'schen Tensoren des Halbraums, in diesem speziellen Fall den Green'schen Tensor zweiter Stufe, nicht explizit kennen[4], denn im Elastodynamischen gilt das Spiegelungsprinzip nicht: Eine linien- oder punktförmige Kraftdichte vor einer ebenen spannungsfreien Fläche erzeugt Druck- *und* Scherwellen unterschiedlicher Geschwindigkeit, deren jeweilige Modekonversion an der Fläche nicht durch Spiegelquellen repräsentiert werden kann.

[4] Als Ergebnis der folgenden Rechnung können wir schließlich seine Integraldarstellung vom Weyl'schen Typ angeben.

Wir formulieren deshalb das folgende zweidimensionale inhomogene elastodynamische Randwertproblem[5]: Man löse die Differentialgleichung

$$\mu\Delta_{\underline{\mathbf{r}}}\,\underline{\mathbf{u}}(x,z,\omega)+(\lambda+\mu)\nabla_{\underline{\mathbf{r}}}\nabla_{\underline{\mathbf{r}}}\cdot\underline{\mathbf{u}}(x,z,\omega)+\omega^2\rho\,\underline{\mathbf{u}}(x,z,\omega)=\underline{\mathbf{0}} \tag{14.2.2}$$

der zeitharmonischen Teilchenverschiebung (Gleichung (7.1.24) für $\partial/\partial y\equiv 0$) für $z>0$ unter der Randbedingung

$$\underline{\underline{\mathbf{T}}}(x,z=0,\omega)\cdot\underline{\mathbf{e}}_z=-\underline{\mathbf{t}}(x,\omega)\ \forall\ x\in S_M\quad . \tag{14.2.3}$$

Aus Abschnitt 13.3.3 wissen wir, dass die Quelle (14.2.1) nur P-SV-Wellen abstrahlt, d.h. der Teilchenverschiebungsvektor hat nur Komponenten in der xz-Ebene, diese jedoch sowohl für die Druck- als auch für die Scherwelle. Die spezielle Lösung „ebene P-SV-Wellen der Ausbreitungsrichtung $\hat{\underline{\mathbf{k}}}$" finden wir als Gleichungen (8.1.82) und (8.1.83) mit $\underline{\hat{\mathbf{u}}}_{\mathrm{S1}}=\underline{\mathbf{e}}_\theta$, wobei wir wieder den „zweidimensionalen Polarwinkel" θ, gezählt von der z-Achse, einführen. Nun zeigt es sich, dass ebene elastische Wellen nicht nur eine „Existenzberechtigung an sich" haben, sondern dass sie in einem räumlichen *Spektrum* ebener elastischer Wellen gemäß

$$\underline{\mathbf{u}}_{\mathrm{PSV}}(x,z,\omega)=\frac{1}{2\pi}\int_{-\infty}^{\infty}\left[\hat{u}_{\mathrm{P}}(K_x,\omega)\,\mathrm{e}^{\mathrm{j}\underline{\mathbf{K}}_{\mathrm{P}}\cdot\underline{\mathbf{r}}}\,\hat{\underline{\mathbf{K}}}_{\mathrm{P}}+\hat{u}_{\mathrm{SV}}(K_x,\omega)\,\mathrm{e}^{\mathrm{j}\underline{\mathbf{K}}_{\mathrm{S}}\cdot\underline{\mathbf{r}}}\,\underline{\mathbf{e}}_{\theta_{K_\mathrm{S}}}\right]\mathrm{d}K_x \tag{14.2.4}$$

Bausteine für elastodynamische Quellenfelder sein können (man vergleiche Abschnitt 11.2 hinsichtlich der theoretischen Begründung); wie in (13.4.9) entfällt natürlich im Zweidimensionalen die K_y-Integration[6], wir benutzen aber dennoch das Hütchen zur Charakterisierung der skalaren räumlichen Spektren $\hat{u}_{\mathrm{P}}(K_x,\omega)$, $\hat{u}_{\mathrm{SV}}(K_x,\omega)$. Entsprechend Abb. 11.1.1 ist der Phasenvektor einer *spektralen* ebenen Welle durch den Fourier-Vektor gegeben, also

$$\begin{aligned}\underline{\mathbf{K}}_{\mathrm{P}}&=k_{\mathrm{P}}\hat{\underline{\mathbf{K}}}_{\mathrm{P}}\\&=K_x\underline{\mathbf{e}}_x+\underbrace{\sqrt{k_{\mathrm{P}}^2-K_x^2}}_{=K_{\mathrm{P}z}}\,\underline{\mathbf{e}}_z\quad ,\end{aligned} \tag{14.2.5}$$

$$\begin{aligned}\underline{\mathbf{K}}_{\mathrm{S}}&=k_{\mathrm{S}}\hat{\underline{\mathbf{K}}}_{\mathrm{S}}\\&=K_x\underline{\mathbf{e}}_x+\underbrace{\sqrt{k_{\mathrm{S}}^2-K_x^2}}_{=K_{\mathrm{S}z}}\,\underline{\mathbf{e}}_z\quad ;\end{aligned} \tag{14.2.6}$$

demzufolge ist der spektrale P-Anteil in Richtung $\hat{\underline{\mathbf{K}}}_{\mathrm{P}}$ und der spektrale SV-Anteil in Richtung $\underline{\mathbf{e}}_{\theta_{K_\mathrm{S}}}$ mit $\hat{\underline{\mathbf{K}}}_{\mathrm{S}}\cdot\underline{\mathbf{e}}_{\theta_{K_\mathrm{S}}}=0$ polarisiert, wobei (Abbildung 14.2.2)

$$\underline{\mathbf{e}}_{\theta_{K_\mathrm{S}}}=\cos\theta_{K_\mathrm{S}}\underline{\mathbf{e}}_x-\sin\theta_{K_\mathrm{S}}\underline{\mathbf{e}}_z\quad . \tag{14.2.7}$$

Man beachte: Die Polarisationsvektoren $\hat{\underline{\mathbf{K}}}_{\mathrm{P}}$ und $\underline{\mathbf{e}}_{\theta_{K_\mathrm{S}}}$ sind in der Tat *spektrale* Polarisationsvektoren, sie müssen unter dem Integral bleiben! In der bezüglich x Fourier-transformierten Differentialgleichung (14.2.2) ist K_x — nebst ω — ein *Parameter*, d.h. die spektralen Amplituden $\hat{u}_{\mathrm{P}}(K_x,\omega)$ und $\hat{u}_{\mathrm{SV}}(K_x,\omega)$ dürfen von ebendiesen Parametern abhängen. Damit (14.2.4) tatsächlich das Strahlungsfeld der streifenförmigen Apertur darstellt, müssen diese spektralen

[5] Das entsprechende zweidimensionale Quellenfeldproblem des *Voll*raums hat gemäß (13.3.34) die Lösung

$$\underline{\mathbf{u}}_{\mathrm{PSV}}(\underline{\mathbf{r}},\omega)=\int\!\!\int_{V_Q}\underline{\mathbf{f}}(\underline{\mathbf{r}}',\omega)\cdot\underline{\underline{\mathbf{G}}}_{\mathrm{PSV}}(\underline{\mathbf{r}}-\underline{\mathbf{r}}',\omega)\,\mathrm{d}^2\underline{\mathbf{r}}'\quad ,$$

woraus mit (13.3.94) die Fernfeldnäherung (13.3.100), (13.3.101) folgt.

[6] Man denke sich die y-Abhängigkeit von (14.2.1) durch den Faktor 1 repräsentiert; demzufolge liefert die *zweidimensionale* Fourier-Transformation eine $\delta(K_y)$-Distribution, die das K_y-Integral aufgrund der Siebeigenschaft „zum Verschwinden" bringt.

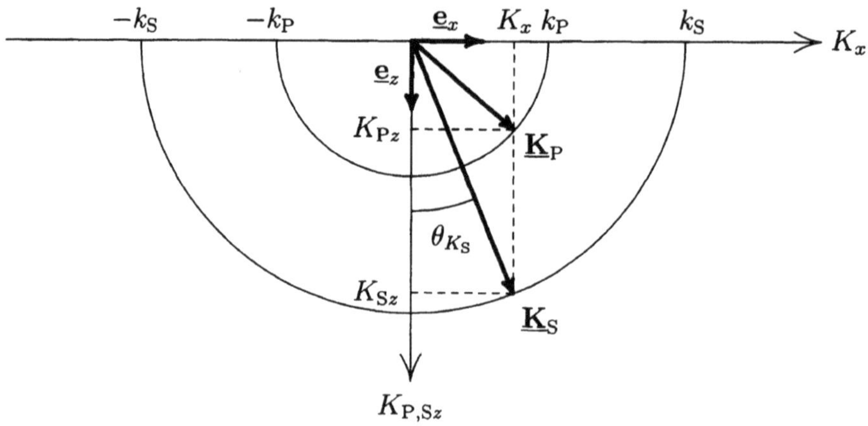

Abb. 14.2.2: Propagierende spektrale Komponenten ebener P- und SV-Wellen

Amplituden an die inhomogene Randbedingung (14.2.3) angepasst werden[7]. Deren Fourier-Transformierte lautet

$$\mathcal{F}_x\left\{\underline{\underline{\mathbf{T}}}(x,z=0,\omega)\right\}\cdot\underline{\mathbf{e}}_z=-F(\omega)\,\frac{2\sin aK_x}{K_x}\,\underline{\mathbf{e}}_z\quad. \tag{14.2.8}$$

Mit den Spannungstensoren ebener Druck- und Scherwellen (Gleichungen (8.1.122), (8.1.123)) ergibt sich die spektrale Zerlegung

$$\begin{aligned}\underline{\underline{\mathbf{T}}}_{\mathrm{PSV}}(x,z,\omega)=\frac{1}{2\pi}\int_{-\infty}^{\infty}\Big[&\mathrm{j}k_P\,\hat{u}_P(K_x,\omega)\,\mathrm{e}^{\mathrm{j}\underline{\mathbf{K}}_P\cdot\underline{\mathbf{r}}}\,(\lambda\underline{\underline{\mathbf{I}}}+2\mu\hat{\underline{\mathbf{K}}}_P\hat{\underline{\mathbf{K}}}_P)+\\&+\mathrm{j}k_S\mu\,\hat{u}_{SV}(K_x,\omega)\,\mathrm{e}^{\mathrm{j}\underline{\mathbf{K}}_S\cdot\underline{\mathbf{r}}}\,(\hat{\underline{\mathbf{K}}}_S\underline{\mathbf{e}}_{\theta_{K_S}}+\underline{\mathbf{e}}_{\theta_{K_S}}\hat{\underline{\mathbf{K}}}_S)\Big]\,\mathrm{d}K_x\end{aligned} \tag{14.2.9}$$

des Spannungstensors nach ebenen Wellen, sodass die Randbedingung (14.2.8) in die Forderung

$$\underline{\underline{\mathbf{T}}}_{\mathrm{PSV}}(x,z=0,\omega)\cdot\underline{\mathbf{e}}_z=-\frac{F(\omega)}{2\pi}\int_{-\infty}^{\infty}\frac{2\sin aK_x}{K_x}\,\mathrm{e}^{\mathrm{j}K_x x}\,\mathrm{d}K_x\,\underline{\mathbf{e}}_z\quad, \tag{14.2.10}$$

also

$$\begin{aligned}&\mathrm{j}k_P\,\hat{u}_P(K_x,\omega)\left(\lambda\underline{\underline{\mathbf{I}}}+\frac{2\mu}{k_P^2}\,\underline{\mathbf{K}}_P\underline{\mathbf{K}}_P\right)\cdot\underline{\mathbf{e}}_z+\\&+\mathrm{j}k_S\mu\,\hat{u}_{SV}(K_x,\omega)\left(\frac{\underline{\mathbf{K}}_S}{k_S}\,\underline{\mathbf{e}}_{\theta_{K_S}}+\underline{\mathbf{e}}_{\theta_{K_S}}\,\frac{\underline{\mathbf{K}}_S}{k_S}\right)\cdot\underline{\mathbf{e}}_z=-F(\omega)\,\frac{2\sin aK_x}{K_x}\,\underline{\mathbf{e}}_z\end{aligned} \tag{14.2.11}$$

mündet. Die Vektorgleichung (14.2.11) hat die x- und z-Komponenten

$$\frac{2}{k_P}\,K_xK_{Pz}\,\hat{u}_P(K_x,\omega)+\left(K_x\,\underline{\mathbf{e}}_{\theta_{K_S}}\cdot\underline{\mathbf{e}}_z+\underline{\mathbf{e}}_{\theta_{K_S}}\cdot\underline{\mathbf{e}}_xK_{Sz}\right)\hat{u}_{SV}(K_x,\omega)=0\quad, \tag{14.2.12}$$

$$\frac{1}{k_P}\left(k_S^2-2K_x^2\right)\hat{u}_P(K_x,\omega)+2K_{Sz}\,\underline{\mathbf{e}}_{\theta_{K_S}}\cdot\underline{\mathbf{e}}_z\,\hat{u}_{SV}(K_x,\omega)=\mathrm{j}\,\frac{F(\omega)}{\mu}\,\frac{2\sin aK_x}{K_x}\quad, \tag{14.2.13}$$

[7] Für ebene Wellen im Vollraum können die Amplituden beliebig sein.

sodass ein inhomogenes Gleichungssystem für die beiden Unbekannten $\hat{u}_{\mathrm{P}}(K_x,\omega)$ und $\hat{u}_{\mathrm{SV}}(K_x,\omega)$ entsteht. Wir finden

$$\hat{u}_{\mathrm{P}}(K_x,\omega) = \mathrm{j}k_{\mathrm{P}}\,\frac{F(\omega)}{\mu}\,\frac{2\sin aK_x}{K_x}\,\frac{k_{\mathrm{S}}\left(K_x\,\underline{\mathbf{e}}_{\theta_{K_{\mathrm{S}}}}\cdot\underline{\mathbf{e}}_z + K_{\mathrm{S}z}\,\underline{\mathbf{e}}_{\theta_{K_{\mathrm{S}}}}\cdot\underline{\mathbf{e}}_x\right)}{R(K_x)} \quad , \tag{14.2.14}$$

$$\hat{u}_{\mathrm{SV}}(K_x,\omega) = -\mathrm{j}\,\frac{F(\omega)}{\mu}\,\frac{2\sin aK_x}{K_x}\,\frac{2k_{\mathrm{S}}K_xK_{\mathrm{P}z}}{R(K_x)} \quad , \tag{14.2.15}$$

wobei

$$R(K_x) = k_{\mathrm{S}}\left[\left(k_{\mathrm{S}}^2-2K_x^2\right)\left(K_x\,\underline{\mathbf{e}}_{\theta_{K_{\mathrm{S}}}}\cdot\underline{\mathbf{e}}_z + \underline{\mathbf{e}}_{\theta_{K_{\mathrm{S}}}}\cdot\underline{\mathbf{e}}_x\,K_{\mathrm{S}z}\right) - 4K_xK_{\mathrm{S}z}K_{\mathrm{P}z}\,\underline{\mathbf{e}}_{\theta_{K_{\mathrm{S}}}}\cdot\underline{\mathbf{e}}_z\right] \tag{14.2.16}$$

Mit (Abbildung 14.2.2)

$$\begin{aligned} K_x &= k_{\mathrm{S}}\sin\theta_{K_{\mathrm{S}}} \quad , \\ K_{\mathrm{S}z} &= k_{\mathrm{S}}\cos\theta_{K_{\mathrm{S}}} \end{aligned} \tag{14.2.17}$$

und (14.2.7) folgt:

$$\underline{\mathbf{e}}_{\theta_{K_{\mathrm{S}}}}\cdot\underline{\mathbf{e}}_x = \frac{K_{\mathrm{S}z}}{k_{\mathrm{S}}} \quad , \tag{14.2.18}$$

$$\underline{\mathbf{e}}_{\theta_{K_{\mathrm{S}}}}\cdot\underline{\mathbf{e}}_z = -\frac{K_x}{k_{\mathrm{S}}} \quad ; \tag{14.2.19}$$

also ist

$$R(K_x) = \left(k_{\mathrm{S}}^2-2K_x^2\right)^2 + 4K_x^2\sqrt{k_{\mathrm{S}}^2-K_x^2}\sqrt{k_{\mathrm{P}}^2-K_x^2} \tag{14.2.20}$$

die uns bereits bekannte Rayleigh-Funktion (Abschnitt 10: $k_{\mathrm{R}} \Longrightarrow K_x$). Beachten wir auch noch

$$\hat{\underline{\mathbf{K}}}_{\mathrm{P}}\cdot\underline{\mathbf{e}}_x = \frac{K_x}{k_{\mathrm{P}}} \quad , \tag{14.2.21}$$

$$\hat{\underline{\mathbf{K}}}_{\mathrm{P}}\cdot\underline{\mathbf{e}}_z = \frac{K_{\mathrm{P}z}}{k_{\mathrm{P}}} \quad , \tag{14.2.22}$$

so ergeben sich schließlich explizite Darstellungen der kartesischen Komponenten des (zweidimensionalen) Teilchenverschiebungsfeldes einer streifenförmigen Flächenkraftdichteapertur mit konstanter Amplitude auf der ansonsten spannungsfreien Oberfläche eines elastischen Halbraums als spektrale Zerlegungen nach ebenen Wellen (Miller und Pursey, 1954; Achenbach, 1973; Aulenbacher, 1988; Fellinger, 1991; Kühnicke, 2001; Harker, 1988):

$$\begin{aligned} u_{\mathrm{PSV}x}^{t_z}(x,z,\omega) = \mathrm{j}\,\frac{F(\omega)}{2\pi\mu}\int_{-\infty}^{\infty}\frac{2\sin aK_x}{K_x}\,\frac{K_x}{R(K_x)}\Big[\left(k_{\mathrm{S}}^2-2K_x^2\right)\mathrm{e}^{\mathrm{j}\underline{\mathbf{K}}_{\mathrm{P}}\cdot\underline{\mathbf{r}}} - {}&\\ - 2\sqrt{k_{\mathrm{S}}^2-K_x^2}\sqrt{k_{\mathrm{P}}^2-K_x^2}\,\mathrm{e}^{\mathrm{j}\underline{\mathbf{K}}_{\mathrm{S}}\cdot\underline{\mathbf{r}}}\Big]\,\mathrm{d}K_x \quad ,& \end{aligned} \tag{14.2.23}$$

$$\begin{aligned} u_{\mathrm{PSV}z}^{t_z}(x,z,\omega) = \mathrm{j}\,\frac{F(\omega)}{2\pi\mu}\int_{-\infty}^{\infty}\frac{2\sin aK_x}{K_x}\,\frac{\sqrt{k_{\mathrm{P}}^2-K_x^2}}{R(K_x)}\Big[\left(k_{\mathrm{S}}^2-2K_x^2\right)\mathrm{e}^{\mathrm{j}\underline{\mathbf{K}}_{\mathrm{P}}\cdot\underline{\mathbf{r}}} + {}&\\ + 2K_x^2\,\mathrm{e}^{\mathrm{j}\underline{\mathbf{K}}_{\mathrm{S}}\cdot\underline{\mathbf{r}}}\Big]\,\mathrm{d}K_x \quad .& \end{aligned} \tag{14.2.24}$$

Mit dem oberen Index soll der Anregung „*Normal*kraft auf einem spannungsfreien Halbraum" Rechnung getragen werden.

Für $K_x > k_{\mathrm{P}}$ bzw. $K_x > k_{\mathrm{S}}$ werden $\underline{\mathbf{K}}_{\mathrm{P}}$ bzw. $\underline{\mathbf{K}}_{\mathrm{S}}$ komplexe Vektoren (deshalb auch $\underline{\mathbf{e}}_{\theta_{K_{\mathrm{S}}}}$); die Vorzeichenfestlegung

$$\Im\underline{\mathbf{K}}_{\mathrm{P,S}} = \sqrt{k_{\mathrm{P,S}}^2-K_x^2}\,\underline{\mathbf{e}}_z \tag{14.2.25}$$

sichert sodann die Konvergenz der Integrale (14.2.23) und (14.2.24) für $z > 0$.

Tangentialkraftdichte

Für die *Tangential*kraftdichte

$$\underline{\mathbf{t}}(x,\omega) = F(\omega)q_a(x)\underline{\mathbf{e}}_x \tag{14.2.26}$$

ergibt sich nach kurzer Rechnung das Strahlungsfeld:

$$u^{t_x}_{\mathrm{PSV}x}(x,z,\omega) = \mathrm{j}\,\frac{F(\omega)}{2\pi\mu}\int_{-\infty}^{\infty}\frac{2\sin aK_x}{K_x}\,\frac{\sqrt{k_\mathrm{S}^2-K_x^2}}{R(K_x)}\Big[2K_x^2\,\mathrm{e}^{\mathrm{j}\underline{\mathbf{K}}_\mathrm{P}\cdot\underline{\mathbf{r}}} + \left(k_\mathrm{S}^2-2K_x^2\right)\mathrm{e}^{\mathrm{j}\underline{\mathbf{K}}_\mathrm{S}\cdot\underline{\mathbf{r}}}\Big]\,\mathrm{d}K_x\ , \tag{14.2.27}$$

$$u^{t_x}_{\mathrm{PSV}z}(x,z,\omega) = \mathrm{j}\,\frac{F(\omega)}{2\pi\mu}\int_{-\infty}^{\infty}\frac{2\sin aK_x}{K_x}\,\frac{K_x}{R(K_x)}\Big[2\sqrt{k_\mathrm{S}^2-K_x^2}\sqrt{k_\mathrm{P}^2-K_x^2}\,\mathrm{e}^{\mathrm{j}\underline{\mathbf{K}}_\mathrm{P}\cdot\underline{\mathbf{r}}} - \left(k_\mathrm{S}^2-2K_x^2\right)\mathrm{e}^{\mathrm{j}\underline{\mathbf{K}}_\mathrm{S}\cdot\underline{\mathbf{r}}}\Big]\,\mathrm{d}K_x\ . \tag{14.2.28}$$

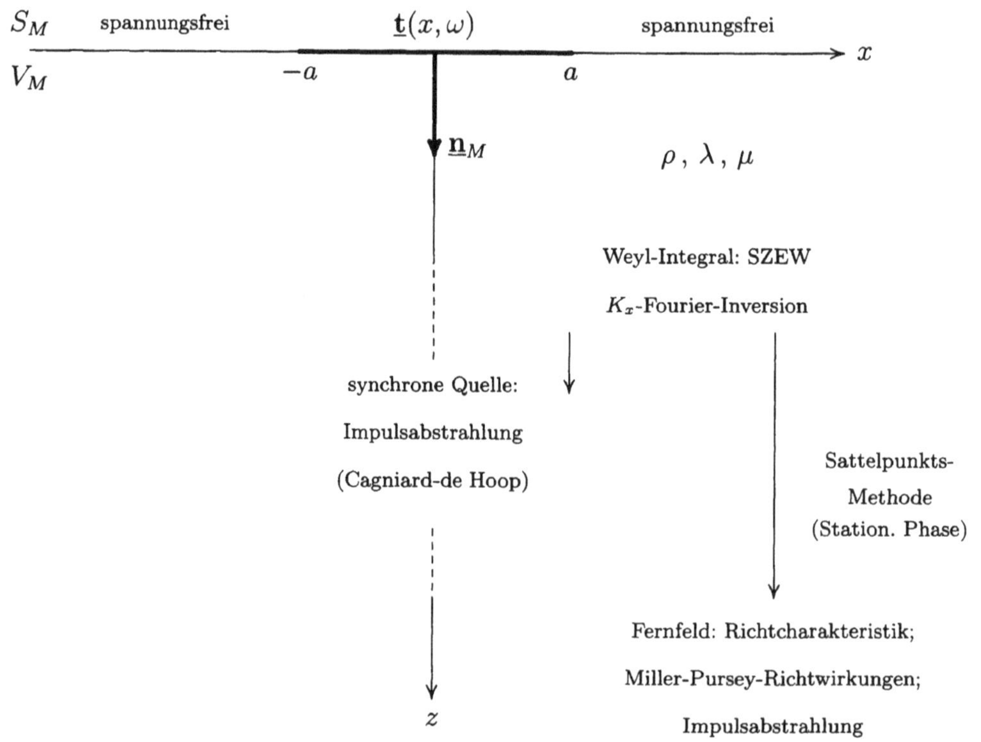

Abb. 14.2.3: *Alternative Berechnungsmöglichkeiten des Schallfeldes eines elastischen Aperturstrahlers: streifenförmige Apertur auf einem spannungsfreien Halbraum*

Auswertemöglichkeiten des Spektrums ebener Wellen

Abbildung 14.1.3 sagt uns, was wir mit der spektralen Zerlegung eines *akustischen* Schallfeldes nach ebenen Wellen alles anfangen können; Abb. 14.2.3 zitiert und überträgt dieses auf den elastodynamischen Fall. Zuvor sei aber festgehalten, dass die Integraldarstellungen (14.2.23) und (14.2.24) bzw. (14.2.27) und (14.2.28), entgegen dem ersten Anschein und entgegen einer Bemerkung von Schmerr (1998), *nicht* nur voneinander unabhängige P- und SV-„Volumenwellen“ (*bulk waves*) entsprechend dem zweidimensionalen Tensor zweiter Stufe gemäß (13.3.55), sondern das vollständige elastodynamische Wellenfeld inklusive Kopf- und Rayleigh-Wellen (Abbildung 14.2.1) enthalten. Infolgedessen macht die numerische K_x-Fourier-Transformation für konstante Werte von z (man vergleiche die Abbildungen 11.1.3 und 11.1.4 für den akustischen Fall) wegen der auftretenden Interferenzen nicht viel Sinn; darüber hinaus gibt es selbst für $z = 0$ numerische Probleme wegen der Nullstelle der Rayleigh-Funktion, und zwar vor allem, wenn man auch noch in den Zeitbereich transformieren will (Fellinger, 1991). Allerdings lassen sich *diese* Schwierigkeiten vermeiden — man handelt sich andere ein —, wenn man, zumindest für synchrone Quellen mit speziell zu wählender Zeitabhängigkeit ($\delta'(t)$-Abhängigkeit), die Integraldarstellung vom Weyl'schen Typ mit der Cagniard-de Hoop-Methode (de Hoop, 1959; Achenbach, 1973) direkt im Zeitbereich auswertet (Aulenbacher, 1988). Die in Abb. 14.2.1 dargestellten Wellenfronten sind sodann in ganz charakteristischer Art und Weise bestimmten Integrationswegen und Polen zugeordnet: Die — im Zweidimensionalen — kreisförmigen Druck- und Scherwellenfronten entstammen Hyperbel-Integrationswegen, während die Kopfwellen von einem Verzweigungsschnitt herrühren, den die SV-Hyperbel für Beobachtungswinkel $\theta > \vartheta_{cmP}$ (ϑ_{cmP} gemäß Gleichung (9.1.92)) „überschreitet". Wir kommen auf die physikalische Ursache der Kopfwellen in Abschnitt 14.2.4 noch einmal zurück. Die Rayleigh-Wellen schließlich sind einem Pol (einer Nullstelle der Rayleigh-Funktion) zugeordnet, dessen Beitrag für $\theta \longrightarrow \pi/2$ signifikant wird. *Eine* weitere Auswertemöglichkeit bleibt uns noch: Im akustischen Fall konnten wir mit der Methode der Stationären Phase unmittelbar eine Fernfeldnäherung angeben, aber auch das stößt hier zunächst auf Schwierigkeiten, und zwar einmal wegen der Nullstellen der Rayleigh-Funktion und zum anderen wegen der für $K_x > k_P$ komplexwertigen Wurzel in den $\underline{\mathbf{K}}_S$-Integralen. Man muss stattdessen die Sattelpunktsmethode (*method of steepest descent*) in einer komplexen K_x-Ebene anwenden (Miller und Pursey, 1954; Achenbach, 1973; Harker, 1988), aber wunderbarerweise erhält man dasselbe Ergebnis, wenn man bedenkenlos die Formel (11.1.32) der Methode der Stationären Phase anwendet. Wir werden dies sogleich explizit ausführen, weisen aber zuvor noch darauf hin, dass in Abb. 14.2.3 der gesamte linke Teil der Abb. 14.1.3 fehlt: Der Green'sche Tensor zweiter Stufe des Halbraums ist eben nicht explizit bekannt, sodass sich kein elastodynamisches „Rayleigh-Sommerfeld"-Faltungsintegral angeben lässt. Wir müssen vielmehr die spektrale Darstellung nach ebenen Wellen verwenden, um die Komponenten eines solchen Tensors und damit Fernfeld-Richtwirkungen der Linienquelle auf einem spannungsfreien Halbraum definieren zu können.

14.2.3 Spektrale Zerlegung nach ebenen Wellen des zweidimensionalen Green'schen Tensors zweiter Stufe

Um in Analogie zu (13.2.43) den obigen Teilchenverschiebungskomponenten der t_x- bzw. t_z-Streifenquellen einen Green'schen Tensor $\underline{\underline{\mathbf{G}}}^{\mathrm{HR}}_{\mathrm{PSV}}(\underline{\mathbf{r}},\omega)$ des Halbraums mit spannungsfreier Oberfläche gemäß

$$\underline{\mathbf{u}}^{\mathrm{LQ}_t}_{\mathrm{PSV}}(\underline{\mathbf{r}},\omega) = \underline{\underline{\mathbf{G}}}^{\mathrm{HR}}_{\mathrm{PSV}}(\underline{\mathbf{r}},\omega)\cdot\hat{\underline{\mathbf{t}}} \tag{14.2.29}$$

zuordnen zu können, müssen wir von der Streifenquelle zur Linienquelle übergehen[8] und $F(\omega) \equiv 1$ setzen:

$$\underline{\mathbf{t}}(x,\omega) = \delta(x)\,\hat{\underline{\mathbf{t}}} \quad , \tag{14.2.30}$$

$$\mathcal{F}\{\underline{\mathbf{t}}(x,\omega)\} = \hat{\underline{\mathbf{t}}} \quad . \tag{14.2.31}$$

Mit $\hat{\underline{\mathbf{t}}} = \underline{\mathbf{e}}_x$ werden in (14.2.29) die Komponenten des Teilchenverschiebungsvektors $\underline{\mathbf{u}}^{\mathrm{LQ}_{t_x}}_{\mathrm{PSV}}(\underline{\mathbf{r}},\omega)$ „angeschaltet", sodass sich definitionsgemäß die kartesischen Komponenten von $\underline{\underline{\mathbf{G}}}^{\mathrm{HR}}_{\mathrm{PSV}}(\underline{\mathbf{r}},\omega)$ fol-

[8] Man beachte: Miller und Pursey (1954) betrachten mit dem Grenzübergang

$$\hat{\underline{\mathbf{t}}}(K_x,\omega) = \lim_{a\to 0}\frac{2\sin aK_x}{K_x} = 2a$$

eine schmale Streifenquelle; von daher — und von der Zeitabhängigkeit $e^{+j\omega t}$ — rühren die etwas anderen Vorfaktoren ihrer Richtwirkungen.

gendermaßen ergeben:

$$\underline{\underline{\mathbf{G}}}_{\mathrm{PSV}}^{\mathrm{HR}}(\underline{\mathbf{r}},\omega):\underline{\mathbf{e}}_x\underline{\mathbf{e}}_x \stackrel{\mathrm{def}}{=} \underline{\mathbf{u}}_{\mathrm{PSV}}^{\mathrm{LQ}_{t_x}}\cdot\underline{\mathbf{e}}_x = u_{\mathrm{PSV}x}^{\mathrm{LQ}_{t_x}}(\underline{\mathbf{r}},\omega) \quad , \tag{14.2.32}$$

$$\underline{\underline{\mathbf{G}}}_{\mathrm{PSV}}^{\mathrm{HR}}(\underline{\mathbf{r}},\omega):\underline{\mathbf{e}}_x\underline{\mathbf{e}}_z \stackrel{\mathrm{def}}{=} \underline{\mathbf{u}}_{\mathrm{PSV}}^{\mathrm{LQ}_{t_x}}\cdot\underline{\mathbf{e}}_z = u_{\mathrm{PSV}z}^{\mathrm{LQ}_{t_x}}(\underline{\mathbf{r}},\omega) \quad ; \tag{14.2.33}$$

analog folgt für $\underline{\hat{\mathbf{t}}} = \underline{\mathbf{e}}_z$:

$$\underline{\underline{\mathbf{G}}}_{\mathrm{PSV}}^{\mathrm{HR}}(\underline{\mathbf{r}},\omega):\underline{\mathbf{e}}_z\underline{\mathbf{e}}_x \stackrel{\mathrm{def}}{=} \underline{\mathbf{u}}_{\mathrm{PSV}}^{\mathrm{LQ}_{t_z}}\cdot\underline{\mathbf{e}}_x = u_{\mathrm{PSV}x}^{\mathrm{LQ}_{t_z}}(\underline{\mathbf{r}},\omega) \quad , \tag{14.2.34}$$

$$\underline{\underline{\mathbf{G}}}_{\mathrm{PSV}}^{\mathrm{HR}}(\underline{\mathbf{r}},\omega):\underline{\mathbf{e}}_z\underline{\mathbf{e}}_z \stackrel{\mathrm{def}}{=} \underline{\mathbf{u}}_{\mathrm{PSV}}^{\mathrm{LQ}_{t_z}}\cdot\underline{\mathbf{e}}_z = u_{\mathrm{PSV}z}^{\mathrm{LQ}_{t_z}}(\underline{\mathbf{r}},\omega) \quad . \tag{14.2.35}$$

Mit (14.2.31) und (14.2.23), (14.2.24), (14.2.27), (14.2.28) gilt offensichtlich:

$$\underline{\underline{\mathbf{G}}}_{\mathrm{PSV}}^{\mathrm{HR}}(\underline{\mathbf{r}},\omega):\underline{\mathbf{e}}_x\underline{\mathbf{e}}_x = \frac{\mathrm{j}}{2\pi\mu}\int_{-\infty}^{\infty}\frac{\sqrt{k_{\mathrm{S}}^2-K_x^2}}{R(K_x)}\Big[2K_x^2\,\mathrm{e}^{\mathrm{j}\underline{\mathbf{K}}_{\mathrm{P}}\cdot\underline{\mathbf{r}}} + \left(k_{\mathrm{S}}^2-2K_x^2\right)\mathrm{e}^{\mathrm{j}\underline{\mathbf{K}}_{\mathrm{S}}\cdot\underline{\mathbf{r}}}\Big]\,\mathrm{d}K_x \quad , \tag{14.2.36}$$

$$\underline{\underline{\mathbf{G}}}_{\mathrm{PSV}}^{\mathrm{HR}}(\underline{\mathbf{r}},\omega):\underline{\mathbf{e}}_x\underline{\mathbf{e}}_z = \frac{\mathrm{j}}{2\pi\mu}\int_{-\infty}^{\infty}\frac{K_x}{R(K_x)}\Big[2\sqrt{k_{\mathrm{S}}^2-K_x^2}\sqrt{k_{\mathrm{P}}^2-K_x^2}\,\mathrm{e}^{\mathrm{j}\underline{\mathbf{K}}_{\mathrm{P}}\cdot\underline{\mathbf{r}}} - \left(k_{\mathrm{S}}^2-2K_x^2\right)\mathrm{e}^{\mathrm{j}\underline{\mathbf{K}}_{\mathrm{S}}\cdot\underline{\mathbf{r}}}\Big]\,\mathrm{d}K_x \quad , \tag{14.2.37}$$

$$\underline{\underline{\mathbf{G}}}_{\mathrm{PSV}}^{\mathrm{HR}}(\underline{\mathbf{r}},\omega):\underline{\mathbf{e}}_z\underline{\mathbf{e}}_x = \frac{\mathrm{j}}{2\pi\mu}\int_{-\infty}^{\infty}\frac{K_x}{R(K_x)}\Big[\left(k_{\mathrm{S}}^2-2K_x^2\right)\mathrm{e}^{\mathrm{j}\underline{\mathbf{K}}_{\mathrm{P}}\cdot\underline{\mathbf{r}}} - 2\sqrt{k_{\mathrm{S}}^2-K_x^2}\sqrt{k_{\mathrm{P}}^2-K_x^2}\,\mathrm{e}^{\mathrm{j}\underline{\mathbf{K}}_{\mathrm{S}}\cdot\underline{\mathbf{r}}}\Big]\,\mathrm{d}K_x \quad , \tag{14.2.38}$$

$$\underline{\underline{\mathbf{G}}}_{\mathrm{PSV}}^{\mathrm{HR}}(\underline{\mathbf{r}},\omega):\underline{\mathbf{e}}_z\underline{\mathbf{e}}_z = \frac{\mathrm{j}}{2\pi\mu}\int_{-\infty}^{\infty}\frac{\sqrt{k_{\mathrm{P}}^2-K_x^2}}{R(K_x)}\Big[\left(k_{\mathrm{S}}^2-2K_x^2\right)\mathrm{e}^{\mathrm{j}\underline{\mathbf{K}}_{\mathrm{P}}\cdot\underline{\mathbf{r}}} + 2K_x^2\,\mathrm{e}^{\mathrm{j}\underline{\mathbf{K}}_{\mathrm{S}}\cdot\underline{\mathbf{r}}}\Big]\,\mathrm{d}K_x \quad . \tag{14.2.39}$$

Man beachte: $\underline{\underline{\mathbf{G}}}_{\mathrm{PSV}}^{\mathrm{HR}}(\underline{\mathbf{r}},\omega)$ ist als Tensor zweiter Stufe *nicht* symmetrisch, d.h. $\underline{\hat{\mathbf{t}}}$ kann in (14.2.29) nicht *vor* $\underline{\underline{\mathbf{G}}}_{\mathrm{PSV}}^{\mathrm{HR}}(\underline{\mathbf{r}},\omega)$ geschrieben werden (man würde damit $\underline{\underline{\mathbf{G}}}_{\mathrm{PSV}}^{\mathrm{HR}\,21}(\underline{\mathbf{r}},\omega)$ definieren). Grund dafür ist, dass der Green'sche Tensor eines inhomogenen Materials — der Halbraum mit spannungsfreier Oberfläche *ist* ein solches Material — nur dann symmetrisch ist, wenn man gleichzeitig mit der Transponierung Aufpunkt und Quellpunkt vertauscht[9] (de Hoop, 1995). Das können wir hier aber nicht, da die Integraldarstellungen (14.2.36)–(14.2.39) nur für einen ganz bestimmten Quellpunkt gelten.

14.2.4 Fernfeld-Richtwirkungen für linienförmige Normal- und Tangentialkraftdichten auf einem spannungsfreien Halbraum

Wir vermuten natürlich, dass das Fernfeld der Streifenquelle auf einem spannungsfreien Halbraum in Analogie zum Fernfeld der entsprechenden Volumenquelle gemäß (13.3.50) durch von-

[9] Das war uns bisher noch nicht aufgefallen, weil in homogenen Materialien die $\underline{\mathbf{R}},\underline{\mathbf{R}}'$-Abhängigkeit durch $|\underline{\mathbf{R}}-\underline{\mathbf{R}}'|$ gegeben ist.

einander unabhängige P- und SV-Wellen mit zugehörigen Richtcharakteristiken gegeben sein wird. Da wir speziell an den Richtcharakteristiken normaler und tangentialer *Linien*kraftdichten interessiert sind, wenden wir die Formel (11.1.29) der asymptotischen Auswertung des *eindimensionalen* Fourier-Umkehrintegrals (11.1.18) mit der Methode der Stationären Phase — zwar, wie bereits erwähnt, mit mathematischen Bedenken, aber guter Hoffnung — auf die Integraldarstellungen (14.2.36)–(14.2.39) an. Wir erhalten[10]

$$u_{\mathrm{PSV}x}^{\mathrm{LQ}_{t_z},\mathrm{fern}}(r,\theta,\omega) = \frac{\mathrm{e}^{\mathrm{j}\frac{\pi}{4}}}{\mu}\,\frac{k_\mathrm{P}}{\sqrt{2\pi k_\mathrm{P}}}\,\frac{\mathrm{e}^{\mathrm{j}k_\mathrm{P}r}}{\sqrt{r}}\,\frac{k_\mathrm{P}\sin\theta\cos\theta(k_\mathrm{S}^2-2k_\mathrm{P}^2\sin^2\theta)}{R(k_\mathrm{P}\sin\theta)} + \frac{\mathrm{e}^{-\mathrm{j}\frac{3\pi}{4}}}{\mu}\,\frac{2k_\mathrm{S}}{\sqrt{2\pi k_\mathrm{S}}}\,\frac{\mathrm{e}^{\mathrm{j}k_\mathrm{S}r}}{\sqrt{r}}\,\frac{k_\mathrm{S}^2\sin\theta\cos^2\theta\sqrt{k_\mathrm{P}^2-k_\mathrm{S}^2\sin^2\theta}}{R(k_\mathrm{S}\sin\theta)}\ , \tag{14.2.40}$$

$$u_{\mathrm{PSV}z}^{\mathrm{LQ}_{t_z},\mathrm{fern}}(r,\theta,\omega) = \frac{\mathrm{e}^{\mathrm{j}\frac{\pi}{4}}}{\mu}\,\frac{k_\mathrm{P}}{\sqrt{2\pi k_\mathrm{P}}}\,\frac{\mathrm{e}^{\mathrm{j}k_\mathrm{P}r}}{\sqrt{r}}\,\frac{k_\mathrm{P}\cos^2\theta(k_\mathrm{S}^2-2k_\mathrm{P}^2\sin^2\theta)}{R(k_\mathrm{P}\sin\theta)} + \frac{\mathrm{e}^{\mathrm{j}\frac{\pi}{4}}}{\mu}\,\frac{2k_\mathrm{S}}{\sqrt{2\pi k_\mathrm{S}}}\,\frac{\mathrm{e}^{\mathrm{j}k_\mathrm{S}r}}{\sqrt{r}}\,\frac{k_\mathrm{S}^2\sin^2\theta\cos\theta\sqrt{k_\mathrm{P}^2-k_\mathrm{S}^2\sin^2\theta}}{R(k_\mathrm{S}\sin\theta)}\ ; \tag{14.2.41}$$

$$u_{\mathrm{PSV}x}^{\mathrm{LQ}_{t_x},\mathrm{fern}}(r,\theta,\omega) = \frac{\mathrm{e}^{\mathrm{j}\frac{\pi}{4}}}{\mu}\,\frac{2k_\mathrm{P}}{\sqrt{2\pi k_\mathrm{P}}}\,\frac{\mathrm{e}^{\mathrm{j}k_\mathrm{P}r}}{\sqrt{r}}\,\frac{k_\mathrm{P}^2\sin^2\theta\cos\theta\sqrt{k_\mathrm{S}^2-k_\mathrm{P}^2\sin^2\theta}}{R(k_\mathrm{P}\sin\theta)} + \frac{\mathrm{e}^{\mathrm{j}\frac{\pi}{4}}}{\mu}\,\frac{k_\mathrm{S}}{\sqrt{2\pi k_\mathrm{S}}}\,\frac{\mathrm{e}^{\mathrm{j}k_\mathrm{S}r}}{\sqrt{r}}\,\frac{k_\mathrm{S}\cos^2\theta(k_\mathrm{S}^2-2k_\mathrm{S}^2\sin^2\theta)}{R(k_\mathrm{S}\sin\theta)}\ , \tag{14.2.42}$$

$$u_{\mathrm{PSV}z}^{\mathrm{LQ}_{t_x},\mathrm{fern}}(r,\theta,\omega) = \frac{\mathrm{e}^{\mathrm{j}\frac{\pi}{4}}}{\mu}\,\frac{2k_\mathrm{P}}{\sqrt{2\pi k_\mathrm{P}}}\,\frac{\mathrm{e}^{\mathrm{j}k_\mathrm{P}r}}{\sqrt{r}}\,\frac{k_\mathrm{P}^2\sin\theta\cos^2\theta\sqrt{k_\mathrm{S}^2-k_\mathrm{P}^2\sin^2\theta}}{R(k_\mathrm{P}\sin\theta)} + \frac{\mathrm{e}^{-\mathrm{j}\frac{\pi}{4}}}{\mu}\,\frac{k_\mathrm{S}}{\sqrt{2\pi k_\mathrm{S}}}\,\frac{\mathrm{e}^{\mathrm{j}k_\mathrm{S}r}}{\sqrt{r}}\,\frac{k_\mathrm{S}\sin\theta\cos\theta(k_\mathrm{S}^2-2k_\mathrm{S}^2\sin^2\theta)}{R(k_\mathrm{S}\sin\theta)}\ . \tag{14.2.43}$$

Man beachte: Im $\underline{\mathbf{K}}_\mathrm{P}$-Integral ist $K_x = k_\mathrm{P}\sin\theta$ und im $\underline{\mathbf{K}}_\mathrm{S}$-Integral $K_x = k_\mathrm{S}\sin\theta$ zu setzen. Fassen wir gemäß

$$u_r = \sin\theta\, u_x + \cos\theta\, u_z\ , \tag{14.2.44}$$

$$u_\theta = \cos\theta\, u_x - \sin\theta\, u_z \tag{14.2.45}$$

zu r- und θ-Komponenten zusammen, stellt sich sofort heraus, dass sowohl die Normal- als auch die Tangentialkraft im Fernfeld in der r-Komponente nur eine P-Welle und in der θ-Komponente nur eine SV-Welle abstrahlt. Wir finden

$$u_{\mathrm{P}r}^{\mathrm{LQ}_{t_z},\mathrm{fern}}(r,\theta,\omega) = \frac{\mathrm{e}^{\mathrm{j}k_\mathrm{P}r}}{\sqrt{r}}\,H_\mathrm{P}^{\mathrm{LQ}_{t_z}}(\theta,\omega)\ , \tag{14.2.46}$$

$$H_\mathrm{P}^{\mathrm{LQ}_{t_z}}(\theta,\omega) = \frac{\mathrm{e}^{\mathrm{j}\frac{\pi}{4}}}{\mu\sqrt{2\pi k_\mathrm{P}}}\,\frac{\cos\theta(\kappa^2-2\sin^2\theta)}{(\kappa^2-2\sin^2\theta)^2+2\sin\theta\sin 2\theta\sqrt{\kappa^2-\sin^2\theta}}\ ; \tag{14.2.47}$$

$$u_{\mathrm{SV}\theta}^{\mathrm{LQ}_{t_z},\mathrm{fern}}(r,\theta,\omega) = \frac{\mathrm{e}^{\mathrm{j}k_\mathrm{S}r}}{\sqrt{r}}\,H_\mathrm{SV}^{\mathrm{LQ}_{t_z}}(\theta,\omega)\ , \tag{14.2.48}$$

$$H_\mathrm{SV}^{\mathrm{LQ}_{t_z}}(\theta,\omega) = \frac{\mathrm{e}^{-\mathrm{j}\frac{3\pi}{4}}}{\mu\sqrt{2\pi k_\mathrm{S}}}\,\frac{\sin 2\theta\sqrt{1-\kappa^2\sin^2\theta}}{\kappa(1-2\sin^2\theta)^2+2\sin\theta\sin 2\theta\sqrt{1-\kappa^2\sin^2\theta}}\ ; \tag{14.2.49}$$

[10] Es „kleben“ zwar viele Indizes am Buchstaben der Teilchenverschiebung, sie identifizieren jedoch wie in (13.2.55) und (13.2.58) sehr genau die ausgerechnete Größe.

$$u_{\mathrm{P}r}^{\mathrm{LQ}_{t_x},\mathrm{fern}}(r,\theta,\omega) = \frac{\mathrm{e}^{\mathrm{j}k_\mathrm{P}r}}{\sqrt{r}}\, H_\mathrm{P}^{\mathrm{LQ}_{t_x}}(\theta,\omega) \quad , \tag{14.2.50}$$

$$H_\mathrm{P}^{\mathrm{LQ}_{t_x}}(\theta,\omega) = \frac{\mathrm{e}^{\mathrm{j}\frac{\pi}{4}}}{\mu\sqrt{2\pi k_\mathrm{P}}}\, \frac{\sin 2\theta\sqrt{\kappa^2-\sin^2\theta}}{(\kappa^2-2\sin^2\theta)^2+2\sin\theta\sin 2\theta\sqrt{\kappa^2-\sin^2\theta}} \quad ; \tag{14.2.51}$$

$$u_{\mathrm{SV}\theta}^{\mathrm{LQ}_{t_x},\mathrm{fern}}(r,\theta,\omega) = \frac{\mathrm{e}^{\mathrm{j}k_\mathrm{S}r}}{\sqrt{r}}\, H_\mathrm{SV}^{\mathrm{LQ}_{t_x}}(\theta,\omega) \quad , \tag{14.2.52}$$

$$H_\mathrm{SV}^{\mathrm{LQ}_{t_x}}(\theta,\omega) = \frac{\mathrm{e}^{\mathrm{j}\frac{\pi}{4}}}{\mu\sqrt{2\pi k_\mathrm{S}}}\, \frac{\kappa\cos\theta\cos 2\theta}{\kappa(1-2\sin^2\theta)^2+2\sin\theta\sin 2\theta\sqrt{1-\kappa^2\sin^2\theta}} \quad . \tag{14.2.53}$$

Mit (14.2.47), (14.2.49), (14.2.51), (14.2.53) haben wir die (nicht normierten) Linienkraftrichtwirkungen nach Miller und Pursey (1954) angegeben. Man beachte: Da der Green'sche Tensor nicht symmetrisch ist, sind sie alle voneinander verschieden. In Abb. 14.2.4 sind die Linienkraftdichterichtwirkungen durch Richtdiagramme illustriert; der Vergleich mit den „Vollraumdiagrammen" der Abb. 13.2.4 enthüllt, dass die spannungsfreie Grenzfläche selbst im Fernfeld noch großen Einfluss auf die Struktur der Diagramme hat. Wesentlich für US-zfP-Anwendungen

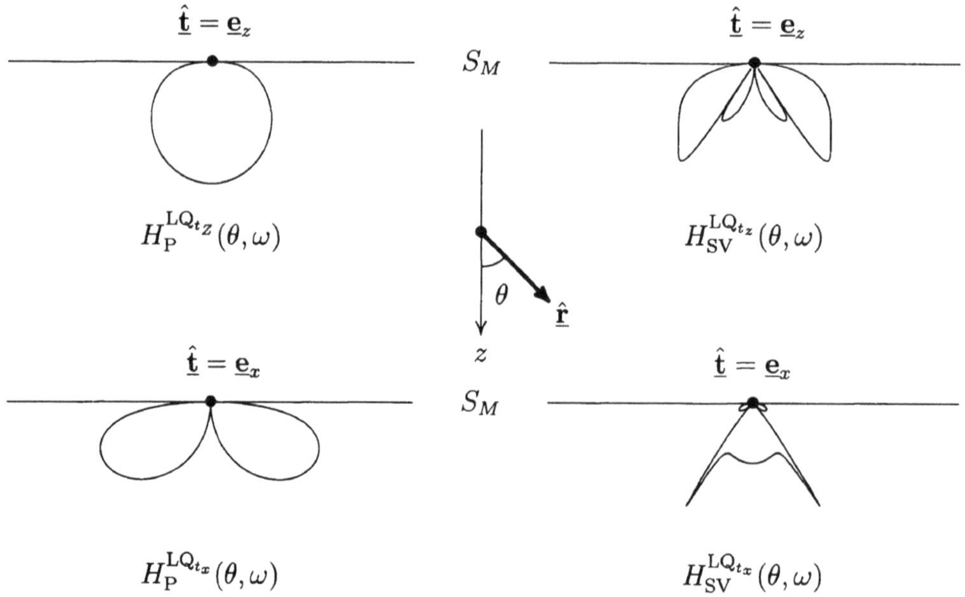

Abb. 14.2.4: *Richtdiagramme der Teilchenverschiebung für linienförmige (und punktförmige: Abschnitt 14.3) Kraftdichtequellen auf der Oberfläche eines elastischen Halbraums (es sind die Beträge der auf 1 normierten Richtcharakteristiken als Funktion von θ aufgetragen; Material des Halbraums: Stahl)*

ist die Nullstelle von $H_\mathrm{SV}^{\mathrm{LQ}_{t_z}}$ für $\theta = 0$ (weitere Nullstellen liegen bei $\theta = \pm\vartheta_{cm\mathrm{P}}, \pm\pi/2$) und die Maxima für $\theta \simeq \pm 35^\circ$ (Stahl); die Wirkungsweise des 45°-Winkelprüfkopfes beruht darauf. Ferner: Bis auf die typische $1/\sqrt{\omega}$-Abhängigkeit zweidimensionaler Felder sind die Linienkraftdichterichtwirkungen *frequenzunabhängig.*

Für $K_x = k_\mathrm{P}$ wird das Spektrum der ebenen P-Wellen evaneszent, in der Näherung der Stationären Phase gilt dann aber für die SV-Wellen $K_x = k_S \sin\theta = k_P$, also

$$\theta = \arcsin \frac{c_S}{c_P} \quad . \tag{14.2.54}$$

Dies ist aber nichts anderes als der kritische Winkel ϑ_{cmP} (Gleichung (9.1.92)) einer modekonvertierten P-Welle bei Einfall einer SV-Welle auf eine spannungsfreie Grenzfläche. Folgerichtig werden die beiden $H_{SV}^{LQ_{t_z,x}}$-Richtwirkungen (14.2.49) und (14.2.53) für $\theta > \arcsin c_S/c_P$ komplex[11]. Ebenso bedeutet $K_x = k_P$, dass sich *in* der Grenzfläche eine P-Wellenfront mit der (Spur-)Geschwindigkeit c_P bewegt; nach Abschnitt 9.1.2 heißt das, dass diese „Grenzflächenerregung“ eine SV-Wellenfront unter dem Winkel $\theta = \vartheta_{cmP}$ „nachzieht“, das Spektrum ebener Wellen *muss* für $\vartheta_{cmP} < \theta \leq \pi/2$ (und symmetrisch dazu für entsprechende negative Winkel) explizit eine *ebene SV-Welle*, die sogenannte Kopf- oder Lateralwelle, enthalten (Abschnitt 14.2.1). Mit dem mathematischen Übergang ins Fernfeld per Stationärer Phase gemäß (14.2.46)–(14.2.53) gehen offenbar die im Spektrum ebener Wellen enthaltenen Kopf- und Rayleigh-Wellen (Abbildung 14.2.1) verloren. Die Linienkraftdichterichtwirkungen stehen ausschließlich für die richtungsabhängige Amplitudenverteilung der kreisförmigen P- und SV-Wellenfronten — die Nullstellen von $H_{SV}^{PQ_{t_z}}$ bei $\pm\vartheta_{cmP}$ „verhindern“ die Anregung der Kopfwellen im Falle der Normalkraftdichte — und, wie wir in Abschnitt 14.3.2 noch sehen werden, auch für die Impulsstruktur der SV-Wellenfronten.

14.3 Kreisförmige Normalkraftdichteverteilung auf der spannungsfreien Oberfläche eines elastischen Halbraums: Punktrichtwirkungen

In Abschnitt 13.3.4 stellten wir fest, dass sich Strahlungsfernfelder flächiger Kraftdichtequellen im *Voll*raum im Wesentlichen durch die Richtcharakteristik der Aperturgeometrie unterscheiden; die Punktrichtwirkungen der Elastodynamik sind jedoch stets gleich. *Dort* konnten wir dies direkt aus der analytischen Darstellung des Green'schen Tensors zweiter Stufe schließen, *hier* müssen wir eine entsprechende Aussage auf die spektrale Zerlegung nach ebenen Wellen und deren Fernfeldauswertung gründen. Wir tun dies explizit für die Kreisapertur, da sie die *Punkt*quelle sofort als Spezialfall enthält.

14.3.1 Integraldarstellung vom Sommerfeld-Typ

Die kreisförmige (synchrone) Normalkraftdichteapertur mit konstanter Amplitude

$$\underline{\mathbf{t}}(\underline{\mathbf{r}}, \omega) = F(\omega) u(a - r) \underline{\mathbf{e}}_z \tag{14.3.1}$$

ist rotationssymmetrisch, weswegen man die Berechnung ihres Strahlungsfeldes in der Regel mit einer Fourier-Bessel-Transformation gemäß (13.4.16), (13.4.17), also einer Integraldarstellung vom Sommerfeld-Typ (13.4.15), durchführt (Miller und Pursey, 1954; Achenbach, 1973; Schmerr, 1998). Für den Vektor der Teilchenverschiebung $\underline{\mathbf{u}}(r, \varphi, z, \omega)$ impliziert die Rotationssymmetrie[12] $u_\varphi(r, \varphi, z, \omega) \equiv 0$ sowie $\partial/\partial\varphi \equiv 0$ für *alle* Feldgrößen. Wenn wir direkt die homogene Differentialgleichung (7.1.24) für die Teilchenverschiebung in Zylinderkoordinaten zugrunde legen, stellen wir dennoch eine Kopplung ihrer Komponenten durch die verbleibenden u_r, u_z-Komponenten fest, sodass es sich anbietet, eine *Ent*kopplung vorab über die Helmholtz-Potentiale $\Phi(r, z, \omega)$ und $\underline{\mathbf{\Psi}}(r, z, \omega)$ vorzunehmen (Abschnitt 7.2). Damit die φ-Komponente

[11] Wenn man deshalb mit (14.2.48), (14.2.49) bzw. (14.2.52), (14.2.53) Zeitbereichswellenfronten per inverser Fourier-Transformation berechnen will, ist (2.3.98) zu beachten. Wir kommen darauf in Abschnitt 14.3.2 zurück.

[12] In jeder Ebene $\varphi =$ const erwarten wir P-SV-Wellen.

von

$$\underline{\mathbf{u}}(r,z,\omega) = \nabla\Phi(r,z,\omega) + \nabla \times \underline{\mathbf{\Psi}}(r,z,\omega) \tag{14.3.2}$$

gleich null ist, muss zusätzlich zu $\partial/\partial\varphi \equiv 0$ $\Psi_r = \Psi_z \equiv 0$ gewählt werden; dann ist auch $\nabla \cdot \underline{\mathbf{\Psi}} = 0$ gesichert, und es gilt

$$\underline{\mathbf{u}}(r,z,\omega) = \left[\frac{\partial\Phi(r,z,\omega)}{\partial r} - \frac{\partial\Psi_\varphi(r,z,\omega)}{\partial z}\right]\underline{\mathbf{e}}_r + \left[\frac{\partial\Phi(r,z,\omega)}{\partial z} + \frac{1}{r}\frac{\partial r\Psi_\varphi(r,z,\omega)}{\partial r}\right]\underline{\mathbf{e}}_z \ . \tag{14.3.3}$$

Die zwei resultierenden homogenen skalaren Differentialgleichungen für $\Phi(r,z,\omega)$ und $\Psi_\varphi(r,z,\omega)$ lauten folglich:

$$\frac{1}{r}\frac{\partial}{\partial r}\left[r\frac{\partial\Phi(r,z,\omega)}{\partial r}\right] + \frac{\partial^2\Phi(r,z,\omega)}{\partial z^2} + k_\mathrm{P}^2\Phi(r,z,\omega) = 0 \ , \tag{14.3.4}$$

$$\frac{1}{r}\frac{\partial}{\partial r}\left[r\frac{\partial\Psi_\varphi(r,z,\omega)}{\partial r}\right] - \frac{\Psi_\varphi(r,z,\omega)}{r^2} + \frac{\partial^2\Psi_\varphi(r,z,\omega)}{\partial z^2} + k_\mathrm{S}^2\Psi_\varphi(r,z,\omega) = 0 \ . \tag{14.3.5}$$

Mit den Fourier-Bessel-Transformationsansätzen[13]

$$\Phi(r,z,\omega) = \frac{1}{2\pi}\int_0^\infty \bar{\Phi}(K_r,z,\omega)\,\mathrm{J}_0(K_r r)\,K_r\mathrm{d}K_r \ , \tag{14.3.6}$$

$$\Psi_\varphi(r,z,\omega) = \frac{1}{2\pi}\int_0^\infty \bar{\Psi}_\varphi(K_r,z,\omega)\,\mathrm{J}_1(K_r r)\,K_r\mathrm{d}K_r \tag{14.3.7}$$

finden wir sofort für $z \geq 0$

$$\bar{\Phi}(K_r,z,\omega) = \overline{\Phi}_0(K_r,\omega)\,\mathrm{e}^{\mathrm{j}zK_{\mathrm{P}z}} \ , \tag{14.3.8}$$

$$\bar{\Psi}_\varphi(r,z,\omega) = \overline{\Psi}_{\varphi 0}(K_r,\omega)\,\mathrm{e}^{\mathrm{j}zK_{\mathrm{S}z}} \tag{14.3.9}$$

mit

$$K_{\mathrm{P,S}z} = \sqrt{k_{\mathrm{P,S}}^2 - K_r^2} \tag{14.3.10}$$

und folglich für die Komponenten der Teilchenverschiebung[14]

$$u_r^{tz}(r,z,\omega) = -\frac{1}{2\pi}\int_0^\infty \left[K_r\overline{\Phi}_0(K_r,\omega)\,\mathrm{e}^{\mathrm{j}zK_{\mathrm{P}z}} + \mathrm{j}K_{\mathrm{S}z}\overline{\Psi}_{\varphi 0}(K_r,\omega)\,\mathrm{e}^{\mathrm{j}zK_{\mathrm{S}z}}\right] K_r\mathrm{J}_1(K_r r)\,\mathrm{d}K_r \ , \tag{14.3.11}$$

$$u_z^{tz}(r,z,\omega) = \frac{1}{2\pi}\int_0^\infty \left[\mathrm{j}K_{\mathrm{P}z}\overline{\Phi}_0(K_r,\omega)\,\mathrm{e}^{\mathrm{j}zK_{\mathrm{P}z}} + K_r\overline{\Psi}_{\varphi 0}(K_r,\omega)\,\mathrm{e}^{\mathrm{j}zK_{\mathrm{S}z}}\right] K_r\mathrm{J}_0(K_r r)\,\mathrm{d}K_r \ . \tag{14.3.12}$$

Zur Berechnung von $\overline{\Phi}_0(K_r,\omega)$ und $\overline{\Psi}_{\varphi 0}(K_r,\omega)$ aus der inhomogenen Randbedingung benötigen wir die tangentiale und die normale Komponente von $\underline{\underline{\mathbf{T}}}(r,z,\omega) \cdot \underline{\mathbf{e}}_z$:

$$\underline{\underline{\mathbf{T}}}(r,z,\omega) : \underline{\mathbf{e}}_z\underline{\mathbf{e}}_r = \mu\left[\frac{\partial u_z(r,z,\omega)}{\partial r} + \frac{\partial u_r(r,z,\omega)}{\partial z}\right] \ , \tag{14.3.13}$$

$$\underline{\underline{\mathbf{T}}}(r,z,\omega) : \underline{\mathbf{e}}_z\underline{\mathbf{e}}_z = \lambda\frac{1}{r}\frac{\partial r u_r(r,z,\omega)}{\partial r} + (\lambda + 2\mu)\frac{\partial u_z(r,z,\omega)}{\partial z} \ . \tag{14.3.14}$$

[13]Gleichung (14.3.5) ist die Differentialgleichung einer Zylinderfunktion *erster* Ordnung.

[14]Es gilt (Abramowitz und Stegun, 1965)

$$\frac{\mathrm{dJ}_0(K_r r)}{\mathrm{d}r} = -K_r\mathrm{J}_1(K_r r)$$

sowie

$$\frac{1}{r}\frac{\mathrm{d}}{\mathrm{d}r}\left[r\mathrm{J}_1(K_r r)\right] = K_r\mathrm{J}_0(K_r r) \ .$$

Mit der Fourier-Bessel-Transformation von (14.3.1) gemäß (Bracewell, 1978)

$$\begin{aligned}\underline{\bar{\mathbf{t}}}(K_r,\omega) &= 2\pi\int_0^\infty F(\omega)u(a-r)\,\mathrm{J}_0(K_r r)\,r\mathrm{d}r\,\underline{\mathbf{e}}_z\\ &= 2\pi a\,\frac{\mathrm{J}_1(K_r a)}{K_r}\,\underline{\mathbf{e}}_z \qquad (14.3.15)\end{aligned}$$

wird (14.3.13) für $z = 0$ zur homogenen und (14.3.14) zur inhomogenen Bestimmungsgleichung. Nach deren Auflösung ergibt sich:

$$\begin{aligned}u_r^{t_z}(r,z,\omega) = -\frac{F(\omega)}{2\pi\mu}\int_0^\infty \frac{2\pi a \mathrm{J}_1(K_r a)}{K_r}\,\frac{K_r}{R(K_r)}\Big[\left(k_\mathrm{S}^2-2K_r^2\right)\mathrm{e}^{\mathrm{j}zK_{\mathrm{P}z}} - \qquad (14.3.16)\\ -2\sqrt{k_\mathrm{S}^2-K_r^2}\sqrt{k_\mathrm{P}^2-K_r^2}\,\mathrm{e}^{\mathrm{j}zK_{\mathrm{S}z}}\Big]\,K_r\mathrm{J}_1(K_r r)\,\mathrm{d}K_r \quad ,\end{aligned}$$

$$\begin{aligned}u_z^{t_z}(r,z,\omega) = \mathrm{j}\,\frac{F(\omega)}{2\pi\mu}\int_0^\infty \frac{2\pi a \mathrm{J}_1(K_r a)}{K_r}\,\frac{\sqrt{k_\mathrm{P}^2-K_r^2}}{R(K_r)}\Big[\left(k_\mathrm{S}^2-2K_r^2\right)\mathrm{e}^{\mathrm{j}zK_{\mathrm{P}z}} + \qquad (14.3.17)\\ +2K_r^2\,\mathrm{e}^{\mathrm{j}zK_{\mathrm{S}z}}\Big]\,K_r\mathrm{J}_0(K_r r)\,\mathrm{d}K_r \quad .\end{aligned}$$

Der Vergleich mit (14.2.23) und (14.2.24) lässt uns bereits vermuten, dass die (Fernfeld-)*Punkt*richtwirkungen in jeder Ebene φ = const im Prinzip gleich den *Linien*richtwirkungen sein werden.

14.3.2 Punktrichtwirkungen

Für die Fourier-Bessel-Integraldarstellungen (14.3.16) und (14.3.17) kann man mit der Sattelpunktsmethode unmittelbar die Fernfeldnäherungen angeben (Miller und Pursey, 1954). Um mit Abschnitt 14.2.4 konsistent zu sein, wollen wir allerdings die Methode der Stationären Phase auf zweidimensionale (inverse) *Fourier*-Integrale — Gleichung (11.1.32) — anwenden, und deswegen ersetzen wir in (14.3.16) und (14.3.17):

$$\mathrm{J}_0(K_r r) = \frac{1}{2\pi}\int_0^{2\pi}\mathrm{e}^{\mathrm{j}K_r r\cos\alpha}\,\mathrm{d}\alpha \quad , \qquad (14.3.18)$$

$$\mathrm{J}_1(K_r r) = -\frac{\mathrm{j}}{2\pi}\int_0^{2\pi}\mathrm{e}^{\mathrm{j}K_r r\cos\alpha}\cos\alpha\,\mathrm{d}\alpha \quad ; \qquad (14.3.19)$$

Polarkoordinaten

$$\begin{aligned}K_x &= K_r\cos\varphi_K \quad ,\\ K_y &= K_r\sin\varphi_K \quad ;\\ x &= r\cos\varphi \quad , \qquad (14.3.20)\\ y &= r\sin\varphi\end{aligned}$$

implizieren $K_x x + K_y y = K_r r\cos(\varphi - \varphi_K)$, sodass $\alpha = \varphi - \varphi_K$ — wir können wegen der Rotationssymmetrie $\varphi = 0$ wählen — auf die gewünschten zweidimensionalen Fourier-Integrale führt. Anwendung von (11.1.32) auf die resultierenden P- und S-Terme sowie die Kombination

$$u_{\mathrm{P}R}^{t_z,\mathrm{fern}}(R,\vartheta,\omega) = u_r^{t_z,\mathrm{fern}}(r,z,\omega)\sin\vartheta + u_z^{t_z,\mathrm{fern}}(r,z,\omega)\cos\vartheta \quad , \qquad (14.3.21)$$

$$u_{\mathrm{S}\vartheta}^{t_z,\mathrm{fern}}(R,\vartheta,\omega) = u_r^{t_z,\mathrm{fern}}(r,z,\omega)\cos\vartheta - u_z^{t_z,\mathrm{fern}}(r,z,\omega)\sin\vartheta \qquad (14.3.22)$$

liefert uns das Teilchenverschiebungsfernfeld der kreisförmigen Normalkraftdichteapertur auf der spannungsfreien Oberfläche eines elastischen Halbraums entkoppelt nach Druck- und Scherwellen:

$$u_{PR}^{t_z,\text{fern}}(R,\vartheta,\omega) = \frac{a^2 F(\omega)}{2c_P Z_P} \cos\vartheta \, \frac{J_1(k_P a \sin\vartheta)}{k_P a \sin\vartheta} \times \underbrace{\frac{2\kappa^2(\kappa^2 - 2\sin^2\vartheta)}{(\kappa^2 - 2\sin^2\vartheta)^2 + 2\sin\vartheta\sin 2\vartheta\sqrt{\kappa^2 - \sin^2\vartheta}}}_{= M_P^{t_z}(\vartheta)} \frac{e^{jk_P R}}{R} , \tag{14.3.23}$$

$$u_{S\vartheta}^{t_z,\text{fern}}(R,\vartheta,\omega) = -\frac{a^2 F(\omega)}{2c_S Z_S} \sin\vartheta \, \frac{J_1(k_S a \sin\vartheta)}{k_S a \sin\vartheta} \times \underbrace{\frac{4\cos\vartheta\sqrt{1 - \kappa^2\sin^2\vartheta}}{\kappa(1 - 2\sin^2\vartheta)^2 + 2\sin\vartheta\sin 2\vartheta\sqrt{1 - \kappa^2\sin^2\vartheta}}}_{= M_S^{t_z}(\vartheta)} \frac{e^{jk_S R}}{R} . \tag{14.3.24}$$

Wir haben in (14.3.23) und (14.3.24) bewusst die Faktoren $\cos\vartheta$ und $\sin\vartheta$ abgespalten, um den unmittelbaren Vergleich mit dem Feld der entsprechenden Vollraumquelle (Gleichungen (13.3.91), (13.3.92)) anstellen zu können: Das Halbraum(fern)feld ergibt sich daraus durch Multiplikation mit den Miller-Pursey-*Faktoren* $M_P^{t_z}(\vartheta)$, $M_S^{t_z}(\vartheta)$.

Die Miller-Pursey-*Punktrichtwirkungen* erhalten wir, wenn die Kreisapertur durch eine punktförmige Normalkraft gemäß[15]

$$\underline{\mathbf{t}}(\underline{\mathbf{r}},\omega) = \frac{\delta(r)}{\pi r} \underline{\mathbf{e}}_z \tag{14.3.25}$$

ersetzt wird; in der Schreibweise (13.2.52), (13.2.53) ergibt sich:

$$u_{PR}^{\text{PQ}_{t_z},\text{fern}}(R,\vartheta,\omega) = \frac{e^{jk_P R}}{R} H_P^{\text{PQ}_{t_z}}(\vartheta) , \tag{14.3.26}$$

$$H_P^{\text{PQ}_{t_z}}(\vartheta) = \frac{1}{4\pi(\lambda + 2\mu)} \frac{2\kappa^2\cos\vartheta(\kappa^2 - 2\sin^2\vartheta)}{(\kappa^2 - 2\sin^2\vartheta)^2 + 2\sin\vartheta\sin 2\vartheta\sqrt{\kappa^2 - \sin^2\vartheta}} ; \tag{14.3.27}$$

$$u_{S\vartheta}^{\text{PQ}_{t_z},\text{fern}}(R,\vartheta,\omega) = \frac{e^{jk_S R}}{R} H_S^{\text{PQ}_{t_z}}(\vartheta) , \tag{14.3.28}$$

$$H_S^{\text{PQ}_{t_z}}(\vartheta) = -\frac{2\sin 2\vartheta\sqrt{1 - \kappa^2\sin^2\vartheta}}{\kappa(1 - 2\sin^2\vartheta)^2 + 2\sin\vartheta\sin 2\vartheta\sqrt{1 - \kappa^2\sin^2\vartheta}} . \tag{14.3.29}$$

Hatten wir bei den *Linien*richtwirkungen (14.2.20) und (14.2.22) noch auf die $1/\sqrt{\omega}$-Frequenzabhängigkeit hinweisen müssen, ist hier festzuhalten, dass die *Punkt*richtwirkungen frequenzunabhängig sind. Im Falle der Bandbegrenzung der Punktquelle, beispielsweise durch einen RC2(t)-Impuls, würde man bei „schnellem Hinsehen" erwarten, dass, ganz wie in den Abbildungen 13.2.1 und 13.2.3 für den Vollraum, ebenfalls RC2(t)-Impulse für die Teilchenverschiebung in beiden Wellenfronten auftreten. Gegenüber den Vollraumwellenfronten der Abb. 13.2.1 sind jedoch die richtungsabhängigen Amplitudenwichtungen durch die Punktrichtwirkungen (14.3.27) und (14.3.29) gegeben, und $H_S^{\text{PQ}_{t_z}}(\vartheta)$ wird für $\kappa\sin\vartheta > 1$, also für $\vartheta > \vartheta_{cmP}$, komplex! Ebenso wie

[15] Die πr-Normierung der δ-Distribution ist notwendig, damit $\delta(r)/\pi r$ eine Einheitsquelle darstellt (Langenberg, 2005):

$$\int_0^{2\pi}\int_0^\infty \frac{\delta(r)}{\pi r}\,\phi(r)\,r\mathrm{d}r\mathrm{d}\varphi = 2\underbrace{\int_0^\infty \delta(r)\phi(r)\,\mathrm{d}r}_{=1/2} = 1 .$$

bei der Herleitung der Impulsgleichung (9.1.139) müssen wir dies bei der Fourier-Inversion durch Fortsetzung für negative Frequenzen gemäß

$$H_{\mathrm{S}}^{\mathrm{PQ}_{t_z}}(\vartheta,\omega) \stackrel{\mathrm{def}}{=} |H_{\mathrm{S}}^{\mathrm{PQ}_{t_z}}(\vartheta)|\mathrm{e}^{\mathrm{j}\phi_{H_\mathrm{S}}(\vartheta)\,\mathrm{sign}(\omega)} \qquad (14.3.30)$$

mit

$$\phi_{H_\mathrm{S}}(\vartheta) = \arg H_{\mathrm{S}}^{\mathrm{PQ}_{t_z}}(\vartheta) \qquad (14.3.31)$$

berücksichtigen, wodurch die S-Punktrichtwirkung tatsächlich frequenz*abhängig* wird. Mit (2.3.98) folgt deshalb

$$u_{\mathrm{S}\vartheta}^{\mathrm{PQ}_{t_z},\mathrm{fern}}(R,\vartheta,t) = \begin{cases} H_{\mathrm{S}}^{\mathrm{PQ}_{t_z}}(\vartheta)\,\dfrac{F\left(t-\frac{R}{c_\mathrm{S}}\right)}{R} \quad , \quad 0 \le \vartheta \le \vartheta_{c m\mathrm{P}} \\ |H_{\mathrm{S}}^{\mathrm{PQ}_{t_z}}(\vartheta)| \left[\cos\phi_{H_\mathrm{S}}(\vartheta)\,\dfrac{F\left(t-\frac{R}{c_\mathrm{S}}\right)}{R} - \sin\phi_{H_\mathrm{S}}(\vartheta)\,\dfrac{\mathcal{H}\left\{F\left(\tau-\frac{R}{c_\mathrm{S}}\right)\right\}}{R}\right] \quad , \\ \qquad \vartheta_{c m\mathrm{P}} < \vartheta \le \pi/2 \quad , \end{cases} \qquad (14.3.32)$$

für die $F(\omega)$-bandbegrenzte Scherwellenfront, während die bandbegrenzte Druckwellenfront für alle Winkel ϑ durch

$$u_{\mathrm{P}R}^{\mathrm{PQ}_{t_z},\mathrm{fern}}(R,\vartheta,t) = H_{\mathrm{P}}^{\mathrm{PQ}_{t_z}}(\vartheta)\,\frac{F\left(R-\frac{R}{c_\mathrm{P}}\right)}{R} \qquad (14.3.33)$$

gegeben ist. Für eine RC$N(t)$-Zeitabhängigkeit der punktförmigen Normalkraftdichte kann man die Hilbert-Transformation in (14.3.32) mit (2.3.76) auch noch ausrechnen — es gilt $\mathcal{H}\{g(\tau - t_0)\} = f(t-t_0)$ —:

$$u_{\mathrm{S}\vartheta}^{\mathrm{PQ}_{t_z},\mathrm{fern}}(R,\vartheta,t) = \begin{cases} H_{\mathrm{S}}^{\mathrm{PQ}_{t_z}}(\vartheta)\,\dfrac{eN\left(t-\frac{R}{c_\mathrm{S}}\right)\cos\omega_0\left(t-\frac{R}{c_\mathrm{S}}\right)}{R} \quad , \quad 0 \le \vartheta \le \vartheta_{c m\mathrm{P}} \\ |H_{\mathrm{S}}^{\mathrm{PQ}_{t_z}}(\vartheta)|\,\dfrac{eN\left(t-\frac{R}{c_\mathrm{S}}\right)\cos\omega_0\left[t-\frac{R}{c_\mathrm{S}}-\phi_{H_\mathrm{S}}(\vartheta)\right]}{R} \quad , \quad \vartheta_{c m\mathrm{P}} < \vartheta \le \pi/2 \quad , \end{cases} \qquad (14.3.34)$$

worin $eN(t)$ die Einhüllende des RC$N(t)$-Impulses ist (man vergleiche Gleichung (9.1.143)). Man erkennt, dass sich die komplexwertige Punktrichtwirkung in einer Phasenverschiebung der Trägerschwingung des RC$N(t)$-Impulses für $\vartheta > \vartheta_{c m\mathrm{P}}$ äußert; deswegen *muss* es für $\vartheta = \vartheta_{c m\mathrm{P}}$ in der S-Punktrichtwirkung eine Nullstelle geben; als Konsequenz wird die Kopfwelle unterdrückt. In Abb. 14.3.1 ist die Fernfeldnäherung des *Impuls*teilchen*geschwindigkeits*feldes (der Output von EFIT ist ebendieses) einer punktförmigen Normalkraftdichte mit RC2(t)-Zeitabhängigkeit in Form von Wellenfronten dargestellt. Der Vergleich mit dem näherungsfreien EFIT-Ergebnis enthüllt die Unterschiede zum Nahfeld: Es fehlen im Wesentlichen die unmittelbaren physikalischen Effekte der spannungsfreien Oberfläche, die Kopf- und Rayleighwellen.

Wenn wir mit (14.2.46)–(14.2.49) die entsprechenden Zeitbereichswellenfronten im Fernfeld einer *Linien*quelle ausrechnen wollen, ist zu beachten, dass die Linienrichtwirkungen (14.2.47), (14.2.49) proportional zu $1/\sqrt{\omega}$ von der Frequenz abhängen. Mit der Korrespondenz (13.1.53) erhalten wir deshalb

$$H_{\mathrm{P}}^{\mathrm{LQ}_{t_z}}(\theta,t) = \frac{1}{2\pi\mu}\sqrt{\frac{c_\mathrm{P}}{2}}\cos\theta\, M_{\mathrm{P}}^{t_z}(\theta)\,\frac{u(t)}{\sqrt{t}} \quad , \qquad (14.3.35)$$

$$H_{\mathrm{SV}}^{\mathrm{LQ}_{t_z}}(\theta,t) = -\frac{1}{2\pi\mu}\sqrt{\frac{c_\mathrm{S}}{2}}\sin\theta \begin{cases} M_{\mathrm{S}}^{t_z}(\theta)\,\dfrac{u(t)}{\sqrt{t}} \quad , \quad 0 \le \theta \le \vartheta_{c m\mathrm{P}} \\ |M_{\mathrm{S}}^{t_z}(\theta)| \left[\cos\phi_{M_{\mathrm{S}}^{t_z}}(\theta)\,\dfrac{u(t)}{\sqrt{t}} - \sin\phi_{M_{\mathrm{S}}^{t_z}}(\theta)\,\mathcal{H}\left\{\dfrac{u(\tau)}{\sqrt{\tau}}\right\}\right] \quad , \\ \qquad \vartheta_{c m\mathrm{P}} < \theta \le \pi/2 \quad , \end{cases}$$

a) näherungsfreies EFIT-Ergebnis b) Fernfeld: Näherung des Stationären Phase

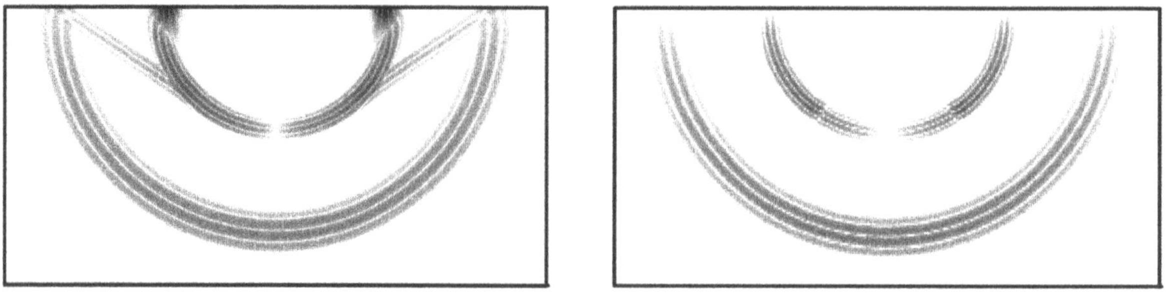

Abb. 14.3.1: *Wellenfronten einer linienförmigen Normalkraftdichte mit RC2(t)-Zeitabhängigkeit auf einem spannungsfreien Halbraum (Betrag der Teilchengschwindigkeit): a) näherungsfreies EFIT-Ergebnis und b) Wellenfronten im Fernfeld in der Näherung der Stationären Phase*

(14.3.36)

worin wir die anhand von (14.3.23) und (14.3.24) definierten Miller-Pursey-Faktoren $M_\mathrm{P}^{t_z}(\theta)$, $M_\mathrm{S}^{t_z}(\theta)$ mit

$$M_\mathrm{S}^{t_z}(\theta) = |M_\mathrm{S}^{t_z}(\theta)|\,\mathrm{e}^{\mathrm{j}\phi_{M_\mathrm{S}^{t_z}}(\theta)\,\mathrm{sign}(\omega)} \quad \text{für } \vartheta_{c m\mathrm{P}} < \theta \leq \pi/2 \tag{14.3.37}$$

verwendet haben. Damit ergeben sich $F(\omega)$-bandbegrenzte Zeitbereichswellenfronten der Teilchenverschiebung im Fernfeld:

$$u_{\mathrm{P}r}^{\mathrm{LQ}_{t_z},\mathrm{fern}}(r,\theta,t) = \frac{1}{2\pi\mu}\sqrt{\frac{c_\mathrm{P}}{2}}\cos\theta\, M_\mathrm{P}^{t_z}(\theta)\,\frac{u(t)}{\sqrt{t}} * \frac{F\left(t-\frac{r}{c_\mathrm{P}}\right)}{\sqrt{r}}\,, \tag{14.3.38}$$

$$u_{\mathrm{SV}\theta}^{\mathrm{LQ}_{t_z},\mathrm{fern}}(r,\theta,t) = -\frac{1}{2\pi\mu}\sqrt{\frac{c_\mathrm{S}}{2}}\sin\theta \begin{cases} M_\mathrm{S}^{t_z}(\theta)\,\dfrac{u(t)}{\sqrt{t}} * \dfrac{F\left(t-\frac{r}{c_\mathrm{S}}\right)}{\sqrt{r}}\,, & 0 \leq \theta \leq \vartheta_{c m\mathrm{P}} \\ |M_\mathrm{S}^{t_z}(\theta)|\dfrac{u(t)}{\sqrt{t}} * \left[\cos\phi_{M_\mathrm{S}^{t_z}}(\theta)\,\dfrac{F\left(t-\frac{r}{c_\mathrm{S}}\right)}{\sqrt{r}} - \right. & \\ \qquad \left. -\sin\phi_{M_\mathrm{S}^{t_z}}(\theta)\,\dfrac{\mathcal{H}\left\{F\left(\tau-\frac{r}{c_\mathrm{S}}\right)\right\}}{\sqrt{r}}\right]\,, & \\ \qquad \vartheta_{c m\mathrm{P}} < \theta \leq \pi/2\,. & \end{cases} \tag{14.3.39}$$

Zur Berechnung von (14.3.39) haben wir (2.3.70) verwendet. Für einen RC$N(t)$-Impuls lässt sich (14.3.39) auch noch in eine zu (14.3.34) analoge Form bringen; wichtig ist jedoch, dass stets die Faltung mit $u(t)/\sqrt{t}$ auszuführen ist, sodass sich die Zeitstruktur der Wellenfronten im Zweidimensionalen von derjenigen in Abb. 14.3.1 unterscheidet.

Wegen der praktischen Bedeutung der Punktrichtwirkungen — vor allem die der Normalkraft[16] — zitieren wir hier noch einmal den entsprechenden Teil der Abb. 14.2.4 mit angepassten Bezeichnungen (Abbildung 14.3.2).

[16] Die Herleitungen der Punktrichtwirkungen für die Tangentialkraft als Grenzfall einer Torsionskraft findet sich bei Miller und Pursey (1954).

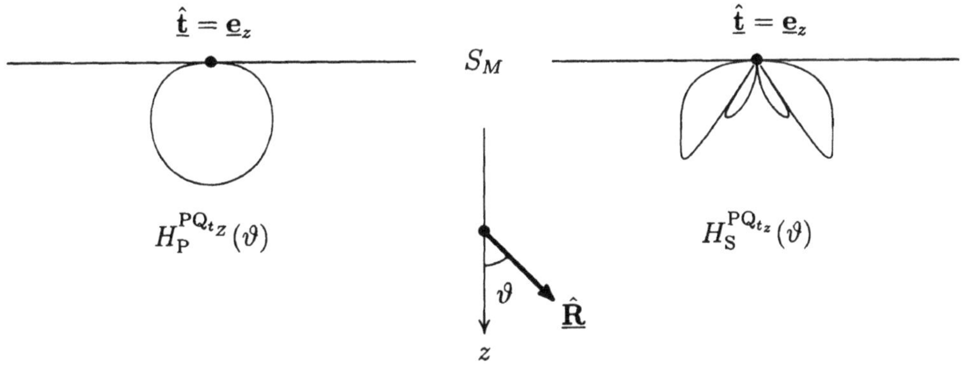

Abb. 14.3.2: Richtdiagramme der Teilchenverschiebung für eine punktförmige Normalkraftdichtequelle auf der Oberfläche eines elastischen Halbraums (es sind die Beträge der auf 1 normierten Richtcharakteristiken als Funktion von θ aufgetragen; Material des Halbraums: Stahl)

14.4 Schallfelder piezoelektrischer Prüfköpfe

Eine *der* Grundaufgaben der US-zfP ist die Modellierung des Schallfeldes piezoelektrischer Prüfköpfe in Kontakttechnik. In idealisierter Form ist diese Grundaufgabe in Abb. 14.4.1 skizziert. Auf einer unendlich großen ebenen, an Vakuum grenzenden (Bauteil-)Oberfläche S_M, die

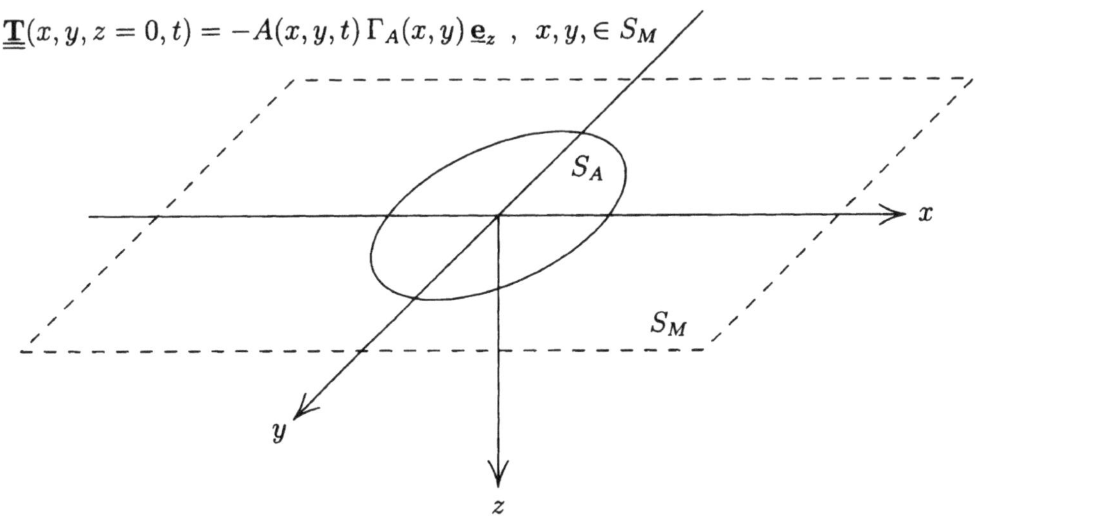

Abb. 14.4.1: Grundaufgabe der US-zfP: Schallfeldberechnung piezoelektrischer Kontaktprüfköpfe durch Vorgabe einer Aperturbelegung

häufig zugleich Messfläche für gestreute Ultraschallsignale ist, wird innerhalb einer Apertur beliebiger Geometrie S_A eine Flächenkraftdichte $\underline{\mathbf{t}}(x, y, t)$ als Funktion der Flächenkoordinaten und der Zeit vorgegeben; durch Fourier-Transformation bezüglich t ist damit $\underline{\mathbf{t}}(x, y, \omega)$ für *alle* Frequenzen spezifiziert, im Falle monochromatischer Anregung kann natürlich auch *eine* Frequenz ausgewählt werden. Als Konsequenz der üblichen Ankopplung des Prüfkopfs über eine

Flüssigkeitsschicht geben wir ausschließlich die *Normal*komponente von $\underline{\mathbf{t}}(x, y, t)$ gemäß

$$\underline{\mathbf{t}}(x,y,t) = A(x,y,t)\Gamma_A(x,y)\underline{\mathbf{e}}_z \quad , \quad x,y \in S_M \quad , \tag{14.4.1}$$

vor (Abschnitt 3.3.4), worin $A(x, y, t)$ eine eventuell nicht-synchrone räumliche und zeitliche Aperturbelegung innerhalb S_A ist, wobei wir die Beschränkung auf S_A durch die charakteristische Funktion $\Gamma_A(x, y)$ von S_A sicherstellen. Eine synchrone Belegung würde die Separation $A(x, y, t) = A(x, y)F(t)$ implizieren.

Halbraum-Green-Tensor

Falls der Halbraum $z > 0$ homogen und isotrop ist, kennen wir die Green'schen Tensoren $\underline{\underline{\mathbf{G}}}$ und $\underline{\underline{\underline{\boldsymbol{\Sigma}}}}$ des entsprechenden Vollraums, sodass wir das zeitharmonsiche Quellenfeldintegral (13.3.1) für Flächenquellen auf S_M sofort hinschreiben können (es ist $z > 0$):

$$\begin{aligned}\underline{\mathbf{v}}(x,y,z,\omega) = \int_{-\infty}^{\infty}\int_{-\infty}^{\infty} \Big[&-\mathrm{j}\omega\underline{\mathbf{t}}(x',y',\omega)\cdot\underline{\underline{\mathbf{G}}}(x-x',y-y',z,\omega)+ \\ &+\underline{\underline{\mathbf{g}}}(x',y',\omega):\underline{\underline{\underline{\boldsymbol{\Sigma}}}}(x-x',y-y',z,\omega)\Big]\,\mathrm{d}x'\mathrm{d}y'\end{aligned} \tag{14.4.2}$$

Es ist konsistent mit dem elastodynamischen Huygens-Prinzip (Abschnitt 15.1.3), dass *beide* Flächenbelegungen — Flächenkraftdichte $\underline{\mathbf{t}} = -\underline{\mathbf{e}}_z \cdot \underline{\underline{\mathbf{T}}}$ und Flächendeformationsrate $\underline{\underline{\mathbf{g}}} = -\frac{1}{2}(\underline{\mathbf{e}}_z\underline{\mathbf{v}} + \underline{\mathbf{v}}\,\underline{\mathbf{e}}_z)$ — in diesem Integral auftreten. Mit (14.4.1) und der Symmetrie (13.2.80) von $\underline{\underline{\underline{\boldsymbol{\Sigma}}}}$ reduziert sich (14.4.2) auf

$$\begin{aligned}\underline{\mathbf{v}}(x,y,z,\omega) = &-\mathrm{j}\omega\iint_{S_A} A(x',y',\omega)\,\underline{\mathbf{e}}_z\cdot\underline{\underline{\mathbf{G}}}(x-x',y-y',z,\omega)\,\mathrm{d}x'\mathrm{d}y' + \\ &+\int_{-\infty}^{\infty}\int_{-\infty}^{\infty}\underline{\mathbf{v}}(x',y',0,\omega)\,\underline{\mathbf{e}}_z:\underline{\underline{\underline{\boldsymbol{\Sigma}}}}(x-x',y-y',z,\omega)\,\mathrm{d}x'\mathrm{d}y' \quad ,\end{aligned} \tag{14.4.3}$$

worin der zweite Term „stört", da $\underline{\mathbf{v}}(x', y', 0, \omega)$ zunächst nicht bekannt und auch nicht unabhängig von $A(x', y', \omega)$ vorgebbar ist; in der Tat muss man mit (14.4.3) den Grenzübergang $z \longrightarrow 0$ mathematisch sorgfältig durchführen, wobei eine Integralgleichung 2. Art für $\underline{\mathbf{v}}(x, y, z = 0, \omega)$ entsteht. Die Lösung dieser Integralgleichung ist numerisch einigermaßen aufwendig, sie hat aber den Vorteil, dass *bekannte* Green'sche Tensoren involviert sind.

Als Alternative zur Lösung einer Integralgleichung bietet es sich an, einen Green'schen Tensor[17] $\underline{\underline{\mathbf{G}}}^{\mathrm{N}}(x', y', z', x, y, z, \omega)$ des Halbraums zu berechnen, der der Differentialgleichung (Gleichung (13.2.7))

$$\Big[(\mu\Delta' + \rho\omega^2)\,\underline{\underline{\mathbf{I}}} + (\lambda+\mu)\nabla'\nabla'\Big]\cdot\underline{\underline{\mathbf{G}}}^{\mathrm{N}}(x',y',z',x,y,z,\omega) = -\delta(x'-x)\delta(y'-y)\delta(z'-z)\,\underline{\underline{\mathbf{I}}} \tag{14.4.4}$$

und der Randbedingung der Spannungsfreiheit auf S_M ($\underline{\underline{\underline{\underline{\mathbf{c}}}}}$ ist natürlich der Steifigkeitstensor eines homogen-isotropen Materials)

$$\underline{\mathbf{e}}_z\cdot\underline{\underline{\underline{\underline{\mathbf{c}}}}}:\nabla'\underline{\underline{\mathbf{G}}}^{\mathrm{N}}(x',y',z',x,y,z,\omega)\Big|_{z'=0} = \underline{\mathbf{0}} \quad , \quad x',y' \in S_M \quad , \tag{14.4.5}$$

genügt. Aufgrund eines Reziprozitätstheorems zeigt man (de Hoop, 1995):

$$\underline{\underline{\mathbf{G}}}^{\mathrm{N}}(x',y',z',x,y,z,\omega) = \underline{\underline{\mathbf{G}}}^{\mathrm{N}\,21}(x,y,z,x',y',z',\omega) \quad . \tag{14.4.6}$$

[17] Der obere Index „N" steht für „Neumann": In der skalaren Akustik ist ein (homogenes) Dirichlet-Problem durch das Verschwinden der Randwerte des skalaren Drucks *selbst* definiert, ein Neumann-Problem hingegen durch das Verschwinden der Normalen*ableitung* der Feldgröße (Abschnitt 5.6). *Hier* soll ebenfalls die Normal„komponente" eines „abgeleiteten" Green'schen Tensors verschwinden.

Mit $\underline{\underline{\mathbf{G}}}^{\mathrm{N}}(x',y',z',x,y,z,\omega)$ definieren wir $\underline{\underline{\mathbf{\Sigma}}}^{\mathrm{N}}(x',y',z',x,y,z,\omega)$ gemäß (Gleichung (13.2.69))

$$\underline{\underline{\mathbf{\Sigma}}}^{\mathrm{N}}(x',y',z',x,y,z,\omega) = \underline{\underline{\underline{\underline{\mathbf{c}}}}} : \nabla'\underline{\underline{\mathbf{G}}}^{\mathrm{N}}(x',y',z',x,y,z,\omega) \tag{14.4.7}$$

und folglich gilt

$$\underline{\mathbf{e}}_z \cdot \underline{\underline{\mathbf{\Sigma}}}^{\mathrm{N}}(x',y',z'=0,x,y,z,\omega) = \underline{\mathbf{0}} \quad \text{für } x',y' \in S_M \quad . \tag{14.4.8}$$

Durch zweidimensionale Fourier-Transformation von (14.4.4) bezüglich x', y' erschließen wir die Abhängigkeit von $\underline{\underline{\mathbf{G}}}^{\mathrm{N}}$ und $\underline{\underline{\mathbf{\Sigma}}}^{\mathrm{N}}$ von $x'-x$ und $y'-y$; aufgrund der durch die Randbedingung (14.4.5) gegebenen Unsymmetrie in z' und z verbleibt die Abhängigkeit von „z' Komma z“:

$$\underline{\underline{\mathbf{G}}}^{\mathrm{N}}(x',y',z',x,y,z,\omega) \Longrightarrow \underline{\underline{\mathbf{G}}}^{\mathrm{N}}(x'-x,y'-y,z',z,\omega) \quad , \tag{14.4.9}$$

$$\underline{\underline{\mathbf{\Sigma}}}^{\mathrm{N}}(x',y',z',x,y,z,\omega) \Longrightarrow \underline{\underline{\mathbf{\Sigma}}}^{\mathrm{N}}(x'-x,y'-y,z',z,\omega) \quad . \tag{14.4.10}$$

Mit (14.4.8) verschwindet das störende Integral in (14.4.3), wenn wir statt dem *Freiraum*-Green-Tensor $\underline{\underline{\mathbf{G}}}$ den *Halbraum*-Green-Tensor $\underline{\underline{\mathbf{G}}}^{\mathrm{N}}$ verwenden:

$$\underline{\mathbf{v}}(x,y,z,\omega) = -\mathrm{j}\omega \int\!\!\int_{S_A} A(x',y',\omega)\,\underline{\mathbf{e}}_z \cdot \underline{\underline{\mathbf{G}}}^{\mathrm{N}}(x'-x,y'-y,z'=0,z,\omega)\,\mathrm{d}x'\mathrm{d}y' \tag{14.4.11}$$

Man beachte: Wegen (14.4.6) ist $\underline{\underline{\mathbf{G}}}^{\mathrm{N}}$ nicht symmetrisch, sodass die Faktoren im Punktprodukt $\underline{\mathbf{e}}_z \cdot \underline{\underline{\mathbf{G}}}^{\mathrm{N}}$ nur bei gleichzeitiger Vertauschung der gestrichenen mit den ungestrichenen Variablen möglich ist:

$$\underline{\mathbf{v}}(x,y,z,\omega) = -\mathrm{j}\omega \int\!\!\int_{S_A} A(x',y',\omega)\,\underline{\underline{\mathbf{G}}}^{\mathrm{N}}(x-x',y-y',z,z'=0,\omega) \cdot \underline{\mathbf{e}}_z\,\mathrm{d}x'\mathrm{d}y' \tag{14.4.12}$$

Für eine Einheitspunktquelle $A(x',y',\omega) = \delta(x')\delta(y')$ im Koordinatenursprung erschließen wir gemäß

$$\begin{aligned}\underline{\mathbf{u}}^{\mathrm{PQ}_{tz}}(x,y,z,\omega) &= \underline{\underline{\mathbf{G}}}^{\mathrm{N}}(x,y,z,z'=0,\omega) \cdot \underline{\mathbf{e}}_z \\ &\stackrel{\mathrm{def}}{=} \underline{\underline{\mathbf{G}}}^{\mathrm{HR}}(x,y,z,\omega) \cdot \underline{\mathbf{e}}_z\end{aligned} \tag{14.4.13}$$

in der Tat die Bedeutung des auf die Richtung der anregenden Kraftdichte projizierten Green'schen Tensors $\underline{\underline{\mathbf{G}}}^{\mathrm{N}} \cdot \underline{\mathbf{e}}_z$ als Teilchenverschiebung einer Normalkraftdichte auf der spannungsfreien Oberfläche eines homogen-isotropen elastischen Halbraums, da wegen (14.4.5) — in ungestrichenen Koordinaten —

$$\begin{aligned}\underline{\mathbf{e}}_z \cdot \underline{\underline{\mathbf{T}}}^{\mathrm{PQ}_{tz}}(x,y,z=0,\omega) &= \underline{\mathbf{e}}_z \cdot \underline{\underline{\underline{\underline{\mathbf{c}}}}} : \nabla\underline{\mathbf{u}}^{\mathrm{PQ}_{tz}}(x,y,z,\omega)\Big|_{z=0} \\ &= \underline{\mathbf{0}} \quad , \quad x,y \in S_M \quad ,\end{aligned} \tag{14.4.14}$$

gilt. Mit (14.2.29) hatten wir eine entsprechende Definition des Halbraum-Green-Tensors im Zweidimensionalen gegeben.

Im Grenzübergang $z \longrightarrow 0$ *muss* die Integraldarstellung (14.4.9) die durch

$$\underline{\mathbf{e}}_z \cdot \underline{\underline{\mathbf{T}}}(x,y,z=0,\omega) = -A(x,y,\omega)\Gamma_A(x,y)\,\underline{\mathbf{e}}_z \quad , \quad x,y \in S_M \quad , \tag{14.4.15}$$

spezifizierten Randwerte tatsächlich annehmen, da sie entsprechend konstruiert wurde; allerdings ist der explizite Beweis nicht ganz trivial.

Die Integraldarstellung (14.4.11) des Prüfkopfschallfeldes *wäre* das elastodynamische Pendant zum Rayleigh-Sommerfeld-Integral[18] (14.1.15), *falls* wir $\underline{\underline{\mathbf{G}}}^{\mathrm{N}}(x'-x,y'-y,z',z,\omega)$ *explizit* kennen würden: Dies ist leider nicht der Fall!

[18]Eine freie Grenzfläche führt in der Akustik auf ein *Dirichlet*-Problem für den Druck, in der Elastodynamik auf ein „*Neumann*“-Problem für die Teilchengeschwindigkeit, denn der Druck korrespondiert ja dem Spannungstensor.

Streifenförmige Apertur

Allerdings kennen wir *Integraldarstellungen* vom Weyl- oder Sommerfeldtyp für verschiedene „Varianten" von $\underline{\underline{\mathbf{G}}}^{\mathrm{N}}$. Wir gehen zunächst zur Teilchenverschiebung über und nutzen den Faltungscharakter des Aperturintegrals bezüglich x' und y' aus:

$$\underline{\mathbf{u}}(x,y,z,\omega) = \frac{1}{(2\pi)^2}\int_{-\infty}^{\infty}\int_{-\infty}^{\infty} \hat{A}(K_x,K_y,\omega)\,\hat{\underline{\underline{\mathbf{G}}}}^{\mathrm{N}}(K_x,K_y,z,z'=0,\omega)\cdot\underline{\mathbf{e}}_z\,\mathrm{e}^{\mathrm{j}K_x x+\mathrm{j}K_y y}\,\mathrm{d}K_x\mathrm{d}K_y \quad , \tag{14.4.16}$$

wobei $\hat{A}(K_x,K_y,\omega)$ und $\hat{\underline{\underline{\mathbf{G}}}}^{\mathrm{N}}(K_x,K_y,z,z'=0,\omega)$ die bezüglich x und y zweidimensional räumlich Fourier-Transformierten von $A(x,y,\omega)$ und $\underline{\underline{\mathbf{G}}}^{\mathrm{N}}(x,y,z,z'=0,\omega)$ sind. Für eine zweidimensionale synchrone Aperturbelegung $A(x,y,\omega) = F(\omega)A(x)$ mit

$$\hat{A}(K_x,K_y,\omega) = F(\omega)\,\hat{A}(K_x)\,2\pi\delta(K_y) \tag{14.4.17}$$

schreibt sich (14.4.16) speziell

$$\underline{\mathbf{u}}(x,z,\omega) = \frac{F(\omega)}{2\pi}\int_{-\infty}^{\infty}\hat{A}(K_x)\hat{\underline{\underline{\mathbf{G}}}}^{\mathrm{N}}(K_x,K_y=0,z,z'=0,\omega)\cdot\underline{\mathbf{e}}_z\,\mathrm{e}^{\mathrm{j}K_x x}\,\mathrm{d}K_x \quad , \tag{14.4.18}$$

sodass sich für die streifenförmige synchrone Aperturbelegung mit konstanter Amplitude gemäß $A(x,y,\omega) = F(\omega)q_a(x)$

$$\hat{A}(K_x,K_y,\omega) = F(\omega)\,\frac{2\sin aK_x}{K_x}\,2\pi\delta(K_y) \tag{14.4.19}$$

und folglich

$$\underline{\mathbf{u}}(x,z,\omega) = \frac{F(\omega)}{2\pi}\int_{-\infty}^{\infty}\frac{2\sin aK_x}{K_x}\,\underbrace{\hat{\underline{\underline{\mathbf{G}}}}^{\mathrm{N}}(K_x,K_y=0,z,z'=0,\omega)\cdot\underline{\mathbf{e}}_z}_{\stackrel{\mathrm{def}}{=}\,\hat{\underline{\underline{\mathbf{G}}}}^{\mathrm{HR}}_{\mathrm{PSV}}(K_x,z,\omega)\cdot\underline{\mathbf{e}}_z}\,\mathrm{e}^{\mathrm{j}K_x x}\,\mathrm{d}K_x \tag{14.4.20}$$

ergibt; hierin kan $\hat{\underline{\underline{\mathbf{G}}}}^{\mathrm{N}}\cdot\underline{\mathbf{e}}_z$ aus

$$\underline{\underline{\mathbf{G}}}^{\mathrm{HR}}_{\mathrm{PSV}}(x,z,\omega)\cdot\underline{\mathbf{e}}_z = \frac{1}{2\pi}\int_{-\infty}^{\infty}\hat{\underline{\underline{\mathbf{G}}}}^{\mathrm{N}}(K_x,K_y=0,z,z'=0,\omega)\cdot\underline{\mathbf{e}}_z\,\mathrm{e}^{\mathrm{j}K_x x}\,\mathrm{d}K_x \tag{14.4.21}$$

unter Rückgriff auf (14.2.38) und (14.2.39) abgelesen werden. Damit ist die Weyl'sche Integraldarstellung (14.4.18) die Erweiterung von (14.2.23) und (14.2.24) auf beliebige zweidimensionale Aperturbelegungen.

Beliebige Geometrie der Aperturfläche S_A

Um $\underline{\underline{\mathbf{G}}}^{\mathrm{N}}\cdot\underline{\mathbf{e}}_z$ in

$$\underline{\mathbf{u}}(x,y,z,\omega) = \int\!\!\int_{S_A} A(x',y',\omega)\,\underline{\underline{\mathbf{G}}}^{\mathrm{N}}(x-x',y-y',z,z'=0,\omega)\cdot\underline{\mathbf{e}}_z\,\mathrm{d}x'\mathrm{d}y' \tag{14.4.22}$$

für beliebige Aperturgeometrien und -verteilungen ausrechnen zu können, müssen wir den Ansatz „Spektrum ebener Wellen" (Gleichung (14.2.4)) gemäß

$$\begin{aligned}\underline{\mathbf{u}}_{\mathrm{P,S}}(x,y,z,\omega) = \frac{1}{(2\pi)^2}\int_{-\infty}^{\infty}\int_{-\infty}^{\infty}&\Big[\hat{u}_{\mathrm{P}}(K_x,K_y,\omega)\,\mathrm{e}^{\mathrm{j}\underline{\mathbf{K}}_{\mathrm{P}}\cdot\underline{\mathbf{R}}}\,\hat{\underline{\mathbf{K}}}_{\mathrm{P}} + \hat{u}_{\mathrm{S1}}(K_x,K_y,\omega)\,\mathrm{e}^{\mathrm{j}\underline{\mathbf{K}}_{\mathrm{S}}\cdot\underline{\mathbf{R}}}\,\underline{\mathbf{e}}_{\vartheta_{K_{\mathrm{S}}}} + \\ &+ \hat{u}_{\mathrm{S2}}(K_x,K_y,\omega)\,\mathrm{e}^{\mathrm{j}\underline{\mathbf{K}}_{\mathrm{S}}\cdot\underline{\mathbf{R}}}\,\underline{\mathbf{e}}_{\varphi_{K_{\mathrm{S}}}}\Big]\,\mathrm{d}K_x\mathrm{d}K_y\end{aligned} \tag{14.4.23}$$

modifizieren, denn wir können ja einen Term mit spektraler $\underline{\mathbf{e}}_{\varphi_{K_{\mathrm{S}}}}$-Polarisation nicht mehr aufgrund von Symmetriebeziehungen ausschließen, wie wir das bei der kreisförmigen Apertur getan haben; aus diesem Grunde nützt uns auch deren bereits berechnetes Schallfeld nichts, um die obige Aufgabe zu lösen.

Schallfelder piezoelektrischer Prüfköpfe im Zeitbereich

Die Weyl'sche Integraldarstellung des Teilchenverschiebungsfeldes einer streifenförmigen Apertur mit konstanter Aperturbelegung (Gleichungen (14.2.23) und (14.2.24)) ist Ausgangspunkt weiterer Umformungen: Wie bereits erwähnt, gelangt man mit der Cagniard-de Hoop-Methode von der Integraldarstellung des zeitharmonischen Feldes zu expliziten Ausdrücken des Zeitbereichsfeldes: $\underline{\mathbf{u}}(x,z,\omega) \Longrightarrow \underline{\mathbf{u}}(x,z,t)$, allerdings nur für ganz bestimmte distributionstheoretische Anregungsfunktionen $F(t)$ (Normalkraftdichte: Aulenbacher, 1988), sodass für beliebige $F(t)$ Faltungen nachzuschalten sind. Aufgrund der „unschönen" Struktur der skalaren (Vollraum-)Green-Funktion (13.1.36) mit der Wurzelsingularität ist die numerische Auswertung etwas „unerfreulich", sodass man aus diesen Rechnungen und Überlegungen allenfalls grundsätzliche Erkenntnisse gewinnt. Immerhin findet man Punktrichtwirkungen für das Nahfeld, wobei der wesentliche Effekt die Verschiebung der Maxima des Linienquellen-Scherwellendiagramms zu anderen Winkeln ist.

Eine Alternative zu obiger Vorgehensweise ist die Auswertung von (14.2.23) und (14.2.24) für *diejenigen* Frequenzen, die — beispielsweise — in einem RC2(t)-Impuls enthalten sind mit nachfolgender Fourier-Inversion bezüglich ω. Vor allem für Aufpunkte nahe der Oberfläche ist auch dies nicht unproblematisch (Fellinger, 1991).

Last but not least steht uns der (zweidimensionale) EFIT-Code zur Verfügung, um Zeitbereichswellenfronten der streifenförmigen, z.B. RC2(t)-angeregten Apertur, zu erzeugen: In der Tat macht das als EFIT implementierte numerische Verfahren $\underline{\mathbf{v}}(x,z,t)$ als Funktion des Ortes und der Zeit *sichtbar*: In Abb. 14.2.1 hatten wir bereits Beispiele dargestellt. Erfreulich ist es, dass diese numerischen Ergebnisse anhand der beiden obigen Verfahren validiert werden können (Fellinger, 1991). Grundsätzlich liefert EFIT auch die Wellenfronten dreidimensional-flächiger Aperturen; dies geht ganz allein auf Kosten des Hauptspeichers (und der, allerdings weniger wichtigen, Rechenzeit) des zur Verfügung stehenden Rechners. Für die Punktquelle liegt auch hier wieder eine analytische Formulierung vor (Achenbach, 1973).

Schallfelder piezoelektrischer Prüfköpfe im Fernfeld

Wenn die flächige (Normal-)Kraftdichte (14.4.1) im Vollraum angesiedelt ist, ergibt sich das folgende Teilchenverschiebungsfernfeld (Gleichung (13.3.3) mit (13.2.27) bzw. (13.3.10) mit (13.2.28)):

$$\underline{\mathbf{u}}_{\mathrm{P}}^{t_z,\mathrm{fern}}(\underline{\mathbf{R}},\omega) = \frac{\mathrm{e}^{\mathrm{j}k_{\mathrm{P}}R}}{R}\,\frac{\underline{\underline{\mathbf{g}}}_{\mathrm{P}}(\hat{\underline{\mathbf{R}}})\cdot\underline{\mathbf{e}}_z}{\lambda+2\mu}\iint_{S_A} A(x',y',\omega)\,\mathrm{e}^{-\mathrm{j}k_{\mathrm{P}}x'\sin\vartheta\cos\varphi-\mathrm{j}k_{\mathrm{P}}y'\sin\vartheta\sin\varphi}\,\mathrm{d}x'\mathrm{d}y' \quad , \qquad (14.4.24)$$

$$\underline{\mathbf{u}}_{\mathrm{S}}^{t_z,\mathrm{fern}}(\underline{\mathbf{R}},\omega) = \frac{\mathrm{e}^{\mathrm{j}k_{\mathrm{S}}R}}{R}\,\frac{\underline{\underline{\mathbf{g}}}_{\mathrm{S}}(\hat{\underline{\mathbf{R}}})\cdot\underline{\mathbf{e}}_z}{\mu}\iint_{S_A} A(x',y',\omega)\,\mathrm{e}^{-\mathrm{j}k_{\mathrm{S}}x'\sin\vartheta\cos\varphi-\mathrm{j}k_{\mathrm{S}}y'\sin\vartheta\sin\varphi}\,\mathrm{d}x'\mathrm{d}y' \qquad (14.4.25)$$

Hierin ist das Aperturintegral nichts anderes als die zweidimensionale Fourier-Transformierte der Aperturverteilung $A(x,y,\omega)\Gamma_A(x,y)$ für speziell aufpunktsabhängige Werte der Fourier-Variablen K_x und K_y:

$$\mathcal{F}_{xy}\{A(x,y,\omega)\Gamma_A(x,y)\}\Big|_{\substack{K_x = k_{\mathrm{P,S}}\sin\vartheta\cos\varphi \\ K_y = k_{\mathrm{P,S}}\sin\vartheta\sin\varphi}} = \iint_{S_A} A(x',y',\omega)\,\mathrm{e}^{-\mathrm{j}k_{\mathrm{P,S}}\sin\vartheta\cos\varphi-\mathrm{j}k_{\mathrm{P,S}}\sin\vartheta\sin\varphi}\,\mathrm{d}x'\mathrm{d}y'$$
$$= \hat{A}(K_x = k_{\mathrm{P,S}}\sin\vartheta\cos\varphi, K_y = k_{\mathrm{P,S}}\sin\vartheta\sin\varphi,\omega) \quad . \qquad (14.4.26)$$

Mit (Gleichungen (13.2.29) und (13.2.30))

$$\underline{\underline{\mathbf{g}}}_{\mathrm{P}}(\hat{\underline{\mathbf{R}}})\cdot\underline{\mathbf{e}}_z = \frac{1}{4\pi}\,\hat{\underline{\mathbf{R}}}\,\hat{\underline{\mathbf{R}}}\cdot\underline{\mathbf{e}}_z$$

$$= \frac{1}{4\pi} \cos\vartheta \, \underline{\hat{\mathbf{R}}} \quad , \tag{14.4.27}$$

$$\begin{aligned}
\underline{\underline{\mathbf{g}}}_{\mathrm{S}}(\underline{\hat{\mathbf{R}}}) \cdot \underline{\mathbf{e}}_z &= \frac{1}{4\pi} (\underline{\underline{\mathbf{I}}} - \underline{\hat{\mathbf{R}}}\,\underline{\hat{\mathbf{R}}}) \cdot \underline{\mathbf{e}}_z \\
&= \frac{1}{4\pi} (\underline{\mathbf{e}}_\vartheta \underline{\mathbf{e}}_\vartheta - \underline{\mathbf{e}}_\varphi \underline{\mathbf{e}}_\varphi) \cdot \underline{\mathbf{e}}_z \\
&= \frac{1}{4\pi} \underline{\mathbf{e}}_\vartheta \underline{\mathbf{e}}_\vartheta \cdot \underline{\mathbf{e}}_z \\
&= -\frac{1}{4\pi} \sin\vartheta \, \underline{\mathbf{e}}_\vartheta
\end{aligned} \tag{14.4.28}$$

erhalten wir

$$\underline{\mathbf{u}}_{\mathrm{P}}^{t_z,\mathrm{fern}}(\underline{\mathbf{R}},\omega) = \frac{1}{4\pi c_{\mathrm{P}} Z_{\mathrm{P}}} \frac{\mathrm{e}^{\mathrm{j}k_{\mathrm{P}}R}}{R} \cos\vartheta \, \hat{A}(K_x = k_{\mathrm{P}} \sin\vartheta\cos\varphi, K_y = k_{\mathrm{P}} \sin\vartheta \sin\varphi, \omega) \, \underline{\mathbf{e}}_R \quad , \tag{14.4.29}$$

$$\underline{\mathbf{u}}_{\mathrm{S}}^{t_z,\mathrm{fern}}(\underline{\mathbf{R}},\omega) = -\frac{1}{4\pi c_{\mathrm{S}} Z_{\mathrm{S}}} \frac{\mathrm{e}^{\mathrm{j}k_{\mathrm{S}}R}}{R} \sin\vartheta \, \hat{A}(K_x = k_{\mathrm{S}} \sin\vartheta\cos\varphi, K_y = k_{\mathrm{S}} \sin\vartheta \sin\varphi, \omega) \, \underline{\mathbf{e}}_\vartheta \quad . \tag{14.4.30}$$

Wir betonen ausdrücklich, dass im Fernfeld für *Normal*kraftdichteanregung (die Richtung der Kraftdichte ist parallel zu einer kartesischen Koordinatenlinie, hier $\underline{\mathbf{e}}_z$) keine φ-Komponente von $\underline{\mathbf{u}}_{\mathrm{S}}^{t_z,\mathrm{fern}}$ auftritt. Zwei Beispiele für die allgemeinen Fernfeldformeln für dreidimensional-flächige Kraftdichten im Vollraum hatten wir bereits angegeben: die konstant belegten synchronen Rechteck- und Kreisaperturen. Für die Rechteckapertur gilt (Gleichungen (13.3.67), (13.3.68))

$$\begin{aligned}
\hat{A}(K_x = k_{\mathrm{P,S}} \sin\vartheta\cos\varphi, K_y = k_{\mathrm{P,S}} \sin\vartheta\sin\varphi, \omega) &= \\
F(\omega)\, \mathcal{F}_{xy}\{q_a(x) q_b(y)\}&\Big|_{\substack{K_x = k_{\mathrm{P,S}}\sin\vartheta\cos\varphi \\ K_y = k_{\mathrm{P,S}}\sin\vartheta\sin\varphi}} \\
= F(\omega) \frac{2\sin(k_{\mathrm{P,S}} a \sin\vartheta\cos\varphi)}{k_{\mathrm{P,S}}\sin\vartheta\cos\varphi} \frac{2\sin(k_{\mathrm{P,S}} b \sin\vartheta\sin\varphi)}{k_{\mathrm{P,S}}\sin\vartheta\sin\varphi} &\quad ,
\end{aligned} \tag{14.4.31}$$

und für die Kreisapertur fanden wir (Gleichungen (13.3.91), (13.3.92))

$$\begin{aligned}
\hat{A}(K_x = k_{\mathrm{P,S}} \sin\vartheta\cos\varphi, K_y = k_{\mathrm{P,S}} \sin\vartheta\sin\varphi, \omega) &= \\
F(\omega)\, \mathcal{F}_{xy}\left\{u\left(a - \sqrt{x^2+y^2}\right)\right\}&\Big|_{\substack{K_x = k_{\mathrm{P,S}}\sin\vartheta\cos\varphi \\ K_y = k_{\mathrm{P,S}}\sin\vartheta\sin\varphi}} \\
= F(\omega) \left. \frac{2\pi a \mathrm{J}_1\left(a\sqrt{K_x^2+K_y^2}\right)}{\sqrt{K_x^2+K_y^2}} \right|_{\substack{K_x = k_{\mathrm{P,S}}\sin\vartheta\cos\varphi \\ K_y = k_{\mathrm{P,S}}\sin\vartheta\sin\varphi}} & \\
= F(\omega) \left. \frac{2\pi a \mathrm{J}_1(aK_r)}{K_r} \right|_{K_r = k_{\mathrm{P,S}}\sin\vartheta} &
\end{aligned} \tag{14.4.32}$$

Auch für die zweidimensional-flächige (streifenförmige) Kraftdichte im Vollraum sind uns die entsprechenden Ausdrücke für die Teilchenverschiebung geläufig (Gleichung (13.3.95) mit (13.3.100) und (13.3.101)):

$$\underline{\mathbf{u}}_{\mathrm{P}}^{t_z,\mathrm{fern}}(\underline{\mathbf{r}},\omega) = \frac{1}{\sqrt{\omega}} \frac{\mathrm{e}^{\mathrm{j}\frac{\pi}{4}}}{2Z_{\mathrm{P}}\sqrt{2\pi c_{\mathrm{P}}}} \frac{\mathrm{e}^{\mathrm{j}k_{\mathrm{P}}r}}{\sqrt{r}} \cos\theta \, \hat{A}(K_x = k_{\mathrm{P}}\sin\theta,\omega) \, \underline{\mathbf{e}}_r \quad , \tag{14.4.33}$$

$$\underline{\mathbf{u}}_{\mathrm{S}}^{t_z,\mathrm{fern}}(\underline{\mathbf{r}},\omega) = -\frac{1}{\sqrt{\omega}} \frac{\mathrm{e}^{\mathrm{j}\frac{\pi}{4}}}{2Z_{\mathrm{S}}\sqrt{2\pi c_{\mathrm{S}}}} \frac{\mathrm{e}^{\mathrm{j}k_{\mathrm{S}}r}}{\sqrt{r}} \sin\theta \, \hat{A}(K_x = k_{\mathrm{S}}\sin\theta,\omega) \, \underline{\mathbf{e}}_\theta \quad , \tag{14.4.34}$$

wobei

$$\begin{aligned}\hat{A}(K_x = k_{\mathrm{P,S}}\sin\theta,\omega) &= \mathcal{F}\{A(x,\omega)q_a(x)\}_{K_x=k_{\mathrm{P,S}}\sin\theta}\\ &= F(\omega)\,\frac{2\sin(k_{\mathrm{P,S}}a\sin\theta)}{k_{\mathrm{P,S}}\sin\theta}\quad .\end{aligned}\tag{14.4.35}$$

Andererseits haben wir für die streifen- und für die kreisförmige synchrone Apertur auch das Teilchenverschiebungsfeld im Halbraum ausgerechnet. Deshalb ist hier nun eine Gegenüberstellung möglich: Wir zitieren zunächst das Halbraumergebnis für die streifenförmige synchrone Apertur, nämlich die Linienquellenausdrücke multipliziert mit der Richtcharakteristik der endlich breiten Apertur[19]:

$$\underline{\mathbf{u}}_{\mathrm{P}}^{t_z,\mathrm{fern}}(r,\theta,\omega) = \underbrace{\underline{\mathbf{e}}_r\,\frac{1}{\sqrt{\omega}}\,\frac{\mathrm{e}^{\mathrm{j}\frac{\pi}{4}}}{2Z_{\mathrm{P}}\sqrt{2\pi c_{\mathrm{P}}}}\,\frac{\mathrm{e}^{\mathrm{j}k_{\mathrm{P}}r}}{\sqrt{r}}\,\cos\theta}_{\text{LQ im Vollraum}}\,\underbrace{F(\omega)\,\frac{2\sin(k_{\mathrm{P}}a\sin\theta)}{k_{\mathrm{P}}\sin\theta}}_{\text{skal. Apertur}}\,\underbrace{M_{\mathrm{P}}^{t_z}(\theta)}_{\text{MP-Faktor}}\quad ,\tag{14.4.36}$$

$$\underline{\mathbf{u}}_{\mathrm{SV}}^{t_z,\mathrm{fern}}(r,\theta,\omega) = \underbrace{-\underline{\mathbf{e}}_\theta\,\frac{1}{\sqrt{\omega}}\,\frac{\mathrm{e}^{\mathrm{j}\frac{\pi}{4}}}{2Z_{\mathrm{S}}\sqrt{2\pi c_{\mathrm{S}}}}\,\frac{\mathrm{e}^{\mathrm{j}k_{\mathrm{S}}r}}{\sqrt{r}}\,\sin\theta}_{\text{LQ im Vollraum}}\,\underbrace{F(\omega)\,\frac{2\sin(k_{\mathrm{S}}a\sin\theta)}{k_{\mathrm{S}}\sin\theta}}_{\text{skal. Apertur}}\,\underbrace{M_{\mathrm{S}}^{t_z}(\theta)}_{\text{MP-Faktor}}\tag{14.4.37}$$

Natürlich lässt sich der skalare Aperturfaktor auch noch gemäß

$$F(\omega)\,\frac{2\sin(k_{\mathrm{P,S}}a\sin\theta - k_{\mathrm{A}}a)}{k_{\mathrm{P,S}}\sin\theta - k_{\mathrm{A}}a}\tag{14.4.38}$$

auf eine nicht-synchrone Apertur erweitern (entsprechend den Gleichungen (13.3.75) und (13.3.76) mit Gl. (13.3.74)). Offensichtlich können in (14.4.36) und (14.4.37) jeweils drei charakteristische Faktoren unterschieden werden: Linienquelle im Vollraum samt deren Richtcharakteristiken (Gleichungen[20] (13.3.52) und (13.3.53)), Richtcharakteristiken der skalaren Apertur (Gleichungen (13.3.100) und (13.3.101)) und die den Halbraum repräsentierenden Miller-Pursey-Faktoren, die wir anhand von (14.3.23) und (14.3.24) definiert hatten:

$$M_{\mathrm{P}}^{t_z}(\theta) = \frac{2\kappa^2(\kappa^2 - 2\sin^2\theta)}{(\kappa^2 - 2\sin^2\theta)^2 + 2\sin\theta\sin 2\theta\sqrt{\kappa^2 - \sin^2\theta}}\quad ,\tag{14.4.39}$$

$$M_{\mathrm{S}}^{t_z}(\theta) = \frac{4\cos\theta\sqrt{1-\kappa^2\sin^2\theta}}{\kappa(1 - 2\sin^2\theta)^2 + 2\sin\theta\sin 2\theta\sqrt{1-\kappa^2\sin^2\theta}}\quad .\tag{14.4.40}$$

Als nächstes sei das Halbraum-Ergebnis für die kreisförmige synchrone Apertur zitiert (Gleichungen (14.3.23) und (14.3.24)):

$$\underline{\mathbf{u}}_{\mathrm{P}}^{t_z,\mathrm{fern}}(R,\vartheta,\omega) = \underbrace{\underline{\mathbf{e}}_R\,\frac{1}{4\pi c_{\mathrm{P}}Z_{\mathrm{P}}}\,\frac{\mathrm{e}^{\mathrm{j}k_{\mathrm{P}}R}}{R}\,\cos\vartheta}_{\text{PQ im Vollraum}}\,\underbrace{\frac{2\pi a\mathrm{J}_1(k_{\mathrm{P}}a\sin\vartheta)}{k_{\mathrm{P}}\sin\vartheta}}_{\text{skal. Apertur}}\,\underbrace{M_{\mathrm{P}}^{t_z}(\vartheta)}_{\text{MP-Faktor}}\quad ,\tag{14.4.41}$$

$$\underline{\mathbf{u}}_{\mathrm{S}}^{t_z,\mathrm{fern}}(R,\vartheta,\omega) = \underbrace{-\underline{\mathbf{e}}_\vartheta\,\frac{1}{4\pi c_{\mathrm{S}}Z_{\mathrm{S}}}\,\frac{\mathrm{e}^{\mathrm{j}k_{\mathrm{S}}R}}{R}\,\sin\vartheta}_{\text{PQ im Vollraum}}\,\underbrace{\frac{2\pi a\mathrm{J}_1(k_{\mathrm{S}}a\sin\vartheta)}{k_{\mathrm{S}}\sin\vartheta}}_{\text{skal. Apertur}}\,\underbrace{M_{\mathrm{S}}^{t_z}(\vartheta)}_{\text{MP-Faktor}}\quad ;\tag{14.4.42}$$

wir finden genau dieselbe Struktur mit den drei charakteristischen Faktoren (man ersetze in (14.4.39) und (14.4.40) θ durch ϑ)!

[19] Man werte dazu die Spektren ebener Wellen (14.2.23), (14.2.24) mit der Methode der Stationären Phase aus.

[20] Für $\underline{\mathbf{e}}_\varphi$ in (13.3.53) gilt $\underline{\mathbf{e}}_\varphi = \underline{\mathbf{e}}_\theta$.

Anstatt nun mit dem Ansatz (14.4.23) das Schallfernfeld für *beliebige* dreidimensional-flächige (nicht-)synchrone Normalkraftdichteaperturverteilungen zu berechnen, verallgemeinern wir (14.4.41) und (14.4.42) in naheliegender Art und Weise[21]:

$$\underline{\mathbf{u}}_{\mathrm{P}}^{t_z,\mathrm{fern}}(R,\vartheta,\omega) = \underbrace{\underline{\mathbf{e}}_R \frac{1}{4\pi c_{\mathrm{P}} Z_{\mathrm{P}}} \frac{\mathrm{e}^{\mathrm{j}k_{\mathrm{P}}R}}{R}}_{\text{PQ im Vollraum}} \underbrace{\cos\vartheta\, \mathcal{F}_{xy}\{A(x,y,\omega)\Gamma_A(x,y)\}_{\substack{K_x = k_{\mathrm{P}}\sin\vartheta\cos\varphi \\ K_y = k_{\mathrm{P}}\sin\vartheta\sin\varphi}}}_{\text{skal. Apertur}} \underbrace{M_{\mathrm{P}}^{t_z}(\vartheta)}_{\text{MP-Faktor}} , \tag{14.4.43}$$

$$\underline{\mathbf{u}}_{\mathrm{S}}^{t_z,\mathrm{fern}}(R,\vartheta,\omega) = \underbrace{-\underline{\mathbf{e}}_\vartheta \frac{1}{4\pi c_{\mathrm{S}} Z_{\mathrm{S}}} \frac{\mathrm{e}^{\mathrm{j}k_{\mathrm{S}}R}}{R}}_{\text{PQ im Vollraum}} \underbrace{\sin\vartheta\, \mathcal{F}_{xy}\{A(x,y,\omega)\Gamma_A(x,y)\}_{\substack{K_x = k_{\mathrm{S}}\sin\vartheta\cos\varphi \\ K_y = k_{\mathrm{S}}\sin\vartheta\sin\varphi}}}_{\text{skal. Apertur}} \underbrace{M_{\mathrm{S}}^{t_z}(\vartheta)}_{\text{MP-Faktor}} \tag{14.4.44}$$

Man beachte: Eine eventuelle φ-Abhängigkeit dieses Schallfernfeldes beliebiger Prüfkopfaperturen rührt, wenn überhaupt, *allein* von der skalaren Richtcharakteristik der Apertur her (man vergleiche (13.3.67) und (13.3.68)). Ferner: In jeder Ebene $\varphi = \mathrm{const}$ werden P,SV-Wellen abgestrahlt.

Wir sind nunmehr in der Lage, die Vollraumrichtdiagramme der Abbildungen 13.3.2 bis 13.3.4 für die Abstrahlung in einen Halbraum mit spannungsfreier Oberfläche entsprechend zu modifizieren: Die dortigen Diagramme müssen lediglich mit den Miller-Pursey-Faktoren multipliziert werden. In den Abbildungen 14.4.2 bis 14.4.5 finden sich die entsprechenden Ergebnisse. Ganz pauschal kann man festhalten: *Viel* ändert sich gegenüber den Vollraumdiagrammen nicht; allein die Schwenkwinkel für die S-Diagramme (Abbildung 13.3.3b,d,f im Vergleich mit Abb. 14.4.3b,d,f) sind aufgrund der Unterschiede der S-Punktrichtwirkungen bei *gleichen* k_A-Werten geringfügig verändert. Auffallend ist auch die schmälere S-Hauptkeule des „Kriechwellenprüfkopfs" (Abbildung 14.4.4 im Vergleich mit Abb. 13.3.4). Übrigens: Zum physikalischen Verständnis der Wirkungsweise des „Kriechwellenprüfkopfs" trägt die Berücksichtigung der spannungsfreien Oberfläche des Halbraums nichts mehr bei, die Vollraumbetrachtung ist dazu völlig ausreichend. Allerdings lässt die hier präsentierte (monochromatische) Fernfeldbetrachtung bei Transformation in den Zeitbereich — wie schon mehrfach erwähnt — die Kopfwellenfronten (und Rayleighwellenfronten) vermissen, die z.B. in einer EFIT-Nahfeldsimulation ein durchaus bemerkenswertes *Feature* sind (Langenberg et al., 1990).

Es sei explizit darauf hingewiesen, dass Fernfeldrichtdiagramme *keine* „Ultraschallstrahlen" sind: Sie stellen die Richtungsabhängigkeit der Schallfeldamplitude *jenseits* der Nahfeldlänge dar! Ein *vollständiges* Bild des (monochromatischen) Schallfeldes erhält man nur durch näherungsfreie (numerische) Auswertung der spektralen Darstellung nach ebenen Wellen, durch quantitative Summation von Ultraschallstrahlen (Shlivinski et al., 2004, 2005) oder mit dem EFIT-Code (Fellinger, 1991; Marklein, 1997; Bihn, 1998); die Abbildungen 14.4.6a und 14.4.6b zeigen entsprechende EFIT-Ergebnisse für den „Long-Senkrecht-Prüfkopf" (P-⊥) und den 45°-Scherwellen-Prüfkopf (SV-45°), indem man statt der Impulsanregung eine $\mathrm{e}^{\mathrm{j}\omega_0 t}\,u(t)$-Anregung wählt.

In den Abbildungen 14.4.7 und 14.4.8 haben wir die Gegenüberstellung näherungsfreier EFIT- und Fernfeld*wellenfronten* für die streifenförmige Apertur fortgeführt; den Beginn machte ja Abb. 14.3.1 für die Linienquelle. Abbildung 14.4.7 zeigt logarithmische Versionen der Wellenfrontenamplituden, damit Details und Unterschiede der beiden Auswertemethoden deutlicher werden; die linearen Darstellungen in Abb. 14.4.8 heben demzufolge nur noch die „zfp-relevanten" Hauptbestandteile des jeweiligen Prüfkopfschallfeldes hervor. Das EFIT-berechnete Schallfeld

[21] Wohlgemerkt, dies ist eine naheliegende Schlussfolgerung, nicht ein mathematischer Beweis.

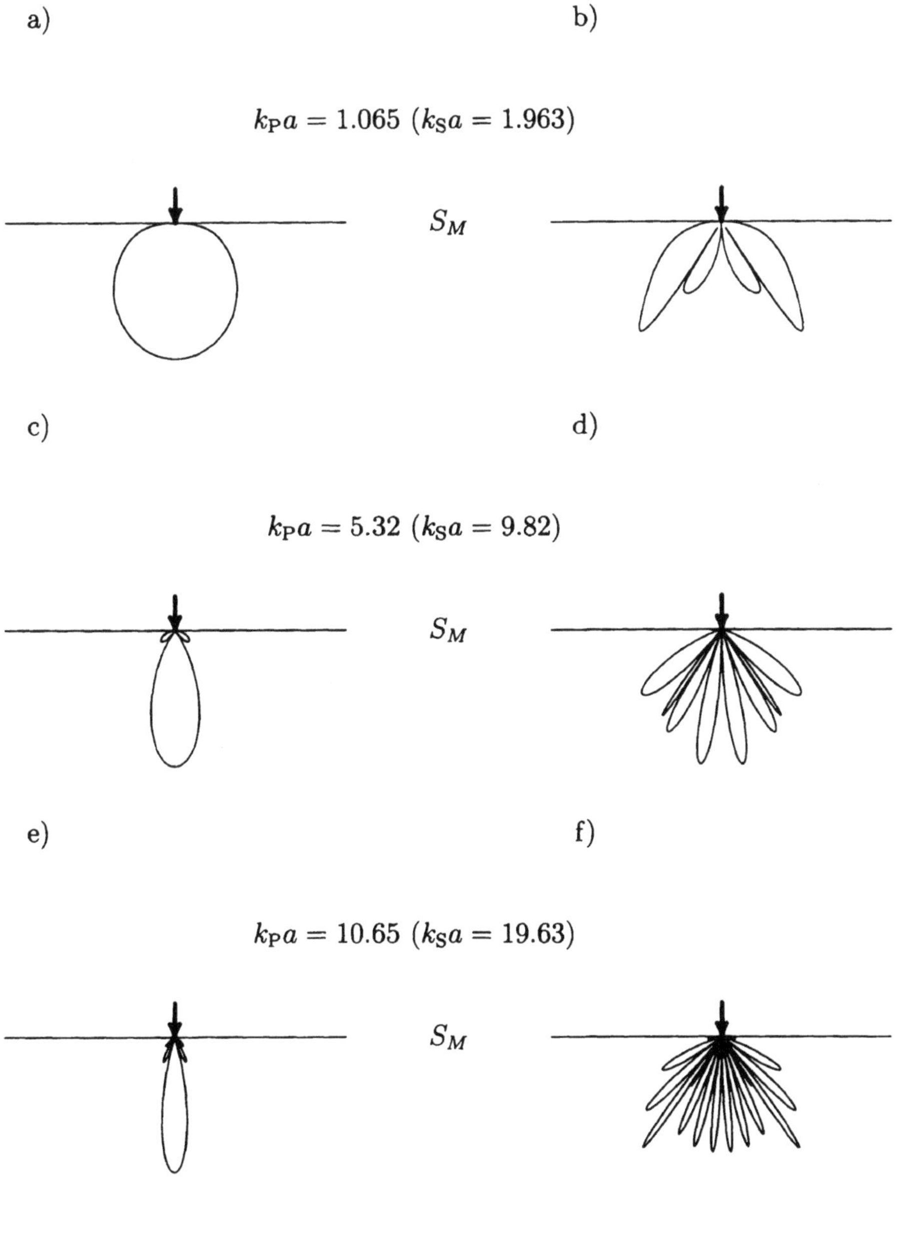

Abb. 14.4.2: *P- und S-Richtdiagramme einer flächig-rechteckigen t_z-Kraftdichteapertur auf der spannungsfreien Oberfläche eines homogen-isotropen Halbraums; $\varphi = 0$ (Stahl: $c_{\mathrm{P}} = 5900$ m/s, $c_{\mathrm{S}} = 3200$ m/s, $\rho = 7.7 \cdot 10^3$ kg/m^3)*

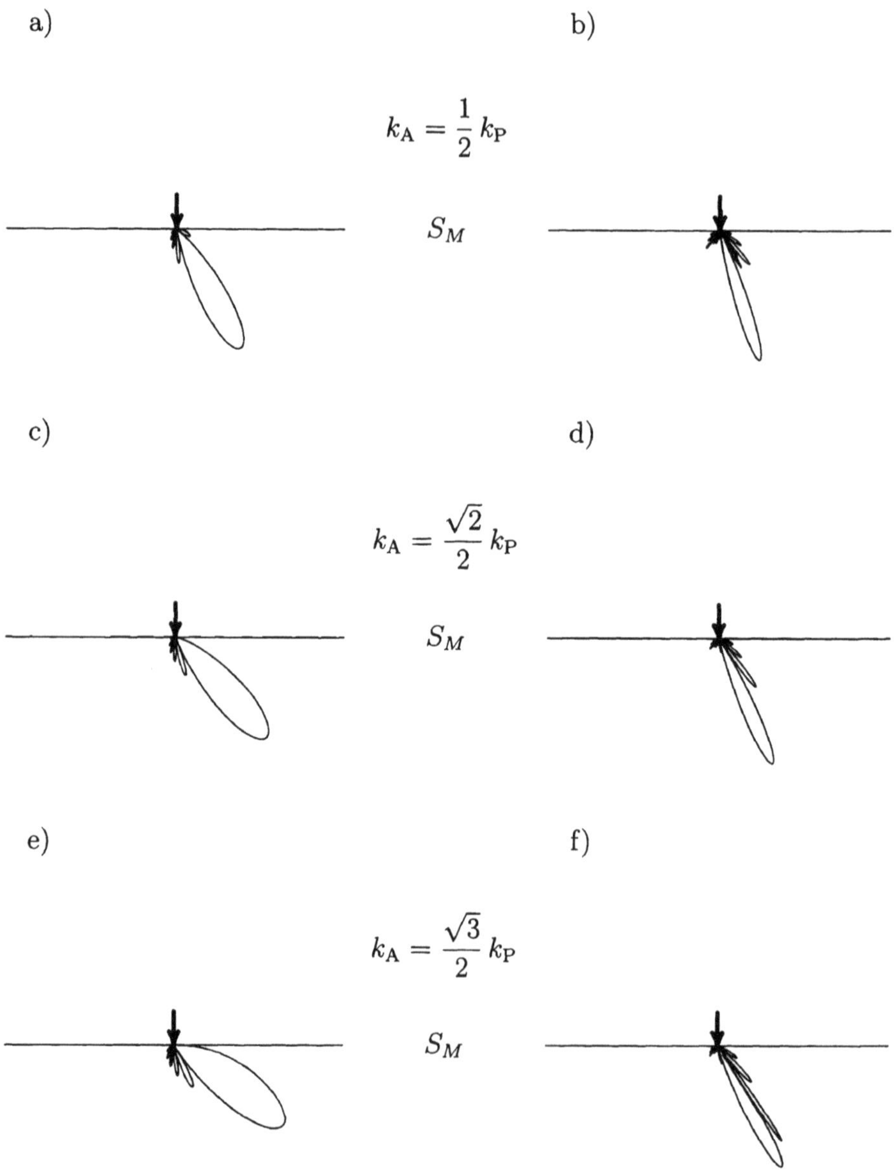

Abb. 14.4.3: *P- und S-Richtdiagramme einer flächig-rechteckigen t_z-Kraftdichteapertur mit linearer x-Phasenbelegung auf der spannungsfreien Oberfläche eines homogen-isotropen Halbraums; $\varphi = 0$ (Stahl: $c_{\mathrm{P}} = 5900$ m/s, $c_{\mathrm{S}} = 3200$ m/s, $\rho = 7.7 \cdot 10^3$ kg/m^3; $k_{\mathrm{P}}a = 10.65$, $k_{\mathrm{S}}a = 19.63$)*

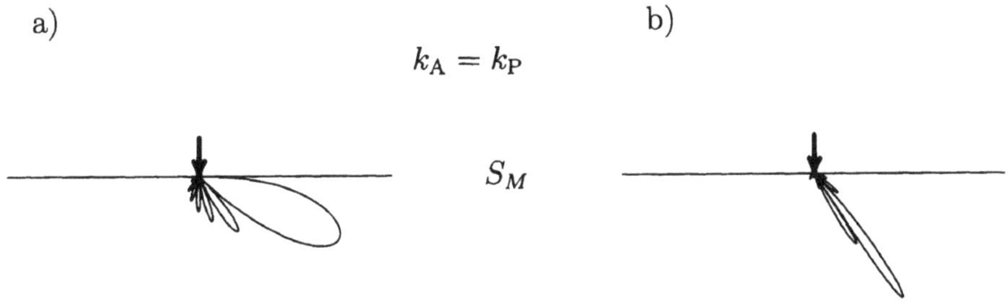

***Abb. 14.4.4:** P- und S-Richtdiagramme einer flächig-rechteckigen t_z-Kraftdichteapertur mit linearer x-Phasenbelegung auf der spannungsfreien Oberfläche eines homogen-isotropen Halbraums: „Kriechwellenprüfkopf"; $\varphi = 0$ (Stahl: $c_P = 5900$ m/s, $c_S = 3200$ m/s, $\rho = 7.7 \cdot 10^3$ kg/m^3; $k_P a = 10.65$, $k_S a = 19.63$))*

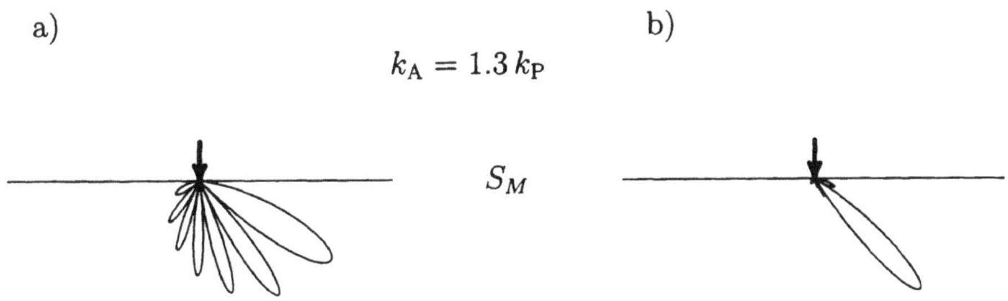

***Abb. 14.4.5:** P- und S-Richtdiagramme einer flächig-rechteckigen t_z-Kraftdichteapertur mit linearer x-Phasenbelegung auf der spannungsfreien Oberfläche eines homogen-isotropen Halbraums: 45°-Scherwellenprüfkopf; $\varphi = 0$ (Stahl: $c_P = 5900$ m/s, $c_S = 3200$ m/s, $\rho = 7.7 \cdot 10^3$ kg/m^3; $k_P a = 10.65$, $k_S a = 19.63$)*

des Long-Senkrecht-Prüfkopfes (P-⊥) in Abb. 14.4.7a lehrt uns, dass dessen akustisch approximiertes Druckwellenschallfeld gemäß Abb. 14.1.1 durch die typischen elastodynamischen Linienquelleneffekte (Abbildung 14.3.1a) der beiden Aperturkanten, nämlich durch Scher-, Rayleigh- und Kopfwellen, zu ergänzen ist. In der korrespondierenden Fernfeldauswertung, die in Abb. 14.4.7d dargestellt ist, haben wir, entsprechend der Vorgabe „P-⊥-Prüfkopf", nur die Fernfeldgleichung (14.4.36) zugrundegelegt; deshalb fehlen die durch Gleichung (14.4.37) beschriebenen Scherwellenfronten (man vergleiche Abb. 14.3.1b). Es ist aber durchaus bemerkenswert, wie gut die Überlagerung der beiden Kantendruckwellen (man vergleiche auch die Skizze in Abb. 14.1.6d) das exakt berechnete Schallfeld widergibt. Diese Aussage stimmt ebenso für den Long-30°-Prüfkopf (Abbildungen 14.4.7b und 14.4.7e) und den Scher-45°-Prüfkopf (Abbildungen 14.4.7c und 14.4.7f), wobei das Schallfeld des letzteren in der Fernfeldversion aus der Auswertung der Gleichung (14.4.37) resultiert. Gegenüber dem P-⊥-Schallfeld fällt an den P-30°- und SV-45°-Schallfeldern auf, dass die Wellenfronten in der Fernfeldnäherung offensichtlich schon „ein Stückchen" weiter gelaufen sind als die mittels EFIT berechneten. Die Erklärung liefert die Skizze der Abb. 13.3.5. Der EFIT-Code verfolgt wellentheoretisch korrekt die Superposition der von der Apertur ausgehenden Huygens'schen Elementarwellen, die je nach vorgegebenem Wert der Zeitvariablen das räumliche Schallfeld ergeben, der Zeitnullpunkt korrespondiert dabei der zuerst loslaufenden Elementarwelle, also in diesem Fall der linken Aperturkante; im Gegensatz dazu ersetzt die Fernfeldnäherung die räumlich ausgedehnte Apertur durch eine Punkt- oder hier: Linienquelle im Koordinatenursprung, also dem Aperturmittelpunkt, und *dieser* dient als Zeitnullpunkt. Also ist gegenüber dem Fernfeldzeitnullpunkt die rechte Aperturkante avanciert und die linke retardiert (Abb. 13.3.5), und demzufolge kommt der Impuls der rechten Apertur-

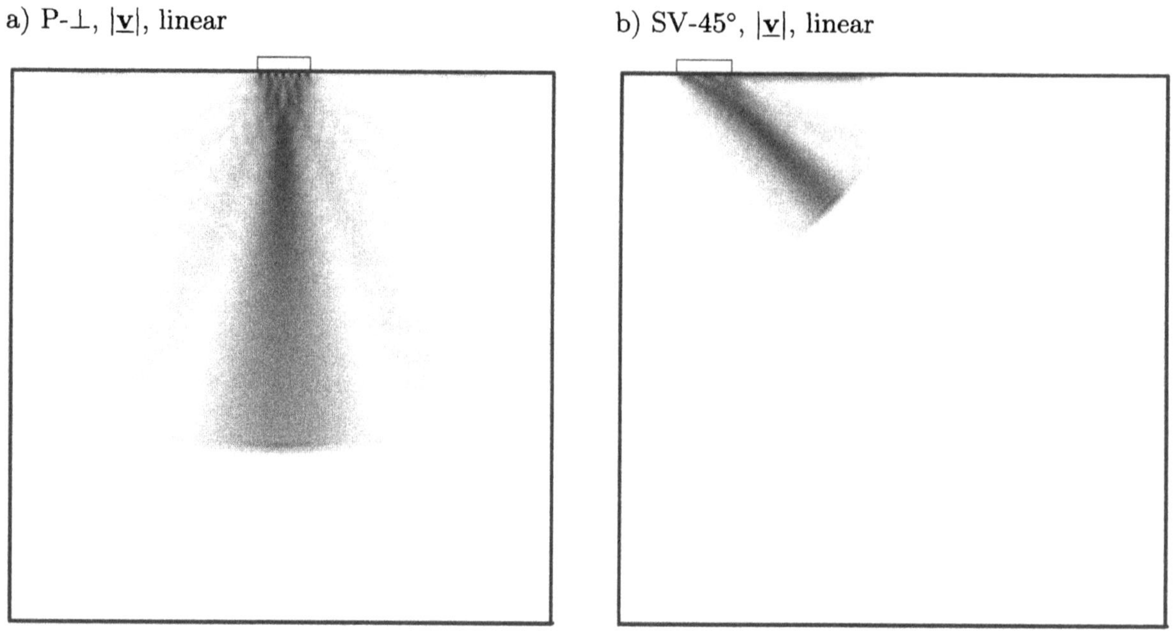

Abb. 14.4.6: *EFIT-berechnete Ultraschallstrahlen (lineare Darstellung)*

kante relativ gesehen früher an einem vorgegebenem Aufpunkt an bzw. zum gleichen Zeitpunkt ist er schon „ein Stückchen“ weiter gelaufen. Eine Anpassung der EFIT- und der Fernfeldzeitachsen ist deshalb trivial.

Fernfeldnäherung des Halbraum-Green-Tensors $\underline{\underline{\mathbf{G}}}^{\mathrm{N}} \cdot \underline{\mathbf{e}}_z$

Unser auf beliebige Prüfkopfaperturen heuristisch verallgemeinertes Schallfeld versetzt uns in die Lage, auch die Fernfeldkomponente $\underline{\underline{\mathbf{G}}}^{\mathrm{N,fern}}(\underline{\mathbf{R}}, \underline{\mathbf{R}}', \omega) \cdot \underline{\mathbf{e}}_z$ des Halbraum-Green-Tensors entsprechend anzuschreiben: Das der *Vollraum-t_z-*Quelle entsprechende Schallfeld leitet sich ja aus (13.2.41) mit $\underline{\underline{\mathbf{G}}}(\underline{\mathbf{R}} - \underline{\mathbf{R}}', \omega) \cdot \underline{\mathbf{e}}_z \Longrightarrow \underline{\underline{\mathbf{G}}}^{\mathrm{fern}}(\underline{\mathbf{R}}, \underline{\mathbf{R}}', \omega) \cdot \underline{\mathbf{e}}_z$ ab ((13.2.22)$\Longrightarrow$(13.2.27), (13.2.28)); ebendieses Schallfeld steht aber explizit in (14.4.43) und (14.4.44) multipliziert mit den Miller-Pursey-Faktoren. Konsequenz ist die Darstellung

$$\begin{aligned}\underline{\underline{\mathbf{G}}}^{\mathrm{N,fern}}(\underline{\mathbf{R}}, \underline{\mathbf{R}}', \omega) \cdot \underline{\mathbf{e}}_z = {} & M_{\mathrm{P}}^{t_z}(\vartheta) \, \frac{1}{\lambda + 2\mu} \, \underline{\underline{\mathbf{g}}}_{\mathrm{P}}(\hat{\underline{\mathbf{R}}}) \cdot \underline{\mathbf{e}}_z \, \frac{\mathrm{e}^{\mathrm{j}k_{\mathrm{P}}R}}{R} \, \mathrm{e}^{-\mathrm{j}k_{\mathrm{P}}\hat{\underline{\mathbf{R}}}\cdot\underline{\mathbf{R}}'} + \\ & + M_{\mathrm{S}}^{t_z}(\vartheta) \, \frac{1}{\mu} \, \underline{\underline{\mathbf{g}}}_{\mathrm{S}}(\hat{\underline{\mathbf{R}}}) \cdot \underline{\mathbf{e}}_z \, \frac{\mathrm{e}^{\mathrm{j}k_{\mathrm{S}}R}}{R} \, \mathrm{e}^{-\mathrm{j}k_{\mathrm{S}}\hat{\underline{\mathbf{R}}}\cdot\underline{\mathbf{R}}'}\end{aligned} \tag{14.4.45}$$

als Grundlage einer Fernfeldpunktquellensynthese für vorgegebene Normalkraftdichtequellen auf der spannungsfreien ebenen Oberfläche homogen-isotroper Halbräume.

Heuristische Näherungsformel für das Nahfeld piezoelektrischer Prüfköpfe

Eine naheliegende Idee ist die folgende: Die Terme

$$\phi_A^{\mathrm{fern}}(R, \vartheta, \varphi, \omega) = \frac{\mathrm{e}^{\mathrm{j}k_{\mathrm{P,S}}R}}{4\pi R} \, \mathcal{F}\{A(x, y, \omega)\}_{\substack{K_x = k_{\mathrm{P,S}} \sin\vartheta\cos\varphi \\ K_y = k_{\mathrm{P,S}} \sin\vartheta\sin\varphi}} \tag{14.4.46}$$

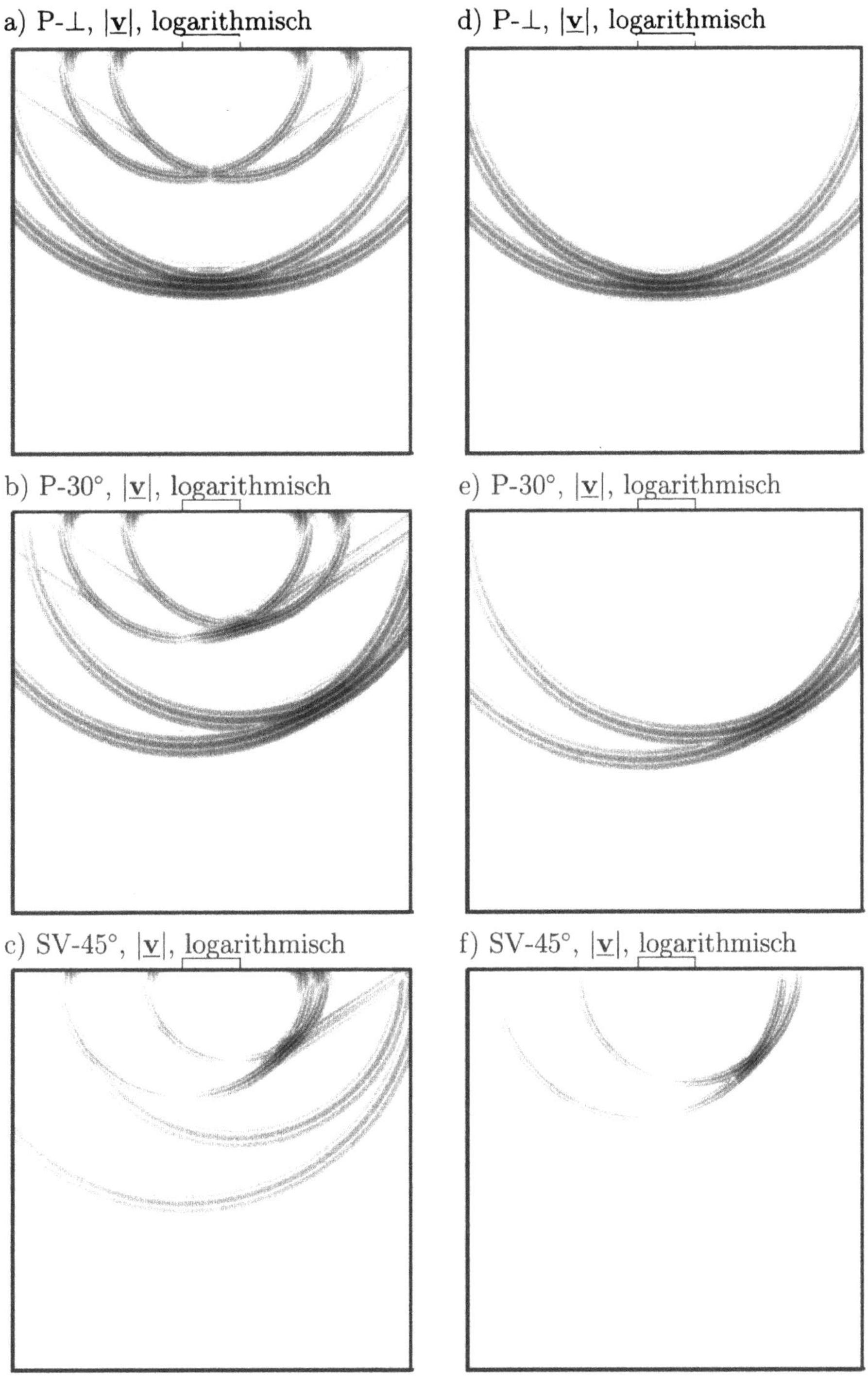

Abb. 14.4.7: *RC2(t)-Impulsabstrahlung von verschiedenen piezoelektrischen Prüfköpfen: EFIT-Wellenfronten (linke Spalte) und Wellenfronten in der Fernfeldnäherung (Betrag der Teilchengeschwindigkeit: inverse Fourier-Transformation der mit $-j\omega$ multiplizierten Gleichungen (14.4.36) und (14.4.37) mit (14.4.38); logarithmische Darstellung)*

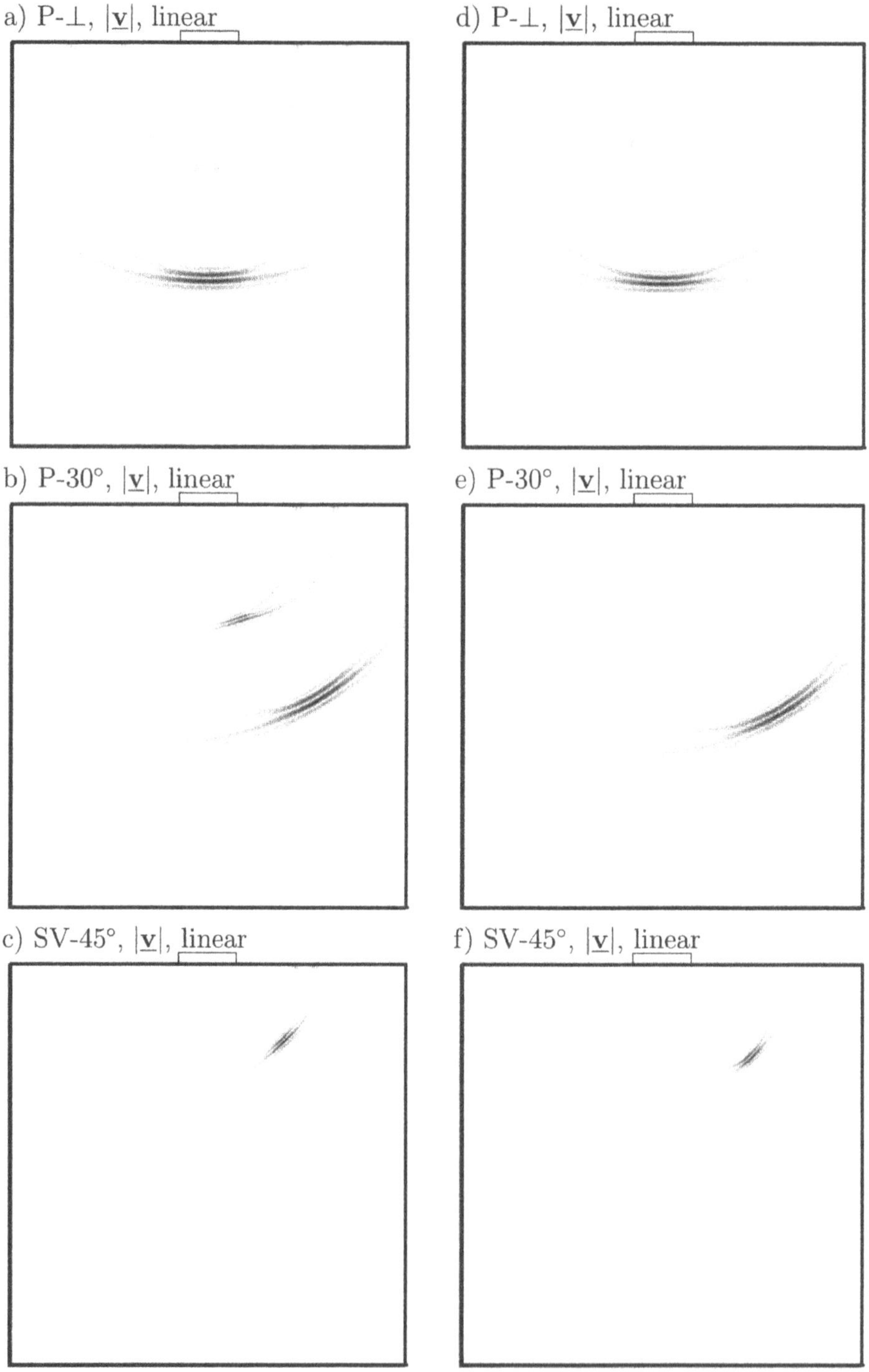

Abb. 14.4.8: *RC2(t)-Impulsabstrahlung von verschiedenen piezoelektrischen Prüfköpfen: EFIT-Wellenfronten (linke Spalte) und Wellenfronten in der Fernfeldnäherung (Betrag der Teilchengeschwindigkeit: inverse Fourier-Transformation der mit* $-\mathrm{j}\omega$ *multiplizierten Gleichungen (14.4.36) und (14.4.37) mit (14.4.38); lineare Darstellung)*

sind ja nichts anderes als die Fernfeldnäherung des Skalarfeldes

$$\phi_A(R,\vartheta,\varphi,\omega) = \iint_{S_A} A(x',y',\omega) \underbrace{\frac{e^{jk_{\mathrm{P,S}}\sqrt{(R\sin\vartheta\cos\varphi-x')^2+(R\sin\vartheta\sin\varphi-y')^2+z^2\cos^2\vartheta}}}{4\pi\sqrt{(R\sin\vartheta\cos\varphi-x')^2+(R\sin\vartheta\sin\varphi-y')^2+z^2\cos^2\vartheta}}}_{=G_{\mathrm{P,S}}(R,\vartheta,\varphi,x',y',z'=0,\omega)} \mathrm{d}x'\mathrm{d}y', \tag{14.4.47}$$

worin $G_{\mathrm{P,S}}(R,\vartheta,\varphi,x',y',z',\omega)$ die dreidimensionale skalare Green'sche Funktion des akustischen Vollraums in „gemischten" Koordinaten — Kugelkoordinaten bezüglich des Aufpunkts[22] und kartesische Koordinaten bezüglich des Quellpunkts — ist; der Index P oder S gibt an, welche Phasengeschwindigkeit dem akustischen Vollraum zukommt. Der Übergang $\phi_A(R,\vartheta,\varphi,\omega) \Longrightarrow \phi_A^{\mathrm{fern}}(R,\vartheta,\varphi,\omega)$ ist an die Voraussetzungen $R/A \gg 1$ und $k_{\mathrm{P,S}}R \gg 1$ geknüpft, wobei A die maximale Lineardimension der Aperturgeometrie S_A ist. Wenn diese Voraussetzungen *nicht* erfüllt sind (z.B. für die Wellenfrontenskizzen in Abb. 14.1.6), könnte man auf die in der Tat naheliegende Idee kommen, die Schallfeldformeln (14.4.43) und (14.4.44) „nahfeldmäßig" zu erweitern[23]

$$\underline{\mathbf{u}}_{\mathrm{P}}^{t_z}(R,\vartheta,\varphi,\omega) = \underline{\mathbf{e}}_R \frac{1}{c_{\mathrm{P}}Z_{\mathrm{P}}} M_{\mathrm{P}}^{t_z}(\vartheta)\cos\vartheta \iint_{S_A} A(x',y',\omega)\, G_{\mathrm{P}}(R,\vartheta,\varphi,x',y',z'=0,\omega)\,\mathrm{d}x'\mathrm{d}y' \quad , \tag{14.4.48}$$

$$\underline{\mathbf{u}}_{\mathrm{S}}^{t_z}(R,\vartheta,\varphi,\omega) = -\underline{\mathbf{e}}_\vartheta \frac{1}{c_{\mathrm{S}}Z_{\mathrm{S}}} M_{\mathrm{S}}^{t_z}(\vartheta)\sin\vartheta \iint_{S_A} A(x',y',\omega)\, G_{\mathrm{S}}(R,\vartheta,\varphi,x',y',z'=0,\omega)\,\mathrm{d}x'\mathrm{d}y' \tag{14.4.49}$$

Damit hat man eine gemischte Nahfeld-Fernfeld-Formulierung kreiert: Die skalare Richtwirkung der Apertur ist durch die korrekte Nahfeldformel ersetzt worden, d.h. die skalare Punktquellensynthese arbeitet mit den tatsächlichen $A(x',y',\omega)$-gewichteten Quellpunkten und nicht nur mit der Phasen- und Amplitudenkorrektur einer vom Koordinatenursprung ausgehenden Kugelwelle; dies bedeutet, dass auch die in Abb. 14.1.6a,b skizzierte bzw. für Abb. 14.1.1c,d (zweidimensional) ausgerechnete skalare Aperturwellenfront darin enthalten ist. Andererseits stehen die *elastodynamischen* Punktrichtwirkungen des Halbraums wegen der Miller-Pursey-Faktoren nur in der Fernfeldnäherung zur Verfügung. Man könnte nun noch *so* weit gehen, dass man auch die Vollraumpunktrichtwirkungen $\cos\vartheta$ und $-\sin\vartheta$ wieder gemäß

$$\underline{\mathbf{u}}_{\mathrm{P}}^{t_z}(R,\vartheta,\varphi,\omega) = \frac{1}{c_{\mathrm{P}}Z_{\mathrm{P}}} M_{\mathrm{P}}^{t_z}(\vartheta) \iint_{S_A} A(x',y',\omega)\, \underline{\underline{\mathbf{G}}}_{\mathrm{P}}(R,\vartheta,\varphi,x',y',z'=0,\omega)\cdot\underline{\mathbf{e}}_z\,\mathrm{d}x'\mathrm{d}y' \quad , \tag{14.4.50}$$

$$\underline{\mathbf{u}}_{\mathrm{S}}^{t_z}(R,\vartheta,\varphi,\omega) = \frac{1}{c_{\mathrm{S}}Z_{\mathrm{S}}} M_{\mathrm{S}}^{t_z}(\vartheta) \iint_{S_A} A(x',y',\omega)\, \underline{\underline{\mathbf{G}}}_{\mathrm{S}}(R,\vartheta,\varphi,x',y',z'=0,\omega)\cdot\underline{\mathbf{e}}_z\,\mathrm{d}x'\mathrm{d}y' \tag{14.4.51}$$

der Punktquellensynthese „einverleibt"; auf jeden Fall entstehen damit in $\underline{\mathbf{u}}_{\mathrm{P}}^{t_z}$ $\underline{\mathbf{e}}_\vartheta$- und $\underline{\mathbf{e}}_\varphi$- sowie in $\underline{\mathbf{u}}_{\mathrm{S}}^{t_z}$ $\underline{\mathbf{e}}_R$- nebst $\underline{\mathbf{e}}_\varphi$-Komponenten, die ja in (14.4.48) und (14.4.49) nicht enthalten sind. Aber: Da die Miller-Pursey-Faktoren, die ja die spannungsfreie Oberfläche des Halbraums charakterisieren, immer noch in der Fernfeldnäherung *vor* den — jetzt elastodynamischen — Aperturintegralen stehen, enthält das durch (14.4.50) und (14.4.51) dargestellte Teilchenverschiebungsfeld keine Kopf- und keine Rayleigh-Wellen. Daran ändert sich auch nichts, wenn man, durchaus

[22]Natürlich können wir auch kartesische Koordinaten bezüglich des Aufpunkts wählen.

[23]Eine Parallele: Genau wie bei den skalaren Rayleigh-Sommerfeld-Integralen (14.1.15) und (14.1.16) nimmt die P-Halbraum-Punktrichtwirkung $M_{\mathrm{P}}^{t_z}(\vartheta)$ für $\vartheta = 0$ den „Spiegelungswert" 2 an.

physikalischer Intuition folgend, auch noch die Miller-Pursey-Faktoren unter die Aperturintegrale zieht, indem man $\vartheta(x, y, z)$ durch den Polarwinkel $\vartheta'(x, y, z, x', y')$ des Quellpunktes ersetzt (Abbildung 14.4.9):

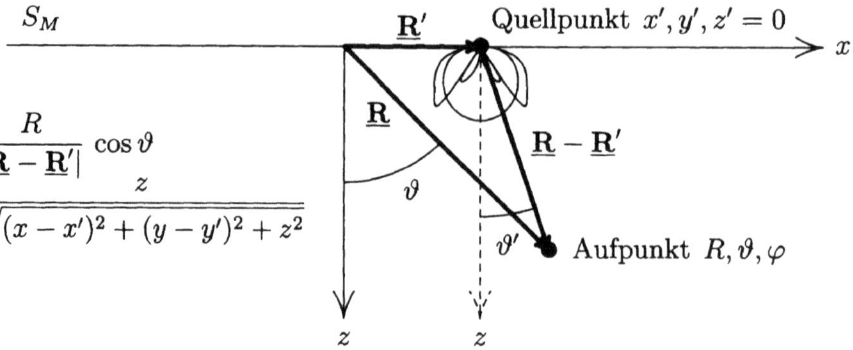

$$\cos\vartheta' = \frac{R}{|\underline{\mathbf{R}} - \underline{\mathbf{R}}'|}\cos\vartheta = \frac{z}{\sqrt{(x-x')^2 + (y-y')^2 + z^2}}$$

Abb. 14.4.9: Punktrichtwirkungen für den Quellpunkt

$$\underline{\mathbf{u}}_{\mathrm{P}}^{t_z}(R, \vartheta, \varphi, \omega) = \frac{1}{c_{\mathrm{P}} Z_{\mathrm{P}}} \iint_{S_A} A(x', y', \omega)\, M_{\mathrm{P}}^{t_z}(\vartheta')\, \underline{\underline{\mathbf{G}}}_{\mathrm{P}}(R, \vartheta, \varphi, x', y', z' = 0, \omega) \cdot \underline{\mathbf{e}}_z \,\mathrm{d}x'\mathrm{d}y' \quad , \tag{14.4.52}$$

$$\underline{\mathbf{u}}_{\mathrm{S}}^{t_z}(R, \vartheta, \varphi, \omega) = \frac{1}{c_{\mathrm{S}} Z_{\mathrm{S}}} \iint_{S_A} A(x', y', \omega)\, M_{\mathrm{S}}^{t_z}(\vartheta')\, \underline{\underline{\mathbf{G}}}_{\mathrm{S}}(R, \vartheta, \varphi, x', y', z' = 0, \omega) \cdot \underline{\mathbf{e}}_z \,\mathrm{d}x'\mathrm{d}y' \quad . \tag{14.4.53}$$

Wenn man das „Wagnis“ der Gleichungen (14.4.52) und (14.4.53) eingegangen ist, kann man in der Komplexität auch wieder einen Schritt zurück gehen und die Miller-Pursey-Faktoren um die in $\underline{\underline{\mathbf{G}}}_{\mathrm{P,S}} \cdot \underline{\mathbf{e}}_z$ enthaltenen (Fernfeld-)Punktrichtwirkungen des Vollraums — aber bezüglich des Quellpunkts! — ergänzen, d.h. man zieht in (14.4.48), (14.4.49) die *gesamte* Punktrichtwirkung unter die Integrale:

$$\underline{\mathbf{u}}_{\mathrm{P}}^{t_z}(R, \vartheta, \varphi, \omega) = \underline{\mathbf{e}}_R \frac{1}{c_{\mathrm{P}} Z_{\mathrm{P}}} \iint_{S_A} A(x', y', \omega)\, M_{\mathrm{P}}^{t_z}(\vartheta') \cos\vartheta'\, G_{\mathrm{P}}(R, \vartheta, \varphi, x', y', z' = 0, \omega) \,\mathrm{d}x'\mathrm{d}y' \quad , \tag{14.4.54}$$

$$\underline{\mathbf{u}}_{\mathrm{S}}^{t_z}(R, \vartheta, \varphi, \omega) = -\underline{\mathbf{e}}_\vartheta \frac{1}{c_{\mathrm{S}} Z_{\mathrm{S}}} \iint_{S_A} A(x', y', \omega)\, M_{\mathrm{S}}^{t_z}(\vartheta') \sin\vartheta'\, G_{\mathrm{S}}(R, \vartheta, \varphi, x', y', z' = 0, \omega) \,\mathrm{d}x'\mathrm{d}y' \quad . \tag{14.4.55}$$

Diese „Punktrichtwirkungen des Quellpunkts“ sind in Abb. 14.4.9 illustriert. Abbildung 14.4.10 zeigt ein gemäß (14.4.54), (14.4.55) berechnetes Beispiel[24] für welches die *Fernfeld*ergebnisse in Abb. 14.4.5 zu sehen sind: Man erkennt, wie sich die Hauptkeulen ausbilden, allerdings trägt Abb. 14.4.10 eine Längeneinheitsachsenbemaßung (hier: mm), während ein Fernfelddiagramm die tatsächliche Entfernung von der Quelle per definitionem nicht mehr enthält. Die Unterschiede im P-Strahlungsfeld beider Abbildungen haben ihre Ursache in einer deutlichen R-Abhängigkeit der „Nahfeldpunktrichtwirkungen“ (Aulenbacher, 1988), denn ebendiese bestimmen die räumliche Verteilung der Abstrahlung jenseits des kritischen Winkels ganz wesentlich.

[24] Die Daten wurden uns freundlicherweise von W. Müller vom Fraunhofer IZFP zur Verfügung gestellt.

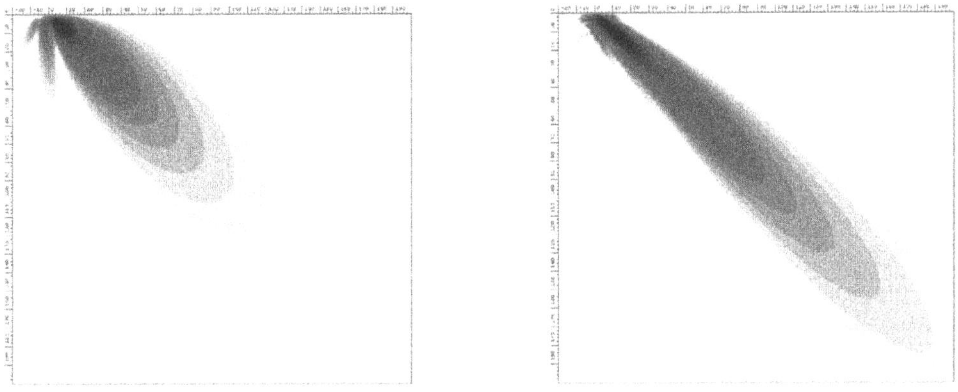

Abb. 14.4.10: *Nahfeldrichtdiagramme eines 45°-Scherwellenprüfkopfes in der Ebene* $\varphi = 0$ *für* $-20\,\mathrm{mm} \leq x \leq 200\,\mathrm{mm}$, $0 \leq z \leq 200\,\mathrm{mm}$; *links: P-Diagramm, rechts: S-Diagramm; die Grauwerte stellen eine Amplitudenabstufung in 3db-Schritten dar (Material: siehe Abb. 14.4.5; Frequenz: 1 MHz; Prüfkopfbreite:* $2a = 0.02$ *m, d.h.* $k_{\mathrm{P}}a = 10.65$*)*

Es sei nachdrücklich darauf hingewiesen, dass (14.4.52) und (14.4.53) nicht etwa das Ergebnis einer Berechnung der $\underline{\underline{\mathbf{G}}}^{\mathrm{N}} \cdot \underline{\mathbf{e}}_z$-Komponente des Halbraum-Green-Tensors in (14.4.11) darstellen: Es handelt sich bei *allen* vorstehenden „Nahfeld"-Formeln um physikalisch intuitive, aber heuristische Formeln, die sich im Einzelfall an einer exakten spektralen Darstellung nach ebenen Wellen, die man mit dem Ansatz (14.4.23) gewinnt, beweisen müssen. Alternativ lassen sich zur Validierung EFIT-Ergebnisse verwenden. Hinsichtlich der numerischen Auswertung sei angemerkt, dass es sich, sofern man den Aufpunkt kartesisch beschreibt, bezüglich x und y — genau wie bei den skalaren Rayleigh-Sommerfeld-Integralen (14.1.15) und (14.1.16) — stets um Faltungsintegrale handelt. Ferner: Da die Punktrichtwirkungen frequenzunabhängig sind, kann man sogar die Nahfeld-Versionen (14.4.54) und (14.4.55) analog zum skalaren Fall (Aulenbacher und Langenberg, 1980) mit der Cagniard-de Hoop-Methode in den Zeitbereich transformieren, um Wellenfronten auszurechnen.

15 Streukörper im homogen-isotropen nichtdissipativen Vollraum

Die Berechnung von Quellenfeldern, sei es im Vollraum oder auf der Oberfläche eines Halbraums, ist sicher ein wichtiges kanonisches Problem der US-zfP; die *eigentliche* Grundaufgabe ist jedoch in Abb. 15.0.1 skizziert: Ein Bauteilvolumen V_M mit der Oberfläche S_M, die häufig zugleich

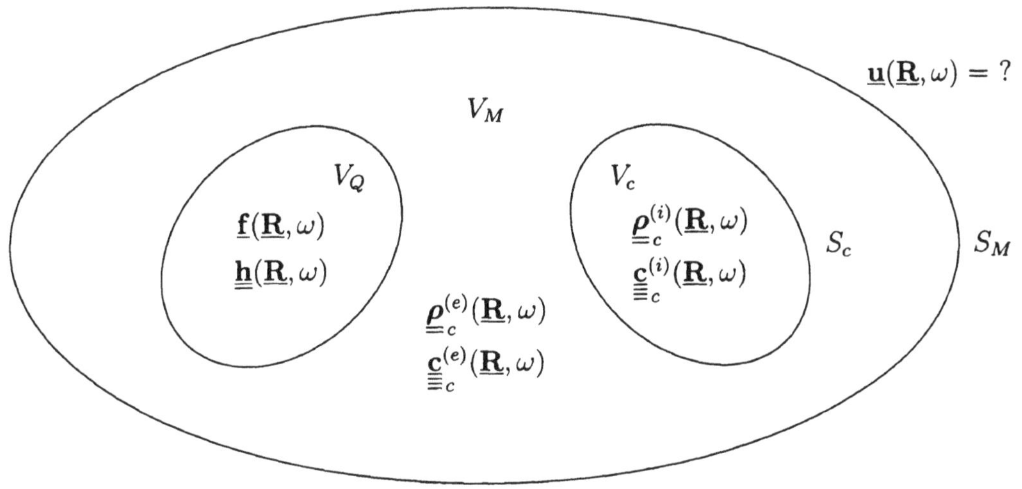

Abb. 15.0.1: *Modellierung eines US-zfP-Problems*

Messfläche ist und als spannungsfrei vorausgesetzt wird, enthält (primäre) Quellen elastodynamischer Felder — Quellvolumina V_Q — und „Ungänzen" — Streukörper V_c mit Oberflächen S_c. Wenn wir das Bauteilmaterial als linear, zeitinvariant und lokal reagierend voraussetzen (*ohne* diese Voraussetzung „geht" analytisch fast gar nichts), lassen wir nichtsdestoweniger Inhomogenität, Anisotropie und Dissipation zu, wobei sich Dissipation in der Frequenzabhängigkeit der komplexwertigen Materialtensoren $\underline{\underline{\boldsymbol{\rho}}}_c^{(e)}(\underline{\mathbf{R}}, \omega)$, $\underline{\underline{\underline{\underline{\mathbf{c}}}}}_c^{(e)}(\underline{\mathbf{R}}, \omega)$ äußert (Abschnitt 4.4). Die Streukörpervolumina seien entsprechend durch Materialtensoren $\underline{\underline{\boldsymbol{\rho}}}_c^{(i)}(\underline{\mathbf{R}}, \omega)$, $\underline{\underline{\underline{\underline{\mathbf{c}}}}}_c^{(i)}(\underline{\mathbf{R}}, \omega)$ charakterisiert. Die Grundaufgabe der *Modellierung*[1] lautet folgendermaßen: Man berechne elastodynamische Feldgrößen — in der Regel $\underline{\mathbf{u}}(\underline{\mathbf{R}}, t)$ — auf S_M bei Vorgabe der Materialtensoren in V_M und V_c und bei Vorgabe der Quellen $\underline{\mathbf{f}}(\underline{\mathbf{R}}, t)$, $\underline{\underline{\mathbf{h}}}(\underline{\mathbf{R}}, t)$ in V_Q; aufgrund der vorausgesetzten Linearität und Zeitinvarianz der Materialien können wir die Grundaufgabe wie in Abb. 15.0.1 für die Fourierspektren formulieren.

Analytische Methoden sind allerdings wenig geeignet, um diese Grundaufgabe in voller Allgemeinheit zu lösen; will man beispielsweise auf die Punktquellensynthese mit Green'schen Funk-

[1] Dem gegenüber steht die *Bewertung* von Ultraschallsignalen: Die Quellen sind bekannt, das Bauteil ist bekannt und die Feldgröße sei auf (einem Teil) der Messfläche gegeben; was lässt sich über V_c sagen?

tionen zurückgreifen, muss man sich in der Regel zunächst auf homogen-isotrope nichtdissipative Bauteilmaterialien und einen Halbraum als „Bauteil“volumen beschränken, und selbst dann ist man bezüglich der Quellenfelddarstellung auf Näherungen angewiesen (Abschnitt 14.4). Diese Näherungen werden im Frequenzbereich begründet, sodass man natürlich auch frequenz*abhängige* Bauteilmaterialien berücksichtigen kann; die Fourierinversion in den Zeitbereich muss man in der Regel sowieso numerisch durchführen. In diesem Sinne kann dann auch die „Ungänze“ völlig allgemein als inhomogen-anisotrop angesetzt werden. Warum? Weil zur Berechnung des Streufeldes *diejenigen* Green'schen Funktionen Verwendung finden, die wir soeben auch schon zur Berechnung des Quellenfeldes benutzt haben. Allerdings müssen bei völliger Material- und Geometriebeliebigkeit der Ungänze zunächst Integral*gleichungen* für *sekundäre* Quellen numerisch gelöst werden, bevor sie in die Integral*darstellung* für das Streufeld eingesetzt werden können. Um dies zu vermeiden, greift man gerne auf Näherungsansätze für die sekundären Quellen, nämlich die Kirchhoff- oder die Born-Näherung zurück; erstere ist für Hohlräume, letztere für Einschlüsse „zuständig“. Im Gegensatz zu diesen Green-Funktion-basierten Methoden stehen analytische Näherungsverfahren wie das *Ray Tracing* (Abschnitt 12.3.2) für inhomogene und/oder anisotrope Materialien.

Sofern man aus konkretem Anlass die eben genannten Kompromisse nicht machen kann oder darf, ist man auf ab initio numerische Verfahren — FE (Finite Elemente), FDTD (*Finite Difference Time Domain*), FIT (Finite Integrationstechnik) (EFIT: Fellinger, 1991; Marklein, 1997) angewiesen. Nun ist es aber keineswegs so, dass man mit deren Verwendung alle Sorgen los ist, denn man steht sofort neuen Problemen (Diskretisierungsfehler, numerische Dispersion etc.) gegenüber: *There is no such thing like a free lunch.*

15.1 Huygens'sches Prinzip

Christiaan Huygens (Blok et al., 1992) formulierte ein Prinzip, um gewisse Probleme der Lichtausbreitung *wellen*„theoretisch“ berechnen zu können:
Dieses Prinzip postuliert, dass jeder Punkt einer Wellenfront als Punktquelle einer Kugelwelle (Elementarwelle) wirkt, die sich mit der Lichtgeschwindigkeit ausbreitet. Zu einem späteren Zeitpunkt ist das Feld an einem vorgegebenen Punkt die Summe der Felder jeder einzelnen Punktquelle; die Einhüllende aller Elementarwellen von allen Punkten ist die nächste Wellenfront.
Für gegebene Quellenfelder hatten wir die mathematische Formulierung dieses Prinzips bereits als Punktquellensynthese kennengelernt, die Elementarwellen werden durch die skalare Green'sche Funktion im Zeitbereich gemäß (13.1.25) beschrieben. Das Huygens'sche Prinzip besagt jedoch mehr: Selbst wenn wir von den Quellen gar nichts wissen, genügt die Kenntnis des Wellenfeldes auf einer beliebigen Fläche im Raum, um dessen weitere Ausbreitung zu berechnen. Und Huygens sagt noch etwas: Die Wellen breiten sich nur „vorwärts“ aus, „rückwärts“ löschen sie sich aus. Wir vermuten, dass sich eine mathematische Formulierung des Huygens'schen Prinzips ebenfalls auf der Grundlage Green'scher Funktionen finden lassen wird, und in der Tat führt eine ganz formale Anwendung der zweiten Green'schen Formel auf skalare Wellenfelder und deren Green'sche Funktion auf die gewünschte Darstellung. In der Zeitbereichsformulierung stammt diese (Integral-)Darstellung von G. Kirchhoff, die Frequenzbereichsversion wurde jedoch schon früher von H. von Helmholtz angegeben, sodass man im Allgemeinen vom Helmholtz-Integral — manchmal auch vom Helmholtz-Kirchhoff-Integral — spricht: Das Kirchhoff-Integral ist nichts anderes als die inverse Fourier-Transformierte des Helmholtz-Integrals.

Nun vermuten wir natürlich, dass die elastodynamische Version eines solchen Helmholtz-Integrals einfach durch die Verwendung geeigneter elastischer Elementarwellen, sprich: deren zugeordnete Green'sche Funktionen, entsteht. Zur formalen mathematischen Herleitung — insbesondere des

„Rückwärtsauslöschungstheorems" — bedarf es aber eines tensoriellen Äquivalents der zweiten Green'schen Formel, und vor dem Hintergrund dieses nicht ganz anspruchslosen Formalismus geht leicht der physikalische Gehalt des (elastodynamischen) Huygens'schen Prinzips verloren. Es gibt zwei Umwege, die wir im Folgenden auch beschreiten werden, bevor wir uns der strengen mathematischen Herleitung zuwenden:

- mathematische Begründung des elastodynamischen Huygens'schen Prinzips aufgrund physikalischer Argumentation unter dem *Postulat* des Auslöschungstheorems;
- mathematische Herleitung zunächst des *skalaren* Huygens'schen Prinzips mit der zweiten Green'schen Formel und physikalische Interpretation desselben, denn der physikalische Gehalt bleibt sodann für das elastodynamische Huygens-Prinzip unverändert.

15.1.1 Mathematische Begründung des elastodynamischen Huygens'schen Prinzips aufgrund physikalischer Argumentation

Wir argumentieren mit Fourier-transformierten Feldern, also im Frequenzbereich, um eine dem Helmholtz-Integral äquivalente Integraldarstellung elastodynamischer Felder zu finden.

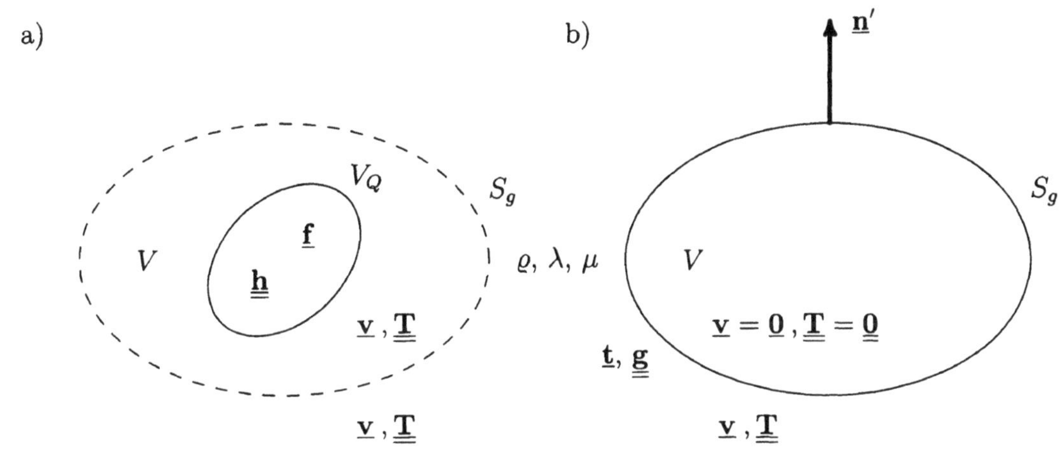

Abb. 15.1.1: a) Elastodynamisches Feld primärer Quellen $\underline{\mathbf{f}}$ und $\underline{\underline{\mathbf{h}}}$ b) „Huygens"-Quellen $\underline{\mathbf{t}}$ und $\underline{\underline{\mathbf{g}}}$ als äquivalente Quellen desselben elastodynamischen Feldes außerhalb von S_g und eines Nullfeldes innerhalb von S_g

Huygens'sches Prinzip als Äquivalenzprinzip
Das elastodynamische Feld (Gleichungen (13.3.1) und (13.3.2))

$$\underline{\mathbf{v}}(\underline{\mathbf{R}},\omega)=\iiint_{V_Q}\left[-\mathrm{j}\omega\underline{\mathbf{f}}(\underline{\mathbf{R}}',\omega)\cdot\underline{\underline{\mathbf{G}}}(\underline{\mathbf{R}}-\underline{\mathbf{R}}',\omega)+\underline{\underline{\mathbf{h}}}(\underline{\mathbf{R}}',\omega):\underline{\underline{\underline{\boldsymbol{\Sigma}}}}(\underline{\mathbf{R}}-\underline{\mathbf{R}}',\omega)\right]\mathrm{d}^3\underline{\mathbf{R}}' \quad , \tag{15.1.1}$$

$$\underline{\underline{\mathbf{T}}}(\underline{\mathbf{R}},\omega)=\iiint_{V_Q}\left[\underline{\mathbf{f}}(\underline{\mathbf{R}}',\omega)\cdot\underline{\underline{\underline{\boldsymbol{\Sigma}}}}^{312}(\underline{\mathbf{R}}',\omega)-\frac{1}{\mathrm{j}\omega}\underline{\underline{\mathbf{h}}}(\underline{\mathbf{R}}',\omega):\underline{\underline{\underline{\underline{\boldsymbol{\Pi}}}}}(\underline{\mathbf{R}}-\underline{\mathbf{R}}',\omega)\right]\mathrm{d}^3\underline{\mathbf{R}}' \tag{15.1.2}$$

vorgegebener Quellen $\underline{\mathbf{f}}(\underline{\mathbf{R}}',\omega)$ und $\underline{\underline{\mathbf{h}}}(\underline{\mathbf{R}}',\omega)$, die außerhalb von V_Q null sein sollen, genügt im ganzen homogen-isotropen nichtdissipativen Raum — $\underline{\mathbf{R}}\in\mathbb{R}^3$ — den inhomogenen elastodynamischen Grundgleichungen

$$-\mathrm{j}\omega\varrho\,\underline{\mathbf{v}}(\underline{\mathbf{R}},\omega)=\boldsymbol{\nabla}\cdot\underline{\underline{\mathbf{T}}}(\underline{\mathbf{R}},\omega)+\underline{\mathbf{f}}(\underline{\mathbf{R}},\omega) \quad , \tag{15.1.3}$$

$$-\mathrm{j}\omega\,\underline{\underline{\mathbf{T}}}(\underline{\mathbf{R}},\omega)=\underline{\underline{\underline{\underline{\mathbf{c}}}}}:\boldsymbol{\nabla}\underline{\mathbf{v}}(\underline{\mathbf{R}},\omega)+\underline{\underline{\underline{\underline{\mathbf{c}}}}}:\underline{\underline{\mathbf{h}}}(\underline{\mathbf{R}},\omega) \quad , \tag{15.1.4}$$

wobei $\underline{\underline{\underline{\underline{\mathbf{c}}}}} = \lambda \underline{\underline{\underline{\underline{\mathbf{I}}}}}^\delta + 2\mu \underline{\underline{\underline{\underline{\mathbf{I}}}}}^+$; die Green'schen Funktionen ebendieses unendlichen Raums sind durch (13.2.18), (13.2.81) und (13.2.135) gegeben. *Außerhalb* einer fiktiven — mathematisch gedachten — geschlossenen Fläche S_g, d.h. für $\underline{\mathbf{R}} \in \mathbb{R}^3 \backslash \overline{V}$, die das Quellvolumen einschließt (Abbildung 15.1.1a), genügen $\underline{\mathbf{v}}(\underline{\mathbf{R}}, \omega)$ und $\underline{\underline{\mathbf{T}}}(\underline{\mathbf{R}}, \omega)$ gemäß (15.1.1) und (15.1.2) den *homogenen* Grundgleichungen

$$-\mathrm{j}\omega\varrho\,\underline{\mathbf{v}}(\underline{\mathbf{R}}, \omega) = \nabla \cdot \underline{\underline{\mathbf{T}}}(\underline{\mathbf{R}}, \omega) \ , \tag{15.1.5}$$

$$-\mathrm{j}\omega\,\underline{\underline{\mathbf{T}}}(\underline{\mathbf{R}}, \omega) = \underline{\underline{\underline{\underline{\mathbf{c}}}}} : \nabla\underline{\mathbf{v}}(\underline{\mathbf{R}}, \omega) \ . \tag{15.1.6}$$

Nun wenden wir uns dem Problem der Abb. 15.1.1b zu: Außerhalb von S_g liege dasselbe homogen-isotrope nichtdissipative ϱ, λ, μ-Material vor, das in Abb. 15.1.1a das Quellvolumen beherbergt; *innerhalb* von S_g jedoch postulieren wir ein Nullfeld. Wie erreichen wir es, dass dennoch außerhalb von S_g das Feld gegenüber Abb. 15.1.1a unverändert bleibt? Natürlich müssen wir irgendwo Quellen ansiedeln, und die Übergangsbedingungen (3.3.27), (3.3.28) sagen uns, dass der unstetige Sprung vom Nullfeld innerhalb S_g zum Feld $\underline{\mathbf{v}}\,, \underline{\underline{\mathbf{T}}}$ außerhalb S_g durch Flächenquellen

$$\underline{\mathbf{t}}(\underline{\mathbf{R}}', \omega) = -\underline{\mathbf{n}}' \cdot \underline{\underline{\mathbf{T}}}(\underline{\mathbf{R}}', \omega) \ , \tag{15.1.7}$$

$$\underline{\underline{\mathbf{g}}}(\underline{\mathbf{R}}', \omega) = -\underline{\underline{\underline{\underline{\mathbf{I}}}}}^+ : \underline{\mathbf{n}}'\underline{\mathbf{v}}(\underline{\mathbf{R}}', \omega) \tag{15.1.8}$$

aufrecht erhalten werden kann, wobei $\underline{\mathbf{n}}'$ die äußere Normale — sie zeigt weg vom Nullfeld — im Punkt $\underline{\mathbf{R}}' \in S_g$ ist. In (15.1.7), (15.1.8) sind die Feldgrößen $\underline{\mathbf{v}}(\underline{\mathbf{R}}', \omega)$ und $\underline{\underline{\mathbf{T}}}(\underline{\mathbf{R}}', \omega)$ die Randwerte des äußeren Feldes, d.h. die Flächenquellen sind feldabhängig. Das Ganze sieht nun aus wie ein Zirkelschluss: Ein Feld wird aufrecht erhalten durch Quellen, die selbst wieder das Feld enthalten! Allerdings ist sofort eine physikalische Auflösung zur Hand: Mit Abb. 15.1.1a hatten wir ja angenommen, dass das Feld durch primäre Quellen erzeugt wird, und das heißt natürlich, dass auch das Feld auf der fiktiven Fläche S_g der Abb. 15.1.1a von den Quellen stammt, genauer: die durch (15.1.7), (15.1.8) gegebenen Komponenten. Mit Abb. 15.1.1b werden nun diese Feldkomponenten beibehalten, das Innere von S_g jedoch „entfernt" und siehe da, außerhalb von S_g ändert sich nichts: Die Kenntnis der Flächenquellen auf S_g ist, was das Feld im Äußeren von S_g angeht, äquivalent zur Kenntnis der primären Volumenquellen innerhalb von S_g. Dies ist ein Äquivalenzprinzip (Langenberg, 2005). Es ist ferner das Huygens'sche Prinzip, da die Kenntnis des Feldes auf einer (geschlossenen) Fläche hinreichend für die Kenntnis des Feldes außerhalb dieser Fläche ist. Und: Im Inneren von S_g löscht sich das Feld der äquivalenten Flächenquellen offensichtlich aus. Jetzt fehlt uns nur noch eine mathematische Darstellung des Feldes; dazu drehen wir (15.1.7), (15.1.8) um und sagen: Die durch

$$-\underline{\mathbf{n}}' \cdot \underline{\underline{\mathbf{T}}}(\underline{\mathbf{R}}', \omega) \stackrel{\mathrm{def}}{=} \underline{\mathbf{t}}(\underline{\mathbf{R}}', \omega) \ , \tag{15.1.9}$$

$$-\underline{\underline{\underline{\underline{\mathbf{I}}}}}^+ : \underline{\mathbf{n}}'\underline{\mathbf{v}}(\underline{\mathbf{R}}', \omega) \stackrel{\mathrm{def}}{=} \underline{\underline{\mathbf{g}}}(\underline{\mathbf{R}}', \omega) \tag{15.1.10}$$

gegebenen Feldkomponenten *definieren* mit $\underline{\mathbf{R}}' \in S_g$ Flächenquellen auf S_g, und mit der vektoriellen singulären Funktion $\underline{\gamma}(\underline{\mathbf{R}})$ der Fläche S_g (Abschnitt 2.4.5) machen wir daraus (formal) äquivalente Volumenquellen

$$\underline{\mathbf{f}}_c(\underline{\mathbf{R}}', \omega) = -\underline{\gamma}(\underline{\mathbf{R}}') \cdot \underline{\underline{\mathbf{T}}}(\underline{\mathbf{R}}', \omega) \ , \tag{15.1.11}$$

$$\underline{\underline{\mathbf{h}}}_c(\underline{\mathbf{R}}', \omega) = -\underline{\underline{\underline{\underline{\mathbf{I}}}}}^+ : \underline{\gamma}(\underline{\mathbf{R}}')\underline{\mathbf{v}}(\underline{\mathbf{R}}', \omega) \tag{15.1.12}$$

mit[2] $\underline{\mathbf{R}}' \in \mathbb{R}^3$, die wir in die Integraldarstellungen (15.1.1), (15.1.2) einsetzen können:

$$\underline{\mathbf{v}}(\underline{\mathbf{R}}, \omega) = \iiint_{V_Q} \left[-\mathrm{j}\omega \underline{\mathbf{f}}_c(\underline{\mathbf{R}}', \omega) \cdot \underline{\underline{\mathbf{G}}}(\underline{\mathbf{R}} - \underline{\mathbf{R}}', \omega) + \underline{\underline{\mathbf{h}}}_c(\underline{\mathbf{R}}', \omega) : \underline{\underline{\underline{\mathbf{\Sigma}}}}(\underline{\mathbf{R}} - \underline{\mathbf{R}}', \omega)\right] \mathrm{d}^3\underline{\mathbf{R}}' \ , \tag{15.1.13}$$

[2]Natürlich sind die Volumenquellen (15.1.11), (15.1.12) nur für $\underline{\mathbf{R}}' \in S_g$ tatsächlich von null verschieden.

$$\underline{\underline{\mathbf{T}}}(\underline{\mathbf{R}},\omega)=\iiint_{V_Q}\left[\underline{\mathbf{f}}_c(\underline{\mathbf{R}}',\omega)\cdot\underline{\underline{\underline{\boldsymbol{\Sigma}}}}^{312}(\underline{\mathbf{R}}',\omega)-\frac{1}{j\omega}\,\underline{\underline{\mathbf{h}}}_c(\underline{\mathbf{R}}',\omega):\underline{\underline{\underline{\underline{\boldsymbol{\Pi}}}}}(\underline{\mathbf{R}}-\underline{\mathbf{R}}',\omega)\right]\mathrm{d}^3\underline{\mathbf{R}}' \quad . \tag{15.1.14}$$

Die Siebeigenschaft (2.4.38) der singulären Funktion führt diese Volumenintegrale in Flächenintegrale

$$\underline{\mathbf{v}}(\underline{\mathbf{R}},\omega)=\iint_{S_g}\left[j\omega\underline{\mathbf{n}}'\cdot\underline{\underline{\mathbf{T}}}(\underline{\mathbf{R}}',\omega)\cdot\underline{\underline{\mathbf{G}}}(\underline{\mathbf{R}}-\underline{\mathbf{R}}',\omega)-\underline{\mathbf{n}}'\underline{\mathbf{v}}(\underline{\mathbf{R}}',\omega):\underline{\underline{\underline{\boldsymbol{\Sigma}}}}(\underline{\mathbf{R}}-\underline{\mathbf{R}}',\omega)\right]\mathrm{d}S' \quad , \tag{15.1.15}$$

$$\underline{\underline{\mathbf{T}}}(\underline{\mathbf{R}},\omega)=\iint_{S_g}\left[-\underline{\mathbf{n}}'\cdot\underline{\underline{\mathbf{T}}}(\underline{\mathbf{R}}',\omega)\cdot\underline{\underline{\underline{\boldsymbol{\Sigma}}}}^{312}(\underline{\mathbf{R}}-\underline{\mathbf{R}}',\omega)+\frac{1}{j\omega}\,\underline{\mathbf{n}}'\underline{\mathbf{v}}(\underline{\mathbf{R}}',\omega):\underline{\underline{\underline{\underline{\boldsymbol{\Pi}}}}}(\underline{\mathbf{R}}-\underline{\mathbf{R}}',\omega)\right]\mathrm{d}S' \tag{15.1.16}$$

über, wobei wir auch noch die Symmetrien (13.2.80) und (13.2.121) des $\underline{\underline{\underline{\boldsymbol{\Sigma}}}}$- und $\underline{\underline{\underline{\underline{\boldsymbol{\Pi}}}}}$-Tensors berücksichtigt haben. Die Integraldarstellungen (15.1.15) und (15.1.16) begründen nicht nur ein Äquivalenzprinzip, sie sind die mathematische Formulierung des elastodynamischen Huygens'schen Prinzips, also das elastodynamische Pendant zum skalaren Helmholtz-Integral. Für Aufpunkte $\underline{\mathbf{R}}$ außerhalb von S_g formulieren sie ein *representation theorem* als Lösung der homogenen elastodynamischen Grundgleichungen, und für Aufpunkte $\underline{\mathbf{R}}$ innerhalb von S_g formulieren sie ein *extinction theorem*[3]: Die mathematische Formulierung des Huygens'schen Prinzips liefert das Feld auf einer Seite einer Fläche, dessen Quellen auf der jeweils anderen Seite der Fläche liegen, und auf der Seite der Quellen ergibt sich ein Nullfeld. Allerdings steht ein expliziter mathematischer Beweis noch aus, denn bisher haben wir das Auslöschungstheorem postuliert! Wir sind damit einem Gedanken von J. Larmor (1903) zur Begründung des elektromagnetischen Huygens-Prinzips gefolgt, nach dem (15.1.15), (15.1.16) „mit großer Wahrscheinlichkeit" — weil physikalisch begründet — die richtigen Randwerte der Feldkomponenten, also die richtigen äquivalenten Quellen enthalten; Lösung der elastodynamischen Grundgleichungen sind (15.1.15), (15.1.16) nämlich für *beliebige* Randwerte. Man beachte: Entsprechend der Larmor'schen Argumentation müssen *sowohl* Flächentraktionsdichten *als auch* Flächendeformationsraten als äquivalente Flächenquellen berücksichtigt werden, und das ist ein wesentlicher Grund dafür, dass wir von Anfang an *beide* physikalische Quellen in den elastodynamischen Grundgleichungen berücksichtigt haben; ansonsten hätten wir das „richtige" elastodynamische Äquivalenzprinzip auf der Grundlage von (15.1.1) und (15.1.2) gar nicht so einfach hinschreiben können. Als „Gegenleistung" mussten wir alle drei Green'schen Tensoren $\underline{\underline{\mathbf{G}}}$, $\underline{\underline{\underline{\boldsymbol{\Sigma}}}}$ und $\underline{\underline{\underline{\underline{\boldsymbol{\Pi}}}}}$ herleiten.

Bevor wir aber etwas tiefer in die mathematische Herleitung von (15.1.15), (15.1.16) eingehen, sei skizziert, was uns ein elastodynamisches Huygens-Prinzip für die Lösung der in Abb. 15.0.1 dargestellten Grundaufgabe der US-zfP „bringt". Bisher ist es ja „nur" ein Äquivalenzprinzip.

Huygens'sches Prinzip: Integraldarstellungen eines Streufeldes

Die nachfolgende Argumentation hatten wir schon im Zusammenhang mit akustischen und elektromagnetischen Streufeldern skizziert; wir übertragen denn auch die Abbildungen 5.6.1 und 6.7.1 auf den elastodynamischen Fall (Abbildung 15.1.2). Ein Quell- und ein Streuvolumen seien in einen homogen-isotropen nichtdissipativen Vollraum eingebettet; ohne die Anwesenheit des Streuers wäre das elastodynamische Feld ein reines Quellenfeld *primärer* Quellen, das wir mit $\underline{\mathbf{v}}_i(\underline{\mathbf{R}},\omega)$, $\underline{\underline{\mathbf{T}}}_i(\underline{\mathbf{R}},\omega)$ als einfallendes Feld kennzeichnen und gemäß

$$\underline{\mathbf{v}}_i(\underline{\mathbf{R}},\omega)=\iiint_{V_Q}\left[-j\omega\underline{\mathbf{f}}(\underline{\mathbf{R}}',\omega)\cdot\underline{\underline{\mathbf{G}}}(\underline{\mathbf{R}}-\underline{\mathbf{R}}',\omega)+\underline{\underline{\mathbf{h}}}(\underline{\mathbf{R}}',\omega):\underline{\underline{\underline{\boldsymbol{\Sigma}}}}(\underline{\mathbf{R}}-\underline{\mathbf{R}}',\omega)\right]\mathrm{d}^3\underline{\mathbf{R}}' \quad , \tag{15.1.17}$$

$$\underline{\underline{\mathbf{T}}}_i(\underline{\mathbf{R}},\omega)=\iiint_{V_Q}\left[\underline{\mathbf{f}}(\underline{\mathbf{R}}',\omega)\cdot\underline{\underline{\underline{\boldsymbol{\Sigma}}}}^{312}(\underline{\mathbf{R}}',\omega)-\frac{1}{j\omega}\,\underline{\underline{\mathbf{h}}}(\underline{\mathbf{R}}',\omega):\underline{\underline{\underline{\underline{\boldsymbol{\Pi}}}}}(\underline{\mathbf{R}}-\underline{\mathbf{R}}',\omega)\right]\mathrm{d}^3\underline{\mathbf{R}}' \tag{15.1.18}$$

[3] Für $\underline{\mathbf{R}}\in S_g$ werden sie zur Grundlage der BEM (*Boundary Element Method*) zur numerischen Berechnung von Streufeldern.

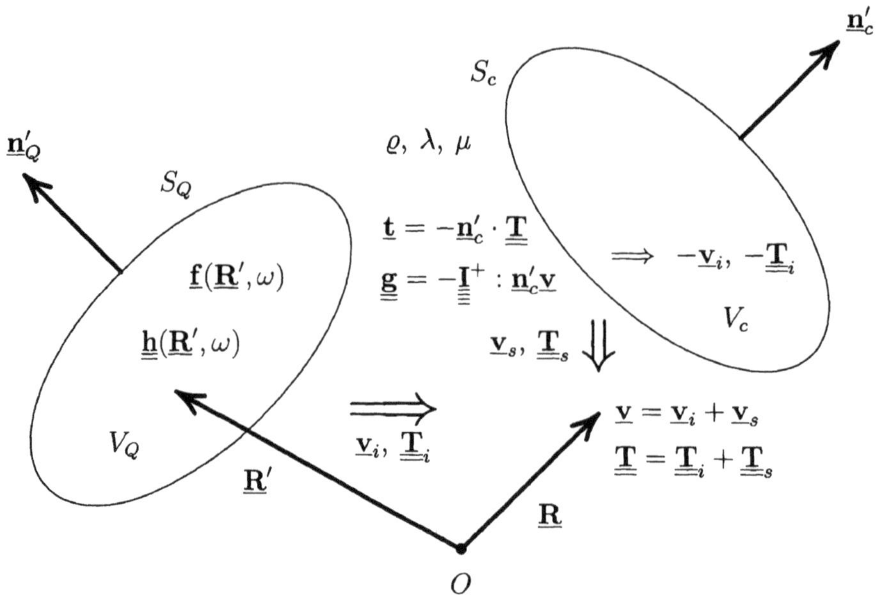

Abb. 15.1.2: *Elastodynamisches Streuproblem: Flächenquellen des Huygens-Prinzips*

(Gleichungen (15.1.1), (15.1.2)) berechnen. *Mit* Streuer kann dies *nicht* das einzige Feld sein, da es sicherlich auf S_c nicht die physikalisch geforderten Übergangs- bzw. Randbedingungen erfüllt. Aufgrund der Linearität der elastodynamischen Grundgleichungen superponieren wir deshalb dem einfallenden Feld ein Streufeld $\underline{\mathbf{v}}_s(\underline{\mathbf{R}}, \omega)$, $\underline{\underline{\mathbf{T}}}_s(\underline{\mathbf{R}}, \omega)$ zum Gesamtfeld

$$\underline{\mathbf{v}}(\underline{\mathbf{R}}, \omega) = \underline{\mathbf{v}}_i(\underline{\mathbf{R}}, \omega) + \underline{\mathbf{v}}_s(\underline{\mathbf{R}}, \omega) \quad , \tag{15.1.19}$$

$$\underline{\underline{\mathbf{T}}}(\underline{\mathbf{R}}, \omega) = \underline{\underline{\mathbf{T}}}_i(\underline{\mathbf{R}}, \omega) + \underline{\underline{\mathbf{T}}}_s(\underline{\mathbf{R}}, \omega) \quad , \tag{15.1.20}$$

und zwar genau *so*, dass letzteres die Übergangs- bzw. Randbedingungen auf S_c erfüllt. Um dies sicherstellen zu können, wäre eine mathematische Darstellung von $\underline{\mathbf{v}}(\underline{\mathbf{R}}, \omega)$, $\underline{\underline{\mathbf{T}}}(\underline{\mathbf{R}}, \omega)$ nützlich, die die in den Übergangsbedingungen auftretenden Randwerte des $\underline{\mathbf{v}}(\underline{\mathbf{R}}, \omega)$, $\underline{\underline{\mathbf{T}}}(\underline{\mathbf{R}}, \omega)$-Feldes als Parameter enthält. Da das Gesamtfeld außerhalb von V_c und V_Q — $\underline{\mathbf{R}} \in \mathbb{R}^3 \backslash (\overline{V}_c \cup \overline{V}_Q)$ — den homogenen elastodynamischen Grundgleichungen genügt (das Streufeld $\underline{\mathbf{v}}_s(\underline{\mathbf{R}}, \omega)$, $\underline{\underline{\mathbf{T}}}_s(\underline{\mathbf{R}}, \omega)$ genügt sogar für $\underline{\mathbf{R}} \in V_Q$ den homogenen Gleichungen, es hat *dort* keine Quellen), kennen wir mit den Integralen (15.1.15), (15.1.16) des elastodynamischen Huygens-Prinzips Integraldarstellungen des Gesamtfeldes

$$\begin{aligned}\underline{\mathbf{v}}(\underline{\mathbf{R}}, \omega) = & \iint_{S_Q} \left[\mathrm{j}\omega \underline{\mathbf{n}}_Q' \cdot \underline{\underline{\mathbf{T}}}(\underline{\mathbf{R}}', \omega) \cdot \underline{\underline{\mathbf{G}}}(\underline{\mathbf{R}} - \underline{\mathbf{R}}', \omega) - \underline{\mathbf{n}}_Q' \underline{\mathbf{v}}(\underline{\mathbf{R}}', \omega) : \underline{\underline{\underline{\mathbf{\Sigma}}}}(\underline{\mathbf{R}} - \underline{\mathbf{R}}', \omega) \right] \mathrm{d}S' + \\ & + \iint_{S_c} \left[\mathrm{j}\omega \underline{\mathbf{n}}_c' \cdot \underline{\underline{\mathbf{T}}}(\underline{\mathbf{R}}', \omega) \cdot \underline{\underline{\mathbf{G}}}(\underline{\mathbf{R}} - \underline{\mathbf{R}}', \omega) - \underline{\mathbf{n}}_c' \underline{\mathbf{v}}(\underline{\mathbf{R}}', \omega) : \underline{\underline{\underline{\mathbf{\Sigma}}}}(\underline{\mathbf{R}} - \underline{\mathbf{R}}', \omega) \right] \mathrm{d}S' \quad ,\end{aligned} \tag{15.1.21}$$

$$\begin{aligned}\underline{\underline{\mathbf{T}}}(\underline{\mathbf{R}}, \omega) = & \iint_{S_Q} \left[-\underline{\mathbf{n}}_Q' \cdot \underline{\underline{\mathbf{T}}}(\underline{\mathbf{R}}', \omega) \cdot \underline{\underline{\underline{\mathbf{\Sigma}}}}^{312}(\underline{\mathbf{R}}', \omega) + \frac{1}{\mathrm{j}\omega} \underline{\mathbf{n}}_Q' \underline{\mathbf{v}}(\underline{\mathbf{R}}', \omega) : \underline{\underline{\underline{\underline{\mathbf{\Pi}}}}}(\underline{\mathbf{R}} - \underline{\mathbf{R}}', \omega) \right] \mathrm{d}S' + \\ & + \iint_{S_c} \left[-\underline{\mathbf{n}}_c' \cdot \underline{\underline{\mathbf{T}}}(\underline{\mathbf{R}}', \omega) \cdot \underline{\underline{\underline{\mathbf{\Sigma}}}}^{312}(\underline{\mathbf{R}}', \omega) + \frac{1}{\mathrm{j}\omega} \underline{\mathbf{n}}_c' \underline{\mathbf{v}}(\underline{\mathbf{R}}', \omega) : \underline{\underline{\underline{\underline{\mathbf{\Pi}}}}}(\underline{\mathbf{R}} - \underline{\mathbf{R}}', \omega) \right] \mathrm{d}S'\end{aligned}$$

(15.1.22)

für Aufpunkte außerhalb von S_Q und S_c, die zwar die genannten Anforderungen erfüllen, sich aber noch über die *beiden* Oberflächen S_Q und S_c erstrecken.

Wir werfen zunächst einen genaueren Blick auf die S_Q-Integrale in (15.1.21) und (15.1.22) und ersetzen das *Gesamt*feld beispielsweise im Integranden von (15.1.22) gemäß (15.1.5), (15.1.6) durch die Superposition aus einfallendem und gestreutem Feld:

$$
\begin{aligned}
&\iint_{S_Q} \left[\mathrm{j}\omega \underline{\mathbf{n}}'_Q \cdot \underline{\underline{\mathbf{T}}}(\underline{\mathbf{R}}', \omega) \cdot \underline{\underline{\mathbf{G}}}(\underline{\mathbf{R}} - \underline{\mathbf{R}}', \omega) - \underline{\mathbf{n}}'_Q \underline{\mathbf{v}}(\underline{\mathbf{R}}', \omega) : \underline{\underline{\underline{\mathbf{\Sigma}}}}(\underline{\mathbf{R}} - \underline{\mathbf{R}}', \omega) \right] \mathrm{d}S' = \\
&\underbrace{\iint_{S_Q} \left[\mathrm{j}\omega \underline{\mathbf{n}}'_Q \cdot \underline{\underline{\mathbf{T}}}_i(\underline{\mathbf{R}}', \omega) \cdot \underline{\underline{\mathbf{G}}}(\underline{\mathbf{R}} - \underline{\mathbf{R}}', \omega) - \underline{\mathbf{n}}'_Q \underline{\mathbf{v}}_i(\underline{\mathbf{R}}', \omega) : \underline{\underline{\underline{\mathbf{\Sigma}}}}(\underline{\mathbf{R}} - \underline{\mathbf{R}}', \omega) \right] \mathrm{d}S' +}_{= \underline{\mathbf{v}}_i(\underline{\mathbf{R}}, \omega) \text{ für } \underline{\mathbf{R}} \in \mathbb{R}^3 \backslash \overline{V}_Q} \\
&\underbrace{+ \iint_{S_Q} \left[\mathrm{j}\omega \underline{\mathbf{n}}'_Q \cdot \underline{\underline{\mathbf{T}}}_s(\underline{\mathbf{R}}', \omega) \cdot \underline{\underline{\mathbf{G}}}(\underline{\mathbf{R}} - \underline{\mathbf{R}}', \omega) - \underline{\mathbf{n}}'_Q \underline{\mathbf{v}}_s(\underline{\mathbf{R}}', \omega) : \underline{\underline{\underline{\mathbf{\Sigma}}}}(\underline{\mathbf{R}} - \underline{\mathbf{R}}', \omega) \right] \mathrm{d}S'}_{= \underline{\mathbf{0}} \text{ für } \underline{\mathbf{R}} \in \mathbb{R}^3 \backslash \overline{V}_Q}
\end{aligned}
\tag{15.1.23}
$$

Die Unterklammern statuieren, dass die S_Q-Integrale in (15.1.21), (15.1.22) nichts anderes als das einfallende Feld liefern, denn das Äquivalenzprinzip sagt uns sofort, dass das erste Integral auf der rechten Seite von (15.1.23) für $\underline{\mathbf{R}} \in \mathbb{R}^3 \backslash \overline{V}_Q$ gleich $\underline{\mathbf{v}}_i$ und das zweite Integral gleich null ist; schließlich hat das Streufeld im Inneren von S_Q *keine* Quellen (Man erinnere sich: Das Huygens-Integral ist die Darstellung eines Feldes auf einer Seite einer Fläche, dessen Quellen auf der anderen Seite liegen.).

Mit (15.1.23) lässt sich also das S_Q-Äquivalenzintegral in (15.1.21) als Quellenfeld-*Volumen*integral entsprechend (15.1.17) schreiben, welches grundsätzlich auch für $\underline{\mathbf{R}} \in V_Q$ ausgewertet werden kann. Damit erhalten wir für $\underline{\mathbf{R}} \in \mathbb{R}^3 \backslash \overline{V}_c$:

$$
\begin{aligned}
\underline{\mathbf{v}}(\underline{\mathbf{R}}, \omega) = {}& \underline{\mathbf{v}}_i(\underline{\mathbf{R}}, \omega) + \\
&\underbrace{+ \iint_{S_c} \left[\mathrm{j}\omega \underline{\mathbf{n}}'_c \cdot \underline{\underline{\mathbf{T}}}(\underline{\mathbf{R}}', \omega) \cdot \underline{\underline{\mathbf{G}}}(\underline{\mathbf{R}} - \underline{\mathbf{R}}', \omega) - \underline{\mathbf{n}}'_c \underline{\mathbf{v}}(\underline{\mathbf{R}}', \omega) : \underline{\underline{\underline{\mathbf{\Sigma}}}}(\underline{\mathbf{R}} - \underline{\mathbf{R}}', \omega) \right] \mathrm{d}S'}_{= \underline{\mathbf{v}}_s(\underline{\mathbf{R}}, \omega)}
\end{aligned}
\tag{15.1.24}
$$

sowie analog

$$
\begin{aligned}
\underline{\underline{\mathbf{T}}}(\underline{\mathbf{R}}, \omega) = {}& \underline{\underline{\mathbf{T}}}_i(\underline{\mathbf{R}}, \omega) + \\
&\underbrace{+ \iint_{S_c} \left[-\underline{\mathbf{n}}'_c \cdot \underline{\underline{\mathbf{T}}}(\underline{\mathbf{R}}', \omega) \cdot \underline{\underline{\underline{\mathbf{\Sigma}}}}^{312}(\underline{\mathbf{R}}', \omega) + \frac{1}{\mathrm{j}\omega} \underline{\mathbf{n}}'_c \underline{\mathbf{v}}(\underline{\mathbf{R}}', \omega) : \underline{\underline{\underline{\mathbf{\Pi}}}}(\underline{\mathbf{R}} - \underline{\mathbf{R}}', \omega) \right] \mathrm{d}S'}_{= \underline{\underline{\mathbf{T}}}_s(\underline{\mathbf{R}}, \omega)}
\end{aligned}
\tag{15.1.25}
$$

Mit (15.1.24) und (15.1.25) haben wir für $\underline{\mathbf{R}} \in \mathbb{R}^3 \backslash \overline{V}_c$ Huygens-Integraldarstellungen des Streufeldes $\underline{\mathbf{v}}_s(\underline{\mathbf{R}}, \omega)$, $\underline{\underline{\mathbf{T}}}_s(\underline{\mathbf{R}}, \omega)$ gefunden; für $\underline{\mathbf{R}} \in V_c$ liefern diese Darstellungen $\underline{\mathbf{v}}_s(\underline{\mathbf{R}}, \omega) = -\underline{\mathbf{v}}_i(\underline{\mathbf{R}}, \omega)$, $\underline{\underline{\mathbf{T}}}_s(\underline{\mathbf{R}}, \omega) = -\underline{\underline{\mathbf{T}}}_i(\underline{\mathbf{R}}, \omega)$, da für die Integraldarstellungen (15.1.21) und (15.1.22) aufgrund des Auslöschungstheorems $\underline{\mathbf{v}}(\underline{\mathbf{R}}, \omega) = \underline{\mathbf{0}}$, $\underline{\underline{\mathbf{T}}}(\underline{\mathbf{R}}, \omega) = \underline{\underline{\mathbf{0}}}$ für $\underline{\mathbf{R}} \in V_c$ gilt.

Aus physikalischer Sicht sind die Integraldarstellungen (15.1.24), (15.1.25)

- elastodynamische Huygens-Integrale: Die Kenntnis wohldefinierter Feldkomponenten auf einer geschlossenen Fläche S_c erlaubt die Berechnung des (Streu-)Feldes außerhalb der Fläche;

- elastodynamische Quellenfelddarstellungen sekundärer Quellen: Mit der Larmor'schen Argumentation fanden wir die Huygens-Integrale des Streufeldes durch Einsetzen von *Flächen*quellen in *Volumen*integrale. *Sekundär* sind die Quellen, weil sie durch die Anwesenheit des Streuers vom einfallenden Feld der primären Quellen erst erzeugt — elektrotechnisch: induziert — werden. Wir fassen zusammen: Das einfallende Feld hat primäre, das Streufeld sekundäre Quellen.

Zwischen primären und sekundären Quellen besteht ein wesentlicher Unterschied: Erstere sind feld*un*abhängig vorgegeben, letztere sind feld*abhängig*, und damit auch abhängig vom Streufeld auf S_c, das wir ja aus ebendiesen Quellen erst berechnen wollen. *Noch* sind also die Huygens-Integrale (15.1.24), (15.1.25) rein formale Darstellungen, die zur konkreten Berechnung des Streufeldes *so* nicht taugen. Allerdings haben wir die möglichen physikalischen Eigenschaften des Streukörpers noch nicht eingebracht, und tatsächlich werden uns die Übergangs- bzw. Randbedingungen zur Berechnung der sekundären Quellen dienen.

15.1.2 Mathematische Herleitung des Huygens'schen Prinzips skalarer akustischer Felder

Huygens- und Äquivalenzprinzip

Wir zitieren die zweite Green'sche Integralformel

$$\iiint_V \left\{\Phi(\underline{\mathbf{R}}') \left[\Delta'\Psi(\underline{\mathbf{R}}') + k^2\Psi(\underline{\mathbf{R}}')\right] - \Psi(\underline{\mathbf{R}}') \left[\Delta'\Phi(\underline{\mathbf{R}}') + k^2\Phi(\underline{\mathbf{R}}')\right]\right\} \mathrm{d}V' =$$

$$\iint_{S_g} \left[\Phi(\underline{\mathbf{R}}')\underline{\mathbf{n}}' \cdot \nabla'\Psi(\underline{\mathbf{R}}') - \Psi(\underline{\mathbf{R}}')\underline{\mathbf{n}}' \cdot \nabla'\Phi(\underline{\mathbf{R}}')\right] \mathrm{d}S' \quad , \qquad (15.1.26)$$

indem wir gegenüber (2.2.70) kleinere Modifikationen vornehmen: Im Integranden des Volumenintegrals addieren und subtrahieren wir $k^2\Phi(\underline{\mathbf{R}}')\Psi(\underline{\mathbf{R}}')$, $k > 0$, sodass zweimal der Helmholtz-Operator $\Delta' + k^2$ entsteht; sowohl im Volumen- als auch im Flächenintegral verwenden wir aus gleich ersichtlichem Grunde $\underline{\mathbf{R}}'$ als Integrationsvariable (Abbildung 15.1.3). In (15.1.26) sind

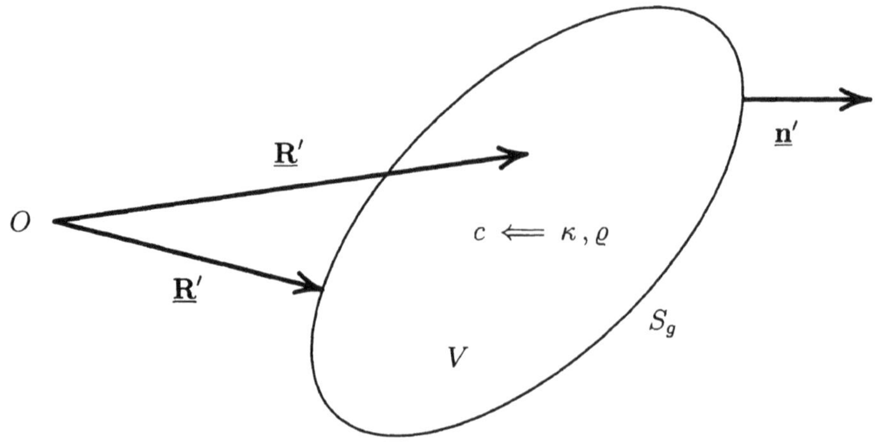

Abb. 15.1.3: *Zur mathematischen Herleitung des Huygens'schen Prinzips*

$\Phi(\underline{\mathbf{R}}')$ und $\Psi(\underline{\mathbf{R}}')$ zunächst beliebige Potentialfunktionen, denen wir nunmehr eine konkrete physikalische Bedeutung geben: $\Phi(\underline{\mathbf{R}}') \Longrightarrow p(\underline{\mathbf{R}}', \omega)$ sei als skalare Feldgröße beispielsweise der akustische Druck, der in V der homogenen Helmholtz'schen Schwingungsgleichung

$$\Delta' p(\underline{\mathbf{R}}', \omega) + k^2 p(\underline{\mathbf{R}}', \omega) = 0 \quad , \quad \underline{\mathbf{R}}' \in V \quad , \qquad (15.1.27)$$

mit der Wellenzahl $k = \omega/c$ eines homogen-isotropen nichtdissipativen Materials genügen möge (Gleichungen (5.4.1), (5.4.3), (5.4.11)), und $\Psi(\underline{\mathbf{R}}') \Longrightarrow G(\underline{\mathbf{R}}' - \underline{\mathbf{R}}, \omega)$ sei die zugehörige skalare Green'sche Funktion

$$G(\underline{\mathbf{R}}' - \underline{\mathbf{R}}, \omega) = \frac{e^{\mathrm{j}|\underline{\mathbf{R}}' - \underline{\mathbf{R}}|}}{4\pi|\underline{\mathbf{R}}' - \underline{\mathbf{R}}|} \tag{15.1.28}$$

des unendlichen Raumes, die für $\underline{\mathbf{R}}' \in \mathrm{I\!R}^3$ gemäß (5.5.1) bzw. (13.1.1) der Differentialgleichung

$$\Delta' G(\underline{\mathbf{R}}' - \underline{\mathbf{R}}, \omega) + k^2 G(\underline{\mathbf{R}}' - \underline{\mathbf{R}}, \omega) = -\delta(\underline{\mathbf{R}}' - \underline{\mathbf{R}}) \tag{15.1.29}$$

genügt; $\underline{\mathbf{R}}$ ist ein frei wählbarer Ortsvektorparameter, dessen Endpunkt innerhalb oder außerhalb von V liegen kann. Einsetzen von (15.1.27) und (15.1.29) in (15.1.26) liefert

$$\left.\begin{array}{ll} \underline{\mathbf{R}} \in V: & p(\underline{\mathbf{R}}, \omega) \\ \underline{\mathbf{R}} \in \mathrm{I\!R}^3 \backslash \overline{V}: & 0 \end{array}\right\} =$$

$$\iint_{S_g} [G(\underline{\mathbf{R}} - \underline{\mathbf{R}}', \omega) \underline{\mathbf{n}}' \cdot \boldsymbol{\nabla}' p(\underline{\mathbf{R}}', \omega) - p(\underline{\mathbf{R}}', \omega) \underline{\mathbf{n}}' \cdot \boldsymbol{\nabla}' G(\underline{\mathbf{R}} - \underline{\mathbf{R}}', \omega)] \, \mathrm{d}S' \tag{15.1.30}$$

in Abhängigkeit[4] von $\underline{\mathbf{R}}$; mit (15.1.28) gilt natürlich

$$G(\underline{\mathbf{R}}' - \underline{\mathbf{R}}, \omega) = G(\underline{\mathbf{R}} - \underline{\mathbf{R}}', \omega) \quad , \tag{15.1.31}$$

$$\underline{\mathbf{n}}' \cdot \boldsymbol{\nabla}' G(\underline{\mathbf{R}}' - \underline{\mathbf{R}}, \omega) = \underline{\mathbf{n}}' \cdot \boldsymbol{\nabla}' G(\underline{\mathbf{R}} - \underline{\mathbf{R}}', \omega) \quad . \tag{15.1.32}$$

Offensichtlich ist (15.1.30) die mathematische Formulierung des skalaren Huygens'schen Prinzips als sogenanntes Helmholtz-Integral: Die Kenntnis der Feldgröße „Druck" und ihrer Normalenableitung[5] auf einer geschlossenen Fläche S_g ist hinreichend zur Berechnung der Feldgröße auf einer Seite der Fläche — hier: im Inneren —, und auf der anderen Seite ergibt sich ein Nullfeld (*representation theorem* und *extinction theorem*). Tatsächlich ist (15.1.30) für $\underline{\mathbf{R}} \in V$ auch ein Äquivalenzprinzip, denn dieses Integral berechnet den Beitrag von Quellen, die im Äußeren von S_g liegen, im Inneren von S_g. Allerdings brauchen wir nun streng genommen nicht mehr von *Prinzipien* zu reden, denn (15.1.30) ist eine Konsequenz der Helmholtz'schen Schwingungsgleichung. Wir können den Kreis zur Argumentation in Abschnitt 15.1.1 aber schließen, wenn wir die Aussage

$$\underline{\mathbf{v}}(\underline{\mathbf{R}}, \omega) = \frac{1}{\mathrm{j}\omega\varrho} \boldsymbol{\nabla} p(\underline{\mathbf{R}}, \omega) \tag{15.1.33}$$

der akustischen Bewegungsgleichung für quellenfreie Gebiete beachten (Gleichung (5.5.18)) und in (15.1.30) einsetzen:

$$p(\underline{\mathbf{R}}, \omega) = \iint_{S_g} [\mathrm{j}\omega\varrho \, \underline{\mathbf{n}}' \cdot \underline{\mathbf{v}}(\underline{\mathbf{R}}', \omega) G(\underline{\mathbf{R}} - \underline{\mathbf{R}}', \omega) - p(\underline{\mathbf{R}}', \omega) \underline{\mathbf{n}}' \cdot \boldsymbol{\nabla}' G(\underline{\mathbf{R}} - \underline{\mathbf{R}}', \omega)] \, \mathrm{d}S' \quad . \tag{15.1.34}$$

Definieren wir nämlich nun noch Flächenquellen

$$\underline{\mathbf{t}}(\underline{\mathbf{R}}', \omega) = -\underline{\mathbf{n}}' p(\underline{\mathbf{R}}', \omega) \quad , \tag{15.1.35}$$

$$g(\underline{\mathbf{R}}', \omega) = \underline{\mathbf{n}}' \cdot \underline{\mathbf{v}}(\underline{\mathbf{R}}', \omega) \tag{15.1.36}$$

für $\underline{\mathbf{R}}' \in S_g$ — man beachte: gemäß der Definition (5.6.1), (5.6.2) soll die Normale weg vom Nullfeld zeigen, in Abb. 15.1.3 zeigt sie aber, der Green'schen Formel (15.1.26) „zuliebe", *in* das

[4] *Deswegen* haben wir in der Green'schen Formel (15.1.26) die Integrationsvariable mit $\underline{\mathbf{R}}'$ bezeichnet: Mit (15.1.30) ergibt sich $p(\underline{\mathbf{R}}, \omega)$ für $\underline{\mathbf{R}} \in V$ als Funktion der „gewohnten" Variablen $\underline{\mathbf{R}}$.

[5] Man beachte: Die skalare Feldgröße *allein*, so wie ursprünglich von Huygens postuliert, reicht nicht.

Nullfeld, sodass sich (15.1.34) bezüglich des Vorzeichens von (5.6.3) unterscheidet —, dann wird aus (15.1.34) das „Flächenquellenpendant“ zum akustischen Volumenquellenintegral (5.5.6):

$$p(\underline{\mathbf{R}},\omega) = \iint_{S_g} \left[\mathrm{j}\omega\varrho\, g(\underline{\mathbf{R}}',\omega) G(\underline{\mathbf{R}}-\underline{\mathbf{R}}',\omega) + \underline{\mathbf{t}}(\underline{\mathbf{R}}',\omega)\cdot\nabla' G(\underline{\mathbf{R}}-\underline{\mathbf{R}}',\omega)\right] \mathrm{d}S', \underline{\mathbf{R}} \in V . \quad (15.1.37)$$

Das Helmholtz-Integral (15.1.30) ist eine formale mathematische Konsequenz der Helmholtz'schen Schwingungsgleichung eines skalaren Feldes, die Variante (15.1.34) bzw. (15.1.37) beinhaltet darüber hinaus die Physik akustischer Wellen. Da (15.1.35) und (15.1.36) aus den Übergangsbedingungen (5.2.1), (5.2.2) und damit den akustischen Grundgleichungen folgen, ist mit (15.1.37) die Larmor'sche Argumentation für die *Akustik* bewiesen[6]; dass (15.1.34) für $\underline{\mathbf{R}} \in V$ Lösung der Helmholtz'schen Schwingungsgleichung (15.1.27) (in ungestrichenen Koordinaten) ist, zeigt man sofort durch Einsetzen. Wir können deshalb ohne „Hemmungen“ die Flächenquelldichten (15.1.35) und (15.1.36) auch in die Integraldarstellung (5.5.16) für die zu $p(\underline{\mathbf{R}},\omega)$ komplementäre Feldgröße $\underline{\mathbf{v}}(\underline{\mathbf{R}},\omega)$ einsetzen, um (15.1.34) bzw. (15.1.37) entsprechende Darstellungen zu erhalten:

$$\underline{\mathbf{v}}(\underline{\mathbf{R}},\omega) = \iint_{S_g} \left[\mathrm{j}\omega\kappa\, p(\underline{\mathbf{R}}',\omega)\underline{\mathbf{n}}'\cdot \underline{\underline{\mathbf{G}}}_v(\underline{\mathbf{R}}-\underline{\mathbf{R}}',\omega) - \underline{\mathbf{n}}'\cdot\underline{\mathbf{v}}(\underline{\mathbf{R}}',\omega)\nabla' G(\underline{\mathbf{R}}-\underline{\mathbf{R}}',\omega)\right] \mathrm{d}S' \quad (15.1.38)$$

$$= \iint_{S_g} \left[-\mathrm{j}\omega\kappa\, \underline{\mathbf{t}}(\underline{\mathbf{R}}',\omega)\cdot \underline{\underline{\mathbf{G}}}_v(\underline{\mathbf{R}}-\underline{\mathbf{R}}',\omega) - g(\underline{\mathbf{R}}',\omega)\nabla' G(\underline{\mathbf{R}}-\underline{\mathbf{R}}',\omega)\right] \quad , \quad \underline{\mathbf{R}} \in V \quad (15.1.39)$$

Hierin ist $\underline{\underline{\mathbf{G}}}_v(\underline{\mathbf{R}}-\underline{\mathbf{R}}',\omega)$ durch (5.5.11) bzw. (5.5.14) gegeben, wobei für $\underline{\mathbf{R}} \in V$ der Distributionsanteil und die Hauptwertbildung unbeachtet bleiben.

Integraldarstellungen eines akustischen Streufeldes

Um das skalare Helmholtz-Integral (15.1.30) bzw. (15.1.34) zur Berechnung eines akustischen Streufeldes einzusetzen, argumentieren wir mit Abb. 15.1.4: Wir fügen dem Volumen V_Q der primären Quellen und dem Streuvolumen V_c, die in ein akustisches κ, ϱ-Material eingebettet sind (man vergleiche das elastodynamische Pendant in Abb. 15.1.2), das mathematisch-fiktive „Huygens-Volumen“ V der Abb. 15.1.3 hinzu, denn über das Äußere von V wird ja bei der Herleitung des Helmholtz-Integrals nichts gesagt; also liefert (15.1.30) für $\underline{\mathbf{R}} \in V$ nach wie vor die Feldgröße $p(\underline{\mathbf{R}},\omega)$ — ebenso wie (15.1.39) die Feldgröße $\underline{\mathbf{v}}(\underline{\mathbf{R}},\omega)$ —, und beide Integrale liefern jeweils ein Nullfeld für $\underline{\mathbf{R}} \in \mathbb{R}^3 \backslash \overline{V}$.

Topologisch äquivalent zur „Volumenansammlung“ der Abb. 15.1.4 ist Abb. 15.1.5: Wir haben die Fläche S_g derartig „verbogen“, dass sie sich den Flächen S_Q und S_c anschmiegt — man beachte die unterschiedlichen Richtungen der Normalen — und durch zwei schmale „Brücken“ mit einer die *beiden* Volumina V_Q und V_c einhüllenden Fläche verbunden ist. Während sich die Integralbeiträge auf den gegenüber liegenden „Brückenstegen“ wegen der unterschiedlichen Normalenrichtungen wegheben, muss für den Beitrag der einhüllenden Fläche das Verschwinden *gefordert* werden. Physikalisch ist dies völlig einsichtig: Das als Äquivalenzintegral aufgefasste Helmholtz-Integral repräsentiert innerhalb dieser einhüllenden Fläche (aber außerhalb von V_Q und V_c) den Beitrag von Quellen, die außerhalb liegen; dort liegen aber keine! Mathematisch sichert man das Verschwinden des Einhüllendenintegrals durch die Sommerfeld'sche Ausstrahlungsbedingung[7] (Hönl et al., 1961; Langenberg, 2005). Es verbleiben folglich die beiden Inte-

[6] Aufgrund dieses physikalischen Verständnisses wird klar, warum in (15.1.30) sowohl die skalare Feldgröße als auch deren Normalenableitung auftreten *muss*; die Physik der skalaren akustischen Wellenausbreitung steckt eben primär in den akustischen Grundgleichungen — und den daraus abgeleiteten Übergangsbedingungen — und erst sekundär in Wellen- oder Schwingungsgleichungen.

[7] Anders herum: Die Sommerfeld'sche Ausstrahlungsbedingung sichert zusammen mit den Übergangs- bzw. Randbedingungen auf S_c die Eindeutigkeit der Lösung des Streuproblems (Colton und Kress, 1983).

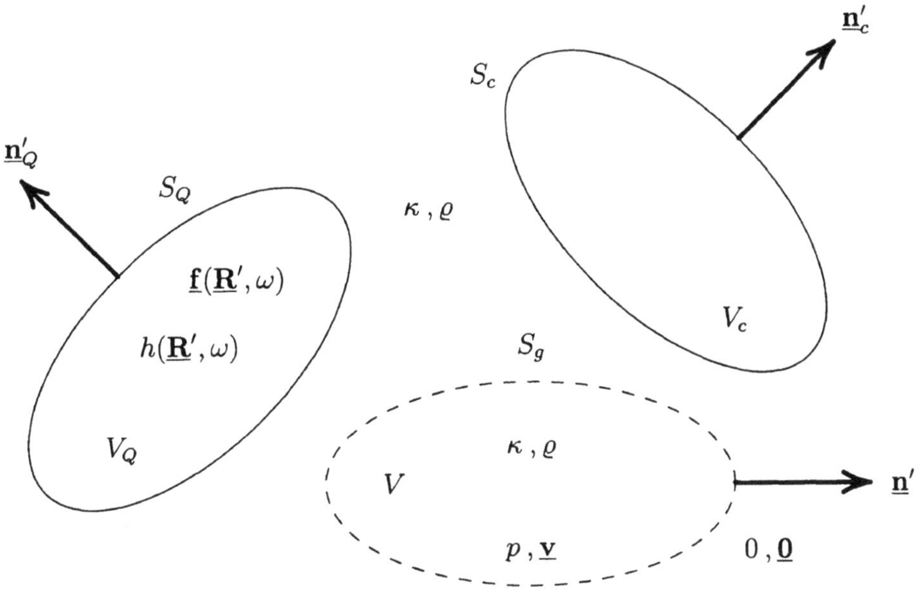

Abb. 15.1.4: *Akustisches Streuproblem und „Huygens-Volumen"*

grale

$$\begin{aligned}
p(\underline{\mathbf{R}},\omega) &= \iint_{S_Q} [\mathrm{j}\omega\varrho\,\underline{\mathbf{n}}'\cdot\underline{\mathbf{v}}(\underline{\mathbf{R}}',\omega)G(\underline{\mathbf{R}}-\underline{\mathbf{R}}',\omega) - p(\underline{\mathbf{R}}',\omega)\underline{\mathbf{n}}'\cdot\nabla' G(\underline{\mathbf{R}}-\underline{\mathbf{R}}',\omega)]\,\mathrm{d}S' + \\
&\quad + \iint_{S_c} [\mathrm{j}\omega\varrho\,\underline{\mathbf{n}}'\cdot\underline{\mathbf{v}}(\underline{\mathbf{R}}',\omega)G(\underline{\mathbf{R}}-\underline{\mathbf{R}}',\omega) - p(\underline{\mathbf{R}}',\omega)\underline{\mathbf{n}}'\cdot\nabla' G(\underline{\mathbf{R}}-\underline{\mathbf{R}}',\omega)]\,\mathrm{d}S' \\
&= \underbrace{\iint_{S_Q} \left[-\mathrm{j}\omega\varrho\,\underline{\mathbf{n}}'_Q\cdot\underline{\mathbf{v}}(\underline{\mathbf{R}}',\omega)G(\underline{\mathbf{R}}-\underline{\mathbf{R}}',\omega) + p(\underline{\mathbf{R}}',\omega)\underline{\mathbf{n}}'_Q\cdot\nabla' G(\underline{\mathbf{R}}-\underline{\mathbf{R}}',\omega)\right]\mathrm{d}S' +}_{=\,p_i(\underline{\mathbf{R}},\omega)\ \text{für}\ \underline{\mathbf{R}}\in\mathbb{R}^3\backslash\overline{V}_Q} \\
&\quad \underbrace{+ \iint_{S_c} [-\mathrm{j}\omega\varrho\,\underline{\mathbf{n}}'_c\cdot\underline{\mathbf{v}}(\underline{\mathbf{R}}',\omega)G(\underline{\mathbf{R}}-\underline{\mathbf{R}}',\omega) + p(\underline{\mathbf{R}}',\omega)\underline{\mathbf{n}}'_c\cdot\nabla' G(\underline{\mathbf{R}}-\underline{\mathbf{R}}',\omega)]\,\mathrm{d}S'}_{=\,p_s(\underline{\mathbf{R}},\omega)\ \text{für}\ \underline{\mathbf{R}}\in\mathbb{R}^3\backslash\overline{V}_c} \quad ,
\end{aligned} \tag{15.1.40}$$

die gemäß (5.5.6) und per definitionem das einfallende Feld und das Streufeld repräsentieren (Gleichung (5.6.3)). Mit (15.1.39) erhält man ganz entsprechend für $\underline{\mathbf{R}}\in\mathbb{R}^3\backslash\overline{V}_c$ den Teilchengeschwindigkeitsvektor (Gleichungen (5.5.16), (5.6.5))

$$\begin{aligned}
\underline{\mathbf{v}}(\underline{\mathbf{R}},\omega) &= \underline{\mathbf{v}}_i(\underline{\mathbf{R}},\omega) + \\
&\quad + \iint_{S_c} \left[-\mathrm{j}\omega\kappa\, p(\underline{\mathbf{R}}',\omega)\underline{\mathbf{n}}'_c\cdot\underline{\underline{\mathbf{G}}}_v(\underline{\mathbf{R}}-\underline{\mathbf{R}}',\omega) + \underline{\mathbf{n}}'_c\cdot\underline{\mathbf{v}}(\underline{\mathbf{R}}',\omega)\nabla' G(\underline{\mathbf{R}}-\underline{\mathbf{R}}',\omega)\right]\mathrm{d}S' \quad .
\end{aligned} \tag{15.1.41}$$

Der Vergleich mit den Quellenfeldvolumenintegralen (5.5.6) und (5.5.16) enthüllt, dass

$$\underline{\mathbf{t}}(\underline{\mathbf{R}}',\omega) = \underline{\mathbf{n}}'_c p(\underline{\mathbf{R}}',\omega) \quad , \tag{15.1.42}$$

$$g(\underline{\mathbf{R}}',\omega) = -\underline{\mathbf{n}}'_c\cdot\underline{\mathbf{v}}(\underline{\mathbf{R}}',\omega) \tag{15.1.43}$$

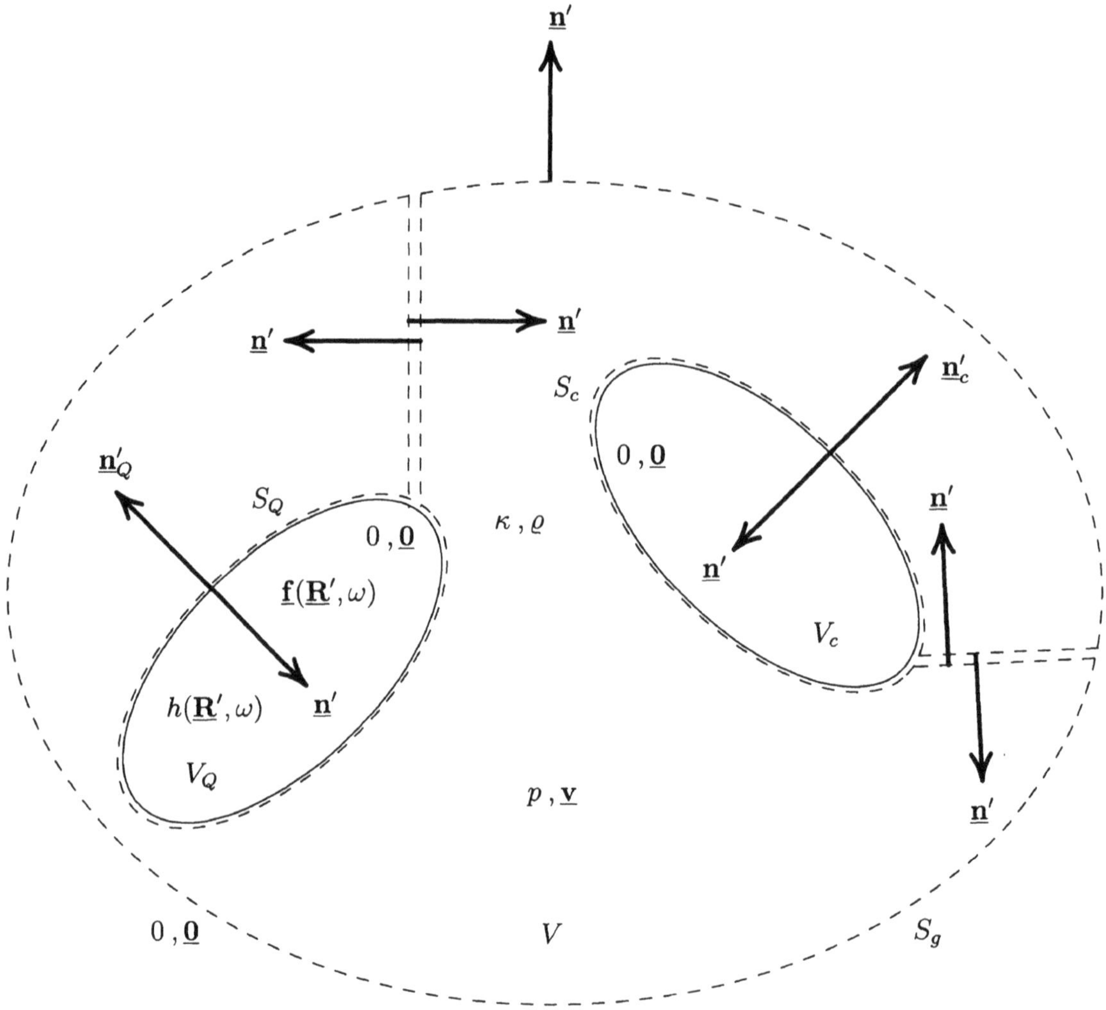

Abb. 15.1.5: Akustisches Streuproblem und deformiertes „Huygens-Volumen"

tatsächlich (sekundäre) *Flächen*quellen bzw.

$$\underline{\mathbf{f}}_c(\underline{\mathbf{R}}', \omega) = \underline{\gamma}_c(\underline{\mathbf{R}}') p(\underline{\mathbf{R}}', \omega) \quad , \tag{15.1.44}$$

$$h_c(\underline{\mathbf{R}}', \omega) = -\underline{\gamma}_c(\underline{\mathbf{R}}') \cdot \underline{\mathbf{v}}(\underline{\mathbf{R}}', \omega) \tag{15.1.45}$$

formal (sekundäre) *Volumen*quellen in den Streufeldintegraldarstellungen (15.1.40) und (15.1.41) sind (Abbildung 5.6.1).

15.1.3 Mathematische Herleitung des Huygens'schen Prinzips elastodynamischer Felder

Elastodynamisches Huygens- und Äquivalenzprinzip

Zur mathematischen Herleitung des Huygens'schen Prinzips skalarer akustischer Felder sind wir von der in V homogenen Schwingungsgleichung (15.1.27) sowie der Definitionsgleichung (15.1.29) der skalaren Green'schen Funktion ausgegangen und haben beide in der zweiten

Green'schen Formel verwendet, die dem Helmholtz-Operator in (15.1.27) und (15.1.29) „angemessen" war. Um im elastodynamischen Fall genauso vorgehen zu können, brauchen wir die beiden Schwingungsgleichungen

$$\nabla' \cdot \underline{\underline{\underline{\underline{\mathbf{c}}}}} : \nabla' \underline{\mathbf{v}}(\underline{\mathbf{R}}', \omega) + \omega^2 \varrho \, \underline{\mathbf{v}}(\underline{\mathbf{R}}', \omega) = \underline{\mathbf{0}} \ , \tag{15.1.46}$$

$$\nabla' \cdot \underline{\underline{\underline{\underline{\mathbf{c}}}}} : \nabla' \underline{\underline{\mathbf{G}}}(\underline{\mathbf{R}}' - \underline{\mathbf{R}}, \omega) + \omega^2 \varrho \, \underline{\underline{\mathbf{G}}}(\underline{\mathbf{R}}' - \underline{\mathbf{R}}, \omega) = -\delta(\underline{\mathbf{R}}' - \underline{\mathbf{R}}) \, \underline{\underline{\mathbf{I}}} \ , \tag{15.1.47}$$

wobei wir mit der Ortsabhängigkeit $\underline{\mathbf{R}}' - \underline{\mathbf{R}}$ des Green'schen Tensors zweiter Stufe die Homogenität und Isotropie des Materials implizieren, also $\underline{\underline{\underline{\underline{\mathbf{c}}}}} = \lambda \, \underline{\underline{\underline{\underline{\mathbf{I}}}}}^{\delta} + 2\mu \, \underline{\underline{\underline{\underline{\mathbf{I}}}}}^{+}$ voraussetzen; wir belassen es allerdings der Übersichtlichkeit der folgenden Herleitung zuliebe bei der gegenüber (13.2.5) und (13.2.7) abkürzenden Schreibweise (15.1.46), (15.1.47) ohne die entsprechende Spezifikation von $\underline{\underline{\underline{\underline{\mathbf{c}}}}}$. Jetzt brauchen wir noch eine „angemessene" Green'sche Formel, die den Differentialoperator $\nabla' \cdot \underline{\underline{\underline{\underline{\mathbf{c}}}}} : \nabla'$ enthält, denn wir bilden — und berechnen mit (15.1.46) und (15.1.47) — in Analogie zum Integranden von (15.1.26) den Ausdruck

$$\begin{aligned} &\underline{\mathbf{v}}(\underline{\mathbf{R}}', \omega) \cdot \Big[\nabla' \cdot \underline{\underline{\underline{\underline{\mathbf{c}}}}} : \nabla' \underline{\underline{\mathbf{G}}}(\underline{\mathbf{R}}' - \underline{\mathbf{R}}, \omega) + \omega^2 \varrho \, \underline{\underline{\mathbf{G}}}(\underline{\mathbf{R}}' - \underline{\mathbf{R}}, \omega) \Big] - \\ &\quad - \Big[\nabla' \cdot \underline{\underline{\underline{\underline{\mathbf{c}}}}} : \nabla' \underline{\mathbf{v}}(\underline{\mathbf{R}}', \omega) + \omega^2 \varrho \, \underline{\mathbf{v}}(\underline{\mathbf{R}}', \omega) \Big] \cdot \underline{\underline{\mathbf{G}}}(\underline{\mathbf{R}}' - \underline{\mathbf{R}}, \omega) = -\underline{\mathbf{v}}(\underline{\mathbf{R}}', \omega) \, \delta(\underline{\mathbf{R}}' - \underline{\mathbf{R}}) \ , \end{aligned} \tag{15.1.48}$$

wobei wir bei den $\underline{\mathbf{v}}$- und $\underline{\underline{\mathbf{G}}}$-Kontraktionen auf der linken Seite von (15.1.48) formal darauf achten müssen, dass sich die beiden Terme $\omega^2 \varrho \, \underline{\mathbf{v}}(\underline{\mathbf{R}}', \omega) \cdot \underline{\underline{\mathbf{G}}}(\underline{\mathbf{R}}' - \underline{\mathbf{R}}, \omega)$ wegheben[8]. Ganz klar: Die Volumenintegration von (15.1.48) liefert auf der rechten Seite entweder $\underline{\mathbf{v}}(\underline{\mathbf{R}}, \omega)$ oder $\underline{\mathbf{0}}$, je nachdem ob $\underline{\mathbf{R}}$ innerhalb oder außerhalb von V liegt. Ziel ist nun die Überführung des Volumenintegrals der linken Seite in ein Flächenintegral über S_g, wozu wir, wie gesagt, eine geeignete Green'sche Formel benötigen. Zu deren Herleitung muss offensichtlich ein ∇'-Operator als Divergenzoperator in den beiden Termen

$$\underline{\mathbf{v}} \cdot [\nabla' \cdot \underline{\underline{\underline{\underline{\mathbf{c}}}}} : \nabla' \underline{\underline{\mathbf{G}}}] \implies \nabla' \cdot [\underline{\mathbf{v}} \cdot \underline{\underline{\underline{\underline{\mathbf{c}}}}} : \nabla' \underline{\underline{\mathbf{G}}}] \ , \tag{15.1.49}$$

$$[\nabla' \cdot \underline{\underline{\underline{\underline{\mathbf{c}}}}} : \nabla' \underline{\mathbf{v}}] \cdot \underline{\underline{\mathbf{G}}} \implies \nabla' \cdot [\underline{\underline{\underline{\underline{\mathbf{c}}}}} : \nabla' \underline{\mathbf{v}} \cdot \underline{\underline{\mathbf{G}}}] \tag{15.1.50}$$

vorgezogen werden — dadurch entstehen natürlich zunächst „Störterme", die sich in der Differenz (15.1.48) hoffentlich wegheben —, denn danach liefert die Anwendung des Gauß'schen Satzes ein Flächenintegral, in dem der vorgezogene Divergenzoperator durch eine Kontraktion mit der Normalen ersetzt ist. Wir suchen deshalb in der Formelsammlung[9] Differentiationsformeln für die rechten Seiten von (15.1.49) und (15.1.50):

$$\nabla' \cdot (\underline{\mathbf{A}} \cdot \underline{\underline{\underline{\mathbf{D}}}}) = \nabla' \underline{\mathbf{A}} : \underline{\underline{\underline{\mathbf{D}}}} + \underline{\mathbf{A}} \cdot \nabla' \cdot \underline{\underline{\underline{\mathbf{D}}}}^{213} \ , \tag{15.1.51}$$

$$\nabla' \cdot (\underline{\underline{\mathbf{B}}} \cdot \underline{\underline{\mathbf{C}}}) = (\nabla' \cdot \underline{\underline{\mathbf{B}}}) \cdot \underline{\underline{\mathbf{C}}} + \underline{\underline{\mathbf{B}}}^{21} : \nabla' \underline{\underline{\mathbf{C}}} \ . \tag{15.1.52}$$

Mit $\underline{\mathbf{A}} = \underline{\mathbf{v}}$, $\underline{\underline{\underline{\mathbf{D}}}} = \underline{\underline{\underline{\underline{\mathbf{c}}}}} : \nabla' \underline{\underline{\mathbf{G}}}$, $\underline{\underline{\mathbf{B}}} = \underline{\underline{\underline{\underline{\mathbf{c}}}}} : \nabla' \underline{\mathbf{v}}$, $\underline{\underline{\mathbf{C}}} = \underline{\underline{\mathbf{G}}}$ ergeben sich „beinah" die gewünschten Umformungen:

$$\underline{\mathbf{v}} \cdot \nabla' \cdot (\underline{\underline{\underline{\underline{\mathbf{c}}}}} : \nabla' \underline{\underline{\mathbf{G}}})^{213} = \nabla' \cdot (\underline{\mathbf{v}} \cdot \underline{\underline{\underline{\underline{\mathbf{c}}}}} : \nabla' \underline{\underline{\mathbf{G}}}) - \nabla' \underline{\mathbf{v}} : \underline{\underline{\underline{\underline{\mathbf{c}}}}} : \nabla' \underline{\underline{\mathbf{G}}} \ , \tag{15.1.53}$$

$$(\nabla' \cdot \underline{\underline{\underline{\underline{\mathbf{c}}}}} : \nabla' \underline{\mathbf{v}}) \cdot \underline{\underline{\mathbf{G}}} = \nabla' \cdot (\underline{\underline{\underline{\underline{\mathbf{c}}}}} : \nabla' \underline{\mathbf{v}} \cdot \underline{\underline{\mathbf{G}}}) - (\underline{\underline{\underline{\underline{\mathbf{c}}}}} : \nabla' \underline{\mathbf{v}})^{21} : \nabla' \underline{\underline{\mathbf{G}}} \ , \tag{15.1.54}$$

[8] Im homogen-isotropen Material ist $\underline{\underline{\mathbf{G}}}$ natürlich symmetrisch, sodass sich auch $\underline{\mathbf{v}} \cdot \underline{\underline{\mathbf{G}}}$ gegen $\underline{\underline{\mathbf{G}}} \cdot \underline{\mathbf{v}}$ wegheben würde.

[9] In dieser Formelsammlung findet man:

$$\nabla \cdot (\underline{\mathbf{A}} \cdot \underline{\underline{\mathbf{D}}}) = \nabla \underline{\mathbf{A}} : \underline{\underline{\mathbf{D}}} + \underline{\mathbf{A}} \cdot \nabla \cdot \underline{\underline{\mathbf{D}}}^{21} \ ,$$

$$\nabla \cdot (\underline{\underline{\mathbf{D}}} \cdot \underline{\mathbf{A}}) = (\nabla \cdot \underline{\underline{\mathbf{D}}}) \cdot \underline{\mathbf{A}} + \underline{\underline{\mathbf{D}}}^{21} : \nabla \underline{\mathbf{A}} \ ,$$

aber in der ersten Formel kann man $\underline{\underline{\mathbf{D}}}$ zu einem Tensor 3. Stufe und in der zweiten Formel $\underline{\mathbf{A}}$ zu einem Tensor 2. Stufe „aufstocken", da die jeweiligen zusätzlichen Indizes in beiden Formeln freie Indizes sind.

wobei „beinah“ dafür steht, dass in (15.1.53) linksseitig und in (15.1.54) rechtsseitig Transponierungen vorgenommen werden müssen, womit (15.1.49) mit (15.1.53) noch nicht völlig realisiert ist, und sich die beiden letzten Terme auf den rechten Seiten von (15.1.53) und (15.1.54) noch nicht unmittelbar in der Differenz (15.1.48) kompensieren. Beide angesprochenen Transponierungen beziehen sich auf die ersten beiden Indizes von $\underline{\underline{\underline{\underline{c}}}}$, und bezüglich deren Vertauschung ist $\underline{\underline{\underline{\underline{c}}}}$ symmetrisch! Folglich ist $(\underline{\underline{\underline{\underline{c}}}} : \nabla'\underline{\underline{G}})^{213} = \underline{\underline{\underline{\underline{c}}}} : \nabla'\underline{\underline{G}}$ und $(\underline{\underline{\underline{\underline{c}}}} : \nabla'\underline{\mathbf{v}})^{21} = \underline{\underline{\underline{\underline{c}}}} : \nabla'\underline{\mathbf{v}}$; wegen der Symmetrie $\underline{\underline{\underline{\underline{c}}}} = \underline{\underline{\underline{\underline{c}}}}^{3412}$ (analog zu Gleichung (4.2.3)) gilt ferner $\underline{\underline{\underline{\underline{c}}}} : \nabla'\underline{\mathbf{v}} = (\nabla'\underline{\mathbf{v}}) : \underline{\underline{\underline{\underline{c}}}}$, also folgt

$$
\begin{aligned}
-\underline{\mathbf{v}}(\underline{\mathbf{R}}',\omega)\,\delta(\underline{\mathbf{R}}'-\underline{\mathbf{R}}) = \nabla' \cdot \left[\underline{\mathbf{v}}(\underline{\mathbf{R}}',\omega) \cdot \underline{\underline{\underline{\underline{c}}}} : \nabla'\underline{\underline{\mathbf{G}}}(\underline{\mathbf{R}}'-\underline{\mathbf{R}},\omega)\right] - \\
-\nabla' \cdot \left[\underline{\underline{\underline{\underline{c}}}} : \underline{\mathbf{v}}(\underline{\mathbf{R}}',\omega) \cdot \underline{\underline{\mathbf{G}}}(\underline{\mathbf{R}}'-\underline{\mathbf{R}},\omega)\right] \qquad (15.1.55)
\end{aligned}
$$

Nunmehr integrieren wir (15.1.55) über V, wenden den Gauß'schen Satz an und beachten die Vertauschungsregel $\underline{\underline{\mathbf{G}}}(\underline{\mathbf{R}}'-\underline{\mathbf{R}},\omega) = \underline{\underline{\mathbf{G}}}(\underline{\mathbf{R}}-\underline{\mathbf{R}}',\omega)$ für homogen-isotrope Materialien:

$$
\left.\begin{array}{ll}
\underline{\mathbf{R}} \in V: & \underline{\mathbf{v}}(\underline{\mathbf{R}},\omega) \\
\underline{\mathbf{R}} \in \mathbb{R}^3 \backslash \overline{V}: & \underline{\mathbf{0}}
\end{array}\right\} =
$$

$$
\iint_{S_g} \left[\underline{\mathbf{n}}' \cdot \underline{\underline{\underline{\underline{c}}}} : \nabla'\underline{\mathbf{v}}(\underline{\mathbf{R}}',\omega) \cdot \underline{\underline{\mathbf{G}}}(\underline{\mathbf{R}}-\underline{\mathbf{R}}',\omega) - \underline{\mathbf{n}}'\underline{\mathbf{v}}(\underline{\mathbf{R}}',\omega) : \underline{\underline{\underline{\underline{c}}}} : \nabla'\underline{\underline{\mathbf{G}}}(\underline{\mathbf{R}}-\underline{\mathbf{R}}',\omega)\right] \mathrm{d}S' \quad . \qquad (15.1.56)
$$

Diese Integraldarstellung der vektoriellen elastodynamischen Teilchengeschwindigkeit ist sowohl elastodynamisches *representation theorem* als auch elastodynamisches *extinction theorem* , also elastodynamisches Huygens- und Äquivalenzintegral im selben Sinne wie die Integraldarstellung (15.1.30) des skalaren akustischen Drucks. Gemäß (13.2.78) identifizieren wir $\underline{\underline{\underline{\boldsymbol{\Sigma}}}}(\underline{\mathbf{R}}-\underline{\mathbf{R}}',\omega) = -\underline{\underline{\underline{\underline{c}}}} : \nabla'\underline{\underline{\mathbf{G}}}(\underline{\mathbf{R}}-\underline{\mathbf{R}}',\omega)$ als Green'schen Tensor 3. Stufe (des Vollraums) und wegen $\underline{\underline{\underline{\underline{c}}}} : \nabla'\underline{\mathbf{v}}(\underline{\mathbf{R}}',\omega) = -\mathrm{j}\omega\underline{\underline{\mathbf{T}}}(\underline{\mathbf{R}}',\omega)$ definieren

$$
\underline{\mathbf{t}}(\underline{\mathbf{R}}',\omega) = \underline{\mathbf{n}}' \cdot \underline{\underline{\mathbf{T}}}(\underline{\mathbf{R}}',\omega) \quad , \qquad (15.1.57)
$$

$$
\underline{\underline{\mathbf{g}}}(\underline{\mathbf{R}}',\omega) = \underline{\underline{\underline{\underline{\mathbf{I}}}}}^{+} : \underline{\mathbf{n}}'\underline{\mathbf{v}}(\underline{\mathbf{R}}',\omega) \qquad (15.1.58)
$$

für $\underline{\mathbf{R}}' \in S_g$ Flächenquellen — man beachte die gegenüber (15.1.7), (15.1.8) entgegengesetzt gerichtete Normale, die *in* das Nullfeld zeigt —, womit (15.1.56) für $\underline{\mathbf{R}} \in V$ in Analogie zu (15.1.37) zum „Flächenquellenpendant“

$$
\begin{aligned}
\underline{\mathbf{v}}(\underline{\mathbf{R}},\omega) &= \iint_{S_g} \left[-\mathrm{j}\omega\,\underline{\mathbf{n}}' \cdot \underline{\underline{\mathbf{T}}}(\underline{\mathbf{R}}',\omega) \cdot \underline{\underline{\mathbf{G}}}(\underline{\mathbf{R}}-\underline{\mathbf{R}}',\omega) + \underline{\mathbf{n}}'\underline{\mathbf{v}}(\underline{\mathbf{R}}',\omega) : \underline{\underline{\underline{\boldsymbol{\Sigma}}}}(\underline{\mathbf{R}}-\underline{\mathbf{R}}',\omega)\right] \mathrm{d}S' \qquad (15.1.59) \\
&= \iint_{S_g} \left[-\mathrm{j}\omega\,\underline{\mathbf{t}}(\underline{\mathbf{R}}',\omega) \cdot \underline{\underline{\mathbf{G}}}(\underline{\mathbf{R}}-\underline{\mathbf{R}}',\omega) + \underline{\underline{\mathbf{g}}}(\underline{\mathbf{R}}',\omega) : \underline{\underline{\underline{\boldsymbol{\Sigma}}}}(\underline{\mathbf{R}}-\underline{\mathbf{R}}',\omega)\right] \mathrm{d}S' \qquad (15.1.60)
\end{aligned}
$$

des elastodynamischen Volumenquellenintegrals (15.1.13); gegenüber (15.1.15) hat sich, wie gesagt, in (15.1.59) wegen der unterschiedlichen Normalenrichtungen das Vorzeichen herumgedreht; in der Version (15.1.60) ist dieser Unterschied wegen der unterschiedlichen Definition der Flächenquellen gemäß (15.1.57), (15.1.58) nicht auffällig.

Mit dem Beweis von (15.1.56) und der Interpretation (15.1.59) bzw. (15.1.60) ist die Larmor'sche Argumentation, die uns in der Elastodynamik auf (15.1.15) führte, bewiesen. Wir können deshalb auf der Grundlage von (15.1.16) die Darstellungen (15.1.59) und (15.1.60) durch

$$
\underline{\underline{\mathbf{T}}}(\underline{\mathbf{R}},\omega) = \iint_{S_g} \left[\underline{\mathbf{n}}' \cdot \underline{\underline{\mathbf{T}}}(\underline{\mathbf{R}}',\omega) \cdot \underline{\underline{\underline{\boldsymbol{\Sigma}}}}^{312}(\underline{\mathbf{R}}-\underline{\mathbf{R}}',\omega) - \frac{1}{\mathrm{j}\omega}\,\underline{\mathbf{n}}'\underline{\mathbf{v}}(\underline{\mathbf{R}}',\omega) : \underline{\underline{\underline{\underline{\boldsymbol{\Pi}}}}}(\underline{\mathbf{R}}-\underline{\mathbf{R}}',\omega)\right] \mathrm{d}S' \qquad (15.1.61)
$$

$$=\int\!\!\int_{S_g}\left[\underline{\mathbf{t}}(\underline{\mathbf{R}}',\omega)\cdot\underline{\underline{\underline{\mathbf{\Sigma}}}}^{312}(\underline{\mathbf{R}}-\underline{\mathbf{R}}',\omega)-\frac{1}{\mathrm{j}\omega}\underline{\underline{\mathbf{g}}}(\underline{\mathbf{R}}',\omega):\underline{\underline{\underline{\mathbf{\Pi}}}}(\underline{\mathbf{R}}-\underline{\mathbf{R}}',\omega)\right]\mathrm{d}S' \qquad (15.1.62)$$

ergänzen. Mathematisch folgt dies durch Anwendung des Hooke'schen Gesetzes auf (15.1.59) bzw. (15.1.60) in Analogie zur Rechnung, die uns auf (13.2.117) führte.

Integraldarstellungen eines elastodynamischen Streufeldes

Die Integraldarstellungen (15.1.59) und (15.1.61) können nunmehr zur Berechnung eines elastodynamischen Streufeldes eingesetzt werden; dazu „verbiegen" wir die Integrationsfläche S_g wie in Abb. 15.1.5, postulieren das elastodynamische Pendant einer Sommerfeld'schen Ausstrahlungsbedingung (Tan, 1975b; Pao und Varatharajulu, 1976; Alves und Kress, 2002) und beachten die entgegengesetzten Richtungen der Normalen $\underline{\mathbf{n}}'$ und $\underline{\mathbf{n}}'_c$, um für $\underline{\mathbf{R}}\in\mathbb{R}^3\backslash\overline{V}_c$

$$\underline{\mathbf{v}}(\underline{\mathbf{R}},\omega)=\underline{\mathbf{v}}_i(\underline{\mathbf{R}},\omega)+ \underbrace{+\int\!\!\int_{S_c}\left[\mathrm{j}\omega\underline{\mathbf{n}}'_c\cdot\underline{\underline{\mathbf{T}}}(\underline{\mathbf{R}}',\omega)\cdot\underline{\underline{\mathbf{G}}}(\underline{\mathbf{R}}-\underline{\mathbf{R}}',\omega)-\underline{\mathbf{n}}'_c\underline{\mathbf{v}}(\underline{\mathbf{R}}',\omega):\underline{\underline{\underline{\mathbf{\Sigma}}}}(\underline{\mathbf{R}}-\underline{\mathbf{R}}',\omega)\right]\mathrm{d}S'}_{=\underline{\mathbf{v}}_s(\underline{\mathbf{R}},\omega)}, \qquad (15.1.63)$$

$$\underline{\underline{\mathbf{T}}}(\underline{\mathbf{R}},\omega)=\underline{\underline{\mathbf{T}}}_i(\underline{\mathbf{R}},\omega)+ \underbrace{+\int\!\!\int_{S_c}\left[-\underline{\mathbf{n}}'_c\cdot\underline{\underline{\mathbf{T}}}(\underline{\mathbf{R}}',\omega)\cdot\underline{\underline{\underline{\mathbf{\Sigma}}}}^{312}(\underline{\mathbf{R}}',\omega)+\frac{1}{\mathrm{j}\omega}\underline{\mathbf{n}}'_c\underline{\mathbf{v}}(\underline{\mathbf{R}}',\omega):\underline{\underline{\underline{\mathbf{\Pi}}}}(\underline{\mathbf{R}}-\underline{\mathbf{R}}',\omega)\right]\mathrm{d}S'}_{=\underline{\underline{\mathbf{T}}}_s(\underline{\mathbf{R}},\omega)} \qquad (15.1.64)$$

zu finden (Abbildung 15.1.2). Wie erwartet, sind diese hergeleiteten Integraldarstellungen des Streufeldes (de Hoop, 1958; de Hoop, 1995; Tan, 1975a; Pao und Varatharajulu, 1976; Fellinger, 1991) identisch mit den „geratenen" (Gleichungen (15.1.24), (15.1.25)).

15.2 Integralgleichungen für die sekundäre Flächendeformationsquelle eines Streukörpers mit spannungsfreier Oberfläche: *Displacement Field Integral Equation* und *Stress Field Integral Equation*

Die Integraldarstellung (15.1.63) für das Streufeld des Teilchengeschwindigkeitsvektors gilt für jeden beliebigen Streukörper; sie ist im Außenraum $\underline{\mathbf{R}}\in\mathbb{R}^3\backslash\overline{V}_c$ für *beliebige* sekundäre Quellen Lösung der homogenen Schwingungsgleichung (15.1.46). Für einen physikalisch spezifizierten Streukörper müssen die sekundären Quellen nun mit Hilfe der konkret vorliegenden Übergangs- oder Randbedingungen berechnet werden. Betrachten wir speziell den für die zfP-Praxis wichtigen Fall eines Streukörpers mit spannungsfreier Oberfläche — eines „Vakuumloches" im Festkörper, das im Grenzfall verschwindenden Volumens endlicher Oberfläche auch einen Riss modelliert —, so erzwingt die Randbedingung $\underline{\mathbf{n}}'_c\cdot\underline{\underline{\mathbf{T}}}(\underline{\mathbf{R}}',\omega)=\underline{\mathbf{0}}$ für $\underline{\mathbf{R}}'\in S_c$, d.h. in der Integraldarstellung (15.1.63) ist nur noch die sekundäre Flächendeformationsratenquelle $\underline{\underline{\underline{\mathbf{I}}}}^+:\underline{\mathbf{n}}'_c\underline{\mathbf{v}}(\underline{\mathbf{R}}',\omega)$ von null verschieden; letztere wird aber durch die Randbedingung *nicht* spezifiziert, denn der Wert des Gesamtfeldes $\underline{\mathbf{v}}(\underline{\mathbf{R}},\omega)$ *definiert* für $\underline{\mathbf{R}}\longrightarrow S_c$ ebendiese Tensorkomponenten als sekundäre Quelle. Genau diesen Gedanken nutzt man aber zu ihrer Berechnung aus: Man führt den Grenzübergang $\underline{\mathbf{R}}\longrightarrow S_c$ explizit mit der Integraldarstellung (15.1.63) des Streufeldes durch — wir werden sehen, dass dieser Grenzübergang einen Term $\underline{\mathbf{v}}(\underline{\mathbf{R}},\omega)/2$ aus dem Integral

„heraussiebt“ —, d.h. es ergibt sich eine Gleichung für $\underline{\mathbf{v}}(\underline{\mathbf{R}},\omega)$, $\underline{\mathbf{R}} \in S_c$, in der der Teilchengeschwindigkeitsvektor sowohl unter dem Integral als auch außerhalb steht: Man spricht von einer Integralgleichung 2. Art. Diese Integralgleichung lässt sich für eine spezifizierte Oberfläche S_c numerisch — in Sonderfällen auch analytisch — lösen, womit die sekundäre Flächendeformationsratenquelle zahlenmäßig bekannt ist; sie kann danach in die Streufeldintegraldarstellung (15.1.63) für $\underline{\mathbf{R}} \in \mathbb{R}^3 \backslash \overline{V}_c$ eingesetzt werden: Das Streuproblem ist gelöst! Da dieser exakte Lösungsweg einigermaßen aufwendig ist, sucht man nach approximativen Lösungen der Integralgleichung, und in vielen Anwendungsfällen lässt sich in der Tat die aus der Optik und der Theorie elektromagnetischer Felder bekannte Kirchhoff-Näherung oder Näherung der Physikalischen Optik physikalisch begründen und für die Elastodynamik modifizieren. Die meisten der in der US-zfP eingesetzten Modellierungsprogramme beruhen darauf.

15.2.1 Integralgleichungsbeziehung zwischen sekundären Quellen

Wir führen den Grenzübergang $\underline{\mathbf{R}} \longrightarrow S_c$ in (15.1.63) zunächst *ohne* die Spezifikation einer Randbedingung — z.B. Spannungsfreiheit — durch. Offensichtlich können wir (15.1.63) unmittelbar für die Teilchenverschiebung hinschreiben, sodass die resultierende Integralgleichung[10] eine *Displacement Field Integral Equation* (DFIE) sein wird:

$$\begin{aligned}\underline{\mathbf{u}}(\underline{\mathbf{R}},\omega) &= \underline{\mathbf{u}}_i(\underline{\mathbf{R}},\omega) - \\ &- \iint_{S_c} \left[\underline{\mathbf{n}}_c' \cdot \underline{\underline{\mathbf{T}}}(\underline{\mathbf{R}}',\omega) \cdot \underline{\underline{\mathbf{G}}}(\underline{\mathbf{R}}-\underline{\mathbf{R}}',\omega) + \underline{\mathbf{u}}(\underline{\mathbf{R}}',\omega)\underline{\mathbf{n}}_c : \underline{\underline{\underline{\mathbf{\Sigma}}}}(\underline{\mathbf{R}}-\underline{\mathbf{R}}',\omega)\right] \mathrm{d}S' \quad ; \qquad (15.2.1)\end{aligned}$$

wegen der Symmetrie von $\underline{\underline{\underline{\mathbf{\Sigma}}}}$ bezüglich der beiden ersten Indizes können wir $\underline{\mathbf{n}}_c'$ und $\underline{\mathbf{u}}(\underline{\mathbf{R}}',\omega)$ vertauschen. Der Grenzübergang $\underline{\mathbf{R}} \longrightarrow S_c$ ist insofern nicht ganz trivial, da sowohl $\underline{\underline{\mathbf{G}}}(\underline{\mathbf{R}}-\underline{\mathbf{R}}',\omega)$ als auch $\underline{\underline{\underline{\mathbf{\Sigma}}}}(\underline{\mathbf{R}}-\underline{\mathbf{R}}',\omega)$ für $\underline{\mathbf{R}} \longrightarrow \underline{\mathbf{R}}'$ singulär werden, und Integrale über singuläre Funktionen sind uneigentliche Integrale, deren Existenz im Einzelfall nachgewiesen werden muss. Genau *das* müssen wir also im vorliegenden Fall tun, wobei wir aber glücklicherweise nicht „ganz vorne“ anfangen müssen, da wesentliche Ergebnisse bereits von den skalaren und elektromagnetischen Huygens-Integralen her bekannt ist (Langenberg, 2005).

Wir führen die Abkürzung

$$\underline{\mathbf{H}}^{\mathbf{u}}_{S_c}(\underline{\mathbf{R}},\omega) = -\iint_{S_c} \left[\underline{\mathbf{n}}_c' \cdot \underline{\underline{\mathbf{T}}}(\underline{\mathbf{R}}',\omega) \cdot \underline{\underline{\mathbf{G}}}(\underline{\mathbf{R}}-\underline{\mathbf{R}}',\omega) + \underline{\mathbf{u}}(\underline{\mathbf{R}}',\omega)\underline{\mathbf{n}}_c' : \underline{\underline{\underline{\mathbf{\Sigma}}}}(\underline{\mathbf{R}}-\underline{\mathbf{R}}',\omega)\right] \mathrm{d}S' \qquad (15.2.2)$$

eines elastodynamischen Helmholtz-Integrals für die Teilchenverschiebung ein und wissen bereits, dass

$$\underline{\mathbf{H}}^{\mathbf{u}}_{S_c}(\underline{\mathbf{R}},\omega) = \begin{cases} \underline{\mathbf{u}}_s(\underline{\mathbf{R}},\omega) & , \ \underline{\mathbf{R}} \in \mathbb{R}^3 \backslash \overline{V}_c \\ -\underline{\mathbf{u}}_i(\underline{\mathbf{R}},\omega) & , \ \underline{\mathbf{R}} \in V_c \end{cases} \qquad (15.2.3)$$

gilt; nunmehr interessieren wir uns für $\underline{\mathbf{H}}^{\mathbf{u}}_{S_c}(\underline{\mathbf{R}}_0,\omega)$ mit $\underline{\mathbf{R}}_0 \in S_c$, können diesen Ortsvektor aber wegen der erwähnten Singularitäten nicht einfach einsetzen, sondern wir müssen den Grenzübergang $\underline{\mathbf{H}}^{\mathbf{u}}_{S_c}(\underline{\mathbf{R}} \longrightarrow \underline{\mathbf{R}}_0,\omega)$ untersuchen. Dazu schneiden wir aus S_c um den Punkt $\underline{\mathbf{R}}_0$ eine kleine Fläche S_ϵ aus und berechnen

$$\underline{\mathbf{H}}^{\mathbf{u}}_{S_c}(\underline{\mathbf{R}} \longrightarrow \underline{\mathbf{R}}_0,\omega) = \underline{\mathbf{H}}^{\mathbf{u}}_{S_c \backslash \overline{S}_\epsilon}(\underline{\mathbf{R}}_0,\omega) + \lim_{\underline{\mathbf{R}} \to \underline{\mathbf{R}}_0} \underline{\mathbf{H}}^{\mathbf{u}}_{S_\epsilon}(\underline{\mathbf{R}},\omega) \quad ; \qquad (15.2.4)$$

im ersten Term können wir $\underline{\mathbf{R}}_0$ ohne weiteres einsetzen, da dieser Ortsvektor außerhalb der Integrationsfläche $S_c \backslash \overline{S}_\epsilon$ liegt, im zweiten Term jedoch müssen wir den Grenzübergang explizit untersuchen, und dies machen wir so, dass wir das Integral $\underline{\mathbf{H}}^{\mathbf{u}}_{S_\epsilon}(\underline{\mathbf{R}},\omega)$ für einen Punkt $\underline{\mathbf{R}}_0$

[10] Wir folgen der Nomenklatur der Theorie elektromagnetischer Felder: Dort spricht man von der *Electric Field Integral Equation* — EFIE — und der *Magnetic Field Integral Equation*, der MFIE (Abschnitt 6.7; Langenberg, 2005).

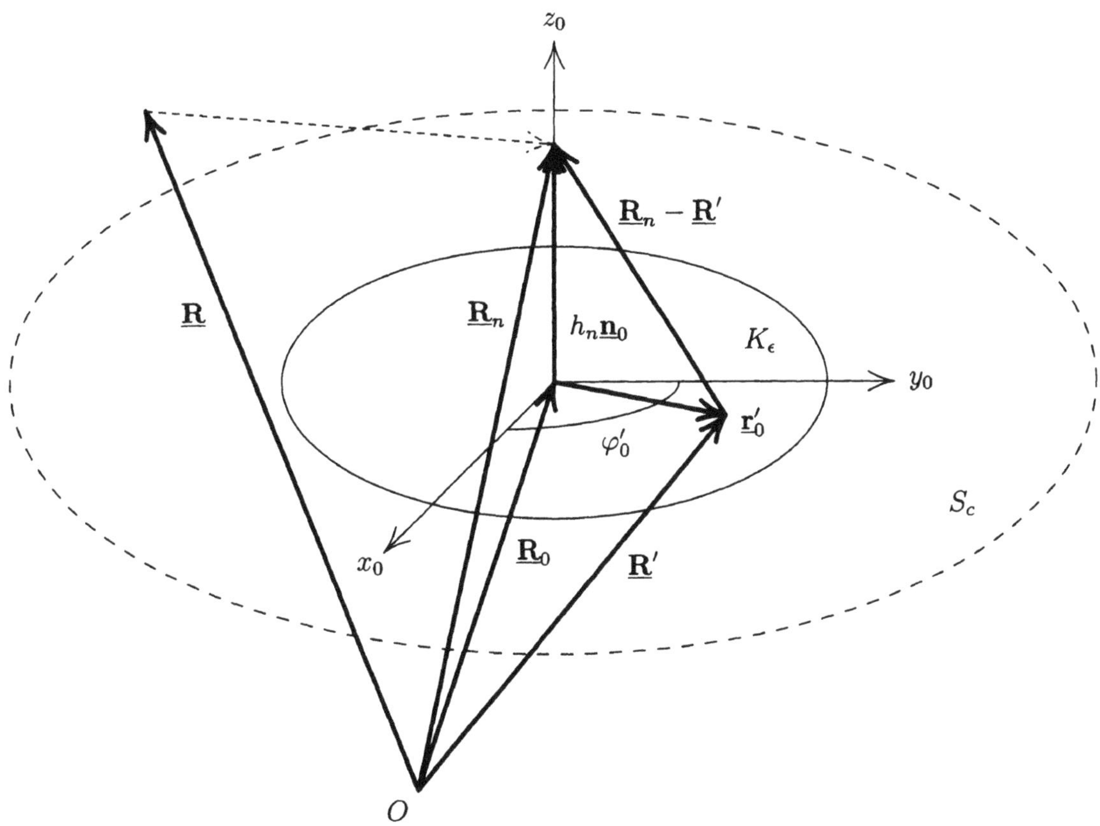

Abb. 15.2.1: *Zur Berechnung des Grenzübergangs* $\underline{\mathbf{R}} \longrightarrow \underline{\mathbf{R}}_0$ *im elastodynamischen Helmholtz-Integral*

außerhalb von S_c für eine *sehr* kleine Fläche S_ϵ ausrechnen und *danach* den Grenzübergang $\underline{\mathbf{R}} \longrightarrow \underline{\mathbf{R}}_0$ durchführen. Damit das Ausrechnen des Integrals „nicht zu mühsam" wird, approximieren wir S_ϵ durch ein ebenes Kreisscheibchen K_ϵ mit dem Mittelpunkt in $\underline{\mathbf{R}}_0$ und dem Radius ϵ und nehmen an, dass sich $\underline{\mathbf{R}}$ entlang der Normalen $\underline{\mathbf{n}}_0$ im Punkt $\underline{\mathbf{R}}_0$, die auch die (konstante) Normale auf K_ϵ sein soll, auf $\underline{\mathbf{R}}_0$ zubewegt (Abbildung 15.2.1); konkret sei

$$\underline{\mathbf{R}} = \underline{\mathbf{R}}_n = \underline{\mathbf{R}}_0 + h_n\underline{\mathbf{n}}_0 \quad , \tag{15.2.5}$$

womit schließlich

$$\begin{aligned} &\lim_{h_n\to 0} \underline{\mathbf{H}}^{\underline{\mathbf{u}}}_{K_\epsilon}(\underline{\mathbf{R}}_n,\omega) = \\ &- \lim_{h_n\to 0} \iint_{K_\epsilon} \left[\underline{\mathbf{n}}_0 \cdot \underline{\underline{\mathbf{T}}}(\underline{\mathbf{R}}',\omega) \cdot \underline{\underline{\mathbf{G}}}(\underline{\mathbf{R}}_n - \underline{\mathbf{R}}',\omega) + \underline{\mathbf{u}}(\underline{\mathbf{R}}',\omega)\underline{\mathbf{n}}_0 : \underline{\underline{\underline{\mathbf{\Sigma}}}}(\underline{\mathbf{R}}_n - \underline{\mathbf{R}}',\omega)\right] \mathrm{d}S' \end{aligned} \tag{15.2.6}$$

zu berechnen ist. Wenn wir das Kreisscheibchen K_ϵ genügend klein gemacht haben, können wir (15.2.6) sicher durch

$$\begin{aligned} \lim_{h_n\to 0} \underline{\mathbf{H}}^{\underline{\mathbf{u}}}_{K_\epsilon}(\underline{\mathbf{R}}_n,\omega) \simeq -\underline{\mathbf{n}}_0 \cdot \underline{\underline{\mathbf{T}}}(\underline{\mathbf{R}}_0,\omega) \cdot \lim_{h_n\to 0} \iint_{K_\epsilon} \underline{\underline{\mathbf{G}}}(\underline{\mathbf{R}}_n - \underline{\mathbf{R}}',\omega)\,\mathrm{d}S' - \\ -\underline{\mathbf{u}}(\underline{\mathbf{R}}_0,\omega)\underline{\mathbf{n}}_0 : \lim_{h_n\to 0} \iint_{K_\epsilon} \underline{\underline{\underline{\mathbf{\Sigma}}}}(\underline{\mathbf{R}}_n - \underline{\mathbf{R}}',\omega)\,\mathrm{d}S' \end{aligned} \tag{15.2.7}$$

approximieren. Jetzt kommt man um die Integration von $\underline{\underline{\mathbf{G}}}$ und $\underline{\underline{\underline{\mathbf{\Sigma}}}}$ nicht mehr herum; wir werden aber auch dafür ausnutzen, dass sowohl ϵ als auch h_n klein sind, und dies quantifizieren wir nun:

klein gegenüber der Wellenlänge. Unter dieser Voraussetzung — nämlich $k_{P,S}|\underline{\mathbf{R}}_n - \underline{\mathbf{R}}'| \ll 1$ — können wir die in $\underline{\underline{\mathbf{G}}}(\underline{\mathbf{R}}_n - \underline{\mathbf{R}}', \omega)$ und $\underline{\underline{\mathbf{\Sigma}}}(\underline{\mathbf{R}}_n - \underline{\mathbf{R}}', \omega)$ enthaltenen Exponentialfunktionen $e^{jk_{P,S}|\underline{\mathbf{R}}_n - \underline{\mathbf{R}}'|}$ sicher durch die abgebrochene Taylorreihe

$$e^{jk_{P,S}|\underline{\mathbf{R}}_n - \underline{\mathbf{R}}'|} \simeq 1 + jk_{P,S}|\underline{\mathbf{R}}_n - \underline{\mathbf{R}}'| - \frac{1}{2} k_{P,S}^2 |\underline{\mathbf{R}}_n - \underline{\mathbf{R}}'|^2 \tag{15.2.8}$$

nähern[11].

Mit der Näherung (15.2.8) untersuchen wir zunächst den $\underline{\underline{\mathbf{G}}}$-Term in (15.2.7); mit der Darstellung (13.2.22) zusammen mit (13.2.25) und (13.2.26) erhalten wir[12]

$$\begin{aligned}\underline{\underline{\mathbf{G}}}(\underline{\mathbf{R}}_n - \underline{\mathbf{R}}', \omega) \simeq\ & \frac{1}{\lambda + 2\mu} \frac{1}{8\pi|\underline{\mathbf{R}}_n - \underline{\mathbf{R}}'|} \left[\underline{\underline{\mathbf{I}}} - (\underline{\mathbf{R}}_n \widehat{-} \underline{\mathbf{R}}')(\underline{\mathbf{R}}_n \widehat{-} \underline{\mathbf{R}}')\right] + \\ & + \frac{1}{\mu} \frac{1}{8\pi|\underline{\mathbf{R}}_n - \underline{\mathbf{R}}'|} \left[\underline{\underline{\mathbf{I}}} + (\underline{\mathbf{R}}_n \widehat{-} \underline{\mathbf{R}}')(\underline{\mathbf{R}}_n \widehat{-} \underline{\mathbf{R}}')\right]\end{aligned} \tag{15.2.9}$$

Man beachte, dass sich für $k_{P,S}|\underline{\mathbf{R}}_n - \underline{\mathbf{R}}'| \ll 1$ vor allem die am stärksten singulären $1/|\underline{\mathbf{R}}_n - \underline{\mathbf{R}}'|^3$-Terme in $\underline{\underline{\mathbf{G}}}_{P,S}$ wegheben; dies ist für elektromagnetische Felder nicht der Fall und führt dort zu einem Problem (Langenberg, 2002a). Wir sind also im ersten Term von (15.2.7) mit den beiden Integralen

$$\iint_{K_\epsilon} \frac{1}{|\underline{\mathbf{R}}_n - \underline{\mathbf{R}}'|} \, dS' \quad ; \quad \iint_{K_\epsilon} \frac{(\underline{\mathbf{R}}_n - \underline{\mathbf{R}}')(\underline{\mathbf{R}}_n - \underline{\mathbf{R}}')}{|\underline{\mathbf{R}}_n - \underline{\mathbf{R}}'|^3} \, dS' \tag{15.2.10}$$

konfrontiert. Im Mittelpunkt $\underline{\mathbf{R}}_0$ der Kreisscheibe K_ϵ etablieren wir nun ein kartesisches Koordinatensystem x_0, y_0, z_0 mit $\underline{\mathbf{e}}_{z_0} = \underline{\mathbf{n}}_0$ (Abbildung 15.2.1) und führen die dS'-Integration in Polarkoordinaten r_0', φ_0' aus, wobei

$$\underline{\mathbf{R}}_0 - \underline{\mathbf{R}}' = -r_0' \cos\varphi_0' \, \underline{\mathbf{e}}_{x0} - r_0' \sin\varphi_0' \, \underline{\mathbf{e}}_{y0} \tag{15.2.11}$$

gilt. Dies präzisiert die Ausführung der Integrationen (15.2.10):

$$\underbrace{\int_0^\epsilon \int_0^{2\pi} \frac{1}{(r_0'^2 + h_n^2)^{1/2}} r_0' dr_0' d\varphi_0'}_{= 2\pi(\sqrt{h_n^2 + \epsilon^2} - h_n)} \quad ; \quad \underbrace{\int_0^\epsilon \int_0^{2\pi} \frac{\underline{\underline{\mathbf{\Gamma}}}(r_0', \varphi_0')}{(r_0'^2 + h_n^2)^{3/2}} r_0' dr_0' d\varphi_0'}_{= \int_0^\epsilon \frac{r_0'}{(r_0'^2 + h_n^2)^{3/2}} \int_0^{2\pi} \underline{\underline{\mathbf{\Gamma}}}(r_0', \varphi_0') \, d\varphi_0' dr_0'} \quad , \tag{15.2.12}$$

wobei

$$\begin{aligned}\underline{\underline{\mathbf{\Gamma}}}(r_0', \varphi_0') =\ & r_0'^2 \cos^2\varphi_0' \, \underline{\mathbf{e}}_{x0}\underline{\mathbf{e}}_{x0} + r_0'^2 \cos\varphi_0' \sin\varphi_0' \, \underline{\mathbf{e}}_{x0}\underline{\mathbf{e}}_{y0} - h_n r_0' \cos\varphi_0' \, \underline{\mathbf{e}}_{x0}\underline{\mathbf{n}}_0 + \\ & + r_0'^2 \cos\varphi_0' \sin\varphi_0' \, \underline{\mathbf{e}}_{y0}\underline{\mathbf{e}}_{x0} + r_0'^2 \sin^2\varphi_0' \, \underline{\mathbf{e}}_{y0}\underline{\mathbf{e}}_{y0} - h_n r_0' \sin\varphi_0' \, \underline{\mathbf{e}}_{y0}\underline{\mathbf{n}}_0 - \\ & - h_n r_0' \cos\varphi_0' \, \underline{\mathbf{n}}_0\underline{\mathbf{e}}_{x0} - h_n r_0' \sin\varphi_0' \, \underline{\mathbf{n}}_0\underline{\mathbf{e}}_{y0} + h_n^2 \, \underline{\mathbf{n}}_0\underline{\mathbf{n}}_0 \ .\end{aligned} \tag{15.2.13}$$

Es folgt

$$\begin{aligned}\int_0^\epsilon \frac{r_0'}{(r_0'^2 + h_n^2)^{3/2}} \int_0^{2\pi} \underline{\underline{\mathbf{\Gamma}}}(r_0', \varphi_0') \, d\varphi_0' dr_0' =\ & \pi(\underline{\mathbf{e}}_{x0}\underline{\mathbf{e}}_{x0} + \underline{\mathbf{e}}_{y0}\underline{\mathbf{e}}_{y0}) \frac{2h_n(h_n - \sqrt{h_n^2 + \epsilon^2}) + \epsilon^2}{\sqrt{h_n^2 + \epsilon^2}} - \\ & - \pi \, \underline{\mathbf{n}}_0\underline{\mathbf{n}}_0 \frac{2h_n(h_n - \sqrt{h_n^2 + \epsilon^2})}{\sqrt{h_n^2 + \epsilon^2}} \ .\end{aligned} \tag{15.2.14}$$

[11] Man muss bis zum quadratischen Term gehen, um alle singulären Terme in $\underline{\underline{\mathbf{G}}}$ und $\underline{\underline{\mathbf{\Sigma}}}$ „zu erwischen".

[12] Dies ist *nicht* der $\underline{\underline{\mathbf{G}}}$-Tensor der Elastostatik.

Offensichtlich liefert der Grenzübergang $h_n \longrightarrow 0$ sowohl im linken wie im rechten Integral (15.2.12) einen in ϵ linearen Term; deshalb gilt in (15.2.7)

$$\lim_{\epsilon\to 0}\lim_{h_n\to 0}\iint_{K_\epsilon} \underline{\underline{\mathbf{G}}}(\underline{\mathbf{R}}_n - \underline{\mathbf{R}}', \omega)\,\mathrm{d}S' = \underline{\underline{\mathbf{0}}} \ . \tag{15.2.15}$$

Konsequenz davon ist, dass sich der $\underline{\underline{\mathbf{G}}}$-Anteil in $\underline{\underline{\mathbf{H}}}^{\mathbf{u}}_{S_c\setminus\overline{S}_\epsilon}(\underline{\mathbf{R}}_0, \omega)$ beim Grenzübergang $\epsilon \longrightarrow 0$ als konvergentes uneigentliches Integral erweist (Colton und Kress, 1983; Langenberg, 2005).

Wir wenden uns dem $\underline{\underline{\mathbf{\Sigma}}}$-Term in (15.2.7) zu. Da $\underline{\underline{\mathbf{\Sigma}}}$ gegenüber $\underline{\underline{\mathbf{G}}}$ einen weiteren Gradienten enthält, müssen wir damit rechnen, dass die daraus resultierende stärkere Singularität *nicht* zu dem (15.2.15) entsprechenden Ergebnis führt. Wir greifen auf (13.2.84) zurück und schreiben diese $\underline{\underline{\mathbf{\Sigma}}}$-Aufspaltung *so*

$$\omega^2\varrho\,\underline{\underline{\mathbf{\Sigma}}}(\underline{\mathbf{R}} - \underline{\mathbf{R}}', \omega) = k_\mathrm{P}^2\underline{\underline{\mathbf{\Sigma}}}_\mathrm{P}(\underline{\mathbf{R}} - \underline{\mathbf{R}}', \omega) + k_\mathrm{S}^2\underline{\underline{\mathbf{\Sigma}}}_\mathrm{S}(\underline{\mathbf{R}} - \underline{\mathbf{R}}', \omega) \ , \tag{15.2.16}$$

dass man unter Verwendung von (13.2.87) und (13.2.88) sofort sieht, wie sich die am stärksten singulären $1/|\underline{\mathbf{R}}_n - \underline{\mathbf{R}}'|^4$-Terme, die mit dem 1-Term der Entwicklung (15.2.7) auftreten, wegheben. Auch mit dieser Erkenntnis kommen wir nicht darum herum, *alle* sich mit der abgebrochenen Taylor-Entwicklung (15.2.7) ergebenden Einzelterme von (13.2.87) und (13.2.88) hinzuschreiben, um zu überprüfen, welche sich kompensieren, und um schließlich die für $k_\mathrm{P,S}|\underline{\mathbf{R}}_n - \underline{\mathbf{R}}'| \ll 1$ dominanten $1/|\underline{\mathbf{R}}_n - \underline{\mathbf{R}}'|^2$-Terme

$$\begin{aligned}\omega^2\varrho\,\underline{\underline{\mathbf{\Sigma}}}(\underline{\mathbf{R}}_n - \underline{\mathbf{R}}', \omega) \simeq & -\frac{k_\mathrm{P}^2}{4\pi|\underline{\mathbf{R}}_n - \underline{\mathbf{R}}'|^2}\Big\{\lambda\underline{\underline{\mathbf{I}}}(\widehat{\underline{\mathbf{R}}_n - \underline{\mathbf{R}}'}) + \mu(\widehat{\underline{\mathbf{R}}_n - \underline{\mathbf{R}}'})\underline{\underline{\mathbf{I}}} + \\ & + \mu(\widehat{\underline{\mathbf{R}}_n - \underline{\mathbf{R}}'})\underline{\underline{\mathbf{I}}}^{213} + \mu\left[\underline{\underline{\mathbf{I}}} - 3(\widehat{\underline{\mathbf{R}}_n - \underline{\mathbf{R}}'})(\widehat{\underline{\mathbf{R}}_n - \underline{\mathbf{R}}'})\right](\widehat{\underline{\mathbf{R}}_n - \underline{\mathbf{R}}'})\Big\} + \\ & + \frac{k_\mathrm{S}^2}{4\pi|\underline{\mathbf{R}}_n - \underline{\mathbf{R}}'|^2}\Big\{\mu\left[\underline{\underline{\mathbf{I}}} - 3(\widehat{\underline{\mathbf{R}}_n - \underline{\mathbf{R}}'})(\widehat{\underline{\mathbf{R}}_n - \underline{\mathbf{R}}'})\right](\widehat{\underline{\mathbf{R}}_n - \underline{\mathbf{R}}'})\Big\}\end{aligned} \tag{15.2.17}$$

zu identifizieren; die bezüglich $|\underline{\mathbf{R}}_n - \underline{\mathbf{R}}'|$ konstanten und die $1/|\underline{\mathbf{R}}_n - \underline{\mathbf{R}}'|$-Terme können wir ignorieren, denn deren K_ϵ-Integration hatten wir schon untersucht und als unkritisch befunden. In (15.2.17) fassen wir nun die P- und S-Terme zusammen und nehmen auch die $\underline{\mathbf{n}}_0$-Kontraktion gemäß (15.2.11) hinzu:

$$\begin{aligned}\underline{\mathbf{n}}_0\cdot\underline{\underline{\mathbf{\Sigma}}}(\underline{\mathbf{R}}_n - \underline{\mathbf{R}}', \omega) \simeq & \frac{1}{\lambda + 2\mu}\frac{1}{4\pi|\underline{\mathbf{R}}_n - \underline{\mathbf{R}}'|^2}\left[\mu\frac{\underline{\mathbf{n}}_0(\underline{\mathbf{R}}_n - \underline{\mathbf{R}}')}{|\underline{\mathbf{R}}_n - \underline{\mathbf{R}}'|} - \mu\frac{\underline{\mathbf{n}}_0\cdot(\underline{\mathbf{R}}_n - \underline{\mathbf{R}}')\underline{\underline{\mathbf{I}}}}{|\underline{\mathbf{R}}_n - \underline{\mathbf{R}}'|} - \right. \\ & \left. -\mu\frac{(\underline{\mathbf{R}}_n - \underline{\mathbf{R}}')\underline{\mathbf{n}}_0}{|\underline{\mathbf{R}}_n - \underline{\mathbf{R}}'|} - 3(\lambda+\mu)\frac{\underline{\mathbf{n}}_0\cdot(\underline{\mathbf{R}}_n - \underline{\mathbf{R}}')(\underline{\mathbf{R}}_n - \underline{\mathbf{R}}')(\underline{\mathbf{R}}_n - \underline{\mathbf{R}}')}{|\underline{\mathbf{R}}_n - \underline{\mathbf{R}}'|^3}\right]\end{aligned} \tag{15.2.18}$$

Mit (15.2.5) und (15.2.11) realisiert man sofort, dass sich nach der φ_0'-Integration der erste gegen den dritten Term in der eckigen Klammer von (15.2.18) weghebt; es verbleibt also die Berechnung von

$$\underline{\mathbf{n}}_0\cdot\iint_{K_\epsilon}\underline{\underline{\mathbf{\Sigma}}}(\underline{\mathbf{R}}_n - \underline{\mathbf{R}}', \omega)\,\mathrm{d}S' \simeq -\underline{\underline{\mathbf{I}}}\frac{\mu}{\lambda+2\mu}\frac{h_n}{2}\underbrace{\int_0^\epsilon\frac{r_0'}{(r_0'^2 + h_n^2)^{3/2}}\,\mathrm{d}r_0'}_{=\frac{1}{h_n} - \frac{1}{(h_n^2+\epsilon^2)^{1/2}}} -$$

$$-\frac{3}{4}\frac{\lambda+\mu}{\lambda+2\mu}h_n\Bigg[(\underline{\mathbf{e}}_{x_0}\underline{\mathbf{e}}_{x_0}+\underline{\mathbf{e}}_{y_0}\underline{\mathbf{e}}_{y_0})\underbrace{\int_0^\epsilon\frac{r_0'^3}{(r_0'^2+h_n^2)^{5/2}}\,\mathrm{d}r_0'}_{=-\frac{1}{3}\frac{\epsilon^2}{(h_n^2+\epsilon^2)^{3/2}}+\frac{2}{3h_n}-\frac{2}{3}\frac{1}{(h_n^2+\epsilon^2)^{1/2}}}+$$

$$+2h_n^2\,\underline{\mathbf{n}}_0\underline{\mathbf{n}}_0\underbrace{\int_0^\epsilon\frac{r_0'}{(r_0'^2+\epsilon^2)^{5/2}}\,\mathrm{d}r_0'}_{=\frac{1}{3h_n^3}-\frac{1}{3\,(h_n^2+\epsilon^2)^{3/2}}}\Bigg]\ . \tag{15.2.19}$$

Im Grenzübergang $h_n \longrightarrow 0$ finden wir folglich

$$\lim_{h_n\to 0}\underline{\mathbf{n}}_0\cdot\iint_{K_\epsilon}\underline{\underline{\underline{\mathbf{\Sigma}}}}(\underline{\mathbf{R}}_n-\underline{\mathbf{R}}',\omega)\,\mathrm{d}S'=-\frac{1}{2}\underline{\underline{\mathbf{I}}}\ ; \tag{15.2.20}$$

dieser Grenzwert ist im Gegensatz zu (15.2.15) ϵ-unabhängig *ungleich* null, sodass sich schließlich

$$\lim_{\epsilon\to 0}\lim_{h_n\to 0}\underline{\mathbf{H}}^{\mathbf{u}}_{K_\epsilon}(\underline{\mathbf{R}}_n,\omega)=\frac{1}{2}\underline{\mathbf{u}}(\underline{\mathbf{R}}_0,\omega)\ . \tag{15.2.21}$$

als Grenzwert von (15.2.7) für $\epsilon \longrightarrow 0$ ergibt.

Entsprechend der Aufspaltung (15.2.4) müssen wir uns nun den Grenzübergang

$$\lim_{\epsilon\to 0}\underline{\mathbf{H}}^{\mathbf{u}}_{S_c\setminus\overline{S}_\epsilon}(\underline{\mathbf{R}}_0,\omega) \tag{15.2.22}$$

näher anschauen; mit derselben mathematischen Überlegung wie im skalaren akustischen Fall (Colton und Kress, 1983; Langenberg, 2005) findet man (Chen und Zhou, 1992), dass dieser Grenzübergang für den $\underline{\underline{\underline{\mathbf{\Sigma}}}}$-Anteil als Cauchy'scher Hauptwert existiert, d.h.

$$\underline{\mathbf{H}}^{\mathbf{u}}_{S_c}(\underline{\mathbf{R}}_0,\omega)\stackrel{\text{def}}{=}\lim_{\epsilon\to 0}\underline{\mathbf{H}}^{\mathbf{u}}_{S_c\setminus\overline{S}_\epsilon}(\underline{\mathbf{R}}_0,\omega) \tag{15.2.23}$$

ist ein uneigentliches Integral, das nur in einem speziellen Sinne existiert: Da $\underline{\mathbf{n}}_0\cdot\underline{\underline{\underline{\mathbf{\Sigma}}}}(\underline{\mathbf{R}}_0-\underline{\mathbf{R}}',\omega)$ gemäß (15.2.18) eine $|\underline{\mathbf{R}}_0-\underline{\mathbf{R}}'|^{-2}$-Singularität aufweist, muss man bei der Berechnung von $\underline{\mathbf{n}}_0\cdot\iint_{S_c\setminus\overline{K}_\epsilon}\underline{\underline{\underline{\mathbf{\Sigma}}}}(\underline{\mathbf{R}}_0-\underline{\mathbf{R}}',\omega)\,\mathrm{d}S'$ vereinbaren, dass die φ'-Integration *vor* der r_0'-Integration ausgeführt wird. In (15.2.4) ist $\underline{\mathbf{H}}^{\mathbf{u}}_{S_c}(\underline{\mathbf{R}}\longrightarrow\underline{\mathbf{R}}_0,\omega)$ aber nichts anderes als

$$\begin{aligned}\underline{\mathbf{H}}^{\mathbf{u}}_{S_c}(\underline{\mathbf{R}}\longrightarrow\underline{\mathbf{R}}_0,\omega)&=\underline{\mathbf{u}}_s(\underline{\mathbf{R}}\longrightarrow\underline{\mathbf{R}}_0,\omega)\\&\stackrel{\text{def}}{=}\underline{\mathbf{u}}_s(\underline{\mathbf{R}}_0,\omega)\ ,\end{aligned} \tag{15.2.24}$$

sodass wir bei „Verallgemeinerung“ auf den Oberflächenpunkt $\underline{\mathbf{R}}_0\Longrightarrow\underline{\mathbf{R}}$ schließlich

$$\underline{\mathbf{u}}_s(\underline{\mathbf{R}},\omega)=\frac{1}{2}\underline{\mathbf{u}}(\underline{\mathbf{R}},\omega)-\mathrm{PV}\iint_{S_c}\Big[\underline{\mathbf{n}}_c'\cdot\underline{\underline{\mathbf{T}}}(\underline{\mathbf{R}}',\omega)\cdot\underline{\underline{\mathbf{G}}}(\underline{\mathbf{R}}-\underline{\mathbf{R}}',\omega)+\underline{\mathbf{u}}(\underline{\mathbf{R}}',\omega)\underline{\mathbf{n}}_c':\underline{\underline{\underline{\mathbf{\Sigma}}}}(\underline{\mathbf{R}}-\underline{\mathbf{R}}',\omega)\Big]\,\mathrm{d}S' \tag{15.2.25}$$

für $\underline{\mathbf{R}}\in S_c$ finden. Ersetzen wir noch gemäß

$$\underline{\mathbf{u}}_s(\underline{\mathbf{R}},\omega)=\underline{\mathbf{u}}(\underline{\mathbf{R}},\omega)-\underline{\mathbf{u}}_i(\underline{\mathbf{R}},\omega) \tag{15.2.26}$$

das Streufeld durch das Gesamtfeld, ergibt sich für $\underline{\mathbf{R}}\in S_c$ die Integralgleichungsbeziehung

$$\underline{\mathbf{u}}(\underline{\mathbf{R}},\omega)=2\underline{\mathbf{u}}_i(\underline{\mathbf{R}},\omega)-2\mathrm{PV}\iint_{S_c}\Big[\underline{\mathbf{n}}_c'\cdot\underline{\underline{\mathbf{T}}}(\underline{\mathbf{R}}',\omega)\cdot\underline{\underline{\mathbf{G}}}(\underline{\mathbf{R}}-\underline{\mathbf{R}}',\omega)+\underline{\mathbf{u}}(\underline{\mathbf{R}}',\omega)\underline{\mathbf{n}}_c':\underline{\underline{\underline{\mathbf{\Sigma}}}}(\underline{\mathbf{R}}-\underline{\mathbf{R}}',\omega)\Big]\,\mathrm{d}S' \tag{15.2.27}$$

als Verknüpfung der sekundären Quelle „Flächenkraftdichte“

$$\underline{\mathbf{t}}_c(\underline{\mathbf{R}}',\omega) = -\underline{\mathbf{n}}_c' \cdot \underline{\underline{\mathbf{T}}}(\underline{\mathbf{R}}',\omega) \quad , \quad \underline{\mathbf{R}}' \in S_c \quad , \tag{15.2.28}$$

mit der sekundären Quelle „Flächendeformation“

$$\underline{\underline{\mathbf{g}}}_c^{\mathbf{u}}(\underline{\mathbf{R}}',\omega) = -\underline{\underline{\underline{\mathbf{I}}}}^+ : \underline{\mathbf{u}}(\underline{\mathbf{R}}',\omega)\underline{\mathbf{n}}_c' \quad , \quad \underline{\mathbf{R}}' \in S_c \quad , \tag{15.2.29}$$

des Teilchenverschiebungsstreufeldes. Beide Quellen sind also nicht unabhängig voneinander. Wenn man z.B. die Spannungsfreiheit von S_c vorgibt, kann und *muss* man $\underline{\mathbf{u}}$ auf S_c und damit die sekundäre Quelle $\underline{\underline{\mathbf{g}}}_c^{\mathbf{u}}$ als Lösung einer Integralgleichung (dreier skalarer Integralgleichungen) berechnen.

15.2.2 Streukörper mit spannungsfreier Oberfläche: *Displacement Field Integral Equation* und *Stress Field Integral Equation*

Displacement Field Integral Equation

Die zfP-relevante Randbedingung der Spannungsfreiheit von S_c bringt $\underline{\mathbf{t}}_c$ gemäß (15.2.28) zum Verschwinden; also lautet die *Displacement Field Integral Equation* (DFIE) :

$$\underline{\mathbf{u}}(\underline{\mathbf{R}},\omega) = 2\underline{\mathbf{u}}_i(\underline{\mathbf{R}},\omega) - 2\mathrm{PV}\iint_{S_c} \underline{\mathbf{u}}(\underline{\mathbf{R}}',\omega)\underline{\mathbf{n}}_c' : \underline{\underline{\underline{\mathbf{\Sigma}}}}(\underline{\mathbf{R}}-\underline{\mathbf{R}}',\omega)\,\mathrm{d}S' \quad , \quad \underline{\mathbf{R}} \in S_c \quad . \tag{15.2.30}$$

Es handelt sich um eine Integralgleichung zweiter Art — die gesuchte Größe $\underline{\mathbf{u}}$ tritt unter dem Integral *und* außerhalb auf —, die grundsätzlich für beliebige Streukörpergeometrien gilt; für das fundamentale zfP-Problem der Rissstreuung ist es allerdings zweckmäßiger, eine Integralgleichung erster Art (SFIE) zu formulieren, worauf wir sogleich zu sprechen kommen. Definiert man einen Integraloperator

$$\begin{aligned}\boldsymbol{\mathcal{U}}\,\{\underline{\mathbf{u}}\}(\underline{\mathbf{R}},\omega) &= 2\mathrm{PV}\iint_{S_c} \underline{\mathbf{u}}(\underline{\mathbf{R}}',\omega)\underline{\mathbf{n}}_c' : \underline{\underline{\underline{\mathbf{\Sigma}}}}(\underline{\mathbf{R}}-\underline{\mathbf{R}}',\omega)\,\mathrm{d}S' \\ &= 2\mathrm{PV}\iint_{S_c} \underline{\mathbf{u}}(\underline{\mathbf{R}}',\omega)\underline{\mathbf{n}}_c' : \underline{\underline{\underline{\underline{\mathbf{c}}}}} : \nabla'\underline{\underline{\mathbf{G}}}(\underline{\mathbf{R}}-\underline{\mathbf{R}}',\omega)\,\mathrm{d}S' \quad , \quad \underline{\mathbf{R}} \in S_c \quad ,\end{aligned} \tag{15.2.31}$$

dann lässt sich (15.2.30) abkürzend *so*

$$(\boldsymbol{\mathcal{I}} + \boldsymbol{\mathcal{U}})\{\underline{\mathbf{u}}\}(\underline{\mathbf{R}},\omega) = 2\underline{\mathbf{u}}_i(\underline{\mathbf{R}},\omega) \quad , \quad \underline{\mathbf{R}} \in S_c \quad , \tag{15.2.32}$$

schreiben, worin $\boldsymbol{\mathcal{I}}\{\underline{\mathbf{u}}\}(\underline{\mathbf{R}},\omega) = \underline{\underline{\mathbf{I}}} \cdot \underline{\mathbf{u}}(\underline{\mathbf{R}},\omega) = \underline{\mathbf{u}}(\underline{\mathbf{R}},\omega)$ der Identitätsoperator ist. Es ist folglich klar, was man tun muss, um $\underline{\mathbf{u}}(\underline{\mathbf{R}},\omega)$, $\underline{\mathbf{R}} \in S_c$, zu berechnen[13]: Man muss $\boldsymbol{\mathcal{I}} + \boldsymbol{\mathcal{U}}$ invertieren! Da $\boldsymbol{\mathcal{U}}$ abhängig von der Streukörpergeometrie ist, werden die Möglichkeiten dazu sehr begrenzt sein: In der Tat „funktioniert“ eine analytische Inversion[14] nur für Kreiszylinder- und Kugelgeometrie (Ying und Truell, 1956; Klaholz, 1992; Schubert, 1999; Abschnitt 15.4), sodass man in allen anderen Fällen auf numerische Methoden angewiesen ist. Zur Lösung der entsprechenden elektromagnetischen Pendants EFIE und MFIE (*Electric* und *Magnetic Field Integral Equation*) — die MFIE entspricht der DFIE — wurde die Momentenmethode vorgeschlagen (Harrington, 1968; Poggio und Miller, 1987) und „ununterbrochen“ — bis hin zu neuesten Entwicklungen

[13] Die Beantwortung von Eindeutigkeitsfragen kreist stets — auch im akustischen und elektromagnetischen Fall — um die nichttrivialen Lösungen des bezüglich S_c *internen* (Resonanz-)Problems (Jones, 1984; Colton und Kress, 1983; Langenberg, 2005). Deswegen haben alle diese „wellentheoretischen“ Integraloperatoren für wohldefinierte Resonanzfrequenzen einen nichtleeren Nullraum, d.h. für diese Frequenzen haben die zugehörigen *homogenen* Integralgleichungen nichttriviale Lösungen.

[14] Tatsächlich löst man nicht die Integralgleichung für die nach Eigenfunktionen entwickelte Teilchenverschiebung auf S_c, sondern man entwickelt das einfallende Feld und das Streufeld (oder sogar „nur“ die Potentiale) nach Eigenfunktionen und bestimmt die Entwicklungskoeffizienten direkt aus der Erfüllung der Rand- bzw. Übergangsbedingungen.

(Chew, 2002; Michielssen, 2002; Wilton, 2002) — angewandt. In der Elastodynamik spricht man von der *Boundary Element Method* (Chen und Zhou, 1992).

Wenn die Fläche S_c aus einer „Vorderseite" S_c^+ und einer „Rückseite" S_c^- besteht, die beide nur einen infinitesimal kleinen Abstand voneinander haben, entsteht ein mathematisches Modell für einen Riss, und sofort wird die obige Integralgleichung zweiter Art unbrauchbar. Die Integration über S_c zerfällt dann nämlich in Integrationen über S_c^+ und S_c^- mit den zugehörigen Normalen $\underline{\mathbf{n}}_c^+$ und $\underline{\mathbf{n}}_c^-$ und den Teilchenverschiebungen $\underline{\mathbf{u}}^+(\underline{\mathbf{R}}' \in S_c^+, \omega)$ und $\underline{\mathbf{u}}^-(\underline{\mathbf{R}}' \in S_c^-, \omega)$; da jedoch nach Voraussetzung $\underline{\mathbf{n}}_c^- = -\underline{\mathbf{n}}_c^+$ gilt, entstehen zwei identische Integrale über S_c^+ mit unterschiedlichen Vorzeichen bzw. *ein* Integral, das sodann als gesuchte Größe die *Differenz* $\underline{\mathbf{u}}^{\mathrm{cod}}(\underline{\mathbf{R}}', \omega) = \underline{\mathbf{u}}^+(\underline{\mathbf{R}}', \omega) - \underline{\mathbf{u}}^-(\underline{\mathbf{R}}', \omega)$ als sogenanntes *crack opening displacement* enthält. *Außerhalb* dieses Integrals — es handelt sich um eine Integralgleichung *zweiter* Art! — steht jedoch für $\underline{\mathbf{R}} \in S_c^+$ die Teilchenverschiebung $\underline{\mathbf{u}}^+(\underline{\mathbf{R}}, \omega)$ und für $\underline{\mathbf{R}} \in S_c^-$ die Teilchenverschiebung $\underline{\mathbf{u}}^-(\underline{\mathbf{R}}, \omega)$! Dasselbe Dilemma tritt in der Akustik und im Elektromagnetismus auf, weshalb man dort bereits einen Ausweg gefunden hat: Man formuliere eine Integralgleichung *erster* Art! Glücklicherweise gibt es ja stets *zwei* miteinander verknüpfte Feldgrößen (sobald man Materialgleichungen definiert hat), hier[15]: $\underline{\mathbf{u}}(\underline{\mathbf{R}}, \omega)$ und $\underline{\underline{\mathbf{T}}}(\underline{\mathbf{R}}, \omega)$. Wenn wir deshalb anstelle von (15.2.1) die Integraldarstellung (15.1.64) für den Spannungstensor zur Herleitung einer Integralgleichungsbeziehung zwischen sekundären Quellen verwenden, dann sorgt die Randbedingung der Spannungsfreiheit dafür, dass nicht nur unter dem Integral, sondern auch außerhalb der für die Spannungsfreiheit zuständige Term verschwindet: Ergebnis ist eine Integralgleichung erster Art für die sekundäre Flächendeformation. Im folgenden Paragraphen werden wir diese Integralgleichung als *Stress Field Integral Equation* (SFIE) zwar explizit angeben, wir spezialisieren sie aus dann offensichtlich werdenden Gründen jedoch sofort auf das Problem der zweidimensionalen Rissstreuung, nicht zuletzt auch deshalb, weil dafür relativ einfach numerische Ergebnisse erzielt werden können.

Stress Field Integral Equation: *zweidimensionale Rissstreuung*

In Analogie zu (15.2.1) führen wir für die elastodynamische Huygens-Darstellung des Spannungstensorstreufeldes die Abkürzung

$$\underline{\underline{\mathbf{H}}}^{\underline{\underline{\mathbf{T}}}}_{S_c}(\underline{\mathbf{R}}, \omega) = -\iint_{S_c} \left[\underline{\mathbf{n}}_c' \cdot \underline{\underline{\mathbf{T}}}(\underline{\mathbf{R}}', \omega) \cdot \underline{\underline{\underline{\boldsymbol{\Sigma}}}}^{312}(\underline{\mathbf{R}} - \underline{\mathbf{R}}', \omega) + \underline{\mathbf{u}}(\underline{\mathbf{R}}', \omega)\underline{\mathbf{n}}_c' : \underline{\underline{\underline{\underline{\boldsymbol{\Pi}}}}}(\underline{\mathbf{R}} - \underline{\mathbf{R}}', \omega)\right] \mathrm{d}S' \tag{15.2.33}$$

ein; in diesem Integral muss nun der Grenzübergang $\underline{\mathbf{R}} \longrightarrow \underline{\mathbf{R}}_0$ gemäß

$$\underline{\underline{\mathbf{H}}}^{\underline{\underline{\mathbf{T}}}}_{S_c}(\underline{\mathbf{R}} \longrightarrow \underline{\mathbf{R}}_0) = \lim_{\epsilon \to 0} \underline{\underline{\mathbf{H}}}^{\underline{\underline{\mathbf{T}}}}_{S_c \setminus S_\epsilon}(\underline{\mathbf{R}}_0, \omega) + \lim_{\epsilon \to 0} \lim_{\underline{\mathbf{R}} \to \underline{\mathbf{R}}_0} \underline{\underline{\mathbf{H}}}^{\underline{\underline{\mathbf{T}}}}_{S_\epsilon}(\underline{\mathbf{R}}, \omega) \tag{15.2.34}$$

untersucht werden. Mit der Kreisscheibenapproximation von S_ϵ können wir den doppelten Grenzübergang $\underline{\mathbf{R}} \longrightarrow \underline{\mathbf{R}}_0$ und $\epsilon \longrightarrow 0$ im zweiten Term von (15.2.34) wie zuvor berechnen, wobei man zweckmäßigerweise noch mit $\underline{\mathbf{n}}_0$, der Normalen im Flächengrenzpunkt $\underline{\mathbf{R}}_0$ kontrahiert, denn letztlich soll mit (15.2.34) ja die Randbedingung $\underline{\mathbf{n}}_0 \cdot \underline{\underline{\mathbf{T}}}(\underline{\mathbf{R}}_0, \omega) = \underline{\mathbf{0}}$ erfüllt werden. Für den ersten Term im Integranden von (15.2.33) finden wir

$$\begin{aligned} -\lim_{\epsilon \to 0} \lim_{\underline{\mathbf{R}} \to \underline{\mathbf{R}}_0} \underline{\mathbf{n}}_0 \cdot \iint_{K_\epsilon} \underline{\mathbf{n}}_c' \cdot \underline{\underline{\mathbf{T}}}(\underline{\mathbf{R}}', \omega) \cdot \underline{\underline{\underline{\boldsymbol{\Sigma}}}}^{312}(\underline{\mathbf{R}} - \underline{\mathbf{R}}', \omega)\, \mathrm{d}S' &= \frac{1}{2} \underline{\underline{\mathbf{I}}} \cdot \underline{\underline{\mathbf{T}}}(\underline{\mathbf{R}}_0, \omega) \cdot \underline{\mathbf{n}}_0 \\ &= \frac{1}{2} \underline{\underline{\mathbf{T}}}(\underline{\mathbf{R}}_0, \omega) \cdot \underline{\mathbf{n}}_0 \end{aligned} \tag{15.2.35}$$

[15] In der Theorie elektromagnetischer Wellen geht man unter der Randbedingung idealer elektrischer Leitfähigkeit von der magnetischen Feldstärke zur elektrischen Feldstärke über, und statt der MFIE als Integralgleichung zweiter Art entsteht die EFIE als Integralgleichung erster Art.

völlig analog zu (15.2.20). Mit dem zweiten Term in (15.2.33) gibt es allerdings Probleme, denn die in $\underline{\underline{\underline{\mathbf{\Pi}}}}(\underline{\mathbf{R}}-\underline{\mathbf{R}}',\omega)$ enthaltenen Nabla-Operationen (eine mehr als in $\underline{\underline{\mathbf{\Sigma}}}$) führen im Grenzübergang $\epsilon \longrightarrow 0$ auf eine Singularität des K_ϵ-Integrals. Da im elektromagnetischen Fall ein ebensolches Problem auftritt, kann man sich an der dort vorgeschlagenen Lösung (Langenberg, 2005; Morita et al., 1990) orientieren: Salopp gesagt, rührt die Singularität von der „oberen Grenze" des K_ϵ-Integrals, nämlich vom Rand $r_0' = \epsilon$ der Kreisscheibe, her; eine genau gleiche Singularität findet sich aber beim Grenzübergang

$$\underline{\mathbf{H}}^{\underline{\underline{\mathbf{T}}}}_{S_c}(\underline{\mathbf{R}}_0,\omega) = \lim_{\epsilon\to 0} \underline{\mathbf{H}}^{\underline{\underline{\mathbf{T}}}}_{S_c\setminus\overline{S}_\epsilon}(\underline{\mathbf{R}}_0,\omega) \tag{15.2.36}$$

an der „unteren Grenze" des $S_c\setminus\overline{K}_\epsilon$-Integrals, d.h. das $\underline{\mathbf{H}}^{\underline{\underline{\mathbf{T}}}}_{S_c}(\underline{\mathbf{R}}_0,\omega)$-Integral ist ein PV-konvergentes uneigentliches Integral. In solchen Fällen hilft man sich mit einer besonderen Definition des Grenzübergangs (15.2.23), die über die Definition des Cauchy'schen Hauptwertes hinausgeht, — man subtrahiert den singulären Term, den man durch Ausrechnen des K_ϵ-Integrals explizit kennt, *unter* dem Limes-Zeichen — und nennt das Ergebnis den ϵ-Hauptwert (PV_ϵ) des Integrals. Wir wollen dies nicht weiter ausführen, da wir im Folgenden am Beispiel der zweidimensionalen Rissstreuung einen Umweg um die sogenannte Hypersingularität des Integranden machen werden, womit die PV_ϵ-Auswertung hinfällig wird. Dennoch sei die sich aus (15.2.33)–(15.2.35) ergebende Integralgleichungsbeziehung formal hingeschrieben:

$$\begin{aligned} \underline{\mathbf{n}}_c \cdot \underline{\underline{\mathbf{T}}}(\underline{\mathbf{R}},\omega) &= 2\underline{\mathbf{n}}_c \cdot \underline{\underline{\mathbf{T}}}_i(\underline{\mathbf{R}},\omega) - \\ &-2\,\mathrm{PV}_\epsilon\, \underline{\mathbf{n}}_c \cdot \iint_{S_c} \left[\underline{\mathbf{n}}_c' \cdot \underline{\underline{\mathbf{T}}}(\underline{\mathbf{R}}',\omega)\cdot \underline{\underline{\mathbf{\Sigma}}}^{312}(\underline{\mathbf{R}}-\underline{\mathbf{R}}',\omega) + \underline{\mathbf{u}}(\underline{\mathbf{R}}',\omega)\underline{\mathbf{n}}_c' : \underline{\underline{\underline{\mathbf{\Pi}}}}(\underline{\mathbf{R}}-\underline{\mathbf{R}}',\omega)\right] \mathrm{d}S' \end{aligned} \tag{15.2.37}$$

Damit ist das Pendant zu (15.2.27) gefunden.

Zur *Stress Field Integral Equation* (SFIE), einer Integralgleichung erster Art für die sekundäre Flächendeformation, wird (15.2.37), wenn wir die Randbedingung der Spannungsfreiheit von S_c einsetzen:

$$\underline{\mathbf{n}}_c \cdot \underline{\underline{\mathbf{T}}}_i(\underline{\mathbf{R}},\omega) = \mathrm{PV}_\epsilon\, \underline{\mathbf{n}}_c \cdot \iint_{S_c} \underline{\mathbf{u}}(\underline{\mathbf{R}}',\omega)\underline{\mathbf{n}}_c' : \underline{\underline{\underline{\mathbf{\Pi}}}}(\underline{\mathbf{R}}-\underline{\mathbf{R}}',\omega)\,\mathrm{d}S' \tag{15.2.38}$$

Definieren wir in Analogie zu (15.2.31) einen Integraloperator

$$\mathcal{T}\{\underline{\mathbf{u}}\}(\underline{\mathbf{R}},\omega) = 2\,\mathrm{PV}_\epsilon\, \underline{\mathbf{n}}_c \cdot \iint_{S_c} \underline{\mathbf{u}}(\underline{\mathbf{R}}',\omega)\underline{\mathbf{n}}_c' : \underline{\underline{\underline{\mathbf{\Pi}}}}(\underline{\mathbf{R}}-\underline{\mathbf{R}}',\omega)\,\mathrm{d}S' \quad , \tag{15.2.39}$$

so lautet die SFIE in abgekürzter Schreibweise

$$\mathcal{T}\{\underline{\mathbf{u}}\}(\underline{\mathbf{R}},\omega) = 2\,\underline{\mathbf{n}}_c \cdot \underline{\underline{\mathbf{T}}}(\underline{\mathbf{R}},\omega) \quad . \tag{15.2.40}$$

Als hypersinguläre Integralgleichung ist die SFIE für die numerische Auswertung wenig geeignet; dies korrespondiert der EFIE des Elektromagnetismus, sofern man diese in der Franz'schen Version hinschreibt (Langenberg, 2002a); dort findet man einen Ausweg, indem man entweder ab ovo oder mittels partieller Integration zur Stratton-Chu-Version übergeht. Man wird deshalb auch hier versuchen, eine der Nabla-Operationen in $\underline{\underline{\underline{\mathbf{\Pi}}}}$ mittels partieller Integration auf die Unbekannte $\underline{\mathbf{u}}$ „hinüberzuwälzen". Am Beispiel der zweidimensionalen Rissstreuung werden wir diesen Gedanken, Tan (1977) folgend, nunmehr ausarbeiten.

In Abb. 15.2.2 ist die Geometrie des (mathematisch idealisierten) Risses der Breite $2a$, d.h. des zweidimensionalen streifenförmigen Beugungs„körpers" skizziert. Da in der SFIE diverse Kontraktionen auszurechnen sind, nummerieren wir die kartesischen xyz-Koordinaten mit x_j,

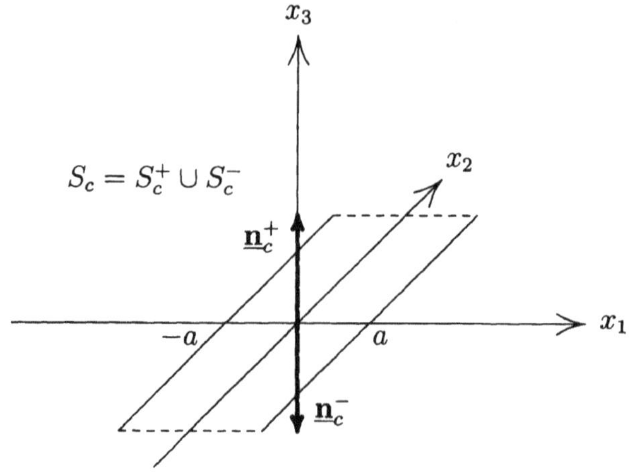

Abb. 15.2.2: *Streifenförmiger zweidimensionaler Riss*

$j = 1, 2, 3$, durch. Aufgrund der Zweidimensionalität des Problems gilt $\partial/\partial y = \partial/\partial x_2 \equiv 0$. Wir konzentrieren uns auf die P-SV-Streuung und postulieren folglich $T_{ix_2x_j} \equiv 0$, $j = 1, 2, 3$, (Abschnitt 9.1.1 und Abschnitt 9.1.2); da auf S_c^+ $\underline{\mathbf{n}}_c \stackrel{\text{def}}{=} \underline{\mathbf{n}}_c^+ = \underline{\mathbf{e}}_{x_3}$ gilt, ist gemäß (15.2.38) von diesen drei verschwindenden Spannungstensorkomponenten nur $T_{ix_2x_3} \equiv 0$ relevant, sodass wir uns auf die x_1- und die x_3-Komponente der SFIE beschränken können. Mit $\underline{\mathbf{R}} = x_1\underline{\mathbf{e}}_{x_1} + x_3\underline{\mathbf{e}}_{x_3}$ und $\underline{\mathbf{R}}' = x_1'\underline{\mathbf{e}}_{x_1}$ und der Definition von

$$\underline{\mathbf{u}}^{\text{cod}}(x_1', \omega) = \underline{\mathbf{u}}(x_1', x_3' = +0, \omega) - \underline{\mathbf{u}}(x_1', x_3' = -0, \omega) \tag{15.2.41}$$

als *crack opening displacement* berechnen wir die rechte Seite von (15.2.38) unter Verwendung von (13.2.124) zunächst für $x_3 > 0$, womit wir den ϵ-Hauptwert ignorieren können[16]:

$$\begin{aligned} \underline{\mathbf{n}}_c \cdot \iint_{S_c} \underline{\mathbf{u}}(\underline{\mathbf{R}}', \omega)\underline{\mathbf{n}}_c' : \underline{\underline{\underline{\mathbf{\Pi}}}}(\underline{\mathbf{R}} - \underline{\mathbf{R}}', \omega)\, \mathrm{d}S' &= \underline{\mathbf{e}}_{x_3} \cdot \int_{-a}^{a} \underline{\mathbf{u}}^{\text{cod}}(x_1', \omega)\underline{\mathbf{e}}_{x_3} : \underline{\underline{\underline{\mathbf{\Pi}}}}(x_1 - x_1', x_3, \omega)\, \mathrm{d}x_1' \\ &= \underline{\mathbf{e}}_{x_3} \cdot \int_{-a}^{a} \underline{\mathbf{u}}^{\text{cod}}(x_1', \omega)\underline{\mathbf{e}}_{x_3} : \Big\{\lambda \nabla \cdot \underline{\underline{\underline{\mathbf{\Sigma}}}}^{312}(x_1 - x_1', x_3, \omega)\underline{\underline{\mathbf{I}}} + \\ &\quad + \mu \Big[\nabla \underline{\underline{\underline{\mathbf{\Sigma}}}}^{2314}(x_1 - x_1', x_3, \omega) + \nabla \underline{\underline{\underline{\mathbf{\Sigma}}}}^{2341}(x_1 - x_1', x_3, \omega)\Big]\Big\}\, \mathrm{d}x_1' \ . \end{aligned} \tag{15.2.42}$$

Für die x_1-Komponenten der drei Terme in (15.2.42) finden wir:

$$\underline{\mathbf{e}}_{x_3} \cdot \underline{\mathbf{u}}^{\text{cod}}\underline{\mathbf{e}}_{x_3} : \nabla \cdot \underline{\underline{\underline{\mathbf{\Sigma}}}}^{312}\underline{\underline{\mathbf{I}}} \cdot \underline{\mathbf{e}}_{x_1} = 0 \ , \tag{15.2.43}$$

$$\underline{\mathbf{e}}_{x_3} \cdot \underline{\mathbf{u}}^{\text{cod}}\underline{\mathbf{e}}_{x_3} : \nabla \underline{\underline{\underline{\mathbf{\Sigma}}}}^{2314} \cdot \underline{\mathbf{e}}_{x_1} = u_{x_j}^{\text{cod}} \frac{\partial}{\partial x_3} \Sigma_{x_3x_jx_1} \ , \tag{15.2.44}$$

$$\underline{\mathbf{e}}_{x_3} \cdot \underline{\mathbf{u}}^{\text{cod}}\underline{\mathbf{e}}_{x_3} : \nabla \underline{\underline{\underline{\mathbf{\Sigma}}}}^{2341} \cdot \underline{\mathbf{e}}_{x_1} = u_{x_j}^{\text{cod}} \frac{\partial}{\partial x_1} \Sigma_{x_3x_jx_3} \ ; \tag{15.2.45}$$

für die Kontraktionen wurde die Einstein'sche Summenkonvention vereinbart. Entsprechend ergeben sich die x_3-Komponenten zu:

$$\underline{\mathbf{e}}_{x_3} \cdot \underline{\mathbf{u}}^{\text{cod}}\underline{\mathbf{e}}_{x_3} : \nabla \cdot \underline{\underline{\underline{\mathbf{\Sigma}}}}^{312}\underline{\underline{\mathbf{I}}} \cdot \underline{\mathbf{e}}_{x_3} = u_{x_j}^{\text{cod}} \frac{\partial}{\partial x_k} \Sigma_{x_3x_jx_k} \ , \tag{15.2.46}$$

[16]Auf der linken Seite der ersten Zeile von (15.2.42) steht in $\underline{\underline{\underline{\mathbf{\Pi}}}}$ die dreidimensionale skalare Green'sche Funktion, auf der rechten Seite wegen der Unabhängigkeit der sekundären Quelle von y' jedoch die zweidimensionale Green'sche Funktion (man vergleiche Abschnitt 13.3.3)

$$\underline{\mathbf{e}}_{x_3} \cdot \underline{\mathbf{u}}^{\mathrm{cod}} \underline{\mathbf{e}}_{x_3} : \nabla \underline{\underline{\underline{\boldsymbol{\Sigma}}}}^{2314} \cdot \underline{\mathbf{e}}_{x_3} = u_{x_j}^{\mathrm{cod}} \frac{\partial}{\partial x_3} \Sigma_{x_3 x_j x_3} \quad , \tag{15.2.47}$$

$$\underline{\mathbf{e}}_{x_3} \cdot \underline{\mathbf{u}}^{\mathrm{cod}} \underline{\mathbf{e}}_{x_3} : \nabla \underline{\underline{\underline{\boldsymbol{\Sigma}}}}^{2341} \cdot \underline{\mathbf{e}}_{x_3} = u_{x_j}^{\mathrm{cod}} \frac{\partial}{\partial x_3} \Sigma_{x_3 x_j x_3} \quad . \tag{15.2.48}$$

Zuvörderstes Ziel muss es nun sein, die Ableitungen der $\underline{\underline{\underline{\boldsymbol{\Sigma}}}}$-Komponenten mittels partieller Integration in Ableitungen der $\underline{\mathbf{u}}^{\mathrm{cod}}$-Komponenten zu transformieren; da die Integration bezüglich x_1' erfolgt, müssen deshalb die x_1- und vor allem die x_3-Ableitungen in x_1'-Ableitungen überführt werden. Zur Überführung der x_3- in x_1-Ableitungen dient uns die Differentialgleichung (Gleichung (13.2.137))

$$\nabla \cdot \underline{\underline{\underline{\boldsymbol{\Sigma}}}}(\underline{\mathbf{R}} - \underline{\mathbf{R}}', \omega) + \rho\omega^2 \underline{\underline{\mathbf{G}}}(\underline{\mathbf{R}} - \underline{\mathbf{R}}', \omega) = \underline{\underline{\mathbf{0}}} \quad , \tag{15.2.49}$$

deren Komponenten — $j = 1, 2, 3$, $k = 1, 2, 3$ — im vorliegenden Fall für $x_3 > 0$ explizit lauten:

$$\frac{\partial}{\partial x_1} \Sigma_{x_1 x_j x_k}(x_1 - x_1', x_3, \omega) + \frac{\partial}{\partial x_3} \Sigma_{x_3 x_j x_k}(x_1 - x_1', x_3, \omega) + \rho\omega^2\, G_{x_j x_k}(x_1 - x_1', x_3, \omega) = 0 \quad . \tag{15.2.50}$$

Nunmehr können die alleinigen x_1-Ableitungen aufgrund von $\partial/\partial x_1 = -\partial/\partial x_1'$ in x_1'-Ableitungen umgeformt werden, sodass sich anstelle von (15.2.44)–(15.2.48) die Ausdrücke

$$\underline{\mathbf{e}}_{x_3} \cdot \underline{\mathbf{u}}^{\mathrm{cod}} \underline{\mathbf{e}}_{x_3} : \nabla \underline{\underline{\underline{\boldsymbol{\Sigma}}}}^{2314} \cdot \underline{\mathbf{e}}_{x_1} = -u_{x_j}^{\mathrm{cod}} \left(-\frac{\partial}{\partial x_1'} \Sigma_{x_1 x_j x_1} + \rho\omega^2\, G_{x_j x_1} \right) \quad , \tag{15.2.51}$$

$$\underline{\mathbf{e}}_{x_3} \cdot \underline{\mathbf{u}}^{\mathrm{cod}} \underline{\mathbf{e}}_{x_3} : \nabla \underline{\underline{\underline{\boldsymbol{\Sigma}}}}^{2341} \cdot \underline{\mathbf{e}}_{x_1} = -u_{x_j}^{\mathrm{cod}} \frac{\partial}{\partial x_1'} \Sigma_{x_3 x_j x_3} \quad , \tag{15.2.52}$$

$$\underline{\mathbf{e}}_{x_3} \cdot \underline{\mathbf{u}}^{\mathrm{cod}} \underline{\mathbf{e}}_{x_3} : \nabla \cdot \underline{\underline{\underline{\boldsymbol{\Sigma}}}}^{312} \underline{\underline{\mathbf{I}}} \cdot \underline{\mathbf{e}}_{x_3} = -u_{x_j}^{\mathrm{cod}} \left(\frac{\partial}{\partial x_1'} \Sigma_{x_3 x_j x_1} - \frac{\partial}{\partial x_1'} \Sigma_{x_1 x_j x_3} + \rho\omega^2 G_{x_j x_3} \right) \quad , \tag{15.2.53}$$

$$\underline{\mathbf{e}}_{x_3} \cdot \underline{\mathbf{u}}^{\mathrm{cod}} \underline{\mathbf{e}}_{x_3} : \nabla \underline{\underline{\underline{\boldsymbol{\Sigma}}}}^{2314} \cdot \underline{\mathbf{e}}_{x_3} = -u_{x_j}^{\mathrm{cod}} \left(-\frac{\partial}{\partial x_1'} \Sigma_{x_1 x_j x_3} + \rho\omega^2\, G_{x_j x_3} \right) \quad , \tag{15.2.54}$$

$$\underline{\mathbf{e}}_{x_3} \cdot \underline{\mathbf{u}}^{\mathrm{cod}} \underline{\mathbf{e}}_{x_3} : \nabla \underline{\underline{\underline{\boldsymbol{\Sigma}}}}^{2341} \cdot \underline{\mathbf{e}}_{x_3} = -u_{x_j}^{\mathrm{cod}} \left(-\frac{\partial}{\partial x_1'} \Sigma_{x_1 x_j x_3} + \rho\omega^2\, G_{x_j x_3} \right) \tag{15.2.55}$$

ergeben, die nun in (15.2.42) eingesetzt werden können:

$$\begin{aligned} \underline{\mathbf{e}}_{x_3} \cdot \int_{-a}^{a} \underline{\mathbf{u}}^{\mathrm{cod}}(x_1', \omega) \underline{\mathbf{e}}_{x_3} : \underline{\underline{\underline{\boldsymbol{\Pi}}}}(x_1 - x_1', x_3, \omega)\, \mathrm{d}x_1 \cdot \underline{\mathbf{e}}_{x_1} = \\ - \mu\rho\omega^2 \int_{-a}^{a} u_{x_j}^{\mathrm{cod}}(x_1', \omega) G_{x_j x_1}(x_1 - x_1', x_3, \omega)\, \mathrm{d}x_1' + \\ + \mu \int_{-a}^{a} u_{x_j}^{\mathrm{cod}}(x_1', \omega) \frac{\partial}{\partial x_1'} \left[\Sigma_{x_1 x_j x_1}(x_1 - x_1', x_3, \omega) - \Sigma_{x_3 x_j x_3}(x_1 - x_1', x_3, \omega) \right] \mathrm{d}x_1' \quad , \end{aligned} \tag{15.2.56}$$

$$\begin{aligned} \underline{\mathbf{e}}_{x_3} \cdot \int_{-a}^{a} \underline{\mathbf{u}}^{\mathrm{cod}}(x_1', \omega) \underline{\mathbf{e}}_{x_3} : \underline{\underline{\underline{\boldsymbol{\Pi}}}}(x_1 - x_1', x_3, \omega)\, \mathrm{d}x_1 \cdot \underline{\mathbf{e}}_{x_3} = \\ - (\lambda + 2\mu)\rho\omega^2 \int_{-a}^{a} u_{x_j}^{\mathrm{cod}}(x_1', \omega) G_{x_j x_3}(x_1 - x_1', x_3, \omega)\, \mathrm{d}x_1' + \\ + \int_{-a}^{a} u_{x_j}^{\mathrm{cod}}(x_1', \omega) \frac{\partial}{\partial x_1'} \left[(\lambda + 2\mu) \Sigma_{x_1 x_j x_3}(x_1 - x_1', x_3, \omega) - \lambda \Sigma_{x_3 x_j x_1}(x_1 - x_1', x_3, \omega) \right] \mathrm{d}x_1' \quad . \end{aligned} \tag{15.2.57}$$

Unter der naheliegenden Nebenbedingung $u_{x_j}^{\mathrm{cod}}(-a, \omega) = u_{x_j}^{\mathrm{cod}}(a, \omega) = 0$ werden nun vermittels partieller Integration die x_1'-Ableitungen der Sigma-Tensorkomponenten auf die Komponenten des *crack opening displacement* übertragen, wodurch ein negatives Vorzeichen erzeugt wird; sodann muss der Grenzübergang $x_3 \longrightarrow 0$ durchgeführt werden, damit wir Integralgleichungen für die Komponenten von $\underline{\mathbf{u}}^{\mathrm{cod}}(x_1', \omega)$ erhalten. Bei diesem Grenzübergang reduziert sich gleichzeitig die j-Kontraktion in (15.2.56) auf $j = 1$ und diejenige in (15.2.57) auf $j = 3$, da eine ungerade Anzahl von x_3-Ableitungen in den Sigma- und G-Tensorkomponenten stets einen Faktor $x_3 - x_3'$ erzeugt, der für $x_3' = x_3 = 0$ gleich null wird. Des Weiteren stellt sich die Frage, inwieweit die Singularität der Sigma-Tensorkomponenten „stört"; dem — eventuell — kritischen Term (15.2.17) entnimmt man jedoch, dass dieser für $x_1 = 0$ — es ist $\underline{\mathbf{R}}_n = h_n \underline{\mathbf{e}}_{x_3}$ — und $h_n \longrightarrow 0$ entsprechend $x_3 \longrightarrow 0$ bezüglich $x_1' = 0$ unsymmetrisch ist — es tritt stets eine ungerade Anzahl von $(\underline{\mathbf{R}}_n - \underline{\mathbf{R}}')$-Termen auf —, sodass das $(-a, a)$-Integral darüber gleich null ist. Es ergeben sich also letztendlich die Integralgleichungen erster Art — wir gehen jetzt zur xyz-Bezeichnung der kartesischen Koordinaten über —

$$
\begin{aligned}
T_{izx}(x, 0, \omega) = &-\mu\rho\omega^2 \int_{-a}^{a} u_x^{\mathrm{cod}}(x', \omega) G_{xx}(x - x', 0, \omega)\, \mathrm{d}x' + \\
&+\mu \int_{-a}^{a} \frac{\partial}{\partial x'} u_x^{\mathrm{cod}}(x', \omega) \left[\Sigma_{zxz}(x - x', 0, \omega) - \Sigma_{xxx}(x - x', 0, \omega)\right] \mathrm{d}x' \ , \qquad (15.2.58)
\end{aligned}
$$

$$
\begin{aligned}
T_{izz}(x, 0, \omega) = &-(\lambda + 2\mu)\rho\omega^2 \int_{-a}^{a} u_z^{\mathrm{cod}}(x', \omega) G_{zz}(x - x', 0, \omega)\, \mathrm{d}x' + \\
&+ \int_{-a}^{a} \frac{\partial}{\partial x'} u_z^{\mathrm{cod}}(x', \omega) \left[\lambda \Sigma_{zzx}(x - x', 0, \omega) - (\lambda + 2\mu)\Sigma_{zxz}(x - x', 0, \omega)\right] \mathrm{d}x' \qquad (15.2.59)
\end{aligned}
$$

für die beiden Komponenten des *crack opening displacement*, wie sie von Tan (1977) ausgerechnet wurden[17]; in beiden Gleichungen ist x auf das Intervall $-a$ bis a beschränkt. Wegen der Zweidimensionalität des Problems ist zur Berechnung von $\underline{\underline{\mathbf{G}}}$ und $\underline{\underline{\underline{\mathbf{\Sigma}}}}$ natürlich die Darstellung (13.3.36) zu verwenden.

Die *stress-field*-Integralgleichungen (15.2.58) und (15.2.59) sind zwar bezüglich der Komponenten des *crack opening displacement* entkoppelt, sie enthalten aber sowohl die Komponenten selbst als auch deren Ableitung. Die anzuwendende numerische Methode löst diese Schwierigkeit jedoch auf: Man entwickelt die unbekannten Komponenten des *crack opening displacement* nach sogenannten Basisfunktionen — Tan wählt eine trigonometrische Approximation —, deren Ableitung leicht gebildet werden kann; sodann erfüllt man die Randbedingung an diskreten Punkten x. Dies ist einer der möglichen Vorschläge, die die Momentenmethode (Harrington, 1968; Poggio und Miller, 1987; Wilton, 2002) macht; wir haben zur Erzielung der in Abschnitt 15.4.3 diskutierten numerischen Ergebnisse auf ein von D.R. Wilton und Mitarbeitern geschriebenes EFIE-Programm zurückgegriffen (Langenberg et al., 1993a), denn die SFIE-Integralgleichungen (15.2.58) und (15.2.59) haben dieselbe mathematische Struktur wie ihre elektromagnetischen EFIE-Pendants in der Stratton-Chu-Variante.

15.2.3 Kirchhoff-Näherung in der Elastodynamik

Mit der Formulierung des Huygens'schen Prinzips skalarer — optischer — Wellen in Form des Helmholtz-Integrals als Lösung einer homogenen Schwingungsgleichung lag Mitte des 19. Jahrhunderts eine *physikalische* — im Gegensatz zur *geometrischen* (Strahlen-) — Optik vor. Allerdings mangelte es noch an Lösungsmöglichkeiten und deshalb lag es nahe, Näherungen „auszuprobieren". Die bekannteste und erfolgreichste Näherung ist die Kirchhoff'sche Näherung der *physikalischen Optik*, deshalb oft selbst als Physikalische Optik (PO) bezeichnet[18]. Man kann sie entweder heuristisch oder als spezielle Lösung einer Integralgleichung zweiter Art

[17] Man beachte: Für den von Tan definierten $\tau^{\Gamma}_{\alpha;\beta;\gamma}$-Tensor gilt: $\tau^{\Gamma}_{\alpha;\beta;\gamma} = -\Sigma_{\alpha\beta\gamma}$.

[18] Mit gewissen Verallgemeinerungen und ergänzt durch andere Näherungsverfahren ist die Kirchhoff-Näherung immer noch Grundlage für die Berechnung der Beugung elektromagnetischer Wellen an komplexen Geometrien (Greving, 2000); für die Modellierung in der US-zfP spielt sie ebenfalls eine zentrale Rolle (Spies, 2000b; Boehm et al., 2002; Kühnicke, 2001; Civa: www.civa.cea.fr; Schmitz et al., 2004b).

begründen. Für die Beispiele der skalaren Akustik und der (zweidimensionalen) skalaren SH-Wellen-Streuung werden wir den zweiten Weg einschlagen, um sodann die Kirchhoff-Näherung in der allgemeinen Elastodynamik mit dieser Kenntnis heuristisch einzuführen (die explizite mathematische Herleitung ist äußerst unübersichtlich).

Kirchhoff-Näherung in der Akustik

Wir untersuchen die DFIE (15.2.32) im Grenzübergang $\mu \longrightarrow 0$; mit (13.2.81) folgt

$$\underline{\underline{\Sigma}}^{\mu\to 0}(\underline{\mathbf{R}} - \underline{\mathbf{R}}', \omega) = \lambda \underline{\underline{\mathbf{I}}} \nabla \cdot \underline{\underline{\mathbf{G}}}^{\mu\to 0}(\underline{\mathbf{R}} - \underline{\mathbf{R}}', \omega) \quad , \tag{15.2.60}$$

und die Differentialgleichung (13.2.7) für $\underline{\underline{\mathbf{G}}}^{\mu\to 0}$ reduziert sich auf

$$\nabla\nabla \cdot \underline{\underline{\mathbf{G}}}^{\mu\to 0}(\underline{\mathbf{R}} - \underline{\mathbf{R}}', \omega) + \frac{\rho\omega^2}{\lambda} \underline{\underline{\mathbf{G}}}^{\mu\to 0}(\underline{\mathbf{R}} - \underline{\mathbf{R}}', \omega) = -\frac{1}{\lambda} \delta(\underline{\mathbf{R}} - \underline{\mathbf{R}}')\underline{\underline{\mathbf{I}}} \quad . \tag{15.2.61}$$

Für $\underline{\mathbf{R}} \neq \underline{\mathbf{R}}'$ ergibt sich

$$\underline{\underline{\mathbf{G}}}^{\mu\to 0}(\underline{\mathbf{R}} - \underline{\mathbf{R}}', \omega) = -\frac{1}{\lambda}\frac{1}{k^2} \nabla\nabla \frac{\mathrm{e}^{\mathrm{j}k|\underline{\mathbf{R}} - \underline{\mathbf{R}}'|}}{4\pi|\underline{\mathbf{R}} - \underline{\mathbf{R}}'|} \tag{15.2.62}$$

als Lösung von (15.2.61) (Gleichung (5.5.12)), wobei $k = \omega\sqrt{\rho/\lambda}$. Ebenfalls für $\underline{\mathbf{R}} \neq \underline{\mathbf{R}}'$ folgt

$$\begin{aligned} \nabla \cdot \underline{\underline{\mathbf{G}}}^{\mu\to 0}(\underline{\mathbf{R}} - \underline{\mathbf{R}}', \omega) &= \frac{1}{\lambda} \nabla \frac{\mathrm{e}^{\mathrm{j}k|\underline{\mathbf{R}} - \underline{\mathbf{R}}'|}}{4\pi|\underline{\mathbf{R}} - \underline{\mathbf{R}}'|} \\ &= \frac{1}{\lambda} \nabla G(\underline{\mathbf{R}} - \underline{\mathbf{R}}', \omega) \end{aligned} \tag{15.2.63}$$

unter Berücksichtigung von (5.5.1). Für $\underline{\mathbf{R}} \in \mathbb{R}^3 \backslash \overline{V}_c$ — $\underline{\mathbf{R}} \notin S_c$ — können wir deshalb das dem Operator (15.2.31) zugrunde liegende Streufeldintegral umschreiben:

$$\iint_{S_c} \underline{\mathbf{u}}(\underline{\mathbf{R}}', \omega)\underline{\mathbf{n}}_c' : \underline{\underline{\Sigma}}^{\mu\to 0}(\underline{\mathbf{R}} - \underline{\mathbf{R}}', \omega)\, \mathrm{d}S' = \iint_{S_c} \underline{\mathbf{u}}(\underline{\mathbf{R}}', \omega) \cdot \underline{\mathbf{n}}_c' \nabla G(\underline{\mathbf{R}} - \underline{\mathbf{R}}', \omega)\, \mathrm{d}S' \tag{15.2.64}$$

Für den Grenzübergang $\underline{\mathbf{R}} \longrightarrow S_c$ finden wir schließlich (Colton und Kress, 1983; Langenberg, 2005):

$$\begin{aligned} &\lim_{\underline{\mathbf{R}} \to S_c} \underline{\mathbf{n}}_c \cdot \iint_{S_c} \underline{\mathbf{u}}(\underline{\mathbf{R}}', \omega) \cdot \underline{\mathbf{n}}_c' \nabla G(\underline{\mathbf{R}} - \underline{\mathbf{R}}', \omega)\, \mathrm{d}S' = \\ &\frac{1}{2} \underline{\mathbf{u}}(\underline{\mathbf{R}}, \omega) \cdot \underline{\mathbf{n}}_c + \iint_{S_c} \underline{\mathbf{u}}(\underline{\mathbf{R}}', \omega) \cdot \underline{\mathbf{n}}_c' \frac{\partial}{\partial n_c} G(\underline{\mathbf{R}} - \underline{\mathbf{R}}', \omega)\, \mathrm{d}S' \quad ; \end{aligned} \tag{15.2.65}$$

also ergibt sich die Integralgleichung zweiter Art

$$(\mathcal{I} + \mathcal{K}')\{\underline{\mathbf{u}} \cdot \underline{\mathbf{n}}_c\}(\underline{\mathbf{R}}, \omega) = 2\underline{\mathbf{u}}_i(\underline{\mathbf{R}}, \omega) \cdot \underline{\mathbf{n}}_c \quad , \quad \underline{\mathbf{R}} \in S_c \quad , \tag{15.2.66}$$

mit dem Operator

$$\mathcal{K}'\{\underline{\mathbf{u}} \cdot \underline{\mathbf{n}}_c\}(\underline{\mathbf{R}}, \omega) = 2 \iint_{S_c} \underline{\mathbf{u}}(\underline{\mathbf{R}}', \omega) \cdot \underline{\mathbf{n}}_c' \frac{\partial}{\partial n_c} G(\underline{\mathbf{R}} - \underline{\mathbf{R}}', \omega)\, \mathrm{d}S' \tag{15.2.67}$$

für die Normalkomponente der Teilchenverschiebung. Wegen (5.5.17) ist dies eine Integralgleichung für die Normalenableitung der Feldgröße „Druck" eines akustischen Dirichletproblems (schallweiche Randbedingung), deren Lösung für einen Spezialfall S_c, nämlich eine unendlich ausgedehnte ebene (Grenz-)Fläche S_{xy} (eines akustischen Halbraums), sofort hingeschrieben werden kann:

$$\underline{\mathbf{u}}(x,y,\omega)\cdot\underline{\mathbf{n}}_c = 2\underline{\mathbf{u}}_i(x,y,z=0,\omega)\cdot\underline{\mathbf{n}}_c \quad , \quad x,y\in S_{xy} \quad , \tag{15.2.68}$$

denn wegen

$$\frac{\partial}{\partial n_c}G(\underline{\mathbf{R}}-\underline{\mathbf{R}}',\omega) = \underbrace{\underline{\mathbf{n}}_c\cdot\frac{\underline{\mathbf{R}}-\underline{\mathbf{R}}'}{|\underline{\mathbf{R}}-\underline{\mathbf{R}}'|}}_{=0 \text{ für } \underline{\mathbf{R}},\underline{\mathbf{R}}'\in S_{xy}} \frac{\mathrm{e}^{\mathrm{j}k|\underline{\mathbf{R}}-\underline{\mathbf{R}}'|}}{4\pi|\underline{\mathbf{R}}-\underline{\mathbf{R}}'|}\left(\mathrm{j}k-\frac{1}{|\underline{\mathbf{R}}-\underline{\mathbf{R}}'|}\right) \tag{15.2.69}$$

gilt

$$\mathcal{K}'\{\underline{\mathbf{u}}\cdot\underline{\mathbf{n}}_c\}(x,y,\omega) = 0 \quad , \quad x,y\in S_{xy} \quad . \tag{15.2.70}$$

Für eine unendlich ausgedehnte *ebene* „Streu“fläche ist also das Strahlungswechselwirkungsintegral (15.2.70) gleich null, und damit ist die sekundäre Quelle gleich dem Zweifachen des einfallenden Feldes: Die Fläche ist ein idealer Spiegel!

Die Kirchhoff'sche Näherung argumentiert nun folgendermaßen: Mit der Einfallsrichtung des einfallenden Feldes, beispielsweise des Phasen(einheits)vektors $\hat{\underline{\mathbf{k}}}_i$ einer ebenen Welle, und der Normalen $\underline{\mathbf{n}}_c$ definiere man für (konvexe) Streukörper eine beleuchtete Seite durch $\hat{\underline{\mathbf{k}}}_i\cdot\underline{\mathbf{n}}_c<0$ und eine Schattenseite durch $\hat{\underline{\mathbf{k}}}_i\cdot\underline{\mathbf{n}}_c>0$ (zweidimensional in Abb. 15.2.3 illustriert). Sodann

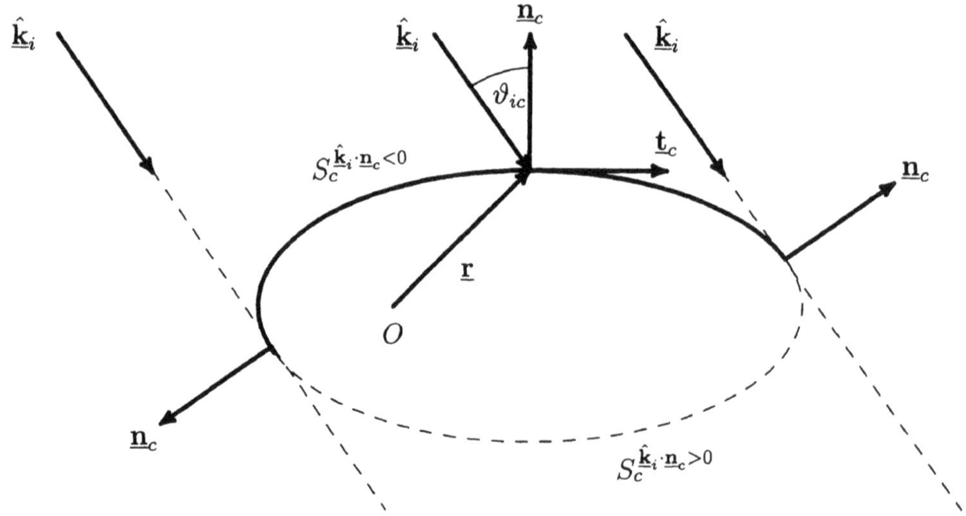

Abb. 15.2.3: *Zur Kirchhoff-Näherung in der Elastodynamik ($S_c^{\hat{\underline{\mathbf{k}}}_i\cdot\underline{\mathbf{n}}_c<0}$ ist die beleuchtete, $S_c^{\hat{\underline{\mathbf{k}}}_i\cdot\underline{\mathbf{n}}_c>0}$ die Schattenseite von S_c)*

setze man die sekundäre Quelle auf der Schattenseite gleich null und auf der beleuchteten Seite — entsprechend (15.2.68) — gleich dem Zweifachen des einfallenden Feldes, also

$$\underline{\mathbf{u}}^{\mathrm{PO}}(\underline{\mathbf{R}},\omega)\cdot\underline{\mathbf{n}}_c = 2\underline{\mathbf{u}}_i(\underline{\mathbf{R}},\omega)\cdot\underline{\mathbf{n}}_c\, u(-\hat{\underline{\mathbf{k}}}_i\cdot\underline{\mathbf{n}}_c) \quad , \quad \underline{\mathbf{R}}\in S_c \quad , \tag{15.2.71}$$

wobei die Einheitssprungfunktion $u(-\hat{\underline{\mathbf{k}}}_i\cdot\underline{\mathbf{n}}_c)$ der Schattenseite Rechnung trägt. Unter der Voraussetzung, dass S_c im Vergleich zur Wellenlänge nur schwach gekrümmt — lokal eben — ist, kann man hoffen, dass dies eine brauchbare Näherung ist; in der Tat sind PO-genäherte Streu(fern)felder in Richtung spiegelnder Reflexion „ziemlich“ exakt, nicht jedoch im Bereich der Nebenkeulen (Abb. 5.6.3); eine quantitative Abschätzung des Fehlers gibt es allerdings nicht.

Kirchhoff-Näherung für die zweidimensionale SH-Wellen-Streuung

Gemäß (7.3.11) genügt die y-Komponente der spektralen Teilchenverschiebung zweidimensionaler ($\partial/\partial y \equiv 0$) SH-Wellen im quellenfreien Raum der homogenen Helmholtz-Gleichung

$$\Delta u_y(\underline{\mathbf{r}}, \omega) + k_S^2 u_y(\underline{\mathbf{r}}, \omega) = 0 \quad , \tag{15.2.72}$$

wobei $\underline{\mathbf{r}} = x\underline{\mathbf{e}}_x + z\underline{\mathbf{e}}_z$. Nach (7.3.13) resultiert die Randbedingung der Spannungsfreiheit in der Neumann-Randbedingung

$$\underline{\mathbf{n}}_c \cdot \nabla u_y(\underline{\mathbf{r}}, \omega) = 0 \quad , \quad \underline{\mathbf{r}} \in S_c \quad , \tag{15.2.73}$$

wobei S_c nunmehr eine *ein*dimensionale „Fläche", also eine geschlossene Kurve in der xz-Ebene ist (Fußnote 6). Eine hier gefragte Lösung von (15.2.72) unter der Randbedingung (15.2.73) ist das Helmholtz-Streufeldintegral (Gleichung (5.6.4) bzw. Gleichung (15.1.40) mit (15.1.33))

$$u_{sy}(\underline{\mathbf{r}}, \omega) = \int_{S_c} u_y(\underline{\mathbf{r}}', \omega) \frac{\partial}{\partial n_c'} G(\underline{\mathbf{r}} - \underline{\mathbf{r}}', \omega) \, \mathrm{d}S' \tag{15.2.74}$$

mit der zweidimensionalen skalaren Green'schen Funktion (13.1.23). Der Grenzübergang $\underline{\mathbf{r}} \longrightarrow S_c$ in (15.2.74) liefert

$$u_{sy}(\underline{\mathbf{r}}, \omega) = \frac{1}{2} u_y(\underline{\mathbf{r}}, \omega) + \int_{S_c} u_y(\underline{\mathbf{r}}', \omega) \frac{\partial}{\partial n_c'} G(\underline{\mathbf{r}} - \underline{\mathbf{r}}', \omega) \, \mathrm{d}S' \quad , \quad \underline{\mathbf{r}} \in S_c \quad , \tag{15.2.75}$$

und folglich resultiert die Integralgleichung zweiter Art

$$(\mathcal{I} - \mathcal{K})\{u_y\}(\underline{\mathbf{r}}, \omega) = 2u_{iy}(\underline{\mathbf{r}}, \omega) \quad , \quad \underline{\mathbf{r}} \in S_c \quad , \tag{15.2.76}$$

mit dem Operator

$$\mathcal{K}\{u_y\}(\underline{\mathbf{r}}, \omega) = 2 \int_{S_c} u_y(\underline{\mathbf{r}}', \omega) \frac{\partial}{\partial n_c'} G(\underline{\mathbf{r}} - \underline{\mathbf{r}}', \omega) \, \mathrm{d}S' \quad , \quad \underline{\mathbf{r}} \in S_c \quad , \tag{15.2.77}$$

für die sekundäre Quelle $u_y(\underline{\mathbf{r}} \in S_c, \omega)$ des Streufeldes. Die Integralgleichung zweiter Art (15.2.76) für das Neumann-Problem komplementiert die Integralgleichung zweiter Art (15.2.66) für das Dirichlet-Problem[19].

Analog zu (15.2.70) findet man

$$\mathcal{K}\{u_y\}(x, \omega) = 0 \quad , \quad x \in S_x \quad , \tag{15.2.78}$$

und deshalb gilt erneut (es ist $\hat{\underline{\mathbf{k}}}_i \cdot \underline{\mathbf{e}}_y = 0$)

$$u_y^{\mathrm{PO}}(\underline{\mathbf{r}}, \omega) = 2u_{iy}(\underline{\mathbf{r}}, \omega) \, u(-\hat{\underline{\mathbf{k}}}_i \cdot \underline{\mathbf{n}}_c) \quad , \quad \underline{\mathbf{r}} \in S_c \quad , \tag{15.2.79}$$

für die Kirchhoff-genäherte sekundäre Quelle.

Die typische Struktur „zweimal einfallendes Feld" (auf der beleuchteten Seite) findet man auch für elektromagnetische Wellen (Gleichung (6.7.12)); Ursache dafür ist erneut, dass eine ideal leitende Fläche für elektromagnetische Wellen einen idealen Spiegel darstellt. Dies ist für elastische Wellen nicht der Fall!

[19]Die Operatoren $\mathcal{K}$ und $\mathcal{K}'$ sind adjungiert zueinander.

Kirchhoff-Näherung für die zweidimensionale P-Wellen-Streuung

Bei der Reflexion einer ebenen Druckwelle an der ebenen spannungsfreien Grenzfläche eines elastischen Halbraums tritt infolge Modekonversion eine reflektierte vertikal polarisierte Scherwelle auf (Abschnitt 9.1.2), d.h. eine derartige Grenzfläche ist für elastische Wellen kein idealer Spiegel. Deshalb ist nicht zu erwarten, dass die sekundäre Quelle für reflektierte Druck- *und* modekonvertierte Scherwellen einfach doppelt so groß wie das einfallende Feld in der Grenzfläche ist; es werden Reflexions- und Modekonversionsfaktoren ins Spiel kommen. In der Tat hatten wir mit (9.1.59) die relevante sekundäre Quelle bereits ausgerechnet. Wenn wir (9.1.58) zugrunde legen, erhalten wir für die spektrale Grenzflächenteilchenverschiebung (für P-Wellen-Einfall)

$$\underline{\mathbf{u}}^{\mathrm{P}}(x,\omega,\vartheta_{i\mathrm{P}}) = u_{i\mathrm{P}}(\omega)\,\mathrm{e}^{\mathrm{j}k_{\mathrm{P}}x\hat{\underline{\mathbf{k}}}_{i\mathrm{P}}\cdot\underline{\mathbf{e}}_x}\left[\hat{\underline{\mathbf{k}}}_{i\mathrm{P}} + R_{\mathrm{P}}(\vartheta_{i\mathrm{P}})\hat{\underline{\mathbf{k}}}_{r\mathrm{P}} + M_{\mathrm{S}}(\vartheta_{i\mathrm{P}})\hat{\underline{\mathbf{k}}}_{m\mathrm{S}}\times\underline{\mathbf{e}}_y\right] \quad , \quad x\in S_x \quad . \tag{15.2.80}$$

Zum expliziten *Beweis*, dass (15.2.80) tatsächlich Huygens-äquivalente Quelle der reflektierten und modekonvertierten Wellen bzw. sekundäre Quellen der als Streufeld der Grenzfläche aufgefassten reflektierten und modekonvertierten Wellen ist, muss (15.2.80) entweder als Lösung der (zweidimensionalen) DFIE (15.2.32) für $S_c = S_x$ hergeleitet oder es muss zumindest gezeigt werden, dass (15.2.80) Lösung von (15.2.32) *ist*. Für die beiden Spezialfälle der vorstehenden Paragraphen war dieser Beweis wegen des verschwindenden Strahlungswechselwirkungsintegrals extrem simpel, *hier* ist er extrem mühsam: Nach räumlicher Fourier-Transformation von (15.2.32) bezüglich x gelingt es zwar, den Operator $\boldsymbol{\mathcal{I}}+\boldsymbol{\mathcal{U}}$ zu invertieren, dabei treten aber derart viele Kombinationen von Sinus- und Cosinusfunktionen auf, dass es uns nicht gelungen ist, das Ergebnis explizit auf die Form (15.2.80) zu bringen; auch MATLAB schaffte es nicht. Auf nahezu dasselbe Problem stößt man, wenn man (15.2.80) in (15.2.32) einsetzt: Hier hilft MATLAB aber wenigstens, numerisch — bis auf eine Abweichung von ca. 10^{-10} — nachzuweisen, dass (15.2.80) Lösung von (15.2.32) ist.

Infolge der genannten Schwierigkeiten bleibt uns hier nichts anderes übrig, (15.2.80) aufgrund physikalischer „Intuition" als sekundäre Quelle zu akzeptieren. Danach ist es natürlich nur ein kleiner Schritt, mit

$$\underline{\mathbf{u}}^{\mathrm{P,PO}}(\underline{\mathbf{r}},\omega,\vartheta_{ic}) = u_{i\mathrm{P}}(\omega)\,\mathrm{e}^{\mathrm{j}k_{\mathrm{P}}\hat{\underline{\mathbf{k}}}_{i\mathrm{P}}\cdot\underline{\mathbf{r}}}\left[\hat{\underline{\mathbf{k}}}_{i\mathrm{P}} + R_{\mathrm{P}}(\vartheta_{ic})\hat{\underline{\mathbf{k}}}_{r\mathrm{P}} + M_{\mathrm{S}}(\vartheta_{ic})\hat{\underline{\mathbf{k}}}_{m\mathrm{S}}\times\underline{\mathbf{e}}_y\right] u(-\hat{\underline{\mathbf{k}}}_{i\mathrm{P}}\cdot\underline{\mathbf{n}}_c) \quad , \tag{15.2.81}$$

$$\cos\vartheta_{ic} = -\hat{\underline{\mathbf{k}}}_{i\mathrm{P}}\cdot\underline{\mathbf{n}}_c \quad , \tag{15.2.82}$$

$$\hat{\underline{\mathbf{k}}}_{i\mathrm{P}} = \sin\vartheta_{ic}\underline{\mathbf{t}}_c - \cos\vartheta_{ic}\underline{\mathbf{n}}_c \quad , \tag{15.2.83}$$

$$\hat{\underline{\mathbf{k}}}_{r\mathrm{P}} = \sin\vartheta_{ic}\underline{\mathbf{t}}_c + \cos\vartheta_{ic}\underline{\mathbf{n}}_c \quad , \tag{15.2.84}$$

$$\hat{\underline{\mathbf{k}}}_{m\mathrm{S}} = \frac{k_{\mathrm{P}}}{k_{\mathrm{S}}}\sin\vartheta_{ic}\underline{\mathbf{t}}_c + \sqrt{1-\left(\frac{k_{\mathrm{P}}}{k_{\mathrm{S}}}\sin\vartheta_{ic}\right)^2}\,\underline{\mathbf{n}}_c \quad , \tag{15.2.85}$$

$$\hat{\underline{\mathbf{k}}}_{m\mathrm{S}}\times\underline{\mathbf{e}}_y = -\sqrt{1-\left(\frac{k_{\mathrm{P}}}{k_{\mathrm{S}}}\sin\vartheta_{ic}\right)^2}\,\underline{\mathbf{t}}_c + \frac{k_{\mathrm{P}}}{k_{\mathrm{S}}}\sin\vartheta_{ic}\underline{\mathbf{n}}_c \tag{15.2.86}$$

für $\underline{\mathbf{r}}\in S_c$ eine Kirchhoff-genäherte sekundäre Quelle für ebenen P-Wellen-Einfall zu definieren. Man beachte, dass sowohl Normale $\underline{\mathbf{n}}_c$, Tangentialvektor[20] $\underline{\mathbf{t}}_c = \underline{\mathbf{e}}_y\times\underline{\mathbf{n}}_c$ und Einfallswinkel ϑ_{ic} *lokal* auf S_c definiert sind (Abbildung 15.2.3), also von $\underline{\mathbf{r}}$ abhängen und demzufolge unter dem Huygens-Integral stehen müssen; gegenüber (15.2.71) und (15.2.79) haben wir diese „erweiterte" Ortsabhängigkeit — über die Phase des einfallenden Feldes sind ja auch die sekundären Quellen (15.2.71) und (15.2.79) ortsabhängig — im Argument von $\underline{\mathbf{u}}^{\mathrm{P,PO}}(\underline{\mathbf{r}},\omega,\vartheta_{ic})$ durch explizite Aufführung des Winkels ϑ_{ic} kenntlich gemacht.

[20] Man beachte: $\underline{\mathbf{t}}_c$ ist „in Richtung" $\hat{\underline{\mathbf{k}}}_{i\mathrm{P}}$ definiert, sodass die $\underline{\mathbf{t}}_c$-Komponenten von $\hat{\underline{\mathbf{k}}}_{i\mathrm{P}}, \hat{\underline{\mathbf{k}}}_{r\mathrm{P}}, \hat{\underline{\mathbf{k}}}_{m\mathrm{S}}$ alle positiv sind.

Mit (15.2.81) wird noch einmal besonders deutlich, welche — gegenüber der Akustik und dem Elektromagnetismus — zusätzlichen Schwierigkeiten in der Ealstodynamik aufgrund der Existenz von zwei Wellentypen unterschiedlicher Geschwindigkeit auftreten. Wir werden sehen (Abschnitt 15.4), dass die „erweiterte" $\underline{\mathbf{r}}$-Abhängigkeit auch auf die Richtdiagramme von Streufelder „durchschlägt".

Kirchhoff-Näherung für die zweidimensionale SV-Wellen-Streuung

Abschnitt 9.1.2 (Gleichung (9.1.144)) entnehmen wir die Teilchenverschiebung der sekundären Flächendeformationsquelle für SV-Wellen-Einfall:

$$\underline{\mathbf{u}}^{\mathrm{SV,PO}}(\underline{\mathbf{r}},\omega,\vartheta_{ic}) = u_{i\mathrm{S}}(\omega)\,\mathrm{e}^{\mathrm{j}k_\mathrm{S}\hat{\underline{\mathbf{k}}}_{i\mathrm{S}}\cdot\underline{\mathbf{r}}}\left[\hat{\underline{\mathbf{k}}}_{i\mathrm{S}}\times\underline{\mathbf{e}}_y + R_{\mathrm{SV}}(\vartheta_{ic})\hat{\underline{\mathbf{k}}}_{r\mathrm{S}}\times\underline{\mathbf{e}}_y + M_\mathrm{P}(\vartheta_{ic})\hat{\underline{\mathbf{k}}}_{m\mathrm{P}}\right] u(-\hat{\underline{\mathbf{k}}}_{i\mathrm{S}}\cdot\underline{\mathbf{n}}_c) \quad , \tag{15.2.87}$$

$$\cos\vartheta_{ic} = -\hat{\underline{\mathbf{k}}}_{i\mathrm{S}}\cdot\underline{\mathbf{n}}_c \quad , \tag{15.2.88}$$

$$\hat{\underline{\mathbf{k}}}_{i\mathrm{S}} = \sin\vartheta_{ic}\underline{\mathbf{t}}_c - \cos\vartheta_{ic}\underline{\mathbf{n}}_c \quad , \tag{15.2.89}$$

$$\hat{\underline{\mathbf{k}}}_{r\mathrm{S}} = \sin\vartheta_{ic}\underline{\mathbf{t}}_c + \cos\vartheta_{ic}\underline{\mathbf{n}}_c \quad , \tag{15.2.90}$$

$$\hat{\underline{\mathbf{k}}}_{m\mathrm{P}} = \frac{k_\mathrm{S}}{k_\mathrm{P}}\sin\vartheta_{ic}\underline{\mathbf{t}}_c + \sqrt{1-\left(\frac{k_\mathrm{S}}{k_\mathrm{P}},\sin\vartheta_{ic}\right)^2}\,\underline{\mathbf{n}}_c \quad . \tag{15.2.91}$$

Hier ist zusätzlich zu beachten, dass $R_{\mathrm{SV}}(\vartheta_{ic})$, $M_\mathrm{P}(\vartheta_{ic})$ und $\hat{\underline{\mathbf{k}}}_{m\mathrm{P}}$ für $\vartheta_{ic} > \vartheta_{cm\mathrm{P}}$ komplex werden, wobei $\vartheta_{cm\mathrm{P}}$ der kritische Winkel für die modekonvertierte P-Welle ist.

Kirchhoff-Näherung für die dreidimensionale Druck- oder Scherwellen-Streuung

Die Aufspaltung ebener elastischer Scherwellen in SH- und SV-Polarisationen erfolgt im Dreidimensionalen bezüglich einer festen Referenzebene, die aber durch einen beliebig dreidimensionalen Streukörper nicht definiert wird. Hingegen definiert die Einfallsrichtung $\hat{\underline{\mathbf{k}}}_{i\mathrm{P,S}}$ in jedem (beleuchteten) Flächenpunkt $\underline{\mathbf{R}}$ eine Normale $\underline{\mathbf{n}}_c$ und damit ortsabhängige Tangential- und Einfallsebenen und einen in der jeweiligen Einfallsebene liegenden Tangentialvektor $\underline{\mathbf{t}}_c$. Für eine einfallende ebene Druckwelle kann deshalb sofort (15.2.82) als Kirchhoff-Näherung verwendet werden, wobei ϑ_{ic}, $\underline{\mathbf{n}}_c$ und $\underline{\mathbf{t}}_c$ nunmehr dreidimensional für $\underline{\mathbf{R}} \in S_c$ variieren. Die bei jeder dieser „Kirchhoff-Reflexionen" entstehende modekonvertierte Scherwelle ist natürlich SV-polarisiert bezüglich der gerade betrachteten Tangential- bzw. Einfallsebene, aber nicht SV-polarisiert bezüglich *aller* Tangentialebenen (wie im Zweidimensionalen); dies muss bei der Polarisationsaufspaltung des Streufernfeldes berücksichtigt werden (Abschnitt 15.5). Für eine einfallende ebene Scherwelle muss man darüber hinaus eine Aufspaltung in SH- und SV-Komponenten bezüglich der lokalen Tangentialebenen vornehmen; sodann finden (15.2.79) (die y-Komponente ist die lokale Tangentialkomponente senkrecht zu $\underline{\mathbf{t}}_c$) und (15.2.87) Verwendung.

In allen Fällen, in denen die Kirchhoff-genäherten sekundären Quellen einfach nur proportional zum einfallenden Feld sind, muss letzteres keine ebene Welle sein; ein praxisnahes Antennen- oder Prüfkopffeld kann genauso gut angesetzt werden. Im Falle elastischer Wellen geht dies streng genommen nicht, da das Spiegelungsprinzip nicht gilt: Man kennt Reflexions- und Modekonversionsfaktor nur für ebene Wellen.

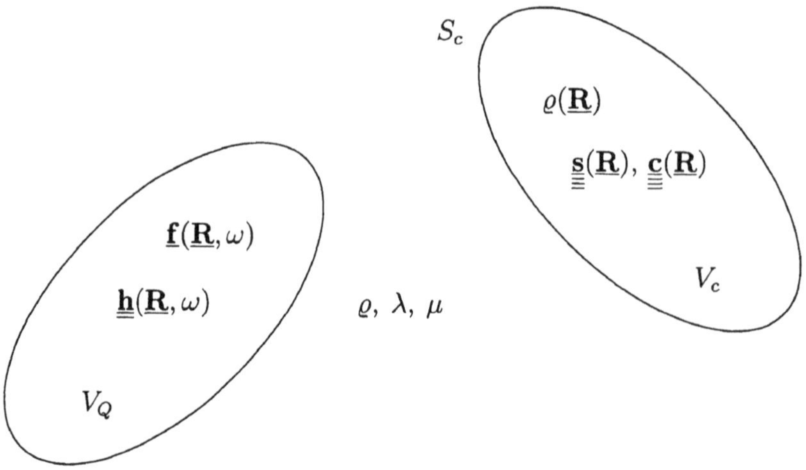

Abb. 15.3.1: *Elastodynamisches Streuproblem: penetrabler inhomogen-anisotroper Streukörper im homogen-isotropen Einbettungsmaterial (äquivalente Volumenquellen)*

15.3 Integralgleichungen für die äquivalenten Quellen eines penetrablen Streukörpers

15.3.1 Lippmann-Schwinger-Integralgleichungen für die äquivalenten Volumenquellen inhomogen-anisotroper Streukörper

Wir legen das in Abb. 15.3.1 skizzierte elastodynamische Streuproblem zugrunde. Mit den Schwingungsgleichungen

$$\nabla \cdot \left[\underline{\underline{\underline{\underline{\mathbf{c}}}}}(\underline{\mathbf{R}}) : \nabla \underline{\mathbf{v}}(\underline{\mathbf{R}}, \omega)\right] + \omega^2 \rho(\underline{\mathbf{R}})\, \underline{\mathbf{v}}(\underline{\mathbf{R}}, \omega) = \mathrm{j}\omega \underline{\mathbf{f}}(\underline{\mathbf{R}}, \omega) - \nabla \cdot \left[\underline{\underline{\underline{\underline{\mathbf{c}}}}}(\underline{\mathbf{R}}) : \underline{\underline{\mathbf{h}}}(\underline{\mathbf{R}}, \omega)\right] , \qquad (15.3.1)$$

$$\underline{\underline{\underline{\underline{\mathbf{I}}}}}^{+} : \nabla \left[\frac{1}{\rho(\underline{\mathbf{R}})} \nabla \cdot \underline{\underline{\mathbf{T}}}(\underline{\mathbf{R}}, \omega)\right] + \omega^2 \underline{\underline{\underline{\underline{\mathbf{s}}}}}(\underline{\mathbf{R}}) : \underline{\underline{\mathbf{T}}}(\underline{\mathbf{R}}, \omega) =$$
$$- \underline{\underline{\underline{\underline{\mathbf{I}}}}}^{+} : \nabla \left[\frac{1}{\rho(\underline{\mathbf{R}})} \underline{\mathbf{f}}(\underline{\mathbf{R}}, \omega)\right] + \mathrm{j}\omega \underline{\underline{\mathbf{h}}}(\underline{\mathbf{R}}, \omega) \qquad (15.3.2)$$

für die elastodynamischen Feldgrößen in inhomogen-anisotropen Materialien sowie der Definition[21]

$$\underline{\mathbf{f}}_c(\underline{\mathbf{R}}, \omega) \stackrel{\text{def}}{=} \underline{\mathbf{f}}_\rho(\underline{\mathbf{R}}, \omega) = -\mathrm{j}\omega \Gamma_c(\underline{\mathbf{R}}) \left[\rho - \rho(\underline{\mathbf{R}})\right] \underline{\mathbf{v}}(\underline{\mathbf{R}}, \omega) , \qquad (15.3.3)$$

$$\underline{\underline{\mathbf{h}}}_c(\underline{\mathbf{R}}, \omega) \stackrel{\text{def}}{=} \underline{\underline{\mathbf{h}}}_{\mathbf{c}}(\underline{\mathbf{R}}, \omega) = -\mathrm{j}\omega \Gamma_c(\underline{\mathbf{R}}) \left[\underline{\underline{\underline{\underline{\mathbf{s}}}}} - \underline{\underline{\underline{\underline{\mathbf{s}}}}}(\underline{\mathbf{R}})\right] : \underline{\underline{\mathbf{T}}}(\underline{\mathbf{R}}, \omega) \qquad (15.3.4)$$

äquivalenter Quellen eines derartigen Materialeinschlusses (Abschnitt 7.1.1) — eines penetrablen Streukörpers mit der charakteristischen Funktion $\Gamma_c(\underline{\mathbf{R}})$ des Streukörpervolumens V_c — in ein homogen-isotropes Material, dessen Green'sche Tensoren wir kennen, können wir mit den Quellenfelddarstellungen der Punktquellensynthese sofort das Streufeld eines penetrablen

[21] In $\underline{\underline{\mathbf{h}}}_c$ steht „c" für das Streuvolumen V_c und in $\underline{\underline{\mathbf{h}}}_{\mathbf{c}}$ steht „**c**" für die Inhomogenität des Steifigkeits- bzw. Nachgiebigkeitstensors.

inhomogen-anisotropen Streukörpers (als sogenannte Datengleichungen) hinschreiben:

$$\underline{\mathbf{v}}_s(\underline{\mathbf{R}},\omega) = \iiint_{V_c} \left[-\mathrm{j}\omega \underline{\mathbf{f}}_c(\underline{\mathbf{R}}',\omega)\cdot \underline{\underline{\mathbf{G}}}(\underline{\mathbf{R}}-\underline{\mathbf{R}}',\omega) + \underline{\underline{\mathbf{h}}}_c(\underline{\mathbf{R}}',\omega) : \underline{\underline{\underline{\mathbf{\Sigma}}}}(\underline{\mathbf{R}}-\underline{\mathbf{R}}',\omega)\right] \mathrm{d}^3\underline{\mathbf{R}}' \ , \quad (15.3.5)$$

$$\underline{\underline{\mathbf{T}}}_s(\underline{\mathbf{R}},\omega) = \iiint_{V_c} \left[\underline{\mathbf{f}}_c(\underline{\mathbf{R}}',\omega)\cdot \underline{\underline{\underline{\mathbf{\Sigma}}}}^{312}(\underline{\mathbf{R}}',\omega) - \frac{1}{\mathrm{j}\omega}\underline{\underline{\mathbf{h}}}_c(\underline{\mathbf{R}}',\omega) : \underline{\underline{\underline{\underline{\mathbf{\Pi}}}}}(\underline{\mathbf{R}}-\underline{\mathbf{R}}',\omega)\right] \mathrm{d}^3\underline{\mathbf{R}}' \quad (15.3.6)$$

Die äquivalenten Quellen werden damit zu sekundären Quellen des Streufeldes, die vom *Gesamt*feld $\underline{\mathbf{v}}(\underline{\mathbf{R}},\omega) = \underline{\mathbf{v}}_s(\underline{\mathbf{R}},\omega) + \underline{\mathbf{v}}_i(\underline{\mathbf{R}},\omega)$, $\underline{\underline{\mathbf{T}}}(\underline{\mathbf{R}},\omega) = \underline{\underline{\mathbf{T}}}_s(\underline{\mathbf{R}},\omega) + \underline{\underline{\mathbf{T}}}_i(\underline{\mathbf{R}},\omega)$ abhängen, wobei das einfallende Feld $\underline{\mathbf{v}}_i(\underline{\mathbf{R}},\omega)$, $\underline{\underline{\mathbf{T}}}_i(\underline{\mathbf{R}},\omega)$ von primären Quellen herrührt, die außerhalb von V_c in das homogen-isotrope „Hintergrundmaterial" eingebettet sind.

Da (15.3.3) und (15.3.4) das Gesamtfeld enthalten, ist die Streufeldpunktquellensynthese zunächst nur ein vorläufiges Ergebnis: Das Gesamtfeld in V_c muss vorab berechnet werden! Glücklicherweise gelten die Integral*darstellungen* (15.3.5) und (15.3.6) aber auch für $\underline{\mathbf{R}} \in V_c$ — man beachte, dass $\underline{\underline{\underline{\underline{\mathbf{\Pi}}}}}$ gemäß (13.2.135) einen δ-Distributionsterm enthält —, sodass sich für $\underline{\mathbf{R}} \in V_c$ das System gekoppelter Lippmann-Schwinger-Integral*gleichungen*

$$\begin{aligned}\underline{\mathbf{v}}(\underline{\mathbf{R}},\omega) + \mathrm{j}\omega \iiint_{V_c} \Big\{ &-\mathrm{j}\omega[\rho - \rho(\underline{\mathbf{R}}')]\,\underline{\mathbf{v}}(\underline{\mathbf{R}}',\omega)\cdot \underline{\underline{\mathbf{G}}}(\underline{\mathbf{R}}-\underline{\mathbf{R}}',\omega) + \\ &+ \left[\underline{\underline{\underline{\underline{\mathbf{s}}}}} - \underline{\underline{\underline{\underline{\mathbf{s}}}}}(\underline{\mathbf{R}}')\right] : \underline{\underline{\mathbf{T}}}(\underline{\mathbf{R}}',\omega) : \underline{\underline{\underline{\mathbf{\Sigma}}}}(\underline{\mathbf{R}}-\underline{\mathbf{R}}',\omega)\Big\}\,\mathrm{d}^3\underline{\mathbf{R}}' = \underline{\mathbf{v}}_i(\underline{\mathbf{R}},\omega) \ , \quad \underline{\mathbf{R}} \in V_c \ ,\end{aligned} \quad (15.3.7)$$

$$\begin{aligned}\underline{\underline{\mathbf{T}}}(\underline{\mathbf{R}},\omega) + \mathrm{j}\omega \iiint_{V_c} \Big\{ &[\rho - \rho(\underline{\mathbf{R}}')]\,\underline{\mathbf{v}}(\underline{\mathbf{R}}',\omega)\cdot \underline{\underline{\underline{\mathbf{\Sigma}}}}^{312}(\underline{\mathbf{R}}-\underline{\mathbf{R}}',\omega) - \\ &- \frac{1}{\mathrm{j}\omega}\left[\underline{\underline{\underline{\underline{\mathbf{s}}}}} - \underline{\underline{\underline{\underline{\mathbf{s}}}}}(\underline{\mathbf{R}}')\right] : \underline{\underline{\mathbf{T}}}(\underline{\mathbf{R}}',\omega) : \underline{\underline{\underline{\underline{\mathbf{\Pi}}}}}(\underline{\mathbf{R}}-\underline{\mathbf{R}}',\omega)\Big\}\,\mathrm{d}^3\underline{\mathbf{R}}' = \underline{\underline{\mathbf{T}}}_i(\underline{\mathbf{R}},\omega) \ , \quad \underline{\mathbf{R}} \in V_c \ ,\end{aligned} \quad (15.3.8)$$

für den Vektor $\underline{\mathbf{v}}(\underline{\mathbf{R}},\omega)$ und den Tensor $\underline{\underline{\mathbf{T}}}(\underline{\mathbf{R}},\omega)$ innerhalb von V_c ergibt: Dies sind neun skalare Gleichungen für die drei Komponenten von $\underline{\mathbf{v}}$ und die sechs Komponenten von $\underline{\underline{\mathbf{T}}}$ ($\underline{\underline{\mathbf{T}}}$ ist symmetrisch); man spricht auch von den (gekoppelten) Objektgleichungen. Wie in der DFIE repräsentieren die Volumenintegrale in (15.3.7) und (15.3.8) die Strahlungswechselwirkung innerhalb V_c. Vernachlässigt man diese, erhält man die Born'sche Näherung für die sekundären Quellen (Abschnitt 15.3.2). Die explizite Schreibweise der sekundären Quellen in (15.3.7) und (15.3.8) lässt unmittelbar erkennen, dass die Ursache der Kopplung der Objektgleichungen in der Inhomogenität *aller* Materialparameter, d.h. sowohl der Dichte als auch der elastischen Konstanten zu suchen ist. Lediglich für eine alleinige Dichteinhomogenität mit $\underline{\underline{\underline{\underline{\mathbf{s}}}}}(\underline{\mathbf{R}}) = \underline{\underline{\underline{\underline{\mathbf{s}}}}}$ sind wir mit einer einzigen Lippmann-Schwinger-Gleichung (drei skalaren Gleichungen) konfontiert[22]:

$$\underline{\mathbf{v}}(\underline{\mathbf{R}},\omega) + \omega^2\rho \iiint_{V_c} \chi_\rho(\underline{\mathbf{R}}')\underline{\underline{\mathbf{G}}}(\underline{\mathbf{R}}-\underline{\mathbf{R}}',\omega)\cdot \underline{\mathbf{v}}(\underline{\mathbf{R}}',\omega)\,\mathrm{d}^3\underline{\mathbf{R}}' = \underline{\mathbf{v}}_i(\underline{\mathbf{R}},\omega) \ , \quad \underline{\mathbf{R}} \in V_c \ ; \quad (15.3.9)$$

hierin ist $\chi_\rho(\underline{\mathbf{R}})$ der Dichtekontrast des penetrablen Streuers gemäß (7.1.4). Mit der ($\underline{\mathbf{v}} = \underline{\mathbf{v}}_s + \underline{\mathbf{v}}_i$)-Aufspaltung und der Definition des Integraloperators

$$\mathcal{V}\{\underline{\mathbf{v}}\}(\underline{\mathbf{R}},\omega) = -\omega^2\rho \iiint_{V_c} \chi_\rho(\underline{\mathbf{R}}')\underline{\underline{\mathbf{G}}}(\underline{\mathbf{R}}-\underline{\mathbf{R}}',\omega)\cdot \underline{\mathbf{v}}(\underline{\mathbf{R}}',\omega)\,\mathrm{d}^3\underline{\mathbf{R}}' \ , \quad \underline{\mathbf{R}} \in V_c \ , \quad (15.3.10)$$

können wir (15.3.9) folgendermaßen schreiben:

$$\underline{\mathbf{v}}_s(\underline{\mathbf{R}},\omega) = (\mathcal{I} - \mathcal{V})^{-1}\{\mathcal{V}\{\underline{\mathbf{v}}_i\}\}(\underline{\mathbf{R}},\omega) \ , \quad \underline{\mathbf{R}} \in V_c \ , \quad (15.3.11)$$

[22] Deshalb geht man bei der Lösung des inversen Streuproblems zunächst von dieser vereinfachenden Annahme aus (Pelekanos et al., 2000).

worin $\mathcal{I}\{\underline{\mathbf{v}}\}(\underline{\mathbf{R}},\omega) = \underline{\underline{\mathbf{I}}} \cdot \underline{\mathbf{v}}(\underline{\mathbf{R}},\omega) = \underline{\mathbf{v}}(\underline{\mathbf{R}},\omega)$ der Identitätsoperator ist. Wählen wir speziell eine ebene Druck- oder Scherwelle gemäß

$$\underline{\mathbf{v}}_i(\underline{\mathbf{R}},\omega,\underline{\mathbf{k}}_{i\mathrm{P,S}}) = v_{i\mathrm{P,S}}(\omega)\,\mathrm{e}^{\mathrm{j}k_{\mathrm{P,S}}\hat{\underline{\mathbf{k}}}_i\cdot\underline{\mathbf{R}}}\,\underline{\underline{\mathbf{I}}}\cdot\hat{\underline{\mathbf{v}}}_{i\mathrm{P,S}} \tag{15.3.12}$$

als einfallende Welle, so enthüllt

$$\underline{\mathbf{v}}_s(\underline{\mathbf{R}},\omega,\underline{\mathbf{k}}_{i\mathrm{P,S}}) = \underbrace{(\mathcal{I}-\mathcal{V})^{-1}\{\mathcal{V}\,\{v_{i\mathrm{P,S}}(\omega)\,\mathrm{e}^{\mathrm{j}k_{\mathrm{P,S}}\hat{\underline{\mathbf{k}}}_i\cdot\underline{\mathbf{R}}}\,\underline{\underline{\mathbf{I}}}\}\}(\underline{\mathbf{R}},\omega)}_{=\,\underline{\underline{\Xi}}^{\rho}_c(\underline{\mathbf{R}},\omega,\underline{\mathbf{k}}_{i\mathrm{P,S}})}\cdot\hat{\underline{\mathbf{v}}}_{i\mathrm{P,S}}\ , \tag{15.3.13}$$

dass — wie aufgrund der Linearität der Grundgleichungen zu erwarten — das Streufeld *linear* von der Polarisation der einfallenden ebenen Welle abhängt, wodurch ein Streutensor $\underline{\underline{\Xi}}^{\rho}_c(\underline{\mathbf{R}},\omega,\underline{\mathbf{k}}_{i\mathrm{P,S}})$ (für alleinige Dichteschwankungen) definiert wird.

Um dasselbe auch für $\underline{\mathbf{v}}_s(\underline{\mathbf{R}},\omega)$ *und* $\underline{\underline{\mathbf{T}}}_s(\underline{\mathbf{R}},\omega)$ im Falle einer zusätzlichen Inhomogenität in den elastischen Konstanten zu zeigen, benutzt man

$$\underline{\underline{\mathbf{T}}}_i(\underline{\mathbf{R}},\omega,\underline{\mathbf{k}}_{i\mathrm{P,S}}) = -\frac{1}{\omega}\,v_{i\mathrm{P,S}}(\omega)\,\mathrm{e}^{\mathrm{j}k_{\mathrm{P,S}}\hat{\underline{\mathbf{k}}}_i\cdot\underline{\mathbf{R}}}\,(\lambda\,\underline{\underline{\mathbf{I}}}\,\underline{\mathbf{k}}_{i\mathrm{P,S}} + 2\mu\,\underline{\underline{\underline{\underline{\mathbf{I}}}}}^{+}\cdot\underline{\mathbf{k}}_{i\mathrm{P,S}})\cdot\hat{\underline{\mathbf{v}}}_{i\mathrm{P,S}} \tag{15.3.14}$$

als Ausdruck für die mit $\underline{\mathbf{v}}_i$ im homogen-isotropen Einbettungsmaterial verknüpfte ebene $\underline{\underline{\mathbf{T}}}_i$-Welle (Gleichung (15.3.14) enthält die beiden Gleichungen (8.1.122) und (8.1.123)). Die lineare Beziehung (15.3.13) lässt sich dann wie folgt verallgemeinern und durch (15.3.16) ergänzen:

$$\underline{\mathbf{v}}_s(\underline{\mathbf{R}},\omega,\underline{\mathbf{k}}_{i\mathrm{P,S}}) = \underline{\underline{\Xi}}^{\rho,\mathrm{c}}_c(\underline{\mathbf{R}},\omega,\underline{\mathbf{k}}_{i\mathrm{P,S}})\cdot\hat{\underline{\mathbf{v}}}_{i\mathrm{P,S}}\ ,\quad \underline{\mathbf{R}}\in V_c\ , \tag{15.3.15}$$

$$\underline{\underline{\mathbf{T}}}_s(\underline{\mathbf{R}},\omega,\underline{\mathbf{k}}_{i\mathrm{P,S}}) = \underline{\underline{\underline{\Upsilon}}}^{\rho,\mathrm{c}}_c(\underline{\mathbf{R}},\omega,\underline{\mathbf{k}}_{i\mathrm{P,S}})\cdot\hat{\underline{\mathbf{v}}}_{i\mathrm{P,S}}\ ,\quad \underline{\mathbf{R}}\in V_c\ . \tag{15.3.16}$$

Es geht uns hier nur um die prinzipiellen Darstellungsmöglichkeiten (15.3.15) und (15.3.16), sodass wir die expliziten (und komplizierten) Ausdrücke für $\underline{\underline{\Xi}}^{\rho,\mathrm{c}}_c$ und $\underline{\underline{\underline{\Upsilon}}}^{\rho,\mathrm{c}}_c$ nicht angeben.

Der Vergleich des Systems gekoppelter Lippmann-Schwinger-Integralgleichungen (15.3.7) und (15.3.8) mit der DFIE (15.2.30) zeigt, dass die Streufeldberechnung eines Einschlusses in einem homogen-isotropen elastischen Vollraum wesentlich komplizierter als diejenige eines Hohlraums (mit spannungsfreier Randbedingung) ist; das gilt natürlich unabhängig davon, ob der Einschluss homogen-isotrop oder inhomogen und/oder anisotrop ist.

15.3.2 Born'sche Näherung für inhomogen-anisotrope Streukörper

Bei der das Streuproblem eines Hohlraums linearisierenden Kirchhoff-Näherung argumentiert man mit einer lokal ebenen Approximation der Streukörper*oberfläche*.

Bei der das Streuproblem eines Einschlusses linearisierenden Born'schen Näherung argumentiert man im Fall „geringfügiger" Materialunterschiede von Einschluss- und Einbettungsmaterial, dass sich das Gesamtfeld im *Volumen* des Einschlusses nicht wesentlich vom (ungestörten) einfallenden Feld unterscheiden wird, d.h. man setzt $\underline{\mathbf{v}}_s(\underline{\mathbf{R}},\omega) = \underline{\mathbf{0}}$ und $\underline{\underline{\mathbf{T}}}_s(\underline{\mathbf{R}},\omega) = \underline{\underline{\mathbf{0}}}$ für $\underline{\mathbf{R}}\in V_c$. Demzufolge sind Born'sche sekundäre Quellen durch

$$\underline{\mathbf{f}}_c^{\mathrm{Born}}(\underline{\mathbf{R}},\omega) = -\mathrm{j}\omega\Gamma_c(\underline{\mathbf{R}})[\rho-\rho(\underline{\mathbf{R}})]\,\underline{\mathbf{v}}_i(\underline{\mathbf{R}},\omega)\ , \tag{15.3.17}$$

$$\underline{\underline{\mathbf{h}}}_c^{\mathrm{Born}}(\underline{\mathbf{R}},\omega) = -\mathrm{j}\omega\Gamma_c(\underline{\mathbf{R}})\left[\underline{\underline{\underline{\underline{\mathbf{s}}}}} - \underline{\underline{\underline{\underline{\mathbf{s}}}}}(\underline{\mathbf{R}})\right] : \underline{\underline{\mathbf{T}}}_i(\underline{\mathbf{R}},\omega) \tag{15.3.18}$$

gegeben. Diese Quellen liefern im Äußeren von V_c ein (Born'sches) Streufeld, sie liefern im Inneren von V_c aber nicht $\underline{\mathbf{v}}_i$ bzw. $\underline{\underline{\mathbf{T}}}_i$, denn das einfallende Feld, auch dasjenige innerhalb von V_c, stammt ja von den *primären* Quellen in V_Q her.

Da die Born'sche Näherung den Streuer bezüglich seines inneren Streufeldes ignoriert, wird sie umso besser sein, je größer die Wellenlänge im Vergleich zu V_c ist, d.h. sie ist im Gegensatz zur Kirchhoff-Näherung eine Niederfrequenznäherung (für schwachen Kontrast). Für skalare akustische Felder findet sich eine genauere Bewertung bei Chew (1990).

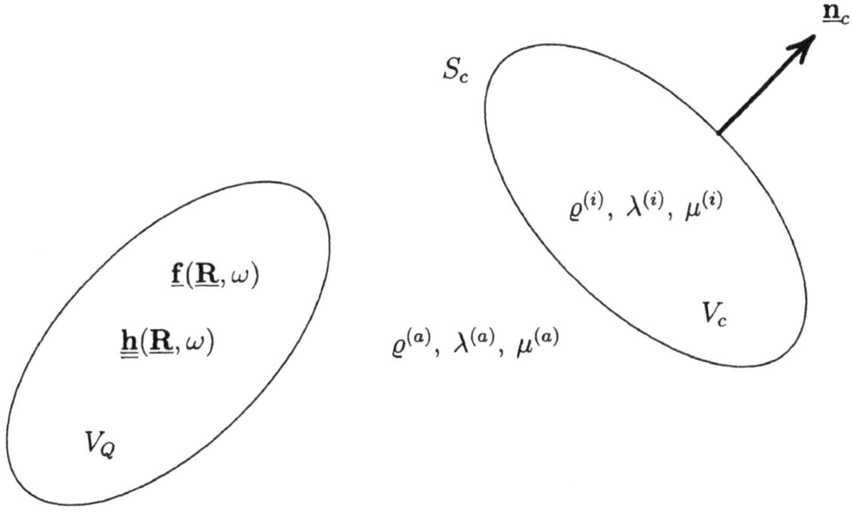

***Abb. 15.3.2:** Elastodynamisches Streuproblem: penetrabler homogen-isotroper Streukörper im homogen-isotropen Einbettungsmaterial (äquivalente Flächenquellen)*

15.3.3 System gekoppelter Integralgleichungen für die äquivalenten Flächenquellen homogen-isotroper Streukörper

Die Lippmann-Schwinger-Integralgleichungen (15.3.7) und (15.3.8) für penetrable Streukörper sind gekoppelte *Volumen*integralgleichungen, und deshalb ist ihre numerische Lösung aufwendig, da dreidimensional diskretisiert werden muss. Für homogen-isotrope penetrable Streukörper[23] (Abbildung 15.3.2) gibt es jedoch eine Alternative in Form gekoppelter *Flächen*integralgleichungen; in diesem Fall sind nämlich die Green'schen Tensoren für das isotrope Material im Inneren von V_c — Materialparameter $\varrho^{(i)}$, $\lambda^{(i)}$, $\mu^{(i)}$ — ebenso wie diejenigen für das Material im Äußeren — Materialparameter $\varrho^{(a)}$, $\lambda^{(a)}$, $\mu^{(a)}$ — bekannt, und man kann sowohl für das Streufeld im Äußeren als auch für das Streufeld im Inneren elastodynamische Huygens-Integrale mit den jeweils relevanten Green'schen Tensoren $\underline{\underline{\mathbf{G}}}^{(i,a)}$, $\underline{\underline{\underline{\mathbf{\Sigma}}}}^{(i,a)}$ (des Vollraums) hinschreiben. Gemäß (15.1.63) lautet die entsprechende Integraldarstellung für das äußere Teilchengeschwindigkeitsfeld ($\underline{\mathbf{R}} \in \mathbb{R}^3 \backslash \overline{V}_c$):

$$\begin{aligned} \underline{\mathbf{v}}^{(a)}(\underline{\mathbf{R}}, \omega) &= \underline{\mathbf{v}}_i(\underline{\mathbf{R}}, \omega) + \qquad (15.3.19) \\ &+ \iint_{S_c} \left[\mathrm{j}\omega \underline{\mathbf{n}}_c' \cdot \underline{\underline{\mathbf{T}}}^{(a)}(\underline{\mathbf{R}}', \omega) \cdot \underline{\underline{\mathbf{G}}}^{(a)}(\underline{\mathbf{R}} - \underline{\mathbf{R}}', \omega) - \underline{\mathbf{n}}_c' \underline{\mathbf{v}}^{(a)}(\underline{\mathbf{R}}', \omega) : \underline{\underline{\underline{\mathbf{\Sigma}}}}^{(a)}(\underline{\mathbf{R}} - \underline{\mathbf{R}}', \omega) \right] \mathrm{d}S' \quad ; \end{aligned}$$

in den sekundären Quellen des äußeren Streufeldes treten natürlich die Randwerte des äußeren Gesamtfeldes auf. Das Pendant zu (15.3.19) für das Gesamtfeld im Inneren lautet ($\underline{\mathbf{R}} \in V_c$: hier

[23]Sollte man für das inhomogene und/oder anisotrope Material des Streukörpers die Green'schen Tensoren kenne, gibt es diese Alternative auch dann. Allerdings besteht der Vorteil der Lippmann-Schwinger-Volumenintegralgleichung in der Tatsache, dass *stets* nur die Tensoren des homogen-isotropen Einbettungsmaterials gebraucht werden.

sind keine primären Quellen plaziert, weshalb das Streufeld gleich dem Gesamtfeld ist):

$$\underline{\mathbf{v}}^{(i)}(\underline{\mathbf{R}},\omega) = -\iint_{S_c} \left[j\omega \underline{\mathbf{n}}_c' \cdot \underline{\underline{\mathbf{T}}}^{(i)}(\underline{\mathbf{R}}',\omega) \cdot \underline{\underline{\mathbf{G}}}^{(i)}(\underline{\mathbf{R}}-\underline{\mathbf{R}}',\omega) - \underline{\mathbf{n}}_c'\underline{\mathbf{v}}^{(i)}(\underline{\mathbf{R}}',\omega) : \underline{\underline{\underline{\mathbf{\Sigma}}}}^{(i)}(\underline{\mathbf{R}}-\underline{\mathbf{R}}',\omega) \right] \mathrm{d}S' \; ; \tag{15.3.20}$$

das Minuszeichen rührt daher, dass die Normale $\underline{\mathbf{n}}_c$ für die sekundären Quellen des Innenfeldes — definiert durch die Randwerte des Innenfeldes — in die „verkehrte“ Richtung zeigt. Aufgrund der homogenen Übergangsbedingungen (3.3.9), (3.3.14) können wir die inneren sekundären Quellen eliminieren:

$$\underline{\mathbf{v}}^{(i)}(\underline{\mathbf{R}},\omega) = -\iint_{S_c} \left[j\omega \underline{\mathbf{n}}_c' \cdot \underline{\underline{\mathbf{T}}}^{(a)}(\underline{\mathbf{R}}',\omega) \cdot \underline{\underline{\mathbf{G}}}^{(i)}(\underline{\mathbf{R}}-\underline{\mathbf{R}}',\omega) - \underline{\mathbf{n}}_c'\underline{\mathbf{v}}^{(a)}(\underline{\mathbf{R}}',\omega) : \underline{\underline{\underline{\mathbf{\Sigma}}}}^{(i)}(\underline{\mathbf{R}}-\underline{\mathbf{R}}',\omega) \right] \mathrm{d}S' \, . \tag{15.3.21}$$

In (15.3.19) und (15.3.21) treten die sechs skalaren Komponenten von $\underline{\mathbf{n}}_c \cdot \underline{\underline{\mathbf{T}}}^{(a)}(\underline{\mathbf{R}},\omega)$ und $\underline{\mathbf{v}}^{(a)}(\underline{\mathbf{R}},\omega)$, $\underline{\mathbf{R}} \in S_c$, als Unbekannte auf; wir benötigen also *zwei* vektorielle (DFIE-)Flächenintegralgleichungen zu ihrer Bestimmung. Also berechnen wir in (15.3.19) den Grenzübergang $\underline{\mathbf{R}} \longrightarrow S_c$ aus dem Äußeren von V_c und in (15.3.21) denselben Grenzübergang aus dem Inneren von V_c. Im ersten Fall können wir auf (15.2.27) zurückgreifen:

$$\begin{aligned} \underline{\mathbf{v}}^{(a)}(\underline{\mathbf{R}},\omega) &= 2\,\underline{\mathbf{v}}_i(\underline{\mathbf{R}},\omega) + \\ &+2\,\mathrm{PV}\iint_{S_c} \left[j\omega \underline{\mathbf{n}}_c' \cdot \underline{\underline{\mathbf{T}}}^{(a)}(\underline{\mathbf{R}}',\omega) \cdot \underline{\underline{\mathbf{G}}}^{(a)}(\underline{\mathbf{R}}-\underline{\mathbf{R}}',\omega) - \underline{\mathbf{n}}_c'\underline{\mathbf{v}}^{(a)}(\underline{\mathbf{R}}',\omega) : \underline{\underline{\underline{\mathbf{\Sigma}}}}^{(a)}(\underline{\mathbf{R}}-\underline{\mathbf{R}}',\omega) \right] \mathrm{d}S' \; ; \end{aligned} \tag{15.3.22}$$

im zweiten Fall muss die Rechnung in Abschnitt 15.2.1 für einen inneren Punkt wiederholt werden, wobei der einzige Unterschied darin besteht, dass die Normale in die entgegengesetzte Richtung zeigt; wir antizipieren also dasselbe grundsätzliche Ergebnis, lediglich mit anderem Vorzeichen:

$$\begin{aligned} &\underline{\mathbf{v}}^{(i)}(\underline{\mathbf{R}},\omega) = \\ &-2\,\mathrm{PV}\iint_{S_c} \left[j\omega \underline{\mathbf{n}}_c' \cdot \underline{\underline{\mathbf{T}}}^{(a)}(\underline{\mathbf{R}}',\omega) \cdot \underline{\underline{\mathbf{G}}}^{(i)}(\underline{\mathbf{R}}-\underline{\mathbf{R}}',\omega) - \underline{\mathbf{n}}_c'\underline{\mathbf{v}}^{(a)}(\underline{\mathbf{R}}',\omega) : \underline{\underline{\underline{\mathbf{\Sigma}}}}^{(i)}(\underline{\mathbf{R}}-\underline{\mathbf{R}}',\omega) \right] \mathrm{d}S' \end{aligned} \tag{15.3.23}$$

Sowohl in (15.3.22) als auch in (15.3.23) gilt nunmehr $\underline{\mathbf{R}} \in S_c$, sodass wir erneut die homogene Übergangsbedingung (3.3.14) anwenden können, um $\underline{\mathbf{v}}^{(i)}(\underline{\mathbf{R}},\omega)$ endgültig zu eliminieren:

$$\begin{aligned} &\underline{\mathbf{v}}^{(a)}(\underline{\mathbf{R}},\omega) = \\ &-2\,\mathrm{PV}\iint_{S_c} \left[j\omega \underline{\mathbf{n}}_c' \cdot \underline{\underline{\mathbf{T}}}^{(a)}(\underline{\mathbf{R}}',\omega) \cdot \underline{\underline{\mathbf{G}}}^{(i)}(\underline{\mathbf{R}}-\underline{\mathbf{R}}',\omega) - \underline{\mathbf{n}}_c'\underline{\mathbf{v}}^{(a)}(\underline{\mathbf{R}}',\omega) : \underline{\underline{\underline{\mathbf{\Sigma}}}}^{(i)}(\underline{\mathbf{R}}-\underline{\mathbf{R}}',\omega) \right] \mathrm{d}S' \end{aligned} \tag{15.3.24}$$

Mit (15.3.22) und (15.3.24) liegt das gesuchte System gekoppelter Flächenintegralgleichungen vor! Die Erweiterung auf stückweise homogen-isotrope Streukörper wurde von Tan (1975a) angegeben.

15.4 Streutensor; Streufernfelder

15.4.1 Streutensor

Elastodynamische *Strahlungs*felder werden durch *primäre* Quellen erzeugt, elastodynamische *Streu*felder sind die Strahlungsfelder *sekundärer* Quellen. Infolgedessen können wir auf die Ergebnisse von Abschnitt 13 zurückgreifen und unmittelbar die elastodynamische Punktquellensynthese (Abschnitt 13.3.1) von Streufeldern hinschreiben; man beachte: Die Punktrichtwirkungen eines punktförmigen Streuers im Vollraum sind dieselben wie diejenigen eines punktförmigen „Strahlers“, es ist eine Punktquellensynthese mit den Green'schen Funktionen des Vollraums gemäß (13.3.1), (13.3.2) durchzuführen. Dies gilt natürlich auch bei — beispielsweise —

spannungsfreier Randbedingung eines Streukörpers: Der Spannungsfreiheit wird sodann durch die Lösung einer Integralgleichung (DFIE: Gleichung (15.2.30)) für die sekundäre Quelle $\underline{\underline{\mathbf{h}}}_c$ oder durch deren Kirchhoff-Näherung und *nicht* durch Verwendung von Miller-Pursey-Faktoren basierend auf der Halbraum-Greentensordarstellung (14.4.45) Rechnung getragen. Letzteres wäre auch deswegen ein Widerspruch in sich, weil die äquivalente Quelle einer spannungsfreien Streukörperoberfläche eine Flächendeformation(srate) und keine Flächenkraftdichte ist.

Wir geben die Streukörper*fern*felder im Folgenden explizit an, da wir auch numerische Beispiele dafür präsentieren; wir brauchen in den vektoriellen Richtcharakteristiken (13.3.5), (13.3.6) und (13.3.13), (13.3.14) ja nur die primären Quellen $\underline{\mathbf{f}}$ und $\underline{\underline{\mathbf{h}}}$ durch die sekundären Quellen $\underline{\mathbf{f}}_c$ und $\underline{\underline{\mathbf{h}}}_c$ zu ersetzen, um daraus vektorielle Streuamplituden zu machen:

$$\underline{\mathbf{u}}_{s\mathrm{P}}^{\mathrm{fern}}(\underline{\mathbf{R}},\omega) = \frac{\mathrm{e}^{\mathrm{j}k_\mathrm{P}R}}{R}\left[\underline{\mathbf{H}}_{s\mathrm{P}}^{f_c}(\hat{\underline{\mathbf{R}}},\omega) + \underline{\mathbf{H}}_{s\mathrm{P}}^{h_c}(\hat{\underline{\mathbf{R}}},\omega)\right] \quad , \tag{15.4.1}$$

$$\begin{aligned}\underline{\mathbf{H}}_{s\mathrm{P}}^{f_c}(\hat{\underline{\mathbf{R}}},\omega) &= \frac{1}{4\pi c_\mathrm{P} Z_\mathrm{P}}\,\hat{\underline{\mathbf{R}}}\,\hat{\underline{\mathbf{R}}}\cdot\underbrace{\iiint_{V_c}\underline{\mathbf{f}}_c(\underline{\mathbf{R}}',\omega)\,\mathrm{e}^{-\mathrm{j}k_\mathrm{P}\hat{\underline{\mathbf{R}}}\cdot\underline{\mathbf{R}}'}\,\mathrm{d}^3\underline{\mathbf{R}}'}_{\begin{aligned}&=\mathcal{F}_{3D}\{\underline{\mathbf{f}}_c(\underline{\mathbf{R}},\omega)\}_{\underline{\mathbf{K}}=k_\mathrm{P}\hat{\underline{\mathbf{R}}}}\\ &=\tilde{\underline{\mathbf{f}}}_c(\underline{\mathbf{K}}=k_\mathrm{P}\hat{\underline{\mathbf{R}}},\omega)\end{aligned}} \quad ,\end{aligned} \tag{15.4.2}$$

$$\underline{\mathbf{H}}_{s\mathrm{P}}^{h_c}(\hat{\underline{\mathbf{R}}},\omega) = -\frac{1}{4\pi c_\mathrm{P}^2 Z_\mathrm{P}}\,\hat{\underline{\mathbf{R}}}(\lambda\underline{\underline{\mathbf{I}}} + 2\mu\hat{\underline{\mathbf{R}}}\,\hat{\underline{\mathbf{R}}}) : \underbrace{\iiint_{V_c}\underline{\underline{\mathbf{h}}}_c(\underline{\mathbf{R}}',\omega)\,\mathrm{e}^{-\mathrm{j}k_\mathrm{P}\hat{\underline{\mathbf{R}}}\cdot\underline{\mathbf{R}}'}\,\mathrm{d}^3\underline{\mathbf{R}}'}_{\begin{aligned}&=\mathcal{F}_{3D}\{\underline{\underline{\mathbf{h}}}_c(\underline{\mathbf{R}},\omega)\}_{\underline{\mathbf{K}}=k_\mathrm{P}\hat{\underline{\mathbf{R}}}}\\ &=\tilde{\underline{\underline{\mathbf{h}}}}_c(\underline{\mathbf{K}}=k_\mathrm{P}\hat{\underline{\mathbf{R}}},\omega)\end{aligned}} \quad ; \tag{15.4.3}$$

$$\underline{\mathbf{u}}_{s\mathrm{S}}^{\mathrm{fern}}(\underline{\mathbf{R}},\omega) = \frac{\mathrm{e}^{\mathrm{j}k_\mathrm{S}R}}{R}\left[\underline{\mathbf{H}}_{s\mathrm{S}}^{f_c}(\hat{\underline{\mathbf{R}}},\omega) + \underline{\mathbf{H}}_{s\mathrm{S}}^{h_c}(\hat{\underline{\mathbf{R}}},\omega)\right] \quad , \tag{15.4.4}$$

$$\underline{\mathbf{H}}_{s\mathrm{S}}^{f_c}(\hat{\underline{\mathbf{R}}},\omega) = \frac{1}{4\pi c_\mathrm{S} Z_\mathrm{S}}(\underline{\underline{\mathbf{I}}} - \hat{\underline{\mathbf{R}}}\,\hat{\underline{\mathbf{R}}})\cdot\underbrace{\iiint_{V_c}\underline{\mathbf{f}}_c(\underline{\mathbf{R}}',\omega)\,\mathrm{e}^{-\mathrm{j}k_\mathrm{S}\hat{\underline{\mathbf{R}}}\cdot\underline{\mathbf{R}}'}\,\mathrm{d}^3\underline{\mathbf{R}}'}_{\begin{aligned}&=\mathcal{F}_{3D}\{\underline{\mathbf{f}}_c(\underline{\mathbf{R}},\omega)\}_{\underline{\mathbf{K}}=k_\mathrm{S}\hat{\underline{\mathbf{R}}}}\\ &=\tilde{\underline{\mathbf{f}}}_c(\underline{\mathbf{K}}=k_\mathrm{S}\hat{\underline{\mathbf{R}}},\omega)\end{aligned}} \quad , \tag{15.4.5}$$

$$\underline{\mathbf{H}}_{s\mathrm{S}}^{h_c}(\hat{\underline{\mathbf{R}}},\omega) = -\frac{1}{2\pi c_\mathrm{S}}(\underline{\underline{\mathbf{I}}} - \hat{\underline{\mathbf{R}}}\,\hat{\underline{\mathbf{R}}})\hat{\underline{\mathbf{R}}} : \underbrace{\iiint_{V_c}\underline{\underline{\mathbf{h}}}_c(\underline{\mathbf{R}}',\omega)\,\mathrm{e}^{-\mathrm{j}k_\mathrm{S}\hat{\underline{\mathbf{R}}}\cdot\underline{\mathbf{R}}'}\,\mathrm{d}^3\underline{\mathbf{R}}'}_{\begin{aligned}&=\mathcal{F}_{3D}\{\underline{\underline{\mathbf{h}}}_c(\underline{\mathbf{R}},\omega)\}_{\underline{\mathbf{K}}=k_\mathrm{S}\hat{\underline{\mathbf{R}}}}\\ &=\tilde{\underline{\underline{\mathbf{h}}}}_c(\underline{\mathbf{K}}=k_\mathrm{S}\hat{\underline{\mathbf{R}}},\omega)\end{aligned}} \tag{15.4.6}$$

Die Spezifikation der sekundären (Volumen-)Quellen $\underline{\mathbf{f}}_c$ und $\underline{\underline{\mathbf{h}}}_c$ gemäß

$$\underline{\mathbf{f}}_c(\underline{\mathbf{R}},\omega) = \underline{\mathbf{0}} \quad , \tag{15.4.7}$$

$$\begin{aligned}\underline{\underline{\mathbf{h}}}_c(\underline{\mathbf{R}},\omega) &= -\underline{\underline{\underline{\underline{\mathbf{I}}}}}^+ : \underline{\boldsymbol{\gamma}}_c(\underline{\mathbf{R}})\underline{\mathbf{v}}(\underline{\mathbf{R}},\omega)\\ &= \mathrm{j}\omega\,\underline{\underline{\underline{\underline{\mathbf{I}}}}}^+ : \underline{\boldsymbol{\gamma}}_c(\underline{\mathbf{R}})\underline{\mathbf{u}}(\underline{\mathbf{R}},\omega)\end{aligned} \tag{15.4.8}$$

macht (15.4.1)-(15.4.6) zum Streufernfeld eines Streukörpers mit spannungsfreier Oberfläche und die Spezifikation gemäß

$$\begin{aligned}\underline{\mathbf{f}}_c(\underline{\mathbf{R}},\omega) &= -\mathrm{j}\omega\Gamma_c(\underline{\mathbf{R}})\,[\rho-\rho(\underline{\mathbf{R}})]\,\underline{\mathbf{v}}(\underline{\mathbf{R}},\omega)\\ &= -\omega^2\Gamma_c(\underline{\mathbf{R}})\,[\rho-\rho(\underline{\mathbf{R}})]\,\underline{\mathbf{u}}(\underline{\mathbf{R}},\omega) \quad ,\end{aligned} \tag{15.4.9}$$

$$\underline{\underline{\mathbf{h}}}_c(\underline{\mathbf{R}},\omega) = -\mathrm{j}\omega\Gamma_c(\underline{\mathbf{R}})\left[\underline{\underline{\underline{\underline{\mathbf{s}}}}} - \underline{\underline{\underline{\underline{\mathbf{s}}}}}(\underline{\mathbf{R}})\right] : \underline{\underline{\mathbf{T}}}(\underline{\mathbf{R}},\omega) \tag{15.4.10}$$

zum Streufernfald eines penetrablen inhomogen-anisotropen Streukörpers. Die Unterklammern in (15.4.2) und (15.4.3) bzw. (15.4.5) und (15.4.6) konstatieren, dass Streufernfelder ebenso wie die Fernfelder primärer Quellen proportional zu den dreidimensional räumlich Fourier-transformierten sekundären Quellen auf den jeweiligen Ewald-Kugeln[24] $\underline{\mathbf{K}} = k_{\mathrm{P,S}}\hat{\underline{\mathbf{R}}}$ sind. Aus diesem Grunde enthalten monochromatische Fernfeldmessungen[25] von Streufeldern, auch wenn sie für *alle* Beobachtungsrichtungen $\hat{\underline{\mathbf{R}}}$ (auf der Einheitskugel) vorliegen, nur die Ewald-Kugel-Information dieser Fourierspektren, die für eine Abbildung des Streukörpers (des Fehlers) nicht ausreicht, da ja noch nicht einmal ein Teil*volumen* des $\underline{\mathbf{K}}$-Raums damit abgedeckt wird. Man muss — beispielsweise — zu einer möglichst breitbandigen Impulsbeschallung übergehen, denn dadurch wird Ewald-Kugel*schalen*-Information erzeugt. Letztlich nutzen SAFT (*Synthetic Aperture Focusing Technique*) und dessen Varianten als abbildende US-Verfahren genau diese Information (Langenberg, 1987; Langenberg et al., 1993a; Langenberg et al., 1999a; Langenberg et al., 2002; Langenberg, 2002; Langenberg et al., 2004a; Langenberg et al., 2004b; Mayer et al., 1990; Marklein et al., 2002a; Kostka et al., 1998; Langenberg et al., 2006; Langenberg et al., 2007; Zimmer, 2007).

Natürlich können wir statt (15.4.8) eventuell die Kirchhoff-Näherung und statt (15.4.9) und (15.4.10) eventuell die Born'sche Näherung verwenden; wir erhalten dann Kirchhoff-genäherte bzw. Born-genäherte Streufernfelder.

Eine besonders kompakte Schreibweise von Streufernfeldern einfallender ebener P,S-Wellen ergibt sich durch Definition von Streutensoren (zweiter Stufe). Dazu schreiben wir beispielsweise die sich für ebendiesen Welleneinfall ergebenden sekundären Quellen (15.4.9) und (15.4.10) unter Verwendung von (15.3.15) und (15.3.16) sowie (15.3.14) gemäß

$$\underline{\mathbf{f}}_c(\underline{\mathbf{R}},\omega,\underline{\mathbf{k}}_{i\mathrm{P,S}}) = \mathrm{j}\omega\rho\,\chi_\rho(\underline{\mathbf{R}})\left[\underline{\underline{\boldsymbol{\Xi}}}_c^{\rho,\mathbf{c}}(\underline{\mathbf{R}},\omega,\underline{\mathbf{k}}_{i\mathrm{P,S}})\,\mathrm{e}^{-\mathrm{j}k_{\mathrm{P,S}}\hat{\underline{\mathbf{k}}}_i\cdot\underline{\mathbf{R}}} + v_{i\mathrm{P,S}}(\omega)\underline{\underline{\mathbf{I}}}\right]\cdot\hat{\underline{\mathbf{v}}}_{i\mathrm{P,S}}\,\mathrm{e}^{\mathrm{j}k_{\mathrm{P,S}}\hat{\underline{\mathbf{k}}}_i\cdot\underline{\mathbf{R}}}\ , \tag{15.4.11}$$

$$\begin{aligned}\underline{\underline{\mathbf{h}}}_c(\underline{\mathbf{R}},\omega,\underline{\mathbf{k}}_{i\mathrm{P,S}}) = -\mathrm{j}\omega\,\underline{\underline{\underline{\underline{\boldsymbol{\chi}}}}}_{\mathbf{c}}(\underline{\mathbf{R}}):\underline{\underline{\underline{\underline{\mathbf{s}}}}}(\underline{\mathbf{R}}):\Bigg[&\underline{\underline{\underline{\boldsymbol{\Upsilon}}}}_c^{\rho,\mathbf{c}}(\underline{\mathbf{R}},\omega,\underline{\mathbf{k}}_{i\mathrm{P,S}})\,\mathrm{e}^{-\mathrm{j}k_{\mathrm{P,S}}\hat{\underline{\mathbf{k}}}_i\cdot\underline{\mathbf{R}}} - \\ &-\frac{v_{i\mathrm{P,S}}(\omega)}{\omega}\left(\lambda\,\underline{\underline{\mathbf{I}}}\,\underline{\mathbf{k}}_{i\mathrm{P,S}} + 2\mu\,\underline{\underline{\underline{\underline{\mathbf{I}}}}}^{+}\cdot\underline{\mathbf{k}}_{i\mathrm{P,S}}\right)\Bigg]\cdot\hat{\underline{\mathbf{v}}}_{i\mathrm{P,S}}\,\mathrm{e}^{\mathrm{j}k_{\mathrm{P,S}}\hat{\underline{\mathbf{k}}}_i\cdot\underline{\mathbf{R}}}\ ,\end{aligned} \tag{15.4.12}$$

und dies ergibt

$$\underline{\mathbf{u}}_{s\mathrm{P,S}}^{\mathrm{fern}}(\hat{\underline{\mathbf{R}}},\omega,\underline{\mathbf{k}}_{i\mathrm{P,S}}) = \frac{\mathrm{e}^{\mathrm{j}k_{\mathrm{P,S}}R}}{R}\,\underline{\underline{\mathbf{U}}}_{\mathrm{P,S}}(\hat{\underline{\mathbf{R}}},\omega,\underline{\mathbf{k}}_{i\mathrm{P,S}})\cdot\hat{\underline{\mathbf{v}}}_{i\mathrm{P,S}} \tag{15.4.13}$$

mit

$$\underline{\underline{\mathbf{U}}}_{\mathrm{P,S}}(\hat{\underline{\mathbf{R}}},\omega,\underline{\mathbf{k}}_{i\mathrm{P,S}}) = \underline{\underline{\boldsymbol{\Xi}}}_{\mathrm{P,S}}^{\rho,\mathbf{c}}(\underline{\mathbf{R}},\omega,\underline{\mathbf{k}}_{i\mathrm{P,S}}) + \underline{\underline{\boldsymbol{\Upsilon}}}_{\mathrm{P,S}}^{\rho,\mathbf{c}}(\underline{\mathbf{R}},\omega,\underline{\mathbf{k}}_{i\mathrm{P,S}})\ , \tag{15.4.14}$$

$$\begin{aligned}\underline{\underline{\boldsymbol{\Xi}}}_{\mathrm{P}}^{\rho,\mathbf{c}}(\underline{\mathbf{R}},\omega,\underline{\mathbf{k}}_{i\mathrm{P,S}}) &= \mathrm{j}\,\frac{k_{\mathrm{P}}}{4\pi c_{\mathrm{P}}}\,\hat{\underline{\mathbf{R}}}\,\hat{\underline{\mathbf{R}}}\cdot \\ &\cdot\iiint_{V_c}\chi_\rho(\underline{\mathbf{R}}')\left[\underline{\underline{\boldsymbol{\Xi}}}_c^{\rho,\mathbf{c}}(\underline{\mathbf{R}}',\omega,\underline{\mathbf{k}}_{i\mathrm{P,S}})\mathrm{e}^{-\mathrm{j}\underline{\mathbf{k}}_{i\mathrm{P,S}}\cdot\underline{\mathbf{R}}'} + v_{i\mathrm{P,S}}(\omega)\underline{\underline{\mathbf{I}}}\right]\mathrm{e}^{-\mathrm{j}(k_{\mathrm{P}}\hat{\underline{\mathbf{R}}}-\underline{\mathbf{k}}_{i\mathrm{P,S}})\cdot\underline{\mathbf{R}}'}\,\mathrm{d}^3\underline{\mathbf{R}}'\ ,\end{aligned} \tag{15.4.15}$$

$$\underline{\underline{\boldsymbol{\Upsilon}}}_{\mathrm{P}}^{\rho,\mathbf{c}}(\underline{\mathbf{R}},\omega,\underline{\mathbf{k}}_{i\mathrm{P,S}}) = \mathrm{j}\,\frac{k_{\mathrm{P}}}{4\pi c_{\mathrm{P}}Z_{\mathrm{P}}}\,\hat{\underline{\mathbf{R}}}(\lambda\,\underline{\underline{\mathbf{I}}} + 2\mu\,\hat{\underline{\mathbf{R}}}\,\hat{\underline{\mathbf{R}}}) : \tag{15.4.16}$$

[24] In diesen Fourier-Transformierten ist als Fourier-Variable $\underline{\mathbf{K}} = k_{\mathrm{P,S}}\hat{\underline{\mathbf{R}}}$ einzusetzen; für feste Wellenzahlen $k_{\mathrm{P,S}}$ variiert deshalb $\underline{\mathbf{K}}$ bei Variation von $\hat{\underline{\mathbf{R}}}$ auf Kugeln — den sogenannten Ewald-Kugeln — mit den Radien $k_{\mathrm{P,S}}$.

[25] Das gilt in gleicher Weise für Nahfeldmessungen, jedenfalls dann, wenn die Messfläche außerhalb der kleinsten Kugel liegt, die den Streukörper enthält (Colton und Kress, 1983; Dassios und Kleinman, 2000).

$$: \iiint_{V_c} \underline{\underline{\underline{\underline{\chi}}}}_{c}(\underline{\mathbf{R}}') : \underline{\underline{\underline{\underline{s}}}}(\underline{\mathbf{R}}') : \Bigg[\underline{\underline{\underline{\Upsilon}}}_c^{\rho,c}(\underline{\mathbf{R}}', \omega, \underline{\mathbf{k}}_{iP,S}) \mathrm{e}^{-\mathrm{j}\underline{\mathbf{k}}_{iP,S}\cdot\underline{\mathbf{R}}'} - - \frac{v_{iP,S}(\omega)}{\omega} (\lambda \underline{\underline{\mathbf{I}}}\, \underline{\mathbf{k}}_{iP,S} + 2\mu \underline{\underline{\underline{\mathbf{I}}}}^{+} \cdot \underline{\mathbf{k}}_{iP,S}) \Bigg] \mathrm{e}^{-\mathrm{j}(k_P \hat{\underline{\mathbf{R}}} - \underline{\mathbf{k}}_{iP,S})\cdot\underline{\mathbf{R}}'} \, \mathrm{d}^3\underline{\mathbf{R}}' \quad ,$$

$$\underline{\underline{\Xi}}_S^{\rho,c}(\underline{\mathbf{R}}, \omega, \underline{\mathbf{k}}_{iP,S}) = \mathrm{j}\, \frac{k_S}{4\pi c_S} (\underline{\underline{\mathbf{I}}} - \hat{\underline{\mathbf{R}}}\,\hat{\underline{\mathbf{R}}}) \cdot \cdot \iiint_{V_c} \chi_\rho(\underline{\mathbf{R}}') \left[\underline{\underline{\Xi}}_c^{\rho,c}(\underline{\mathbf{R}}', \omega, \underline{\mathbf{k}}_{iP,S}) \mathrm{e}^{-\mathrm{j}\underline{\mathbf{k}}_{iP,S}\cdot\underline{\mathbf{R}}'} + v_{iP,S}(\omega) \underline{\underline{\mathbf{I}}} \right] \mathrm{e}^{-\mathrm{j}(k_S \hat{\underline{\mathbf{R}}} - \underline{\mathbf{k}}_{iP,S})\cdot\underline{\mathbf{R}}'} \, \mathrm{d}^3\underline{\mathbf{R}}' \quad , \tag{15.4.17}$$

$$\underline{\underline{\underline{\Upsilon}}}_S^{\rho,c}(\underline{\mathbf{R}}, \omega, \underline{\mathbf{k}}_{iP,S}) = \mathrm{j}\, \frac{k_S}{2\pi} (\underline{\underline{\mathbf{I}}} - \hat{\underline{\mathbf{R}}}\,\hat{\underline{\mathbf{R}}}) \hat{\underline{\mathbf{R}}} : : \iiint_{V_c} \underline{\underline{\underline{\underline{\chi}}}}_{c}(\underline{\mathbf{R}}') : \underline{\underline{\underline{\underline{s}}}}(\underline{\mathbf{R}}') : \Bigg[\underline{\underline{\underline{\Upsilon}}}_c^{\rho,c}(\underline{\mathbf{R}}', \omega, \underline{\mathbf{k}}_{iP,S}) \mathrm{e}^{-\mathrm{j}\underline{\mathbf{k}}_{iP,S}\cdot\underline{\mathbf{R}}'} - - \frac{v_{iP,S}(\omega)}{\omega} (\lambda \underline{\underline{\mathbf{I}}}\, \underline{\mathbf{k}}_{iP,S} + 2\mu \underline{\underline{\underline{\mathbf{I}}}}^{+} \cdot \underline{\mathbf{k}}_{iP,S}) \Bigg] \mathrm{e}^{-\mathrm{j}(k_S \hat{\underline{\mathbf{R}}} - \underline{\mathbf{k}}_{iP,S})\cdot\underline{\mathbf{R}}'} \, \mathrm{d}^3\underline{\mathbf{R}}' \quad , \tag{15.4.18}$$

wenn wir sie in (15.4.2) und (15.4.3) einsetzen. In der Fernfelddarstellung (15.4.13) der Teilchenverschiebung vermittelt der Streutensor $\underline{\underline{\mathbf{U}}}_{P,S}(\hat{\underline{\mathbf{R}}}, \omega, \underline{\mathbf{k}}_{iP,S})$ — seine Definition lehnt sich an die Theorie elektromagnetischer Wellen an (Langenberg, 2005; Baum, 2000) — zwischen der vorgegebenen Polarisation der einfallenden ebenen Welle und der resultierenden Polarisation des Streufeldes; er setzt sich aus den dem Dichtekontrast $\chi_\rho(\underline{\mathbf{R}})$ bzw. dem Steifigkeitskontrast $\underline{\underline{\underline{\underline{\chi}}}}_{c}(\underline{\mathbf{R}})$ zugeordneten Anteilen $\underline{\underline{\Xi}}_{P,S}^{\rho,c}(\hat{\underline{\mathbf{R}}}, \omega, \underline{\mathbf{k}}_{iP,S})$ und $\underline{\underline{\underline{\Upsilon}}}_{P,S}^{\rho,c}(\hat{\underline{\mathbf{R}}}, \omega, \underline{\mathbf{k}}_{iP,S})$ zusammen. Für das sogenannte *Remote Sensing* mit elektromagnetischen Wellen (Ulaby und Elachi, 1990; Cloude, 2002; Langenberg, 2005) basiert eine erfolgreiche Theorie der Objektidentifizierung auf der algebraichen Analyse des Streutensors bzw. der daraus abgeleiteten Streumatrizen, deren Ergebnisse für die US-zfP noch nicht einmal ansatzweise genutzt werden. Fundamentale Tatsachen für die Rückstreung („Impuls"-Echo: $\hat{\underline{\mathbf{R}}} = -\hat{\underline{\mathbf{k}}}_i$) sind aber sofort offensichtlich: Die rechtsseitige Kontraktion des Streutensors mit dem Polarisationsvektor $\hat{\underline{\mathbf{v}}}_{iP,S}$ (wir könnten genauso gut $\hat{\underline{\mathbf{u}}}_{iP,S}$ schreiben, da es sich um einen Einheitsvektor handelt) resultiert in einer rechtsseitigen Kontraktion von $\underline{\underline{\Xi}}_{P,S}^{\rho,c}(\hat{\underline{\mathbf{R}}}, \omega, \underline{\mathbf{k}}_{iP,S})$ bzw. $\underline{\underline{\underline{\Upsilon}}}_{P,S}^{\rho,c}(\hat{\underline{\mathbf{R}}}, \omega, \underline{\mathbf{k}}_{iP,S})$ mit $\hat{\underline{\mathbf{v}}}_{iP,S}$ und ohne weitere Spezifikation dieser Tensoren kann über das Ergebnis allgemein nichts ausgesagt werden; im Falle der Born'schen Näherung werden $\underline{\underline{\Xi}}_{P,S}^{\rho,c}(\hat{\underline{\mathbf{R}}}, \omega, \underline{\mathbf{k}}_{iP,S})$ und $\underline{\underline{\underline{\Upsilon}}}_{P,S}^{\rho,c}(\hat{\underline{\mathbf{R}}}, \omega, \underline{\mathbf{k}}_{iP,S})$ jedoch gestrichen, und man leitet für *isotrope* Streukörper relativ schnell die folgenden Aussagen her:

- Unter der Born'schen Näherung tritt in Rückstreurichtung keine Modekonversion auf, d.h. eine einfallende Druckwelle wird als reine Druck- und eine einfallende Scherwelle als reine Scherwelle rückgestreut;
- unter der Born'schen Näherung ist das gestreute Scherwellenfernfeld in Rückstreurichtung genauso polarisiert wie die einfallende Scherwelle, es tritt keine Polarisationsdrehung auf.

Dieselben Aussagen gelten im Übrigen auch für Streukörper mit spannungsfreier Oberfläche unter der Kirchhoff-Näherung: Der Spiegelpunkt für die Rückstreuung ist sodann durch $\underline{\mathbf{n}}_c = -\hat{\underline{\mathbf{k}}}_i$ (Abbildung 15.2.3) gegeben, sodass gemäß (15.2.81) bzw. (15.2.87) die Oberflächenteilchenverschiebung stets die Richtung der einfallenden ebenen Welle hat; dieselbe Rechnung wie oben führt deshalb auf die Behauptung.

In der Realität können Born'sche und Kirchhoff'sche Näherungen nur Approximationen sein, sodass die Abweichung von den obigen Aussagen ein Maß für die Gültigkeit dieser Näherungen ist.

15.4.2 Zweidimensionale skalare Streuprobleme: SH-Impuls-Streufernfelder des kreiszylindrischen Hohlraums und des streifenförmigen Risses

Kreiszylindrischer Hohlraum

Für zweidimensionale Streukörper ist die SH-Wellenstreuung ein skalares Problem, im Falle von Hohlräumen mit spannungsfreier Oberfläche ein skalares Neumann-Problem (Abschnitt 7.3). Wir wählen einen kreiszylindrischen Hohlraum vom Radius a (Abbildung 15.4.1) in Stahl ($\kappa = c_P/c_S = 1.827$) — als US-zfP-Modell einer Seitenbohrung (*sidewall drilled hole*) — und

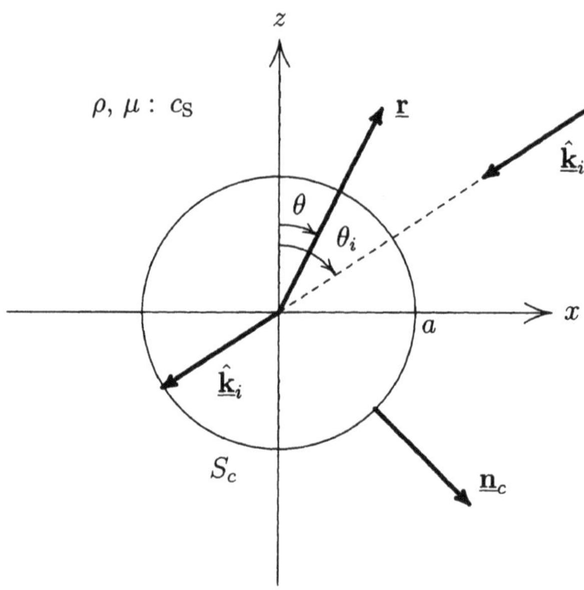

Abb. 15.4.1: *SH-Wellenstreuung am kreiszylindrischen Hohlraum mit spannungsfreier Oberfläche*

untersuchen die Streuung der ebenen SH-Welle

$$\underline{\mathbf{u}}_{i\mathrm{SH}}(\underline{\mathbf{r}}, \omega, \hat{\underline{\mathbf{k}}}_i) = -u_{i\mathrm{S}}(\omega)\, \mathrm{e}^{\mathrm{j}k_\mathrm{S}\hat{\underline{\mathbf{k}}}_i \cdot \underline{\mathbf{r}}}\, \underline{\mathbf{e}}_y \quad , \tag{15.4.19}$$

deren Polarisationsvektor wir, zwar nicht notwendigerweise, aber genauso wie in Abschnitt 9.1.3 in *negative* y-Richtung (parallel zur Zylinderachse) zeigen lassen. Mit

$$\hat{\underline{\mathbf{k}}}_i = -\sin\theta_i\, \underline{\mathbf{e}}_x - \cos\theta_i\, \underline{\mathbf{e}}_z \quad , \tag{15.4.20}$$

$$\underline{\mathbf{r}} = r\sin\theta\, \underline{\mathbf{e}}_x + r\cos\theta\, \underline{\mathbf{e}}_z \tag{15.4.21}$$

ergibt sich

$$\hat{\underline{\mathbf{k}}}_i \cdot \underline{\mathbf{r}} = -r\cos(\theta - \theta_i) \tag{15.4.22}$$

in Polarkoordinaten der xz-Ebene. Für $r > a$ genügt die allein von null verschiedene y-Komponente des SH-Streufeldes $\underline{\mathbf{u}}_{s\mathrm{SH}}(r, \theta, \omega) = u_{s\mathrm{SH}}(r, \theta, \omega)\underline{\mathbf{e}}_y$ der homogenen Schwingungsgleichung (7.3.11), also

$$\Delta u_{s\mathrm{SH}}(r, \theta, \omega) + k_\mathrm{S}^2 u_{s\mathrm{SH}}(r, \theta, \omega) = 0 \tag{15.4.23}$$

und für $r = a$ der homogenen Neumann'schen Randbedingung (Gleichung (7.3.17))

$$\left.\frac{\partial u_{s\mathrm{SH}}(r,\theta,\omega)}{\partial r}\right|_{r=a} = - \left.\frac{\partial u_{i\mathrm{SH}}(r,\theta,\omega)}{\partial r}\right|_{r=a} \tag{15.4.24}$$

des Gesamtfeldes. Wir vermuten, dass sich das Streufeld als Überlagerung auslaufender Zylinderwellen darstellen lässt und schreiben deshalb (15.4.23) in Polarkoordinaten:

$$\left[\frac{1}{r}\frac{\partial}{\partial r}\left(r\frac{\partial}{\partial r}\right) + \frac{1}{r^2}\frac{\partial^2}{\partial\theta^2} + k_{\mathrm{S}}^2\right] u_{s\mathrm{SH}}(r,\theta,\omega) = 0 \quad . \tag{15.4.25}$$

Mit dem sogenannten Partialwellen-Separationsansatz

$$u_{s\mathrm{SH}}(r,\theta,\omega) = \sum_{n=-\infty}^{\infty} a_n(\omega) R_n(r)\, \mathrm{e}^{\mathrm{j}n\theta} \tag{15.4.26}$$

wird (15.4.25) zur Bessel'schen Differentialgleichung für die radialen Funktionen $R_n(r)$ (Schäfke, 1967):

$$\left(\frac{\partial^2}{\partial r^2} + \frac{1}{r}\frac{\partial}{\partial r} - \frac{n^2}{r^2} + k_{\mathrm{S}}^2\right) R_n(r) = 0 \quad . \tag{15.4.27}$$

Die „passenden" Lösungen, d.h. diejenigen, die auslaufende Wellen darstellen, sind bei der Zeitabhängigkeit $\mathrm{e}^{-\mathrm{j}\omega t}$, d.h. dem in dieser Ausarbeitung gewählten Vorzeichen des Exponenten im Kern der inversen Fourier-Transformation, die Hankelfunktionen erster Art n-ter Ordnung $\mathrm{H}_n^{(1)}(k_{\mathrm{S}}r)$. Damit können in

$$u_{s\mathrm{SH}}(r,\theta,\omega) = \sum_{n=-\infty}^{\infty} a_n(\omega) \mathrm{H}_n^{(1)}(k_{\mathrm{S}}r)\, \mathrm{e}^{\mathrm{j}n\theta} \tag{15.4.28}$$

die Partialwellenamplituden (die Entwicklungskoeffizienten) $a_n(\omega)$ über die Randbedingung (15.4.24) berechnet werden, falls die entsprechende Partialwellenseparation für die einfallende ebene Welle (15.4.19) vorliegt; man findet (Schäfke, 1967)

$$\mathrm{e}^{-\mathrm{j}k_{\mathrm{S}}r\cos(\theta-\theta_i)} = \sum_{n=-\infty}^{\infty} (-\mathrm{j})^n \mathrm{J}_n(k_{\mathrm{S}}r)\, \mathrm{e}^{\mathrm{j}n(\theta-\theta_i)} \quad ; \tag{15.4.29}$$

da die ebene Welle frei von Singularitäten ist, treten naturgemäß die singularitätenfreien Lösungen von (15.4.27), nämlich die Besselfunktionen n-ter Ordnung $\mathrm{J}_n(k_{\mathrm{S}}r)$ auf. Mit (15.4.28) und (15.4.29) folgt nunmehr

$$a_n(\omega) = u_{i\mathrm{S}}(\omega)(-\mathrm{j})^n \frac{\mathrm{J}_n'(k_{\mathrm{S}}a)}{\mathrm{H}_n^{(1)\prime}(k_{\mathrm{S}}a)}\, \mathrm{e}^{-\mathrm{j}n\theta_i} \tag{15.4.30}$$

aufgrund der Orthogonalitätsrelation

$$\int_0^{2\pi} \mathrm{e}^{\mathrm{j}n\theta}\mathrm{e}^{-\mathrm{j}m\theta}\, \mathrm{d}\theta = 2\pi\delta_{nm} \tag{15.4.31}$$

aus (15.4.24), wobei der Strich an den Zylinderfunktionen die Ableitung nach dem Argument (nicht nach r!) bedeutet. Mit der Asymptotik

$$\mathrm{H}_n^{(1)}(k_{\mathrm{S}}r) \simeq \sqrt{\frac{2}{\pi k_{\mathrm{S}}r}}\, \mathrm{e}^{\mathrm{j}k_{\mathrm{S}}r-\mathrm{j}n\frac{\pi}{2}-\mathrm{j}\frac{\pi}{4}} \tag{15.4.32}$$

der Hankelfunktionen (Abramowitz und Stegun, 1965) finden wir schließlich

$$u_{s\mathrm{SH}}^{\mathrm{fern}}(r,\theta,\omega) = \frac{\mathrm{e}^{\mathrm{j}k_{\mathrm{S}}r}}{\sqrt{r}}\, H_{\mathrm{SH}}(\theta,\omega) \ , \tag{15.4.33}$$

$$H_{\mathrm{SH}}(\theta,\omega) = u_{i\mathrm{S}}(\omega)\mathrm{e}^{-\mathrm{j}\frac{\pi}{4}}\sqrt{\frac{2}{\pi k_{\mathrm{S}}}}\sum_{n=-\infty}^{\infty}(-1)^n \frac{\mathrm{J}_n'(k_{\mathrm{S}}r)}{\mathrm{H}_n^{(1)\prime}(k_{\mathrm{S}}a)}\,\mathrm{e}^{\mathrm{j}n(\theta-\theta_i)} \tag{15.4.34}$$

für das Streufernfeld.

Es sei nicht unerwähnt, dass die Partialwellen-Separationsmethode auch auf die SH-Wellenstreuung am homogen-penetrablen Zylinder angewendet werden kann: Man muss lediglich das dann auftretende innere „Streu“feld ebenfalls nach Zylinderfunktionen, und zwar nach stehenden Zylinderwellen, also Besselfunktionen, entwickeln; dessen Entwicklungskoeffizienten samt denen des äußeren Streufeldes ergeben sich sodann aus den Übergangsbedingungen (7.3.15) und (7.3.16).

Die obige Herleitung des SH-Streufeldes eines Kreiszylinders mit spannungsfreier Oberfläche umgeht die Darstellung durch ein Huygens-Integral, da die Schwingungsgleichung unmittelbar durch Reihenentwicklung nach den Speziellen Funktionen des zugrunde liegenden Koordinatensystems (hier: Zylinderkoordinaten) gelöst wird (Langenberg, 2005). Dies „funktioniert“ nur in sogenannten separierbaren Koordinatensystemen, in denen der Streukörper durch eine Koordinatenfläche gegeben ist, also nicht für beliebige Streukörpergeometrien; im Allgemeinen sind deshalb sehr wohl die aus dem Huygens-Integral resultierenden Integralgleichungen numerisch zu lösen. Wir wollen aber ganz kurz skizzieren, wie man auch im Falle der Zylindergeometrie mit dem Huygens-Integral „zu Rande“ kommt, obwohl dieses dann ein Umweg ist. Die Spezialisierung von (5.6.4) auf SH-Wellen und die vorliegende Geometrie samt Randbedingung ergibt

$$u_{s\mathrm{SH}}(r,\theta,\omega) = a\int_0^{2\pi} u_{\mathrm{SH}}(a,\theta',\omega)\,\frac{\partial}{\partial r'}G(\underline{\mathbf{r}}-\underline{\mathbf{r}}',\omega)\bigg|_{r'=a}\mathrm{d}\theta' \tag{15.4.35}$$

als Huygens-Streufelddarstellung, worin $G(\underline{\mathbf{r}}-\underline{\mathbf{r}}',\omega)$ die zweidimensionale skalare Green'sche Funktion (13.1.23) ist. Die Integralgleichung (2. Art) für die sekundäre Quelle $u_{\mathrm{SH}}(\theta,\omega) \stackrel{\mathrm{def}}{=} u_{\mathrm{SH}}(a,\theta,\omega) = u_{s\mathrm{SH}}(a,\theta,\omega) + u_{i\mathrm{SH}}(a,\theta,\omega)$ folgt aus (5.6.9):

$$u_{i\mathrm{SH}}(a,\theta,\omega) = \frac{1}{2}u_{\mathrm{SH}}(\theta,\omega) - a\int_0^{2\pi} u_{\mathrm{SH}}(\theta',\omega)\,\frac{\partial}{\partial r'}G(\underline{\mathbf{r}}-\underline{\mathbf{r}}',\omega)\bigg|_{r'=a}\mathrm{d}\theta' \ , \quad 0\le\theta<2\pi \ . \tag{15.4.36}$$

Die Lösung von (15.4.36) erfolgt nun nach obigem Separationsschema: Man entwickelt sowohl $u_{\mathrm{SH}}(\theta,\omega)$ gemäß

$$u_{\mathrm{SH}}(\theta,\omega) = \sum_{n=-\infty}^{\infty} b_n(\omega)\,\mathrm{e}^{\mathrm{j}n\theta} \tag{15.4.37}$$

als auch (Hönl et al., 1961)

$$\begin{aligned}\frac{\partial}{\partial r'}G(\underline{\mathbf{r}}-\underline{\mathbf{r}}',\omega)\bigg|_{r'=a} &= \frac{\mathrm{j}}{4}\frac{\partial}{\partial r'}\mathrm{H}_0^{(1)}\left(k_{\mathrm{S}}\sqrt{a^2+r'^2-2ar'\cos(\theta-\theta')}\right)\bigg|_{r'=a}\\ &= \frac{\mathrm{j}}{8}\,k_{\mathrm{S}}\sum_{m=-\infty}^{\infty}\left[\mathrm{H}_m^{(1)\prime}(k_{\mathrm{S}}a)\mathrm{J}_m(k_{\mathrm{S}}a)+\mathrm{H}_m^{(1)}(k_{\mathrm{S}}a)\mathrm{J}_m'(k_{\mathrm{S}}a)\right]\mathrm{e}^{\mathrm{j}m(\theta-\theta')}\end{aligned} \tag{15.4.38}$$

in eine Fourier-Reihe bezüglich θ bzw. θ', setzt diese Reihen in (15.4.36) ein, benutzt die Orthogonalitätsrelation (15.4.31) sowie die Wronski-Determinante zwischen J_m und $\mathrm{H}_m^{(1)}$ (Schäfke,

1967) und erhält die $b_n(\omega)$; nunmehr setzt man (15.4.37) und (15.4.38) in (15.4.35) ein, geht wie eben vor und findet $u_{s\mathrm{SH}}$ gemäß (15.4.28) mit (15.4.30).

Zur Modellierung einer US-*Impuls*prüfung ist nunmehr (15.4.33) mit (15.4.34) für alle Kreisfrequenzen ω innerhalb der Bandbreite von $u_{i\mathrm{S}}(\omega)$ auszuwerten und einer inversen Fourier-Transformation zu unterwerfen. Wir wählen $u_{i\mathrm{S}}(\omega)$ als Spektrum eines zum Zeitnullpunkt symmetrischen, in der negativen y-Komponente der Teilchenverschiebung (15.4.19) *positiven* RC2-Impulses (Abbildung 2.3.4); ebenso hat das ferne Impulsstreufeld in Rückstreurichtung — dies ergibt die numerische Auswertung — annähernd die Struktur eines in der negativen y-Komponente positiven RC2-Impulses (man vergleiche die Reflexion einer ebenen SH-Welle an einer spannungsfreien *ebenen* Grenzfläche in Abschnitt 9.1.3: auch dort erfährt der reflektierte Impuls keine Vorzeichenänderung), weswegen wir $-u_{s\mathrm{SH}}^{\mathrm{RC2,fern}}(r,\theta,t)$ in Abb. 15.4.2 auftragen; für die Gesamtdauer des RC2-Impulses gilt $T = 2a/c_\mathrm{S}$, was der Laufzeit der Scherwellen über dem Durchmesser des Zylinders entspricht. Die Zylinderimpulswellenfront des Streufernfeldes benötigt vom Koordinatenursprung in der Kreiszylindermitte bis zum Aufpunkt r die Laufzeit $t_r = r/c_\mathrm{S}$, die wir auf einer normierten Zeitachse nicht berücksichtigen. Der der einfallenden ebenen Impulswelle zugeordnete Zeitnullpunkt fällt mit der Transmission des RC2-Impulsmaximums durch die Ebene $\hat{\underline{\mathbf{k}}}_i \cdot \underline{\mathbf{r}} = 0$ zusammen; folglich kommt der an der Zylindervorderseite reflektierte Impuls in Rückstreurichtung zur Zeit $t = t_r - 2t_a$ mit $t_a = a/c_\mathrm{S}$ am Aufpunkt an, sodass wir schließlich in Abb. 15.4.2

$$t_{\mathrm{norm}} = \frac{c_\mathrm{S}}{a}t - \frac{r}{a} + 2 \qquad (15.4.39)$$

als normierte Zeitachse der Streufeldimpulse wählen.

Betrachten wir zunächst den rückgestreuten Impuls für $\theta = \theta_i$: Man erkennt für $t_{\mathrm{norm}} = 0$ den an der Vorderseite des Kreiszylinders spiegelnd reflektierten Impuls, der gegenüber dem symmetrischen RC2-Impuls der einfallenden Welle eine gewisse Asymmetrie aufweist, die nicht nur auf die Zweidimensialität des Problems (Abbildung 13.1.6) zurückzuführen ist, sondern vor allem damit zu tun hat, dass — selbst im Falle der strengen Gültigkeit der Kirchhoff-Näherung (15.2.79) — die Nachbarpunkte des Spiegelpunktes per Huygens-Integration (15.2.74) zum rückgestreuten Impuls beitragen. Diesem ersten Rückstreuimpuls folgt für $t_{\mathrm{norm}} \simeq 5$ ein kleinerer sogenannter Kriechwellenimpuls[26], dessen physikalische Natur man am besten vermittels einer AFIT-Simulation des Streuvorgangs anhand der Abbildungen 15.4.3 bis 15.4.6 aufklärt („AFIT" deswegen, weil es sich um ein skalares Problem handelt). Abbildung 15.4.3 illustriert zunächst die Entstehung des primären Streuimpulses; man beachte, dass die Überlagerung dieses Impulses mit der einfallenden ebenen Welle auf der Oberfläche des Zylinders ungleich null ist, denn es gilt ja eine *Neumann'sche* Randbedingung. Nachdem die einfallende Welle ihren Zeitnullpunkt erreicht hat, läuft sie natürlich „geradeaus" weiter, bleibt aber über die Streuwelle mit der Zylinderoberfläche verbunden (Abbildung 15.4.4), denn die Randbedingung muss ja für alle Zeiten nach dem ersten Kontakt mit dem Streukörper erfüllt sein. In Abb. 15.4.5 ist nun deutlich zu erkennen, wie sich über die Erzwingung der Randbedingung Kriechwellen entwickeln: Sie „kleben" an der Oberfläche des Streukörpers und umrunden diesen, wobei sie sich auf der Rückseite überkreuzen (Abbildung 15.4.6) und sodann auf der jeweils gegenüberliegenden Seite Wellenfronten zurück zum Aufpunkt „schicken", die dort zur gleichen Zeit eintreffen. Überschlägig berechnet sich die Laufzeitdifferenz zum spiegelnd reflektierten Impuls wie folgt: Der spiegelnd reflektierte Impuls wird zum Zeitpunkt $t_{\mathrm{norm}} = 0$ erzeugt, die beiden (symmetrischen) Kriechwellen genau zur Zeit $t_{\mathrm{norm}} = 1$; sie umrunden sodann die geometrisch-optische Schattenseite des Kreiszylinders in der Zeit $t_{\mathrm{norm}} = \pi$ und „hinken" dann noch einmal $t_{\mathrm{norm}} = 1$

[26]Die Franz'schen Kriechwellen, die um einen konvexen Beugungskörper herumlaufen, stellen in der Literatur (Hönl et al., 1961; Heyman und Felsen, 1985) einen festen Begriff dar; sie haben nichts mit dem Strahlungsfeld des „Kriechwellenprüfkopfs" zu tun (Langenberg et al., 1990).

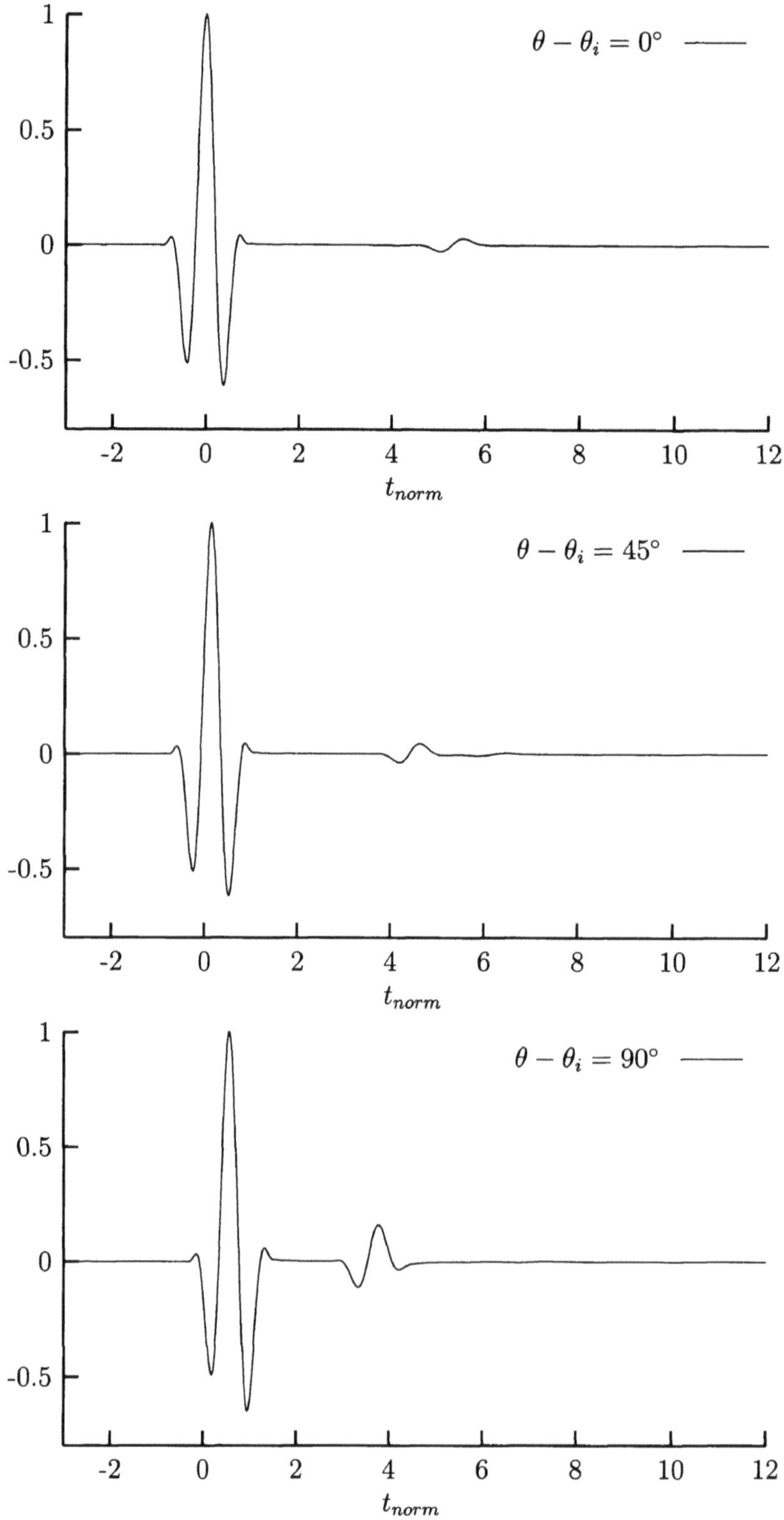

Abb. 15.4.2: *RC2-Fernfeldstreuimpulse* $-u_{sSH}^{\mathrm{RC2,fern}}(r, \theta, t)$ *einer auf einen Kreiszylinder mit spannungsfreier Oberfläche einfallenden ebenen SH-Welle (Amplituden jeweils auf den Maximalwert normiert)*

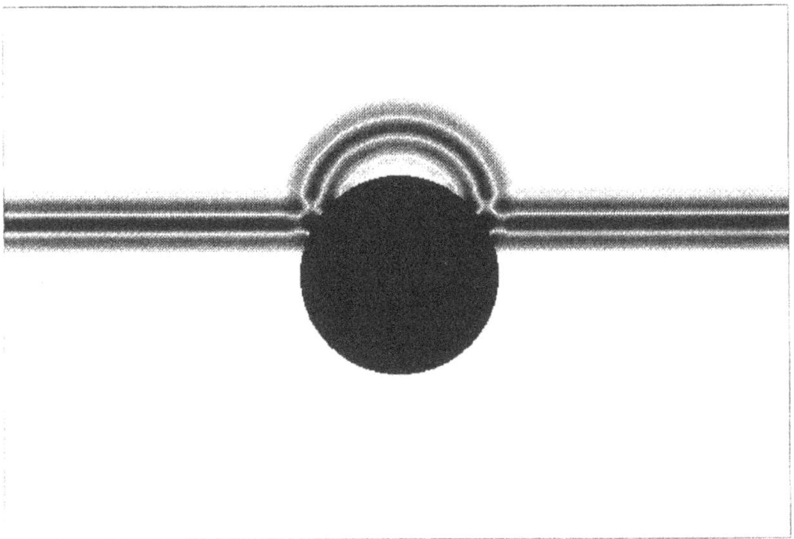

Abb. 15.4.3: *SH-RC2-Impulsstreuung am Kreiszylinder mit spannungsfreier Oberfläche: AFIT-Simulation* ($T = 2a/3c_S$)

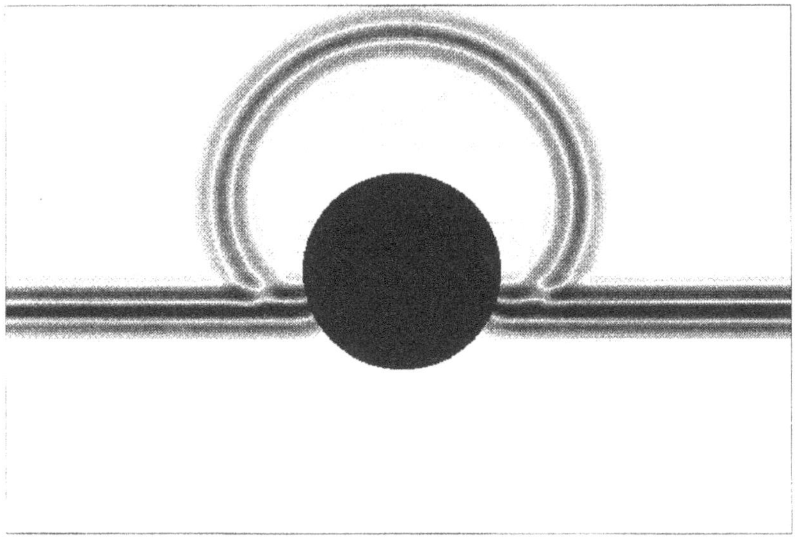

Abb. 15.4.4: *SH-RC2-Impulsstreuung am Kreiszylinder mit spannungsfreier Oberfläche: AFIT-Simulation* ($T = 2a/3c_S$)

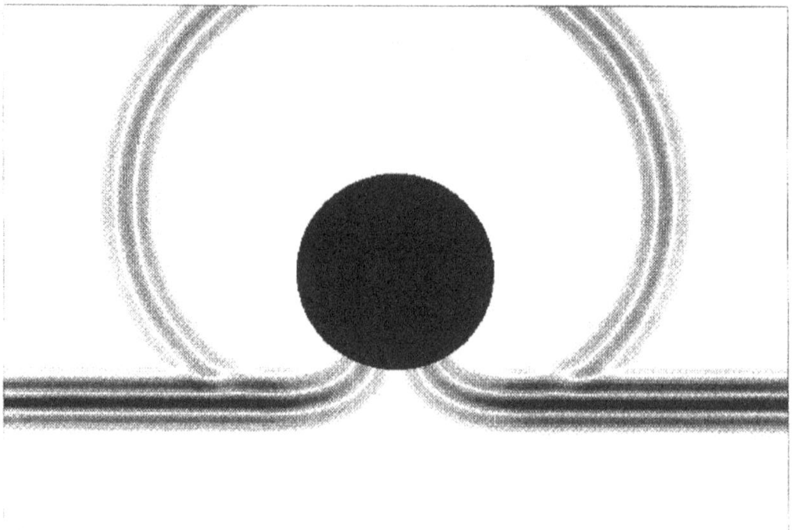

Abb. 15.4.5: *SH-RC2-Impulsstreuung am Kreiszylinder mit spannungsfreier Oberfläche: AFIT-Simulation* $(T = 2a/3c_S)$

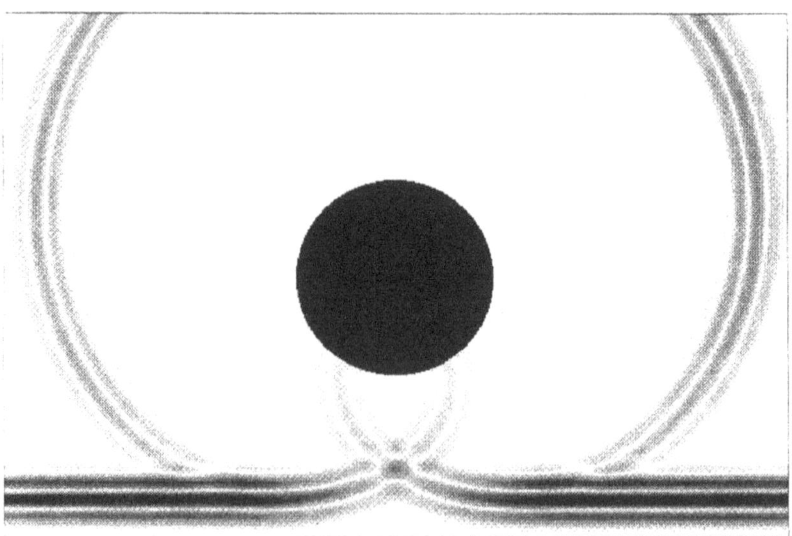

Abb. 15.4.6: *SH-RC2-Impulsstreuung am Kreiszylinder mit spannungsfreier Oberfläche: AFIT-Simulation* $(T = 2a/3c_S)$

der Laufzeit des spiegelnd reflektierten Impulses zum (fernen) Aufpunkt hinterher, womit sich eine Gesamtverzögerung von $t_{\text{norm}} = 1 + \pi + 1 \simeq 5$ ergibt. Grundsätzlich ergibt sich eine unendliche Folge von Kriechwellen, allerdings mit so stark abnehmender Amplitude, dass schon die zweite in dieser Darstellung nicht mehr erkennbar ist. Anhand von Abb. 15.4.6 sieht man auch sehr schön, dass der Streukörper keinen geometrisch-optischen Schatten wirft.

Es sei noch darauf hingewiesen, dass das Kriechwellenphänomen eine Folge der exakten Berechnung des Streuproblems ist: In der Kirchhoff-Näherung sind Kriechwellen nicht enthalten, da auf der Schattenseite die sekundäre Quelle gleich null gesetzt wird. Durch dieses Nullsetzen entsteht übrigens im Allgemeinen ein unstetiger Sprung der sekundären Quelle, der zu unphysikalischen „Kirchhoff-Signalen" im Impulsstreufeld eines konvexen Streukörpers führen kann.

Mit den AFIT-Simulationen lässt sich also das für die Rückstreurichtung berechnete A-Bild in Abb. 15.4.2 sehr schön interpretieren, die einzelnen beobachteten Impulse können eindeutig physikalischen Phänomenen zugeordnet werden. Dies ist generell *ein* Vorteil derartiger Simulationen. Die beiden weiteren A-Bilder von Abb. 15.4.2 sind für $\theta - \theta_i = 45°$ und $\theta - \theta_i = 90°$ berechnet worden; gegenüber der Rückstreuung ändert sich lediglich die Zeitverzögerung und die Amplitude der Kriechwellen, die nun nicht mehr gleichzeitig am Aufpunkt eintreffen. Diejenige mit der geringeren Laufzeitverzögerung wird mit relativ zum Spiegelimpuls größerer Amplitude „sichtbar", während die andere aufgrund des längeren „Kriechens" in der Amplitude bereits „unterhalb der Nachweisgrenze" liegt.

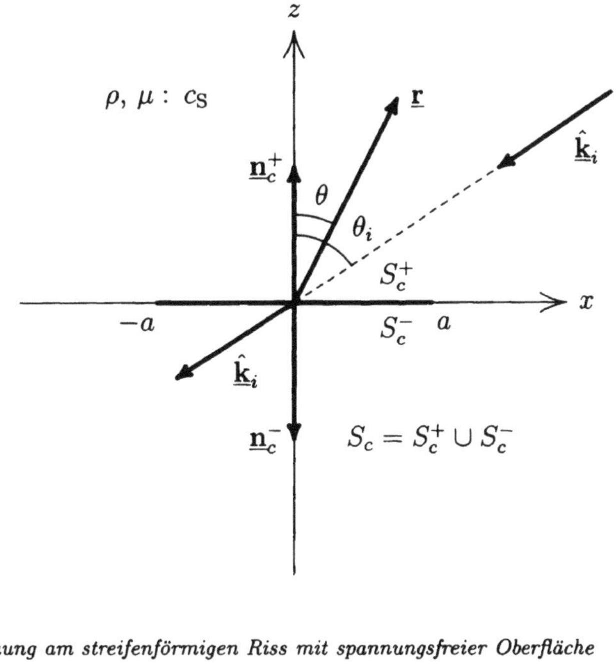

***Abb. 15.4.7:** SH-Wellenstreuung am streifenförmigen Riss mit spannungsfreier Oberfläche*

Streifenförmiger Riss

Man kann den streifenförmigen Riss als Grenzfall eines Zylinders mit elliptischem Querschnitt und spannungsfreier Oberfläche auffassen. Vorteil: Die Helmholtz'sche Schwingungsgleichung ist auch in elliptischen Koordinaten separierbar, die Eigenfunktionen sind die Mathieu'schen Funktionen (Schäfke, 1967), die sich wieder über Reihen von Besselfunktionen berechnen lassen. Auf diese Art und Weise wurde das bereits in Abschnitt 5.6 zitierte Ergebnis für die akustische Wellenstreuung am schallharten Riss (Abbildung 5.6.2) erzielt, und wir brauchen hier nur die physikalischen Größen auf die SH-Wellenstreuung umzudeuten. Typischerweise beobachtet man in Rückstreurichtung zwei Streuimpulse — wieder gilt $T = 2a/c_S$ —, die von den Kanten des Risses ausgehen; der von der weiter entfernten Kante hat die größere Amplitude und gegenüber demjenigen von der näheren Kante eine negative Phase. Da die Kanten als Linienquellen aufgefasst werden können, ergibt sich bei Einfall eines RC2-Impulses die Zeitstruktur der entsprechend bandbegrenzten zweidimensionalen Green'schen Funktion im Zeitbereich gemäß Abb. 13.1.5.

Die Abbildungen 15.4.8–15.4.9 illustrieren das Zustandekommen der Fernfeldimpulse der Abb. 5.6.2 anhand von AFIT-Simulationen, wobei mit Abb. 15.4.9 deutlich wird, dass die von den Kanten ausgehenden Impulse erneut an der jeweils anderen Kante gestreut werden; dies führt prinzipiell zu einer unendlichen Folge von „Kantenwechselwirkungsimpulsen" (sehr kleiner Amplitude), die sich im Frequenzbereich als Resonanzen darstellen, und die, eben als Folge der Strahlungs*wechsel*wirkung, in der Kirchhoff-Näherung grundsätzlich nicht enthalten sind. Die Abbildungen 15.4.21 und 15.4.22 zeigen übrigens auch noch entsprechende AFIT-Simulationen für senkrechten Einfall.

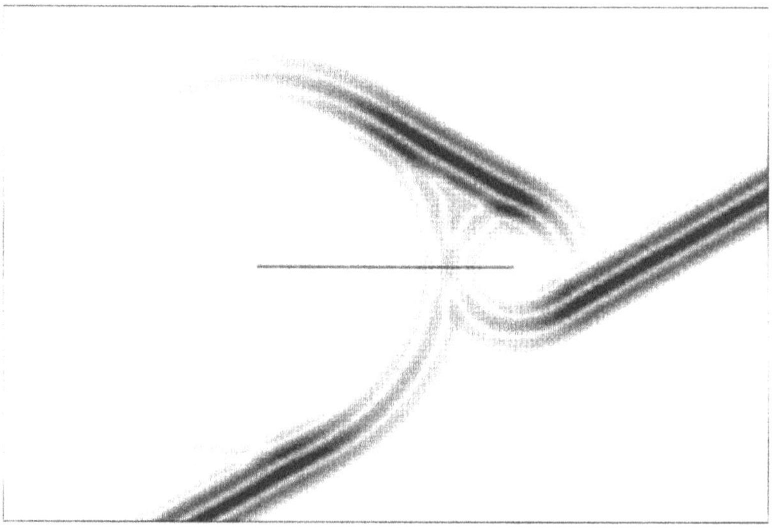

Abb. 15.4.8: *SH-RC2-Impulsstreuung am streifenförmigen Riss mit spannungsfreier Oberfläche: AFIT-Simulation:* $\theta_i = -45°$ *(*$T = 0.5a/c_S$*)*

In Abschnitt 5.6 zitierten wir mit Abb. 5.6.3 Ergebnisse für die akustische Riss-Streuung, die mittels Kirchhoff-Näherung erzielt worden waren. Wir wollen hier die entsprechenden Gleichungen für die SH-Wellenstreuung aufschreiben, nicht zuletzt deswegen, um die Impulsstrukturen in dieser Abbildung und damit in Abb. 5.6.2 explizit angeben zu können. Zunächst spezifizieren wir das skalar-akustische Huygens-Integral (5.6.4) auf die hier vorliegenden physikalischen Gegebenheiten:

$$u_{s\mathrm{SH}}(\underline{\mathbf{r}}, \omega) = \int_{S_c^+ \cup S_c^-} u_{\mathrm{SH}}(\underline{\mathbf{r}}', \omega) \nabla' G(\underline{\mathbf{r}} - \underline{\mathbf{r}}', \omega) \cdot \underline{\mathbf{n}}_c' \, \mathrm{d}s' \quad ; \tag{15.4.40}$$

hierin ist $S_c = S_c^+ \cup S_c^-$ die Risskontur — die $\mathrm{d}s'$-Integration erfolgt entlang dieser Linie — bestehend aus Ober- und Unterseite (Abbildung 15.4.7), und $G(\underline{\mathbf{r}} - \underline{\mathbf{r}}', \omega)$ ist die zweidimensionale skalare Green'sche Funktion. Für das Fernfeld reduziert sich (15.4.40) auf

$$u_{s\mathrm{SH}}^{\mathrm{fern}}(\underline{\mathbf{r}}, \omega) = -\mathrm{j}k_S \int_{S_c^+ \cup S_c^-} u_{\mathrm{SH}}(\underline{\mathbf{r}}', \omega) \, \hat{\underline{\mathbf{r}}} \cdot \underline{\mathbf{n}}_c' \, G^{\mathrm{fern}}(\underline{\mathbf{r}}, \underline{\mathbf{r}}', \omega) \, \mathrm{d}s' \quad . \tag{15.4.41}$$

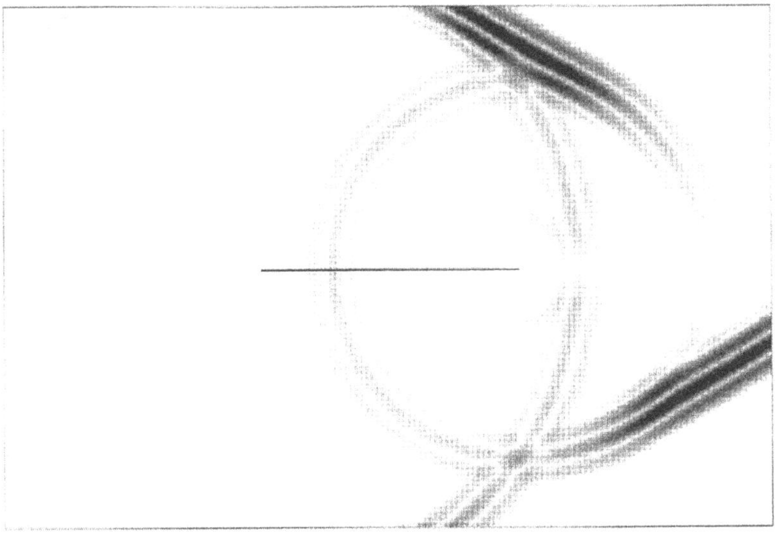

Abb. 15.4.9: *SH-RC2-Impulsstreuung am streifenförmigen Riss mit spannungsfreier Oberfläche: AFIT-Simulation:* $\theta_i = -45^o$ *(*$T = 0.5a/c_S$*)*

Entsprechend (15.2.41) definieren wir das *crack opening displacement*

$$u_{\rm SH}^{\rm cod}(x', \omega) = u_{\rm SH}(x', z' = +0, \omega) - u_{\rm SH}(x', z' = -0, \omega) \quad , \tag{15.4.42}$$

denn wegen $\underline{\mathbf{n}}'_c = \underline{\mathbf{n}}_c^+ = \underline{\mathbf{e}}_z$ auf S_c^+ und $\underline{\mathbf{n}}'_c = \underline{\mathbf{n}}_c^- = -\underline{\mathbf{e}}_z$ auf S_c^- lässt sich danach das S_c^--Integral mit dem S_c^+-Integral zusammenfassen:

$$u_{s\rm SH}^{\rm fern}(r, \theta, \omega) = -{\rm j}k_{\rm S} \cos\theta \int_{-a}^{a} u_{\rm SH}^{\rm cod}(x', \omega)\, G^{\rm fern}(x, x', z, z' = 0, \omega)\, {\rm d}x' \tag{15.4.43}$$

Explizites Einsetzen von $G^{\rm fern}(x, x', z, z' = 0, \omega) = G^{\rm fern}(r, x', \omega)$ gemäß (13.1.52) liefert:

$$u_{s\rm SH}^{\rm fern}(r, \theta, \omega) = -{\rm j}\omega \frac{1}{4c_{\rm S}}\, {\rm e}^{{\rm j}\frac{\pi}{4}} \sqrt{\frac{2}{\pi}} \frac{{\rm e}^{{\rm j}k_{\rm S}r}}{\sqrt{k_{\rm S}r}} \cos\theta \int_{-a}^{a} u_{\rm SH}^{\rm cod}(x', \omega)\, {\rm e}^{-{\rm j}k_{\rm S}\sin\theta x'}\, {\rm d}x' \tag{15.4.44}$$

Nach Einführung der Kirchhoff-Näherung (Gleichung (15.2.79))

$$\begin{aligned} u_{\rm SH}^{\rm cod,PO}(x', \omega) &= 2u_{i\rm SH}(x', \omega) \\ &= 2u_{i\rm S}(\omega){\rm e}^{-{\rm j}k_{\rm S}\sin\theta_i x'} \end{aligned} \tag{15.4.45}$$

lässt sich das Integral sofort ausrechnen:

$$u_{s\rm SH}^{\rm fern,PO}(r, \theta, \omega) = -{\rm j}\omega u_{i\rm S}(\omega) \frac{1}{2c_{\rm S}}\, {\rm e}^{{\rm j}\frac{\pi}{4}} \sqrt{\frac{2}{\pi}} \frac{{\rm e}^{{\rm j}k_{\rm S}r}}{\sqrt{k_{\rm S}r}} \cos\theta \underbrace{\frac{{\rm e}^{{\rm j}k_{\rm S}a(\sin\theta+\sin\theta_i)} - {\rm e}^{-{\rm j}k_{\rm S}a(\sin\theta+\sin\theta_i)}}{{\rm j}k_{\rm S}(\sin\theta + \sin\theta_i)}}_{= \frac{2a \sin k_{\rm S}a(\sin\theta + \sin\theta_i)}{k_{\rm S}a \sin k_{\rm S}a(\sin\theta + \sin\theta_i)}} . \tag{15.4.46}$$

Das monochromatische PO-Streudiagramm des streifenförmigen Risses ist also, abgesehen von dem „Neumann-Faktor“ $\cos\theta$, durch die Spaltfunktion mit dem Argument $k_{\rm S}a(\sin\theta + \sin\theta_i)$ gegeben, sodass die Hauptkeule in Richtung spiegelnder Reflexion $\theta = -\theta_i$ zeigt, und ihre Breite durch den Wert $k_\mathrm{S}a$ bestimmt wird. Allerdings ist das Argument der Spaltfunktion auch *dann* gleich null, wenn $\theta = \theta_i + \pi$ die Vorwärtsstreurichtung definiert, sodass also eine weitere „Hauptkeule" in ebendiese Richtung zeigt; man beachte aber, dass es eine Hauptkeule des *Streu*feldes ist, sie wird gebraucht, um in Überlagerung mit dem einfallenden Feld einen Schatten zu erzeugen, d.h. die sekundäre Quelle des Streifenstreufeldes *muss* — genau wie primäre Flächenquellen im Vollraum (Abschnitt 13.3.4) — auch in die Vorwärtsstreurichtung strahlen. Es ergeben sich also ähnlich symmetrische SH-Streudiagramme wie die P- bzw. S-Richtdiagramme in Abb. 13.3.2; der dortige Parameter $k_\mathrm{A}a$ ist hier gemäß $-k_\mathrm{S}a\sin\theta_i$ durch den Einfallswinkel gegeben[27].

Da wir hier ähnlich explizite Ausdrücke für das SH-Streufeld wie in Abschnitt 13.3.4 für P-S-Strahlungsfelder haben, können wir auch wie dort sofort mittels Fourier-Inversion das SH-Impulsstreufeld diskutieren. Wir müssen aber ebenfalls zwischen den Hauptkeulenrichtungen $\theta = -\theta_i$ bzw. $\theta = \theta_i + \pi$ und allen anderen Richtungen unterscheiden, da für die Hauptkeulenrichtungen die Frequenzabhängigkeit der Spaltfunktion entfällt; deswegen muss ein einfallender — beispielsweise — RC2-Impuls zunächst differenziert (Faktor $-\mathrm{j}\omega$ in (15.4.46)) und sodann mit dem zweidimensionalen „Green-Impuls" (analog zu Gleichung (13.1.54)) gefaltet werden; in Vorwärtsstreurichtung bekommt er schließlich wegen $\cos(\theta_i + \pi) = -\cos\theta_i$ noch ein negatives Vorzeichen (Abbildung 5.6.3). Für alle anderen Streurichtungen $\theta \neq -\theta_i, \theta_i + \pi$, $\theta_i \neq 0$ — z.B. in Rückstreurichtung $\theta = \theta_i \neq 0$ (wie für den 45°-Einfall in Abb. 5.6.3) — enthüllt uns die Zerlegung der Spaltfunktion in zwei Exponentialfunktionen, dass sich zwei Kantenimpulse überlagern, und zwar *so*, als ob die beiden Kanten Linienquellen mit entgegengesetzten Vorzeichen wären, die zu den Zeitpunkten $t = \mp a\sin\theta_i / c_\mathrm{S}$ mit einem RC2-Impuls angeschaltet werden (einmal abgesehen von dem Faktor $\cot\theta_i$, der in Gleichung (13.1.54) nicht vorkommt):

$$
\begin{aligned}
u_{s\mathrm{SH}}^{\mathrm{RC2,fern,PO}}(r,\theta_i,t) = \cot\theta_i \Bigg[& G^{\mathrm{RC2,fern}}\left(\underline{\mathbf{r}} = -r\hat{\underline{\mathbf{k}}}_i, \underline{\mathbf{r}}' = a\underline{\mathbf{e}}_x, t + \frac{a\sin\theta_i}{c_\mathrm{S}}\right) - \\
& - G^{\mathrm{RC2,fern}}\left(\underline{\mathbf{r}} = -r\hat{\underline{\mathbf{k}}}_i, \underline{\mathbf{r}}' = -a\underline{\mathbf{e}}_x, t - \frac{a\sin\theta_i}{c_\mathrm{S}}\right)\Bigg] \quad ; \qquad (15.4.47)
\end{aligned}
$$

die zuerst von der einfallenden Welle angeschaltete Kante strahlt also mit positivem und die andere mit negativem Vorzeichen (Abbildung 5.6.3), wobei die betragsmäßige Amplitudengleichheit eine unmittelbare Konsequenz der Kirchhoff-Näherung ist; Abbildung 5.6.2, die sich aus der näherungsfreien Berechnung ergibt, lehrt uns ja, dass die beiden Kantenimpulse tatsächlich zwar unterschiedliche Vorzeichen, aber *ungleiche* Amplituden haben.

Noch einmal zurück zur spiegelnden Reflexion bzw. zur Vorwärtsstreuung: Gegenüber den Kantenimpulsen führt der $(-\mathrm{j}\omega)$-Faktor „beinahe" zu einer Wiederherstellung des einfallenden RC2-Impulses, und genau *dieser* wird ja auch — mit negativem Vorzeichen — gebraucht, damit der Streukörper einen Schatten wirft; wegen des obigen „beinahe" wirft er diesen Schatten aber nicht geometrisch-optisch, sondern beugungsoptisch, eben „beinahe".

Wenn wir übrigens den Streifen nicht als sekundäre, sondern als primäre SH-Quelle strahlen lassen, müssen wir gemäß (7.3.11) eine zweidimensionale streifenförmige f_y-Kraftdichte vorgeben, also

$$\Delta u_y(\underline{\mathbf{r}},\omega) + k_\mathrm{S}^2 u_y(\underline{\mathbf{r}},\omega) = -\frac{1}{\mu} f_y(\underline{\mathbf{r}},\omega) \qquad (15.4.48)$$

lösen; mit der zweidimensionalen Green'schen Funktion erhalten wir sofort

$$u_y(x,z,\omega) = \frac{1}{\mu}\int_{-a}^{a} f_y(x',\omega) G(x-x',z,z'=0,\omega)\,\mathrm{d}x' \qquad (15.4.49)$$

[27] Ein konventioneller Winkelprüfkopf wird ja gerade durch den Winkel einer einfallenden Welle realisiert!

Gemäß Abschnitt 14.1.2 können wir die primäre Streifenquelle sogar in eine spannungsfreie Oberfläche — für SH-Wellen erfordert dies die Erfüllung einer Neumann'schen Randbedingung — einbetten, indem wir in (15.4.49) die entsprechende Green'sche Funktion $G^{\rm N} = 2G$ verwenden:

$$u_y^{\rm N}(x,z,\omega) = \frac{2}{\mu}\int_{-a}^{a} f_y(x',\omega)G(x-x',z,z'=0,\omega)\,{\rm d}x' \tag{15.4.50}$$

Wir halten fest: Genauso wie bei der P-Abstrahlung einer f_z-Quelle (Abschnitt 13.3.4; Abb. 13.3.6) tritt bei dieser *primären* SH-Quelle keine Impulsdifferentiation in den Fernfeld-Hauptkeulenrichtungen auf, und die Kantenimpulse sind sodann Integrale des Linienquellenimpulses (13.1.54).

15.4.3 Zweidimensionale Streuprobleme: P-SV-Impuls-Streufernfelder des kreiszylindrischen Hohlraums und des streifenförmigen Risses

Kreiszylindrischer Hohlraum

Auch für zweidimensionale Streukörper ist die P-SV-Wellenstreuung *kein* skalares Problem (man vergleiche die Reflexion und Modekonversion einer ebenen Welle an einer ebenen Grenzfläche: Abschnitt 9), allerdings kommt man mit zwei skalaren Potentialen, dem skalaren Helmholtz-Potential $\Phi(\underline{\mathbf{r}},\omega)$ und der y-Komponente $\Psi_y(\underline{\mathbf{r}},\omega)$ des Vektorpotentials $\underline{\mathbf{\Psi}}(\underline{\mathbf{r}},\omega)$, aus, denn

$$\underline{\mathbf{u}}(\underline{\mathbf{r}},\omega) = \nabla\Phi(\underline{\mathbf{r}},\omega) + \nabla\times\Psi_y(\underline{\mathbf{r}},\omega)\underline{\mathbf{e}}_y \tag{15.4.51}$$

liefert ausschließlich Teilchenverschiebungskomponenten in der xz-Ebene, die P- bzw. SV-Wellen zugeordnet werden können. Beide Potentiale genügen im Äußeren des Streukörpers homogenen skalaren Helmholtz-Gleichungen

$$\Delta\Phi(\underline{\mathbf{r}},\omega) + k_{\rm P}^2\Phi(\underline{\mathbf{r}},\omega) = 0 \quad , \tag{15.4.52}$$

$$\Delta\Psi_y(\underline{\mathbf{r}},\omega) + k_{\rm S}^2\Psi_y(\underline{\mathbf{r}},\omega) = 0 \quad , \tag{15.4.53}$$

sofern man das einfallende Feld als (quellenfreie) ebene P- oder SV-Welle ansetzt:

$$\Phi_i(\underline{\mathbf{r}},\omega,\hat{\underline{\mathbf{k}}}_i) = \phi_i(\omega)\,{\rm e}^{{\rm j}k_{\rm P}\hat{\underline{\mathbf{k}}}_i\cdot\underline{\mathbf{r}}} \quad , \tag{15.4.54}$$

$$\Psi_{iy}(\underline{\mathbf{r}},\omega,\hat{\underline{\mathbf{k}}}_i) = \psi_i(\omega)\,{\rm e}^{{\rm j}k_{\rm S}\hat{\underline{\mathbf{k}}}_i\cdot\underline{\mathbf{r}}} \quad . \tag{15.4.55}$$

Mit (15.4.51) liefert (15.4.54) die einfallende P-Welle

$$\underline{\mathbf{u}}_{i{\rm P}}(\underline{\mathbf{r}},\omega,\hat{\underline{\mathbf{k}}}_i) = \underbrace{{\rm j}k_{\rm P}\phi_i(\omega)}_{=\,u_{i{\rm P}}(\omega)}\,{\rm e}^{{\rm j}k_{\rm P}\hat{\underline{\mathbf{k}}}_i\cdot\underline{\mathbf{r}}}\,\hat{\underline{\mathbf{k}}}_i \tag{15.4.56}$$

und (15.4.55) die einfallende SV-Welle

$$\underline{\mathbf{u}}_{i{\rm SV}}(\underline{\mathbf{r}},\omega,\hat{\underline{\mathbf{k}}}_i) = \underbrace{{\rm j}k_{\rm S}\psi_i(\omega)}_{=\,u_{i{\rm S}}(\omega)}\,{\rm e}^{{\rm j}k_{\rm S}\hat{\underline{\mathbf{k}}}_i\cdot\underline{\mathbf{r}}}\,\hat{\underline{\mathbf{k}}}_i\times\underline{\mathbf{e}}_y \quad , \tag{15.4.57}$$

wobei $\hat{\underline{\mathbf{k}}}_i$ durch (15.4.20) gegeben ist. Für den kreiszylindrischen Hohlraum ist die P-SV-Wellenstreuung in Abb. 15.4.10 skizziert.

Offensichtlich bietet es sich nun an, die skalaren Helmholtz-Gleichungen (15.4.52) und (15.4.53) für die Streupotentiale $\Phi_s(r,\theta,\omega)$ und $\Psi_{sy}(r,\theta,\omega)$ genauso wie (15.4.23) mittels Partialwellenseparation zu lösen:

$$\Phi_s(r,\theta,\omega) = \sum_{n=-\infty}^{\infty}\phi_n(\omega){\rm H}_n^{(1)}(k_{\rm P}r)\,{\rm e}^{{\rm j}n\theta} \quad , \tag{15.4.58}$$

$$\Psi_{sy}(r,\theta,\omega) = \sum_{n=-\infty}^{\infty}\psi_n(\omega){\rm H}_n^{(1)}(k_{\rm S}r)\,{\rm e}^{{\rm j}n\theta} \tag{15.4.59}$$

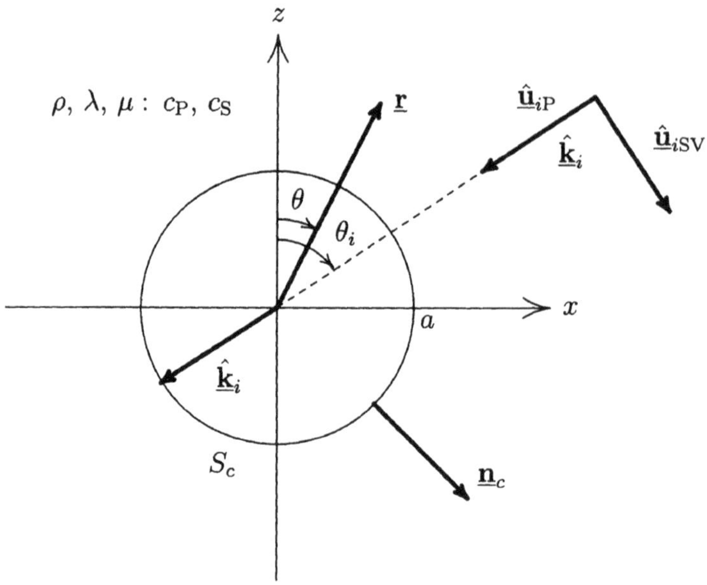

Abb. 15.4.10: P-SV-Wellenstreuung am kreiszylindrischen Hohlraum mit spannungsfreier Oberfläche

Zur Berechnung der Entwicklungskoeffizienten $\phi_n(\omega)$ und $\psi_n(\omega)$ bedarf es dann zweier Gleichungen, die sich aus der Randbedingung der Spannungsfreiheit der Kreiszylinderoberfläche ergeben müssen:

$$\underline{\underline{\mathbf{T}}}(a,\theta,\omega)\cdot\underline{\mathbf{e}}_r = \underline{\mathbf{0}} \quad , \tag{15.4.60}$$

wobei

$$\underline{\underline{\mathbf{T}}}(a,\theta,\omega) = \lambda\underline{\underline{\mathbf{I}}}\nabla\cdot\underline{\mathbf{u}}(r,\theta,\omega)\Big|_{r=a} + \mu\left[\nabla\underline{\mathbf{u}}(r,\theta,\omega) + \nabla\underline{\mathbf{u}}^{21}(r,\theta,\omega)\right]\Big|_{r=a} \quad . \tag{15.4.61}$$

Mit

$$\nabla\underline{\mathbf{u}}(r,\theta,\omega)\cdot\underline{\mathbf{e}}_r = \frac{\partial u_r(r,\theta,\omega)}{\partial r}\,\underline{\mathbf{e}}_r + \frac{1}{r}\left[\frac{\partial u_r(r,\theta,\omega)}{\partial\theta} - u_\theta(r,\theta,\omega)\right]\underline{\mathbf{e}}_\theta \quad , \tag{15.4.62}$$

$$\nabla\underline{\mathbf{u}}^{21}(r,\theta,\omega)\cdot\underline{\mathbf{e}}_r = \frac{\partial u_r(r,\theta,\omega)}{\partial r}\,\underline{\mathbf{e}}_r + \frac{\partial u_\theta(r,\theta,\omega)}{\partial r}\,\underline{\mathbf{e}}_\theta \quad , \tag{15.4.63}$$

worin

$$u_r(r,\theta,\omega) = \frac{\partial\Phi(r,\theta,\omega)}{\partial r} + \frac{1}{r}\,\frac{\partial\Psi_y(r,\theta,\omega)}{\partial\theta} \quad , \tag{15.4.64}$$

$$u_\theta(r,\theta,\omega) = \frac{1}{r}\,\frac{\partial\Phi(r,\theta,\omega)}{\partial\theta} - \frac{\partial\Psi_y(r,\theta,\omega)}{\partial r} \quad , \tag{15.4.65}$$

folgt — man verwende (15.4.52) —

$$T_{rr}(r,\theta,\omega) = -k_{\mathrm{P}}^2\lambda\Phi(r,\theta,\omega) + 2\mu\left\{\frac{\partial^2\Phi(r,\theta,\omega)}{\partial r^2} + \frac{\partial}{\partial r}\left[\frac{1}{r}\,\frac{\partial\Psi_y(r,\theta,\omega)}{\partial\theta}\right]\right\} \quad , \tag{15.4.66}$$

$$\begin{aligned}\frac{1}{\mu}\,T_{\theta r}(r,\theta,\omega) = {} & 2\frac{\partial}{\partial r}\left[\frac{1}{r}\frac{\partial\Phi(r,\theta,\omega)}{\partial\theta}\right] - \\ & -r\frac{\partial}{\partial r}\left[\frac{1}{r}\frac{\partial\Psi_y(r,\theta,\omega)}{\partial r}\right] + \frac{1}{r^2}\,\frac{\partial^2\Psi_y(r,\theta,\omega)}{\partial\theta^2} \quad .\end{aligned} \tag{15.4.67}$$

Für $r = a$ sind dies die beiden von null verschiedenen Komponenten von (15.4.60), also die beiden gesuchten Gleichungen. Man beachte: Die Potentiale Φ und Ψ_y in (15.4.66) und (15.4.67) sind die *Gesamt*potentiale $\Phi = \Phi_i + \Phi_s$, $\Psi_y = \Psi_{iy} + \Psi_{sy}$, sodass je nach Wahl von $\psi_i(\omega) = 0$, $\phi_i(\omega) \neq 0$ bzw. $\psi_i(\omega) \neq 0$, $\phi_i(\omega) = 0$ die Entwicklungskoeffizienten für den P- bzw. SV-Wellen-Einfall unter Verwendung von (15.4.29) berechnet werden können.

Die r- und θ-Komponenten des Streufeldes berechnen wir sodann mit Hilfe von (15.4.64) und (15.4.65), wobei wir wissen, dass im *Fern*feld Druckwellenfronten durch u_{sr}^{fern} und Scherwellenfronten durch $u_{s\theta}^{\text{fern}}$ gegeben sind; deshalb ist für P-Wellen-Einfall die u_{sr}^{fern}-Komponente die direkt gestreute und die $u_{s\theta}^{\text{fern}}$-Komponente die modekonvertierte Wellenfront und umgekehrt. Des Weiteren muss beachtet werden, dass bei der Berechnung von *Impuls*-Wellenfronten zwischen den Potentialspektren und den Teilchenverschiebungsspektren der einfallenden Welle ein im Zeitbereich differenzierender (jω)-Faktor steht (Gleichungen (15.4.56) und (15.4.57)).

Die Abbildung 15.4.11 zeigt in einer Matrixanordnung Fernfeldstreuimpulse als Funktion der normieren Zeit

$$t_{\text{norm}}^{\text{P,S}} = \frac{c_{\text{P}}}{a}t - \frac{c_{\text{P}}}{c_{\text{P,S}}}\frac{r}{a} + 2\frac{c_{\text{P}}}{c_{\text{P,S}}} \tag{15.4.68}$$

bei Vorgabe von $u_{i\text{P}}(\omega)$ (oben) bzw. $u_{i\text{S}}(\omega)$ (unten) als RC2-Impulsspektren; in allen Fällen ist die Gesamtdauer des RC2-Impulses mit $T = 2a/c_{\text{P}}$ etwa so groß wie die Druckwellenlaufzeit über dem Durchmesser des Zylinders. Der Nullpunkt der normierten Zeitachsen fällt stets mit dem Eintreffen des ersten („spiegelnd reflektierten") Druck- oder Scherwellenimpulses zusammen. Auffallend ist, dass gegenüber dem skalaren SH-Fall — z.B. in Rückstreurichtung — eine Differentiation des einfallenden Impulses im Spiel ist (analog zur spiegelnden Reflexion beim streifenförmigen Riss: Abb. 5.6.2); Ursache ist der (jω)-Faktor in der sekundären $\underline{\underline{\mathbf{h}}}_c$-Quelle (15.4.8), der auf die Streuamplituden (15.4.3) und (15.4.6) „durchschlägt". Da alle Zeitachsen mit der Druckwellengeschwindigkeit normiert sind, kommt der (SV$\Longrightarrow$SV)-Kriechwellenimpuls in Rückstreurichtung entsprechend später als in Abb. 15.4.2, denn dort war ja die Zeitachse mit der Scherwellengeschwindigkeit normiert. In Rückstreurichtung kommen die im Uhrzeigersinn und die entgegen dem Uhrzeigersinn laufenden Kriechwellen gleichzeitig an, für andere Beobachtungswinkel trennen sie sich zeitlich. Wegen der geringeren Dämpfung im (SV$\Longrightarrow$SV)-Fall ist sodann der Kriechwellenimpuls mit der größeren Laufstrecke ebenfalls sichtbar.

In den Abbildungen 15.4.12 und 15.4.13 sind EFIT-berechnete Wellenfronten für den P-Wellen-Einfall und in den Abbildungen 15.4.14 und 15.4.15 für den SV-Wellen-Einfall für zwei verschiedene Zeitpunkte dargestellt: Gegenüber den SH-Wellenfronten (Abbildungen 15.4.3–15.4.6) tritt Modekonversion samt Kriechwellen in beiden Moden auf, und die Streuwellenfronten weisen aufgrund von elastodynamischen Punktrichtwirkungen der sekundären Quellen eine charakteristische Amplitudenstruktur auf (man konsultiere Abb. 13.2.6 für die $\underline{\mathbf{e}}_x\underline{\mathbf{e}}_z$-Quelle, um beispielsweise die Amplitudenstruktur für SV-Wellen-Einfall zu „verstehen").

Streifenförmiger Riss

Im Gegensatz zur Partialwellenseparation in Zylinderkoordinaten (Gleichung (15.4.28)) kommt die Wellenzahl bei der entsprechenden Separation in den Koordinaten des elliptischen Zylinders — mit dem Grenzfall des streifenförmigen Risses — in *allen* Separationsfunktionen (Mathieufunktionen), also auch in den verallgemeinerten Winkelfunktionen, vor. Wenn nur *eine* Wellenzahl wie bei der SH-Streuung im Spiel ist, kann deshalb nach wie vor deren Orthogonalität zur Berechnung der Entwicklungskoeffizienten ausgenutzt werden. Bei der P-SV-Streuung sind aber stets *zwei* Wellenzahlen involviert, sodass eine entsprechende Vorgehensweise nicht mehr „funktioniert". Man ist deshalb im vorliegenden Fall auf die numerische Lösung der in Abschnitt 15.2.2 hergeleiteten Integralgleichungen (15.2.58), (15.2.59) für die Komponenten des *crack opening displacement* angewiesen, und dies kann mit der Momentenmethode (Harrington, 1968)

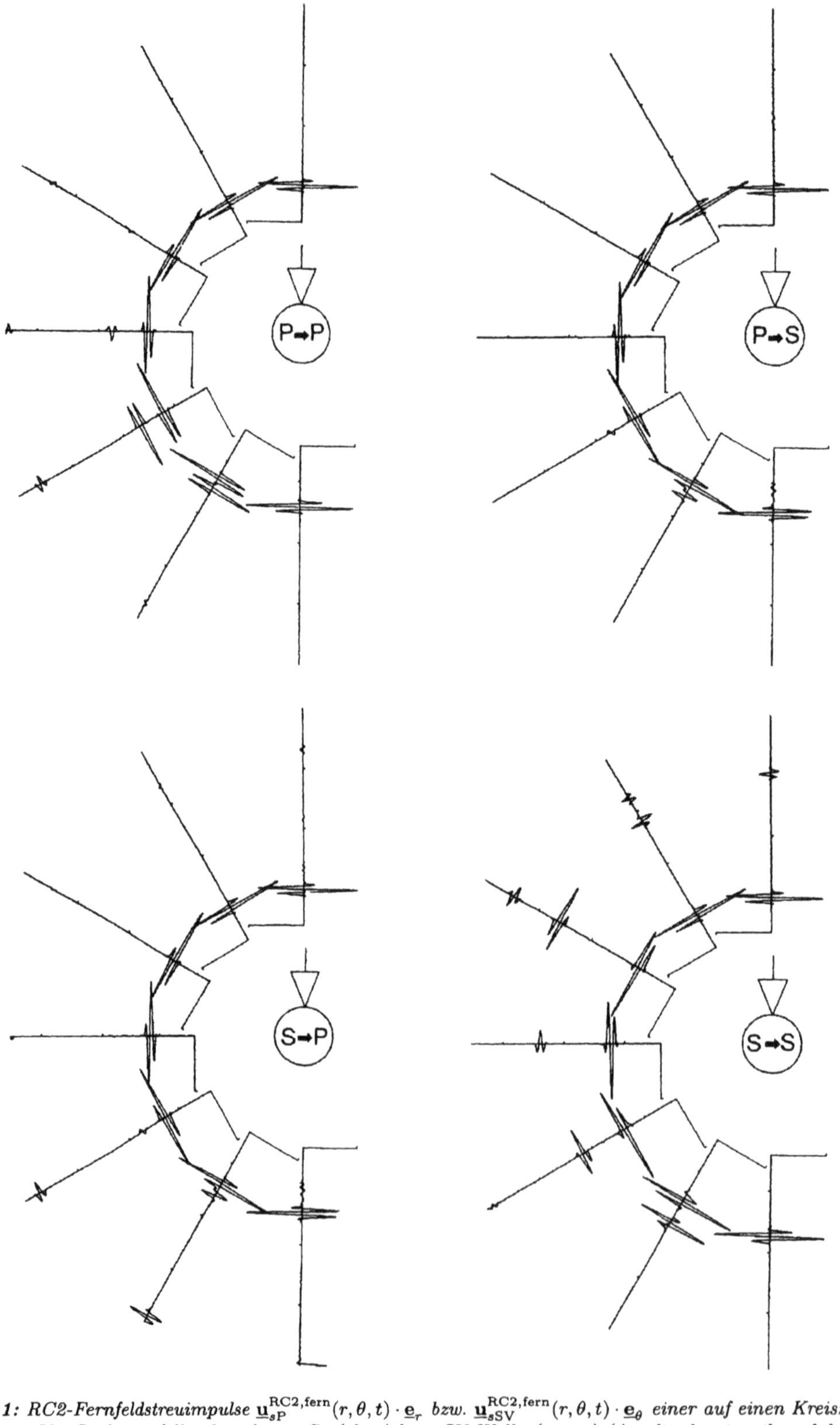

Abb. 15.4.11: *RC2-Fernfeldstreuimpulse* $\underline{\mathbf{u}}_{\mathrm{sP}}^{\mathrm{RC2,fern}}(r,\theta,t)\cdot\underline{\mathbf{e}}_r$ *bzw.* $\underline{\mathbf{u}}_{\mathrm{sSV}}^{\mathrm{RC2,fern}}(r,\theta,t)\cdot\underline{\mathbf{e}}_\theta$ *einer auf einen Kreiszylinder mit spannungsfreier Oberfläche einfallenden ebenen P- (oben) bzw. SV-Welle (unten) (Amplituden jeweils auf den Maximalwert normiert; deswegen sind die Impulse für die (P*$\Longrightarrow$*S)- und (S*$\Longrightarrow$*P)-Rückstreurichtung auch nicht null)*

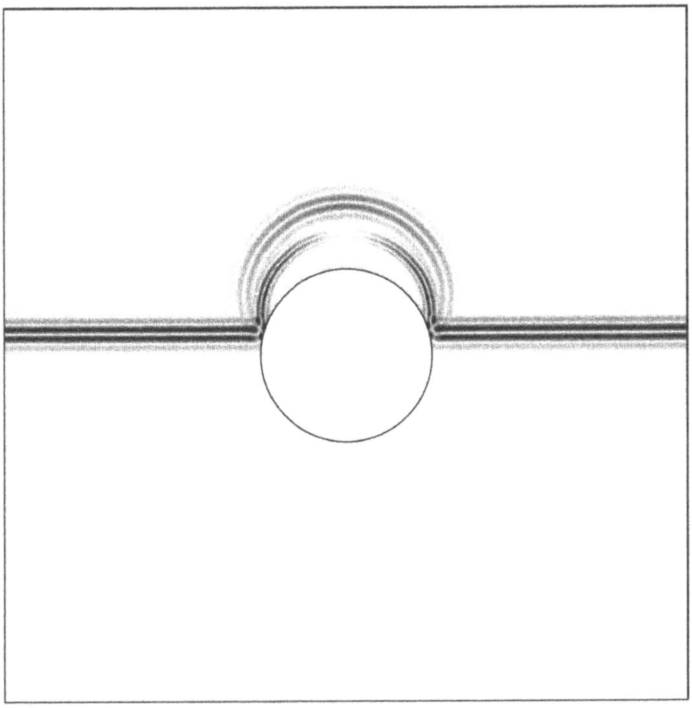

***Abb. 15.4.12:** P-RC2-Impulsstreuung am Kreiszylinder mit spannungsfreier Oberfläche: EFIT-Simulation*

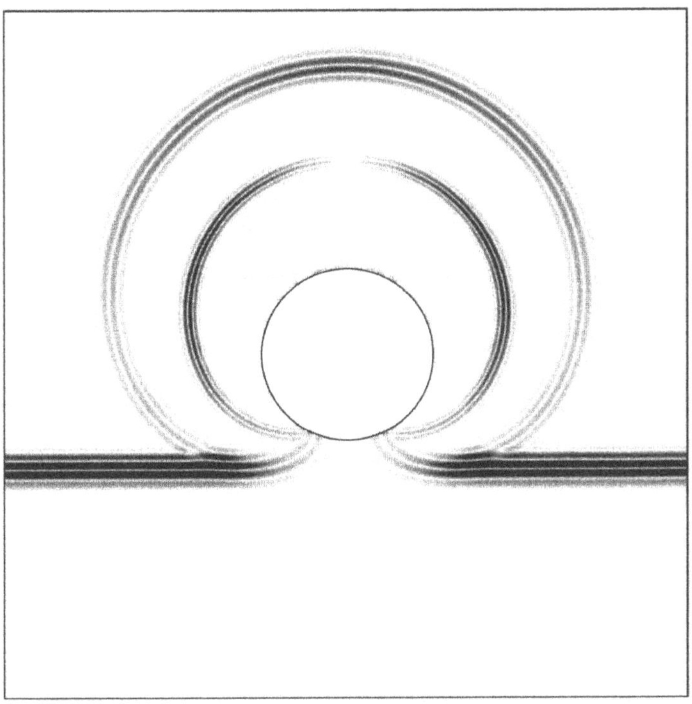

***Abb. 15.4.13:** P-RC2-Impulsstreuung am Kreiszylinder mit spannungsfreier Oberfläche: EFIT-Simulation*

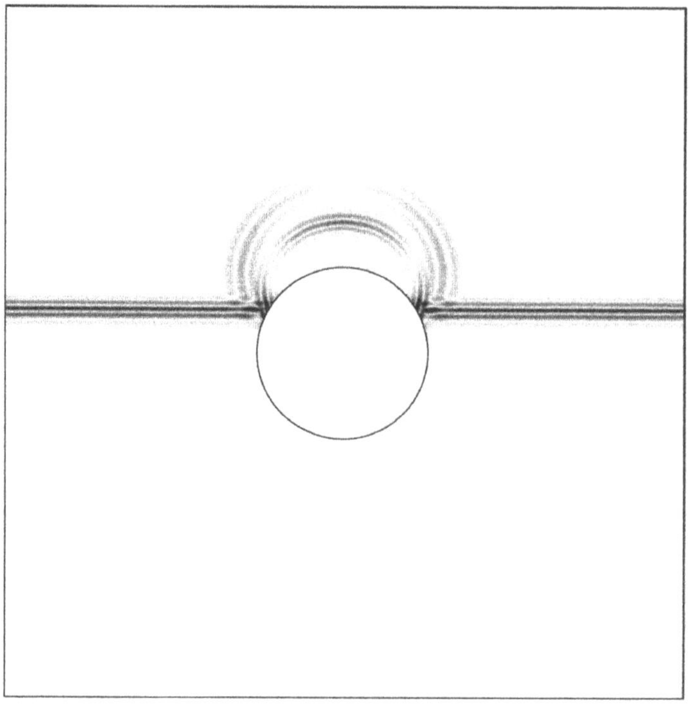

Abb. 15.4.14: *SV-RC2-Impulsstreuung am Kreiszylinder mit spannungsfreier Oberfläche: EFIT-Simulation*

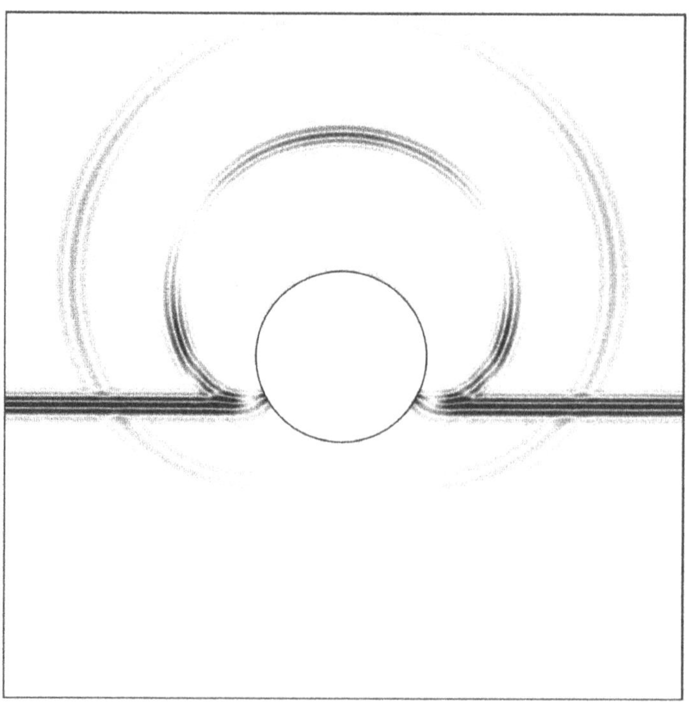

Abb. 15.4.15: *SV-RC2-Impulsstreuung am Kreiszylinder mit spannungsfreier Oberfläche: EFIT-Simulation*

geschehen[28].

Die Abbildungen 15.4.16–15.4.18 zeigen zunächst beispielhaft Beträge von Fernfeldstreudia-

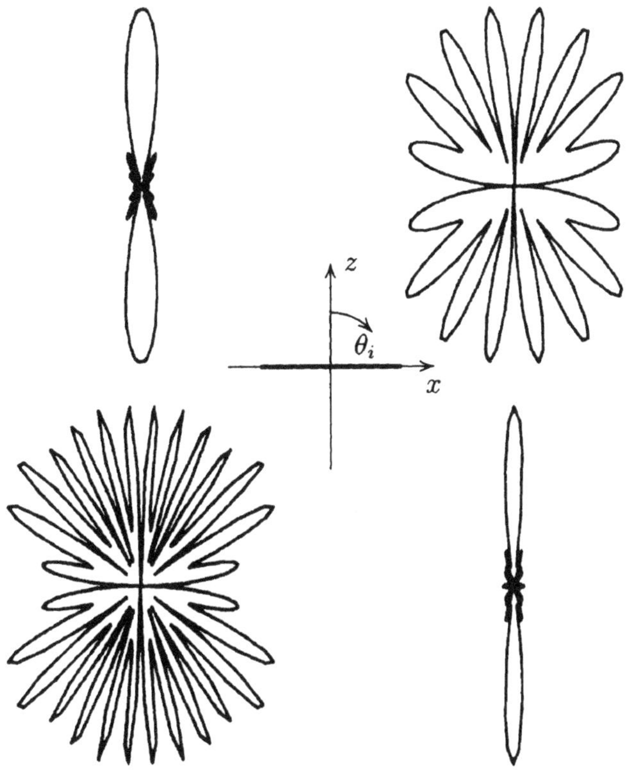

***Abb. 15.4.16:** P-SV-Fernfeldstreudiagramme einer auf einen streifenförmigen Riss mit spannungsfreier Oberfläche einfallenden ebenen P- (oben: P⟹P; P⟹SV) bzw. SV-Welle (unten: SV⟹P; SV⟹SV) (Amplituden jeweils auf den Maximalwert normiert: $k_{\rm P}a = 11$, $k_{\rm S}a = 20.1$, $\theta_i = 180°$)*

grammen für eine feste Frequenz bei vorgegebener Rissbreite $2a$; es gilt durchweg $k_{\rm P}a = 11$, und für das Druck-Scherwellenverhältnis $\kappa = 1.827$ folgt deshalb $k_{\rm S}a = 20.1$ (dieser κ-Wert unterscheidet sich geringfügig von dem sonst in dieser Ausarbeitung benutzten Wert $\kappa = 1.844$). Die Abbildungen variieren den Einfallswinkel; es sind jeweils Diagramme für P- bzw. SV-Wellen-Einfall in einer der Abbildung 15.4.11 nachempfundenen Matrixanordnung dargestellt. Wir wissen aus Abschnitt 15.4, dass Streufelder durch dieselben Gleichungen wie Strahlungsfelder im Vollraum beschrieben werden, es sind lediglich die primären Quellen durch sekundäre Quellen zu ersetzen. Allerdings werden *primäre* Quellen meist durch Vorgabe der Kraftdichte realisiert[29], während sekundäre Quellen auf spannungsfreien Oberflächen durch Deformationsraten gegeben sind. Für erstere sind die Punktrichtwirkungen der Abb. 13.2.4 und für letztere diejenigen der Abb. 13.2.6 „zuständig". Für senkrechten P-Wellen-Einfall (Abbildung 15.4.16: oben) — die Deformationsrate ist eine $\underline{\mathbf{e}}_z\underline{\mathbf{e}}_z$-Quelle — werden die Unterschiede gegenüber der $\underline{\mathbf{e}}_z$-Kraftdichtequelle allerdings vom skalaren Richtdiagramm des Streifens „erschlagen", sodass in der Tat die (P⟹P)- und (P⟹SV)-*Streu*diagramme der Abb. 15.4.16 mit den P- und S-*Strahlungs*diagrammen der Abbildungen 13.3.2e und 13.3.2f übereinstimmen (abgesehen von dem geringfügig unterschiedlichen $k_{\rm P,S}a$-Werten). Dasselbe gilt auch für die $\underline{\mathbf{e}}_x\underline{\mathbf{e}}_z$-

[28]Wir konnten auf ein von D.R. Wilton und Mitarbeitern von der University of Houston geschriebenes Programm zurückgreifen.

[29], weil wir primäre Kraftdichtequellen auf spannungsfreien Oberflächen als Modell piezoelektrischer Prüfköpfe ansehen; die Vorgabe einer Deformationsrate führt zum „Kurzschluss".

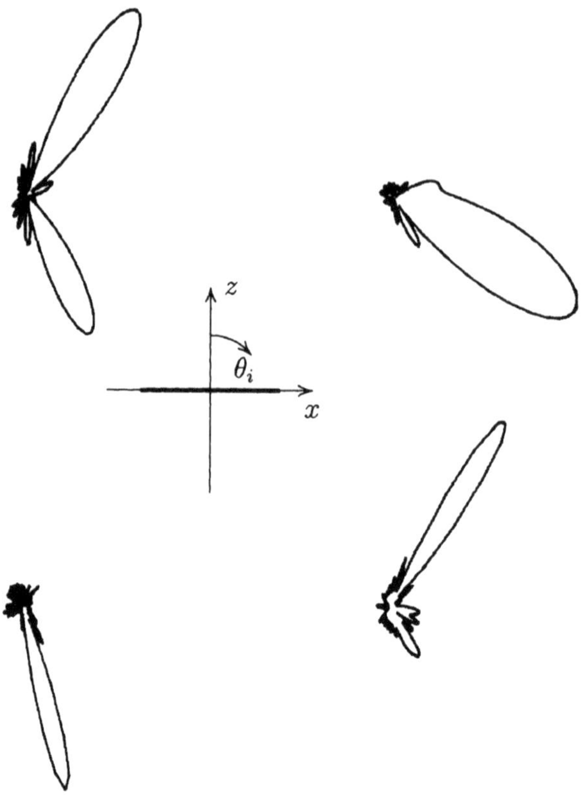

Abb. 15.4.17: *P-SV-Fernfeldstreudiagramme einer auf einen streifenförmigen Riss mit spannungsfreier Oberfläche einfallenden ebenen P- (oben: P⟹P; P⟹SV) bzw. SV-Welle (unten: SV⟹P; SV⟹SV) (Amplituden jeweils auf den Maximalwert normiert: $k_Pa = 11$, $k_Sa = 20.1$, $\theta_i = 210°$)*

Deformationsratenquelle (Abbildung 13.2.6) bei senkrechtem SV-Wellen-Einfall im Vergleich mit der $\underline{\mathbf{e}}_x$-Kraftdichtequelle (Abbildung 13.2.4). Gegenüber dem P-Wellen-Einfall sind allein die Hauptkeulen wegen des größeren k_Sa-Wertes schmäler. Wie beim skalaren SH-Wellen-Einfall auf den Streifen (Abschnitt 15.4.2) treten natürlich jeweils Hauptkeulen in Richtung spiegelnder Reflexion (in diesem Fall in Rückstreurichtung) und in Vorwärtsstreurichtung auf, wobei letztere zur Schattenbildung benötigt wird.

Abbildung 15.4.17 zeigt Streudiagramme für $\theta_i = 210°$, also für einen Einfallswinkel von 30° gegenüber der Rissnormalen. Zunächst fällt auf, dass nunmehr auch die modekonvertierten Streufelder (P⟹SV; SV⟹P) deutliche Hauptkeulen aufweisen, allerdings nur in Richtung „spiegelnder“ Modekonversion, denn es entfällt ja der Schattenwurf. Des Weiteren stellen wir eine Unsymmetrie in den (P⟹P)-und (SV⟹SV)-Diagrammen fest, sodass man offensichtlich nicht mehr unmittelbar mit den Überlagerungen der *betragsmäßig* symmetrischen Deformationsratenpunktrichtwirkungen der Abb. 13.2.6 argumentieren kann, um die Struktur von Rissstreufeldern zu verstehen, und schon gar nicht ist die primäre f_z-Vollraumquelle (Abbildung 13.3.2a,b) zur Illustration tauglich.

Die Unsymmetrie der (P⟹P)- und (SV⟹SV)-Hauptkeulendiagramme in den Richtungen spiegelnder Reflexion und Vorwärtsstreuung bei schrägem Einfall ist tatsächlich eine Besonderheit der Elastodynamik gegenüber der Akustik und dem Elektromagnetismus: Ursache sind die elastodynamischen Punktrichtwirkungen (13.2.101) und (13.2.103) von Deformationsratenquel-

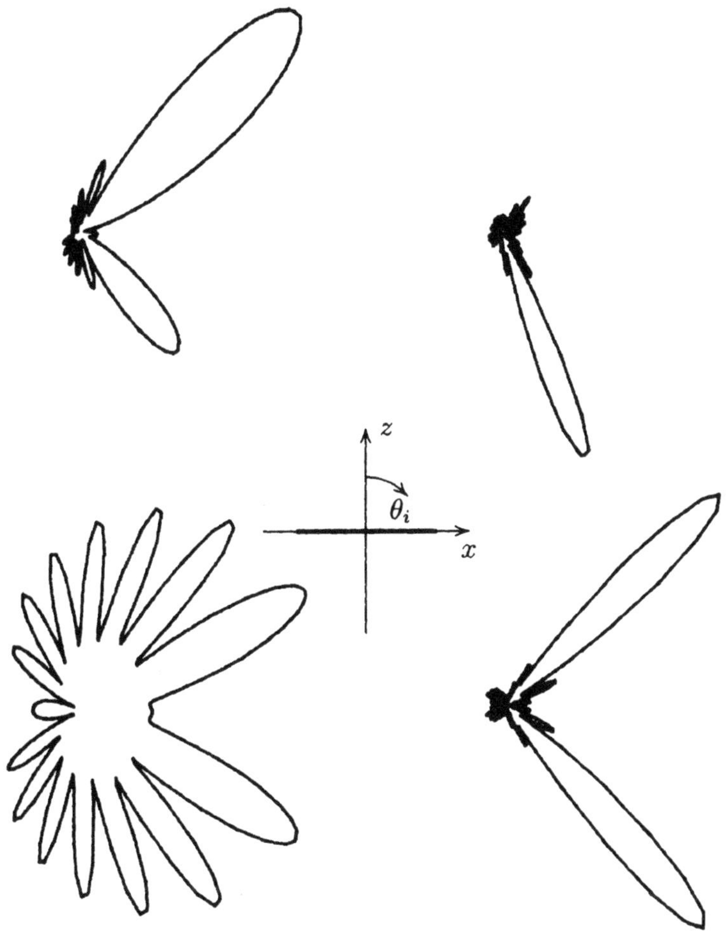

Abb. 15.4.18: P-SV-Fernfeldstreudiagramme einer auf einen streifenförmigen Riss mit spannungsfreier Oberfläche einfallenden ebenen P- (oben: P$\Longrightarrow$P; P$\Longrightarrow$SV) bzw. SV-Welle (unten: SV$\Longrightarrow$P; SV$\Longrightarrow$SV) (Amplituden jeweils auf den Maximalwert normiert: $k_P a = 11$, $k_S a = 20.1$, $\theta_i = 225°$)

len, die über die Streuamplitudendarstellungen (15.4.3) und (15.4.6) die Winkelabhängigkeit der P-SV-Streufelder wesentlich mitbestimmen; mit der sekundären Quelle (Gleichung (15.4.8))

$$\underline{\underline{\mathbf{h}}}_c^{\mathrm{cod}}(x,y,z,\omega) = \mathrm{j}\omega\underline{\underline{\underline{\underline{\mathbf{I}}}}}^{+} : \underline{\mathbf{e}}_z\underline{\mathbf{u}}^{\mathrm{cod}}(x,\omega)\delta(z)q_a(x) \tag{15.4.69}$$

für den streifenförmigen Riss sind zwar die skalaren Strahlungscharakteristiken der Riss„apertur“ beim Übergang von der Streurichtung θ zur Streurichtung $\pi-\theta$ betragsmäßig symmetrisch, nicht jedoch die Überlagerungen von $\underline{\mathbf{e}}_x\underline{\mathbf{e}}_z$- und $\underline{\mathbf{e}}_z\underline{\mathbf{e}}_z$-Punktrichtwirkungen, da in diesen $\cos\theta$- und $\sin\theta$-Funktionen gemischt auftreten.

Abbildung 15.4.18 zeigt schließlich noch die Beträge der Streufernfelder für einen Einfallswinkel von 45° gegenüber der Rissnormalen, d.h. für $\theta_i = 225°$. Für den Fall der Reflexion und Modekonversion einer ebenen SV-Welle an einer unendlich ausgedehnten spannungsfreien Grenzfläche wäre man damit bereits jenseits des kritischen Winkels für die P-Modekonversion; dasselbe gilt aber offensichtlich auch für den Riss endlicher Breite, wie man dem (SV$\Longrightarrow$P)-Diagramm entnimmt: Die Hauptkeule der skalaren Riss„apertur“ zeigt für $\theta_i = \pi + \vartheta_{\mathrm{cmP}}$ in Richtung $\theta = 90°$, sodass die Punktrichtwirkungen im Wesentlichen nur noch Nebenkeulen „sichtbar“ werden lassen.

Wie mit den Abbildungen 15.4.11–15.4.15 gehen wir nunmehr zu *Impuls*streufeldern über und zeigen zunächst 2D-EFIT-Wellenfronten bei Einschallung mit einem Long-⊥- bzw. einem

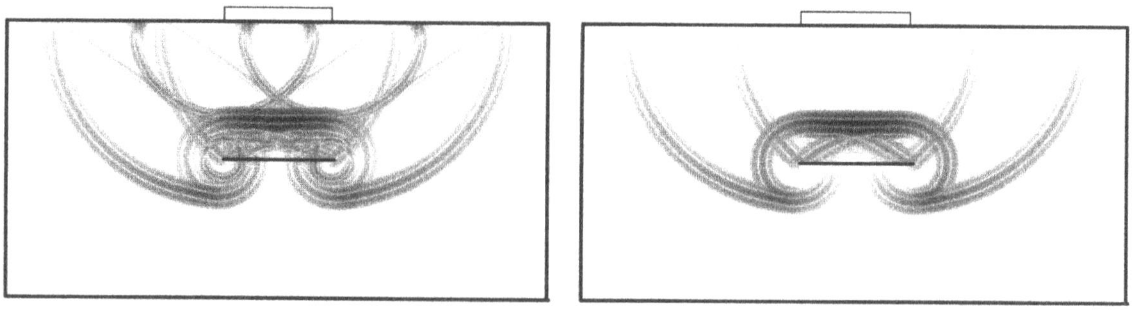

Abb. 15.4.19: *P-RC2-Impulsstreuung ($t = t_1$) am streifenförmigen Riß mit spannungsfreier Oberfläche (links: EFIT-Simulation; Betrag der Teilchengeschwindigkeit) bzw. am streifenförmigen „Riß“ mit schallweicher Oberfläche (rechts: AFIT-Simulation; zum direkten Vergleich ebenfalls Betrag der Teilchengeschwindigkeit und nicht Druck wie in Abb. 14.1.1)*

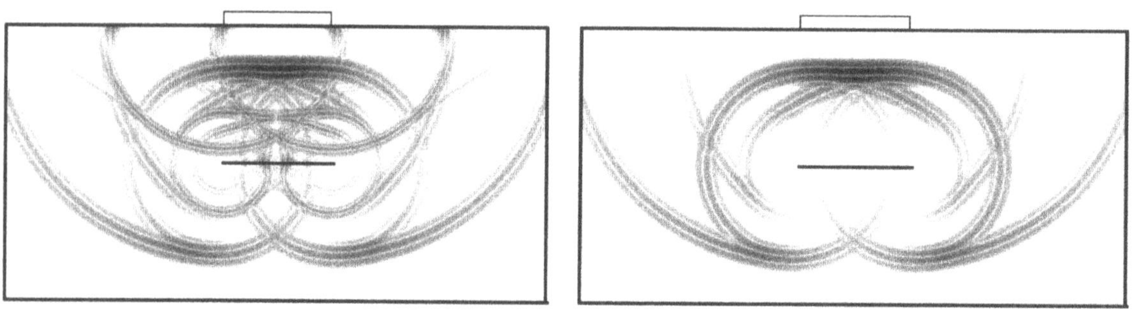

Abb. 15.4.20: *P-RC2-Impulsstreuung ($t = t_2 > t_1$) am streifenförmigen Riß mit spannungsfreier Oberfläche (links: EFIT-Simulation; Betrag der Teilchengeschwindigkeit) bzw. am streifenförmigen „Riß“ mit schallweicher Oberfläche (rechts: AFIT-Simulation; zum direkten Vergleich ebenfalls Betrag der Teilchengeschwindigkeit und nicht Druck wie in Abb. 14.1.1)*

Scher-⊥-Prüfkopf(modell) auf einer spannungsfreien Oberfläche (Abbildungen 15.4.19 und 15.4.20 bzw. 15.4.21 und 15.4.22). Man erkennt sehr schön die Modekonversion und die auf der Rissoberfläche entlang laufenden Rayleigh-Wellen, die die Risskanten — im Prinzip unendlich oft — als Linienquellen für elastische Zylinderwellen anregen. Diese werden als Resonanzimpulse in A-Bildern sichtbar (z.B.: P$\Longrightarrow$P in Abb. 15.4.23, Rückstreurichtung). Die EFIT-Simulationen der Abbildungen 15.4.19 und 15.4.20 haben wir durch AFIT-Simulationen ergänzt, d.h. wir haben angenommen, dass es ein μ-freies Material mit derselben Druckwellengeschwindigkeit wie Stahl gäbe; die Randbedingung der Spannungsfreiheit auf der Bauteil- und der Rissoberfläche manifestiert sich sodann wegen $\underline{\underline{\mathbf{T}}} = -p\underline{\underline{\mathbf{I}}}$ (Gleichung (5.1.3)) als Dirichlet-Randbedingung für den Druck (schallweiche Flächen), und die Vorgabe einer Normalkraftdichte innerhalb der Prüfkopfapertur, d.h. der Spannungstensorkomponente T_{zz}, manifestiert sich als Druckvorgabe. Das „Lehrhafte“ dieser Gegenüberstellung ist der explizite Eindruck der Komplexität *elasto*dynamischer Wellenfelder gegenüber ihren *akusto*dynamischen Pendants. In den Abbildungen 15.4.21 und 15.4.22 steht die AFIT-Simulation für die SH-Wellenstreuung (hier ist ja $c_{\mathrm{SH}} = c_{\mathrm{SV}}$), d.h. als skalare Randbedingung ist die Neumann'sche Randbedingung als Kontrast zur Dirichlet'schen Randbedingung der Abbildungen 15.4.19 und 15.4.20 gewählt worden. Insofern

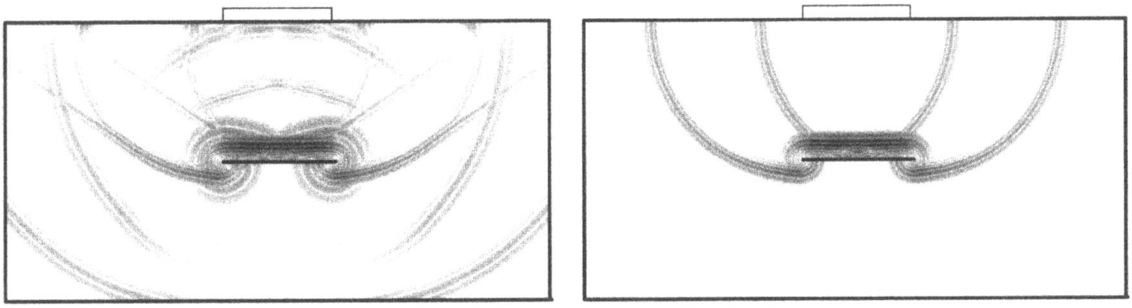

Abb. 15.4.21: *SV-RC2-Impulsstreuung ($t = t_1$) am streifenförmigen Riss mit spannungsfreier Oberfläche (links: EFIT-Simulation; Betrag der Teilchengeschwindigkeit) bzw. SH-RC2-Impulsstreuung (rechts: AFIT-Simulation; Betrag der y-Komponente der Teilchengeschwindigkeit)*

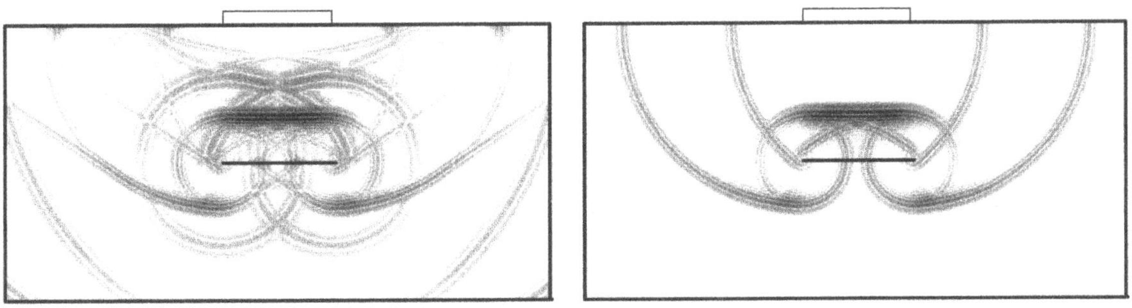

Abb. 15.4.22: *SV-RC2-Impulsstreuung ($t = t_2 > t_1$) am streifenförmigen Riss mit spannungsfreier Oberfläche (links: EFIT-Simulation; Betrag der Teilchengeschwindigkeit) bzw. SH-RC2-Impulsstreuung (rechts: AFIT-Simulation; Betrag der y-Komponente der Teilchengeschwindigkeit)*

ergänzen die Abbildungen 15.4.21 und 15.4.22 die Abbildungen 15.4.8 und 15.4.9.

Die bereits zitierte Abb. 15.4.23 zeigt, der Abb. 15.4.11 vergleichbar, RC2-Impuls-A-Bilder, und zwar für genau *den* Einfallswinkel, nämlich 30° von der Normalen, der gemäß Abb. 15.4.17 zu ausgeprägten Streudiagrammen für alle vier Fälle führt. Die Impulse für den (P$\Longrightarrow$P)- Fall sehen nahezu so aus wie die skalaren akustischen Impulse der Abb. 5.6.2 (d.h. wie der SH-Fall), jedoch vermehrt um die ausgeprägten Resonanzimpulse; die Differentiation in den Hauptkeulenrichtungen rührt vom ($j\omega$)-Faktor der sekundären Deformationsratenquelle (15.4.69) her.

Wegen der c_P-Zeitachsennormierung in *allen* Fällen liegen die (SV$\Longrightarrow$SV)-Kantenimpulse weiter auseinander. Gegenüber der (P$\Longrightarrow$P)-Streuung fällt auf, dass das Amplitudenverhältnis der Kantenimpulse sehr zuungunsten des Impulses von der näher gelegenen Kante ausfällt; sowohl die Risstiefenbestimmung eines rückwandverbundenen Risses in Impuls-Echo-Technik als auch die TOFD-Technik (*Time of Flight Diffraction*) leiden darunter.

15.4.4 Dreidimensionale Streuprobleme: P-S-Impuls-Streufernfelder des kugelförmigen Hohlraums

Im Falle des zweidimensionalen Kreiszylinders konnten wir Druck- und Scherwellenstreuung mit demselben mathematischen Formalismus „durchziehen" (Abschnitt 15.4.3), im Falle der dreidimensionalen Kugel ist die Scherwellenstreuung erheblich aufwendiger, während die Druckwellenstreuung noch „glatt durchläuft".

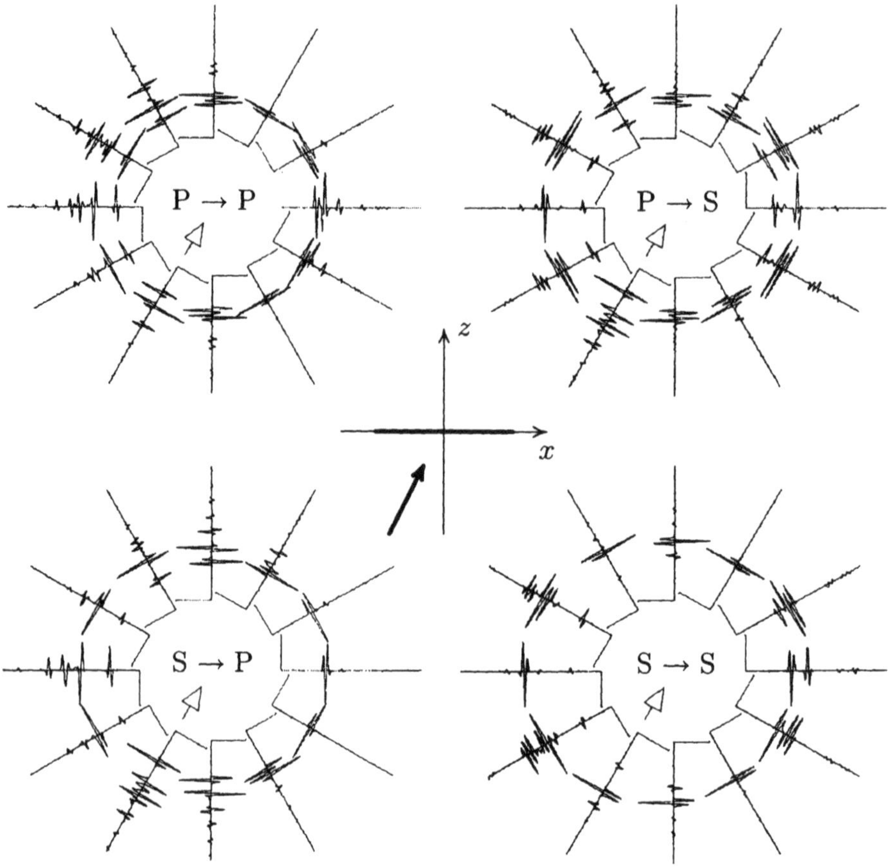

Abb. 15.4.23: RC2-Fernfeldstreuimpulse $\underline{\mathbf{u}}_{s\mathrm{P}}^{\mathrm{RC2,fern}}(r,\theta,t)\cdot\underline{\mathbf{e}}_r$ bzw. $\underline{\mathbf{u}}_{s\mathrm{SV}}^{\mathrm{RC2,fern}}(r,\theta,t)\cdot\underline{\mathbf{e}}_\theta$ einer auf einen streifenförmigen Riss mit spannungsfreier Oberfläche einfallenden ebenen P- (oben) bzw. SV-Welle (unten) (Amplituden jeweils auf den Maximalwert normiert); $\theta_i = 210°$

P-Wellen-Einfall

Aufgrund der Kugelsymmetrie können wir ein kartesisches Koordinatensystem stets so orientieren, dass die negative z-Richtung mit der Einfallsrichtung der P-Welle zusammenfällt (Abbildung 15.4.24). Der Ansatz

$$\underline{\mathbf{u}}_{i\mathrm{P}}(\underline{\mathbf{R}},\omega,\hat{\underline{\mathbf{k}}}_i) = u_{i\mathrm{P}}(\omega)\,\mathrm{e}^{\mathrm{j}k_\mathrm{P}\hat{\underline{\mathbf{k}}}_i\cdot\underline{\mathbf{R}}}\,\hat{\underline{\mathbf{k}}}_i \tag{15.4.70}$$

liefert sodann mit

$$\begin{aligned}\hat{\underline{\mathbf{k}}}_i &= -\underline{\mathbf{e}}_z\\ &= -\cos\vartheta\,\underline{\mathbf{e}}_R + \sin\vartheta\,\underline{\mathbf{e}}_\vartheta\end{aligned} \tag{15.4.71}$$

φ-unabhängige R- und ϑ-Komponenten der einfallenden Druckwelle; wir erwarten deshalb, dass $\partial/\partial\varphi \equiv 0$ gilt und dass das Streufeld — auch im modekonvertierten Anteil — keine φ-Komponenten enthält: Es ist in jeder Ebene $\varphi = \mathrm{const}$ P-SV-polarisiert. Da demzufolge die Referenzebene für die SV-Polarisation φ-abhängig ist, sprechen wir von P-S-Wellenstreuung. Im Fernfeld gilt natürlich $\underline{\mathbf{u}}_{s\mathrm{P}}^{\mathrm{fern}} = u_{s\mathrm{P}}^{\mathrm{fern}}\,\underline{\mathbf{e}}_R$ und $\underline{\mathbf{u}}_{s\mathrm{S}}^{\mathrm{fern}} = u_{s\mathrm{S}}^{\mathrm{fern}}\,\underline{\mathbf{e}}_\vartheta$ (Abbildung 15.4.24). Mit der ebenen „Potentialwelle“

$$\Phi_i(\underline{\mathbf{R}},\omega,\hat{\underline{\mathbf{k}}}_i) = \phi_i(\omega)\,\mathrm{e}^{\mathrm{j}k_\mathrm{P}\hat{\underline{\mathbf{k}}}_i\cdot\underline{\mathbf{R}}} \tag{15.4.72}$$

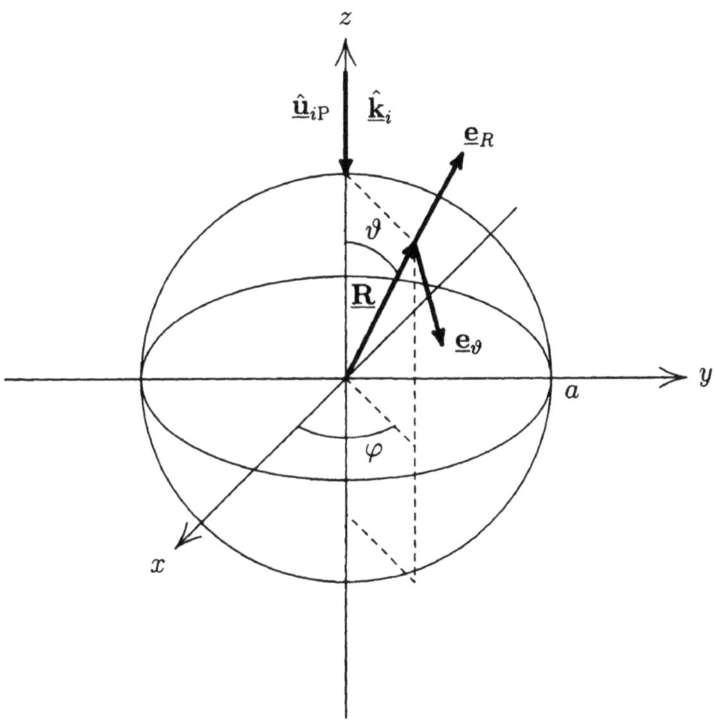

Abb. 15.4.24: *P-Wellenstreuung am kugelförmigen Hohlraum mit spannungsfreier Oberfläche*

und

$$\begin{aligned} \underline{\mathbf{u}}_{iP}(\underline{\mathbf{R}}, \omega, \hat{\underline{\mathbf{k}}}_i) &= \nabla\Phi_i(\underline{\mathbf{R}}, \omega, \hat{\underline{\mathbf{k}}}_i) \\ &= \underline{\mathbf{e}}_R \frac{\partial\Phi_i(\underline{\mathbf{R}}, \omega, \hat{\underline{\mathbf{k}}}_i)}{\partial R} + \underline{\mathbf{e}}_\vartheta \frac{1}{R} \frac{\partial\Phi_i(\underline{\mathbf{R}}, \omega, \hat{\underline{\mathbf{k}}}_i)}{\partial\vartheta} \end{aligned} \tag{15.4.73}$$

erhält man natürlich wieder (15.4.70) mit (15.4.71), sofern man

$$u_{iP}(\omega) = \mathrm{j}k_P\phi_i(\omega) \tag{15.4.74}$$

ansetzt. Die gewünschten R- und ϑ-Komponenten des Streufeldes $\underline{\mathbf{u}}_s(R, \vartheta, \omega)$ ergeben sich gemäß

$$\begin{aligned} \underline{\mathbf{u}}_s(R, \vartheta, \omega) &= \nabla\Phi_s(R, \vartheta, \omega) + \nabla \times \left[\Psi_{s\varphi}(R, \vartheta, \omega)\, \underline{\mathbf{e}}_\varphi\right] \\ &= \left\{\frac{\partial\Phi_s(R, \vartheta, \omega)}{\partial R} + \frac{1}{R\sin\vartheta}\frac{\partial}{\partial\vartheta}\left[\sin\vartheta\, \Psi_{s\varphi}(R, \vartheta, \omega)\right]\right\} \underline{\mathbf{e}}_R + \\ &\quad + \left\{\frac{1}{R}\frac{\partial\Phi_s(R, \vartheta, \omega)}{\partial\vartheta} - \frac{1}{R}\frac{\partial}{\partial R}\left[R\, \Psi_{s\varphi}(R, \vartheta, \omega)\right]\right\} \underline{\mathbf{e}}_\vartheta \end{aligned} \tag{15.4.75}$$

aus den Helmholtz-Potentialen $\Phi_s(R, \omega, \vartheta)$ und $\underline{\mathbf{\Psi}}_s(R, \vartheta, \omega) = \Psi_{s\varphi}(R, \vartheta, \omega)\, \underline{\mathbf{e}}_\varphi$, wobei diese Potentiale die Differentialgleichungen

$$\Delta\Phi_s(R, \vartheta, \omega) + k_P^2\Phi_s(R, \vartheta, \omega) = 0 \quad , \tag{15.4.76}$$

$$\Delta\Psi_{s\varphi}(R, \vartheta, \omega) + \left(k_S^2 - \frac{1}{R^2\sin^2\vartheta}\right)\Psi_{s\varphi}(R, \vartheta, \omega) = 0 \tag{15.4.77}$$

befriedigen müssen; der zusätzliche Term in (15.4.77) rührt daher, dass $\underline{\underline{\Psi}}_s$ einer *vektoriellen* Helmholtz-Gleichung genügt, d.h. in $\Delta\Psi_{s\varphi}\underline{\mathbf{e}}_\varphi$ muss auch $\underline{\mathbf{e}}_\varphi$ differenziert werden.

Genauso wie in den Abschnitten 15.4.2 und 15.4.3 lösen wir (15.4.76) und (15.4.77) mittels Separation in Partialwellen, hier allerdings Partial*kugel*wellen. Mit dem Delta-Operator

$$\Delta = \frac{\partial^2}{\partial R^2} + \frac{2}{R}\frac{\partial}{\partial R} + \frac{1}{R^2 \sin\vartheta}\frac{\partial}{\partial\vartheta}\sin\vartheta\frac{\partial}{\partial\vartheta} + \frac{1}{R^2\sin^2\vartheta}\frac{\partial^2}{\partial\varphi^2} \tag{15.4.78}$$

in Kugelkoordinaten finden wir die allgemeine Lösung von

$$\Delta W(R,\vartheta,\varphi,\omega) + k^2 W(R,\vartheta,\varphi) = 0 \tag{15.4.79}$$

als Entwicklung nach Eigenfunktionen:

$$W(R,\vartheta,\varphi,\omega) = \sum_{n=0}^{\infty}\sum_{m=-n}^{n} w_{nm}(\omega)\mathrm{h}_n^{(1)}(kR)\mathrm{P}_n^m(\cos\vartheta)\mathrm{e}^{\mathrm{j}m\varphi} \quad , \tag{15.4.80}$$

worin $\mathrm{h}_n^{(1)}(kR)$ sphärische Hankelfunktionen gemäß

$$\mathrm{h}_n^{(1)}(kR) = \sqrt{\frac{\pi}{2kR}}\,\mathrm{H}_{n+\frac{1}{2}}^{(1)}(kR) \tag{15.4.81}$$

und $\mathrm{P}_n^m(\zeta)$ zugeordnete Legendre'sche Funktionen erster Art gemäß

$$\mathrm{P}_n^m(\zeta) = (-1)^m(1-\zeta^2)^{\frac{m}{2}}\,\frac{\mathrm{d}^m\mathrm{P}_n(\zeta)}{\mathrm{d}\zeta^m} \quad , \tag{15.4.82}$$

$$\mathrm{P}_n(\zeta) = \frac{1}{2^n n!}\frac{\mathrm{d}^n}{\mathrm{d}\zeta^n}(\zeta^2-1)^n \tag{15.4.83}$$

sind (Schäfke, 1967); sie genügen den Differentialgleichungen

$$\frac{\partial^2\mathrm{h}_n^{(1)}(kR)}{\partial R^2} + \frac{2}{R}\frac{\partial\mathrm{h}_n^{(1)}(kR)}{\partial R} + \left(k^2 - \frac{n(n+1)}{R^2}\right)\mathrm{h}_n^{(1)}(kR) = 0 \quad , \tag{15.4.84}$$

$$\frac{1}{\sin\vartheta}\frac{\partial}{\partial\vartheta}\left[\sin\vartheta\,\frac{\partial\mathrm{P}_n^m(\cos\vartheta)}{\partial\vartheta}\right] + \left[n(n+1) - \frac{m^2}{\sin^2\vartheta}\right]\mathrm{P}_n^m(\cos\vartheta) = 0 \quad . \tag{15.4.85}$$

Da die Lösungen von (15.4.76) und (15.4.77) rotationssymmetrisch bzgl. φ sein sollen, kommt in der Eigenfunktionsentwicklung (15.4.80) nur der Index $m = 0$ in Frage, sodass wir für das Streupotential $\Phi_s(R,\vartheta,\omega)$ die Reihe

$$\Phi_s(R,\vartheta,\omega) = \sum_{n=0}^{\infty}\phi_n(\omega)\mathrm{h}_n^{(1)}(k_\mathrm{P}R)\mathrm{P}_n(\cos\vartheta) \tag{15.4.86}$$

hinschreiben können; hierin sind $\mathrm{P}_n(\cos\vartheta) = \mathrm{P}_n^0(\cos\vartheta)$ Legendre-Polynome in $\cos\vartheta$. Ferner stellen wir fest, dass (15.4.85) für $m = \pm1$ gerade der ϑ-separierte Anteil der Differentialgleichung (15.4.77) im Falle $\partial/\partial\varphi = 0$ ist, sodass sich

$$\Psi_{s\varphi}(R,\vartheta,\omega) = \sum_{n=0}^{\infty}\psi_n(\omega)\mathrm{h}_n^{(1)}(k_\mathrm{S}R)\mathrm{P}_n^1(\cos\vartheta) \tag{15.4.87}$$

als (rotationssymmetrische) Reihenentwicklung für das Streupotential $\Psi_{s\varphi}(R,\vartheta,\omega)$ ergibt[30] ; da P_n^{-1} gemäß $\mathrm{P}_n^{-1} = -\mathrm{P}_n^1/n(n+1)$ proportional zu P_n^1 ist, brauchen wir diesen Term nicht getrennt zu berücksichtigen. Die Eigenfunktionsentwicklung des Potentials der einfallenden ebenen

[30] Wegen (Gleichung (15.4.82))

$$\mathrm{P}_n^1(\cos\vartheta) = \frac{\partial\mathrm{P}_n(\cos\vartheta)}{\partial\vartheta}$$

wird deshalb in der Literatur (Mow, 1965) von Anfang an $\partial\Psi_{s\varphi}/\partial\vartheta$ — zunächst unmotiviert — als Potential gewählt.

Druckwelle entnehmen wir der Literatur (Schäfke, 1967; Langenberg, 2005):

$$\begin{aligned}\Phi_i(R,\vartheta,\omega,\hat{\underline{\mathbf{k}}}_i=-\underline{\mathbf{e}}_z) &= \phi_i(\omega)\,\mathrm{e}^{-\mathrm{j}k_\mathrm{P}R\cos\vartheta} \\ &= \phi_i(\omega)\sum_{n=0}^{\infty}(-\mathrm{j})^n(2n+1)\mathrm{j}_n(k_\mathrm{P}R)\mathrm{P}_n(\cos\vartheta)\;, \end{aligned} \tag{15.4.88}$$

worin die j_n sphärische Besselfunktionen sind.

Wie stets dient die Randbedingung

$$\begin{aligned}\underline{\underline{\mathbf{T}}}(a,\vartheta,\omega)\cdot\underline{\mathbf{e}}_R &= \underline{\underline{\mathbf{T}}}_s(a,\vartheta,\omega)\cdot\underline{\mathbf{e}}_R+\underline{\underline{\mathbf{T}}}_{i\mathrm{P}}(a,\vartheta,\omega,-\underline{\mathbf{e}}_z)\cdot\underline{\mathbf{e}}_R \\ &= \underline{\mathbf{0}}\;, \end{aligned} \tag{15.4.89}$$

wobei

$$\begin{aligned}\underline{\underline{\mathbf{T}}}(R,\vartheta,\omega)\cdot\underline{\mathbf{e}}_R &= \lambda\,\underline{\mathbf{e}}_R\nabla\cdot\underline{\mathbf{u}}(R,\vartheta,\omega)+\mu\left[\nabla\underline{\mathbf{u}}(R,\vartheta,\omega)\cdot\underline{\mathbf{e}}_R+\nabla\underline{\mathbf{u}}^{21}(R,\vartheta,\omega)\cdot\underline{\mathbf{e}}_R\right] \\ &= -\lambda k_\mathrm{P}^2\Phi(R,\vartheta,\omega)\,\underline{\mathbf{e}}_R+\mu\left[\nabla\underline{\mathbf{u}}(R,\vartheta,\omega)\cdot\underline{\mathbf{e}}_R+\nabla\underline{\mathbf{u}}^{21}(R,\vartheta,\omega)\cdot\underline{\mathbf{e}}_R\right]\;, \end{aligned} \tag{15.4.90}$$

$$\nabla\underline{\mathbf{u}}(R,\vartheta,\omega)\cdot\underline{\mathbf{e}}_R = \frac{\partial u_R(R,\vartheta,\omega)}{\partial R}\,\underline{\mathbf{e}}_R+\frac{1}{R}\left[\frac{\partial u_R(R,\vartheta,\omega)}{\partial\vartheta}-u_\vartheta(R,\vartheta,\omega)\right]\underline{\mathbf{e}}_\vartheta\;, \tag{15.4.91}$$

$$\nabla\underline{\mathbf{u}}^{21}(R,\vartheta,\omega)\cdot\underline{\mathbf{e}}_R = \frac{\partial u_R(R,\vartheta,\omega)}{\partial R}\,\underline{\mathbf{e}}_R+\frac{\partial u_\vartheta(R,\vartheta,\omega)}{\partial R}\,\underline{\mathbf{e}}_\vartheta\;, \tag{15.4.92}$$

zur Berechnung der Entwicklungskoeffizienten $\phi_n(\omega)$ und $\psi_n(\omega)$, denn (15.4.89) hat ja genau *zwei* skalare Komponenten $\underline{\mathbf{e}}_R\cdot\underline{\underline{\mathbf{T}}}\cdot\underline{\mathbf{e}}_R=T_{RR}$ und $\underline{\mathbf{e}}_\vartheta\cdot\underline{\underline{\mathbf{T}}}\cdot\underline{\mathbf{e}}_R=T_{\vartheta R}$:

$$\begin{aligned}T_{RR}(R,\vartheta,\omega) &= -\lambda k_\mathrm{P}^2\Phi(R,\vartheta,\omega)+2\mu\,\frac{\partial^2\Phi(R,\vartheta,\omega)}{\partial R^2}+ \\ &\quad +2\mu\frac{1}{\sin\vartheta}\frac{\partial}{\partial R}\left\{\frac{1}{R}\frac{\partial}{\partial\vartheta}\left[\sin\vartheta\,\Psi_\varphi(R,\vartheta,\omega)\right]\right\}\;, \end{aligned} \tag{15.4.93}$$

$$\begin{aligned}\frac{1}{\mu}\,T_{\vartheta R}(R,\vartheta,\omega) &= 2\frac{\partial}{\partial R}\left[\frac{1}{R}\frac{\partial\Phi(R,\vartheta,\omega)}{\partial\vartheta}\right]- \\ &\quad -\frac{\partial^2\Psi_\varphi(R,\vartheta,\omega)}{\partial R^2}+\frac{2}{R^2}\,\Psi_\varphi(R,\vartheta,\omega)+\frac{1}{R^2}\frac{\partial}{\partial\vartheta}\left\{\frac{1}{\sin\vartheta}\frac{\partial}{\partial\vartheta}\left[\sin\vartheta\,\Psi_\varphi(R,\vartheta,\omega)\right]\right\} \end{aligned} \tag{15.4.94}$$

Einsetzen der Reihenentwicklungen (15.4.86), (15.4.87), (15.4.88) liefert unter Beachtung von Fußnote 30 und der Differentialgleichungen (15.4.84), (15.4.85) sowie der Orthogonalitätsrelation

$$\int_0^\pi \mathrm{P}_n^m(\cos\vartheta)\mathrm{P}_{n'}^m(\cos\vartheta)\sin\vartheta\,\mathrm{d}\vartheta = \frac{2}{2n+1}\frac{(n+m)!}{(n-m)!}\,\delta_{nn'} \tag{15.4.95}$$

das folgende Gleichungssystem für die $\phi_n(\omega)$ und $\psi_n(\omega)$:

$$\begin{aligned}&\left\{\left[2n(n+1)-k_\mathrm{S}^2a^2\right]\mathrm{h}_n^{(1)}(k_\mathrm{P}a)-4k_\mathrm{P}a\,\mathrm{h}_n^{(1)\prime}(k_\mathrm{P}a)\right\}\phi_n(\omega)+ \\ &\quad +2n(n+1)\left[k_\mathrm{S}a\,\mathrm{h}_n^{(1)\prime}(k_\mathrm{S}a)-\mathrm{h}_n^{(1)}(k_\mathrm{S}a)\right]\psi_n(\omega) = \\ &-(-\mathrm{j})^n(2n+1)\left\{\left[2n(n+1)-k_\mathrm{S}^2a^2\right]\mathrm{j}_n(k_\mathrm{P}a)-4k_\mathrm{P}a\,\mathrm{j}_n'(k_\mathrm{P}a)\right\}\phi_i(\omega)\;, \end{aligned} \tag{15.4.96}$$

$$\begin{aligned}&\left[k_\mathrm{P}a\,\mathrm{h}_n^{(1)\prime}(k_\mathrm{P}a)-\mathrm{h}_n^{(1)}(k_\mathrm{P}a)\right]\phi_n(\omega)- \\ &-\left\{\left[n(n+1)-1-\frac{k_\mathrm{S}^2a^2}{2}\right]\mathrm{h}_n^{(1)}(k_\mathrm{S}a)-k_\mathrm{S}a\,\mathrm{h}_n^{(1)\prime}(k_\mathrm{S}a)\right\}\psi_n(\omega) = \\ &-(-\mathrm{j})^n(2n+1)\left[k_\mathrm{P}a\,\mathrm{j}_n'(k_\mathrm{P}a)-\mathrm{j}_n(k_\mathrm{P}a)\right]\phi_i(\omega)\;. \end{aligned} \tag{15.4.97}$$

Mit (15.4.75) erhält man schließlich die Komponenten des Teilchenverschiebungsstreufeldes:

$$u_{sR}(R,\vartheta,\omega) = \sum_{n=0}^{\infty} \left[k_P \phi_n(\omega) \mathrm{h}_n^{(1)\prime}(k_P R) - n(n+1)\psi_n(\omega) \frac{\mathrm{h}_n^{(1)}(k_S R)}{R} \right] \mathrm{P}_n(\cos\vartheta) \quad , \tag{15.4.98}$$

$$u_{s\vartheta}(R,\vartheta,\omega) = \sum_{n=0}^{\infty} \left\{ \phi_n(\omega) \frac{\mathrm{h}_n^{(1)}(k_P R)}{R} - \psi_n(\omega) \left[k_S \mathrm{h}_n^{(1)\prime}(k_S R) + \frac{\mathrm{h}_n^{(1)}(k_S R)}{R} \right] \right\} \mathrm{P}_n^1(\cos\vartheta) \quad . \tag{15.4.99}$$

Mit der Asymptotik

$$\mathrm{h}_n^{(1)}(k_{P,S} R) \simeq \frac{\mathrm{j}^{-(n+1)}}{k_{P,S}} \frac{\mathrm{e}^{\mathrm{j}k_{P,S}R}}{R} \quad , \tag{15.4.100}$$

$$\mathrm{h}_n^{(1)\prime}(k_{P,S} R) \simeq \mathrm{j}^{-n} \frac{\mathrm{e}^{\mathrm{j}k_{P,S}R}}{R} \tag{15.4.101}$$

der sphärischen Hankelfunktionen ergibt sich daraus die Fernfeldnäherung:

$$u_{sR}^{\text{fern}}(R,\vartheta,\omega) = \frac{\mathrm{e}^{\mathrm{j}k_P R}}{R} k_P \sum_{n=0}^{\infty} \mathrm{j}^{-n} \phi_n(\omega) \mathrm{P}_n(\cos\vartheta) \quad , \tag{15.4.102}$$

$$u_{s\vartheta}^{\text{fern}}(R,\vartheta,\omega) = -\frac{\mathrm{e}^{\mathrm{j}k_S R}}{R} k_S \sum_{n=0}^{\infty} \mathrm{j}^{-n} \psi_n(\omega) \mathrm{P}_n^1(\cos\vartheta) \quad . \tag{15.4.103}$$

Damit sind die Streuamplituden (15.4.2) und (15.4.6) explizit als Eigenfunktionsentwicklungen angegeben: Wie erwartet, beobachten wir im Fernfeld in der longitudinalen R-Komponente ausschließlich eine Druckwelle und in der transversalen ϑ-Komponente ausschließlich eine Scherwelle, die Streuwellenmoden sind durch die Polarisation entkoppelt.

S-Wellen-Einfall

Bei Einfall einer ebenen Scherwelle auf einen kugelförmigen Hohlraum können wir bei Wahl der (negativen) z-Richtung als Einfallsrichtung unser kartesisches Koordinatensystem so lange um die z-Achse drehen, bis der Polarisationsvektor der Scherwelle beispielsweise mit der x-Richtung zusammenfällt (Abbildung 15.4.25). Wir setzen also

$$\underline{\mathbf{u}}_{iS}(\underline{\mathbf{R}},\omega,\hat{\underline{\mathbf{k}}}_i) = u_{iS}(\omega)\, \mathrm{e}^{\mathrm{j}k_S \hat{\underline{\mathbf{k}}}_i \cdot \underline{\mathbf{R}}}\, \underline{\mathbf{e}}_x \tag{15.4.104}$$

mit $\hat{\underline{\mathbf{k}}}_i = -\underline{\mathbf{e}}_z$ als einfallende Welle an. Da $\underline{\mathbf{e}}_x$ eine Vorzugsrichtung in der xy-Ebene definiert, können wir nicht mehr von der Rotationssymmetrie des Druckwellen-Einfalls ausgehen, wir müssen $\partial/\partial\varphi \not\equiv 0$ zulassen. Wählen wir ferner auf der Kugeloberfläche ein Flächenelement aus, dann spannen $\hat{\underline{\mathbf{k}}}_i$ und $\underline{\mathbf{e}}_R$ bzüglich dieses Elements eine Einfallsebene auf, und natürlich liegt $\hat{\underline{\mathbf{u}}}_{iS} = \underline{\mathbf{e}}_x$ im Allgemeinen *nicht* in dieser Ebene, sodass wir im Dreidimensionalen nicht mehr von einer SV-Streuung sprechen können: Es liegt „nur noch" S-Streuung ohne Entkopplung in SV und SH vor. Deswegen werden nunmehr neben dem skalaren Φ-Potential *zwei* Komponenten des vektoriellen $\underline{\mathbf{\Psi}}$-Potentials, nämlich dessen ϑ- und φ-Komponenten, benötigt. Man überprüft jedoch sehr schnell, dass die resultierenden ϑ- und φ-Komponenten der vektoriellen Helmholtz-Gleichung $\Delta\underline{\mathbf{\Psi}}(\underline{\mathbf{R}},\omega)+k_S^2\underline{\mathbf{\Psi}}(\underline{\mathbf{R}},\omega) = \underline{\mathbf{0}}$ nicht entkoppelt sind[31]. Man kennt jedoch aus der Theorie elektromagnetischer Wellen einen „Trick" für eine Entkopplung einer vektoriellen Wellengleichung (Hönl et al., 1961; Langenberg, 2005), der auch hier funktioniert[32] (Brill und Gaunaurd, 1987): Man setzt $\underline{\mathbf{\Psi}}(\underline{\mathbf{R}},\omega)$ gemäß

$$\underline{\mathbf{\Psi}}(\underline{\mathbf{R}},\omega) = \nabla \times [\underline{\mathbf{R}}\, U(\underline{\mathbf{R}},\omega)] + \nabla \times \nabla \times [\underline{\mathbf{R}}\, V(\underline{\mathbf{R}},\omega)] \tag{15.4.105}$$

[31] Zwar ist aufgrund der Divergenzbedingung die R-Komponente tatsächlich gleich null, sowohl in der ϑ-Komponente als auch in der φ-Komponente treten jedoch *beide* Komponenten von $\underline{\mathbf{\Psi}}$ auf.

[32] Alternativ dazu kann man mit vektoriellen Wellenfunktionen arbeiten (Stratton, 1941; Einspruch et al., 1960)

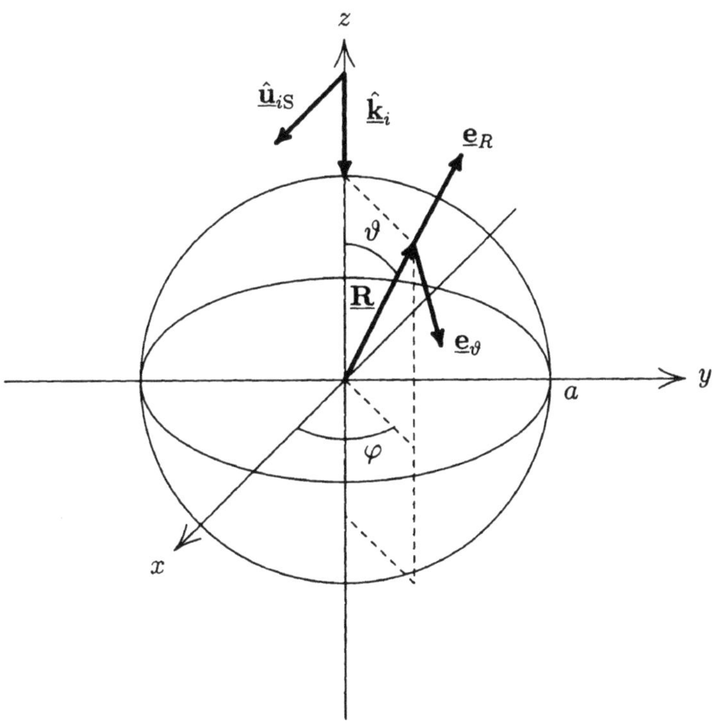

Abb. 15.4.25: S-Wellenstreuung am kugelförmigen Hohlraum mit spannungsfreier Oberfläche

divergenzfrei aus zwei skalaren Potentialen $U(\underline{\mathbf{R}}, \omega)$ und $V(\underline{\mathbf{R}}, \omega)$, den sogenannten Debye'schen Potentialen, zusammen. Wendet man auf (15.4.105) den Helmholtz-Operator $\Delta + k_S^2$ an, so folgt nach einiger Rechnung

$$(\Delta + k_S^2)\underline{\mathbf{\Psi}}(\underline{\mathbf{R}}, \omega) = \tag{15.4.106}$$
$$-(\underline{\mathbf{R}} \times \mathbf{\nabla}) \left[\Delta U(\underline{\mathbf{R}}, \omega) + k_S^2 U(\underline{\mathbf{R}}, \omega)\right] + (\underline{\mathbf{R}} \cdot \mathbf{\nabla}\mathbf{\nabla} + 2\mathbf{\nabla} - \underline{\mathbf{R}}\,\Delta) \left[\Delta V(\underline{\mathbf{R}}, \omega) + k_S^2 V(\underline{\mathbf{R}}, \omega)\right]$$

und damit

$$\Delta U(\underline{\mathbf{R}}, \omega) + k_S^2 U(\underline{\mathbf{R}}, \omega) = 0 \quad , \tag{15.4.107}$$
$$\Delta V(\underline{\mathbf{R}}, \omega) + k_S^2 V(\underline{\mathbf{R}}, \omega) = 0 \tag{15.4.108}$$

als ein Satz hinreichender Bedingungen dafür, dass $\underline{\mathbf{\Psi}}(\underline{\mathbf{R}}, \omega)$ einer homogenen vektoriellen Helmholtz-Gleichung genügt. Daneben gilt natürlich

$$\Delta\Phi(\underline{\mathbf{R}}, \omega) + k_P^2 \Phi(\underline{\mathbf{R}}, \omega) = 0 \tag{15.4.109}$$

für das skalare Druckwellenpotential. Die Lösungen aller skalaren Helmholtz-Gleichungen sind natürlich wieder als Summe von Partialwellen in Kugelkoordinaten anzusetzen, da aber keine Rotationssymmetrie vorliegt, müssen wir für die Streupotentiale gemäß

$$\Phi_s(R, \vartheta, \varphi, \omega) = \sum_{n=0}^{\infty} \sum_{m=-n}^{n} \phi_{nm}^{(s)}(\omega) \mathrm{h}_n^{(1)}(k_P R) \mathrm{P}_n^m(\cos\vartheta) \mathrm{e}^{\mathrm{j}m\varphi} \quad , \tag{15.4.110}$$
$$U_s(R, \vartheta, \varphi, \omega) = \sum_{n=0}^{\infty} \sum_{m=-n}^{n} u_{nm}^{(s)}(\omega) \mathrm{h}_n^{(1)}(k_S R) \mathrm{P}_n^m(\cos\vartheta) \mathrm{e}^{\mathrm{j}m\varphi} \quad , \tag{15.4.111}$$

$$V_s(R,\vartheta,\varphi,\omega) = \sum_{n=0}^{\infty}\sum_{m=-n}^{n} v_{nm}^{(s)}(\omega)\mathrm{h}_n^{(1)}(k_S R)\mathrm{P}_n^m(\cos\vartheta)\mathrm{e}^{\mathrm{j}m\varphi} \tag{15.4.112}$$

zunächst auf die allgemeine Eigenfunktionsentwicklung (15.4.80) zurückgreifen. Insbesondere müssen die Entwicklungen für die Potentiale $U_i(\underline{\mathbf{R}},\omega,\hat{\underline{\mathbf{k}}}_i)$, $V_i(\underline{\mathbf{R}},\omega,\hat{\underline{\mathbf{k}}}_i)$ der einfallenden Scherwelle *so* gefunden werden, dass

$$\underline{\mathbf{u}}_{i\mathrm{S}}(\underline{\mathbf{R}},\omega,-\underline{\mathbf{e}}_z) = \nabla\times\nabla\times[\underline{\mathbf{R}}\,U_i(\underline{\mathbf{R}},\omega,-\underline{\mathbf{e}}_z)] + \nabla\times\nabla\times\nabla\times[\underline{\mathbf{R}}\,V_i(\underline{\mathbf{R}},\omega,-\underline{\mathbf{e}}_z)]\ , \tag{15.4.113}$$

also

$$u_{i\mathrm{S}}(\omega)\,\mathrm{e}^{-\mathrm{j}k_S R\cos\vartheta}\sin\vartheta\cos\varphi = \tag{15.4.114}$$
$$\nabla\times\nabla\times[\underline{\mathbf{R}}\,U_i(R,\vartheta,\varphi,\omega,-\underline{\mathbf{e}}_z)]\cdot\underline{\mathbf{e}}_R + \nabla\times\nabla\times\nabla\times[\underline{\mathbf{R}}\,V_i(R,\vartheta,\varphi,\omega,-\underline{\mathbf{e}}_z)]\cdot\underline{\mathbf{e}}_R\ ,$$

$$u_{i\mathrm{S}}(\omega)\,\mathrm{e}^{-\mathrm{j}k_S R\cos\vartheta}\cos\vartheta\cos\varphi = \tag{15.4.115}$$
$$\nabla\times\nabla\times[\underline{\mathbf{R}}\,U_i(R,\vartheta,\varphi,\omega,-\underline{\mathbf{e}}_z)]\cdot\underline{\mathbf{e}}_\vartheta + \nabla\times\nabla\times\nabla\times[\underline{\mathbf{R}}\,V_i(R,\vartheta,\varphi,\omega,-\underline{\mathbf{e}}_z)]\cdot\underline{\mathbf{e}}_\vartheta\ ,$$

$$-u_{i\mathrm{S}}(\omega)\,\mathrm{e}^{-\mathrm{j}k_S R\cos\vartheta}\sin\varphi = \tag{15.4.116}$$
$$\nabla\times\nabla\times[\underline{\mathbf{R}}\,U_i(R,\vartheta,\varphi,\omega,-\underline{\mathbf{e}}_z)]\cdot\underline{\mathbf{e}}_\varphi + \nabla\times\nabla\times\nabla\times[\underline{\mathbf{R}}\,V_i(R,\vartheta,\varphi,\omega,-\underline{\mathbf{e}}_z)]\cdot\underline{\mathbf{e}}_\varphi\ ,$$

gilt. Da man die rechte Seite von (15.4.113) durch Ausdifferenzieren relativ schnell in

$$2\nabla U_i(\underline{\mathbf{R}},\omega,-\underline{\mathbf{e}}_z) + \underline{\mathbf{R}}\cdot\nabla\nabla U_i(\underline{\mathbf{R}},\omega,-\underline{\mathbf{e}}_z) + k_S^2\,\underline{\mathbf{R}}\,U_i(\underline{\mathbf{R}},\omega,-\underline{\mathbf{e}}_z) - k_S^2\,\underline{\mathbf{R}}\times\nabla V_i(\underline{\mathbf{R}},\omega,-\underline{\mathbf{e}}_z) \tag{15.4.117}$$

umrechnet, lassen sich auch die in (15.4.114)–(15.4.116) benötigten Komponenten schnell hinschreiben:

$$u_{i\mathrm{S}}(\omega)\,\mathrm{e}^{-\mathrm{j}k_S R\cos\vartheta}\sin\vartheta\cos\varphi = \tag{15.4.118}$$
$$R\frac{\partial^2 U_i(R,\vartheta,\varphi,\omega,-\underline{\mathbf{e}}_z)}{\partial R^2} + 2\frac{\partial U_i(R,\vartheta,\varphi,\omega,-\underline{\mathbf{e}}_z)}{\partial R} + k_S^2\,R\,U_i(R,\vartheta,\varphi,\omega,-\underline{\mathbf{e}}_z)\ ,$$

$$u_{i\mathrm{S}}(\omega)\,\mathrm{e}^{-\mathrm{j}k_S R\cos\vartheta}\cos\vartheta\cos\varphi = \tag{15.4.119}$$
$$\frac{1}{R}\frac{\partial^2}{\partial\vartheta\partial R}[R\,U_i(R,\vartheta,\varphi,\omega,-\underline{\mathbf{e}}_z)] + k_S^2\frac{1}{\sin\vartheta}\frac{\partial V_i(R,\vartheta,\varphi,\omega,-\underline{\mathbf{e}}_z)}{\partial\varphi}\ ,$$

$$-u_{i\mathrm{S}}(\omega)\,\mathrm{e}^{-\mathrm{j}k_S R\cos\vartheta}\sin\varphi = \tag{15.4.120}$$
$$\frac{1}{R\sin\vartheta}\frac{\partial^2}{\partial\varphi\partial R}[R\,U_i(R,\vartheta,\varphi,\omega,-\underline{\mathbf{e}}_z)] - k_S^2\frac{\partial V_i(R,\vartheta,\varphi,\omega,-\underline{\mathbf{e}}_z)}{\partial\vartheta}\ .$$

Man muss allerdings darauf achten, dass man die Komponenten des dyadischen Differentialoperators $\nabla\nabla$ in Kugelkoordinaten korrekt berechnet (oder in der Formelsammlung nachschlägt). Erfreulicherweise enthält (15.4.118) nur U_i und damit nur die u_{nm}-Koeffizienten; allerdings kennen wir mit (15.4.88) zwar die Eigenfunktionsentwicklung von $\mathrm{e}^{-\mathrm{j}kR\cos\vartheta}$, nicht jedoch diejenige von $\sin\vartheta\,\mathrm{e}^{-\mathrm{j}kR\cos\vartheta}$. Dies lässt sich aber schnell „reparieren", wenn wir

$$u_{i\mathrm{S}}(\omega)\,\mathrm{e}^{-\mathrm{j}k_S R\cos\vartheta}\sin\vartheta\cos\varphi = \frac{u_{i\mathrm{S}}(\omega)}{\mathrm{j}k_S R}\cos\varphi\frac{\partial}{\partial\vartheta}\mathrm{e}^{-\mathrm{j}k_S R\cos\vartheta} \tag{15.4.121}$$

beachten, denn dann folgt sofort:

$$u_{i\mathrm{S}}(\omega)\,\mathrm{e}^{-\mathrm{j}k_S R\cos\vartheta}\sin\vartheta\cos\varphi = \frac{u_{i\mathrm{S}}(\omega)}{\mathrm{j}k_S R}\cos\varphi\sum_{n=0}^{\infty}(-\mathrm{j})^n(2n+1)\mathrm{j}_n(k_S R)\mathrm{P}_n^1(\cos\vartheta)\ . \tag{15.4.122}$$

Da die Gleichungen (15.4.118)–(15.4.120) für *alle* Werte von R, ϑ und φ gelten müssen, erzwingt der Faktor $\cos\varphi$ auf der linken Seite von (15.4.120) einen ebensolchen Faktor auf der rechten Seite, sodass die Eigenfunktionsentwicklung von $U_i(R,\vartheta,\varphi,\omega,-\underline{\mathbf{e}}_z)$ zweifellos *so* aussehen muss:

$$U_i(R,\vartheta,\varphi,\omega,-\underline{\mathbf{e}}_z) = \cos\varphi \sum_{n=0}^{\infty} u_n^{(i)}(\omega)\mathrm{j}_n(k_\mathrm{S}R)\mathrm{P}_n^1(\cos\vartheta) \quad . \tag{15.4.123}$$

Angewandt auf die sphärischen Besselfunktionen in (15.4.123), liefert der Differentialoperator auf der rechten Seite von (15.4.118) gerade $n(n+1)\mathrm{j}_n(k_\mathrm{S}R)/R$, sodass sich schließlich

$$U_i(R,\vartheta,\varphi,\omega,-\underline{\mathbf{e}}_z) = \frac{u_{i\mathrm{S}}(\omega)}{\mathrm{j}k_\mathrm{S}} \cos\varphi \sum_{n=0}^{\infty}(-\mathrm{j})^n \frac{2n+1}{n(n+1)} \mathrm{j}_n(k_\mathrm{S}R)\mathrm{P}_n^1(\cos\vartheta) \tag{15.4.124}$$

als Eigenfunktionsentwicklung ergibt. Die Gleichungen (15.4.119) und (15.4.120) enthalten jeweils denselben R-Differentialoperator angewandt auf U_i, einmal mit einer zusätzlichen ϑ- und einmal mit einer zusätzlichen φ-Differentiation; deshalb bietet sich folgende Vorgehensweise an: Man differenziere (15.4.119) nach φ, multipliziere (15.4.120) mit $\sin\vartheta$ und differenziere die resultierende Gleichung nach ϑ; danach subtrahiere man beide Gleichungen voneinander: Die Terme mit U_i heben sich weg! Es verbleibt:

$$\begin{aligned}&\frac{1}{k_\mathrm{S}^2}\, u_{i\mathrm{S}}(\omega)\sin\varphi \frac{\partial}{\partial\vartheta}\left(\mathrm{e}^{-\mathrm{j}k_\mathrm{S}R\cos\vartheta}\right) = \\ &\frac{1}{\sin^2\vartheta}\frac{\partial^2 V_i(R,\vartheta,\varphi,\omega,-\underline{\mathbf{e}}_z)}{\partial\varphi^2} + \frac{1}{\sin\vartheta}\frac{\partial}{\partial\vartheta}\left[\sin\vartheta\,\frac{\partial V_i(R,\vartheta,\varphi,\omega,-\underline{\mathbf{e}}_z)}{\partial\vartheta}\right]\end{aligned} \tag{15.4.125}$$

Der Ansatz

$$V_i(R,\vartheta,\varphi,\omega,-\underline{\mathbf{e}}_z) = \sin\varphi \sum_{n=0}^{\infty} v_n^{(i)}(\omega)\mathrm{j}_n(k_\mathrm{S}R)\mathrm{P}_n^1(\cos\vartheta) \tag{15.4.126}$$

führt sodann mittels der Differentialgleichung (15.4.85) auf

$$V_i(R,\vartheta,\varphi,\omega,-\underline{\mathbf{e}}_z) = -\frac{u_{i\mathrm{S}}(\omega)}{k_\mathrm{S}^2} \sin\varphi \sum_{n=0}^{\infty}(-\mathrm{j})^n \frac{2n+1}{n(n+1)} \mathrm{j}_n(k_\mathrm{S}R)\mathrm{P}_n^1(\cos\vartheta) \quad . \tag{15.4.127}$$

In der nunmehr auch φ-abhängigen Gleichung (15.4.90) gemäß

$$\underline{\underline{\mathbf{T}}}(R,\vartheta,\varphi,\omega)\cdot\underline{\mathbf{e}}_R = -\lambda k_\mathrm{P}^2\Phi(R,\vartheta,\varphi,\omega)\,\underline{\mathbf{e}}_R + \mu\left[\nabla\underline{\mathbf{u}}(R,\vartheta,\varphi,\omega)\cdot\underline{\mathbf{e}}_R + \nabla\underline{\mathbf{u}}^{21}(R,\vartheta,\varphi,\omega)\cdot\underline{\mathbf{e}}_R\right] \tag{15.4.128}$$

benötigen wir im Gegensatz zu (15.4.91) und (15.4.92) auch die φ-Komponenten in $\nabla\underline{\mathbf{u}}\cdot\underline{\mathbf{e}}_R$ und $\nabla\underline{\mathbf{u}}^{21}\cdot\underline{\mathbf{e}}_R$:

$$\begin{aligned}\nabla\underline{\mathbf{u}}(R,\vartheta,\varphi,\omega)\cdot\underline{\mathbf{e}}_R = {}& \frac{\partial u_R(R,\vartheta,\varphi,\omega)}{\partial R}\,\underline{\mathbf{e}}_R + \frac{1}{R}\left[\frac{\partial u_R(R,\vartheta,\varphi,\omega)}{\partial\vartheta} - u_\vartheta(R,\vartheta,\varphi,\omega)\right]\underline{\mathbf{e}}_\vartheta + \\ &+\frac{1}{R\sin\vartheta}\left[\frac{\partial u_R(R,\vartheta,\varphi,\omega)}{\partial\varphi} - \sin\vartheta\, u_\varphi(R,\vartheta,\varphi,\omega)\right]\underline{\mathbf{e}}_\varphi \quad ,\end{aligned} \tag{15.4.129}$$

$$\nabla\underline{\mathbf{u}}^{21}(R,\vartheta,\varphi,\omega)\cdot\underline{\mathbf{e}}_R = \frac{\partial u_R(R,\vartheta,\varphi,\omega)}{\partial R}\,\underline{\mathbf{e}}_R + \frac{\partial u_\vartheta(R,\vartheta,\varphi,\omega)}{\partial\vartheta}\,\underline{\mathbf{e}}_\vartheta + \frac{\partial u_\varphi(R,\vartheta,\varphi,\omega)}{\partial\varphi}\,\underline{\mathbf{e}}_\varphi \quad . \tag{15.4.130}$$

Mit den Differentiationsvorschriften

$$u_R(R,\vartheta,\varphi,\omega) = \frac{\partial\Phi(R,\vartheta,\varphi,\omega)}{\partial R} + \frac{1}{R}\frac{\partial}{\partial R}\left[R^2\frac{\partial U(R,\vartheta,\varphi,\omega)}{\partial R}\right] + k_\mathrm{S}^2 R\,U(R,\vartheta,\varphi,\omega) \quad , \tag{15.4.131}$$

$$u_\vartheta(R,\vartheta,\varphi,\omega) = \frac{1}{R}\frac{\partial\Phi(R,\vartheta,\varphi,\omega)}{\partial\vartheta} + \frac{1}{R}\frac{\partial}{\partial R}\left[R\frac{\partial U(R,\vartheta,\varphi,\omega)}{\partial\vartheta}\right] + \\ + \frac{k_S^2}{\sin\vartheta}\frac{\partial V(R,\vartheta,\varphi,\omega)}{\partial\varphi} \quad , \tag{15.4.132}$$

$$u_\varphi(R,\vartheta,\varphi,\omega) = \frac{1}{R\sin\vartheta}\frac{\partial\Phi(R,\vartheta,\varphi,\omega)}{\partial\varphi} + \frac{1}{R\sin\vartheta}\frac{\partial}{\partial R}\left[R\frac{\partial U(R,\vartheta,\varphi,\omega)}{\partial\varphi}\right] - \\ - k_S^2\frac{\partial V(R,\vartheta,\varphi,\omega)}{\partial\vartheta} \tag{15.4.133}$$

folgt

$$T_{RR}(R,\vartheta,\varphi,\omega) = -\lambda k_P^2\Phi(R,\vartheta,\varphi,\omega) + 2\mu\frac{\partial^2\Phi(R,\vartheta,\varphi,\omega)}{\partial R^2} + \\ + 2\mu\frac{\partial}{\partial R}\left\{\frac{1}{R}\frac{\partial}{\partial R}\left[R^2\frac{\partial U(R,\vartheta,\varphi,\omega)}{\partial R}\right]\right\} + 2\mu k_S^2\frac{\partial}{\partial R}[RU(R,\vartheta,\varphi,\omega)] \quad , \tag{15.4.134}$$

$$\frac{1}{\mu}T_{\vartheta R}(R,\vartheta,\varphi,\omega) = 2\frac{\partial}{\partial R}\left[\frac{1}{R}\frac{\partial\Phi(R,\vartheta,\varphi,\omega)}{\partial\vartheta}\right] + \\ + 2\left(\frac{\partial^2}{\partial R^2} + \frac{1}{R}\frac{\partial}{\partial R} - \frac{1}{R^2}\right)\frac{\partial U(R,\vartheta,\varphi,\omega)}{\partial\vartheta} + k_S^2\frac{\partial U(R,\vartheta,\varphi,\omega)}{\partial\vartheta} + \\ + \frac{k_S^2}{\sin\vartheta}R\frac{\partial}{\partial R}\left[\frac{1}{R}\frac{\partial V(R,\vartheta,\varphi,\omega)}{\partial\varphi}\right] \quad , \tag{15.4.135}$$

$$\frac{1}{\mu}T_{\varphi R}(R,\vartheta,\varphi,\omega) = \frac{2}{\sin\vartheta}\frac{\partial}{\partial R}\left[\frac{1}{R}\frac{\partial\Phi(R,\vartheta,\varphi,\omega)}{\partial\varphi}\right] + \\ + \frac{2}{\sin\vartheta}\left(\frac{\partial^2}{\partial R^2} + \frac{1}{R}\frac{\partial}{\partial R} - \frac{1}{R^2}\right)\frac{\partial U(R,\vartheta,\varphi,\omega)}{\partial\varphi} + \frac{k_S^2}{\sin\vartheta}\frac{\partial U(R,\vartheta,\varphi,\omega)}{\partial\varphi} - \\ - k_S^2 R\frac{\partial}{\partial R}\left[\frac{1}{R}\frac{\partial V(R,\vartheta,\varphi,\omega)}{\partial\vartheta}\right] \tag{15.4.136}$$

In (15.4.134) ist $\Phi = \Phi_s$ und $U = U_i + U_s$; da U_i $\cos\varphi$ und P_n^1 enthält, sind die folgenden Spezialisierungen der Streupotentialentwicklungen Φ_s und U_s zwingend:

$$\Phi_s(R,\vartheta,\varphi,\omega) = \cos\varphi\sum_{n=0}^{\infty}\phi_n^{(s)}(\omega)\mathrm{h}_n^{(1)}(k_P R)\mathrm{P}_n^1(\cos\vartheta) \quad , \tag{15.4.137}$$

$$U_s(R,\vartheta,\varphi,\omega) = \cos\varphi\sum_{n=0}^{\infty}u_n^{(s)}(\omega)\mathrm{h}_n^{(1)}(k_S R)\mathrm{P}_n^1(\cos\vartheta) \quad , \tag{15.4.138}$$

denn die Differentialoperatoren in (15.4.134) wirken nur auf die sphärischen Zylinderfunktionen, und folglich ist die Orthogonalitätsrelation (15.4.95) für $m = 1$ anwendbar. In (15.4.135) und (15.4.136) treten aber neben R- auch φ- und ϑ-Differentiationen auf; zunächst: In (15.4.135) ist $V = V_i + V_s$; wenn also

$$V_s(R,\vartheta,\varphi,\omega) = \sin\varphi\sum_{n=0}^{\infty}v_n^{(s)}(\omega)\mathrm{h}_n^{(1)}(k_S R)\mathrm{P}_n^1(\cos\vartheta) \tag{15.4.139}$$

spezialisiert wird, dann enthalten alle Terme von (15.4.135) $\cos\varphi$ und alle Terme von (15.4.136) $\sin\varphi$, und damit kann die φ-Abhängigkeit aus den für $R = a$ homogenen Randbedingungsgleichungen (15.4.134)–(15.4.136) eliminiert werden. Allerdings kann die Orthogonalitätsrelation

(15.4.95) nicht unmittelbar angewandt werden, da die ϑ-Differentiationen in den beiden Gleichungen (15.4.135) und (15.4.136) sowohl „gutartige“ $\mathrm{P}_n^1(\cos\vartheta)$-Terme als auch „unerfreuliche“ $\partial \mathrm{P}_n^1(\cos\vartheta)/\partial\vartheta$-Terme erzeugen, und letztere lassen sich gemäß (Stratton, 1941: allerdings ist dort das Vorzeichen falsch)

$$\frac{\partial \mathrm{P}_n^1(\cos\vartheta)}{\partial\vartheta} = -\frac{1}{2}\left[n(n+1)\mathrm{P}_n(\cos\vartheta) - \mathrm{P}_n^2(\cos\vartheta)\right] \tag{15.4.140}$$

— bei Beibehaltung des unteren Index — „nur“ in P_n- und P_n^2-Terme umformen. Folgende Argumentation führt aber zum Ziel: Die abkürzende Schreibweise

$$\frac{1}{\mu}T_{\vartheta R}(R,\vartheta,\varphi,\omega) = \partial_R^\Phi \frac{\partial\Phi(R,\vartheta,\varphi,\omega)}{\partial\vartheta} + \partial_R^U \frac{\partial U(R,\vartheta,\varphi,\omega)}{\partial\vartheta} + \frac{k_\mathrm{S}^2}{\sin\vartheta}\partial_R^V \frac{\partial V(R,\vartheta,\varphi,\omega)}{\partial\varphi} \quad , \tag{15.4.141}$$

$$\frac{1}{\mu}T_{\varphi R}(R,\vartheta,\varphi,\omega) = \frac{1}{\sin\vartheta}\partial_R^\Phi \frac{\partial\Phi(R,\vartheta,\varphi,\omega)}{\partial\varphi} + \frac{1}{\sin\vartheta}\partial_R^U \frac{\partial U(R,\vartheta,\varphi,\omega)}{\partial\varphi} - k_\mathrm{S}^2\partial_R^V \frac{\partial V(R,\vartheta,\varphi,\omega)}{\partial\vartheta} \tag{15.4.142}$$

von (15.4.135) und (15.4.136) mittels Φ, U, V-spezifischen R-Differentialoperatoren $\partial_R^\Phi, \partial_R^U, \partial_R^V$ macht besonders deutlich, dass in beiden Gleichungen dieselben Differentiationen vorkommen, sodass wir sie nach Einsetzen der Reihenentwicklungen (15.4.137)–(15.4.139) für $R = a$ mit jeweils gleichen Koeffizienten $\alpha_n(a,\omega)$ und $\beta_n(a,\omega)$ gemäß

$$\alpha_n(a,\omega) = \phi_n^{(s)}(\omega)\partial_R^\Phi \mathrm{h}_n^{(1)}(k_\mathrm{P}R)\Big|_{R=a} + u_n^{(s)}(\omega)\partial_R^U \mathrm{h}_n^{(1)}(k_\mathrm{S}R)\Big|_{R=a} + u_n^{(i)}(\omega)\partial_R^U \mathrm{j}_n(k_\mathrm{S}R)\Big|_{R=a} \quad , \tag{15.4.143}$$

$$\beta_n(a,\omega) = k_\mathrm{S}^2 v_n^{(s)}(\omega)\partial_R^V \mathrm{h}_n^{(1)}(k_\mathrm{S}R)\Big|_{R=a} + k_\mathrm{S}^2 v_n^{(i)}(\omega)\partial_R^V \mathrm{j}_n(k_\mathrm{S}R)\Big|_{R=a} \tag{15.4.144}$$

so schreiben können:

$$\sum_{n=0}^\infty \left[\alpha_n(a,\omega)\sin^2\vartheta\frac{\partial \mathrm{P}_n^1(\cos\vartheta)}{\partial\vartheta} + \beta_n(a,\omega)\sin\vartheta \mathrm{P}_n^1(\cos\vartheta)\right] = 0 \quad , \tag{15.4.145}$$

$$\sum_{n=0}^\infty \left[\alpha_n(a,\omega)\sin\vartheta \mathrm{P}_n^1(\cos\vartheta) - \beta_n(a,\omega)\sin^2\vartheta\frac{\partial \mathrm{P}_n^1(\cos\vartheta)}{\partial\vartheta}\right] = 0 \quad ; \tag{15.4.146}$$

die $u_n^{(i)}$- und $v_n^{(i)}$-Koeffizienten kennen wir aus (15.4.124) bzw. (15.4.127). Multiplikation beider Gleichungen mit $\mathrm{P}_{n'}^1(\cos\vartheta)$ und Integration bezüglich ϑ von 0 bis π liefert entsprechend der Orthogonalitätsrelation (15.4.95) für $m = 1$:

$$\beta_{n'}(a,\omega) = -\sum_{n=0}^\infty \alpha_n(a,\omega)\underbrace{\frac{2n'+1}{2n'(n'+1)}\int_0^\pi \sin^2\vartheta\,\frac{\partial \mathrm{P}_n^1(\cos\vartheta)}{\partial\vartheta}\,\mathrm{P}_{n'}^1(\cos\vartheta)\,\mathrm{d}\vartheta}_{=\,\gamma_{nn'}} \quad , \tag{15.4.147}$$

$$\alpha_{n'}(a,\omega) = \sum_{n=0}^\infty \beta_n(a,\omega)\underbrace{\frac{2n'+1}{2n'(n'+1)}\int_0^\pi \sin^2\vartheta\,\frac{\partial \mathrm{P}_n^1(\cos\vartheta)}{\partial\vartheta}\,\mathrm{P}_{n'}^1(\cos\vartheta)\,\mathrm{d}\vartheta}_{=\,\gamma_{nn'}} \quad ; \tag{15.4.148}$$

Setzen wir beispielsweise (15.4.148) in (15.4.147) ein — wir nennen den Summationsindex in (15.4.147) n'' —, so folgt

$$\beta_{n'}(a,\omega) = -\sum_{n''=0}^\infty \gamma_{n''n'}\sum_{n=0}^\infty \beta_n(a,\omega)\gamma_{nn''} \tag{15.4.149}$$

$$= -\sum_{n=0}^\infty \beta_n(a,\omega)\sum_{n''=0}^\infty \gamma_{nn''}\gamma_{n''n'} \quad ; \tag{15.4.150}$$

also muss gelten

$$\sum_{n''=0}^{\infty} \gamma_{nn''}\gamma_{n''n'} = -\delta_{nn'} \quad . \tag{15.4.151}$$

Für eine numerische Auswertung müssen die Reihenentwicklungen, sagen wir: bei $n = n' = n'' = N$, abgebrochen werden; dann „füllen“ die $\gamma_{nn'}$ eine $N \times N$-Matrix $\underline{\underline{\boldsymbol{\Gamma}}}$, und (15.4.151) lässt sich schreiben:

$$\underline{\underline{\boldsymbol{\Gamma}}} \cdot \underline{\underline{\boldsymbol{\Gamma}}} = -\underline{\underline{\boldsymbol{I}}} \quad , \tag{15.4.152}$$

wobei $\underline{\underline{\boldsymbol{I}}}$ die $N \times N$-Einheitsmatrix ist; der Punkt bedeutet wie üblich Kontraktion benachbarter Indizes. Mit den Rechenregeln $\det(\underline{\underline{\boldsymbol{\Gamma}}} \cdot \underline{\underline{\boldsymbol{\Gamma}}}) = \det^2 \underline{\underline{\boldsymbol{\Gamma}}}$ und $\det(-\underline{\underline{\boldsymbol{I}}}) = -\det \underline{\underline{\boldsymbol{I}}} = -1$ sieht man sofort, dass dies nicht gelten kann. Konsequenz ist, dass sowohl in (15.4.145) als auch in (15.4.146) die Summen einzeln gleich null sein müssen:

$$\sum_{n=0}^{\infty} \beta_n(a,\omega) \sin\vartheta \, \mathrm{P}_n^1(\cos\vartheta) = 0 \quad , \tag{15.4.153}$$

$$\sum_{n=0}^{\infty} \alpha_n(a,\omega) \sin\vartheta \, \mathrm{P}_n^1(\cos\vartheta) = 0 \quad , \tag{15.4.154}$$

$$\sum_{n=0}^{\infty} \alpha_n(a,\omega) \sin^2\vartheta \, \frac{\partial \mathrm{P}_n^1(\cos\vartheta)}{\partial\vartheta} = 0 \quad , \tag{15.4.155}$$

$$\sum_{n=0}^{\infty} \beta_n(a,\omega) \sin^2\vartheta \, \frac{\partial \mathrm{P}_n^1(\cos\vartheta)}{\partial\vartheta} = 0 \quad . \tag{15.4.156}$$

Jetzt liefert die Orthogonalitätsrelation (15.4.95) für $m = 1$:

$$\beta_n(a,\omega) = 0 \quad , \tag{15.4.157}$$

$$\alpha_n(a,\omega) = 0 \quad , \tag{15.4.158}$$

wenn wir (15.4.153) und (15.4.154) verwenden; mit (15.4.157) und (15.4.158) stimmen aber auch die Forderungen (15.4.155) und (15.4.156). Wegen (15.4.144) konstatiert (15.4.157) zunächst die Entkopplung des V-Potentials vom U-Potential; explizit finden wir

$$\begin{aligned} v_n^{(s)}(\omega) &= -v_n^{(i)}(\omega) \left. \frac{\partial_R^V \mathrm{j}_n(k_\mathrm{S}R)}{\partial_R^V \mathrm{h}_n^{(1)}(k_\mathrm{S}R)} \right|_{R=a} \\ &= -v_n^{(i)}(\omega) \frac{k_\mathrm{S}a \, \mathrm{j}_n'(k_\mathrm{S}a) - \mathrm{j}_n(k_\mathrm{S}a)}{k_\mathrm{S}a \, \mathrm{h}_n^{(1)\prime}(k_\mathrm{S}a) - \mathrm{h}_n^{(1)}(k_\mathrm{S}a)} \quad , \end{aligned} \tag{15.4.159}$$

wobei die Striche an den sphärischen Zylinderfunktionen Ableitungen nach dem Argument bedeuten. Die $v_n^{(i)}(\omega)$ lesen wir aus (15.4.127) ab:

$$v_n^{(i)}(\omega) = -\frac{u_{i\mathrm{S}}(\omega)}{k_\mathrm{S}^2} (-\mathrm{j})^n \frac{2n+1}{n(n+1)} \quad . \tag{15.4.160}$$

Zur Berechnung der Entwicklungskoeffizienten $\phi_n^{(s)}(\omega)$ und $u_n^{(s)}(\omega)$ müssen wir (15.4.158) gemäß

$$\begin{aligned} &\left[k_\mathrm{P}a \, \mathrm{h}_n^{(1)\prime}(k_\mathrm{P}a) - \mathrm{h}_n^{(1)}(k_\mathrm{P}a)\right] \phi_n^{(s)}(\omega) + \\ &+ \left\{ \left[n(n+1) - 1 - \frac{k_\mathrm{S}^2 a^2}{2} \right] \mathrm{h}_n^{(1)}(k_\mathrm{S}a) - k_\mathrm{S}a \, \mathrm{h}_n^{(1)\prime}(k_\mathrm{S}a) \right\} u_n^{(s)}(\omega) = \\ &- \left\{ \left[n(n+1) - 1 - \frac{k_\mathrm{S}^2 a^2}{2} \right] \mathrm{j}_n(k_\mathrm{S}a) - k_\mathrm{S}a \, \mathrm{j}_n'(k_\mathrm{S}a) \right\} u_n^{(i)}(\omega) \end{aligned} \tag{15.4.161}$$

mit der sich aus (15.4.134) ergebenden Randbedingung für $T_{RR}(a,\vartheta,\varphi,\omega)=0$ kombinieren[33]:

$$\begin{aligned}\Big\{\Big[2n(n+1)-k_{\rm S}^2a^2\Big]\,{\rm h}_n^{(1)}(k_{\rm P}a)-4k_{\rm P}a\,{\rm h}_n^{(1)'}(k_{\rm P}a)\Big\}\;\phi_n^{(s)}(\omega)\;+\\ +2n(n+1)\Big[k_{\rm S}a\,{\rm h}_n^{(1)'}(k_{\rm S}a)-{\rm h}_n^{(1)}(k_{\rm S}a)\Big]\;u_n^{(s)}(\omega)=\\ -2n(n+1)\,[k_{\rm S}a\,{\rm j}_n'(k_{\rm S}a)-{\rm j}_n(k_{\rm S}a)]\;u_n^{(i)}(\omega)\end{aligned} \qquad (15.4.162)$$

Die $u_n^{(i)}(\omega)$ lesen wir aus (15.4.124) ab:

$$u_n^{(i)}(\omega)=\frac{u_{i\rm S}(\omega)}{{\rm j}k_{\rm S}}\,(-{\rm j})^n\,\frac{2n+1}{n(n+1)} \quad . \qquad (15.4.163)$$

Mit den Entwicklungskoeffizienten der Potentiale kann man schließlich gemäß (15.4.131)–

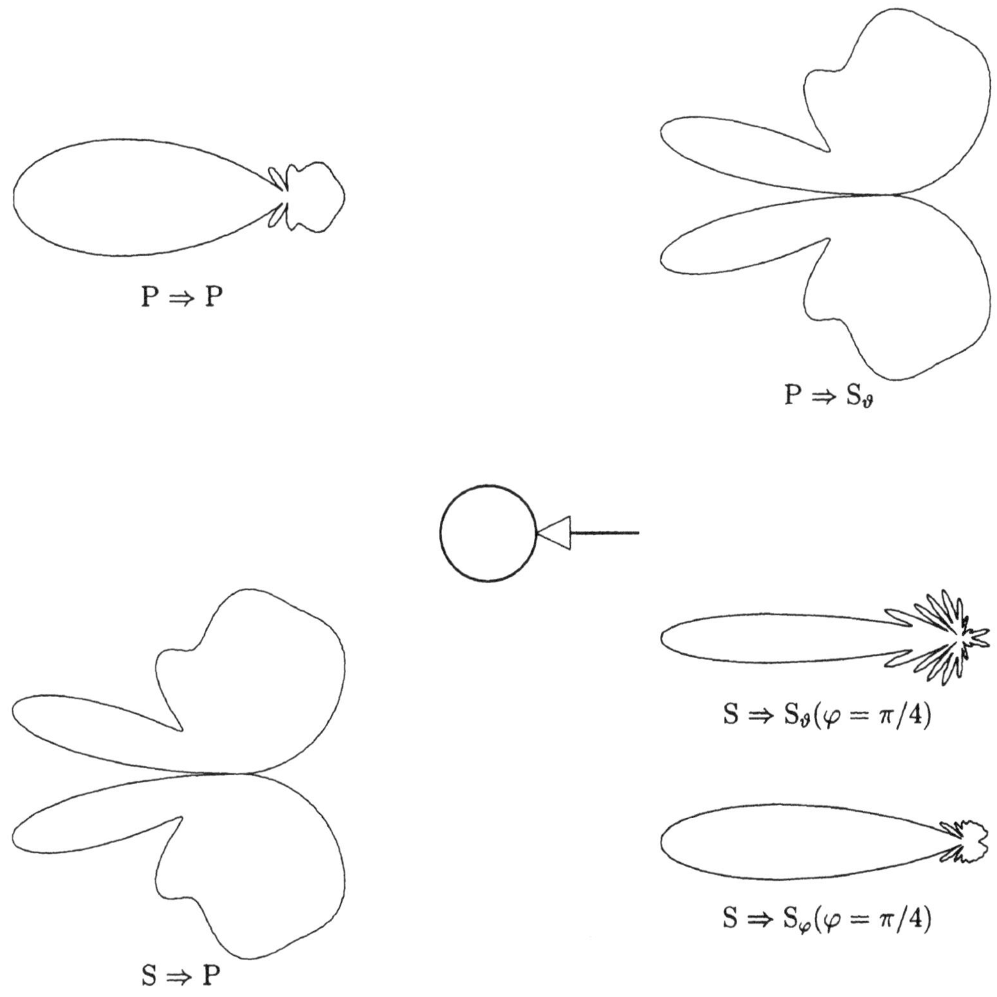

Abb. 15.4.26: *Fernfeld-Streudiagramme des kugelförmigen Hohlraums im homogen-isotropen Material (Stahl) für einfallende ebene Wellen;* $k_{\rm P}a=10.39$, $k_{\rm S}a=19.18$: $\lambda_{\rm P}=a$

[33] Genauso werden die Entwicklungskoeffizienten von Brill und Gaunaurd (1987) angegeben, allerdings ohne Rechnung.

(15.4.133) die Komponenten der Teilchenverschiebung berechnen:

$$u_{sR}(R,\vartheta,\varphi,\omega) = \cos\varphi \sum_{n=0}^{\infty}\left[k_{\mathrm{P}}\phi_n^{(s)}(\omega)\mathrm{h}_n^{(1)\prime}(k_{\mathrm{P}}R) + n(n+1)u_n^{(s)}(\omega)\,\frac{\mathrm{h}_n^{(1)}(k_{\mathrm{S}}R)}{R}\right]\mathrm{P}_n^1(\cos\vartheta)\quad, \tag{15.4.164}$$

$$\begin{aligned} u_{s\vartheta}(R,\vartheta,\varphi,\omega) = \cos\varphi \sum_{n=0}^{\infty}\Bigg\{&\phi_n^{(s)}(\omega)\,\frac{\mathrm{h}_n^{(1)}(k_{\mathrm{P}}R)}{R}\frac{\partial \mathrm{P}_n^1(\cos\vartheta)}{\partial\vartheta} + \\ &+u_n^{(s)}(\omega)\left[k_{\mathrm{S}}\mathrm{h}_n^{(1)\prime}(k_{\mathrm{S}}R) + \frac{\mathrm{h}_n^{(1)}(k_{\mathrm{S}}R)}{R}\right]\frac{\partial \mathrm{P}_n^1(\cos\vartheta)}{\partial\vartheta} + \\ &+k_{\mathrm{S}}^2 v_n^{(s)}(\omega)\mathrm{h}_n^{(1)}(k_{\mathrm{S}}R)\,\frac{\mathrm{P}_n^1(\cos\vartheta)}{\sin\vartheta}\Bigg\}\quad, \end{aligned} \tag{15.4.165}$$

$$\begin{aligned} u_{s\varphi}(R,\vartheta,\varphi,\omega) = -\sin\varphi \sum_{n=0}^{\infty}\Bigg\{&\phi_n^{(s)}(\omega)\,\frac{\mathrm{h}_n^{(1)}(k_{\mathrm{P}}R)}{R}\frac{\mathrm{P}_n^1(\cos\vartheta)}{\sin\vartheta} + \\ &+u_n^{(s)}(\omega)\left[k_{\mathrm{S}}\mathrm{h}_n^{(1)\prime}(k_{\mathrm{S}}R) + \frac{\mathrm{h}_n^{(1)}(k_{\mathrm{S}}R)}{R}\right]\frac{\mathrm{P}_n^1(\cos\vartheta)}{\sin\vartheta} + \\ &+k_{\mathrm{S}}^2 v_n^{(s)}(\omega)\mathrm{h}_n^{(1)}(k_{\mathrm{S}}R)\,\frac{\partial \mathrm{P}_n^1(\cos\vartheta)}{\partial\vartheta}\Bigg\} \end{aligned} \tag{15.4.166}$$

Natürlich gelten diese Darstellungen nur für $R \geq a$. Interessant ist, dass es hinsichtlich der R-Abhängigkeit der Komponenten Übereinstimmungen mit denjenigen des P-Einfalls (Gleichungen (15.4.98) und (15.4.99)) gibt. Mit den Asymptotiken (15.4.98) und (15.4.99) erhalten wir wieder die Fernfeldnäherungen:

$$u_{sR}^{\mathrm{fern}}(R,\vartheta,\varphi,\omega) = \frac{\mathrm{e}^{\mathrm{j}k_{\mathrm{P}}R}}{R}\,k_{\mathrm{P}}\,\cos\varphi\sum_{n=0}^{\infty}\mathrm{j}^{-n}\phi_n^{(s)}(\omega)\mathrm{P}_n^1(\cos\vartheta)\quad, \tag{15.4.167}$$

$$u_{s\vartheta}^{\mathrm{fern}}(R,\vartheta,\varphi,\omega) = \frac{\mathrm{e}^{\mathrm{j}k_{\mathrm{S}}R}}{R}\,k_{\mathrm{S}}\,\cos\varphi\sum_{n=0}^{\infty}\mathrm{j}^{-n}\left[u_n^{(s)}(\omega)\frac{\partial \mathrm{P}_n^1(\cos\vartheta)}{\partial\vartheta} - \mathrm{j}k_{\mathrm{S}}v_n^{(s)}(\omega)\,\frac{\mathrm{P}_n^1(\cos\vartheta)}{\sin\vartheta}\right],\tag{15.4.168}$$

$$u_{s\varphi}^{\mathrm{fern}}(R,\vartheta,\varphi,\omega) = -\frac{\mathrm{e}^{\mathrm{j}k_{\mathrm{S}}R}}{R}\,k_{\mathrm{S}}\,\sin\varphi\sum_{n=0}^{\infty}\mathrm{j}^{-n}\left[u_n^{(s)}(\omega)\frac{\mathrm{P}_n^1(\cos\vartheta)}{\sin\vartheta} - \mathrm{j}k_{\mathrm{S}}v_n^{(s)}(\omega)\,\frac{\partial \mathrm{P}_n^1(\cos\vartheta)}{\partial\vartheta}\right].\tag{15.4.169}$$

Zur Berechnung der ϑ-Ableitung von $\mathrm{P}_n^1(\cos\vartheta)$ kann man (15.4.140) verwenden, und mit (15.4.82) und (15.4.83) kann man zeigen, dass $\mathrm{P}_n^1(\cos\vartheta)/\sin\vartheta$ für $\vartheta = 0, \pi$ nicht singulär ist. Wie im P-Fall ist die Modenentkopplung durch Long- und Trans-Polarisation wieder explizit gegeben. Man beachte aber, dass in die Transversalkomponenten *beide* Scherwellenentwicklungskoeffizienten eingehen, d.h. deren Entkopplung spiegelt sich nicht in den Teilchenverschiebungskomponenten des Kugelkoordinatensystems wider: Es handelt sich eben um S- und nicht SV- bzw. SH-Streuung. Übrigens: Die Fernfeldnäherung gemäß (13.1.47), also durch die Substitution $\nabla \stackrel{\mathrm{fern}}{\Longrightarrow} \mathrm{j}k_{\mathrm{P,S}}\hat{\underline{\mathbf{R}}}$, lässt sich nicht unmittelbar am Debye-Ansatz (15.4.105) durchführen, da dort neben den Differentialoperatoren der Ortsvektor $\underline{\mathbf{R}}$ explizit vorkommt: Definiert man beispielsweise ein vektorielles Debye-Potential $\underline{\mathbf{U}} = U\,\underline{\mathbf{R}}$, so gilt $\underline{\mathbf{U}}^{\mathrm{fern}} \neq U^{\mathrm{fern}}\underline{\mathbf{R}}$.

Die Abbildungen 15.4.26–15.4.31 zeigen Ergebnisse der numerischen Auswertung von (15.4.167)–(15.4.169), und zwar einmal im Frequenzbereich als Streudiagramme und sodann nach inverser Fourier-Transformation im Zeitbereich als Streuimpulse. Für Stahl als Einbettungsmaterial eines kugelförmigen Hohlraums sind in Abb. 15.4.26 Streudiagramme jeweils für eine einfallende ebene P- bzw. S-Welle ($\underline{\mathbf{e}}_x$-Polarisation) sowohl für den direkt gestreuten als auch für den modekonvertierten Anteil ($k_{\mathrm{P}}a = 6.28$, $k_{\mathrm{S}}a = 11.58$) dargestellt; für die direkte Scherwellenstreuung

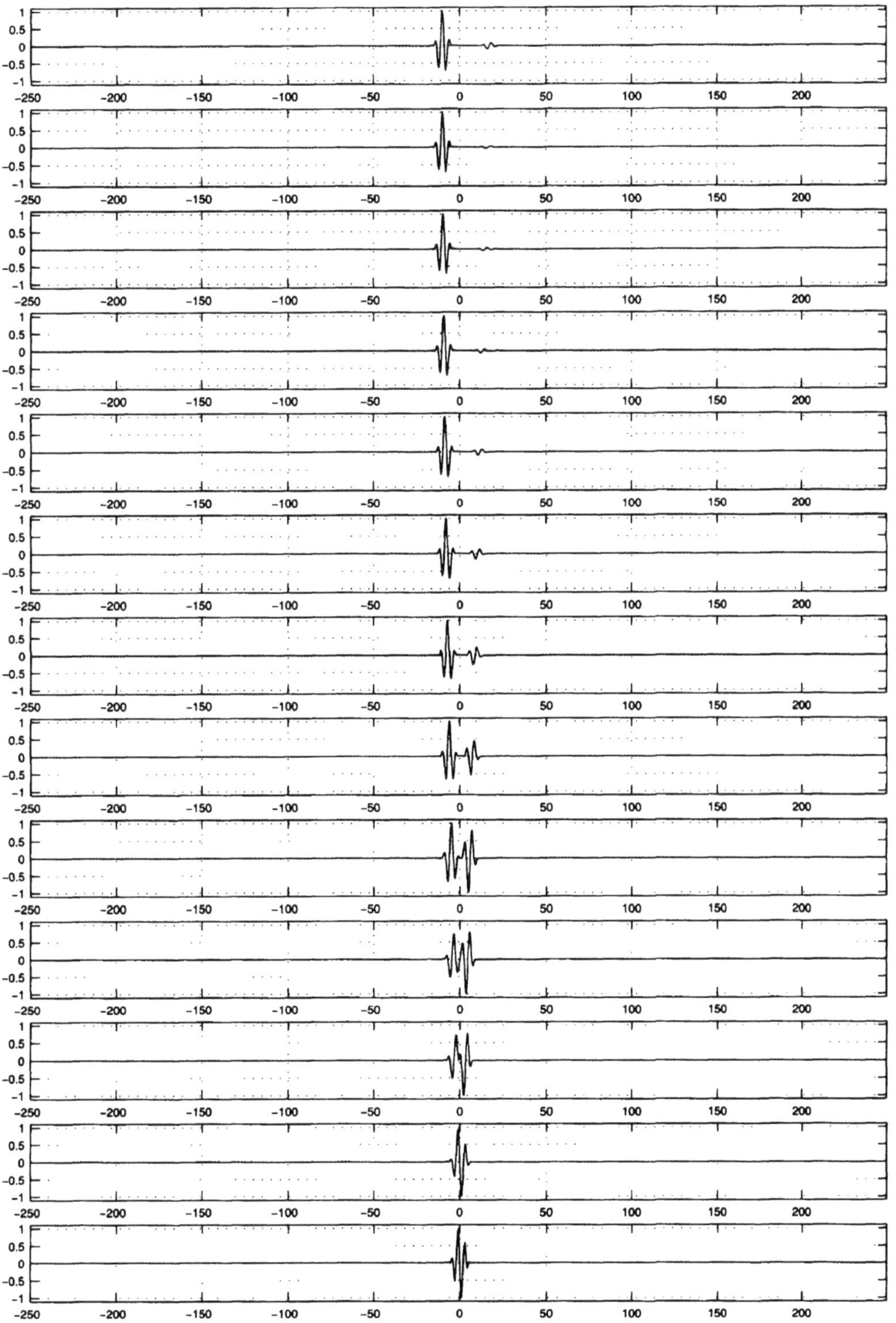

Abb. 15.4.27: P-Fernfeld-Streuimpulse des kugelförmigen Hohlraums im homogen-isotropen Material (Stahl) für eine einfallende ebene P-Welle; $k_{\mathrm{P}}a = 6.28$, $k_{\mathrm{S}}a = 11.58$ *für die Mittenfrequenz 200 KHz des RC2-Impulsspektrums;* $a = 29.5 \cdot 10^{-3}$ m $(\lambda_{\mathrm{P}} = a)$

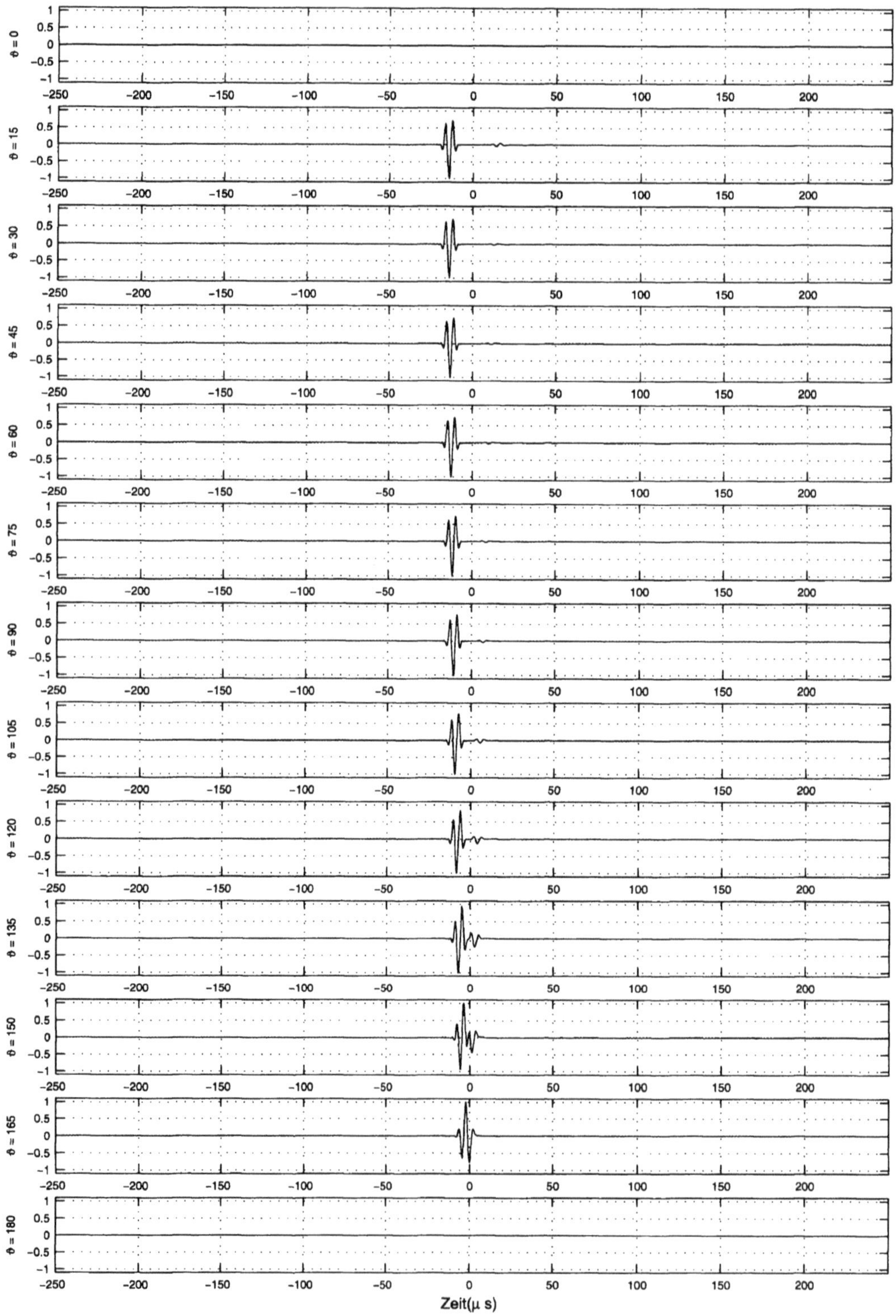

Abb. 15.4.28: S-Fernfeld-Streuimpulse (ϑ-Komponente für $\varphi = 0$) des kugelförmigen Hohlraums im homogen-isotropen Material (Stahl) für eine einfallende ebene P-Welle; $k_{\text{P}}a = 6.28$, $k_{\text{S}}a = 11.58$ für die Mittenfrequenz 200 KHz des RC2-Impulsspektrums; $a = 29.5 \cdot 10^{-3}$ m ($\lambda_{\text{P}} = a$)

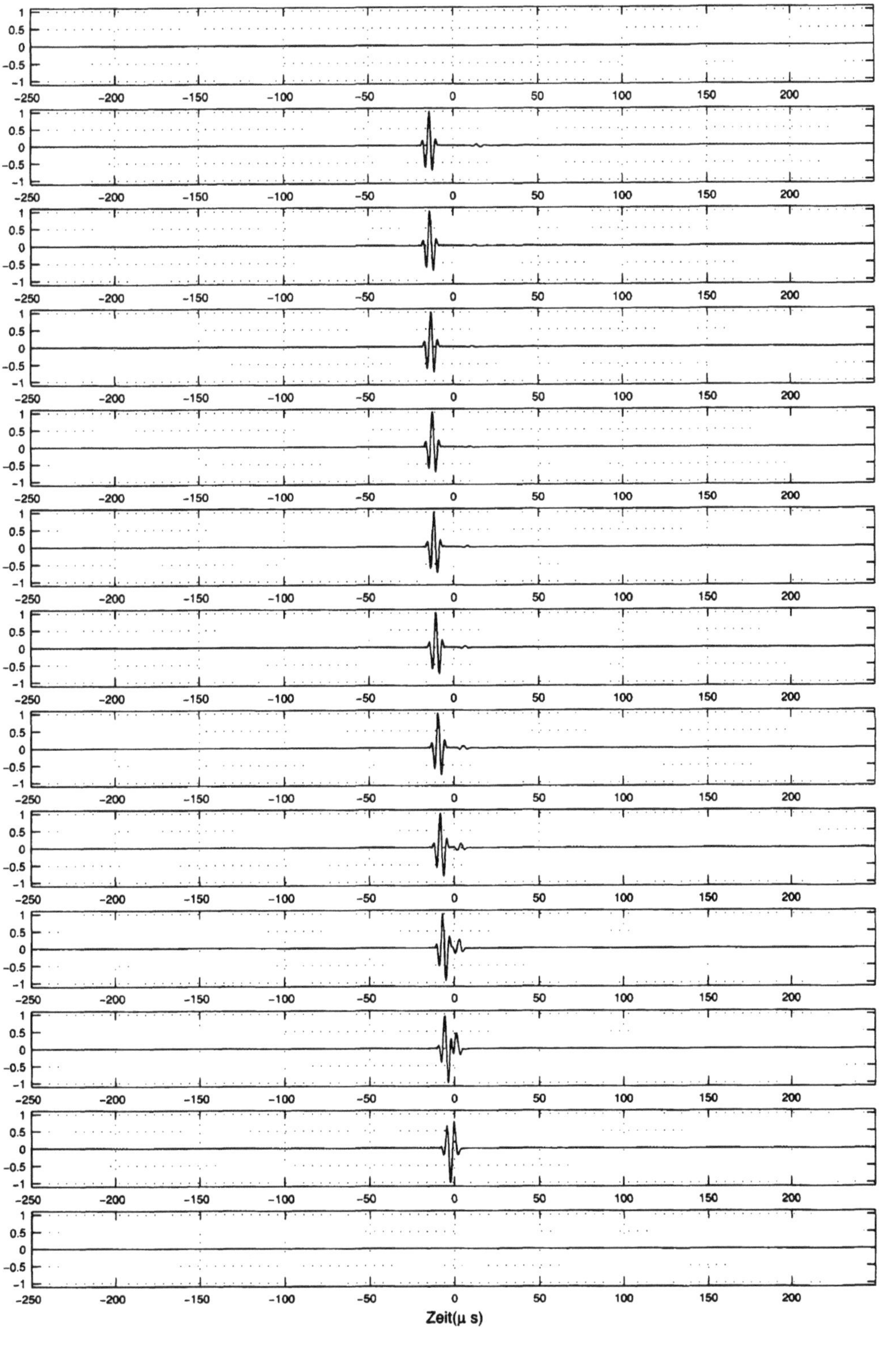

Abb. 15.4.29: *P-Fernfeld-Streuimpulse des kugelförmigen Hohlraums im homogen-isotropen Material (Stahl) für eine einfallende ebene S-Welle;* $k_{\text{P}}a = 6.28$, $k_{\text{S}}a = 11.58$ *für die Mittenfrequenz 200 KHz des RC2-Impulsspektrums;* $a = 29.5 \cdot 10^{-3}\ m$ $(\lambda_{\text{P}} = a)$

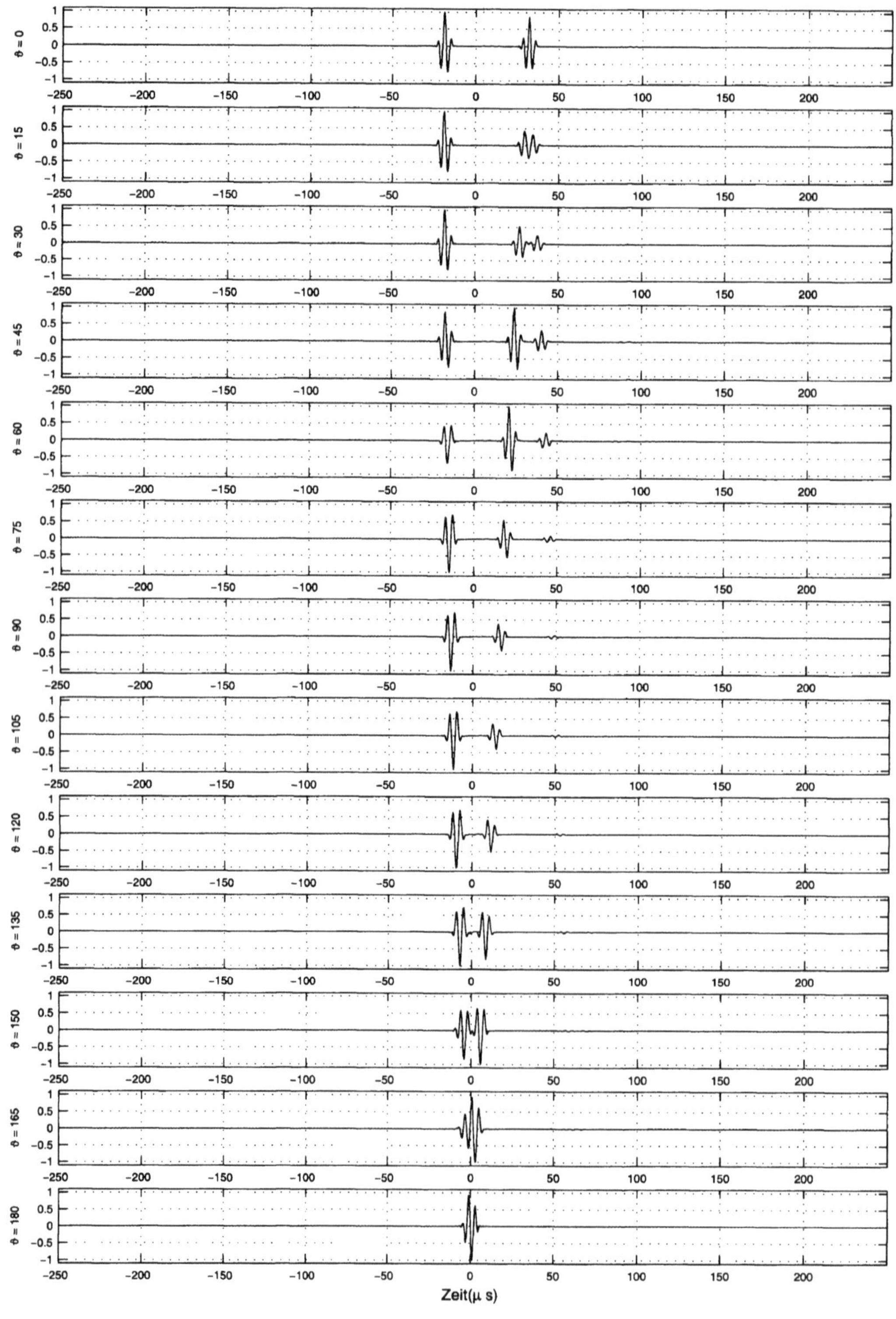

Abb. 15.4.30: *S-Fernfeld-Streuimpulse (ϑ-Komponente für $\varphi = 0$) des kugelförmigen Hohlraums im homogen-isotropen Material (Stahl) für eine einfallende ebene S-Welle; $k_{\mathrm{P}}a = 6.28$, $k_{\mathrm{S}}a = 11.58$ für die Mittenfrequenz 200 KHz des RC2-Impulsspektrums; $a = 29.5 \cdot 10^{-3}$ m ($\lambda_{\mathrm{P}} = a$)*

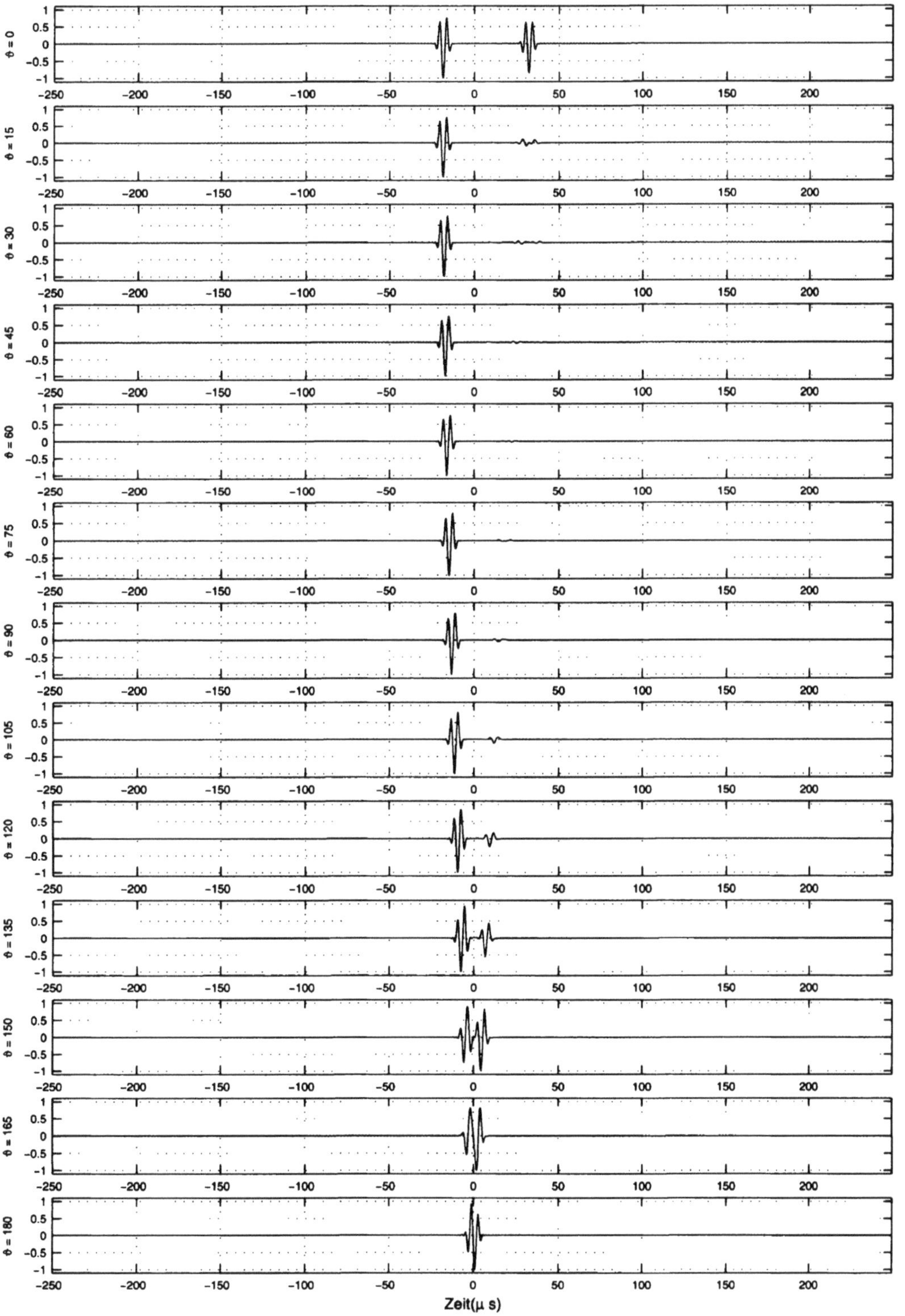

Abb. 15.4.31: *S-Fernfeld-Streuimpulse (φ-Komponente für $\varphi = \pi/2$) des kugelförmigen Hohlraums im homogen-isotropen Material (Stahl) für eine einfallende ebene S-Welle; $k_P a = 6.28$, $k_S a = 11.58$ für die Mittenfrequenz 200 KHz des RC2-Impulsspektrums; $a = 29.5 \cdot 10^{-3}$ m ($\lambda_P = a$)*

haben wir eine Ebene ($\varphi = \pi/4$) ausgewählt, in der *beide* transversalen Komponenten ungleich null sind, denn offenbar unterscheiden sich die beiden Diagramme. Wie üblich ist festzuhalten, dass wegen der kleineren Scherwellenlänge diese Diagramme mehr Nebenkeulen als das (P$\Longrightarrow$P)-Diagramm aufweisen, und deswegen ist auch die Vorwärtsstreuung stärker gebündelt; letztere dient im Übrigen in der Überlagerung mit dem einfallenden Feld zur Bildung des „Schattens" der Pore, denn *hier* ist ja nur das *Streu*feld dargestellt. Die — im Übrigen identischen Modekonversionsdiagramme — zeigen deshalb in Vorwärtsstreurichtung eine Nullstelle und ebenso — gemäß den Punktrichtwirkungen des Green'schen Tensors 3. Stufe (Abbildung 13.2.6) — in Rückstreurichtung.

Durch Vorgabe von $u_{i\mathrm{P}}(\omega)$ bzw. $u_{i\mathrm{S}}(\omega)$ als RC2-Impulsspektren mit einer Mittenfrequenz von 200 KHz, Auswertung von (15.4.167)–(15.4.169) in dem relevanten RC2-Frequenzband und nachfolgender inverser Fourier-Transformation berechnet man für jede $\underline{\hat{\mathbf{R}}}$-Streurichtung Fernfeldstreuimpulse, wie sie in den Abbildungen 15.4.27–15.4.31 dargestellt sind[34]. Gegenüber den Streuimpulsen für die Zylinderpore (Abbildung 15.4.11) haben wir diesmal eine absolute Zeitachse in μs gewählt; lediglich die Laufzeit vom Koordinatenursprung im Mittelpunkt der Kugel zum Fernfeldaufpunkt ist subtrahiert, wodurch z.B. die (P$\Longrightarrow$P)- und (S$\Longrightarrow$S)-Rückstreuimpulse (Abbildung 15.4.27 bzw. Abbildungen 15.4.30 und 15.4.31) um $2t_a^{\mathrm{P}} = 2a/c_{\mathrm{P}}$ bzw. $2t_a^{\mathrm{S}} = 2a/c_{\mathrm{S}}$ *vor* dem Zeitnullpunkt am Aufpunkt eintreffen, da sie ja an der Vorderseite der Kugel „entstehen", der Zeitnullpunkt aber dem Durchgang des Maximums des einfallenden ebenen RC2-Impulses durch die xy-Ebene zugeordnet ist. Den modekonvertierten Streudiagrammen der Abb. 15.4.26 entsprechend, gibt es in Rückstreurichtung keine modekonvertierten Impulse (Abbildungen 15.4.28 und 15.4.29). Abbildung 15.4.27 entnimmt man, dass Kriechwellen erzeugt werden, die jedoch gegenüber der Zylinderpore (Abbildung 15.4.11) deutlich größere relative Amplituden aufweisen, da sie ja in jeder $R\varphi$-Ebene um die Kugel herumlaufen können. Bewegt man sich mit dem Aufpunkt von der Rückstreu- zur Vorwärtsstreurichtung (Abfolge der Einzelbilder in den Abbildungen 15.4.27–15.4.31), so läuft *diejenige* Kriechwelle mit dem kürzeren Laufweg mit zunehmender Amplitude — die andere ist schon zu stark abgeklungen, um sichtbar zu sein — auf den direkt gestreuten Impuls zu und überlagert sich diesem in Vorwärtsstreurichtung. Im (S$\Longrightarrow$S)-Fall (Abbildung 15.4.30: ϑ-Komponente für $\varphi = 0$; Abbildung 15.4.31: φ-Komponente für $\varphi = \pi/2$) ist die Kriechwellenamplitude in Rückstreurichtung fast so groß wie die Amplitude des direkt gestreuten Impulses, und in der ($\varphi = 0$)-Ebene — die ϑ-Komponente ist in dieser Ebene bezüglich der einfallenden Welle quasi einee SV-Komponente — sieht man sehr schön mit zunehmendem ϑ *beide* umlaufenden Kriechwellen (*beide* meint: im und gegen den Uhrzeigersinn).

15.5 3D-Systemmodell der Ultraschallimpulsstreuung in Kirchhoff-Näherung

Der erste Schritt zu einem Systemmodell der Ultraschallstreuung besteht in der Prüfkopfsimulation; wir werden dazu natürlich auf die Ergebnisse von Abschnitt 14.4 zurückgreifen, zitieren hier aber der Vollständigkeit halber noch einmal die relevanten Gleichungen.

Abbildung 15.5.1 illustriert das für die Prüfkopfsimulation zuständige Koordinatensystem (Index i für *incident field*). Innerhalb einer Apertur S_A als Teil einer spannungsfreien ebenen Messfläche S_M ($x_i y_i$-Fläche eines kartesischen Koordinatensystems: Abb. 14.4.1) geben wir eine normale

[34]Man beachte (Abbildung 8.1.3): Als Funktion der Zeit wird die kleinere Scherwellenlänge nicht sichtbar, die P- und S-RC2-Impulse sind bei gleicher Mittenfrequenz des RC2-Impulses gleich lang.

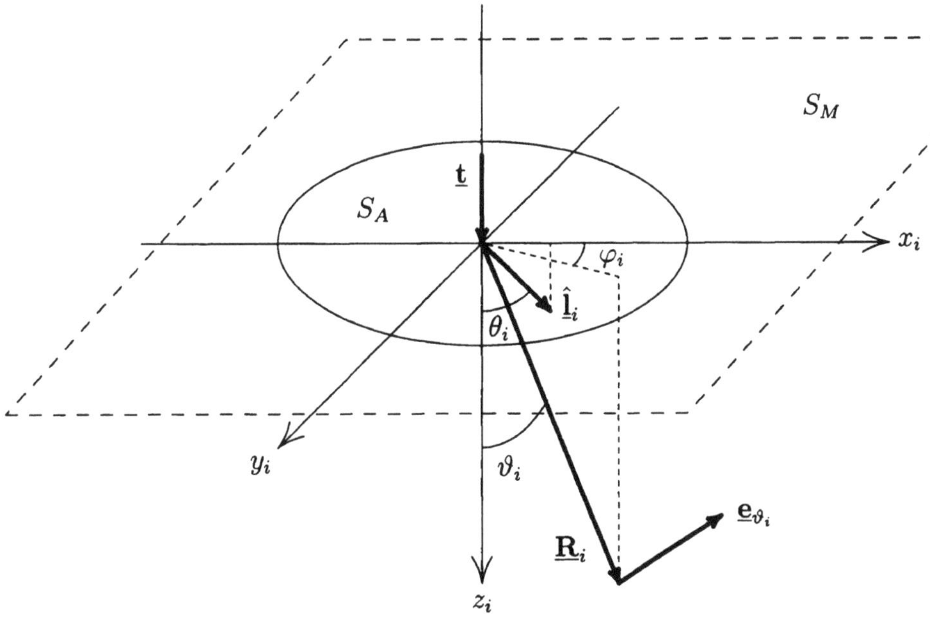

Abb. 15.5.1: *Prüfkopfsimulation für ein 3D-US-Streumodell*

(Fourier-transformierte) Flächenkraftdichte[35]

$$\underline{\mathbf{t}}(x_i, y_i, \omega) = u_i(\omega) A(x_i, y_i, \omega) \Gamma_A(x_i, y_i)\, \underline{\mathbf{e}}_z \tag{15.5.1}$$

vor, worin $\Gamma_A(x_i, y_i)$ als charakteristische Funktion der Apertur deren Geometrie beschreibt und $u_i(\omega)$ das vorgegebene Impulsspektrum ist. Mit der *Vorgabe* von (15.5.1) führen wir also die *erste Näherung*[36] in unser Systemmodell ein; weitere werden folgen.

Mit[37]

$$A(x_i, y_i, \omega) = q_a(x_i) q_b(y_i)\, \mathrm{e}^{\mathrm{j}k_\mathrm{S} \sin\theta_i x_i} \tag{15.5.2}$$

spezialisieren wir auf einen rechteckigen Scherwellenwinkelprüfkopf und definieren mit θ_i eine entsprechende Hauptstrahlrichtung $\hat{\underline{\mathbf{l}}}_i$ in der $x_i z_i$-Ebene (Maximum der Scherwellenkeule gemäß Abb. 14.4.2). Als *zweite Näherung*[38] verwenden wir die Fernfeldformel (14.4.44) und erhalten folglich das Teilchenverschiebungsspektrum

$$\begin{aligned} \underline{\mathbf{u}}_{i\mathrm{S}}^{\mathrm{fern}}(R_i, \vartheta_i, \varphi_i, \omega) &= -\underline{\mathbf{e}}_{\vartheta_i} \sin\vartheta_i\, M_\mathrm{S}^{t_z}(\vartheta_i)\, \frac{u_i(\omega)}{4\pi c_\mathrm{S} Z_\mathrm{S}}\, \frac{\mathrm{e}^{\mathrm{j}k_\mathrm{S} R_i}}{R_i}\, \mathcal{F}_{x_i y_i}\{A(x_i, y_i, \omega)\}\Big|_{\substack{K_{x_i} = k_\mathrm{S} \sin\vartheta_i \cos\varphi_i \\ K_{y_i} = k_\mathrm{S} \sin\vartheta_i \sin\varphi_i}} \\ &\stackrel{\mathrm{def}}{=} H_{i\mathrm{S}}(\hat{\underline{\mathbf{R}}}_{ik}, \omega)\, \frac{\mathrm{e}^{\mathrm{j}k_\mathrm{S} R_{ik}}}{R_i}\, \underline{\mathbf{e}}_{\vartheta_i} \end{aligned} \tag{15.5.3}$$

der einfallenden SV-Welle, wobei

$$\mathcal{F}_{x_i y_i}\{A(x_i, y_i, \omega)\} = \hat{A}(K_{x_i}, K_{y_i}, \omega)$$

[35]Gegenüber (14.4.15) weisen wir das vorgegebene Impulsspektrum $u_i(\omega)$ explizit aus; $A(x_i, y_i, \omega)$ bleibt aber über die Phasenbelegung (15.5.2) frequenzabhängig.

[36]Darüber hinaus zu gehen erfordert eine detallierte Modellierung des gesamten Prüfkopfs bzw. eine präzise Messung der Teilchenverschiebungsamplitude und -impulsstruktur auf der Prüfkopfsohle (Marklein, 1997).

[37]Das Produkt der Rechteckfunktionen $q_a(x_i)$, $q_b(y_i)$ in (15.5.2) *ist* die charakteristische Funktion $\Gamma_A(x_i, y_i)$ der Apertur.

[38]Hier könnte man gemäß den Gleichungen (14.4.49) bzw. (14.4.55) allgemeiner bleiben, man müsste dann aber für jede „Strahlrichtung“ $\underline{\mathbf{R}}_i$ und für jede Frequenz ein Integral ausrechnen.

$$= \frac{2\sin a(K_{x_i} - k_S \sin\theta_i)}{K_{x_i} - k_S \sin\theta_i} \frac{2\sin bK_{y_i}}{K_{y_i}} \tag{15.5.4}$$

und (Gleichung (14.4.40))

$$M_S^{t_z}(\vartheta_i) = \frac{4\cos\vartheta_i\sqrt{1-\kappa^2\sin^2\vartheta_i}}{\kappa(1-2\sin^2\vartheta_i)^2 + 2\sin\vartheta_i\sin 2\vartheta_i\sqrt{1-\kappa^2\sin^2\vartheta_i}} \quad . \tag{15.5.5}$$

Man beachte, dass $M_S^{t_z}(\vartheta_i)$ für $\kappa\sin\vartheta_i > 1$, also für $\vartheta_i > \vartheta_{cmP}$, komplex und gemäß

$$M_S^{t_z}(\vartheta_i) = |M_S^{t_z}(\vartheta_i)|\, e^{j\phi_{M_S}(\vartheta_i)\,\mathrm{sign}(\omega)} \tag{15.5.6}$$

frequenzabhängig ist — und genau in diesem Bereich befinden wir uns beispielsweise mit einem 45°-Scherwellenwinkelprüfkopf —, sodass der (15.5.3) entsprechende Teilchenverschiebungs*impuls* durch

$$\underline{\mathbf{u}}_{iS}^{\mathrm{fern}}(R_i,\vartheta_i,\varphi_i,t) = -\underline{\mathbf{e}}_{\vartheta_i}\frac{\sin\vartheta_i}{4\pi c_S Z_S}\begin{cases} M_S^{t_z}(\vartheta_i)\,\hat{A}(\vartheta_i,\varphi_i,t) * u_i\left(t-\frac{R_i}{c_S}\right) \quad \text{für } 0 \le \vartheta_i \le \vartheta_{cmP} \\ |M_S^{t_z}(\vartheta_i)|\,\Big[\cos\phi_{M_S}(\vartheta_i)\,\hat{A}(\vartheta_i,\varphi_i,t) * u_i\left(t-\frac{R_i}{c_S}\right) - \\ \qquad - \sin\phi_{M_S}(\vartheta_i)\,\mathcal{H}\left\{\hat{A}(\vartheta_i,\varphi_i,t) * u_i\left(t-\frac{R_i}{c_S}\right)\right\}\Big] \\ \qquad\qquad \text{für } \vartheta_{cmP} < \vartheta_i < \pi/2 \end{cases} \tag{15.5.7}$$

gegeben ist (Gleichung (14.3.33)), wobei $u_i(t) = \mathcal{F}_\omega^{-1}\{u_i(\omega)\}$. Unter $\hat{A}(\vartheta_i,\varphi_i,t)$ sei die inverse Fourier-Transformierte

$$\hat{A}(\vartheta_i,\varphi_i,t) = \mathcal{F}_\omega^{-1}\left\{\hat{A}\left(K_{x_i} = \frac{\omega}{c_S}\sin\vartheta_i\cos\varphi_i, K_{y_i} = \frac{\omega}{c_S}\sin\vartheta_i\sin\varphi_i,\omega\right)\right\} \tag{15.5.8}$$

der skalaren Aperturrichtwirkung bezüglich ω verstanden, wobei diverse Fallunterscheidungen zu machen sind. Für $\underline{\hat{\mathbf{R}}}_i = \underline{\hat{\mathbf{I}}}_i$, d.h. in Hauptstrahlrichtung $\varphi_i = 0$, $\vartheta_i = \theta_i$ des Prüfkopfs, ergibt sich (im Fernfeld!) nur ein einziger Impuls:

$$\hat{A}(\vartheta_i = \theta_i,\varphi_i = 0,t) * u_i\left(t-\frac{R_i}{c_S}\right) = 4ab\,u_i\left(t-\frac{R_i}{c_S}\right) \tag{15.5.9}$$

Für Aufpunkte in der x_iz_i-Ebene außerhalb der Hauptstrahlrichtung, d.h. für $\varphi_i = 0$, $\vartheta_i \neq \theta_i$ sind es, wie wir in Abschnitt 13.3.4 (Abbildung 13.3.6) zeigten, sicherlich zwei Impulse:

$$\begin{aligned}\hat{A}(\vartheta_i \neq \theta_i,\varphi_i = 0,t) * u_i\left(t-\frac{R_i}{c_S}\right) = \frac{2c_S b}{\sin\vartheta_i - \sin\theta_i}\int_{-\infty}^t \Big[u_i\left(\tau - \frac{R_i}{c_S} + \frac{a}{c_S}(\sin\vartheta_i - \sin\theta_i)\right) - \\ - u_i\left(\tau - \frac{R_i}{c_S} - \frac{a}{c_S}(\sin\vartheta_i - \sin\theta_i)\right)\Big]\,d\tau \quad ,\end{aligned} \tag{15.5.10}$$

die beide von den $\pm a$-Kanten der Rechteckapertur kommen; die $\pm b$-Kanten sind in *dieser* Ebene nicht „sichtbar". Zwei Impulse ausschließlich von den $\pm b$-Kanten beobachtet man für $\vartheta_i\varphi_i$-Kombinationen, für die $\sin\vartheta_i\cos\varphi_i = \sin\theta_i$ gilt. Schließlich erhält man für beliebige ϑ_i außerhalb der x_iz_i-Ebene vier Impulse:

$$\hat{A}(\vartheta_i,\varphi_i \neq 0,t) * u_i\left(t-\frac{R_i}{c_S}\right) = \frac{c_S^2}{(\sin\vartheta_i\cos\varphi_i - \sin\theta_i)\sin\vartheta_i\sin\varphi_i}\times$$

$$\times \int_{-\infty}^{t} \left[u_i \left(\tau - \frac{R_i}{c_S} - \frac{a}{c_S} (\sin\vartheta_i \cos\varphi_i - \sin\theta_i) \right) - u_i \left(\tau - \frac{R_i}{c_S} + \frac{a}{c_S} (\sin\vartheta_i \cos\varphi_i - \sin\theta_i) \right) \right] \mathrm{d}\tau *$$

$$* \int_{-\infty}^{t} \left[u_i \left(\tau - \frac{R_i}{c_S} - \frac{b}{c_S} \sin\vartheta_i \sin\varphi_i \right) - u_i \left(\tau - \frac{R_i}{c_S} + \frac{b}{c_S} \sin\vartheta_i \sin\varphi_i \right) \right] \mathrm{d}\tau \quad . \tag{15.5.11}$$

Die Existenz einer Ungänze V_c, also eines Streukörpers, ruft ein Streufeld hervor, das wir mit dem elastodynamischen Huygens-Integral in Kirchhoff-Näherung berechnen wollen (Abschnitt 15.2.3). Dazu benötigen wir Aufpunkts- und Quellpunktsvektoren $\underline{\mathbf{R}}$ bzw. $\underline{\mathbf{R}}'$, denen wir den

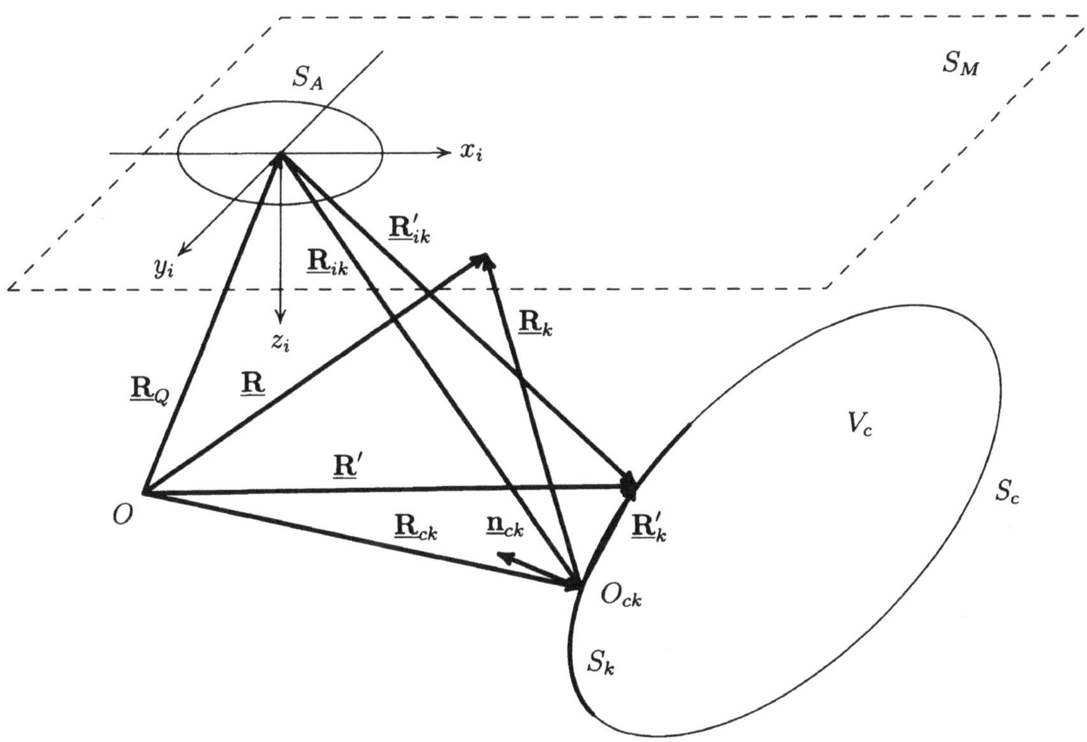

Abb. 15.5.2: *3D-US-Systemmodell: Prüfkopf und Streuer*

Koordinatenursprung O zuweisen (Abbildung 15.5.2): $\underline{\mathbf{R}}'$ endet per definitionem auf S_c, $\underline{\mathbf{R}}$ wird in der Regel auf S_M liegen. Bezüglich dieses Koordinatenursprungs liegt der Ursprung unseres $x_i y_i z_i$-Koordinatensystems am Endpunkt von $\underline{\mathbf{R}}_Q$. Um das elastodynamische Huygens-Integral letztendlich für beliebige Streukörperflächen S_c numerisch ausrechnen zu können, müssen wir S_c diskretisieren, d.h. in zweidimensionale Flächen„*patches*“ unterteilen. Das k-te *patch* sei beispielsweise durch den *festen* Ortsvektor $\underline{\mathbf{R}}_{ck}$ definiert. Bezüglich des Endpunktes O_{ck} von $\underline{\mathbf{R}}_{ck}$ definieren wir ein Dupin-Koordinatensystem mit der Flächennormalen $\underline{\mathbf{n}}_{ck}$ (Nach Einführung der Kirchhoff-Näherung wird aus S_k natürlich ein *ebenes* Flächen*patch*, und die Dupin-Koordinaten degenerieren zu einem lokalen kartesischen $x_k y_k z_k$-Koordinatensystem mit $\underline{\mathbf{e}}_{z_k} = \underline{\mathbf{n}}_{ck}$.). Ein Streufeldquellpunkt $\underline{\mathbf{R}}' \in S_k$ kann also in Bezug auf O_{ck} durch $\underline{\mathbf{R}}'_k$ charakterisiert werden, ebenso wie ein Streufeldaufpunkt durch $\underline{\mathbf{R}}_k$.

Wir nehmen an, dass es sich bei der Ungänze um einen Hohlraum mit spannungsfreier Oberfläche handelt und greifen deshalb auf (15.2.1) in der Form

$$\underline{\mathbf{u}}_s(\underline{\mathbf{R}},\omega) = -\iint_{S_c} \underline{\mathbf{u}}(\underline{\mathbf{R}}',\omega)\underline{\mathbf{n}}'_c : \underline{\underline{\underline{\mathbf{\Sigma}}}}(\underline{\mathbf{R}}-\underline{\mathbf{R}}',\omega)\,\mathrm{d}S' \tag{15.5.12}$$

zur Berechnung des Streufelds zurück. Die Verwendung des Vollraum-Green-Tensors impliziert als *dritte Näherung*, dass die Rückwirkung der Messfläche auf das Streufeld vernachlässigt wird (Mehrfachreflexionen zwischen S_M und S_c sind nicht enthalten.), d.h. das Gesamtfeld $\underline{\mathbf{u}}_{i\mathrm{S}}(\underline{\mathbf{R}},\omega)+\underline{\mathbf{u}}_s(\underline{\mathbf{R}},\omega)$ als Superposition von einfallendem und gestreuten Feld erfüllt für $\underline{\mathbf{R}} \in S_M\backslash\overline{S}_A$ nicht die Randbedingung der Spannungsfreiheit (Diese sollte bereits vom einfallenden Feld *allein* erfüllt werden; die Fernfeldnäherung tut dies aber auch nicht.)

Aufgrund der Diskretisierung von S_c können wir das Streufeld als Summe der Streufelder der einzelnen *patches* darstellen:

$$\underline{\mathbf{u}}_s(\underline{\mathbf{R}},\omega) = \sum_k \underline{\mathbf{u}}_{sk}(\underline{\mathbf{R}}_{ck}+\underline{\mathbf{R}}_k,\omega) \quad , \tag{15.5.13}$$

wobei

$$\underline{\mathbf{u}}_{sk}(\underline{\mathbf{R}}_{ck}+\underline{\mathbf{R}}_k,\omega) = -\iint_{S_k} \underline{\mathbf{u}}(\underline{\mathbf{R}}_{ck}+\underline{\mathbf{R}}'_k,\omega)\underline{\mathbf{n}}'_{ck} : \underline{\underline{\underline{\mathbf{\Sigma}}}}(\underline{\mathbf{R}}_k-\underline{\mathbf{R}}'_k,\omega)\,\mathrm{d}^2\underline{\mathbf{R}}'_k \quad . \tag{15.5.14}$$

Noch ist die Strahlungswechselwirkung einzelner *patches* in der *global* für S_c — und nicht *lokal* für S_k — als Lösung der Integralgleichung (15.2.2) zu berechnenden sekundären Quelle enthalten; erst nach Einführung der Kirchhoff-Näherung postulieren wir unabhängige sekundäre Quellen der *patches*. Bevor wir dies jedoch tun, sei als *vierte Näherung* die Fernfeldnäherung jedes *patch*-Streufeldes bezüglich des lokalen Ursprungs O_{ck} verwendet[39]:

$$\underline{\mathbf{u}}_{sk}^{\mathrm{fern}}(\underline{\mathbf{R}}_{ck}+\underline{\mathbf{R}}_k,\omega) = -\iint_{S_k} \underline{\mathbf{u}}(\underline{\mathbf{R}}_{ck}+\underline{\mathbf{R}}'_k,\omega)\underline{\mathbf{n}}'_{ck} : \underline{\underline{\underline{\mathbf{\Sigma}}}}^{\mathrm{fern}}(\underline{\mathbf{R}}_k-\underline{\mathbf{R}}'_k,\omega)\,\mathrm{d}^2\underline{\mathbf{R}}'_k \quad , \tag{15.5.15}$$

wobei (Gleichung (13.2.84) mit (13.2.89) und (13.2.90))

$$\begin{aligned}\underline{\underline{\underline{\mathbf{\Sigma}}}}^{\mathrm{fern}}(\underline{\mathbf{R}}_k,\underline{\mathbf{R}}'_k,\omega) = {}& \mathrm{j}\omega\,\frac{\mathrm{e}^{\mathrm{j}k_\mathrm{P}R_k}}{4\pi R_k}\,\frac{1}{\varrho c_\mathrm{P}^3}\left(\lambda\,\underline{\underline{\mathbf{I}}}\,\hat{\underline{\mathbf{R}}}_k + 2\mu\,\hat{\underline{\mathbf{R}}}_k\hat{\underline{\mathbf{R}}}_k\hat{\underline{\mathbf{R}}}_k\right)\mathrm{e}^{-\mathrm{j}k_\mathrm{P}\hat{\underline{\mathbf{R}}}_k\cdot\underline{\mathbf{R}}'_k} + \\ &+\mathrm{j}\omega\,\frac{\mathrm{e}^{\mathrm{j}k_\mathrm{S}R_k}}{4\pi R_k}\,\frac{1}{c_\mathrm{S}}\left(\hat{\underline{\mathbf{R}}}_k\underline{\underline{\mathbf{I}}} + \hat{\underline{\mathbf{R}}}_k\underline{\underline{\mathbf{I}}}^{213} - 2\hat{\underline{\mathbf{R}}}_k\hat{\underline{\mathbf{R}}}_k\hat{\underline{\mathbf{R}}}_k\right)\mathrm{e}^{-\mathrm{j}k_\mathrm{S}\hat{\underline{\mathbf{R}}}_k\cdot\underline{\mathbf{R}}'_k} \quad .\end{aligned} \tag{15.5.16}$$

Es resultiert die Separation des *patch*-Streufeldes in einen direkt gestreuten S- und in einen modekonvertiert gestreuten P-Anteil:

$$\underline{\mathbf{u}}_{sk}^{\mathrm{fern}}(\underline{\mathbf{R}}_{ck}+\underline{\mathbf{R}}_k,\omega) = \underline{\mathbf{u}}_{sk\mathrm{S}}^{\mathrm{fern}}(\underline{\mathbf{R}}_{ck}+\underline{\mathbf{R}}_k,\omega) + \underline{\mathbf{u}}_{sk\mathrm{P}}^{\mathrm{fern}}(\underline{\mathbf{R}}_{ck}+\underline{\mathbf{R}}_k,\omega) \tag{15.5.17}$$

mit

$$\begin{aligned}&\underline{\mathbf{u}}_{sk\mathrm{S}}^{\mathrm{fern}}(\underline{\mathbf{R}}_{ck}+\underline{\mathbf{R}}_k,\omega) = \\ &\frac{\mathrm{e}^{\mathrm{j}k_\mathrm{S}R_k}}{R_k}\left(-\frac{\mathrm{j}\omega}{4\pi c_\mathrm{S}}\right)\iint_{S_k}\underline{\mathbf{u}}(\underline{\mathbf{R}}_{ck}+\underline{\mathbf{R}}'_k,\omega)\underline{\mathbf{n}}'_{ck}\mathrm{e}^{-\mathrm{j}k_\mathrm{S}\hat{\underline{\mathbf{R}}}_k\cdot\underline{\mathbf{R}}'_k}\,\mathrm{d}^2\underline{\mathbf{R}}'_k : \left(\hat{\underline{\mathbf{R}}}_k\underline{\underline{\mathbf{I}}} + \hat{\underline{\mathbf{R}}}_k\underline{\underline{\mathbf{I}}}^{213} - 2\hat{\underline{\mathbf{R}}}_k\hat{\underline{\mathbf{R}}}_k\hat{\underline{\mathbf{R}}}_k\right) \quad ,\end{aligned} \tag{15.5.18}$$

$$\begin{aligned}&\underline{\mathbf{u}}_{sk\mathrm{P}}^{\mathrm{fern}}(\underline{\mathbf{R}}_{ck}+\underline{\mathbf{R}}_k,\omega) = \\ &\frac{\mathrm{e}^{\mathrm{j}k_\mathrm{P}R_k}}{R_k}\left(-\frac{\mathrm{j}\omega}{4\pi\varrho c_\mathrm{P}^3}\right)\iint_{S_k}\underline{\mathbf{u}}(\underline{\mathbf{R}}_{ck}+\underline{\mathbf{R}}'_k,\omega)\underline{\mathbf{n}}'_{ck}\mathrm{e}^{-\mathrm{j}k_\mathrm{P}\hat{\underline{\mathbf{R}}}_k\cdot\underline{\mathbf{R}}'_k}\,\mathrm{d}^2\underline{\mathbf{R}}'_k : \left(\lambda\,\underline{\underline{\mathbf{I}}}\,\hat{\underline{\mathbf{R}}}_k + 2\mu\,\hat{\underline{\mathbf{R}}}_k\hat{\underline{\mathbf{R}}}_k\hat{\underline{\mathbf{R}}}_k\right)\end{aligned} \tag{15.5.19}$$

In diesen Integraldarstellungen des Streufeldes benötigen wir nunmehr die sekundäre Flächen-

[39] Man *kann* bei erheblichem Rechenmehraufwand darauf verzichten, allerdings weiß man nicht, wie genau die Ergebnisse der Kirchhoff-Näherung im Nahfeld sind.

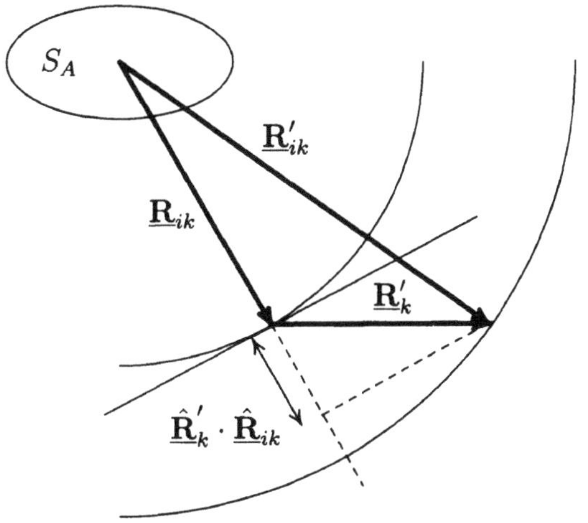

Abb. 15.5.3: *Approximation der einfallenden Kugelwelle durch eine ebene Welle*

deformationsquelle $\underline{\mathbf{u}}(\underline{\mathbf{R}}_{ck} + \underline{\mathbf{R}}'_k, \omega)\underline{\mathbf{n}}'_{ck}$ und folglich

$$\underline{\mathbf{u}}(\underline{\mathbf{R}}_{ck} + \underline{\mathbf{R}}'_k, \omega) \stackrel{\text{def}}{=} \underline{\mathbf{u}}(\underline{\mathbf{R}}'_k, \omega) \tag{15.5.20}$$

als Funktion der Integrationsvariablen $\underline{\mathbf{R}}'_k$; wenn wir die Kirchhoff-Näherung verwenden wollen, ist deshalb zunächst das einfallende Feld an diesem Punkt gefragt. Nun definiert $\underline{\mathbf{R}}_{ck}$ aber nicht nur den „Mittelpunkt" eines *patches*, sondern auch einen „Strahl" (im Sinne von Ray: Abschnitt 12.3.2) des einfallenden Feldes in Richtung $\underline{\mathbf{R}}_{ik}$ (Abbildung 15.5.2); entsprechend selektiert $\underline{\mathbf{R}}'_k$ einen Strahl $\underline{\mathbf{R}}'_{ik}$, und wir benötigen deshalb

$$\underline{\mathbf{u}}^{\text{fern}}_{ik\text{S}}(\underline{\mathbf{R}}'_{ik}, \omega) = H_{ik\text{S}}(\hat{\underline{\mathbf{R}}}'_{ik}, \omega)\, \frac{\mathrm{e}^{\mathrm{j}k_\text{S}R'_{ik}}}{R'_{ik}}\, \underline{\mathbf{e}}_{\vartheta'_{ik}} \tag{15.5.21}$$

als einfallende Kugelwelle. Für akustische und elektromagnetische Wellen reicht diese Kenntnis für die Kirchhoff-Näherung aus, für elastische Wellen wird darüber hinaus die reflektierte sowie die modekonvertierte Kugelwelle mit ihrem jeweiligen Amplitudenfaktor benötigt; letztere kennen wir aber in Form einfacher Ausdrücke nur für *ebene* Wellen (und ebene Flächen S_c). Also werden wir als *fünfte Näherung* die Kugelwelle durch eine ebene Welle approximieren, wobei uns Abb. 15.5.3 zur Illustration dient. Für $R_{ik} \gg R'_k$ gilt nämlich

$$\begin{aligned} \vartheta'_{ik} &\simeq \vartheta_{ik} \quad , \\ \varphi'_{ik} &\simeq \varphi_{ik} \quad , \\ R'_{ik} &\simeq R_{ik} + \underline{\mathbf{R}}'_k \cdot \hat{\underline{\mathbf{R}}}_{ik} \quad , \end{aligned} \tag{15.5.22}$$

sodass wir für $k_\text{S}R_{ik} \gg 1$ gemäß

$$\begin{aligned} \underline{\mathbf{u}}^{\text{fern}}_{ik\text{S}}(\underline{\mathbf{R}}'_{ik}, \omega) &\simeq H_{ik\text{S}}(\hat{\underline{\mathbf{R}}}_{ik}, \omega)\, \frac{\mathrm{e}^{\mathrm{j}k_\text{S}R_{ik}}}{R_{ik}}\, \mathrm{e}^{\mathrm{j}k_\text{S}\hat{\underline{\mathbf{R}}}_{ik}\cdot\underline{\mathbf{R}}'_k}\, \underline{\mathbf{e}}_{\vartheta_{ik}} \\ &\stackrel{\text{def}}{=} \underline{\mathbf{u}}_{ik\text{S}}(\underline{\mathbf{R}}'_k, \omega) \end{aligned} \tag{15.5.23}$$

approximieren können. Der Term $\mathrm{e}^{\mathrm{j}k_\text{S}\hat{\underline{\mathbf{R}}}_{ik}\cdot\underline{\mathbf{R}}'_k}\, \underline{\mathbf{e}}_{\vartheta_{ik}}$ in (15.5.23) definiert nunmehr die gewünschte, sich in $\hat{\underline{\mathbf{R}}}_{ik}$-Richtung ausbreitende ebene transversale — es ist $\underline{\mathbf{e}}_{\vartheta_{ik}} \cdot \hat{\underline{\mathbf{R}}}_{ik} = 0$ — Scherwelle am Ort $\underline{\mathbf{R}}'_k \in S_k$ mit *patch*-abhängiger Phase, Amplitude und Polarisation.

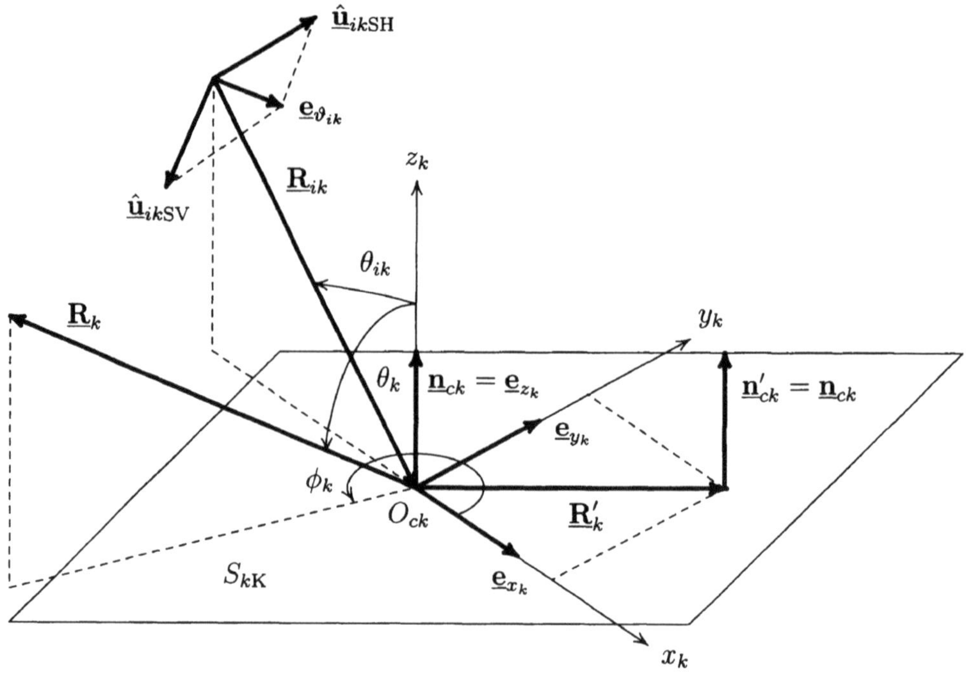

Abb. 15.5.4: *Zur Kirchhoff-Näherung*

Mit der Kirchhoff-Näherung als *sechster Näherung* berechnen wir $\underline{\mathbf{u}}(\underline{\mathbf{R}}'_k, \omega)$ *so*, als ob das *patch* S_k ein *ebenes* (Kirchhoff-)*patch* $S_{k\mathrm{K}}$ wäre, auf das die ebene Welle $\mathrm{e}^{\mathrm{j}k_\mathrm{S}\hat{\underline{\mathbf{R}}}_{ik}\cdot\underline{\mathbf{R}}_k}\,\underline{\mathbf{e}}_{\vartheta_{ik}}$ einfällt; außerdem wird dessen Streufeldbeitrag nur dann berücksichtigt, wenn es „von vorn beleuchtet" wird, wenn also $\hat{\underline{\mathbf{R}}}_{ik} \cdot \underline{\mathbf{n}}_{ck} < 0$ ist, denn für $\hat{\underline{\mathbf{R}}}_{ik} \cdot \underline{\mathbf{n}}_{ck} > 0$ liegt es im „Schatten" der einfallenden Welle. Für ein ebenes *patch* entarten die Dupin-Koordinaten zu einem kartesischen $x_k y_k z_k$-Koordinatensystem mit dem orthonormalen Dreibein $\underline{\mathbf{e}}_{x_k}, \underline{\mathbf{e}}_{y_k}, \underline{\mathbf{e}}_{z_k}$ (Abbildung 15.5.4), wobei die Richtung von beispielsweise $\underline{\mathbf{e}}_{x_k}$ — und damit auch die Richtung von $\underline{\mathbf{e}}_{y_k}$ — noch definiert werden muss. Wie in Abb. 15.5.4 skizziert, wählen wir $\underline{\mathbf{e}}_{x_k}$ „in Richtung" $\hat{\underline{\mathbf{R}}}_{ik}$, d.h.

$$\underline{\mathbf{e}}_{x_k} = \frac{(\underline{\underline{\mathbf{I}}} - \underline{\mathbf{n}}_{ck}\underline{\mathbf{n}}_{ck}) \cdot \hat{\underline{\mathbf{R}}}_{ik}}{|(\underline{\underline{\mathbf{I}}} - \underline{\mathbf{n}}_{ck}\underline{\mathbf{n}}_{ck}) \cdot \hat{\underline{\mathbf{R}}}_{ik}|} \tag{15.5.24}$$

und folglich ergibt sich $\underline{\mathbf{e}}_{y_k} = \underline{\mathbf{n}}_{ck} \times \underline{\mathbf{e}}_{x_k}$. Damit liegt der Ausbreitungsvektor $\hat{\underline{\mathbf{R}}}_{ik}$ der einfallenden ebenen Welle in der $x_k z_k$-Ebene, und wir können dann — eben entsprechend der Kirchhoff-Näherung — die Formeln aus den Abschnitten 9.1.2 und 9.1.3 für die Reflexion und Modekonversion ebener transversal polarisierter Scherwellen unmittelbar übernehmen. Dabei muss allerdings berücksichtigt werden, dass mit $\underline{\mathbf{e}}_{\vartheta_{ik}}$ eine bezüglich S_M SV-polarisierte Scherwelle vorliegt, bezüglich $S_{k\mathrm{K}}$ enthält $\underline{\mathbf{e}}_{\vartheta_{ik}}$ im Allgemeinen SV- *und* SH-Komponenten, die wir zunächst identifizieren müssen. Wir zerlegen also

$$\underline{\mathbf{e}}_{\vartheta_{ik}} = \underline{\mathbf{e}}_{\vartheta_{ik}} \cdot \hat{\underline{\mathbf{u}}}_{ik\mathrm{SH}}\, \hat{\underline{\mathbf{u}}}_{ik\mathrm{SH}} + \underline{\mathbf{e}}_{\vartheta_{ik}} \cdot \hat{\underline{\mathbf{u}}}_{ik\mathrm{SV}}\, \hat{\underline{\mathbf{u}}}_{ik\mathrm{SV}} \tag{15.5.25}$$

in einer SH-SV-Polarisationsbasis bezüglich $S_{k\mathrm{K}}$ bestehend aus den Einheitsvektoren $\hat{\underline{\mathbf{u}}}_{ik\mathrm{SH}} = \underline{\mathbf{e}}_{y_k}$ und $\hat{\underline{\mathbf{u}}}_{ik\mathrm{SV}} = \underline{\mathbf{e}}_{y_k} \times \hat{\underline{\mathbf{R}}}_{ik}$ (Abbildung 15.5.4). Mit dem Einfallswinkel θ_{ik} haben $\hat{\underline{\mathbf{R}}}_{ik}$ und $\hat{\underline{\mathbf{u}}}_{ik\mathrm{SV}}$ die Komponentendarstellungen

$$\hat{\underline{\mathbf{R}}}_{ik} = \sin\theta_{ik}\underline{\mathbf{e}}_{x_k} - \cos\theta_{ik}\underline{\mathbf{e}}_{z_k} \quad , \tag{15.5.26}$$

$$\underline{\hat{\mathbf{u}}}_{ik\mathrm{SV}} = -\cos\theta_{ik}\underline{\mathbf{e}}_{x_k} - \sin\theta_{ik}\underline{\mathbf{e}}_{z_k} \tag{15.5.27}$$

im $x_k y_k z_k$-Koordinatensystem. *Gegeben* sind die Vektoren $\underline{\hat{\mathbf{R}}}_{ik}$ und $\underline{\mathbf{e}}_{\vartheta_{ik}}$ — und damit natürlich auch $\underline{\hat{\mathbf{u}}}_{ik\mathrm{SV}}$ — allerdings im $x_i y_i z_i$-Koordinatensystem gemäß

$$\underline{\hat{\mathbf{R}}}_{ik} = \underline{\hat{\mathbf{R}}}_{ik}\cdot\underline{\mathbf{e}}_{x_i}\,\underline{\mathbf{e}}_{x_i} + \underline{\hat{\mathbf{R}}}_{ik}\cdot\underline{\mathbf{e}}_{y_i}\,\underline{\mathbf{e}}_{y_i} + \underline{\hat{\mathbf{R}}}_{ik}\cdot\underline{\mathbf{e}}_{z_i}\,\underline{\mathbf{e}}_{z_i} \quad , \tag{15.5.28}$$

$$\underline{\mathbf{e}}_{\vartheta_{ik}} = \underline{\mathbf{e}}_{\vartheta_{ik}}\cdot\underline{\mathbf{e}}_{x_i}\,\underline{\mathbf{e}}_{x_i} + \underline{\mathbf{e}}_{\vartheta_{ik}}\cdot\underline{\mathbf{e}}_{y_i}\,\underline{\mathbf{e}}_{y_i} + \underline{\mathbf{e}}_{\vartheta_{ik}}\cdot\underline{\mathbf{e}}_{z_i}\,\underline{\mathbf{e}}_{z_i} \quad , \tag{15.5.29}$$

sodass man umrechnen muss:

$$\begin{aligned}\underline{\hat{\mathbf{R}}}_{ik}\cdot\underline{\mathbf{e}}_{x_k} &= \underline{\hat{\mathbf{R}}}_{ik}\cdot\underline{\mathbf{e}}_{x_i}\,\underline{\mathbf{e}}_{x_i}\cdot\underline{\mathbf{e}}_{x_k} + \underline{\hat{\mathbf{R}}}_{ik}\cdot\underline{\mathbf{e}}_{y_i}\,\underline{\mathbf{e}}_{y_i}\cdot\underline{\mathbf{e}}_{x_k} + \underline{\hat{\mathbf{R}}}_{ik}\cdot\underline{\mathbf{e}}_{z_i}\,\underline{\mathbf{e}}_{z_i}\cdot\underline{\mathbf{e}}_{x_k}\\ &\stackrel{\mathrm{def}}{=} \sin\theta_{ik} \quad ,\end{aligned} \tag{15.5.30}$$

$$\begin{aligned}\underline{\hat{\mathbf{R}}}_{ik}\cdot\underline{\mathbf{e}}_{y_k} &= \underline{\hat{\mathbf{R}}}_{ik}\cdot\underline{\mathbf{e}}_{x_i}\,\underline{\mathbf{e}}_{x_i}\cdot\underline{\mathbf{e}}_{y_k} + \underline{\hat{\mathbf{R}}}_{ik}\cdot\underline{\mathbf{e}}_{y_i}\,\underline{\mathbf{e}}_{y_i}\cdot\underline{\mathbf{e}}_{y_k} + \underline{\hat{\mathbf{R}}}_{ik}\cdot\underline{\mathbf{e}}_{z_i}\,\underline{\mathbf{e}}_{z_i}\cdot\underline{\mathbf{e}}_{y_k}\\ &\stackrel{\mathrm{def}}{=} 0 \quad ,\end{aligned} \tag{15.5.31}$$

$$\begin{aligned}\underline{\hat{\mathbf{R}}}_{ik}\cdot\underline{\mathbf{e}}_{z_k} &= \underline{\hat{\mathbf{R}}}_{ik}\cdot\underline{\mathbf{e}}_{x_i}\,\underline{\mathbf{e}}_{x_i}\cdot\underline{\mathbf{e}}_{z_k} + \underline{\hat{\mathbf{R}}}_{ik}\cdot\underline{\mathbf{e}}_{y_i}\,\underline{\mathbf{e}}_{y_i}\cdot\underline{\mathbf{e}}_{z_k} + \underline{\hat{\mathbf{R}}}_{ik}\cdot\underline{\mathbf{e}}_{z_i}\,\underline{\mathbf{e}}_{z_i}\cdot\underline{\mathbf{e}}_{z_k}\\ &\stackrel{\mathrm{def}}{=} -\cos\theta_{ik} \quad ;\end{aligned} \tag{15.5.32}$$

die neun Skalarprodukte zwischen den Einheitsvektoren des i- und des k-Koordinatensystem-dreibeins geben dabei die relative Orientierung dieser beiden Koordinatensysteme gegeneinander an und müssen für jedes *patch* berechnet werden.

Die SH-SV-Aufspaltung unserer transversal polarisierten ebenen Scherwelle (15.5.23) bezüglich des k-ten *patches* lautet nun:

$$\begin{aligned}\underline{\mathbf{u}}_{ik\mathrm{S}}(\underline{\mathbf{R}}'_k,\omega) &= H_{ik\mathrm{S}}(\underline{\hat{\mathbf{R}}}_{ik},\omega)\,\frac{\mathrm{e}^{\mathrm{j}k_\mathrm{S}R_{ik}}}{R_{ik}}\,\mathrm{e}^{\mathrm{j}k_\mathrm{S}\underline{\hat{\mathbf{R}}}_{ik}\cdot\underline{\mathbf{R}}'_k}\,\underline{\mathbf{e}}_{\vartheta_{ik}}\cdot\underline{\mathbf{e}}_{y_k}\,\underline{\mathbf{e}}_{y_k} +\\ &\quad + H_{ik\mathrm{S}}(\underline{\hat{\mathbf{R}}}_{ik},\omega)\,\frac{\mathrm{e}^{\mathrm{j}k_\mathrm{S}R_{ik}}}{R_{ik}}\,\mathrm{e}^{\mathrm{j}k_\mathrm{S}\underline{\hat{\mathbf{R}}}_{ik}\cdot\underline{\mathbf{R}}'_k}\,\underline{\mathbf{e}}_{\vartheta_{ik}}\cdot\underline{\hat{\mathbf{u}}}_{ik\mathrm{SV}}\,\underline{\hat{\mathbf{u}}}_{ik\mathrm{SV}}\\ &\stackrel{\mathrm{def}}{=} A_{ik\mathrm{SH}}(\underline{\mathbf{R}}_{ik},\omega)\,\mathrm{e}^{\mathrm{j}k_\mathrm{S}\underline{\hat{\mathbf{R}}}_{ik}\cdot\underline{\mathbf{R}}'_k}\,\underline{\mathbf{e}}_{y_k} + A_{ik\mathrm{SV}}(\underline{\mathbf{R}}_{ik},\omega)\,\mathrm{e}^{\mathrm{j}k_\mathrm{S}\underline{\hat{\mathbf{R}}}_{ik}\cdot\underline{\mathbf{R}}'_k}\,\underline{\mathbf{e}}_{y_k}\times\underline{\hat{\mathbf{R}}}_{ik}\end{aligned} \tag{15.5.33}$$

mit

$$\underline{\mathbf{e}}_{\vartheta_{ik}} = -\cos\theta_{ik}\,\underline{\mathbf{e}}_{\vartheta_{ik}}\cdot\underline{\mathbf{e}}_{x_k} - \sin\theta_{ik}\,\underline{\mathbf{e}}_{\vartheta_{ik}}\cdot\underline{\mathbf{e}}_{z_k} \quad . \tag{15.5.34}$$

Entsprechend der Kombination der Kirchhoff-Näherungen (15.2.79) und (15.2.87) postulieren wir nun[40]

$$\begin{aligned}\underline{\mathbf{u}}(\underline{\mathbf{R}}'_k,\omega) &= \underline{\mathbf{u}}_{ik\mathrm{S}}(\underline{\mathbf{R}}'_k,\omega) + A_{ik\mathrm{SH}}(\underline{\mathbf{R}}_{ik},\omega)R_\mathrm{SH}(\theta_{ik})\,\mathrm{e}^{\mathrm{j}k_\mathrm{S}\underline{\hat{\mathbf{R}}}_{kr\mathrm{S}}\cdot\underline{\mathbf{R}}'_k}\,\underline{\mathbf{e}}_{y_k} +\\ &\quad + A_{ik\mathrm{SV}}(\underline{\mathbf{R}}_{ik},\omega)R_\mathrm{SV}(\theta_{ik})\,\mathrm{e}^{\mathrm{j}k_\mathrm{S}\underline{\hat{\mathbf{R}}}_{kr\mathrm{S}}\cdot\underline{\mathbf{R}}'_k}\,\underline{\mathbf{e}}_{y_k}\times\underline{\hat{\mathbf{R}}}_{kr\mathrm{S}} +\\ &\quad + A_{ik\mathrm{SV}}(\underline{\mathbf{R}}_{ik},\omega)M_\mathrm{P}(\theta_{ik})\,\mathrm{e}^{\mathrm{j}k_\mathrm{S}\underline{\hat{\mathbf{R}}}_{km\mathrm{P}}\cdot\underline{\mathbf{R}}'_k}\,\underline{\hat{\mathbf{R}}}_{km\mathrm{P}} \quad ,\end{aligned} \tag{15.5.35}$$

wobei

$$\underline{\mathbf{R}}'_k = x'_k\underline{\mathbf{e}}_{x_k} + y'_k\underline{\mathbf{e}}_{y_k} \quad , \tag{15.5.36}$$

$$\underline{\hat{\mathbf{R}}}_{kr\mathrm{S}} = \sin\theta_{ik}\underline{\mathbf{e}}_{x_k} + \cos\theta_{ik}\underline{\mathbf{e}}_{z_k} \quad , \tag{15.5.37}$$

$$\underline{\hat{\mathbf{R}}}_{km\mathrm{P}} = \kappa\sin\theta_{ik}\underline{\mathbf{e}}_{x_k} + \cos\theta_{km\mathrm{P}}\underline{\mathbf{e}}_{z_k} \quad , \tag{15.5.38}$$

$$\cos\theta_{km\mathrm{P}} = \begin{cases}\sqrt{1-\kappa^2\sin^2\theta_{ik}} & \text{für } \theta_{ik}\le\vartheta_{cm\mathrm{P}}\\ \mathrm{j}\sqrt{\kappa^2\sin^2\theta_{ik}-1} & \text{für } \vartheta_{ik}>\theta_{cm\mathrm{P}}\end{cases} \quad , \tag{15.5.39}$$

[40]Es sind schon genug Indizes im Spiel, sodass wir die explizite PO-Charakterisierung weglassen.

$$\vartheta_{cmP} = \arcsin \frac{1}{\kappa} \quad , \tag{15.5.40}$$

$$R_{SH}(\theta_{ik}) = -1 \quad , \tag{15.5.41}$$

$$R_{SV}(\theta_{ik}) = \frac{\sin 2\theta_{ik} \sin 2\theta_{kmP} - \kappa^2 \cos^2 \theta_{ik}}{\sin 2\theta_{ik} \sin 2\theta_{kmP} + \kappa^2 \cos^2 \theta_{ik}} \quad , \tag{15.5.42}$$

$$M_P(\theta_{ik}) = -\kappa \frac{\sin 4\theta_{ik}}{\sin 2\theta_{ik} \sin 2\theta_{kmP} + \kappa^2 \cos^2 \theta_{ik}} \quad ; \tag{15.5.43}$$

$$\tag{15.5.44}$$

folglich wird

$$\begin{aligned} \underline{\mathbf{u}}(\underline{\mathbf{R}}_k', \omega) &= [A_{ik\mathrm{SV}}(\underline{\mathbf{R}}_{ik}, \omega)(\underline{\mathbf{e}}_{y_k} \times \hat{\underline{\mathbf{R}}}_{ik} + R_{SV}(\theta_{ik})\underline{\mathbf{e}}_{y_k} \times \hat{\underline{\mathbf{R}}}_{kr\mathrm{S}} + M_P(\theta_{ik})\hat{\underline{\mathbf{R}}}_{kmP}) + \\ &\quad + 2A_{ik\mathrm{SH}}(\underline{\mathbf{R}}_{ik}, \omega)\underline{\mathbf{e}}_{y_k}]\, \mathrm{e}^{\mathrm{j}k_S \sin\theta_{ik} x_k'} \\ &\stackrel{\text{def}}{=} \underline{\mathbf{u}}(\underline{\mathbf{R}}_{ik}, \omega)\, \mathrm{e}^{\mathrm{j}k_S \sin\theta_{ik} x_k'} \end{aligned} \tag{15.5.45}$$

aus (15.5.34). Die Kirchhoff-Näherung (15.5.45) setzen wir nun in (15.5.18) und (15.5.19) ein:

$$\underline{\mathbf{u}}_{sk\mathrm{S}}^{\mathrm{fern}}(\underline{\mathbf{R}}_k, \omega) = -\frac{\mathrm{j}\omega}{4\pi c_S} I_{sk\mathrm{S}}(\hat{\underline{\mathbf{R}}}_k, \theta_{ik}, \omega) \frac{\mathrm{e}^{\mathrm{j}k_S R_k}}{R_k} \underline{\mathbf{u}}(\underline{\mathbf{R}}_{ik}, \omega)\underline{\mathbf{e}}_{z_k} : \left(\hat{\underline{\mathbf{R}}}_k \underline{\underline{\mathbf{I}}} + \hat{\underline{\mathbf{R}}}_k \underline{\underline{\mathbf{I}}}^{213} - 2\hat{\underline{\mathbf{R}}}_k \hat{\underline{\mathbf{R}}}_k \hat{\underline{\mathbf{R}}}_k\right) \quad , \tag{15.5.46}$$

$$\underline{\mathbf{u}}_{sk\mathrm{P}}^{\mathrm{fern}}(\underline{\mathbf{R}}_k, \omega) = -\frac{\mathrm{j}\omega}{4\pi \varrho c_P^3} I_{sk\mathrm{P}}(\hat{\underline{\mathbf{R}}}_k, \theta_{ik}, \omega) \frac{\mathrm{e}^{\mathrm{j}k_P R_k}}{R_k} \underline{\mathbf{u}}(\underline{\mathbf{R}}_{ik}, \omega)\underline{\mathbf{e}}_{z_k} : \left(\lambda \underline{\underline{\mathbf{I}}}\, \hat{\underline{\mathbf{R}}}_k + 2\mu \hat{\underline{\mathbf{R}}}_k \hat{\underline{\mathbf{R}}}_k \hat{\underline{\mathbf{R}}}_k\right) \tag{15.5.47}$$

Hierin sind

$$\begin{aligned} I_{sk\mathrm{S}}(\hat{\underline{\mathbf{R}}}_k, \theta_{ik}, \omega) &= \int\!\!\int_{S_{k\mathrm{K}}} \mathrm{e}^{-\mathrm{j}k_S(\hat{\underline{\mathbf{R}}}_k \cdot \underline{\mathbf{R}}_k' - \sin\theta_{ik} x_k')}\, \mathrm{d}x_k' \mathrm{d}y_k' \\ &= \mathcal{F}_{x_k' y_k'} \{\Gamma_{k\mathrm{K}}(x_k', y_k') \mathrm{e}^{\mathrm{j}k_S \sin\theta_{ik} x_k'}\}\, \begin{matrix} K_{x_k'} = k_S \sin\theta_k \cos\phi_k \\ K_{y_k'} = k_S \sin\theta_k \sin\phi_k \end{matrix} \\ &= \hat{\Gamma}_{k\mathrm{K}}(k_S \sin\theta_k \cos\phi_k - k_S \sin\theta_{ik}, k_S \sin\theta_k \sin\phi_k) \quad , \end{aligned} \tag{15.5.48}$$

$$\begin{aligned} I_{sk\mathrm{P}}(\hat{\underline{\mathbf{R}}}_k, \theta_{ik}, \omega) &= \int\!\!\int_{S_{k\mathrm{K}}} \mathrm{e}^{-\mathrm{j}k_P(\hat{\underline{\mathbf{R}}}_k \cdot \underline{\mathbf{R}}_k' - \kappa \sin\theta_{ik} x_k')}\, \mathrm{d}x_k' \mathrm{d}y_k' \\ &= \mathcal{F}_{x_k' y_k'} \{\Gamma_{k\mathrm{K}}(x_k', y_k') \mathrm{e}^{\mathrm{j}k_S \sin\theta_{ik} x_k'}\}\, \begin{matrix} K_{x_k'} = k_P \sin\theta_k \cos\phi_k \\ K_{y_k'} = k_P \sin\theta_k \sin\phi_k \end{matrix} \\ &= \hat{\Gamma}_{k\mathrm{K}}(k_P \sin\theta_k \cos\phi_k - k_S \sin\theta_{ik}, k_S \sin\theta_k \sin\phi_k) \end{aligned} \tag{15.5.49}$$

mit

$$\hat{\underline{\mathbf{R}}}_k = \sin\theta_k \cos\phi_k\, \underline{\mathbf{e}}_{x_k} + \sin\theta_k \sin\phi_k\, \underline{\mathbf{e}}_{y_k} + \cos\theta_k\, \underline{\mathbf{e}}_{z_k} \tag{15.5.50}$$

die frequenzabhängigen skalaren Richtcharakteristiken des k-ten *patches* mit der charakteristischen Funktion $\Gamma_{k\mathrm{K}}(x_k', y_k')$ für den direkt gestreuten S- und den modekonvertierten P-Anteil. Offensichtlich beobachten wir die S-Hauptkeule — genauer: deren skalaren „Apertur"faktor — unter den durch

$$\begin{aligned} \sin\theta_k \cos\phi_k - \sin\theta_{ik} &= 0 \quad , \\ \sin\theta_k \sin\phi_k &= 0 \end{aligned} \tag{15.5.51}$$

gegebenen Winkeln[41] θ_k und ϕ_k; wir finden $\phi_k = 0$ und $\theta_k = \theta_{ik}$ entsprechend dem Reflexionsgesetz. Als Bestimmungsgleichungen für Polar- und Azimutwinkel der (skalaren) P-Hauptkeule ergeben sich die Gleichungen

$$\begin{aligned} k_\mathrm{P} \sin\theta_k \cos\phi_k - k_\mathrm{S} \sin\theta_{ik} &= 0 \quad , \\ \sin\theta_k \sin\phi_k &= 0 \quad , \end{aligned} \tag{15.5.52}$$

woraus $\phi_k = 0$ und $\theta_k = \arcsin(\kappa \sin\theta_{ik})$, also das Modekonversionsgesetz, folgt. Für $\kappa \sin\theta_{ik} = 1$ wird $\theta_k = \pi/2$, größer kann der Keulenwinkel nicht mehr werden, d.h. für $\theta_{ik} > \vartheta_{c m \mathrm{P}}$ entschwindet die P-Hauptkeule unseren Blicken, sie verschwindet aus der *visible range*, wie man in der Antennentheorie sagt (Balanis, 1997; Langenberg, 2005); wir werden den P-Anteil sodann in der Numerik ignorieren. Zur Illustration von Hauptkeulen des Strahlungsfernfeldes eines primären *Flächenkraftdichte*-Rechteck*patches* (im Vollraum) konsultiere man die Abbildungen 13.3.2 und 13.3.3 sowie 13.3.4 für die Grenze der *visible range*.

Nunmehr müssen wir, genauso wie in Abschnitt 13.2.4 mit den Formeln (13.2.110)–(13.2.112), gemäß (15.5.46) und (15.5.47) die Punktrichtwirkungen der sekundären Flächendeformation $\underline{\mathbf{u}}(\underline{\mathbf{R}}_{ik}, \omega)\underline{\mathbf{e}}_{z_k}$ ausrechnen. Mit (15.5.46) finden wir die Vektorkomponenten der S-Punktrichtwirkung:

$$\begin{aligned} \underline{\mathbf{u}}(\underline{\mathbf{R}}_{ik}, \omega)\underline{\mathbf{e}}_{z_k} : \left(\hat{\underline{\mathbf{R}}}_k \underline{\underline{\mathbf{I}}} + \hat{\underline{\mathbf{R}}}_k \underline{\underline{\mathbf{I}}}^{213} - 2\hat{\underline{\mathbf{R}}}_k \hat{\underline{\mathbf{R}}}_k \hat{\underline{\mathbf{R}}}_k\right) &= \\ \cos\theta_k\, \underline{\mathbf{u}}(\underline{\mathbf{R}}_{ik}, \omega) - \underline{\mathbf{u}}(\underline{\mathbf{R}}_{ik}, \omega) \cdot \hat{\underline{\mathbf{R}}}_k (\cos\theta_k \hat{\underline{\mathbf{R}}}_k + \sin\theta_k \underline{\mathbf{e}}_{\theta_k}) & \end{aligned} \tag{15.5.53}$$

und stellen — wie üblich — fest, dass $\underline{\mathbf{u}}_{sk\mathrm{S}}^{\mathrm{fern}}(\underline{\mathbf{R}}_k, \omega)$ im $x_k y_k z_k$-Koordinatensystem nur $\underline{\mathbf{e}}_{\theta_k}$- und $\underline{\mathbf{e}}_{\phi_k}$-Komponenten hat:

$$\underline{\mathbf{u}}_{sk\mathrm{S}}^{\mathrm{fern}}(\underline{\mathbf{R}}_k, \omega) \cdot \hat{\underline{\mathbf{R}}}_k = 0 \quad , \tag{15.5.54}$$

$$\underline{\mathbf{u}}_{sk\mathrm{S}}^{\mathrm{fern}}(\underline{\mathbf{R}}_k, \omega) \cdot \underline{\mathbf{e}}_{\theta_k} \sim \cos\theta_k\, \underline{\mathbf{u}}(\underline{\mathbf{R}}_{ik}, \omega) \cdot \underline{\mathbf{e}}_{\theta_k} - \sin\theta_k\, \underline{\mathbf{u}}(\underline{\mathbf{R}}_{ik}, \omega) \cdot \hat{\underline{\mathbf{R}}}_k \quad , \tag{15.5.55}$$

$$\underline{\mathbf{u}}_{sk\mathrm{S}}^{\mathrm{fern}}(\underline{\mathbf{R}}_k, \omega) \cdot \underline{\mathbf{e}}_{\phi_k} \sim \cos\theta_k\, \underline{\mathbf{u}}(\underline{\mathbf{R}}_{ik}, \omega) \cdot \underline{\mathbf{e}}_{\phi_k} \quad , \tag{15.5.56}$$

die wir denn auch explizit finden wollen. Mit (15.5.45) finden wir nach ein wenig Rechnung:

$$\begin{aligned} \underline{\mathbf{u}}(\underline{\mathbf{R}}_{ik}, \omega) \cdot \hat{\underline{\mathbf{R}}}_k = A_{ik\mathrm{SV}}(\underline{\mathbf{R}}_{ik}, \omega) \Big\{ & \sin\theta_k \cos\phi_k \left[\cos\theta_{ik} \left(R_{SV}(\theta_{ik}) - 1\right) + \kappa \sin\theta_{ik} M_\mathrm{P}(\theta_{ik})\right] - \\ & - \cos\theta_k \left[\sin\theta_{ik} \left(R_{SV}(\theta_{ik}) + 1\right) - \sqrt{1 - \kappa^2 \sin^2\theta_{ik}}\, M_\mathrm{P}(\theta_{ik})\right] \Big\} + \\ & + 2A_{ik\mathrm{SH}}(\underline{\mathbf{R}}_{ik}, \omega) \sin\theta_k \sin\phi_k \quad , \end{aligned} \tag{15.5.57}$$

$$\begin{aligned} \underline{\mathbf{u}}(\underline{\mathbf{R}}_{ik}, \omega) \cdot \underline{\mathbf{e}}_{\theta_k} = A_{ik\mathrm{SV}}(\underline{\mathbf{R}}_{ik}, \omega) \Big\{ & \cos\theta_k \cos\phi_k \left[\cos\theta_{ik} \left(R_\mathrm{SV}(\theta_{ik}) - 1\right) + \kappa \sin\theta_{ik} M_\mathrm{P}(\theta_{ik})\right] + \\ & + \sin\theta_k \left[\sin\theta_{ik} \left(R_\mathrm{SV}(\theta_{ik}) + 1\right) - \sqrt{1 - \kappa^2 \sin^2\theta_{ik}}\, M_\mathrm{P}(\theta_{ik})\right] \Big\} + \\ & + 2A_{ik\mathrm{SH}}(\underline{\mathbf{R}}_{ik}, \omega) \cos\theta_k \sin\phi_k \quad , \end{aligned} \tag{15.5.58}$$

$$\begin{aligned} \underline{\mathbf{u}}(\underline{\mathbf{R}}_{ik}, \omega) \cdot \underline{\mathbf{e}}_{\phi_k} = A_{ik\mathrm{SV}}(\underline{\mathbf{R}}_{ik}, \omega) \Big\{ & \sin\phi_k \left[\cos\theta_{ik} \left(1 - R_\mathrm{SV}(\theta_{ik})\right) - \kappa \sin\theta_{ik} M_\mathrm{P}(\theta_{ik})\right] \Big\} + \\ & + 2A_{ik\mathrm{SH}}(\underline{\mathbf{R}}_{ik}, \omega) \cos\phi_k \quad . \end{aligned} \tag{15.5.59}$$

[41] Das Maximum des räumlichen Spektrums $\tilde{\Gamma}(\underline{\mathbf{K}})$ einer dreidimensionalen charakteristischen Funktion $\Gamma(\underline{\mathbf{R}})$ liegt stets bei $\underline{\mathbf{K}} = \underline{\mathbf{0}}$; dies wenden wir hier auf die zweidimensionale, durch die einfallende Welle modulierte charakteristische Funktion der Fläche $S_{k\mathrm{K}}$ an.

Mit diesen Projektionen der Kirchhoff-genäherten sekundären Flächendeformationsquelle können wir das S-Streufeld des k-ten *patches* berechnen:

$$\underline{\mathbf{u}}_{sk\mathrm{S}}^{\mathrm{fern}}(\underline{\mathbf{R}}_k,\omega)=-\frac{\mathrm{j}\omega}{4\pi c_\mathrm{S}}\,I_{sk\mathrm{S}}(\hat{\underline{\mathbf{R}}}_k,\theta_{ik},\omega)\,\frac{\mathrm{e}^{\mathrm{j}k_\mathrm{S}R_k}}{R_k}\,\Big\{\Big[\cos\theta_k\,\underline{\mathbf{u}}(\underline{\mathbf{R}}_{ik},\omega)\cdot\underline{\mathbf{e}}_{\theta_k}-\sin\theta_k\,\underline{\mathbf{u}}(\underline{\mathbf{R}}_{ik},\omega)\cdot\hat{\underline{\mathbf{R}}}_k\Big]\,\underline{\mathbf{e}}_{\theta_k}+$$
$$+\cos\theta_k\,\underline{\mathbf{u}}(\underline{\mathbf{R}}_{ik},\omega)\cdot\underline{\mathbf{e}}_{\phi_k}\,\underline{\mathbf{e}}_{\phi_k}\Big\}\ . \qquad (15.5.60)$$

Für $\theta_{ik}=0$ und $A_{ik\mathrm{SH}}(\underline{\mathbf{R}}_{ik},\omega)=0$ ergibt sich in der Tat die in Abb. 13.2.6 dargestellte S-Punktrichtwirkung einer $\underline{\mathbf{e}}_x\underline{\mathbf{e}}_z$-Deformationsratenquelle.

Wir wenden uns dem modekonvertierten P-Streufeld zu und berechnen

$$\underline{\mathbf{u}}(\underline{\mathbf{R}}_{ik},\omega)\underline{\mathbf{e}}_{z_k}:\Big(\lambda\,\underline{\underline{\mathbf{I}}}\hat{\underline{\mathbf{R}}}_k+2\mu\,\hat{\underline{\mathbf{R}}}_k\hat{\underline{\mathbf{R}}}_k\hat{\underline{\mathbf{R}}}_k\Big)=$$
$$\Big[\lambda\,\underline{\mathbf{u}}(\underline{\mathbf{R}}_{ik},\omega)\cdot\underline{\mathbf{e}}_{z_k}+2\mu\,\cos\theta_k\,\underline{\mathbf{u}}(\underline{\mathbf{R}}_{ik},\omega)\cdot\hat{\underline{\mathbf{R}}}_k\Big]\,\hat{\underline{\mathbf{R}}}_k \qquad (15.5.61)$$

in Analogie zu (15.5.53); wie erwartet, folgt

$$\underline{\mathbf{u}}_{sk\mathrm{P}}^{\mathrm{fern}}(\underline{\mathbf{R}}_k,\omega)\cdot\hat{\underline{\mathbf{R}}}_k\sim\lambda\,\underline{\mathbf{u}}(\underline{\mathbf{R}}_{ik},\omega)\cdot\underline{\mathbf{e}}_{z_k}+2\mu\,\cos\theta_k\,\underline{\mathbf{u}}(\underline{\mathbf{R}}_{ik},\omega)\cdot\hat{\underline{\mathbf{R}}}_k\ , \qquad (15.5.62)$$
$$\underline{\mathbf{u}}_{sk\mathrm{P}}^{\mathrm{fern}}(\underline{\mathbf{R}}_k,\omega)\cdot\underline{\mathbf{e}}_{\theta_k}=0\ , \qquad (15.5.63)$$
$$\underline{\mathbf{u}}_{sk\mathrm{P}}^{\mathrm{fern}}(\underline{\mathbf{R}}_k,\omega)\cdot\underline{\mathbf{e}}_{\phi_k}=0\ . \qquad (15.5.64)$$

Der nunmehr benötigte Term $\underline{\mathbf{u}}(\underline{\mathbf{R}}_{ik},\omega)\cdot\hat{\underline{\mathbf{R}}}_k$ liegt mit (15.5.57) bereits vor, sodass wir nur noch

$$\underline{\mathbf{u}}(\underline{\mathbf{R}}_{ik},\omega)\cdot\underline{\mathbf{e}}_{z_k}=A_{ik\mathrm{SV}}(\underline{\mathbf{R}}_{ik},\omega)\Big[-\sin\theta_{ik}\,(1+R_\mathrm{SV}(\theta_{ik}))+\sqrt{1-\kappa^2\sin^2\theta_{ik}}\,M_\mathrm{P}(\theta_{ik})\Big] \qquad (15.5.65)$$

berechnen müssen. Wir hatten vereinbart, das modekonvertierte P-Streufeld für $\theta_{ik}>\vartheta_{cm\mathrm{P}}$ gleich null zu setzen; für $\theta_{ik}\leq\vartheta_{cm\mathrm{P}}$ berechnen wir hingegen

$$\underline{\mathbf{u}}_{sk\mathrm{P}}^{\mathrm{fern}}(\underline{\mathbf{R}}_k,\omega)=-\frac{\mathrm{j}\omega}{4\pi\varrho c_\mathrm{P}^3}\,I_{sk\mathrm{P}}(\hat{\underline{\mathbf{R}}}_k,\omega)\,\frac{\mathrm{e}^{\mathrm{j}k_\mathrm{P}R_k}}{R_k}\,\Big[\lambda\,\underline{\mathbf{u}}(\underline{\mathbf{R}}_{ik},\omega)\cdot\underline{\mathbf{e}}_{z_k}+2\mu\,\cos\theta_k\,\underline{\mathbf{u}}(\underline{\mathbf{R}}_{ik},\omega)\cdot\hat{\underline{\mathbf{R}}}_k\Big]\,\hat{\underline{\mathbf{R}}}_k\ . \qquad (15.5.66)$$

Wieder ist die sich für $\theta_{ik}=0$ und $A_{ik\mathrm{SH}}(\underline{\mathbf{R}}_{ik},\omega)=0$ ergebende P-Punktrichtwirkung einer $\underline{\mathbf{e}}_x\underline{\mathbf{e}}_z$-Deformationsratenquelle in Abb. 13.2.6 dargestellt.

Wir wenden uns nun der Empfangssimulation zu und verlegen damit den Aufpunkt $\underline{\mathbf{R}}_k\Longrightarrow\underline{\mathbf{R}}_{kM}$ definitiv auf die Messfläche S_M (Abbildung 15.5.5). Im $x_iy_iz_i$-Koordinatensystem beschreiben wir den Endpunkt von $\underline{\mathbf{R}}_{kM}$ durch $\underline{\mathbf{R}}_M$, weswegen

$$\underline{\mathbf{R}}_{kM}=\underline{\mathbf{R}}_M-\underline{\mathbf{R}}_{ik} \qquad (15.5.67)$$

gilt. Die Normalkomponente der Summe[42] aller *patch*-Streufelder, die von beleuchteten *patches* herrühren — für eine ebene Messfläche S_M gilt $\underline{\mathbf{n}}_M=-\underline{\mathbf{e}}_{z_i}$ —

$$u_M(\underline{\mathbf{R}}_M,\omega)=-\underline{\mathbf{e}}_{z_i}\cdot\sum_k^{\hat{\underline{\mathbf{R}}}_{ik}\cdot\underline{\mathbf{n}}_{ck}<0}\Big[\underline{\mathbf{u}}_{sk\mathrm{S}}^{\mathrm{fern}}(\underline{\mathbf{R}}_{kM},\omega)+\underline{\mathbf{u}}_{sk\mathrm{P}}^{\mathrm{fern}}(\underline{\mathbf{R}}_{kM},\omega)\Big] \qquad (15.5.68)$$

definiert sodann eine skalare[43] „Punktempfangsgröße" $u_M(\underline{\mathbf{R}}_M,\omega)$ für SV-P-Wellen (SV bezüglich S_M); zur expliziten Berechnung werden für $\hat{\underline{\mathbf{R}}}_{kM}\cdot\underline{\mathbf{e}}_{z_i}$, $\underline{\mathbf{e}}_{\theta_{kM}}\cdot\underline{\mathbf{e}}_{z_i}$, $\underline{\mathbf{e}}_{\phi_{kM}}\cdot\underline{\mathbf{e}}_{z_i}$ erneut die Richtungscosinusse zwischen den Dreibeinen des $x_iy_iz_i$- und des $x_ky_kz_k$-Koordinatensystems gebraucht.

[42] Unter der Kirchhoff-Näherung dürfen wir einfach aufsummieren, da Strahlungswechselwirkung vernachlässigt wird.
[43] Vergleichbar der *open circuit voltage* in der Antennentheorie (Balanis, 1997; Langenberg, 2005).

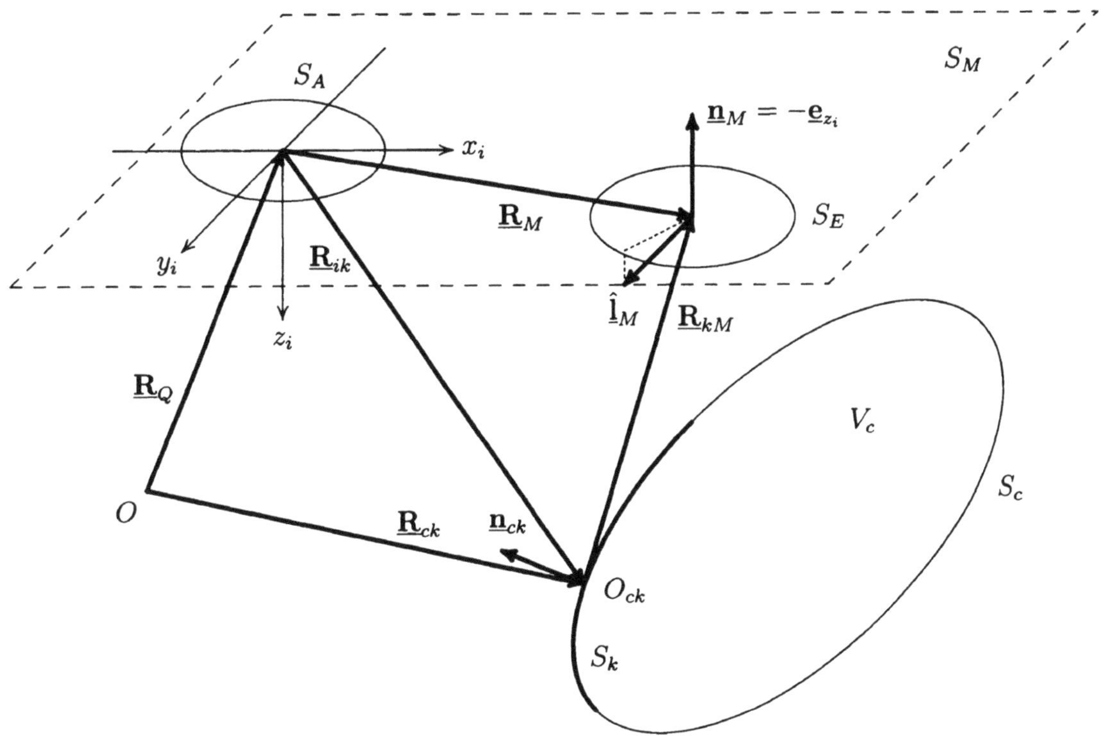

Abb. 15.5.5: *3D-US-Systemmodell: Empfangssimulation*

Für $\underline{\mathbf{R}}_M \neq \underline{\mathbf{0}}$ ist $u_M(\underline{\mathbf{R}}_M, \omega)$ eine Empfangsgröße im *pitch-catch*-Modus, für $\underline{\mathbf{R}}_M = \underline{\mathbf{0}}$ liegt Impuls-Echo-Betrieb vor. Man beachte aber, dass aufgrund der Verwendung der Green'schen Tensoren des Vollraums im elastodynamischen Huygens-Integral das Streufeld auf S_M keine Randbedingung erfüllt; um dies „einzubauen", muss man an S_M reflektierte und modekonvertierte Felder ansetzen, die man natürlich wieder mit der Näherung einfallender *ebener* Wellen berechnen kann (ansonsten kennt man Reflexions- und Modekonversionsfaktoren nicht explizit).

Näherungsweise kann man auch einen Empfangsprüfkopf durch eine Empfangsapertur S_E (Abbildung 15.5.5) simulieren. Gesetzt, der Empfangsprüfkopf hätte im Sendebetrieb die Hauptstrahlrichtung $\hat{\underline{\mathbf{l}}}_M$ — und zwar entweder für SV- oder P-Wellen (SV bezüglich S_M) —, dann liefert

$$u_E^{\mathrm{P,SV}}(\omega) \int\!\!\int_{S_E} u_M(\underline{\mathbf{R}}_M, \omega)\, \mathrm{e}^{\mathrm{j}k_{\mathrm{P,S}}\hat{\underline{\mathbf{l}}}_M \cdot \underline{\mathbf{R}}_M}\, \mathrm{d}^2\underline{\mathbf{R}}_M \qquad (15.5.69)$$

eine Prüfkopfempfangsgröße für ebendiese P- bzw. SV-Wellen. Eine *Näherung* ist dies deswegen, weil das Streufeld an der Prüfkopf-Sohle keine Übergangsbedingungen erfüllt, der Empfangsprüfkopf also keine Energie „absaugt". Dies ändert sich auch nicht, wenn man die Spannungsfreiheit von S_M berücksichtigt. Immerhin enthält (15.5.69) die modeabhängige Richtungsselektivität des Empfangs, was zur Bewertung von A- oder B-Bildern unbedingt notwendig ist (z.B.: Shlivinski et al., 2004b); um derartige Daten zu erzeugen, ist allerdings noch eine inverse Fourier-Transformation von $u_E(\omega)$ gemäß der Modifikation

$$u_E^{\mathrm{P,SV}}(\omega) = u_i(\omega) \int\!\!\int_{S_E} u_M(\underline{\mathbf{R}}_M, \omega)\, \mathrm{e}^{\mathrm{j}k_{\mathrm{P,S}}\hat{\underline{\mathbf{l}}}_M \cdot \underline{\mathbf{R}}_M}\, \mathrm{d}^2\underline{\mathbf{R}}_M \qquad (15.5.70)$$

bei vorgegebenem Impulsspektrum $u_i(\omega)$ durchzuführen. Beispielhaft wurde (15.5.70) für die als

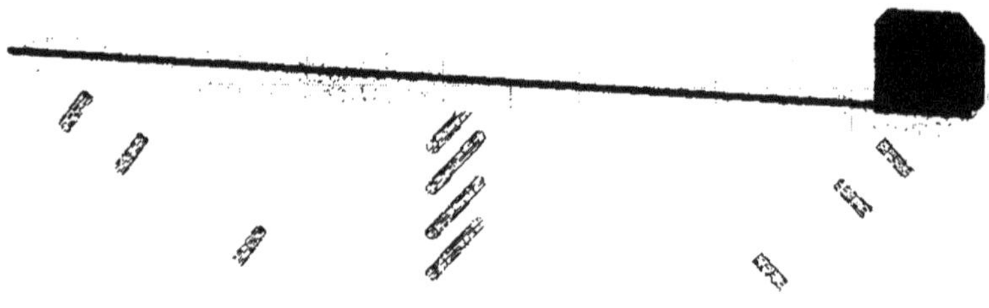

Abb. 15.5.6: *CAD-Modell eines Testkörpers mit seitlichen Zylinderbohrungen und Flachbodenbohrungen (V. Schmitz, Fraunhofer IZFP)*

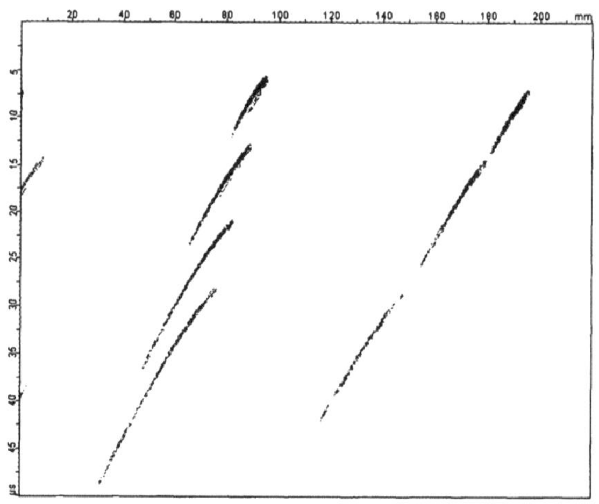

Abb. 15.5.7: *Berechnetes B-Bild für einen linearen Scanpfad von links nach rechts auf der Oberseite des Testkörpers von Abb. 15.5.6: 45°-2 MHz-Scherwellenprüfkopf, RC3-Impuls; horizontale Achse = Scankoordinate, vertikale Achse = Zeit von oben nach unten gezählt (V. Schmitz, Fraunhofer IZFP)*

„Fehler" definierten Bohrungen des in Abb. 15.5.6 dargestellten (real existierenden) Testkörpers für 45°-Scherwelleneinfall (2 MHz) ohne Berücksichtigung der Testkörperoberfläche ausgewertet, und zwar nicht nur für *einen* Empfangspunkt, sondern für einen auf der Oberfläche definierten linearen Impuls-Echo-Scanpfad (von links nach rechts, entgegen der Darstellung in Abb. 15.5.6). Das Ergebnis zeigt Abb. 15.5.7 in Form eines B-Bildes. Anhand von Abb. 16.1.4 wird übrigens die SAFT-Verarbeitung dieser synthetischen Daten im Vergleich mit dem Experiment (Abbildung 16.1.3) diskutiert.

Zwei allgemeingültige Aussagen hinsichtlich der Struktur von Streufernfeldern in Rückstreurichtung unter Kirchhoff- oder Born-Näherung werden in Abschnitt 15.4 begründet: In Rückstreurichtung gibt es bei strenger Gültigkeit dieser Näherungen keine Modekonversion und keine Scherwellenpolarisationsdrehung.

16 Inverse Streuung: Abbildende US-zfP-Verfahren

Ein direktes Streuproblem liegt vor, wenn Streukörper, Einbettungsmaterial und einfallendes Feld bekannt sind, und das Streufeld berechnet werden soll. Im Sinne der Huygens'schen Superposition von Elementarwellen — einer Punktquellensynthese — muss man dazu in der Zeit voranschreiten, wozu die Kenntnis der Green'schen Funktion(en) des Einbettungsmaterials notwendig ist. Als spezielles Problem erweist sich die Strahlungswechselwirkung des Streukörpers mit sich selbst, der das direkte Streuproblem zu einem bezüglich der Geometrie des Streukörpers nichtlinearen Problem macht. Infolgedessen vernachlässigen Linearisierungen wie die Born'sche oder die Kirchhoff'sche Näherung genau diese Strahlungswechselwirkung.

Ein inverses Streuproblem liegt vor, wenn Einbettungsmaterial, einfallendes Feld und Streufeld (auf einer Messfläche) bekannt sind, und Lage, Geometrie sowie Materialzusammensetzung des Streukörpers berechnet werden sollen. Man ersetze das Wort „Streufeld" durch „Ungänze", und man hat das klassische Problem der US-zfP vorliegen! Betrachtet man die Messwerte des Streufeldes als „Quellen", so muss man offensichtlich mit der Kenntnis der Green'schen Funktion(en) des Einbettungsmaterials die Streuwellenausbreitung „invertieren", d.h. man muss eine zeitlich rückwärts gewandte Punktquellensynthese mit diesen Quellen durchführen. Sehr hinderlich ist dabei die erwähnte Nichtlinearität, denn man muss bei dieser Rückausbreitung die Strahlungswechselwirkung des Streukörpers mit sich selbst wieder „aufdröseln". Man vermeidet dies — und vereinfacht damit die Lösung des inversen Streuproblems erheblich — durch Linearisierung mittels Born'scher oder Kirchhoff'scher Näherung.

Der einfachste Fall eines skalaren Streuproblems liegt für einen akustischen *Punkt*streuer im homogen-isotropen nichtdissipativen Einbettungsmaterial vor, da eine Strahlungswechselwirkung entfällt. Die Streudaten sind unmittelbar durch die dreidimensionale skalare Green'sche Funktion des Vollraums gegeben, sodass die „Mess"daten — Laufzeitortskurven in B-Bildern — sofort mit der Kenntnis ebendieser Green'schen Funktion „rückausgebreitet" werden können: Wendet man den resultierenden Algorithmus auf beliebige Streukörper unter der (linearisierenden) Annahme von deren Zusammensetzung aus einzelnen nicht miteinander wechselwirkenden Punktstreuern an, so hat man SAFT, die *Synthetic Aperture Focusing Technique*, erfunden.

16.1 SAFT: *Synthetic Aperture Focusing Technique*

Integration entlang Laufzeitortskurven und Rückausbreitung

Wir führen das folgende numerische „Experiment" durch (Abbildung 16.1.1): Ein Punktstreuer in einem akustischen homogen-isotropen verlustlosen Material werde von der RC2-bandbegrenzten geometrisch-„optischen" Aperturdruckwellenfront eines „Prüfkopfes" getroffen (Abbildung 16.1.1 oben links); er wird dadurch zu einer punktförmigen sekundären Quelle und erzeugt definitionsgemäß ein Streufeld entsprechend einer zweidimensionalen bandbegrenzten Green'schen Funktion (Gleichung (13.1.38)), die in Abb. 16.1.1 oben rechts sichtbar wird. Erreicht diese gestreute Wellenfront die „Mess"fläche, so kann sie dort prinzipiell punktweise detektiert werden, um ein B-Bild aufzubauen (Natürlich wird sie an dieser Fläche aufgrund einer schallharten Randbedingung auch reflektiert.): Eine Laufzeitortskurve (Diffraktionskurve) entsteht im B-Bild-Datenraum (Abbildung 16.1.1 unten links), in Abb. 16.1.1 unten rechts ist sie innerhalb

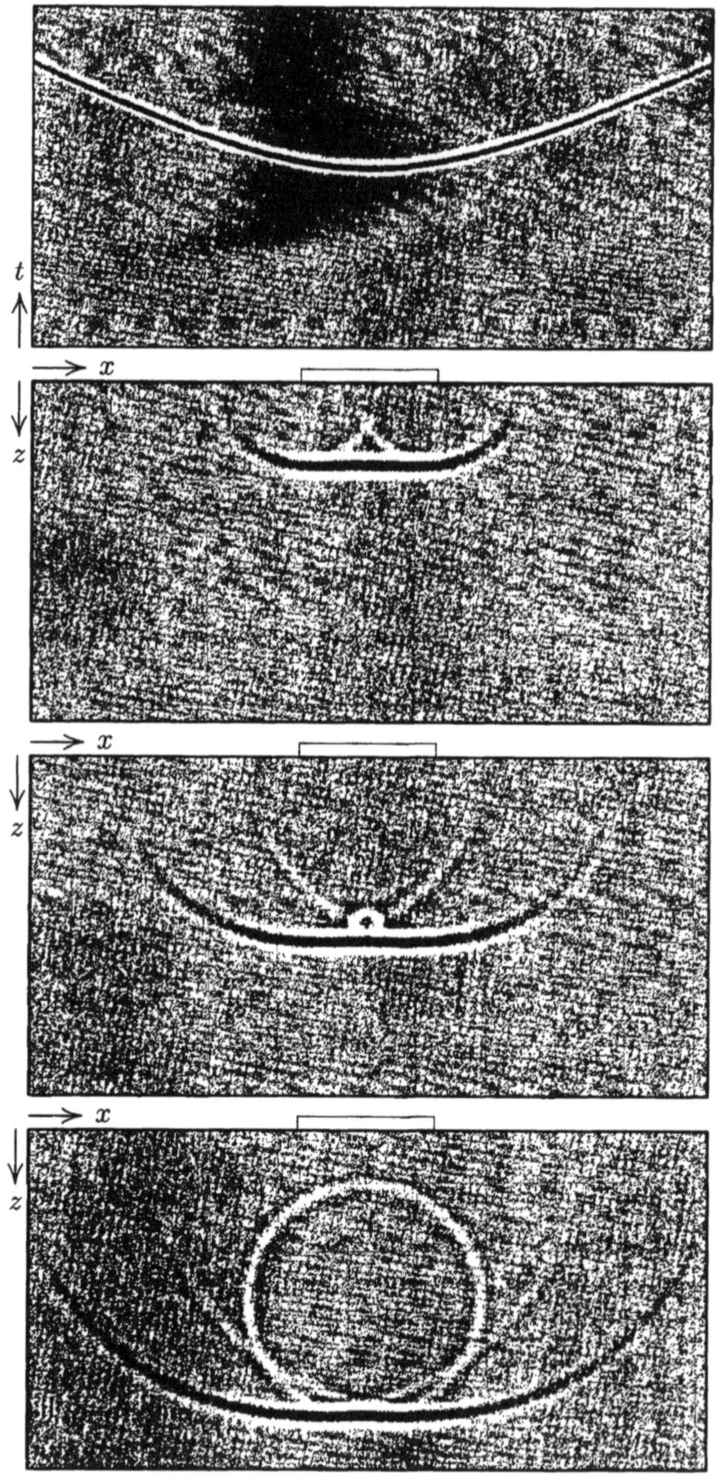

Abb. 16.1.1: *2D-AFIT-Simulation: Ein Punktstreuer erzeugt „Meß"daten als Diffraktionskurve*

der vorliegenden Empfangsapertur komplett (Zusätzlich erkennt man bereits Reflexionen von den Seitenwänden und das Rückwandecho.). Für eine ebene Empfangsfläche ist die Laufzeitortskurve eine Hyperbel, im Dreidimensionalen ein rotationssymmetrisches Hyperboloid. Dies zeigt man unmittelbar, indem man für die dreidimensionale skalare Green'sche Funktion des Vollraums (Gleichung (13.1.25))

$$G(\underline{\mathbf{R}} - \underline{\mathbf{R}}', t - t') = \frac{\delta\left(t - t' - \frac{|\underline{\mathbf{R}} - \underline{\mathbf{R}}'|}{c}\right)}{4\pi|\underline{\mathbf{R}} - \underline{\mathbf{R}}'|} \tag{16.1.1}$$

für vorgegebenes t' (Zeitpunkt, zu dem die einfallende Welle den Punktstreuer erreicht; hier: $t' = 0$) und vorgegebenen Ort $\underline{\mathbf{R}}'$ des Punktstreuers bei vorgegebener Variation von $\underline{\mathbf{R}}$ auf der (endlich großen) Messfläche S_M diejenigen Zeitpunkte ermittelt, für die die δ-Distribution in (16.1.1) singulär ist:

$$\begin{aligned} t &= \frac{|\underline{\mathbf{R}} - \underline{\mathbf{R}}'|}{c} \\ &= \frac{1}{c}\sqrt{(x-x')^2 + (y-y')^2 + (z-z')^2} \quad ; \end{aligned} \tag{16.1.2}$$

wir legen, der ebenen Messfläche angemessen, kartesische Koordinaten zugrunde und siedeln den Punktstreuer bei $x' = x'_0, y' = y'_0, z' = z'_0$ an. Die Messfläche habe von der xy-Ebene den Abstand d, also folgt

$$t^2 - \frac{(x-x'_0)^2}{c^2} - \frac{(y-y'_0)^2}{c^2} = \frac{(d-z'_0)^2}{c^2} \tag{16.1.3}$$

beziehungsweise

$$t = \frac{1}{c}\sqrt{(d-z'_0)^2 + (x-x'_0)^2 + (y-y'_0)^2} > 0 \tag{16.1.4}$$

als Hyperboloidgleichung im xyt-Datenraum; dieses (einschalige) Hyperboloid hat seinen Scheitelpunkt bei $x = x'_0, y = y'_0$, dort liegt die kleinste Laufzeit $t = (d - z'_0)/c$ vor. Mit dieser Geometrieinformation über die Diffraktionsfläche kann man folgenden Inversionsalgorithmus postulieren: Man wähle im xyz-„Rekonstruktionsraum" einen Punkt x', y', z' aus und berechne für diesen die zugehörige Hyperboloidfläche, als ob dort ein Punktstreuer säße, und sodann integriere man im xyt-Datenraum alle Daten entlang dieser Fläche, was in Abb. 16.1.2 zweidimensional skizziert ist; man erkennt, dass dies entsprechend des Schnittpunktes der gestrichelten mit der durchgezogenen Hyperbel nur „wenig" liefern wird, wenn der Punktstreuer tatsächlich am Ort x'_0, y'_0, z'_0 sitzt. Gleiches gilt für alle fiktiven Punktstreuer $x' \neq x'_0, y' \neq y'_0, z' \neq z'_0$, erst wenn man irgendwann zwangsläufig das „Voxel" mit dem tatsächlich existierenden Punktstreuer auswählt, liefert die Integration „viel", denn dann integriert man ja entlang der wirklichen Diffraktionsfläche. Ergebnis ist eine „Rekonstruktion" des Punktstreuerortes, man hat ein inverses Streuproblem für ebendiesen Punktstreuer durch Fokussierung seiner Diffraktionsfläche „gelöst". Nun nimmt man an, dass ein beliebiger Streuer aus voneinander unabhängigen „Punkt"streuern zusammengesetzt ist — dies impliziert eine Linearisierung der Streuung sowie der Inversion — und integriert gemäß

$$o(x', y', z') = \int\!\!\int_{S_M} \phi\left(x, y, d, t = \frac{1}{c}\sqrt{(x-x')^2 + (y-y')^2 + (d-z')^2}\right) \mathrm{d}x\mathrm{d}y \tag{16.1.5}$$

für alle x', y', z' im Rekonstruktionsraum (der *region of interest*) für alle $x, y \in S_M$ durch dessen (skalares) Streudatenfeld $\phi(x, y, d, t)$, hoffend, dass diese Fokussierung von Streudaten innerhalb einer synthetischen Apertur S_M — deswegen: *Synthetic Aperture Focusing Technique* — ein brauchbares Bild $o(x', y', z')$ des Streukörpers ergibt. Da man bei der Integration (16.1.5) vom Voxel ausgeht, spricht man von der Voxel-orientierten Formulierung (*voxel driven approach*) von

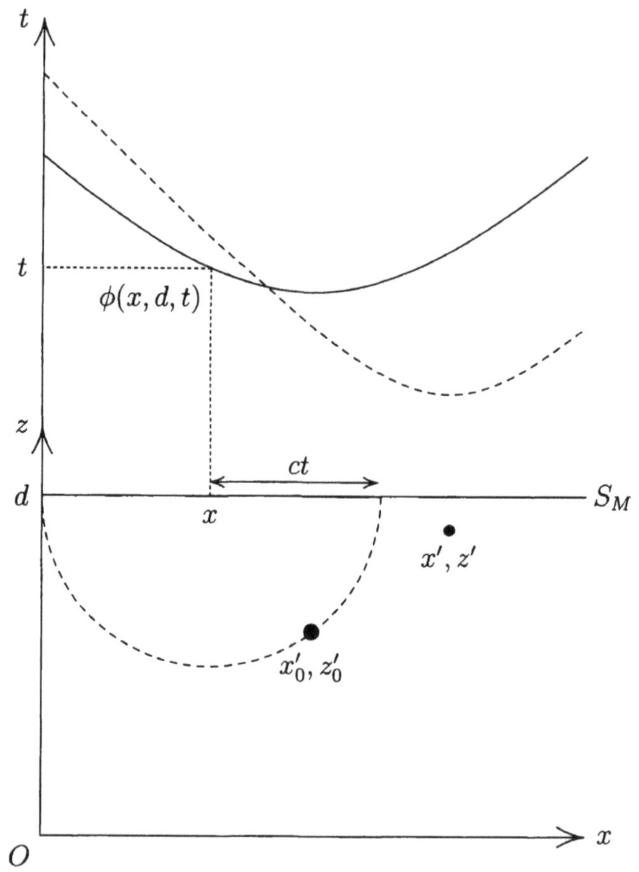

***Abb. 16.1.2:** SAFT: Integration eines skalaren Streudatenfeldes entlang hyperbolischen Diffraktionskurven bzw. Rückausbreitung desselben*

SAFT (im Zweidimensionalen: *pixel driven*). Obwohl Abb. 16.1.1 tatsächlich für ein akustisches Streuproblem steht, bezeichnen wir die skalaren Streudaten allgemein mit $\phi(\underline{\mathbf{R}}, t)$, da es sich bei der Anwendung in der US-zfP nicht um einen akustischen Druck handelt.

Eine Alternative zur voxelorientierten Formulierung ist die A-Bild-orientierte Formulierung (*A-scan driven approach*), die in Abb. 16.1.2 ebenfalls skizziert ist: Dazu wird jeder Datenpunkt $\phi(x, y, d, t)$ auf seine $x'y'z'$-Isochronenfläche ($0 < z' < d$)

$$z' - d = -\sqrt{c^2t^2 - (x' - x)^2 - (y' - y)^2} < 0 \qquad (16.1.6)$$

rückausgebreitet, d.h. „gleichmäßig" auf der durch (16.1.6) beschriebenen Halbkugel mit Mittelpunkt x, y, d und Radius ct verteilt. Immer wenn der Datenpunkt auf der Diffraktionsfläche des $x'_0y'_0z'_0$-Punktstreuers liegt, enthält die zugehörige Halbkugel wegen (16.1.3) ebendiesen Punktstreuer — diese Situation ist in Abb. 16.1.2 dargestellt —, d.h. alle derartigen Halbkugeln schneiden sich im Punkt x'_0, y'_0, z'_0 und liefern dort durch Überlagerung eine „hohe" Amplitude, der Ort des Punktstreuers ist rekonstruiert worden. Die Verallgemeinerung auf beliebige Streuer, die aus voneinander unabhängigen Punktstreuern bestehen, ist der lineare Algorithmus „A-Bild-orientiertes SAFT". Als zeitlich rückwärts gewandte „Punkt*daten*quellensynthese" — synthetisiert wird nicht ein Feld sondern ein Bild — unter Verwendung der avancierten Greenfunktion

$$G_a(\underline{\mathbf{R}}-\underline{\mathbf{R}}',t)=\frac{\delta\left(t+\frac{|\underline{\mathbf{R}}-\underline{\mathbf{R}}'|}{c}\right)}{4\pi|\underline{\mathbf{R}}-\underline{\mathbf{R}}'|} \tag{16.1.7}$$

können wir dies „Huygens-mäßig“ in Anlehnung an die Zeitbereichsversion von (15.1.37) *so* formulieren (wir ignorieren die Entfernungsabhängigkeit der Elementarwellenamplituden):

$$o(x',y',z')=\iint_{S_M}\int_{-\infty}^{\infty}\phi(x,y,d,t')\,\delta\left(t-t'+\frac{1}{c}\sqrt{(x-x')^2+(y-y')^2+(d-z')^2}\right)\mathrm{d}t'\mathrm{d}x\mathrm{d}y\Bigg|_{t=0}\;; \tag{16.1.8}$$

dabei ist in dem t'-Faltungsintegral nach dessen Ausführung $t=0$ zu wählen, da voraussetzungsgemäß jeder einzelne Punktstreuer zu ebendiesem Zeitpunkt angeregt wurde. Offensichtlich ist das Ergebnis von (16.1.8) aufgrund der Relation $f(t)*\delta(t-t_0)=f(t-t_0)$ mit (16.1.5) identisch.

Es sei explizit noch einmal darauf hingewiesen, dass Algorithmen zur Lösung des inversen Streuproblems apriori-Information über das Einbettungsmaterial erfordern; in abstrakter Notation ist es die Kenntnis der Green'schen Funktion, konkret ist es in (16.1.5) bzw. (16.1.8) die Phasen- bzw. Energiegeschwindigkeit der Elementarwellen im homogen-isotropen Einbettungsmaterial.

Pitch-Catch- *und Impuls-Echo-Versionen von SAFT*

Zu Beginn des Kapitels über inverse Streuung hatten wir bei der Definition eines inversen Streuproblems die Kenntnis des einfallenden Feldes vorausgesetzt, in der Inversionsformel (16.1.5) tritt dieses aber gar nicht auf. Ursache ist die Vereinbarung $t'=0$: Eine in Richtung $\hat{\underline{\mathbf{k}}}_i$ einfallende ebene δ-Impuls-Welle $\delta\left(t-\hat{\underline{\mathbf{k}}}_i\cdot\underline{\mathbf{R}}/c\right)$ erreicht für $t=0$ einen Punktstreuer *im Koordinatenursprung* (bzw. auf der Fläche $\hat{\underline{\mathbf{k}}}_i\cdot\underline{\mathbf{R}}=0$); damit sie den Punktstreuer am Ort $\underline{\mathbf{R}}_0'$ zum Zeitpunkt $t=0$ erreicht, muss sie gemäß $\phi_i\left(t-\hat{\underline{\mathbf{k}}}_i\cdot(\underline{\mathbf{R}}-\underline{\mathbf{R}}_0')/c\right)$ angesetzt werden. Da in der Inversionsformel (16.1.5) $\underline{\mathbf{R}}_0'\Longrightarrow\underline{\mathbf{R}}'$ zur Variablen im Rekonstruktionsraum wird, ist dies unpraktisch; zweckmäßiger ist die Wahl $t'=\hat{\underline{\mathbf{k}}}_i\cdot\underline{\mathbf{R}}_0'/c$ in (16.1.1), denn damit ergibt sich

$$o(x',y',z')=\iint_{S_M}\phi\left(x,y,d,t=\frac{1}{c}\sqrt{(x-x')^2+(y-y')^2+(d-z')^2}+\frac{\hat{\underline{\mathbf{k}}}_i\cdot\underline{\mathbf{R}}'}{c}\right)\mathrm{d}x\mathrm{d}y \tag{16.1.9}$$

als Inversionsformel unter Berücksichtigung einer voxelabhängigen, durch die Richtung der einfallenden ebenen Welle gegebenen Zeitnormierung.

Anstelle einer einfallenden ebenen Welle, die ja relativ unphysikalisch ist, da sie aus dem Unendlichen kommt, können wir mit

$$t'=\frac{1}{c}\sqrt{(x_Q-x_0')^2+(y_Q-y_0')^2+(d-z_0')^2} \tag{16.1.10}$$

ebenso gut die Beleuchtung des $x_0'y_0'z_0'$-Punktstreuers durch eine am Ort $x_Q,y_Q,z_Q=d$ lokalisierte Punktquelle bewerkstelligen. Die zugehörige Inversionsformel lautet dann:

$$\begin{aligned}o(x',y',z')=\iint_{S_M}\phi\Bigg(x,y,d,t=&\frac{1}{c}\sqrt{(x-x')^2+(y-y')^2+(d-z')^2}+\\&+\frac{1}{c}\sqrt{(x_Q-x')^2+(y_Q-y')^2+(d-z')^2}\Bigg)\,\mathrm{d}x\mathrm{d}y\;.\end{aligned} \tag{16.1.11}$$

Die Spezialisierung auf den in der Prüfpraxis oft vorliegenden Impuls-Echo-Betrieb ist sodann durch $x_Q=x$, $y_Q=y$ realisierbar:

$$o(x',y',z')=\iint_{S_M}\phi\left(x,y,d,t=\frac{2}{c}\sqrt{(x-x')^2+(y-y')^2+(d-z')^2}\right)\mathrm{d}x\mathrm{d}y\;. \tag{16.1.12}$$

Man beachte: Die Integrationen in den SAFT-Inversionsformeln (16.1.9), (16.1.11), (16.1.12) liefern natürlich nicht dieselben Ergebnisse, weshalb die entstehenden Bilder $o(x', y', z')$ strenggenommen unterschiedlich bezeichnet werden müssten.

SAFT mit Hilbert-transformierten Impulsdaten

In der zfP-Praxis ist das von einem Prüfkopf eingeschallte Signal — das einfallende Feld — natürlich (leider) kein δ-Impuls, sondern ein bandbegrenzter Impuls, der — beispielsweise — als RC2-Impuls modelliert werden kann. Infolgedessen spiegelt der Streuimpuls ebendieses oszillatorische Verhalten wider (man vergleiche Abb. 16.1.1), und letztlich findet man es im Datenfeld (B-Bild) der Laufzeitortskurven; durch die SAFT-Inversionsintegrale wird es sodann in den Rekonstruktionsraum rückausgebreitet und führt dort, entsprechend der Impulsdauer bzw. dessen Bandbreite, zum einen zu einer begrenzten Auflösung und zum anderen zu räumlichen Oszillationen in der Bildfunktion $o(x', y', z')$. Diese können durch eine spezielle SAFT-Signalverarbeitung beseitigt werden[1]. Dazu definiert man mittels einer Hilbert-Transformation (Abschnitt 2.3.4) bezüglich der Zeit ein komplexwertiges Signal gemäß

$$\phi_c(\underline{\mathbf{R}}, t) = \phi(\underline{\mathbf{R}}, t) + \mathrm{j}\,\mathcal{H}_t\{\phi(\underline{\mathbf{R}}, t)\} \tag{16.1.13}$$

und setzt dieses in die Inversionsformeln (16.1.9), (16.1.11), (16.1.12) ein; Ergebnis ist eine komplexwertige Bildfunktion $o_c(\underline{\mathbf{R}}')$, deren Betrag die Einhüllende der oszillatorischen Bildfunktion ist; dies funktioniert für geometrisch beliebige Messflächen (Langenberg et al., 1993b). Für ebene Messflächen kann man alternativ eine komplexwertige Bildfunktion gemäß[2]

$$o_c(x', y', z') = o(x', y', z') - \mathrm{j}\,\mathcal{H}_{z'}\{o(x', y', z')\} \tag{16.1.14}$$

erzeugen und hernach deren Betrag bilden; dies ist sodann äquivalent zur ersten Vorgehensweise (Langenberg, 1987; Abschnitt 16.2.5). *Nicht* äquivalent ist jedoch die Betragsbildung des komplexwertigen Streusignals mit nachfolgender SAFT-Inversion; dies führt zu einer Auflösungsverschlechterung.

Da es sich bei SAFT sowohl in der Voxel- als auch in der A-Bild-orientierten Formulierung um einen heuristisch begründeten Abbildungsalgorithmus handelt, können natürlich ebenso heuristisch begründete Modifikationen vorgeschlagen werden.

- Zuallererst: Die Voraussetzung skalarer Wellenfelder ist in der US-zfP nur für SH-Wellen gegeben. Dennoch ist die Anwendung auf P- und SV-Wellen (im Dreidimensionalen generell auf P- und S-Wellen) unter zwei Voraussetzungen möglich: Man wählt irgendeine skalare Messgröße aus, z.B. die elektrische Spannung am Prüfkopf stellvertretend für die — und hoffentlich proportional zur — Normalkomponente der Teilchenverschiebung auf der Bauteiloberfläche (die Tangentialkomponente wird ja bei Flüssigkeitsankopplung nicht gemesssen); allerdings muss wegen des Auftretens der Wellengeschwindigkeit c in (16.1.5) apriori bekannt sein, d.h. insbesondere, welche Impulse bzw. Laufzeitortskurven (-flächen) im B-Bild Druck- bzw. Scherwellen zuzuordnen sind.
- Nichtebene Messflächen können mittels $d \Longrightarrow z(x, y)$ berücksichtigt werden.
- Weitergehendes physikalisches Verständnis der Wellenausbreitung suggeriert die Implementierung eines „Tiefenausgleichs“ unter dem SAFT-Integral (16.1.5), denn die Daten von Punktstreuern in größerer Tiefe haben definitiv geringere Amplituden als diejenigen dicht unter der Bauteiloberfläche.

[1] Signalverarbeitungsverfahren, z.B. eine Entfaltung des Streusignals mit dem einfallenden Impuls, erlauben es auch, die Auflösung zu verbessern (Mayer, 1989).

[2] Bezüglich des negativen Vorzeichens konsultiere man Abschnitt 16.2.5.

- In der Praxis wird das einfallende Feld weder eine ebene Welle sein noch von einer Punktquelle herrühren; Richtcharakteristiken von Prüfköpfen lassen sich aber in einfacher Weise durch Raumwinkelbegrenzung der Isochronenfläche (z.B. in der A-Bild-orientierten Formulierung) einarbeiten.
- In homogen-anisotropen Materialien sind die Isochronenflächen durch Energiegeschwindigkeitsflächen gegeben; eine Modifikation von SAFT für derartige Einbettungsmaterialien ist deshalb sofort möglich (Langenberg et al., 1997). Unter Berücksichtigung der Refraktion an Trennflächen eines stückweise (anisotrop-)inhomogenen Einbettungsmaterials (Fehlerabbildung in anisotropen Schweißnähten) lässt sich mittels strahlengeometrischer Näherung auch ein SAFT-Algorithmus für derartige Anwendungen formulieren und implementieren (Hannemann, 2001; Marklein et al., 2002a; Shlivinski et al., 2004b).

Schlussendlich: In die Formulierung des SAFT-Abbildungsalgorithmus sind zwar Kenntnisse hinsichtlich der Ausbreitung von Wellen eingeflossen, er stellt jedoch keine strenge mathematische Lösung des inversen Streuproblems dar, was bei Einbettung in die inverse Streu*theorie* deutlich wird (Langenberg, 1987; Abschnitt 16.2.5); lediglich die inhärente Linearisierung aufgrund der Vernachlässigung der Strahlungswechselwirkung ist augenscheinlich, man weiß jedoch zunächst nichts über weitere implizit enthaltene Voraussetzungen und damit nichts über Genauigkeit und Auflösung („Rekonstruktionstreue") und über die tatsächliche physikalische Bedeutung des Bildes $o(x', y', z')$. Diese Fragen müssen auf der Grundlage theoretischer Überlegungen (Langenberg, 1987) oder anhand von Testkörpern bzw. anhand von synthetischen Daten beantwortet werden (Langenberg et al., 2004a,b; Mayer et al., 2003; Schmitz, 2002; Langenberg et al., 1999a; Langenberg et al., 1993a). Im Folgenden ein Beispiel: Für den in Abb. 15.5.6 dargestellten Testkörper wurden entlang eines linienförmigen Scanpfades — in Abb. 16.1.3 von links nach rechts — mit einem 45°-2 MHz-Scherwellenprüfkopf (MWB45N2) B-Bild-Daten im Impuls-Echo-Betrieb aufgenommen und mit dem SAFT-Algorithmus verarbeitet. Das in Abb. 16.1.3 dargestellte Ergebnis zeigt, dass Laufzeitortskurven (Diffraktionskurven) in der Tat auf die vom Schallfeld erfassten „Fehler"oberflächen fokussiert werden, wobei die axiale Auflösung

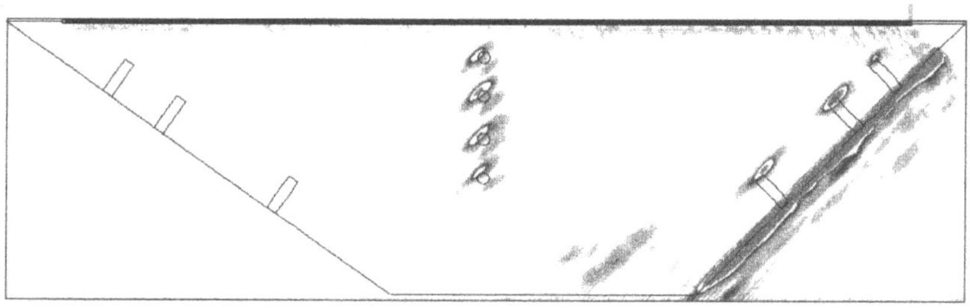

***Abb. 16.1.3:** SAFT-Abbildung mit experimentellen Daten (V. Schmitz: Fraunhofer IZFP)*

durch die Impulsdauer und die laterale Auflösung durch die Prüfkopf- und die (synthetische) Messapertur gegeben ist. Deutlich erkennt man auch Artefakte (Geisterbilder), die auf Mehrfachstreuung bzw., im Falle der seitlichen Zylinderbohrungen, auf Kriechwellen zurückgeführt werden können.

Abbildung 16.1.4 zeigt für denselben Testkörper und denselben Scanpfad SAFT-Ergebnisse, wenn man synthetische Daten zugrundelegt (Abbildung 15.5.7), die mit der Kirchhoff'schen Näherung berechnet wurden. Zunächst: Wegen der kürzeren Dauer des Simulationsimpulses ist die axiale Auflösung besser und sodann: Mehrfachstreu- und Kriechwellenartefakte fehlen,

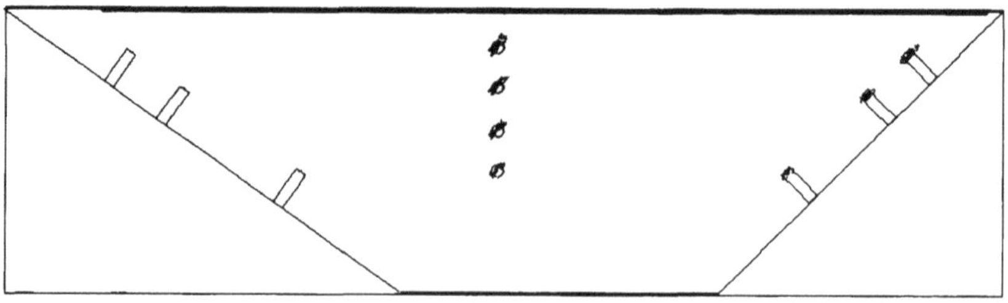

Abb. 16.1.4: SAFT-Abbildung Simulationsdaten (V. Schmitz: Fraunhofer IZFP)

da sie in der Kirchhoff-Näherung nicht berücksichtigt werden. Übrigens: In den Bildern der seitlichen Zylinderbohrungen spiegeln sich die — hier axial aufgelösten — Kantenimpulse der Prüfkopfapertur als Quelle des einfallenden Feldes wider (Abschnitt 13.3.4).

16.2 FT-SAFT: *Fourier Transform Synthetic Aperture Focusing Technique*

Die SAFT-Algorithmen sind heuristisch begründet: Ihre „Herleitung" basiert zwar auf der Kenntnis der Zeitbereichs-Greenfunktion des Einbettungsmaterials, genauer: auf der Kenntnis der geometrischen Gestalt der Elementarwellenfronten, denn eventuelle Richtcharakteristiken der Elemetarwellen werden ja nicht genutzt, es wird jedoch nicht vom mathematischen Zusammenhang zwischen Streukörper und dessen Streufeld Gebrauch gemacht. Dieser liegt jedoch in Form von Volumenintegralen über sekundäre Quellen vor, die dem Streuer „äquivalent" sind. Da das Streufeld Messgröße ist, sollte es grundsätzlich möglich sein, diese Volumenintegrale zu invertieren, d.h. eine inverse Streutheorie darauf zu begründen. Für skalare Wellenfelder ist diese Theorie sowohl als lineare (Langenberg, 1987; Langenberg, 2002a) als auch als nichtlineare Theorie (Belkebir und Saillard, 2001) weitgehend ausgearbeitet. Die lineare Theorie enthält einerseits die SAFT-Algorithmen nach Einführung diverser Approximationen als Spezialfall (Langenberg, 1987; Impuls-Echo-Version: Abschnitt 16.2.5) und andererseits erlaubt sie die Implementierung algorithmischer Alternativen, von denen — ebene Messflächen vorausgestzt — FT-SAFT wohl am effektivsten ist (Mayer, 1989; Mayer et al., 1990; Langenberg et al., 1999a; Mayer et al., 2003; Langenberg et al., 2004a,b), da im Wesentlichen Fourier-Transformationen zur Anwendung kommen; hierfür steht auch „FT".

16.2.1 Skalare sekundäre Quellen: Kontrastquellen

Für akustisch-penetrable Streukörper berechnet man das Fourier-Spektrum des Schalldrucks im Streufeld

$$p_s(\underline{\mathbf{R}},\omega) = \int_{-\infty}^{\infty}\int_{-\infty}^{\infty}\int_{-\infty}^{\infty} \left[\mathrm{j}\omega\rho\, h_\kappa(\underline{\mathbf{R}}',\omega)G(\underline{\mathbf{R}}-\underline{\mathbf{R}}',\omega) + \underline{\mathbf{f}}_\rho(\underline{\mathbf{R}}',\omega)\cdot\boldsymbol{\nabla}'G(\underline{\mathbf{R}}-\underline{\mathbf{R}}',\omega)\right]\,\mathrm{d}^3\underline{\mathbf{R}}' \tag{16.2.1}$$

durch Volumenintegration (5.6.25) der Fourier-Spektren der sekundären Quellen (5.6.19) und (5.6.20):

$$h_\kappa(\underline{\mathbf{R}},\omega) = \mathrm{j}\omega\,\Gamma_c(\underline{\mathbf{R}})\left[\kappa - \kappa^{(i)}(\underline{\mathbf{R}})\right]p(\underline{\mathbf{R}},\omega)$$

$$= -\mathrm{j}\omega\kappa\,\chi_\kappa(\underline{\mathbf{R}})p(\underline{\mathbf{R}},\omega) \quad , \tag{16.2.2}$$

$$\begin{aligned}\underline{\mathbf{f}}_\rho(\underline{\mathbf{R}},\omega) &= -\mathrm{j}\omega\,\Gamma_c(\underline{\mathbf{R}})\left[\rho - \rho^{(i)}(\underline{\mathbf{R}})\right]\underline{\mathbf{v}}(\underline{\mathbf{R}},\omega)\\ &= \mathrm{j}\omega\rho\,\chi_\rho(\underline{\mathbf{R}})\underline{\mathbf{v}}(\underline{\mathbf{R}},\omega)\\ &= \chi_\rho(\underline{\mathbf{R}})\nabla p(\underline{\mathbf{R}},\omega) \quad ;\end{aligned} \tag{16.2.3}$$

hierin sind $\kappa^{(i)}(\underline{\mathbf{R}})$ und $\rho^{(i)}(\underline{\mathbf{R}})$ Kompressibilität und Massendichte im Streukörpervolumen V_c mit der charakteristischen Funktion $\Gamma_c(\underline{\mathbf{R}})$, das sich im homogen-isotropen Einbettungsmaterial κ, ρ mit der Green'schen Funktion $G(\underline{\mathbf{R}} - \underline{\mathbf{R}}', \omega)$ befindet; $\chi_\rho(\underline{\mathbf{R}})$ und $\chi_\kappa(\underline{\mathbf{R}})$ sind die gemäß (5.6.13) und (5.6.14) definierten Kontrastfunktionen. Für akustisch-ideale Streukörper mit schallweicher oder schallharter Oberfläche S_c geht man zweckmäßigerweise von der Helmholtz'schen Formulierung (5.6.3) des Huygens'schen Prinzips

$$p_s(\underline{\mathbf{R}},\omega) = \iint_{S_c} [\mathrm{j}\omega\rho\, g(\underline{\mathbf{R}}',\omega)G(\underline{\mathbf{R}} - \underline{\mathbf{R}}',\omega) + \underline{\mathbf{t}}(\underline{\mathbf{R}}',\omega)\cdot\nabla' G(\underline{\mathbf{R}} - \underline{\mathbf{R}}',\omega)]\,\mathrm{d}S' \tag{16.2.4}$$

aus, worin

$$\begin{aligned}g(\underline{\mathbf{R}},\omega) &= -\underline{\mathbf{n}}_c\cdot\underline{\mathbf{v}}(\underline{\mathbf{R}},\omega)\\ &= -\frac{1}{\mathrm{j}\omega\rho}\,\underline{\mathbf{n}}_c\cdot\nabla p(\underline{\mathbf{R}},\omega) \quad ,\end{aligned} \tag{16.2.5}$$

$$\underline{\mathbf{t}}(\underline{\mathbf{R}},\omega) = \underline{\mathbf{n}}_c p(\underline{\mathbf{R}},\omega) \tag{16.2.6}$$

die sekundären Flächenquellen (5.6.1) und (5.6.2) sind.

Auf eine zu (16.2.1) äquivalente Formulierung bringt man (16.2.4) gemäß

$$p_s(\underline{\mathbf{R}},\omega) = \int_{-\infty}^{\infty}\int_{-\infty}^{\infty}\int_{-\infty}^{\infty} [\mathrm{j}\omega\rho\, h_c(\underline{\mathbf{R}}',\omega)G(\underline{\mathbf{R}} - \underline{\mathbf{R}}',\omega) + \underline{\mathbf{f}}_c(\underline{\mathbf{R}}',\omega)\cdot\nabla' G(\underline{\mathbf{R}} - \underline{\mathbf{R}}',\omega)]\,\mathrm{d}^3\underline{\mathbf{R}}' \tag{16.2.7}$$

durch die Definition der sekundären Volumenquellen (15.1.44) und (15.1.45):

$$\begin{aligned}h_c(\underline{\mathbf{R}},\omega) &= -\underline{\boldsymbol{\gamma}}_c(\underline{\mathbf{R}})\cdot\underline{\mathbf{v}}(\underline{\mathbf{R}},\omega)\\ &= -\frac{1}{\mathrm{j}\omega\rho}\,\underline{\boldsymbol{\gamma}}_c(\underline{\mathbf{R}})\cdot\nabla p(\underline{\mathbf{R}},\omega) \quad ,\end{aligned} \tag{16.2.8}$$

$$\underline{\mathbf{f}}_c(\underline{\mathbf{R}},\omega) = \underline{\boldsymbol{\gamma}}_c(\underline{\mathbf{R}})p(\underline{\mathbf{R}},\omega) \quad . \tag{16.2.9}$$

Für die sekundären Quellen (16.2.8) und (16.2.9) bieten sich die Spezialisierungen

$$\underline{\mathbf{f}}_c^{\mathrm{s}}(\underline{\mathbf{R}},\omega) = \underline{\mathbf{0}} \quad , \tag{16.2.10}$$

$$h_c^{\mathrm{s}}(\underline{\mathbf{R}},\omega) = -\frac{1}{\mathrm{j}\omega\rho}\,\underline{\boldsymbol{\gamma}}_c(\underline{\mathbf{R}})\cdot\nabla p(\underline{\mathbf{R}},\omega) \tag{16.2.11}$$

des schallweichen Streukörpers (*soft*: Dirichlet'sche Randbedingung $p(\underline{\mathbf{R}},\omega) = 0$, $\underline{\mathbf{R}} \in S_c$) bzw. des schallharten Streukörpers (*rigid*: Neumann'sche Randbedingung $\underline{\mathbf{n}}_c\cdot\nabla p(\underline{\mathbf{R}},\omega) = 0$, $\underline{\mathbf{R}} \in S_c$)

$$\underline{\mathbf{f}}_c^{\mathrm{r}}(\underline{\mathbf{R}},\omega) = \underline{\boldsymbol{\gamma}}_c(\underline{\mathbf{R}})p(\underline{\mathbf{R}},\omega) \quad , \tag{16.2.12}$$

$$h_c(\underline{\mathbf{R}},\omega) = 0 \tag{16.2.13}$$

an. Da für den schallharten Streukörper in (16.2.7) der Gradient der Green'schen Funktion auftritt, kann man gemäß (5.5.6) $\Longrightarrow$ (5.5.4) die Darstellung

$$p_s^{\mathrm{r}}(\underline{\mathbf{R}},\omega) = -\int_{-\infty}^{\infty}\int_{-\infty}^{\infty}\int_{-\infty}^{\infty} G(\underline{\mathbf{R}} - \underline{\mathbf{R}}',\omega)\nabla'\cdot\underline{\mathbf{f}}_c^{\mathrm{r}}(\underline{\mathbf{R}}',\omega)\,\mathrm{d}^3\underline{\mathbf{R}}' \tag{16.2.14}$$

erzeugen, worin man mit (16.2.12) unter erneuter Anwendung der Neumann'schen Randbedingung

$$\nabla \cdot \underline{\mathbf{f}}_c^{\mathrm{r}}(\underline{\mathbf{R}}, \omega) = p(\underline{\mathbf{R}}, \omega)\nabla \cdot \underline{\gamma}_c(\underline{\mathbf{R}}) \tag{16.2.15}$$

ersetzen kann. Spezialisiert man ferner den penetrablen Streukörper auf $\chi_\rho(\underline{\mathbf{R}}) \equiv 0$, so erhält man für alle drei „kanonischen" Streukörper die gemeinsame Darstellung

$$p_s^{\mathrm{pen,s,r}}(\underline{\mathbf{R}}, \omega) = \int_{-\infty}^{\infty}\int_{-\infty}^{\infty}\int_{-\infty}^{\infty} q_c^{\mathrm{pen,s,r}}(\underline{\mathbf{R}}', \omega) G(\underline{\mathbf{R}} - \underline{\mathbf{R}}', \omega)\, \mathrm{d}^3\underline{\mathbf{R}}' \quad , \tag{16.2.16}$$

wenn man

$$q_c^{\mathrm{pen,s,r}}(\underline{\mathbf{R}}, \omega) = \begin{cases} k^2\chi_\kappa(\underline{\mathbf{R}})p(\underline{\mathbf{R}}, \omega) & \text{penetrabel (nur } \kappa\text{–Kontrast)} \\ -\underline{\gamma}_c(\underline{\mathbf{R}}) \cdot \nabla p(\underline{\mathbf{R}}, \omega) & \text{schallweich} \\ -\left[\nabla \cdot \underline{\gamma}_c(\underline{\mathbf{R}})\right] p(\underline{\mathbf{R}}, \omega) & \text{schallhart} \end{cases} \tag{16.2.17}$$

definiert. In jedem Fall ergibt sich also eine Kontrastquelle $w(\underline{\mathbf{R}}, \omega)$

$$q_c^{\mathrm{pen,s,r}}(\underline{\mathbf{R}}, \omega) \Longrightarrow w(\underline{\mathbf{R}}, \omega) = \chi(\underline{\mathbf{R}})\phi(\underline{\mathbf{R}}, \omega) \quad , \tag{16.2.18}$$

die mit $\chi(\underline{\mathbf{R}})$ die Geometrie/Materialeigenschaften des Streukörpers enthält und über die Feldgröße $\phi(\underline{\mathbf{R}}, \omega)$ feldabhängig ist; wir schreiben jetzt generell $\phi(\underline{\mathbf{R}}, \omega)$ (für den penetrablen Streukörper enthält $\phi(\underline{\mathbf{R}}, \omega)$ auch den Faktor k^2) — für das Streufeld sodann $\phi_s(\underline{\mathbf{R}}, \omega)$ —, um anzudeuten, dass die Integraldarstellung

$$\phi_s(\underline{\mathbf{R}}, \omega) = \int_{-\infty}^{\infty}\int_{-\infty}^{\infty}\int_{-\infty}^{\infty} w(\underline{\mathbf{R}}', \omega) G(\underline{\mathbf{R}} - \underline{\mathbf{R}}', \omega)\, \mathrm{d}^3\underline{\mathbf{R}}' \tag{16.2.19}$$

Grundlage einer Inversionstheorie nicht nur skalarer akustischer Wellen, sondern eines wie auch immer definierten skalaren Wellenfeldes ist, das der Differentialgleichung

$$\Delta\phi_s(\underline{\mathbf{R}}, \omega) + k^2\phi_s(\underline{\mathbf{R}}, \omega) = -w(\underline{\mathbf{R}}, \omega) \tag{16.2.20}$$

genügt.

Es sei noch angemerkt, dass man die als Distributionen gegebenen Kontrastquellen der idealen Streuer näherungsweise durch stark verlustbehaftete penetrable Streukörper darstellen kann. Wir spezialisieren dafür das Maxwell-Modell (4.4.2) für den Nachgiebigkeitstensor auf den akustischen Fall:

$$\frac{\partial S(\underline{\mathbf{R}}, t)}{\partial t} = -\kappa(\underline{\mathbf{R}})\, \frac{\partial p(\underline{\mathbf{R}}, t)}{\partial t} - \Gamma(\underline{\mathbf{R}})p(\underline{\mathbf{R}}, t) \quad . \tag{16.2.21}$$

Für die Fourier-Spektren ergibt sich daraus die komplexe Kompressibilität

$$\kappa_c(\underline{\mathbf{R}}) = \kappa(\underline{\mathbf{R}}) + \mathrm{j}\,\frac{\Gamma(\underline{\mathbf{R}})}{\omega} \quad , \tag{16.2.22}$$

womit wir gemäß

$$\kappa_c^{(i)} = \kappa + \mathrm{j}\,\frac{\Gamma}{\omega} \tag{16.2.23}$$

einen homogenen κ-verlustbehafteten Streukörper beschreiben, dessen komplexe Kompressibilität den gleichen Realteil wie das Einbettungsmaterial haben soll; Konsequenz ist ein rein imaginärer Kontrast

$$\chi_\kappa = \mathrm{j}\,\frac{\Gamma}{\omega\kappa} \quad , \tag{16.2.24}$$

dessen Betrag wir durch die Wahl von Γ (bei fester Frequenz) beliebig „hochschrauben" können. Die Frage ist nun, welche Randbedingung wir mit $|\chi_\kappa| \gg 1$ näherungsweise realisieren können. Dazu berechnen wir die Reflexion einer ebenen Welle

$$p_i(\underline{\mathbf{R}}, \omega) = p_0(\omega)\,\mathrm{e}^{-\mathrm{j}k\sin\vartheta_i y - \mathrm{j}k\cos\vartheta_i z} \tag{16.2.25}$$

mit $k = \omega\sqrt{\rho\kappa}$ an einem verlustbehafteten Halbraum mit der Wellenzahl $k_c = \omega\sqrt{\rho(\kappa + \mathrm{j}\Gamma/\omega)}$ (Oberfläche $\equiv$ xy-Ebene) und erhalten aufgrund der Übergangsbedingungen (5.2.3), (5.2.4) für die reflektierte Welle

$$p_r(\underline{\mathbf{R}}, \omega) = R(\vartheta_i, \omega)\, p_i(\omega)\,\mathrm{e}^{-\mathrm{j}k\sin\vartheta_i y + \mathrm{j}\Re k_{tz}^{(c)} z} \tag{16.2.26}$$

mit dem Reflexionsfaktor

$$R(\vartheta_i, \omega) = \frac{k\cos\vartheta_i - k_{tz}^{(c)}}{k\cos\vartheta_i + k_{tz}^{(c)}} \tag{16.2.27}$$

und der komplexen z-Komponente

$$k_{tz}^{(c)} = k\sqrt{\cos^2\vartheta_i + \mathrm{j}\,\frac{\Gamma}{\omega\kappa}} \tag{16.2.28}$$

des komplexen Phasenvektors $\underline{\mathbf{k}}_t^{(c)}$ der gemäß $\mathrm{e}^{\Im k_{tz}^{(c)} z}$, $z < 0$, gedämpften transmittierten Welle . Für $\Gamma/\omega\kappa \gg 1$ ergibt sich $R \simeq -1$, d.h. der akustische Druck erfüllt näherungsweise eine *Dirichlet'sche* Randbedingung. Deshalb wird CSI (Abschnitt 16.2.2) für den schallweichen Streukörper mit dem rein imaginären Kontrast (16.2.24) implementiert; mit einem (16.2.21) entsprechenden Maxwell-Modell für die Dichte können wir auch den schallharten Streuer approximieren.

Zur Linearisierung sowohl des direkten als auch des inversen Streuproblems muss die „Rückkopplung" des Streufeldes auf die Kontrastquelle aufgehoben werden; dies gelingt prinzipiell, indem man in (16.2.17) das Gesamtfeld proportional zum einfallenden Feld setzt, genauer: indem man für den penetrablen Streukörper die Born'sche Näherung und für die idealen Streukörper die Kirchhoff'sche Näherung ansetzt:

$$w^{\mathrm{lin}}(\underline{\mathbf{R}}, \omega) = \begin{cases} k^2\chi_\kappa(\underline{\mathbf{R}})p_i(\underline{\mathbf{R}}, \omega) & \text{penetrabel (nur } \kappa\text{–Kontrast)} \\ -2\underline{\gamma}_u(\underline{\mathbf{R}}) \cdot \boldsymbol{\nabla} p_i(\underline{\mathbf{R}}, \omega) & \text{schallweich} \\ -2\left[\boldsymbol{\nabla} \cdot \underline{\gamma}_u(\underline{\mathbf{R}})\right] p_i(\underline{\mathbf{R}}, \omega) & \text{schallhart} \;. \end{cases} \tag{16.2.29}$$

Hierin steht $\underline{\gamma}_u(\underline{\mathbf{R}})$ für die „beleuchtete" Streukörperoberfläche, d.h. unter Berücksichtigung der Kirchhoff'schen Schattengrenze. In dieser linearisierten Version sind die Kontrastquellen z.B. Grundlage der Formulierung des FT-SAFT-Algorithmus. Bevor wir darauf eingehen, sei ein kurzer Blick auf die nichtlineare *Contrast Source Inversion* geworfen, da uns alle dazu notwendigen Gleichungen bereits zur Verfügung stehen.

16.2.2 Kontrastquelleninversion (CSI): *Contrast Source Inversion*

In der Tat ist (16.2.19) gleich zweimal verwendbar, nämlich einmal als *Daten*gleichung

$$\phi_s(\underline{\mathbf{R}}, \omega) = \int_{-\infty}^{\infty}\int_{-\infty}^{\infty}\int_{-\infty}^{\infty} w(\underline{\mathbf{R}}', \omega)G(\underline{\mathbf{R}} - \underline{\mathbf{R}}', \omega)\,\mathrm{d}^3\underline{\mathbf{R}}' \;,\quad \underline{\mathbf{R}} \in S_M \;, \tag{16.2.30}$$

und einmal als *Objekt*gleichung

$$\phi(\underline{\mathbf{R}}, \omega) = \phi_i(\underline{\mathbf{R}}, \omega) + \int_{-\infty}^{\infty}\int_{-\infty}^{\infty}\int_{-\infty}^{\infty} w(\underline{\mathbf{R}}', \omega)G(\underline{\mathbf{R}} - \underline{\mathbf{R}}', \omega)\,\mathrm{d}^3\underline{\mathbf{R}}' \;,\quad \underline{\mathbf{R}} \in V_c \;. \tag{16.2.31}$$

Gleichung (16.2.31) ist bei bekanntem Kontrast $\chi(\underline{\mathbf{R}})$ die Lippmann-Schwinger-Integralgleichung (5.6.27) für das innere Gesamtfeld $\phi(\underline{\mathbf{R}},\omega)$, $\underline{\mathbf{R}} \in V_c$, bei verschwindendem ρ-Kontrast; sie ist also Grundlage für die Lösung des direkten Streuproblems[3]. Im Falle des inversen Problems ist der Kontrast aber gerade die gesuchte (unbekannte) Größe, sodass man (16.2.30) und (16.2.31) iterativ *ohne* Linearisierung z.B. folgendermaßen löst:

- Man ermittelt mithilfe eines linearen Rückausbreitungsverfahrens eine nullte Näherung $w^{(0)}(\underline{\mathbf{R}},\omega)$, mit (16.2.31) eine nullte Näherung des inneren Gesamtfeldes $\phi^{(0)}(\underline{\mathbf{R}},\omega)$ und daraus mit der gemäß
$$\chi(\underline{\mathbf{R}}) = \frac{w(\underline{\mathbf{R}},\omega)\phi^*(\underline{\mathbf{R}},\omega)}{|\phi(\underline{\mathbf{R}},\omega)|^2} \tag{16.2.32}$$
umgeschriebenen Gleichung (16.2.18) die nullte Näherung des Kontrastes.
- Multipliziert man (16.2.31) mit $\chi(\underline{\mathbf{R}})$, resultiert die modifizierte Objektgleichung
$$\begin{aligned} w(\underline{\mathbf{R}},\omega) &= \chi(\underline{\mathbf{R}})\phi_i(\underline{\mathbf{R}},\omega)+ \\ &+\chi(\underline{\mathbf{R}}) \int_{-\infty}^{\infty}\int_{-\infty}^{\infty}\int_{-\infty}^{\infty} w(\underline{\mathbf{R}}',\omega)G(\underline{\mathbf{R}}-\underline{\mathbf{R}}',\omega)\,\mathrm{d}^3\underline{\mathbf{R}}' \quad , \quad \underline{\mathbf{R}} \in V_c \quad , \end{aligned} \tag{16.2.33}$$
die zusammen mit (16.2.30) ein Integralgleichungssystem zur Berechnung von $w^{(1)}(\underline{\mathbf{R}},\omega)$ darstellt, wenn man darin $\chi^{(0)}(\underline{\mathbf{R}})$ verwendet.
- Mit (16.2.31) ergibt sich $\phi^{(1)}(\underline{\mathbf{R}},\omega)$, mit (16.2.32) $\chi^{(1)}(\underline{\mathbf{R}})$, womit nun $w^{(2)}(\underline{\mathbf{R}},\omega)$ berechnet wird usw.

Das Flussdiagramm in Abb. 16.2.1 stellt die einzelnen Schritte des CSI-Algorithmus noch einmal übersichtlich zusammen.

Dieser nichtlineare iterative Inversionsalgorithmus ist als *Contrast Source Inversion* (samt Modifikationen) publiziert (Kleinman und van den Berg, 1997; van den Berg, 1999; Haak, 1999) und von uns erfolgreich (auf elektromagnetische Daten) angewandt worden (Marklein et al., 2001; Marklein et al., 2002b). Allerdings ist er numerisch sehr aufwendig, und deshalb ist es legitim zu fragen, welche Verbesserungen gegenüber der linearen Inversion erzielt werden. Völlig klar ist: Wenn der (nicht-Born'sche) Kontrast eines penetrablen Streukörpers *quantitativ* berechnet werden soll, kommt man an nichtlinearen Inversionsalgorithmen nicht vorbei. Geht es hingegen „nur“ um die Oberflächenkontur idealer (nicht-Kirchhoff'scher) Streuer, so scheinen erste Ergebnisse für *Ultraschall*daten darauf hinzudeuten (Marklein et al., 2002a; Schmitz et al., 2004a), dass der Gewinn äußerstenfalls marginal ist. Allerdings: Für typische *elektromagnetische* Messdaten ist der Gewinn unter Umständen signifikant (Marklein et al., 2001).

16.2.3 Verallgemeinerte Holographie

Im Zusammenhang mit der *Contrast Source Inversion* erwähnten wir als nullte Näherung der Kontrastquelle die Lösung eines linearen Rückausbreitungsverfahrens: Es liegt in mehreren Varianten einer verallgemeinerten Holographie vor (Langenberg, 1987). Man betrachtet — wie auch bei der A-Bild-orientierten Formulierung von SAFT — die zeitharmonischen Streufelddaten (die Fourier-Spektren des zeitabhängigen Streufeldes) auf einer geschlossenen, den Streukörper ganz einhüllenden Messfläche S_M als Punkt„quellen“, die es mit den Elementarwellen des Einbettungsmaterials rückauszubreiten gilt; also definiert

$$\theta_H(\underline{\mathbf{R}},\omega) = \iint_{S_M} [G^*(\underline{\mathbf{R}}-\underline{\mathbf{R}}',\omega)\nabla'\phi_s(\underline{\mathbf{R}}',\omega) - \phi_s(\underline{\mathbf{R}}',\omega)\nabla'G^*(\underline{\mathbf{R}}-\underline{\mathbf{R}}',\omega)]\cdot \underline{\mathbf{n}}'_M\,\mathrm{d}S' \tag{16.2.34}$$

[3] Für ideale Streuer reduziert sie sich natürlich auf die Integralgleichungen (5.6.8) bzw. (5.6.9).

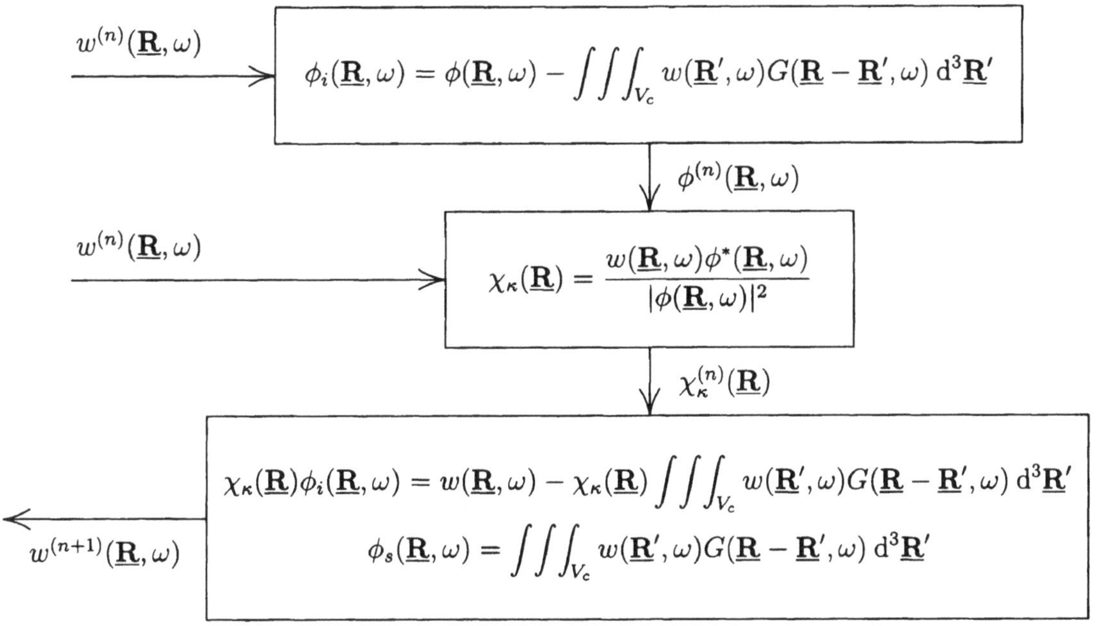

***Abb. 16.2.1:** Flussdiagramm für die nichtlineare* Contrast Source Inversion

das (monofrequente) „Bild" dieser Huygens-gemäßen Rückausbreitung für $\underline{\mathbf{R}} \in V_M$, denn $G^*(\underline{\mathbf{R}}-\underline{\mathbf{R}}',\omega)$ ist ja nichts anderes als das Fourier-Spektrum der avancierten Green'schen Funktion (16.1.7); $\underline{\mathbf{n}}'_M$ ist die äußere Normale auf S_M. Da die sekundären Quellen des Streufeldes im Inneren von V_M, dem von S_M eingeschlossenen Volumen, liegen, würde das „richtige" Huygens-Integral (16.2.34) mit G statt G^* für $\underline{\mathbf{R}} \in V_M$ ein Nullfeld liefern. Demgegenüber ergibt (16.2.34) das von null verschiedene verallgemeinerte holographische Feld, von dem man an dieser Stelle noch nicht weiß, wie es mit den Kontrastquellen des Streukörpers zusammenhängt. Die Anwendung des Green'schen Satzes auf V_M liefert allerdings mit der Streufeldgleichung (16.2.20) und deren Lösung (16.2.19) die Porter-Bojarski-Integralgleichung (1. Art)

$$\theta_H(\underline{\mathbf{R}},\omega) = 2\mathrm{j} \int_{-\infty}^{\infty}\int_{-\infty}^{\infty}\int_{-\infty}^{\infty} w(\underline{\mathbf{R}}',\omega)\,\Im G(\underline{\mathbf{R}}-\underline{\mathbf{R}}',\omega)\,\mathrm{d}^3\underline{\mathbf{R}}' \qquad (16.2.35)$$

für die Kontrastquelle, worin der Kern der Imaginärteil der Green'schen Funktion des Einbettungsmaterials ist. Eine genaue Untersuchung zeigt (Langenberg, 1987), dass θ_H bereits eine Lösung für $w(\underline{\mathbf{R}},\omega)$ *ist*, und zwar die Lösung minimaler Norm (minimaler Energie). Unter Umständen, z.B. für streifenförmige Streuer (US-zfP: Risse) kann man damit bereits etwas anfangen (Langenberg, 1987). Falls nicht, muss man versuchen, *mehr* „Energie in die Lösung von (16.2.35) zu stecken", z.B. durch Integration über die Frequenz (innerhalb der Bandbreite des Ultraschallimpulses). Da jedoch die Kontrastquelle eine Funktion *beider* Variabler $\underline{\mathbf{R}}$ *und* ω ist, und zwar im Allgemeinen nicht in einer synchronen Form $F(\omega)w(\underline{\mathbf{R}})$, wird in der Regel die räumliche Verteilung von $w(\underline{\mathbf{R}},\omega)$ für eine andere Frequenz eine andere sein, d.h. diese sogenannte Frequenzdiversität wird nur zu einem Ergebnis führen, wenn die Frequenzabhängigkeit der Kontrastquelle unabhängig von der räumlichen Verteilung „von außen", d.h. vom Experimentator, kontrolliert wird. Dies gelingt natürlich wieder über die Linearisierung $w \Longrightarrow w^{\text{lin}}$ (Gleichung (16.2.29)) und Vorgabe des einfallenden Feldes, z.B. durch eine ebene Welle mit der Einfallsrichtung $\hat{\underline{\mathbf{k}}}_i$. Damit eröffnet sich aber neben der Frequenzdiversität eine

Winkeldiversität, d.h. man integriert (16.2.35) über ein Raumwinkelintervall von $\hat{\underline{\mathbf{k}}}_i$ (bei monofrequenter Anregung). Beide Diversitäten führen zu expliziten linearen Inversionsalgorithmen für den Kontrast (Langenberg, 1987; Langenberg, 2002). Für die US-zfP ist natürlich zunächst die Frequenzabhängigkeit relevant, und in der Tat, wenn man die resultierende Formel für die Kontrastinversion in den Zeitbereich transformiert, ergibt sich — nach einigen weiteren Näherungen — SAFT! Womit für SAFT eine *feldtheoretische Herleitung* vorliegt! Für den Spezialfall ebener Messflächen werden wir die feldtheoretisch exakte Impuls-Echo-Version von SAFT in Abschnitt 16.2.5 tatsächlich herleiten.

Die numerische Auswertung des Rückausbreitungsintegrals (16.2.34) wird *dann* besonders effektiv, wenn man dazu — für ebene Messflächen! — (räumliche) Fourier-Transformationen verwenden kann: Ergebnis ist der FT-SAFT-Algorithmus, der damit wegen der gleichen feldtheoretischen Grundlagen ergebnisäquivalent zu SAFT ist. Allerdings ist die direkte Herleitung von FT-SAFT ohne Verwendung der verallgemeinerten Holographie einfacher, sodass wir im folgenden Abschnitt diesen Weg bevorzugen.

16.2.4 FT-SAFT: *Fourier Transform Synthetic Aperture Focusing Technique*

Fourier Diffraction Slice Theorem

In Analogie zu Abb. 16.1.2 legen wir eine *ebene* Messfläche in einem kartesischen Koordinatensystem als xy-Ebene für $z = d$ fest. Die Streufelddarstellung (16.2.29) entpuppt sich dann gemäß

$$\phi_s(x,y,d,\omega) = \int_{-\infty}^{\infty}\int_{-\infty}^{\infty}\int_{-\infty}^{\infty} w(x',y',z',\omega)G(x-x',y-y',d-z',\omega)\,\mathrm{d}x'\mathrm{d}y'\mathrm{d}z' \qquad (16.2.36)$$

als zweidimensionales Faltungsintegral bezüglich x und y; dieses wird über den Faltungssatz der Fourier-Transformation „aufgelöst“ und in ein Produkt der räumlichen Spektren überführt:

$$\hat{\phi}_s(K_x,K_y,d,\omega) = \int_{-\infty}^{\infty} \hat{w}(K_x,K_y,z',\omega)\hat{G}(K_x,K_y,d-z',\omega)\,\mathrm{d}z' \quad , \qquad (16.2.37)$$

worin die Spektren — beispielsweise $\hat{\phi}_s(K_x,K_y,d,\omega)$ — durch

$$\hat{\phi}_s(K_x,K_y,d,\omega) = \int_{-\infty}^{\infty}\int_{-\infty}^{\infty} \phi_s(x,y,d,\omega)\,\mathrm{e}^{-\mathrm{j}K_x x-\mathrm{j}K_y y}\,dxdy \qquad (16.2.38)$$

gegeben sind; das Spektrum

$$\hat{G}(K_x,K_y,d-z',\omega) = \frac{\mathrm{j}}{2\sqrt{k^2-K_x^2-K_y^2}}\,\mathrm{e}^{\mathrm{j}|d-z'|\sqrt{k^2-K_x^2-K_y^2}} \qquad (16.2.39)$$

kennen wir aus der Weyl'schen Integraldarstellung (13.4.7) explizit. Mit der Abkürzung

$$K_z = \sqrt{k^2-K_x^2-K_y^2} \qquad (16.2.40)$$

und unter der gegebenen Voraussetzung $d > z'$ — dann ist $|d-z'| = d-z'$ — stellt sich (16.2.37) schließlich als räumliches Fourier-Integral bezüglich z' heraus, worin K_z die Rolle der Fourier-Variablen spielt:

$$\hat{\phi}_s(K_x,K_y,d,\omega) = \frac{\mathrm{j}}{2K_z}\,\mathrm{e}^{\mathrm{j}dK_z}\int_{-\infty}^{\infty} \hat{w}(K_x,K_y,z',\omega)\,\mathrm{e}^{-\mathrm{j}K_z z'}\,\mathrm{d}z' \qquad (16.2.41)$$

Also gilt das sogenannte *Fourier Diffraction Slice Theorem*:

$$\hat{\phi}_s(K_x,K_y,d,\omega) = \frac{\mathrm{j}}{2K_z}\,\mathrm{e}^{\mathrm{j}dK_z}\,\tilde{w}(K_x,K_y,K_z=\sqrt{k^2-K_x^2-K_y^2},\omega) \quad . \qquad (16.2.42)$$

In Worten: Das bezüglich der Messebenenkoordinaten x und y *zwei*dimensional Fourier-transformierte Streufeld $\hat{\phi}_s(K_x, K_y, d, \omega)$ ist für $K_x^2 + K_y^2 \leq k^2$ proportional zum *drei*dimensionalen räumlichen Fourier-Spektrum der Kontrastquelle $\tilde{w}(K_x, K_y, K_z, \omega)$ auf der Ewald-Halbkugel $K_z = \sqrt{k^2 - K_x^2 - K_y^2}$. Die *Mapping*-Vorschrift (16.2.40) vom $K_x K_y \omega$-Raum in den $K_x K_y K_z$-Raum „verteilt" also gemäß $K_x^2 + K_y^2 \leq k^2$ bandbegrenzte Fourier-transformierte Messdaten[4], die von den Variablen K_x, K_y, ω abhängen, auf einer Halbkugelfläche mit dem Radius $k = \omega/c$ im $\underline{\mathbf{K}}$-Raum, wobei $\underline{\mathbf{K}} = K_x \underline{\mathbf{e}}_x + K_y \underline{\mathbf{e}}_y + K_z \underline{\mathbf{e}}_z$. Der Radiusparameter k erlaubt es sodann unter anderem, durch Variation der Messfrequenz ein Teilvolumen des $\underline{\mathbf{K}}$-Raums zu überdecken, wozu aber — genauso wie bei der Integration der Porter-Bojarski-Gleichung (16.2.35) — die Kontrastquelle linearisiert werden muss. Wir unterscheiden dabei wieder die Frequenzdiversität einer multi-bistatischen (multi-*pitch-catch*) Anordnung, die Winkeldiversität einer multi-bistatischen monofrequenten Anordnung sowie die Frequenzdiversität einer multi-monostatischen (Impuls-Echo-)Anordnung.

FT-SAFT: Multi-bistatische Frequenz- und multi-bistatische Winkeldiversität

Wir setzen das einfallende Feld als ebene Welle

$$\phi_i(\underline{\mathbf{R}}, \omega, \hat{\underline{\mathbf{k}}}_i) = \phi_0(\omega, \hat{\underline{\mathbf{k}}}_i)\, \mathrm{e}^{\mathrm{j}\underline{\mathbf{k}}_i \cdot \underline{\mathbf{R}}} \tag{16.2.43}$$

mit den Diversitätsparametern ω und $\hat{\underline{\mathbf{k}}}_i = \underline{\mathbf{k}}_i / k$ an: Beliebig fest gewählte Beleuchtungsrichtung $\hat{\underline{\mathbf{k}}}_i$ entspricht bei Variation der Frequenz und $\underline{\mathbf{R}} \in S_M$ einem breitbandigen mehrfach-*pitch-catch*-Experiment, also multi-bistatischer Frequenzdiversität (in der Radartechnik spricht man bei festem $\underline{\mathbf{R}} = \underline{\mathbf{R}}_0 \in S_M$ von einem bi*statischen* Experiment, bei beliebigem $\underline{\mathbf{R}} \in S_M$ also von einem multi-bistatischen Experiment), beliebig fest gewählte Frequenz entspricht bei Variation der Beleuchtungsrichtung und $\underline{\mathbf{R}} \in S_M$ einer multi-bistatischen monofrequenten Winkeldiversität. In jedem Fall aber führt (16.2.43) auf die linearisierte Kontrastquelle

$$w^{\mathrm{lin}}(\underline{\mathbf{R}}, \omega, \hat{\underline{\mathbf{k}}}_i) = \chi(\underline{\mathbf{R}}) \phi_i(\underline{\mathbf{R}}, \omega, \hat{\underline{\mathbf{k}}}_i) \quad , \tag{16.2.44}$$

wobei wir im Falle des penetrablen Streukörpers den Faktor k^2 in $\phi_0(\omega, \hat{\underline{\mathbf{k}}}_i)$ „verstecken". Wenn wir (16.2.44) in (16.2.42) einsetzen, ist wegen der Exponentialfunktion in (16.2.43) die Fourier-Transformierte einer modulierten Kontrastfunktion zu bilden, d.h. das dreidimensionale Fourier-Spektrum von $\chi(\underline{\mathbf{R}})$ ist im $\underline{\mathbf{K}}$-Raum verschoben. Es erweist sich aber als zweckmäßig, stattdessen die Ewald-Kugel zu verschieben; dazu multipliziert man das Streufeld mit $\mathrm{e}^{-\mathrm{j}\underline{\mathbf{k}}_i \cdot \underline{\mathbf{R}}}$ und schlägt den entstehenden Exponentialterm $\mathrm{e}^{-\mathrm{j}\underline{\mathbf{k}}_i \cdot (\underline{\mathbf{R}} - \underline{\mathbf{R}}')}$ der Green'schen Funktion in (16.2.30) zu, bevor man zweidimensional Fourier-transformiert:

$$\mathrm{e}^{-\mathrm{j}\underline{\mathbf{k}}_i \cdot \underline{\mathbf{R}}} \phi_s(\underline{\mathbf{R}}, \omega) = \phi_0(\omega, \hat{\underline{\mathbf{k}}}_i) \int_{-\infty}^{\infty} \int_{-\infty}^{\infty} \int_{-\infty}^{\infty} \chi(\underline{\mathbf{R}}') \frac{\mathrm{e}^{\mathrm{j}k|\underline{\mathbf{R}} - \underline{\mathbf{R}}'|}}{4\pi |\underline{\mathbf{R}} - \underline{\mathbf{R}}'|} \mathrm{e}^{-\mathrm{j}\underline{\mathbf{k}}_i \cdot (\underline{\mathbf{R}} - \underline{\mathbf{R}}')}\, \mathrm{d}^3 \underline{\mathbf{R}}' \quad ; \tag{16.2.45}$$

durch diese Modulationsfunktion werden nunmehr die Fouriervariablen K_x und K_y um die Komponenten k_{ix} bzw. k_{iy} verschoben:

$$\begin{aligned} \mathrm{e}^{-\mathrm{j}k_{iz} d} \hat{\phi}_s(K_x + k_{ix}, K_y + k_{iy}, d, z) &= \phi_0(\omega, \hat{\underline{\mathbf{k}}}_i) \frac{\mathrm{j}}{2\sqrt{k^2 - (K_x + k_{ix})^2 - (K_y + k_{iy})^2}} \times \\ &\times \int_{-\infty}^{\infty} \hat{\chi}(K_x, K_y, z')\, \mathrm{e}^{-\mathrm{j}k_{iz}(d - z')}\, \mathrm{e}^{\mathrm{j}|d - z'|\sqrt{k^2 - (K_x + k_{ix})^2 - (K_y + k_{iy})^2}}\, \mathrm{d}z' \end{aligned} \tag{16.2.46}$$

[4]Abbildung 11.1.3 vermittelt ganz anschaulich, dass diese Bandbegrenzung für hinreichend großen Messebenenabstand d tatsächlich gegeben ist.

Unter der Annahme $d > z'$ folgt

$$\hat{\phi}_s(K_x + k_{ix}, K_y + k_{iy}, d, \omega) = \phi_0(\omega, \hat{\underline{\mathbf{k}}}_i) \frac{\mathrm{j}\mathrm{e}^{\mathrm{j}d\sqrt{k^2-(K_x+k_{ix})^2-(K_y+k_{iy})^2}}}{2\sqrt{k^2 - (K_x + k_{ix})^2 - (K_y + k_{iy})^2}} \times$$

$$\times \int_{-\infty}^{\infty} \hat{\chi}(K_x, K_y, z')\,\mathrm{e}^{-\mathrm{j}z'(\sqrt{k^2-(K_x+k_{ix})^2-(K_y+k_{iy})^2}-k_{iz})}\,\mathrm{d}z' \,, \tag{16.2.47}$$

sodass im resultierenden *Fourier Diffraction Slice Theorem*

$$\hat{\phi}_s(K_x + k_{ix}, K_y + k_{iy}, d, \omega) = \phi_0(\omega, \hat{\underline{\mathbf{k}}}_i) \frac{\mathrm{j}}{2(K_z + k_{iz})}\,\mathrm{e}^{\mathrm{j}d(K_z+k_{iz})}\,\tilde{\chi}(K_x, K_y, K_z) \tag{16.2.48}$$

die *Mapping*-Vorschrift durch

$$K_z = \sqrt{k^2 - (K_x + k_{ix})^2 - (K_y + k_{iy})^2} - k_{iz} \tag{16.2.49}$$

beziehungsweise durch

$$|\underline{\mathbf{K}} + \underline{\mathbf{k}}_i| = k \tag{16.2.50}$$

mit $K_z + k_{iz} \geq 0$ gegeben ist. Abbildung 16.2.2 illustriert dieses *Mapping* der Fourier-transfor-

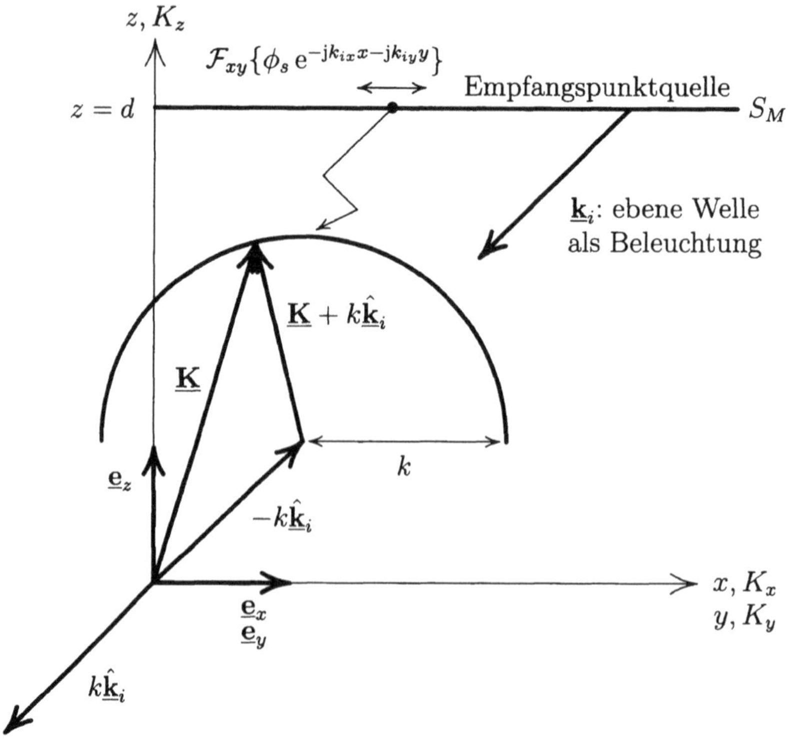

Abb. 16.2.2: *Illustration der multi-bistatischen FT-SAFT* Mapping-*Vorschrift*

mierten Daten in den $\underline{\mathbf{K}}$-Raum, wobei erneut nur die propagierenden spektralen Komponenten $(K_x+k_{ix})^2+(K_y+k_{iy})^2 \leq k^2$ von $\hat{\phi}_s$ zum Tragen kommen: Der Mittelpunkt der Ewald-Kugel liegt nun bei $-\underline{\mathbf{k}}_i$, und die transformierten Daten werden auf der der Messebene zugewandten[5] Halbkugel „abgelegt“; die Parameter des *Mappings* sind also $\hat{\underline{\mathbf{k}}}_i$ und k, sodass sich, wie in Abb. 16.2.3

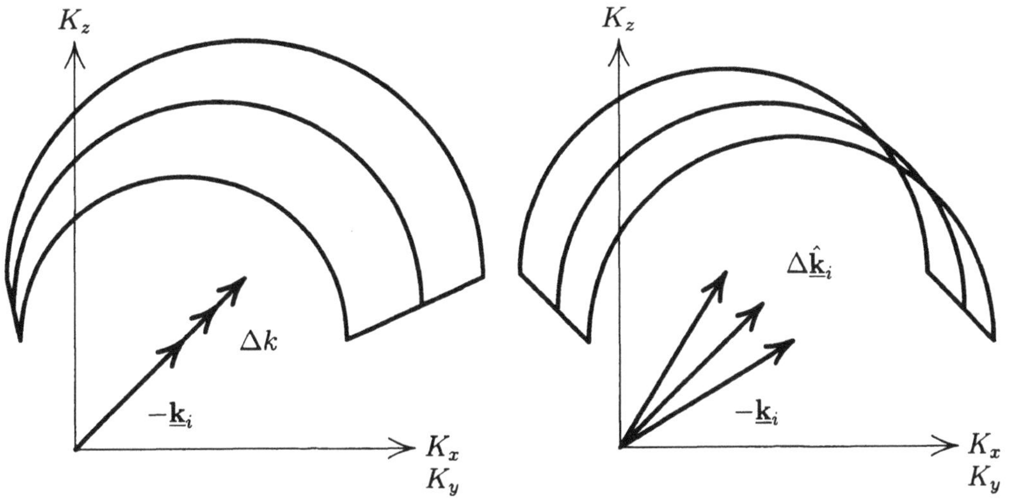

Abb. 16.2.3: *FT-SAFT* $\underline{\mathbf{K}}$*-Raum-Überdeckung für multi-bistatische Frequenz- (links) bzw. multi-bistatische Winkeldiversität (rechts)*

dargestellt, typische $\underline{\mathbf{K}}$-Raum-Überdeckungen für Frequenz- bzw. Winkeldiversität[6] ergeben, die in den beiden Fällen *unterschiedlich* sind, also nach Fourier-Inversion in den Rekonstruktionsraum auch unterschiedlich räumlich bandbegrenzte Ergebnisse für die Kontrastfunktion liefern. Übrigens: Auch bei unendlicher Frequenzbandbreite ($0 \leq k < \infty$) bzw. vollständiger Abdeckung der Einheitskugel durch $\hat{\underline{\mathbf{k}}}_i$ erhält man äußerstenfalls bandbegrenzte Kontrastfunktionen, eine Tatsache, die für SAFT als Zeitbereichsversion der Frequenzdiversität gleichermaßen gilt, bei der heuristischen Begründung dieses Algorithmus' aber nicht sichtbar wird. Man sollte sich dieser Tatsache stets bewusst sein, wenn von US-*Abbildung* als Fehler*rekonstruktion* gesprochen wird. Natürlich trifft dies in besonderem Maße zu, wenn Bandbreite bzw. Beleuchtungsintervall eingeschränkt sind; z.B. erreicht man in diesen Fällen nie den Ursprung des $\underline{\mathbf{K}}$-Raums, d.h. die Fourier-Inversion der datenbelegten begrenzten $\underline{\mathbf{K}}$-Raum-Überdeckungen führt zunächst stets — wie SAFT mit bandbegrenzten Impulsen — zu oszillatorischen Bildern von Streukörpern, die jedoch im Allgemeinen *komplex*wertig sind, sodass eine einfache Betragsbildung die Oszillationen beseitigt und damit denselben Effekt wie die zusätzliche SAFT-Verarbeitung Hilberttransformierter Impulsdaten bewirkt.

Wir haben bereits betont, dass im Rahmen einer linearen inversen Streutheorie SAFT und FT-SAFT nur zwei Seiten derselben Medaille sind; für die bistatische Frequenzdiversität sei dies mit den Flussdiagrammen der Abb. 16.2.4 anhand von synthetischen EFIT-Daten illustriert, der mathematische Beweis findet sich bei Langenberg (1987). Ausgegangen wird — in zwei Dimensionen — von einem xt-Datenfeld (den A-Bildern in einem B-Bild), hier: dem elastodynamischen Streufeld einer senkrecht zur „Bauteil“oberfläche auf einen Kreiszylinder mit spannungsfreier Randbedingung einfallenden ebenen Impulsdruckwelle; der SAFT-Algorithmus in

[5]Misst man das Streufeld in Transmission auf einer Ebene senkrecht zur Beleuchtungsrichtung, wird das *Fourier Diffraction Slice Theorem* unmittelbar als wellenbeugungstheoretische Erweiterung des *Fourier Slice Theorems* der strahlen„optischen“ Röntgen-Computer-Tomographie kenntlich (Langenberg, 1987). Deswegen wird FT-SAFT auch als Beugungstomographie bezeichnet (Devaney, 1986)

[6]Offensichtlich erhält man in Winkeldiversität Schnittlinien von Ewald-Halbkugeln, auf denen (Fourier-transformierte) Daten überlagert werden; dem muss durch eine Filterung Rechnung getragen werden, die von Langenberg (2002a) für die entsprechende Fernfeldinversion hergeleitet wurde.

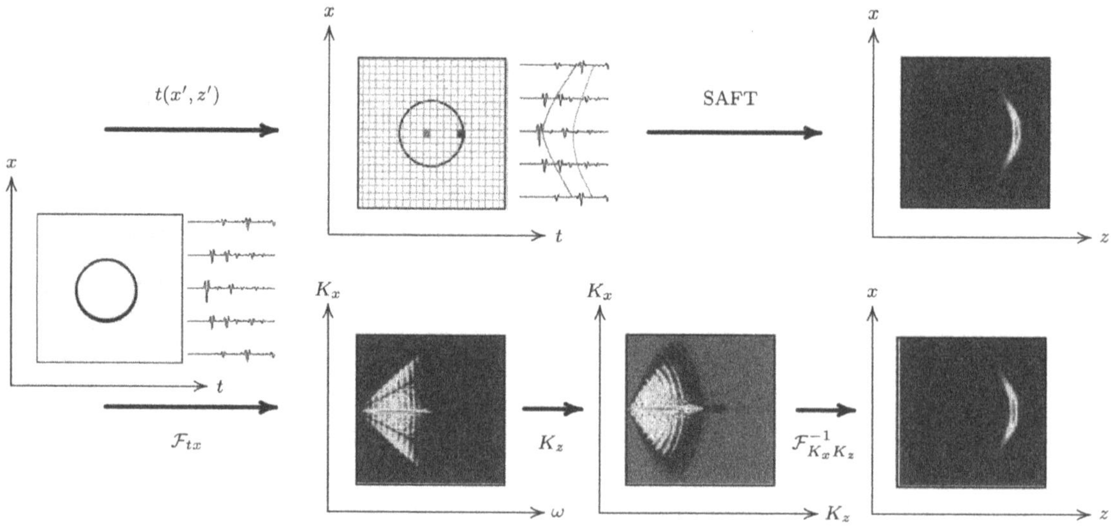

Abb. 16.2.4: *SAFT und FT-SAFT (multi-bistatische Frequenzdiversität)*

der pixel-orientierten Formulierung erfordert die Berechnung der Diffraktionshyperbeln $t(x', z')$ für jedes $x'z'$-Pixel und nachfolgende Datenintegration entlang den Hyperbeln. Ergebnis ist eine Abbildung der beleuchteten Oberflächenkontur des Streuers mit einer axialen Auflösung entsprechend der Impulsdauer (durch gleichzeitige SAFT-Verarbeitung Hilbert-transformierter Daten und Betragsbildung sind die Impulsoszillationen unterdrückt). Alternativ dazu werden die xt-Daten bezüglich t und x Fourier-transformiert, es entsteht ein ωK_x-Raum (in dem man im Übrigen sehr schön die räumliche Bandbegrenzung der Fourier-transformierten Daten auf $k_x \leq k$ erkennt); das *Mapping* $K_z = \sqrt{\omega^2/c_{\rm P}^2 - K_x^2}$ ($c_{\rm P}$ gleich Druckwellengeschwindigkeit) macht daraus den $\underline{\mathbf{K}}$-Raum mit den Koordinaten K_x und K_z, von dem eine zweidimensionale inverse Fourier-Transformation mit nachfolgender Betragsbildung zum FT-SAFT-Ergebnis führt, das vom SAFT-Ergebnis praktisch nicht zu unterscheiden ist.

Für die Impuls-Echo-Version von FT-SAFT werden wir die Äquivalenz mit SAFT weiter unten analytisch begründen.

FT-SAFT: Multi-monostatische Frequenzdiversität (Impuls-Echo-Version)

Wegen der unkomplizierten Datenaufnahme nimmt der Impuls-Echo-Betrieb in der US-zfP eine herausragende Stellung ein; einen zugehörigen SAFT-Abbildungsalgorithmus hatten wir mit (16.1.12) formuliert, zur Herleitung einer multi-monostatischen FT-SAFT-Version müssen die Messdaten zunächst vorverarbeitet werden. Wie für (16.1.12) gehen wir vom einfallenden Feld einer Punktquelle bei $\underline{\mathbf{R}}_0 \in S_M$ aus, modifizieren also (16.2.43) gemäß

$$\phi_i(\underline{\mathbf{R}}, \omega, \underline{\mathbf{R}}_0) = \phi_0(\omega)\, \frac{\mathrm{e}^{\mathrm{j}k|\underline{\mathbf{R}}-\underline{\mathbf{R}}_0|}}{4\pi|\underline{\mathbf{R}}-\underline{\mathbf{R}}_0|} \quad ; \tag{16.2.51}$$

man beachte: Im Falle des penetrablen Streuers enthält $\phi_0(\omega)$ den Faktor k^2. Die mit (16.2.51) linearisierte Kontrastquelle ergibt das Streufeld

$$\phi_s(\underline{\mathbf{R}}, \omega, \underline{\mathbf{R}}_0) = \phi_0(\omega) \int_{-\infty}^{\infty}\int_{-\infty}^{\infty}\int_{-\infty}^{\infty} \chi(\underline{\mathbf{R}}')\, \frac{\mathrm{e}^{\mathrm{j}k|\underline{\mathbf{R}}'-\underline{\mathbf{R}}_0|}}{4\pi|\underline{\mathbf{R}}'-\underline{\mathbf{R}}_0|}\, \frac{\mathrm{e}^{\mathrm{j}k|\underline{\mathbf{R}}-\underline{\mathbf{R}}'|}}{4\pi|\underline{\mathbf{R}}-\underline{\mathbf{R}}'|}\, \mathrm{d}^3\underline{\mathbf{R}}' \quad , \tag{16.2.52}$$

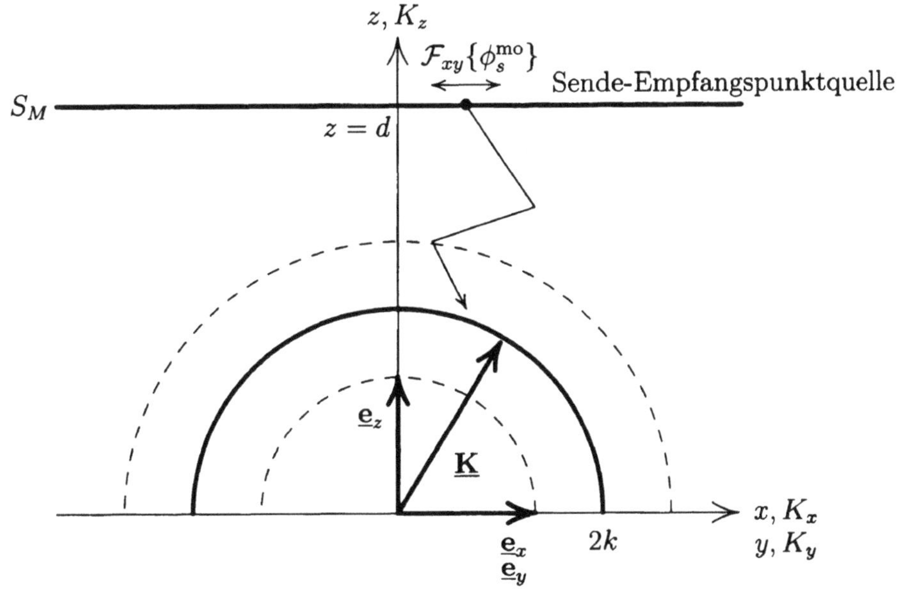

Abb. 16.2.5: *Illustration der multi-monostatischen FT-SAFT* Mapping-*Vorschrift*

das sich für den Impuls-Echo-Betrieb („m" für monostatisch) $\underline{\mathbf{R}}_0 = \underline{\mathbf{R}}$ auf

$$\phi_s^{\mathrm{m}}(\underline{\mathbf{R}}, \omega) = \phi_0(\omega) \int_{-\infty}^{\infty} \int_{-\infty}^{\infty} \int_{-\infty}^{\infty} \chi(\underline{\mathbf{R}}') \frac{\mathrm{e}^{2\mathrm{j}k|\underline{\mathbf{R}}-\underline{\mathbf{R}}'|}}{(4\pi)^2 |\underline{\mathbf{R}} - \underline{\mathbf{R}}'|^2} \, \mathrm{d}^3\underline{\mathbf{R}}' \tag{16.2.53}$$

reduziert. Die zweidimensionale Fourier-Transformation von (16.2.53) bezüglich x und y ist nunmehr nicht so ohne weiteres möglich, da der Integrand das Quadrat der Green'schen Funktion enthält. Mit der Definition des modifizierten monostatischen Streufeldes

$$\phi_s^{\mathrm{mo}}(\underline{\mathbf{R}}, \omega) = \frac{2\pi}{\mathrm{j}} \frac{\partial}{\partial k} \frac{\phi_s^{\mathrm{m}}(\underline{\mathbf{R}}, \omega)}{\phi_0(\omega)} \tag{16.2.54}$$

erreichen wir es aber, dass in

$$\phi_s^{\mathrm{mo}}(\underline{\mathbf{R}}, \omega) = \int_{-\infty}^{\infty} \int_{-\infty}^{\infty} \int_{-\infty}^{\infty} \chi(\underline{\mathbf{R}}') \frac{\mathrm{e}^{2\mathrm{j}k|\underline{\mathbf{R}}-\underline{\mathbf{R}}'|}}{4\pi |\underline{\mathbf{R}} - \underline{\mathbf{R}}'|} \, \mathrm{d}^3\underline{\mathbf{R}}' \tag{16.2.55}$$

eine „monostatische Green'sche Funktion" $G^{\mathrm{mo}}(\underline{\mathbf{R}} - \underline{\mathbf{R}}', \omega) = G(\underline{\mathbf{R}} - \underline{\mathbf{R}}', 2\omega)$ auftritt; (16.2.54) ist die erwähnte Vorverarbeitung der monostatischen Daten. Tatsächlich *ist* $G^{\mathrm{mo}}(\underline{\mathbf{R}} - \underline{\mathbf{R}}', \omega)$ eine Green'sche Funktion, denn $\phi_s^{\mathrm{mo}}(\underline{\mathbf{R}}, \omega)$ genügt der Differentialgleichung

$$\Delta \phi_s^{\mathrm{mo}}(\underline{\mathbf{R}}, \omega) + 4k^2 \phi_s^{\mathrm{mo}}(\underline{\mathbf{R}}, \omega) = -\chi(\underline{\mathbf{R}}) \quad , \tag{16.2.56}$$

zu der $G^{\mathrm{mo}}(\underline{\mathbf{R}} - \underline{\mathbf{R}}', \omega)$ die Green'sche Funktion ist. Es sei aber darauf hingewiesen, dass dies im Gegensatz zu (16.2.20) nur im Rahmen der Linearisierung gilt.

Das (16.2.55) korrespondierende *Fourier Diffraction Slice Theorem* kann nun mit der monostatischen *Mapping*-Vorschrift

$$K_z = \sqrt{4k^2 - K_x^2 - K_y^2} \geq 0 \tag{16.2.57}$$

beziehungsweise

$$|\underline{\mathbf{K}}| = 2k \tag{16.2.58}$$

sofort hingeschrieben werden:

$$\hat{\phi}_s^{\mathrm{mo}}(K_x, K_y, d, \omega) = \frac{\mathrm{j}}{2K_z} \, \mathrm{e}^{\mathrm{j}dK_z} \, \tilde{\chi}(K_x, K_y, K_z) \quad . \tag{16.2.59}$$

Das *Mapping* (16.2.57) ist in Abb. 16.2.5 skizziert; offensichtlich ergeben sich ursprungszentrierte Halbkugeln mit Radius $2k$. Man kann mit (16.2.59) und (16.2.57) auch sofort Frequenzdiversität durchführen, da (16.2.59) ja bereits linearisiert *ist*; in Abb. 16.2.5 ist dies durch die gestrichelten *Mapping*-Halbkugeln (-kreise) angedeutet. Wieder wird deutlich, dass bei endlicher Frequenzbandbreite das Ergebnis der Frequenzdiversitätsinversion ein oszillierendes Bild sein wird, dem mit der Betragsbildung abgeholfen werden kann.

Wie in Abb. 16.2.4 für die multi-bistatische Frequenzdiversität illustrieren wir auch für die multi-monostatische Frequenzdiversitätsversion von FT-SAFT, dass das Ergebnis mit SAFT in der Impuls-Echo-Version identisch ist, diesmal jedoch für experimentelle US-Daten (V. Schmitz: Fraunhofer IZFP). In Abb. 16.2.6 sind Bilder eines senkrecht zur Oberfläche verlaufenden realen Risses in einem Stahltestkörper einander gegenüber gestellt; die Einschallung erfolgte mit

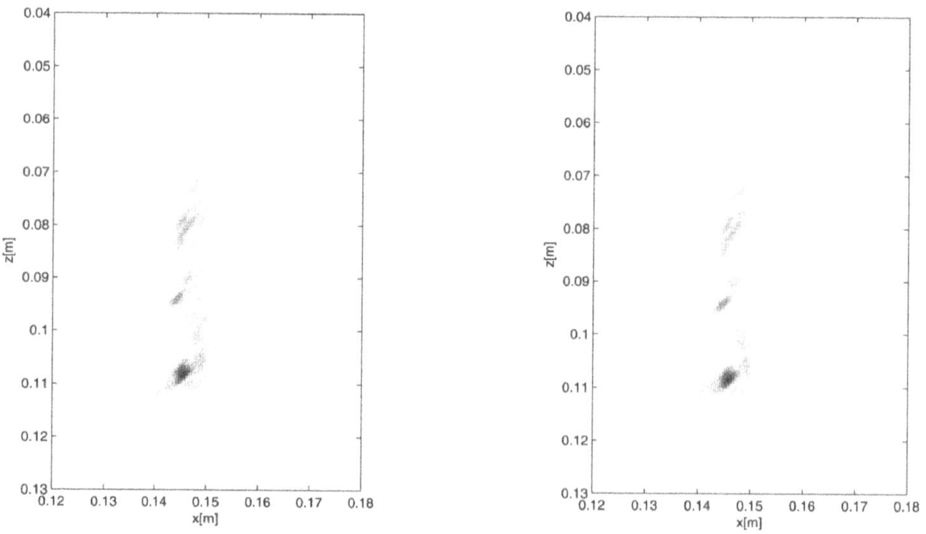

Abb. 16.2.6: *Impuls-Echo-SAFT- (links) und multi-monostatische FT-SAFT-Abbildung (rechts) eines realen Risses für 45°-Scherwellen-Einschallung*

(SV-)Scherwellen unter 45°, also mit *vektoriellen elastischen* Wellen. Als skalares „Wellenfeld" sehen wir die Empfangsspannung am Prüfkopf an; diese genügt natürlich *nicht* der skalaren Helmholtzgleichung (16.2.20), also können die Fehler*bilder* in Abb. 16.2.6 auch keine Fehler*rekonstruktionen* sein. Eine Verallgemeinerung von FT-SAFT auf elastische Wellen unter Berücksichtigung der Modekonversion ist ebenfalls formuliert (Kostka et al., 1998; Langenberg et al., 2006; Langenberg et al., 2007; Zimmer, 2007).

Inwieweit die multi-monostatische Frequenzdiversitätsversion von FT-SAFT der Zeitbereichs-Impuls-Echo-Version von SAFT tatsächlich äquivalent ist, zeigen wir analytisch im nächsten Abschnitt. Anhand von Simulationen und der Auswertung experimenteller Daten konnte auch gezeigt werden, dass in anisotropen (konkret: transversal-isotropen) Materialien tatsächlich — im Gegensatz zu SAFT — die *Slowness*-Flächen für die *Mapping*-Vorschrift verwendet werden müssen (Zimmer, 2007); schließlich handelt es sich ja um die Superposition von Spektren *ebener* Wellen und nicht — wie bei SAFT — um die zeitliche Rückausbreitung der Superposition von *Elementar*wellen.

16.2.5 Exakte Herleitung der Impuls-Echo-Version von SAFT für ebene Messflächen

Der Schreibweise

$$\tilde{\chi}(K_x, K_y, K_z) = \frac{2}{\mathrm{j}} K_z \, \mathrm{e}^{-\mathrm{j}dK_z} \, \hat{\phi}_s^{\mathrm{mo}} \left(K_x, K_y, d, \omega = \frac{c}{2}\sqrt{K_x^2 + K_y^2 + K_z^2} \right) \tag{16.2.60}$$

des monostatischen *Fourier Diffraction Slice Theorem's* sieht man nun sofort an, dass man mittels einer dreidimensionalen inversen Fourier-Transformation bezüglich K_x, K_y, K_z die Kontrastfunktion $\chi(x, y, z)$ erhalten sollte. Allerdings sagt uns die *Mapping*-Vorschrift (16.2.57) — Abbildung 16.2.5 zeigt dies anschaulich —, dass für $k \geq 0$ nur der obere K_z-Halbraum — $K_z \geq 0$ — mit transformierten Daten aufgefüllt werden kann[7], d.h. man kann mit den transformierten Daten bestenfalls

$$\frac{1}{(2\pi)^3} \int_{-\infty}^{\infty} \int_{-\infty}^{\infty} \int_{-\infty}^{\infty} \tilde{\chi}(K_x, K_y, K_z) \, u(K_z) \, \mathrm{d}K_x \mathrm{d}K_y \mathrm{d}K_z \tag{16.2.61}$$

berechnen, indem man $\tilde{\chi}(K_x, K_y, K_z)$ die den unteren Halbraum ausblendende Einheitssprungfunktion hinzufügt. Dieses dreidimensionale inverse Fourier-Integral liefert aber unter Beachtung von (2.3.57) und (2.3.68) nebst der reellen Kontrastfunktion $\chi(x, y, z)$ auch noch deren Hilbert-Transformierte bezüglich z:

$$\frac{1}{(2\pi)^3} \int_{-\infty}^{\infty} \int_{-\infty}^{\infty} \int_{-\infty}^{\infty} \tilde{\chi}(K_x, K_y, K_z) \, u(K_z) \, \mathrm{d}K_x \mathrm{d}K_y \mathrm{d}K_z = \frac{1}{2} \left[\chi(x, y, z) - \mathrm{j}\, \mathcal{H}_z\{\chi(x, y, z)\} \right] \quad , \tag{16.2.62}$$

wobei das negative Vorzeichen vor der Hilbert-Transformierten vom Vorzeichen im Kern der *räumlichen* Fourier-Transformation bestimmt wird (Gleichungen (2.3.99) und (2.3.100)). Also ergibt sich $\chi(x, y, z)$ aus (16.2.62) unter Beachtung von (16.2.60) durch Realteilbildung:

$$\chi(x, y, z) = \Re \left\{ \frac{4}{\mathrm{j}(2\pi)^3} \int_{-\infty}^{\infty} \int_{-\infty}^{\infty} \int_{-\infty}^{\infty} K_z \, \mathrm{e}^{-\mathrm{j}K_z(d-z)} \, \hat{\phi}_s^{\mathrm{mo}} \left(K_x, K_y, d, \omega = \frac{c}{2}\sqrt{K_x^2 + K_y^2 + K_z^2} \right) \times \right.$$
$$\left. \times \; u(K_z) \, \mathrm{e}^{\mathrm{j}K_x x + \mathrm{j}K_y y} \, \mathrm{d}K_x \mathrm{d}K_y \mathrm{d}K_z \right\} \quad . \tag{16.2.63}$$

Der Vergleich mit (16.2.39) — dort steht $\mathrm{e}^{\mathrm{j}(d-z)K_z}$ für $d > z$ — zeigt, dass sich die dadurch vermittelte Wellen*ausbreitung* vom Streuer zur Messfläche in (16.2.63) — dort steht $\mathrm{e}^{-\mathrm{j}(d-z)K_z}$ — in eine *Rück*ausbreitung von der Messfläche zum Streuer „verwandelt" hat; man erkennt also bereits den „SAFT-Gedanken". Allerdings ist SAFT ein Zeitbereichsalgorithmus, *hier* spiegelt aber die K_z-Integration die Frequenzdiversität wider, sodass man versuchen wird, das K_z-Integral in ein k- bzw. ω-Integral zu transformieren, um letzteres sodann als Fourier-Inversion zu interpretieren. Über die *Mapping*-Vorschrift (16.2.57) substituieren wir also

$$K_z \, \mathrm{d}K_z = 4k \, \mathrm{d}k \quad , \quad k \geq 0 \quad , \tag{16.2.64}$$

und erhalten

$$\chi(x, y, z) = \Re \left\{ \frac{16}{\mathrm{j}(2\pi)^3} \int_{-\infty}^{\infty} u(k) \, k \int_{-\infty}^{\infty} \int_{-\infty}^{\infty} \mathrm{e}^{-\mathrm{j}(d-z)\sqrt{4k^2 - K_x^2 - K_y^2}} \times \right.$$

[7] Der untere Halbraum könnte mit einer zweiten Messfläche bei $z = -d$ aufgefüllt werden.

$$\times\, \hat{\phi}_s^{\mathrm{mo}}(K_x, K_y, d, \omega = ck)\, \mathrm{e}^{\mathrm{j}K_x x + \mathrm{j}K_y y}\, \mathrm{d}K_x \mathrm{d}K_y\ \mathrm{d}k \Bigg\} \ . \tag{16.2.65}$$

Nunmehr ist es an der Zeit, einen kritischen Blick auf die K_xK_y-Integrationen zu werfen, denn für $K_x^2 + K_y^2 > 4k^2$ wird $\sqrt{4k^2 - K_x^2 - K_y^2}$ rein imaginär, und erst eine Vorzeichenwahl der Wurzel im Komplexen entscheidet über die Konvergenz der K_xK_y-Integrale. Dieses Vorzeichen, nämlich $\Im\sqrt{4k^2 - K_x^2 - K_y^2} > 0$, ist aber in der zweidimensionalen Fourier-Transformierten

$$\hat{G}^{\mathrm{mo}}(K_x, K_y, d - z, \omega) = \begin{cases} \dfrac{\mathrm{j}}{2\sqrt{4k^2 - K_x^2 - K_y^2}}\, \mathrm{e}^{\mathrm{j}(d-z)\sqrt{4k^2 - K_x^2 - K_y^2}} & \text{für } K_x^2 + K_y^2 \le 4k^2 \\ \dfrac{1}{2\sqrt{K_x^2 + K_y^2 - 4k^2}}\, \mathrm{e}^{-(d-z)\sqrt{K_x^2 + K_y^2 - 4k^2}} & \text{für } K_x^2 + K_y^2 > 4k^2 \end{cases} \tag{16.2.66}$$

der monostatischen Green'schen Funktion bereits festgelegt, damit die *Weyl'sche Integraldarstellung* konvergiert oder, physikalisch ausgedrückt, damit die von der Quelle bei z — hier: dem Streuer — ausgehenden evaneszenten Wellen tatsächlich quer*gedämpft* sind, wenn sie die Messfläche bei $d > z$ erreichen. In (16.2.65) steht aber $\mathrm{e}^{-\mathrm{j}(d-z)\sqrt{4k^2 - K_x^2 - K_y^2}}$, sodass man mit derselben Wahl des Imaginärteilvorzeichens erhielte:

$$\begin{array}{ll} \mathrm{e}^{-\mathrm{j}(d-z)\sqrt{4k^2 - K_x^2 - K_y^2}} & \text{für } K_x^2 + K_y^2 \le 4k^2 \ , \\ \mathrm{e}^{(d-z)\sqrt{K_x^2 + K_y^2 - 4k^2}} & \text{für } K_x^2 + K_y^2 > 4k^2 \ . \end{array} \tag{16.2.67}$$

Konsequenz: Die K_xK_y-Integrale in (16.2.65) würden nicht konvergieren! Andererseits weiß man aber (man vergleiche Abb. 11.1.3), dass $\hat{\phi}_s^{\mathrm{mo}}(K_x, K_y, d, \omega = ck)$ eben gerade aufgrund der Querdämpfung der evaneszenten Wellen für $K_x^2 + K_y^2 > 4k^2$ „kaum" spektrale Anteile enthält, sodass man dies durch Multiplikation mit einem Kreisscheibenfilter $u\left(2k - \sqrt{K_x^2 + K_y^2}\right)$ in der K_xK_y-Ebene auch explizit deutlich machen kann[8]. In der Integraldarstellung

$$\chi_\circ(\underline{\mathbf{R}}) = \Re\Bigg\{ \frac{16}{\mathrm{j}(2\pi)^3} \int_{-\infty}^{\infty} u(k)\, k \int_{-\infty}^{\infty}\int_{-\infty}^{\infty} u\left(2k - \sqrt{K_x^2 + K_y^2}\right)\, \mathrm{e}^{-\mathrm{j}(d-z)\sqrt{4k^2 - K_x^2 - K_y^2}} \times$$

$$\times\, \hat{\phi}_s^{\mathrm{mo}}(K_x, K_y, d, \omega = ck)\, \mathrm{e}^{\mathrm{j}K_x x + \mathrm{j}K_y y}\, \mathrm{d}K_x \mathrm{d}K_y\ \mathrm{d}k \Bigg\} \tag{16.2.68}$$

gibt es folglich keine Konvergenzprobleme mehr; allerdings hat dies zur Folge, dass man nur noch eine gefilterte Kontrastfunktion erhält, was wir durch einen entsprechenden Index andeuten, d.h. durch den endgültigen „Verlust" der evaneszenten Wellenanteile in $\hat{\phi}_s^{\mathrm{mo}}$ wird die räumliche Auflösung reduziert[9]. Offensichtlich gilt:

$$u\left(2k - \sqrt{K_x^2 + K_y^2}\right)\, \mathrm{e}^{-\mathrm{j}(d-z)\sqrt{4k^2 - K_x^2 - K_y^2}} = 2\frac{\partial}{\partial z}\hat{G}^{\mathrm{mo}*}(K_x, K_y, d - z, \omega)\, u\left(2k - \sqrt{K_x^2 + K_y^2}\right) \ ; \tag{16.2.69}$$

mit der Definition der z-Ableitung einer kreisscheibenbandbegrenzten konjugiert komplexen monostatischen Green'schen Funktion $\hat{G}_\circ^{\mathrm{mo}*}(K_x, K_y, d - z, \omega)$ gemäß

$$\hat{G}_\circ^{\mathrm{mo}*}(K_x, K_y, d - z, \omega) = \hat{G}^{\mathrm{mo}*}(K_x, K_y, d - z, \omega)\, u\left(2k - \sqrt{K_x^2 + K_y^2}\right) \tag{16.2.70}$$

[8] Im $K_x\omega$-Diagramm der Abb. 16.2.4 ist dieses Filter — der Radius der Kreisscheibe wächst linear mit der Frequenz — deutlich sichtbar.

[9] Zur Erzielung einer sogenannten *Super-Resolution* muss man in der Rückausbreitung von der Messfläche gemäß (16.2.67) die evaneszenten Wellen tatsächlich wieder exponentiell anheben; dies ist aber sehr rauschempfindlich, sodass man algorithmische „Vorsichtsmaßnahmen" treffen muss (Bertero und De Mol, 1996).

schreiben sich die $K_x K_y$-Integrationen in (16.2.68) als zweidimensionales Faltungsintegral:

$$\chi_\circ(x,y,z) = \Re\left\{ \frac{32}{2\pi \mathrm{j}} \int_{-\infty}^{\infty} u(k)\, k \int_{-\infty}^{\infty}\int_{-\infty}^{\infty} \frac{\partial}{\partial z} G_\circ^{\mathrm{mo}*}(x-x', y-y', d-z, \omega = ck) \times \right.$$

$$\left. \times\ \phi_s^{\mathrm{mo}}(x', y', d, \omega = ck)\, \mathrm{d}x'\mathrm{d}y'\, \mathrm{d}k \right\} \quad , \qquad (16.2.71)$$

wobei $G_\circ^{\mathrm{mo}*}(x,y,z,\omega)$ mit einer bei Bracewell (1978) zu findenden Korrespondenz wiederum durch das zweidimensionale Faltungsintegral

$$G_\circ^{\mathrm{mo}*}(x,y,d-z,\omega) = \frac{\mathrm{e}^{-2\mathrm{j}k\sqrt{x^2+y^2+(d-z)^2}}}{4\pi\sqrt{x^2+y^2+(d-z)^2}} \overset{xy}{**} \frac{k}{\pi} \frac{\mathrm{J}_1(2k\sqrt{x^2+y^2})}{\sqrt{x^2+y^2}} \qquad (16.2.72)$$

darstellbar ist. Nunmehr kommt die erste Näherung auf dem Weg zum SAFT-Algorithmus ins Spiel: Für große $k\sqrt{x^2+y^2}$ — die Ultraschall-Impulsprüfung *ist* ja eine Hochfrequenzprüfung — approximiert man den Besselfunktionsterm durch einen δ-Impuls mit der Konsequenz:

$$G_\circ^{\mathrm{mo}*}(x,y,d-z,\omega) \simeq \frac{\mathrm{e}^{-2\mathrm{j}k\sqrt{x^2+y^2+(d-z)^2}}}{4\pi\sqrt{x^2+y^2+(d-z)^2}} \quad . \qquad (16.2.73)$$

Diese Approximation ist *deswegen* von Interesse, weil sodann im Zeitbereich[10]

$$\mathcal{F}_\omega^{-1}\{G_\circ^{\mathrm{mo}*}(x,y,d-z,\omega)\} \simeq \frac{\delta\left(t + \frac{2}{c}\sqrt{x^2+y^2+(d-z)^2}\right)}{4\pi\sqrt{x^2+y^2+(d-z)^2}} \qquad (16.2.74)$$

gilt, und in den Zeitbereich wollen wir ja, um SAFT mathematisch zu begründen. Mit der Abkürzung

$$F(x,y,z,\omega) = \int_{-\infty}^{\infty}\int_{-\infty}^{\infty} \frac{\partial}{\partial z} G_\circ^{\mathrm{mo}*}(x-x', y-y', d-z, \omega)\phi_s^{\mathrm{mo}}(x', y', d, \omega)\, \mathrm{d}x'\mathrm{d}y' \qquad (16.2.75)$$

schreibt sich (16.2.71)

$$\chi_\circ(x,y,z) = \Re\left\{ \frac{32}{c^2} \frac{1}{2\pi} \int_{-\infty}^{\infty} u(\omega)(-\mathrm{j}\omega) F(x,y,z,\omega)\, \mathrm{d}\omega \right\} \quad ; \qquad (16.2.76)$$

nunmehr steht auf der rechten Seite ein inverses Fourier-Integral bezüglich ω für $t = 0$, sodass wir mit der folgenden Rechnung

$$\begin{aligned}
\frac{1}{2\pi}\int_{-\infty}^{\infty} u(\omega)(-\mathrm{j}\omega)F(x,y,z,\omega)\,\mathrm{d}\omega &= \frac{1}{2\pi}\int_{-\infty}^{\infty} u(\omega)(-\mathrm{j}\omega)F(x,y,z,\omega)\,\mathrm{e}^{-\mathrm{j}\omega t}\,\mathrm{d}\omega\Big|_{t=0} \\
&= \mathcal{F}_\omega^{-1}\{u(\omega)(-\mathrm{j}\omega)F(x,y,z,\omega)\}\Big|_{t=0} \\
&= \frac{\partial}{\partial t} f(x,y,z,t) * \left[\frac{1}{2}\,\delta(t) - \frac{\mathrm{j}}{2\pi}\,\mathrm{pf}\frac{1}{t}\right]\Bigg|_{t=0} \\
&= \frac{1}{2}\left[\frac{\partial}{\partial t} f(x,y,z,t) + \mathrm{j}\mathcal{H}\left\{\frac{\partial}{\partial t} f(x,y,z,t)\right\}\right]\Bigg|_{t=0} \qquad (16.2.77)
\end{aligned}$$

[10]Wir approximieren damit die kreisscheibenbandbegrenzte Green'sche Funktion durch die Green'sche Funktion selbst; letztere enthält aber gerade *diejenigen* (evaneszenten) spektralen Komponenten, die wir zuvor „los werden" wollten. In der Tat ist die Green'sche Funktion nur „vollständig" *mit* diesen Komponenten (Tygel und Hubral, 1987).

tatsächlich einen Zeitbereichsalgorithmus erhalten:

$$\begin{aligned}\chi_\circ(x,y,z) &= \Re\left\{\frac{16}{c^2}\left[\frac{\partial}{\partial t}f(x,y,z,t)+\mathrm{j}\mathcal{H}\left\{\frac{\partial}{\partial t}f(x,y,z,t)\right\}\right]\Bigg|_{t=0}\right\}\\ &= \frac{16}{c^2}\frac{\partial}{\partial t}f(x,y,z,t)\Bigg|_{t=0}\end{aligned}\tag{16.2.78}$$

Dieser wird anschaulich, wenn wir mittels (16.2.74) auf der Grundlage von (16.2.75) $f(x,y,z,t)$ explizit berechnen:

$$\begin{aligned}f(x,y,z,t) &\simeq \int_{-\infty}^{\infty}\int_{-\infty}^{\infty}\frac{\partial}{\partial z}\frac{\delta\left(t+\frac{2}{c}\sqrt{(x-x')^2+(y-y')^2+(d-z)^2}\right)}{4\pi\sqrt{(x-x')^2+(y-y')^2+(d-z)^2}}\overset{t}{*}\phi_s^{\mathrm{mo}}(x',y',d,t)\,\mathrm{d}x'\mathrm{d}y'\\ &\simeq \frac{1}{4\pi}\int_{-\infty}^{\infty}\int_{-\infty}^{\infty}\frac{d-z}{(x-x')^2+(y-y')^2+(d-z)^2}\times\\ &\quad\times\left[\frac{\delta\left(t+\frac{2}{c}\sqrt{(x-x')^2+(y-y')^2+(d-z)^2}\right)}{\sqrt{(x-x')^2+(y-y')^2+(d-z)^2}}-\right.\\ &\quad\left.-\frac{2}{c}\frac{\partial}{\partial t}\delta\left(t+\frac{2}{c}\sqrt{(x-x')^2+(y-y')^2+(d-z)^2}\right)\right]\overset{t}{*}\phi_s^{\mathrm{mo}}(x',y',d,t)\,\mathrm{d}x'\mathrm{d}y'\end{aligned}\tag{16.2.79}$$

Aufgrund der Relationen $\delta(t+t_0)*f(t)=f(t+t_0)$, $\delta'(t+t_0)*f(t)=f'(t+t_0)$ folgt weiter

$$\begin{aligned}f(x,y,z,t) \simeq \frac{1}{4\pi}\int_{-\infty}^{\infty}\int_{-\infty}^{\infty}&\frac{d-z}{(x-x')^2+(y-y')^2+(d-z)^2}\times\\ &\times\left[\frac{\phi_s^{\mathrm{mo}}(x',y',d,t')}{\sqrt{(x-x')^2+(y-y')^2+(d-z)^2}}-\right.\\ &\left.-\frac{2}{c}\frac{\partial}{\partial t'}\phi_s^{\mathrm{mo}}(x',y',d,t')\right]\Bigg|_{t'=t+\frac{2}{c}\sqrt{(x-x')^2+(y-y')^2+(d-z)^2}}\mathrm{d}x'\mathrm{d}y'\quad,\end{aligned}\tag{16.2.80}$$

sodass sich schließlich mit (16.2.78) der Zeitbereichsalgorithmus

$$\begin{aligned}\chi_\circ(x,y,z) \simeq \frac{4}{\pi c^2}\int_{-\infty}^{\infty}\int_{-\infty}^{\infty}&\frac{d-z}{(x-x')^2+(y-y')^2+(d-z)^2}\times\\ &\times\left[\frac{\frac{\partial}{\partial t'}\phi_s^{\mathrm{mo}}(x',y',d,t')}{\sqrt{(x-x')^2+(y-y')^2+(d-z)^2}}-\right.\\ &\left.-\frac{2}{c}\frac{\partial^2}{\partial t'^2}\phi_s^{\mathrm{mo}}(x',y',d,t')\right]\Bigg|_{t'=\frac{2}{c}\sqrt{(x-x')^2+(y-y')^2+(d-z)^2}}\mathrm{d}x'\mathrm{d}y'\end{aligned}\tag{16.2.81}$$

zur „Rekonstruktion“ der Kontrastfunktion ergibt. Schon das $\simeq$-Zeichen und der $\circ$-Index in (16.2.81) verdeutlichen, warum „Rekonstruktion“ in Anführungsstriche gesetzt ist. Darüber hinaus haben wir das inverse Problem mit der Born'schen Näherung linarisiert, und nicht zuletzt liegt der Formel (16.2.81) das Modell akustischer Wellenausbreitung ohne Dichtekontrast zugrunde. *Last but not least* verkündet der obere Index „mo“ an den Daten, dass die tatsächlichen monostatischen Daten gemäß (16.2.54) mit $\phi_0(\omega)$ entfaltet werden müssen, wobei $\phi_0(\omega)$ noch nicht einmal nur das Spektrum des Anregungsimpulses ist, sondern auch noch den Faktor ω^2

enthält. Deswegen ist es sicher legitim, zwar die Grundidee der zeitlichen Rückausbreitung gemäß (16.2.81) beizubehalten, aber vereinfachend ein „Bild"

$$o(x, y, z) = \int_{-\infty}^{\infty} \int_{-\infty}^{\infty} \phi_s^{\mathrm{m}} \left(x', y', d, t = \frac{2}{c}\sqrt{(x - x')^2 + (y - y')^2 + (d - z)^2} \right) \mathrm{d}x'\mathrm{d}y' \qquad (16.2.82)$$

des Streuers zu definieren, welches dann nichts anderes als das Ergebnis des SAFT-Algorithmus' in der Impuls-Echo-Version gemäß (16.1.12) ist! Allerdings wissen wir nun, dass dieser Algorithmus wohldefinierte Voraussetzungen erfüllen muss.

Die streutheoretischen Überlegungen dieses Abschnitts liefern uns darüber hinaus ein weiteres Ergebnis, indem wir von (16.2.62) nicht den Realteil, sondern den Imaginärteil bilden und (16.2.77) beachten:

$$\mathcal{H}_z\{\chi_\circ(x, y, z)\} = -\frac{16}{c^2}\mathcal{H}_t \left\{ \frac{\partial}{\partial t} f(x, y, z, t) \right\} \bigg|_{t=0} \qquad (16.2.83)$$

Die Rückausbreitung Hilbert-transformierter Daten ist also für ebene Messflächen tatsächlich äquivalent zur Hilbert-Transformation des bereits errechneten SAFT-Bildes bezüglich der z-Koordinate. Im Falle der SAFT-Verarbeitung spektral bandbegrenzter Daten, also von Daten ohne (vollständige) Entfaltung, kann man deshalb die im Bild entstehenden Oszillationen entweder *vor* oder *nach* der Rückausbreitung beseitigen:

$$|\chi_\circ(x, y, z) - \mathrm{j}\mathcal{H}_z\{\chi_\circ(x, y, z)\}| = \frac{16}{c^2} \left| \frac{\partial}{\partial t} f(x, y, z, t) + \mathrm{j}\mathcal{H}_t \left\{ \frac{\partial}{\partial t} f(x, y, z, t) \right\} \right|_{t=0} \qquad (16.2.84)$$

Man beachte: Die Rückausbreitung des Betrages der durch eine Hilbert-Transformation komplexwertig ergänzten Daten liefert *nicht* das gleiche Ergebnis!

Die explizite Hilbert-Transformation — entweder bezüglich z oder t — kann man sich übrigens sparen, wenn man den Betrag des sowieso schon komplexwertigen FT-SAFT-Ergebnisses bildet.

Unter Verwendung des verallgemeinerten holographischen Feldes lässt sich ein exakter Zeitbereichs-SAFT-Algorithmus auch für Messflächen beliebiger Geometrie herleiten (Langenberg, 1987).

A Formelsammlung

Die nachfolgende Formelsammlung zur Vektor/Tensor-Algebra und -Analysis enthält insbesondere die in H.C. Chen (*Theory of Electromagnetic Waves*. McGraw-Hill, New York 1993), J. van Bladel (*Electromagnetic Fields*. Hemisphere Publishing Corporation, New York 1985) und A. Ben-Menahem, S.J. Singh (*Seismic Waves and Sources*. Springer-Verlag, New York 1981) publizierten Identitäten und darüber hinaus einige, von uns berechnet wurden. Dabei sind verschiedene Fehler in den genannten Sammlungen behoben worden (sicher nicht alle) und hoffentlich keine neuen hinzugekommen.

A.1 Vektoridentitäten

$$\begin{aligned}
\underline{\mathbf{A}}\cdot(\underline{\mathbf{B}}\times\underline{\mathbf{C}}) &= \underline{\mathbf{C}}\cdot(\underline{\mathbf{A}}\times\underline{\mathbf{B}})\\
&= \underline{\mathbf{B}}\cdot(\underline{\mathbf{C}}\times\underline{\mathbf{A}})\\
&= [\underline{\mathbf{A}}\,\underline{\mathbf{B}}\,\underline{\mathbf{C}}]\quad\text{(Spatprodukt)}\\
&= [\underline{\mathbf{C}}\,\underline{\mathbf{A}}\,\underline{\mathbf{B}}]\\
&= [\underline{\mathbf{B}}\,\underline{\mathbf{C}}\,\underline{\mathbf{A}}]
\end{aligned}$$

$$\begin{aligned}
\underline{\mathbf{A}}\times\underline{\mathbf{B}} &= -\underline{\mathbf{B}}\times\underline{\mathbf{A}}\\
&= (\underline{\underline{\mathbf{I}}}\times\underline{\mathbf{A}})\cdot\underline{\mathbf{B}}\\
&= \underline{\mathbf{A}}\cdot(\underline{\underline{\mathbf{I}}}\times\underline{\mathbf{B}})
\end{aligned}$$

$$\begin{aligned}
\underline{\mathbf{A}}\times(\underline{\mathbf{B}}\times\underline{\mathbf{C}}) &= \underline{\mathbf{B}}(\underline{\mathbf{A}}\cdot\underline{\mathbf{C}})-\underline{\mathbf{C}}(\underline{\mathbf{A}}\cdot\underline{\mathbf{B}})\\
&= \underline{\mathbf{B}}\,\underline{\mathbf{A}}\cdot\underline{\mathbf{C}}-\underline{\mathbf{C}}\,\underline{\mathbf{A}}\cdot\underline{\mathbf{B}}\\
&= (\underline{\mathbf{B}}\,\underline{\mathbf{C}}-\underline{\mathbf{C}}\,\underline{\mathbf{B}})\cdot\underline{\mathbf{A}}
\end{aligned}$$

$$\begin{aligned}
(\underline{\mathbf{A}}\times\underline{\mathbf{B}})\times\underline{\mathbf{C}} &= \underline{\mathbf{B}}(\underline{\mathbf{C}}\cdot\underline{\mathbf{A}})-\underline{\mathbf{A}}(\underline{\mathbf{C}}\cdot\underline{\mathbf{B}})\\
&= (\underline{\mathbf{B}}\,\underline{\mathbf{A}}-\underline{\mathbf{A}}\,\underline{\mathbf{B}})\cdot\underline{\mathbf{C}}
\end{aligned}$$

$$\begin{aligned}
\underline{\mathbf{A}}\times(\underline{\mathbf{B}}\times\underline{\mathbf{C}})-(\underline{\mathbf{A}}\times\underline{\mathbf{B}})\times\underline{\mathbf{C}} &= \underline{\mathbf{B}}\times(\underline{\mathbf{A}}\times\underline{\mathbf{C}})\\
&= \underline{\mathbf{A}}(\underline{\mathbf{C}}\cdot\underline{\mathbf{B}})-\underline{\mathbf{C}}(\underline{\mathbf{A}}\cdot\underline{\mathbf{B}})
\end{aligned}$$

$$\begin{aligned}
(\underline{\mathbf{A}}\times\underline{\mathbf{B}})\cdot(\underline{\mathbf{C}}\times\underline{\mathbf{D}}) &= (\underline{\mathbf{A}}\cdot\underline{\mathbf{C}})(\underline{\mathbf{B}}\cdot\underline{\mathbf{D}})-(\underline{\mathbf{A}}\cdot\underline{\mathbf{D}})(\underline{\mathbf{B}}\cdot\underline{\mathbf{C}})\\
&= \underline{\mathbf{A}}\cdot[\underline{\mathbf{B}}\times(\underline{\mathbf{C}}\times\underline{\mathbf{D}})]
\end{aligned}$$

$$\begin{aligned}
(\underline{\mathbf{A}}\times\underline{\mathbf{B}})\times(\underline{\mathbf{C}}\times\underline{\mathbf{D}}) &= [(\underline{\mathbf{A}}\times\underline{\mathbf{B}})\cdot\underline{\mathbf{D}}]\underline{\mathbf{C}}-[(\underline{\mathbf{A}}\times\underline{\mathbf{B}})\cdot\underline{\mathbf{C}}]\underline{\mathbf{D}}\\
&= [\underline{\mathbf{A}}\,\underline{\mathbf{B}}\,\underline{\mathbf{D}}]\underline{\mathbf{C}}-[\underline{\mathbf{A}}\,\underline{\mathbf{B}}\,\underline{\mathbf{C}}]\underline{\mathbf{D}}
\end{aligned}$$

$$\underline{\mathbf{A}}\times[\underline{\mathbf{B}}\times(\underline{\mathbf{C}}\times\underline{\mathbf{D}})] = (\underline{\mathbf{B}}\cdot\underline{\mathbf{D}})(\underline{\mathbf{A}}\times\underline{\mathbf{C}})-(\underline{\mathbf{B}}\cdot\underline{\mathbf{C}})(\underline{\mathbf{A}}\times\underline{\mathbf{D}})$$

$$(\underline{\mathbf{A}} \times \underline{\mathbf{B}}) \cdot [(\underline{\mathbf{B}} \times \underline{\mathbf{C}}) \times (\underline{\mathbf{C}} \times \underline{\mathbf{A}})] = [\underline{\mathbf{A}} \cdot (\underline{\mathbf{B}} \times \underline{\mathbf{C}})]^2$$

Für die folgenden „Doppelprodukte" schließen wir uns der Definition von Ben-Menahem und Singh (1981) an; van Bladel (1985), Lindell (1991) oder Gibbs (1913) benutzen davon abweichende Definitionen, die sich im Übrigen teilweise auch wieder unterscheiden.

$$\begin{aligned}
(\underline{\mathbf{A}}\,\underline{\mathbf{B}}) : (\underline{\mathbf{C}}\,\underline{\mathbf{D}}) &= (\underline{\mathbf{A}} \cdot \underline{\mathbf{D}})(\underline{\mathbf{B}} \cdot \underline{\mathbf{C}}) \\
(\underline{\mathbf{A}}\,\underline{\mathbf{B}}) \overset{\times}{\times} (\underline{\mathbf{C}}\,\underline{\mathbf{D}}) &= (\underline{\mathbf{A}} \times \underline{\mathbf{D}})(\underline{\mathbf{B}} \times \underline{\mathbf{C}}) \\
(\underline{\mathbf{A}}\,\underline{\mathbf{B}}) \overset{\cdot}{\times} (\underline{\mathbf{C}}\,\underline{\mathbf{D}}) &= (\underline{\mathbf{A}} \times \underline{\mathbf{D}})(\underline{\mathbf{B}} \cdot \underline{\mathbf{C}}) \\
(\underline{\mathbf{A}}\,\underline{\mathbf{B}}) \overset{\times}{\cdot} (\underline{\mathbf{C}}\,\underline{\mathbf{D}}) &= (\underline{\mathbf{A}} \cdot \underline{\mathbf{D}})(\underline{\mathbf{B}} \times \underline{\mathbf{C}})
\end{aligned}$$

A.2 Tensoridentitäten

Summenkonvention: Wenn ein Index auf einer Seite einer Gleichung zwei- oder mehrmals (und auf der anderen Seite nicht) vorkommt, wird darüber von 1 bis 3 summiert; wenn der Index auf der anderen Seite ebenfalls auftritt, wird darüber nicht summiert.

A.2.1 Permutationstensor

$$\begin{aligned}
\underline{\underline{\boldsymbol{\varepsilon}}} &= \sum_{i=1}^{3}\sum_{j=1}^{3}\sum_{k=1}^{3} \varepsilon_{ijk}\underline{\mathbf{e}}_{x_i}\underline{\mathbf{e}}_{x_j}\underline{\mathbf{e}}_{x_k} \\
&= \varepsilon_{ijk}\underline{\mathbf{e}}_{x_i}\underline{\mathbf{e}}_{x_j}\underline{\mathbf{e}}_{x_k} \quad \text{(Summenkonvention)} \\
&= \underline{\underline{\boldsymbol{\varepsilon}}}_i\underline{\mathbf{e}}_{x_i} \quad \text{(Summenkonvention)}
\end{aligned}$$

$$\varepsilon_{ijk} = \begin{cases} 0 & \text{, falls zwei Indizes gleich sind} \\ 1 & \text{, falls } ijk \text{ eine gerade Permutation von 123 ist (z.B.: 231)} \\ -1 & \text{, falls } ijk \text{ eine ungerade Permutation von 123 ist (z.B.: 213)} \end{cases}$$

$$\begin{aligned}
\underline{\underline{\boldsymbol{\varepsilon}}}_1 &= \begin{pmatrix} 0 & 0 & 0 \\ 0 & 0 & 1 \\ 0 & -1 & 0 \end{pmatrix} \\
\underline{\underline{\boldsymbol{\varepsilon}}}_2 &= \begin{pmatrix} 0 & 0 & -1 \\ 0 & 0 & 0 \\ 1 & 0 & 0 \end{pmatrix} \\
\underline{\underline{\boldsymbol{\varepsilon}}}_3 &= \begin{pmatrix} 0 & 1 & 0 \\ -1 & 0 & 0 \\ 0 & 0 & 0 \end{pmatrix}
\end{aligned}$$

$$\begin{aligned}
\underline{\underline{\boldsymbol{\varepsilon}}}^{213} &= -\underline{\underline{\boldsymbol{\varepsilon}}} \\
\underline{\underline{\boldsymbol{\varepsilon}}}^{132} &= -\underline{\underline{\boldsymbol{\varepsilon}}} \\
\underline{\underline{\boldsymbol{\varepsilon}}}^{321} &= -\underline{\underline{\boldsymbol{\varepsilon}}} \\
\underline{\underline{\boldsymbol{\varepsilon}}}^{312} &= \underline{\underline{\boldsymbol{\varepsilon}}} \\
\underline{\underline{\boldsymbol{\varepsilon}}}^{231} &= \underline{\underline{\boldsymbol{\varepsilon}}}
\end{aligned}$$

$$\underline{\mathbf{e}}_{x_i} \times \underline{\mathbf{e}}_{x_j} = \varepsilon_{kij} \underline{\mathbf{e}}_{x_k} \ , \ i,j = 1,2,3$$

$$\varepsilon_{kij} = \underline{\mathbf{e}}_{x_k} \cdot (\underline{\mathbf{e}}_{x_i} \times \underline{\mathbf{e}}_{x_j})$$

$$\begin{aligned}
\underline{\underline{\underline{\boldsymbol{\varepsilon}}}} \cdot \underline{\underline{\underline{\boldsymbol{\varepsilon}}}} &= \varepsilon_{ijk}\varepsilon_{klm} \underline{\mathbf{e}}_{x_i} \underline{\mathbf{e}}_{x_j} \underline{\mathbf{e}}_{x_l} \underline{\mathbf{e}}_{x_m} \\
&= (\delta_{il}\delta_{jm} - \delta_{im}\delta_{jl}) \underline{\mathbf{e}}_{x_i} \underline{\mathbf{e}}_{x_j} \underline{\mathbf{e}}_{x_l} \underline{\mathbf{e}}_{x_m} \\
&= \underline{\underline{\mathbf{I}}}\,\underline{\underline{\mathbf{I}}}^{1324} - \underline{\underline{\mathbf{I}}}\,\underline{\underline{\mathbf{I}}}^{1342}
\end{aligned}$$

$$\underline{\underline{\underline{\boldsymbol{\varepsilon}}}} : \underline{\underline{\underline{\boldsymbol{\varepsilon}}}} = -2\underline{\underline{\mathbf{I}}}$$

$$\underline{\underline{\underline{\boldsymbol{\varepsilon}}}} \,\vdots\, \underline{\underline{\underline{\boldsymbol{\varepsilon}}}} = -6$$

$$\underline{\underline{\underline{\boldsymbol{\varepsilon}}}} : \underline{\mathbf{B}}\,\underline{\mathbf{A}} = \underline{\mathbf{A}} \times \underline{\mathbf{B}}$$

$$\underline{\underline{\underline{\boldsymbol{\varepsilon}}}} : \underline{\underline{\mathbf{D}}}^{21} = \langle \underline{\underline{\mathbf{D}}} \rangle$$

$$\underline{\mathbf{A}} \times \underline{\mathbf{B}} = \langle \underline{\mathbf{A}}\,\underline{\mathbf{B}} \rangle$$

$$\langle \underline{\underline{\mathbf{D}}}^{21} \rangle = -\langle \underline{\underline{\mathbf{D}}} \rangle$$

$$\langle \underline{\underline{\mathbf{D}}} \rangle = \underline{\mathbf{0}} \text{ für } \underline{\underline{\mathbf{D}}} \text{ symmetrisch}$$

$$\begin{aligned}
\underline{\underline{\mathbf{I}}} &= \sum_{i=1}^{3}\sum_{j=1}^{3} \delta_{ij} \underline{\mathbf{e}}_{x_i} \underline{\mathbf{e}}_{x_j} \\
&= \delta_{ij} \underline{\mathbf{e}}_{x_i} \underline{\mathbf{e}}_{x_j} \quad \text{(Summenkonvention)} \\
&= \sum_{i=1}^{3} \underline{\mathbf{e}}_{x_i} \underline{\mathbf{e}}_{x_i} \\
&= \underline{\mathbf{e}}_{x_i} \underline{\mathbf{e}}_{x_i} \quad \text{(Summenkonvention)}
\end{aligned}$$

$$\underline{\underline{\mathbf{I}}} \cdot \underline{\mathbf{A}} = \underline{\mathbf{A}} \cdot \underline{\underline{\mathbf{I}}} = \underline{\mathbf{A}}$$

$$\underline{\underline{\mathbf{I}}} \cdot \underline{\underline{\mathbf{D}}} = \underline{\underline{\mathbf{D}}} \cdot \underline{\underline{\mathbf{I}}} = \underline{\underline{\mathbf{D}}}$$

$$\underline{\underline{\mathbf{I}}} : \underline{\underline{\mathbf{D}}} = \underline{\underline{\mathbf{D}}} : \underline{\underline{\mathbf{I}}} = \operatorname{spur} \underline{\underline{\mathbf{D}}}$$

$$\underline{\underline{\mathbf{I}}} : \underline{\underline{\mathbf{I}}} = 3$$

$$\begin{aligned}
\underline{\underline{\underline{\underline{\mathbf{I}}}}}^{\delta} = \underline{\underline{\mathbf{I}}}\,\underline{\underline{\mathbf{I}}} &= \delta_{ij} \underline{\mathbf{e}}_{x_i} \underline{\mathbf{e}}_{x_j} \delta_{kl} \underline{\mathbf{e}}_{x_k} \underline{\mathbf{e}}_{x_l} \\
&= \underline{\mathbf{e}}_{x_i} \underline{\mathbf{e}}_{x_i} \underline{\mathbf{e}}_{x_k} \underline{\mathbf{e}}_{x_k}
\end{aligned}$$

$$\underline{\underline{\underline{\underline{\mathbf{I}}}}}^{\delta} : \underline{\underline{\mathbf{D}}} = \underline{\underline{\mathbf{D}}} : \underline{\underline{\underline{\underline{\mathbf{I}}}}}^{\delta} = \underline{\underline{\mathbf{I}}} \operatorname{spur} \underline{\underline{\mathbf{D}}}$$

$$\begin{aligned}
\underline{\underline{\mathbf{I}}}\,\underline{\underline{\mathbf{I}}}^{1324} &= \delta_{ij}\delta_{kl} \underline{\mathbf{e}}_{x_i} \underline{\mathbf{e}}_{x_k} \underline{\mathbf{e}}_{x_j} \underline{\mathbf{e}}_{x_l} \\
&= \delta_{ik}\delta_{jl} \underline{\mathbf{e}}_{x_i} \underline{\mathbf{e}}_{x_j} \underline{\mathbf{e}}_{x_k} \underline{\mathbf{e}}_{x_l} \\
&= \underline{\mathbf{e}}_{x_i} \underline{\mathbf{e}}_{x_j} \underline{\mathbf{e}}_{x_i} \underline{\mathbf{e}}_{x_j}
\end{aligned}$$

$$\begin{aligned}
\underline{\underline{\mathbf{I}}}\,\underline{\underline{\mathbf{I}}}^{1342} &= \delta_{ij}\delta_{kl} \underline{\mathbf{e}}_{x_i} \underline{\mathbf{e}}_{x_k} \underline{\mathbf{e}}_{x_l} \underline{\mathbf{e}}_{x_j} \\
&= \delta_{il}\delta_{jk} \underline{\mathbf{e}}_{x_i} \underline{\mathbf{e}}_{x_j} \underline{\mathbf{e}}_{x_k} \underline{\mathbf{e}}_{x_l} \\
&= \underline{\mathbf{e}}_{x_i} \underline{\mathbf{e}}_{x_j} \underline{\mathbf{e}}_{x_j} \underline{\mathbf{e}}_{x_i}
\end{aligned}$$

$$\underline{\underline{\mathbf{I}}}\,\underline{\underline{\mathbf{I}}}^{1324} : \underline{\underline{\mathbf{D}}} = \underline{\underline{\mathbf{D}}} : \underline{\underline{\mathbf{I}}}\,\underline{\underline{\mathbf{I}}}^{1324} = \underline{\underline{\mathbf{D}}}^{21}$$

$$\underline{\underline{\mathbf{I}}}\,\underline{\underline{\mathbf{I}}}^{1342} : \underline{\underline{\mathbf{D}}} = \underline{\underline{\mathbf{D}}} : \underline{\underline{\mathbf{I}}}\,\underline{\underline{\mathbf{I}}}^{1342} = \underline{\underline{\mathbf{D}}}$$

$$\underline{\underline{\underline{\underline{\mathbf{I}}}}}^{+} = \frac{1}{2}\left(\underline{\underline{\mathbf{I}}}\,\underline{\underline{\mathbf{I}}}^{1342} + \underline{\underline{\mathbf{I}}}\,\underline{\underline{\mathbf{I}}}^{1324}\right)$$

$$\underline{\underline{\underline{\underline{\mathbf{I}}}}}^{-} = \frac{1}{2}\left(\underline{\underline{\mathbf{I}}}\,\underline{\underline{\mathbf{I}}}^{1342} - \underline{\underline{\mathbf{I}}}\,\underline{\underline{\mathbf{I}}}^{1324}\right)$$

$$\underline{\underline{\mathbf{D}}}_{s} = \underline{\underline{\underline{\underline{\mathbf{I}}}}}^{+} : \underline{\underline{\mathbf{D}}} = \underline{\underline{\mathbf{D}}} : \underline{\underline{\underline{\underline{\mathbf{I}}}}}^{+}$$

$$\underline{\underline{\mathbf{D}}}_{a} = \underline{\underline{\underline{\underline{\mathbf{I}}}}}^{-} : \underline{\underline{\mathbf{D}}} = \underline{\underline{\mathbf{D}}} : \underline{\underline{\underline{\underline{\mathbf{I}}}}}^{-}$$

$$\underline{\underline{\mathbf{I}}}\,\underline{\underline{\mathbf{I}}}^{1342} : \underline{\underline{\mathbf{I}}}\,\underline{\underline{\mathbf{I}}}^{1342} = \underline{\underline{\mathbf{I}}}\,\underline{\underline{\mathbf{I}}}^{1342}$$

$$\underline{\underline{\mathbf{I}}}\,\underline{\underline{\mathbf{I}}}^{1324} : \underline{\underline{\mathbf{I}}}\,\underline{\underline{\mathbf{I}}}^{1324} = \underline{\underline{\mathbf{I}}}\,\underline{\underline{\mathbf{I}}}^{1342}$$

$$\underline{\underline{\mathbf{I}}}\,\underline{\underline{\mathbf{I}}}^{1342} : \underline{\underline{\mathbf{I}}}\,\underline{\underline{\mathbf{I}}}^{1324} = \underline{\underline{\mathbf{I}}}\,\underline{\underline{\mathbf{I}}}^{1324}$$

$$\underline{\underline{\mathbf{I}}}\,\underline{\underline{\mathbf{I}}}^{1324} : \underline{\underline{\mathbf{I}}}\,\underline{\underline{\mathbf{I}}}^{1342} = \underline{\underline{\mathbf{I}}}\,\underline{\underline{\mathbf{I}}}^{1324}$$

A.2.2 Produkte

$$\begin{aligned}(\underline{\mathbf{A}} \cdot \underline{\underline{\mathbf{D}}}) \cdot \underline{\mathbf{B}} &= \underline{\mathbf{A}} \cdot (\underline{\underline{\mathbf{D}}} \cdot \underline{\mathbf{B}}) \\ &= \underline{\mathbf{A}} \cdot \underline{\underline{\mathbf{D}}} \cdot \underline{\mathbf{B}}\end{aligned}$$

$$\begin{aligned}(\underline{\underline{\mathbf{D}}} \cdot \underline{\underline{\mathbf{B}}}) \cdot \underline{\mathbf{A}} &= \underline{\underline{\mathbf{D}}} \cdot (\underline{\underline{\mathbf{B}}} \cdot \underline{\mathbf{A}}) \\ &= \underline{\underline{\mathbf{D}}} \cdot \underline{\underline{\mathbf{B}}} \cdot \underline{\mathbf{A}}\end{aligned}$$

$$\begin{aligned}(\underline{\mathbf{A}} \times \underline{\underline{\mathbf{D}}}) \cdot \underline{\underline{\mathbf{B}}} &= \underline{\mathbf{A}} \times (\underline{\underline{\mathbf{D}}} \cdot \underline{\underline{\mathbf{B}}}) \\ &= \underline{\mathbf{A}} \times \underline{\underline{\mathbf{D}}} \cdot \underline{\underline{\mathbf{B}}}\end{aligned}$$

$$\begin{aligned}(\underline{\underline{\mathbf{D}}} \cdot \underline{\underline{\mathbf{B}}}) \times \underline{\mathbf{A}} &= \underline{\underline{\mathbf{D}}} \cdot (\underline{\underline{\mathbf{B}}} \times \underline{\mathbf{A}}) \\ &= \underline{\underline{\mathbf{D}}} \cdot \underline{\underline{\mathbf{B}}} \times \underline{\mathbf{A}}\end{aligned}$$

$$\underline{\mathbf{A}}\,\underline{\mathbf{B}}^{21} = \underline{\mathbf{B}}\,\underline{\mathbf{A}}$$

$$\underline{\mathbf{A}} \cdot \underline{\underline{\mathbf{D}}} = \underline{\underline{\mathbf{D}}}^{21} \cdot \underline{\mathbf{A}}$$

$$\underline{\mathbf{A}} \cdot \underline{\underline{\mathbf{D}}} \cdot \underline{\mathbf{B}} = \underline{\mathbf{B}} \cdot \underline{\underline{\mathbf{D}}}^{21} \cdot \underline{\mathbf{A}}$$

$$(\underline{\underline{\mathbf{B}}} \cdot \underline{\underline{\mathbf{A}}})^{21} = \underline{\underline{\mathbf{A}}}^{21} \cdot \underline{\underline{\mathbf{B}}}^{21}$$

$$(\underline{\underline{\mathbf{A}}} \cdot \underline{\underline{\mathbf{B}}} \cdot \underline{\underline{\mathbf{C}}})^{21} = \underline{\underline{\mathbf{C}}}^{21} \cdot \underline{\underline{\mathbf{B}}}^{21} \cdot \underline{\underline{\mathbf{A}}}^{21}$$

$$\underline{\mathbf{A}} \times \underline{\underline{\mathbf{I}}} = \underline{\underline{\mathbf{I}}} \times \underline{\mathbf{A}}$$

$$(\underline{\mathbf{A}} \times \underline{\underline{\mathbf{I}}})^{21} = -\underline{\mathbf{A}} \times \underline{\underline{\mathbf{I}}}$$

$\underline{\underline{\mathbf{D}}} = \underline{\mathbf{A}} \times \underline{\underline{\mathbf{I}}}$ (allgemeinster antisymmetrischer Tensor)

mit $\underline{\mathbf{A}} = \frac{1}{2}\underline{\underline{\underline{\boldsymbol{\varepsilon}}}} : \underline{\underline{\mathbf{D}}} = \frac{1}{2}\langle\underline{\underline{\mathbf{D}}}^{21}\rangle = -\frac{1}{2}\langle\underline{\underline{\mathbf{D}}}\rangle$

$$\begin{aligned}\underline{\underline{\mathbf{B}}} \times \underline{\mathbf{A}} &= \underline{\underline{\mathbf{B}}} \cdot (\underline{\mathbf{A}} \times \underline{\underline{\mathbf{I}}}) \\ &= \underline{\underline{\mathbf{B}}} \cdot (\underline{\underline{\mathbf{I}}} \times \underline{\mathbf{A}})\end{aligned}$$

$$\begin{aligned}\underline{\mathbf{A}} \times \underline{\mathbf{B}} &= (\underline{\underline{\mathbf{I}}} \times \underline{\mathbf{A}}) \cdot \underline{\mathbf{B}} \\ &= -\underline{\mathbf{B}} \cdot (\underline{\underline{\mathbf{I}}} \times \underline{\mathbf{A}}) \\ &= \underline{\underline{\underline{\boldsymbol{\varepsilon}}}} : \underline{\mathbf{B}}\,\underline{\mathbf{A}} \\ &= -\underline{\mathbf{A}} \cdot \underline{\underline{\underline{\boldsymbol{\varepsilon}}}} \cdot \underline{\mathbf{B}}\end{aligned}$$

$$\begin{aligned}\underline{\mathbf{A}} \times \underline{\underline{\mathbf{D}}} &= (\underline{\mathbf{A}} \times \underline{\underline{\mathbf{I}}}) \cdot \underline{\underline{\mathbf{D}}} \\ &= (\underline{\underline{\mathbf{I}}} \times \underline{\mathbf{A}}) \cdot \underline{\underline{\mathbf{D}}} \\ &= \underline{\underline{\underline{\boldsymbol{\varepsilon}}}} : (\underline{\underline{\mathbf{D}}}\,\underline{\mathbf{A}})^{132} \\ &= -\left(\underline{\underline{\mathbf{D}}}^{21} \times \underline{\mathbf{A}}\right)^{21} \\ &= -\underline{\mathbf{A}} \cdot \underline{\underline{\underline{\boldsymbol{\varepsilon}}}} \cdot \underline{\underline{\mathbf{D}}}\end{aligned}$$

$$\underline{\mathbf{A}} \times \underline{\mathbf{B}}\,\underline{\mathbf{C}} = (\underline{\mathbf{A}} \times \underline{\mathbf{B}})\underline{\mathbf{C}}$$

$$\begin{aligned}\underline{\underline{\mathbf{D}}} \times \underline{\mathbf{A}} &= \underline{\underline{\mathbf{D}}} \cdot (\underline{\underline{\mathbf{I}}} \times \underline{\mathbf{A}}) \\ &= \underline{\underline{\mathbf{D}}} \cdot (\underline{\mathbf{A}} \times \underline{\underline{\mathbf{I}}}) \\ &= -[\underline{\underline{\underline{\boldsymbol{\varepsilon}}}} : (\underline{\underline{\mathbf{D}}}\,\underline{\mathbf{A}})^{231}]^{21} \\ &= -(\underline{\mathbf{A}} \times \underline{\underline{\mathbf{D}}}^{21})^{21}\end{aligned}$$

$$\underline{\mathbf{B}}\,\underline{\mathbf{C}} \times \underline{\mathbf{A}} = \underline{\mathbf{B}}(\underline{\mathbf{C}} \times \underline{\mathbf{A}})$$

$$\begin{aligned}(\underline{\mathbf{A}} \times \underline{\underline{\mathbf{D}}}) \times \underline{\mathbf{B}} &= \underline{\mathbf{A}} \times (\underline{\underline{\mathbf{D}}} \times \underline{\mathbf{B}}) \\ &= \underline{\mathbf{A}} \times \underline{\underline{\mathbf{D}}} \times \underline{\mathbf{B}}\end{aligned}$$

$$(\underline{\mathbf{A}}\,\underline{\mathbf{B}} - \underline{\mathbf{B}}\,\underline{\mathbf{A}}) \cdot \underline{\mathbf{C}} = (\underline{\mathbf{B}} \times \underline{\mathbf{A}}) \times \underline{\mathbf{C}}$$

$$\begin{aligned}(\underline{\mathbf{A}} \times \underline{\underline{\mathbf{D}}}) \cdot \underline{\mathbf{B}} &= \underline{\underline{\underline{\boldsymbol{\varepsilon}}}} : (\underline{\underline{\mathbf{D}}}\,\underline{\mathbf{A}})^{132} \cdot \underline{\mathbf{B}} \\ &= \underline{\mathbf{A}} \times (\underline{\underline{\mathbf{D}}} \cdot \underline{\mathbf{B}})\end{aligned}$$

$$\begin{aligned}\underline{\mathbf{B}} \cdot (\underline{\mathbf{A}} \times \underline{\underline{\mathbf{D}}}) &= (\underline{\mathbf{B}} \times \underline{\mathbf{A}}) \cdot \underline{\underline{\mathbf{D}}} \\ &= -\underline{\mathbf{A}} \cdot (\underline{\mathbf{B}} \times \underline{\underline{\mathbf{D}}})\end{aligned}$$

$$\underline{\underline{\mathbf{B}}} \cdot (\underline{\mathbf{A}} \times \underline{\underline{\mathbf{D}}}) = -(\underline{\mathbf{A}} \times \underline{\underline{\mathbf{B}}}^{21})^{21} \cdot \underline{\underline{\mathbf{D}}}$$

$$\begin{aligned}(\underline{\underline{\mathbf{D}}} \times \underline{\mathbf{A}}) \cdot \underline{\mathbf{B}} &= -\underline{\underline{\mathbf{D}}} \cdot \underline{\underline{\underline{\boldsymbol{\varepsilon}}}} \cdot \underline{\mathbf{A}} \cdot \underline{\mathbf{B}} \\ &= -\underline{\underline{\mathbf{D}}} \cdot \underline{\underline{\underline{\boldsymbol{\varepsilon}}}} : \underline{\mathbf{A}}\,\underline{\mathbf{B}} \\ &= -(\underline{\underline{\mathbf{D}}} \times \underline{\mathbf{B}}) \cdot \underline{\mathbf{A}} \\ &= \underline{\underline{\mathbf{D}}} \cdot (\underline{\mathbf{A}} \times \underline{\mathbf{B}})\end{aligned}$$

$$(\underline{\underline{\mathbf{D}}} \times \underline{\mathbf{A}}) \cdot \underline{\underline{\mathbf{B}}} = \underline{\underline{\mathbf{D}}} \cdot (\underline{\mathbf{A}} \times \underline{\underline{\mathbf{B}}})$$

$$\begin{aligned}\underline{\mathbf{B}} \cdot (\underline{\underline{\mathbf{D}}} \times \underline{\mathbf{A}}) &= (\underline{\mathbf{B}} \cdot \underline{\underline{\mathbf{D}}}) \times \underline{\mathbf{A}} \\ &= \underline{\mathbf{B}} \cdot \underline{\underline{\mathbf{D}}} \times \underline{\mathbf{A}}\end{aligned}$$

$$\begin{aligned}(\underline{\mathbf{A}} \times \underline{\mathbf{B}})(\underline{\mathbf{C}} \times \underline{\mathbf{D}}) &= (\underline{\mathbf{A}} \times \underline{\mathbf{B}}) \cdot (\underline{\mathbf{C}} \times \underline{\mathbf{D}})\,\underline{\underline{\mathbf{I}}} + (\underline{\mathbf{A}} \cdot \underline{\mathbf{D}})\underline{\mathbf{C}}\,\underline{\mathbf{B}} + \\ &\quad + (\underline{\mathbf{B}} \cdot \underline{\mathbf{C}})\underline{\mathbf{D}}\,\underline{\mathbf{A}} - (\underline{\mathbf{A}} \cdot \underline{\mathbf{C}})\underline{\mathbf{D}}\,\underline{\mathbf{B}} - (\underline{\mathbf{B}} \cdot \underline{\mathbf{D}})\underline{\mathbf{C}}\,\underline{\mathbf{A}}\end{aligned}$$

$$\begin{aligned}(\underline{\mathbf{A}} \times \underline{\underline{\mathbf{I}}}) \cdot (\underline{\mathbf{B}} \times \underline{\underline{\mathbf{I}}}) &= \underline{\mathbf{A}} \times (\underline{\mathbf{B}} \times \underline{\underline{\mathbf{I}}}) \\ &= \underline{\mathbf{B}}\,\underline{\mathbf{A}} - (\underline{\mathbf{A}} \cdot \underline{\mathbf{B}})\,\underline{\underline{\mathbf{I}}}\end{aligned}$$

$$\underline{\mathbf{A}} \times (\underline{\mathbf{B}} \times \underline{\underline{\mathbf{D}}}) = \underline{\mathbf{B}}(\underline{\mathbf{A}} \cdot \underline{\underline{\mathbf{D}}}) - \underline{\underline{\mathbf{D}}}(\underline{\mathbf{A}} \cdot \underline{\mathbf{B}})$$

$$\begin{aligned}(\underline{\mathbf{A}} \times \underline{\underline{\mathbf{I}}})^2 &= \underline{\mathbf{A}}\,\underline{\mathbf{A}} - (\underline{\mathbf{A}} \cdot \underline{\mathbf{A}})\,\underline{\underline{\mathbf{I}}} \\ &= \underline{\mathbf{A}}\,\underline{\mathbf{A}} - A^2\,\underline{\underline{\mathbf{I}}}\end{aligned}$$

$$(\underline{\mathbf{A}} \times \underline{\mathbf{B}}) \times \underline{\underline{\mathbf{I}}} = \underline{\mathbf{B}}\,\underline{\mathbf{A}} - \underline{\mathbf{A}}\,\underline{\mathbf{B}}$$

$$\underline{\underline{\mathbf{D}}} \cdot (\underline{\mathbf{A}} \times \underline{\underline{\mathbf{I}}}) + (\underline{\mathbf{A}} \times \underline{\underline{\mathbf{I}}}) \cdot \underline{\underline{\mathbf{D}}}^{21} = (\underline{\mathbf{A}}\,\mathrm{spur}\,\underline{\underline{\mathbf{D}}} - \underline{\underline{\mathbf{D}}}^{21} \cdot \underline{\mathbf{A}}) \times \underline{\underline{\mathbf{I}}}$$

$$\underline{\underline{\mathbf{I}}} \overset{\times}{\times} \underline{\underline{\mathbf{D}}} = \underline{\underline{\mathbf{I}}}\,\mathrm{spur}\,\underline{\underline{\mathbf{D}}} - \underline{\underline{\mathbf{D}}}$$

$$\underline{\underline{\mathbf{D}}} \overset{\times}{\times} \underline{\underline{\mathbf{I}}} = (\underline{\underline{\mathbf{I}}} \overset{\times}{\times} \underline{\underline{\mathbf{D}}})^{21}$$

$$\underline{\underline{\mathbf{D}}} \overset{\cdot}{\times} \underline{\underline{\mathbf{I}}} = \langle \underline{\underline{\mathbf{D}}} \rangle$$

$$\underline{\underline{\mathbf{D}}} \overset{\times}{\times} \underline{\underline{\mathbf{E}}} = \underline{\underline{\mathbf{D}}} : (\underline{\underline{\underline{\boldsymbol{\varepsilon}}}}\,\underline{\underline{\underline{\boldsymbol{\varepsilon}}}})^{412536} : \underline{\underline{\mathbf{E}}}$$

A.2.3 Spuren

$$\begin{aligned}\mathrm{spur}\,\underline{\underline{\mathbf{A}}} &= A_{11} + A_{22} + A_{33} \\ &= A_{ii} \\ &= \underline{\underline{\mathbf{I}}} : \underline{\underline{\mathbf{A}}} = \underline{\underline{\mathbf{A}}} : \underline{\underline{\mathbf{I}}}\end{aligned}$$

$$\mathrm{spur}\,\underline{\underline{\mathbf{I}}} = 3$$

$$\mathrm{spur}\,(\underline{\mathbf{A}}\,\underline{\mathbf{B}}) = \underline{\mathbf{A}} \cdot \underline{\mathbf{B}}$$

$$\mathrm{spur}\,(\underline{\underline{\mathbf{A}}} + \underline{\underline{\mathbf{B}}}) = \mathrm{spur}\,\underline{\underline{\mathbf{A}}} + \mathrm{spur}\,\underline{\underline{\mathbf{B}}}$$

$$\mathrm{spur}\,(\underline{\underline{\mathbf{A}}} + \underline{\mathbf{C}}\,\underline{\mathbf{D}}) = \mathrm{spur}\,\underline{\underline{\mathbf{A}}} + \underline{\mathbf{C}} \cdot \underline{\mathbf{D}}$$

$$\mathrm{spur}\,(\underline{\underline{\mathbf{A}}} \pm \alpha\underline{\underline{\mathbf{I}}}) = \mathrm{spur}\,\underline{\underline{\mathbf{A}}} \pm 3\alpha$$

$$\mathrm{spur}\,(\alpha\underline{\underline{\mathbf{I}}} + \underline{\mathbf{C}}\,\underline{\mathbf{D}}) = 3\alpha + \underline{\mathbf{C}} \cdot \underline{\mathbf{D}}$$

$$\mathrm{spur}\,(\alpha\underline{\underline{\mathbf{I}}} + \underline{\mathbf{A}}_1\underline{\mathbf{C}}_1 + \underline{\mathbf{A}}_2\underline{\mathbf{C}}_2) = 3\alpha + \underline{\mathbf{A}}_1 \cdot \underline{\mathbf{C}}_1 + \underline{\mathbf{A}}_2 \cdot \underline{\mathbf{C}}_2$$

$$\mathrm{spur}\,\alpha\underline{\underline{\mathbf{A}}} = \alpha\,\mathrm{spur}\,\underline{\underline{\mathbf{A}}}$$

$$\mathrm{spur}\,\underline{\underline{\mathbf{A}}}^{21} = \mathrm{spur}\,\underline{\underline{\mathbf{A}}}$$

$$\mathrm{spur}\,(\underline{\underline{\mathbf{A}}} \cdot \underline{\underline{\mathbf{B}}}) = \mathrm{spur}\,(\underline{\underline{\mathbf{B}}} \cdot \underline{\underline{\mathbf{A}}})$$

$$\mathrm{spur}\,(\underline{\mathbf{A}}\,\underline{\mathbf{B}} \cdot \underline{\underline{\mathbf{D}}}) = \underline{\mathbf{B}} \cdot \underline{\underline{\mathbf{D}}} \cdot \underline{\mathbf{A}}$$

$$\mathrm{spur}\,(\alpha\underline{\underline{\mathbf{I}}} + \underline{\mathbf{A}}\,\underline{\mathbf{B}} \cdot \underline{\underline{\mathbf{D}}}) = 3\alpha + \underline{\mathbf{B}} \cdot \underline{\underline{\mathbf{D}}} \cdot \underline{\mathbf{A}}$$

$$\begin{aligned}\mathrm{spur}\,(\underline{\underline{\mathbf{A}}} \cdot \underline{\underline{\mathbf{B}}} \cdot \underline{\underline{\mathbf{C}}}) &= \mathrm{spur}\,(\underline{\underline{\mathbf{B}}} \cdot \underline{\underline{\mathbf{C}}} \cdot \underline{\underline{\mathbf{A}}}) \\ &= \mathrm{spur}\,(\underline{\underline{\mathbf{C}}} \cdot \underline{\underline{\mathbf{A}}} \cdot \underline{\underline{\mathbf{B}}})\end{aligned}$$

$$\mathrm{spur}\,(\underline{\mathbf{A}} \times \underline{\underline{\mathbf{I}}}) = 0$$

$$\mathrm{spur}\,(\underline{\underline{\mathbf{D}}} + \underline{\mathbf{A}} \times \underline{\underline{\mathbf{I}}}) = \mathrm{spur}\,\underline{\underline{\mathbf{D}}}$$

$$\mathrm{spur}\,(\underline{\mathbf{A}}\,\underline{\mathbf{B}} + \underline{\mathbf{C}} \times \underline{\underline{\mathbf{I}}}) = \underline{\mathbf{A}} \cdot \underline{\mathbf{B}}$$

$$\text{spur}\,(\alpha\underline{\underline{\mathbf{I}}} + \underline{\mathbf{A}}\,\underline{\mathbf{B}} + \underline{\mathbf{C}} \times \underline{\underline{\mathbf{I}}}) = 3\alpha + \underline{\mathbf{A}} \cdot \underline{\mathbf{B}}$$

$$\text{spur}\,[(\underline{\mathbf{A}} \times \underline{\underline{\mathbf{I}}}) \cdot (\underline{\mathbf{B}} \times \underline{\underline{\mathbf{I}}})] = -2\underline{\mathbf{A}} \cdot \underline{\mathbf{B}}$$

$$\text{spur}\,(\underline{\mathbf{A}} \times \underline{\underline{\mathbf{I}}})^2 = -2A^2$$

$$\text{spur adj}\,\underline{\underline{\mathbf{A}}} = \frac{1}{2}(\text{spur}^2\,\underline{\underline{\mathbf{A}}} - \text{spur}\,\underline{\underline{\mathbf{A}}}^2)$$

$$\text{spur adj}\,(\underline{\underline{\mathbf{A}}} + \underline{\underline{\mathbf{B}}}) = \text{spur adj}\,\underline{\underline{\mathbf{A}}} + \text{spur adj}\,\underline{\underline{\mathbf{B}}} - \text{spur}\,(\underline{\underline{\mathbf{A}}} \cdot \underline{\underline{\mathbf{B}}}) + \text{spur}\,\underline{\underline{\mathbf{A}}}\,\text{spur}\,\underline{\underline{\mathbf{B}}}$$

$$\text{spur adj}\,(\underline{\underline{\mathbf{A}}} \pm \alpha\underline{\underline{\mathbf{I}}}) = 3\alpha^2 \pm 2\alpha\,\text{spur}\,\underline{\underline{\mathbf{A}}} + \text{spur adj}\,\underline{\underline{\mathbf{A}}}$$

$$\text{spur adj}\,(\underline{\underline{\mathbf{A}}} + \underline{\mathbf{C}}\,\underline{\mathbf{D}}) = \text{spur adj}\,\underline{\underline{\mathbf{A}}} + (\underline{\mathbf{C}} \cdot \underline{\mathbf{D}})\,\text{spur}\,\underline{\underline{\mathbf{A}}} - \underline{\mathbf{D}} \cdot \underline{\underline{\mathbf{A}}} \cdot \underline{\mathbf{C}}$$

$$\text{spur adj}\,(\alpha\underline{\underline{\mathbf{I}}} + \underline{\mathbf{C}}\,\underline{\mathbf{D}}) = \alpha(3\alpha + 2\underline{\mathbf{C}} \cdot \underline{\mathbf{D}})$$

$$\text{spur adj}\,(\alpha\underline{\underline{\mathbf{I}}} + \underline{\mathbf{A}}_1\underline{\mathbf{C}}_1 + \underline{\mathbf{A}}_2\underline{\mathbf{C}}_2) = \alpha[3\alpha + 2(\underline{\mathbf{A}}_1 \cdot \underline{\mathbf{C}}_1 + \underline{\mathbf{A}}_2 \cdot \underline{\mathbf{C}}_2)] + (\underline{\mathbf{C}}_1 \times \underline{\mathbf{C}}_2) \cdot (\underline{\mathbf{A}}_1 \times \underline{\mathbf{A}}_2)$$

$$\text{spur adj}\,(\alpha\underline{\underline{\mathbf{I}}} + \underline{\mathbf{A}}\,\underline{\mathbf{B}} \cdot \underline{\underline{\mathbf{D}}}) = \alpha(3\alpha + 2\underline{\mathbf{B}} \cdot \underline{\underline{\mathbf{D}}} \cdot \underline{\mathbf{A}})$$

$$\begin{aligned}\text{spur adj}\,(\underline{\underline{\mathbf{D}}} + \underline{\mathbf{A}} \times \underline{\underline{\mathbf{I}}}) &= \text{spur adj}\,\underline{\underline{\mathbf{D}}} + A^2 - \text{spur}\,[\underline{\underline{\mathbf{D}}} \cdot (\underline{\mathbf{A}} \times \underline{\underline{\mathbf{I}}})] \\ &= \text{spur adj}\,\underline{\underline{\mathbf{D}}} + A^2 \quad \text{, wenn } \underline{\underline{\mathbf{D}}} \text{ symmetrisch}\end{aligned}$$

$$\text{spur adj}\,(\alpha\underline{\underline{\mathbf{I}}} + \underline{\mathbf{A}} \times \underline{\underline{\mathbf{I}}}) = 3\alpha^2 + A^2$$

$$\text{spur adj}\,(\underline{\mathbf{A}}\,\underline{\mathbf{B}} + \underline{\mathbf{C}} \times \underline{\underline{\mathbf{I}}}) = C^2 - \underline{\mathbf{C}} \cdot (\underline{\mathbf{A}} \times \underline{\mathbf{B}})$$

$$\text{spur adj}\,(\alpha\underline{\underline{\mathbf{I}}} + \underline{\mathbf{A}}\,\underline{\mathbf{B}} + \underline{\mathbf{C}} \times \underline{\underline{\mathbf{I}}}) = 3\alpha^2 + 2\alpha(\underline{\mathbf{A}} \cdot \underline{\mathbf{B}}) + C^2 - \underline{\mathbf{C}} \cdot (\underline{\mathbf{A}} \times \underline{\mathbf{B}})$$

A.2.4 Determinanten

$$\begin{aligned}\det \underline{\underline{\mathbf{D}}} &= \begin{vmatrix} D_{11} & D_{12} & D_{13} \\ D_{21} & D_{22} & D_{23} \\ D_{31} & D_{32} & D_{33} \end{vmatrix} \\ &= D_{11}D_{22}D_{33} + D_{12}D_{23}D_{31} + D_{21}D_{32}D_{13} - \\ &\quad - D_{13}D_{22}D_{31} - D_{12}D_{21}D_{33} - D_{11}D_{32}D_{23} \\ &= \begin{vmatrix} \underline{\mathbf{D}}_1 \\ \underline{\mathbf{D}}_2 \\ \underline{\mathbf{D}}_3 \end{vmatrix} \\ &= \underline{\underline{\underline{\boldsymbol{\varepsilon}}}} \,\vdots\, \underline{\mathbf{D}}_3\underline{\mathbf{D}}_2\underline{\mathbf{D}}_1 \\ &= \left|\underline{\mathbf{D}}^1\,\underline{\mathbf{D}}^2\,\underline{\mathbf{D}}^3\right| \\ &= \underline{\underline{\underline{\boldsymbol{\varepsilon}}}} \,\vdots\, \underline{\mathbf{D}}^3\underline{\mathbf{D}}^2\underline{\mathbf{D}}^1\end{aligned}$$

mit den Zeilenvektoren $\underline{\mathbf{D}}_i$ und den Spaltenvektoren $\underline{\mathbf{D}}^i$ von $\underline{\underline{\mathbf{D}}}$

$$\det\,(\underline{\mathbf{A}} \times \underline{\underline{\mathbf{I}}}) = 0$$

$$\det\,(\underline{\underline{\mathbf{A}}} \cdot \underline{\underline{\mathbf{B}}}) = \det \underline{\underline{\mathbf{A}}} \det \underline{\underline{\mathbf{B}}}$$

$$\det \underline{\underline{\mathbf{A}}}^{21} = \det \underline{\underline{\mathbf{A}}}$$

$$\det \underline{\underline{\mathbf{A}}}^{-1} = \frac{1}{\det \underline{\underline{\mathbf{A}}}}$$

$$\det (\alpha\, \underline{\underline{\mathbf{A}}}) = \alpha^3 \det \underline{\underline{\mathbf{A}}}$$

$$\det \operatorname{adj} \underline{\underline{\mathbf{A}}} = \det{}^2 \underline{\underline{\mathbf{A}}}$$

$$\det \underline{\underline{\mathbf{A}}} = \frac{1}{6}\left[\operatorname{spur}^3 \underline{\underline{\mathbf{A}}} - 3 \operatorname{spur} \underline{\underline{\mathbf{A}}} \operatorname{spur} \underline{\underline{\mathbf{A}}}^2 + 2 \operatorname{spur} \underline{\underline{\mathbf{A}}}^3\right]$$

$$\det (\underline{\underline{\mathbf{A}}} + \underline{\underline{\mathbf{B}}}) = \det \underline{\underline{\mathbf{A}}} + \det \underline{\underline{\mathbf{B}}} + \operatorname{spur} (\operatorname{adj} \underline{\underline{\mathbf{A}}} \cdot \underline{\underline{\mathbf{B}}}) + \operatorname{spur} (\underline{\underline{\mathbf{A}}} \cdot \operatorname{adj} \underline{\underline{\mathbf{B}}})$$

$$\det (\underline{\mathbf{A}}\,\underline{\mathbf{B}}) = 0$$

$$\det (\underline{\mathbf{A}}_1 \underline{\mathbf{C}}_1 + \underline{\mathbf{A}}_2 \underline{\mathbf{C}}_2) = 0$$

$$\det (\underline{\mathbf{A}}_1 \underline{\mathbf{C}}_1 + \underline{\mathbf{A}}_2 \underline{\mathbf{C}}_2 + \underline{\mathbf{A}}_3 \underline{\mathbf{C}}_3) = (\underline{\mathbf{A}}_1 \cdot \underline{\mathbf{A}}_2 \times \underline{\mathbf{A}}_3)(\underline{\mathbf{C}}_1 \cdot \underline{\mathbf{C}}_2 \times \underline{\mathbf{C}}_3)$$

$$\det (\underline{\underline{\mathbf{A}}} \pm \alpha \underline{\underline{\mathbf{I}}}) = \pm \alpha^3 + \alpha^2 \operatorname{spur} \underline{\underline{\mathbf{A}}} \pm \alpha \operatorname{spur} \operatorname{adj} \underline{\underline{\mathbf{A}}} + \det \underline{\underline{\mathbf{A}}}$$

$$\det (\underline{\underline{\mathbf{A}}} + \underline{\mathbf{C}}\,\underline{\mathbf{D}}) = \det \underline{\underline{\mathbf{A}}} + \underline{\mathbf{D}} \cdot (\operatorname{adj} \underline{\underline{\mathbf{A}}}) \cdot \underline{\mathbf{C}}$$

$$\det (\alpha \underline{\underline{\mathbf{I}}} + \underline{\mathbf{C}}\,\underline{\mathbf{D}}) = \alpha^2 (\alpha + \underline{\mathbf{C}} \cdot \underline{\mathbf{D}})$$

$$\det (\alpha \underline{\underline{\mathbf{I}}} + \underline{\mathbf{A}}\,\underline{\mathbf{B}} \cdot \underline{\underline{\mathbf{D}}}) = \alpha^2 (\alpha + \underline{\mathbf{B}} \cdot \underline{\underline{\mathbf{D}}} \cdot \underline{\mathbf{A}})$$

$$\det (\alpha \underline{\underline{\mathbf{I}}} + \underline{\mathbf{A}}_1 \underline{\mathbf{C}}_1 + \underline{\mathbf{A}}_2 \underline{\mathbf{C}}_2) = \alpha[\alpha^2 + \alpha(\underline{\mathbf{A}}_1 \cdot \underline{\mathbf{C}}_1 + \underline{\mathbf{A}}_2 \cdot \underline{\mathbf{C}}_2) + (\underline{\mathbf{C}}_1 \times \underline{\mathbf{C}}_2) \cdot (\underline{\mathbf{A}}_1 \times \underline{\mathbf{A}}_2)]$$

$$\begin{aligned} \det (\underline{\underline{\mathbf{D}}} + \underline{\mathbf{A}} \times \underline{\underline{\mathbf{I}}}) &= \det \underline{\underline{\mathbf{D}}} + \operatorname{spur} [\operatorname{adj} \underline{\underline{\mathbf{D}}} \cdot (\underline{\mathbf{A}} \times \underline{\underline{\mathbf{I}}})] + \underline{\mathbf{A}} \cdot \underline{\underline{\mathbf{D}}} \cdot \underline{\mathbf{A}} \\ &= \det \underline{\underline{\mathbf{D}}} + \underline{\mathbf{A}} \cdot \underline{\underline{\mathbf{D}}} \cdot \underline{\mathbf{A}} \quad \text{, wenn } \underline{\underline{\mathbf{D}}} \text{ symmetrisch} \end{aligned}$$

$$\det (\alpha \underline{\underline{\mathbf{I}}} + \underline{\mathbf{A}} \times \underline{\underline{\mathbf{I}}}) = \alpha(\alpha^2 + A^2)$$

$$\det (\underline{\mathbf{A}}\,\underline{\mathbf{B}} + \underline{\mathbf{C}} \times \underline{\underline{\mathbf{I}}}) = (\underline{\mathbf{A}} \cdot \underline{\mathbf{C}})(\underline{\mathbf{B}} \cdot \underline{\mathbf{C}})$$

$$\det (\alpha \underline{\underline{\mathbf{I}}} + \underline{\mathbf{A}}\,\underline{\mathbf{B}} + \underline{\mathbf{C}} \times \underline{\underline{\mathbf{I}}}) = \alpha^3 + \alpha^2 \underline{\mathbf{A}} \cdot \underline{\mathbf{B}} + \alpha(C^2 - \underline{\mathbf{A}} \times \underline{\mathbf{B}} \cdot \underline{\mathbf{C}}) + (\underline{\mathbf{A}} \cdot \underline{\mathbf{C}})(\underline{\mathbf{B}} \cdot \underline{\mathbf{C}})$$

A.2.5 Adjungierte und Inverse

$$\operatorname{adj} \underline{\underline{\mathbf{D}}} = \frac{1}{2} \underline{\underline{\underline{\boldsymbol{\varepsilon}}}} : (\underline{\underline{\mathbf{D}}}\,\underline{\underline{\mathbf{D}}})^{4231} : \underline{\underline{\underline{\boldsymbol{\varepsilon}}}}$$

$$\begin{aligned} (\operatorname{adj} \underline{\underline{\mathbf{D}}})_{nk} &= \underline{\mathbf{e}}_{x_n} \cdot \operatorname{adj} \underline{\underline{\mathbf{D}}} \cdot \underline{\mathbf{e}}_{x_k} \\ &= \frac{1}{2} \varepsilon_{ijk} \varepsilon_{lmn} D_{il} D_{jm} \end{aligned}$$

$$\operatorname{adj} \underline{\underline{\mathbf{D}}} = \begin{pmatrix} D_{22}D_{33} - D_{23}D_{32} & D_{32}D_{13} - D_{33}D_{12} & D_{12}D_{23} - D_{13}D_{22} \\ D_{31}D_{23} - D_{21}D_{33} & D_{11}D_{33} - D_{13}D_{31} & D_{13}D_{21} - D_{11}D_{23} \\ D_{21}D_{32} - D_{31}D_{22} & D_{12}D_{31} - D_{11}D_{32} & D_{11}D_{22} - D_{12}D_{21} \end{pmatrix}$$

$$\operatorname{adj} (\underline{\mathbf{A}}\,\underline{\mathbf{B}}) = \underline{\underline{\mathbf{0}}}$$

$$\operatorname{adj} (\underline{\mathbf{A}} \times \underline{\underline{\mathbf{I}}}) = \underline{\mathbf{A}}\,\underline{\mathbf{A}}$$

$$\operatorname{adj} (\underline{\underline{\mathbf{A}}} \cdot \underline{\underline{\mathbf{B}}}) = \operatorname{adj} \underline{\underline{\mathbf{B}}} \cdot \operatorname{adj} \underline{\underline{\mathbf{A}}}$$

$$\operatorname{adj} \underline{\underline{\mathbf{A}}}^{21} = (\operatorname{adj} \underline{\underline{\mathbf{A}}})^{21}$$

$$\operatorname{adj}\underline{\underline{\mathbf{A}}}^{-1} = (\operatorname{adj}\underline{\underline{\mathbf{A}}})^{-1} = \frac{\underline{\underline{\mathbf{A}}}}{\det\underline{\underline{\mathbf{A}}}}$$

$$\operatorname{adj}(\alpha\,\underline{\underline{\mathbf{A}}}) = \alpha^2 \operatorname{adj}\underline{\underline{\mathbf{A}}}$$

$$\operatorname{adj}(\alpha\,\underline{\underline{\mathbf{I}}}) = \alpha^2\underline{\underline{\mathbf{I}}}$$

$$\operatorname{adj}\operatorname{adj}\underline{\underline{\mathbf{A}}} = \underline{\underline{\mathbf{A}}}\det\underline{\underline{\mathbf{A}}}$$

$$\begin{aligned}\operatorname{adj}\underline{\underline{\mathbf{A}}} &= \underline{\underline{\mathbf{A}}}^2 - \underline{\underline{\mathbf{A}}}\operatorname{spur}\underline{\underline{\mathbf{A}}} + \frac{1}{2}\left[\operatorname{spur}^2\underline{\underline{\mathbf{A}}} - \operatorname{spur}\underline{\underline{\mathbf{A}}}^2\right]\underline{\underline{\mathbf{I}}} \\ &= \underline{\underline{\mathbf{A}}}^2 - \underline{\underline{\mathbf{A}}}\operatorname{spur}\underline{\underline{\mathbf{A}}} + \underline{\underline{\mathbf{I}}}\operatorname{spur}\operatorname{adj}\underline{\underline{\mathbf{A}}}\end{aligned}$$

$$\begin{aligned}\underline{\underline{\mathbf{A}}}\cdot\operatorname{adj}\underline{\underline{\mathbf{A}}} &= (\operatorname{adj}\underline{\underline{\mathbf{A}}})\cdot\underline{\underline{\mathbf{A}}} \\ &= \underline{\underline{\mathbf{I}}}\det\underline{\underline{\mathbf{A}}}\end{aligned}$$

$$\begin{aligned}\operatorname{adj}\underline{\underline{\mathbf{A}}}\cdot(\underline{\mathbf{B}}\times\underline{\mathbf{C}}) &= (\underline{\underline{\mathbf{A}}}^{21}\cdot\underline{\mathbf{B}})\times(\underline{\underline{\mathbf{A}}}^{21}\times\underline{\mathbf{C}}) \\ &= (\underline{\mathbf{B}}\cdot\underline{\underline{\mathbf{A}}})\times(\underline{\mathbf{C}}\cdot\underline{\underline{\mathbf{A}}})\end{aligned}$$

$$(\underline{\mathbf{B}}\times\underline{\underline{\mathbf{I}}})\cdot\operatorname{adj}\underline{\underline{\mathbf{A}}}\cdot(\underline{\mathbf{C}}\times\underline{\underline{\mathbf{I}}}) = \underline{\underline{\mathbf{A}}}^{21}\cdot\underline{\mathbf{C}}\,\underline{\mathbf{B}}\cdot\underline{\underline{\mathbf{A}}}^{21} - (\underline{\mathbf{C}}\cdot\underline{\underline{\mathbf{A}}}\cdot\underline{\mathbf{B}})\underline{\underline{\mathbf{A}}}^{21}$$

$$\begin{aligned}\operatorname{adj}(\underline{\underline{\mathbf{A}}}+\underline{\underline{\mathbf{B}}}) = {} & \operatorname{adj}\underline{\underline{\mathbf{A}}} + \operatorname{adj}\underline{\underline{\mathbf{B}}} + \underline{\underline{\mathbf{A}}}\cdot\underline{\underline{\mathbf{B}}} + \underline{\underline{\mathbf{B}}}\cdot\underline{\underline{\mathbf{A}}} - \\ & -\underline{\underline{\mathbf{B}}}\operatorname{spur}\underline{\underline{\mathbf{A}}} - \underline{\underline{\mathbf{A}}}\operatorname{spur}\underline{\underline{\mathbf{B}}} + \underline{\underline{\mathbf{I}}}\operatorname{spur}\underline{\underline{\mathbf{A}}}\operatorname{spur}\underline{\underline{\mathbf{B}}} - \underline{\underline{\mathbf{I}}}\operatorname{spur}(\underline{\underline{\mathbf{A}}}\cdot\underline{\underline{\mathbf{B}}})\end{aligned}$$

$$\operatorname{adj}(\underline{\mathbf{A}}_1\underline{\mathbf{C}}_1 + \underline{\mathbf{A}}_2\underline{\mathbf{C}}_2) = (\underline{\mathbf{C}}_1\times\underline{\mathbf{C}}_2)(\underline{\mathbf{A}}_1\times\underline{\mathbf{A}}_2)$$

$$\begin{aligned}\operatorname{adj}(\underline{\mathbf{A}}_1\underline{\mathbf{C}}_1 + \underline{\mathbf{A}}_2\underline{\mathbf{C}}_2 + \underline{\mathbf{A}}_3\underline{\mathbf{C}}_3) = {} & (\underline{\mathbf{C}}_2\times\underline{\mathbf{C}}_3)(\underline{\mathbf{A}}_2\times\underline{\mathbf{A}}_3) + (\underline{\mathbf{C}}_3\times\underline{\mathbf{C}}_1)(\underline{\mathbf{A}}_3\times\underline{\mathbf{A}}_1) + \\ & +(\underline{\mathbf{C}}_1\times\underline{\mathbf{C}}_2)(\underline{\mathbf{A}}_1\times\underline{\mathbf{A}}_2)\end{aligned}$$

$$\operatorname{adj}(\underline{\underline{\mathbf{A}}}\pm\alpha\underline{\underline{\mathbf{I}}}) = \alpha^2\underline{\underline{\mathbf{I}}} \pm \alpha(\underline{\underline{\mathbf{I}}}\operatorname{spur}\underline{\underline{\mathbf{A}}} - \underline{\underline{\mathbf{A}}}) + \operatorname{adj}\underline{\underline{\mathbf{A}}}$$

$$\begin{aligned}\operatorname{adj}(\underline{\underline{\mathbf{A}}} + \underline{\mathbf{C}}\,\underline{\mathbf{D}}) &= \operatorname{adj}\underline{\underline{\mathbf{A}}} + (\underline{\underline{\mathbf{A}}} - \underline{\underline{\mathbf{I}}}\operatorname{spur}\mathbf{A})\cdot(\underline{\mathbf{D}}\times\underline{\underline{\mathbf{I}}})\cdot(\underline{\mathbf{C}}\times\underline{\underline{\mathbf{I}}}) + [(\underline{\mathbf{D}}\cdot\mathbf{A})\times\underline{\underline{\mathbf{I}}}]\cdot(\underline{\mathbf{C}}\times\underline{\underline{\mathbf{I}}}) \\ &= \operatorname{adj}\underline{\underline{\mathbf{A}}} - (\underline{\mathbf{D}}\times\underline{\underline{\mathbf{I}}})\cdot\underline{\underline{\mathbf{A}}}^{21}\cdot(\underline{\mathbf{C}}\times\underline{\underline{\mathbf{I}}})\end{aligned}$$

$$\operatorname{adj}(\alpha\underline{\underline{\mathbf{I}}} + \underline{\mathbf{C}}\,\underline{\mathbf{D}}) = \alpha[(\alpha + \underline{\mathbf{C}}\cdot\underline{\mathbf{D}})\underline{\underline{\mathbf{I}}} - \underline{\mathbf{C}}\,\underline{\mathbf{D}}]$$

$$\operatorname{adj}(\alpha\underline{\underline{\mathbf{I}}} + \underline{\mathbf{A}}\,\underline{\mathbf{B}}\cdot\underline{\underline{\mathbf{D}}}) = \alpha[(\alpha + \underline{\mathbf{B}}\cdot\underline{\underline{\mathbf{D}}}\cdot\underline{\mathbf{A}})\underline{\underline{\mathbf{I}}} - \underline{\mathbf{A}}\,\underline{\mathbf{B}}\cdot\underline{\underline{\mathbf{D}}}]$$

$$\begin{aligned}\operatorname{adj}(\alpha\underline{\underline{\mathbf{I}}} + \underline{\mathbf{A}}_1\underline{\mathbf{C}}_1 + \underline{\mathbf{A}}_2\underline{\mathbf{C}}_2) = {} & \alpha[(\alpha + \underline{\mathbf{A}}_1\cdot\underline{\mathbf{C}}_1 + \underline{\mathbf{A}}_2\cdot\underline{\mathbf{C}}_2)\underline{\underline{\mathbf{I}}} - \underline{\mathbf{A}}_1\underline{\mathbf{C}}_1 - \underline{\mathbf{A}}_2\underline{\mathbf{C}}_2] + \\ & (\underline{\mathbf{C}}_1\times\underline{\mathbf{C}}_2)(\underline{\mathbf{A}}_1\times\underline{\mathbf{A}}_2)\end{aligned}$$

$$\begin{aligned}\operatorname{adj}(\underline{\underline{\mathbf{D}}} + \underline{\mathbf{A}}\times\underline{\underline{\mathbf{I}}}) &= \operatorname{adj}\underline{\underline{\mathbf{D}}} + \underline{\mathbf{A}}\,\underline{\mathbf{A}} + (\underline{\underline{\mathbf{D}}} - \underline{\underline{\mathbf{I}}}\operatorname{spur}\underline{\underline{\mathbf{D}}})\cdot(\underline{\mathbf{A}}\times\underline{\underline{\mathbf{I}}}) + (\underline{\mathbf{A}}\times\underline{\underline{\mathbf{I}}})\cdot\underline{\underline{\mathbf{D}}} + \\ &\quad +\underline{\underline{\mathbf{I}}}\operatorname{spur}[\underline{\underline{\mathbf{D}}}\cdot(\underline{\mathbf{A}}\times\underline{\underline{\mathbf{I}}})] \\ &= \operatorname{adj}\underline{\underline{\mathbf{D}}} + \underline{\mathbf{A}}\,\underline{\mathbf{A}} - (\underline{\underline{\mathbf{D}}}\cdot\underline{\mathbf{A}})\times\underline{\underline{\mathbf{I}}} \quad \text{, wenn } \underline{\underline{\mathbf{D}}} \text{ symmetrisch}\end{aligned}$$

$$\operatorname{adj}(\alpha\underline{\underline{\mathbf{I}}} + \underline{\mathbf{A}}\times\underline{\underline{\mathbf{I}}}) = \alpha(\alpha\underline{\underline{\mathbf{I}}} - \underline{\mathbf{A}}\times\underline{\underline{\mathbf{I}}}) + \underline{\mathbf{A}}\,\underline{\mathbf{A}}$$

$$\operatorname{adj}(\underline{\mathbf{A}}\,\underline{\mathbf{B}} + \underline{\mathbf{C}}\times\underline{\underline{\mathbf{I}}}) = \underline{\mathbf{C}}\,\underline{\mathbf{C}} - (\underline{\mathbf{B}}\cdot\underline{\mathbf{C}})(\underline{\mathbf{A}}\times\underline{\underline{\mathbf{I}}}) - \underline{\mathbf{C}}(\underline{\mathbf{A}}\times\underline{\mathbf{B}})$$

$$\mathrm{adj}\,(\alpha\underline{\underline{\mathbf{I}}} + \underline{\mathbf{A}}\,\underline{\mathbf{B}} + \underline{\mathbf{C}} \times \underline{\underline{\mathbf{I}}}) = \alpha^2\underline{\underline{\mathbf{I}}} - \alpha[\underline{\mathbf{A}}\,\underline{\mathbf{B}} - (\underline{\mathbf{A}} \cdot \underline{\mathbf{B}})\underline{\underline{\mathbf{I}}} + \underline{\mathbf{C}} \times \underline{\underline{\mathbf{I}}}] + \underline{\mathbf{A}}\,\underline{\mathbf{A}} - \\ -(\underline{\mathbf{B}} \cdot \underline{\mathbf{C}})(\underline{\mathbf{A}} \times \underline{\underline{\mathbf{I}}}) - \underline{\mathbf{C}}(\underline{\mathbf{A}} \times \underline{\mathbf{B}})$$

$$\underline{\underline{\mathbf{A}}}^{-1} = \frac{\mathrm{adj}\,\underline{\underline{\mathbf{A}}}}{\det \underline{\underline{\mathbf{A}}}}$$

$$(\alpha\,\underline{\underline{\mathbf{A}}})^{-1} = \frac{1}{\alpha}\underline{\underline{\mathbf{A}}}^{-1}$$

$$(\underline{\underline{\mathbf{A}}}^{-1})^{-1} = \underline{\underline{\mathbf{A}}}$$

$$(\underline{\underline{\mathbf{A}}} \cdot \underline{\underline{\mathbf{B}}})^{-1} = \underline{\underline{\mathbf{B}}}^{-1} \cdot \underline{\underline{\mathbf{A}}}^{-1}$$

$$(\underline{\underline{\mathbf{A}}}^{-1})^{21} = (\underline{\underline{\mathbf{A}}}^{21})^{-1}$$

A.3 Koordinatensysteme

A.3.1 Kartesische Koordinaten

$$x, y, z \text{ oder } x_i\,,\ i = 1,2,3$$

mit dem orthonormierten Dreibein $\underline{\mathbf{e}}_x, \underline{\mathbf{e}}_y, \underline{\mathbf{e}}_z$ oder $\underline{\mathbf{e}}_{x_i}$, $i = 1,2,3$

$$\begin{aligned} \underline{\mathbf{R}} &= x\underline{\mathbf{e}}_x + y\underline{\mathbf{e}}_y + z\underline{\mathbf{e}}_z \\ &= x_i\underline{\mathbf{e}}_{x_i} \text{ (Summenkonvention)} \end{aligned}$$

$$|\underline{\mathbf{R}} - \underline{\mathbf{R}}'| = \sqrt{(x-x')^2 + (y-y')^2 + (z-z')^2}$$

Vektorkomponenten: $A_{x_i} = \underline{\mathbf{A}} \cdot \underline{\mathbf{e}}_{x_i}$, $i = 1,2,3$

$$\begin{aligned} \underline{\mathbf{A}} &= A_x\underline{\mathbf{e}}_x + A_y\underline{\mathbf{e}}_y + A_z\underline{\mathbf{e}}_z \\ &= \sum_{i=1}^{3} A_{x_i}\underline{\mathbf{e}}_{x_i} \\ &= A_{x_i}\underline{\mathbf{e}}_{x_i} \text{ (Summenkonvention)} \\ &= A_i\underline{\mathbf{e}}_{x_i} \end{aligned}$$

$$\begin{aligned} \text{Tensorkomponenten: } D_{x_ix_j} &= \underline{\mathbf{e}}_{x_i} \cdot \underline{\underline{\mathbf{D}}} \cdot \underline{\mathbf{e}}_{x_j} \\ &= \underline{\underline{\mathbf{D}}} : \underline{\mathbf{e}}_{x_j}\underline{\mathbf{e}}_{x_i}\,,\ i,j = 1,2,3 \end{aligned}$$

$$\begin{aligned} \underline{\underline{\mathbf{D}}} = & D_{xx}\underline{\mathbf{e}}_x\underline{\mathbf{e}}_x + D_{xy}\underline{\mathbf{e}}_x\underline{\mathbf{e}}_y + D_{xz}\underline{\mathbf{e}}_x\underline{\mathbf{e}}_z + \\ & + D_{yx}\underline{\mathbf{e}}_y\underline{\mathbf{e}}_x + D_{yy}\underline{\mathbf{e}}_y\underline{\mathbf{e}}_y + D_{yz}\underline{\mathbf{e}}_y\underline{\mathbf{e}}_z + \\ & + D_{zx}\underline{\mathbf{e}}_z\underline{\mathbf{e}}_x + D_{zy}\underline{\mathbf{e}}_z\underline{\mathbf{e}}_y + D_{zz}\underline{\mathbf{e}}_z\underline{\mathbf{e}}_z \\ = & \sum_{i=1}^{3}\sum_{j=1}^{3} D_{x_ix_j}\underline{\mathbf{e}}_{x_i}\underline{\mathbf{e}}_{x_j} \\ = & D_{x_i}D_{x_j}\underline{\mathbf{e}}_{x_i}\underline{\mathbf{e}}_{x_j} \text{ (Summenkonvention)} \\ = & D_{ij}\underline{\mathbf{e}}_{x_i}\underline{\mathbf{e}}_{x_j} \end{aligned}$$

$$= \underline{\mathbf{e}}_x \underline{\mathbf{D}}_x + \underline{\mathbf{e}}_y \underline{\mathbf{D}}_y + \underline{\mathbf{e}}_z \underline{\mathbf{D}}_z$$
$$= \underline{\mathbf{D}}^x \underline{\mathbf{e}}_x + \underline{\mathbf{D}}^y \underline{\mathbf{e}}_y + \underline{\mathbf{D}}^z \underline{\mathbf{e}}_z$$

mit Zeilenvektoren $\underline{\mathbf{D}}_{x_i}$ und Spaltenvektoren $\underline{\mathbf{D}}^{x_j}$ von $\underline{\underline{\mathbf{D}}}$, also z.B.

$$\underline{\mathbf{D}}_x = D_{xx}\underline{\mathbf{e}}_x + D_{xy}\underline{\mathbf{e}}_y + D_{xz}\underline{\mathbf{e}}_z$$
$$\underline{\mathbf{D}}^x = D_{xx}\underline{\mathbf{e}}_x + D_{yx}\underline{\mathbf{e}}_y + D_{zx}\underline{\mathbf{e}}_z$$

$$\text{spur}\,\underline{\underline{\mathbf{D}}} = D_{xx} + D_{yy} + D_{zz}$$

$$\text{Skalarprodukt: } \underline{\mathbf{A}} \cdot \underline{\mathbf{B}} = A_x B_x + A_y B_y + A_z B_z = A_i B_i$$

$$\mathrm{d}s^2 = \mathrm{d}x^2 + \mathrm{d}y^2 + \mathrm{d}z^2$$

$$\begin{aligned} \text{Vektorprodukt: } \underline{\mathbf{A}} \times \underline{\mathbf{B}} &= (A_y B_z - A_z B_y)\underline{\mathbf{e}}_x + (A_z B_x - A_x B_z)\underline{\mathbf{e}}_y + (A_x B_y - A_y B_x)\underline{\mathbf{e}}_z \\ &= \varepsilon_{ijk} A_j B_k \underline{\mathbf{e}}_{x_i} \\ &= \underline{\underline{\underline{\boldsymbol{\varepsilon}}}} : \underline{\mathbf{B}}\,\underline{\mathbf{A}} \\ &= -\underline{\mathbf{A}} \cdot \underline{\underline{\underline{\boldsymbol{\varepsilon}}}} \cdot \underline{\mathbf{B}} \\ &= \langle \underline{\mathbf{A}}\,\underline{\mathbf{B}} \rangle \end{aligned}$$

$$\begin{aligned} \langle \underline{\underline{\mathbf{D}}} \rangle &= \underline{\underline{\underline{\boldsymbol{\varepsilon}}}} : \underline{\underline{\mathbf{D}}}^{21} \quad (\text{Rotationsvektor von } \underline{\underline{\mathbf{D}}}) \\ &= \varepsilon_{ijk} D_{jk} \underline{\mathbf{e}}_{x_i} \\ &= -\langle \underline{\underline{\mathbf{D}}}^{21} \rangle \end{aligned}$$

$$\mathrm{d}V = \mathrm{d}x\mathrm{d}y\mathrm{d}z$$

$$\boldsymbol{\nabla} = \underline{\mathbf{e}}_x \frac{\partial}{\partial x} + \underline{\mathbf{e}}_y \frac{\partial}{\partial y} + \underline{\mathbf{e}}_z \frac{\partial}{\partial z}$$

$$\begin{aligned} \boldsymbol{\nabla}\Phi &= \text{grad}\,\Phi \\ &= \frac{\partial \Phi}{\partial x}\underline{\mathbf{e}}_x + \frac{\partial \Phi}{\partial y}\underline{\mathbf{e}}_y + \frac{\partial \Phi}{\partial z}\underline{\mathbf{e}}_z \end{aligned}$$

$$\begin{aligned} \boldsymbol{\nabla}\boldsymbol{\nabla}\Phi = & \frac{\partial^2 \Phi}{\partial x^2} + \frac{\partial^2 \Phi}{\partial x \partial y} + \frac{\partial^2 \Phi}{\partial x \partial z} + \\ & + \frac{\partial^2 \Phi}{\partial y \partial x} + \frac{\partial^2 \Phi}{\partial y^2} + \frac{\partial^2 \Phi}{\partial y \partial z} + \\ & + \frac{\partial^2 \Phi}{\partial z \partial x} + \frac{\partial^2 \Phi}{\partial z \partial y} + \frac{\partial^2 \Phi}{\partial z^2} \end{aligned}$$

$$\begin{aligned} \Delta\Phi &= \boldsymbol{\nabla} \cdot \boldsymbol{\nabla}\Phi \\ &= \frac{\partial^2 \Phi}{\partial x^2} + \frac{\partial^2 \Phi}{\partial y^2} + \frac{\partial^2 \Phi}{\partial z^2} \end{aligned}$$

$$\mathrm{spur}\,(\boldsymbol{\nabla}\boldsymbol{\nabla}\Phi) = \Delta\Phi$$

$$\begin{aligned}\boldsymbol{\nabla}\cdot\underline{\mathbf{A}} &= \mathrm{div}\,\underline{\mathbf{A}}\\ &= \frac{\partial A_x}{\partial x} + \frac{\partial A_y}{\partial y} + \frac{\partial A_z}{\partial z}\end{aligned}$$

$$\begin{aligned}\boldsymbol{\nabla}\times\underline{\mathbf{A}} &= \mathrm{rot}\,\underline{\mathbf{A}}\\ &= \left(\frac{\partial A_z}{\partial y} - \frac{\partial A_y}{\partial z}\right)\underline{\mathbf{e}}_x + \left(\frac{\partial A_x}{\partial z} - \frac{\partial A_z}{\partial x}\right)\underline{\mathbf{e}}_y + \left(\frac{\partial A_y}{\partial x} - \frac{\partial A_x}{\partial y}\right)\underline{\mathbf{e}}_z\end{aligned}$$

$$\begin{aligned}\boldsymbol{\nabla}\underline{\mathbf{A}} &= \mathrm{grad}\,\underline{\mathbf{A}}\\ &= \frac{\partial A_x}{\partial x}\underline{\mathbf{e}}_x\underline{\mathbf{e}}_x + \frac{\partial A_y}{\partial x}\underline{\mathbf{e}}_x\underline{\mathbf{e}}_y + \frac{\partial A_z}{\partial x}\underline{\mathbf{e}}_x\underline{\mathbf{e}}_z +\\ &\quad + \frac{\partial A_x}{\partial y}\underline{\mathbf{e}}_y\underline{\mathbf{e}}_x + \frac{\partial A_y}{\partial y}\underline{\mathbf{e}}_y\underline{\mathbf{e}}_y + \frac{\partial A_z}{\partial y}\underline{\mathbf{e}}_y\underline{\mathbf{e}}_z +\\ &\quad + \frac{\partial A_x}{\partial z}\underline{\mathbf{e}}_z\underline{\mathbf{e}}_x + \frac{\partial A_y}{\partial z}\underline{\mathbf{e}}_z\underline{\mathbf{e}}_y + \frac{\partial A_z}{\partial z}\underline{\mathbf{e}}_z\underline{\mathbf{e}}_z\\ &= \boldsymbol{\nabla}A_x\underline{\mathbf{e}}_x + \boldsymbol{\nabla}A_y\underline{\mathbf{e}}_y + \boldsymbol{\nabla}A_z\underline{\mathbf{e}}_z\end{aligned}$$

$$(\boldsymbol{\nabla}\cdot\underline{\underline{\mathbf{D}}})\cdot\underline{\mathbf{e}}_x = \frac{\partial D_{xx}}{\partial x} + \frac{\partial D_{yx}}{\partial y} + \frac{\partial D_{zx}}{\partial z}$$

$$(\boldsymbol{\nabla}\cdot\underline{\underline{\mathbf{D}}})\cdot\underline{\mathbf{e}}_y = \frac{\partial D_{xy}}{\partial x} + \frac{\partial D_{yy}}{\partial y} + \frac{\partial D_{zy}}{\partial z}$$

$$(\boldsymbol{\nabla}\cdot\underline{\underline{\mathbf{D}}})\cdot\underline{\mathbf{e}}_z = \frac{\partial D_{xz}}{\partial x} + \frac{\partial D_{yz}}{\partial y} + \frac{\partial D_{zz}}{\partial z}$$

$$\mathrm{spur}\,(\boldsymbol{\nabla}\underline{\mathbf{A}}) = \boldsymbol{\nabla}\cdot\underline{\mathbf{A}}$$

$$\langle\boldsymbol{\nabla}\underline{\mathbf{A}}\rangle = \boldsymbol{\nabla}\times\underline{\mathbf{A}}$$

$$\begin{aligned}\Delta\underline{\mathbf{A}} &= \boldsymbol{\nabla}\cdot\boldsymbol{\nabla}\underline{\mathbf{A}}\\ &= \boldsymbol{\nabla}\boldsymbol{\nabla}\cdot\underline{\mathbf{A}} - \boldsymbol{\nabla}\times\boldsymbol{\nabla}\times\underline{\mathbf{A}}\\ &= \left(\frac{\partial^2 A_x}{\partial x^2} + \frac{\partial^2 A_x}{\partial y^2} + \frac{\partial^2 A_x}{\partial z^2}\right)\underline{\mathbf{e}}_x +\\ &\quad + \left(\frac{\partial^2 A_y}{\partial x^2} + \frac{\partial^2 A_y}{\partial y^2} + \frac{\partial^2 A_y}{\partial z^2}\right)\underline{\mathbf{e}}_y +\\ &\quad + \left(\frac{\partial^2 A_z}{\partial x^2} + \frac{\partial^2 A_z}{\partial y^2} + \frac{\partial^2 A_z}{\partial z^2}\right)\underline{\mathbf{e}}_z\\ &= \underline{\mathbf{e}}_x\Delta A_x + \underline{\mathbf{e}}_y\Delta A_y + \underline{\mathbf{e}}_z\Delta A_z\end{aligned}$$

A.4 Orthogonale krummlinige Koordinaten

$$\xi_1, \xi_2, \xi_3$$

mit dem orthonormierten Dreibein $\underline{\mathbf{e}}_{\xi_1}, underline\mathbf{e}_{\xi_2}, \underline{\mathbf{e}}_{\xi_3}$

$$\begin{aligned} x &= x(\xi_1, \xi_2, \xi_3) \\ y &= y(\xi_1, \xi_2, \xi_3) \\ z &= z(\xi_1, \xi_2, \xi_3) \end{aligned}$$

$$\underline{\mathbf{R}} = x(\xi_1, \xi_2, \xi_3)\underline{\mathbf{e}}_x + y(\xi_1, \xi_2, \xi_3)\underline{\mathbf{e}}_y + z(\xi_1, \xi_2, \xi_3)\underline{\mathbf{e}}_z$$

$$h_{\xi_i} = \sqrt{\left(\frac{\partial x}{\partial \xi_i}\right)^2 + \left(\frac{\partial y}{\partial \xi_i}\right)^2 + \left(\frac{\partial z}{\partial \xi_i}\right)^2}$$

$$\begin{aligned} \underline{\mathbf{e}}_{\xi_i} &= \frac{1}{h_{\xi_i}} \frac{\partial \underline{\mathbf{R}}}{\partial \xi_i} \\ &= \frac{1}{h_{\xi_i}} \frac{\partial x_j}{\partial \xi_i} \underline{\mathbf{e}}_{x_j} \\ &= \gamma_{ij} \underline{\mathbf{e}}_{x_j} \end{aligned}$$

$$\begin{aligned} \gamma_{ij} &= \underline{\mathbf{e}}_{\xi_i} \cdot \underline{\mathbf{e}}_{x_j} \\ \gamma_{ij}\gamma_{kj} &= \delta_{ik} \\ \gamma_{ij}\gamma_{ik} &= \delta_{jk} \end{aligned}$$

Vektorkomponenten: $A_{\xi_i} = \underline{\mathbf{A}} \cdot \underline{\mathbf{e}}_{\xi_i}$, $i = 1, 2, 3$

$$\begin{aligned} \underline{\mathbf{A}} &= A_{\xi_1}\underline{\mathbf{e}}_{\xi_1} + A_{\xi_2}\underline{\mathbf{e}}_{\xi_2} + A_{\xi_3}\underline{\mathbf{e}}_{\xi_3} \\ &= \sum_{i=1}^{3} A_{\xi_i}\underline{\mathbf{e}}_{\xi_i} \\ &= A_i\underline{\mathbf{e}}_{\xi_i} \text{ (Summenkonvention)} \end{aligned}$$

$$\begin{aligned} A_{\xi_i}\underline{\mathbf{e}}_{\xi_i} &= A_{x_j}\underline{\mathbf{e}}_{x_j} \\ A_{\xi_i} &= \gamma_{ij} A_{x_j} \\ A_{x_i} &= \gamma_{ji} A_{\xi_j} \end{aligned}$$

Tensorkomponenten: $D_{\xi_i\xi_j} = \underline{\mathbf{e}}_{\xi_i} \cdot \underline{\underline{\mathbf{D}}} \cdot \underline{\mathbf{e}}_{\xi_j} = \underline{\underline{\mathbf{D}}} : \underline{\mathbf{e}}_{\xi_j}\underline{\mathbf{e}}_{\xi_i}$, $i, j = 1, 2, 3$

$$\begin{aligned} \underline{\underline{\mathbf{D}}} = & D_{\xi_1\xi_1}\underline{\mathbf{e}}_{\xi_1}\underline{\mathbf{e}}_{\xi_1} + D_{\xi_1\xi_2}\underline{\mathbf{e}}_{\xi_1}\underline{\mathbf{e}}_{\xi_2} + D_{\xi_1\xi_3}\underline{\mathbf{e}}_{\xi_1}\underline{\mathbf{e}}_{\xi_3} + \\ & + D_{\xi_2\xi_1}\underline{\mathbf{e}}_{\xi_2}\underline{\mathbf{e}}_{\xi_1} + D_{\xi_2\xi_2}\underline{\mathbf{e}}_{\xi_2}\underline{\mathbf{e}}_{\xi_2} + D_{\xi_2\xi_3}\underline{\mathbf{e}}_{\xi_2}\underline{\mathbf{e}}_{\xi_3} + \\ & + D_{\xi_3\xi_1}\underline{\mathbf{e}}_{\xi_3}\underline{\mathbf{e}}_{\xi_1} + D_{\xi_3\xi_2}\underline{\mathbf{e}}_{\xi_3}\underline{\mathbf{e}}_{\xi_2} + + D_{\xi_3\xi_3}\underline{\mathbf{e}}_{\xi_3}\underline{\mathbf{e}}_{\xi_3} \\ = & \sum_{i=1}^{3}\sum_{j=1}^{3} D_{\xi_i\xi_j}\underline{\mathbf{e}}_{\xi_i}\underline{\mathbf{e}}_{\xi_j} \\ = & D_{ij}\underline{\mathbf{e}}_{\xi_i}\underline{\mathbf{e}}_{\xi_j} \text{ (Summenkonvention)} \end{aligned}$$

$$\underline{\underline{\mathbf{I}}} = \delta_{ij}\underline{\mathbf{e}}_{\xi_i}\underline{\mathbf{e}}_{\xi_j}$$
$$\underline{\underline{\underline{\boldsymbol{\varepsilon}}}} = \varepsilon_{ijk}\underline{\mathbf{e}}_{\xi_i}\underline{\mathbf{e}}_{\xi_j}\underline{\mathbf{e}}_{\xi_k}$$
$$D_{\xi_i\xi_j}\underline{\mathbf{e}}_{\xi_i}\underline{\mathbf{e}}_{\xi_j} = D_{x_kx_l}\underline{\mathbf{e}}_{x_k}\underline{\mathbf{e}}_{x_l}$$
$$D_{\xi_k\xi_l} = \gamma_{ki}\gamma_{lj}D_{x_ix_j}$$
$$D_{x_kx_l} = \gamma_{ik}\gamma_{jl}D_{\xi_i\xi_j}$$

$$\begin{aligned}\operatorname{spur}\underline{\underline{\mathbf{D}}} &= D_{\xi_1\xi_1} + D_{\xi_2\xi_2} + D_{\xi_3\xi_3}\\ &= D_{xx} + D_{yy} + D_{zz}\end{aligned}$$

$$\begin{aligned}\text{Skalarprodukt: } \underline{\mathbf{A}}\cdot\underline{\mathbf{B}} &= A_{\xi_1}B_{\xi_1} + A_{\xi_2}B_{\xi_2} + A_{\xi_3}B_{\xi_3}\\ &= A_iB_i\\ &= A_xB_x + A_yB_y + A_zB_z\end{aligned}$$

$$\text{Doppelkontraktion: } \underline{\underline{\mathbf{C}}} : \underline{\underline{\mathbf{D}}} = C_{\xi_i\xi_j}D_{\xi_j\xi_i} = C_{x_ix_j}D_{x_jx_i}$$

$$\begin{aligned}\mathrm{d}s^2 &= h_{\xi_1}^2\mathrm{d}\xi_1^2 + h_{\xi_2}^2\mathrm{d}\xi_2^2 + h_{\xi_3}^2\mathrm{d}\xi_3^2\\ &= \mathrm{d}x^2 + \mathrm{d}y^2 + \mathrm{d}z^2\end{aligned}$$

$$\begin{aligned}\text{Vektorprodukt: } \underline{\mathbf{A}}\times\underline{\mathbf{B}} &= (A_{\xi_2}B_{\xi_3} - A_{\xi_3}B_{\xi_2})\underline{\mathbf{e}}_{\xi_1} + (A_{\xi_3}B_{\xi_1} - A_{\xi_1}B_{\xi_3})\underline{\mathbf{e}}_{\xi_2} +\\ &\quad +(A_{\xi_1}B_{\xi_2} - A_{\xi_2}B_{\xi_1})\underline{\mathbf{e}}_{\xi_3}\\ &= \varepsilon_{ijk}A_jB_k\underline{\mathbf{e}}_{\xi_i}\\ &= \underline{\underline{\underline{\boldsymbol{\varepsilon}}}} : \underline{\mathbf{B}}\,\underline{\mathbf{A}}\\ &= -\underline{\mathbf{A}}\cdot\underline{\underline{\underline{\boldsymbol{\varepsilon}}}}\cdot\underline{\mathbf{B}}\\ &= \langle\underline{\mathbf{A}}\,\underline{\mathbf{B}}\rangle\end{aligned}$$

$$\mathrm{d}V = h_{\xi_1}h_{\xi_2}h_{\xi_3}\mathrm{d}\xi_1\mathrm{d}\xi_2\mathrm{d}\xi_3$$
$$\boldsymbol{\nabla} = \underline{\mathbf{e}}_{\xi_i}\frac{1}{h_{\xi_i}}\frac{\partial}{\partial\xi_i}$$

$$\begin{aligned}\boldsymbol{\nabla}\Phi &= \operatorname{grad}\Phi\\ &= \frac{1}{h_{\xi_1}}\frac{\partial\Phi}{\partial\xi_1}\underline{\mathbf{e}}_{\xi_1} + \frac{1}{h_{\xi_2}}\frac{\partial\Phi}{\partial\xi_2}\underline{\mathbf{e}}_{\xi_2} + \frac{1}{h_{\xi_3}}\frac{\partial\Phi}{\partial\xi_3}\underline{\mathbf{e}}_{\xi_3}\end{aligned}$$
$$\boldsymbol{\nabla}\xi_i = \frac{1}{h_{\xi_i}}\underline{\mathbf{e}}_{\xi_i}$$

$$\begin{aligned}\boldsymbol{\nabla}\cdot\underline{\mathbf{A}} &= \operatorname{div}\underline{\mathbf{A}}\\ &= \frac{1}{h_{\xi_i}}\underline{\mathbf{e}}_{\xi_i}\cdot\frac{\partial}{\partial\xi_i}\left(A_{\xi_j}\underline{\mathbf{e}}_{\xi_j}\right)\\ &= \frac{1}{h_{\xi_i}}\underline{\mathbf{e}}_{\xi_i}\cdot\left(\frac{\partial A_{\xi_j}}{\partial\xi_i}\underline{\mathbf{e}}_{\xi_j} + A_{\xi_j}\frac{\partial\underline{\mathbf{e}}_{\xi_j}}{\partial\xi_i}\right)\\ &= \frac{1}{h_{\xi_1}h_{\xi_2}h_{\xi_3}}\left(\frac{\partial A_{\xi_1}h_{\xi_2}h_{\xi_3}}{\partial\xi_1} + \frac{\partial A_{\xi_2}h_{\xi_1}h_{\xi_3}}{\partial\xi_2} + \frac{\partial A_{\xi_3}h_{\xi_1}h_{\xi_2}}{\partial\xi_3}\right) \quad ,\end{aligned}$$

wobei

$$\frac{\partial \underline{\mathbf{e}}_{\xi_j}}{\partial \xi_i} = \frac{1}{h_{\xi_j}} \underline{\mathbf{e}}_{\xi_i} \frac{\partial h_{\xi_i}}{\partial \xi_j}(1-\delta_{ij}) - \frac{1}{h_{\xi_k}} \underline{\mathbf{e}}_{\xi_k} \frac{\partial h_{\xi_j}}{\partial \xi_k} \delta_{ij}(1-\delta_{kj})$$

Im zweiten Term wird über k summiert, wobei der Wert $k = j$ wegen des Faktors $1 - \delta_{kj}$ in der Summe nicht vorkommt.
Christoffel-Symbole 2. Art:

$$\alpha_k(j,i) = \begin{pmatrix} & k & \\ j & & i \end{pmatrix}$$

$$\frac{\partial \underline{\mathbf{e}}_{\xi_j}}{\partial \xi_i} = \alpha_k(j,i) \underline{\mathbf{e}}_{\xi_k}$$

$$\begin{pmatrix} & k & \\ j & & j \end{pmatrix} = -\frac{1}{h_{\xi_k}} \frac{\partial h_{\xi_j}}{\partial \xi_k} , \quad \begin{pmatrix} & j & \\ j & & j \end{pmatrix} = 0$$

$$\begin{pmatrix} & i & \\ j & & i \end{pmatrix} = \frac{1}{h_{\xi_j}} \frac{\partial h_{\xi_i}}{\partial \xi_j}$$

$$\begin{pmatrix} & j & \\ j & & i \end{pmatrix} = 0 , \quad \begin{pmatrix} & k & \\ j & & i \end{pmatrix} = 0 \text{ für } i \neq j \neq k$$

$$\begin{aligned} \Delta\Phi &= \boldsymbol{\nabla} \cdot \boldsymbol{\nabla}\Phi \\ &= \frac{1}{h_{\xi_i}} \underline{\mathbf{e}}_{\xi_i} \cdot \frac{\partial}{\partial \xi_i} \left(\underline{\mathbf{e}}_{\xi_j} \frac{1}{h_{\xi_j}} \frac{\partial}{\partial \xi_j} \right) \\ &= \frac{1}{h_{\xi_1} h_{\xi_2} h_{\xi_3}} \left[\frac{\partial}{\partial \xi_1} \left(\frac{h_{\xi_2} h_{\xi_3}}{h_{\xi_1}} \frac{\partial \Phi}{\partial \xi_1} \right) + \frac{\partial}{\partial \xi_2} \left(\frac{h_{\xi_3} h_{\xi_1}}{h_{\xi_2}} \frac{\partial \Phi}{\partial \xi_2} \right) + \frac{\partial}{\partial \xi_3} \left(\frac{h_{\xi_1} h_{\xi_2}}{h_{\xi_3}} \frac{\partial \Phi}{\partial \xi_3} \right) \right] \end{aligned}$$

$$\boldsymbol{\nabla}\underline{\mathbf{A}} = \frac{1}{h_{\xi_i}} \left(\frac{\partial A_{\xi_j}}{\partial \xi_i} \underline{\mathbf{e}}_{\xi_i} \underline{\mathbf{e}}_{\xi_j} + A_{\xi_j} \underline{\mathbf{e}}_{\xi_i} \frac{\partial \underline{\mathbf{e}}_{\xi_j}}{\partial \xi_i} \right)$$

$$\text{spur}\,(\boldsymbol{\nabla}\underline{\mathbf{A}}) = \boldsymbol{\nabla} \cdot \underline{\mathbf{A}}$$

$$\langle \boldsymbol{\nabla}\underline{\mathbf{A}} \rangle = \boldsymbol{\nabla} \times \underline{\mathbf{A}}$$

$$\begin{aligned} \boldsymbol{\nabla} \times \underline{\mathbf{A}} &= \text{rot}\, \underline{\mathbf{A}} \\ &= \underline{\underline{\underline{\boldsymbol{\varepsilon}}}} : (\boldsymbol{\nabla}\underline{\mathbf{A}})^{21} \\ &= \frac{1}{h_{\xi_i}} \underline{\mathbf{e}}_{\xi_i} \times \frac{\partial}{\partial \xi_i} (A_{\xi_j} \underline{\mathbf{e}}_{\xi_j}) \\ &= \frac{1}{h_{\xi_i}} \underline{\mathbf{e}}_{\xi_i} \times \left[\frac{\partial A_{\xi_j}}{\partial \xi_i} \underline{\mathbf{e}}_{\xi_j} + A_{\xi_j} \begin{pmatrix} & k & \\ j & & i \end{pmatrix} \underline{\mathbf{e}}_{\xi_k} \right] \\ &= \frac{1}{h_{\xi_2} h_{\xi_3}} \left[\frac{\partial A_{\xi_3} h_{\xi_3}}{\partial \xi_2} - \frac{\partial A_{\xi_2} h_{\xi_2}}{\partial \xi_3} \right] \underline{\mathbf{e}}_{\xi_1} + \\ &\quad + \frac{1}{h_{\xi_1} h_{\xi_3}} \left[\frac{\partial A_{\xi_1} h_{\xi_1}}{\partial \xi_3} - \frac{\partial A_{\xi_3} h_{\xi_3}}{\partial \xi_1} \right] \underline{\mathbf{e}}_{\xi_2} + \\ &\quad + \frac{1}{h_{\xi_1} h_{\xi_2}} \left[\frac{\partial A_{\xi_2} h_{\xi_2}}{\partial \xi_1} - \frac{\partial A_{\xi_1} h_{\xi_1}}{\partial \xi_2} \right] \underline{\mathbf{e}}_{\xi_3} \end{aligned}$$

$$\Delta\underline{\mathbf{A}} = \boldsymbol{\nabla}\cdot\boldsymbol{\nabla}\underline{\mathbf{A}}$$
$$= \boldsymbol{\nabla}\boldsymbol{\nabla}\cdot\underline{\mathbf{A}} - \boldsymbol{\nabla}\times\boldsymbol{\nabla}\times\underline{\mathbf{A}}$$

A.5 Zylinderkoordinaten

$$r, \varphi, z$$

mit dem orthonormierten Dreibein $\underline{\mathbf{e}}_r, \underline{\mathbf{e}}_\varphi, \underline{\mathbf{e}}_z$

$$\begin{array}{ll} x = r\cos\varphi & r = \sqrt{x^2+y^2} \\ y = r\sin\varphi & \varphi = \arctan\frac{y}{x} \\ z = z & z = z \end{array}$$

$$\underline{\mathbf{R}} = r\cos\varphi\,\underline{\mathbf{e}}_x + r\sin\varphi\,\underline{\mathbf{e}}_y + z\underline{\mathbf{e}}_z$$
$$= r\underline{\mathbf{e}}_r + z\underline{\mathbf{e}}_z$$

$$|\underline{\mathbf{R}} - \underline{\mathbf{R}}'| = \sqrt{r^2 + r'^2 - 2rr'\cos(\varphi-\varphi') + (z-z')^2}$$

$$h_r = 1$$
$$h_\varphi = r$$
$$h_z = 1$$

$$\begin{array}{ll} \underline{\mathbf{e}}_r = \cos\varphi\,\underline{\mathbf{e}}_x + \sin\varphi\,\underline{\mathbf{e}}_y & \underline{\mathbf{e}}_x = \cos\varphi\,\underline{\mathbf{e}}_r - \sin\varphi\,\underline{\mathbf{e}}_\varphi \\ \underline{\mathbf{e}}_\varphi = -\sin\varphi\,\underline{\mathbf{e}}_x + \cos\varphi\,\underline{\mathbf{e}}_y & \underline{\mathbf{e}}_y = \sin\varphi\,\underline{\mathbf{e}}_r + \cos\varphi\,\underline{\mathbf{e}}_\varphi \\ \underline{\mathbf{e}}_z = \underline{\mathbf{e}}_z & \underline{\mathbf{e}}_z = \underline{\mathbf{e}}_z \end{array}$$

Vektorkomponenten: $A_r = \underline{\mathbf{A}}\cdot\underline{\mathbf{e}}_r$

$$A_\varphi = \underline{\mathbf{A}}\cdot\underline{\mathbf{e}}_\varphi$$
$$A_z = \underline{\mathbf{A}}\cdot\underline{\mathbf{e}}_z$$

$$\underline{\mathbf{A}} = A_r\underline{\mathbf{e}}_r + A_\varphi\underline{\mathbf{e}}_\varphi + A_z\underline{\mathbf{e}}_z$$

$$\begin{pmatrix} A_r \\ A_\varphi \\ A_z \end{pmatrix} = \begin{pmatrix} \cos\varphi & \sin\varphi & 0 \\ -\sin\varphi & \cos\varphi & 0 \\ 0 & 0 & 1 \end{pmatrix} \begin{pmatrix} A_x \\ A_y \\ A_z \end{pmatrix}$$

$$\begin{pmatrix} A_x \\ A_y \\ A_z \end{pmatrix} = \begin{pmatrix} \cos\varphi & -\sin\varphi & 0 \\ \sin\varphi & \cos\varphi & 0 \\ 0 & 0 & 1 \end{pmatrix} \begin{pmatrix} A_r \\ A_\varphi \\ A_z \end{pmatrix}$$

Tensorkomponenten: $D_{rr} = \underline{\mathbf{e}}_r\cdot\underline{\underline{\mathbf{D}}}\cdot\underline{\mathbf{e}}_r$

$$= \underline{\underline{\mathbf{D}}} : \underline{\mathbf{e}}_r\underline{\mathbf{e}}_r$$
$$D_{r\varphi} = \underline{\mathbf{e}}_r\cdot\underline{\underline{\mathbf{D}}}\cdot\underline{\mathbf{e}}_\varphi$$
$$= \underline{\underline{\mathbf{D}}} : \underline{\mathbf{e}}_\varphi\underline{\mathbf{e}}_r$$

usw.

$$\underline{\underline{\mathbf{D}}} = D_{rr}\underline{\mathbf{e}}_r\underline{\mathbf{e}}_r + D_{r\varphi}\underline{\mathbf{e}}_r\underline{\mathbf{e}}_\varphi + D_{rz}\underline{\mathbf{e}}_r\underline{\mathbf{e}}_z +$$
$$+ D_{\varphi r}\underline{\mathbf{e}}_\varphi\underline{\mathbf{e}}_r + D_{\varphi\varphi}\underline{\mathbf{e}}_\varphi\underline{\mathbf{e}}_\varphi + D_{\varphi z}\underline{\mathbf{e}}_\varphi\underline{\mathbf{e}}_z +$$
$$+ D_{zr}\underline{\mathbf{e}}_z\underline{\mathbf{e}}_r + D_{z\varphi}\underline{\mathbf{e}}_z\underline{\mathbf{e}}_\varphi + D_{zz}\underline{\mathbf{e}}_z\underline{\mathbf{e}}_z$$

$$\underline{\underline{\mathbf{I}}} = \underline{\mathbf{e}}_r\underline{\mathbf{e}}_r + \underline{\mathbf{e}}_\varphi\underline{\mathbf{e}}_\varphi + \underline{\mathbf{e}}_z\underline{\mathbf{e}}_z$$

$$\begin{pmatrix} D_{rr} & D_{r\varphi} & D_{rz} \\ D_{\varphi r} & D_{\varphi\varphi} & D_{\varphi z} \\ D_{zr} & D_{z\varphi} & D_{zz} \end{pmatrix} = \begin{pmatrix} \cos\varphi & \sin\varphi & 0 \\ -\sin\varphi & \cos\varphi & 0 \\ 0 & 0 & 1 \end{pmatrix} \begin{pmatrix} D_{xx} & D_{xy} & D_{xz} \\ D_{yx} & D_{yy} & D_{yz} \\ D_{zx} & D_{zy} & D_{zz} \end{pmatrix} \begin{pmatrix} \cos\varphi & -\sin\varphi & 0 \\ \sin\varphi & \cos\varphi & 0 \\ 0 & 0 & 1 \end{pmatrix}$$

zum Beispiel:

$$\begin{aligned} D_{rr} &= D_{xx}\cos^2\varphi + (D_{xy} + D_{yx})\cos\varphi\sin\varphi + D_{yy}\sin^2\varphi \\ D_{\varphi\varphi} &= D_{xx}\sin^2\varphi - (D_{xy} + D_{yx})\cos\varphi\sin\varphi + D_{yy}\cos^2\varphi \end{aligned}$$

$$\begin{aligned} \operatorname{spur}\underline{\underline{\mathbf{D}}} &= D_{rr} + D_{\varphi\varphi} + D_{zz} \\ &= D_{xx} + D_{yy} + D_{zz} \end{aligned}$$

$$\begin{aligned} \text{Skalarprodukt: } \underline{\mathbf{A}} \cdot \underline{\mathbf{B}} &= A_r B_r + A_\varphi B_\varphi + A_z B_z \\ &= A_x B_x + A_y B_y + A_z B_z \end{aligned}$$

$$\mathrm{d}s^2 = \mathrm{d}r^2 + r^2\mathrm{d}\varphi^2 + \mathrm{d}z^2$$

$$\begin{aligned} \text{Vektorprodukt: } \underline{\mathbf{A}} \times \underline{\mathbf{B}} &= (A_\varphi B_z - A_z B_\varphi)\underline{\mathbf{e}}_r + \\ &\quad +(A_z B_r - A_r B_z)\underline{\mathbf{e}}_\varphi + \\ &\quad +(A_r B_\varphi - A_\varphi B_r)\underline{\mathbf{e}}_z \\ &= \underline{\underline{\underline{\boldsymbol{\varepsilon}}}} : \underline{\mathbf{B}}\,\underline{\mathbf{A}} \\ &= -\underline{\mathbf{A}} \cdot \underline{\underline{\underline{\boldsymbol{\varepsilon}}}} \cdot \underline{\mathbf{B}} \\ &= \langle \underline{\mathbf{A}}\,\underline{\mathbf{B}} \rangle \end{aligned}$$

$$\mathrm{d}V = r\mathrm{d}r\mathrm{d}\varphi\mathrm{d}z$$

$$\boldsymbol{\nabla} = \underline{\mathbf{e}}_r\frac{\partial}{\partial r} + \frac{1}{r}\underline{\mathbf{e}}_\varphi\frac{\partial}{\partial\varphi} + \underline{\mathbf{e}}_z\frac{\partial}{\partial z}$$

$$\begin{aligned} \boldsymbol{\nabla}\Phi &= \operatorname{grad}\Phi \\ &= \frac{\partial\Phi}{\partial r}\underline{\mathbf{e}}_r + \frac{1}{r}\frac{\partial\Phi}{\partial\varphi}\underline{\mathbf{e}}_\varphi + \frac{\partial\Phi}{\partial z}\underline{\mathbf{e}}_z \end{aligned}$$

$$\begin{aligned} \boldsymbol{\nabla}\boldsymbol{\nabla}\Phi = {} & \frac{\partial^2\Phi}{\partial r^2}\,\underline{\mathbf{e}}_r\underline{\mathbf{e}}_r + \frac{1}{r}\left(\frac{\partial^2\Phi}{\partial r\partial\varphi} - \frac{1}{r}\frac{\partial\Phi}{\partial\varphi}\right)\underline{\mathbf{e}}_r\underline{\mathbf{e}}_\varphi + \frac{\partial^2\Phi}{\partial r\partial z}\,\underline{\mathbf{e}}_r\underline{\mathbf{e}}_z + \\ & + \frac{1}{r}\left(\frac{\partial^2\Phi}{\partial r\partial\varphi} - \frac{1}{r}\frac{\partial\Phi}{\partial\varphi}\right)\underline{\mathbf{e}}_\varphi\underline{\mathbf{e}}_r + \frac{1}{r^2}\left(\frac{\partial^2\Phi}{\partial\varphi^2} + r\frac{\partial\Phi}{\partial r}\right)\underline{\mathbf{e}}_\varphi\underline{\mathbf{e}}_\varphi + \frac{1}{r}\frac{\partial^2\Phi}{\partial\varphi\partial z}\,\underline{\mathbf{e}}_\varphi\underline{\mathbf{e}}_z + \\ & + \frac{\partial^2\Phi}{\partial r\partial z}\,\underline{\mathbf{e}}_z\underline{\mathbf{e}}_r + \frac{1}{r}\frac{\partial^2\Phi}{\partial\varphi\partial z}\,\underline{\mathbf{e}}_z\underline{\mathbf{e}}_\varphi + \frac{\partial^2\Phi}{\partial z^2}\,\underline{\mathbf{e}}_z\underline{\mathbf{e}}_z \end{aligned}$$

Christoffel-Symbole 2. Art:

$$\begin{array}{lll} \dfrac{\partial\underline{\mathbf{e}}_r}{\partial r} = \underline{\mathbf{0}} & \dfrac{\partial\underline{\mathbf{e}}_\varphi}{\partial r} = \underline{\mathbf{0}} & \dfrac{\partial\underline{\mathbf{e}}_z}{\partial r} = \underline{\mathbf{0}} \\ \dfrac{\partial\underline{\mathbf{e}}_r}{\partial\varphi} = \underline{\mathbf{e}}_\varphi = \alpha_2(1,2)\underline{\mathbf{e}}_\varphi & \dfrac{\partial\underline{\mathbf{e}}_\varphi}{\partial\varphi} = -\underline{\mathbf{e}}_r = \alpha_1(2,2)\underline{\mathbf{e}}_r & \dfrac{\partial\underline{\mathbf{e}}_z}{\partial\varphi} = \underline{\mathbf{0}} \\ \dfrac{\partial\underline{\mathbf{e}}_r}{\partial z} = \underline{\mathbf{0}} & \dfrac{\partial\underline{\mathbf{e}}_\varphi}{\partial z} = \underline{\mathbf{0}} & \dfrac{\partial\underline{\mathbf{e}}_z}{\partial z} = \underline{\mathbf{0}} \end{array}$$

$$\begin{aligned}\Delta\Phi &= \frac{1}{r}\frac{\partial}{\partial r}\left(r\frac{\partial\Phi}{\partial r}\right)+\frac{1}{r^2}\frac{\partial^2\Phi}{\partial\varphi^2}+\frac{\partial^2\Phi}{\partial z^2}\\ &= \frac{\partial^2\Phi}{\partial r^2}+\frac{1}{r}\frac{\partial\Phi}{\partial r}+\frac{1}{r^2}\frac{\partial^2\Phi}{\partial\varphi^2}+\frac{\partial^2\Phi}{\partial z^2}\end{aligned}$$

$$\text{spur}\,(\boldsymbol{\nabla}\boldsymbol{\nabla}\Phi) = \Delta\Phi$$

$$\begin{aligned}\boldsymbol{\nabla}\cdot\underline{\mathbf{A}} &= \text{div}\,\underline{\mathbf{A}}\\ &= \frac{1}{r}\frac{\partial rA_r}{\partial r}+\frac{1}{r}\frac{\partial A_\varphi}{\partial\varphi}+\frac{\partial A_z}{\partial z}\end{aligned}$$

$$\begin{aligned}\boldsymbol{\nabla}\cdot\underline{\mathbf{e}}_r &= \frac{1}{r}\\ \boldsymbol{\nabla}\cdot\underline{\mathbf{e}}_\varphi &= 0\\ \boldsymbol{\nabla}\cdot\underline{\mathbf{e}}_z &= 0\end{aligned}$$

$$\begin{aligned}\boldsymbol{\nabla}\times\underline{\mathbf{A}} &= \text{rot}\,\underline{\mathbf{A}}\\ &= \left(\frac{1}{r}\frac{\partial A_z}{\partial\varphi}-\frac{\partial A_\varphi}{\partial z}\right)\underline{\mathbf{e}}_r+\left(\frac{\partial A_r}{\partial z}-\frac{\partial A_z}{\partial r}\right)\underline{\mathbf{e}}_\varphi+\left(\frac{1}{r}\frac{\partial rA_\varphi}{\partial r}-\frac{1}{r}\frac{\partial A_r}{\partial\varphi}\right)\underline{\mathbf{e}}_z\end{aligned}$$

$$\begin{aligned}\boldsymbol{\nabla}\times\underline{\mathbf{e}}_r &= \underline{\mathbf{0}}\\ \boldsymbol{\nabla}\times\underline{\mathbf{e}}_\varphi &= \frac{1}{r}\underline{\mathbf{e}}_z\\ \boldsymbol{\nabla}\times\underline{\mathbf{e}}_z &= \underline{\mathbf{0}}\end{aligned}$$

$$\begin{aligned}\boldsymbol{\nabla}\underline{\mathbf{A}} &= \text{grad}\,\underline{\mathbf{A}}\\ &= \frac{\partial A_r}{\partial r}\underline{\mathbf{e}}_r\underline{\mathbf{e}}_r+\frac{\partial A_\varphi}{\partial r}\underline{\mathbf{e}}_r\underline{\mathbf{e}}_\varphi+\frac{\partial A_z}{\partial r}\underline{\mathbf{e}}_r\underline{\mathbf{e}}_z+\\ &\quad+\frac{1}{r}\left(\frac{\partial A_r}{\partial\varphi}-A_\varphi\right)\underline{\mathbf{e}}_\varphi\underline{\mathbf{e}}_r+\frac{1}{r}\left(\frac{\partial A_\varphi}{\partial\varphi}+A_r\right)\underline{\mathbf{e}}_\varphi\underline{\mathbf{e}}_\varphi+\frac{1}{r}\frac{\partial A_z}{\partial\varphi}\underline{\mathbf{e}}_\varphi\underline{\mathbf{e}}_z+\\ &\quad+\frac{\partial A_r}{\partial z}\underline{\mathbf{e}}_z\underline{\mathbf{e}}_r+\frac{\partial A_\varphi}{\partial z}\underline{\mathbf{e}}_z\underline{\mathbf{e}}_\varphi+\frac{\partial A_z}{\partial z}\underline{\mathbf{e}}_z\underline{\mathbf{e}}_z\end{aligned}$$

$$\begin{aligned}(\boldsymbol{\nabla}\cdot\underline{\underline{\mathbf{D}}})\cdot\underline{\mathbf{e}}_r &= \frac{1}{r}\frac{\partial rD_{rr}}{\partial r}+\frac{1}{r}\frac{\partial D_{\varphi r}}{\partial\varphi}+\frac{\partial D_{zr}}{\partial z}-\frac{D_{\varphi\varphi}}{r}\\ (\boldsymbol{\nabla}\cdot\underline{\underline{\mathbf{D}}})\cdot\underline{\mathbf{e}}_\varphi &= \frac{1}{r}\frac{\partial rD_{r\varphi}}{\partial r}+\frac{1}{r}\frac{\partial D_{\varphi\varphi}}{\partial\varphi}+\frac{\partial D_{z\varphi}}{\partial z}+\frac{D_{\varphi r}}{r}\\ (\boldsymbol{\nabla}\cdot\underline{\underline{\mathbf{D}}})\cdot\underline{\mathbf{e}}_z &= \frac{1}{r}\frac{\partial rD_{rz}}{\partial r}+\frac{1}{r}\frac{\partial D_{\varphi z}}{\partial\varphi}+\frac{\partial D_{zz}}{\partial z}\end{aligned}$$

$$\text{spur}\,(\boldsymbol{\nabla}\underline{\mathbf{A}}) = \boldsymbol{\nabla}\cdot\underline{\mathbf{A}}$$

$$\langle \nabla \underline{\mathbf{A}} \rangle = \nabla \times \underline{\mathbf{A}}$$

$$\begin{aligned}
\nabla\nabla \cdot \underline{\mathbf{A}} = &\left(\frac{\partial^2 A_r}{\partial r^2} + \frac{\partial^2 A_z}{\partial r \partial z} + \frac{1}{r}\frac{\partial^2 A_\varphi}{\partial r \partial \varphi} + \frac{1}{r}\frac{\partial A_r}{\partial r} - \frac{1}{r^2}\frac{\partial A_\varphi}{\partial \varphi} - \frac{A_r}{r^2}\right)\underline{\mathbf{e}}_r + \\
&+ \left(\frac{1}{r}\frac{\partial^2 A_z}{\partial \varphi \partial z} + \frac{1}{r^2}\frac{\partial^2 A_\varphi}{\partial \varphi^2} + \frac{1}{r}\frac{\partial^2 A_r}{\partial r \partial \varphi} + \frac{1}{r^2}\frac{\partial A_r}{\partial \varphi}\right)\underline{\mathbf{e}}_\varphi + \\
&+ \left(\frac{\partial^2 A_z}{\partial z^2} + \frac{1}{r}\frac{\partial^2 A_\varphi}{\partial \varphi \partial z} + \frac{\partial^2 A_r}{\partial r \partial z} + \frac{1}{r}\frac{\partial A_r}{\partial z}\right)\underline{\mathbf{e}}_z
\end{aligned}$$

$$\begin{aligned}
\nabla \times \nabla \times \underline{\mathbf{A}} = &\left(-\frac{1}{r^2}\frac{\partial^2 A_r}{\partial \varphi^2} - \frac{\partial^2 A_r}{\partial z^2} + \frac{\partial^2 A_z}{\partial r \partial z} + \frac{1}{r}\frac{\partial^2 A_\varphi}{\partial r \partial \varphi} + \frac{1}{r^2}\frac{\partial A_\varphi}{\partial \varphi}\right)\underline{\mathbf{e}}_r + \\
&+ \left(-\frac{\partial^2 A_\varphi}{\partial z^2} + \frac{1}{r}\frac{\partial^2 A_z}{\partial \varphi \partial z} - \frac{\partial^2 A_\varphi}{\partial r^2} - \frac{1}{r}\frac{\partial A_\varphi}{\partial r} + \frac{A_\varphi}{r^2} - \frac{1}{r^2}\frac{\partial A_r}{\partial \varphi} + \frac{1}{r}\frac{\partial^2 A_r}{\partial \varphi \partial r}\right)\underline{\mathbf{e}}_\varphi + \\
&+ \left(-\frac{\partial^2 A_z}{\partial r^2} - \frac{1}{r^2}\frac{\partial^2 A_z}{\partial \varphi^2} + \frac{\partial^2 A_r}{\partial r \partial z} + \frac{1}{r}\frac{\partial^2 A_\varphi}{\partial \varphi \partial z} + \frac{1}{r}\frac{\partial A_r}{\partial z} - \frac{1}{r}\frac{\partial A_z}{\partial r}\right)\underline{\mathbf{e}}_z
\end{aligned}$$

$$\begin{aligned}
\Delta \underline{\mathbf{A}} &= \nabla \cdot \nabla \underline{\mathbf{A}} \\
&= \nabla\nabla \cdot \underline{\mathbf{A}} - \nabla \times \nabla \times \underline{\mathbf{A}} \\
&= \left(\Delta A_r - \frac{A_r}{r^2} - \frac{2}{r^2}\frac{\partial A_\varphi}{\partial \varphi}\right)\underline{\mathbf{e}}_r + \\
&\quad + \left(\Delta A_\varphi - \frac{A_\varphi}{r^2} + \frac{2}{r^2}\frac{\partial A_r}{\partial \varphi}\right)\underline{\mathbf{e}}_\varphi + \\
&\quad + \Delta A_z \underline{\mathbf{e}}_z
\end{aligned}$$

A.6 Kugelkoordinaten

$$R, \vartheta, \varphi$$

mit dem orthonormierten Dreibein $\underline{\mathbf{e}}_R, \underline{\mathbf{e}}_\vartheta, \underline{\mathbf{e}}_\varphi$

$$\begin{array}{ll}
x = R\sin\vartheta\cos\varphi & R = \sqrt{x^2+y^2+z^2} \\
y = R\sin\vartheta\sin\varphi & \vartheta = \arctan\frac{\sqrt{x^2+y^2}}{z} \\
z = R\cos\vartheta & \varphi = \arctan\frac{y}{x}
\end{array}$$

$$\begin{aligned}
\underline{\mathbf{R}} &= R\sin\vartheta\cos\varphi\,\underline{\mathbf{e}}_x + R\sin\vartheta\sin\varphi\,\underline{\mathbf{e}}_y + R\cos\vartheta\,\underline{\mathbf{e}}_z \\
&= R\underline{\mathbf{e}}_R
\end{aligned}$$

$$|\underline{\mathbf{R}} - \underline{\mathbf{R}}'| = \sqrt{R^2 + R'^2 - 2RR'[\sin\vartheta\sin\vartheta'\cos(\varphi-\varphi') + \cos\vartheta\cos\vartheta']}$$

$$\begin{aligned}
h_R &= 1 \\
h_\vartheta &= R \\
h_\varphi &= R\sin\vartheta
\end{aligned}$$

$$\underline{\mathbf{e}}_R = \sin\vartheta\cos\varphi\,\underline{\mathbf{e}}_x + \sin\vartheta\sin\varphi\,\underline{\mathbf{e}}_y + \cos\vartheta\,\underline{\mathbf{e}}_z \qquad \underline{\mathbf{e}}_x = \sin\vartheta\cos\varphi\,\underline{\mathbf{e}}_R + \cos\vartheta\cos\varphi\,\underline{\mathbf{e}}_\vartheta - \sin\varphi\,\underline{\mathbf{e}}_\varphi$$
$$\underline{\mathbf{e}}_\vartheta = \cos\vartheta\cos\varphi\,\underline{\mathbf{e}}_x + \cos\vartheta\sin\varphi\,\underline{\mathbf{e}}_y - \sin\vartheta\,\underline{\mathbf{e}}_z \qquad \underline{\mathbf{e}}_y = \sin\vartheta\sin\varphi\,\underline{\mathbf{e}}_R + \cos\vartheta\sin\varphi\,\underline{\mathbf{e}}_\vartheta + \cos\varphi\,\underline{\mathbf{e}}_\varphi$$
$$\underline{\mathbf{e}}_\varphi = -\sin\varphi\,\underline{\mathbf{e}}_x + \cos\varphi\,\underline{\mathbf{e}}_y \qquad \underline{\mathbf{e}}_z = \cos\vartheta\,\underline{\mathbf{e}}_R - \sin\vartheta\,\underline{\mathbf{e}}_\vartheta$$

Vektorkomponenten:
$$A_R = \underline{\mathbf{A}}\cdot\underline{\mathbf{e}}_R$$
$$A_\vartheta = \underline{\mathbf{A}}\cdot\underline{\mathbf{e}}_\vartheta$$
$$A_\varphi = \underline{\mathbf{A}}\cdot\underline{\mathbf{e}}_\varphi$$

$$\underline{\mathbf{A}} = A_R\underline{\mathbf{e}}_R + A_\vartheta\underline{\mathbf{e}}_\vartheta + A_\varphi\underline{\mathbf{e}}_\varphi$$

$$\begin{pmatrix} A_R \\ A_\vartheta \\ A_\varphi \end{pmatrix} = \begin{pmatrix} \sin\vartheta\cos\varphi & \sin\vartheta\sin\varphi & \cos\vartheta \\ \cos\vartheta\cos\varphi & \cos\vartheta\sin\varphi & -\sin\vartheta \\ -\sin\varphi & \cos\varphi & 0 \end{pmatrix} \begin{pmatrix} A_x \\ A_y \\ A_z \end{pmatrix}$$

$$\begin{pmatrix} A_x \\ A_y \\ A_z \end{pmatrix} = \begin{pmatrix} \sin\vartheta\cos\varphi & \cos\vartheta\cos\varphi & -\sin\varphi \\ \sin\vartheta\sin\varphi & \cos\vartheta\sin\varphi & \cos\varphi \\ \cos\vartheta & -\sin\vartheta & 0 \end{pmatrix} \begin{pmatrix} A_R \\ A_\vartheta \\ A_\varphi \end{pmatrix}$$

Tensorkomponenten:
$$D_{RR} = \underline{\mathbf{e}}_R\cdot\underline{\underline{\mathbf{D}}}\cdot\underline{\mathbf{e}}_R = \underline{\underline{\mathbf{D}}} : \underline{\mathbf{e}}_R\underline{\mathbf{e}}_R$$
$$D_{R\vartheta} = \underline{\mathbf{e}}_R\cdot\underline{\underline{\mathbf{D}}}\cdot\underline{\mathbf{e}}_\vartheta = \underline{\underline{\mathbf{D}}} : \underline{\mathbf{e}}_\vartheta\underline{\mathbf{e}}_R$$
usw.

$$\begin{aligned}\underline{\underline{\mathbf{D}}} = {} & D_{RR}\underline{\mathbf{e}}_R\underline{\mathbf{e}}_R + D_{R\vartheta}\underline{\mathbf{e}}_R\underline{\mathbf{e}}_\vartheta + D_{R\varphi}\underline{\mathbf{e}}_R\underline{\mathbf{e}}_\varphi + \\ & + D_{\vartheta R}\underline{\mathbf{e}}_\vartheta\underline{\mathbf{e}}_R + D_{\vartheta\vartheta}\underline{\mathbf{e}}_\vartheta\underline{\mathbf{e}}_\vartheta + D_{\vartheta\varphi}\underline{\mathbf{e}}_\vartheta\underline{\mathbf{e}}_\varphi + \\ & + D_{\varphi R}\underline{\mathbf{e}}_\varphi\underline{\mathbf{e}}_R + D_{\varphi\vartheta}\underline{\mathbf{e}}_\varphi\underline{\mathbf{e}}_\vartheta + D_{\varphi\varphi}\underline{\mathbf{e}}_\varphi\underline{\mathbf{e}}_\varphi\end{aligned}$$

$$\underline{\underline{\mathbf{I}}} = \underline{\mathbf{e}}_R\underline{\mathbf{e}}_R + \underline{\mathbf{e}}_\vartheta\underline{\mathbf{e}}_\vartheta + \underline{\mathbf{e}}_\varphi\underline{\mathbf{e}}_\varphi$$

$$\begin{pmatrix} D_{RR} & D_{R\vartheta} & D_{R\varphi} \\ D_{\vartheta R} & D_{\vartheta\vartheta} & D_{\vartheta\varphi} \\ D_{\varphi R} & D_{\varphi\vartheta} & D_{\varphi\varphi} \end{pmatrix} = \begin{pmatrix} \sin\vartheta\cos\varphi & \sin\vartheta\sin\varphi & \cos\vartheta \\ \cos\vartheta\cos\varphi & \cos\vartheta\sin\varphi & -\sin\vartheta \\ -\sin\varphi & \cos\varphi & 0 \end{pmatrix} \begin{pmatrix} D_{xx} & D_{xy} & D_{xz} \\ D_{yx} & D_{yy} & D_{yz} \\ D_{zx} & D_{zy} & D_{zz} \end{pmatrix}$$
$$\begin{pmatrix} \sin\vartheta\cos\varphi & \cos\vartheta\cos\varphi & -\sin\varphi \\ \sin\vartheta\sin\varphi & \cos\vartheta\sin\varphi & \cos\varphi \\ \cos\vartheta & -\sin\vartheta & 0 \end{pmatrix}$$

zum Beispiel:

$$\begin{aligned}D_{RR} = {} & (D_{xx}\cos^2\varphi + D_{yy}\sin^2\varphi)\sin^2\vartheta + D_{zz}\cos^2\vartheta + \\ & + (D_{xy} + D_{yx})\sin^2\vartheta\cos\varphi\sin\varphi + (D_{xz} + D_{zx})\sin\vartheta\cos\vartheta\cos\varphi + \\ & + (D_{yz} + D_{zy})\sin\vartheta\cos\vartheta\sin\varphi\end{aligned}$$

$$
\begin{aligned}
D_{\vartheta\vartheta} &= (D_{xx}\cos^2\varphi + D_{yy}\sin^2\varphi)\cos^2\vartheta + D_{zz}\sin^2\vartheta + \\
&\quad +(D_{xy}+D_{yx})\cos^2\vartheta\cos\varphi\sin\varphi - (D_{xz}+D_{zx})\sin\vartheta\cos\vartheta\cos\varphi \\
&\quad -(D_{yz}+D_{zy})\sin\vartheta\cos\vartheta\sin\varphi \\
D_{\varphi\varphi} &= D_{xx}\sin^2\varphi + D_{yy}\cos^2\varphi - \\
&\quad -(D_{xy}+D_{yx})\cos\varphi\sin\varphi
\end{aligned}
$$

$$
\begin{aligned}
\operatorname{spur}\underline{\underline{\mathbf{D}}} &= D_{RR} + D_{\vartheta\vartheta} + D_{\varphi\varphi} \\
&= D_{xx} + D_{yy} + D_{zz}
\end{aligned}
$$

$$
\begin{aligned}
\text{Skalarprodukt: } \underline{\mathbf{A}}\cdot\underline{\mathbf{B}} &= A_R B_R + A_\vartheta B_\vartheta + A_\varphi B_\varphi \\
&= A_x B_x + A_y B_y + A_z B_z
\end{aligned}
$$

$$
\mathrm{d}s^2 = \mathrm{d}R^2 + R^2\mathrm{d}\vartheta^2 + R^2\sin^2\vartheta\,\mathrm{d}\varphi^2
$$

$$
\begin{aligned}
\text{Vektorprodukt: } \underline{\mathbf{A}}\times\underline{\mathbf{B}} &= (A_\vartheta B_\varphi - A_\varphi B_\vartheta)\underline{\mathbf{e}}_R + \\
&\quad +(A_\varphi B_R - A_R B_\varphi)\underline{\mathbf{e}}_\vartheta + \\
&\quad +(A_R B_\vartheta - A_\vartheta B_R)\underline{\mathbf{e}}_\varphi \\
&= \underline{\underline{\boldsymbol{\epsilon}}} : \underline{\mathbf{B}}\,\underline{\mathbf{A}} \\
&= -\underline{\mathbf{A}}\cdot\underline{\underline{\boldsymbol{\epsilon}}}\cdot\underline{\mathbf{B}} \\
&= \langle\underline{\mathbf{A}}\,\underline{\mathbf{B}}\rangle
\end{aligned}
$$

$$
\mathrm{d}V = R^2\sin\vartheta\,\mathrm{d}R\,\mathrm{d}\vartheta\,\mathrm{d}\varphi
$$

$$
\boldsymbol{\nabla} = \underline{\mathbf{e}}_R\frac{\partial}{\partial R} + \frac{1}{R}\underline{\mathbf{e}}_\vartheta\frac{\partial}{\partial\vartheta} + \frac{1}{R\sin\vartheta}\underline{\mathbf{e}}_\varphi\frac{\partial}{\partial\varphi}
$$

$$
\begin{aligned}
\boldsymbol{\nabla}\Phi &= \operatorname{grad}\Phi \\
&= \frac{\partial\Phi}{\partial R}\underline{\mathbf{e}}_R + \frac{1}{R}\frac{\partial\Phi}{\partial\vartheta}\underline{\mathbf{e}}_\vartheta + \frac{1}{R\sin\vartheta}\frac{\partial\Phi}{\partial\varphi}\underline{\mathbf{e}}_\varphi
\end{aligned}
$$

$$
\begin{aligned}
\boldsymbol{\nabla}\boldsymbol{\nabla}\Phi &= \frac{\partial^2\Phi}{\partial R^2}\underline{\mathbf{e}}_R\underline{\mathbf{e}}_R + \frac{1}{R}\left(\frac{\partial^2\Phi}{\partial R\partial\vartheta} - \frac{1}{R}\frac{\partial\Phi}{\partial\vartheta}\right)\underline{\mathbf{e}}_R\underline{\mathbf{e}}_\vartheta + \frac{1}{R\sin\vartheta}\left(\frac{\partial^2\Phi}{\partial R\partial\varphi} - \frac{1}{R}\frac{\partial\Phi}{\partial\varphi}\right)\underline{\mathbf{e}}_R\underline{\mathbf{e}}_\varphi + \\
&\quad +\frac{1}{R}\left(\frac{\partial^2\Phi}{\partial R\partial\vartheta} - \frac{1}{R}\frac{\partial\Phi}{\partial\vartheta}\right)\underline{\mathbf{e}}_\vartheta\underline{\mathbf{e}}_R + \frac{1}{R^2}\left(\frac{\partial^2\Phi}{\partial\vartheta^2} + R\frac{\partial\Phi}{\partial R}\right)\underline{\mathbf{e}}_\vartheta\underline{\mathbf{e}}_\vartheta + \\
&\quad + \frac{1}{R^2\sin\vartheta}\left(\frac{\partial^2\Phi}{\partial\vartheta\partial\varphi} - \cot\vartheta\frac{\partial\Phi}{\partial\varphi}\right)\underline{\mathbf{e}}_\vartheta\underline{\mathbf{e}}_\varphi + \\
&\quad +\frac{1}{R\sin\vartheta}\left(\frac{\partial^2\Phi}{\partial R\partial\varphi} - \frac{1}{R}\frac{\partial\Phi}{\partial\varphi}\right)\underline{\mathbf{e}}_\varphi\underline{\mathbf{e}}_R + \frac{1}{R^2\sin\vartheta}\left(\frac{\partial^2\Phi}{\partial\vartheta\partial\varphi} - \cot\vartheta\frac{\partial\Phi}{\partial\varphi}\right)\underline{\mathbf{e}}_\varphi\underline{\mathbf{e}}_\vartheta + \\
&\quad + \frac{1}{R^2}\left(\frac{1}{\sin^2\vartheta}\frac{\partial^2\Phi}{\partial\varphi^2} + \cot\vartheta\frac{\partial\Phi}{\partial\vartheta} + R\frac{\partial\Phi}{\partial R}\right)\underline{\mathbf{e}}_\varphi\underline{\mathbf{e}}_\varphi
\end{aligned}
$$

Christoffel-Symbole 2. Art:

$$\frac{\partial \underline{\mathbf{e}}_R}{\partial R} = \underline{\mathbf{0}} \qquad \frac{\partial \underline{\mathbf{e}}_\vartheta}{\partial R} = \underline{\mathbf{0}} \qquad \frac{\partial \underline{\mathbf{e}}_\varphi}{\partial R} = \underline{\mathbf{0}}$$

$$\frac{\partial \underline{\mathbf{e}}_R}{\partial \vartheta} = \underline{\mathbf{e}}_\vartheta = \alpha_2(1,2)\underline{\mathbf{e}}_\vartheta \qquad \frac{\partial \underline{\mathbf{e}}_\vartheta}{\partial \vartheta} = -\underline{\mathbf{e}}_R = \alpha_1(2,2)\underline{\mathbf{e}}_R \qquad \frac{\partial \underline{\mathbf{e}}_\varphi}{\partial \vartheta} = \underline{\mathbf{0}}$$

$$\frac{\partial \underline{\mathbf{e}}_R}{\partial \varphi} = \sin\vartheta\,\underline{\mathbf{e}}_\varphi = \alpha_3(1,3)\underline{\mathbf{e}}_\varphi \quad \frac{\partial \underline{\mathbf{e}}_\vartheta}{\partial \varphi} = \cos\vartheta\,\underline{\mathbf{e}}_\varphi = \alpha_3(2,3)\underline{\mathbf{e}}_\varphi \quad \frac{\partial \underline{\mathbf{e}}_\varphi}{\partial \varphi} = -\sin\vartheta\,\underline{\mathbf{e}}_R - \cos\vartheta\,\underline{\mathbf{e}}_\vartheta = \alpha_1(3,3)\underline{\mathbf{e}}_R + \alpha_2(3,3)\underline{\mathbf{e}}_\vartheta$$

$$\begin{aligned}
\Delta\Phi &= \frac{1}{R^2}\frac{\partial}{\partial R}\left(R^2\frac{\partial\Phi}{\partial R}\right) + \frac{1}{R^2\sin\vartheta}\frac{\partial}{\partial\vartheta}\left(\sin\vartheta\frac{\partial\Phi}{\partial\vartheta}\right) + \frac{1}{R^2\sin^2\vartheta}\frac{\partial^2\Phi}{\partial\varphi^2}\\
&= \frac{\partial^2\Phi}{\partial R^2} + \frac{2}{R}\frac{\partial\Phi}{\partial R} + \frac{1}{R^2\sin\vartheta}\frac{\partial^2\Phi}{\partial\vartheta^2} + \frac{\cot\vartheta}{R^2}\frac{\partial\Phi}{\partial\vartheta} + \frac{1}{R^2\sin^2\vartheta}\frac{\partial^2\Phi}{\partial\varphi^2}\\
&= \frac{1}{R^2}\frac{\partial}{\partial R}\left(R^2\frac{\partial\Phi}{\partial R}\right) + (\underline{\mathbf{e}}_R\times\boldsymbol{\nabla})^2\Phi\\
&= \frac{1}{R^2}\frac{\partial}{\partial R}\left(R^2\frac{\partial\Phi}{\partial R}\right) + \mathcal{B}\{\Phi\} \ ; \ \mathcal{B} \text{ ist der Beltrami-Operator}
\end{aligned}$$

$$\operatorname{spur}(\boldsymbol{\nabla}\boldsymbol{\nabla}\Phi) = \Delta\Phi$$

$$\begin{aligned}
\boldsymbol{\nabla}\cdot\underline{\mathbf{A}} &= \operatorname{div}\underline{\mathbf{A}}\\
&= \frac{1}{R^2}\frac{\partial}{\partial R}(R^2A_R) + \frac{1}{R\sin\vartheta}\frac{\partial}{\partial\vartheta}(\sin\vartheta A_\vartheta) + \frac{1}{R\sin\vartheta}\frac{\partial A_\varphi}{\partial\varphi}
\end{aligned}$$

$$\begin{aligned}
\boldsymbol{\nabla}\cdot\underline{\mathbf{e}}_R &= \frac{2}{R}\\
\boldsymbol{\nabla}\cdot\underline{\mathbf{e}}_\vartheta &= \frac{1}{R\tan\vartheta}\\
\boldsymbol{\nabla}\cdot\underline{\mathbf{e}}_\varphi &= 0
\end{aligned}$$

$$\begin{aligned}
\boldsymbol{\nabla}\times\underline{\mathbf{A}} &= \operatorname{rot}\underline{\mathbf{A}}\\
&= \frac{1}{R\sin\vartheta}\left[\frac{\partial}{\partial\vartheta}(\sin\vartheta A_\varphi) - \frac{\partial A_\vartheta}{\partial\varphi}\right]\underline{\mathbf{e}}_R +\\
&\quad + \frac{1}{R}\left[\frac{1}{\sin\vartheta}\frac{\partial A_R}{\partial\varphi} - \frac{\partial}{\partial R}(RA_\varphi)\right]\underline{\mathbf{e}}_\vartheta +\\
&\quad + \frac{1}{R}\left[\frac{\partial}{\partial R}(RA_\vartheta) - \frac{\partial A_R}{\partial\vartheta}\right]\underline{\mathbf{e}}_\varphi
\end{aligned}$$

$$\begin{aligned}
\boldsymbol{\nabla}\times\underline{\mathbf{e}}_R &= \underline{\mathbf{0}}\\
\boldsymbol{\nabla}\times\underline{\mathbf{e}}_\vartheta &= \frac{1}{R}\underline{\mathbf{e}}_\varphi\\
\boldsymbol{\nabla}\times\underline{\mathbf{e}}_\varphi &= \frac{1}{R\tan\vartheta}\underline{\mathbf{e}}_R - \frac{1}{R}\underline{\mathbf{e}}_\vartheta
\end{aligned}$$

$$\begin{aligned}\nabla\underline{\mathbf{A}} =& \frac{\partial A_R}{\partial R}\underline{\mathbf{e}}_R\underline{\mathbf{e}}_R + \frac{\partial A_\vartheta}{\partial R}\underline{\mathbf{e}}_R\underline{\mathbf{e}}_\vartheta + \frac{\partial A_\varphi}{\partial R}\underline{\mathbf{e}}_R\underline{\mathbf{e}}_\varphi + \\ &+\frac{1}{R}\left(\frac{\partial A_R}{\partial\vartheta} - A_\vartheta\right)\underline{\mathbf{e}}_\vartheta\underline{\mathbf{e}}_R + \frac{1}{R}\left(\frac{\partial A_\vartheta}{\partial\vartheta} + A_R\right)\underline{\mathbf{e}}_\vartheta\underline{\mathbf{e}}_\vartheta + \frac{1}{R}\frac{\partial A_\varphi}{\partial\vartheta}\underline{\mathbf{e}}_\vartheta\underline{\mathbf{e}}_\varphi + \\ &+\frac{1}{R\sin\vartheta}\left(\frac{\partial A_R}{\partial\varphi} - \sin\vartheta A_\varphi\right)\underline{\mathbf{e}}_\varphi\underline{\mathbf{e}}_R + \frac{1}{R\sin\vartheta}\left(\frac{\partial A_\vartheta}{\partial\varphi} - \cos\vartheta A_\varphi\right)\underline{\mathbf{e}}_\varphi\underline{\mathbf{e}}_\vartheta + \\ &+\frac{1}{R\sin\vartheta}\left(\frac{\partial A_\varphi}{\partial\varphi} + \sin\vartheta A_R + \cos\vartheta A_\vartheta\right)\underline{\mathbf{e}}_\varphi\underline{\mathbf{e}}_\varphi\end{aligned}$$

$$\begin{aligned}(\nabla\cdot\underline{\underline{\mathbf{D}}})\cdot\underline{\mathbf{e}}_R &= \frac{1}{R^2}\frac{\partial R^2 D_{RR}}{\partial R} + \frac{1}{R\sin\vartheta}\frac{\partial\sin\vartheta D_{\vartheta R}}{\partial\vartheta} + \frac{1}{R\sin\vartheta}\frac{\partial D_{\varphi R}}{\partial\varphi} - \frac{1}{R}D_{\vartheta\vartheta} - \frac{1}{R}D_{\varphi\varphi} \\ (\nabla\cdot\underline{\underline{\mathbf{D}}})\cdot\underline{\mathbf{e}}_\vartheta &= \frac{1}{R^2}\frac{\partial R^2 D_{R\vartheta}}{\partial R} + \frac{1}{R\sin\vartheta}\frac{\partial\sin\vartheta D_{\vartheta\vartheta}}{\partial\vartheta} + \frac{1}{R\sin\vartheta}\frac{\partial D_{\varphi\vartheta}}{\partial\varphi} + \frac{1}{R}D_{\vartheta R} - \frac{\cot\vartheta}{R}D_{\varphi\varphi} \\ (\nabla\cdot\underline{\underline{\mathbf{D}}})\cdot\underline{\mathbf{e}}_\varphi &= \frac{1}{R^2}\frac{\partial R^2 D_{R\varphi}}{\partial R} + \frac{1}{R\sin\vartheta}\frac{\partial\sin\vartheta D_{\vartheta\varphi}}{\partial\vartheta} + \frac{1}{R\sin\vartheta}\frac{\partial D_{\varphi\varphi}}{\partial\varphi} + \frac{1}{R}D_{\varphi R} + \frac{\cot\vartheta}{R}D_{\varphi\vartheta}\end{aligned}$$

$$\text{spur}\,(\nabla\underline{\mathbf{A}}) = \nabla\cdot\underline{\mathbf{A}}$$

$$\langle\underline{\mathbf{A}}\,\underline{\mathbf{B}}\rangle = \nabla\times\underline{\mathbf{A}}$$

$$\begin{aligned}\nabla\nabla\cdot\underline{\mathbf{A}} =& \left(\frac{\partial^2 A_R}{\partial R^2} + \frac{2}{R}\frac{\partial A_R}{\partial R} - \frac{2A_R}{R^2} - \frac{A_\vartheta}{R^2\tan\vartheta} + \frac{1}{R\tan\vartheta}\frac{\partial A_\vartheta}{\partial R} + \frac{1}{R}\frac{\partial^2 A_\vartheta}{\partial\vartheta\partial R} -\right. \\ &\left.-\frac{1}{R^2}\frac{\partial A_\vartheta}{\partial\vartheta} + \frac{1}{R\sin\vartheta}\frac{\partial^2 A_\varphi}{\partial\varphi\partial R} - \frac{1}{R^2\sin\vartheta}\frac{\partial A_\varphi}{\partial\varphi}\right)\underline{\mathbf{e}}_R + \\ &+\left(\frac{1}{R}\frac{\partial^2 A_R}{\partial R\partial\vartheta} + \frac{2}{R^2}\frac{\partial A_R}{\partial\vartheta} - \frac{A_\vartheta}{R^2\sin^2\vartheta} + \frac{1}{R^2\tan\vartheta}\frac{\partial A_\vartheta}{\partial\vartheta} + \frac{1}{R^2}\frac{\partial^2 A_\vartheta}{\partial\vartheta^2} +\right. \\ &\left.+\frac{1}{R^2\sin\vartheta}\frac{\partial^2 A_\varphi}{\partial\varphi\partial\vartheta} - \frac{\cot\vartheta}{R^2\sin\vartheta}\frac{\partial A_\varphi}{\partial\varphi}\right)\underline{\mathbf{e}}_\vartheta + \\ &+\left(\frac{1}{R\sin\vartheta}\frac{\partial^2 A_R}{\partial R\partial\varphi} + \frac{2}{R^2\sin\vartheta}\frac{\partial A_R}{\partial\varphi} + \frac{\cot\vartheta}{R^2\sin\vartheta}\frac{\partial A_\vartheta}{\partial\varphi} + \frac{1}{R^2\sin\vartheta}\frac{\partial^2 A_\varphi}{\partial\varphi\partial\vartheta} +\right. \\ &\left.+\frac{1}{R^2\sin^2\vartheta}\frac{\partial^2 A_\varphi}{\partial\varphi^2}\right)\underline{\mathbf{e}}_\varphi\end{aligned}$$

$$\begin{aligned}\nabla\times\nabla\times\underline{\mathbf{A}} =& \left(\frac{1}{R}\frac{\partial^2 A_\vartheta}{\partial R\partial\vartheta} + \frac{1}{R^2}\frac{\partial A_\vartheta}{\partial\vartheta} - \frac{1}{R^2}\frac{\partial^2 A_R}{\partial\vartheta^2} + \frac{1}{R\tan\vartheta}\frac{\partial A_\vartheta}{\partial R} + \frac{1}{R\tan\vartheta}\frac{A_\vartheta}{R} -\right. \\ &\left.-\frac{1}{R^2\tan\vartheta}\frac{\partial A_R}{\partial\vartheta} - \frac{1}{R^2\sin^2\vartheta}\frac{\partial^2 A_R}{\partial\varphi^2} + \frac{1}{R\sin\vartheta}\frac{\partial^2 A_\varphi}{\partial R\partial\varphi} + \frac{1}{R^2\sin\vartheta}\frac{\partial A_\varphi}{\partial\varphi}\right)\underline{\mathbf{e}}_R + \\ &+\left(\frac{1}{R^2\sin^2\vartheta}\frac{\partial^2 A_\varphi}{\partial\varphi\partial\vartheta} + \frac{\cot\vartheta}{R^2\sin\vartheta}\frac{\partial A_\varphi}{\partial\varphi} - \frac{1}{R^2\sin^2\vartheta}\frac{\partial^2 A_\vartheta}{\partial\varphi^2} - \frac{2}{R}\frac{\partial A_\vartheta}{\partial R} +\right.\end{aligned}$$

$$+\frac{1}{R}\frac{\partial^2 A_R}{\partial R \partial \vartheta} - \frac{\partial^2 A_\vartheta}{\partial R^2}\Bigg) \underline{\mathbf{e}}_\vartheta +$$

$$+\left(\frac{1}{R\sin\vartheta}\frac{\partial^2 A_R}{\partial\varphi\partial R} - \frac{2}{R}\frac{\partial A_\varphi}{\partial R} - \frac{1}{R^2}\frac{\partial^2 A_\varphi}{\partial\vartheta^2} - \frac{\partial^2 A_\varphi}{\partial R^2} - \frac{1}{R^2\tan\vartheta}\frac{\partial A_\varphi}{\partial\vartheta} +\right.$$

$$\left.+\frac{A_\varphi}{R^2\sin^2\vartheta} + \frac{1}{R^2\sin^2\vartheta}\frac{\partial^2 A_\vartheta}{\partial\vartheta\partial\varphi} - \frac{\cot\vartheta}{R^2\sin\vartheta}\frac{\partial A_\vartheta}{\partial\varphi}\right)\underline{\mathbf{e}}_\varphi$$

$$\begin{aligned}
\Delta\underline{\mathbf{A}} &= \boldsymbol{\nabla}\cdot\boldsymbol{\nabla}\underline{\mathbf{A}} \\
&= \boldsymbol{\nabla}\boldsymbol{\nabla}\cdot\underline{\mathbf{A}} - \boldsymbol{\nabla}\times\boldsymbol{\nabla}\times\underline{\mathbf{A}} \\
&= \left(\Delta A_R - \frac{2A_R}{R^2} - \frac{2\cot\vartheta}{R^2}A_\vartheta - \frac{2}{R^2}\frac{\partial A_\vartheta}{\partial\vartheta} - \frac{2}{R^2\sin\vartheta}\frac{\partial A_\varphi}{\partial\varphi}\right)\underline{\mathbf{e}}_R + \\
&\quad + \left(\Delta A_\vartheta + \frac{2}{R^2}\frac{\partial A_R}{\partial\vartheta} - \frac{A_\vartheta}{R^2\sin^2\vartheta} - \frac{2\cot\vartheta}{R^2\sin\vartheta}\frac{\partial A_\varphi}{\partial\varphi}\right)\underline{\mathbf{e}}_\vartheta + \\
&\quad + \left(\Delta A_\varphi + \frac{2}{R^2\sin\vartheta}\frac{\partial A_R}{\partial\varphi} - \frac{1}{R^2\sin^2\vartheta}A_\varphi + \frac{2\cot\vartheta}{R^2\sin\vartheta}\frac{\partial A_\vartheta}{\partial\varphi}\right)\underline{\mathbf{e}}_\varphi
\end{aligned}$$

A.7 Nabla-Identitäten

A.7.1 Allgemeine Skalar-, Vektor- und Tensorfelder

Einmalige Nabla-Operation

- Skalarfelder

$$\boldsymbol{\nabla}\Phi[\phi_1(\underline{\mathbf{R}}),\ldots,\phi_n(\underline{\mathbf{R}})] = \sum_{i=1}^{n}\frac{\partial\Phi(\phi_1,\ldots,\phi_n)}{\partial\phi_i}\boldsymbol{\nabla}\phi_i(\underline{\mathbf{R}})$$

$$\boldsymbol{\nabla}(\Phi\Psi) = \Phi\boldsymbol{\nabla}\Psi + \Psi\boldsymbol{\nabla}\Phi$$

- Skalar- und Vektorfelder

$$\begin{aligned}
\boldsymbol{\nabla}(\Phi\underline{\mathbf{A}}) &= \Phi\boldsymbol{\nabla}\underline{\mathbf{A}} + (\boldsymbol{\nabla}\Phi)\underline{\mathbf{A}} \\
\boldsymbol{\nabla}\cdot(\Phi\underline{\mathbf{A}}) &= \Phi\boldsymbol{\nabla}\cdot\underline{\mathbf{A}} + \underline{\mathbf{A}}\cdot\boldsymbol{\nabla}\Phi \\
\boldsymbol{\nabla}\times(\Phi\underline{\mathbf{A}}) &= \Phi\boldsymbol{\nabla}\times\underline{\mathbf{A}} - \underline{\mathbf{A}}\times\boldsymbol{\nabla}\Phi
\end{aligned}$$

- Skalar- und Tensorfelder

$$\begin{aligned}
\boldsymbol{\nabla}(\Phi\underline{\underline{\mathbf{D}}}) &= (\boldsymbol{\nabla}\Phi)\underline{\underline{\mathbf{D}}} + \Phi\boldsymbol{\nabla}\underline{\underline{\mathbf{D}}} \\
\boldsymbol{\nabla}(\Phi\,\underline{\underline{\mathbf{I}}}) &= (\boldsymbol{\nabla}\Phi)\,\underline{\underline{\mathbf{I}}} \\
\boldsymbol{\nabla}\cdot(\Phi\underline{\underline{\mathbf{D}}}) &= \boldsymbol{\nabla}\Phi\cdot\underline{\underline{\mathbf{D}}} + \Phi\boldsymbol{\nabla}\cdot\underline{\underline{\mathbf{D}}} \\
\boldsymbol{\nabla}\cdot(\Phi\underline{\underline{\mathbf{I}}}) &= \boldsymbol{\nabla}\Phi \\
\boldsymbol{\nabla}\times(\Phi\underline{\underline{\mathbf{D}}}) &= \boldsymbol{\nabla}\Phi\times\underline{\underline{\mathbf{D}}} + \Phi\boldsymbol{\nabla}\times\underline{\underline{\mathbf{D}}} \\
\boldsymbol{\nabla}\times(\Phi\underline{\underline{\mathbf{I}}}) &= \boldsymbol{\nabla}\Phi\times\underline{\underline{\mathbf{I}}}
\end{aligned}$$

- Vektorfelder

$$\boldsymbol{\nabla}\cdot\underline{\mathbf{A}}[\phi_1(\underline{\mathbf{R}}),\ldots,\phi_n(\underline{\mathbf{R}})]=\sum_{i=1}^{n}\frac{\partial\underline{\mathbf{A}}(\phi_1,\ldots,\phi_n)}{\partial\phi_i}\cdot\boldsymbol{\nabla}\phi_i(\underline{\mathbf{R}})$$

$$\boldsymbol{\nabla}\times\underline{\mathbf{A}}[\phi_1(\underline{\mathbf{R}}),\ldots,\phi_n(\underline{\mathbf{R}})]=\sum_{i=1}^{n}\boldsymbol{\nabla}\phi_i(\underline{\mathbf{R}})\times\frac{\partial\underline{\mathbf{A}}(\phi_1,\ldots,\phi_n)}{\partial\phi_i}$$

$$\begin{aligned}\boldsymbol{\nabla}(\underline{\mathbf{A}}\cdot\underline{\mathbf{B}})&=(\boldsymbol{\nabla}\underline{\mathbf{A}})\cdot\underline{\mathbf{B}}+(\boldsymbol{\nabla}\underline{\mathbf{B}})\cdot\underline{\mathbf{A}}\\&=\underline{\mathbf{B}}\cdot(\boldsymbol{\nabla}\underline{\mathbf{A}})^{21}+\underline{\mathbf{A}}\cdot(\boldsymbol{\nabla}\underline{\mathbf{B}})^{21}\\&=\underline{\mathbf{A}}\times(\boldsymbol{\nabla}\times\underline{\mathbf{B}})+\underline{\mathbf{A}}\cdot\boldsymbol{\nabla}\underline{\mathbf{B}}+\underline{\mathbf{B}}\times(\boldsymbol{\nabla}\times\underline{\mathbf{A}})+\underline{\mathbf{B}}\cdot\boldsymbol{\nabla}\underline{\mathbf{A}}\quad,\\&\quad\text{weil}\\\underline{\mathbf{A}}\times(\boldsymbol{\nabla}\times\underline{\mathbf{B}})&=-\underline{\mathbf{A}}\cdot\underline{\underline{\boldsymbol{\varepsilon}}}\cdot\underline{\underline{\boldsymbol{\varepsilon}}}:(\boldsymbol{\nabla}\underline{\mathbf{B}})^{21}\\&=-\underline{\mathbf{A}}\cdot(\boldsymbol{\nabla}\underline{\mathbf{B}})+\underline{\mathbf{A}}\cdot(\boldsymbol{\nabla}\underline{\mathbf{B}})^{21}\\&=(\boldsymbol{\nabla}\underline{\mathbf{B}})\cdot\underline{\mathbf{A}}-\underline{\mathbf{A}}\cdot(\boldsymbol{\nabla}\underline{\mathbf{B}})\end{aligned}$$

$$\boldsymbol{\nabla}(\underline{\mathbf{A}}\times\underline{\mathbf{B}})=(\boldsymbol{\nabla}\underline{\mathbf{A}})\times\underline{\mathbf{B}}-(\boldsymbol{\nabla}\underline{\mathbf{B}})\times\underline{\mathbf{A}}$$

$$\boldsymbol{\nabla}(\underline{\mathbf{A}}\,\underline{\mathbf{B}})=(\boldsymbol{\nabla}\underline{\mathbf{A}})\underline{\mathbf{B}}+(\underline{\mathbf{A}}\boldsymbol{\nabla}\underline{\mathbf{B}})^{213}$$

$$\boldsymbol{\nabla}\cdot(\underline{\mathbf{A}}\times\underline{\mathbf{B}})=(\boldsymbol{\nabla}\times\underline{\mathbf{A}})\cdot\underline{\mathbf{B}}-\underline{\mathbf{A}}\cdot(\boldsymbol{\nabla}\times\underline{\mathbf{B}})$$

$$\boldsymbol{\nabla}\cdot(\underline{\mathbf{A}}\,\underline{\mathbf{B}})=(\boldsymbol{\nabla}\cdot\underline{\mathbf{A}})\underline{\mathbf{B}}+\underline{\mathbf{A}}\cdot(\boldsymbol{\nabla}\underline{\mathbf{B}})$$

$$\begin{aligned}\boldsymbol{\nabla}\times(\underline{\mathbf{A}}\times\underline{\mathbf{B}})&=\underline{\mathbf{B}}\cdot\boldsymbol{\nabla}\underline{\mathbf{A}}-\underline{\mathbf{A}}\cdot\boldsymbol{\nabla}\underline{\mathbf{B}}+(\boldsymbol{\nabla}\cdot\underline{\mathbf{B}})\underline{\mathbf{A}}-(\boldsymbol{\nabla}\cdot\underline{\mathbf{A}})\underline{\mathbf{B}}\\&=\boldsymbol{\nabla}\cdot(\underline{\mathbf{B}}\,\underline{\mathbf{A}}-\underline{\mathbf{A}}\,\underline{\mathbf{B}})\end{aligned}$$

$$\boldsymbol{\nabla}\times(\underline{\mathbf{A}}\,\underline{\mathbf{B}})=(\boldsymbol{\nabla}\times\underline{\mathbf{A}})\underline{\mathbf{B}}-\underline{\mathbf{A}}\times(\boldsymbol{\nabla}\underline{\mathbf{B}})$$

$$\underline{\underline{\mathbf{I}}}:\boldsymbol{\nabla}\underline{\mathbf{A}}=\boldsymbol{\nabla}\cdot\underline{\mathbf{A}}$$

$$\underline{\underline{\mathbf{I}}}\stackrel{\cdot}{\times}\boldsymbol{\nabla}\underline{\mathbf{A}}=\boldsymbol{\nabla}\times\underline{\mathbf{A}}$$

$$\underline{\underline{\mathbf{I}}}\stackrel{\times}{\cdot}\boldsymbol{\nabla}\underline{\mathbf{A}}=-\boldsymbol{\nabla}\times\underline{\mathbf{A}}$$

$$\underline{\underline{\mathbf{I}}}\stackrel{\times}{\times}\boldsymbol{\nabla}\underline{\mathbf{A}}=\underline{\underline{\mathbf{I}}}\,\boldsymbol{\nabla}\cdot\underline{\mathbf{A}}-\boldsymbol{\nabla}\underline{\mathbf{A}}$$

$$(\boldsymbol{\nabla}\boldsymbol{A})_{\mathrm{a}}=\frac{1}{2}(\underline{\underline{\boldsymbol{\varepsilon}}}:\boldsymbol{\nabla}\underline{\mathbf{A}})\times\underline{\underline{\mathbf{I}}}=-\frac{1}{2}(\boldsymbol{\nabla}\times\underline{\mathbf{A}})\times\underline{\underline{\mathbf{I}}}$$

- Vektor- und Tensorfelder

$$\boldsymbol{\nabla}(\underline{\mathbf{A}}\,\underline{\underline{\mathbf{D}}})=(\boldsymbol{\nabla}\underline{\mathbf{A}})\underline{\underline{\mathbf{D}}}+(\underline{\mathbf{A}}\boldsymbol{\nabla}\underline{\underline{\mathbf{D}}})^{2134}$$

$$\boldsymbol{\nabla}(\underline{\underline{\mathbf{D}}}\cdot\underline{\mathbf{A}})=(\boldsymbol{\nabla}\underline{\underline{\mathbf{D}}})\cdot\underline{\mathbf{A}}+(\boldsymbol{\nabla}\underline{\mathbf{A}})\cdot\underline{\underline{\mathbf{D}}}^{21}$$

$$\boldsymbol{\nabla}(\underline{\mathbf{A}}\cdot\underline{\underline{\mathbf{D}}})=(\boldsymbol{\nabla}\underline{\mathbf{A}})\cdot\underline{\underline{\mathbf{D}}}+\underline{\mathbf{A}}\cdot(\boldsymbol{\nabla}\underline{\underline{\mathbf{D}}})^{213}$$

$$\boldsymbol{\nabla}(\underline{\mathbf{A}}\times\underline{\underline{\mathbf{I}}})=\boldsymbol{\nabla}\underline{\mathbf{A}}\times\underline{\underline{\mathbf{I}}}$$

$$\boldsymbol{\nabla}\cdot(\underline{\underline{\mathbf{D}}}\,\underline{\mathbf{A}})=(\boldsymbol{\nabla}\cdot\underline{\underline{\mathbf{D}}})\underline{\mathbf{A}}+\underline{\underline{\mathbf{D}}}^{21}\cdot\boldsymbol{\nabla}\underline{\mathbf{A}}$$

$$\boldsymbol{\nabla}\cdot(\underline{\underline{\mathbf{I}}}\,\underline{\mathbf{A}})=\boldsymbol{\nabla}\underline{\mathbf{A}}$$

$$\boldsymbol{\nabla}\cdot(\underline{\mathbf{A}}\,\underline{\underline{\mathbf{D}}})=(\boldsymbol{\nabla}\cdot\underline{\mathbf{A}})\underline{\underline{\mathbf{D}}}+\underline{\mathbf{A}}\cdot\boldsymbol{\nabla}\underline{\underline{\mathbf{D}}}$$

$$\boldsymbol{\nabla}\cdot(\underline{\mathbf{A}}\,\underline{\underline{\mathbf{I}}})=\underline{\underline{\mathbf{I}}}\,\boldsymbol{\nabla}\cdot\underline{\mathbf{A}}$$

$$\begin{aligned}\boldsymbol{\nabla}\cdot(\underline{\underline{\mathbf{D}}}\cdot\underline{\mathbf{A}}) &= (\boldsymbol{\nabla}\cdot\underline{\underline{\mathbf{D}}})\cdot\underline{\mathbf{A}} + \operatorname{spur}(\underline{\underline{\mathbf{D}}}^{21}\cdot\boldsymbol{\nabla}\underline{\mathbf{A}})\\ &= (\boldsymbol{\nabla}\cdot\underline{\underline{\mathbf{D}}})\cdot\underline{\mathbf{A}} + \underline{\underline{\mathbf{D}}}^{21} : \boldsymbol{\nabla}\underline{\mathbf{A}}\end{aligned}$$

$$\begin{aligned}\boldsymbol{\nabla}\cdot(\underline{\mathbf{A}}\cdot\underline{\underline{\mathbf{D}}}) &= \boldsymbol{\nabla}\underline{\mathbf{A}} : \underline{\underline{\mathbf{D}}} + \underline{\mathbf{A}}\cdot\boldsymbol{\nabla}\cdot\underline{\underline{\mathbf{D}}}^{21}\\ &= \operatorname{spur}(\boldsymbol{\nabla}\underline{\mathbf{A}}\cdot\underline{\underline{\mathbf{D}}}) + \underline{\mathbf{A}}\cdot\boldsymbol{\nabla}\cdot\underline{\underline{\mathbf{D}}}^{21}\end{aligned}$$

$$\begin{aligned}\boldsymbol{\nabla}\cdot(\underline{\mathbf{A}}\times\underline{\underline{\mathbf{D}}}) &= (\boldsymbol{\nabla}\times\underline{\mathbf{A}})\cdot\underline{\underline{\mathbf{D}}} - \underline{\mathbf{A}}\cdot(\boldsymbol{\nabla}\times\underline{\underline{\mathbf{D}}})\\ &= -\boldsymbol{\nabla}\cdot(\underline{\underline{\mathbf{D}}}^{21}\times\underline{\mathbf{A}})\\ &= -(\boldsymbol{\nabla}\times\underline{\underline{\mathbf{D}}})^{21}\cdot\underline{\mathbf{A}} + \underline{\underline{\mathbf{D}}}^{21}\cdot(\boldsymbol{\nabla}\times\underline{\mathbf{A}})\end{aligned}$$

$$\boldsymbol{\nabla}\cdot(\underline{\underline{\mathbf{D}}}\times\underline{\mathbf{A}}) = (\boldsymbol{\nabla}\cdot\underline{\underline{\mathbf{D}}})\times\underline{\mathbf{A}} + \underline{\underline{\mathbf{D}}}^{21}\ \dot{\times}\ \boldsymbol{\nabla}\underline{\mathbf{A}}$$

$$\boldsymbol{\nabla}\cdot(\underline{\underline{\mathbf{I}}}\times\underline{\mathbf{A}}) = \boldsymbol{\nabla}\times\underline{\mathbf{A}}$$

$$\boldsymbol{\nabla}\cdot(\underline{\mathbf{A}}\times\underline{\underline{\mathbf{I}}}) = \boldsymbol{\nabla}\times\underline{\mathbf{A}}$$

$$\boldsymbol{\nabla}\times(\underline{\underline{\mathbf{D}}}\cdot\underline{\mathbf{A}}) = (\boldsymbol{\nabla}\times\underline{\underline{\mathbf{D}}})\cdot\underline{\mathbf{A}} - \underline{\underline{\mathbf{D}}}^{21}\ \overset{\times}{\cdot}\ \boldsymbol{\nabla}\underline{\mathbf{A}}$$

$$\boldsymbol{\nabla}\times(\underline{\underline{\mathbf{D}}}\times\underline{\mathbf{A}}) = (\boldsymbol{\nabla}\times\underline{\underline{\mathbf{D}}})\times\underline{\mathbf{A}} - \boldsymbol{\nabla}\underline{\mathbf{A}}\ \overset{\times}{\times}\ \underline{\underline{\mathbf{D}}}^{21}$$

$$\boldsymbol{\nabla}\times(\underline{\underline{\mathbf{I}}}\times\underline{\mathbf{A}}) = (\boldsymbol{\nabla}\underline{\mathbf{A}})^{21} - \underline{\underline{\mathbf{I}}}\,\boldsymbol{\nabla}\cdot\underline{\mathbf{A}}$$

- Tensorfelder

$$\boldsymbol{\nabla}\cdot(\underline{\underline{\mathbf{D}}}\cdot\underline{\underline{\mathbf{E}}}) = (\boldsymbol{\nabla}\cdot\underline{\underline{\mathbf{D}}})\cdot\underline{\underline{\mathbf{E}}} + \underline{\underline{\mathbf{D}}}^{21} : \boldsymbol{\nabla}\underline{\underline{\mathbf{E}}}$$

$$\boldsymbol{\nabla}\cdot(\underline{\underline{\mathbf{D}}}^{21}\times\underline{\underline{\mathbf{E}}}) = (\boldsymbol{\nabla}\times\underline{\underline{\mathbf{D}}})^{21}\cdot\underline{\underline{\mathbf{E}}} - \underline{\underline{\mathbf{D}}}^{21}\cdot(\boldsymbol{\nabla}\times\underline{\underline{\mathbf{E}}})$$

Zweimalige Nabla-Operationen

$$\boldsymbol{\nabla}\cdot\boldsymbol{\nabla}\Phi = \Delta\Phi$$

$$\boldsymbol{\nabla}\cdot\boldsymbol{\nabla}\underline{\mathbf{A}} = \Delta\underline{\mathbf{A}}$$

$$\boldsymbol{\nabla}\cdot(\boldsymbol{\nabla}\underline{\mathbf{A}})^{21} = \boldsymbol{\nabla}\boldsymbol{\nabla}\cdot\underline{\mathbf{A}}$$

$$\boldsymbol{\nabla}\cdot(\boldsymbol{\nabla}\times\underline{\mathbf{A}}) = 0$$

$$\boldsymbol{\nabla}\cdot(\boldsymbol{\nabla}\times\underline{\underline{\mathbf{D}}}) = \underline{0}$$

$$\boldsymbol{\nabla}\times(\boldsymbol{\nabla}\Phi) = \underline{0}$$

$$\boldsymbol{\nabla}\times(\boldsymbol{\nabla}\underline{\mathbf{A}}) = \underline{\underline{0}}$$

$$\boldsymbol{\nabla}\times(\boldsymbol{\nabla}\underline{\mathbf{A}})^{21} = (\boldsymbol{\nabla}\boldsymbol{\nabla}\times\underline{\mathbf{A}})^{21}$$

$$\boldsymbol{\nabla}\times\boldsymbol{\nabla}\times\underline{\mathbf{A}} = \boldsymbol{\nabla}\boldsymbol{\nabla}\cdot\underline{\mathbf{A}} - \boldsymbol{\nabla}\cdot\boldsymbol{\nabla}\underline{\mathbf{A}}$$

$$\Delta(\Phi\Psi) = \Phi\Delta\Psi + 2\boldsymbol{\nabla}\Phi\cdot\boldsymbol{\nabla}\Psi + \Psi\Delta\Phi$$

$$\Delta(\Phi\underline{\mathbf{A}}) = \Phi\Delta\underline{\mathbf{A}} + 2\boldsymbol{\nabla}\Phi\cdot\boldsymbol{\nabla}\underline{\mathbf{A}} + \underline{\mathbf{A}}\Delta\Phi$$

$$\Delta(\underline{\mathbf{A}}\,\underline{\mathbf{B}}) = \underline{\mathbf{A}}\Delta\underline{\mathbf{B}} + 2(\boldsymbol{\nabla}\underline{\mathbf{A}})^{21}\cdot\boldsymbol{\nabla}\underline{\mathbf{B}}) + (\Delta\underline{\mathbf{A}})\underline{\mathbf{B}}$$

$$\Delta(\Phi\underline{\underline{\mathbf{D}}}) = \Phi\Delta\underline{\underline{\mathbf{D}}} + (\Delta\Phi)\underline{\underline{\mathbf{D}}} + 2\boldsymbol{\nabla}\Phi\cdot\boldsymbol{\nabla}\underline{\underline{\mathbf{D}}}$$

$$\Delta(\underline{\mathbf{A}}\cdot\underline{\mathbf{B}}) = \underline{\mathbf{A}}\cdot\Delta\underline{\mathbf{B}} + 2(\boldsymbol{\nabla}\underline{\mathbf{A}})^{21} : \boldsymbol{\nabla}\underline{\mathbf{B}} + (\Delta\underline{\mathbf{A}})\cdot\underline{\mathbf{B}}$$

$$\Delta(\underline{\mathbf{A}}\cdot\underline{\underline{\mathbf{D}}}) = \underline{\mathbf{A}}\cdot\Delta\underline{\underline{\mathbf{D}}} + 2(\boldsymbol{\nabla}\underline{\mathbf{A}})^{21} : (\boldsymbol{\nabla}\underline{\underline{\mathbf{D}}}) + (\Delta\underline{\mathbf{A}})\cdot\underline{\underline{\mathbf{D}}}$$

$$\Delta(\underline{\underline{\mathbf{D}}} \cdot \underline{\mathbf{A}}) = \underline{\underline{\mathbf{D}}} \cdot \Delta\underline{\mathbf{A}} + 2(\nabla\underline{\underline{\mathbf{D}}})^{312} : \nabla\underline{\mathbf{A}} + (\Delta\underline{\underline{\mathbf{D}}}) \cdot \underline{\mathbf{A}}$$

$$\Delta(\underline{\mathbf{A}} \times \underline{\underline{\mathbf{I}}}) = (\Delta\underline{\mathbf{A}}) \times \underline{\underline{\mathbf{I}}}$$

$$\nabla\nabla \cdot (\Phi\underline{\mathbf{A}}) = (\nabla\Phi)\nabla \cdot \underline{\mathbf{A}} + \Phi\nabla\nabla \cdot \underline{\mathbf{A}} + \nabla\Phi \times (\nabla \times \underline{\mathbf{A}}) + \underline{\mathbf{A}} \cdot \nabla\nabla\Phi + \nabla\Phi \cdot \nabla\underline{\mathbf{A}}$$

$$\nabla \times \nabla \times (\Phi\underline{\mathbf{A}}) = \nabla\Phi \times (\nabla \times \underline{\mathbf{A}}) - \underline{\mathbf{A}}\Delta\Phi + \underline{\mathbf{A}} \cdot \nabla\nabla\Phi + \Phi\nabla \times \nabla \times \underline{\mathbf{A}} + (\nabla\Phi)\nabla \cdot \underline{\mathbf{A}} - \\ -\nabla\Phi \cdot \nabla\underline{\mathbf{A}}$$

$$\nabla \times \nabla \times (\Phi\,\underline{\underline{\mathbf{I}}}) = \nabla\nabla\Phi - \underline{\underline{\mathbf{I}}}\,\Delta\Phi$$

A.8 Spezielle Ortsvektorfelder

$$\nabla R = \hat{\underline{\mathbf{R}}}$$

$$\nabla\frac{1}{R} = -\frac{1}{R^2}\hat{\underline{\mathbf{R}}}$$

$$\nabla R^n = nR^{n-1}\hat{\underline{\mathbf{R}}}\,,\; n = 0, \pm1, \pm2, \ldots$$

$$\nabla\Phi(R) = \Phi'(R)\hat{\underline{\mathbf{R}}}$$

$$\nabla\frac{\mathrm{e}^{\mathrm{j}kR}}{R} = \left(\mathrm{j}k - \frac{1}{R}\right)\frac{\mathrm{e}^{\mathrm{j}kR}}{R}\,\hat{\underline{\mathbf{R}}}$$

$$\nabla|\underline{\mathbf{R}} - \underline{\mathbf{R}}'| = \frac{\underline{\mathbf{R}} - \underline{\mathbf{R}}'}{|\underline{\mathbf{R}} - \underline{\mathbf{R}}'|}$$

$$\nabla'|\underline{\mathbf{R}} - \underline{\mathbf{R}}'| = -\nabla|\underline{\mathbf{R}} - \underline{\mathbf{R}}'|$$

$$\nabla\frac{1}{|\underline{\mathbf{R}} - \underline{\mathbf{R}}'|} = -\frac{\underline{\mathbf{R}} - \underline{\mathbf{R}}'}{|\underline{\mathbf{R}} - \underline{\mathbf{R}}'|^3}$$

$$\nabla \cdot \underline{\mathbf{R}} = 3$$

$$\nabla \cdot \hat{\underline{\mathbf{R}}} = \frac{2}{R}$$

$$\nabla \cdot \frac{\underline{\mathbf{R}} - \underline{\mathbf{R}}'}{|\underline{\mathbf{R}} - \underline{\mathbf{R}}'|} = \frac{2}{|\underline{\mathbf{R}} - \underline{\mathbf{R}}'|}$$

$$\nabla \cdot [\Phi(R)\hat{\underline{\mathbf{R}}}] = \frac{2\Phi(R)}{R} + \Phi'(R)$$

$$\nabla \cdot (R^n\hat{\underline{\mathbf{R}}}) = (n+2)R^{n-1}\,,\; n = 0, \pm1, \pm2, \ldots$$

$$\nabla \cdot \left(\frac{\mathrm{e}^{\mathrm{j}kR}}{R}\hat{\underline{\mathbf{R}}}\right) = \left(\frac{1}{R} + \mathrm{j}k\right)\frac{\mathrm{e}^{\mathrm{j}kR}}{R}$$

$$\nabla \times \underline{\mathbf{R}} = \underline{\mathbf{0}}$$

$$\nabla \times [\Phi(R)\hat{\underline{\mathbf{R}}}] = \underline{\mathbf{0}}$$

$$\nabla\underline{\mathbf{R}} = \underline{\underline{\mathbf{I}}}$$

$$\nabla \cdot \nabla\underline{\mathbf{R}} = \underline{\mathbf{0}}$$

$$\nabla(\underline{\mathbf{R}}\,\underline{\mathbf{R}}) = \underline{\underline{\mathbf{I}}}\,\underline{\mathbf{R}} + (\underline{\mathbf{R}}\,\underline{\underline{\mathbf{I}}})^{213}$$

$$\begin{aligned}\nabla\underline{\hat{\mathbf{R}}} &= \nabla\cdot(\underline{\underline{\mathbf{I}}}\,\underline{\hat{\mathbf{R}}})\\ &= \frac{1}{R}(\underline{\underline{\mathbf{I}}} - \underline{\hat{\mathbf{R}}}\,\underline{\hat{\mathbf{R}}})\end{aligned}$$

$$\nabla[\Phi(R)\underline{\hat{\mathbf{R}}}] = \left[\Phi'(R) - \frac{\Phi(R)}{R}\right]\underline{\hat{\mathbf{R}}}\,\underline{\hat{\mathbf{R}}} + \frac{\Phi(R)}{R}\,\underline{\underline{\mathbf{I}}}$$

$$\nabla\cdot(\underline{\hat{\mathbf{R}}}\,\underline{\underline{\mathbf{I}}}) = \frac{2}{R}\underline{\underline{\mathbf{I}}}$$

$$\nabla\cdot(\underline{\hat{\mathbf{R}}}\,\underline{\hat{\mathbf{R}}}\,\underline{\hat{\mathbf{R}}}) = \frac{2}{R}\underline{\hat{\mathbf{R}}}\,\underline{\hat{\mathbf{R}}}$$

$$\begin{aligned}\nabla\cdot[\Phi(R)\underline{\underline{\mathbf{I}}}] &= \nabla\Phi(R)\\ &= \Phi'(R)\underline{\hat{\mathbf{R}}}\end{aligned}$$

$$\nabla\cdot[\Phi(R)\underline{\hat{\mathbf{R}}}\,\underline{\hat{\mathbf{R}}}] = \left[\Phi'(R) + \frac{2}{R}\Phi(R)\right]\underline{\hat{\mathbf{R}}}$$

$$\nabla\cdot[\underline{\underline{\mathbf{D}}}(\underline{\mathbf{R}})\times\underline{\mathbf{R}}] = [\nabla\cdot\underline{\underline{\mathbf{D}}}(\underline{\mathbf{R}})]\times\underline{\mathbf{R}} - \langle\underline{\underline{\mathbf{D}}}(\underline{\mathbf{R}})\rangle$$

$$\Delta R^n = n(n+1)R^{n-2}\,,\ n = 0, \pm1, \pm2, \ldots$$

$$\Delta\Phi(R) = \frac{2\Phi'(R)}{R} + \Phi''(R)$$

$$\Delta\frac{1}{R} = -4\pi\delta(x)\delta(y)\delta(z)$$

$$\Delta\frac{\mathrm{e}^{\,\mathrm{j}kR}}{R} = -k^2\frac{\mathrm{e}^{\,\mathrm{j}kR}}{R} - 4\pi\delta(x)\delta(y)\delta(z)$$

$$\nabla\nabla\frac{1}{R} = -\frac{1}{R^3}(\underline{\underline{\mathbf{I}}} - 3\underline{\hat{\mathbf{R}}}\,\underline{\hat{\mathbf{R}}})\quad \text{für } R \neq 0$$

$$\nabla\nabla\frac{\mathrm{e}^{\,\mathrm{j}kR}}{R} = \left[-k^2\underline{\hat{\mathbf{R}}}\,\underline{\hat{\mathbf{R}}} + \mathrm{j}k\frac{1}{R}(\underline{\underline{\mathbf{I}}} - 3\underline{\hat{\mathbf{R}}}\,\underline{\hat{\mathbf{R}}}) - \frac{1}{R^2}(\underline{\underline{\mathbf{I}}} - 3\underline{\hat{\mathbf{R}}}\,\underline{\hat{\mathbf{R}}})\right]\frac{\mathrm{e}^{\,\mathrm{j}kR}}{R}\quad \text{für } R \neq 0$$

Für $R = 0$ sind die beiden obigen Formeln als Pseudofunktionen im distributionstheoretischen Sinne zu verstehen, und sie müssen um einen δ-singulären Term ergänzt werden; für alle $R \geq 0$ gilt deshalb:

$$\nabla\nabla\frac{\mathrm{e}^{\,\mathrm{j}kR}}{R} = \mathrm{pf}_\delta\left[-k^2\underline{\hat{\mathbf{R}}}\,\underline{\hat{\mathbf{R}}} + \mathrm{j}k\frac{1}{R}(\underline{\underline{\mathbf{I}}} - 3\underline{\hat{\mathbf{R}}}\,\underline{\hat{\mathbf{R}}}) - \frac{1}{R^2}(\underline{\underline{\mathbf{I}}} - 3\underline{\hat{\mathbf{R}}}\,\underline{\hat{\mathbf{R}}})\right]\frac{\mathrm{e}^{\,\mathrm{j}kR}}{R} + 4\pi k^2\underline{\underline{\mathbf{L}}}^{V_\delta}\,\delta(\underline{\mathbf{R}})$$

$$\text{mit } \underline{\underline{\mathbf{L}}}^{V_\delta} = -\frac{1}{4\pi k^2}\lim_{V_\delta\to 0}\iint_{S_\delta}\frac{\underline{\mathbf{n}}\,\underline{\hat{\mathbf{R}}}}{R^2}\,\mathrm{d}S$$

V_δ ist ein Ausschlussvolumen mit der Oberfläche S_δ.
Für ein kugelförmiges Ausschlussvolumen $V_\delta = V_K$ gilt:
$\mathrm{pf}_\delta \Longrightarrow \mathrm{PV}$ (Cauchy'scher Hauptwert)

$$\underline{\underline{\mathbf{L}}}^{V_K} = -\frac{1}{3k^2}\,\underline{\underline{\mathbf{I}}}$$

Für konstanten Vektor $\underline{\mathbf{a}}$ gilt:

$$\nabla(\underline{\mathbf{R}} \cdot \underline{\mathbf{a}}) = \underline{\mathbf{a}}$$

$$\nabla \cdot (R\,\underline{\mathbf{a}}) = \underline{\hat{\mathbf{R}}} \cdot \underline{\mathbf{a}}$$

$$\nabla \times (R\,\underline{\mathbf{a}}) = \underline{\hat{\mathbf{R}}} \times \underline{\mathbf{a}}$$

$$\nabla \times (\underline{\mathbf{a}} \times \underline{\mathbf{R}}) = 2\underline{\mathbf{a}}$$

B Literaturverzeichnis

Abramowitz, M. und Stegun, I.A. (1965) *Handbook of Mathematical Functions.* Dover Publications: New York

Achenbach, J.D. (1973) *Wave Propagation in Elastic Solids.* North-Holland: Amsterdam

Achenbach, J.D., Gautesen, A.K. und McMaken, H. (1982) *Ray Methods for Elastic Waves in Solids.* Pitman Advanced Publishing Program: Boston

Alves, C.J.S. und Kress, R. (2002) On the far field operator in elastic obstacle scattering. IMA J. of Applied Mathematics **67**: 1

Aulenbacher, U. (1988) *Breitbandige und monochromatische Ultraschallfelder piezoelektrischer Winkel- und Array-Prüfköpfe bei Ankopplung an elastische Medien.* Dissertation, Universität des Saarlandes: Saarbrücken

Auld, B.A. (1973) *Acoustic Fields and Waves in Solids, Vol. I and Vol. II.* John Wiley & Sons: New York

Aulenbacher, U. und Langenberg, K.J. (1980) Analytical representation of transient ultrasonic phased-array near- and far-fields. J. Nondestr. Evaluation **1**: 53

Balanis, C.A. (1997) *Antenna Theory.* John Wiley & Sons: New York

Bamler, R. (1989) *Mehrdimensionale lineare Systeme.* Springer-Verlag: Berlin

Baum, C.E. (2000) Target symmetry and the scattering dyadic. In: Werner, D.H. und Mittra, R. (Eds.): *Frontiers in Electromagnetics.* IEEE Press: Piscataway

Becker, K.D. (1974) *Ausbreitung elektromagnetischer Wellen.* Springer-Verlag: Berlin

Behnke, H. und Sommer, F. (1965) *Theorie der analytischen Funktionen einer komplexen Veränderlichen.* Springer-Verlag: Berlin

Belkebir, K. und Saillard, M. (Eds.) (2001) Special section: Testing inversion algorithms against experimental data. Inverse Problems **17**: 1565

Ben-Menahem, A. und Singh, S.J. (1981) *Seismic Waves and Sources.* Springer-Verlag: New York

Bertero, M. und De Mol, C. (1996) Super-resolution by data inversion. In: E. Wolf (Ed.): *Progress in Optics.* Elsevier: Amsterdam

Bihn, M. (1998) *Zur numerischen Berechnung elastischer Wellen im Zeitbereich.* Dissertation, TU Darmstadt, Shaker Verlag: Aachen

Bleistein, N. (1984) *Mathematical Methods for Wave Phenomena*. Academic Press: Orlando

Blume, S. (1991) *Theorie elektromagnetischer Felder*. Hüthig: Heidelberg

Blok, H., Ferweda, H.A. und Kuiken, H.K. (Eds.) (1992) *Huygens' Principle 1690–1990*. North-Holland, Elsevier: Amsterdam

Boehm, R., Erhard, A., Wüstenberg, H. und Rehfeldt, T. (2002) Dreidimensionale Berechnung von Schallfeldern unter dem Einfluss zylindrischer Bauteilkrümmungen für fokussierende Prüfköpfe und Gruppenstrahler. Berichtsband **80-CD**, Deutsche Gesellschaft für Zerstörungsfreie Prüfung: Berlin

Bollig, G. und Langenberg, K.J. (1983) The Singularity Expansion Method as applied to the elastodynamic scattering problem. Wave Motion **5**: 331

Born, M. und Wolf, E. (1975) *Principles of Optics*. Pergamon Press: Oxford

Bowman, J.J., Senior T.B.A. und Uslenghi, P.L.E. (Eds.) (1987) *Electromagnetic and Acoustic Scattering by Simple Shapes*. Hemisphere Publ. Corp.: New York

Bracewell, R.N. (1978) *The Fourier Transform and its Applications*. McGraw-Hill: New York

Brill, D. und Gaunaurd, G. (1987) Resonance theory of elastic waves ultrasonically scattered from an elastic sphere. J. Acoust. Soc. Am. **81**: 1

Brillouin, L. (1914) Über die Fortpflanzung des Lichts in dispergierenden Medien. Annalen der Physik **44**: 203

Burg, K., Haf, H. und Wille, F. (1990) *Höhere Mathematik für Ingenieure, Band IV: Vektoranalysis und Funktionentheorie*. B.G. Teubner: Stuttgart

Chen, H.C. (1983) *Theory of Electromagnetic Waves*. McGraw-Hill: New York

Chen, G. und Zhou, J. (1992) *Boundary Element Methods*. Academic Press: London

Červený, V. (2001) *Seismic Ray Theory*. Cambridge University Press: Cambridge

Červený, V., Popov, M.M. und Pšenčík, I. (1982) Computation of wave fields in inhomogeneous media — Gaussian beam approach. Geophys. J. R. astr. Soc. **70**:109

Chew, W.C. (1990) *Waves and Fields in Inhomogeneous Media*. Van Nostrand Reinhold: New York

Chew, W.C., Song, J.M., Velamparambil, S., Cui, T.J., Zhao, S., Pan, Y.C., Hu, B. und Chao, H.Y. (2002) Recent developments in fast frequency-domain integral-equation solvers in large-scale computational electromagnetics. In: W.R. Stone (Ed.): *Review of Radio Science 1999–2002*. IEEE Press/John Wiley: New York

Cloude, S.R. (2002) Polarimetry in wave scattering applications. In: P.C. Sabatier, E.R. Pike (Eds.): *Scattering*. Academic Press: London

Colton, D. und Kress, R. (1983) *Integral Equation Methods in Scattering Theory*. John Wiley & Sons: New York

Dassios, G. und Kleinman, R. (2000) *Low Frequency Scattering*. Clarendon Press: Oxford

de Hoop, A.T. (1958) *Representation Theorems for the Displacement in an Elastic Solid and their Application to Elastodynamic Diffraction Theory*. Ph.D. Thesis, Technical University, Delft

de Hoop, A.T. (1959) A modification of Cagniard's method of solving seismic pulse problems. Appl. Sci. Res. **B8**: 349

de Hoop, A.T. (1995) *Handbook of Radiation and Scattering of Waves*. Academic Press: London

DeSanto, J.A. (1992) *Scalar Wave Theory*. Springer-Series on Wave Phenomena **12** (Ed.: L.B. Felsen), Springer-Verlag: Berlin

Devaney, A.J. (1986) Reconstructive tomography with diffracting wavefields. Inv. Probl. **2**: 161

Doetsch, G. (1967) Funktionaltransformationen. In: R. Sauer, I. Szabó (Eds.): *Mathematische Hilfsmittel des Ingenieurs, Teil I*. Springer-Verlag: Berlin

Dudley, D.G. (1994) *Mathematical Foundations for Electromagnetic Theory*. IEEE Press: Piscataway

Einspruch, N.G., Witterholt, E.J. und Truell, R. (1960) Scattering of a plane transverse wave by a spherical obstacle in an elastic medium. J. Appl. Phys. **31**: 806

Erdélyi, A. (Ed.) (1954) *Tables of Integral Transforms, Vol. I and Vol. II*. McGraw-Hill: New York

Erhard, A. (1982) *Untersuchungen zur Ausbreitung von Longitudinalwellen an Oberflächen bei der Materialprüfung mit Ultraschall*. Dissertation, TU Berlin

Fellinger, P. (1991) *Verfahren zur numerischen Lösung elastischer Wellenausbreitungsprobleme im Zeitbereich durch direkte Diskretisierung der elastodynamischen Grundgleichungen*. Dissertation, Universität Kassel: Kassel

Fellinger, P., Marklein, R., Langenberg, K.J. und Klaholz, S. (1995) Numerical modeling of elastic wave propagation and scattering with EFIT — Elastodynamic Finite Integration Technique. Wave Motion **21**: 47

Fink, M., Sandrin, L., Tanter, M., Catheline, S., Chaffai, S., Bercoff, J. und Gennison, J.L. (2002) Ultra high speed imaging of elasticity. Proc IEEE-UFFC Symposium, München

Gabor, D. (1946) Theory of communication. J. Inst. Elec. Eng. **93**: 429

Galdi, V., Felsen, L.B. und Castanon, D.A. (2001) Narrow-waisted Gaussian beam discretization for short-pulse radiation from one-dimensional large apertures. IEEE Trans. Ant. Propagat. **AP-49**: 1322

Galdi, V., Felsen, L.B. und Castanon, D.A. (2003) Time-domain radiation from large two-dimensional apertures via narrow-waisted Gaussian beams. IEEE Trans. Ant. Propagat. **AP-51**: 78

Gibbs, J.W. (1913) *Vector Analysis.* Yale University Press: New Haven

Greving, G. (2000) Numerical system-simulations including antennas and propagation exemplified for a radio navigation system. Int. J. Electron. Comm. (AEÜ) **54**: 1

Haak, K.F.I. (1999) *Multi-Frequency Nonlinear Profile Inversion Methods.* Delft University Press: Delft

Hahn, S.L. (1997) *Hilbert Transforms in Signal Processing.* Artech House: Boston

Hannemann, R. (2001) *Modeling and Imaging of Elastodynamic Wave Fields in Inhomogeneous Anisotropic Media.* Dissertation (www.dissertation.de), Universität Kassel: Kassel

Harker, A.H. (1988) *Elastic Waves in Solids.* Adam Hilger: Bristol

Harker, A.H., Ogilvy, J.A. und Temple J.A.G. (1990) Modeling ultrasonic inspection of austenitic welds. J. Nondestr. Eval. **9**: 155

Harrington, R.F. (1968) *Field Computation by Moment Methods.* The Macmillan Comp.: New York

Helbig, K. (1994) *Foundations of Anisotropy for Exploration Seismics.* Pergamon, Elsevier: Oxford

Hertz, H. (1890) Über die Grundgleichungen der Elektrodynamik für ruhende Körper. Annalen der Physik **40**: 577

Heyman, E. (1994) Pulsed beam propagation in inhomogeneous medium. IEEE Trans. Ant. Propagat. **AP-42**: 311

Heyman, E. (2002) Pulsed beam solutions for propagation and scattering problems. In: P.C. Sabatier, E.R. Pike (Eds.): *Scattering.* Academic Press: London

Heyman, E. und Felsen, L.B. (1985) A wavefront interpretation of the singularity expansion method. IEEE Trans. Ant. Propagat. **AP-33**: 706

Heyman, E. und Felsen, L.B. (2001) Gaussian beam and pulsed beam dynamics: complex-source and complex-spectrum formulations within and beyond paraxial asymptotics. J. Opt. Soc. Am. A **18**: 1588

Hönl, H., Maue, A.W. und Westpfahl, K. (1961) Theorie der Beugung. In: S. Flügge (Ed.): *Handbuch der Physik*, XXV/1. Springer-Verlag: Berlin

IEEE Committee (1973) Transducers and Resonators Committee of the IEEE Group on Sonics and Ultrasonics (Sponsor): IEEE Standard on Magnetostrictive Materials: Piezomagnetic Nomenclature. IEEE Trans. Sonics and Ultrasonics **SU-20**: 67

Ishimaru, A. (1991) *Electromagnetic Wave Propagation, Radiation, and Scattering*. Prentice Hall, Englewood Cliffs

Jackson, J.D. (1975) *Classical Electrodynamics*. John Wiley & Sons: New York

Jones, D.S. (1984) A uniqueness theorem in elastodynamics. Q. J. Mech. appl. Math. **37**, Pt. 1: 121

Karlsson, A. und Kristensson, G. (1992) Constitutive relations, dissipation and reciprocity for the Maxwell equations in the time domain. J. Electrom. Waves and Applic. **6**: 537

King, R.W.P. und Harrison, C.W. (1969) *Antennas and Waves: A Modern Approach*. The M.I.T. Press: Cambridge/MA

Klaholz, S. (1992) *Die Streuung elastischer Wellenfelder an der kreiszylindrischen Pore — analytische und numerische Lösung im Vergleich*. Diplomarbeit im Fachgebiet Theoretische Elektrotechnik, Universität Kassel: Kassel

Kostka, J., Langenberg, K.J., Mayer, K. und Krause, M. (1998) Improved flaw imaging applying elastodynamic far-field Fourier inversion (EL-FT-SAFT). In: *Computer Methods and Inverse Problems in Nondestructive Testing and Diagnostics*. Berichtsband **64**, Deutsche Gesellschaft für Zerstörungsfreie Prüfung: Berlin

Kleinman R.E. und van den Berg, P.M. (1997) A contrast source inversion method. Inverse Problems **13**: 1607

Klimeš, L. (1989) Gaussian packets in the computation of seismic wavefields. Geophys. J. Int. **99**: 421

Krautkrämer, J. und Krautkrämer, H. (1986) *Werkstoffprüfung mit Ultraschall*. Springer-Verlag: Berlin

Krieger, J., Krause, M. und Wiggenhauser, H. (1998) *Erprobung und Bewertung zerstörungsfreier Prüfmethoden für Betonbrücken*. Berichte der Bundesanstalt für Straßenwesen, Brücken- und Ingenieurbau **18**: Bergisch-Gladbach

Kristensson, G., Karlsson, A. und Rikte, S. (2000) Electromagnetic wave propagation in dispersive and complex material with time domain techniques. In: P.C. Sabatier, E.R. Pike (Eds.): *Scattering*. Academic Press: London

Kühnicke, E. (2001) *Elastische Wellen in geschichteten Festkörpersystemen*. Habilitationsschrift, TU Dresden, TIMUG Wissenschaftliche Vereinigung: Bonn

Kutzner, J. (1983) Grundlagen der Ultraschallphysik. B.G. Teubner: Stuttgart

Landau, L.D., Lifshitz, E.M. und Pitaevskii, L.P. (1984) *Electrodynamics of Continuous Media*.

Pergamon Press: Oxford

Langenberg, K.J. (1983) *Vorlesungen über theoretische Grundlagen der zerstörungsfreien Werkstoffprüfung mit Ultraschall. Teil II: Ebene elastische Wellen*. Bericht 830215-TW des Fraunhofer-Instituts für Zerstörungsfreie Prüfverfahren: Saarbrücken

Langenberg, K.J. (1987) Applied inverse problems for acoustic, electromagnetic and elastic waves. In: P.C. Sabatier (Ed.): *Basic Methods of Tomography and Inverse Problems*. Adam Hilger: Bristol

Langenberg, K.J. (2002) Linear scalar inverse scattering. In: P.C. Sabatier, E.R. Pike (Eds.): *Scattering*. Academic Press: London

Langenberg, K.J. (2005) *Theorie elektromagnetischer Wellen*. Vorlesungsmanuskript Universität Kassel: Kassel

Langenberg, K.J., Fellinger, P. und Marklein, R. (1990) On the nature of the so-called subsurface longitudinal wave and/or the surface longitudinal „creeping" wave. Res. Nondestr. Eval. **2**: 59

Langenberg, K.J., Fellinger, P., Marklein, R., Zanger, P., Mayer, K. und Kreutter, T. (1993a) Inverse methods and imaging. In: J.D. Achenbach (Ed.): *Evaluation of Materials and Structures by Quantitative Ultrasonics*. Springer-Verlag: Wien

Langenberg, K.J., Brandfaß, M., Mayer, K., Kreutter, T., Brüll, A., Fellinger, P. und Huo, D. (1993b) Principles of microwave imaging and inverse scattering. EARSeL Advances in Remote Sensing **2**: 163

Langenberg, K.J., Brandfaß, M., Fellinger, P., Gurke, T. und Kreutter, T. (1994) A unified theory of multidimensional electromagnetic vector inverse scattering within the Kirchhoff or Born approximation. In: W.-M. Boerner, H. Überall (Eds.) *Radar Target Imaging*. Springer-Verlag: Berlin

Langenberg, K.J. und Fellinger, P. (1995) Singularity evaluation of the dyadic Green function utilizing distributional analysis. Proceedings of the 1995 U.R.S.I. International Symposium on Electromagnetic Theory, St. Petersburg, Russia, May 23–26

Langenberg, K.J., Brandfaß, M., Klaholz, S., Marklein, R., Mayer, K., Pitsch, A. und Schneider, R. (1997) Applied inversion in nondestructive testing. In: H.W. Engl, A.K. Louis, W. Rundell (Eds.): *Inverse Problems in Medical Imaging and Nondestructive Testing*. Springer: Wien

Langenberg, K.J., Brandfaß, M., Hannemann, R., Hofmann, C., Kaczorowski, T., Kostka, J., Marklein, R., Mayer, K. und Pitsch, A. (1999a) Inverse scattering with acoustic, electromagnetic, and elastic waves as applied in nondestructive evaluation. In: A. Wirgin (Ed.): *Wavefield Inversion*. Springer-Verlag: Wien

Langenberg, K.J., Brandfaß, M., Fritsch, A. und Potzkai, B. (1999b) Linearized 3-d electromagnetic vector wave inversion. In: M. Oristaglio, B. Spies (Eds.): *Three-Dimensional Electromagnetics*. Society of Exploration Geophysicists: Tulsa

Langenberg, K.J., Hannemann, R., Kaczorowski, T., Marklein, R., Koehler, B., Schurig, C. und Walte, F. (2000) Application of modeling techniques for ultrasonic austenitic weld inspection. NDT&E International **33**: 465

Langenberg, K.J., Marklein, R. und Mayer, K. (2002) Applications in non-destructive testing. In: P.C. Sabatier, E.R. Pike (Eds.): *Scattering*. Academic Press: London

Langenberg, K.J., Marklein, R., Mayer, K., Krylow, T., Ampha, P., Krause, M. und Streicher, D. (2004a) Wavefield inversion in nondestructive testing. In: I.M. Pinto, V. Galdi, L.B. Felsen (Eds.): *Electromagnetics in a Complex World: Challenges and Perspectives*. Springer Proceedings in Physics **97**, Springer: Berlin

Langenberg, K.J., Marklein, R., Mayer, K., Wiggenhauser, H. und Krause, M. (2004b) Multimode modeling and imaging in nondestructive testing. In: P. Russer, M. Mongiardo (Eds.): *Fields, Networks, Computational Methods, and Systems in Modern Electrodynamics.*. Springer Proceedings in Physics **96**, Springer: Berlin

Langenberg, K.J. und Marklein, R. (2005) Transient elastic waves applied to nondestructive testing of transversely isotropic lossless materials: A coordinate-free approach. Wave Motion **41**: 247

Langenberg, K.J., Mayer, K. und Marklein, R. (2006) Nondestructive testing of concrete with electromagnetic and elastic waves: Modeling and imaging. Cement & Concrete Composites **28**: 370

Langenberg, K.J., Mayer, K. und Marklein, R. (2007) Zerstörungsfreie Prüfung von Beton: Modellierung und Abbildung. In: Reinhardt, H.-W. et al. (Ed.): *Echo-Verfahren in der zerstörungsfreien Zustandsuntersuchung von Betonbauteilen.* Beton Kalender 2007: Verkehrsbauten — Flächentragwerke, Ernst & Sohn: Berlin

Larmor, J. (1903) On the mathematical expression of the principle of Huygens. London Math. Soc. Proc. **1**: 1

Lindell, I.V. (1992) *Methods for Electromagnetic Field Analysis.* Clarendon Press: Oxford

Lindell, I.V. und Kiselev, A.P. (2000) Polyadic methods in elastodynamics. PIERS 2000 Proceedings, The Electromagnetics Academy: Cambridge/MA

Maciel, J.J. und Felsen, L.B. (1990) Gaussian beam analysis of propagation from an extended plane aperture distribution through dielectric layers. I. Plane layer. IEEE Trans. Ant. Propagat. **38**: 1607

Marklein, R. (1997) *Numerische Verfahren zur Modellierung von akustischen, elektromagnetischen, elastischen und piezoelektrischen Wellenausbreitungsproblemen im Zeitbereich basierend auf der Finiten Integrationstechnik.* Dissertation, Universität Kassel, Shaker Verlag: Aachen

Marklein, R. (2002) The Finite Integration Technique as a general tool to compute acoustic, electromagnetic, elastodynamic, and coupled wave fields. In: W.R. Stone (Ed.): *Review of Radio Science 1999-2002.* IEEE Press: Piscataway

Marklein, R., Balasubramanian, K., Qing, A. und Langenberg, K.J. (2001) Linear and nonlinear iterative scalar inversion of multi-frequency multi-bistatic experimental electromagnetic scattering data. Inverse Problems **17**: 1597

Marklein, R., Mayer, K., Hannemann, R., Krylow, T., Balasubramanian, K., Langenberg, K.J. und Schmitz, V. (2002a) Linear and nonlinear inversion algorithms applied in nondestructive evaluation. Inverse Problems **18**: 1733

Marklein, R., Balasubramanian, K., Langenberg, K.J., Miao, J. und Sinaga, S.M. (2002b) Applied linear and nonlinear scalar inverse scattering: A comparative study. Proc. XXVIIth General Assembly of the International Union of Radio Science (URSI), August 17–24: Maastricht/The Netherlands

Martensen, E. (1968) *Potentialtheorie.* B.G. Teubner: Stuttgart

Mayer, K. (1989) *Ultraschallabbildungsverfahren: Algorithmen, Methoden der Signalverarbeitung und Realisierung*. Dissertation, Universität Kassel: Kassel

Mayer, K., Marklein, R., Langenberg, K.J. und Kreutter, T. (1990) Three-dimensional imaging system based on Fourier transform synthetic aperture focusing technique. Ultrasonics **28**: 241

Mayer, K., Zimmer, A., Langenberg, K.J., Kohl, C. und Maierhofer, C. (2003) Nondestructive evaluation of embedded structures in concrete: Modeling and imaging. Proc. Int. Symp. Non-Destructive Testing in Civil Engineering (NDT-CE), Sept. 16–19: Berlin

Michielssen, E., Shanker, B., Aygun, K., Lu, M. und Ergin, A. (2002) Plane-wave time-domain algorithms and fast time-domain integral-equation solvers. In: W.R. Stone (Ed.) *Review of Radio Science 1999–2002*. IEEE Press/John Wiley: New York

Morita, N., Kumagai, N. und Mautz, J.R. (1990) *Integral Equation Methods for Electromagnetics*. Artech House: Boston

Morse, P.M. und Feshbach, H. (1953) *Methods of Theoretical Physics, Part I and Part II.* McGraw-Hill: New York

Morse, P.M. und Ingard, K.U. (1968) *Theoretical Acoustics.* McGraw-Hill: New York

Mow, C.C. (1965) Transient response of a rigid spherical inclusion in an elastic medium. J. Appl. Mech. **32**: 637

Nayfeh, A.H. (1995) *Wave Propagation in Layered Anisotropic Media with Applications to Composites.* Elsevier: Amsterdam

Neumann, E., Hirsekorn, S., Hübschen, G., Just, T. und Schmid, R. (1995) *Ultraschallprüfung von austenitischen Plattierungen, Mischnähten und austenitischen Schweißnähten.* Expert-Verlag: Reveringen-Malmsheim

Norris, A.N. (1987) A theory of pulsed propagation in anisotropic elastic solids. Wave Motion **9**: 509

Norris, A.N. (1988) Elastic Gaussian wave packets in isotropic media. Acta Mechanica **71**: 95

Ogilvy, J.A. (1986) Ultrasonic beam profiles and beam propagation in an austenitic weld using a theoretical ray tracing model. Ultrasonics **24**: 337

Pao, Y.H. und Varatharajulu, V. (1976) Huygens' principle, radiation conditions, and integral formulas for the scattering of elastic waves. J. Acoust. Soc. Am. **59**

Pelekanos, G., Kleinman, R.E. und van den Berg, P.M. (2000) Inverse scattering in elasticity — a modified gradient approach. Wave Motion **32**: 57

Poggio, A.J. und Miller, E.K. (1987) Integralequation solutions of three-dimensional scattering problems. In: R. Mittra (Ed.): *Computer Techniques for Electromagnetics.* Hemisphere Publ. Corp.: Washington

Popov, M.M. (1982) A new method of computation of wave fields using Gaussian beams. Wave Motion **4**: 85

Popov, M.M. (2004) Gaussian beam method for propagation of wave packets modulated both in frequency and amplitude. Proc. URSI Int. Symp. on Electromagnetic Field Theory, 337: Pisa/Italien

Rose, J.L. (1999) *Ultrasonic Waves in Solid Media.* Cambrigde University Press: Cambridge

Royer, D. und Dieulesaint, E. (2000) *Elastic Waves in Solids, I, II.* Springer-Verlag: Berlin

Schäfke, F.W. (1967) Spezielle Funktionen. In: R. Sauer, I. Szabó (Eds.): *Mathematische Hilfsmittel des Ingenieurs, Teil I.* Springer-Verlag: Berlin

Scleichert, U., Paul, M., Hoffmann, B., Langenberg, K.J. und Arnold, W. (1988) Theoretical and experimental investigations of broadband thermoelastically generated ultrasonic pulses. In: P. Hess, J. Pelzl (Eds.): *Photoacoustic and Photothermal Phenomena.* Springer Series in Optical Sciences **58**, Springer: Berlin

Schleichert, U. (1989) *Die Theorie der optischen Erzeugung elastischer Wellen in Festkörpern.* Dissertation, Universität Kassel: Kassel

Schmerr, L.W. (1998) *Fundamentals of Ultrasonic Nondestructive Evaluation.* Plenum Press: New York

Schmitz, V. (2002) Nondestructive acoustic imaging techniques. In: M. Fink, W.A. Kuperman, J.-P. Montagner, A. Turin (Eds.): *Imaging of Complex Media with Acoustic and Seismic Waves.* Topics in Applied Physics **84**, Springer: Berlin

Schmitz, V., Müller, W., Maisl, M., Gondrom, S., Langenberg, K.J., Marklein, R., Miao, J. und Julisch, P. (2004a) Grundlagen für eine beanspruchungsorientierte zerstörungsfreie Prüfung von druckführenden Komponenten. Abschlussbericht des Reaktorsicherheitsforschungsvorhabens 1501220, Fraunhofer IZFP: Saarbrücken

Schmitz, V., Langenberg, K.J. und Chaklov, S. (2004b) Calculation of high frequency ultrasonic signals for shear wave insonification in solid material. Ultrasonics **42**: 249

Schubert, F. (1999) *Ausbreitungsverhalten von Ultraschallimpulsen in Beton und Schlussfolgerungen für die zerstörungsfreie Prüfung*. Dissertation, Technische Universität, Dresden

Shlivinski, A. (2004) Persönliche Mitteilung

Shlivinski, A., Heyman, E., Boag, A. und Letrou, C. (2004) A phase-space beam summation formulation for ultra wideband radiation. IEEE Trans. Ant. Propagat. **AP-52**: 2042

Shlivinski, A., Heyman, E. und Boag, A. (2005) A phase-space beam summation formulation for ultra wideband radiation. Part II – A multi-band scheme. IEEE Trans. Ant. Propagat. **AP-53**: 948

Shlivinski, A., Langenberg, K.J. und Marklein, R. (2004b) Ultrasonic modeling and imaging in dissimilar welds. Beitrag Nr. 49 im 2. Band des 30. MPA-Seminars, Stuttgart

Siegman, A.E. (1986) *Lasers*. University Science Books, Mill Valley/CA

Snieder, R. (2002) General theory of elastic wave scattering. In: P.C. Sabatier und E.R. Pike (Eds.): *Scattering*. Academic Press: London

Sommerfeld, A. (1914) Über die Fortpflanzung des Lichts in dispergierenden Medien. Annalen der Physik **44**: 177

Sommerfeld, A. (bearbeitet von F. Bopp und J. Meixner) (1964) *Vorlesungen über Theoretische Physik, Band III: Elektrodynamik*. Akademische Verlagsgesellschaft: Leipzig

Spies, M. (1992) *Elastische Wellen in transversal-isotropen Medien: ebene Wellen, Gauß'sche Wellenpakete, Green'sche Funktionen, elastische Holographie*. Dissertation, Universität des Saarlandes: Saarbrücken

Spies, M. (1994) Elastic waves in homogeneous and layered transversely isotropic media: Plane waves and Gaussian wave packets. A general approach. J. Acoust. Soc. Am. **95**: 1748

Spies, M. (1998) Transducer field modeling in anisotropic media by superposition of Gaussian base functions. J. Acoust. Soc. Am. **105**: 633

Spies, M. (2000a) Modeling of transducer fields in inhomogeneous ansisotropic materials using Gaussian beam superposition. NDT&E International **33**: 155

Spies, M. (2000b) Kirchhoff evaluation of scattered elastic wavefields in anisotropic media. J. Acoust. Soc. Am. **107**: 2755

Stratton, J.A. (1941) *Electromagnetic Theory*. McGraw-Hill: New York

Tan, T.H. (1975a) Scattering of elastic waves by elastically transparent obstacles (integral-equation method). Appl. Sci. Res. **31**: 29

Tan, T.H. (1975b) Far-field radiation characteristics of elastic waves and the elastodynamic radiation condition. Appl. Sci. Res. **31**: 363

Tan, T.H. (1977) Scattering of plane, elastic waves by a plane crack of finite width. Appl. Sci. Res. **33**: 75

Tygel, M. und Hubral, P. (1987) *Transient Waves in Layered Media*. Elsevier: Amsterdam

Ulaby, F.T. und Elachi, C. (Eds.) (1990) *Radar Polarimetry for Geoscience Applications*. Artech House: Norwood/MA

van Bladel, J. (1961) Some remarks on Green's dyadic for infinite space. IRE Trans Ant. Propagat. **AP-9**: 563

van Bladel, J. (1985) *Electromagnetic Fields*. Hemisphere Publishing Corporation: New York

van Bladel, J. (1991) *Singular Electromagnetic Fields and Sources*. Clarendon Press: Oxford

van den Berg, P.M. (1999) Reconstruction of media posed as an optimization problem. In: A. Wirgin (Ed.): *Wavefield Inversion*. Springer-Verlag: Wien

Vinh, P.C. und R.W. Ogden (2004) On formulas for the Rayleigh wave speed. Wave Motion **39**: 191

Wang, C.-Y. (2002) New expressions for cylindrical waves in a transversely isotropic solid and cuspidal borehole modes and dual arrivals. Proceedings IEEE-UFFC Symposium, München

Wilton, D.R. (2002) Computational methods. In: P.C. Sabatier und E.R. Pike (Eds.): *Scattering*. Academic Press: London

Wilbrand, A. (1989) *Theoretische und experimentelle Untersuchungen zu einem quantitativen Modell für elektromagnetische Ultraschallprüfköpfe*. Dissertation, Universität des Saarlandes: Saarbrücken

Wolf, H. (1976) *Spannungsoptik*. Springer-Verlag: Berlin

Wolter, H. (1995) *Berechnung akustischer Wellen und Resonatoren mit der FIT-Methode*. Dissertation, TU Darmstadt

Ying, C.F. und Truell, R. (1956) Scattering of a plane longitudinal wave by a spherical obstacle in an isotropically elastic solid. J. Appl. Phys. **27**: 1086

Zeroug, S., Stanke, F.E. und Burridge R. (1996) A complex-transducer-point model for finite emitting and receiving ultrasonic transducers. Wave Motion **24**: 21

Zimmer, A. (2007) *Abbildende zerstörungsfreie Prüfverfahren mit elastischen und elektromagnetischen Wellen*. Dissertation, Universität Kassel: Kassel

Index

www.ingramcontent.com/pod-product-compliance
Lightning Source LLC
LaVergne TN
LVHW070905300926
849162LV00012B/1862
* 9 7 8 3 4 8 6 5 8 8 8 1 1 *